찐합격

당신도 이번에 반드시 합격합니다!

기계 ④-12 | 실기

12 개년 과년도 | 소방설비기사

12개년 과년도 출제문제

우석대학교 소방방재학과 교수 공하성

BM (주)도서출판 성안당

원퀵으로 기출문제를 보내고 원퀵으로 소방책을 받자!!

2025 소방설비산업기사, 소방설비기사 시험을 보신 후 기출문제를 재구성하여 성안당 출판사에 15문제 이상 보내주신 분에게 공하성 교수님의 소방시리즈 책 중 한 권을 무료로 보내드립니다.

독자 여러분들이 보내주신 재구성한 기출문제는 보다 더 나은 책을 만드는 데 큰 도움이 됩니다.

이메일 coh@cyber.co.kr(최옥현) | ※메일을 보내실 때 성함, 연락처, 주소를 꼭 기재해 주시기 바랍니다.

- 무료로 제공되는 책은 독자분께서 보내주신 기출문제를 공하성 교수님이 검토 후 보내드립니다.
- 책 무료 증정은 조기에 마감될 수 있습니다.

■ 도서 A/S 안내

성안당에서 발행하는 모든 도서는 저자와 출판사, 그리고 독자가 함께 만들어 나갑니다.

좋은 책을 펴내기 위해 많은 노력을 기울이고 있습니다. 혹시라도 내용상의 오류나 오탈자 등이 발견되면 "좋은 책은 나라의 보배"로서 우리 모두가 함께 만들어 간다는 마음으로 연락주시기 바랍니다. 수정 보완하여 더 나은 책이 되도록 최선을 다하겠습니다.

성안당은 늘 독자 여러분들의 소중한 의견을 기다리고 있습니다. 좋은 의견을 보내주시는 분께는 성안당 쇼핑몰의 포인트(3,000포인트)를 적립해 드립니다.

잘못 만들어진 책이나 부록 등이 파손된 경우에는 교환해 드립니다.

저자 문의 : Ch http://pf.kakao.com/_TZKbxj
Daum cafe.daum.net/firepass
NAVER cafe.naver.com/fireleader

본서 기획자 e-mail : coh@cyber.co.kr(최옥현)

홈페이지 : http://www.cyber.co.kr 전화 : 031) 950-6300

머리말

God loves you, and has a wonderful plan for you.

안녕하십니까?

우석대학교 소방방재학과 교수 공하성입니다.

지난 30년간 보내주신 독자 여러분의 아낌없는 찬사에 진심으로 감사드립니다.

앞으로도 변함없는 성원을 부탁드리며, 여러분들의 성원에 힘입어 항상 더 좋은 책으로 거듭나겠습니다.

이 책의 특징은 학원 강의를 듣듯 정말 자세하게 설명해 놓았다는 점입니다. 책을 한 장 한 장 넘길 때마다 확연하게 느낄 것입니다.

또한, 기존 시중에 있는 다른 책들의 잘못 설명된 점들에 대하여 지적해 놓음으로써 여러 권의 책을 가지고 공부하는 독자들에게 혼동의 소지가 없도록 하였습니다.

일반적으로 소방설비기사의 기출문제를 분석해보면 문제은행식으로 과년도 문제가 매년 거듭 출제되고 있습니다. 그러므로 과년도 문제만 풀어보아도 충분히 합격할 수가 있습니다.

이 책은 여기에 중점을 두어 국내 최다의 과년도 문제를 실었습니다. 과년도 문제가 응용문제를 풀 수 있는 가장 좋은 문제입니다.

또한, 각 문제마다 아래와 같이 중요도를 표시하였습니다.

별표 없는 것	출제빈도 10%	★	출제빈도 30%
★★	출제빈도 70%	★★★	출제빈도 90%

이 책에는 일부 잘못된 부분이 있을 수 있으며, 잘못된 부분에 대해서는 발견 즉시 성안당(www.cyber.co.kr) 또는 예스미디어(www.ymg.kr)에 올리도록 하고, 새로운 책이 나올 때마다 늘 수정 · 보완하도록 하겠습니다. 원고 정리를 도와준 이종화 · 안재천 교수님, 김혜원 님에게 감사를 드립니다.

끝으로 이 책에 대한 모든 영광을 그 분께 돌려드립니다.

공하성 올림

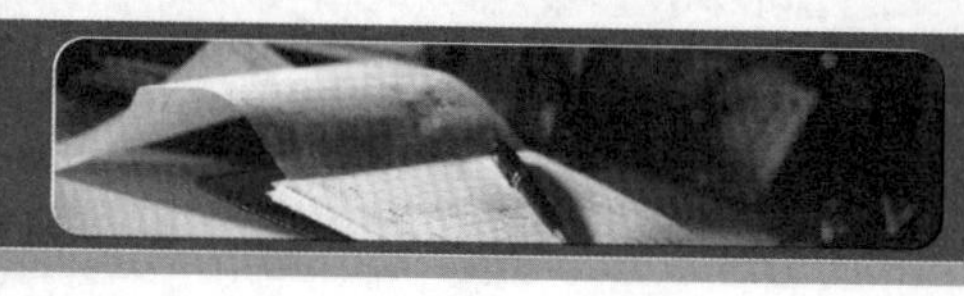

소방설비기사 출제경향분석

(최근 10년간 출제된 과년도 문제 분석)

1. 소방유체역학	14.8%(15점)
2. 소화기구	1.6%(2점)
3. 옥내소화전설비	12.2%(12점)
4. 옥외소화전설비	2.8%(3점)
5. 스프링클러설비	25.6%(25점)
6. 물분무소화설비	1.0%(1점)
7. 포소화설비	12.3%(12점)
8. 이산화탄소 소화설비	10.1%(10점)
9. 할론소화설비	6.6%(6점)
10. 할로겐화합물 및 불활성기체 소화설비	0.2%(1점)
11. 분말소화설비	2.1%(2점)
12. 피난구조설비	0.8%(1점)
13. 소화활동설비	9.7%(9점)
14. 소화용수설비	0.2%(1점)

수험자 유의사항

1. 문제지를 받는 즉시 응시 종목의 문제가 맞는지 확인하셔야 합니다.
2. 답안지 내 인적사항 및 답안작성(계산식 포함)은 검정색 필기구만을 계속 사용하여야 합니다.
3. 답안정정 시에는 **두 줄(=)**을 긋고 다시 기재 가능하며, **수정테이프 사용** 또한 **가능**합니다.
4. 계산문제는 반드시 '계산과정'과 '답'란에 정확히 기재하여야 하며 **계산과정이 틀리거나 없는 경우 0점 처리**됩니다.
   ※ 연습이 필요 시 연습란을 이용하여야 하며, 연습란은 채점대상이 아닙니다.
5. 계산문제는 **최종결과** 값(답)에서 **소수 셋째자리에서 반올림**하여 **둘째자리**까지 구하여야 하나 개별 문제에서 소수처리에 대한 별도 요구사항이 있을 경우, 그 요구사항에 따라야 합니다.
6. 답에 단위가 없으면 오답으로 처리됩니다. (단, 문제의 요구사항에 단위가 주어졌을 경우는 생략되어도 무방합니다.)
7. 문제에서 요구한 가지 수 이상을 답란에 표기한 경우, **답란기재 순**으로 **요구한 가지 수**만 채점합니다.

CONTENTS

초스피드 기억법

과년도 기출문제

차 례

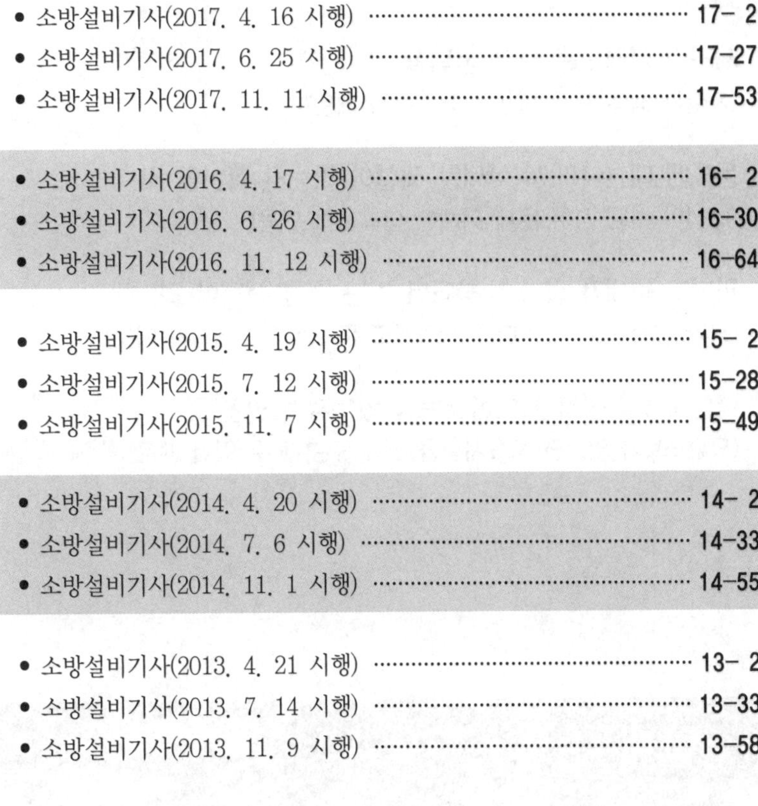

책선정시유의사항

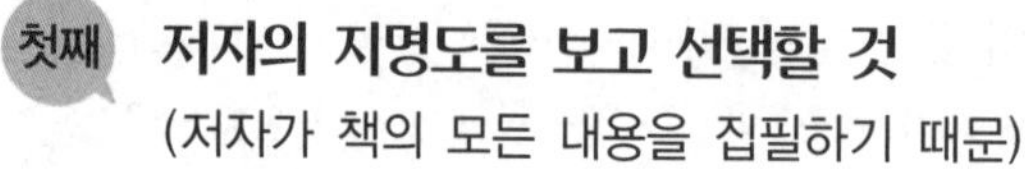

첫째 저자의 지명도를 보고 선택할 것
(저자가 책의 모든 내용을 집필하기 때문)

둘째 문제에 대한 100% 상세한 해설이 있는지 확인할 것
(해설이 없을 경우 문제 이해에 어려움이 있음)

셋째 과년도 문제가 많이 수록되어 있는 것을 선택할 것
(국가기술자격시험은 대부분 과년도 문제에서 출제되기 때문)

넷째 핵심내용을 정리한 요점노트가 있는지 확인할 것
(요점노트가 있으면 중요사항을 쉽게 구분할 수 있기 때문)

시험안내

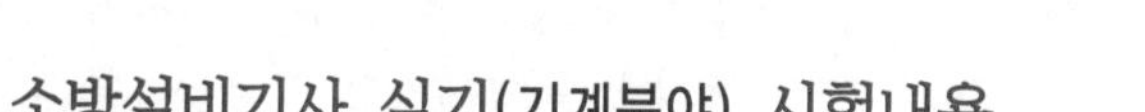

소방설비기사 실기(기계분야) 시험내용

구 분	내 용
시험 과목	소방기계시설 설계 및 시공실무
출제 문제	9~15문제
합격 기준	60점 이상
시험 시간	3시간
문제 유형	필답형

※ 소방설비기사(기계분야)는 작업형 시험이 없으므로 타 자격증에 비하여 쉽습니다.

이 책의 특징

9 유체 계측기기

정압 측정	동압(유속) 측정	유량 측정
① 피에**조**미터 ② **정**압관 기억법 조정(**조정**)	① 피**토**관 ② 피**토**－정압관 ③ **시**차액주계 ④ **열**선 속도계	① **벤**츄리미터 ② **위**어 ③ **로**터미터 ④ **오**리피스
	기억법 속토시 열 (**속**이 따뜻한 **토시**는 **열**이 난다.)	기억법 벤위로 오량 (**벤**치 **위로** **오양**이 보인다.)

반드시 암기해야 할 사항은 기억법을 적용하여 한번에 암기되도록 함

각 문제마다 중요도를 표시하여 ★이 많은 것은 특별히 주의 깊게 보도록 하였음

각 문제마다 배점을 표시하여 배점기준을 파악할 수 있도록 하였음

★★

문제 08

소화설비에 사용하는 펌프의 운전 중 발생하는 공동현상(Cavitaiton)을 방지하는 대책을 다음 표로 정리하였다. ( ) 안에 크게, 작게, 빠르게 또는 느리게로 구분하여 답하시오.

득점	배점
	3

유효흡입수두(NPSHav)를	(①:)
펌프흡입압력을 유체압력보다	(②:)
펌프의 회전수를	(③:)

해답 ① 크게
② 작게
③ 느리게

해설 **공동현상**의 **방지대책**

유효흡입수두(NPSHav)를	(①: **크게**)
펌프흡입압력을 유체압력보다	(②
펌프의 회전수를	(③

• 공동현상의 방지대책으로 **흡입수두**는 **작게**, **유흡흡입수두**(NPSH
주의하라!

특히, 중요한 내용은 별도로 정리하여 쉽게 암기할 수 있도록 하였음

중요

공동현상(Cavitation)

구분	설명
정의	펌프의 흡입측 배관내의 물의 정압이 기존의 증기압보다 낮아져서 기포가 발생되어 물이 흡입되지 않는 현상
발생현상	① 소음과 진동발생 ② 관부식 ③ 임펠러의 손상 ④ 펌프의 성능 저하
발생원인	① 펌프의 흡입수두가 클 때 ② 펌프의 마찰손실이 클 때 ③ 펌프의 임펠러속도가 클 때 ④ 펌프의 설치위치가 수원보다 높을 때 ⑤ 관내의 수온이 높을 때 ⑥ 관내의 물의 정압이 그때의 증기압보다 낮을 때 ⑦ 흡입관의 구경이 작을 때 ⑧ 흡입거리가 길 때 ⑨ 유량이 증가하여 펌프물이 과속으로 흐를 때

이 책의 공부방법

첫째, 요점노트를 읽고 숙지한다.
(요점노트에서 평균 60% 이상이 출제되기 때문에 항상 휴대하고 다니며 틈날 때마다 눈에 익힌다.)

둘째, 초스피드 기억법을 읽고 숙지한다.
(특히 혼동되면서 중요한 내용들은 기억법을 적용하여 쉽게 암기할 수 있도록 하였으므로 꼭 기억한다.)

셋째, 이 책의 출제문제 수를 파악하고, 시험 때까지 5번 정도 반복하여 공부할 수 있도록 1일 공부 분량을 정한다.
(이때 너무 무리하지 않도록 1주일에 하루 정도는 쉬는 것으로 하여 계획을 짜는 것이 좋겠다.)

넷째, 암기할 사항은 확실하게 암기할 것
(대충 암기할 경우 실제시험에서는 답안을 작성하기 어려움)

다섯째, 시험장에 갈 때에도 책과 요점노트는 반드시 지참한다.
(가능한 한 대중교통을 이용하여 시험장으로 향하는 동안에도 요점노트를 계속 본다.)

여섯째, 시험장에 도착해서는 책을 다시 한번 훑어본다.
(마지막 5분까지 최선을 다하면 반드시 한 번에 합격할 수 있다.)

일곱째, 설치기준은 초스피드 기억법에 있는 설치기준을 암기할 것
(좀 더 쉽게 암기할 수 있도록 구성해 놓았기 때문)

단위환산표

단위환산표(기계분야)

명 칭	기 호	크 기	명 칭	기 호	크 기
테라(tera)	T	10^{12}	피코(pico)	p	10^{-12}
기가(giga)	G	10^{9}	나노(nano)	n	10^{-9}
메가(mega)	M	10^{6}	마이크로(micro)	μ	10^{-6}
킬로(kilo)	k	10^{3}	밀리(milli)	m	10^{-3}
헥토(hecto)	h	10^{2}	센티(centi)	c	10^{-2}
데카(deka)	D	10^{1}	데시(deci)	d	10^{-1}

〈보기〉
- $1\text{km}=10^{3}\text{m}$
- $1\text{mm}=10^{-3}\text{m}$
- $1\text{pF}=10^{-12}\text{F}$
- $1\mu\text{m}=10^{-6}\text{m}$

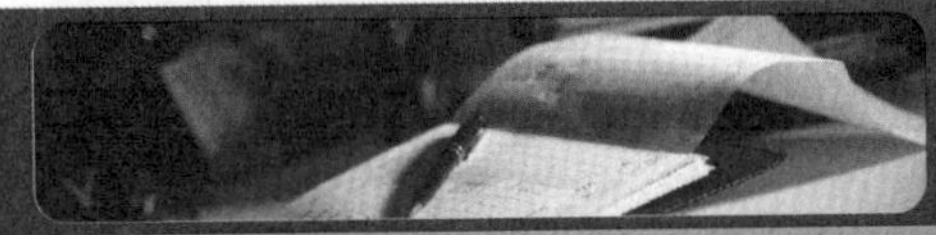

단위읽기표(기계분야)

여러분들이 고민하는 것 중 하나가 단위를 어떻게 읽느냐 하는 것일 듯합니다. 그 방법을 속시원하게 공개해 드립니다.

(알파벳 순)

단 위	단위 읽는 법	단위의 의미(물리량)
Aq	아쿠아(**Aq**ua)	물의 높이
atm	에이 티 엠(**atm** osphere)	기압, 압력
bar	바(**bar**)	압력
barrel	배럴(**barrel**)	부피
BTU	비티유(**B**ritish **T**hermal **U**nit)	열량
cal	칼로리(**cal**orie)	열량
cal/g	칼로리 퍼 그램(**cal**orie per **g**ram)	융해열, 기화열
cal/g·℃	칼로리 퍼 그램 도 씨(**cal**orie per **g**ram degree **C**elsius)	비열
dyn, dyne	다인(**dyne**)	힘
g/cm^3	그램 퍼 세제곱센티미터(**g**ram per **c**enti**m**eter cubic)	비중량
gal, gallon	갈론(**gallon**)	부피
H_2O	에이치 투 오(water)	물의 높이
Hg	에이치 지(mercury)	수은주의 높이
HP	마력(**H**orse **P**ower)	일률
J/s, J/sec	줄 퍼 세컨드(**J**oule per **sec**ond)	일률
K	케이(**K**elvin temperature)	켈빈온도
kg/m^2	킬로그램 퍼 제곱미터(**k**ilo**g**ram per **m**eter square)	화재하중
kg_f	킬로그램 포스(**k**ilo**g**ram **f**orce)	중량
kg_f/cm^2	킬로그램 포스 퍼 제곱센티미터 (**k**ilo**g**ram **f**orce per **c**enti**m**eter square)	압력
L	리터(**l**eter)	부피
lb	파운드(pound)	중량
lb_f/in^2	파운드 포스 퍼 제곱인치 (pound **f**orce per **in**ch square)	압력

단위읽기표

단 위	단위 읽는 법	단위의 의미 (물리량)
m/min	미터 퍼 미니트(meter per minute)	속도
m/sec^2	미터 퍼 제곱세컨드(meter per second square)	가속도
m^3	세제곱미터(meter cubic)	부피
m^3/min	세제곱미터 퍼 미니트(meter cubic per minute)	유량
m^3/sec	세제곱미터 퍼 세컨드(meter cubic per second)	유량
mol, mole	몰(mole)	물질의 양
m^{-1}	퍼미터(per meter)	감광계수
N	뉴턴(Newton)	힘
N/m^2	뉴턴 퍼 제곱미터(Newton per meter square)	압력
P	푸아즈(Poise)	점도
Pa	파스칼(Pascal)	압력
PS	미터 마력(PferdeStärke)	일률
PSI	피 에스 아이(Pound per Square Inch)	압력
s, sec	세컨드(second)	시간
stokes	스토크스(stokes)	동점도
vol%	볼륨 퍼센트(volume percent)	농도
W	와트(Watt)	동력
W/m^2	와트 퍼 제곱미터(Watt per meter square)	대류열
$W/m^2 \cdot K^3$	와트 퍼 제곱미터 케이 세제곱 (Watt per meter square Kelvin cubic)	스테판-볼츠만 상수
$W/m^2 \cdot {^\circ}C$	와트 퍼 제곱미터 도 씨 (Watt per meter square degree Celsius)	열전달률
$W/m \cdot K$	와트 퍼 미터 케이(Watt per meter Kelvin)	열전도율
W/sec	와트 퍼 세컨드(Watt per second)	전도열
℃	도 씨(degree Celsius)	섭씨온도
℉	도 에프(degree Fahrenheit)	화씨온도
°R	도 알(degree Rankine)	랭킨온도

단위읽기표

(가나다 순)

단위의 의미 (물리량)	단 위	단위 읽는 법
가속도	m/sec^2	미터 퍼 제곱세컨드(meter per second square)
감광계수	m^{-1}	퍼미터(per meter)
기압, 압력	atm	에이 티 엠(atm osphere)
농도	vol%	볼륨 퍼센트(volume percent)
대류열	W/m^2	와트 퍼 제곱미터(Watt per meter square)
동력	W	와트(Watt)
동점도	stokes	스토크스(stokes)
랭킨온도	°R	도 알(degree Rankine)
물의 높이	Aq	아쿠아(Aqua)
물의 높이	H_2O	에이치 투 오(water)
물질의 양	mol, mole	몰(mole)
부피	barrel	배럴(barrel)
부피	gal, gallon	갈론(gallon)
부피	L	리터(leter)
부피	m^3	세제곱미터(meter cubic)
비열	cal/g·°C	칼로리 퍼 그램 도 씨(calorie per gram degree Celsius)
비중량	g/cm^3	그램 퍼 세제곱센티미터(gram per centimeter cubic)
섭씨온도	°C	도 씨(degree Celsius)
속도	m/min	미터 퍼 미니트(meter per minute)
수은주의 높이	Hg	에이치 지(mercury)
스테판-볼츠만 상수	$W/m^2 \cdot K^3$	와트 퍼 제곱미터 케이 세제곱 (Watt per meter square Kelvin cubic)
시간	s, sec	세컨드(second)
압력	bar	바(bar)
압력	kg_f/cm^2	킬로그램 포스 퍼 제곱센티미터 (kilogram force per centimeter square)

단위읽기표

단위의 의미 (물리량)	단 위	단위 읽는 법
압력	lb_f/in^2	파운드 포스 퍼 제곱인치 (pound force per inch square)
압력	N/m^2	뉴턴 퍼 제곱미터(Newton per meter square)
압력	Pa	파스칼(Pascal)
압력	PSI	피 에스 아이(Pound per Square Inch)
열량	BTU	비티유(British Thermal Unit)
열량	cal	칼로리(calorie)
열전달률	$W/m^2 \cdot ℃$	와트 퍼 제곱미터 도 씨 (Watt per meter square degree Celsius)
열전도율	$W/m \cdot K$	와트 퍼 미터 케이(Watt per meter Kelvin)
유량	m^3/min	세제곱미터 퍼 미니트(meter cubic per minute)
유량	m^3/sec	세제곱미터 퍼 세컨드(meter cubic per second)
융해열, 기화열	cal/g	칼로리 퍼 그램(calorie per gram)
일률	HP	마력(Horse Power)
일률	J/s, J/sec	줄 퍼 세컨드(Joule per second)
일률	PS	미터 마력(PferdeStärke)
전도열	W/sec	와트 퍼 세컨드(Watt per second)
점도	P	푸아즈(Poise)
중량	kg_f	킬로그램 포스(kilogram force)
중량	lb	파운드(pound)
켈빈온도	K	케이(Kelvin temperature)
화씨온도	℉	도 에프(degree Fahrenheit)
화재하중	kg/m^2	킬로그램 퍼 제곱미터(kilogram per meter square)
힘	dyn, dyne	다인(dyne)
힘	N	뉴턴(Newton)

시험안내 연락처

기관명	주 소	전화번호
서울지역본부	02512 서울 동대문구 장안벚꽃로 279(휘경동 49-35)	02-2137-0590
서울서부지사	03302 서울 은평구 진관3로 36(진관동 산100-23)	02-2024-1700
서울남부지사	07225 서울시 영등포구 버드나루로 110(당산동)	02-876-8322
서울강남지사	06193 서울시 강남구 테헤란로 412 T412빌딩 15층(대치동)	02-2161-9100
인천지사	21634 인천시 남동구 남동서로 209(고잔동)	032-820-8600
경인지역본부	16626 경기도 수원시 권선구 호매실로 46-68(탑동)	031-249-1201
경기동부지사	13313 경기 성남시 수정구 성남대로 1217(수진동)	031-750-6200
경기서부지사	14488 경기도 부천시 길주로 463번길 69(춘의동)	032-719-0800
경기남부지사	17561 경기 안성시 공도읍 공도로 51-23	031-615-9000
경기북부지사	11801 경기도 의정부시 바대논길 21 해인프라자 3~5층(고산동)	031-850-9100
강원지사	24408 강원특별자치도 춘천시 동내면 원창 고개길 135(학곡리)	033-248-8500
강원동부지사	25440 강원특별자치도 강릉시 사천면 방동길 60(방동리)	033-650-5700
부산지역본부	46519 부산시 북구 금곡대로 441번길 26(금곡동)	051-330-1910
부산남부지사	48518 부산시 남구 신선로 454-18(용당동)	051-620-1910
경남지사	51519 경남 창원시 성산구 두대로 239(중앙동)	055-212-7200
경남서부지사	52733 경남 진주시 남강로 1689(초전동 260)	055-791-0700
울산지사	44538 울산광역시 중구 종가로 347(교동)	052-220-3277
대구지역본부	42704 대구시 달서구 성서공단로 213(갈산동)	053-580-2300
경북지사	36616 경북 안동시 서후면 학가산 온천길 42(명리)	054-840-3000
경북동부지사	37580 경북 포항시 북구 법원로 140번길 9(장성동)	054-230-3200
경북서부지사	39371 경상북도 구미시 산호대로 253(구미첨단의료 기술타워 2층)	054-713-3000
광주지역본부	61008 광주광역시 북구 첨단벤처로 82(대촌동)	062-970-1700
전북지사	54852 전북 전주시 덕진구 유상로 69(팔복동)	063-210-9200
전북서부지사	54098 전북 군산시 공단대로 197번지 풍산빌딩 2층(수송동)	063-731-5500
전남지사	57948 전남 순천시 순광로 35-2(조례동)	061-720-8500
전남서부지사	58604 전남 목포시 영산로 820(대양동)	061-288-3300
대전지역본부	35000 대전광역시 중구 서문로 25번길 1(문화동)	042-580-9100
충북지사	28456 충북 청주시 흥덕구 1순환로 394번길 81(신봉동)	043-279-9000
충북북부지사	27480 충북 충주시 호암수청2로 14 충주농협 호암행복지점 3~4층(호암동)	043-722-4300
충남지사	31081 충남 천안시 서북구 상고1길 27(신당동)	041-620-7600
세종지사	30128 세종특별자치시 한누리대로 296(나성동)	044-410-8000
제주지사	63220 제주 제주시 복지로 19(도남동)	064-729-0701

※ 청사이전 및 조직변동 시 주소와 전화번호가 변경, 추가될 수 있음

응시자격

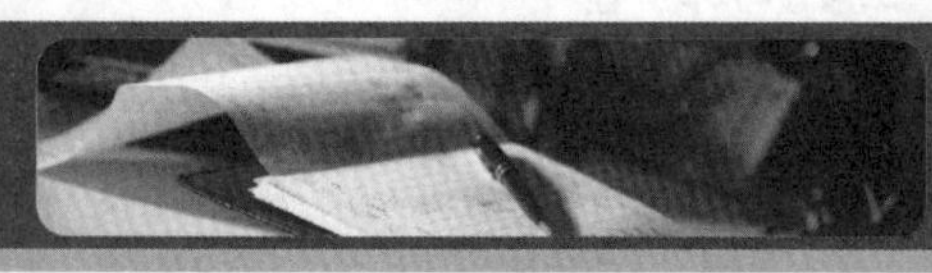

기사 : 다음의 어느 하나에 해당하는 사람

1. **산업기사** 등급 이상의 자격을 취득한 후 응시하려는 종목이 속하는 동일 및 유사 직무분야에서 **1년 이상** 실무에 종사한 사람
2. **기능사** 자격을 취득한 후 응시하려는 종목이 속하는 동일 및 유사 직무분야에서 **3년 이상** 실무에 종사한 사람
3. 응시하려는 종목이 속하는 동일 및 유사 직무분야의 다른 종목의 기사 등급 이상의 자격을 취득한 사람
4. 관련학과의 대학졸업자 등 또는 그 졸업예정자
5. **3년제 전문대학** 관련학과 졸업자 등으로서 졸업 후 응시하려는 종목이 속하는 동일 및 유사 직무분야에서 **1년 이상** 실무에 종사한 사람
6. **2년제 전문대학** 관련학과 졸업자 등으로서 졸업 후 응시하려는 종목이 속하는 동일 및 유사 직무분야에서 **2년 이상** 실무에 종사한 사람
7. 동일 및 유사 직무분야의 **기사** 수준 기술훈련과정 이수자 또는 그 이수예정자
8. 동일 및 유사 직무분야의 **산업기사** 수준 기술훈련과정 이수자로서 이수 후 응시하려는 종목이 속하는 동일 및 유사 직무분야에서 **2년 이상** 실무에 종사한 사람
9. 응시하려는 종목이 속하는 동일 및 유사 직무분야에서 **4년 이상** 실무에 종사한 사람
10. 외국에서 동일한 종목에 해당하는 자격을 취득한 사람

산업기사 : 다음의 어느 하나에 해당하는 사람

1. **기능사** 등급 이상의 자격을 취득한 후 응시하려는 종목이 속하는 동일 및 유사 직무분야에 **1년 이상** 실무에 종사한 사람
2. 응시하려는 종목이 속하는 동일 및 유사 직무분야의 다른 종목의 산업기사 등급 이상의 자격을 취득한 사람
3. 관련학과의 **2년제** 또는 **3년제 전문대학**졸업자 등 또는 그 졸업예정자
4. 관련학과의 대학졸업자 등 또는 그 졸업예정자
5. 동일 및 유사 직무분야의 산업기사 수준 기술훈련과정 이수자 또는 그 이수예정자
6. 응시하려는 종목이 속하는 동일 및 유사 직무분야에서 **2년 이상** 실무에 종사한 사람
7. 고용노동부령으로 정하는 기능경기대회 입상자
8. 외국에서 동일한 종목에 해당하는 자격을 취득한 사람

※ 세부사항은 한국산업인력공단 **1644-8000**으로 문의바람

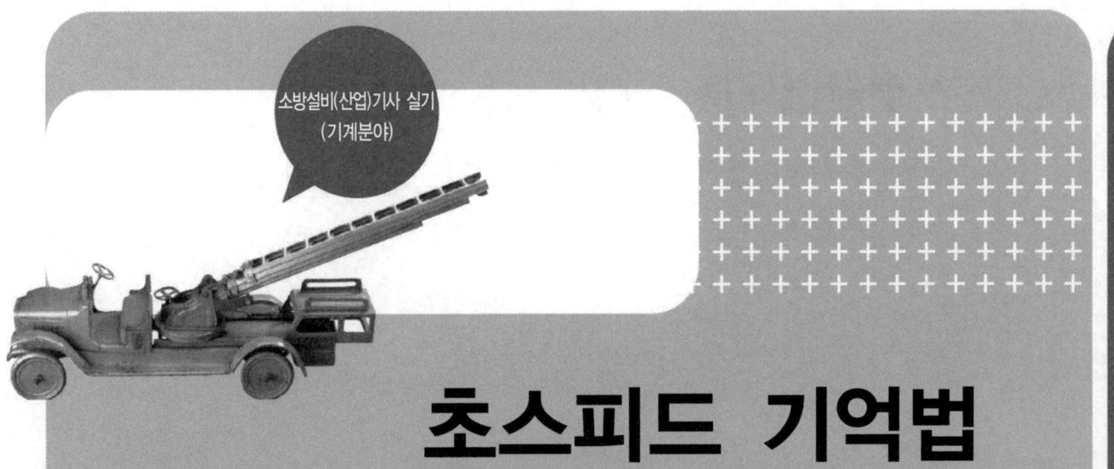

초스피드 기억법

인생에 있어서 가장 힘든 일은

아무것도 하지 않는 것이다.

1 유체의 종류

① 실제 유체 : 점성이 있으며, **압축성**인 유체
② 이상 유체 : 점성이 없으며, **비압축성**인 유체
③ 압축성 유체 : **기체**와 같이 체적이 변화하는 유체
④ 비압축성 유체 : **액체**와 같이 체적이 변화하지 않는 유체

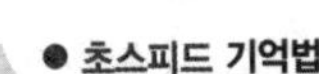

실점있압(**실점**이 **있**는 사람만 **압**박해!)
기압(**기압**)

2 열량

$$Q=r_1m+mC\Delta T+r_2m$$

여기서, Q : 열량[cal]
r_1 : 융해열[cal/g]
r_2 : 기화열[cal/g]
m : 질량[g]
C : 비열[cal/g · ℃]
ΔT : 온도차[℃]

3 유체의 단위(다 시험에 잘 나온다.)

① $1\text{N}=10^5\text{dyne}$
② $1\text{N}=1\text{kg}\cdot\text{m/s}^2$
③ $1\text{dyne}=1\text{g}\cdot\text{cm/s}^2$
④ $1\text{Joule}=1\text{N}\cdot\text{m}$
⑤ $1\text{kg}_f=9.8\text{N}=9.8\text{kg}\cdot\text{m/s}^2$
⑥ $1\text{P(poise)}=1\text{g/cm}\cdot\text{s}=1\text{dyne}\cdot\text{s/cm}^2$
⑦ $1\text{cP(centipoise)}=0.01\text{g/cm}\cdot\text{s}$
⑧ $1\text{stokes(St)}=1\text{cm}^2\text{/s}$
⑨ $1\text{atm}=760\text{mmHg}=1.0332\text{kg}_f/\text{cm}^2$
$=10.332\text{mH}_2\text{O(mAq)}$
$=14.7\text{PSI}(\text{lb}_f/\text{in}^2)$
$=101.325\text{kPa}(\text{kN/m}^2)$
$=1013\text{mbar}$

Key Point

※ 정상류와 비정상류
(1) 정상류
배관 내의 임의의 점에서 시간에 따라 압력, 속도, 밀도 등이 변하지 않는 것
(2) 비정상류
배관 내의 임의의 점에서 시간에 따라 압력, 속도, 밀도 등이 변하는 것

※ 비열
1g의 물체를 1℃만큼 온도를 상승시키는 데 필요한 열량(cal)

Key Point

※ 절대압
완전**진**공을 기준으로 한 압력
기억법 절진(절전)

※ 게이지압(계기압)
국소대기압을 기준으로 한 압력

※ 비중량
단위체적당 중량

※ 비체적
단위질량당 체적

4 절대압(꼭! 알아야 한다.)

① 절대압=대기압+게이지압(계기압)

② 절대압=대기압−진공압

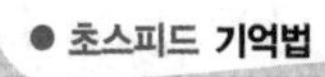

● 초스피드 기억법

절대계(절대로 개입하지 마라.)
절대－진(절대로 마이너지진이 남지 않는다.)

5 비중량

$$\gamma = \rho g$$

여기서, γ : 비중량[kN/m³]
ρ : 밀도[kg/m³]
g : 중력가속도(9.8m/s²)

① 물의 비중량

$1\text{g}_f/\text{cm}^3 = 1000\text{kg}_f/\text{m}^3 = 9.8\text{kN/m}^3$

② 물의 밀도

$\rho = 1\text{g/cm}^3 = 1000\text{kg/m}^3 = 1000\text{N}\cdot\text{s}^2/\text{m}^4$

6 가스계 소화설비와 관련된 식

$$CO_2 = \frac{\text{방출가스량}}{\text{방호구역체적} + \text{방출가스량}} \times 100 = \frac{21 - O_2}{21} \times 100$$

여기서, CO_2 : CO_2의 농도[%], 할론농도[%]
O_2 : O_2의 농도[%]

$$\text{방출가스량} = \frac{21 - O_2}{O_2} \times \text{방호구역체적}$$

여기서, O_2 : O_2의 농도[%]

$$PV = \frac{m}{M}RT$$

여기서, P : 기압[atm]
V : 방출가스량[m³]
m : 질량[kg]
M : 분자량(CO_2 : 44, 할론 1301 : 148.95)
R : 0.082atm · m³/kmol · K
T : 절대온도(273+℃)[K]

Key Point

$$Q = \frac{m_t\,C(t_1 - t_2)}{H}$$

여기서, Q : 액화 CO_2의 증발량〔kg〕
m_t : 배관의 질량〔kg〕
C : 배관의 비열〔kcal/kg · ℃〕
t_1 : 방출전 배관의 온도〔℃〕
t_2 : 방출될 때의 배관의 온도〔℃〕
H : 액화 CO_2의 증발잠열〔kcal/kg〕

비교

이상기체 상태방정식

$$PV = nRT = \frac{m}{M}RT,\ \rho = \frac{PM}{RT}$$

여기서, P : 압력〔atm〕
V : 부피〔m^3〕
n : 몰수$\left(\frac{m}{M}\right)$
R : 0.082atm · m^3/kmol · K
T : 절대온도(273+℃)〔K〕
m : 질량〔kg〕
M : 분자량
ρ : 밀도〔kg/m^3〕

$$PV = WRT,\ \rho = \frac{P}{RT}$$

여기서, P : 압력〔Pa〕
V : 부피〔m^3〕
W : 무게〔N〕
R : $\frac{848}{M}$〔N · m/kg · K〕
T : 절대온도(273+℃)〔K〕
ρ : 밀도〔kg/m^3〕

$$PV = GRT$$

여기서, P : 압력〔Pa〕
V : 부피〔m^3〕
G : 무게〔N〕
$R(N_2)$: 296〔J/N · K〕
T : 절대온도(273+℃)〔K〕

＊증발잠열과 동일한 용어
① 증발열
② 기화잠열
③ 기화열

＊몰수

$$n = \frac{m}{M}$$

여기서,
n : 몰수
M : 분자량
m : 질량〔kg〕

※ 유량
관내를 흘러가는 유체의 양을 말하는 것으로 '체적유량', '용량유량'이라고도 부른다.

7 유량

(1) 유량(flowrate)

$$Q = AV$$

여기서, Q : 유량[m^3/s]
A : 단면적[m^2]
V : 유속[m/s]

(2) 질량유량(mass flowrate)

$$\overline{m} = AV\rho$$

여기서, $\overline{m}$: 질량유량[kg/s]
A : 단면적[m^2]
V : 유속[m/s]
ρ : 밀도[kg/m^3]

(3) 중량유량(weight flowrate)

$$G = AV\gamma$$

여기서, G : 중량유량[N/s]
A : 단면적[m^2]
V : 유속[m/s]
γ : 비중량[N/m^3]

※ 베르누이 방정식의 적용 조건
① 정상 흐름
② 비압축성 흐름
③ 비점성 흐름
④ 이상유체
기억법 베정비이
(배를 정비해서 이곳을 떠나라!)

8 여러 가지 식

(1) 베르누이 방정식

$$\frac{V_1^{\ 2}}{2g} + \frac{p_1}{\gamma} + Z_1 = \frac{V_2^{\ 2}}{2g} + \frac{p_2}{\gamma} + Z_2 + \Delta H$$

↑ (속도수두) ↑ (압력수두) ↑ (위치수두)

여기서, V_1, V_2 : 유속[m/s]
p_1, p_2 : 압력[kPa] 또는 [kN/m^2]
Z_1, Z_2 : 높이[m]
g : 중력가속도(9.8m/s^2)
γ : 비중량[kN/m^3]
ΔH : 손실수두[m]

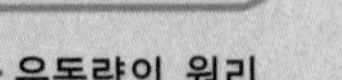

(2) 토리첼리의 식(Torricelli's theorem)

$$V = \sqrt{2gH} \text{ 또는 } V = C_V\sqrt{2gH}$$

여기서, V : 유속〔m/s〕
C_V : 속도계수
g : 중력가속도(9.8m/s^2)
H : 높이〔m〕

(3) 보일-샤를의 법칙(Boyle-Charl's law)

$$\frac{P_1 V_1}{T_1} = \frac{P_2 V_2}{T_2}$$

여기서, P_1, P_2 : 기압〔atm〕
V_1, V_2 : 부피〔m^3〕
T_1, T_2 : 절대온도〔K〕

(4) 마찰손실

❶ 달시-웨버의 식(Darcy-Weisbach formula) : 층류, 난류

$$H = \frac{\Delta p}{\gamma} = \frac{flV^2}{2gD}$$

여기서, H : 마찰손실〔m〕
Δp : 압력차〔kPa〕 또는 〔kN/m^2〕
γ : 비중량(물의 비중량 9.8kN/m^3)
f : 관마찰계수
l : 길이〔m〕
V : 유속〔m/s〕
g : 중력가속도(9.8 m/s^2)
D : 내경〔m〕

❷ 하젠-윌리암의 식(Hargen-William's formula)

$$\Delta p_m = 6.053 \times 10^4 \times \frac{Q^{1.85}}{C^{1.85} \times D^{4.87}} \times L \fallingdotseq 6.174 \times 10^4 \times \frac{Q^{1.85}}{C^{1.85} \times D^{4.87}} \times L$$

여기서, Δp_m : 압력손실〔MPa〕
C : 조도
D : 관의 내경〔mm〕
Q : 관의 유량〔l/min〕
L : 배관의 길이〔m〕

Key Point

＊ 운동량의 원리
운동량의 시간변화율은 그 물체에 작용한 힘과 같다.

$$F = m\frac{du}{dt}$$

여기서,
F : 힘〔kg·m/s^2=N〕
m : 질량〔kg〕
du : 운동속도〔m/s〕
dt : 운동시간〔s〕

＊ 배관의 마찰손실
(1) 주손실
관로에 따른 마찰손실
(2) 부차적 손실
① 관의 급격한 확대 손실
② 관의 급격한 축소 손실
③ 관부속품에 따른 손실

＊ 관마찰계수

$$f = \frac{64}{Re}$$

여기서,
f : 관마찰계수
Re : 레이놀즈수

※ 조도
배관의 재질이 매끄러우냐 또는 거치냐에 따라 작용하는 계수로서 'Roughness계수', '마찰계수'라고도 부른다.

중요

배관의 조도

조도(C)	배 관
100	• 주철관 • 흑관(건식 스프링클러설비의 경우) • 흑관(준비작동식 스프링클러설비의 경우)
120	• 흑관(일제살수식 스프링클러설비의 경우) • 흑관(습식 스프링클러설비의 경우) • 백관(아연도금강관)
150	• 동관(구리관)

(5) 토출량(방수량)

❶

$$Q = 10.99\,CD^2\sqrt{10P}$$

여기서, Q : 토출량[m^3/s]
C : 노즐의 흐름계수(유량계수)
D : 구경[m]
P : 방사압력[MPa]

❷

$$Q = 0.653\,D^2\sqrt{10P} = 0.6597\,CD^2\sqrt{10P}$$

여기서, Q : 토출량[l/min]
C : 노즐의 흐름계수(유량계수)
D : 구경[mm]
P : 방사압력(게이지압)[MPa]

$$Q = K\sqrt{10P}$$

여기서, Q : 토출량[l/min]
K : 방출계수
P : 방사압력[MPa]

※ 돌연축소관

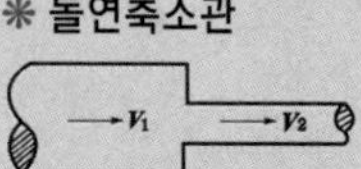

※ 돌연확대관

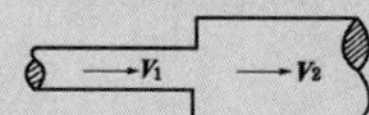

(6) 돌연 축소 · 확대관에서의 손실

❶ 돌연축소관에서의 손실

$$H = K\frac{{V_2}^2}{2g}$$

여기서, H : 손실수두[m]
K : 손실계수
V_2 : 축소관유속[m/s]
g : 중력가속도($9.8m/s^2$)

Key Point

※ 단위

① 1HP=0.746kW

② 1PS=0.735kW

❷ 돌연확대관에서의 손실

$$H = K\frac{(V_1 - V_2)^2}{2g}$$

여기서, H : 손실수두[m]
K : 손실계수
V_1 : 축소관유속[m/s]
V_2 : 확대관유속[m/s]
g : 중력가속도(9.8m/s^2)

(7) 펌프의 동력

❶ 일반적인 설비

$$P = \frac{0.163\,QH}{\eta}K$$

여기서, P : 전동력[kW]
Q : 유량[m^3/min]
H : 전양정[m]
K : 전달계수
η : 효율

❷ 제연설비(배연설비)

$$P = \frac{P_T Q}{102 \times 60\eta}K$$

여기서, P : 배연기 동력[kW]
P_T : 전압(풍압)[mmAq, mmH$_2$O]
Q : 풍량[m^3/min]
K : 여유율
η : 효율

※ 펌프의 동력

① 전동력
전달계수와 효율을 모두 고려한 동력

② 축동력
전달계수를 고려하지 않은 동력

기억법 축전(축전)

③ 수동력
전달계수와 효율을 고려하지 않은 동력

기억법 효전수(효를 전수해 주세요.)

(8) 압력

❶ 일반적인 압력

$$p = \gamma h,\ p = \frac{F}{A}$$

여기서, p : 압력[Pa]
γ : 비중량[N/m^3]
h : 높이[m]
F : 힘[N]
A : 단면적[m^2]

❷ 물속의 압력

$$P = P_0 + \gamma h$$

여기서, P : 물속의 압력[kPa]

Key Point

P_0 : 대기압(101.325kPa)
γ : 물의 비중량(9.8kN/m³)
h : 물의 깊이[m]

(9) 플랜지볼트에 작용하는 힘

$$F = \frac{\gamma Q^2 A_1}{2g}\left(\frac{A_1 - A_2}{A_1 A_2}\right)^2$$

여기서, F : 플랜지볼트에 작용하는 힘[kN]
γ : 비중량(물의 비중량 9.8kN/m³)
Q : 유량[m³/s]
A_1 : 소방호스의 단면적[m²]
A_2 : 노즐의 단면적[m²]
g : 중력가속도(9.8m/s²)

(10) 배관(pipe)

※ 스케줄 번호
관의 구경·두께·내부 압력 등의 일정한 표준이 되는 것을 숫자로 나타낸 것

※ 내부작업응력
'최고사용압력'이라고도 부른다.

※ NPSH
'Net Positive Suction Head'의 약자로서 유효흡입양정을 말한다.

① 스케줄 번호(Schedule No)

$$\text{Schedule No} = \frac{\text{내부작업응력}}{\text{재료의 허용응력}} \times 1000$$

② 안전율

$$\text{안전율} = \frac{\text{인장강도(극한강도)}}{\text{재료의 허용응력}}$$

(11) NPSH$_{av}$

① 흡입 NPSH$_{av}$(수조가 펌프보다 낮을 때)

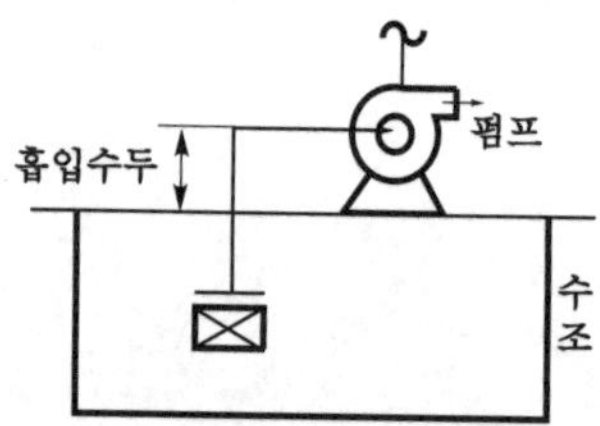

$$\text{NPSH}_{av} = H_a - H_v - H_s - H_L$$

여기서, NPSH$_{av}$: 유효흡입양정[m]
H_a : 대기압수두[m]
H_v : 수증기압수두[m]
H_s : 흡입수두[m]
H_L : 마찰손실수두[m]

Key Point

② 압입 $NPSH_{av}$(수조가 펌프보다 높을 때)

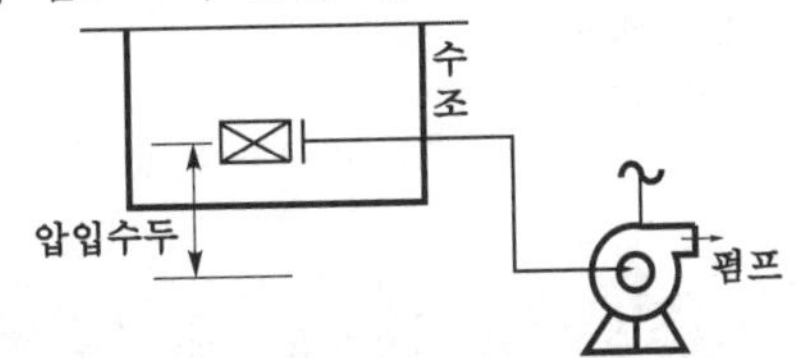

$$NPSH_{av} = H_a - H_v + H_s - H_L$$

여기서, $NPSH_{av}$: 유효흡입양정〔m〕
H_a : 대기압수두〔m〕
H_v : 수증기압수두〔m〕
H_s : 압입수두〔m〕
H_L : 마찰손실수두〔m〕

(12) 유량, 양정, 축동력(관경 D_1, D_2는 생략가능)

① **유량** : 유량은 회전수에 비례하고 관경의 세제곱에 비례한다.

$$Q_2 = Q_1\left(\frac{N_2}{N_1}\right)\left(\frac{D_2}{D_1}\right)^3$$

여기서, Q_2 : 변경 후 유량〔m^3/min〕
Q_1 : 변경 전 유량〔m^3/min〕
N_2 : 변경 후 회전수〔rpm〕
N_1 : 변경 전 회전수〔rpm〕
D_2 : 변경 후 관경〔mm〕
D_1 : 변경 전 관경〔mm〕

② **양정** : 양정은 회전수의 제곱 및 관경의 제곱에 비례한다.

$$H_2 = H_1\left(\frac{N_2}{N_1}\right)^2\left(\frac{D_2}{D_1}\right)^2$$

여기서, H_2 : 변경 후 양정〔m〕
H_1 : 변경 전 양정〔m〕

③ **축동력** : 축동력은 회전수의 세제곱 및 관경의 오제곱에 비례한다.

$$P_2 = P_1\left(\frac{N_2}{N_1}\right)^3\left(\frac{D_2}{D_1}\right)^5$$

여기서, P_2 : 변경 후 축동력〔kW〕
P_1 : 변경 전 축동력〔kW〕

＊ 유량, 양정, 축동력

① 유량

$$Q_2 = Q_1\left(\frac{N_2}{N_1}\right)$$

② 양정

$$H_2 = H_1\left(\frac{N_2}{N_1}\right)^2$$

③ 축동력

$$P_2 = P_1\left(\frac{N_2}{N_1}\right)^3$$

여기서,
Q : 유량〔m^3/min〕
H : 양정〔m〕
P : 축동력〔kW〕
N : 회전수〔rpm〕

(13) 펌프

① 압축비

$$K = {}^{\varepsilon}\sqrt{\frac{p_2}{p_1}}$$

여기서, K : 압축비

＊ 압축열
기체를 급히 압축할 때 발생하는 열

ε : 단수
p_1 : 흡입측 압력[MPa]
p_2 : 토출측 압력[MPa]

② 가압송수능력

$$가압송수능력 = \frac{p_2 - p_1}{\varepsilon}$$

여기서, p_1 : 흡입측 압력[MPa]
p_2 : 토출측 압력[MPa]
ε : 단수

※ 단수
'임펠러개수'를 말한다.

※ 누설량
제연구역에 설치된 출입문, 창문 등의 틈새를 통하여 제연구역으로부터 흘러나가는 공기량

(14) 제연설비

① 누설량

$$Q = 0.827A\sqrt{P}$$

여기서, Q : 누설량[m³/s]
A : 누설틈새면적[m²]
P : 차압[Pa]

② 누설틈새면적

① 직렬상태

$$A = \frac{1}{\sqrt{\dfrac{1}{{A_1}^2} + \dfrac{1}{{A_2}^2} + \cdots}}$$

여기서, A : 전체 누설틈새면적[m²]
A_1, A_2 : 각 실의 누설틈새면적[m²]

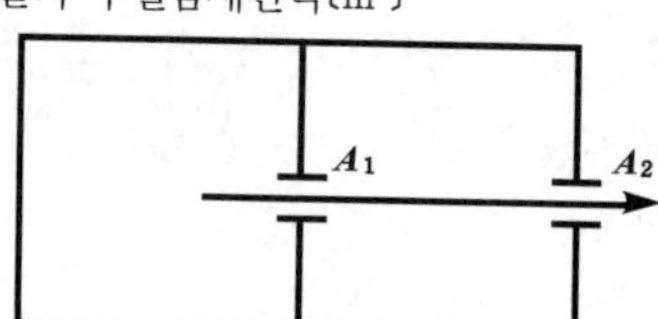

② 병렬상태

$$A = A_1 + A_2 + \cdots$$

여기서, A : 전체 누설틈새면적[m²]
A_1, A_2 : 각 실의 누설틈새면적[m²]

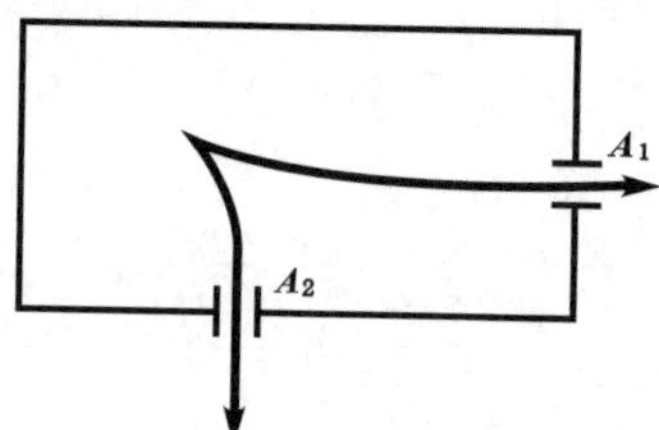

Key Point

9 유체 계측기기

정압 측정	동압(유속) 측정	유량 측정
① 피에조미터 ② 정압관 기억법 조정(조정)	① 피토관 ② 피토-정압관 ③ 시차액주계 ④ 열선 속도계 기억법 속토시 열 (속이 따뜻한 토시는 열이 난다.)	① 벤츄리미터 ② 위어 ③ 로터미터 ④ 오리피스 기억법 벤위로 오량 (벤치 위로 오양이 보인다.)

※ 위어의 종류
① V-notch 위어
② 4각 위어
③ 예봉 위어
④ 광봉 위어

10 펌프의 운전

(1) 직렬운전

❶ 토출량 : Q
❷ 양정 : $2H$(토출압 : $2P$)

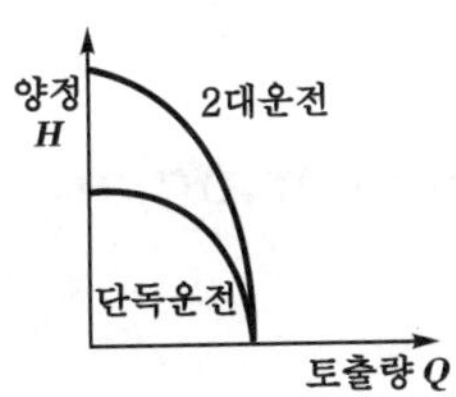

직렬운전

※ 펌프
전동기로부터 에너지를 받아 액체 또는 기체를 수송하는 장치

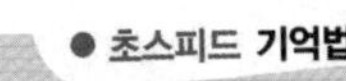

정2직(정이 든 직장)

(2) 병렬운전

❶ 토출량 : $2Q$
❷ 양정 : H(토출압 : P)

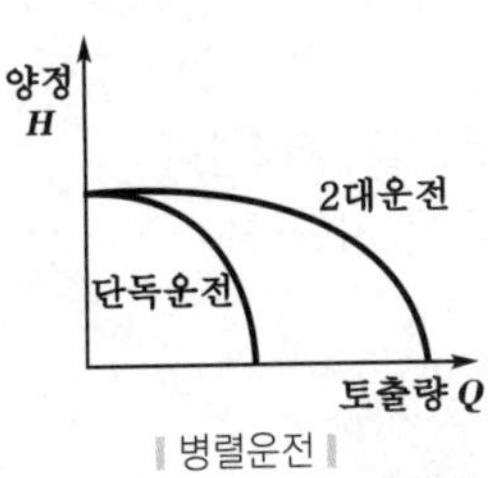

병렬운전

11 공동현상(정말 잊지 마라.)

(1) 공동현상의 발생원인

❶ 펌프의 흡입수두가 클 때
❷ 펌프의 마찰손실이 클 때
❸ 펌프의 임펠러 속도가 클 때
❹ 펌프의 설치위치가 수원보다 높을 때
❺ 관내의 수온이 높을 때

※ 공동현상
펌프의 흡입측 배관 내의 물의 정압이 기존의 증기압보다 낮아져서 물이 흡입되지 않는 현상

⑥ 관내의 물의 정압이 그때의 증기압보다 낮을 때
⑦ 흡입관의 구경이 작을 때
⑧ 흡입거리가 길 때
⑨ 유량이 증가하여 펌프물이 과속으로 흐를 때

(2) 공동현상의 방지대책

① 펌프의 흡입수두를 작게 한다.
② 펌프의 마찰손실을 작게 한다.
③ 펌프의 임펠러 속도(회전수)를 작게 한다.
④ 펌프의 설치위치를 수원보다 낮게 한다.
⑤ 양흡입 펌프를 사용한다(펌프의 흡입측을 가압한다).
⑥ 관내의 물의 정압을 그때의 증기압보다 높게 한다.
⑦ 흡입관의 구경을 크게 한다.
⑧ 펌프를 2대 이상 설치한다.

12 수격작용(water hammering)

※ 수격작용
배관 내를 흐르는 유체의 유속을 급격하게 변화시킴으로 압력이 상승 또는 하강하여 관로의 벽면을 치는 현상

(1) 수격작용의 발생원인

① 펌프가 갑자기 정지할 때
② 급히 밸브를 개폐할 때
③ 정상운전시 유체의 압력변동이 생길 때

(2) 수격작용의 방지대책

① 관로의 **관**경을 **크**게 한다.
② 관로 내의 **유**속을 **낮**게 한다(관로에서 일부 고압수를 방출한다).
③ 조압수조(surge tank)를 설치하여 적정압력을 유지한다.
④ **플라이휠**(flywheel)을 설치한다.
⑤ 펌프 송출구 가까이에 밸브를 설치한다.
⑥ **에어챔버**(air chamber)를 설치한다.

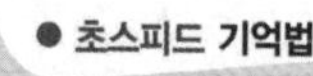

수방관크 유낮(소방관은 **크**고, **유**부남은 **작**다.)

13 맥동현상(surging)

※ 맥동현상
유량이 단속적으로 변하여 펌프입출구에 설치된 진공계·압력계가 흔들리고 진동과 소음이 일어나며 펌프의 토출유량이 변하는 현상

(1) 맥동현상의 발생원인

① 배관 중에 **수조**가 있을 때
② 배관 중에 **기체상태**의 부분이 있을 때
③ **유량조절밸브**가 배관 중 수조의 위치 **후방**에 있을 때

Key Point

④ 펌프의 특성곡선이 **산모양**이고 운전점이 그 **정상부**일 때

※ 에어바인딩
펌프 운전시 펌프 내의 공기로 인하여 수두가 감소하여 물이 송액되지 않는 현상

(2) **맥동현상의 방지대책**

① 배관 중에 불필요한 수조를 없앤다.
② 배관 내의 기체를 제거한다.
③ 유량조절밸브를 배관 중 수조의 전방에 설치한다.
④ 운전점을 고려하여 적합한 펌프를 선정한다.
⑤ 풍량 또는 토출량을 줄인다.

14 충전가스(압력원)

질소(N_2)	**분**말소화설비(축압식), **할**론소화설비
이산화탄소(CO_2)	기타설비

● 초스피드 기억법

질충분할(질소가 충분할 것)

15 각 설비의 주요사항(암기하여 나타나야 한다.)

구 분	드렌처설비	스프링클러 설비	소화용수 설비	옥내소화전 설비	옥외소화전 설비	포소화설비 물분무소화설비 연결송수관설비
방수압	0.1MPa 이상	0.1~1.2MPa 이하	0.15MPa 이상	0.17~0.7MPa 이하	0.25~0.7MPa 이하	0.35MPa 이상
방수량	80l/min 이상	80l/min 이상	800l/min 이상 (가압송수장치 설치)	130l/min 이상 (30층 미만 : 최대 **2개**, 30층 이상 : 최대 **5개**)	350l/min 이상 (최대 **2개**)	75l/min 이상 (포워터 스프링클러 헤드)
방수 구경	–	–	–	40mm	65mm	–
노즐 구경	–	–	–	13mm	19mm	–

16 수원의 저수량(참 중요!)

※ 드렌처설비
건물의 창, 처마 등 외부화재에 의해 연소·파손하기 쉬운 부분에 설치하여 외부 화재의 영향을 막기 위한 설비

(1) **드렌처설비**

$$Q = 1.6N$$

여기서, Q : 수원의 저수량[m^3]
N : 헤드의 설치개수

Key Point

※ 수원
물을 공급하는 곳

※ 폐쇄형 헤드
정상상태에서 방수구를 막고 있는 감열체가 일정온도에서 자동적으로 파괴·용해 또는 이탈됨으로써 분사구가 열려지는 헤드

(2) 스프링클러설비

㈎ 기타시설(폐쇄형) 및 창고시설(라지드롭형 폐쇄형)

기타시설(폐쇄형)	창고시설(라지드롭형 폐쇄형)
$Q=1.6N$(30층 미만) $Q=3.2N$(30~49층 이하) $Q=4.8N$(50층 이상) 여기서, Q : 수원의 저수량[m^3] N : 폐쇄형 헤드의 기준개수(설치개수가 기준개수보다 적으면 그 설치개수)	$Q=3.2N$(일반 창고) $Q=9.6N$(랙식 창고) 여기서, Q : 수원의 저수량[m^3] N : 가장 많은 방호구역의 설치개수(최대 30개)

중요

폐쇄형 헤드의 기준개수

특정소방대상물		폐쇄형 헤드의 기준개수
지하가·지하역사		30
11층 이상		
10층 이하	공장(특수가연물), 창고시설	
	판매시설(백화점 등), 복합건축물(판매시설이 설치된 것)	
	근린생활시설, 운수시설	20
	8m 이상	
	8m 미만	10
공동주택(아파트 등)		10(각 동이 주차장으로 연결된 주차장 : 30)

● 초스피드 기억법

8이2(파리)
18아(일제 팔아)

(3) 옥내소화전설비

$Q=2.6N$(30층 미만, N : 최대 2개)
$Q=5.2N$(30~49층 이하, N : 최대 5개)
$Q=7.8N$(50층 이상, N : 최대 5개)

여기서, Q : 수원의 저수량[m^3]
N : 가장 많은 층의 소화전 개수

(4) 옥외소화전설비

$$Q=7N$$

여기서, Q : 수원의 저수량[m^3]
N : 옥외소화전 설치개수(최대 2개)

Key Point

17 가압송수장치(펌프방식)(합격이 눈앞에 있소이다.)

(1) 스프링클러설비

$$H = h_1 + h_2 + \underline{10}$$

여기서, H : 전양정〔m〕
h_1 : 배관 및 관부속품의 마찰손실수두〔m〕
h_2 : 실양정(흡입양정+토출양정)〔m〕

스10(서열)

※ 스프링클러설비
스프링클러헤드를 이용하여 건물 내의 화재를 자동적으로 진화하기 위한 소화설비

(2) 물분무소화설비

$$H = h_1 + h_2 + h_3$$

여기서, H : 필요한 낙차〔m〕
h_1 : 물분무헤드의 설계압력 환산수두〔m〕
h_2 : 배관 및 관부속품의 마찰손실수두〔m〕
h_3 : 실양정(흡입양정+토출양정)〔m〕

※ 물분무소화설비
물을 안개모양(분무) 상태로 살수하여 소화하는 설비

(3) 옥내소화전설비

$$H = h_1 + h_2 + h_3 + \underline{17}$$

여기서, H : 전양정〔m〕
h_1 : 소방 호스의 마찰손실수두〔m〕
h_2 : 배관 및 관부속품의 마찰손실수두〔m〕
h_3 : 실양정(흡입양정+토출양정)〔m〕

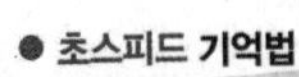

내17(내일 칠해)

※ 소방호스의 종류
① 고무내장 호스
② 소방용 아마 호스
③ 소방용 젖는 호스

(4) 옥외소화전설비

$$H = h_1 + h_2 + h_3 + \underline{25}$$

여기서, H : 전양정〔m〕
h_1 : 소방 호스의 마찰손실수두〔m〕
h_2 : 배관 및 관부속품의 마찰손실수두〔m〕
h_3 : 실양정(흡입양정+토출양정)〔m〕

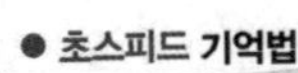

외25(왜 이래요?)

Key Point

※ 포소화설비
차고, 주차장, 항공기 격납고 등 물로 소화가 불가능한 장소에 설치하는 소화설비로서 물과 포원액을 일정비율로 혼합하여 이것을 발포기를 통해 거품을 형성하게 하여 화재 부위에 도포하는 방식

※ 순환배관
체절운전시 수온의 상승 방지

※ 연결살수설비
실내에 개방형 헤드를 설치하고 화재시 현장에 출동한 소방차에서 실외에 설치되어 있는 송수구에 물을 공급하여 개방형 헤드를 통해 방사하여 화재를 진압하는 설비

※ 유속
유체(물)의 속도

(5) 포소화설비

$$H = h_1 + h_2 + h_3 + h_4$$

여기서, H : 펌프의 양정〔m〕
h_1 : 방출구의 설계압력 환산수두 또는 노즐선단의 방사압력 환산수두〔m〕
h_2 : 배관의 마찰손실수두〔m〕
h_3 : 소방 호스의 마찰손실수두〔m〕
h_4 : 낙차〔m〕

18 옥내소화전설비의 배관구경

구 분	가지배관	주배관 중 수직배관
호스릴	25mm 이상	32mm 이상
일반	40mm 이상	50mm 이상
연결송수관 겸용	65mm 이상	100mm 이상

● 초스피드 기억법

가4(가사일)
주5(주5일 근무)

19 헤드수 및 유수량(다 외웠으면 신통하다.)

(1) 옥내소화전설비

배관구경〔mm〕	40	50	65	80	100
유수량〔l/min〕	130	260	390	520	650
옥내소화전수	1개	2개	3개	4개	5개

(2) 연결살수설비

배관구경〔mm〕	32	40	50	65	80
살수헤드수	1개	2개	3개	4~5개	6~10개

(3) 스프링클러설비

급수관구경〔mm〕	25	32	40	50	65	80	90	100	125	150
폐쇄형 헤드수	2개	3개	5개	10개	30개	60개	80개	100개	160개	161개 이상

20 유속

설 비		유 속
옥내소화전설비		4m/s 이하
스프링클러설비	가지배관	6m/s 이하
	기타의 배관	10m/s 이하

Key Point

● 초스피드 기억법

6가스유(육교에 갔어유)

21 펌프의 성능

① 체절운전시 정격토출압력의 140%를 초과하지 않을 것
② 정격토출량의 150%로 운전시 정격토출압력의 65% 이상이 되어야 한다.

※ 체절운전
펌프의 성능시험을 목적으로 펌프 토출측의 개폐 밸브를 닫은 상태에서 펌프를 운전하는 것

22 옥내소화전함

① 강판(철판) 두께 : 1.5mm 이상
② 합성수지재 두께 : 4mm 이상
③ 문짝의 면적 : $0.5m^2$ 이상

● 초스피드 기억법

내합4(내가 합한 사과)

23 옥외소화전함의 설치거리

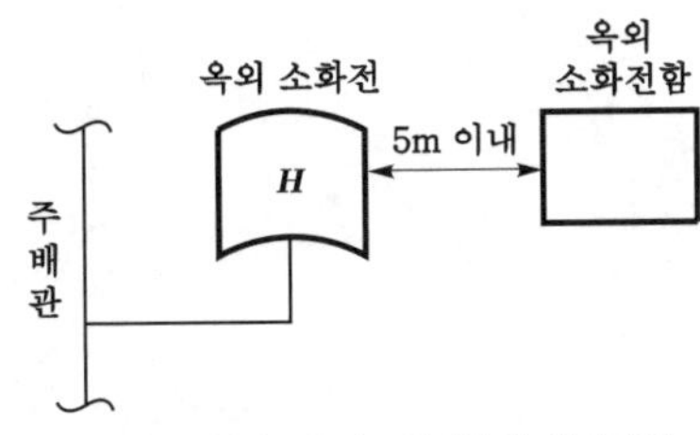

‖ 옥외소화전~옥외소화전함의 설치거리 ‖

※ 옥외소화전함 설치기구

옥외소화전 개수	소화전함 개수
10개 이하	5m 이내의 장소에 1개 이상
11~30개 이하	11개 이상의 소화전함 분산설치
31개 이상	소화전 3개마다 1개 이상

24 스프링클러헤드의 배치기준(다 외웠으면 장하다.)

설치장소의 최고 주위온도	표시온도
39℃ 미만	79℃ 미만
39~64℃ 미만	79~121℃ 미만
64~106℃ 미만	121~162℃ 미만
106℃ 이상	162℃ 이상

※ 스프링클러헤드
화재시 가압된 물이 내뿜어져 분산됨으로서 소화기능을 하는 헤드이다. 감열부의 유무에 따라 폐쇄형과 개방형으로 나눈다.

25 헤드의 배치형태

(1) **정방형**(정사각형)

$$S = 2R\cos 45°, \quad L = S$$

여기서, S : 수평헤드간격
R : 수평거리
L : 배관간격

(2) **장방형**(직사각형)

$$S = \sqrt{4R^2 - L^2}\,, \quad S' = 2R$$

여기서, S : 수평헤드간격
R : 수평거리
L : 배관간격
S' : 대각선헤드간격

중요

수평거리(R)

설치장소	설치기준
무대부 · 특수가연물(창고 포함)	수평거리 1.7m 이하
기타구조(창고 포함)	수평거리 2.1m 이하
내화구조(창고 포함)	수평거리 2.3m 이하
공동주택(아파트) 세대 내	수평거리 2.6m 이하

기억법 무기내아(무기 내려놔 아!)

※ 무대부
노래, 춤, 연극 등의 연기를 하기 위해 만들어 놓은 부분

※ 랙식 창고
① 물품보관용 랙을 설치하는 창고시설
② 선반 또는 이와 비슷한 것을 설치하고 승강기에 의하여 수납물을 운반하는 장치를 갖춘 것

26 스프링클러헤드 설치장소

1. 위험물 취급장소
2. 복도
3. 슈퍼마켓
4. 소매시장
5. 특수가연물 취급장소
6. 보일러실

● 초스피드 기억법

위스복슈소 특보(**위스**키는 **복**잡한 **수소**로 만들었다는 **특보**가 있다.)

※ 압력챔버
펌프의 게이트밸브(gate valve) 2차측에 연결되어 배관 내의 압력이 감소하면 압력스위치가 작동되어 충압펌프(jockey pump) 또는 주펌프를 작동시킨다. '기동용 수압개폐장치' 또는 '압력탱크'라고도 부른다.

27 압력챔버 · 리타딩챔버

압력챔버	리타딩챔버
① 모터펌프를 가동시키기 위하여 설치	① 오작동(오보)방지 ② 안전밸브의 역할 ③ 배관 및 압력스위치의 손상보호

28 스프링클러설비의 비교(잘 구분이 되는가?)

방식 구분	습식	건식	준비작동식	부압식	일제살수식
1차측	가압수	가압수	가압수	가압수	가압수
2차측	가압수	압축공기	대기압	부압(진공)	대기압
밸브 종류	습식밸브 (자동경보밸브, 알람체크밸브)	건식밸브	준비작동밸브	준비작동밸브	일제개방밸브 (델류즈밸브)
헤드 종류	폐쇄형 헤드	폐쇄형 헤드	폐쇄형 헤드	폐쇄형 헤드	개방형 헤드

29 고가수조 · 압력수조

고가수조에 필요한 설비	압력수조에 필요한 설비
① 수위계 ② 배수관 ③ 급수관 ④ 맨홀 ⑤ 오버플로어관 기억법 고오(Go!)	① 수위계 ② 배수관 ③ 급수관 ④ 맨홀 ⑤ 급기관 ⑥ 압력계 ⑦ 안전장치 ⑧ 자동식 공기압축기 기억법 기압안자(기아자동차)

30 배관의 구경

1. 교차배관 ┐
2. 청소구(청소용) ┘ 40mm 이상
3. 수직배수배관 : 50mm 이상

● 초스피드 기억법 

교4청(교사는 청소 안 하냐?)
5수(호수)

31 행거의 설치

1. 가지배관 : 3.5m 이내마다 설치
2. 교차배관 ┐
3. 수평주행배관 ┘ 4.5m 이내마다 설치
4. 헤드와 행거 사이의 간격 : 8cm 이상

Key Point

＊리타딩챔버
화재가 아닌 배관 내의 압력불균형 때문에 일시적으로 흘러들어온 압력수에 의해 압력스위치가 작동되는 것을 방지하는 부품

＊오버플로어관
필요 이상의 물이 공급될 경우 이 물을 외부로 배출시키는 관

＊행거
천장 등에 물건을 달아매는 데 사용하는 철재

Key Point

✻ 배관의 종류

(1) 주배관
각 층을 수직으로 관통하는 수직배관

(2) 교차배관
직접 또는 수직배관을 통하여 가지배관에 급수하는 배관

(3) 가지배관
스프링클러헤드가 설치되어 있는 배관

(4) 급수배관
수원 및 옥외송수구로부터 스프링클러헤드에 급수하는 배관

✻ 습식설비

습식밸브의 1차측 및 2차측 배관 내에 항상 가압수가 충수되어 있다가 화재발생시 열에 의해 헤드가 개방되어 소화하는 방식

✻ 교차회로방식과 토너먼트방식

(1) 교차회로방식
하나의 담당구역 내에 2 이상의 감지기회로를 설치하고 2 이상의 감지기회로가 동시에 감지되는 때에 설비가 작동하는 방식

(2) 토너먼트방식
가스계 소화설비에 적용하는 방식으로 용기로부터 노즐까지의 마찰손실을 일정하게 유지하기 위하여 배관을 'H자' 모양으로 하는 방식

※ **시험배관** : 펌프의 성능시험을 하기 위해 설치

● **초스피드 기억법**

교4(교사), 행8(해파리)

32 기울기(진짜로 중요하데이~)

❶ $\frac{1}{100}$ 이상 : 연결살수설비의 수평주행배관

❷ $\frac{2}{100}$ 이상 : 물분무소화설비의 배수설비

❸ $\frac{1}{250}$ 이상 : 습식 · 부압식설비 외 설비의 가지배관

❹ $\frac{1}{500}$ 이상 : 습식 · 부압식설비 외 설비의 수평주행배관

33 설치높이

0.5~1m 이하	0.8~1.5m 이하	1.5m 이하
① **연**결송수관설비의 송수구 · 방수구 ② **연**결살수설비의 송수구 ③ **소**화**용**수설비의 채수구	① **제**어밸브(수동식 개방밸브) ② **유**수검지장치 ③ **일**제개방밸브	① **옥내**소화전설비의 방수구 ② **호**스릴함 ③ **소**화기
기억법 연소용 51(**연소용 오일**은 잘 탄다.)	기억법 제유일85(**제**가 **유일**하게 **팔**았어**요**.)	기억법 옥내호소 5(**옥내**에서 **호소**하시**오**.)

34 교차회로방식과 토너먼트방식 적용설비

(1) 교차회로방식 적용설비

❶ **분**말소화설비

❷ **할**론소화설비

❸ **이**산화탄소 소화설비

❹ **준**비작동식 스프링클러설비

❺ **일**제살수식 스프링클러설비

❻ **할**로겐화합물 및 불활성기체 소화설비

❼ **부**압식 스프링클러설비

● **초스피드 기억법**

분할이 준일할부

(2) 토너먼트방식 적용설비

❶ 분말소화설비

❷ 이산화탄소 소화설비

❸ 할론소화설비

❹ 할로겐화합물 및 불활성기체 소화설비

Key Point

35 물분무소화설비의 수원

특정소방대상물	토출량	최소기준	비 고
컨베이어벨트	1**0**l/min · m^2	–	벨트부분의 바닥면적
절연유 봉입변압기	1**0**l/min · m^2	–	표면적을 합한 면적(바닥면적 제외)
특수가연물	1**0**l/min · m^2	최소 $50m^2$	최대 방수구역의 바닥면적 기준
케이블트레이 · 덕트	1**2**l/min · m^2	–	투영된 바닥면적
차고 · 주차장	2**0**l/min · m^2	최소 $50m^2$	최대 방수구역의 바닥면적 기준
위험물 저장탱크	**37**l/min · m	–	위험물탱크 둘레길이(원주길이) : 위험물규칙 〔별표 6〕 Ⅱ

※ 모두 **20분**간 방수할 수 있는 양 이상으로 하여야 한다.

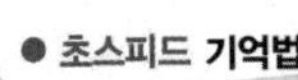

● 초스피드 기억법

컨 0
절 0
특 0
케 2
차 0
위 37

※ **케이블트레이**
케이블을 수용하기 위한 관로로 사용되며 윗부분이 개방되어 있다.

36 포소화설비의 적응대상

특정소방대상물	설비종류
• 차고 · 주차장 • 항공기격납고 • 공장 · 창고(특수가연물 저장 · 취급)	• 포워터스프링클러설비 • 포헤드설비 • 고정포방출설비 • 압축공기포소화설비
• 완전개방된 **옥상 주차장**(주된 벽이 없고 기둥뿐이거나 주위가 위해방지용 철주 등으로 둘러싸인 부분) • **지상 1층**으로서 지붕이 없는 **차고 · 주차장** • 고가 밑의 **주차장**(주된 벽이 없고 기둥뿐이거나 주위가 위해방지용 철주 등으로 둘러싸인 부분)	• 호스릴포소화설비 • 포소화전설비
• 발전기실 • 엔진펌프실 • 변압기 • 전기케이블실 • 유압설비	• 고정식 압축공기포소화설비(바닥면적 합계 **300**m^2 미만)

※ **포워터스프링클러헤드**
포디플렉터가 있다.

※ **포헤드**
포디플렉터가 없다.

※ **고정포방출구**
포를 주입시키도록 설계된 탱크 등에 반영구적으로 부착된 포소화설비의 포방출장치

※ **Ⅰ형 방출구**
고정지붕구조의 탱크에 상부포주입법을 이용하는 것으로서 방출된 포가 액면 아래로 몰입되거나 액면을 뒤섞지 않고 액면상을 덮을 수 있는 통계단 또는 미끄럼판 등의 설비 및 탱크 내의 위험물 증기가 외부로 역류되는 것을 저지할 수 있는 구조·기구를 갖는 포방출구

37 고정포 방출구 방식

$$Q = A \times Q_1 \times T \times S$$

여기서, Q : 포소화약제의 양〔l〕
A : 탱크의 액표면적〔m^2〕
Q_1 : 단위포 소화수용액의 양〔l/m^2 · 분〕
T : 방출시간〔분〕
S : 포소화약제의 사용농도

Key Point

※ Ⅱ형 방출구
고정지붕구조 또는 부상덮개부착 고정지붕구조의 탱크에 상부포주입법을 이용하는 것으로서 방출된 포가 탱크 옆판의 내면을 따라 흘러내려 가면서 액면 아래로 몰입되거나 액면을 뒤섞지 않고 액면 상을 덮을 수 있는 반사판 및 탱크 내의 위험물 증기가 외부로 역류되는 것을 저지할 수 있는 구조·기구를 갖는 포 방출구

※ 특형 방출구
부상지붕구조의 탱크에 상부포주입법을 이용하는 것으로서 부상지붕의 부상 부분 상에 높이 0.9m 이상의 금속제의 칸막이를 탱크 옆판의 내측로부터 1.2m 이상 이격하여 설치하고 탱크 옆판과 칸막이에 의하여 형성된 환상 부분에 포를 주입하는 것이 가능한 구조의 반사판을 갖는 포 방출구

※ 심부화재와 표면화재
(1) 심부화재
목재 또는 섬유류와 같은 고체가연물에서 발생하는 화재형태로서 가연물 내부에서 연소하는 화재
(2) 표면화재
가연성 물질의 표면에서 연소하는 화재

38 고정포 방출구의 종류(위험물 기준 133)

탱크의 종류	포 방출구
고정지붕구조(**콘루프 탱크**)	• Ⅰ형 방출구 • Ⅱ형 방출구 • Ⅲ형 방출구(표면하 주입식 방출구) • Ⅳ형 방출구(반표면하 주입식 방출구)
부상덮개부착 고정지붕구조	• Ⅱ형 방출구
<u>부</u>상지붕구조(**플로팅 루프 탱크**)	•<u>특</u>형 방출구

● 초스피드 기억법

부특(보트)

39 CO_2 설비의 가스압력식 기동장치

구 분	기 준
비활성기체 충전압력	6MPa 이상(21℃ 기준)
기동용 가스용기의 체적	5l 이상
기동용 가스용기의 안전장치의 압력	내압시험압력의 0.8~내압시험압력 이하
기동용 가스용기 및 해당 용기에 사용하는 밸브의 견디는 압력	25MPa 이하

40 약제량 및 개구부가산량(꿈에라도 안 외울 생각은 마라!)

<u>저</u>장량[kg] = <u>약</u>제량[kg/m³]×<u>방</u>호구역체적[m³]+<u>개</u>구부면적[m²]
×개구부가<u>산</u>량[kg/m²]

● 초스피드 기억법

저약방개산(저 약방에서 계산해)

(1) CO_2 소화설비(심부화재)

방호대상물	약제량	개구부가산량 (자동폐쇄장치 미설치시)
전기설비(55m³ 이상), 케이블실	1.3kg/m³	10kg/m²
전기설비(55m³ 미만)	1.6kg/m³	
<u>서</u>고, <u>박</u>물관, <u>목</u>재가공품창고, <u>전</u>자제품창고	2.0kg/m³	
<u>석</u>탄창고, <u>면</u>화류창고, <u>고</u>무류, <u>모</u>피창고, <u>집</u>진설비	2.7kg/m³	

● 초스피드 기억법

서박목전(선박이 목전에 보인다.)
석면고모집(석면은 고모 집에 있다.)

(2) 할론 1301

방호대상물	약제량	개구부가산량 (자동폐쇄장치 미설치시)
차고·주차장·전기실·전산실·통신기기실	0.32kg/m³	2.4kg/m²
사류·면화류	0.52kg/m³	3.9kg/m²

(3) 분말소화설비(전역방출방식)

종 별	약제량	개구부가산량 (자동폐쇄장치 미설치시)
제1종	0.6kg/m³	4.5kg/m²
제2·3종	0.36kg/m³	2.7kg/m²
제4종	0.24kg/m³	1.8kg/m²

41 호스릴방식

(1) CO_2 소화설비

약제 종별	약제 저장량	약제 방사량
CO_2	90kg 이상	60kg/min 이상

(2) 할론소화설비

약제 종별	약제량	약제 방사량
할론 1301	45kg 이상	35kg/min
할론 1211	50kg 이상	40kg/min
할론 2402	50kg 이상	45kg/min

(3) 분말소화설비

약제 종별	약제 저장량	약제 방사량
제1종 분말	50kg 이상	45kg/min
제2·3종 분말	30kg 이상	27kg/min
제4종 분말	20kg 이상	18kg/min

Key Point

※ 전역방출방식과 국소방출방식

(1) 전역방출방식
고정식 분말소화약제 공급장치에 배관 및 분사헤드를 고정 설치하여 밀폐 방호구역 내에 분말소화약제를 방출하는 설비

(2) 국소방출방식
고정식 분말소화약제 공급장치에 배관 및 분사헤드를 설치하여 직접 화점에 분말소화약제를 방출하는 설비로 화재발생 부분에만 집중적으로 소화약제를 방출하도록 설치하는 방식

Key Point

※ 할론설비의 약제량 측정법
① 중량측정법
② 액위측정법
③ 비파괴검사법

※ 충전비
용기의 체적과 소화약제의 중량과의 비

※ 여과망
이물질을 걸러내는 망

※ 호스릴방식
분사 헤드가 배관에 고정되어 있지 않고 소화약제 저장용기에 호스를 연결하여 사람이 직접 화점에 소화약제를 방출하는 이동식 소화설비

42 할론소화설비의 저장용기('안 외워도 되겠지' 하는 용감한 사람이 있다.)

구 분		할론 1211	할론 1301
저장압력		1.1MPa 또는 2.5MPa	2.5MPa 또는 4.2MPa
방출압력		0.2MPa	0.9MPa
충전비	가압식	0.7~1.4 이하	0.9~1.6 이하
	축압식		

43 호스릴방식

1. 분말 · 포 · CO_2 소화설비 : 수평거리 **15m 이하**
2. 할론소화설비 : 수평거리 **20m 이하**
3. 옥내소화전설비 : 수평거리 **25m 이하**

호할20(호텔의 할부이자가 영 아니네)

44 분말소화설비의 배관

1. 전용
2. 강관 : **아연도금**에 따른 **배관용 탄소강관**
3. 동관 : 고정압력 또는 최고 사용압력의 **1.5배** 이상의 압력에 견딜 것
4. 밸브류 : **개폐위치** 또는 **개폐방향**을 표시한 것
5. 배관의 관부속 및 밸브류 : 배관과 동등 이상의 강도 및 내식성이 있는 것
6. 주밸브 헤드까지의 배관의 분기 : **토너먼트방식**
7. 저장용기 등 배관의 굴절부까지의 거리 : 배관 **내경**의 **20배** 이상

45 압력조정장치(압력조정기)의 압력(NFPC 107 4조, NFTC 107 2.1.5/NFPC 108 5조, NFTC 108 2.2.3)

할론소화설비	분말소화설비
2.0MPa 이하	2.5MPa 이하

※ **정압작동장치**의 **목적** : 약제를 적절히 보내기 위해

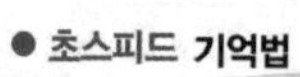

분압25(분압이오.)

46 분말소화설비 가압식과 축압식의 설치기준(NFPC 108 5조, NFTC 108 2.2.4)

사용가스 \ 구 분	가압식	축압식
질소(N_2)	40l/kg 이상	10l/kg 이상
이산화탄소(CO_2)	20g/kg+배관청소 필요량 이상	20g/kg+배관청소 필요량 이상

47 약제 방사시간

소화설비		전역방출방식		국소방출방식	
		일반건축물	위험물제조소	일반건축물	위험물제조소
할론소화설비		10초 이내	30초 이내	10초 이내	30초 이내
분말소화설비		30초 이내	30초 이내	30초 이내	30초 이내
CO_2 소화설비	표면화재	1분 이내	60초 이내	30초 이내	30초 이내
	심부화재	7분 이내	60초 이내	30초 이내	30초 이내

48 제연구역의 구획

1. 1제연구역의 면적은 1000m^2 이내로 할 것
2. 거실과 통로는 **각각 제연구획**할 것
3. 통로상의 제연구역은 보행중심선의 길이가 60m를 초과하지 않을 것
4. 1제연구역은 직경 60m 원내에 들어갈 것
5. 1제연구역은 2개 이상의 층에 미치지 않을 것

※ 제연구획에서 제연경계의 폭은 0.6m 이상, 수직거리는 2m 이내이어야 한다.

49 풍속(잊지 마라!)

1. 배출기의 흡**입**측 풍속 : 15m/s 이하
2. 배출기 배출측 풍속 ┐
3. 유입 풍도 안의 풍속 ┘ 20m/s 이하

※ 연소방지설비 : **지하구**에 설치한다.

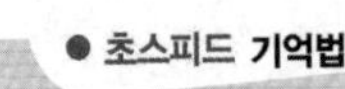

● 초스피드 기억법

5입(옷 입어.)

Key Point

＊ 가압식
소화약제의 방출원이 되는 압축가스를 압력용기 등의 별도의 용기에 저장했다가 가스의 압력에 의해 방출시키는 방식

＊ 표면화재와 심부화재
(1) 표면화재
① 가연성 액체
② 가연성 가스
(2) 심부화재
① 종이
② 목재
③ 석탄
④ 섬유류
⑤ 합성수지류

＊ 연소방지설비
지하구의 화재시 지하구의 진입이 곤란하므로 지상에 설치된 송수구를 통하여 소방펌프차로 가압수를 공급하여 설치된 지하구 내의 살수헤드에서 방수가 이루어져 화재를 소화하기 위한 연결살수설비의 일종이다.

＊ 지하구
지하의 케이블 통로

50 헤드의 설치간격

① 살수헤드 : 3.7m 이하
② 스프링클러헤드 : 2.3m 이하

※ 연결살수설비에서 하나의 송수구역에 설치하는 개방형 헤드수는 10개 이하로 하여야 한다.

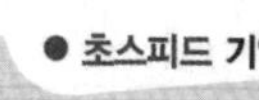

살37(**살상**은 **칠**거지악 중의 하나다.)

※ 연결송수관설비
건물 외부에 설치된 송수구를 통하여 소화용수를 공급하고, 이를 건물 내에 설치된 방수구를 통하여 화재발생장소에 공급하여 소방관이 소화할 수 있도록 만든 설비

51 연결송수관설비의 설치순서

① 습식 : 송수구 → 자동배수밸브 → 체크밸브
② 건식 : 송수구 → 자동배수밸브 → 체크밸브 → 자동배수밸브

송자체습(**송자**는 **채식**주의자)

※ 방수구의 설치장소
비교적 연소의 우려가 적고 접근이 용이한 계단실과 같은 곳

52 연결송수관설비의 방수구

① **층**마다 설치(**아파트**인 경우 3층부터 설치)
② 11층 이상에는 **쌍구형**으로 설치(**아파트**인 경우 **단구형** 설치 가능)
③ 방수구는 **개폐기능**을 가진 것으로 설치하고 평상시 닫힌 상태를 유지
④ 방수구의 결합금속구는 구경 65mm로 한다.
⑤ 방수구는 바닥에서 0.5~1m 이하에 설치한다.

※ 수평거리

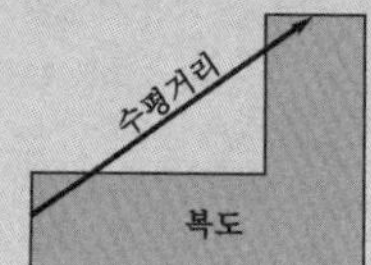

※ 보행거리

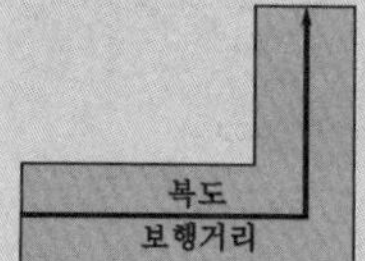

53 수평거리 및 보행거리(다 외웠으면 용타!)

① 예상제연구역 – 수평거리 10m 이하
② 분말호스릴
③ 포호스릴
④ CO_2 호스릴
(②~④) – 수평거리 15m 이하
⑤ 할론호스릴 – 수평거리 20m 이하
⑥ 옥내소화전 방수구
⑦ 옥내소화전 호스릴
⑧ 포소화전 방수구
⑨ 연결송수관 방수구(지하가)
⑩ 연결송수관 방수구
(⑥~⑩) – 수평거리 25m 이하

Key Point

(지하층 바닥면적 3000m² 이상)

⑪ 옥외소화전 방수구 – 수평거리 **40m** 이하
⑫ 연결송수관 방수구(사무실) – 수평거리 **50m** 이하
⑬ 소형소화기 – 보행거리 **20m** 이내
⑭ 대형소화기 – 보행거리 **30m** 이내

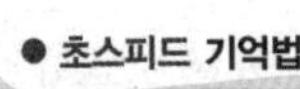

용어

수평거리와 보행거리
(1) 수평거리 : 직선거리로서 반경을 의미하기도 한다.
(2) 보행거리 : 걸어서 간 거리

● **초스피드 기억법**

호15(**호**일 **오**려)
옥호25(**오후**에 **이**사 **오**세요.)

54 터널길이

① 비상콘센트설비
② 무선통신보조설비
③ 제연설비

(①~③) – 지하가 중 터널로서 길이가 **500m** 이상

④ 연결송수관설비 – 지하가 중 터널로서 길이가 **1000m** 이상

* **소화활동설비 적용 대상(지하가 터널 2000m)**
  ① 비상콘센트설비
  ② 무선통신보조설비
  ③ 제연설비
  ④ 연결송수관설비

55 수동식 기동장치의 설치기준

(1) 포소화설비의 수동식 기동장치의 설치기준(NFPC 105 11조, NFTC 105 2.8.1)

① 직접 조작 또는 원격 조작에 의하여 **가압송수장치** · **수동식 개방밸브** 및 **소화약제 혼합장치**를 기동할 수 있는 것으로 한다.
② 2 이상의 방사구역을 가진 포소화설비에는 **방사구역**을 **선택**할 수 있는 구조로 한다.
③ 기동장치의 조작부는 화재시 쉽게 접근할 수 있는 곳에 설치하되, 바닥으로부터 **0.8~1.5m** 이하의 위치에 설치하고, 유효한 **보호장치**를 설치한다.
④ 기동장치의 조작부 및 호스접결구에는 가까운 곳의 보기 쉬운 곳에 각각 **"기동장치의 조작부"** 및 **"접결구"**라고 표시한 표지를 설치한다.
⑤ **차고** 또는 **주차장**에 설치하는 포소화설비의 수동식 기동장치는 방사구역마다 **1개** 이상 설치한다.

* **소화약제 혼합장치**
  ① 펌프 프로포셔너 방식
  ② 라인 프로포셔너 방식
  ③ 프레져 프로포셔너 방식
  ④ 프레져사이드 프로포셔너 방식
  ⑤ 압축공기포 믹싱챔버방식

※ 전역방출방식
방호구역마다 설치

※ 국소방출방식
방호대상물마다 설치

(2) **이산화탄소 소화설비의 수동식 기동장치의 설치기준**(NFPC 106 6조, NFTC 106 2.3.1)

❶ **전역방출방식**에 있어서는 **방호구역**마다, **국소방출방식**에 있어서는 **방호대상물**마다 설치할 것

❷ 해당 방호구역의 출입구 부분 등 조작을 하는 자가 쉽게 피난할 수 있는 장소에 설치할 것

❸ 기동장치의 조작부는 바닥으로부터 높이 **0.8~1.5m 이하**의 위치에 설치하고, 보호판 등에 따른 보호장치를 설치할 것

❹ 기동장치에는 인근의 보기 쉬운 곳에 "**이산화탄소 소화설비 수동식 기동장치**"라는 표지를 할 것

❺ 전기를 사용하는 기동장치에는 **전원표시등**을 설치할 것

❻ 기동장치의 방출용 스위치는 음향경보장치와 연동하여 조작될 수 있는 것으로 할 것

❼ 기동장치에는 보호장치를 설치해야 하며, 보호장치를 개방하는 경우 기동장치에 설치된 부저 또는 벨 등에 의하여 경고음을 발할 것

❽ 기동장치를 옥외에 설치하는 경우 빗물 또는 외부 충격의 영향을 받지 아니하도록 설치할 것

과년도 출제문제

2024년

소방설비기사 실기(기계분야)

**** 수험자 유의사항 ****

1. 문제지를 받는 즉시 응시 종목의 문제가 맞는지 확인하셔야 합니다.
2. 답안지 내 인적사항 및 답안작성(계산식 포함)은 검정색 필기구만을 계속 사용하여야 합니다.
3. 답안정정 시에는 **두 줄(=)**을 긋고 다시 기재 가능하며, **수정테이프 사용** 또한 **가능**합니다.
4. 계산문제는 반드시 '계산과정'과 '답'란에 정확히 기재하여야 하며 **계산과정이 틀리거나 없는 경우 0점 처리**됩니다.
   ※ 연습이 필요 시 연습란을 이용하여야 하며, 연습란은 채점대상이 아닙니다.
5. 계산문제는 **최종결과** 값(답)에서 **소수 셋째자리에서 반올림**하여 **둘째자리**까지 구하여야 하나 개별 문제에서 소수처리에 대한 별도 요구사항이 있을 경우, 그 요구사항에 따라야 합니다.
6. 답에 단위가 없으면 오답으로 처리됩니다. (단, 문제의 요구사항에 단위가 주어졌을 경우는 생략되어도 무방합니다.)
7. 문제에서 요구한 가지 수 이상을 답란에 표기한 경우, **답란기재 순**으로 **요구한 가지 수**만 채점합니다.

2024. 4. 27 시행

▌2024년 기사 제1회 필답형 실기시험▌

자격종목	시험시간	형별	수험번호	성명	감독위원 확 인
소방설비기사(기계분야)	3시간				

※ 다음 물음에 답을 해당 답란에 답하시오.(배점 : 100)

문제 01

제연설비에서 주로 사용하는 솔레노이드댐퍼, 모터댐퍼 및 퓨즈댐퍼의 작동원리를 쓰시오.

(21.11.문16, 15.11.문5, 05.5.문2)

유사문제부터 풀어보세요. 실력이 팍!팍! 올라갑니다.

득점	배점
	6

○ 솔레노이드댐퍼 :
○ 모터댐퍼 :
○ 퓨즈댐퍼 :

해답 ① 솔레노이드댐퍼 : 솔레노이드에 의해 누르게핀을 이동시켜 작동
② 모터댐퍼 : 모터에 의해 누르게핀을 이동시켜 작동
③ 퓨즈댐퍼 : 덕트 내의 온도가 일정온도 이상이 되면 퓨즈메탈의 용융과 함께 작동

해설 **댐퍼**의 **분류**

(1) **기능상**에 따른 분류

구 분	정 의	외 형
방화댐퍼 (Fire Damper ; **FD**)	화재시 발생하는 연기를 연기감지기의 감지 또는 **퓨즈메탈**의 **용융**과 함께 작동하여 **연소**를 **방지**하는 댐퍼	
방연댐퍼 (Smoke Damper ; **SD**)	연기를 **연기**감지기가 감지하였을 때 이와 연동하여 자동으로 폐쇄되는 댐퍼	
풍량조절댐퍼 (Volume control Damper ; **VD**)	**에너지 절약**을 위하여 덕트 내의 배출량을 조절하기 위한 댐퍼	

(2) **구조상**에 따른 분류

구 분	정 의	외 형
솔레노이드댐퍼 (Solenoid damper)	솔레노이드에 의해 누르게핀을 이동시킴으로써 작동되는 것으로 **개구부면적**이 **작은 곳**에 설치한다. **소비전력**이 **작다**.	

모터댐퍼 (Motor damper)	모터에 의해 누르게핀을 이동시킴으로써 작동되는 것으로 **개구부면적**이 **큰 곳**에 설치한다. **소비전력**이 **크다**.	
퓨즈댐퍼 (Fuse damper)	덕트 내의 온도가 일정온도(일반적으로 **70℃**) 이상이 되면 퓨즈메탈의 용융과 함께 작동하여 자체 폐쇄용 스프링의 힘에 의하여 댐퍼가 폐쇄된다.	

☆☆☆

문제 02

다음은 주거용 주방자동소화장치의 설치기준이다. 주어진 보기에서 골라 빈칸에 알맞은 말을 넣으시오.

(13.7.문3, 12.11.문9, 08.7.문6)

득점	배점
	6

〔보기〕
감지부, 바닥, 방출구, 수신부, 제어부, 차단장치, 천장, 10, 20, 30, 50

(가) (①)은(는) 상시 확인 및 점검이 가능하도록 설치할 것
(나) 소화약제 (②)은(는) 환기구의 청소부분과 분리되어 있어야 할 것
(다) 가스용 주방자동소화장치를 사용하는 경우 탐지부는 (③)와(과) 분리하여 설치하되, 공기보다 가벼운 가스를 사용하는 경우에는 (④)면으로부터 (⑤)cm 이하의 위치에 설치하고, 공기보다 무거운 가스를 사용하는 장소에는 (⑥)면으로부터 (⑤)cm 이하의 위치에 설치할 것

해답 (가) ① 차단장치
(나) ② 방출구
(다) ③ 수신부
④ 천장
⑤ 30
⑥ 바닥

해설 **소화기구**의 설치기준(NFPC 101 4조, NFTC 101 2.1.1.5, 2.1.2.1)

(1) **소화기**의 **설치기준**

능력단위가 **2단위 이상**이 되도록 소화기를 설치하여야 할 특정소방대상물 또는 그 부분에 있어서는 간이소화용구의 능력단위가 전체 능력단위의 $\frac{1}{2}$을 초과하지 않을 것

(2) **주거용 주방자동소화장치**의 **설치기준**

① 가스용 주방자동소화장치를 사용하는 경우 탐지부는 **수신부**와 **분리**하여 설치할 것 보기 ③

사용가스	탐지부 위치
LNG(공기보다 가벼운 가스)	**천장면**에서 **30cm** 이하 보기 ④⑤
LPG(공기보다 무거운 가스)	**바닥면**에서 **30cm** 이하 보기 ⑤⑥

② 소화약제 **방출구**는 환기구의 청소부분과 분리되어 있어야 하며, 형식승인을 받은 유효설치높이 및 방호면적에 따라 설치할 것 보기 ②
③ 감지부는 형식승인을 받은 **유효한** 높이 및 위치에 설치할 것
④ **차단장치**(전기 또는 가스)는 상시 확인 및 점검이 가능하도록 설치할 것 보기 ①
⑤ 수신부는 주위의 열기류 또는 습기 등과 주위온도에 영향을 받지 않고 사용자가 **상시 볼 수 있는 장소**에 설치할 것

용어

(1) **자동소화장치**의 **종류**(NFPC 101 3조, NFTC 101 1.7)

종 류	정 의
주거용 주방자동소화장치	**주거용** 주방에 설치된 열발생 조리기구의 사용으로 인한 화재발생시 **열원**(전기 또는 가스)을 자동으로 차단하며 소화약제를 방출하는 소화장치
상업용 주방자동소화장치	**상업용** 주방에 설치된 열발생 조리기구의 사용으로 인한 화재발생시 **열원**(전기 또는 가스)을 자동으로 차단하여 소화약제를 방출하는 소화장치
캐비닛형 자동소화장치	**열, 연기** 또는 **불꽃** 등을 감지하여 소화약제를 방사하여 소화하는 **캐비닛형태**의 소화장치
가스자동소화장치	**열**, **연기** 또는 **불꽃** 등을 감지하여 **가스계** 소화약제를 방사하여 소화하는 소화장치
분말자동소화장치	**열**, **연기** 또는 **불꽃** 등을 감지하여 **분말**의 소화약제를 방사하여 소화하는 소화장치
고체에어로졸 자동소화장치	**열**, **연기** 또는 **불꽃** 등을 감지하여 **에어로졸**의 소화약제를 방사하여 소화하는 소화장치

(2) **주거용 주방자동소화장치**의 **구성요소**

① 감지부
② 탐지부
③ 수신부
④ 가스차단장치
⑤ 소화약제 저장용기

(3) **자동확산소화기 vs 자동소화장치**

자동확산소화기	자동소화장치
화재를 감지하여 **자동**으로 소화약제를 방출 · 확산시켜 **국소적**으로 소화하는 소화기	소화약제를 **자동**으로 방사하는 **고정**된 소화장치로서 형식승인이나 성능인증을 받은 유효설치범위 이내에 설치하여 소화하는 소화장치

☆☆☆

문제 03

스프링클러설비에 설치하는 시험장치에 대한 사항이다. 다음 각 물음에 답하시오.

(23.11.문6, 21.7.문11, 19.4.문11, 15.11.문15, 14.4.문17, 10.7.문8, 01.7.문11)

득점	배점
	5

(가) 시험장치의 설치 목적을 쓰시오.

○

(나) 시험장치배관에 대한 내용이다. 다음 ( ) 안을 채우시오.

> 시험장치배관의 구경은 (①)mm 이상으로 하고, 그 끝에 개폐밸브 및 (②) 또는 스프링클러헤드와 동등한 방수성능을 가진 (③)를 설치할 것. 이 경우 (②)는 반사판 및 프레임을 제거한 (③)만으로 설치할 수 있다.

해답 (가) 유수검지장치의 작동확인

(나) ① 25
② 개방형 헤드
③ 오리피스

해설 (가)

• 시험장치의 설치 목적을 적으라고 하면 '**유수검지장치의 작동확인**'을 적을 것. 왜냐하면 이것이 궁극적 설치 목적이기 때문

시험장치의 **기능**(설치 목적)

① 개폐밸브를 개방하여 **유수검지장치**의 작동확인
② 개폐밸브를 개방하여 **규정방수압** 및 **규정방수량** 확인

(나)

- **'개방형 헤드'**라고만 쓰면 정답! 굳이 **'반사판 및 프레임을 제거한 오리피스만으로 설치된 개방형 헤드'** 라고 쓸 필요는 없다.

① **습식 유수검지장치** 또는 **건식 유수검지장치**를 사용하는 **스프링클러설비**와 **부압식 스프링클러설비**의 **시험장치 설치기준**(NFPC 103 8조, NFTC 103 2.5.12)

㉠ **습식** 스프링클러설비 및 **부압식** 스프링클러설비에 있어서는 **유수검지장치 2차측** 배관에 연결하여 설치하고, **건식** 스프링클러설비인 경우 **유수검지장치**에서 **가장 먼** 거리에 위치한 **가지배관**의 **끝**으로부터 연결하여 설치할 것. 유수검지장치 2차측 설비의 내용적이 2840L를 초과하는 건식 스프링클러설비의 경우 시험장치개폐밸브를 완전개방 후 1분 이내에 물이 방사될 것

㉡ 시험장치배관의 구경은 **25mm** 이상으로 하고, 그 끝에 **개폐밸브** 및 **개방형 헤드** 또는 **스프링클러헤드와 동등한 방수성능을 가진 오리피스**를 설치할 것. 이 경우 개방형 헤드는 **반사판** 및 **프레임**을 **제거**한 **오리피스**만으로 설치가능

㉢ 시험배관의 끝에는 물받이통 및 배수관을 설치하여 시험 중 방사된 물이 바닥에 흘러내리지 아니하도록 할 것(단, **목욕실 · 화장실** 또는 그 밖의 곳으로서 배수처리가 쉬운 장소에 시험배관을 설치한 경우 제외)

② **시험장치배관 끝**에 **설치**하는 것

㉠ 개폐밸브

㉡ 개방형 헤드(또는 스프링클러헤드와 동등한 방수성능을 가진 오리피스)

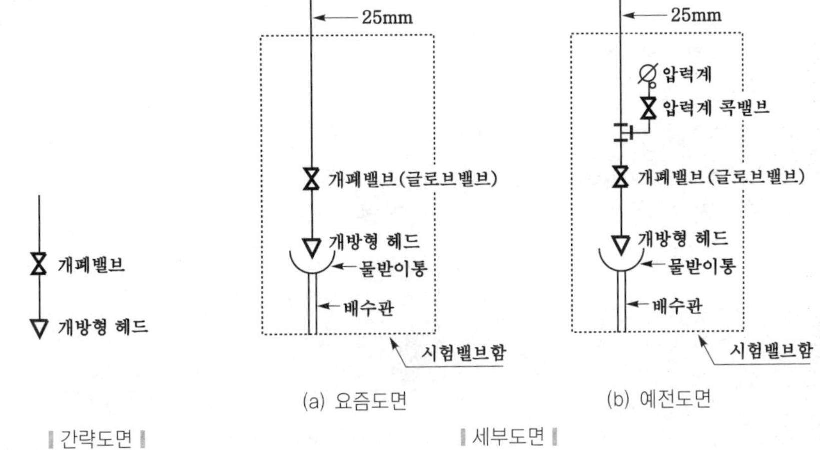

(a) 요즘도면　　(b) 예전도면

▮간략도면▮　　▮세부도면▮

☆☆☆

문제 04

가로 8m, 세로 5m인 주차장에 물분무소화설비를 설치하려고 한다. 다음 각 물음에 답하시오.

(22.5.문16, 19.4.문10, 18.11.문12, 17.11.문11, 13.7.문2)

득점	배점
	4

(가) 송수펌프의 최소토출량[L/min]을 구하시오.
- ○ 계산과정 :
- ○ 답 :

(나) 필요한 최소수원의 양[m³]을 구하시오.
- ○ 계산과정 :
- ○ 답 :

해답 (가) ○ 계산과정 : $A = 8 \times 5 = 40\text{m}^2$

$Q = 50 \times 20 = 1000\text{L/min}$

○ 답 : 1000L/min

(나) ○ 계산과정 : $Q = 1000 \times 20 = 20000\text{L} = 20\text{m}^3$

○ 답 : 20m^3

해설 (가) **물분무소화설비**의 **수원**(NFPC 104 4조, NFTC 104 2.1.1)

특정소방대상물	토출량	최소기준	비 고
컨베이어벨트	1**0**L/min · m^2	–	벨트부분의 바닥면적
절연유 봉입변압기	1**0**L/min · m^2	–	표면적을 합한 면적(바닥면적 제외)
특수가연물	1**0**L/min · m^2	최소 $50m^2$	최대 방수구역의 바닥면적 기준
케이블트레이 · 덕트	1**2**L/min · m^2	–	투영된 바닥면적
차고 · 주차장 ⟶	2**0**L/min · m^2	최소 $50m^2$	최대 방수구역의 바닥면적 기준
위험물 저장탱크	**37**L/min · m	–	위험물탱크 둘레길이(원주길이) : 위험물규칙 〔별표 6〕 Ⅱ

※ 모두 **20분**간 방수할 수 있는 양 이상으로 하여야 한다.

기억법 **컨 0**
절 0
특 0
케 2
차 0
위 37

주차장 바닥면적 A는

A=가로×세로=8m×5m=$40m^2$

- 바닥면적이 $40m^2$이지만 최소 $50m^2$ 적용

주차장의 **소화펌프 방사량**(토출량) Q는

Q=바닥면적(최소 $50m^2$)×20L/min · m^2=$50m^2$×20L/min · m^2=1000L/min

(나) **수원**의 **양** Q는

Q=토출량×방사시간=1000L/min×20min=20000L=$20m^3$

↳ 20min은 화재발생시 물을 방사하는 시간이다.

- 1000L/min : (가)에서 구한 값
- 20min : NFPC 104 4조, NFTC 104 2.1.1에 의해 주어진 값

> 제4조 **수원**
> ① 물분무소화설비의 수원은 그 저수량이 다음의 기준에 적합하도록 하여야 한다.
> 3. 절연유 봉입변압기는 바닥부분을 제외한 표면적을 합한 면적 $1m^2$에 대하여 10L/min로 **20분간** 방수할 수 있는 양 이상으로 할 것

- $20m^3$: 1000L=$1m^3$이므로 20000L=$20m^3$

☆☆
문제 05

옥내소화전설비, 옥외소화전설비, 스프링클러설비 등 수계소화설비의 펌프 흡입측 배관에 개폐밸브를 설치할 때 버터플라이밸브를 사용하지 않는 이유를 2가지만 쓰시오. (17.4.문2, 12.4.문2)

○

○

득점	배점
	4

해답 ① 유효흡입양정 감소로 공동현상이 발생
② 밸브의 순간적인 개폐로 수격작용이 발생

해설
- 짧게 2가지만 작성해 보자.

펌프흡입측에 버터플라이밸브를 제한하는 이유	버터플라이밸브(butterfly valve)
① 물의 **유체저항**이 매우 커서 원활한 흡입이 되지 않는다. ② 유효흡입양정(NPSH)이 감소되어 **공동현상**(cavitation)이 발생할 우려가 있다. ③ 개폐가 순간적으로 이루어지므로 **수격작용**(water hammering)이 발생할 우려가 있다.	① **대형 밸브**로서 유체의 흐름방향을 **180°**로 **변환**시킨다. ② 주관로상에 사용되며 개폐가 순간적으로 이루어진다.

‖ 버터플라이밸브 ‖

☆☆

문제 06

할로겐화합물 및 불활성기체 소화설비의 화재안전기술기준을 적용하여 다음 각 물음에 답하시오.

(14.4.문10, 07.4.문6)

득점	배점
	7

(가) 할로겐화합물 및 불활성기체 소화약제의 방사시간과 방사량 기준에 대한 다음 표의 빈칸을 완성하시오.

소화약제		방출시간	방출량
할로겐화합물		(　　)초 이내	각 방호구역 최소설계농도의 (　　) 이상
불활성기체	A급	(　　)분 이내	
	B급	(　　)분 이내	
	C급	(　　)분 이내	

(나) 불활성기체 소화약제보다 할로겐화합물 소화약제의 방사시간이 더 짧은 이유를 쓰시오.

○

해답 (가)

소화약제		방출시간	방출량
할로겐화합물		10초 이내	각 방호구역 최소설계농도의 95% 이상
불활성기체	A급	2분 이내	
	B급	1분 이내	
	C급	2분 이내	

(나) 소화시 발생하는 유독가스의 발생량을 줄이기 위해

해설 (가) 화재시 할로겐화합물 및 불활성기체 소화약제의 방출시간은 매우 중요한데, 이것은 빠른 시간 내에 방출하는 것이 소화시 발생하는 원치않는 **유독가스**의 **발생량**을 줄일 수 있기 때문이다. 그러므로 할로겐화합물 및 불활성기체 소화약제인 경우 **할로겐화합물 소화약제**는 **10초** 이내, **불활성기체 소화약제**는 **AC급** 화재 **2분**, **B급** 화재 **1분** 이내에 방호구역 각 부분에 최소설계농도의 **95%** 이상 방출되도록 규정하고 있다.

(나)
• 다음 2가지 중 1가지만 작성

할로겐화합물 소화약제의 **방사시간**이 **짧은 이유**
① 소화시 발생하는 **유독가스**의 **발생량**을 줄이기 위해
② **약제**와 **불꽃**의 **접촉시간**을 **제한**하여 **독성물질**(유독가스)의 **생성**을 조절하기 위해

중요

할로겐화합물 소화약제가 **불꽃**과 **접촉시 발생**하는 **독성물질**
(1) CO(일산화탄소)
(2) HCN(시안화수소)
(3) HF(불화수소)
(4) HCl(염화수소)
(5) HI(아이오딘화수소)
(6) COF_2(포스겐 옥소플루오리드)
(7) HBr(브로민화수소)

☆☆☆
문제 07

그림의 평면도에 나타난 각 실 중 A실에 급기가압하고자 한다. 주어진 조건을 이용하여 전체 유효등가 누설면적[m²]을 구하고, A실에 유입시켜야 할 풍량[m³/s]을 구하시오.

(23.4.문15, 21.7.문1, 20.10.문16, 12.11.문4)

득점	배점
	6

[조건]
① 실외부 대기의 기압은 101.3kPa이다.
② A실에 유지하고자 하는 기압은 101.4kPa이다.
③ 각 실의 문(door)들의 틈새면적은 0.01m²이다.
④ 어느 실을 급기가압할 때 그 실의 문의 틈새를 통하여 누출되는 공기의 양[m³/s]은 다음의 식을 따른다.

$$Q = 0.827AP^{\frac{1}{2}}$$

여기서, Q : 누출되는 공기의 양[m³/s]
A : 문의 전체 유효등가누설면적[m²]
P : 문을 경계로 한 실내외의 기압차[Pa]

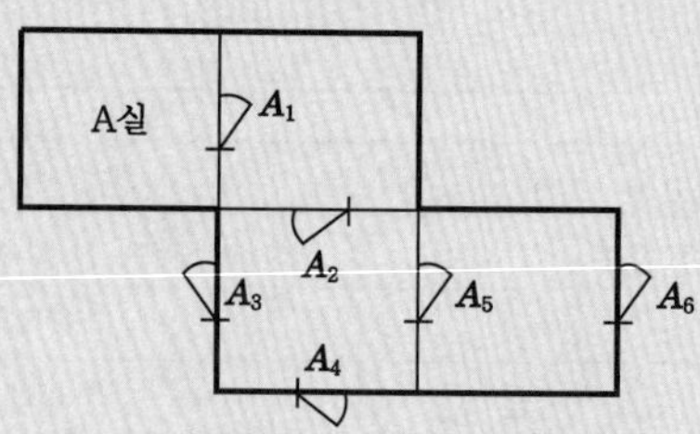

(가) 문의 전체 유효등가누설면적 A[m²] (단, 유효등가누설면적(A)은 소수점 6째자리에서 반올림하여 소수점 5째자리까지 나타내시오.)
○ 계산과정 :
○ 답 :

(나) A실에 유입시켜야 할 풍량 Q[m^3/s] (단, 풍량(Q)은 소수점 5째자리에서 반올림하여 소수점 4째자리까지 나타내시오.)
○ 계산과정 :
○ 답 :

해답 (가) ○ 계산과정 : $A_5 \sim A_6 = \dfrac{1}{\sqrt{\dfrac{1}{0.01^2}+\dfrac{1}{0.01^2}}} = 0.00707\text{m}^2$

$A_3 \sim A_6 = 0.01+0.01+0.00707 = 0.02707\text{m}^2$

$A_1 \sim A_6 = \dfrac{1}{\sqrt{\dfrac{1}{0.01^2}+\dfrac{1}{0.01^2}+\dfrac{1}{0.02707^2}}} = 0.006841 \fallingdotseq 0.00684\text{m}^2$

○ 답 : 0.00684m^2

(나) ○ 계산과정 : $0.827 \times 0.00684 \times \sqrt{100} = 0.05656 \fallingdotseq 0.0566\text{m}^3/\text{s}$
○ 답 : 0.0566m^3/s

해설 (가) [조건 ③]에서 각 실의 틈새면적은 0.01m^{2}이다.

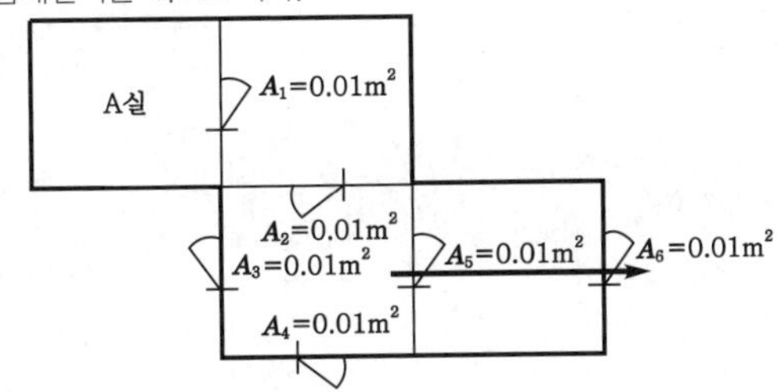

$A_5 \sim A_6$은 **직렬상태**이므로

$A_5 \sim A_6 = \dfrac{1}{\sqrt{\dfrac{1}{0.01^2}+\dfrac{1}{0.01^2}}} = 0.00707\text{m}^2$

위의 내용을 정리하면 다음과 같이 변환시킬 수 있다.

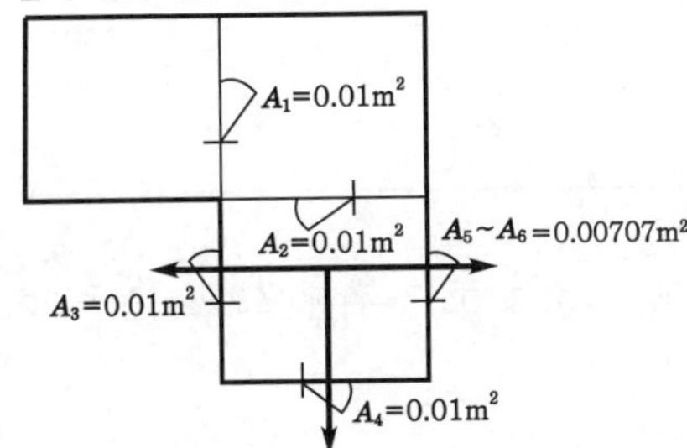

$A_3 \sim A_6$은 **병렬상태**이므로

$A_3 \sim A_6 = 0.01+0.01+0.00707 = 0.02707\text{m}^2$

위의 내용을 정리하면 다음과 같이 변환시킬 수 있다.

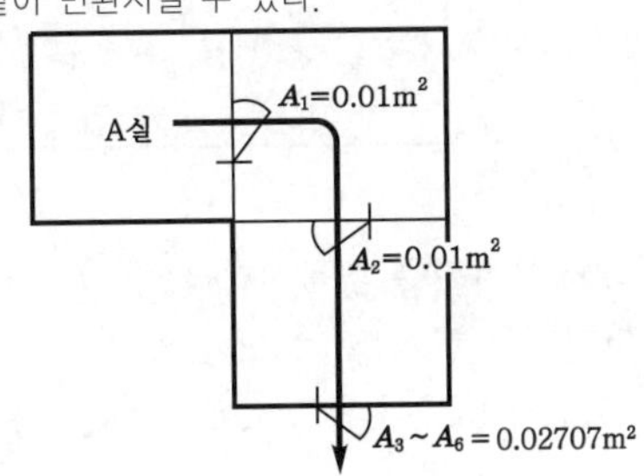

$A_1 \sim A_6$은 **직렬상태**이므로

$$A_1 \sim A_6 = \frac{1}{\sqrt{\frac{1}{0.01^2}+\frac{1}{0.01^2}+\frac{1}{0.02707^2}}} = 0.006841 \fallingdotseq 0.00684\text{m}^2$$

(나) **유입풍량** Q는

$Q = 0.827A\sqrt{P} = 0.827 \times 0.00684\text{m}^2 \times \sqrt{100\text{Pa}} = 0.05656 \fallingdotseq 0.0566\text{m}^3/\text{s}$

- 〔조건 ①, ②〕에서 기압차(P)=101400−101300=100Pa이다.
- 〔단서〕에 의해 소수점 5째자리에서 반올림
- 유입풍량

$$Q = 0.827A\sqrt{P}$$

여기서, Q : 유입풍량(m³/s)
A : 문의 틈새면적(m²)
P : 문을 경계로 한 실내외의 기압차(Pa)

참고

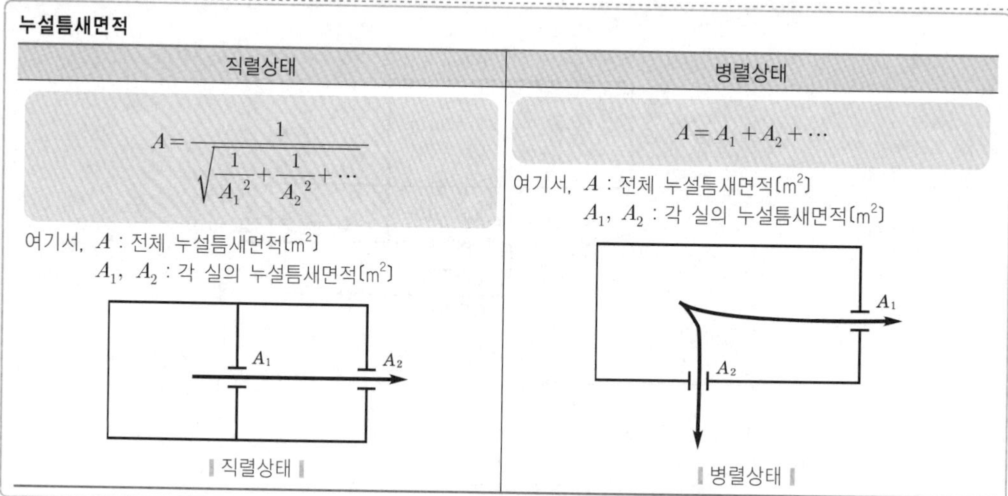

누설틈새면적

직렬상태	병렬상태
$A = \frac{1}{\sqrt{\frac{1}{A_1^2}+\frac{1}{A_2^2}+\cdots}}$ 여기서, A : 전체 누설틈새면적(m²) A_1, A_2 : 각 실의 누설틈새면적(m²) ‖ 직렬상태 ‖	$A = A_1 + A_2 + \cdots$ 여기서, A : 전체 누설틈새면적(m²) A_1, A_2 : 각 실의 누설틈새면적(m²) ‖ 병렬상태 ‖

☆☆☆
문제 08

그림은 어느 특정소방대상물을 방호하기 위한 옥외소화전설비의 평면도이다. 다음 각 물음에 답하시오.

(21.11.문9, 18.6.문11)

득점	배점
	8

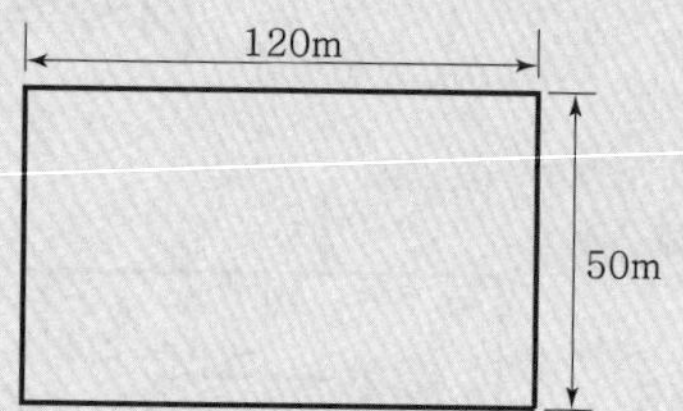

〔조건〕
① 가로 120m, 세로 50m이며 2층 건물이다.
② 지상 1·2층의 바닥면적의 합계는 12000m²이다.
③ 옥외소화전마다 그로부터 5m 이내 장소에 소화전함을 설치한다.

(가) 특정소방대상물의 각 부분으로부터 하나의 호스접결구까지의 수평거리는 몇 m 이하인지 쓰시오.
 ○

(나) 옥외소화전의 최소설치개수를 구하시오.
 ○ 계산과정 :
 ○ 답 :

(다) 수원의 저수량[m^3]을 구하시오.
 ○ 계산과정 :
 ○ 답 :

(라) 가압송수장치의 토출량[Lpm]을 구하시오.
 ○ 계산과정 :
 ○ 답 :

해답 (가) 40m 이하

(나) ○ 계산과정 : $\frac{120 \times 2 + 50 \times 2}{80} = 4.2 ≒ 5$개
 ○ 답 : 5개

(다) ○ 계산과정 : $7 \times 2 = 14m^3$
 ○ 답 : $14m^3$

(라) ○ 계산과정 : $2 \times 350 = 700L/min = 700Lpm$
 ○ 답 : 700Lpm

해설 (가), (나) 옥외소화전은 특정소방대상물의 **층**마다 설치하되 **수평거리 40m 이하**마다 설치하여야 한다. 수평거리는 반경을 의미하므로 직경은 **80m**가 된다. 그러므로 옥외소화전은 건물 내부에 설치할 수 없으므로 그 설치개수는 건물의 둘레길이를 구한 후 직경 80m로 나누어 **절상**하면 된다.

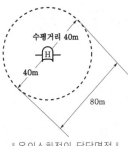

옥외소화전 설치개수$= \frac{\text{건물의 둘레길이}}{80m}(\text{절상}) = \frac{120m \times 2\text{개} + 50m \times 2\text{개}}{80m}$

$= 4.2 ≒ 5$개(절상)

수평거리 40m
H
40m
80m

‖ 옥외소화전의 담당면적 ‖

- [조건 ①·②]에 의해 옥외소화전설비 설치대상에 해당되므로 옥외소화전을 설치하면 됨
- [조건 ③]은 이 문제에서 적용할 필요없음
- 건물의 둘레길이=120m×2개+50m×2개

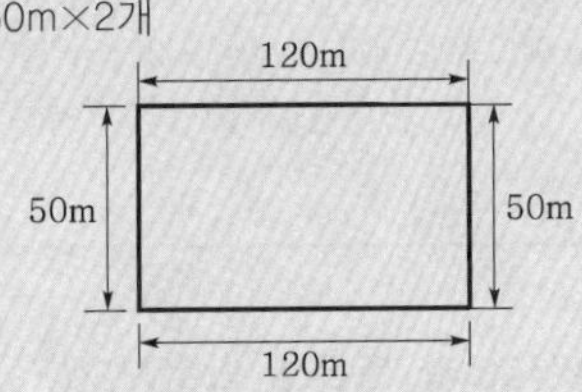

- 옥외소화전 설치개수 산정시 소수가 발생하면 반드시 **절상**

중요

‖ **옥외소화전설비**의 **설치대상**(소방시설법 시행령 [별표 4]) ‖

설치대상	조 건
① 목조건축물	• 국보·보물
② **지**상 1·2층	• 바닥면적 합계 **9000m²** 이상(같은 구 내의 둘 이상의 특정소방대상물이 **연소 우려가 있는 구조**인 경우 이를 하나의 특정소방대상물로 본다)
③ 특수가연물 저장·취급	• 지정수량 **750배** 이상

기억법 **지9외(지구의)**

중요

설치개수

구 분	옥내소화전설비 (정방형 배치)	옥내소화전설비 (배치조건이 없을 때)	제연설비 배출구	옥외소화전설비
설치개수	$S=2R\cos 45°$ $=2\times 25\times \cos 45°$ $\fallingdotseq 35.355\text{m}$ 가로개수 $=\dfrac{\text{가로길이}}{35.355\text{m}}$(절상) 세로개수 $=\dfrac{\text{세로길이}}{35.355\text{m}}$(절상) 총개수=가로개수×세로개수	설치개수 $=\dfrac{\text{건물 대각선길이}}{50\text{m}}$ $=\dfrac{\sqrt{\text{가로길이}^2+\text{세로길이}^2}}{50\text{m}}$	설치개수 $=\dfrac{\text{건물 대각선길이}}{20\text{m}}$ $=\dfrac{\sqrt{\text{가로길이}^2+\text{세로길이}^2}}{20\text{m}}$	설치개수 $=\dfrac{\text{건물 둘레길이}}{80\text{m}}$ $=\dfrac{\text{가로길이}\times 2\text{면}+\text{세로길이}\times 2\text{면}}{80\text{m}}$
적용기준	수평거리 **25m** (NFPC 102 7조 ②항, NFTC 102 2.4.2.1)	수평거리 **25m** (NFPC 102 7조 ②항, NFTC 102 2.4.2.1)	수평거리 **10m** (NFPC 501 7조 ②항, NFTC 501 2.4.2)	수평거리 **40m** (NFPC 109 6조 ①항, NFTC 109 2.3.1)

(다)

$$Q=7N$$

여기서, Q : 수원의 저수량[m^3]
N : 옥외소화전 설치개수(최대 **2개**)

수원의 **저수량** Q는

$Q=7N=7\times 2=14\text{m}^3$

- N : (나)에서 설치개수가 **5개**이지만 최대 2개까지만 적용하므로 **2개** 적용

(라)

$$Q=N\times 350$$

여기서, Q : 가압송수장치의 토출량(유량)[L/min]
N : 옥외소화전 설치개수(**최대 2개**)

가압송수장치의 **토출량** Q는

$Q=N\times 350=2\times 350=700\text{L/min}=700\text{Lpm}$

- N : (나)에서 설치개수가 **5개**이지만 최대 2개까지만 적용하므로 **2개** 적용
- $1\text{L/min}=1\text{Lpm}$이므로 $700\text{L/min}=700\text{Lpm}$

★★★

문제 09

다음 보기 및 조건을 참고하여 각 물음에 답하시오. (23.11.문8, 21.11.문4, 18.11.문6, 17.11.문10, 11.7.문3)

득점	배점
	6

[보기]

① 지하 2층, 지상 5층인 관광호텔
② 바닥면적 500m^2 영화상영관
③ 할로겐화합물 및 불활성기체 소화설비가 설치된 곳

(가) [보기 ②]에 적합한 수용인원을 구하시오. (단, 소방시설 설치 및 안전관리에 관한 법령을 기준으로 하고, 고정식 의자와 긴 의자는 제외한다.)
○ 계산과정 :
○ 답 :

(나) 조건을 참고하여 특정소방대상물별로 설치해야 할 인명구조기구의 종류와 설치수량을 구하시오.

〔조건〕
㉠ 설치해야 할 인명구조기구의 종류를 모두 쓸 것
㉡ 설치해야 할 인명구조기구가 없는 경우는 인명구조기구란에만 "×" 표시할 것
㉢ (가)에서 구한 값을 기준으로 보기 ②의 값을 구할 것

특정소방대상물	인명구조기구의 종류	설치수량
보기 ①		
보기 ②		
보기 ③		

(가) ○ 계산과정 : $\frac{500}{4.6} = 108.6 ≒ 109$명

○ 답 : 109명

(나) 인명구조기구의 종류와 설치수량

특정소방대상물	인명구조기구의 종류	설치수량
보기 ①	방열복, 방화복(안전모, 보호장갑, 안전화 포함), 공기호흡기, 인공소생기	각 2개 이상
보기 ②	공기호흡기	층마다 2개 이상
보기 ③	×	×

해설 (가)

- (가)의 〔단서〕에서 고정식 의자, 긴 의자의 경우는 적용방법이 복잡하여 앞으로도 이 문제와 같이 제외하고 출제될 것으로 보임
- **수용인원**의 **산정방법**(소방시설법 시행령 〔별표 7〕)

문화 및 집회시설(바닥면적 $300m^2$ 이상 영화상영관)$= \frac{\text{바닥면적 합계}[m^2]}{4.6m^2}$(관람석이 있는 경우 고정식 의자를 설치한 부분은 그 부분의 의자 수로 하고, 긴 의자의 경우에는 의자의 정면너비를 0.45m로 나누어 얻은 수)

‖ **수용인원**의 **산정방법** ‖

특정소방대상물		산정방법
• 강의실 • 교무실 • 상담실 • 실습실 • 휴게실		$\frac{\text{바닥면적 합계}}{1.9m^2}$
• 숙박시설	침대가 있는 경우	종사자수＋침대수
	침대가 없는 경우	종사자수$+\frac{\text{바닥면적 합계}}{3m^2}$
• 기타(근린생활시설 등)		$\frac{\text{바닥면적 합계}}{3m^2}$
• 강당 • 문화 및 집회시설(바닥면적 $300m^2$ 이상 영화상영관), 운동시설 → • 종교시설		$\frac{\text{바닥면적 합계}}{4.6m^2}$

- 〔보기 ②〕 바닥면적 500m² 영화상영관은 바닥면적이 300m² 이상이므로 **문화** 및 **집회시설**에 **해당**

바닥면적 300m² 미만	바닥면적 300m² 이상
근린생활시설	문화 및 집회시설

- **소수점 이하**는 **반올림**한다.
- **수용인원**만 **반올림**이므로 특히 주의! 나머지 대부분은 **절상**

기억법 **수반(수반! 동반!)**

문화 및 집회시설(바닥면적 500m² 영화상영관) $= \dfrac{\text{바닥면적 합계}[\text{m}^2]}{4.6\text{m}^2} = \dfrac{500\text{m}^2}{4.6\text{m}^2} = 108.6 ≒ 109$명(반올림)

(나)

- 〔보기 ①〕 : (나)의 〔조건 ㉠〕에서 모두 쓰라고 했으므로 **'(안전모, 보호장갑, 안전화 포함)'**까지 꼭! 써야 정답
- 문제에서 병원은 없으므로 설치수량에서 **'(단, 병원은 인공소생기 설치 제외)'**는 쓸 필요없음
- 〔보기 ②〕 : (가)에서 구한 답이 109명으로 100명 이상의 영화상영관에 해당되므로 **'공기호흡기, 층마다 2개 이상'** 정답!
- 〔보기 ③〕 : 할로겐화합물 및 불활성기체 소화설비가 설치되어 있고, **이산화탄소 소화설비**는 없으므로 ×로 표시하면 됨

▌인명구조기구의 설치대상▐

특정소방대상물	인명구조기구의 종류	설치수량
• 지하층을 포함하는 층수가 **7층** 이상인 **관광호텔** 및 **5층** 이상인 **병원** 보기 ①	• 방열복 • 방화복(안전모, 보호장갑, 안전화 포함) • **공기호흡기** • **인공소생기**	• 각 **2개** 이상 비치할 것(단, 병원은 인공소생기 설치 제외)
• 문화 및 집회시설 중 수용인원 **100명** 이상의 영화상영관 보기 ② • **대규모 점포** • **지하역사** • **지하상가**	• **공기호흡기**	• 층마다 **2개** 이상 비치할 것
• **이산화탄소 소화설비**를 설치하여야 하는 특정소방대상물	• 공기호흡기	• 이산화탄소 소화설비가 설치된 장소의 출입구 외부 인근에 **1대** 이상 비치할 것

☆☆☆

문제 10

옥외저장탱크에 포소화설비를 설치하려고 한다. 그림 및 조건을 참고하여 다음 각 물음에 답하시오.

(18.11.문14, 17.11.문14, 15.11.문3, 12.7.문4, 03.7.문9, 01.4.문11)

득점	배점
	9

〔조건〕

① 탱크사양

탱 크	탱크사양	탱크의 구조	포방출구의 종류
원유저장탱크	12m×12m	플로팅루프탱크	특형
등유저장탱크	25m×25m	콘루프탱크	I형

② 설계사양

탱 크	방출구	방출량	방사시간	포농도	굽도리판 간격
원유저장탱크	2개	8L/m²·분	30분	3%	1.2m
등유저장탱크	2개	4L/m²·분	30분	3%	해당없음

③ 송액관에 필요한 소화약제의 최소량은 72.07L이다.

④ 보조포소화전은 방유제 주위에 4개 설치되어 있고, 보조포소화전의 토출량은 400L/min이며 방사시간은 20분이다.
⑤ 송액관 내의 유속은 3m/s이다.
⑥ 탱크 2대에서의 동시화재는 없는 것으로 간주한다.
⑦ 그림이나 조건에 없는 것은 제외한다.

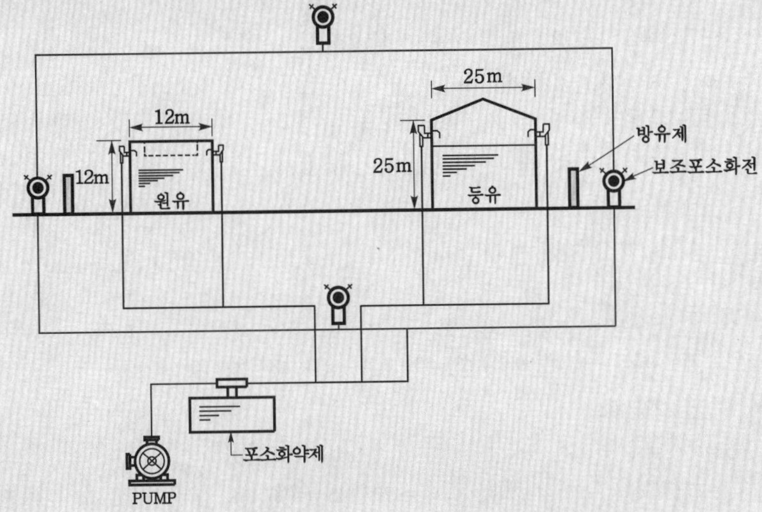

(가) 각 탱크에 필요한 포수용액의 양[L/분]은 얼마인지 구하시오.

① 원유저장탱크
- ○ 계산과정 :
- ○ 답 :

② 등유저장탱크
- ○ 계산과정 :
- ○ 답 :

(나) 보조포소화전에 필요한 포수용액의 양[L/분]은 얼마인지 구하시오.
- ○ 계산과정 :
- ○ 답 :

(다) 각 탱크에 필요한 소화약제의 양[L]은 얼마인지 구하시오.

① 원유저장탱크
- ○ 계산과정 :
- ○ 답 :

② 등유저장탱크
- ○ 계산과정 :
- ○ 답 :

(라) 보조포소화전에 필요한 소화약제의 양[L]은 얼마인지 구하시오.
- ○ 계산과정 :
- ○ 답 :

(마) 포소화설비에 필요한 소화약제의 총량[L]은 얼마인지 구하시오. (단, 조건에서 주어진 송액관에 필요한 소화약제의 양을 포함한다.)
 ○ 계산과정 :
 ○ 답 :

해답 (가) ① 원유저장탱크

○ 계산과정 : $\frac{\pi}{4}(12^2-9.6^2)\times 8\times 1 ≒ 325.72L/분$

○ 답 : 325.72L/분

② 등유저장탱크

○ 계산과정 : $\frac{\pi}{4}25^2\times 4\times 1 = 1963.495 ≒ 1963.5L/분$

○ 답 : 1963.5L/분

(나) ○ 계산과정 : $3\times 1\times 400 = 1200L/분$

○ 답 : 1200L/분

(다) ① 원유저장탱크

○ 계산과정 : $\frac{\pi}{4}(12^2-9.6^2)\times 8\times 30\times 0.03 = 293.148 ≒ 293.15L$

○ 답 : 293.15L

② 등유저장탱크

○ 계산과정 : $\frac{\pi}{4}25^2\times 4\times 30\times 0.03 = 1767.145 ≒ 1767.15L$

○ 답 : 1767.15L

(라) ○ 계산과정 : $3\times 0.03\times 8000 = 720L$

○ 답 : 720L

(마) ○ 계산과정 : $1767.15+720+72.07 = 2559.22L$

○ 답 : 2559.22L

해설 (가) **1분당 포소화약제**의 **양** 또는 **1분당 포수용액**의 **양**

$$Q = A\times Q_1\times S$$

여기서, Q : 1분당 포소화약제의 양[L/분]
A : 탱크의 액표면적[m^2]
Q_1 : 단위포소화수용액의 양[L/m^2 · 분]
S : 포소화약제의 사용농도

① **원유저장탱크**

$Q = A\times Q_1\times S$

$= \frac{\pi}{4}(12^2-9.6^2)\text{m}^2\times 8\text{L/m}^2 \cdot 분\times 1 ≒ 325.72L/분$

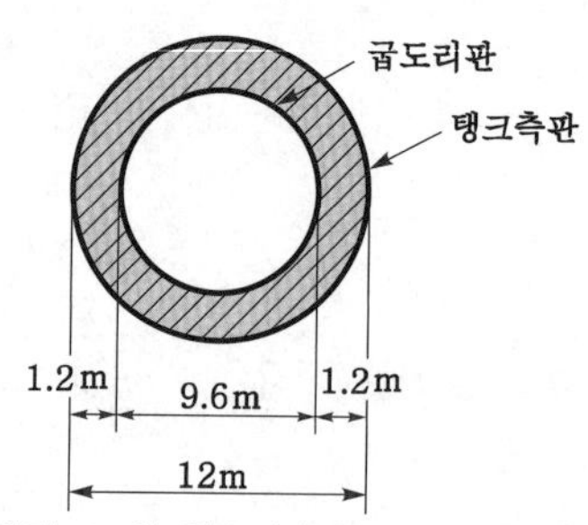

| 직경 12m인 원유저장탱크의 구조 |

- 문제의 그림에서 원유저장탱크의 직경은 **12m**
- 〔조건 ②〕에서 원유저장탱크 방출량 Q_1 =**8L/m^2 · 분**
- 포소화약제의 사용농도(포수용액) S는 항상 **1**
- 원칙적으로 유량 $Q=A\times Q_1\times T\times S$ 식을 적용하여 단위가 L이 되지만, 여기서는 **L/분**에 대한 값을 구하라고 하였으므로 유량 $Q=A\times Q_1\times S$가 된다.
- 〔조건 ②〕에서 굽도리판 간격은 **1.2m**이므로 이를 고려하여 **9.6m** 적용
- **굽도리판** : 탱크벽 안쪽에 설치하는 판

② **등유저장탱크**

$Q=A\times Q_1\times S$

$=\frac{\pi}{4}(25\text{m})^2\times 4\text{L/m}^2\cdot\text{분}\times 1=1963.495 ≒ 1963.5\text{L/분}$

- 문제의 그림에서 등유저장탱크의 직경은 **25m**
- 〔조건 ②〕에서 등유저장탱크 방출량 Q_1 =**4L/m^2 · 분**
- 포소화약제의 사용농도(포수용액) S는 항상 **1**
- 원칙적으로 유량 $Q=A\times Q_1\times T\times S$ 식을 적용하여 단위가 L이 되지만, 여기서는 **L/분**에 대한 값을 구하라고 하였으므로 유량 $Q=A\times Q_1\times S$가 된다.

(나) **보조포소화전**(옥외보조포소화전)

$$Q=N\times S\times 8000$$

여기서, Q : 포소화약제의 양(포수용액의 양)〔L/분〕
N : 호스접결구수(최대 **3개**)
S : 포소화약제의 사용농도

보조포소화전에 필요한 **포수용액**의 양 Q는

$Q=N\times S\times 8000\text{L}$($N$: 호스접결구수(최대 3개))
$=N\times S\times 400\text{L/분}$($N$: 호스접결구수(최대 3개))
$=3\times 1\times 400\text{L/분}$
$=1200\text{L/분}$

- 호스접결구에 대한 특별한 언급이 없을 경우에는 **호스접결구수**가 곧 **보조포소화전**의 **개수**임을 기억하라. 〔조건 ④〕에서 보조포소화전은 4개이지만 그림에 쌍구형(Ⓨ)이므로 호스접결구수는 8개가 된다. 그러나 위 식에서 적용 가능한 호스접결구의 최대 개수는 3개이므로 N=**3개**가 된다.
- **호스접결구수** : 호스에 연결하는 구멍의 수
- 포소화약제의 사용농도(포수용액) S는 항상 **1**
- 원칙적으로 보조포소화전의 유량 $Q=N\times S\times 8000\text{L}$ 식을 적용하여 단위가 L가 되지만, 단위 **L/분**에 대한 값을 구하라고 할 때에는 유량 $Q=N\times S\times 400\text{L/분}$의 식을 적용하여야 한다. 주의하라!
- $Q=N\times S\times 400\text{L/분}$에서 400L/분의 출처는 보조포소화전의 방사시간은 화재안전기술기준에 의해 **20분**이므로 $\frac{8000\text{L}}{20\text{분}}=400\text{L/분}$이다.

(다)

$$Q=A\times Q_1\times T\times S$$

여기서, Q : 포소화약제의 양〔L〕
A : 탱크의 액표면적〔m^2〕
Q_1 : 단위포소화수용액의 양〔L/m^2 · 분〕
T : 방출시간〔분〕
S : 포소화약제의 사용농도

① **원유저장탱크**

$Q = A \times Q_1 \times T \times S$

$= \frac{\pi}{4}(12^2 - 9.6^2)\text{m}^2 \times 8\text{L/m}^2 \cdot 분 \times 30분 \times 0.03 = 293.148 ≒ 293.15\text{L}$

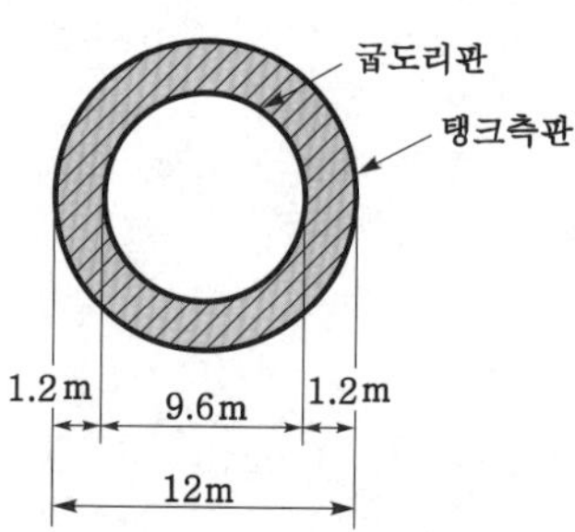

‖ 직경 12m인 원유저장탱크의 구조 ‖

- 문제의 그림에서 원유저장탱크의 직경은 **12m**
- 〔조건 ②〕에서 원유저장탱크 방출량 Q_1 =**8L/m² · 분**, 방사시간 T=**30분**
- 〔조건 ②〕에서 포소화약제의 농도 S=**0.03**
- 〔조건 ②〕에서 굽도리판 간격은 **1.2m**이므로 이를 고려하여 **9.6m** 적용

② **등유저장탱크**

$Q = A \times Q_1 \times T \times S$

$= \frac{\pi}{4}(25\text{m})^2 \times 4\text{L/m}^2 \cdot 분 \times 30분 \times 0.03 = 1767.145 ≒ 1767.15\text{L}$

- 문제의 그림에서 등유저장탱크의 직경은 **25m**
- 〔조건 ②〕에서 등유저장탱크 방출량 Q_1 =**4L/m² · 분**, 방사시간 T=**30분**
- 〔조건 ②〕에서 포소화약제의 농도 S=**0.03**

㈑ **보조포소화전**(옥외보조포소화전)

$Q = N \times S \times 8000$

여기서, Q : 포소화약제의 양〔L〕
N : 호스접결구수(최대 **3개**)
S : 포소화약제의 사용농도

보조포소화전에 필요한 **포소화약제**의 양 Q는

$Q = N \times S \times 8000\text{L}$($N$: 호스접결구수(최대 3개))

$= 3 \times 0.03 \times 8000\text{L} = 720\text{L}$

- 〔조건 ④〕에서 보조포소화전은 4개이지만 그림에 **쌍구형**(ⓨ)이므로 호스접결구는 총 8개이나 호스접결구는 **최대 3개**까지만 적용 가능하므로 호스접결구수 N= **3개**이다.
- 〔조건 ②〕에서 포소화약제의 농도 S=**0.03**

㈒ **소화약제**의 총량 Q는

Q =탱크의 약제량(큰 쪽)+보조포소화전의 약제량+송액관의 약제량

$= 1767.15\text{L} + 720\text{L} + 72.07\text{L} = 2559.22\text{L}$

- **1767.15L** : ㈐에서 구한 값
- **720L** : ㈑에서 구한 값
- **72.07L** : 〔조건 ③〕에서 주어진 값

☆

문제 11

헤드 H-1의 방수압력이 0.1MPa인 폐쇄형 스프링클러설비의 수리계산에 대하여 조건을 참고하여 다음 각 물음에 답하시오. (단, 계산과정을 쓰고 최종 답은 반올림하여 소수점 2째자리까지 구할 것)

(20.11.문6, 17.11.문7, 17.4.문4, 15.4.문10)

득점	배점
	6

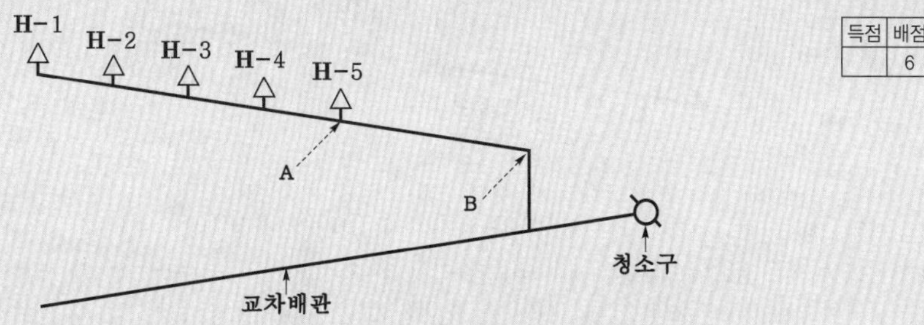

[조건]

① 헤드 H-1에서 H-5까지의 각 헤드마다의 방수압력 차이는 0.02MPa이다. (단, 계산시 헤드와 가지배관 사이의 배관에서의 마찰손실은 무시한다.)

② A~B 구간의 마찰손실압은 0.03MPa이다.

③ H-1 헤드에서의 방수량은 화재안전기술기준에서 정하는 최소의 값으로 한다.

(가) A지점에서의 필요 최소 압력은 몇 MPa인가?

○ 계산과정 :

○ 답 :

(나) A~B 구간에서의 유량은 몇 L/min인가?

○ 계산과정 :

○ 답 :

(다) A~B 구간에서의 최소 내경은 몇 mm인가?

○ 계산과정 :

○ 답 :

해답 (가) ○ 계산과정 : $0.1+0.02\times4=0.18\text{MPa}$

○ 답 : 0.18MPa

(나) ○ 계산과정 : $K=\dfrac{80}{\sqrt{10\times0.1}}=80$

H-1 : $Q_1=80\sqrt{10\times0.1}=80\text{L/min}$

H-2 : $Q_2=80\sqrt{10(0.1+0.02)}=87.635 \fallingdotseq 87.64\text{L/min}$

H-3 : $Q_3=80\sqrt{10(0.1+0.02+0.02)}=94.657 \fallingdotseq 94.66\text{L/min}$

H-4 : $Q_4=80\sqrt{10(0.1+0.02+0.02+0.02)}=101.192 \fallingdotseq 101.19\text{L/min}$

H-5 : $Q_5=80\sqrt{10(0.1+0.02+0.02+0.02+0.02)}=107.331 \fallingdotseq 107.33\text{L/min}$

$Q=80+87.64+94.66+101.19+107.33=470.82\text{L/min}$

○ ○ 답 : 470.82L/min

(다) ○ 계산과정 : $\sqrt{\dfrac{4\times(0.47082/60)}{\pi\times6}}=0.0408066\text{m}=40.8066\text{mm} \fallingdotseq 40.81\text{mm}$

○ 답 : 40.81mm

해설 (가) 80L/min

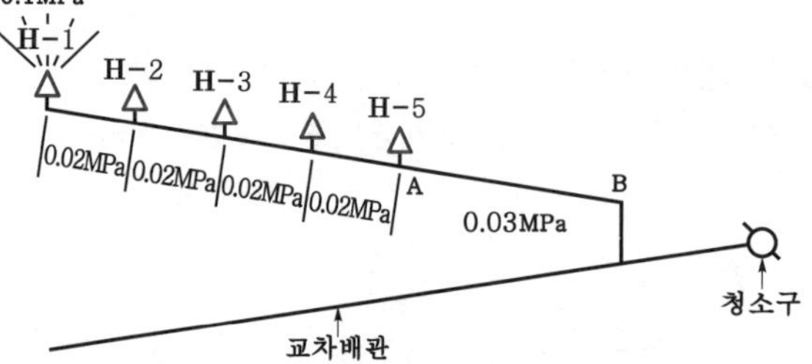

필요 최소 압력=헤드방수압력+각각의 마찰손실압

$= 0.1\text{MPa} + 0.02\text{MPa} \times 4 = 0.18\text{MPa}$

- **0.1MPa** : 문제에서 주어진 값
- **0.02MPa** : [조건 ①]에서 주어진 값

(나)

$$Q = K\sqrt{10P}$$

여기서, Q : 방수량[L/min], K : 방출계수, P : 방수압[MPa]

방출계수 K는

$$K = \frac{Q}{\sqrt{10P}} = \frac{80\text{L/min}}{\sqrt{10 \times 0.1\text{MPa}}} = 80$$

헤드번호 H-1

① **유량**

$Q_1 = K\sqrt{10P} = 80\sqrt{10 \times 0.1} = 80\text{L/min}$

- 80L/min : [조건 ③]의 화재안전기술기준에서 정하는 최소값은 **80L/min**
- 문제에서 헤드번호 H-1의 방수압(P)은 **0.1MPa**이다.
- K는 바로 위에서 구한 **80**이다.

② **마찰손실압**

$\Delta P_1 = 0.02\text{MPa}$

- [조건 ①]에서 각 헤드의 방수압력 차이는 **0.02MPa**이다.

헤드번호 H-2

① **유량**

$Q_2 = K\sqrt{10(P+\Delta P_1)} = 80\sqrt{10(0.1+0.02)} = 87.635 \fallingdotseq 87.64\text{L/min}$

- 방수압($P+\Delta P_1$)은 문제에서 주어진 방수압(P) **0.1MPa**과 헤드번호 H-1의 마찰손실압(ΔP_1)의 합이다.

② **마찰손실압**

$\Delta P_2 = 0.02\text{MPa}$

- [조건 ①]에서 각 헤드의 방수압력 차이는 **0.02MPa**이다.

헤드번호 H-3

① **유량**

$Q_3 = K\sqrt{10(P+\Delta P_1+\Delta P_2)} = 80\sqrt{10(0.1+0.02+0.02)} = 94.657 \fallingdotseq 94.66\text{L/min}$

- 방수압($P+\Delta P_1+\Delta P_2$)은 문제에서 주어진 방수압(P) **0.1MPa**과 헤드번호 H-1의 마찰손실압(ΔP_1), 헤드번호 H-2의 마찰손실압(ΔP_2)의 합이다.

② **마찰손실압**

$\Delta P_3 = 0.02\text{MPa}$

- 〔조건 ①〕에서 각 헤드의 방수압력 차이는 **0.02MPa**이다.

헤드번호 H-4

① **유량**

$Q_4 = K\sqrt{10(P+\Delta P_1+\Delta P_2+\Delta P_3)} = 80\sqrt{10(0.1+0.02+0.02+0.02)} = 101.192 ≒ 101.19\text{L/min}$

- 방수압$(P+\Delta P_1+\Delta P_2+\Delta P_3)$은 문제에서 주어진 방수압$(P)$ **0.1MPa**과 헤드번호 H-1의 마찰손실압(ΔP_1), 헤드번호 H-2의 마찰손실압(ΔP_2), 헤드번호 H-3의 마찰손실압(ΔP_3)의 합이다.

② **마찰손실압**

$\Delta P_4 = 0.02\text{MPa}$

- 〔조건 ①〕에서 각 헤드의 방수압력 차이는 **0.02MPa**이다.

헤드번호 H-5

① **유량**

$Q_5 = K\sqrt{10(P+\Delta P_1+\Delta P_2+\Delta P_3+\Delta P_4)} = 80\sqrt{10(0.1+0.02+0.02+0.02+0.02)}$
$= 107.331 ≒ 107.33\text{L/min}$

- 방수압$(P+\Delta P_1+\Delta P_2+\Delta P_3+\Delta P_4)$은 문제에서 주어진 방수압$(P)$ 0.1MPa과 헤드번호 H-1의 마찰손실압(ΔP_1), 헤드번호 H-2의 마찰손실압(ΔP_2), 헤드번호 H-3의 마찰손실압(ΔP_3), H-4의 마찰손실압(ΔP_4)의 합이다.

② **마찰손실압**

$\Delta P_5 = 0.02\text{MPa}$

- 〔조건 ①〕에서 각 헤드의 방수압력 차이는 **0.02MPa**이다.

A~B 구간의 유량

$Q = Q_1 + Q_2 + Q_3 + Q_4 + Q_5 = 80 + 87.64 + 94.66 + 101.19 + 107.33 = 470.82\text{L/min}$

- $Q_1 \sim Q_5$: 바로 위에서 구한 값

(다)

$$Q = AV = \frac{\pi D^2}{4}V$$

여기서, Q : 유량〔m³/s〕, A : 단면적〔m²〕, V : 유속〔m/s〕, D : 내경〔m〕

$$Q = \frac{\pi D^2}{4}V$$ 에서

배관의 **내경** D는

$D = \sqrt{\frac{4Q}{\pi V}} = \sqrt{\frac{4\times 470.82\text{L/min}}{\pi \times 6\text{m/s}}} = \sqrt{\frac{4\times 0.47082\text{m}^3\text{/min}}{\pi\times 6\text{m/s}}} = \sqrt{\frac{4\times(0.47082\text{m}^3\text{/60s})}{\pi\times 6\text{m/s}}}$
$= 0.0408066\text{m} = 40.8066\text{mm} ≒ 40.81\text{mm}$

- Q(470.82L/min) : (나)에서 구한 값
- 1000L=1m³이므로 470.82L/min=0.47082m³/min
- 1min=60s이므로 0.47082m³/min=0.47082m³/60s
- **배관 내**의 **유속**

설 비		유 속
옥내소화전설비		4m/s 이하
스프링클러설비	가지배관 →	6m/s 이하
	기타배관(교차배관 등)	10m/s 이하

- 구하고자 하는 배관은 스프링클러헤드가 설치되어 있으므로 '**가지배관**'이다. 그러므로 유속은 **6m/s**이다.

용어

가지배관	교차배관
스프링클러헤드가 설치되어 있는 배관	**직접** 또는 **수직배관**을 통하여 **가지배관**에 **급수**하는 배관

☆☆

문제 12

전력통신 배선 전용 지하구(폭 2.5m, 높이 2m, 길이 1000m)에 연소방지설비를 설치하고자 한다. 다음 각 물음에 답하시오. (19.6.문15, 19.4.문12, 14.11.문14)

득점	배점
	6

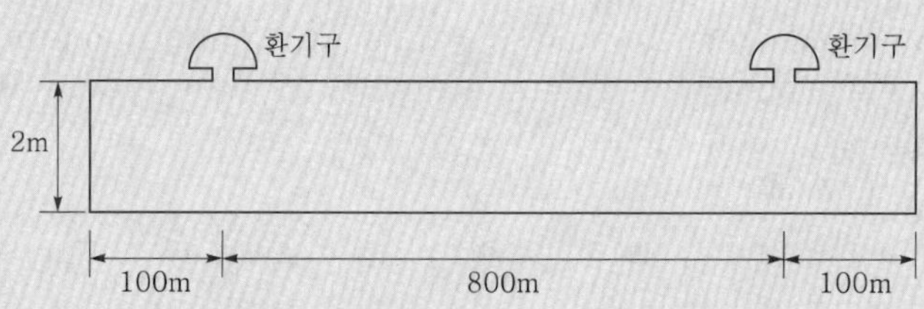

[조건]

① 소방대원의 출입이 가능한 환기구는 지하구 양쪽 끝에서 100m 지점에 있다.
② 지하구에는 방화벽이 설치되지 않았다.
③ 환기구마다 지하구의 양쪽방향으로 살수헤드를 설정한다.
④ 헤드는 연소방지설비 전용헤드를 사용한다.

(가) 살수구역은 최소 몇 개를 설치하여야 하는지 구하시오.
○ 계산과정 :
○ 답 :

(나) 1개 구역에 설치되는 연소방지설비 전용 헤드의 최소 적용수량을 구하시오.
○ 계산과정 :
○ 답 :

(다) 1개 구역의 연소방지설비 전용 헤드 전체 수량에 적합한 최소 배관구경은 얼마인지 쓰시오. (단, 수평주행배관은 제외한다.)
○

(가) ○ 계산과정 : $2\times2+\frac{800}{700}-1=4.14 \fallingdotseq 5$개
○ 답 : 5개

(나) ○ 계산과정 : $S=2\text{m}$

벽면개수 $N_1=\frac{2}{2}=1$개, $N_1{}'=1\times2=2$개

천장면개수 $N_2=\frac{2.5}{2}=1.25 \fallingdotseq 2$개, 길이방향개수 $N_3=\frac{3}{2}=1.5 \fallingdotseq 2$개

벽면 살수구역헤드수 $=2\times2\times1=4$개

천장 살수구역헤드수 $=2\times2\times1=4$개

○ 답 : 4개

(다) 65mm

연소방지설비(NFPC 605 8조, NFTC 605 2.4.2.3)

소방대원의 출입이 가능한 환기구 · 작업구마다 지하구의 **양쪽 방향**으로 살수헤드를 설정하되, 한쪽 방향의 살수구역의 길이는 **4m** 이상으로 할 것(단, 환기구 사이의 간격이 700m를 초과할 경우에는 700m 이내마다 살수구역을 설정하되, 지하구의 구조를 고려하여 방화벽을 설치한 경우는 제외).

이 설비는 **700m 이하**마다 헤드를 설치하여 **지하구**의 화재를 진압하는 것이 목적이 아니고 **화재확산 방지**를 주목적으로 한다.

(가) **살수구역수**

이는 환기구 · 작업구에 진입하는 소방대원의 안전을 위해 환기구 · 작업구 양쪽에 살수구역을 설치하여 소방대원이 환기구 · 작업구에 진입시 화재로부터 안전을 확보하기 위한 것이다.

‖ 살수구역수 ‖

• 환기구 사이 간격 700m 이하 • 환기구 사이 간격 700m 초과(방화벽 설치)	환기구 사이 간격 700m 초과(방화벽 미설치)
살수구역수 = 환기구 및 작업구 개수×2	살수구역수 = 환기구 및 작업구 개수×2 $+\dfrac{\text{환기구 사이 간격[m]}}{700\text{m}}-1$(절상)

• [조건 ②]에서 방화벽 미설치
• 문제의 그림에서 환기구 사이 간격이 800m로 700m 초과

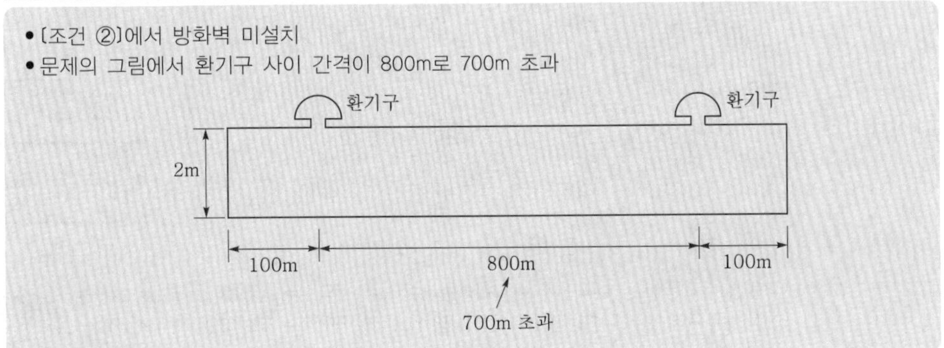

$$\text{살수구역수} = \text{환기구 및 작업구 개수} \times 2 + \frac{\text{환기구 사이 간격[m]}}{700\text{m}} - 1(\text{절상})$$

$$= 2\text{개} \times 2 + \frac{800\text{m}}{700\text{m}} - 1 = 4.14 \fallingdotseq 5\text{개}$$

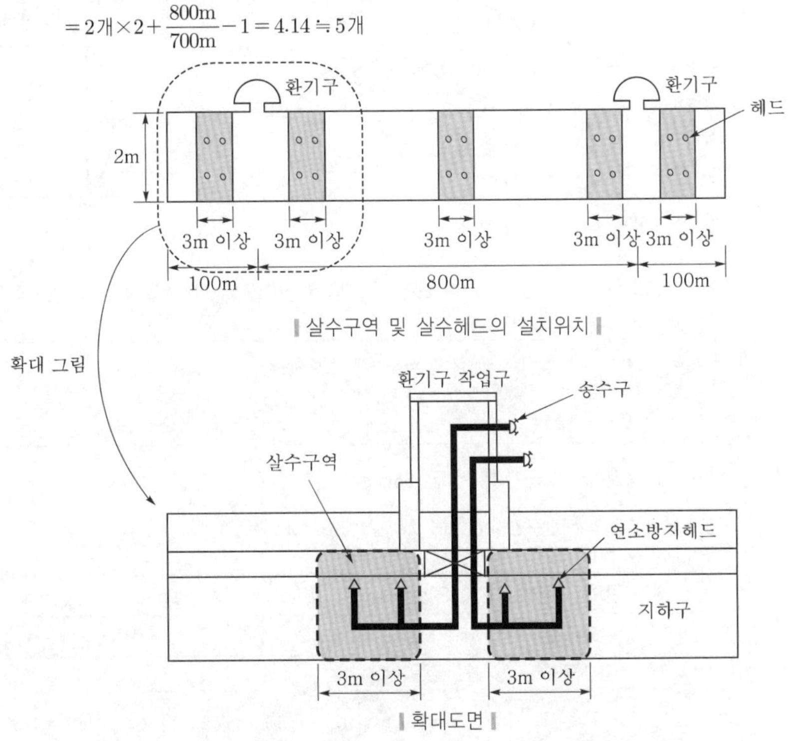

‖ 살수구역 및 살수헤드의 설치위치 ‖

‖ 확대도면 ‖

• 환기구 · 작업구를 기준으로 양쪽 방향으로 살수헤드를 설치하라고 하였고, 살수헤드는 살수구역에 설치하므로 **살수구역**은 **환기구 · 작업구**를 기준으로 **좌우 양쪽**에 **1개**씩 설치하는 것이 옳다. 그러므로 환기구 · 작업구 개수에 **2개**를 곱하면 된다.
• 살수구역수는 폭과 높이는 적용할 필요 없이 **지하구**의 **길이**만 적용하면 된다.

(나) **연소방지설비 전용 헤드 살수헤드수**

- h(높이) : 2m
- W(폭) : 2.5m
- L(살수구역길이) : 3m(NFPC 605 8조 ②항 3호, NFTC 605 2.4.2.3)
- S(헤드 간 수평거리=헤드 간의 간격) : 연소방지설비 전용 헤드 **2m** 또는 스프링클러헤드 **1.5m**(NFPC 605 8조 ②항 2호, NFTC 605 2.4.2.2)
- 헤드는 일반적으로 **정사각형**으로 설치하며, NFPC 605 8조 ②항 2호, NFTC 605 2.4.2.2에서 헤드 간의 수평거리라 함은 헤드 간의 간격을 말하는 것으로 소방청의 공식 답변이 있다(신청번호 1AA-2205-0758722).
  그러므로 헤드 간의 수평거리는 S(수평헤드간격)를 말한다.

벽면개수 $N_1 = \frac{h}{S}$(절상)$= \frac{2\text{m}}{2\text{m}} = 1$개

$N_1{}' = N_1 \times 2$(벽면이 양쪽이므로)$= 1$개$\times 2 = 2$개

천장면개수 $N_2 = \frac{W}{S}$(절상)$= \frac{2.5\text{m}}{2\text{m}} = 1.25 ≒ 2$개(절상)

길이방향개수 $N_3 = \frac{L}{S}$(절상)$= \frac{3\text{m}}{2\text{m}} = 1.5 ≒ 2$개(절상)

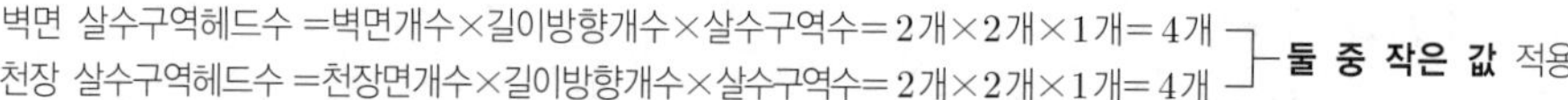

벽면 살수구역헤드수 =벽면개수×길이방향개수×살수구역수= 2개×2개×1개= 4개
천장 살수구역헤드수 =천장면개수×길이방향개수×살수구역수= 2개×2개×1개= 4개
— **둘 중 작은 값** 적용

- 살수구역수 : 문제에서 '**1개 구역**'이라고 주어졌으므로 **1개** 적용

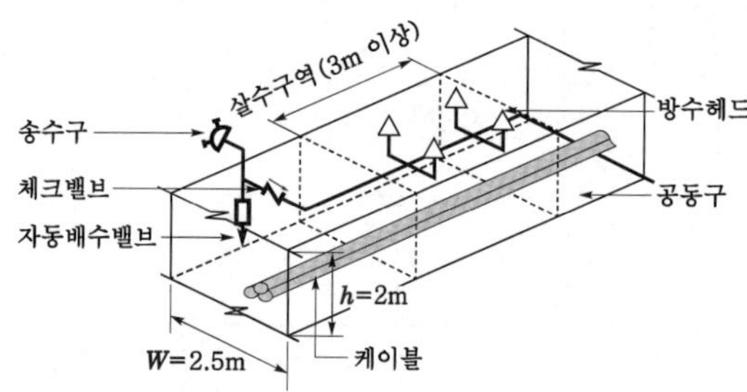

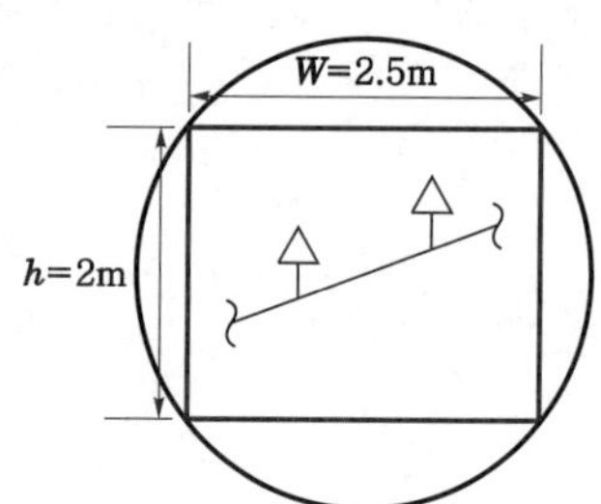

- NFPC 605 8조, NFTC 605 2.4.2에 의해 벽면 살수구역헤드수와 천장 살수구역헤드수를 구한 다음 **둘 중 작은 값**을 선정하면 됨

지하구의 화재안전기준(NFPC 605 8조, NFTC 605 2.4.2) 제8조 연소방지설비의 헤드 1. 천장 **또는** 벽면에 설치할 것

(다) 살수헤드수가 **4개**이므로 배관의 구경은 **65mm** 사용

- **연소방지설비**의 **배관구경**(NFPC 605 8조, NFTC 605 2.4.1.3.1)
  - 연소방지설비 전용 헤드를 사용하는 경우

배관의 구경	32mm	40mm	50mm	65mm	80mm
살수헤드수	1개	2개	3개	4개 또는 5개	6개 이상

  - 스프링클러헤드를 사용하는 경우

구 분 \ 배관의 구경	25mm	32mm	40mm	50mm	65mm	80mm	90mm	100mm	125mm	150mm
폐쇄형 헤드수	2개	3개	5개	10개	30개	60개	80개	100개	160개	161개 이상
개방형 헤드수	1개	2개	5개	8개	15개	27개	40개	55개	90개	91개 이상

☆☆☆

문제 13

그림과 같이 6층 건물(철근콘크리트 건물)에 1층부터 6층까지 각 층에 1개씩 옥내소화전을 설치하고자 한다. 이 그림과 주어진 조건을 이용하여 다음 각 물음에 답하시오. (05.10.문7)

득점	배점
	12

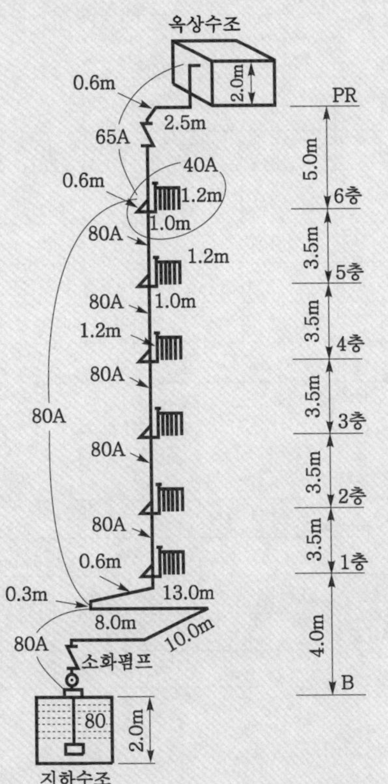

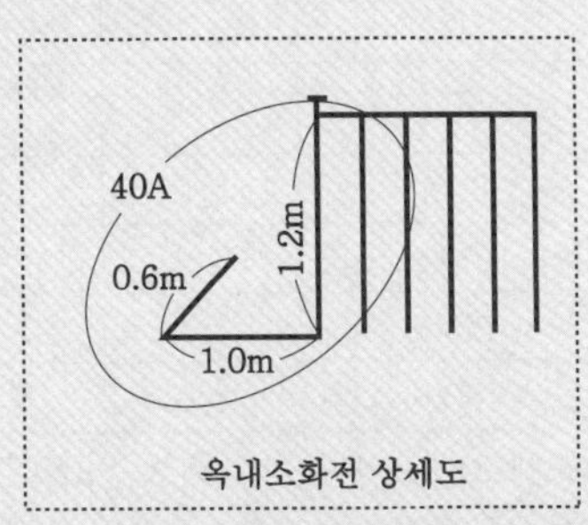

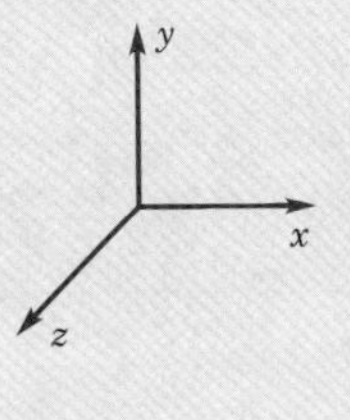

〔조건〕

① 소화펌프에서 옥내소화전 바닥(티)까지의 거리는 다음과 같다. (위 그림 참조)

㉠ 수직거리 : 2.7+0.3+1=4.0m

㉡ 수평거리 : 8+10+13+0.6=31.6m

② 옥내소화전 바닥(티)에서 옥내소화전 바닥(티)까지의 거리는 3.5m이다. (위 그림 참조)

③ 엘보는 모두 90° 엘보를 사용한다.

④ 펌프의 효율은 55%이며 펌프의 축동력 전달효율은 100%로 계산한다.

⑤ 호스의 길이 15m, 구경 40mm의 마호스 2개를 사용한다.

⑥ 티(80×80×80A)에서 분류되어 40A 배관에 연결할 때는 리듀서(80×40A)를 사용한다.

⑦ 직관의 마찰손실은 다음 표를 참조할 것

‖ 직관의 마찰손실(100m당) ‖

구경 \ 유량 〔L/min〕	130	260	390	520
40A	14.7m	–	–	–
50A	5.1m	18.4m	–	–
65A	1.72m	6.20m	13.2m	–
80A	0.71m	2.57m	5.47m	9.20m

⑧ 관이음 및 밸브 등의 등가길이는 다음 표를 이용할 것

‖ 관이음 및 밸브 등의 등가길이 ‖

관이음 및 밸브의 호칭구경 〔mm(in)〕	90° 엘보	45° 엘보	90° T (분류)	커플링 90° T(직류)	게이트 밸브	글로브 밸브	앵글 밸브
	등가길이〔m〕						
$40(1\frac{1}{2})$	1.5	0.9	2.1	0.45	0.30	13.5	6.5
50(2)	2.1	1.2	3.0	0.60	0.39	16.5	8.4
$65(2\frac{1}{2})$	2.4	1.5	3.6	0.75	0.48	19.5	10.2
80(3)	3.0	1.8	4.5	0.90	0.60	24.0	12.0
100(4)	4.2	2.4	6.3	1.20	0.81	37.5	16.5
125(5)	5.1	3.0	7.5	1.50	0.99	42.0	21.0
150(6)	6.0	3.6	9.0	1.80	1.20	49.5	24.0

※ 체크밸브와 풋밸브의 등가길이는 이 표의 앵글밸브에 준한다.

⑨ 호스의 마찰손실수두는 다음 표를 이용할 것

‖ 호스의 마찰손실수두(100m당) ‖

구 분 / 유량〔L/min〕	호스의 호칭구경					
	40mm		50mm		65mm	
	마호스	고무내장호스	마호스	고무내장호스	마호스	고무내장호스
130	26m	12m	7m	3m	–	–
350	–	–	–	–	10m	4m

(가) 펌프의 송수량〔L/min〕은?

○ 계산과정 :

○ 답 :

(나) 수원의 소요저수량〔m^3〕은?

○ 계산과정 :

○ 답 :

(다) 다음 순서대로 전양정을 구하시오.

① 소방호스의 마찰손실수두〔m〕는?

○ 계산과정 :

○ 답 :

② 배관의 마찰손실수두〔m〕에 대한 표를 완성하시오.

호칭구경	직관의 등가길이	마찰손실수두
80A	직관 :	
40A	직관 :	
합계		

③ 관부속품의 마찰손실수두〔m〕에 대한 표를 완성하시오.

호칭구경	관부속품의 등가길이	마찰손실수두
80A	관부속품 :	
40A	관부속품 :	
합계		

④ 펌프의 실양정〔m〕은?
 ○ 계산과정 :
 ○ 답 :
⑤ 펌프의 전양정〔m〕은?
 ○ 계산과정 :
 ○ 답 :

(라) 전동기의 소요출력〔kW〕은?
 ○ 계산과정 :
 ○ 답 :

(가) ○ 계산과정 : $Q_1 = 1 \times 130 = 130\text{L/min}$
 ○ 답 : 130L/min

(나) ○ 계산과정 : $Q_2 = 2.6 \times 1 = 2.6\text{m}^3$

$$Q_3 = 2.6 \times 1 \times \frac{1}{3} \fallingdotseq 0.87\text{m}^3$$

$$2.6 + 0.87 = 3.47\text{m}^3$$

 ○ 답 : 3.47m³

(다) ① ○ 계산과정 : $15 \times 2 \times \frac{26}{100} = 7.8\text{m}$
 ○ 답 : 7.8m

②

호칭구경	직관의 등가길이	마찰손실수두
80A	직관 : 2+4+31.6+(3.5×5)=55.1m	$55.1 \times \frac{0.71}{100} = 0.391 \fallingdotseq 0.39\text{m}$
40A	직관 : 0.6+1.0+1.2=2.8m	$2.8 \times \frac{14.7}{100} = 0.411 \fallingdotseq 0.41\text{m}$
합계		0.39+0.41=0.8m

③

호칭구경	관부속품의 등가길이	마찰손실수두
80A	관부속품 : 풋밸브 : 1개×12.0=12.0m 체크밸브 : 1개×12.0=12.0m 90° 엘보 : 6개×3.0=18.0m 90° T(직류) : 5개×0.9=4.5m 90° T(분류) : 1개×4.5=4.5m 소계 : 51m	$51 \times \frac{0.71}{100} = 0.362 \fallingdotseq 0.36\text{m}$
40A	관부속품 : 90° 엘보 : 2개×1.5=3.0m 앵글밸브 : 1개×6.5=6.5m 소계 : 9.5m	$9.5 \times \frac{14.7}{100} = 1.396 \fallingdotseq 1.4\text{m}$
합계		0.36+1.4=1.76m

④ ○ 계산과정 : 2+4+(3.5×5)+1.2=24.7m
 ○ 답 : 24.7m

⑤ ○ 계산과정 : $7.8 + 2.56 + 24.7 + 17 = 52.06\text{m}$
 ○ 답 : 52.06m

(라) ○ 계산과정 : $\frac{0.163 \times 0.13 \times 52.06}{0.55} \times 1 = 2.005 \fallingdotseq 2.01\text{kW}$
 ○ 답 : 2.01kW

해설 (가)

$$Q = N \times 130\text{L/min}$$

여기서, Q : 펌프의 송수량[L/min]
N : 가장 많은 층의 소화전 개수(**최대 2개**)

펌프의 **송수량** Q는

$Q_1 = N \times 130\text{L/min} = 1 \times 130\text{L/min} \times = 130\text{L/min}$

- 도면에서 옥내소화전은 각 층에 1개 설치되어 있으므로 N=1이다.

(나) **지하수조**의 **양**

$Q = 2.6N$(30층 미만, N : 최대 **2개**)
$Q = 5.2N$(30~49층 이하, N : 최대 **5개**)
$Q = 7.8N$(50층 이상, N : 최대 **5개**)

$Q_2 = 2.6N = 2.6 \times 1 = 2.6\text{m}^3$

- 도면에서 옥내소화전은 각 층에 1개 설치되어 있으므로 N=1이다.
- 문제에서 지상 6층으로 30층 미만이므로 30층 미만식 적용

옥상수조의 **양**

$Q = 2.6N \times \frac{1}{3}$(30층 미만, N : 최대 **2개**)

$Q = 5.2N \times \frac{1}{3}$(30~49층 이하, N : 최대 **5개**)

$Q = 7.8N \times \frac{1}{3}$(50층 이상, N : 최대 **5개**)

옥상수조의 소요저수량 Q_3는

$Q_3 = 2.6N \times \frac{1}{3} = 2.6 \times 1 \times \frac{1}{3} ≒ 0.87\text{m}^3$

- 문제에서 지상 6층으로 30층 미만이므로 30층 미만식 적용
- 문제의 그림에서 옥상수조가 있으므로 **옥상수조**의 **양**도 반드시 **적용**

수원의 소요저수량=지하수조의 양+옥상수조의 양$= Q_2 + Q_3 = 2.6\text{m}^3 + 0.87\text{m}^3 = 3.47\text{m}^3$

(다) ① h_1 : 소방호스의 마찰손실수두$= 15\text{m} \times 2개 \times \frac{26}{100} = 7.8\text{m}$

- [조건 ⑤]에서 소방호스는 길이 15m 2개를 사용하므로 **15m×2개**를 곱하여야 한다.
- [조건 ⑤]에서 소방호스는 구경 **40mm**의 **마호스**이므로 [조건 ⑨]의 표에서 호스의 마찰손실수두는 100m당 26m이므로 $\frac{26}{100}$을 적용하여야 한다.

‖ 호스의 마찰손실수두(100m당) ‖

구 분 / 유량 [L/min]	호스의 호칭구경					
	40mm		50mm		65mm	
	마호스	고무내장호스	마호스	고무내장호스	마호스	고무내장호스
130 →	26m	12m	7m	3m	–	–
350	–	–	–	–	10m	4m

②, ③ h_2 : 배관 및 관부속품의 마찰손실수두

호칭구경	유 량	직관 및 관부속품의 등가길이	m당 마찰손실	마찰손실수두
80A	130L/min	직관 : 2+4+31.6+(3.5×5)=55.1m 관부속품 : 풋밸브 : 1개×12.0m=12.0m 체크밸브 : 1개×12.0m=12.0m 90° 엘보 : 6개×3.0m=18.0m 90° T(직류) : 5개×0.9m=4.5m 90° T(분류) : 1개×4.5m=4.5m 소계 : 106.1m	$\frac{0.71}{100}$ [조건 ⑦]에 의해	$106.1\text{m}\times\frac{0.71}{100}$ =0.753=0.75m
40A	130L/min	직관 : 0.6+1.0+1.2=2.8m 관부속품 : 90° 엘보 : 2개×1.5m=3.0m 앵글밸브 : 1개×6.5m=6.5m 소계 : 12.3m	$\frac{14.7}{100}$ [조건 ⑦]에 의해	$12.3\text{m}\times\frac{14.7}{100}$ =1.808=1.81m
합계				2.56m

• 이 문제에서는 직관과 관부속품의 등가길이를 나누어 마찰손실수두를 계산했지만, 일반적인 경우 **직관**과 관부속품의 **등가길이**를 위와 같이 **합**하여 마찰손실수두를 계산한다.

중요

직관 및 **등가길이 산출**

(1) **호칭구경 80A**

① 직관

㉠ [문제 그림]에서 다음 그림에 표시된 **?** 부분의 길이는 주어지지 않았으므로 직관에 포함

㉡ ①~④ 부분의 배관은 수평배관

㉢ 그러므로 직관은 4m+2m

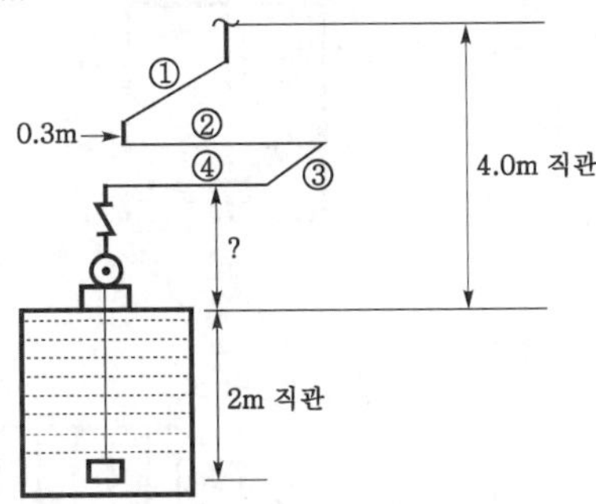

㉣ 위 그림 ①~④ 부분의 배관은 [조건 ①]에서 수평거리 **31.6m** 적용

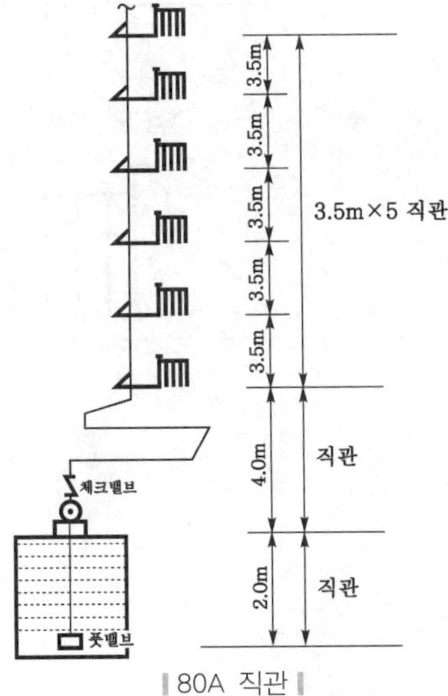

| 80A 직관 |

② 관부속품

각각의 사용위치를 90° 엘보 : ○, 90° T(직류) : ●, 90° T(분류) : □로 표시하면 다음과 같다.

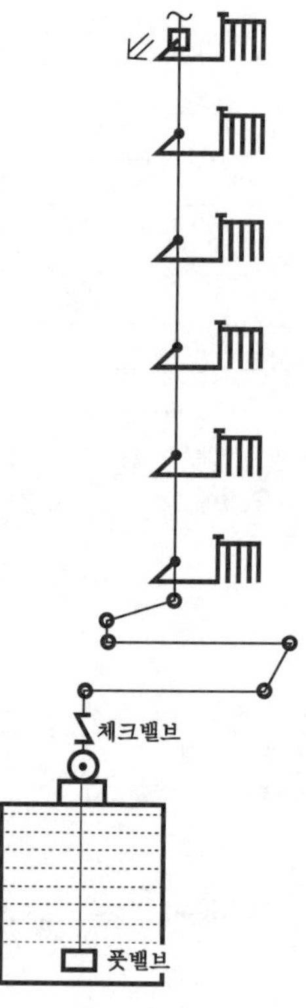

(2) **호칭구경 40A**

① 직관

0.6m+1.0m+1.2m=2.8m

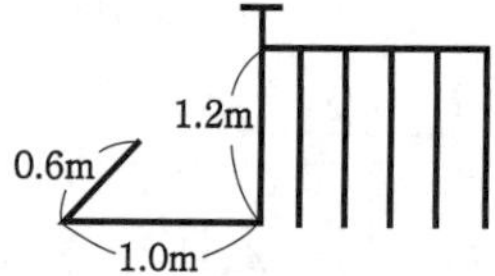

② 관부속품

90° 엘보 : ○, 앵글밸브 : ●로 표시하면 다음과 같다.

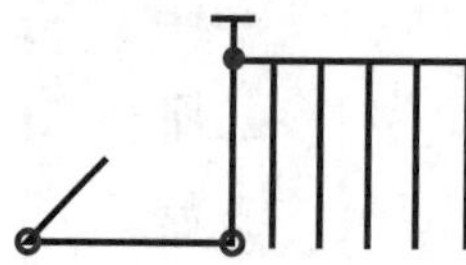

[90° 엘보 : 2개
앵글밸브 : 1개

비교

리듀서 등가길이가 **1m**로 주어진 경우 다음과 같이 리듀서 등가길이 추가

호칭구경	직관 및 관부속품의 등가길이	마찰손실수두
80A	관부속품 : 풋밸브 : 1개×12.0m=12.0m 체크밸브 : 1개×12.0m=12.0m 90° 엘보 : 6개×3.0m=18.0m 90° T(직류) : 5개×0.9m=4.5m 90° T(분류) : 1개×4.5m=4.5m 리듀서 : 1개×1m=1m 소계 : 52m 문제 〔조건 ⑥〕에 의해 90° T(분류) 다음에 리듀서(80×40A)를 사용한다. 하지만 〔조건 ⑧〕 관이음 및 밸브 등의 등가길이 표에 리듀서가 없으므로 리듀서는 관부속품 등가길이에서 생략하면 된다. 만약, 〔조건 ⑧〕 표에 리듀서가 있을 경우 특별한 조건이 없으면 **구경**이 **큰 쪽**을 적용하여 위와 같이 계산한다.	$52\text{m}\times\frac{0.71}{100}=0.369 ≒ 0.37\text{m}$
40A	관부속품 : 90° 엘보 : 2개×1.5m=3.0m 앵글밸브 : 1개×6.5m=6.5m 소계 : 9.5m	$9.5\text{m}\times\frac{14.7}{100}=1.396 ≒ 1.4\text{m}$
합계		0.37+1.4=1.77m

• 물의 흐름방향에 따라 90° T(분류)와 90° T(직류)를 다음과 같이 분류한다.

‖ 90° T(분류) ‖　　‖ 90° T(직류) ‖

④ h_3 : 실양정(흡입양정+토출양정)=2m+4m+(3.5m×5)+1.2m=24.7m

※ **실양정** : 풋밸브~최상층 옥내소화전의 앵글밸브까지의 수직거리로서 **흡입양정**과 **토출양정**을 합한 값

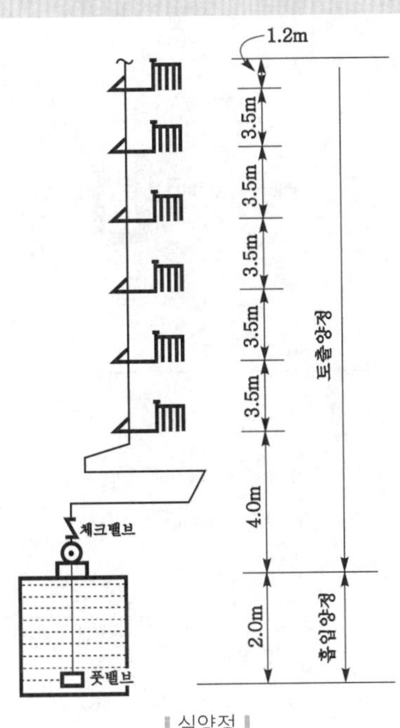

‖ 실양정 ‖

⑤

$$H \geq h_1 + h_2 + h_3 + 17$$

여기서, H : 전양정〔m〕
h_1 : 소방호스의 마찰손실수두〔m〕
h_2 : 배관 및 관부속품의 마찰손실수두〔m〕
h_3 : 실양정(흡입양정+토출양정)〔m〕
17 : 정격 마찰손실수두〔m〕

펌프의 **전양정** H는

$H = h_1 + h_2 + h_3 + 17 = 7.8\text{m} + 2.56\text{m} + 24.7\text{m} + 17 = 52.06\text{m}$

㈑ **전동기**의 **용량**

$$P = \frac{0.163QH}{\eta}K$$

여기서, P : 전동력〔kW〕, Q : 유량〔m^3/min〕, H : 전양정〔m〕, K : 전달계수, η : 효율

전동기의 **소요출력** P는

$$P = \frac{0.163QH}{\eta}K = \frac{0.163 \times 130\text{L/min} \times 52.06\text{m}}{0.55} \times 1 = \frac{0.163 \times 0.13\text{m}^3/\text{min} \times 52.06\text{m}}{0.55} \times 1 = 2.005 ≒ 2.01\text{kW}$$

- Q(송수량) : ㈎에서 구한 **130L/min**이다.
- H(전양정) : ㈐ ⑤에서 구한 **52.06m**이다.
- K(전달계수) : 〔조건 ④〕에서 축동력 전달효율이 100%이므로 **1**을 곱한다.
- η(효율) : 〔조건 ④〕에서 55%이므로 **0.55**이다.

☆☆

문제 14

펌프성능시험을 하기 위하여 오리피스를 통하여 시험한 결과 수은주의 높이가 25mm이다. 이 오리피스가 통과하는 유량〔L/min〕을 구하시오. (단, 수은의 비중은 13.6, 중력가속도는 9.8m/s²이다.)

(23.7.문7, 20.11.문15, 17.4.문12, 01.7.문4)

득점	배점
	5

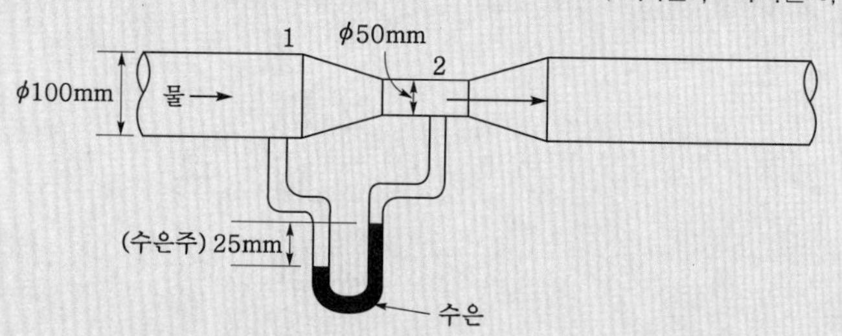

○ 계산과정 :
○ 답 :

해답 ○ 계산과정 : $m = \left(\frac{50}{100}\right)^2 = 0.25$

$\gamma_w = 1000 \times 9.8 = 9800\text{N/m}^3$

$\gamma_s = 13.6 \times 9800 = 133280\text{N/m}^3$

$A_2 = \frac{\pi \times 0.05^2}{4} ≒ 0.001\text{m}^2$

$Q = \frac{0.001}{\sqrt{1-0.25^2}}\sqrt{\frac{2 \times 9.8 \times (133280 - 9800)}{9800} \times 0.025}$

$≒ 0.002566 = 2.566 = (2.566 \times 60) = 153.96\text{L/min}$

○ 답 : 153.96L/min

기호

- R : 25mm=0.025m(1000mm=1m)
- Q : ?
- s : 13.6
- g : 9.8m/s^2
- D_1 : 100mm(그림에서 주어짐)
- D_2 : 50mm(그림에서 주어짐)

(1) **개구비**

$$m=\frac{A_2}{A_1}=\left(\frac{D_2}{D_1}\right)^2$$

여기서, m : 개구비
A_1 : 입구면적〔cm^2〕
A_2 : 출구면적〔cm^2〕
D_1 : 입구직경〔cm〕
D_2 : 출구직경〔cm〕

개구비 $m=\left(\frac{D_2}{D_1}\right)^2=\left(\frac{50\text{mm}}{100\text{mm}}\right)^2 \fallingdotseq 0.25$

(2) **물**의 **비중량**

$$\gamma_w=\rho_w g$$

여기서, γ_w : 물의 비중량〔N/m^3〕
ρ_w : 물의 밀도(1000N·s^2/m^4)
g : 중력가속도〔m/s^2〕

물의 비중량 $\gamma_w=\rho_w g=1000\text{N}\cdot\text{s}^2/\text{m}^4\times 9.8\text{m/s}^2=9800\text{N/m}^3$

- g(9.8m/s^2) : 〔단서〕에서 주어진 값

(3) **비중**

$$s=\frac{\gamma_s}{\gamma_w}$$

여기서, s : 비중
γ_s : 어떤 물질의 비중량(수은의 비중량)〔N/m^3〕
γ_w : 물의 비중량(9800N/m^3)

수은의 비중량 $\gamma_s=s\times\gamma_w=13.6\times 9800\text{N/m}^3=133280\text{N/m}^3$

(4) **출구면적**

$$A_2=\frac{\pi {D_2}^2}{4}$$

여기서, A_2 : 출구면적〔m^2〕
D_2 : 출구직경〔m〕

출구면적 $A_2=\frac{\pi {D_2}^2}{4}=\frac{\pi\times(0.05\text{m})^2}{4}\fallingdotseq 0.001\text{m}^2$

- D_2(0.05m) : 그림에서 50mm=0.05m(1000mm=1m)
- 소수점 4째자리까지 구해서 0.0019m^{2}로 계산해도 된다. A_2=0.0019m^{2}로 계산하면 최종답이 **292.5L/min**으로 다르지만 둘 다 맞는 답으로 채점된다. 왜냐하면 계산과정에서 소수점 처리 규정이 없기 때문이다. 답이 많이 달라 걱정이 된다면 이 문제만큼은 소수점 4째자리까지 구해서 0.0019m^2 적용 권장!

(5) **유량**

$$Q = C_v \frac{A_2}{\sqrt{1-m^2}} \sqrt{\frac{2g(\gamma_s - \gamma_w)}{\gamma_w} R} \text{ 또는 } Q = CA_2 \sqrt{\frac{2g(\gamma_s - \gamma_w)}{\gamma_w} R}$$

여기서, Q : 유량[m^3/s]

C_v : 속도계수($C_v = C\sqrt{1-m^2}$)

C : 유량계수$\left(C = \frac{C_v}{\sqrt{1-m^2}}\right)$

A_2 : 출구면적[m^2]

g : 중력가속도[m/s^2]

γ_s : 수은의 비중량[N/m^3]

γ_w : 물의 비중량[N/m^3]

R : 마노미터 읽음(수은주의 높이)[m]

m : 개구비

- C_v는 **속도계수**이지 유량계수가 아니라는 것에 특히 주의!

유량 Q는

$$Q = C_v \frac{A_2}{\sqrt{1-m^2}} \sqrt{\frac{2g(\gamma_s - \gamma_w)}{\gamma_w} R}$$

$$= \frac{0.001\text{m}^2}{\sqrt{1-0.25^2}} \sqrt{\frac{2 \times 9.8\text{m/s}^2 \times (133280 - 9800)\text{N/m}^3}{9800\text{N/m}^3} \times 0.025\text{m}}$$

$$\fallingdotseq 0.002566\text{m}^3/\text{s}$$

$$= 2.566\text{L/s} = (2.566 \times 60)\text{L/min}$$

$$= 153.96\text{L/min}$$

- $1m^3$=1000L이므로 $0.002566m^3/s$=2.566L/s
- A_2($0.001m^2$) : (4)에서 구한 값
- m(0.25) : (1)에서 구한 값
- g($9.8m/s^2$) : [단서]에서 주어진 값
- γ_s($133280N/m^3$) : (3)에서 구한 값
- γ_w($9800N/m^3$) : (2)에서 구한 값
- R(0.025m) : 문제에서 25mm=0.025m(1000mm=1m)
- 속도계수(C_v)는 주어지지 않았으므로 무시

중요

A_2 = $0.0019m^2$로 적용한 경우

이것도 정답! 왜냐하면 계산과정에서 소수점 처리에 대한 내용이 문제 또는 채점자 유의사항에 주어지지 않았으므로 이때에는 소수점 이하 3째자리 또는 4째자리에서 구하면 모두 정답으로 채점될 것으로 판단된다.

유량 Q는

$$Q = C_v \frac{A_2}{\sqrt{1-m^2}} \sqrt{\frac{2g(\gamma_s - \gamma_w)}{\gamma_w} R}$$

$$= \frac{0.0019\text{m}^2}{\sqrt{1-0.25^2}} \sqrt{\frac{2 \times 9.8\text{m/s}^2 \times (133280 - 9800)\text{N/m}^3}{9800\text{N/m}^3} \times 0.025\text{m}}$$

$$\fallingdotseq 0.004875\text{m}^3/\text{s}$$

$$= 4.875\text{L/s} = (4.875 \times 60)\text{L/min}$$

$$= \mathbf{292.5L/min}$$

중요

속도계수 vs 유량계수

속도계수	유량계수
$C_v = C\sqrt{1-m^2}$ 여기서, C_v : 속도계수 C : 유량계수 m : 개구비 $\left[\dfrac{A_2}{A_1} = \left(\dfrac{D_2}{D_1}\right)^2\right]$ 여기서, m : 개구비 A_1 : 입구면적(cm²) A_2 : 출구면적(cm²) D_1 : 입구직경(cm) D_2 : 출구직경(cm)	$C = \dfrac{C_v}{\sqrt{1-m^2}}$ 여기서, C : 유량계수 C_v : 속도계수 m : 개구비

- 유량계수＝유출계수＝방출계수＝유동계수＝흐름계수＝노즐의 흐름계수
- 속도계수＝유속계수

☆☆

문제 15

45kg의 액화 이산화탄소가 20℃의 대기 중(표준대기압)으로 방출되었을 때 다음 각 물음에 답하시오.

(12.7.문14, 09.4.문10)

득점	배점
	4

(가) 이산화탄소의 부피[m^3]를 구하시오.
○ 계산과정 :
○ 답 :

(나) 체적 $90m^3$인 공간에 이 약제가 방출되었다면, 이산화탄소의 농도[%]를 구하시오.
○ 계산과정 :
○ 답 :

해답

(가) ○ 계산과정 : $\dfrac{45}{1\times44}\times0.082\times(273+20)=24.572 ≒ 24.57m^3$

○ 답 : $24.57m^3$

(나) ○ 계산과정 : $\dfrac{24.57}{90+24.57}\times100=21.445 ≒ 21.45\%$

○ 답 : 21.45%

해설

기호

- m : 45kg
- T(20℃) : (273+20)K
- P : 1atm(표준대기압이므로)
- V : ?
- CO_2 농도 : ?

(가) **방출가스량**(부피) V는

$$V=\frac{m}{PM}RT$$

$$=\frac{45\,\text{kg}}{1\,\text{atm}\times 44\text{kg/kmol}}\times 0.082\,\text{atm}\cdot\text{m}^3/\text{kmol}\cdot\text{K}\times(273+20)\,\text{K}$$

$$=24.572 \fallingdotseq 24.57\,\text{m}^3$$

- M : 44kg/kmol(문제에서 이산화탄소이므로 분자량 M=44kg/kmol)

(나) $$CO_2=\frac{\text{방출가스량}}{\text{방호구역체적}+\text{방출가스량}}\times 100$$

$$=\frac{24.57\text{m}^3}{90\text{m}^3+24.57\text{m}^3}\times 100$$

$$=21.445 \fallingdotseq 21.45\%$$

- 24.57m^3 : (가)에서 구한 값
- 90m^3 : 문제 (나)에서 주어짐

중요

이산화탄소 소화설비와 관련된 **식**

(1)

$$CO_2=\frac{\text{방출가스량}}{\text{방호구역체적}+\text{방출가스량}}\times 100=\frac{21-O_2}{21}\times 100$$

여기서, CO_2 : CO_2의 농도[%]

O_2 : O_2의 농도[%]

(2)

$$\text{방출가스량}=\frac{21-O_2}{O_2}\times\text{방호구역체적}$$

여기서, O_2 : O_2의 농도[%]

(3)

$$PV=\frac{m}{M}RT$$

여기서, P : 기압[atm]

V : 방출가스량[m^3]

m : 질량[kg]

M : 분자량(CO_2 : 44)

R : 0.082atm · m^3/kmol · K

T : 절대온도(273+℃)[K]

(4)

$$Q=\frac{m_t\,C(t_1-t_2)}{H}$$

여기서, Q : 액화 CO_2의 증발량[kg]

m_t : 배관의 질량[kg]

C : 배관의 비열[kcal/kg · ℃]

t_1 : 방출 전 배관의 온도[℃]

t_2 : 방출될 때의 배관의 온도[℃]

H : 액화 CO_2의 증발잠열[kcal/kg]

☆☆☆
문제 16

그림은 어느 배관의 평면도이며, 화살표 방향으로 물이 흐르고 있다. 배관 Q_1 및 Q_2를 흐르는 유량을 각각 계산하시오. (단, 주어진 조건을 참조할 것) (21.11.문10, 20.7.문2, 19.6.문13, 12.11.문8, 97.11.문16)

득점	배점
	6

〔조건〕

① 하젠-윌리엄스의 공식은 다음과 같다고 가정한다.

$$\Delta P = 6 \times 10^4 \times \frac{Q^2}{C^2 \times D^5} \times L$$

여기서, ΔP : 배관 마찰손실압력〔MPa〕
Q : 배관 내의 유수량〔L/min〕
L : 배관의 길이〔m〕
C : 조도
D : 배관의 내경〔mm〕

② 헤드의 규정방사압과 방사량은 화재안전기술기준에 따른다.
③ 엘보(90°)의 등가길이는 1m이다.
④ 조건에 주어지지 않은 부속품은 고려하지 않는다.
⑤ 루프(loop)배관의 호칭구경은 모두 동일하다.

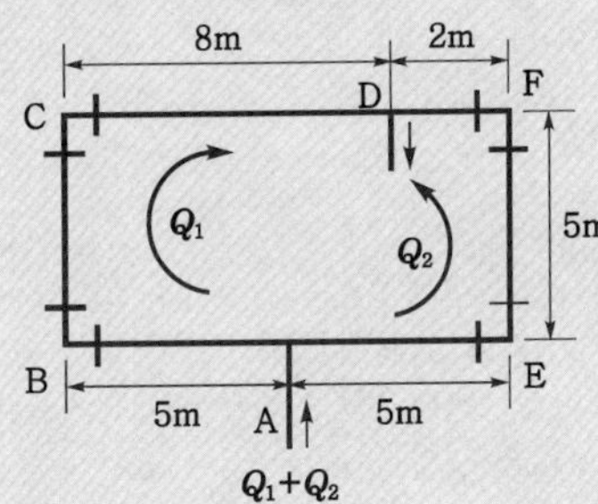

○ Q_1(계산과정 및 답) :
○ Q_2(계산과정 및 답) :

해답 ① Q_1

○ 계산과정 : $\cancel{6\times10^4} \times \frac{{Q_1}^2}{\cancel{C^2}\times \cancel{D^5}} \times (5+10+8+2) = \cancel{6\times10^4} \times \frac{{Q_2}^2}{\cancel{C^2}\times \cancel{D^5}} \times (5+10+2+2)$

$25{Q_1}^2 = 19{Q_2}^2$

$Q_2 = \sqrt{\frac{25}{19}{Q_1}^2} = 1.147Q_1$

$Q_1 + 1.147Q_1 = 80$

$Q_1 = \frac{80}{1+1.147} = 37.261 \fallingdotseq 37.26\text{L/min}$

○ 답 : 37.26L/min

② Q_2

○ 계산과정 : $Q_2 = 80 - 37.26 = 42.74\text{L/min}$

○ 답 : 42.74L/min

해설

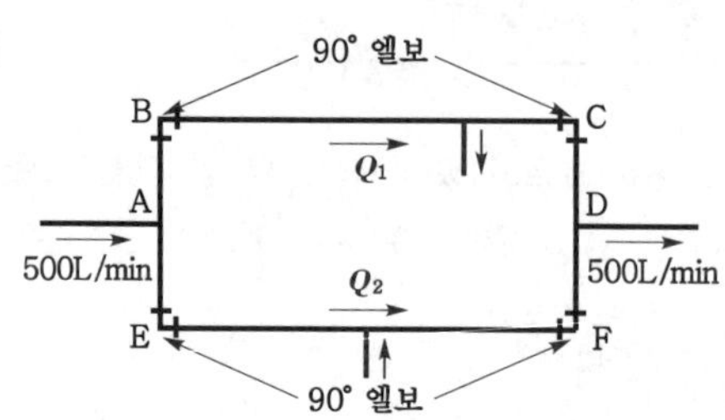

(1) 배관 ABCD 간에는 **90° 엘보**가 **2개** 있으므로 이것의 등가길이는 〔조건 ③〕에 의해 다음과 같다.
1m×2개=**2m**

$$\Delta P_{ABCD} = 6\times10^4 \times \frac{{Q_1}^2}{C^2\times D^5}\times L_1 = 6\times10^4 \times \frac{{Q_1}^2}{C^2\times D^5}\times(5+10+8+2)$$

(2) 배관 AEFD 간에도 **90° 엘보**가 **2개** 있으므로 이것의 등가길이는 〔조건 ③〕에 의해 다음과 같다.
1m×2개=**2m**

$$\Delta P_{AEFD} = 6\times10^4 \times \frac{{Q_2}^2}{C^2\times D^5}\times L_2 = 6\times10^4 \times \frac{{Q_2}^2}{C^2\times D^5}\times(5+10+2+2)$$

(3) $\Delta P_{ABCD} = \Delta P_{AEFD}$: **에너지 보존법칙**(베르누이 방정식)에 의해 각 분기배관의 마찰손실(H)은 같으므로 **마찰손실압**(ΔP)도 **같다**고 가정한다.

$$\cancel{6\times10^4}\times\frac{{Q_1}^2}{\cancel{C^2}\times\cancel{D^5}}\times(5+10+8+2) = \cancel{6\times10^4}\times\frac{{Q_2}^2}{\cancel{C^2}\times\cancel{D^5}}\times(5+10+2+2)$$

$25{Q_1}^2 = 19{Q_2}^2$

$19{Q_2}^2 = 25{Q_1}^2$ ← 좌우 이항

$Q_2 = \sqrt{\frac{25}{19}{Q_1}^2} = 1.147Q_1$

$Q_1 + Q_2 = 80\text{L/min}$

$Q_1 + 1.147Q_1 = 80\text{L/min}$(위에서 $Q_2 = 1.147Q_1$)

$1Q_1 + 1.147Q_1 = 80\text{L/min}$($Q_1 = 1Q_1$이므로 계산 혼동 방지를 위해 Q_1 대신 $1Q_1$으로 표시)

$Q_1(1+1.147) = 80\text{L/min}$

$Q_1 = \frac{80\text{L/min}}{1+1.147} = 37.261 \fallingdotseq 37.26\text{L/min}$

$Q_1 + Q_2 = 80\text{L/min}$

$Q_2 = 80\text{L/min} - Q_1 = (80-37.26)\text{L/min} = 42.74\text{L/min}$

• 80L/min : 〔조건 ②〕에서 헤드의 방사량은 화재안전기술기준에 따른다고 했으므로 80L/min

많은 사람들이 재능보다는 결심이 확고해야 뜻을 이룬다.
- 발리 선데이 -

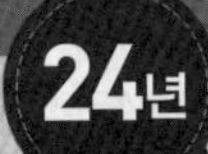

2024. 7. 28 시행

▌2024년 기사 제2회 필답형 실기시험▌

자격종목	시험시간	형별	수험번호	성명	감독위원 확인
소방설비기사(기계분야)	3시간				

※ 다음 물음에 답을 해당 답란에 답하시오.(배점 : 100)

☆

문제 01

수리계산으로 배관의 유량과 압력을 해석할 때 동일한 지점에서 서로 다른 2개의 유량과 압력이 산출될 수 있으며 이런 경우 유량과 압력을 보정해 주어야 한다. 그림과 같이 6개의 물분무헤드에서 소화수가 방사되고 있을 때 조건을 참고하여 다음 각 물음에 답하시오. (15.11.문13, 14.7.문13, 10.4.문1)

득점	배점
	10

유사문제부터 풀어보세요. 실력이 팍!팍! 올라갑니다.

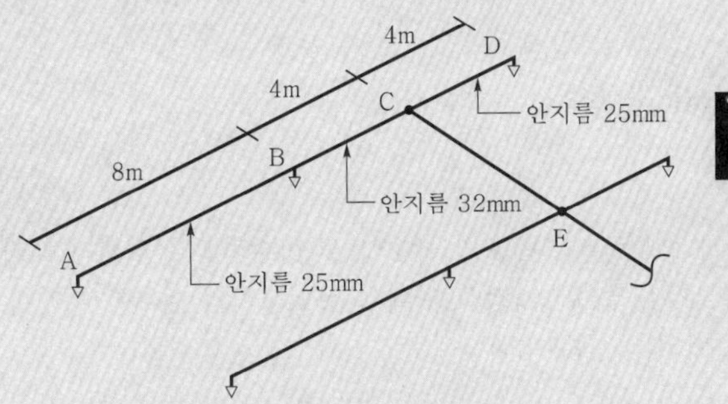

〔조건〕

① 각 헤드의 방출계수는 동일하다.

② A지점 헤드의 유량은 60L/min, 방수압은 350kPa이다.

③ 각 구간별 배관의 길이와 배관의 안지름은 다음과 같다.

구 간	A~B	B~C	D~C
배관길이	8m	4m	4m
배관 안지름(내경)	25mm	32mm	25mm

④ 수리계산시 동압은 무시한다.

⑤ 직관 이외의 관로상 마찰손실은 무시한다.

⑥ 직관에서의 마찰손실은 다음의 Hazen－Williams공식을 적용, 조도계수 C는 100으로 한다.

$$\Delta P = 6.053 \times 10^7 \times \frac{Q^{1.85}}{C^{1.85} \times d^{4.87}} \times L$$

여기서, ΔP : 마찰손실압력〔kPa〕, Q : 유량〔L/min〕, C : 관의 조도계수(무차원),
d : 관의 내경〔mm〕, L : 배관의 길이〔m〕

㈎ A지점 헤드에서 시작하여 C지점까지의 경로로 계산하였을 때, 다음 물음에 답하시오.

① A~B구간의 마찰손실압력〔kPa〕을 구하시오.

○ 계산과정 :

○ 답 :

② B지점 헤드의 압력[kPa]과 유량[L/min]을 구하시오.
- ○ 계산과정 :
- ○ 답 :

③ B~C구간의 유량[L/min]과 마찰손실압력[kPa]을 구하시오.
- ○ 계산과정 :
- ○ 답 :

④ C지점의 압력[kPa]을 구하시오.
- ○ 계산과정 :
- ○ 답 :

(나) D지점 헤드의 유량과 압력이 A지점 헤드의 유량 및 압력과 동일하다고 가정하고, D지점 헤드에서 시작하여 C지점까지의 경로로 계산하였을 때, 다음 물음에 답하시오.

① D~C구간의 마찰손실압력[kPa]을 구하시오.
- ○ 계산과정 :
- ○ 답 :

② C지점의 압력[kPa]을 구하시오.
- ○ 계산과정 :
- ○ 답 :

(다) D지점 헤드의 방수압과 방수량은 A헤드의 방수압 및 방수량과 동일하다고 가정하고 D지점 헤드의 방출압력이 380kPa로 변하면 C지점의 압력이 동일한지의 여부를 판정하시오. (단, C지점의 동일 압력기준의 오차범위는 ±5kPa이다.)
- ○ 계산과정 :
- ○ 답 :

(가) ① ○ 계산과정 : $P_{A\sim B} = 6.053\times10^7 \times \dfrac{60^{1.85}}{100^{1.85}\times25^{4.87}} \times 8 = 29.286 = 29.29\text{kPa}$

○ 답 : 29.29kPa

② ○ 계산과정 : $P_B = 350 + 29.29 = 379.29\text{kPa}$

$$K = \frac{60}{\sqrt{10\times0.35}} = 32.071 \fallingdotseq 32.07$$

$$Q_B = 32.07\sqrt{10\times0.37929} = 62.457 \fallingdotseq 62.46\text{L/min}$$

○ 답 : 압력 P_B =379.29kPa
유량 Q_B =62.46L/min

③ ○ 계산과정 : $Q_{B\sim C} = 60 + 62.46 = 122.46\,\text{L/min}$

$$P_{B\sim C} = 6.053\times10^7 \times \frac{122.46^{1.85}}{100^{1.85}\times32^{4.87}} \times 4 = 16.471 \fallingdotseq 16.47\text{kPa}$$

○ 답 : 유량 $Q_{B\sim C}$ =122.46L/min
마찰손실압력 $P_{B\sim C}$ =16.47kPa

④ ○ 계산과정 : $P_C = 379.29 + 16.47 = 395.76\text{kPa}$

○ 답 : 395.76kPa

(나) ① ○ 계산과정 : $P_{D\sim C} = 6.053\times10^7 \times \dfrac{60^{1.85}}{100^{1.85}\times25^{4.87}} \times 4 = 14.643 \fallingdotseq 14.64\text{kPa}$

○ 답 : 14.64kPa

② ○ 계산과정 : $P_C = 350 + 14.64 = 364.64\text{kPa}$

○ 답 : 364.64kPa

(다) ○ 계산과정 : $Q_D = 32.07\sqrt{10 \times 0.38} = 62.515 \fallingdotseq 62.52\text{L/min}$

$$P_{D \sim C} = 6.053 \times 10^7 \times \frac{62.52^{1.85}}{100^{1.85} \times 25^{4.87}} \times 4 = 15.8\text{kPa}$$

$$P_C{}' = 380 + 15.8 = 395.8\text{kPa}$$

$$P_C{}' - P = 395.8 - 395.76 = 0.04\text{kPa}$$

○ 답 : 압력 동일

해설 (가)

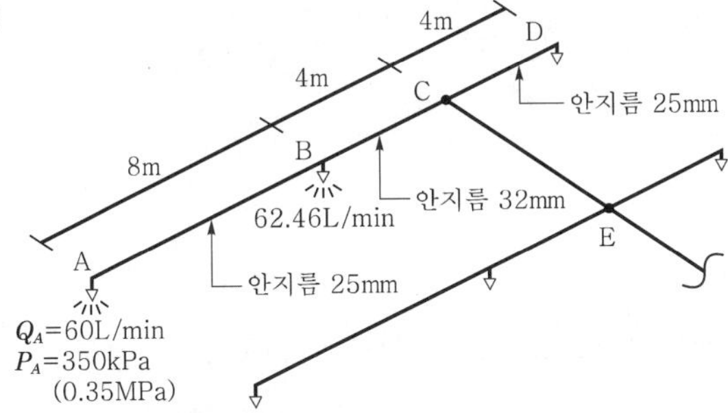

① A~B구간 마찰손실압력 $P_{A \sim B}$

$$P_{A \sim B} = 6.053 \times 10^7 \times \frac{Q_{A \sim B}{}^{1.85}}{C^{1.85} \times d_{A \sim B}{}^{4.87}} \times L_{A \sim B}$$

$$= 6.053 \times 10^7 \times \frac{(60\text{L/min})^{1.85}}{100^{1.85} \times (25\text{mm})^{4.87}} \times 8\text{m} = 29.286 \fallingdotseq 29.29\text{kPa}$$

- [조건 ⑥]식 적용
- $Q_{A \sim B}$: **60L/min**([조건 ②]에서 A지점의 유량 Q_A =60L/min이므로 당연히 A~B 구간의 유량 $Q_{A \sim B}$ =60L/min)
- $L_{A \sim B}$: **8m**([조건 ③]에서 주어진 값)
- C : **100**([조건 ⑥]에서 주어진 값)
- $d_{A \sim B}$: **25mm**([조건 ③]에서 주어진 값)

② B지점 헤드의 압력 P_B

$$P_B = P_A + P_{A \sim B} = 350\text{kPa} + 29.29\text{kPa} = 379.29\text{kPa}$$

- P_A(A지점 방수압) : **350kPa**([조건 ②]에서 주어진 값)
- $P_{A \sim B}$: **29.29kPa**((가)의 ①에서 구한 값)

B지점 유량 Q_B

$$Q = K\sqrt{10P}$$

여기서, Q : 방수량[L/min]

K : 방출계수

P : 방수압[MPa]

방출계수 $K = \frac{Q}{\sqrt{10P}} = \frac{60\text{L/min}}{\sqrt{10 \times 0.35\text{MPa}}} = 32.071 \fallingdotseq 32.07$

- Q : **60L/min**([조건 ②]에서 A지점 헤드의 유량 Q_A가 60L/min이므로 당연히 A~B 구간의 유량 $Q_{A \sim B}$ =60L/min)
- P : 350kPa=**0.35MPa**([조건 ②]에서 주어진 값)

B지점 유량 $Q_B = K\sqrt{10P_B} = 32.07\sqrt{10 \times 0.37929\text{MPa}} = 62.457 ≒ 62.46\text{L/min}$

- K : **32.07**(바로 위에서 구한 값)
- P_B : 379.29kPa=**0.37929MPa**(바로 위에서 구한 값)

③ B~C구간 유량 $Q_{B\sim C}$

$Q_{B\sim C} = Q_{A\sim B} + Q_B = 60\text{L/min} + 62.46\text{L/min} = 122.46\text{L/min}$

- $Q_{A\sim B}$: **60L/min**([조건 ②]에서 Q_A =60L/min이므로 당연히 $Q_{A\sim B}$ =60L/min)
- Q_B : **62.46L/min**((가)의 ②에서 구한 값)

B~C구간 마찰손실압력 $P_{B\sim C}$

$$P_{B\sim C} = 6.053 \times 10^7 \times \frac{Q_{B\sim C}{}^{1.85}}{C^{1.85} \times d_{B\sim C}{}^{4.87}} \times L_{B\sim C}$$

$$= 6.053 \times 10^7 \times \frac{(122.46\text{L/min})^{1.85}}{100^{1.85} \times (32\text{mm})^{4.87}} \times 4\text{m} = 16.471 ≒ 16.47\text{kPa}$$

- $Q_{B\sim C}$: **122.46L/min**(바로 위에서 구한 값)
- C : **100**([조건 ⑥]에서 주어진 값)
- $d_{B\sim C}$: **32mm**([조건 ③]에서 주어진 값)
- $L_{B\sim C}$: **4m**([조건 ③]에서 주어진 값)

④ C지점 압력 P_C

$P_C = P_B + P_{B\sim C} = 379.29\text{kPa} + 16.47\text{kPa} = 395.76\text{kPa}$

- P_B : **379.29kPa**((가)의 ②에서 구한 값)
- $P_{B\sim C}$: **16.47kPa**((가)의 ③에서 구한 값)

(나)

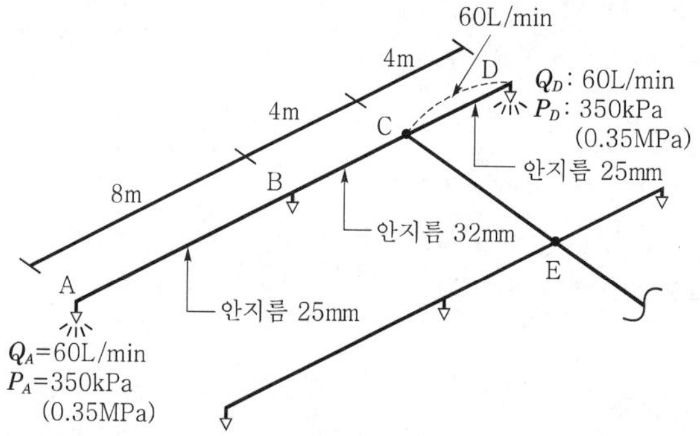

- 문제에서 D지점이 A지점의 헤드와 유량, 압력이 동일하다고 하였으므로 D지점은 **60L/min, 350kPa**이다.

① D~C구간 마찰손실압력 $P_{D\sim C}$

$$P_{D\sim C} = 6.053 \times 10^7 \times \frac{Q_{D\sim C}{}^{1.85}}{C^{1.85} \times d_{D\sim C}{}^{4.87}} \times L_{D\sim C}$$

$$= 6.053 \times 10^7 \times \frac{(60\text{L/min})^{1.85}}{100^{1.85} \times (25\text{mm})^{4.87}} \times 4\text{m} = 14.643 ≒ 14.64\text{kPa}$$

- $Q_{D\sim C}$: **60L/min**([조건 ②]에서 D지점의 유량 Q_D =60L/min이므로 당연히 D~C구간의 유량 $Q_{D\sim C}$ =60L/min)

- C : **100**([조건 ⑥]에서 주어진 값)
- $d_{D\sim C}$: **25mm**([조건 ③]에서 주어진 값)
- $L_{D\sim C}$: **4m**([조건 ③]에서 주어진 값)

구 간	A~B	B~C	D~C
배관길이	8m	4m	4m($L_{D\sim C}$)
배관 안지름(내경)	25mm	32mm	25mm($d_{D\sim C}$)

② C지점 압력 P_C

$P_C = P_D + P_{D\sim C} = 350\text{kPa} + 14.64\text{kPa} = 364.64\text{kPa}$

- P_D : **350kPa**(문제에서 P_A와 같으므로 350kPa)
- $P_{D\sim C}$: **14.64kPa**(바로 위에서 구한 값)

(다)

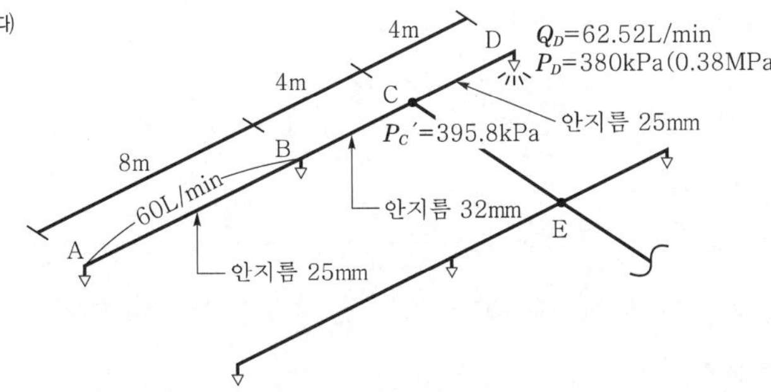

$Q_D = K\sqrt{10P_D} = 32.07 \times \sqrt{10 \times 380\text{kPa}} = 32.07 \times \sqrt{10 \times 0.38\text{MPa}} = 62.515 ≒ 62.52\text{L/min}$

- K : **32.07**((가)의 ②에서 구한 값)
- P_D : **380kPa**(문제 (다)에서 주어진 값)

$$P_{D\sim C} = 6.053 \times 10^7 \times \frac{{Q_{D\sim C}}^{1.85}}{C^{1.85} \times {d_{D\sim C}}^{4.87}} \times L_{D\sim C}$$

$$= 6.053 \times 10^7 \times \frac{62.52^{1.85}}{100^{1.85} \times 25^{4.87}} \times 4 = 15.8\text{kPa}$$

- $Q_{D\sim C}$: **62.52L/min**(바로 위에서 구한 Q_D=62.52L/min이므로 당연히 $Q_{D\sim C}$=62.52L/min)
- C : **100**([조건 ⑥]에서 주어진 값)
- $d_{D\sim C}$: **25mm**([조건 ③]에서 주어진 값)
- $L_{D\sim C}$: **4m**([조건 ③]에서 주어진 값)

$P_C' = P_D + P_{D\sim C} = 380\text{kPa} + 15.8\text{kPa} = 395.8\text{kPa}$

- P_D : **380kPa**(문제 (다)에서 주어진 값)
- $P_{D\sim C}$: **15.8kPa**(바로 위에서 구한 값)

$P_C' - P_C = 395.8\text{kPa} - 395.76\text{kPa} = 0.04\text{kPa}$

- P_C' : **395.8kPa**(바로 위에서 구한 값)
- P_C : **395.76kPa**((가)의 ④에서 구한 값)
- [단서]에서 오차범위를 ±5kPa까지 허용하므로 0.04kPa은 오차범위 내에 들어가므로 **동일한 압력**이라고 볼 수 있다.

☆☆☆

문제 02

위험물의 옥외탱크에 Ⅰ형 고정포방출구로 포소화설비를 다음 조건과 같이 설치하고자 할 때 다음을 구하시오. (19.4.문6, 17.4.문10, 16.11.문15, 15.7.문1, 14.4.문6, 13.11.문10, 12.7.문7, 11.11.문13, 04.4.문1)

〔조건〕

득점	배점
	6

① 탱크의 지름 : 12m
② 사용약제는 수성막포(6%)로 단위 포소화수용액의 양은 2.27L/m² · min이며, 방사시간은 30분이다.
③ 보조포소화전은 1개소 설치한다. (호스접결구의 수는 1개이다.)
④ 배관의 길이는 20m(포원액탱크에서 포방출구까지), 관내경은 150mm이며 기타 조건은 무시한다.

(가) 포원액량〔L〕을 구하시오.
○계산과정 :
○답 :

(나) 전용 수원의 양〔m³〕을 구하시오.
○계산과정 :
○답 :

해답 (가) ○계산과정 : $\frac{\pi}{4}\times12^2\times2.27\times30\times0.06+1\times0.06\times8000+\frac{\pi}{4}\times0.15^2\times20\times0.06\times1000$

$=963.321 \fallingdotseq 963.32\text{L}$

○답 : 963.32L

(나) ○계산과정 : $\frac{\pi}{4}\times12^2\times2.27\times30\times0.94+1\times0.94\times8000+\frac{\pi}{4}\times0.15^2\times20\times0.94\times1000$

$=15092.036\text{L}=15.092036\text{m}^3 \fallingdotseq 15.09\text{m}^3$

○답 : 15.09m³

해설 **고정포방출구방식**(포소화약제 저장량)

① 고정포방출구

$$Q=A\times Q_1\times T\times S$$

여기서, Q : 포소화약제의 양〔L〕
A : 탱크의 액표면적〔m²〕
Q_1 : 단위 포소화수용액의 양〔L/m² · 분〕
T : 방출시간〔분〕
S : 포소화약제의 사용농도

② 보조포소화전

$$Q=N\times S\times8000$$

여기서, Q : 포소화약제의 양〔L〕
N : 호스접결구수(**최대 3개**)
S : 포소화약제의 사용농도

③ 배관보정량

$$Q=A\times L\times S\times1000\text{L/m}^3\text{(내경 75mm 초과시에만 적용)}$$

여기서, Q : 배관보정량〔L〕
A : 배관단면적〔m²〕
L : 배관길이〔m〕
S : 포소화약제의 사용농도

(가) 포원액량=고정포방출구 원액량+보조포소화전 원액량+배관보정량

$$=(A\times Q_1\times T\times S)+(N\times S\times 8000)+(A\times L\times S\times 1000\text{L/m}^3)$$

$$=\left[\frac{\pi}{4}\times(12\text{m})^2\times 2.27\text{L/m}^2\cdot\text{min}\times 30\text{min}\times 0.06\right]+(1\text{개}\times 0.06\times 8000)$$

$$+\left[\frac{\pi}{4}\times(0.15\text{m})^2\times 20\text{m}\times 0.06\times 1000\text{L/m}^3\right]=963.321 \fallingdotseq 963.32\text{L}$$

- **12m** : [조건 ①]에서 주어진 값
- **2.27L/m^2 · min** : [조건 ②]에서 주어진 값
- **30min** : [조건 ②]에서 주어진 값
- **0.06** : [조건 ②]에서 6%이므로 농도 $S=0.06$
- **1개** : [조건 ③]에서 주어진 값
- **0.15m** : [조건 ④]에서 관내경이 150mm=0.15m(1000mm=1m)
- **20m** : [조건 ④]에서 주어진 값
- N : 쌍구형, 단구형이라는 말이 없으므로 이때에는 단구형으로 판단해서 [조건 ③]의 보조포소화전 개수인 1개를 그대로 적용하면 된다.

(나) 수원의 양=고정포방출구 수원량+보조포소화전 수원량+배관보정량

$$=(A\times Q_1\times T\times S)+(N\times S\times 8000)+(A\times L\times S\times 1000\text{L/m}^3)$$

$$=\left[\frac{\pi}{4}\times(12\text{m})^2\times 2.27\text{L/m}^2\cdot\text{min}\times 30\text{min}\times 0.94\right]+(1\text{개}\times 0.94\times 8000)$$

$$+\left[\frac{\pi}{4}\times(0.15\text{m})^2\times 20\text{m}\times 0.94\times 1000\text{L/m}^3\right]$$

$$=15092.036\text{L}=15.092036\text{m}^3 \fallingdotseq 15.09\text{m}^3$$

- **12m** : [조건 ①]에서 주어진 값
- **2.27L/m^2 · min** : [조건 ②]에서 주어진 값
- **30min** : [조건 ②]에서 주어진 값
- **0.94** : [조건 ②]에서 6%이므로 **포수용액(100%)=수원(94%)+포원액량(6%)이다.** 그러므로 수원의 양은 94%(0.94)
- **1개** : [조건 ③]에서 주어진 값
- **0.15m** : [조건 ④]에서 관내경이 150mm=0.15m(1000mm=1m)
- **20m** : [조건 ④]에서 주어진 값

비교

옥내포소화전방식 또는 **호스릴방식**(포소화약제의 저장량)

$Q=N\times S\times 6000$(바닥면적 200m^2 미만은 75%)

여기서, Q : 포소화약제의 양[L]
N : 호스접결구수(**최대 5개**)
S : 농도

☆☆ 문제 03

장소에 요구되는 소화기구의 능력단위 선정에 있어서 숙박시설의 바닥면적이 500m^{2}인 장소에 소화기구를 설치할 때 소화기구의 능력단위는 최소 얼마인가? (단, 건축물의 주요구조부는 비내화구조이다.)

(19.4.문13, 13.4.문11, 11.7.문5)

○ 계산과정 :
○ 답 :

득점	배점
	3

○ 계산과정 : $\frac{500}{100}=5$단위

○ 답 : 5단위

해설 **능력단위**(NFTC 101 2.1.1.2)

특정소방대상물	바닥면적(1단위)	내화구조이고 불연재료 · 준불연재료 · 난연재료인 경우
• 위락시설	30m²	60m²
• 공연장 · 집회장 • 관람장 · 문화재 • 장례시설(장례식장) · 의료시설	50m²	100m²
• 근린생활시설 · 판매시설 • **숙박시설** · 노유자시설 • 전시장 • 공동주택 · 업무시설 • 방송통신시설 · 공장 • 창고 · 항공기 및 자동차관련시설 • 관광휴게시설	100m²	200m²
• 그 밖의 것	200m²	400m²

문제에서 **숙박시설**이고 〔단서〕에서 건축물의 주요구조부는 **비내화구조**이므로 바닥면적 **100m²**마다 1단위 이상을 적용하면

$$\frac{500\text{m}^2}{100\text{m}^2} = 5\text{단위}$$

☆☆☆

문제 04

다음은 수계소화설비의 성능시험배관에 대한 사항이다. 조건을 참고하여 각 물음에 답하시오.

(20.10.문15, 14.7.문4, 14.11.문4, 07.7.문12)

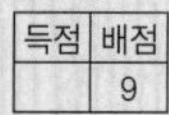

득점	배점
	9

〔조건〕

① 펌프 토출측 배관에는 진동 방지를 위해 플렉시블 조인트를 설치할 것
② 평상시 성능시험배관의 개폐밸브 및 유량조절밸브는 폐쇄상태로 둘 것
③ 소방시설 자체점검사항 등에 관한 고시에 명시된 도시기호를 사용하여 도면을 완성할 것

(가) 펌프의 토출측 배관에서 개폐표시형 밸브까지와 성능시험배관의 관부속품 및 계측기를 사용하여 도면을 완성하시오.

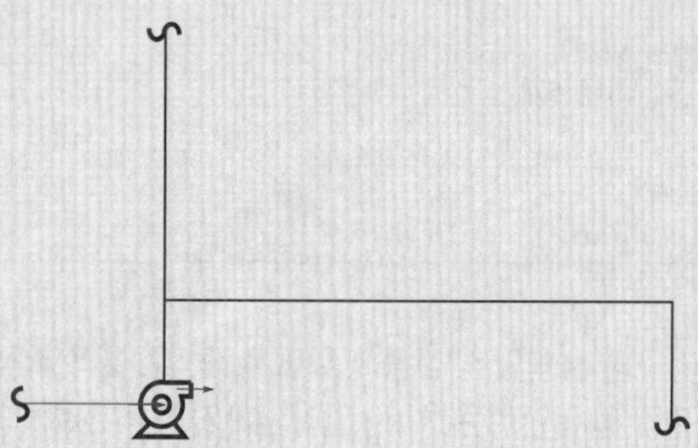

(나) 펌프성능시험의 종류 3가지와 판정기준을 각각 작성하시오. (단, 판정기준은 정격토출압력과 정격토출량을 기준으로 작성할 것)

○

○

○

해답 (가)

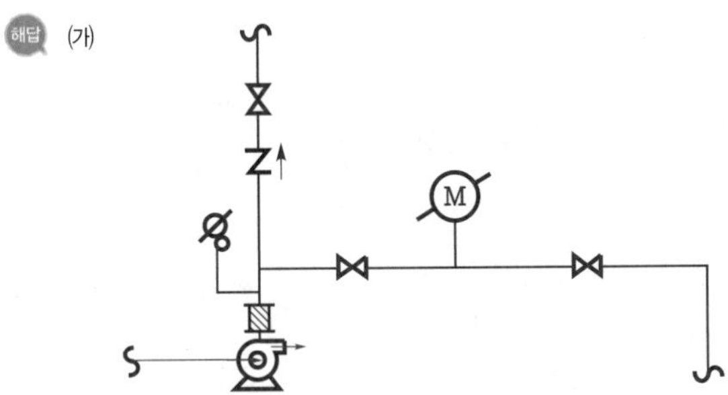

‖ 계통도 ‖

(나) ① 무부하시험 : 체절압력이 정격토출압력의 140% 이하인지 확인
② 정격부하시험 : 유량계 유량이 정격유량일 때 압력계 압력이 정격토출압력 이상되는지 확인
③ 피크부하시험 : 유량계 유량이 정격토출량의 150%일 때 압력계 압력이 정격양정의 65% 이상되는지 확인

해설 (가) **펌프**의 **성능시험방법** : 성능시험배관의 **유량계**의 **선단**에는 **개폐밸브**를, **후단**에는 **유량조절밸브**를 설치할 것

유량계에 따른 방법	압력계에 따른 방법

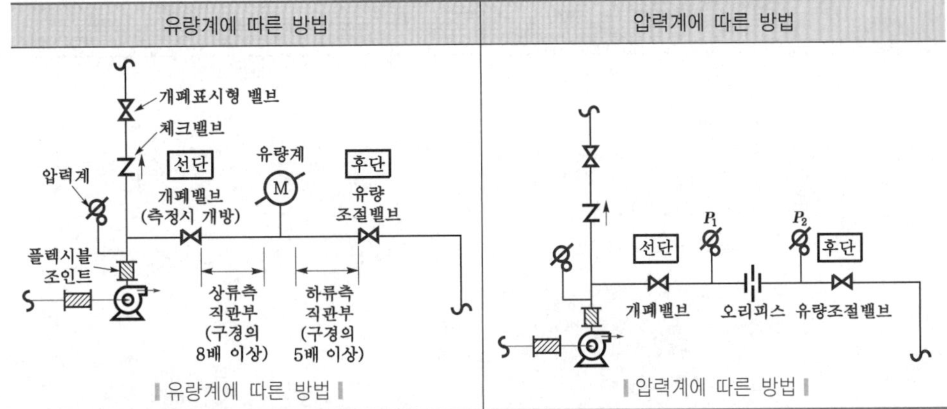

‖ 유량계에 따른 방법 ‖ ‖ 압력계에 따른 방법 ‖

(나)
- [단서]에 의해 **정격토출압력** 또는 **정격토출량**이란 말이 꼭 들어가야 함

펌프성능시험

구 분	운전방법	확인사항
체절운전 (무부하시험, No flow condition)	① **펌프토출측 개폐밸브** 폐쇄 ② **성능시험배관 개폐밸브**, **유량조절밸브** 폐쇄 ③ 펌프 **기동**	① 체절압력이 **정격토출압력**의 **140%** 이하인지 확인 ② 체절운전시 **체절압력 미만**에서 **릴리프밸브**가 작동하는지 확인
정격부하운전 (정격부하시험, Rated load, 100% 유량운전)	① 펌프 **기동** ② 성능시험배관 개폐밸브 개방 ③ 유량조절밸브 개방	**유량계**의 유량이 **정격유량**상태(100%)일 때 압력계의 압력이 **정격토출압력 이상**이 되는지 확인
최대 운전 (피크부하시험, Peak load, 150% 유량운전)	유량조절밸브를 더욱 개방	유량계의 유량이 **정격토출량**의 **150%**가 되었을 때 압력계의 압력이 **정격양정**의 **65%** 이상이 되는지 확인

☆☆
문제 05

소방대상물에 옥외소화전 7개를 설치하였다. 다음 각 물음에 답하시오. (19.6.문7, 11.5.문5, 09.4.문8)

득점	배점
	4

(가) 지하수원의 최소 유효저수량[m^3]을 구하시오.
- ○ 계산과정 :
- ○ 답 :

(나) 가압송수장치의 최소 토출량[L/min]을 구하시오.
- ○ 계산과정 :
- ○ 답 :

(다) 옥외소화전의 호스접결구 설치기준과 관련하여 다음 (　) 안의 내용을 쓰시오.

> 호스접결구는 지면으로부터 높이가 (①)m 이상 (②)m 이하의 위치에 설치하고 특정소방대상물의 각 부분으로부터 하나의 호스접결구까지의 수평거리가 (③)m 이하가 되도록 설치하여야 한다.

①:　　　②:　　　③:

해답 (가) ○ 계산과정 : $7 \times 2 = 14\text{m}^3$
○ 답 : 14m^3

(나) ○ 계산과정 : $2 \times 350 = 700\text{L/min}$
○ 답 : 700L/min

(다) ① 0.5　② 1　③ 40

해설 (가) **옥외소화전 수원**의 **저수량**

$$Q = 7N$$

여기서, Q : 옥외소화전 수원의 저수량[m^3]
N : 옥외소화전개수(**최대 2개**)

수원의 **저수량** Q는

$Q = 7N = 7 \times 2 = 14\text{m}^3$

(나) **옥외소화전 가압송수장치**의 **토출량**

$$Q = N \times 350\text{L/min}$$

여기서, Q : 옥외소화전 가압송수장치의 토출량[L/min]
N : 옥외소화전개수(**최대 2개**)

가압송수장치의 **토출량** Q는

$Q = N \times 350\text{L/min} = 2 \times 350\text{L/min} = 700\text{L/min}$

- N은 소화전개수(최대 2개)

비교

옥내소화전설비의 **저수량** 및 **토출량**

(1) **수원**의 **저수량**

$Q = 2.6N$(30층 미만, N : 최대 **2개**)
$Q = 5.2N$(30~49층 이하, N : 최대 **5개**)
$Q = 7.8N$(50층 이상, N : 최대 **5개**)

여기서, Q : 옥내소화전 수원의 저수량[m^3]
N : 가장 많은 층의 옥내소화전개수

(2) **옥내소화전 가압송수장치**의 **토출량**

$$Q = N \times 130$$

여기서, Q : 옥내소화전 가압송수장치의 토출량[L/min]
N : 가장 많은 층의 옥내소화전개수(30층 미만 : 최대 2개, 30층 이상 : 최대 5개)

(다) ① **설치높이**

0.5~1m 이하	0.8~1.5m 이하	1.5m 이하
① **연**결송수관설비의 송수구 · 방수구 ② **연**결살수설비의 송수구 ③ **소**화**용**수설비의 채수구 ④ **옥외소화전 호스접결구** 기억법 **연소용 51**(**연소용 오일**은 잘 탄다.)	① **제**어밸브(수동식 개방밸브) ② **유**수검지장치 ③ **일**제개방밸브 기억법 **제유일 85**(**제**가 **유일**하게 **팔**았어**요**.)	① **옥내**소화전설비의 방수구 ② **호**스릴함 ③ **소**화기 기억법 **옥내호소 5**(**옥내**에서 **호소**하시**오**.)

② **옥내소화전**과 **옥외소화전**의 비교

옥내소화전	옥외소화전
수평거리 **25m** 이하	수평거리 **40m** 이하
노즐(**13mm**×1개)	노즐(**19mm**×1개)
호스(**40mm**×15m×2개)	호스(**65mm**×20m×2개)
앵글밸브(40mm×1개)	앵글밸브 필요없음

☆☆

문제 06

수면이 펌프보다 1m 낮은 지하수조에서 $0.3m^3/min$의 물을 이송하는 원심펌프가 있다. 흡입관과 송출관의 구경이 각각 100mm, 송출구 압력계가 0.1MPa일 때 이 펌프에 공동현상이 발생하는지 여부를 판별하시오. (단, 흡입측의 손실수두는 0.5m이고, 흡입관의 속도수두는 무시하고 대기압은 표준대기압, 물의 온도는 20℃이고, 이때의 포화수증기압은 2340Pa, 물의 비중량은 $9789N/m^3$이다. 필요흡입양정은 11m이다.) (21.7.문16, 20.10.문5, 15.11.문7, 14.4.문1, 13.7.문1, 12.4.문3, 11.11.문14)

○ 계산과정 :

○ 답 :

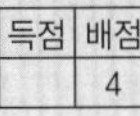

득점	배점
	4

해답 ○ 계산과정 : $H_a = 10.332\text{m}$

$$H_v = \frac{2340}{9789} = 0.239\text{m}$$

$H_s = 1\text{m}$

$H_L = 0.5\text{m}$

$\text{NPSH}_{av} = 10.332 - 0.239 - 1 - 0.5 = 8.593\text{m}$

○ 답 : 필요흡입양정이 유효흡입양정보다 크므로 공동현상 발생

해설 (1) **수두**

$$H = \frac{P}{\gamma}$$

여기서, H : 수두[m]

P : 압력[Pa 또는 N/m^2]

γ : 비중량[N/m^3]

(2) **표준대기압**

$1\text{atm} = 760\text{mmHg} = 1.0332\text{kg}_f/\text{cm}^2$
$= 10.332\text{mH}_2\text{O}(\text{mAq})$
$= 14.7\text{PSI}(\text{lb}_f/\text{in}^2)$
$= 101.325\text{kPa}(\text{kN/m}^2) = 101325\text{Pa}(\text{N/m}^2)$
$= 1013\text{mbar}$

$$P = \gamma h \quad , \quad \gamma = \rho g$$

여기서, P : 압력〔Pa〕
γ : 비중량〔N/m^3〕
h : 높이〔m〕
ρ : 밀도(물의 밀도 1000kg/m^3=1000N · s^2/m^4)
g : 중력가속도〔m/s^2〕

$$h = \frac{P}{\gamma} = \frac{P}{\rho g}$$

1Pa=1N/m^2 이므로

대기압수두(H_a) : H_a=**10.332m**(〔단서〕에 의해 표준대기압(표준기압)을 적용한다.)

수증기압수두(H_v) : $H_v = \frac{P}{\gamma} = \frac{2340\text{N/m}^2}{9789\text{N/m}^3}$=**0.239m**

흡입수두(H_s) : **1m**(수원의 수면~펌프 중심까지의 수직거리)

마찰손실수두(H_L) : **0.5m**

- 2340Pa=2340N/m^2(1Pa=1N/m^2)
- 흡입측 손실수두=마찰손실수두(H_L)

수조가 펌프보다 낮으므로 **흡입 NPSH$_{av}$**는

NPSH$_{av}$ $= H_a - H_v - H_s - H_L = 10.332\text{m} - 0.239\text{m} - 1\text{m} - 0.5\text{m} = 8.593\text{m}$

11m(NPSH$_{re}$)>8.593m(NPSH$_{av}$)=공동현상 발생

중요

(1) **흡입 NPSH$_{av}$**와 **압입 NPSH$_{av}$**

흡입 NPSH$_{av}$(수조가 펌프보다 낮을 때)	**압입 NPSH$_{av}$**(수조가 펌프보다 높을 때)
흡입수두 / 펌프 / 수조	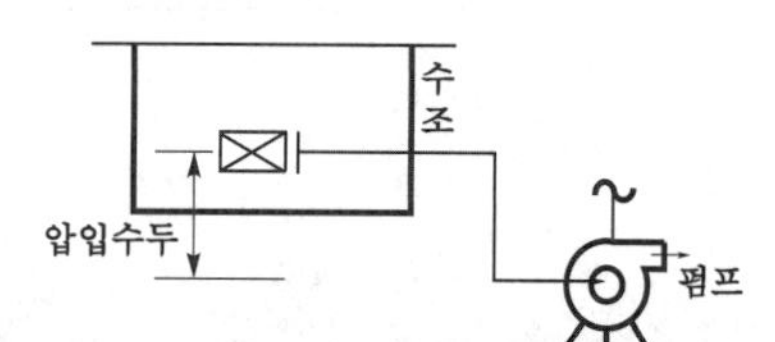
$\text{NPSH}_{av} = H_a - H_v - H_s - H_L$	$\text{NPSH}_{av} = H_a - H_v + H_s - H_L$
여기서, NPSH$_{av}$: 유효흡입양정〔m〕 H_a : 대기압수두〔m〕 H_v : 수증기압수두〔m〕 H_s : 흡입수두〔m〕 H_L : 마찰손실수두〔m〕	여기서, NPSH$_{av}$: 유효흡입양정〔m〕 H_a : 대기압수두〔m〕 H_v : 수증기압수두〔m〕 H_s : 압입수두〔m〕 H_L : 마찰손실수두〔m〕

(2) **공동현상**의 **발생한계조건**

① NPSH$_{av}$ ≧ NPSH$_{re}$: 공동현상이 발생하지 않아 펌프사용 **가능**

② NPSH$_{av}$ < NPSH$_{re}$: 공동현상이 발생하여 펌프사용 **불가**

- 공동현상=캐비테이션

NPSH$_{av}$(Available Net Positive Suction Head) =유효흡입양정	NPSH$_{re}$(Required Net Positive Suction Head) =필요흡입양정
① 흡입전양정에서 포화증기압을 뺀 값 ② 펌프 설치과정에 있어서 펌프 흡입측에 가해지는 수두압에서 흡입액의 온도에 해당되는 포화증기압을 뺀 값 ③ 펌프의 중심으로 유입되는 액체의 절대압력 ④ 펌프 설치과정에서 펌프 그 자체와는 무관하게 흡입측 배관의 설치위치, 액체온도 등에 따라 결정되는 양정 ⑤ 이용가능한 정미 유효흡입양정으로 흡입전양정에서 포화증기압을 뺀 것	① 공동현상을 방지하기 위해 펌프 흡입측 내부에 필요한 최소압력 ② 펌프 제작사에 의해 결정되는 값 ③ 펌프에서 임펠러 입구까지 유입된 액체는 임펠러에서 가압되기 직전에 일시적인 압력강하가 발생되는데 이에 해당하는 양정 ④ 펌프 그 자체가 캐비테이션을 일으키지 않고 정상운전되기 위하여 필요로 하는 흡입양정 ⑤ 필요로 하는 정미 유효흡입양정 ⑥ 펌프의 요구 흡입수두

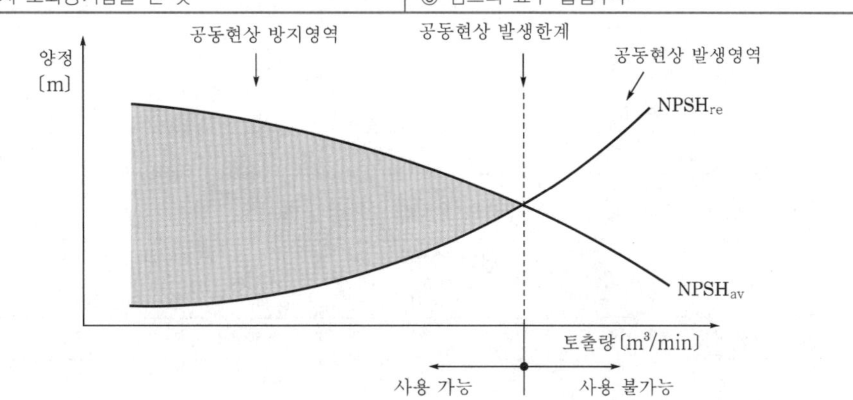

☆

문제 07

평면도에 이산화탄소를 설치하고자 한다. 다음 각 물음에 답하시오.

득점	배점
	12

6m	5m	5m	
수전실	전기실	발전기실	4m
		케이블실	2m

〔조건〕

① 층고는 4.5m로 한다.

② 개구부는 아래와 같다.

실 명	개구부면적	비 고
수전실	20m^2	자동폐쇄장치 설치
전기실	25m^2	자동폐쇄장치 미설치
발전기실	10m^2	자동폐쇄장치 미설치
케이블실	–	–

③ 전역방출방식이며 방출시간은 60초 이내로 한다.

④ 헤드의 규격은 20mm이며, 분당 방출량은 50kg이다.

⑤ 저장용기는 45kg이다.

⑥ 표면화재를 기준으로 한다.

⑦ 설계농도는 34%이고, 보정계수는 무시한다.

⑧ (가), (나), (라)는 계산과정 없이 표에 답만 작성한다.

⑨ (가), (나)의 소화약제량은 저장용기수와 관계없이 화재안전기술기준에 따라 산출하고, (라)의 소화약제량은 저장용기수 기준에 따라 산출한다.

⑩ 표면화재의 전역방출방식에서 방호구역의 체적당 이산화탄소의 약제량은 다음과 같다.

방호구역 체적	방호구역의 체적 $1m^3$에 대한 소화약제의 양	소화약제 저장량의 최저 한도의 양
$45m^3$ 미만	1.00kg	45kg
$45m^3$ 이상 $150m^3$ 미만	0.90kg	
$150m^3$ 이상 $1450m^3$ 미만	0.80kg	135kg
$1450m^3$ 이상	0.75kg	1125kg

(가) 각 방호구역에 필요한 소화약제의 양[kg]을 산출하시오.

실 명	체적[m^3]	체적당 가스량 [kg/m^3]	개구부[m^2]	개구부가산량 [kg/m^2]	소화약제량 [kg]
수전실					
전기실					
발전기실					
케이블실			–	–	

(나) 각 방호구역에 필요한 용기수량을 구하시오.

실 명	소화약제량[kg]	1병당 저장량[kg/병]	용기수[병]
수전실			
전기실			
발전기실			
케이블실			

(다) 집합관의 저장용기수는 몇 병인가?

○

(라) 방호구역에 설치하는 헤드수량을 구하시오.

실 명	소화약제량[kg]	분당 방출량[kg/분]	헤드수량[개]
수전실			
전기실			
발전기실			
케이블실			

(마) 용기실 배관계통도를 그리시오. (단, 기동용기, 체크밸브, 동관, 선택밸브, 압력스위치를 표시할 것)

해답 (가)

실 명	체적[m³]	체적당 가스량 [kg/m³]	개구부[m²]	개구부가산량 [kg/m²]	소화약제량[kg]
수전실	$162m^3$	$0.8kg/m^3$	$20m^2$	-	135kg
전기실	$135m^3$	$0.9kg/m^3$	$25m^2$	$5kg/m^2$	246.5kg
발전기실	$90m^3$	$0.9kg/m^3$	$10m^2$	$5kg/m^2$	131kg
케이블실	$45m^3$	$0.9kg/m^3$	-	-	45kg

(나)

실 명	소화약제량[kg]	1병당 저장량[kg/병]	용기수[병]
수전실	135kg	45kg/병	3병
전기실	246.5kg	45kg/병	6병
발전기실	131kg	45kg/병	3병
케이블실	45kg	45kg/병	1병

(다) 6병

(라)

실 명	소화약제량[kg]	분당 방출량[kg/분]	헤드수량[개]
수전실	135kg	50kg/분	3개
전기실	270kg	50kg/분	6개
발전기실	135kg	50kg/분	3개
케이블실	45kg	50kg/분	1개

(마) **용기실 배관계통도**

[범례]

압력스위치 / 안전밸브

저장용기 / 이산화탄소 배관

기동용기 / 기동용 배관(동관)

선택밸브 / 가스체크밸브

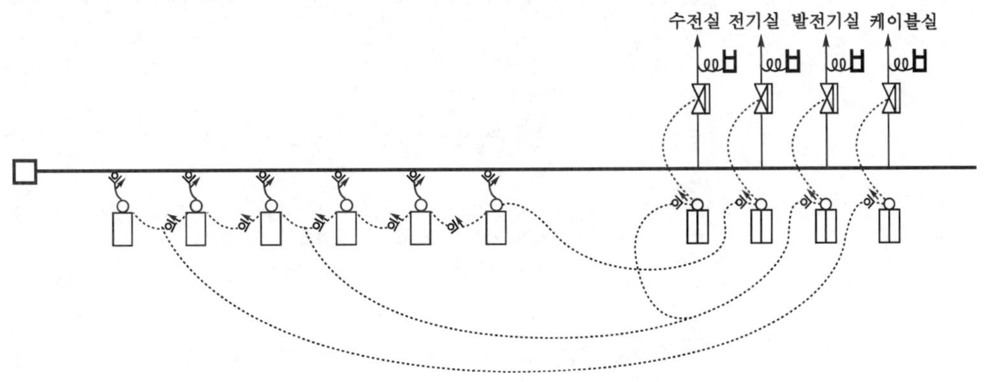

해설 (가)

• [조건 ⑥]에 의해 표면화재를 적용한다.

① **표면화재**의 **약제량** 및 **개구부가산량**

방호구역체적	약제량	개구부가산량 (자동폐쇄장치 미설치시)	최소저장량
$45m^3$ 미만	$1kg/m^3$	$5kg/m^2$	45kg
$45\sim150m^3$ 미만	$0.9kg/m^3$		
$150\sim1450m^3$ 미만	$0.8kg/m^3$		135kg
$1450m^3$ 이상	$0.75kg/m^3$		1125kg

실 명	체적$[m^3]$	체적당 가스량 $[kg/m^3]$	개구부 $[m^2]$	개구부가산량 $[kg/m^2]$	소화약제량[kg]
수전실	$6m\times(4+2)m\times4.5m$ $=162m^3$	$0.8kg/m^3$	$20m^2$	자동폐쇄장치가 설치되어 있으므로 적용할 필요없음	135kg
전기실	$5m\times(4+2)m\times4.5m$ $=135m^3$	$0.9kg/m^3$	$25m^2$	$5kg/m^2$	$121.5kg+(25m^2\times5kg/m^2)$ $=246.5kg$
발전기실	$5m\times4m\times4.5m$ $=90m^3$	$0.9kg/m^3$	$10m^2$	$5kg/m^2$	$81kg+(10m^2\times5kg/m^2)$ $=131kg$
케이블실	$5m\times2m\times4.5m$ $=45m^3$	$0.9kg/m^3$	–	개구부가 없으므로 적용할 필요없음	45kg

② **표면화재**

CO_2 저장량[kg]=방호구역체적$[m^3]$×약제량$[kg/m^3]$×보정계수+개구부면적$[m^2]$×개구부가산량$(5kg/m^2)$

• NFPC 106 5조, NFTC 106 2.2.1.1.2에 의해 설계농도 34% 이상이면 보정계수를 적용해야 한다. 하지만 여기서는 [조건 ⑦]에 의해 보정계수는 무시한다.

제5조(소화약제)
나. 필요한 설계농도가 34% 이상인 방호대상물의 소화약제량은 가목(생략)의 기준에 따라 산출한 소화약제량에 다음 표(생략)에 따른 보정계수를 곱하여 산출한다.

㉠ 수전실
소화약제량=방호구역체적$[m^3]$×약제량$[kg/m^3]$×보정계수+개구부면적$[m^2]$×개구부가산량$(5kg/m^2)$
$=162m^3\times0.8kg/m^3=129.6kg$
(그러나 최소저장량이 135kg이므로 소화약제량은 **135kg**이다.)

• [조건 ②]에 의해 자동폐쇄장치가 **설치**되어 있으므로 개구부면적, 개구부가산량 제외

㉡ 전기실
소화약제량=방호구역체적$[m^3]$×약제량$[kg/m^3]$×보정계수+개구부면적$[m^2]$×개구부가산량$(5kg/m^2)$
$=135m^3\times0.9kg/m^3+25m^2\times5kg/m^2=$**246.5kg**

• [조건 ②]에 의해 자동폐쇄장치가 **미설치**되어 있으므로 개구부면적, 개구부가산량 적용

㉢ 발전기실
소화약제량=방호구역체적$[m^3]$×약제량$[kg/m^3]$×보정계수+개구부면적$[m^2]$×개구부가산량$(5kg/m^2)$
$=90m^3\times0.9kg/m^3+10m^2\times5kg/m^2=$**131kg**

• [조건 ②]에 의해 자동폐쇄장치가 **미설치**되어 있으므로 개구부면적, 개구부가산량 적용

㉣ 케이블실
소화약제량=방호구역체적$[m^3]$×약제량$[kg/m^3]$×보정계수+개구부면적$[m^2]$×개구부가산량$(5kg/m^2)$
$=45m^3\times0.9kg/m^3=40.5kg$
(그러나 최소저장량이 45kg이므로 소화약제량은 **45kg**이다.)

• [조건 ②]에 의해 개구부가 없으므로 개구부면적, 개구부가산량을 적용할 필요 없음

(나)

실 명	소화약제량〔kg〕	1병당 저장량〔kg/병〕	용기수〔병〕
수전실	135kg	〔조건 ⑤〕에 의해 45kg/병	$\frac{135\text{kg}}{45\text{kg/병}}=3$병
전기실	246.5kg	〔조건 ⑤〕에 의해 45kg/병	$\frac{246.5\text{kg}}{45\text{kg/병}}=5.4 \fallingdotseq 6$병(절상)
발전기실	131kg	〔조건 ⑤〕에 의해 45kg/병	$\frac{131\text{kg}}{45\text{kg/병}}=2.9 \fallingdotseq 3$병(절상)
케이블실	45kg	〔조건 ⑤〕에 의해 45kg/병	$\frac{45\text{kg}}{45\text{kg/병}}=1$병

(다) 집합관의 용기본수는 각 방호구역의 저장용기본수 중 가장 많은 것을 기준으로 하므로 **전기실**의 **6병**이 된다.

(라)

실 명	소화약제량〔kg〕	분당 방출량〔kg/분〕	헤드수량〔개〕
수전실	45kg/병×3병=135kg	〔조건 ④〕에 의해 50kg/분	$\frac{135\text{kg}}{50\text{kg/분}}=2.7 \fallingdotseq 3$개(절상)
전기실	45kg/병×6병=270kg	〔조건 ④〕에 의해 50kg/분	$\frac{270\text{kg}}{50\text{kg/분}}=5.4 \fallingdotseq 6$개(절상)
발전기실	45kg/병×3병=135kg	〔조건 ④〕에 의해 50kg/분	$\frac{135\text{kg}}{50\text{kg/분}}=2.7 \fallingdotseq 3$개(절상)
케이블실	45kg/병×1병=45kg	〔조건 ④〕에 의해 50kg/분	$\frac{45\text{kg}}{50\text{kg/분}}=0.9 \fallingdotseq 1$개(절상)

- 〔조건 ④〕의 헤드의 규격은 이 문제를 푸는 데 아무 관계 없음

(마)

- 저장용기는 각 방호구역 중 가장 많은 용기를 적용하면 되므로 **6병**

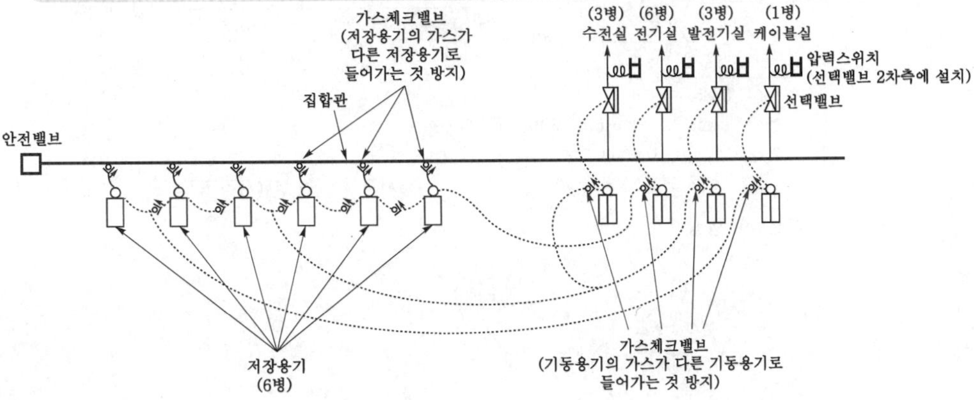

☆☆☆
문제 08

그림과 같은 벤투리미터(venturi-meter)에서 입구와 목(throat)의 압력차〔kPa〕를 구하시오. (단, 송출계수 : 0.86, 입구지름 : 36cm, 목 지름 : 13cm, 물의 비중량 : 9.8kN/m^3, 유량 : 5.6m^3/min)

(23.11.문14, 16.6.문16, 10.7.문11)

득점	배점
	5

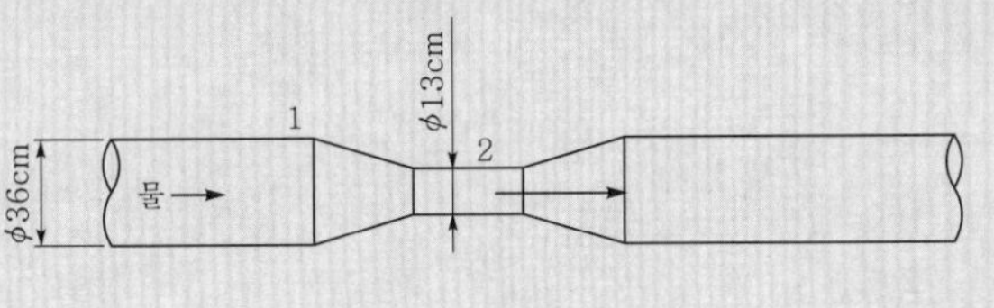

○ 계산과정 :
○ 답 :

해답

○ 계산과정 : $V_1 = \dfrac{5.6/60}{0.86 \times \dfrac{\pi \times 0.36^2}{4}} ≒ 1.066\text{m/s}$

$V_2 = \dfrac{5.6/60}{0.86 \times \dfrac{\pi \times 0.13^2}{4}} ≒ 8.176\text{m/s}$

$P_1 - P_2 = \dfrac{8.176^2 - 1.066^2}{2 \times 9.8} \times 9.8 = 32.855 ≒ 32.86\text{kPa}$

○ 답 : 32.86kPa

해설 (1) **유량**

$$Q = CAV = C\left(\frac{\pi D^2}{4}\right)V$$

여기서, Q : 유량[m^3/s], C : 노즐의 흐름계수(송출계수), A : 단면적[m^2], V : 유속[m/s], D : 내경[m]

유속 V_1은

$$V_1 = \frac{Q}{C\left(\dfrac{\pi {D_1}^2}{4}\right)} = \frac{5.6\text{m}^3/60\text{s}}{0.86 \times \dfrac{\pi \times (0.36\text{m})^2}{4}} = \frac{5.6\text{m}^3 \div 60\text{s}}{0.86 \times \dfrac{\pi \times (0.36\text{m})^2}{4}} ≒ 1.066\text{m/s}$$

- C : **0.86**
- Q : 5.6m³/min=**5.6m³/60s**(1min=60s)
- D_1 : 36cm=**0.36m**(1m=100cm)
- 계산 중간에서의 소수점 처리는 소수점 **3째자리** 또는 **4째자리**까지 구하면 된다.

유속 V_2는

$$V_2 = \frac{Q}{A_2} = \frac{Q}{C\left(\dfrac{\pi {D_2}^2}{4}\right)} = \frac{5.6\text{m}^3/60\text{s}}{0.86 \times \dfrac{\pi \times (0.13\text{m})^2}{4}} = \frac{5.6\text{m}^3 \div 60\text{s}}{0.86 \times \dfrac{\pi \times (0.13\text{m})^2}{4}} ≒ 8.176\text{m/s}$$

- C : **0.86**
- Q : 5.6m³/min=**5.6m³/60s**(1min=60s)
- D_2 : 13cm=**0.13m**(1m=100cm)
- 계산 중간에서의 소수점 처리는 소수점 **3째자리** 또는 **4째자리**까지 구하면 된다.

(2) **베르누이 방정식**

$$\frac{{V_1}^2}{2g} + \frac{P_1}{\gamma} + Z_1 = \frac{{V_2}^2}{2g} + \frac{P_2}{\gamma} + Z_2$$

↑ (속도수두) ↑ (압력수두) ↑ (위치수두)

여기서, V_1, V_2 : 유속[m/s]

P_1, P_2 : 압력(증기압)[kPa]

Z_1, Z_2 : 높이[m]

g : 중력가속도(9.8m/s²)

γ : 비중량(물의 비중량 9.8kN/m³)

주어진 그림은 **수평관**이므로 **위치수두**는 **동일**하다. 그러므로 **무시**한다.

$$Z_1 = Z_2$$

$$\frac{{V_1}^2}{2g} + \frac{P_1}{\gamma} = \frac{{V_2}^2}{2g} + \frac{P_2}{\gamma}$$

$$\frac{P_1}{\gamma} = \frac{{V_2}^2}{2g} - \frac{{V_1}^2}{2g} + \frac{P_2}{\gamma}$$

$$\frac{P_1}{\gamma} - \frac{P_2}{\gamma} = \frac{{V_2}^2}{2g} - \frac{{V_1}^2}{2g}$$

$$\frac{P_1 - P_2}{\gamma} = \frac{{V_2}^2 - {V_1}^2}{2g}$$

$$P_1 - P_2 = \frac{{V_2}^2 - {V_1}^2}{2g} \times \gamma = \frac{(8.176\text{m/s})^2 - (1.066\text{m/s})^2}{2 \times 9.8\text{m/s}^2} \times 9.8\text{kN/m}^3$$

$$= 32.855\text{kN/m}^2 ≒ 32.86\text{kPa}(1\text{kN/m}^2 = 1\text{kPa})$$

- V_2 : **8.176m/s**(바로 위에서 구한 값)
- V_1 : **1.066m/s**(바로 위에서 구한 값)
- γ : **9.8kN/m³**(문제 〔단서〕에서 주어진 값)
- g : **9.8m/s²**(암기해야 하는 값)

☆☆☆

문제 09

제연설비 설계에서 아래의 조건으로 다음 각 물음에 답하시오. (19.6.문11, 16.6.문14, 07.11.문6, 07.7.문1)

득점	배점
	8

〔조건〕

① 바닥면적은 390m^2이고, 다른 거실의 피난을 위한 경유거실이다.
② 제연덕트 길이는 총 80m이고, 덕트저항은 단위길이〔m〕당 1.96Pa/m로 한다.
③ 배기구저항은 78Pa, 그릴저항은 29Pa, 부속류저항은 덕트길이에 대한 저항의 50%로 한다.
④ 송풍기는 다익(multiblade)형 Fan(또는 sirocco fan)을 선정하고 효율은 50%로 한다.

(가) 예상제연구역에 필요한 최소 배출량〔m^3/h〕을 구하시오.
　○ 계산과정 :
　○ 답 :

(나) 송풍기에 필요한 최소 정압〔Pa〕은 얼마인지 구하시오.
　○ 계산과정 :
　○ 답 :

(다) 송풍기를 작동시키기 위한 전동기의 최소 동력〔kW〕을 구하시오. (단, 동력전달계수는 1.1로 한다.)
　○ 계산과정 :
　○ 답 :

(라) (나)의 정압이 발생될 때 송풍기의 회전수는 1750rpm이었다. 이 송풍기의 정압을 1.2배로 높이려면 회전수〔rpm〕는 얼마로 증가시켜야 하는지 구하시오.
　○ 계산과정 :
　○ 답 :

해답

(가) ○ 계산과정 : $390 \times 1 = 390\text{m}^3/\text{min}$

$$390 \times 60 = 23400\text{m}^3/\text{h}$$

○ 답 : 23400m³/h

(나) ○ 계산과정 : $(80 \times 1.96) + 78 + 29 + (80 \times 1.96) \times 0.5 = 342.2\text{Pa}$

○ 답 : 342.2Pa

(다) ○ 계산과정 : $\frac{342.2}{101325} \times 10332 = 34.893\text{mmAq}$

$$P = \frac{34.893 \times 390}{102 \times 60 \times 0.5} \times 1.1 = 4.891 ≒ 4.89\text{kW}$$

○ 답 : 4.89kW

(라) ○ 계산과정 : $1750\sqrt{1.2} = 1917.028 ≒ 1917.03\text{rpm}$

○ 답 : 1917.03rpm

해설 (가)

$$배출량[m^3/min]=바닥면적[m^2]\times 1m^3/m^2\cdot min$$

$=390m^2\times 1m^3/m^2\cdot min$
$=\mathbf{390}m^3/min$

$m^3/min \rightarrow m^3/h$ 로 변환하면

$390m^3/min=390m^3/min\times 60min/h=$**$23400m^3/h$**$(1h=60min)$

- [조건 ①]에서 바닥면적 $390m^2$로서 $400m^2$ 미만이므로 반드시 '**배출량[m^3/min]=바닥면적[m^2]×$1m^3/m^2\cdot min$**'식을 적용해야 함
- [조건 ①]에서 경유거실이라도 법이 개정되어 1.5를 곱하는 것이 아님을 주의!

중요

거실의 **배출량**

(1) 바닥면적 **400m² 미만**(최저치 **5000m³/h** 이상)

$$배출량[m^3/min]=바닥면적[m^2]\times 1m^3/m^2\cdot min$$

(2) 바닥면적 **400m² 이상**

① 직경 **40m 이하** : **40000m³/h** 이상

‖ 예상제연구역이 제연경계로 구획된 경우 ‖

수직거리	배출량
2m 이하	40000m³/h 이상
2m 초과 2.5m 이하	45000m³/h 이상
2.5m 초과 3m 이하	50000m³/h 이상
3m 초과	60000m³/h 이상

② 직경 **40m 초과** : **45000m³/h** 이상

‖ 예상제연구역이 제연경계로 구획된 경우 ‖

수직거리	배출량
2m 이하	45000m³/h 이상
2m 초과 2.5m 이하	50000m³/h 이상
2.5m 초과 3m 이하	55000m³/h 이상
3m 초과	65000m³/h 이상

※ **m³/h=CMH(C**ubic **M**eter per **H**our)

(나) 정압 P_T는

P_T=덕트저항+배기구저항+그릴저항+부속류저항

$=(80m\times 1.96Pa/m)+78Pa+29Pa+(80m\times 1.96Pa/m)\times 0.5$
$=342.2Pa$

- 덕트저항(**80m×1.96Pa/m**) : [조건 ②]에서 주어진 값
- 부속류저항(**(80m×1.96Pa/m)×0.5**) : [조건 ③]에 의해 부속류의 저항은 덕트저항의 50%이므로 **0.5**를 곱함)
- 78Pa : [조건 ③]에서 주어진 값
- 29Pa : [조건 ③]에서 주어진 값

(다)

$$P=\frac{P_T Q}{102\times 60\eta}K$$

여기서, P : 송풍기 동력[kW]
P_T : 정압 또는 전압[mmAq, mmH_2O]
Q : 풍량(배출량)[m^3/min]
K : 여유율
η : 효율

10.332mAq=**101.325kPa**

10332mmAq=101325Pa(1m=1000mm, 1kPa=1000Pa)

342.2Pa=$\frac{342.2\text{Pa}}{101325\text{Pa}}\times 10332\text{mmAq}=34.893\text{mmAq}$

송풍기의 **전동기동력** P는

$$P=\frac{P_T Q}{102\times 60\eta}K=\frac{34.893\text{mmAq}\times 390\text{m}^3/\text{min}}{102\times 60\times 0.5}\times 1.1=4.891 \fallingdotseq 4.89\text{kW}$$

- 배연설비(제연설비)에 대한 동력은 반드시 $P=\frac{P_T Q}{102\times 60\eta}K$를 적용하여야 한다. 우리가 알고 있는 일반적인 식 $P=\frac{0.163QH}{\eta}K$를 적용하여 풀면 틀린다.
- K(**1.1**) : (다)의 〔단서〕에서 주어진 값
- P_T(**34.893mmAq**) : 바로 위에서 구한 값
- Q(**390m³/min**) : (가)에서 구한 값
- η(**0.5**) : 〔조건 ④〕에서 주어진 값

(라)

$$H_2=H_1\left(\frac{N_2}{N_1}\right)^2$$

$$\frac{H_2}{H_1}=\left(\frac{N_2}{N_1}\right)^2$$

$$\sqrt{\frac{H_2}{H_1}}=\frac{N_2}{N_1}$$

$$\frac{N_2}{N_1}=\sqrt{\frac{H_2}{H_1}}$$

$$N_2=N_1\sqrt{\frac{H_2}{H_1}}=1750\text{rpm}\sqrt{1.2\text{배}}\fallingdotseq 1917.028\fallingdotseq 1917.03\text{rpm}$$

- N_1 : **1750rpm**(문제 (라)에서 주어진 값)
- $\frac{H_2}{H_1}$: **1.2배**(문제 (라)에서 주어진 값)

참고

유량, 양정, 축동력

유 량	양정(정압 또는 전압)	축동력(동력)
회전수에 비례하고 **직경**(관경)의 세제곱에 비례한다. $Q_2=Q_1\left(\frac{N_2}{N_1}\right)\left(\frac{D_2}{D_1}\right)^3$ 또는 $Q_2=Q_1\left(\frac{N_2}{N_1}\right)$	회전수의 제곱 및 **직경**(관경)의 제곱에 비례한다. $H_2=H_1\left(\frac{N_2}{N_1}\right)^2\left(\frac{D_2}{D_1}\right)^2$ 또는 $H_2=H_1\left(\frac{N_2}{N_1}\right)^2$	회전수의 세제곱 및 **직경**(관경)의 오제곱에 비례한다. $P_2=P_1\left(\frac{N_2}{N_1}\right)^3\left(\frac{D_2}{D_1}\right)^5$ 또는 $P_2=P_1\left(\frac{N_2}{N_1}\right)^3$
여기서, Q_2 : 변경 후 유량〔L/min〕 Q_1 : 변경 전 유량〔L/min〕 N_2 : 변경 후 회전수〔rpm〕 N_1 : 변경 전 회전수〔rpm〕 D_2 : 변경 후 직경(관경)〔mm〕 D_1 : 변경 전 직경(관경)〔mm〕	여기서, H_2 : 변경 후 양정〔m〕 H_1 : 변경 전 양정〔m〕 N_2 : 변경 후 회전수〔rpm〕 N_1 : 변경 전 회전수〔rpm〕 D_2 : 변경 후 직경(관경)〔mm〕 D_1 : 변경 전 직경(관경)〔mm〕	여기서, P_2 : 변경 후 축동력〔kW〕 P_1 : 변경 전 축동력〔kW〕 N_2 : 변경 후 회전수〔rpm〕 N_1 : 변경 전 회전수〔rpm〕 D_2 : 변경 후 직경(관경)〔mm〕 D_1 : 변경 전 직경(관경)〔mm〕

☆☆

문제 10

다음 조건에 따른 사무용 건축물에 제3종 분말소화설비를 전역방출방식으로 설치하고자 할 때 다음을 구하시오. (20.5.문15, 16.6.문4, 16.4.문14, 15.7.문2, 14.4.문5, 13.7.문14, 11.7.문16)

득점	배점
	5

〔조건〕

① 건물크기는 길이 10m, 폭 20m, 높이 4m이고 개구부는 없는 기준이다.

② 방사헤드의 방출률은 20kg/(min · 개)이다.

③ 소화약제 산정 및 기타사항은 화재안전기술기준에 따라 산정한다.

(가) 필요한 분말소화약제 최소 소요량〔kg〕을 구하시오.

○ 계산과정 :

○ 답 :

(나) 설치에 필요한 방사헤드의 최소 개수를 구하시오.

○ 계산과정 :

○ 답 :

(다) 가압용 가스(질소)의 최소 필요량〔L〕(35℃/1기압 환산리터)을 구하시오. (단, 배관의 청소에 필요한 양은 제외한다.)

○ 계산과정 :

○ 답 :

해답 (가) ○ 계산과정 : $(10\times20\times4)\times0.36=288\text{kg}$

○ 답 : 288kg

(나) ○ 계산과정 : $\dfrac{288}{20\times0.5}=28.8\fallingdotseq29$개

○ 답 : 29개

(다) ○ 계산과정 : $288\times40=11520\text{L}$

○ 답 : 11520L

해설 (가) **전역방출방식**

자동폐쇄장치가 설치되어 있지 않은 경우	자동폐쇄장치가 설치되어 있는 경우 (개구부가 없는 경우)
분말저장량〔kg〕=방호구역체적〔m^3〕×약제량〔kg/m^3〕 +개구부면적〔m^2〕×개구부가산량〔kg/m^2〕	**분말저장량**〔kg〕=방호구역체적〔m^3〕×약제량〔kg/m^3〕

‖ 전역방출방식의 약제량 및 개구부가산량 ‖

약제종별	약제량	개구부가산량(자동폐쇄장치 미설치시)
제1종 분말	$0.6kg/m^3$	$4.5kg/m^2$
제2 · 3종 분말 →	$0.36kg/m^3$	$2.7kg/m^2$
제4종 분말	$0.24kg/m^3$	$1.8kg/m^2$

〔조건 ①〕에서 개구부가 설치되어 있지 않으므로

분말저장량〔kg〕=방호구역체적〔m^3〕×약제량〔kg/m^3〕

$=(10\text{m}\times20\text{m}\times4\text{m})\times0.36\text{kg/m}^3=288\text{kg}$

• 분말저장량=분말소화약제 최소 소요량

(나)

$$헤드개수 = \frac{소화약제량[kg]}{방출률[kg/min] \times 방사시간[min]}$$

$$= \frac{288kg}{20kg/(min \cdot 개) \times 0.5min} = 28.8 ≒ 29개$$

- 위의 공식은 단위를 보면 쉽게 이해할 수 있다.
- 288kg : (가)에서 구한 값
- 20kg/(min · 개) : [조건 ②]에서 주어진 값
- 방사시간이 주어지지 않았으므로 다음 표에 의해 분말소화설비는 **30초** 적용

‖ 약제방사시간 ‖

소화설비		전역방출방식		국소방출방식	
		일반건축물	위험물제조소	일반건축물	위험물제조소
할론소화설비		10초 이내	30초 이내	10초 이내	30초 이내
분말소화설비 →		30초 이내		30초 이내	
CO_2 소화설비	표면화재	1분 이내	60초 이내		
	심부화재	7분 이내			

(다) **가압식**과 **축압식**의 **설치기준**

사용가스 \ 구분	가압식	축압식
N_2(질소) →	40L/kg 이상	10L/kg 이상
CO_2(이산화탄소)	20g/kg+배관청소 필요량 이상	20g/kg+배관청소 필요량 이상

※ 배관청소용 가스는 별도의 용기에 저장한다.

(다)에서 가압용 가스(질소)량[L]=소화약제량[kg]×40L/kg=288kg×40L/kg=11520L

- 문제에서 35℃/1기압 환산리터라는 말에 고민하지 마라. 바로 위 표의 기준이 35℃/1기압 환산리터 값이므로 신경쓰지 말고 계산하면 된다.
- **288kg** : (가)에서 구한 값

☆☆☆

문제 11

소화펌프 기동시 일어날 수 있는 맥동현상(surging)의 정의 및 방지대책 2가지를 쓰시오.

(23.4.문7, 15.7.문13, 14.11.문8, 10.7.문9)

득점	배점
	4

(가) 정의
○

(나) 방지대책
○
○

해답 (가) 진공계 · 압력계가 흔들리고 진동과 소음이 발생하며 펌프의 토출유량이 변하는 현상

(나) ① 배관 중에 불필요한 수조 제거

② 풍량 또는 토출량을 줄임

해설 **관 내**에서 **발생**하는 **현상**

(1) **맥동현상**(surging)

구 분	설 명
정 의 질문 (개)	유량이 단속적으로 변하여 펌프 입출구에 설치된 **진공계 · 압력계**가 흔들리고 **진동**과 **소음**이 발생하며 펌프의 **토출유량**이 **변하는 현상**
발생원인	① 배관 중에 **수조**가 있을 때 ② 배관 중에 **기체상태**의 부분이 있을 때 ③ **유량조절밸브**가 배관 중 수조의 위치 **후방**에 있을 때 ④ 펌프의 특성곡선이 **산모양**이고 운전점이 그 **정상부**일 때
방지대책 질문 (나)	① 배관 중에 불필요한 수조를 없앤다. ② 배관 내의 기체(공기)를 제거한다. ③ 유량조절밸브를 배관 중 수조의 전방에 설치한다. ④ 운전점을 고려하여 적합한 펌프를 선정한다. ⑤ **풍량** 또는 **토출량**을 줄인다.

(2) **수격작용**(water hammering)

구 분	설 명
정 의	① 배관 속의 물흐름을 급히 차단하였을 때 동압이 정압으로 전환되면서 일어나는 쇼크현상 ② 배관 내를 흐르는 유체의 유속을 급격하게 변화시키므로 압력이 상승 또는 하강하여 **관로**의 **벽면**을 **치는 현상**
발생원인	① 펌프가 갑자기 정지할 때 ② 급히 밸브를 개폐할 때 ③ 정상운전시 유체의 압력변동이 생길 때
방지대책	① 관의 관경(직경)을 크게 한다. ② 관 내의 유속을 낮게 한다(관로에서 일부 고압수를 방출한다). ③ 조압수조(surge tank)를 관선(배관선단)에 설치한다. ④ **플라이휠**(fly wheel)을 설치한다. ⑤ 펌프 송출구(토출측) 가까이에 밸브를 설치한다. ⑥ 에어챔버(air chamber)를 설치한다.

(3) **공동현상**(cavitation)

구 분	설 명
정 의	펌프의 흡입측 배관 내의 물의 정압이 기존의 증기압보다 낮아져서 기포가 발생되어 물이 흡입되지 않는 현상
발생현상	① 소음과 진동발생 ② 관 부식 ③ **임펠러**의 **손상**(수차의 날개를 해친다) ④ 펌프의 성능저하
발생원인	① 펌프의 흡입수두가 클 때(소화펌프의 흡입고가 클 때) ② 펌프의 마찰손실이 클 때 ③ 펌프의 임펠러속도가 클 때 ④ 펌프의 설치위치가 수원보다 높을 때 ⑤ 관 내의 수온이 높을 때(물의 온도가 높을 때) ⑥ 관 내의 물의 정압이 그때의 증기압보다 낮을 때 ⑦ 흡입관의 구경이 작을 때 ⑧ 흡입거리가 길 때 ⑨ 유량이 증가하여 펌프물이 과속으로 흐를 때
방지대책	① 펌프의 흡입수두를 **작게** 한다. ② 펌프의 마찰손실을 **작게** 한다. ③ 펌프의 **임펠러속도**(회전수)를 **작게** 한다. ④ 펌프의 설치위치를 수원보다 **낮게** 한다. ⑤ 양흡입펌프를 사용한다(펌프의 흡입측을 가압한다). ⑥ 관 내의 물의 정압을 그때의 증기압보다 **높게** 한다. ⑦ 흡입관의 구경을 **크게** 한다. ⑧ 펌프를 **2대** 이상 설치한다.

(4) **에어 바인딩**(air binding)=**에어 바운드**(air bound)

구 분	설 명
정 의	펌프 내에 공기가 차있으면 공기의 밀도는 물의 밀도보다 작으므로 수두를 감소시켜 송액이 되지 않는 현상
발생원인	펌프 내에 공기가 차있을 때
방지대책	① 펌프 작동 전 **공기**를 **제거**한다. ② **자동공기제거펌프**(self-priming pump)를 사용한다.

☆☆☆

문제 12

6층 업무용 건축물에 옥내소화전설비를 화재안전기술기준에 따라 설치하려고 한다. 다음 조건을 참고하여 각 물음에 답하시오. (20.5.문14, 19.6.문2 · 4, 18.6.문7, 15.11.문1, 13.4.문9, 07.7.문2)

득점	배점
	6

〔조건〕

① 풋밸브에서 최고위 옥내소화전 앵글밸브까지의 낙차는 24m, 배관마찰손실수두는 8m이다.
② 펌프의 효율은 55%이다.
③ 펌프의 전달계수 K값은 1.1로 한다.
④ 각 층당 소화전은 3개씩이다.
⑤ 소방호스의 마찰손실수두는 7.8m이다.

(가) 수원의 최소 유효저수량〔m^3〕을 구하시오. (단, 옥상수조의 수원은 제외한다.)
 ○ 계산과정 :
 ○ 답 :

(나) 펌프의 총 양정〔m〕을 구하시오.
 ○ 계산과정 :
 ○ 답 :

(다) 펌프의 최소 유량〔m^3/min〕을 구하시오.
 ○ 계산과정 :
 ○ 답 :

(라) 펌프의 모터동력〔kW〕을 구하시오.
 ○ 계산과정 :
 ○ 답 :

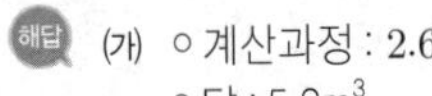

해답 (가) ○ 계산과정 : $2.6 \times 2 = 5.2\text{m}^3$
 ○ 답 : 5.2m^3

(나) ○ 계산과정 : $h_1 = 7.8\text{m}$
$h_2 = 8\text{m}$
$h_3 = 24\text{m}$
$H = 7.8 + 8 + 24 + 17 = 56.8\text{m}$
 ○ 답 : 56.8m

(다) ○ 계산과정 : $2 \times 130 = 260\text{L/min} = 0.26\text{m}^3/\text{min}$
 ○ 답 : 0.26m^3/min

(라) ○ 계산과정 : $\dfrac{0.163 \times 0.26 \times 56.8}{0.55} \times 1.1 = 4.814 \fallingdotseq 4.81\text{kW}$
 ○ 답 : 4.81kW

해설 (가) **저수조의 저수량**

$Q=2.6N$(30층 미만, N : 최대 **2개**)
$Q=5.2N$(30~49층 이하, N : 최대 **5개**)
$Q=7.8N$(50층 이상, N : 최대 **5개**)

여기서, Q : 저수조의 저수량$[m^3]$
N : 가장 많은 층의 소화전개수

저수조의 저수량 Q는

$Q=2.6N=2.6\times2=5.2m^3$

- [조건 ④]에서 각 층당 소화전은 3개씩이지만 문제에서 **6층**이므로 **30층 미만**의 식을 적용하면 30층 미만일 경우 N이 **최대 2개**이므로 N=2이다.

(나) **전양정**

$$H=h_1+h_2+h_3+17$$

여기서, H : 전양정[m]
h_1 : 소방호스의 마찰손실수두[m]
h_2 : 배관 및 관부속품의 마찰손실수두[m]
h_3 : 실양정(흡입양정+토출양정)[m]

$h_1=7.8m$([조건 ⑤]에 의해)
$h_2=8m$([조건 ①]에 의해)
$h_3=24m$([조건 ①]에 의해)

- **실양정**(h_3) : 옥내소화전펌프의 풋밸브 ~ 최상층 옥내소화전의 앵글밸브까지의 수직거리

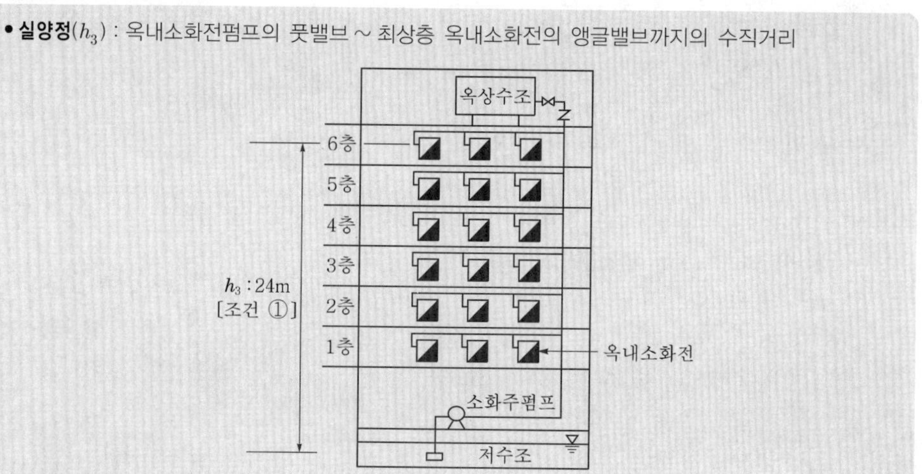

펌프의 전양정 H는

$H=h_1+h_2+h_3+17=7.8m+8m+24m+17=56.8m$

(다) **유량**(토출량)

$$Q=N\times130L/min$$

여기서, Q : 유량(토출량)[L/min]
N : 가장 많은 층의 소화전개수(**최대 2개**)

펌프의 최소 유량 Q는

$Q=N\times130L/min=2\times130L/min=260L/min=0.26m^3/min$

- [조건 ④]에서 소화전개수는 3개이지만 N은 **최대 2개**이므로 N=2이다.
- $260L/min=0.26m^3/min(1000L=1m^3)$

(라) **모터동력**(전동력)

$$P = \frac{0.163QH}{\eta}K$$

여기서, P : 전동력〔kW〕
Q : 유량〔m^3/min〕
H : 전양정〔m〕
K : 전달계수
η : 효율

펌프의 **모터동력**(전동력) P는

$$P = \frac{0.163QH}{\eta}K = \frac{0.163 \times 0.26m^3/min \times 56.8m}{0.55} \times 1.1 = 4.814 ≒ 4.81kW$$

- Q(**0.26m³/min**) : (다)에서 구한 값
- H(**56.8m**) : (나)에서 구한 값
- η(55%) : 〔조건 ②〕에서 주어진 값(55%=**0.55**)
- K(**1.1**) : 〔조건 ③〕에서 주어진 값

☆☆

문제 13

한 개의 방호구역으로 구성된 가로 15m, 세로 26m, 높이 8m의 랙식 창고에 특수가연물을 저장하고 있고, 라지드롭형 스프링클러헤드(폐쇄형)를 정방형으로 설치하려고 한다. 해당 창고에 설치할 스프링클러헤드수〔개〕를 구하시오. (20.11.문9, 19.6.문14, 17.11.문4, 09.10.문14)

○ 계산과정 :
○ 답 :

득점	배점
	5

해답 ○ 계산과정 : $S = 2 \times 1.7 \times \cos 45° = 2.404m$

가로헤드 $= \frac{15}{2.404} = 6.2 ≒ 7$개

세로헤드 $= \frac{26}{2.404} = 10.8 ≒ 11$개

$7 \times 11 = 77$개

설치열수 $= \frac{8}{3} = 2.6 ≒ 3$열

∴ 전체 헤드개수 $= 77 \times 3 = 231$개

○ 답 : 231개

해설 (1) **스프링클러헤드**의 **배치기준**

설치장소	설치기준
무대부 · **특**수가연물(창고 포함) →	수평거리 **1.7m** 이하
기타구조(창고 포함)	수평거리 **2.1m** 이하
내화구조(창고 포함)	수평거리 **2.3m** 이하
공동주택(**아**파트) 세대 내	수평거리 **2.6m** 이하

기억법 무특 7
기 1
내 3
아 6

(2) **정방형**(정사각형)

$$S = 2R\cos 45°$$
$$L = S$$

여기서, S : 수평헤드간격[m]
R : 수평거리[m]
L : 배관간격[m]

수평헤드간격(헤드의 설치간격) S는

$S = 2R\cos 45° = 2 \times 1.7\text{m} \times \cos 45° = 2.404\text{m}$

가로헤드개수$= \dfrac{\text{가로길이}}{S} = \dfrac{15\text{m}}{2.404\text{m}} = 6.2 ≒ 7$개(**절상**)

세로헤드개수$= \dfrac{\text{세로길이}}{S} = \dfrac{26\text{m}}{2.404\text{m}} = 10.8 ≒ 11$개(**절상**)

- **15m** : 문제에서 주어진 값
- **26m** : 문제에서 주어진 값
- S : 바로 위에서 구한 **2.404m**

설치헤드개수 =가로헤드개수×세로헤드개수=7개×11개=77개

‖ 랙식 창고 설치기준 ‖

설치장소	설치기준
랙식 창고	높이 **3m** 이하마다

설치열수$= \dfrac{8\text{m}}{3\text{m}} = 2.6 ≒ 3$열(절상)

∴ 전체 헤드개수=77개×3열=231개

- 8m : 문제에서 주어진 높이
- 랙식 창고이므로 높이를 **3m**로 나누면 된다.

> **창고시설**의 **화재안전성능기준**(NFPC 609 7조)
> 2. 랙식 창고의 경우에는 라지드롭형 스프링클러헤드를 랙 높이 **3m** 이하마다 설치할 것

- 높이 3m 이하마다 배치하므로 다음 그림과 같이 배열할 수 있다.

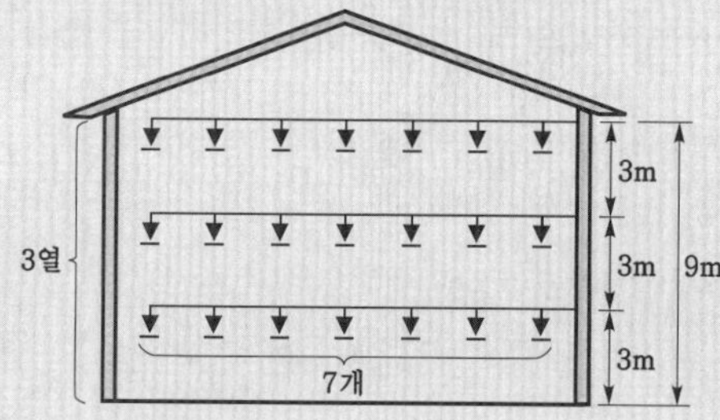

‖ 랙식 창고 ‖

☆

문제 14

소방시설 설치 및 관리에 관한 법률 시행령상 자동소화장치를 설치해야 하는 특정소방대상물 및 주거용 주방자동소화장치의 설치대상에 관한 다음 ( ) 안을 완성하시오.

득점	배점
	3

> 자동소화장치를 설치해야 하는 특정소방대상물은 다음의 어느 하나에 해당하는 특정소방대상물 중 (①) 및 덕트가 설치되어 있는 주방이 있는 특정소방대상물로 한다. 이 경우 해당 주방에 자동소화장치를 설치해야 한다.
> ○ 주거용 주방자동소화장치를 설치해야 하는 것 : (②) 및 (③)의 모든 층

해답 ① 후드　　② 아파트 등　　③ 오피스텔

해설 **자동소화장치**를 **설치**해야 하는 **특정소방대상물**(소방시설법 시행령 [별표 4])
다음의 어느 하나에 해당하는 특정소방대상물 중 **후드** 및 **덕트**가 설치되어 있는 주방이 있는 특정소방대상물로 한다. 이 경우 해당 주방에 자동소화장치를 설치해야 한다. 보기 ①

(1) 주거용 주방자동소화장치를 설치해야 하는 것 : **아파트 등** 및 **오피스텔**의 **모든 층** 보기 ②③
(2) 캐비닛형 자동소화장치, 가스자동소화장치, 분말자동소화장치 또는 고체에어로졸자동소화장치를 설치해야 하는 것 : 화재안전기술기준에서 정하는 장소

☆☆☆
문제 15

다음 그림은 업무시설과 판매시설 중 슈퍼마켓에 설치하는 스프링클러설비에 대한 평면도와 단면도이다. 주어진 조건을 참고하여 각 물음에 답하시오.

득점	배점
	10

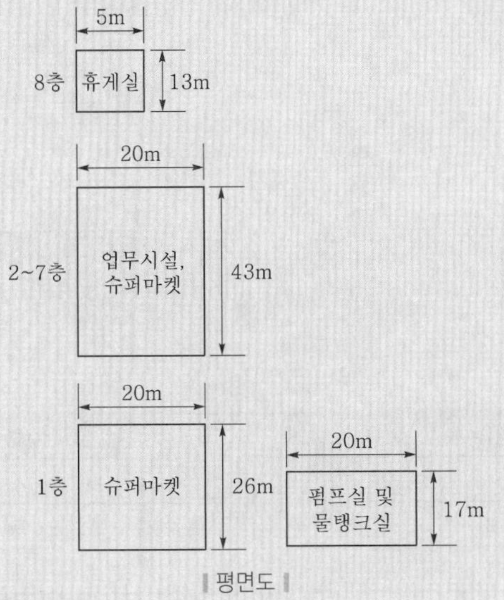

‖ 평면도 ‖

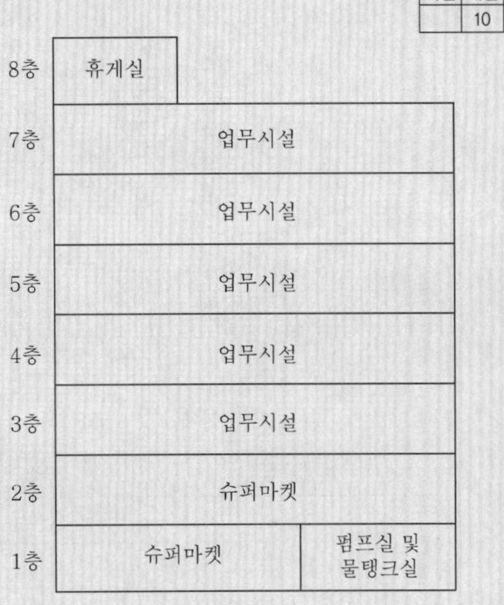

‖ 단면도 ‖

[조건]
① 건축물은 내화구조이며 지상층(지상 1~8층)의 평면도와 단면도는 위 그림과 같다.
② 폐쇄형 헤드를 설치하며 헤드는 정방형으로 배치한다.
③ 유수검지장치의 규격은 급수관의 구경과 동일하다.
④ 주배관의 구경은 유수검지장치의 규격이 가장 큰 것을 기준으로 한다.

(가) 전체 스프링클러헤드의 개수를 구하시오.
○

(나) 다음 표를 참고하여 헤드개수에 따른 유수검지장치의 규격과 필요수량을 구하시오.

헤드수	2	4	7	15	30	60	65	100	160	161 이상
급수관의 구경	25mm	32mm	40mm	50mm	65mm	80mm	90mm	100mm	125mm	150mm

층 수	유수검지장치의 규격[mm]	필요 수량
1층		(　)개
2~7층		각 층 (　)개, 총 (　)개
8층		(　)개

(다) 주배관의 유속[m/s]을 구하시오.
○ 계산과정 :
○ 답 :

해답 (가) ① 1층

$S=2\times2.3\times\cos45°\fallingdotseq3.252\text{m}$

가로헤드개수 $=\dfrac{20}{3.252}=6.1\fallingdotseq7$개

세로헤드개수 $=\dfrac{26}{3.252}=7.9\fallingdotseq8$개

∴ N=7×8=56개

② 2~7층

가로헤드개수 $=\dfrac{20}{3.252}=6.1\fallingdotseq7$개

세로헤드개수 $=\dfrac{43}{3.252}=13.2\fallingdotseq14$개

∴ N=7×14×6=588개

③ 8층

가로헤드개수 $=\dfrac{5}{3.252}=1.5\fallingdotseq2$개

세로헤드개수 $=\dfrac{13}{3.252}=3.9\fallingdotseq4$개

∴ N=2×4=8개

④ 총 헤드의 개수=56+588+8=652개

(나)

층 수	유수검지장치의 규격[mm]	필요 수량
1층	80	(1)개
2~7층	100	각 층 (1)개, 총 (6)개
8층	50	(1)개

(다) ○ 계산과정 : $Q=30\times80=2400\text{L/min}=2.4\text{m}^3/60\text{s}$

$$V=\frac{2.4/60}{\frac{\pi}{4}\times0.1^2}\fallingdotseq5.09\text{m/s}$$

○ 답 : 5.09m/s

해설 (가) **스프링클러헤드**의 **배치기준**

설치장소	설치기준(R)
무대부 · **특**수가연물(창고 포함)	수평거리 **1.7m** 이하
기타 구조(창고 포함)	수평거리 **2.1m** 이하
내화구조(창고 포함) →	수평거리 **2.3m** 이하
공동주택(**아**파트) 세대 내	수평거리 **2.6m** 이하

기억법
무특 7
기 1
내 3
아 6

총 헤드의 **수**

정방형(정사각형)

$$S = 2R\cos 45°$$
$$L = S$$

여기서, S : 수평헤드간격[m]

R : 수평거리[m]

L : 배관간격[m]

① **슈퍼마켓**(1층)

수평헤드간격(헤드의 설치간격) S는

$S = 2R\cos 45° = 2 \times 2.3\text{m} \times \cos 45° = 3.252\text{m}$

- 문제에서 **정방형**이므로 위 식 적용
- R : [조건 ①]에 의해 **내화구조**이므로 **2.3m** 적용

가로헤드개수 $= \dfrac{\text{가로길이}}{S} = \dfrac{20\text{m}}{3.252\text{m}} = 6.1 ≒ 7$개(**소수 발생**시 반드시 **절상**)

세로헤드개수 $= \dfrac{\text{세로길이}}{S} = \dfrac{26\text{m}}{3.252\text{m}} = 7.9 ≒ 8$개(**소수 발생**시 반드시 **절상**)

- **20m, 26m** : [평면도]에서 주어진 값
- **3.252m** : 바로 위에서 구한 값

슈퍼마켓(1층)의 **지상층 한 층당 설치헤드개수** : 가로헤드개수×세로헤드개수=7개×8개=56개

② **업무시설 · 슈퍼마켓**(2~7층)

가로헤드개수 $= \dfrac{\text{가로길이}}{S} = \dfrac{20\text{m}}{3.252\text{m}} ≒ 6.1 = 7$개(**소수 발생**시 반드시 **절상**)

세로헤드개수 $= \dfrac{\text{세로길이}}{S} = \dfrac{43\text{m}}{3.252\text{m}} ≒ 13.2 = 14$개(**소수 발생**시 반드시 **절상**)

- **20m, 43m** : [평면도]에서 주어진 값

한 층당 설치헤드개수 : 가로헤드×세로헤드=7개×14개=98개

업무시설과 슈퍼마켓(2~7층)의 설치헤드개수 : 가로헤드×세로헤드=7개×14개×6개층=588개

③ **휴게실**(8층)

가로헤드개수 $= \dfrac{\text{가로길이}}{S} = \dfrac{5\text{m}}{3.252\text{m}} ≒ 1.5 = 2$개(**소수 발생**시 반드시 **절상**)

세로헤드개수 $= \dfrac{\text{세로길이}}{S} = \dfrac{13\text{m}}{3.252\text{m}} = 3.9 ≒ 4$개(**소수 발생**시 반드시 **절상**)

- **5m, 13m** : [평면도]에서 주어진 값

휴게실(8층)의 설치헤드개수=가로헤드×세로헤드=2개×4개=8개

④ 총 헤드의 개수=56개+588개+8개=652개

(나) 유수검지장치의 규격=급수관의 구경

헤드수	2	4	7	15 (휴게실 8층)	30	60 (슈퍼마켓 1층)	65	100 (업무시설과 슈퍼마켓 2~7층)	160	161 이상
급수관의 구경	25mm	32mm	40mm	50mm	65mm	80mm	90mm	100mm	125mm	150mm

- 〔조건 ③〕에서 유수검지장치의 규격=급수관의 구경이므로 **유수검지장치**의 **규격**은 **급수관**의 **구경**을 구하면 됨
- 슈퍼마켓(1층) : **56개** ← (가)에서 구한 값
  폐쇄형 헤드로 헤드개수 56개와 같거나 큰 값은 표에서 60개이므로 이에 해당하는 규격은 **80mm**이다.
- 업무시설 · 슈퍼마켓(2~7층) : **각 층 98개** ← (가)에서 구한 값
  폐쇄형 헤드로 헤드개수 98개와 같거나 큰 값은 표에서 100개이므로 이에 해당하는 규격은 **100mm**이다.
- 휴게실(8층) : **8개** ← (가)에서 구한 값
  폐쇄형 헤드로 헤드개수 8개와 같거나 큰 값은 표에서 15개이므로 이에 해당하는 규격은 **50mm**이다.
- 다음 기준에 따라 각 층마다 1개의 유수검지장치를 설치해야 함

> **스프링클러설비**의 **화재안전기술기준**(NFTC 103 2.3.1.2, 2.3.1.3)
> - 하나의 방호구역에는 **1개** 이상의 유수검지장치를 설치하되, 화재시 접근이 쉽고 점검하기 편리한 장소에 설치할 것
> - 하나의 방호구역은 **2개층**에 미치도록 할 것(각 층마다 1개 이상씩 설치하라는 뜻임!)

- 슈퍼마켓(1층) : 1층은 **1개층**이므로 유수검지장치는 **1개** 필요
- 업무시설 · 슈퍼마켓(2~7층) : 2~7층은 **6개층**이므로 유수검지장치는 **6개** 필요
- 휴게실(8층) : 8층은 **1개층**이므로 유수검지장치는 **1개** 필요

중요

스프링클러헤드수별 급수관의 **구경**(NFTC 103 2.5.3.3) (표가 주어지지 않은 경우 아래 표를 암기하여 적용)

구 분 \ 급수관의 구경	25mm	32mm	40mm	50mm ↑	65mm	80mm ↑	90mm	100mm ↑	125mm	150mm
• **폐쇄형 헤드** ⟶	2개	3개	5개	10개	30개	60개	80개	100개	160개	161개 이상
• **폐쇄형 헤드** (헤드를 동일 급수관의 가지관상에 병설하는 경우)	2개	4개	7개	15개	30개	60개	65개	100개	160개	161개 이상
• **폐쇄형 헤드** (**무대부 · 특수가연물** 저장 취급장소) • **개방형 헤드** (헤드개수 **30**개 이하)	1개	2개	5개	8개	15개	27개	40개	55개	90개	91개 이상

기억법
2 3 5 1 3 6 8 1 6
2 4 7 5 3 6 5 1 6
1 2 5 8 5 27 4 55 9

(다)

$$Q = AV = \frac{\pi D^2}{4} V$$

여기서, Q : 유량〔m³/s〕
A : 단면적〔m²〕
V : 유속〔m/s〕
D : 내경〔m〕

스프링클러설비의 **토출량**

$$Q = N \times 80\text{L/min}$$

여기서, Q : 펌프의 토출량〔L/min〕
N : 폐쇄형 헤드의 기준개수(설치개수가 기준개수보다 적으면 그 설치개수)

펌프의 **토출량** $Q = N \times 80\text{L/min} = 30 \times 80\text{L/min} = 2400\text{L/min} = 2.4\text{m}^3/60\text{s}$ (1000L=1m³, 1min=60s)

‖ 폐쇄형 헤드의 기준개수 ‖

특정소방대상물		폐쇄형 헤드의 기준개수
지하가 · 지하역사		30
11층 이상		
10층 이하	공장(특수가연물), 창고시설	
	판매시설(백화점 등), **복합건축물**(판매시설이 설치된 것) →	
	근린생활시설, 운수시설	20
	8m 이상	
	8m 미만	10
공동주택(아파트 등)		10(각 동이 주차장으로 연결된 주차장 : 30)

- 문제에서 **업무시설**과 **슈퍼마켓**(판매시설)이 하나의 건축물 안에 2 이상의 용도로 사용되므로 **복합건축물 30개** 적용

용어

복합건축물
하나의 건축물 안에 2 이상의 용도로 사용되는 것

$$Q=\frac{\pi D^2}{4}V$$ 에서

주배관의 **유속** V는

$$V=\frac{Q}{A}=\frac{Q}{\frac{\pi}{4}D^2}=\frac{2.4\text{m}^3/60\text{s}}{\frac{\pi}{4}\times(0.1\text{m})^2}=\frac{2.4\text{m}^3\div 60\text{s}}{\frac{\pi}{4}\times(0.1\text{m})^2}=5.092 \fallingdotseq 5.09\text{m/s}$$

- D : (나)에서 유수검지장치의 규격은 1층 : **80mm** 1개, 2~7층 : **100mm** 6개, 8층 : **50mm** 1개가 나왔고, 〔조건 ④〕에서 주배관 구경은 유수검지장치의 규격이 가장 큰 것 기준이므로 **100mm=0.1m** 선정 (1000mm=1m)
- Q : 2400L/min=2.4m^3/60s=2.4m^3÷60s(1000L=1m^3, 1min=60s)

☆☆☆

문제 16

다음 제연설비의 기계제연방식에 대하여 간단히 설명하시오. (20.7.문9, 15.11.문9, 10.4.문9)

득점	배점
	6

(가) 제1종 기계제연방식 :
(나) 제2종 기계제연방식 :
(다) 제3종 기계제연방식 :

해답 (가) 송풍기와 배출기를 설치하여 급기와 배기를 하는 방식
(나) 송풍기만 설치하여 급기와 배기를 하는 방식
(다) 배출기만 설치하여 급기와 배기를 하는 방식

해설 **제연방식**의 **종류**

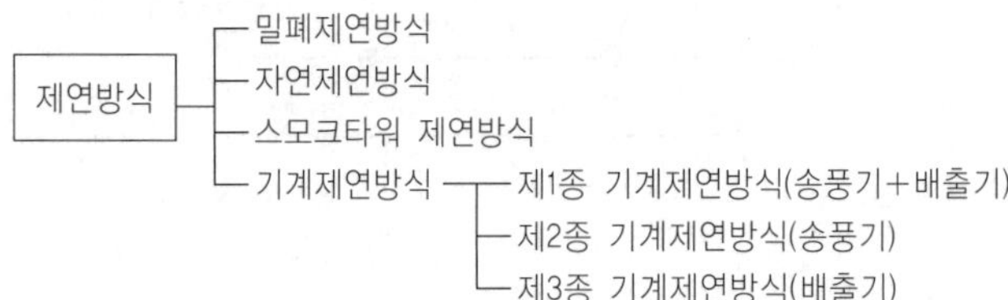

제연방식		설 명
밀폐제연방식		밀폐도가 높은 벽 또는 문으로서 화재를 밀폐하여, 연기의 유출 및 신선한 공기의 유입을 억제하여 제연하는 방식으로 집합되어 있는 **주택**이나 **호텔** 등 구획을 작게 할 수 있는 건물에 적합하다.
자연제연방식		개구부를 통하여 연기를 자연적으로 배출하는 방식 ▮ 자연제연방식 ▮
스모크타워 제연방식		**루프모니터**를 설치하여 제연하는 방식으로 **고층빌딩**에 적당하다. ▮ 스모크타워 제연방식 ▮
기계제연방식	제1종 기계제연방식	**송풍기**와 **배출기**(배연기, 배풍기)를 설치하여 급기와 배기를 하는 방식으로 **장치**가 **복잡**하다. ▮ 제1종 기계제연방식 ▮
	제2종 기계제연방식	**송풍기**만 설치하여 급기와 배기를 하는 방식으로 **역류**의 우려가 있다. ▮ 제2종 기계제연방식 ▮
	제3종 기계제연방식	**배출기**(배연기, 배풍기)만 설치하여 급기와 배기를 하는 방식으로 **가장 많이 사용**된다. ▮ 제3종 기계제연방식 ▮

2024. 10. 19 시행

2024년 기사 제3회 필답형 실기시험

자격종목	시험시간	형별	수험번호	성명	감독위원 확인
소방설비기사(기계분야)	3시간				

※ 다음 물음에 답을 해당 답란에 답하시오.(배점 : 100)

☆☆☆

문제 01

다음 조건을 참조하여 거실제연설비에 제연을 하기 위한 전동기 Fan의 동력〔kW〕을 구하시오.

(19.6.문11, 16.6.문14, 07.11.문6, 07.7.문1)

득점	배점
	5

유사문제부터 풀어보세요.
실력이 팍!팍! 올라갑니다.

〔조건〕

① 거실의 바닥면적 : $850m^2$

② 예상제연구역 : 직경 50m 범위 안

③ 예상제연구역의 수직거리 : 2.7m

④ 덕트길이 : 165m

⑤ 저항은 다음과 같다.

㉠ 덕트저항 : 0.2mmAq/m

㉡ 배기구저항 : 7.5mmAq

㉢ 배기그릴저항 : 3mmAq

㉣ 관부속품의 저항 : 덕트저항의 55% 적용

⑥ 펌프효율은 50%이고, 전달계수는 1.1로 한다.

⑦ 예상제연구역의 배출량 기준

수직거리	배출량	
	직경 40m 원의 범위 안에 있을 경우	직경 40m 원의 범위를 초과할 경우
2m 이하	$40000m^3/h$	$45000m^3/h$
2m 초과 2.5m 이하	$45000m^3/h$	$50000m^3/h$
2.5m 초과 3m 이하	$50000m^3/h$	$55000m^3/h$
3m 초과	$55000m^3/h$	$60000m^3/h$

○ 계산과정 :

○ 답 :

해답 ○ 계산과정 : $\sqrt{850} = 29.15m$

$\sqrt{29.15^2 + 29.15^2} \fallingdotseq 41.22m$

$P_T = (165 \times 0.2) + 7.5 + 3 + (165 \times 0.2) \times 0.55 = 61.65mmAq$

$P = \dfrac{61.65 \times 55000/60}{102 \times 60 \times 0.5} \times 1.1 \fallingdotseq 20.31kW$

○ 답 : $P = 20.31kW$

해설 **정사각형**일 때, **대각선**의 길이가 가장 **짧다**(가로와 세로의 길이가 같을 때). 특별한 조건이 없는 한 **최소 기준**인 **정사각형**을 적용한다.

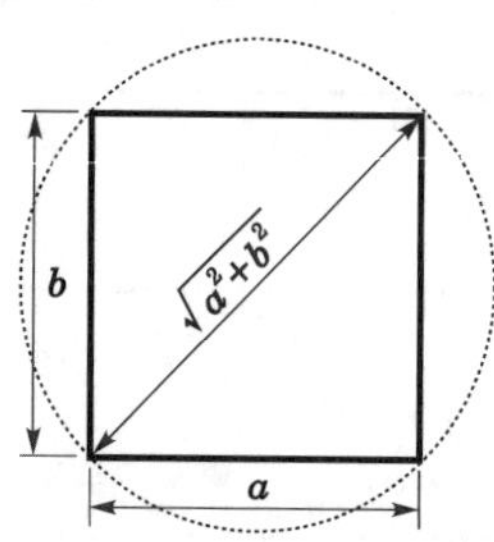

- 거실의 바닥면적=850m²

$a=b$

$a \times b = 850\text{m}^2$

$a \times a = 850\text{m}^2$ ($a=b$이므로 b 대신 a 대입)

$a^2 = 850\text{m}^2$

$\sqrt{a^2} = \sqrt{850\text{m}^2}$

$a = \sqrt{850\text{m}^2} = 29.15\text{m}$

$\boxed{a=b}$ 이므로 $b=29.15\text{m}$

- 직경 $=\sqrt{가로길이^2 + 세로길이^2}$

$= \sqrt{a^2+b^2}$

$= \sqrt{(29.15\text{m})^2+(29.15\text{m})^2}$

$\fallingdotseq 41.22\text{m}$ (40m 초과)

직경이 **40m**를 **초과**하고 [조건 ③]에서 수직거리가 **2.7m**이므로 [조건 ⑦]에서 배출량은 **55000m³/h**가 된다.

참고

거실의 **배출량**(NFPC 501 6조, NFTC 501 2.3)

(1) 바닥면적 **400m² 미만**(최저치 **5000m³/h** 이상)

배출량[m³/min]=바닥면적[m²]×1 m³/m² · min

(2) 바닥면적 **400m² 이상**

① 직경 40m 이하 : **40000m³/h** 이상

‖ 예상제연구역이 제연경계로 구획된 경우 ‖

수직거리	배출량
2m 이하	40000m³/h 이상
2m 초과 2.5m 이하	45000m³/h 이상
2.5m 초과 3m 이하	50000m³/h 이상
3m 초과	60000m³/h 이상

② 직경 40m 초과 : **45000m³/h** 이상

‖ 예상제연구역이 제연경계로 구획된 경우 ‖

수직거리	배출량
2m 이하	45000m³/h 이상
2m 초과 2.5m 이하	50000m³/h 이상
2.5m 초과 3m 이하 →	55000m³/h 이상
3m 초과	65000m³/h 이상

- **m³/h**=CMH(**C**ubic **M**eter per **H**our)

정압 P_T는

P_T=덕트저항+배기구저항+배기그릴저항+관부속품의 저항

=(165m×0.2mmAq/m)+7.5mmAq+3mmAq+(165m×0.2mmAq/m)×0.55=61.65mmAq

- 덕트저항(**165m×0.2mmAq/m**) : [조건 ④, ⑤]에서 주어진 값
- 7.5mmAq : [조건 ⑤]에서 주어진 값
- 3mmAq : [조건 ⑤]에서 주어진 값
- 관부속품의 저항((**165m×0.2mmAq/m**)×**0.55**) : [조건 ④, ⑤]에 의해 관부속품의 저항은 덕트저항의 55% 이므로 **0.55**를 곱함)

$$P = \frac{P_T Q}{102 \times 60\eta} K$$

여기서, P : 송풍기 동력[kW], P_T : 전압 또는 정압[mmAq, mmH₂O], Q : 풍량(배출량)[m³/min], K : 여유율, η : 효율

송풍기의 **전동기동력** P는

$$P=\frac{P_T Q}{102\times60\eta}K=\frac{61.65\text{mmAq}\times55000\text{m}^3/60\text{min}}{102\times60\times0.5}\times1.1\fallingdotseq20.31\text{kW}$$

- 배연설비(제연설비)에 대한 동력은 반드시 $P=\frac{P_T Q}{102\times60\eta}K$를 적용하여야 한다. 우리가 알고 있는 일반적인 식 $P=\frac{0.163QH}{\eta}K$를 적용하여 풀면 틀린다.
- K(1.1) : 〔조건 ⑥〕에서 주어진 값
- P_T(**61.65mmAq**) : 바로 위에서 구한 값
- Q(**55000m³/60min**) : 바로 위에서 구한 값(55000m³/h=55000m³/60min(1h=60min))
- η(**0.5**) : 〔조건 ⑥〕에서 주어진 값

☆☆☆

문제 02

지름 40mm인 소방호스 끝에 부착된 선단구경이 13mm인 노즐로부터 300L/min로 방사될 때 다음 각 물음에 답하시오. (14.4.문14, 13.7.문13, 08.11.문12)

득점	배점
	6

(가) 소방호스에서의 유속〔m/s〕을 구하시오.
- ○계산과정 :
- ○답 :

(나) 노즐선단에서의 유속〔m/s〕을 구하시오.
- ○계산과정 :
- ○답 :

(다) 방사시 노즐의 운동량에 따른 반발력〔N〕을 구하시오.
- ○계산과정 :
- ○답 :

해답 (가) ○계산과정 : $\frac{0.3/60}{\frac{\pi}{4}\times0.04^2}=3.978\fallingdotseq3.98\text{m/s}$

○답 : 3.98m/s

(나) ○계산과정 : $\frac{0.3/60}{\frac{\pi}{4}\times0.013^2}=37.669\fallingdotseq37.67\text{m/s}$

○답 : 37.67m/s

(다) ○계산과정 : $1000\times0.3/60\times(37.67-3.98)=168.45\text{N}$

○답 : 168.45N

해설 (가), (나) **유량**

$$Q=AV=\left(\frac{\pi}{4}D^2\right)V$$

여기서, Q : 유량〔m³/s〕
A : 단면적〔m²〕
V : 유속〔m/s〕
D : 직경〔m〕

① **소방호스**의 **평균유속** V_1은

$$V_1 = \frac{Q}{A_1} = \frac{Q}{\frac{\pi}{4}{D_1}^2} = \frac{300\text{L/min}}{\frac{\pi}{4}\times(40\text{mm})^2} = \frac{0.3\text{m}^3/\text{min}}{\frac{\pi}{4}\times(0.04\text{m})^2} = \frac{0.3\text{m}^3/60\text{s}}{\frac{\pi}{4}\times(0.04\text{m})^2} = 3.978 \fallingdotseq 3.98\text{m/s}$$

② **노즐**의 **평균유속** V_2는

$$V_2 = \frac{Q}{A_2} = \frac{Q}{\frac{\pi}{4}{D_2}^2} = \frac{300\text{L/min}}{\frac{\pi}{4}\times(13\text{mm})^2} = \frac{0.3\text{m}^3/\text{min}}{\frac{\pi}{4}\times(0.013\text{m})^2} = \frac{0.3\text{m}^3/60\text{s}}{\frac{\pi}{4}\times(0.013\text{m})^2} = 37.669 \fallingdotseq 37.67\text{m/s}$$

(다) **운동량**에 따른 **반발력**

$$F = \rho Q(V_2 - V_1) = 1000\text{N}\cdot\text{s}^2/\text{m}^4 \times 0.3\text{m}^3/60\text{s} \times (37.67-3.98)\text{m/s} = 168.45\text{N}$$

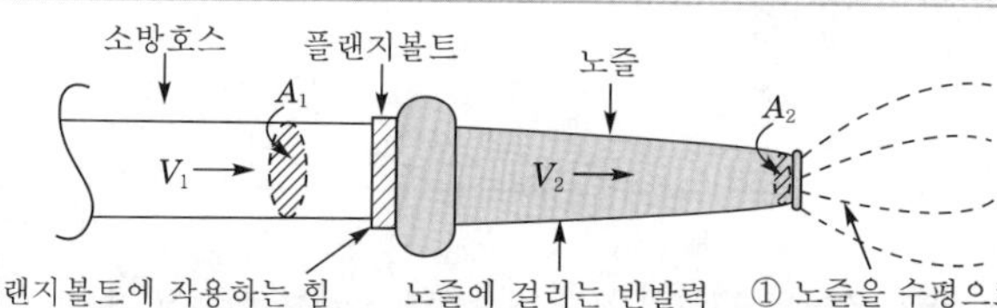

(1) **플랜지볼트**에 작용하는 힘

$$F = \frac{\gamma Q^2 A_1}{2g}\left(\frac{A_1 - A_2}{A_1 A_2}\right)^2$$

여기서, F : 플랜지볼트에 작용하는 힘[N]
γ : 비중량(물의 비중량 9800N/m^3)
Q : 유량[m^3/s]
A_1 : 소방호스의 단면적[m^2]
A_2 : 노즐의 단면적[m^2]
g : 중력가속도(9.8m/s^2)

(2) **노즐**에 걸리는 **반발력**(**운동량**에 따른 **반발력**)

$$F = \rho Q V = \rho Q(V_2 - V_1)$$

여기서, F : 노즐에 걸리는 반발력(운동량에 따른 반발력)[N]
ρ : 밀도(물의 밀도 1000N·s^2/m^4)
Q : 유량[m^3/s]
$V,\ V_2,\ V_1$: 유속[m/s]

(3) **노즐**을 **수평**으로 유지하기 위한 힘

$$F = \rho Q V_2$$

여기서, F : 노즐을 수평으로 유지하기 위한 힘[N]
ρ : 밀도(물의 밀도 1000N·s^2/m^4)
V_2 : 노즐의 유속[m/s]

(4) **노즐**의 **반동력**

$$R = 1.57PD^2$$

여기서, R : 반동력[N]
P : 방수압력[MPa]
D : 노즐구경[mm]

문제 03

옥내소화전에 관한 설계시 다음 조건을 읽고 답하시오. (20.7.문4, 13.11.문11)

득점	배점
	10

〔조건〕

① 건물규모 : 5층×각 층의 바닥면적 2000m^2
② 옥내소화전수량 : 총 30개(각 층당 6개 설치)
③ 소화펌프에서 최상층 소화전 호스접결구까지의 수직거리 : 20m
④ 소방호스 : 40mm×15m(아마호스)×2개
⑤ 호스의 마찰손실 : 호스 100m당 26m
⑥ 배관 및 관부속품의 마찰손실수두 합계 : 40m

(가) 옥상에 저장하여야 하는 소화수조의 용량〔m^3〕을 구하시오.
○ 계산과정 :
○ 답 :

(나) 펌프의 토출량〔L/min〕을 구하시오.
○ 계산과정 :
○ 답 :

(다) 펌프의 전양정〔m〕을 구하시오.
○ 계산과정 :
○ 답 :

(라) 펌프를 정격토출량의 150%로 운전시 정격토출압력〔MPa〕을 구하시오.
○ 계산과정 :
○ 답 :

(마) 소방펌프 토출측 주배관의 최소 관경을 다음 〔보기〕에서 선정하시오. (단, 유속은 최대 유속을 적용한다.)

〔보기〕
25mm, 32mm, 40mm, 50mm, 65mm, 80mm, 100mm

○ 계산과정 :
○ 답 :

(가) ○ 계산과정 : $Q=2.6\times2\times\frac{1}{3}=1.733 ≒ 1.73\text{m}^3$
○ 답 : 1.73m^3

(나) ○ 계산과정 : 2×130=260L/min
○ 답 : 260L/min

(다) ○ 계산과정 : $\left(15\times2\times\frac{26}{100}\right)+40+20+17=84.8\text{m}$
○ 답 : 84.8m

(라) ○ 계산과정 : $0.848\times0.65=0.551 ≒ 0.55\text{MPa}$
○ 답 : 0.55MPa 이상

(마) ○ 계산과정 : $D=\sqrt{\frac{4\times0.26/60}{\pi\times4}} ≒ 0.037\text{m}=37\text{mm}$(최소 50mm)
○ 답 : 50mm

해설 (가) **옥내소화전설비**(옥상수원)

$Q = 2.6N \times \frac{1}{3}$(30층 미만, N : 최대 **2개**)

$Q = 5.2N \times \frac{1}{3}$(30~49층 이하, N : 최대 **5개**)

$Q = 7.8N \times \frac{1}{3}$(50층 이상, N : 최대 **5개**)

여기서, Q : 수원의 저수량[m^3]

N : 가장 많은 층의 소화전개수

옥상저수량 $Q = 2.6N \times \frac{1}{3} = 2.6 \times 2 \times \frac{1}{3} = 1.733 \fallingdotseq 1.73 m^3$

- [조건 ②]에서 N: **2개**(2개 이상은 2개)
- [조건 ①]에서 5층이므로 **30층 미만**의 식 적용

(나) **펌프토출량**

$Q = N \times 130 L/min$

여기서, Q : 토출량[L/min]

N : 가장 많은 층의 소화전개수(30층 미만 : 최대 **2개**, 30층 이상 : 최대 **5개**)

펌프토출량 $Q = N \times 130 L/min = 2 \times 130 L/min = 260 L/min$

- [조건 ②]에서 N: **2개**(2개 이상은 2개)

(다) **전양정**

$H \geq h_1 + h_2 + h_3 + 17$

여기서, H : 전양정[m]

h_1 : 소방호스의 마찰손실수두[m]

h_2 : 배관 및 관부속품의 마찰손실수두[m]

h_3 : 실양정(흡입양정+토출양정)[m]

h_1 : (15m×2개)×$\frac{26}{100} = 7.8m$

- [조건 ④]에서 소방호스의 길이 **15m×2개**
- [조건 ⑤]에서 $\frac{26}{100}$ 적용

h_2 : **40m**([조건 ⑥]에 의해)

h_3 : **20m**([조건 ③]에 의해)

전양정 $H = h_1 + h_2 + h_3 + 17 = 7.8 + 40 + 20 + 17 = 84.8m$

(라)

정격토출량의 150% 운전시 정격토출압력(150%, 유량점)=정격토출압력×0.65

$= 84.8m \times 0.65$

$= 0.848MPa \times 0.65$

$= 0.551 \fallingdotseq 0.55MPa$ 이상

- 옥내소화전 등 소화설비인 경우 펌프의 성능 1MPa≒100m로 계산할 수 있으므로 84.8m=0.848MPa
- 84.8m : (다)에서 구한 값
- **'이상'**까지 써야 완벽한 정답(단, **'이상'**까지는 안 써도 정답으로 해줄 것으로 보임)

중요

체절점 · 설계점 · 150% 유량점

(1) **체절점** : 정격토출양정×1.4

- 정격토출압력(양정)의 **140%**를 **초과**하지 아니하여야 하므로 정격토출양정에 **1.4**를 곱하면 된다.
- 140%를 초과하지 아니하여야 하므로 **'이하'**라는 말을 반드시 쓸 것

(2) **설계점** : 정격토출양정×1.0

- 펌프의 성능곡선에서 설계점은 **정격토출양정**의 **100%** 또는 **정격토출량**의 **100%**이다.
- 설계점은 **'이상'**, **'이하'**라는 말을 쓰지 않는다.

(3) **150% 유량점**(운전점) : 정격토출양정×0.65=정격토출압력×0.65

- 정격토출량의 150%로 운전시 정격토출압력(양정)의 65% 이상이어야 하므로 정격토출양정에 **0.65**를 곱하면 된다.
- 65% 이상이어야 하고 **'이상'**이라는 말을 반드시 쓸 것

(마)

$$Q = AV = \frac{\pi D^2}{4} V$$

여기서, Q : 유량〔m^3/s〕

A : 단면적〔m^2〕

V : 유속〔m/s〕

D : 내경〔m〕

$$Q = \frac{\pi D^2}{4} V$$ 에서

배관의 **내경** D는

$$D = \sqrt{\frac{4Q}{\pi V}} = \sqrt{\frac{4 \times 260\text{L/min}}{\pi \times 4\text{m/s}}} = \sqrt{\frac{4 \times 0.26\text{m}^3/\text{min}}{\pi \times 4\text{m/s}}} = \sqrt{\frac{4 \times 0.26\text{m}^3/60\text{s}}{\pi \times 4\text{m/s}}} \fallingdotseq 0.037\text{m} = 37\text{mm}$$

내경 **37mm** 이상되는 배관은 **40mm**이지만 토출측 주배관의 최소 구경은 **50mm**이다.

- Q(**260L/min**) : (나)에서 구한 값
- 배관 내의 유속

설 비		유 속
옥내소화전설비		**4m/s 이하**
스프링클러설비	가지배관	6m/s 이하
	기타의 배관	10m/s 이하

- 〔단서〕에 최대 유속인 **4m/s** 적용
- 최소 구경

구 분	구 경
주배관 중 수직배관, 펌프 토출측 주배관	**50mm 이상**
연결송수관인 방수구가 연결된 경우(연결송수관설비의 배관과 겸용할 경우)	100mm 이상

문제 04

어느 배관의 인장강도가 240MPa이고, 최고사용압력이 3.6MPa이다. 이 배관의 스케줄수(schedule No.)는 얼마인가? (단, 배관의 안전율은 5이고, Sch NO.는 10, 20, 30, 40, 50, 60, 80, 100 중에서 최소 규격으로 산정한다.)

(14.11.문7, 08.4.문7)

○ 계산과정 :

○ 답 :

득점	배점
	4

해답

○ 계산과정 : 허용응력 $= \frac{240}{5} = 48\text{MPa}$

스케줄수 $= \frac{3.6}{48} \times 1000 = 75$

○ 답 : 75

해설

$$\text{안전율} = \frac{\text{인장강도}}{\text{재료의 허용응력}}$$

재료의 허용응력 $= \frac{\text{인장강도}}{\text{안전율}} = \frac{240\text{MPa}}{5} = 48\text{MPa}$

스케줄수(schedule No.)는

스케줄수 $= \frac{\text{최고사용압력}}{\text{재료의 허용응력}} \times 1000 = \frac{3.6\text{MPa}}{48\text{MPa}} \times 1000 = 75$

- 최고사용압력=내부작업응력
- 스케줄수는 단위가 없다(무차원). **'단위'**를 쓰면 틀린다. 거듭 주의하라!
- **내부작업응력**과 **재료의 허용응력**의 단위는 **kg_f/cm^2**, **MPa** 관계없이 단위만 일치시켜주면 된다.

용어

스케줄수(schedule No.)

관의 구경, 두께, 내부압력 등의 일정한 표준이 되는 것을 숫자로 나타낸 것

중요

배관두께

$$t = \left(\frac{P}{s} \times \frac{D}{1.75}\right) + 2.54$$

여기서, t : 배관두께[mm]

P : 최고사용압력[MPa]

s : 재료의 허용응력[N/mm^2]

D : 외경[mm]

☆☆☆
문제 05

관부속류 또는 배관방식 등에 관한 다음 소방시설 도시기호 명칭 또는 도시기호를 그리시오.
(17.6.문10, 14.4.문13, 09.10.문7)

득점	배점
	4

(가) 선택밸브

(나) 편심리듀셔

(다)  [도시기호]

(라) 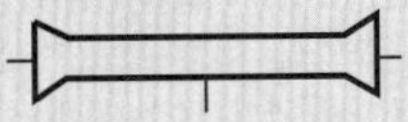 [도시기호]

해답 (가)  [도시기호]

(나)  [도시기호]

(다) 풋밸브

(라) 라인 프로포셔너

해설 **소방시설 도시기호**

명 칭	도시기호	명 칭		도시기호
체크밸브		선택밸브		
가스체크밸브		프레져 프로포셔너		
동체크밸브		라인 프로포셔너		
게이트밸브(상시개방)		프레져사이드 프로포셔너		
게이트밸브(상시폐쇄)		기타		
Foot 밸브(풋밸브)		리듀셔	편심리듀셔 (편심레듀샤, 편심레듀셔)	
			원심리듀셔	

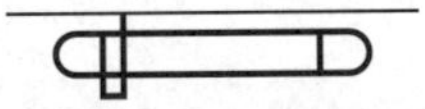

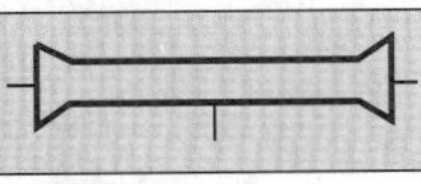

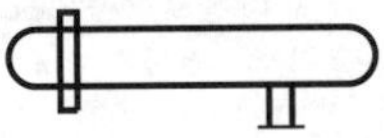

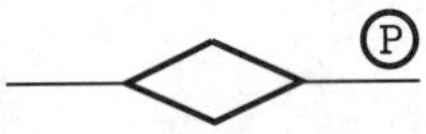

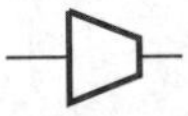

• 도시기호를 그릴 때에는 방향이 바뀌거나 거꾸로 그리면 틀린다. 도시기호 그대로 그려야 정답!

☆
문제 06

지상 10층, 각 층의 바닥면적 $4000m^2$인 사무실 건물에 완강기를 설치하고자 한다. 건물에는 직통계단인 2 이상의 특별피난계단이 적합하게 설치되어 있다. 또한, 주요구조부는 내화구조로 되어 있다. 완강기의 최소 개수를 구하시오.
(21.4.문15, 20.11.문10)

득점	배점
	4

○ 계산과정 :

○ 답 :

해답 ○ 계산과정 : $\frac{4000}{1000}=4$개

$4\times\frac{1}{2}=2$개

2개$\times 8=16$개

○ 답 : 16개

해설 (1) **피난기구**의 **설치대상**(소방시설법 시행령 〔별표 4〕)

특정소방대상물의 모든 층에 화재안전기준에 적합한 것으로 설치(단, **피난층**, **지상 1층**, **지상 2층**(노유자시설 중 피난층이 아닌 지상 1층과 피난층이 아닌 지상 2층은 제외) 및 층수가 **11층 이상**인 층과 위험물 저장 및 처리시설 중 가스시설, 지하가 중 터널 또는 지하구의 경우는 제외)

∴ **지상 3층**에서 **10층**까지 총 **8개층** 설치

(2) **피난기구**의 **설치조건**(NFPC 301 5조, NFTC 301 2.1.2)

조 건	설치대상
500m²마다(층마다 설치)	숙박시설 · 노유자시설 · 의료시설
800m²마다(층마다 설치)	위락시설 · 문화 및 집회시설 · 운동시설 · 판매시설, 복합용도의 층
1000m²마다 ←	그 밖의 용도의 층(사무실 등)
각 세대마다	계단실형 아파트

(3) 피난기구에 $\frac{1}{2}$을 감소할 수 있는 경우(NFPC 301 7조, NFTC 301 2.3)

① 주요구조부가 **내화구조**로 되어 있을 것

② **직통계단**인 **피난계단** 또는 **특별피난계단**이 **2 이상** 설치되어 있을 것

기억법 **내직**

- 사무실이므로 바닥면적 **1000m²**마다 설치
- 위 조건에 따라 $\frac{1}{2}$ 감소기준에 해당됨

$\frac{4000\text{m}^2}{1000\text{m}^2}=4$개

$4\times\frac{1}{2}=2$개

2개$\times 8$개층$=16$개

- 문제에서 **내화구조**이고 **2 이상**의 **특별피난계단**이 설치되어 있으므로 $\frac{1}{2}$ 감소기준에 해당되어 피난기구수에 $\frac{1}{2}$을 곱한다.

문제 07

동일성능의 소화펌프 2대를 병렬로 연결하여 운전하였을 경우 펌프운전 특성곡선을 1대의 특성곡선과 비교하여 다음 그래프 위에 나타내시오.

(12.11.문11)

득점	배점
	5

〔조건〕

① 저항곡선을 포함할 것

② 저항곡선을 이용하여 펌프 1대의 특성곡선과 펌프 2대의 병렬특성곡선의 유량을 Q_1, Q_2로, 양정은 H_1, H_2로 표시하도록 할 것

③ 특성곡선과 저항곡선에는 "1대의 특성곡선", "2대의 병렬특성곡선", "저항곡선"이라는 명칭을 쓰도록 할 것

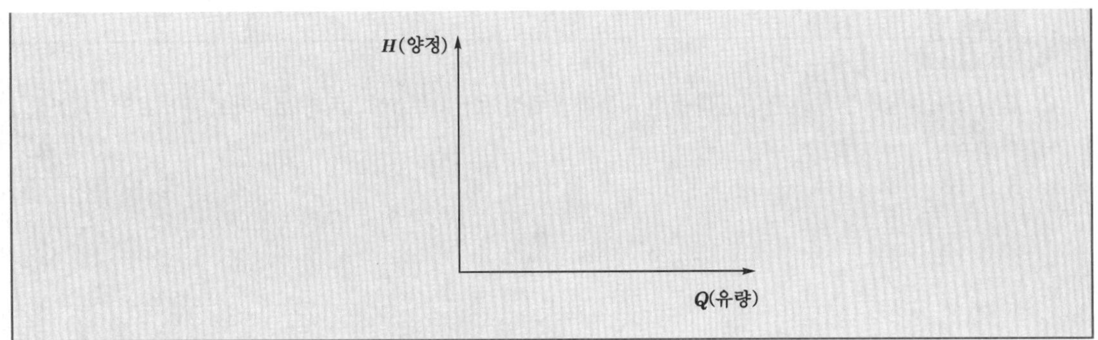

해답

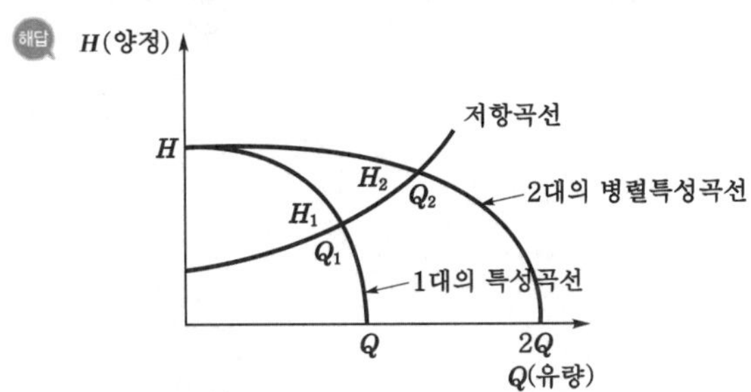

해설 **펌프**의 **운전**

직렬운전	병렬운전
① 토출량(유량) : Q ② 양정 : $2H$ ③ 토출압 : $2P$	① 토출량(유량) : $2Q$ ② 양정 : H ③ 토출압 : P
H(양정), 2H, H, H_2, 2대의 직렬특성곡선, H_1, 1대의 특성곡선, Q_2, Q_1, 전양정, Q, Q(유량) ‖ 직렬운전 ‖	H(양정), 저항곡선, H, H_2, Q_2, 2대의 병렬특성곡선, H_1, Q_1, 1대의 특성곡선, 전양정, Q, 2Q, Q(유량) ‖ 병렬운전 ‖

중요

펌프의 **성능특성곡선**

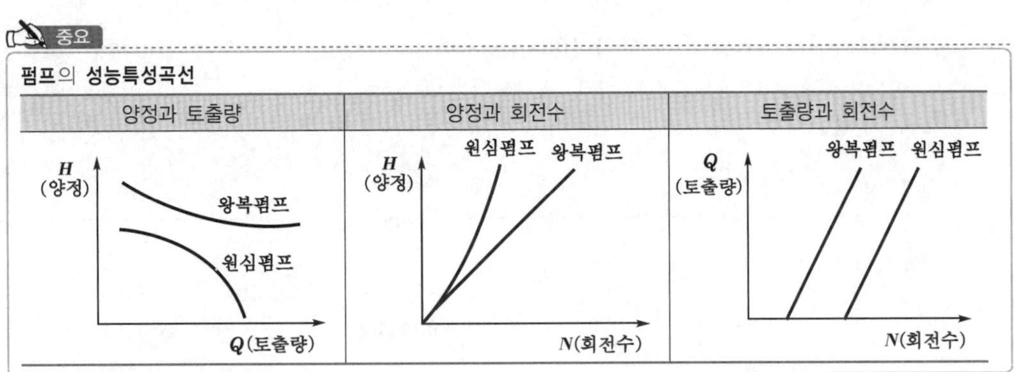

양정과 토출량	양정과 회전수	토출량과 회전수
H (양정), 왕복펌프, 원심펌프, Q(토출량)	H (양정), 원심펌프, 왕복펌프, N(회전수)	Q (토출량), 왕복펌프, 원심펌프, N(회전수)

문제 08

습식 스프링클러설비 배관의 동파를 방지하기 위하여 보온재를 피복할 때 보온재의 구비조건 4가지를 쓰시오. (07.7.문5)

득점	배점
	4

○
○
○
○

해답 ① 보온능력이 우수할 것
② 단열효과가 뛰어날 것
③ 시공이 용이할 것
④ 가벼울 것

해설 **보온재**의 **구비조건**
(1) **보온능력**이 우수할 것
(2) **단열효과**가 뛰어날 것
(3) **시공**이 용이할 것
(4) 가벼울 것
(5) **가격**이 **저렴**할 것

배관의 **동파방지법**
(1) **보온재**를 이용한 배관보온법
(2) **히팅코일**을 이용한 가열법
(3) **순환펌프**를 이용한 물의 유동법
(4) **부동액** 주입법

문제 09

방호구역체적 500m^{3}인 특정소방대상물에 전역방출방식의 할론 1301 소화약제를 방사 후 방호구역 내 산소농도가 15vol%이었다. 다음 조건을 참고하여 할론 1301 소화약제의 양[kg]을 구하시오.

득점	배점
	5

[조건]
① 할론 1301의 분자량은 148.9kg/kmol이고, 이상기체상수는 0.082atm · m^3/kmol · K 이다.
② 실내온도는 15℃이며, 실내압력은 1.2atm(절대압력)이다.
③ 소화약제를 방사하기 전과 후의 대기상태는 동일하다.

○ 계산과정 :
○ 답 :

○ 계산과정 : 방출가스량$=\dfrac{21-15}{15}\times 500=200\text{m}^3$

$$m=\frac{1.2\times 200\times 148.9}{0.082\times(273+15)}=1513.211=1513.21\text{kg}$$

○ 답 : 1513.21kg

해설

$$방출가스량=\frac{21-O_2}{O_2}\times 방호구역체적$$

$$=\frac{21-15}{15}\times 500\,m^3=200m^3$$

- O_2(**15vol%**) : 문제에서 주어진 값
- 방호구역체적(**500m³**) : 문제에서 주어진 값

$$PV=\frac{m}{M}RT$$

여기서, P : 기압[atm], V : 방출가스량[m³], m : 질량[kg], M : 분자량(CO_2=44)
R : 0.082atm · m³/kmol · K, T : 절대온도(273+℃)[K]

- **실내온도 · 실내기압 · 실내농도**를 적용하여야 하는 것에 주의하라! 방사되는 곳은 방호구역, 즉 실내이므로 실내가 기준이 되는 것이다.

할론 1301의 양 m은

$$m=\frac{PVM}{RT}=\frac{1.2atm\times 200m^3\times 148.9kg/kmol}{0.082atm\cdot m^3/kmol\cdot K\times(273+15)K}=1513.211 ≒ 1513.21kg$$

- P(1.2atm) : [조건 ②]에서 주어진 값
- V(200m³) : 바로 위에서 구한 값
- M(148.9kg/kmol) : [조건 ①]에서 주어진 값
- R(0.082atm · m³/kmol · K) : [조건 ①]에서 주어진 값
- T((273+15)K) : [조건 ②]에서 주어진 값

중요

이산화탄소 소화설비와 **관련된 식**

(1)

$$CO_2=\frac{방출가스량}{방호구역체적+방출가스량}\times 100=\frac{21-O_2}{21}\times 100$$

여기서, CO_2 : CO_2의 농도[%]
O_2 : O_2의 농도[%]

(2)

$$방출가스량=\frac{21-O_2}{O_2}\times 방호구역체적$$

여기서, O_2 : O_2의 농도[%]

(3)

$$PV=\frac{m}{M}RT$$

여기서, P : 기압[atm], V : 방출가스량[m³]
m : 질량[kg], M : 분자량(CO_2=44)
R : 0.082atm · m³/kmol · K, T : 절대온도(273+℃)[K]

(4)

$$Q=\frac{m_t\,C(t_1-t_2)}{H}$$

여기서, Q : 액화 CO_2의 증발량[kg], m_t : 배관의 질량[kg]
C : 배관의 비열[kcal/kg · ℃], t_1 : 방출 전 배관의 온도[℃]
t_2 : 방출될 때 배관의 온도[℃], H : 액화 CO_2의 증발잠열[kcal/kg]

☆☆☆

문제 10

스프링클러설비 가지배관의 배열에 대한 다음 각 물음에 답하시오. (16.4.문10, 14.4.문9, 11.7.문10)

(가) 토너먼트방식이 허용되지 않는 주된 이유를 쓰시오.

득점	배점
	7

○

(나) 토너먼트방식이 적용되는 소화설비 3가지를 쓰시오.

○

○

○

해답 (가) 수격작용에 따른 배관의 파손을 방지하기 위하여

(나) ① 분말소화설비

② 할론소화설비

③ 이산화탄소 소화설비

해설 (가) **스프링클러설비**의 **가지배관**이 **토너먼트**(tournament)**방식**이 아니어야 하는 이유

① **수격작용**에 따른 배관의 파손을 방지하기 위하여

② **유체**의 **마찰손실**이 너무 크므로 압력손실을 최소화하기 위하여

(나) **교차회로방식**과 **토너먼트방식**

구 분	교차회로방식	토너먼트방식
뜻	하나의 담당구역 내에 2 이상의 감지기회로를 설치하고 2 이상의 감지기회로가 동시에 감지되는 때에 설비가 작동하는 방식	• 가스계 소화설비에 적용하는 방식으로 용기로부터 노즐까지의 마찰손실을 일정하게 유지하기 위하여 배관을 'H자' 모양으로 하는 방식 • 가스계 소화설비는 용기로부터 노즐까지의 마찰손실이 각각 일정하여야 하므로 헤드의 배관을 토너먼트방식으로 적용한다. 또한, 가스계 소화설비는 토너먼트방식으로 적용하여도 약제가 가스이므로 유체의 **마찰손실** 및 **수격작용**의 우려가 **적다**.
적용설비	• **분**말소화설비 • **할**론소화설비 • **이**산화탄소 소화설비 • **준**비작동식 스프링클러설비 • **일**제살수식 스프링클러설비 • **할**로겐화합물 및 불활성기체 소화설비 • **부**압식 스프링클러설비 기억법 **분할이 준일할부**	• **분**말소화설비 • **이**산화탄소 소화설비 • **할**론소화설비 • **할**로겐화합물 및 불활성기체 소화설비 기억법 **분토할이할**
배선(배관)방식	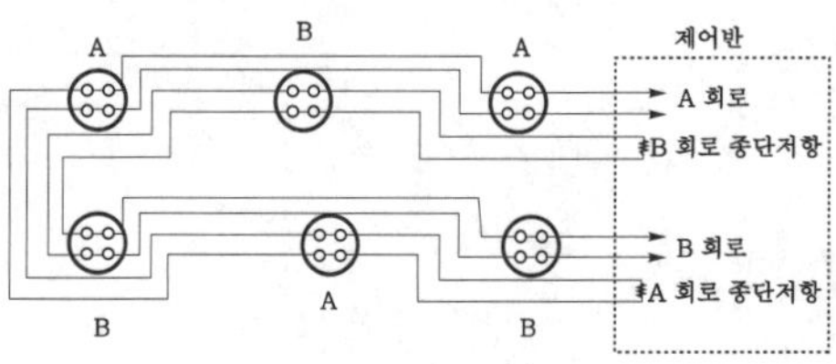 A B A 제어반 A 회로 B 회로 종단저항 B 회로 A 회로 종단저항 B A B ▌교차회로방식▐	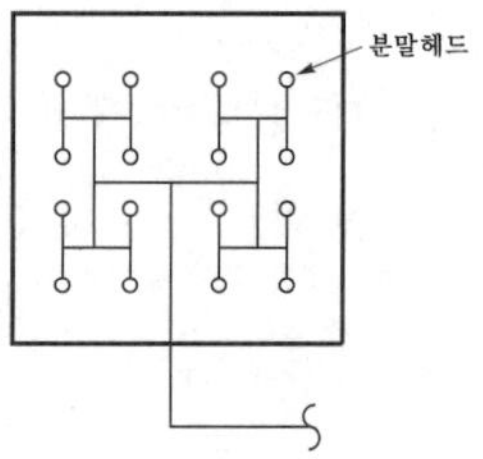 분말헤드 ▌토너먼트방식▐

☆☆☆

문제 11

다음은 펌프의 성능시험에 대한 계통도이다. 체절운전, 정격부하운전, 최대 부하운전의 성능시험방법을 쓰시오. (단, V_1~V_3 밸브의 개폐 및 폐쇄상태를 포함하여 작성한다.)

(15.7.문10, 14.11.문4, 14.7.문4, 07.7.문12)

득점	배점
	6

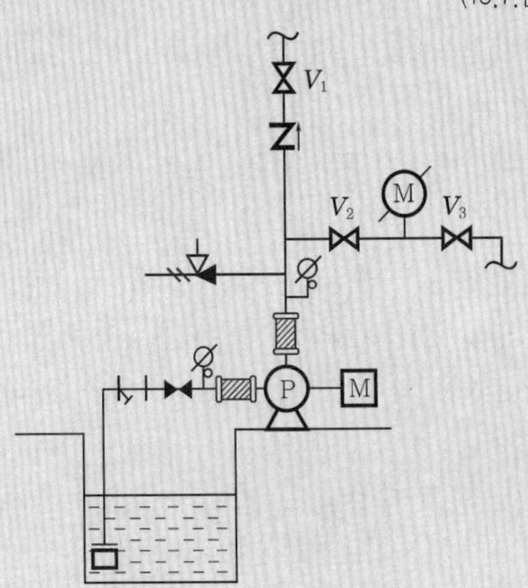

(가) 체절운전

○

(나) 정격부하운전

○

(다) 최대 부하운전

○

해답 (가) ① 펌프토출측 개폐밸브(V_1) 폐쇄

② 성능시험배관 개폐밸브(V_2), 유량조절밸브(V_3) 폐쇄

③ 펌프 기동

(나) ① 개폐밸브(V_2) 개방

② 유량조절밸브(V_3)를 개방하여 유량계의 유량이 정격유량상태(100%)일 때 압력계의 압력이 정격압력 이상이 되는지 확인

(다) 유량조절밸브(V_3)를 더욱 개방하여 유량계의 유량이 정격토출량의 150%가 되었을 때 압력계의 압력이 정격양정의 65% 이상이 되는지 확인

해설 **펌프성능시험**

구 분	운전방법	확인사항
체절운전 (무부하시험, No flow condition)	① **펌프토출측 개폐밸브**(V_1) 폐쇄 ② **성능시험배관 개폐밸브**(V_2), **유량조절 밸브**(V_3) 폐쇄 ③ 펌프 **기동**	① 체절압력이 **정격토출압력**의 **140%** 이하인지 확인 ② 체절운전시 체절압력 미만에서 릴리프밸브가 작동하는지 확인
정격부하운전 (정격부하시험, Rated load, 100% 유량운전)	① 펌프 **기동** ② 개패밸브(V_2) 개방 ③ 유량조절밸브(V_3)를 개방하여 **유량계**의 유량이 **정격유량**상태(100%)일 때	압력계의 압력이 **정격압력 이상**이 되는지 확인
최대 운전 (피크부하시험, Peak load, 150% 유량운전)	유량조절밸브(V_3)를 더욱 개방하여 유량계의 유량이 **정격토출량**의 **150%**가 되었을 때	압력계의 압력이 **정격양정**의 **65%** 이상이 되는지 확인

☆☆☆

문제 12

지하 1층, 지상 9층의 백화점 건물에 다음 조건 및 화재안전기술기준에 따라 스프링클러설비를 설계하려고 할 때 다음을 구하시오. (19.4.문12, 15.11.문15, 14.4.문17, 12.4.문10, 10.7.문8, 01.7.문11)

득점	배점
	8

〔조건〕

① 펌프는 지하층에 설치되어 있고 펌프로부터 최상층 스프링클러헤드까지 수직거리는 50m이다.

② 배관 및 관부속품의 마찰손실수두는 펌프로부터 최상층 스프링클러헤드까지 수직거리의 20%로 한다.

③ 펌프의 흡입측 배관에 설치된 연성계는 300mmHg를 나타낸다.

④ 각 층에 설치된 스프링클러헤드(폐쇄형)는 80개씩이다.

⑤ 최상층 말단 스프링클러헤드의 방수압은 0.11MPa로 설정하며, 오리피스 안지름은 11mm이다.

⑥ 펌프효율은 68%이다.

(가) 펌프에 요구되는 전양정〔m〕을 구하시오.

○ 계산과정 :

○ 답 :

(나) 펌프에 요구되는 최소 토출량〔L/min〕을 구하시오. (단, 방사헤드는 화재안전기술기준의 최소 기준개수를 적용하고, 토출량을 구하는 조건은 ⑤항과 동일하다.)

○ 계산과정 :

○ 답 :

(다) 스프링클러설비에 요구되는 최소 유효수원의 양〔m^3〕을 구하시오.

○ 계산과정 :

○ 답 :

(라) 펌프의 효율을 고려한 축동력〔kW〕을 구하시오.

○ 계산과정 :

○ 답 :

(가) ○ 계산과정 : $h_2 : \dfrac{300}{760} \times 10.332 = 4.078\text{m}$

$4.078 + 50 = 54.078\text{m}$

$h_1 : 50 \times 0.2 = 10\text{m}$

$H : 10 + 54.078 + 11 = 75.078 \fallingdotseq 75.08\text{m}$

○ 답 : 75.08m

(나) ○ 계산과정 : $Q = 0.653 \times 11^2 \times \sqrt{10 \times 0.11} \fallingdotseq 82.869\text{L/min}$

$Q_1 = 30 \times 82.869 = 2486.07\text{L/min}$

○ 답 : 2486.07L/min

(다) ○ 계산과정 : $2486.07 \times 20 = 49721.4\text{L} = 49.7214 \fallingdotseq 49.72\text{m}^3$

○ 답 : 49.72m^3

(라) ○ 계산과정 : $\dfrac{0.163 \times 2.48607 \times 75.08}{0.68} = 44.742 \fallingdotseq 44.74\text{kW}$

○ 답 : 44.74kW

해설 (가) **스프링클러설비**의 **전양정**

$$H = h_1 + h_2 + 10$$

여기서, H : 전양정[m]

h_1 : 배관 및 관부속품의 마찰손실수두[m]

h_2 : 실양정(흡입양정+토출양정)[m]

10 : 최고위 헤드압력수두[m]

h_2 : 흡입양정 $= \dfrac{300\text{mmHg}}{760\text{mmHg}} \times 10.332\text{m} = 4.078\text{m}$

토출양정 = 50m

∴ 실양정 = 흡입양정 + 토출양정 = 4.078m + 50m = **54.078m**

- 흡입양정(4.078m) : [조건 ③]에서 300mmHg이며, 760mmHg=10.332m이므로 300mmHg=**4.078m** 가 된다.
- 토출양정(50m) : [조건 ①]에서 주어진 값
- 토출양정 : 펌프로부터 최상층 스프링클러헤드까지 수직거리

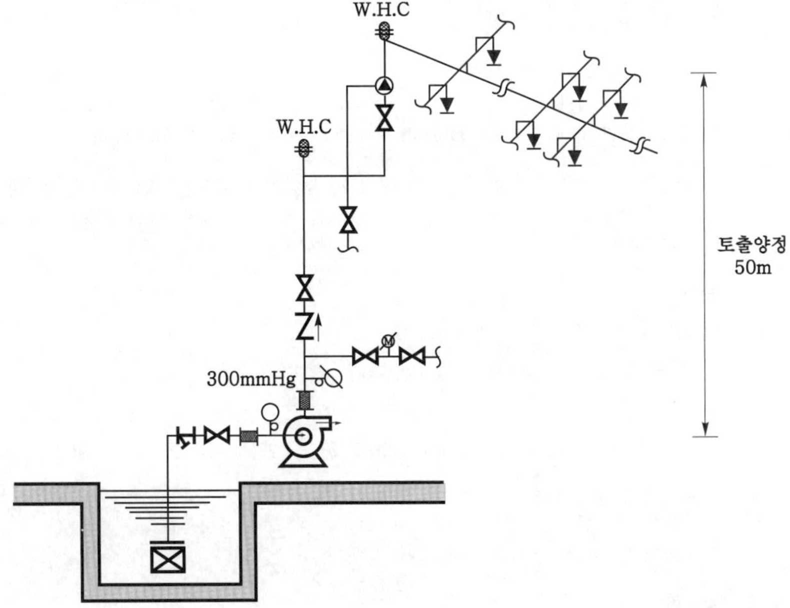

h_1 : 50m×0.2=**10m**

- [조건 ②]에서 배관 및 관부속품의 마찰손실수두는 토출양정(펌프로부터 최상층 스프링클러헤드까지 수직거리)의 20%를 적용하라고 하였으므로 h_1을 구할 때 50m×0.2를 적용하는 것이 옳다.

전양정 H는

$H = h_1 + h_2 + 11 = 10\text{m} + 54.078\text{m} + 11 = 75.078 \fallingdotseq$ **75.08m**

- [조건 ⑤]에서 최상층 헤드 방사압 **0.11MPa=11m**이므로 여기서는 10이 아닌 **11**을 적용해야 한다. 특히 주의!(스프링클러설비 등 **소화설비**인 경우 화재안전기준에 의해 **1MPa=100m**로 계산하는 것이 일반적임)

(나) **스프링클러설비**의 **수원**의 **양**

$$Q = 0.653D^2\sqrt{10P} = 0.6597CD^2\sqrt{10P}$$

여기서, Q : 방수량(토출량)[L/min]

C : 노즐의 흐름계수(유량계수)

D : 구경(직경)〔mm〕
P : 방사압〔MPa〕

$Q = 0.653D^2\sqrt{10P} = 0.653 \times (11\text{mm})^2 \times \sqrt{10 \times 0.11\text{MPa}} \fallingdotseq 82.869\text{L/min}$

특정소방대상물		폐쇄형 헤드의 기준개수
지하가 · 지하역사		30
11층 이상		
10층 이하	공장(특수가연물), 창고시설	
	판매시설(**백화점** 등), 복합건축물(판매시설이 설치된 것) →	
	근린생활시설, 운수시설	20
	8m 이상	
	8m 미만	10
공동주택(아파트 등)		10(각 동이 주차장으로 연결된 주차장 : 30)

특별한 조건이 없는 한 **폐쇄형 헤드**를 사용하고 **백화점**이므로 기준개수 **30개** 적용(〔조건 ④〕에서 설치개수는 80개이므로 **기준개수**와 **설치개수** 중 **둘 중 작은 30개** 적용)

$Q = N \times 80\text{L/min}$ 이상

여기서, Q : 펌프의 토출량〔m^3〕
N : 폐쇄형 헤드의 기준개수(설치개수가 기준개수보다 적으면 그 설치개수)

펌프의 **토출량** $Q_1 = N \times 82.869\text{L/min} = 30 \times 82.869\text{L/min} = 2486.07\text{L/min}$

- 여기서는 펌프의 토출량이라고 해서 $Q = N \times 80\text{L/min}$를 적용하는 것이 아니라 이 문제는 **오리피스 안지름**이 주어졌으므로 위에서 구한 $\boldsymbol{Q = N \times 82.869\text{L/min}}$를 적용해야 정답!
- **옥상수조**의 여부는 알 수 없으므로 이 문제에서 **제외**

(다) **수원**의 **양**

수원의 양 = 토출량〔L/min〕×20min(30층 미만)
수원의 양 = 토출량〔L/min〕×40min(30~49층 이하)
수원의 양 = 토출량〔L/min〕×60min(50층 이상)

수원의 양=토출량〔L/min〕×20min=2486.07L/min×20min=49721.4L=49.7214m^3 ≒ 49.72m^3

- 1000L=1m^3이므로 49721.4L=49.7214m^3
- 문제에서 지상 9층으로 30층 미만이므로 30층 미만식 적용
- 2486.07L/min : (나)에서 구한 값

(라) **축동력**

$$P = \frac{0.163QH}{\eta}$$

여기서, P : 축동력〔kW〕
Q : 유량〔m^3/min〕
H : 전양정〔m〕
η : 효율

펌프의 **축동력** P는

$$P = \frac{0.163QH}{\eta} = \frac{0.163 \times 2.48607\text{m}^3/\text{min} \times 75.08\text{m}}{0.68} = 44.742 \fallingdotseq 44.74\text{kW}$$

- 2.48607m^3/min : (나)에서 2486.07L/min=2.48607m^3/min(1000L=1m^3)
- **75.08m** : (가)에서 구한 값
- **축동력** : 전달계수(K)를 고려하지 않은 동력

☆☆
문제 13

다음은 이산화탄소 소화설비의 분사헤드 설치제외장소이다. ( ) 안에 알맞은 내용을 보기에서 골라 쓰시오.
(19.11.문7, 14.4.문15, 08.4.문9)

득점	배점
	4

〔보기〕
상시 근무하는, 없는, 인화성 액체, 자기연소성 물질, 산화성 고체, 활성금속물질, 전시장, 변전소

○방재실, 제어실 등 사람이 (①)하는 장소
○나이트로셀룰로오스, 셀룰로이드 제품 등 (②)을 저장, 취급하는 장소
○나트륨, 칼륨, 칼슘 등 (③)을 저장, 취급하는 장소
○(④) 등의 관람을 위하여 다수인이 출입·통행하는 통로 및 전시실 등

해답 ① 상시 근무
② 자기연소성 물질
③ 활성금속물질
④ 전시장

해설 **설치제외장소**

(1) **이산화탄소 소화설비**의 **분사헤드 설치제외장소**(NFPC 106 11조, NFTC 106 2.8.1)
① **방재실, 제어실** 등 사람이 **상시 근무**하는 장소
② **나이트로셀룰로오스, 셀룰로이드 제품** 등 **자기연소성 물질**을 저장, 취급하는 장소
③ **나트륨, 칼륨, 칼슘** 등 **활성금속물질**을 저장, 취급하는 장소
④ **전시장** 등의 관람을 위하여 다수인이 출입·통행하는 통로 및 전시실 등

(2) **할로겐화합물 및 불활성기체 소화설비**의 **설치제외장소**(NFPC 107A 5조, NFTC 107A 2.2.1)
① 사람이 상주하는 곳으로서 최대 허용설계농도를 초과하는 장소
② **제3류 위험물** 및 **제5류 위험물**을 사용하는 장소(단, 소화성능이 인정되는 위험물 제외)

(3) **물분무소화설비**의 **설치제외장소**(NFPC 104 15조, NFTC 104 2.12)
① **물**과 **심하게 반응하는 물질** 또는 물과 반응하여 위험한 물질을 생성하는 물질을 저장, 취급하는 장소
② **고온물질** 및 증류범위가 넓어 끓어넘치는 위험이 있는 물질을 저장, 취급하는 장소
③ 운전시에 표면의 온도가 **260℃** 이상으로 되는 등 직접 분무를 하는 경우 그 부분에 손상을 입힐 우려가 있는 기계장치 등이 있는 장소

(4) **스프링클러헤드**의 **설치제외장소**(NFPC 103 15조, NFTC 103 2.12)
① 계단실, 경사로, 승강기의 승강로, 파이프덕트, 목욕실, 수영장(관람석 제외), 화장실, 직접 외기에 개방되어 있는 복도, 기타 이와 유사한 장소
② **통신기기실·전자기기실**, 기타 이와 유사한 장소
③ **발전실·변전실·변압기**, 기타 이와 유사한 전기설비가 설치되어 있는 장소
④ 병원의 **수술실·응급처치실**, 기타 이와 유사한 장소
⑤ 천장과 반자 양쪽이 **불연재료**로 되어 있는 경우로서 그 사이의 거리 및 구조가 다음에 해당하는 부분
㉠ 천장과 반자 사이의 거리가 **2m** 미만인 부분
㉡ 천장과 반자 사이의 **벽**이 **불연재료**이고 천장과 반자 사이의 거리가 **2m** 이상으로서 그 사이에 **가연물**이 **존재**하지 **않는 부분**
⑥ 천장·반자 중 한쪽이 **불연재료**로 되어 있고, 천장과 반자 사이의 거리가 **1m** 미만인 부분
⑦ 천장 및 반자가 **불연재료 외**의 것으로 되어 있고, 천장과 반자 사이의 거리가 **0.5m** 미만인 경우
⑧ **펌프실·물탱크실**, 그 밖의 이와 비슷한 장소
⑨ **현관·로비** 등으로서 바닥에서 높이가 **20m** 이상인 장소

☆☆☆

문제 14

다음 소방대상물 각 층에 A급 3단위 소화기를 화재안전기술기준에 맞도록 설치하고자 한다. 다음 조건을 참고하여 각 물음에 답하시오. (19.4.문13, 17.4.문8, 16.4.문2, 13.4.문11, 11.7.문5)

득점	배점
	10

〔조건〕

① 각 층의 바닥면적은 30m×40m이다.
② 주요구조부는 내화구조이고 실내 마감은 난연재료이다.
③ 지상 1층은 단설 유치원(아동관련시설), 지상 2~3층은 한의원(근린생활시설)에 해당한다.
④ 전층에 소화설비가 없는 것으로 가정한다.
⑤ 간이소화용구는 A급 1단위를 설치하고 간이소화용구는 지상 1층에만 설치하며 지상 1층 소화기 소화능력단위의 $\frac{1}{2}$로 한다.

(가) 지상 1~3층 소화기의 소화능력단위 합계
○ 계산과정 :
○ 답 :

(나) 지상 1층 단설 유치원에 설치해야 하는 간이소화용구 개수
○ 계산과정 :
○ 답 :

(다) 지상 2~3층 한의원에 설치해야 하는 소화기 개수
○ 계산과정 :
○ 답 :

(라) 간이소화용구의 종류 4가지를 쓰시오.
○
○
○
○

해답

(가) ○ 계산과정 : $\frac{30\times40}{200}=6$단위
$6\times3=18$단위
○ 답 : 18단위

(나) ○ 계산과정 : $\frac{6}{2}=3$단위
$\frac{3}{1}=3$개
○ 답 : 3개

(다) ○ 계산과정 : $\frac{6}{3}=2$개
$2\times2=4$개
○ 답 : 4개

(라) ① 에어로졸식 소화용구
② 투척용 소화용구
③ 소공간용 소화용구
④ 소화약제 외의 것을 이용한 간이소화용구

해설

‖ 특정소방대상물별 소화기구의 능력단위기준(NFTC 101 2.1.1.2) ‖

특정소방대상물	소화기구의 능력단위	건축물의 주요구조부가 **내화구조**이고, 벽 및 반자의 실내에 면하는 부분이 **불연재료**·**준불연재료** 또는 **난연재료**로 된 특정소방대상물의 능력단위
• **위**락시설 기억법 위3(위상)	바닥면적 **30m²**마다 1단위 이상	바닥면적 **60m²**마다 1단위 이상
• **공연**장 • **집**회장 • **관람**장 및 **문**화재 • **의**료시설·**장**례시설(장례식장) 기억법 5공연장 문의 집관람 (손오공 연장 문의 집관람)	바닥면적 **50m²**마다 1단위 이상	바닥면적 **100m²**마다 1단위 이상
• **근**린생활시설(한의원) • **판**매시설 • 운수시설 • **숙**박시설 • **노**유자시설(아동관련시설) • **전**시장 • 공동**주**택 • **업무시설** • **방**송통신시설 • 공장·**창**고 • **항**공기 및 자동**차**관련시설(주차장) 및 **관광**휴게시설 기억법 근판숙노전 주업방차창 1항관광(근판숙노전 주업방차장 일본항관광)	바닥면적 **100m²**마다 1단위 이상	바닥면적 **200m²**마다 1단위 이상
• 그 밖의 것	바닥면적 **200m²**마다 1단위 이상	바닥면적 **400m²**마다 1단위 이상

(가) **지상 1~3층 소화기**

주요구조부는 내화구조이고 실내 마감은 난연재료이므로 바닥면적 **200m²**마다 1단위 이상

$$소화기\ 능력단위=\frac{30\text{m}\times40\text{m}}{200\text{m}^2}=6단위(소수점\ 발생시\ \textbf{절상})$$

3개층이므로 6단위×3개층=18단위

- 내화구조이고 난연재료 : [조건 ②]에서 주어진 것
- 각 층의 바닥면적 30m×40m : [조건 ①]에서 주어진 값

(나) **지상 1층 단설 유치원**

주요구조부는 내화구조이고 실내 마감은 난연재료이므로 바닥면적 **200m²**마다 1단위 이상

$$소화기\ 능력단위=\frac{30\text{m}\times40\text{m}}{200\text{m}^2}=6단위(소수점\ 발생시\ \textbf{절상})$$

$$\frac{6단위}{2}=3단위$$([조건 ⑤]에 의해 2로 나눔)

$$\frac{3단위}{1단위}=3개$$([조건 ⑤]에서 1단위 소화기를 설치한다고 했으므로 1단위로 나눔)

- 지상 1층은 단설 유치원 : [조건 ③]에서 주어진 것
- 내화구조이고 난연재료 : [조건 ②]에서 주어진 것
- 각 층의 바닥면적 30m×40m : [조건 ①]에서 주어진 값
- 지상 1층 소화기의 소화능력단위의 $\frac{1}{2}$: [조건 ⑤]에서 주어진 것
- **1단위** : [조건 ⑤]에서 주어진 값

(다) **지상 2~3층 한의원**

주요구조부는 내화구조이고 실내 마감은 난연재료이므로 바닥면적 **200m²**마다 1단위 이상

소화기 능력단위 $= \frac{30\text{m} \times 40\text{m}}{200\text{m}^2} = 6$단위(소수점 발생시 **절상**)

$\frac{6\text{단위}}{3\text{단위}} = 2$개

2개×2개층=4개

- 지상 2~3층은 한의원 : [조건 ③]에서 주어진 것
- 내화구조이고 난연재료 : [조건 ②]에서 주어진 것
- 각 층의 바닥면적 30m×40m : [조건 ①]에서 주어진 값
- **3단위** : 문제에서 주어진 값

(라) **간이소화용구**의 **종류**

① 에어로졸식 소화용구
② 투척용 소화용구
③ 소공간용 소화용구
④ 소화약제 외의 것을 이용한 간이소화용구 ┬ 마른모래
├ 팽창질석
└ 팽창진주암

‖ 소화약제 외의 것을 이용한 간이소화용구의 능력단위 ‖

간이소화용구		능력단위
마른모래	삽을 상비한 **50L** 이상의 것 1포	**0.5단위**
팽창질석 또는 팽창진주암	삽을 상비한 **80L** 이상의 것 1포	

☆ 문제 15

소화용수설비를 설치하는 지상 1~4층의 특정소방대상물의 각 층 바닥면적이 6000m²일 때, 다음 물음에 답하시오. (단, 소화수조는 지표면으로부터의 깊이가 5m인 곳에 설치되어 있다.) (19.11.문6, 13.4.문4)

득점	배점
	6

(가) 소화수조의 저수량[m³]을 구하시오.
○ 계산과정 :
○ 답 :

(나) 저수조에 설치하여야 할 흡수관 투입구의 최소 설치수량을 구하시오.
○

(다) 저수조에 설치하는 가압송수장치의 1분당 최소 송수량[L]은?
○

해답

(가) ○ 계산과정 : $\frac{24000}{12500}$(절상)$\times 20 = 40\text{m}^3$
○ 답 : 40m³

(나) 1개

(다) 2200L

해설 (가) **소화수조** 또는 **저수조**의 **저수량 산출**(NFPC 402 4조, NFTC 402 2.1.2)

특정소방대상물의 구분	기준면적(m^2)
지상 1층 및 2층의 바닥면적 합계 15000m^2 이상	7500
기타 ⟶	12500

지상 1·2층의 바닥면적 합계$=6000m^2+6000m^2=12000m^2$

∴ 15000m^2 미만이므로 기타에 해당되어 기준면적은 **12500m^2**이다.

소화용수의 **양**(저수량)

$$Q=\frac{\text{연면적}}{\text{기준면적}}(\text{절상})\times 20m^3$$

$$=\frac{24000m^2}{12500m^2}=1.92 ≒ 2(\text{절상})$$

$2\times 20m^3=40m^3$

- 지상 1·2층의 바닥면적 합계가 12000m^2(6000m^2+6000m^2=12000m^2)로서 15000m^2 미만이므로 기타에 해당되어 기준면적은 **12500m^2**이다.
- 연면적 : 바닥면적×층수$=6000m^2\times 4$층$=24000m^2$
- 저수량을 구할 때 $\frac{24000m^2}{12500m^2}=1.92≒2$로 먼저 **절상**한 후 **20$m^3$**를 곱한다는 것을 기억하라!
- **절상** : 소수점 이하는 무조건 올리라는 의미

(나) **흡수관 투입구수**(NFPC 402 4조, NFTC 402 2.1.3.1)

소요수량	80m^3 미만	80m^3 이상
흡수관 투입구수	**1개** 이상	**2개** 이상

- 저수량이 40m^3로서 **80m^3** 미만이므로 **흡수관 투입구**의 최소 개수는 **1개**

(다) **가압송수장치**의 **양수량**(NFPC 402 5조, NFTC 402 2.2.1)

저수량	20~40m^3 미만	40~100m^3 미만	100m^3 이상
1분당 양수량	1100L 이상	2200L 이상	3300L 이상

- 소화수조 또는 저수조가 지표면으로부터의 깊이(수조 내부 바닥까지의 길이)가 **4.5m** 이상인 지하에 있는 경우이므로 위 표에 따라 가압송수장치 설치(단, 저수량을 지표면으로부터 **4.5m** 이하인 지하에서 확보할 수 있는 경우에는 소화수조 또는 저수조의 지표면으로부터의 깊이에 관계없이 가압송수장치 설치제외 가능)
- [단서]에서 **5m**이므로 위 표 적용
- 저수량이 40m^3로서 **40~100m^3** 미만이므로 **2200L**

☆☆☆

문제 16

경유를 저장하는 탱크의 내부직경 50m인 플로팅루프탱크(부상지붕구조)에 포소화설비를 설치하여 방호하려고 할 때 다음 물음에 답하시오.

(19.4.문6, 18.4.문1, 17.4.문10, 16.11.문15, 15.7.문1, 14.4.문6, 13.11.문10, 12.7.문7, 11.11.문13, 08.7.문11, 04.4.문1)

득점	배점
	12

[조건]

① 소화약제는 6%용의 단백포를 사용하며, 수용액의 분당 방출량은 $8L/m^2\cdot min$이고, 방사시간은 30분으로 한다.

② 보조포소화전의 방출률은 400L/min이고, 방사시간은 20분으로 한다.

③ 탱크 내면과 굽도리판의 간격은 1.2m로 한다.
④ 고정포방출구의 보조포소화전은 7개 설치되어 있으며 방사량은 400L/min이다.
⑤ 송액관의 내경은 100mm이고, 배관길이는 200m이다.
⑥ 수원의 밀도는 $1000kg/m^3$, 포소화약제의 밀도는 $1050kg/m^3$이다.
⑦ 혼합기는 펌프와 발포기의 중간에 벤투리관을 설치하고 펌프가압수의 포소화약제 저장탱크에 대한 압력에 따라 포소화약제를 흡입·혼합하는 방식이다.

(가) 고정포방출구의 종류는 무엇인지 쓰시오.
○
(나) 가압송수장치의 분당 토출량[L/min]을 구하시오.
○ 계산과정 :
○ 답 :
(다) 수원의 양[L]을 구하시오.
○ 계산과정 :
○ 답 :
(라) 포소화약제의 양[L]을 구하시오.
○ 계산과정 :
○ 답 :
(마) 포소화약제의 혼합방식을 쓰시오.
○

해답 (가) 특형 방출구

(나) ○ 계산과정 : $Q_1 = \frac{\pi}{4}(50^2 - 47.6^2) \times 8 \times 30 \times 1 = 44153.199 ≒ 44153.2L$

$Q_2 = 3 \times 1 \times 400 = 1200L/min$

분당 토출량 $= \frac{44153.2}{30} + 1200 = 2671.773 ≒ 2671.77L/min$

○ 답 : 2671.77L/min

(다) ○ 계산과정 : $Q_1 = \frac{\pi}{4}(50^2 - 47.6^2) \times 8 \times 30 \times 0.94 = 41504.007L$

$Q_2 = 3 \times 0.94 \times 400 \times 20 = 22560L$

$Q_3 = \frac{\pi}{4} \times 0.1^2 \times 200 \times 0.94 \times 1000 = 1476.548L$

$Q = 41504.007 + 22560 + 1476.548 = 65540.555 ≒ 65540.56L$

○ 답 : 65540.56L

(라) ○ 계산과정 : $Q_1 = \frac{\pi}{4}(50^2 - 47.6^2) \times 8 \times 30 \times 0.06 = 2649.191 ≒ 2649.19L$

$Q_2 = 3 \times 0.06 \times 400 \times 20 = 1440L$

$Q_3 = \frac{\pi}{4} \times 0.1^2 \times 200 \times 0.06 \times 1050 ≒ 98.96L$

$Q = 2649.19 + 1440 + 98.96 = 4188.15L$

○ 답 : 4188.15L

(마) 프레져 프로포셔너방식

해설 (가) **위험물 옥외탱크저장소**의 **고정포방출구**

탱크의 종류	고정포방출구
고정지붕구조(콘루프탱크)	• Ⅰ형 방출구 • Ⅱ형 방출구 • Ⅲ형 방출구(표면하 주입방식) • Ⅳ형 방출구(반표면하 주입방식)
부상덮개부착 고정지붕구조	• Ⅱ형 방출구
부상지붕구조(플로팅루프탱크) ⟶	• 특형 방출구

문제에서 **플로팅루프탱크**(floating roof tank)를 사용하므로 고정포방출구는 **특형**을 사용하여야 한다.

(나) ① **고정포방출구**

$$Q_1 = A \times Q \times T \times S$$

여기서, Q_1 : 수용액 · 수원 · 약제량〔L〕
A : 탱크의 액표면적〔m^2〕
Q : 수용액의 분당 방출량〔L/m^2 · min〕
T : 방사시간〔분〕
S : 농도

② **보조포소화전**

$$Q_2 = N \times S \times 8000$$

여기서, Q_2 : 수용액 · 수원 · 약제량〔L〕
N : 호스접결구수(**최대 3개**)
S : 사용농도

또는,

$$Q_2 = N \times S \times 400$$

여기서, Q_2 : 방사량〔L/min〕
N : 호스접결구수(**최대 3개**)
S : 사용농도

• 보조포소화전의 방사량이 400L/min이므로 400L/min×20min=8000L가 되므로 위의 두 식은 같은 식이다.

③ **배관보정량**

$$Q_3 = A \times L \times S \times 1000\text{L/m}^3 \text{(내경 75mm 초과시에만 적용)}$$

여기서, Q_3 : 배관보정량〔L〕
A : 배관단면적〔m^2〕
L : 배관길이〔m〕
S : 사용농도

고정포방출구의 **방출량** Q_1은

$$Q_1 = A \times Q \times T \times S = \frac{\pi}{4}(50^2 - 47.6^2)\text{m}^2 \times 8\text{L/m}^2 \cdot \text{min} \times 30\text{min} \times 1 = 44153.199 ≒ 44153.2\text{L}$$

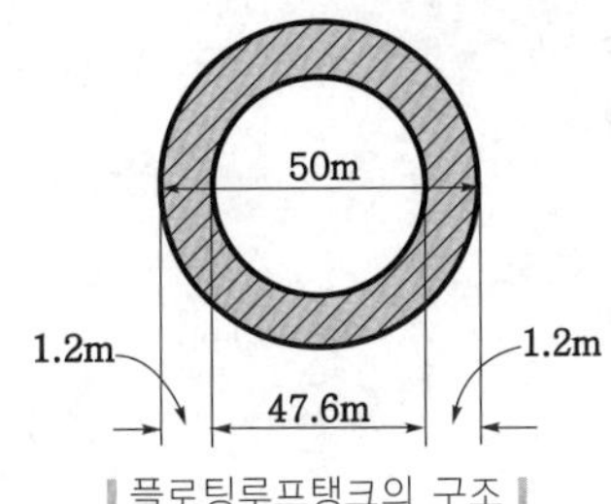

‖ 플로팅루프탱크의 구조 ‖

- A(탱크의 액표면적) : 탱크표면의 표면적만 고려하여야 하므로 〔조건 ③〕에서 굽도리판의 간격 **1.2m**를 적용하여 그림에서 빗금 친 부분만 고려하여 $\frac{\pi}{4}(50^2-47.6^2)\text{m}^2$로 계산하여야 한다. 꼭 기억해 두어야 할 사항은 굽도리판의 간격을 적용하는 것은 **플로팅루프탱크**의 경우에만 한한다는 것이다.
- Q(수용액의 분당 방출량 **8L/m² · min**) : 〔조건 ①〕에서 주어진 값
- T(방사시간 **30min**) : 〔조건 ①〕에서 주어진 값
- S(농도) : 수용액량이므로 항상 1이다.

보조포소화전의 **방사량** Q_2는

$Q_2 = N \times S \times 400 = 3 \times 1 \times 400 = 1200\text{L/min}$

- N(3) : 〔조건 ④〕에서 3개를 초과하므로 **3개**
- S(1) : 수용액량이므로 **1**

분당 토출량=고정포방출구의 분당 토출량+보조포소화전의 분당 토출량

$$= \frac{Q_1}{\text{방사시간[min]}} + Q_2$$

$$= \frac{44153.2\text{L}}{30\text{min}} + 1200\text{L/min} = 2671.773 ≒ 2671.77\text{L/min}$$

- 가압송수장치(펌프)의 분당 토출량은 **수용액량**을 기준으로 한다는 것을 기억하라.
- 가압송수장치의 분당 토출량은 **배관보정량**을 **적용하지 않는다**. 왜냐하면 배관보정량은 배관 내에 저장되어 있는 것으로 소비되는 것이 아니기 때문이다. 주의!
- 가압송수장치=펌프

(다) ① **고정포방출구**의 **수원의 양** Q_1은

$Q_1 = A \times Q \times T \times S = \frac{\pi}{4}(50^2-47.6^2)\text{m}^2 \times 8\text{L/m}^2 \cdot \text{min} \times 30\text{min} \times 0.94 = 41504.007\text{L}$

- S(농도) : 〔조건 ①〕에서 6%용이므로 수원의 농도(S)는 **94%**(100−6=94%)가 된다.

② **보조포소화전**의 **수원**의 **양** Q_2는

$Q_2 = N \times S \times 400 = 3 \times 0.94 \times 400 \times 20\text{min} = 22560\text{L}$

- S(농도) : 〔조건 ①〕에서 6%용이므로 수원의 농도(S)는 **94%**(100−6=94%)가 된다.
- **20min** : 보조포소화전의 방사시간은 20min이다. 30min가 아니다. 주의! 20min은 Q_2의 단위를 'L'로 만들기 위해서 필요

③ **배관보정량** Q_3는

$Q_3 = A \times L \times S \times 1000\text{L/m}^3 = \frac{\pi}{4} \times (0.1\text{m})^2 \times 200\text{m} \times 0.94 \times 1000\text{L/m}^3 = 1476.548\text{L}$

- S(농도) : 〔조건 ①〕에서 6%용이므로 수원의 농도(S)는 **94%**(100−6=94%)가 된다.
- L(배관길이 **200m**) : 〔조건 ⑤〕에서 주어진 값

∴ 수원의 양 $Q = Q_1 + Q_2 + Q_3 = 41504.007\text{L} + 22560\text{L} + 1476.548\text{L} = 65540.555 ≒ 65540.56\text{L}$

(라) ① 고정포방출구의 약제량 Q_1는

$Q_1 = A \times Q \times T \times S = \frac{\pi}{4}(50^2-47.6^2)\text{m}^2 \times 8\text{L/m}^2 \cdot \text{min} \times 30\text{min} \times 0.06 = 2649.191 ≒ 2649.19\text{L}$

- S(농도) : 〔조건 ①〕에서 6%용이므로 **약제농도**(S)는 **0.06**이다.

② **보조포소화전**의 **약제량** Q_2는

$Q_2 = N \times S \times 400 = 3 \times 0.06 \times 400 \times 20\text{min} = 1440\text{L}$

- S(농도) : 〔조건 ①〕에서 6%용이므로 **약제농도**(S)는 **0.06**이다.

③ 배관보정량 Q_3는

$$Q_3 = A \times L \times S \times 1050\text{L/m}^3 = \frac{\pi}{4} \times (0.1\text{m})^2 \times 200\text{m} \times 0.06 \times 1050\text{L/m}^3 ≒ 98.96\text{L}$$

- S(농도) : [조건 ①]에서 6%용이므로 **약제농도(S)는 0.06**이다.
- [조건 ⑥]에서 포소화약제 밀도는 1050kg/m³이므로 포소화약제 1050kg=1050L(1L≒1kg)가 된다. 여기서는 포소화약제량을 구하는 것이므로 수원에서 적용하는 1000L/m³를 적용하는 것이 아니고 **1050L/m³**를 적용해야 한다. 특히 주의! 포소화약제의 밀도가 왜 주어졌는지 잘 생각해 보라!

∴ **포소화약제**의 **양** $Q = Q_1 + Q_2 + Q_3$

$$= 2649.19\text{L} + 1440\text{L} + 98.96\text{L} = 4188.15\text{L}$$

(마) 도면의 혼합방식은 **프레져 프로포셔너**(pressure proportioner)**방식**이다. 프레져 프로포셔너방식을 쉽게 구분할 수 있는 방법은 **혼합기**(foam mixer)와 **약제저장탱크** 사이의 **배관개수**를 세어보면 된다. 프레져 프로포셔너방식은 혼합기와 약제저장탱크 사이의 배관개수가 **2개**이며, 기타방식은 **1개**이다(구분방법이 너무 쉽지 않는가?).

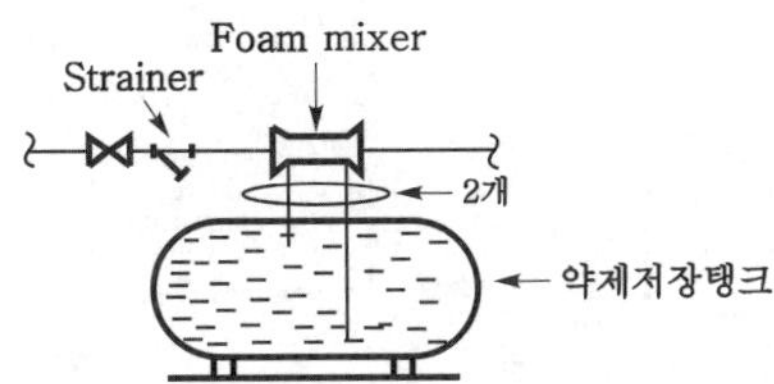

‖ 약제저장탱크 주위배관 ‖

용어

포소화약제의 **혼합장치**(NFPC 105 3조, NFTC 105 1.7)

(1) **펌프 프로포셔너방식**(펌프혼합방식) : 펌프의 토출관과 흡입관 사이의 배관 도중에 설치한 흡입기에 펌프에서 토출된 물의 일부를 보내고 **농도조정밸브**에서 조정된 포소화약제의 필요량을 포소화약제 탱크에서 펌프 흡입측으로 보내어 이를 혼합하는 방식으로 **Pump proportioner type과 Suction proportioner type**이 있다.

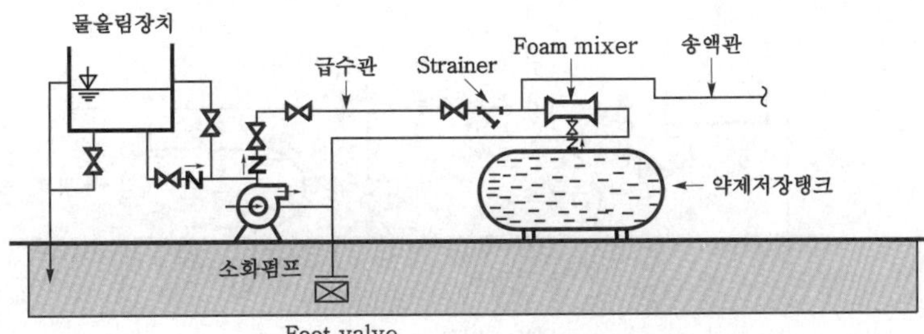

‖ Pump proportioner type ‖

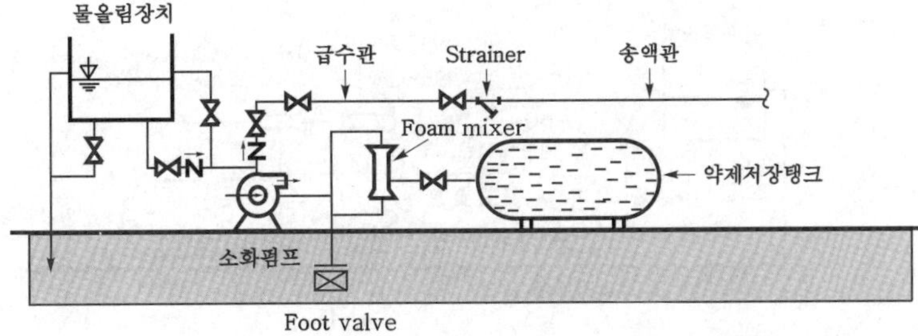

‖ Suction proportioner type ‖

(2) **라인 프로포셔너방식**(관로혼합방식) : 펌프와 발포기의 중간에 설치된 **벤투리관**의 벤투리작용에 의하여 포소화약제를 흡입·혼합하는 방식

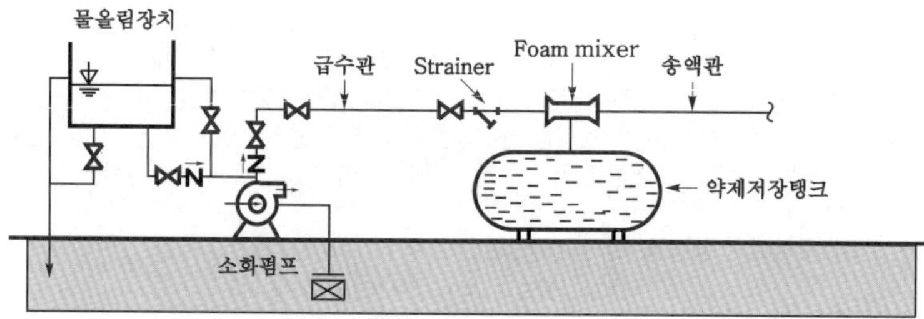

| 라인 프로포셔너방식 |

(3) **프레져 프로포셔너방식**(차압혼합방식) : 펌프와 발포기의 중간에 설치된 **벤투리관**의 벤투리작용과 **펌프가압수**의 포소화약제 저장탱크에 대한 압력에 의하여 포소화약제를 흡입·혼합하는 방식

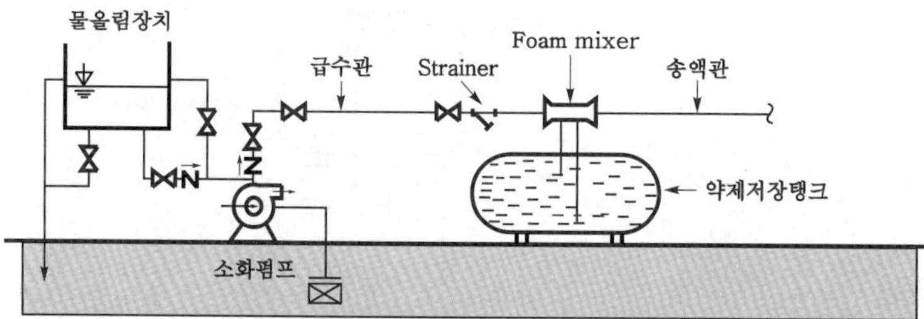

| 프레져 프로포셔너방식 |

(4) **프레져사이드 프로포셔너방식**(압입혼합방식) : 펌프의 토출관에 **압입기**를 설치하여 포소화약제 **압입용 펌프**로 포소화약제를 압입시켜 혼합하는 방식

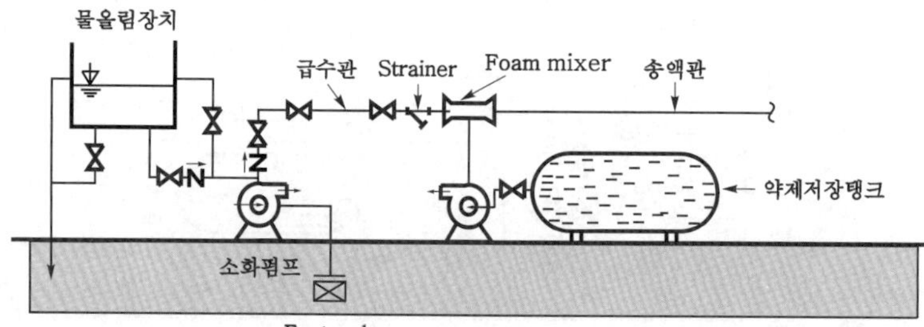

| 프레져사이드 프로포셔너방식 |

(5) **압축공기포 믹싱챔버방식** : **압축공기** 또는 **압축질소**를 일정 비율로 포수용액에 **강제 주입** 혼합하는 방식

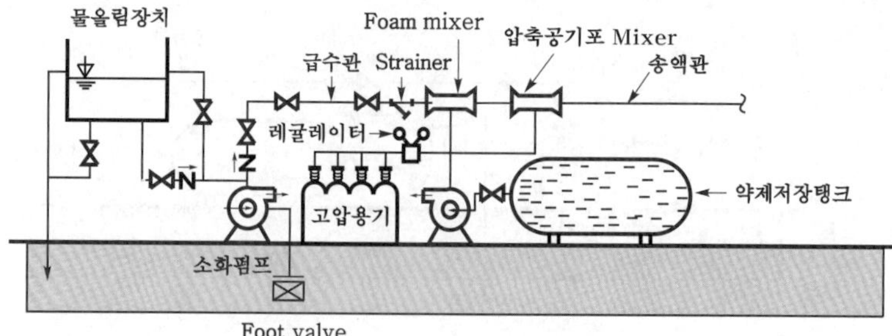

| 압축공기포 믹싱챔버방식 |

과년도 출제문제

2023년

소방설비기사 실기(기계분야)

**** 수험자 유의사항 ****

1. 문제지를 받는 즉시 응시 종목의 문제가 맞는지 확인하셔야 합니다.
2. 답안지 내 인적사항 및 답안작성(계산식 포함)은 검정색 필기구만을 계속 사용하여야 합니다.
3. 답안정정 시에는 **두 줄(=)**을 긋고 다시 기재 가능하며, **수정테이프 사용** 또한 **가능**합니다.
4. 계산문제는 반드시 '계산과정'과 '답'란에 정확히 기재하여야 하며 **계산과정이 틀리거나 없는 경우 0점 처리**됩니다.
   ※ 연습이 필요 시 연습란을 이용하여야 하며, 연습란은 채점대상이 아닙니다.
5. 계산문제는 **최종결과** 값(답)에서 **소수 셋째자리에서 반올림**하여 **둘째자리**까지 구하여야 하나 개별 문제에서 소수처리에 대한 별도 요구사항이 있을 경우, 그 요구사항에 따라야 합니다.
6. 답에 단위가 없으면 오답으로 처리됩니다. (단, 문제의 요구사항에 단위가 주어졌을 경우는 생략되어도 무방합니다.)
7. 문제에서 요구한 가지 수 이상을 답란에 표기한 경우, **답란기재 순**으로 **요구한 가지 수**만 채점합니다.

23년 2023. 4. 22 시행

2023년 기사 제1회 필답형 실기시험

자격종목	시험시간	형별	수험번호	성명	감독위원 확인
소방설비기사(기계분야)	3시간				

※ 다음 물음에 답을 해당 답란에 답하시오.(배점 : 100)

☆☆☆
문제 01

펌프의 직경 1m, 회전수 1750rpm, 유량 750m³/min, 동력 100kW로 가압송수하고 있다. 펌프의 효율 75%, 정압 50mmAq, 전압 80mmAq일 때 다음 각 물음에 답하시오. (단, 펌프의 상사법칙을 적용한다.)

(21.11.문15, 17.4.문13, 16.4.문13, 12.7.문13, 11.11.문2, 07.11.문8)

득점	배점
	6

(가) 회전수를 2000rpm으로 변경시 유량〔m³/min〕을 구하시오. (단, 펌프의 직경은 1m이다.)
- ○ 계산과정 :
- ○ 답 :

유사문제부터 풀어보세요. 실력이 팍!팍! 올라갑니다.

(나) 펌프의 직경을 1.2m로 변경시 동력〔kW〕을 구하시오. (단, 회전수는 1750rpm으로 변함이 없다.)
- ○ 계산과정 :
- ○ 답 :

(다) 펌프의 직경을 1.2m로 변경시 정압〔mmAq〕을 구하시오. (단, 회전수는 1750rpm으로 변함이 없다.)
- ○ 계산과정 :
- ○ 답 :

(가) ○ 계산과정 : $750 \times \left(\frac{2000}{1750}\right) \times \left(\frac{1}{1}\right)^3 = 857.142 ≒ 857.14\text{m}^3/\text{min}$

○ 답 : 857.14m³/min

(나) ○ 계산과정 : $100 \times \left(\frac{1750}{1750}\right)^3 \times \left(\frac{1.2}{1}\right)^5 = 248.832 ≒ 248.83\text{kW}$

○ 답 : 248.83kW

(다) ○ 계산과정 : $50 \times \left(\frac{1750}{1750}\right)^2 \times \left(\frac{1.2}{1}\right)^2 = 72\text{mmAq}$

○ 답 : 72mmAq

기호

- D_1 : 1m
- N_1 : 1750rpm
- Q_1 : 750m³/min
- P_1 : 100kW
- H_1 : 50mmAq
- D_2 : 1.2m
- N_2 : 2000rpm
- η : 75%

(가) **유량** Q_2는

$$Q_2 = Q_1\left(\frac{N_2}{N_1}\right)\left(\frac{D_1'}{D_1}\right)^3 = 750\text{m}^3/\text{min}\times\left(\frac{2000\text{rpm}}{1750\text{rpm}}\right)\times\left(\frac{1\text{m}}{1\text{m}}\right)^3 = 857.142 ≒ 857.14\text{m}^3/\text{min}$$

- D_1' : 1m(단서에서 주어짐)

(나) 축동력 P_2는

$$P_2 = P_1\left(\frac{N_1'}{N_1}\right)^3\left(\frac{D_2}{D_1}\right)^5 = 100\text{kW}\times\left(\frac{1750\text{rpm}}{1750\text{rpm}}\right)^3\times\left(\frac{1.2\text{m}}{1\text{m}}\right)^5 = 248.832 ≒ 248.83\text{kW}$$

- N_1' : 1750rpm(단서에서 주어짐)

(다) 정압 H_2는

$$H_2 = H_1\left(\frac{N_1'}{N_1}\right)^2\left(\frac{D_2}{D_1}\right)^2 = 50\text{mmAq}\times\left(\frac{1750\text{rpm}}{1750\text{rpm}}\right)^2\times\left(\frac{1.2\text{m}}{1\text{m}}\right)^2 = 72\text{mmAq}$$

- N_1' : 1750rpm(단서에서 주어짐)
- 정압을 구하라고 했으므로 문제에서 정압 50mmAq 적용
- 단위가 mmAq로 주어졌으므로 mmAq로 그대로 답하면 됨

중요

유량, 양정, 축동력

유량	양정(정압 또는 전압)	축동력(동력)
회전수에 비례하고 **직경**(관경)의 세제곱에 비례한다.	회전수의 제곱 및 **직경**(관경)의 제곱에 비례한다.	회전수의 세제곱 및 **직경**(관경)의 오제곱에 비례한다.
$Q_2 = Q_1\left(\frac{N_2}{N_1}\right)\left(\frac{D_2}{D_1}\right)^3$ 또는 $Q_2 = Q_1\left(\frac{N_2}{N_1}\right)$	$H_2 = H_1\left(\frac{N_2}{N_1}\right)^2\left(\frac{D_2}{D_1}\right)^2$ 또는 $H_2 = H_1\left(\frac{N_2}{N_1}\right)^2$	$P_2 = P_1\left(\frac{N_2}{N_1}\right)^3\left(\frac{D_2}{D_1}\right)^5$ 또는 $P_2 = P_1\left(\frac{N_2}{N_1}\right)^3$
여기서, Q_2: 변경 후 유량〔L/min〕 Q_1 : 변경 전 유량〔L/min〕 N_2: 변경 후 회전수〔rpm〕 N_1 : 변경 전 회전수〔rpm〕 D_2: 변경 후 직경(관경)〔mm〕 D_1 : 변경 전 직경(관경)〔mm〕	여기서, H_2: 변경 후 양정〔m〕 H_1 : 변경 전 양정〔m〕 N_2: 변경 후 회전수〔rpm〕 N_1 : 변경 전 회전수〔rpm〕 D_2: 변경 후 직경(관경)〔mm〕 D_1 : 변경 전 직경(관경)〔mm〕	여기서, P_2: 변경 후 축동력〔kW〕 P_1 : 변경 전 축동력〔kW〕 N_2: 변경 후 회전수〔rpm〕 N_1 : 변경 전 회전수〔rpm〕 D_2 : 변경 후 직경(관경)〔mm〕 D_1 : 변경 전 직경(관경)〔mm〕

☆☆☆

문제 02

사무실 건물의 지하층에 있는 발전기실에 화재안전기준과 다음 조건에 따라 전역방출방식(표면화재) 이산화탄소 소화설비를 설치하려고 한다. 다음 각 물음에 답하시오. (22.5.문1, 19.11.문1, 15.7.문6, 04.10.문5)

득점	배점
	6

〔조건〕

① 소화설비는 고압식으로 한다.

② 발전기실의 크기 : 가로 7m×세로 10m×높이 5m

발전기실의 개구부 크기 : 1.8m×3m×2개소(자동폐쇄장치 있음)

③ 가스용기 1본당 충전량 : 45kg

(가) 가스용기는 몇 본이 필요한가?

○ 계산과정 :

○ 답 :

(나) 선택밸브 직후의 유량은 몇 kg/s인가?
○ 계산과정 :
○ 답 :
(다) 음향경보장치는 약제방사 개시 후 얼마 동안 경보를 계속할 수 있어야 하는가?
(라) 가스용기의 개방밸브는 작동방식에 따라 3가지로 분류된다. 그 명칭을 쓰시오.
○
○
○

해답
(가) ○ 계산과정 : $\frac{280}{45}=6.2 ≒ 7$본
○ 답 : 7본
(나) ○ 계산과정 : $\frac{45\times 7}{60}=5.25\text{kg/s}$
○ 답 : 5.25kg/s
(다) 1분 이상
(라) ① 전기식
② 가스압력식
③ 기계식

해설 **표면화재**의 **약제량** 및 **개구부가산량**(NFPC 106 5조, NFTC 106 2.2.1.1)

방호구역체적	약제량	개구부가산량(자동폐쇄장치 미설치시)	최소저장량
45m³ 미만	1kg/m³	5kg/m²	45kg
45~150m³ 미만	0.9kg/m³		
150~1450m³ 미만 →	0.8kg/m³		135kg
1450m³ 이상	0.75kg/m³		1125kg

방호구역체적$=(7\times 10\times 5)\text{m}^3=350\text{m}^3$

- 350m³로서 150~1450m³ 미만이므로 약제량은 **0.8kg/m³** 적용

(가) **CO_2 저장량**[kg]
=**방**호구역체적[m³]×**약**제량[kg/m³]×**보**정계수**+개**구부면적[m²]×개구부가**산**량[kg/m²]

기억법 **방약보+개산**

=(7×10×5)m³×0.8kg/m³ = 280kg

저장용기 본수$=\frac{\text{약제저장량}}{\text{충전량}}=\frac{280\text{kg}}{45\text{kg}}=6.2 ≒ 7$본

- 최소저장량인 135kg보다 크므로 그대로 적용
- 보정계수는 주어지지 않았으므로 무시
- [조건 ②]에서 자동폐쇄장치가 있으므로 개구부면적 및 개구부가산량 제외
- [조건 ③]에서 충전량은 **45kg**이다.
- 저장용기 본수 산정시 계산결과에서 소수가 발생하면 반드시 **절상**

(나) 선택밸브 직후의 유량$=\frac{\text{1병당 저장량[kg]}\times\text{병수}}{\text{약제방출시간[s]}}=\frac{45\text{kg}\times 7\text{본}}{60\text{s}}=5.25\text{kg/s}$

‖ 약제방사시간 ‖

<table>
<tr><th colspan="2" rowspan="2">소화설비</th><th colspan="2">전역방출방식</th><th colspan="2">국소방출방식</th></tr>
<tr><th>일반건축물</th><th>위험물제조소</th><th>일반건축물</th><th>위험물제조소</th></tr>
<tr><td colspan="2">할론소화설비</td><td>10초 이내</td><td rowspan="2">30초 이내</td><td>10초 이내</td><td rowspan="4">30초 이내</td></tr>
<tr><td colspan="2">분말소화설비</td><td>30초 이내</td><td rowspan="3">30초 이내</td></tr>
<tr><td rowspan="2">CO_2 소화설비</td><td>표면화재 ⟶</td><td>1분 이내</td><td rowspan="2">60초 이내</td></tr>
<tr><td>심부화재</td><td>7분 이내</td></tr>
</table>

- 문제에서 전역방출방식(**표면화재**)이고, 발전기실은 **일반건축물**에 설치하므로 약제방출시간은 **1분** 적용
- **표면화재** : 가연성 액체 · 가연성 가스
- **심부화재** : 종이 · 목재 · 석탄 · 섬유류 · 합성수지류

비교

(1) 선택밸브 직후의 유량$=\dfrac{\text{1병당 저장량[kg]} \times \text{병수}}{\text{약제방출시간[s]}}$

(2) 방사량$=\dfrac{\text{1병당 저장량[kg]} \times \text{병수}}{\text{헤드수} \times \text{약제방출시간[s]}}$

(3) 약제의 유량속도 $=\dfrac{\text{1병당 충전량[kg]} \times \text{병수}}{\text{약제방출시간[s]}}$

(4) 분사헤드수$=\dfrac{\text{1병당 저장량[kg]} \times \text{병수}}{\text{헤드 1개의 표준방사량[kg]}}$

(5) 개방밸브(용기밸브) 직후의 유량$=\dfrac{\text{1병당 충전량[kg]}}{\text{약제방출시간[s]}}$

(다) **약제방사 후 경보장치**의 **작동시간**

- 분말소화설비
- 할론소화설비
- CO_2 소화설비

─ **1분** 이상

(라) CO_2 소화약제 저장용기의 개방밸브는 **전기식 · 가스압력식** 또는 **기계식**에 의하여 자동으로 개방되고 수동으로도 개방되는 것으로서 안전장치가 부착된 것으로 해야 한다. 이 중에서 **전기식**과 **가스압력식**이 일반적으로 사용

- 가스압력식=가스가압식

☆☆☆

문제 03

다음 조건을 기준으로 옥내소화전설비에 대한 물음에 답하시오.

(19.6.문4, 18.6.문7, 15.11.문1, 14.4.문3, 13.4.문9, 07.7.문2)

득점	배점
	7

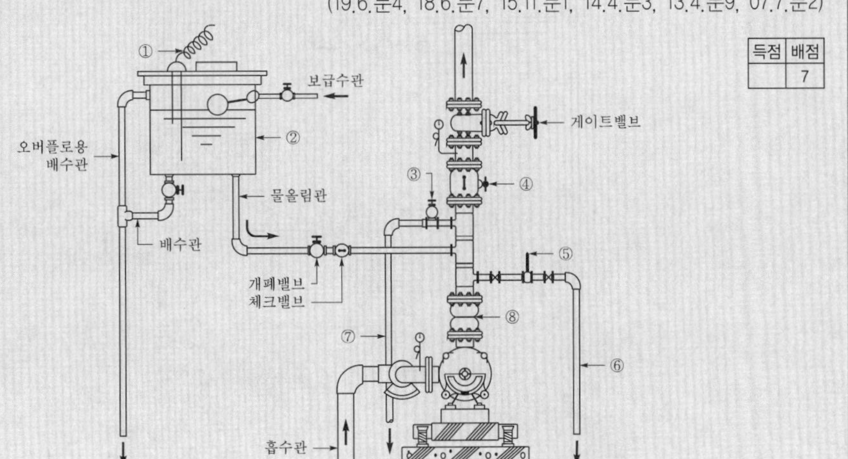

(가) 그림에서 ①, ②, ③, ④, ⑤, ⑥, ⑦, ⑧번의 명칭을 기입하시오.
①
②
③
④
⑤
⑥
⑦
⑧

(나) 펌프의 정격토출압력이 1MPa일 때, 기호 ③은 최대 몇 MPa에서 개방되도록 해야 하는지 구하시오.
○ 계산과정 :
○ 답 :

(다) 기호 ②에 연결된 급수배관의 최소구경[mm] 기준을 쓰시오.
○

(라) 기호 ②의 최소용량[L]을 쓰시오.
○

해답 (가) ① 감수경보장치
② 물올림수조
③ 릴리프밸브
④ 체크밸브
⑤ 유량계
⑥ 성능시험배관
⑦ 순환배관
⑧ 플렉시블 조인트

(나) ○ 계산과정 : $1 \times 1.4 = 1.4\text{MPa}$
○ 답 : 1.4MPa

(다) 15mm

(라) 100L

해설 (가)

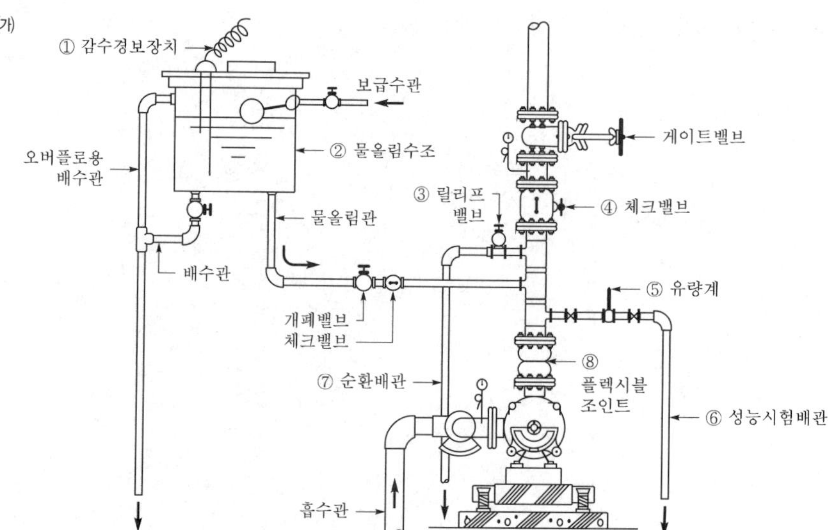

기 호	명 칭	설 명
①	**감수경보장치**	물올림수조에 물이 부족할 경우 **감시제어반**에 **신호**를 보내는 장치
②	**물올림수조**	펌프와 풋밸브 사이의 흡입관 내에 물을 항상 채워주기 위해 필요한 수조
③	**릴리프밸브**	체절운전시 체절압력 미만에서 개방되는 밸브('**안전밸브**'라고 쓰면 틀림)
④	**체크밸브**	펌프토출측의 물이 **자연압**에 의해 아래로 내려오는 것을 막기 위한 밸브('**스모렌스키 체크밸브**'라고 써도 정답)
⑤	**유량계**	펌프의 **성능시험**시 **유량측정**계기
⑥	**성능시험배관**	체절운전시 정격토출압력의 **140%**를 초과하지 아니하고, 정격토출량의 **150%**로 운전시 정격토출압력의 **65%** 이상이 되는지 시험하는 배관
⑦	**순환배관**	**펌프**의 체절운전시 **수온**의 **상승**을 **방지**하기 위한 배관
⑧	**플렉시블 조인트**	**펌프**의 **진동흡수**

비교

(1) **플렉시블 조인트** vs **플렉시블 튜브**

구 분	플렉시블 조인트	플렉시블 튜브
용도	펌프의 진동흡수	구부러짐이 많은 배관에 사용
설치장소	펌프의 흡입측 · 토출측	저장용기~집합관 설비
도시기호	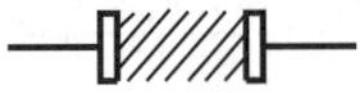	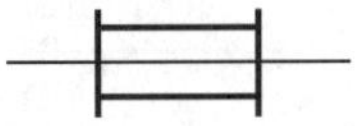
설치 예	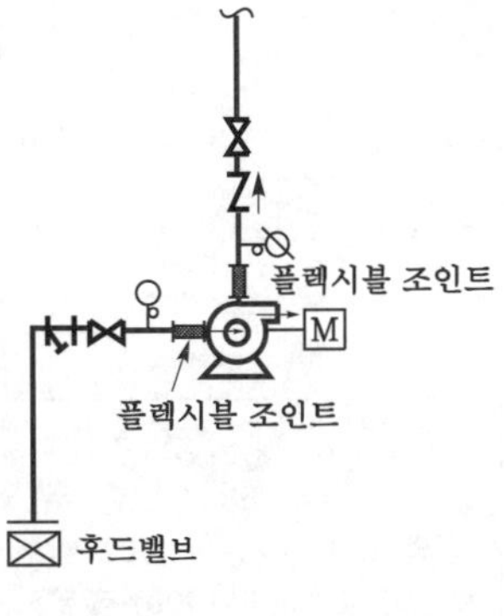 플렉시블 조인트, 플렉시블 조인트, M, 후드밸브	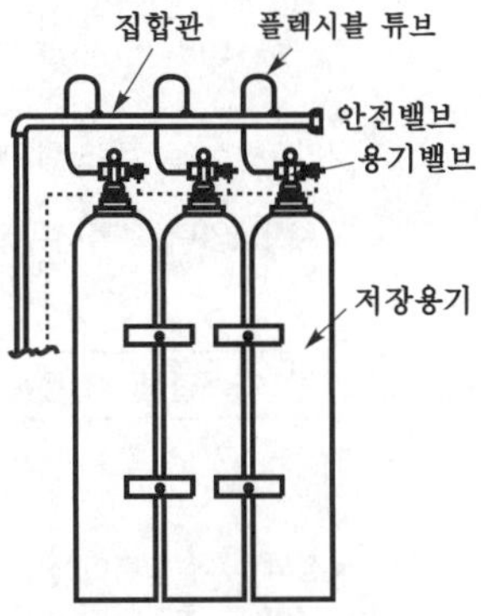 집합관, 플렉시블 튜브, 안전밸브, 용기밸브, 저장용기

(2) **릴리프밸브** vs **안전밸브**

구 분	릴리프밸브	안전밸브
정의	**수계 소화설비**에 사용되며 조작자가 작동압력을 임의로 조정할 수 있다.	**가스계 소화설비**에 사용되며 작동압력은 제조사에서 설정되어 생산되며 조작자가 작동압력을 임의로 조정할 수 없다.
적응유체	**액체**	**기체** 기억법 **기안**(기안 올리기)
개방형태	설정 압력 초과시 **서서히 개방**	설정 압력 초과시 **순간적**으로 완전 **개방**
작동압력 조정	조작자가 작동압력 **조정 가능**	조작자가 작동압력 **조정 불가**

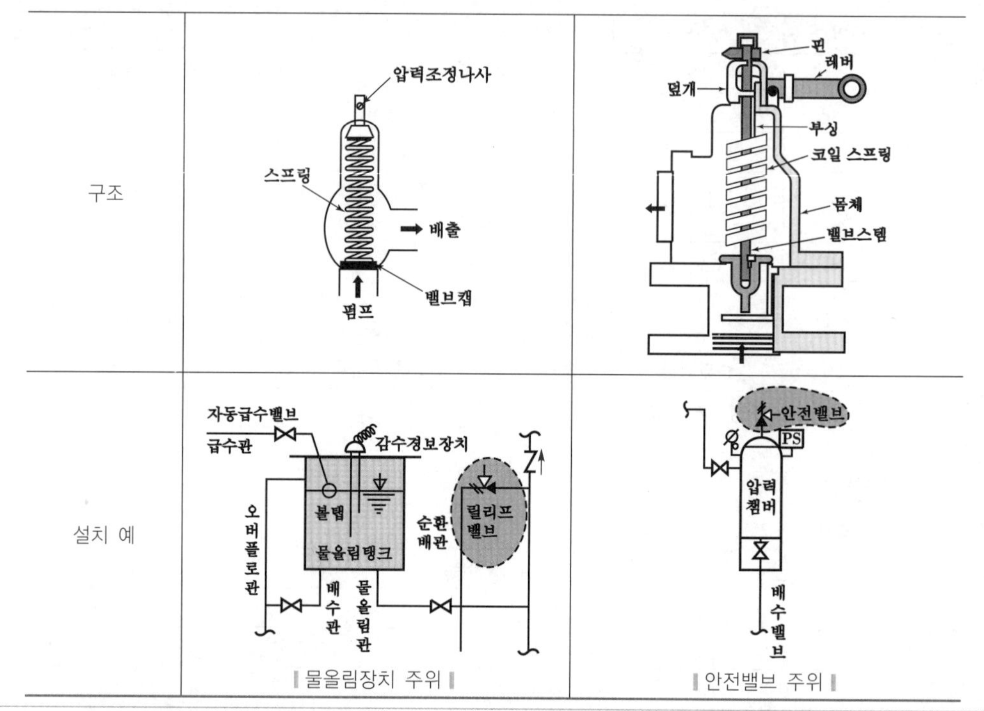

‖ 물올림장치 주위 ‖ ‖ 안전밸브 주위 ‖

(나)

- 릴리프밸브의 작동압력은 **체절압력 미만**으로 설정하여야 한다. 체절압력은 **정격토출압력**(정격압력)의 **140%** 이하이므로 릴리프밸브의 작동압력=정격토출압력×1.4

릴리프밸브의 작동압력(개방압력)=정격토출압력×1.4=1MPa×1.4=**1.4MPa**

- 최대압력을 물어봤으므로 이 문제에서는 '**이하**'까지 쓸 필요없음

‖ 체절점 · 설계점 · 150% 유량점(NFPC 102 5조, NFTC 102 2.2.1.7) ‖

체절점(체절운전점)	설계점	150% 유량점(운전점)
정격토출양정×1.4	정격토출양정×1.0	정격토출양정×0.65
• **정의** : 체절압력이 정격토출압력의 **140%**를 **초과**하지 아니하는 점 • 정격토출압력(양정)의 **140%**를 **초과**하지 아니하여야 하므로 정격토출양정에 **1.4**를 곱하면 된다. • 140%를 초과하지 아니하여야 하므로 '**이하**'라는 말을 반드시 쓸 것	• **정의** : 정격토출량의 **100%**로 운전시 정격토출압력의 **100%**로 운전하는 점 • 펌프의 성능곡선에서 설계점은 **정격토출양정**의 **100%** 또는 **정격토출량**의 **100%**이다. • 설계점은 '**이상**', '**이하**'라는 말을 쓰지 않는다.	• **정의** : 정격토출량의 **150%**로 운전시 정격토출압력의 **65% 이상**으로 운전하는 점 • 정격토출량의 **150%**로 운전시 정격토출압력(양정)의 **65% 이상**이어야 하므로 정격토출양정에 **0.65**를 곱하면 된다. • 65% 이상이어야 하므로 '**이상**'이라는 말을 반드시 쓸 것

- 체절점=체절운전점=무부하시험
- 설계점=100% 운전점=100% 유량운전점=정격운전점=정격부하운전점=정격부하시험
- 150% 유량점=150% 운전점=150% 유량운전점=최대운전점=과부하운전점=피크부하시험

(다), (라) **용량** 및 **구경**

구 분	설 명
급수배관 구경 →	**15mm** 이상
순환배관 구경	**20mm** 이상(정격토출량의 **2~3%** 용량)
물올림관 구경	**25mm** 이상(높이 **1m** 이상)
오버플로관 구경	**50mm** 이상
물올림수조 용량 →	**100L** 이상
압력챔버의 용량	**100L** 이상

• 최소구경, 최소용량을 물어보았으면 **'이상'**까지 쓰지 않아도 된다.

☆

문제 04

그림과 같이 연결송수관설비를 설치하려고 한다. 다음 각 물음에 답하시오.

(17.4.문11, 15.4.문7, 13.7.문6, 09.4.문12)

득점	배점
	5

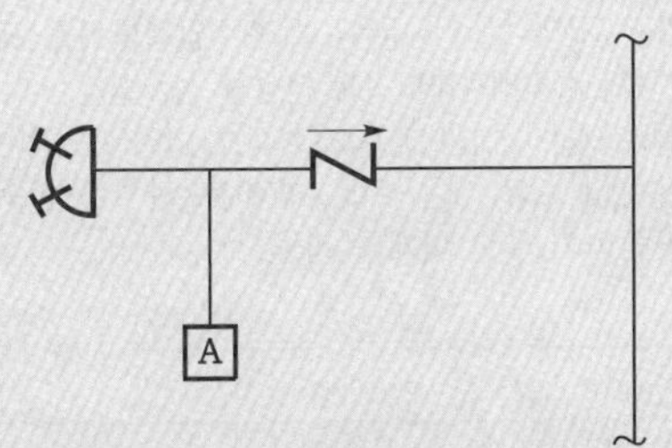

(가) 연결송수관설비는 습식, 건식 중 어떤 것에 해당하는지 고르시오.
  ○습식 / 건식

(나) A부분의 명칭과 도시기호를 그리시오.
  ○명칭 :
  ○도시기호 :

(다) A의 설치목적을 쓰시오.
  ○

해답 (가) 습식
(나) ○명칭 : 자동배수밸브
  ○도시기호 :
(다) 배관의 동파 및 부식 방지

해설 (가)

• 자동배수밸브( )가 **1개**만 있으므로 **습식**, 자동배수밸브가 **2개** 있으면 **건식**

연결송수관설비의 **송수구 설치기준**(NFPC 502 4조, NFTC 502 2.1.1)

① 송수구의 부근에는 자동배수밸브 및 체크밸브를 다음의 기준에 따라 설치할 것. 이 경우 자동배수밸브는 배관 안의 물이 잘 빠질 수 있는 위치에 설치하되, 배수로 인하여 다른 물건이나 장소에 피해를 주지 않아야 한다.
  ㉠ **습식**의 경우에는 **송수구 · 자동배수밸브 · 체크밸브**의 순으로 설치할 것

기억법 **송자체습(송자**는 **채식**주의자)

㉡ **건식**의 경우에는 **송수구 · 자동배수밸브 · 체크밸브 · 자동배수밸브**의 순으로 설치할 것

습 식	건 식
송수구 → 자동배수밸브 → 체크밸브	송수구 → 자동배수밸브 → 체크밸브 → 자동배수밸브 기억법 송자체자건

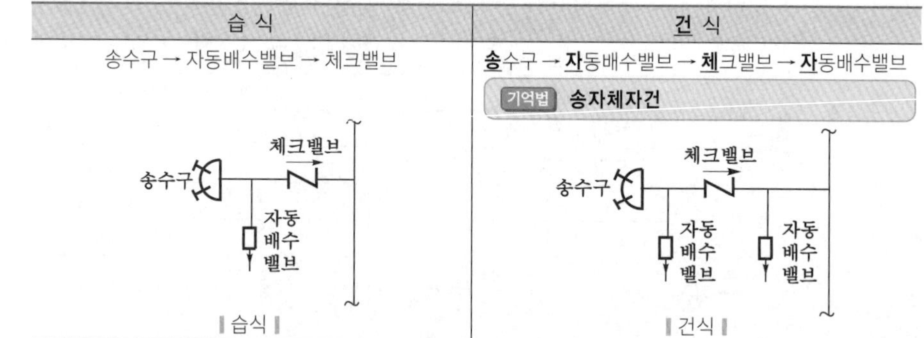

‖습식‖ ‖건식‖

② 소방차가 쉽게 접근할 수 있고 잘 보이는 장소에 설치하되 화재층으로부터 지면으로 떨어지는 유리창 등이 송수 및 그 밖의 소화작업에 지장을 주지 않는 장소에 설치할 것
③ 지면으로부터 높이가 **0.5~1m 이하**의 위치에 설치할 것
④ 송수구는 화재층으로부터 지면으로 떨어지는 유리창 등이 송수 및 그 밖의 소화작업에 지장을 주지 않는 장소에 설치할 것
⑤ 구경 **65mm**의 **쌍구형**으로 할 것
⑥ 송수구에는 그 가까운 곳의 보기 쉬운 곳에 **송수압력범위**를 표시한 표지를 할 것
⑦ 송수구는 연결송수관의 **수직배관마다 1개 이상**을 설치할 것. 다만, 하나의 건축물에 설치된 각 수직배관이 중간에 개폐밸브가 설치되지 아니한 배관으로 상호 연결되어 있는 경우에는 건축물마다 **1개**씩 설치할 수 있다.
⑧ 송수구에는 가까운 곳의 보기 쉬운 곳에 "**연결송수관설비 송수구**"라고 표시한 **표지**를 설치할 것
⑨ **송수구**에는 이물질을 막기 위한 **마개**를 씌울 것

비교

연결살수설비 송수구 설치기준(NFPC 503 4조, NFTC 503 2.1.3)

폐쇄형 헤드사용설비	개방형 헤드사용설비
송수구 → 자동배수밸브 → 체크밸브	송수구 → 자동배수밸브 기억법 송자개

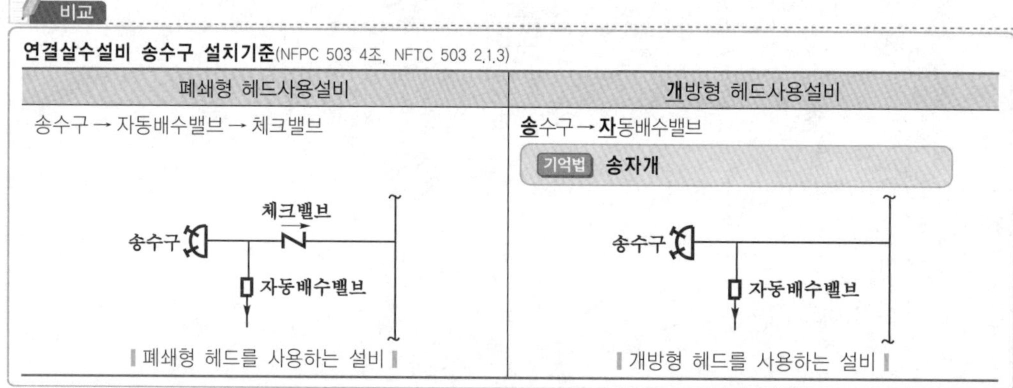

‖폐쇄형 헤드를 사용하는 설비‖ ‖개방형 헤드를 사용하는 설비‖

(나)

• **'자동배수밸브'**가 정답! **'자동배수설비'**가 아님

‖도시기호‖

분 류	명 칭	도시기호
밸브류	솔레노이드밸브	
	모터밸브	
	릴리프밸브 (이산화탄소용)	

밸브류	릴리프밸브 (일반)	
	동체크밸브	
	앵글밸브	
	풋밸브	
	볼밸브	
	배수밸브	
	자동배수밸브 질문 (나)	
	여과망	
	자동밸브	
	감압밸브	
	공기조절밸브	

(다)

- 더 길게 쓰고 싶은 사람은 '**배관 내에 고인물을 자동으로 배수시켜 동파 및 부식방지**'라고 써도 정답!

연결송수구 부분은 노출되어 있으므로 배관에 물이 고여있을 경우 배관의 **동파** 및 **부식**의 우려가 있으므로 자동배수밸브(auto drip)를 설치하여 설비를 사용한 후에는 배관 내에 고인 물을 **자동**으로 **배수**시키도록 되어 있다.

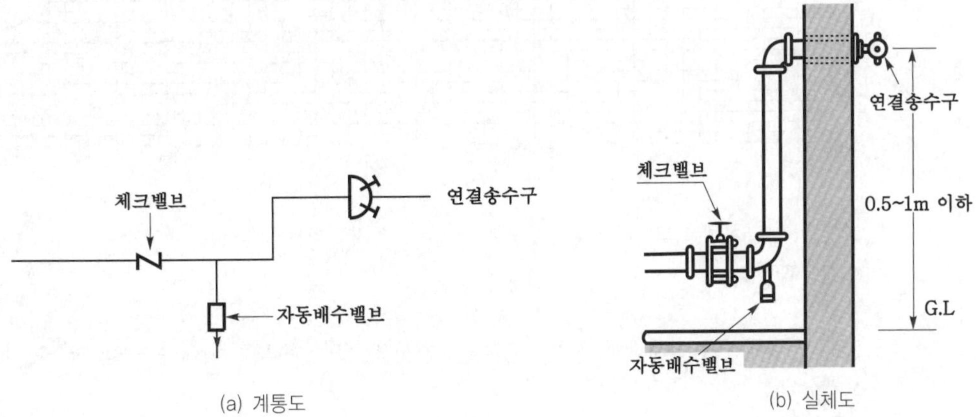

(a) 계통도 (b) 실체도

‖ 습식 연결송수관설비 자동배수밸브의 설치 ‖

☆☆☆
문제 05

연결송수관설비가 겸용된 옥내소화전설비가 설치된 5층 건물이 있다. 옥내소화전이 1~4층에 4개씩, 5층에 7개일 때 조건을 참고하여 다음 각 물음에 답하시오. (20.11.문1, 17.6.문14, 15.11.문4, 11.7.문11)

득점	배점
	10

[조건]

① 실양정은 20m, 배관의 마찰손실수두는 실양정의 20%, 관부속품의 마찰손실수두는 배관마찰손실수두의 50%로 본다.

② 소방호스의 마찰손실수두값은 호스 100m당 26m이며, 호스길이는 15m이다.

③ 배관의 내경

호칭경	15A	20A	25A	32A	40A	50A	65A	80A	100A
내경(mm)	16.4	21.9	27.5	36.2	42.1	53.2	69	81	105.3

④ 펌프의 효율은 60%이며 전달계수는 1.2이다.

⑤ 성능시험배관의 배관직경 산정기준은 정격토출량의 150%로 운전시 정격토출압력의 65% 기준으로 계산한다.

(가) 펌프의 전양정[m]을 구하시오.
- 계산과정 :
- 답 :

(나) 펌프의 성능곡선이 다음과 같을 때 이 펌프는 화재안전기준에서 요구하는 성능을 만족하는지 여부를 판정하시오. (단, 이유를 쓰고 '적합' 또는 '부적합'으로 표시하시오.)

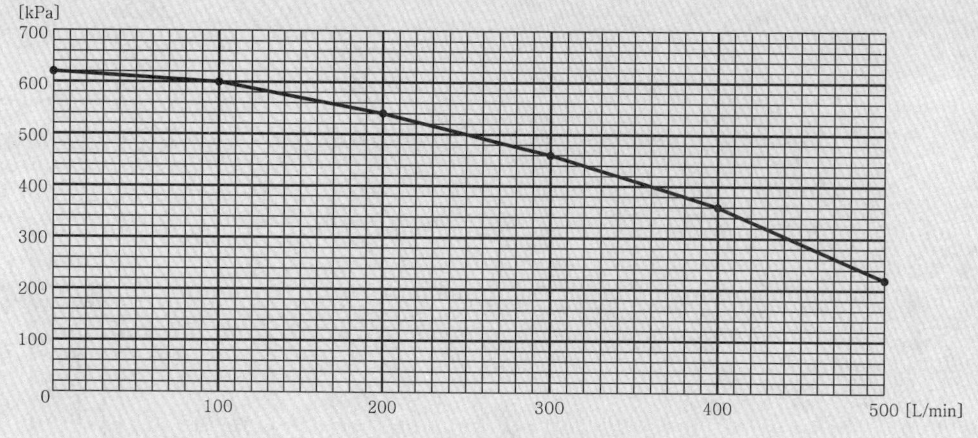

-

(다) 펌프의 성능시험을 위한 유량측정장치의 최대 측정유량[L/min]을 구하시오.
- 계산과정 :
- 답 :

(라) 토출측 주배관에서 배관의 최소 구경을 구하시오. (단, 유속은 최대 유속을 적용한다.)
- 계산과정 :
- 답 :

(마) 펌프의 동력[kW]을 구하시오.
- 계산과정 :
- 답 :

해답 (가) ○ 계산과정 : $h_1 = 15 \times \frac{26}{100} = 3.9\text{m}$

$h_2 = (20 \times 0.2) + (4 \times 0.5) = 4 + 2 = 6\text{m}$

$h_3 = 20\text{m}$

$H = 3.9 + 6 + 20 + 17 = 46.9\text{m}$

○ 답 : 46.9m

(나) ○ 계산과정 : $Q = 2 \times 130 = 260\text{L/min}$

$260 \times 1.5 = 390\text{L/min}$

$469 \times 0.65 = 304.85\text{kPa}$

○ 답 : 약 375kPa로 304.85kPa 이상이므로 적합

(다) ○ 계산과정 : $260 \times 1.75 = 455\text{L/min}$

○ 답 : 455L/min

(라) ○ 계산과정 : $\sqrt{\frac{4 \times 0.26/60}{\pi \times 4}} \fallingdotseq 0.037\text{m} = 37\text{mm} (\therefore\ 100\text{A})$

○ 답 : 100A

(마) ○ 계산과정 : $\frac{0.163 \times 0.26 \times 46.9}{0.6} \times 1.2 = 3.975 \fallingdotseq 3.98\text{kW}$

○ 답 : 3.98kW

해설 (가) **전양정**

$$H \geq h_1 + h_2 + h_3 + 17$$

여기서, H : 전양정[m]

h_1 : 소방호스의 마찰손실수두[m]

h_2 : 배관 및 관부속품의 마찰손실수두[m]

h_3 : 실양정(흡입양정+토출양정)[m]

h_1 : $15\text{m} \times \frac{26}{100} = 3.9\text{m}$

- **15m** : [조건 ②]에서 소방호스의 길이 적용
- $\frac{26}{100}$: [조건 ②]에서 호스 100m당 26m이므로 $\frac{26}{100}$ 적용

h_2 : 배관의 마찰손실수두=실양정×20%= $20\text{m} \times 0.2$

- 20m : [조건 ①]에서 주어진 값
- 0.2 : [조건 ①]에서 배관의 마찰손실수두는 실양정의 20%이므로 0.2 적용

h_2 : 관부속품의 마찰손실수두=배관의 마찰손실수두×50%=4m×0.5

- [조건 ①]에서 관부속품의 마찰손실수두=배관의 마찰손실수두×50%
- 4m : 바로 위에서 구한 배관의 마찰손실수두
- 0.5 : [조건 ①]에서 50%=0.5 적용

h_3 : 20m

- 20m : [조건 ①]에서 주어진 값

전양정 $H = h_1 + h_2 + h_3 + 17 = 3.9\text{m} + [(20\text{m} \times 0.2) + (4\text{m} \times 0.5)] + 20\text{m} + 17 = 46.9\text{m}$

(나) ① **체절점 · 설계점 · 150% 유량점**(NFPC 102 5조, NFTC 102 2.2.1.7)

체절점(체절운전점)	설계점	150% 유량점(운전점)
정격토출양정×1.4	정격토출양정×1.0	정격토출양정×0.65
• **정의** : 체절압력이 정격토출압력의 **140%**를 **초과**하지 아니하는 점 • 정격토출압력(양정)의 **140%**를 **초과**하지 아니하여야 하므로 정격토출양정에 **1.4**를 곱하면 된다. • 140%를 초과하지 아니하여야 하므로 '**이하**'라는 말을 반드시 쓸 것	• **정의** : 정격토출량의 **100%**로 운전 시 정격토출압력의 **100%**로 운전하는 점 • 펌프의 성능곡선에서 설계점은 **정격토출양정**의 **100%** 또는 **정격토출량**의 **100%**이다. • 설계점은 '**이상**', '**이하**'라는 말을 쓰지 않는다.	• **정의** : 정격토출량의 **150%**로 운전 시 정격토출압력의 **65% 이상**으로 운전하는 점 • 정격토출량의 **150%**로 운전시 정격토출압력(양정)의 **65% 이상**이어야 하므로 정격토출양정에 **0.65**를 곱하면 된다. • 65% 이상이어야 하므로 '**이상**'이라는 말을 반드시 쓸 것

• 체절점=체절운전점=무부하시험
• 설계점=100% 운전점=100% 유량운전점=정격운전점=정격부하운전점=정격부하시험
• 150% 유량점=150% 운전점=150% 유량운전점=최대운전점=과부하운전점=피크부하시험

② **150% 운전유량**

옥내소화전 정격유량(정격토출량)

$$Q = N \times 130\text{L/min}$$

여기서, Q : 유량(토출량)[L/min]

N : 가장 많은 층의 소화전개수(30층 미만 : **최대 2개**, 30층 이상 : **최대 5개**)

펌프의 **정격토출량** Q는

$Q = N \times 130\text{L/min} = 2 \times 130\text{L/min} = 260\text{L/min}$

• 문제에서 가장 많은 소화전개수 N=**2개**

150% 운전유량=정격토출량×1.5 $= 260\text{L/min} \times 1.5 = 390\text{L/min}$

③ **150% 토출압력**

150% 토출압력=정격토출압력×0.65 $= 469\text{kPa} \times 0.65 = 304.85\text{kPa}$ 이상

정격토출압력=46.9m ≒ 0.469MPa=469kPa(100m=1MPa, 1MPa=1000kPa)

• 46.9m : (가)에서 구한 값

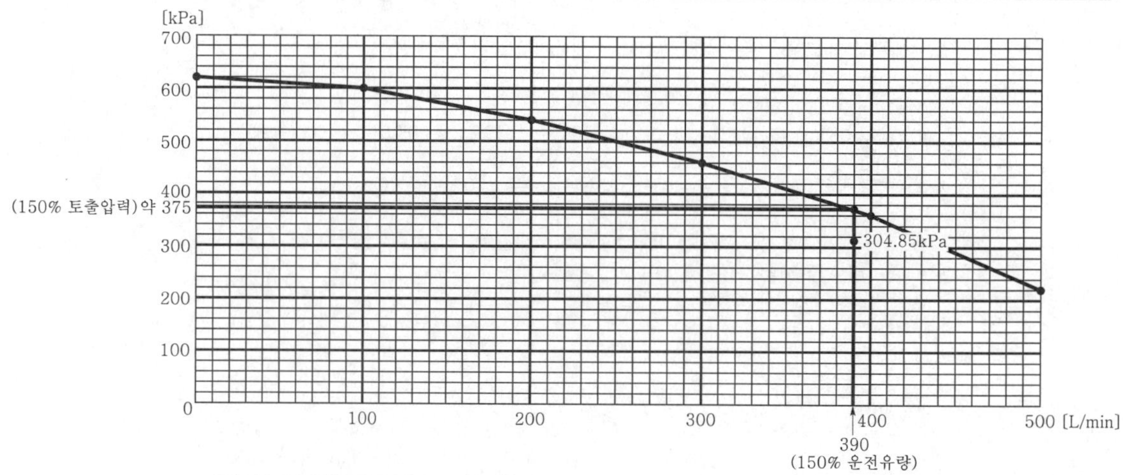

• 위 그래프에서 150% 운전유량 390L/min일 때 토출압력은 약 375kPa가 되어 150% 토출압력 304.85kPa 이상이 되므로 **적합**함

(다)

유량측정장치의 최대 측정유량=펌프의 정격토출량×1.75

=260L/min×1.75=455L/min

- 유량측정장치는 펌프의 정격토출량의 **175%** 이상 측정할 수 있어야 하므로 유량측정장치의 성능은 펌프의 **정격토출량**×**1.75**가 된다.
- **260L/min** : (나)에서 구한 값

(라)

$$Q = AV = \frac{\pi D^2}{4} V$$

여기서, Q : 유량〔m^3/s〕
A : 단면적〔m^2〕
V : 유속〔m/s〕
D : 내경〔m〕

$$Q = \frac{\pi D^2}{4} V$$ 에서

배관의 **내경** D는

$$D = \sqrt{\frac{4Q}{\pi V}} = \sqrt{\frac{4 \times 260\text{L/min}}{\pi \times 4\text{m/s}}} = \sqrt{\frac{4 \times 0.26\text{m}^3/\text{min}}{\pi \times 4\text{m/s}}} = \sqrt{\frac{4 \times 0.26\text{m}^3/60\text{s}}{\pi \times 4\text{m/s}}} \fallingdotseq 0.037\text{m} = 37\text{mm}$$

- Q**(260L/min)** : (나)에서 구한 값
- 배관 내의 유속

설 비		유 속
옥내소화전설비 →		4m/s 이하
스프링클러설비	가지배관	6m/s 이하
	기타배관	10m/s 이하

- 〔단서〕에서 **최대 유속**을 적용하라고 했으므로 위 표에서 **4m/s** 적용

‖ 배관의 내경 ‖

호칭경	15A	20A	25A	32A	40A	50A	65A	80A	100A
내경〔mm〕	16.4	21.9	27.5	36.2	42.1	53.2	69	81	105.3

- 내경 **37mm** 이상이므로 호칭경은 40A이지만 **연결송수관설비**가 **겸용**이므로 **100A** 선정
- 성능시험배관은 최소 구경이 정해져 있지 않지만 다음의 배관은 최소 구경이 정해져 있으므로 주의하자!

구 분	구 경
주배관 중 **수직배관**, 펌프 토출측 **주배관**	**50A 이상**
연결송수관인 방수구가 연결된 경우(연결송수관설비의 배관과 겸용할 경우) →	**100A 이상**

(마) **전동기**의 **용량**

$$P = \frac{0.163QH}{\eta} K$$

여기서, P : 전동력〔kW〕
Q : 유량〔m^3/min〕
H : 전양정〔m〕
K : 전달계수
η : 효율

전동기의 **용량** P는

$$P = \frac{0.163QH}{\eta} K = \frac{0.163 \times 0.26\text{m}^3/\text{min} \times 46.9\text{m}}{0.6} \times 1.2 = 3.975 \fallingdotseq 3.98\text{kW}$$

- 46.9m : (가)에서 구한 값
- $0.26m^3/min$: (나)에서 $260L/min=0.26m^3/min(1000L=1m^3)$
- η(효율) : [조건 ④]에서 **60%=0.6**
- K(전달계수) : [조건 ④]에서 **1.2**

문제 06

다음은 승강식 피난기 및 하향식 피난구용 내림식 사다리의 설치기준이다. ( ) 안을 완성하시오.

(20.5.문6)

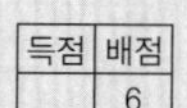

득점	배점
	6

- ○ 대피실의 면적은 (①)m^2(2세대 이상일 경우에는 $3m^2$) 이상으로 하고, 「건축법 시행령」 제46조 제4항의 규정에 적합하여야 하며 하강구(개구부) 규격은 직경 60cm 이상일 것. 단, 외기와 개방된 장소에는 그러하지 아니한다.
- ○ 하강구 내측에는 기구의 연결금속구 등이 없어야 하며 전개된 피난기구는 하강구 수평투영면적 공간 내의 범위를 침범하지 않는 구조이어야 할 것. 단, 직경 (②)cm 크기의 범위를 벗어난 경우이거나, 직하층의 바닥면으로부터 높이 50cm 이하의 범위는 제외한다.
- ○ 대피실의 출입문은 (③) 또는 (④)으로 설치하고, 피난방향에서 식별할 수 있는 위치에 "대피실" 표지판을 부착할 것. 단, 외기와 개방된 장소에는 그러하지 아니한다.
- ○ 착지점과 하강구는 상호 수평거리 (⑤)cm 이상의 간격을 둘 것
- ○ 승강식 피난기는 (⑥) 또는 법 제42조 제1항에 따라 성능시험기관으로 지정받은 기관에서 그 성능을 검증받은 것으로 설치할 것

해답

① 2
② 60
③ 60분+방화문
④ 60분 방화문
⑤ 15
⑥ 한국소방산업기술원

해설

- 기호 ③, ④는 답이 서로 바뀌어도 정답

승강식 피난기 및 **하향식 피난구용 내림식 사다리**의 **설치기준**(NFPC 301 5조 ③항, NFTC 301 2.1.3.9)

(1) 승강식 피난기 및 하향식 피난구용 내림식 사다리는 설치경로가 설치층에서 **피난층**까지 연계될 수 있는 구조로 설치할 것(단, 건축물 규모가 **지상 5층 이하**로서, 구조 및 설치 여건상 불가피한 경우는 제외)
(2) 대피실의 면적은 **$2m^2$(2세대 이상**일 경우에는 **$3m^2$**) 이상으로 하고, 건축법 시행령 제46조 제④항의 규정에 적합하여야 하며 하강구(개구부) 규격은 직경 **60cm** 이상일 것(단, 외기와 개방된 장소는 제외) 질문 ①②
(3) 하강구 내측에는 기구의 **연결금속구** 등이 없어야 하며 전개된 피난기구는 하강구 수평투영면적 공간 내의 범위를 침범하지 않은 구조이어야 할 것(단, 직경 **60cm** 크기의 범위를 벗어난 경우이거나, 직하층의 바닥면으로부터 높이 **50cm** 이하의 범위는 제외)
(4) 대피실의 출입문은 **60분+방화문** 또는 **60분 방화문**으로 설치하고, 피난방향에서 식별할 수 있는 위치에 **"대피실"** 표지판을 부착할 것(단, 외기와 개방된 장소는 제외) 질문 ③④
(5) 착지점과 하강구는 상호 **수평거리 15cm** 이상의 간격을 둘 것 질문 ⑤
(6) 대피실 내에는 **비상조명등**을 설치할 것
(7) 대피실에는 **층**의 **위치표시**와 **피난기구 사용설명서** 및 **주의사항 표지판**을 부착할 것

(8) 대피실 출입문이 개방되거나, 피난기구 작동시 해당층 및 직하층 거실에 설치된 **표시등** 및 **경보장치**가 작동되고, **감시제어반**에서는 피난기구의 작동을 확인할 수 있어야 할 것
(9) 사용시 기울거나 흔들리지 않도록 설치할 것
(10) 승각식 피난기는 **한국소방산업기술원** 또는 성능시험기관으로 지정받은 기관에서 그 성능을 검증받은 것으로 설치할 것 질문 ⑥

☆☆☆
문제 07

소화펌프 기동시 일어날 수 있는 맥동현상(surging)의 정의 및 방지대책 2가지를 쓰시오.

(15.7.문13, 14.11.문8, 10.7.문9)

득점	배점
	6

(가) 정의
  ○
(나) 방지대책
  ○
  ○

해답 (가) 진공계 · 압력계가 흔들리고 진동과 소음이 발생하며 펌프의 토출유량이 변하는 현상
(나) ○ 배관 중에 불필요한 수조 제거
  ○ 풍량 또는 토출량을 줄임

해설 **관 내에서 발생하는 현상**
(1) **맥동현상**(surging)

구 분	설 명
정 의 질문 (가)	유량이 단속적으로 변하여 펌프 입출구에 설치된 **진공계 · 압력계**가 흔들리고 **진동**과 **소음**이 발생하며 펌프의 **토출유량**이 **변하는 현상**
발생원인	① 배관 중에 **수조**가 있을 때 ② 배관 중에 **기체상태**의 부분이 있을 때 ③ **유량조절밸브**가 배관 중 수조의 위치 **후방**에 있을 때 ④ 펌프의 특성곡선이 **산모양**이고 운전점이 그 **정상부**일 때
방지대책 질문 (나)	① 배관 중에 불필요한 수조를 없앤다. ② 배관 내의 기체(공기)를 제거한다. ③ 유량조절밸브를 배관 중 수조의 전방에 설치한다. ④ 운전점을 고려하여 적합한 펌프를 선정한다. ⑤ **풍량** 또는 **토출량**을 줄인다.

(2) **수격작용**(water hammering)

구 분	설 명
정 의	① 배관 속의 물흐름을 급히 차단하였을 때 동압이 정압으로 전환되면서 일어나는 쇼크현상 ② 배관 내를 흐르는 유체의 유속을 급격하게 변화시키므로 압력이 상승 또는 하강하여 **관로**의 **벽면**을 **치는 현상**
발생원인	① 펌프가 갑자기 정지할 때 ② 급히 밸브를 개폐할 때 ③ 정상운전시 유체의 압력변동이 생길 때
방지대책	① 관의 관경(직경)을 크게 한다. ② 관 내의 유속을 낮게 한다(관로에서 일부 고압수를 방출한다). ③ 조압수조(surge tank)를 관선(배관선단)에 설치한다. ④ **플라이휠**(fly wheel)을 설치한다. ⑤ 펌프 송출구(토출측) 가까이에 밸브를 설치한다. ⑥ 에어챔버(air chamber)를 설치한다.

(3) **공동현상**(cavitation)

구 분	설 명
정 의	펌프의 흡입측 배관 내의 물의 정압이 기존의 증기압보다 낮아져서 기포가 발생되어 물이 흡입되지 않는 현상
발생현상	① 소음과 진동발생 ② 관 부식 ③ **임펠러**의 **손상**(수차의 날개를 해친다.) ④ 펌프의 성능저하
발생원인	① 펌프의 흡입수두가 클 때(소화펌프의 흡입고가 클 때) ② 펌프의 마찰손실이 클 때 ③ 펌프의 임펠러속도가 클 때 ④ 펌프의 설치위치가 수원보다 높을 때 ⑤ 관 내의 수온이 높을 때(물의 온도가 높을 때) ⑥ 관 내의 물의 정압이 그때의 증기압보다 낮을 때 ⑦ 흡입관의 구경이 작을 때 ⑧ 흡입거리가 길 때 ⑨ 유량이 증가하여 펌프물이 과속으로 흐를 때
방지대책	① 펌프의 흡입수두를 **작게** 한다. ② 펌프의 마찰손실을 **작게** 한다. ③ 펌프의 **임펠러속도**(회전수)를 **작게** 한다. ④ 펌프의 설치위치를 수원보다 **낮게** 한다. ⑤ 양흡입펌프를 사용한다(펌프의 흡입측을 가압한다). ⑥ 관 내의 물의 정압을 그때의 증기압보다 **높게** 한다. ⑦ 흡입관의 구경을 **크게** 한다. ⑧ 펌프를 **2대** 이상 설치한다.

(4) **에어 바인딩**(air binding)=**에어 바운드**(air bound)

구 분	설 명
정 의	펌프 내에 공기가 차있으면 공기의 밀도는 물의 밀도보다 작으므로 수두를 감소시켜 송액이 되지 않는 현상
발생원인	펌프 내에 공기가 차있을 때
방지대책	① 펌프 작동 전 **공기**를 **제거**한다. ② **자동공기제거펌프**(self-priming pump)를 사용한다.

☆☆☆

문제 08

무대부 또는 연소할 우려가 있는 개구부에 설치해야 하는 스프링클러설비 방식을 쓰시오.

(18.11.문2, 17.11.문3, 15.4.문4, 01.11.문11)

○

득점	배점
	3

해답 일제살수식 스프링클러설비

해설

- 무대부 또는 연소할 우려가 있는 개구부에는 **개방형 헤드**를 설치하므로 **일제살수식 스프링클러설비**가 정답!
- '일제살수식 스프링클러설비'를 **일제살수식**만 써도 정답

스프링클러설비의 **화재안전기술기준**(NFPC 103 10조, NFTC 103 2.7.4)
무대부 또는 연소할 우려가 있는 개구부에 있어서는 **개방형 스프링클러헤드**를 설치해야 한다.

‖ 개방형 헤드와 폐쇄형 헤드 ‖

구 분	개방형 헤드	폐쇄형 헤드
차이점	• **감열부**가 **없다.** • **가압수 방출기능**만 있다.	• **감열부**가 **있다.** • **화재감지** 및 **가압수 방출기능**이 있다.
설치장소	• 무대부 • **연소할 우려가 있는 개구부** • 천장이 높은 장소 • 화재가 급격히 확산될 수 있는 장소(위험물 저장 및 처리시설)	• 근린생활시설 • 판매시설(도매시장 · 소매시장 · 백화점 등) • 복합건축물 • 아파트 • 공장 또는 창고(랙식 창고 포함) • 지하가 · 지하역사
적용설비	• **일제살수식** 스프링클러설비	• **습식** 스프링클러설비 • **건식** 스프링클러설비 • **준비작동식** 스프링클러설비 • **부압식** 스프링클러설비
형태		

용어

무대부와 연소할 우려가 있는 개구부

무대부	연소할 우려가 있는 개구부
노래, 춤, 연극 등의 연기를 하기 위해 만들어 놓은 부분	각 방화구획을 관통하는 컨베이어 · 에스컬레이터 또는 이와 비슷한 시설의 주위로서 방화구획을 할 수 없는 부분

☆☆☆

문제 09

가로 20m, 세로 8m, 높이 3m인 발전기실에 할로겐화합물 및 불활성기체 소화약제 중 IG-100을 사용할 경우 조건을 참고하여 다음 각 물음에 답하시오. (19.11.문14, 17.6.문1, 13.4.문2)

득점	배점
	10

〔조건〕

① IG-100의 소화농도는 35.85%이다.

② IG-100의 전체 충전량은 100kg, 충전밀도는 $1.5kg/m^3$이다.

③ 소화약제량 산정시 선형상수를 이용하도록 하며 방사시 기준온도는 10℃이다.

소화약제	K_1	K_2
IG-100	0.7997	0.00293

④ 발전기실은 전기화재로 가정한다.

(가) IG-100의 저장량은 몇 m^3인지 구하시오.

○ 계산과정 :

○ 답 :

(나) 저장용기의 1병당 저장량〔m^3〕을 구하시오.

○ 계산과정 :

○ 답 :

(다) IG-100의 저장용기수는 최소 몇 병인지 구하시오.
 ○ 계산과정 :
 ○ 답 :
(라) 배관의 구경 산정조건에 따라 IG-100의 약제량 방사시 유량은 몇 m^3/s인지 구하시오.
 ○ 계산과정 :
 ○ 답 :

해답 (가) ○ 계산과정 : $C = 35.85 \times 1.35 = 48.397\%$

$S = 0.7997 + 0.00293 \times 10 = 0.829m^3/kg$

$V_s = 0.7997 + 0.00293 \times 20 = 0.8583m^3/kg$

$X = 2.303\left(\frac{0.8583}{0.829}\right) \times \log_{10}\left[\frac{100}{(100-48.397)}\right] \times (20 \times 8 \times 3) = 328.846 ≒ 328.85m^3$

 ○ 답 : $328.85m^3$

(나) ○ 계산과정 : $\frac{100}{1.5} = 66.666 ≒ 66.67m^3$

 ○ 답 : $66.67m^3$

(다) ○ 계산과정 : $\frac{328.85}{66.67} = 4.9 ≒ 5$병

 ○ 답 : 5병

(라) ○ 계산과정 : $2.303\left(\frac{0.8583}{0.829}\right) \times \log_{10}\left[\frac{100}{100-48.397 \times 0.95}\right] \times (20 \times 8 \times 3) = 306.067m^3$

$\frac{306.067}{120} = 2.55m^3/s$

 ○ 답 : $2.55m^3/s$

해설 **소화약제량(저장량)의 산정**(NFPC 107A 4·7조, NFTC 107A 2.1.1, 2.4.1)

구 분	할로겐화합물 소화약제	불활성기체 소화약제
종류	• FC-3-1-10 • HCFC BLEND A • HCFC-124 • HFC-125 • HFC-227ea • HFC-23 • HFC-236fa • FIC-13I1 • FK-5-1-12	• IG-01 • IG-100 • IG-541 • IG-55
공식	$W = \frac{V}{S} \times \left(\frac{C}{100-C}\right)$ 여기서, W : 소화약제의 무게[kg] V : 방호구역의 체적[m^3] S : 소화약제별 선형상수($K_1 + K_2 t$)[m^3/kg] t : 방호구역의 최소 예상온도[℃] C : 체적에 따른 소화약제의 설계농도[%]	$X = 2.303\left(\frac{V_s}{S}\right) \times \log_{10}\left[\frac{100}{(100-C)}\right] \times V$ 여기서, X : 소화약제의 부피[m^3] V_s : 20℃에서 소화약제의 비체적($K_1 + K_2 \times 20℃$)[m^3/kg] S : 소화약제별 선형상수($K_1 + K_2 t$)[m^3/kg] C : 체적에 따른 소화약제의 설계농도[%] t : 방호구역의 최소 예상온도[℃] V : 방호구역의 체적[m^3]

불활성기체 소화약제

‖ABC 화재별 안전계수‖

설계농도	소화농도	안전계수
A급(일반화재)	A급	1.2
B급(유류화재)	B급	1.3
C급(전기화재) →	A급 →	1.35

(가) 설계농도[%]=소화농도[%]×안전계수=35.85%×1.35=48.397%

- IG-100 : **불활성기체 소화약제**
- 발전기실 : [조건 ④]에서 전기화재(**C급 화재**)이므로 **1.35** 적용

소화약제별 선형상수 S는

$S = K_1 + K_2 t = 0.7997 + 0.00293 \times 10℃ = 0.829\text{m}^3/\text{kg}$

20℃에서 소화약제의 비체적 V_s는

$V_s = K_1 + K_2 \times 20℃ = 0.7997 + 0.00293 \times 20℃ = 0.8583\text{m}^3/\text{kg}$

- IG-100의 K_1(0.7997), K_2(0.00293) : [조건 ③]에서 주어진 값
- t(10℃) : [조건 ③]에서 주어진 값

IG-100의 저장량 X는

$$X = 2.303\left(\frac{V_s}{S}\right) \times \log_{10}\left[\frac{100}{(100-C)}\right] \times V$$

$$= 2.303\left(\frac{0.8583\text{m}^3/\text{kg}}{0.829\text{m}^3/\text{kg}}\right) \times \log_{10}\left[\frac{100}{(100-48.397)}\right] \times (20\times 8\times 3)\text{m}^3$$

$$= 328.846 ≒ 328.85\text{m}^3$$

- $0.8583\text{m}^3/\text{kg}$: 바로 위에서 구한 값
- $0.829\text{m}^3/\text{kg}$: 바로 위에서 구한 값
- 48.397 : 바로 위에서 구한 값
- $(20\times 8\times 3)\text{m}^3$: 문제에서 주어진 값

(나) 1병당 저장량(충전량)[m^3]$=\dfrac{\text{전체 충전량[kg]}}{\text{충전밀도[kg/m}^3\text{]}} = \dfrac{100\text{kg}}{1.5\text{kg/m}^3} = 66.666 ≒ 66.67\text{m}^3$

- 100kg : [조건 ②]에서 주어진 값
- 1.5kg/m^3 : [조건 ②]에서 주어진 값
- 단위를 보면 쉽게 공식을 만들 수 있다.

(다) 용기수$=\dfrac{\text{저장량[m}^3\text{]}}{\text{1병당 저장량[m}^3\text{]}} = \dfrac{328.85\text{m}^3}{66.67\text{m}^3} = 4.9 ≒ 5\text{병}$

- **328.85m^3** : (가)에서 구한 값
- **66.67m^3** : (나)에서 구한 값

(라) $X_{95} = 2.303\left(\dfrac{V_s}{S}\right) \times \log_{10}\left[\dfrac{100}{100-(C\times 0.95)}\right] \times V$

$$= 2.303\left(\frac{0.8583\text{m}^3/\text{kg}}{0.829\text{m}^3/\text{kg}}\right) \times \log_{10}\left[\frac{100}{100-(48.397\times 0.95)}\right] \times (20\times 8\times 3)\text{m}^3 = 306.067\text{m}^3$$

약제량 방사시 유량[m^3/s]$=\dfrac{306.067\text{m}^3}{\text{10s (불활성기체 소화약제 : AC급 화재 }\mathbf{120s}\text{, B급 화재 60s)}} = \dfrac{306.067\text{m}^3}{120\text{s}}$

$= 2.55\text{m}^3/\text{s}$

- 배관의 구경은 해당 방호구역에 할로겐화합물 소화약제가 **10초**(**불활성기체 소화약제**는 **AC급 화재 2분, B급 화재 1분**) 이내에 방호구역 각 부분에 최소설계농도의 **95% 이상** 해당하는 약제량이 방출되도록 해야 한다(NFPC 107A 10조, NFTC 107A 2.7.3). 그러므로 설계농도 48.397%에 0.95를 곱함
- 바로 위 기준에 의해 **0.95**(95%) 및 **120s** 적용
- [조건 ④]에서 **전기화재**이므로 **C급** 적용

☆☆☆ 문제 10

할론 1301 소화설비를 설계시 조건을 참고하여 다음 각 물음에 답하시오. (20.11.문4, 15.11.문11, 07.4.문1)

득점	배점
	6

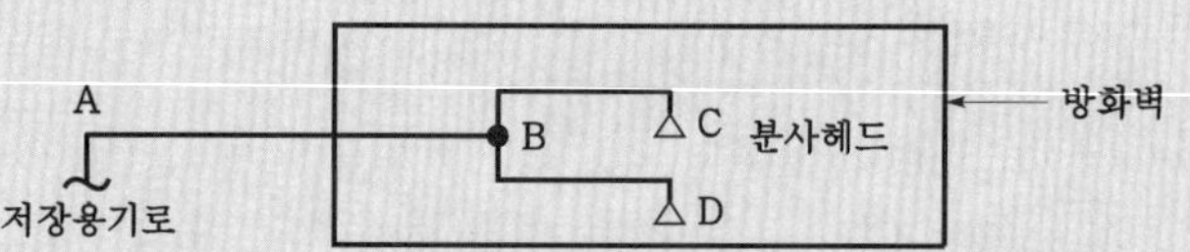

〔조건〕

① 방호구역의 체적은 $420m^3$이다. (출입구에 자동폐쇄장치 설치)

②

소방대상물 또는 그 부분	소화약제의 종류	방호구역 체적 $1m^3$당 소화약제의 양
차고 · 주차장 · 전기실 · 통신기기실 · 전산실 기타 이와 유사한 전기설비가 설치되어 있는 부분	할론 1301	0.32kg 이상 0.64kg 이하

③ 초기 압력강하는 1.5MPa이다.

④ 고저에 따른 압력손실은 0.06MPa이다.

⑤ A-B 간의 마찰저항에 따른 압력손실은 0.06MPa이다.

⑥ B-C, B-D 간의 각 압력손실은 0.03MPa이다.

⑦ 저장용기 내 소화약제 저장압력은 4.2MPa이다.

⑧ 저장용기 1병당 충전량은 45kg이다.

⑨ 작동 10초 이내에 약제 전량이 방출된다.

(가) 소화약제의 최소 저장용기의 수(병)를 구하시오.
- ○ 계산과정 :
- ○ 답 :

(나) 설비가 작동하였을 때 A-B 간의 배관 내를 흐르는 소화약제의 유량〔kg/s〕을 구하시오.
- ○ 계산과정 :
- ○ 답 :

(다) C점 노즐에서 방출되는 소화약제의 방사압력〔MPa〕을 구하시오. (단, D점에서의 방사압력도 같다.)
- ○ 계산과정 :
- ○ 답 :

(라) C점에서 설치된 분사헤드에서의 방출률이 $3.75kg/cm^2 \cdot s$이면 분사헤드의 등가 분구면적〔cm^2〕을 구하시오.
- ○ 계산과정 :
- ○ 답 :

해답 (가) ○ 계산과정 : $420 \times 0.32 = 134.4kg$

$$\frac{134.4}{45} = 2.98 \fallingdotseq 3병$$

○ 답 : 3병

(나) ○ 계산과정 : $\frac{45 \times 3}{10} = 13.5kg/s$

○ 답 : 13.5kg/s

(다) ○ 계산과정 : $4.2-(1.5+0.06+0.06+0.03)=2.55\text{MPa}$

○ 답 : 2.55MPa

(라) ○ 계산과정 : $\frac{13.5}{2}=6.75\text{kg/s}$

$$\frac{6.75}{3.75\times 1}=1.8\text{cm}^2$$

○ 답 : 1.8cm²

해설 (가) 소화약제량[kg]=**방**호구역체적[m³]×**약**제량[kg/m³]**+개**구부면적[m²]×개구부가**산**량[kg/m²]=420m³×0.32kg/m³=134.4kg

기억법 **방약+개산**

- 420m³ : [조건 ①]에서 주어진 값
- 0.32kg/m³ : [조건 ②]에서 주어진 값. 최소 저장용기수를 구하라고 했으므로 **0.32kg/m³** 적용, 최대 저장용기수를 구하라고 하면 0.64kg/m³ 적용

소화대상물 또는 그 부분	소화약제의 종류	방호구역 체적 1m³당 소화약제의 양
차고 · 주차장 · 전기실 · 통신기기실 · 전산실 기타 이와 유사한 전기설비가 설치되어 있는 부분	할론 1301	**0.32kg** 이상 0.64kg 이하

- [조건 ①]에서 **자동폐쇄장치**가 설치되어 있으므로 **개구부면적, 개구부가산량** 적용 **제외**

$$\text{저장용기수}=\frac{\text{소화약제량[kg]}}{\text{1병당 저장량[kg]}}$$

$$=\frac{134.4\text{kg}}{45\text{kg}}=2.98\fallingdotseq 3\text{병(절상)}$$

- 134.4kg : 바로 위에서 구한 값
- 45kg : [조건 ⑧]에서 주어진 값

(나) **유량**$=\frac{\text{약제소요량}}{\text{약제방출시간}}=\frac{45\text{kg}\times 3\text{병}}{10\text{s}}=13.5\text{kg/s}$

- 45kg : [조건 ⑧]에서 주어진 값
- 3병 : (가)에서 구한 값
- 10s : [조건 ⑨]에서 주어진 값

(다) **C점**의 **방사압력**

=약제저장압력−(초기 압력강하+고저에 따른 압력손실+A−B 간의 마찰손실에 따른 압력손실+B−C 간의 압력손실)

$=4.2\text{MPa}-(1.5+0.06+0.06+0.03)\text{MPa}=2.55\text{MPa}$

- 4.2MPa : [조건 ⑦]에서 주어진 값
- 1.5MPa : [조건 ③]에서 주어진 값
- 0.06MPa : [조건 ④, ⑤]에서 주어진 값
- 0.03MPa : [조건 ⑥]에서 주어진 값

(라) A−B 간의 유량은 B−C 간과 B−D 간으로 나누어 흐르므로 B−C 간의 유량은 A−B 간의 유량을 **2**로 나누면 된다.

B−C 간의 유량$=\frac{13.5\text{kg/s}}{2}=6.75\text{kg/s}$

- 13.5kg/s : (나)에서 구한 값

$$\text{등가 분구면적}=\frac{\text{유량[kg/s]}}{\text{방출량[kg/cm}^2\cdot\text{s]}\times\text{오리피스 구멍개수}}$$

$$=\frac{6.75\text{kg/s}}{3.75\text{kg/cm}^2\cdot\text{s}\times 1\text{개}}=1.8\text{cm}^2$$

- 문제에서 오리피스 구멍개수가 주어지지 않을 경우에는 **헤드**의 **개수**가 곧 **오리피스 구멍개수**임을 기억하라! C점에서의 헤드개수는 1개

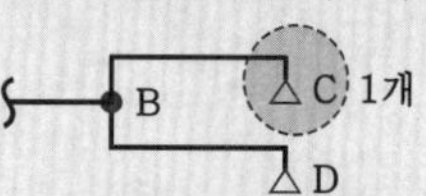

- 분구면적=분출구면적
- 방출률=방출량
- $3.75\text{kg/cm}^2 \cdot \text{s}$: 질문 (라)에서 주어진 값

☆☆
문제 11

펌프성능시험을 하기 위하여 오리피스를 통하여 시험한 결과 수은주의 높이가 500mm이다. 이 오리피스가 통과하는 유량[L/s]을 구하시오. (단, 속도계수는 0.97이고, 수은의 비중은 13.6, 중력가속도는 9.81m/s^2이다.)

(17.4.문12, 01.7.문4)

득점	배점
	5

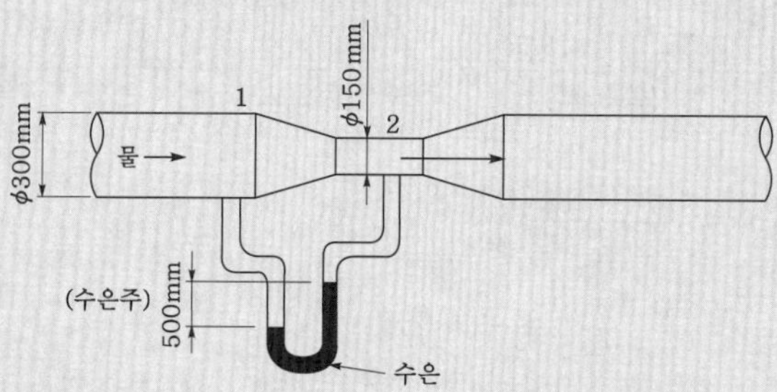

○ 계산과정 :
○ 답 :

○ 계산과정 : $m=\left(\dfrac{150}{300}\right)^2=0.25$

$$\gamma_w = 1000\times 9.81 = 9810\text{N/m}^3$$

$$\gamma_s = 13.6\times 9810 = 133416\text{N/m}^3$$

$$A_2 = \frac{\pi\times 0.15^2}{4} = 0.017\text{m}^2$$

$$Q = 0.97\times\frac{0.017}{\sqrt{1-0.25^2}}\sqrt{\frac{2\times 9.81\times(133416-9810)}{9810}\times 0.5} \fallingdotseq 0.189345\text{m}^3/\text{s} = 189.345\text{L/s} \fallingdotseq 189.35\text{L/s}$$

○ 답 : 189.35L/s

해설

$$Q = C_v\frac{A_2}{\sqrt{1-m^2}}\sqrt{\frac{2g(\gamma_s-\gamma_w)}{\gamma_w}R}$$

(1) **개구비**

$$m = \frac{A_2}{A_1} = \left(\frac{D_2}{D_1}\right)^2$$

여기서, m : 개구비
A_1 : 입구면적[cm^2]
A_2 : 출구면적[cm^2]
D_1 : 입구직경[cm]
D_2 : 출구직경[cm]

개구비 $m=\left(\dfrac{D_2}{D_1}\right)^2=\left(\dfrac{150\text{mm}}{300\text{mm}}\right)^2=0.25$

(2) **물**의 **비중량**

$$\gamma_w = \rho_w g$$

여기서, γ_w : 물의 비중량[N/m³]

ρ_w : 물의 밀도(1000N·s²/m⁴)

g : 중력가속도[m/s²]

물의 비중량 $\gamma_w = \rho_w g = 1000\text{N}\cdot\text{s}^2/\text{m}^4 \times 9.81\text{m/s}^2 = 9810\text{N/m}^3$

- g(9.81m/s²) : [단서]에서 주어진 값, 일반적인 값 9.8m/s²를 적용하면 틀림

(3) **비중**

$$s = \frac{\gamma_s}{\gamma_w}$$

여기서, s : 비중

γ_s : 어떤 물질의 비중량(수은의 비중량)[N/m³]

γ_w : 물의 비중량(9810N/m³)

수은의 비중량 $\gamma_s = s \times \gamma_w = 13.6 \times 9810\text{N/m}^3 = 133416\text{N/m}^3$

- s(13.6) : [단서]에서 주어진 값

(4) **출구면적**

$$A_2 = \frac{\pi {D_2}^2}{4}$$

여기서, A_2 : 출구면적[m²]

D_2 : 출구직경[m]

출구면적 $A_2 = \frac{\pi {D_2}^2}{4} = \frac{\pi \times (0.15\text{m})^2}{4} = 0.017\text{m}^2$

- D_2(0.15m) : 그림에서 150mm=0.15m(1000mm=1m)

(5) **유량**

$$Q = C_v \frac{A_2}{\sqrt{1-m^2}} \sqrt{\frac{2g(\gamma_s - \gamma_w)}{\gamma_w} R} \text{ 또는 } Q = CA_2 \sqrt{\frac{2g(\gamma_s - \gamma_w)}{\gamma_w} R}$$

여기서, Q : 유량[m³/s]

C_v : 속도계수($C_v = C\sqrt{1-m^2}$)

C : 유량계수$\left(C = \frac{C_v}{\sqrt{1-m^2}}\right)$

A_2 : 출구면적[m²]

g : 중력가속도[m/s²]

γ_s : 수은의 비중량[N/m³]

γ_w : 물의 비중량[N/m³]

R : 마노미터 읽음(수은주의 높이)[mHg]

m : 개구비

- C_v : **속도계수**이지 유량계수가 아니라는 것을 특히 주의!
- R : 수은주의 높이[mHg]! 물의 높이[mAq]가 아님을 주의!

유량 Q는

$$Q = C_v \frac{A_2}{\sqrt{1-m^2}} \sqrt{\frac{2g(\gamma_s - \gamma_w)}{\gamma_w} R}$$

$$= 0.97 \times \frac{0.017\text{m}^2}{\sqrt{1-0.25^2}} \sqrt{\frac{2 \times 9.81\text{m/s}^2 \times (133416-9810)\text{N/m}^3}{9810\text{N/m}^3} \times 0.5\text{m}}$$

$$\fallingdotseq 0.189345\text{m}^3/\text{s} = 189.345\text{L/s} \fallingdotseq 189.35\text{L/s}$$

- 1m^3=1000L이므로 0.189345m^3/s=189.345L/s
- C_v(0.97) : [단서]에서 주어진 값
- A_2(0.017m^2) : 위 (4)에서 구한 값
- m(0.25) : 위 (1)에서 구한 값
- g(9.81m/s^2) : [단서]에서 주어진 값
- γ_s(133416N/m^3) : 위 (3)에서 구한 값
- γ_w(9810N/m^3) : 위 (2)에서 구한 값
- R(0.5mHg) : 문제에서 500mmHg=0.5mHg(1000mm=1m)

중요

유량계수, 속도계수, 수축계수(진짜! 중요)

계 수	공 식	정 의	동일한 용어	일반적인 값
유량계수 (C)	$C = C_v \times C_a = \frac{\text{실제유량}}{\text{이론유량}}$ 여기서, C : 유량계수 C_v : 속도계수 C_a : 수축계수	이론유량은 실제유량보다 크게 나타나는데 이 차이를 보정해주기 위한 계수	• 유량계수 • 유출계수 • 방출계수 • 유동계수 • 흐름계수	0.614~0.634
속도계수 (C_v)	$C_v = \frac{\text{실제유속}}{\text{이론유속}}$ 여기서, C_v : 속도계수	실제유속과 이론유속의 차이를 보정해주는 계수	• 속도계수 • 유속계수	0.96~0.99
수축계수 (C_a)	$C_a = \frac{\text{수축단면적}}{\text{오리피스단면적}}$ 여기서, C_a : 수축계수	최대수축단면적(vena contracta)과 원래의 오리피스단면적의 차이를 보정해주는 계수	• 수축계수 • 축류계수	약 0.64

☆☆☆

문제 12

분말소화설비에서 분말약제 저장용기와 연결 설치되는 정압작동장치에 대한 다음 각 물음에 답하시오.

(20.10.문2, 18.11.문1, 17.11.문8, 13.4.문15, 10.10.문10, 07.4.문4)

(가) 정압작동장치의 설치목적이 무엇인지 쓰시오.

(나) 정압작동장치의 종류 중 압력스위치방식에 대해 설명하시오.

득점	배점
	4

해답 (가) 저장용기의 내부압력이 설정압력이 되었을 때 주밸브를 개방시키는 장치

(나) 가압용 가스가 저장용기 내에 가압되어 압력스위치가 동작되면 솔레노이드밸브가 동작되어 주밸브를 개방시키는 방식

해설 (가) **정압작동장치**

약제저장용기 내의 내부압력이 설정압력이 되었을 때 주밸브를 개방시키는 장치로서 정압작동장치의 설치위치는 다음 그림과 같다.

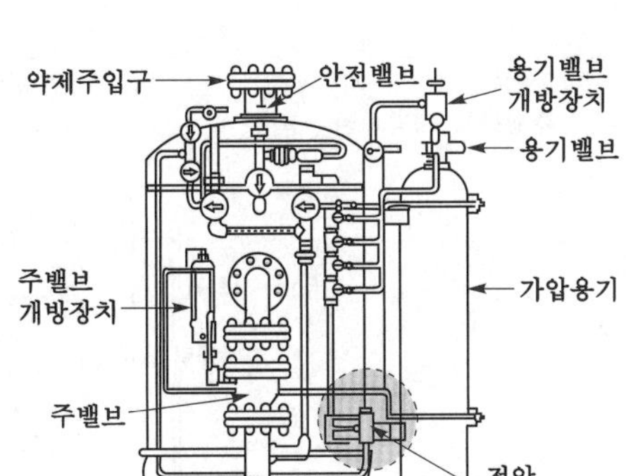

(나) **정압작동장치**의 **종류**

종 류	설 명
봉판식	저장용기에 가압용 가스가 충전되어 밸브의 **봉판**이 작동압력에 도달되면 밸브의 봉판이 개방되면서 주밸브 개방장치로 가스의 압력을 공급하여 주밸브를 개방시키는 방식 캡 / 패킹 / 가스압 / 봉판지지대 / 봉판 / 오리피스 ‖ 봉판식 ‖
기계식	저장용기 내의 압력이 작동압력에 도달되면 **밸브**가 작동되어 **정압작동레버**가 이동하면서 주밸브를 개방시키는 방식 작동압 조정스프링 / 밸브 / 실린더 / 정압작동레버 / 도관접속부 ‖ 기계식 ‖
스프링식	저장용기 내의 압력이 가압용 가스의 압력에 의하여 충압되어 작동압력 이상에 도달되면 **스프링**이 상부로 밀려 **밸브캡**이 열리면서 주밸브를 개방시키는 방식 캡 / 밸브(상부) / 스프링 / 밸브캡 / 필터너트 / 밸브본체 / 필터엘리먼트 / 패킹 ‖ 스프링식 ‖

압력스위치식	가압용 가스가 저장용기 내에 가압되어 **압력스위치**가 동작되면 **솔레노이드밸브**가 동작되어 **주밸브**를 **개방**시키는 방식 전원 솔레노이드 밸브 가압용 가스관 압력스위치 전원 가압용기 약제 저장 탱크 압력조정기 방출밸브 ‖ 압력스위치식 ‖
시한릴레이식	저장용기의 내압이 방출에 필요한 압력에 도달되는 시간을 미리 결정하여 **한시계전기**를 이 시간에 맞추어 놓고 기동과 동시에 한시계전기가 동작되면 일정 시간 후 **릴레이**의 접점에 의해 솔레노이드밸브가 동작되어 주밸브를 개방시키는 방식 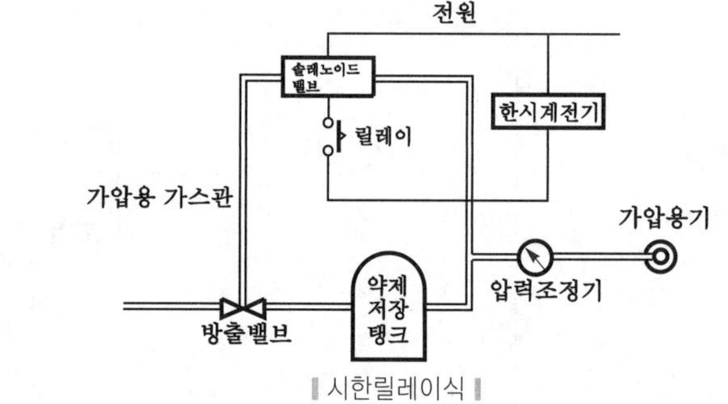 ‖ 시한릴레이식 ‖

☆☆

문제 13

지하 2층, 지상 1층인 특정소방대상물 각 층에 A급 3단위 소화기를 국가화재안전기준에 맞도록 설치하고자 한다. 다음 조건을 참고하여 건물의 각 층별 최소 소화기구를 구하시오.

(19.4.문13, 17.4.문8, 16.4.문2, 13.4.문11, 11.7.문5)

득점	배점
	4

〔조건〕

① 각 층의 바닥면적은 2000m²이다.
② 지하 1층, 지하 2층은 주차장 용도로 쓰며, 지하 2층에 보일러실 150m²를 설치한다.
③ 지상 1층은 업무시설이다.
④ 전 층에 소화설비가 없는 것으로 가정한다.
⑤ 건물구조는 내화구조가 아니다.

(가) 지하 2층
 ○ 계산과정 :
 ○ 답 :

(나) 지하 1층
 ○ 계산과정 :
 ○ 답 :

(다) 지상 1층
 ○ 계산과정 :
 ○ 답 :

해답

(가) ○ 계산과정 : 주차장 $\frac{2000}{100}=20$단위

$\frac{20}{3}=6.6 ≒ 7$개

보일러실 $\frac{150}{25}=6$단위

$\frac{6}{1}=6$개

$7+6=13$개

○ 답 : 13개

(나) ○ 계산과정 : $\frac{2000}{100}=20$단위

$\frac{20}{3}=6.6 ≒ 7$개

○ 답 : 7개

(다) ○ 계산과정 : $\frac{2000}{100}=20$단위

$\frac{20}{3}=6.6 ≒ 7$개

○ 답 : 7개

해설

‖ 특정소방대상물별 소화기구의 능력단위기준(NFTC 101 2.1.1.2) ‖

특정소방대상물	소화기구의 능력단위	건축물의 주요구조부가 **내화구조**이고, 벽 및 반자의 실내에 면하는 부분이 **불연재료 · 준불연재료** 또는 **난연재료**로 된 특정소방대상물의 능력단위
• **위**락시설 기억법 위3(**위상**)	바닥면적 **30m²**마다 1단위 이상	바닥면적 **60m²**마다 1단위 이상
• **공연**장 • **집**회장 • **관람**장 및 **문**화재 • **의**료시설 · **장**례시설(장례식장) 기억법 5공연장 문의 집관람 (손오공 연장 문의 집관람)	바닥면적 **50m²**마다 1단위 이상	바닥면적 **100m²**마다 1단위 이상
• **근**린생활시설 • **판**매시설 • 운수시설 • **숙**박시설 • **노**유자시설 • **전**시장 • 공동**주**택 • **업무시설** • **방**송통신시설 • 공장 · **창**고 • **항**공기 및 자동**차**관련시설(**주차장**) 및 **관광**휴게시설 기억법 근판숙노전 주업방차창 1항관광(근판숙노전 주업방차장 일본항관광)	바닥면적 **100m²**마다 1단위 이상	바닥면적 **200m²**마다 1단위 이상
• 그 밖의 것	바닥면적 **200m²**마다 1단위 이상	바닥면적 **400m²**마다 1단위 이상

‖ 부속용도별로 추가하여야 할 소화기구(NFTC 101 2.1.1.3) ‖

바닥면적 $25m^2$마다 **1단위** 이상	바닥면적 $50m^2$마다 **1개** 이상
① **보일러실** · **건**조실 · **세**탁소 · **대**량화기취급소 ② **음**식점(지하가의 음식점 포함) · **다**중이용업소 · 호텔 · 기숙사 · 노유자시설 · 의료시설 · 업무시설 · 공장 · 장례식장 · 교육연구시설 · 교정 및 군사시설의 **주**방(단, 의료시설 · 업무시설 및 공장의 주방은 공동취사를 위한 것) ③ 관리자의 출입이 곤란한 **변**전실 · 송전실 · 변압기실 및 배전반실(불연재료로 된 상자 안에 장치된 것 제외) 기억법 **보건세대 음주다변**	**발전실** · 변전실 · 송전실 · 변압기실 · 배전반실 · 통신기기실 · 전산기기실 · 기타 이와 유사한 시설이 있는 장소

(개) **지하 2층**

주차장

주차장으로서 내화구조가 아니므로 바닥면적 **$100m^2$**마다 1단위 이상

$$\text{소화기 능력단위} = \frac{2000m^2}{100m^2} = 20\text{단위}$$

- 지하 2층은 주차장 : [조건 ②]에서 주어진 것
- 내화구조가 아님 : [조건 ⑤]에서 주어진 것
- 각 층의 바닥면적 $2000m^2$: [조건 ①]에서 주어진 값
- 바닥면적 $2000m^2$에서 보일러실 $150m^2$를 빼주면 틀림 : 보일러실의 면적을 제외하라는 규정이 없기 때문 (제발 please 이책을 믿고 합격하시길 바랍니다. 다른 책 믿지 마시고 …)

$$\text{소화기 개수} = \frac{20\text{단위}}{3\text{단위}} = 6.6 ≒ 7\text{개}$$

- **20단위** : 바로 위에서 구한 값
- **3단위** : 문제에서 주어진 값

보일러실

$$\text{소화기 능력단위} = \frac{150m^2}{25m^2} = 6\text{단위}$$

- **$25m^2$** : 위의 표에서 보일러실은 바닥면적 $25m^2$마다 1단위 이상
- **$150m^2$** : [조건 ②]에서 주어진 값

$$\text{소화기 개수} = \frac{6\text{단위}}{1\text{단위}} = 6\text{개}$$

- 소화기구 및 자동소화장치의 화재안전기준(NFTC 101 2.1.1.3)에서의 보일러실은 $25m^2$마다 능력단위 1단위 이상의 소화기를 비치해야 하므로 1단위로 나누는 것이 맞음(보일러실은 3단위로 나누면 확실히 틀림)
- 문제에서 3단위 소화기는 각 층에만 설치하는 소화기로서 보일러실은 3단위 소화기를 설치하는 것이 아님

∴ 총 소화기 개수=7개+6개=13개

(내) **지하 1층**

주차장

주차장으로서 내화구조가 아니므로 바닥면적 **$100m^2$**마다 1단위 이상

$$\text{소화기 능력단위} = \frac{2000m^2}{100m^2} = 20\text{단위}$$

- 지하 1층은 주차장 : [조건 ②]에서 주어진 것
- 내화구조가 아님 : [조건 ⑤]에서 주어진 것
- 각 층의 바닥면적 $2000m^2$: [조건 ①]에서 주어진 값

소화기 개수 $= \frac{20단위}{3단위} = 6.6 ≒ 7개$

- **20단위** : 바로 위에서 구한 값
- **3단위** : 문제에서 주어진 값

(다) **지상 1층**

업무시설

업무시설로서 내화구조가 아니므로 바닥면적 **100m²**마다 1단위 이상

소화기 능력단위 $= \frac{2000m^2}{100m^2} = 20단위$

- 지상 1층은 업무시설 : 〔조건 ③〕에서 주어진 것
- 내화구조가 아님 : 〔조건 ⑤〕에서 주어진 것
- 각 층의 바닥면적 2000m² : 〔조건 ①〕에서 주어진 값

소화기 개수 $= \frac{20단위}{3단위} = 6.6 ≒ 7개$

- **20단위** : 바로 위에서 구한 값
- **3단위** : 문제에서 주어진 값

☆☆☆

문제 14

가로 20m, 세로 10m, 높이 3m의 특수가연물을 저장하는 창고에 포소화설비를 설치하고자 한다. 주어진 조건을 참고하여 다음 각 물음에 답하시오. (19.11.문2, 19.4.문7, 18.6.문5, 13.7.문11, 10.4.문5)

득점	배점
	4

〔조건〕

① 화재감지용 스프링클러헤드를 설치한다.

② 배관구경에 따른 헤드개수

구경〔mm〕	25	32	40	50	65	80	90	100	125	150
헤드수	1	2	5	8	15	27	40	55	90	91개 이상

(가) 포헤드의 설치개수를 구하시오.

○ 계산과정 :

○ 답 :

(나) 배관의 구경〔mm〕을 선정하시오.

○

해답 (가) ○ 계산과정 : $\frac{20 \times 10}{9} = 22.2 ≒ 23개$

○ 답 : 23개

(나) 80mm

해설 **포헤드**(또는 포워터 스프링클러헤드)의 **개수**

(가)

- (가)의 문제에서 배치방식이 주어지지 않았으므로 아래 식으로 계산
- 〔조건 ①〕은 문제를 푸는 데 아무 관련이 없다.

$$\frac{20m \times 10m}{9m^2} = 22.2 ≒ 23개$$

중요

정방형, 장방형 등의 **배치방식**이 **주어지지 않았으므로** 다음 식으로 계산(NFPC 105 12조, NFTC 105 2.9.2)

구 분		설치개수
포워터 스프링클러헤드		$\dfrac{\text{바닥면적}}{8\text{m}^2}$
포헤드		$\dfrac{\text{바닥면적}}{9\text{m}^2}$
압축공기포소화설비	특수가연물 저장소	$\dfrac{\text{바닥면적}}{9.3\text{m}^2}$
	유류탱크 주위	$\dfrac{\text{바닥면적}}{13.9\text{m}^2}$

비교

정방형, 장방형 등의 **배치방식**이 주어진 경우 다음 식으로 계산(NFPC 105 12조, NFTC 105 2.9.2.5)

정방형(정사각형)	**장방형**(직사각형)
$S = 2R\cos 45°$ $L = S$ 여기서, S : 포헤드 상호간의 거리〔m〕 R : 유효반경(**2.1m**) L : 배관간격〔m〕	$P_t = 2R$ 여기서, P_t : 대각선의 길이〔m〕 R : 유효반경(**2.1m**)

$S = 2R\cos 45° = 2 \times 2.1\text{m} \times \cos 45° = 2.969\text{m}$

가로헤드 개수$= \dfrac{\text{가로길이}}{S} = \dfrac{20\text{m}}{2.969\text{m}} = 6.7 = 7$개

세로헤드 개수$= \dfrac{\text{세로길이}}{S} = \dfrac{10\text{m}}{2.969\text{m}} = 3.3 = 4$개

헤드개수=가로헤드개수×세로헤드개수=7개×4개=28개

(나) **배관 구경**

구경〔mm〕	25	32	40	50	65	80	90	100	125	150
헤드수	1	2	5	8	15	27	40	55	90	91개 이상

(가)에서 포헤드의 수가 23개이므로 23개 이상을 적용하면 배관의 구경은 **80mm**가 된다.

☆☆☆
문제 15

A실을 0.1m³/s로 급기가압하였을 경우 다음 조건을 참고하여 외부와 A실의 차압〔Pa〕을 구하시오.

(21.7.문1, 16.4.문15, 12.7.문1)

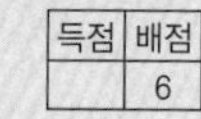

득점	배점
	6

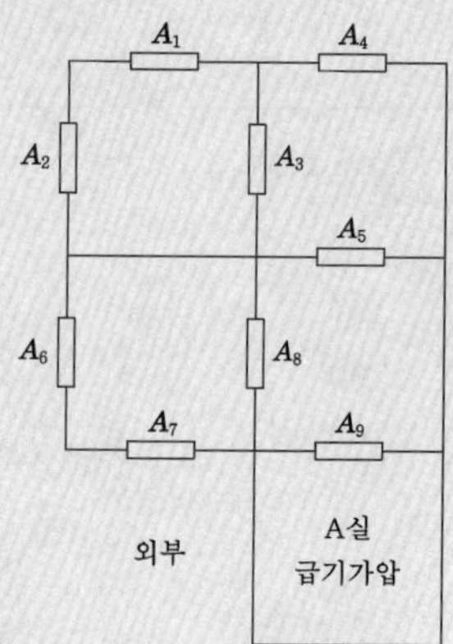

〔조건〕

① 급기량(Q)은 $Q = 0.827 \times A \times \sqrt{P}$ 로 구한다.(여기서, Q : 급기량[m³/s], A : 전체 누설면적[m²], P : 급기 가압실 내외의 차압[Pa])

② A_1, A_4, 공기 누설틈새면적은 0.005m², A_2, A_3, A_5, A_6, A_7, A_8, A_9는 0.02m²이다.

③ 전체 누설면적 계산시 소수점 아래 6째자리에서 반올림하여 소수점 아래 5째자리까지 구하시오.

○ 계산과정 :

○ 답 :

해답 ○ 계산과정 : $A_{1\sim2} = 0.005 + 0.02 = 0.025\text{m}^2$

$$A_{1\sim3} = \frac{1}{\sqrt{\dfrac{1}{0.025^2} + \dfrac{1}{0.02^2}}} = 0.015617\text{m}^2$$

$$A_{1\sim4} = 0.015617 + 0.005 = 0.020617\text{m}^2$$

$$A_{1\sim5} = \frac{1}{\sqrt{\dfrac{1}{0.020617^2} + \dfrac{1}{0.02^2}}} = 0.014355\text{m}^2$$

$$A_{6\sim7} = 0.02 + 0.02 = 0.04\text{m}^2$$

$$A_{6\sim8} = \frac{1}{\sqrt{\dfrac{1}{0.04^2} + \dfrac{1}{0.02^2}}} = 0.017888\text{m}^2$$

$$A_{1\sim8} = 0.014355 + 0.017888 = 0.032243\text{m}^2$$

$$A_{1\sim9} = \frac{1}{\sqrt{\dfrac{1}{0.032243^2} + \dfrac{1}{0.02^2}}} = 0.016995 ≒ 0.017\text{m}^2$$

$$P = \frac{0.1^2}{0.827^2 \times 0.017^2} = 50.593 ≒ 50.59\text{Pa}$$

○ 답 : 50.59Pa

해설 **기호**

- A_1, A_4(0.005m²) : 〔조건 ②〕에서 주어짐
- A_2, A_3, A_5, A_6, A_7, A_8, A_9(0.02m²) : 〔조건 ②〕에서 주어짐

(가) 〔조건 ②〕에서 A_1의 틈새면적은 0.005m², A_2는 0.02m²이다.
$A_{1\sim2}$는 병렬상태이므로 $A_{1\sim2} = 0.005\text{m}^2 + 0.02\text{m}^2 = 0.025\text{m}^2$

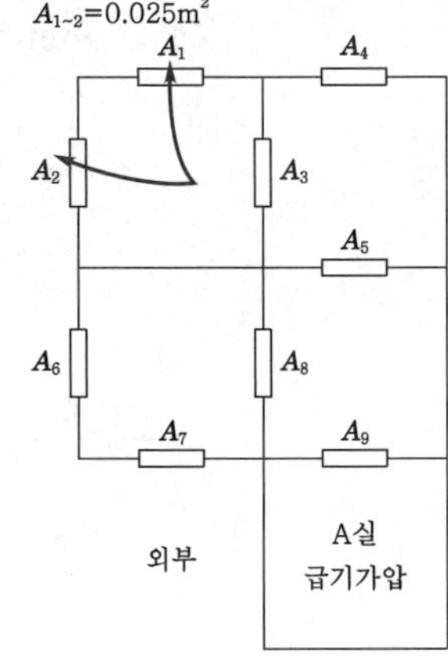

$A_{1\sim2}$와 A_3은 **직렬상태**이므로

$$A_{1\sim3}=\frac{1}{\sqrt{\frac{1}{(0.025\text{m}^2)^2}+\frac{1}{(0.02\text{m}^2)^2}}}=0.015617\text{m}^2$$

위의 내용을 정리하면 다음과 같이 변환시킬 수 있다.

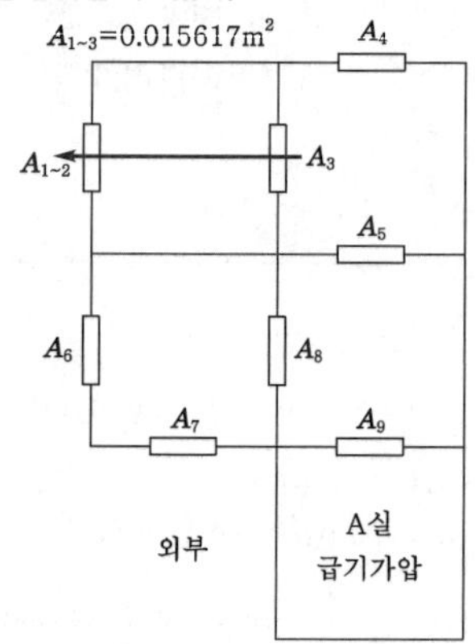

$A_{1\sim3}$와 A_4는 **병렬상태**이므로

$A_{1\sim4}=0.015617\text{m}^2+0.005\text{m}^2=0.020617\text{m}^2$

위의 내용을 정리하면 다음과 같이 변환시킬 수 있다.

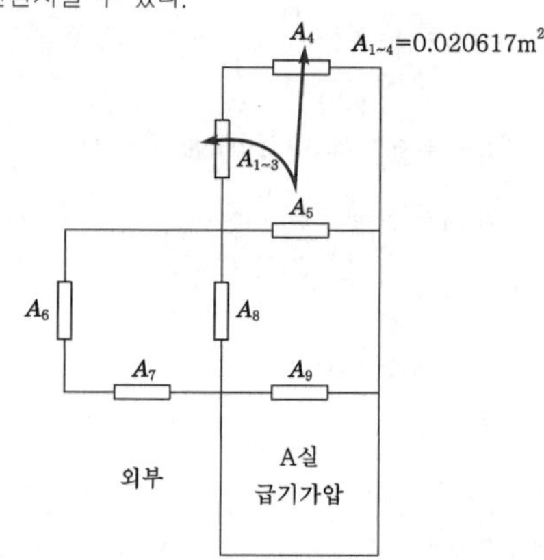

$A_{1\sim4}$와 A_5은 **직렬상태**이므로

$$A_{1\sim5}=\frac{1}{\sqrt{\frac{1}{(0.020617\text{m}^2)^2}+\frac{1}{(0.02\text{m}^2)^2}}}=0.014355\text{m}^2$$

위의 내용을 정리하면 다음과 같이 변환시킬 수 있다.

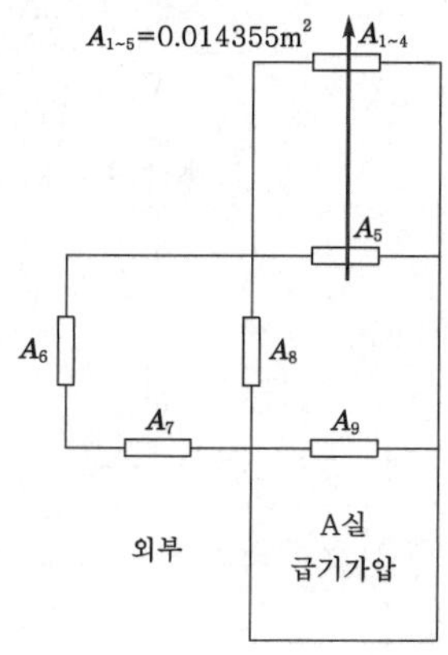

$A_{6\sim7}$은 **병렬상태**이므로

$A_{6\sim7}=0.02\text{m}^2+0.02\text{m}^2=0.04\text{m}^2$

위의 내용을 정리하면 다음과 같이 변환시킬 수 있다.

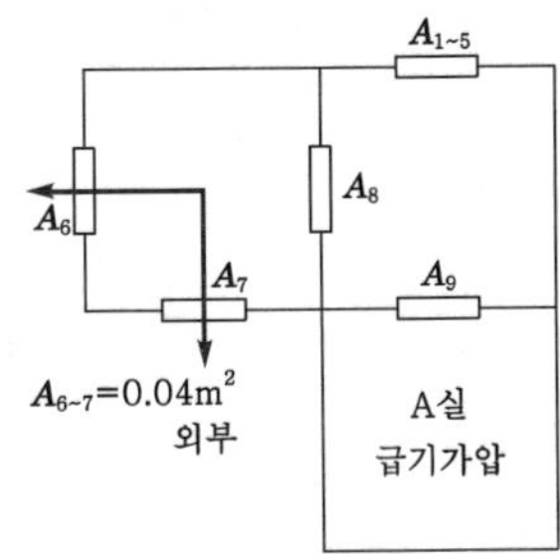

$A_{6\sim7}$과 A_8은 **직렬상태**이므로

$$A_{6\sim8}=\frac{1}{\sqrt{\frac{1}{(0.04\text{m}^2)^2}+\frac{1}{(0.02\text{m}^2)^2}}}=0.017888\text{m}^2$$

위의 내용을 정리하면 다음과 같이 변환시킬 수 있다.

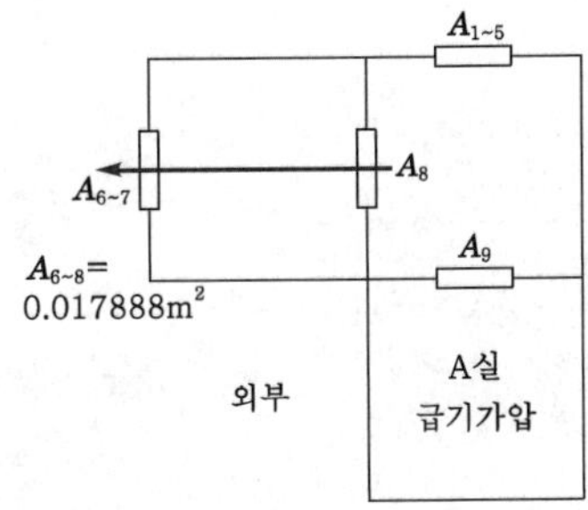

$A_{1\sim5}$과 $A_{6\sim8}$은 **병렬상태**이므로

$A_{1\sim8}=0.014355\text{m}^2+0.017888\text{m}^2=0.032243\text{m}^2$

위의 내용을 정리하면 다음과 같이 변환시킬 수 있다.

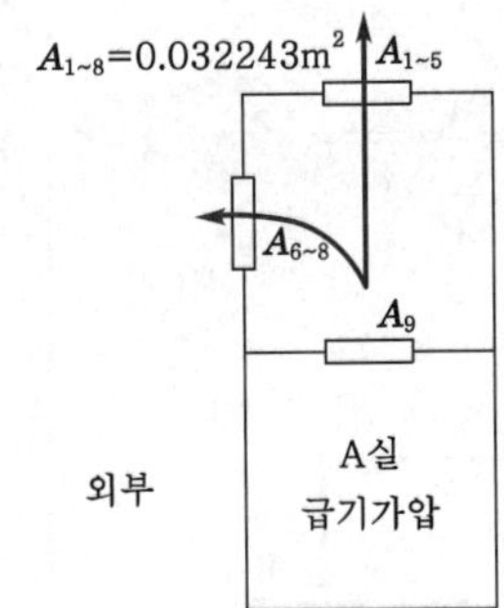

$A_{1\sim8}$과 A_9은 **직렬상태**이므로

$$A_{1\sim9}=\frac{1}{\sqrt{\frac{1}{(0.032243\text{m}^2)^2}+\frac{1}{(0.02\text{m}^2)^2}}}=0.016995 ≒ 0.017\text{m}^2$$

- [조건 ③]에 의해 전체 누설면적은 소수점 아래 6째자리에서 반올림하여 구하므로 0.016995 ≒ 0.017m^{2}이다.

위의 내용을 정리하면 다음과 같이 변환시킬 수 있다.

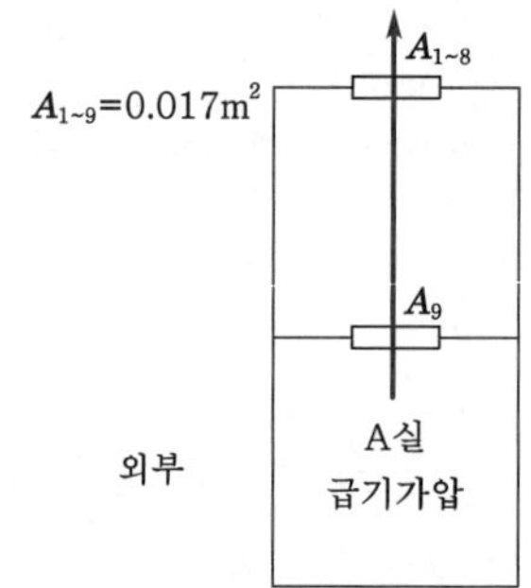

$Q = 0.827\,A\sqrt{P}$

$Q^2 = (0.827A\sqrt{P})^2 = 0.827^2 \times A^2 \times P$

$\dfrac{Q^2}{0.827^2 \times A^2} = P$

$P = \dfrac{Q^2}{0.827^2 \times A^2} = \dfrac{(0.1\text{m}^3/\text{s})^2}{0.827^2 \times (0.017\text{m}^2)^2} = 50.593 \fallingdotseq 50.59\text{Pa}$

- 유입풍량

$$Q = 0.827A\sqrt{P}$$

여기서, Q : 누출되는 공기의 양(m³/s)
A : 문의 전체 누설틈새면적(m²)
P : 문을 경계로 한 기압차(Pa)

- 0.1m³/s : 문제에서 주어진 값
- 0.017m² : 바로 위에서 구한 값

참고

누설틈새면적

직렬상태	병렬상태
$A = \dfrac{1}{\sqrt{\dfrac{1}{{A_1}^2} + \dfrac{1}{{A_2}^2} + \cdots}}$ 여기서, A : 전체 누설틈새면적(m²) A_1, A_2 : 각 실의 누설틈새면적(m²) (A_1, A_2 직렬 배치 그림)	$A = A_1 + A_2 + \cdots$ 여기서, A : 전체 누설틈새면적(m²) A_1, A_2 : 각 실의 누설틈새면적(m²) (A_1, A_2 병렬 배치 그림)

☆☆☆

문제 16

도면과 주어진 조건을 참고하여 다음 각 물음에 답하시오.

득점	배점
	12

〔조건〕

① 주어지지 않은 조건은 무시한다.

② 직류 Tee 및 리듀셔는 무시한다.

③ 다음의 하젠-윌리암식을 이용한다.

$$\Delta P_m = \frac{6\times 10^4 \times Q^2}{C^2 \times D^5}$$

여기서, ΔP_m : 배관 1m당 마찰손실압〔MPa〕

Q : 유량〔L/min〕

C : 조도(120)

D : 관경〔mm〕

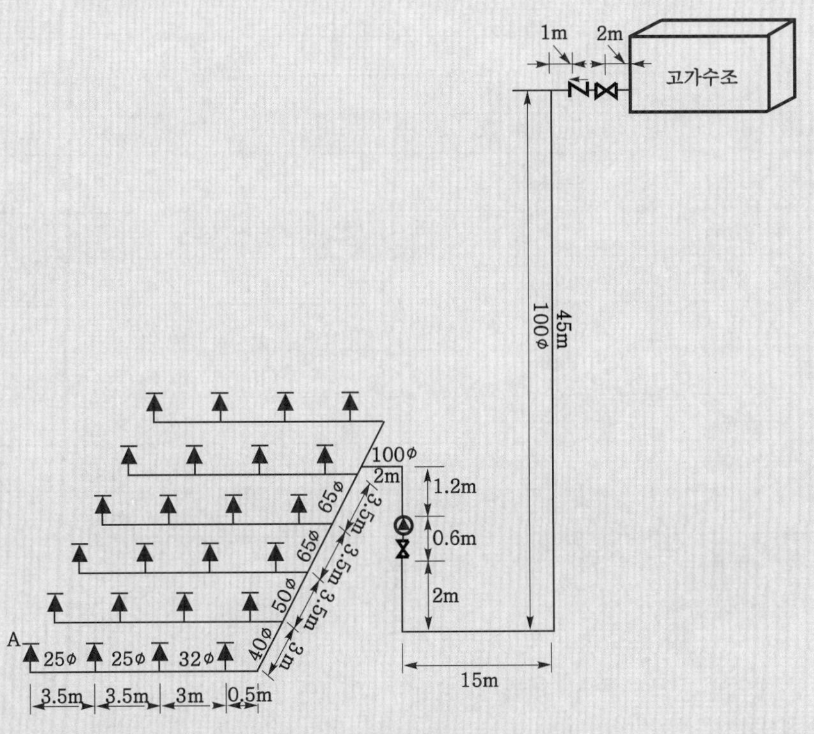

‖ 배관의 호칭구경별 안지름〔mm〕‖

호칭 구경〔mm〕	25	32	40	50	65	80	100
내경〔mm〕	28	36	42	53	66	79	103

▌관이음쇠 및 밸브류 등의 마찰손실에 상당하는 직관길이〔m〕▌

관이음쇠 및 밸브의 호칭경〔mm〕	90° 엘보	90° T(측류)	알람체크밸브	게이트밸브	체크밸브
25	0.9	0.27	4.5	0.18	4.5
32	1.2	0.36	5.4	0.24	5.4
40	1.8	0.54	6.2	0.32	6.8
50	2.1	0.6	8.4	0.39	8.4
65	2.4	0.75	10.2	0.48	10.2
100	4.2	1.2	16.5	0.81	16.5

(가) 각 배관의 관경에 따라 다음 빈칸을 채우시오.

관경〔mm〕	산출근거	상당관 길이〔m〕
25		
32		
40		
50		
65		
100		

(나) 다음 표의 (　) 안을 채우시오.

관경〔mm〕	관마찰손실압〔MPa〕
25	(　　　　)$\times 10^{-7} \times Q^2$
32	(　　　　)$\times 10^{-8} \times Q^2$
40	(　　　　)$\times 10^{-8} \times Q^2$
50	(　　　　)$\times 10^{-9} \times Q^2$
65	(　　　　)$\times 10^{-9} \times Q^2$
100	(　　　　)$\times 10^{-9} \times Q^2$

(다) A점 헤드에서 고가수조까지 낙차〔m〕를 구하시오.

○ 계산과정 :

○ 답 :

(라) A점 헤드의 분당 방수량〔L/min〕을 계산하시오. (단, 방출계수는 80이다.)

○ 계산과정 :

○ 답 :

해답 (가)

관경[mm]	산출근거	상당관 길이[m]
25	● 직관 : 3.5+3.5=7m ● 관부속품 90° 엘보 : 1개×0.9m=0.9m 소계 : 7.9m	7.9
32	● 직관 : 3m	3
40	● 직관 : 3+0.5=3.5m ● 관부속품 90° 엘보 : 1개×1.8m=1.8m 소계 : 5.3m	5.3
50	● 직관 : 3.5m	3.5
65	● 직관 : 3.5+3.5=7m	7
100	● 직관 : 2+1+45+15+2+1.2+2=68.2m ● 관부속품 게이트밸브 : 2개×0.81m=1.62m 체크밸브 : 1개×16.5m=16.5m 90° 엘보 : 4개×4.2m=16.8m 알람체크밸브 : 1개×16.5m=16.5m 90° T(측류) : 1개×1.2m=1.2m 소계 : 120.82m	120.82

(나)

관경[mm]	관마찰손실압[MPa]
25	(19.13)$\times 10^{-7}\times Q^2$
32	(20.67)$\times 10^{-8}\times Q^2$
40	(16.9)$\times 10^{-8}\times Q^2$
50	(34.87)$\times 10^{-9}\times Q^2$
65	(23.29)$\times 10^{-9}\times Q^2$
100	(43.43)$\times 10^{-9}\times Q^2$

(다) ○ 계산과정 : 45−2−0.6−1.2=41.2m

○ 답 : 41.2m

(라) ○ 계산과정 : 총 관마찰손실압$=19.13\times10^{-7}\times Q^2+20.67\times10^{-8}\times Q^2+16.9\times10^{-8}\times Q^2$
$+34.87\times10^{-9}\times Q^2+23.29\times10^{-9}\times Q^2+43.43\times10^{-9}\times Q^2$
$=23.90\times10^{-7}\times Q^2$

$$P=0.412-23.90\times10^{-7}\times Q^2$$

$$Q=80\sqrt{10(0.412-23.90\times10^{-7}\times Q^2)}$$

$$Q^2=80^2(4.12-23.90\times10^{-6}\times Q^2)$$

$$Q^2+0.15\,Q^2=26368$$

$$Q=\sqrt{\frac{26368}{1.15}}=151.422 \fallingdotseq 151.42\text{L/min}$$

○ 답 : 151.42L/min

해설 (가) **산출근거**

(1) **관경 25mm**

① 직관 : 3.5+3.5=7m

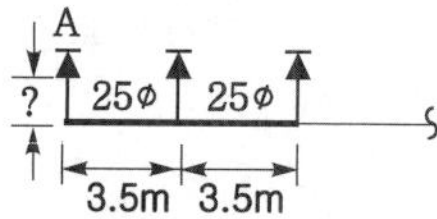

• ? 부분은 〔조건 ①〕에 의해서 무시한다.

② 관부속품 : 90° 엘보 1개×0.9=0.9m

90° 엘보의 사용위치를 ○로 표시하면 다음과 같다.

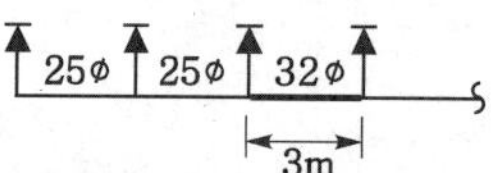

7m+0.9m=7.9m

• 90° T(직류), 리듀셔(25×15A)는 〔조건 ②〕에 의해서 무시한다.

(2) **관경 32mm**

① 직관 : 3m

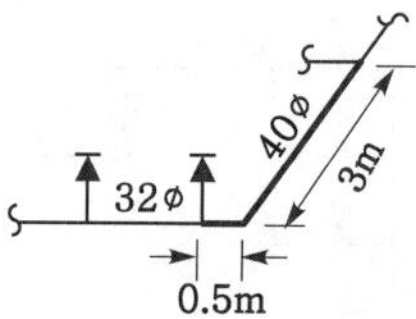

• 90° T(직류), 리듀셔(32×25A)는 〔조건 ②〕에 의해서 무시한다.

(3) **관경 40mm**

① 직관 : 3+0.5=3.5m

② 관부속품

90° 엘보의 사용위치를 ○로 표시하면 다음과 같다. (90° 엘보 : 1개×1.8=1.8m)

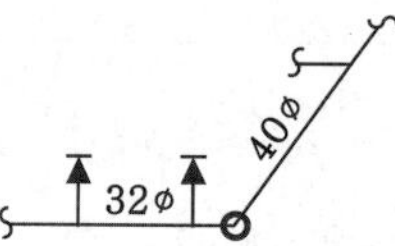

3.5m+1.8m=5.3m

• 90° T(직류), 리듀셔(40×32A)는 〔조건 ②〕에 의해서 무시한다.

(4) **관경 50mm**

① 직관 : 3.5m

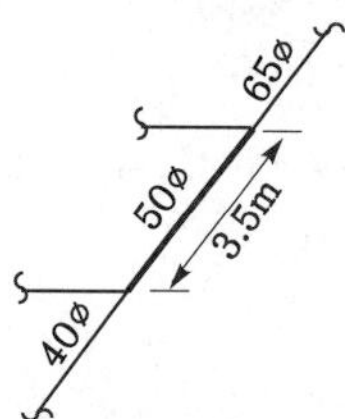

● 90° T(직류), 리듀셔(50×40A)는 〔조건 ②〕에 의해서 무시한다.

(5) **관경 65mm**

① 직관 : 3.5+3.5=7m

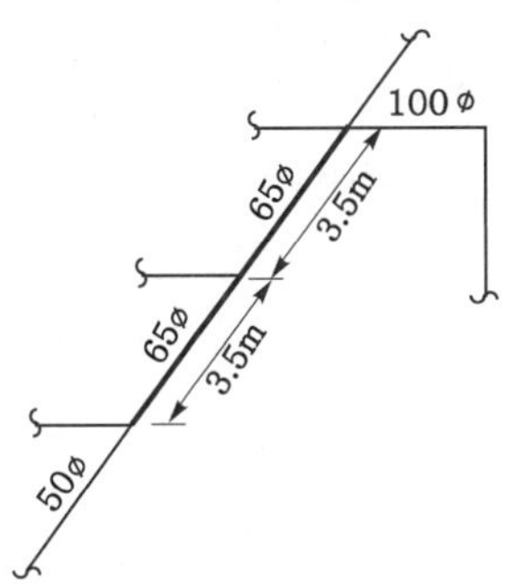

● 90° T(직류), 리듀셔(65×50A)는 〔조건 ②〕에 의해서 무시한다.

(6) **관경 100mm**

① 직관 : 2+1+45+15+2+1.2+2=68.2m

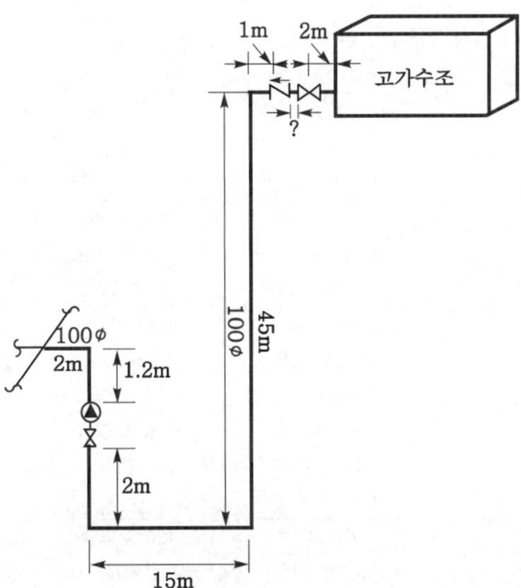

● 직관은 순수한 배관의 길이만 적용하며, **?** 부분은 〔조건 ①〕에 의해서 무시한다.

② 관부속품

각각의 사용위치를 90° 엘보 : ○, 90° T(측류) : ┏ 로 표시하면 다음과 같다.

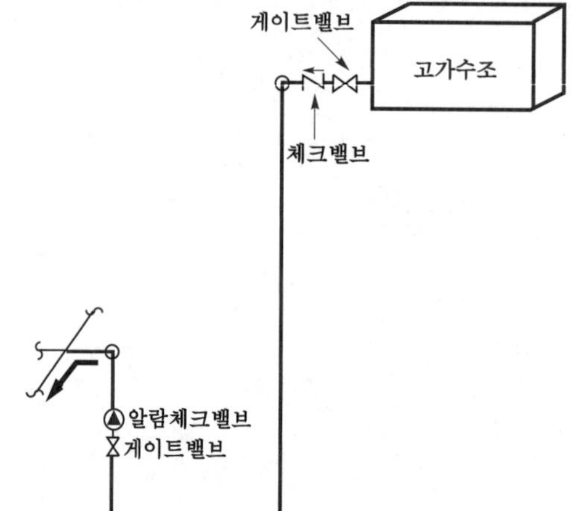

게이트밸브 : 2개×0.81=1.62m
체크밸브 : 1개×16.5=16.5m
90° 엘보 : 4개×4.2=16.8m
알람체크밸브 : 1개×16.5=16.5m
90° T(측류) : 1개×1.2=1.2m

68.2m+1.62m+16.5m+16.8m+16.5m+1.2m=120.82m

(나) 〔조건 ③〕에 의해 ΔP_m을 산정하면 다음과 같다.

(1) 관경 25mm : $\Delta P_m = \frac{6\times10^4\times Q^2}{C^2\times D^5}\times L = \frac{6\times10^4\times Q^2}{120^2\times28^5}\times7.9$
$= 1.9126\times10^{-6}\times Q^2 = 19.126\times10^{-7}\times Q^2 \fallingdotseq 19.13\times10^{-7}\times Q^2$

(2) 관경 32mm : $\Delta P_m = \frac{6\times10^4\times Q^2}{C^2\times D^5}\times L = \frac{6\times10^4\times Q^2}{120^2\times36^5}\times3$
$= 2.0672\times10^{-7}\times Q^2 = 20.672\times10^{-8}\times Q^2 \fallingdotseq 20.67\times10^{-8}\times Q^2$

(3) 관경 40mm : $\Delta P_m = \frac{6\times10^4\times Q^2}{C^2\times D^5}\times L = \frac{6\times10^4\times Q^2}{120^2\times42^5}\times5.3$
$= 1.6897\times10^{-7}\times Q^2 = 16.897\times10^{-8}\times Q^2 \fallingdotseq 16.9\times10^{-8}\times Q^2$

(4) 관경 50mm : $\Delta P_m = \frac{6\times10^4\times Q^2}{C^2\times D^5}\times L = \frac{6\times10^4\times Q^2}{120^2\times53^5}\times3.5$
$= 3.4872\times10^{-8}\times Q^2 = 34.872\times10^{-9}\times Q^2 \fallingdotseq 34.87\times10^{-9}\times Q^2$

(5) 관경 65mm : $\Delta P_m = \frac{6\times10^4\times Q^2}{C^2\times D^5}\times L = \frac{6\times10^4\times Q^2}{120^2\times66^5}\times7$
$= 2.3289\times10^{-8}\times Q^2 = 23.289\times10^{-9}\times Q^2 \fallingdotseq 23.29\times10^{-9}\times Q^2$

(6) 관경 100mm : $\Delta P_m = \frac{6\times10^4\times Q^2}{C^2\times D^5}\times L = \frac{6\times10^4\times Q^2}{120^2\times103^5}\times120.82$
$= 4.3425\times10^{-8}\times Q^2 = 43.425\times10^{-9}\times Q^2 \fallingdotseq 43.43\times10^{-9}\times Q^2$

- ΔP_m : 배관 1m당 마찰손실압이므로 〔조건 ③〕의 식에 (가)의 상당관 길이(L)를 곱해주어야 한다.
- 〔조건 ③〕의 식에서 관경(D)은 호칭구경을 의미하는 것이 아니고, **내경**을 의미하는 것으로(배관의 호칭구경별 안지름〔mm〕) 표에 의해 산정한다.

(다) **낙차**=45-2-0.6-1.2=41.2m

- 낙차는 수평배관은 고려하지 않고 **수직배관**만 고려하며 **알람체크밸브**, **게이트밸브**도 수직으로 되어 있으므로 **낙차**에 **적용**하는 것에 주의하라(**고가수조방식**이므로 물 흐르는 방향이 위로 향할 경우 '−', 아래로 향할 경우 '+'로 계산하라).

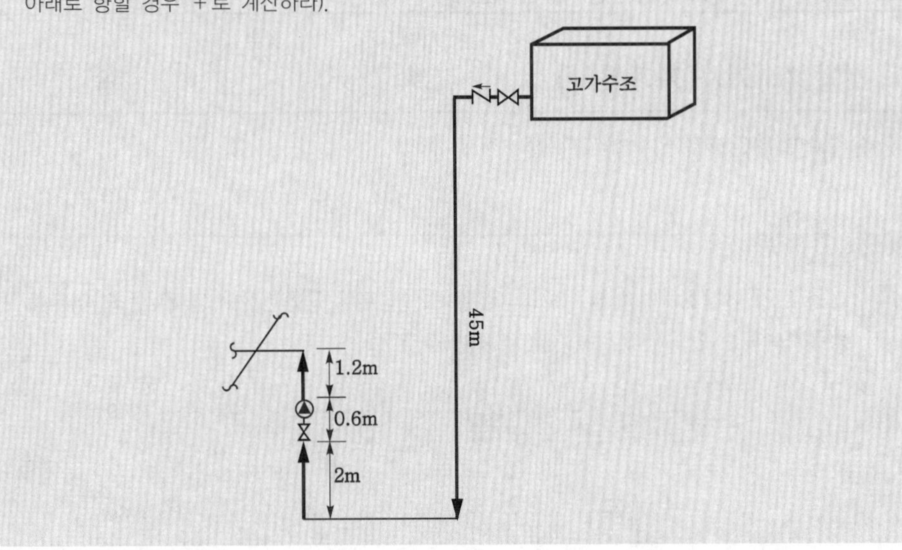

(라) 총관 마찰손실압$=19.13\times10^{-7}\times Q^2+20.67\times10^{-8}\times Q^2+16.9\times10^{-8}\times Q^2$

$+34.87\times10^{-9}\times Q^2+23.29\times10^{-9}\times Q^2+43.43\times10^{-9}\times Q^2$

$=23.90\times10^{-7}\times Q^2$

A점 헤드의 **방수압력** P는

$P=$ 낙차의 환산수두압-배관 및 관부속품의 마찰손실수두압(총 관마찰손실압)

$=0.412\text{MPa}-23.90\times10^{-7}\times Q^2\text{MPa}$

A점 헤드의 **분당 방수량** Q는

$Q=K\sqrt{10P}=80\sqrt{10(0.412-23.90\times10^{-7}\times Q^2)}$

$Q=80\sqrt{4.12-23.90\times10^{-6}\times Q^2}$

$Q^2=80^2(4.12-23.90\times10^{-6}\times Q^2)$

$Q^2=80^2\times4.12-80^2\times23.90\times10^{-6}\times Q^2$

$Q^2=26368-0.15\,Q^2$

$Q^2+0.15\,Q^2=26368$

$(1+0.15)Q^2=26368$

$1.15\,Q^2=26368$

$Q^2=\dfrac{26368}{1.15}$

$\sqrt{Q^2}=\sqrt{\dfrac{26368}{1.15}}$

$Q=\sqrt{\dfrac{26368}{1.15}}=151.422 \fallingdotseq 151.42\text{L/min}$

- K(80) : 문제 (라)에서 주어진 값
- 문제는 A점 헤드 1개만 방사될 때의 방수량을 구하여야 하며, A점 헤드 1개만 방사될 때에는 유량 Q가 모두 동일하므로 위와 같이 구하여야 한다. 총 관마찰손실압을 적용하지 않는다든가 총 관마찰손실압을 구할 때 유량 Q=80L/min을 적용하는 것은 잘못된 계산이다.

2023. 7. 22 시행

▌2023년 기사 제2회 필답형 실기시험▌

자격종목	시험시간	형별	수험번호	성명	감독위원 확 인
소방설비기사(기계분야)	3시간				

※ 다음 물음에 답을 해당 답란에 답하시오.(배점 : 100)

문제 01

다음 조건을 참조하여 해발 1000m에 설치된 펌프에 공동현상이 일어나는지 여부를 판정하시오. (단, 중력가속도는 반드시 9.8m/s^{2}를 적용할 것)

(14.4.문1, 01.7.문9)

득점	배점
	5

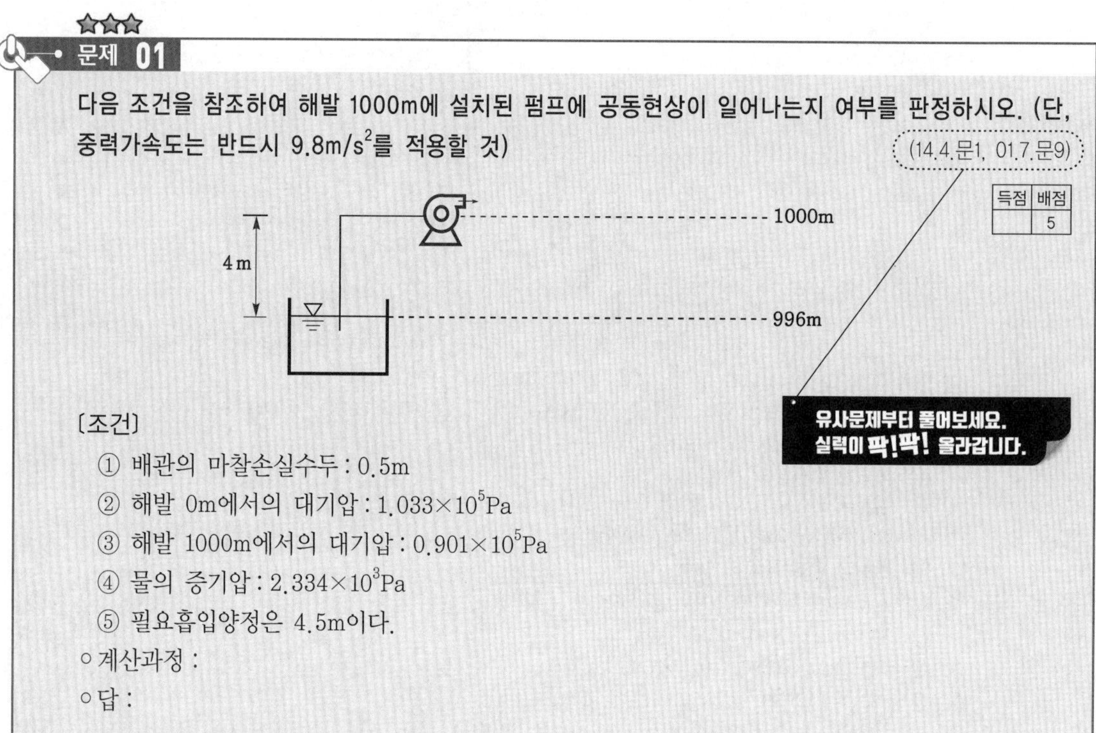

1000m
4 m
996m
유사문제부터 풀어보세요.
실력이 팍!팍! 올라갑니다.

[조건]

① 배관의 마찰손실수두 : 0.5m
② 해발 0m에서의 대기압 : 1.033×10^5Pa
③ 해발 1000m에서의 대기압 : 0.901×10^5Pa
④ 물의 증기압 : 2.334×10^3Pa
⑤ 필요흡입양정은 4.5m이다.

○ 계산과정 :

○ 답 :

해답 ○ 계산과정 : $\gamma = 1000\times9.8 = 9800\text{N/m}^3$

$$\text{NPSH}_{\text{av}} = \frac{0.901\times10^5}{9800} - \frac{2.334\times10^3}{9800} - 4 - 0.5 \fallingdotseq 4.455\text{m}$$

○ 답 : 필요흡입양정보다 유효흡입양정이 작으므로 공동현상 발생

해설 (1) **비중량**

$$\gamma = \rho g$$

여기서, γ : 비중량[N/m^3]
ρ : 밀도(물의 밀도 1000kg/m^3 또는 1000N·s^2/m^4)
g : 중력가속도[m/s^2]

비중량 $\gamma = \rho g = 1000\text{N}\cdot\text{s}^2/\text{m}^4 \times 9.8\text{m/s}^2 = 9800\text{N/m}^3$

- 단서 [조건]에 의해 중력가속도 9.8m/s^{2}를 반드시 적용할 것. 적용하지 않으면 틀림

(2) **수두**

$$H = \frac{P}{\gamma}$$

여기서, H : 수두〔m〕
P : 압력〔Pa 또는 N/m²〕
γ : 비중량〔N/m³〕

(3) **표준대기압**

1atm=760mmHg=1.0332kg$_f$/cm^2
=10.332mH$_2$O(mAq)
=14.7PSI(lb$_f$/in^2)
=101.325kPa(kN/m^2)=101325Pa(N/m^2)
=1013mbar

1Pa=1N/m^2 이므로

대기압수두(H_a) : $H = \frac{P}{\gamma} = \frac{0.901 \times 10^5 \text{N/m}^2}{9800 \text{N/m}^3}$

- 대기압수두(H_a)는 **펌프**가 **위치**해 **있는 곳**, 즉 해발 1000m에서의 대기압을 기준으로 한다. 해발 0m에서의 대기압은 적용하지 않는 것에 주의하라!!

수증기압수두(H_v) : $H = \frac{P}{\gamma} = \frac{2.334 \times 10^3 \text{N/m}^2}{9800 \text{N/m}^3}$
흡입수두(H_s) : **4m**(그림에서 펌프중심~수원표면까지의 수직거리)
마찰손실수두(H_L) : **0.5m**
수조가 펌프보다 낮으므로 **유효흡입양정**은

$$\text{NPSH}_{av} = H_a - H_v - H_s - H_L = \frac{0.901 \times 10^5 \text{N/m}^2}{9800 \text{N/m}^3} - \frac{2.334 \times 10^3 \text{N/m}^2}{9800 \text{N/m}^3} - 4\text{m} - 0.5\text{m} ≒ 4.455\text{m}$$

4.455m(NPSH$_{av}$) < 4.5m(NPSH$_{re}$) = 공동현상 발생

- 4.5m(NPSH$_{re}$) : 〔조건 ⑤〕에서 주어진 값
- 중력가속도를 적용하라는 말이 없다면 대기압수두(H_a)와 수증기압수두(H_v)는 다음 ①과 같이 단위환산으로 구해도 된다.

  10.332m=101.325kPa=101325Pa

  대기압수두(H_a) : ① $0.901 \times 10^5 \text{Pa} = \frac{0.901 \times 10^5 \text{Pa}}{101325 \text{Pa}} \times 10.332\text{m} = 9.187\text{m}$

  ② $\frac{0.901 \times 10^5 \text{N/m}^2}{9800 \text{N/m}^2} = 9.193\text{m}$

  수증기압수두(H_v) : ① $2.334 \times 10^3 \text{Pa} = \frac{2.334 \times 10^3 \text{Pa}}{101325 \text{Pa}} \times 10.332\text{m} = 0.237\text{m}$

  ② $\frac{2.334 \times 10^3 \text{N/m}^2}{9800 \text{N/m}^2} = 0.238\text{m}$

  ①과 ②가 거의 같은 값이 나오는 것을 알 수 있다. 두 가지 중 어느 식으로 구해도 옳은 답이다.
- 문제에서 흡입수두(H_s)의 기준이 정확하지 않다. 어떤 책에는 **'펌프중심~수원표면까지의 거리'**, 어떤 책에는 **'펌프중심~풋밸브까지의 거리'**로 정의하고 있다. 정답은 **'펌프중심~수원표면까지의 거리'**이다. 어찌되었든 이렇게 혼란스러우므로 문제에서 주어지는 대로 그냥 적용하면 된다. 이 문제에서는 **'펌프중심~수원표면까지의 거리'**가 주어졌으므로 이것을 흡입수두(H_s)로 보았다.

중요

(1) **흡입 $NPSH_{av}$ vs 압입 $NPSH_{av}$**

흡입 $NPSH_{av}$(수조가 펌프보다 낮을 때)	압입 $NPSH_{av}$(수조가 펌프보다 높을 때)
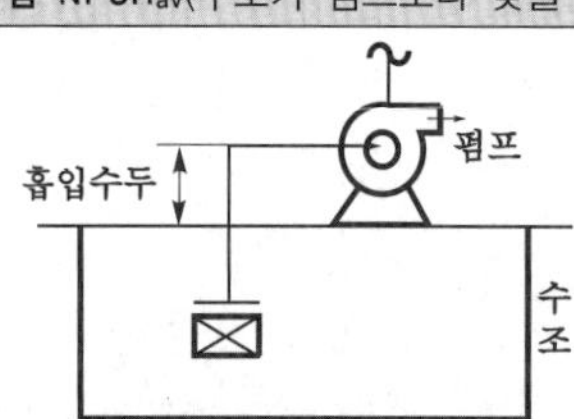	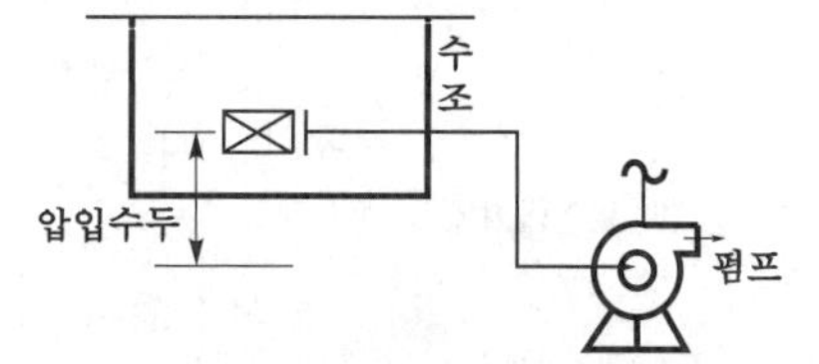
$$\mathrm{NPSH_{av}} = H_a - H_v - H_s - H_L$$	$$\mathrm{NPSH_{av}} = H_a - H_v + H_s - H_L$$
여기서, $\mathrm{NPSH_{av}}$: 유효흡입양정(m) H_a : 대기압수두(m) H_v : 수증기압수두(m) H_s : 흡입수두(m) H_L : 마찰손실수두(m)	여기서, $\mathrm{NPSH_{av}}$: 유효흡입양정(m) H_a : 대기압수두(m) H_v : 수증기압수두(m) H_s : 압입수두(m) H_L : 마찰손실수두(m)

(2) **공동현상의 발생한계 조건**

① $NPSH_{av} \geq NPSH_{re}$: 공동현상을 방지하고 정상적인 흡입운전 가능

② $NPSH_{av} \geq 1.3 \times NPSH_{re}$: 펌프의 설치높이를 정할 때 붙이는 여유

$NPSH_{av}$(Available Net Positive Suction Head) =유효흡입양정	$NPSH_{re}$(Required Net Positive Suction Head) =필요흡입양정
• 흡입전양정에서 포화증기압을 뺀 값 • 펌프설치 과정에 있어서 펌프흡입측에 가해지는 수두압에서 흡입액의 온도에 해당되는 포화증기압을 뺀 값 • 펌프의 중심으로 유입되는 액체의 절대압력 • 펌프설치 과정에서 펌프 그 자체와는 무관하게 흡입측 배관의 설치위치, 액체온도 등에 따라 결정되는 양정 • 이용 가능한 정미 유효흡입양정으로 흡입전양정에서 포화증기압을 뺀 것	• 공동현상을 방지하기 위해 펌프흡입측 내부에 필요한 최소압력 • 펌프 제작사에 의해 결정되는 값 • 펌프에서 임펠러 입구까지 유입된 액체는 임펠러에서 가압되기 직전에 일시적인 압력강하가 발생되는데 이에 해당하는 양정 • 펌프 그 자체가 캐비테이션을 일으키지 않고 정상운전되기 위하여 필요로 하는 흡입양정 • 필요로 하는 정미 유효흡입양정

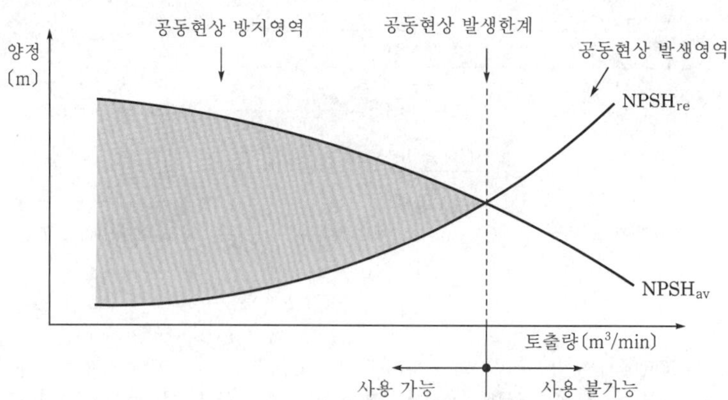

☆☆☆
문제 02

바닥면적 400m², 높이 4m인 전기실(유압기기는 없음)에 이산화탄소 소화설비를 설치할 때 저장용기(68L/45kg)에 저장된 약제량을 표준대기압, 온도 20℃인 방호구역 내에 전부 방사한다고 할 때 다음을 구하시오. (19.4.문3, 16.6.문4, 14.7.문10, 12.11.문13, 02.10.문3, 97.1.문12)

득점	배점
	6

[조건]

① 방호구역 내에는 $3m^2$인 출입문이 있으며, 이 문은 자동폐쇄장치가 설치되어 있지 않다.
② 심부화재이고, 전역방출방식을 적용하였다.
③ 이산화탄소의 분자량은 44이고, 이상기체상수는 8.3143kJ/kmol · K이다.
④ 선택밸브 내의 온도와 압력조건은 방호구역의 온도 및 압력과 동일하다고 가정한다.
⑤ 이산화탄소 저장용기는 한 병당 45kg의 이산화탄소가 저장되어 있다.

(가) 이산화탄소 최소 저장용기수(병)를 구하시오.
○ 계산과정 :
○ 답 :

(나) 최소 저장용기를 기준으로 이산화탄소를 모두 방사할 때 선택밸브 1차측 배관에서의 최소 유량 [m^3/min]을 구하시오.
○ 계산과정 :
○ 답 :

해답 (가) ○ 계산과정 : $(400\times4)\times1.3+3\times10=2110\text{kg}$

$$\frac{2110}{45}=46.8 \fallingdotseq 47\text{병}$$

○ 답 : 47병

(나) ○ 계산과정 : 선택밸브 1차측 배관유량 $=\dfrac{45\times47}{7}=302.142\text{kg/min}$

$$V=\frac{302.142\times8.3143\times(273+20)}{101.325\times44}=165.095 \fallingdotseq 165.1\text{m}^3$$

○ 답 : $165.1m^3$/min

해설 (가) ① **CO_2 저장량**(약제소요량)[kg]
= **방**호구역체적[m^3]×**약**제량[kg/m^3]**+개**구부면적[m^2]×개구부가**산**량(10kg/m^2)

기억법 **방약+개산**

= ($400m^2$×4m)×1.3kg/m^3+$3m^2$×10kg/m^2=2110kg

- ($400m^2$×4m) : 문제에서 주어진 값
- 문제에서 **전기실**(전기설비)이고 $400m^2$×4m=$1600m^3$로서 **$55m^3$ 이상**이므로 **1.3kg/m^3**
- [조건 ①]에서 자동폐쇄장치가 설치되어 있지 않으므로 **개구부면적** 및 **개구부가산량** 적용

‖ 이산화탄소 소화설비 **심부화재**의 약제량 및 개구부가산량(NFPC 106 5조, NFTC 106 2.2.1.2.1) ‖

방호대상물	약제량	개구부가산량 (자동폐쇄장치 미설치시)	설계농도
전기설비($55m^3$ 이상), 케이블실 →	1.3kg/m^3	10kg/m^2	50%
전기설비($55m^3$ 미만)	1.6kg/m^3		
서고, 박물관, 목재가공품창고, 전자제품창고	2.0kg/m^3		65%
석탄창고, 면화류창고, 고무류, 모피창고, 집진설비	2.7kg/m^3		75%

- 개구부면적($3m^2$) : [조건 ①]에서 주어진 값($3m^2$ 출입문이 개구부면적)

② **저장용기수** $= \dfrac{\text{약제소요량}}{\text{1병당 저장량(충전량)}} = \dfrac{2110\text{kg}}{45\text{kg}} = 46.8 ≒ 47\text{병}$

- 저장용기수 산정은 계산결과에서 **소수**가 발생하면 반드시 **절상**
- 2110kg : 바로 위에서 구한 값

(나) ① 선택밸브 직후(1차측 또는 2차측) 배관유량 $= \dfrac{\text{1병당 충전량[kg]} \times \text{병수}}{\text{약제방출시간[min]}} = \dfrac{45\text{kg} \times 47\text{병}}{7\text{min}} = 302.142\text{kg/min}$

- 45kg : [조건 ⑤]에서 주어진 값
- 47병 : (가)에서 구한 값
- 7min : [조건 ②]에서 심부화재로서 전역방출방식이므로 **7분** 이내
- '**위험물제조소**' 라는 말이 없는 경우 **일반건축물**로 보면 된다.

‖ 약제방사시간 ‖

소화설비		전역방출방식		국소방출방식	
		일반건축물	위험물제조소	일반건축물	위험물제조소
할론소화설비		10초 이내	30초 이내	10초 이내	30초 이내
분말소화설비		30초 이내		30초 이내	
CO_2 소화설비	표면화재	1분 이내	60초 이내		
	심부화재 →	7분 이내			

- **표면화재** : 가연성 액체 · 가연성 가스
- **심부화재** : 종이 · 목재 · 석탄 · 석유류 · 합성수지류

비교

(1) 선택밸브 직후의 유량 $= \dfrac{\text{1병당 저장량[kg]} \times \text{병수}}{\text{약제방출시간 [s]}}$

(2) 약제의 유량속도 $= \dfrac{\text{1병당 충전량 [kg]} \times \text{병수}}{\text{약제방출시간[s]}}$

(3) 방사량 $= \dfrac{\text{1병당 저장량[kg]} \times \text{병수}}{\text{헤드수} \times \text{약제방출시간 [s]}}$

(4) 분사헤드수 $= \dfrac{\text{1병당 저장량[kg]} \times \text{병수}}{\text{헤드 1개의 표준방사량[kg]}}$

(5) 개방(용기)밸브 직후의 유량 $= \dfrac{\text{1병당 충전량 [kg]}}{\text{약제방출시간 [s]}}$

② **이산화탄소**의 **부피**

$$PV = \frac{m}{M}RT$$

여기서, P : 압력(1atm)
V : 부피[m^3]
m : 질량[kg]
M : 분자량(44kg/kmol)
R : 기체상수(0.082atm · m^3/kmol · K)
T : 절대온도(273+℃)[K]

$$\therefore V = \frac{mRT}{PM} = \frac{302.142\text{kg} \times 8.3143\text{kPa} \cdot \text{m}^3/\text{kmol} \cdot \text{K} \times (273+20)\text{K}}{101.325\text{kPa} \times 44\text{kg/kmol}}$$

$= 165.095 ≒ 165.1\text{m}^3$(잠시 떼어놓았던 min를 다시 붙이면 **165.1m^3/min**)

- 최소 유량을 m^3/min로 구하라고 했으므로 kg/min → m^3/min로 변환하기 위해 **이상기체상태 방정식** 적용
- 302.142kg : 바로 위에서 구한 값, 이상기체상태 방정식을 적용하기 위해 이미 구한 302.142kg/min에서 min를 잠시 떼어놓으면 **302.142kg**이 된다.
- 8.3143kPa · m^3/kmol · K : 〔조건 ③〕에서 8.3143kJ/kmol · K=8.3143kPa · m^3/kmol · K(1kJ=1kPa · m^3)
- 20℃ : 문제에서 주어진 값
- 101.325kPa : 문제에서 **표준대기압**이라고 했으므로 101.325kPa 적용. 다른 단위도 적용할 수 있지만 〔조건 ③〕에서 주어진 이상기체상수 단위 **kJ/kmol · K=kPa · m^3/kmol · K**이므로 단위를 일치시켜 계산을 편하게 하기 위해 **kPa**을 적용
- **표준대기압**

  1atm=760mmHg =1.0332kg_f/cm^2
  =10.332mH_2O(mAq)=10.332m
  =14.7PSI(lb_f/in^2)
  =101.325kPa(kN/m^2)
  =1013mbar
- 1kJ=1kPa · m^3
- 44kg/kmol : 〔조건 ③〕에서 주어진 값, 분자량의 단위는 kg/kmol이므로 44kg/kmol이 된다.

☆☆☆

문제 03

다음 그림은 어느 스프링클러설비의 Isometric Diagram이다. 이 도면과 주어진 조건에 의하여 헤드 A만을 개방하였을 때 실제 방수압과 방수량을 계산하시오. (18.6.문3, 07.7.문3)

득점	배점
	12

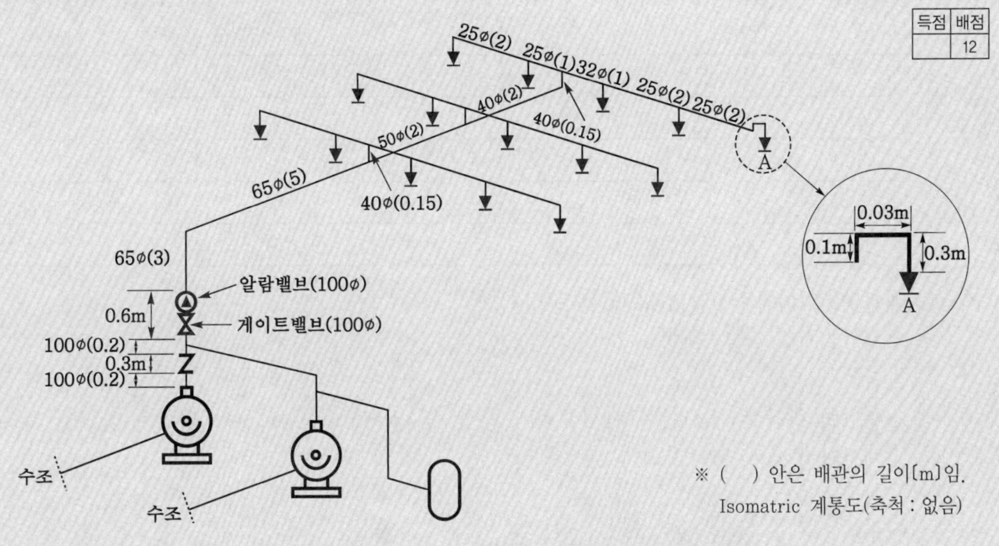

※ (　) 안은 배관의 길이〔m〕임.
Isomatric 계통도(축척 : 없음)

〔조건〕

① 펌프의 양정은 토출량에 관계없이 일정하다고 가정한다(펌프토출압=0.3MPa).

② 헤드의 방출계수(K)는 90이다.

③ 배관의 마찰손실은 하젠-윌리엄스의 공식을 따르되 계산의 편의상 다음 식과 같다고 가정한다.

$$\Delta P = \frac{6 \times 10^4 \times Q^2}{120^2 \times d^5}$$

여기서, ΔP : 배관길이 1m당 마찰손실압력〔MPa〕

Q : 배관 내의 유수량〔L/min〕

d : 배관의 안지름〔mm〕

④ 배관의 호칭구경별 안지름은 다음과 같다.

호칭구경	25ϕ	32ϕ	40ϕ	50ϕ	65ϕ	80ϕ	100ϕ
내경[mm]	28	37	43	54	69	81	107

⑤ 배관 부속 및 밸브류의 등가길이[m]는 다음 표와 같으며, 이 표에 없는 부속 또는 밸브류의 등가길이는 무시해도 좋다.

호칭구경 / 배관 부속	25mm	32mm	40mm	50mm	65mm	80mm	100mm
90° 엘보	0.8	1.1	1.3	1.6	2.0	2.4	3.2
티(측류)	1.7	2.2	2.5	3.2	4.1	4.9	6.3
게이트밸브	0.2	0.2	0.3	0.3	0.4	0.5	0.7
체크밸브	2.3	3.0	3.5	4.4	5.6	6.7	8.7
알람밸브	-	-	-	-	-	-	8.7

⑥ 배관의 마찰손실, 등가길이, 마찰손실압력은 호칭구경 25ϕ와 같이 구하도록 한다.

(가) 다음 표에서 빈칸을 채우시오.

호칭구경	배관의 마찰손실[MPa/m]	등가길이[m]	마찰손실압력[MPa]
25ϕ	$\Delta P = 2.421 \times 10^{-7} \times Q^2$	직관 : 2+2+0.1+0.03+0.3=4.43 90° 엘보 : 3개×0.8=2.4 계 : 6.83m	$1.653 \times 10^{-6} \times Q^2$
32ϕ			
40ϕ			
50ϕ			
65ϕ			
100ϕ			

(나) 배관의 총 마찰손실압력[MPa]을 구하시오.

○ 계산과정 :

○ 답 :

(다) 실층고의 환산수두[m]를 구하시오.

○ 계산과정 :

○ 답 :

(라) A점의 방수량[L/min]을 구하시오.

○ 계산과정 :

○ 답 :

(마) A점의 방수압[MPa]을 구하시오.

○ 계산과정 :

○ 답 :

 해답 (가)

호칭구경	배관의 마찰손실〔MPa/m〕	등가길이〔m〕	마찰손실압력〔MPa〕
25ϕ	$\Delta P = 2.421 \times 10^{-7} \times Q^2$	직관 : 2+2+0.1+0.03+0.3=4.43 90° 엘보 : 3개×0.8=2.4 계 : 6.83m	$1.653\times10^{-6}\times Q^2$
32ϕ	$\Delta P = 6.008 \times 10^{-8} \times Q^2$	직관 : 1 계 : 1m	$6.008\times10^{-8}\times Q^2$
40ϕ	$\Delta P = 2.834 \times 10^{-8} \times Q^2$	직관 : 2+0.15=2.15 90° 엘보 : 1개×1.3=1.3 티(측류) : 1개×2.5=2.5 계 : 5.95m	$1.686\times10^{-7}\times Q^2$
50ϕ	$\Delta P = 9.074 \times 10^{-9} \times Q^2$	직관 : 2 계 : 2m	$1.814\times10^{-8}\times Q^2$
65ϕ	$\Delta P = 2.664 \times 10^{-9} \times Q^2$	직관 : 3+5=8 90° 엘보 : 1개×2.0=2.0 계 : 10m	$2.664\times10^{-8}\times Q^2$
100ϕ	$\Delta P = 2.970 \times 10^{-10} \times Q^2$	직관 : 0.2+0.2=0.4 체크밸브 : 1개×8.7=8.7 게이트밸브 : 1개×0.7=0.7 알람밸브 : 1개×8.7=8.7 계 : 18.5m	$5.494\times10^{-9}\times Q^2$

(나) ○ 계산과정 : $1.653\times10^{-6}\times Q^2+6.008\times10^{-8}\times Q^2+1.686\times10^{-7}\times Q^2$

$+1.814\times10^{-8}\times Q^2+2.664\times10^{-8}\times Q^2+5.494\times10^{-9}\times Q^2$

$=1.931\times10^{-6}\times Q^2 \fallingdotseq 1.93\times10^{-6}\times Q^2$〔MPa〕

○ 답 : $1.93\times10^{-6}\times Q^2$〔MPa〕

(다) ○ 계산과정 : $0.2+0.3+0.2+0.6+3+0.15+0.1-0.3=4.25\text{m}$

○ 답 : 4.25m

(라) ○ 계산과정 : $P_3=0.3-0.0425-1.93\times10^{-6}\times Q^2=0.2575-1.93\times10^{-6}\times Q^2$

$Q=90\sqrt{10\times(0.2575-1.93\times10^{-6}\times Q^2)} \fallingdotseq 134.3\text{L/min}$

○ 답 : 134.3L/min

(마) ○ 계산과정 : $0.2575-1.93\times10^{-6}\times134.3^2=0.222\fallingdotseq0.22\text{MPa}$

○ 답 : 0.22MPa

해설 (가) **산출근거**

① **배관**의 **마찰손실**〔MPa/m〕

〔조건 ③〕에 의해 ΔP를 산정하면 다음과 같다.

㉠ 호칭구경 25ϕ : $\Delta P=\dfrac{6\times10^4\times Q^2}{120^2\times d^5}=\dfrac{6\times10^4\times Q^2}{120^2\times28^5}=2.421\times10^{-7}\times Q^2$

㉡ 호칭구경 32ϕ : $\Delta P=\dfrac{6\times10^4\times Q^2}{120^2\times d^5}=\dfrac{6\times10^4\times Q^2}{120^2\times37^5}=6.008\times10^{-8}\times Q^2$

㉢ 호칭구경 40ϕ : $\Delta P=\dfrac{6\times10^4\times Q^2}{120^2\times d^5}=\dfrac{6\times10^4\times Q^2}{120^2\times43^5}=2.834\times10^{-8}\times Q^2$

㉣ 호칭구경 50ϕ : $\Delta P=\dfrac{6\times10^4\times Q^2}{120^2\times d^5}=\dfrac{6\times10^4\times Q^2}{120^2\times54^5}=9.074\times10^{-9}\times Q^2$

ⓜ 호칭구경 65ϕ : $\Delta P=\frac{6\times10^4\times Q^2}{120^2\times d^5}=\frac{6\times10^4\times Q^2}{120^2\times69^5}=2.664\times10^{-9}\times Q^2$

ⓑ 호칭구경 100ϕ : $\Delta P=\frac{6\times10^4\times Q^2}{120^2\times d^5}=\frac{6\times10^4\times Q^2}{120^2\times107^5}=2.970\times10^{-10}\times Q^2$

- 〔조건 ③〕의 식에서 배관의 안지름(d)은 호칭구경을 의미하는 것이 아니고, **내경**을 의미하는 것으로 〔**조건 ④**〕에 의해 산정하는 것에 주의하라.

②

- 문제에서 헤드 A만을 개방한다고 했으므로 물이 흐르는 방향은 아래의 그림과 같기 때문에 굵은 선 부분 외에는 물이 흐르지 않는다. 그러므로 물이 흐르는 부분만 고려하여 등가길이를 산정해야 한다.

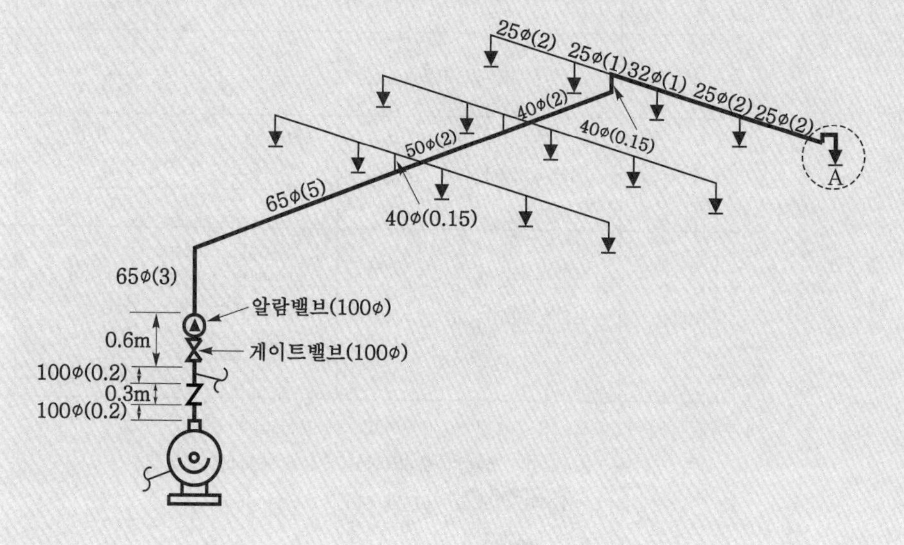

등가길이〔m〕

※ (   ) 안은 배관의 길이〔m〕라고 문제에 주어졌음

호칭구경 25ϕ

4.43m+0.8m=5.23m

㉠ 직관 : 2+2+0.1+0.03+0.3=4.43m

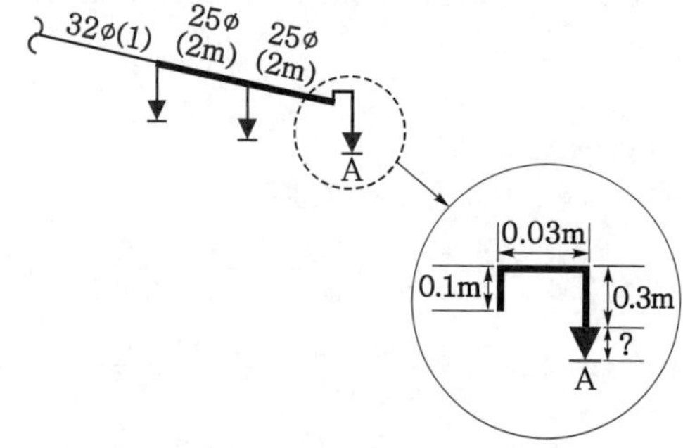

- ?부분은 직관이 아니고 헤드이므로 생략

ⓛ 관부속품 : 90° 엘보 3개, 3개×0.8=2.4m
90° 엘보의 사용위치를 ○로 표시하면 다음과 같다.

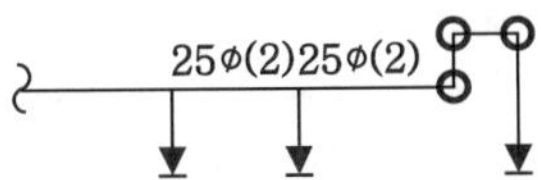

• 티(직류), 리듀셔(25×15A)는 〔조건 ⑤〕에 의해서 무시한다.

호칭구경 32φ

직관 : 1m

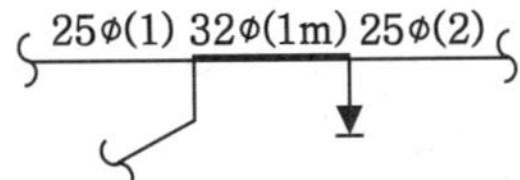

• 티(직류), 리듀셔(32×25A)는 〔조건 ⑤〕에 의해서 무시한다.

호칭구경 40φ 2.15m+1.3m+2.5m=5.95m

㉠ 직관 : 2+0.15=2.15m

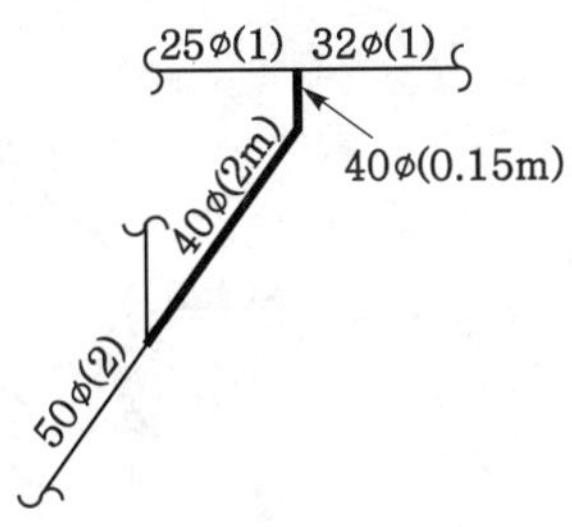

ⓛ 관부속품 : 90° 엘보 1개, 티(측류) 1개, 각각의 사용위치를 90° 엘보는 ○, 티(측류)는 ┏▶ 로 표시하면 다음과 같다.

• 90° 엘보 : 1개×1.3=1.3m
• 티(측류) : 1개×2.5=2.5m

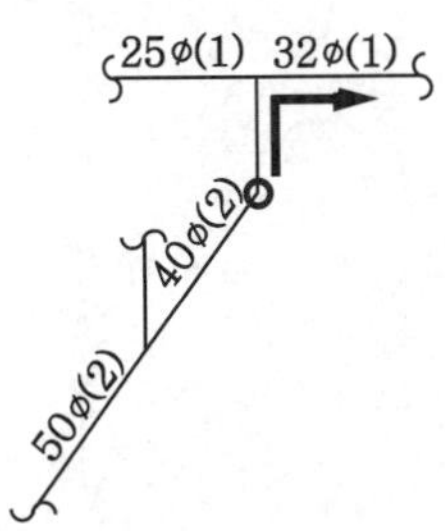

• 리듀셔(40×25A), 리듀셔(40×32A)는 〔조건 ⑤〕에 의해서 무시한다.
• 물의 흐름방향에 따라 티(분류, 측류)와 티(직류)를 다음과 같이 분류한다.

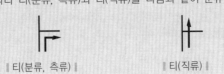

호칭구경 50ϕ

직관 : 2m

40φ(2)
50φ(2m)
65φ(5)

• 티(직류), 리듀셔(50×40A)는 〔조건 ⑤〕에 의해서 무시한다.

호칭구경 65ϕ 8m+2.0m=10m

㉠ 직관 : 3+5=8m

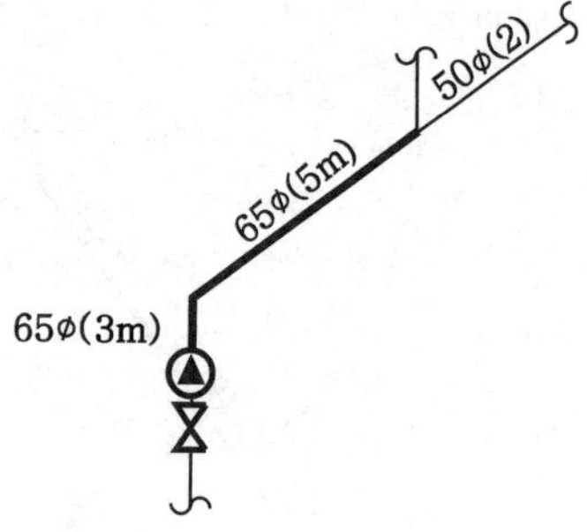

㉡ 관부속품 : 90° 엘보 1개, 1개×2.0=2.0m

90° 엘보의 사용위치를 ○로 표시하면 다음과 같다.

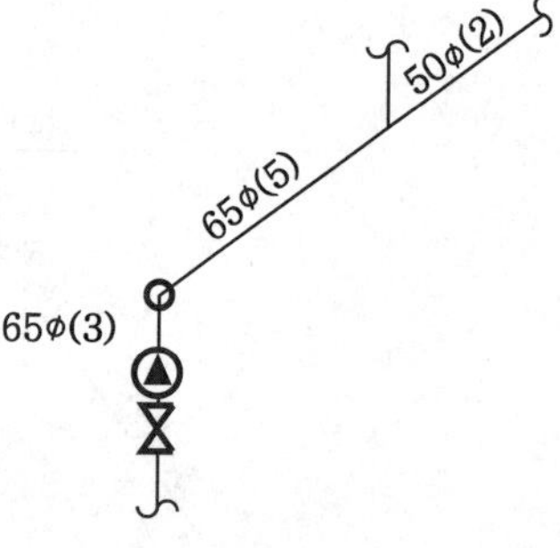

• 티(직류), 리듀셔(65×50A)는 〔조건 ⑤〕에 의해서 무시한다.

호칭구경 100ϕ 0.4m+8.7m+0.7m+8.7m=18.5m

㉠ 직관 : 0.2+0.2=0.4m

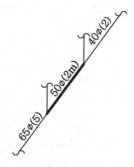

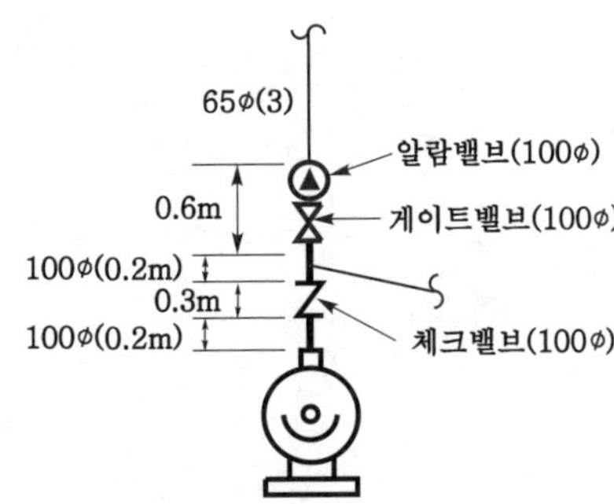

• **직관**은 순수한 배관의 길이로서 알람밸브, 게이트밸브, 체크밸브 등의 길이는 고려하지 않음에 주의

ⓛ 관부속품
- 체크밸브 : 1개, 1개×8.7=8.7m
- 게이트밸브 : 1개, 1개×0.7=0.7m
- 알람밸브 : 1개, 1개×8.7=8.7m

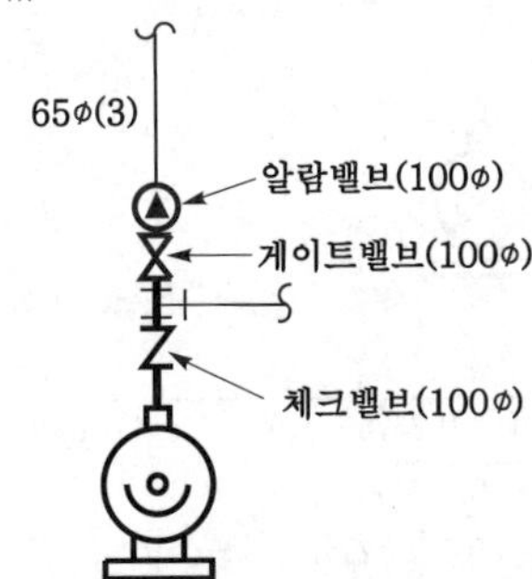

• 티(Tee)가 있지만 티(직류)로서 〔조건 ⑤〕에 티(직류) 등가길이가 없으므로 무시한다.

③ **마찰손실압력**〔MPa〕

마찰손실압력〔MPa〕=배관의 마찰손실〔MPa/m〕×등가길이〔m〕

㉠ 호칭구경 25φ : $\Delta P_m = (2.421\times10^{-7}\times Q^2)\times 6.83\text{m} = 1.653\times10^{-6}\times Q^2$

ⓛ 호칭구경 32φ : $\Delta P_m = (6.008\times10^{-8}\times Q^2)\times 1\text{m} = 6.008\times10^{-8}\times Q^2$

ⓒ 호칭구경 40φ : $\Delta P_m = (2.834\times10^{-8}\times Q^2)\times 5.95\text{m} = 1.686\times10^{-7}\times Q^2$

ⓔ 호칭구경 50φ : $\Delta P_m = (9.074\times10^{-9}\times Q^2)\times 2\text{m} = 1.814\times10^{-8}\times Q^2$

ⓜ 호칭구경 65φ : $\Delta P_m = (2.664\times10^{-9}\times Q^2)\times 10\text{m} = 2.664\times10^{-8}\times Q^2$

ⓑ 호칭구경 100φ : $\Delta P_m = (2.970\times10^{-10}\times Q^2)\times 18.5\text{m} = 5.494\times10^{-9}\times Q^2$

(나) **배관**의 **총 마찰손실압력**

$= 1.653\times10^{-6}\times Q^2 + 6.008\times10^{-8}\times Q^2 + 1.686\times10^{-7}\times Q^2$

$+ 1.814\times10^{-8}\times Q^2 + 2.664\times10^{-8}\times Q^2 + 5.494\times10^{-9}\times Q^2$

$\fallingdotseq 1.93\times10^{-6}\times Q^2$〔MPa〕

• 문제에서 헤드 A만을 개방한다고 하였으므로 헤드 A만 개방할 때에는 A점의 방수량을 포함하여 유량 Q가 모두 동일하므로 $Q=$80L/min을 적용하는 것은 잘못된 계산이다. 만약, Q값을 적용하려면 (라)에서 구한 **134.3L/min**을 적용하여야 한다. 거듭 주의하라!!

(다) **실층고**의 **수두환산압력**

$= 0.2\text{m} + 0.3\text{m} + 0.2\text{m} + 0.6\text{m} + 3\text{m} + 0.15\text{m} + 0.1\text{m} - 0.3\text{m} = 4.25\text{m}$

- **실층고**는 수평배관은 고려하지 않고 **수직배관**만 고려하며, **체크밸브, 게이트밸브, 알람밸브**도 수직으로 되어 있으므로 실층고에 적용하는 것에 주의하라.
- 펌프를 기준으로 모두 올라갔기 때문에 +로 계산하지만, 헤드 바로 위에 있는 0.3m는 내려가므로 −를 붙여야 한다.
- 이 문제에서는 정확하게 제시되어 있지 않지만 스프링클러헤드 높이도 별도로 주어졌다면 실층고에 적용해야 한다.

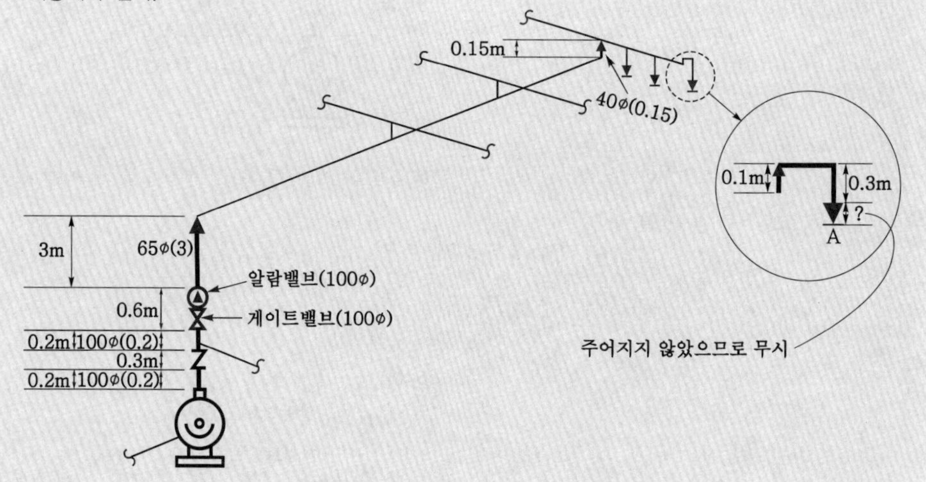

(라) **A점**의 **방수량** Q는

$$Q = K\sqrt{10P} = 90\sqrt{10 \times (0.2575 - 1.93 \times 10^{-6} \times Q^2)}$$

$$Q = 90\sqrt{2.575 - 1.93 \times 10^{-5} \times Q^2}$$

$$Q^2 = 90^2(2.575 - 1.93 \times 10^{-5} \times Q^2)$$

$$Q^2 = 90^2 \times 2.575 - 90^2 \times 1.93 \times 10^{-5} \times Q^2$$

$$Q^2 = 20857.5 - 0.15633\,Q^2$$

$$Q^2 + 0.15633Q^2 = 20857.5$$

$$(1 + 0.15633)Q^2 = 20857.5$$

$$1.15633\,Q^2 = 20857.5$$

$$Q^2 = \frac{20857.5}{1.15633}$$

$$\sqrt{Q^2} = \sqrt{\frac{20857.5}{1.15633}}$$

$$Q = \sqrt{\frac{20857.5}{1.15633}} \fallingdotseq 134.3\text{L/min}$$

토출압

$$P = P_1 + P_2 + P_3$$

여기서, P : 펌프의 토출압(MPa)
P_1 : 배관의 총 마찰손실압력(MPa)
P_2 : 실층고의 수두환산압력(MPa)
P_3 : 방수압(MPa)

A점의 방수압 $P_3 = P - P_2 - P_1$

$$= 0.3\text{MPa} - 0.0425\text{MPa} - 1.93 \times 10^{-6} \times Q^2\,[\text{MPa}]$$

$$= (0.2575 - 1.93 \times 10^{-6} \times Q^2)\text{MPa}$$

- P(0.3MPa) : [조건 ①]에서 주어진 값
- P_2(0.0425MPa) : (다)에서 구한 값, 4.25m=0.0424MPa(100m=1MPa)
- $P_1(1.93 \times 10^{-6} \times Q^2)$: (나)에서 구한 값

(마) (라)에서 **A점**의 **방수압** P_3는

$$P_3 = (0.2575 - 1.93 \times 10^{-6} \times Q^2)\text{MPa} = (0.2575 - 1.93 \times 10^{-6} \times 134.3^2)\text{MPa} = 0.222 ≒ 0.22\text{MPa}$$

별해

- A점의 방수압은 다음과 같이 구할 수도 있다.

$Q = K\sqrt{10P}$ 에서

$$10P = \left(\frac{Q}{K}\right)^2$$

$$P = \frac{1}{10} \times \left(\frac{Q}{K}\right)^2 = \frac{1}{10} \times \left(\frac{134.3\text{L/min}}{90}\right)^2 = 0.222 ≒ \mathbf{0.22MPa}$$

- Q(134.3L/min) : (라)에서 구한 값

★★★

문제 04

건식 스프링클러설비의 최대 단점은 시스템 내의 압축공기가 빠져나가는 만큼 물이 화재대상물에 방출이 지연되는 것이다. 이것을 방지하기 위해 설치하는 보완설비 2가지를 쓰시오. (15.7.문4, 04.4.문4)

○

○

득점	배점
	4

해답 ① 액셀레이터
② 익져스터

해설 **액셀레이터(accelerator), 익져스터(exhauster)**

건식 스프링클러설비는 2차측 배관에 공기압이 채워져 있어서 헤드 작동후 공기의 저항으로 소화에 악영향을 미치지 않도록 설치하는 Quick Opening Devices(Q.O.D)로서, 이것은 건식밸브 개방시 압축공기의 **배출속도**를 **가속**시켜 1차측 배관내의 가압수를 2차측 헤드까지 신속히 송수할 수 있도록 한다.

‖ 액셀레이터와 익져스터 비교 ‖

구 분		액셀레이터(accelator)	익져스터(exhauster)
설치 형태	입구	**2차측 토출배관**에 연결됨	**2차측 토출배관**에 연결됨
	출구	건식밸브의 **중간챔버**에 **연결**됨	**대기중**에 **노출**됨
작동 원리		내부에 **차압챔버**가 일정한 압력으로 조정되어 있는데, 헤드가 개방되어 2차측 배관 내의 공기압이 저하되면 차압챔버의 압력에 의하여 건식밸브의 **중간챔버**를 통해 **공기**가 **배출**되어 클래퍼(clapper)를 밀어준다.	헤드가 개방되어 2차측 배관 내의 공기압이 저하되면 익져스터 내부에 설치된 챔버의 압력변화로 인해 익져스터의 내부밸브가 열려 **건식밸브 2차측**의 **공기**를 **대기**로 **배출**시킨다. 또한, 건식밸브의 **중간챔버**를 통해서도 공기가 배출되어 클래퍼(clapper)를 밀어준다.
외형		압력게이지에 연결 상부챔버 다이어프램 본체 통로 중간챔버 통로 공간 통로 밀대 반침대 가스체크 다이어프램 여과기 ‖ 액셀레이터 ‖	챔버 잔압방출 챔버 안전밸브레버 압력 균형 플러그 안전밸브 방출구와 연결 챔버 ‖ 익져스터 ‖

☆☆☆
문제 05

다음은 소방용 배관을 소방용 합성수지배관으로 설치할 수 있는 경우이다. 보기에서 골라 빈칸을 완성하시오. (단, 소방용 합성수지배관의 성능인증 및 제품검사의 기술기준에 적합한 것이다.)

(16.11.문12, 14.11.문10)

득점	배점
	6

〔보기〕
지상, 지하, 내화구조, 방화구조, 단열구조, 소화수, 천장, 벽, 반자, 바닥, 불연재료, 난연재료

- 배관을 (①)에 매설하는 경우
- 다른 부분과 (②)로 구획된 덕트 또는 피트의 내부에 설치하는 경우
- (③)(상층이 있는 경우 상층바닥의 하단 포함)과 (④)를 (⑤) 또는 준(⑤)로 설치하고 소화배관 내부에 항상 (⑥)가 채워진 상태로 설치하는 경우

해답 ① 지하 ② 내화구조 ③ 천장 ④ 반자 ⑤ 불연재료 ⑥ 소화수

해설 **소방용 합성수지배관으로 설치할 수 있는 경우**(NFPC 102 6조, NFTC 102 2.3.2)

(1) 배관을 **지하**에 **매설**하는 경우
(2) 다른 부분과 **내화구조**로 구획된 **덕트** 또는 **피트**의 내부에 설치하는 경우
(3) **천장**(상층이 있는 경우 상층바닥의 하단 포함)과 **반자**를 **불연재료** 또는 **준불연재료**로 설치하고 소화배관 내부에 항상 **소화수**가 채워진 상태로 설치하는 경우

중요

배관의 **종류**(NFPC 102 6조, NFTC 102 2.3.1)

사용압력	배관 종류
1.2MPa 미만	① 배관용 탄소강관 ② 이음매 없는 구리 및 구리합금관(**습식**배관) ③ 배관용 스테인리스강관 또는 일반배관용 스테인리스강관 ④ 덕타일 주철관
1.2MPa 이상	① 압력배관용 탄소강관 ② 배관용 아크용접 탄소강 강관

☆☆
문제 06

자동 스프링클러설비 중 일제살수식 스프링클러설비에 사용하는 일제개방밸브의 개방방식은 2가지로 구분한다. 2가지 방식의 종류 및 작동원리에 대하여 기술하시오.

(12.11.문6)

득점	배점
	6

(1) 종류 :
작동원리:
(2) 종류 :
작동원리:

해답 (1) 종류 : 가압개방식
작동원리 : 화재감지기가 화재를 감지해서 전자개방밸브를 개방시키거나, 수동개방밸브를 개방하면 가압수가 실린더실을 가압하여 일제개방밸브가 열리는 방식

(2) 종류 : 감압개방식
작동원리 : 화재감지기가 화재를 감지해서 전자개방밸브를 개방시키거나, 수동개방밸브를 개방하면 가압수가 실린더실을 감압하여 일제개방밸브가 열리는 방식

해설 **일제개방밸브**

개방방식	작동원리
가압개방식	화재감지기가 화재를 감지해서 **전자개방밸브**(solenoid valve)를 개방시키거나, **수동개방밸브**를 개방하면 가압수가 실린더실을 **가압**하여 일제개방밸브가 열리는 방식 (a) 작동전 (b) 작동후 ∥ 가압개방식 일제개방밸브 ∥
감압개방식	화재감지기가 화재를 감지해서 **전자개방밸브**(solenoid valve)를 개방시키거나, **수동개방밸브**를 개방하면 가압수가 실린더실을 **감압**하여 일제개방밸브가 열리는 방식 (a) 작동전 (b) 작동후 ∥ 감압개방식 일제개방밸브 ∥

☆☆

문제 07

다음 그림과 같은 벤투리관을 설치하여 관로를 유동하는 물의 유속을 측정하고자 한다. 액주계에는 비중 13.6인 수은이 들어 있고 액주계에서 수은의 높이차가 500mm일 때 흐르는 물의 속도(V_1)는 몇 m/s인가? (단, 피토정압관의 속도계수는 0.97이며, 직경 300mm관과 직경 150mm관의 위치수두는 동일하다. 또한 중력가속도는 9.81m/s^{2}이다.)

(17.4.문12, 13.11.문5)

득점	배점
	5

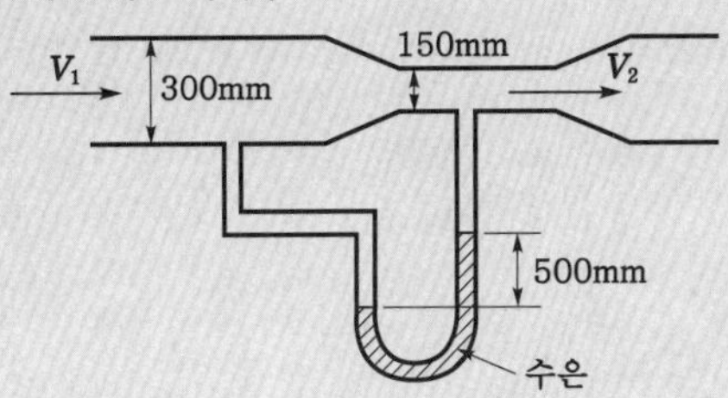

○ 계산과정 :

○ 답 :

해답 ○ 계산과정 : $\gamma_s = 13.6 \times 9.81 = 133.416\text{kN/m}^3$

$$\gamma = 1000 \times 9.81 = 9810\text{N/m}^3 = 9.81\text{kN/m}^3$$

$$V_2 = \frac{0.97}{\sqrt{1-0.25^2}} \sqrt{\frac{2 \times 9.81 \times (133.416 - 9.81)}{9.81} \times 0.5} = 11.137\text{m/s}$$

$$V_1 = \left(\frac{150}{300}\right)^2 \times 11.137 = 2.784 = 2.78\text{m/s}$$

○ 답 : 2.78m/s

해설 (1) **비중**

$$s = \frac{\gamma_s}{\gamma}$$

여기서, s : 비중
γ_s : 어떤 물질의 비중량〔N/m^3〕
γ : 물의 비중량(9.81kN/m^3)

$$13.6 = \frac{\gamma_s}{9.81\text{kN/m}^3}$$

$$\gamma_s = 13.6 \times 9.81\text{kN/m}^3 = 133.416\text{kN/m}^3$$

$$\gamma = \rho g$$

여기서, γ : 물의 비중량〔N/m^3〕
ρ : 물의 밀도(1000N · s^2/m^4)
g : 중력가속도〔m/s^2〕

$$\gamma = \rho g = 1000\text{N} \cdot \text{s}^2/\text{m}^4 \times 9.81\text{m/s}^2 = 9810\text{N/m}^3 = 9.81\text{kN/m}^3$$

(2) **벤투리미터의 속도식**

$$V_2 = \frac{C_v}{\sqrt{1-m^2}} \sqrt{\frac{2g(\gamma_s - \gamma)}{\gamma} R} = C\sqrt{\frac{2g(\gamma_s - \gamma)}{\gamma} R}$$

여기서, V_2 : 물의 속도〔m/s〕, C_v : 속도계수, g : 중력가속도(9.8m/s^2)
γ_s : 비중량(수은의 비중량)〔kN/m^3〕, γ : 비중량(물의 비중량)〔kN/m^3〕
R : 마노미터 읽음(수은주 높이차)〔mHg〕, C : 유량계수$\left(\text{노즐의 흐름계수, } C = \frac{C_v}{\sqrt{1-m^2}}\right)$
m : 개구비$\left[\frac{A_2}{A_1} = \left(\frac{D_2}{D_1}\right)^2\right]$
A_1 : 입구면적〔m^2〕, A_2 : 출구면적〔m^2〕, D_1 : 입구직경〔m〕, D_2 : 출구직경〔m〕

$$m = \left(\frac{D_2}{D_1}\right)^2 = \left(\frac{150\text{mm}}{300\text{mm}}\right)^2 = 0.25$$

물의 속도 V_2는

$$V_2 = \frac{C_v}{\sqrt{1-m^2}} \sqrt{\frac{2g(\gamma_s - \gamma)}{\gamma} R} = \frac{0.97}{\sqrt{1-0.25^2}} \sqrt{\frac{2 \times 9.81\text{m/s}^2 \times (133.416 - 9.81)\text{kN/m}^3}{9.81\text{kN/m}^3} \times 0.5\text{mHg}} = 11.137\text{m/s}$$

- 〔단서〕에 의해 중력가속도는 9.81m/s^{2}를 적용하여야 한다. 일반적으로 알고있는 9.8m/s^{2}을 적용하면 틀린다.
- 물의 속도(V_2)는 출구면적(A_2)을 곱하지 않는다.
- 0.5mHg : 문제에서 수은주 높이차 500mm=500mmHg=0.5mHg(1000mm=1m)
- R : 수은주 높이차〔mHg〕를 적용하는 것에 주의! 〔mAq〕로 변환하는게 아님

(3) **유량**

$$Q = AV = \left(\frac{\pi D^2}{4}\right) V$$

여기서, Q : 유량〔m^3/s〕, A : 단면적〔m^2〕, V : 유속〔m/s〕, D : 내경〔m〕

$V = \frac{Q}{\frac{\pi D^2}{4}} \propto \frac{1}{D^2}$ 이므로

$$V_1 : \frac{1}{{D_1}^2} = V_2 : \frac{1}{{D_2}^2}$$

$$V_1 \times \frac{1}{{D_2}^2} = V_2 \times \frac{1}{{D_1}^2}$$

$$V_1 = \left(\frac{{D_2}^2}{{D_1}^2}\right) V_2$$

$$V_1 = \left(\frac{D_2}{D_1}\right)^2 V_2 = \left(\frac{150\text{mm}}{300\text{mm}}\right)^2 \times 11.137\text{m/s} = 2.784 \fallingdotseq 2.78\text{m/s}$$

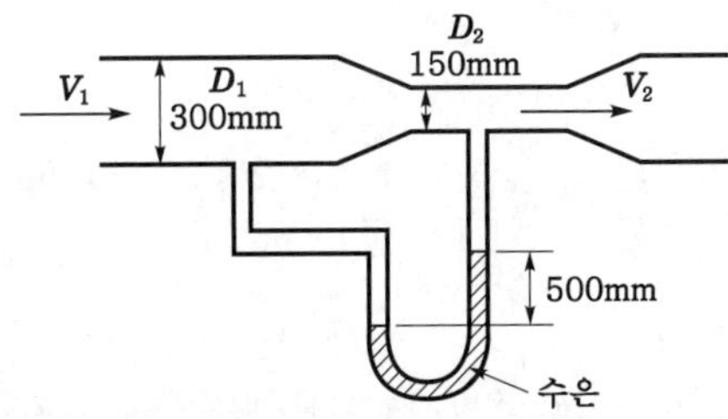

- 150mm : 그림에서 주어진 값
- 300mm : 그림에서 주어진 값
- 11.14m/s : 바로 위에서 구한 값

비교

유량

- 유량을 먼저 구하고 단면적 A_1으로 나누어 주어도 V_1을 구할 수 있음. 이것도 정답

$$Q = C_v \frac{A_2}{\sqrt{1-m^2}} \sqrt{\frac{2g(\gamma_s - \gamma_w)}{\gamma_w} R} \text{ 또는 } Q = CA_2 \sqrt{\frac{2g(\gamma_s - \gamma_w)}{\gamma_w} R}$$

여기서, Q : 유량[m³/s]

C_v : 속도계수$(C_v = C\sqrt{1-m^2})$

C : 유량계수$\left(C = \frac{C_v}{\sqrt{1-m^2}}\right)$

A_2 : 출구면적[m²]

g : 중력가속도[m/s²]

γ_s : 수은의 비중량[N/m³]

γ_w : 물의 비중량[N/m³]

R : 마노미터 읽음(수은주의 높이)[mAq]

m : 개구비

$$Q = C_v \frac{A_2}{\sqrt{1-m^2}} \sqrt{\frac{2g(\gamma_s - \gamma_w)}{\gamma_w} R}$$

$$= 0.97 \times \frac{\frac{\pi}{4} \times (0.15\text{m})^2}{\sqrt{1-0.25^2}} \times \sqrt{\frac{2 \times 9.81\text{m/s}^2 \times (133.416 - 9.81)\text{kN/m}^3}{9.81\text{kN/m}^3} \times 0.5\text{mHg}}$$

$$= 0.196\text{m}^3/\text{s}$$

$$A_1 = \frac{\pi}{4} D_1{}^2 = \frac{\pi}{4} \times (0.3\text{m})^2 = 0.07\text{m}^2$$

$$Q = A_1 V_1$$

$$V_1 = \frac{Q}{A_1} = \frac{0.196\text{m}^3/\text{s}}{0.07\text{m}^2} = 2.8\text{m/s}$$

• 소수점 차이가 있지만 둘 다 정답

☆☆

문제 08

분말소화설비의 화재안전기술기준에 따른 분말소화약제 저장용기에 대한 설치기준이다. 주어진 보기에서 골라 빈칸에 알맞은 말을 넣으시오.

득점	배점
	5

〔보기〕
방호구역 내, 방호구역 외, 1, 2, 3, 4, 5, 10, 20, 30, 40, 50, 게이트, 글로브, 체크밸브

○ (①)의 장소에 설치할 것. 다만, (②)에 설치할 경우에는 피난 및 조작이 용이하도록 피난구 부근에 설치해야 한다.
○ 온도가 (③)℃ 이하이고, 온도 변화가 작은 곳에 설치할 것
○ 용기 간의 간격은 점검에 지장이 없도록 (④)cm 이상의 간격을 유지할 것
○ 저장용기와 집합관을 연결하는 연결배관에는 (⑤)를 설치할 것. 다만, 저장용기가 하나의 방호구역만을 담당하는 경우에는 그렇지 않다.

해답 ① 방호구역 외
② 방호구역 내
③ 40
④ 3
⑤ 체크밸브

해설 **분말소화설비**의 **저장용기 적합장소 설치기준**(NFTC 108 2.1)

(1) **방호구역 외**의 장소에 설치할 것. (단, **방호구역 내**에 설치할 경우에는 피난 및 조작이 용이하도록 피난구 부근에 설치) 보기 ①②
(2) 온도가 **40℃ 이하**이고, 온도 변화가 작은 곳에 설치할 것 보기 ③
(3) **직사광선** 및 **빗물**이 침투할 우려가 없는 곳에 설치할 것
(4) **방화문**으로 방화구획 된 실에 설치할 것
(5) 용기의 설치장소에는 해당 용기가 설치된 곳임을 표시하는 표지를 할 것
(6) 용기 간의 간격은 점검에 지장이 없도록 **3cm 이상**의 간격을 유지할 것 보기 ④
(7) 저장용기와 집합관을 연결하는 연결배관에는 **체크밸브**를 설치할 것. (단, 저장용기가 하나의 방호구역만을 담당하는 경우는 제외) 보기 ⑤

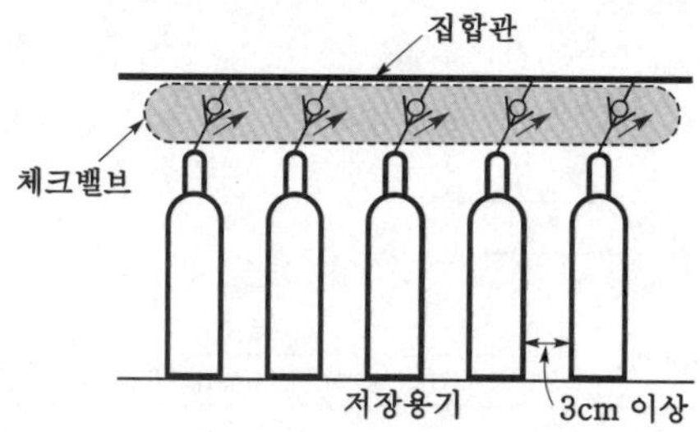

☆☆☆

문제 09

다음은 할론소화설비의 배치도이다. 그림의 조건에 적합하도록 점선으로 배관을 그리고 체크밸브를 도시하시오.

(08.7.문4)

득점	배점
	5

A실
(5병)

B실
(3병)

〔조건〕

① 체크밸브 3개를 사용하며 도시기호는 과 를 사용할 것

〔범례〕

할론저장용기　　　선택밸브　　　기동용기

② A실 5병, B실 3병이 적용되도록 할 것

해답

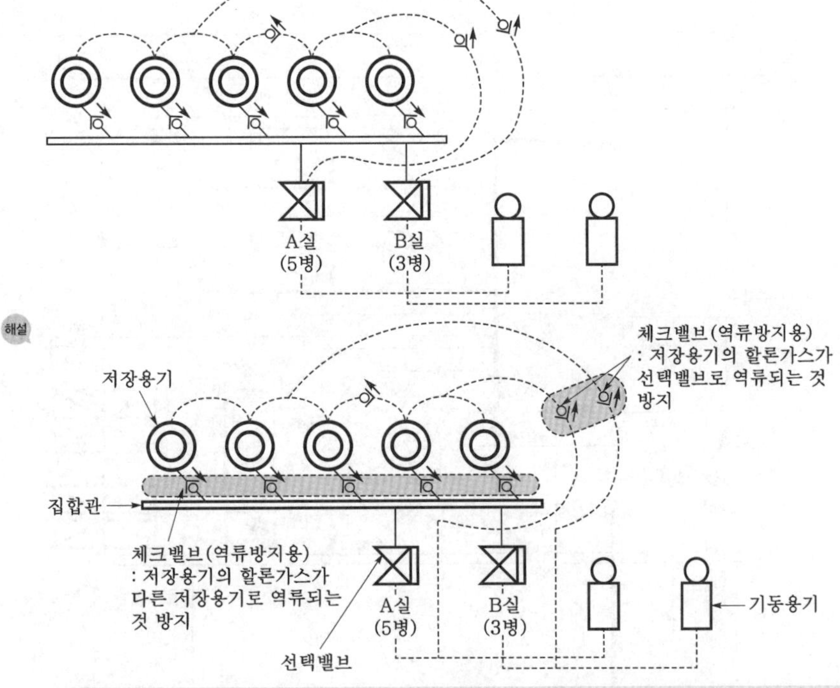

- **역류방지**를 목적으로 할론저장용기와 선택밸브 사이에는 반드시 **체크밸브**를 **1개**씩 설치해야 한다. 하지만 문제에 따라 생략하는 경우도 있다. 이 문제에서는 다행인지는 모르지만 체크밸브가 모두 그려져 있다.
- 체크밸브=가스체크밸브

☆☆

문제 10

다음 그림은 옥내소화전설비의 계통도를 나타내고 있다. 보기를 참고하여 이 계통도에서 잘못 설치된 부분 4가지를 지적하고 수정방법을 쓰시오. (13.11.문1)

득점	배점
	8

〔보기〕

① 도면상에 ( ) 안의 수치는 배관 구경을 나타낸다.

② 가까운 곳에 있는 부분을 수정할 때는 다음 예시와 같이 작성하도록 한다.

○ 옳은 예 :

틀린 부분	수정 부분
XX의 A와 B	위치를 변경하여 설치

○ 잘못된 예(1가지만 정답으로 인정) :

틀린 부분	수정 부분
XX의 A	B
XX의 B	A

틀린 부분	수정 부분

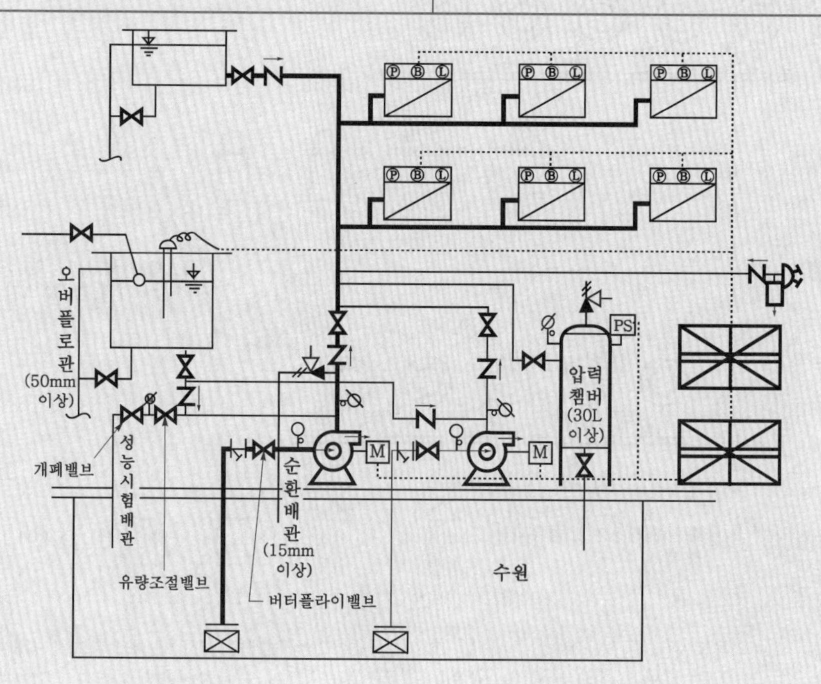

해답

틀린 부분	수정 부분
순환배관 15mm 이상	순환배관 20mm 이상
압력챔버 30L 이상	압력챔버 100L 이상
성능시험배관의 유량조절밸브와 개폐밸브	위치를 변경하여 설치
버터플라이밸브	버터플라이밸브 이외의 개폐표시형 밸브 설치

해설

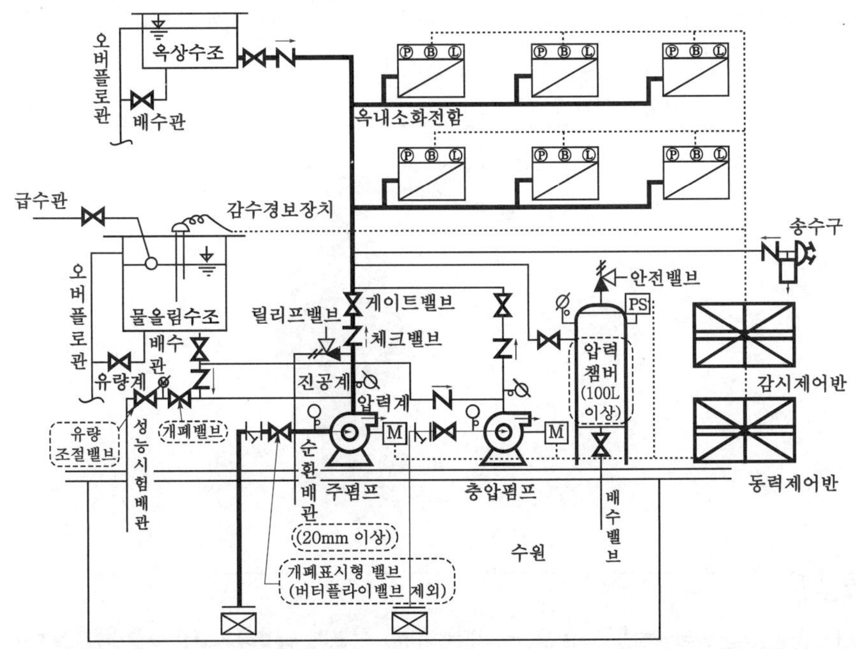

(가) **용량 및 구경**

구 분	설 명
급수배관 구경	**15mm** 이상
순환배관 구경 →	**20mm** 이상(정격토출량의 **2~3%** 용량)
물올림관 구경	**25mm** 이상(높이 **1m** 이상)
오버플로관 구경	**50mm** 이상
물올림수조 용량	**100L** 이상
압력챔버의 용량 →	**100L** 이상

(나) **펌프**의 **성능시험방법** : 성능시험배관의 **유량계**의 **선단**에는 **개폐밸브**를, **후단**에는 **유량조절밸브**를 설치할 것

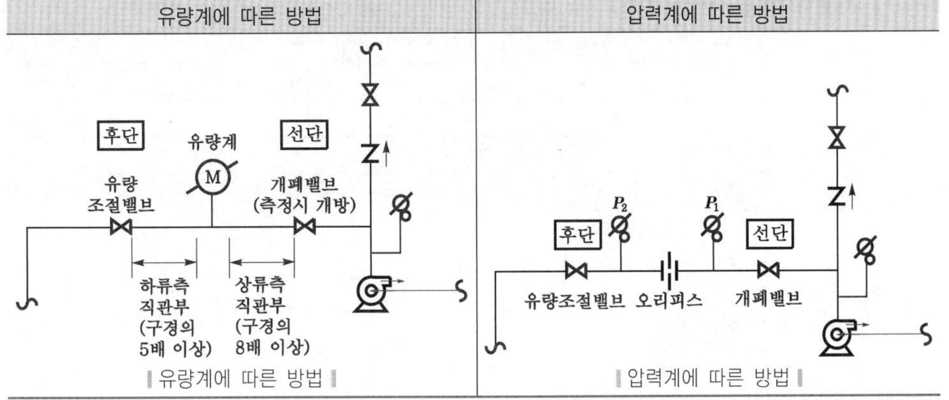

‖ 유량계에 따른 방법 ‖

‖ 압력계에 따른 방법 ‖

펌프의 흡입측 배관에는 **버터플라이밸브**(Butterfly valve) **이외**의 **개폐표시형 밸브**를 설치해야 한다. 그러므로 그냥 개폐표시형 밸브라고 쓰면 틀린다. 왜냐하면 버터플라이밸브는 개폐표시형 밸브의 한 종류이기 때문이다.

중요

펌프흡입측에 버터플라이밸브를 제한하는 이유	버터플라이밸브(Butterfly valve)
① 물의 **유체저항**이 매우 커서 원활한 흡입이 되지 않는다. ② 유효흡입양정(NPSH)이 감소되어 **공동현상**(Cavitation)이 발생할 우려가 있다. ③ 개폐가 순간적으로 이루어지므로 **수격작용**(Water hammering)이 발생할 우려가 있다.	① **대형 밸브**로서 유체의 흐름방향을 **180°**로 **변환**시킨다. ② 주관로상에 사용되며 개폐가 순간적으로 이루어진다.

‖ 버터플라이밸브 ‖

☆☆

문제 11

특수가연물을 저장 · 취급하는(가로 20m, 세로 10m) 창고에 압축공기포소화설비를 설치하고자 한다. 압축공기포헤드는 저발포용을 사용하고 최대 발포율을 적용할 때 발포후 체적[m³]을 구하시오.

(15.7.문1, 13.11.문10, 12.7.문7)

○ 계산과정 :
○ 답 :

득점	배점
	4

해답 ○ 계산과정 : 방출전 포수용액의 체적 $= (20\times10)\times2.3\times10\times1 = 4600\text{L} = 4.6\text{m}^3$

발포후 체적 $= 4.6\times20 = 92\text{m}^3$

○ 답 : 92m^3

해설 (1) **방호대상물별 압축공기포 분사헤드의 방출량**(NFPC 105 12조, NFTC 105 2.9.2.7)

방호대상물	방출량
특수가연물 →	2.3L/m²·분
기타	1.63L/m²·분

(2) **표준방사량**(NFPC 105 6·8조, NFTC 105 2.3.5, 2.5.2.3)

구 분	표준방사량	방사시간(방출시간)
• 포워터 스프링클러헤드	75L/min 이상	10분 (10min)
• 포헤드 • 고정포방출구 • 이동식 포노즐 • 압축공기포헤드 →	각 포헤드·고정포방출구 또는 이동식 포노즐, 압축공기포헤드의 설계압력에 의하여 방출되는 소화약제의 양	

(3) **고정포방출구방식**
방출전 포수용액의 체적

$$Q = A \times Q_1 \times T \times S$$

여기서, Q : 방출전 포수용액의 체적〔L〕
A : 단면적〔m²〕
Q_1 : 압축공기포 분사헤드의 방출량〔L/m² · 분〕
T : 방출시간(방사시간)〔분〕
S : 포수용액의 농도(1)

방출전 포수용액의 체적〔L〕$= A \times Q \times T \times S$
$= (20\text{m} \times 10\text{m}) \times 2.3\text{L/m}^2 \cdot 분 \times 10분 \times 1$
$= 4600\text{L} = 4.6\text{m}^3 (1000\text{L} = 1\text{m}^3)$

- 20m×10m : 문제에서 주어진 값
- 2.3L/m² · 분 : 문제에서 **특수가연물**이므로 위 표에서 2.3L/m² · 분
- 10분 : 문제에서 **압축공기포헤드**를 사용하므로 위 표에서 10분
- 1 : 포수용액이므로 $S = 1$

(4) **발포배율**

$$발포배율(팽창비) = \frac{방출된\ 포의\ 체적〔L〕}{방출전\ 포수용액의\ 체적〔L〕}$$ 에서

방출된 포의 체적〔L〕=방출전 포수용액의 체적〔L〕×발포배율(팽창비)$= 4.6\text{m}^3 \times 20배 = 92\text{m}^3$

- 방출된 포의 체적=발포후 체적
- (1) 팽창비$= \dfrac{방출된\ 포의\ 체적〔L〕}{방출전\ 포수용액의\ 체적〔L〕}$
  (2) 발포배율$= \dfrac{내용적(용량,\ 부피)〔L〕}{전체\ 중량 - 빈\ 시료용기의\ 중량}$

‖ 팽창비율에 따른 포의 종류(NFPC 105 12조, NFTC 105 2.9.1) ‖

팽창비율에 따른 포의 종류	포방출구의 종류
팽창비가 **20** 이하인 것(저발포) ←	포헤드(압축공기포헤드 등)
팽창비가 80~1000 미만인 것(고발포)	고발포용 고정포방출구

- 문제에서 저발포용을 사용하고 최대 발포율을 적용하라 했으므로 **20배** 적용

비교

팽창비

저발포	고발포
• **20배** 이하	• 제1종 기계포 : 80~250배 미만 • 제2종 기계포 : 250~500배 미만 • 제3종 기계포 : 500~1000배 미만

☆☆☆

문제 12

㉮실을 급기 가압하고자 할 때 주어진 조건을 참고하여 다음 각 물음에 답하시오.

(21.11.문8, 21.7.문1, 16.4.문15, 12.7.문1)

득점	배점
	6

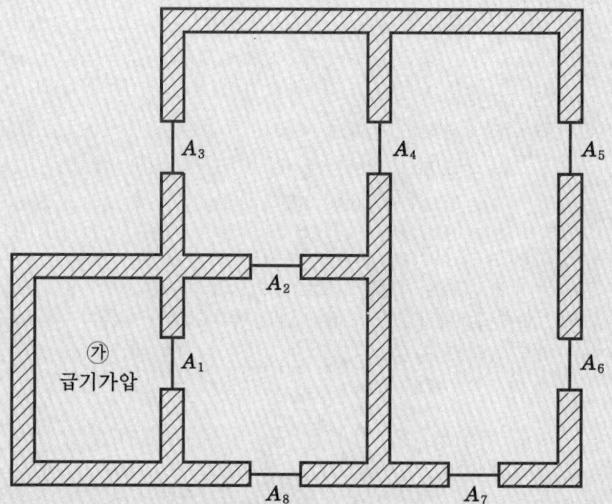

〔조건〕

① 실 외부대기의 기압은 101.38kPa로서 일정하다.

② A실에 유지하고자 하는 기압은 101.55kPa이다.

③ 각 실 문의 틈새면적은 $A_1 = A_2 = A_3 = 0.01\text{m}^2$, $A_4 = A_5 = A_6 = A_7 = A_8 = 0.02\text{m}^2$이다.

④ 어느 실을 급기가압할 때 그 실의 문 틈새를 통하여 누출되는 공기의 양은 다음의 식에 따른다.

$$Q = 0.827A \cdot P^{\frac{1}{2}}$$

여기서, Q : 누출되는 공기의 양〔m^3/s〕

A : 문의 전체 누설틈새면적〔m^2〕

P : 문을 경계로 한 기압차〔Pa〕

(가) ㉮실의 전체 누설틈새면적 A〔m^2〕를 구하시오. (단, 소수점 아래 6째자리에서 반올림하여 소수점 아래 5째자리까지 나타내시오.)

○ 계산과정 :

○ 답 :

(나) ㉮실에 유입해야 할 풍량〔m^3/s〕을 구하시오. (단, 소수점 아래 4째자리에서 반올림하여 소수점 아래 3째자리까지 구하시오.)

○ 계산과정 :

○ 답 :

해답 (가) ○ 계산과정 : $A_{5\sim7} = 0.02 + 0.02 + 0.02 = 0.06\text{m}^2$

$$A_{4\sim7} = \frac{1}{\sqrt{\dfrac{1}{0.02^2} + \dfrac{1}{0.06^2}}} = 0.01897\text{m}^2$$

$$A_{3\sim7} = 0.01 + 0.01897 = 0.02897\text{m}^2$$

$$A_{2\sim7} = \frac{1}{\sqrt{\frac{1}{0.01^2} + \frac{1}{0.02897^2}}} = 0.00945\text{m}^2$$

$$A_{2\sim8} = 0.02 + 0.00945 = 0.02945\text{m}^2$$

$$A_{1\sim8} = \frac{1}{\sqrt{\frac{1}{0.01^2} + \frac{1}{0.02945^2}}} = 0.009469 \fallingdotseq 0.00947\text{m}^2$$

○ 답 : 0.00947m^2

(나) ○ 계산과정 : $0.827 \times 0.00947 \times \sqrt{170} = 0.1021 \fallingdotseq 0.102\text{m}^3/\text{s}$

○ 답 : 0.102m^3/s

• 틈새면적은 〔단서〕에 의해 소수점 6째자리에서 반올림하여 소수점 5째자리까지 구하면 된다.

(가) 〔조건 ③〕에서 각 실의 틈새면적은 $A_{1\sim3}$: 0.01m^2, $A_{4\sim8}$: 0.02m^{2}이다.

$A_{5\sim7}$은 **병렬상태**이므로

$A_{5\sim7} = 0.02\text{m}^2 + 0.02\text{m}^2 + 0.02\text{m}^2 = 0.06\text{m}^2$

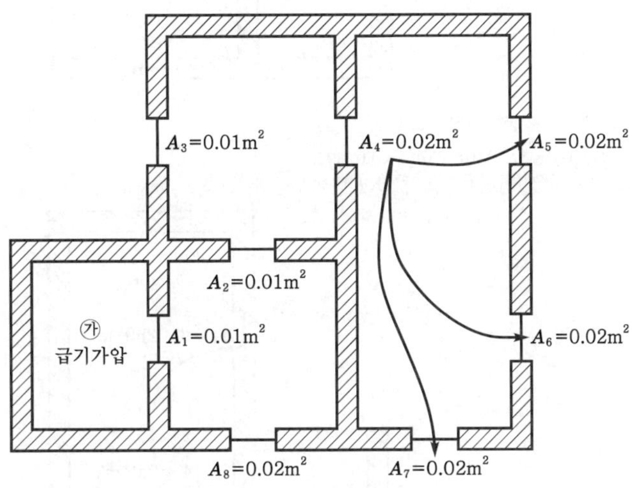

위의 내용을 정리하면 다음과 같이 변환시킬 수 있다.

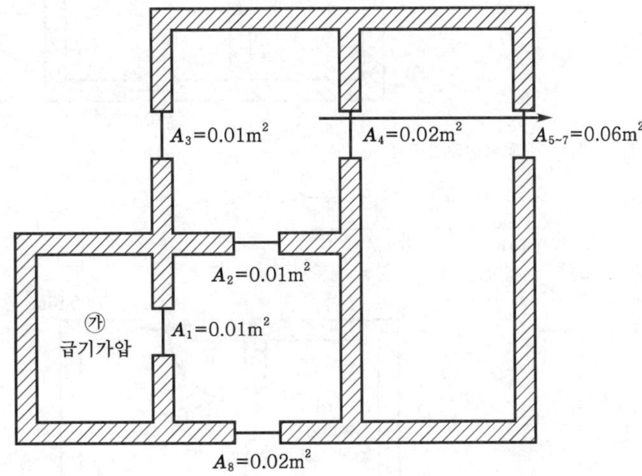

A_4와 $A_{5\sim7}$은 **직렬상태**이므로

$$A_{4\sim7}=\frac{1}{\sqrt{\frac{1}{(0.02\text{m}^2)^2}+\frac{1}{(0.06\text{m}^2)^2}}}=0.01897\text{m}^2$$

위의 내용을 정리하면 다음과 같이 변환시킬 수 있다.

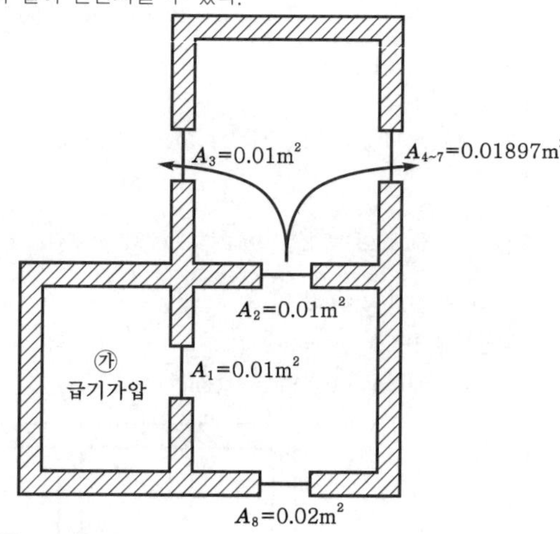

A_3와 $A_{4\sim7}$은 **병렬상태**이므로

$A_{3\sim7}=0.01\text{m}^2+0.01897\text{m}^2=0.02897\text{m}^2$

위의 내용을 정리하면 다음과 같이 변환시킬 수 있다.

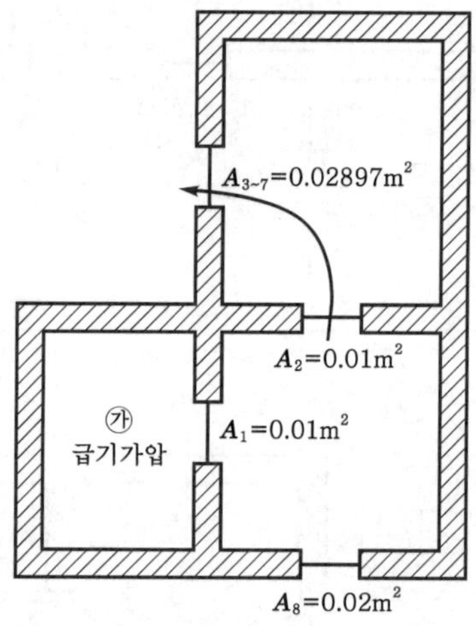

A_2와 $A_{3\sim7}$은 **직렬상태**이므로

$$A_{2\sim7}=\frac{1}{\sqrt{\frac{1}{(0.01\text{m}^2)^2}+\frac{1}{(0.02897\text{m}^2)^2}}}=0.00945\text{m}^2$$

위의 내용을 정리하면 다음과 같이 변환시킬 수 있다.

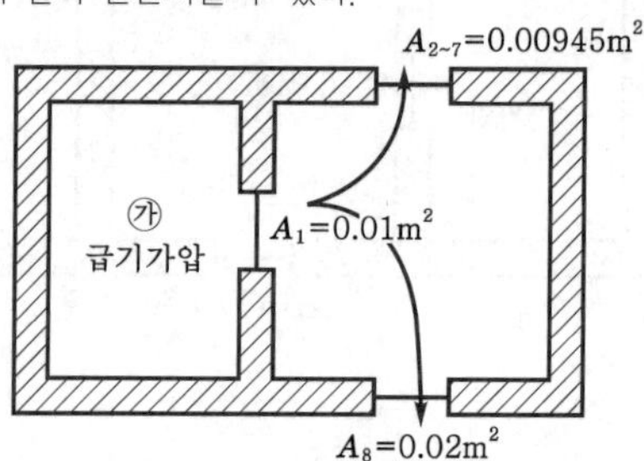

$A_{2\sim7}$와 A_8은 **병렬상태**이므로

$A_{2\sim8} = 0.02\text{m}^2 + 0.00945\text{m}^2 = 0.02945\text{m}^2$

위의 내용을 정리하면 다음과 같이 변환시킬 수 있다.

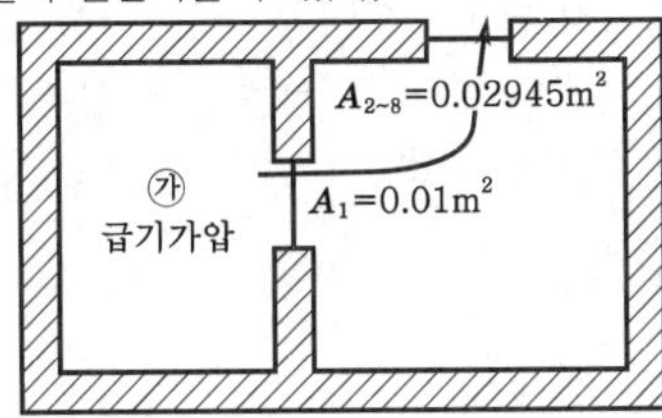

A_1와 $A_{2\sim8}$은 **직렬상태**이므로

$$A_{1\sim8} = \frac{1}{\sqrt{\dfrac{1}{(0.01\text{m}^2)^2} + \dfrac{1}{(0.02945\text{m}^2)^2}}} = 0.009469 ≒ 0.00947\text{m}^2$$

- 〔단서〕에 의해 소수점 아래 **6째자리**에서 **반올림**

위의 내용을 정리하면 다음과 같이 변환시킬 수 있다.

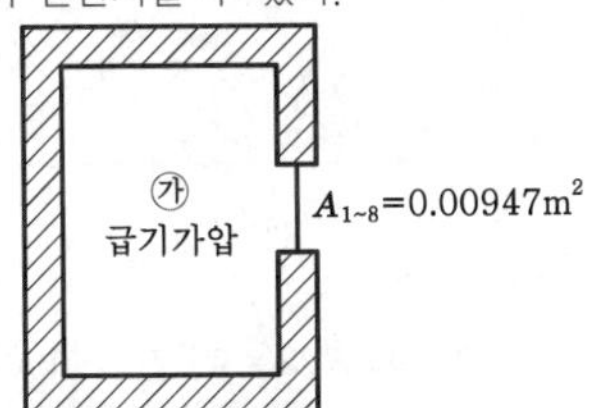

㈏ **누설량**

$$Q = 0.827AP^{\frac{1}{2}} = 0.827A\sqrt{P}$$

여기서, Q : 누설량〔m³/s〕
A : 누설틈새면적〔m²〕
P : 차압〔Pa〕

누설량 Q는

$Q = 0.827A\sqrt{P} = 0.827 \times 0.00947\text{m}^2 \times \sqrt{170}\,\text{Pa} = 0.1021 ≒ 0.102\text{m}^3/\text{s}$

- 〔단서〕에 의해 소수점 아래 **4째자리**에서 **반올림**
- 차압=기압차=압력차
- 0.00947m² : ㈎에서 구한 값
- P(170Pa) : 〔조건 ①, ②〕에서 주어진 값
  101.55kPa−101.38kPa=0.17kPa=170Pa(1kPa=1000Pa)

참고

누설틈새면적

직렬상태	병렬상태
$$A = \frac{1}{\sqrt{\dfrac{1}{{A_1}^2} + \dfrac{1}{{A_2}^2} + \cdots}}$$ 여기서, A : 전체 누설틈새면적〔m²〕 A_1, A_2 : 각 실의 누설틈새면적〔m²〕 A_1 A_2	$$A = A_1 + A_2 + \cdots$$ 여기서, A : 전체 누설틈새면적〔m²〕 A_1, A_2 : 각 실의 누설틈새면적〔m²〕 A_1 A_2

☆

문제 13

특별피난계단의 부속실에 설치하는 제연설비에 관한 다음 물음에 답하시오. (16.4.문16)

(가) 옥내의 압력이 740mmHg일 때 화재시 부속실에 유지하여야 할 최소 압력은 절대압력으로 몇 kPa인지를 구하시오. (단, 옥내에 스프링클러설비가 설치되지 않은 경우이다.)

득점	배점
	4

○ 계산과정 :

○ 답 :

(나) 부속실만 단독으로 제연하는 방식이며 부속실이 면하는 옥내가 복도로서 그 구조가 방화구조이다. 제연구역에는 옥내와 면하는 2개의 출입문이 있으며 각 출입문의 크기는 가로 1m, 세로 2m이다. 이때 유입공기의 배출을 배출구에 따른 배출방식으로 할 경우 개폐기의 개구면적은 최소 몇 m^2인지를 구하시오.

○ 계산과정 :

○ 답 :

해답

(가) ○ 계산과정 : $\frac{740}{760} \times 101325 = 98658.55\text{Pa}$

$98658.55 + 40 = 98698.55\text{Pa} = 98.69855\text{kPa} \fallingdotseq 98.7\text{kPa}$

○ 답 : 98.7kPa

(나) ○ 계산과정 : $Q_n = (1 \times 2) \times 0.5 = 1\text{m}^3/\text{s}$

$A_0 = \frac{1}{2.5} = 0.4\text{m}^2$

○ 답 : 0.4m^2

해설 부속실에 유지하여야 할 최소압력 : 스프링클러설비가 설치되지 아니한 경우

부속실 최소압력=옥내압력(절대압력)+40Pa=740mmHg+40Pa

(가) **표준대기압**

$1\text{atm} = 760\text{mmHg} = 1.0332\text{kg}_f/\text{cm}^2$
$= 10.332\text{mH}_2\text{O}(\text{mAq})$
$= 14.7\text{PSI}(\text{lb}_f/\text{in}^2)$
$= 101.325\text{kPa}(\text{kN/m}^2)$
$= 1013\text{mbar}$

760mmHg=101.325kPa=101325Pa

절대압력 $740\text{mmHg} = \frac{740\text{mmHg}}{760\text{mmHg}} \times 101325\text{Pa} = 98658.55\text{Pa}$

부속실 최소압력=옥내압력(절대압력)+차압
$= 98658.55\text{Pa} + 40\text{Pa} = 98698.55\text{Pa}$
$= 98.69855\text{kPa} \fallingdotseq 98.7\text{kPa}$

- 문제에서 **kPa**로 구하라는 것에 주의!
- 1기압=760mmHg인데 옥내압력이 740mmHg라고 했으므로 740mmHg는 절대압력이다.
  - 특별피난계단의 계단실 및 부속실 제연설비의 화재안전기준(NFPC 501A 6조 ①항, NFTC 501A 2.3.1)
    제6조 차압 등
    ① 제연구역과 옥내와의 사이에 유지하여야 하는 최소차압은 **40Pa**(옥내에 **스프링클러설비**가 설치된 경우에는 **12.5Pa**) **이상**으로 해야 한다.

중요

절대압

(1) **절**대압=**대**기압+**게**이지압(계기압)

(2) 절대압=대기압−진공압

기억법 **절대게**

(나) **특별피난계단**의 **계단실 및 부속실 제연설비 화재안전기준**(NFPC 501A, NFTC 501A)

배출구에 따른 배출방식 : NFPC 501A 15조, NFTC 501A 2.12.1.2

$$A_0 = \frac{Q_n}{2.5}$$

여기서, A_0 : 개폐기의 개구면적[m^2]

Q_n : 수직풍도가 담당하는 1개층의 제연구역의 **출입문**(옥내와 면하는 출입문) **1개**의 **면적**[m^2]과 **방연풍속**[m/s]을 **곱**한 값[m^3/s]

• 문제에서 '**배출구에 따른 배출방식**'이므로 위 식 적용

방연풍속 : NFPC 501A 10조, NFTC 501A 2.7.1

제연구역		방연풍속
계단실 및 그 부속실을 동시에 제연하는 것 또는 계단실만 단독으로 제연하는 것		**0.5m/s** 이상
부속실만 단독으로 제연하는 것	부속실 또는 승강장이 면하는 옥내가 거실인 경우	**0.7m/s** 이상
	부속실이 면하는 옥내가 복도로서 그 구조가 방화구조(내화시간이 **30분** 이상인 구조 포함)인 것 →	**0.5m/s** 이상

• 문제에서 '**부속실만 단독 제연**', '**옥내가 복도로서 방화구조**'이므로 위 표에서 **0.5m/s** 적용

Q_n =(1×2)m^2×0.5m/s=1m^3/s

개폐기의 개구면적 $A_0 = \frac{Q_n}{2.5} = \frac{1\text{m}^3/\text{s}}{2.5} = 0.4\text{m}^2$

• 문제에서 2개의 출입문이 있지만 Q_n은 **출입문 1개**의 **면적**만 **적용**한다는 것을 특히 주의!

비교

수직풍도에 따른 배출 : 자연배출식(NFPC 501A 14조, NFTC 501A 2.11.1)

수직풍도 길이 100m 이하	수직풍도 길이 100m 초과
$A_p = \frac{Q_n}{2}$	$A_p = \frac{Q_n}{2} \times 1.2$
여기서, A_p : 수직풍도의 내부단면적[m^2] Q_n : 수직풍도가 담당하는 1개층의 제연구역의 **출입문**(옥내와 면하는 출입문) **1개**의 **면적**[m^2]과 **방연풍속**[m/s]을 **곱**한 값[m^3/s]	여기서, A_p : 수직풍도의 내부단면적[m^2] Q_n : 수직풍도가 담당하는 1개층의 제연구역의 **출입문**(옥내와 면하는 출입문) **1개**의 **면적**[m^2]과 **방연풍속**[m/s]을 **곱**한 값[m^3/s]

☆☆☆

문제 14

가로 10m, 세로 15m, 높이 5m인 발전기실에 할로겐화합물 및 불활성기체 소화약제 중 IG-541을 사용할 경우 조건을 참고하여 다음 각 물음에 답하시오.

(19.6.문9, 19.4.문8, 18.6.문3, 17.6.문1, 14.4.문2, 13.11.문13, 13.4.문2)

득점	배점
	6

〔조건〕

① IG-541의 소화농도는 23%이다.

② IG-541의 저장용기는 80L용을 적용하며, 충전압력은 15MPa(게이지압력)이다.

③ 소화약제량 산정시 선형 상수를 이용하도록 하며 방사시 기준온도는 15℃이다.

소화약제	K_1	K_2
IG-541	0.65799	0.00239

④ 발전기실은 전기화재에 해당한다.

(가) IG-541의 저장량은 몇 m^3인지 구하시오.

○ 계산과정 :

○ 답 :

(나) IG-541의 저장용기수는 최소 몇 병인지 구하시오.

○ 계산과정 :

○ 답 :

(다) 배관구경 산정조건에 따라 IG-541의 약제량 방사시 유량은 몇 m^3/s인지 구하시오.

○ 계산과정 :

○ 답 :

해답 (가) ○ 계산과정 : $S = 0.65799 + 0.00239 \times 15 = 0.69384\text{m}^3/\text{kg}$

$V_s = 0.65799 + 0.00239 \times 20 = 0.70579\text{m}^3/\text{kg}$

$X = 2.303\left(\frac{0.70579}{0.69384}\right) \times \log_{10}\left[\frac{100}{100-31.05}\right] \times (10 \times 15 \times 5) = 283.695 ≒ 283.7\text{m}^3$

○ 답 : 283.7m^3

(나) ○ 계산과정 : $\frac{0.101325 + 15}{0.101325} \times 0.08 = 11.923\text{m}^3$

$\frac{283.7}{11.923} = 23.79 ≒ 24$병

○ 답 : 24병

(다) ○ 계산과정 : $X_{95} = 2.303\left(\frac{0.70579}{0.69384}\right) \times \log_{10}\left[\frac{100}{(100-31.05 \times 0.95)} \times (10 \times 15 \times 5)\right] = 266.704\text{m}^3$

$\frac{266.704}{120} = 2.222 ≒ 2.22\text{m}^3/\text{s}$

○ 답 : $2.22\text{m}^3/\text{s}$

해설 **소화약제량(저장량)의 산정**(NFPC 107A 4 · 7조, NFTC 107A 2.1.1, 2.4.1)

구 분	할로겐화합물 소화약제	불활성기체 소화약제
종류	• FC-3-1-10 • HCFC BLEND A • HCFC-124 • HFC-125 • HFC-227ea • HFC-23 • HFC-236fa • FIC-13I1 • FK-5-1-12	• IG-01 • IG-100 • **IG-541** • IG-55
공식	$W=\frac{V}{S}\times\left(\frac{C}{100-C}\right)$ 여기서, W : 소화약제의 무게[kg] V : 방호구역의 체적[m^3] S : 소화약제별 선형 상수($K_1+K_2 t$)[m^3/kg] K_1, K_2 : 선형 상수 t : 방호구역의 최소 예상온도[℃] C : 체적에 따른 소화약제의 설계농도[%]	$X=2.303\left(\frac{V_s}{S}\right)\times\log_{10}\left[\frac{100}{(100-C)}\right]\times V$ 여기서, X : 소화약제의 부피[m^3] V_s : 20℃에서 소화약제의 비체적 ($K_1+K_2\times 20℃$)[m^3/kg] S : 소화약제별 선형 상수($K_1+K_2 t$)[m^3/kg] K_1, K_2 : 선형 상수 t : 방호구역의 최소 예상온도[℃] C : 체적에 따른 소화약제의 설계농도[%] V : 방호구역의 체적[m^3]

불활성기체 소화약제

(가) 소화약제별 선형 상수 S는

$$S=K_1+K_2 t=0.65799+0.00239\times 15℃=0.69384\text{m}^3/\text{kg}$$

20℃에서 소화약제의 비체적 V_s는

$$V_s=K_1+K_2\times 20℃=0.65799+0.00239\times 20℃=0.70579\text{m}^3/\text{kg}$$

- IG-541의 K_1=0.65799, K_2=0.00239 : [조건 ③]에서 주어진 값
- t(15℃) : [조건 ③]에서 주어진 값

IG-541의 저장량 X는

$$X=2.303\left(\frac{V_s}{S}\right)\times\log_{10}\left[\frac{100}{(100-C)}\right]\times V$$

$$=2.303\left(\frac{0.70579\text{m}^3/\text{kg}}{0.69384\text{m}^3/\text{kg}}\right)\times\log_{10}\left[\frac{100}{100-31.05}\right]\times(10\times 15\times 5)\text{m}^3=283.695 ≒ 283.7\text{m}^3$$

- IG-541 : **불활성기체 소화약제**
- 발전기실 : **C급 화재**([조건 ④]에서 주어짐)
- ABC 화재별 안전계수

설계농도	소화농도	안전계수
A급(일반화재)	A급	1.2
B급(유류화재)	B급	1.3
C급(전기화재) →	A급 →	1.35

설계농도[%]=소화농도[%]×안전계수
=23%×1.35
=31.05%

(나) 충전압력(절대압)=대기압+게이지압=0.101325MPa+15MPa

- 0.101325MPa : 특별한 조건이 없으므로 **표준대기압** 적용
- 15MPa : [조건 ②]에서 주어진 값
- **절대압**
  (1) **절**대압=**대**기압+**게**이지압(계기압)
  (2) 절대압=대기압−진공압

  기억법 **절대게**
- 표준대기압
  1atm = 760mmHg = 1.0332kg$_f$/cm^2
  = 10.332mH$_2$O(mAq) = 10.332m
  = 14.7PSI(lb$_f$/in^2)
  = 101.325kPa(kN/m^2) = 0.101325MPa
  = 1013mbar

1병당 저장량[m^3]=내용적[L]$\times\dfrac{\text{충전압력[kPa]}}{\text{표준대기압(101.325kPa)}}$

$$= 80\text{L}\times\frac{(0.101325+15)\text{MPa}}{0.101325\text{MPa}}$$
$$= 0.08\text{m}^3\times\frac{(0.101325+15)\text{MPa}}{0.101325\text{MPa}}$$
$$= 11.923\text{m}^3$$

- 80L : [조건 ②]에서 주어진 값(1000L=1m^{3}이므로 80L=0.08m^3)
- (0.101325+15)MPa=바로 위에서 구한 값

용기수$=\dfrac{\text{저장량[m}^3\text{]}}{\text{1병당 저장량[m}^3\text{]}}=\dfrac{283.7\text{m}^3}{11.923\text{m}^3}=23.79 ≒ 24$병

- **283.7m^3** : (가)에서 구한 값
- 11.923m^3 : 바로 위에서 구한 값

(다) $X_{95}=2.303\left(\dfrac{V_s}{S}\right)\times\log_{10}\left[\dfrac{100}{100-(C\times0.95)}\right]\times V$

$$=2.303\left(\frac{0.70579\text{m}^3/\text{kg}}{0.69384\text{m}^3/\text{kg}}\right)\times\log_{10}\left[\frac{100}{100-(31.05\times0.95)}\right]\times(10\times15\times5)\text{m}^3=266.704\text{m}^3$$

약제량 방사시 유량[m^3/s]$=\dfrac{266.704\text{m}^3}{\text{10s(불활성기체 소화약제 : AC급 화재 120s, B급 화재 60s)}}$

$$=\frac{266.704\text{m}^3}{120\text{s}}=2.222 ≒ 2.22\text{m}^3/\text{s}$$

- 배관의 구경은 해당 방호구역에 할로겐화합물 소화약제가 **10초(불활성기체 소화약제**는 **AC급 화재 120s, B급 화재 60s**) 이내에 방호구역 각 부분에 최소 설계농도의 **95% 이상** 해당하는 약제량이 방출되도록 해야 한다(NFPC 107A 10조, NFTC 107A 2.7.3). 그러므로 설계농도 31.05%에 0.95 곱함
- 바로 위 기준에 의해 **0.95**(95%) 및 [조건 ④]에 따라 전기화재(C급 화재)이므로 **120s** 적용

☆☆☆

문제 15

35층의 복합건축물에 옥내소화전설비와 옥외소화전설비를 설치하려고 한다. 조건을 참고하여 다음 각 물음에 답하시오.

득점	배점
	10

〔조건〕

① 옥내소화전은 지상 1층과 2층에는 각각 10개, 지상 3층~35층은 각 층당 2개씩 설치한다.
② 옥외소화전은 5개를 설치한다.
③ 옥내소화전설비와 옥외소화전설비의 펌프는 겸용으로 사용한다.
④ 옥내소화전설비의 호스 마찰손실압은 0.1MPa, 배관 및 관부속의 마찰손실압은 0.05MPa, 실양정 환산수두압력은 0.4MPa이다.
⑤ 옥외소화전설비의 호스 마찰손실압은 0.15MPa, 배관 및 관부속의 마찰손실압은 0.04MPa, 실양정 환산수두압력은 0.5MPa이다.

(가) 옥내소화전설비의 최소토출량〔L/min〕을 구하시오.
○ 계산과정 :
○ 답 :

(나) 옥외소화전설비의 최소토출량〔L/min〕을 구하시오.
○ 계산과정 :
○ 답 :

(다) 펌프의 최소저수량〔m^3〕을 구하시오. (단, 옥상수조는 제외한다.)
○ 계산과정 :
○ 답 :

(라) 펌프의 최소토출압〔MPa〕을 구하시오.
○ 계산과정 :
○ 답 :

해답 (가) ○ 계산과정 : $5\times130=650\text{L/min}$
○ 답 : 650L/min

(나) ○ 계산과정 : $2\times350=700\text{L/min}$
○ 답 : 700L/min

(다) ○ 계산과정 : $Q_1=5.2\times5=26\text{m}^3$

$Q_2=7\times2=14\text{m}^3$

$Q=Q_1+Q_2=26+14=40\text{m}^3$

○ 답 : 40m^3

(라) ○ 계산과정 : 옥내소화전$=0.1+0.05+0.4+0.17=0.72\text{MPa}$
옥외소화전$=0.15+0.04+0.5+0.25=0.94\text{MPa}$
○ 답 : 0.94MPa

해설 (가) **토출량**

$$Q=N\times130$$

여기서, Q : 가압송수장치의 토출량〔L/min〕
N : 가장 많은 층의 소화전개수(30층 미만 : 최대 **2개**, 30층 이상 : 최대 **5개**)

가압송수장치의 **토출량** Q는

$Q=N\times130\text{L/min}=5\times130\text{L/min}=650\text{L/min}$　　∴ 최소토출량=650L/min

- 문제에서 **30층 이상**이므로 N=**최대 5개** 적용
- 〔조건 ①〕에서 가장 많은 층의 옥내소화전개수는 10개이지만 N=5개

(나) **옥외소화전설비 유량**

$$Q = N \times 350$$

여기서, Q : 가압송수장치의 토출량(유량)〔L/min〕

N : 옥외소화전 설치개수(**최대 2개**)

가압송수장치의 **토출량** Q_2는

$Q_2 = N_2 \times 350 = 2 \times 350 = 700\text{L/min}$

- 〔조건 ②〕에서 5개지만 N=최대 2개 적용

(다) **옥내소화전설비**의 **수원저수량**

$Q = 2.6N$(30층 미만, N : 최대 2개)
$Q = 5.2N$(30~49층 이하, N : 최대 5개)
$Q = 7.8N$(50층 이상, N : 최대 5개)

여기서, Q : 수원의 저수량〔m^3〕

N : 가장 많은 층의 소화전개수

수원의 **저수량** $Q_1 = 5.2N = 5.2 \times 5 = 26\text{m}^3$

- **최소유효저수량**을 구하라고 하였으므로 35층으로 30~49층 이하이므로 $\boldsymbol{Q=5.2N}$을 적용한다.
- '**옥상수조**'라고 주어졌다면 다음과 같이 계산하여야 한다.

  옥상수원의 **저수량**

  $Q = 2.6N \times \frac{1}{3}$(30층 미만, N : 최대 2개)

  $Q = 5.2N \times \frac{1}{3}$(30~49층 이하, N : 최대 5개)

  $Q = 7.8N \times \frac{1}{3}$(50층 이상, N : 최대 5개)

  여기서, Q : 수원의 저수량〔m^3〕

  N : 가장 많은 층의 소화전개수

  옥상수원의 저수량 $Q = 5.2N \times \frac{1}{3} = 5.2 \times 5 \times \frac{1}{3} = 8.667 ≒ \mathbf{8.67m^3}$

옥외소화전 수원의 **저수량**

$$Q = 7N$$

여기서, Q : 옥외소화전 수원의 저수량〔m^3〕

N : 옥외소화전개수(**최대 2개**)

수원의 저수량 Q는

$Q_2 = 7N = 7 \times 2 = 14\text{m}^3$

- 옥외소화전은 층수에 관계없이 최대 **2개** 적용

$\therefore\ Q = Q_1 + Q_2 = 26\text{m}^3 + 14\text{m}^3 = 40\text{m}^3$

- 펌프의 최소저수량은 두 설비의 저수량을 **더한 값**을 적용한다.

주의

하나의 **펌프**에 **두 개**의 **설비**가 **함께 연결된 경우**

구 분	적 용
펌프의 전양정	두 설비의 전양정 중 **큰 값**
펌프의 유량(토출량)	두 설비의 유량(토출량)을 **더한 값**
펌프의 토출압력	두 설비의 토출압력 중 **큰 값**
수원의 저수량 →	두 설비의 저수량을 **더한 값**

(라) **토출압력**

옥내소화전설비의 **토출압력**

$$P = P_1 + P_2 + P_3 + 0.17$$

여기서, P : 필요한 압력(토출압력)〔MPa〕
P_1 : 소방호스의 마찰손실수두압〔MPa〕
P_2 : 배관 및 관부속품의 마찰손실수두압〔MPa〕
P_3 : 낙차의 환산수두압〔MPa〕

펌프의 **토출압력** P는

$P = P_1 + P_2 + P_3 + 0.17 = 0.1\text{MPa} + 0.05\text{MPa} + 0.4\text{MPa} + 0.17 = 0.72\text{MPa}$

- 0.1MPa, 0.05MPa, 0.4MPa : 〔조건 ④〕에서 주어진 값

옥외소화전설비의 **토출압력**

$$P = P_1 + P_2 + P_3 + 0.25$$

여기서, P : 필요한 압력〔MPa〕
P_1 : 소방용 호스의 마찰손실수두압〔MPa〕
P_2 : 배관의 마찰손실수두압〔MPa〕
P_3 : 낙차의 환산수두압〔MPa〕

펌프의 **토출압력** P는

$P = P_1 + P_2 + P_3 + 0.25 = 0.15\text{MPa} + 0.04\text{MPa} + 0.5\text{MPa} + 0.25 = 0.94\text{MPa}$

- 0.15MPa, 0.04MPa, 0.5MPa : 〔조건 ⑤〕에서 주어진 값
- 펌프의 최소토출압은 두 설비의 토출입력 중 **큰 값**을 적용한다.

주의

하나의 **펌프**에 **두 개**의 **설비**가 **함께 연결된 경우**

구 분	적 용
펌프의 전양정	두 설비의 전양정 중 **큰 값**
펌프의 유량(토출량)	두 설비의 유량(토출량)을 **더한 값**
펌프의 토출압력 →	두 설비의 토출압력 중 **큰 값**
수원의 저수량	두 설비의 저수량을 **더한 값**

☆☆☆

문제 16

인화점이 10℃인 제4류 위험물(비수용성)을 저장하는 옥외저장탱크가 있다. 조건을 참고하여 다음 각 물음에 답하시오.

득점	배점
	8

[조건]

① 탱크형태 : 플로팅루프탱크(탱크 내면과 굽도리판의 간격 : 0.3m)
② 탱크의 크기 및 수량 : (직경 15m, 높이 15m) 1기, (직경 10m, 높이 10m) 1기
③ 옥외보조포소화전 : 지상식 단구형 2개
④ 포소화약제의 종류 및 농도 : 수성막포 3%
⑤ 송액관의 직경 및 길이 : 50m(80mm로 적용), 50m(100mm로 적용)
⑥ 탱크 2대에서의 동시 화재는 없는 것으로 간주한다.
⑦ 탱크직경과 포방출구의 종류에 따른 포방출구의 개수는 다음과 같다.

‖ 옥외탱크저장소의 고정포방출구 ‖

<table>
<tr><th rowspan="3">탱크의 구조 및 포방출구의 종류
탱크직경</th><th colspan="4">포방출구의 개수</th></tr>
<tr><th colspan="2">고정지붕구조</th><th>부상덮개부착 고정지붕구조</th><th>부상지붕 구조</th></tr>
<tr><th>Ⅰ형 또는 Ⅱ형</th><th>Ⅲ형 또는 Ⅳ형</th><th>Ⅱ형</th><th>특 형</th></tr>
<tr><td>13m 미만</td><td rowspan="4">2</td><td rowspan="3">1</td><td>2</td><td>2</td></tr>
<tr><td>13m 이상 19m 미만</td><td>3</td><td>3</td></tr>
<tr><td>19m 이상 24m 미만</td><td>4</td><td>4</td></tr>
<tr><td>24m 이상 35m 미만</td><td>2</td><td>5</td><td>5</td></tr>
<tr><td>35m 이상 42m 미만</td><td>3</td><td>3</td><td>6</td><td>6</td></tr>
<tr><td>42m 이상 46m 미만</td><td>4</td><td>4</td><td>7</td><td>7</td></tr>
<tr><td>46m 이상 53m 미만</td><td>6</td><td>6</td><td>8</td><td>8</td></tr>
<tr><td>53m 이상 60m 미만</td><td>8</td><td>8</td><td>10</td><td rowspan="2">10</td></tr>
<tr><td>60m 이상 67m 미만</td><td rowspan="8">왼쪽란에 해당하는 직경의 탱크에는 Ⅰ형 또는 Ⅱ형의 포방출구를 8개 설치하는 것 외에, 오른쪽란에 표시한 직경에 따른 포방출구의 수에서 8을 뺀 수의 Ⅲ형 또는 Ⅳ형의 포방출구를 폭 30m의 환상부분을 제외한 중심부의 액표면에 방출할 수 있도록 추가로 설치할 것</td><td>10</td><td rowspan="8"></td></tr>
<tr><td>67m 이상 73m 미만</td><td>12</td><td rowspan="2">12</td></tr>
<tr><td>73m 이상 79m 미만</td><td>14</td></tr>
<tr><td>79m 이상 85m 미만</td><td>16</td><td rowspan="2">14</td></tr>
<tr><td>85m 이상 90m 미만</td><td>18</td></tr>
<tr><td>90m 이상 95m 미만</td><td>20</td><td rowspan="2">16</td></tr>
<tr><td>95m 이상 99m 미만</td><td>22</td></tr>
<tr><td>99m 이상</td><td>24</td><td>18</td></tr>
</table>

⑧ 고정포방출구의 방출량 및 방사시간

포방출구의 종류 / 위험물의 구분	Ⅰ형		Ⅱ형		특 형		Ⅲ형		Ⅳ형	
	포수용액량 [L/m²]	방출률 [L/m²·min]	포수용액량 [L/m²]	방출률 [L/m²·min]	포수용액량 [L/m²]	방출률 [L/m²·min]	포수용액량 [L/m²]	방출률 [L/m²·min]	포수용액량 [L/m²]	방출률 [L/m²·min]
제4류 위험물 중 인화점이 21℃ 미만인 것	120	4	120	4	240	8	220	4	220	4
제4류 위험물 중 인화점이 21℃ 이상 70℃ 미만인 것	80	4	120	4	160	8	120	4	120	4
제4류 위험물 중 인화점이 70℃ 이상인 것	60	4	100	4	120	8	100	4	100	4

(가) 포방출구의 종류와 포방출구의 개수를 구하시오.
① 포방출구의 종류 :
② 포방출구의 개수 :

(나) 각 탱크에 필요한 포수용액의 양[L/min]을 구하시오.
① 직경 15m 탱크
○ 계산과정 :
○ 답 :
② 직경 10m 탱크
○ 계산과정 :
○ 답 :
③ 옥외보조포소화전
○ 계산과정 :
○ 답 :

(다) 포소화설비에 필요한 포소화약제의 총량[L]을 구하시오.
○ 계산과정 :
○ 답 :

해답 (가) ① 포방출구의 종류 : 특형방출구
② 포방출구의 개수 : 직경 15m 탱크 3개
직경 10m 탱크 2개

(나) ① 직경 15m 탱크
○ 계산과정 : $Q=\frac{\pi}{4}\times(15^2-14.4^2)\times 8\times 1=110.835 \fallingdotseq 110.84\text{L/min}$
○ 답 : 110.84L/min
② 직경 10m 탱크
○ 계산과정 : $Q=\frac{\pi}{4}\times(10^2-9.4^2)\times 8\times 1=73.136 \fallingdotseq 73.14\text{L/min}$
○ 답 : 73.14L/min

③ 옥외보조포소화전

○ 계산과정 : $2\times1\times400=800\text{L/min}$

○ 답 : 800L/min

(다) ○ 계산과정 : $Q_1=\frac{\pi}{4}\times(15^2-14.4^2)\times8\times30\times0.03=99.751\text{L}$

$Q_2=2\times0.03\times8000=480\text{L}$

$Q_3=\left(\frac{\pi}{4}\times0.08^2\times50\times0.03\times1000\right)+\left(\frac{\pi}{4}\times0.1^2\times50\times0.03\times1000\right)=19.32\text{L}$

$\therefore\ Q=99.751+480+19.32=599.071\fallingdotseq599.07\text{L}$

○ 답 : 599.07L

해설

• 〔조건 ①〕에서 **플로팅루프탱크**이므로 아래 표에서 **특형** 방출구 선택

(가) ① **휘발유탱크**의 **약제소요량**

‖ 포방출구(위험물기준 133) ‖

탱크의 종류	포방출구
고정지붕구조(콘루프탱크)	• Ⅰ형 방출구 • Ⅱ형 방출구 • Ⅲ형 방출구(표면하 주입방식) • Ⅳ형 방출구(반표면하 주입방식)
부상덮개부착 고정지붕구조	• Ⅱ형 방출구
부상지붕구조(플로팅루프탱크) →	• 특형 방출구

②

탱크직경 \ 탱크의 구조 및 포방출구의 종류	포방출구의 개수: 고정지붕구조 Ⅰ형 또는 Ⅱ형	고정지붕구조 Ⅲ형 또는 Ⅳ형	부상덮개부착 고정지붕구조 Ⅱ형	부상지붕구조 특 형
13m 미만			2	→ 2
13m 이상 19m 미만	2	1	3	→ 3
19m 이상 24m 미만			4	4
24m 이상 35m 미만		2	5	5
35m 이상 42m 미만	3	3	6	6
42m 이상 46m 미만	4	4	7	7
46m 이상 53m 미만	6	6	8	8
53m 이상 60m 미만	8	8	10	10
60m 이상 67m 미만	왼쪽란에 해당하는 직경의 탱크에는 Ⅰ형 또는 Ⅱ형의 포방출구를 8개 설치하는 것 외에, 오른쪽란에 표시한 직경에 따른 포방출구의 수에서 8을 뺀 수의 Ⅲ형 또는 Ⅳ형의 포방출구를 폭 30m의 환상부분을 제외한 중심부의 액표면에 방출할 수 있도록 추가로 설치할 것	10		
67m 이상 73m 미만		12		12
73m 이상 79m 미만		14		
79m 이상 85m 미만		16		14
85m 이상 90m 미만		18		
90m 이상 95m 미만		20		16
95m 이상 99m 미만		22		
99m 이상		24		18

〔조건 ①, ②〕 직경이 **15m**로서 **13m** 이상 19m 미만이고 플로팅루프탱크의 포방출구는 **특형**이므로 위 표에서 포방출구수는 **3개**이고, 〔조건 ①, ②〕에서 직경이 **10m**로서 **13m** 미만이고 포방출구는 **특형**이므로 포방출구수는 **2개**이다.

참고

포소화약제의 저장량

(1) **고정포방출구방식**

고정포방출구	보조포소화전(옥외보조포소화전)	배관보정량
$Q=A\times Q_1\times T\times S$ 여기서, Q: 포소화약제의 양[L] A: 탱크의 액표면적[m^2] Q_1: 단위 포소화수용액의 양[L/m^{2}분] T: 방출시간(방사시간)[분] S: 포소화약제의 사용농도	$Q=N\times S\times 8000$ 여기서, Q: 포소화약제의 양[L] N: 호스접결구수(**최대 3개**) S: 포소화약제의 사용농도	$Q=A\times L\times S\times 1000\text{L/m}^3$ (내경 75mm 초과시에만 적용) 여기서, Q: 배관보정량[L] A: 배관단면적[m^2] L: 배관길이[m] S: 포소화약제의 사용농도

(2) **옥내포소화전방식** 또는 **호스릴방식**

$Q=N\times S\times 6000$(바닥면적 200m^2 미만은 75%)

여기서, Q: 포소화약제의 양[L]
N: 호스접결구수(**최대 5개**)
S: 포소화약제의 사용농도

(나) **펌프**의 **유량**

고정포방출구 유량

$Q_1=AQS$ 또는 $Q_1{}'=AQTS$

여기서, Q_1: 고정포방출구 유량[L/min]
$Q_1{}'$: 고정포방출구 양[L]
A: 탱크의 액표면적[m^2]
Q: 단위 포소화수용액의 양[L/m^{2}분]
T: 방사시간[분]
S: 포수용액 농도($S=1$)

- 펌프동력을 구할 때는 포수용액을 기준으로 하므로 $S=1$
- 문제에서 포수용액의 양(유량)의 단위가 **L/min**이므로 $Q_1=AQTS$에서 방사시간 T를 제외한 $Q_1=AQS$식 적용

배관보정량

$Q=A\times L\times S\times 1000\text{L/m}^3$(안지름 75mm 초과시에만 적용)

여기서, Q: 배관보정량[L]
A: 배관단면적[m^2]
L: 배관길이[m]
S: 사용농도

① **직경 15m**

고정포방출구의 **수용액** Q_1은

$$Q_1=A\times Q\times S$$
$$=\frac{\pi}{4}(15^2-14.4^2)\text{m}^2\times 8\text{L/m}^2\cdot\text{min}\times 1$$
$$=110.835 \fallingdotseq 110.84\text{L/min}$$

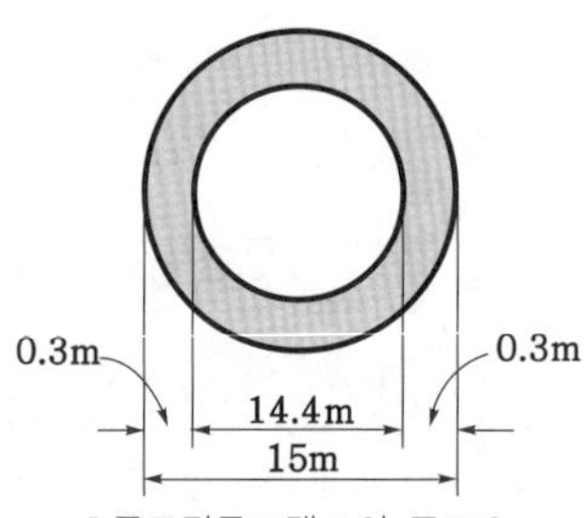

▌플로팅루프탱크의 구조▐

- A(탱크의 액표면적) : 탱크표면의 표면적만 고려하여야 하므로 〔조건 ①〕에서 굽도리판과 탱크벽과의 간격 **0.3m**를 적용하여 그림에서 색칠된 부분만 고려하여 $\frac{\pi}{4}(15^2 - 14.4^2)m^2$로 계산하여야 한다. 꼭 기억해 두어야 할 사항은 굽도리판과 탱크벽과의 간격을 적용하는 것은 **플로팅루프탱크**의 경우에만 한한다는 것이다.
- Q(수용액의 분당 방출량 **8L/m² · min**) : **특형**방출구를 사용하며, 인화점이 10℃인 제4류 위험물로서 〔조건 ⑧〕에 의해 인화점이 21℃ 미만인 것에 해당하므로 8L/m² · min

포방출구의 종류 / 위험물의 구분	Ⅰ형		Ⅱ형		특 형	
	포수용액량 〔L/m²〕	방출률 〔L/m² · min〕	포수용액량 〔L/m²〕	방출률 〔L/m² · min〕	포수용액량 〔L/m²〕	방출률 〔L/m² · min〕
제4류 위험물 중 인화점이 21℃ 미만인 것	120	4	120	4	240	8

② **직경 10m**

고정포방출구의 **수용액** Q_1은

$Q_1 = A \times Q \times S = \frac{\pi}{4}(10^2 - 9.4^2)m^2 \times 8L/m^2 \cdot min \times 1 = 73.136 ≒ 73.14L$

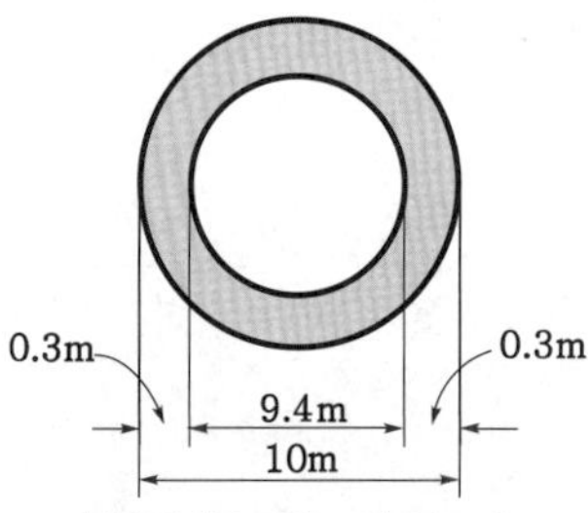

▌플로팅루프탱크의 구조▐

- A(탱크의 액표면적) : 탱크표면의 표면적만 고려하여야 하므로 〔조건 ①〕에서 굽도리판과 탱크벽과의 간격 **0.3m**를 적용하여 그림에서 색칠된 부분만 고려하여 $\frac{\pi}{4}(10^2 - 9.4^2)m^2$로 계산하여야 한다. 꼭 기억해 두어야 할 사항은 굽도리판과 탱크벽과의 간격을 적용하는 것은 **플로팅루프탱크**의 경우에만 한한다는 것이다.
- Q(수용액의 분당 방출량 **8L/m² · min**) : 〔조건 ⑧〕에서 주어진 값

포방출구의 종류 / 위험물의 구분	Ⅰ형		Ⅱ형		특 형	
	포수용액량 〔L/m²〕	방출률 〔L/m² · min〕	포수용액량 〔L/m²〕	방출률 〔L/m² · min〕	포수용액량 〔L/m²〕	방출률 〔L/m² · min〕
제4류 위험물 중 인화점이 21℃ 미만인 것	120	4	120	4	240	8

③ **옥외보조포소화전**

$Q_2 = N \times S \times 400$ 또는 $Q_2' = N \times S \times 8000$

여기서, Q_2 : 수용액 · 수원 · 약제량〔L/min〕
Q_2' : 수용액 · 수원 · 약제량〔L〕
N : 호스접결구수(**최대 3개**)
S : 사용농도

- 보조포소화전의 방사량(방출률)이 400L/min이므로 400L/min×20min=8000L가 되므로 위의 두 식은 같은 식

옥외보조포소화전의 **방사량** Q_2는

$Q_2 = N \times S \times 400 = 2 \times 1 \times 400 = 800\text{L/min}$

- N(2) : 〔조건 ③〕에서 **2개**
- S(1) : 수용액량이므로 항상 1

비교

(1) **보조포소화전**(옥외보조포소화전)

$Q = N \times S \times 8000$

여기서, Q : 포소화약제의 양〔L〕
N : 호스접결구수(최대 **3개**)
S : 포소화약제의 사용농도

(2) **옥내포소화전방식** 또는 **호스릴방식**

$Q = N \times S \times 6000$(바닥면적 200m² 미만은 75%)

여기서, Q : 포소화약제의 양〔L〕
N : 호스접결구수(최대 **5개**)
S : 포소화약제의 사용농도

(다) ① **고정포방출구**의 **포소화약제**의 **양** Q_1은

$Q_1 = A \times Q \times T \times S$

$= \frac{\pi}{4}(15^2 - 14.4^2)\text{m}^2 \times 8\text{L/m}^2 \cdot \text{min} \times 30\text{min} \times 0.03 = 99.751 ≒ 99.75\text{L}$

- **8L/m² · min** : 문제에서 인화점 10℃, 〔조건 ①〕에서 플로팅루프탱크(특형)이므로 〔조건 ⑧〕에서 8L/m² · min

위험물의 구분 \ 포방출구의 종류	Ⅰ형		Ⅱ형		특 형	
	포수용액량〔L/m²〕	방출률〔L/m² · min〕	포수용액량〔L/m²〕	방출률〔L/m² · min〕	포수용액량〔L/m²〕	방출률〔L/m² · min〕
제4류 위험물 중 인화점이 21℃ 미만인 것	120	4	120	4	240	8

- **30min** : $T = \frac{\text{포수용액량〔L/m}^2\text{〕}}{\text{방출률〔L/m}^2 \cdot \text{min〕}} = \frac{240\text{L/m}^2}{8\text{L/m}^2 \cdot \text{min}} = 30\text{min}$
- S**(0.03)** : 〔조건 ④〕에서 3%용이므로 약제농도(S)는 **3%=0.03**

② **옥외보조포소화전**의 **포소화약제**의 **양** Q_2는

$Q_2 = N \times S \times 8000$

$= 2 \times 0.03 \times 8000 = 480\text{L}$

- S**(0.03)** : [조건 ④]에서 3%용이므로 약제농도(S)는 **3%=0.03**이 된다.

③ **배관보정량** Q_3은

$$Q_3 = A \times L \times S \times 1000\text{L/m}^3 (\text{안지름 75mm 초과시에만 적용})$$
$$= \left(\frac{\pi}{4} \times (0.08\text{m})^2 \times 50\text{m} \times 0.03 \times 1000\text{L/m}^3\right) + \left(\frac{\pi}{4} \times (0.1\text{m})^2 \times 50\text{m} \times 0.03 \times 1000\text{L/m}^3\right)$$
$$= 19.32\text{L}$$

- S**(0.03)** : [조건 ④]에서 3%용이므로 약제농도(S)는 **3%=0.03**이 된다.
- L(송액관 길이 **50m**) : [조건 ⑤]에서 주어진 값
- [조건 ⑤]에서 안지름 80mm, 100mm로서 모두 75mm를 초과하므로 두 배관 모두 배관보정량 적용

∴ 포소화약제의 양 $Q = Q_1 + Q_2 + Q_3$
$$= 99.75\text{L} + 480\text{L} + 19.32\text{L}$$
$$= 599.07\text{L}$$

- 0.08m : [조건 ⑤]에서 80mm=0.08m(1000mm=1m)
- 50m : [조건 ⑤]에서 주어진 값
- 0.03 : [조건 ④]에서 3%=0.03
- 0.1m : [조건 ⑤]에서 100mm=0.1m(1000mm=1m)
- 50m : [조건 ⑤]에서 주어진 값

빨리가려면 혼자가고, 멀리가려면 같이가라

- 아프리카 속담 -

23년 2023. 11. 5 시행

▌2023년 기사 제4회 필답형 실기시험▐

자격종목	시험시간	형별	수험번호	성명	감독위원 확인
소방설비기사(기계분야)	3시간				

※ 다음 물음에 답을 해당 답란에 답하시오.(배점 : 100)

☆

문제 01

할로겐화합물 및 불활성기체 소화설비에서 할로겐화합물 및 불활성기체 소화약제의 저장용기의 기준에 관한 설명이다. 다음 ( ) 안에 알맞은 내용을 보기에서 골라서 쓰시오. (19.11.문5, 16.4.문8, 13.7.문5)

득점	배점
	3

〔보기〕 5 10 15 할로겐화합물 불활성기체

ㅇ저장용기의 약제량 손실이 (①)%를 초과하거나 압력손실이 (②)%를 초과할 경우에는 재충전하거나 저장용기를 교체할 것. 다만, (③) 소화약제 저장용기의 경우에는 압력손실이 (④)%를 초과할 경우 재충전하거나 저장용기를 교체하여야 한다.

해답 ① 5 ② 10 ③ 불활성기체 ④ 5

해설 **할로겐화합물 및 불활성기체 소화약제**의 **저장용기 적합기준**(NFPC 107A 6조, NFTC 107A 2.3.2)

(1) 저장용기는 약제명 · 저장용기의 자체중량과 총중량 · 충전일시 · 충전압력 및 약제의 체적을 표시할 것
(2) 동일 집합관에 접속되는 저장용기는 **동일한 내용적**을 가진 것으로 **충전량** 및 **충전압력**이 같도록 할 것
(3) 저장용기에 충전량 및 충전압력을 확인할 수 있는 장치를 하는 경우에는 해당 소화약제에 적합한 구조로 할 것
(4) 저장용기의 **약제량 손실**이 **5%**를 초과하거나 **압력손실**이 **10%**를 초과할 경우에는 재충전하거나 저장용기를 교체할 것. (단, **불활성기체 소화약제** 저장용기의 경우에는 **압력손실**이 **5%**를 초과할 경우 재충전하거나 저장용기 교체)

☆

문제 02

개방형 스프링클러설비에 대한 말단 가지배관의 헤드설치 도면 및 조건을 참고하여 ⓐ에서 ⓓ 점 헤드의 각 유량 및 펌프토출량을 구하시오. (16.11.문14)

득점	배점
	8

유사문제부터 풀어보세요. 실력이 팍!팍! 올라갑니다.

〔조건〕

① 헤드설치 도면

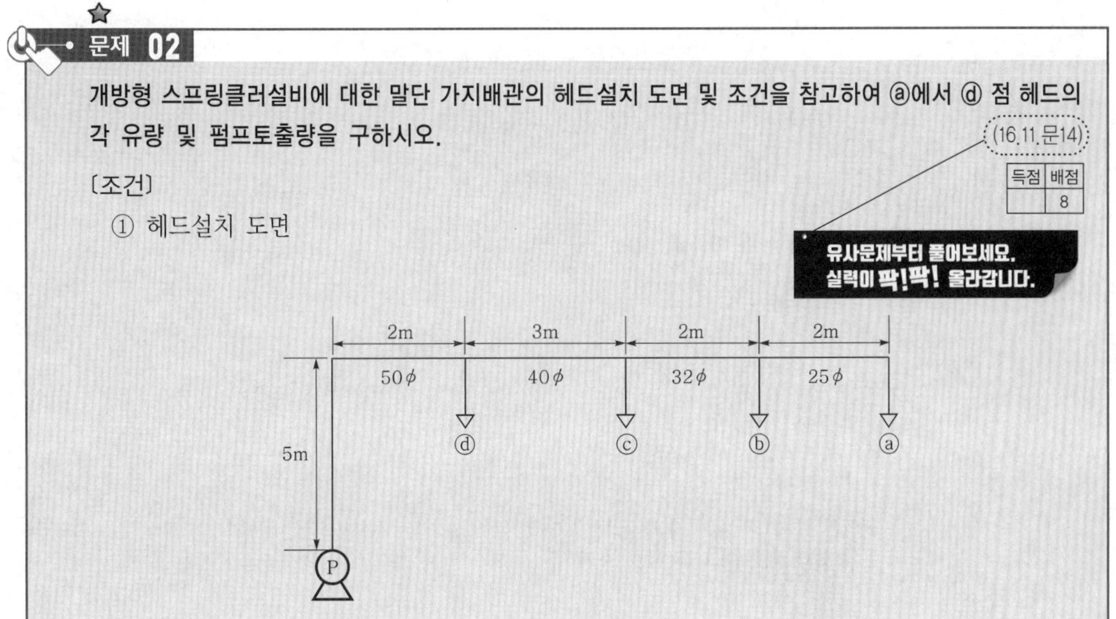

② 호칭지름에 따른 안지름은 아래와 같다.

호칭지름(ϕ)	25	32	40	50
안지름[mm]	28	36	42	53

③ ⓐ의 최종헤드 방사압력은 0.1MPa, 방수량은 100L/min이고, 방출계수 K는 100이다.

④ 다음과 같은 하젠-윌리엄스식에 따른다.

$$\Delta P = 6.053 \times 10^4 \times \frac{Q^2}{C^2 \times D^5}$$

여기서, ΔP : 배관이 압력손실[MPa/m]
D : 관의 안지름[mm]
Q : 관의 유량[L/min]
C : 조도계수(100)

⑤ 조건이 주어지지 않은 사항은 무시한다.

(가) 헤드 ⓑ 방수량[L/min]
○ 계산과정 :
○ 답 :

(나) 헤드 ⓒ 방수량[L/min]
○ 계산과정 :
○ 답 :

(다) 헤드 ⓓ 방수량[L/min]
○ 계산과정 :
○ 답 :

(라) 펌프토출량[L/min]
○ 계산과정 :
○ 답 :

(가) ○ 계산과정 : $0.1 + 6.053 \times 10^4 \times \dfrac{100^2}{100^2 \times 28^5} \times 2 \fallingdotseq 0.107\text{MPa}$

$Q = 100\sqrt{10 \times 0.107} = 103.44\text{L/min}$

○ 답 : 103.44L/min

(나) ○ 계산과정 : $0.107 + 6.053 \times 10^4 \times \dfrac{(100 + 103.44)^2}{100^2 \times 36^5} \times 2 \fallingdotseq 0.115\text{MPa}$

$Q = 100\sqrt{10 \times 0.115} = 107.23\text{L/min}$

○ 답 : 107.23L/min

(다) ○ 계산과정 : $0.115 + 6.053 \times 10^4 \times \dfrac{(100 + 103.44 + 107.23)^2}{100^2 \times 42^5} \times 3 \fallingdotseq 0.128\text{MPa}$

$Q = 100\sqrt{10 \times 0.128} = 113.13\text{L/min}$

○ 답 : 113.13L/min

(라) ○ 계산과정 : $100 + 103.44 + 107.23 + 113.13 = 423.8\text{L/min}$

○ 답 : 423.8L/min

해설 **하젠-윌리엄스**의 **식**(Hargen-William's formula)

$$\Delta P = 6.053 \times 10^4 \times \frac{Q^2}{C^2 \times D^5} \times L$$

여기서, ΔP : 1m당 배관의 압력손실[MPa]
D : 관의 안지름[mm]
Q : 관의 유량[L/min]
C : 조도계수([조건 ④]에서 100)
L : 배관의 길이[m]

• 계산의 편의를 위해 [조건 ④]식에서 ΔP의 1m당 배관의 압력손실[MPa]을 배관의 압력손실[MPa]로 바꾸어 위와 같이 배관길이 L[m]을 추가하여 곱함

(가) **헤드 ⓑ 방수량**

ⓐ 방사압력+ⓐ-ⓑ간 마찰손실압

방수압 $\Delta P_{ⓑ} = 0.1\text{MPa} + 6.053 \times 10^4 \times \frac{Q^2}{C^2 \times D^5} \times L = 0.1\text{MPa} + 6.053 \times 10^4 \times \frac{100^2}{100^2 \times 28^5} \times 2$

$\fallingdotseq 0.107\text{MPa}$

- Q(100L/min) : 〔조건 ③〕에서 주어진 값
- D(28mm) : 문제에서 〔조건 ①〕의 그림에서 ⓐ-ⓑ 구간은 구경 25ϕ이므로 〔조건 ②〕에서 **28mm** 적용
- L(2m) : 직관길이 **2m** 적용

〔조건 ②〕

호칭지름(ϕ)	25	32	40	50
안지름〔mm〕	28	36	42	53

$$Q = K\sqrt{10P}$$

여기서, Q : 방수량〔L/min=Lpm〕

K : 방출계수

P : 방사압력〔MPa〕

방수량 $Q_1 = K\sqrt{10P} = 100\sqrt{10 \times 0.107\text{MPa}} = 103.44\text{L/min}$

- K(100) : 〔조건 ③〕에서 주어진 값
- 0.107MPa : 바로 위에서 구한 값

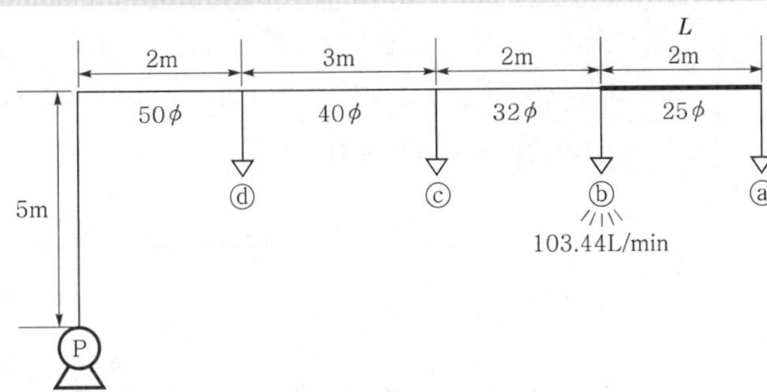

‖ 헤드 ⓑ 방수량 ‖

(나) **헤드 ⓒ 방수량**

ⓑ 방사압력+ⓐ-ⓒ간 마찰손실압

방수압 $\Delta P_{ⓒ} = 0.107\text{MPa} + 6.053 \times 10^4 \times \frac{Q^2}{C^2 \times D^5} \times L = 0.107\text{MPa} + 6.053 \times 10^4 \times \frac{(100+103.44)^2}{100^2 \times 36^5} \times 2$

$\fallingdotseq 0.115\text{MPa}$

- Q(103.44L/min) : 바로 위에서 구한 값
- D(36mm) : 〔조건 ①〕의 그림에서 ⓑ-ⓒ 구간은 구경 32ϕ이므로 〔조건 ②〕에서 **36mm** 적용
- L(배관길이) : 직관길이 **2m** 적용

〔조건 ②〕

호칭지름(ϕ)	25	32	40	50
안지름〔mm〕	28	36	42	53

방수량 $Q_2 = K\sqrt{10P} = 100\sqrt{10 \times 0.115\text{MPa}} = 107.23\text{L/min}$

- K(100) : 〔조건 ③〕에서 주어진 값
- 0.115MPa : 바로 위에서 구한 값

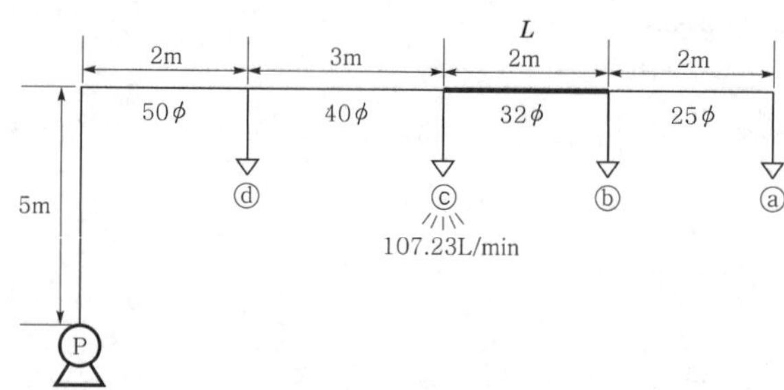

‖ 헤드 ⓒ 방수량 ‖

(다) **헤드 ⓓ 방수량**

ⓒ 방사압력+ⓒ-ⓓ간 마찰손실압

방수압 $\Delta P_{ⓓ} = 0.115\text{MPa} + 6.053 \times 10^4 \times \dfrac{Q^2}{C^2 \times D^5} \times L$

$$= 0.115\text{MPa} + 6.053 \times 10^4 \times \frac{(100 + 103.44 + 107.23)^2}{100^2 \times 42^5} \times 3 \fallingdotseq 0.128\text{MPa}$$

- Q(100L/min) : [조건 ③]에서 주어진 값
- Q_1(103.44L/min) : (가)에서 구한 값
- Q_2(107.23L/min) : 바로 위에서 구한 값
- D(42mm) : [조건 ①]의 그림에서 ⓒ-ⓓ 구간은 구경 40φ이므로 [조건 ②]에서 **42mm** 적용
- L(배관길이) : 직관길이 **3m** 적용

[조건 ②]

호칭지름(φ)	25	32	40	50
안지름[mm]	28	36	42	53

방수량 $Q_3 = 100\sqrt{10 \times 0.128\text{MPa}} = 113.13\text{L/min}$

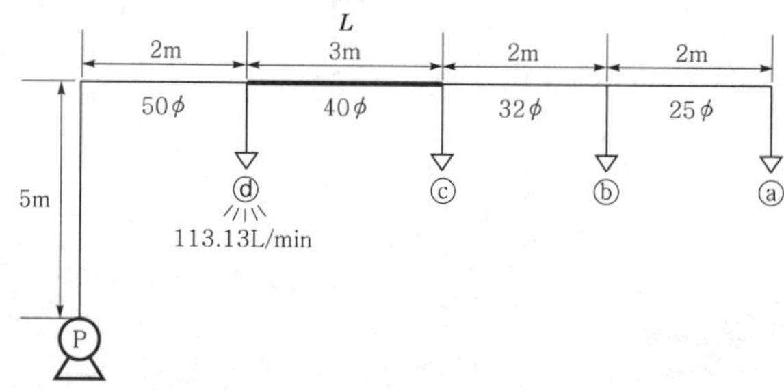

‖ 헤드 ⓓ 방수량 ‖

(라) **펌프**의 **토출량**

펌프의 토출량(Q_T)$= Q + Q_1 + Q_2 + Q_3$

$Q_T = 100\text{L/min} + 103.44\text{L/min} + 107.23\text{L/min} + 113.13\text{L/min} = 423.8\text{L/min}$

- Q(100L/min) : [조건 ③]에서 주어진 값
- Q_1(103.44L/min) : (가)에서 구한 값
- Q_2(107.23L/min) : (나)에서 구한 값
- Q_3(113.13L/min) : (다)에서 구한 값

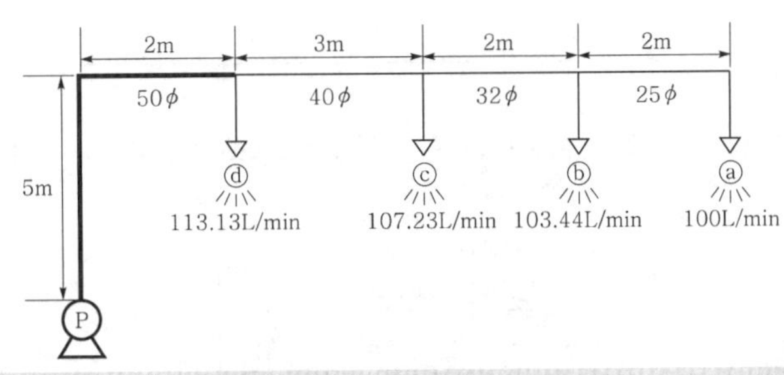

- 펌프의 토출량 계산할 때 위 그림에서 2m, 5m는 적용할 필요없다.
- 배관구경 25ϕ, 32ϕ, 40ϕ, 50ϕ이 주어지지 않을 경우 다음 표를 암기하여 배관구경을 정해야 한다.

‖ 스프링클러설비 급수관 구경(NFTC 103 2.5.3.3) ‖

구 분 \ 급수관의 구경	25mm	32mm	40mm	50mm	65mm	80mm	90mm	100mm	125mm	150mm
폐쇄형 헤드	2개	3개	5개	10개	30개	60개	80개	100개	160개	161개 이상
폐쇄형 헤드(헤드를 동일 급수관의 가지관상에 병설하는 경우)	2개	4개	7개	15개	30개	60개	65개	100개	160개	161개 이상
• **개방형 헤드**(헤드개수 **30개** 이하) • 폐쇄형 헤드(무대부·특수가연물 저장·취급장소)	1개	2개	5개	8개	15개	27개	40개	55개	90개	91개 이상

기억법
2 3 5 1 3 6 8 1 6
2 4 7 5 3 6 5 1 6
1 2 5 8 5 27 4 55 9

별해 다음과 같이 구해도 정답!

(가) **헤드 ⓑ 방수량**

방수압 $\Delta P_{ⓑ}=6.053\times10^4\times\frac{100^2}{100^2\times28^5}\times2=7.034\times10^{-3}\text{MPa}\fallingdotseq0.007\text{MPa}$

방수량 $Q_1=100\sqrt{10\times(0.1+0.007)\text{MPa}}=103.44\text{L/min}$

- 0.1MPa : [조건 ③]에서 주어진 값

(나) **헤드 ⓒ 방수량**

방수압 $\Delta P_{ⓒ}=6.053\times10^4\times\frac{(100+103.44)^2}{100^2\times36^5}\times2=8.286\times10^{-3}\text{MPa}\fallingdotseq0.008\text{MPa}$

방수량 $Q_2=100\sqrt{10\times(0.1+0.007+0.008)\text{MPa}}=107.23\text{L/min}$

(다) **헤드 ⓓ 방수량**

방수압 $\Delta P_{ⓓ}=6.053\times10^4\times\frac{(100+103.44+107.23)^2}{100^2\times42^5}\times3\fallingdotseq0.013\text{MPa}$

방수량 $Q_3=100\sqrt{10\times(0.1+0.007+0.008+0.013)\text{MPa}}=113.13\text{L/min}$

☆☆
문제 03

할론소화설비에서 그림의 방출방식 종류의 명칭을 쓰고, 해당 방식에 대하여 설명하시오.

(21.4.문9, 15.4.문6, 11.11.문4, 09.10.문1)

득점	배점
	5

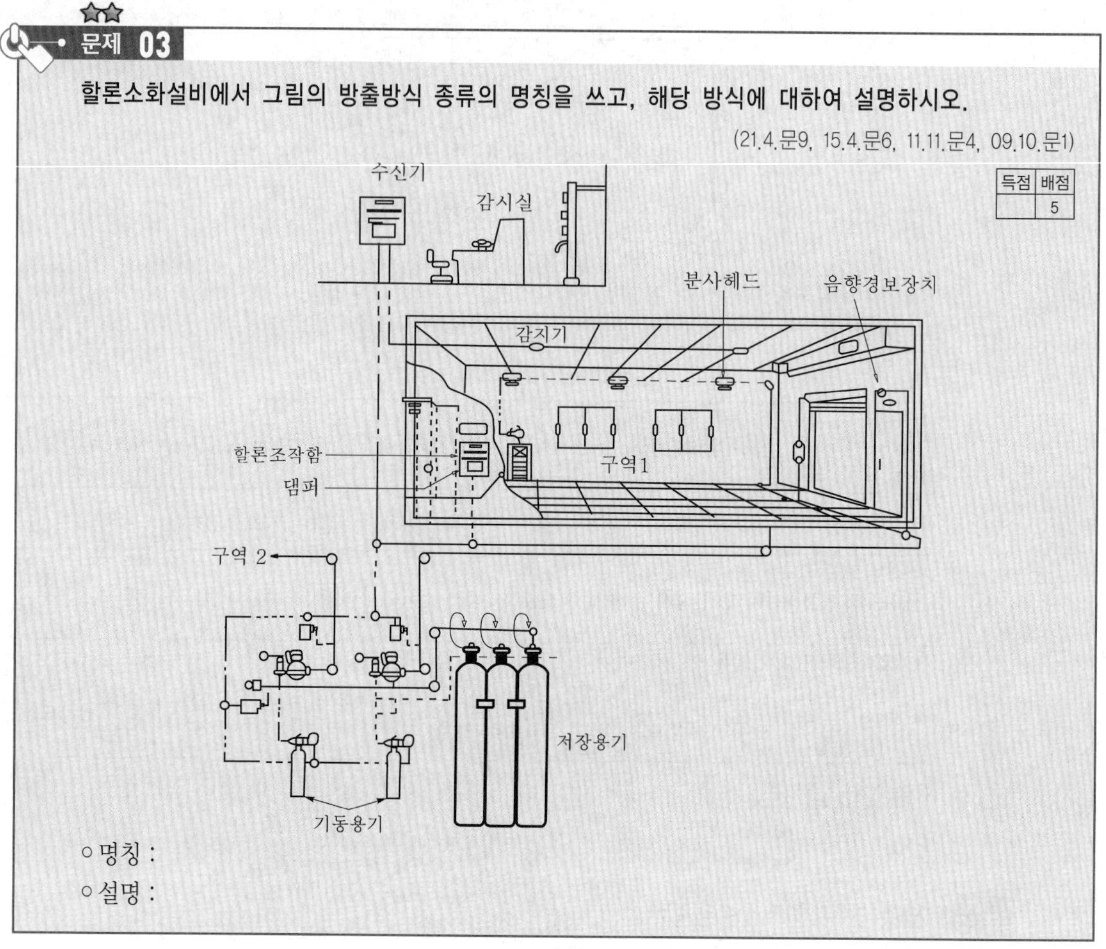

○ 명칭 :

○ 설명 :

해답 ① 명칭 : 전역방출방식

② 설명 : 고정식 할론공급장치에 배관 및 분사헤드를 고정 설치하여 밀폐방호구역 내에 할론을 방출하는 설비

해설 **할론소화설비**의 **방출방식**

방출방식	설 명
전역방출방식	고정식 할론공급장치에 배관 및 분사헤드를 고정 설치하여 **밀폐방호구역** 내에 할론을 방출하는 설비
국소방출방식	고정식 할론공급장치에 배관 및 분사헤드를 설치하여 **직접 화점**에 할론을 방출하는 설비로 화재 발생부분에만 **집중적**으로 소화약제를 방출하도록 설치하는 방식
호스릴방식	① 분사헤드가 배관에 고정되어 있지 않고 소화약제 저장용기에 호스를 연결하여 사람이 직접 화점에 소화약제를 방출하는 **이동식 소화설비** ② 국소방출방식의 일종으로 릴에 감겨 있는 호스의 끝단에 방출관을 부착하여 수동으로 연소부분에 직접 가스를 방출하여 소화하는 방식

비교

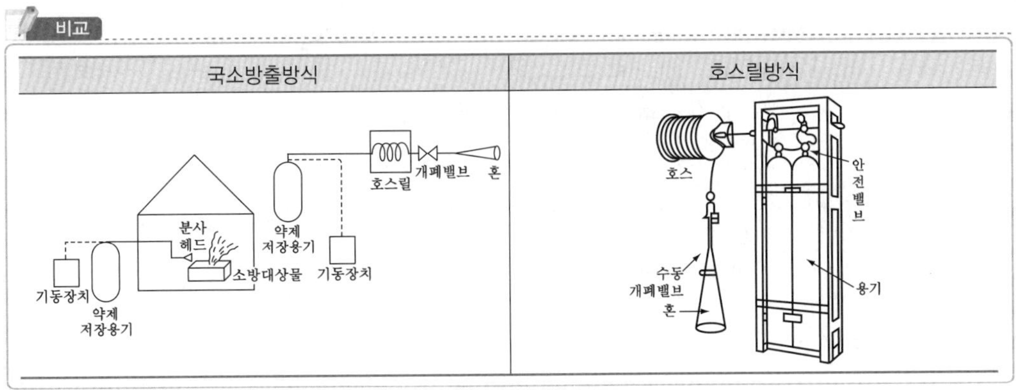

☆☆☆

문제 04

다음은 어느 실들의 평면도이다. 이 중 A실을 급기가압하고자 할 때 주어진 조건을 이용하여 다음을 구하시오.

(21.11.문8, 20.10.문16, 20.5.문9, 19.11.문3, 18.11.문11, 17.11.문2, 17.4.문7, 16.11.문4, 16.4.문15, 15.7.문9, 11.11.문6, 08.4.문8, 05.7.문6)

득점	배점
	7

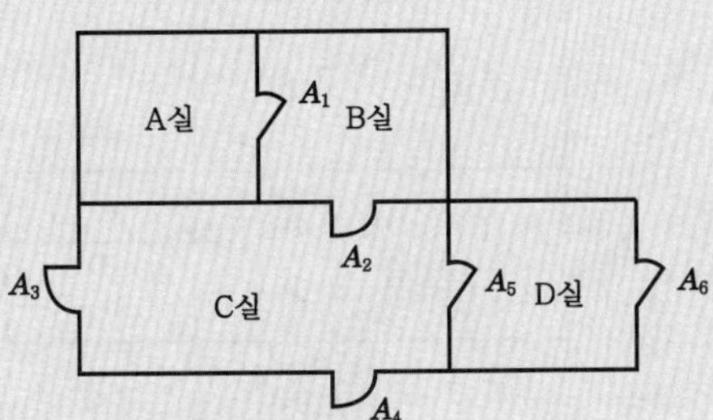

〔조건〕

① 실 외부대기의 기압은 101300Pa로서 일정하다.
② A실에 유지하고자 하는 기압은 101500Pa이다.
③ 각 실의 문들의 틈새면적은 0.01m^{2}이다.
④ 어느 실을 급기가압할 때 그 실의 문 틈새를 통하여 누출되는 공기의 양은 다음의 식에 따른다.

$$Q = 0.827A \cdot P^{\frac{1}{2}}$$

여기서, Q : 누출되는 공기의 양〔m^3/s〕
A : 문의 전체 누설틈새면적〔m^2〕
P : 문을 경계로 한 기압차〔Pa〕

(가) A실의 전체 누설틈새면적 A〔m^2〕를 구하시오. (단, 소수점 아래 6째자리에서 반올림하여 소수점 아래 5째자리까지 나타내시오.)
○ 계산과정 :
○ 답 :

(나) A실에 유입해야 할 풍량〔L/s〕을 구하시오. (단, 소수점은 반올림하여 정수로 나타내시오.)
○ 계산과정 :
○ 답 :

(가) ○ 계산과정 : $A_{5\sim6} = \dfrac{1}{\sqrt{\dfrac{1}{0.01^2} + \dfrac{1}{0.01^2}}} = 0.007071 ≒ 0.00707\text{m}^2$

$A_{3\sim6} = 0.01 + 0.01 + 0.00707 = 0.02707\text{m}^2$

$A_{1\sim6} = \dfrac{1}{\sqrt{\dfrac{1}{0.01^2} + \dfrac{1}{0.01^2} + \dfrac{1}{0.02707^2}}} = 0.006841 ≒ 0.00684\text{m}^2$

○ 답 : 0.00684m^2

(나) ○ 계산과정 : $0.827 \times 0.00684 \times \sqrt{200} = 0.079997\text{m}^3/\text{s} = 79.997\text{L/s} ≒ 80\text{L/s}$

○ 답 : 80L/s

해설

기호

- A_1, A_2, A_3, A_4, A_5, A_6(0.01m^2) : [조건 ③]에서 주어짐
- P[(101500−101300)Pa=200Pa] : [조건 ①, ②]에서 주어짐

(가) [조건 ③]에서 각 실의 틈새면적은 0.01m^2이다.

$A_{5\sim6}$은 **직렬상태**이므로

$$A_{5\sim6} = \dfrac{1}{\sqrt{\dfrac{1}{(0.01\text{m}^2)^2} + \dfrac{1}{(0.01\text{m}^2)^2}}} = 7.071 \times 10^{-3} = 0.007071 ≒ 0.00707\text{m}^2$$

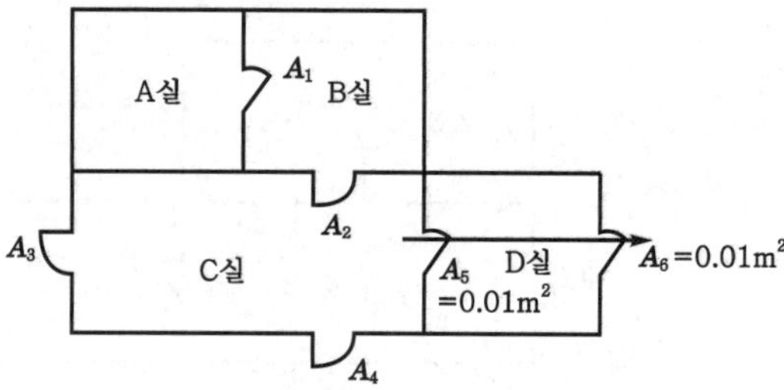

위의 내용을 정리하면 다음과 같이 변환시킬 수 있다.

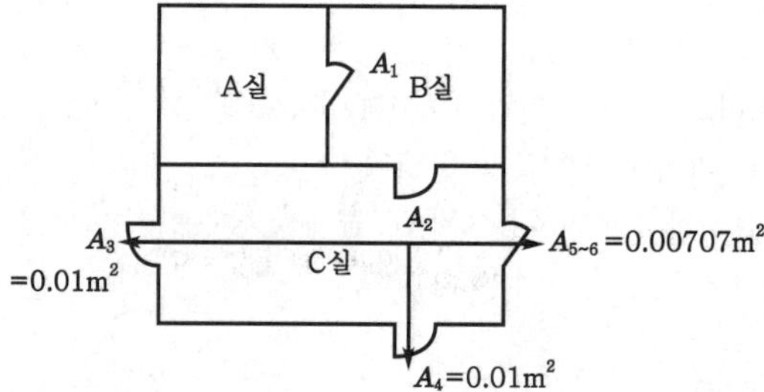

$A_{3\sim6}$은 **병렬상태**이므로

$A_{3\sim6} = 0.01\text{m}^2 + 0.01\text{m}^2 + 0.00707\text{m}^2 = 0.02707\text{m}^2$

위의 내용을 정리하면 다음과 같이 변환시킬 수 있다.

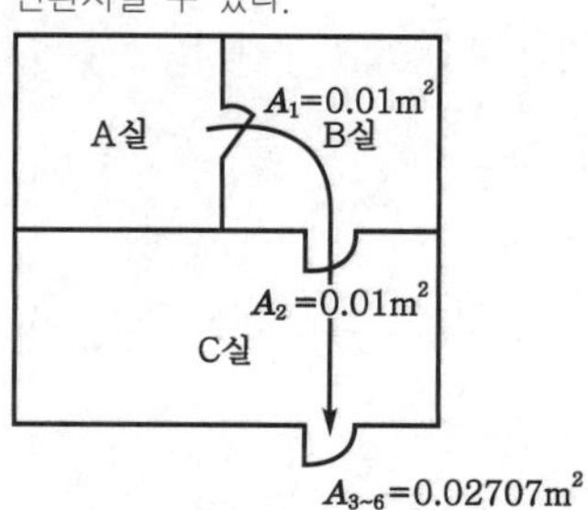

$A_{1\sim6}$은 **직렬상태**이므로

$$A_{1\sim6}=\frac{1}{\sqrt{\frac{1}{(0.01\text{m}^2)^2}+\frac{1}{(0.01\text{m}^2)^2}+\frac{1}{(0.02707\text{m}^2)^2}}}=6.841\times10^{-3}=0.006841 ≒ 0.00684\text{m}^2$$

(나) **유입풍량** Q

$$Q=0.827A\cdot P^{\frac{1}{2}}=0.827A\sqrt{P}=0.827\times0.00684\text{m}^2\times\sqrt{200}\,\text{Pa}=0.079997\text{m}^3/\text{s}=79.997\text{L/s} ≒ 80\text{L/s}$$

- 유입풍량

$$Q=0.827A\sqrt{P}$$

여기서, Q : 누출되는 공기의 양[m^3/s]
A : 문의 전체 누설틈새면적[m^2]
P : 문을 경계로 한 기압차[Pa]

- $P^{\frac{1}{2}}=\sqrt{P}$
- [조건 ①, ②]에서 기압차(P)=101500－101300=200Pa
- $0.079997\text{m}^3/\text{s}=79.997\text{L/s}\,(1\text{m}^3=1000\text{L})$

참고

누설틈새면적

직렬상태	병렬상태
$$A=\frac{1}{\sqrt{\frac{1}{A_1^{\ 2}}+\frac{1}{A_2^{\ 2}}+\cdots}}$$ 여기서, A : 전체 누설틈새면적[m^2] A_1, A_2 : 각 실의 누설틈새면적[m^2]	$$A=A_1+A_2+\cdots$$ 여기서, A : 전체 누설틈새면적[m^2] A_1, A_2 : 각 실의 누설틈새면적[m^2]
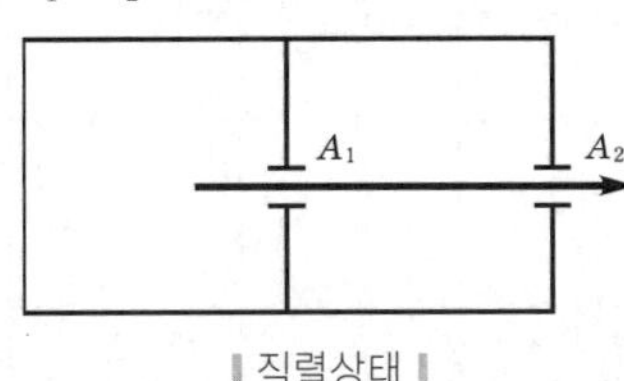 ‖ 직렬상태 ‖	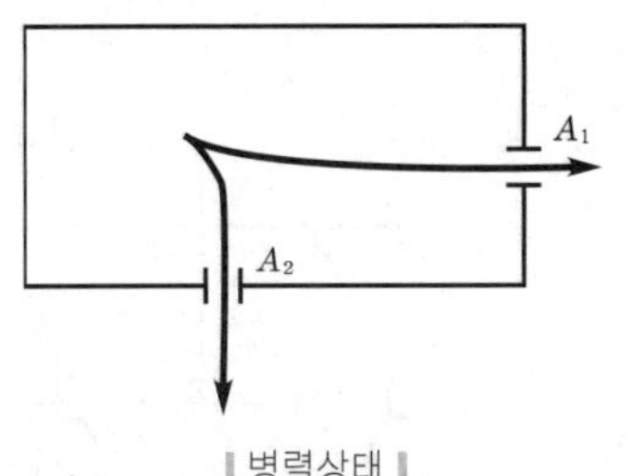 ‖ 병렬상태 ‖

☆ 문제 05

할론소화설비에 대한 다음 각 물음에 답하시오. (22.11.문16, 18.6.문1, 14.7.문2, 11.5.문15)

(가) 별도독립방식의 정의를 쓰시오.
(나) 다음 (   ) 안의 숫자를 채우시오.

득점	배점
	5

> 하나의 방호구역을 담당하는 소화약제 저장용기의 소화약제량의 체적합계보다 그 소화약제 방출시 방출경로가 되는 배관(집합관을 포함한다)의 내용적의 비율이 (   )배 이상일 경우에는 해당 방호구역에 대한 설비는 별도독립방식으로 해야 한다.

해답 (가) 소화약제 저장용기와 배관을 방호구역별로 독립적으로 설치하는 방식
(나) 1.5

해설 (가) **할론소화설비**의 **정의**(NFPC 107 3조, NFTC 107 1.7.1.8)

용 어	정 의
전역방출방식	소화약제 공급장치에 배관 및 분사헤드 등을 고정 설치하여 **밀폐 방호구역** 전체에 소화약제를 방출하는 방식
국소방출방식	소화약제 공급장치에 배관 및 분사헤드를 설치하여 **직접 화점**에 소화약제를 방출하는 방식
호스릴방식	소화수 또는 소화약제 저장용기 등에 연결된 **호스릴**을 이용하여 사람이 직접 화점에 소화수 또는 소화약제를 방출하는 방식
충전비	소화약제 저장용기의 **내부 용적**과 소화약제의 **중량**과의 비(용적/중량)
교차회로방식	하나의 방호구역 내에 **2 이상**의 **화재감지기회로**를 설치하고 인접한 2 이상의 화재감지기가 화재를 감지하는 때에 소화설비가 작동하는 방식
방화문	**60분+**방화문, **60분** 방화문 또는 **30분** 방화문
방호구역	소화설비의 소화범위 내에 포함된 영역
별도독립방식	소화약제 **저장용기**와 **배관**을 방호구역별로 **독립**적으로 설치하는 방식
선택밸브	**2 이상**의 방호구역 또는 방호대상물이 있어 소화수 또는 소화약제를 해당하는 방호구역 또는 방호대상물에 **선택적**으로 방출되도록 제어하는 밸브
집합관	개별 소화약제(가압용 가스 포함) **저장용기**의 **방출관**이 연결되어 있는 관
호스릴	원형의 소방호스를 **원형**의 **수납장치**에 감아 정리한 것

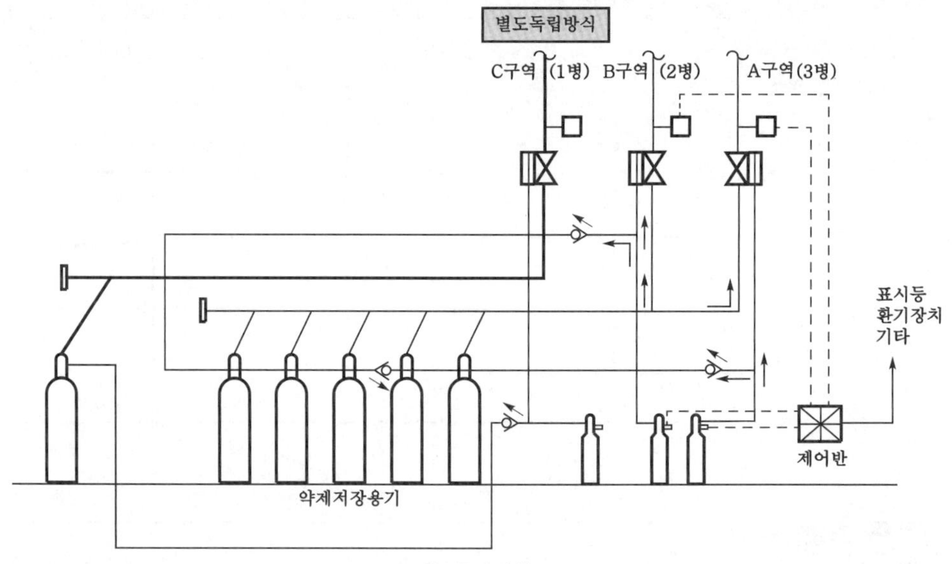

‖ 별도독립방식 ‖

(나) **할론소화설비 화재안전기준**(NFPC 107 4조 ⑦항, NFTC 107 2.1.6)

하나의 방호구역을 담당하는 소화약제 저장용기의 소화약제량의 체적합계보다 그 소화약제 방출시 방출경로가 되는 배관(집합관 포함)의 내용적이 **1.5배 이상**일 경우에는 해당 방호구역에 대한 설비를 **별도독립방식**으로 해야 한다.

☆☆☆
문제 06

습식유수검지장치를 사용하는 스프링클러설비에 동장치를 시험할 수 있는 시험장치의 설치기준이다. 다음 각 물음에 답하시오. (21.7.문11, 19.4.문11, 15.11.문15, 14.4.문17, 10.7.문8, 01.7.문11)

득점	배점
	5

(가) 시험장치의 설치위치를 쓰시오.

(나) 시험밸브의 구경[mm]을 쓰시오.

(다) 다음 심벌을 이용하여 시험장치의 미완성도면을 완성하시오.

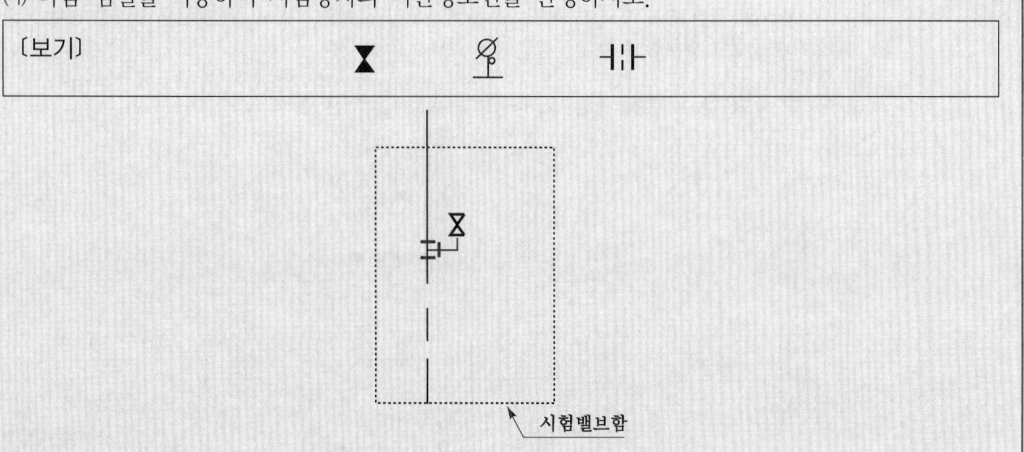

해답 (가) 유수검지장치 2차측 배관

(나) 25mm

(다)

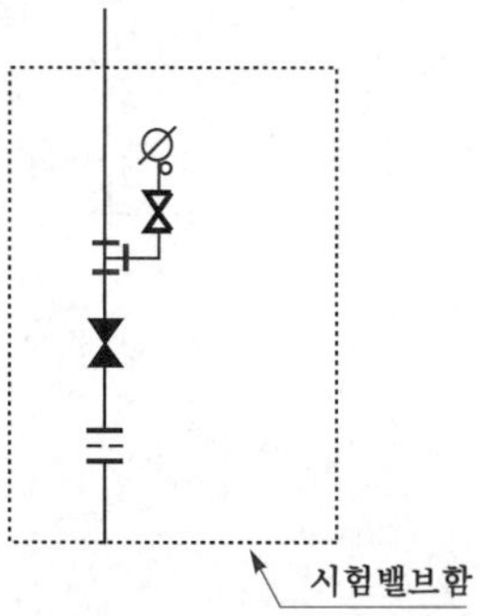

시험밸브함

해설

- 이 문제에서는 개방형 헤드가 아닌 오리피스가 주어졌으므로 개방형 헤드 대신 **오리피스**를 그려야 한다.
- 개폐밸브는 폐쇄형(⧗)으로 주어졌으므로 폐쇄형으로 그려야 한다. 개방형(⧖)으로 그리면 틀림.

개 방	폐 쇄
⧖	⧗

(가) (나) **습식 유수검지장치** 또는 **건식 유수검지장치**를 사용하는 **스프링클러설비**와 **부압식 스프링클러설비**의 **시험장치 설치기준**(NFPC 103 8조, NFTC 103 2.5.12)

① **습식** 스프링클러설비 및 **부압식** 스프링클러설비에 있어서는 **유수검지장치 2차측** 배관에 연결하여 설치하고, **건식** 스프링클러설비인 경우 **유수검지장치**에서 **가장 먼** 거리에 위치한 **가지배관**의 **끝**으로부터 연결하여 설치할 것. 유수검지장치 2차측 설비의 내용적이 2840L를 초과하는 건식 스프링클러설비의 경우 시험장치개폐밸브를 완전개방 후 **1분** 이내에 물이 방사될 것 질문 (가)

‖ 시험장치 설치위치 ‖

습식 · 부압식	건 식
유수검지장치 **2차측 배관**	유수검지장치에서 **가장 먼 거리**에 위치한 **가지배관 끝**

② 시험장치배관의 구경은 **25mm** 이상으로 하고, 그 끝에 **개폐밸브** 및 **개방형 헤드** 또는 **스프링클러헤드와 동등한 방수성능을 가진 오리피스**를 설치할 것. 이 경우 개방형 헤드는 **반사판** 및 **프레임**을 **제거**한 **오리피스**만으로 설치가능 질문 ⑷

③ 시험배관의 끝에는 물받이통 및 배수관을 설치하여 시험 중 방사된 물이 바닥에 흘러내리지 아니하도록 할 것 (단, **목욕실 · 화장실** 또는 그 밖의 곳으로서 배수처리가 쉬운 장소에 시험배관을 설치한 경우 제외)

⑷ **시험장치배관 끝**에 **설치**하는 것

① 개폐밸브

② 개방형 헤드(또는 스프링클러헤드와 동등한 방수성능을 가진 오리피스)

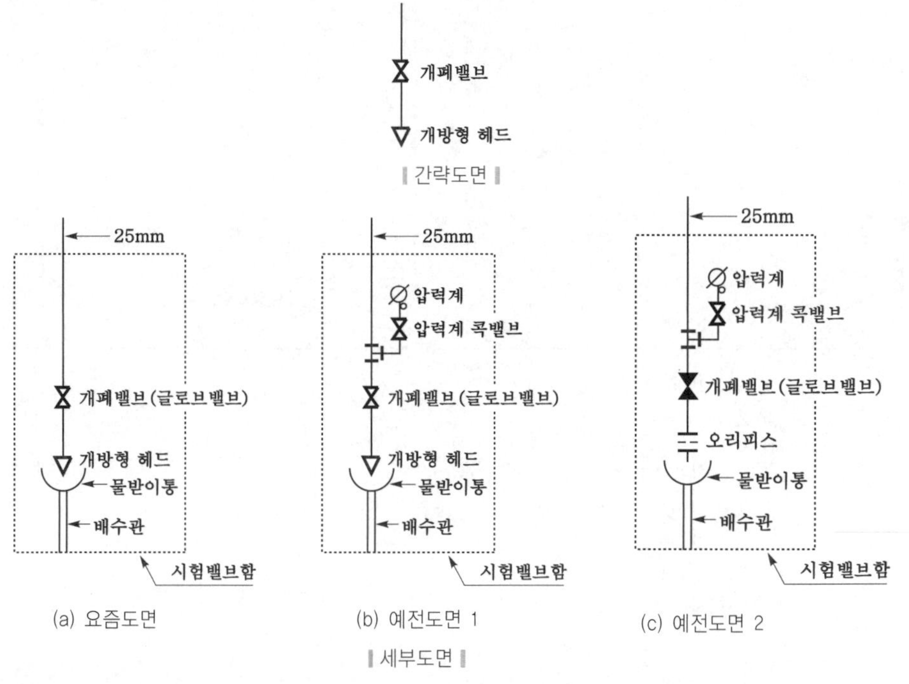

‖ 간략도면 ‖

(a) 요즘도면
(b) 예전도면 1
(c) 예전도면 2

‖ 세부도면 ‖

중요

소방시설 도시기호

명 칭	도시기호
플랜지	─┤├─
유니온	─┤│├─
오리피스	─┤¦├─
체크밸브	(체크밸브 기호)
가스체크밸브	(가스체크밸브 기호)
동체크밸브	─▷├─

게이트밸브(상시개방)	
게이트밸브(상시폐쇄)	

☆☆☆ **문제 07**

스프링클러설비에 사용되는 개방형 헤드와 폐쇄형 헤드의 차이점과 적용설비를 쓰시오.

(18.11.문2, 17.11.문3, 15.4.문4, 01.11.문11)

득점	배점
	6

○ 차이점 :
○ 적용설비

개방형 헤드	폐쇄형 헤드
○	○ ○ ○

해답 ○ 차이점 : 감열부의 유무
○ 적용설비

개방형 헤드	폐쇄형 헤드
○ 일제살수식 스프링클러설비	○ 습식 스프링클러설비 ○ 건식 스프링클러설비 ○ 준비작동식 스프링클러설비

해설 **개방형 헤드**와 **폐쇄형 헤드**

구 분	개방형 헤드	폐쇄형 헤드
차이점	• **감열부**가 **없다.** • **가압수 방출기능**만 있다.	• **감열부**가 **있다.** • **화재감지** 및 **가압수 방출기능**이 있다.
설치장소	• 무대부 • 연소할 우려가 있는 개구부 • 천장이 높은 장소 • 화재가 급격히 확산될 수 있는 장소(위험물 저장 및 처리시설)	• 근린생활시설 • 판매시설(도매시장 · 소매시장 · 백화점 등) • 복합건축물 • 아파트 • 공장 또는 창고(랙식 창고 포함) • 지하가 · 지하역사
적용설비	• **일제살수식** 스프링클러설비	• **습식** 스프링클러설비 • **건식** 스프링클러설비 • **준비작동식** 스프링클러설비 • **부압식** 스프링클러설비
형태		

• 문제에서 **폐쇄형 헤드**에는 동그라미(○)가 3개 있으므로 **부압식**까지는 안써도 된다.
• '일제살수식 스프링클러설비'를 **일제살수식**만 써도 정답
• '습식 스프링클러설비', '건식 스프링클러설비', '준비작동식 스프링클러설비'를 각각 **습식**, **건식**, **준비작동식**만 써도 정답

용어

무대부와 연소할 우려가 있는 개구부

무대부	연소할 우려가 있는 개구부
노래, 춤, 연극 등의 연기를 하기 위해 만들어 놓은 부분	각 방화구획을 관통하는 컨베이어 · 에스컬레이터 또는 이와 비슷한 시설의 주위로서 방화구획을 할 수 없는 부분

☆☆☆

문제 08

침대가 없는 숙박시설의 바닥면적 합이 $600m^2$이고, 준불연재료 이상의 것을 사용한다. 이때의 수용인원을 구하시오. (단, 바닥에서 천장까지 벽으로 구획된 복도 $30m^2$가 포함되어 있다.)

득점	배점
	4

○ 계산과정 :

○ 답 :

 해답

○ 계산과정 : $\frac{600-30}{3}=190$명

○ 답 : 190명

 해설 **수용인원**의 **산정방법**(소방시설법 시행령 〔별표 7〕)

특정소방대상물		산정방법
• 강의실 • 교무실 • 상담실 • 실습실 • 휴게실		$\frac{\text{바닥면적 합계}}{1.9m^2}$
• 숙박시설	침대가 있는 경우	종사자수＋침대수
	침대가 없는 경우 →	종사자수＋$\frac{\text{바닥면적 합계}}{3m^2}$
• 기타		$\frac{\text{바닥면적 합계}}{3m^2}$
• 강당 • 문화 및 집회시설, 운동시설 • 종교시설		$\frac{\text{바닥면적 합계}}{4.6m^2}$

• 바닥면적 산정시 **복도(준불연재료** 이상의 것을 사용하여 바닥에서 천장까지 벽으로 구획한 것), **계단** 및 **화장실**의 **바닥면적**은 **제외**
• **소수점 이하**는 **반올림**한다.

기억법 **수반(수반!** 동반!)

바닥면적 산정시 **복도(준불연재료** 이상의 것을 사용하여 바닥에서 천장까지 벽으로 구획한 것), 계단 및 화장실의 바닥면적은 제외해야 하므로

숙박시설(침대가 없을 경우)$=\frac{600m^2-30m^2}{3m^2}=190$명

• **종사자수**는 〔문제〕에서 주어지지 않았으므로 제외

☆☆
문제 09

전기실에 제1종 분말소화약제를 사용한 분말소화설비를 전역방출방식의 가압식으로 설치하려고 한다. 다음 조건을 참조하여 각 물음에 답하시오. (20.11.문14, 19.4.문3, 16.6.문4, 11.7.문16)

득점	배점
	9

〔조건〕

① 소방대상물의 크기는 가로 11m, 세로 9m, 높이 4.5m인 내화구조로 되어 있다.
② 소방대상물의 중앙에 가로 1m, 세로 1m의 기둥이 있고, 기둥을 중심으로 가로, 세로 보가 교차되어 있으며, 보는 천장으로부터 0.6m, 너비 0.4m의 크기이고, 보와 기둥은 내열성 재료이다.
③ 전기실에는 0.7m×1.0m, 1.2m×0.8m인 개구부 각각 1개씩 설치되어 있으며, 1.2m×0.8m인 개구부에는 자동폐쇄장치가 설치되어 있다.
④ 방호공간에 내화구조 또는 내열성 밀폐재료가 설치된 경우에는 방호공간에서 제외할 수 있다.
⑤ 방사헤드의 방출률은 7.82kg/mm^2 · min · 개이다.
⑥ 약제저장용기 1개의 내용적은 50L이다.
⑦ 방사헤드 1개의 오리피스(방출구)면적은 0.45cm^{2}이다.
⑧ 소화약제 산정기준 및 기타 필요한 사항은 국가화재안전기준에 준한다.

(가) 저장에 필요한 제1종 분말소화약제의 최소 양〔kg〕
○ 계산과정 :
○ 답 :

(나) 저장에 필요한 약제저장용기의 수〔병〕
○ 계산과정 :
○ 답 :

(다) 설치에 필요한 방사헤드의 최소 개수〔개〕 (단, 소화약제의 양은 문항 (나)에서 구한 저장용기 수의 소화약제 양으로 한다)
○ 계산과정 :
○ 답 :

(라) 방사헤드 1개의 방사량〔kg/min〕
○ 계산과정 :
○ 답 :

해답 (가) ○ 계산과정 : $[(11\times9\times4.5)-(1\times1\times4.5+2.4+1.92)]\times0.6+(0.7\times1.0)\times4.5=265.158 ≒ 265.16\text{kg}$
○ 답 : 265.16kg

(나) ○ 계산과정 : $G=\dfrac{50}{0.8}=62.5\text{kg}$

약제저장용기$=\dfrac{265.16}{62.5}=4.24 ≒ 5$병

○ 답 : 5병

(다) ○ 계산과정 : $\dfrac{62.5\times5\times60}{7.82\times30\times45}=1.776 ≒ 2$개
○ 답 : 2개

(라) ○ 계산과정 : $\dfrac{62.5\times5}{2\times30}=5.208\text{kg/s}=312.48\text{kg/min}$
○ 답 : 312.48kg/min

해설 (가) 전역방출방식

자동폐쇄장치가 설치되어 있지 않는 경우	자동폐쇄장치가 설치되어 있는 경우
분말저장량〔kg〕=방호구역체적〔m^3〕×약제량〔kg/m^3〕 +개구부면적〔m^2〕×개구부가산량〔kg/m^2〕	**분말저장량**〔kg〕=방호구역체적〔m^3〕×약제량〔kg/m^3〕

‖ 전역방출방식의 약제량 및 개구부가산량(NFPC 108 6조, NFTC 108 2.3.2.1.1, 2.3.2.1.2) ‖

약제 종별	약제량	개구부가산량(자동폐쇄장치 미설치시)
제1종 분말 →	$0.6kg/m^3$	$4.5kg/m^2$
제2·3종 분말	$0.36kg/m^3$	$2.7kg/m^2$
제4종 분말	$0.24kg/m^3$	$1.8kg/m^2$

문제에서 개구부(0.7m×1.0m) 1개는 **자동폐쇄장치**가 **설치**되어 있지 않으므로

분말저장량〔kg〕=방호구역체적〔m^3〕×약제량〔kg/m^3〕+개구부면적〔m^2〕×개구부가산량〔kg/m^2〕

$=[(11m\times9m\times4.5m)-(1m\times1m\times4.5m+2.4m^3+1.92m^3)]\times0.6kg/m^3+(0.7m\times1.0m)\times4.5kg/m^2$

$=265.158 \fallingdotseq 265.16kg$

- 방호구역체적은 〔조건 ②, ④〕에 의해 기둥(1m×1m×4.5m)과 보($2.4m^3+1.92m^3$)의 체적은 제외한다.
- 보의 체적

  가로보 : $(5m\times0.6m\times0.4m)\times2$개(양쪽)$=2.4m^3$

  세로보 : $(4m\times0.6m\times0.4m)\times2$개(양쪽)$=1.92m^3$

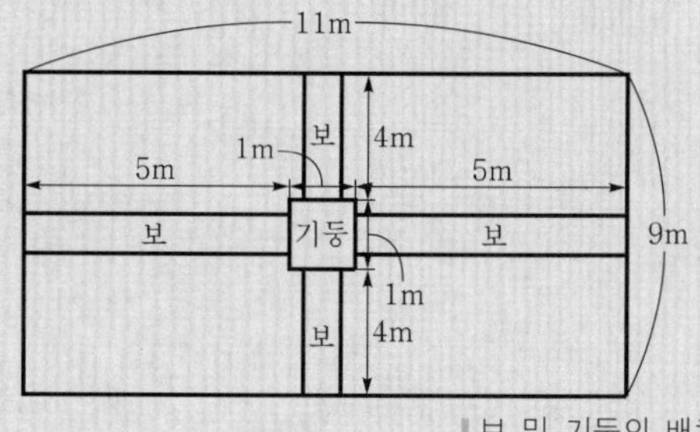

‖ 보 및 기둥의 배치 ‖

(나) 저장용기의 충전비

약제 종별	충전비〔L/kg〕
제1종 분말 →	0.8
제2·3종 분말	1
제4종 분말	1.25

$$C=\frac{V}{G}$$

여기서, C : 충전비〔L/kg〕

V : 내용적〔L〕

G : 저장량(충전량)〔kg〕

충전량 G는

$$G=\frac{V}{C}=\frac{50L}{0.8L/kg}=62.5kg$$

- 50L : 〔조건 ⑥〕에서 주어진 값
- 0.8L/kg : 바로 위 표에서 구한 값

약제저장용기$=\frac{약제저장량}{충전량}=\frac{265.16kg}{62.5kg}=4.24 \fallingdotseq$ **5병**(소수발생시 반드시 **절상**)

- 265.16kg : (가)에서 구한 값
- 62.5kg : 바로 위에서 구한 값

(다)

$$분구면적[mm^2] = \frac{1병당\ 충전량[kg] \times 병수}{방출률[kg/mm^2 \cdot s \cdot 개] \times 방사시간[s] \times 헤드\ 개수}$$

$$헤드\ 개수 = \frac{1병당\ 충전량[kg] \times 병수}{방출률[kg/mm^2 \cdot s \cdot 개] \times 방사시간[s] \times 분구면적[mm^2]}$$

$$= \frac{62.5kg \times 5병}{7.82kg/mm^2 \cdot min \cdot 개 \times 30s \times 0.45cm^2}$$

$$= \frac{62.5kg \times 5병}{7.82kg/mm^2 \cdot 60s \cdot 개 \times 30s \times 45mm^2}$$

$$= \frac{62.5kg \times 5병 \times 60}{7.82kg/mm^2 \cdot s \cdot 개 \times 30s \times 45mm^2} = 1.776 ≒ 2개(절상)$$

- 분구면적=오리피스 면적=분출구면적
- **62.5kg** : (나)에서 구한 값

저장량=충전량

- **5병** : (나)에서 구한 값
- **$7.82kg/mm^2 \cdot min \cdot$ 개** : [조건 ⑤]에서 주어진 값
- **30s** : 문제에서 '**전역방출방식**'이라고 하였고 **일반건축물**이므로 다음 표에서 30초

‖ 약제방사시간 ‖

소화설비		전역방출방식		국소방출방식	
		일반건축물	위험물제조소	일반건축물	위험물제조소
할론소화설비		10초 이내	30초 이내	10초 이내	30초 이내
분말소화설비		→ 30초 이내		30초 이내	
CO_2 소화설비	표면화재	1분 이내	60초 이내		
	심부화재	7분 이내			

- **'위험물제조소'**라는 말이 없는 경우 **일반건축물**로 보면 된다.
- $0.45cm^2$: [조건 ⑦]에서 주어진 값
- 1cm=10mm이므로 $1cm^2=100mm^2$, $0.45cm^2=45mm^2$

(라) $방사량 = \frac{1병당\ 충전량[kg] \times 병수}{헤드수 \times 약제방출시간[s]} = \frac{62.5kg \times 5병}{2개 \times 30s} = 5.208kg/s = 5.208kg \Big/ \frac{1}{60}min = 5.208 \times 60kg/min$

$= 312.48kg/min$

- 62.5kg : (나)에서 구한 값
- 5병 : (나)에서 구한 값
- 2개 : (다)에서 구한 값
- 30s : 문제에서 '**전역방출방식**'이라고 하였고 **일반건축물**이므로 30s
- 1min=60s

비교

(1) $선택밸브\ 직후의\ 유량 = \frac{1병당\ 저장량[kg] \times 병수}{약제방출시간[s]}$

(2) $방사량 = \frac{1병당\ 저장량[kg] \times 병수}{헤드수 \times 약제방출시간[s]}$

(3) $약제의\ 유량속도 = \frac{1병당\ 충전량[kg] \times 병수}{약제방출시간[s]}$

(4) $분사헤드수 = \frac{1병당\ 저장량[kg] \times 병수}{헤드\ 1개의\ 표준방사량[kg]}$

(5) $개방밸브(용기밸브)\ 직후의\ 유량 = \frac{1병당\ 충전량[kg]}{약제방출시간[s]}$

☆☆

문제 10

옥외소화전설비의 화재안전기술기준과 관련하여 다음 (　) 안의 내용을 쓰시오.

(19.6.문7, 11.5.문5, 09.4.문8)

득점	배점
	4

옥외소화전설비의 방수량은 (①)L/min이고, 방수압은 (②)MPa이다. 호스접결구는 지면으로부터 높이가 (③)m 이상 (④)m 이하의 위치에 설치하고 특정소방대상물의 각 부분으로부터 하나의 호스접결구까지의 수평거리가 (⑤)m 이하가 되도록 설치하여야 한다.

①:　②:　③:　④:　⑤:

해답 ① 350　② 0.25　③ 0.5　④ 1　⑤ 40

해설 **옥외소화전설비**

옥외소화전(NFPC 109 5조, NFTC 109 2.2.1.3)	호스접결구(NFPC 109 6조, NFTC 109 2.3.1)
특정소방대상물에 설치된 옥외소화전(**2개** 이상 설치된 경우에는 2개의 옥외소화전)을 동시에 사용할 경우 각 옥외소화전의 노즐선단에서의 방수압력이 **0.25MPa** 이상이고, 방수량이 **350L/min** 이상이 되는 성능의 것으로 할 것. (단, 하나의 옥외소화전을 사용하는 노즐선단에서의 방수압력이 **0.7MPa**을 초과할 경우에는 호스접결구의 **인입측**에 **감압장치** 설치)	호스접결구는 지면으로부터의 높이가 **0.5m** 이상 **1m** 이하의 위치에 설치하고 특정소방대상물의 각 부분으로부터 하나의 호스접결구까지의 **수평거리**가 **40m** 이하가 되도록 설치

(1) **옥외소화전 수원**의 **저수량**

$$Q = 7N$$

여기서, Q : 옥외소화전 수원의 저수량[m³], N : 옥외소화전개수(**최대 2개**)

(2) **옥외소화전 가압송수장치**의 **토출량**

$$Q = N \times 350\text{L/min}$$

여기서, Q : 옥외소화전 가압송수장치의 토출량[L/min], N : 옥외소화전개수(**최대 2개**)

가압송수장치의 **토출량** Q는

$Q = N \times 350\text{L/min} = 2 \times 350\text{L/min} = 700\text{L/min}$

- N은 소화전개수(최대 2개)

비교

옥내소화전설비의 **저수량** 및 **토출량**

(1) **수원**의 **저수량**

$Q = 2.6N$(30층 미만, N : 최대 2개)
$Q = 5.2N$(30~49층 이하, N : 최대 5개)
$Q = 7.8N$(50층 이상, N : 최대 5개)

여기서, Q : 옥내소화전 수원의 저수량[m³], N : 가장 많은 층의 옥내소화전개수

(2) **옥내소화전 가압송수장치**의 **토출량**

$$Q = N \times 130$$

여기서, Q : 옥내소화전 가압송수장치의 토출량[L/min]
N : 가장 많은 층의 옥내소화전개수(30층 미만 : 최대 2개, 30층 이상 : 최대 5개)

(3) **설치높이**

0.5~1m 이하	0.8~1.5m 이하	1.5m 이하
① **연**결송수관설비의 송수구 · 방수구 ② **연**결살수설비의 송수구 ③ **소**화**용**수설비의 채수구 ④ 옥외소화전 호스접결구 기억법 **연소용 51(연소용 오일**은 잘 탄다.)	① **제**어밸브(수동식 개방밸브) ② **유**수검지장치 ③ **일**제개방밸브 기억법 **제유일 85(제**가 **유일**하게 **팔**았어**요**.)	① **옥내**소화전설비의 방수구 ② **호**스릴함 ③ **소**화기 기억법 **옥내호소 5(옥내**에서 **호소**하시**오**.)

(4) **옥내소화전**과 **옥외소화전**의 비교

옥내소화전	옥외소화전
수평거리 **25m** 이하	수평거리 **40m** 이하
노즐(13mm×1개)	노즐(19mm×1개)
호스(**40mm**×15m×2개)	호스(**65mm**×20m×2개)
앵글밸브(40mm×1개)	앵글밸브 필요없음

☆☆☆

문제 11

경유를 저장하는 탱크의 내부 직경이 50m인 플로팅루프탱크(Floating Roof Tank)에 포소화설비의 특형 방출구를 설치하여 방호하려고 할 때 다음 각 물음에 답하시오.

(20.10.문13, 18.4.문4, 17.11.문9, 16.11.문13, 16.6.문2, 15.4.문9, 14.7.문10, 13.11.문3, 13.7.문4, 09.10.문4, 05.10.문12, 02.4.문12)

득점	배점
	7

[조건]

① 소화약제는 3%용의 단백포를 사용하며, 포수용액의 분당 방출량은 $8L/m^2$ · 분이고, 방사시간은 30분을 기준으로 한다.

② 탱크의 내면과 굽도리판의 간격은 1m로 한다.

③ 펌프의 효율은 65%로 한다.

(가) 탱크의 환상면적[m^2]을 구하시오.

○계산과정 :

○답 :

(나) 탱크의 특형 고정포방출구에 의하여 소화하는 데 필요한 포수용액의 양[L], 수원의 양[L], 포원액의 양[L]을 각각 구하시오.

○포수용액의 양(계산과정 및 답) :

○수원의 양(계산과정 및 답) :

○포원액의 양(계산과정 및 답) :

(다) 전양정이 80m일 때 전동기 용량[kW]를 구하시오.

○계산과정 :

○답 :

해답 (가) ○계산과정 : $\frac{\pi}{4}(50^2-48^2)=153.938 ≒ 153.94m^2$

○답 : $153.94m^2$

(나) ○계산과정 : 포수용액의 양$=153.94\times8\times30\times1=36945.6L$

○답 : 36945.6L

○ 계산과정 : 수원의 양$=153.94\times8\times30\times0.97=35837.232 \fallingdotseq 35837.23$L

○ 답 : 35837.23L

○ 계산과정 : 포소화약제 원액의 양$=153.94\times8\times30\times0.03=1108.368 \fallingdotseq 1108.37$L

○ 답 : 1108.37L

(다) ○ 계산과정 : 분당토출량$=\dfrac{36945.6}{30}=1231.52$L/min

$$P=\frac{0.163\times1.23152\times80}{0.65}=24.706 \fallingdotseq 24.71\text{kW}$$

○ 답 : 24.71kW

해설 (가) **탱크의 액표면적**(환상면적)

$$A=\frac{\pi}{4}(50^2-48^2)\text{m}^2=153.938 \fallingdotseq 153.94\text{m}^2$$

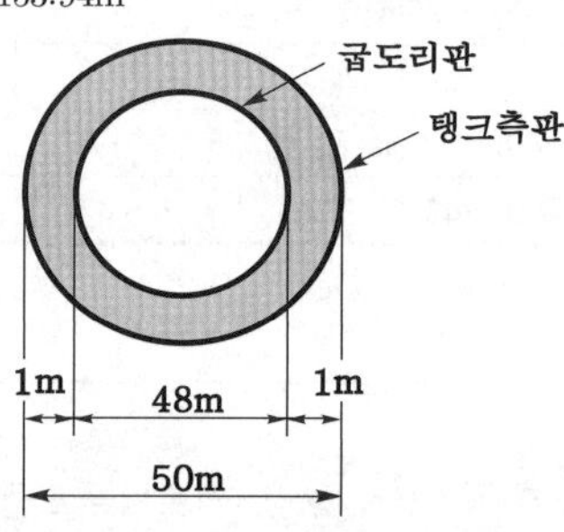

▌플로팅루프탱크의 구조▐

(나)

$$Q=A\times Q_1\times T\times S$$

여기서, Q : 포소화약제의 양〔L〕
A : 탱크의 액표면적〔m²〕
Q_1 : 단위 포소화수용액의 양〔L/m² · 분〕
T : 방출시간〔분〕
S : 포소화약제의 사용농도

① 포수용액의 양 Q는

$Q=A\times Q_1\times T\times S=153.94\text{m}^2\times8\text{L/m}^2\cdot\text{분}\times30\text{분}\times1=36945.6\text{L}$

- $A=153.94\text{m}^2$: (가)에서 구한 153.94m²를 적용하면 된다. 다시 $\frac{\pi}{4}(50^2-48^2)\text{m}^2$를 적용해서 계산할 필요는 없다.
- 8L/m² · 분 : 〔조건 ①〕에서 주어진 값
- 30분 : 〔조건 ①〕에서 주어진 값
- $S=1$: **포수용액**의 **농도** S는 항상 **1**

② 수원의 양 Q는

$Q=A\times Q_1\times T\times S=153.94\text{m}^2\times8\text{L/m}^2\cdot\text{분}\times30\text{분}\times0.97=35837.232 \fallingdotseq 35837.23\text{L}$

- $S=0.97$: 〔조건 ①〕에서 **3%**용 포이므로 수원(물)은 **97%**(100−3＝97%)가 되어 농도 S=**0.97**

③ 포소화약제 원액의 양 Q는

$Q=A\times Q_1\times T\times S=153.94\text{m}^2\times8\text{L/m}^2\cdot\text{분}\times30\text{분}\times0.03=1108.368 \fallingdotseq 1108.37\text{L}$

- $S=0.03$: 〔조건 ①〕에서 **3%**용 포이므로 농도 S=**0.03**

(다) ① 분당토출량$=\dfrac{\text{포수용액의 양〔L〕}}{\text{방사시간〔min〕}}=\dfrac{36945.6\text{L}}{30\text{min}}=1231.52\text{L/min}$

- 36945.6L : (나)에서 구한 값
- 30min : 〔조건 ①〕에서 주어진 값

- 펌프의 토출량은 어떤 혼합장치이든지 관계없이 모두! 반드시! **포수용액**을 기준으로 해야 한다.
  - 포소화설비의 화재안전기준(NFPC 105 6조 ①항 4호, NFTC 105 2.3.1.4)
    4. **펌프**의 **토출량**은 포헤드 · 고정포방출구 또는 이동식 포노즐의 설계압력 또는 노즐의 방사압력의 허용범위 안에서 **포수용액**을 방출 또는 방사할 수 있는 양 이상이 되도록 할 것

② **전동기**의 **출력**

$$P=\frac{0.163QH}{\eta}K$$

여기서, P: 전동기의 출력[kW], Q: 토출량[m³/min], H: 전양정[m], K: 전달계수, η: 펌프의 효율

전동기의 **출력** P는

$$P=\frac{0.163QH}{\eta}K=\frac{0.163\times 1231.52\text{L/min}\times 80\text{m}}{0.65}=\frac{0.163\times 1.23152\text{m}^3\text{/min}\times 80\text{m}}{0.65}=24.706 ≒ 24.71\text{kW}$$

- 1231.52L/min : 바로 위에서 구한 값. 1000L=1m³이므로 1231.52L/min=1.23152m³/min
- 80m : (다) 문제에서 주어진 값
- 0.65 : [조건 ③]에서 65%=0.65

☆☆☆

문제 12

옥내소화전설비와 스프링클러설비가 설치된 아파트에서 조건을 참고하여 다음 각 물음에 답하시오.

(19.6.문3, 15.11.문1, 13.4.문9, 12.4.문10, 07.7.문2)

득점	배점
	10

[조건]

① 계단실형 아파트로서 지하 2층(주차장), 지상 12층(아파트 각 층별로 2세대)인 건축물이다.
② 각 층에 옥내소화전 및 스프링클러설비가 설치되어 있다.
③ 지하층에는 옥내소화전 방수구가 층마다 3조씩, 지상층에는 옥내소화전 방수구가 층마다 1조씩 설치되어 있다.
④ 아파트의 각 세대별로 설치된 스프링클러헤드의 설치수량은 12개이다.
⑤ 각 설비가 설치되어 있는 장소는 방화벽과 방화문으로 구획되어 있지 않고, 저수조, 펌프 및 입상배관은 겸용으로 설치되어 있다.
⑥ 옥내소화전설비의 경우 실양정 50m, 배관마찰손실은 실양정의 15%, 호스의 마찰손실수두는 실양정의 30%를 적용한다.
⑦ 스프링클러설비의 경우 실양정 52m, 배관마찰손실은 실양정의 35%를 적용한다.
⑧ 펌프의 효율은 체적효율 90%, 기계효율 80%, 수력효율 75%이다.
⑨ 펌프 작동에 요구되는 동력전달계수는 1.1을 적용한다.

(가) 주펌프의 최소 전양정[m]을 구하시오. (단, 최소 전양정을 산출할 때 옥내소화전설비와 스프링클러설비를 모두 고려해야 한다.)
- 계산과정 :
- 답 :

(나) 옥상수조를 포함하여 두 설비에 필요한 총 수원의 양[m³] 및 최소 펌프 토출량[L/min]을 구하시오.
- 계산과정 :
- 답 :

(다) 펌프 작동에 필요한 전동기의 최소 동력[kW]을 구하시오.
○ 계산과정 :
○ 답 :

(라) 스프링클러설비에는 감시제어반과 동력제어반으로 구분하여 설치하여야 하는데, 구분하여 설치하지 않아도 되는 경우 3가지를 쓰시오.
○ (　　)에 따른 가압송수장치를 사용하는 스프링클러설비
○ (　　)에 따른 가압송수장치를 사용하는 스프링클러설비
○ (　　)에 따른 가압송수장치를 사용하는 스프링클러설비

해답 (가) ○ 계산과정 : 옥내소화전설비 $h_3 = 50\text{m}$

$h_1 = 50 \times 0.3 = 15\text{m}$

$h_2 = 50 \times 0.15 = 7.5\text{m}$

$\therefore\ H = 15 + 7.5 + 50 + 17 = 89.5\text{m}$

스프링클러설비 $h_2 = 52\text{m}$

$h_1 = 52 \times 0.35 = 18.2\text{m}$

$\therefore\ H = 18.2 + 52 + 10 = 80.2\text{m}$

○ 답 : 89.5m

(나) ○ 계산과정 : 옥내소화전설비 $Q = 2.6 \times 2 = 5.2\text{m}^3$

$Q' = 2.6 \times 2 \times \frac{1}{3} = 1.733\text{m}^3$

스프링클러설비 $Q = 1.6 \times 10 = 16\text{m}^3$

$Q' = 1.6 \times 10 \times \frac{1}{3} = 5.33\text{m}^3$

$\therefore\ 5.2 + 1.733 + 16 + 5.33 = 28.263 \fallingdotseq 28.26\text{m}^3$

옥내소화전설비 $Q = 2 \times 130 = 260\text{L/min}$

스프링클러설비 $Q = 10 \times 80 = 800\text{L/min}$

$\therefore\ 260 + 800 = 1060\text{L/min}$

○ 답 : 수원의 양[m³]=28.26m³
최소 펌프 토출량[L/min]=1060L/min

(다) ○ 계산과정 : $\eta = 0.9 \times 0.8 \times 0.75 = 0.54$

$$P = \frac{0.163 \times 1.06 \times 89.5}{0.54} \times 1.1 = 31.5\text{kW}$$

○ 답 : 31.5kW

(라) ① 내연기관
② 고가수조
③ 가압수조

해설 (가) ① **옥내소화전설비**의 **전양정**

$$H = h_1 + h_2 + h_3 + 17$$

여기서, H : 전양정[m]
h_1 : 소방호스의 마찰손실수두[m]
h_2 : 배관 및 관부속품의 마찰손실수두[m]
h_3 : 실양정(흡입양정+토출양정)[m]

- [조건 ⑥]에서 h_3=50m
- [조건 ⑥]에서 h_1=50m×0.3=15m
- [조건 ⑥]에서 h_2=50m×0.15=7.5m

전양정 H는
$H = h_1 + h_2 + h_3 + 17 = 15\text{m} + 7.5\text{m} + 50\text{m} + 17 =$ **89.5m**

② **스프링클러설비**의 **전양정**

$$H = h_1 + h_2 + 10$$

여기서, H : 전양정〔m〕
h_1 : 배관 및 관부속품의 마찰손실수두〔m〕
h_2 : 실양정(흡입양정+토출양정)〔m〕
10 : 최고위 헤드압력수두〔m〕

- 〔조건 ⑦〕에서 h_2=52m
- 〔조건 ⑦〕에서 h_1=52m×0.35=18.2m
- 관부속품의 마찰손실수두는 주어지지 않았으므로 무시

전양정 H는

$H = h_1 + h_2 + 10 = 18.2\text{m} + 52\text{m} + 10 =$ **80.2m**

∴ 옥내소화설비의 전양정, 스프링클러설비 전양정 두 가지 중 **큰 값**인 **89.5m** 적용

중요

‖ 하나의 펌프에 두 개의 설비가 함께 연결된 경우 ‖

구 분	적 용
펌프의 전양정 →	두 설비의 전양정 중 **큰 값**
펌프의 토출압력	두 설비의 토출압력 중 **큰 값**
펌프의 유량(토출량)	두 설비의 유량(토출량)을 **더한 값**
수원의 저수량	두 설비의 저수량을 **더한 값**

(나) ① **옥내소화전설비**

저수조의 **저수량**

$Q = 2.6N$(30층 미만, N : 최대 2개)
$Q = 5.2N$(30~49층 이하, N : 최대 5개)
$Q = 7.8N$(50층 이상, N : 최대 5개)

여기서, Q : 저수조의 저수량〔m^3〕
N : 가장 많은 층의 소화전개수

저수조의 저수량 Q는

$Q = 2.6N = 2.6 \times 2 = 5.2\text{m}^3$

- 〔조건 ③〕에서 소화전개수 N=**2**(최대 2개)
- 〔조건 ①〕에서 **12층**이므로 **30층 미만**의 식 적용

옥상수원의 **저수량**

$Q' = 2.6N \times \frac{1}{3}$(30층 미만, N : 최대 2개)

$Q' = 5.2N \times \frac{1}{3}$(30~49층 이하, N : 최대 5개)

$Q' = 7.8N \times \frac{1}{3}$(50층 이상, N : 최대 5개)

여기서, Q' : 옥상수원의 저수량〔m^3〕
N : 가장 많은 층의 소화전개수

옥상수원의 저수량 $Q' = 2.6N \times \frac{1}{3} = 2.6 \times 2 \times \frac{1}{3} = 1.733\text{m}^3$

- 〔조건 ③〕에서 소화전개수 N=**2**(최대 2개)
- 〔조건 ①〕에서 **12층**이므로 **30층 미만**식 적용

② **스프링클러설비**

저수조의 **저수량**

특정소방대상물		폐쇄형 헤드의 기준개수
지하가 · 지하역사		30
11층 이상		
10층 이하	공장(특수가연물), 창고시설	
	판매시설(백화점 등), 복합건축물(판매시설이 설치된 것)	
	근린생활시설, 운수시설	20
	8m 이상	
	8m 미만	10
공동주택(아파트 등) →		10(각 동이 주차장으로 연결된 주차장 : 30)

- 문제에서 **아파트**이므로 일반적으로 **폐쇄형** 헤드 설치

기타시설(폐쇄형)	창고시설(라지드롭형 폐쇄형)
$Q=1.6N$(30층 미만) $Q=3.2N$(30~49층 이하) $Q=4.8N$(50층 이상) 여기서, Q : 수원의 저수량[m³] N : 폐쇄형 헤드의 기준개수(설치개수가 기준개수보다 적으면 그 설치개수)	$Q=3.2N$(일반 창고) $Q=9.6N$(랙식 창고) 여기서, Q : 수원의 저수량[m³] N : 가장 많은 방호구역의 설치개수(최대 30개)

30층 미만이고 11층 이상이므로 **수원**의 **저수량** $Q=1.6N=1.6\times10=16\text{m}^3$

- 문제에서 **아파트**이므로 기준개수는 **10개**이며 [조건 ④]에서 설치개수가 **12개**로 기준개수보다 많기 때문에 위 표를 참고하여 기준개수인 **10개 적용**

옥상수원의 **저수량**

기타시설(폐쇄형)	창고시설(라지드롭형 폐쇄형)
$Q'=1.6N\times\frac{1}{3}$(30층 미만) $Q'=3.2N\times\frac{1}{3}$(30~49층 이하) $Q'=4.8N\times\frac{1}{3}$(50층 이상) 여기서, Q' : 수원의 저수량[m³] N : 폐쇄형 헤드의 기준개수(설치개수가 기준개수보다 적으면 그 설치개수)	$Q'=3.2N\times\frac{1}{3}$ (일반 창고) $Q'=9.6N\times\frac{1}{3}$ (랙식 창고) 여기서, Q' : 수원의 저수량[m³] N : 가장 많은 방호구역의 설치개수(최대 30개)

옥상수원의 저수량 $Q'=1.6N\times\frac{1}{3}=1.6\times10\times\frac{1}{3}=5.33\text{m}^3$

수원의 저수량은 두 설비의 저수량을 **더한 값**이므로 총 저수량은

총 저수량=옥내소화전설비+스프링클러설비=5.2m³+1.733m³+16m³+5.33m³=28.263≒28.26m³

중요

‖ 하나의 펌프에 두 개의 설비가 함께 연결된 경우 ‖

구 분	적 용
펌프의 전양정	두 설비의 전양정 중 큰 값
펌프의 토출압력	두 설비의 토출압력 중 큰 값
펌프의 유량(토출량)	두 설비의 유량(토출량)을 더한 값
수원의 저수량 →	두 설비의 저수량을 **더한 값**

③ **옥내소화전설비**의 **토출량**

$$Q = N \times 130\text{L/min}$$

여기서, Q : 펌프의 토출량〔L/min〕
N : 가장 많은 층의 소화전개수(**최대 2개**)

펌프의 **토출량** $Q = N \times 130\text{L/min} = 2 \times 130\text{L/min} = 260\text{L/min}$

- 〔조건 ③〕에서 소화전개수 N=2(최대 2개)

④ **스프링클러설비**의 **토출량**

$$Q = N \times 80\text{L/min}$$

여기서, Q : 펌프의 토출량〔L /min〕
N : 폐쇄형 헤드의 기준개수(설치개수가 기준개수보다 적으면 그 설치개수)

펌프의 **토출량** $Q = N \times 80\text{L/min} = 10 \times 80\text{L/min} = 800\text{L/min}$

- 문제에서 **아파트**이므로 기준개수는 **10개**이며 〔조건 ④〕에서 설치개수가 12개로 기준개수보다 많기 때문에 (나)의 ②표를 참고하여 기준개수인 **10개 적용**

∴ 총 토출량 Q =옥내소화전설비+스프링클러설비$= 260\text{L/min} + 800\text{L/min} = 1060\text{L/min}$

중요

‖ 하나의 펌프에 두 개의 설비가 함께 연결된 경우 ‖

구 분	적 용
펌프의 전양정	두 설비의 전양정 중 큰 값
펌프의 토출압력	두 설비의 토출압력 중 큰 값
펌프의 유량(토출량) →	두 설비의 유량(토출량)을 **더한 값**
수원의 저수량	두 설비의 저수량을 더한 값

(다) ① **전효율**

$$\eta_T = \eta_v \times \eta_m \times \eta_h$$

여기서, η_T : 펌프의 전효율
η_v : 체적효율
η_m : 기계효율
η_h : 수력효율

펌프의 **전효율** η_T는

$\eta_T = \eta_v \times \eta_m \times \eta_h = 0.9 \times 0.8 \times 0.75 =$ **0.54**

- η_v(0.9) : 〔조건 ⑧〕에서 90%=0.9
- η_m(0.8) : 〔조건 ⑧〕에서 80%=0.8
- η_h(0.75) : 〔조건 ⑧〕에서 75%=0.75

② 동력

$$P = \frac{0.163QH}{\eta}K$$

여기서, P : 동력〔kW〕
Q : 유량〔m^3/min〕
H : 전양정〔m〕
η : 효율
K : 전달계수

펌프의 **동력** P는

$$P = \frac{0.163QH}{\eta}K = \frac{0.163 \times 1060\text{L/min} \times 89.5\text{m}}{0.54} \times 1.1 = \frac{0.163 \times 1.06\text{m}^3\text{/min} \times 89.5\text{m}}{0.54} \times 1.1 = 31.5\text{kW}$$

- Q(1060L/min) : (나)에서 구한 값(1000L=1m^3이므로 1060L/min=1.06m^3/min)
- H(89.5m) : (가)에서 구한 값
- η(0.54) : 바로 위에서 구한 값
- K(1.1) : 〔조건 ⑨〕에서 주어진 값

(라) **감시제어반**과 **동력제어반**으로 **구분하여 설치하지 않아도 되는 경우**

스프링클러설비(NFPC 103 13조, NFTC 103 2.10.1)	미분무소화설비(NFPC 104A 15조, NFTC 104A 2.12.1)
① **내연기관**에 따른 가압송수장치를 사용하는 스프링클러설비 ② **고가수조**에 따른 가압송수장치를 사용하는 스프링클러설비 ③ **가압수조**에 따른 가압송수장치를 사용하는 스프링클러설비 기억법 **내고가**	① 가압수조에 따른 가압송수장치를 사용하는 미분무소화설비의 경우 ② 별도의 시방서를 제시할 경우

비교

감시제어반과 **동력제어반**으로 **구분하여 설치하지 않아도 되는 경우**

(1) 옥외소화전설비 (NFPC 109 9조, NFTC 109 2.6.1)
① **내연기관**에 따른 가압송수장치를 사용하는 옥외소화전설비
② **고가수조**에 따른 가압송수장치를 사용하는 옥외소화전설비
③ **가압수조**에 따른 가압송수장치를 사용하는 옥외소화전설비

(2) 옥내소화전설비 (NFPC 102 9조, NFTC 102 2.6.1)
① **내연기관**에 따른 가압송수장치를 사용하는 옥내소화전설비
② **고가수조**에 따른 가압송수장치를 사용하는 옥내소화전설비
③ **가압수조**에 따른 가압송수장치를 사용하는 옥내소화전설비

(3) 화재조기진압용 스프링클러설비 (NFPC 103B 15조, NFTC 103B 2.12.1)
① **내연기관**에 따른 가압송수장치를 사용하는 화재조기진압용 스프링클러설비
② **고가수조**에 따른 가압송수장치를 사용하는 화재조기진압용 스프링클러설비
③ **가압수조**에 따른 가압송수장치를 사용하는 화재조기진압용 스프링클러설비

(4) 물분무소화설비 (NFPC 104 13조, NFTC 104 2.10.1)
① **내연기관**에 따른 가압송수장치를 사용하는 물분무소화설비
② **고가수조**에 따른 가압송수장치를 사용하는 물분무소화설비
③ **가압수조**에 따른 가압송수장치를 사용하는 물분무소화설비

(5) 포소화설비 (NFPC 105 14조, NFTC 105 2.11.1)
① **내연기관**에 따른 가압송수장치를 사용하는 포소화설비
② **고가수조**에 따른 가압송수장치를 사용하는 포소화설비
③ **가압수조**에 따른 가압송수장치를 사용하는 포소화설비

중요

가압송수장치의 **구분**

구 분	• 옥내소화전설비(NFPC 102 제5조, NFTC 102 2.2) • 옥외소화전설비(NFPC 109 제5조, NFTC 109 2.2) • 화재조기진압용 스프링클러설비(NFPC 103B 제6조, NFTC 103B 2.3) • 물분무소화설비(NFPC 104 제5조, NFTC 104 2.2) • 포소화설비(NFPC 105 제6조, NFTC 105 2.3) • 스프링클러설비(NFPC 103 제5조, NFTC 103 2.2)	• 미분무소화설비(NFPC 104A 제8조, NFTC 104A 2.5)
펌프방식 (지하수조방식)	전동기 또는 내연기관에 따른 펌프를 이용하는 가압송수장치	전동기 또는 내연기관에 따른 펌프를 이용하는 가압송수장치
고가수조방식	고가수조의 낙차를 이용한 가압송수장치	해당없음
압력수조방식	압력수조를 이용한 가압송수장치	압력수조를 이용한 가압송수장치
가압수조방식	가압수조를 이용한 가압송수장치	가압수조를 이용한 가압송수장치

문제 13

그림과 같은 높이 2m의 위험물탱크에 국소방출방식으로 이산화탄소 소화설비를 설치하려고 한다. 다음 물음에 답하시오. (단, 고압식이며, 방호대상물 주위에는 방호대상물과 크기가 같은 2개의 벽을 설치한다.)

(22.7.문4, 19.4.문5, 18.4.문6, 12.7.문12, 10.7.문2)

득점	배점
	8

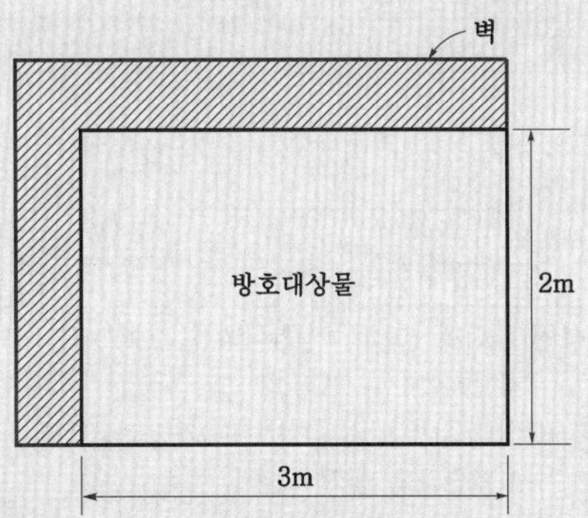

(가) 방호공간의 체적[m^3]을 구하시오.
- ○계산과정 :
- ○답 :

(나) 소화약제저장량[kg]을 구하시오.
- ○계산과정 :
- ○답 :

(다) 소화약제의 방출량[kg/s]을 구하시오.
- ○계산과정 :
- ○답 :

해답 (가) ○계산과정 : $3.6\times2.6\times2.6 = 24.336 ≒ 24.34\text{m}^3$

○답 : 24.34m^3

(나) ○계산과정 : $a=(2\times3\times1)+(2\times2\times1)=10\text{m}^2$

$A=(3.6\times2.6\times2)+(2.6\times2.6\times2)=32.24\text{m}^2$

$24.34\times\left(8-6\times\dfrac{10}{32.24}\right)\times1.4 = 209.191 ≒ 209.19\text{kg}$

○답 : 209.19kg

(다) ○계산과정 : $\dfrac{209.19}{30} = 6.973 ≒ 6.97\text{kg/s}$

○답 : 6.97kg/s

해설 (가) **방호공간** : 방호대상물의 각 부분으로부터 **0.6m**의 거리에 의하여 둘러싸인 공간

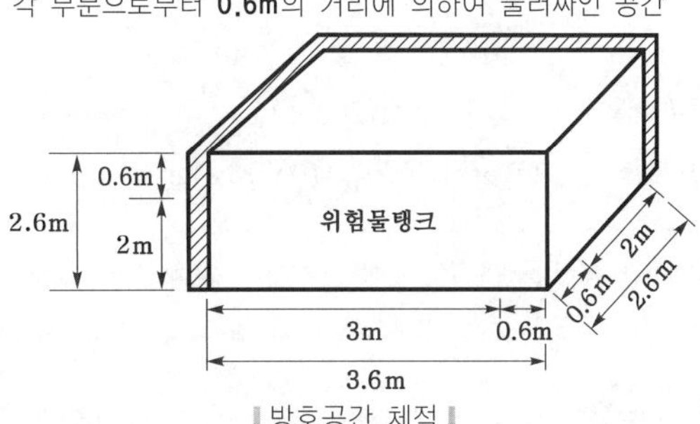

‖방호공간 체적‖

방호공간체적 $= 3.6\text{m}\times2.6\text{m}\times2.6\text{m} = 24.336 ≒ 24.34\text{m}^3$

- 단서에서 **방호대상물 주위**에 크기가 같은 **2개**의 **벽**이 설치되어 있으므로 방호공간체적 산정시 **가로**는 한쪽, **세로 위쪽**만이 0.6m씩 늘어남을 기억하라.
- 다시 말해 가로, 세로 한쪽 벽만 설치되어 있으므로 가로와 세로 부분은 한쪽만 **0.6m**씩 늘어나고 **높이**도 **위쪽**만 0.6m 늘어난다.

(나) **국소방출방식의 CO_2 저장량**(NFPC 106 5조, NFTC 106 2.2.1.2, 2.2.1.3)

특정소방대상물	고압식	저압식
• 연소면 한정 및 비산우려가 없는 경우 • 윗면개방용기	방호대상물 표면적×13kg/m²× 1.4	방호대상물 표면적×13kg/m²× 1.1
• 기타 →	방호공간체적$\times\left(8-6\,\dfrac{a}{A}\right)\times 1.4$	방호공간체적$\times\left(8-6\,\dfrac{a}{A}\right)\times 1.1$

여기서, a : 방호대상물 주위에 설치된 벽면적의 합계[m²]
A : 방호공간의 벽면적의 합계[m²]

국소방출방식으로 [단서]에서 **고압식**을 설치하며, **위험물탱크**이므로 위 표에서 빗금 친 부분의 식을 적용한다.
방호대상물 주위에 설치된 **벽면적**의 **합계** a는

$a=(\text{뒷면}+\text{좌면})=(2\text{m}\times3\text{m}\times1\text{면})+(2\text{m}\times2\text{m}\times1\text{면})=\mathbf{10m^2}$

- a=(뒷면+좌면) : 단서조건에 의해 방호대상물 주위에 설치된 2개의 **벽**이 있으므로 이 식 적용

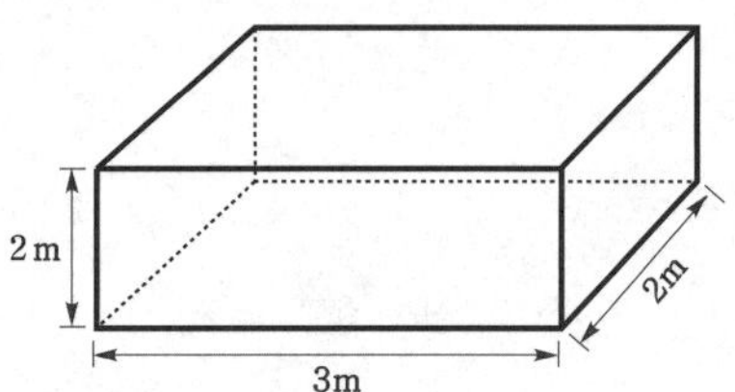

‖ 방호대상물 주위에 설치된 벽면적의 합계 ‖

방호공간의 **벽면적**의 **합계** A는

$A=(\text{앞면}+\text{뒷면})+(\text{좌면}+\text{우면})=(3.6\text{m}\times2.6\text{m}\times2\text{면})+(2.6\text{m}\times2.6\text{m}\times2\text{면})=\mathbf{32.24m^2}$

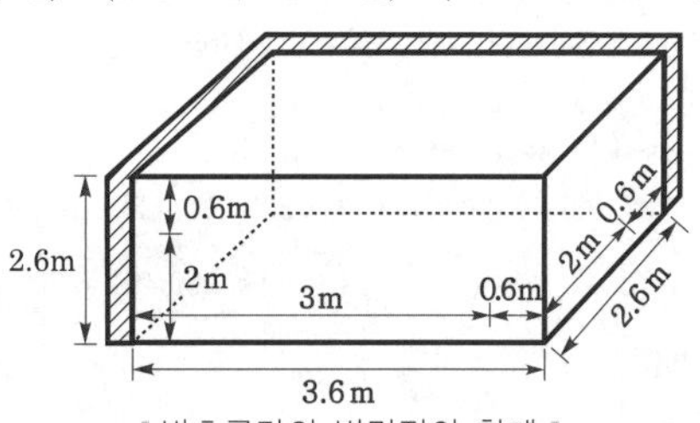

‖ 방호공간의 벽면적의 합계 ‖

소화약제저장량$=$ 방호공간체적$\times\left(8-6\dfrac{a}{A}\right)\times1.4=24.34\text{m}^3\times\left(8-6\times\dfrac{10\text{m}^2}{32.24\text{m}^2}\right)\times1.4=209.191\fallingdotseq209.19\text{kg}$

비교

저압식으로 설치하였을 경우 소화약제저장량[kg]

소화약제저장량=방호공간체적$\times\left(8-6\dfrac{a}{A}\right)\times1.1=24.34\text{m}^3\times\left(8-6\times\dfrac{10\text{m}^2}{32.24\text{m}^2}\right)\times1.1=164.364\fallingdotseq164.36\text{kg}$

(다) CO_2 소화설비(국소방출방식)의 약제방사시간은 **30초** 이내이므로

방출량[kg/s]$=\dfrac{209.19\text{kg}}{30\text{s}}=6.973\fallingdotseq6.97\text{kg/s}$

- 단위를 보면 식을 쉽게 만들 수 있다.

중요

약제방사시간

소화설비		전역방출방식		국소방출방식	
		일반건축물	위험물제조소	일반건축물	위험물제조소
할론소화설비		10초 이내	30초 이내	10초 이내	30초 이내
분말소화설비		30초 이내		30초 이내	
CO_2 소화설비	표면화재	1분 이내	60초 이내		
	심부화재	7분 이내			

- **표면화재** : 가연성 액체 · 가연성 가스
- **심부화재** : 종이 · 목재 · 석탄 · 섬유류 · 합성수지류

☆☆☆
문제 14

그림과 같은 관에 유량이 100L/s로 40℃의 물이 흐르고 있다. ②점에서 공동현상이 발생하지 않도록 하기 위한 ①점에서의 최소 압력[kPa]을 구하시오. (단, 관의 손실은 무시하고 40℃ 물의 증기압은 55.324mmHg abs이다.)

(16.6.문16, 10.7.문11)

득점	배점
	5

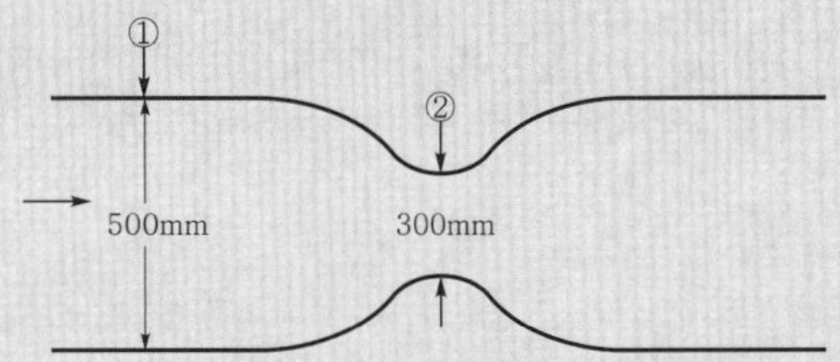

○ 계산과정 :
○ 답 :

해답

○ 계산과정 : $V_1 = \dfrac{0.1}{\dfrac{\pi \times 0.5^2}{4}} \fallingdotseq 0.509\text{m/s}$

$$V_2 = \frac{0.1}{\dfrac{\pi \times 0.3^2}{4}} \fallingdotseq 1.414\text{m/s}$$

$$P_1 = \frac{9.8}{2 \times 9.8} \times (1.414^2 - 0.509^2) + \left(\frac{55.324}{760} \times 101.325\right) = 8.246 \fallingdotseq 8.25\text{kPa}$$

○ 답 : 8.25kPa

해설 (1) **유량**

$$Q = AV = \left(\frac{\pi D^2}{4}\right) V$$

여기서, Q : 유량[m³/s]
A : 단면적[m²]
V : 유속[m/s]
D : 내경[m]

유속 V_1은

$$V_1 = \frac{Q}{\left(\dfrac{\pi {D_1}^2}{4}\right)} = \frac{0.1\text{m}^3/\text{s}}{\dfrac{\pi \times (0.5\text{m})^2}{4}} = 0.509\text{m/s}$$

- 문제에서 100L/s=0.1m³/s(1000L=1m³)
- 500mm=0.5m(1000mm=1m)
- 계산 중간에서의 소수점 처리는 소수점 **3째자리** 또는 **4째자리**까지 구하면 된다.

유속 V_2는

$$V_2=\frac{Q}{A_2}=\frac{Q}{\left(\frac{\pi D_2^{\,2}}{4}\right)}=\frac{0.1\text{m}^3/\text{s}}{\frac{\pi\times(0.3\text{m})^2}{4}}\fallingdotseq 1.414\text{m/s}$$

- 문제에서 100L/s=0.1m³/s(1000L=1m³)
- 300mm=0.3m(1000mm=1m)
- 계산 중간에서의 소수점 처리는 소수점 **3째자리** 또는 **4째자리**까지 구하면 된다.

(2) **베르누이 방정식**

$$\frac{V_1^{\,2}}{2g}+\frac{P_1}{\gamma}+Z_1=\frac{V_2^{\,2}}{2g}+\frac{P_2}{\gamma}+Z_2$$

↑ ↑ ↑

(속도수두) (압력수두) (위치수두)

여기서, V_1, V_2 : 유속[m/s]

P_1, P_2 : 압력(증기압)[kPa]

Z_1, Z_2 : 높이[m]

g : 중력가속도(9.8m/s²)

γ : 비중량(물의 비중량 9.8kN/m³)

주어진 그림은 **수평관**이므로 **위치수두**는 **동일**하다. 그러므로 **무시**한다.

$$Z_1=Z_2$$

$$\frac{V_1^{\,2}}{2g}+\frac{P_1}{\gamma}=\frac{V_2^{\,2}}{2g}+\frac{P_2}{\gamma}$$

$$\frac{P_1}{\gamma}=\frac{V_2^{\,2}}{2g}-\frac{V_1^{\,2}}{2g}+\frac{P_2}{\gamma}$$

$$\begin{aligned}
P_1&=\gamma\left(\frac{V_2^{\,2}}{2g}-\frac{V_1^{\,2}}{2g}+\frac{P_2}{\gamma}\right)\\
&=\gamma\left(\frac{V_2^{\,2}-V_1^{\,2}}{2g}+\frac{P_2}{\gamma}\right)\\
&=\frac{\gamma(V_2^{\,2}-V_1^{\,2})}{2g}+\gamma\frac{P_2}{\gamma}\\
&=\frac{\gamma}{2g}(V_2^{\,2}-V_1^{\,2})+P_2\\
&=\frac{9.8\text{kN/m}^3}{2\times9.8\text{m/s}^2}\times\left[(1.414\text{m/s})^2-(0.509\text{m/s})^2\right]+55.324\text{mmHg}\\
&=\frac{9.8\text{kN/m}^3}{2\times9.8\text{m/s}^2}\times\left[(1.414\text{m/s})^2-(0.509\text{m/s})^2\right]+\frac{55.324\text{mmHg}}{760\text{mmHg}}\times101.325\text{kPa}\\
&=8.246\fallingdotseq 8.25\text{kN/m}^2=8.25\text{kPa}
\end{aligned}$$

- γ(9.8kN/m³) : 물의 비중량
- P_2(55.324mmHg abs) : 단서에서 주어진 값
- 55.324mmHg abs에서 abs(absolute pressure)는 절대압력을 의미하는 것으로 생략 가능

표준대기압

- 1atm=760mmHg=1.0332kg$_f$/cm²
  - =10.332mH₂O[mAq]
  - =14.7PSI[lb$_f$/in²]
  - =101.325kPa[kN/m²]
  - =1013mbar

760mmHg=101.325kPa 이므로

$$55.324\text{mmHg} = \frac{55.324\text{mmHg}}{760\text{mmHg}} \times 101.325\text{kPa}$$

$1\text{kPa} = 1\text{kN/m}^2$

용어

공동현상(cavitation)
펌프의 흡입측 배관 내에 물의 정압이 기존의 증기압보다 낮아져서 **기포**가 발생되어 물이 흡입되지 않는 현상

☆☆☆

문제 15

제연설비의 예상제연구역에 대한 문제이다. 도면과 조건을 참고하여 다음 각 물음에 답하시오.

(22.5.문6, 21.11.문7, 14.7.문5, 09.7.문8)

득점	배점
	8

〔조건〕

① 건물의 주요구조부는 모두 내화구조이다.
② 각 실은 불연성 구조물로 구획되어 있다.
③ 통로의 내부면은 모두 불연재이고, 통로 내에 가연물은 없다.
④ 각 실에 대한 연기배출방식은 공동배출구역방식이 아니다.
⑤ 각 실은 제연경계로 구획되어 있지 않다.
⑥ 펌프의 효율은 60%, 전압 40mmAq, 정압 20mmAq, 동력전달계수는 1.1이다.

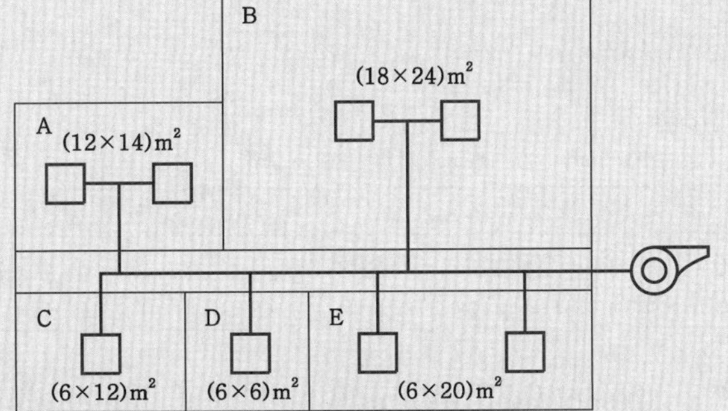

범례	
□	배출구
⌀	배출댐퍼
◎	송풍기

(가) 각 실별 최소배출량〔m³/min〕

실	계산식	배출량
A실		
B실		
C실		
D실		
E실		

(나) 범례를 참고하여 배출댐퍼의 설치위치를 그림에 표시하시오. (단, 댐퍼의 위치는 적당한 위치에 설치하고 최소 수량으로 한다.)

(다) 송풍기의 동력〔kW〕을 구하시오.
○ 계산과정 :
○ 답 :

해답 (가)

실	계산식	배출량
A실	$(12\times14)\times1\times60=10080\text{m}^3/\text{h}$, $10080\div60=168\text{m}^3/\text{min}$	$168\text{m}^3/\text{min}$
B실	$18\times24=432\text{m}^2$, $\sqrt{18^2+24^2}=30\text{m}$ $40000\text{m}^3/\text{h}$, $40000\div60=666.67\text{m}^3/\text{min}$	$666.67\text{m}^3/\text{min}$
C실	$(6\times12)\times1\times60=4320\text{m}^3/\text{h}$, $5000\div60=83.33\text{m}^3/\text{min}$	$83.33\text{m}^3/\text{min}$
D실	$(6\times6)\times1\times60=2160\text{m}^3/\text{h}$, $5000\div60=83.33\text{m}^3/\text{min}$	$83.33\text{m}^3/\text{min}$
E실	$(6\times20)\times1\times60=7200\text{m}^3/\text{h}$, $7200\div60=120\text{m}^3/\text{min}$	$120\text{m}^3/\text{min}$

(나)

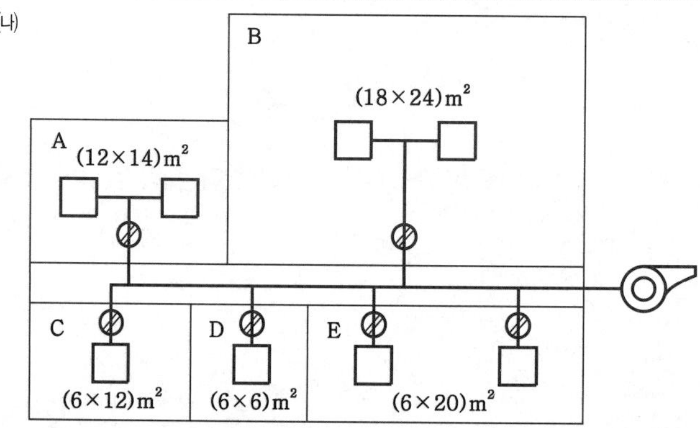

(다) ○ 계산과정 : $\dfrac{40\times666.67}{102\times60\times0.6}\times1.1=7.988 \fallingdotseq 7.99\text{kW}$

○ 답 : 7.99kW

해설 (가) **바닥면적 400m² 미만**이므로 A실, C~E실은 다음 식 적용

배출량$[\text{m}^3/\text{min}]$ = 바닥면적$[\text{m}^2]\times1\text{m}^3/\text{m}^2\cdot\text{min}$ 에서

배출량$[\text{m}^3/\text{min}]\to\text{m}^3/\text{h}$로 변환하면

배출량$[\text{m}^3/\text{h}]$=바닥면적$[\text{m}^2]\times1\text{m}^3/\text{m}^2\cdot\text{min}\times60\text{min/h}$(최저치 $5000\text{m}^3/\text{h}$)

실	계산식	배출량
A실	$(12\times14)\text{m}^2\times1\text{m}^3/\text{m}^2\cdot\text{min}\times60\text{min/h}=10080\text{m}^3/\text{h}$ $10080\text{m}^3/60\text{min}=168\text{m}^3/\text{min}$	$168\text{m}^3/\text{min}$
B실	$(18\times24)\text{m}^2=432\text{m}^2$, $\sqrt{(18\text{m})^2+(24\text{m})^2}=30\text{m}$ 최저치 $40000\text{m}^3/\text{h}$, $40000\text{m}^3/60\text{min}=666.67\text{m}^3/\text{min}$	$666.67\text{m}^3/\text{min}$
C실	$(6\times12)\text{m}^2\times1\text{m}^3/\text{m}^2\cdot\text{min}\times60\text{min/h}=4320\text{m}^3/\text{h}$ 최저치 $5000\text{m}^3/\text{h}$, $5000\text{m}^3/60\text{min}=83.33\text{m}^3/\text{min}$	$83.33\text{m}^3/\text{min}$
D실	$(6\times6)\text{m}^3\times1\text{m}^3/\text{m}^2\cdot\text{min}\times60\text{min/h}=2160\text{m}^3/\text{h}$ 최저치 $5000\text{m}^3/\text{h}$, $5000\text{m}^3/60\text{min}=83.33\text{m}^3/\text{min}$	$83.33\text{m}^3/\text{min}$
E실	$(6\times20)\text{m}^2\times1\text{m}^3/\text{m}^2\cdot\text{min}\times60\text{min/h}=7200\text{m}^3/\text{h}$ $7200\text{m}^3/60\text{min}=120\text{m}^3/\text{min}$	$120\text{m}^3/\text{min}$

- B실 : 바닥면적 **400m²** 이상이고 직경 **40m** 원의 범위 안에 있으므로 직경 **40m 이하 표** 적용, 수직거리가 주어지지 않았으므로 최소인 **2m** 이하를 적용하면 최소소요배출량은 **40000m³/h**가 된다.

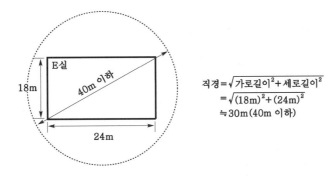

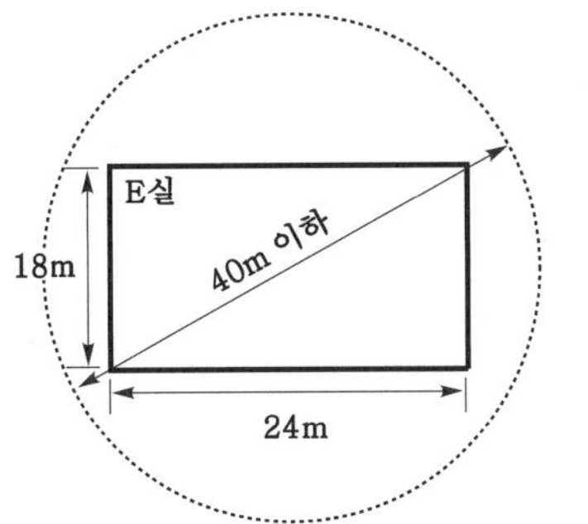

$$직경=\sqrt{가로길이^2+세로길이^2}$$
$$=\sqrt{(18m)^2+(24m)^2}$$
$$\fallingdotseq 30m(40m\ 이하)$$

중요

거실의 **배출량**(NFPC 501 6조, NFTC 501 2.3)

(1) 바닥면적 **400m² 미만**(최저치 5000m³/h 이상)

배출량[m³/min] = 바닥면적[m²] × 1m³/m² · min

(2) 바닥면적 **400m² 이상**

① 직경 40m 이하 : **40000m³/h** 이상

‖ 예상제연구역이 제연경계로 구획된 경우 ‖

수직거리	배출량
2m 이하 →	40000m³/h 이상 질문 (가) B실
2m 초과 2.5m 이하	45000m³/h 이상
2.5m 초과 3m 이하	50000m³/h 이상
3m 초과	60000m³/h 이상

② 직경 40m 초과 : **45000m³/h** 이상

‖ 예상제연구역이 제연경계로 구획된 경우 ‖

수직거리	배출량
2m 이하	45000m³/h 이상
2m 초과 2.5m 이하	50000m³/h 이상
2.5m 초과 3m 이하	55000m³/h 이상
3m 초과	65000m³/h 이상

• **m³/h**=CMH(**C**ubic **M**eter per **H**our)

(나) [조건 ④]에서 각 실이 모두 공동배출구역이 아닌 **독립배출구역**이므로 위와 같이 댐퍼를 설치하여야 하며 A, C구역이 공동배출구역이라면 다음과 같이 설치할 수 있다.

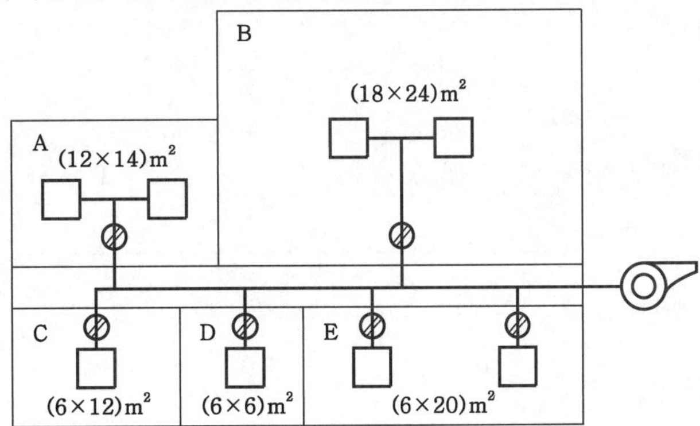

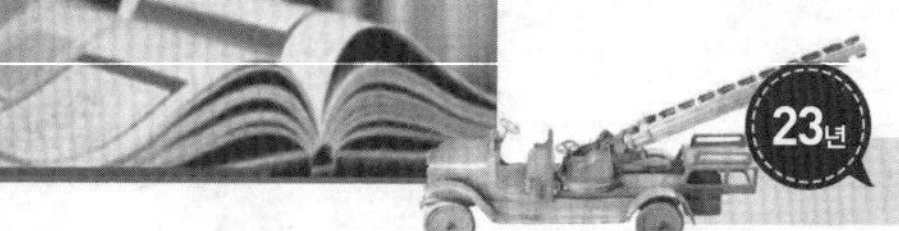

(다) **송풍기동력**

$$P = \frac{P_T Q}{102 \times 60 \eta} K$$

여기서, P : 송풍기동력(전동기동력)〔kW〕
P_T : 전압(풍압)〔mmAq, mmH$_2$O〕
Q : 풍량(배출량)〔m^3/min〕
K : 여유율
η : 효율

송풍기의 **전동기동력** P는

$$P = \frac{40\text{mmAq} \times 666.67\text{m}^3/\text{min}}{102 \times 60 \times 0.6} \times 1.1 = 7.988 ≒ 7.99\text{kW}$$

- K(1.1) : 〔조건 ⑥〕에서 주어진 값
- P_T(40mmAq) : 〔조건 ⑥〕에서 주어진 값
- Q(666.67m^3/min) : (가)에서 주어진 값
- η(0.6) : 〔조건 ⑥〕에서 주어진 값 60%=**0.6**
- P_T는 **전압**이므로 정압은 적용하지 않는다. 주의!
- 전압=동압+정압

☆ **문제 16**

900L/min의 유체가 구경 30cm이고, 길이 3000m 강관 속을 흐르고 있다. 비중 0.85, 점성계수가 0.103N·s/m^{2}일 때 다음 각 물음에 답하시오.

득점	배점
	6

(가) 유속〔m/s〕을 구하시오.
○ 계산과정 :
○ 답 :

(나) 레이놀즈수를 구하고 층류인지 난류인지 판단하시오.
① 레이놀즈수
○ 계산과정 :
○ 답 :
② 층류/난류
○

(다) 관마찰계수와 Darcy-Weisbach식을 이용하여 관마찰계수와 마찰손실수두〔m〕를 구하시오.
① 관마찰계수
○ 계산과정 :
○ 답 :
② 마찰손실수두〔m〕
○ 계산과정 :
○ 답 :

해답 (가) ○ 계산과정 : $V = \dfrac{0.9/60}{\dfrac{\pi \times 0.3^2}{4}} = 0.212 ≒ 0.21\text{m/s}$

○ 답 : 0.21m/s

(나) ① 레이놀즈수

◦ 계산과정 : $Re=\dfrac{0.3\times0.21\times850}{0.103}=519.902 \fallingdotseq 519.9$

◦ 답 : 519.9

② 층류

(다) ① 관마찰계수

◦ 계산과정 : $f=\dfrac{64}{519.9}=0.123 \fallingdotseq 0.12$

◦ 답 : 0.12

② 마찰손실수두[m]

◦ 계산과정 : $H=\dfrac{0.12\times3000\times(0.21)^2}{2\times9.8\times0.3}=2.7\text{m}$

◦ 답 : 2.7m

기호

- Q : 900L/min=0.9m³/60s(1000L=1m³, 1min=60s)
- D : 30cm=0.3m(100cm=1m)
- L : 3000m
- S : 0.85
- μ : 0.103N·s/m²
- (가) V : ?
- (나) Re : ?
- (다) f : ?, H : ?

(가) **유량**

$$Q=AV=\left(\frac{\pi D^2}{4}\right)V$$

여기서, Q : 유량[m³/s]
A : 단면적[m²]
V : 유속[m/s]
D : 내경[m]

$$Q=\left(\frac{\pi D^2}{4}\right)V$$

$$V=\frac{Q}{\dfrac{\pi D^2}{4}}=\frac{0.9\text{m}^3/60\text{s}}{\dfrac{\pi\times(0.3\text{m})^2}{4}}=\frac{0.9\text{m}^3\div60\text{s}}{\dfrac{\pi\times(0.3\text{m})^2}{4}}=0.212 \fallingdotseq 0.21\text{m/s}$$

(나) **레이놀즈수**

① **비중**

$$s=\frac{\rho}{\rho_w}=\frac{\gamma}{\gamma_w}$$

여기서, s : 비중
ρ : 어떤 물질의 밀도[kg/m³]
ρ_w : 물의 밀도(1000kg/m³ 또는 1000N·s²/m⁴)
γ : 어떤 물질의 비중량[N/m³]
γ_w : 물의 비중량(9800N/m³)

원유의 밀도 ρ는

$\rho=s\cdot\rho_w=0.85\times1000\text{N}\cdot\text{s}^2/\text{m}^4=850\text{N}\cdot\text{s}^2/\text{m}^4$

② **레이놀즈수**

$$Re=\frac{DV\rho}{\mu}=\frac{DV}{\nu}$$

여기서, Re : 레이놀즈수
D : 내경[m]
V : 유속[m/s]
ρ : 밀도[kg/m³]
μ : 점도[kg/m · s]=[N · s/m²]
ν : 동점성계수$\left(\frac{\mu}{\rho}\right)$[m²/s]

레이놀즈수 Re는

$$Re = \frac{DV\rho}{\mu} = \frac{0.3\text{m} \times 0.21\text{m/s} \times 850\text{N} \cdot \text{s}^2/\text{m}^4}{0.103\text{N} \cdot \text{s}^2/\text{m}^2} = 519.902 \fallingdotseq 519.9$$

‖ 레이놀즈수 ‖

층 류	천이영역(임계영역)	난 류
$Re < 2100$	$2100 < Re < 4000$	$Re > 4000$

∴ 레이놀즈수가 519.9로 **2100 이하**이기 때문에 **층류**이다.

중요

층류와 난류

구 분	층 류		난 류
흐름	정상류		비정상류
레이놀즈수	2100 이하		4000 이상
손실수두	유체의 속도를 알 수 있는 경우	유체의 속도를 알 수 없는 경우	$H = \frac{2flV^2}{gD}$ [m] (패닝의 법칙)
	$H = \frac{flV^2}{2gD}$ [m] (다르시-바이스바하의 식)	$H = \frac{128\mu Ql}{\gamma\pi D^4}$ [m] (하겐-포아젤의 식)	
전단응력	$\tau = \frac{p_A - p_B}{l} \cdot \frac{r}{2}$ [N/m²]		$\tau = \mu \frac{du}{dy}$ [N/m²]
평균속도	$V = \frac{V_{max}}{2}$		$V = 0.8\,V_{max}$
전이길이	$L_t = 0.05 Re\, D$ [m]		$L_t = 40 \sim 50\,D$ [m]
관마찰계수	$f = \frac{64}{Re}$		–

(다) ① **관마찰계수**

$$f = \frac{64}{Re}$$

여기서, f : 관마찰계수
Re : 레이놀즈수

관마찰계수 f는

$$f = \frac{64}{Re} = \frac{64}{519.9} = 0.123 \fallingdotseq 0.12$$

② **달시-웨버(Darcy Weisbach)식**

$$H = \frac{flV^2}{2gD}$$

여기서, H : 마찰손실수두[m]
f : 관마찰계수(마찰손실계수)
l : 길이[m]
V : 유속[m/s]
g : 중력가속도(9.8m/s²)
D : 내경[m]

마찰손실수두 $H = \frac{flV^2}{2gD} = \frac{0.12 \times 3000\text{m} \times (0.21\text{m/s})^2}{2 \times 9.8\text{m/s}^2 \times 0.3\text{m}} = 2.7\text{m}$

과년도 출제문제

2022년

소방설비기사 실기(기계분야)

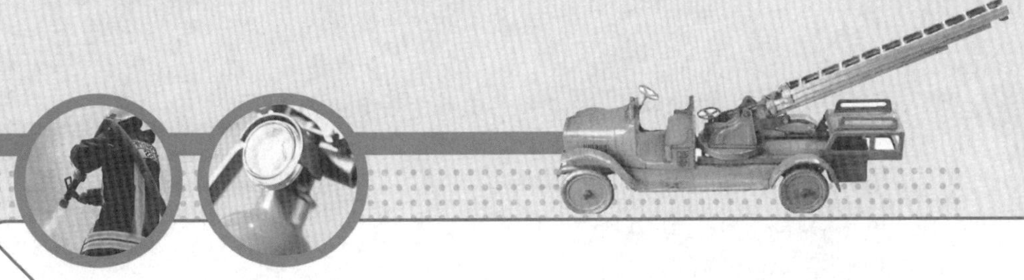

**** 수험자 유의사항 ****

1. 문제지를 받는 즉시 응시 종목의 문제가 맞는지 확인하셔야 합니다.
2. 답안지 내 인적사항 및 답안작성(계산식 포함)은 검정색 필기구만을 계속 사용하여야 합니다.
3. 답안정정 시에는 **두 줄(=)**을 긋고 다시 기재 가능하며, **수정테이프 사용** 또한 **가능**합니다.
4. 계산문제는 반드시 '계산과정'과 '답'란에 정확히 기재하여야 하며 **계산과정이 틀리거나 없는 경우 0점 처리**됩니다.
   ※ 연습이 필요 시 연습란을 이용하여야 하며, 연습란은 채점대상이 아닙니다.
5. 계산문제는 **최종결과** 값(답)에서 **소수 셋째자리에서 반올림**하여 **둘째자리**까지 구하여야 하나 개별 문제에서 소수처리에 대한 별도 요구사항이 있을 경우, 그 요구사항에 따라야 합니다.
6. 답에 단위가 없으면 오답으로 처리됩니다. (단, 문제의 요구사항에 단위가 주어졌을 경우는 생략되어도 무방합니다.)
7. 문제에서 요구한 가지 수 이상을 답란에 표기한 경우, **답란기재 순**으로 **요구한 가지 수**만 채점합니다.

22년

2022. 5. 7 시행

▌2022년 기사 제1회 필답형 실기시험▐

자격종목	시험시간	형별	수험번호	성명	감독위원 확 인
소방설비기사(기계분야)	3시간				

※ 다음 물음에 답을 해당 답란에 답하시오.(배점 : 100)

☆☆☆

문제 01

어떤 실에 이산화탄소 소화설비를 설치하고자 한다. 조건을 참고하여 다음 각 물음에 답하시오.

(15.4.문14, 13.4.문14, 05.5.문11)

득점	배점
	8

유사문제부터 풀어보세요.
실력이 팍!팍! 올라갑니다.

〔조건〕

① 방호구역은 가로 10m, 세로 20m, 높이 5m이고 개구부는 2군데 있으며 하나의 개구부는 가로 1.8m, 세로 2.4m이며 자동폐쇄장치가 설치되어 있지 않고 또 다른 개구부는 가로 1m, 세로 1.2m이며 자동폐쇄장치가 설치되어 있다.

② 개구부가산량은 5kg/m²이다.

③ 표면화재를 기준으로 하며, 보정계수는 1을 적용한다.

④ 분사헤드의 방사율은 1.05kg/mm² · 분이다.

⑤ 저장용기는 45kg이다.

⑥ 분사헤드의 분구면적은 0.52cm²이다.

(가) 실에 필요한 소화약제의 양〔kg〕을 산출하시오.
 ○계산과정 :
 ○답 :

(나) 저장용기수를 구하시오.
 ○계산과정 :
 ○답 :

(다) 소화약제의 유량속도〔kg/s〕를 구하시오.
 ○계산과정 :
 ○답 :

(라) 헤드개수를 산출하시오.
 ○계산과정 :
 ○답 :

해답 (가) ○계산과정 : $(10\times20\times5)\times0.8\times1+(1.8\times2.4)\times5=821.6\text{kg}$
 ○답 : 821.6kg

(나) ○계산과정 : $\dfrac{821.6}{45}=18.2 ≒ 19$병
 ○답 : 19병

(다) ○ 계산과정 : $\frac{45\times19}{60}=14.25\text{kg/s}$

○ 답 : 14.25kg/s

(라) ○ 계산과정 : $\frac{45\times19}{1.05\times52\times1}=15.6\fallingdotseq16$개

○ 답 : 16개

해설 (가) 〔**조건 ③**〕에 의해 **표면화재**를 적용, 표면화재는 **전역방출방식**임

‖ 표면화재의 약제량 및 개구부가산량(NFPC 106 5조, NFTC 106 2.2.1.1) ‖

방호구역체적	약제량	개구부가산량 (자동폐쇄장치 미설치시)	최소저장량
$45m^3$ 미만	$1kg/m^3$	$5kg/m^2$	45kg
45~$150m^3$ 미만	$0.9kg/m^3$		
150~$1450m^3$ 미만 →	$0.8kg/m^3$		135kg
$1450m^3$ 이상	$0.75kg/m^3$		1125kg

방호구역체적$=(10\times20\times5)\text{m}^3=1000\text{m}^3$

- $1000m^3$로서 150~$1450m^3$ 미만이므로 약제량은 **$0.8kg/m^3$** 적용

저장량=방호구역체적〔m^3〕×약제량〔kg/m^3〕$=(10\times20\times5)\text{m}^3\times0.8\text{kg/m}^3=800\text{kg}$

- 최소저장량인 135kg보다 크므로 그대로 적용

표면화재

CO_2 저장량〔kg〕=**방**호구역체적〔m^3〕×**약**제량〔kg/m^3〕×**보**정계수**+개**구부면적〔m^2〕×개구부가**산**량($5kg/m^2$)

기억법 **방약보+개산**

CO_2 저장량$=(10\times20\times5)\text{m}^3\times0.8\text{kg/m}^3\times1+(1.8\times2.4)\text{m}^2\times5\text{kg/m}^2=821.6\text{kg}$

- **개구부면적**$(1.8\times2.4)m^2$: 〔조건 ①〕에서 가로 1.8m, 세로 2.4m의 개구부는 자동폐쇄장치 미설치로 개구부면적 및 개구부가산량 적용
- **개구부면적**$(1\times1.2)m^2$: 〔조건 ①〕에서 가로 1m, 세로 1.2m의 개구부는 자동폐쇄장치 설치로 개구부면적 및 개구부가산량 생략
- 〔조건 ③〕에서 보정계수는 1 적용
- 저장량을 구한 후 보정계수를 곱한다는 것을 기억하라.

(나)

$$\text{저장용기수}=\frac{\text{소화약제량〔kg〕}}{\text{1병당 저장량〔kg〕}}$$

$$=\frac{821.6\text{kg}}{45\text{kg}}=18.2\fallingdotseq19\text{병(절상)}$$

- 821.6kg : (가)에서 구한 값
- 45kg : 〔조건 ⑤〕에서 주어진 값

(다)

$$\text{소화약제의 유량속도}=\frac{\text{1병당 충전량〔kg〕}\times\text{병수}}{\text{약제방출시간〔s〕}}$$

$$=\frac{45\text{kg}\times19\text{병}}{60\text{s}}=14.25\text{kg/s}$$

- 45kg : 〔조건 ⑤〕에서 주어진 값
- 19병 : (나)에서 구한 값
- 60s : 〔조건 ③〕에서 **표면화재**이므로 다음 표에서 **1분=60s** 적용

‖ 약제방사시간 ‖

소화설비		전역방출방식		국소방출방식	
		일반건축물	위험물제조소	일반건축물	위험물제조소
할론소화설비		10초 이내	30초 이내	10초 이내	30초 이내
분말소화설비		30초 이내		30초 이내	
CO_2 소화설비	표면화재 →	1분 이내	60초 이내		
	심부화재	7분 이내			

비교

(1) 선택밸브 직후의 유량$=\frac{\text{1병당 저장량[kg]}\times\text{병수}}{\text{약제방출시간[s]}}$

(2) 방사량$=\frac{\text{1병당 저장량[kg]}\times\text{병수}}{\text{헤드수}\times\text{약제방출시간[s]}}$

(3) 약제의 유량속도$=\frac{\text{1병당 충전량[kg]}\times\text{병수}}{\text{약제방출시간[s]}}$

(4) 분사헤드수$=\frac{\text{1병당 저장량[kg]}\times\text{병수}}{\text{헤드 1개의 표준방사량[kg]}}$

(5) 개방밸브(용기밸브) 직후의 유량$=\frac{\text{1병당 충전량[kg]}}{\text{약제방출시간[s]}}$

(라)

$$\text{분구면적[mm}^2\text{]}=\frac{\text{1병당 저장량[kg]}\times\text{병수}}{\text{방사율[kg/mm}^2\cdot\text{분]}\times\text{헤드개수}\times\text{방출시간[분]}}$$

$$\text{헤드개수}=\frac{\text{1병당 저장량[kg]}\times\text{병수}}{\text{방사율[kg/mm}^2\cdot\text{분]}\times\text{분구면적[mm}^2\text{]}\times\text{방출시간[분]}}$$

$$=\frac{45\text{kg}\times 19\text{병}}{1.05\text{kg/mm}^2\cdot\text{분}\times 52\text{mm}^2\times 1\text{분}}=15.6\fallingdotseq 16\text{개(절상)}$$

- 45kg : 〔조건 ⑤〕에서 주어진 값
- 19병 : (나)에서 구한 값
- $1.05\text{kg/mm}^2\cdot$분 : 〔조건 ④〕에서 주어진 값
- 52mm^2 : 〔조건 ⑥〕에서 $0.52\text{cm}^2=52\text{mm}^2$($1\text{cm}=10\text{mm}$, $(1\text{cm})^2=(10\text{mm})^2=100\text{mm}^2$)
- 1분 : (다)의 해설에 의해 1분

☆☆☆

문제 02

관 부속류 또는 배관방식 등에 관한 다음 소방시설 도시기호를 그리시오. (17.6.문10, 14.4.문13, 09.10.문7)

득점	배점
	6

(가) 포헤드(입면도)

(나) 플러그

(다) 가스체크밸브

(라) 경보밸브(습식)

(마) 옥외소화전

(바) 물분무배관

해답
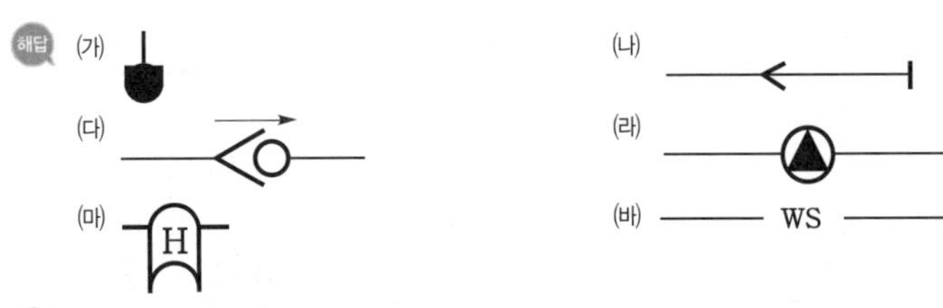

해설 **소방시설 도시기호**

명 칭	도시기호
스프링클러헤드 폐쇄형 상향식	평면도 / 입면도
스프링클러헤드 폐쇄형 하향식	평면도 / 입면도
스프링클러헤드 개방형 상향식	평면도 / 입면도
스프링클러헤드 개방형 하향식	평면도 / 입면도
스프링클러헤드 폐쇄형 상 · 하향식	입면도
분말 · 탄산가스 · 할로겐헤드	평면도 / 입면도
연결살수헤드	
물분무헤드	평면도 / 입면도
드렌처헤드	평면도 / 입면도
포헤드 문제 (개)	평면도 / 입면도
감지헤드	평면도 / 입면도
할로겐화합물 및 불활성기체 소화약제 방출헤드	평면도 / 입면도

플랜지	
유니온	
오리피스	
플러그 문제 (나)	
체크밸브	
가스체크밸브 문제 (다)	
동체크밸브	
게이트밸브(상시개방)	
게이트밸브(상시폐쇄)	
선택밸브	
옥외소화전 문제 (마)	H
포말소화전	F
경보밸브(습식) 문제 (라)	
경보밸브(건식)	
프리액션밸브	P
경보델류지밸브	D
일반배관	――――――
옥내 · 외소화전배관	――― H ――― 'Hydrant(**소화전**)'의 약자
스프링클러배관	――― SP ――― 'Sprinkler(**스프링클러**)'의 약자
물분무배관 문제 (바)	――― WS ――― 'Water Spray(**물분무**)'의 약자
포소화배관	――― F ――― 'Foam(**포**)'의 약자
배수관	――― D ――― 'Drain(**배수**)'의 약자

☆☆☆

문제 03

소화펌프가 회전수 600rpm, 유량 36000m^3/s, 축동력 7.5kW, 양정 50m로 가압 송수하고 있다. 다음 각 물음에 답하시오. (21.11.문15, 17.4.문13, 16.4.문13, 12.7.문13, 11.11.문2, 07.11.문8)

득점	배점
	4

(가) 양정 70m를 얻기 위한 소화펌프의 회전수[rpm]를 구하시오.

○ 계산과정 :

○ 답 :

(나) 양정 70m가 만족되었을 때 축동력[kW]을 구하시오.

○ 계산과정 :

○ 답 :

(가) ○ 계산과정 : $600 \times \sqrt{\frac{70}{50}} = 709.929 ≒ 709.93\text{rpm}$

○ 답 : 709.93rpm

(나) ○ 계산과정 : $7.5 \times \left(\frac{709.93}{600}\right)^3 = 12.423 ≒ 12.42\text{kW}$

○ 답 : 12.42kW

기호

- N_1 : 600rpm
- Q_1 : 36000m^3/s
- P_1 : 7.5kW
- H_1 : 50m
- N_2 : ?
- P_2 : ?

(가) 회전수 N_2는

$$H_2 = H_1 \left(\frac{N_2}{N_1}\right)^2$$

$$\frac{H_2}{H_1} = \left(\frac{N_2}{N_1}\right)^2$$

$$\sqrt{\frac{H_2}{H_1}} = \sqrt{\left(\frac{N_2}{N_1}\right)^2}$$

$$\sqrt{\frac{H_2}{H_1}} = \frac{N_2}{N_1}$$

$$N_1 \sqrt{\frac{H_2}{H_1}} = N_2$$

$$N_2 = N_1 \sqrt{\frac{H_2}{H_1}} = 600\text{rpm} \times \sqrt{\frac{70\text{m}}{50\text{m}}} = 709.929 ≒ 709.93\text{rpm}$$

(나) 축동력 P_2는

$$P_2 = P_1 \left(\frac{N_2}{N_1}\right)^3 = 7.5\text{kW} \times \left(\frac{709.93\text{rpm}}{600\text{rpm}}\right)^3 = 12.423 ≒ 12.42\text{kW}$$

중요

유량, 양정, 축동력

유 량	양 정	축동력
회전수에 비례하고 **직경**(관경)의 세제곱에 비례한다.	회전수의 제곱 및 **직경**(관경)의 제곱에 비례한다.	회전수의 세제곱 및 **직경**(관경)의 오제곱에 비례한다.
$Q_2 = Q_1 \left(\frac{N_2}{N_1}\right)\left(\frac{D_2}{D_1}\right)^3$ 또는 $Q_2 = Q_1 \left(\frac{N_2}{N_1}\right)$	$H_2 = H_1 \left(\frac{N_2}{N_1}\right)^2\left(\frac{D_2}{D_1}\right)^2$ 또는 $H_2 = H_1 \left(\frac{N_2}{N_1}\right)^2$	$P_2 = P_1 \left(\frac{N_2}{N_1}\right)^3\left(\frac{D_2}{D_1}\right)^5$ 또는 $P_2 = P_1 \left(\frac{N_2}{N_1}\right)^3$
여기서, Q_2 : 변경 후 유량〔L/min〕 Q_1 : 변경 전 유량〔L/min〕 N_2 : 변경 후 회전수〔rpm〕 N_1 : 변경 전 회전수〔rpm〕 D_2 : 변경 후 직경(관경)〔mm〕 D_1 : 변경 전 직경(관경)〔mm〕	여기서, H_2 : 변경 후 양정〔m〕 H_1 : 변경 전 양정〔m〕 N_2 : 변경 후 회전수〔rpm〕 N_1 : 변경 전 회전수〔rpm〕 D_2 : 변경 후 직경(관경)〔mm〕 D_1 : 변경 전 직경(관경)〔mm〕	여기서, P_2 : 변경 후 축동력〔kW〕 P_1 : 변경 전 축동력〔kW〕 N_2 : 변경 후 회전수〔rpm〕 N_1 : 변경 전 회전수〔rpm〕 D_2 : 변경 후 직경(관경)〔mm〕 D_1 : 변경 전 직경(관경)〔mm〕

문제 04

8층의 백화점 건물에 습식 스프링클러설비를 설치하고자 한다. 조건을 참조하여 다음 각 물음에 답하시오.

(19.4.문11 · 14, 15.11.문15, 14.4.문17, 10.7.문8, 01.7.문11, 관리사 2차 3회 문4)

득점	배점
	8

〔조건〕

① 펌프에서 최고위 말단헤드까지의 배관 및 부속류의 총 마찰손실은 펌프의 자연낙차 압력의 40%이다.

② 펌프의 진공계눈금은 353.08mmHg이다.

③ 펌프의 체적효율(η_v)=0.95, 기계효율(η_m)=0.85, 수력효율(η_h)=0.75이다.

④ 전동기 전달계수 K=1.2이다.

⑤ 표준대기압상태이다.

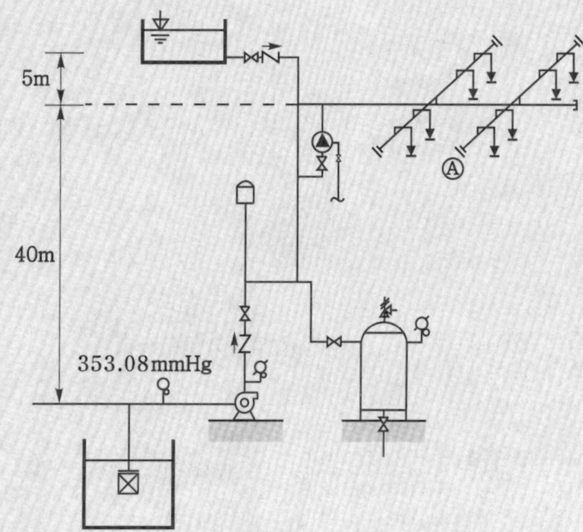

(가) 주펌프의 양정〔m〕을 구하시오.
- ○ 계산과정 :
- ○ 답 :

(나) 주펌프의 토출량〔m^3/min〕을 구하시오. (단, 헤드의 기준개수는 최대기준개수를 적용한다.)
- ○ 계산과정 :
- ○ 답 :

(다) 주펌프의 동력〔kW〕을 구하시오.
- ○ 계산과정 :
- ○ 답 :

(라) 폐쇄형 스프링클러헤드의 선정은 설치장소의 최고주위온도와 선정된 헤드의 표시온도를 고려하여야 한다. 다음 표를 완성하시오.

설치장소의 최고주위온도	표시온도
39℃ 미만	79℃ 미만
39℃ 이상 64℃ 미만	①
64℃ 이상 106℃ 미만	②
106℃ 이상	162℃ 이상

① : ② :

 (가) ○ 계산과정

h_2 : 흡입양정$=\dfrac{353.08}{760}\times 10.332 \fallingdotseq 4.8\text{m}$, 토출양정$=40\text{m}$

$4.8+40=44.8\text{m}$

h_1 : $45\times 0.4=18\text{m}$

$H=18+44.8+10=72.8\text{m}$

○ 답 : 72.8m

(나) ○ 계산과정 : $30\times 80=2400\text{L/min}=2.4\text{m}^3/\text{min}$

○ 답 : 2.4m^3/min

(다) ○ 계산과정 : $\eta_T=0.85\times 0.75\times 0.95=0.6056$

$$P=\frac{0.163\times 2.4\times 72.8}{0.6056}\times 1.2=56.432 \fallingdotseq 56.43\text{kW}$$

○ 답 : 56.43kW

(라) ① 79℃ 이상 121℃ 미만
② 121℃ 이상 162℃ 미만

 (가) **전양정**

$$H=h_1+h_2+10$$

여기서, H : 전양정〔m〕
h_1 : 배관 및 관부속품의 마찰손실수두〔m〕
h_2 : 실양정(흡입양정+토출양정)〔m〕

h_2 : 흡입양정 760mmHg=10.332m 이므로

$$353.08\text{mmHg}=\frac{353.08\text{mmHg}}{760\text{mmHg}}\times 10.332\text{m} \fallingdotseq 4.8\text{m}$$

토출양정=40m
실양정=흡입양정+토출양정=4.8m+40m=**44.8m**

- 흡입양정은 〔조건 ②〕에서 주어진 **353.08mmHg** 적용
- 토출양정은 그림에서 **40m**이다. 그림에서 5m는 자연압에는 포함되지만 토출양정에는 포함되지 않음을 기억하라! 토출양정은 펌프에서 교차배관(또는 송출높이, 헤드)까지의 수직거리를 말한다.

h_1 : $45\text{m} \times 0.4 =$ **18m**

- 〔조건 ①〕에서 h_1은 펌프의 자연낙차압력(자연압)의 40%이므로 **45m**(40m+5m)×0.4가 된다.
- **자연낙차압력** : 여기서는 **펌프** 중심에서 **옥상수조**까지를 말한다.

전양정 H는

$H = h_1 + h_2 + 10 = 18\text{m} + 44.8\text{m} + 10 =$ **72.8m**

(나)

<table>
<tr><th colspan="2">특정소방대상물</th><th>폐쇄형 헤드의 기준개수</th></tr>
<tr><td colspan="2">지하가 · 지하역사</td><td rowspan="4">30</td></tr>
<tr><td colspan="2">11층 이상</td></tr>
<tr><td rowspan="5">10층 이하</td><td>공장(특수가연물), 창고시설</td></tr>
<tr><td>판매시설(백화점 등), 복합건축물(판매시설이 설치된 것) →</td></tr>
<tr><td>근린생활시설, 운수시설</td><td rowspan="2">20</td></tr>
<tr><td>8m 이상</td></tr>
<tr><td>8m 미만</td><td>10</td></tr>
<tr><td colspan="2">공동주택(아파트 등)</td><td>10(각 동이 주차장으로 연결된 주차장 : 30)</td></tr>
</table>

$$Q = N \times 80\text{L/min}$$

여기서, Q : 토출량〔L/min〕

N : 폐쇄형 헤드의 기준개수(설치개수가 기준개수보다 적으면 그 설치개수)

펌프의 **최소토출량** Q는

$Q = N \times 80\text{L/min} = 30 \times 80\text{L/min} = 2400\text{L/min} = 2.4\text{m}^3/\text{min}\,(1000\text{L} = 1\text{m}^3)$

- 도면을 보면 **교차배관** 끝에는 **캡**(—ᄀ)으로 막혀 있고, **가지배관** 끝에는 **맹플랜지**(—ㅓ)로 막혀 있으며 폐쇄형 헤드가 8개만 설치되어 있어서 기준개수인 30개보다 적으므로 이때에는 설치개수인 **8개**를 적용하여야 옳다. 하지만 조건에서 '**헤드의 기준개수는 최대기준개수를 적용한다**'고 하였으므로 **30개**를 적용하여야 한다. 도면보다 **조건**이 **우선**이다. 주의하라!

비교

펌프토출량

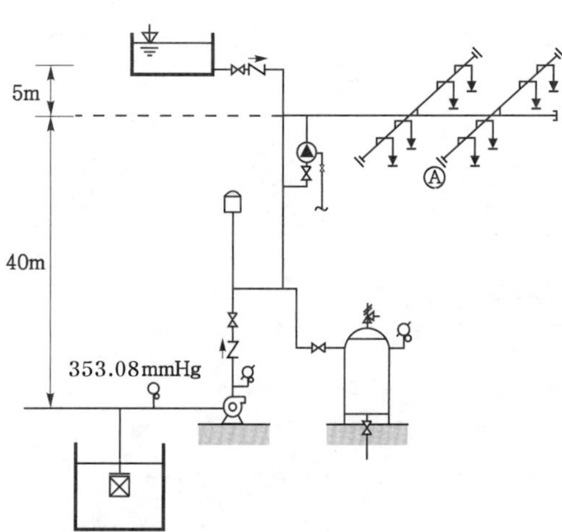

$Q = N \times 80\text{L/min} = 8 \times 80\text{L/min} = 640\text{L/min}$

- N : 그림과 같이 아무런 조건이 없이 가지배관이 맹플랜지(——ㅓ)로 되어 있는 경우에는 배관이 막혀 있다는 뜻으로 이때에는 **판매시설**(백화점 등) 기준개수인 30개가 아닌 **8개**가 되어야 한다.

(다)

$$\eta_T = \eta_m \times \eta_h \times \eta_v$$

여기서, η_T : 펌프의 전효율
η_m : 기계효율
η_h : 수력효율
η_v : 체적효율

펌프의 **전효율** η_T는

$\eta_T = \eta_m \times \eta_h \times \eta_v = 0.85 \times 0.75 \times 0.95 = 0.6056$

- 계산과정에서 소수점처리는 **소수점** 이하 **3째자리** 또는 **4째자리**까지 구하면 된다.

중요

(1) **펌프**의 **효율**(η)

$$\eta = \frac{축동력 - 동력손실}{축동력}$$

(2) **손**실의 종류
① **누**수손실
② **수**력손실
③ **기**계손실
④ **원**판마찰손실

기억법 **누수 기원손**(**누수**를 **기원**하는 **손**)

모터동력(전동력)

$$P = \frac{0.163\,QH}{\eta} K$$

여기서, P : 전동력[kW]
Q : 유량[m³/min]
H : 전양정[m]
K : 전달계수
η : 효율

펌프의 **모터동력**(전동력) P는

$$P = \frac{0.163QH}{\eta}K = \frac{0.163 \times 2.4\text{m}^3/\text{min} \times 72.8\text{m}}{0.6056} \times 1.2$$
$$= 56.432 \fallingdotseq 56.43\text{kW}$$

- **2.4m³/min** : (나)에서 구한 값
- **72.8m** : (가)에서 구한 값
- **0.6056** : 바로 위에서 구한 값
- **1.2** : [조건 ④]에서 주어진 값

(라) **폐쇄형 스프링클러헤드**의 **표시온도**(NFTC 103 2.7.6)

설치장소의 최고주위온도	표시온도
39℃ 미만	**79**℃ 미만
39~**64**℃ 미만	**79~121**℃ 미만
64~**106**℃ 미만	**121~162**℃ 미만
106℃ 이상	**162**℃ 이상

기억법
39 79
64 121
106 162

☆☆☆

문제 05

어느 건축물의 평면도이다. 이 실들 중 A실에 급기가압을 하고 창문 A_4, A_5, A_6은 외기와 접해 있을 경우 A실을 기준으로 외기와의 유효 개구틈새면적을 구하시오. (단, 모든 개구부 틈새면적은 0.1m²로 동일하다.)

(17.11.문2, 16.11.문4, 15.7.문9, 11.11.문6, 08.4.문8, 05.7.문6)

득점	배점
	5

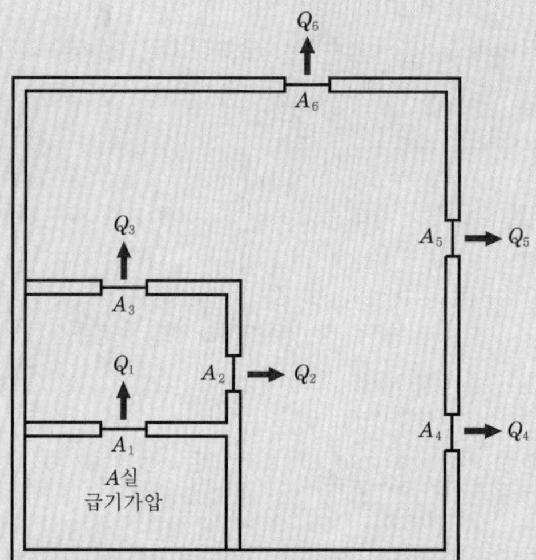

○ 계산과정 :

○ 답 :

해답 ○ 계산과정 : $A_2 \sim A_3 = 0.1 + 0.1 = 0.2\text{m}^2$

$A_4 \sim A_6 = 0.1 + 0.1 + 0.1 = 0.3\text{m}^2$

$$A_1 \sim A_6 = \frac{1}{\sqrt{\frac{1}{0.1^2} + \frac{1}{0.2^2} + \frac{1}{0.3^2}}} = 0.085 \fallingdotseq 0.09\text{m}^2$$

○ 답 : 0.09m²

해설 $\boldsymbol{A_2 \sim A_3}$은 **병렬**상태이므로

$A_2 \sim A_3 = A_2 + A_3$

$= 0.1\text{m}^2 + 0.1\text{m}^2 = 0.2\text{m}^2$

$\boldsymbol{A_4 \sim A_6}$은 **병렬**상태이므로

$A_4 \sim A_6 = A_4 + A_5 + A_6$

$= 0.1\text{m}^2 + 0.1\text{m}^2 + 0.1\text{m}^2 = 0.3\text{m}^2$

문제의 그림을 다음과 같이 변형할 수 있다.

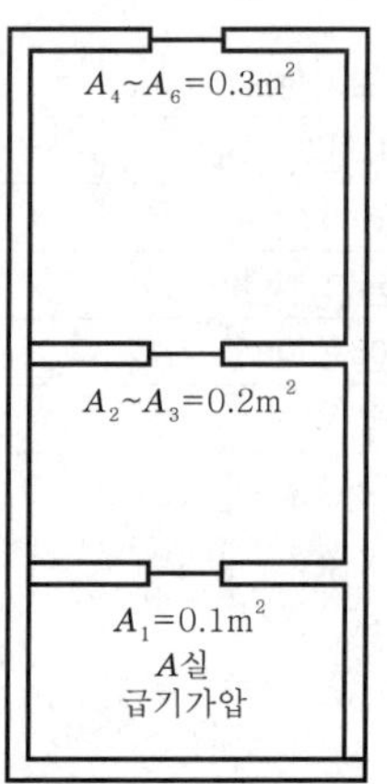

$A_1 \sim A_6$은 **직렬**상태이므로

$$A_1 \sim A_6 = \frac{1}{\sqrt{\frac{1}{{A_1}^2}+\frac{1}{(A_2 \sim A_3)^2}+\frac{1}{(A_4 \sim A_6)^2}}} = \frac{1}{\sqrt{\frac{1}{(0.1\text{m}^2)^2}+\frac{1}{(0.2\text{m}^2)^2}+\frac{1}{(0.3\text{m}^2)^2}}} = 0.085 ≒ 0.09\text{m}^2$$

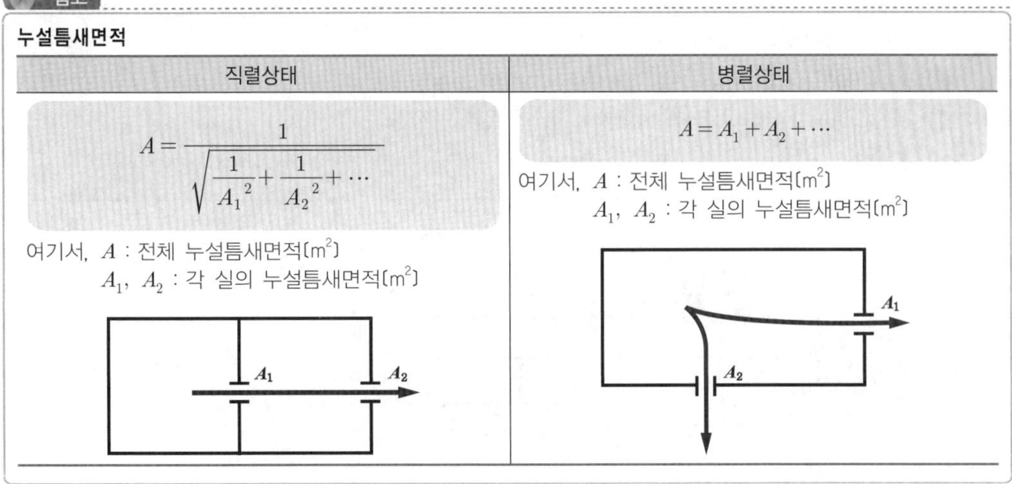

누설틈새면적

직렬상태	병렬상태
$A = \frac{1}{\sqrt{\frac{1}{{A_1}^2}+\frac{1}{{A_2}^2}+\cdots}}$ 여기서, A : 전체 누설틈새면적[m^2] A_1, A_2 : 각 실의 누설틈새면적[m^2]	$A = A_1 + A_2 + \cdots$ 여기서, A : 전체 누설틈새면적[m^2] A_1, A_2 : 각 실의 누설틈새면적[m^2]

☆☆ **문제 06**

그림은 어느 판매장의 무창층에 대한 제연설비 중 연기배출풍도와 배출 FAN을 나타내고 있는 평면도이다. 주어진 조건을 이용하여 풍도에 설치되어야 할 제어댐퍼를 가장 적합한 지점에 표기한 다음 물음에 답하시오. (21.11.문7, 14.7.문5, 09.7.문8)

득점	배점
	8

[조건]

① 건물의 주요구조부는 모두 내화구조이다.
② 각 실은 불연성 구조물로 구획되어 있다.
③ 복도의 내부면은 모두 불연재이고, 복도 내에 가연물을 두는 일은 없다.
④ 각 실에 대한 연기배출방식에서 공동배출구역방식은 없다.
⑤ 이 판매장에는 음식점은 없다.

(가) 제어댐퍼의 설치를 그림에 표시하시오. (단, 댐퍼의 표기는 "⊘"모양으로 하고 번호(예 A_1, B_1, C_1……)를 부여, 문제 본문그림에 직접 표시할 것)

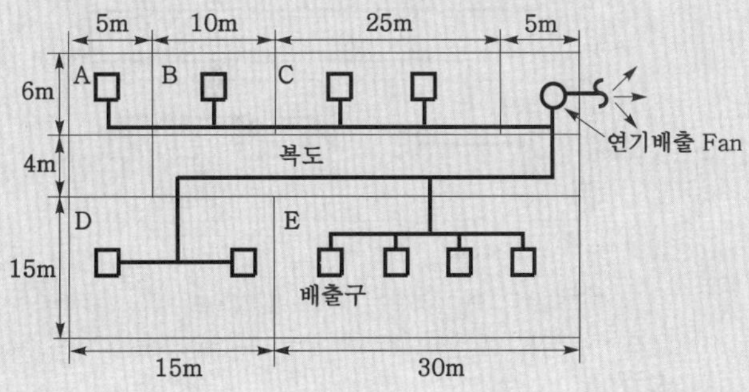

(나) 각 실(A, B, C, D, E)의 최소소요배출량[m^3/h]은 얼마인가?

○ A(계산과정 및 답) :

○ B(계산과정 및 답) :

○ C(계산과정 및 답) :

○ D(계산과정 및 답) :

○ E(계산과정 및 답) :

(다) 배출 FAN의 최소소요배출용량[m^3/h]은 얼마인가?

○

해답 (가)

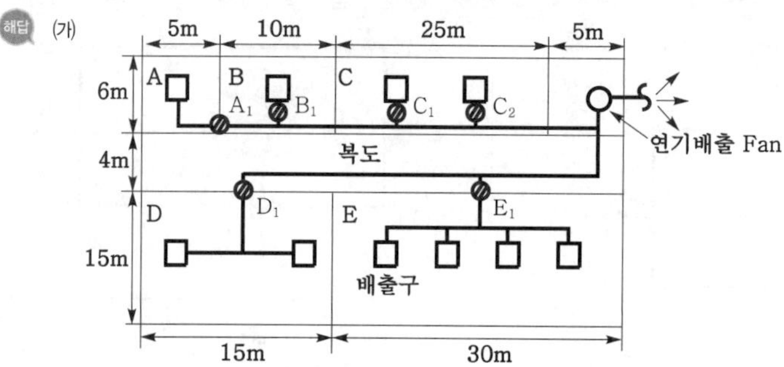

(나) ① A실 : ○ 계산과정 : $(6\times5)\times1\times60=1800m^3/h$
○ 답 : $5000m^3/h$

② B실 : ○ 계산과정 : $(6\times10)\times1\times60=3600m^3/h$
○ 답 : $5000m^3/h$

③ C실 : ○ 계산과정 : $(6\times25)\times1\times60=9000m^3/h$
○ 답 : $9000m^3/h$

④ D실 : ○ 계산과정 : $(15\times15)\times1\times60=13500m^3/h$
○ 답 : $13500m^3/h$

⑤ E실 : ○ 계산과정 : $(15\times30)=450m^2$
○ 답 : $40000m^3/h$

(다) $40000m^3/h$

해설 (가) [조건 ④]에서 각 실이 모두 공동배출구역이 아닌 **독립배출구역**이므로 위와 같이 댐퍼를 설치하여야 하며 A, B, C실이 공동배출구역이라면 다음과 같이 설치할 수 있다.

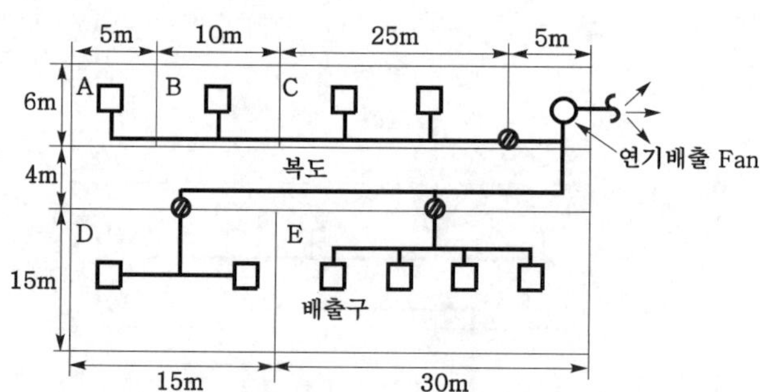

또한, 각 실을 독립배출구역으로 댐퍼 2개를 추가하여 다음과 같이 설치할 수도 있으나 답안 작성시에는 항상 **'최소'**라는 개념을 염두해 두어야 하므로 답란과 같은 댐퍼설치방식을 권장한다.

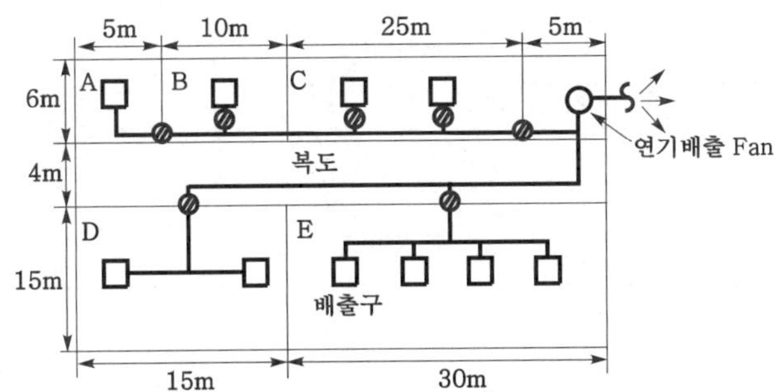

(나) 바닥면적 $400m^2$ 미만이므로(A~D실)

배출량$[m^3/min]$ = 바닥면적$[m^2]$ × $1m^3/m^2 \cdot min$ 에서

배출량$[m^3/min]$ → m^3/h로 변환하면

배출량$[m^3/h]$ = 바닥면적$[m^2]$ × $1m^3/m^2 \cdot min$ × $60min/h$(최저치 $5000m^3/h$)

A실 : $(6\times5)m^2\times1m^3/m^2\cdot min\times60min/h=1800m^3/h$(최저치 $5000m^3/h$)

B실 : $(6\times10)m^2\times1m^3/m^2\cdot min\times60min/h=3600m^3/h$(최저치 $5000m^3/h$)

C실 : $(6\times25)m^2\times1m^3/m^2\cdot min\times60min/h=9000m^3/h$

D실 : $(15\times15)m^2\times1m^3/m^2\cdot min\times60min/h=13500m^3/h$

E실 : $(15\times30)m^2=450m^2$(최저치 $40000m^3/h$)

- E실 : 바닥면적 **$400m^2$** 이상이고 직경 **40m** 원의 범위 안에 있으므로 40m 이하로 수직거리가 주어지지 않았으므로 최소인 **2m** 이하로 간주하면 최소소요배출량은 **$40000m^3/h$**가 된다.

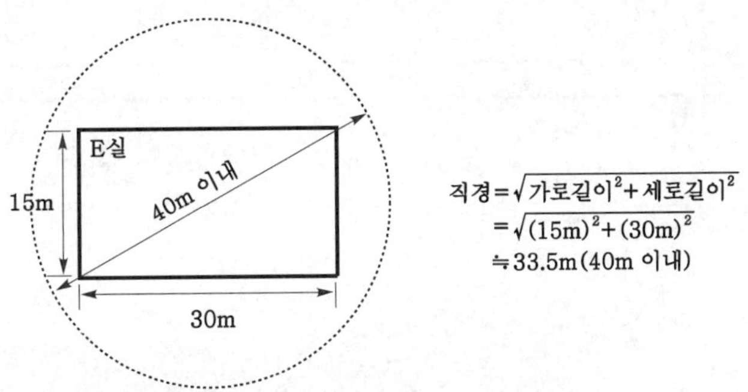

(다) 각 실 중 가장 많은 소요배출량을 기준으로 하므로 **$40000m^3/h$**가 된다.

중요

거실의 **배출량**(NFPC 501 6조, NFTC 501 2.3)

(1) 바닥면적 **$400m^2$ 미만**(최저치 $5000m^3/h$ 이상)

배출량$[m^3/min]$ = 바닥면적$[m^2]$ × $1m^3/m^2 \cdot min$

(2) 바닥면적 **$400m^2$ 이상**

① 직경 40m 이하 : **$40000m^3/h$** 이상

‖ 예상제연구역이 제연경계로 구획된 경우 ‖

수직거리	배출량
2m 이하	$40000m^3/h$ 이상
2m 초과 2.5m 이하	$45000m^3/h$ 이상
2.5m 초과 3m 이하	$50000m^3/h$ 이상
3m 초과	$60000m^3/h$ 이상

② 직경 40m 초과 : **45000m³/h** 이상

‖ 예상제연구역이 제연경계로 구획된 경우 ‖

수직거리	배출량
2m 이하	$45000m^3/h$ 이상
2m 초과 2.5m 이하	$50000m^3/h$ 이상
2.5m 초과 3m 이하	$55000m^3/h$ 이상
3m 초과	$65000m^3/h$ 이상

• **m^3/h**=CMH(**C**ubic **M**eter per **H**our)

☆☆

문제 07

다음과 같이 휘발유탱크 1기와 경유탱크 1기를 1개의 방유제에 설치하는 옥외탱크저장소에 대하여 각 물음에 답하시오.

(17.6.문2, 10.10.문12)

득점	배점
	10

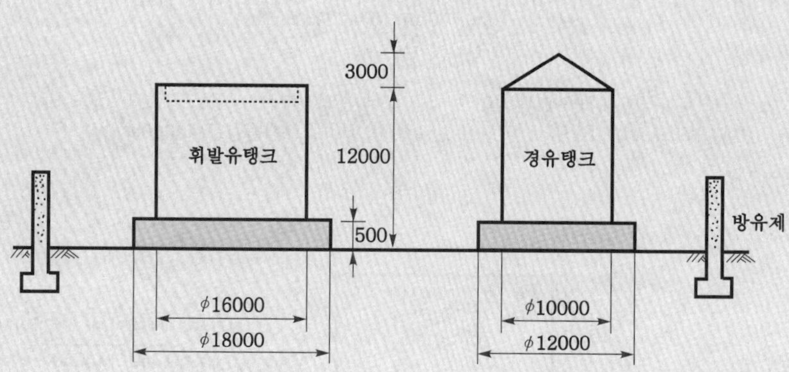

[조건]

① 탱크용량 및 형태
  ◦ 휘발유탱크 : 2000m³(지정수량의 20000배) 부상지붕구조의 플로팅루프탱크(탱크 내 측면과 굽도리판(foam dam) 사이의 거리는 0.6m이다.)
  ◦ 경유탱크 : 콘루프탱크

② 고정포방출구
  ◦ 경유탱크 : Ⅱ형
  ◦ 휘발유탱크 : 설계자가 선정하도록 한다.

③ 포소화약제의 종류 : 수성막포 3%

④ 보조포소화전 : 쌍구형×2개 설치

⑤ 포소화약제의 저장탱크의 종류 : 700L, 750L, 800L, 900L, 1000L, 1200L(단, 포소화약제의 저장탱크용량은 포소화약제의 저장량을 말한다.)

⑥ 참고 법규
  ⅰ) 옥외탱크저장소의 보유공지

저장 또는 취급하는 위험물의 최대수량	공지의 너비
지정수량의 500배 이하	3m 이상
지정수량의 501~1000배 이하	5m 이상
지정수량의 1001~2000배 이하	9m 이상
지정수량의 2001~3000배 이하	12m 이상
지정수량의 3001~4000배 이하	15m 이상
지정수량의 4000배 초과	해당 탱크의 수평단면의 최대지름(횡형인 경우에는 긴 변)과 높이 중 큰 것과 같은 거리 이상. 단, 30m 초과의 경우에는 30m 이상으로 할 수 있고, 15m 미만의 경우에는 15m 이상으로 하여야 한다.

ii) 고정포방출구의 방출량 및 방사시간

포방출구의 종류 / 위험물의 구분	Ⅰ형		Ⅱ형		특형		Ⅲ형		Ⅳ형	
	포수용액량 [L/m²]	방출률 [L/m²·min]	포수용액량 [L/m²]	방출률 [L/m²·min]	포수용액량 [L/m²]	방출률 [L/m²·min]	포수용액량 [L/m²]	방출률 [L/m²·min]	포수용액량 [L/m²]	방출률 [L/m²·min]
제4류 위험물 중 인화점이 21℃ 미만인 것	120	4	120	4	240	8	220	4	220	4
제4류 위험물 중 인화점이 21℃ 이상 70℃ 미만인 것	80	4	120	4	160	8	120	4	120	4
제4류 위험물 중 인화점이 70℃ 이상인 것	60	4	100	4	120	8	100	4	100	4

(가) 다음 A, B, C의 법적으로 최소 가능한 거리를 정하시오. (단, 탱크 측판두께의 보온두께는 무시하시오.)

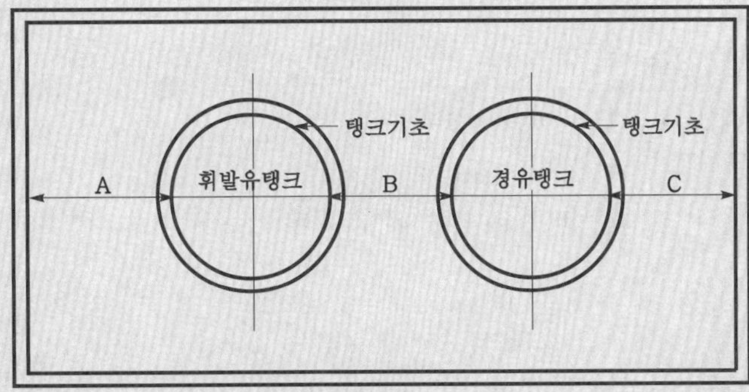

① A(휘발유탱크 측판과 방유제 내측 거리[m])
  ○ 계산과정 :
  ○ 답 :

② B(휘발유탱크 측판과 경유탱크 측판 사이 거리[m]) (단, 휘발유탱크만 보유공지 단축을 위한 기준에 적합한 물분무소화설비가 설치됨)
  ○ 계산과정 :
  ○ 답 :

③ C(경유탱크 측판과 방유제 내측 거리[m])
- 계산과정 :
- 답 :

(나) 다음에서 요구하는 각 장비의 용량을 구하시오.

① 포저장탱크의 용량[L] (단, ϕ 75A 이상의 배관길이는 50m이고, 배관크기는 100A이다.)
- 계산과정 :
- 답 :

② 가압송수장치(펌프)의 유량[LPM]
- 계산과정 :
- 답 :

③ 포소화약제의 혼합장치는 프레져 프로포셔너방식을 사용할 경우에 최소유량과 최대유량의 범위를 정하시오.
- 최소유량[LPM] :
- 최대유량[LPM] :

해답 (가) ① A : ○ 계산과정 : $12\times\frac{1}{2}=6\text{m}$

○ 답 : 6m

② B : ○ 계산과정 : $Q=\frac{\pi}{4}\times10^2\times(12-0.5)\fallingdotseq903.21\text{m}^3$, $\frac{903.21\times1000}{1000}\fallingdotseq903$배, $16\times\frac{1}{2}=8\text{m}$

○ 답 : 8m

③ C : ○ 계산과정 : $12\times\frac{1}{3}=4\text{m}$

○ 답 : 4m

(나) ① ○ 계산과정 : **휘발유탱크**

$Q_1=\frac{\pi}{4}(16^2-14.8^2)\times8\times30\times0.03$

$=209.003\fallingdotseq209\text{L}$

$Q_2=3\times0.03\times8000=720\text{L}$

$Q_3=\frac{\pi}{4}(0.1)^2\times50\times0.03\times1000=11.78\text{L}$

$Q=209+720+11.78=940.78\text{L}$

경유탱크

$Q_1=\frac{\pi}{4}10^2\times4\times30\times0.03=282.74\text{L}$

$Q_2=3\times0.03\times8000=720\text{L}$

$Q_3=\frac{\pi}{4}0.1^2\times50\times0.03\times1000=11.78\text{L}$

$Q=282.74+720+11.78=\mathbf{1014.52L}$

○ 답 : 1200L

② ○ 계산과정 : $Q_1=\frac{\pi}{4}10^2\times4\times1=314.16\text{L/분}$

$Q_2=3\times1\times8000\div20=1200\text{L/분}$

$Q=314.16+1200=1514.16\text{LPM}$

○ 답 : 1514.16LPM

③ 최소유량 : ○ 계산과정 : $1514.16\times0.5=757.08\text{LPM}$

○ 답 : 757.08LPM

최대유량 : ○ 계산과정 : $1514.16\times2=3028.32\text{LPM}$

○ 답 : 3028.32LPM

해설 (가) 방유제와 탱크 측면의 이격거리(단, 인화점 200℃ 이상의 위험물을 저장 · 취급하는 것은 제외)

탱크지름	이격거리
15m 미만	탱크높이의 $\frac{1}{3}$ 이상
15m 이상	탱크높이의 $\frac{1}{2}$ 이상

① **A(휘발유탱크 측판과 방유제 내측 거리)** : $12\text{m}\times\frac{1}{2}=6\text{m}$

㉠ 문제의 그림에서 휘발유탱크의 지름이 ϕ16000=16000mm=16m이므로 이격거리는 앞의 표에서 15m 이상을 적용하여 탱크높이의 $\frac{1}{2}$ 이상을 곱한다.

㉡ 휘발유탱크의 높이는 12000mm=12m이다(탱크높이 산정시 기초높이는 포함하며, △ 부분의 높이는 포함하지 않는 것에 주의하라!!).

② **B(휘발유탱크 측판과 경유탱크 측판 사이 거리)**

㉠ 〔조건 ①〕에서 휘발유탱크는 지정수량의 20000배이므로 〔조건 ⑥〕의 옥외탱크저장소의 보유공지표에서 지정수량 4000배 초과란을 적용하면 다음과 같다.

┌ 탱크의 최대지름 : 16000mm=16m
└ 탱크의 높이 : 12000mm=12m

탱크의 최대지름과 탱크의 높이 또는 길이 중 큰 것과 같은 거리 이상이어야 하므로 최소 **16m**가 된다.

㉡ 경유탱크의 용량 Q는

Q=단면적×탱크높이(기초높이 제외)$=\frac{\pi}{4}\times10^2\times(12-0.5)\fallingdotseq 903.21\text{m}^3$

경유는 제4류 위험물(제2석유류)로서 지정수량은 **1000L**이므로

지정수량 배수$=\frac{\text{탱크용량}}{\text{지정수량}}=\frac{903.21\text{m}^3}{1000\text{L}}=\frac{903210\text{L}}{1000\text{L}}\fallingdotseq 903$배

- 1m^3=1000L이므로 903.21m^3=903210L

옥외탱크저장소의 보유공지표에서 지정수량의 501~1000배 이하란을 적용하면 최소 **5m**가 된다.

- 탱크와 탱크 사이의 보유공지는 보유공지가 긴 쪽에 따르므로 위에서 휘발유탱크는 16m, 경유탱크는 5m이므로 최소 **16m**가 된다.
- 물분무소화설비 설치시 보유공지×$\frac{1}{2}$이므로 (가)의 ② 단서에 휘발유탱크에 물분무소화설비가 설치되어 있기 때문에 보유공지는 16m×$\frac{1}{2}$=**8m**가 된다.

③ **C(경유탱크 측판과 방유제 내측 거리)** : $12\text{m}\times\frac{1}{3}=4\text{m}$

중요

D(방유제 세로폭〔m〕)

$\text{D}=6\text{m}+16\text{m}+6\text{m}=28\text{m}$

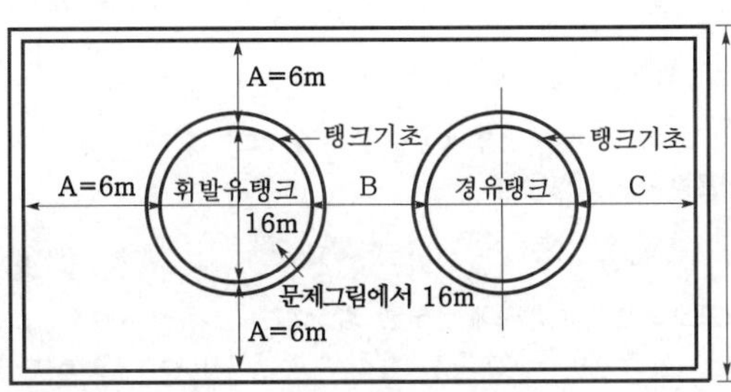

(나) ① ㉠ **휘발유탱크**의 **약제소요량**

‖ 포방출구(위험물기준 133) ‖

탱크의 종류	포방출구
고정지붕구조(콘루프탱크)	• Ⅰ형 방출구 • Ⅱ형 방출구 • Ⅲ형 방출구(표면하 주입방식) • Ⅳ형 방출구(반표면하 주입방식)
부상덮개부착 고정지붕구조	• Ⅱ형 방출구
부상지붕구조(플로팅루프탱크)	• 특형 방출구

위의 표에서 **플로팅루프탱크**는 **특형 방출구**를 선정하여야 하며 휘발유는 제4류 위험물 제1석유류로서 인화점은 21℃ 미만이므로 문제의 고정포방출구의 방출량 및 방사시간표에서 **방출률**(Q)=**8L/m^2·분**, **방사시간**(T)$=\frac{\text{포수용액량〔L/m}^2\text{〕}}{\text{방출률〔L/m}^2\cdot\text{min〕}}=\frac{240\text{L/m}^2}{8\text{L/m}^2\cdot\text{min}}$=**30분**이다. 또한 〔조건 ③〕에서 3%이므로 **농도**(S) : **0.03**이다.

고정포방출구의 **방출량** Q_1은

$$Q_1 = A \times Q \times T \times S = \frac{\pi}{4}(16^2 - 14.8^2)\,\mathrm{m}^2 \times 8\mathrm{L/m^2} \cdot 분 \times 30분 \times 0.03 = 209.003 ≒ 209\mathrm{L}$$

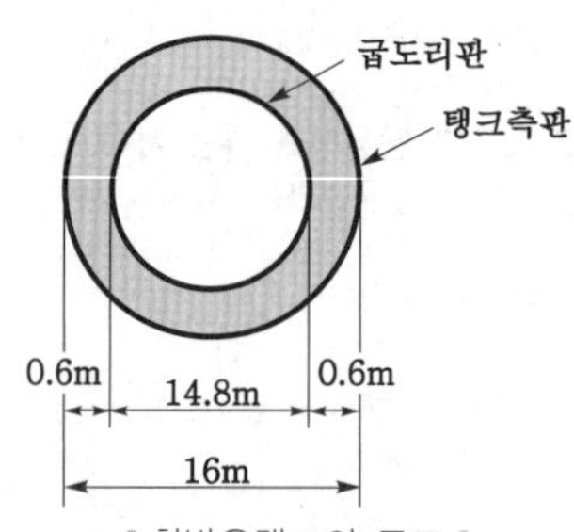

▌휘발유탱크의 구조▐

보조포소화전에서 방출에 필요한 **양** Q_2는

$Q_2 = N \times S \times 8000$($N$: 호스접결구수(최대 3개))$= 3 \times 0.03 \times 8000 =$ **720L**

- [조건 ④]에서 보조포소화전은 쌍구형×2개로서 호스접결구수는 총 4개이나 호스접결구는 최대 3개까지만 적용 가능하므로 호스접결구는 ***N*=3개**이다.
- **호스접결구수** : 호스에 연결하는 구멍의 수

배관보정량 Q_3는

$Q_3 = A \times L \times S \times 1000\mathrm{L/m^3}$(내경 75mm 초과시에만 적용)$= \frac{\pi}{4}(0.1\,\mathrm{m})^2 \times 50\,\mathrm{m} \times 0.03 \times 1000\mathrm{L/m^3} =$ **11.78L**

- 0.1m : 단서에서 100A=100mm=0.1m
- 50m : 단서에서 배관길이 50m

∴ 휘발유탱크의 약제소요량 Q는

$Q = Q_1 + Q_2 + Q_3 = 209\mathrm{L} + 720\mathrm{L} + 11.78\mathrm{L} =$ **940.78L**

㉡ **경유탱크**의 **약제소요량**

[조건 ②]에서 **Ⅱ형 방출구**를 사용하며 [조건 ③]에서 **수성막포**를 사용한다고 하였고 문제의 표에서 **경유**는 제4류 위험물 제2석유류로서 인화점은 21~70℃ 이하이므로 고정포방출구의 방출량 및 방사시간 표에서 **방출률**(Q) : **4L/m² · 분**, **방사시간**(T)$= \frac{포수용액량[\mathrm{L/m^2}]}{방출률[\mathrm{L/m^2 \cdot min}]} = \frac{120\mathrm{L/m^2}}{4\mathrm{L/m^2 \cdot min}} =$ **30분**이다. 또한 [조건 ③]에서 3%이므로 **농도**(S) : **0.03**이다.

고정포방출구의 **방출량** Q_1은

$$Q_1 = A \times Q \times T \times S = \frac{\pi}{4}(10\mathrm{m})^2 \times 4\mathrm{L/m^2} \cdot 분 \times 30분 \times 0.03 = 282.74\mathrm{L}$$

보조포소화전에서 방출에 필요한 **양** Q_2는

$Q_2 = N \times S \times 8000$($N$: 호스접결구수(최대 3개))$= 3 \times 0.03 \times 8000 = 720\mathrm{L}$

배관보정량 Q_3는

$Q_3 = A \times L \times S \times 1000\mathrm{L/m^3}$(내경 75mm 초과시에만 적용)

$= \frac{\pi}{4}(0.1\mathrm{m})^2 \times 50\mathrm{m} \times 0.03 \times 1000\mathrm{L/m^3} = 11.78\mathrm{L}$

- 0.1m : 단서에서 100A=100mm=0.1m
- 50m : 단서에서 배관길이 50m

∴ **경유탱크**의 **약제소요량** Q는

$Q = Q_1 + Q_2 + Q_3 = 282.74\mathrm{L} + 720\mathrm{L} + 11.78\mathrm{L} = 1014.52\mathrm{L}$

※ 약제소요량이 큰 쪽에 따르므로 **1014.52L**가 되며, [조건 ⑤]에서 1014.52L보다 같거나 큰 값은 **1200L**가 된다.

② 가압송수장치의 유량은 포수용액의 양을 기준으로 하므로 **농도** S는 항상 1이며, 보조포소화전의 **방사시간**은 화재안전기술기준에 의해 **20분**이다.

고정포방출구의 **방출량** Q_1은

$$Q_1 = A\times Q\times S = \frac{\pi}{4}(10\text{m})^2\times 4\text{L/m}^2\cdot\text{분}\times 1 = \mathbf{314.16L/분}$$

보조포소화전에서 방출에 필요한 **양** Q_2는

$$Q_2 = N\times S\times 8000 \div 20\text{분} = 3\times 1\times 8000\div 20\text{분} = \mathbf{1200L/분}$$

∴ **가압송수장치**의 **유량** Q는

$$Q = Q_1 + Q_2 = 314.16\text{L/분} + 1200\text{L/분} = 1514.16\text{L/분} = \mathbf{1514.16LPM}$$

※ **가압송수장치**의 **유량**에는 **배관보정량**을 **적용하지 않는다**. 왜냐하면 배관보정량은 배관 내에 저장되어 있는 것으로 소비되는 것이 아니기 때문이다.

③ 프레져 프로포셔너방식(pressure proportioner type)의 유량범위는 **50~200%**이므로 **최소유량**은 **50%**, **최대유량**은 **200%**가 된다.
㉠ 최소유량=1514.16LPM×0.5=**757.08LPM**
㉡ 최대유량=1514.16LPM×2=**3028.32LPM**

☆☆
문제 08

소화용수설비를 설치하는 지하 2층, 지상 3층의 특정소방대상물의 연면적이 38500m²이고, 각 층의 바닥면적이 다음과 같을 때 물음에 답하시오. (18.4.문13, 13.4.문4)

층 수	지하 2층	지하 1층	지상 1층	지상 2층	지상 3층
바닥면적	2500m^2	2500m^2	13500m^2	13500m^2	6500m^2

득점	배점
	6

(가) 소화수조의 저수량[m^3]을 구하시오.
　○계산과정 :
　○답 :

(나) 저수조에 설치하여야 할 흡수관 투입구, 채수구의 최소설치수량을 구하시오.
　○흡수관 투입구수 :
　○채수구수 :

(다) 저수조에 설치하는 가압송수장치의 1분당 양수량[L]을 구하시오.
　○

(가) ○계산과정 : $\dfrac{38500}{7500}(\text{절상})\times 20 = 120\text{m}^3$
　○답 : 120m^3
(나) ○흡수관 투입구수 : 2개
　○채수구수 : 3개
(다) 3300L

해설 (가) **소화수조** 또는 **저수조**의 **저수량 산출**(NFPC 402 4조, NFTC 402 2.1.2)

특정소방대상물의 구분	기준면적[m^2]
지상 1층 및 2층의 바닥면적 합계 15000m² 이상 ⟶	7500
기타	12500

지상 1·2층의 바닥면적 합계$=13500\text{m}^2+13500\text{m}^2=27000\text{m}^2$
∴ 15000m^2 이상이므로 기준면적은 7500m^2이다.

소화수조의 **양**(저수량)

$$Q = \frac{\text{연면적}}{\text{기준면적}}(\text{절상})\times 20\text{m}^3$$

$$= \frac{38500\text{m}^2}{7500\text{m}^2}(\text{절상})\times 20\text{m}^3 = 120\text{m}^3$$

- $38500m^2$: 문제에서 주어진 값
- 지상 1·2층의 바닥면적 합계가 $27000m^2$로서 $15000m^2$ 이상이므로 기준면적은 **$7500m^2$**이다.
- 저수량을 구할 때 $\frac{38500m^2}{7500m^2}=5.1 \fallingdotseq 6$으로 먼저 **절상**한 후 **$20m^3$**를 곱한다는 것을 기억하라!
- **절상** : 소수점 이하는 무조건 올리라는 의미

(나) ① **흡수관 투입구수**(NFPC 402 4조, NFTC 402 2.1.3.1)

소요수량	$80m^3$ 미만	$80m^3$ 이상
흡수관 투입구수	**1개** 이상	**2개** 이상

- 저수량이 $120m^3$로서 **$80m^3$** 이상이므로 **흡수관 투입구**의 최소개수는 **2개**

② **채수구수**(NFPC 402 4조, NFTC 402 2.1.3.2.1)

소화수조 용량	$20\sim40m^3$ 미만	$40\sim100m^3$ 미만	$100m^3$ 이상
채수구수	**1개**	**2개**	**3개**

- 저수량이 $120m^3$로서 **$100m^3$** 이상이므로 **채수구**의 최소개수는 **3개**

(다) **가압송수장치**의 **양수량**

저수량	$20\sim40m^3$ 미만	$40\sim100m^3$ 미만	$100m^3$ 이상
1분당 양수량	1100L 이상	2200L 이상	3300L 이상

- 저수량이 $120m^3$로서 **$100m^3$** 이상이므로 **3300L**
- 1분당 양수량을 질문했으므로 'L'로 답하여야 한다. L/min가 아님을 주의!

☆☆☆

문제 09

그림과 같은 배관을 통하여 유량이 80L/s로 흐르고 있다. B, C관의 마찰손실수두는 3m로 같다. B관의 유량은 20L/s일 때 C관의 내경[mm]을 구하시오. (단, 하젠-윌리암공식 $\frac{\Delta P}{L}=6.053\times10^4\times\frac{Q^{1.85}}{C^{1.85}\times D^{4.87}}$, ΔP는 압력손실[MPa], L은 배관의 길이[m], Q는 유량[L/min], 조도계수 C는 100이며, D는 내경[mm]을 사용한다.) (15.7.문15, 13.11.문9, 11.11.문7)

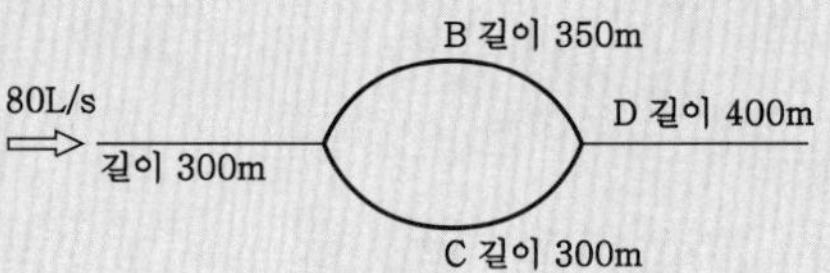

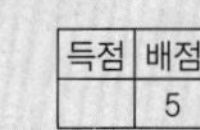

○ 계산과정 :
○ 답 :

○ 계산과정 : $Q=80-20=60L/s$

$$D=\sqrt[4.87]{6.053\times10^4\times\frac{(60\times60)^{1.85}}{100^{1.85}\times0.029}\times300} \fallingdotseq 249.75mm$$

○ 답 : 249.75mm

해설 (1) **유량**

전체유량=B의 유량+C의 유량
80L/s=20L/s+C의 유량
(80−20)L/s=C의 유량
60L/s=C의 유량
C의 유량=60L/s

(2) **직경**

하젠-윌리암의 식(Hazen-William's formula)	
$\Delta P_m = 6.053 \times 10^4 \times \frac{Q^{1.85}}{C^{1.85} \times D^{4.87}} \times L$	$\Delta P_m = 6.053 \times 10^4 \times \frac{Q^{1.85}}{C^{1.85} \times D^{4.87}}$
여기서, ΔP_m : 압력손실〔MPa〕 C : 조도 D : 관의 내경〔mm〕 Q : 관의 유량〔L/min〕 L : 관의 길이〔m〕	여기서, ΔP_m : 단위길이당 압력손실〔MPa/m〕 C : 조도 D : 관의 내경〔mm〕 Q : 관의 유량〔L/min〕

$$D^{4.87} = 6.053 \times 10^4 \times \frac{Q^{1.85}}{C^{1.85} \times \Delta P_m} \times L$$

$$D = \sqrt[4.87]{6.053 \times 10^4 \times \frac{Q^{1.85}}{C^{1.85} \times \Delta P_m} \times L} = \sqrt[4.87]{6.053 \times 10^4 \times \frac{(60\text{L/s})^{1.85}}{100^{1.85} \times 3\text{m}} \times 300\text{m}}$$

$$= \sqrt[4.87]{6.053 \times 10^4 \times \frac{\left(60\text{L}/\frac{1}{60}\text{min}\right)^{1.85}}{100^{1.85} \times 0.029\text{MPa}} \times 300\text{m}}$$

$$= \sqrt[4.87]{6.053 \times 10^4 \times \frac{((60 \times 60)\text{L/min})^{1.85}}{100^{1.85} \times 0.029\text{MPa}} \times 300\text{m}} ≒ 249.75\text{mm}$$

- **60L/s** : (1)에서 구한 값
- **100** : 단서에서 주어진 값
- **0.029MPa** : $10.332\text{m} = 101.325\text{kPa} = 0.101325\text{MPa}$, $3\text{m} = \frac{3\text{m}}{10.332\text{m}} \times 0.101325\text{MPa} = 0.029\text{MPa}$
- **300m** : 그림에서 C의 길이

☆☆

문제 10

피난기구에 대하여 다음 각 물음에 답하시오. (19.6.문10, 13.7.문9)

(가) 병원(의료시설)에 적응성이 있는 층별 피난기구에 대해 (A)~(H)에 적절한 내용을 쓰시오.

득점	배점
	4

3층	4층 이상 10층 이하
○(A)	○(E)
○(B)	○(F)
○(C)	○(G)
○(D)	○(H)
○피난용 트랩	○피난용 트랩
○승강식 피난기	

○A : ○E :

○B : ○F :

○C : ○G :

○D : ○H :

(나) 피난기구를 고정하여 설치할 수 있는 소화활동상 유효한 개구부에 대하여 ( ) 안의 내용을 쓰시오.

개구부의 크기는 가로 (①)m 이상, 세로 (②)m 이상인 것을 말한다. 이 경우 개구부 하단이 바닥에서 (③)m 이상이면 발판 등을 설치하여야 하고, 밀폐된 창문은 쉽게 파괴할 수 있는 파괴장치를 비치하여야 한다.

①:
②:
③:

해답 (가) ○A : 미끄럼대
○B : 구조대
○C : 피난교
○D : 다수인 피난장비
○E : 구조대
○F : 피난교
○G : 다수인 피난장비
○H : 승강식 피난기

(나) ① : 0.5
② : 1
③ : 1.2

해설
• 답 A, B, C, D의 위치는 서로 바뀌어도 정답이다.
• 답 E, F, G, H의 위치는 서로 바뀌어도 정답이다.

(가) **피난기구**의 **적응성**(NFTC 301 2.1.1)

층별 / 설치 장소별 구분	1층	2층	3층	4층 이상 10층 이하
노유자시설	• 미끄럼대 • 구조대 • 피난교 • 다수인 피난장비 • 승강식 피난기	• 미끄럼대 • 구조대 • 피난교 • 다수인 피난장비 • 승강식 피난기	• 미끄럼대 • 구조대 • 피난교 • 다수인 피난장비 • 승강식 피난기	• 구조대[1] • 피난교 • 다수인 피난장비 • 승강식 피난기
의료시설 · 입원실이 있는 의원 · 접골원 · 조산원	–	–	• 미끄럼대 • 구조대 • 피난교 • 피난용 트랩 • 다수인 피난장비 • 승강식 피난기	• 구조대 • 피난교 • 피난용 트랩 • 다수인 피난장비 • 승강식 피난기
영업장의 위치가 4층 이하인 다중이용업소	–	• 미끄럼대 • 피난사다리 • 구조대 • 완강기 • 다수인 피난장비 • 승강식 피난기	• 미끄럼대 • 피난사다리 • 구조대 • 완강기 • 다수인 피난장비 • 승강식 피난기	• 미끄럼대 • 피난사다리 • 구조대 • 완강기 • 다수인 피난장비 • 승강식 피난기
그 밖의 것	–	–	• 미끄럼대 • 피난사다리 • 구조대 • 완강기 • 피난교 • 피난용 트랩 • 간이완강기[2] • 공기안전매트[2] • 다수인 피난장비 • 승강식 피난기	• 피난사다리 • 구조대 • 완강기 • 피난교 • 간이완강기[2] • 공기안전매트[2] • 다수인 피난장비 • 승강식 피난기

[비고] 1) **구조대**의 적응성은 **장애인관련시설**로서 주된 사용자 중 **스스로 피난**이 **불가**한 자가 있는 경우 추가로 설치하는 경우에 한한다.
2) 간이완강기의 적응성은 **숙박시설**의 **3층 이상**에 있는 객실에, **공기안전매트**의 적응성은 **공동주택**에 추가로 설치하는 경우에 한한다.

(나) **피난기구**를 **설치**하는 **개구부**(NFPC 301 5조, NFTC 301 2.1.3)

① **가로 0.5m** 이상 **세로 1m** 이상인 것을 말한다. 이 경우 개구부 하단이 바닥에서 **1.2m** 이상이면 발판 등을 설치하여야 하고, 밀폐된 창문은 쉽게 파괴할 수 있는 **파괴장치** 비치

② 서로 **동일직선상**이 **아닌 위치**에 있을 것[단, **피난교** · **피난용 트랩** · **간이완강기** · **아파트**에 설치되는 피난기구(다수인 피난장비 제외), 기타 피난상 지장이 없는 것은 제외]

문제 11

체적이 200m³인 밀폐된 전기실에 이산화탄소 소화설비를 전역방출방식으로 적용시 저장용기는 몇 병이 필요한지 주어진 조건을 이용하여 산출하시오. (15.7.문5, 14.7.문10, 12.11.문13)

득점	배점
	5

[조건]
① 저장용기의 내용적 : 68L
② CO_2의 방출계수 : 1.6kg/방호구역m³
③ CO_2의 충전비 : 1.9

○ 계산과정 :
○ 답 :

해답 ○ 계산과정 : CO_2 저장량$=200\times1.6=320$kg

1병당 충전량$=\frac{68}{1.9}=35.789$kg

병수$=\frac{320}{35.789}=8.9 \fallingdotseq 9$병

○ 답 : 9병

해설 (1) **CO_2 저장량**[kg]
= 방호구역체적[m³]×약제량[kg/m³]+개구부면적[m²]×개구부가산량(10kg/m²)
= 200m³×1.6kg/m³= 320kg

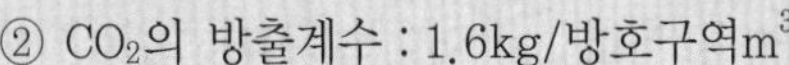

- **200m³** : 문제에서 주어진 값
- 개구부에 대한 조건이 없으므로 **개구부면적** 및 **개구부가산량** 제외!
- 원래 전기실(전기설비)의 약제량은 **1.3kg/m³**이지만 이 문제에서는 **1.6kg/m³**라고 주어졌으므로 **1.6kg/m³**를 적용! 주의!
- 1.6kg/방호구역m³=1.6kg/m³

(2) **충전비**

$$C=\frac{V}{G}$$

여기서, C : 충전비[L/kg]
V : 내용적[L]
G : 저장량(충전량)[kg]

1병당 충전량 G는

$$G=\frac{V}{C}=\frac{68\text{L}}{1.9\text{L/kg}}=35.789\text{kg}$$

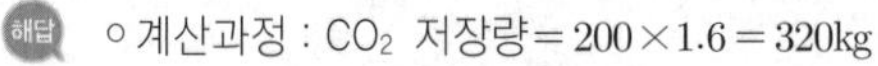

(3) **저장용기 병수**

$$\text{저장용기 병수}=\frac{CO_2\ \text{저장량[kg]}}{\text{1병당 충전량[kg]}}=\frac{320\text{kg}}{35.789\text{kg}}=8.9 \fallingdotseq 9\text{병(절상)}$$

참고

이산화탄소 소화설비 심부화재의 **약제량** 및 **개구부가산량**(NFPC 106 5조, NFTC 106 2.2.1.2)

방호대상물	약제량	개구부가산량 (자동폐쇄장치 미설치시)	설계농도
전기설비($55m^3$ 이상), 케이블실	$1.3kg/m^3$	$10kg/m^2$	50%
전기설비($55m^3$ 미만)	$1.6kg/m^3$		
서고, **박**물관, **목**재가공품창고, **전**자제품창고	$2.0kg/m^3$		65%
석탄창고, **면**화류창고, **고**무류, **모**피창고, **집**진설비	$2.7kg/m^3$		75%

기억법 **서박목전**(**선박**이 **목전**에 보인다.)
석면고모집(**석면**은 **고모 집**에 있다.)

☆☆☆

문제 12

가로 20m, 세로 15m, 높이 5m인 전산실에 할론소화설비를 전역방출방식으로 설치할 경우 다음 각 물음에 답하시오. (단, 자동폐쇄장치가 설치되지 아니한 개구부(가로 2m, 세로 1.2m)가 3면에 1개씩 설치되어 있으며, 저장용기의 내용적은 68L이다.) (20.5.문16, 19.6.문16, 12.7.문6)

득점	배점
	7

(가) 가장 안정성이 있는 할론소화약제를 쓰시오.
 ○

(나) 저장할 수 있는 최소소화약제량[kg]을 구하시오.
 ○ 계산과정 :
 ○ 답 :

(다) 저장용기 한 병당 저장할 수 있는 최대량[kg]을 구하시오.
 ○ 계산과정 :
 ○ 답 :

(라) 약제저장용기는 몇 병이 필요한지 구하시오.
 ○ 계산과정 :
 ○ 답 :

해답 (가) 할론 1301

(나) ○ 계산과정 : $(20\times15\times5)\times0.32+(2\times1.2)\times3\times2.4=497.28kg$
 ○ 답 : 497.28kg

(다) ○ 계산과정 : $\frac{68}{0.9}=75.555 \fallingdotseq 75.56kg$
 ○ 답 : 75.56kg

(라) ○ 계산과정 : $\frac{497.28}{75.56}=6.5 \fallingdotseq 7$병
 ○ 답 : 7병

해설 (가) 할론소화약제 중 가장 안정성이 있는 소화약제는 **할론 1301**이다.

‖ 할론 1301 ‖

구 분	설 명
적응화재	① A급 화재(일반화재) : 밀폐된 장소에서 방출하는 전역방출방식인 경우 가능 ② B급 화재(유류화재) ③ C급 화재(전기화재)

사용 가능한 소화대상물	① 기상, 액상의 인화성 물질 ② 변압기, 오일스위치(Oil switch) 등과 같은 전기위험물 ③ 가솔린 또는 다른 인화성 연료를 사용하는 기계 ④ 종이, 목재, 섬유 같은 일반적인 가연물질 ⑤ 위험성 고체 ⑥ 컴퓨터실, 통신기기실, **전산실**, 제어룸(Control room) 등 ⑦ 도서관, 자료실, 박물관 등

(나) 할론 1301의 약제량 및 개구부가산량(NFPC 107 5조, NFTC 107 2.2.1.1)

방호대상물	약제량	개구부가산량 (자동폐쇄장치 미설치시)
차고 · **주**차장 · **전**기실 · 전**산**실 · **통**신기기실 ⟶	0.32kg/m³	2.4kg/m²
사류 · **면**화류	0.**52**kg/m³	3.9kg/m²

기억법 **주차 전산통**
사면 52(사면해주면 오이줄게!)

할론저장량[kg]=**방**호구역체적[m³]×**약**제량[kg/m³]**+개**구부면적[m²]×개구부가**산**량[kg/m²]

기억법 **방약+개산**

전산실$=(20\times15\times5)\text{m}^3\times0.32\text{kg/m}^3+(2\times1.2)\text{m}^2\times3$면$\times2.4\text{kg/m}^2=497.28\text{kg}$

(다) 할론 1301 충전비는 **0.9~1.6** 이하

‖ 저장용기의 설치기준 ‖

구 분		할론 1301	할론 1211	할론 2402
저장압력		2.5MPa 또는 4.2MPa	1.1MPa 또는 2.5MPa	–
방출압력		0.9MPa	0.2MPa	0.1MPa
충전비	가압식	0.9~1.6 이하	0.7~1.4 이하	0.51~0.67 미만
	축압식			0.67~2.75 이하

충전비

$$C=\frac{V}{G}$$

여기서, C : 충전비[L/kg](단위 생략 가능)
V : 내용적[L]
G : 저장량(충전량)[kg]

1병당 저장량 G는

$$G=\frac{V}{C}=\frac{68\text{L}}{0.9}=75.555\fallingdotseq75.56\text{kg}$$

- 68L : 단서에서 주어진 값
- 최대량이므로 0.9 적용! 최소량이라면 1.6 적용해서 다음과 같이 구하면 된다.

$$G=\frac{V}{C}=\frac{68\text{L}}{1.6}=42.5\text{kg}$$

(라) 저장용기수$=\dfrac{\text{소화약제량}}{\text{저장량}}=\dfrac{497.28\text{kg}}{75.56\text{kg}}=6.5\fallingdotseq7$병(절상)

- 497.28kg : (나)에서 구한 값
- 75.56kg : (다)에서 구한 값

☆☆☆

문제 13

할로겐화합물 및 불활성기체 소화설비에 다음 조건과 같은 압력배관용 탄소강관(SPPS 420, Sch. 40)을 사용할 때 관두께[mm]를 구하시오. (20.10.문11, 19.6.문9, 17.6.문4, 14.4.문16, 12.4.문14)

득점	배점
	4

[조건]

① 압력배관용 탄소강관(SPPS 420)의 인장강도는 400MPa, 항복점은 인장강도의 80%이다.
② 이음 등의 허용값[mm]은 무시한다.
③ 배관은 가열맞대기 용접배관을 한다.
④ 배관의 최대허용응력(SE)은 배관재질 인장강도의 $\frac{1}{4}$과 항복점의 $\frac{2}{3}$ 중 작은 값(σ_t)을 기준으로 다음의 식을 적용한다.

$$SE = \sigma_t \times \text{배관이음효율} \times 1.2$$

⑤ 적용되는 배관 바깥지름은 65mm이다.
⑥ 최대허용압력은 15MPa이다.
⑦ 헤드 설치부분은 제외한다.

○ 계산과정 :
○ 답 :

해답

○ 계산과정 : $400 \times \frac{1}{4} = 100\text{MPa}$

$(400 \times 0.8) \times \frac{2}{3} = 213.333 ≒ 213.33\text{MPa}$

$SE = 100 \times 0.6 \times 1.2 = 72\text{MPa}$

$t = \frac{15 \times 65}{2 \times 72} = 6.77\text{mm}$

○ 답 : 6.77mm

해설

$$t = \frac{PD}{2SE} + A$$

여기서, t : 관의 두께[mm]
P : 최대허용압력[MPa]
D : 배관의 바깥지름[mm]
SE : 최대허용응력[MPa]$\left(\text{배관재질 인장강도의 } \frac{1}{4}\text{값과 항복점의 } \frac{2}{3}\text{값 중 작은 값} \times \text{배관이음효율} \times 1.2\right)$

※ **배관이음효율**
- 이음매 없는 배관 : 1.0
- 전기저항 용접배관 : 0.85
- 가열맞대기 용접배관 : 0.60

A : 나사이음, 홈이음 등의 허용값[mm](헤드 설치부분 제외)

- 나사이음 : 나사의 높이
- 절단홈이음 : 홈의 깊이
- 용접이음 : 0

(1) 배관재질 인장강도의 $\frac{1}{4}$값 $= 400\text{MPa} \times \frac{1}{4} = 100\text{MPa}$

(2) 항복점의 $\frac{2}{3}$값$=(400\text{MPa}\times0.8)\times\frac{2}{3}=213.333 \fallingdotseq 213.33\text{MPa}$

(3) 최대허용응력 SE =배관재질 인장강도의 $\frac{1}{4}$값과 항복점의 $\frac{2}{3}$값 중 작은 값×배관이음효율×1.2

$=100\text{MPa}\times0.6\times1.2=72\text{MPa}$

- **400MPa** : 〔조건 ①〕에서 주어진 값
- **0.8** : 〔조건 ①〕에서 주어진 값(80%=0.8)
- **0.6** : 〔조건 ③〕에서 **가열맞대기 용접배관**이므로 0.6

(4) 관의 두께 $t=\frac{PD}{2SE}+A$

$=\frac{15\text{MPa}\times65\text{mm}}{2\times72\text{MPa}}=6.77\text{mm}$

- **15MPa** : 〔조건 ⑥〕에서 주어진 값
- **65mm** : 〔조건 ⑤〕에서 주어진 값
- A : 〔조건 ②〕에 의해 무시
- **72MPa** : 바로 위에서 구한 값

문제 14

다음은 펌프의 성능에 관한 내용이다. 각 물음에 답하시오.

득점	배점
	8

(가) 옥내소화전설비가 4개 설치된 11층 건물의 특정소방대상물에 설치된 펌프의 성능시험표이다. 해당 성능시험표의 빈칸을 채우되 계산과정까지 쓰시오. (단, 정격토출양정은 40.5m이다.)

체절운전	150% 운전
−	토출량 (②)L/min
양정 (①)m	토출양정 (③)m

① ○계산과정 :
　○답 :

② ○계산과정 :
　○답 :

③ ○계산과정 :
　○답 :

(나) 펌프의 성능곡선이 다음과 같을 때 이 펌프는 화재안전기준에서 요구하는 성능을 만족하는지 여부를 판정하시오. (단, 이유를 쓰고 '적합' 또는 '부적합'으로 표시하시오.)

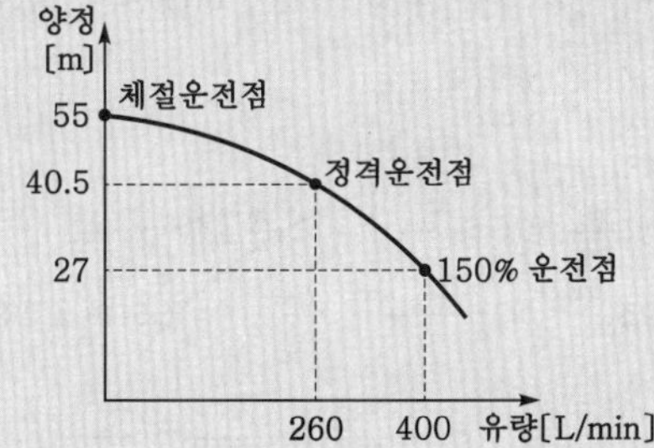

○

해답 (가) ① ○ 계산과정 : 40.5×1.4=56.7m
○ 답 : 56.7m
② ○ 계산과정 : Q=2×130=260L/min
260×1.5=390L/min
○ 답 : 390L/min
③ ○ 계산과정 : 40.5×0.65=26.325 ≒ 26.33m
○ 답 : 26.33m

(나) 체절운전시 양정은 56.7m 이하, 150% 운전시 토출량은 390L/min 이상, 토출양정은 26.33m 이상이므로 적합

해설 (가) **체절점 · 설계점 · 150% 유량점**

체절점(체절운전점)	설계점	150% 유량점(운전점)
정격토출양정×1.4	정격토출양정×1.0	정격토출양정×0.65
• **정의** : 체절압력이 정격토출압력의 **140%**를 **초과**하지 아니하는 점 • 정격토출압력(양정)의 **140%**를 **초과**하지 아니하여야 하므로 정격토출양정에 **1.4**를 곱하면 된다. • 140%를 초과하지 아니하여야 하므로 '**이하**'라는 말을 반드시 쓸 것	• **정의** : 정격토출량의 **100%**로 운전시 정격토출압력의 **100%**로 운전하는 점 • 펌프의 성능곡선에서 설계점은 **정격토출양정**의 **100%** 또는 **정격토출량**의 **100%**이다. • 설계점은 '**이상**', '**이하**'라는 말을 쓰지 않는다.	• **정의** : 정격토출량의 **150%**로 운전시 정격토출압력의 **65% 이상**으로 운전하는 점 • 정격토출량의 **150%**로 운전시 정격토출압력(양정)의 **65% 이상**이어야 하므로 정격토출양정에 **0.65**를 곱하면 된다. • 65% 이상이어야 하므로 '**이상**'이라는 말을 반드시 쓸 것

• 체절점=체절운전점=무부하시험
• 설계점=100% 운전점=100% 유량운전점=정격운전점=정격부하운전점=정격부하시험
• 150% 유량점=150% 운전점=150% 유량운전점=최대운전점=과부하운전점=피크부하시험

① 체절양정=정격토출양정×1.4 $=40.5\text{m}\times1.4=56.7\text{m}$ 이하

② **150% 운전유량**

옥내소화전 유량(토출량)

$$Q=N\times130\text{L/min}$$

여기서, Q : 유량(토출량)[L/min]

N : 가장 많은 층의 소화전개수(30층 미만 : **최대 2개**, 30층 이상 : **최대 5개**)

펌프의 **최소유량** Q는

$Q=N\times130\text{L/min}=2\times130\text{L/min}=260\text{L/min}$

• 문제에서 가장 많은 소화전개수 N**=2개**

150% 운전유량=정격토출량×1.5 $=260\text{L/min}\times1.5=390\text{L/min}$ 이상

③ 150% 토출양정=정격토출양정×0.65 $=40.5\text{m}\times0.65=26.325 \fallingdotseq 26.33\text{m}$ 이상

(나)

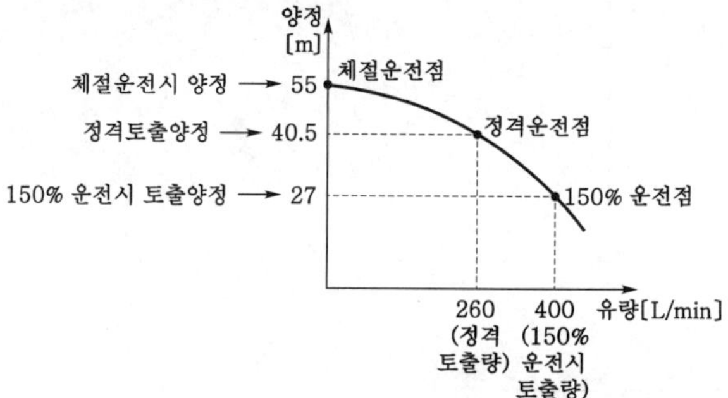

- 성능곡선에서 체절운전시 양정은 55m(56.7m 이하이면 **적합**)이므로 적합
- 성능곡선에서 150% 운전시 토출량은 400L/min(390L/min 이상이면 **적합**)이므로 적합
- 성능곡선에서 150% 운전시 토출양정은 27m(26.33m 이상이면 **적합**)이므로 **적합**

문제 15

포소화설비의 수동식 기동장치의 설치기준에 관한 다음 (   ) 안을 완성하시오.

득점	배점
	6

○ 직접조작 또는 원격조작에 따라 (①) · 수동식 개방밸브 및 소화약제 혼합장치를 기동할 수 있는 것으로 할 것
○ (②) 이상의 방사구역을 가진 포소화설비에는 방사구역을 선택할 수 있는 구조로 할 것
○ 기동장치의 조작부는 화재시 쉽게 접근할 수 있는 곳에 설치하되, 바닥으로부터 (③)m 이상 (④)m 이하의 위치에 설치하고, 유효한 보호장치를 설치할 것
○ 기동장치의 조작부 및 호스접결구에는 가까운 곳의 보기 쉬운 곳에 각각 기동장치의 조작부 및 (⑤)라고 표시한 표지를 설치할 것
○ (⑥)에 설치하는 포소화설비의 수동식 기동장치는 방사구역마다 1개 이상 설치할 것

①:　　②:　　③:
④:　　⑤:　　⑥:

해답 ① 가압송수장치　② 2
③ 0.8　④ 1.5
⑤ 접결구　⑥ 차고 또는 주차장

해설
- ⑥ '**차고**'만 써도 틀리고 '**주차장**'만 써도 틀림. '**차고 또는 주차장**'이라고 모두 써야 정답!

포소화설비 수동식 기동장치의 **설치기준**(NFPC 105 11조, NFTC 105 2.8.1)

(1) **직**접조작 또는 원격조작에 따라 **가압송수장치 · 수동식 개방밸브** 및 **소화약제 혼합장치**를 기동할 수 있는 것으로 할 것
(2) **2 이상**의 방사구역을 가진 포소화설비에는 **방사구역**을 선택할 수 있는 구조로 할 것
(3) **기**동장치의 조작부는 화재시 쉽게 접근할 수 있는 곳에 설치하되, 바닥으로부터 **0.8m 이상 1.5m 이하**의 위치에 설치하고, 유효한 보호장치를 설치할 것
(4) **기**동장치의 조작부 및 호스접결구에는 가까운 곳의 보기 쉬운 곳에 각각 "**기동장치의 조작부**" 및 "**접결구**"라고 **표**시한 표지를 설치할 것
(5) **차고 또는 주차장**에 설치하는 포소화설비의 수동식 기동장치는 방사구역마다 1개 이상 설치할 것
(6) **항공기격납고**에 설치하는 포소화설비의 수동식 기동장치는 각 방사구역마다 **2개 이상**을 설치하되, 그중 **1개**는 각 방사구역으로부터 **가장 가까운 곳** 또는 **조작**에 **편리한 장소**에 설치하고, **1개**는 화재감지수신기를 설치한 **감시실** 등에 설치할 것

기억법 **포직 2 기표차항**

비교

할로겐화합물 및 **불활성기체 소화설비**의 **수동식 기동장치**의 **설치기준**(NFPC 107A 8조, NFTC 107A 2.5.1)

(1) **방호구역**마다 설치
(2) 해당 방호구역의 **출입구 부근** 등 조작을 하는 자가 쉽게 **피난**할 수 있는 장소에 설치할 것
(3) 기동장치의 조작부는 바닥으로부터 **0.8m 이상 1.5m 이하**의 위치에 설치하고, 보호판 등에 따른 **보호장치**를 설치할 것
(4) 기동장치 인근의 보기 쉬운 곳에 '**할로겐화합물 및 불활성기체 소화설비 수동식 기동장치**'라는 표지를 할 것
(5) 전기를 사용하는 기동장치에는 전원표시등을 설치할 것
(6) 기동장치의 방출용 스위치는 음향경보장치와 연동하여 조작될 수 있는 것으로 할 것
(7) 50N 이하의 힘을 가하여 기동할 수 있는 구조로 설치
(8) 기동장치에는 보호장치를 설치해야 하며, 보호장치를 개방하는 경우 기동장치에 설치된 부저 또는 벨 등에 의하여 경고음을 발할 것
(9) 기동장치를 옥외에 설치하는 경우 빗물 또는 외부 충격의 영향을 받지 아니하도록 설치할 것

☆☆☆

문제 16

그림과 같이 바닥면이 자갈로 되어 있는 절연유 봉입변압기에 물분무소화설비를 설치하고자 한다. 물분무소화설비의 화재안전기준을 참고하여 다음 각 물음에 답하시오.

(19.4.문10, 18.11.문12, 17.11.문11, 13.7.문2)

득점	배점
	6

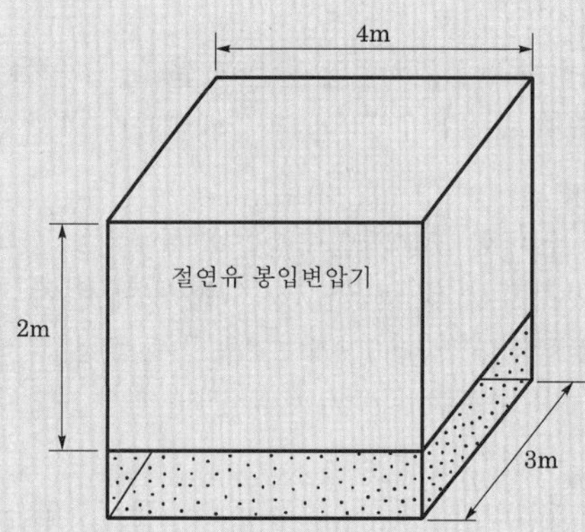

(가) 소화펌프의 최소토출량[L/min]을 구하시오.

○ 계산과정 :

○ 답 :

(나) 필요한 최소수원의 양[m^3]을 구하시오.

○ 계산과정 :

○ 답 :

해답 (가) ○ 계산과정 : $A=(4\times2)+(4\times2)+(3\times2\times2)+(4\times3)=40\text{m}^2$

$Q=40\times10=400\text{L/min}$

○ 답 : 400L/min

(나) ○ 계산과정 : $400\times20=8000\text{L}=8\text{m}^3$

○ 답 : 8m^3

해설 (가) **물분무소화설비**의 **수원**(NFPC 104 4조, NFTC 104 2.1.1)

특정소방대상물	토출량	최소기준	비 고
컨베이어벨트	1**0**L/min · m^2	–	벨트부분의 바닥면적
절연유 봉입변압기	1**0**L/min · m^2	–	표면적을 합한 면적(바닥면적 제외)
특수가연물	1**0**L/min · m^2	최소 $50m^2$	최대 방수구역의 바닥면적 기준
케이블트레이 · 덕트	1**2**L/min · m^2	–	투영된 바닥면적
차고 · 주차장	2**0**L/min · m^2	최소 $50m^2$	최대 방수구역의 바닥면적 기준
위험물 저장탱크	**37**L/min · m	–	위험물탱크 둘레길이(원주길이) : 위험물규칙 [별표 6] Ⅱ

※ 모두 **20분**간 방수할 수 있는 양 이상으로 하여야 한다.

기억법
컨 0
절 0
특 0
케 2
차 0
위 37

절연유 봉입변압기는 **바닥부분**을 **제외**한 **표면적**을 **합한 면적**이므로

A = 앞면 + 뒷면 + (옆면 × 2개) + 윗면

= (4m × 2m) + (4m × 2m) + (3m × 2m × 2개) + (4m × 3m) = 40m²

- 바닥부분은 물이 분무되지 않으므로 적용하지 않는 것에 주의하라!
- 자갈층은 고려할 필요 없음

절연유 봉입변압기의 **소화펌프 방사량**(토출량) Q는

Q = 표면적(바닥면적 제외) × 10L/min · m² = 40m² × 10L/min · m² = 400L/min

(나) **수원**의 **양** Q는

Q = 토출량 × 방사시간

= 400L/min × 20min = 8000L = 8m³

- 400L/min : (가)에서 구한 값
- 20min : NFPC 104 4조, NFTC 104 2.1.1에 의해 주어진 값
  - 제4조 **수원**
    ① 물분무소화설비의 수원은 그 저수량이 다음의 기준에 적합하도록 하여야 한다.
    3. 절연유 봉입변압기는 바닥부분을 제외한 표면적을 합한 면적 1m²에 대하여 10L/min로 **20분간** 방수할 수 있는 양 이상으로 할 것
- 8m³ : 1000L = 1m³이므로 8000L = 8m³

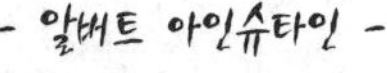

“어려움 한가운데, 그곳에 기회가 있다.”

- 알버트 아인슈타인 -

▮2022년 기사 제2회 필답형 실기시험▮

자격종목	시험시간	형별	수험번호	성명	감독위원 확인
소방설비기사(기계분야)	3시간				

※ 다음 물음에 답을 해당 답란에 답하시오.(배점 : 100)

☆☆☆

문제 01

그림은 위험물을 저장하는 플로팅루프탱크 포소화설비의 계통도이다. 그림과 조건을 참고하여 다음 각 물음에 답하시오.

(19.4.문6, 18.4.문1, 17.4.문10, 16.11.문15, 15.7.문1, 14.4.문6, 13.11.문10, 11.11.문13, 08.7.문11, 04.4.문1)

유사문제부터 풀어보세요.
실력이 팍!팍! 올라갑니다.

득점	배점
	8

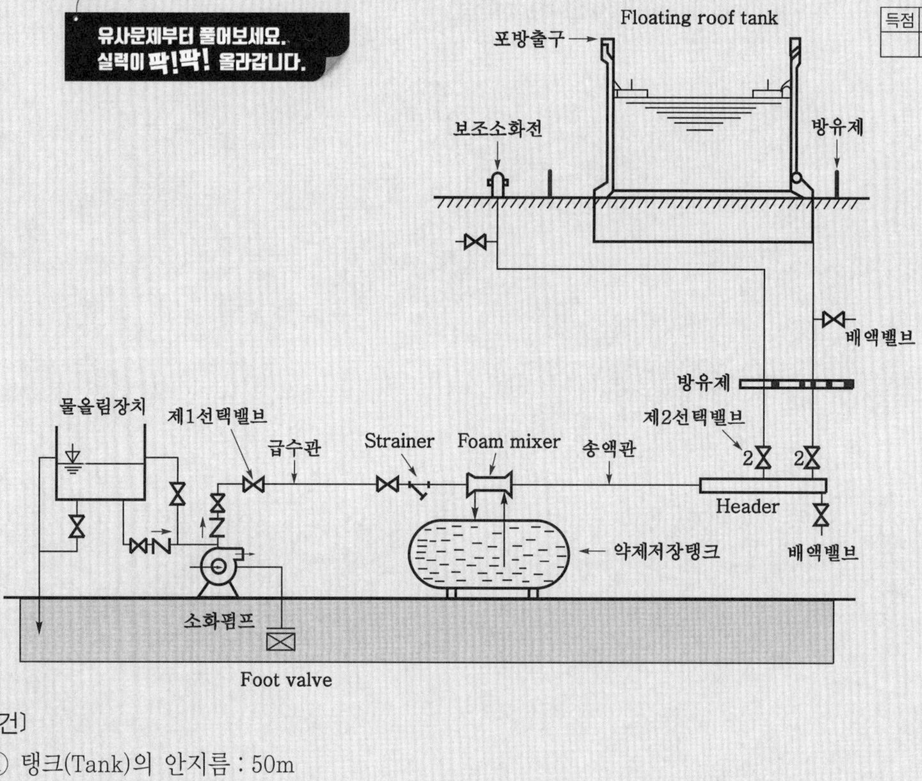

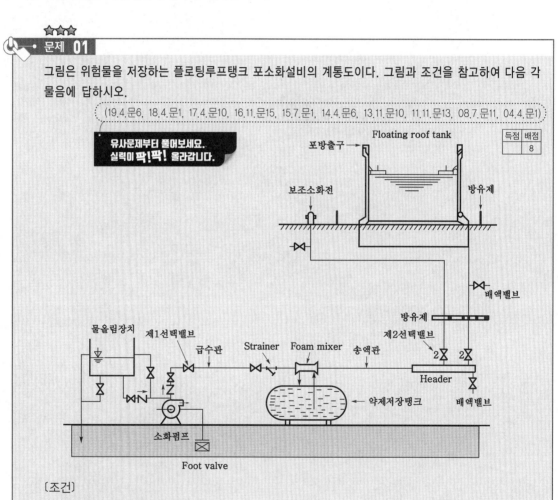

〔조건〕

① 탱크(Tank)의 안지름 : 50m
② 보조포소화전 : 7개
③ 포소화약제 사용농도 : 6%
④ 굽도리판과 탱크벽과의 이격거리 : 1.4m
⑤ 송액관 안지름 : 100mm, 송액관 길이 : 150m
⑥ 고정포방출구의 방출률 : $8L/m^2 \cdot min$, 방사시간 : 30분
⑦ 보조포소화전의 방출률 : 400L/min, 방사시간 : 20분
⑧ 조건에 제시되지 않은 사항은 무시한다.

(가) 소화펌프의 토출량[L/min]을 구하시오.
- ○ 계산과정 :
- ○ 답 :

(나) 수원의 용량[L]을 구하시오.
- ○ 계산과정 :
- ○ 답 :

(다) 포소화약제의 저장량[L]을 구하시오.
- ○ 계산과정 :
- ○ 답 :

(라) 탱크에 설치되는 고정포방출구의 종류와 설치된 포소화약제 혼합방식의 명칭을 쓰시오.
- ○ 고정포방출구의 종류 :
- ○ 포소화약제 혼합방식 :

해답 (가) ○ 계산과정 : $Q_1 = \frac{\pi}{4}(50^2 - 47.2^2) \times 8 \times 1 = 1710.031 ≒ 1710.03 \text{L/min}$

$Q_2 = 3 \times 1 \times 400 = 1200 \text{L/min}$

소화펌프의 토출량 $= 1710.03 + 1200 = 2910.03 \text{L/min}$

○ 답 : 2910.03L/min

(나) ○ 계산과정 : $Q_1 = \frac{\pi}{4}(50^2 - 47.2^2) \times 8 \times 30 \times 0.94 = 48222.894 \text{L}$

$Q_2 = 3 \times 0.94 \times 400 \times 20 = 22560 \text{L}$

$Q_3 = \frac{\pi}{4} \times 0.1^2 \times 150 \times 0.94 \times 1000 = 1107.411 \text{L}$

$Q = 48222.894 + 22560 + 1107.411 = 71890.305 ≒ 71890.31 \text{L}$

○ 답 : 71890.31L

(다) ○ 계산과정 : $Q_1 = \frac{\pi}{4}(50^2 - 47.2^2) \times 8 \times 30 \times 0.06 = 3078.057 \text{L}$

$Q_2 = 3 \times 0.06 \times 400 \times 20 = 1440 \text{L}$

$Q_3 = \frac{\pi}{4} \times 0.1^2 \times 150 \times 0.06 \times 1000 = 70.685 \text{L}$

$Q = 3078.057 + 1440 + 70.685 = 4588.742 ≒ 4588.74 \text{L}$

○ 답 : 4588.74L

(라) ○ 고정포방출구의 종류 : 특형 방출구
○ 포소화약제 혼합방식 : 프레져 프로포셔너방식

해설 (가) ① **고정포방출구**

$$Q = A \times Q_1 \times T \times S$$

여기서, Q : 수용액 · 수원 · 약제량[L]
A : 탱크의 액표면적[m²]
Q_1 : 수용액의 분당 방출량(방출률)[L/m² · min]
T : 방사시간[분]
S : 사용농도

$$Q = A \times Q_1 \times S$$

여기서, Q : 1분당 수용액 · 수원 · 약제량[L/min]
A : 탱크의 액표면적[m²]
Q_1 : 수용액의 분당 방출량(방출률)[L/m² · min]
S : 사용농도

② **보조포소화전**

$$Q = N \times S \times 8000$$

여기서, Q : 수용액 · 수원 · 약제량[L]
N : 호스접결구수(**최대 3개**)
S : 사용농도

또는,

$$Q = N \times S \times 400$$

여기서, Q : 수용액 · 수원 · 약제량〔L/min〕
N : 호스접결구수(**최대 3개**)
S : 사용농도

- 보조포소화전의 방사량(방출률)이 400L/min이므로 400L/min×20min=8000L가 되므로 위의 두 식은 같은 식이다.

③ **배관보정량**

$$Q = A \times L \times S \times 1000\text{L/m}^3 \text{(안지름 75mm 초과시에만 적용)}$$

여기서, Q : 배관보정량〔L〕
A : 배관단면적〔m^2〕
L : 배관길이〔m〕
S : 사용농도

④ **고정포방출구**의 **수용액** Q_1은

$$Q_1 = A \times Q \times S$$
$$= \frac{\pi}{4}(50^2 - 47.2^2)\text{m}^2 \times 8\text{L/m}^2 \cdot \text{min} \times 1$$
$$= 1710.031 ≒ 1710.03\text{L/min}$$

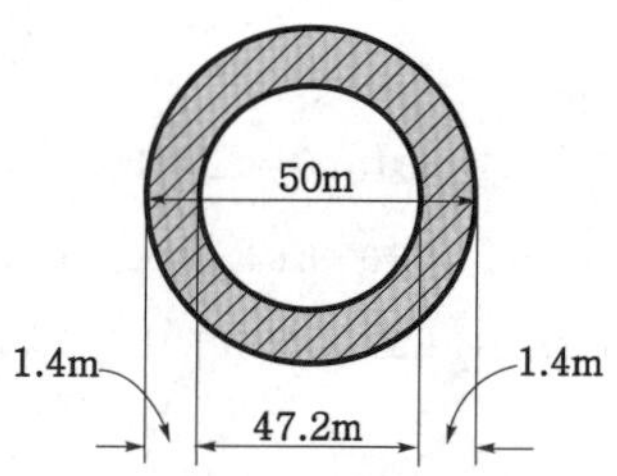

‖ 플로팅루프탱크의 구조 ‖

- A(탱크의 액표면적) : 탱크표면의 표면적만 고려하여야 하므로 〔조건 ④〕에서 굽도리판과 탱크벽과의 간격 **1.4m**를 적용하여 그림에서 빗금 친 부분만 고려하여 $\frac{\pi}{4}(50^2 - 47.2^2)\text{m}^2$로 계산하여야 한다. 꼭 기억해 두어야 할 사항은 굽도리판과 탱크벽과의 간격을 적용하는 것은 **플로팅루프탱크**의 경우에만 한한다는 것이다.
- Q(수용액의 분당 방출량 **8L/m^2 · min**) : 〔조건 ⑥〕에서 주어진 값
- S(농도) : 수용액량이므로 항상 **1**

보조포소화전의 **방사량** Q_2는

$$Q_2 = N \times S \times 400$$
$$= 3 \times 1 \times 400 = 1200\text{L/min}$$

- N(3) : 〔조건 ②〕에서 3개를 초과하므로 **3개**
- S(1) : 수용액량이므로 항상 1

소화펌프의 토출량=고정포방출구의 분당 토출량+보조포소화전의 분당 토출량

$$= Q_1 + Q_2$$
$$= 1710.03\text{L/min} + 1200\text{L/min}$$
$$= 2910.03\text{L/min}$$

- 소화펌프의 분당 토출량은 **수용액량**을 기준으로 한다는 것을 기억하라.
- 소화펌프의 분당 토출량은 **배관보정량**을 **적용하지 않는다**. 왜냐하면 배관보정량은 배관 내에 저장되어 있는 것으로 소비되는 것이 아니기 때문이다. 주의!

(나) ① **고정포방출구**의 **수원의 양** Q_1은

$Q_1 = A \times Q \times T \times S$

$= \frac{\pi}{4}(50^2 - 47.2^2)\text{m}^2 \times 8\text{L/m}^2 \cdot \text{min} \times 30\text{min} \times 0.94 = 48222.894\text{L}$

- S(0.94) : 〔조건 ③〕에서 6%용이므로 수원의 농도(S)는 **94%**(100−6=94%=0.94)가 된다.

② **보조포소화전**의 **수원**의 **양** Q_2는

$Q_2 = N \times S \times 400$

$= 3 \times 0.94 \times 400 \times 20\text{min} = 22560\text{L}$

- S(0.94) : 〔조건 ③〕에서 6%용이므로 수원의 농도(S)는 **94%**(100−6=94%=0.94)가 된다.
- **20min** : 보조포소화전의 방사시간은 〔조건 ⑦〕에 의해 20min이다. 30min가 아니다. 주의! 20min는 Q_2의 단위를 'L'로 만들기 위해서 필요

③ **배관보정량** Q_3은

$Q_3 = A \times L \times S \times 1000\text{L/m}^3$(안지름 75mm 초과시에만 적용)

$= \frac{\pi}{4} \times (0.1\text{m})^2 \times 150\text{m} \times 0.94 \times 1000\text{L/m}^3$

$= 1107.411\text{L}$

- S(0.94) : 〔조건 ③〕에서 6%용이므로 수원의 농도(S)는 **94%**(100−6=94%=0.94)가 된다.
- L(송액관 길이 **150m**) : 〔조건 ⑤〕에서 주어진 값
- 〔조건 ⑤〕에서 안지름 100mm로서 75mm 초과하므로 배관보정량 적용

∴ 수원의 양 $Q = Q_1 + Q_2 + Q_3$

$= 48222.894\text{L} + 22560\text{L} + 1107.411\text{L}$

$= 71890.305 ≒ 71890.31\text{L}$

(다) ① 고정포방출구의 약제량 Q_1은

$Q_1 = A \times Q \times T \times S$

$= \frac{\pi}{4}(50^2 - 47.2^2)\text{m}^2 \times 8\text{L/m}^2 \cdot \text{min} \times 30\text{min} \times 0.06 = 3078.057\text{L}$

- S(0.06) : 〔조건 ③〕에서 6%용이므로 **약제농도**(S)는 **0.06**이다.

② **보조포소화전**의 **약제량** Q_2는

$Q_2 = N \times S \times 400$

$= 3 \times 0.06 \times 400 \times 20\text{min} = 1440\text{L}$

- S(0.06) : 〔조건 ③〕에서 6%용이므로 **약제농도**(S)는 **0.06**이다.

③ 배관보정량 Q_3은

$Q_3 = A \times L \times S \times 1000\text{L/m}^3$(안지름 75mm 초과시에만 적용)

$= \frac{\pi}{4} \times (0.1\text{m})^2 \times 150\text{m} \times 0.06 \times 1000\text{L/m}^3 = 70.685\text{L}$

- S(0.06) : 〔조건 ③〕에서 6%용이므로 **약제농도**(S)는 **0.06**이다.
- 〔조건 ⑤〕에서 안지름 100mm로서 75mm 초과하므로 배관보정량 적용

∴ **포소화약제**의 **양** $Q = Q_1 + Q_2 + Q_3$

$= 3078.057\text{L} + 1440\text{L} + 70.685\text{L} = 4588.742 ≒ 4588.74\text{L}$

(라) ① **위험물 옥외탱크저장소**의 **고정포방출구**

탱크의 종류	고정포방출구
고정지붕구조(콘루프탱크)	• Ⅰ형 방출구 • Ⅱ형 방출구 • Ⅲ형 방출구(표면하 주입방식) • Ⅳ형 방출구(반표면하 주입방식)
부상덮개부착 고정지붕구조	• Ⅱ형 방출구
부상지붕구조(**플**로팅루프탱크)	• **특**형 방출구 기억법 **특플**(당신은 **터프**가이)

문제에서 **플로팅루프탱크**(Floating roof tank)를 사용하므로 고정포방출구는 **특형**을 사용하여야 한다.

② 도면의 혼합방식은 **프레져 프로포셔너**(Pressure proportioner)**방식**이다. 프레져 프로포셔너방식을 쉽게 구분할 수 있는 방법은 **혼합기**(Foam mixer)와 **약제저장탱크** 사이의 **배관개수**를 세어보면 된다. 프레져 프로포셔너방식은 혼합기와 약제저장탱크 사이의 배관개수가 **2개**이며, 기타방식은 **1개**이다(**구분방법이 너무 쉽지 않는가?**).

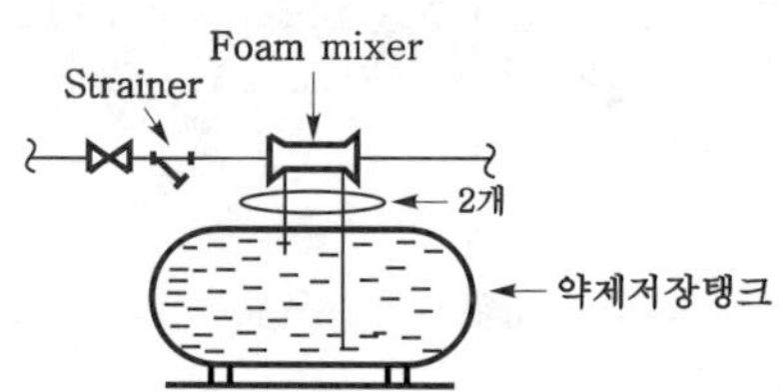

‖ 약제저장탱크 주위배관 ‖

용어

포소화약제의 **혼합방식**

(1) **펌프 프로포셔너방식**(펌프혼합방식) : 펌프의 토출관과 흡입관 사이의 배관 도중에 설치한 흡입기에 펌프에서 토출된 물의 일부를 보내고 **농도조정밸브**에서 조정된 포소화약제의 필요량을 포소화약제 탱크에서 펌프흡입측으로 보내어 이를 혼합하는 방식으로 **Pump proportioner type과 Suction proportioner type**이 있다.

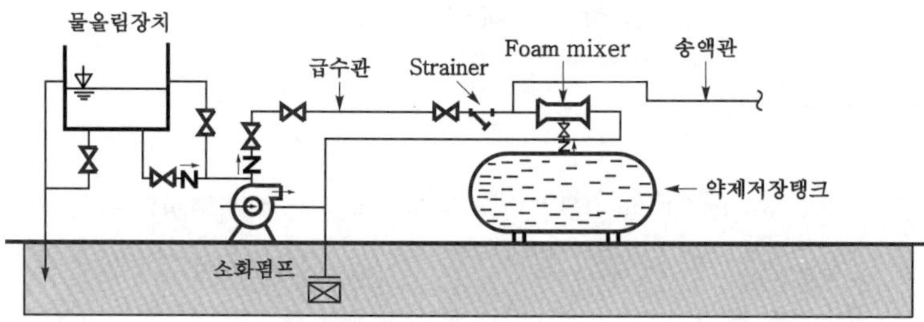

‖ Pump proportioner type ‖

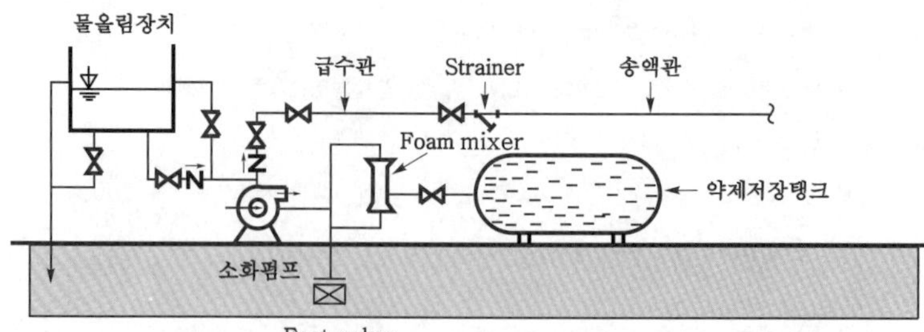

‖ Suction proportioner type ‖

(2) **라인 프로포셔너방식**(관로혼합방식) : 펌프와 발포기의 중간에 설치된 **벤투리관**의 벤투리작용에 의하여 포소화약제를 흡입·혼합하는 방식

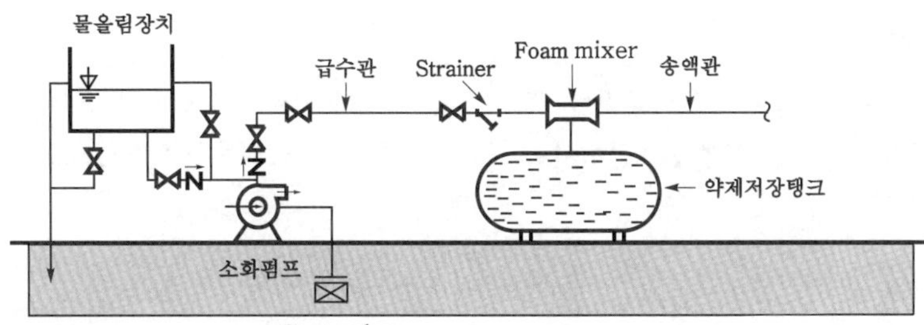

‖ 라인 프로포셔너방식 ‖

(3) **프레져 프로포셔너방식**(차압혼합방식) : 펌프와 발포기의 중간에 설치된 **벤투리관**의 벤투리작용과 **펌프가압수**의 포소화약제 저장탱크에 대한 압력에 의하여 포소화약제를 흡입·혼합하는 방식

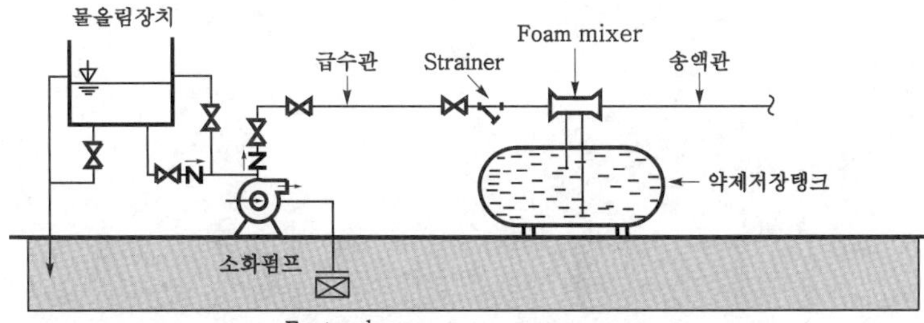

‖ 프레져 프로포셔너방식 ‖

(4) **프레져사이드 프로포셔너방식**(압입혼합방식) : 펌프의 토출관에 **압입기**를 설치하여 포소화약제 **압입용 펌프**로 포소화약제를 압입시켜 혼합하는 방식

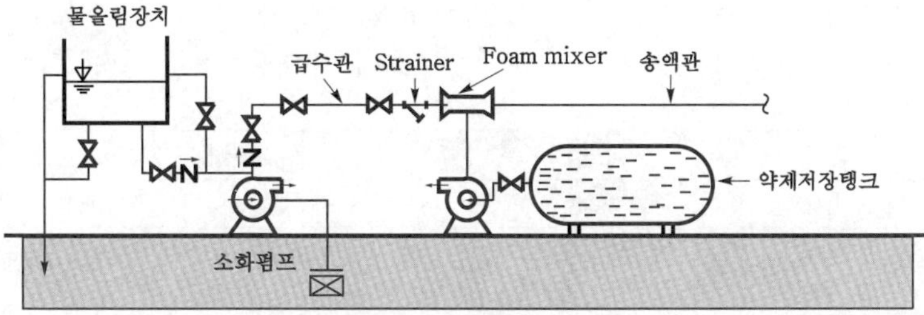

‖ 프레져사이드 프로포셔너방식 ‖

(5) **압축공기포 믹싱챔버방식** : **압축공기** 또는 **압축질소**를 일정 비율로 포수용액에 **강제 주입** 혼합하는 방식

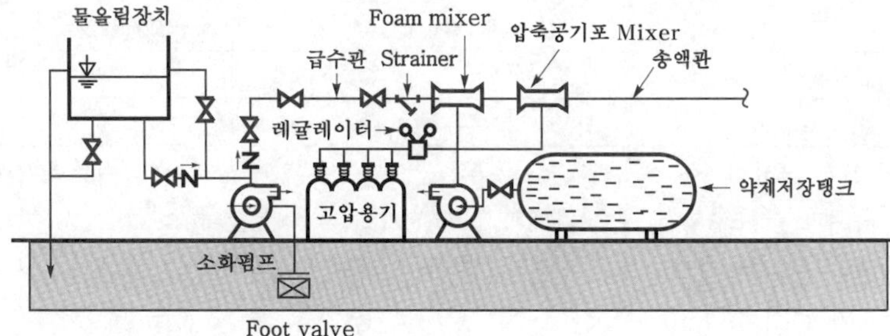

‖ 압축공기포 믹싱챔버방식 ‖

☆☆ 문제 02

폐쇄형 헤드를 사용한 스프링클러설비의 도면이다. 스프링클러헤드 중 A지점에 설치된 헤드 1개만이 개방되었을 때 다음 각 물음에 답하시오. (단, 주어진 조건을 적용하여 계산하고, 설비도면의 길이단위는 mm이다.)

(16.6.문8, 12.7.문3)

득점	배점
	6

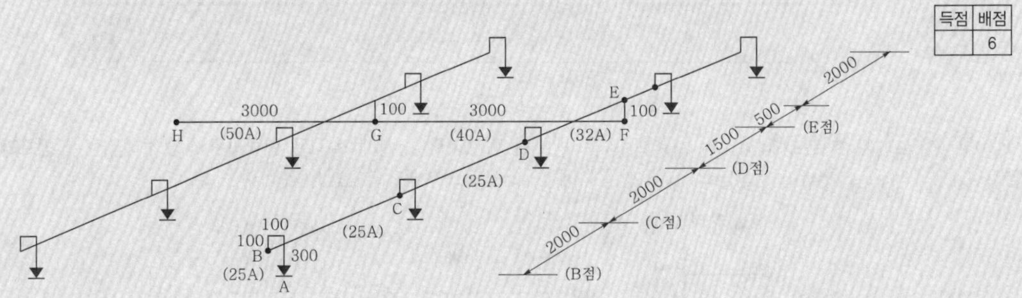

〔조건〕

① 급수관 중 H점에서의 가압수 압력은 0.15MPa로 계산한다.

② 엘보는 배관지름과 동일한 지름의 엘보를 사용하고 티의 크기는 다음 표와 같이 사용한다. 그리고 관경 축소는 오직 리듀서만을 사용한다.

지 점	C지점	D지점	E지점	G지점
티의 크기	25A	32A	40A	50A

③ 스프링클러헤드는 15A용 헤드가 설치된 것으로 한다.

④ 직관의 100m당 마찰손실수두(단, A점에서의 헤드방수량을 80L/min로 계산한다.)

(단위 : m)

유 량	25A	32A	40A	50A
80L/min	39.82	11.38	5.40	1.68

⑤ 관이음쇠의 마찰손실에 해당되는 직관길이(등가길이)

(단위 : m)

구 분	25A	32A	40A	50A
엘보(90°)	0.90	1.20	1.50	2.10
리듀서	0.54 (25A×15A)	0.72 (32A×25A)	0.90 (40A×32A)	1.20 (50A×40A)
티(직류)	0.27	0.36	0.45	0.60
티(분류)	1.50	1.80	2.10	3.00

예 25A 크기의 90° 엘보의 손실수두는 25A, 직관 0.9m의 손실수두와 같다.

⑥ 가지배관 말단(B지점)과 교차배관 말단(F지점)은 엘보로 한다.

⑦ 관경이 변하는 관부속품은 관경이 큰 쪽으로 손실수두를 계산한다.

⑧ 중력가속도는 $9.8m/s^2$로 한다.

⑨ 구간별 관경은 다음 표와 같다.

구 간	관 경
A~D	25A
D~E	32A
E~G	40A
G~H	50A

(가) A~H까지의 전체 배관 마찰손실수두[m](단, 직관 및 관이음쇠를 모두 고려하여 구한다.)

○ 계산과정 :

○ 답 :

(나) H와 A는 몇 m가 더 높은지 계산과정을 쓰고 (　) 안을 완성하시오.

(①)가 (②)보다 (③)m 높다.

○ 계산과정 :

○ 답 :

(다) A에서의 방사압력[kPa]

○ 계산과정 :

○ 답 :

해답 (가) ○ 계산과정

구 간	호칭 구경	유 량	직관 및 등가길이	마찰손실수두
H~G	50A	80L/min	• 직관 : 3 • 관이음쇠 티(직류) : 1×0.60=0.60 리듀서 : 1×1.20=1.20 소계 : 4.8m	$4.8 \times \frac{1.68}{100}$ =0.0806
G~E	40A	80L/min	• 직관 : 3+0.1=3.1 • 관이음쇠 엘보(90°) : 1×1.50=1.50 티(분류) : 1×2.10=2.10 리듀서 : 1×0.90=0.90 소계 : 7.6m	$7.6 \times \frac{5.40}{100}$ =0.4104
E~D	32A	80L/min	• 직관 : 1.5 • 관이음쇠 티(직류) : 1×0.36=0.36 리듀서 : 1×0.72=0.72 소계 : 2.58m	$2.58 \times \frac{11.38}{100}$ =0.2936
D~A	25A	80L/min	• 직관 : 2+2+0.1+0.1+0.3=4.5 • 관이음쇠 티(직류) : 1×0.27=0.27 엘보(90°) : 3×0.90=2.70 리듀서 : 1×0.54=0.54 소계 : 8.01m	$8.01 \times \frac{39.82}{100}$ =3.1895
				3.9741≒3.97m

○ 답 : 3.97m

(나) ○ 계산과정 : $0.3-0.1=0.2\text{m}$

○ 답 : ① H

② A

③ 0.2

(다) ○ 계산과정 : 낙차$=0.1+0.1-0.3=-0.1\text{m}$

$h=-0.1+3.97=3.87\text{m}$

$\Delta P=1000\times9.8\times3.87=37926\text{Pa}=37.926\text{kPa}$

$P_A=150-37.926=112.074 \fallingdotseq 112.07\text{kPa}$

○ 답 : 112.07kPa

해설 (가) **직관** 및 **관이음쇠**의 **마찰손실수두**

구 간	호칭구경	유 량	직관 및 등가길이	m당 마찰손실	마찰손실수두
H~G	50A	80L/min	• 직관 : 3m • 관이음쇠 티(직류) : 1개×0.60m=0.60m 리듀서(50A×40A) : 1개×1.20m=1.20m 소계 : 4.8m	$\frac{1.68}{100}$ ([조건 ④]에 의해)	4.8m×$\frac{1.68}{100}$ =0.0806m
G~E	40A	80L/min	• 직관 : 3+0.1=3.1m • 관이음쇠 엘보(90°) : 1개×1.50m=1.50m 티(분류) : 1개×2.10m=2.10m 리듀서(40A×32A) : 1개×0.90m=0.90m 소계 : 7.6m	$\frac{5.40}{100}$ ([조건 ④]에 의해)	7.6m×$\frac{5.40}{100}$ =0.4104m
E~D	32A	80L/min	• 직관 : 1.5m • 관이음쇠 티(직류) : 1개×0.36m=0.36m 리듀서(32A×25A) : 1개×0.72m=0.72m 소계 : 2.58m	$\frac{11.38}{100}$ ([조건 ④]에 의해)	2.58m×$\frac{11.38}{100}$ =0.2936m
D~A	25A	80L/min	• 직관 : 2+2+0.1+0.1+0.3=4.5m • 관이음쇠 티(직류) : 1개×0.27m=0.27m 엘보(90°) : 3개×0.90m=2.70m 리듀서(25A×15A) : 1개×0.54m=0.54m 소계 : 8.01m	$\frac{39.82}{100}$ ([조건 ④]에 의해)	8.01m×$\frac{39.82}{100}$ =3.1895m
				합계	3.9741m≒3.97m

• 직관=배관
• 관부속품=관이음쇠

(나)

• 도면에 호칭구경이 표시되지 않은 경우 아래 표를 보고 구경을 선정해야 함

‖ 스프링클러헤드수별 급수관의 구경(NFTC 103 2.5.3.3) **‖**

구 분 \ 급수관의 구경	25mm	32mm	40mm	50mm	65mm	80mm	90mm	100mm	125mm	150mm
• **폐쇄형 헤드** ⟶	2개	3개	5개	10개	30개	60개	80개	100개	160개	161개 이상
• **폐쇄형 헤드** (헤드를 동일 급수관의 가지관상에 병설하는 경우)	2개	4개	7개	15개	30개	60개	65개	100개	160개	161개 이상
• **폐쇄형 헤드** (**무대부 · 특수가연물** 저장취급장소) • **개방형 헤드** (헤드개수 **30**개 이하)	1개	2개	5개	8개	15개	27개	40개	55개	90개	91개 이상

기억법
2 3 5 1 3 6 8 1 6
2 4 7 5 3 6 5 1 6
1 2 5 8 5 27 4 55 9

높이 $= 0.3\text{m} - 0.1\text{m} = 0.2\text{m}$

• H를 기준으로 0.1m(100mm) 위로 올라갔고 0.3m(300mm)가 내려왔으므로 0.3m−0.1m=0.2m가 되어 H가 A보다 0.2m 높다. 여기서는 높낮이를 물어보았으므로 내려간 300mm와 올라간 100mm의 차만 계산하면 되는 것이므로 0.3m−0.1m=0.2m가 맞음. **낙차**와 **높이**는 다르니 잘 구분해야 함.

높낮이	낙차
높이는 단순히 올라간 높이와 내려간 높이의 차이를 말함. 다시 말해, 높낮이는 **최대**로 올라간 길이와 **최대**로 내려간 길이를 빼면 된다. 높낮이=최대로 올라간 길이−최대로 내려간 길이	올라간 부분이 **총** 몇 m인지, 내려간 부분이 **총** 몇 m인지의 차이를 말함. 낙차=총 올라간 길이−총 내려간 길이

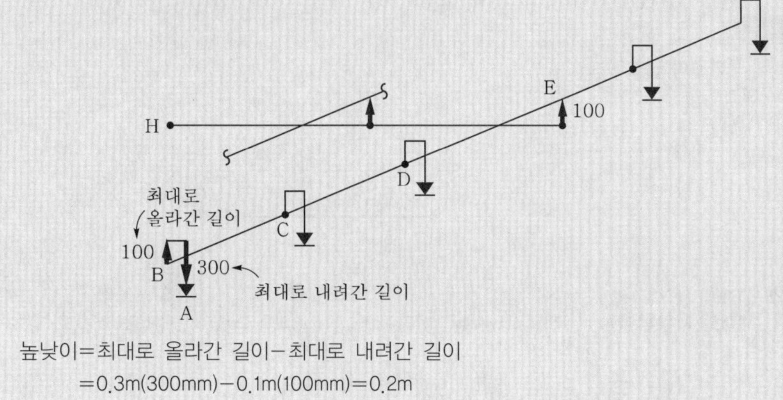

높낮이=최대로 올라간 길이−최대로 내려간 길이
=0.3m(300mm)−0.1m(100mm)=0.2m

(다) ① H점과 A점의 수두 h는 **직관** 및 **관이음쇠의 낙차**+**마찰손실수두**이므로
낙차$=0.1\text{m}+0.1\text{m}-0.3\text{m}=-0.1\text{m}$

- 낙차는 수직배관만 고려하며, 물 흐르는 방향을 주의하여 산정하면 0.1m+0.1m−0.3m=−0.1m가 된다(**펌프방식**이므로 물 흐르는 방향이 위로 향할 경우 '**+**', 아래로 향할 경우 '**−**'로 계산하라).

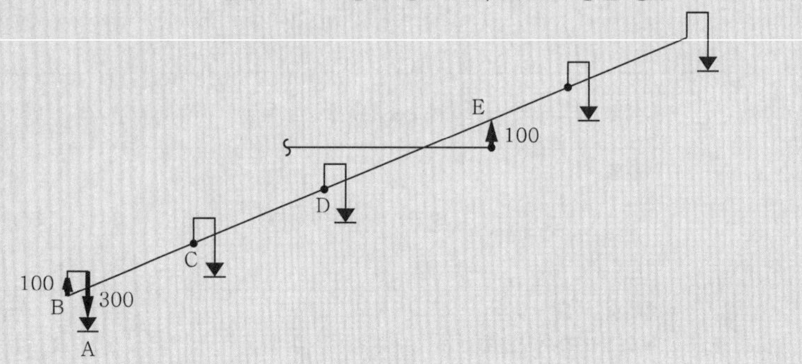

- 도면에서 고가수조가 보이지 않으면, 일반적으로 **펌프방식**을 적용하면 된다.

$h=-0.1\text{m}+3.97\text{m}=3.87\text{m}$

② H점과 A점의 압력차

$$\Delta P=\gamma h,\ \gamma=\rho g$$

여기서, ΔP : H점과 A점의 압력차[Pa]
γ : 비중량[N/m³]
h : 높이[m]
ρ : 밀도(물의 밀도 1000N · s²/m⁴)
g : 중력가속도[m/s²]

$\Delta P=\gamma h=(\rho g)h=1000\text{N}\cdot\text{s}^2/\text{m}^4\times 9.8\text{m/s}^2\times 3.87\text{m}=37926\text{N/m}^2=37926\text{Pa}=37.926\text{kPa}$

- 1N/m²=1Pa이므로 37926N/m²=37926Pa
- [조건 ⑧]에 주어진 중력가속도 **9.8m/s²**를 반드시 적용할 것. 적용하지 않으면 틀린다.

③ A점 헤드의 방사압력 P_A는

$P_A=\text{H점의 압력}-\Delta P=150\text{kPa}-37.926\text{kPa}=112.074\fallingdotseq 112.07\text{kPa}$

- [조건 ①]에서 H점의 압력은 **0.15MPa=150kPa**이다.

중요

직관 및 **등가길이 산출**

(1) **H~G**(호칭구경 50A)

① 직관 : 3m

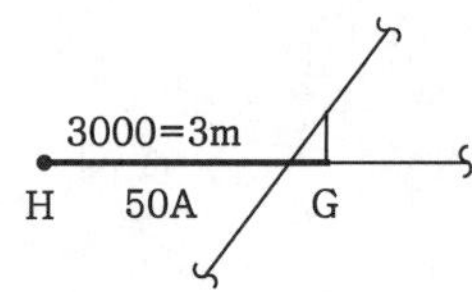

② 관이음쇠

각각의 사용위치를 티(직류) : ➡, 리듀서(50A×40A) : ⇒로 표시하면 다음과 같다.

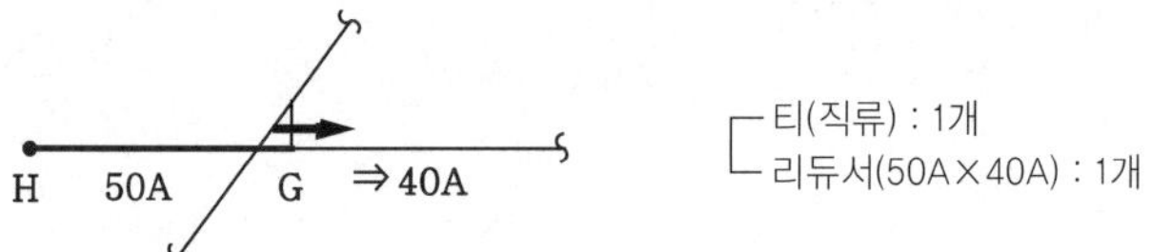

- 물의 흐름방향에 따라 티(분류)와 티(직류)를 다음과 같이 분류한다.

‖ 티(분류) ‖　　‖ 티(직류) ‖

(2) **G~E**(호칭구경 40A)

① 직관 : 3m+0.1m=3.1m

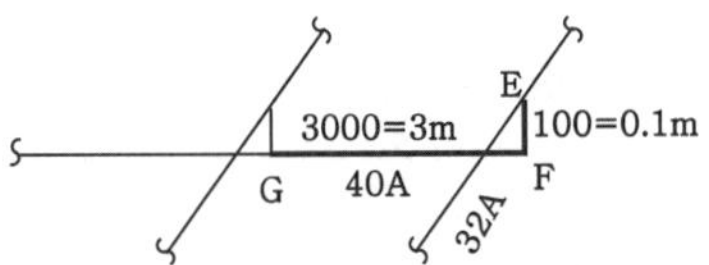

- 〔조건 ⑥〕에 의해 F지점을 엘보로 계산한다. 이 조건이 없으면 티**(분류)**로 계산할 수도 있다.

② 관이음쇠

각각의 사용위치를 엘보(90°) : ○, 티(분류) : ●, 리듀서(40A×32A) : ⇒로 표시하면 다음과 같다.

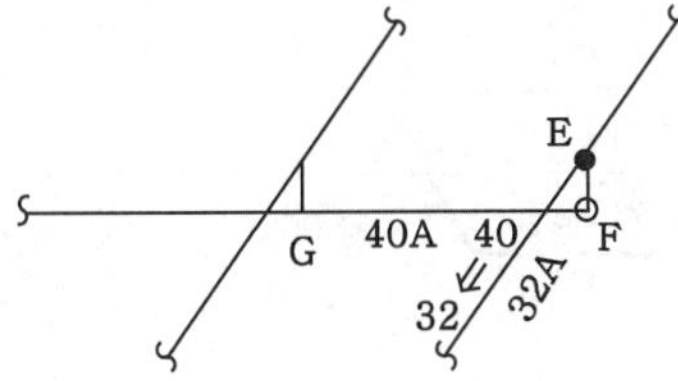

- 엘보(90°) : 1개
- 티(분류) : 1개
- 리듀서(40A×32A) : 1개

(3) **E~D**(호칭구경 32A)

① 직관 : 1.5m

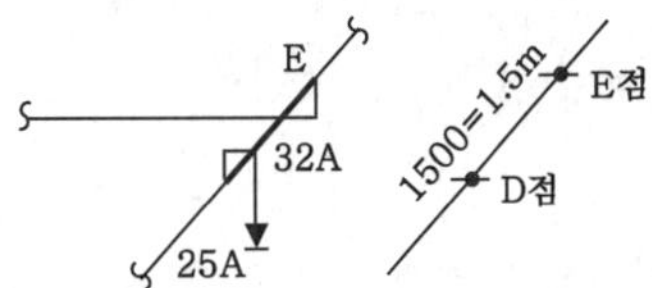

② 관이음쇠

각각의 사용위치를 티(직류) : ⟶, 리듀서(32A×25A) : ⇒로 표시하면 다음과 같다.

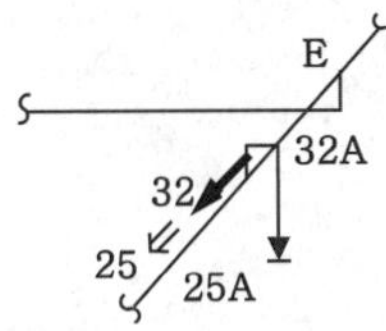

- 티(직류) : 1개
- 리듀서(32A×25A) : 1개

(4) **D~A**(호칭구경 25A)

① 직관 : 2m+2m+0.1m+0.1m+0.3m=4.5m

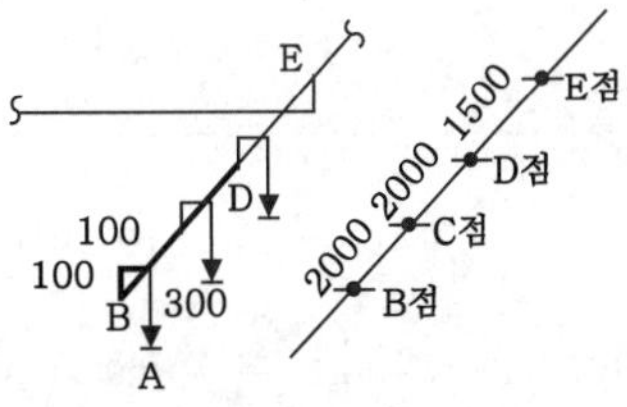

- 〔조건 ⑥〕에 의해 B지점을 **엘보**로 계산한다. 이 조건이 없으면 **티(분류)**로 계산할 수도 있다.

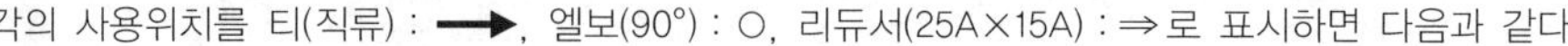

② 관이음쇠

각각의 사용위치를 티(직류) : ⟶, 엘보(90°) : ○, 리듀서(25A×15A) : ⇒로 표시하면 다음과 같다.

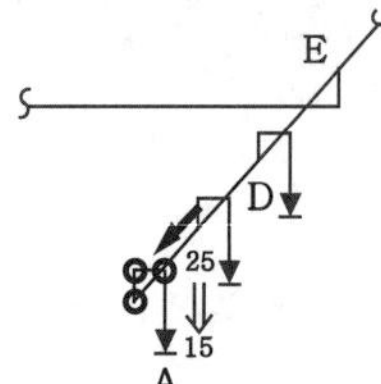

- 티(직류) : 1개
- 엘보(90°) : 3개
- 리듀서(25A×15A) : 1개

☆☆☆

문제 03

그림과 같은 배관에 물이 흐를 경우 배관 ①, ②, ③에 흐르는 각각의 유량〔L/min〕을 구하시오. (단, A, B 사이의 배관 ①, ②, ③의 마찰손실수두는 각각 10m로 동일하며 마찰손실 계산은 다음의 Hazen-William's식을 사용한다. 그리고 계산결과는 소수점 이하를 반올림하여 반드시 정수로 나타내시오.)

(21.7.문6, 15.7.문15, 11.11.문7)

득점	배점
	6

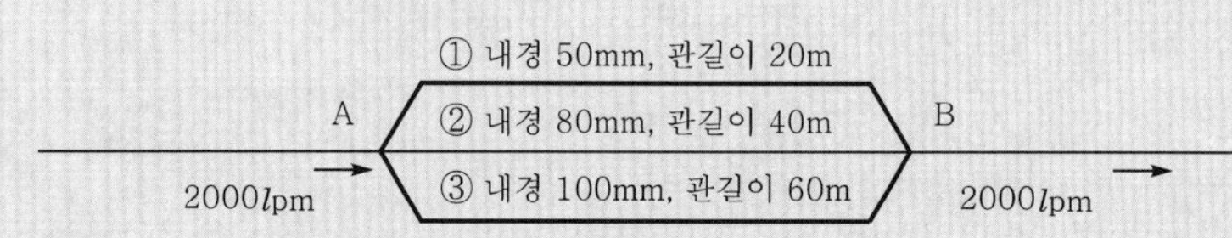

$$\Delta P = 6.053 \times 10^4 \times \frac{Q^{1.85}}{C^{1.85} \times d^{4.87}} \times L$$

여기서, ΔP : 마찰손실압력〔MPa〕

Q : 유량〔L/min〕

C : 관의 조도계수(무차원)

d : 관의 내경〔mm〕

L : 배관의 길이〔m〕

(가) 배관 ①의 유량〔L/min〕
- ○ 계산과정 :
- ○ 답 :

(나) 배관 ②의 유량〔L/min〕
- ○ 계산과정 :
- ○ 답 :

(다) 배관 ③의 유량〔L/min〕
- ○ 계산과정 :
- ○ 답 :

해답

(가) ○ 계산과정 : $\Delta P = 10\text{m} = \frac{10}{10.332} \times 0.101325 = 0.098\text{MPa}$

$$\Delta P_1 = 6.053 \times 10^4 \times \frac{Q_1^{\ 1.85}}{C^{1.85} \times 50^{4.87}} \times 20 = 0.098$$

$$\Delta P_2 = 6.053 \times 10^4 \times \frac{Q_2^{\ 1.85}}{C^{1.85} \times 80^{4.87}} \times 40 = 0.098$$

$$\Delta P_3 = 6.053\times10^4\times\frac{Q_3^{\ 1.85}}{C^{1.85}\times100^{4.87}}\times60 = 0.098$$

$$Q_1^{\ 1.85} = \frac{50^{4.87}\times0.098\times C^{1.85}}{6.053\times10^4\times20},\quad Q_1 = \sqrt[1.85]{\frac{50^{4.87}\times0.098\times C^{1.85}}{6.053\times10^4\times20}} ≒ 4.355C$$

$$Q_2^{\ 1.85} = \frac{80^{4.87}\times0.098\times C^{1.85}}{6.053\times10^4\times40},\quad Q_2 = \sqrt[1.85]{\frac{80^{4.87}\times0.098\times C^{1.85}}{6.053\times10^4\times40}} ≒ 10.319C$$

$$Q_3^{\ 1.85} = \frac{100^{4.87}\times0.098\times C^{1.85}}{6.053\times10^4\times60},\quad Q_3 = \sqrt[1.85]{\frac{100^{4.87}\times0.098\times C^{1.85}}{6.053\times10^4\times60}} ≒ 14.913C$$

$$4.355C + 10.319C + 14.913C = 2000$$

$$29.587C = 2000$$

$$C = \frac{2000}{29.587} ≒ 67.597$$

$$4.355\times67.597 = 294.3 ≒ 294\text{L/min}$$

○ 답 : 294L/min

(나) ○ 계산과정 : $10.319\times67.597 = 697.5 ≒ 698\text{L/min}$

○ 답 : 698L/min

(다) ○ 계산과정 : $14.913\times67.597 = 1008.0 ≒ 1008\text{L/min}$

○ 답 : 1008L/min

해설 **직경**

하젠-윌리엄스의 식(Hazen-William's formula)

$$\Delta P = 6.053\times10^4\times\frac{Q^{1.85}}{C^{1.85}\times d^{4.87}}\times L ≒ 6.05\times10^4\times\frac{Q^{1.85}}{C^{1.85}\times d^{4.87}}\times L$$

여기서, ΔP : 마찰손실압력〔MPa〕

C : 관의 조도계수(무차원)

d : 관의 내경〔mm〕

Q : 관의 유량〔L/min〕

L : 관의 길이〔m〕

참고

SFPE(Society of Fire Protection Engineers, 미국소방기술사회) 핸드북에서는 하젠-윌리엄스의 식을 다음과 같이 명시하고 있다.

$$\Delta P = 6.05\times10^4\times\frac{Q^{1.85}}{C^{1.85}\times d^{4.87}}\times L$$

① $\Delta P_1 = 6.053\times10^4\times\dfrac{Q_1^{\ 1.85}}{C^{1.85}\times(50\text{mm})^{4.87}}\times20\text{m}$

$$0.098\text{MPa} = 6.053\times10^4\times\frac{Q_1^{\ 1.85}}{C^{1.85}\times(50\text{mm})^{4.87}}\times20\text{m}$$

② $\Delta P_2 = 6.053\times10^4\times\dfrac{Q_2^{\ 1.85}}{C^{1.85}\times(80\text{mm})^{4.87}}\times40\text{m}$

$$0.098\text{MPa} = 6.053\times10^4\times\frac{Q_2^{\ 1.85}}{C^{1.85}\times(80\text{mm})^{4.87}}\times40\text{m}$$

③ $\Delta P_3 = 6.053\times10^4\times\dfrac{Q_3^{\ 1.85}}{C^{1.85}\times(100\text{mm})^{4.87}}\times60\text{m}$

$$0.098\text{MPa} = 6.053\times10^4\times\frac{Q_3^{\ 1.85}}{C^{1.85}\times(100\text{mm})^{4.87}}\times60\text{m}$$

- ΔP를 10m=0.098MPa로 적용
- ΔP(마찰손실압력) : 1MPa≒100m이므로 문제에서 마찰손실 10m=0.1MPa로 계산해도 정답

① $Q_1^{\ 1.85} = \frac{(50\text{mm})^{4.87} \times 0.098\text{MPa} \times C^{1.85}}{6.053 \times 10^4 \times 20\text{m}}$

$Q_1^{\cancel{1.85} \times \frac{1}{\cancel{1.85}}} = \left(\frac{(50\text{mm})^{4.87} \times 0.098\text{MPa} \times C^{1.85}}{6.053 \times 10^4 \times 20\text{m}} \right)^{\frac{1}{1.85}}$

$Q_1 = \sqrt[1.85]{\frac{(50\text{mm})^{4.87} \times 0.098\text{MPa} \times C^{1.85}}{6.053 \times 10^4 \times 20\text{m}}} ≒ 4.355C$

② $Q_2^{\ 1.85} = \frac{(80\text{mm})^{4.87} \times 0.098\text{MPa} \times C^{1.85}}{6.053 \times 10^4 \times 40\text{m}}$

$Q_2^{\cancel{1.85} \times \frac{1}{\cancel{1.85}}} = \left(\frac{(80\text{mm})^{4.87} \times 0.098\text{MPa} \times C^{1.85}}{6.053 \times 10^4 \times 40\text{m}} \right)^{\frac{1}{1.85}}$

$Q_2 = \sqrt[1.85]{\frac{(80\text{mm})^{4.87} \times 0.098\text{MPa} \times C^{1.85}}{6.053 \times 10^4 \times 40\text{m}}} ≒ 10.319C$

③ $Q_3^{\ 1.85} = \frac{(100\text{mm})^{4.87} \times 0.098\text{MPa} \times C^{1.85}}{6.053 \times 10^4 \times 60\text{m}}$

$Q_3^{\cancel{1.85} \times \frac{1}{\cancel{1.85}}} = \left(\frac{(100\text{mm})^{4.87} \times 0.098\text{MPa} \times C^{1.85}}{6.053 \times 10^4 \times 60\text{m}} \right)^{\frac{1}{1.85}}$

$Q_3 = \sqrt[1.85]{\frac{(100\text{mm})^{4.87} \times 0.098\text{MPa} \times C^{1.85}}{6.053 \times 10^4 \times 60\text{m}}} ≒ 14.913C$

$$Q_T = Q_1 + Q_2 + Q_3$$

여기서, Q_T : 전체유량[$l$pm]

Q_1 : 배관 ①의 유량[$l$pm]

Q_2 : 배관 ②의 유량[$l$pm]

Q_3 : 배관 ③의 유량[$l$pm]

$Q_T = Q_1 + Q_2 + Q_3$

$2000\,l\text{pm} = 4.355C + 10.319C + 14.913C$ ← 계산의 편의를 위해 좌우변을 이항하면

$4.355C + 10.319C + 14.913C = 2000\,l\text{pm}$

$29.587C = 2000\,l\text{pm}$

$C = \frac{2000\,l\text{pm}}{29.587} ≒ 67.597$

$\therefore\ Q_1 = 4.355C = 4.355 \times 67.597 = 294.3 ≒ 294\text{L/min}$

$Q_2 = 10.319C = 10.319 \times 67.597 = 697.5 ≒ 698\text{L/min}$

$Q_3 = 14.913C = 14.913 \times 67.597 = 1008.0 ≒ 1008\text{L/min}$

- 문제에서 '**소수점 이하는 반올림하여 반드시 정수로 나타내라.**'고 하였으므로 계산결과에서 소수점 이하 **1째자리**에서 **반올림**하여 **정수**로 나타내야 한다. 거듭 주의!
- $l$pm=L/min

☆☆☆

문제 04

그림과 같은 위험물탱크에 국소방출방식으로 이산화탄소 소화설비를 설치하려고 한다. 다음 물음에 답하시오. (단, 고압식이며, 방호대상물 주위에는 설치된 벽이 없다.) (19.4.문5, 18.4.문6, 12.7.문12)

득점	배점
	6

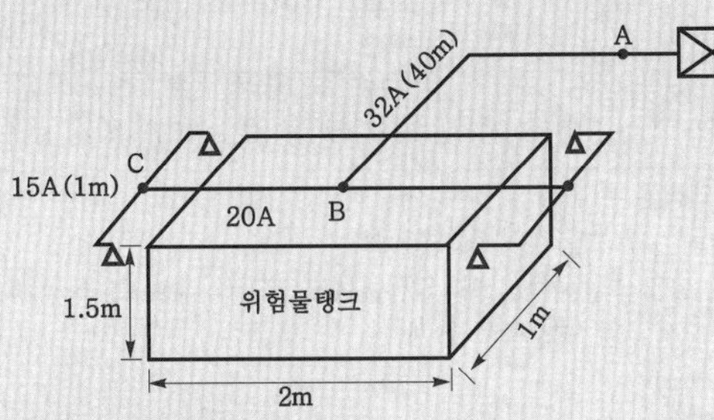

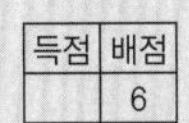

(가) 방호공간의 체적[m^3]은 얼마인가?
- ○ 계산과정 :
- ○ 답 :

(나) 소화약제 저장량[kg]은 얼마인가?
- ○ 계산과정 :
- ○ 답 :

(다) 하나의 분사헤드에 대한 방사량[kg/s]은 얼마인가?
- ○ 계산과정 :
- ○ 답 :

해답 (가) ○ 계산과정 : $3.2 \times 2.2 \times 2.1 = 14.784 ≒ 14.78m^3$

○ 답 : $14.78m^3$

(나) ○ 계산과정 : $a = 0$

$$A = (3.2 \times 2.1 \times 2) + (2.1 \times 2.2 \times 2) = 22.68m^2$$

$$14.78 \times \left(8 - 6 \times \frac{0}{22.68}\right) \times 1.4 = 165.536 ≒ 165.54kg$$

○ 답 : 165.54kg

(다) ○ 계산과정 : $\frac{165.54}{30 \times 4} = 1.379 ≒ 1.38kg/s$

○ 답 : 1.38kg/s

해설 (가) **방호공간**

방호대상물의 각 부분으로부터 **0.6m**의 거리에 의하여 둘러싸인 공간

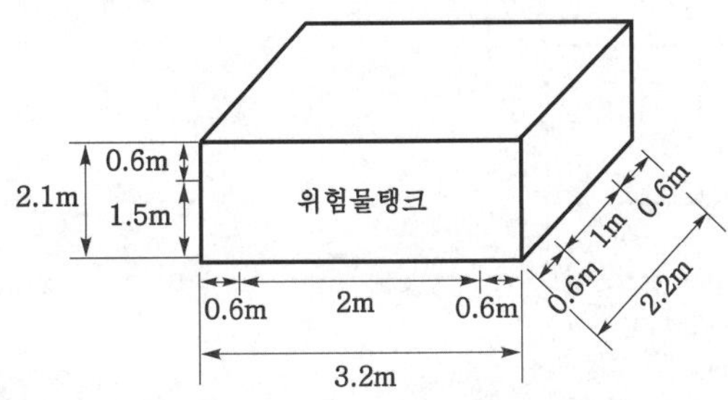

방호공간체적=가로×세로×높이=$3.2m \times 2.2m \times 2.1m = 14.784 ≒ 14.78m^3$

- 방호공간체적 산정시 **가로**와 **세로** 부분은 각각 좌우 0.6m씩 늘어나지만 높이는 위쪽만 0.6m 늘어남을 기억하라.

(나) **국소방출방식의 CO_2 저장량**

문제에서 개방된 용기도 아니고 연소면 한정 등의 말이 없으므로 **기타**로 적용

특정소방대상물	고압식	저압식
• 연소면 한정 및 비산우려가 없는 경우 • 윗면 개방용기	방호대상물 표면적×13kg/m^2×1.4	방호대상물 표면적×13kg/m^2×1.1
• 기타 ──→	방호공간체적×$\left(8-6\dfrac{a}{A}\right)$×1.4	방호공간체적×$\left(8-6\dfrac{a}{A}\right)$×1.1

여기서, a : 방호대상물 주위에 설치된 벽면적의 합계[m^2]

A : 방호공간의 벽면적의 합계[m^2]

국소방출방식으로 **고압식**을 설치하며, **위험물탱크**이므로 위 표의 식을 적용한다.

방호대상물 주위에 설치된 **벽면적**의 **합계** a는

$a=0$

• 단서에서 방호대상물 주위에는 설치된 벽이 없으므로 $a=0$이다.

방호공간의 **벽면적**의 **합계** A 는

$A=(앞면+뒷면)+(좌면+우면)=(3.2\text{m}\times2.1\text{m}\times2면)+(2.1\text{m}\times2.2\text{m}\times2면)=\mathbf{22.68m^2}$

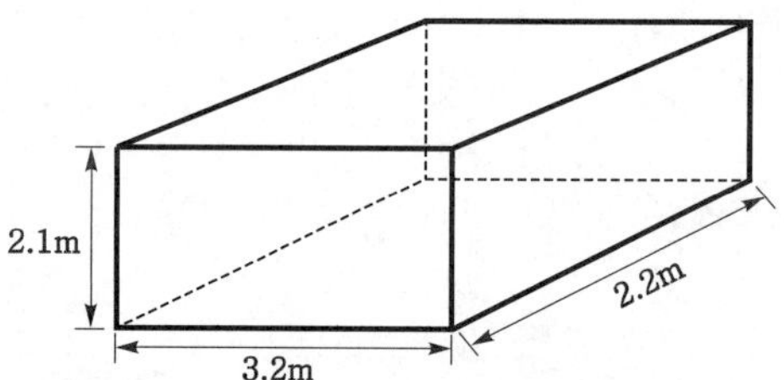

• **윗면, 아랫면**은 적용하지 않는 것에 주의할 것!

소화약제 저장량$=방호공간체적\times\left(8-6\dfrac{a}{A}\right)\times1.4=14.78\text{m}^3\times\left(8-6\times\dfrac{0}{22.68\text{m}^2}\right)\times1.4=165.536≒165.54\text{kg}$

• **'방호대상물 주위에 설치된 벽(고정벽)'**이 없거나 **'벽'**에 대한 조건이 없는 경우 a=0이다. 주의!

비교

방호대상물 주위에 설치된 벽이 있는 경우

(1) a=(앞면+뒷면)+(좌면+우면)

=(2m×1.5m×2면)+(1m×1.5m×2면)=9m^2

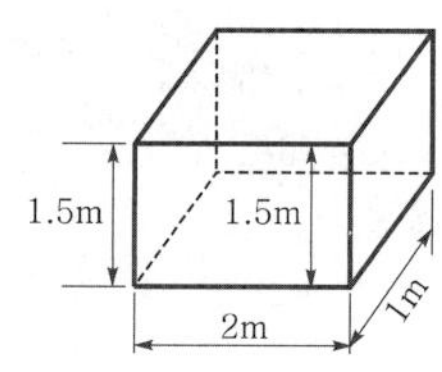

(2) 방호공간체적=가로×세로×높이=2m×1m×2.1m=4.2m^3

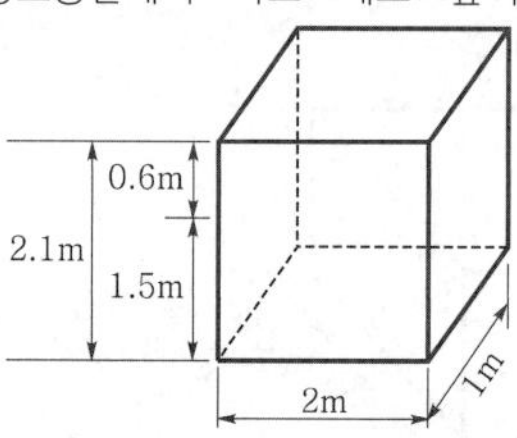

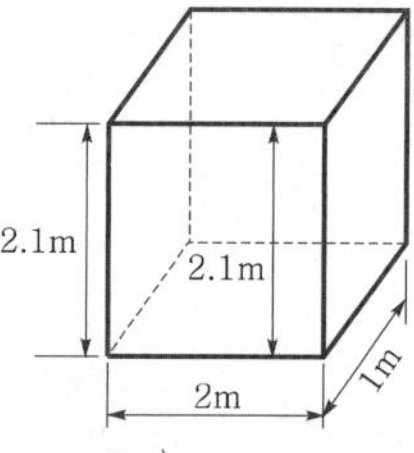

(3) 방호공간의 벽면적의 합계 A는

A=(앞면+뒷면)+(좌면+우면)

=(2m×2.1m×2면)+(2.1m×1m×2면)

=12.6m^2

(4) 소화약제 저장량=방호공간체적$\times\left(8-6\dfrac{a}{A}\right)\times1.4=4.2\text{m}^3\times\left(8-6\times\dfrac{9\text{m}^2}{12.6\text{m}^2}\right)\times1.4=21.84\text{kg}$

(다) 문제의 그림에서 분사헤드는 **4개**이며, CO_2 소화설비(국소방출방식)의 약제방사시간은 **30초** 이내이므로

하나의 분사헤드에 대한 **방사량**[kg/s] $= \dfrac{165.54\text{kg}}{30\text{s} \times 4\text{개}} = 1.379 \fallingdotseq 1.38\text{kg/s}$

• 단위를 보고 계산하면 쉽게 알 수 있다.

약제방사시간

소화설비		전역방출방식 일반건축물	전역방출방식 위험물제조소	국소방출방식 일반건축물	국소방출방식 위험물제조소
할론소화설비		10초 이내	30초 이내	10초 이내	30초 이내
분말소화설비		30초 이내	30초 이내	30초 이내	30초 이내
CO_2 소화설비	표면화재	1분 이내	60초 이내	30초 이내	30초 이내
CO_2 소화설비	심부화재	7분 이내	60초 이내	30초 이내	30초 이내

- **표면화재** : 가연성 액체 · 가연성 가스
- **심부화재** : 종이 · 목재 · 석탄 · 섬유류 · 합성수지류

☆

문제 05

기동용 수압개폐장치 중 압력챔버의 기능 3가지를 쓰시오. (12.7.문9)

득점	배점
	6

○
○
○

해답 ① 수격작용 방지
② 배관 내의 압력저하시 충압펌프 또는 주펌프의 자동기동
③ 배관 내의 순간적인 압력변동으로부터 안정적인 압력검지

해설

압력챔버의 역할
① 수격작용 방지 ② 배관 내의 압력저하시 충압펌프 또는 주펌프의 자동기동 ③ 배관 내의 순간적인 압력변동으로부터 안정적인 압력검지

(1) 펌프의 게이트밸브(Gate valve) 2차측에 연결되어 배관 내의 압력이 감소하면 압력스위치가 작동되어 **충압펌프**(Jockey pump) 또는 **주펌프**를 **작동**시킨다.

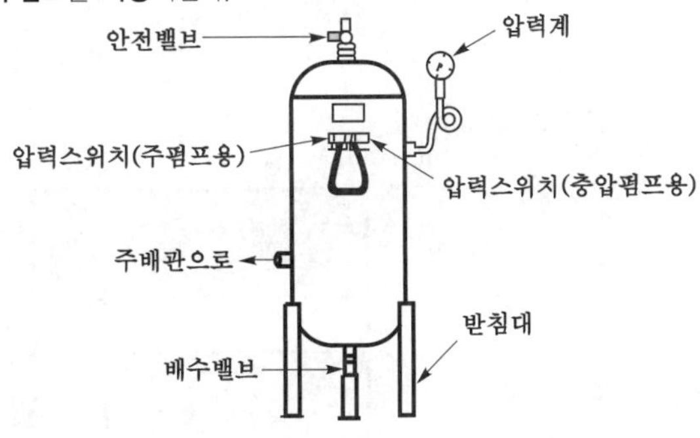

‖ 압력챔버 ‖

(2) 배관 내에서 수격작용(Water hammering) 발생시 수격작용에 따른 압력이 압력챔버 내로 전달되면 압력챔버 내의 물이 상승하면서 공기(압축성 유체)를 압축시키므로 압력을 흡수하여 **수격작용**을 **방지**하는 역할을 한다.

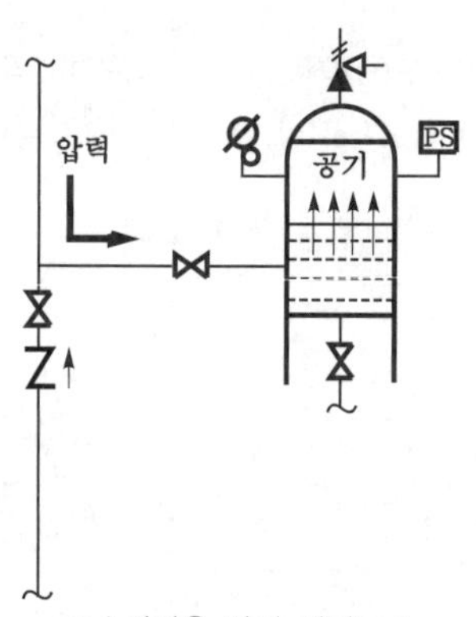

▮ 수격작용 방지 개념도 ▮

용어

기동용 수압개폐장치

구 분	설 명
기동용 수압개폐장치	소화설비의 배관 내 **압력변동**을 **검지**하여 자동적으로 **펌프**를 **기동** 또는 **정지**시키는 **종류** : 압력챔버, 기동용 압력스위치
압력챔버	수격 또는 순간압력변동 등으로부터 안정적으로 압력을 검지할 수 있도록 **동체**와 **경판**으로 구성된 **원통형 탱크**에 **압력스위치**를 부착한 기동용 수압개폐장치
기동용 압력스위치	수격 또는 순간압력변동 등으로부터 안정적으로 **압력**을 **검지**할 수 있도록 **부르동관** 또는 **압력검지신호 제어장치** 등을 사용하는 기동용 수압개폐장치

☆☆☆

문제 06

제연설비의 화재안전기준에서 다음 각 물음에 답하시오. (18.11.문4, 17.11.문6, 10.7.문10, 03.10.문13)

(가) 하나의 제연구역의 면적은 몇 m^2 이내로 하여야 하는가?

○

(나) 예상제연구역의 각 부분으로부터 하나의 배출구까지의 수평거리는 몇 m 이내로 하여야 하는가?

○

(다) 유입풍도 안의 풍속은 몇 m/s 이하로 하여야 하는가?

○

득점	배점
	3

해답 (가) $1000m^2$
(나) 10m
(다) 20m/s

해설 **제연설비**의 **화재안전기준**(NFPC 501 4조, NFTC 501 2.1.1)

(1) 하나의 제연구역의 면적은 **$1000m^2$** 이내로 할 것

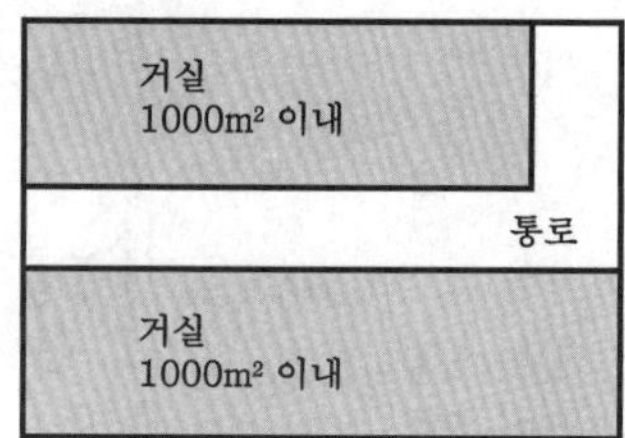

▮ 제연구역의 면적 ▮

(2) 예상제연구역의 각 부분으로부터 하나의 배출구까지의 수평거리는 **10m** 이내로 할 것

(3) **제연설비**의 **풍속**(NFPC 501 9 · 10조, NFTC 501 2.6.2.2, 2.7.1)

조 건	풍 속
• 배출기의 흡입측 풍속	15m/s 이하
• 배출기의 **배**출측 풍속 • 유입풍도 안의 풍속	**2**0m/s 이하

기억법 배2(손을 배이면 아프다.)

• 흡입측보다 배출측 풍속을 빠르게 하여 **역류**를 **방지**한다.

중요

제연구역의 **기준**

(1) 하나의 제연구역의 **면**적은 **1000m²** 이내로 한다.
(2) 거실과 통로는 **각각 제연구획**한다.
(3) **통**로상의 제연구역은 보행중심선의 **길이**가 **60m**를 초과하지 않아야 한다.

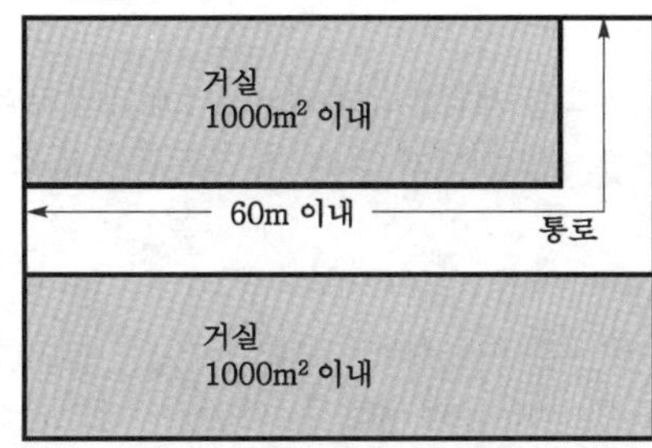

‖ 제연구역의 구획(Ⅰ) ‖

(4) 하나의 제연구역은 직경 **60m 원** 내에 들어갈 수 있도록 한다.

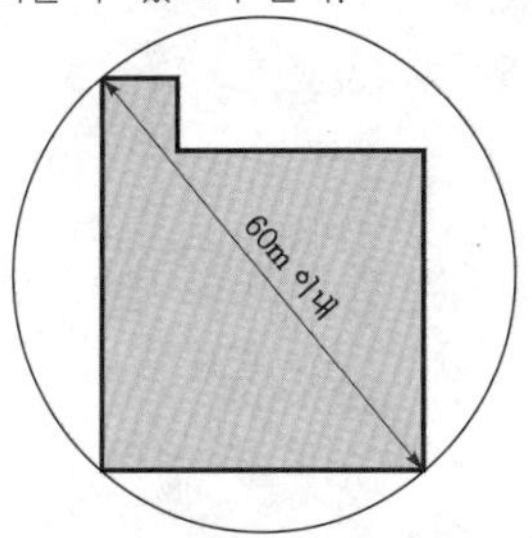

‖ 제연구역의 구획(Ⅱ) ‖

(5) 하나의 제연구역은 **2개** 이상의 **층**에 미치지 않도록 한다. (단, 층의 구분이 불분명한 부분은 다른 부분과 별도로 제연구획할 것)

기억법 **층면 각각제 원통길이**

☆

문제 07

미분무소화설비의 화재안전기준에 대한 다음 각 물음에 답하시오. (17.11.문1)

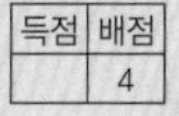

득점	배점
	4

(가) 미분무란 물만을 사용하여 소화하는 방식으로 최소설계압력에서 헤드로부터 방출되는 물입자 중 99%의 누적체적분포가 몇 μm 이하로 분무되어야 하는지 쓰시오.
○

(나) 미분무의 화재적응성을 쓰시오.
○

해답 (가) 400μm
(나) A, B, C급

해설 **미분무소화설비**의 **화재안전기준**(NFPC 104A 3조, NFTC 104A 1.7)

용 어	설 명
미분무소화설비	가압된 물이 헤드 통과 후 **미세한 입자**로 **분무**됨으로써 소화성능을 가지는 설비를 말하며, **소화력**을 **증가**시키기 위해 **강화액** 등을 첨가할 수 있다.
미분무	물만을 사용하여 소화하는 방식으로 최소설계압력에서 헤드로부터 방출되는 물입자 중 **99%**의 누적체적분포가 **400μm** 이하로 분무되고 **A, B, C급 화재**에 적응성을 갖는 것
저압 미분무소화설비	최고사용압력이 **1.2MPa 이하**인 미분무소화설비
중압 미분무소화설비	사용압력이 **1.2MPa**을 **초과**하고 **3.5MPa 이하**인 미분무소화설비
고압 미분무소화설비	최저사용압력이 **3.5MPa**을 **초과**하는 미분무소화설비

- (나) : 쉼표(,) 없이 ABC라고 써도 정답!

☆☆☆

문제 08

특별피난계단의 계단실 및 부속실 제연설비의 제연구역에 과압의 우려가 있는 경우 과압 방지를 위하여 해당 제연구역에 플랩댐퍼를 설치하고자 한다. 조건을 참고하여 다음 각 물음에 답하시오.

(21.7.문8, 19.6.문12, 18.6.문6, 15.11.문14, 14.4.문12, 11.5.문1)

득점	배점
	6

〔조건〕
① 자동폐쇄장치나 경첩 등을 극복할 수 있는 힘 F_{dc}=50N이다.
② 출입문 폭(W)=1m, 높이(h)=2.1m
③ 문의 손잡이는 문 가장자리에서 0.1m 위치에 있다.
④ 급기가압에 의한 차압은 50Pa이다.

(가) 문 개방에 필요한 힘〔N〕을 구하시오.
○계산과정 :
○답 :

(나) 플랩댐퍼의 설치 유무를 답하고 그 이유를 설명하시오. (단, 플랩댐퍼에 붙어 있는 경첩을 움직이는 힘은 40N이다.)
○설치 유무 :
○이유 :

해답 (가) ○계산과정 : $50+\dfrac{1\times1\times(1\times2.1)\times50}{2\times(1-0.1)}=108.333 \fallingdotseq 108.33\text{N}$

○답 : 108.33N

(나) ○설치 유무 : 설치 무
○이유 : 108.33N으로 110N 이하이므로

해설 (가) ① **기호**

- F_{dc} : 50N
- W : 1m
- h : 2.1m
- d : 0.1m
- ΔP : 50Pa
- F : ?

② **문 개방**에 필요한 **전체 힘**

$$F=F_{dc}+F_P,\ F_P=\frac{K_d WA\Delta P}{2(W-d)},\ F=F_{dc}+\frac{K_d WA\Delta P}{2(W-d)},\ F=F_{dc}+\frac{K_d W(Wh)\Delta P}{2(W-d)}$$

여기서, F : 문 개방에 필요한 전체 힘(제연설비가 가동되었을 때 출입문 개방에 필요한 힘)[N]
F_{dc} : 자동폐쇄장치나 경첩 등을 극복할 수 있는 힘[N]
F_P : 차압에 의해 문에 미치는 힘[N]
K_d : 상수(SI 단위 : 1)
W : 문의 폭[m]
A : 문의 면적[m²]($A = Wh$)
h : 문의 높이[m]
ΔP : 차압[Pa]
d : 문 손잡이에서 문의 가장자리까지의 거리[m]

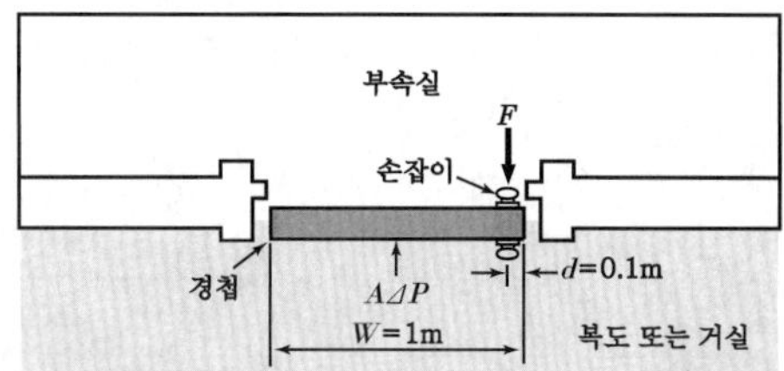

문 개방에 필요한 전체 **힘** F는

$$F = F_{dc} + \frac{K_d WA\Delta P}{2(W-d)} = F_{dc} + \frac{K_d W(Wh)\Delta P}{2(W-d)} = 50\text{N} + \frac{1\times 1\text{m}\times(1\times 2.1)\text{m}^2\times 50\text{Pa}}{2\times(1\text{m}-0.1\text{m})} = 108.333 ≒ 108.33\text{N}$$

- K_d(1) : m, m², N이 SI 단위이므로 '1'을 적용한다. ft, ft², lb 단위를 사용하였다면 $K_d = 5.2$이다.
- F_{dc} : '**도어체크의 저항력**'이라고도 부른다.
- $A = Wh$
- 0.1m : [조건 ③]에서 주어진 값
- 50Pa : [조건 ④]에서 주어진 값, 이 문제에서는 차압이 주어졌으므로 화재안전기준과 관계없이 50Pa을 적용하면 된다. 문제에서 주어지지 않았다면 화재안전기준에서 정하는 최소차압을 적용한다(스프링클러설비가 설치되어 있지 않으면 NFPC 501A 6조, NFTC 501A 2.3.1에 의해 **40Pa**을 적용한다. 스프링클러설비가 설치되어 있다면 **12.5Pa** 적용).

(나) **특별피난계단**의 **계단실** 및 **부속실 제연설비**(NFPC 501A 6조, NFTC 501A 2.3)

① 제연구역과 옥내 사이에 유지하여야 하는 최소차압은 **40Pa**(옥내에 **스프링클러설비**가 설치된 경우에는 **12.5Pa**) **이상**으로 할 것
② 제연설비가 가동되었을 경우 출입문의 개방에 필요한 힘은 **110N 이하**로 할 것

∴ 위의 기준에 따라 (가)에서 문 개방에 필요한 전체 힘은 108.33N으로서 제연설비가 가동되었을 때 출입문의 개방에 필요한 힘은 110N 이하이면 되므로 별도의 플랩댐퍼는 설치하지 않아도 된다. 플랩댐퍼는 문 개방에 필요한 전체 힘이 110N을 초과할 때 설치한다.

용어

플랩댐퍼
과압에 의하여 날개를 자동으로 개방하는 구조의 과압배출장치

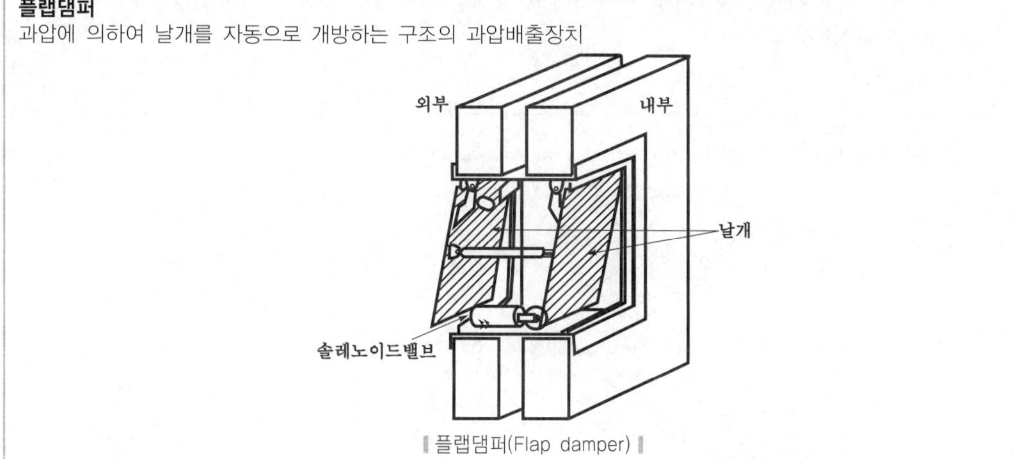

‖ 플랩댐퍼(Flap damper) ‖

☆☆☆

문제 09

가로 15m, 세로 14m, 높이 3.5m인 전산실에 할로겐화합물 및 불활성기체 소화약제 중 HFC-23과 IG-541을 사용할 경우 조건을 참고하여 다음 각 물음에 답하시오.

(19.11.문14, 19.6.문9, 19.4.문8, 17.6.문9, 14.7.문1, 13.4.문2)

득점	배점
	12

〔조건〕

① HFC-23의 소화농도는 A, C급 화재는 38%, B급 화재는 35%이다.
② HFC-23의 저장용기는 68L이며 충전밀도는 720.8kg/m^3이다.
③ IG-541의 소화농도는 33%이다.
④ IG-541의 저장용기는 80L용 15.8m^3/병을 적용하며, 충전압력은 19.996MPa이다.
⑤ 소화약제량 산정시 선형상수를 이용하도록 하며 방사시 기준온도는 30℃이다.

소화약제	K_1	K_2
HFC-23	0.3164	0.0012
IG-541	0.65799	0.00239

(가) HFC-23의 저장량은 최소 몇 kg인지 구하시오.
○ 계산과정 :
○ 답 :

(나) HFC-23의 저장용기수는 최소 몇 병인지 구하시오.
○ 계산과정 :
○ 답 :

(다) IG-541의 저장량은 몇 m^3인지 구하시오.
○ 계산과정 :
○ 답 :

(라) IG-541의 저장용기수는 최소 몇 병인지 구하시오.
○ 계산과정 :
○ 답 :

(마) 배관구경 산정조건에 따라 HFC-23의 약제량 방사시 유량은 몇 kg/s인지 구하시오.
○ 계산과정 :
○ 답 :

(바) 배관구경 산정조건에 따라 IG-541의 약제량 방사시 유량은 몇 m^3/s인지 구하시오.
○ 계산과정 :
○ 답 :

해답

(가) ○ 계산과정 : $S = 0.3164 + 0.0012 \times 30 = 0.3524\text{m}^3/\text{kg}$

$$W = \frac{(15 \times 14 \times 3.5)}{0.3524} \times \left(\frac{51.3}{100 - 51.3}\right) = 2197.049 \fallingdotseq 2197.05\text{kg}$$

○ 답 : 2197.05kg

(나) ○ 계산과정 : $\frac{2197.05}{49.0144} = 44.8 \fallingdotseq 45$병

○ 답 : 45병

(다) ○ 계산과정 : $S = 0.65799 + 0.00239 \times 30 = 0.72969\text{m}^3/\text{kg}$

$V_s = 0.65799 + 0.00239 \times 20 = 0.70579\text{m}^3/\text{kg}$

$$X = 2.303\left(\frac{0.70579}{0.72969}\right) \times \log_{10}\left[\frac{100}{100 - 44.55}\right] \times (15 \times 14 \times 3.5) \fallingdotseq 419.3\text{m}^3$$

○ 답 : 419.3m^3

(라) ○ 계산과정 : $\frac{419.3}{15.8}=26.5 \fallingdotseq 27$병

○ 답 : 27병

(마) ○ 계산과정 : $W_{95}=\frac{(15\times14\times3.5)}{0.3524}\times\left(\frac{51.3\times0.95}{100-51.3\times0.95}\right)=1982.765\text{kg}$

유량 $=\frac{1982.765}{10}=198.276 \fallingdotseq 198.28\text{kg/s}$

○ 답 : 198.28kg/s

(바) ○ 계산과정 : $X_{95}=2.303\left(\frac{0.70579}{0.72969}\right)\times\log_{10}\left[\frac{100}{100-(44.55\times0.95)}\right]\times(15\times14\times3.5) \fallingdotseq 391.295\text{m}^3$

유량 $=\frac{391.295}{120} \fallingdotseq 3.26\text{m}^3/\text{s}$

○ 답 : 3.26m^3/s

해설 **소화약제량(저장량)의 산정**(NFPC 107A 4 · 7조, NFTC 107A 2.1.1, 2.4.1)

구 분	할로겐화합물 소화약제	불활성기체 소화약제
종류	• FC-3-1-10 • HCFC BLEND A • HCFC-124 • HFC-125 • HFC-227ea • HFC-23 • HFC-236fa • FIC-13I1 • FK-5-1-12	• IG-01 • IG-100 • IG-541 • IG-55
공식	$W=\frac{V}{S}\times\left(\frac{C}{100-C}\right)$ 여기서, W : 소화약제의 무게〔kg〕 V : 방호구역의 체적〔m^3〕 S : 소화약제별 선형상수(K_1+K_2t)〔m^3/kg〕 t : 방호구역의 최소예상온도〔℃〕 C : 체적에 따른 소화약제의 설계농도〔%〕	$X=2.303\left(\frac{V_s}{S}\right)\times\log_{10}\left[\frac{100}{(100-C)}\right]\times V$ 여기서, X : 소화약제의 부피〔m^3〕 V_s : 20℃에서 소화약제의 비체적 ($K_1+K_2\times20℃$)〔m^3/kg〕 S : 소화약제별 선형상수(K_1+K_2t)〔m^3/kg〕 C : 체적에 따른 소화약제의 설계농도〔%〕 t : 방호구역의 최소예상온도〔℃〕 V : 방호구역의 체적〔m^3〕

할로겐화합물 소화약제

(가) 소화약제별 선형상수 S는

$S=K_1+K_2t=0.3164+0.0012\times30℃=0.3524\text{m}^3/\text{kg}$

• HFC-23의 $K_1=0.3164$, $K_2=0.0012$: 〔조건 ⑤〕에서 주어진 값
• 30℃ : 〔조건 ⑤〕에서 주어진 값

HFC-23의 저장량 W는

$W=\frac{V}{S}\times\left(\frac{C}{100-C}\right)=\frac{(15\times14\times3.5)\text{m}^3}{0.3524\text{m}^3/\text{kg}}\times\left(\frac{51.3}{100-51.3}\right)=2197.049 \fallingdotseq 2197.05\text{kg}$

• HFC-23 : **할로겐화합물 소화약제**
• 전산실 : **C급 화재**
• ABC 화재별 안전계수

설계농도	소화농도	안전계수
A급(일반화재)	A급	1.2
B급(유류화재)	B급	1.3
C급(전기화재) ────	A급 ───→	1.35

설계농도〔%〕=소화농도〔%〕×안전계수=38%×1.35=51.3%

(나) 용기수 $=\dfrac{\text{소화약제량(저장량)[kg]}}{\text{1병당 저장량[kg]}}=\dfrac{2197.05\text{kg}}{49.0144\text{kg}}=44.8 \fallingdotseq 45$병(절상)

- 1병당 저장량[kg] = 내용적[L] × 충전밀도[kg/m³]
  $=68\text{L}\times 720.8\text{kg/m}^3$
  $=0.068\text{m}^3\times 720.8\text{kg/m}^3=49.0144\text{kg}$
- $1000\text{L}=1\text{m}^3$ 이므로 $68\text{L}=0.068\text{m}^3$

불활성기체 소화약제

(다) 소화약제별 선형상수 S는

$S=K_1+K_2t=0.65799+0.00239\times 30℃=0.72969\text{m}^3/\text{kg}$

20℃에서 소화약제의 비체적 V_s는

$V_s=K_1+K_2t=0.65799+0.00239\times 20℃=0.70579\text{m}^3/\text{kg}$

- IG-541의 $K_1=0.65799$, $K_2=0.00239$: [조건 ⑤]에서 주어진 값
- 30℃ : [조건 ⑤]에서 주어진 값

IG-541의 저장량 X는

$$X=2.303\left(\frac{V_s}{S}\right)\times\log_{10}\left[\frac{100}{(100-C)}\right]\times V=2.303\left(\frac{0.70579\text{m}^3/\text{kg}}{0.72969\text{m}^3/\text{kg}}\right)\times\log_{10}\left[\frac{100}{100-44.55}\right]\times(15\times14\times3.5)\text{m}^3$$

$\fallingdotseq 419.3\text{m}^3$

- IG-541 : **불활성기체 소화약제**
- 전산실 : **C급 화재**
- ABC 화재별 안전계수

설계농도	소화농도	안전계수
A급(일반화재)	A급	1.2
B급(유류화재)	B급	1.3
C급(전기화재) ⟶	A급 ⟶	1.35

설계농도[%] = 소화농도[%] × 안전계수 = 33% × 1.35 = 44.55%

(라) 용기수 $=\dfrac{\text{저장량[m}^3]}{\text{1병당 저장량[m}^3]}=\dfrac{419.3\text{m}^3}{15.8\text{m}^3/\text{병}}=26.5\fallingdotseq 27$병

- **419.3m³** : (라)에서 구한 값
- **15.8m³/병** : [조건 ④]에서 주어진 값
- [조건 ④]의 15.8m³/병이 주어지지 않을 경우 다음과 같이 구한다.

  1병당 저장량[m³] = 내용적[L] × $\dfrac{\text{충전압력[kPa]}}{\text{표준대기압(101.325kPa)}}$
  $=80\text{L}\times\dfrac{19.996\text{MPa}}{101.325\text{kPa}}=0.08\text{m}^3\times\dfrac{19996\text{kPa}}{101.325\text{kPa}}=15.787\text{m}^3$
- $1000\text{L}=1\text{m}^3$이므로 $80\text{L}=0.08\text{m}^3$
- 1MPa=1000kPa이므로 19.996MPa=19996kPa

할로겐화합물 소화약제

(마) W_{95}(설계농도의 95% 적용) $=\dfrac{V}{S}\times\left(\dfrac{C}{100-C}\right)=\dfrac{(15\times14\times3.5)\text{m}^3}{0.3524\text{m}^3/\text{kg}}\times\left(\dfrac{51.3\times0.95}{100-51.3\times0.95}\right)=1982.765\text{kg}$

약제량 방사시 유량[kg/s] $=\dfrac{W_{95}}{\textbf{10s}\text{(불활성기체 소화약제 : A·C급 화재 120s, B급 화재 60s)}}=\dfrac{1982.765\text{kg}}{10\text{s}}$

$=198.276\fallingdotseq 198.28\text{kg/s}$

- 배관의 구경은 해당 방호구역에 **할로겐화합물 소화약제**가 **10초**(**불활성기체 소화약제**는 **AC급 화재 2분, B급 화재 1분**) 이내에 방호구역 각 부분에 최소설계농도의 **95% 이상** 해당하는 약제량이 방출되도록 해야 한다(NFPC 107A 10조, NFTC 107A 2.7.3). 그러므로 설계농도 51.3에 0.95를 곱함
- 바로 위 기준에 의해 **0.95**(95%) 및 **10s** 적용

불활성기체 소화약제

(바) $X_{95} = 2.303\left(\frac{V_s}{S}\right) \times \log_{10}\left[\frac{100}{100-(C\times 0.95)}\right] \times V$

$= 2.303\left(\frac{0.70579\text{m}^3/\text{kg}}{0.72969\text{m}^3/\text{kg}}\right) \times \log_{10}\left[\frac{100}{100-(44.55\times 0.95)}\right] \times (15\times 14\times 3.5)\text{m}^3 ≒ 391.295\text{m}^3$

약제량 방사시 유량$[\text{m}^3/\text{s}] = \frac{391.295\text{m}^3}{10\text{s}(\text{불활성기체 소화약제 : A·C급 화재 }\mathbf{120s}\text{, B급 화재 60s})} = \frac{391.295\text{m}^3}{120\text{s}}$

$≒ 3.26\text{m}^3/\text{s}$

- 배관의 구경은 해당 방호구역에 할로겐화합물 소화약제가 **10초**(**불활성기체 소화약제**는 **AC급 화재 2분, B급 화재 1분**) 이내에 방호구역 각 부분에 최소설계농도의 **95% 이상** 해당하는 약제량이 방출되도록 해야 한다(NFPC 107A 10조, NFTC 107A 2.7.3). 그러므로 설계농도 44.55%에 0.95를 곱함
- 바로 위 기준에 의해 **0.95**(95%) 및 **120s** 적용

☆

문제 10

물 또는 다른 소화약제를 사용하는 자동소화장치의 종류 5가지를 쓰시오.

득점	배점
	5

○
○
○
○
○

해답 ① 주거용 주방자동소화장치
② 상업용 주방자동소화장치
③ 캐비닛형 자동소화장치
④ 가스자동소화장치
⑤ 분말자동소화장치

해설 **자동소화장치의 종류**(NFPC 101 3조, NFTC 101 1.7)

종 류	정 의
주거용 주방자동소화장치	**주거용** 주방에 설치된 열발생 조리기구의 사용으로 인한 화재발생시 **열원**(전기 또는 가스)을 자동으로 차단하며 소화약제를 방출하는 소화장치
상업용 주방자동소화장치	**상업용** 주방에 설치된 열발생 조리기구의 사용으로 인한 화재발생시 **열원**(전기 또는 가스)을 자동으로 차단하여 소화약제를 방출하는 소화장치
캐비닛형 자동소화장치	**열, 연기** 또는 **불꽃** 등을 감지하여 소화약제를 방사하여 소화하는 **캐비닛형태**의 소화장치
가스자동소화장치	**열, 연기** 또는 **불꽃** 등을 감지하여 **가스계** 소화약제를 방사하여 소화하는 소화장치
분말자동소화장치	**열, 연기** 또는 **불꽃** 등을 감지하여 **분말**의 소화약제를 방사하여 소화하는 소화장치
고체에어로졸 자동소화장치	**열, 연기** 또는 **불꽃** 등을 감지하여 **에어로졸**의 소화약제를 방사하여 소화하는 소화장치

용어

자동확산소화기 vs 자동소화장치

자동확산소화기	자동소화장치
화재를 감지하여 **자동**으로 소화약제를 방출·확산시켜 **국소적**으로 소화하는 소화기	소화약제를 **자동**으로 방사하는 **고정**된 소화장치로서 형식승인이나 성능인증을 받은 유효설치범위 이내에 설치하여 소화하는 소화장치

비교

주거용 주방자동소화장치의 **구성요소**
(1) 감지부
(2) 탐지부
(3) 수신부
(4) 가스차단장치
(5) 소화약제 저장용기

☆☆☆

문제 11

다음 장소에 2단위 분말소화기를 설치할 경우 소화기개수를 구하시오.

(21.7.문3, 20.7.문7, 19.4.문13, 17.4.문8, 16.4.문2, 13.4.문11, 11.7.문5)

득점	배점
	4

(가) 숭례문(문화재), 바닥면적 $400m^2$
○ 계산과정 :
○ 답 :

(나) 전시장, 바닥면적 $950m^2$
○ 계산과정 :
○ 답 :

해답

(가) ○ 계산과정 : $\frac{400}{50}=8$단위

$\frac{8}{2}=4$개

○ 답 : 4개

(나) ○ 계산과정 : $\frac{950}{100}=9.5 \fallingdotseq 10$단위

$\frac{10}{2}=5$개

○ 답 : 5개

해설 **특정소방대상물별 소화기구의 능력단위기준**(NFTC 101 2.1.1.2)

특정소방대상물	소화기구의 능력단위	건축물의 주요구조부가 **내화구조**이고, 벽 및 반자의 실내에 면하는 부분이 **불연재료·준불연재료** 또는 **난연재료**로 된 특정소방대상물의 능력단위
• **위**락시설 기억법 위3(위상)	바닥면적 **30m²**마다 1단위 이상	바닥면적 **60m²**마다 1단위 이상
• **공연**장 • **집**회장 • **관람**장 및 **문**화재 → • **의**료시설·**장**례시설(장례식장) 기억법 5공연장 문의 집관람 (손오공 연장 문의 집관람)	**바닥면적 50m²마다 1단위 이상**	바닥면적 **100m²**마다 1단위 이상

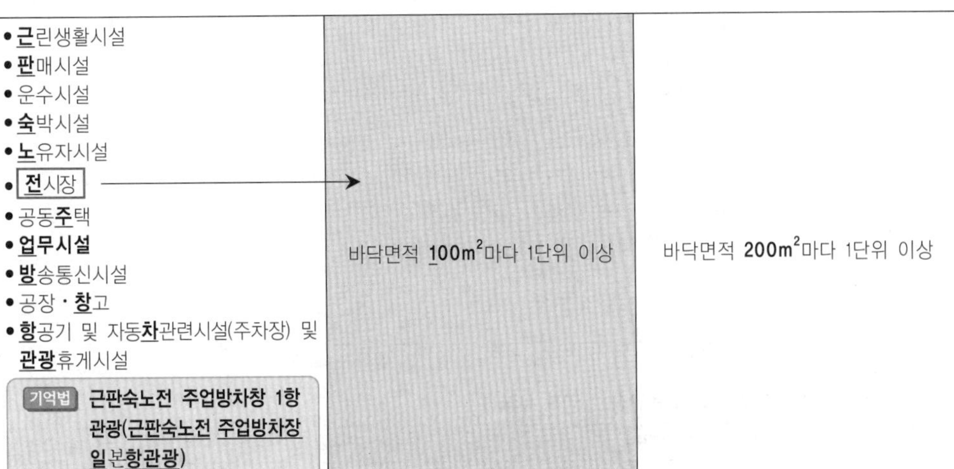

• **근**린생활시설 • **판**매시설 • 운수시설 • **숙**박시설 • **노**유자시설 • **전**시장 → • 공동**주**택 • **업무시설** • **방**송통신시설 • 공장 · **창**고 • **항**공기 및 자동**차**관련시설(주차장) 및 **관광**휴게시설 기억법 근판숙노전 주업방차창 1항 관광(근판숙노전 주업방차장 일본항관광)	바닥면적 100m²마다 1단위 이상	바닥면적 200m²마다 1단위 이상
• 그 밖의 것	바닥면적 200m²마다 1단위 이상	바닥면적 400m²마다 1단위 이상

(가) **문화재**로서 **내화구조**, **불연재료** · **준불연재료** · **난연재료**인 경우가 아니므로 바닥면적 **50m²**마다 1단위 이상

$$\frac{400\text{m}^2}{50\text{m}^2}=8\text{단위}$$

- **8단위**를 **8개**라고 쓰면 틀린다. 특히 주의!
- 단위 계산시 소수점이 발생한다면 절상!

2단위 소화기를 설치하므로 소화기개수 $=\dfrac{8\text{단위}}{2\text{단위}}=4\text{개}$

- 소화기개수 계산시 소수점이 발생한다면 절상!

(나) **전시장**으로서 내화구조, 불연재료 · 준불연재료 · 난연재료인 경우가 아니므로 바닥면적 **100m²**마다 1단위

$$\frac{950\text{m}^2}{100\text{m}^2}=9.5 ≒ 10\text{단위(절상)}$$

2단위 소화기를 설치하므로 소화기개수 $=\dfrac{10\text{단위}}{2\text{단위}}=5\text{개}$

☆☆☆

문제 12

수계소화설비 가압송수장치의 펌프성능시험을 하고자 한다. 양정이 80m, 토출량이 800L/min일 때 다음 각 물음에 답하시오. (20.10.문15, 19.4.문9, 16.4.문7, 01.11.문6)

득점	배점
	6

(가) 체절운전시 양정[m]을 구하시오.
- ○ 계산과정 :
- ○ 답 :

(나) 150% 운전시 양정[m]을 구하시오.
- ○ 계산과정 :
- ○ 답 :

(다) 펌프성능곡선을 그리시오(체절점, 100% 운전점, 150% 운전점 표기).

해답 (가) ○ 계산과정 : 80×1.4=112m
○ 답 : 112m

(나) ○ 계산과정 : 80×0.65=52m
○ 답 : 52m

(다)

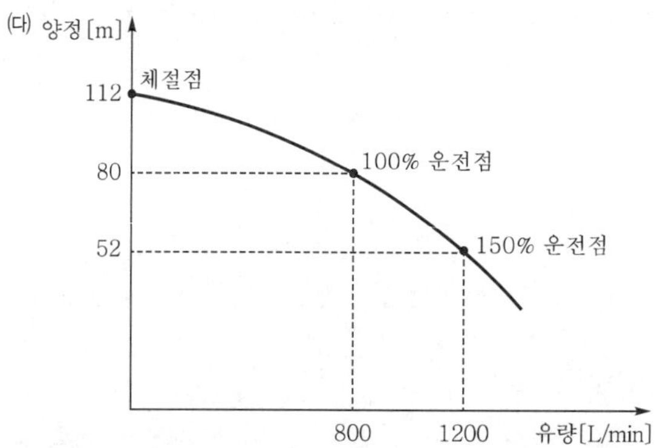

해설 **체절운전점 · 100% 운전점 · 150% 유량점**

체절운전점	100% 운전점	150% 유량점(운전점)
정격토출양정×1.4	정격토출양정×1.0	정격토출양정×0.65
• **정의** : 체절압력이 정격토출압력의 **140%**를 **초과**하지 아니하는 점 • 정격토출압력(양정)의 **140%**를 **초과**하지 아니하여야 하므로 정격토출양정에 **1.4**를 곱하면 된다. • 140%를 초과하지 아니하여야 하므로 '**이하**'라는 말을 반드시 쓸 것	• **정의** : 정격토출량의 **100%**로 운전시 정격토출압력의 **100%**로 운전하는 점 • 펌프의 성능곡선에서 **설계점**은 **정격토출양정**의 **100%** 또는 **정격토출량**의 **100%**이다. • 설계점은 '**이상**', '**이하**'라는 말을 쓰지 않는다.	• **정의** : 정격토출량의 **150%**로 운전시 정격토출압력의 **65% 이상**으로 운전하는 점 • 정격토출량의 **150%**로 운전시 정격토출압력(양정)의 **65% 이상**이어야 하므로 정격토출양정에 **0.65**를 곱하면 된다. • 65% 이상이어야 하므로 '**이상**'이라는 말을 반드시 쓸 것

- 체절운전점=체절점=무부하시험
- 100% 운전점=100% 유량운전점=정격운전점=정격부하운전점=정격부하시험=설계점
- 150% 유량점=150% 운전점=150% 유량운전점=최대운전점=과부하운전점=피크부하시험

(가) 체절운전시 양정=정격토출양정×1.4=80m×1.4=112m

(나) 150% 운전시 양정=정격토출양정×0.65=80m×0.65=52m

(다)

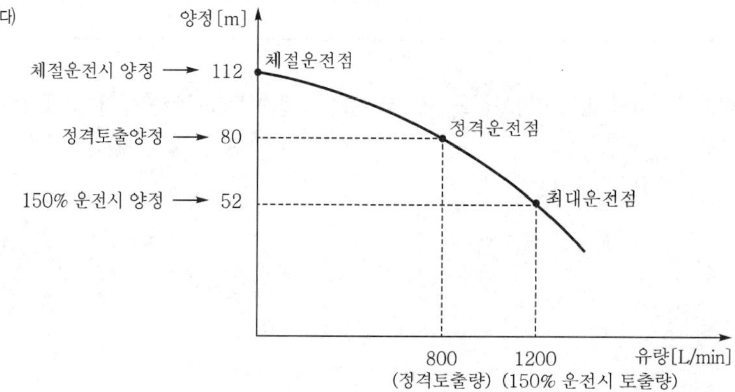

- 80m : 문제에서 주어진 값
- 800L/min : 문제에서 주어진 값
- 1200L/min : 150% 운전시 토출량=800L/min×1.5=1200L/min

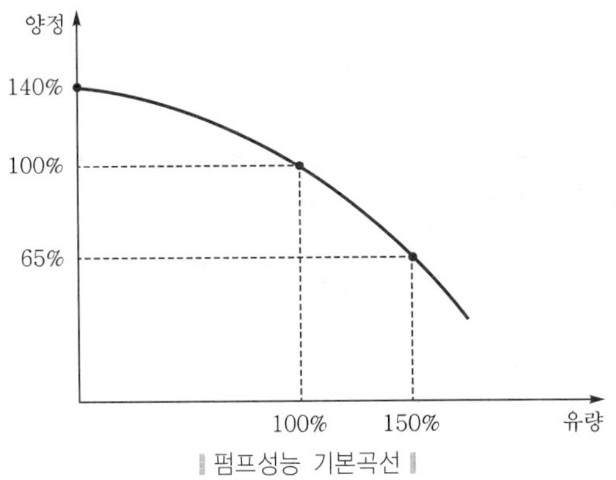

‖ 펌프성능 기본곡선 ‖

☆ 문제 13

다음 조건과 같은 배관의 A지점에서 B지점으로 50N/s의 소화수가 흐를 때 A, B 각 지점에서의 평균속도〔m/s〕를 계산하시오. (단, 비중은 1.2, 조건에 없는 내용은 고려하지 않으며, 계산과정을 쓰고 답은 소수점 3째자리에서 반올림하여 2째자리까지 구하시오.) (16.6.문16)

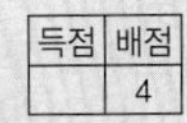

득점	배점
	4

〔조건〕

① 배관의 재질 : 배관용 탄소강관(KS D 3507)
② A지점 : 호칭지름 100, 바깥지름 114.3mm, 두께 4.5mm
③ B지점 : 호칭지름 80, 바깥지름 89.1mm, 두께 4.05mm

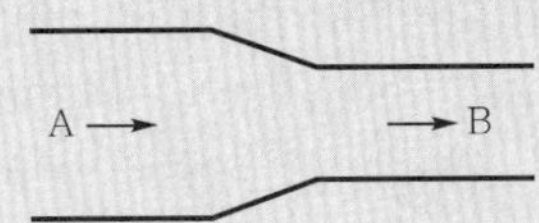

○ 계산과정 :
○ 답 : A지점 평균속도=
B지점 평균속도=

해답 ○ 계산과정 : $D_A = 114.3 - (4.5 \times 2) = 105.3\text{mm} = 0.1053\text{m}$

$\gamma = 9800 \times 1.2 = 11760\text{N/m}^3$

$$V_A = \frac{50}{\dfrac{\pi \times 0.1053^2}{4} \times 11760} = 0.488 \fallingdotseq 0.49\text{m/s}$$

$D_B = 89.1 - (4.05 \times 2) = 81\text{mm} = 0.081\text{m}$

$$V_B = \frac{50}{\dfrac{\pi \times 0.081^2}{4} \times 11760} = 0.825 \fallingdotseq 0.83\text{m/s}$$

○ 답 : A지점 평균속도=0.49m/s
B지점 평균속도=0.83m/s

해설 (1) **기호**

- G : 50N/s
- s : 1.2
- D_A : 114.3mm−(4.5mm×2)=105.3mm=0.1053m(1000mm=1m)
- D_B : 89.1mm−(4.05mm×2)=81mm=0.081m(1000mm=1m)

(2) **비중**

$$s=\frac{\gamma}{\gamma_w}=\frac{\rho}{\rho_w}$$

여기서, s : 비중

γ : 어떤 물질의 비중량〔kN/m³〕

γ_w : 물의 비중량〔9800N/m³〕

ρ : 어떤 물질의 밀도〔kg/m³〕

ρ_w : 표준물질의 밀도(물의 밀도 1000kg/m³)

소화수의 비중량 $\gamma=\gamma_w\times s=9800\text{N/m}^3\times1.2=11760\text{N/m}^3$

- 1.2 : 단서에서 주어진 값

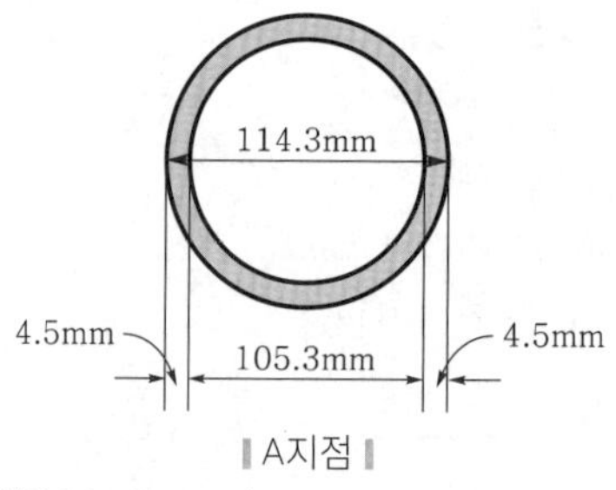

‖ A지점 ‖

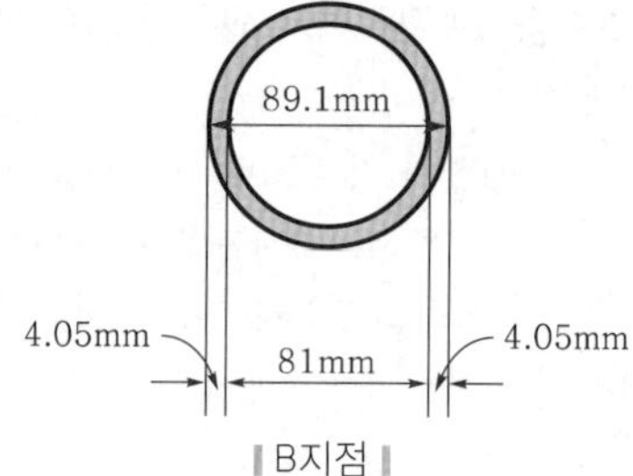

‖ B지점 ‖

(3) **중량유량**(Weight flowrate)

$$G=AV\gamma=\frac{\pi D^2}{4}V\gamma$$

여기서, G : 중량유량〔N/s 또는 kg$_f$/s〕

A : 단면적〔m²〕

V : 유속(평균유속)〔m/s〕

γ : 비중량(소화수의 비중량 11760N/m³)

D : 내경(관경)〔m〕

A지점 유속 $V_A=\dfrac{G}{\dfrac{\pi {D_A}^2}{4}\gamma}=\dfrac{50\text{N/s}}{\dfrac{\pi\times(0.1053\text{m})^2}{4}\times11760\text{N/m}^3}=0.488≒0.49\text{m/s}$

- **내경**을 적용한다. 특히 주의!

B지점 유속 $V_B=\dfrac{G}{\dfrac{\pi {D_B}^2}{4}\gamma}=\dfrac{50\text{N/s}}{\dfrac{\pi\times(0.081\text{m})^2}{4}\times11760\text{N/m}^3}=0.825≒0.83\text{m/s}$

- **내경**을 적용한다. 특히 주의!

☆☆☆
문제 14

다음과 같이 이산화탄소 소화설비를 설치하고자 한다. 조건을 참고하여 각 물음에 답하시오. (단, 모든 실의 개구부에는 자동폐쇄장치가 설치되어 있다.)

(21.4.문13, 20.10.문8, 19.11.문7, 19.6.문16, 15.11.문10, 15.4.문14, 12.7.문6, 12.4.문1)

득점	배점
	10

〔조건〕

① 케이블실은 가로 10m, 세로 10m, 높이 4m이고, 설계농도는 50%이다.
② 박물관은 가로 10m, 세로 6m, 높이 4m이고, 설계농도는 65%이다.
③ 일산화탄소 저장창고에는 가로 2m, 세로 4m, 높이 4m이고, 보정계수는 1.9이다.
④ 케이블실과 박물관, 일산화탄소 저장창고는 모두 전역방출방식을 적용한다.
⑤ 이산화탄소 방출 후 산소농도를 측정하니 14%이었다.
⑥ 저장용기의 내용적은 68L이며 충전비는 1.7이다.

(가) 각 방호구역의 약제량〔kg〕을 구하시오.
① 케이블실
○ 계산과정 :
○ 답 :
② 박물관
○ 계산과정 :
○ 답
③ 일산화탄소 저장창고
○ 계산과정 :
○ 답

(나) 저장용기의 1병당 저장량〔kg〕을 구하시오.
○ 계산과정 :
○ 답

(다) 각 실별 용기개수 및 저장용기실 약제용기개수를 구하시오.

실 명	병 수
케이블실	○ 계산과정 : ○ 답 :
박물관	○ 계산과정 : ○ 답 :
일산화탄소 저장창고	○ 계산과정 : ○ 답 :
저장용기실 적용	

(라) 방출 후 CO_2농도〔vol%〕를 구하시오.
○ 계산과정 :
○ 답 :

(마) 케이블실과 박물관의 방출가스체적〔m^3〕을 구하시오.
○ 계산과정 :
○ 답 :

해답 (가) ① 케이블실

ㅇ 계산과정 : $(10\times10\times4)\times1.3=520\text{kg}$

ㅇ 답 : 520kg

② 박물관

ㅇ 계산과정 : $(10\times6\times4)\times2.0=480\text{kg}$

ㅇ 답 : 480kg

③ 일산화탄소 저장창고

ㅇ 계산과정 : $2\times4\times4=32\text{m}^3$

$(2\times4\times4)\times1=32\text{kg}$

$45\times1.9=85.5\text{kg}$

ㅇ 답 : 85.5kg

(나) ㅇ 계산과정 : $\frac{68}{1.7}=40\text{kg}$

ㅇ 답 : 40kg

(다)

실 명	병 수
케이블실	ㅇ 계산과정 : $\frac{520}{40}=13$병 ㅇ 답 : 13병
박물관	ㅇ 계산과정 : $\frac{480}{40}=12$병 ㅇ 답 : 12병
일산화탄소 저장창고	ㅇ 계산과정 : $\frac{85.5}{40}=2.1\fallingdotseq3$병 ㅇ 답 : 3병
저장용기실 적용	13병

(라) ㅇ 계산과정 : $\frac{21-14}{21}\times100=33.333\fallingdotseq33.33\text{vol}\%$

ㅇ 답 : 33.33vol%

(마) ① 케이블실

ㅇ 계산과정 : $\frac{21-14}{14}\times(10\times10\times4)=200\text{m}^3$

ㅇ 답 : 200m^3

② 박물관

ㅇ 계산과정 : $\frac{21-14}{14}\times(10\times6\times4)=120\text{m}^3$

ㅇ 답 : 120m^3

해설 (가) **약제저장량**

‖ 전역방출방식(심부화재)(NFPC 106 5조, NFTC 106 2.2.1.2) ‖

방호대상물	약제량	개구부가산량 (자동폐쇄장치 미설치시)	설계농도
전기설비(55m^3 이상), **케이블실** ⟶	1.3kg/m^3	10kg/m^2	50%
전기설비(55m^3 미만)	1.6kg/m^3		
서고, **박물관**, 목재가공품창고, 전자제품창고 ⟶	2.0kg/m^3		65%
석탄창고, 면화류창고, 고무류, 모피창고, 집진설비	2.7kg/m^3		75%

CO_2 저장량[kg]=방호구역체적[m^3]×약제량[kg/m^3]+개구부면적[m^2]×개구부가산량(10kg/m^2)

① **케이블실**

CO_2 저장량=(10×10×4)m³×1.3kg/m³=520kg

- [조건 ④]에 의해 **전역방출방식**
- 방호구역체적은 **가로×세로×높이**를 말한다([조건 ①]).
- 케이블실이므로 약제량은 **1.3kg/m³** 적용
- 단서에서 자동폐쇄장치가 설치되어 있으므로 개구부면적, 개구부가산량 무시
- 설계농도 50%일 때의 약제량이 1.3kg/m³이므로 설계농도는 적용할 필요 없음

② **박물관**

CO_2 저장량=(10×6×4)m³×2.0kg/m³=480kg

- [조건 ④]에 의해 **전역방출방식**
- 방호구역체적은 **가로×세로×높이**를 말한다([조건 ②]).
- **박물관**이므로 약제량은 **2.0kg/m³** 적용
- 단서에서 자동폐쇄장치가 설치되어 있으므로 개구부면적, 개구부가산량 무시
- 설계농도 65%일 때의 약제량이 2.0kg/m³이므로 설계농도는 적용할 필요 없음

③ **일산화탄소 저장창고**

‖ 표면화재의 약제량 및 개구부가산량(NFPC 106 5조, NFTC 106 2.2.1.1) ‖

방호구역체적	약제량	개구부가산량 (자동폐쇄장치 미설치시)	최소저장량
45m³ 미만 →	1kg/m³	5kg/m²	45kg
45~150m³ 미만	0.9kg/m³		
150~1450m³ 미만	0.8kg/m³		135kg
1450m³ 이상	0.75kg/m³		1125kg

방호구역체적$=(2\times4\times4)\text{m}^3=32\text{m}^3$

- **[조건 ③]**에서 일산화탄소는 가연성 가스이므로 **표면화재** 적용
- 32m³로서 45m³ 미만이므로 약제량은 **1kg/m³** 적용

표면화재

CO_2 저장량[kg]=**방**호구역체적[m³]×**약**제량[kg/m³]×**보**정계수**+개**구부면적[m²]×개구부가**산**량(5kg/m²)

기억법 **방약보+개산**

저장량=방호구역체적[m³]×약제량[kg/m³]=(2×4×4)m³×1kg/m³=32kg

- 최소저장량인 45kg보다 작으므로 45kg 적용

CO_2 저장량=방호구역체적[m³]×약제량[kg/m³]×보정계수+개구부면적[m²]×개구부가산량(5kg/m²)

$=45\text{kg}\times1.9=85.5\text{kg}$

- 저장량을 구한 후 보정계수를 곱한다는 것을 기억하라.
- 1.9 : [조건 ③]에서 주어진 값
- 단서에서 자동폐쇄장치가 설치되어 있으므로 개구부면적, 개구부가산량 무시

중요

표면화재 적용 대상
(1) 가연성 액체
(2) 가연성 가스

(나) **충전비**

$$C=\frac{V}{G}$$

여기서, C : 충전비〔L/kg〕
V : 내용적〔L〕
G : 저장량〔kg〕

저장량 G는

$$G=\frac{V}{C}=\frac{68\text{L}}{1.7}=40\text{kg}$$

- 68L : 〔조건 ⑥〕에서 주어진 값
- 1.7 : 〔조건 ⑥〕에서 주어진 값

(다)

실 명	CO_2 저장량	병 수
케이블실	520kg ((가)에서 구한 값)	$\frac{CO_2 \text{ 저장량〔kg〕}}{1\text{병당 약제량〔kg〕}}=\frac{520\text{kg}}{40\text{kg}}=13\text{병}$ • 40kg : (나)에서 구한 값
박물관	480kg ((가)에서 구한 값)	$\frac{CO_2 \text{ 저장량〔kg〕}}{1\text{병당 약제량〔kg〕}}=\frac{480\text{kg}}{40\text{kg}}=12\text{병}$
일산화탄소 저장창고	85.5kg ((가)에서 구한 값)	$\frac{CO_2 \text{ 저장량〔kg〕}}{1\text{병당 약제량〔kg〕}}=\frac{85.5\text{kg}}{40\text{kg}}=2.1 \fallingdotseq 3\text{병(절상)}$
저장용기실 적용	–	13병

저장용기실(집합관)의 용기본수는 각 방호구역의 저장용기본수 중 가장 많은 것을 기준으로 하므로 **케이블실**의 **13병**이 된다.

※ 설치개수
① 기동용기
② 선택밸브
③ 음향경보장치
④ 일제개방밸브(델류즈밸브)
(①~④) ─ 각 방호구역당 **1개**
⑤ 집합관의 용기본수 – 각 방호구역 중 가장 많은 용기 기준

(라)

$$CO_2 \text{ 농도〔vol\%〕}=\frac{21-O_2\text{〔vol\%〕}}{21}\times 100$$

$$=\frac{21-14\text{〔vol\%〕}}{21}\times 100$$

$$=33.333 \fallingdotseq 33.33\text{vol\%}$$

- 14vol% : 〔조건 ⑤〕에서 주어진 값
- 위의 식은 원래 %가 아니고 부피%를 나타낸다. 단지 우리가 부피%를 간략화해서 %로 표현할 뿐이고 원칙적으로는 **'부피%'**로 써야 한다.

부피%=Volume%=vol%=v%

- vol% : 어떤 공간에 차지하는 부피를 백분율로 나타낸 것

(마) ① 케이블실

$$방출가스량(방출가스체적)[m^3] = \frac{21-O_2}{O_2} \times 방호구역체적[m^3]$$

$$= \frac{21-14\,vol\%}{14\,vol\%} \times (10\times10\times4)m^3 = 200m^3$$

- 14vol% : [조건 ⑤]에서 주어진 값
- $(10\times10\times4)m^3$: [조건 ①]에서 주어진 값

② 박물관

$$방출가스량(방출가스체적)[m^3] = \frac{21-O_2}{O_2} \times 방호구역체적[m^3]$$

$$= \frac{21-14\,vol\%}{14\,vol\%} \times (10\times6\times4)m^3 = 120m^3$$

- 14vol% : [조건 ⑤]에서 주어진 값
- $(10\times6\times4)m^3$: [조건 ②]에서 주어진 값

☆☆☆

문제 15

스프링클러헤드의 기준개수가 20개이고 펌프의 양정 80m, 회전수 1500rpm으로 가압송수하고 있다. 펌프의 효율 0.6, 전달계수 1.1, 물의 비중량 9.8kN/m³일 때 다음 각 물음에 답하시오.

(21.4.문1, 20.7.문15, 17.4.문13, 16.4.문13, 12.7.문13, 07.11.문8)

득점	배점
	6

(가) 현재 토출량의 20% 가산 후 회전수[rpm]를 구하시오.
 ○ 계산과정 :
 ○ 답 :

(나) 현재 토출량의 20% 가산 후 양정[m]을 구하시오.
 ○ 계산과정 :
 ○ 답 :

(다) 현재 토출량의 20% 가산 후를 감안하여 50kW 소화펌프를 설치하였을 때 적합 여부를 판정하시오.
 ○ 계산과정 :
 ○ 답 :

해답 (가) ○ 계산과정 : $Q_1 = 20\times80 = 1600L/min$

$Q_2 = 1600\times1.2 = 1920L/min$

$N_2 = 1500\times\frac{1920}{1600} = 1800rpm$

○ 답 : 1800rpm

(나) ○ 계산과정 : $80\times\left(\frac{1800}{1500}\right)^2 = 115.2m$

○ 답 : 115.2m

(다) ○ 계산과정 : $\frac{9800\times1.92/60\times115.2}{1000\times0.6}\times1.1 = 66.232 \fallingdotseq 66.23kW$

○ 답 : 부적합

해설 **기호**

- H_1 : 80m
- N_1 : 1500rpm
- η : 0.6
- K : 1.1
- γ : 9.8kN/m^3=9800N/m^3(1kN=1000N)

(가) ① 토출량

$$Q = N \times 80\text{L/min}$$

여기서, Q : 토출량(유량)〔L/min〕, N : 헤드의 기준개수

펌프의 **최소토출량**(유량) Q는

$Q_1 = N \times 80\text{L/min} = 20\text{개} \times 80\text{L/min} = 1600\text{L/min}$

- 20개 : 문제에서 주어진 값
- 토출량공식은 폐쇄형 헤드, 개방형 헤드 관계없이 모두 $Q = N \times 80$L/min 적용함. 그러므로 문제에서 폐쇄형인지 개방형인지 주어지지 않아도 고민할 필요 없다.

중요

스프링클러설비

<table>
<tr><th>구 분</th><th colspan="2">폐쇄형 헤드</th><th>개방형 헤드</th></tr>
<tr><td>토출량</td><td colspan="2">

$$Q = N \times 80\text{L/min}$$

여기서, Q : 토출량(유량)〔L/min〕
N : 폐쇄형 헤드의 기준개수(설치개수가 기준개수보다 적으면 그 설치개수)

‖ 폐쇄형 헤드의 기준개수 ‖

<table>
<tr><th colspan="2">특정소방대상물</th><th>폐쇄형 헤드의 기준개수</th></tr>
<tr><td colspan="2">지하가 · 지하역사</td><td rowspan="4">30</td></tr>
<tr><td colspan="2">11층 이상</td></tr>
<tr><td rowspan="5">10층 이하</td><td>공장(특수가연물), 창고시설</td></tr>
<tr><td>판매시설(백화점 등), 복합건축물(판매시설이 설치된 것)</td></tr>
<tr><td>근린생활시설, 운수시설</td><td rowspan="2">20</td></tr>
<tr><td>8m 이상</td></tr>
<tr><td>8m 미만</td><td>10</td></tr>
<tr><td colspan="2">공동주택(아파트 등)</td><td>10(각 동이 주차장으로 연결된 주차장 : 30)</td></tr>
</table>

</td><td>

$$Q = N \times 80\text{L/min}$$

여기서, Q : 토출량(유량)〔L/min〕
N : 개방형 헤드의 설치개수

</td></tr>
<tr><td rowspan="2">수원의 저수량</td><td>기타시설(폐쇄형)</td><td>

$Q = 1.6N$(30층 미만)
$Q = 3.2N$(30~49층 이하)
$Q = 4.8N$(50층 이상)

여기서, Q : 수원의 저수량〔m^3〕
N : 폐쇄형 헤드의 기준개수(설치개수가 기준개수보다 적으면 그 설치개수)

</td><td rowspan="2">

① **30개 이하**

$$Q = 1.6N$$

여기서, Q : 수원의 저수량〔m^3〕
N : 개방형 헤드의 설치개수

② **30개 초과**

$$Q = K\sqrt{10P} \times N \times 20 \times 10^{-3}$$

여기서, Q : 수원의 저수량〔m^3〕
K : 유출계수(15A : **80**, 20A : **114**)
P : 방수압력〔MPa〕
N : 개방형 헤드의 설치개수

</td></tr>
<tr><td>창고시설(라지드롭형 폐쇄형)</td><td>

$Q = 3.2N$(일반 창고)
$Q = 9.6N$(랙식 창고)

여기서, Q : 수원의 저수량〔m^3〕
N : 가장 많은 방호구역의 설치개수(최대 30개)

</td></tr>
</table>

현재 토출량에 20% 가산한 양 Q_2는
$Q_2 = 1600\text{L/min} \times 1.2 = 1920\text{L/min}$

- 20% 가산 : 100%에 20%가 더해진다는 뜻이므로 120% =1.2

② 회전수

$$Q_2 = Q_1\left(\frac{N_2}{N_1}\right)$$

$$\frac{Q_2}{Q_1} = \frac{N_2}{N_1}$$

$$N_1\frac{Q_2}{Q_1} = N_2$$

$$N_2 = N_1\frac{Q_2}{Q_1} = 1500\text{rpm} \times \frac{1920\text{L/min}}{1600\text{L/min}} = 1800\text{rpm}$$

- 1500rpm : 문제에서 주어진 값
- 1920L/min : 바로 위에서 구한 값
- 1600L/min : 바로 위에서 구한 값

(나) 양정

$$H_2 = H_1\left(\frac{N_2}{N_1}\right)^2 = 80\text{m} \times \left(\frac{1800\text{rpm}}{1500\text{rpm}}\right)^2 = 115.2\text{m}$$

- 80m : 문제에서 주어진 값
- 1800rpm : (가)에서 구한 값
- 1500rpm : 문제에서 주어진 값

중요

유량, 양정, 축동력

유 량	양 정	축동력
회전수에 비례하고 **직경**(관경)의 세제곱에 비례한다.	회전수의 제곱 및 **직경**(관경)의 제곱에 비례한다.	회전수의 세제곱 및 **직경**(관경)의 오제곱에 비례한다.
$Q_2 = Q_1\left(\frac{N_2}{N_1}\right)\left(\frac{D_2}{D_1}\right)^3$ 또는 $Q_2 = Q_1\left(\frac{N_2}{N_1}\right)$	$H_2 = H_1\left(\frac{N_2}{N_1}\right)^2\left(\frac{D_2}{D_1}\right)^2$ 또는 $H_2 = H_1\left(\frac{N_2}{N_1}\right)^2$	$P_2 = P_1\left(\frac{N_2}{N_1}\right)^3\left(\frac{D_2}{D_1}\right)^5$ 또는 $P_2 = P_1\left(\frac{N_2}{N_1}\right)^3$
여기서, Q_2 : 변경 후 유량〔L/min〕 Q_1 : 변경 전 유량〔L/min〕 N_2 : 변경 후 회전수〔rpm〕 N_1 : 변경 전 회전수〔rpm〕 D_2 : 변경 후 직경(관경)〔mm〕 D_1 : 변경 전 직경(관경)〔mm〕	여기서, H_2 : 변경 후 양정〔m〕 H_1 : 변경 전 양정〔m〕 N_2 : 변경 후 회전수〔rpm〕 N_1 : 변경 전 회전수〔rpm〕 D_2 : 변경 후 직경(관경)〔mm〕 D_1 : 변경 전 직경(관경)〔mm〕	여기서, P_2 : 변경 후 축동력〔kW〕 P_1 : 변경 전 축동력〔kW〕 N_2 : 변경 후 회전수〔rpm〕 N_1 : 변경 전 회전수〔rpm〕 D_2 : 변경 후 직경(관경)〔mm〕 D_1 : 변경 전 직경(관경)〔mm〕

(다) 전동기용량

$$P = \frac{\gamma QH}{1000\eta}K$$

여기서, P : 전동력〔kW〕
γ : 비중량(물의 비중량 9800N/m^3)
Q : 유량〔m^3/s〕

H : 전양정[m]
K : 전달계수
η : 효율

전동기용량 $P = \frac{\gamma QH}{1000\eta}K = \frac{9800\text{N/m}^3 \times 1920\text{L/min} \times 115.2\text{m}}{1000 \times 0.6} \times 1.1$

$= \frac{9800\text{N/m}^3 \times 1.92\text{m}^3/60\text{s} \times 115.2\text{m}}{1000 \times 0.6} \times 1.1$

$= 66.232 ≒ 66.23\text{kW}$(∴ 50kW는 부적합)

- 문제에서 비중량이 주어졌으므로 반드시 $P = \frac{\gamma QH}{1000\eta}K$를 적용해야 함
- 9800N/m^3 : 문제에서 주어진 값, $9.8\text{kN/m}^3 = 9800\text{N/m}^3$, γ의 단위는 kN/m^{3}가 아니고 N/m^{3}라는 것을 특히 주의!
- 1920L/min : (가)에서 구한 값, $1920\text{L/min} = 1.92\text{m}^3/\text{min} = 1.92\text{m}^3/60\text{s}(1000\text{L} = 1\text{m}^3,\ 1\text{min} = 60\text{s})$
  Q의 단위 m^3/s라는 것을 특히 주의! m^3/min 아님
- 115.2m : (나)에서 구한 값
- 1.1 : 문제에서 주어진 값
- 0.6 : 문제에서 주어진 값

비교

전동기용량
비중량(γ)이 주어지지 않았을 때 적용

$$P = \frac{0.163QH}{\eta}K$$

여기서, P : 전동력[kW]
Q : 유량[m^3/min]
H : 전양정[m]
K : 전달계수
η : 효율

☆☆☆
문제 16

그림은 옥내소화전설비의 가압송수장치이다. 그림 및 조건을 참고하여 다음 각 물음에 답하시오.

(18.11.문3, 17.11.문5, 10.4.문8)

득점	배점
	8

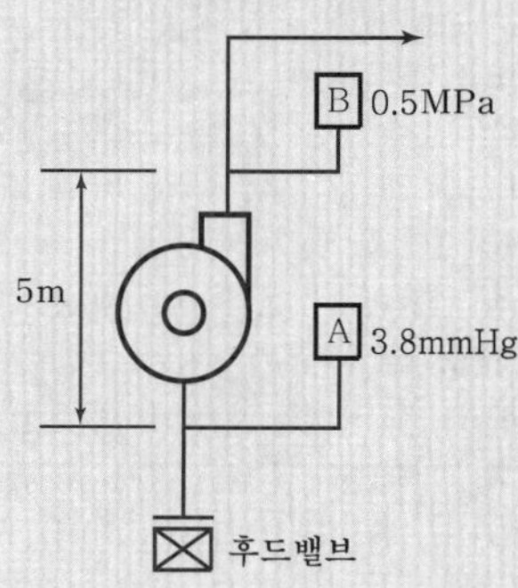

[조건]
① 옥내소화전은 층마다 2개씩 설치한다.
② 펌프흡입관의 관경은 65mm, 토출관의 관경은 100mm이다.
③ 물의 비중량은 9.8kN/m^{3}이다.

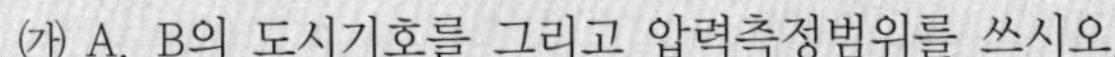

(가) A, B의 도시기호를 그리고 압력측정범위를 쓰시오.

구 분	A	B
도시기호		
압력측정범위		

(나) 펌프흡입관 및 토출관의 유속[m/s]을 구하시오.

① 흡입관 유속
- ○ 계산과정 :
- ○ 답 :

② 토출관 유속
- ○ 계산과정 :
- ○ 답 :

(다) 펌프의 전수두[m]를 구하시오.
- ○ 계산과정 :
- ○ 답 :

(라) 펌프의 동력[kW]을 구하시오.
- ○ 계산과정 :
- ○ 답 :

해답 (가)

구 분	A	B
도시기호		
압력측정범위	대기압 이상 및 이하	대기압 이상

(나) ① 흡입관 유속

○ 계산과정 : $Q=2\times130=260\text{L/min}=0.26\text{m}^3/60\text{s}$

$$V_1=\frac{0.26/60}{\frac{\pi\times0.065^2}{4}}=1.305\fallingdotseq1.31\text{m/s}$$

○ 답 : 1.31m/s

② 토출관 유속

○ 계산과정 : $V_2=\frac{0.26/60}{\frac{\pi\times0.1^2}{4}}=0.551\fallingdotseq0.55\text{m/s}$

○ 답 : 0.55m/s

(다) ○ 계산과정 : $H_1=\frac{1.31^2}{2\times9.8}+\frac{\frac{3.8}{760}\times101.325}{9.8}+0=0.139\text{m}$

$$H_2=\frac{0.55^2}{2\times9.8}+\frac{500}{9.8}+5=56.035\text{m}$$

$$h_2+h_3=0.139+56.035=56.174\text{m}$$

$$H=56.174+17=73.174\fallingdotseq73.17\text{m}$$

○ 답 : 73.17m

(라) ○ 계산과정 : $\frac{9800\times0.26/60\times73.17}{1000}=3.107\fallingdotseq3.11\text{kW}$

○ 답 : 3.11kW

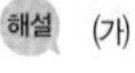
해설 (가)

- A : '**대기압 이하**'라고 답을 써도 정답!

구 분	압력계	진공계	연성계
도시기호	(압력계 기호)	(진공계 기호)	(연성계 기호)
압력측정범위	대기압 이상	대기압 이하	대기압 이상 및 이하
설치위치	펌프의 토출측	펌프의 흡입측	펌프의 흡입측

(나) ① **옥내소화전설비 펌프토출량**

$$Q = N \times 130\text{L/min}$$

여기서, Q : 토출량〔L/min〕

N : 가장 많은 층의 소화전개수(30층 미만 : **최대 2개**, 30층 이상 : **최대 5개**)

펌프토출량 $Q = N \times 130\text{L/min} = 2개 \times 130\text{L/min}$

$= 260\text{L/min} = 0.26\text{m}^3\text{/min} = 0.26\text{m}^3\text{/60s}$ (1000L=1m³, 1min=60s)

- 〔조건 ①〕에서 N : 2개(최대 2개)

② **유량**

$$Q = AV = \left(\frac{\pi D^2}{4}\right)V$$

여기서, Q : 유량〔m³/s〕

A : 단면적〔m²〕

V : 유속〔m/s〕

D : 내경〔m〕

펌프흡입관 유속 V_1는

$$V_1 = \frac{Q}{\frac{\pi D_1^2}{4}} = \frac{0.26\text{m}^3\text{/60s}}{\frac{\pi \times (0.065\text{m})^2}{4}} = 1.305 ≒ 1.31\text{m/s}$$

- 0.26m³/60s : 바로 위에서 구한 값
- 0.065m : 〔조건 ②〕에서 주어진 값, 65mm=0.065m

펌프토출관 유속 V_2는

$$V_2 = \frac{Q}{\frac{\pi D_2^2}{4}} = \frac{0.26\text{m}^3\text{/60s}}{\frac{\pi \times (0.1\text{m})^2}{4}} = 0.551 ≒ 0.55\text{m/s}$$

- 0.26m³/60s : 바로 위에서 구한 값
- 0.1m : 〔조건 ②〕에서 주어진 값, 100mm=0.1m

(다) 베르누이방정식

$$H = \frac{V^2}{2g} + \frac{P}{\gamma} + Z$$

여기서, H : 전수두〔m〕

V : 유속〔m/s〕

P : 압력〔N/m²〕

Z : 높이〔m〕

g : 중력가속도(9.8m/s²)

γ : 비중량(물의 비중량 9.8kN/m³)

흡입측 수두 $H_1 = \frac{V_1^2}{2g} + \frac{P_1}{\gamma} + Z_1 = \frac{(1.31\text{m/s})^2}{2 \times 9.8\text{m/s}^2} + \frac{\frac{3.8\text{mmHg}}{760\text{mmHg}} \times 101.325\text{kN/m}^2}{9.8\text{kN/m}^3} + 0 = 0.139\text{m}$

- 760mmHg=101.325kPa(kN/m²)
- 1.31m/s : (나)에서 구한 값
- P_1 : 그림에서 $3.8\text{mmHg} = \dfrac{3.8\text{mmHg}}{760\text{mmHg}} \times 101.325\text{kN/m}^2$
- 9.8kN/m³ : [조건 ③]에서 주어진 값
- Z_1 : 흡입측을 기준점으로 하므로 $Z_1 = 0\text{m}$로 놓음

중요

표준대기압

$1\text{atm} = 760\text{mmHg} = 1.0332\text{kg}_f/\text{cm}^2$
$= 10.332\text{mH}_2\text{O(mAq)}$
$= 14.7\text{PSI}(\text{lb}_f/\text{in}^2)$
$= \mathbf{101.325kPa(kN/m^2)}$
$= 1013\text{mbar}$

토출측 수두 $H_2 = \dfrac{V_2^2}{2g} + \dfrac{P_2}{\gamma} + Z_2 = \dfrac{(0.55\text{m/s})^2}{2 \times 9.8\text{m/s}^2} + \dfrac{500\text{kN/m}^2}{9.8\text{kN/m}^3} + 5\text{m} = 56.035\text{m}$

- 0.55m/s : (나)에서 구한 값
- P_2 : 그림에서 0.5MPa=500kPa=500kN/m²(1MPa=1000kPa, 1kPa=1kN/m²)
- 9.8kN/m³ : [조건 ③]에서 주어진 값
- 5m : 그림에서 주어진 값

배관 및 관부속품의 마찰손실수두 h_2+실양정$h_3 = H_1 + H_2 = 0.139\text{m} + 56.035\text{m} = 56.174\text{m}$

옥내소화전설비 **펌프**의 **전양정**(전수두)

$$H \geq h_1 + h_2 + h_3 + 17$$

여기서, H : 전양정[m]
h_1 : 소방호스의 마찰손실수두[m]
h_2 : 배관 및 관부속품의 마찰손실수두[m]
h_3 : 실양정(흡입양정+토출양정)[m]

펌프의 전양정 H는

$H = h_1 + h_2 + h_3 + 17 = 56.174\text{m} + 17\text{m} = 73.174 \fallingdotseq 73.17\text{m}$

- h_1 : 주어지지 않았으므로 무시
- $h_2 + h_3$: 바로 위에서 구한 값

(라) 전동기용량

$$P = \frac{\gamma QH}{1000\eta}K$$

여기서, P : 전동력[kW], γ : 비중량(물의 비중량 9800N/m³), Q : 유량[m³/s],
H : 전양정[m], K : 전달계수, η : 효율

전동기용량 $P = \dfrac{\gamma QH}{1000\eta}K = \dfrac{9800\text{N/m}^3 \times 0.26\text{m}^3/60\text{s} \times 73.17\text{m}}{1000} = 3.107 \fallingdotseq 3.11\text{kW}$

- γ=9.8kN/m³=9800N/m³ : [조건 ③]에서 주어진 값
- 0.26m³/min=0.26m³/60s : (나)에서 구한 값
- 73.17m : (다)에서 구한 값
- K, η : 주어지지 않았으므로 무시
- [조건 ③]에서 비중량이 주어졌으므로 $P = \dfrac{0.163QH}{\eta}K$보다는 $P = \dfrac{\gamma QH}{1000\eta}K$를 적용하는 것이 보다 정확하다. 이때에는 $P = \dfrac{0.163QH}{\eta}K$를 적용하면 틀릴 수 있다.

2022. 11. 19 시행

▌2022년 기사 제4회 필답형 실기시험▐				수험번호	성명	감독위원 확 인
자격종목 소방설비기사(기계분야)	시험시간 3시간	형별				

※ 다음 물음에 답을 해당 답란에 답하시오.(배점 : 100)

☆☆☆

문제 01

다음 조건에 따른 위험물 옥내저장소에 제1종 분말소화설비를 전역방출방식으로 설치하고자 할 때 다음을 구하시오. (16.6.문4, 16.4.문14, 15.7.문2, 14.4.문5, 13.7.문14, 11.7.문16)

득점	배점
	9

〔조건〕

① 건물크기는 길이 20m, 폭 10m, 높이 3m이고 개구부는 없는 기준이다.

② 분말 분사헤드의 사양은 1.5kg/초(1/2″), 방사시간은 30초 기준이다.

③ 헤드 배치는 정방형으로 하고 헤드와 벽과의 간격은 헤드간격의 1/2 이하로 한다.

④ 배관은 최단거리 토너먼트배관으로 구성한다.

유사문제부터 풀어보세요. 실력이 팍!팍! 올라갑니다.

(가) 필요한 분말소화약제 최소소요량[kg]을 구하시오.

○계산과정 :

○답 :

(나) 가압용 가스(질소)의 최소필요량(35℃/1기압 환산 리터)을 구하시오.

○계산과정 :

○답 :

(다) 분말 분사헤드의 최소소요수량[개]을 구하시오.

○계산과정 :

○답 :

(라) 헤드배치도 및 개략적인 배관도를 작성하시오. (단, 눈금 1개의 간격은 1m이고, 헤드 간의 간격 및 벽과의 간격을 표시해야 하며, 분말소화배관 연결지점은 상부 중간에서 분기하며, 토너먼트 방식으로 한다.)

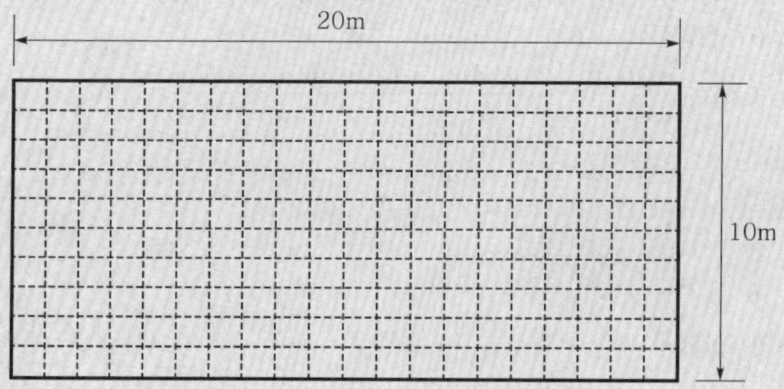

(가) ○ 계산과정 : $(20\times10\times3)\times0.6=360\text{kg}$

○ 답 : 360kg

(나) ○ 계산과정 : $360\times40=14400\text{L}$

○ 답 : 14400L

(다) ○ 계산과정 : $\dfrac{360}{1.5\times30}=8$개

○ 답 : 8개

(라)

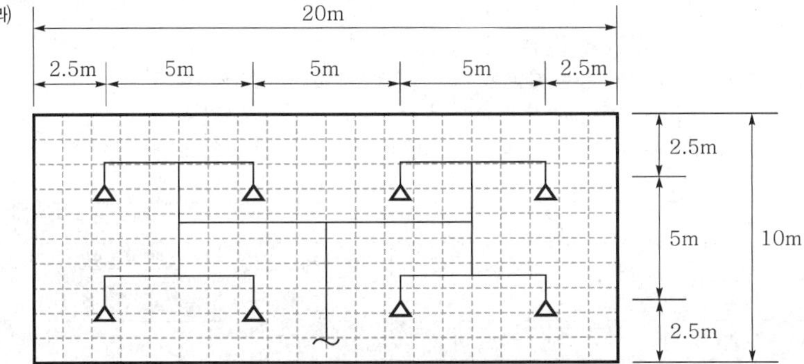

해설 (가) **전역방출방식**

자동폐쇄장치가 설치되어 있지 않은 경우	자동폐쇄장치가 설치되어 있는 경우 (개구부가 없는 경우)
분말저장량〔kg〕=방호구역체적〔m^3〕×약제량〔kg/m^3〕 +개구부면적〔m^2〕×개구부가산량〔kg/m^2〕	**분말저장량**〔kg〕=방호구역체적〔m^3〕×약제량〔kg/m^3〕

‖ 전역방출방식의 약제량 및 개구부가산량(NFPC 108 6조, NFTC 108 2.3.2.1) ‖

약제종별	약제량	개구부가산량(자동폐쇄장치 미설치시)
제1종 분말 ⟶	$0.6kg/m^3$	$4.5kg/m^2$
제2·3종 분말	$0.36kg/m^3$	$2.7kg/m^2$
제4종 분말	$0.24kg/m^3$	$1.8kg/m^2$

〔조건 ①〕에서 개구부가 설치되어 있지 않으므로

분말저장량〔kg〕=방호구역체적〔m^3〕×약제량〔kg/m^3〕

=(20m×10m×3m)×$0.6kg/m^3$=360kg

- 분말저장량=분말소화약제 최소소요량

(나) **가압식**과 **축압식**의 **설치기준**

사용가스 \ 구분	가압식	축압식
N_2(질소) ⟶	40L/kg 이상	10L/kg 이상
CO_2(이산화탄소)	20g/kg+배관청소 필요량 이상	20g/kg+배관청소 필요량 이상

※ 배관청소용 가스는 별도의 용기에 저장한다.

가압용 가스(질소)량〔L〕=소화약제량〔kg〕×40L/kg

=360kg×40L/kg

=14400L

- 문제에서 35℃/1기압 환산 리터라는 말에 고민하지 마라. 위 표의 기준이 35℃/1기압 환산 리터 값이므로 그냥 신경 쓰지 말고 계산하면 된다.
- 가압용 가스(가압식) : 문제에서 주어진 것
- 360kg : (가)에서 구한 값

(다)

$$\text{헤드개수} = \frac{\text{소화약제량[kg]}}{\text{방출률[kg/s]} \times \text{방사시간[s]}}$$

$$= \frac{360\text{kg}}{1.5\text{kg/초} \times 30\text{s}}$$

$= 8$개

- 위의 공식은 단위를 보면 쉽게 이해할 수 있다.
- 360kg : (개)에서 구한 값
- 1.5kg/초 : [조건 ②]에서 주어진 값
- 1.5kg/초(1/2″)에서 (1/2″)는 특별한 의미가 없으므로 신경 쓰지 말 것
- 30s : [조건 ②]에서 주어진 값
- 방사시간이 주어지지 않아도 다음 표에 의해 분말소화설비는 **30초**를 적용하면 된다.

‖ 약제방사시간 ‖

소화설비		전역방출방식		국소방출방식	
		일반건축물	위험물제조소 등	일반건축물	위험물제조소 등
할론소화설비		10초 이내	30초 이내	10초 이내	30초 이내
분말소화설비		30초 이내		30초 이내	
CO_2 소화설비	표면화재	1분 이내	60초 이내		
	심부화재	7분 이내			

(라)

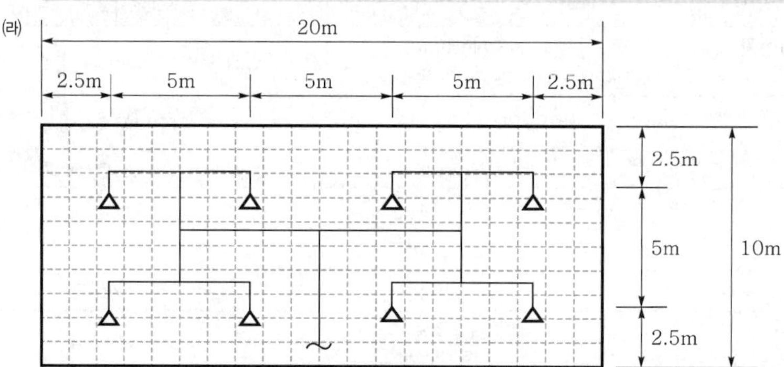

- [조건 ④]에서 **토너먼트배관**이므로 위 그림처럼 'H'자 형태로 배치하면 된다.
- [조건 ③]에서 **정방형** 배치이므로 **정사각형**으로 배치할 것
- (다)에서 헤드개수가 8개이므로 **8개** 배치
- [조건 ③]에 의해 헤드와 벽과의 간격은 헤드간격의 **1/2** 이하로 할 것. 또한 헤드와 벽과의 간격을 헤드간격의 1/2 이하로 하라는 말이 없더라도 헤드와 벽과의 간격은 헤드간격의 1/2 이하로 하는 것이 원칙이다.

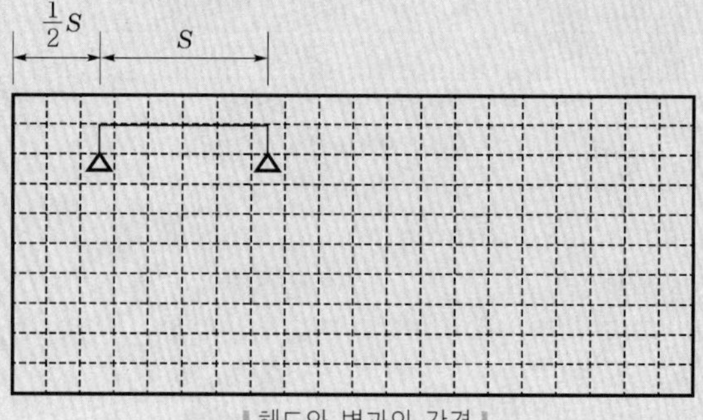

‖ 헤드와 벽과의 간격 ‖

☆☆☆
문제 02

지름이 10cm인 소방호스에 노즐구경이 3cm인 노즐팁이 부착되어 있고, $1.5m^3/min$의 물을 대기 중으로 방수할 경우 노즐(Nozzle)을 소방호스에 부착시키기 위한 플랜지볼트에 작용하고 있는 힘[kN]을 구하시오. (단, 물의 비중량은 $9800N/m^3$이다.) (20.11.문3, 16.4.문12, 11.7.문7, 09.10.문5)

○ 계산과정 :

○ 답 :

득점	배점
	5

해답

○ 계산과정 : $\dfrac{9800\times(1.5/60)^2\times\frac{\pi}{4}\times0.1^2}{2\times9.8}\times\left(\dfrac{\frac{\pi}{4}\times0.1^2-\frac{\pi}{4}\times0.03^2}{\frac{\pi}{4}\times0.1^2\times\frac{\pi}{4}\times0.03^2}\right)^2 \fallingdotseq 4067\text{N} \fallingdotseq 4.067\text{kN} \fallingdotseq 4.07\text{kN}$

○ 답 : 4.07kN

해설 (1) **기호**

- D_1 : 10cm=0.1m(100cm=1m)
- D_2 : 3cm=0.03m(100cm=1m)
- Q : $1.5m^3/min=1.5m^3/60s$(1min=60s)
- F : ?
- γ : $9800N/m^3$

(2) **플랜지볼트**에 작용하는 **힘**

$$F=\frac{\gamma Q^2 A_1}{2g}\left(\frac{A_1-A_2}{A_1 A_2}\right)^2=\frac{\gamma Q^2\left(\frac{\pi}{4}D_1^2\right)}{2g}\left[\frac{\left(\frac{\pi}{4}D_1^2\right)-\left(\frac{\pi}{4}D_2^2\right)}{\left(\frac{\pi}{4}D_1^2\right)\times\left(\frac{\pi}{4}D_2^2\right)}\right]^2$$

여기서, F : 플랜지볼트에 작용하는 힘[N]

γ : 비중량(물의 비중량 $9800N/m^3$)

Q : 유량[m^3/s]

A_1 : 소방호스의 단면적[m^2]

A_2 : 노즐의 단면적[m^2]

g : 중력가속도($9.8m/s^2$)

D_1 : 소방호스의 지름[m]

D_2 : 노즐구경[m]

$$F=\frac{9800\text{N/m}^3\times(1.5\text{m}^3/60\text{s})^2\times\frac{\pi}{4}\times(0.1\text{m})^2}{2\times9.8\text{m/s}^2}\times\left(\frac{\frac{\pi}{4}\times(0.1\text{m})^2-\frac{\pi}{4}\times(0.03\text{m})^2}{\frac{\pi}{4}\times(0.1\text{m})^2\times\frac{\pi}{4}\times(0.03\text{m})^2}\right)^2$$

$\fallingdotseq 4067\text{N} \fallingdotseq 4.067\text{kN} \fallingdotseq 4.07\text{kN}$

- $1.5m^3/min=1.5m^3/60s$(1min=60s)

중요

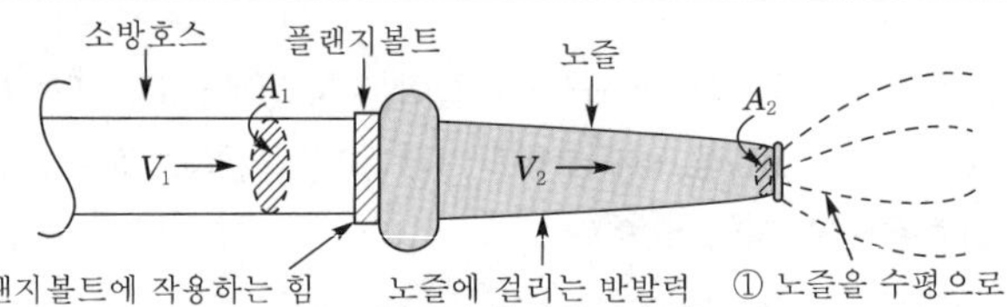

$$F = \frac{\gamma Q^2 A_1}{2g}\left(\frac{A_1 - A_2}{A_1 A_2}\right)^2$$

$$F = \rho Q(V_2 - V_1)$$

$$F = \rho Q V_2$$

$$R = 1.57PD^2$$

플랜지볼트에 작용하는 힘	노즐에 걸리는 반발력 (운동량에 따른 반발력)	노즐을 수평으로 유지하기 위한 힘	노즐의 반동력
$F = \frac{\gamma Q^2 A_1}{2g}\left(\frac{A_1 - A_2}{A_1 A_2}\right)^2$	$F = \rho Q V = \rho Q(V_2 - V_1)$	$F = \rho Q V_2$	$R = 1.57PD^2$
여기서, F : 플랜지볼트에 작용하는 힘[N] γ : 비중량(물의 비중량 9800N/m^3) Q : 유량[m^3/s] A_1 : 소방호스의 단면적[m^2] A_2 : 노즐의 단면적[m^2] g : 중력가속도(9.8m/s^2)	여기서, F : 노즐에 걸리는 반발력(운동량에 따른 반발력)[N] ρ : 밀도(물의 밀도 1000N · s^2/m^4) Q : 유량[m^3/s] V, V_2, V_1 : 유속[m/s]	여기서, F : 노즐을 수평으로 유지하기 위한 힘[N] ρ : 밀도(물의 밀도 1000N · s^2/m^4) V_2 : 노즐의 유속[m/s]	여기서, R : 반동력[N] P : 방수압력[MPa] D : 노즐구경[mm]

문제 03

제연설비의 화재안전기준에 관한 다음 (   ) 안을 완성하시오.

득점	배점
	4

제연설비를 설치해야 할 특정소방대상물 중 화장실 · 목욕실 · (①) · (②)를 설치한 숙박시설(가족호텔 및 (③)에 한한다.)의 객실과 사람이 상주하지 않는 기계실 · 전기실 · 공조실 · (④)m^2 미만의 창고 등으로 사용되는 부분에 대하여는 배출구 · 공기유입구의 설치 및 배출량 산정에서 이를 제외할 수 있다.

①:
②:
③:
④:

① 주차장
② 발코니
③ 휴양콘도미니엄
④ 50

- ①, ② **주차장**과 **발코니**는 답이 서로 바뀌어도 됨

제연설비의 **설치제외장소**(NFPC 501 12조, NFTC 501 2.11.1)
제연설비를 설치해야 할 특정소방대상물 중 **화장실 · 목욕실 · 주차장 · 발코니**를 설치한 **숙박시설**(가족호텔 및 휴양콘도미니엄에 한함)의 객실과 사람이 상주하지 않는 기계실 · 전기실 · 공조실 · **50m^2 미만**의 **창고** 등으로 사용되는 부분에 대하여는 배출구 · 공기유입구의 설치 및 배출량 산정에서 이를 제외할 수 있다.

비교

설치제외장소

(1) **이산화탄소 소화설비**의 **분사헤드 설치제외장소**(NFPC 106 11조, NFTC 106 2.8.1)
① **방재실, 제어실** 등 사람이 상시 근무하는 장소
② **나이트로셀룰로오스, 셀룰로이드 제품** 등 자기연소성 물질을 저장, 취급하는 장소
③ **나트륨, 칼륨, 칼슘** 등 활성금속물질을 저장 · 취급하는 장소
④ **전시장** 등의 관람을 위하여 다수인이 출입 · **통**행하는 통로 및 **전**시실 등

기억법 **방나나전 통전이**

(2) **할로겐화합물 및 불활성기체 소화설비**의 **설치제외장소**(NFPC 107A 5조, NFTC 107A 2.2.1)
① 사람이 **상**주하는 곳으로서 최대 허용**설**계농도를 초과하는 장소
② **제3류 위험물** 및 **제5류 위험물**을 사용하는 장소(단, 소화성능이 인정되는 위험물 제외)

기억법 **상설35할제**

(3) **물분무소화설비**의 **설치제외장소**(NFPC 104 15조, NFTC 104 2.12.1)
① **물**과 **심하게 반응하는 물질** 또는 물과 반응하여 위험한 물질을 생성하는 물질을 저장 또는 취급하는 장소
② **고온물질** 및 증류범위가 넓어 끓어넘치는 위험이 있는 물질을 저장 또는 취급하는 장소
③ 운전시에 표면의 온도가 **260℃** 이상으로 되는 등 직접 분무를 하는 경우 그 부분에 손상을 입힐 우려가 있는 **기**계장치 등이 있는 장소

기억법 **물고기 26(이륙)**

(4) **옥내소화전 방수구**의 **설치제외장소**(NFPC 102 11조, NFTC 102 2.8.1)
① **냉**장창고 중 온도가 영하인 **냉장실** 또는 냉동창고의 **냉동실**
② **고**온의 노가 설치된 장소 또는 물과 격렬하게 반응하는 물품의 저장 또는 취급장소
③ **발전소 · 변전소** 등으로서 전기시설이 설치된 장소
④ **식물원 · 수족관 · 목욕실 · 수영장**(관람석 제외) 또는 그 밖의 이와 비슷한 장소
⑤ **야외음악당 · 야외극장** 또는 그 밖의 이와 비슷한 장소

기억법 **내방냉고 발식야**

(5) **피난기구**의 **설치제외장소**(NFPC 301 6조, NFTC 301 2.2.1)
① **갓복도식 아파트** 등으로 인접(수평 또는 수직) 세대로 피난할 수 있는 아파트
② 주요구조부가 **내화구조**로서 거실의 각 부분으로 직접 복도로 피난할 수 있는 **학교**(강의실 용도로 사용되는 층에 한함)
③ **무인공장** 또는 **자동창고**로서 사람의 출입이 금지된 장소(관리를 위하여 일시적으로 출입하는 장소 포함)

☆
문제 04

제연설비의 화재안전기준 중 공기유입방식 및 유입구에 관한 다음 ( ) 안을 완성하시오.

득점	배점
	5

ㅇ 예상제연구역에 대한 공기유입은 유입풍도를 경유한 (①) 또는 (②)으로 하거나, 인접한 제연구역 또는 통로에 유입되는 공기(가압의 결과를 일으키는 경우를 포함한다.)가 해당구역으로 유입되는 방식으로 할 수 있다.
ㅇ 예상제연구역에 설치되는 공기유입구는 다음의 기준에 적합하여야 한다.
– 바닥면적 $400m^2$ 미만의 거실인 예상제연구역(제연경계에 따른 구획을 제외한다. 다만, 거실과 통로와의 구획은 그러하지 아니하다.)에 대하여서는 바닥 외의 장소에 설치하고 공기유입구와 배출구 간의 직선거리는 (③)m 이상으로 할 것. 다만, 공연장 · 집회장 · 위락시설의 용도로 사용되는 부분의 바닥면적이 (④)m^2를 초과하는 경우의 공기유입구는 다음의 기준에 따른다.
– 바닥면적이 $400m^2$ 이상의 거실인 예상제연구역(제연경계에 따른 구획을 제외한다. 다만, 거실과 통로와의 구획은 그러하지 아니하다.)에 대하여는 바닥으로부터 (⑤)m 이하의 높이에 설치하고 그 주변은 공기의 유입에 장애가 없도록 할 것

①:　　　　②:　　　　③:
④:　　　　⑤:

해답 ① 강제유입
② 자연유입방식
③ 5
④ 200
⑤ 1.5

해설 **제연설비**의 **공기유입방식** 및 **유입구 기준**(NFPC 501 8조, NFTC 501 2.5)

(1) 예상제연구역에 대한 공기유입은 유입풍도를 경유한 **강제유입** 또는 **자연유입방식**으로 하거나, 인접한 제연구역 또는 통로에 유입되는 공기(가압의 결과를 일으키는 경우 포함)가 해당 구역으로 유입되는 방식으로 할 수 있다.

(2) 예상제연구역에 설치되는 공기유입구의 적합기준

① 바닥면적 **400m² 미만**의 **거실**인 예상제연구역(제연경계에 따른 구획 제외. 단, 거실과 통로와의 구획은 제외하지 않음)에 대하여서는 **바닥 외의 장소**에 설치하고 공기유입구와 배출구 간의 **직선거리**는 **5m 이상**으로 할 것. 단, **공연장 · 집회장 · 위락시설**의 용도로 사용되는 부분의 바닥면적이 200m²를 초과하는 경우의 공기유입구는 ②의 기준에 따른다.

② 바닥면적이 **400m² 이상**의 **거실**인 예상제연구역(제연경계에 따른 구획 제외. 단, 거실과 통로와의 구획은 제외하지 않음)에 대하여는 바닥으로부터 **1.5m 이하**의 높이에 설치하고 그 주변은 공기의 유입에 장애가 없도록 할 것

☆ 문제 05

그림과 같은 특정소방대상물에 고압식 이산화탄소 소화설비를 설치하려고 한다. 높이는 4m, 1병당 저장량은 45kg, 단위체적당 소화약제량이 0.8kg/m³일 때 다음 각 물음에 답하시오. (21.7.문4)

득점	배점
	7

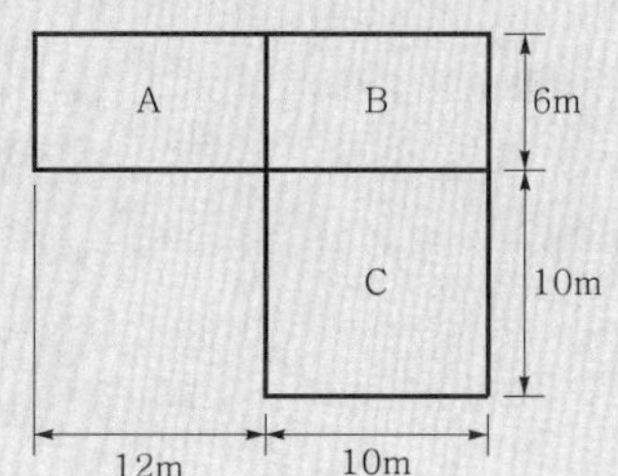

(가) 각 실의 저장용기수를 산출하시오.

① A실
- 계산과정 :
- 답 :

② B실
- 계산과정 :
- 답 :

③ C실
- 계산과정 :
- 답 :

(나) 미완성된 도면을 완성하되 저장용기 많은 것을 왼쪽부터 기재하시오. (단, 모든 배관은 직선으로 표기하고 저장용기를 ◎로 표시하시오.)

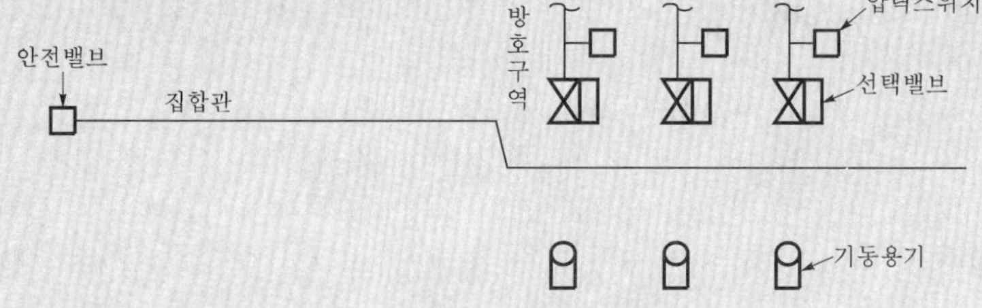

해답 (가) ① A실 : ○ 계산과정 : $[(12\times6)\times4]\times0.8=230.4\text{kg}$

$$\frac{230.4}{45}=5.1 ≒ 6\text{병}$$

○ 답 : 6병

② B실 : ○ 계산과정 : $[(10\times6)\times4]\times0.8=192\text{kg}$

$$\frac{192}{45}=4.2 ≒ 5\text{병}$$

○ 답 : 5병

③ C실 : ○ 계산과정 : $[(10\times10)\times4]\times0.8=320\text{kg}$

$$\frac{320}{45}=7.1 ≒ 8\text{병}$$

○ 답 : 8병

(나)

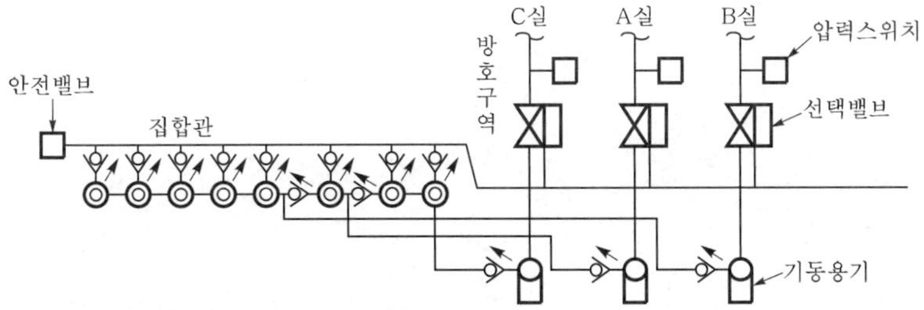

C실 A실 B실
방호구역
압력스위치
안전밸브
집합관
선택밸브
기동용기

해설 (가) **이산화탄소 저장량**(kg)

=**방**호구역체적(m³)×**약**제량(kg/m³)**+개**구부면적(m²)×개구부가**산**량(kg/m²)

기억법 **방약+개산**

① **A실**

이산화탄소 저장량$=[(12\times6)\text{m}^2\times4\text{m}]\times0.8\text{kg/m}^3=230.4\text{kg}$

$$\text{저장용기수}=\frac{\text{저장량}}{\text{1병당 저장량}}=\frac{230.4\text{kg}}{45\text{kg}}=5.1 ≒ 6\text{병(절상)}$$

② **B실**

이산화탄소 저장량$=[(10\times6)\text{m}^2\times4\text{m}]\times0.8\text{kg/m}^3=192\text{kg}$

$$\text{저장용기수}=\frac{\text{저장량}}{\text{1병당 저장량}}=\frac{192\text{kg}}{45\text{kg}}=4.2 ≒ 5\text{병(절상)}$$

③ **C실**

이산화탄소 저장량$=[(10\times10)\text{m}^2\times4\text{m}]\times0.8\text{kg/m}^3=320\text{kg}$

$$\text{저장용기수}=\frac{\text{저장량}}{\text{1병당 저장량}}=\frac{320\text{kg}}{45\text{kg}}=7.1 ≒ 8\text{병(절상)}$$

- 4m : 문제에서 주어진 값
- 45kg : 문제에서 주어진 값
- **개구부면적** 및 **개구부가산량**은 주어지지 않았으므로 무시

(나)

- 단서에 의해 배관은 반드시 직선 표기
- 단서에 의해 저장용기는 ◎로 표시
- **역류방지**를 목적으로 '**저장용기와 선택밸브**' 사이 및 '**저장용기와 기동용기**' 사이에는 반드시 **가스체크밸브**를 **1개**씩 설치하여야 한다.
- 문제조건에 의해 왼쪽부터 가장 많은 용기 표기

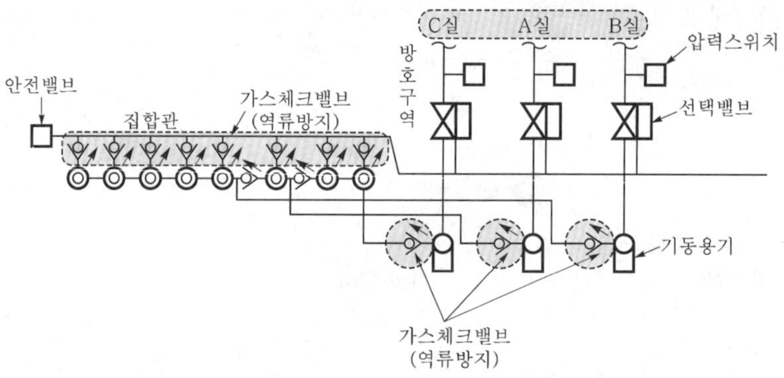

‖ 도면 ‖

참고

설치개수

(1) 선택밸브
(2) 기동용기
(3) 압력스위치
(4) 음향경보장치
(5) 밸브개폐장치
— 각 방호구역당 **1개**

(6) 안전밸브 – 집합관(실린더룸)당 **1개**

(7) 집합관의 할론실린더(약제병수) – 각 방호구역 중 **가장 많은 용기** 기준

☆☆☆

문제 06

가로 20m, 세로 10m의 특수가연물을 저장하는 창고에 포소화설비를 설치하고자 한다. 주어진 조건을 참고하여 다음 각 물음에 답하시오. (19.11.문2, 19.4.문7, 18.6.문5, 13.7.문11, 10.4.문5)

득점	배점
	8

〔조건〕

① 포원액은 합성계면활성제포 6%를 사용하며, 헤드는 포헤드를 설치한다.

② 펌프의 전양정은 35m이다.

③ 펌프의 효율은 65%이며, 전동기 전달계수는 1.1이다.

(가) 헤드를 정방형으로 배치할 때 포헤드의 설치개수를 구하시오.

○ 계산과정 :

○ 답 :

(나) 수원의 저수량〔L〕을 구하시오. (단, 포원액의 저수량은 제외한다.)

○ 계산과정 :

○ 답 :

(다) 포원액의 최소소요량〔L〕을 구하시오.

○ 계산과정 :

○ 답 :

(라) 포헤드 1개의 방출량〔L/min〕을 구하시오.

○ 계산과정 :

○ 답 :

해답 (가) ○ 계산과정 : $S = 2 \times 2.1 \times \cos 45° = 2.969\text{m}$

$$\text{가로} = \frac{20}{2.969} = 6.7 ≒ 7\text{개}$$

$$\text{세로} = \frac{10}{2.969} = 3.3 ≒ 4\text{개}$$

헤드개수 $= 7 \times 4 = 28$개

○ 답 : 28개

(나) ○ 계산과정 : $(20 \times 10) \times 6.5 \times 10 \times 0.94 = 12220\text{L}$

○ 답 : 12220L

(다) ○ 계산과정 : $(20 \times 10) \times 6.5 \times 10 \times 0.06 = 780\text{L}$

○ 답 : 780L

(라) ○ 계산과정 : $(20 \times 10) \times 6.5 = 1300\text{L/min}$

$$\frac{1300}{28} = 46.428 ≒ 46.43\text{L/min}$$

○ 답 : 46.43L/min

해설 (가) **포헤드**의 **개수**

정방형의 포헤드 상호간의 거리 S는

$S = 2R\cos 45° = 2 \times 2.1\text{m} \times \cos 45° = 2.969\text{m}$

- R(유효반경) : NFPC 105 12조 ②항, NFTC 105 2.9.2.5에 의해 특정소방대상물의 종류에 관계없이 무조건 **2.1m** 적용
- (가)의 문제에 의해 **정방형**으로 계산한다. **'정방형'**이라고 주어졌으므로 반드시 위의 식으로 계산해야 한다.

① **가로**의 **헤드 소요개수**

$$\frac{\text{가로길이}}{\text{수평헤드간격}} = \frac{20\text{m}}{2.969\text{m}} = 6.7 ≒ 7\text{개}$$

② **세로**의 **헤드 소요개수**

$$\frac{\text{세로길이}}{\text{수평헤드간격}} = \frac{10\text{m}}{2.969\text{m}} = 3.3 ≒ 4\text{개}$$

∴ 필요한 헤드의 소요개수 = 가로개수×세로개수 = 7개×4개 = 28개

중요

포헤드 상호간의 **거리기준**(NFPC 105 12조, NFTC 105 2.9.2.5)

정방형(정사각형)	**장방형**(직사각형)
$S = 2R\cos 45°$ $L = S$ 여기서, S : 포헤드 상호간의 거리〔m〕 R : 유효반경(**2.1m**) L : 배관간격〔m〕	$P_t = 2R$ 여기서, P_t : 대각선의 길이〔m〕 R : 유효반경(**2.1m**)

비교

정방형, 장방형 등의 **배치방식**이 **주어지지 않은 경우** 다음 식으로 계산(NFPC 105 12조, NFTC 105 2.9.2)

구 분		설치개수
포워터 스프링클러헤드		$\frac{\text{바닥면적}}{8\text{m}^2}$
포헤드 ⟶		$\frac{\text{바닥면적}}{9\text{m}^2}$
압축공기포소화설비	특수가연물 저장소	$\frac{\text{바닥면적}}{9.3\text{m}^2}$
	유류탱크 주위	$\frac{\text{바닥면적}}{13.9\text{m}^2}$

$$\text{포헤드개수} = \frac{\text{바닥면적}}{9\text{m}^2} = \frac{(20 \times 10)\text{m}^2}{9\text{m}^2} = 22.2 ≒ 23\text{개}$$

(나) **수원**의 **저수량**(NFPC 105 12조, NFTC 105 2.9.2.3)

특정소방대상물	포소화약제의 종류	방사량
• 차고 · 주차장 • 항공기격납고	• 수성막포	3.7L/m² · 분
	• 단백포	6.5L/m² · 분
	• 합성계면활성제포	8.0L/m² · 분
• 특수가연물 저장 · 취급소	• 수성막포 • 단백포 • 합성계면활성제포 →	6.5L/m² · 분

문제에서 특정소방대상물은 **특수가연물 저장 · 취급소**이고 〔조건 ①〕에서 포소화약제의 종류는 **합성계면활성제포**이므로 방사량(단위포소화수용액의 양) Q_1은 **6.5L/m² · 분**이다. 또한, 방출시간은 NFPC 105 8조, NFTC 105 2.5.2.3에 의해 **10분**이다.

〔조건 ①〕에서 **농도** S=6%이므로 수용액량(100%)=수원의 양(94%)+포원액(6%) 에서 수원의 양 $S=0.94(94\%)$

$$Q=A\times Q_1\times T\times S$$

여기서, Q : 수원의 양〔L〕
A : 탱크의 액표면적〔m²〕
Q_1 : 단위포소화수용액의 양〔L/m² · 분〕
T : 방출시간〔분〕
S : 사용농도

수원의 **저장량** Q는

$Q=A\times Q_1\times T\times S$

$=(20\times10)\text{m}^2\times6.5\text{L/m}^2\cdot\text{분}\times10\text{분}\times0.94=12220\text{L}$

비교

포워터 스프링클러헤드인 경우의 계산

표준방사량(NFPC 105 6 · 8조, NFTC 105 2.3.5, 2.5.2.3)

구 분	표준방사량	방사시간(방출시간)
• 포워터 스프링클러헤드 →	75L/min 이상	10분 (10min)
• 포헤드 • 고정포방출구 • 이동식 포노즐 • 압축공기포헤드	각 포헤드 · 고정포방출구 또는 이동식 포노즐, 압축공기포헤드의 설계압력에 의하여 방출되는 소화약제의 양	

포워터 스프링클러헤드의 **수원**의 **양**

$$Q=N\times Q_1\times T\times S$$

여기서, Q : 수원의 양〔L〕
N : 포워터 스프링클러헤드의 개수
Q_1 : 표준방사량(75L/min)
T : 방사시간(10min)
S : 사용농도

수원의 **저장량(저수량)** Q는

$Q=N\times Q_1\times T\times S=28\text{개}\times75\text{L/min}\times10\text{min}\times0.94=19740\text{L}$

(다) **포원액**의 **소요량**

포원액의 소요량 Q는

$Q=A\times Q_1\times T\times S$

$=(20\times10)\text{m}^2\times6.5\text{L/m}^2\cdot\text{분}\times10\text{분}\times0.06=780\text{L}$

• 0.06 : 〔조건 ①〕에서 **농도** S=0.06(6%)

비교

포워터 스프링클러헤드인 경우의 계산
$Q = N \times Q_1 \times T \times S = 28개 \times 75\text{L/min} \times 10\text{min} \times 0.06 = 1260\text{L}$

(라) **펌프**의 **토출량** Q는
$Q = A \times Q_1 = (20 \times 10)\text{m}^2 \times 6.5\text{L/m}^2 \cdot 분 = 1300\text{L/분} = 1300\text{L/min}$

- (가)에서 특수가연물 저장 · 취급소의 합성계면활성제포의 방사량은 **6.5L/m² · 분**이다.

비교

포워터 스프링클러헤드인 경우의 계산
$Q = N \times Q_1 = 28개 \times 75\text{L/min} = 2100\text{L/min}$

포헤드 1개의 방출량 Q_2는

$$Q_2 = \frac{Q}{포헤드개수} = \frac{1300\text{L/min}}{28개} = 46.428 \fallingdotseq 46.43\text{L/min}$$

☆☆

문제 07

옥외소화전설비에서 펌프의 소요양정이 50m이고 말단방수노즐의 방수압력이 0.15MPa이었다. 관련법에 맞게 방수압력을 0.25MPa로 증가시키고자 할 때 조건을 참고하여 토출측 유량[L/min]과 펌프의 토출압[MPa]을 구하시오. (15.4.문3, 08.11.문13)

득점	배점
	4

[조건]

① 유량 $Q = K\sqrt{10P}$를 적용하며 이때 $K = 100$이다.
(여기서, Q : 유량[L/min], K : 방출계수, P : 방수압력[MPa])

② 배관 마찰손실은 하젠-윌리암식을 적용한다.

$$\Delta P = 6.174 \times 10^4 \times \frac{Q^{1.85}}{C^{1.85} \times D^{4.87}}$$

여기서, ΔP : 단위길이당 마찰손실압력[MPa/m], Q : 유량[L/min]
C : 관의 조도계수(무차원), D : 관의 내경[mm]

(가) 유량[L/min]
○ 계산과정 :
○ 답 :

(나) 토출압[MPa]
○ 계산과정 :
○ 답 :

해답 (가) ○ 계산과정 : $100\sqrt{10 \times 0.25} = 158.113 \fallingdotseq 158.11\text{L/min}$
○ 답 : 158.11L/min

(나) ○ 계산과정 : $100\sqrt{10 \times 0.15} = 122.474 \fallingdotseq 122.47\text{L/min}$

$0.5 - 0.15 = 0.35\text{MPa}$

$$0.35 \times \left(\frac{158.11}{122.47}\right)^{1.85} = 0.561\text{MPa}$$

$0.561 + 0.25 = 0.811 \fallingdotseq 0.81\text{MPa}$

○ 답 : 0.81MPa

해설 (가)

$$Q = K\sqrt{10P}$$

여기서, Q : 토출량(유량)〔L/min〕
K : 방출계수
P : 방수압력〔MPa〕

펌프 교체 후 유량 Q_2는

$Q_2 = K\sqrt{10P} = 100\sqrt{10 \times 0.25\text{MPa}} = 158.113 ≒ 158.11\text{L/min}$

(나) **펌프 교체 전 유량** Q_1는

$Q_1 = K\sqrt{10P} = 100\sqrt{10 \times 0.15\text{MPa}} = 122.474 ≒ 122.47\text{L/min}$

- **100** : 〔조건 ①〕에서 주어진 값
- **0.15MPa** : 문제에서 주어진 값

마찰손실압력=토출압력-방수압력

$= 50\text{m} - 0.15\text{MPa} = 0.5\text{MPa} - 0.15\text{MPa} = 0.35\text{MPa}$

- 100m=1MPa
- **소요양정** 50m=0.5MPa를 **토출압력**으로 환산

$$\Delta P = 6.053 \times 10^4 \times \frac{Q^{1.85}}{C^{1.85} \times D^{4.87}} ≒ 6.174 \times 10^4 \times \frac{Q^{1.85}}{C^{1.85} \times D^{4.87}}$$

여기서, ΔP : 배관길이 1m당 압력손실(단위길이당 마찰손실압력)〔MPa/m〕
Q : 유량〔L/min〕
C : 관의 조도계수(무차원)
D : 관의 내경〔mm〕

하젠-윌리암의 식 ΔP는

$\Delta P = 6.174 \times 10^4 \times \frac{Q^{1.85}}{C^{1.85} \times D^{4.87}} \propto Q^{1.85}$ 이므로

마찰손실압력 ΔP는

$\Delta P = P \times Q^{1.85}$

$= P \times \left(\frac{Q_2}{Q_1}\right)^{1.85} = 0.35\text{MPa} \times \left(\frac{158.11\text{L/min}}{122.47\text{L/min}}\right)^{1.85} = 0.561\text{MPa}$

펌프의 토출압력=마찰손실압력+0.25MPa

$= 0.561\text{MPa} + 0.25\text{MPa} = 0.811 ≒ 0.81\text{MPa}$

- **0.35MPa** : 바로 위에서 구한 값
- 158.11L/min : (가)에서 구한 값
- 122.47L/min : 바로 위에서 구한 값
- 0.25MPa : 문제에서 주어진 값

☆☆

문제 08

포소화설비의 소화약제로 사용되는 수성막포의 장점 및 단점을 각각 2가지씩 쓰시오.

(19.11.문10, 00.2.문8)

득점	배점
	4

○ 장점 :

○ 단점 :

해답 ○장점 : ① 장기보존 가능
② 타약제와 겸용 사용 가능
○단점 : ① 고가
② 내열성이 좋지 않다.

해설 **수성막포**의 **장단점**

장 점	단 점
① 석유류 표면에 신속히 **피막**을 **형성**하여 유류증발을 억제한다. ② **안전성**이 좋아 장기보존이 가능하다. ③ **내약품성**이 좋아 타약제와 겸용 사용도 가능하다. ④ **내유염성**이 우수하다.	① 고가(가격이 비싸다.) ② 내열성이 좋지 않다. ③ 부식방지용 저장설비가 요구된다.

• **내유염성** : 포가 기름에 의해 오염되기 어려운 성질

비교

단백포의 **장단점**

장 점	단 점
① **내열성**이 우수하다. ② **유면봉쇄성**이 우수하다.	① 소화시간이 길다. ② 유동성이 좋지 않다. ③ 변질에 따른 저장성 불량 ④ 유류오염

☆ 문제 09

가로 20m, 세로 10m의 어느 건물에 연결살수설비 전용헤드를 사용하여 연결살수설비를 설치하고자 한다. 다음 각 물음에 답하시오.

득점	배점
	6

(가) 연결살수설비 전용헤드의 최소설치개수를 구하시오.
○계산과정 :
○답 :

(나) 배관의 구경을 쓰시오.
○

해답 (가) ○계산과정 : $2 \times 3.7 \times \cos 45° = 5.232\text{m}$

$$\frac{20}{5.232} = 3.8 ≒ 4개$$

$$\frac{10}{5.232} = 1.9 ≒ 2개$$

$$4 \times 2 = 8개$$

○답 : 8개

(나) 80mm

해설 (가) **연결살수설비**의 **헤드 설치기준**(NFPC 503 6조, NFTC 503 2.3.2)

① **천장** 또는 **반자**의 **실내**에 면하는 부분에 설치할 것
② 천장 또는 반자의 각 부분으로부터 하나의 살수헤드까지의 수평거리가 연결살수설비 전용헤드의 경우는 **3.7m 이하**, **스프링클러헤드**의 경우는 **2.3m 이하**로 할 것(단, 살수헤드의 부착면과 바닥과의 높이가 **2.1m 이하**인 부분은 살수헤드의 살수분포에 따른 거리로 가능)

연결살수설비 전용헤드	스프링클러헤드
수평거리 **3.7m** 이하	수평거리 **2.3m** 이하

비교

지하구의 **화재안전기준** 중 **연소방지설비**의 **헤드 설치기준**(NFPC 605 8조, NFTC 605 2.4.2)

(1) **천장** 또는 **벽면**에 설치할 것

(2) 헤드 간의 수평거리는 **연소방지설비 전용헤드**의 경우에는 **2m 이하**, **스프링클러헤드**의 경우에는 **1.5m 이하**로 할 것

(3) 소방대원의 출입이 가능한 **환기구 · 작업구**마다 지하구의 양쪽방향으로 살수헤드를 설정하되, 한쪽 방향의 살수구역의 길이는 **3m 이상**으로 할 것(단, 환기구 사이의 간격이 **700m**를 초과할 경우에는 700m 이내마다 살수구역을 설정하되, 지하구의 구조를 고려하여 방화벽을 설치한 경우는 제외)

연소방지설비 전용헤드	스프링클러헤드
수평거리 **2m** 이하	수평거리 **1.5m** 이하

정방형(정사각형)

$$S = 2R\cos 45°$$
$$L = S$$

여기서, S : 수평헤드간격[m]

R : 수평거리[m]

L : 배관간격[m]

수평헤드간격(헤드의 설치간격) S는

$S = 2R\cos 45° = 2 \times 3.7\text{m} \times \cos 45° = 5.232\text{m}$

가로헤드개수$= \dfrac{\text{가로길이}}{S} = \dfrac{20\text{m}}{5.232\text{m}} = 3.8 ≒ 4$개(절상)

세로헤드개수$= \dfrac{\text{세로길이}}{S} = \dfrac{10\text{m}}{5.232\text{m}} = 1.9 ≒ 2$개(절상)

총 개수=가로헤드개수×세로헤드개수=4개×2개=8개

- R : 문제에서 연결살수설비 전용헤드이므로 **3.7m**
- 특별한 조건이 없는 경우 **정방형** 설치

비교

장방형(직사각형)

$$S = \sqrt{4R^2 - L^2},\ L = 2R\cos\theta,\ S' = 2R$$

여기서, S : 수평헤드간격[m]

R : 수평거리[m]

L : 배관간격 또는 수평헤드간격[m]

S' : 대각선 헤드간격[m]

(나)

- (가)에서 **8개**이므로 **80mm** 선정

연결살수설비 배관구경(NFPC 503 5조, NFTC 503 2.2.3.1)

① 연결살수설비 전용헤드를 사용하는 경우

배관의 구경	32mm	40mm	50mm	65mm	80mm
살수헤드수	1개	2개	3개	4개 또는 5개	6개 이상 10개 이하

② 스프링클러헤드를 사용하는 경우

구분 \ 배관의 구경	25mm	32mm	40mm	50mm	65mm	80mm	90mm	100mm	125mm	150mm
폐쇄형 헤드수	2개	3개	5개	10개	30개	60개	80개	100개	160개	161개 이상
개방형 헤드수	1개	2개	5개	8개	15개	27개	40개	55개	90개	91개 이상

비교

지하구에 **설치**하는 **연소방지설비**의 **배관구경**(NFPC 605 8조, NFTC 605 2.4.1.3.1)

(1) 연소방지설비 전용헤드를 사용하는 경우

배관의 구경	32mm	40mm	50mm	65mm	80mm
살수헤드수	1개	2개	3개	4개 또는 5개	6개 이상

(2) 스프링클러헤드를 사용하는 경우

구분 \ 배관의 구경	25mm	32mm	40mm	50mm	65mm	80mm	90mm	100mm	125mm	150mm
폐쇄형 헤드수	2개	3개	5개	10개	30개	60개	80개	100개	160개	161개 이상
개방형 헤드수	1개	2개	5개	8개	15개	27개	40개	55개	90개	91개 이상

- 연소방지설비 배관구경도 연결살수설비와 동일

☆☆☆

문제 10

학교의 강의실에 대한 소형소화기의 설치개수를 구하고자 한다. 주어진 조건을 참고하여 다음 각 물음에 답하시오. (21.7.문3, 19.4.문13, 17.4.문8, 16.4.문2, 13.4.문11, 11.7.문5)

득점	배점
	6

〔조건〕

① 해당층에 설치하는 소화기는 A급 능력단위 3단위로 설치한다.

② 출입문은 각 실의 중앙에 있다.

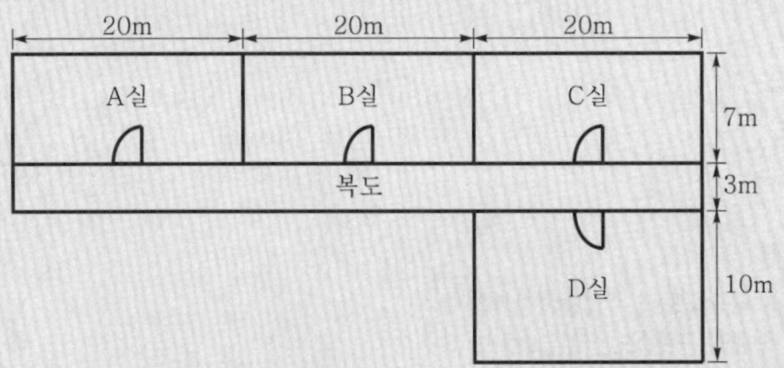

(가) 면적기준으로 각 실별 필요한 분말소화기의 최소개수를 산정하시오. (단, 복도는 배제하고 보행거리 기준은 고려하지 않는다.)

○ 계산과정 :

○ 답 :

(나) 보행거리에 따른 복도에 설치하여야 할 소화기의 개수를 쓰시오. (단, 복도 끝에는 소화기가 1개씩 배치되어 있다.)

○

(다) (가), (나)를 모두 고려하였을 때 소화기의 총 개수를 산정하시오.

○ 계산과정 :

○ 답 :

해답 (가) ○ 계산과정 : $\frac{(20\times7)\times3+(20\times10)}{200}=3.1 \fallingdotseq 4$단위

$\frac{4}{3}=1.3 \fallingdotseq 2$개

$2+4=6$개

○ 답 : 6개

(나) 4개

(다) ○ 계산과정 : 6+4=10개

○ 답 : 10개

해설 (가) **특정소방대상물별 소화기구**의 **능력단위기준**(NFTC 101 2.1.1.2)

특정소방대상물	소화기구의 능력단위	건축물의 주요구조부가 **내화구조**이고, 벽 및 반자의 실내에 면하는 부분이 **불연재료·준불연재료** 또는 **난연재료**로 된 특정소방대상물의 능력단위
• **위**락시설 기억법 위3(위상)	바닥면적 **30m²**마다 1단위 이상	바닥면적 **60m²**마다 1단위 이상
• **공연**장 • **집**회장 • **관람**장 및 **문**화재 • **의**료시설 · **장**례시설(장례식장) 기억법 5공연장 문의 집관람 (손오공 연장 문의 집관람)	바닥면적 **50m²**마다 1단위 이상	바닥면적 **100m²**마다 1단위 이상
• **근**린생활시설 • **판**매시설 • 운수시설 • **숙**박시설 • **노**유자시설 • **전**시장 • 공동**주**택 • **업무시설** • **방**송통신시설 • 공장 · **창**고 • **항**공기 및 자동**차**관련시설(주차장) 및 **관광**휴게시설 기억법 근판숙노전 주업방차창 1항관광(근판숙노전 주업방차장 일본항관광)	바닥면적 **100m²**마다 1단위 이상	바닥면적 **200m²**마다 1단위 이상
• 그 밖의 것(**학교**) →	바닥면적 **200m²**마다 1단위 이상	바닥면적 **400m²**마다 1단위 이상

학교는 **그 밖의 것**으로서 **내화구조**이고 **불연재료·준불연재료·난연재료**인 경우가 **아니므로** 바닥면적 **200m²**마다 1단위 이상이므로

$\frac{(20\text{m}\times7\text{m})\times3\text{실}+(20\text{m}\times10\text{m})}{200\text{m}^2}=3.1 \fallingdotseq 4\text{단위(절상)}$

• **4단위**를 **4개**라고 쓰면 틀린다. 특히 주의!

3단위 소화기를 설치하므로

소화기개수$=\frac{4\text{단위}}{3\text{단위}}=1.3 \fallingdotseq 2$개

• **3단위** : [조건 ①]에서 주어진 값

바닥면적 **33m²** 이상의 **구획된 실**에 추가로 각각 배치하므로 A, B, C, D실 모두 33m² 이상이기 때문에 각 실마다 1개씩 설치하여 **4개**이므로

∴ 2개+4개=6개

NFTC 101 2.1.1.4
특정소방대상물의 각 층이 **2 이상의 거실**로 구획된 경우에는 각 층마다 설치하는 것 외에 바닥면적이 **33m²** 이상으로 구획된 각 거실(아파트의 경우에는 각 세대)에도 배치할 것

(나)
- 단서에서 복도 끝에 소화기가 1개씩 배치

[조건 ①]에서 A급 3단위 소화기로서 10단위 미만이므로 **소형소화기**이고, 보행거리 **20m** 이내마다 설치

∴ 복도에는 4개 소화기 설치

‖ 소화능력단위 기준 및 보행거리(NFPC 101 3·4조, NFTC 101 1.7, 2.1.1.4.2) ‖

소화기 분류		능력단위	보행거리
소형소화기		**1단위** 이상	20m 이내
대형소화기	A급	**10단위** 이상	30m 이내
	B급	**20단위** 이상	

기억법 **보3대, 대2B(데이빗!)**

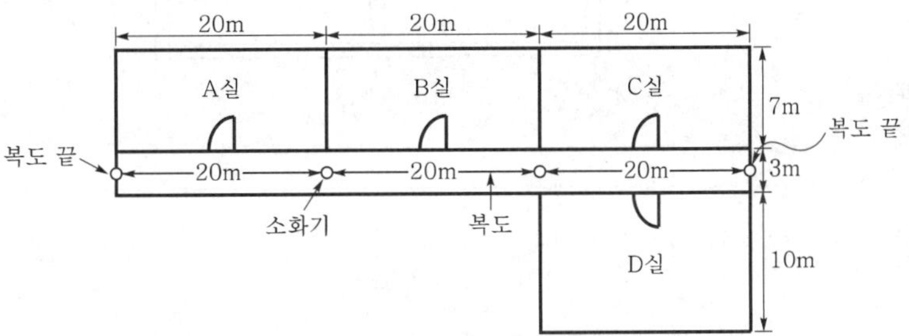

비교

단서에서 복도 끝에 소화기가 1개씩 배치되어 있다는 말이 없다면 다음과 같이 계산

$$소화기개수 = \frac{보행거리}{보행거리\ 20m} = \frac{60m}{20m} = 3개$$

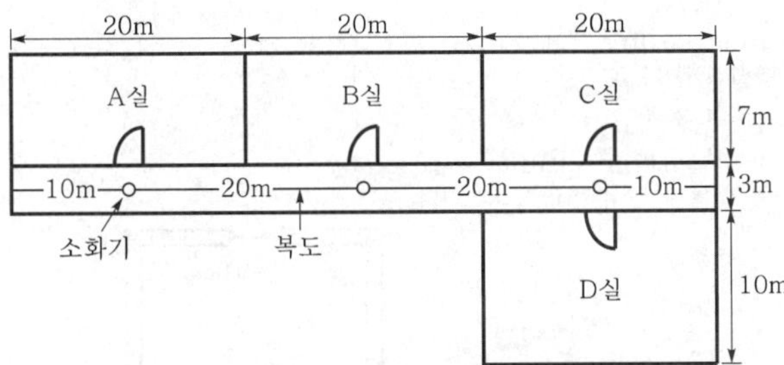

- 복도 끝에서 첫 번째 소화기까지는 20m의 절반인 **10m**로 계산하면 됨

(다) **소화기**의 **총 개수**

6개+4개=10개

- 6개 : (가)에서 구한 값
- 4개 : (나)에서 구한 값

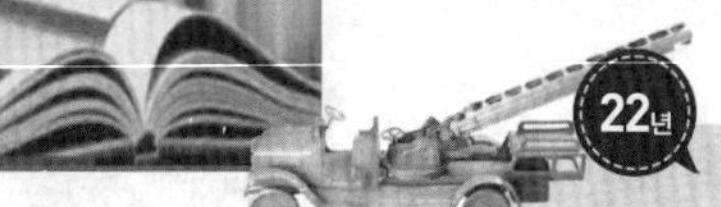

☆☆☆

문제 11

어느 건축물의 평면도이다. 이 실들 중 A실에 급기가압을 하고 창문 A_4, A_5, A_6은 외기와 접해 있을 경우 A실을 기준으로 외기와의 유효 개구틈새면적을 구하시오. (단, 모든 개구부 틈새면적은 0.01m²로 동일하다.)

(17.11.문2, 16.11.문4, 15.7.문9, 11.11.문6, 08.4.문8, 05.7.문6)

득점	배점
	4

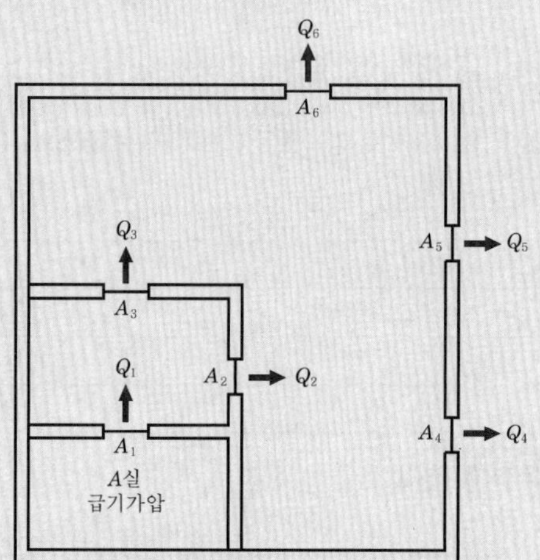

○ 계산과정 :
○ 답 :

해답 ○ 계산과정 : $A_2 \sim A_3 = 0.01 + 0.01 = 0.02\text{m}^2$

$A_4 \sim A_6 = 0.01 + 0.01 + 0.01 = 0.03\text{m}^2$

$$A_1 \sim A_6 = \frac{1}{\sqrt{\frac{1}{0.01^2} + \frac{1}{0.02^2} + \frac{1}{0.03^2}}} = 0.008 ≒ 0.01\text{m}^2$$

○ 답 : 0.01m²

해설 **$A_2 \sim A_3$은 병렬**상태이므로

$A_2 \sim A_3 = A_2 + A_3$

$= 0.01\text{m}^2 + 0.01\text{m}^2 = 0.02\text{m}^2$

$A_4 \sim A_6$은 병렬상태이므로

$A_4 \sim A_6 = A_4 + A_5 + A_6$

$= 0.01\text{m}^2 + 0.01\text{m}^2 + 0.01\text{m}^2 = 0.03\text{m}^2$

문제의 그림을 다음과 같이 변형할 수 있다.

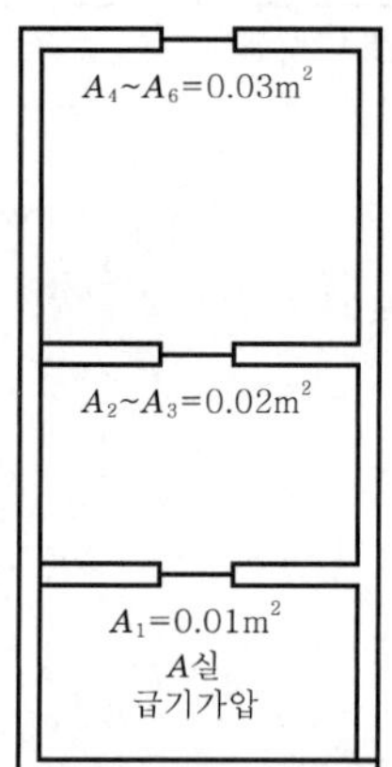

$A_1 \sim A_6$은 **직렬**상태이므로

$$A_1 \sim A_6 = \frac{1}{\sqrt{\frac{1}{{A_1}^2} + \frac{1}{(A_2 \sim A_3)^2} + \frac{1}{(A_4 \sim A_6)^2}}} = \frac{1}{\sqrt{\frac{1}{(0.01\text{m}^2)^2} + \frac{1}{(0.02\text{m}^2)^2} + \frac{1}{(0.03\text{m}^2)^2}}} = 0.008 ≒ 0.01\text{m}^2$$

참고

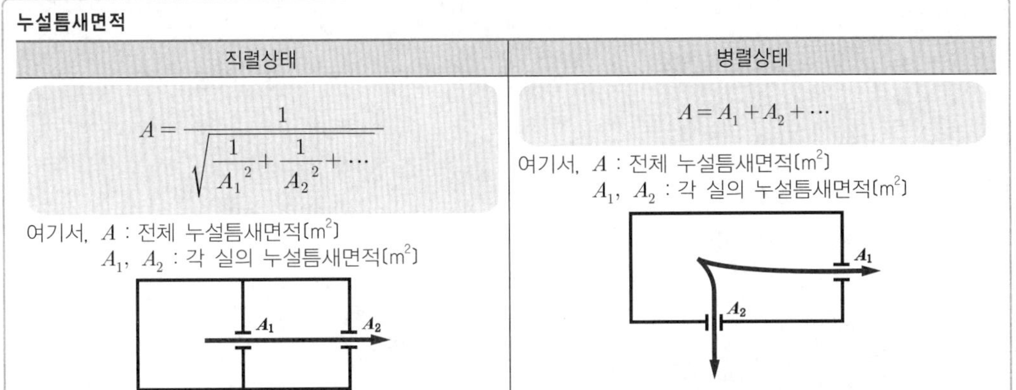

누설틈새면적

직렬상태	병렬상태
$A = \frac{1}{\sqrt{\frac{1}{{A_1}^2} + \frac{1}{{A_2}^2} + \cdots}}$ 여기서, A : 전체 누설틈새면적〔m^2〕 A_1, A_2 : 각 실의 누설틈새면적〔m^2〕	$A = A_1 + A_2 + \cdots$ 여기서, A : 전체 누설틈새면적〔m^2〕 A_1, A_2 : 각 실의 누설틈새면적〔m^2〕

☆☆

문제 12

다음은 10층 건물에 설치한 옥내소화전설비의 계통도이다. 각 물음에 답하시오. (14.7.문9, 09.4.문6)

득점	배점
	10

〔조건〕

① 배관의 마찰손실수두는 40m(소방호스, 관부속품의 마찰손실수두 포함)
② 펌프의 효율은 65%이다.
③ 펌프의 여유율은 10%를 적용한다.

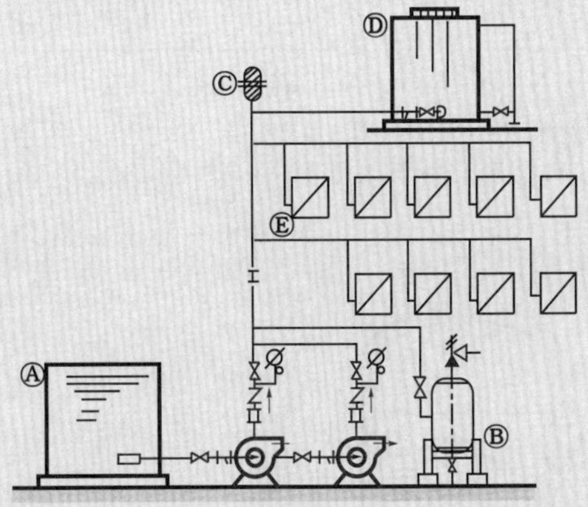

(가) Ⓐ~Ⓔ의 명칭을 쓰시오.

Ⓐ　　Ⓑ　　Ⓒ　　Ⓓ　　Ⓔ

(나) Ⓓ에 보유하여야 할 최소유효저수량〔m^3〕을 구하시오.

○ 계산과정 :

○ 답 :

(다) Ⓑ의 주된 기능을 쓰시오.

○

(라) Ⓒ의 설치목적이 무엇인지 쓰시오.
　○

(마) 펌프의 전동기용량[kW]을 계산하시오.
　○ 계산과정 :
　○ 답 :

해답 (가) Ⓐ 소화수조
Ⓑ 압력챔버
Ⓒ 수격방지기
Ⓓ 옥상수조
Ⓔ 옥내소화전(발신기세트 옥내소화전 내장형)

(나) ○ 계산과정 : $2.6 \times 2 \times \frac{1}{3} = 1.733 \fallingdotseq 1.73\text{m}^3$
○ 답 : 1.73m^3

(다) 배관 내의 순간적인 압력변동으로부터 안정적인 압력검지

(라) 배관 내의 수격작용 방지

(마) ○ 계산과정 : $Q = 2 \times 130 = 260\text{L/min} = 0.26\text{m}^3/\text{min}$
$H = 40 + 17 = 57\text{m}$
$P = \frac{0.163 \times 0.26 \times 57}{0.65} \times 1.1 = 4.088 \fallingdotseq 4.09\text{kW}$
○ 답 : 4.09kW

해설 (가) Ⓐ **소화수조** 또는 **저수조** : 수조를 설치하고 여기에 **소화**에 필요한 **물**을 항시 채워두는 것
Ⓑ **기동용 수압개폐장치**

압력챔버의 역할
① 배관 내의 순간적인 압력변동으로부터 안정적인 압력검지 ← 가장 중요한 역할(1가지만 답할 때는 이것으로 답할 것)
② 배관 내의 압력저하시 충압펌프 또는 주펌프의 자동기동
③ 수격작용 방지

- 주펌프는 자동 정지시키지 않는 것이 원칙이다.
- (가)의 Ⓑ의 명칭은 **"기동용 수압개폐장치"**로 답하면, 기동용 수압개폐장치 중의 **"기동용 압력스위치"**로 판단될 수도 있기 때문에 **"압력챔버"**로 답해야 정답!

Ⓒ **수격방지기**(WHC ; Water Hammering Cushion) : 수직배관의 **최상부** 또는 **수평주행배관**과 **교차배관**이 **맞닿는 곳**에 설치하여 워터해머링(Water hammering)에 따른 충격을 흡수한다(배관 내의 수격작용 방지).

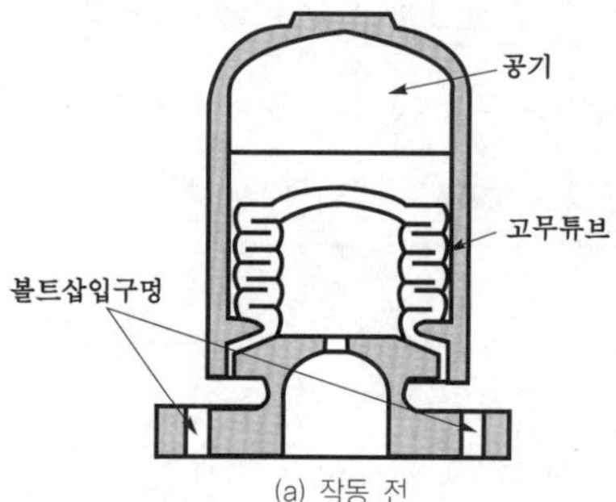

(a) 작동 전

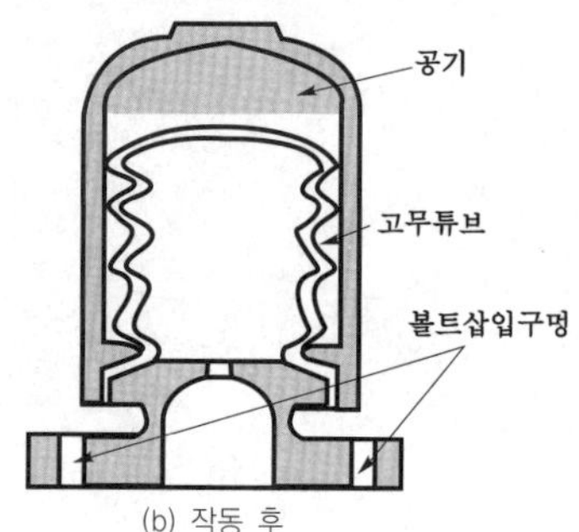

(b) 작동 후

‖ 수격방지기 ‖

• Ⓓ 펌프가 있으므로 **옥상수조**가 정답. 고가수조라 쓰면 틀릴 수 있음

중요

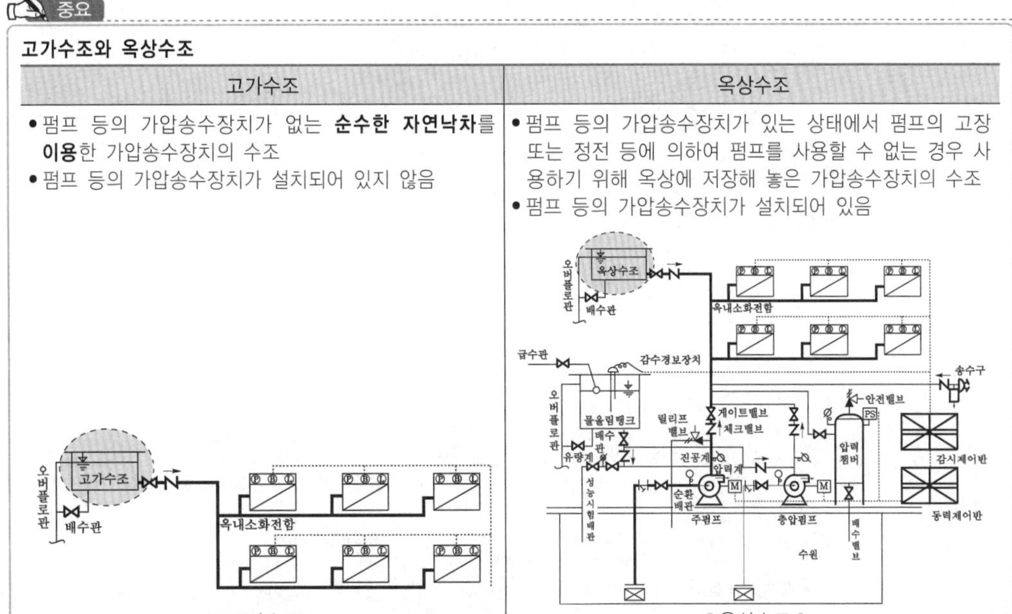

고가수조와 옥상수조

고가수조	옥상수조
• 펌프 등의 가압송수장치가 없는 **순수한 자연낙차를 이용**한 가압송수장치의 수조 • 펌프 등의 가압송수장치가 설치되어 있지 않음	• 펌프 등의 가압송수장치가 있는 상태에서 펌프의 고장 또는 정전 등에 의하여 펌프를 사용할 수 없는 경우 사용하기 위해 옥상에 저장해 놓은 가압송수장치의 수조 • 펌프 등의 가압송수장치가 설치되어 있음
‖ 고가수조 ‖	‖ 옥상수조 ‖

Ⓓ **옥상수조** 또는 **고가수조**: **구조물** 또는 **지형지물** 등에 설치하여 자연낙차의 압력으로 급수하는 수조

Ⓔ **옥내소화전**

① 함의 재질

강판	합성수지재
두께 **1.5mm** 이상	두께 **4mm** 이상

② 문짝의 면적: **$0.5m^2$** 이상

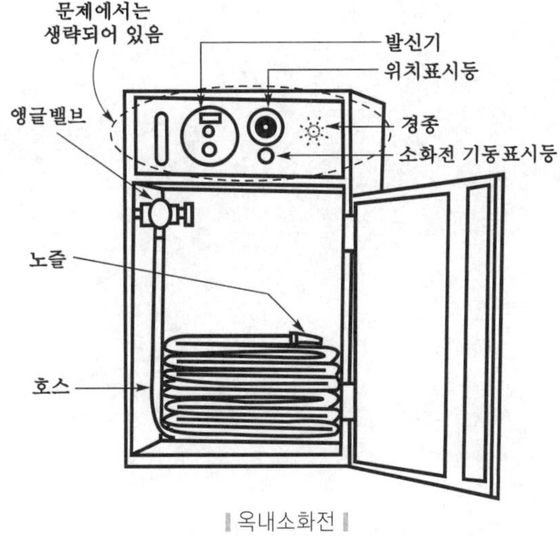

‖ 옥내소화전 ‖

(나) **옥상수원**의 **저수량**

$$Q' \geq 2.6N \times \frac{1}{3}$$ (30층 미만, N : 최대 2개)

$$Q' \geq 5.2N \times \frac{1}{3}$$ (30~49층 이하, N : 최대 5개)

$$Q' \geq 7.8N \times \frac{1}{3}$$ (50층 이상, N : 최대 5개)

여기서, Q' : 옥상수원의 저수량[m^3]
N : 가장 많은 층의 소화전개수

옥상수원의 **저수량** Q'는

$$Q' \geq 2.6N \times \frac{1}{3} = 2.6 \times 2\text{개} \times \frac{1}{3} = 1.733 \fallingdotseq 1.73\text{m}^3$$

(다) (가) Ⓑ 참조

(라) (가) Ⓒ 참조

(마) ① 펌프의 토출량(유량)

$$Q = N \times 130\text{L/min}$$

여기서, Q : 펌프의 토출량[L/min]
N : 가장 많은 층의 소화전개수(30층 미만 : **최대 2개**, 30층 이상 : **최대 5개**)

펌프의 토출량(유량) Q는

$Q = N \times 130\text{L/min} = 2\text{개} \times 130\text{L/min} = 260\text{L/min} =$ **0.26m³/min**

- $1000\text{L} = 1\text{m}^3$

② **펌프**의 **전양정**

$$H \geq h_1 + h_2 + h_3 + 17$$

여기서, H : 전양정[m]
h_1 : 소방호스의 마찰손실수두[m]
h_2 : 배관 및 관부속품의 마찰손실수두[m]
h_3 : 실양정(흡입양정+토출양정)[m]

펌프의 **전양정** H는

$H = h_1 + h_2 + h_3 + 17 = 40 + 17 = 57\text{m}$

- [조건 ①]에서 $h_1 + h_2 =$ **40m**이다.
- h_3 : [조건 ①]에 없으므로 무시

③ **전동기**의 **용량**

$$P = \frac{0.163QH}{\eta}K$$

여기서, P : 전동력[kW]
Q : 유량[m^3/min]
H : 전양정[m]
K : 전달계수
η : 효율

전동기의 **용량** P는

$$P = \frac{0.163QH}{\eta}K = \frac{0.163 \times 0.26\text{m}^3/\text{min} \times 57\text{m}}{0.65} \times 1.1 = 4.088 \fallingdotseq 4.09\text{kW}$$

- **0.65** : [조건 ②]에서 주어진 값
- **1.1** : [조건 ③]에서 10% 여유율을 적용하므로 **1.1**

문제 13

직사각형 주철 관로망에서 Ⓐ지점에서 $0.7m^3/s$ 유량으로 물이 들어와서 Ⓑ와 Ⓒ지점에서 각각 $0.3m^3/s$와 $0.4m^3/s$의 유량으로 물이 나갈 때 관 내에서 흐르는 물의 유량 Q_1, Q_2, Q_3는 각각 몇 m^3/s인가? (단, 관마찰손실 이외의 손실은 무시하고 d_1, d_2 관의 관마찰계수는 $f_{12}=0.025$, d_3, d_4의 관에 대한 관마찰계수는 $f_{34}=0.028$이다. 각각의 관의 내경은 $d_1=0.4m$, $d_2=0.4m$, $d_3=0.322m$, $d_4=0.322m$이며, Darcy-Weisbach의 방정식을 이용하여 유량을 구한다.) (20.5.문4, 10.10.문17)

득점	배점
	6

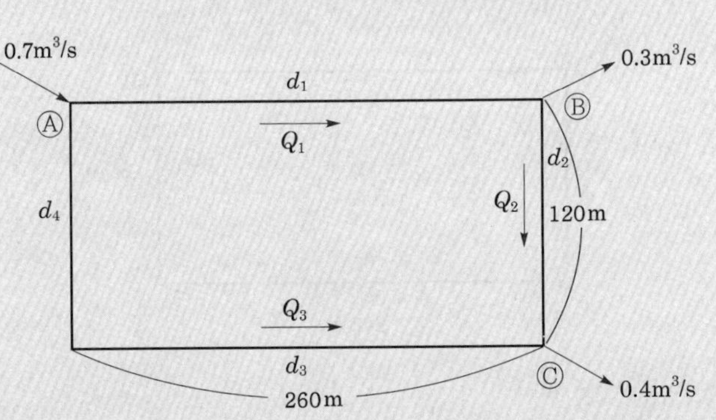

○ 계산과정 :

○ 답 : $Q_1=$

$Q_2=$

$Q_3=$

해답 ○ 계산과정 : $0.7 = Q_1 + Q_3$

$Q_1 = 0.3 + Q_2$

$$H_1 = \frac{0.025\times 260\times\left(\dfrac{Q_1}{\dfrac{\pi\times 0.4^2}{4}}\right)^2}{2\times 9.8\times 0.4} = 52.502{Q_1}^2 ≒ 52.5{Q_1}^2$$

$$H_2 = \frac{0.025\times 120\times\left(\dfrac{Q_2}{\dfrac{\pi\times 0.4^2}{4}}\right)^2}{2\times 9.8\times 0.4} = 24.231{Q_2}^2 ≒ 24.23{Q_2}^2$$

$$H_3 = \frac{0.028\times(260+120)\times\left(\dfrac{Q_3}{\dfrac{\pi\times 0.322^2}{4}}\right)^2}{2\times 9.8\times 0.322} = 254.229{Q_3}^2 ≒ 254.23{Q_3}^2$$

$Q_2 = Q_1 - 0.3$

$Q_3 = 0.7 - Q_1$

$52.5{Q_1}^2 + 24.23{Q_2}^2 - 254.23{Q_3}^2 = 0$

$52.5x^2 + 24.23(x-0.3)^2 - 254.23(0.7-x)^2 = 0$

$177.5x^2 - 341.384x + 122.392 = 0$

$$x = \frac{-(-341.384)\pm\sqrt{(-341.384)^2 - 4\times 177.5\times 122.392}}{2\times 177.5} = 0.476 ≒ 0.48m^3/s$$

$\therefore\ Q_1 = 0.48\text{m}^3/\text{s}$

$Q_2 = 0.48 - 0.3 = 0.18\text{m}^3/\text{s}$

$Q_3 = 0.7 - 0.48 = 0.22\text{m}^3/\text{s}$

○ 답 : $Q_1 = 0.48\text{m}^3/\text{s}$

$Q_2 = 0.18\text{m}^3/\text{s}$

$Q_3 = 0.22\text{m}^3/\text{s}$

$0.7\text{m}^3/\text{s} = Q_1 + Q_3$

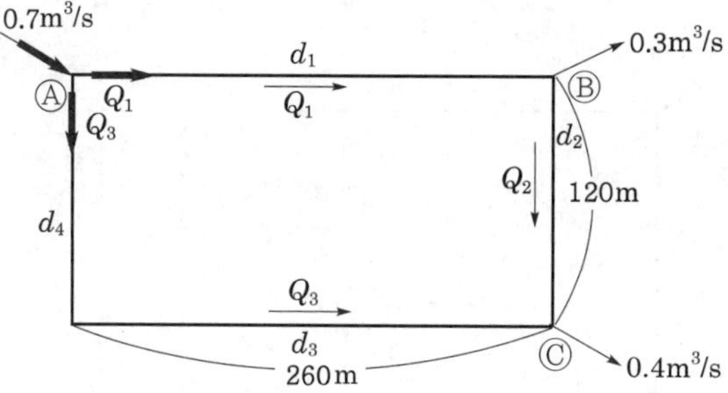

$Q_1 = 0.3\text{m}^3/\text{s} + Q_2$

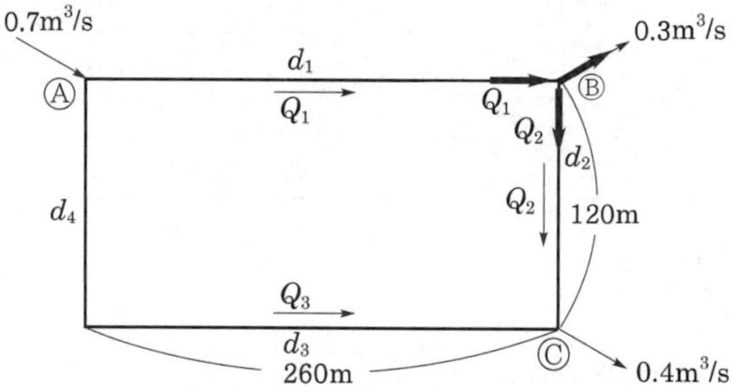

• $\Sigma H = 0$: **에너지 보존법칙**(베르누이방정식)에 의해 각 분기배관의 **마찰손실**(H)의 **합**은 **0**이라고 가정한다.

다음 그림에서 Ⓐ점을 기준으로 H_1과 H_2는 방향이 같고, H_3는 반대이므로 같은 방향을 **+**, 반대방향을 **−**로 놓으면

$H_1 + H_2 - H_3 = 0$ 또는 $H_1 + H_2 = H_3$

여기서, H : 마찰손실(수두)[m]

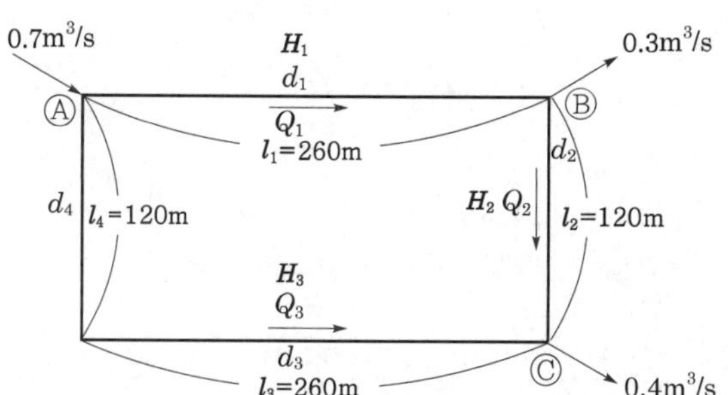

(1) 유량

$$Q = AV = \left(\frac{\pi d^2}{4}\right)V$$

여기서, Q : 유량[m^3/s]

A : 단면적[m^2]

V : 유속[m/s]

d : 내경[m]

(2) **달시-웨버**의 **식**(Darcy-Weisbach formula, 층류)

$$H = \frac{\Delta p}{\gamma} = \frac{flV^2}{2gd}$$

여기서, H : 마찰손실(수두)[m]

Δp : 압력차[Pa]

γ : 비중량(물의 비중량 9800N/m^3)

f : 관마찰계수

l : 길이[m]

V : 유속[m/s]

g : 중력가속도(9.8m/s^2)

d : 내경[m]

마찰손실(수두) H는

$$H = \frac{flV^2}{2gd} = \frac{fl\left(\dfrac{Q}{\dfrac{\pi d^2}{4}}\right)^2}{2gd}$$

d_1관의 마찰손실(수두) H_1은

$$H_1 = \frac{f_{12}l_1\left(\dfrac{Q_1}{\dfrac{\pi d_1^{\ 2}}{4}}\right)^2}{2gd_1} = \frac{0.025\times 260\text{m}\times\left(\dfrac{Q_1}{\dfrac{\pi\times(0.4\text{m})^2}{4}}\right)^2}{2\times 9.8\text{m/s}^2\times 0.4\text{m}} = 52.502Q_1^{\ 2} \fallingdotseq 52.5Q_1^{\ 2}$$

d_2관의 마찰손실(수두) H_2는

$$H_2 = \frac{f_{12}l_2\left(\dfrac{Q_2}{\dfrac{\pi d_2^{\ 2}}{4}}\right)^2}{2gd_2} = \frac{0.025\times 120\text{m}\times\left(\dfrac{Q_2}{\dfrac{\pi\times(0.4\text{m})^2}{4}}\right)^2}{2\times 9.8\text{m/s}^2\times 0.4\text{m}} = 24.231Q_2^{\ 2} \fallingdotseq 24.23Q_2^{\ 2}$$

d_3관의 마찰손실(수두) H_3는

$$H_3 = \frac{f_{34}(l_3+l_4)\left(\dfrac{Q_3}{\dfrac{\pi d_3^{\ 2}}{4}}\right)^2}{2gd_3} = \frac{0.028\times(260+120)\text{m}\times\left(\dfrac{Q_3}{\dfrac{\pi\times(0.322\text{m})^2}{4}}\right)^2}{2\times 9.8\text{m/s}^2\times 0.322\text{m}} = 254.229Q_3^{\ 2} \fallingdotseq 254.23Q_3^{\ 2}$$

$\Sigma H = 0,\ H_1 + H_2 = H_3$: **에너지 보존법칙**(베르누이방정식)에 의해 각 분기배관의 **마찰손실**(H)의 합은 **0** 또는 $H_1 + H_2 = H_3$로 가정한다.

$$H_1 + H_2 - H_3 = 0$$

$$52.5Q_1^{\ 2} + 24.23Q_2^{\ 2} - 254.23Q_3^{\ 2} = 0$$

- $Q_1 = 0.3\text{m}^3/\text{s} + Q_2 \rightarrow \boxed{Q_2 = Q_1 - 0.3\text{m}^3/\text{s}}$
- $0.7\text{m}^3/\text{s} = Q_1 + Q_3 \rightarrow \boxed{Q_3 = 0.7\text{m}^3/\text{s} - Q_1}$

$52.5Q_1{}^2 + 24.23(Q_1 - 0.3)^2 - 254.23(0.7 - Q_1)^2 = 0$ → Q_1을 x로 표기하면

$52.5x^2 + 24.23\underline{(x-0.3)^2} - 254.23\underline{(0.7-x)^2} = 0$

수학 : $(a-b)^2 = a^2 - 2ab + b^2$

$52.5x^2 + 24.23\underline{(x^2 - 0.6x + 0.09)} - 254.23\underline{(x^2 - 1.4x + 0.49)} = 0$

$52.5x^2 + 24.23x^2 - 14.538x + 2.1807 - 254.23x^2 + 355.922x - 124.5727 = 0$

$(52.5 + 24.23 - 254.23)x^2 + (-14.538 + 355.922)x + (2.1807 - 124.5727) = 0$

$-177.5x^2 + 341.384x - 122.392 = 0$

$0 = 177.5x^2 - 341.384x + 122.392$ ← 좌우 이항하면 부호가 바뀜

$ax^2 + bx + c = 0$

근의 공식 $x = \dfrac{-b \pm \sqrt{b^2 - 4ac}}{2a}$

$$x = \frac{-b \pm \sqrt{b^2 - 4ac}}{2a}$$

$$= \frac{-(-341.384) \pm \sqrt{(-341.384)^2 - 4 \times 177.5 \times 122.392}}{2 \times 177.5}$$

$= 1.45\text{m}^3/\text{s}$ 또는 $0.476\text{m}^3/\text{s} \fallingdotseq 0.48\text{m}^3/\text{s}$

$\therefore\ Q_1 = 0.48\text{m}^3/\text{s}$

- 전체 유량이 $0.7\text{m}^3/\text{s}$이므로 $1.45\text{m}^3/\text{s}$는 될 수 없으므로 $0.48\text{m}^3/\text{s}$ 선정

$Q_2 = Q_1 - 0.3\text{m}^3/\text{s} = 0.48\text{m}^3/\text{s} - 0.3\text{m}^3/\text{s} = 0.18\text{m}^3/\text{s}$

$Q_3 = 0.7\text{m}^3/\text{s} - Q_1 = 0.7\text{m}^3/\text{s} - 0.48\text{m}^3/\text{s} = 0.22\text{m}^3/\text{s}$

※ 이 문제는 머리가 좀 아픕니다~. 그래도 씩씩하게 ^^ 할 수 있다!

☆☆☆

문제 14

폐쇄형 헤드를 사용한 스프링클러설비의 말단배관 중 K점에 필요한 가압수의 수압을 화재안전기준 및 주어진 조건을 이용하여 구하시오. (단, 모든 헤드는 80L/min로 방사되는 기준이고, 티의 사양은 분류되기 전 배관과 동일한 사양으로 적용한다. 또한, 티에서 마찰손실수두는 분류되는 유량이 큰 방향의 값을 적용하며 동일한 분류량인 경우는 직류 티의 값을 적용한다. 그리고 가지배관 말단과 교차배관 말단은 엘보로 하며, 리듀서의 마찰손실은 큰 구경을 기준으로 적용한다.)

(16.4.문3, 13.7.문4, 08.7.문8)

득점	배점
	8

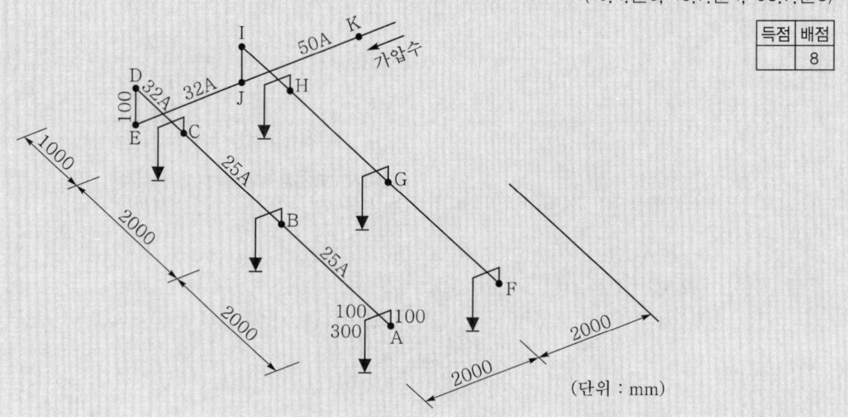

〔조건〕

① 100m당 직관 마찰손실수두〔m〕

항 목	유량조건	25A	32A	40A	50A
1	80L/min	39.82	11.38	5.40	1.68
2	160L/min	150.42	42.84	20.29	6.32
3	240L/min	307.77	87.66	41.51	12.93
4	320L/min	521.92	148.66	70.40	21.93
5	400L/min	789.04	224.75	106.31	32.99
6	480L/min	1042.06	321.55	152.36	47.43

② 관이음쇠 마찰손실에 상응하는 직관길이〔m〕

관이음	25A	32A	40A	50A
엘보(90°)	0.9	1.2	1.5	2.1
리듀서(큰 구경 기준)	0.54	0.72	0.9	1.2
티(직류)	0.27	0.36	0.45	0.6
티(분류)	1.5	1.8	2.1	3.0

③ 헤드나사는 PT 1/2(15A)를 적용한다(리듀서를 적용함).

④ 수압산정에 필요한 계산과정을 상세히 명시해야 한다.

(가) 배관 마찰손실수두〔m〕

(단, 다음 표에 따라 각 구간의 소요수두를 구하고, 이를 합산하여 총 마찰손실수두를 구해야 한다.)

구 간	배관크기	소요수두
말단헤드~B	25A	
B~C	25A	
C~J	32A	
J~K	50A	
총 마찰손실수두		

(나) 헤드 선단의 낙차수두〔m〕

○ 계산과정 :

○ 답 :

(다) 헤드 선단의 최소방수압력〔MPa〕

○

(라) K점의 최소요구압력〔kPa〕

○ 계산과정 :

○ 답 :

해답 (가)

구 간	배관크기	소요수두	
말단헤드~B	25A	2+0.1+0.1+0.3=2.5m 3×0.9=2.7m 1×0.54=0.54m 5.74m	$5.74\text{m} \times \frac{39.82}{100} = 2.285 ≒ 2.29\text{m}$

B~C	25A	2m 1×0.27=0.27m 2.27m	$2.27\text{m}\times\dfrac{150.42}{100}=3.414 \fallingdotseq 3.41\text{m}$
C~J	32A	2+0.1+1=3.1m 2×1.2=2.4m 1×1.8=1.8m 1×0.72=0.72m 8.02m	$8.02\text{m}\times\dfrac{87.66}{100} \fallingdotseq 7.03\text{m}$
J~K	50A	2m 1×3.0=3.0m 1×1.2=1.2m 6.2m	$6.2\text{m}\times\dfrac{47.43}{100} \fallingdotseq 2.94\text{m}$
총 마찰손실수두		2.29+3.41+7.03+2.94=15.67m	

(나) ○ 계산과정 : 0.1+0.1−0.3=−0.1m

○ 답 : −0.1m

(다) 0.1MPa

(라) ○ 계산과정 : $h_1=15.67\text{m}$

$h_2=-0.1\text{m}$

$H=15.67-0.1+10=25.57\text{m}$

$25.57\times10=255.7\text{kPa}$

○ 답 : 255.7kPa

 (가)

• (가) 표에 의해 K~A, A~말단헤드까지의 마찰손실수두를 구하므로 J~F는 고려하지 않는다.

구 간	배관 크기	유 량	직관 및 등가길이	m당 마찰손실	마찰손실수두
K~J	50A	480L/min	• 직관 : 2m • 관부속품 티(분류)(50×50×32A) : 1개×3.0m=3.0m 리듀셔(50×32A) : 1개×1.2m=1.2m 소계 : 6.2m	$\dfrac{47.43}{100}$ 〔조건 ①〕에 의해	$6.2\text{m}\times\dfrac{47.43}{100}$ ≒2.94m
J~C	32A	240L/min	• 직관 : 2+0.1+1=3.1m • 관부속품 엘보(90°) : 2개×1.2m=2.4m 티(분류)(32×32×25A) : 1개×1.8m=1.8m 리듀셔(32×25A) : 1개×0.72m=0.72m 소계 : 8.02m	$\dfrac{87.66}{100}$ 〔조건 ①〕에 의해	$8.02\text{m}\times\dfrac{87.66}{100}$ ≒7.03m
C~B	25A	160L/min	• 직관 : 2m • 관부속품 티(직류)(25×25×25A) : 1개×0.27m=0.27m 소계 : 2.27m	$\dfrac{150.42}{100}$ 〔조건 ①〕에 의해	$2.27\text{m}\times\dfrac{150.42}{100}$ =3.414 ≒3.41m
B~말단헤드	25A	80L/min	• 직관 : 2+0.1+0.1+0.3=2.5m • 관부속품 엘보(90°) : 3개×0.9m=2.7m 리듀셔(25×15A) : 1개×0.54m=0.54m 소계 : 5.74m	$\dfrac{39.82}{100}$ 〔조건 ①〕에 의해	$5.74\text{m}\times\dfrac{39.82}{100}$ =2.285 ≒2.29m
총 마찰손실수두			2.29m+3.41m+7.03m+2.94m=**15.67m**		

• **스프링클러설비**

구 분 \ 급수관의 구경	25mm	32mm	40mm	50mm	65mm	80mm	90mm	100mm	125mm	150mm
폐쇄형 헤드	2개 →	3개	5개	10개	30개	60개	80개	100개	160개	161개 이상
폐쇄형 헤드 (헤드를 동일급수관의 가지관상에 병설하는 경우)	2개	4개	7개	15개	30개	60개	65개	100개	160개	161개 이상
• 폐쇄형 헤드 (무대부 · 특수가연물 저장취급장소) • 개방형 헤드 (헤드개수 30개 이하)	1개	2개	5개	8개	15개	27개	40개	55개	90개	91개 이상

기억법
2 3 5 1 3 6 8 1 6
2 4 7 5 3 6 5 1 6
1 2 5 8 5 27 4 55 9

• K~J 티분류는 50×50×32A를 사용해야 한다. 왜냐하면 I~말단헤드까지 헤드가 3개 있으므로 위 표에서 32mm를 적용하기 때문이다.
• 단서에서 **'작은 구경을 기준으로 적용한다.'**고 한다면 다음과 같이 계산하여야 한다.

구간	배관크기	유 량	직관 및 등가길이	m당 마찰손실	마찰손실수두
K~J	50A	480L/min	• 직관 : 2m • 관부속품 소계 : 2m	$\frac{47.43}{100}$	$2m \times \frac{47.43}{100}$ =0.948m ≒0.95m
J~C	32A	240L/min	• 직관 : 2+0.1+1=3.1m • 관부속품 엘보(90°) : 2개×1.2m=2.4m 티(분류)(50×50×32A) : 1개×1.8m=1.8m 리듀셔(50×32A) : 1개×0.72m=0.72m 소계 : 8.02m	$\frac{87.66}{100}$	$8.02m \times \frac{87.66}{100}$ ≒7.03m
C~B	25A	160L/min	• 직관 : 2m • 관부속품 티(직류)(25×25×25A) : 1개×0.27m=0.27m 티(분류)(32×32×25A) : 1개×1.5m=1.5m 리듀셔(32×25A) : 1개×0.54m=0.54m 소계 : 4.31m	$\frac{150.42}{100}$	$4.31m \times \frac{150.42}{100}$ =6.483 ≒6.48m
B~말단헤드	25A	80L/min	• 직관 : 2+0.1+0.1+0.3=2.5m • 관부속품 엘보(90°) : 3개×0.9m=2.7m 소계 : 5.2m ※ 리듀셔(25×15A)는 〔조건 ②〕에서 15A에 대한 직관길이가 없으므로 무시	$\frac{39.82}{100}$	$5.2m \times \frac{39.82}{100}$ ≒2.07m
합계					16.53m

- 문제에서는 말단헤드~B부터 구하라고 되어 있지만 계산의 편의를 위해 해설에서는 K~J구간부터 구하기로 한다.
- 단서에서 동일한 분류량인 경우에는 직류 티의 값을 적용하므로 [구간 C~B] 티(25×25×25A)는 직류로 계산한다.
- 동일한 분류량 : 티의 구경이 모두 같은 것을 의미

예

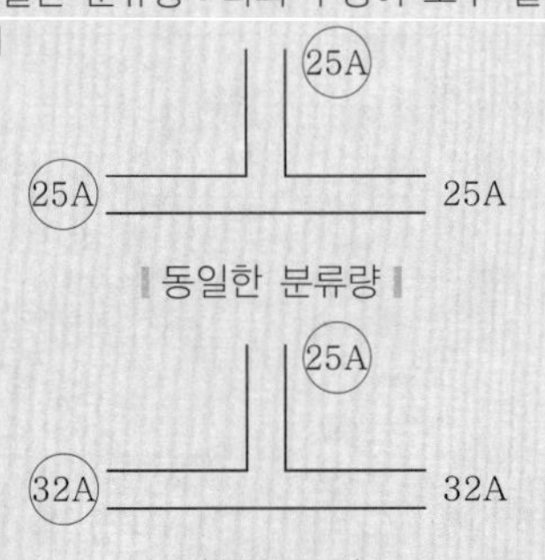

- 동일한 분류량인 경우에 직류 티의 값을 적용하라는 말이 없고, 유수의 방향이 직류, 분류로 모두 흐를 경우에는 최종 마지막 헤드를 기준으로 직류인지 분류인지를 판단하여 **티(분류)** 또는 **티(직류)**를 결정하면 된다.
- 단서에서 모든 헤드는 80L/min 기준이므로 헤드개수마다 80L/min의 물이 방사되는 것으로 하여 배관의 유량은 80L/min씩 증가하여 80L/min, 160L/min 등으로 증가한다. 모든 헤드의 방사량이 80L/min로 주어졌다고 하여 〔조건 ①〕에서 1개의 유량 80L/min만 적용하는 것은 아니다.

(나) **낙차**(위치)수두 $= 0.1\text{m} + 0.1\text{m} - 0.3\text{m} = -$**0.1m**

∴ －0.1m

- 낙차수두를 구하라고 하였으므로 낙차의 증감을 나타내는 '**－**'를 생략하고 써도 된다. 또한 앞에 '**－**'를 붙였다고 해서 틀리지는 않는다.
- **낙차**는 **수직배관**만 고려하며, 물 흐르는 방향을 주의하여 산정하면 0.1m+0.1m－0.3m=－0.1m가 된다. (**펌프방식**이므로 물 흐르는 방향이 위로 향할 경우 '**+**', 아래로 향할 경우 '**－**'로 계산하라.)

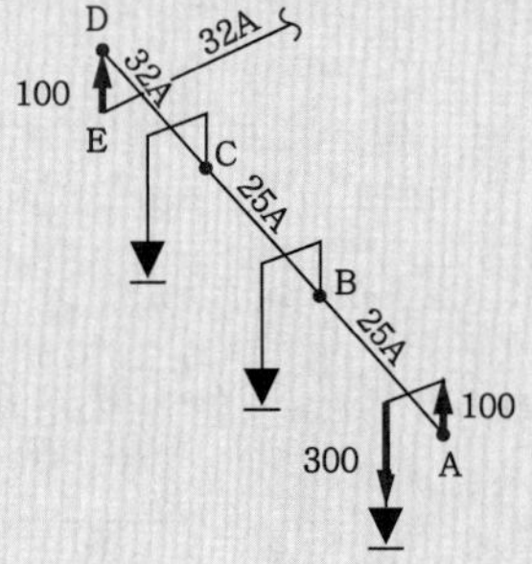

(다) **펌프방식** 또는 **압력수조방식**

$$P = P_1 + P_2 + 0.1$$

여기서, P : 필요한 압력〔MPa〕

P_1 : 배관 및 관부속품의 마찰손실수두압〔MPa〕

P_2 : 낙차의 환산수두압〔MPa〕

0.1 : 헤드 선단의 최소방수압력〔MPa〕

- (나)에서 '**낙차수두**'를 물어보았으므로 '**펌프방식**' 또는 '**압력수조방식**'이라고 생각하면 된다.
- '**헤드 선단의 최소방수압력**'을 '**배관 및 관부속품의 마찰손실수두압**'이라고 생각하지 마라!

(라) **K점의 최소요구압력**

① **총 소요수두**

$$H = h_1 + h_2 + 10$$

여기서, H : 전양정(총 소요수두)〔m〕

h_1 : 배관 및 관부속품의 마찰손실수두〔m〕

h_2 : 낙차의 환산수두〔m〕

10 : 헤드 선단의 최소 방수압력수두〔m〕

$h_1 = 15.67\text{m}$

$h_2 = -0.1\text{m}$

$H = h_1 + h_2 + 10 = 15.67\text{m} + (-0.1\text{m}) + 10 = 25.57\text{m}$

- 15.67m : (가)에서 구한 총 마찰손실수두
- −0.1m : (나)에서 구한 값

② **K점에 필요한 방수압**

1m=0.01MPa=10kPa 이므로

$$25.57\text{m} = \frac{25.57\text{m}}{1\text{m}} \times 10\text{kPa} = 255.7\text{kPa}$$

- **25.57m** : 총 소요수두
- 단위가 kPa로 주어졌으므로 주의하라!
- **소화설비(옥내소화전설비, 스프링클러설비 등)** 문제에서는 화재안전기준에 따라 **1m=0.01MPa=10kPa**로 계산하면 되고 **유체역학**문제에서는 원래대로 **10.332m=101.325kPa=0.101325MPa**을 이용하여 계산하는 것이 원칙이다.

별해 **이렇게 풀어도 정답!**

다음과 같이 구해도 된다.

$$P = P_1 + P_2 + 0.1$$

여기서, P : 필요한 압력〔MPa〕

P_1 : 배관 및 관부속품의 마찰손실수두압〔MPa〕

P_2 : 낙차의 환산수두압〔MPa〕

0.1 : 헤드 선단의 최소방수압력〔MPa〕

1m=0.01MPa

P_1 : $15.67\text{m} = \frac{15.67\text{m}}{1\text{m}} \times 0.01\text{MPa} = 0.1567\text{MPa}$

P_2 : $-0.1\text{m} = \frac{-0.1\text{m}}{1\text{m}} \times 0.01\text{MPa} = -0.001\text{MPa}$

K점에 필요한 방수압 P는

$$P = P_1 + P_2 + 0.1 = 0.1567\text{MPa} + (-0.001\text{MPa}) + 0.1 = 0.2557\text{MPa} = 255.7\text{kPa}$$

☆☆☆

문제 15

바닥면적 100m^{2}이고 높이 3.5m의 발전기실에 HFC-125 소화약제를 사용하는 할로겐화합물 소화설비를 설치하려고 한다. 다음 조건을 참고하여 각 물음에 답하시오.

(19.6.문9, 18.6.문3, 18.4.문10, 17.6.문1·4, 16.11.문2·8, 14.4.문2·16, 13.11.문13, 13.4.문2, 12.4.문14)

득점	배점
	6

〔조건〕

① HFC-125의 설계농도는 8%, 방호구역 최소예상온도는 20℃로 한다.

② HFC-125의 용기는 90L/60kg으로 적용한다.

③ HFC-125의 선형상수는 다음 표와 같다.

소화약제	K_1	K_2
HFC-125	0.1825	0.0007

④ 사용하는 배관은 압력배관용 탄소강관(SPPS 250)으로 항복점은 250MPa, 인장강도는 410MPa이다. 이 배관의 호칭지름은 DN400이며, 이음매 없는 배관이고 이 배관의 바깥지름과 스케줄에 따른 두께는 다음 표와 같다. 또한 나사이음에 따른 나사의 높이(헤드설치부분 제외) 허용값은 1.5mm를 적용한다.

호칭지름	바깥지름〔mm〕	배관두께〔mm〕					
		스케줄 10	스케줄 20	스케줄 30	스케줄 40	스케줄 60	스케줄 80
DN400	406.4	6.4	7.9	9.5	12.7	16.7	21.4

(가) HFC-125의 최소용기수를 구하시오.
 ○계산과정 :
 ○답 :

(나) 배관의 최대허용압력이 6.1MPa일 때, 이를 만족하는 배관의 최소스케줄번호를 구하시오.
 ○계산과정 :
 ○답 :

해답 (가) ○계산과정 : $S=0.1825+0.0007\times20℃=0.1965\text{m}^3/\text{kg}$

$$W=\frac{100\times3.5}{0.1965}\times\frac{8}{100-8}=154.884\text{kg}$$

$$\text{용기수}=\frac{154.884}{60}=2.5 \fallingdotseq 3\text{병}$$

○답 : 3병

(나) ○계산과정 : $410\times\frac{1}{4}=102.5\text{MPa}$

$$250\times\frac{2}{3}=166.666\text{MPa}$$

$$SE=102.5\times1.0\times1.2=123\text{MPa}$$

$$t=\frac{6.1\times406.4}{2\times123}+1.5=11.57\text{mm}$$

○답 : 스케줄 40

해설 (가) ① 최소소화약제량

$$W=\frac{V}{S}\times\left(\frac{C}{100-C}\right)$$

여기서, W : 소화약제의 무게(소화약제량)〔kg〕
V : 방호구역의 체적〔m^3〕
S : 소화약제별 선형상수(K_1+K_2t)〔m^3/kg〕

C : 체적에 따른 소화약제의 설계농도[%]
K_1, K_2 : 선형상수
t : 방호구역의 최소예상온도[℃]

할로겐화합물 소화약제

소화약제별 선형상수 S는

$S = K_1 + K_2 t = 0.1825 + 0.0007 \times 20℃ = 0.1965\text{m}^3/\text{kg}$

- [조건 ③]에서 K_1과 K_2값 적용
- [조건 ①]에서 최소예상온도는 **20℃**

소화약제의 **무게**(소화약제량) W는

$$W = \frac{V}{S} \times \left(\frac{C}{100 - C}\right) = \frac{100\text{m}^2 \times 3.5\text{m}}{0.1965\text{m}^3/\text{kg}} \times \left(\frac{8\%}{100 - 8\%}\right) ≒ 154.884\text{kg}$$

- $100\text{m}^2 \times 3.5\text{m}$: 문제에서 주어진 바닥면적, 높이
- $0.1965\text{m}^3/\text{kg}$: 바로 위에서 구한 값
- ABC 화재별 안전계수

설계농도	소화농도	안전계수
A급(일반화재)	A급	1.2
B급(유류화재)	B급	1.3
C급(전기화재)	A급	1.35

설계농도[%]=소화농도[%]×안전계수, 하지만 [조건 ①]에서 설계농도가 바로 주어졌으므로 여기에 안전계수를 다시 곱할 필요가 없다. 주의!

- HFC-125는 할로겐화합물 소화약제이므로 $W = \frac{V}{S} \times \left(\frac{C}{100 - C}\right)$식 적용
- 154.884kg : 문제에서 조건이 없으면 계산과정에서는 소수점 이하 3째자리까지 구하는 것을 권장

② **충전비**

$$C = \frac{V}{G}$$

여기서, C : 충전비[L/kg]
V : 1병당 내용적[L]
G : 1병당 저장량[kg]

충전비 $C = \frac{V}{G}$에서 [조건 ②] 90L/60kg은 $C = \frac{V(90\text{L})}{G(60\text{kg})}$이므로 1병당 저장량은 60kg

③ 용기수 $= \frac{\text{소화약제량[kg]}}{\text{1병당 저장값[kg]}} = \frac{154.884\text{kg}}{60\text{kg}} = 2.5 ≒ 3$병(절상)

- 154.884kg : 바로 위에서 구한 값
- 60kg : 바로 위에서 구한 값

참고

소화약제량의 **산정**(NFPC 107A 7조, NFTC 107A 2.4.1)

구 분	할로겐화합물 소화약제	불활성기체 소화약제
종류	• FC-3-1-10 • HCFC BLEND A • HCFC-124 • HFC-125 • HFC-227ea • HFC-23 • HFC-236fa • FIC-13I1 • FK-5-1-12	• IG-01 • IG-100 • IG-541 • IG-55

공식	$W=\frac{V}{S}\times\left(\frac{C}{100-C}\right)$ 여기서, W : 소화약제의 무게〔kg〕 V : 방호구역의 체적〔m^3〕 S : 소화약제별 선형상수(K_1+K_2t)〔m^3/kg〕 C : 체적에 따른 소화약제의 설계농도〔%〕 K_1, K_2 : 선형상수 t : 방호구역의 최소예상온도〔℃〕	$X=2.303\left(\frac{V_s}{S}\right)\times\log_{10}\left(\frac{100}{100-C}\right)\times V$ 여기서, X : 소화약제의 부피〔m^3〕 S : 소화약제별 선형상수(K_1+K_2t)〔m^3/kg〕 C : 체적에 따른 소화약제의 설계농도〔%〕 V_s : 20℃에서 소화약제의 비체적 ($K_1+K_2\times20$℃)〔m^3/kg〕 V : 방호구역의 체적〔m^3〕 K_1, K_2 : 선형상수 t : 방호구역의 최소예상온도〔℃〕

(나) **관**의 **두께**

$$t=\frac{PD}{2SE}+A$$

여기서, t : 관의 두께〔mm〕

P : 최대허용압력〔MPa〕

D : 배관의 바깥지름〔mm〕

SE : 최대허용응력〔MPa〕$\left(\text{배관재질 인장강도의 } \frac{1}{4}\text{값과 항복점의 } \frac{2}{3}\text{값 중 작은 값}\times\text{배관이음효율}\times1.2\right)$

※ **배관이음효율**
- 이음매 없는 배관 : **1.0**
- 전기저항 용접배관 : 0.85
- 가열맞대기 용접배관 : 0.60

A : 나사이음, 홈이음 등의 허용값〔mm〕(헤드 설치부분 제외)

- 나사이음 : 나사의 높이
- 절단홈이음 : 홈의 깊이
- 용접이음 : 0

① 배관재질 인장강도의 $\frac{1}{4}$값 : $410\text{MPa}\times\frac{1}{4}=102.5\text{MPa}$

- **410MPa** : 〔조건 ④〕에서 주어진 값

② 항복점의 $\frac{2}{3}$값 : $250\text{MPa}\times\frac{2}{3}=166.666\text{MPa}$

- **250MPa** : 〔조건 ④〕에서 주어진 값

③ 최대허용응력 SE =배관재질 인장강도의 $\frac{1}{4}$값과 항복점의 $\frac{2}{3}$값 중 작은 값×배관이음효율×1.2

$=102.5\text{MPa}\times1.0\times1.2=123\text{MPa}$

- **1.0** : 〔조건 ④〕에서 이음매 없는 배관이므로 1.0 적용

④ $t=\frac{PD}{2SE}+A$ 에서

관(배관)의 두께 t는

$$t=\frac{PD}{2SE}+A$$

$$=\frac{6.1\text{MPa}\times406.4\text{mm}}{2\times123\text{MPa}}+1.5\text{mm}=11.57\text{mm}$$

- 6.1MPa : (나)에서 주어진 값
- 406.4mm : [조건 ④]의 표에서 주어진 값
- 123MPa : 바로 위에서 구한 값
- 1.5mm : [조건 ④]에서 주어진 값

호칭지름	바깥지름 (mm)	배관두께(mm)					
		스케줄 10	스케줄 20	스케줄 30	스케줄 40	스케줄 60	스케줄 80
DN400	**406.4**	6.4	7.9	9.5	12.7	16.7	21.4

- 표에서 11.57mm보다 같거나 큰 값은 12.7mm이므로 **스케줄 40** 선정

☆☆☆

문제 16

도면은 어느 전기실, 발전기실, 방재반실 및 배터리실을 방호하기 위한 할론 1301설비의 배관평면도이다. 도면과 주어진 조건을 참고하여 다음 각 물음에 답하시오. (18.6.문1, 14.7.문2, 11.5.문15)

득점	배점
	8

[조건]

① 약제용기는 고압식이다.
② 용기의 내용적은 68L, 약제충전량은 50kg이다.
③ 용기실 내의 수직배관을 포함한 각 실에 대한 배관내용적은 다음과 같다.

A실(전기실)	B실(발전기실)	C실(방재반실)	D실(배터리실)
198L	78L	28L	10L

④ A실에 대한 할론집합관의 내용적은 88L이다.
⑤ 할론용기밸브와 집합관 간의 연결관에 대한 내용적은 무시한다.
⑥ 설계기준온도는 20℃이다.
⑦ 20℃에서의 액화할론 1301의 비중은 1.6이다.
⑧ 각 실의 개구부는 없다고 가정한다.
⑨ 소요약제량 산출시 각 실 내부의 기둥과 내용물의 체적은 무시한다.
⑩ 각 실의 바닥으로부터 천장까지의 높이는 다음과 같다.
- A실 및 B실 : 5m
- C실 및 D실 : 3m

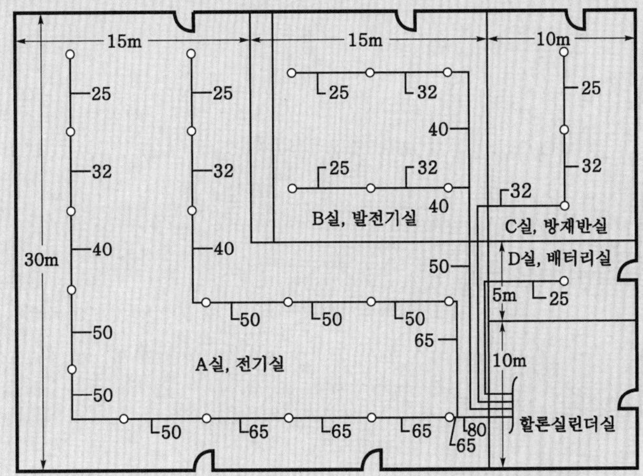

(가) A실
① 병수
○ 계산과정 : ○ 답 :
② 별도독립방식 필요 여부
○ 계산과정 : ○ 답 :
(나) B실
① 병수
○ 계산과정 : ○ 답 :
② 별도독립방식 필요 여부
○ 계산과정 : ○ 답 :
(다) C실
① 병수
○ 계산과정 : ○ 답 :
② 별도독립방식 필요 여부
○ 계산과정 : ○ 답 :
(라) D실
① 병수
○ 계산과정 : ○ 답 :
② 별도독립방식 필요 여부
○ 계산과정 : ○ 답 :

해답 (가) A실
① 병수
○ 계산과정 : $[(30\times30-15\times15)\times5]\times0.32=1080\text{kg},\ \dfrac{1080}{50}=21.6 ≒ 22$병
○ 답 : 22병
② 별도독립방식 필요 여부
○ 계산과정 : $\rho=1.6\times1000=1600\text{kg/m}^3,\ V_s=\dfrac{1}{1600}=0.625\times10^{-3}\text{m}^3/\text{kg}=0.625\text{L/kg}$
배관내용적$=198+88=286\text{L}$
약제체적$=50\times22\times0.625=687.5\text{L}$
$\dfrac{286}{687.5}=0.416$배
○ 답 : 불필요
(나) B실
① 병수
○ 계산과정 : $[(15\times15)\times5]\times0.32=360\text{kg},\ \dfrac{360}{50}=7.2 ≒ 8$병
○ 답 : 8병
② 별도독립방식 필요 여부
○ 계산과정 : 배관내용적$=78+88=166\text{L}$, 약제체적$=50\times8\times0.625=250\text{L}$
$\dfrac{166}{250}=0.664$배
○ 답 : 불필요

(다) C실

① 병수

○ 계산과정 : $[(15\times10)\times3]\times0.32=144\text{kg},\ \frac{144}{50}=2.88≒3$병

○ 답 : 3병

② 별도독립방식 필요 여부

○ 계산과정 : 배관내용적$=28+88=116\text{L}$, 약제체적$=50\times3\times0.625=93.75\text{L}$

$\frac{116}{93.75}=1.237$배

○ 답 : 불필요

(라) D실

① 병수

○ 계산과정 : $[(10\times5)\times3]\times0.32=48\text{kg},\ \frac{48}{50}=0.96≒1$병

○ 답 : 1병

② 별도독립방식 필요 여부

○ 계산과정 : 배관내용적$=10+88=98\text{L}$, 약제체적$=50\times1\times0.625=31.25\text{L}$

$\frac{98}{31.25}=3.136$배

○ 답 : 필요

해설 **할론 1301**의 **약제량** 및 **개구부가산량**(NFPC 107 5조, NFTC 107 2.2.1.1.1)

방호대상물	약제량	개구부가산량 (자동폐쇄장치 미설치시)
차고 · 주차장 · 전기실 · 전산실 · 통신기기실	0.32kg/m³	2.4kg/m²
사류 · 면화류	0.52kg/m³	3.9kg/m²

위의 표에서 **전기실** · **발전기실** · **방재반실** · **배터리실**의 약제량은 **0.32kg/m³**이다.

할론저장량[kg]=방호구역체적[m³]×약제량[kg/m³]+개구부면적[m²]×개구부가산량[kg/m²]

비중

$$s=\frac{\rho}{\rho_w}$$

여기서, s : 비중

ρ : 어떤 물질의 밀도[kg/m³]

ρ_w : 물의 밀도(1000kg/m³)

액화할론 1301의 밀도 ρ는

$\rho=s\times\rho_w=1.6\times1000\text{kg/m}^3=1600\text{kg/m}^3$

비체적

$$V_s=\frac{1}{\rho}$$

여기서, V_s : 비체적[m³/kg]

ρ : 밀도[kg/m³]

비체적 $V_s=\frac{1}{\rho}=\frac{1}{1600\text{kg/m}^3}=0.625\times10^{-3}\text{m}^3/\text{kg}=0.625\text{L/kg}$

- 1m³=1000L이므로 $0.625\times10^{-3}\text{m}^3/\text{kg}=0.625\text{L/kg}$
- 약제체적보다 배관(집합관 포함)내용적이 **1.5배** 이상일 경우 약제가 배관에서 거의 방출되지 않아 제기능을 할 수 없으므로 설비를 **별도독립방식**으로 하여야 소화약제가 방출될 수 있다.
- 별도독립방식 : 집합관을 포함한 모든 배관을 별도의 배관으로 한다는 의미
- 이 문제의 도면은 모든 실을 집합관을 통하여 배관에 연결하는 별도독립방식으로 되어 있지 않다.

참고

할론소화설비 화재안전기준(NFPC 107 4조 ⑦항, NFTC 107 2.1.6)
하나의 구역을 담당하는 소화약제 저장용기의 소화약제량의 체적합계보다 그 소화약제 방출시 방출경로가 되는 배관(집합관 포함)의 내용적이 **1.5배 이상**일 경우에는 해당 방호구역에 대한 설비를 **별도독립방식**으로 해야 한다.

(가) **A실**

할론저장량 $=[(30\times30-15\times15)\text{m}^2\times5\text{m}]\times0.32\text{kg/m}^3=1080\text{kg}$

저장용기수 $=\dfrac{\text{할론저장량}}{\text{약제충전량}}=\dfrac{1080\text{kg}}{50\text{kg}}=21.6\fallingdotseq22$병(절상)

배관내용적 $=198\text{L}+88\text{L}=286\text{L}$

약제체적 $=50\text{kg}\times22\text{병}\times0.625\text{L/kg}=687.5\text{L}$

$\dfrac{\text{배관내용적}}{\text{약제체적}}=\dfrac{286\text{L}}{687.5\text{L}}=0.416$배(1.5배 미만이므로 **불필요**)

- 5m : 〔조건 ⑩〕에서 주어진 값
- 〔조건 ⑧〕에서 개구부가 없으므로 **개구부면적** 및 **개구부가산량**은 적용하지 않아도 된다.
- 198L : 〔조건 ③〕에서 주어진 값, 〔조건 ④〕에도 적용하는 것에 주의하라!!
- 1.6 : 〔조건 ⑦〕에서 주어진 값
- 50kg : 〔조건 ②〕에서 주어진 값
- 〔조건 ④〕에서 집합관의 내용적 88L는 모든 실에 적용한다. '**A실에 대한 할론집합관**'이라고 해서 A실에만 적용하는 게 아니다. 모든 실이 집합관에 연결되어 있기 때문이다. 주의하라!

(나) **B실**

할론저장량 $=[(15\times15)\text{m}^2\times5\text{m}]\times0.32\text{kg/m}^3=360\text{kg}$

저장용기수 $=\dfrac{\text{할론저장량}}{\text{약제충전량}}=\dfrac{360\text{kg}}{50\text{kg}}=7.2\fallingdotseq8$병(절상)

배관내용적 $=78\text{L}+88\text{L}=166\text{L}$

약제체적 $=50\text{kg}\times8\text{병}\times0.625\text{L/kg}=250\text{L}$

$\dfrac{\text{배관내용적}}{\text{약제체적}}=\dfrac{166\text{L}}{250\text{L}}=0.664$배(1.5배 미만이므로 **불필요**)

- 5m : 〔조건 ⑩〕에서 주어진 값
- 〔조건 ⑧〕에서 개구부가 없으므로 **개구부면적** 및 **개구부가산량**은 적용하지 않아도 된다.
- 78L : 〔조건 ③〕에서 주어진 값
- 1.6 : 〔조건 ⑦〕에서 주어진 값
- 50kg : 〔조건 ②〕에서 주어진 값
- 〔조건 ④〕에서 집합관의 내용적 88L는 모든 실에 적용한다. '**A실에 대한 할론집합관**'이라고 해서 A실에만 적용하는 게 아니다. 모든 실이 집합관에 연결되어 있기 때문이다. 주의하라!

(다) **C실**

할론저장량 $=[(15\times10)\text{m}^2\times3\text{m}]\times0.32\text{kg/m}^3=144\text{kg}$

저장용기수 $=\dfrac{\text{할론저장량}}{\text{약제충전량}}=\dfrac{144\text{kg}}{50\text{kg}}=2.88\fallingdotseq$**3병**(절상)

배관내용적 $=28\text{L}+88\text{L}=116\text{L}$

약제체적 $=50\text{kg}\times3\text{병}\times0.625\text{L/kg}=93.75\text{L}$

$\dfrac{\text{배관내용적}}{\text{약제체적}}=\dfrac{116\text{L}}{93.75\text{L}}=1.237$배(1.5배 미만이므로 **불필요**)

- 3m : 〔조건 ⑩〕에서 주어진 값
- 〔조건 ⑧〕에서 개구부가 없으므로 **개구부면적** 및 **개구부가산량**은 적용하지 않아도 된다.
- 28L : 〔조건 ③〕에서 주어진 값
- 1.6 : 〔조건 ⑦〕에서 주어진 값
- 50kg : 〔조건 ②〕에서 주어진 값
- 〔조건 ④〕에서 집합관의 내용적 88L는 모든 실에 적용한다. '**A실에 대한 할론집합관**'이라고 해서 A실에만 적용하는 게 아니다. 모든 실이 집합관에 연결되어 있기 때문이다. 주의하라!

(라) **D실**

할론저장량$=[(10\times5)\mathrm{m}^2\times3\mathrm{m}]\times0.32\mathrm{kg/m}^3=48\mathrm{kg}$

저장용기수$=\dfrac{\text{할론저장량}}{\text{약제충전량}}=\dfrac{48\mathrm{kg}}{50\mathrm{kg}}=0.96\fallingdotseq$**1병**(절상)

배관내용적$=10\mathrm{L}+88\mathrm{L}=98\mathrm{L}$

약제체적$=50\mathrm{kg}\times1\text{병}\times0.625\mathrm{L/kg}=31.25\mathrm{L}$

$\dfrac{\text{배관내용적}}{\text{약제체적}}=\dfrac{98\mathrm{L}}{31.25\mathrm{L}}=3.136$배(1.5배 이상이므로 **필요**)

- 3m : 〔조건 ⑩〕에서 주어진 값
- 〔조건 ⑧〕에서 개구부가 없으므로 **개구부면적** 및 **개구부가산량**은 적용하지 않아도 된다.
- 10L : 〔조건 ③〕에서 주어진 값
- 1.6 : 〔조건 ⑦〕에서 주어진 값
- 50kg : 〔조건 ②〕에서 주어진 값
- 〔조건 ④〕에서 집합관의 내용적 88L는 모든 실에 적용한다. '**A실에 대한 할론집합관**'이라고 해서 A실에만 적용하는 게 아니다. 모든 실이 집합관에 연결되어 있기 때문이다. 주의하라!

"인생은 흘러가는 것이 아니라 채워지는 것이다.

공부 최적화를 위한 좋은 신발 고르기

1. 신발을 신은 뒤 엄지손가락을 엄지발가락 끝에 놓고 눌러본다. (엄지손가락으로 가볍게 약간 눌려지는 것이 적당)
2. 신발을 신어본 뒤 볼이 조이지 않는지 확인한다. (신발의 볼이 여유가 있어야 발이 편하다)
3. 신발 구입은 저녁 무렵에 한다. (발은 아침 기상시 가장 작고 저녁 무렵에는 0.5~1cm 커지기 때문)
4. 선 상태에서 신발을 신어본다. (서면 의자에 앉았을 때보다 발길이가 1cm까지 커지기 때문
5. 양 발 중 큰 발의 크기에 따라 맞춘다.
6. 신발 모양보다 기능에 초점을 맞춘다.
7. 외국인 평균치에 맞춘 신발을 살 때는 발등 높이 · 발너비를 잘 살핀다. (한국인은 발등이 높고 발너비가 상대적으로 넓다)
8. 앞쪽이 뾰족하고 굽이 3cm 이상인 하이힐은 가능한 한 피한다.
9. 통굽 · 뽀빠이 구두는 피한다. (보행이 불안해지고 보행시 척추 · 뇌에 충격)

자료 : 을지병원 족부클리닉

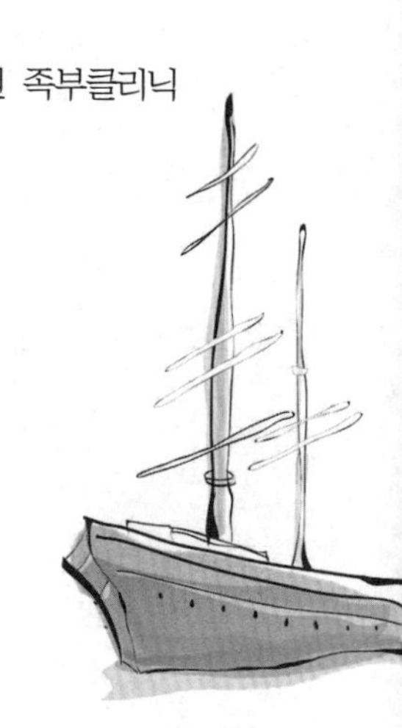

과년도 출제문제

2021년

소방설비기사 실기(기계분야)

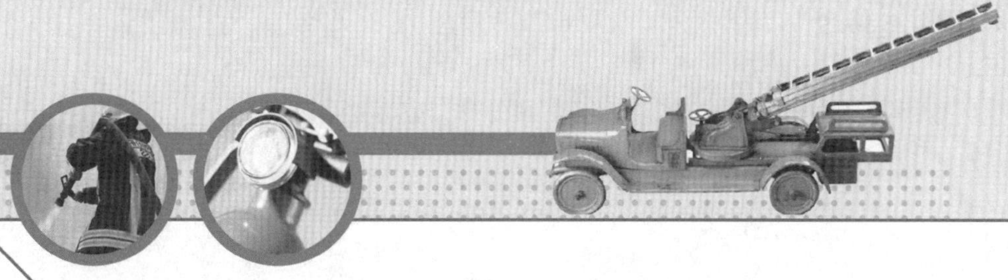

**** 수험자 유의사항 ****

1. 문제지를 받는 즉시 응시 종목의 문제가 맞는지 확인하셔야 합니다.
2. 답안지 내 인적사항 및 답안작성(계산식 포함)은 검정색 필기구만을 계속 사용하여야 합니다.
3. 답안정정 시에는 **두 줄(=)**을 긋고 다시 기재 가능하며, **수정테이프 사용** 또한 **가능**합니다.
4. 계산문제는 반드시 '계산과정'과 '답'란에 정확히 기재하여야 하며 **계산과정이 틀리거나 없는 경우 0점 처리**됩니다.

   ※ 연습이 필요 시 연습란을 이용하여야 하며, 연습란은 채점대상이 아닙니다.
5. 계산문제는 **최종결과** 값(답)에서 **소수 셋째자리에서 반올림**하여 **둘째자리**까지 구하여야 하나 개별 문제에서 소수처리에 대한 별도 요구사항이 있을 경우, 그 요구사항에 따라야 합니다.
6. 답에 단위가 없으면 오답으로 처리됩니다. (단, 문제의 요구사항에 단위가 주어졌을 경우는 생략되어도 무방합니다.)
7. 문제에서 요구한 가지 수 이상을 답란에 표기한 경우, **답란기재 순**으로 **요구한 가지 수**만 채점합니다.

2021. 4. 24 시행

▌2021년 기사 제1회 필답형 실기시험▐

자격종목	시험시간	형별	수험번호	성명	감독위원 확인
소방설비기사(기계분야)	3시간				

※ 다음 물음에 답을 해당 답란에 답하시오.(배점 : 100)

☆☆☆

문제 01

지하 2층, 지상 11층 사무소 건축물에 다음과 같은 조건에서 스프링클러설비를 설계하고자 할 때 다음 각 물음에 답하시오. (17.4.문1, 16.6.문10, 13.4.문1, 12.4.문7)

득점	배점
	6

유사문제부터 풀어보세요.
실력이 팍!팍! 올라갑니다.

〔조건〕

① 건축물은 내화구조이며, 기준층(1~11층) 평면은 다음과 같다.

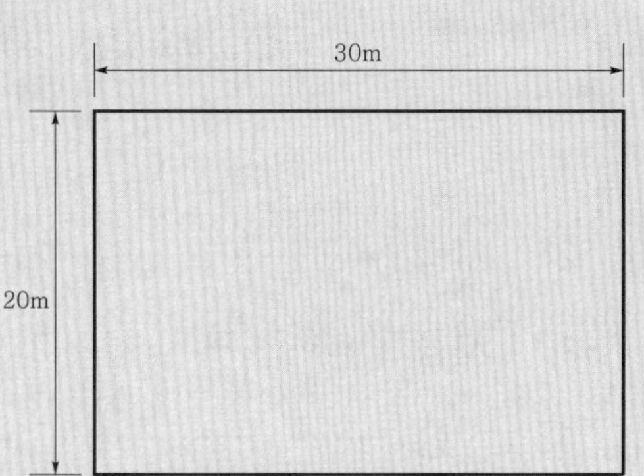

② 실양정은 48m이며, 배관의 마찰손실과 관부속품에 대한 마찰손실의 합은 12m이다.

③ 모든 규격치는 최소량을 적용한다.

④ 펌프의 효율은 65%이며, 동력전달 여유율은 10%로 한다.

㈎ 지상층에 설치된 스프링클러헤드의 개수를 구하시오. (단, 정방형으로 배치한다.)

○ 계산과정 :

○ 답 :

㈏ 펌프의 전양정〔m〕을 구하시오.

○ 계산과정 :

○ 답 :

㈐ 송수펌프의 전동기용량〔kW〕을 구하시오.

○ 계산과정 :

○ 답 :

 (가) ○ 계산과정 : $S = 2 \times 2.3 \times \cos 45° = 3.252 ≒ 3.25\text{m}$

가로헤드 개수 : $\dfrac{30}{3.25} = 9.23 ≒ 10$개

세로헤드 개수 : $\dfrac{20}{3.25} = 6.15 ≒ 7$개

지상층 한 층의 헤드 개수 : $10 \times 7 = 70$개

지상 1~11층의 헤드 개수 : $70 \times 11 = 770$개

○ 답 : 지상층 한 층의 헤드 개수 : 70개

지상 1~11층의 헤드 개수 : 770개

(나) ○ 계산과정 : $12 + 48 + 10 = 70\text{m}$

○ 답 : 70m

(다) ○ 계산과정 : $Q = 30 \times 80 = 2400\text{L/min}$

$$P = \frac{0.163 \times 2.4 \times 70}{0.65} \times 1.1 = 46.342 ≒ 46.34\text{kW}$$

○ 답 : 46.34kW

 (가) **스프링클러헤드의 배치기준**

설치장소	설치기준(R)
무대부 · **특**수가연물(창고 포함)	수평거리 **1.7m** 이하
기타 구조(창고 포함)	수평거리 **2.1m** 이하
내화구조(창고 포함) →	수평거리 **2.3m** 이하
공동주택(**아**파트) 세대 내	수평거리 **2.6m** 이하

무특 7
기 1
내 3
공아 26

정방형(정사각형)

$$S = 2R\cos 45°$$
$$L = S$$

여기서, S : 수평헤드간격[m]

R : 수평거리[m]

L : 배관간격[m]

수평헤드간격(헤드의 설치간격) S는

$S = 2R\cos 45° = 2 \times 2.3\text{m} \times \cos 45° = 3.252 ≒ 3.25\text{m}$

가로헤드 개수 $= \dfrac{\text{가로길이}}{S} = \dfrac{30\text{m}}{3.25\text{m}} = 9.23 ≒ 10$개(**소수 발생**시 반드시 **절상**한다.)

세로헤드 개수 $= \dfrac{\text{세로길이}}{S} = \dfrac{20\text{m}}{3.25\text{m}} = 6.15 ≒ 7$개(**소수 발생**시 반드시 **절상**한다.)

- R : [조건 ①]에 의해 **내화구조**이므로 **2.3m**

지상층 한 층당 **설치헤드 개수** : 가로헤드 개수×세로헤드 개수=10개×7개=70개

지상 1~11층 헤드 개수 : 70개×11층=770개

- 지상층 한 층의 헤드 개수를 구하라는 건지 지상 1~11층까지의 헤드 개수를 구하라는 건지 정확히 알 수 없으므로 이때는 두 가지 모두를 답으로 쓰도록 한다.

(나) **전양정**

$$H \geq h_1 + h_2 + 10$$

여기서, H : 전양정[m]
h_1 : 배관 및 관부속품의 마찰손실수두[m]
h_2 : 실양정(흡입양정+토출양정)[m]

전양정 $H \geq$ 12m+48m+10m=70m

중요

스프링클러설비의 **가압송수장치**

고가수조방식	압력수조방식	펌프방식
$H \geq h_1 + 10$	$P \geq P_1 + P_2 + 0.1$	$H \geq h_1 + h_2 + 10$
여기서, H : 필요한 낙차[m] h_1 : 배관 및 관부속품의 마찰손실수두[m]	여기서, P : 필요한 압력[MPa] P_1 : 배관 및 관부속품의 마찰손실수두압[MPa] P_2 : 낙차의 환산수두압[MPa]	여기서, H : 전양정[m] h_1 : 배관 및 관부속품의 마찰손실수두[m] h_2 : 실양정(흡입양정+토출양정)[m]

(다) **토출량**

폐쇄형 헤드의 **기준 개수**

특정소방대상물		폐쇄형 헤드의 기준개수
지하가 · 지하역사		30
11층 이상 →		
10층 이하	공장(특수가연물), 창고시설	
	판매시설(백화점 등), 복합건축물(판매시설이 설치된 것)	
	근린생활시설, 운수시설	20
	8m 이상	
	8m 미만	10
공동주택(아파트 등)		10(각 동이 주차장으로 연결된 주차장 : 30)

$$Q = N \times 80\text{L/min}$$

여기서, Q : 토출량(유량)[L/min]
N : 폐쇄형 헤드의 기준 개수(설치 개수가 기준 개수보다 적으면 그 설치 개수)

펌프의 **최소 토출량**(유량) Q는

$Q = N \times 80\text{L/min} = 30 \times 80\text{L/min} = 2400\text{L/min}$

- 문제에서 11층이므로 기준 개수는 **30개**

전동기용량

$$P = \frac{0.163\,QH}{\eta}K$$

여기서, P : 전동력[kW]
Q : 유량[m^3/min]
H : 전양정[m]
K : 전달계수(여유율)
η : 효율

펌프의 **모터동력**(전동력) P는

$$P = \frac{0.163QH}{\eta}K = \frac{0.163 \times 2400\text{L/min} \times 70\text{m}}{0.65} \times 1.1 = \frac{0.163 \times 2.4\text{m}^3/\text{min} \times 70\text{m}}{0.65} \times 1.1 = 46.342 ≒ 46.34\text{kW}$$

- Q(2400L/min) : 바로 위에서 구한 값
- 1000L=1m^{3}이므로 2400L/min=2.4m^3/min
- H(70m) : (나)에서 구한 값
- η(0.65) : [조건 ④]에서 65%=**0.65**
- K(1.1) : [조건 ④]에서 여유율 10%이므로 **1.1**

문제 02

스윙형 체크밸브의 특징을 리프트형 체크밸브와 비교하여 간략히 쓰시오. (12.11.문2)

득점	배점
	4

(가) 리프트형 :
 ○
 ○

(나) 스윙형 :
 ○
 ○

해답 (가) 리프트형
① 수평 설치용
② 주배관용

(나) 스윙형
① 수평·수직 설치용
② 주배관 이외의 배관용

해설

리프트형 체크밸브	스윙형 체크밸브
• 수평 설치용 • 주배관용 • 유체의 마찰저항이 크다.	• 수평·수직 설치용 • 주배관 이외의 배관용 • 유체의 마찰저항이 작다.
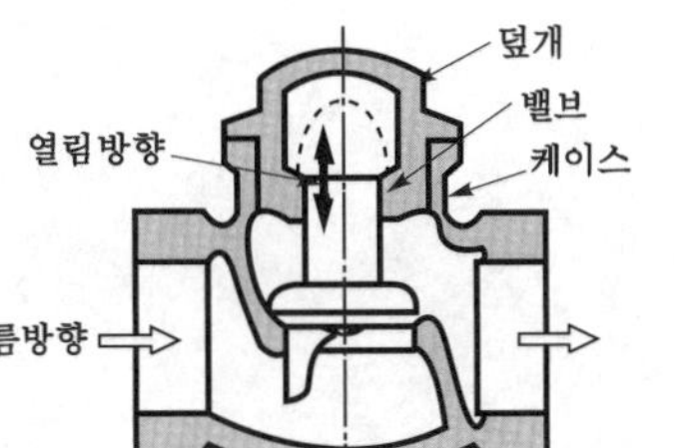 ‖ 리프트형 체크밸브 ‖	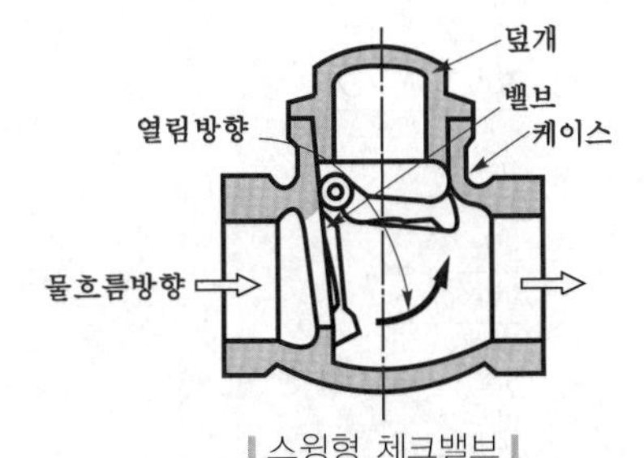 ‖ 스윙형 체크밸브 ‖

중요

체크밸브(check valve)
역류방지를 목적으로 설치하는 밸브로서, **호칭구경**, **사용압력**, **유수**의 **방향** 등을 표시하여야 한다.

☆☆

문제 03

원심펌프가 회전수 3600rpm으로 회전할 때의 전양정은 128m이고 1.228m^3/min의 유량을 가진다. 비속도가 200~260m^3/min · m/rpm의 범위의 펌프로 설정할 때 몇 단 펌프가 되는가? (11.5.문3)

○ 계산과정 :

○ 답 :

득점	배점
	5

해답

○ 계산과정 : $\left(\dfrac{128^{\frac{3}{4}}}{\dfrac{3600\sqrt{1.228}}{200\sim260}}\right)^{\frac{4}{3}}=2.3\sim3.3$

○ 답 : 3단

해설 **펌프의 비교회전도(비속도)**

$$N_S=\frac{N\sqrt{Q}}{\left(\dfrac{H}{n}\right)^{\frac{3}{4}}}$$

여기서, N_S : 펌프의 비교회전도(비속도)[m^3/min · m/rpm]

N : 회전수[rpm]

Q : 유량[m^3/min]

H : 양정[m]

n : 단수

$$N_S=\frac{N\sqrt{Q}}{\left(\dfrac{H}{n}\right)^{\frac{3}{4}}}$$

$$\left(\frac{H}{n}\right)^{\frac{3}{4}}=\frac{N\sqrt{Q}}{N_S}$$

$$\frac{H^{\frac{3}{4}}}{n^{\frac{3}{4}}}=\frac{N\sqrt{Q}}{N_S}$$

$$\frac{H^{\frac{3}{4}}}{\dfrac{N\sqrt{Q}}{N_S}}=n^{\frac{3}{4}}$$

$$n^{\frac{3}{4}}=\frac{H^{\frac{3}{4}}}{\dfrac{N\sqrt{Q}}{N_S}}$$

$$n^{\frac{3}{4}\times\frac{4}{3}}=\left(\frac{H^{\frac{3}{4}}}{\dfrac{N\sqrt{Q}}{N_S}}\right)^{\frac{4}{3}}$$

$$n=\left(\frac{H^{\frac{3}{4}}}{\dfrac{N\sqrt{Q}}{N_S}}\right)^{\frac{4}{3}}=\left(\frac{(128\text{m})^{\frac{3}{4}}}{\dfrac{3600\text{rpm}\times\sqrt{1.228\text{m}^3/\text{min}}}{200\sim260\text{m}^3/\text{min}\cdot\text{m/rpm}}}\right)^{\frac{4}{3}}=2.3\sim3.3\text{단}$$

∴ 펌프는 1단, 2단, 3단, 4단과 같이 소수점 없이 한 단씩 올라가기 때문에 2.3단과 3.3단 사이에는 3단이 있으므로 3단이 정답

중요

비속도(비교회전도)

구 분	설 명
뜻	펌프의 성능을 나타내거나 가장 적합한 **회전수**를 결정하는 데 이용되며, **회전자**의 **형상**을 나타내는 척도가 된다. • 회전자의 형상을 나타내는 척도 • **펌프**의 **성능**을 나타냄 • 최적합 회전수 결정에 이용됨
비속도값	• 터빈펌프 : 80~120m³/min · m/rpm • 볼류트펌프 : 250~450m³/min · m/rpm • 축류 펌프 : 800~2000m³/min · m/rpm
특징	• 축류 펌프는 원심펌프에 비해 높은 비속도를 가진다. • 같은 종류의 펌프라도 운전조건이 다르면 비속도의 값이 다르다. • 저용량 고수두용 펌프는 작은 비속도의 값을 가진다.

비교

가압송수능력	압축비
$$\text{가압송수능력}=\frac{p_2-p_1}{\varepsilon}$$ 여기서, p_1 : 흡입측 압력〔MPa〕 p_2 : 토출측 압력〔MPa〕 ε : 단수	$$K=\varepsilon\sqrt{\frac{p_2}{p_1}}$$ 여기서, K : 압축비 ε : 단수 p_1 : 흡입측 압력〔MPa〕 p_2 : 토출측 압력〔MPa〕

☆☆☆

문제 04

소방용 배관을 소방용 합성수지배관으로 설치할 수 있는 경우 3가지를 쓰시오. (단, 소방용 합성수지배관의 성능인증 및 제품검사의 기술기준에 적합한 것이다.) (16.11.문12, 14.11.문10)

득점	배점
	3

○

○

○

해답 ① 배관을 지하에 매설하는 경우

② 다른 부분과 내화구조로 구획된 덕트 또는 피트의 내부에 설치하는 경우

③ 천장(상층이 있는 경우 상층바닥의 하단 포함)과 반자를 불연재료 또는 준불연재료로 설치하고 소화배관 내부에 항상 소화수가 채워진 상태로 설치하는 경우

해설 **소방용 합성수지배관으로 설치할 수 있는 경우**(NFPC 102 6조, NFTC 102 2.3.2)

(1) 배관을 **지하**에 **매설**하는 경우

(2) 다른 부분과 **내화구조**로 구획된 **덕트** 또는 **피트**의 내부에 설치하는 경우

(3) 천장(상층이 있는 경우 상층바닥의 하단 포함)과 반자를 **불연재료** 또는 **준불연재료**로 설치하고 소화배관 내부에 항상 소화수가 채워진 상태로 설치하는 경우

중요

배관의 **종류**(NFPC 102 6조, NFTC 102 2.3.1)

사용압력	배관 종류
1.2MPa 미만	① 배관용 탄소강관 ② 이음매 없는 구리 및 구리합금관(**습식**배관) ③ 배관용 스테인리스강관 또는 일반배관용 스테인리스강관 ④ 덕타일 주철관
1.2MPa 이상	① 압력배관용 탄소강관 ② 배관용 아크용접 탄소강 강관

☆☆☆

문제 05

실의 크기가 가로 20m×세로 15m×높이 5m인 공간에서 큰 화염의 화재가 발생하여 t초 시간 후의 청결층 높이 y〔m〕의 값이 1.8m가 되었을 때 다음 조건을 이용하여 각 물음에 답하시오.

(18.4.문14, 14.11.문2, 11.11.문16)

득점	배점
	4

〔조건〕

① $Q = \dfrac{A(H-y)}{t}$

여기서, Q : 연기 발생량〔m^3/min〕, A : 화재실의 면적〔m^2〕

H : 화재실의 높이〔m〕

② 위 식에서 시간 t초는 다음의 Hinkley식을 만족한다.

$$t = \frac{20A}{P \times \sqrt{g}} \times \left(\frac{1}{\sqrt{y}} - \frac{1}{\sqrt{H}}\right)$$

(단, g는 중력가속도는 9.81m/s^{2}이고, P는 화재경계의 길이〔m〕로서 큰 화염의 경우 12m, 중간 화염의 경우 6m, 작은 화염의 경우 4m를 적용한다.)

③ 연기생성률(M〔kg/s〕)에 관련한 식은 다음과 같다.

$$M = 0.188 \times P \times y^{\frac{3}{2}}$$

(가) 상부의 배연구로부터 몇 m^3/min의 연기를 배출하여야 청결층의 높이가 유지되는지 구하시오.

○ 계산과정 :

○ 답 :

(나) 연기생성률〔kg/s〕을 구하시오.

○ 계산과정 :

○ 답 :

해답 (가) ○ 계산과정 : $t = \dfrac{20 \times 300}{12 \times \sqrt{9.81}} \times \left(\dfrac{1}{\sqrt{1.8}} - \dfrac{1}{\sqrt{5}}\right) = 47.594 ≒ 47.59\text{s}$

$$Q = \frac{300(5-1.8)}{\frac{47.59}{60}} = 1210.338 ≒ 1210.34\text{m}^3/\text{min}$$

○ 답 : 1210.34m^3/min

(나) ○ 계산과정 : $0.188 \times 12 \times 1.8^{\frac{3}{2}} = 5.448 ≒ 5.45\text{kg/s}$

○ 답 : 5.45kg/s

해설 (가) ① Hinkley의 법칙

기호

- A : (20×15)m²(문제에서 주어짐)
- H : 5m(문제에서 주어짐)
- g : 9.81m/s²(〔조건 ②〕에서 주어짐)
- P : 12m(문제에서 큰 화염이므로 〔조건 ②〕에서 12m)
- y : 1.8m(문제에서 주어짐)

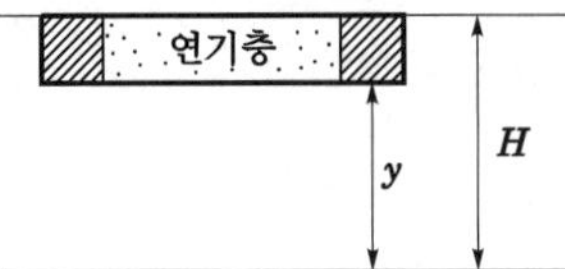

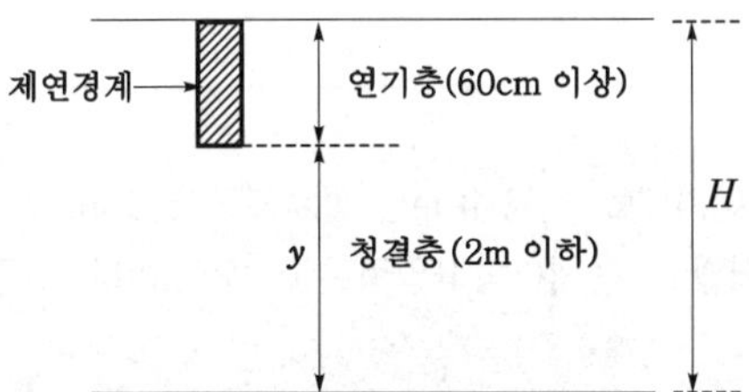

$$t=\frac{20A}{P\times\sqrt{g}}\times\left(\frac{1}{\sqrt{y}}-\frac{1}{\sqrt{H}}\right)$$

여기서, t : 청결층의 경과시간〔s〕
A : 화재실의 면적〔m²〕
P : 화재경계의 길이(화염의 둘레)〔m〕
g : 중력가속도(9.81m/s²)
y : 청결층의 높이〔m〕
H : 화재실의 높이〔m〕

청결층의 경과시간 t 는

$$t=\frac{20A}{P\times\sqrt{g}}\times\left(\frac{1}{\sqrt{y}}-\frac{1}{\sqrt{H}}\right)=\frac{20\times(20\times15)\text{m}^2}{12\text{m}\times\sqrt{9.81\text{m/s}^2}}\times\left(\frac{1}{\sqrt{1.8\text{m}}}-\frac{1}{\sqrt{5\text{m}}}\right)=47.594 \fallingdotseq 47.59\text{s}$$

- 청결층=공기층

② 연기발생량

$$Q=\frac{A(H-y)}{t}$$

여기서, Q : 연기발생량〔m³/min〕
A : 화재실의 면적〔m²〕
H : 화재실의 높이〔m〕
y : 청결층의 높이〔m〕
t : 청결층의 경과시간〔min〕

연기발생량 Q는

$$Q=\frac{A(H-y)}{t}=\frac{(20\times15)\text{m}^2\times(5\text{m}-1.8\text{m})}{\frac{47.59}{60}\text{min}}=1210.338 \fallingdotseq 1210.34\text{m}^3/\text{min}$$

- $1\text{min}=60\text{s},\ 1\text{s}=\frac{1}{60}\text{min}$
- $47.59\text{s}=47.59\times\frac{1}{60}\text{min}=\frac{47.59}{60}\text{min}$

(나) **연기생성률**

$$M=0.188\times P\times y^{\frac{3}{2}}$$

여기서, M : 연기생성률〔kg/s〕

P : 화재경계의 길이(화염의 둘레)〔m〕

y : 청결층의 높이〔m〕

연기생성률 M은

$M=0.188\times P\times y^{\frac{3}{2}}=0.188\times 12\text{m}\times(1.8\text{m})^{\frac{3}{2}}=5.448 \fallingdotseq 5.45\text{kg/s}$

☆☆☆

문제 06

경유를 저장하는 위험물 옥외저장탱크의 높이가 7m, 직경 10m인 콘루프탱크(Cone roof tank)에 Ⅱ형 포방출구 및 옥외보조포소화전 2개가 설치되었고, 폼챔버방사압력은 0.3MPa이다. 조건을 참고하여 다음 각 물음에 답하시오. (20.11.문3, 19.4.문6, 18.6.문6, 17.11.문14, 15.11.문3, 12.7.문4, 03.7.문9, 01.4.문11)

득점	배점
	8

〔조건〕

① 배관의 낙차수두와 마찰손실수두는 55m

② 폼챔버압력수두로 양정계산(보조포소화전 압력수두는 무시)

③ 펌프의 효율은 65%(전동기와 펌프 직결), $K=1.1$

④ 배관의 송액량은 제외

⑤ 고정포방출구의 방출량 및 방사시간

포방출구의 종류, 방출량 및 방사시간 / 위험물의 종류	Ⅰ형		Ⅱ형		특 형	
	방출량〔L/m²분〕	방사시간〔분〕	방출량〔L/m²분〕	방사시간〔분〕	방출량〔L/m²분〕	방사시간〔분〕
제4류 위험물(수용성의 것을 제외) 중 인화점이 섭씨 21도 미만의 것	4	30	4	55	12	30
제4류 위험물(수용성의 것을 제외) 중 인화점이 섭씨 21도 이상 70도 미만의 것	4	20	4	30	12	20
제4류 위험물(수용성의 것을 제외) 중 인화점이 섭씨 70도 이상의 것	4	15	4	25	12	15
제4류 위험물 중 수용성의 것	8	20	8	30	-	-

(가) 포소화약제량〔L〕을 구하시오. (단, 3% 수성막포를 사용한다.)

○ 계산과정 :

○ 답 :

(나) 펌프동력〔kW〕을 계산하시오.

○ 계산과정 :

○ 답 :

해답 (가) ○ 계산과정 : $Q_1 = \frac{\pi \times 10^2}{4} \times 4 \times 30 \times 0.03 = 282.74\text{L}$

$Q_2 = 2 \times 0.03 \times 8000 = 480\text{L}$

$Q = 282.74 + 480 = 762.74\text{L}$

○ 답 : 762.74L

(나) ○ 계산과정 : $H = 30 + 55 = 85\text{m}$

$Q_1 = \frac{\pi \times 10^2}{4} \times 4 \times 1 ≒ 314.159\text{L/min}$

$Q_2 = 2 \times 1 \times \frac{8000}{20} = 800\text{L/min}$

$Q = 314.159 + 800 = 1114.159\text{L/min} = 1.114159\text{m}^3\text{/min}$

$P = \frac{0.163 \times 1.114159 \times 85}{0.65} \times 1.1 = 26123 ≒ 26.12\text{kW}$

○ 답 : 26.12kW

해설 (가) 포소화약제량=고정포방출구의 소화약제량(Q_1)+보조포소화전의 소화약제량(Q_2)$= 282.74\text{L} + 480\text{L} = 762.74\text{L}$

① Ⅱ**형 포방출구**의 **소화약제**의 **양** Q_1는

$$Q_1 = A \times Q \times T \times S = \frac{\pi \times (10\text{m})^2}{4} \times 4\text{L/m}^2\text{분} \times 30\text{min} \times 0.03 = 282.744 ≒ 282.74\text{L}$$

- 경유의 인화점은 일반적으로 70℃ 미만이며, 포방출구는 Ⅱ형이므로 표에서 방출률 Q_1 = **4L/m²분**, 방사시간 T = **30min**이다.
- 그림에서 포는 **3%**형을 사용하므로 소화약제의 농도 S = **0.03**이다.

위험물의 종류 \ 포방출구의 종류, 방출량 및 방사시간	Ⅰ형		Ⅱ형		Ⅲ형	
	방출량 〔L/m²분〕	방사시간 〔분〕	방출량 〔L/m²분〕	방사시간 〔분〕	방출량 〔L/m²분〕	방사시간 〔분〕
제4류 위험물(수용성의 것을 제외) 중 인화점이 섭씨 21도 미만의 것	4	30	4	55	12	30
제4류 위험물(수용성의 것을 제외) 중 인화점이 섭씨 21도 이상 70도 미만의 것	4	20	4	30	12	20
제4류 위험물(수용성의 것을 제외) 중 인화점이 섭씨 70도 이상의 것	4	15	4	25	12	15
제4류 위험물 중 수용성의 것	8	20	8	30	–	–

② **보조포소화전**에 필요한 **소화약제**의 **양** Q_2는

$Q_2 = N \times S \times 8000 = 2 \times 0.03 \times 8000 = 480\text{L}$

- 원칙적으로 배관보정량도 적용하여야 하지만 〔조건 ④〕에서 제외하라고 하였으므로 **배관보정량**은 **생략**한다.
- 탱크의 높이는 이 문제에서 고려하지 않아도 된다.
- 문제에서 옥외보조포소화전이 2개라고 하였고 쌍구형인지 단구형인지는 알 수 없으므로 최소값을 적용하여 단구형으로 판단해서 N=2이다. 쌍구형으로 계산하여 N=4(최대 3개)로 계산하면 안 된다.

참고

포소화약제의 저장량

(1) **고정포방출구방식**

고정포방출구	보조포소화전(옥외보조포소화전)	배관보정량
$Q=A\times Q_1\times T\times S$ 여기서, Q : 포소화약제의 양〔L〕 A : 탱크의 액표면적〔m²〕 Q_1 : 단위 포소화수용액의 양〔L/m²분〕 T : 방출시간(방사시간)〔분〕 S : 포소화약제의 사용농도	$Q=N\times S\times 8000$ 여기서, Q : 포소화약제의 양〔L〕 N : 호스접결구수(**최대 3개**) S : 포소화약제의 사용농도	$Q=A\times L\times S\times 1000\text{L/m}^3$ (내경 75mm 초과시에만 적용) 여기서, Q : 배관보정량〔L〕 A : 배관단면적〔m²〕 L : 배관길이〔m〕 S : 포소화약제의 사용농도

(2) **옥내포소화전방식** 또는 **호스릴방식**

$Q=N\times S\times 6000$(바닥면적 200m² 미만은 75%)

여기서, Q : 포소화약제의 양〔L〕
N : 호스접결구수(**최대 5개**)
S : 포소화약제의 사용농도

(나) ① 펌프의 양정

$$H=h_1+h_2+h_3+h_4$$

여기서, H : 펌프의 양정〔m〕
h_1 : 방출구의 설계압력 환산수두 또는 노즐선단의 방사압력 환산수두〔m〕
h_2 : 배관의 마찰손실수두〔m〕
h_3 : 소방호스의 마찰손실수두〔m〕
h_4 : 낙차〔m〕

$H=h_1+h_2+h_3+h_4=30\text{m}+55\text{m}=85\text{m}$

- h_1 : 1MPa=100m이므로 문제에서 0.3MPa=30m
- h_2+h_4(55m) : 〔조건 ①〕에서 주어진 값
- h_3 : 주어지지 않았으므로 무시

② 펌프의 유량

㉠ **고정포방출구 유량**

$$Q_1=AQS$$

여기서, Q_1 : 고정포방출구 유량〔L/min〕
A : 탱크의 액표면적〔m²〕
Q : 단위 포소화수용액의 양〔L/m²분〕
S : 포수용액 농도($S=1$)

고정포방출구 유량 $Q_1=AQS=\dfrac{\pi\times(10\text{m})^2}{4}\times 4\text{L/m}^2\text{분}\times 1 ≒ 314.159\text{L/min}$

- 펌프동력을 구할 때는 포수용액을 기준으로 하므로 $S=1$
- 유량의 단위가 **L/min**이므로 $Q_1=AQTS$에서 방사시간 T를 제외한 $Q_1=AQS$식 적용

㉡ **보조포소화전 유량**

$$Q_2=N\times S\times \frac{8000}{20\text{min}}$$

여기서, Q_2 : 보조포소화전 유량〔L/min〕
N : 호스접결구수(**최대 3개**)
S : 포수용액 농도($S=1$)

보조포소화전 유량 $Q_2 = N \times S \times \frac{8000}{20\text{min}} = 2 \times 1 \times \frac{8000}{20\text{min}} = 800\text{L/min}$

- 펌프동력을 구할 때는 포수용액을 기준으로 하므로 $S=1$
- 유량의 단위가 **L/min**이고, 보조포소화전의 방사시간은 화재안전기준 NFTC 105 2.5.2.1.2에 의해 **20min**이므로 $Q_2 = N \times S \times \frac{8000}{20\text{min}}$ 식 적용. 〔조건 ⑤〕에 있는 고정포방출구 방사시간인 30분이 아님을 기억할 것

유량 $Q = Q_1 + Q_2 = 314.159\text{L/min} + 800\text{L/min} = 1114.159\text{L/min} = 1.114159\text{m}^3/\text{min}$

③ 펌프동력

$$P = \frac{0.163QH}{\eta}K$$

여기서, P : 전동력〔kW〕
Q : 유량〔m^3/min〕
H : 전양정〔m〕
K : 전달계수
η : 효율

펌프동력 $P = \frac{0.163QH}{\eta}K = \frac{0.163 \times 1.114159\text{m}^3/\text{min} \times 85\text{m}}{0.65} \times 1.1 = 26.123 \fallingdotseq 26.12\text{kW}$

- Q(1.114159m^3/min) : 바로 위에서 구한 값
- H(85m) : 바로 위에서 구한 값
- K(1.1) : 〔조건 ③〕에서 주어진 값
- η(0.65) : 〔조건 ③〕에서 65%=0.65

☆ **문제 07**

분말소화설비의 전역방출방식에 있어서 방호구역의 체적이 400m^3일 때 설치되는 최소 분사헤드 수는 몇 개인가? (단, 분말은 제3종이며, 분사헤드 1개의 방사량은 10kg/min이다.) (13.4.문10)

○ 계산과정 :
○ 답 :

득점	배점
	3

해답 ○ 계산과정 : $400 \times 0.36 = 144\text{kg}$

$\frac{144}{10 \times 0.5} = 28.8 \fallingdotseq 29$개

○ 답 : 29개

해설 **전역방출방식**

자동폐쇄장치가 설치되어 있지 않은 경우	자동폐쇄장치가 설치되어 있는 경우
분말저장량〔kg〕= **방**호구역체적〔m^3〕× **약**제량〔kg/m^3〕 **+개**구부면적〔m^2〕× 개구부가**산**량〔kg/m^2〕 기억법 방약+개산	**분말저장량**〔kg〕= 방호구역체적〔m^3〕× 약제량〔kg/m^3〕

‖ 전역방출방식의 약제량 및 개구부가산량(NFPC 108 6조, NFTC 108 2.3.2.1) ‖

약제종별	약제량	개구부가산량(자동폐쇄장치 미설치시)
제1종 분말	0.6kg/m³	4.5kg/m²
제2·3종 분말 ⟶	0.36kg/m³	2.7kg/m²
제4종 분말	0.24kg/m³	1.8kg/m²

개구부면적이 없으므로 개구부면적 및 개구부가산량을 무시하면

분말저장량[kg]=방호구역체적[m³]×약제량[kg/m³]

$=400\text{m}^3 \times 0.36\text{kg/m}^3$

$=144\text{kg}$

$$\text{헤드개수}=\frac{\text{소화약제량[kg]}}{\text{방출률[kg/s]} \times \text{방사시간[s]}}$$

$$=\frac{144\text{kg}}{10\text{kg/min} \times 0.5\text{min}}=28.8 \fallingdotseq 29\text{개}$$

- 위의 공식은 단위를 보면 쉽게 공식을 이해할 수 있다.
- 144kg : 바로 위에서 구함
- 10kg/min : [단서]에서 주어짐
- 0.5min : 아래 표에서 분말소화설비는 30초이므로=0.5min이 된다. 단위 일치시키는 것 주의! 10kg/min이므로 분[min]으로 나타낼 것

‖ 약제방사시간 ‖

소화설비		전역방출방식		국소방출방식	
		일반건축물	위험물제조소	일반건축물	위험물제조소
할론소화설비		10초 이내	30초 이내	10초 이내	30초 이내
분말소화설비 ⟶		30초 이내	30초 이내	30초 이내	30초 이내
CO_2 소화설비	표면화재	1분 이내	60초 이내	30초 이내	30초 이내
	심부화재	7분 이내			

문제 08

옥내소화전설비의 가압송수방식 중 하나인 압력수조에 따른 설계도는 다음과 같다. 다음 각 물음에 답하시오. (단, 관로 및 관부속품의 마찰손실수두는 6.5m이다.) (09.10.문17)

득점	배점
	6

공기압 0.5MPa

(공기압축기)

컴프레셔

공기

3.5m

(가) 탱크의 바닥압력〔MPa〕을 구하시오.
○ 계산과정 :
○ 답 :
(나) 규정방수압력을 낼 수 있는 설계 가능한 건축높이〔m〕를 구하시오.
○ 계산과정 :
○ 답 :
(다) 공기압축기의 설치목적에 대하여 설명하시오.
○

해답 (가) ○ 계산과정 : $0.5+0.035=0.535 \fallingdotseq 0.54$MPa
○ 답 : 0.54MPa
(나) ○ 계산과정 : $53.5-6.5-17=30$m
○ 답 : 30m
(다) 압력수조 내에서 누설되는 공기를 보충하여 일정압력 유지

해설 **주어진 값**

- 관로 및 관부속품의 마찰손실수두 : 6.5m(〔단서〕에서 주어짐)
- 공기압 : 0.5MPa(〔그림〕에서 주어짐)
- 낙차 : 3.5m(〔그림〕에서 주어짐)

(가) **탱크바닥압력**=공기압+낙차
$=0.5\text{MPa}+3.5\text{m}=0.5\text{MPa}+0.035\text{MPa}=0.535 \fallingdotseq 0.54\text{MPa}$

- 소화설비(옥내소화전설비)이므로 1MPa=100m로 볼 수 있으므로 3.5m=0.035MPa

(나) **건축높이**=탱크바닥압력－관로 및 부속품의 마찰손실수두－노즐방사압력(0.17MPa)
$=0.535\text{MPa}-6.5\text{m}-0.17\text{MPa}$
$=53.5\text{m}-6.5\text{m}-17\text{m}=30\text{m}$

(다) **공기압축기** : **압력수조 내**에서 누설되는 **공기**를 **보충**하여 항상 **일정압력**을 **유지**하기 위하여 사용되며, '**자동식 공기압축기**'가 사용된다. 예전에는 '**에어컴프레셔**'라고도 불렀다.

‖ 공기압축기(자동식) ‖

☆☆ 문제 09

할론소화설비에서 그림의 방출방식 종류 명칭을 쓰고, 해당 방식에 대하여 설명하시오.

(15.4.문6, 11.11.문4, 09.10.문1)

득점	배점
	4

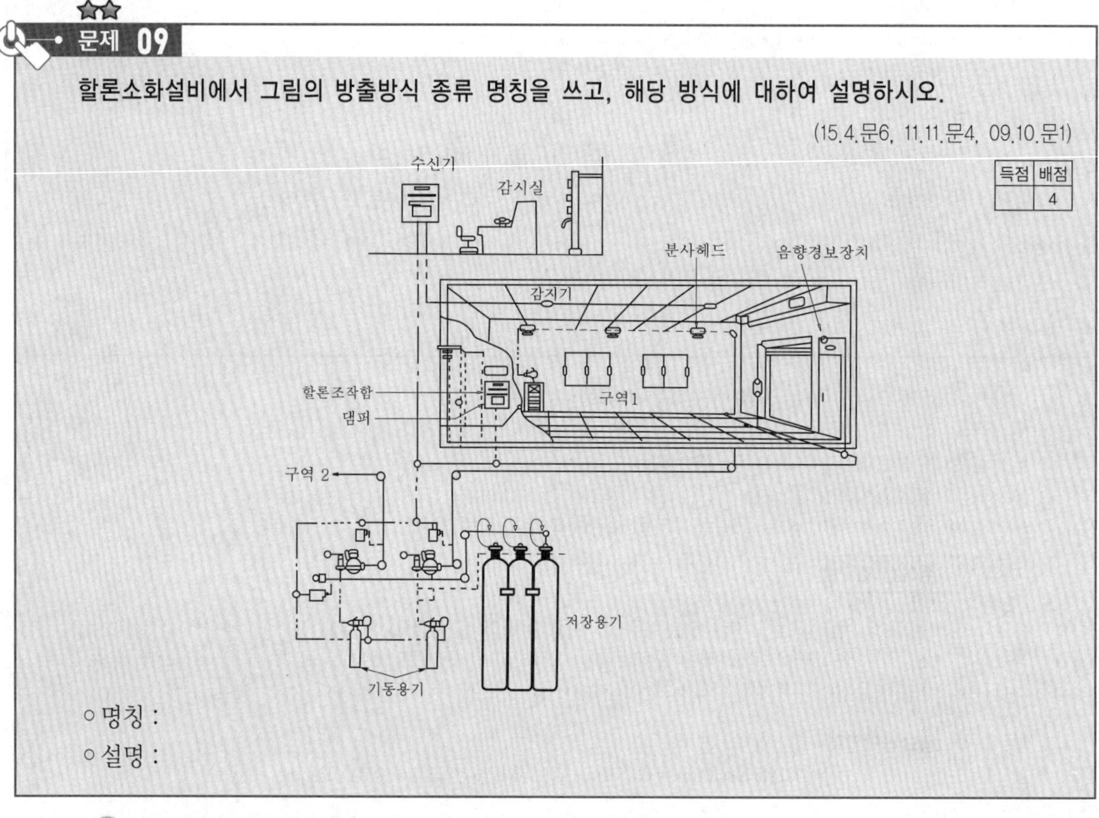

○ 명칭 :

○ 설명 :

해답 ① 명칭 : 전역방출방식

② 설명 : 고정식 할론공급장치에 배관 및 분사헤드를 고정 설치하여 밀폐방호구역 내에 할론을 방출하는 설비

해설 **할론소화설비**의 **방출방식**

방출방식	설 명
전역방출방식	고정식 할론공급장치에 배관 및 분사헤드를 고정 설치하여 **밀폐방호구역** 내에 할론을 방출하는 설비
국소방출방식	고정식 할론공급장치에 배관 및 분사헤드를 설치하여 **직접 화점**에 할론을 방출하는 설비로 화재 발생부분에만 **집중적**으로 소화약제를 방출하도록 설치하는 방식
호스릴방식	① 분사헤드가 배관에 고정되어 있지 않고 소화약제 저장용기에 호스를 연결하여 사람이 직접 화점에 소화약제를 방출하는 **이동식 소화설비** ② 국소방출방식의 일종으로 릴에 감겨 있는 호스의 끝단에 방출관을 부착하여 수동으로 연소부분에 직접 가스를 방출하여 소화하는 방식

비교

국소방출방식	호스릴방식

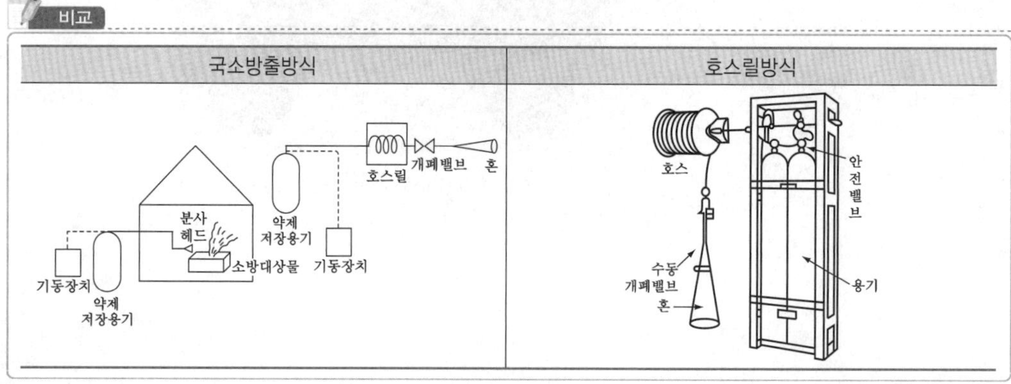

☆☆
문제 10

흡입측 배관 마찰손실수두가 2m일 때 공동현상이 일어나지 않는 수원의 수면으로부터 소화펌프까지의 설치높이는 몇 m 미만으로 하여야 하는지 구하시오. (단, 펌프의 요구흡입수두($NPSH_{re}$)는 7.5m, 흡입관의 속도수두는 무시하고 대기압은 표준대기압, 물의 온도는 20℃이고 이때의 포화수증기압은 2340Pa, 비중량은 9800N/m³이다.) (15.11.문7, 12.4.문3)

○ 계산과정 :

○ 답 :

득점	배점
	5

해답 ○ 계산과정 : $10.332 - \frac{2.34}{9.8} - H_s - 2 = 7.5$

$H_s \fallingdotseq 0.593 \fallingdotseq 0.59\text{m}$

○ 답 : 0.59m

해설 (1) **수두**

$$H = \frac{P}{\gamma}$$

여기서, H : 수두[m]

P : 압력[Pa 또는 N/m²]

γ : 비중량[N/m³]

(2) **표준대기압**

1atm=760mmHg=1.0332kg$_f$/cm²
=10.332mH$_2$O(mAq)=10.332m
=14.7PSI(lb$_f$/in²)
=101.325kPa(kN/m²)=101325Pa(N/m²)
=1013mbar

1Pa=1N/m² 이므로

대기압수두(H_a) : **10.332m**([단서]에 의해 **표준대기압**(표준기압)을 적용한다.)

- 표준대기압을 단위환산하여 10.332m를 그대로 적용해도 정답

수증기압수두(H_v) : $H = \frac{P}{\gamma} = \frac{2.34\text{kN/m}^2}{9.8\text{kN/m}^3} = \mathbf{0.2387m}$

흡입수두(H_s) : **?m** (수원의 수면으로부터 소화펌프까지의 설치높이)

마찰손실수두(H_L) : **2m**

- 9800N/m³=9.8kN/m³
- 2340Pa=2340N/m²=2.34kN/m²

(3) **흡입 $NPSH_{av}$**

$NPSH_{av} = H_a - H_v - H_s - H_L$

7.5m=10.332m−0.2387m−H_s−2m

H_s=10.332m−0.2387m−7.5m−2m=0.593m≒0.59m

- 공동현상이 일어나지 않는 수원의 최소범위 $NPSH_{av} \geq NPSH_{re}$ 적용
- $NPSH_{av} \geq 1.3 \times NPSH_{re}$는 펌프설계시에 적용하는 값으로 이 문제에서는 적용하면 안 됨

공동현상을 방지하기 위한 펌프의 범위	펌프설계시의 범위
$NPSH_{av} \geq NPSH_{re}$	$NPSH_{av} \geq 1.3 \times NPSH_{re}$

중요

1. **흡입 NPSHav**와 **압입 NPSHav**

흡입 NPSHav(수조가 펌프보다 낮을 때)	**압입 NPSHav(수조가 펌프보다 높을 때)**
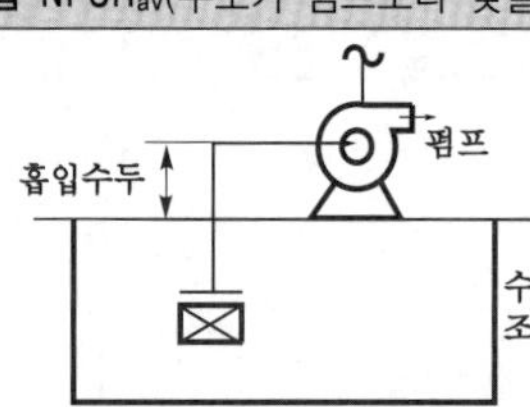	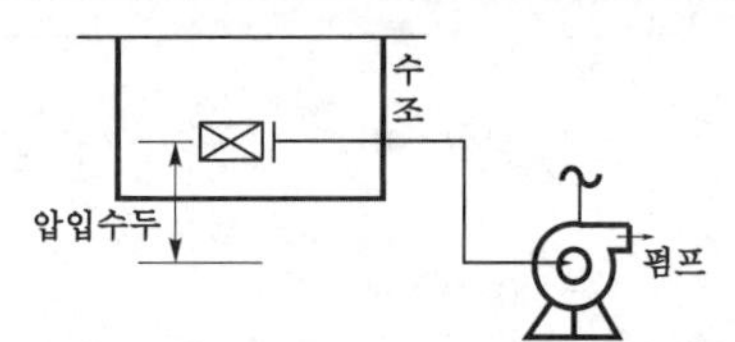
$NPSH_{av} = H_a - H_v - H_s - H_L$	$NPSH_{av} = H_a - H_v + H_s - H_L$
여기서, $NPSH_{av}$: 유효흡입양정[m] H_a : 대기압수두[m] H_v : 수증기압수두[m] H_s : 흡입수두[m] H_L : 마찰손실수두[m]	여기서, $NPSH_{av}$: 유효흡입양정[m] H_a : 대기압수두[m] H_v : 수증기압수두[m] H_s : 압입수두[m] H_L : 마찰손실수두[m]

2. **공동현상**의 **발생한계 조건**

(1) $NPSH_{av} \geq NPSH_{re}$: **공동현상**이 발생하지 않아 펌프**사용 가능**

(2) $NPSH_{av} < NPSH_{re}$: **공동현상**이 발생하여 펌프**사용 불가**

- 공동현상 = 캐비테이션

NPSHav(Available Net Positive Suction Head) =유효흡입양정	NPSHre(Required Net Positive Suction Head) =필요흡입양정
① 흡입전양정에서 포화증기압을 뺀 값 ② 펌프 설치과정에 있어서 펌프 흡입측에 가해지는 수두압에서 흡입액의 온도에 해당되는 포화증기압을 뺀 값 ③ 펌프의 중심으로 유입되는 액체의 절대압력 ④ 펌프 설치과정에서 펌프 그 자체와는 무관하게 흡입측 배관의 설치위치, 액체온도 등에 따라 결정되는 양정 ⑤ 이용가능한 정미 유효흡입양정으로 흡입전양정에서 포화증기압을 뺀 것	① 공동현상을 방지하기 위해 펌프 흡입측 내부에 필요한 최소압력 ② 펌프 제작사에 의해 결정되는 값 ③ 펌프에서 임펠러 입구까지 유입된 액체는 임펠러에서 가압되기 직전에 일시적인 압력강하가 발생되는데 이에 해당하는 양정 ④ 펌프 그 자체가 캐비테이션을 일으키지 않고 정상운전되기 위하여 필요로 하는 흡입양정 ⑤ 필요로 하는 정미 유효흡입양정 ⑥ 펌프의 요구 흡입수두

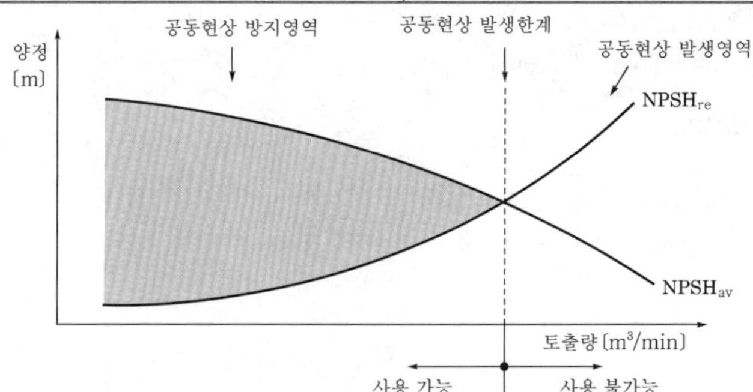

문제 11

스프링클러설비의 반응시간지수(response time index)에 대하여 식을 포함해서 설명하시오.

(14.4.문11, 11.5.문14, 09.4.문4)

○

득점	배점
	5

해답 기류의 온도, 속도 및 작동시간에 대하여 스프링클러헤드의 반응시간을 예상한 지수

$$RTI = \tau\sqrt{u}$$

여기서, RTI : 반응시간지수〔m · s〕$^{0.5}$
τ : 감열체의 시간상수〔초〕
u : 기류속도〔m/s〕

해설 **반응시간지수(RTI)**

기류의 **온도 · 속도** 및 **작동시간**에 대하여 스프링클러헤드의 반응을 예상한 지수(스프링클러헤드 형식승인 2조)

$$RTI = \tau\sqrt{u}$$

여기서, RTI : 반응시간지수〔m · s〕$^{0.5}$ 또는 $\sqrt{\mathrm{m \cdot s}}$
τ : 감열체의 시간상수〔초〕
u : 기류속도〔m/s〕

문제 12

그림은 어느 일제개방형 스프링클러설비의 계통을 나타내는 Isometric Diagram이다. 주어진 조건을 참조하여 이 설비가 작동되었을 경우 표의 유량, 구간손실, 손실계 등을 답란의 요구 순서대로 수리계산하여 산출하시오.

(17.6.문11, 16.11.문14, 15.11.문13, 14.7.문13, 10.4.문1)

득점	배점
	12

〔조건〕
① 설치된 개방형 헤드 A의 유량은 100LPM, 방수압은 0.25MPa이다.
② 배관부속 및 밸브류의 마찰손실은 무시한다.
③ 수리계산시 속도수두는 무시한다.
④ 필요압은 노즐에서의 방사압과 배관 끝에서의 압력을 별도로 구한다.

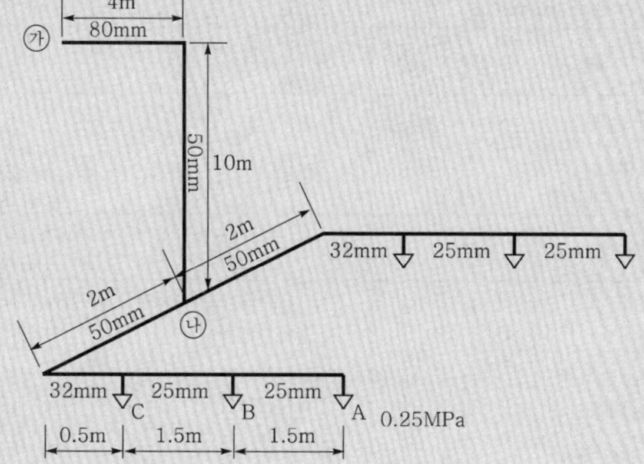

구 간	유량[LPM]	길이[m]	1m당 마찰손실[MPa]	구간손실[MPa]	낙차[m]	손실계[MPa]
헤드 A	100	–	–	–	–	0.25
A~B	100	1.5	0.02	0.03	0	①
헤드 B	②	–	–	–	–	–
B~C	③	1.5	0.04	④	0	⑤
헤드 C	⑥	–	–	–	–	–
C~㉯	⑦	2.5	0.06	⑧	–	⑨
㉯~㉮	⑩	14	0.01	⑪	−10	⑫

해답

구 간	유량[LPM]	길이[m]	1m당 마찰손실[MPa]	구간손실[MPa]	낙차[m]	손실계[MPa]
헤드 A	100	–	–	–	–	0.25
A~B	100	1.5	0.02	0.03	0	$0.25+0.03=0.28$
헤드 B	$\frac{100}{\sqrt{10\times0.25}}=63.245$ $63.245\sqrt{10\times0.28}=105.829$ $\fallingdotseq 105.83$	–	–	–	–	–
B~C	$105.83+100=205.83$	1.5	0.04	$1.5\times0.04=0.06$	0	$0.28+0.06=0.34$
헤드 C	$63.245\sqrt{10\times0.34}=116.618$ $\fallingdotseq 116.62$	–	–	–	–	–
C~㉯	$116.62+205.83=322.45$	2.5	0.06	$2.5\times0.06=0.15$	–	$0.34+0.15=0.49$
㉯~㉮	$322.45\times2=644.9$	14	0.01	$14\times0.01=0.14$	−10	$0.49+0.14-0.1=0.53$

구 간	유량[LPM]	길이[m]	1m당 마찰손실[MPa]	구간손실[MPa]	낙차[m]	손실계[MPa]
헤드 A	100	–	–	–	–	0.25
A~B	100	1.5	0.02	$1.5\text{m}\times0.02\text{MPa/m}=0.03\text{MPa}$ 0.02가 1m당 마찰손실[MPa]이므로 0.02MPa/m	0	$0.25\text{MPa}+0.03\text{MPa}=0.28\text{MPa}$
헤드 B	$K=\frac{Q}{\sqrt{10P}}=\frac{100}{\sqrt{10\times0.25}}$ $=63.245$ $Q=K\sqrt{10P}$ $=63.245\sqrt{10\times0.28}$ $=105.829\fallingdotseq105.83\text{LPM}$	–	–	–	–	–
B~C	$105.83+100=205.83\text{LPM}$	1.5	0.04	$1.5\text{m}\times0.04\text{MPa/m}=0.06\text{MPa}$	0	$0.28\text{MPa}+0.06\text{MPa}=0.34\text{MPa}$
헤드 C	$Q=K\sqrt{10P}$ $=63.245\sqrt{10\times0.34}$ $=116.618$ $\fallingdotseq116.62\text{LPM}$	–	–	–	–	–
C~㉯	$116.62+205.83=322.45\text{LPM}$	2.5	0.06	$2.5\text{m}\times0.06\text{MPa/m}=0.15\text{MPa}$	–	$0.34\text{MPa}+0.15\text{MPa}=0.49\text{MPa}$
㉯~㉮	$322.45\times2=644.9\text{LPM}$ 동일한 배관이 양쪽에 있으므로 2곱함	14	0.01	$14\text{m}\times0.01\text{MPa/m}=0.14\text{MPa}$	−10	$0.49\text{MPa}+0.14\text{MPa}-0.1\text{MPa}$ $=0.53\text{MPa}$ 스프링클러설비는 소화설비이므로 1MPa=100m 적용 1m=0.01MPa이다. $\therefore -10\text{m}=-0.1\text{MPa}$

- $Q=K\sqrt{10P}$

  여기서, Q : 방수량(L/min 또는 LPM), K : 방출계수, P : 방수압(MPa)
- −10m : 고가수조가 보이지 않으면 펌프방식이므로 내려가면 −, 올라가면 +로 계산하면 된다. ㉯~㉮는 배관에서 물이 내려가므로 −를 붙인다.
- ㉯~㉮는 배관이 분기되므로 (0.49×2)MPa+0.14MPa−0.1MPa=1.02MPa이 답이 아닌가라고 생각할 수도 있다. 배관이 분기되었을 경우 마찰손실압력은 더해지는 것이 아니고 둘 중 큰 값을 적용하는 것이므로 위의 답이 옳다.

☆☆☆

문제 13

가로 12m, 세로 18m, 높이 3m인 전기실에 이산화탄소 소화설비가 작동하여 화재가 진압되었다. 개구부에 자동폐쇄장치가 되어 있는 경우 다음 조건을 이용하여 물음에 답하시오.

(20.10.문8, 16.6.문11, 12.7.문14, 12.4.문8, 09.10.문15)

득점	배점
	10

[조건]

① 공기 중 산소의 부피농도는 21%이며, 이산화탄소 방출 후 산소의 농도는 15vol%이다.
② 대기압은 760mmHg이고, 이산화탄소 소화약제의 방출 후 실내기압은 800mmHg이다.
③ 저장용기의 충전비는 1.6이고, 체적은 80L이다.
④ 실내온도는 18℃이며, 기체상수 R은 0.082atm · L/mol · K로 계산한다.

(가) CO_2 농도[vol%]를 구하시오.
○계산과정 : ○답 :

(나) CO_2의 방출량[m^3]을 구하시오.
○계산과정 : ○답 :

(다) 방출된 전기실 내의 CO_2의 양[kg]을 구하시오.
○계산과정 : ○답 :

(라) 저장용기의 병수[병]를 구하시오.
○계산과정 : ○답 :

(마) 심부화재일 경우 선택밸브 직후의 유량[kg/min]을 구하시오.
○계산과정 : ○답 :

해답

(가) ○계산과정 : $\frac{21-15}{21}\times 100=28.571 ≒ 28.57\%$

○답 : 28.57%

(나) ○계산과정 : $\frac{21-15}{15}\times(12\times 18\times 3)=259.2\text{m}^3$

○답 : 259.2m^3

(다) ○계산과정 : $\frac{800}{760}\times 1=1.052\text{atm}$

$m=\frac{1.052\times 259.2\times 44}{0.082\times(273+18)}=502.801 ≒ 502.8\text{kg}$

○답 : 502.8kg

(라) ○계산과정 : $G=\frac{80}{1.6}=50\text{kg}$

소요병수$=\frac{502.8}{50}=10.05 ≒ 11$병

○답 : 11병

(마) ○ 계산과정 : $\frac{50\times 11}{7}=78.571 \fallingdotseq 78.57\text{kg/min}$

○ 답 : 78.57kg/min

해설 (가)

$$CO_2\ 농도[\%]=\frac{21-O_2[\%]}{21}\times 100$$

$$=\frac{21-15}{21}\times 100=28.571 \fallingdotseq 28.57\text{vol\%}$$

- 위의 식은 원래 %가 아니고 부피%를 나타낸다. 단지 우리가 부피%를 간략화해서 %로 표현할 뿐이고 원칙적으로는 '**부피%**'로 써야 한다.

부피%=Volume%=vol%=v%

- vol% : 어떤 공간에 차지하는 부피를 백분율로 나타낸 것

(나)

$$방출가스량=\frac{21-O_2}{O_2}\times 방호구역체적$$

$$=\frac{21-15}{15}\times(12\times 18\times 3)\text{m}^3=259.2\text{m}^3$$

(다)

$$PV=\frac{m}{M}RT$$

여기서, P : 기압[atm], V : 방출가스량[m^3], m : 질량[kg], M : 분자량($CO_2=44$)

R : 0.082atm · m^3/kmol · K, T : 절대온도(273+℃)[K]

- **표준대기압**

1atm=760mmHg =1.0332$\text{kg}_\text{f}/\text{cm}^2$
=10.332mH_2O(mAq)
=14.7PSI($\text{lb}_\text{f}/\text{in}^2$)
=101.325kPa(kN/m^2)
=1013mbar

1atm=760mmHg 에서

$$800\text{mmHg}=\frac{800\text{mmHg}}{760\text{mmHg}}\times 1\text{atm}=1.052\text{atm}$$

- **실내온도 · 실내기압 · 실내농도**를 적용하여야 하는 것에 주의하라. 방사되는 곳은 방호구역, 즉 실내이므로 실내가 기준이 되는 것이다.

CO_2의 양 m은

$$m=\frac{PVM}{RT}=\frac{1.052\text{atm}\times 259.2\text{m}^3\times 44\text{kg/kmol}}{0.082\text{atm}\cdot\text{m}^3/\text{kmol}\cdot\text{K}\times(273+18)\text{K}}=502.801 \fallingdotseq 502.8\text{kg}$$

- $0.082\text{atm}\cdot\text{L/mol}\cdot\text{K}=0.082\text{atm}\cdot\cancel{10^{-3}}\text{m}^3/\cancel{10^{-3}}\text{kmol}\cdot\text{K}=0.082\text{atm}\cdot\text{m}^3/\text{kmol}\cdot\text{K}$
($1000\text{L}=1\text{m}^3$, $1\text{L}=10^{-3}\text{m}^3$, $1\text{mol}=10^{-3}\text{kmol}$, $1\text{kmol}=1000\text{mol}$)

- 〈잘못된 계산(거듭 주의!)〉

‖ **심부화재**의 **약제량** 및 **개구부가산량**(NFPC 106 5조, NFTC 106 2.2.1.2) ‖

방호대상물	약제량	개구부가산량 (자동폐쇄장치 미설치시)	설계농도
전기설비(55m^3 이상), 케이블실 →	1.3kg/m^3	→ 10kg/m^2	50%
전기설비(55m^3 미만)	1.6kg/m^3		
서고, 박물관, 전자제품창고, 목재가공품창고	2.0kg/m^3		65%
석탄창고, 면화류 창고, 고무류, 모피창고, 집진설비	2.7kg/m^3		75%

전기실(전기설비)이므로 위 표에서 **심부화재**에 해당되며
방호구역체적 $= 12\text{m} \times 18\text{m} \times 3\text{m} =$ **648m³**
55m³ 이상이므로 약제량은 **1.3kg/m³**
CO_2의 양=방호구역체적×약제량$= 648\text{m}^3 \times 1.3\text{kg/m}^3$ =842.4kg(틀린 답!)
〔조건 ④〕에서 기체상수가 주어졌으므로 위의 표를 적용하면 안 되고 이상기체상태방정식으로 풀어야 정답!

중요

이산화탄소 소화설비와 **관련된 식**

$$CO_2 = \frac{\text{방출가스량}}{\text{방호구역체적} + \text{방출가스량}} \times 100 = \frac{21 - O_2}{21} \times 100$$

여기서, CO_2 : CO_2의 농도〔%〕
O_2 : O_2의 농도〔%〕

$$\text{방출가스량} = \frac{21 - O_2}{O_2} \times \text{방호구역체적}$$

여기서, O_2 : O_2의 농도〔%〕

$$PV = \frac{m}{M} RT$$

여기서, P : 기압〔atm〕
V : 방출가스량〔m³〕
m : 질량〔kg〕
M : 분자량(CO_2=44)
R : 0.082atm · m³/kmol · K
T : 절대온도(273+℃)〔K〕

$$Q = \frac{m_t C (t_1 - t_2)}{H}$$

여기서, Q : 액화 CO_2의 증발량〔kg〕
m_t : 배관의 질량〔kg〕
C : 배관의 비열〔kcal/kg · ℃〕
t_1 : 방출 전 배관의 온도〔℃〕
t_2 : 방출될 때 배관의 온도〔℃〕
H : 액화 CO_2의 증발잠열〔kcal/kg〕

(라)

$$C = \frac{V}{G}$$

여기서, C : 충전비〔L/kg〕
V : 내용적(체적)〔L〕
G : 저장량(충전량)〔kg〕

저장량 G는

$$G = \frac{V}{C} = \frac{80}{1.6} = 50\text{kg}$$

소요병수 $= \dfrac{\text{방사된 } CO_2\text{의 양}}{\text{저장량(충전량)}} = \dfrac{502.8\text{kg}}{50\text{kg}} = 10.05 \fallingdotseq$ **11병**

• 소요병수(저장용기수) 산정은 계산결과에서 **소수**가 발생하면 반드시 **절상**한다.

(마)

$$\text{선택밸브 직후의 유량} = \frac{\text{1병당 저장량[kg]} \times \text{병수}}{\text{약제방출시간[min]}}$$

소화설비		전역방출방식		국소방출방식	
		일반건축물	위험물제조소	일반건축물	위험물제조소
할론소화설비		10초 이내	30초 이내	10초 이내	30초 이내
분말소화설비		30초 이내	30초 이내	30초 이내	30초 이내
CO_2 소화설비	표면화재	1분 이내	60초 이내	30초 이내	30초 이내
CO_2 소화설비	심부화재 →	7분 이내	60초 이내	30초 이내	30초 이내

$$\text{선택밸브 직후의 유량} = \frac{\text{1병당 저장량[kg]} \times \text{병수}}{\text{약제방출시간[min]}} = \frac{50\text{kg} \times 11\text{병}}{7\text{min}} = 78.571 \fallingdotseq 78.57\text{kg/min}$$

비교

(1) $\text{선택밸브 직후의 유량} = \dfrac{\text{1병당 저장량[kg]} \times \text{병수}}{\text{약제방출시간[s]}}$

(2) $\text{방사량} = \dfrac{\text{1병당 저장량[kg]} \times \text{병수}}{\text{헤드수} \times \text{약제방출시간[s]}}$

(3) $\text{약제의 유량속도} = \dfrac{\text{1병당 저장량[kg]} \times \text{병수}}{\text{약제방출시간[s]}}$

(4) $\text{분사헤드수} = \dfrac{\text{1병당 저장량[kg]} \times \text{병수}}{\text{헤드 1개의 표준방사량[kg]}}$

(5) $\text{개방밸브(용기밸브) 직후의 유량} = \dfrac{\text{1병당 충전량[kg]}}{\text{약제방출시간[s]}}$

- 1병당 저장량=1병당 충전량

☆☆☆

문제 14

직경이 30cm인 소화배관에 $0.2\text{m}^3/\text{s}$의 유량이 흐르고 있다. 이 관의 직경은 15cm, 길이는 300m인 관과 직경이 20cm, 길이가 600m인 관이 그림과 같이 평행하게 연결되었다가 다시 30cm 관으로 합쳐져 있다. 각 분기관에서의 관마찰계수는 0.022라 할 때 A, B의 유량$[\text{m}^3/\text{s}]$을 구하시오.

(13.4.문13, 05.5.문5, 01.11.문5, 01.4.문5, 97.11.문2)

득점	배점
	6

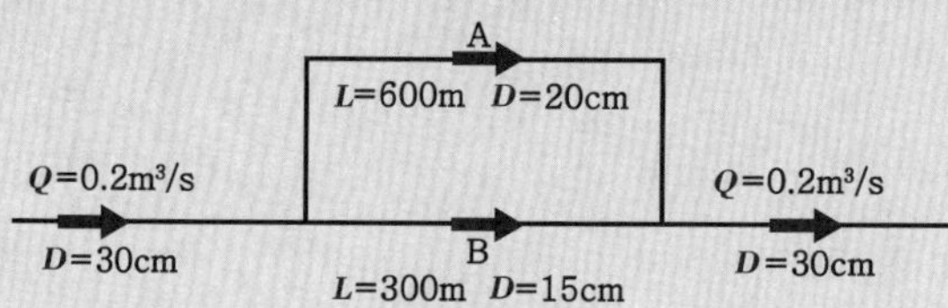

(가) A의 유량 :
- ○ 계산과정 :
- ○ 답 :

(나) B의 유량 :
- ○ 계산과정 :
- ○ 답 :

 (가) A의 유량

○ 계산과정 : $\frac{0.022 \times 600 \times V_A^2}{2 \times 9.8 \times 0.2} = \frac{0.022 \times 300 \times V_B^2}{2 \times 9.8 \times 0.15}$

$3000 V_A^2 = 2000 V_B^2$

$V_A = \sqrt{\frac{2000}{3000} V_B^2} = 0.816 V_B$

$V_A = 0.816 V_B = 0.816 \times 4.65 = 3.794\text{m/s}$

$Q_A = \left(\frac{\pi \times 0.2^2}{4}\right) \times 3.794 = 0.119 ≒ 0.12\text{m}^3/\text{s}$

○ 답 : $0.12\text{m}^3/\text{s}$

(나) B의 유량

○ 계산과정 : $0.2 = \left(\frac{\pi \times 0.2^2}{4}\right) \times 0.816 V_B + \left(\frac{\pi \times 0.15^2}{4}\right) \times V_B$

$0.2 = 0.043 \times V_B$

$\therefore \ V_B = 4.651\text{m/s}$

$Q_B = \left(\frac{\pi \times 0.15^2}{4}\right) \times 4.651 = 0.082 ≒ 0.08\text{m}^3/\text{s}$

○ 답 : $0.08\text{m}^3/\text{s}$

 **기호**

- $Q = 0.2\text{m}^3/\text{s}$
- D_B : 15cm=0.15m(100cm=1m)
- L_B : 300m
- D_A : 20cm=0.2m(100cm=1m)
- L_A : 600m
- f : 0.022

달시-웨버의 **식**

$$H = \frac{\Delta P}{\gamma} = \frac{f l V^2}{2gD}$$

여기서, H : 마찰손실수두〔m〕
ΔP : 압력차〔kPa〕
γ : 비중량(물의 비중량 9.8kN/m³)
f : 관마찰계수
l : 길이〔m〕
V : 유속〔m/s〕
g : 중력가속도(9.8m/s²)
D : 내경〔m〕

$$H = \frac{\Delta P}{\gamma} = \frac{f l V^2}{2gD}$$ 에서

마찰손실 $H_A = H_B$: **에너지 보존법칙**(베르누이 방정식)에 의해 유입유량(Q)과 유출유량(Q)이 같으므로 각 분기배관의 **마찰손실**(H)은 같다고 가정한다.

$$\frac{f l_A V_A^2}{2g D_A} = \frac{f l_B V_B^2}{2g D_B}$$

$$\frac{0.022 \times 600\text{m} \times V_A^2}{2 \times 9.8\text{m/s}^2 \times 0.2\text{m}} = \frac{0.022 \times 300\text{m} \times V_B^2}{2 \times 9.8\text{m/s}^2 \times 0.15\text{m}}$$

$$3000 V_A^2 = 2000 V_B^2$$

$$V_A^2 = \frac{2000}{3000} V_B^2$$

$\sqrt{{V_A}^2} = \sqrt{\frac{2000}{3000}{V_B}^2}$

$V_A = \sqrt{\frac{2000}{3000}{V_B}^2} \fallingdotseq 0.816\ V_B$

유량(flowrate)=체적유량

$$Q = AV = \left(\frac{\pi}{4}D^2\right)V$$

여기서, Q : 유량[m³/s], A : 단면적[m²], V : 유속[m/s], D : 내경[m]

$$Q = Q_A + Q_B = A_A V_A + A_B V_B$$ 에서

$Q = A_A V_A + A_B V_B = \frac{\pi {D_A}^2}{4} V_A + \frac{\pi {D_B}^2}{4} V_B$

$0.2\text{m}^3/\text{s} = \left(\frac{\pi \times 0.2^2}{4}\right)\text{m}^2 \times 0.816 V_B + \left(\frac{\pi \times 0.15^2}{4}\right)\text{m}^2 \times V_B$

$0.2 = \left(\frac{\pi \times 0.2^2}{4}\right) \times 0.816 V_B + \left(\frac{\pi \times 0.15^2}{4}\right) \times V_B$ ← 계산 편의를 위해 단위 생략

$0.2 = 0.0256 V_B + 0.0176 V_B$

$0.2 = 0.043 V_B$

$V_B = \frac{0.2}{0.043}$

$\therefore V_B =$ **4.651m/s**

위에서 $V_A = 0.816 V_B$ 이므로

$V_A = 0.816 V_B = 0.816 \times 4.651\text{m/s} =$ **3.794m/s**

A의 **유량** Q_A는

$Q_A = A_A V_A = \frac{\pi {D_A}^2}{4} V_A = \left(\frac{\pi \times 0.2^2}{4}\right)\text{m}^2 \times 3.794\text{m/s} = 0.119 \fallingdotseq 0.12\text{m}^3/\text{s}$

- 3.794m/s : 바로 위에서 구한 값

B의 **유량** Q_B는

$Q_B = A_B V_B = \frac{\pi {D_B}^2}{4} V_B = \left(\frac{\pi \times 0.15^2}{4}\right)\text{m}^2 \times 4.651\text{m/s} = 0.082 \fallingdotseq 0.08\text{m}^3/\text{s}$

- 4.651m/s : 바로 위에서 구한 값

☆☆☆

문제 15

다음과 같은 건축물에 피난기구를 설치하고자 한다. 각 물음에 답하시오. (20.11.문10)

득점	배점
	6

[조건]

① 건축물의 용도 및 구조는 다음과 같다.

Ⓐ 바닥면적은 1200m²이며, 주요구조부가 내화구조이고 거실의 각 부분으로 직접 복도로 피난할 수 있는 강의실 용도의 학교가 있다.

Ⓑ 바닥면적은 800m²이며, 객실수 6개인 숙박시설(6층)이 있다.

Ⓒ 바닥면적은 1000m²이며, 주요구조부가 내화구조이고 피난계단이 2개소 설치된 병원이 있다.

② 피난기구는 완강기를 설치하며, 간이완강기는 설치하지 않는 것으로 한다.

③ 피난기구를 설치하지 않아도 되는 경우에는 계산과정을 쓰지 않고 답란에 0이라고 쓴다.

④ 기타 감소되거나 면제되는 조건은 없는 것으로 한다.

(가) Ⓐ, Ⓑ, Ⓒ에 설치하여야 할 피난기구의 개수를 구하시오.
Ⓐ ○답 :
Ⓑ ○계산과정 :
○답 :
Ⓒ ○계산과정 :
○답 :
(나) Ⓑ에 적응성이 있는 피난기구 3가지를 쓰시오. (단, 완강기와 간이완강기는 제외)
○
○
○

해답 (가) Ⓐ ○답 : 0개
Ⓑ ○계산과정 : $\frac{800}{500} = 1.6 \fallingdotseq 2$개
$2 + 6 = 8$개
○답 : 8개
Ⓒ ○계산과정 : $\frac{1000}{500} = 2$개
$2 \times \frac{1}{2} = 1$개
○답 : 1개
(나) ① 피난사다리
② 구조대
③ 피난교

해설 (가) **피난기구**의 **설치조건**
Ⓐ **학교(강의실 용도)**

- Ⓐ 피난기구의 설치제외 장소에 해당되므로 **0개**

피난기구의 **설치제외 장소**(NFPC 301 6조, NFTC 301 2.2)
(1) **갓복도식 아파트** 또는 **발코니** 등에 해당하는 구조 또는 시설을 설치하여 인접(수평 또는 수직)세대로 피난할 수 있는 **아파트**
(2) 주요구조부가 **내화구조**로서 거실의 각 부분으로 직접 복도로 피난할 수 있는 **학교**(강의실 용도로 사용되는 층에 한함)
(3) **무인공장** 또는 **자동창고**로서 사람의 출입이 금지된 장소(관리를 위하여 일시적으로 출입하는 장소 포함)

Ⓑ, Ⓒ **숙박시설**, **병원**
(1) **피난기구**의 **설치조건**(NFPC 301 5조, NFTC 301 2.1.2)

조 건	설치대상
바닥면적 500m^{2}마다(층마다 설치) ←	숙박시설 · 노유자시설 · 의료시설(병원) • 숙박실형(휴양콘도미니엄 제외)인 경우 : 추가로 객실마다 완강기 또는 2 이상의 간이완강기 설치
바닥면적 800m^{2}마다(층마다 설치)	위락시설 · 문화 및 집회시설 · 운동시설 · 판매시설, 복합용도의 층
바닥면적 1000m^{2}마다 ←	그 밖의 용도의 층(사무실 등)
각 세대마다	계단실형 아파트

(2) 숙박시설

- 기본 설치개수 $= \frac{\text{바닥면적}}{500\text{m}^2} = \frac{800\text{m}^2}{500\text{m}^2} = 1.6 \fallingdotseq 2$개(절상)
- 추가 완강기 설치개수=객실수=6개

∴ 2+6= **8개**

(3) 병원

- 기본 설치개수 $= \frac{\text{바닥면적}}{500\text{m}^2} = \frac{1000\text{m}^2}{500\text{m}^2} =$ 2개

(4) 피난기구에 $\frac{1}{2}$을 감소할 수 있는 경우(NFPC 301 7조, NFTC 301 2.3)

① 주요구조부가 **내화구조**로 되어 있을 것

② **직통계단**인 **피난계단** 또는 **특별피난계단**이 **2 이상** 설치되어 있을 것

기억법 **내직**

- 위 조건에 따라 $\frac{1}{2}$ 감소기준에 해당됨

  2개 $\times \frac{1}{2} =$ **1개**

- 문제에서 **내화구조**이고 피난계단이 2 이상 설치되어 있으므로 $\frac{1}{2}$ 감소기준에 해당되어 피난기구수에 $\frac{1}{2}$을 곱한다.

(나) **피난기구**의 **적응성**(NFTC 301 2.1.1)

층 별 / 설치 장소별 구분	1층	2층	3층	4층 이상 10층 이하
노유자시설	• 미끄럼대 • 구조대 • 피난교 • 다수인 피난장비 • 승강식 피난기	• 미끄럼대 • 구조대 • 피난교 • 다수인 피난장비 • 승강식 피난기	• 미끄럼대 • 구조대 • 피난교 • 다수인 피난장비 • 승강식 피난기	• 구조대[1] • 피난교 • 다수인 피난장비 • 승강식 피난기
의료시설 · 입원실이 있는 의원 · 접골원 · 조산원	–	–	• 미끄럼대 • 구조대 • 피난교 • 피난용 트랩 • 다수인 피난장비 • 승강식 피난기	• 구조대 • 피난교 • 피난용 트랩 • 다수인 피난장비 • 승강식 피난기
영업장의 위치가 4층 이하인 다중 이용업소	–	• 미끄럼대 • 피난사다리 • 구조대 • 완강기 • 다수인 피난장비 • 승강식 피난기	• 미끄럼대 • 피난사다리 • 구조대 • 완강기 • 다수인 피난장비 • 승강식 피난기	• 미끄럼대 • 피난사다리 • 구조대 • 완강기 • 다수인 피난장비 • 승강식 피난기
그 밖의 것	–	–	• 미끄럼대 • 피난사다리 • 구조대 • 완강기 • 피난교 • 피난용 트랩 • 간이완강기[2] • 공기안전매트[2] • 다수인 피난장비 • 승강식 피난기	• 피난사다리 • 구조대 • 완강기 • 피난교 • 간이완강기[2] • 공기안전매트[2] • 다수인 피난장비 • 승강식 피난기

1) **구조대**의 적응성은 장애인관련시설로서 주된 사용자 중 스스로 피난이 불가한 자가 있는 경우 추가로 설치하는 경우에 한한다.

2) 간이완강기의 적응성은 **숙박시설**의 **3층 이상**에 있는 객실에, **공기안전매트**의 적응성은 **공동주택**에 추가로 설치하는 경우에 한한다.

문제 16

그림과 같이 제연설비를 설계하고자 한다. 조건을 참고하여 다음 각 물음에 답하시오.

(03.4.문1, 00.8.문8)

득점	배점
	13

[조건]

① 그림의 ①~⑤는 주duct와 분기duct의 분기점이다.
② A~J는 각 제연구역의 명칭이다.
③ 각 제연구역의 용적의 크기는 다음과 같다.
G>A>B>I>J>F>H>C>D>E
④ 각 제연구역의 배출풍량은 다음과 같다.

제연구역	배출풍량[m^3/min]	제연구역	배출풍량[m^3/min]
A	250	F	210
B	240	G	400
C	140	H	200
D	130	I	230
E	120	J	220

⑤ 주duct 내의 풍속은 15m/s, 분기duct 내의 풍속은 10m/s로 한다.
⑥ 제연duct의 계통 중 한 부분을 통과하는 풍량은 같은 분기덕트의 말단에 있는 배출구의 풍량 중 최대풍량의 2배가 통과할 수 있도록 한다.
⑦ Duct의 직경[cm]은 [별표 1]을 참고하여 32, 40, 50, 65, 80, 100, 125, 150 중에서 선정한다.

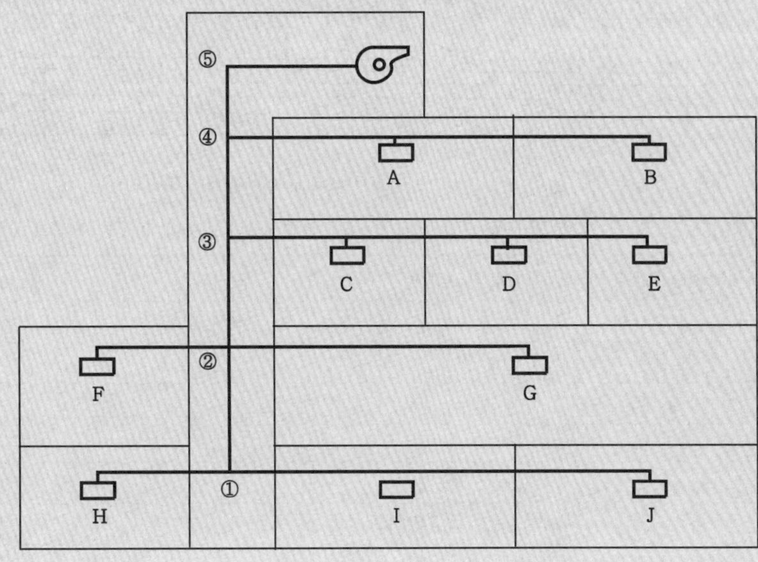

〔별표 1〕 덕트의 마찰선도

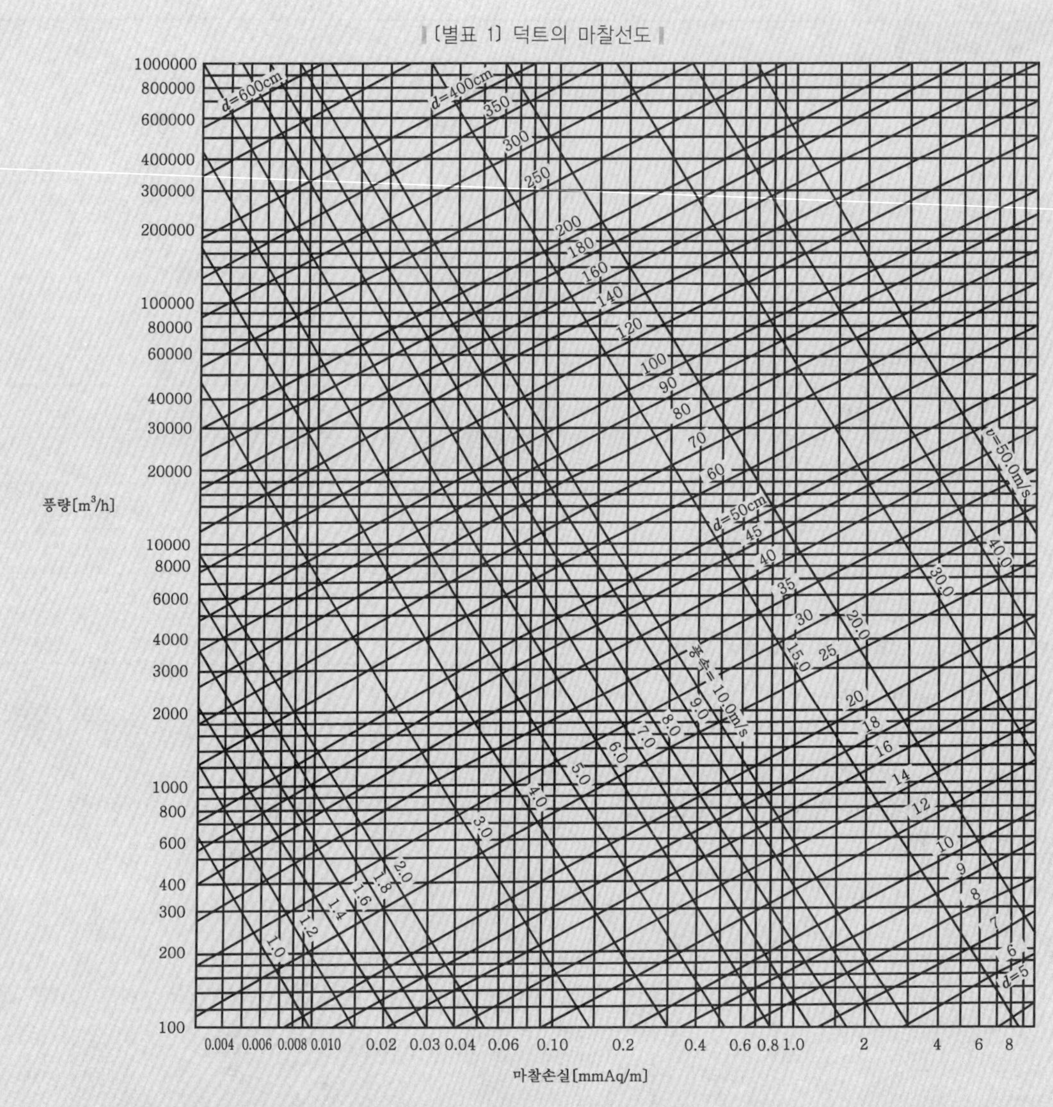

(가) 제연duct 각 부분의 통과풍량, 담당제연구역, Duct의 직경에 관한 (　　) 안을 채우시오.

제연duct의 구분	통과풍량〔m^3/min〕	담당제연구역	Duct의 직경〔cm〕
H~①	H_Q(200)	H	65
I~①	$2I_Q$(460)	I, J	100
J~I	J_Q(220)	J	65
①~②	(㉠)	H, I, J	80
F~②	F_Q(210)	F	65
G~②	G_Q(400)	G	80
②~③	$2G_Q$(800)	(㉣)	100
C~③	(㉡)	C, D, E	(㉦)
D~C	$2D_Q$(260)	(㉤)	(㉧)

E~D	(㉢)	E	50
③~④	$2G_Q$(800)	C, D, E, F, G, H, I, J	(㉧)
A~④	$2A_Q$(500)	A, B	100
B~A	B_Q(240)	B	(㉨)
④~⑤	$2G_Q$(800)	(㉥)	100

(나) 이 Duct의 소요전압이 20mmHg이고, 송풍기의 효율이 60%일 때 배출기의 이론소요동력[kW]을 구하시오. (단, 여유율은 고려하지 않는다.)

○ 계산과정 :

○ 답 :

(가)

제연duct의 구분	통과풍량[m³/min]	담당제연구역	Duct의 직경[cm]
H~①	H_Q(200)	H	65
I~①	2 I_Q(460)	I, J	100
J~I	J_Q(220)	J	65
①~②	2 I_Q(460)	H, I, J	80
F~②	F_Q(210)	F	65
G~②	G_Q(400)	G	80
②~③	$2G_Q$(800)	F, G, H, I, J	100
C~③	$2C_Q$(280)	C, D, E	80
D~C	$2D_Q$(260)	D, E	80
E~D	E_Q(120)	E	50
③~④	$2G_Q$(800)	C, D, E, F, G, H, I, J	100
A~④	$2A_Q$(500)	A, B	100
B~A	B_Q(240)	B	65
④~⑤	$2G_Q$(800)	A, B, C, D, E, F, G, H, I, J	100

(나) ○ 계산과정 : $P_T = \frac{10.332}{760} \times 20 = 0.271894\text{m} = 271.894\text{mm}$

$$P = \frac{271.894 \times 800}{102 \times 60 \times 0.6} = 59.236 \fallingdotseq 59.24\text{kW}$$

○ 답 : 59.24kW

해설 (가) (1) **통과풍량** 및 **담당제연구역**

[조건 ⑥]에 의해 담당제연구역이 2곳 이상인 경우에는 담당제연구역 중 **최대풍량**의 **2배**를 적용한다. 또한, [조건 ④]에서 제연구역에 따라 배출량을 적용하여 통과풍량을 산정하면 다음과 같다.

- H~① : H만 담당하므로 H_Q**(200)**이다.
- I~① : I, J를 담당하고 I가 최대풍량이므로 $2I_Q$**(460)**이다.
- J~I : J만 담당하므로 J_Q**(220)**이다.
- ①~② : H, I, J를 담당하고 I가 최대풍량이므로 $2I_Q$**(460)**이다.
- F~② : F만 담당하므로 F_Q**(210)**이다.
- G~② : G만 담당하므로 G_Q**(400)**이다.
- ②~③ : F, G, H, I, J를 담당하고 G가 최대풍량이므로 $2G_Q$**(800)**이다.
- C~③ : C, D, E를 담당하고 C가 최대풍량이므로 $2C_Q$**(280)**이다.
- D~C : D, E를 담당하고 D가 최대풍량이므로 $2D_Q$**(260)**이다.

- E~D : E만 담당하므로 E_Q**(120)**이다.
- ③~④ : C, D, E, F, G, H, I, J를 담당하고 G가 최대풍량이므로 $2G_Q$ **(800)**이다.
- A~④ : A, B를 담당하고 A가 최대풍량이므로 $2A_Q$**(500)**이다.
- B~A : B만 담당하므로 B_Q**(240)**이다.
- ④~⑤ : A, B, C, D, E, F, G, H, I, J를 담당하고 G가 최대풍량이므로 $2G_Q$**(800)**이다.

(2) **Duct**의 **직경**

〔조건 ⑤〕에서 주Duct 내의 풍속은 **15m/s**

〔조건 ⑤〕에서 분기Duct 내의 풍속은 **10m/s**

- H~① : $Q=200\text{m}^3/\text{min}=200\text{m}^3\Big/\frac{1}{60}\text{h}\left(1\text{h}=60\text{min},\ 1\text{min}=\frac{1}{60}\text{h}\right)=200\times 60\text{m}^3/\text{h}=12000\text{m}^3/\text{h}$

$V=10\text{m/s}$(분기duct)

〔별표 1〕에서 d **=60~70cm**이므로 〔조건 ⑦〕에 의해 **65cm** 선정

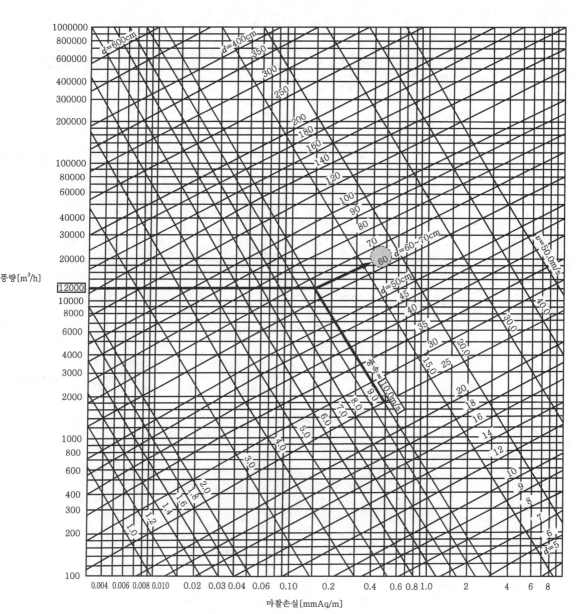

풍량[m³/h]: 1000000, 800000, 600000, 400000, 300000, 200000, 100000, 80000, 60000, 40000, 30000, 20000, 12000, 10000, 8000, 6000, 4000, 3000, 2000, 1000, 800, 600, 400, 300, 200, 100

마찰손실[mmAq/m]: 0.004, 0.006, 0.008, 0.010, 0.02, 0.03, 0.04, 0.06, 0.10, 0.2, 0.4, 0.6, 0.8, 1.0, 2, 4, 6, 8

d=600cm, d=400cm, 350, 300, 250, 200, 180, 160, 140, 120, 100, 90, 80, 70, 60, d=60~70cm, d=50cm, 45, 40, 35, 30, 25, 20, 18, 16, 14, 12, 10, 9, 8, 7, 6, d=5

v=50.0m/s, 40.0, 30.0, 20.0, 15.0, 풍속=10.0m/s, 9.0, 8.0, 7.0, 6.0, 5.0, 4.0, 3.0, 2.0, 1.8, 1.6, 1.4, 1.2, 1.0

• Ⅰ~① : $Q=460\text{m}^3/\text{min}$, $460\times60\text{m}^3/\text{h}=27600\text{m}^3/\text{h}$, $V=10\text{m/s}$(분기duct)
〔별표 1〕에서 d=**90~100cm**이므로 〔조건 ⑦〕에 의해 **100cm** 선정

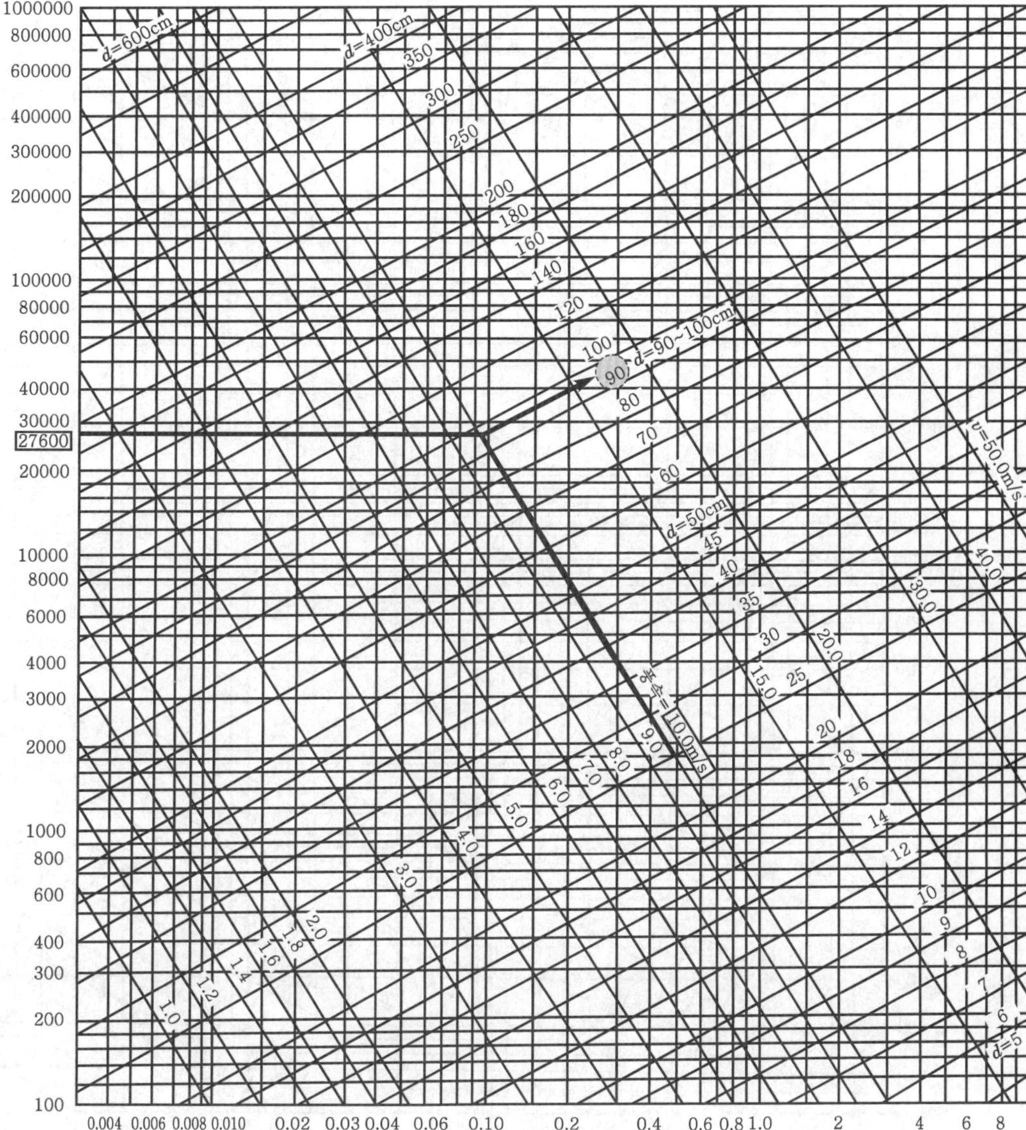

• J~I : $Q = 220\text{m}^3/\text{min} = 220 \times 60\text{m}^3/\text{h} = 13200\text{m}^3/\text{h}$, $V = 10\text{m/s}$ (분기duct)
〔별표 1〕에서 d = **60~70cm**이므로 〔조건 ⑦〕에 의해 **65cm** 선정

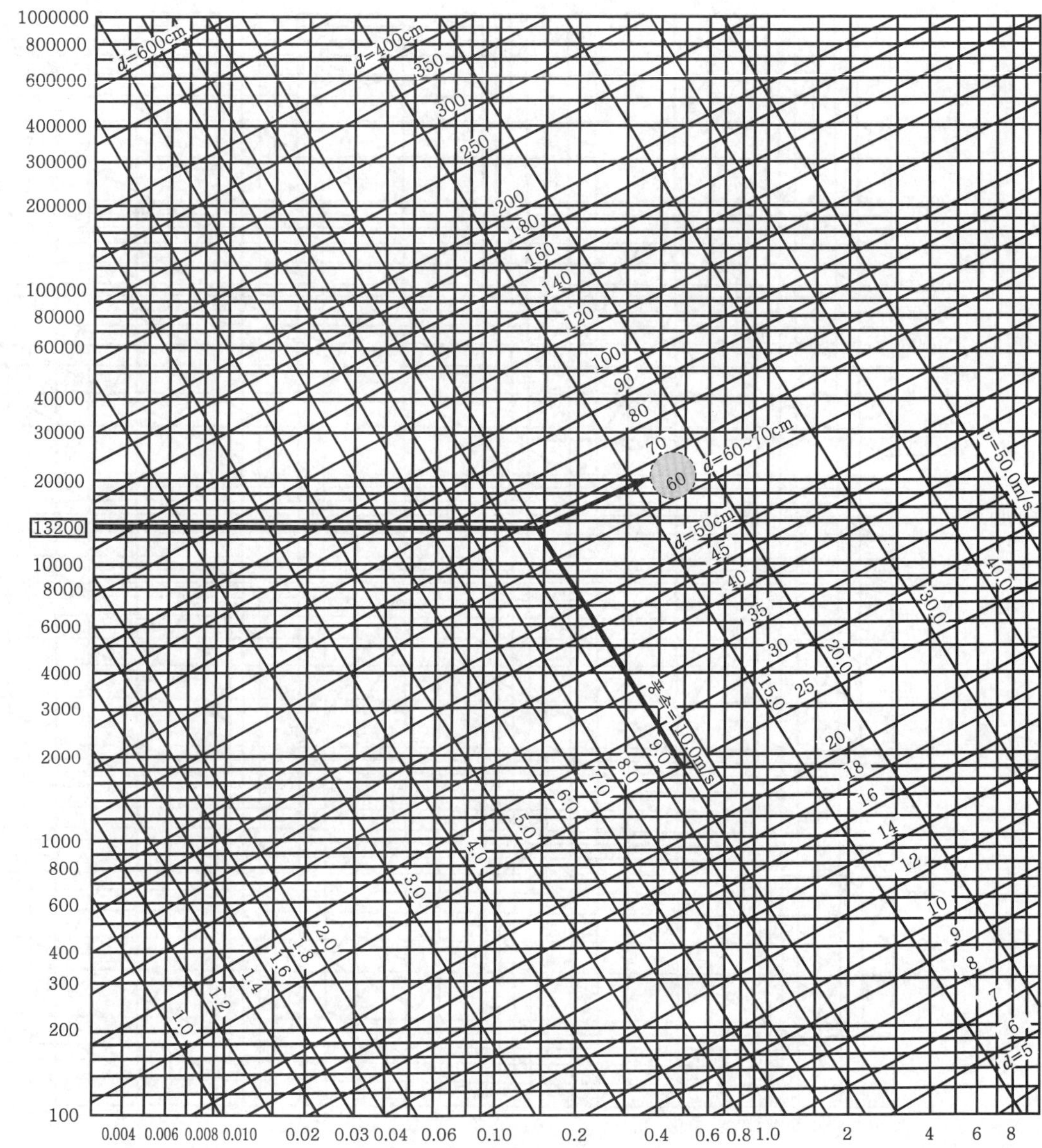

• ①~② : $Q = 460\text{m}^3/\text{min} = 460 \times 60\text{m}^3/\text{h} = 27600\text{m}^3/\text{h}$, $V = 15\text{m/s}$ (주duct)
〔별표 1〕에서 d =**70~80cm**이므로 〔조건 ⑦〕에 의해 **80cm** 선정

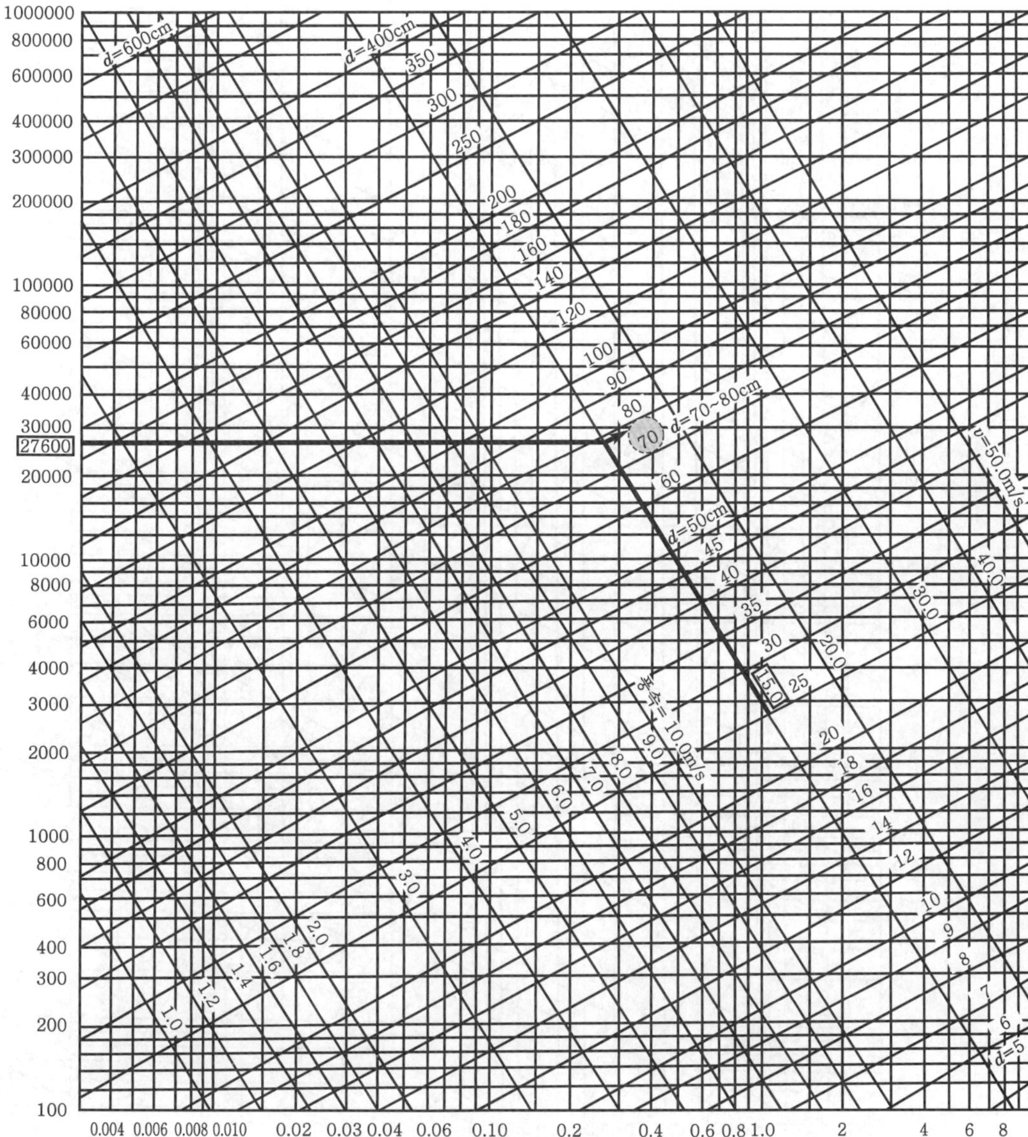

• F~② : $Q = 210\text{m}^3/\text{min} = 210 \times 60\text{m}^3/\text{h} = 12600\text{m}^3/\text{h}$, $V = 10\text{m/s}$(분기duct)
〔별표 1〕에서 d=**60~70cm**이므로 〔조건 ⑦〕에 의해 **65cm** 선정

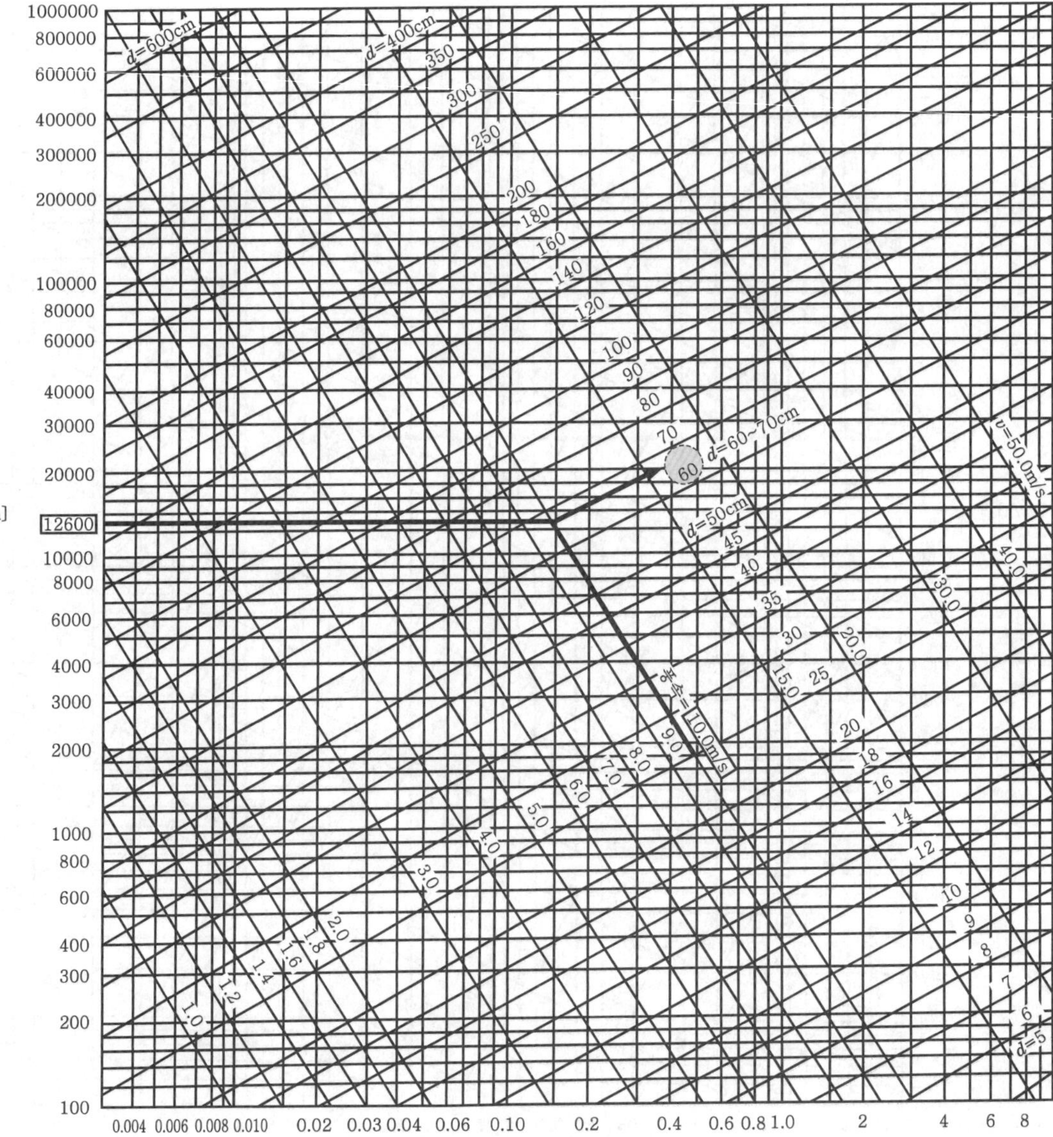

- G~② : $Q = 400\text{m}^3/\text{min} = 400 \times 60\text{m}^3/\text{h} = 24000\text{m}^3/\text{h}$, $V = 10\text{m/s}$(분기duct)
  〔별표 1〕에서 d=**80~90cm**이므로 〔조건 ⑦〕에 의해 **80cm** 선정

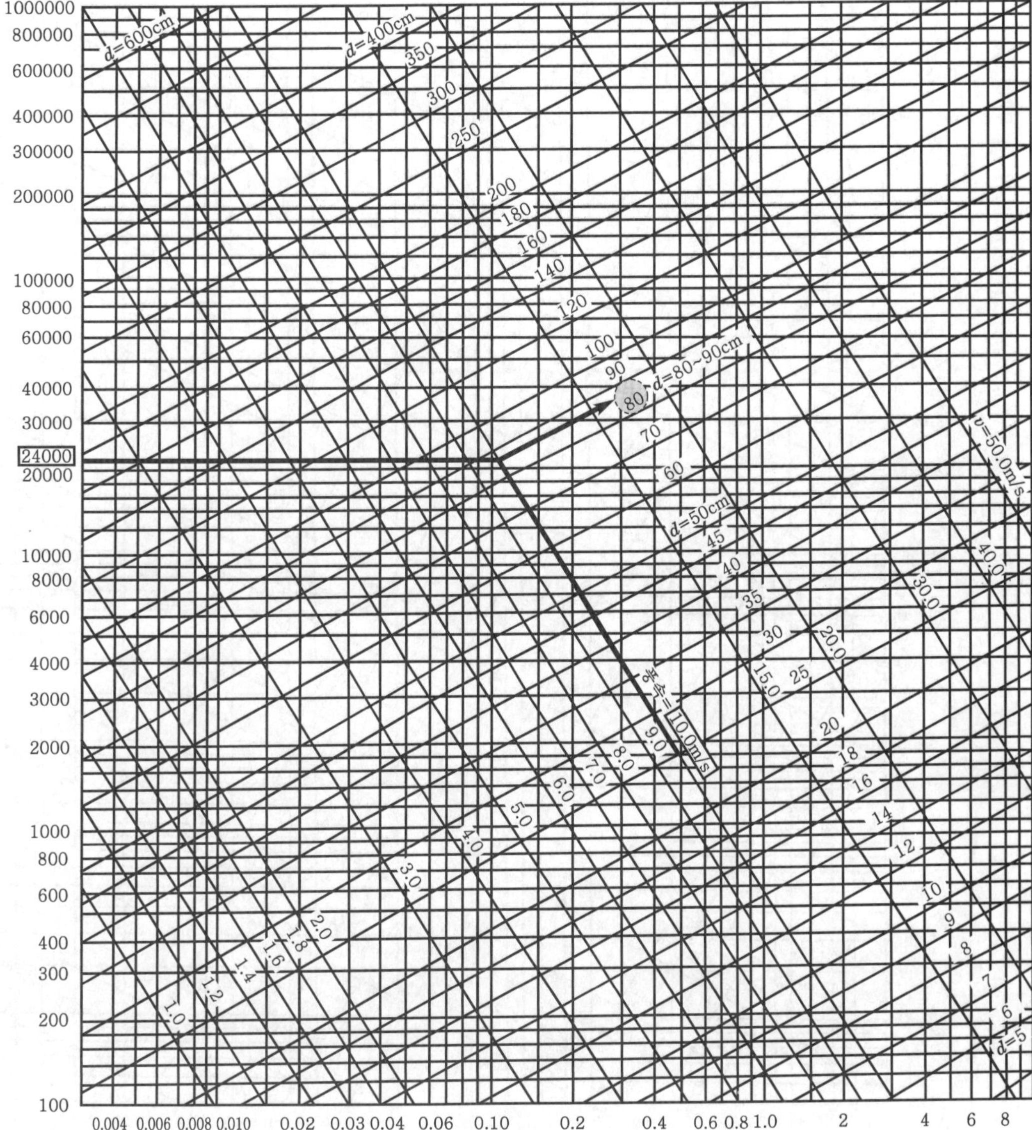

• ②~③ : $Q = 800\text{m}^3/\text{min} = 800 \times 60\text{m}^3/\text{h} = 48000\text{m}^3/\text{h}$, $V = 15\text{m/s}$ (주duct)
〔별표 1〕에서 d =**100~120cm**이므로 〔조건 ⑦〕에 의해 **100cm** 선정

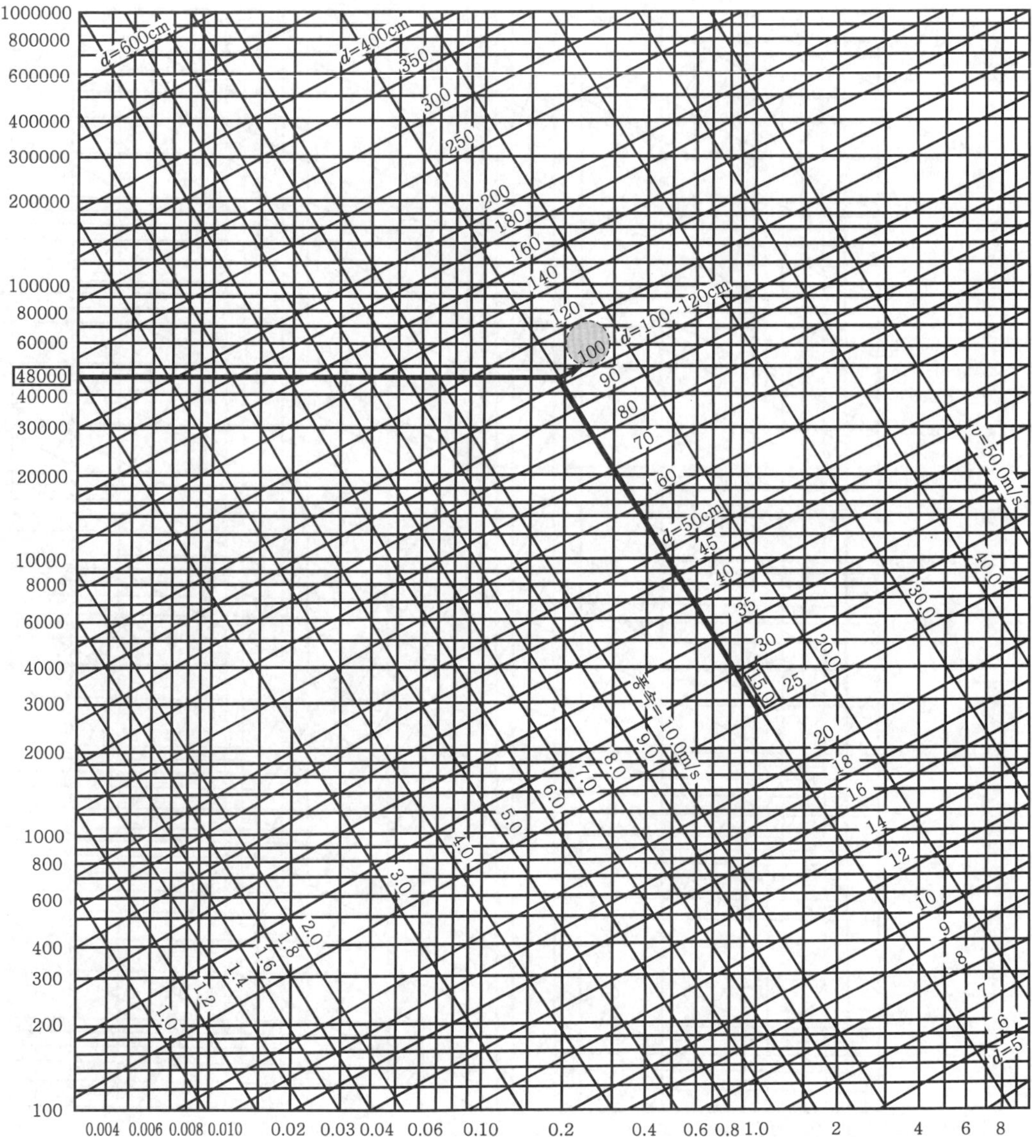

• C~③ : $Q = 280\text{m}^3/\text{min} = 280 \times 60\text{m}^3/\text{h} = 16800\text{m}^3/\text{h}$, $V = 10\text{m/s}$(분기duct)
〔별표 1〕에서 d =**70~80cm**이므로 〔조건 ⑦〕에 의해 **80cm** 선정

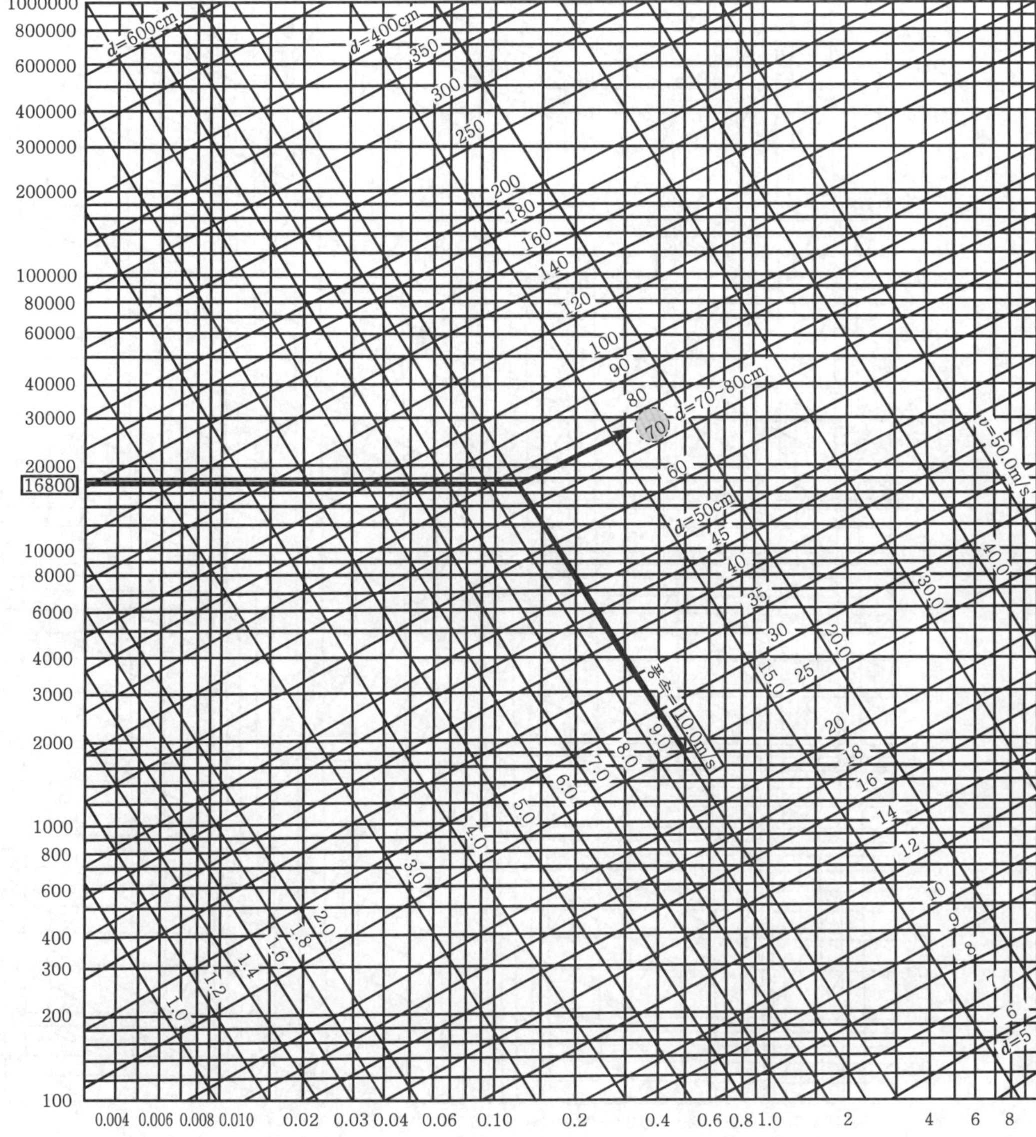

• D~C : $Q = 260\text{m}^3/\text{min} = 260 \times 60\text{m}^3/\text{h} = 15600\text{m}^3/\text{h}$, $V = 10\text{m/s}$(분기duct)
〔별표 1〕에서 d =**70~80cm**이므로 〔조건 ⑦〕에 의해 **80cm** 선정

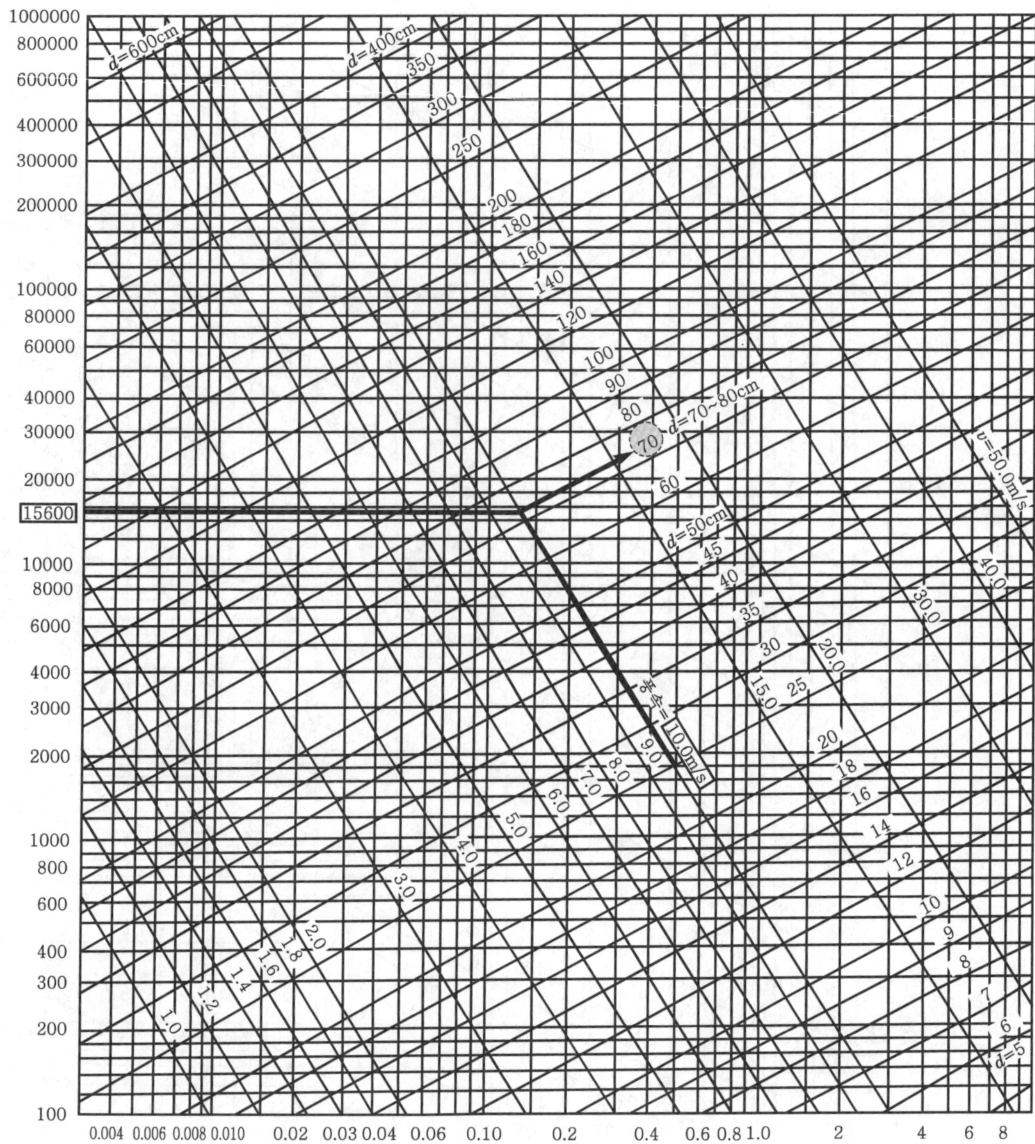

• E~D : $Q = 120\text{m}^3/\text{min} = 120 \times 60\text{m}^3/\text{h} = 7200\text{m}^3/\text{h}$, $V = 10\text{m/s}$(분기duct)
〔별표 1〕에서 d=**50~60cm**이므로 〔조건 ⑦〕에 의해 **50cm** 선정

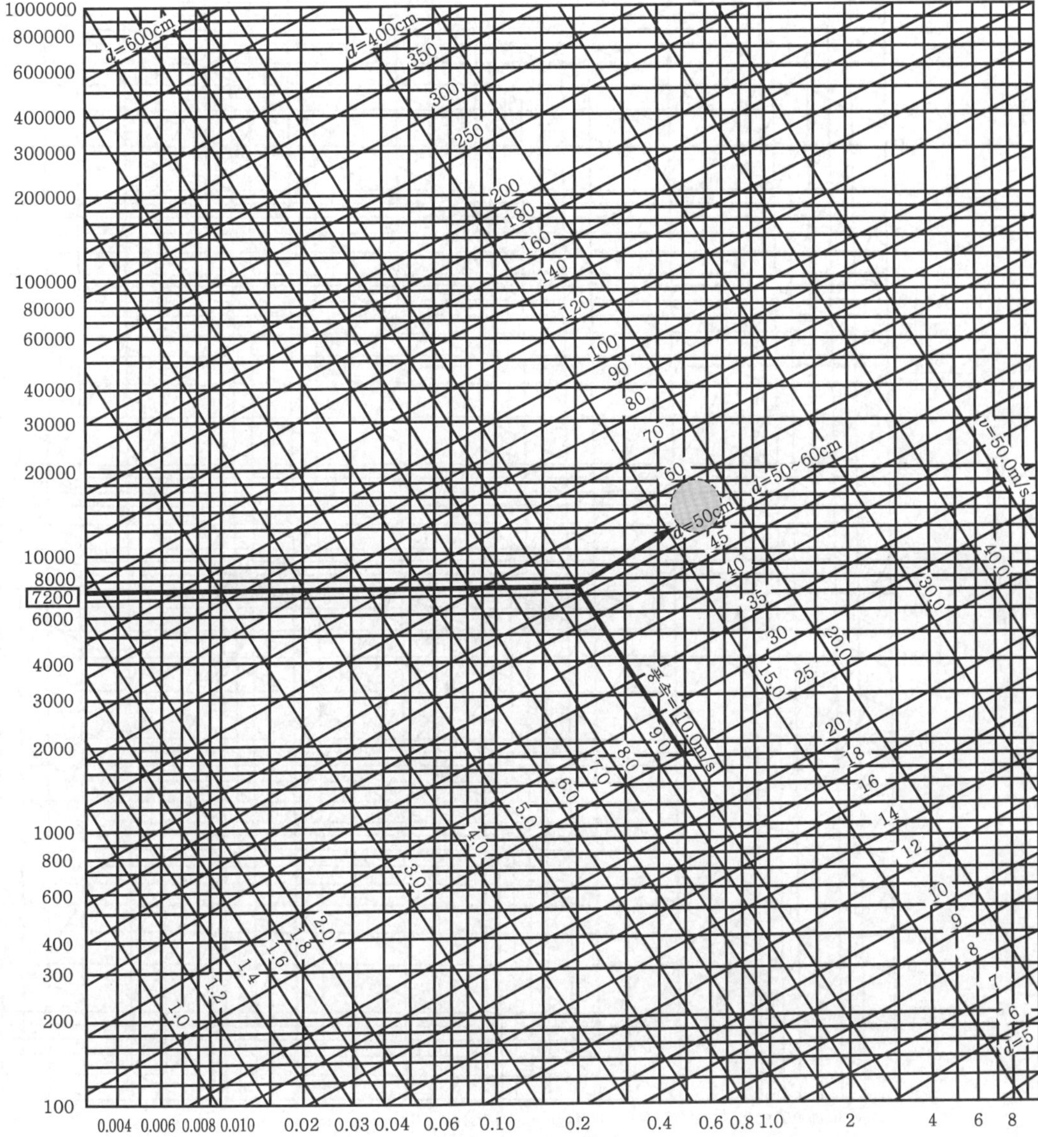

• ③~④ : $Q = 800\text{m}^3/\text{min} = 800 \times 60\text{m}^3/\text{h} = 48000\text{m}^3/\text{h}$, $V = 15\text{m/s}$ (주duct)
〔별표 1〕에서 d =**100~120cm**이므로 〔조건 ⑦〕에 의해 **100cm** 선정

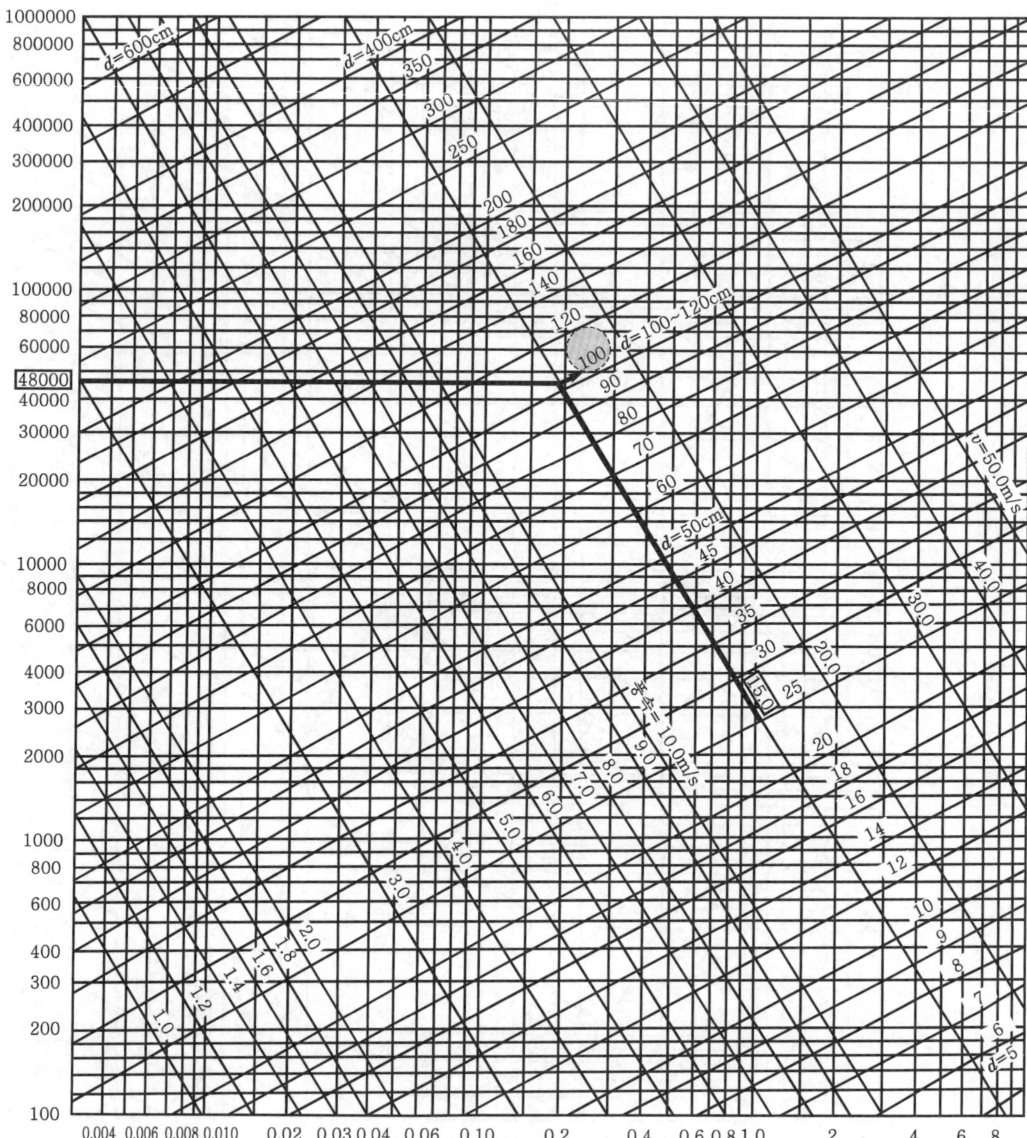

• A~④ : $Q = 500\text{m}^3/\text{min} = 500 \times 60\text{m}^3/\text{h} = 30000\text{m}^3/\text{h}$, $V = 10\text{m/s}$ (분기duct)
〔별표 1〕에서 d =**100~120cm**이므로 〔조건 ⑦〕에 의해 **100cm** 선정

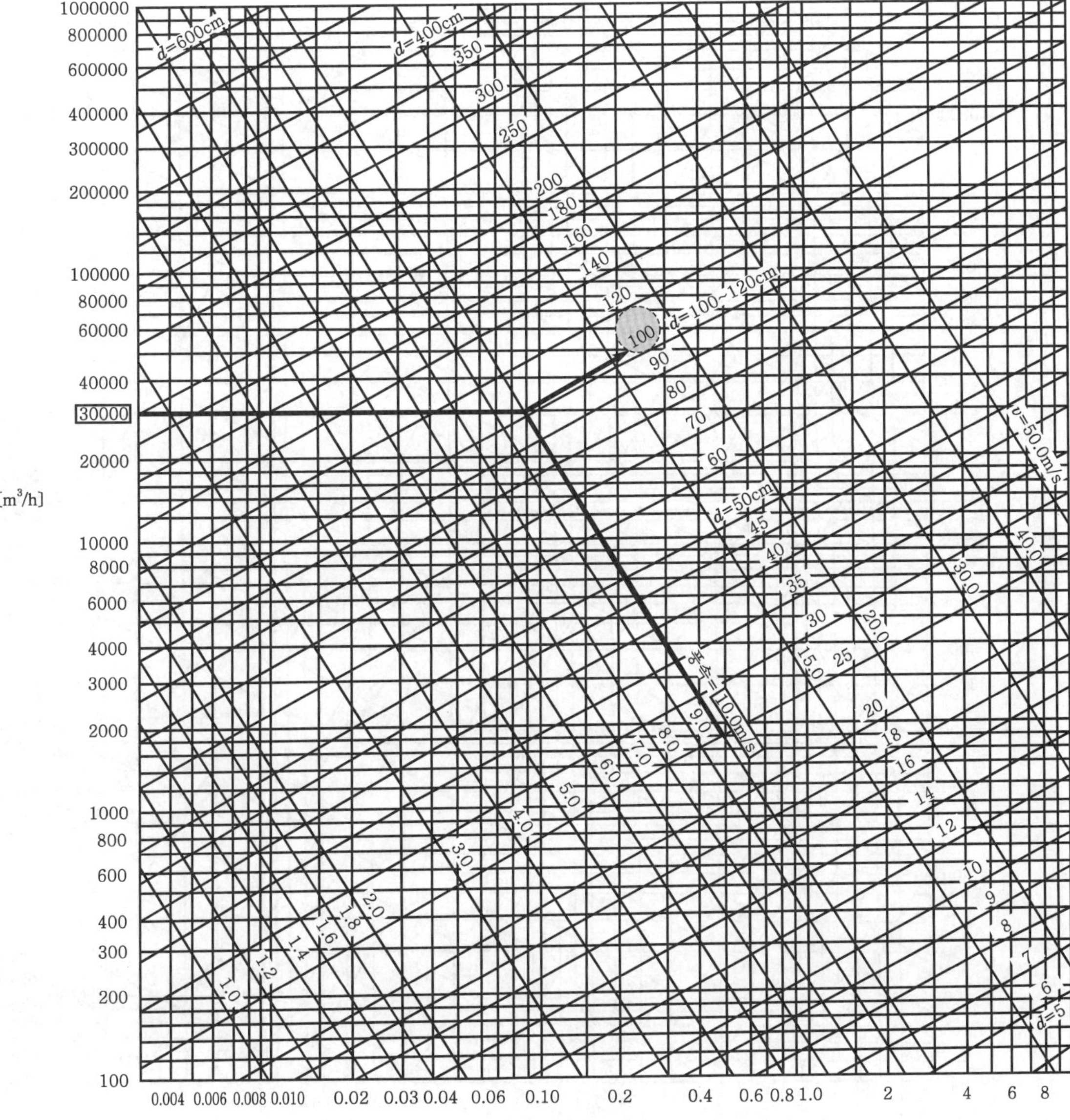

• B~A : $Q = 240\text{m}^3/\text{min} = 240 \times 60\text{m}^3/\text{h} = 14400\text{m}^3/\text{h}$, $V = 10\text{m/s}$(분기duct)
〔별표 1〕에서 d =**60~70cm**이므로 〔조건 ⑦〕에 의해 **65cm** 선정

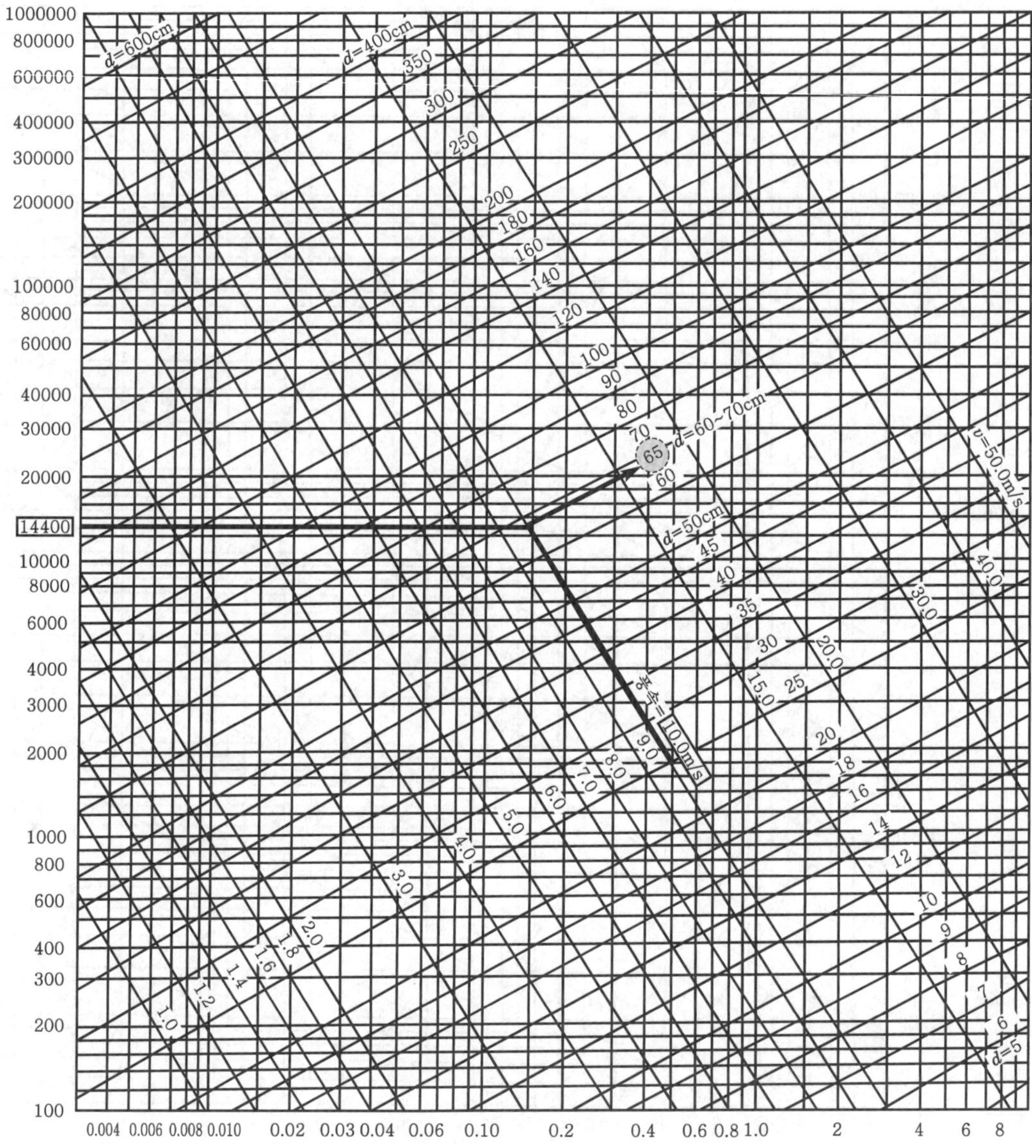

- ④~⑤ : $Q = 800\text{m}^3/\text{min} = 800 \times 60\text{m}^3/\text{h} = 48000\text{m}^3/\text{h}$, $V = 15\text{m/s}$(주duct)
  〔별표 1〕에서 d =**100~120cm**이므로 〔조건 ⑦〕에 의해 **100cm** 선정

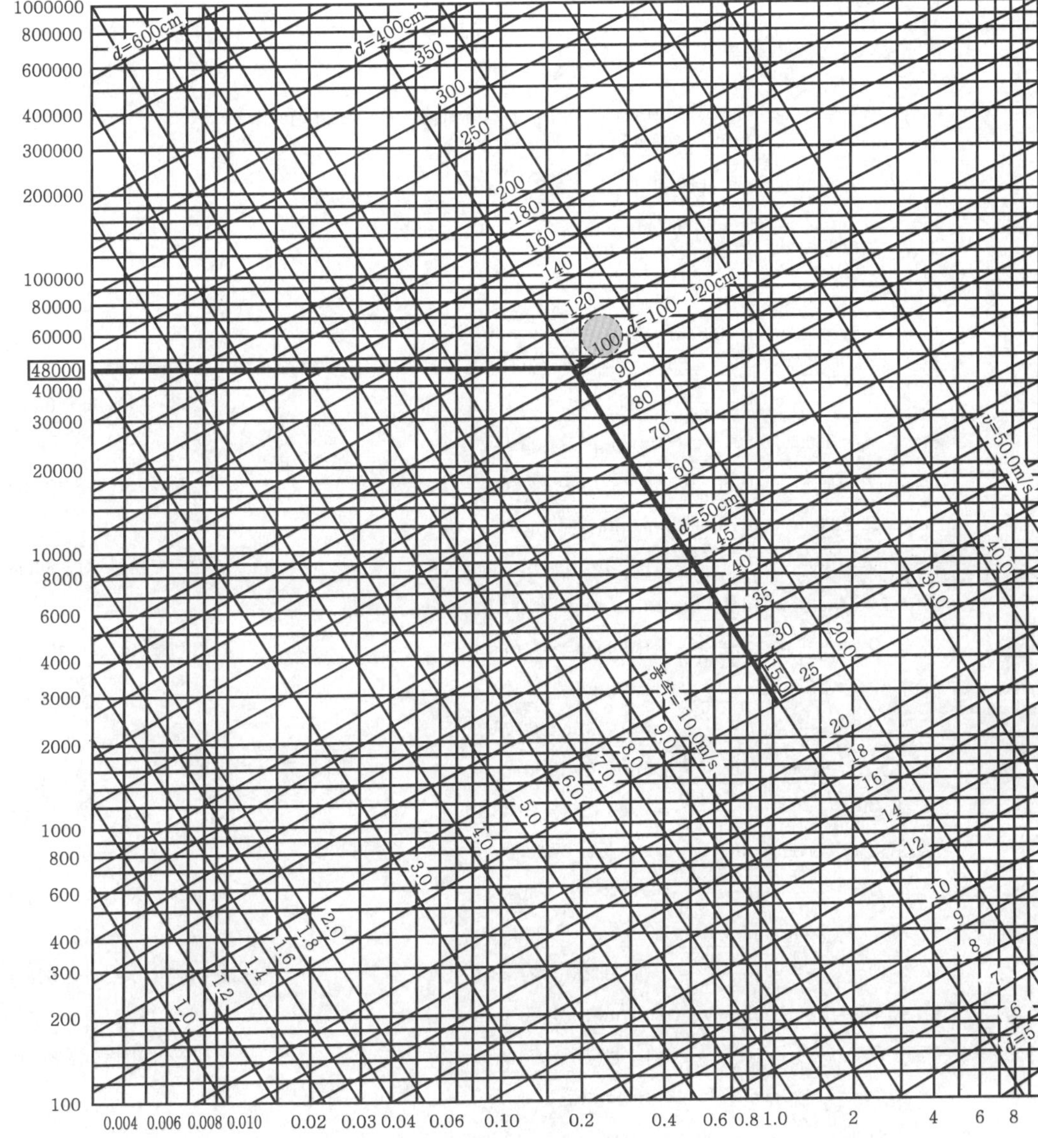

비교

〔별표 1〕이 주어지지 않은 경우 다음 식으로 구할 것(단, 값은 좀 다르게 나오지만 신경쓰지 말 것. 표가 어떤 것이 주어지는가에 따라 계산식과 차이가 있을 수 있음)

Duct의 직경

$$Q = AV = \frac{\pi D^2}{4} V$$

여기서, Q : 풍량〔m^3/min〕, A : 단면적〔m^2〕, V : 풍속〔m/min〕, D : 직경〔m〕

〔조건 ⑤〕에서 주duct 내의 풍속은 **15m/s**

m/s → m/min 으로 변환하면

15m/s = 15m/s×60s/min = **900m/min**

〔조건 ⑤〕에서 분기duct 내의 풍속은 **10m/s**

m/s → m/min 으로 변환하면

10m/s=10m/s×60s/min = **600m/min**

- H~① : $Q = 200\text{m}^3/\text{min}$, $V = 600\text{m/min}$(분기duct)

  직경 $D = \sqrt{\frac{4Q}{\pi V}} = \sqrt{\frac{4 \times 200}{\pi \times 600}} = 0.65147\text{m} ≒ 65.15\text{cm}$ ∴ 〔조건 ⑦〕에 의해 **80cm** 선정
- I~① : $Q = 460\text{m}^3/\text{min}$, $V = 600\text{m/min}$(분기duct)

  직경 $D = \sqrt{\frac{4Q}{\pi V}} = \sqrt{\frac{4 \times 460}{\pi \times 600}} = 0.9880\text{m} ≒ 98.8\text{cm}$ ∴ 〔조건 ⑦〕에 의해 **100cm** 선정
- J~I : $Q = 220\text{m}^3/\text{min}$, $V = 600\text{m/min}$(분기duct)

  직경 $D = \sqrt{\frac{4Q}{\pi V}} = \sqrt{\frac{4 \times 220}{\pi \times 600}} = 0.68326\text{m} ≒ 68.33\text{cm}$ ∴ 〔조건 ⑦〕에 의해 **80cm** 선정
- ①~② : $Q = 460\text{m}^3/\text{min}$, $V = 900\text{m/min}$(주duct)

  직경 $D = \sqrt{\frac{4Q}{\pi V}} = \sqrt{\frac{4 \times 460}{\pi \times 900}} = 0.8067\text{m} ≒ 80.67\text{cm}$ ∴ 〔조건 ⑦〕에 의해 **100cm** 선정
- F~② : $Q = 210\text{m}^3/\text{min}$, $V = 600\text{m/min}$(분기duct)

  직경 $D = \sqrt{\frac{4Q}{\pi V}} = \sqrt{\frac{4 \times 210}{\pi \times 600}} = 0.66755\text{m} ≒ 66.76\text{cm}$ ∴ 〔조건 ⑦〕에 의해 **80cm** 선정
- G~② : $Q = 400\text{m}^3/\text{min}$, $V = 600\text{m/min}$(분기duct)

  직경 $D = \sqrt{\frac{4Q}{\pi V}} = \sqrt{\frac{4 \times 400}{\pi \times 600}} = 0.92131\text{m} ≒ 92.13\text{cm}$ ∴ 〔조건 ⑦〕에 의해 **100cm** 선정
- ②~③ : $Q = 800\text{m}^3/\text{min}$, $V = 900\text{m/min}$(주duct)

  직경 $D = \sqrt{\frac{4Q}{\pi V}} = \sqrt{\frac{4 \times 800}{\pi \times 900}} = 1.06384\text{m} ≒ 106.38\text{cm}$ ∴ 〔조건 ⑦〕에 의해 **125cm** 선정
- C~③ : $Q = 280\text{m}^3/\text{min}$, $V = 600\text{m/min}$(분기duct)

  직경 $D = \sqrt{\frac{4Q}{\pi V}} = \sqrt{\frac{4 \times 280}{\pi \times 600}} = 0.77082\text{m} ≒ 77.08\text{cm}$ ∴ 〔조건 ⑦〕에 의해 **80cm** 선정
- D~C : $Q = 260\text{m}^3/\text{min}$, $V = 600\text{m/min}$(분기duct)

  직경 $D = \sqrt{\frac{4Q}{\pi V}} = \sqrt{\frac{4 \times 260}{\pi \times 600}} = 0.74279\text{m} ≒ 74.28\text{cm}$ ∴ 〔조건 ⑦〕에 의해 **80cm** 선정
- E~D : $Q = 120\text{m}^3/\text{min}$, $V = 600\text{m/min}$(분기duct)

  직경 $D = \sqrt{\frac{4Q}{\pi V}} = \sqrt{\frac{4 \times 120}{\pi \times 600}} = 0.50462\text{m} ≒ 50.46\text{cm}$ ∴ 〔조건 ⑦〕에 의해 **65cm** 선정
- ③~④ : $Q = 800\text{m}^3/\text{min}$, $V = 900\text{m/min}$(주duct)

  직경 $D = \sqrt{\frac{4Q}{\pi V}} = \sqrt{\frac{4 \times 800}{\pi \times 900}} = 1.06384\text{m} ≒ 106.38\text{cm}$ ∴ 〔조건 ⑦〕에 의해 **125cm** 선정
- A~④ : $Q = 500\text{m}^3/\text{min}$, $V = 600\text{m/min}$(분기duct)

  직경 $D = \sqrt{\frac{4Q}{\pi V}} = \sqrt{\frac{4 \times 500}{\pi \times 600}} = 1.03006\text{m} ≒ 103.01\text{cm}$ ∴ 〔조건 ⑦〕에 의해 **125cm** 선정
- B~A : $Q = 240\text{m}^3/\text{min}$, $V = 600\text{m/min}$(분기duct)

  직경 $D = \sqrt{\frac{4Q}{\pi V}} = \sqrt{\frac{4 \times 240}{\pi \times 600}} = 0.71364\text{m} ≒ 71.36\text{cm}$ ∴ 〔조건 ⑦〕에 의해 **80cm** 선정
- ④~⑤ : $Q = 800\text{m}^3/\text{min}$, $V = 900\text{m/min}$(주duct)

  직경 $D = \sqrt{\frac{4Q}{\pi V}} = \sqrt{\frac{4 \times 800}{\pi \times 900}} = 1.06384\text{m} ≒ 106.38\text{cm}$ ∴ 〔조건 ⑦〕에 의해 **125cm** 선정

(나) **표준대기압**

1atm = 760mmHg = 1.0332kg$_f$/cm^2
= 10.332mH$_2$O(mAq)
= 14.7PSI(lb$_f$/in^2)
= 101.325kPa(kN/m^2)
= 1013mbar

$$760\,\text{mmHg} = 10.332\,\text{m}$$ 이므로

$$P_T = \frac{10.332\,\text{m}}{760\,\text{mmHg}} \times 20\,\text{mmHg} = 0.271894\,\text{m} = 271.894\,\text{mm}$$

- 20mmHg : 문제에서 주어진 값

$$P = \frac{P_T\,Q}{102 \times 60\eta} K$$

여기서, P : 배연기 동력[kW]
P_T : 전압(풍압)[mmAq, mmH$_2$O]
Q : 풍량[m^3/min]
K : 여유율
η : 효율

배출기의 **이론소요동력** P는

$$P = \frac{P_T\,Q}{102 \times 60\eta} K = \frac{271.894\,\text{mm} \times 800\,\text{m}^3/\text{min}}{102 \times 60 \times 0.6} = 59.236 \fallingdotseq 59.24\,\text{kW}$$

- 최대풍량(Q)는 $2G_Q$ =**800m^3/min**이다.
- 271.894mm : 바로 위에서 단위 변환한 값
- η(60%=0.6) : 문제에서 주어짐
- [단서]에 의해 여유율(K)은 고려하지 않는다.

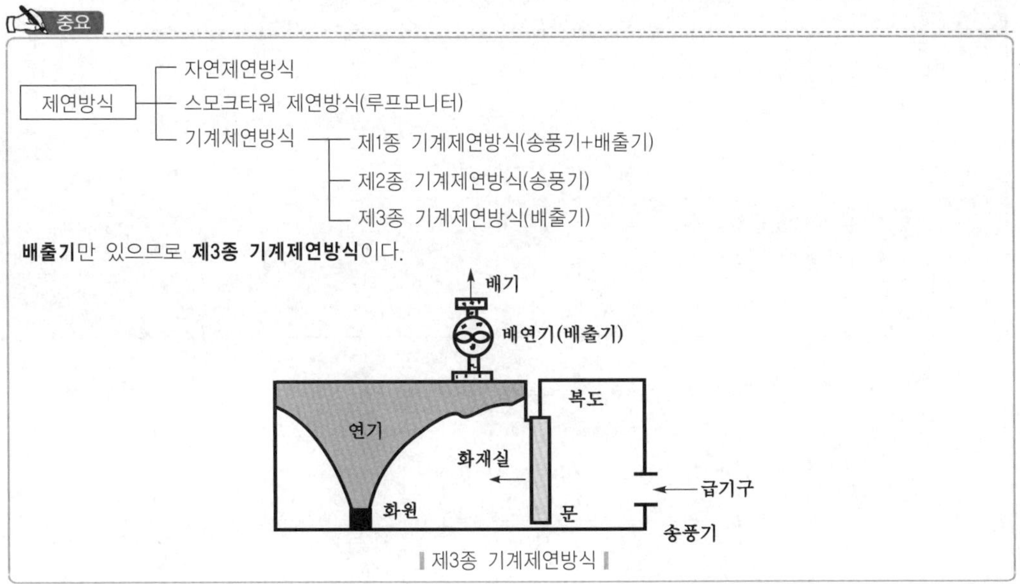

중요
제연방식
자연제연방식
스모크타워 제연방식(루프모니터)
기계제연방식
제1종 기계제연방식(송풍기+배출기)
제2종 기계제연방식(송풍기)
제3종 기계제연방식(배출기)
배출기만 있으므로 제3종 기계제연방식이다.
배기
배연기(배출기)
복도
연기
화재실
급기구
화원
문
송풍기

‖ 제3종 기계제연방식 ‖

▌2021년 기사 제2회 필답형 실기시험▐

자격종목	시험시간	형별	수험번호	성명	감독위원 확인
소방설비기사(기계분야)	3시간				

※ 다음 물음에 답을 해당 답란에 답하시오.(배점 : 100)

㉮실을 급기 가압하여 옥외와의 압력차가 50Pa이 유지되도록 하려고 한다. 다음 항목을 구하시오.

(16.4.문15, 12.7.문1)

득점	배점
	6

유사문제부터 풀어보세요. 실력이 팍!팍! 올라갑니다.

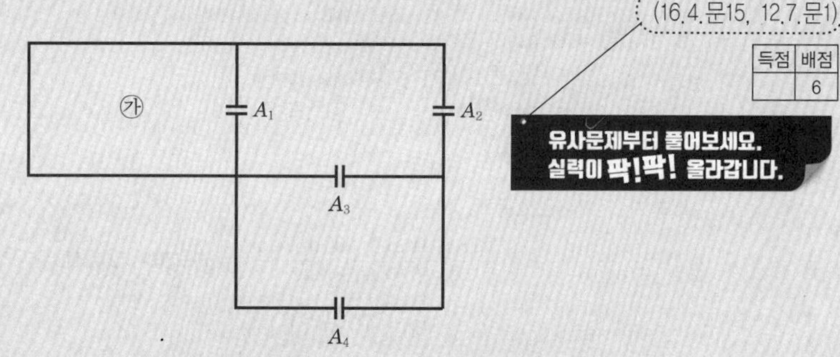

[조건]

① 급기량(Q)은 $Q = 0.827 \times A \times \sqrt{P}$로 구한다.

② A_1, A_2, A_3, A_4는 닫힌 출입문으로 공기 누설틈새면적은 0.01m^2로 동일하다(여기서, Q : 급기량[m^3/s], A : 전체 누설면적[m^2], P : 급기 가압실 내외의 차압[Pa]).

(가) 전체 누설면적 A[m^2]를 구하시오. (단, 소수점 아래 6째자리에서 반올림하여 소수점 아래 5째자리까지 구하시오.)

○ 계산과정 :

○ 답 :

(나) 급기량[m^3/min]을 구하시오.

○ 계산과정 :

○ 답 :

해답

(가) ○ 계산과정 : $A_3 \sim A_4 = \dfrac{1}{\sqrt{\dfrac{1}{0.01^2} + \dfrac{1}{0.01^2}}} = 0.00707\text{m}^2$

$A_2 \sim A_4 = 0.01 + 0.00707 = 0.01707\text{m}^2$

$A_1 \sim A_4 = \dfrac{1}{\sqrt{\dfrac{1}{0.01^2} + \dfrac{1}{0.01707^2}}} = 0.008628 \fallingdotseq 0.00863\text{m}^2$

○ 답 : 0.00863m^2

(나) ○ 계산과정 : $Q = 0.827 \times 0.00863 \times \sqrt{50} = 0.050466 \fallingdotseq 0.05047\text{m}^3/\text{s}$

$0.05047 \times 60 = 3.028 \fallingdotseq 3.03\text{m}^3/\text{min}$

○ 답 : $3.03\text{m}^3/\text{min}$

해설 **기호**

- A_1, A_2, A_3, A_4 : 0.01m²

(가) 〔조건 ②〕에서 각 실의 틈새면적은 **0.01m²**이다.

$A_3 \sim A_4$는 직렬상태이므로

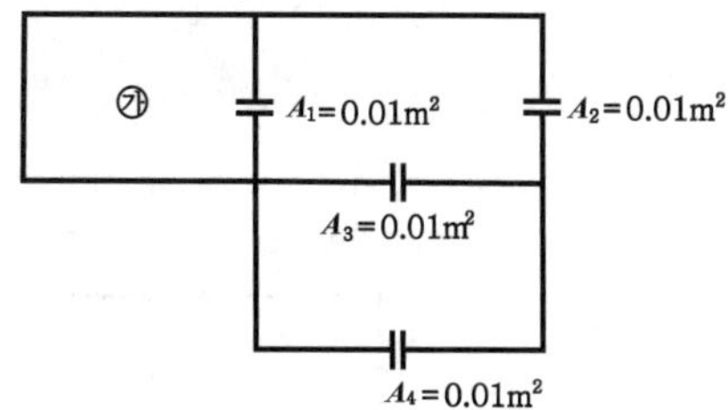

$$A_3 \sim A_4 = \frac{1}{\sqrt{\frac{1}{{A_3}^2}+\frac{1}{{A_4}^2}}}$$

$$= \frac{1}{\sqrt{\frac{1}{0.01^2}+\frac{1}{0.01^2}}} = 7.07 \times 10^{-3} = 0.00707\text{m}^2$$

위의 내용을 정리하면 다음과 같이 변환시킬 수 있다.

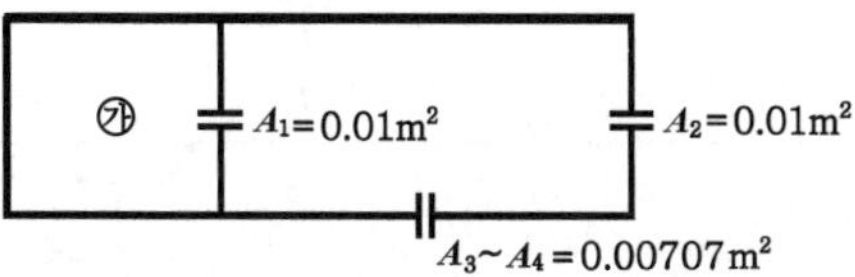

$A_2 \sim A_4$는 병렬상태이므로

$A_2 \sim A_4 = A_2 + (A_3 \sim A_4) = 0.01 + 0.00707 = 0.01707\text{m}^2$

위의 내용을 정리하면 다음과 같이 변환시킬 수 있다.

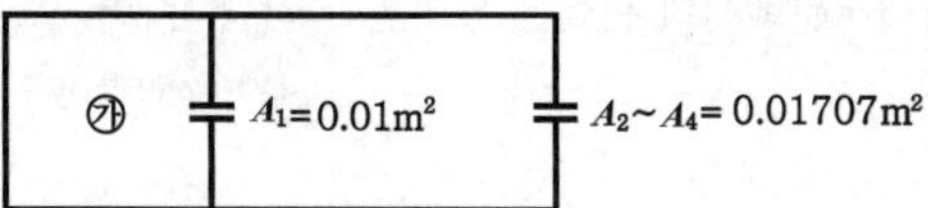

$A_1 \sim A_4$는 직렬상태이므로

$$A_1 \sim A_4 = \frac{1}{\sqrt{\frac{1}{{A_1}^2}+\frac{1}{(A_2 \sim A_4)^2}}} = \frac{1}{\sqrt{\frac{1}{0.01^2}+\frac{1}{0.01707^2}}} = 8.628 \times 10^{-3} = 0.008628 ≒ 0.00863\text{m}^2$$

(나) **누설량**

$$Q = 0.827 A \sqrt{P}$$

여기서, Q : 누설량〔m³/s〕

A : 누설틈새면적〔m²〕

P : 차압〔Pa〕

누설량 Q는

$Q = 0.827 A \sqrt{P} = 0.827 \times 0.00863\text{m}^2 \times \sqrt{50}\ \text{Pa} = 0.050466 ≒ 0.05047\text{m}^3/\text{s}$

1분=60s 이므로

0.05047m³/s×60s/분=3.028≒3.03m³/min

- 차압=기압차=압력차
- 답을 0.05047m³/s로 답하지 않도록 특히 주의하라! 's(sec)'를 'min'로 단위 변환하여 **3.03m³/min**로 답하여야 한다. 문제에서 m³/min로 나타내라고 하였다. 속지 마라!
- 틈새면적은 〔단서〕에 의해 소수점 6째자리에서 반올림하여 소수점 5째자리까지 구하면 된다.

참고

누설틈새면적

직렬상태	병렬상태
$A = \dfrac{1}{\sqrt{\dfrac{1}{{A_1}^2} + \dfrac{1}{{A_2}^2} + \cdots}}$ 여기서, A : 전체 누설틈새면적[m^2] A_1, A_2 : 각 실의 누설틈새면적[m^2]	$A = A_1 + A_2 + \cdots$ 여기서, A : 전체 누설틈새면적[m^2] A_1, A_2 : 각 실의 누설틈새면적[m^2]

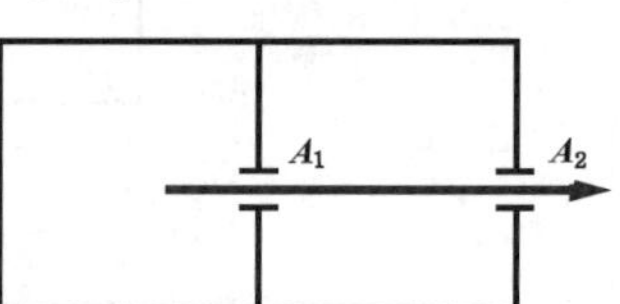

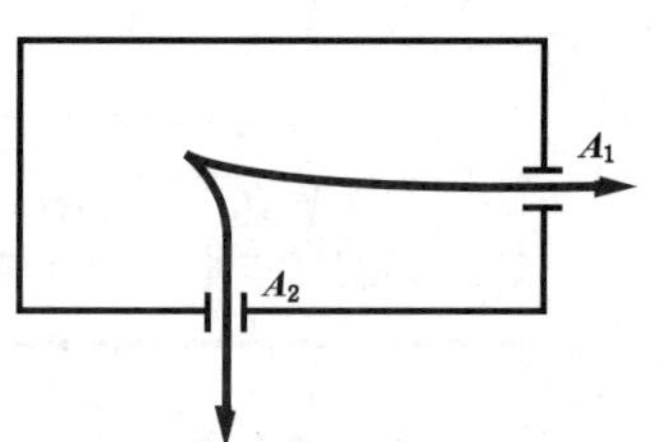

☆ **문제 02**

안지름이 각각 300mm와 450mm의 원관이 직접 연결되어 있다. 안지름이 작은 관에서 큰 관 방향으로 매초 230L의 물이 흐르고 있을 때 돌연확대부분에서의 손실은 얼마인가? (단, 중력가속도는 9.8m/s^{2}이다.)

(15.7.문8, 12.7.문11, 05.10.문2)

○ 계산과정 :

○ 답 :

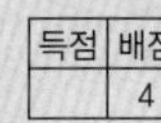

득점	배점
	4

해답

○ 계산과정 : $V_1 = \dfrac{230 \times 10^{-3}}{\left(\dfrac{\pi \times 0.3^2}{4}\right)} = 3.253\,\text{m/s}$

$$V_2 = \frac{230 \times 10^{-3}}{\left(\dfrac{\pi \times 0.45^2}{4}\right)} = 1.446\text{m/s}$$

$$H = 1 \times \frac{(3.253 - 1.446)^2}{2 \times 9.8} = 0.166 ≒ 0.17\text{m}$$

○ 답 : 0.17m

해설 (1) **기호**

- D_1 : 300mm=0.3m(1000mm=1m)
- D_2 : 450mm=0.45m(1000mm=1m)
- Q : 230L/s=0.23m^3/s(1000L=1m^3)

(2) **유량**

$$Q = AV = \left(\frac{\pi D^2}{4}\right)V$$

여기서, Q : 유량[m^3/s]
A : 단면적[m^2]
V : 유속[m/s]
D : 반지름(내경)[m]

축소관 유속 V_1은

$$V_1 = \frac{Q}{A_1} = \frac{Q}{\left(\frac{\pi D_1^{\ 2}}{4}\right)} = \frac{0.23\text{m}^3/\text{s}}{\left(\frac{\pi \times 0.3^2}{4}\right)\text{m}^2} = 3.253\text{m/s}$$

확대관 유속 V_2는

$$V_2 = \frac{Q}{A_2} = \frac{Q}{\left(\frac{\pi D_2^{\ 2}}{4}\right)} = \frac{0.23\text{m}^3/\text{s}}{\left(\frac{\pi \times 0.45^2}{4}\right)\text{m}^2} = 1.446\text{m/s}$$

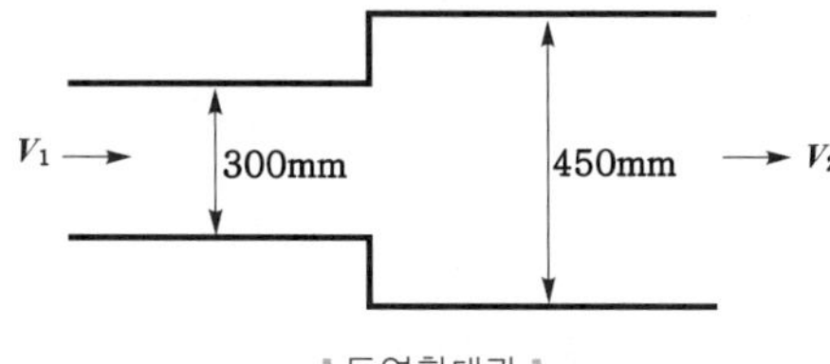

‖ 돌연확대관 ‖

(3) **돌연확대관**에서의 **손실**

$$H = K\frac{(V_1 - V_2)^2}{2g}$$

여기서, H : 손실수두[m]

K : 손실계수

V_1 : 축소관 유속[m/s]

V_2 : 확대관 유속[m/s]

g : 중력가속도(9.8m/s²)

돌연확대관에서의 **손실** H는

$$H = K\frac{(V_1 - V_2)^2}{2g}$$

$$= 1 \times \frac{(3.253 - 1.446)^2\ \text{m}^2/\text{s}^2}{2 \times 9.8\text{m/s}^2} = 0.166 ≒ 0.17\text{m}$$

- **손실계수**(K)는 문제에 주어지지 않았으므로 **1**로 본다.

비교

돌연축소관에서의 **손실**

$$H = K\frac{V_2^{\ 2}}{2g}$$

여기서, H : 손실수두[m]

K : 손실계수

V_2 : 축소관 유속[m/s]

g : 중력가속도(9.8m/s²)

V1 V2

‖ 돌연축소관 ‖

☆☆
문제 03

지하 1층 용도가 판매시설로서 본 용도로 사용하는 바닥면적이 $3000m^2$일 경우 이 장소에 분말소화기 1개의 소화능력단위가 A급 화재기준으로 3단위의 소화기로 설치할 경우 본 판매장소에 필요한 분말소화기의 개수는 최소 몇 개인지 구하시오. (19.4.문13, 17.4.문8, 16.4.문2, 13.4.문11, 11.7.문5)

○ 계산과정 :
○ 답 :

득점	배점
	4

해답 ○ 계산과정 : $\frac{3000}{100}=30$단위

$\frac{30}{3}=10$개

○ 답 : 10개

해설 **특정소방대상물별 소화기구**의 **능력단위기준**(NFTC 101 2.1.1.2)

특정소방대상물	소화기구의 능력단위	건축물의 주요구조부가 **내화구조**이고, 벽 및 반자의 실내에 면하는 부분이 **불연재료 · 준불연재료** 또는 **난연재료**로 된 특정소방대상물의 능력단위
• **위**락시설 기억법 위3(**위상**)	바닥면적 **30m²**마다 1단위 이상	바닥면적 **60m²**마다 1단위 이상
• **공연**장 • **집**회장 • **관람**장 및 **문**화재 • **의**료시설 · **장**례시설(장례식장) 기억법 5공연장 문의 집관람 (손**오공 연장 문의 집관람**)	바닥면적 **50m²**마다 1단위 이상	바닥면적 **100m²**마다 1단위 이상
• **근**린생활시설 • **판**매시설 • 운수시설 • **숙**박시설 • **노**유자시설 • **전**시장 • 공동**주**택 • **업무시설** • **방**송통신시설 • 공장 · **창**고 • **항**공기 및 자동**차**관련시설(주차장) 및 **관광**휴게시설 기억법 근판숙노전 주업방차창 1항관광(**근판숙노전 주업방차장 일**본**항관광**)	→ 바닥면적 **100m²**마다 1단위 이상	바닥면적 **200m²**마다 1단위 이상
• 그 밖의 것	바닥면적 **200m²**마다 1단위 이상	바닥면적 **400m²**마다 1단위 이상

판매시설로서 **내화구조**이고 **불연재료 · 준불연재료 · 난연재료**인 경우가 **아니므로** 바닥면적 **100m²**마다 1단위 이상이므로

$\frac{3000m^2}{100m^2}=30$단위

• **30단위**를 **30개**라고 쓰면 틀린다. 특히 주의!

3단위 소화기를 설치하므로

소화기개수$=\frac{30단위}{3단위}=10$개

☆☆☆
문제 04

업무시설의 지하층 전기설비 등에 다음과 같이 이산화탄소 소화설비를 설치하고자 한다. 다음 조건을 참고하여 구하시오. (19.4.문3, 16.6.문4, 15.11.문10, 14.7.문10, 12.11.문13, 12.4.문1, 02.10.문3, 97.1.문12)

득점	배점
	11

〔조건〕

① 설비는 전역방출방식으로 하며 설치장소는 전기설비실, 케이블실, 서고, 모피창고

② 전기설비실과 모피창고에는 (가로 1m)×(세로 2m)의 자동폐쇄장치가 설치되지 않은 개구부가 각각 1개씩 설치

③ 저장용기의 내용적은 68L이며, 충전비는 1.511로 동일 충전비

④ 전기설비실과 케이블실은 동시 방호구역으로 설계

⑤ 소화약제 방출시간은 모두 7분

⑥ 각 실에 설치할 노즐의 방사량은 각 노즐 1개당 10kg/min으로 함

⑦ 각 실의 평면도는 다음과 같다. (단, 각 실의 층고는 모두 3m)

전기설비실 (8m×3m)
모피창고 (10m×3m)
케이블실 (2m×6m)
서고 (10m×7m)
저장용기실 (2m×3m)

⑧ 표면화재의 전역방출방식에서 방호구역의 체적당 이산화탄소의 약제량은 다음과 같다.

방호구역 체적	방호구역의 체적 $1m^3$에 대한 소화약제의 양	소화약제 저장량의 최저 한도의 양
$45m^3$ 미만	1.00kg	45kg
$45m^3$ 이상 $150m^3$ 미만	0.90kg	
$150m^3$ 이상 $1450m^3$ 미만	0.80kg	135kg
$1450m^3$ 이상	0.75kg	1125kg

⑨ 심부화재의 전역방출방식에서 방호구역의 체적당 이산화탄소의 약제량은 다음과 같다.

방호대상물	방호구역의 체적 $1m^3$에 대한 소화약제의 양	설계농도〔%〕
유압기기를 제외한 전기설비, 케이블실	1.3kg	50
체적 $55m^3$ 미만의 전기설비	1.6kg	
서고, 전자제품창고, 목재가공품창고, 박물관	2.0kg	65
고무류·면화류창고, 모피창고, 석탄창고, 집진설비	2.7kg	75

(가) 저장용기실에 설치할 저장용기의 수는 몇 병인가?

○ 계산과정 :

○ 답 :

(나) 설치해야 할 선택밸브수는 몇 개인가?
  ○

(다) 모피창고에 설치할 헤드수는 모두 몇 개인가? (단, 실제 방출병수로 계산할 것)
  ○ 계산과정 :
  ○ 답 :

(라) 서고의 선택밸브 이후 주배관의 유량은 몇 kg/min인가? (단, 실제 방출병수로 계산할 것)
  ○ 계산과정 :
  ○ 답 :

해답 (가) ○ 계산과정

$$G = \frac{68}{1.511} = 45.003 \fallingdotseq 45\text{kg}$$

① 모피창고의 병수 $= (10\times3\times3)\times2.7 + (1\times2)\times10 = 263\text{kg}$

$$\frac{263}{45} = 5.8 \fallingdotseq 6\text{병}$$

② 전기설비실 : $(8\times3\times3)\times1.3 + (1\times2)\times10 = 113.6\text{kg}$

③ 케이블실 : $(2\times6\times3)\times1.3 = 46.8\text{kg}$

전기설비실+케이블실의 병수 $= \dfrac{113.6+46.8}{45} = 3.5 \fallingdotseq 4\text{병}$

④ 서고 : $(10\times7\times3)\times2 = 420\text{kg}$

서고의 병수 $= \dfrac{420}{45} = 9.3 \fallingdotseq 10\text{병}$

○ 답 : 10병

(나) 3개

(다) ○ 계산과정 : $\dfrac{45\times6}{10\times7} = 3.85 \fallingdotseq 4\text{개}$

○ 답 : 4개

(라) ○ 계산과정 : $\dfrac{45\times10}{7} = 64.285 \fallingdotseq 64.29\text{kg/min}$

○ 답 : 64.29kg/min

해설 (가)

$$C = \frac{V}{G}$$

여기서, C : 충전비[L/kg]
V : 내용적[L]
G : 저장량(충전량)[kg]

충전량 G는

$$G = \frac{V}{C} = \frac{68\text{L}}{1.511\text{L/kg}} = 45.003 \fallingdotseq 45\text{kg}$$

‖ **심부화재**의 **약제량** 및 **개구부가산량**(NFPC 106 5조, NFTC 106 2.2.1.2) ‖

방호대상물	소화약제의 양	개구부가산량 (자동폐쇄장치 미설치시)	설계농도[%]
전기설비($55m^3$ 이상), 케이블실	$1.3kg/m^3$	$10kg/m^2$	50
전기설비($55m^3$ 미만)	$1.6kg/m^3$		
서고, **전**자제품창고, **목**재가공품창고, **박**물관	$2.0kg/m^3$		65
고무류 · **면**화류창고, **모**피창고, **석**탄창고, **집**진설비 →	$2.7kg/m^3$		75

기억법 **서박목전(선박이 목전에 보인다.)**
석면고모집(석면은 고모 집에 있다.)

① 모피창고
CO_2 **저장량[kg]** = **방**호구역체적[m³]×**약**제량[kg/m³]**+개**구부면적[m²]×개구부가**산**량(10kg/m²)

기억법 방약+개산

= $(10\times3\times3)m^3\times2.7kg/m^3+(1\times2)m^2\times10kg/m^2=263kg$

• [조건 ②]에서 자동폐쇄장치가 설치되어 있지 않으므로 개구부면적, 개구부가산량 **적용**

② 전기설비실
CO_2 **저장량[kg]** = 방호구역체적[m³]×약제량[kg/m³]+개구부면적[m²]×개구부가산량(10kg/m²)
= $(8\times3\times3)m^3\times1.3kg/m^3+(1\times2)m^2\times10kg/m^2=113.6kg$

• [조건 ②]에서 자동폐쇄장치가 설치되어 있지 않으므로 개구부면적, 개구부가산량 **적용**

③ 케이블실
CO_2 **저장량[kg]** = 방호구역체적[m³]×약제량[kg/m³]+개구부면적[m²]×개구부가산량(10kg/m²)
= $(2\times6\times3)m^3\times1.3kg/m^3=46.8kg$

• [조건 ②]에 의해 자동폐쇄장치가 설치된 것으로 판단되므로 개구부면적, 개구부가산량 **제외**

④ 서고
CO_2 **저장량[kg]** = 방호구역체적[m³]×약제량[kg/m³]+개구부면적[m²]×개구부가산량(10kg/m²)
= $(10\times7\times3)m^3\times2.0kg/m^3=420kg$

• [조건 ②]에 의해 자동폐쇄장치가 설치된 것으로 판단되므로 개구부면적, 개구부가산량 **제외**

실 명	CO_2 저장량	병 수
모피창고	263kg (바로 위에서 구한 값)	$\frac{CO_2\text{ 저장량[kg]}}{1\text{병당 약제량[kg]}}=\frac{263kg}{45kg}=5.8≒6$병(절상)
전기설비실	113.6kg (바로 위에서 구한 값)	$\frac{CO_2\text{ 저장량[kg]}}{1\text{병당 약제량[kg]}}=\frac{(113.6+46.8)kg}{45kg}=3.5≒4$병(절상)
케이블실	46.8kg (바로 위에서 구한 값)	[조건 ④]에 의해 동일 방호구역이므로 전기설비실과 케이블실의 CO_2 저장량을 더함
서고	420kg (바로 위에서 구한 값)	$\frac{CO_2\text{ 저장량[kg]}}{1\text{병당 약제량[kg]}}=\frac{420kg}{45kg}=9.3≒10$병(절상)

• **저장용기실**(집합관)의 용기본수는 각 방호구역의 저장용기본수 중 가장 많은 것을 기준으로 하므로 서고의 **10병**이 된다. 방호구역체적으로 저장용기실의 병수를 계산하는 것이 아니다!

(나)

• 설치개수
① 기동용기
② 선택밸브
③ 음향경보장치
④ 일제개방밸브(델류즈밸브)
(①~④) — 각 방호구역당 **1개**
⑤ 집합관의 용기본수 – 각 방호구역 중 가장 많은 용기 기준

선택밸브는 각 방호구역당 1개이므로 **모피창고 1개**, **전기설비실+케이블실 1개**, **서고 1개** 총 **3개**가 된다.

• [조건 ④]에서 전기설비실과 케이블실은 **동시 방호구역**이므로 이곳은 **선택밸브 1개**만 설치하면 된다.

(다)

$$(\text{분사})\text{헤드수}=\frac{1\text{병당 약제량[kg]}\times\text{병수}}{\text{노즐 1개당 방사량[kg/분]}\times\text{방출시간[분]}}$$

$$=\frac{45kg\times6\text{병}}{10kg/\text{분}\times7\text{분}}=3.85≒4\text{개(절상)}$$

• **45kg** : (가)에서 구한 값
• **6병** : (가)에서 구한 값
• **10kg/분** : [조건 ⑥]에서 주어진 값
• **7분** : [조건 ⑤]에서 주어진 값

- 〔단서〕에서 **'실제 방출병수'**로 계산하라는 뜻은 헤드수를 구할 때 분자에 CO_2 저장량 263kg이 아닌 1병당 약제량〔kg〕×병수(45kg×6병)를 적용하라는 뜻이다.

(라)

$$\text{선택밸브 이후 유량} = \frac{\text{1병당 약제량〔kg〕} \times \text{병수}}{\text{방출시간〔분〕}}$$

$$= \frac{45\text{kg} \times 10\text{병}}{7\text{분}} = 64.285 \fallingdotseq 64.29\text{kg/min}$$

- **45kg** : (가)에서 구한 값
- **10병** : (가)에서 구한 값
- **7분** : 〔조건 ⑤〕에서 주어진 값

중요

(1) $\text{선택밸브 직후의 유량} = \frac{\text{1병당 저장량〔kg〕} \times \text{병수}}{\text{약제방출시간〔s〕}}$

(2) $\text{방사량} = \frac{\text{1병당 저장량〔kg〕} \times \text{병수}}{\text{헤드수} \times \text{약제방출시간〔s〕}}$

(3) $\text{분사헤드수} = \frac{\text{1병당 저장량〔kg〕} \times \text{병수}}{\text{헤드 1개의 표준방사량〔kg〕}} = \frac{\text{1병당 약제량〔kg〕} \times \text{병수}}{\text{노즐 1개당 방사량〔kg/분〕} \times \text{방출시간〔분〕}}$

(4) $\text{개방밸브(용기밸브) 직후의 유량} = \frac{\text{1병당 충전량〔kg〕}}{\text{약제방출시간〔s〕}}$

★★★

문제 05

다음과 같이 옥내소화전을 설치하고자 한다. 본 건축물의 층고는 28m(지하층은 제외), 가압펌프의 흡입고 1.5m, 직관의 마찰손실 6m, 호스의 마찰손실 6.5m, 이음쇠 밸브류 등의 마찰손실 8m일 때 표를 참고하여 다음 각 물음에 답하시오. (단, 지하층의 층고는 3.5m로 하고, 기타 사항은 무시한다.)

(12.7.문8)

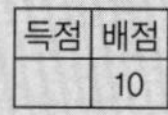

득점	배점
	10

소화전의 구성 및 위치	개 소
옥상시험용 소화전	1개소
지하 1층 소화전	2개소
1~3층 소화전	2개소

(가) 전용수원〔m^3〕의 용량은 얼마인가? (단, 전용수원은 15%를 가산한 양으로 한다.)
 ○ 계산과정 :
 ○ 답 :

(나) 옥내소화전 가압송수장치의 펌프토출량〔m^3/min〕은 얼마인가? (단, 토출량은 안전율 15%를 가산한 양으로 한다.)
 ○ 계산과정 :
 ○ 답 :

(다) 펌프를 지하층에 설치시 펌프의 양정〔m〕은?
 ○ 계산과정 :
 ○ 답 :

(라) 가압송수장치의 전동기 용량〔kW〕은? (단, $\eta = 0.65$, $K = 1.1$이다.)
 ○ 계산과정 :
 ○ 답 :

 (가) ○ 계산과정 : $2.6 \times 2 \times 1.15 = 5.98\text{m}^3$

○ 답 : 5.98m^3

(나) ○ 계산과정 : $2 \times 130 \times 1.15 = 299\text{L/min} = 0.299\text{m}^3/\text{min} \fallingdotseq 0.3\text{m}^3/\text{min}$

○ 답 : $0.3\text{m}^3/\text{min}$

(다) ○ 계산과정 : $6.5 + (6+8) + (1.5+31.5) + 17 = 70.5\text{m}$

○ 답 : 70.5m

(라) ○ 계산과정 : $\dfrac{0.163 \times 0.3 \times 70.5}{0.65} \times 1.1 = 5.834 \fallingdotseq 5.83\text{kW}$

○ 답 : 5.83kW

해설 (가) 수원의 저수량

$Q = 2.6N$(30층 미만, N : 최대 2개)
$Q = 5.2N$(30~49층 이하, N : 최대 5개)
$Q = 7.8N$(50층 이상, N : 최대 5개)

여기서, Q : 수원의 저수량[m³]
N : 가장 많은 층의 소화전 개수

30층 미만이므로 **수원**의 **최소유효저수량** Q는

$Q = 2.6N = 2.6 \times 2 \times 1.15 = 5.98\text{m}^3$

- [문제의 표]에서 3층까지 있으므로 30층 미만 적용
- 소화전 최대개수 N=2이다.
- [단서]에서 **15%**를 가산하라고 하였으므로 **1.15**를 곱하여야 한다.
- 이 문제에서는 옥상수조 유무를 알 수 없으므로 **옥상수조** 저수량은 생략하였음

(나) 유량(토출량)

$Q = N \times 130\text{L/min}$

여기서, Q : 토출량[L/min]
N : 가장 많은 층의 소화전 개수(30층 미만 : **최대 2개**, 30층 이상 : **최대 5개**)

펌프의 최소유량 Q는

$Q = N \times 130\text{L/min} = 2 \times 130\text{L/min} \times 1.15 = 299\text{L/min} = 0.299\text{m}^3/\text{min} \fallingdotseq 0.3\text{m}^3/\text{min}$

- 소화전 최대개수 N=2이다.
- [단서]에서 **15%**를 가산하라고 하였으므로 **1.15**를 곱하여야 한다.

(다) **전양정**

$H \geq h_1 + h_2 + h_3 + 17$

여기서, H : 전양정[m]
h_1 : 소방호스의 마찰손실수두[m]
h_2 : 배관 및 관부속품의 마찰손실수두[m]
h_3 : 실양정(흡입양정+토출양정)[m]

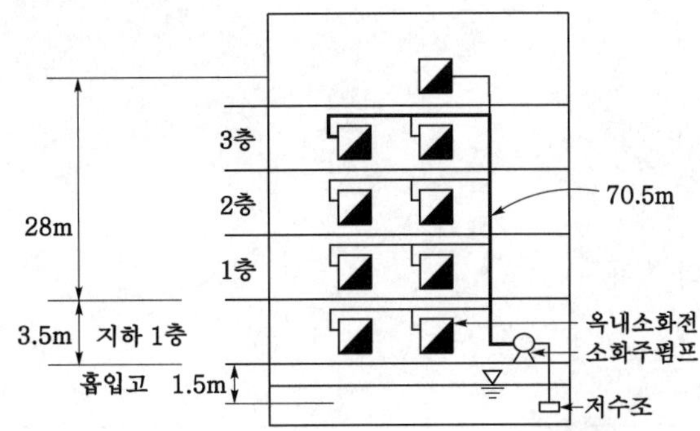

- h_1 (6.5m) : 문제에서 주어진 값
- h_2(6+8=14m) : 문제에서 직관의 마찰손실 6m+이음쇠 밸브류 등의 마찰손실 8m
- h_3 (흡입양정(흡입고)=1.5m) : 문제에서 주어진 값
- (토출양정=건축물의 층고+지하층의 층고=28+3.5=31.5m) : 문제 및 〔단서〕에서 주어진 값

펌프의 양정 H는

$H = h_1 + h_2 + h_3 + 17 = 6.5 + 14 + (1.5 + 31.5) + 17 = 70.5\text{m}$

- **흡입양정**=**흡입고**를 말하는 것임을 잘 이해하라!
- **펌프**를 **지하층**에 설치시 **토출양정**에 **지하층**의 **층고**도 더하여야 한다.

(라) **모터동력**(전동력)

$$P = \frac{0.163QH}{\eta} K$$

여기서, P : 축동력〔kW〕, Q : 유량〔m^3/min〕, H : 전양정〔m〕, K : 전달계수, η : 효율

펌프의 **모터동력**(전동력) P는

$P = \frac{0.163\,QH}{\eta} K = \frac{0.163 \times 0.3\text{m}^3/\text{min} \times 70.5\text{m}}{0.65} \times 1.1 = 5.834 ≒ 5.83\text{kW}$

- Q(유량) : (나)에서 구한 **0.3m^3/min**
- H(양정) : (다)에서 구한 **70.5m**
- η(효율) : 문제에서 **0.65**
- K(전달계수) : 〔단서〕에서 **1.1**

☆

문제 06

그림과 같은 배관에 물이 흐를 경우 배관 Q_1, Q_2, Q_3에 흐르는 각각의 유량〔L/min〕을 구하시오. (단, 각 분기배관의 마찰손실수두는 각각 10m로 동일하며 마찰손실 계산은 다음의 Hazen-Williams식을 사용한다. 그리고 계산결과는 소수점 이하를 반올림하여 반드시 정수로 나타내시오.) (15.7.문15, 11.11.문7)

득점	배점
	9

$$\Delta P = 6.053 \times 10^4 \times \frac{Q^{1.85}}{C^{1.85} \times d^{4.87}} \times L$$

여기서, ΔP : 마찰손실압력〔MPa〕

Q : 유량〔L/min〕

C : 관의 조도계수〔무차원〕

d : 관의 내경〔mm〕

L : 배관의 길이〔m〕

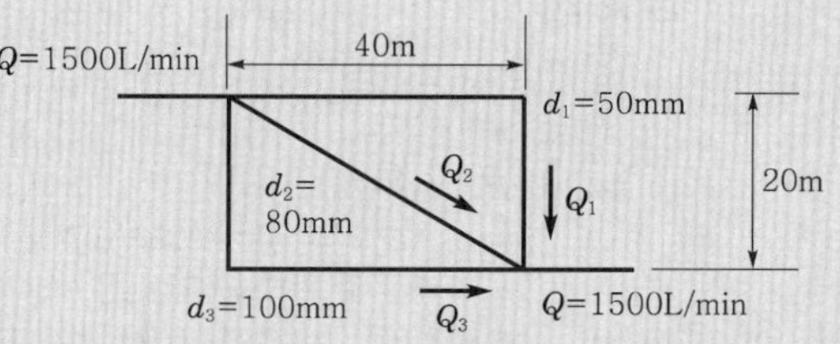

(가) 배관 Q_1의 유량

○ 계산과정 :

○ 답 :

(나) 배관 Q_2의 유량

○ 계산과정 :

○ 답 :

(다) 배관 Q_3의 유량

○ 계산과정 :

○ 답 :

 (가) ○ 계산과정 : $\Delta P = 10\text{m} = 0.098\text{MPa}$

$$\Delta P_1 = 6.053\times10^4\times\frac{Q_1^{\,1.85}}{C^{1.85}\times50^{4.87}}\times60 = 0.098$$

$$\Delta P_2 = 6.053\times10^4\times\frac{Q_2^{\,1.85}}{C^{1.85}\times80^{4.87}}\times44.721 = 0.098$$

$$\Delta P_3 = 6.053\times10^4\times\frac{Q_3^{\,1.85}}{C^{1.85}\times100^{4.87}}\times60 = 0.098$$

$$Q_1^{\,1.85} = \frac{50^{4.87}\times0.098\times C^{1.85}}{6.053\times10^4\times60},\quad Q_1 = \sqrt[1.85]{\frac{50^{4.87}\times0.098\times C^{1.85}}{6.053\times10^4\times60}} \fallingdotseq 2.405C$$

$$Q_2^{\,1.85} = \frac{80^{4.87}\times0.098\times C^{1.85}}{6.053\times10^4\times44.721},\quad Q_2 = \sqrt[1.85]{\frac{80^{4.87}\times0.098\times C^{1.85}}{6.053\times10^4\times44.721}} \fallingdotseq 9.715C$$

$$Q_3^{\,1.85} = \frac{100^{4.87}\times0.098\times C^{1.85}}{6.053\times10^4\times60},\quad Q_3 = \sqrt[1.85]{\frac{100^{4.87}\times0.098\times C^{1.85}}{6.053\times10^4\times60}} \fallingdotseq 14.913C$$

$$2.405C+9.715C+14.913C = 1500$$

$$27.033\,C = 1500$$

$$C = \frac{1500}{27.033} \fallingdotseq 55.487$$

$$2.405\times55.487 = 133.4 \fallingdotseq 133\text{L/min}$$

○ 답 : 133L/min

(나) ○ 계산과정 : $9.715\times55.487 = 539.0 = 539\text{L/min}$

○ 답 : 539L/min

(다) ○ 계산과정 : $14.913\times55.487 = 827.4 \fallingdotseq 827\text{L/min}$

○ 답 : 827L/min

 **직경**

하젠-윌리암의 식(Hazen-William's formula)

$$\Delta P = 6.053\times10^4\times\frac{Q^{1.85}}{C^{1.85}\times d^{4.87}}\times L$$

여기서, ΔP : 마찰손실압력[MPa]

C : 관의 조도계수[무차원]

d : 관의 내경[mm]

Q : 관의 유량[L/min]

L : 관의 길이[m]

Q_1 $L_1 = 20\text{m}+40\text{m} = 60\text{m}$

$$\Delta P_1 = 6.053\times10^4\times\frac{Q_1^{\,1.85}}{C^{1.85}\times(50\text{mm})^{4.87}}\times(40+20)\text{m}$$

$$0.098\text{MPa} = 6.053\times10^4\times\frac{Q_1^{\,1.85}}{C^{1.85}\times(50\text{mm})^{4.87}}\times60\text{m}$$

Q_2

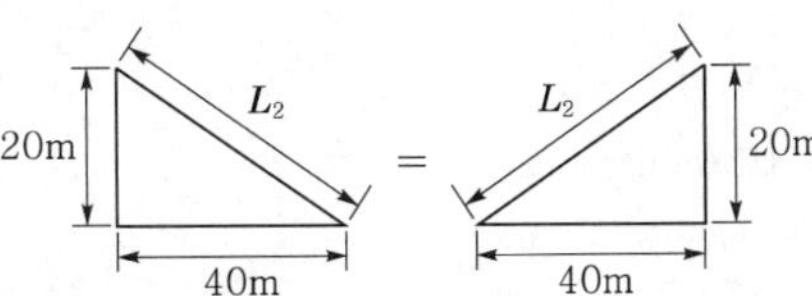

피타고라스의 정리에 의해

$$L_2 = \sqrt{\text{가로길이}^2+\text{세로길이}^2} = \sqrt{(40\text{m})^2+(20\text{m})^2} = 44.721\text{m}$$

$$\Delta P_2 = 6.053\times10^4\times\frac{Q_2^{\,1.85}}{C^{1.85}\times(80\text{mm})^{4.87}}\times44.721\text{m}$$

$$0.098\text{MPa} = 6.053\times10^4\times\frac{Q_2^{\,1.85}}{C^{1.85}\times(80\text{mm})^{4.87}}\times44.721\text{m}$$

Q_3 $L_3 = 20\text{m} + 40\text{m} = 60\text{m}$

$$\Delta P_3 = 6.053 \times 10^4 \times \frac{{Q_3}^{1.85}}{C^{1.85} \times (100\text{mm})^{4.87}} \times 60\text{m}$$

$$0.098\text{MPa} = 6.053 \times 10^4 \times \frac{{Q_3}^{1.85}}{C^{1.85} \times (100\text{mm})^{4.87}} \times 60\text{m}$$

- ΔP(마찰손실압력) : 10m=0.098MPa

  10.332m=101.325kPa=0.101325MPa 이므로

  $$10\text{m} = \frac{10\text{m}}{10.332\text{m}} \times 0.101325\text{MPa} \fallingdotseq 0.098\text{MPa}$$

① $${Q_1}^{1.85} = \frac{(50\text{mm})^{4.87} \times 0.098\text{MPa} \times C^{1.85}}{6.053 \times 10^4 \times 60\text{m}}$$

$${Q_1}^{\cancel{1.85} \times \frac{1}{\cancel{1.85}}} = \left(\frac{(50\text{mm})^{4.87} \times 0.098\text{MPa} \times C^{1.85}}{6.053 \times 10^4 \times 60\text{m}} \right)^{\frac{1}{1.85}}$$

$$Q_1 = \sqrt[1.85]{\frac{(50\text{mm})^{4.87} \times 0.098\text{MPa} \times C^{1.85}}{6.053 \times 10^4 \times 60\text{m}}} \fallingdotseq 2.405C$$

② $${Q_2}^{1.85} = \frac{(80\text{mm})^{4.87} \times 0.098\text{MPa} \times C^{1.85}}{6.053 \times 10^4 \times 44.721\text{m}}$$

$${Q_2}^{\cancel{1.85} \times \frac{1}{\cancel{1.85}}} = \left(\frac{(80\text{mm})^{4.87} \times 0.098\text{MPa} \times C^{1.85}}{6.053 \times 10^4 \times 44.721\text{m}} \right)^{\frac{1}{1.85}}$$

$$Q_2 = \sqrt[1.85]{\frac{(80\text{mm})^{4.87} \times 0.098\text{MPa} \times C^{1.85}}{6.053 \times 10^4 \times 44.721\text{m}}} \fallingdotseq 9.715C$$

③ $${Q_3}^{1.85} = \frac{(100\text{mm})^{4.87} \times 0.098\text{MPa} \times C^{1.85}}{6.053 \times 10^4 \times 60\text{m}}$$

$${Q_3}^{\cancel{1.85} \times \frac{1}{\cancel{1.85}}} = \left(\frac{(100\text{mm})^{4.87} \times 0.098\text{MPa} \times C^{1.85}}{6.053 \times 10^4 \times 60\text{m}} \right)^{\frac{1}{1.85}}$$

$$Q_3 = \sqrt[1.85]{\frac{(100\text{mm})^{4.87} \times 0.098\text{MPa} \times C^{1.85}}{6.053 \times 10^4 \times 60\text{m}}} \fallingdotseq 14.913C$$

$$Q_T = Q_1 + Q_2 + Q_3$$

여기서, Q_T : 전체유량〔Lpm〕

Q_1 : 배관 ①의 유량〔Lpm〕

Q_2 : 배관 ②의 유량〔Lpm〕

Q_3 : 배관 ③의 유량〔Lpm〕

$Q_T = Q_1 + Q_2 + Q_3$

$1500\text{Lpm} = 2.405C + 9.715C + 14.913C$

$2.405C + 9.715C + 14.913C = 1500\text{Lpm}$ ← 계산의 편의를 위해 좌우변을 이항하면

$27.033C = 1500\text{Lpm}$

$C = \frac{1500}{27.033} \fallingdotseq 55.487$

$\therefore\ Q_1 = 2.405C = 2.405 \times 55.487 = 133.4 \fallingdotseq 133\text{L/min}$

$Q_2 = 9.715C = 9.715 \times 55.487 = 539.0 = 539\text{L/min}$

$Q_3 = 14.913C = 14.913 \times 55.487 = 827.4 \fallingdotseq 827\text{L/min}$

- 문제에서 '**소수점 이하는 반올림하여 반드시 정수로 나타내라**'고 하였으므로 계산결과에서 소수점 이하 **첫째자리**에 **반올림**하여 **정수**로 나타내야 한다. 거듭 주의!
- Lpm=L/min

별해

$1500\text{L/min} = Q_1 + Q_2 + Q_3$

$\Delta P_1 = \Delta P_2 = \Delta P_3$: **에너지 보존법칙**(**베르누이 방정식**)에 의해 유입유량과 유출유량이 같으므로 각 분기배관의 **마찰 손실압**(ΔP)은 같다고 가정한다.

$$\cancel{6.053\times10^4}\times\frac{Q_1^{\ 1.85}}{\cancel{C^{1.85}}\times d_1^{\ 4.87}}\times L_1 = \cancel{6.053\times10^4}\times\frac{Q_2^{\ 1.85}}{\cancel{C^{1.85}}\times d_2^{\ 4.87}}\times L_2 = \cancel{6.053\times10^{-4}}\times\frac{Q_3^{\ 1.85}}{\cancel{C^{1.85}}\times d_3^{\ 4.87}}\times L_3$$

$$\frac{Q_1^{\ 1.85}}{d_1^{\ 4.87}}\times L_1 = \frac{Q_2^{\ 1.85}}{d_2^{\ 4.87}}\times L_2 = \frac{Q_3^{\ 1.85}}{d_3^{\ 4.87}}\times L_3$$

$$\frac{Q_1^{\ 1.85}}{d_1^{\ 4.87}}\times L_1 = \frac{Q_2^{\ 1.85}}{d_2^{\ 4.87}}\times L_2 \rightarrow Q_2^{\ 1.85} = \frac{d_2^{\ 4.87}}{d_1^{\ 4.87}}\times\frac{L_1}{L_2}\times Q_1^{\ 1.85}$$

$$\therefore\ Q_2 = \sqrt[1.85]{\frac{(80\text{mm})^{4.87}}{(50\text{mm})^{4.87}}\times\frac{60\text{m}}{44.721\text{m}}\times Q_1^{\ 1.85}} = 4.04Q_1$$

$$\frac{Q_1^{\ 1.85}}{d_1^{\ 4.87}}\times L_1 = \frac{Q_3^{\ 1.85}}{d_3^{\ 4.87}}\times L_3 \rightarrow Q_3^{\ 1.85} = \frac{d_3^{\ 4.87}}{d_1^{\ 4.87}}\times\frac{L_1}{L_3}\times Q_1^{\ 1.85}$$

$$\therefore\ Q_3 = \sqrt[1.85]{\frac{(100\text{mm})^{4.87}}{(50\text{mm})^{4.87}}\times\frac{60\text{m}}{60\text{m}}\times Q_1^{\ 1.85}} = 6.2Q_1$$

$1500\text{L/min} = Q_1 + Q_2 + Q_3$에서

$1500\text{L/min} = Q_1 + 4.04Q_1 + 6.2Q_1$

$1500\text{L/min} = (1+4.04+6.2)Q_1$

$$Q_1 = \frac{1500\text{L/min}}{(1+4.04+6.2)} = 133.45\text{L/min} \fallingdotseq 133\text{L/min}$$

$Q_2 = 4.04Q_1 = 4.04\times133\text{L/min} = 537.32\text{L/min} \fallingdotseq 537\text{L/min}$

$Q_3 = 6.2Q_1 = 6.2\times133\text{L/min} = 824.6\text{L/min} \fallingdotseq 825\text{L/min}$

※ 소수점 차이가 발생하지만 이것도 정답!

☆☆☆

문제 07

그림은 내화구조로 된 15층 건물의 1층 평면도이다. 이 건물 1층에 폐쇄형 스프링클러헤드를 정방형으로 설치하고자 한다. 스프링클러헤드의 최소소요수를 계산하고 배치도를 작성하시오. (단, 헤드 배치 시에는 헤드 배치의 위치를 치수로서 표시하여야 하며, 가로와 세로의 S값은 최대로, 벽면은 최소로 적용한다.) (20.11.문9, 19.6.문14, 17.11.문4, 17.6.문6, 09.10.문14, 06.11.문10)

득점	배점
	8

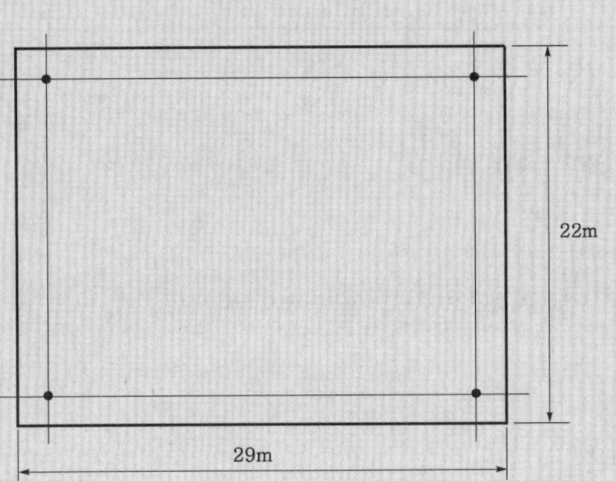

(가) 최소개수를 구하시오.
 ○ 계산과정 :
 ○ 답 :
(나) 배치도를 작성하시오.

해답 (가) ○ 계산과정 : $S = 2 \times 2.3 \times \cos 45° ≒ 3.252\text{m}$

가로 헤드개수 : $\dfrac{29}{3.252} = 8.9 ≒ 9$개

세로 헤드개수 : $\dfrac{22}{3.252} = 6.7 ≒ 7$개

헤드개수 : $9 \times 7 = 63$개

○ 답 : 63개

(나)

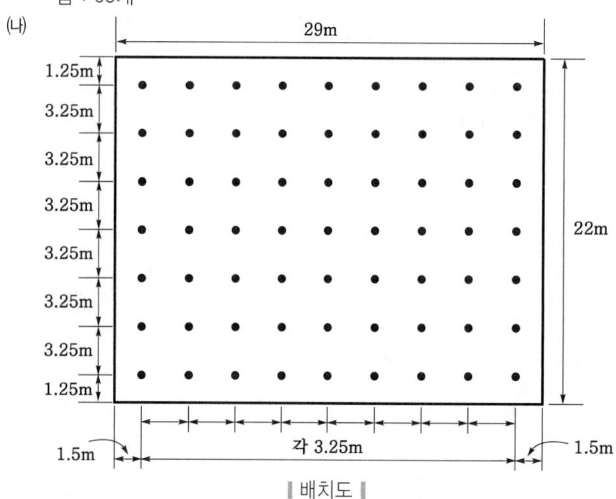

‖ 배치도 ‖

해설 (가) **스프링클러헤드**의 **배치기준**

설치장소	설치기준(R)
무대부 · **특**수가연물(창고 포함)	수평거리 **1.7m** 이하
기타 구조(창고 포함)	수평거리 **2.1m** 이하
내화구조(창고 포함) →	수평거리 **2.3m** 이하
공동주택(**아**파트) 세대 내	수평거리 **2.6m** 이하

기억법 무특 7
기 1
내 3
공아 26

수평헤드간격 S는

$S = 2R\cos 45° = 2 \times 2.3\text{m} \times \cos 45° ≒ 3.252\text{m}$

- R : 문제에서 **내화구조**이므로 수평거리 **2.3m** 적용

① 가로의 헤드개수 $= \dfrac{\text{가로길이}}{\text{수평헤드간격}} = \dfrac{29\text{m}}{3.252\text{m}} = 8.9 ≒ 9$개

② 세로의 헤드개수 $= \dfrac{\text{세로길이}}{\text{수평헤드간격}} = \dfrac{22\text{m}}{3.252\text{m}} = 6.7 ≒ 7$개

③ 필요한 헤드개수=가로개수×세로개수=9개×7개=63개

(나)

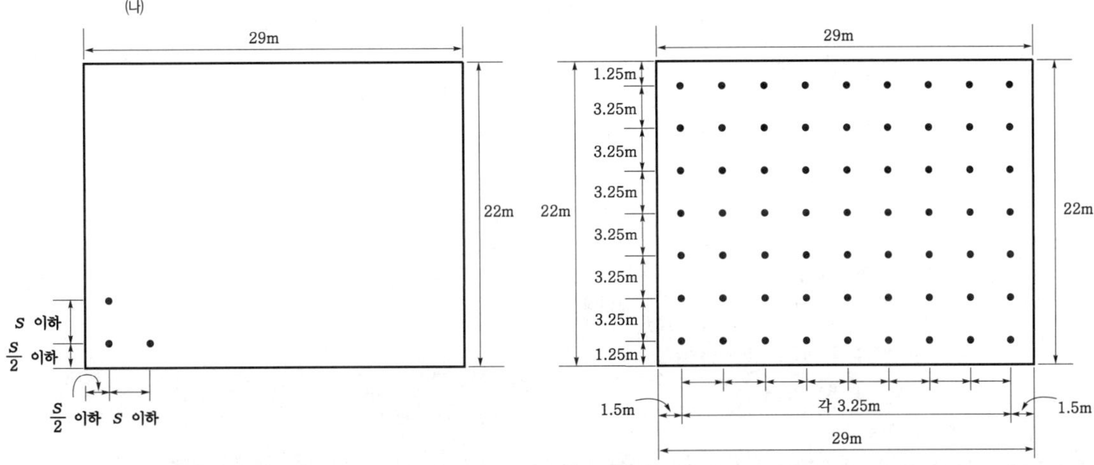

- 문제에서 1층에 대한 헤드개수를 구하라고 했으므로 헤드개수 63개에서 15층을 또 곱하지 않도록 주의!
- 3.25m(배치도 작성시에는 최종 답안을 작성해야 하므로 소수점 3째자리에서 반올림하여 2째자리까지 표기하면 3.252m가 최대이므로 3.252m≒3.25m가 된다.)
- 가로 헤드-벽면길이 1.5m, S값이 3.25m이므로 3.25m×8개=26m

  $\dfrac{29\text{m} - 26\text{m}}{2} = 1.5\text{m}$(벽면이 양쪽에 있으므로 2로 나눔)
- 세로 헤드-벽면길이 1.25m, S값이 3.25m이므로 3.25m×6개=19.5m

  $\dfrac{22\text{m} - 19.5\text{m}}{2} = 1.25\text{m}$(벽면이 양쪽에 있으므로 2로 나눔)

☆

문제 08

특별피난계단의 계단실 및 부속실 제연설비에 대하여 주어진 조건을 참고하여 다음 각 물음에 답하시오. (20.11.문15, 19.6.문12, 18.6.문6, 15.11.문14, 14.4.문12, 11.5.문1, 관리사 2차 10회 문2)

득점	배점
	7

〔조건〕

① 거실과 부속실의 출입문 개방에 필요한 힘 $F_1 = 60\text{N}$ 이다.

② 화재시 거실과 부속실의 출입문 개방에 필요한 힘 $F_2 = 110\text{N}$ 이다.

③ 출입문 폭(W)=1m, 높이(h)=2.4m

④ 손잡이는 출입문 끝에 있다고 가정한다.

⑤ 스프링클러설비는 설치되어 있지 않다.

(가) 제연구역 선정기준 3가지만 쓰시오.

○

○

○

(나) 제시된 조건을 이용하여 부속실과 거실 사이의 차압〔Pa〕을 구하시오.

○ 계산과정 :

○ 답 :

(다) (나)에서 국가화재안전기준에 따른 최소차압기준과 비교하여 적합 여부를 답하고 이유를 설명하시오.
○ 적합 여부 :
○ 이유 :

 (가) ① 계단실 및 그 부속실을 동시에 제연하는 것
② 부속실을 단독으로 제연하는 것
③ 계단실을 단독으로 제연하는 것

(나) ○ 계산과정 : $F_P = 110 - 60 = 50\text{N}$

$$\Delta P = \frac{50 \times 2(1-0)}{1 \times 1 \times 2.4} = 41.666 \fallingdotseq 41.67\text{Pa}$$

○ 답 : 41.67Pa

(다) ○ 적합 여부 : 적합
○ 이유 : 40Pa 이상이므로

 (가) **제연구역**의 **선정기준**(NFPC 501A 5조, NFTC 501A 2.2.1)
① **계단실** 및 그 **부속실**을 동시에 제연하는 것
② **부**속실을 단독으로 제연하는 것
③ **계단실**을 단독으로 제연하는 것

기억법 **부계 부계**

(나) ① **기호**

- W(1m) : [조건 ③]에서 주어진 값
- h(2.4m) : [조건 ③]에서 주어진 값
- d(0m) : [조건 ④]에서 손잡이가 출입문 끝에 설치되어 있으므로 0m
- K_d(1m) : m, m^2, N이 SI 단위이므로 '1'을 적용한다. ft, ft^{2}의 lb 단위를 사용하였다면 K_d=5.2이다.)

② **문 개방**에 필요한 전체 **힘**

$$F = F_{dc} + F_P, \quad F_P = \frac{K_d WA\Delta P}{2(W-d)}$$

여기서, F : 문 개방에 필요한 전체 힘(제연설비 작동상태에서 거실에서 부속실로 통하는 출입문 개방에 필요한 힘)[N]
F_{dc} : 자동폐쇄장치나 경첩 등을 극복할 수 있는 힘(제연설비 작동 전 거실에서 부속실로 통하는 출입문 개방에 필요한 힘)[N]
F_P : 차압에 의해 문에 미치는 힘[N]
K_d : 상수(SI 단위 : 1)
W : 문의 폭[m]
A : 문의 면적[m^2]
ΔP : 차압[Pa]
d : 문 손잡이에서 문의 가장자리까지의 거리[m]

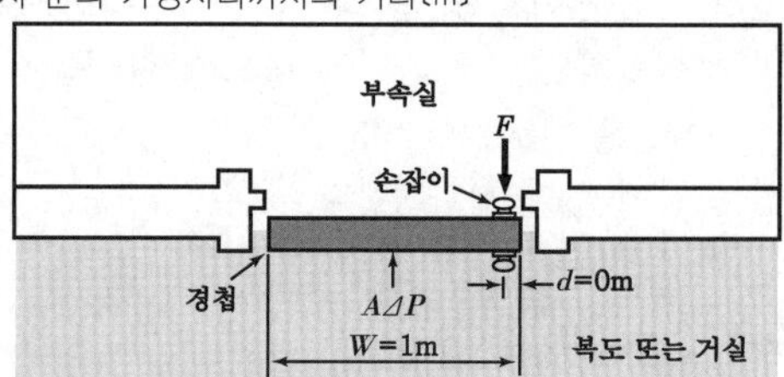

③ 차압에 의해 **문**에 미치는 **힘** F_P는

$F_P = F - F_{dc} = 110\text{N} - 60\text{N} = 50\text{N}$

④ **문**의 **면적** A는

$A = Wh = 1\text{m} \times 2.4\text{m} = 2.4\text{m}^2$

⑤ **차압** $\Delta P = \dfrac{F_P \cdot 2(W-d)}{K_d WA} = \dfrac{50\text{N} \times 2(1\text{m} - 0\text{m})}{1 \times 1\text{m} \times 2.4\text{m}^2} = 41.666 \fallingdotseq 41.67\text{Pa}$

(다) (나)에서 차압은 41.67Pa이다. 화재안전기준에서 정하는 최소차압은 **40Pa**(옥내에 스프링클러가 설치된 경우 **12.5Pa**)로서 **40Pa 이상**이므로 **적합**하다.

- F_{dc} : '**도어체크의 저항력**'이라고도 부른다.
- 40Pa(화재안전기준에서 정하는 최소차압) : [조건 ⑤]에서 스프링클러설비가 설치되어 있지 않으므로 **NFPC 501A 제6조, NFTC 501A 2.3.1**에 의해 **40Pa**을 적용한다. 스프링클러설비가 설치되어 있다면 **12.5Pa**를 적용한다.

비교문제

급기가압에 따른 62Pa의 차압이 걸려 있는 실의 문의 크기가 1m×2m일 때 문 개방에 필요한 힘[N]은? (단, 자동폐쇄장치나 경첩 등을 극복할 수 있는 힘은 44N이고, 문의 손잡이는 문 가장자리에서 10cm 위치에 있다.)

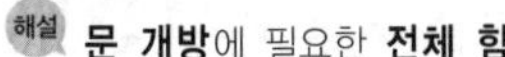

해설 **문 개방**에 필요한 **전체 힘**

$$F = F_{dc} + F_P,\ F_P = \frac{K_d WA\Delta P}{2(W-d)}$$

여기서, F : 문 개방에 필요한 전체 힘[N]
F_{dc} : 자동폐쇄장치나 경첩 등을 극복할 수 있는 힘[N]
F_P : 차압에 의해 문에 미치는 힘[N]
K_d : 상수(SI 단위 : 1)
W : 문의 폭[m]
A : 문의 면적[m^2]
ΔP : 차압[Pa]
d : 문 손잡이에서 문의 가장자리까지의 거리[m]

$$F = F_{dc} + \frac{K_d WA\Delta P}{2(W-d)}$$

문 개방에 필요한 **힘** F는

$$F = F_{dc} + \frac{K_d WA\Delta P}{2(W-d)} = 44\text{N} + \frac{1\times 1\text{m}\times(1\times 2)\text{m}^2\times 62\text{Pa}}{2(1\text{m}-10\text{cm})} = 44\text{N} + \frac{1\times 1\text{m}\times 2\text{m}^2\times 62\text{Pa}}{2(1\text{m}-0.1\text{m})} ≒ 112.9\text{N}$$

비교

문의 **상하단부 압력차**

$$\Delta P = 3460\left(\frac{1}{T_0} - \frac{1}{T_i}\right)\cdot H$$

여기서, ΔP : 문의 상하단부 압력차[Pa]
T_0 : 외부온도(대기온도)[K]
T_i : 내부온도(화재실온도)[K]
H : 중성대에서 상단부까지의 높이[m]

비교문제

문의 상단부와 하단부의 누설면적이 동일하다고 할 때 중성대에서 상단부까지의 높이가 1.49m인 문의 상단부와 하단부의 압력차[Pa]는? (단, 화재실의 온도는 600℃, 외부온도는 25℃이다.)

해설 **문**의 **상하단부 압력차**

$$\Delta P = 3460\left(\frac{1}{T_0} - \frac{1}{T_i}\right)\cdot H$$

여기서, ΔP : 문의 상하단부 압력차[Pa]
T_0 : 외부온도(대기온도)[K]
T_i : 내부온도(화재실온도)[K]
H : 중성대에서 상단부까지의 높이[m]

문의 **상하단부 압력차** ΔP는

$$\Delta P = 3460\left(\frac{1}{T_0} - \frac{1}{T_i}\right)\cdot H = 3460\left(\frac{1}{(273+25)\text{K}} - \frac{1}{(273+600)\text{K}}\right)\times 1.49\text{m} = 11.39\text{Pa}$$

☆☆☆

문제 09

다음은 분말소화설비에 관한 사항이다. 빈칸에 알맞은 답을 쓰시오. (08.4.문11)

득점	배점
	8

소화약제 주성분		기타사항		
제1종 분말		안전밸브 작동압력	가압식	
제2종 분말			축압식	
제3종 분말		제3종 저장용기 충전비		
제4종 분말		가압용 가스용기를 3병 이상 설치한 경우의 전자개방밸브수		

해답

소화약제 주성분		기타사항		
제1종 분말	탄산수소나트륨	안전밸브 작동압력	가압식	최고사용압력의 1.8배 이하
제2종 분말	탄산수소칼륨		축압식	내압시험압력의 0.8배 이하
제3종 분말	제1인산암모늄	제3종 저장용기 충전비	1.0	
제4종 분말	탄산수소칼륨+요소	가압용 가스용기를 3병 이상 설치한 경우의 전자개방밸브수	2개 이상	

해설 (1) **분말소화약제**

종 류	주성분	착 색	적응화재	충전비	저장량	순도(함량)	비 고
제1종	탄산수소나트륨 ($NaHCO_3$)	백색	BC급	0.8	50kg	90% 이상	**식용유** 및 **지방질유**의 화재에 적합
제2종	탄산수소칼륨 ($KHCO_3$)	담자색 (담회색)	BC급	1.0	30kg	92% 이상	–
제3종	인산암모늄 ($NH_4H_2PO_4$)	담홍색	ABC급	1.0	30kg	75% 이상	**차고 · 주차장**에 적합
제4종	탄산수소칼륨+요소 ($KHCO_3+(NH_2)_2CO$)	회(백)색	BC급	1.25	20kg	–	–

- 예전에는 제2종 분말이 **담자색**으로 착색되었으나 요즘에는 **담회색**으로 착색되니 참고하기 바라며 답안 작성시에는 두 가지를 함께 답하는 것을 권한다.
- 탄산수소나트륨=중탄산나트륨
- 탄산수소칼륨=중탄산칼륨

(2) **분말소화설비 안전밸브**의 **작동압력**(NFPC 108 4조, NFTC 108 2.1.2.2)

가압식	축압식
최고사용압력의 **1.8배** 이하	**내압시험압력**의 **0.8배** 이하

비교문제

분말소화설비의 가압식 저장용기에 설치하는 안전밸브의 작동압력은 몇 MPa 이하인가? (단, 내압시험압력은 25.0MPa, 최고사용압력은 5.0MPa로 한다.)

해설 **분말소화설비**의 **저장용기 안전밸브**

가압식	축압식
최고사용압력×1.8배 이하	**내압시험압력×0.8배** 이하

가압식=최고사용압력×1.8=5.0×1.8=9.0MPa 이하

(3)

분말소화설비	이산화탄소 · 분말 소화설비
가압용 가스용기를 **3병 이상** 설치한 경우에 있어서 **2개 이상**의 용기에 **전자개방밸브** 부착	**전기식 기동장치**로서 **7병 이상**의 저장용기를 동시에 개방하는 설비에 있어서는 **2병 이상**의 저장용기에 **전자개방밸브** 부착

☆☆

문제 10

다음은 지하구의 화재안전기준 및 관련법령에 관한 사항이다. 다음 물음에 답하시오.

득점	배점
	4

(가) 지하구의 정의에 관해 다음 ( ) 안을 채우시오.

전력·통신용의 전선이나 가스·냉난방용의 배관 또는 이와 비슷한 것을 집합수용하기 위하여 설치한 지하 인공구조물로서 사람이 점검 또는 보수를 하기 위하여 출입이 가능한 것 중 다음의 어느 하나에 해당하는 것

① 전력 또는 통신사업용 지하 인공구조물로서 전력구(케이블 접속부가 없는 경우는 제외한다.) 또는 통신구 방식으로 설치된 것

② ① 외의 지하 인공구조물로서 폭이 (㉠)m 이상이고 높이가 (㉡)m 이상이며 길이가 (㉢)m 이상인 것

(나) 연소방지설비의 교차배관의 최소구경〔mm〕 기준을 쓰시오.

○

해답 (가) ㉠ 1.8
㉡ 2
㉢ 50

(나) 40mm

해설 (가) **지하구**(소방시설법 시행령 〔별표 2〕)

(1) 전력·통신용의 전선이나 가스·냉난방용의 배관 또는 이와 비슷한 것을 집합수용하기 위하여 설치한 지하 인공구조물로서 사람이 점검 또는 보수를 하기 위하여 출입이 가능한 것 중 다음에 해당하는 것

① 전력 또는 통신사업용 지하 인공구조물로서 **전력구**(케이블 접속부가 없는 경우 제외) 또는 **통신구** 방식으로 설치된 것

② ① 외의 지하 인공구조물로서 폭이 **1.8m** 이상이고 높이가 **2m** 이상이며 길이가 **50m** 이상인 것

(2) 「국토의 계획 및 이용에 관한 법률」에 따른 **공동구**

(나) **연소방지설비 교차배관**의 **최소구경**(NFPC 605 8조, NFTC 605 2.4.1.4)

교차배관은 가지배관과 **수평**으로 설치하거나 **가지배관 밑**에 설치하고, 최소구경이 **40mm** 이상이 되도록 할 것

☆☆☆

문제 11

습식 유수검지장치 또는 건식 유수검지장치를 사용하는 스프링클러설비와 부압식 스프링클러설비에 동장치를 시험할 수 있는 시험장치의 설치기준이다. 다음 각 물음에 답하시오.

(19.4.문11, 15.11.문15, 14.4.문17, 10.7.문8, 01.7.문11)

득점	배점
	6

(가) 습식 스프링클러설비 및 부압식 스프링클러설비와 건식 스프링클러설비는 각각 어느 배관에 연결하여 설치하여야 하는가?

① 습식 및 부압식 스프링클러설비 :

② 건식 스프링클러설비 :

(나) 시험장치배관의 끝에 설치하는 것 2가지를 쓰시오.

○

○

 (가) ① 습식 및 부압식 스프링클러설비 : 유수검지장치 2차측 배관
② 건식 스프링클러설비 : 유수검지장치에서 가장 먼 거리에 위치한 가지배관의 끝으로부터 연결하여 설치
(나) ① 개폐밸브
② 개방형 헤드

해설

• (나) **'개방형 헤드'**라고만 쓰면 정답! 굳이 **'반사판 및 프레임을 제거한 오리피스만으로 설치된 개방형 헤드'** 라고 쓸 필요는 없다.

(가) **습식 유수검지장치** 또는 **건식 유수검지장치**를 사용하는 **스프링클러설비**와 **부압식 스프링클러설비**의 **시험장치 설치 기준**(NFPC 103 8조, NFTC 103 2.5.12)

① **습식** 스프링클러설비 및 **부압식** 스프링클러설비에 있어서는 **유수검지장치 2차측** 배관에 연결하여 설치하고, **건식** 스프링클러설비인 경우 **유수검지장치**에서 **가장 먼** 거리에 위치한 **가지배관**의 **끝**으로부터 연결하여 설치할 것. 유수검지장치 2차측 설비의 내용적이 2840L를 초과하는 건식 스프링클러설비의 경우 시험장치개폐밸브를 완전개방 후 1분 이내에 물이 방사될 것

② 시험장치배관의 구경은 **25mm** 이상으로 하고, 그 끝에 **개폐밸브** 및 **개방형 헤드** 또는 **스프링클러헤드와 동등한 방수성능을 가진 오리피스**를 설치할 것. 이 경우 개방형 헤드는 **반사판** 및 **프레임**을 **제거**한 **오리피스**만으로 설치가능

③ 시험배관의 끝에는 물받이통 및 배수관을 설치하여 시험 중 방사된 물이 바닥에 흘러내리지 아니하도록 할 것 (단, **목욕실 · 화장실** 또는 그 밖의 곳으로서 배수처리가 쉬운 장소에 시험배관을 설치한 경우 제외)

(나) **시험장치배관 끝**에 **설치**하는 것

① 개폐밸브
② 개방형 헤드(또는 스프링클러헤드와 동등한 방수성능을 가진 오리피스)

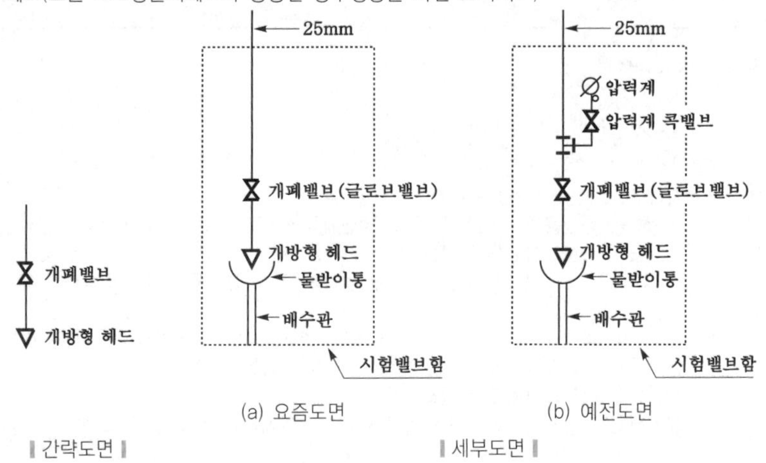

(a) 요즘도면 (b) 예전도면

‖ 간략도면 ‖ ‖ 세부도면 ‖

☆☆☆

문제 12

항공기격납고에 포소화설비를 설치할 경우 다음 각 물음에 답하시오.

(17.6.문12, 14.7.문8, 13.7.문12 · 14, 11.5.문2, 10.4.문11, 08.7.문13, 03.4.문16)

득점	배점
	5

[조건]

① 전역방출방식의 고발포용 고정포방출구가 설치되어 있다.
② 방호구역은 가로 10m×세로 20m×높이 2m이다.
③ 개구부에는 자동폐쇄장치가 설치되어 있다.
④ 방호대상물의 높이는 1.8m이다.
⑤ 포소화약제는 합성계면활성제포 3%를 사용한다.
⑥ 포의 팽창비는 500이며, $1m^3$에 대한 분당 포수용액 방출량은 0.29L이다.

(가) 고정포방출구의 개수를 구하시오.
　○ 계산과정 :
　○ 답 :
(나) 포수용액 및 포원액의 최저방출량을 구하시오.
　① 포수용액[m^3]
　　○ 계산과정 :
　　○ 답 :
　② 포원액[L]
　　○ 계산과정 :
　　○ 답 :

(가) ○ 계산과정 : $\frac{20\times 10}{500}=0.4 \fallingdotseq 1$개
　○ 답 : 1개
(나) ① 포수용액
　○ 계산과정 : 관포체적$=20\times 10\times(1.8+0.5)=460m^3$
　$Q=460\times 0.29\times 10=1334L=1.334m^3 \fallingdotseq 1.33m^3$
　○ 답 : $1.33m^3$
② 포원액
　○ 계산과정 : $1.33\times 0.03=0.0399m^3=39.9L$
　○ 답 : 39.9L

해설 (가) **고정포방출구 개수**(NFPC 105 12조, NFTC 105 2.9.4.1.3)
고정포방출구는 바닥면적 **500m²마다 1개 이상**으로 하여 방호대상물의 화재를 유효하게 소화할 수 있도록 할 것

고정포방출구 개수$=\frac{\text{바닥면적}[m^2]}{500m^2}=\frac{20m\times 10m}{500m^2}=0.4 \fallingdotseq 1$개

(나) **고정포방출구**(NFPC 105 12조, NFTC 105 2.9.4.1.2)
고정포방출구(포발생기가 분리되어 있는 것은 해당 포발생기 포함)는 특정소방대상물 및 포의 팽창비에 따른 종별에 따라 해당 방호구역의 **관포체적**(해당 **바닥면**으로부터 **방호대상물**의 **높이**보다 **0.5m** 높은 위치까지의 체적) $1m^3$에 대하여 1분당 방출량이 다음 표에 따른 양 이상이 되도록 할 것

① **포수용액**의 **양**
관포체적=바닥면적[m^2]×(방호대상물 높이+0.5)m=(20×10m^2)×(1.8m+0.5m)=460m^3

- (20×10)m^2 : [조건 ②]에서 주어진 값
- 1.8m : [조건 ④]에서 주어진 값
- 0.5m : 포소화설비의 화재안전기준(NFPC 105 12조, NFTC 105 2.9.4.1.2)의 관포체적 조건 적용
- [조건 ④]에서 방호대상물 높이가 1.8m로 관포체적 0.5m 적용시 천장을 뚫고 나가지만 천장에 뿌려져서 소모되는 약제가 있으므로 관포체적 적용시에는 천장보다 높아지더라도 0.5m를 그대로 적용한다.

$$Q=\text{관포체적}[m^3]\times Q_1\times T$$

여기서, Q : 방출량[L/min]
Q_1 : 포수용액 방출량[L/m^3 · min]
T : 방사시간[min]

$Q=\text{관포체적}\times Q_1\times T=460m^3\times 0.29L/m^3\cdot min\times 10min=1334L=1.334m^3 \fallingdotseq 1.33m^3 (1m^3=1000L)$

- 460m^3 : 바로 위에서 구한 값
- 0.29L/m^3 · min : [조건 ⑥]에서 주어진 값
- 10min : 문제에서 **항공기격납고**이므로 포소화설비의 화재안전기준(NFPC 105 5조 3호, NFTC 105 2.2.1.3)에 의해 방사시간 **10min**

방사시간(NFPC 105 5조, NFTC 105 2.2.1, 2.5.2.1.2)		
구 분	방출구 종류	방사시간
① 특수가연물 저장 · 취급 공장 · 창고	• 포헤드	10분
② 항공기격납고	• 포헤드 • 고정포방출구	10분
③ 압축공기포소화설비	–	10분
④ 보조포소화전	–	20분

② **포원액**의 **양**

Q=포수용액의 양×농도[%]$=1.33m^3 \times 0.03 = 0.0399m^3 = 39.9L(1m^3 = 1000L)$

- $1.33m^3$: 위 ①에서 구한 값
- 0.03(3%=0.03) : [조건 ⑤]에서 주어진 값

☆☆☆

문제 13

평상시에는 공조설비의 급기로 사용하고 화재시에만 제연에 이용하는 배출기가 답안지의 도면과 같이 설치되어 있다. 화재시 유효하게 배연할 수 있도록 도면의 필요한 곳에 절환댐퍼를 표시하고, 평상시와 화재시를 구분하여 각 절환댐퍼 상태를 기술하시오. (단, 절환댐퍼는 4개로 설치하고, 댐퍼심벌은 ⊘D1, ⊘D2, … 등으로 표시하며, 또한 절환댐퍼 상태는 개방은 ○, 폐쇄는 ×로 표시하시오.)

(11.5.문6)

득점	배점
	6

(가)

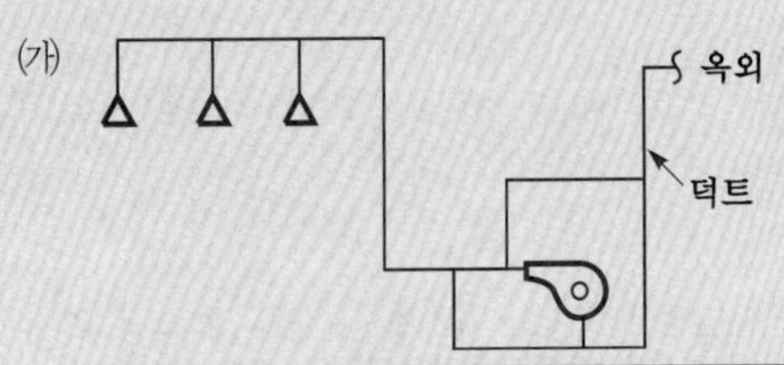

(나)

구 분	D_1	D_2	D_3	D_4
평상시				
화재시				

해답 (가)

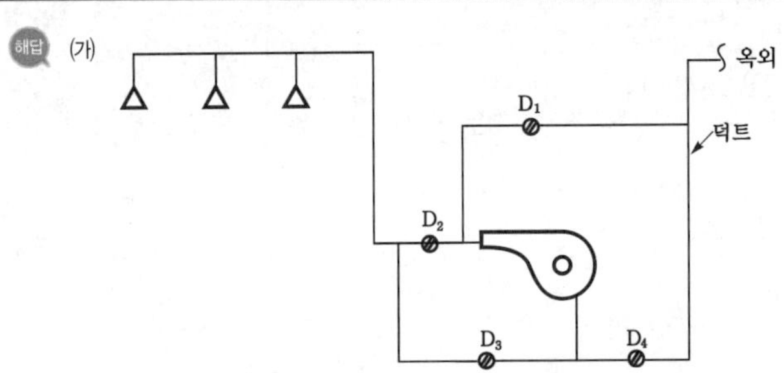

(나)

구 분	D_1	D_2	D_3	D_4
평상시	×	○	×	○
화재시	○	×	○	×

해설 **평상시**와 **화재시**의 **동작사항**

(1) **평상시** : $D_1 \cdot D_3$ 폐쇄, $D_2 \cdot D_4$를 개방하여 신선한 공기를 실내로 공급하여 **공조설비**로 사용한다.

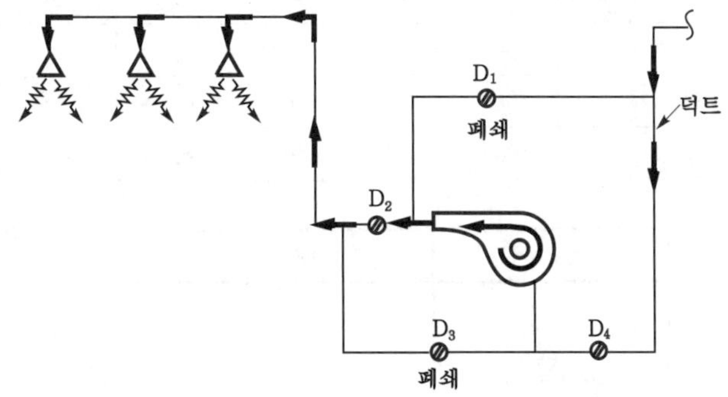

(2) **화재시** : $D_1 \cdot D_3$ 개방, $D_2 \cdot D_4$를 폐쇄하여 화재시 발생한 연기를 외부로 배출시켜 **제연설비**로 사용한다.

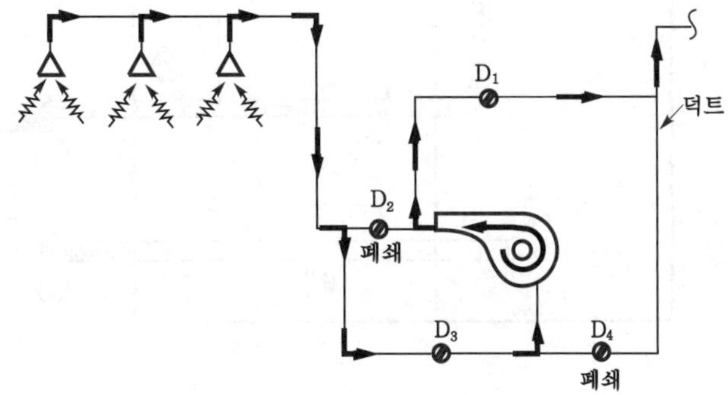

비교

공조겸용설비

(1) **정의** : 평소에는 **공조설비**로 운행하다가 화재시 해당구역 감지기의 동작신호에 따라 제연설비로 변환되는 방식

(2) **적용** : 대부분의 **대형건축물**(반자 위의 제한된 공간으로 인해 제연전용설비를 설치하기 어렵기 때문)

(3) **작동원리** : 층별로 공조기가 설치되어 있지 않은 경우는 층별 구획 관계로 덕트에 **방화댐퍼**(fire damper)가 필요하며, 화재시 해당 층만 급·배기가 되려면 **모터댐퍼**(motered damper)가 있어야 하므로 모터댐퍼와 방화댐퍼를 설치하여 감지기 동작신호에 따라 작동되도록 한다.

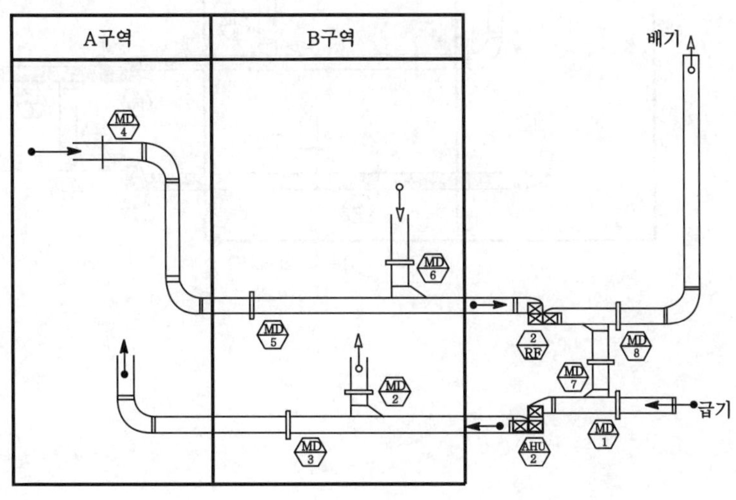

▮ 공조겸용설비 ▮

구 분	급 기			배 기				
	MD_1	MD_2	MD_3	MD_4	MD_5	MD_6	MD_7	MD_8
A구역 화재시	open	open	close	open	open	close	close	open
B구역 화재시	open	close	open	close	close	open	close	open
공조시	open	open	open	open	open	open	open	close

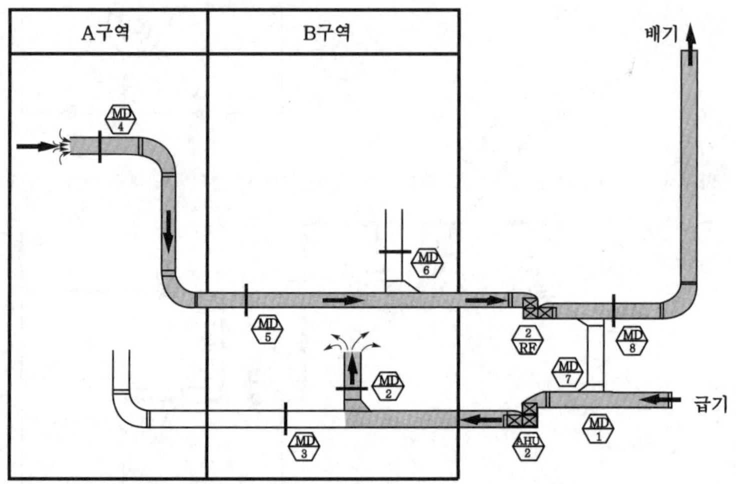

‖ A구역 화재시 ‖

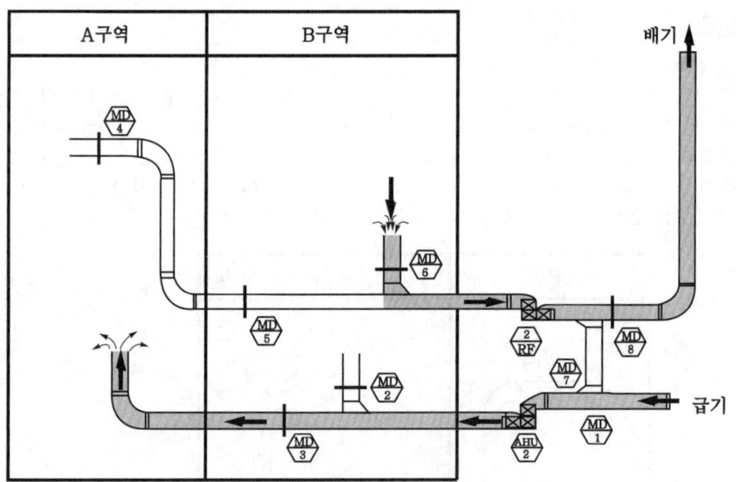

‖ B구역 화재시 ‖

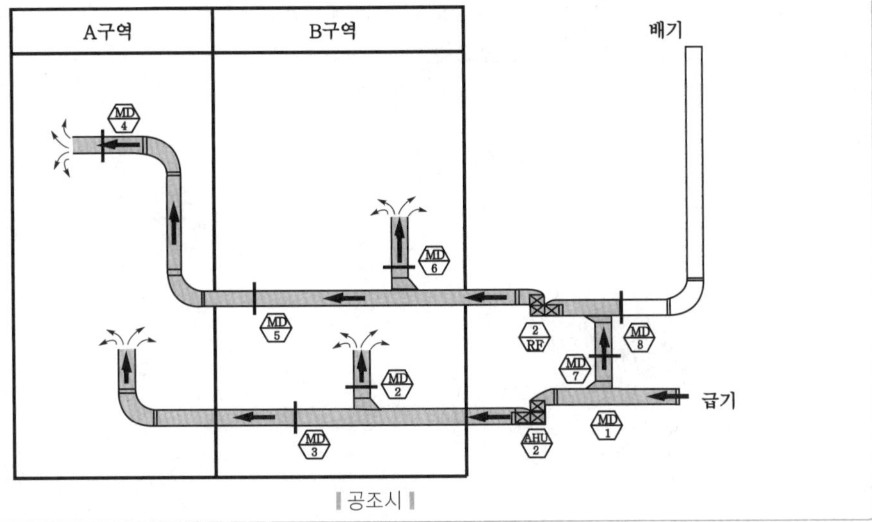

▮공조시▮

☆☆

문제 14

스프링클러설비 배관의 안지름을 수리계산에 의하여 선정하고자 한다. 그림에서 B~C구간의 유량을 165L/min, E~F구간의 유량을 330L/min라고 가정할 때 다음을 구하시오. (단, 화재안전기준에서 정하는 유속기준을 만족하도록 하여야 한다.) (16.11.문7, 14.4.문4)

득점	배점
	4

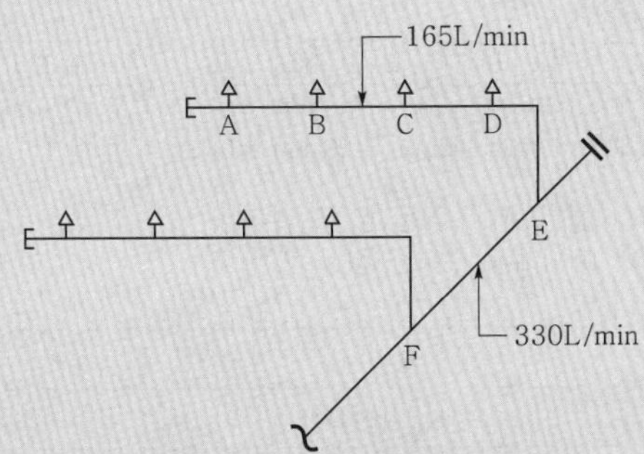

(가) B~C구간의 배관 안지름〔mm〕의 최소값을 구하시오.
- ○계산과정 :
- ○답 :

(나) E~F구간의 배관 안지름〔mm〕의 최소값을 구하시오.
- ○계산과정 :
- ○답 :

(가) ○계산과정 : $\sqrt{\dfrac{4\times0.165/60}{\pi\times6}}=0.024157\text{m}=24.157\text{mm}\fallingdotseq24.16\text{mm}$

○답 : 24.16mm

(나) ○계산과정 : $\sqrt{\dfrac{4\times0.33/60}{\pi\times10}}=0.026462\text{m}=26.462\text{mm}\fallingdotseq26.46\text{mm}$

○답 : 40mm 선정

해설

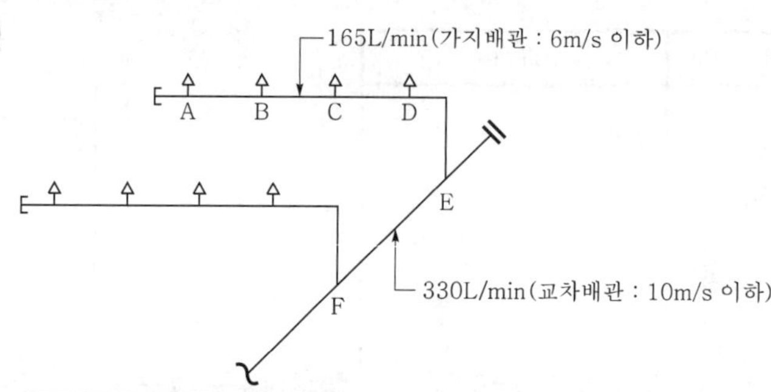

$$Q = AV = \frac{\pi D^2}{4} V$$

여기서, Q : 유량[m^3/s]

A : 단면적[m^2]

V : 유속[m/s]

D : 내경[m]

$$Q = \frac{\pi D^2}{4} V$$ 에서

(개) **가지배관**의 **내경**(안지름) D는

$$D = \sqrt{\frac{4Q}{\pi V}} = \sqrt{\frac{4 \times 165\text{L/min}}{\pi \times 6\text{m/s}}} = \sqrt{\frac{4 \times 0.165\text{m}^3/\text{min}}{\pi \times 6\text{m/s}}} = \sqrt{\frac{4 \times 0.165\text{m}^3/60\text{s}}{\pi \times 6\text{m/s}}}$$

$= 0.024157\text{m} = 24.157\text{mm} \fallingdotseq 24.16\text{mm}$

(내) **교차배관**의 **내경**(안지름) D는

$$D = \sqrt{\frac{4Q}{\pi V}} = \sqrt{\frac{4 \times 330\text{L/min}}{\pi \times 10\text{m/s}}} = \sqrt{\frac{4 \times 0.33\text{m}^3/\text{min}}{\pi \times 10\text{m/s}}} = \sqrt{\frac{4 \times 0.33\text{m}^3/60\text{s}}{\pi \times 10\text{m/s}}}$$

$= 0.026462\text{m} = 26.462\text{mm} \fallingdotseq 26.46\text{mm}$(최소 40mm 선정)

- 165L/min : 문제와 그림에서 주어진 값
- 330L/min : 문제와 그림에서 주어진 값
- 배관 내의 유속

설 비		유 속
옥내소화전설비		4m/s 이하
스프링클러설비	가지배관 →	6m/s 이하
	기타 배관 →	10m/s 이하

- 스프링클러설비

스프링클러헤드수별 급수관의 구경										
호칭경	25mm	32mm	40mm	50mm	65mm	80mm	90mm	100mm	125mm	150mm

- 1000L=1m^3, 1min=60s이므로 165L/min=0.165m^3/min=0.165m^3/60s, 330L/min=0.33m^3/min=0.33m^3/60s
- 1m=1000mm이므로 0.024157m=24.157mm이고, 0.026462m=26.462mm
- '**호칭경**'이 아닌 '**배관(안지름)의 최소값**'을 구하라고 하였으므로 **소수점 둘째자리**까지 답하면 된다.
- 교차배관은 스프링클러설비의 화재안전기준(NFPC 103 8조, NFTC 103 2.5.10.1)에 의해 **최소구경**은 **40mm** 이상으로 해야 하므로 **40mm** 선정. 주의!
  - 스프링클러설비의 화재안전기준(NFPC 103 8조 ⑩항 1호, NFTC 103 2.5.10.1)
    10. 교차배관의 위치 · 청소구 및 가지배관의 헤드설치는 다음의 기준에 따른다.
      1. 교차배관은 가지배관과 수평으로 설치하거나 또는 가지배관 밑에 설치하고, 그 구경은 최소구경이 **40mm** 이상이 되도록 할 것

☆☆
문제 15

할로겐화합물 및 불활성기체 소화설비에 다음 조건과 같은 압력배관용 탄소강관(SPPS 420, Sch 40)을 사용한다. 다음 각 물음에 답하시오. (20.10.문11, 19.6.문9, 17.6.문4, 16.11.문8, 14.4.문16, 12.4.문14)

득점	배점
	4

〔조건〕

① 압력배관용 탄소강관(SPPS 420)의 인장강도는 420MPa, 항복점은 250MPa이다.
② 용접이음에 따른 허용값〔mm〕은 무시한다.
③ 배관이음효율은 0.85로 한다.
④ 배관의 치수

구 분	DN40	DN50	DN65	DN80
바깥지름〔mm〕	48.6	60.5	76.3	89.1
두께〔mm〕	3.25	3.65	3.65	4.05

⑤ 헤드 설치부분은 제외한다.

(가) 배관이 DN40일 때 오리피스의 최대구경은 몇 mm인지 구하시오.
○ 계산과정 :
○ 답 :

(나) 배관이 DN65일 때 배관의 최대허용압력〔MPa〕을 구하시오.
○ 계산과정 :
○ 답 :

해답 (가) ○ 계산과정 : $D_{배} = 48.6 - (3.25 \times 2) = 42.1\text{mm}$

$$A_{배} = \frac{\pi \times 42.1^2}{4} = 1392.047\text{mm}^2$$

$$A_{오} = 1392.047 \times 0.7 = 974.432\text{mm}^2$$

$$D_{오} = \sqrt{\frac{4 \times 974.432}{\pi}} = 35.223 = 35.22\text{mm}$$

○ 답 : 35.22mm

(나) ○ 계산과정 : $420 \times \frac{1}{4} = 105\text{MPa}$

$$250 \times \frac{2}{3} = 166.666 \fallingdotseq 166.67\text{MPa}$$

$$SE = 105 \times 0.85 \times 1.2 = 107.1\text{MPa}$$

$$P = \frac{2 \times 107.1 \times 3.65}{76.3} = 10.246 \fallingdotseq 10.25\text{MPa}$$

○ 답 : 10.25MPa

해설 (가) ① 배관의 내경 $D_{배}$ =배관의 바깥지름−(배관의 두께×2)= $48.6\text{mm} - (3.25\text{mm} \times 2) = 42.1\text{mm}$

구 분	DN40	DN50	DN65	DN80
바깥지름〔mm〕	48.6	60.5	76.3	89.1
두께〔mm〕	3.25	3.65	3.65	4.05

- DN(Diameter Nominal) : mm를 뜻함
  예 DN65=65A=65mm

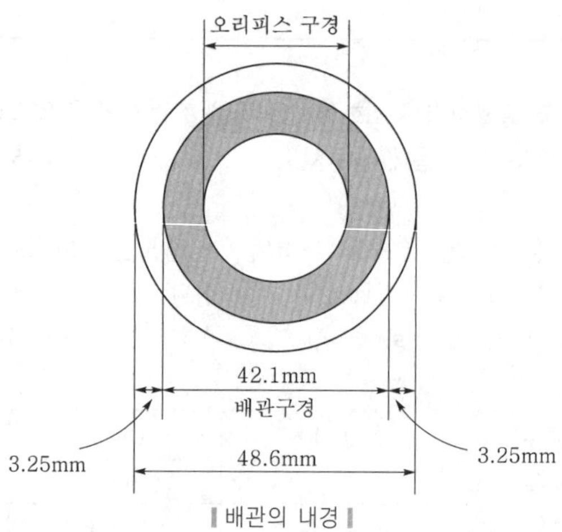

‖배관의 내경‖

② 배관의 면적 $A_{배} = \frac{\pi D^2}{4} = \frac{\pi \times (42.1\text{mm})^2}{4} = 1392.047\text{mm}^2$

③ 오리피스 최대면적 $A_{오}$ =배관면적×0.7=1392.047mm^2×0.7=974.432mm^2

- 1392.047mm^2 : 바로 위에서 구한 값
- 0.7 : 할로겐화합물 및 불활성기체 소화설비의 화재안전기준(NFPC 107A 12조 ③항, NFTC 107A 2.9.3)에서 70% 이하여야 하므로 70%=0.7
  - **할로겐화합물 및 불활성기체 소화설비**의 **화재안전기준**(NFPC 107A 12조 ③항, NFTC 107A 2.9.3)
    분사헤드의 오리피스의 면적은 분사헤드가 연결되는 배관구경 면적의 70% 이하가 되도록 할 것

④ 오리피스 최대구경 $D_{오} = \sqrt{\frac{4A}{\pi}} = \sqrt{\frac{4 \times 974.432\text{mm}^2}{\pi}} = 35.223 \fallingdotseq 35.22\text{mm}$

- $A = \frac{\pi D^2}{4}$
- $4A = \pi D^2$
- $\frac{4A}{\pi} = D^2$
- $D^2 = \frac{4A}{\pi}$
- $D = \sqrt{\frac{4A}{\pi}}$

(나)

$$t = \frac{PD}{2SE} + A$$

여기서, t : 관의 두께[mm]

P : 최대허용압력[MPa]

D : 배관의 바깥지름[mm]

SE : 최대허용응력[MPa]$\left(\text{배관재질 인장강도의 } \frac{1}{4}\text{값과 항복점의 } \frac{2}{3}\text{값 중 작은 값} \times \text{배관이음효율} \times 1.2\right)$

※ **배관이음효율**
- 이음매 없는 배관 : 1.0
- 전기저항 용접배관 : 0.85
- 가열맞대기 용접배관 : 0.60

A : 나사이음, 홈이음 등의 허용값[mm](헤드 설치부분은 제외한다.)

- 나사이음 : 나사의 높이
- 절단홈이음 : 홈의 깊이
- 용접이음 : 0

① 배관재질 인장강도의 $\frac{1}{4}$값 $= 420\text{MPa} \times \frac{1}{4} = 105\text{MPa}$

② 항복점의 $\frac{2}{3}$값 $= 250\text{MPa} \times \frac{2}{3} = 166.666 ≒ 166.67\text{MPa}$

③ 최대허용응력 SE = 배관재질 인장강도의 $\frac{1}{4}$값과 항복점의 $\frac{2}{3}$값 중 작은 값×배관이음효율×1.2

$= 105\text{MPa} \times 0.85 \times 1.2$

$= 107.1\text{MPa}$

④

$$t = \frac{PD}{2SE} + A$$

에서

$$t - A = \frac{PD}{2SE}$$

$$2SE(t-A) = PD$$

$$\frac{2SE(t-A)}{D} = P$$

최대허용압력 P는

$$P = \frac{2SE(t-A)}{D} = \frac{2 \times 107.1\text{MPa} \times 3.65\text{mm}}{76.3\text{mm}} = 10.246 ≒ 10.25\text{MPa}$$

- **420MPa** : [조건 ①]에서 주어진 값
- **250MPa** : [조건 ①]에서 주어진 값
- **0.85** : [조건 ③]에서 주어진 값
- t(3.65mm) : [조건 ④]에서 주어진 값
- D(76.3mm) : [조건 ④]에서 주어진 값

구 분	DN40	DN50	DN65	DN80
바깥지름[mm]	48.6	60.5	76.3	89.1
두께[mm]	3.25	3.65	3.65	4.05

- A : [조건 ②]에 의해 무시

☆☆

문제 16

수면이 펌프보다 3m 낮은 지하수조에서 0.3m^3/min의 물을 이송하는 원심펌프가 있다. 흡입관과 송출관의 구경이 각각 100mm, 송출구 압력계가 0.1MPa일 때 이 펌프에 공동현상이 발생하는지 여부를 판별하시오. (단, 흡입측의 손실수두는 3.5kPa이고, 흡입관의 속도수두는 무시하고 대기압은 표준대기압, 물의 온도는 20℃이고, 이때의 포화수증기압은 2.33kPa, 중력가속도는 9.807m/s^{2}이다. 필요흡입양정은 5m이다.) (20.10.문5, 15.11.문7, 14.4.문1, 13.7.문1, 12.4.문3, 11.11.문14)

○ 계산과정 :

○ 답 :

득점	배점
	4

해답 ○ 계산과정 : $H_a = 10.332\text{m}$

$$H_v = \frac{2330}{1000 \times 9.807} = 0.2375\text{m}$$

$$H_L = \frac{3500}{1000 \times 9.807} = 0.3568\text{m}$$

$\text{NPSH}_{av} = 10.332 - 0.2375 - 3 - 0.3568 = 6.7377\text{m}$

○ 답 : 필요흡입양정보다 유효흡입양정이 크므로 공동현상 미발생

해설 (1) **수두**

$$H = \frac{P}{\gamma}$$

여기서, H : 수두〔m〕

P : 압력〔Pa 또는 N/m^2〕

γ : 비중량〔N/m^3〕

(2) **표준대기압**

1atm=760mmHg=1.0332kg$_f$/cm^2
=10.332mH$_2$O(mAq)
=14.7PSI(lb$_f$/in^2)
=101.325kPa(kN/m^2)=101325Pa(N/m^2)
=1013mbar

$P = \gamma h$, $\gamma = \rho g$

여기서, P : 압력〔Pa〕, γ : 비중량〔N/m^3〕, h : 높이〔m〕

ρ : 밀도(물의 밀도 1000kg/m^3=1000N·s^2/m^4)

g : 중력가속도〔m/s^2〕

$$h = \frac{P}{\gamma} = \frac{P}{\rho g}$$

1Pa=1N/m^2 이므로

대기압수두(H_a) : H_a=**10.332m** (〔단서〕에 의해 표준대기압(표준기압)을 적용한다.)

수증기압수두(H_v) : $H_v = \dfrac{P}{\rho g} = \dfrac{2330\text{N/m}^2}{1000\text{N} \cdot \text{s}^2/\text{m}^4 \times 9.807\text{m/s}^2}$=**0.2375m**

흡입수두(H_s) : **3m**(수원의 수면~펌프 중심까지의 수직거리)

마찰손실수두(H_L) : $H_L = \dfrac{P}{\rho g} = \dfrac{3500\text{N/m}^2}{1000\text{N} \cdot \text{s}^2/\text{m}^4 \times 9.807\text{m/s}^2}$=**0.3568m**

- 2.33kPa=2330Pa=2330N/m^2
- 3.5kPa=3500Pa=3500N/m^2
- 〔단서〕에 의해 수증기압(H_v)과 마찰손실수두(H_L)는 중력가속도 9.807m/s^{2}를 반드시 적용할 것. 적용하지 않으면 틀림

수조가 펌프보다 낮으므로 **흡입 NPSH$_{av}$**는

$\text{NPSH}_{av} = H_a - H_v - H_s - H_L = 10.332\text{m} - 0.2375\text{m} - 3\text{m} - 0.3568\text{m} = 6.7377\text{m}$

6.7377m(NPSH$_{av}$)>5m(NPSH$_{re}$)=공동현상 미발생

중요

(1) **흡입 NPSH$_{av}$**와 **압입 NPSH$_{av}$**

흡입 NPSH$_{av}$(수조가 펌프보다 낮을 때)	**압입** NPSH$_{av}$(수조가 펌프보다 높을 때)
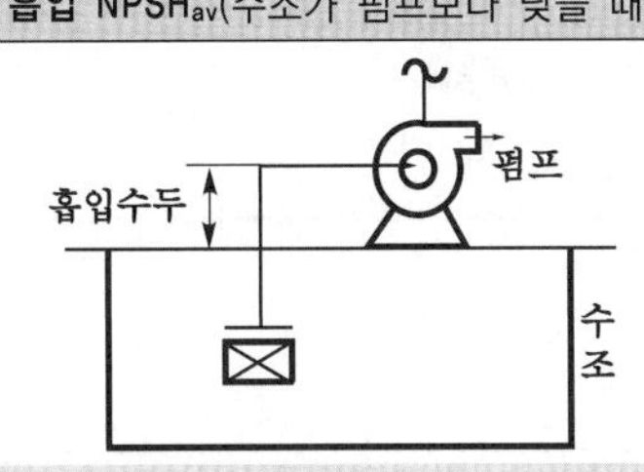 $$NPSH_{av} = H_a - H_v - H_s - H_L$$ 여기서, $NPSH_{av}$: 유효흡입양정〔m〕 H_a : 대기압수두〔m〕 H_v : 수증기압수두〔m〕 H_s : 흡입수두〔m〕 H_L : 마찰손실수두〔m〕	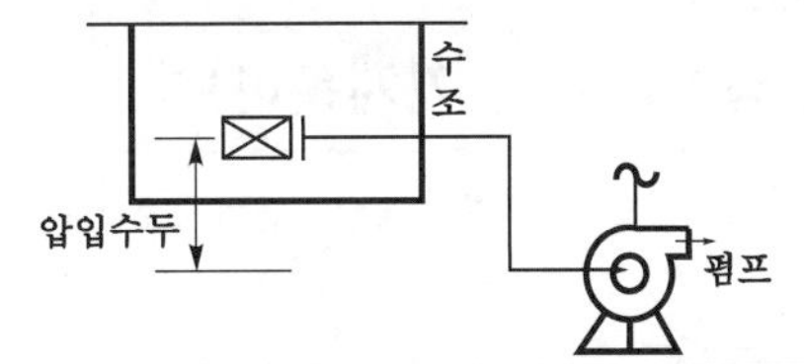 $$NPSH_{av} = H_a - H_v + H_s - H_L$$ 여기서, $NPSH_{av}$: 유효흡입양정〔m〕 H_a : 대기압수두〔m〕 H_v : 수증기압수두〔m〕 H_s : 압입수두〔m〕 H_L : 마찰손실수두〔m〕

(2) **공동현상**의 **발생한계조건**

① $NPSH_{av} \geq NPSH_{re}$: 공동현상이 발생하지 않아 펌프사용**가능**

② $NPSH_{av} < NPSH_{re}$: 공동현상이 발생하여 펌프사용**불가**

• 공동현상=캐비테이션

NPSH$_{av}$(Available Net Positive Suction Head) =유효흡입양정	NPSH$_{re}$(Required Net Positive Suction Head) =필요흡입양정
① 흡입전양정에서 포화증기압을 뺀 값 ② 펌프 설치과정에 있어서 펌프 흡입측에 가해지는 수두압에서 흡입액의 온도에 해당되는 포화증기압을 뺀 값 ③ 펌프의 중심으로 유입되는 액체의 절대압력 ④ 펌프 설치과정에서 펌프 그 자체와는 무관하게 흡입측 배관의 설치위치, 액체온도 등에 따라 결정되는 양정 ⑤ 이용가능한 정미 유효흡입양정으로 흡입전양정에서 포화증기압을 뺀 것	① 공동현상을 방지하기 위해 펌프 흡입측 내부에 필요한 최소압력 ② 펌프 제작사에 의해 결정되는 값 ③ 펌프에서 임펠러 입구까지 유입된 액체는 임펠러에서 가압되기 직전에 일시적인 압력강하가 발생되는데 이에 해당하는 양정 ④ 펌프 그 자체가 캐비테이션을 일으키지 않고 정상운전되기 위하여 필요로 하는 흡입양정 ⑤ 필요로 하는 정미 유효흡입양정 ⑥ 펌프의 요구 흡입수두

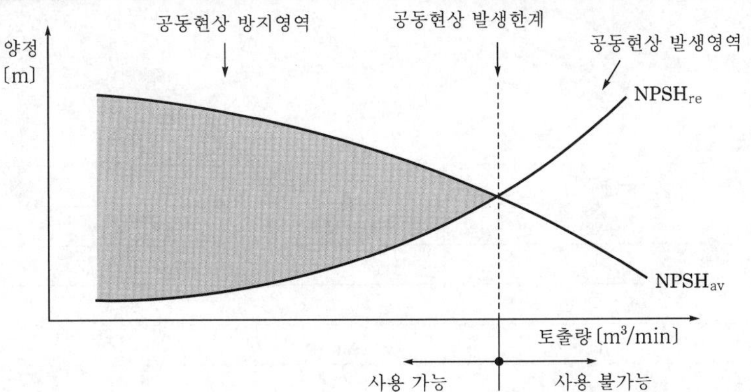

2021. 11. 13 시행

▌2021년 기사 제4회 필답형 실기시험▐			수험번호	성명	감독위원 확 인
자격종목 소방설비기사(기계분야)	시험시간 3시간	형별			

※ 다음 물음에 답을 해당 답란에 답하시오.(배점 : 100)

☆☆

문제 01

그림의 스프링클러설비 가지배관에서의 구성부품과 규격 및 수량을 산출하여 다음 답란을 완성하시오.

(15.4.문15, 08.4.문4)

유사문제부터 풀어보세요.
실력이 팍!팍! 올라갑니다.

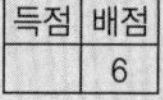

득점	배점
	6

[조건]

① 티는 모두 동일 구경을 사용하고 배관이 축소되는 부분은 반드시 리듀셔를 사용한다.

② 교차배관은 제외한다.

③ 작성 예시

명 칭	규 격	수 량
티	125×125×125A 100×100×100A	1개 1개
90° 엘보	25A	1개
리듀셔	25×15A	1개

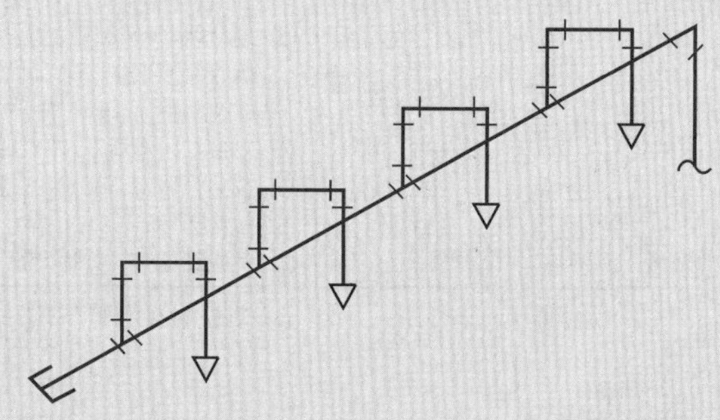

○ 답란 :

구성부품	규 격	수 량
캡	25A	1개
티		
90° 엘보		
리듀셔		

해답

구성부품	규 격	수 량
캡	25A	1개
티	25×25×25A	1개
	32×32×32A	1개
	40×40×40A	2개
90° 엘보	25A	8개
	40A	1개
리듀셔	25×15A	4개
	32×25A	2개
	40×25A	2개
	40×32A	1개

해설

• 문제 그림이 개방형 헤드(↓▽)임을 특히 주의!

스프링클러헤드수별 급수관의 구경(NFTC 103 2.5.3.3)

구분 \ 급수관의 구경	25mm	32mm	40mm	50mm	65mm	80mm	90mm	100mm	125mm	150mm
• **폐쇄형 헤드**	2개	3개	5개	10개	30개	60개	80개	100개	160개	161개 이상
• **폐쇄형 헤드** (헤드를 동일 급수관의 가지관상에 병설하는 경우)	2개	4개	7개	15개	30개	60개	65개	100개	160개	161개 이상
• **폐쇄형 헤드** (**무대부 · 특수가연물** 저장취급장소) • **개방형 헤드** (헤드개수 **30**개 이하)	1개	2개	5개	8개	15개	27개	40개	55개	90개	91개 이상

기억법
2 3 5 1 3 6 8 1 6
2 4 7 5 3 6 5 1 6
1 2 5 8 5 27 4 55 9

• **개방형 스프링클러헤드**를 설치하는 경우 하나의 방수구역이 담당하는 헤드의 개수가 30개 이하일 때는 위의 표에 의하고, 30개를 초과할 때는 수리계산방법에 의할 것

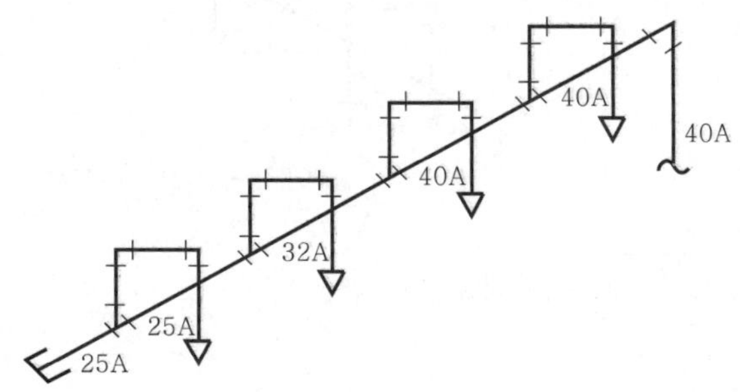

(1) **캡**

캡 25A 1개

캡표시 : ◎

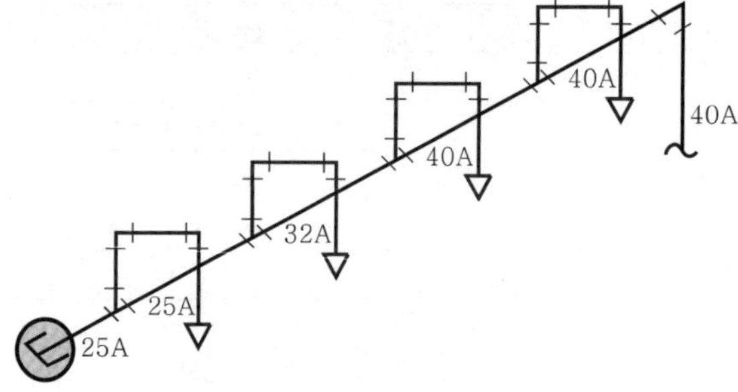

▌캡 25A 표시▐

(2) **티**

① 25×25×25A 1개
② 32×32×32A 1개
③ 40×40×40A 2개

여기서, ○ : 25×25×25A 표시, ■ : 32×32×32A 표시, □ : 40×40×40A 표시

- 〔조건 ①〕에 의해 **티**는 모두 **동일 구경**으로 사용
- 〔조건 ②〕에 의해 **교차배관**은 적용하지 **말 것**

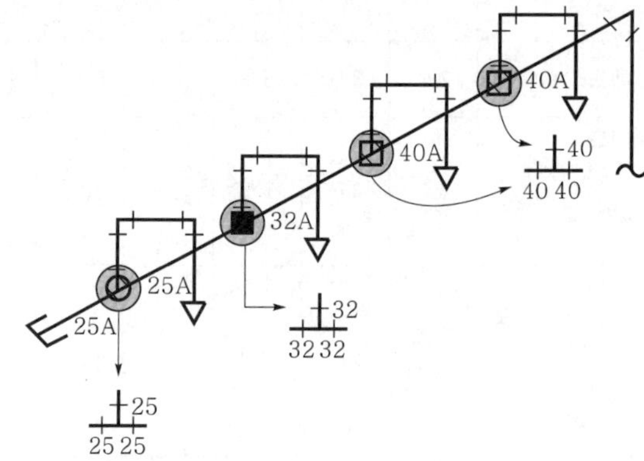

▌티 25×25×25A, 32×32×32A, 40×40×40A 표시▐

(3) **90° 엘보**

① 25A 8개
② 40A 1개

여기서, ● : 25A 표시, ○ : 40A 표시

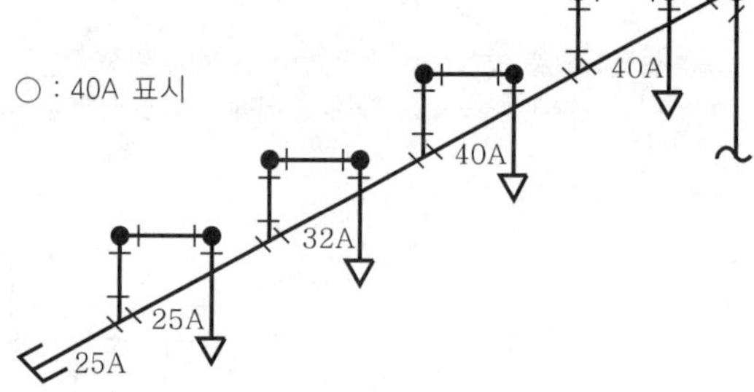

▌90° 엘보 25A, 40A 표시▐

(4) **리듀셔**

① 25×15A 4개(스프링클러헤드마다 1개씩 설치)
② 32×25A 2개
③ 40×25A 2개
④ 40×32A 1개

여기서, ● : 25×15A 표시, ○ : 32×25A 표시, ■ : 40×25A 표시, □ : 40×32A 표시

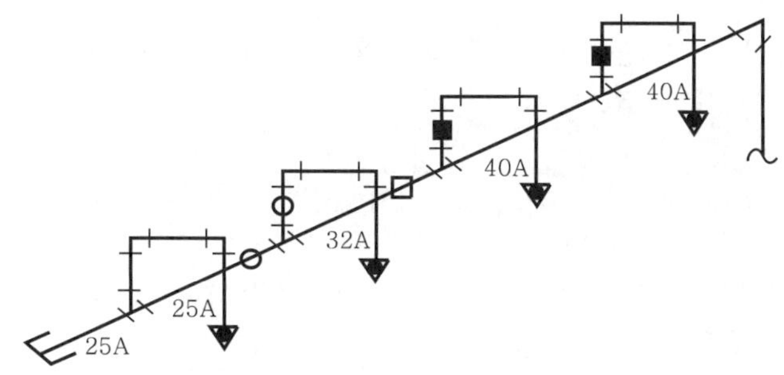

‖ 리듀셔 25×15A, 32×25A, 40×25A, 40×32A 표시 ‖

☆☆

문제 02

옥외소화전설비의 화재안전기준에서 수원의 수위가 펌프보다 낮은 위치에 있는 가압송수장치에 설치하는 물올림장치의 설치기준이다. ( ) 안을 완성하시오. (16.6.문9, 09.4.문5)

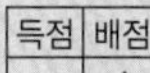

득점	배점
	4

(가) 물올림장치에는 전용의 (①)를 설치할 것
(나) (①)의 유효수량은 (②)L 이상으로 하되, 구경 (③)mm 이상의 (④)에 따라 해당 수조에 물이 계속 보급되도록 할 것

해답 (가) ① 수조
(나) ② 100
③ 15
④ 급수배관

해설 **물올림장치**의 **설치기준**

소화설비	옥내 · 외소화전설비(NFPC 102 5조 11호, NFTC 102 2.2.1.12 / NFPC 109 5조 9호, NFTC 109 2.2.1.10)
물올림장치 설치기준	① 물올림장치에는 **전용**의 **수조**를 설치할 것 ② **수조**의 유효수량은 **100L** 이상으로 하되, 구경 **15mm** 이상의 **급수배관**에 따라 당해 수조에 물이 계속 보급되도록 할 것

용어

물올림장치

(1) 물올림장치는 수원의 수위가 펌프보다 아래에 있을 때 설치하며, 주기능은 펌프와 풋밸브 사이의 흡입관 내에 항상 물을 충만시켜 펌프가 **물**을 **흡입**할 수 있도록 하는 설비
(2) 수계소화설비에서 수조의 위치가 가압송수장치보다 낮은 곳에 설치된 경우, 항상 펌프가 정상적으로 소화수의 **흡입**이 가능하도록 하기 위한 장치

중요

수원의 수위가 **펌프보다 낮은 위치**에 있는 경우 설치하여야 할 설비(NFPC 103 5조 8호, NFTC 103 2.2.1.4, 2.2.1.9)
(1) 물올림장치
(2) 풋밸브(foot valve)
(3) 연성계(진공계)

☆☆

문제 03

다음은 수원 및 가압송수장치의 펌프가 겸용으로 설치된 A, B, C구역에 대한 설명이다. 조건을 참고하여 다음 각 물음에 답하시오. (19.6.문3, 15.11.문1, 13.4.문9, 12.4.문10, 07.7.문2)

득점	배점
	7

[조건]

① 펌프 · 배관과 소화수 또는 소화약제를 최종 방출하는 방출구가 고정된 고정식 소화설비가 2개 설치되어 있다.

② 각 구역의 소화설비가 설치된 부분이 방화벽과 방화문으로 구획되어 있으며, 각 소화설비에 지장이 없다.

③ 옥상수조는 제외한다.

A구역	B구역	C구역
해당 구역에는 옥내소화전설비가 3개 설치되어 있고, 스프링클러설비는 헤드가 10개 설치되어 있다.	옥외소화전설비가 3개 설치되어 있고, 주차장 물분무소화설비가 설치되어 있으며 토출량은 $20L/min \cdot m^2$으로 하고, 최소바닥면적은 $50m^2$이다.	옥외에 완전 개방된 주차장에 설치하는 포소화전설비는 포소화전 방수구가 7개 설치되어 있다. 또한, 포원액의 농도는 무시하고 산출한다. 단, 포소화전설비를 설치한 1개층의 바닥면적은 $200m^2$을 초과한다.

(가) 최소토출량[m^3/min]을 구하시오.

○ 계산과정 :

○ 답 :

(나) 최소수원의 양[m^3]을 구하시오.

○ 계산과정 :

○ 답 :

해답 (가) ○ 계산과정 : **A구역**

$Q_1 = 2 \times 130 = 260L/min$

$Q_2 = 10 \times 80 = 800L/min$

$Q = 260 + 800 = 1060L/min = 1.06m^3/min$

B구역

$Q_1 = 2 \times 350 = 700L/min$

$Q_2 = 50 \times 20 = 1000L/min$

$Q = 700 + 1000 = 1700L/min = 1.7m^3/min$

C구역

$Q = 5 \times 300 = 1500L/min = 1.5m^3/min$

○ 답 : $1.7m^3/min$

(나) ○ 계산과정 : $1.7 \times 20 = 34m^3$

○ 답 : $34m^3$

해설 (가) **A구역**

① **옥내소화전설비**의 **토출량**

$$Q = N \times 130L/min$$

여기서, Q : 유량(토출량)[L/min]

N : 가장 많은 층의 소화전개수(30층 미만 : 최대 2개, 30층 이상 : 최대 5개)

펌프의 **토출량** Q_1는

$Q_1 = N \times 130\text{L/min} = 2 \times 130\text{L/min} = 260\text{L/min}$

- 층수 조건이 없으면 30층 미만으로 본다.
- 〔A구역〕에서 소화전개수 N=**2**

② **스프링클러설비**의 **토출량**

펌프의 **토출량(유량)** Q_2는

$Q_2 = N \times 80\text{L/min} = 10 \times 80\text{L/min} = 800\text{L/min}$

- N(10개) : 폐쇄형 헤드의 기준개수로서 문제에서 주어진 값

펌프의 토출량(Q)= $Q_1 + Q_2$

$= 260\text{L/min} + 800\text{L/min} = 1060\text{L/min}$ =**1.06m³/min**(1000L=1m³)

B구역

① **옥외소화전설비**의 **토출량**

$$Q = N \times 350\text{L/min}$$

여기서, Q : 옥외소화전 가압송수장치의 토출량〔L/min〕

N : 옥외소화전 개수(**최대 2개**)

옥외소화전의 **토출량** Q_1은

$Q_1 = N \times 350\text{L/min} = 2 \times 350\text{L/min} = 700\text{L/min}$

- N은 3개이지만 최대 2개까지만 적용하므로 N=2

② **물분무소화설비**의 **수원**(NFPC 104 4조, NFTC 104 2.1.1)

특정소방대상물	토출량	최소기준	비 고
컨베이어벨트	1**0**L/min · m²	–	벨트부분의 바닥면적
절연유 봉입변압기	1**0**L/min · m²	–	표면적을 합한 면적(바닥면적 제외)
특수가연물	1**0**L/min · m²	최소 50m²	최대 방수구역의 바닥면적 기준
케이블트레이 · 덕트	1**2**L/min · m²	–	투영된 바닥면적
차고 · 주차장	2**0**L/min · m²	최소 50m²	최대 방수구역의 바닥면적 기준
위험물 저장탱크	**37**L/min · m	–	위험물탱크 둘레길이(원주길이) : 위험물규칙 〔별표 6〕 Ⅱ

※ 모두 **20분**간 방수할 수 있는 양 이상으로 하여야 한다.

기억법
컨 0
절 0
특 0
케 2
차 0
위 37

주차장의 **방사량**(토출량) Q_2는

Q_2 =표면적(바닥면적 제외)×20L/min · m²=50m²×20L/min · m²=1000L/min

펌프의 토출량(Q)= $Q_1 + Q_2$

$= 700\text{L/min} + 1000\text{L/min} = 1700\text{L/min}$ =**1.7m³/min**(1000L=1m³)

C구역

포소화전설비의 **토출량**

$Q = N \times 300\text{L/min}$(바닥면적 200m² 이하는 230L/min)

여기서, Q : 유량(토출량)〔L/min〕

N : 가장 많은 층의 소화전개수(**최대 5개**)

포소화전설비 토출량 Q는
$Q = N \times 300\text{L/min} = 5 \times 300\text{L/min} = 1500\text{L/min} = \mathbf{1.5m^3/min}$

- 일반적으로 A, B, C구역을 더한 값을 적용하지만 [조건 ①, ②]에 의해 펌프토출량 중 **최대값** 적용

중요

포소화설비의 **화재안전기준**(NFPC 105 16조, NFTC 105 2.13)
수원 및 가압송수장치의 펌프 등의 겸용
(1) 포소화전설비의 수원을 옥내소화전설비 · 스프링클러설비 · 간이스프링클러설비 · 화재조기진압용 스프링클러설비 · 물분무소화설비 및 옥외소화전설비의 수원과 겸용하여 설치하는 경우의 저수량은 각 소화설비에 필요한 **저수량**을 **합한 양** 이상이 되도록 하여야 한다. 단, 이들 소화설비 중 고정식 소화설비(펌프 · 배관과 소화수 또는 소화약제를 최종 방출하는 방출구가 고정된 설비)가 2 이상 설치되어 있고, 그 소화설비가 설치된 부분이 방화벽과 방화문으로 구획되어 있는 경우에는 각 고정식 소화설비에 필요한 **저수량** 중 **최대**의 것 이상으로 할 수 있다.
(2) 포소화설비의 가압송수장치로 사용하는 펌프를 옥내소화전설비 · 스프링클러설비 · 간이스프링클러설비 · 화재조기진압용 스프링클러설비 · 물분무소화설비 및 옥외소화전설비의 가압송수장치와 겸용하여 설치하는 경우의 펌프의 토출량은 각 소화설비에 해당하는 **토출량**을 **합한 양** 이상이 되도록 하여야 한다. 단, 이들 소화설비 중 고정식 소화설비가 2 이상 설치되어 있고, 그 소화설비가 설치된 부분이 방화벽과 방화문으로 구획되어 있으며 각 소화설비에 지장이 없는 경우에는 **펌프**의 **토출량** 중 **최대**의 것 이상으로 할 수 있다.
(3) 옥내소화전설비 · 스프링클러설비 · 간이스프링클러설비 · 화재조기진압용 스프링클러설비 · 물분무소화설비 · 포소화설비 및 옥외소화전설비의 가압송수장치에 있어서 각 토출측 배관과 일반급수용의 가압송수장치의 토출측 배관을 상호 연결하여 화재시 사용할 수 있다. 이 경우 연결배관에는 개폐표시형 밸브를 설치해야 하며, 각 소화설비의 성능에 지장이 없도록 해야 한다.
(4) 포소화설비의 송수구를 옥내소화전설비 · 스프링클러설비 · 간이스프링클러설비 · 화재조기진압용 스프링클러설비 · 물분무소화설비 또는 연결살수설비의 송수구와 겸용으로 설치하는 경우에는 스프링클러설비의 송수구의 설치기준에 따르되 각각의 소화설비의 기능에 지장이 없도록 해야 한다.

일반적인 경우

하나의 **펌프**에 **두 개**의 **설비**가 **함께 연결된 경우**

구 분	적 용
펌프의 전양정	두 설비의 전양정 중 **큰 값**
펌프의 유량(토출량) →	두 설비의 유량(토출량)을 **더한 값**
펌프의 토출압력	두 설비의 토출압력 중 **큰 값**
수원의 저수량 →	두 설비의 저수량을 **더한 값**

(나) **최소수원**의 **양**
$Q = 1.7\text{m}^3/\text{min} \times 20\text{min} = 34\text{m}^3$

- $1.7\text{m}^3/\text{min}$: [B구역]에서 구한 값
- 20min : 특별한 조건이 없으므로 30층 미만으로 보고 20min 적용
- [조건 ③]에 의해 옥상수조 수원량은 제외

☆☆

문제 04

특정소방대상물의 용도 및 장소별로 설치하여야 할 인명구조기구에 관한 사항이다. ( ) 안을 완성하시오.
(18.11.문6, 17.11.문10, 11.7.문3)

특정소방대상물	인명구조기구의 종류	설치수량
• 지하층을 포함하는 층수가 7층 이상인 (①) 및 5층 이상인 병원	• 방열복 또는 방화복(안전모, 보호장갑 및 안전화를 포함한다.) • (②) • (③)	• 각 (④)개 이상 비치할 것. 단, 병원의 경우에는 (③)를 설치하지 않을 수 있다.
• 문화 및 집회시설 중 수용인원 (⑤)명 이상의 영화상영관 • 판매시설 중 대규모 점포 • 운수시설 중 지하역사 • 지하가 중 지하상가	• (②)	• 층마다 (⑥)개 이상 비치할 것. 단, 각 층마다 갖추어 두어야 할 공기호흡기 중 일부를 직원이 상주하는 인근 사무실에 갖추어 둘 수 있다.

득점	배점
	6

해답 ① 관광호텔
② 공기호흡기
③ 인공소생기
④ 2
⑤ 100
⑥ 2

해설 (1) **인명구조기구**의 **설치기준**(NFPC 302 4조, NFTC 302 2.1)
① 화재시 쉽게 반출 사용할 수 있는 장소에 비치할 것
② 인명구조기구가 설치된 가까운 장소의 보기 쉬운 곳에 "**인명구조기구**"라는 축광식 표지와 그 사용방법을 표시한 표지를 부착할 것

(2) **인명구조기구**의 **설치대상**

특정소방대상물	인명구조기구의 종류	설치수량
• 지하층을 포함하는 층수가 **7층** 이상인 **관광호텔** 및 **5층** 이상인 **병원**	• 방열복 • 방화복(안전모, 보호장갑, 안전화 포함) • **공기호흡기** • **인공소생기**	• 각 **2개** 이상 비치할 것(단, 병원은 인공소생기 설치 제외)
• 문화 및 집회시설 중 수용인원 **100명** 이상의 영화상영관 • **대규모 점포** • **지하역사** • **지하상가**	• **공기호흡기**	• 층마다 **2개** 이상 비치할 것
• **이산화탄소 소화설비**를 설치하여야 하는 특정소방대상물	• 공기호흡기	• 이산화탄소 소화설비가 설치된 장소의 출입구 외부 인근에 **1대** 이상 비치할 것

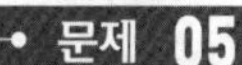

☆☆☆ **문제 05**

체적이 150m^{3}인 전기실에 이산화탄소 소화설비를 전역방출방식으로 설치하고자 한다. 설계농도를 50%로 할 경우 방출계수는 1.3kg/m^{3}이다. 저장용기의 충전비는 1.8, 내용적은 68L일 경우 다음 각 물음에 답하시오. (20.11.문16, 15.7.문5, 15.4.문14, 14.7.문10, 13.4.문14, 12.11.문13, 05.5.문11)

(가) 이산화탄소 소화약제의 저장량[kg]을 구하시오.

득점	배점
	5

○ 계산과정 :
○ 답 :

(나) 저장용기수를 구하시오.
○ 계산과정 :
○ 답 :

(다) 이 설비는 고압식인가? 저압식인가?

(라) 저장용기의 내압시험압력의 합격기준[MPa]을 쓰시오.

해답 (가) ○ 계산과정 : $150 \times 1.3 = 195$kg
○ 답 : 195kg

(나) ○ 계산과정 : $G = \frac{68}{1.8} = 37.778$kg

$$저장용기수 = \frac{195}{37.778} = 5.16 ≒ 6병$$

○ 답 : 6병

(다) 고압식

(라) 25MPa 이상

해설 (가) **이산화탄소 소화설비 심부화재**의 **약제량** 및 **개구부가산량**

방호대상물	약제량	개구부가산량 (자동폐쇄장치 미설치시)	설계농도
전기설비(55m^3 이상), 케이블실 ──→	1.3kg/m^3	10kg/m^2	50%
전기설비(55m^3 미만)	1.6kg/m^3		
서고, 박물관, 목재가공품창고, 전자제품창고	2.0kg/m^3		65%
석탄창고, 면화류창고, 고무류, 모피창고, 집진설비	2.7kg/m^3		75%

CO_2 저장량[kg]
= **방**호구역체적[m^3]×**약**제량[kg/m^3]**+개**구부면적[m^2]×개구부가**산**량(10kg/m^2)

기억법 **방약+개산**

= 150m^3×1.3kg/m^3 = 195kg

- 150m^3 : 문제에서 주어짐
- 1.3kg/m^3 : 문제에서 전기실(전기설비)이고, 체적이 150m^{3}로서 55m^3 이상이므로 위 표에서 1.3kg/m^3
- 개구부 조건은 없으므로 무시
- 문제에서 설계농도 50%라고 주어져서 고민할 필요가 없다. 왜냐하면 약제량 1.3kg/m^{3}이 이미 설계농도 50%를 적용해서 계산한 값이기 때문이다.

(나) **충전비**

$$C = \frac{V}{G}$$

여기서, C : 충전비[L/kg]
V : 내용적[L]
G : 저장량(충전량)[kg]

1병당 충전량 G는

$$G = \frac{V}{C} = \frac{68\text{L}}{1.8} = 37.778\text{kg}$$

- 68L : 문제에서 주어짐
- 1.8 : 문제에서 주어짐

저장용기수

$$\text{저장용기수} = \frac{CO_2\ \text{저장량[kg]}}{\text{1병당 충전량[kg]}} = \frac{195\text{kg}}{37.778\text{kg}} = 5.16 \fallingdotseq 6\text{병(절상)}$$

- 195kg : (가)에서 구한 값
- 37.778kg : 바로 위에서 구한 값

(다)

- 문제에서 충전비가 1.8이므로 **고압식** 정답!

이산화탄소소화약제의 **저장용기 설치기준**(NFPC 106 4조, NFTC 106 2.1.2)

① 저장용기의 **충**전비는 고압식은 **1.5 이상 1.9 이하**, 저압식은 **1.1 이상 1.4 이하**로 할 것
② 저압식 저장용기에는 **내**압시험압력의 **0.64배부터 0.8배**의 압력에서 작동하는 안전밸브와 **내압시험압력**의 **0.8배부터 내압시험압력**에서 작동하는 **봉판** 설치
③ 저압식 저장용기에는 **액**면계 및 압력계와 **2.3MPa 이상 1.9MPa 이하**의 압력에서 작동하는 압력경보장치 설치
④ 저압식 저장용기에는 용기 내부의 **온**도가 **-18℃** 이하에서 **2.1MPa**의 압력을 유지할 수 있는 **자동냉동장치** 설치
⑤ 저장용기는 **고압식**은 **25MPa** 이상, **저압식**은 **3.5MPa** 이상의 내압시험압력에 합격한 것으로 할 것

기억법 **이저충 내고저 액온고저**

(라)
- 고압식이므로 25MPa 정답!
- 합격기준을 물어봤으므로 25MPa 이상이 정답이지만 **'이상'**까지는 안 써도 맞게 해 줄 것으로 보임

내압시험압력 및 **안전장치**의 **작동압력**(NFPC 106, NFTC 106 2.1.2.5, 2.1.4, 2.3.2.3.2, 2.5.1.4)

① 기동용기의 내압시험압력 : **25MPa** 이상

② 저장용기의 내압시험압력 ┬ 고압식 : **25MPa** 이상
　　　　　　　　　　　　　└ 저압식 : **3.5MPa** 이상

③ 기동용기의 안전장치 작동압력 : **내압시험압력의 0.8배~내압시험압력 이하**

④ 저장용기와 선택밸브 또는 개폐밸브의 안전장치 작동압력 : 배관의 최소사용설계압력과 최대허용압력 사이의 압력

⑤ 개폐밸브 또는 선택밸브의 배관부속 시험압력 ┬ 고압식 ┬ 1차측 : **9.5MPa**
　　　　　　　　　　　　　　　　　　　　　　│　　　　└ 2차측 : **4.5MPa**
　　　　　　　　　　　　　　　　　　　　　　└ 저압식 ― 1·2차측 : **4.5MPa**

☆☆☆

문제 06

제1석유류(비수용성) 45000L를 저장하는 위험물 옥외탱크저장소에 콘루프탱크가 설치되어 있다. 이 탱크는 직경 12m, 높이 40m이며 Ⅱ형 고정포방출구가 설치되어 있다. 〔조건〕을 참고하여 다음 각 물음에 답하시오.

(20.11.문3, 20.5.문8, 19.4.문6, 18.4.문1, 17.4.문10, 16.11.문15, 15.7.문1, 14.4.문6, 13.11.문10, 11.11.문13, 08.7.문11, 04.4.문1)

득점	배점
	10

〔조건〕

① 배관의 마찰손실수두는 30m이다.
② 포방출구의 설계압력은 350kPa이다.
③ 고정포방출구의 방출량은 $4.2\text{L/min}\cdot\text{m}^2$이고, 방사시간은 30분이다.
④ 보조포소화전은 1개(호스접결구의 수 1개) 설치되어 있다.
⑤ 포소화약제의 농도는 6%이다.
⑥ 송액관의 직경은 100mm이고, 배관의 길이는 30m이다.
⑦ 펌프의 효율은 60%이고, 전달계수 $K=1.1$이다.
⑧ 포수용액의 비중이 물의 비중과 같다고 가정한다.

(가) 포소화약제의 약제량〔L〕을 구하시오.
　○ 계산과정 :
　○ 답 :

(나) 수원의 양〔m^3〕을 구하시오.
　○ 계산과정 :
　○ 답 :

(다) 펌프의 전양정〔m〕을 구하시오. (단, 낙차는 탱크의 높이를 적용한다.)
　○ 계산과정 :
　○ 답 :

(라) 펌프의 최소토출량〔m^3/min〕을 구하시오.
　○ 계산과정 :
　○ 답 :

(마) 펌프의 동력〔kW〕을 구하시오.
　○ 계산과정 :
　○ 답 :

해답

(가) ○ 계산과정 : $A = \frac{\pi \times 12^2}{4} = 113.097\text{m}^2$

$Q_1 = 113.097 \times 4.2 \times 30 \times 0.06 = 855.013\text{L}$

$Q_2 = 1 \times 0.06 \times 8000 = 480\text{L}$

$Q_3 = \frac{\pi}{4} \times 0.1^2 \times 30 \times 0.06 \times 1000 = 14.137\text{L}$

$Q = 855.013 + 480 + 14.137 = 1349.15\text{L}$

○ 답 : 1349.15L

(나) ○ 계산과정 : $Q_1 = 113.097 \times 4.2 \times 30 \times 0.94 = 13395.208\text{L}$

$Q_2 = 1 \times 0.94 \times 8000 = 7520\text{L}$

$Q_3 = \frac{\pi}{4} \times 0.1^2 \times 30 \times 0.94 \times 1000 = 221.482\text{L}$

$Q = 13395.208 + 7520 + 221.482 = 21136.69\text{L} = 21.13669\text{m}^3 \fallingdotseq 21.14\text{m}^3$

○ 답 : 21.14m^3

(다) ○ 계산과정 : $35 + 30 + 40 = 105\text{m}$

○ 답 : 105m

(라) ○ 계산과정 : $Q_1 = 113.097 \times 4.2 \times 1 = 475.007\text{L/min} = 0.475007\text{m}^3/\text{min}$

$Q_2 = 1 \times 1 \times 400 = 400\text{L/min} = 0.4\text{m}^3/\text{min}$

$Q = 0.475007 + 0.4 = 0.875 \fallingdotseq 0.88\text{m}^3/\text{min}$

○ 답 : $0.88\text{m}^3/\text{min}$

(마) ○ 계산과정 : $\frac{0.163 \times 0.88 \times 105}{0.6} \times 1.1 = 27.612 \fallingdotseq 27.61\text{kW}$

○ 답 : 27.61kW

해설

고정포방출구

$$Q = A \times Q_1 \times T \times S$$

여기서, Q : 수용액 · 수원 · 약제량〔L〕
A : 탱크의 액표면적〔m^2〕
Q_1 : 수용액의 분당방출량(방출률)〔$\text{L/m}^2 \cdot \text{min}$〕
T : 방사시간〔분〕
S : 사용농도

보조포소화전

$$Q = N \times S \times 8000$$

여기서, Q : 수용액 · 수원 · 약제량〔L〕
N : 호스접결구수(**최대 3개**)
S : 사용농도

또는,

$$Q = N \times S \times 400$$

여기서, Q : 수용액 · 수원 · 약제량〔L/min〕
N : 호스접결구수(**최대 3개**)
S : 사용농도

- 보조포소화전의 방사량(방출률)이 400L/min이므로 400L/min×20min=8000L가 되므로 위의 두 식은 같은 식이다.

배관보정량

$$Q = A \times L \times S \times 1000\text{L/m}^3 \text{(안지름 75mm 초과시에만 적용)}$$

여기서, Q : 배관보정량〔L〕
A : 배관단면적〔m^2〕
L : 배관길이〔m〕
S : 사용농도

탱크의 액표면적 A는

$$A = \frac{\pi D^2}{4} = \frac{\pi \times (12\text{m})^2}{4} = 113.097\text{m}^2$$

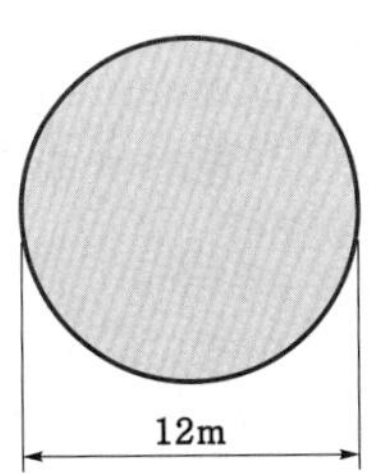

‖ 콘루프탱크의 구조 ‖

• 탱크의 액표면적(A)은 탱크 내면의 표면적만 고려하므로 **안지름** 기준!

(가) ① **고정포방출구**의 **약제량** Q_1는

$$Q_1 = A \times Q \times T \times S = 113.097\text{m}^2 \times 4.2\text{L/m}^2 \cdot \text{min} \times 30\text{min} \times 0.06 = 855.013\text{L}$$

• 4.2L/min · m^2 : 〔조건 ③〕에서 주어진 값
• 30min : 〔조건 ③〕에서 주어진 값
• 〔조건 ⑤〕에서 6%용이므로 **약제농도**(S)는 **0.06**

② **보조포소화전**의 **약제량** Q_2는

$$Q_2 = N \times S \times 8000 = 1 \times 0.06 \times 8000 = 480\text{L}$$

• 1 : 〔조건 ④〕에서 주어진 값
• 0.06 : 〔조건 ⑤〕에서 6%=0.06

③ **배관보정량** Q_3는

$Q_3 = A \times L \times S \times 1000\text{L/m}^3$(안지름 75mm 초과시에만 적용)

$$= \left(\frac{\pi}{4} D^2\right) \times L \times S \times 1000\text{L/m}^3$$

$$= \frac{\pi}{4} \times (0.1\text{m})^2 \times 30\text{m} \times 0.06 \times 1000\text{L/m}^3 = 14.137\text{L}$$

• 0.1m : 〔조건 ⑥〕에서 100mm=0.1m(1000mm=1m)
• 30m : 〔조건 ⑥〕에서 주어진 값
• 0.06 : 〔조건 ⑤〕에서 6%=0.06

∴ 포소화약제의 양 $Q = Q_1 + Q_2 + Q_3 = 855.013\text{L} + 480\text{L} + 14.137\text{L} = 1349.15\text{L}$

(나) ① **고정포방출구**의 **수원**의 **양** Q_1은

$$Q_1 = A \times Q \times T \times S = 113.097\text{m}^2 \times 4.2\text{L/m}^2 \cdot \text{min} \times 30\text{min} \times 0.94 = 13395.208\text{L}$$

• 〔조건 ⑤〕에서 6%용이므로 수원의 농도(S)는 94%(100−6=94%)

② **보조포소화전**의 **수원**의 **양** Q_2는

$$Q_2 = N \times S \times 8000 = 1 \times 0.94 \times 8000 = 7520\text{L}$$

③ **배관보정량** Q_3는

$Q_3 = A \times L \times S \times 1000\text{L/m}^3$(안지름 75mm 초과시에만 적용)

$$= \left(\frac{\pi}{4} D^2\right) \times L \times S \times 1000\text{L/m}^3$$

$$= \frac{\pi}{4} \times (0.1\text{m})^2 \times 30\text{m} \times 0.94 \times 1000\text{L/m}^3 = 221.482\text{L}$$

∴ 수원의 양 $Q = Q_1 + Q_2 + Q_3 = 13395.208\text{L} + 7520\text{L} + 221.482\text{L} = 21136.69\text{L} = 21.13669\text{m}^3 \fallingdotseq 21.14\text{m}^3$

(다) **펌프**의 **양정**

$$H = h_1 + h_2 + h_3 + h_4$$

여기서, H : 펌프의 양정〔m〕
h_1 : 방출구의 설계압력 환산수두 또는 노즐선단의 방사압력환산수두〔m〕
h_2 : 배관의 마찰손실수두〔m〕
h_3 : 소방호스의 마찰손실수두〔m〕
h_4 : 낙차〔m〕

$H = h_1 + h_2 + h_3 + h_4 = 35\text{m} + 30\text{m} + 40\text{m} = 105\text{m}$

- h_1 : 포소화설비는 소화설비로서 1MPa≒100m로 할 수 있으므로 〔조건 ②〕에서 350kPa=0.35MPa=35m
- h_2(30m) : 〔조건 ①〕에서 주어진 값
- h_3 : 주어지지 않았으므로 무시
- h_4(40m) : 〔단서〕에서 낙차는 탱크의 높이를 적용한다고 했고, 문제에서 탱크의 높이는 40m

(라) **펌프**의 **토출량**

$$Q = A \times Q_1 \times S$$

여기서, Q : 1분당수용액의 양(토출량)〔L/min〕
A : 탱크의 액표면적〔m^2〕
Q_1 : 단위포소화수용액의 양〔L/m^2 · min〕
S : 사용농도

① 고정포방출구의 분당토출량 $Q_1 = A \times Q \times S = 113.097\text{m}^2 \times 4.2\text{L/m}^2 \cdot \text{min} \times 1 = 475.007\text{L/min}$
$= 0.475007\text{m}^3/\text{min}$

② 보조포소화전의 분당토출량 $Q_2 = N \times S \times 400\text{L/min} = 1 \times 1 \times 400\text{L/min} = 400\text{L/min} = 0.4\text{m}^3/\text{min}$

∴ 펌프 토출량 $Q = Q_1 + Q_2 = 0.475007\text{m}^3/\text{min} + 0.4\text{m}^3/\text{min} = 0.875 ≒ 0.88\text{m}^3/\text{min}$

- 펌프의 토출량=고정포방출구의 분당토출량+보조포소화전의 분당토출량
- 소화펌프의 분당토출량은 **수용액량**을 기준으로 한다는 것을 기억하라.
- 소화펌프의 분당토출량은 **배관보정량**을 **적용하지 않는다**. 왜냐하면 배관보정량은 배관 내에 저장되어 있는 것으로 소비되는 것이 아니기 때문이다. 주의!

(마) **전동기**의 **출력**

$$P = \frac{0.163QH}{\eta}K$$

여기서, P : 전동기의 출력〔kW〕
Q : 토출량〔m^3/min〕
H : 전양정〔m〕
K : 전달계수
η : 펌프의 효율

전동기의 **출력** P는

$$P = \frac{0.163QH}{\eta}K = \frac{0.163 \times 0.88\text{m}^3/\text{min} \times 105\text{m}}{0.6} \times 1.1 = 27.612 ≒ 27.61\text{kW}$$

- 0.88m^3/min : (라)에서 구한 값
- 0.6 : 〔조건 ⑦〕에서 $60\% = 0.6$
- K : 〔조건 ⑦〕에서 1.1

☆☆
문제 07

그림은 어느 판매장의 무창층에 대한 제연설비 중 연기배출풍도와 배출 FAN을 나타내고 있는 평면도이다. 주어진 조건을 이용하여 풍도에 설치되어야 할 제어댐퍼를 가장 적합한 지점에 표기한 다음 물음에 답하시오. (14.7.문5, 09.7.문8)

득점	배점
	8

〔조건〕
① 건물의 주요구조부는 모두 내화구조이다.
② 각 실은 불연성 구조물로 구획되어 있다.
③ 복도의 내부면은 모두 불연재이고, 복도 내에 가연물을 두는 일은 없다.
④ 각 실에 대한 연기배출방식에서 공동배출구역방식은 없다.
⑤ 이 판매장에는 음식점은 없다.

(가) 제어댐퍼의 설치를 그림에 표시하시오. (단, 댐퍼의 표기는 "⊘"모양으로 하고 번호(예, A_1, B_1, C_1, ……)를 부여, 문제 본문 그림에 직접 표시할 것)

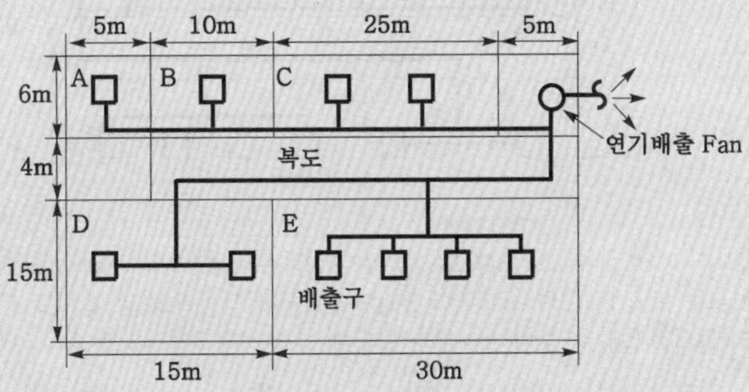

(나) 각 실(A, B, C, D, E)의 최소소요배출량$[m^3/h]$은 얼마인가?
- ○ A(계산과정 및 답) :
- ○ B(계산과정 및 답) :
- ○ C(계산과정 및 답) :
- ○ D(계산과정 및 답) :
- ○ E(계산과정 및 답) :

(다) 배출 FAN의 최소소요배출용량$[m^3/h]$은 얼마인가?
○

해답 (가)

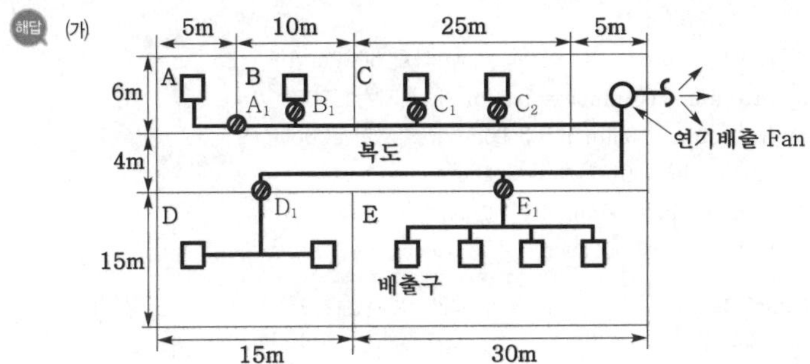

(나) ① A실 : ○ 계산과정 : $(6\times5)\times1\times60=1800\text{m}^3/\text{h}$
○ 답 : 5000m^3/h

② B실 : ○ 계산과정 : $(6\times10)\times1\times60=3600\text{m}^3/\text{h}$
○ 답 : 5000m^3/h

③ C실 : ○ 계산과정 : $(6\times25)\times1\times60=9000\text{m}^3/\text{h}$
○ 답 : 9000m^3/h

④ D실 : ○ 계산과정 : $(15\times15)\times1\times60=13500\text{m}^3/\text{h}$
○ 답 : 13500m^3/h

⑤ E실 : ○ 계산과정 : $(15\times30)=450\text{m}^2$
○ 답 : 40000m^3/h

(다) 40000m^3/h

해설 (가) [조건 ④]에서 각 실이 모두 공동배출구역이 아닌 **독립배출구역**이므로 위와 같이 댐퍼를 설치하여야 하며 A, B, C실이 공동배출구역이라면 다음과 같이 설치할 수 있다.

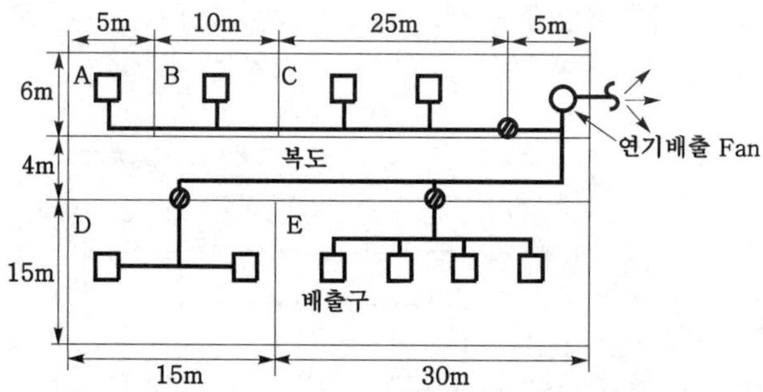

또한, 각 실을 독립배출구역으로 댐퍼 2개를 추가하여 다음과 같이 설치할 수도 있으나 답안 작성시에는 항상 **'최소'**라는 개념을 염두해 두어야 하므로 답란과 같은 댐퍼설치방식을 권장한다.

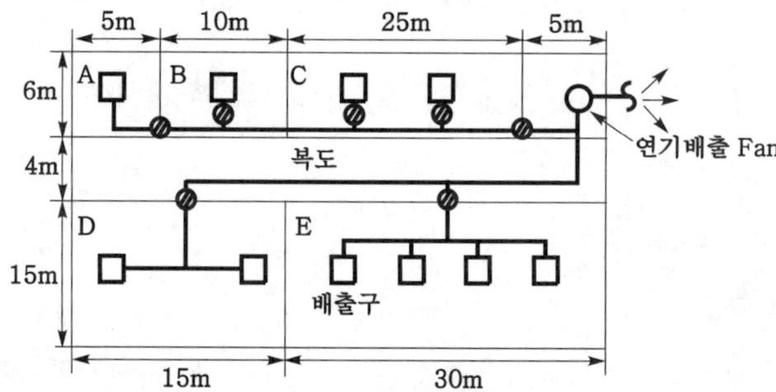

(나) 바닥면적 400m^2 미만이므로(A~D실)

배출량[m^3/min] = 바닥면적[m^2] × 1m^3/m^2 · min 에서

배출량[m^3/min] → m^3/h로 변환하면

배출량[m^3/h] = 바닥면적[m^2] × 1 m^3/m^2 · min × 60min/h(최저치 5000m^3/h)

A실 : $(6\times5)\text{m}^2\times1\text{m}^3/\text{m}^2\cdot\text{min}\times60\text{min/h}=1800\text{m}^3/\text{h}$(최저치 5000m^3/h)

B실 : $(6\times10)\text{m}^2\times1\text{m}^3/\text{m}^2\cdot\text{min}\times60\text{min/h}=3600\text{m}^3/\text{h}$(최저치 5000m^3/h)

C실 : $(6\times25)\text{m}^2\times1\text{m}^3/\text{m}^2\cdot\text{min}\times60\text{min/h}=9000\text{m}^3/\text{h}$

D실 : $(15\times15)\text{m}^2\times1\text{m}^3/\text{m}^2\cdot\text{min}\times60\text{min/h}=13500\text{m}^3/\text{h}$

E실 : $(15\times30)\text{m}^2=450\text{m}^2$(최저치 40000m^3/h)

- E실 : 바닥면적 **400m^2** 이상이고 직경 **40m** 원의 범위 안에 있으므로 40m 이하로 수직거리가 주어지지 않았으므로 최소인 **2m** 이하로 간주하면 최소소요배출량은 **40000m^3/h**가 된다.

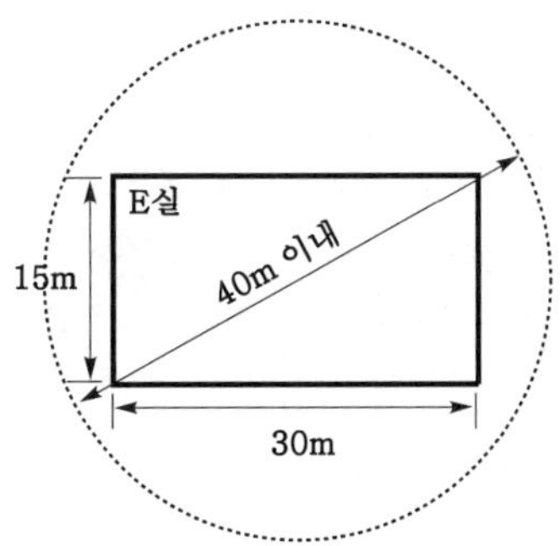

직경 $=\sqrt{\text{가로길이}^2+\text{세로길이}^2}$
$=\sqrt{(15\text{m})^2+(30\text{m})^2}$
$\fallingdotseq 33.5\text{m}$ (40m 이내)

(다) 각 실 중 가장 많은 소요배출량을 기준으로 하므로 **40000m³/h**가 된다.

참고

거실의 **배출량**(NFPC 501 6조, NFTC 501 2.3)

(1) 바닥면적 **400m² 미만**(최저치 5000m³/h 이상)

배출량$[\text{m}^3/\text{min}]$=바닥면적$[\text{m}^2]\times 1\,\text{m}^3/\text{m}^2\cdot\text{min}$

(2) 바닥면적 **400m² 이상**

① 직경 40m 이하 : **40000m³/h** 이상

‖ 예상제연구역이 제연경계로 구획된 경우 ‖

수직거리	배출량
2m 이하	40000m³/h 이상
2m 초과 2.5m 이하	45000m³/h 이상
2.5m 초과 3m 이하	50000m³/h 이상
3m 초과	60000m³/h 이상

② 직경 40m 초과 : **45000m³/h** 이상

‖ 예상제연구역이 제연경계로 구획된 경우 ‖

수직거리	배출량
2m 이하	45000m³/h 이상
2m 초과 2.5m 이하	50000m³/h 이상
2.5m 초과 3m 이하	55000m³/h 이상
3m 초과	65000m³/h 이상

- **m³/h**=CMH(**C**ubic **M**eter per **H**our)

☆☆☆

문제 08

다음은 어느 실들의 평면도이다. 이 중 A실을 급기가압하고자 할 때 주어진 조건을 이용하여 다음을 구하시오.

(20.10.문16, 20.5.문9, 19.11.문3, 18.11.문11, 17.11.문2, 17.4.문7, 16.11.문4, 16.4.문15, 15.7.문9, 11.11.문6, 08.4.문8, 05.7.문6)

득점	배점
	7

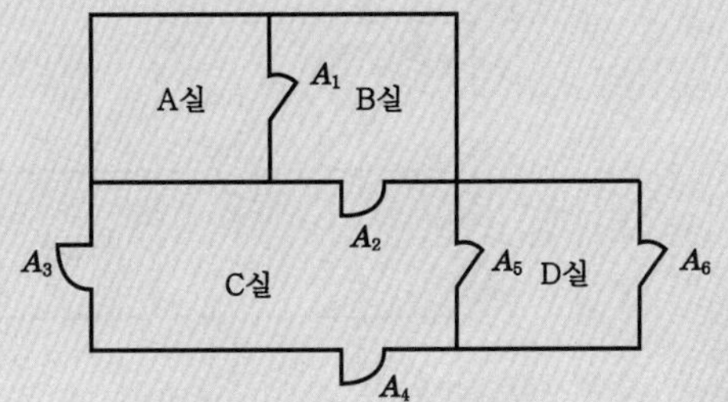

〔조건〕

① 실 외부대기의 기압은 101300Pa로서 일정하다.
② A실에 유지하고자 하는 기압은 101500Pa이다.
③ 각 실의 문들의 틈새면적은 0.01m^{2}이다.
④ 어느 실을 급기가압할 때 그 실의 문 틈새를 통하여 누출되는 공기의 양은 다음의 식에 따른다.

$$Q = 0.827A \cdot P^{\frac{1}{2}}$$

여기서, Q : 누출되는 공기의 양〔m^3/s〕
A : 문의 전체 누설틈새면적〔m^2〕
P : 문을 경계로 한 기압차〔Pa〕

(가) A실의 전체 누설틈새면적 A〔m^2〕를 구하시오. (단, 소수점 아래 6째자리에서 반올림하여 소수점 아래 5째자리까지 나타내시오.)
○ 계산과정 :
○ 답 :

(나) A실에 유입해야 할 풍량〔L/s〕을 구하시오.
○ 계산과정 :
○ 답 :

(가) ○ 계산과정 : $A_5 \sim A_6 = \dfrac{1}{\sqrt{\dfrac{1}{0.01^2} + \dfrac{1}{0.01^2}}} = 0.007071 ≒ 0.00707\text{m}^2$

$A_3 \sim A_6 = 0.01 + 0.01 + 0.00707 = 0.02707\text{m}^2$

$A_1 \sim A_6 = \dfrac{1}{\sqrt{\dfrac{1}{0.01^2} + \dfrac{1}{0.01^2} + \dfrac{1}{0.02707^2}}} = 0.006841 ≒ 0.00684\text{m}^2$

○ 답 : 0.00684m^2

(나) ○ 계산과정 : $0.827 \times 0.00684 \times \sqrt{200} = 0.079997\text{m}^3/\text{s} = 79.997\text{L/s} ≒ 80\text{L/s}$
○ 답 : 80L/s

기호

- A_1, A_2, A_3, A_4, A_5, A_6(0.01m^2) : 〔조건 ③〕에서 주어짐
- P[(101500−101300)Pa=200Pa] : 〔조건 ①, ②〕에서 주어짐

(가) 〔조건 ③〕에서 각 실의 틈새면적은 0.01m^{2}이다.
$A_5 \sim A_6$은 **직렬상태**이므로

$$A_5 \sim A_6 = \frac{1}{\sqrt{\dfrac{1}{(0.01\text{m}^2)^2} + \dfrac{1}{(0.01\text{m}^2)^2}}} = 7.071 \times 10^{-3} = 0.007071 ≒ 0.00707\text{m}^2$$

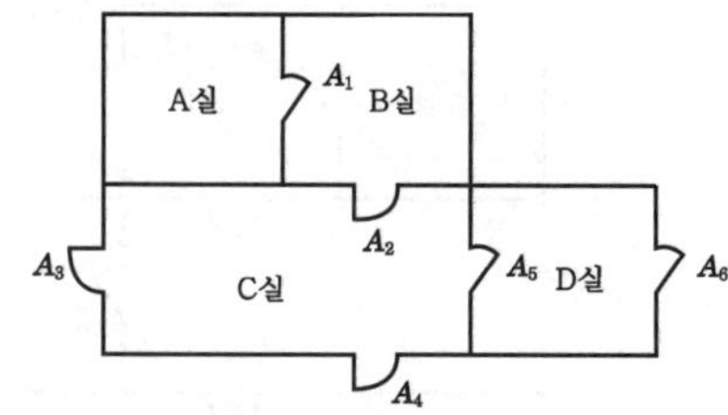

위의 내용을 정리하면 다음과 같이 변환시킬 수 있다.

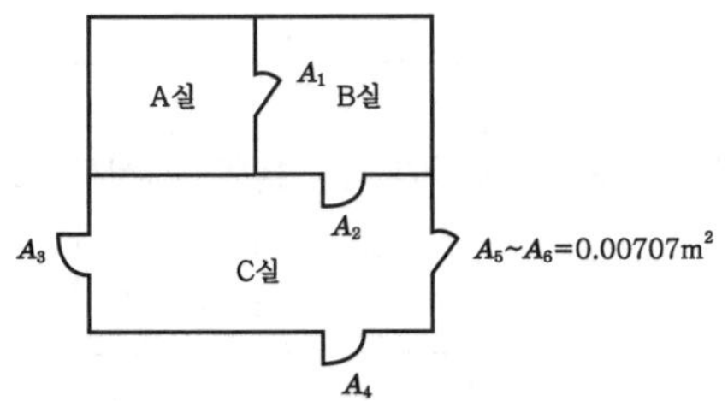

$A_3 \sim A_6$은 **병렬상태**이므로

$A_3 \sim A_6 = 0.01\text{m}^2 + 0.01\text{m}^2 + 0.00707\text{m}^2 = 0.02707\text{m}^2$

위의 내용을 정리하면 다음과 같이 변환시킬 수 있다.

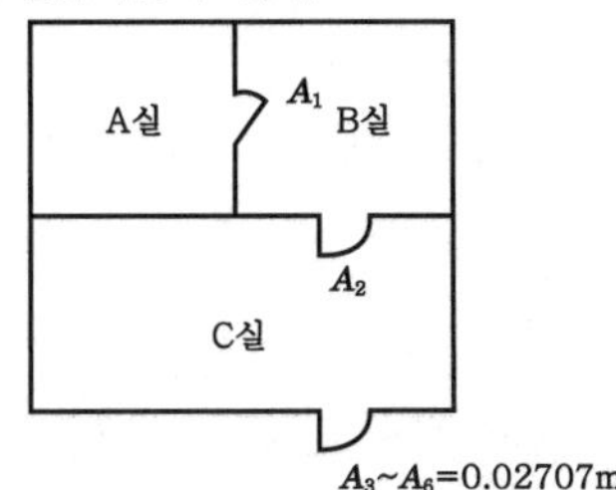

$A_1 \sim A_6$은 **직렬상태**이므로

$$A_1 \sim A_6 = \frac{1}{\sqrt{\dfrac{1}{(0.01\text{m}^2)^2} + \dfrac{1}{(0.01\text{m}^2)^2} + \dfrac{1}{(0.02707\text{m}^2)^2}}} = 6.841 \times 10^{-3} = 0.006841 ≒ 0.00684\text{m}^2$$

(나) **유입풍량** Q

$$Q = 0.827A \cdot P^{\frac{1}{2}} = 0.827A\sqrt{P} = 0.827 \times 0.00684\text{m}^2 \times \sqrt{200\,\text{Pa}} = 0.079997\text{m}^3/\text{s} = 79.997\text{L/s} ≒ 80\text{L/s}$$

- 유입풍량

$$Q = 0.827A\sqrt{P}$$

여기서, Q : 누출되는 공기의 양[m³/s], A : 문의 전체 누설틈새면적[m²], P : 문을 경계로 한 기압차[Pa]

- $P^{\frac{1}{2}} = \sqrt{P}$
- [조건 ①, ②]에서 기압차(P)=101500−101300=200Pa
- $0.079997\text{m}^3/\text{s} = 79.997\text{L/s}\,(1\text{m}^3 = 1000\text{L})$

참고

누설틈새면적

직렬상태	병렬상태
$A = \dfrac{1}{\sqrt{\dfrac{1}{{A_1}^2} + \dfrac{1}{{A_2}^2} + \cdots}}$ 여기서, A : 전체 누설틈새면적[m²] A_1, A_2 : 각 실의 누설틈새면적[m²] A_1 A_2 ‖ 직렬상태 ‖	$A = A_1 + A_2 + \cdots$ 여기서, A : 전체 누설틈새면적[m²] A_1, A_2 : 각 실의 누설틈새면적[m²] A_1 A_2 ‖ 병렬상태 ‖

☆☆☆

문제 09

그림은 어느 특정소방대상물을 방호하기 위한 옥외소화전설비의 평면도이다. 다음 각 물음에 답하시오.

(18.6.문11)

득점	배점
	6

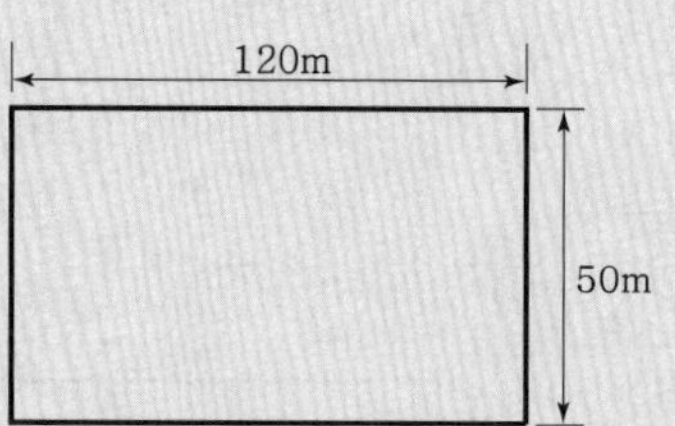

(가) 특정소방대상물의 각 부분으로부터 하나의 호스접결구까지의 수평거리는 몇 m 이하인지 쓰시오.

○

(나) 옥외소화전의 최소설치개수를 구하시오.

○ 계산과정 :

○ 답 :

(다) 수원의 저수량[m^3]을 구하시오.

○ 계산과정 :

○ 답 :

(라) 가압송수장치의 토출량[Lpm]을 구하시오.

○ 계산과정 :

○ 답 :

해답 (가) 40m 이하

(나) ○ 계산과정 : $\frac{120\times2+50\times2}{80}=4.2 ≒ 5$개

○ 답 : 5개

(다) ○ 계산과정 : $7\times2=14m^3$

○ 답 : $14m^3$

(라) ○ 계산과정 : $2\times350=700L/min=700Lpm$

○ 답 : 700Lpm

해설 (가), (나) 옥외소화전은 특정소방대상물의 **층**마다 설치하되 **수평거리 40m 이하**마다 설치하여야 한다. 수평거리는 반경을 의미하므로 직경은 **80m**가 된다. 그러므로 옥외소화전은 건물 내부에 설치할 수 없으므로 그 설치개수는 건물의 둘레길이를 구한 후 직경 80m로 나누어 **절상**하면 된다.

옥외소화전 설치개수 $=\frac{\text{건물의 둘레길이}}{80m}$(절상) $=\frac{120m\times2\text{개}+50m\times2\text{개}}{80m}$

$=4.2 ≒ 5$개(절상)

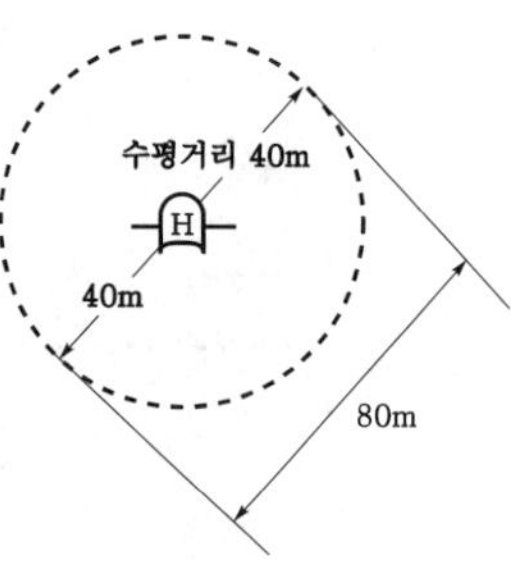

‖ 옥외소화전의 담당면적 ‖

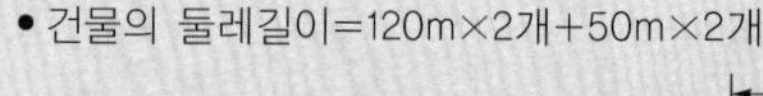

• 건물의 둘레길이=120m×2개+50m×2개

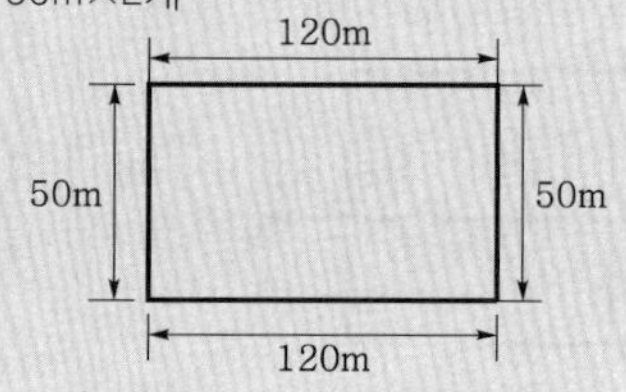

• 옥외소화전 설치개수 산정시 소수가 발생하면 반드시 **절상**한다.

중요

설치개수

구 분	옥내소화전설비 (정방형 배치)	옥내소화전설비 (배치조건이 없을 때)	제연설비 배출구	옥외소화전설비
설치개수	$S=2R\cos 45°$ $=2\times 25\times\cos 45°$ $\fallingdotseq 35.355\text{m}$ 가로개수 $=\dfrac{\text{가로길이}}{35.355\text{m}}$(절상) 세로개수 $=\dfrac{\text{세로길이}}{35.355\text{m}}$(절상) 총개수=가로개수×세로개수	설치개수 $=\dfrac{\text{건물 대각선길이}}{50\text{m}}$ $=\dfrac{\sqrt{\text{가로길이}^2+\text{세로길이}^2}}{50\text{m}}$	설치개수 $=\dfrac{\text{건물 대각선길이}}{20\text{m}}$ $=\dfrac{\sqrt{\text{가로길이}^2+\text{세로길이}^2}}{20\text{m}}$	설치개수 $=\dfrac{\text{건물 둘레길이}}{80\text{m}}$ $=\dfrac{\text{가로길이}\times 2\text{면}+\text{세로길이}\times 2\text{면}}{80\text{m}}$
적용 기준	수평거리 **25m** (NFPC 102 7조 ②항, NFTC 102 2.4.2.1)	수평거리 **25m** (NFPC 102 7조 ②항, NFTC 102 2.4.2.1)	수평거리 **10m** (NFPC 501 7조 ②항, NFTC 501 2.4.2)	수평거리 **40m** (NFPC 109 6조 ①항, NFTC 109 2.3.1)

(다)

$$Q=7N$$

여기서, Q : 수원의 저수량[m³]
N : 옥외소화전 설치개수(최대 **2개**)

수원의 **저수량** Q는

$Q=7N=7\times 2=14\text{m}^3$

- N : 최대 2개까지만 적용하므로 **2개**

(라)

$$Q=N\times 350$$

여기서, Q : 가압송수장치의 토출량(유량)[L/min]
N : 옥외소화전 설치개수(**최대 2개**)

가압송수장치의 **토출량** Q는

$Q=N\times 350=2\times 350=700\text{L/min}=700\text{Lpm}$

- N : 최대 2개까지만 적용하므로 **2개**
- $1\text{L/min}=1\text{Lpm}$ 이므로 $700\text{L/min}=700\text{Lpm}$

★★★

문제 10

그림은 어느 배관의 평면도이며, 화살표 방향으로 물이 흐르고 있다. 배관 Q_1 및 Q_2를 흐르는 유량을 각각 계산하시오. (단, 주어진 조건을 참조할 것) (20.7.문2, 19.6.문13, 12.11.문8, 97.11.문16)

득점	배점
	7

[조건]

① 하젠-윌리엄스의 공식은 다음과 같다고 가정한다.

$$\varDelta P=6.053\times 10^4\times\frac{Q^{1.85}}{100^{1.85}\times d^{4.87}}\times L$$

여기서, $\varDelta P$: 배관 마찰손실압력[MPa]
Q : 배관 내의 유수량[L/min]
d : 배관의 안지름[mm]
L : 배관의 길이[m]

② 배관은 아연도금강관으로 호칭구경 50mm 배관의 안지름은 54mm이다.
③ 호칭구경 50mm 엘보(90°)의 등가길이는 1.4m이다.
④ A 및 D점에 있는 티(Tee)의 마찰손실은 무시한다.
⑤ 루프(loop)배관 BCFEB의 호칭구경은 50mm이다.

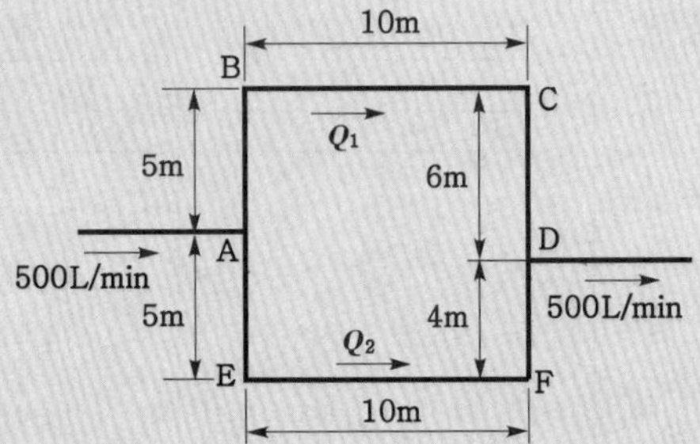

○ Q_1(계산과정 및 답) :

○ Q_2(계산과정 및 답) :

① Q_1

○ 계산과정 : $\cancel{6.053\times10^4}\times\dfrac{{Q_1}^{1.85}}{\cancel{100^{1.85}}\times \cancel{d^{4.87}}}\times(5+10+6+2.8)=\cancel{6.053\times10^4}\times\dfrac{{Q_2}^{1.85}}{\cancel{100^{1.85}}\times \cancel{d^{4.87}}}\times(5+10+4+2.8)$

$$23.8{Q_1}^{1.85}=21.8{Q_2}^{1.85}$$

$$Q_2=\sqrt[1.85]{\left(\frac{23.8}{21.8}\right){Q_1}^{1.85}}=1.048Q_1$$

$$Q_1+1.048Q_1=500$$

$$Q_1=\frac{500}{1+1.048}=244.14\text{L/min}$$

○ 답 : 244.14L/min

② Q_2

○ 계산과정 : $Q_2=500-244.14=255.86\text{L/min}$

○ 답 : 255.86L/min

해설

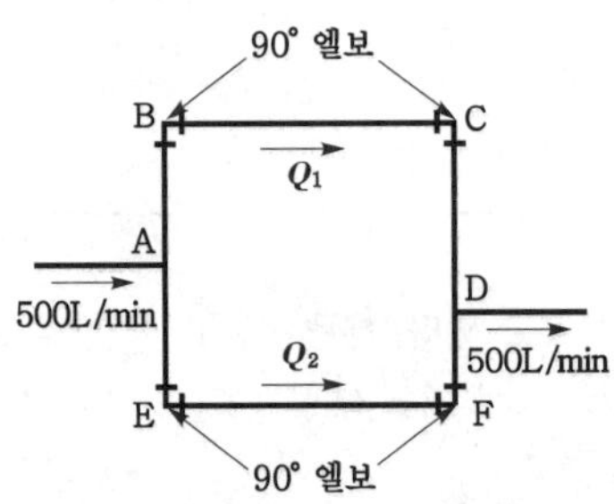

(1) 배관 ABCD 간에는 **90° 엘보**가 **2개** 있으므로 이것의 등가길이는 〔조건 ③〕에 의해 다음과 같다.
1.4m×2개=**2.8m**

$$\Delta P_{ABCD}=6.053\times10^4\times\frac{{Q_1}^{1.85}}{100^{1.85}\times d^{4.87}}\times L_1=6.053\times10^4\times\frac{{Q_1}^{1.85}}{100^{1.85}\times d^{4.87}}\times(5+10+6+2.8)$$

(2) 배관 AEFD 간에도 **90° 엘보**가 **2개** 있으므로 이것의 등가길이는 〔조건 ③〕에 의해 다음과 같다.
1.4m×2개=**2.8m**

$$\Delta P_{AEFD}=6.053\times10^4\times\frac{{Q_2}^{1.85}}{100^{1.85}\times d^{4.87}}\times L_2=6.053\times10^4\times\frac{{Q_2}^{1.85}}{100^{1.85}\times d^{4.87}}\times(5+10+4+2.8)$$

(3) $\Delta P_{ABCD} = \Delta P_{AEFD}$: **에너지 보존법칙**(베르누이 방정식)에 의해 각 분기배관의 마찰손실(H)은 같으므로 **마찰손실압**(ΔP)도 **같다**고 가정한다.

$$\cancel{6.053 \times 10^4} \times \frac{Q_1^{\ 1.85}}{\cancel{100^{1.85}} \times \cancel{d^{4.87}}} \times (5+10+6+2.8) = \cancel{6.053 \times 10^4} \times \frac{Q_2^{\ 1.85}}{\cancel{100^{1.85}} \times \cancel{d^{4.87}}} \times (5+10+4+2.8)$$

$23.8 Q_1^{\ 1.85} = 21.8 Q_2^{\ 1.85}$

$21.8 Q_2^{\ 1.85} = 23.8 Q_1^{\ 1.85}$ ← 좌우 이항

$Q_2 = \sqrt[1.85]{\left(\frac{23.8}{21.8}\right) Q_1^{\ 1.85}} = 1.048 Q_1$

$Q_1 + Q_2 = 500\text{L/min}$

$Q_1 + 1.048 Q_1 = 500\text{L/min}$

$1Q_1 + 1.048 Q_1 = 500\text{L/min}$

$Q_1 (1 + 1.048) = 500\text{L/min}$

$Q_1 = \frac{500\text{L/min}}{1+1.048} = 244.14\text{L/min}$

$Q_1 + Q_2 = 500\text{L/min}$

$Q_2 = 500\text{L/min} - Q_1 = (500 - 244.14)\text{L/min} = 255.86\text{L/min}$

☆☆

문제 11

할론소화설비에서 Soaking time에 대하여 간단히 설명하시오. (13.4.문12)

득점	배점
	5

해답 할론을 고농도로 장시간 방사하여 심부화재에 소화가 가능한 시간

해설 **침투시간**(쇼킹타임 : soaking time)

(1) 할론소화약제는 부촉매효과에 따른 **연쇄반응**을 **억제**하는 소화약제로서 **심부화재**에는 **적응성**이 **없다**. 그러나 심부화재의 경우에도 할론을 **고농도**로 **장시간** 방사하면 화재의 심부에 침투하여 소화가 가능한데, 이때의 시간, 즉 **할론**을 **방사**한 **시간**의 **길이**를 **침투시간**이라 한다.

(2) 할론소화약제는 저농도(**5~10%**) 소화약제로서 초기에 소화가 가능한 **표면화재**에 주로 사용한다.

(3) **침투시간**(soaking time)은 **가연물**의 **종류**와 **적재상태**에 따라 다르며 일반적으로 약 **10분** 정도이다.

☆☆☆

문제 12

다음 그림과 조건을 참조하여 물음에 답하시오. (20.10.문5, 13.4.문3)

득점	배점
	5

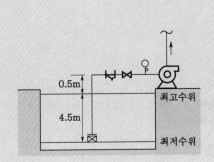

0.5m

4.5m

최고수위

최저수위

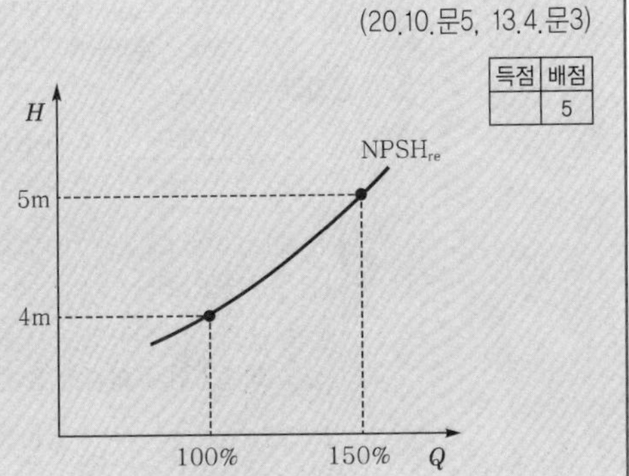

〔조건〕

① 대기압은 0.1MPa이며, 물의 포화수증기압은 2.45kPa이다.

② 물의 비중량은 9.8kN/m^{3}이다.

③ 배관의 마찰손실수두는 0.3m이며, 속도수두는 무시한다.

(가) 유효흡입양정($NPSH_{av}$)〔m〕을 구하시오.

○계산과정 :

○답 :

(나) 그래프를 보고 펌프의 사용가능 여부와 그 이유를 쓰시오.

① 100% 운전시 :

② 150% 운전시 :

(가) ○계산과정 : $\frac{100}{9.8} - \frac{2.45}{9.8} - (4.5+0.5) - 0.3 = 4.654 \fallingdotseq 4.65\text{m}$

○답 : 4.65m

(나) ① 100% 운전시 : $NPSH_{av}$(4.65m)＞$NPSH_{re}$(4m) – 공동현상 미발생으로 사용가능

② 150% 운전시 : $NPSH_{av}$(4.65m)＜ $NPSH_{re}$(5m) – 공동현상 발생으로 사용불가

해설 (가) ① **기호**

$$P = rH_a$$

여기서, P : 압력수두(포화수증기압)〔kPa〕

r : 물의 비중량(9.8kN/m^3)

H_a : 대기압수두〔m〕

- P(100kPa) : 〔조건 ①〕에서 주어진 값, 0.1MPa=100kPa(1MPa=1000kPa)
- $H_a = \frac{P}{r} = \frac{0.1\text{MPa}}{9.8\text{kN/m}^3} = \frac{100\text{kPa}}{9.8\text{kN/m}^3} = \frac{100\text{kN/m}^2}{9.8\text{kN/m}^3}$
- 1Pa=1N/m^2
- 〔조건 ②〕에서 물의 비중량이 주어졌으므로 대기압수두(H_a)는 $P=rH_a$ 식으로 구해야 정답!
- 물의 비중량이 주어지지 않았을 경우에는 '**표준대기압**' 단위변환을 이용해서 변환하면 됨

〈물의 비중량이 주어지지 않은 경우의 답〉

$$100\text{kPa} = \frac{100\text{kPa}}{101.325\text{kPa}} \times 10.332\text{m} = 10.196\text{m}$$

$$P = rH_v$$

여기서, P : 압력수두(포화수증기압)〔kPa〕

r : 물의 비중량(9.8kN/m^3)

H_v : 수증기압수두〔m〕

수증기압수두 H_v는

$$H_v = \frac{P}{r} = \frac{2.45\text{kPa}}{9.8\text{kN/m}^3} = \frac{2.45\text{kN/m}^2}{9.8\text{kN/m}^3}$$

- H_v(2.45kPa) : 〔조건 ①〕에서 주어진 값
- 〔조건 ②〕에서 물의 비중량이 주어졌으므로 수증기압수두(H_v)는 $P=rH_v$ 식으로 구해야 정답!
- 물의 비중량이 주어지지 않았을 경우에는 '**표준대기압**' 단위변환을 이용해서 변환하면 됨

〈물의 비중량이 주어지지 않은 경우의 답〉

$$2.45\text{kPa} = \frac{2.45\text{kPa}}{101.325\text{kPa}} \times 10.332\text{m} = 0.249\text{m}$$

② **흡입 NPSH$_{av}$**(수조가 펌프보다 낮을 때)

$$\text{NPSH}_{av} = H_a - H_v - H_s - H_L$$

여기서, NPSH_{av} : 유효흡입양정〔m〕

H_a : 대기압수두〔m〕

H_v : 수증기압수두〔m〕

H_s : 흡입수두〔m〕

H_L : 마찰손실수두〔m〕

유효흡입양정 NPSH_{av}는

$$\text{NPSH}_{av} = H_a - H_v - H_s - H_L$$

$$= \frac{100\text{kN/m}^2}{9.8\text{kN/m}^3} - \frac{2.45\text{kN/m}^2}{9.8\text{kN/m}^3} - (4.5+0.5)\text{m} - 0.3\text{m}$$

$$= 4.654 \fallingdotseq 4.65\text{m}$$

- $H_s(4.5\text{m}+0.5\text{m})$: 〔그림〕에서 최저수위~펌프 중심까지의 높이
- 최저수위에서도 흡입이 가능해야 하므로 흡입수두(H_s)는 최저수위~펌프 중심까지의 높이 정답! 최고수위가 아님을 주의할 것. 이 문제는 최저수위가 있으므로 **최저수위**를 기준으로 H_s를 구하는 것이 맞음. 수면이 기준이 아님.
- $H_L(0.3\text{m})$: 〔조건 ③〕에서 주어진 값

중요

흡입 NPSH$_{av}$ vs **압입 NPSH$_{av}$**

흡입 NPSH$_{av}$(수조가 펌프보다 낮을 때)=부압흡입방식	압입 NPSH$_{av}$(수조가 펌프보다 높을 때)=정압흡입방식
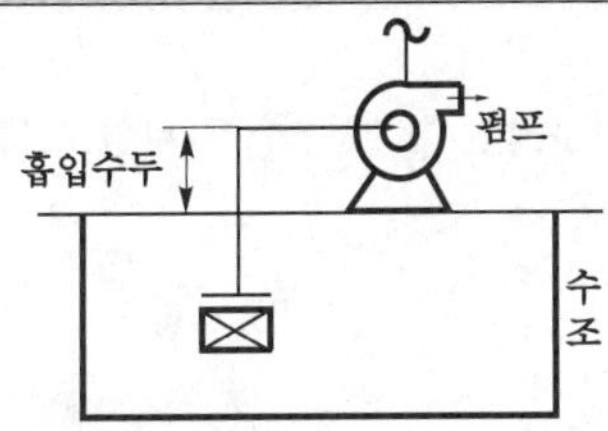	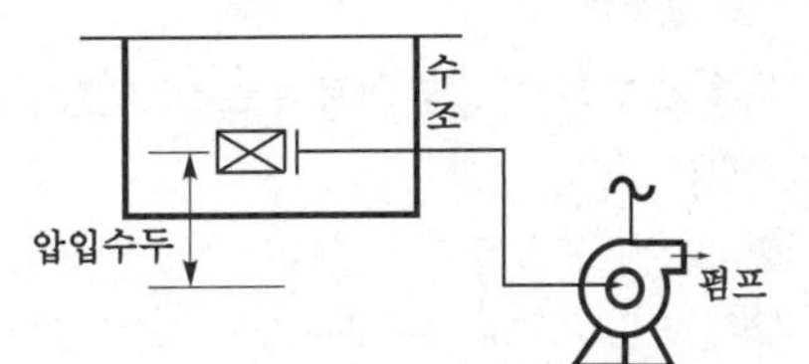
$\text{NPSH}_{av} = H_a - H_v - H_s - H_L$	$\text{NPSH}_{av} = H_a - H_v + H_s - H_L$
여기서, NPSH_{av} : 유효흡입양정〔m〕 H_a : 대기압수두〔m〕 H_v : 수증기압수두〔m〕 H_s : 흡입수두〔m〕 H_L : 마찰손실수두〔m〕	여기서, NPSH_{av} : 유효흡입양정〔m〕 H_a : 대기압수두〔m〕 H_v : 수증기압수두〔m〕 H_s : 압입수두〔m〕 H_L : 마찰손실수두〔m〕

(나) ① 100%(정격) 운전시 : NPSH$_{av}$(4.65m)＞NPSH$_{re}$(4m) → **공동현상**이 발생하지 않아 펌프**사용가능**

② 150%(과부하) 운전시 : NPSH$_{av}$(4.65m)＜NPSH$_{re}$(5m) → **공동현상**이 발생하여 펌프**사용불가**

중요

공동현상의 **발생한계조건**

(1) NPSH$_{av}$ ≧ NPSH$_{re}$: **공동현상**이 발생하지 않아 펌프**사용가능**

(2) NPSH$_{av}$ ＜ NPSH$_{re}$: **공동현상**이 발생하여 펌프**사용불가**

- 공동현상＝캐비테이션

(3) NPSH$_{av}$ ≧ 1.3×NPSH$_{re}$: 펌프의 설치높이를 정할 때 붙이는 여유

NPSHav(Available Net Positive Suction Head) =유효흡입양정	NPSHre(Required Net Positive Suction Head) =필요흡입양정
• 흡입전양정에서 포화증기압을 뺀 값 • 펌프 설치과정에 있어서 펌프 흡입측에 가해지는 수두압에서 흡입액의 온도에 해당되는 포화증기압을 뺀 값 • 펌프의 중심으로 유입되는 액체의 절대압력 • 펌프 설치과정에서 펌프 그 자체와는 무관하게 흡입측 배관의 설치위치, 액체온도 등에 따라 결정되는 양정 • 이용가능한 정미 유효흡입양정으로 흡입전양정에서 포화증기압을 뺀 것	• 공동현상을 방지하기 위해 펌프 흡입측 내부에 필요한 최소압력 • 펌프 제작사에 의해 결정되는 값 • 펌프에서 임펠러 입구까지 유입된 액체는 임펠러에서 가압되기 직전에 일시적인 압력강하가 발생되는데 이에 해당하는 양정 • 펌프 그 자체가 캐비테이션을 일으키지 않고 정상운전되기 위하여 필요로 하는 흡입양정 • 필요로 하는 정미 유효흡입양정 • 펌프의 요구 흡입수두

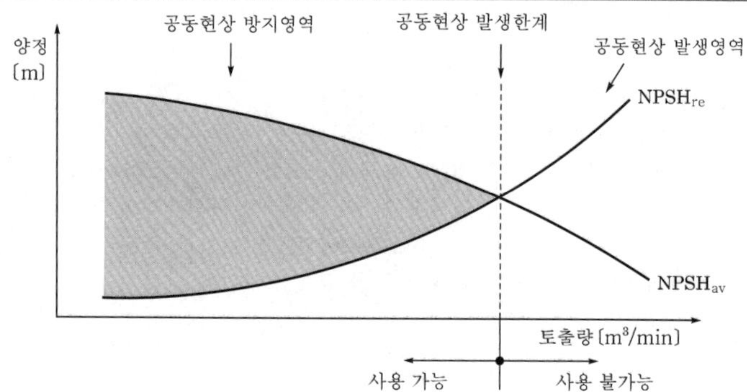

☆☆☆

문제 13

18층 복도식 아파트 건물에 습식 스프링클러설비를 설치하려고 할 때 조건을 보고 다음 각 물음에 답하시오.

(20.10.문1, 20.5.문12, 19.6.문14, 19.4.문14, 19.4.문11, 18.11.문10, 17.11.문4, 17.4.문1, 16.6.문10, 15.11.문15, 15.4.문2, 13.4.문1, 12.7.문11, 10.7.문7, 10.4.문13, 09.7.문3, 08.4.문14)

득점	배점
	6

〔조건〕

① 실양정 : 65m
② 배관, 관부속품의 총 마찰손실수두 : 25m
③ 효율 : 60%
④ 헤드의 방사압력 : 0.1MPa

(가) 이 설비가 확보하여야 할 수원의 양$[m^3]$을 구하시오.
 ○ 계산과정 :
 ○ 답 :

(나) 이 설비의 펌프의 방수량[L/min]을 구하시오.
 ○ 계산과정 :
 ○ 답 :

(다) 가압송수장치의 동력[kW]을 구하시오.
 ○ 계산과정 :
 ○ 답 :

해답 (가) ○ 계산과정 : $1.6 \times 10 = 16m^3$
 ○ 답 : $16m^3$

(나) ○ 계산과정 : $10 \times 80 = 800\text{L/min}$

○ 답 : 800L/min

(다) ○ 계산과정 : $H = 25 + 65 + 10 = 100\text{m}$

$$P = \frac{0.163 \times 0.8 \times 100}{0.6} = 21.733 \fallingdotseq 21.73\text{kW}$$

○ 답 : 21.73kW

 (가)

특정소방대상물		폐쇄형 헤드의 기준개수
지하가 · 지하역사		30
11층 이상		30
10층 이하	공장(특수가연물), 창고시설	30
10층 이하	판매시설(백화점 등), 복합건축물(판매시설이 설치된 것)	30
10층 이하	근린생활시설, 운수시설	20
10층 이하	8m 이상	20
10층 이하	8m 미만	10
공동주택(아파트 등) →		10(각 동이 주차장으로 연결된 주차장 : 30)

폐쇄형 헤드

$Q = 1.6N$(30층 미만)
$Q = 3.2N$(30~49층 이하)
$Q = 4.8N$(50층 이상)

여기서, Q : 수원의 저수량〔m^3〕
N : 폐쇄형 헤드의 기준개수(설치개수가 기준개수보다 작으면 그 설치개수)

수원의 **저수량** Q는

$Q = 1.6N = 1.6 \times 10\text{개} = 16\text{m}^3$

- 문제에서 **아파트**이므로 폐쇄형 헤드의 기준개수는 **10개**
- 옥상수조에 대한 **그림**이나 **조건**이 없으므로 이때에는 최소기준을 적용하여 옥상수조 제외대상에 해당된다고 판단하여 계산한다.

(나) 방수량

$$Q = N \times 80$$

여기서, Q : 토출량(유량, 방수량)〔L/min〕
N : 폐쇄형 헤드의 기준개수(설치개수가 기준개수보다 작으면 그 설치개수)

펌프의 **토출량(유량)** Q는

$Q = N \times 80\text{L/min} = 10 \times 80\text{L/min} = 800\text{L/min}$

- 문제에서 **아파트**이므로 위 표에서 **10개**

(다) **전양정**

$$H = h_1 + h_2 + 10 \text{(또는 헤드의 방사압력)}$$

여기서, H : 전양정〔m〕
h_1 : 배관 및 관부속품의 마찰손실수두〔m〕
h_2 : 실양정(흡입양정+토출양정)〔m〕

전양정 H는

$H = h_1 + h_2 + 10 = 25\text{m} + 65\text{m} + 10 =$ **100m**

- h_1(**25m**) : 〔조건 ②〕에서 주어진 값
- h_2(**65m**) : 〔조건 ①〕에서 주어진 값
- 헤드의 방사압력 : 〔조건 ④〕에서 0.1MPa=10m(스프링클러설비는 소화설비이므로 1MPa ≒ 100m로 계산)

전동력

$$P = \frac{0.163QH}{\eta}K$$

여기서, P: 전동력(가압송수장치의 동력)〔kW〕
Q: 유량〔m^3/min〕
H: 전양정〔m〕
K: 전달계수
η: 효율

가압송수장치의 동력 P는

$$P=\frac{0.163QH}{\eta}K=\frac{0.163\times 0.8\text{m}^3/\text{min}\times 100\text{m}}{0.6}=21.733 \fallingdotseq 21.73\text{kW}$$

- Q(**0.8m^3/min**) : (나)에서 구한 값(**800L/min=0.8m^3/min**)
- H(**100m**) : (다)에서 구한 값
- K : K는 주어지지 않았으므로 무시
- η(**0.6**) : 〔조건 ③〕에서 60%=**0.6**

☆☆

문제 14

15m×20m×5m의 경유를 연료로 사용하는 발전기실에 2가지의 할로겐화합물 및 불활성기체 소화설비를 설치하고자 한다. 다음 조건과 국가화재안전기준을 참고하여 다음 물음에 답하시오.

(20.11.문7, 19.11.문5, 19.6.문9, 16.11.문2, 14.4.문2, 13.11.문13)

득점	배점
	8

〔조건〕

① 방호구역의 온도는 상온 20℃이다.
② HCFC BLEND A 용기는 68L용 50kg, IG-541 용기는 80L용 12.4m^3를 적용한다.
③ 할로겐화합물 및 불활성기체 소화약제의 소화농도

약 제	상품명	소화농도〔%〕	
		A급 화재	B급 화재
HCFC BLEND A	NAFS－Ⅲ	7.2	10
IG－541	Inergen	31.25	31.25

④ K_1과 K_2값

약 제	K_1	K_2
HCFC BLEND A	0.2413	0.00088
IG－541	0.65799	0.00239

(가) HCFC BLEND A의 최소약제량〔kg〕은?
○ 계산과정 :
○ 답 :

(나) HCFC BLEND A의 최소약제용기는 몇 병이 필요한가?
○ 계산과정 :
○ 답 :

(다) IG－541의 최소약제량〔m^3〕은? (단, 20℃의 비체적은 선형 상수이다.)
○ 계산과정 :
○ 답 :

(라) IG－541의 최소약제용기는 몇 병이 필요한가?
○ 계산과정 :
○ 답 :

해답 (가) ○ 계산과정 : $S=0.2413+0.00088\times20=0.2589$

$C=10\times1.3=13\%$

$W=\frac{(15\times20\times5)}{0.2589}\times\left(\frac{13}{100-13}\right)=865.731 \fallingdotseq 865.73\text{kg}$

○ 답 : 865.73kg

(나) ○ 계산과정 : $\frac{865.73}{50}=17.3 \fallingdotseq 18$병

○ 답 : 18병

(다) ○ 계산과정 : $C=31.25\times1.3=40.625\%$

$X=2.303\times\log_{10}\left[\frac{100}{100-40.625}\right]\times(15\times20\times5)=782.086 \fallingdotseq 782.09\text{m}^3$

○ 답 : 782.09m^3

(라) ○ 계산과정 : $\frac{782.09}{12.4}=63.07 \fallingdotseq 64$병

○ 답 : 64병

해설 (가) **할로겐화합물 소화약제**

소화약제별 선형 상수 S는

$S=K_1+K_2t=0.2413+0.00088\times20℃=0.2589\text{m}^3/\text{kg}$

- [조건 ④]에서 HCFC BLEND A의 K_1과 K_2값을 적용
- [조건 ①]에서 방호구역 온도는 **20℃**이다.

소화약제의 **무게** W는

$W=\frac{V}{S}\times\left(\frac{C}{100-C}\right)=\frac{(15\times20\times5)\text{m}^3}{0.2589\text{m}^3/\text{kg}}\times\left(\frac{13}{100-13}\right)=865.731 \fallingdotseq 865.73\text{kg}$

- ABC 화재별 안전계수

설계농도	소화농도	안전계수
A급(일반화재)	A급	1.2
B급(유류화재) →	B급 →	1.3
C급(전기화재)	A급	1.35

설계농도[%]=소화농도[%]×안전계수=10%×1.3=13%

- 경유는 B급화재
- HCFC BLEND A : 할로겐화합물 소화약제

(나) 용기수$=\frac{\text{소화약제량[kg]}}{\text{1병당 저장값[kg]}}=\frac{865.73\text{kg}}{50\text{kg}}=17.3 \fallingdotseq 18$병(절상)

- 865.73kg : (가)에서 구한 값
- 50kg : [조건 ②]에서 주어진 값

(다) **불활성기체 소화약제**

소화약제별 선형상수 S는

$S=K_1+K_2t=0.65799+0.00239\times20℃=0.70579\text{m}^3/\text{kg}$

- [조건 ④]에서 IG-541의 K_1과 K_2값을 적용
- [조건 ①]에서 방호구역온도는 **20℃**
- 20℃의 소화약제 비체적 $V_s=K_1+K_2\times20℃=0.65799+0.00239\times20℃=0.70579\text{m}^3/\text{kg}$

소화약제의 부피 X는

$X=2.303\left(\frac{V_s}{S}\right)\times\log_{10}\left[\frac{100}{(100-C)}\right]\times V=2.303\left(\frac{0.70579\text{m}^3/\text{kg}}{0.70579\text{m}^3/\text{kg}}\right)\times\log_{10}\left[\frac{100}{100-40.625}\right]\times(15\times20\times5)\text{m}^3$

$=782.086 \fallingdotseq 782.09\text{m}^3$

- ABC 화재별 안전계수

설계농도	소화농도	안전계수
A급(일반화재)	A급	1.2
B급(유류화재)	B급	1.3
C급(전기화재)	A급	1.35

설계농도[%]=소화농도[%]×안전계수=31.25%×1.3=40.625%

- 경유는 B급 화재
- IG-541은 불활성기체 소화약제이다.

(라) 용기수 $= \dfrac{\text{소화약제 부피}[\text{m}^3]}{\text{1병당 저장량}[\text{m}^3]} = \dfrac{782.09\text{m}^3}{12.4\text{m}^3} = 63.07 ≒ 64$병(절상)

- 782.09m^3 : (다)에서 구한 값
- 12.4m^3 : [조건 ②]에서 주어진 값

참고

소화약제량의 **산정**(NFPC 107A 4·7조, NFTC 107A 2.1.1, 2.4.1)

구 분	할로겐화합물 소화약제	불활성기체 소화약제
종류	FC-3-1-10 HCFC BLEND A HCFC-124 HFC-125 HFC-227ea HFC-23 HFC-236fa FIC-13I1 FK-5-1-12	IG-01 IG-100 IG-541 IG-55
공식	$W = \dfrac{V}{S} \times \left(\dfrac{C}{100-C}\right)$ 여기서, W : 소화약제의 무게[kg] V : 방호구역의 체적[m^3] S : 소화약제별 선형상수($K_1 + K_2 t$)[m^3/kg] C : 체적에 따른 소화약제의 설계농도[%] t : 방호구역의 최소예상온도[℃]	$X = 2.303\left(\dfrac{V_s}{S}\right) \times \log_{10}\left[\dfrac{100}{(100-C)}\right] \times V$ 여기서, X : 소화약제의 부피[m^3] S : 소화약제별 선형상수($K_1 + K_2 t$)[m^3/kg] C : 체적에 따른 소화약제의 설계농도[%] V_s : 20℃에서 소화약제의 비체적 ($K_1 + K_2 \times 20℃$)[m^3/kg] t : 방호구역의 최소예상온도[℃] V : 방호구역의 체적[m^3]

☆☆☆

문제 15

소화펌프가 임펠러직경 150mm, 회전수 1770rpm, 유량 4000L/min, 양정 50m로 가압 송수하고 있다. 이 펌프와 상사법칙을 만족하는 펌프가 임펠러직경 200mm, 회전수 1170rpm으로 운전하면 유량[L/min]과 양정[m]은 각각 얼마인지 구하시오. (17.4.문13, 16.4.문13, 12.7.문13, 11.11.문2, 07.11.문8)

득점	배점
	4

(가) 유량[L/min]
- ○계산과정 :
- ○답 :

(나) 양정[m]
- ○계산과정 :
- ○답 :

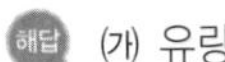

해답 (가) 유량

○ 계산과정 : $4000\times\left(\frac{1170}{1770}\right)\times\left(\frac{200}{150}\right)^3=6267.419 \fallingdotseq 6267.42\text{L/min}$

○ 답 : 6267.42L/min

(나) 양정

○ 계산과정 : $50\times\left(\frac{1170}{1770}\right)^2\times\left(\frac{200}{150}\right)^2=38.839 \fallingdotseq 38.84\text{m}$

○ 답 : 38.84m

해설 **기호**

- D_1 : 150mm
- N_1 : 1770rpm
- Q_1 : 4000L/min
- H_1 : 50m
- D_2 : 200mm
- N_2 : 1170rpm

(가) **유량** Q_2는

$$Q_2=Q_1\left(\frac{N_2}{N_1}\right)\left(\frac{D_2}{D_1}\right)^3=4000\text{L/min}\times\left(\frac{1170\text{rpm}}{1770\text{rpm}}\right)\times\left(\frac{200\text{mm}}{150\text{mm}}\right)^3=6267.419 \fallingdotseq 6267.42\text{L/min}$$

(나) **양정** H_2는

$$H_2=H_1\left(\frac{N_2}{N_1}\right)^2\left(\frac{D_2}{D_1}\right)^2=50\text{m}\times\left(\frac{1170\text{rpm}}{1770\text{rpm}}\right)^2\times\left(\frac{200\text{mm}}{150\text{mm}}\right)^2=38.839 \fallingdotseq 38.84\text{m}$$

중요

유량, 양정, 축동력

유 량	양 정	축동력
회전수에 비례하고 **직경**(관경)의 세제곱에 비례한다.	회전수의 제곱 및 **직경**(관경)의 제곱에 비례한다.	회전수의 세제곱 및 **직경**(관경)의 오제곱에 비례한다.
$Q_2=Q_1\left(\frac{N_2}{N_1}\right)\left(\frac{D_2}{D_1}\right)^3$ 또는 $Q_2=Q_1\left(\frac{N_2}{N_1}\right)$	$H_2=H_1\left(\frac{N_2}{N_1}\right)^2\left(\frac{D_2}{D_1}\right)^2$ 또는 $H_2=H_1\left(\frac{N_2}{N_1}\right)^2$	$P_2=P_1\left(\frac{N_2}{N_1}\right)^3\left(\frac{D_2}{D_1}\right)^5$ 또는 $P_2=P_1\left(\frac{N_2}{N_1}\right)^3$
여기서, Q_2: 변경 후 유량[L/min] Q_1 : 변경 전 유량[L/min] N_2: 변경 후 회전수[rpm] N_1 : 변경 전 회전수[rpm] D_2: 변경 후 직경(관경)[mm] D_1 : 변경 전 직경(관경)[mm]	여기서, H_2: 변경 후 양정[m] H_1 : 변경 전 양정[m] N_2: 변경 후 회전수[rpm] N_1 : 변경 전 회전수[rpm] D_2: 변경 후 직경(관경)[mm] D_1 : 변경 전 직경(관경)[mm]	여기서, P_2: 변경 후 축동력[kW] P_1 : 변경 전 축동력[kW] N_2: 변경 후 회전수[rpm] N_1 : 변경 전 회전수[rpm] D_2 : 변경 후 직경(관경)[mm] D_1 : 변경 전 직경(관경)[mm]

☆☆

문제 16

제연설비에서 주로 사용하는 솔레노이드댐퍼, 모터댐퍼 및 퓨즈댐퍼의 작동원리를 쓰시오.

(15.11.문5, 05.5.문2)

득점	배점
	6

○ 솔레노이드댐퍼 :

○ 모터댐퍼 :

○ 퓨즈댐퍼 :

해답 ① 솔레노이드댐퍼 : 솔레노이드에 의해 누르게핀을 이동시켜 작동
② 모터댐퍼 : 모터에 의해 누르게핀을 이동시켜 작동
③ 퓨즈댐퍼 : 덕트 내의 온도가 일정온도 이상이 되면 퓨즈메탈의 용융과 함께 작동

해설 **댐퍼**의 **분류**

(1) **기능상**에 따른 분류

구 분	정 의	외 형
방화댐퍼 (Fire Damper ; **FD**)	화재시 발생하는 연기를 연기감지기의 감지 또는 **퓨즈메탈**의 **용융**과 함께 작동하여 **연소**를 **방지**하는 댐퍼	
방연댐퍼 (Smoke Damper ; **SD**)	연기를 **연기**감지기가 감지하였을 때 이와 연동하여 자동으로 폐쇄되는 댐퍼	
풍량조절댐퍼 (Volume control Damper ; **VD**)	**에너지 절약**을 위하여 덕트 내의 배출량을 조절하기 위한 댐퍼	

(2) **구조상**에 따른 분류

구 분	정 의	외 형
솔레노이드댐퍼 (Solenoid damper)	솔레노이드에 의해 누르게핀을 이동시킴으로써 작동되는 것으로 **개구부면적**이 **작은 곳**에 설치한다. **소비전력**이 **작다**.	
모터댐퍼 (Motor damper)	모터에 의해 누르게핀을 이동시킴으로써 작동되는 것으로 **개구부면적**이 **큰 곳**에 설치한다. **소비전력**이 **크다**.	
퓨즈댐퍼 (Fuse damper)	덕트 내의 온도가 일정온도(일반적으로 **70℃**) 이상이 되면 퓨즈메탈의 용융과 함께 작동하여 자체 폐쇄용 스프링의 힘에 의하여 댐퍼가 폐쇄된다.	

과년도 출제문제

2020년

소방설비기사 실기(기계분야)

** 수험자 유의사항 **

1. 문제지를 받는 즉시 응시 종목의 문제가 맞는지 확인하셔야 합니다.
2. 답안지 내 인적사항 및 답안작성(계산식 포함)은 검정색 필기구만을 계속 사용하여야 합니다.
3. 답안정정 시에는 **두 줄(=)**을 긋고 다시 기재 가능하며, **수정테이프 사용** 또한 **가능**합니다.
4. 계산문제는 반드시 '계산과정'과 '답'란에 정확히 기재하여야 하며 **계산과정이 틀리거나 없는 경우 0점 처리**됩니다.
   ※ 연습이 필요 시 연습란을 이용하여야 하며, 연습란은 채점대상이 아닙니다.
5. 계산문제는 **최종결과** 값(답)에서 **소수 셋째자리에서 반올림**하여 **둘째자리**까지 구하여야 하나 개별 문제에서 소수처리에 대한 별도 요구사항이 있을 경우, 그 요구사항에 따라야 합니다.
6. 답에 단위가 없으면 오답으로 처리됩니다. (단, 문제의 요구사항에 단위가 주어졌을 경우는 생략되어도 무방합니다.)
7. 문제에서 요구한 가지 수 이상을 답란에 표기한 경우, **답란기재 순**으로 **요구한 가지 수**만 채점합니다.

20년

2020. 5. 24 시행

▌2020년 기사 제1회 필답형 실기시험▌

자격종목	시험시간	형별	수험번호	성명	감독위원 확 인
소방설비기사(기계분야)	3시간				

※ 다음 물음에 답을 해당 답란에 답하시오.(배점 : 100)

☆☆

문제 01

건식 스프링클러설비에 하향식 헤드를 부착하는 경우 드라이펜던트헤드를 사용한다. 사용목적에 대해 간단히 쓰시오. (18.6.문12, 10.7.문4)

○ 사용목적 :

유사문제부터 풀어보세요. 실력이 팍!팍! 올라갑니다.

득점	배점
	3

해답 ○ 사용목적 : 동파방지

해설 건식 설비에는 **상향형 헤드**만 사용하여야 하는데 만약 하향형 헤드를 사용해야 하는 경우에는 **동파방지**를 위하여 **드라이펜던트형**(dry pendent type) 헤드를 사용하여야 한다.

구 분	설 명
사용목적	동파방지
구조	롱니플 내에 질소가스 주입
기능	배관 내 물의 헤드몸체 유입 금지

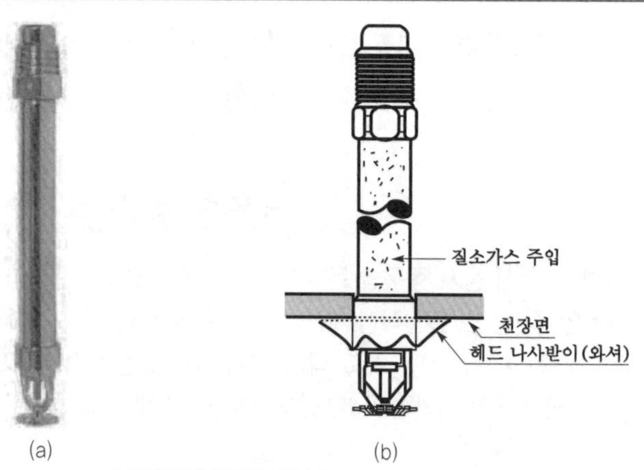

(a) (b)

▌드라이펜던트형 헤드▌

중요

드라이펜던트형 헤드

동파방지를 위하여 롱니플 내에 **질소가스**를 주입하여 배관 내의 물이 헤드몸체에 들어가지 않도록 설계되어 있다.

★★★

문제 02

포소화설비에서 포소화약제 혼합장치의 혼합방식을 4가지 쓰시오. (19.6.문8, 11.5.문12, 07.4.문11)

득점	배점
	4

○
○
○
○

해답 ① 펌프 프로포셔너방식
② 라인 프로포셔너방식
③ 프레져 프로포셔너방식
④ 프레져사이드 프로포셔너방식

해설 **포소화약제**의 **혼합장치**(NFPC 105 3 · 9조, NFTC 105 1.7, 2.6.1)

혼합장치	설 명	구 성
펌프 프로포셔너방식 (펌프혼합방식)	펌프의 토출관과 흡입관 사이의 배관 도중에 설치한 흡입기에 펌프에서 토출된 물의 일부를 보내고 **농도조정밸브**에서 조정된 포소화약제의 필요량을 포소화약제 탱크에서 펌프 흡입측으로 보내어 이를 혼합하는 방식	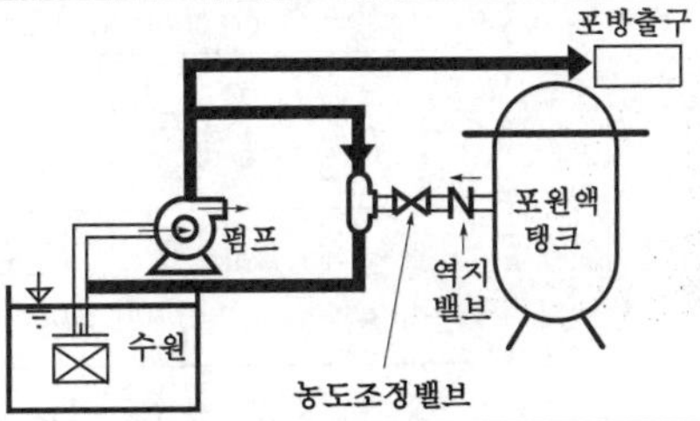 포방출구, 펌프, 포원액 탱크, 역지 밸브, 수원, 농도조정밸브
라인 프로포셔너방식 (관로혼합방식)	펌프와 발포기의 중간에 설치된 **벤투리관**의 벤투리작용에 의하여 포소화약제를 흡입 · 혼합하는 방식	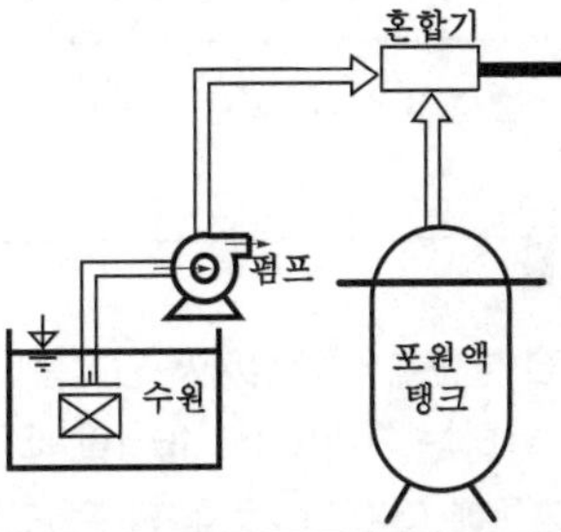 혼합기, 포방출구, 펌프, 포원액 탱크, 수원
프레져 프로포셔너방식 (차압혼합방식)	펌프와 발포기의 중간에 설치된 **벤투리관**의 벤투리작용과 **펌프가압수**의 포소화약제 저장탱크에 대한 압력에 의하여 포소화약제를 흡입 · 혼합하는 방식	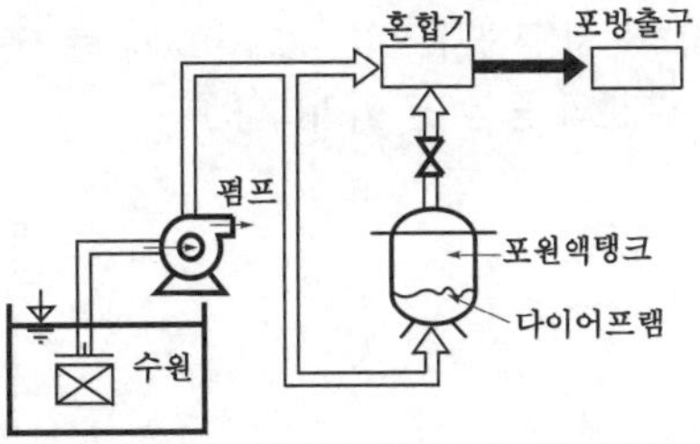 혼합기, 포방출구, 펌프, 포원액탱크, 다이어프램, 수원
프레져사이드 프로포셔너방식 (압입혼합방식)	펌프의 토출관에 **압입기**를 설치하여 포소화약제 **압입용 펌프**로 포소화약제를 압입시켜 혼합하는 방식	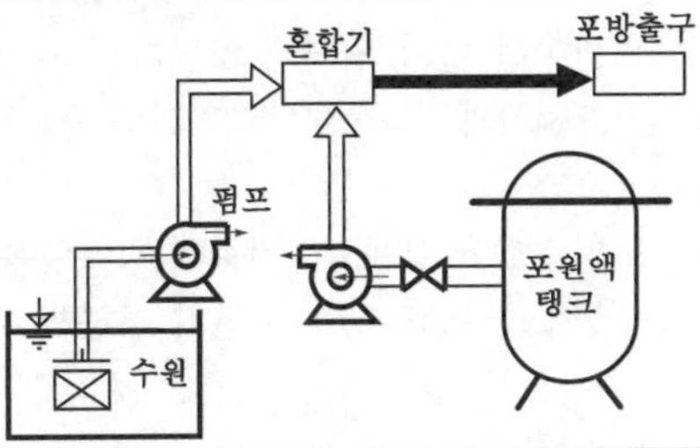 혼합기, 포방출구, 펌프, 포원액 탱크, 수원

압축공기포 믹싱챔버방식	**압축공기** 또는 **압축질소**를 일정비율로 포수용액에 **강제 주입** · 혼합하는 방식	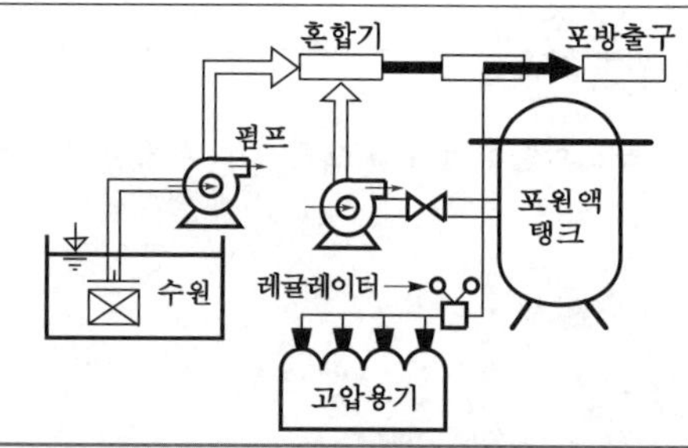

아하! 그렇구나 포소화약제 혼합장치의 특징

혼합방식	특 징
펌프 프로포셔너방식 (pump proportioner type)	• 펌프는 포소화설비 전용의 것일 것 • 구조가 비교적 간단하다. • **소용량**의 **저장탱크용**으로 적당하다.
라인 프로포셔너방식 (line proportioner type)	• **구조**가 가장 **간단**하다. • **압력강하**의 우려가 있다.
프레져 프로포셔너방식 (pressure proportioner type)	• 방호대상물 가까이에 포원액 탱크를 분산배치할 수 있다. • 배관을 **소화전 · 살수배관**과 **겸용**할 수 있다. • 포원액 탱크의 압력용기 사용에 따른 **설치비**가 **고가**이다.
프레져사이드 프로포셔너방식 (pressure side proportioner type)	• 고가의 포원액 탱크 압력용기 사용이 불필요하다. • **대용량**의 포소화설비에 적합하다. • 포원액 탱크를 적재하는 **화학소방차**에 적합하다.
압축공기포 믹싱챔버방식	• 포수용액에 공기를 강제로 주입시켜 **원거리 방수** 가능 • 물 사용량을 줄여 **수손피해 최소화**

☆☆

문제 03

옥외소화전 방수시의 그림에서 안지름이 65mm인 옥외소화전 방수구의 높이(y)가 800mm, 방수된 물이 지면에 도달하는 거리(x)가 16m일 때 방수량은 몇 m³/s이고, 동일 안지름의 방수구를 개방하였을 때, 화재안전기준에 따른 방수량을 만족하려면 방출된 물이 지면에 도달하는 거리(x)가 최소 몇 m 이상이어야 하는지 구하시오. (단, 그림에서 y는 지면에서 방수구의 중심 간 거리이고, x는 방수구에서 물이 도달하는 부분의 중심 간 거리이다.)

(17.6.문5, 12.11.문16)

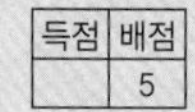

득점	배점
	5

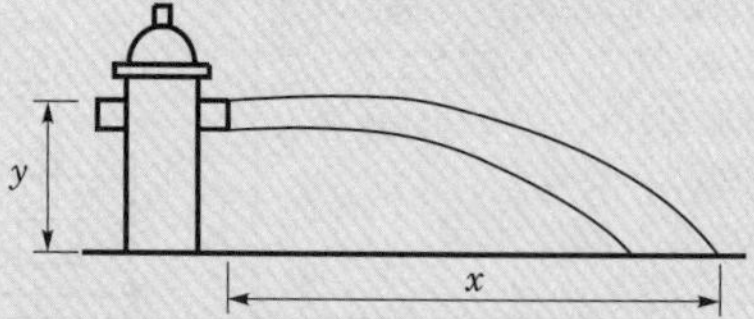

(가) 방수된 물이 지면에 도달하는 거리(x)가 16m일 때 방수량 Q[m³/s]를 구하시오.
- ○ 계산과정 :
- ○ 답 :

(나) 방수구에 화재안전기준의 방수량을 만족하기 위해서는 방출된 물이 지면에 도달하는 거리(x)가 몇 m 이상이어야 하는지 구하시오.
- ○ 계산과정 :
- ○ 답 :

(가) ○ 계산과정 : $t = \sqrt{\dfrac{0.8\times2}{9.8}} \fallingdotseq 0.404\text{s}$

$$V = \frac{16}{\cos0°\times0.404\text{s}} \fallingdotseq 39.6039\text{m/s}$$

$$Q = \frac{\pi\times0.065^2}{4}\times39.6039 = 0.131 \fallingdotseq 0.13\text{m}^3/\text{s}$$

○ 답 : $0.13\text{m}^3/\text{s}$

(나) ○ 계산과정 : $V = \dfrac{4\times0.35/60}{\pi\times0.065^2} \fallingdotseq 1.7579\text{m/s}$

$$x = 1.7579\times\cos0°\times0.404\text{s} \fallingdotseq 0.71\text{m}$$

○ 답 : 0.71m

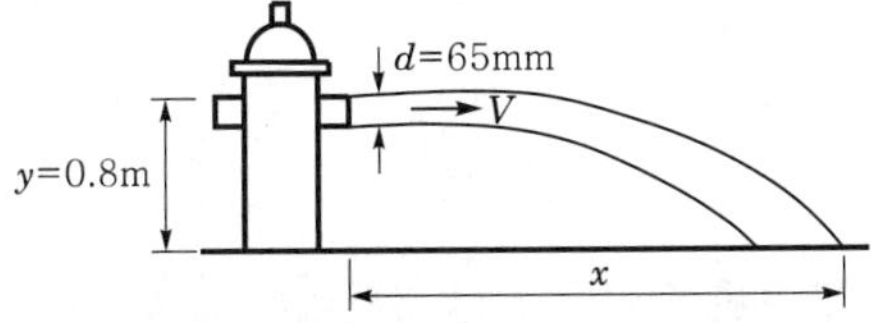

(가) ①

자유낙하이론

$$y = \frac{1}{2}gt^2$$

여기서, y : 지면에서의 높이[m]
g : 중력가속도(9.8m/s^2)
t : 지면까지의 낙하시간[s]

$$y = \frac{1}{2}gt^2$$

$$0.8\text{m} = \frac{1}{2}\times9.8\text{m/s}^2\times t^2$$

$$\frac{0.8\text{m}\times2}{9.8\text{m/s}^2} = t^2$$

$$t^2 = \frac{0.8\text{m}\times2}{9.8\text{m/s}^2}$$

$$\sqrt{t^2} = \sqrt{\frac{0.8\text{m}\times2}{9.8\text{m/s}^2}}$$

$$t = \sqrt{\frac{0.8\text{m}\times2}{9.8\text{m/s}^2}} \fallingdotseq 0.404\text{s}$$

- y(800mm=0.8m) : 문제에서 주어진 값

②

지면에 도달하는 거리

$$x = V\cos\theta t$$

여기서, x : 지면에 도달하는 거리[m]
V : 유속[m/s]
θ : 낙하각도
t : 지면까지의 낙하시간[s]

유속 V는

$$V = \frac{x}{\cos\theta t}$$

$$= \frac{16\text{m}}{\cos0°\times0.404\text{s}} \fallingdotseq 39.6039\text{m/s}$$

- x(16m) : 문제에서 주어진 값
- θ(0°) : 처음에 **수평**으로 **방사**되므로 낙하각도는 0°
- t(0.404s) : 바로 앞에서 구한 값

③ **유량**

$$Q = AV = \left(\frac{\pi D^2}{4}\right)V$$

여기서, Q : 유량(방수량)[m³/s]
A : 단면적[m²]
V : 유속[m/s]
D : 내경(인지름)[m]

유량 Q는

$$Q = \left(\frac{\pi D^2}{4}\right)V$$

$$= \frac{\pi \times (0.065\text{m})^2}{4} \times 39.6039\text{m/s} = 0.131 \fallingdotseq 0.13\text{m}^3/\text{s}$$

- D(65mm=0.065m) : 문제에서 주어진 값
- V(39.6039m/s) : 바로 앞에서 구한 값

※ **소수점처리**
소수점처리는 문제에서 조건이 없으면 계산 **중간**과정에서는 **소수점 3째자리나 4째자리**까지 구하고, 계산**결과**에서는 **소수점 3째자리**에서 **반올림**하여 **2째자리**까지 구하면 된다.

중요

옥외소화전 성능 적합 여부판단

이론유량

$$Q = 350\text{L/min} = 0.35\text{m}^3/60\text{s} = 0.0058\text{m}^3/\text{s}$$

이론유량 < 실제유량 : 적합

$0.0058\text{m}^3/\text{s} < 0.13\text{m}^3/\text{s}$: 적합
이론유량 < 실제유량이므로 적합

- Q(350L/min) : 화재안전기준에 의해 방수량은 350L/min=0.35m³/min=0.35m³/60s
- 문제에서 주어진 그림에서 방수구가 2개로써 **쌍구형**이지만 실제로 방수는 **오른쪽 방수구 한쪽**만 되므로 유량은 350L/min 이상이면 된다. **쌍구형**이라고 해서 700L/min로 적용하지 않는 것에 주의하라!!

(나) ① **유량**

$$Q = AV = \left(\frac{\pi D^2}{4}\right)V$$

여기서, Q : 유량(방수량)[m³/s]
A : 단면적[m²]
V : 유속[m/s]
D : 내경(안지름)[m]

유속 V는

$$V = \frac{4Q}{\pi D^2}$$

$$= \frac{4 \times 350\text{L/min}}{\pi \times (0.065\text{m})^2} = \frac{4 \times 0.35\text{m}^3/60\text{s}}{\pi \times (0.065\text{m})^2} \fallingdotseq 1.7579\text{m/s}$$

- Q(350L/min) : 화재안전기준에 의해 방수량은 350L/min=0.35m³/min=0.35m³/60s

‖ 각 설비의 주요사항 ‖

구 분	드렌처설비	스프링클러설비	소화용수설비	옥내소화전설비	옥외소화전설비	포소화설비, 물분무소화설비, 연결송수관설비
방수압	0.1MPa 이상	0.1 ~1.2MPa 이하	0.15MPa 이상	0.17 ~0.7MPa 이하	0.25 ~0.7MPa 이하	0.35MPa 이상
방수량	80L/min 이상	80L/min 이상	800L/min 이상 (가압송수장치 설치)	130L/min 이상 (30층 미만 : 최대 2개, 30층 이상 : 최대 5개)	**350L/min** 이상 (최대 2개)	75L/min 이상 (포워터 스프링클러헤드)
방수구경	–	–	–	40mm	65mm	–
노즐구경	–	–	–	13mm	19mm	–

- D(65mm=0.065m) : 문제에서 주어진 값

② **지면에 도달하는 거리**

$$x = V\cos\theta t$$

여기서, x : 지면에 도달하는 거리[m]
V : 유속[m/s]
θ : 낙하각도
t : 지면까지의 낙하시간[s]

지면에 **도달**하는 **거리** x는

$x = V\cos\theta t$
$= 1.7579\text{m/s} \times \cos 0° \times 0.404\text{s} \fallingdotseq 0.71\text{m}$

- V(1.7579m/s) : 바로 앞에서 구한 값
- θ(0°) : 처음에 **수평**으로 **방사**되므로 낙하각도는 0°
- t(0.404s) : ㈎에서 구한 값

☆☆☆

문제 04

직사각형 주철 관로망에서 Ⓐ지점에서 0.6m³/s 유량으로 물이 들어와서 Ⓑ와 Ⓒ지점에서 각각 0.2m³/s와 0.4m³/s의 유량으로 물이 나갈 때 관 내에서 흐르는 물의 유량 Q_1, Q_2, Q_3는 각각 몇 m³/s인가? (단, 관마찰손실 이외의 손실은 무시하고 d_1, d_2 관의 관 마찰계수는 f_{12}=0.025, d_3, d_4의 관에 대한 관마찰계수는 f_{34}=0.028이다. 각각의 관의 내경은 d_1=0.4m, d_2=0.4m, d_3=0.322m, d_4=0.322m이며, Darcy-Weisbach의 방정식을 이용하여 유량을 구한다.) (10.10.문17)

득점	배점
	6

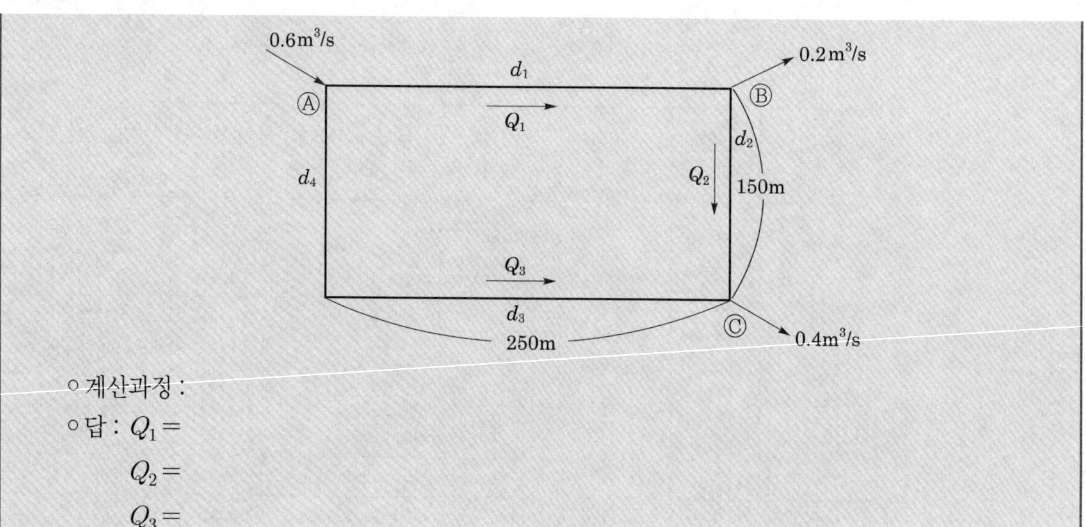

○ 계산과정 :

○ 답 : $Q_1=$

$Q_2=$

$Q_3=$

해답 ○ 계산과정 : $Q_1 = 0.2 + Q_2$

$0.6 = Q_1 + Q_3$

$$H_1 = \frac{0.025 \times 250 \times \left(\dfrac{Q_1}{\dfrac{\pi \times 0.4^2}{4}}\right)^2}{2 \times 9.8 \times 0.4} = 50.482 Q_1^{\ 2} \fallingdotseq 50.48 Q_1^{\ 2}$$

$$H_2 = \frac{0.025 \times 150 \times \left(\dfrac{Q_2}{\dfrac{\pi \times 0.4^2}{4}}\right)^2}{2 \times 9.8 \times 0.4} = 30.289 Q_2^{\ 2} \fallingdotseq 30.29 Q_2^{\ 2}$$

$$H_3 = \frac{0.028 \times (250+150) \times \left(\dfrac{Q_3}{\dfrac{\pi \times 0.322^2}{4}}\right)^2}{2 \times 9.8 \times 0.322} \fallingdotseq 267.61 Q_3^{\ 2}$$

$Q_2 = Q_1 - 0.2$

$Q_3 = 0.6 - Q_1$

$50.48 Q_1^{\ 2} + 30.29 Q_2^{\ 2} - 267.61 Q_3^{\ 2} = 0$

$50.48x^2 + 30.29(x-0.2)^2 - 267.6(0.6-x)^2 = 0$

$186.84x^2 - 309.016x + 95.128 = 0$

$$x = \frac{-(-309.016) \pm \sqrt{(-309.016)^2 - 4 \times 186.84 \times 95.128}}{2 \times 186.84}$$

$= 0.408 \fallingdotseq 0.41\text{m}^3/\text{s}$

$\therefore Q_1 = 0.41\text{m}^3/\text{s}$

$Q_2 = 0.41 - 0.2 = 0.21\text{m}^3/\text{s}$

$Q_3 = 0.6 - 0.41 = 0.19\text{m}^3/\text{s}$

○ 답 : $Q_1 = 0.41\text{m}^3/\text{s}$

$Q_2 = 0.21\text{m}^3/\text{s}$

$Q_3 = 0.19\text{m}^3/\text{s}$

해설

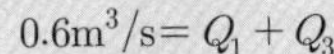

$$0.6\text{m}^3/\text{s} = Q_1 + Q_3$$

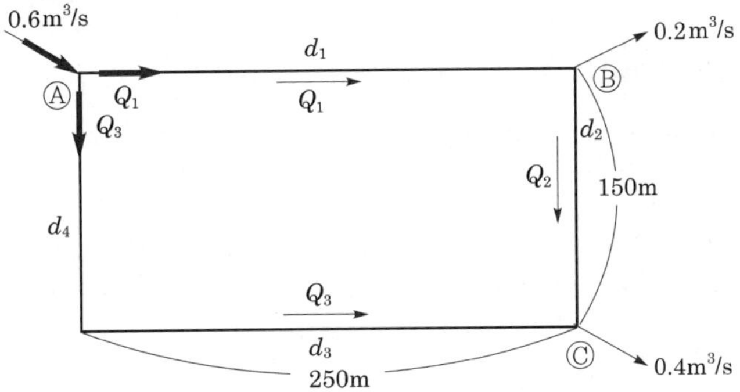

$$Q_1 = 0.2\text{m}^3/\text{s} + Q_2$$

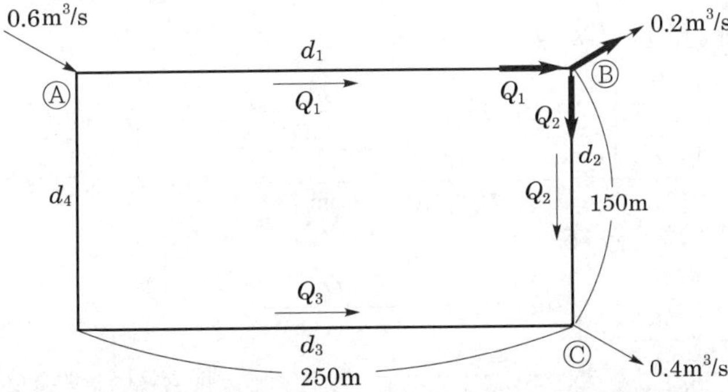

$\Sigma H = 0$

아래 그림에서 Ⓐ점을 기준으로 H_1과 H_2는 방향이 같고, H_3는 반대이므로

$H_1 + H_2 - H_3 = 0$

여기서, H : 마찰손실(수두)[m]

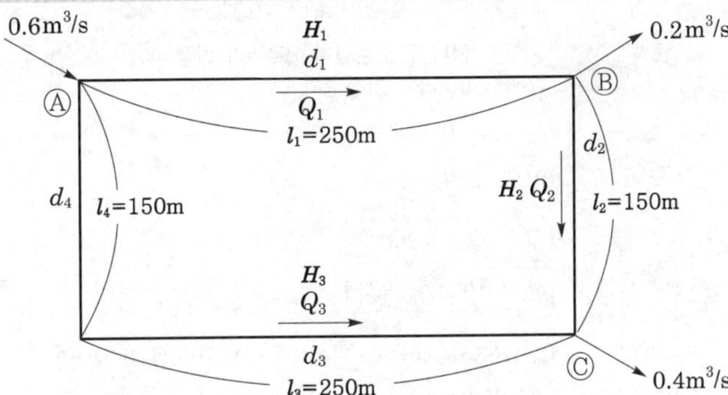

(1) 유량

$$Q = AV = \left(\frac{\pi d^2}{4}\right)V$$

여기서, Q : 유량[m³/s]

A : 단면적[m²]

V : 유속[m/s]

d : 내경[m]

(2) **달시-웨버**의 **식**(Darcy-Weisbach formula) : 층류

$$H=\frac{\Delta p}{\gamma}=\frac{flV^2}{2gd}$$

여기서, H : 마찰손실(수두)[m]

Δp : 압력차[Pa]

γ : 비중량(물의 비중량 9800N/m^3)

f : 관마찰계수

l : 길이[m]

V : 유속[m/s]

g : 중력가속도(9.8m/s^2)

d : 내경[m]

마찰손실(수두) H는

$$H=\frac{flV^2}{2gd}=\frac{fl\left(\frac{Q}{\frac{\pi d^2}{4}}\right)^2}{2gd}$$

d_1관의 마찰손실(수두) H_1은

$$H_1=\frac{f_{12}l_1\left(\frac{Q_1}{\frac{\pi d_1^{\ 2}}{4}}\right)^2}{2gd_1}=\frac{0.025\times250\text{m}\times\left(\frac{Q_1}{\frac{\pi\times(0.4\text{m})^2}{4}}\right)^2}{2\times9.8\text{m/s}^2\times0.4\text{m}}=50.482Q_1^{\ 2}≒50.48Q_1^{\ 2}$$

d_2관의 마찰손실(수두) H_2는

$$H_2=\frac{f_{12}l_2\left(\frac{Q_2}{\frac{\pi d_2^{\ 2}}{4}}\right)^2}{2gd_2}=\frac{0.025\times150\text{m}\times\left(\frac{Q_2}{\frac{\pi\times(0.4\text{m})^2}{4}}\right)^2}{2\times9.8\text{m/s}^2\times0.4\text{m}}=30.289Q_2^{\ 2}≒30.29Q_2^{\ 2}$$

d_3관의 마찰손실(수두) H_3는

$$H_3=\frac{f_{34}(l_3+l_4)\left(\frac{Q_3}{\frac{\pi d_3^{\ 2}}{4}}\right)^2}{2gd_3}=\frac{0.028\times(250+150)\text{m}\times\left(\frac{Q_3}{\frac{\pi\times(0.322\text{m})^2}{4}}\right)^2}{2\times9.8\text{m/s}^2\times0.322\text{m}}≒267.61Q_3^{\ 2}$$

$$\Sigma H=0$$

: **에너지 보존법칙**(베르누이 방정식)에 의해 각 분기배관의 **마찰손실**(H)의 합은 **0**이라고 가정한다.

$$H_1 + H_2 - H_3 = 0$$

$$50.48Q_1^{\ 2}+30.29Q_2^{\ 2}-267.61Q_3^{\ 2}=0$$

- $Q_1=0.2\text{m}^3/\text{s}+Q_2 \rightarrow \boxed{Q_2=Q_1-0.2\text{m}^3/\text{s}}$
- $0.6\text{m}^3/\text{s}=Q_1+Q_3 \rightarrow \boxed{Q_3=0.6\text{m}^3/\text{s}-Q_1}$

$50.48Q_1^{\ 2}+30.29(Q_1-0.2)^2-267.61(0.6-Q_1)^2=0 \rightarrow$ Q_1을 x로 표기하면

$$50.48x^2+30.29(x-0.2)^2-267.61(0.6-x)^2=0$$

$$50.48x^2+30.29(x^2-0.4x+0.04)-267.61(x^2-1.2x+0.36)=0$$

$$50.48x^2+30.29x^2-12.116x+1.2116-267.61x^2+321.132x-96.3396=0$$

$$(50.48+30.29-267.61)x^2+(-12.116+321.132)x+(1.2116-96.3396)=0$$

$$-186.84x^2+309.016x-95.128=0$$

$$186.84x^2-309.016x+95.128=0$$

$ax^2+bx+c=0$

근의 공식 $x=\dfrac{-b\pm\sqrt{b^2-4ac}}{2a}$

$$x=\frac{-b\pm\sqrt{b^2-4ac}}{2a}=\frac{-(-309.016)\pm\sqrt{(-309.016)^2-4\times186.84\times95.128}}{2\times186.84}$$

$=0.408$ 또는 $1.2448\text{m}^3/\text{s}$

$\fallingdotseq 0.41\text{m}^3/\text{s}$

$\therefore\ Q_1=0.41\text{m}^3/\text{s}$

- 전체 유량이 $0.6\text{m}^3/\text{s}$이므로 $1.2448\text{m}^3/\text{s}$는 될 수 없음

$\therefore\ Q_2=Q_1-0.2\text{m}^3/\text{s}=0.41\text{m}^3/\text{s}-0.2\text{m}^3/\text{s}=0.21\text{m}^3/\text{s}$

$\therefore\ Q_3=0.6\text{m}^3/\text{s}-Q_1=0.6\text{m}^3/\text{s}-0.41\text{m}^3/\text{s}=0.19\text{m}^3/\text{s}$

※ 이 문제는 머리가 좀 아픕니다~. 그래도 씩씩하게 ^^

☆☆

문제 05

다음은 아파트의 각 세대별 주방 및 오피스텔의 각 실별 주방에 설치하는 주거용 주방자동소화장치의 설치기준이다. (   ) 안을 완성하시오. (13.7.문3, 12.11.문9, 08.7.문6)

득점	배점
	7

- ○ 소화약제 방출구는 (①)(주방에서 발생하는 열기류 등을 밖으로 배출하는 장치를 말한다.)의 청소부분과 분리되어 있어야 하며, 형식승인받은 유효설치 높이 및 (②)에 따라 설치할 것
- ○ 감지부는 형식승인받은 유효한 (③) 및 위치에 설치할 것
- ○ 가스용 주방자동소화장치를 사용하는 경우 탐지부는 수신부와 분리하여 설치하되, 공기보다 가벼운 가스를 사용하는 경우에는 (④)면으로부터 (⑤) 이하의 위치에 설치하고, 공기보다 무거운 가스를 사용하는 장소에는 (⑥)면으로부터 (⑦) 이하의 위치에 설치할 것

해답 ① 환기구
② 방호면적
③ 높이
④ 천장
⑤ 30cm
⑥ 바닥
⑦ 30cm

해설 **아파트**의 각 세대별 **주방** 및 **오피스텔**의 각 실별 **주방**에 설치하는 **주**거용 주방**자**동소화장치의 설치기준(NFPC 101 4조 ②항 1호, NFTC 101 2.1.2.1)

(1) 소화약제 **방**출구는 **환기구**(주방에서 발생하는 열기류 등을 밖으로 배출하는 장치)의 청소부분과 분리되어 있어야 하며, 형식승인받은 유효설치 **높이** 및 **방호면적**에 따라 설치할 것

(2) **감**지부는 형식승인받은 유효한 **높이** 및 위치에 설치할 것

(3) **차**단장치(전기 또는 가스)는 상시 확인 및 점검이 가능하도록 설치할 것

(4) 가스용 주방자동소화장치를 사용하는 경우 **탐**지부는 수신부와 분리하여 설치하되, 공기보다 가벼운 가스를 사용하는 경우에는 **천장면**으로부터 **30cm** 이하의 위치에 설치하고, 공기보다 무거운 가스를 사용하는 장소에는 **바닥면**으로부터 **30cm** 이하의 위치에 설치할 것

(5) **수**신부는 주위의 열기류 또는 습기 등과 주위온도에 영향을 받지 않고 사용자가 상시 볼 수 있는 장소에 설치할 것

기억법 **주자방 감차탐수**

▮ 감지부 ▮

▮ 탐지부 ▮

▮ 수신부 ▮

문제 06

다음은 승강식 피난기 및 하향식 피난구용 내림식 사다리의 설치기준이다. (　) 안을 완성하시오.

득점	배점
	5

○ 대피실의 면적은 (①)m^2(2세대 이상일 경우에는 $3m^2$) 이상으로 하고, 「건축법 시행령」 제46조 제4항의 규정에 적합하여야 하며 하강구(개구부) 규격은 직경 60cm 이상일 것. 단, 외기와 개방된 장소에는 그러하지 아니한다.
○ 하강구 내측에는 기구의 연결금속구 등이 없어야 하며 전개된 피난기구는 하강구 수평투영면적 공간 내의 범위를 침범하지 않는 구조이어야 할 것. 단, 직경 (②)cm 크기의 범위를 벗어난 경우이거나, 직하층의 바닥면으로부터 높이 50cm 이하의 범위는 제외한다.
○ 대피실의 출입문은 (③)으로 설치하고, 피난방향에서 식별할 수 있는 위치에 "대피실" 표지판을 부착할 것. 단, 외기와 개방된 장소에는 그러하지 아니한다.
○ 착지점과 하강구는 상호 수평거리 (④)cm 이상의 간격을 둘 것
○ 승강식 피난기는 (⑤) 또는 법 제42조 제1항에 따라 성능시험기관으로 지정받은 기관에서 그 성능을 검증받은 것으로 설치할 것

해답 ① 2
② 60
③ 60분+방화문 또는 60분 방화문
④ 15
⑤ 한국소방산업기술원

해설 **승강식 피난기** 및 **하향식 피난구용 내림식 사다리**의 **설치기준**(NFPC 301 5조 ③항, NFTC 301 2.1.3.9)

(1) 승강식 피난기 및 하향식 피난구용 내림식 사다리는 설치경로가 설치층에서 **피난층**까지 연계될 수 있는 구조로 설치할 것(단, 건축물 규모가 **지상 5층 이하**로서, 구조 및 설치 여건상 불가피한 경우는 제외)
(2) 대피실의 면적은 **$2m^2$**(**2세대 이상**일 경우에는 **$3m^2$**) 이상으로 하고, 건축법 시행령 제46조 제④항의 규정에 적합하여야 하며 하강구(개구부) 규격은 직경 **60cm** 이상일 것(단, 외기와 개방된 장소는 제외)
(3) 하강구 내측에는 기구의 **연결금속구** 등이 없어야 하며 전개된 피난기구는 하강구 수평투영면적 공간 내의 범위를 침범하지 않은 구조이어야 할 것(단, 직경 **60cm** 크기의 범위를 벗어난 경우이거나, 직하층의 바닥면으로부터 높이 **50cm** 이하의 범위는 제외)
(4) 대피실의 출입문은 **60분+방화문** 또는 **60분 방화문**으로 설치하고, 피난방향에서 식별할 수 있는 위치에 **"대피실"** 표지판을 부착할 것(단, 외기와 개방된 장소는 제외)
(5) 착지점과 하강구는 상호 **수평거리 15cm** 이상의 간격을 둘 것
(6) 대피실 내에는 **비상조명등**을 설치할 것
(7) 대피실에는 **층**의 **위치표시**와 **피난기구 사용설명서** 및 **주의사항 표지판**을 부착할 것
(8) 대피실 출입문이 개방되거나, 피난기구 작동시 해당층 및 직하층 거실에 설치된 **표시등** 및 **경보장치**가 작동되고, **감시제어반**에서는 피난기구의 작동을 확인할 수 있어야 할 것
(9) 사용시 기울거나 흔들리지 않도록 설치할 것
(10) 승각식 피난기는 **한국소방산업기술원** 또는 성능시험기관으로 지정받은 기관에서 그 성능을 검증받은 것으로 설치할 것

☆☆☆

문제 07

제연설비가 설치된 제연구획의 어느 실에 필요한 소요풍량이 562m³/min일 때, 다음 각 물음에 답하시오. (19.11.문13, 19.6.문11, 17.4.문9, 14.11.문13, 10.10.문14, 09.10.문11, 07.11.문6, 07.7.문1)

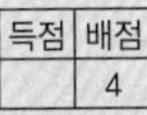

득점	배점
	4

(가) 송풍기의 전압이 50mmAq, 회전수는 600rpm이고 효율이 55%인 다익송풍기 사용시 전동기동력[kW]을 구하시오. (단, 송풍기의 여유율은 20%이다.)
　○계산과정 :
　○답 :

(나) 송풍기의 회전차의 크기를 변경하지 않고 배출량을 749m³/min으로 증가시키고자 할 때, 회전수[rpm]를 구하시오. (단, 소수점 이하 1째자리에서 반올림할 것)
　○계산과정 :
　○답 :

해답 (가) ○계산과정 : $\dfrac{50\times562}{102\times60\times0.55}\times1.2=10.017 \fallingdotseq 10.02\text{kW}$
　○답 : 10.02kW

(나) ○계산과정 : $N_2=600\times\left(\dfrac{749}{562}\right)=799.6 \fallingdotseq 800\text{rpm}$
　○답 : 800rpm

해설 (가) ① **기호**

- K(**1.2**) : [단서]에서 여유율 20%=120%=1.2
- P_T(**50mmAq**) : (가)에서 주어진 값
- Q(**562m³/min**) : 문제에서 주어진 값
- η(**0.55**) : 문제에서 55%=**0.55**

② **송풍기동력**

$$P=\frac{P_T\,Q}{102\times60\eta}K$$

여기서, P : 송풍기동력(전동기동력)[kW]
P_T : 전압(풍압)[mmAq, mmH_2O]
Q : 풍량(배출량)[m³/min]
K : 여유율
η : 효율

송풍기의 **전동기동력** P는

$$P=\frac{50\text{mmAq}\times562\text{m}^3/\text{min}}{102\times60\times0.55}\times1.2=10.017 \fallingdotseq 10.02\text{kW}$$

(나) ① **기호**

- N_1(600rpm) : 회전차의 크기를 변경하지 않으므로 회전수는 (가)의 600rpm 그대로임
- Q_2(749m³/min) : (나)에서 주어진 값
- Q_1(562m³/min) : 문제에서 주어진 값
- N_2 : ?

② **회전수**

$$Q_2=Q_1\left(\frac{N_2}{N_1}\right)$$

$$\frac{Q_2}{Q_1}=\frac{N_2}{N_1}$$

$$\frac{N_2}{N_1} = \frac{Q_2}{Q_1} \leftarrow \text{좌우변 이항}$$

$$N_2 = N_1\left(\frac{Q_2}{Q_1}\right) = 600\text{rpm} \times \left(\frac{749\text{m}^3/\text{min}}{562\text{m}^3/\text{min}}\right) = 799.6 ≒ 800\text{rpm}$$

• [단서]에 의해 **소수점 이하 1째자리**에서 반올림

중요

유량, 양정, 축동력

유량(풍량, 배출량)	양정(전압)	축동력(동력)
회전수에 비례하고 **직경**(관경)의 세제곱에 비례한다. $Q_2 = Q_1\left(\frac{N_2}{N_1}\right)\left(\frac{D_2}{D_1}\right)^3$ 또는 $Q_2 = Q_1\left(\frac{N_2}{N_1}\right)$ 여기서, Q_2 : 변경 후 유량[L/min] Q_1 : 변경 전 유량[L/min] N_2 : 변경 후 회전수[rpm] N_1 : 변경 전 회전수[rpm] D_2 : 변경 후 직경(관경)[mm] D_1 : 변경 전 직경(관경)[mm]	회전수의 제곱 및 **직경**(관경)의 제곱에 비례한다. $H_2 = H_1\left(\frac{N_2}{N_1}\right)^2\left(\frac{D_2}{D_1}\right)^2$ 또는 $H_2 = H_1\left(\frac{N_2}{N_1}\right)^2$ 여기서, H_2 : 변경 후 양정[m] H_1 : 변경 전 양정[m] N_2 : 변경 후 회전수[rpm] N_1 : 변경 전 회전수[rpm] D_2 : 변경 후 직경(관경)[mm] D_1 : 변경 전 직경(관경)[mm]	회전수의 세제곱 및 **직경**(관경)의 오제곱에 비례한다. $P_2 = P_1\left(\frac{N_2}{N_1}\right)^3\left(\frac{D_2}{D_1}\right)^5$ 또는 $P_2 = P_1\left(\frac{N_2}{N_1}\right)^3$ 여기서, P_2 : 변경 후 축동력[kW] P_1 : 변경 전 축동력[kW] N_2 : 변경 후 회전수[rpm] N_1 : 변경 전 회전수[rpm] D_2 : 변경 후 직경(관경)[mm] D_1 : 변경 전 직경(관경)[mm]

☆☆☆

문제 08

그림은 위험물을 저장하는 플로팅루프탱크 포소화설비의 계통도이다. 그림과 조건을 참고하여 다음 각 물음에 답하시오. (19.4.문6, 18.4.문1, 17.4.문10, 16.11.문15, 15.7.문1, 14.4.문6, 13.11.문10, 11.11.문13, 08.7.문11, 04.4.문1)

득점	배점
	6

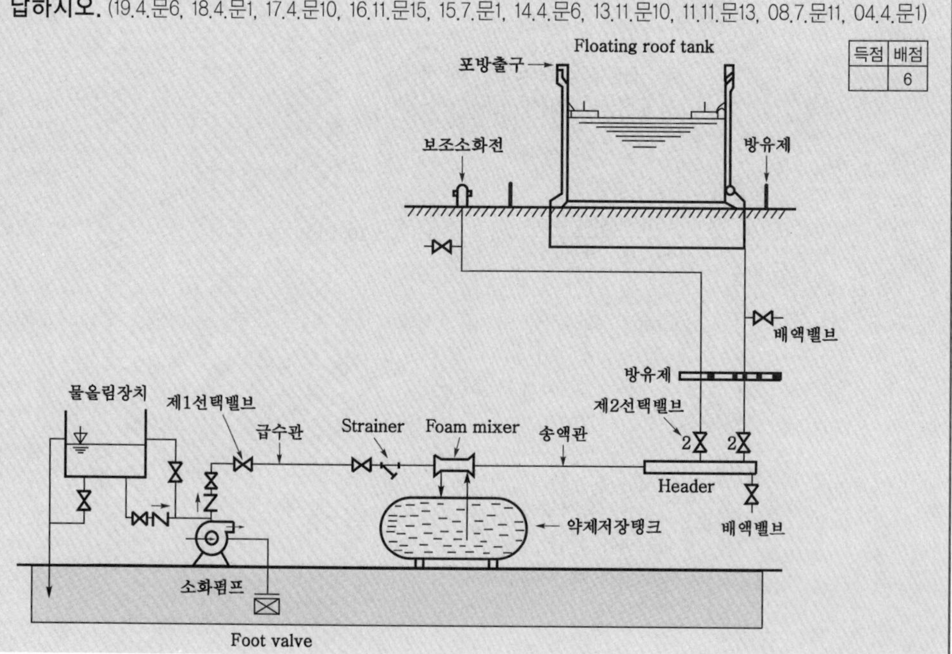

〔조건〕

① 탱크(tank)의 안지름 : 20m
② 보조포소화전 : 7개
③ 포소화약제 사용농도 : 3%
④ 굽도리판과 탱크벽과의 이격거리 : 0.5m
⑤ 송액관 안지름 : 100mm, 송액관 길이 : 97m
⑥ 고정포방출구의 방출률 : 8L/m^2 · min, 방사시간 : 30분
⑦ 보조포소화전의 방출률 : 400L/min, 방사시간 : 20분
⑧ 조건에 제시되지 않은 사항은 무시한다.

(가) 포소화약제의 저장량〔L〕을 구하시오.
○ 계산과정 :
○ 답 :

(나) 수원의 용량〔m^3〕을 구하시오.
○ 계산과정 :
○ 답 :

해답 (가) ○ 계산과정 : $Q_1 = \frac{\pi}{4}(20^2 - 19^2) \times 8 \times 30 \times 0.03 = 220.53\text{L}$

$Q_2 = 3 \times 0.03 \times 400 \times 20 = 720\text{L}$

$Q_3 = \frac{\pi}{4} \times 0.1^2 \times 97 \times 0.03 \times 1000 = 22.855\text{L}$

$Q = 220.53 + 720 + 22.855 = 963.385 \fallingdotseq 963.39\text{L}$

○ 답 : 963.39L

(나) ○ 계산과정 : $Q_1 = \frac{\pi}{4}(20^2 - 19^2) \times 8 \times 30 \times 0.97 = 7130.787\text{L}$

$Q_2 = 3 \times 0.97 \times 400 \times 20 = 23280\text{L}$

$Q_3 = \frac{\pi}{4} \times 0.1^2 \times 97 \times 0.97 \times 1000 = 738.98\text{L}$

$Q = 7130.787 + 23280 + 738.98 = 31149.767 \fallingdotseq 31149 = 31.149 \fallingdotseq 31.15\text{m}^3$

○ 답 : 31.15m^3

해설 **고정포방출구**

$$Q = A \times Q_1 \times T \times S$$

여기서, Q : 수용액 · 수원 · 약제량〔L〕
A : 탱크의 액표면적〔m^2〕
Q_1 : 수용액의 분당방출량(방출률)〔L/m^2 · min〕
T : 방사시간〔분〕
S : 사용농도

보조포소화전

$$Q = N \times S \times 8000$$

여기서, Q : 수용액 · 수원 · 약제량〔L〕
N : 호스접결구수(**최대 3개**)
S : 사용농도

또는,

$$Q = N \times S \times 400$$

여기서, Q : 수용액 · 수원 · 약제량[L/min]
N : 호스접결구수(**최대 3개**)
S : 사용농도

- 보조포소화전의 방사량(방출률)이 400L/min이므로 400L/min×20min=8000L가 되므로 위의 두 식은 같은 식이다.

배관보정량

$$Q = A \times L \times S \times 1000\text{L/m}^3 \text{(안지름 75mm 초과시에만 적용)}$$

여기서, Q : 배관보정량[L]
A : 배관단면적[m^2]
L : 배관길이[m]
S : 사용농도

(개) ① **고정포방출구**의 **약제량** Q_1

$$Q_1 = A \times Q \times T \times S$$
$$= \frac{\pi}{4}(20^2 - 19^2)\text{m}^2 \times 8\text{L/m}^2 \cdot \text{min} \times 30\text{min} \times 0.03 = 220.53\text{L}$$

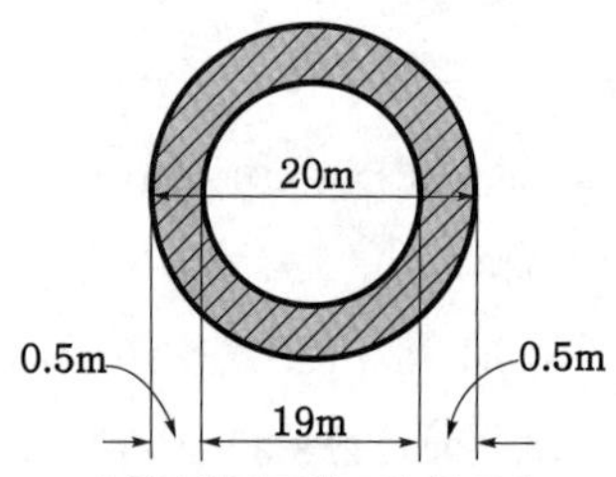

‖ 플로팅루프탱크의 구조 ‖

- A(탱크의 액표면적) : 탱크표면의 표면적만 고려하여야 하므로 [조건 ④]에서 굽도리판과 탱크벽과의 간격 **0.5m**를 적용하여 그림에서 빗금 친 부분만 고려하여 $\frac{\pi}{4}(20^2 - 19^2)\text{m}^2$로 계산하여야 한다. 꼭 기억해 두어야 할 사항은 굽도리판과 탱크벽과의 간격을 적용하는 것은 **플로팅루프탱크**의 경우에만 한한다는 것이다.
- Q(수용액의 분당방출량 **8L/m^2 · min**) : [조건 ⑥]에서 주어진 값
- T(방사시간 **30min**) : [조건 ⑥]에서 주어진 값
- S(**0.03**) : [조건 ③]에서 3%용이므로 **약제농도**(S)는 **0.03**

② **보조포소화전**의 **약제량** Q_2

$$Q_2 = N \times S \times 400$$
$$= 3 \times 0.03 \times 400 \times 20\text{min} = 720\text{L}$$

- S(**0.03**) : [조건 ③]에서 3%용이므로 **약제농도**(S)는 **0.03**
- **20min** : [조건 ⑦]에서 20분 적용(단위 L/min을 L로 나타내기 위해 20min 적용)

③ **배관보정량** Q_3

$$Q_3 = A \times L \times S \times 1000\text{L/m}^3 \text{(안지름 75mm 초과시에만 적용)}$$
$$= \frac{\pi}{4} \times (0.1\text{m})^2 \times 97\text{m} \times 0.03 \times 1000\text{L/m}^3 = 22.855\text{L}$$

- A(0.1m) : [조건 ⑤]에서 100mm=0.1m(1000mm=1m)
- L(97m) : [조건 ⑤]에서 주어진 값
- S(**0.03**) : [조건 ③]에서 3%용이므로 **약제농도**(S)는 **0.03**
- [조건 ⑤]에서 안지름 100mm로서 75mm 초과하므로 배관보정량 적용

∴ **포소화약제**의 **양** $Q = Q_1 + Q_2 + Q_3$

$$= 220.53\text{L} + 720\text{L} + 22.855\text{L} = 963.385 \fallingdotseq 963.39\text{L}$$

(나) ① **고정포방출구**의 **수원의 양** Q_1

$Q_1 = A \times Q \times T \times S$

$= \frac{\pi}{4}(20^2 - 19^2)\text{m}^2 \times 8\text{L/m}^2 \cdot \text{min} \times 30\text{min} \times 0.97 = 7130.787\text{L}$

- **S(0.97)** : 〔조건 ③〕에서 3%용이므로 수원의 농도(S)는 **97%**(100−3=97%=0.97)

② **보조포소화전**의 **수원**의 **양** Q_2

$Q_2 = N \times S \times 400$

$= 3 \times 0.97 \times 400 \times 20\text{min} = 23280\text{L}$

- **S(0.97)** : 〔조건 ③〕에서 3%용이므로 수원의 농도(S)는 **97%**(100−3=97%=0.97)
- **20min** : 보조포소화전의 방사시간은 〔조건 ⑦〕에 의해 20min이다. 30min가 아니다. 주의! 20min은 Q_2의 단위를 'L'로 만들기 위해서 필요

③ **배관보정량** Q_3

$Q_3 = A \times L \times S \times 1000\text{L/m}^3$(안지름 75mm 초과시에만 적용)

$= \frac{\pi}{4} \times (0.1\text{m})^2 \times 97\text{m} \times 0.97 \times 1000\text{L/m}^3$

$= 738.98\text{L}$

- **S(0.97)** : 〔조건 ③〕에서 3%용이므로 수원의 농도(S)는 **97%**(100−3=97%=0.97)
- **L**(송액관 길이 **97m**) : 〔조건 ⑤〕에서 주어진 값
- 〔조건 ⑤〕에서 안지름 100mm로서 75mm 초과하므로 배관보정량 적용

∴ 수원의 양 $Q = Q_1 + Q_2 + Q_3$

$= 7130.787\text{L} + 23280\text{L} + 738.98\text{L}$

$= 31149.767\text{L} \fallingdotseq 31149\text{L} = 31.149\text{m}^3 \fallingdotseq 31.15\text{m}^3$

☆☆☆

문제 09

다음은 어느 실들의 평면도이다. 이 중 A실을 급기가압하고자 할 때 주어진 조건을 이용하여 다음을 구하시오.

(17.11.문2, 16.11.문4, 16.4.문15, 15.7.문9, 11.11.문6, 08.4.문8, 05.7.문6)

득점	배점
	4

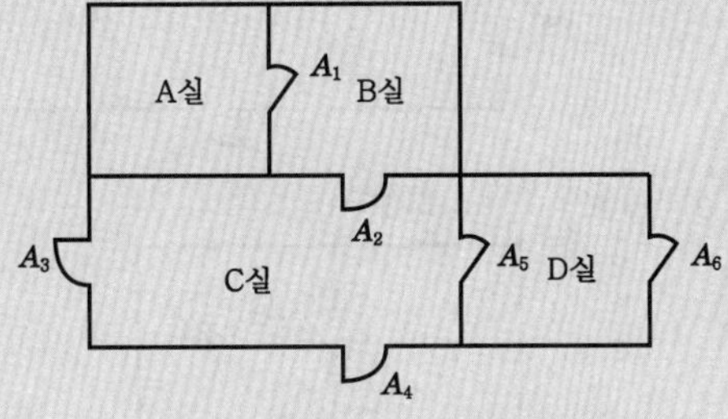

〔조건〕

① 실 외부대기의 기압은 101300Pa로서 일정하다.

② A실에 유지하고자 하는 기압은 101500Pa이다.

③ 각 실의 문들의 틈새면적은 0.02m²이다.

④ 어느 실을 급기가압할 때 그 실의 문 틈새를 통하여 누출되는 공기의 양은 다음의 식에 따른다.

$$Q = 0.827A \cdot P^{\frac{1}{2}}$$

여기서, Q : 누출되는 공기의 양〔m³/s〕

A : 문의 전체 누설틈새면적〔m²〕

P : 문을 경계로 한 기압차〔Pa〕

(가) A실의 전체 누설틈새면적 A[m^2]를 구하시오. (단, 소수점 아래 6째자리에서 반올림하여 소수점 아래 5째자리까지 나타내시오.)

○ 계산과정 :

○ 답 :

(나) A실에 유입해야 할 풍량[L/s]을 구하시오.

○ 계산과정 :

○ 답 :

(가) ○ 계산과정 : $A_5 \sim A_6 = \dfrac{1}{\sqrt{\dfrac{1}{0.02^2}+\dfrac{1}{0.02^2}}} = 0.01414\text{m}^2$

$A_3 \sim A_6 = 0.02 + 0.02 + 0.01414 = 0.05414\text{m}^2$

$A_1 \sim A_6 = \dfrac{1}{\sqrt{\dfrac{1}{0.02^2}+\dfrac{1}{0.02^2}+\dfrac{1}{0.05414^2}}} = 0.013683 ≒ 0.01368\text{m}^2$

○ 답 : 0.01368m^2

(나) ○ 계산과정 : $0.827 \times 0.01368 \times \sqrt{200} = 0.159995\text{m}^3/\text{s} = 159.995\text{L/s} ≒ 160\text{L/s}$

○ 답 : 160L/s

(가) [조건 ③]에서 각 실의 틈새면적은 0.02m^2이다.

$A_5 \sim A_6$은 **직렬상태**이므로

$$A_5 \sim A_6 = \frac{1}{\sqrt{\dfrac{1}{(0.02\text{m}^2)^2}+\dfrac{1}{(0.02\text{m}^2)^2}}} = 0.01414\text{m}^2$$

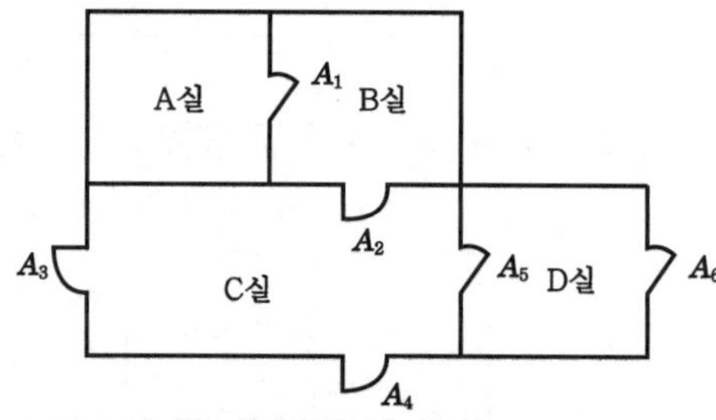

위의 내용을 정리하면 다음과 같이 변환시킬 수 있다.

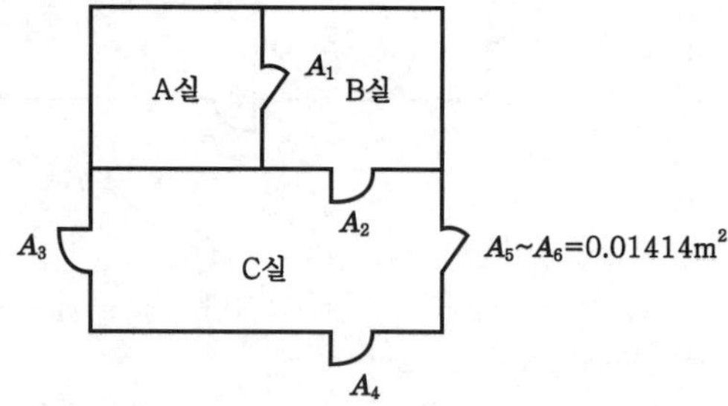

$A_3 \sim A_6$은 **병렬상태**이므로

$A_3 \sim A_6 = 0.02\text{m}^2 + 0.02\text{m}^2 + 0.01414\text{m}^2 = 0.05414\text{m}^2$

위의 내용을 정리하면 다음과 같이 변환시킬 수 있다.

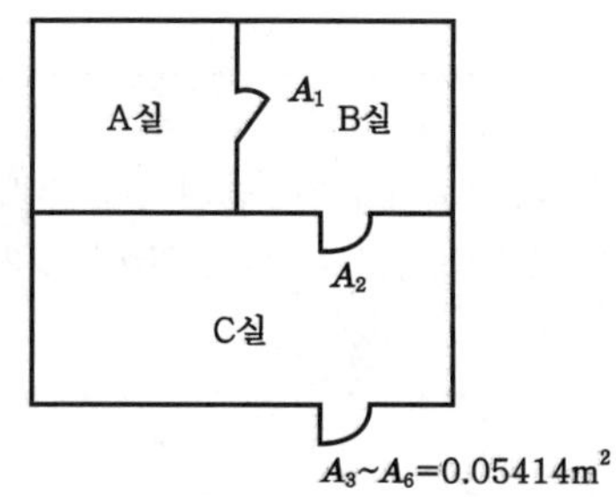

$A_1 \sim A_6$은 **직렬상태**이므로

$$A_1 \sim A_6 = \cfrac{1}{\sqrt{\cfrac{1}{(0.02\text{m}^2)^2} + \cfrac{1}{(0.02\text{m}^2)^2} + \cfrac{1}{(0.05414\text{m}^2)^2}}}$$

$$= 0.013683 \fallingdotseq 0.01368\text{m}^2$$

(나) **유입풍량** Q

$$Q = 0.827A \cdot P^{\frac{1}{2}} = 0.827\,A\,\sqrt{P} = 0.827 \times 0.01368\text{m}^2 \times \sqrt{200\,\text{Pa}} = 0.159995\text{m}^3/\text{s} = 159.995\text{L/s} \fallingdotseq 160\text{L/s}$$

- 유입풍량

$$\boxed{Q = 0.827A\sqrt{P}}$$

여기서, Q : 누출되는 공기의 양[m³/s]
A : 문의 전체 누설틈새면적[m²]
P : 문을 경계로 한 기압차[Pa]

- $P^{\frac{1}{2}} = \sqrt{P}$
- [조건 ①, ②]에서 기압차(P)=101500−101300=200Pa
- $0.159995\text{m}^3/\text{s} = 159.995\text{L/s}\,(1\text{m}^3 = 1000\text{L})$

참고

누설틈새면적

직렬상태	병렬상태
$A = \cfrac{1}{\sqrt{\cfrac{1}{{A_1}^2} + \cfrac{1}{{A_2}^2} + \cdots}}$ 여기서, A : 전체 누설틈새면적[m²] A_1, A_2 : 각 실의 누설틈새면적[m²] A_1 A_2 ‖ 직렬상태 ‖	$A = A_1 + A_2 + \cdots$ 여기서, A : 전체 누설틈새면적[m²] A_1, A_2 : 각 실의 누설틈새면적[m²] A_1 A_2 ‖ 병렬상태 ‖

☆☆

문제 10

그림은 이산화탄소 소화설비의 소화약제 저장용기 주위의 배관계통도이다. 방호구역은 A, B 두 부분으로 나누어지고, 각 구역의 소요약제량은 A구역은 2B/T, B구역은 5B/T라 할 때 그림을 보고 다음 물음에 답하시오. (17.4.문5, 99.11.문12)

득점	배점
	5

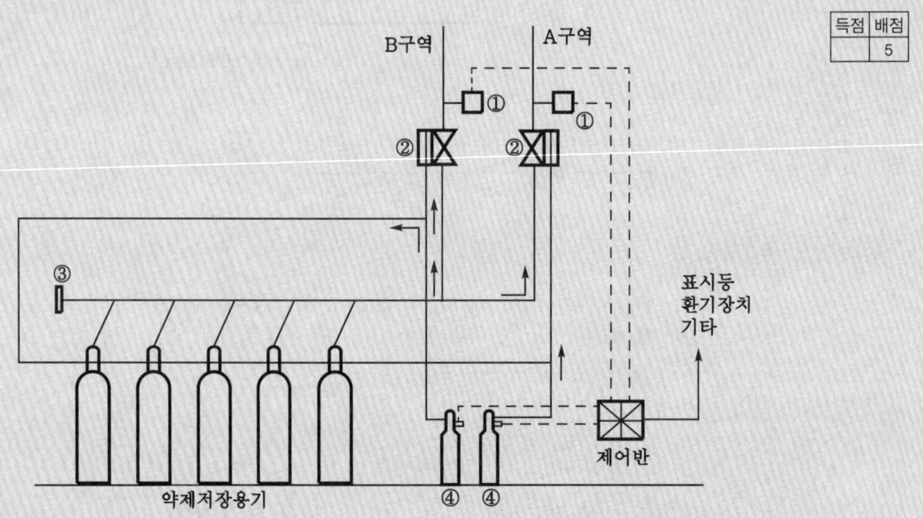

(가) 각 방호구역에 소요약제량을 방출할 수 있도록 조작관에 설치할 때 체크밸브의 위치를 표시하시오. (단, 집합관(연결관)과 약제저장용기 간의 체크밸브는 제외한다.)

(나) ①, ②, ③, ④ 기구의 명칭은 무엇인가?

① ② ③ ④

(가)

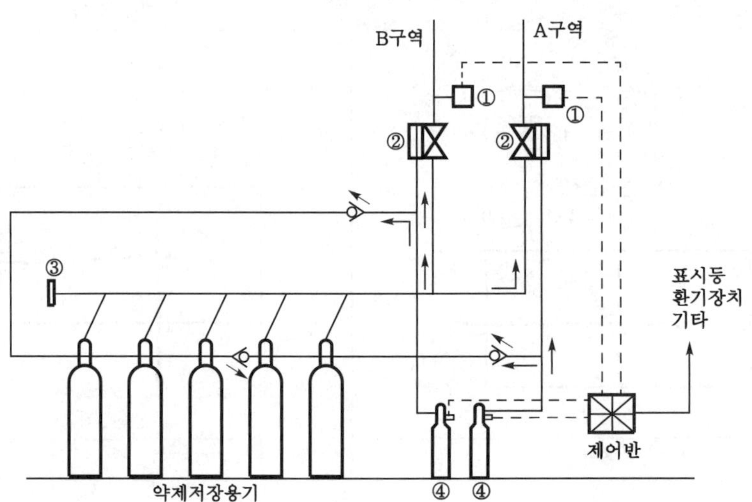

(나) ① 압력스위치
② 선택밸브
③ 안전밸브
④ 기동용 가스용기

해설 (가), (나)

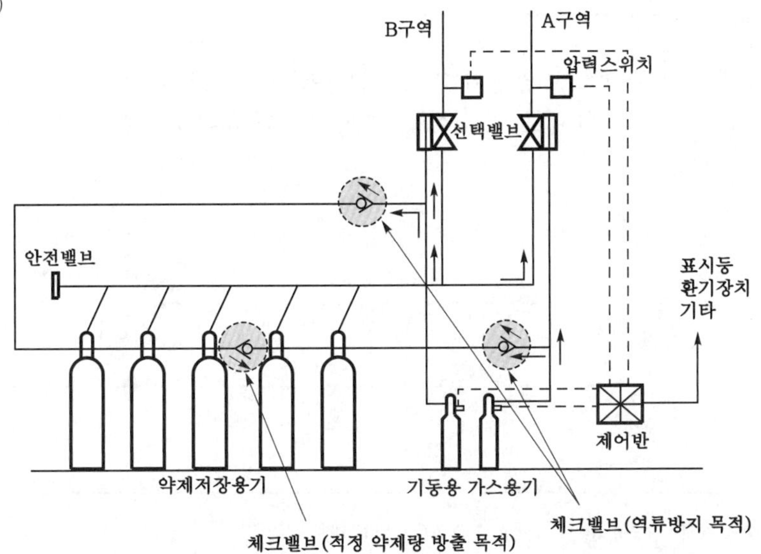

- B/T : Bottle(병)의 약자
- (가)의 〔단서〕에 의해 **집합관**과 **약제저장용기 간**의 **체크밸브**는 **표시**를 **제외**한다.
- 집합관과 약제저장용기 간의 체크밸브 표시는 제외하라고 했는데도 굳이 그린다면 틀리게 채점될 수도 있다. 채점위원의 심기를 건드리지 말라!
- 만약 (가)의 〔단서〕가 없다면 집합관과 약제저장용기 간의 체크밸브도 다음과 같이 표시해야 한다.

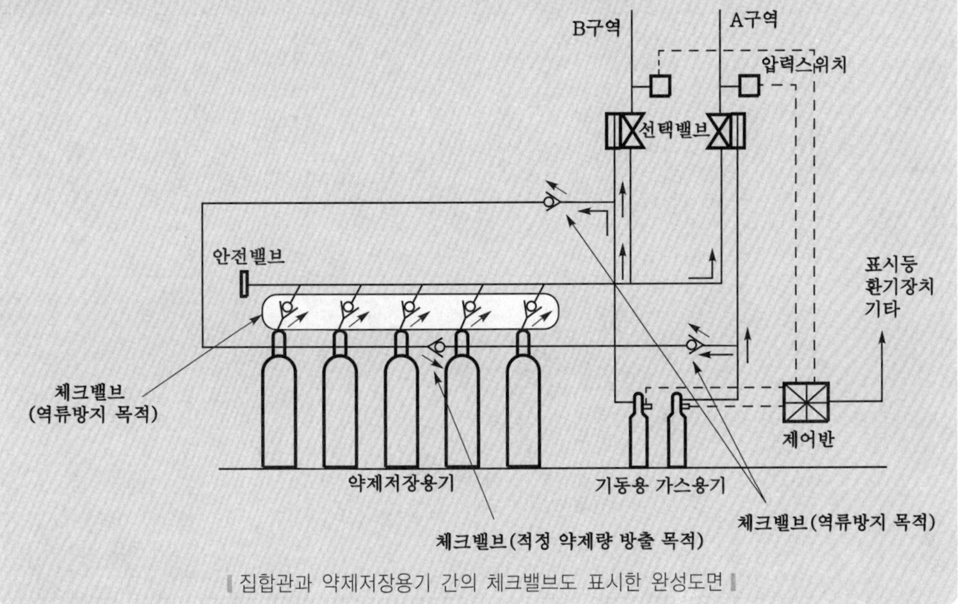

‖ 집합관과 약제저장용기 간의 체크밸브도 표시한 완성도면 ‖

☆☆☆

문제 11

가로 6m, 세로 6m, 높이 3.5m인 전기설비에 할로겐화합물 및 불활성기체 소화약제 중 HFC-23을 사용할 경우 조건을 참고하여 배관구경 산정조건에 따라 설계농도의 95% 방사량은 몇 kg인지 구하시오.

(19.11.문14, 19.6.문9, 19.4.문8, 14.7.문1, 13.4.문2)

득점	배점
	4

〔조건〕

① HFC-23의 소화농도는 A, C급 화재는 38%, B급 화재는 35%이다.

② 소화약제량 산정시 선형상수를 이용하도록 하며 방사시 기준온도는 30℃이다.

소화약제	K_1	K_2
HFC-23	0.3164	0.0012

○ 계산과정 :

○ 답 :

해답 ○ 계산과정 : $S = 0.3164 + 0.0012 \times 30 = 0.3524\text{m}^3/\text{kg}$

$C = 38 \times 1.35 = 51.3\%$

$$W_{95} = \frac{6 \times 6 \times 3.5}{0.3524} \times \left(\frac{51.3 \times 0.95}{100 - 51.3 \times 0.95}\right) = 339.9\text{kg}$$

○ 답 : 339.9kg

해설 **소화약제량(저장량)의 산정**(NFPC 107A 4·7조, NFTC 107A 2.1.1, 2.4.1)

구 분	할로겐화합물 소화약제	불활성기체 소화약제
종류	• FC-3-1-10 • HCFC BLEND A • HCFC-124 • HFC-125 • HFC-227ea • HFC-23 • HFC-236fa • FIC-13I1 • FK-5-1-12	• IG-01 • IG-100 • IG-541 • IG-55
공식	$W = \frac{V}{S} \times \left(\frac{C}{100-C}\right)$ 여기서, W : 소화약제의 무게〔kg〕 V : 방호구역의 체적〔m³〕 S : 소화약제별 선형상수($K_1 + K_2 t$)〔m³/kg〕 t : 방호구역의 최소 예상온도〔℃〕 C : 체적에 따른 소화약제의 설계농도〔%〕	$X = 2.303\left(\frac{V_s}{S}\right) \times \log_{10}\left[\frac{100}{(100-C)}\right] \times V$ 여기서, X : 소화약제의 부피〔m³〕 V_s : 20℃에서 소화약제의 비체적 ($K_1 + K_2 \times 20℃$)〔m³/kg〕 S : 소화약제별 선형상수($K_1 + K_2 t$)〔m³/kg〕 C : 체적에 따른 소화약제의 설계농도〔%〕 t : 방호구역의 최소 예상온도〔℃〕 V : 방호구역의 체적〔m³〕

할로겐화합물 소화약제

① 소화약제별 선형상수 S는

$S = K_1 + K_2 t = 0.3164 + 0.0012 \times 30℃ = 0.3524\text{m}^3/\text{kg}$

- HFC-23의 $K_1 = 0.3164$, $K_2 = 0.0012$: 〔조건 ②〕에서 주어진 값
- t(30℃) : 〔조건 ②〕에서 주어진 값
- HFC-23 : **할로겐화합물 소화약제**

- 전산실 : **C급 화재**
- ABC 화재별 안전계수

설계농도	소화농도	안전계수
A급(일반화재)	A급	1.2
B급(유류화재)	B급	1.3
C급(전기화재) ⟶	A급 ⟶	1.35

C : 설계농도[%]=소화농도[%]×안전계수=38%×1.35=51.3%

② W_{95}(설계농도의 95% 적용)$=\frac{V}{S}\times\left(\frac{C}{100-C}\right)=\frac{(6\times6\times3.5)\text{m}^3}{0.3524\text{m}^3/\text{kg}}\times\left(\frac{51.3\times0.95}{100-51.3\times0.95}\right)=339.9\text{kg}$

- 배관의 구경은 해당 방호구역에 **할로겐화합물 소화약제**가 **10초**(**불활성기체 소화약제**는 **AC급 화재 2분, B급 화재 1분**) 이내에 방호구역 각 부분에 최소설계농도의 **95% 이상** 해당하는 약제량이 방출되도록 해야 한다(NFPC 107A 10조, NFTC 107A 2.7.3). 그러므로 설계농도 51.3에 0.95를 곱함
- 바로 위 기준에 의해 **0.95**(95%) 적용

☆☆☆

문제 12

펌프의 토출측 압력계는 200kPa, 흡입측 연성계는 40kPa을 지시하고 있다. 펌프의 모터효율[%]을 구하시오. (단, 토출측 압력계의 직경은 50mm이고, 흡입측 연성계의 직경은 65mm이다. 토출측 압력계는 펌프로부터 50cm 높게 설치되어 있다. 펌프의 출력은 6kW, 펌프의 유량은 1m³/min이다.)

○ 계산과정 :

○ 답 :

득점	배점
	3

○ 계산과정 : $V_1=\frac{\frac{1}{60}}{\frac{\pi\times(0.065)^2}{4}}=5.022\text{m/s}$

$$V_2=\frac{\frac{1}{60}}{\frac{\pi\times(0.05)^2}{4}}=8.488\text{m/s}$$

$$H_1=\frac{5.022^2}{2\times9.8}+\frac{40}{9.8}+0=5.368\text{m}$$

$$H_2=\frac{8.488^2}{2\times9.8}+\frac{200}{9.8}+0.5=24.583\text{m}$$

$$H_1+H_2=5.368+24.583=29.951\text{m}$$

$$\eta=\frac{0.163\times1\times29.951}{6}=0.81366=81.366\%\fallingdotseq81.37\%$$

○ 답 : 81.37%

해설 (1) **펌프의 전양정**

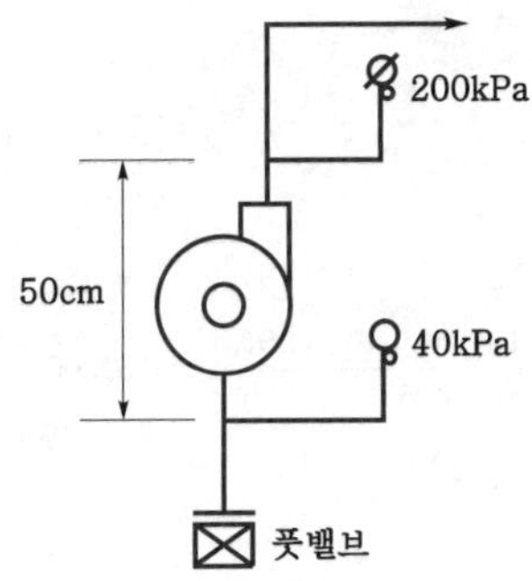

① **유량**

$$Q = AV = \left(\frac{\pi D^2}{4}\right)V$$

여기서, Q : 유량[m^3/s]
A : 단면적[m^2]
V : 유속[m/s]
D : 내경[m]

펌프흡입관 유속 V_1는

$$V_1 = \frac{Q}{\frac{\pi D_1^2}{4}} = \frac{1\text{m}^3/60\text{s}}{\frac{\pi \times (0.065\text{m})^2}{4}} = 5.022\text{m/s}$$

- $1\text{m}^3/60\text{s}$: 조건에서 주어진 값, 1min=60s
- 65mm : 조건에서 주어진 값, 65mm=0.065m

펌프토출관 유속 V_2는

$$V_2 = \frac{Q}{\frac{\pi D_2^2}{4}} = \frac{1\text{m}^3/60\text{s}}{\frac{\pi \times (0.05\text{m})^2}{4}} = 8.488\text{m/s}$$

- $1\text{m}^3/60\text{s}$: 조건에서 주어진 값
- 50mm : 조건에서 주어진 값, 100mm=0.1m, 50mm=0.05m

② 베르누이방정식

$$H = \frac{V^2}{2g} + \frac{P}{\gamma} + Z$$

여기서, H : 전수두[m]
V : 유속[m/s]
P : 압력[N/m^2]
Z : 높이[m]
g : 중력가속도($9.8m/s^2$)
γ : 비중량(물의 비중량 $9.8kN/m^3$)

흡입측 수두 $H_1 = \frac{V_1^2}{2g} + \frac{P_1}{\gamma} + Z_1 = \frac{(5.022\text{m/s})^2}{2 \times 9.8\text{m/s}^2} + \frac{40\text{kN/m}^2}{9.8\text{kN/m}^3} + 0 = 5.368\text{m}$

토출측 수두 $H_2 = \frac{V_2^2}{2g} + \frac{P_2}{\gamma} + Z_2 = \frac{(8.488\text{m/s})^2}{2 \times 9.8\text{m/s}^2} + \frac{200\text{kN/m}^2}{9.8\text{kN/m}^3} + 0.5\text{m} = 24.583\text{m}$

- 8.488m/s : ①에서 구한 값
- P_2 : 단서에서 주어진 값, 200kPa=200kN/m²(1kPa=1kN/m²)
- 50cm : 단서에서 주어진 값, 100cm=1m, 50cm=0.5m

펌프의 전양정 $H = H_1 + H_2 = 5.368\text{m} + 24.583\text{m} = 29.951\text{m}$

(2) **동력**(모터동력)

$$P = \frac{0.163QH}{\eta}K$$

여기서, P : 동력[kW]
Q : 유량[m^3/min]
H : 전양정[m]
K : 전달계수
η : 효율

$$\eta = \frac{0.163QH}{P}\cancel{K} = \frac{0.163 \times 1\text{m}^3/\text{min} \times 29.951\text{m}}{6\text{kW}} = 0.81366 = 81.366\% \fallingdotseq 81.37\%$$

- K : 주어지지 않았으므로 무시

문제 13

그림은 어느 스프링클러설비의 배관계통도이다. 이 도면과 주어진 조건을 참고하여 다음 각 물음에 답하시오. (09.7.문4)

득점	배점
	10

〔조건〕

① 배관 마찰손실압력은 하젠-윌리엄스의 공식을 따르되 계산의 편의상 다음 식과 같다고 가정한다.

$$\Delta P = 6 \times 10^4 \times \frac{Q^2}{C^2 \times D^5} \times L$$

여기서, ΔP : 배관 마찰손실압력〔MPa〕

Q : 유량〔L/min〕

C : 조도

D : 내경〔mm〕

L : 배관길이〔m〕

② 배관의 호칭구경과 내경은 같다고 본다.

③ 관부속품의 마찰손실은 무시한다.

④ 헤드는 개방형이며 조도 C는 100으로 한다.

⑤ 배관의 호칭구경은 15ϕ, 20ϕ, 25ϕ, 32ϕ, 40ϕ, 50ϕ, 65ϕ, 80ϕ, 100ϕ로 한다.

⑥ A헤드의 방수압은 0.1MPa, 방수량은 80L/min으로 계산한다.

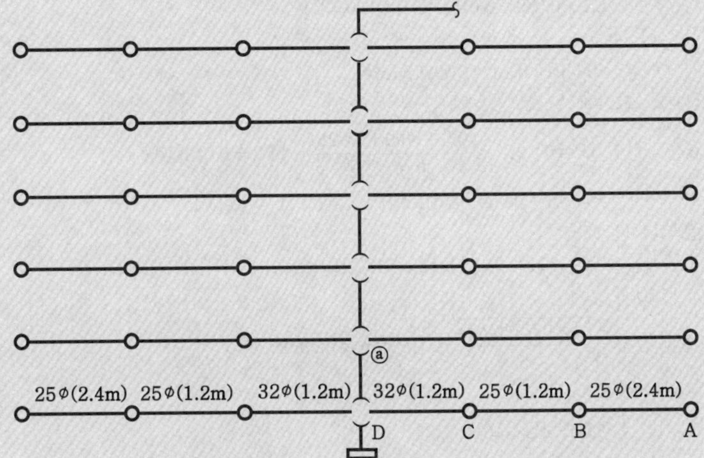

(가) B점에서의 방수압〔MPa〕을 구하시오.
- ○계산과정 :
- ○답 :

(나) B점에서의 방수량〔L/min〕을 구하시오.
- ○계산과정 :
- ○답 :

(다) C점에서의 방수압〔MPa〕을 구하시오.
- ○계산과정 :
- ○답 :

(라) C점에서의 방수량〔L/min〕을 구하시오.
- ○계산과정 :
- ○답 :

(마) D점에서의 방수압[MPa]을 구하시오.
 ○ 계산과정 :
 ○ 답 :

(바) ⓐ지점의 방수량[L/min]을 구하시오.
 ○ 계산과정 :
 ○ 답 :

(사) ⓐ지점의 배관 최소 구경을 선정하시오. (단, 화재안전기준에 의할 것)
 ○ 계산과정 :
 ○ 답 :

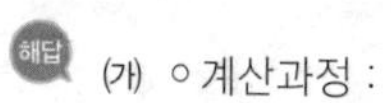

해답 (가) ○ 계산과정 : $6\times10^4\times\dfrac{80^2}{100^2\times25^5}\times2.4 ≒ 0.009\text{MPa}$

$0.1+0.009=0.109 ≒ 0.11\text{MPa}$

○ 답 : 0.11MPa

(나) ○ 계산과정 : $K=\dfrac{80}{\sqrt{10\times0.1}}=80$

$Q=80\sqrt{10\times0.11}=83.9\text{L/min}$

○ 답 : 83.9L/min

(다) ○ 계산과정 : $6\times10^4\times\dfrac{(80+83.9)^2}{100^2\times25^5}\times1.2 ≒ 0.019\text{MPa}$

$0.1+0.009+0.019=0.128 ≒ 0.13\text{MPa}$

○ 답 : 0.13MPa

(라) ○ 계산과정 : $80\sqrt{10\times0.13}=91.21\text{L/min}$

○ 답 : 91.21L/min

(마) ○ 계산과정 : $\varDelta P=6\times10^4\times\dfrac{(80+83.9+91.21)^2}{100^2\times32^5}\times1.2=0.013\text{MPa}$

$P=0.1+0.009+0.019+0.013=0.141 ≒ 0.14\text{MPa}$

○ 답 : 0.14MPa

(바) ○ 계산과정 : $(80+83.9+91.21)\times2=510.22\text{L/min}$

○ 답 : 510.22L/min

(사) ○ 계산과정 : $\sqrt{\dfrac{4\times0.51022/60}{\pi\times10}}=0.0329\text{m}=32.9\text{mm}$

○ 답 : 40ϕ

해설 (가) A~B 사이의 **마찰손실압** $\varDelta P$는

$$\varDelta P=6\times10^4\times\frac{Q^2}{C^2\times D^5}\times L=6\times10^4\times\frac{80^2}{100^2\times25^5}\times2.4=0.009\text{MPa}$$

- **마찰손실압**은 [**조건** ①]의 식을 적용한다.
- **유량**(방수량) Q는 [조건 ⑥]에서 **80L/min**을 적용한다.
- **조도** C는 [조건 ④]에서 **100**을 적용한다.
- D는 내경으로서 A~B 사이의 25ϕ는 호칭구경이므로 원칙적으로 차이가 있으나 [조건 ②]에 의해서 D는 호칭구경 25mm를 적용한다.
- **A~B** 사이의 **배관길이** L은 **2.4m**이다.

B점의 방수압 P는

P_B=A헤드의 방수압+A~B 사이의 마찰손실압

$=0.1\text{MPa}+0.009\text{MPa}=0.109 ≒ 0.11\text{MPa}$

(나)

$$Q = K\sqrt{10P}$$ 에서

방출계수 K는

$$K = \frac{Q}{\sqrt{10P}} = \frac{80\text{L/min}}{\sqrt{10 \times 0.1\text{MPa}}} = 80$$

〔조건 ⑥〕에서 방수압 P는 **0.1MPa**, 방수량 Q는 **80L/min**을 적용한다.

B점의 **방수량** Q는

$$Q = K\sqrt{10P} = 80\sqrt{10 \times 0.11\text{MPa}} = 83.9\text{L/min}$$

(다) **B~C** 사이의 **마찰손실압** $\varDelta P$는

$$\varDelta P = 6 \times 10^4 \times \frac{Q^2}{C^2 \times D^5} \times L = 6 \times 10^4 \times \frac{(80+83.9)^2}{100^2 \times 25^5} \times 1.2 \fallingdotseq 0.019\text{MPa}$$

- **마찰손실압**은 **〔조건 ①〕**의 식을 적용한다.
- B~C 사이의 유량(방수량) Q는 〔조건 ⑥〕에서 A헤드의 방수량 **80L/min**과 (나)에서 B헤드의 방수량 **83.9L/min**의 **합**이다. 왜냐하면 〔조건 ④〕에 의해 헤드가 **개방형**이기 때문이다.
- **조도** C는 〔조건 ④〕에서 100을 적용한다.
- **내경** D는 **25mm**를 적용한다.
- **B~C** 사이의 **배관길이** L은 **1.2m**이다.

C점의 **방수압** P는

P_C =A헤드의 방수압+A~B 사이의 마찰손실압+B~C 사이의 마찰손실압

$$= 0.1\text{MPa} + 0.009\text{MPa} + 0.019\text{MPa} = 0.128 \fallingdotseq 0.13\text{MPa}$$

(라) **C점**의 **방수량** Q는

$$Q = K\sqrt{10P} = 80\sqrt{10 \times 0.13\text{MPa}} = 91.214 \fallingdotseq 91.21\text{L/min}$$

- **방출계수** K는 (나)에서 **80**이다.

(마) **C~D** 사이의 **마찰손실압** $\varDelta P$는

$$\varDelta P = 6 \times 10^4 \times \frac{Q^2}{C^2 \times D^5} \times L = 6 \times 10^4 \times \frac{(80+83.9+91.21)^2}{100^2 \times 32^5} \times 1.2 = 0.013\text{MPa}$$

D점의 **방수압** P는

P_D = A헤드의 방수압+A~B 사이의 마찰손실압+B~C 사이의 마찰손실압+C~D 사이의 마찰손실압

$$= 0.1\text{MPa} + 0.009\text{MPa} + 0.019\text{MPa} + 0.013\text{MPa} = 0.141 \fallingdotseq 0.14\text{MPa}$$

(바) **ⓐ지점**의 **방수량** Q는

Q= (A헤드의 방수량+B헤드의 방수량+C헤드의 방수량)×2

$$= (80+83.9+91.21) \times 2 = 510.22\text{L/min}$$

- 가지관 왼쪽과 오른쪽의 호칭구경과 배관길이가 동일하므로 A · B · C 헤드의 방수량에 **2**를 곱하면 된다.

(사)

$$Q = AV = \frac{\pi D^2}{4}V$$ 에서

배관 최소 구경 D는

$$D = \sqrt{\frac{4Q}{\pi V}} = \sqrt{\frac{4 \times 510.22\text{L/min}}{\pi \times 10\text{m/s}}} = \sqrt{\frac{4 \times 0.51022\text{m}^3/60\text{s}}{\pi \times 10\text{m/s}}} = 0.0329\text{m} = 32.9\text{mm}$$

∴ **40ϕ**를 선정한다.

- 〔조건 ④〕에 의해 개방형 헤드로서 하나의 방수구역에 담당하는 헤드의 수가 **36개**로서 30개를 초과하므로 위와 같이 수리계산방법에 의하여 배관구경을 산정하여야 하며, 이때 유속 V는 교차배관이므로 화재안전기준에 의해 **10m/s** 이하로 하여야 한다.
- 수리계산방법에 의해 구한 값이 32mm이므로 〔조건 ⑤〕에서 32mm보다 같거나 큰 값은 40ϕ〔mm〕가 된다.

중요

(1) **스프링헤드수별 급수관의 구경**

구 분 \ 급수관의 구경	25mm	32mm	40mm	50mm	65mm	80mm	90mm	100mm	125mm	150mm
폐쇄형 헤드수	2개	3개	5개	10개	30개	60개	80개	100개	160개	161개 이상
개방형 헤드수	1개	2개	5개	8개	15개	27개	40개	55개	90개	91개 이상

개방형 스프링클러헤드를 설치하는 경우 하나의 방수구역이 담당하는 헤드의 개수가 30개 이하일 때는 위의 표에 의하고, 30개를 초과할 때는 수리계산방법에 의할 것

(2) **배관 내의 유속**

설 비		유 속
옥내소화전설비		4m/s 이하
스프링클러설비	가지배관	6m/s 이하
	기타의 배관	10m/s 이하

☆☆☆

문제 14

6층의 연면적 15000m² 업무용 건축물에 옥내소화전설비를 국가화재안전기준에 따라 설치하려고 한다. 다음 조건을 참고하여 각 물음에 답하시오. (19.6.문2 · 4, 18.6.문7, 15.11.문1, 13.4.문9, 07.7.문2)

득점	배점
	12

〔조건〕

① 펌프의 풋밸브로부터 6층 옥내소화전함 호스접결구까지의 마찰손실수두는 실양정의 25%로 한다.

② 펌프의 효율은 68%이다.

③ 펌프의 전달계수 K값은 1.1로 한다.

④ 각 층당 소화전은 3개씩이다.

⑤ 소방호스의 마찰손실수두는 7.8m이다.

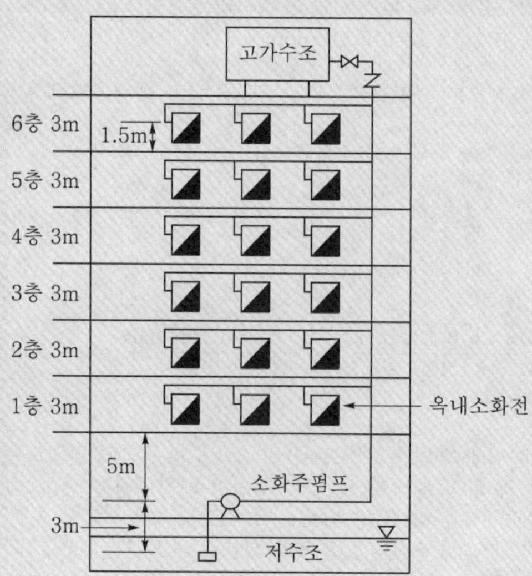

(가) 펌프의 최소 유량[L/min]을 구하시오.
○ 계산과정 :
○ 답 :
(나) 수원의 최소 유효저수량[m^3]을 구하시오.
○ 계산과정 :
○ 답 :
(다) 옥상에 설치할 고가수조의 용량[m^3]을 구하시오.
○ 계산과정 :
○ 답 :
(라) 펌프의 총 양정[m]을 구하시오.
○ 계산과정 :
○ 답 :
(마) 펌프의 모터동력[kW]을 구하시오.
○ 계산과정 :
○ 답 :
(바) 하나의 옥내소화전을 사용하는 노즐선단에서의 최대 방수압력은 몇 MPa인지 구하시오.
○
(사) 소방호스 노즐에서 방수압 측정방법시 측정기구 및 측정방법을 쓰시오.
○ 측정기구 :
○ 측정방법 :
(아) 소방호스 노즐의 최대 방수압력 초과시 감압방법 2가지를 쓰시오.
○
○

해답 (가) ○ 계산과정 : $2 \times 130 = 260\text{L/min}$
○ 답 : 260L/min

(나) ○ 계산과정 : $2.6 \times 2 = 5.2\text{m}^3$

$$2.6 \times 2 \times \frac{1}{3} = 1.733\text{m}^3$$

$$5.2 + 1.733 = 6.933 \fallingdotseq 6.93\text{m}^3$$

○ 답 : 6.93m^3

(다) ○ 계산과정 : $2.6 \times 2 \times \frac{1}{3} = 1.733 \fallingdotseq 1.73\text{m}^3$
○ 답 : 1.73m^3

(라) ○ 계산과정 : $h_1 = 7.8\text{m}$

$$h_2 = 24.5 \times 0.25 = 6.125\text{m}$$

$$h_3 = 3 + 5 + (3 \times 5) + 1.5 = 24.5\text{m}$$

$$H = 7.8 + 6.125 + 24.5 + 17 = 55.425 \fallingdotseq 55.43\text{m}$$

○ 답 : 55.43m

(마) ○ 계산과정 : $\frac{0.163 \times 0.26 \times 55.43}{0.68} \times 1.1 = 3.8\text{kW}$
○ 답 : 3.8kW

(바) 0.7MPa

(사) ○ 측정기구 : 피토게이지
○ 측정방법 : 노즐선단에 노즐구경의 $\frac{1}{2}$ 떨어진 지점에서 노즐선단과 수평되게 피토게이지를 설치하여 눈금을 읽는다.

(아) ① 고가수조에 따른 방법
② 배관계통에 따른 방법

해설 (가) **유량**(토출량)

$$Q = N \times 130\text{L/min}$$

여기서, Q : 유량(토출량)〔L/min〕
N : 가장 많은 층의 소화전개수(**최대 2개**)

펌프의 **최소 유량** Q는

$Q = N \times 130\text{L/min} = 2 \times 130\text{L/min} = 260\text{L/min}$

- 〔조건 ④〕에서 소화전개수 N=**2**이다.

(나) **저수조**의 **저수량**

$Q = 2.6N$(30층 미만, N : 최대 2개)
$Q = 5.2N$(30~49층 이하, N : 최대 5개)
$Q = 7.8N$(50층 이상, N : 최대 5개)

여기서, Q : 저수조의 저수량〔m^3〕
N : 가장 많은 층의 소화전개수

저수조의 **저수량** Q는

$Q = 2.6N = 2.6 \times 2 = 5.2\text{m}^3$

- 〔조건 ④〕에서 소화전개수 N=**2**이다.
- 문제에서 **6층**이므로 **30층 미만**의 식 적용

옥상수원의 **저수량**

$Q' = 2.6N \times \frac{1}{3}$(30층 미만, N : 최대 2개)

$Q' = 5.2N \times \frac{1}{3}$(30~49층 이하, N : 최대 5개)

$Q' = 7.8N \times \frac{1}{3}$(50층 이상, N : 최대 5개)

여기서, Q' : 옥상수원의 저수량〔m^3〕
N : 가장 많은 층의 소화전개수

옥상수원의 **저수량** $Q' = 2.6N \times \frac{1}{3} = 2.6 \times 2 \times \frac{1}{3} = 1.733\text{m}^3$

- 〔조건 ④〕에서 소화전개수 N=**2**이다.
- 문제에서 **6층**이므로 **30층 미만**의 식 적용
- 일반적으로 수원이라 함은 **'옥상수원'**까지 모두 포함한 수원을 말한다.
- 그림에서 고가수조(여기서는 옥상수조로 봄)가 있으므로 옥상수조의 저수량도 적용한다. 그림 또는 문제에서 옥상수조에 대한 언급이 없거나 그림에 옥상수조가 없는 경우 옥상수조의 저수량은 제외하고 구하면 된다.

∴ **수원의 최소 유효저수량**=저수조의 저수량+옥상수원의 저수량=5.2m^3+1.733m^3=6.933≒6.93m^3

(다) **옥상수원**의 **저수량**(옥상에 설치할 고가수조의 용량)

$Q' = 2.6N \times \frac{1}{3} = 2.6 \times 2 \times \frac{1}{3} = 1.733 ≒ 1.73\text{m}^3$

(라) **전양정**

$$H = h_1 + h_2 + h_3 + 17$$

여기서, H : 전양정〔m〕
h_1 : 소방호스의 마찰손실수두〔m〕
h_2 : 배관 및 관부속품의 마찰손실수두〔m〕
h_3 : 실양정(흡입양정+토출양정)〔m〕

$h_1 = 7.8\text{m}$(〔조건 ⑤〕에 의해)

$h_2 = 24.5\text{m} \times 0.25 = 6.125\text{m}$(〔조건 ①〕에 의해 실양정($h_3$)의 **25%** 적용)

$h_3 = 3\text{m} + 5\text{m} + (3 \times 5)\text{m} + 1.5\text{m} = 24.5\text{m}$

• **실양정**(h_3) : 옥내소화전펌프의 풋밸브 ~ 최상층 옥내소화전의 앵글밸브까지의 수직거리

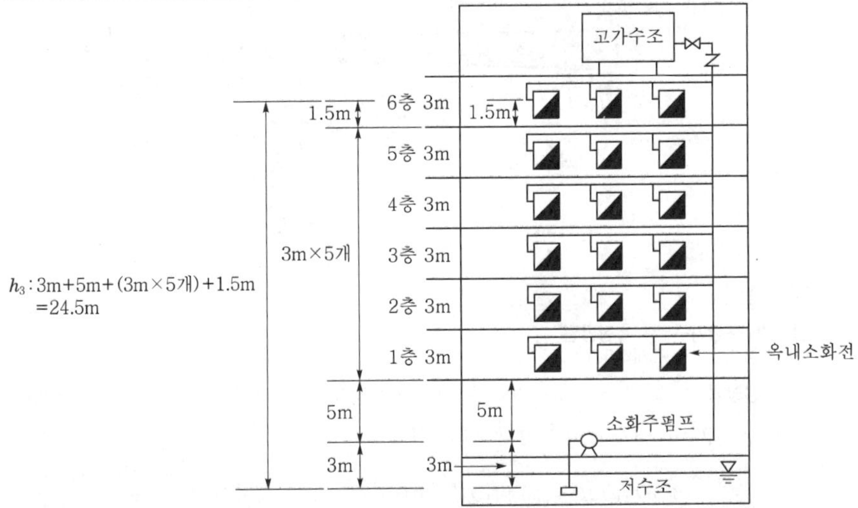

펌프의 **전양정** H는

$H=h_1+h_2+h_3+17=7.8\text{m}+6.125\text{m}+24.5\text{m}+17=55.425 \fallingdotseq 55.43\text{m}$

(마) **모터동력**(전동력)

$$P=\frac{0.163QH}{\eta}K$$

여기서, P : 전동력〔kW〕

Q : 유량〔m^3/min〕

H : 전양정〔m〕

K : 전달계수

η : 효율

펌프의 **모터동력**(전동력) P는

$$P=\frac{0.163QH}{\eta}K=\frac{0.163\times 260\text{L/min}\times 55.43\text{m}}{0.68}\times 1.1=\frac{0.163\times 0.26\text{m}^3/\text{min}\times 55.43\text{m}}{0.68}\times 1.1=3.8\text{kW}$$

- Q(**260L/min**) : (가)에서 구한 값
- H(**55.43m**) : (라)에서 구한 값
- η(68%) : 〔조건 ②〕에서 주어진 값(68%=**0.68**)
- K(**1.1**) : 〔조건 ③〕에서 주어진 값

(바) **방수압, 방수량, 방수구경, 노즐구경**

구 분	드렌처 설비	스프링클러 설비	소화용수 설비	옥내소화전 설비	옥외소화전 설비	포·물분무·연결송수관설비
방수압	0.1MPa 이상	0.1~1.2MPa 이하	0.15MPa 이상	0.17~0.7MPa 이하	0.25~0.7MPa 이하	0.35MPa 이상
방수량	80L/min 이상	80L/min 이상	800L/min 이상	130L/min 이상	350L/min 이상	75L/min 이상 (포워터 스프링클러헤드)
방수구경	–	–	–	40mm	65mm	–
노즐구경	–	–	–	13mm	19mm	–

(사) **방수압 측정기구** 및 **측정방법**

① **측정기구** : 피토게이지(방수압력측정기)

② **측정방법** : 노즐선단에 노즐구경의 $\frac{1}{2}$ 떨어진 지점에서 노즐선단과 수평되게 피토게이지(Pitot gauge)를 설치하여 눈금을 읽는다.

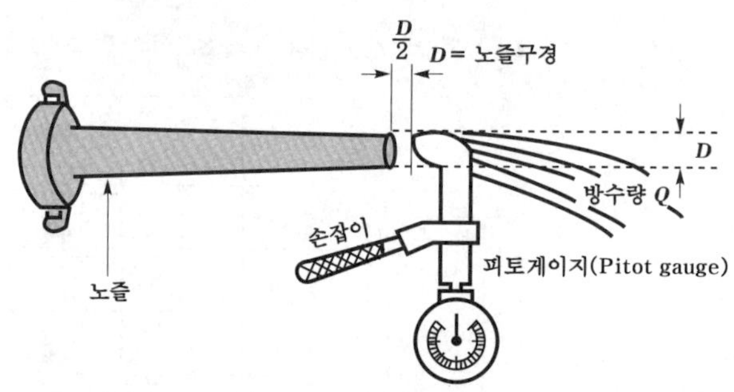

▌방수압 측정▌

비교

방수량 측정기구 및 **측정방법**

(1) **측정기구** : 피토게이지

(2) **측정방법** : 노즐선단에 노즐구경의 $\frac{1}{2}$ 떨어진 지점에서 노즐선단과 수평되게 피토게이지를 설치하여 눈금을 읽은 후 $Q=0.653D^2\sqrt{10P}$ 공식에 대입한다.

$$Q=0.653D^2\sqrt{10P}=0.6597CD^2\sqrt{10P}$$

여기서, Q : 방수량〔L/min〕
C : 노즐의 흐름계수(유량계수)
D : 구경〔mm〕
P : 방수압〔MPa〕

(아) **감압장치**의 **종류**

감압방법	설 명
고가수조에 따른 방법	**고가수조**를 저층용과 고층용으로 구분하여 설치하는 방법
배관계통에 따른 방법	**펌프**를 저층용과 고층용으로 구분하여 설치하는 방법
중계펌프를 설치하는 방법	**중계펌프**를 설치하여 방수압을 낮추는 방법
감압밸브 또는 오리피스를 설치하는 방법	방수구에 **감압밸브** 또는 **오리피스**를 설치하여 방수압을 낮추는 방법
감압기능이 있는 소화전 개폐밸브를 설치하는 방법	**소화전 개폐밸브**를 **감압기능**이 있는 것으로 설치하여 방수압을 낮추는 방법

★★

문제 15

다음 조건에 따른 사무용 건축물에 제3종 분말소화설비를 전역방출방식으로 설치하고자 할 때 다음을 구하시오.
(16.6.문4, 16.4.문14, 15.7.문2, 14.4.문5, 13.7.문14, 11.7.문16)

득점	배점
	9

〔조건〕

① 건물크기는 길이 40m, 폭 10m, 높이 3m이고 개구부는 없는 기준이다.
② 분말분사헤드의 사양은 2.7kg/초, 방사시간은 10초 기준이다.
③ 헤드 배치는 정방형으로 하고 헤드와 벽과의 간격은 헤드간격의 $\frac{1}{2}$ 이하로 한다.
④ 배관은 최단거리 토너먼트배관으로 구성한다.

(가) 필요한 분말소화약제 최소 소요량〔kg〕을 구하시오.
○계산과정 :
○답 :

(나) 가압용 가스(질소)의 최소 필요량(35℃/1기압 환산리터)을 구하시오.
○계산과정 :
○답 :

(다) 축압용 가스(질소)의 최소 필요량(35℃/1기압 환산리터)을 구하시오.
　○ 계산과정 :
　○ 답 :

(라) 가압용 가스(이산화탄소)의 최소 필요량을 구하시오. (단, 배관의 청소에 필요한 양은 제외한다.)
　○ 계산과정 :
　○ 답 :

(마) 분말분사헤드의 최소 소요수량〔개〕을 구하시오.
　○ 계산과정 :
　○ 답 :

(바) 헤드 배치도 및 개략적인 배관도를 작성하시오. (단, 눈금 1개의 간격은 1m이고, 헤드 간의 간격 및 벽과의 간격을 표시해야 하며, 분말소화배관 연결지점은 상부 중간에서 분기하며, 토너먼트 방식으로 한다.)

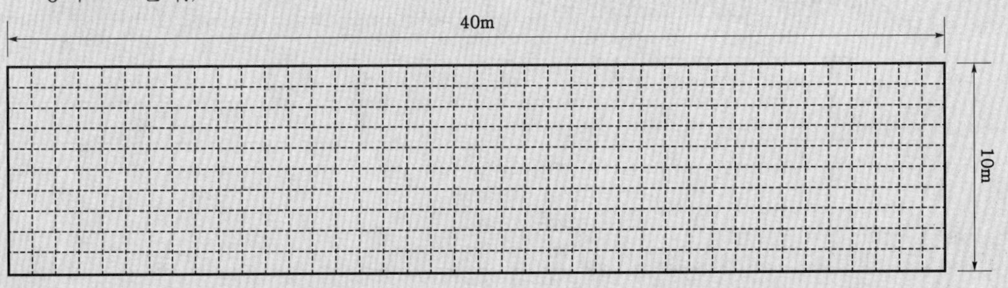

해답 (가) ○ 계산과정 : $(40\times10\times3)\times0.36=432\text{kg}$
　○ 답 : 432kg

(나) ○ 계산과정 : $432\times40=17280\text{L}$
　○ 답 : 17280L

(다) ○ 계산과정 : $432\times10=4320\text{L}$
　○ 답 : 4320L

(라) ○ 계산과정 : $432\times20=8640\text{g}$
　○ 답 : 8640g

(마) ○ 계산과정 : $\dfrac{432}{2.7\times10}=16$개
　○ 답 : 16개

(바)

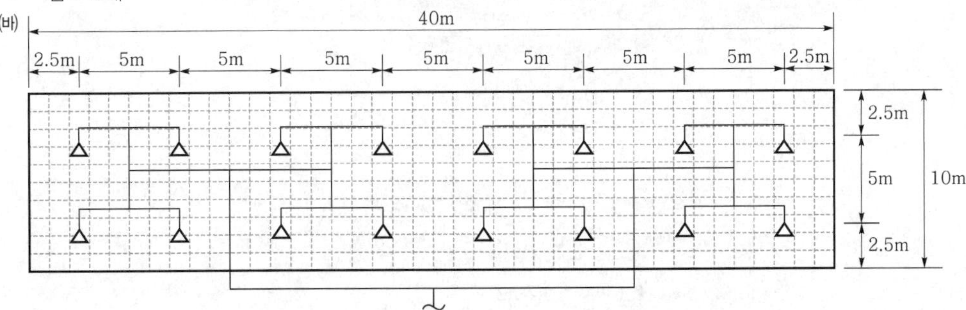

해설 (가) **전역방출방식**

자동폐쇄장치가 설치되어 있지 않은 경우	자동폐쇄장치가 설치되어 있는 경우 (개구부가 없는 경우)
분말저장량〔kg〕=방호구역체적〔m^3〕×약제량〔kg/m^3〕 +개구부면적〔m^2〕×개구부가산량〔kg/m^2〕	**분말저장량**〔kg〕=방호구역체적〔m^3〕×약제량〔kg/m^3〕

‖ 전역방출방식의 약제량 및 개구부가산량(NFPC 108 6조, NFTC 108 2.3.2.1) ‖

약제종별	약제량	개구부가산량(자동폐쇄장치 미설치시)
제1종 분말	0.6kg/m^3	4.5kg/m^2
제2·3종 분말 →	0.36kg/m^3	2.7kg/m^2
제4종 분말	0.24kg/m^3	1.8kg/m^2

[조건 ①]에서 개구부가 설치되어 있지 않으므로

분말저장량[kg]=방호구역체적[m^3]×약제량[kg/m^3]

=(40m×10m×3m)×0.36kg/m^3=432kg

- 분말저장량=분말소화약제 최소 소요량

(나)~(라) **가압식**과 **축압식**의 **설치기준**

사용가스 \ 구 분	가압식	축압식
N_2(질소) →	40L/kg 이상	10L/kg 이상
CO_2(이산화탄소) →	20g/kg+배관청소 필요량 이상	20g/kg+배관청소 필요량 이상

※ 배관청소용 가스는 별도의 용기에 저장한다.

(나)에서 가압용 가스(질소)량[L]=소화약제량[kg]×40L/kg

=432kg×40L/kg

=17280L

- 문제에서 35℃/1기압 환산리터라는 말에 고민하지 마라. 위 표의 기준이 35℃/1기압 환산리터 값이므로 그냥 신경쓰지 말고 계산하면 된다.
- 가압용 가스(가압식) : (나), (라)에서 주어짐
- 432kg : (가)에서 구한 값

(다)에서 축압용 가스(질소)량[L]=소화약제량[kg]×10L/kg

=432kg×10L/kg

=4320L

(라)에서 가압용 가스(이산화탄소)량=소화약제량[kg]×20g/kg

=432kg×20g/kg

=8640g

- [단서]에 의해 배관청소 필요량은 제외

(마)

$$\text{헤드 개수}=\frac{\text{소화약제량[kg]}}{\text{방출률[kg/s]}\times\text{방사시간[s]}}$$

$$=\frac{432\text{kg}}{2.7\text{kg/초}\times 10\text{s}}$$

$=16$개

- 위의 공식은 단위를 보면 쉽게 이해할 수 있다.
- 432kg : (가)에서 구한 값
- 2.7kg/초 : [조건 ②]에서 주어진 값
- 10s : [조건 ②]에서 주어진 값
- 방사시간이 주어지지 않으면 다음 표에 의해 분말소화설비는 **30초**를 적용하면 된다.

‖ 약제방사시간 ‖

소화설비		전역방출방식		국소방출방식	
		일반건축물	위험물제조소	일반건축물	위험물제조소
할론소화설비		10초 이내	30초 이내	10초 이내	30초 이내
분말소화설비 →		30초 이내		30초 이내	
CO_2 소화설비	표면화재	1분 이내	60초 이내		
	심부화재	7분 이내			

(바)

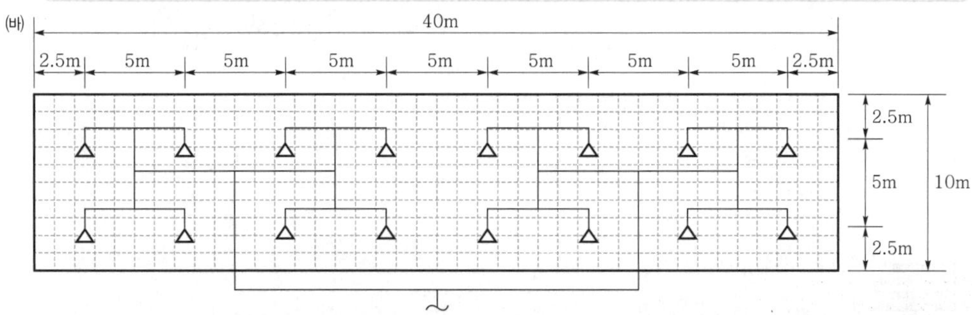

- 〔조건 ④〕에서 **토너먼트배관**이므로 위 그림처럼 'H'자 형태로 배치하면 된다.
- 〔조건 ③〕에서 **정방형** 배치이므로 **정사각형**으로 배치할 것
- (마)에서 헤드개수가 16개이므로 **16개** 배치
- 헤드개수가 16개이므로 가로 40m, 세로 10m에 균등하게 배치하려면 가로 8개, 세로 2개씩 배치하여 헤드간격은 5m가 된다.
- 〔조건 ③〕에 의해 헤드와 벽과의 간격은 헤드간격의 $\frac{1}{2}$ 이하로 할 것. 또한, 헤드와 벽과의 간격을 헤드간격의 $\frac{1}{2}$ 이하로 하라는 말이 없더라도 헤드와 벽과의 간격은 헤드간격의 $\frac{1}{2}$ 이하로 하는 것이 원칙이다.

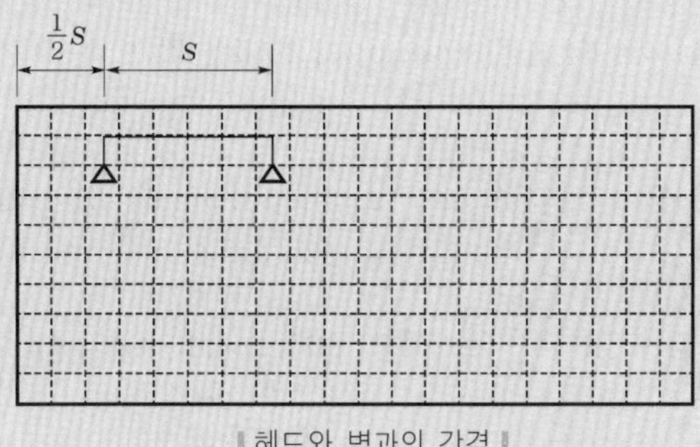

‖ 헤드와 벽과의 간격 ‖

☆☆

문제 16

다음 조건을 기준으로 할론 1301 소화설비를 설치하고자 할 때 다음을 구하시오. (19.6.문16, 12.7.문6)

득점	배점
	13

〔조건〕

① 소방대상물의 천장까지의 높이는 3m이고 방호구역의 크기와 용도, 개구부 및 자동폐쇄장치의 설치 여부는 다음과 같다.

전기실 가로 12m×세로 10m 개구부 2m×1m 자동폐쇄장치 설치	전산실 가로 20m×세로 10m 개구부 2m×2m 자동폐쇄장치 미설치
면화류 저장창고 가로 12m×세로 20m 개구부 2m×1.5m 자동폐쇄장치 설치	

② 할론 1301 저장용기 1개당 충전량은 50kg이다.
③ 할론 1301의 분자량은 148.9이며 실외온도는 모두 20℃로 가정한다.
④ 주어진 조건 외에는 화재안전기준에 준한다.

(가) 각 방호구역별 약제저장용기는 몇 병이 필요한지 각각 구하시오.
① 전기실
○ 계산과정 :
○ 답 :
② 전산실
○ 계산과정 :
○ 답 :
③ 면화류 저장창고
○ 계산과정 :
○ 답 :

(나) 할론 1301 분사헤드의 방사압력은 몇 MPa 이상으로 하여야 하는가?
○

(다) 전기실에 할론 1301 방사시 농도[%]를 구하시오.
○ 계산과정 :
○ 답 :

해답 (가) ① 전기실 : ○ 계산과정 : $(12\times10\times3)\times0.32=115.2\text{kg}$

$\frac{115.2}{50}=2.3 \fallingdotseq 3$병

○ 답 : 3병

② 전산실 : ○ 계산과정 : $(20\times10\times3)\times0.32+(2\times2)\times2.4=201.6\text{kg}$

$\frac{201.6}{50}=4.03 \fallingdotseq 5$병

○ 답 : 5병

③ 면화류 저장창고 : ○ 계산과정 : $(12\times20\times3)\times0.52=374.4\text{kg}$

$\frac{374.4}{50}=7.4 \fallingdotseq 8$병

○ 답 : 8병

(나) 0.9MPa

(다) ○ 계산과정 : $\frac{150}{1\times148.9}\times0.082\times(273+20)=24.203\text{m}^3$

$\frac{24.203}{(12\times10\times3)+24.203}\times100=6.299 \fallingdotseq 6.3\%$

○ 답 : 6.3%

해설 (가)

‖ 할론 1301의 약제량 및 개구부가산량 ‖

방호대상물	약제량	개구부가산량 (자동폐쇄장치 미설치시)
차고 · 주차장 · 전기실 · 전산실 · 통신기기실 ⟶	0.32kg/m^3	2.4kg/m^2
사류 · 면화류 ⟶	0.52kg/m^3	3.9kg/m^2

할론 저장량〔kg〕=방호구역체적〔m^3〕×약제량〔kg/m^3〕+개구부면적〔m^2〕×개구부가산량〔kg/m^2〕

① 전기실 $= (12\times10\times3)\text{m}^3\times0.32\text{kg/m}^3 = 115.2\text{kg}$(자동폐쇄장치 설치)

$$\text{저장용기수} = \frac{\text{저장량}}{\text{충전량}} = \frac{115.2\text{kg}}{50\text{kg}} = 2.3 ≒ 3\text{병}$$

- 전기실 약제량 : 0.32kg/m^3
- 50kg : 〔조건 ②〕에서 주어진 값

② 전산실 $= (20\times10\times3)\text{m}^3\times0.32\text{kg/m}^3 + (2\times2)\text{m}^2\times2.4\text{kg/m}^2 = 201.6\text{kg}$(자동폐쇄장치 미설치)

$$\text{저장용기수} = \frac{\text{저장량}}{\text{충전량}} = \frac{201.6\text{kg}}{50\text{kg}} = 4.03 ≒ 5\text{병}$$

- 전산실 약제량 : 0.32kg/m^3
- 50kg : 〔조건 ②〕에서 주어진 값

③ 면화류 저장창고 $= (12\times20\times3)\text{m}^3\times0.52\text{kg/m}^3 = 374.4\text{kg}$(자동폐쇄장치 설치)

$$\text{저장용기수} = \frac{\text{저장량}}{\text{충전량}} = \frac{374.4\text{kg}}{50\text{kg}} = 7.4 ≒ 8\text{병}$$

- 면화류 약제량 : 0.52kg/m^3
- 50kg : 〔조건 ②〕에서 주어진 값

(나) 할론 1301 방사압력은 0.9MPa

‖ 저장용기의 설치기준 ‖

구 분		할론 1301	할론 1211	할론 2402
저장압력		2.5MPa 또는 4.2MPa	1.1MPa 또는 2.5MPa	–
방사압력 →		0.9MPa	0.2MPa	0.1MPa
충전비	가압식	0.9~1.6 이하	0.7~1.4 이하	0.51~0.67 미만
	축압식			0.67~2.75 이하

(다) ① **이상기체 상태방정식**

$$PV = \frac{m}{M}RT$$

여기서, P : 기압〔atm〕
V : 방출가스량〔m^3〕
m : 질량〔kg〕
M : 분자량(할론 1301 : **148.9**kg/kmol)
R : 0.082atm · m^3/kmol · K
T : 절대온도(273+℃)〔K〕

$$V = \frac{m}{PM}RT$$
$$= \frac{(3\text{병}\times50\text{kg})}{1\text{atm}\times148.9\text{kg/kmol}}\times0.082\text{atm}\cdot\text{m}^3/\text{kmol}\cdot\text{K}\times(273+20)\text{K}$$
$$= 24.203\text{m}^3$$

- (3병×50kg) : 3병은 (가) ①에서 구한 값, 50kg는 〔조건 ②〕에서 주어진 값
- P(1atm) : 기압은 방호구역의 기압을 적용하는 것으로 일반적으로 방호구역의 기압은 1atm이다. (나) 분사헤드의 방사압력 0.9MPa을 적용하지 않는 점에 주의!
- 148.9kg/kmol : 〔조건 ③〕에서 주어진 값
- 20℃ : 〔조건 ③〕에서 주어진 값

② **할론농도**

$$할론농도[\%]=\frac{방출가스량(V)}{방호구역체적+방출가스량(V)}\times 100$$

$$할론농도[\%]=\frac{24.203\text{m}^3}{(12\times 10\times 3)\text{m}^3+24.203\text{m}^3}\times 100=6.299 \fallingdotseq 6.3\%$$

중요

할론 소화설비와 **관련된 식**

$$할론농도[\%]=\frac{방출가스량}{방호구역체적+방출가스량}\times 100=\frac{21-O_2}{21}\times 100$$

여기서, O_2 : O_2의 농도[%]

$$방출가스량=\frac{21-O_2}{O_2}\times 방호구역체적$$

여기서, O_2 : O_2의 농도[%]

$$PV=\frac{m}{M}RT$$

여기서, P : 기압[atm]
V : 방출가스량[m^3]
m : 질량[kg]
M : 분자량(할론 : 148.9kg/kmol)
R : 0.082atm · m^3/kmol · K
T : 절대온도(273+℃)[K]

$$Q=\frac{m_t C(t_1-t_2)}{H}$$

여기서, Q : 할론의 증발량[kg]
m_t : 배관의 질량[kg]
C : 배관의 비열[kcal/kg · ℃]
t_1 : 방출 전 배관의 온도[℃]
t_2 : 방출될 때의 배관의 온도[℃]
H : 할론의 증발잠열[kcal/kg]

" 가장 잘 견디는 사람이 무엇이든지 잘 할 수 있는 사람이다. "
- 밀턴 -

2020. 7. 25 시행

▌2020년 기사 제2회 필답형 실기시험▐

수험번호	성명	감독위원 확 인

자격종목	시험시간	형별
소방설비기사(기계분야)	3시간	

※ 다음 물음에 답을 해당 답란에 답하시오.(배점 : 100)

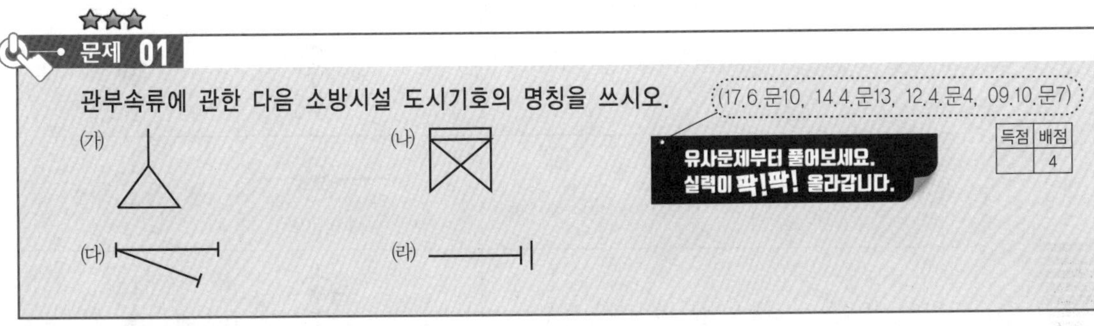

문제 01
관부속류에 관한 다음 소방시설 도시기호의 명칭을 쓰시오.
(17.6.문10, 14.4.문13, 12.4.문4, 09.10.문7)
(가)
(나)
(다)
(라)
유사문제부터 풀어보세요.
실력이 팍!팍! 올라갑니다.
득점 배점
4

해답 (가) 분말·탄산가스·할로겐헤드
(나) 선택밸브
(다) Y형 스트레이너
(라) 맹플랜지

해설 **소방시설 도시기호**

명 칭	도시기호
스프링클러헤드 폐쇄형 상향식	▌평면도▐ ▌입면도▐
스프링클러헤드 폐쇄형 하향식	▌평면도▐ ▌입면도▐
스프링클러헤드 개방형 상향식	▌평면도▐ ▌입면도▐
스프링클러헤드 개방형 하향식	▌평면도▐ ▌입면도▐
스프링클러헤드 폐쇄형 상·하향식	▌입면도▐
분말·탄산가스·할로겐헤드	▌평면도▐ ▌입면도▐

연결살수헤드	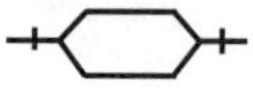
물분무헤드	 ∥평면도∥  ∥입면도∥
드렌처헤드	 ∥평면도∥  ∥입면도∥
포헤드	 ∥평면도∥  ∥입면도∥
감지헤드	 ∥평면도∥ 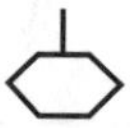 ∥입면도∥
할로겐화합물 및 불활성기체 소화약제 방출헤드	 ∥평면도∥  ∥입면도∥
선택밸브	
Y형 스트레이너	
U형 스트레이너	
맹플랜지	
캡	
플러그	

- (개) '**분말 · 탄산가스 · 할로겐헤드**'라고 정확히 답을 쓰도록 하라! '**분말 · CO_2 · 할로겐헤드**'라고 답해도 된다. 문제에서 '**관부속류**'라고 하였으므로 동일한 심벌인 '**안테나**'라고 답하지 않도록 주의하라!
- (라) 맹플랜지=맹후렌지

☆☆☆

문제 02

그림은 어느 배관의 평면도이며, 화살표 방향으로 물이 흐르고 있다. 배관 Q_1 및 Q_2를 흐르는 유량을 각각 계산하시오. (단, 주어진 조건을 참조할 것) (19.6.문13, 12.11.문8, 97.11.문16)

득점	배점
	4

〔조건〕

① 하젠-윌리엄스의 공식은 다음과 같다고 가정한다.

$$\Delta P = 6.053 \times 10^4 \times \frac{Q^{1.85}}{C^{1.85} \times d^{4.87}} \times L$$

여기서, ΔP : 배관 마찰손실압력〔MPa〕

Q : 배관 내의 유수량〔L/min〕

d : 배관의 안지름〔mm〕

L : 배관길이〔m〕

② 배관은 아연도금강관으로 호칭구경 25mm 배관의 안지름은 27mm이다.

③ 호칭구경 25mm 엘보(90°)의 등가길이는 1.4m이다.

④ A 및 D점에 있는 티(Tee)의 마찰손실은 무시한다.

⑤ 루프(loop)배관 BCFEB의 호칭구경은 25mm이다.

⑥ A방향으로 들어오는 배관과 D방향으로 나가는 배관의 호칭구경은 50mm이며, 이 관을 통하여 매분 200L의 물이 흐른다.

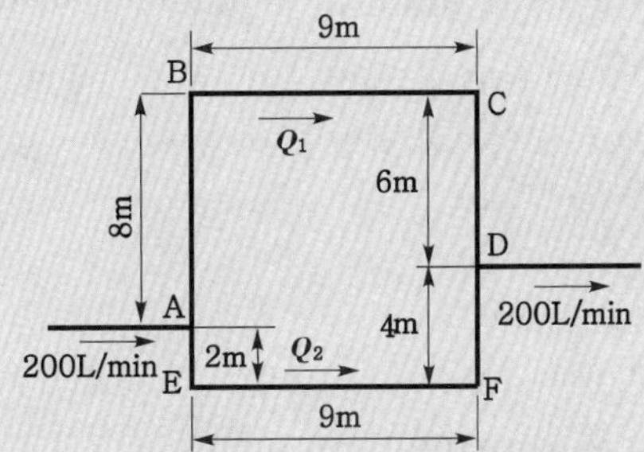

○ Q_1(계산과정 및 답) :

○ Q_2(계산과정 및 답) :

해답 ① Q_1

○ 계산과정 : $6.053 \times 10^4 \times \frac{{Q_1}^{1.85}}{C^{1.85} \times d^{4.87}} \times (8+9+6+2.8) = 6.053 \times 10^4 \times \frac{{Q_2}^{1.85}}{C^{1.85} \times d^{4.87}} \times (2+9+4+2.8)$

$$25.8{Q_1}^{1.85} = 17.8{Q_2}^{1.85}$$

$$Q_2 = \sqrt[1.85]{\left(\frac{25.8}{17.8}\right){Q_1}^{1.85}} = 1.222Q_1$$

$$Q_1 + 1.222Q_1 = 200$$

$$Q_1 = \frac{200}{1+1.222} = 90.009 ≒ 90.01\text{L/min}$$

○ 답 : 90.01L/min

② Q_2

○ 계산과정 : $Q_2 = 200 - 90.01 = 109.99\text{L/min}$

○ 답 : 109.99L/min

해설

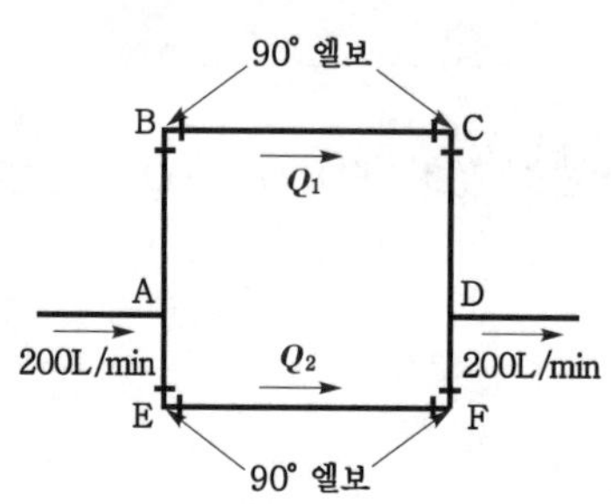

(1) 배관 ABCD 간에는 **90° 엘보**가 **2개** 있으므로 이것의 등가길이는 〔조건 ③〕에 의해 다음과 같다.
1.4m×2개=**2.8m**

$$\Delta P_{ABCD} = 6.053\times10^4 \times \frac{{Q_1}^{1.85}}{C^{1.85}\times d^{4.87}} \times L_1 = 6.053\times10^4 \times \frac{{Q_1}^{1.85}}{C^{1.85}\times d^{4.87}} \times (8+9+6+2.8)$$

(2) 배관 AEFD 간에도 **90° 엘보**가 **2개** 있으므로 이것의 등가길이는 〔조건 ③〕에 의해 다음과 같다.
1.4m×2개=**2.8m**

$$\Delta P_{AEFD} = 6.053\times10^4 \times \frac{{Q_2}^{1.85}}{C^{1.85}\times d^{4.87}} \times L_2 = 6.053\times10^4 \times \frac{{Q_2}^{1.85}}{C^{1.85}\times d^{4.87}} \times (2+9+4+2.8)$$

(3) $\Delta P_{ABCD} = \Delta P_{AEFD}$: **에너지 보존법칙**(베르누이 방정식)에 의해 각 분기배관의 **마찰손실압**(ΔP)은 **같다**고 가정한다.

$$6.053\times10^4 \times \frac{{Q_1}^{1.85}}{C^{1.85}\times d^{4.87}} \times (8+9+6+2.8) = 6.053\times10^4 \times \frac{{Q_2}^{1.85}}{C^{1.85}\times d^{4.87}} \times (2+9+4+2.8)$$

$25.8{Q_1}^{1.85} = 17.8{Q_2}^{1.85}$

$17.8{Q_2}^{1.85} = 25.8{Q_1}^{1.85}$ ← 좌우 이항

$Q_2 = \sqrt[1.85]{\left(\frac{25.8}{17.8}\right){Q_1}^{1.85}} = 1.222Q_1$

$Q_1 + Q_2 = 200\text{L/min}$

$Q_1 + 1.222Q_1 = 200\text{L/min}$

$1Q_1 + 1.222Q_1 = 200\text{L/min}$

$Q_1(1+1.222) = 200\text{L/min}$

$Q_1 = \frac{200\text{L/min}}{1+1.222} = 90.009 \fallingdotseq 90.01\text{L/min}$

$Q_1 + Q_2 = 200\text{L/min}$

$Q_2 = 200\text{L/min} - Q_1 = (200-90.01)\text{L/min} = 109.99\text{L/min}$

☆☆

문제 03

포소화설비의 배관방식에서 송액관에 배액밸브를 설치하는 목적과 설치위치를 간단히 설명하시오.

(19.4.문1, 14.7.문11, 11.11.문11)

득점	배점
	4

○ 설치목적 :
○ 설치위치 :

해답 ○ 설치목적 : 포의 방출종료 후 배관 안의 액을 방출하기 위하여
○ 설치위치 : 송액관의 가장 낮은 부분

해설

- '송액관의 낮은 부분', '송액관의 가장 낮은 부분' 모두 정답!

송액관은 포의 방출종료 후 배관 안의 액을 방출하기 위하여 적당한 기울기를 유지하고 그 낮은 부분에 **배액밸브**를 설치해야 한다(NFPC 105 7조, NFTC 105 2.4.3).

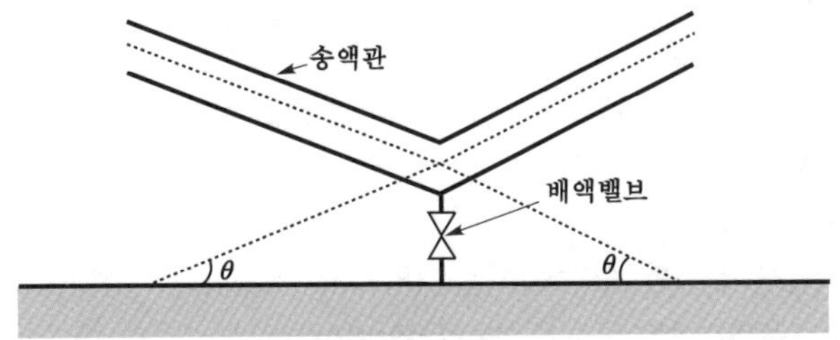

‖ 배액밸브의 설치위치 ‖

- **배액밸브** : 배관 안의 액을 배출하기 위한 밸브

★★★
문제 04

옥내소화전에 관한 설계시 다음 조건을 읽고 답하시오. (13.11.문11)

득점	배점
	10

[조건]

① 건물규모 : 5층×각 층의 바닥면적 2000m^2

② 옥내소화전수량 : 총 30개(각 층당 6개 설치)

③ 소화펌프에서 최상층 소화전 호스접결구까지의 수직거리 : 20m

④ 소방호스 : 40mm×15m(아마호스)×2개

⑤ 호스의 마찰손실수두값(호스 100m당)

구 분	호스의 호칭구경[mm]					
	40		50		65	
유량[L/min]	아마호스	고무내장호스	아마호스	고무내장호스	아마호스	고무내장호스
130	26m	12m	7m	3m	-	-
350	-	-	-	-	10m	4m

⑥ 배관 및 관부속품의 마찰손실수두 합계 : 40m

⑦ 배관의 내경

호칭경	15A	20A	25A	32A	40A	50A	65A	80A	100A
내경[mm]	16.4	21.9	27.5	36.2	42.1	53.2	69	81	105.3

(가) 펌프의 토출량[Lpm]을 구하시오.

○ 계산과정 :

○ 답 :

(나) 옥상에 저장하여야 하는 소화수조의 용량$[\text{m}^3]$을 구하시오.

○ 계산과정 :

○ 답 :

(다) 펌프의 전양정[m]을 구하시오.

○ 계산과정 :

○ 답 :

(라) 소방펌프 토출측 주배관의 최소 관경을 〔조건 ⑦〕에서 선정하시오. (단, 유속은 최대 유속을 적용한다.)
  ○ 계산과정 :
  ○ 답 :

(마) 펌프를 정격토출량의 150%로 운전시 정격토출압력〔MPa〕을 구하시오.
  ○ 계산과정 :
  ○ 답 :

(바) 만일 펌프에서 제일 먼 거리에 있는 옥내소화전 노즐의 방사압력이 0.2MPa, 유량이 200L/min이며, 4층에 있는 옥내소화전 노즐에서의 방사압력이 0.4MPa일 경우 4층 소화전에서의 방사유량〔Lpm〕을 구하시오. (단, 전층 노즐구경은 동일하다.)
  ○ 계산과정 :
  ○ 답 :

(사) 옥내소화전 노즐의 구경〔mm〕을 구하시오.
  ○ 계산과정 :
  ○ 답 :

해답 (가) ○ 계산과정 : 2×130=260L/min=260Lpm
  ○ 답 : 260Lpm

(나) ○ 계산과정 : $Q=2.6\times2\times\frac{1}{3}=1.733 ≒ 1.73\text{m}^3$
  ○ 답 : 1.73m^3

(다) ○ 계산과정 : $\left(15\times2\times\frac{26}{100}\right)+40+20+17=84.8\text{m}$
  ○ 답 : 84.8m

(라) ○ 계산과정 : $D=\sqrt{\frac{4\times0.26/60}{\pi\times4}} ≒ 0.037\text{m}=37\text{mm}$
  ○ 답 : 50A

(마) ○ 계산과정 : $0.848\times0.65=0.551 ≒ 0.55\text{MPa}$
  ○ 답 : 0.55MPa 이상

(바) ○ 계산과정 : $K=\frac{200}{\sqrt{10\times0.2}}=141.421 ≒ 141.42$
  $Q=141.42\sqrt{10\times0.4}=282.84\text{Lpm}$
  ○ 답 : 282.84Lpm

(사) ○ 계산과정 : $\sqrt{\frac{200}{0.653\sqrt{10\times0.2}}}=14.716 ≒ 14.72\text{mm}$
  ○ 답 : 14.72mm

해설 (가) **펌프토출량**

$$Q=N\times130\text{L/min}$$

여기서, Q : 토출량〔L/min〕
N : 가장 많은 층의 소화전개수(30층 미만 : 최대 2개, 30층 이상 : 최대 5개)

펌프토출량 $Q=N\times130\text{L/min}=2\times130\text{L/min}=260\text{L/min}=260\text{Lpm}$

- 〔조건 ②〕에서 N: 2개(2개 이상은 2개)

(나) **옥내소화전설비**(옥상수원)

$Q=2.6N\times\frac{1}{3}$(30층 미만, N : 최대 2개))

$Q=5.2N\times\frac{1}{3}$(30~49층 이하, N : 최대 5개)

$Q=7.8N\times\frac{1}{3}$(50층 이상, N : 최대 5개)

여기서, Q : 수원의 저수량[m³]
N : 가장 많은 층의 소화전개수

옥상저수량 $Q=2.6N\times\frac{1}{3}=2.6\times2\times\frac{1}{3}=1.733 \fallingdotseq 1.73\text{m}^3$

- [조건 ②]에서 N: 2개(2개 이상은 2개)

(다) **전양정**

$H \geq h_1+h_2+h_3+17$

여기서, H : 전양정[m]
h_1 : 소방호스의 마찰손실수두[m]
h_2 : 배관 및 관부속품의 마찰손실수두[m]
h_3 : 실양정(흡입양정+토출양정)[m]

h_1 : (15m×2개)×$\frac{26}{100}=7.8\text{m}$

- [조건 ④]에서 소방호스의 길이 **15m×2개**
- [조건 ④]에서 호칭구경 40mm, 아마호스이고, 옥내소화전설비의 규정방수량 130L/min이므로 **26m**, 호스 100m당이므로 $\frac{26}{100}$을 적용한다.

구 분	호스의 호칭구경[mm]					
	40		50		65	
유량[L/min]	아마호스	고무내장호스	아마호스	고무내장호스	아마호스	고무내장호스
130 →	26m	12m	7m	3m	–	–
350	–	–	–	–	10m	4m

h_2 : **40m**([조건 ⑥]에 의해)
h_3 : **20m**([조건 ③]에 의해)
전양정 $H=h_1+h_2+h_3+17=7.8+40+20+17=84.8\text{m}$

(라)

$Q=AV=\frac{\pi D^2}{4}V$

여기서, Q : 유량[m³/s]
A : 단면적[m²]
V : 유속[m/s]
D : 내경[m]

$Q=\frac{\pi D^2}{4}V$ 에서

배관의 **내경** D는

$$D=\sqrt{\frac{4Q}{\pi V}}=\sqrt{\frac{4\times260\text{L/min}}{\pi\times4\text{m/s}}}=\sqrt{\frac{4\times0.26\text{m}^3/\text{min}}{\pi\times4\text{m/s}}}=\sqrt{\frac{4\times0.26\text{m}^3/60\text{s}}{\pi\times4\text{m/s}}}\fallingdotseq0.037\text{m}=37\text{mm}$$

내경 **37mm** 이상되는 배관은 **40A**이지만 토출측 주배관의 최소구경은 **50A**이다.

- Q(260L/min) : (가)에서 구한 값
- 배관 내의 유속

설 비		유 속
옥내소화전설비 →		4m/s 이하
스프링클러설비	가지배관	6m/s 이하
	기타의 배관	10m/s 이하

- 배관의 내경은 〔조건 ⑦〕에서 선정
- 〔단서〕에 최대 유속인 **4m/s** 적용
- 최소구경

구 분	구 경
주배관 중 수직배관, 펌프 토출측 주배관 →	**50mm 이상**
연결송수관인 방수구가 연결된 경우(연결송수관설비의 배관과 겸용할 경우)	100mm 이상

(마)

정격토출량의 150% 운전시 정격토출압력(150%, 유량점)=정격토출압력×0.65

$= 84.8\text{m} \times 0.65 = 0.848\text{MPa} \times 0.65$
$= 0.551 ≒ 0.55\text{MPa}$ 이상

- 옥내소화전 등 소화설비인 경우 펌프의 성능 1MPa≒100m로 계산할 수 있으므로 84.8m=0.848MPa
- 84.8m : (다)에서 구한 값
- **'이상'**까지 써야 완벽한 정답(단, **'이상'**까지는 안 써도 정답으로 해줄 것으로 보임)

중요

체절점 · 설계점 · 150% 유량점

(1) **체절점** : 정격토출양정×1.4

- 정격토출압력(양정)의 **140%**를 **초과**하지 아니하여야 하므로 정격토출양정에 **1.4**를 곱하면 된다.
- 140%를 초과하지 아니하여야 하므로 **'이하'**라는 말을 반드시 쓸 것

(2) **설계점** : 정격토출양정×1.0

- 펌프의 성능곡선에서 설계점은 **정격토출양정**의 **100%** 또는 **정격토출량**의 **100%**이다.
- 설계점은 **'이상'**, **'이하'**라는 말을 쓰지 않는다.

(3) **150% 유량점**(운전점) : 정격토출양정×0.65=정격토출압력×0.65

- 정격토출량의 150%로 운전시 정격토출압력(양정)의 65% 이상이어야 하므로 정격토출양정에 **0.65**를 곱하면 된다.
- 65% 이상이어야 하고 **'이상'**이라는 말을 반드시 쓸 것

(바) **토출량**

$$Q = K\sqrt{10P}$$

여기서, Q : 토출량〔L/min=Lpm〕
K : 방출계수
P : 방사압력〔MPa〕

방출계수 $K = \dfrac{Q}{\sqrt{10P}} = \dfrac{200\text{L/min}}{\sqrt{10 \times 0.2\text{MPa}}} = 141.421 ≒ 141.42$

토출량 $Q = K\sqrt{10P} = 141.42\sqrt{10 \times 0.4\text{MPa}} = 282.84\text{Lpm}$

- 노즐구경이 주어지면 $Q = 0.653D^2\sqrt{10P}$ 식을 적용해도 되지만 이 문제에서는 노즐구경이 주어지지 않았으므로 반드시 $Q = K\sqrt{10P}$ 식으로 적용해야 한다. $Q = 0.653D^2\sqrt{10P}$ 식을 적용해서 답을 구하면 틀린다.

(사)

$$Q = 0.653D^2\sqrt{10P} \text{ 또는 } Q = 0.6597CD^2\sqrt{10P}$$

여기서, Q : 토출량[L/min=Lpm], C : 노즐의 흐름계수(유량계수), D : 노즐구경[mm], P : 방사압력[MPa]

$Q = 0.653D^2\sqrt{10P}$

$\frac{Q}{0.653\sqrt{10P}} = D^2$

$D^2 = \frac{Q}{0.653\sqrt{10P}}$

$\sqrt{D^2} = \sqrt{\frac{Q}{0.653\sqrt{10P}}}$

$D = \sqrt{\frac{Q}{0.653\sqrt{10P}}} = \sqrt{\frac{200\text{L/min}}{0.653\sqrt{10\times 0.2\text{MPa}}}} = 14.716 ≒ 14.72\text{mm}$

- Q : 282.84L/min, P : 0.4MPa을 적용해도 값은 동일하게 나온다.

$$D = \sqrt{\frac{282.84\text{L/min}}{0.653\sqrt{10\times 0.4\text{MPa}}}} = 14.716 ≒ 14.72\text{mm}$$

‖ 이것도 정답! ‖

- (사)에서는 유속에 대한 조건이 없으므로 $D = \sqrt{\frac{4Q}{\pi V}}$ 로 구하면 안 된다.
- 노즐은 호칭경이 별도로 없으므로 노즐구경은 최종답안 작성시 호칭경으로 구하지 않는다. 배관의 구경만 호칭경이 있다는 것을 기억하라!

중요

단위

(1) GPM=**G**allon **P**er **M**inute[gallon/min]
(2) PSI=**P**ound per **S**quare **I**nch[lb_f/in^2]
(3) Lpm=**L**iter **P**er **M**inute[L/min]
(4) CMH=**C**ubic **M**eter per **H**our[m^3/h]

☆☆

문제 05

할로겐화합물 및 불활성기체 소화약제의 구비조건 4가지를 쓰시오.

(19.11.문5, 19.6.문9, 16.11.문2, 14.4.문2, 13.11.문13)

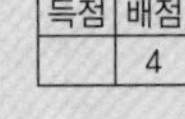

득점	배점
	4

○
○
○
○

해답 ① 소화성능이 우수할 것
② 인체에 독성이 낮을 것
③ 오존파괴지수가 낮을 것
④ 지구온난화지수가 낮을 것

해설 **할로겐화합물** 및 **불활성기체 소화약제**의 **구비조건**

(1) **소화성능**이 우수할 것
(2) 인체에 **독성**이 낮을 것
(3) **오존파괴지수**(ODP ; Ozene Depletion Potential)가 낮을 것
(4) **지구온난화지수**(GWP ; Global Warming Potential)가 낮을 것
(5) **저장안정성**이 좋을 것
(6) **금속**을 부식시키지 않을 것

(7) **가격**이 **저렴**할 것
(8) **전기전도도**가 낮을 것
(9) 사용 후 **잔유물**이 없을 것
(10) **자체 증기압**으로 방사가 가능할 것

기억법 **할소독 오지저**

중요

ODP와 **GWP**

구 분	오존파괴지수 (ODP ; Ozone Depletion Potential)	지구온난화지수 (GWP ; Global Warming Potential)
정의	어떤 물질의 오존파괴능력을 상대적으로 나타내는 지표로 기준물질인 **CFC 11**($CFCl_3$)의 **ODP**를 **1**로 하여 다음과 같이 구한다. $\text{ODP}=\dfrac{\text{어떤 물질 1kg이 파괴하는 오존량}}{\text{CFC 11의 1kg이 파괴하는 오존량}}$	지구온난화에 기여하는 정도를 나타내는 지표로 CO_2(이산화탄소)의 **GWP**를 **1**로 하여 다음과 같이 구한다. $\text{GWP}=\dfrac{\text{어떤 물질 1kg이 기여하는 온난화 정도}}{CO_2\text{의 1kg이 기여하는 온난화 정도}}$
비고	오존파괴지수가 **작을수록 좋은 소화약제**이다.	지구온난화지수가 **작을수록 좋은 소화약제**이다.

☆☆☆
문제 06

가로 20m, 세로 20m, 높이 3.5m인 발전기실(경유 사용)에 할로겐화합물 및 불활성기체 소화약제 중 HFC-23과 IG-541을 사용할 경우 조건을 참고하여 다음 각 물음에 답하시오.

(19.11.문14, 19.6.문9, 19.4.문8, 17.6.문1, 14.7.문1, 13.4.문2)

득점	배점
	4

〔조건〕
① HFC-23의 소화농도는 A, C급 화재는 38%, B급 화재는 35%이다.
② IG-541의 소화농도는 31.25%이다.
③ 소화약제량 산정시 선형상수를 이용하도록 하며 방사시 기준온도는 20℃이다.

소화약제	K_1	K_2
HFC-23	0.3164	0.0012
IG-541	0.65799	0.00239

(가) HFC-23의 저장량은 최소 몇 kg인지 구하시오.
○ 계산과정 :
○ 답 :

(나) IG-541의 저장량은 몇 m^3인지 구하시오.
○ 계산과정 :
○ 답 :

해답 (가) ○ 계산과정 : $S=0.3164+0.0012\times 20=0.3404\text{m}^3/\text{kg}$

$C=35\times 1.3=45.5\%$

$W=\dfrac{20\times 20\times 3.5}{0.3404}\times\left(\dfrac{45.5}{100-45.5}\right)=3433.629\fallingdotseq 3433.63\text{kg}$

○ 답 : 3433.63kg

(나) ○ 계산과정 : $S=0.65799+0.00239\times 20=0.70579\text{m}^3/\text{kg}$

$V_s=0.65799+0.00239\times 20=0.70579\text{m}^3/\text{kg}$

$C=31.25\times 1.3=40.625\%$

$X=2.303\left(\dfrac{0.70579}{0.70579}\right)\times\log_{10}\left(\dfrac{100}{100-40.625}\right)\times(20\times 20\times 3.5)=729.947\fallingdotseq 729.95\text{m}^3$

○ 답 : 729.95m^3

해설 **소화약제량(저장량)의 산정**(NFPC 107A 4·7조, NFTC 107A 2.1.1, 2.4.1)

구 분	할로겐화합물 소화약제	불활성기체 소화약제
종류	• FC-3-1-10 • HCFC BLEND A • HCFC-124 • HFC-125 • HFC-227ea • HFC-23 • HFC-236fa • FIC-13I1 • FK-5-1-12	• IG-01 • IG-100 • IG-541 • IG-55
공식	$W=\frac{V}{S}\times\left(\frac{C}{100-C}\right)$ 여기서, W: 소화약제의 무게[kg] V: 방호구역의 체적[m^3] S: 소화약제별 선형상수(K_1+K_2t)[m^3/kg] t: 방호구역의 최소 예상온도[℃] C: 체적에 따른 소화약제의 설계농도[%]	$X=2.303\left(\frac{V_s}{S}\right)\times\log_{10}\left(\frac{100}{100-C}\right)\times V$ 여기서, X: 소화약제의 부피[m^3] V_s: 20℃에서 소화약제의 비체적 ($K_1+K_2\times 20℃$)[m^3/kg] S: 소화약제별 선형상수(K_1+K_2t)[m^3/kg] C: 체적에 따른 소화약제의 설계농도[%] t: 방호구역의 최소 예상온도[℃] V: 방호구역의 체적[m^3]

(가) **할로겐화합물 소화약제**

소화약제별 선형상수 S는

$S=K_1+K_2t=0.3164+0.0012\times 20℃=0.3404\text{m}^3/\text{kg}$

- HFC-23의 $K_1=0.3164$, $K_2=0.0012$: [조건 ③]에서 주어진 값
- t(20℃) : [조건 ③]에서 주어진 값

HFC-23의 저장량 W는

$$W=\frac{V}{S}\times\left(\frac{C}{100-C}\right)=\frac{(20\times20\times3.5)\text{m}^3}{0.3404\text{m}^3/\text{kg}}\times\left(\frac{45.5}{100-45.5}\right)=3433.629\fallingdotseq 3433.63\text{kg}$$

- HFC-23 : **할로겐화합물 소화약제**
- 발전기실이지만 경유를 사용하므로 **B급 화재**(그냥 발전기실이라고 주어져도 발전기실은 사용연료를 기준으로 하므로 반드시 **B급** 적용! 발전기실이라고 해서 C급 아님!)
- ABC 화재별 안전계수

설계농도	소화농도	안전계수
A급(일반화재)	A급	1.2
B급(유류화재) ────	B급 ────→	1.3
C급(전기화재)	A급	1.35

C 설계농도[%]=소화농도[%]×안전계수=35%×1.3=45.5%

(나) **불활성기체 소화약제**

소화약제별 선형상수 S는

$S=K_1+K_2t=0.65799+0.00239\times 20℃=0.70579\text{m}^3/\text{kg}$

20℃에서 소화약제의 비체적 V_s는

$V_s=K_1+K_2t=0.65799+0.00239\times 20℃=0.70579\text{m}^3/\text{kg}$

- IG-541의 $K_1=0.65799$, $K_2=0.00239$: [조건 ③]에서 주어진 값
- t(20℃) : [조건 ③]에서 주어진 값

IG-541의 저장량 X는

$$X=2.303\left(\frac{V_s}{S}\right)\times\log_{10}\left(\frac{100}{100-C}\right)\times V=2.303\left(\frac{0.70579\text{m}^3/\text{kg}}{0.70579\text{m}^3/\text{kg}}\right)\times\log_{10}\left(\frac{100}{100-40.625}\right)\times(20\times20\times3.5)\text{m}^3$$

$$=729.947\fallingdotseq 729.95\text{m}^3$$

- IG-541 : **불활성기체 소화약제**
- 발전기실이지만 경유를 사용하므로 **B급 화재**(그냥 발전기실이라고 주어져도 발전기실은 사용연료를 기준으로 하므로 반드시 **B급** 적용! C급 아님!)
- ABC 화재별 안전계수

설계농도	소화농도	안전계수
A급(일반화재)	A급	1.2
B급(유류화재) →	B급 →	1.3
C급(전기화재)	A급	1.35

- C 설계농도[%]=소화농도[%]×안전계수=31.25%×1.3=40.625%

☆☆

문제 07

바닥면적이 가로 24m, 세로 40m일 경우 이 장소에 분말소화기를 설치할 경우 다음의 장소에 소화능력단위를 구하시오. (19.4.문13, 17.4.문8, 16.4.문2, 13.4.문11, 11.7.문5)

득점	배점
	4

(가) 전시장(주요구조부가 내화구조이고, 벽 및 반자의 실내에 면하는 부분이 불연재료임)
 ○ 계산과정 :
 ○ 답 :

(나) 위락시설(비내화구조)
 ○ 계산과정 :
 ○ 답 :

(다) 집회장(비내화구조)
 ○ 계산과정 :
 ○ 답 :

해답 (가) ○ 계산과정 : $\frac{24\times 40}{200} = 4.8 \fallingdotseq 5$단위
 ○ 답 : 5단위

(나) ○ 계산과정 : $\frac{24\times 40}{30} = 32$단위
 ○ 답 : 32단위

(다) ○ 계산과정 : $\frac{24\times 40}{50} = 19.2 \fallingdotseq 20$단위
 ○ 답 : 20단위

해설 **특정소방대상물별 소화기구**의 **능력단위기준**(NFTC 101 2.1.1.2)

특정소방대상물	소화기구의 능력단위	건축물의 주요구조부가 **내화구조**이고, 벽 및 반자의 실내에 면하는 부분이 **불연재료**·**준불연재료** 또는 **난연재료**로 된 특정소방대상물의 능력단위
• **위**락시설 기억법 위3(**위**상) →	바닥면적 **30m²**마다 1단위 이상	바닥면적 **60m²**마다 1단위 이상
• **공연**장 • **집**회장 • **관람**장 및 **문**화재 • **의**료시설 · **장**례시설(장례식장) → 기억법 5공연장 문의 집관람 (손**오공** **연장** **문의** **집관람**)	바닥면적 **50m²**마다 1단위 이상	바닥면적 **100m²**마다 1단위 이상

• **근**린생활시설 • **판**매시설 • 운수시설 • **숙**박시설 • **노**유자시설 • **전**시장 • 공동**주**택 • **업무시설** • **방**송통신시설 • 공장 · **창**고 • **항**공기 및 자동**차**관련시설(주차장) 및 **관광**휴게시설 기억법 근판숙노전 주업방차창 1항관광(근판숙노전 주업방차장 일본항관광)	바닥면적 100m²마다 1단위 이상	→ 바닥면적 200m²마다 1단위 이상
• 그 밖의 것	바닥면적 200m²마다 1단위 이상	바닥면적 400m²마다 1단위 이상

(가) **전시장**으로서 **내화구조**이고 **불연재료** · **준불연재료** · **난연재료**인 경우이므로 바닥면적 **200m²**마다 1단위 이상

$$\frac{(24\times40)\text{m}^2}{200\text{m}^2}=4.8 ≒ 5\text{단위(절상)}$$

• **5단위**를 **5개**라고 쓰면 틀린다. 특히 주의!

(나) **위락시설**로서 **비내화구조**이므로 바닥면적 **30m²**마다 1단위 이상

$$\frac{(24\times40)\text{m}^2}{30\text{m}^2}=32\text{단위}$$

(다) **집회장**으로서 **비내화구조**이므로 바닥면적 **50m²**마다 1단위 이상

$$\frac{(24\times40)\text{m}^2}{50\text{m}^2}=19.2 ≒ 20\text{단위(절상)}$$

☆
 문제 08

다음은 각 물질의 연소하한계, 연소상한계 및 혼합가스의 조성농도를 나타낸다. 각 물음에 답하시오.

(17.4.문6, 06.11.문11, 03.4.문12)

득점	배점
	6

물 질	연소범위		조성농도〔%〕
	LFL〔vol%〕	UFL〔vol%〕	
수소	4	75	5
메탄	5	15	10
프로판	2.1	9.5	5
부탄	1.8	8.4	5
에탄	3	12.4	5
공기	–	–	70
계	–	–	100

(가) 혼합가스의 연소상한계를 구하시오.
  ○ 계산과정 :
  ○ 답 :

(나) 혼합가스의 연소하한계를 구하시오.
  ○ 계산과정 :
  ○ 답 :

(다) 혼합가스의 연소 가능 여부를 판단하고 그 이유를 쓰시오.
○ 판단 :
○ 이유 :

해답 (가) ○ 계산과정 : $U=\dfrac{30}{\dfrac{5}{75}+\dfrac{10}{15}+\dfrac{5}{9.5}+\dfrac{5}{8.4}+\dfrac{5}{12.4}}=13.285 \fallingdotseq 13.29\text{vol\%}$

○ 답 : 13.29vol%

(나) ○ 계산과정 : $L=\dfrac{30}{\dfrac{5}{4}+\dfrac{10}{5}+\dfrac{5}{2.1}+\dfrac{5}{1.8}+\dfrac{5}{3}}=2.977 \fallingdotseq 2.98\text{vol\%}$

○ 답 : 2.98vol%

(다) ○ 판단 : 연소 불가능
○ 이유 : 가연성 가스의 합계가 30vol%로서 연소범위 밖에 있음

해설

- (가), (나) 단위는 vol%가 정답이다. %로만 쓰면 틀릴 수도 있다. 주의!
- 다음의 식은 르샤틀리에의 법칙(Le Chatelier's law)에 의한 식으로, 가연성 혼합가스의 **연소하한계**를 구할 때만 쓰인다. 가연성 혼합가스의 연소상한계는 오차가 커서 원칙적으로 이 식을 적용할 수 없다. 이 문제에서는 다른 방법이 없으므로 어쩔 수 없이 적용했을 뿐이다.

(가) 가연성 가스의 합계=수소+메탄+프로판+부탄+에탄=5+10+5+5+5=**30vol%**

$$\frac{\text{가연성 가스의 합계}}{U}=\frac{V_1}{U_1}+\frac{V_2}{U_2}+\frac{V_3}{U_3}+\frac{V_4}{U_4}+\frac{V_5}{U_5}+\cdots$$

여기서, U : 혼합가스의 연소상한계[vol%]
$U_1 \sim U_5$: 가연성 가스의 연소상한계[vol%]
$V_1 \sim V_5$: 가연성 가스의 용량[vol%]

혼합가스의 **연소상한계** U는

$$U=\frac{30}{\dfrac{V_1}{U_1}+\dfrac{V_2}{U_2}+\dfrac{V_3}{U_3}+\dfrac{V_4}{U_4}+\dfrac{V_5}{U_5}}=\frac{30}{\dfrac{5}{75}+\dfrac{10}{15}+\dfrac{5}{9.5}+\dfrac{5}{8.4}+\dfrac{5}{12.4}}=13.285 \fallingdotseq \mathbf{13.29vol\%}$$

(나)

$$\frac{\text{가연성 가스의 합계}}{L}=\frac{V_1}{L_1}+\frac{V_2}{L_2}+\frac{V_3}{L_3}+\frac{V_4}{L_4}+\frac{V_5}{L_5}+\cdots$$

여기서, L : 혼합가스의 연소하한계[vol%]
$L_1 \sim L_5$: 가연성 가스의 연소하한계[vol%]
$V_1 \sim V_5$: 가연성 가스의 용량[vol%]

혼합가스의 **연소하한계** L은

$$L=\frac{30}{\dfrac{V_1}{L_1}+\dfrac{V_2}{L_2}+\dfrac{V_3}{L_3}+\dfrac{V_4}{L_4}+\dfrac{V_5}{L_5}}=\frac{30}{\dfrac{5}{4}+\dfrac{10}{5}+\dfrac{5}{2.1}+\dfrac{5}{1.8}+\dfrac{5}{3}}=2.977 \fallingdotseq \mathbf{2.98vol\%}$$

(다) **연소 가능 여부**란 **연소범위** 내에 있는지, 밖에 있는지를 말하는 것으로서, **연소범위 내**에 있으면 **연소**(폭발) **가능성**이 있고, **연소범위 밖**에 있으면 **연소**가 **불가능**하다는 것을 의미한다. 연소범위는 연소하한계와 연소상한계의 범위를 말하므로 (가), (나)에서 구한 **2.98~13.29vol%**가 된다. 가연성 가스의 합계가 **30vol%**로서 **폭발**(연소) **범위**(2.98~13.29vol%) **밖**에 있으므로 **연소**의 **우려**가 **없다.**

용어

LFL(Lower Flammable Limit, 연소하한계)	**UFL**(Upper Flammable Limit, 연소상한계)
가열원과 접촉시 대기 중 연소가 가능한 **최소한**의 기체농도	가열원과 접촉시 대기 중 연소가 가능한 **최대한**의 기체농도

☆☆☆

문제 09

제연방식 중 자연제연방식에 대한 사항이다. 주어진 조건을 참고하여 다음 각 물음에 답하시오.

(15.11.문9, 10.4.문9)

득점	배점
	10

[조건]

① 연기층과 공기층의 높이차 : 3m
② 화재실온도 : 707℃
③ 외부온도 : 27℃
④ 공기 평균 분자량 : 28
⑤ 연기 평균 분자량 : 29
⑥ 화재실 및 실외의 기압 : 1기압
⑦ 동력의 여유율 : 10%

(가) 연기의 유출속도[m/s]를 구하시오.
○ 계산과정 :
○ 답 :

(나) 외부풍속[m/s]을 구하시오.
○ 계산과정 :
○ 답 :

(다) 현재 일반적으로 많이 사용하고 있는 제연방식의 종류 3가지만 쓰시오.
○
○
○

(라) 상기 자연제연방식을 변경하여 화재실 상부에 배연기를 설치하여 배출한다면 그 방식을 쓰시오.
○

(마) 화재실 바닥면적 300m², FAN 효율 0.6, 전압이 70mmAq일 때 필요동력[kW]을 구하시오.
○ 계산과정 :
○ 답 :

해답

(가) ○ 계산과정 : $\rho_s = \dfrac{1 \times 29}{0.082 \times (273+707)} \fallingdotseq 0.36\text{kg/m}^3$

$$\rho_a = \frac{1 \times 28}{0.082 \times (273+27)} = 1.138\text{kg/m}^3$$

$$V_s = \sqrt{2 \times 9.8 \times 3 \times \left(\frac{1.138}{0.36} - 1\right)} = 11.272 \fallingdotseq 11.27\text{m/s}$$

○ 답 : 11.27m/s

(나) ○ 계산과정 : $\sqrt{\dfrac{0.36}{1.138}} \times 11.27 = 6.338 \fallingdotseq 6.34\text{m/s}$

○ 답 : 6.34m/s

(다) ① 자연제연방식
② 스모크타워 제연방식
③ 기계제연방식

(라) 제3종 기계제연방식

(마) ○ 계산과정 : $P = \dfrac{70 \times 300}{102 \times 60 \times 0.6} \times 1.1 \fallingdotseq 6.29\text{kW}$

○ 답 : 6.29kW

해설 (가) ① **밀도**

$$\rho = \frac{PM}{RT}$$

여기서, ρ : 밀도[kg/m^3]
P : 압력[atm]
M : 분자량[kg/kmol]
R : 0.082atm · m^3/kmol · K
T : 절대온도(273+℃)[K]

화재실의 **연기밀도** ρ_s는

$$\rho_s = \frac{PM}{RT} = \frac{1\text{atm} \times 29\text{kg/kmol}}{0.082\text{atm} \cdot \text{m}^3/\text{kmol} \cdot \text{K} \times (273+707)\text{K}} \fallingdotseq 0.36\text{kg/m}^3$$

- **1atm** : [조건 ⑥]에서 1기압=1atm
- **29** : [조건 ⑤]에서 주어진 값
- **707℃** : [조건 ②]에서 주어진 값

화재실 외부의 **공기밀도** ρ_a는

$$\rho_a = \frac{PM}{RT} = \frac{1\text{atm} \times 28\text{kg/kmol}}{0.082\text{atm} \cdot \text{m}^3/\text{kmol} \cdot \text{K} \times (273+27)\text{K}} = 1.138\text{kg/m}^3$$

- **1atm** : [조건 ⑥]에서 1기압=1atm
- **28** : [조건 ④]에서 주어진 값
- **27℃** : [조건 ③]에서 주어진 값

② **연기**의 **유출속도**

$$V_s = \sqrt{2gh\left(\frac{\rho_a}{\rho_s} - 1\right)}$$

여기서, V_s : 연기의 유출속도[m/s]
g : 중력가속도(9.8m/s^2)
h : 연기층과 공기층의 높이차[m]
ρ_s : 화재실의 연기밀도[kg/m^3]
ρ_a : 화재실 외부의 공기밀도[kg/m^3]

연기의 **유출속도** V_s는

$$V_s = \sqrt{2gh\left(\frac{\rho_a}{\rho_s} - 1\right)}$$

$$= \sqrt{2 \times 9.8\text{m/s}^2 \times 3\text{m} \times \left(\frac{1.138\text{kg/m}^3}{0.36\text{kg/m}^3} - 1\right)} = 11.272 \fallingdotseq 11.27\text{m/s}$$

- h **(3m)** : [조건 ①]에서 주어진 값
- ρ_a**(1.138kg/m^3)** : 바로 위에서 구한 값
- ρ_s**(0.36kg/m^3)** : 바로 위에서 구한 값

(나) **외부풍속**

$$V_0 = \sqrt{\frac{\rho_s}{\rho_a}} \times V_s$$

여기서, V_0 : 외부풍속[m/s]
ρ_s : 화재실의 연기밀도[kg/m^3]
ρ_a : 화재실 외부의 공기밀도[kg/m^3]
V_s : 연기의 유출속도[m/s]

외부풍속 V_0는

$$V_0 = \sqrt{\frac{\rho_s}{\rho_a}} \times V_s$$

$$= \sqrt{\frac{0.36\text{kg/m}^3}{1.138\text{kg/m}^3}} \times 11.27\text{m/s} = 6.338 \fallingdotseq 6.34\text{m/s}$$

- ρ_s(**0.36kg/m**^{3}) : (가)에서 구한 값
- ρ_a(**1.138kg/m**^{3}) : (가)에서 구한 값
- V_s(**11.27m/s**) : (가)에서 구한 값

(다), (라) **제연방식**의 **종류**

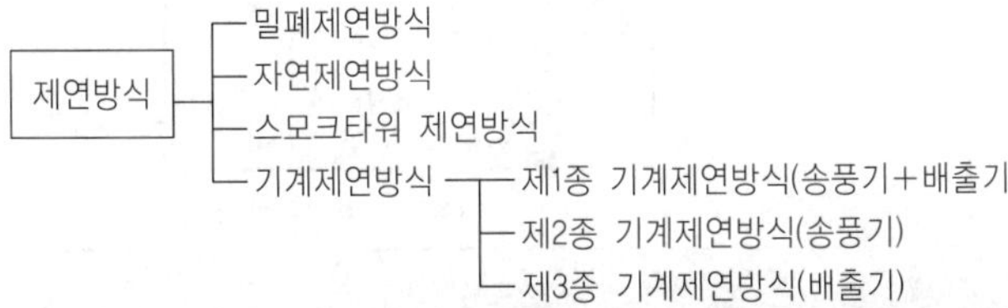

제연방식	설 명
밀폐제연방식	밀폐도가 높은 벽 또는 문으로서 화재를 밀폐하여, 연기의 유출 및 신선한 공기의 유입을 억제하여 제연하는 방식으로 집합되어 있는 **주택**이나 **호텔** 등 구획을 작게 할 수 있는 건물에 적합하다.
자연제연방식	개구부를 통하여 연기를 자연적으로 배출하는 방식 ‖ 자연제연방식 ‖
스모크타워 제연방식	**루프모니터**를 설치하여 제연하는 방식으로 **고층빌딩**에 적당하다. ‖ 스모크타워 제연방식 ‖
기계제연방식 – 제1종 기계제연방식	**송풍기**와 **배출기**(배연기, 배풍기)를 설치하여 급기와 배기를 하는 방식으로 **장치**가 **복잡**하다. ‖ 제1종 기계제연방식 ‖

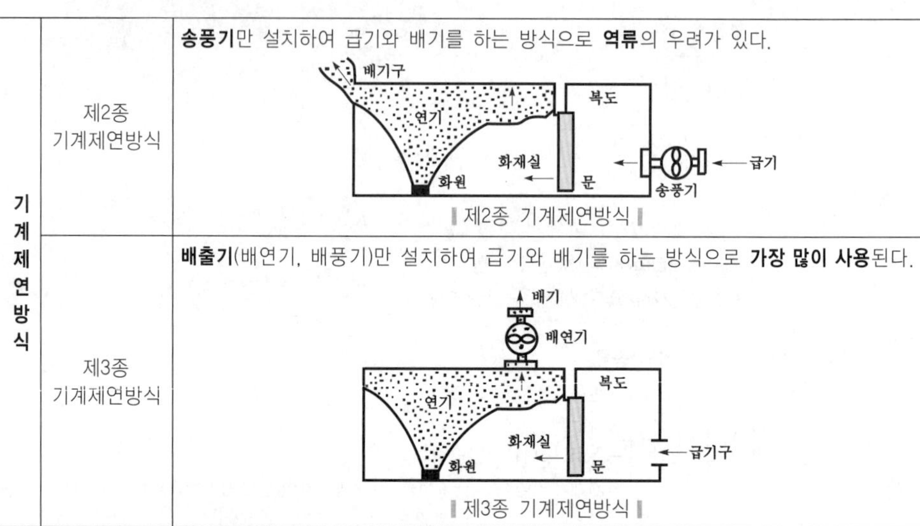

기계제연방식	제2종 기계제연방식	**송풍기**만 설치하여 급기와 배기를 하는 방식으로 **역류**의 우려가 있다. 배기구 / 연기 / 복도 / 화재실 / 화원 / 문 / 급기 / 송풍기 ‖ 제2종 기계제연방식 ‖
	제3종 기계제연방식	**배출기**(배연기, 배풍기)만 설치하여 급기와 배기를 하는 방식으로 **가장 많이 사용**된다. 배기 / 배연기 / 연기 / 복도 / 화재실 / 화원 / 문 / 급기구 ‖ 제3종 기계제연방식 ‖

(마)

배출량[m^3/min]=바닥면적[m^2]×1m^3/m^2·min

=300m^2×1m^3/m^2·min

=300m^3/min

$$P=\frac{P_T\,Q}{102\times 60\eta}K$$

여기서, P : 배연기동력[kW]

P_T : 전압(풍압)[mmAq, mmH$_2$O]

Q : 풍량(배출량)[m^3/min]

K : 여유율

η : 효율

배연기의 **동력** P는

$$P=\frac{P_T Q}{102\times 60\eta}K$$

$$=\frac{70\,\text{mmAq}\times 300\,\text{m}^3/\text{min}}{102\times 60\times 0.6}\times 1.1 \fallingdotseq 6.29\,\text{kW}$$

- P_T(**70mmAq**) : (마)에서 주어진 값
- Q(**300m^3/min**) : 바로 위에서 구한 값
- η(**0.6**) : (마)에서 주어진 값
- K(**1.1**) : [조건 ⑦]에서 여유율 10%=110%=1.1
- 배출량의 최저치는 5000m^3/h 이상이므로 5000m^3/h$=\frac{5000\text{m}^3/\text{h}}{60\text{min/h}}$=83.33$m^3$/min이 된다. 그러므로 배출량이 83.33m^3/min보다 적으면 배출량 Q=83.33m^3/min으로 해야 한다. 이 부분도 주의깊게 살펴보라!

 중요

거실의 **배출량**

바닥면적 **400m^2 미만** (최저치 5000m^3/h 이상)

배출량[m^3/min]=바닥면적[m^2]×1m^3/m^2·min

☆☆☆

문제 10

바닥면적이 380m²인 다른 거실의 피난을 위한 경유거실의 제연설비이다. 배출기의 흡입측 풍도의 높이를 600mm로 할 때 풍도의 최소 폭〔mm〕을 구하시오. (19.6.문11, 16.6.문14, 07.11.문6, 07.7.문1)

○ 계산과정 :

○ 답 :

득점	배점
	3

해답 ○ 계산과정 : 배출량 $380\times1=380\text{m}^3/\text{min}$

$380\times60=22800\text{m}^3/\text{h}$

$$Q=\frac{22800}{3600}=6.333\text{m}^3/\text{s}$$

$$A=\frac{6.333}{15}\fallingdotseq0.422\text{m}^2$$

$$L=\frac{0.422}{0.6}=0.703\text{m}=703\text{mm}$$

○ 답 : 703mm

해설 문제에서 바닥면적이 **400m² 미만**이므로

배출량〔m³/min〕=바닥면적〔m²〕×1m³/m²·min

=380m²×1m³/m²·min

=380m³/min

m³/min → m³/h 로 변환하면

380m³/min=380m³/min×60min/h

=**22800m³/h**

$Q=22800\text{m}^3/\text{h}=22800\text{m}^3/3600\text{s}=$**6.333m³/s**이다.

배출기 흡입측 풍도 안의 풍속은 **15m/s** 이하로 하고, 배출측 풍속은 **20m/s** 이하로 한다.

$$Q=AV$$

여기서, Q : 배출량(유량)〔m³/min〕

A : 단면적〔m²〕

V : 풍속(유속)〔m/s〕

흡입측 단면적 $A=\dfrac{Q}{V}=\dfrac{6.333\text{m}^3/\text{s}}{15\text{m/s}}\fallingdotseq0.422\text{m}^2$

흡입측 풍도의 폭 $L=\dfrac{\text{단면적}[\text{m}^2]}{\text{높이}[\text{m}]}=\dfrac{0.422\text{m}^2}{0.6\text{m}}=0.703\text{m}=703\text{mm}$

• 문제에서 흡입측 풍도의 높이는 600mm=**0.6m**이다.

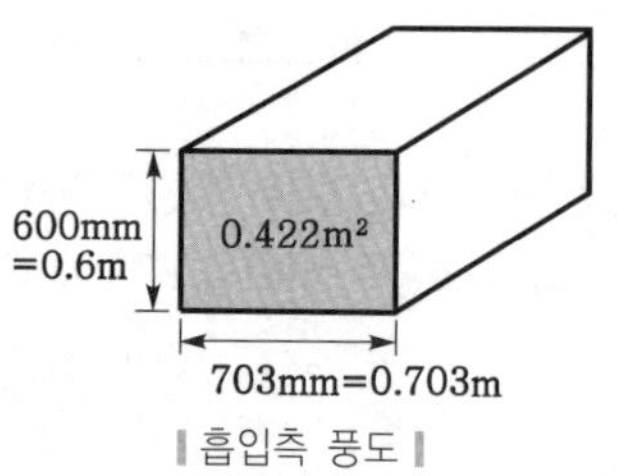

‖흡입측 풍도‖

아하! 그렇구나 **제연설비의 풍속**(NFPC 501 9조, NFTC 501 2.6.2.2)

조 건	풍 속
• 배출기의 흡입측 풍속 →	15m/s 이하
• 배출기의 배출측 풍속 • 유입풍도 안의 풍속	20m/s 이하

☆☆☆

문제 11

어느 사무실(내화구조 적용)은 가로 20m, 세로 10m의 직사각형 구조로 되어 있으며, 내부에는 기둥이 없다. 이 사무실에 스프링클러헤드를 직사각형으로 배치하여 가로 및 세로 변의 최대 및 최소 개수를 구하고자 할 때 물음에 답하시오. (단, 반자 속에는 헤드를 설치하지 아니하며, 헤드 설치시 장애물은 모두 무시한다.) (12.11.문6, 08.11.문8)

득점	배점
	8

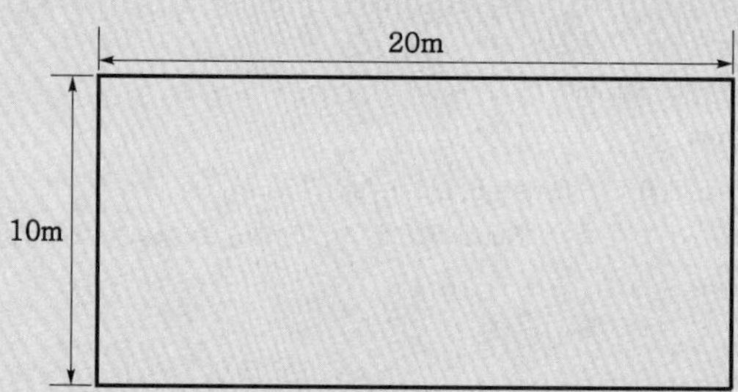

(가) 대각선의 헤드간격[m]을 구하시오.
- ○ 계산과정 :
- ○ 답 :

(나) 다음 표는 헤드의 배치수량을 나타낸다. 표 안의 빈칸을 완성하시오.

가로변 헤드수	5개	6개	7개	8개
세로변 헤드수	①	②	③	④
총 헤드수	⑤	⑥	⑦	⑧

(다) (나)에서 설치가능한 최소 헤드수를 선정하시오.
- ○

해답 (가) ○ 계산과정 : $2\times2.3=4.6\text{m}$
○ 답 : 4.6m

(나)

가로변의 헤드수	세로변의 헤드수	총 헤드수
5개	① $L=\frac{20}{5}$ $S=\sqrt{4\times2.3^2-\left(\frac{20}{5}\right)^2}=2.271\text{m}$ $\frac{10}{2.271}=4.4$ ≒ 5개	⑤ 5×5=25개
6개	② $L=\frac{20}{6}$ $S=\sqrt{4\times2.3^2-\left(\frac{20}{6}\right)^2}=3.169\text{m}$ $\frac{10}{3.169}=3.15$ ≒ 4개	⑥ 6×4=24개
7개	③ $L=\frac{20}{7}$ $S=\sqrt{4\times2.3^2-\left(\frac{20}{7}\right)^2}=3.605\text{m}$ $\frac{10}{3.605}=2.7$ ≒ 3개	⑦ 7×3=21개
8개	④ $L=\frac{20}{8}$ $S=\sqrt{4\times2.3^2-\left(\frac{20}{8}\right)^2}=3.861\text{m}$ $\frac{10}{3.861}=2.5$ ≒ 3개	⑧ 8×3=24개

(다) 21개

해설 **수평헤드 간격**

$$S=\sqrt{4R^2-L^2},\ L=2R\cos\theta,\ S'=2R$$

여기서, S : 수평헤드간격〔m〕
R : 수평거리〔m〕
L : 배관간격 또는 수평헤드간격〔m〕
S' : 대각선 헤드간격〔m〕

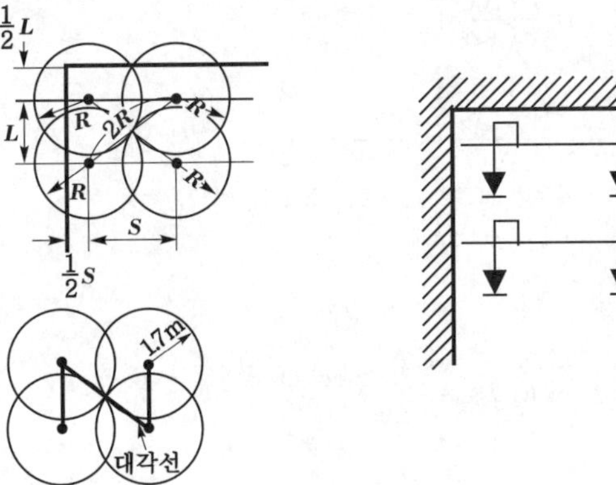

‖ 장방형(직사각형) ‖

‖ 스프링클러헤드의 배치기준 ‖

설치장소	설치기준(R)
무대부 · 특수가연물(창고 포함)	수평거리 **1.7m** 이하
기타구조(창고 포함)	수평거리 **2.1m** 이하
내화구조(창고 포함) ──→	수평거리 **2.3m** 이하
공동주택(아파트) 세대 내	수평거리 **2.6m** 이하

(가) 대각선 헤드간격 S'는

$S'=2R=2\times2.3\text{m}=4.6\text{m}$

(나) ① 가로변 헤드수 **5개**

$$L=2R\cos\theta,\ L=\frac{\text{가로길이}}{\text{가로변 헤드수}}$$

$L=\dfrac{\text{가로길이}}{\text{가로변 헤드수}}=\dfrac{20\text{m}}{5\text{개}}$

$S=\sqrt{4R^2-L^2}$

$=\sqrt{4\times(2.3\text{m})^2-\left(\dfrac{20\text{m}}{5\text{개}}\right)^2}$

$=2.271\text{m}$

세로변 헤드수$=\dfrac{\text{세로길이}}{S}=\dfrac{10\text{m}}{2.271\text{m}}=4.4\fallingdotseq5$개(절상)

⑤ 총 헤드수=가로변 헤드수×세로변 헤드수

=5개×5개=**25개**

② 가로변 헤드수 **6개**

$$L=2R\cos\theta,\ L=\frac{\text{가로길이}}{\text{가로변 헤드수}}$$

$L=\dfrac{\text{가로길이}}{\text{가로변 헤드수}}=\dfrac{20\text{m}}{6\text{개}}$

$S=\sqrt{4R^2-L^2}$

$=\sqrt{4\times(2.3\text{m})^2-\left(\dfrac{20\text{m}}{6\text{개}}\right)^2}$

$=3.169\text{m}$

세로변 헤드수$=\dfrac{\text{세로길이}}{S}=\dfrac{10\text{m}}{3.169\text{m}}=3.15\fallingdotseq4$개(절상)

⑥ 총 헤드수=가로변 헤드수×세로변 헤드수

=6개×4개=**24개**

③ 가로변 헤드수 **7개**

$$L=2R\cos\theta,\ L=\frac{\text{가로길이}}{\text{가로변 헤드수}}$$

$L = \frac{\text{가로길이}}{\text{가로변 헤드수}} = \frac{20\text{m}}{7\text{개}}$

$S = \sqrt{4R^2 - L^2}$

$= \sqrt{4 \times (2.3\text{m})^2 - \left(\frac{20\text{m}}{7\text{개}}\right)^2}$

$= 3.605\text{m}$

세로변 헤드수 $= \frac{\text{세로길이}}{S} = \frac{10\text{m}}{3.605\text{m}} = 2.7 \fallingdotseq 3\text{개}$(절상)

⑦ 총 헤드수=가로변 헤드수×세로변 헤드수
=7개×3개=**21개**

④ 가로변 헤드수 **8개**

$$L = 2R\cos\theta,\ L = \frac{\text{가로길이}}{\text{가로변 헤드수}}$$

$L = \frac{\text{가로길이}}{\text{가로변 헤드수}} = \frac{20\text{m}}{8\text{개}}$

$S = \sqrt{4R^2 - L^2}$

$= \sqrt{4 \times (2.3\text{m})^2 - \left(\frac{20\text{m}}{8\text{개}}\right)^2}$

$= 3.861\text{m}$

세로변 헤드수 $= \frac{\text{세로길이}}{S} = \frac{10\text{m}}{3.861\text{m}} = 2.5 \fallingdotseq 3\text{개}$(절상)

⑧ 총 헤드수=가로변 헤드수×세로변 헤드수
=8개×3개=**24개**

가로변의 헤드수	5개	6개	7개	8개
세로변의 헤드수	5개	4개	3개	3개
총 헤드수	5개×5개=25개	6개×4개=24개	7개×3개=21개	8개×3개=24개

(다) 위 표에서 총 헤드수가 가장 작은 **21개** 선정

☆☆☆

문제 12

에탄(ethane)을 저장하는 창고에 이산화탄소 소화설비를 설치하려고 할 때 다음 물음에 답하시오.

득점	배점
	18

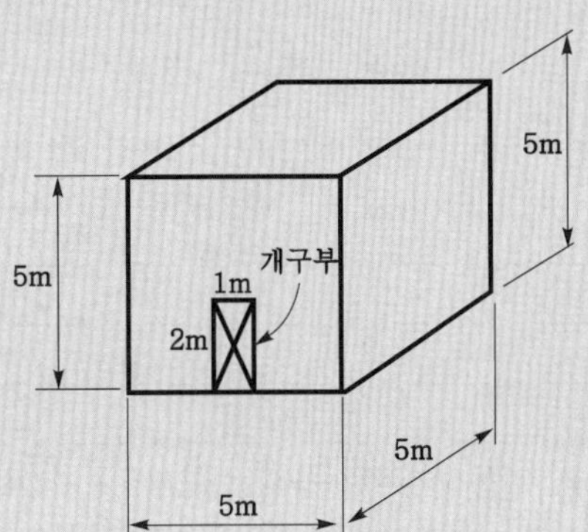

〔조건〕

① 소화설비의 방식 : 전역방출방식(고압식)

② 저장창고의 규모 : 5m×5m×5m

③ 에탄소화에 필요한 이산화탄소의 설계농도 : 40%

④ 저장창고의 개구부 크기와 개수

- 2m×1m×1개소

⑤ 표면화재의 전역방출방식에서 방호구역의 체적당 이산화탄소의 약제량

방호구역 체적	방호구역의 체적 $1m^3$에 대한 소화약제의 양	소화약제 저장량의 최저 한도의 양
$45m^3$ 미만	1.00kg	45kg
$45m^3$ 이상 $150m^3$ 미만	0.90kg	
$150m^3$ 이상 $1450m^3$ 미만	0.80kg	135kg
$1450m^3$ 이상	0.75kg	1125kg

⑥ 설계농도에 대한 보정계수표

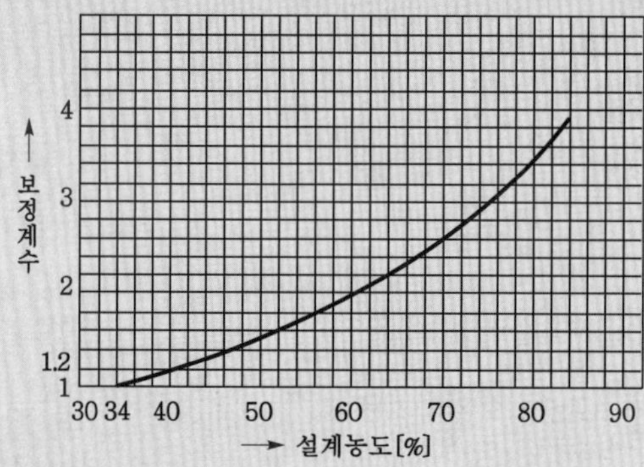

⑦ 저장용기의 충전비는 1.9이며, 내용적은 68L를 기준으로 한다.

(가) 필요한 이산화탄소 약제의 양[kg]을 계산하시오.

○ 계산과정 :

○ 답 :

(나) 방호구역 내에 이산화탄소가 설계농도로 유지될 때의 산소의 농도는 얼마인가?

○ 계산과정 :

○ 답 :

(다) 이산화탄소의 저장용기수를 구하시오.

○ 계산과정 :

○ 답 :

(라) 상기 조건에서 빈칸을 채우시오.

분사헤드의 방사압력	(①) 이상
이산화탄소의 방사시간	(②) 이내
저장용기의 저장압력	(③)
저장용기실의 온도	(④)
강관의 종류(배관)	(⑤)

(마) 이산화탄소설비의 자동식 기동장치에 사용되는 화재감지기회로(일반감지기를 사용할 경우)는 어떤 방식이어야 하는지 그 방식의 이름과 내용을 설명하시오.

○ 이름 :

○ 내용 :

해답 (가) ○ 계산과정 : $5 \times 5 \times 5 = 125\text{m}^3$

$2 \times 1 \times 1 = 2\text{m}^2$

$125 \times 0.9 \times 1.2 + 2 \times 5 = 145\text{kg}$

○ 답 : 145kg

(나) ○ 계산과정 : $21 - \dfrac{21 \times 40}{100} = 12.6\%$

○ 답 : 12.6%

(다) ○ 계산과정 : $G = \dfrac{68}{1.9} = 35.789\text{kg}$

$\text{저장용기수} = \dfrac{145}{35.789} = 4.05 ≒ 5\text{병}$

○ 답 : 5병

(라) ① 2.1MPa ② 1분 ③ 5.3MPa 또는 6MPa
④ 40℃ 이하 ⑤ 압력배관용 탄소강관 중 스케줄 80 이상

(마) ○ 이름 : 교차회로방식
○ 내용 : 하나의 담당구역 내에 2 이상의 감지기회로를 설치하고 2 이상의 감지기회로가 동시에 감지되는 때에 작동하는 방식

해설 (가) 방호구역체적 $= 5\text{m} \times 5\text{m} \times 5\text{m} = 125\text{m}^3$
개구부면적 $= 2\text{m} \times 1\text{m} \times 1\text{개소} = 2\text{m}^2$

> 이산화탄소 약제의 양(kg)
> =**방**호구역체적(m³)×**약**제량(kg/m³)×**보**정계수+**개**구부면적(m²)×개구부가**산**량(kg/m²)

$= 125\text{m}^3 \times 0.9\text{kg/m}^3 \times 1.2 + 2\text{m}^2 \times 5\text{kg/m}^2$
$= 145\text{kg}$

기억법 **방약보개산**

- 약제량은 방호구역체적이 125m³이므로 〔조건 ⑤〕에서 **0.90kg**
- 보정계수는 〔조건 ③〕에서 설계농도가 40%이므로 〔조건 ⑥〕에서 **1.2**

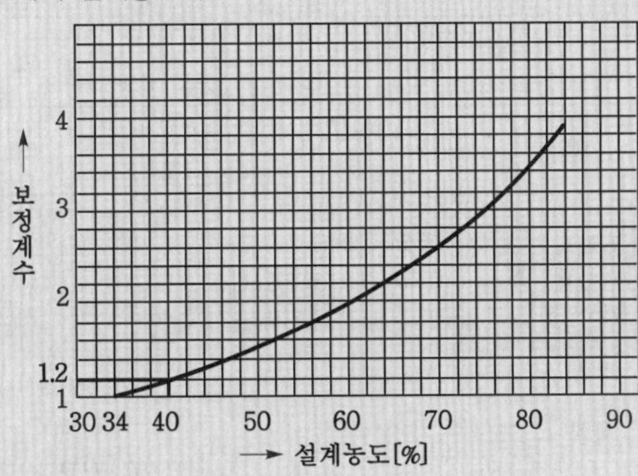

- 자동폐쇄장치 설치유무를 알 수 없고 〔조건 ④〕에서 개구부 크기와 개수가 주어졌으므로 **개구부면적**과 **개구부가산량**을 **적용**하는게 바람직하다.
- 개구부가산량은 〔조건 ⑤〕에서 표면화재이므로 **5kg/m²**(심부화재는 10kg/m²)

(나)

$$CO_2[\%] = \frac{21 - O_2[\%]}{21} \times 100$$ 에서

$$21 \times CO_2 = (21 - O_2) \times 100$$

$$\frac{21 \times CO_2}{100} = 21 - O_2$$

$$O_2 = 21 - \frac{21 \times CO_2}{100}$$

산소의 **농도** O_2[%]는

$$O_2 = 21 - \frac{21 \times CO_2}{100} = 21 - \frac{21 \times 40}{100} = 12.6\%$$

• [조건 ③]에서 CO_2[%]는 40%

(다)

$$C = \frac{V}{G}$$

여기서, C : 충전비[L/kg]
V : 내용적[L]
G : 약제중량[kg]

1병당 약제중량 G는

$$G = \frac{V}{C} = \frac{68L}{1.9L/kg} = 35.789kg$$

• V(68L) : [조건 ⑦]에서 주어진 값
• C(1.9) : [조건 ⑦]에서 주어진 값

$$저장용기수 = \frac{약제의\ 양}{1병당\ 약제중량} = \frac{145kg}{35.789kg} = 4.05 ≒ 5병$$

• 저장용기수는 소수발생시 반드시 **절상**

(라) ① CO_2 분사헤드의 방사압력 ┬ 고압식 : **2.1MPa** 이상
└ 저압식 : **1.05MPa** 이상

• [조건 ①]에서 고압식이므로 **2.1MPa** 이상이다.

② 약제방사시간

소화설비		전역방출방식		국소방출방식	
		일반건축물	위험물 제조소	일반건축물	위험물 제조소
할론소화설비		10초 이내	30초 이내	10초 이내	30초 이내
분말소화설비		30초 이내		30초 이내	
CO_2 소화설비	표면화재	1분 이내	60초 이내		
	심부화재	7분 이내			

• **표면화재** : 가연성 액체 · 가연성 가스
• **심부화재** : 종이 · 목재 · 석탄 · 섬유류 · 합성수지류
• [조건 ⑤]에서 표면화재(전역방출방식)이고 에탄은 위험물이 아니므로 **1분** 이내이다.

③ CO_2 소화설비의 저장용기 저장압력 ┬ 고압식 ┬ **5.3MPa**(KFS 1023 2.2.2)
│ └ **6MPa**(NFSC 106 해설서, 소방청 발행)
└ 저압식 : **2.1MPa**(NFTC 106 2.1.2.4)

• [조건 ①]에서 **고압식**이므로 **15℃**에서는 **5.3MPa**(KFS 1023 2.2.2), **20℃**에서는 **6MPa**(NFSC 106 해설서, 소방청 발행)이 된다. 온도가 주어지지 않았으므로 **5.3MPa**, **6MPa** 모두 정답!

④ 저장용기실의 온도는 모든 설비가 **40℃ 이하**를 유지하여야 한다.

⑤ 이산화탄소 소화설비의 배관
㉠ 강관 ┬ 고압식 : 압력배관용 탄소강관 스케줄 **80**(호칭구경 20mm 이하 스케줄 40) 이상
└ 저압식 : 압력배관용 탄소강관 스케줄 **40** 이상
㉡ 동관 ┬ 고압식 : **16.5MPa** 이상
└ 저압식 : **3.75MPa** 이상

(마) **교차회로방식**
① **정의** : 하나의 담당구역 내에 2 이상의 감지기회로를 설치하고 2 이상의 감지기회로가 동시에 감지되는 때에 설비가 작동하는 방식
② **목적** : 감지기회로의 오동작 방지

③ **적용설비** ── **분**말소화설비
- **할**론소화설비
- **이**산화탄소 소화설비
- 스프링클러설비(**준**비작동식)
- 스프링클러설비(**일**제살수식)
- **할**로겐화합물 및 불활성기체 소화설비
- 스프링클러설비(**부**압식)

기억법 **분할이 준일할부**

☆

문제 13

연결송수관설비에 가압송수장치를 아파트에 설치하였다. 다음 각 물음에 답하시오. (19.11.문11, 11.7.문6)

득점	배점
	5

(가) 가압송수장치를 설치하는 최소 높이[m]와 가압송수장치를 설치하는 이유를 쓰시오.
○ 최소 높이 :
○ 설치이유 :

(나) 계단식 아파트가 아닌 곳에 설치하는 방수구가 6개일 때 펌프의 토출량[m^3/min]을 구하시오.
○ 계산과정 :
○ 답 :

(다) 계단식 아파트에 설치하는 방수구가 2개일 때 펌프의 토출량[m^3/min]을 쓰시오.
○

(라) 가압송수장치의 흡입측에 연성계 또는 진공계를 설치하지 아니할 수 있는 경우 2가지를 쓰시오.
○
○

(마) 최상층에 설치된 노즐선단의 방수압력[MPa]을 쓰시오.
○

(바) 11층 이상 건축물의 방수구를 단구형으로도 설치할 수 있는 경우 2가지를 쓰시오.
○
○

해답 (가) ○ 최소 높이 : 70m
○ 설치이유 : 소방차에서 공급되는 수압만으로 규정 방수압력을 유지하기 어려우므로

(나) ○ 계산과정 : $2400+(5-3)\times 800=4000\text{L/min}=4\text{m}^3/\text{min}$
○ 답 : $4m^3$/min

(다) $1.2m^3$/min

(라) ① 수원의 수위가 펌프의 위치보다 높은 경우
② 수직회전축 펌프의 경우

(마) 0.35MPa

(바) ① 아파트의 용도로 사용되는 층
② 스프링클러설비가 유효하게 설치되어 있고 방수구가 2개소 이상 설치된 층

해설 (가) 연결송수관설비는 지표면에서 최상층 방수구의 높이 **70m 이상**인 건물인 경우 소방차에서 공급되는 수압만으로는 규정 방수압력(**0.35MPa**)을 유지하기 어려우므로 추가로 **가압송수장치**를 설치하여야 한다. 그러므로 가압송수장치를 설치하는 최소 높이는 **70m**이다.

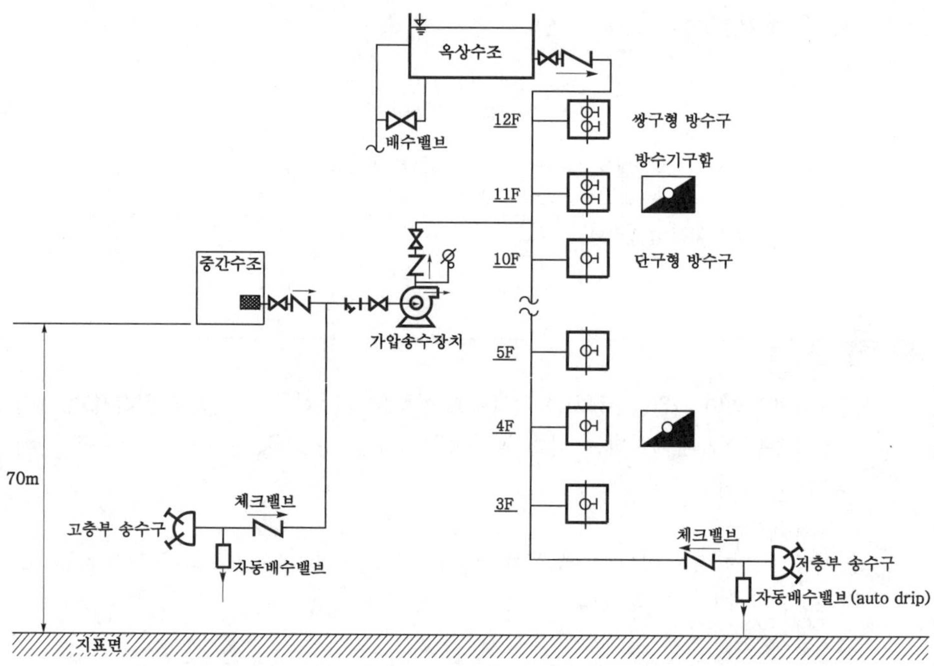

‖ 고층건물의 연결송수관설비의 계통도 ‖

(나) **연결송수관설비**의 **펌프토출량**(NFPC 502 8조, NFTC 502 2.5.1.10)
펌프의 토출량 **2400L/min**(계단식 아파트는 **1200L/min**) 이상이 되는 것으로 할 것(단, 해당층에 설치된 방수구가 3개 초과(방수구가 5개 이상은 5개)인 경우에는 1개마다 **800L/min**(계단식 아파트는 **400L/min**)을 가산한 양)

중요

연결송수관설비의 **펌프토출량**

일반적인 경우(계단식 아파트가 아닌 경우)	계단식 아파트
① 방수구 **3개** 이하 $Q=2400$L/min 이상	① 방수구 **3개** 이하 $Q=1200$L/min 이상
② 방수구 **4개** 이상 $Q=2400+(N-3)\times 800$	② 방수구 **4개** 이상 $Q=1200+(N-3)\times 400$

여기서, Q : 펌프토출량[L/min]
N : 가장 많은 층의 방수구개수(**최대 5개**)

- **방수구** : 가압수가 나오는 구멍

$Q=2400+(5-3)\times 800=4000\text{L/min}=4\text{m}^3/\text{min}$

- 5 : (나)에서 방수구 **6개**로 주어졌지만 최대 **5개** 적용
- 1000L=1m^{3}이므로 4000L/min=4m^3/min

(다) 계단식 아파트로서 방수구 3개 이하이므로 $Q=1200\text{L/min}=1.2\text{m}^3/\text{min}$

(라) **연결송수관설비**의 **화재안전기준**(NFPC 502 8조 4호, NFTC 502 2.5.1.4)

4. 펌프의 **토출측**에는 **압력계**를 체크밸브 이전에 펌프토출측 플랜지에서 가까운 곳에 설치하고, **흡입측**에는 **연성계** 또는 **진공계**를 설치할 것(단, ① 수원의 수위가 펌프의 위치보다 높거나 ② **수직회전축 펌프**의 경우에는 연성계 또는 진공계를 설치하지 않을 수 있다.)

(마) **각 설비**의 **주요사항**

구 분	드렌처설비	스프링클러 설비	소화용수설비	옥내소화전 설비	옥외소화전 설비	포소화설비, 물분무소화설비, 연결송수관설비
방수압	0.1MPa 이상	0.1~1.2MPa 이하	0.15MPa 이상	0.17~0.7MPa 이하	0.25~0.7MPa 이하	0.35MPa 이상
방수량	80L/min 이상	80L/min 이상	800L/min 이상 (가압송수장치 설치)	130L/min 이상 (30층 미만 : 최대 2개, 30층 이상 : 최대 5개)	350L/min 이상 (최대 2개)	75L/min 이상 (포워터 스프링클러헤드)
방수구경	–	–	–	40mm	65mm	–
노즐구경	–	–	–	13mm	19mm	–

(바) **연결송수관설비**의 **화재안전기준**(NFPC 502 6조 3호, NFTC 502 2.3.1.3)

3. **11층 이상**의 부분에 설치하는 방수구는 **쌍구형**으로 할 것(단, 다음의 어느 하나에 해당하는 층에는 **단구형**으로 설치할 수 있다.)
가. **아파트**의 용도로 사용되는 층
나. **스프링클러설비**가 유효하게 설치되어 있고 방수구가 **2개소 이상** 설치된 층

☆☆☆

문제 14

위험물을 저장하는 가로 5m×세로 6m×높이 4m의 저장용기에 국소방출방식으로 제4종 분말소화설비를 설치하려고 한다. 필요한 소화약제의 양[kg]을 구하시오.

[조건]

득점	배점
	5

① 소화약제량을 산출하기 위한 X 및 Y의 값은 다음 표에 따른다.

소화약제의 종별	X	Y
제1종	5.2	3.9
제2종, 제3종	3.2	2.4
제4종	2.0	1.5

② 방호대상물의 벽 주위에는 동일한 크기의 벽이 설치되어 있으며, 바닥면적을 제외하고 4면을 기준으로 계산한다.

○계산과정 :
○답 :

해답 ○계산과정 : $V = 5\times6\times4.6 = 138\text{m}^3$

$a = (5\times4\times2) + (6\times4\times2) = 88\text{m}^2$

$A = (5\times4.6\times2) + (6\times4.6\times2) = 101.2\text{m}^2$

$Q = 138\times\left(2 - 1.5\times\frac{88}{101.2}\right)\times1.1 = 105.6\text{kg}$

○답 : 105.6kg

해설 (1) **방호공간** : 방호대상물의 각 부분으로부터 **0.6m**의 거리에 의하여 둘러싸인 공간

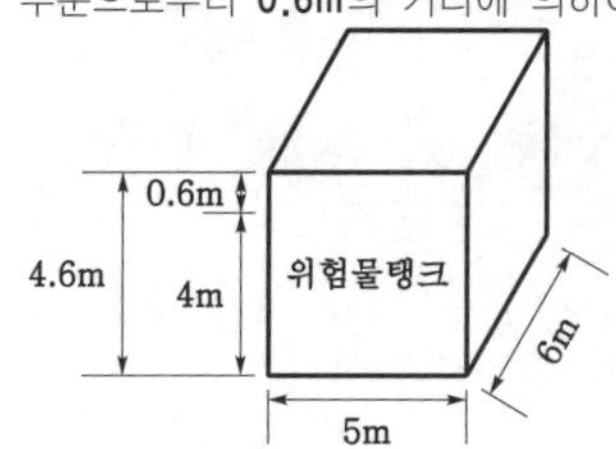

방호공간체적 $V = 5\text{m} \times 6\text{m} \times 4.6\text{m} = 138\text{m}^3$

• [조건 ②]에서 **방호대상물 주위**에 **벽**이 설치되어 있으므로 방호공간체적 산정시 **가로**와 **세로** 부분은 늘어나지 않고 위쪽만 0.6m 늘어남을 기억하라.

비교

만약 '**방호대상물 주위에 벽**'이 없거나 '**벽**'에 대한 조건이 없다면 다음과 같이 계산해야 한다.

방호공간체적 $= 6.2\text{m} \times 7.2\text{m} \times 4.6\text{m} = 205.344\text{m}^3$

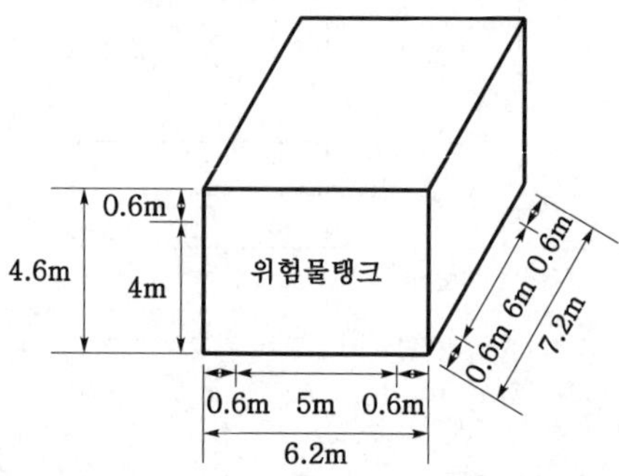

방호공간체적 산정시 **가로**와 **세로** 부분은 각각 좌우 0.6m씩 늘어나지만 **높이**는 **위쪽**만 0.6m 늘어난다.

(2) **국소방출방식 분말소화약제 저장량**(NFPC 108 6조, NFTC 108 2.3.2.2)

$$Q = V\left(X - Y\frac{a}{A}\right) \times 1.1$$

여기서, Q : 방호공간에 대한 분말소화약제의 양[kg]

V : 방호공간체적[m^3]

a : 방호대상물의 주변에 설치된 벽면적의 합계[m^2]

A : 방호공간의 벽면적의 합계[m^2]

X, Y : 다음 표의 수치

약제종별	X의 수치	Y의 수치
제1종 분말	5.2	3.9
제2 · 3종 분말	3.2	2.4
제4종 분말 →	2.0	1.5

방호대상물 주위에 설치된 **벽면적**의 **합계** a는

$a = (\text{앞면} + \text{뒷면}) + (\text{좌면} + \text{우면})$

$= (5\text{m} \times 4\text{m} \times 2\text{면}) + (6\text{m} \times 4\text{m} \times 2\text{면})$

$= 88\text{m}^2$

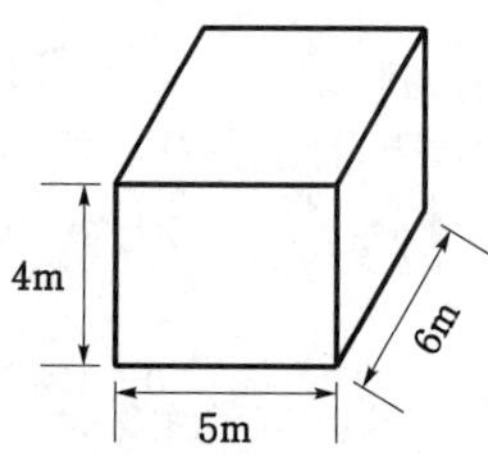

• **윗면 · 아랫면**은 적용하지 않는 것에 주의할 것!

방호공간의 **벽면적**의 **합계** A는

$A = (\text{앞면} + \text{뒷면}) + (\text{좌면} + \text{우면})$

$= (5\text{m} \times 4.6\text{m} \times 2\text{면}) + (6\text{m} \times 4.6\text{m} \times 2\text{면})$

$= 101.2\text{m}^2$

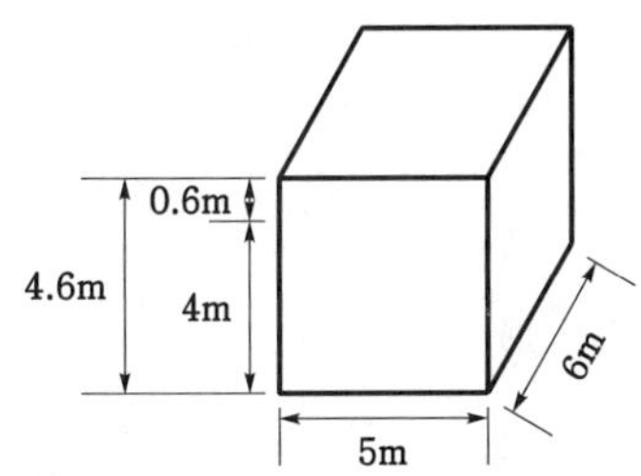

방호공간에 대한 **분말소화약제**의 **양** Q는

$$Q = V\left(X - Y\frac{a}{A}\right) \times 1.1$$

$$= 138\text{m}^3 \times \left(2 - 1.5 \times \frac{88\text{m}^2}{101.2\text{m}^2}\right) \times 1.1$$

= **105.6kg**

- **분말소화설비**(국소방출방식)는 이산화탄소소화설비와 달리 고압식·저압식 구분이 없으며, 모두 **1.1**을 곱한다. 혼동하지 말라!

☆☆
문제 15

모형펌프를 기준으로 원형펌프를 설계하고자 한다. 다음의 조건을 참조하여 원형펌프의 유량[m^3/s]과 축동력[MW]을 구하시오. (단, 모터펌프와 원형펌프는 상사법칙에 따른다.)

(17.4.문13, 16.4.문13, 12.7.문13, 07.11.문8)

모형펌프	원형펌프
직경 42cm, 양정 5.64m, 효율 89.3%, 축동력 16.5kW, 회전수 374rpm	직경 409cm, 양정 55m

득점	배점
	5

① 유량[m^3/s]
  ○ 계산과정 :
  ○ 답 :

② 축동력[MW]
  ○ 계산과정 :
  ○ 답 :

해답 ① 유량

○ 계산과정 : $Q_1 = \dfrac{16.5 \times 0.893}{0.163 \times 5.64} = 16.027\text{m}^3/\text{min} = 0.267\text{m}^3/\text{s}$

$$N_2 = \frac{\sqrt{55} \times 374 \times 42}{\sqrt{5.64} \times 409} = 119.933\text{rpm}$$

$$Q_2 = 0.267 \times \left(\frac{119.933}{374}\right)\left(\frac{409}{42}\right)^3 = 79.067 ≒ 79.07\text{m}^3/\text{s}$$

○ 답 : 79.07m^3/s

② 축동력

○ 계산과정 : $0.0165 \times \left(\dfrac{119.933}{374}\right)^3\left(\dfrac{409}{42}\right)^5 = 47.649 ≒ 47.65\text{MW}$

○ 답 : 47.65MW

해설 (1) **기호**

- D_1 : 42cm
- H_1 : 5.64m
- η : 89.3%=0.893
- P_1 : 16.5kW
- N_1 : 374rpm
- D_2 : 409cm
- H_2 : 55m
- Q_2 : ?
- P_2 : ?

(2) **축동력**

$$P = \frac{0.163QH}{\eta}$$

여기서, P : 전동력〔kW〕
Q : 유량〔m^3/min〕
H : 전양정〔m〕
η : 효율

$$P = \frac{0.163QH}{\eta}$$

$$P\eta = 0.163QH$$

$$\frac{P\eta}{0.163H} = Q$$

모형펌프의 **유량** Q_1은

$$Q_1 = \frac{P\eta}{0.163H} = \frac{16.5\text{kW} \times 0.893}{0.163 \times 5.64\text{m}} = 16.027\text{m}^3/\text{min} = 16.027\text{m}^3/60\text{s} = 0.267\text{m}^3/\text{s}$$

(3) 변경 후 양정

$$H_2 = H_1\left(\frac{N_2}{N_1}\right)^2\left(\frac{D_2}{D_1}\right)^2$$

$$\sqrt{H_2} = \sqrt{H_1\left(\frac{N_2}{N_1}\right)^2\left(\frac{D_2}{D_1}\right)^2}$$

$$\sqrt{H_2} = \sqrt{H_1}\left(\frac{N_2}{N_1}\right)\left(\frac{D_2}{D_1}\right)$$

$$\frac{\sqrt{H_2}\,N_1 D_1}{\sqrt{H_1}\,D_2} = N_2$$

변경 후 회전수 N_2는

$$N_2 = \frac{\sqrt{H_2}\,N_1 D_1}{\sqrt{H_1}\,D_2} = \frac{\sqrt{55\text{m}} \times 374\text{rpm} \times 42\text{cm}}{\sqrt{5.64\text{m}} \times 409\text{cm}} = 119.933\text{rpm}$$

(4) 변경 후 유량

$$Q_2 = Q_1\left(\frac{N_2}{N_1}\right)\left(\frac{D_2}{D_1}\right)^3 = 0.267\text{m}^3/\text{s} \times \left(\frac{119.933\text{rpm}}{374\text{rpm}}\right) \times \left(\frac{409\text{cm}}{42\text{cm}}\right)^3 = 79.067 \fallingdotseq 79.07\text{m}^3/\text{s}$$

(5) 변경 후 축동력

$$P_2 = P_1\left(\frac{N_2}{N_1}\right)^3\left(\frac{D_2}{D_1}\right)^5 = 0.0165\text{MW} \times \left(\frac{119.933\text{rpm}}{374\text{rpm}}\right)^3 \times \left(\frac{409\text{cm}}{42\text{cm}}\right)^5 = 47.649 \fallingdotseq 47.65\text{MW}$$

- P_1 : 16.5kW = 0.0165MW(1kW = 10^3W, 1MW = 10^6W)
- **상사**(相似)의 **법칙** : 기원이 서로 다른 구조들의 **외관** 및 **기능**이 **유사**한 현상

중요

유량, 양정, 축동력

유 량	양 정	축동력
회전수에 비례하고 **직경**(관경)의 세제곱에 비례한다. $Q_2 = Q_1\left(\frac{N_2}{N_1}\right)\left(\frac{D_2}{D_1}\right)^3$ 또는 $Q_2 = Q_1\left(\frac{N_2}{N_1}\right)$	회전수의 제곱 및 **직경**(관경)의 제곱에 비례한다. $H_2 = H_1\left(\frac{N_2}{N_1}\right)^2\left(\frac{D_2}{D_1}\right)^2$ 또는 $H_2 = H_1\left(\frac{N_2}{N_1}\right)^2$	회전수의 세제곱 및 **직경**(관경)의 오제곱에 비례한다. $P_2 = P_1\left(\frac{N_2}{N_1}\right)^3\left(\frac{D_2}{D_1}\right)^5$ 또는 $P_2 = P_1\left(\frac{N_2}{N_1}\right)^3$
여기서, Q_2 : 변경 후 유량〔L/min〕 Q_1 : 변경 전 유량〔L/min〕 N_2 : 변경 후 회전수〔rpm〕 N_1 : 변경 전 회전수〔rpm〕 D_2 : 변경 후 직경(관경)〔mm〕 D_1 : 변경 전 직경(관경)〔mm〕	여기서, H_2 : 변경 후 양정〔m〕 H_1 : 변경 전 양정〔m〕 N_2 : 변경 후 회전수〔rpm〕 N_1 : 변경 전 회전수〔rpm〕 D_2 : 변경 후 직경(관경)〔mm〕 D_1 : 변경 전 직경(관경)〔mm〕	여기서, P_2 : 변경 후 축동력〔kW〕 P_1 : 변경 전 축동력〔kW〕 N_2 : 변경 후 회전수〔rpm〕 N_1 : 변경 전 회전수〔rpm〕 D_2 : 변경 후 직경(관경)〔mm〕 D_1 : 변경 전 직경(관경)〔mm〕

☆☆

문제 16

그림 및 조건을 참조하여 노즐에서의 유속〔m/s〕을 계산하시오.

득점	배점
	6

〔조건〕

① 배관의 내경은 60mm이다.
② 노즐의 내경은 20mm이다.
③ 배관에서 마찰손실계수는 0.0235로 한다.
④ 노즐의 마찰손실은 무시한다.

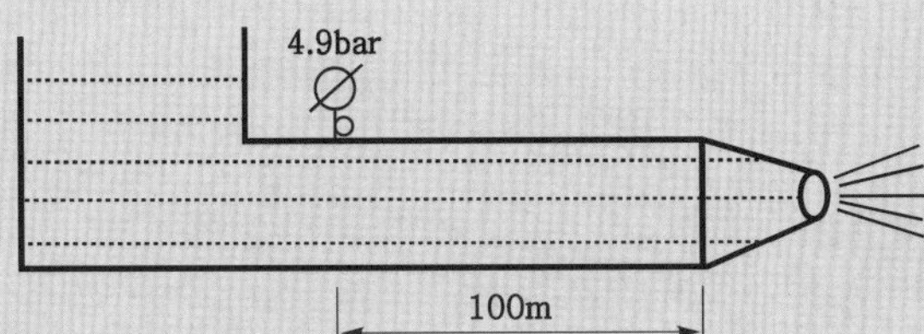

○ 계산과정 :
○ 답 :

○ 계산과정 : $\frac{4.9}{1.013} \times 101.325 = 490.12\text{kN/m}^2$

$$\frac{\pi \times 0.06^2}{4} \times V_1 = \frac{\pi \times 0.02^2}{4} \times V_2$$

$$V_2 = 9V_1$$

$$H = \frac{0.0235 \times 100 \times {V_1}^2}{2 \times 9.8 \times 0.06} = 1.998\,{V_1}^2$$

$$\frac{{V_1}^2}{2 \times 9.8} + \frac{490.12}{9.8} + 0 = \frac{(9V_1)^2}{2 \times 9.8} + 0 + 0 + 1.998\,{V_1}^2$$

$$6.079\,V_1^{\ 2} = 50.012$$

$$V_1 = \sqrt{\frac{50.012}{6.079}} = 2.868\text{m/s}$$

$$V_2 = 9 \times 2.868 = 25.812 ≒ 25.81\text{m/s}$$

○ 답 : 25.81m/s

해설 (1) **기호**

- D_1 : 60mm=0.06m(1000mm=1m)
- D_2 : 20mm=0.02m
- f : 0.0235
- P_1 : 4.9bar
- 표준대기압

1atm=760mmHg=1.0332kg$_f$/cm^2
=10.332mH$_2$O(mAq)=10.332m
=14.7PSI(lb$_f$/in^2)
=101.325kPa(kN/m^2)
=1013mbar

$$4.9\text{bar} = \frac{4.9\text{bar}}{1.013\text{bar}} \times 101.325\text{kN/m}^2 = 490.12\text{kN/m}^2$$

- L : 100m
- V : ?

(2) **유량**

$$Q = A_1 V_1 = A_2 V_2$$

여기서, Q : 유량[m^3/s]
A_1, A_2 : 단면적[m^2]
V_1, V_2 : 유속[m/s]

$$Q = A_1 V_1 = A_2 V_2$$ 에서

$$A_1 V_1 = A_2 V_2$$

$$\left(\frac{\pi D_1^{\ 2}}{4}\right) V_1 = \left(\frac{\pi D_2^{\ 2}}{4}\right) V_2$$

$$\left(\frac{\cancel{\pi} \times 0.06^2}{\cancel{4}}\right)\text{m}^2 \times V_1 = \left(\frac{\cancel{\pi} \times 0.02^2}{\cancel{4}}\right)\text{m}^2 \times V_2$$

$$0.06^2\,V_1 = 0.02^2\,V_2$$

$$0.02^2\,V_2 = 0.06^2\,V_1$$

$$V_2 = \frac{0.06^2}{0.02^2}\,V_1 = 9\,V_1$$

$$\therefore\ V_2 = 9\,V_1$$

(3) **달시-웨버**의 **식**

$$H = \frac{\Delta P}{\gamma} = \frac{f L V^2}{2gD}$$

여기서, H : 마찰손실(손실수두)[m]
ΔP : 압력차[Pa] 또는 [N/m^2]
γ : 비중량(물의 비중량 9800N/m^3)
f : 관마찰계수
L : 길이[m]
V : 유속[m/s]
g : 중력가속도(9.8m/s^2)
D : 내경[m]

배관의 **마찰손실** H는

$$H=\frac{fLV_1^{\ 2}}{2gD_1}=\frac{0.0235\times100\,\text{m}\times V_1^{\ 2}}{2\times9.8\,\text{m/s}^2\times0.06\,\text{m}}=1.998\,V_1^{\ 2}$$

(4) **베르누이 방정식(비압축성 유체)**

$$\frac{V_1^{\ 2}}{2g}+\frac{P_1}{\gamma}+Z_1=\frac{V_2^{\ 2}}{2g}+\frac{P_2}{\gamma}+Z_2+\Delta H$$

속도수두 압력수두 위치수두

여기서, V_1, V_2 : 유속[m/s]

P_1, P_2 : 압력[N/m²]

Z_1, Z_2 : 높이[m]

g : 중력가속도(9.8m/s²)

γ : 비중량(물의 비중량 9.8kN/m³)

ΔH : 손실수두[m]

$$\frac{V_1^{\ 2}}{2g}+\frac{P_1}{\gamma}+Z_1=\frac{V_2^{\ 2}}{2g}+\frac{P_2}{\gamma}+Z_2+\Delta H$$

$$\frac{V_1^{\ 2}}{2\times9.8\,\text{m/s}^2}+\frac{490.12\,\text{kN/m}^2}{9.8\,\text{kN/m}^3}+0\,\text{m}=\frac{(9\,V_1)^2}{2\times9.8\,\text{m/s}^2}+\frac{0}{9.8\,\text{kN/m}^3}+0\,\text{m}+1.998\,V_1^{\ 2}$$

• P_2

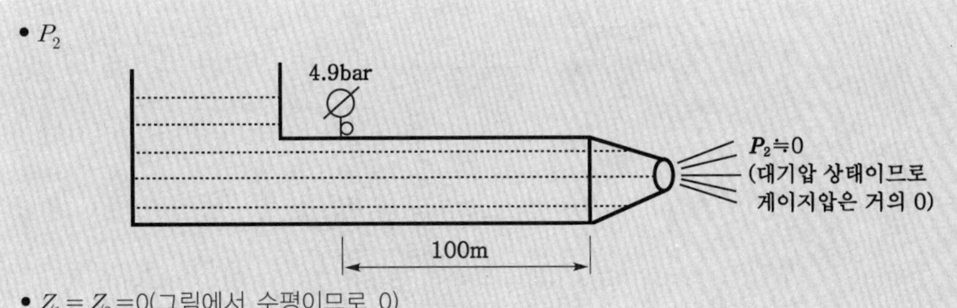

• $Z_1=Z_2=0$(그림에서 수평이므로 0)

$$\frac{V_1^{\ 2}}{2\times9.8\,\text{m/s}^2}+50.012\,\text{m}=\frac{81\,V_1^{\ 2}}{2\times9.8\,\text{m/s}^2}+1.998\,V_1^{\ 2}$$

$$50.012\,\text{m}=\frac{81\,V_1^{\ 2}}{2\times9.8\,\text{m/s}^2}+1.998\,V_1^{\ 2}-\frac{V_1^{\ 2}}{2\times9.8\,\text{m/s}^2}$$

$$50.012\,\text{m}=6.079\,V_1^{\ 2}$$

$$6.079\,V_1^{\ 2}=50.012\,\text{m}$$

$$V_1^{\ 2}=\frac{50.012}{6.079}$$

$$\sqrt{V_2^{\ 2}}=\sqrt{\frac{50.012}{6.079}}$$

$$\therefore\ V_1=\sqrt{\frac{50.012}{6.079}}=2.868\,\text{m/s}$$

노즐에서의 **유속** V_2는

$$V_2=9\,V_1=9\times2.868\,\text{m/s}=25.812\fallingdotseq25.81\,\text{m/s}$$

• 물의 **비중량**(γ)=9.8kN/m³

2020. 10. 17 시행

▌2020년 기사 제3회 필답형 실기시험▐			수험번호	성명	감독위원 확 인
자격종목 소방설비기사(기계분야)	시험시간 3시간	형별			

※ 다음 물음에 답을 해당 답란에 답하시오.(배점 : 100)

☆☆☆

문제 01

지하 2층, 지상 10층인 특정소방대상물이 다음과 같은 조건에서 스프링클러설비를 설치하고자 할 때 다음 각 물음에 답하시오.

(11.7.문14)

유사문제부터 풀어보세요.
실력이 팍!팍! 올라갑니다.

득점	배점
	10

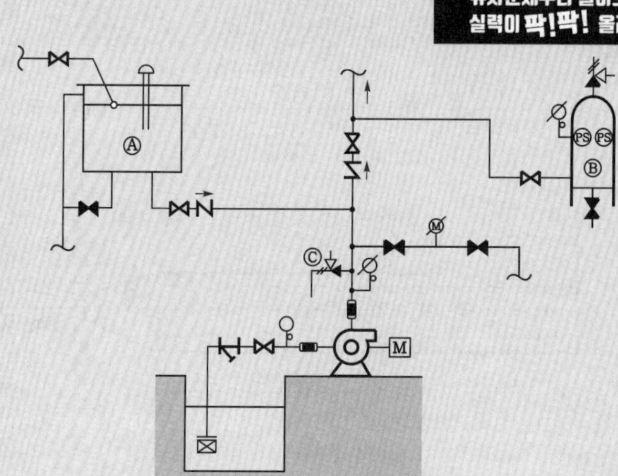

〔조건〕

① 특정소방대상물은 지하층은 주차장, 지상층은 사무실로 사용한다.

② 건축물은 내화구조이며 연면적 $20800m^2$이고, 층당 높이는 4m이다.

③ 특정소방대상물은 동결의 우려가 없으며, 스프링클러헤드는 층당 170개가 설치되어 있다.

④ 펌프의 효율은 65%이며, 전달계수는 1.1이다.

⑤ 실양정은 52m이고, 배관의 마찰손실은 실양정의 30%를 적용한다.

⑥ 스프링클러헤드의 방수압력은 0.1MPa이다.

(가) 스프링클러헤드의 설치간격[m]을 구하시오. (단, 헤드는 정방형으로 배치한다.)

○ 계산과정 :

○ 답 :

(나) 펌프의 전동기용량[kW]을 구하시오.

○ 계산과정 :

○ 답 :

(다) 수원의 저수량[m^3]을 구하시오. (단, 옥상수조가 필요하다고 판단되면 함께 포함하여 계산할 것)

○ 계산과정 :

○ 답 :

(라) 기호 Ⓐ의 명칭과 유효수량〔L〕을 쓰시오.
　○ 명칭 :
　○ 용량 :

(마) 기호 Ⓑ의 명칭과 그 역할을 쓰시오.
　○ 명칭 :
　○ 역할 :

(바) 기호 Ⓒ의 명칭과 작동압력범위를 쓰시오.
　○ 명칭 :
　○ 작동압력범위 :

(사) 기호 Ⓐ의 급수배관의 최소 구경〔mm〕을 쓰시오.
　○

해답 (가) ○ 계산과정 : $2\times2.3\times\cos45° = 3.252 \fallingdotseq 3.25\text{m}$
　○ 답 : 3.25m

(나) ○ 계산과정 : $Q = 10\times80 = 800\text{L/min} = 0.8\text{m}^3/\text{min}$

$H = (52\times0.3)+52+10 = 77.6\text{m}$

$P = \dfrac{0.163\times0.8\times77.6}{0.65}\times1.1 = 17.124 \fallingdotseq 17.12\text{kW}$

　○ 답 : 17.12kW

(다) ○ 계산과정 : $Q = 1.6\times10 = 16\text{m}^3$

$Q' = 1.6\times10\times\dfrac{1}{3} = 5.333\text{m}^3$

$\therefore\ 16+5.333 = 21.333 \fallingdotseq 21.33\text{m}^3$

　○ 답 : 21.33m^3

(라) ○ 명칭 : 물올림수조
　○ 용량 : 100L

(마) ○ 명칭 : 압력챔버
　○ 역할 : 수격 또는 순간압력변동 등으로부터 안정적으로 압력 검지

(바) ○ 명칭 : 릴리프밸브
　○ 작동압력범위 : 체절압력 미만

(사) 15mm

(가) ① 스프링클러헤드의 배치기준

설치장소	설치기준(R)
무대부 · 특수가연물(창고 포함)	수평거리 1.7m 이하
기타구조(창고 포함)	수평거리 2.1m 이하
내화구조(창고 포함) →	수평거리 **2.3m** 이하
공동주택(아파트) 세대 내	수평거리 2.6m 이하

② **정방형**(정사각형)

$$S = 2R\cos45°$$
$$L = S$$

여기서, S : 수평헤드간격〔m〕
　　R : 수평거리〔m〕
　　L : 배관간격〔m〕

수평헤드간격(헤드의 설치간격) S는

$S = 2R\cos45° = 2\times2.3\text{m}\times\cos45° = 3.252 \fallingdotseq 3.25\text{m}$

- [단서]에서 **정방형**배치이므로 $S=2R\cos 45°$ 적용
- R(2.3m) : [조건 ②]에서 **내화구조**이므로

(나) **펌프의 토출량**

<table>
<tr><th colspan="2">특정소방대상물</th><th>폐쇄형 헤드의 기준개수</th></tr>
<tr><td colspan="2">지하가 · 지하역사</td><td rowspan="4">30</td></tr>
<tr><td colspan="2">11층 이상</td></tr>
<tr><td rowspan="5">10층 이하</td><td>공장(특수가연물), 창고시설</td></tr>
<tr><td>판매시설(백화점 등), 복합건축물(판매시설이 설치된 것)</td></tr>
<tr><td>근린생활시설, 운수시설</td><td rowspan="2">20</td></tr>
<tr><td>8m 이상</td></tr>
<tr><td>8m 미만 →</td><td>10</td></tr>
<tr><td colspan="2">공동주택(아파트 등)</td><td>10(각 동이 주차장으로 연결된 주차장 : 30)</td></tr>
</table>

- 지상 10층으로서 10층 이하이고, [조건 ②]에서 층당 높이 4m로서 8m 미만이므로 폐쇄형 헤드의 기준개수는 **10개**

$$Q=N\times 80\text{L/min}$$

여기서, Q : 펌프의 토출량[m^3]
N : 폐쇄형 헤드의 기준개수(설치개수가 기준개수보다 적으면 그 설치개수)

펌프의 **토출량** Q는

$Q=N\times 80\text{L/min}=10\times 80\text{L/min}=800\text{L/min}=0.8\text{m}^3/\text{min}\,(1000\text{L}=1\text{m}^3)$

전양정

$$H=h_1+h_2+10$$

여기서, H : 전양정[m]
h_1 : 배관 및 관부속품의 마찰손실수두[m]
h_2 : 실양정(흡입양정+토출양정)[m]

- h_1(실양정×0.3=52m×0.3) : [조건 ⑤]에서 실양정의 30%이므로 **실양정×0.3**
- h_2(52m) : [조건 ⑤]에서 주어진 값

전양정 H는

$H=h_1+h_2+10=(52\text{m}\times 0.3)+52\text{m}+10=77.6\text{m}$

전동기용량

$$P=\frac{0.163QH}{\eta}K$$

여기서, P : 동력[kW]
Q : 유량[m^3/min]
H : 전양정[m]
η : 효율
K : 전달계수

펌프의 **동력** P는

$P=\frac{0.163QH}{\eta}K=\frac{0.163\times 0.8\text{m}^3/\text{min}\times 77.6\text{m}}{0.65}\times 1.1=17.124\fallingdotseq$ **17.12kW**

- Q(0.8m^3/min) : 바로 위에서 구한 값
- H(77.6m) : 바로 위에서 구한 값
- η(0.65) : [조건 ④]에서 65%=0.65
- K(1.1) : [조건 ④]에서 주어진 값

(다) **스프링클러설비의 수원의 저수량** (폐쇄형 헤드)

$Q=1.6N$(30층 미만)
$Q=3.2N$(30~49층 이하)
$Q=4.8N$(50층 이상)

여기서, Q : 수원의 저수량[m^3], N : 폐쇄형 헤드의 기준개수(설치개수가 기준개수보다 적으면 그 설치개수)

수원의 **저수량** Q는

$Q=1.6N=1.6\times10$개$=16m^3$

옥상수조의 저수량 (폐쇄형 헤드)

$$Q'=1.6N\times\frac{1}{3}\text{(30층 미만)}$$
$$Q'=3.2N\times\frac{1}{3}\text{(30~49층 이하)}$$
$$Q'=4.8N\times\frac{1}{3}\text{(50층 이상)}$$

여기서, Q' : 옥상수조의 저수량[m^3], N : 폐쇄형 헤드의 기준개수(설치개수가 기준개수보다 적으면 그 설치개수)

옥상수조의 **저수량** Q'는

$Q'=1.6N\times\frac{1}{3}=1.6\times10$개$\times\frac{1}{3}=5.333m^3$

$\therefore$ 총 수원의 양 $=Q+Q'=16m^3+5.333m^3=21.333\fallingdotseq21.33m^3$

- 옥상수조 설치 제외대상에 해당되지 않으므로 옥상수조 저수량도 적용
- [단서]에서 옥상수조가 필요하다고 판단되면 함께 포함하여 계산할 것이라는 조건은 옥상수조제외대상을 확인하여 설치여부를 판단하라는 뜻으로 해석할 수 있으므로 이때에는 옥상수조제외대상에 해당되지 않으면 옥상수조를 포함하여 계산하는 것이 옳다.

중요

유효수량의 $\frac{1}{3}$ **이상**을 **옥상**에 설치하지 않아도 되는 경우(30층 이상은 제외)

(1) **지하층**만 있는 건축물
(2) **고가수조**를 가압송수장치로 설치한 옥내소화전설비
(3) **수원**이 건축물의 최상층에 설치된 **방수구**보다 높은 위치에 설치된 경우
(4) **건**축물의 높이가 지표면으로부터 **10m** 이하인 경우
(5) **주펌프**와 동등 이상의 성능이 있는 별도의 펌프를 설치하고, **내연기관**의 기동에 따르거나 **비상전원**을 연결하여 설치한 경우
(6) **아파트 · 업무시설 · 학교 · 전시장 · 공장 · 창고시설** 또는 **종교시설** 등으로서 동결의 우려가 있는 장소
(7) **가압수조**를 가압송수장치로 설치한 옥내소화전설비

기억법 **지고수 건가옥**

(라), (사) **용량 및 구경**

구 분	설 명
급수배관 구경 →	**15mm** 이상
순환배관 구경	**20mm** 이상(정격토출량의 **2~3%** 용량)
물올림관 구경	**25mm** 이상(높이 **1m** 이상)
오버플로관 구경	**50mm** 이상
물올림수조 용량 →	**100L** 이상
압력챔버의 용량	**100L** 이상

- (라)의 답을 '**물올림장치**'라고 답하지 않도록 주의하라! 물올림장치라고 답하면 틀린다.
- 100L 이상이 정답이지만 '**이상**'까지는 안 써도 됨

(마) **기동용 수압개폐장치**

구 분	설 명
기동용 수압개폐장치	소화설비의 배관 내 **압력변동**을 **검지**하여 자동적으로 **펌프**를 **기동** 또는 **정지**시키는 **종류** : 압력챔버, 기동용 압력스위치
압력챔버 ⟶	수격 또는 순간압력변동 등으로부터 안정적으로 압력을 검지할 수 있도록 **동체**와 **경판**으로 구성된 **원통형 탱크**에 **압력스위치**를 부착한 기동용 수압개폐장치
기동용 압력스위치	수격 또는 순간압력변동 등으로부터 안정적으로 **압력**을 **검지**할 수 있도록 **부르돈관** 또는 **압력감지신호 제어장치** 등을 사용하는 기동용 수압개폐장치

- 기동용 수압개폐장치로 답하지 않도록 주의. '**압력챔버**'가 정답

(바)
- 릴리프밸브의 작동압력은 **체절압력 미만**으로 설정하여야 한다. 체절압력은 **정격토출압력**(정격압력)의 **140%** 이하이므로 릴리프밸브의 작동압력=정격토출압력×1.4
- 체절압력이라고만 쓰면 틀림. '**체절압력 미만**'이라고 써야 정답!

중요

릴리프밸브 vs **안전밸브**

구 분	릴리프밸브	안전밸브
정의	**수계 소화설비**에 사용되며 조작자가 작동압력을 임의로 조정할 수 있다.	**가스계 소화설비**에 사용되며 작동압력은 제조사에서 설정되어 생산되며 조작자가 작동압력을 임의로 조정할 수 없다.
적응유체	**액체**	**기체** 기억법 **기안(기안 올리기)**
개방형태	설정압력 초과시 **서서히 개방**	설정압력 초과시 **순간적**으로 완전 **개방**
작동압력 조정	조작자가 작동압력 **조정 가능**	조작자가 작동압력 **조정 불가**
구조	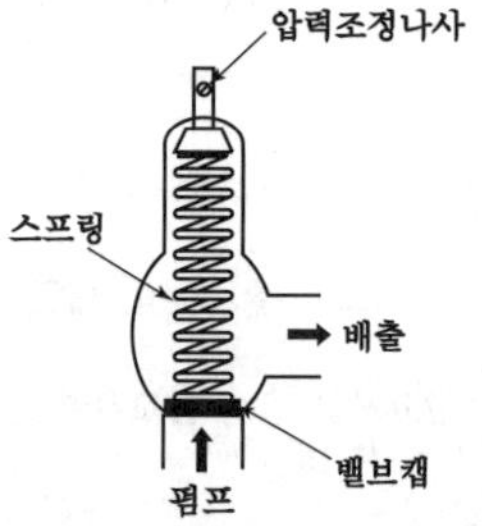 압력조정나사, 스프링, 배출, 펌프, 밸브캡	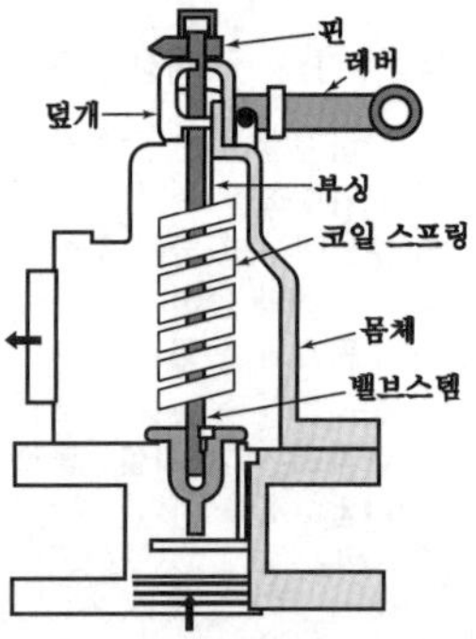 핀, 레버, 덮개, 부싱, 코일 스프링, 몸체, 밸브스템
설치 예	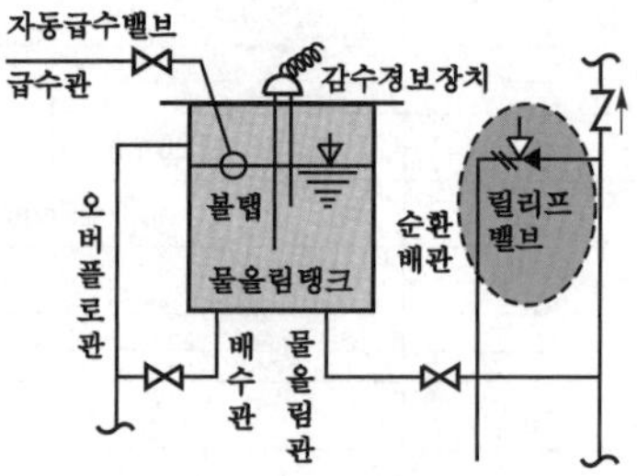 자동급수밸브, 급수관, 감수경보장치, 오버플로관, 볼탭, 물올림탱크, 순환배관, 릴리프밸브, 배수관, 물올림관 ‖물올림장치 주위‖	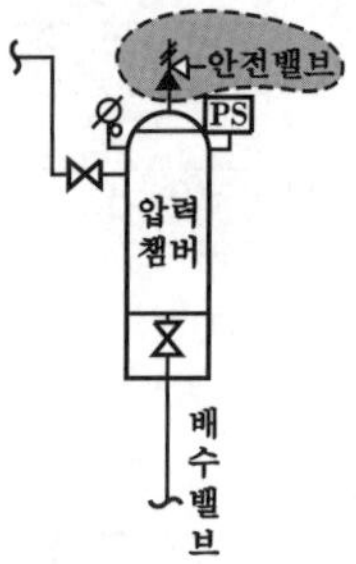 안전밸브, PS, 압력챔버, 배수밸브 ‖안전밸브 주위‖

☆☆☆

문제 02

분말소화설비에서 분말약제 저장용기와 연결 설치되는 정압작동장치에 대한 다음 각 물음에 답하시오.

(18.11.문1, 17.11.문8, 13.4.문15, 10.10.문10, 07.4.문4)

(가) 정압작동장치의 설치목적이 무엇인지 쓰시오.

(나) 정압작동장치의 종류 중 압력스위치방식에 대해 설명하시오.

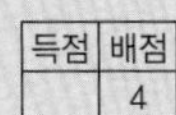

득점	배점
	4

해답 (가) 저장용기의 내부압력이 설정압력이 되었을 때 주밸브를 개방시키는 장치

(나) 가압용 가스가 저장용기 내에 가압되어 압력스위치가 동작되면 솔레노이드밸브가 동작되어 주밸브를 개방시키는 방식

해설 (가) **정압작동장치**

약제저장용기 내의 내부압력이 설정압력이 되었을 때 주밸브를 개방시키는 장치로서 정압작동장치의 설치위치는 다음 그림과 같다.

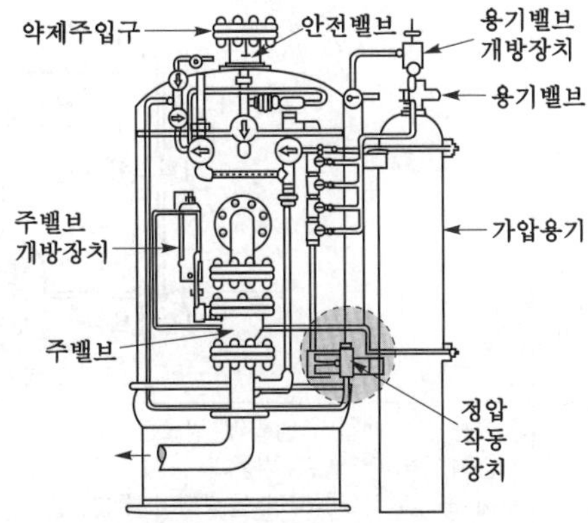

(나) **정압작동장치**의 **종류**

종 류	설 명
봉판식	저장용기에 가압용 가스가 충전되어 밸브의 **봉판**이 작동압력에 도달되면 밸브의 봉판이 개방되면서 주밸브 개방장치로 가스의 압력을 공급하여 주밸브를 개방시키는 방식 캡 패킹 가스압 봉판지지대 봉판 오리피스 ‖ 봉판식 ‖
기계식	저장용기 내의 압력이 작동압력에 도달되면 **밸브**가 작동되어 **정압작동레버**가 이동하면서 주밸브를 개방시키는 방식 작동압 조정스프링 밸브 실린더 정압작동레버 도관접속부 ‖ 기계식 ‖

스프링식	저장용기 내의 압력이 가압용 가스의 압력에 의하여 충압되어 작동압력 이상에 도달되면 **스프링**이 상부로 밀려 **밸브캡**이 열리면서 주밸브를 개방시키는 방식 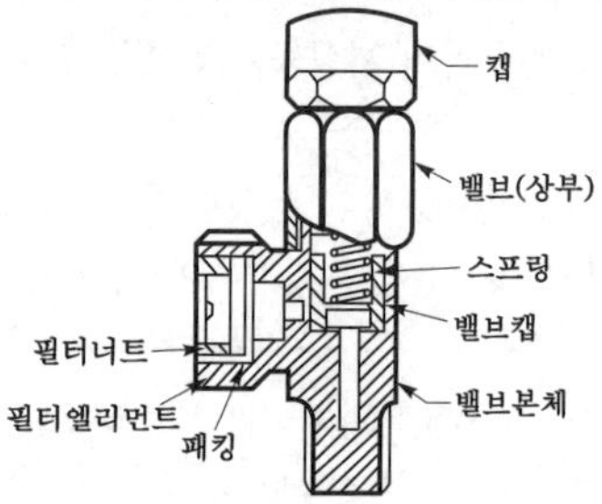 캡 / 밸브(상부) / 스프링 / 밸브캡 / 필터너트 / 필터엘리먼트 / 패킹 / 밸브본체 ‖ 스프링식 ‖
압력스위치식	가압용 가스가 저장용기 내에 가압되어 **압력스위치**가 동작되면 **솔레노이드밸브**가 동작되어 주밸브를 개방시키는 방식 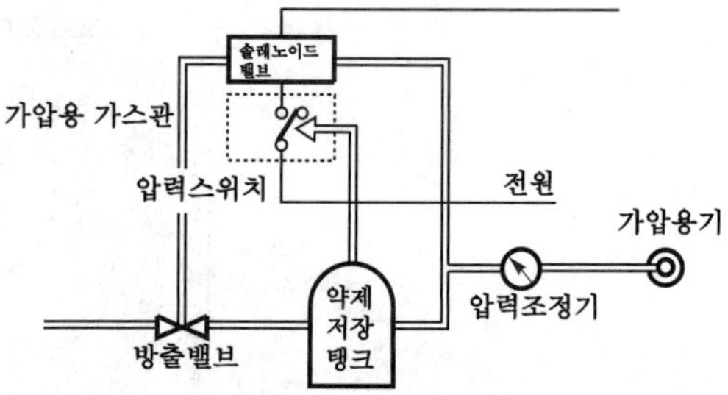 전원 / 솔레노이드 밸브 / 가압용 가스관 / 압력스위치 / 전원 / 가압용기 / 압력조정기 / 약제 저장 탱크 / 방출밸브 ‖ 압력스위치식 ‖
시한릴레이식	저장용기의 내압이 방출에 필요한 압력에 도달되는 시간을 미리 결정하여 **한시계전기**를 이 시간에 맞추어 놓고 기동과 동시에 한시계전기가 동작되면 일정 시간 후 **릴레이**의 접점에 의해 솔레노이드밸브가 동작되어 주밸브를 개방시키는 방식 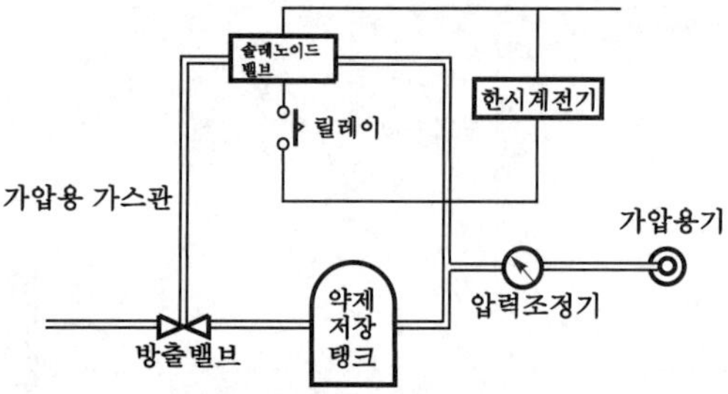 전원 / 솔레노이드 밸브 / 한시계전기 / 릴레이 / 가압용 가스관 / 가압용기 / 압력조정기 / 약제 저장 탱크 / 방출밸브 ‖ 시한릴레이식 ‖

☆

문제 03

전역방출방식 할론소화설비 분사헤드의 설치기준 3가지를 쓰시오.

득점	배점
	3

○
○
○

해답 ① 방사된 소화약제가 방호구역의 전역에 균일하게 신속히 확산할 수 있도록 할 것
② 할론 2402를 방출하는 분사헤드는 해당 소화약제가 무상으로 분무되는 것으로 할 것
③ 기준저장량의 소화약제를 10초 이내에 방사할 수 있는 것으로 할 것

해설 **전역방출방식**의 할론소화설비의 분사헤드의 설치기준(NFPC 107 10조, NFTC 107 2.7.1)

(1) 방사된 소화약제가 방호구역의 **전역**에 **균일**하게 신속히 확산할 수 있도록 할 것
(2) **할론 2402**를 방출하는 분사헤드는 해당 소화약제가 **무상**으로 분무되는 것으로 할 것
(3) 분사헤드의 방사압력은 **할론 2402**를 방사하는 것은 **0.1MPa** 이상, **할론 1211**을 방사하는 것은 **0.2MPa** 이상, **할론 1301**을 방사하는 것은 **0.9MPa** 이상으로 할 것
(4) 기준저장량의 소화약제를 **10초 이내**에 방사할 수 있는 것으로 할 것

중요

할론소화약제 저장용기의 **설치기준**

구 분		할론 1301	할론 1211	할론 2402
저장압력		**2.5MPa** 또는 **4.2MPa**	**1.1MPa** 또는 **2.5MPa**	–
방사압력		0.9MPa	0.2MPa	0.1MPa
충전비	가압식	0.9~1.6 이하	0.7~1.4 이하	0.51~0.67 미만
	축압식			0.67~2.75 이하

(1) 축압식 저장용기의 압력은 온도 20℃에서 **할론 1211**을 저장하는 것은 **1.1MPa** 또는 **2.5MPa**, **할론 1301**을 저장하는 것은 **2.5MPa** 또는 **4.2MPa**이 되도록 **질소가스**로 축압할 것
(2) 저장용기의 충전비는 **할론 2402**를 저장하는 것 중 **가압식** 저장용기는 **0.51 이상 0.67 미만**, **축압식** 저장용기는 **0.67 이상 2.75 이하**, **할론 1211**은 **0.7 이상 1.4 이하**, **할론 1301**은 **0.9 이상 1.6 이하**로 할 것

☆☆☆

문제 04

다음의 수조에서 물 전부가 빠져나가는 데 소요되는 시간[h]을 구하시오. (단, 토리첼리의 정리를 이용하여 계산할 것)

(19.6.문6)

득점	배점
	4

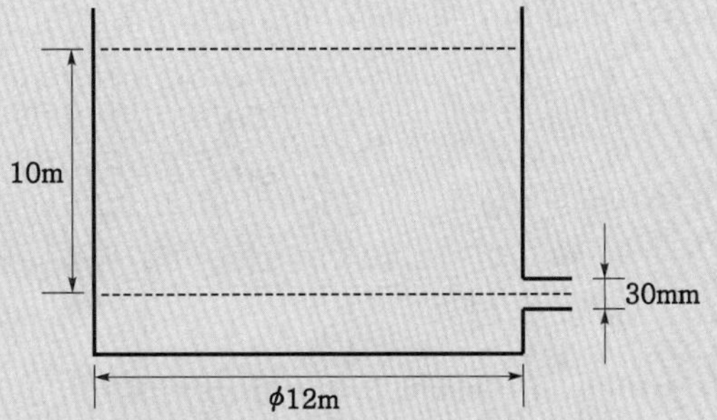

○ 계산과정 :
○ 답 :

해답

○ 계산과정 : $\dfrac{2\times\dfrac{\pi\times 12^2}{4}}{\dfrac{\pi\times 0.03^2}{4}\times\sqrt{2\times 9.8}}\times\sqrt{10}=228571\text{s}=228571\times\dfrac{1}{3600}=63.491 ≒ 63.49\text{h}$

○ 답 : 63.49h

 **토리첼리**를 이용하여 **유도**된 **공식**

$$t=\frac{2A_t}{C_g\times A\sqrt{2g}}\sqrt{H}$$

여기서, t : 토출시간(수조의 물이 배수되는 데 걸리는 시간)[s]
C_g : 유량계수(노즐의 흐름계수)

g : 중력가속도[9.8m/s^2]
A : 방출구 단면적[m^2]
A_t : 물탱크 바닥면적[m^2]
H : 수면에서 방출구 중심까지의 높이[m]

수조의 물이 배수되는 데 걸리는 시간 t는

$$t=\frac{2A_t}{C_g\times A\sqrt{2g}}\times\sqrt{H}=\frac{2\times\frac{\pi D_t^{\,2}}{4}}{C_g\times\frac{\pi\times D^2}{4}\sqrt{2g}}\times\sqrt{H}=\frac{2\times\frac{\pi\times(12\text{m})^2}{4}}{\frac{\pi\times(0.03\text{m})^2}{4}\times\sqrt{2\times9.8\text{m/s}^2}}\times\sqrt{10\text{m}}$$

$$=228571\text{s}=228571\times\frac{1}{3600}=63.491\fallingdotseq63.49\text{h}$$

- C_g : 주어지지 않았으므로 무시
- [단서]에서 토리첼리의 정리식을 적용하라고 했으므로 반드시 위의 식을 적용해야 정답
- 시간의 단위 : hr=h

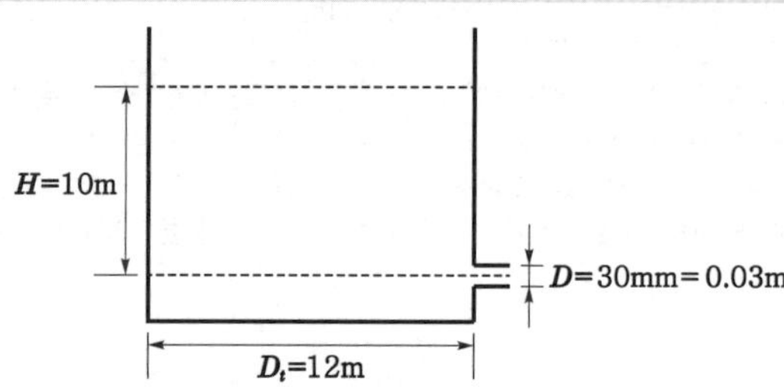

☆☆☆

문제 05

다음 그림과 조건을 참조하여 물음에 답하시오.

득점	배점
	6

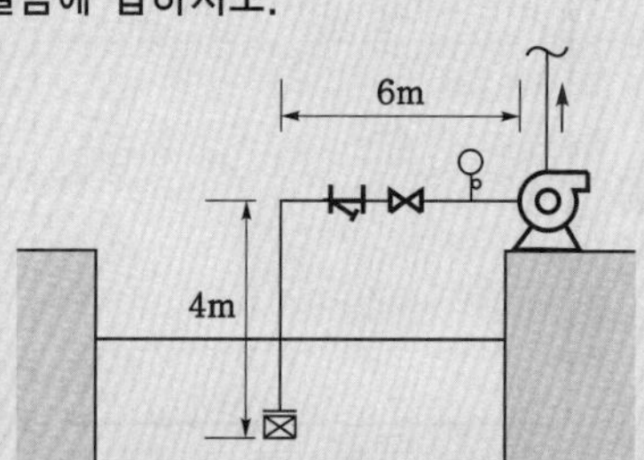

[조건]

① 펌프의 흡입배관과 관련하여 관부속품에 따른 상당길이는 15m이다.
② 대기압은 10.3m이며, 물의 포화수증기압은 0.2m이다.
③ 펌프의 유량 144m^3/h이고, 흡입배관의 구경은 125mm이다.
④ 배관의 마찰손실수두는 다음의 공식을 따라 계산하며, 속도수두는 무시한다.

$$\varDelta H=6\times10^6\times\frac{Q^2}{120^2\times d^5}\times L$$

여기서, $\varDelta H$: 배관의 마찰손실수두[m]
Q : 배관 내의 유량[L/min]
d : 관의 내경[mm]
L : 배관의 길이[m]

(가) 흡입배관의 마찰손실수두〔m〕를 구하시오.
  ○계산과정 :
  ○답 :
(나) 유효흡입양정〔m〕을 구하시오.
  ○계산과정 :
  ○답 :
(다) 펌프의 필요흡입수두가 4.5m인 경우, 펌프의 사용가능 여부를 판정하시오.
  ○
(라) 펌프가 흡입이 안 될 경우 개선방법 2가지를 쓰시오.
  ○
  ○

(가) ○계산과정 : $6\times10^6\times\dfrac{2400^2}{120^2\times125^5}\times(4+6+15)=1.966 \fallingdotseq 1.97\text{m}$

○답 : 1.97m

(나) ○계산과정 : $10.3-0.2-4-1.97=4.13\text{m}$

○답 : 4.13m

(다) 사용불가

(라) ① 펌프의 흡입수두를 작게 한다.
② 펌프의 마찰손실을 작게 한다.

해설 (가) ① **기호**

- Q : 144m^3/h=144000L/60min=2400L/min
- d : 125mm
- L : (4m+6m) 〔그림〕+15m 〔조건 ①〕

② 배관의 마찰손실수두

$$\Delta H=6\times10^6\times\frac{Q^2}{120^2\times d^5}\times L$$

여기서, ΔH : 배관의 마찰손실수두〔m〕
Q : 배관 내의 유량〔L/min〕
d : 관의 내경〔mm〕
L : 배관의 길이〔m〕

흡입배관의 **마찰손실수두** ΔH는

$$\Delta H=6\times10^6\times\frac{Q^2}{120^2\times d^5}\times L=6\times10^6\times\frac{(2400\text{L/min})^2}{120^2\times(125\text{mm})^5}\times(4+6+15)\text{m}=1.966 \fallingdotseq 1.97\text{m}$$

(나) ① **기호**

- H_a(10.3m) : 〔조건 ②〕에서 주어진 값
- H_v(0.2m) : 〔조건 ②〕에서 주어진 값
- H_s(4m) : 그림에서 주어진 값
- H_L(1.97m) : (가)에서 구한 값

② **흡입 NPSH$_{av}$**(수조가 펌프보다 낮을 때)

$$\text{NPSH}_{\text{av}}=H_a-H_v-H_s-H_L$$

여기서, NPSH_{av} : 유효흡입양정〔m〕
H_a : 대기압수두〔m〕
H_v : 수증기압수두〔m〕

H_s : 흡입수두(m)
H_L : 마찰손실수두(m)

유효흡입양정 NPSH_{av}는

$$\text{NPSH}_{av} = H_a - H_v - H_s - H_L = 10.3\text{m} - 0.2\text{m} - 4\text{m} - 1.97\text{m} = 4.13\text{m}$$

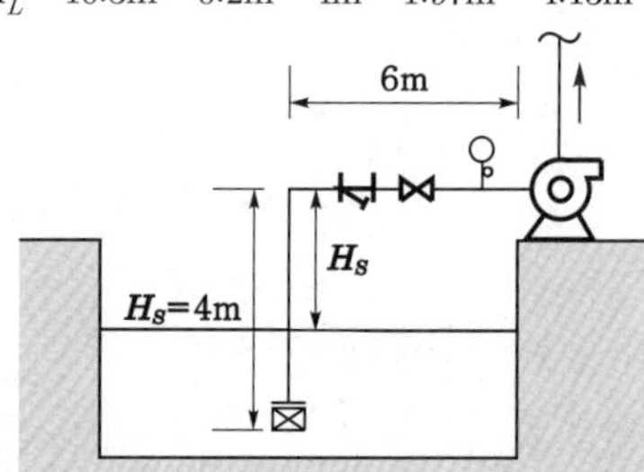

• 원칙적으로 H_s=펌프 중심에서 수면까지를 말함. 여기서는 풋밸브에서 수면까지의 거리를 알 수 없으므로 그냥 4m를 적용하는 것이 맞음

중요

흡입 NPSHav vs **압입 NPSHav**

흡입 NPSHav(수조가 펌프보다 낮을 때)=부압흡입방식	압입 NPSHav(수조가 펌프보다 높을 때)=정압흡입방식
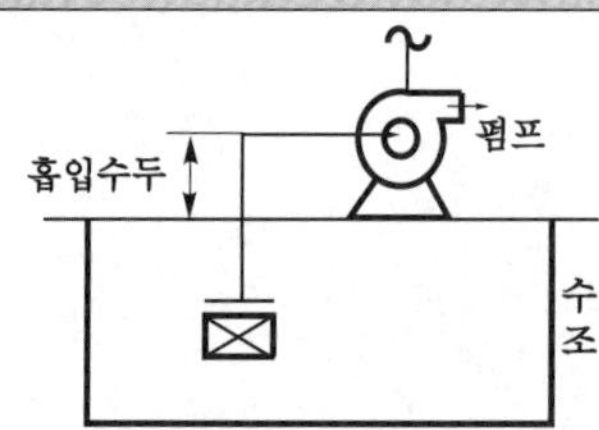	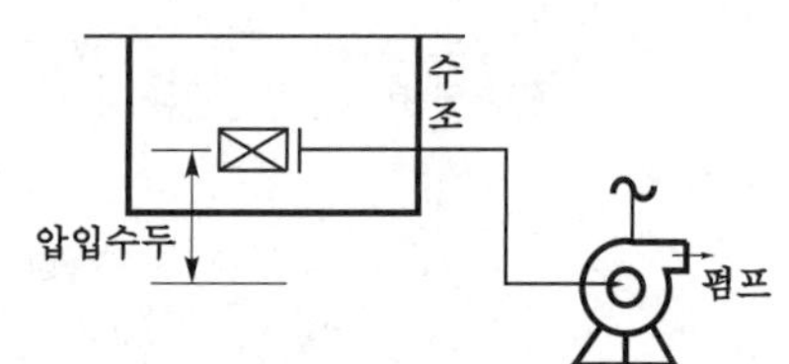
$\text{NPSH}_{av} = H_a - H_v - H_s - H_L$	$\text{NPSH}_{av} = H_a - H_v + H_s - H_L$
여기서, NPSH_{av} : 유효흡입양정(m) H_a : 대기압수두(m) H_v : 수증기압수두(m) H_s : 흡입수두(m) H_L : 마찰손실수두(m)	여기서, NPSH_{av} : 유효흡입양정(m) H_a : 대기압수두(m) H_v : 수증기압수두(m) H_s : 압입수두(m) H_L : 마찰손실수두(m)

(다) **NPSHav**(4.13m) < **NPSHre**(4.5m)이므로 **사용불가**

• 4.5m : (다)에서 주어진 값

중요

공동현상의 **발생한계조건**

(1) $\text{NPSH}_{av} \geq \text{NPSH}_{re}$: **공동현상**이 발생하지 않아 펌프**사용 가능**

(2) $\text{NPSH}_{av} < \text{NPSH}_{re}$: **공동현상**이 발생하여 펌프**사용불가**

• 공동현상=캐비테이션

(3) $\text{NPSH}_{av} \geq 1.3 \times \text{NPSH}_{re}$: 펌프의 설치높이를 정할 때 붙이는 여유

NPSHav(Available Net Positive Suction Head)	NPSHre(Required Net Positive Suction Head)
• 유효흡입수두 • 이용 가능한 정미 유효흡입양정으로 흡입전양정에서 포화증기압을 뺀 것	• 필요흡입수두 • 필요로 하는 정미 유효흡입양정

(라) **관 내**에서 **발생**하는 **현상**

① **공동현상**(cavitation)

개 념	펌프의 흡입측 배관 내의 물의 정압이 기존의 증기압보다 낮아져서 기포가 발생되어 물이 흡입되지 않는 현상
발생현상	• 소음과 진동발생 • 관 부식 • **임펠러**의 **손상**(수차의 날개를 해친다.) • 펌프의 성능저하
발생원인	• 펌프의 흡입수두가 클 때(소화펌프의 흡입고가 클 때) • 펌프의 마찰손실이 클 때 • 펌프의 임펠러속도가 클 때 • 펌프의 설치위치가 수원보다 높을 때 • 관 내의 수온이 높을 때(물의 온도가 높을 때) • 관 내의 물의 정압이 그때의 증기압보다 낮을 때 • 흡입관의 구경이 작을 때 • 흡입거리가 길 때 • 유량이 증가하여 펌프물이 과속으로 흐를 때
방지대책 →	• 펌프의 흡입수두를 **작게** 한다. • 펌프의 마찰손실을 **작게** 한다. • 펌프의 **임펠러속도**(회전수)를 **작게** 한다. • 펌프의 설치위치를 수원보다 **낮게** 한다. • 양흡입펌프를 사용한다(펌프의 흡입측을 가압한다). • 관 내의 물의 정압을 그때의 증기압보다 **높게** 한다. • 흡입관의 구경을 **크게** 한다. • 펌프를 **2개** 이상 설치한다.

② **수격작용**(water hammering)

개 념	• 배관 속의 물흐름을 급히 차단하였을 때 동압이 정압으로 전환되면서 일어나는 쇼크현상 • 배관 내를 흐르는 유체의 유속을 급격하게 변화시키므로 압력이 상승 또는 하강하여 **관로**의 **벽면**을 **치는 현상**
발생원인	• 펌프가 갑자기 정지할 때 • 급히 밸브를 개폐할 때 • 정상운전시 유체의 압력변동이 생길 때
방지대책	• 관의 관경(직경)을 크게 한다. • 관 내의 유속을 낮게 한다(관로에서 일부 고압수를 방출). • 조압수조(surge tank)를 관선에 설치한다. • **플라이휠**(fly wheel)을 설치한다. • 펌프 송출구(토출측) 가까이에 밸브를 설치한다. • 에어챔버(air chamber)를 설치한다.

③ **맥동현상**(surging)

개 념	유량이 단속적으로 변하여 펌프 입출구에 설치된 **진공계** · **압력계**가 흔들리고 **진동**과 **소음**이 일어나며 펌프의 **토출유량**이 **변하는 현상**
발생원인	• 배관 중에 **수조**가 있을 때 • 배관 중에 **기체상태**의 부분이 있을 때 • **유량조절밸브**가 배관 중 수조의 위치 **후방**에 있을 때 • 펌프의 특성곡선이 **산모양**이고 운전점이 그 **정상부**일 때
방지대책	• 배관 중에 불필요한 수조를 없앤다. • 배관 내의 기체(공기)를 제거한다. • 유량조절밸브를 배관 중 수조의 전방에 설치한다. • 운전점을 고려하여 적합한 펌프를 선정한다. • **풍량** 또는 **토출량**을 줄인다.

④ **에어 바인딩**(air binding)=**에어 바운드**(air bound)

개 념	펌프 내에 공기가 차 있으면 공기의 밀도는 물의 밀도보다 작으므로 수두를 감소시켜 송액이 되지 않는 현상
발생원인	펌프 내에 공기가 차 있을 때
방지대책	• 펌프 작동 전 **공기**를 **제거**한다. • **자동공기제거펌프**(self-priming pump)를 사용한다.

☆☆
문제 06

다음은 지하구의 화재안전기준 중 연소방지설비의 헤드설치기준에 관한 설명이다. ( ) 안에 적합한 단어는? (17.11.문9, 14.11.문1, 11.11.문12, 06.4.문5)

득점	배점
	6

○ 천장 또는 (①)에 설치할 것
○ 헤드 간의 수평거리는 연소방지설비전용헤드의 경우에는 (②)m 이하, 스프링클러 헤드의 경우에는 (③)m 이하로 할 것
○ 소방대원의 출입이 가능한 환기구·(④)마다 지하구의 양쪽방향으로 살수헤드를 설정하되, 한쪽 방향의 살수구역의 길이는 (⑤)m 이상으로 할 것. 다만, 환기구 사이의 간격이 (⑥)m를 초과할 경우에는 (⑥)m 이내마다 살수구역을 설정하되, 지하구의 구조를 고려하여 방화벽을 설치한 경우에는 그렇지 않다.

해답 ① 벽면
② 2
③ 1.5
④ 작업구
⑤ 3
⑥ 700

해설 **지하구**의 **화재안전기준** 중 **연소방지설비**의 **헤드설치기준**(NFPC 605 8조, NFTC 605 2.4.2)

(1) **천장** 또는 **벽면**에 설치할 것
(2) 헤드 간의 수평거리는 **연소방지설비전용헤드**의 경우에는 **2m 이하**, **스프링클러헤드**의 경우에는 **1.5m 이하**로 할 것
(3) 소방대원의 출입이 가능한 **환기구·작업구**마다 지하구의 양쪽방향으로 살수헤드를 설정하되, 한쪽 방향의 살수구역의 길이는 **3m 이상**으로 할 것. 다만, 환기구 사이의 간격이 **700m**를 초과할 경우에는 700m 이내마다 살수구역을 설정하되, 지하구의 구조를 고려하여 방화벽을 설치한 경우에는 그렇지 않다.

중요

지하구에 **설치**하는 **연소방지설비**의 **배관구경**(NFPC 605 8조, NFTC 605 2.4.1.3.1)

(1) 연소방지설비 전용헤드를 사용하는 경우

배관의 구경	32mm	40mm	50mm	65mm	80mm
살수헤드수	1개	2개	3개	4개 또는 5개	6개 이상

(2) 스프링클러헤드를 사용하는 경우

구 분 \ 배관의 구경	25mm	32mm	40mm	50mm	65mm	80mm	90mm	100mm	125mm	150mm
폐쇄형 헤드수	2개	3개	5개	10개	30개	60개	80개	100개	160개	161개 이상
개방형 헤드수	1개	2개	5개	8개	15개	27개	40개	55개	90개	91개 이상

☆

문제 07

4층 이상의 의료시설(의료시설의 부수시설로 설치한 장례식장 제외)에 설치해야 할 피난기구 3가지를 쓰시오.

(19.6.문10, 13.7.문9)

득점	배점
	3

○

○

○

해답 ① 구조대
② 피난교
③ 피난용 트랩

해설 **피난기구**의 **적응성**(NFTC 301 2.1.1)

층 별 / 설치 장소별 구분	1층	2층	3층	4층 이상 10층 이하
노유자시설	• 미끄럼대 • 구조대 • 피난교 • 다수인 피난장비 • 승강식 피난기	• 미끄럼대 • 구조대 • 피난교 • 다수인 피난장비 • 승강식 피난기	• 미끄럼대 • 구조대 • 피난교 • 다수인 피난장비 • 승강식 피난기	• 구조대[1)] • 피난교 • 다수인 피난장비 • 승강식 피난기
의료시설·입원실이 있는 의원·접골원·조산원	설치 제외	설치 제외	• 미끄럼대 • 구조대 • 피난교 • 피난용 트랩 • 다수인 피난장비 • 승강식 피난기	• 구조대 • 피난교 • 피난용 트랩 • 다수인 피난장비 • 승강식 피난기
영업장의 위치가 4층 이하인 다중이용업소	설치 제외	• 미끄럼대 • 피난사다리 • 구조대 • 완강기 • 다수인 피난장비 • 승강식 피난기	• 미끄럼대 • 피난사다리 • 구조대 • 완강기 • 다수인 피난장비 • 승강식 피난기	• 미끄럼대 • 피난사다리 • 구조대 • 완강기 • 다수인 피난장비 • 승강식 피난기
그 밖의 것	설치 제외	설치 제외	• 미끄럼대 • 피난사다리 • 구조대 • 완강기 • 피난교 • 피난용 트랩 • 간이완강기[2)] • 공기안전매트[2)] • 다수인 피난장비 • 승강식 피난기	• 피난사다리 • 구조대 • 완강기 • 피난교 • 간이완강기[2)] • 공기안전매트[2)] • 다수인 피난장비 • 승강식 피난기

1) **구조대**의 적응성은 장애인관련시설로서 주된 사용자 중 스스로 피난이 불가한 자가 있는 경우 추가로 설치하는 경우에 한한다.
2) 간이완강기의 적응성은 **숙박시설**의 **3층 이상**에 있는 객실에, **공기안전매트**의 적응성은 **공동주택**에 추가로 설치하는 경우에 한한다.

☆☆
문제 08

가로, 세로, 높이가 각각 10m, 15m, 4m인 전기실에 이산화탄소 소화설비가 작동하여 화재가 진압되었다. 개구부는 자동폐쇄장치가 되어 있는 경우 다음 조건을 이용하여 물음에 답하시오. (19.11.문7, 14.4.문15)

득점	배점
	7

〔조건〕

① 공기 중 산소의 부피농도는 21%이다.
② 대기압은 760mmHg이다.
③ 실내온도는 20℃이다.
④ 이산화탄소 방출 후 실내기압은 770mmHg이다.
⑤ 이산화탄소 분자량은 44이다.
⑥ R은 0.082로 계산한다.

(가) 이산화탄소 방출 후 산소농도를 측정하니 14vol%이었다. CO_2 농도(vol%)를 계산하시오.
 ○계산과정 :
 ○답 :

(나) 방출 후 전기실 내의 CO_2 양[kg]을 구하시오.
 ○계산과정 :
 ○답 :

(다) 용기 내에서 부피가 68L이고 약제충전비가 1.7인 CO_2 실린더를 몇 병 설치하여야 하는가?
 ○계산과정 :
 ○답 :

(라) 다음은 이산화탄소 소화설비를 설치해서는 안 되는 장소이다. ( ) 안에 알맞은 말을 쓰시오.
 ○방재실, 제어실 등 사람이 (①)하는 장소
 ○나이트로셀룰로오스, 셀룰로이드 제품 등 (②)을 저장, 취급하는 장소
 ○나트륨, 칼륨, 칼슘 등 (③)을 저장, 취급하는 장소

해답 (가) ○계산과정 : $\dfrac{21-14}{21}\times 100 = 33.333 ≒ 33.33\text{vol\%}$

 ○답 : 33.33vol%

(나) ○계산과정 : 방출가스량 $= \dfrac{21-14}{14}\times(10\times15\times4) = 300\text{m}^3$

$$\frac{770}{760}\times 1 = 1.013\text{atm}$$

$$m = \frac{1.013\times300\times44}{0.082\times(273+20)} = 556.547 ≒ 556.55\text{kg}$$

 ○답 : 556.55kg

(다) ○계산과정 : $G = \dfrac{68}{1.7} = 40\text{kg}$

$$\text{소요병수} = \frac{556.55}{40} = 13.9 ≒ 14\text{병}$$

 ○답 : 14병

(라) ① 상시근무
 ② 자기연소성 물질
 ③ 활성금속물질

해설 (가)

$$CO_2 \text{ 농도[\%]} = \frac{21 - O_2[\%]}{21} \times 100$$

$$= \frac{21-14}{21} \times 100 = 33.333 ≒ 33.33\text{vol\%}$$

- 위의 식은 원래 %가 아니고 부피%를 나타낸다. 단지 우리가 부피%를 간략화해서 %로 표현할 뿐이고 원칙적으로는 '**부피%**'로 써야 한다.

부피%=Volume%=vol%=v%

- vol% : 어떤 공간에 차지하는 부피를 백분율로 나타낸 것

(나)

$$PV = \frac{m}{M}RT$$

여기서, P : 기압[atm]
V : 방출가스량[m^3]
m : 질량[kg]
M : 분자량(CO_2=44)
R : 0.082atm · m^3/kmol · K
T : 절대온도(273+℃)[K]

$$\text{방출가스량}(V) = \frac{21 - O_2[\%]}{O_2[\%]} \times \text{방호구역체적}$$

$$= \frac{21-14}{14} \times (10\text{m} \times 15\text{m} \times 4\text{m}) = 300\text{m}^3$$

- **표준대기압**
1atm=760mmHg =1.0332kg_f/cm^2
=10.332mH_2O(mAq)
=14.7PSI(lb_f/in^2)
=101.325kPa(kN/m^2)
=1013mbar

1atm=760mmHg 에서

$$770\text{mmHg} = \frac{770\text{mmHg}}{760\text{mmHg}} \times 1\text{atm} = 1.013\text{atm}$$

- **실내온도 · 실내기압 · 실내농도**를 적용하여야 하는 것에 주의하라. 방사되는 곳은 방호구역, 즉 실내이므로 실내가 기준이 되는 것이다.

CO_2의 양 m은

$$m = \frac{PVM}{RT}$$

$$= \frac{1.013\text{atm} \times 300\text{m}^3 \times 44}{0.082\text{atm} \cdot \text{m}^3/\text{kmol} \cdot \text{K} \times (273+20)\text{K}} = 556.547 ≒ 556.55\text{kg}$$

중요

이산화탄소 소화설비와 **관련된 식**

$$CO_2 = \frac{\text{방출가스량}}{\text{방호구역체적} + \text{방출가스량}} \times 100 = \frac{21 - O_2}{21} \times 100$$

여기서, CO_2 : CO_2의 농도[%]
O_2 : O_2의 농도[%]

$$방출가스량 = \frac{21 - O_2}{O_2} \times 방호구역체적$$

여기서, O_2 : O_2의 농도〔%〕

$$PV = \frac{m}{M}RT$$

여기서, P : 기압〔atm〕
V : 방출가스량〔m^3〕
m : 질량〔kg〕
M : 분자량(CO_2 = 44)
R : 0.082atm · m^3/kmol · K
T : 절대온도(273+℃)〔K〕

$$Q = \frac{m_t C(t_1 - t_2)}{H}$$

여기서, Q : 액화 CO_2의 증발량〔kg〕
m_t : 배관의 질량〔kg〕
C : 배관의 비열〔kcal/kg · ℃〕
t_1 : 방출 전 배관의 온도〔℃〕
t_2 : 방출될 때 배관의 온도〔℃〕
H : 액화 CO_2의 증발잠열〔kcal/kg〕

(다)

$$C = \frac{V}{G}$$

여기서, C : 충전비〔L/kg〕
V : 내용적(체적)〔L〕
G : 저장량(충전량)〔kg〕

저장량 G는

$$G = \frac{V}{C} = \frac{68}{1.7} = 40\text{kg}$$

$$\textbf{소요병수} = \frac{\text{방사된 } CO_2\text{의 양}}{\text{저장량(충전량)}} = \frac{556.55\text{kg}}{40\text{kg}} = 13.9 \fallingdotseq \textbf{14병}$$

- 소요병수(저장용기수) 산정은 계산결과에서 **소수**가 발생하면 반드시 **절상**한다.
- 〈잘못된 계산(거듭 주의!)〉

‖ **심부화재**의 **약제량** 및 **개구부가산량**(NFPC 106 5조, NFTC 106 2.2.1.2) ‖

방호대상물	약제량	개구부가산량 (자동폐쇄장치 미설치시)	설계농도
전기설비(55m^3 이상), 케이블실 →	1.3kg/m^3	→	50%
전기설비(55m^3 미만)	1.6kg/m^3	10kg/m^2	50%
서고, 박물관, 전자제품창고, 목재가공품창고	2.0kg/m^3	10kg/m^2	65%
석탄창고, 면화류 창고, 고무류, 모피창고, 집진설비	2.7kg/m^3	10kg/m^2	75%

전기실(전기설비)이므로 위 표에서 **심부화재**에 해당되며
방호구역체적 = 10m × 15m × 4m = **600m^3**
55m^3 이상이므로 약제량은 **1.3kg/m^3**

CO_2 **저장량**[kg]=방호구역체적[m³]×약제량[kg/m³]+개구부면적[m²]×개구부가산량(10kg/m²)
=600m³×1.3kg/m³=780kg

- 문제에서 자동폐쇄장치가 있다고 하였으므로 **개구부면적** 및 **개구부가산량** 무시

$$소요병수 = \frac{방사된\ CO_2}{저장량(충전량)} = \frac{780\text{kg}}{40\text{kg}} = 19.5 ≒ 20병$$

위의 20병으로 계산하는 방식은 CO_2의 설계농도를 50%로 적용하여 계산하는 방식으로 (가)에서 CO_2의 설계농도는

‖ ABC 화재별 안전계수 ‖

설계농도	설계농도 계산식
A급(일반화재)	A급 소화농도×1.2
B급(유류화재)	B급 소화농도×1.3
C급(전기화재)	A급 소화농도×1.35

- 문제에서 **전기실**이므로 **C급** 설계농도 계산식 적용

설계농도=소화농도×안전계수 $= 33.33\text{vol\%} \times 1.35 = 44.995 ≒ 45\%$

- 33.33vol% : (가)에서 구한 값

설계농도 50%를 적용한 위의 식을 이용하여 계산하면 틀린다.

(라) CO_2 **소화설비**의 **설치제외장소**(NFPC 106 11조, NFTC 106 2.8.1)
① **방재실, 제어실** 등 사람이 **상시 근무**하는 장소
② **나이트로셀룰로오스, 셀룰로이드 제품** 등 **자기연소성 물질**을 저장, 취급하는 장소
③ **나트륨, 칼륨, 칼슘** 등 **활성금속물질**을 저장, 취급하는 장소
④ **전시장** 등의 관람을 위하여 다수인이 출입·통행하는 통로 및 전시실 등

- CO_2 **소화설비**의 **설치제외장소**는 CO_2 **소화설비**의 **분사헤드 설치제외장소**로 보면 된다.

☆

문제 09

다음은 제연설비에 관한 내용 중 일부이다. 다음 물음에 답하시오.

득점	배점
	4

(가) 연돌효과(Stack effect)의 정의를 쓰시오
○
(나) 연돌효과가 제연설비에 미치는 영향을 쓰시오.
○

해답 (가) 실내외 공기 사이의 온도와 밀도의 차이에 의해 공기가 건물의 수직방향으로 이동하는 현상
(나) 화재시 실내외의 온도차이로 인해 연기가 아래에서 위로 상승하여 제연효과 증진

해설 (가) **연돌**(굴뚝)**효과**(stack effect)
① 건물 내의 연기가 압력차에 의하여 순식간에 이동하여 상층부로 상승하거나 외부로 배출되는 현상
② 실내외 공기 사이의 **온도**와 **밀도**의 **차이**에 의해 공기가 건물의 수직방향으로 이동하는 현상
(나) ① **연돌(굴뚝)효과**가 **제연설비**에 미치는 영향
화재시 실내외의 온도차이로 인해 연기가 아래에서 위로 상승하여 **제연효과 증진**
② **연돌(굴뚝)효과**(stack effect)에 따른 **압력차**

$$\Delta P = k\left(\frac{1}{T_o} - \frac{1}{T_i}\right)h$$

여기서, ΔP : 굴뚝효과에 따른 압력차[Pa]
k : 계수(3460)
T_o : 외기 절대온도(273+℃)[K]
T_i : 실내 절대온도(273+℃)[K]
h : 중성대 위의 거리[m]

- 연돌효과=굴뚝효과

문제 10

수평으로 된 소방배관에 레이놀즈수가 1800으로 소화수가 흐르고 있다. 배관 내 유량은 350L/min이며, 배관의 길이는 150m이고, 관의 지름은 100mm이다. 이때, 배관의 출발점의 압력이 0.75MPa이라면 끝점의 압력〔MPa〕을 구하시오.

○ 계산과정 :

○ 답 :

득점	배점
	4

해답

○ 계산과정 : $f = \frac{64}{1800} = 0.035$

$$V = \frac{\frac{0.35}{60}}{\frac{\pi \times 0.1^2}{4}} = 0.742\text{m/s}$$

$$H = \frac{0.035 \times 150 \times 0.742^2}{2 \times 9.8 \times 0.1} = 1.474\text{m}$$

$$\frac{1.474}{10.332} \times 0.101325 = 0.014\text{MPa}$$

$$0.75 - 0.014 = 0.736 \fallingdotseq 0.74\text{MPa}$$

○ 답 : 0.74MPa

해설

관마찰계수

$$f = \frac{64}{Re}$$

여기서, f : 관마찰계수

Re : 레이놀즈수

관마찰계수 f는

$$f = \frac{64}{Re} = \frac{64}{1800} = 0.035$$

마찰손실

$$H = \frac{\Delta p}{\gamma} = \frac{f l V^2}{2gD}$$

여기서, H : 마찰손실(마찰손실수두)〔m〕

Δp : 압력차〔m〕

γ : 비중량(물의 비중량 = 9.8kN/m^3)

f : 관마찰계수

l : 길이〔m〕

V : 유속〔m/s〕

g : 중력가속도〔9.8m/s^2〕

D : 내경〔m〕

유량

$$Q = AV = \frac{\pi}{4} D^2 V$$

여기서, Q : 유량〔m^3/s〕

A : 단면적〔m^2〕

V : 유속〔m/s〕

D : 직경〔m〕

$$V = \frac{0.35\text{m}^3/60\text{s}}{\frac{\pi \times (0.1\text{m})^2}{4}} = 0.742\text{m/s}$$

마찰손실수두 H는

$$H = \frac{flV^2}{2gD} = \frac{0.035 \times 150\text{m} \times (0.742\text{m/s})^2}{2 \times 9.8\text{m/s}^2 \times 0.1\text{m}} = 1.474\text{m}$$

배관끝압력

표준대기압

1atm=760mmHg=1.0332kg$_f$/cm^2
=10.332mH$_2$O(mAq)=10.332m
=14.7PSI(lb$_f$/in^2)
=101.325kPa(kN/m^2)
=1013mbar

10.332m=101.325kPa=0.101325MPa 이므로

$$1.474\text{m} = \frac{1.474\text{m}}{10.332\text{m}} \times 0.101325\text{MPa} = 0.014\text{MPa}$$

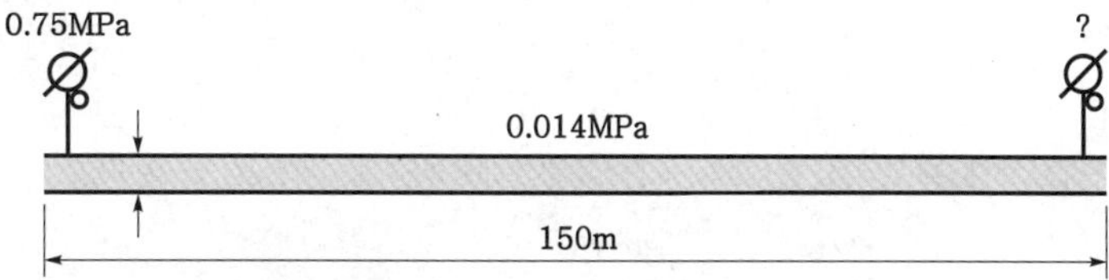

배관시작압력=배관끝압력+압력손실 에서

배관끝압력=배관시작압력−압력손실
=0.75MPa−0.014MPa=0.736≒0.74MPa

☆☆

문제 11

할로겐화합물 및 불활성기체 소화설비에 다음 조건과 같은 압력배관용 탄소강관(SPPS 420, Sch 40)을 사용할 때 최대 허용압력〔MPa〕을 구하시오. (19.6.문9, 17.6.문4, 14.4.문16, 12.4.문14)

득점	배점
	4

〔조건〕

① 압력배관용 탄소강관(SPPS 420)의 인장강도는 420MPa, 항복점은 250MPa이다.
② 용접이음에 따른 허용값〔mm〕은 무시한다.
③ 배관이음효율은 0.85로 한다.
④ 배관의 최대 허용응력(SE)은 배관재질 인장강도의 $\frac{1}{4}$과 항복점의 $\frac{2}{3}$ 중 작은 값(σ_t)을 기준으로 다음의 식을 적용한다.
$SE = \sigma_t \times$배관이음효율$\times 1.2$
⑤ 적용되는 배관 바깥지름은 114.3mm이고, 두께는 6.0mm이다.
⑥ 헤드 설치부분은 제외한다.

○계산과정 :
○답 :

○ 계산과정 : $420 \times \frac{1}{4} = 105\text{MPa}$

$250 \times \frac{2}{3} = 166.666 \fallingdotseq 166.67\text{MPa}$

$SE = 105 \times 0.85 \times 1.2 = 107.1\text{MPa}$

$P = \frac{2 \times 107.1 \times 6}{114.3} = 11.244 \fallingdotseq 11.24\text{MPa}$

○ 답 : 11.24MPa

$$t = \frac{PD}{2SE} + A$$

여기서, t : 관의 두께〔mm〕

P : 최대 허용압력〔MPa〕

D : 배관의 바깥지름〔mm〕

SE : 최대 허용응력〔MPa〕$\left(\text{배관재질 인장강도의 } \frac{1}{4}\text{값과 항복점의 } \frac{2}{3}\text{값 중 작은 값} \times \text{배관이음효율} \times 1.2\right)$

※ **배관이음효율**
- 이음매 없는 배관 : 1.0
- 전기저항 용접배관 : 0.85
- 가열맞대기 용접배관 : 0.60

A : 나사이음, 홈이음 등의 허용값〔mm〕(헤드 설치부분은 제외한다.)

- 나사이음 : 나사의 높이
- 절단홈이음 : 홈의 깊이
- 용접이음 : 0

(1) 배관재질 인장강도의 $\frac{1}{4}$값 $= 420\text{MPa} \times \frac{1}{4} = 105\text{MPa}$

(2) 항복점의 $\frac{2}{3}$값 $= 250\text{MPa} \times \frac{2}{3} = 166.666 \fallingdotseq 166.67\text{MPa}$

(3) 최대 허용응력 SE = 배관재질 인장강도의 $\frac{1}{4}$값과 항복점의 $\frac{2}{3}$값 중 작은 값 × 배관이음효율 × 1.2

$= 105\text{MPa} \times 0.85 \times 1.2$

$= 107.1\text{MPa}$

(4)

$$t = \frac{PD}{2SE} + A$$

에서

$t - A = \frac{PD}{2SE}$

$2SE(t-A) = PD$

$\frac{2SE(t-A)}{D} = P$

최대 허용압력 P는

$P = \frac{2SE(t-A)}{D} = \frac{2 \times 107.1\text{MPa} \times 6.0\text{mm}}{114.3\text{mm}} = 11.244 \fallingdotseq 11.24\text{MPa}$

- **420MPa** : 〔조건 ①〕에서 주어진 값
- **250MPa** : 〔조건 ①〕에서 주어진 값
- **0.85** : 〔조건 ③〕에서 주어진 값
- t(6.0mm) : 〔조건 ⑤〕에서 주어진 값
- D(114.3mm) : 〔조건 ⑤〕에서 주어진 값
- A : 〔조건 ②〕에 의해 무시

☆☆☆
문제 12

물분무소화설비의 화재안전기준 중 배수설비에 관한 내용이다. 다음 물음에 답하시오. (10.10.문11)

득점	배점
	6

(가) 경계턱의 기준을 쓰시오.
○

(나) 기름분리장치를 설치하는 기준을 적으시오. (단, 설치장소 2곳을 포함할 것)
○

(다) 기울기의 기준을 쓰시오.
○

해답 (가) 차량이 주차하는 장소의 적당한 곳에 높이 10cm 이상
(나) 배수구에는 새어나온 기름을 모아 소화할 수 있도록 길이 40m 이하마다 집수관·소화피트 등 설치
(다) 차량이 주차하는 바닥은 배수구를 향하여 $\frac{2}{100}$ 이상 유지

해설 **물분무소화설비**의 **배수설비 설치기준**(NFPC 104 11조, NFTC 104 2.8.1)
(1) **차량**이 주차하는 장소의 적당한 곳에 높이 **10cm** 이상의 경계턱으로 배수구를 설치한다.
(2) 배수구에는 새어나온 기름을 모아 소화할 수 있도록 길이 **40m** 이하마다 집수관·소화피트 등 **기름분리장치**를 설치한다.

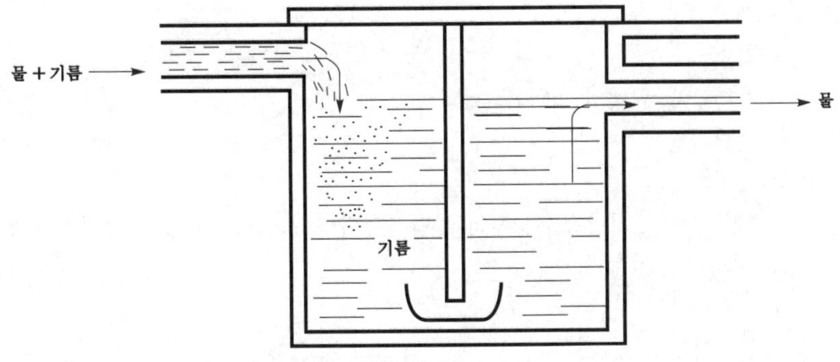

▌소화피트▐

(3) 차량이 주차하는 바닥은 배수구를 향하여 $\frac{2}{100}$ 이상의 기울기를 유지한다.

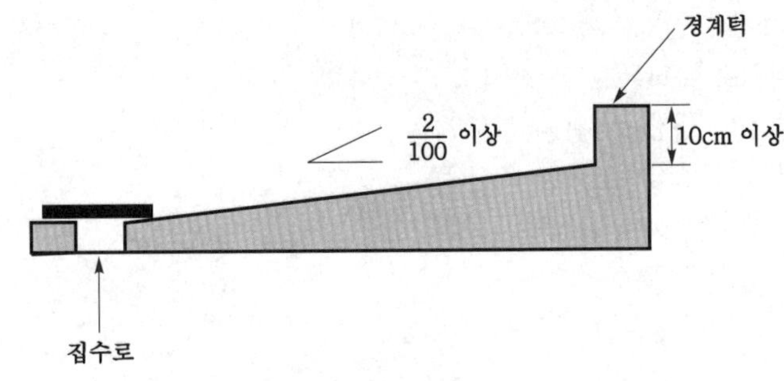

▌배수설비▐

(4) 배수설비는 가압송수장치의 **최대 송수능력**의 수량을 유효하게 배수할 수 있는 크기 및 기울기를 유지한다.

☆☆☆

문제 13

경유를 저장하는 탱크의 내부직경 40m인 플로팅루프탱크에 포소화설비의 특형 방출구를 설치하여 방호하려고 할 때 다음 물음에 답하시오. (19.4.문6, 15.7.문1, 13.11.문10, 12.7.문7, 04.4.문1)

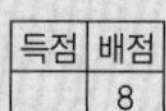

득점	배점
	8

〔조건〕

① 소화약제는 3%의 단백포를 사용하며, 수용액의 분당방출량은 $12L/m^2 \cdot min$, 방사시간은 20분으로 한다.

② 탱크 내면과 굽도리판의 간격은 2.5m로 한다.

③ 펌프의 효율은 65%, 전동기 전달계수는 1.2로 한다.

④ 보조포소화전설비는 없는 것으로 한다.

(가) 상기 탱크의 특형 방출구에 의하여 소화하는 데 필요한 수용액의 양, 수원의 양, 포소화약제 원액의 양은 각각 몇 이상이어야 하는가?

① 수용액의 양$[m^3]$

○ 계산과정 :

○ 답 :

② 수원의 양$[m^3]$

○ 계산과정 :

○ 답 :

③ 포소화약제 원액의 양$[m^3]$

○ 계산과정 :

○ 답 :

(나) 수원을 공급하는 가압송수장치의 분당토출량[L/min]은 얼마 이상이어야 하는가?

○ 계산과정 :

○ 답 :

(다) 펌프의 전양정이 100m라고 할 때 전동기의 출력은 몇 kW 이상이어야 하는가?

○ 계산과정 :

○ 답 :

(라) 고발포와 저발포의 구분은 팽창비로 나타낸다. 다음 각 물음에 답하시오.

① 팽창비를 구하는 식을 쓰시오.

② 고발포의 팽창비범위를 쓰시오.

③ 저발포의 팽창비범위를 쓰시오.

(마) 저발포 포소화약제 5가지를 쓰시오.

○

○

○

○

○

 해답

(가) ① ○ 계산과정 : $\frac{\pi}{4}(40^2-35^2)\times12\times20\times1=70685.834 ≒ 70685L=70.685m^3=70.69m^3$

○ 답 : $70.69m^3$

② ○ 계산과정 : $\frac{\pi}{4}(40^2-35^2)\times12\times20\times0.97=68565.259 \fallingdotseq 68565L=68.565m^3 \fallingdotseq 68.57m^3$

○ 답 : $68.57m^3$

③ ○ 계산과정 : $\frac{\pi}{4}(40^2-35^2)\times12\times20\times0.03=2120.575 \fallingdotseq 2120L=2.12m^3$

○ 답 : $2.12m^3$

(나) ○ 계산과정 : $\frac{70685.83}{20}=3534.291 \fallingdotseq 3534.29L/min$

○ 답 : 3534.29L/min

(다) ○ 계산과정 : $\frac{0.163\times3.53429\times100}{0.65}\times1.2=106.354 \fallingdotseq 106.35kW$

○ 답 : 106.35kW

(라) ① $\frac{\text{최종 발생한 포체적}}{\text{원래 포수용액 체적}}$

② 80~1000 미만

③ 20 이하

(마) ① 단백포

② 수성막포

③ 내알코올포

④ 불화단백포

⑤ 합성계면활성제포

해설 (가)

$$Q=A\times Q_1\times T\times S$$

여기서, Q : 수용액 · 수원 · 약제량〔L〕

A : 탱크의 액표면적〔m^2〕

Q_1 : 수용액의 분당방출량〔$L/m^2 \cdot min$〕

T : 방사시간〔min〕

S : 농도

① **수용액의 양** Q는

$Q=A\times Q_1\times T\times S$

$=\frac{\pi}{4}(40^2-35^2)m^2\times12L/m^2\cdot min\times20min\times1=70685.834 \fallingdotseq 70685L=70.685m^3 \fallingdotseq 70.69m^3$

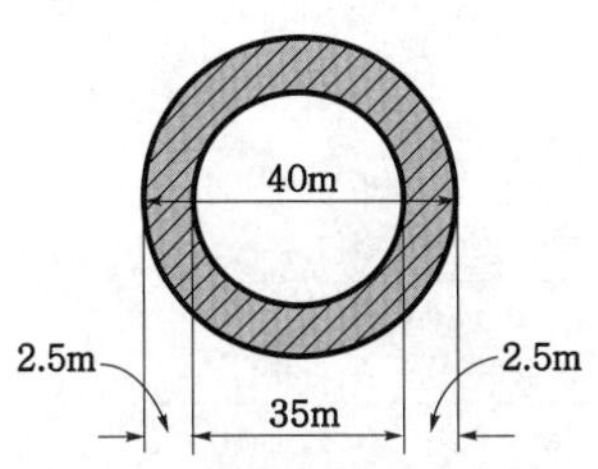

‖ 플로팅루프탱크의 구조 ‖

- 탱크의 액표면적(A)은 탱크 내면의 표면적만 고려하여야 하므로 〔조건 ②〕에서 굽도리판의 간격 2.5m를 적용하여 그림에서 빗금친 부분만 고려하여 $\frac{\pi}{4}(40^2-35^2)m^2$로 계산하여야 한다. 꼭 기억해 두어야 할 사항은 굽도리판의 간격을 적용하는 것은 **플로팅루프탱크**의 경우에만 한한다는 것이다.
- 수용액량에서 **농도**(S)는 항상 1이다.

② **수원**의 **양** Q는

$Q=A\times Q_1\times T\times S$

$=\frac{\pi}{4}(40^2-35^2)m^2\times12L/m^2\cdot min\times20min\times0.97=68565.259 \fallingdotseq 68565L=68.565m^3 \fallingdotseq 68.57m^3$

- 〔조건 ①〕에서 3%용이므로 수원의 농도(S)는 97%(100−3=97%)가 된다.

③ 포소화약제 **원액의 양** Q는

$$Q = A \times Q_1 \times T \times S$$

$$= \frac{\pi}{4}(40^2 - 35^2)\text{m}^2 \times 12\text{L/m}^2 \cdot \text{min} \times 20\text{min} \times 0.03 = 2120.575 ≒ 2120.58\text{L} = 2.12\text{m}^3$$

- [조건 ①]에서 3%용이므로 약제**농도**(S)는 **0.03**이다.

(나) 분당토출량 $= \dfrac{\text{수용액량[L]}}{\text{방사시간[min]}} = \dfrac{70685.83}{20\text{min}} = 3534.291 ≒ 3534.29\text{L/min}$

- **펌프**의 **토출량**은 어떤 혼합장치이던지 관계없이 모두! 반드시! **포수용액**을 기준으로 해야 한다.
  - 포소화설비의 화재안전기준(NFPC 105 6조 ①항 4호, NFTC 105 2.3.1.4)

  4. **펌프**의 **토출량**은 포헤드 · 고정포방출구 또는 이동식 포노즐의 설계압력 또는 노즐의 방사압력의 허용범위 안에서 **포수용액**을 방출 또는 방사할 수 있는 양 이상이 되도록 할 것

(다) **전동기**의 **출력**

$$P = \frac{0.163QH}{\eta}K$$

여기서, P : 전동기의 출력[kW]

Q : 토출량[m^3/min]

H : 전양정[m]

K : 전달계수

η : 펌프의 효율

전동기의 **출력** P는

$$P = \frac{0.163QH}{\eta}K = \frac{0.163 \times 3534.29\text{L/min} \times 100\text{m}}{0.65} \times 1.2 = \frac{0.163 \times 3.53429\text{m}^3/\text{min} \times 100\text{m}}{0.65} \times 1.2$$

$$= 106.354 ≒ 106.35\text{kW}$$

- Q(3534.29L/min) : (나)에서 구한 값
- 1000L=1m^3이므로 3534.29L/min=3.53429m^3/min
- H(100m) : (다)에서 주어진 값
- K(1.2) : [조건 ③]에서 주어진 값
- η(0.65) : [조건 ③]에서 65%=0.65

(라) ① 팽창비

$$\text{팽창비} = \frac{\text{최종 발생한 포체적}}{\text{원래 포수용액 체적}} = \frac{\text{방출된 포의 체적[L]}}{\text{방출 전 포수용액 체적[L]}} = \frac{\text{내용적(용량, 부피)[L]}}{\text{전체 중량} - \text{빈 시료용기의 중량}}$$

- 답은 위의 3가지 식 중 팽창비$=\dfrac{\text{최종 발생한 포체적}}{\text{원래 포수용액 체적}}$으로 답하기를 권장한다. 이것이 정확한 답이다. 왜냐하면 **'포소화설비의 화재안전기준 NFPC 105 제3조 제10호, NFTC 105 1.7.1.10'**에서 **"팽창비"**란 **최종 발생한 포체적**을 **원래 포수용액 체적**으로 **나눈 값**으로 명시하고 있기 때문이다.

②, ③ 팽창비에 따른 포의 종류(NFPC 105 12조, NFTC 105 2.9.1)

팽창비율에 따른 포의 종류	포방출구의 종류
팽창비가 20 이하인 것(**저발포**)	포헤드(압축공기포헤드 등)
팽창비가 80~1000 미만인 것(**고발포**)	고발포용 고정포방출구

중요

팽창비

저발포	고발포
• 20배 이하	• 제1종 기계포 : 80~250배 미만 • 제2종 기계포 : 250~500배 미만 • 제3종 기계포 : 500~1000배 미만

(마)

저발포용 소화약제(3%, 6%형)	고발포용 소화약제(1%, 1.5%, 2%형)
① **단**백포 소화약제 ② **수**성막포 소화약제 ③ **내**알코올포 소화약제 ④ **불**화단백포 소화약제 ⑤ **합**성계면활성제포 소화약제 기억법 **단수내불합**	합성계면활성제포 소화약제

• 내알코올포 소화약제=내알코올형포 소화약제

☆☆☆

문제 14

그림은 어느 공장에 설치된 지하매설 소화용 배관도이다. '가~마'까지의 각각의 옥외소화전의 측정수압이 아래 표와 같을 때 다음 각 물음에 답하시오. (단, 소수점 4째자리에서 반올림하여 소수점 3째자리까지 나타내시오.)

(17.6.문12, 10.4.문10)

득점	배점
	13

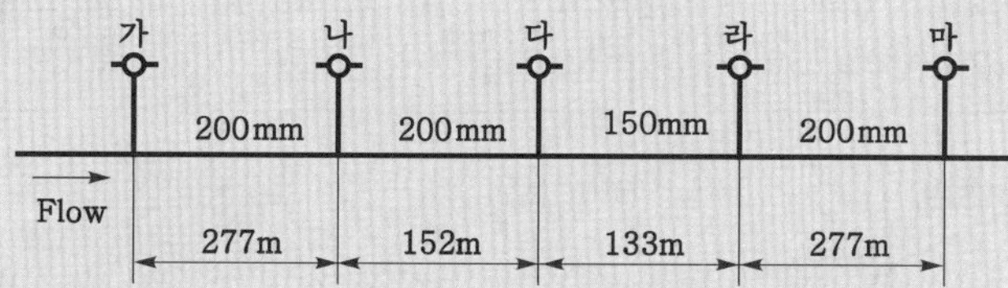

압력 \ 위치	가	나	다	라	마
정압 방사압력	0.557 0.49	0.517 0.379	0.572 0.296	0.586 0.172	0.552 0.069

※ 방사압력은 소화전의 노즐캡을 열고 소화전 본체 직근에서 측정한 Residual pressure를 말한다.

(가) 다음은 동수경사선(hydraulic gradient line)을 작성하기 위한 과정이다. 주어진 자료를 활용하여 표의 빈 곳을 채우시오. (단, 계산과정을 보일 것)

항목 \ 소화전	구경 〔mm〕	실관장 〔m〕	측정압력〔MPa〕 정압	측정압력〔MPa〕 방사압력	펌프로부터 각 소화전까지 전마찰손실 〔MPa〕	소화전 간의 배관마찰손실 〔MPa〕	Gauge elevation 〔MPa〕	경사선의 elevation 〔MPa〕
가	-	-	0.557	0.49	①	-	0.029	0.519
나	200	277	0.517	0.379	②	⑤	0.069	⑩
다	200	152	0.572	0.296	③	0.138	⑧	0.31
라	150	133	0.586	0.172	0.414	⑥	0	⑪
마	200	277	0.552	0.069	④	⑦	⑨	⑫

(단, 기준 elevation으로부터의 정압은 0.586MPa로 본다.)

(나) 위 (가)에서 완성된 표를 자료로 하여 답안지의 동수경사선과 Pipe profile을 완성하시오.

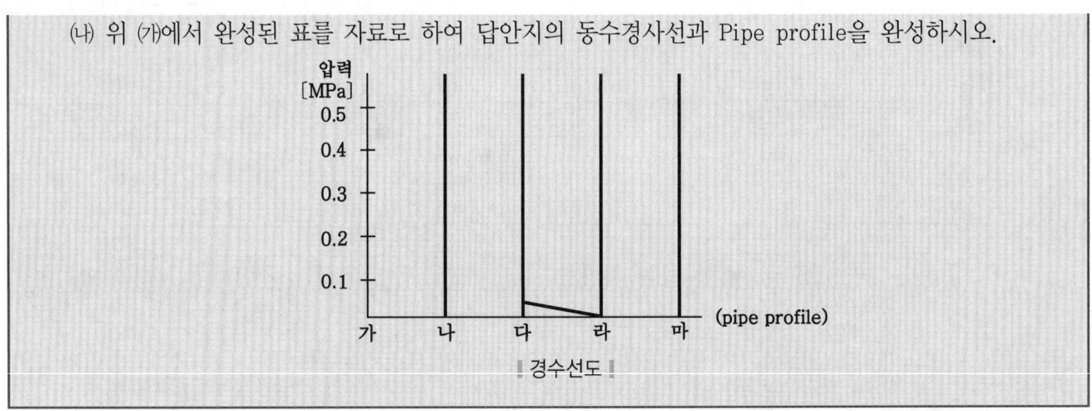

▮경수선도▮

해답 (가)

항 목 / 소화전	구경〔mm〕	실관장〔m〕	측정압력〔MPa〕 정 압	측정압력〔MPa〕 방사압력	펌프로부터 각 소화전까지 전마찰손실〔MPa〕	소화전 간의 배관마찰손실〔MPa〕	Gauge elevation〔MPa〕	경사선의 elevation〔MPa〕
가	–	–	0.557	0.49	0.557−0.49 =0.067	–	0.029	0.519
나	200	277	0.517	0.379	0.517−0.379 =0.138	0.138−0.067 =0.071	0.069	0.379+0.069 =0.448
다	200	152	0.572	0.296	0.572−0.296 =0.276	0.138	0.586−0.572 =0.014	0.31
라	150	133	0.586	0.172	0.414	0.414−0.276 =0.138	0	0.172+0=0.172
마	200	277	0.552	0.069	0.552−0.069 =0.483	0.483−0.414 =0.069	0.586−0.552 =0.034	0.069+0.034 =0.103

(나) 압력 〔MPa〕

0.5, 0.4, 0.3, 0.2, 0.1

0.519, 0.448, 0.31, 0.172, 0.103 — 경사선의 elevation

0.029, 0.069, 0.014, 0, 0.034 — Gauge elevation

가 나 다 라 마 (pipe profile)

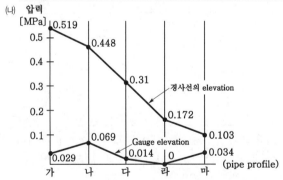

해설 (가) ① 펌프로부터 각 소화전까지 전마찰손실〔MPa〕=**정압**−**방사압력**

② 소화전 간의 배관마찰손실〔MPa〕=펌프로부터 각 소화전까지 **전마찰손실**의 **차**

③ Gauge elevation〔MPa〕=**기준 elevation**(0.586MPa)−**정압**

④ 경사선의 elevation〔MPa〕=**방사압력**+**Gauge elevation**

항 목 / 소화전	구경〔mm〕	실관장〔m〕	측정압력〔MPa〕 정 압	측정압력〔MPa〕 방사압력	펌프로부터 각 소화전까지 전마찰손실〔MPa〕	소화전 간의 배관마찰손실〔MPa〕	Gauge elevation〔MPa〕	경사선의 elevation〔MPa〕
가	–	–	0.557	0.49	0.557−0.49 =0.067	–	0.029	0.519
나	200	277	0.517	0.379	0.517−0.379 =0.138	0.138−0.067 =0.071	0.069	0.379+0.069 =0.448

다	200	152	0.572	0.296	0.572−0.296 =0.276	0.138	0.586−0.572 =0.014	0.31
라	150	133	0.586	0.172	0.414	0.414−0.276 =0.138	0	0.172+0=0.172
마	200	277	0.552	0.069	0.552−0.069 =0.483	0.483−0.414 =0.069	0.586−0.552 =0.034	0.069+0.034 =0.103

(나) Gauge elevation값과 경사선의 elevation의 값을 그래프로 나타내면 된다.

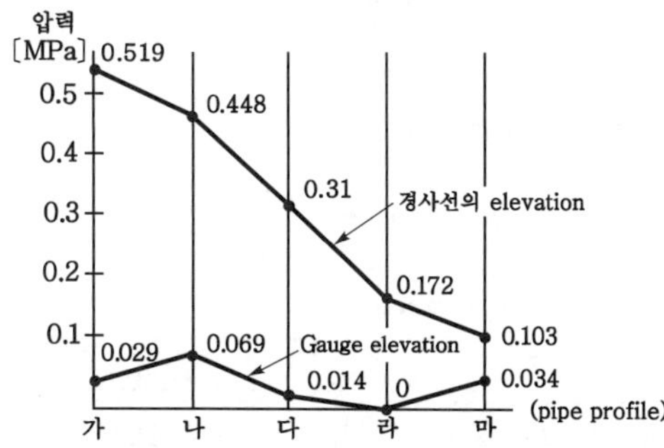

용어

동수경사선
복잡한 관로에 관한 문제를 풀기 위해 사용되는 선

☆☆
문제 15

다음은 펌프의 성능에 관한 내용이다. 다음 물음에 답하시오.

득점	배점
	8

(가) 체절운전에 대해 설명하시오.
○
(나) 정격운전에 대해 설명하시오.
○
(다) 최대 운전에 대해 설명하시오.
○
(라) 펌프의 성능곡선(유량−양정)을 그리시오.
○
(마) 옥내소화전설비가 4개 설치된 특정소방대상물에 설치된 펌프의 성능시험표이다. 해당 성능시험표의 빈칸을 채우시오.

구 분	체절운전	정격운전	최대 운전
유량 Q[L/min]	0	520	(②)
압력 P[MPa]	(①)	0.7	(③)

해답 (가) 체절압력이 정격토출압력의 140%를 초과하지 아니하는 점
(나) 정격토출량의 100%로 운전시 정격토출압력의 100%로 운전하는 점
(다) 정격토출량의 150%로 운전시 정격토출압력의 65% 이상으로 운전하는 점

(라)

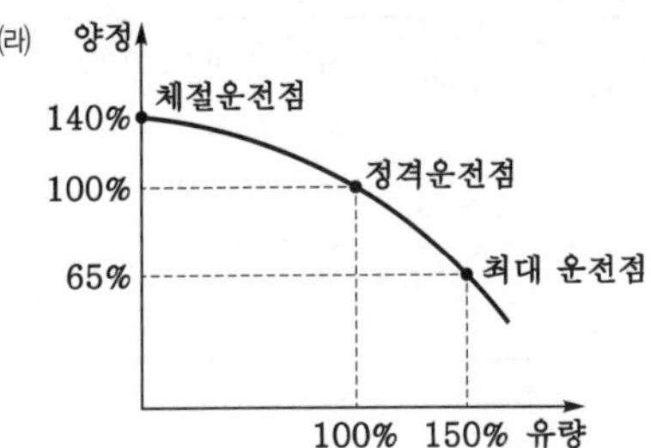

(마) ① ○ 계산과정 : $0.7 \times 1.4 = 0.98\text{MPa}$ 이하
○ 답 : 0.98MPa 이하

② ○ 계산과정 : $520 \times 1.5 = 780\text{L/min}$
○ 답 : 780L/min

③ ○ 계산과정 : $0.7 \times 0.65 = 0.455 \fallingdotseq 0.46\text{MPa}$ 이상
○ 답 : 0.46MPa 이상

해설 (가)~(다) **체절점 · 설계점 · 150% 유량점**

체절점	설계점	150% 유량점(운전점)
정격토출양정×1.4	정격토출양정×1.0	정격토출양정×0.65
• **정의** : 체절압력이 정격토출압력의 **140%**를 **초과**하지 않는 점 • 정격토출압력(양정)의 **140%**를 **초과**하지 않아야 하므로 정격토출양정에 **1.4**를 곱하면 된다. • 140%를 초과하지 않아야 하므로 '**이하**'라는 말을 반드시 쓸 것	• **정의** : 정격토출량의 **100%**로 운전시 정격토출압력의 **100%**로 운전하는 점 • 펌프의 성능곡선에서 설계점은 **정격토출양정**의 **100%** 또는 **정격토출량**의 **100%**이다. • 설계점은 '**이상**', '**이하**'라는 말을 쓰지 않는다.	• **정의** : 정격토출량의 **150%**로 운전시 정격토출압력의 **65% 이상**으로 운전하는 점 • 정격토출량의 **150%**로 운전시 정격토출압력(양정)의 **65% 이상**이어야 하므로 정격토출양정에 **0.65**를 곱하면 된다. • 65% 이상이어야 하므로 '**이상**'이라는 말을 반드시 쓸 것

• 체절점=체절운전점=무부하시험
• 설계점=100% 운전점=100% 유량운전점=정격운전점=정격부하운전점=정격부하시험
• 150% 유량점=150% 운전점=150% 유량운전점=최대 운전점=과부하운전점=피크부하시험

(라)

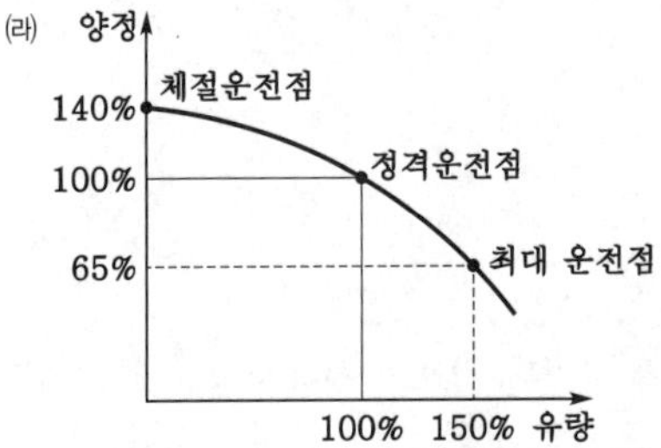

• 문제에서 **유량-양정** 곡선을 그리라고 했으므로 **양정**대신에 **압력**이라 쓰면 틀린다. 주의!

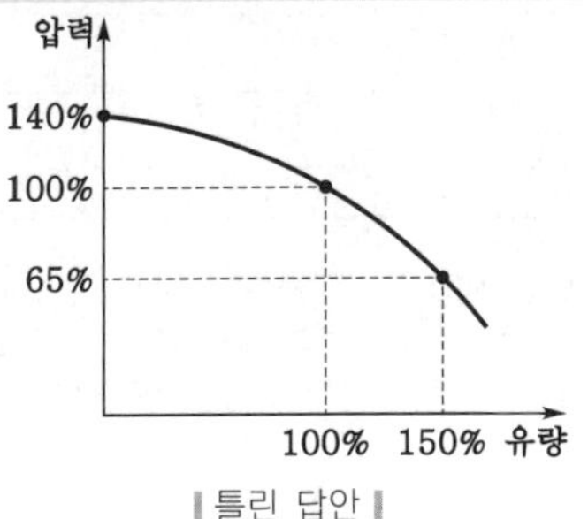

‖ 틀린 답안 ‖

(마) ① 체절압력=정격토출압력×1.4 $=0.7\text{MPa}\times1.4=0.98\text{MPa}$ 이하

② 최대 운전유량=정격토출량×1.5 $=520\text{L/min}\times1.5=780\text{L/min}$

③ 최대 토출압력=정격토출압력×0.65 $=0.7\text{MPa}\times0.65=0.455 \fallingdotseq 0.46\text{MPa}$ 이상

- 체절압력은 **'이하'**라는 말까지 써야 정답!
- 최대 토출압력은 **'이상'**이라는 말까지 써야 정답!

☆☆☆

문제 16

그림의 평면도에 나타난 각 실 중 A실에 급기가압하고자 한다. 주어진 조건을 이용하여 전체 유효등가 누설면적[m²]을 구하고, A실에 유입시켜야 할 풍량[m³/s]을 구하시오. (12.11.문4)

득점	배점
	10

[조건]

① 실외부 대기의 기압은 101.3kPa이다.

② A실에 유지하고자 하는 기압은 101.4kPa이다.

③ 각 실의 문(door)들의 틈새면적은 0.01m^2이다.

④ 어느 실을 급기가압할 때 그 실의 문의 틈새를 통하여 누출되는 공기의 양[m³/s]은 다음의 식을 따른다.

$$Q=0.827AP^{\frac{1}{2}}$$

여기서, Q : 누출되는 공기의 양[m³/s]

A : 문의 전체 유효등가누설면적[m²]

P : 문을 경계로 한 실내외의 기압차[Pa]

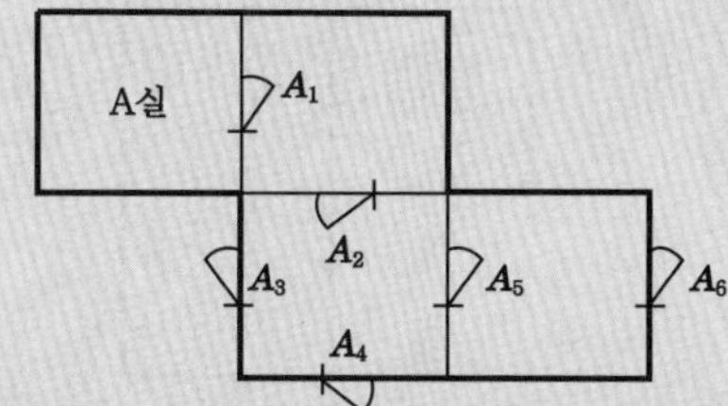

(가) 문의 전체 유효등가누설면적 A[m²] (단, 유효등가누설면적(A)은 소수점 6째자리에서 반올림하여 소수점 5째자리까지 나타내시오.)

○ 계산과정 :

○ 답 :

(나) A실에 유입시켜야 할 풍량 Q[m³/s] (단, 풍량(Q)은 소수점 5째자리에서 반올림하여 소수점 4째자리까지 나타내시오.)

○ 계산과정 :

○ 답 :

해답

(가) ○ 계산과정 : $A_5 \sim A_6=\dfrac{1}{\sqrt{\dfrac{1}{0.01^2}+\dfrac{1}{0.01^2}}}=0.00707\text{m}^2$

$A_3 \sim A_6=0.01+0.01+0.00707=0.02707\text{m}^2$

$A_1 \sim A_6=\dfrac{1}{\sqrt{\dfrac{1}{0.01^2}+\dfrac{1}{0.01^2}+\dfrac{1}{0.02707^2}}}=0.006841 \fallingdotseq 0.00684\text{m}^2$

○ 답 : 0.00684m^2

(나) ○ 계산과정 : $0.827 \times 0.00684 \times \sqrt{100} = 0.05656 \fallingdotseq 0.0566\text{m}^3/\text{s}$

○ 답 : $0.0566\text{m}^3/\text{s}$

해설 (가) [조건 ③]에서 각 실의 틈새면적은 0.01m^2이다.

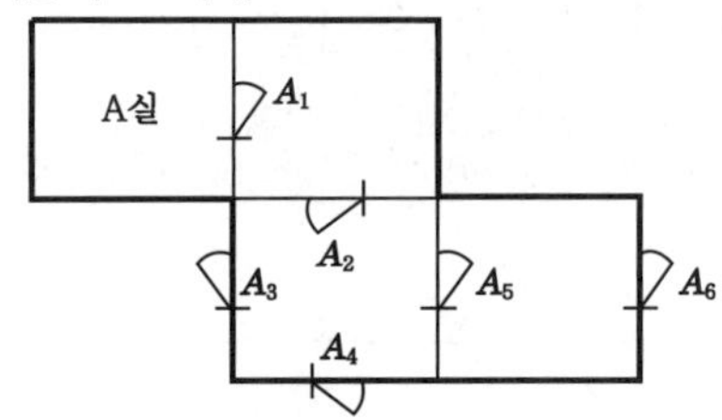

$A_5 \sim A_6$은 **직렬상태**이므로

$$A_5 \sim A_6 = \frac{1}{\sqrt{\frac{1}{0.01^2} + \frac{1}{0.01^2}}} = 0.00707\text{m}^2$$

위의 내용을 정리하면 다음과 같이 변환시킬 수 있다.

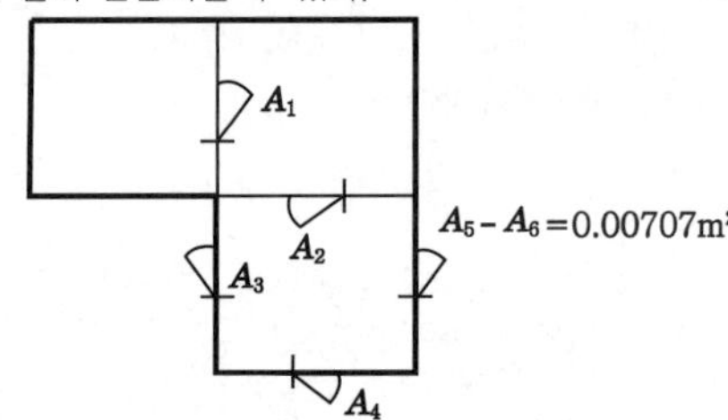

$A_3 \sim A_6$은 **병렬상태**이므로

$A_3 \sim A_6 = 0.01 + 0.01 + 0.00707 = 0.02707\text{m}^2$

위의 내용을 정리하면 다음과 같이 변환시킬 수 있다.

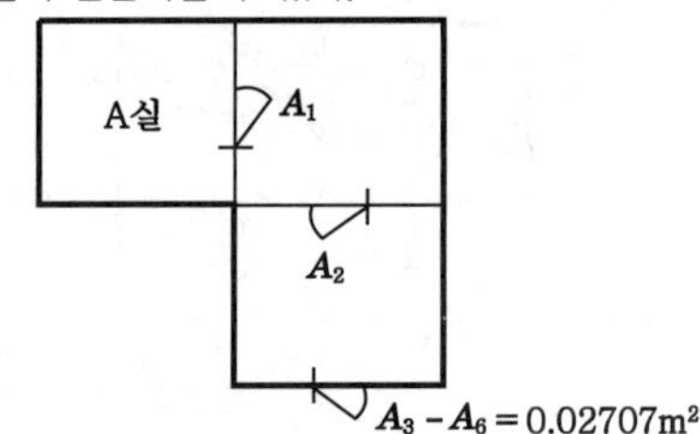

$A_1 \sim A_6$은 **직렬상태**이므로

$$A_1 \sim A_6 = \frac{1}{\sqrt{\frac{1}{0.01^2} + \frac{1}{0.01^2} + \frac{1}{0.02707^2}}} = 0.006841 \fallingdotseq 0.00684\text{m}^2$$

(나) **유입풍량** Q는

$Q = 0.827\,A\,\sqrt{P} = 0.827 \times 0.00684\text{m}^2 \times \sqrt{100\,\text{Pa}} = 0.05656 \fallingdotseq 0.0566\text{m}^3/\text{s}$

- [조건 ①, ②]에서 기압차(P)=101400−101300=100Pa이다.
- [단서]에 의해 소수점 5째자리에서 반올림
- 유입풍량

$$Q = 0.827A\sqrt{P}$$

여기서, Q : 유입풍량[m^3/s]

A : 문의 틈새면적[m^2]

P : 문을 경계로 한 실내외의 기압차[Pa]

참고

누설틈새면적

직렬상태	병렬상태
$A=\dfrac{1}{\sqrt{\dfrac{1}{{A_1}^2}+\dfrac{1}{{A_2}^2}+\cdots}}$ 여기서, A : 전체 누설틈새면적[m²] A_1, A_2 : 각 실의 누설틈새면적[m²] 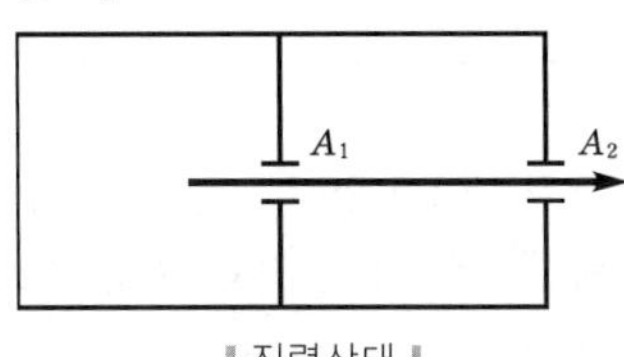 ▮ 직렬상태 ▮	$A=A_1+A_2+\cdots$ 여기서, A : 전체 누설틈새면적[m²] A_1, A_2 : 각 실의 누설틈새면적[m²] 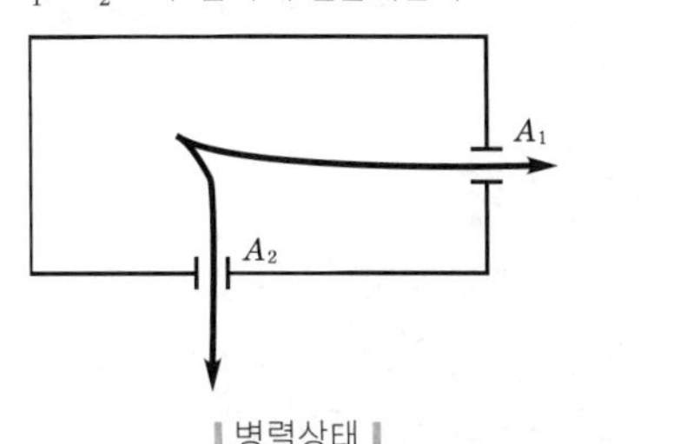 ▮ 병렬상태 ▮

“ 자신감은 당신을 합격으로 이끄는 원동력이 됩니다. 할 수 있습니다. 

2020. 11. 16 시행

▌2020년 기사 제4회 필답형 실기시험▐

자격종목	시험시간	형별	수험번호	성명	감독위원 확 인
소방설비기사(기계분야)	3시간				

※ 다음 물음에 답을 해당 답란에 답하시오.(배점 : 100)

☆☆

문제 01

소화펌프의 유량 $240m^3/h$, 양정 80m, 회전수 1565rpm으로 가압송수하고 있다. 소화펌프의 시험결과 최상층의 법정토출압력에 적합하려면 양정이 20m 부족하다. 펌프의 양정을 20m 올리기 위해 필요한 회전수〔rpm〕를 구하시오. (16.4.문13, 12.7.문13, 07.11.문8)

○ 계산과정 :

○ 답 :

유사문제부터 풀어보세요. 실력이 팍!팍! 올라갑니다.

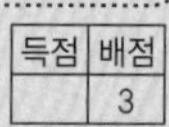

득점	배점
	3

해답

○ 계산과정 : $\sqrt{\frac{100}{80}} \times 1565 = 1749.723 \fallingdotseq 1749.72\text{rpm}$

○ 답 : 1749.72rpm

해설 (1) **기호**

- Q_1 : $240m^3/h$
- H_1 : 80m
- N_1 : 1565rpm
- H_2 : 100m(80m에서 20m 부족하므로 100m)
- N_2 : ?

(2) **양정**

$$H_2 = H_1\left(\frac{N_2}{N_1}\right)^2$$

여기서, H_2 : 변경 후 양정〔m〕

H_1 : 변경 전 양정〔m〕

N_2 : 변경 후 회전수〔rpm〕

N_1 : 변경 전 회전수〔rpm〕

$$H_2 = H_1\left(\frac{N_2}{N_1}\right)^2$$

$$\frac{H_2}{H} = \left(\frac{N_2}{N_1}\right)^2$$

$$\frac{H_2}{H_1} = \frac{{N_2}^2}{{N_1}^2}$$

$$\frac{H_2}{H_1} \times {N_1}^2 = {N_2}^2$$

$${N_2}^2 = \frac{H_2}{H_1} \times {N_1}^2 \leftarrow \text{좌우 이항}$$

$$\sqrt{{N_2}^2} = \sqrt{\frac{H_2}{H_1} \times {N_1}^2}$$

$$N_2 = \sqrt{\frac{H_2}{H_1}} \times N_1 = \sqrt{\frac{100\text{m}}{80\text{m}}} \times 1565\text{rpm} = 1749.723 ≒ 1749.72\text{rpm}$$

- Q_1 : 이 문제에서는 적용하지 않아도 됨

중요

유량, 양정, 축동력

유 량	양 정	축동력
회전수에 비례하고 **직경**(관경)의 세제곱에 비례한다.	회전수의 제곱 및 직경(관경)의 제곱에 비례한다.	회전수의 세제곱 및 직경(관경)의 오제곱에 비례한다.
$Q_2 = Q_1 \left(\frac{N_2}{N_1}\right)\left(\frac{D_2}{D_1}\right)^3$ 또는 $Q_2 = Q_1 \left(\frac{N_2}{N_1}\right)$	$H_2 = H_1 \left(\frac{N_2}{N_1}\right)^2\left(\frac{D_2}{D_1}\right)^2$ 또는 $H_2 = H_1 \left(\frac{N_2}{N_1}\right)^2$	$P_2 = P_1 \left(\frac{N_2}{N_1}\right)^3\left(\frac{D_2}{D_1}\right)^5$ 또는 $P_2 = P_1 \left(\frac{N_2}{N_1}\right)^3$
여기서, Q_2 : 변경 후 유량[L/min] Q_1 : 변경 전 유량[L/min] N_2 : 변경 후 회전수[rpm] N_1 : 변경 전 회전수[rpm] D_2 : 변경 후 직경(관경)[mm] D_1 : 변경 전 직경(관경)[mm]	여기서, H_2 : 변경 후 양정[m] H_1 : 변경 전 양정[m] N_2 : 변경 후 회전수[rpm] N_1 : 변경 전 회전수[rpm] D_2 : 변경 후 직경(관경)[mm] D_1 : 변경 전 직경(관경)[mm]	여기서, P_2 : 변경 후 축동력[kW] P_1 : 변경 전 축동력[kW] N_2 : 변경 후 회전수[rpm] N_1 : 변경 전 회전수[rpm] D_2 : 변경 후 직경(관경)[mm] D_1 : 변경 전 직경(관경)[mm]

☆☆☆

문제 02

주어진 평면도와 설계조건을 기준으로 방호대상구역별로 소요되는 전역방출방식의 할론소화설비에서 각 실의 방출노즐당 설계방출량[kg/s]을 계산하시오. (16.11.문11, 11.11.문8)

득점	배점
	8

[설계 조건]

① 할론저장용기는 고압식 용기로서 각 용기의 약제용량은 50kg이다.
② 용기밸브의 작동방식은 가스압력식으로 한다.
③ 방호대상구역은 4개 구역으로서 각 구역마다 개구부의 존재는 무시한다.
④ 각 방호대상구역에서의 체적[m³]당 약제소요량 기준은 다음과 같다.
- A실 : 0.33kg/m³
- B실 : 0.52kg/m³
- C실 : 0.33kg/m³
- D실 : 0.52kg/m³

⑤ 각 실의 바닥으로부터 천장까지의 높이는 모두 5m이다.
⑥ 분사헤드의 수량은 도면수량을 기준으로 한다.
⑦ 설계방출량[kg/s] 계산시 약제용량은 적용되는 용기의 용량을 기준으로 한다.

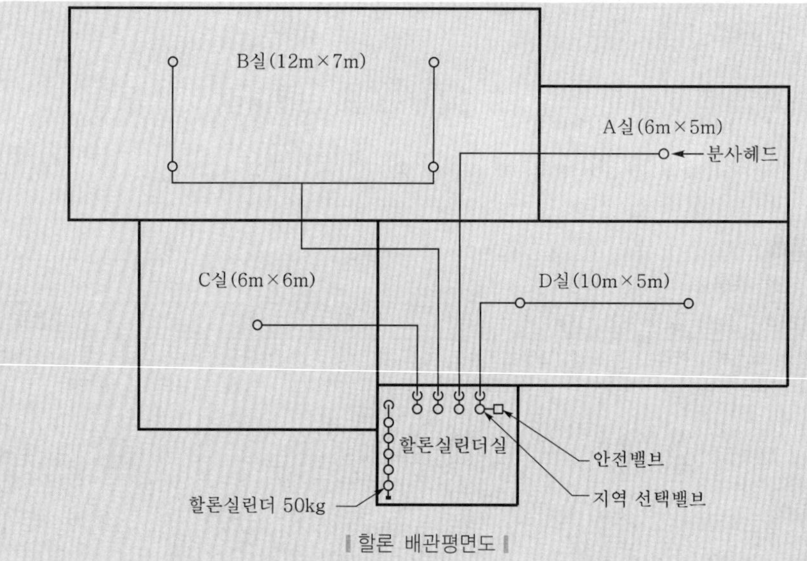

‖ 할론 배관평면도 ‖

(가) A실의 방출노즐당 설계방출량[kg/s]

○ 계산과정 :

○ 답 :

(나) B실의 방출노즐당 설계방출량[kg/s]

○ 계산과정 :

○ 답 :

(다) C실의 방출노즐당 설계방출량[kg/s]

○ 계산과정 :

○ 답 :

(라) D실의 방출노즐당 설계방출량[kg/s]

○ 계산과정 :

○ 답 :

해답 (가) ○ 계산과정 : 할론저장량 $[(6\times5)\times5]\times0.33=49.5\text{kg}$

용기수 $\dfrac{49.5}{50}=0.99 ≒ 1$병

방출량 $\dfrac{50\times1}{1\times10}=5\text{kg/s}$

○ 답 : 5kg/s

(나) ○ 계산과정 : 할론저장량 $[(12\times7)\times5]\times0.52=218.4\text{kg}$

용기수 $\dfrac{218.4}{50}=4.3 ≒ 5$병

방출량 $\dfrac{50\times5}{4\times10}=6.25\text{kg/s}$

○ 답 : 6.25kg/s

(다) ○ 계산과정 : 할론저장량 $[(6\times6)\times5]\times0.33=59.4\text{kg}$

용기수 $\dfrac{59.4}{50}=1.18 ≒ 2$병

방출량 $\dfrac{50\times2}{1\times10}=10\text{kg/s}$

○ 답 : 10kg/s

(라) ○ 계산과정 : 할론저장량 $[(10\times5)\times5]\times0.52=130\text{kg}$

용기수 $\frac{130}{50}=2.6 ≒ 3$병

방출량 $\frac{50\times3}{2\times10}=7.5\text{kg/s}$

○ 답 : 7.5kg/s

할론저장량(kg)
=**방**호구역체적(m^3)×**약**제량(kg/m^3)+**개**구부면적(m^2)×개구부가**산**량(kg/m^2)

기억법 **방약+개산**

(가) **A실**

할론저장량$=[(6\times5)\text{m}^2\times5\text{m}]\times0.33\text{kg/m}^3=49.5\text{kg}$

용기수$=\frac{\text{할론저장량}}{\text{1본의 약제량}}=\frac{49.5\text{kg}}{50\text{kg}}=0.99 ≒ 1$병

방출량$=\frac{\text{1본의 약제량}\times\text{병수}}{\text{헤드 개수}\times\text{약제방출시간[s]}}=\frac{50\text{kg}\times1\text{병}}{1\text{개}\times10\text{s}}=5\text{kg/s}$

(나) **B실**

할론저장량$=[(12\times7)\text{m}^2\times5\text{m}]\times0.52\text{kg/m}^3=218.4\text{kg}$

용기수$=\frac{\text{할론저장량}}{\text{1본의 약제량}}=\frac{218.4\text{kg}}{50\text{kg}}=4.3 ≒ 5$병

방출량$=\frac{\text{1본의 약제량}\times\text{병수}}{\text{헤드 개수}\times\text{약제방출시간[s]}}=\frac{50\text{kg}\times5\text{병}}{4\text{개}\times10\text{s}}=6.25\text{kg/s}$

(다) **C실**

할론저장량$=[(6\times6)\text{m}^2\times5\text{m}]\times0.33\text{kg/m}^3=59.4\text{kg}$

용기수$=\frac{\text{할론저장량}}{\text{1본의 약제량}}=\frac{59.4\text{kg}}{50\text{kg}}=1.18 ≒ 2$병

방출량$=\frac{\text{1본의 약제량}\times\text{병수}}{\text{헤드 개수}\times\text{약제방출시간[s]}}=\frac{50\text{kg}\times2\text{병}}{1\text{개}\times10\text{s}}=10\text{kg/s}$

(라) **D실**

할론저장량$=[(10\times5)\text{m}^2\times5\text{m}]\times0.52\text{kg/m}^3=130\text{kg}$

용기수$=\frac{\text{할론저장량}}{\text{1본의 약제량}}=\frac{130\text{kg}}{50\text{kg}}=2.6 ≒ 3$병

방출량$=\frac{\text{1본의 약제량}\times\text{병수}}{\text{헤드 개수}\times\text{약제방출시간[s]}}=\frac{50\text{kg}\times3\text{병}}{2\text{개}\times10\text{s}}=7.5\text{kg/s}$

- [조건 ⑤]에서 각 실의 층고는 **5m**이다.
- 개구부에 관한 조건이 없으므로 **개구부면적 및 개구부가산량**은 적용하지 않는다.
- **약제방사시간**

소화설비		전역방출방식		국소방출방식	
		일반건축물	위험물제조소	일반건축물	위험물제조소
할론소화설비 →		10초 이내	30초 이내	10초 이내	30초 이내
분말소화설비		30초 이내		30초 이내	
CO_2 소화설비	표면화재	1분 이내	60초 이내		
	심부화재	7분 이내			

- 방출량$=\frac{\text{1본의 약제량}\times\text{병수}}{\text{헤드 개수}\times\text{약제방출시간[s]}}$

1본의 약제량=1병당 충전량

비교

(1) 선택밸브 직후의 유량 $= \frac{\text{1병당 저장량[kg]} \times \text{병수}}{\text{약제방출시간[s]}}$

(2) 방사량 $= \frac{\text{1병당 저장량[kg]} \times \text{병수}}{\text{헤드수} \times \text{약제방출시간[s]}}$

(3) 약제의 유량속도 $= \frac{\text{1병당 저장량[kg]} \times \text{병수}}{\text{약제방출시간[s]}}$

(4) 분사헤드수 $= \frac{\text{1병당 저장량[kg]} \times \text{병수}}{\text{헤드 1개의 표준방사량[kg]}}$

(5) 개방밸브(용기밸브) 직후의 유량 $= \frac{\text{1병당 충전량[kg]}}{\text{약제방출시간[s]}}$

• 1병당 저장량=1병당 충전량

☆☆☆

문제 03

경유를 저장하는 안지름이 14m인 콘루프탱크에 포소화설비의 방출구를 설치하여 방호하려고 할 때 다음 물음에 답하시오. (19.4.문6, 17.4.문10, 16.11.문15, 15.7.문1, 14.4.문6, 13.11.문10, 12.7.문7, 11.11.문13, 04.4.문1)

득점	배점
	7

[조건]

① 소화약제는 3%용의 단백포를 사용하며, 수용액의 분당방출량은 $8L/m^2 \cdot min$이고, 방사시간은 30분을 기준으로 한다.

② 펌프의 효율은 65%, 전달계수는 1.2이다.

③ 포소화약제의 혼합장치로는 라인 프로포셔너방식을 사용한다.

(가) 탱크의 액표면적[m^2]을 구하시오.
○ 계산과정 :
○ 답 :

(나) 상기탱크의 방출구에 의하여 소화하는 데 필요한 수용액량, 수원의 양, 포소화약제 원액량은 각각 얼마 이상이어야 하는지 각 항의 요구에 따라 구하시오.

① 수용액의 양[L]
○ 계산과정 :
○ 답 :

② 원액의 양[L]
○ 계산과정 :
○ 답 :

③ 수원의 양[L]
○ 계산과정 :
○ 답 :

(다) 펌프의 전양정이 80m라고 할 때 수원의 펌프동력[kW]은 얼마 이상이어야 하는지 구하시오.
○ 계산과정 :
○ 답 :

해답 (가) ○ 계산과정 : $\frac{\pi\times 14^2}{4}=153.938 ≒ 153.94\text{m}^2$

○ 답 : 153.94m²

(나) ① ○ 계산과정 : $153.94\times 8\times 30\times 1=36945.6\text{L}$

○ 답 : 36945.6L

② ○ 계산과정 : $153.94\times 8\times 30\times 0.03=1108.368 ≒ 1108.37\text{L}$

○ 답 : 1108.37L

③ ○ 계산과정 : $153.94\times 8\times 30\times 0.97=35837.232 ≒ 35837.23\text{L}$

○ 답 : 35837.23L

(다) ○ 계산과정 : $Q=\frac{36945.6}{30}=1231.52\text{L/min}$

$$P=\frac{0.163\times 1.23152\times 80}{0.65}\times 1.2=29.647 ≒ 29.65\text{kW}$$

○ 답 : 29.65kW

해설

$$Q=A\times Q_1\times T\times S$$

여기서, Q : 수용액 · 수원 · 약제량〔L〕

A : 탱크의 액표면적〔m²〕

Q_1 : 수용액의 분당방출량〔L/m² · min〕

T : 방사시간〔min〕

S : 농도

(가) 탱크의 액표면적 A는

$$A=\frac{\pi D^2}{4}=\frac{\pi\times(14\text{m})^2}{4}=153.938 ≒ 153.94\text{m}^2$$

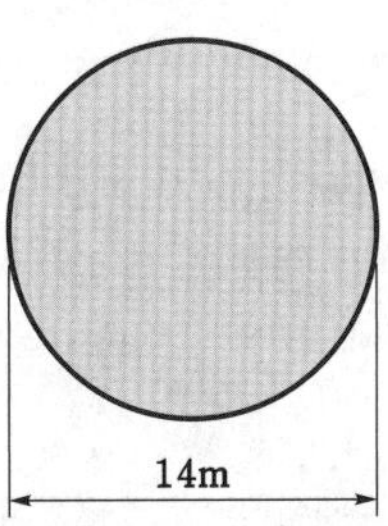

▎콘루프탱크의 구조▕

- 탱크의 액표면적(A)은 탱크 내면의 표면적만 고려하므로 **안지름** 기준!

(나) ① **수용액량** Q는

$$Q=A\times Q_1\times T\times S=153.94\text{m}^2\times 8\text{L/m}^2\cdot\text{min}\times 30\text{min}\times 1=36945.6\text{L}$$

- 수용액량에서 **농도(S)**는 항상 **1**

② 포소화약제 **원액량** Q는

$$Q=A\times Q_1\times T\times S=153.94\text{m}^2\times 8\text{L/m}^2\cdot\text{min}\times 30\text{min}\times 0.03=1108.368 ≒ 1108.37\text{L}$$

- 〔조건 ①〕에서 3%용이므로 **약제농도(S)**는 **0.03**

③ **수원**의 **양** Q는

$$Q=A\times Q_1\times T\times S=153.94\text{m}^2\times 8\text{L/m}^2\cdot\text{min}\times 30\text{min}\times 0.97=35837.232 ≒ 35837.23\text{L}$$

- 〔조건 ①〕에서 3%용이므로 수원의 농도(S)는 97%(100−3=97%)

(다) 분당토출량(Q)$=\frac{\text{수용액량〔L〕}}{\text{방사시간〔min〕}}=\frac{36945.6\text{L}}{30\text{min}}=1231.52\text{L/min}$

- **펌프**의 **토출량**은 어떤 혼합장치이던지 관계없이 모두! 반드시! **포수용액**을 기준으로 해야 한다.
  - 포소화설비의 화재안전기준(NFPC 105 6조 ①항 4호, NFTC 105 2.3.1.4)
    4. **펌프**의 **토출량**은 포헤드 · 고정포방출구 또는 이동식 포노즐의 설계압력 또는 노즐의 방사압력의 허용범위 안에서 **포수용액**을 방출 또는 방사할 수 있는 양 이상이 되도록 할 것

전동기의 출력

$$P = \frac{0.163QH}{\eta}K$$

여기서, P : 전동기의 출력[kW]
Q : 토출량[m^3/min]
H : 전양정[m]
K : 전달계수
η : 펌프의 효율

전동기의 **출력** P는

$$P = \frac{0.163QH}{\eta}K = \frac{0.163 \times 1231.52\text{L/min} \times 80\text{m}}{0.65} \times 1.2$$

$$= \frac{0.163 \times 1.23152\text{m}^3/\text{min} \times 80\text{m}}{0.65} \times 1.2 = 29.647 ≒ 29.65\text{kW}$$

- K : [조건 ②]에서 1.2로 주어짐
- 1000L=1m^{3}이므로 1231.52L/min=1.23152m^3/min

문제 04

지하 2층 지상 12층의 사무실건물에 있어서 11층 이상에 화재안전기준과 아래 조건에 따라 스프링클러설비를 설계하려고 한다. 다음 각 물음에 답하시오.

(19.4.문11 · 14, 15.11.문15, 14.4.문17, 12.4.문10, 10.7.문8, 01.7.문11)

득점	배점
	11

[조건]
① 11층 및 12층에 설치하는 폐쇄형 스프링클러헤드의 수량은 각각 80개이다.
② 입상배관의 내경은 150mm이고, 높이는 40m이다.
③ 펌프의 풋밸브로부터 최상층 스프링클러헤드까지의 실고는 50m이다.
④ 입상배관의 마찰손실수두를 제외한 펌프의 풋밸브로부터 최상층, 즉 가장 먼 스프링클러헤드까지의 마찰 및 저항 손실수두는 15m이다.
⑤ 모든 규격치는 최소량을 적용한다.
⑥ 펌프의 효율은 65%이다.

(가) 펌프의 최소 유량[L/min]을 구하시오.
○ 계산과정 :
○ 답 :

(나) 수원의 최소 유효저수량[m^3]을 구하시오.
○ 계산과정 :
○ 답 :

(다) 입상배관에서의 마찰손실수두[m]를 구하시오. (단, 수직배관은 직관으로 간주, Darcy-Weisbach의 식을 사용, 마찰손실계수는 0.02이다.)
○ 계산과정 :
○ 답 :

(라) 펌프의 최소 양정[m]을 구하시오.
  ○ 계산과정 :
  ○ 답 :

(마) 펌프의 축동력[kW]을 구하시오.
  ○ 계산과정 :
  ○ 답 :

(바) 불연재료로 된 천장에 헤드를 아래 그림과 같이 정방형으로 배치하려고 한다. A 및 B의 최대 길이를 계산하시오. (단, 건물은 내화구조이다.)
  ① A(계산과정 및 답) :
  ② B(계산과정 및 답) :

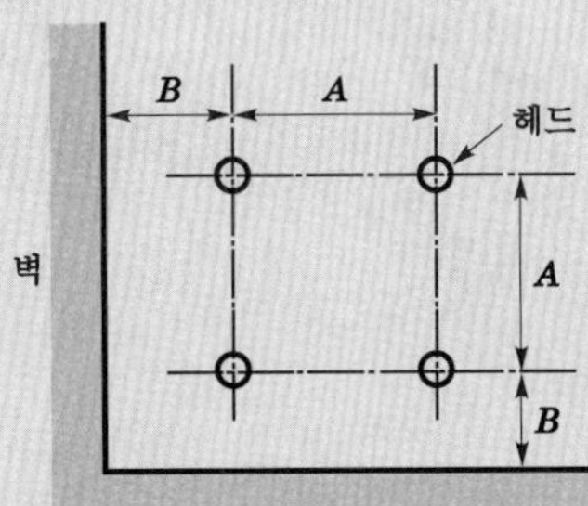

(가) ○ 계산과정 : $30\times80=2400\text{L/min}$
  ○ 답 : 2400L/min

(나) ○ 계산과정 : $1.6\times30=48\text{m}^3$
  ○ 답 : 48m^3

(다) ○ 계산과정 : $V=\dfrac{\dfrac{2.4}{60}}{\dfrac{\pi}{4}\times0.15^2}=2.263\text{m/s}$

$$H=\frac{0.02\times40\times2.263^2}{2\times9.8\times0.15}=1.393 \fallingdotseq 1.39\text{m}$$

  ○ 답 : 1.39m

(라) ○ 계산과정 : $(1.39+15)+50+10=76.39\text{m}$
  ○ 답 : 76.39m

(마) ○ 계산과정 : $\dfrac{0.163\times2.4\times76.39}{0.65}=45.975 \fallingdotseq 45.98\text{kW}$
  ○ 답 : 45.98kW

(바) ① A : ○ 계산과정 : $2\times2.3\times\cos45°=3.252 \fallingdotseq 3.25\text{m}$
  ○ 답 : 3.25m

② B : ○ 계산과정 : $\dfrac{3.25}{2}=1.625 \fallingdotseq 1.63\text{m}$
  ○ 답 : 1.63m

(가)

특정소방대상물		폐쇄형 헤드의 기준개수
지하가 · 지하역사		30
11층 이상 →		
10층 이하	공장(특수가연물), 창고시설	
	판매시설(백화점 등), 복합건축물(판매시설이 설치된 것)	
	근린생활시설, 운수시설	20
	8m 이상	
	8m 미만	10
공동주택(아파트 등)		10(각 동이 주차장으로 연결된 주차장 : 30)

펌프의 **최소 유량** Q는

$Q=N\times 80\text{L/min}=30\times 80\text{L/min}=2400\text{L/min}$

- N: 폐쇄형 헤드의 기준개수로서 [조건 ①]에서 **11층** 이상이므로 위 표에서 **30개**

수원의 **최소 유효저수량** Q는

$Q=1.6N$(30층 미만)
$Q=3.2N$(30~49층 이하)
$Q=4.8N$(50층 이상)

여기서, Q : 수원의 저수량[m^3]
N : 폐쇄형 헤드의 기준개수(설치개수가 기준개수보다 작으면 그 설치계수)

(나) **수원**의 **최소 유효저수량** Q는

$Q=1.6N=1.6\times 30=48\text{m}^3$

- N: 폐쇄형 헤드의 기준개수로서 [조건 ①]에서 **11층** 이상이므로 위 표에서 **30개**

(다) ① **유량**

$$Q=AV=\left(\frac{\pi}{4}D^2\right)V$$

여기서, Q : 유량[m^3/s]
A : 단면적[m^2]
V : 유속[m/s]
D : 내경[m]

유속 V는

$$V=\frac{Q}{\frac{\pi}{4}D^2}=\frac{2400\text{L/min}}{\frac{\pi}{4}\times(150\text{mm})^2}=\frac{2.4\text{m}^3/60\text{s}}{\frac{\pi}{4}\times(0.15\text{m})^2}=\frac{\frac{2.4\text{m}^3}{60\text{s}}}{\frac{\pi}{4}\times(0.15\text{m})^2}=2.263\text{m/s}$$

- 유량(Q)은 (가)에서 **2400L/min**, 수직배관의 내경(D)은 [조건 ②]에서 **150mm**

② **달시-웨버식**

$$H=\frac{\Delta P}{\gamma}=\frac{flV^2}{2gD}$$

여기서, H : 마찰손실수두[m]
ΔP : 압력차[MPa]
γ : 비중량(물의 비중량 9800N/m^3)
f : 관마찰계수
l : 배관길이[m]
V : 유속[m/s]
g : 중력가속도(9.8m/s^2)
D : 내경[m]

입상배관의 **마찰손실수두** H는

$$H=\frac{flV^2}{2gD}=\frac{0.02\times 40\text{m}\times(2.263\text{m/s})^2}{2\times 9.8\text{m/s}^2\times 0.15\text{m}}=1.393 ≒ 1.39\text{m}$$

- 배관길이(l)는 [조건 ②]에서 입상배관의 높이 **40m**가 곧 배관길이
- 입상배관의 내경(D)은 [조건 ②]에서 **150mm**(0.15m)

(라)

$$H\geq h_1+h_2+10$$

여기서, H : 전양정[m]
h_1 : 배관 및 관부속품의 마찰손실수두[m]
h_2 : 실양정(흡입양정+토출양정)[m]

펌프의 **최소 양정** H는

$H=h_1+h_2+10=(1.39+15)+50+10=76.39\text{m}$

- 배관 및 관부속품의 마찰손실수두(h_1)는 (다)의 마찰손실수두(**1.39m**)+[조건 ④]의 마찰손실수두(**15m**)
- 실양정(h_2)은 [조건 ③]에서 **50m**

(마)

$$P=\frac{0.163\,QH}{\eta}$$

여기서, P : 축동력[kW]
Q : 유량[m^3/min]
H : 전양정[m]
η : 효율

펌프의 **축동력** P는

$$P=\frac{0.163\,QH}{\eta}=\frac{0.163\times 2400\text{L/min}\times 76.39\text{m}}{0.65}=\frac{0.163\times 2.4\text{m}^3\text{/min}\times 76.39\text{m}}{0.65}=45.975 \fallingdotseq 45.98\text{kW}$$

- **축동력** : 전달계수(K)를 고려하지 않은 동력으로서, 계산식에서 K를 적용하지 않는 것에 주의하라.

(바) **정방형**(정사각형) **헤드간격** A는

$A=2R\cos 45°=2\times 2.3\text{m}\times\cos 45°=3.252 \fallingdotseq 3.25\text{m}$

설치장소	설치기준(R)
무대부 · **특**수가연물(창고 포함)	수평거리 **1.7m** 이하
기타 구조(창고 포함)	수평거리 **2.1m** 이하
내화구조(창고 포함) →	수평거리 **2.3m** 이하
공동주택(**아**파트) 세대 내	수평거리 **2.6m** 이하

기억법
무특 7
기 1
내 3
공아 26

[단서]에서 건물은 **내화구조**이므로 위 표에서 수평거리(R)는 **2.3m**

$B=\frac{A}{2}=\frac{3.25\text{m}}{2}=1.625 \fallingdotseq 1.63\text{m}$

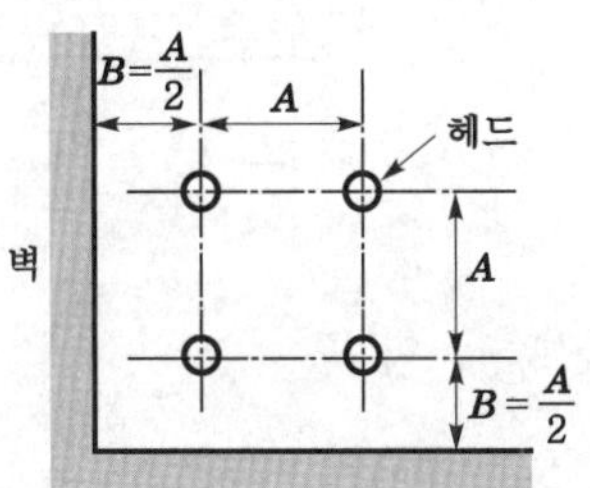

중요

헤드의 **배치형태**

정방형(정사각형)	장방형(직사각형)	지그재그형(나란히꼴형)
$S=2R\cos 45°,\ L=S$ 여기서, S : 수평헤드간격[m] R : 수평거리[m] L : 배관간격[m]	$S=\sqrt{4R^2-L^2}$ $L=2R\cos\theta$ $S'=2R$ 여기서, S : 수평헤드간격[m] R : 수평거리[m] L : 배관간격[m] S' : 대각선 헤드간격[m] θ : 각도	$S=2R\cos 30°$ $b=2R\cos 30°$ $L=\frac{b}{2}$ 여기서, S : 수평헤드간격[m] R : 수평거리[m] b : 수직헤드간격[m] L : 배관간격[m]

☆☆

문제 05

그림과 같은 옥내소화전설비를 다음 조건과 화재안전기준에 따라 설치하려고 한다. 다음 각 물음에 답하시오. (단, P_1 풋밸브와 바닥면과의 간격은 0.2m이다.)

(19.6.문2 · 3 · 4, 15.11.문1, 13.4.문9, 10.10.문9, 07.7.문2)

득점	배점
	9

〔조건〕

① P_1 : 옥내소화전펌프

② P_2 : 잡수용 양수펌프

③ 펌프의 풋밸브로부터 9층 옥내소화전함 호스접결구까지의 마찰손실 및 저항손실수두는 실양정의 30%로 한다.

④ 펌프의 효율은 65%이다.

⑤ 옥내소화전의 개수는 각 층 2개씩이다.

⑥ 소방호스의 마찰손실수두는 7.8m이다.

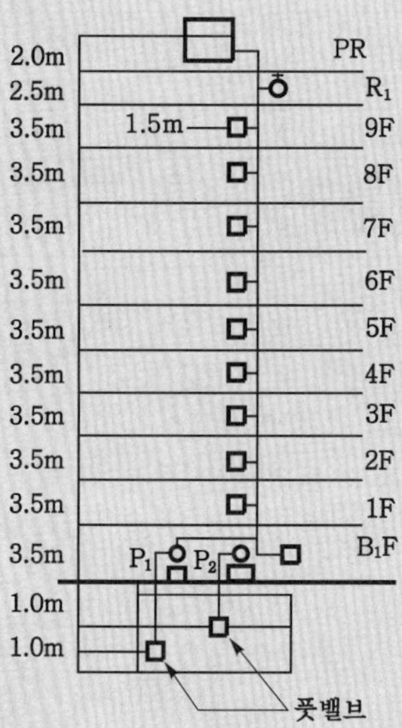

(가) 펌프의 최소 유량은 몇 L/min인가?

○ 계산과정 :

○ 답 :

(나) 수원의 최소 유효저수량은 몇 m^3인가?

○ 계산과정 :

○ 답 :

(다) 펌프의 양정은 몇 m인가?

○ 계산과정 :

○ 답 :

(라) 펌프의 축동력은 몇 kW인가?

○ 계산과정 :

○ 답 :

해답 (가) ○ 계산과정 : $2\times130=260\text{L/min}$

○ 답 : 260L/min

(나) ○ 계산과정 : $Q=2.6\times2=5.2\text{m}^3$

$$Q'=2.6\times2\times\frac{1}{3}\fallingdotseq1.733\text{m}^3$$

$$5.2+1.733=6.933\fallingdotseq6.93\text{m}^3$$

○ 답 : 6.93m^3

(다) ○ 계산과정 : $h_1=7.8\text{m}$

$$h_2=34.8\times0.3=10.44\text{m}$$

$$h_3=(1.0-0.2)+1.0+(3.5\times9)+1.5=34.8\text{m}$$

$$H=7.8+10.44+34.8+17=70.04\text{m}$$

○ 답 : 70.04m

(라) ○ 계산과정 : $\dfrac{0.163\times0.26\times70.04}{0.65}=4.566\fallingdotseq4.57\text{kW}$

○ 답 : 4.57kW

해설 (가) **유량**(토출량)

$$Q=N\times130\text{L/min}$$

여기서, Q : 유량(토출량)(L/min)

N : 가장 많은 층의 소화전개수(30층 미만 : 최대 2개, 30층 이상 : 최대 5개)

펌프의 **최소 유량** Q는

$Q=N\times130\text{L/min}=2\times130\text{L/min}=260\text{L/min}$

- [조건 ⑤]에서 소화전개수(N)는 **2개**

(나) ① **지하수조**의 **최소 유효저수량**

$Q=2.6N$(30층 미만, N : 최대 2개)
$Q=5.2N$(30~49층 이하, N : 최대 5개)
$Q=7.8N$(50층 이상, N : 최대 5개)

여기서, Q : 지하수조의 저수량(m^3)

N : 가장 많은 층의 소화전개수

지하수조의 **최소 유효저수량** Q는

$Q=2.6N=2.6\times2=5.2\text{m}^3$

- [조건 ⑤]에서 소화전개수(N)는 2개
- 그림에서 9층(9F)이므로 **30층 미만** 식 적용

② **옥상수조**의 **저수량**

$Q'=2.6N\times\frac{1}{3}$(30층 미만, N : 최대 2개)

$Q'=5.2N\times\frac{1}{3}$(30~49층 이하, N : 최대 5개)

$Q'=7.8N\times\frac{1}{3}$(50층 이상, N : 최대 5개)

여기서, Q' : 수원의 저수량(m^3)

N : 가장 많은 층의 소화전개수

옥상수조의 **최소 유효저수량** Q'는

$Q'=2.6N\times\frac{1}{3}=2.6\times2\times\frac{1}{3}\fallingdotseq1.733\text{m}^3$

수원의 최소 유효저수량=지하수조의 최소 유효저수량+옥상수조의 최소 유효저수량

$=5.2\text{m}^3+1.733\text{m}^3=6.933\fallingdotseq6.93\text{m}^3$

- 그림에서 옥상수조가 있으므로 지하수조 유효저수량에 옥상수조의 저수량도 반드시 더해야 정답!

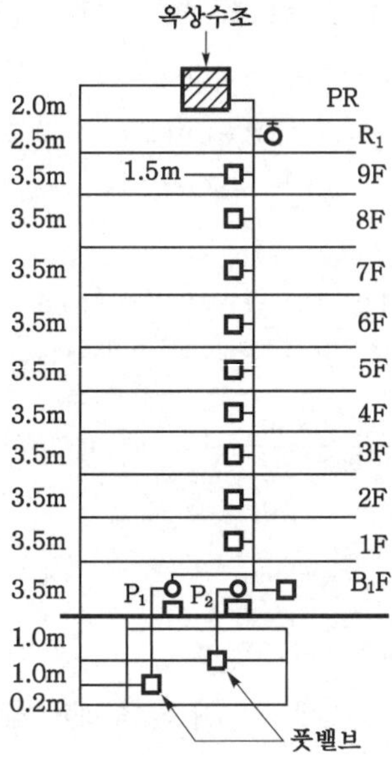

(다) **전양정**

$$H \geq h_1 + h_2 + h_3 + 17$$

여기서, H : 전양정[m]

h_1 : 소방호스의 마찰손실수두[m]

h_2 : 배관 및 관부속품의 마찰손실수두[m]

h_3 : 실양정(흡입양정+토출양정)[m]

$h_1 = 7.8\text{m}$([조건 ⑥]에 의해)

$h_2 = 34.8 \times 0.3 = 10.44\text{m}$([조건 ③]에 의해 실양정의 30%를 적용)

$h_3 = (1.0 - 0.2) + 1.0 + (3.5 \times 9) + 1.5 = 34.8\text{m}$

- **실양정**(h_3)은 옥내소화전펌프(P_1)의 풋밸브~최상층 옥내소화전의 앵글밸브까지의 수직거리를 말한다.
- [단서]에서 풋밸브에서 바닥면과의 간격이 0.2m이므로 (1.0−0.2)를 해야 한다.

펌프의 **양정** H는

$H = h_1 + h_2 + h_3 + 17 = 7.8 + 10.44 + 34.8 + 17 = 70.04\text{m}$

(라) **펌프**의 **축동력** P는

$$P = \frac{0.163\,QH}{\eta} = \frac{0.163 \times 260\text{L/min} \times 70.04\text{m}}{0.65}$$

$$= \frac{0.163 \times 0.26\text{m}^3/\text{min} \times 70.04\text{m}}{0.65} = 4.566 \fallingdotseq 4.57\text{kW}$$

- 축동력이므로 **전달계수**(K)는 적용하지 않는다.
- η(65%=0.65) : [조건 ④]에서 주어진 값

☆☆

문제 06

이산화탄소 소화설비의 전역방출방식에 있어서 표면화재 방호대상물의 소화약제 저장량에 대한 표를 나타낸 것이다. 빈칸에 적당한 수치를 채우시오. (12.4.문6)

득점	배점
	4

방호구역의 체적	방호구역의 $1m^3$에 대한 소화약제의 양	소화약제 저장량의 최저 한도의 양
$45m^3$ 미만	(①)kg	(③)kg
$45m^3$ 이상 $150m^3$ 미만	0.9kg	
$150m^3$ 이상 $1450m^3$ 미만	(②)kg	135kg
$1450m^3$ 이상	0.75kg	(④)kg

해답 ① 1
② 0.8
③ 45
④ 1125

해설 **이산화탄소 소화설비**(NFPC 106 5조, NFTC 106 2.2)

(1) **표면화재**

CO_2 저장량[kg]=**방**호구역체적[m^3]×**약**제량[kg/m^3]×**보**정계수+**개**구부면적[m^2]×개구부가**산**량(5kg/m^2)

기억법 **방약보+개산**

방호구역체적	약제량	최소 저장량	개구부가산량 (자동폐쇄장치 미설치시)
$45m^3$ 미만	**1kg/m³**	**45kg**	5kg/m^2
45~$150m^3$ 미만	0.9kg/m^3		
150~$1450m^3$ 미만	**0.8kg/m³**	135kg	
$1450m^3$ 이상	0.75kg/m^3	**1125kg**	

(2) **심부화재**

CO_2 저장량[kg]=**방**호구역체적[m^3]×**약**제량[kg/m^3]+**개**구부면적[m^2]×개구부가**산**량(10kg/m^2)

기억법 **방약+개산**

방호대상물	약제량	개구부가산량 (자동폐쇄장치 미설치시)	설계농도
전기설비($55m^3$ 이상), 케이블실	1.3kg/m^3	10kg/m^2	50%
전기설비($55m^3$ 미만)	1.6kg/m^3		
서고, 박물관, 목재가공품창고, 전자제품창고	2.0kg/m^3		65%
석탄창고, 면화류 창고, 고무류, 모피창고, 집진설비	2.7kg/m^3		75%

☆☆

문제 07

9m×10m×8m의 경유를 연료로 사용하는 발전기실에 다음의 할로겐화합물 및 불활성기체 소화설비를 설치하고자 한다. 조건과 국가화재안전기준을 참고하여 다음 물음에 답하시오.

(19.11.문5, 19.6.문9, 16.11.문2, 14.4.문2, 13.11.문13)

득점	배점
	6

〔조건〕

① 방호구역의 온도는 상온 20℃이다.

② IG-541 용기는 80L용 $12m^3$를 적용한다.

③ 할로겐화합물 및 불활성기체 소화약제의 설계농도

약 제	상품명	설계농도〔%〕	
		A급 화재	B급 화재
IG-541	Inergen	37.5	40.63

④ K_1과 K_2값

약 제	K_1	K_2
IG-541	0.65799	0.00239

⑤ 식은 다음과 같다.

$$X = 2.303\left(\frac{V_s}{S}\right) \times \log_{10}\left(\frac{100}{100-C}\right)$$

여기서, X : 공간체적당 더해진 소화약제의 부피〔m^3/m^3〕

S : 소화약제별 선형상수(K_1+K_2t)〔m^3/kg〕

C : 체적에 따른 소화약제의 설계농도〔%〕

V_s : 20℃에서 소화약제의 비체적〔m^3/kg〕

t : 방호구역의 최소 예상온도〔℃〕

(가) IG-541 소화약제의 저장량〔m^3〕을 구하시오.

○ 계산과정 :

○ 답 :

(나) IG-541의 최소 약제용기는 몇 병이 필요한지 구하시오.

○ 계산과정 :

○ 답 :

해답 (가) ○ 계산과정 : $X = 2.303 \times \log_{10}\left(\frac{100}{100-40.63}\right) \times (9 \times 10 \times 8) = 375.462 ≒ 375.46m^3$

○ 답 : $375.46m^3$

(나) ○ 계산과정 : 용기수 $= \frac{375.46}{12} = 31.2 ≒ 32$병

○ 답 : 32병

해설 (가) **불활성기체 소화약제**

소화약제별 선형상수 S는

$S = K_1 + K_2 t = 0.65799 + 0.00239 \times 20℃ = 0.70579m^3/kg$

- 〔조건 ④〕에서 IG-541의 K_1과 K_2값을 적용하고, 〔조건 ①〕에서 방호구역온도는 **20℃**이다.
- 20℃의 소화약제 비체적 $V_s = K_1 + K_2 \times 20℃ = 0.65799 + 0.00239 \times 20℃ = 0.70579\text{m}^3/\text{kg}$

소화약제의 부피 X는

$$X = 2.303\left(\frac{V_s}{S}\right) \times \log_{10}\left(\frac{100}{100-C}\right) \times V = 2.303\left(\frac{0.70579\text{m}^3/\text{kg}}{0.70579\text{m}^3/\text{kg}}\right) \times \log_{10}\left(\frac{100}{100-40.63}\right) \times (9 \times 10 \times 8)\text{m}^3$$

$$= 375.462 \fallingdotseq 375.46\text{m}^3$$

- 〔조건 ⑤〕의 공식 적용
  〔조건 ⑤〕의 공식에서 X의 단위는 m^3/m^3으로 '**공간체적당 더해진 소화약제의 부피**〔m^3/m^3〕'이고, 여기서 구하고자 하는 것은 '**소화약제의 부피**〔m^3〕'이므로 방호구역의 **체적**〔m^3〕을 곱해주어야 한다. 거듭주의!!!
- ABC 화재별 안전계수

설계농도	소화농도	안전계수
A급(일반화재)	A급	1.2
B급(유류화재)	B급	1.3
C급(전기화재)	A급	1.35

설계농도〔**%**〕=소화농도〔%〕×안전계수, 하지만 〔조건 ③〕에서 설계농도가 바로 주어졌으므로 여기에 안전계수를 다시 곱할 필요가 없다. 주의!
- 경유는 **B급 화재**
- **IG-541**은 **불활성기체 소화약제**

(나) 용기수 $= \dfrac{\text{소화약제 부피}[\text{m}^3]}{\text{1병당 저장량}[\text{m}^3]} = \dfrac{375.46\text{m}^3}{12\text{m}^3} = 31.2 \fallingdotseq 32$병(절상)

- 375.46m^3 : (가)에서 구한 값
- 12m^3 : 〔조건 ②〕에서 주어진 값

참고

소화약제량의 **산정**(NFPC 107A 4·7조, NFTC 107A 2.1.1, 2.4.1)

구 분	할로겐화합물 소화약제	불활성기체 소화약제
종류	• FC-3-1-10 • HCFC BLEND A • HCFC-124 • HFC-125 • HFC-227ea • HFC-23 • HFC-236fa • FIC-13I1 • FK-5-1-12	• IG-01 • IG-100 • IG-541 • IG-55
원칙적인 공식	$W = \frac{V}{S} \times \left(\frac{C}{100-C}\right)$ 여기서, W : 소화약제의 무게〔kg〕 V : 방호구역의 체적〔m^3〕 S : 소화약제별 선형상수($K_1 + K_2 t$)〔m^3/kg〕 C : 체적에 따른 소화약제의 설계농도〔%〕 t : 방호구역의 최소 예상온도〔℃〕	$X = 2.303\left(\frac{V_s}{S}\right) \times \log_{10}\left(\frac{100}{100-C}\right) \times V$ 여기서, X : 소화약제의 부피〔m^3〕 S : 소화약제별 선형상수($K_1 + K_2 t$)〔m^3/kg〕 C : 체적에 따른 소화약제의 설계농도〔%〕 V_s : 20℃에서 소화약제의 비체적 ($K_1 + K_2 \times 20℃$)〔m^3/kg〕 t : 방호구역의 최소 예상온도〔℃〕 V : 방호구역의 체적〔m^3〕

☆☆

문제 08

다음의 그림 및 조건을 보고 각 물음에 답하시오. (14.7.문12)

득점	배점
	6

〔조건〕

① D_A와 D_B의 직경은 50mm이며, D_C의 직경은 30mm이다.

② 각 지점에서의 압력은 P_A=12kPa, P_B=11.5kPa, P_C=10.3kPa이다.

③ 배관 내 흐르는 유량은 5L/s이다.

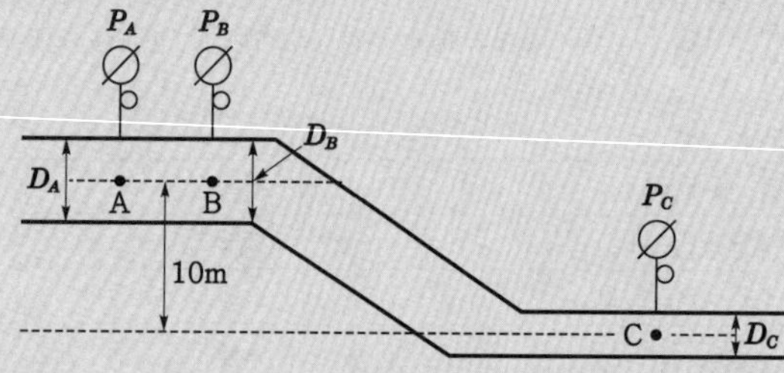

(가) A지점의 유속[m/s]을 구하시오.
- ○ 계산과정 :
- ○ 답 :

(나) C지점의 유속[m/s]을 구하시오.
- ○ 계산과정 :
- ○ 답 :

(다) A지점과 B지점 간의 마찰손실[m]을 구하시오.
- ○ 계산과정 :
- ○ 답 :

(라) A지점과 C지점 간의 마찰손실[m]을 구하시오.
- ○ 계산과정 :
- ○ 답 :

해답 (가) ○ 계산과정 : $\dfrac{0.005}{\dfrac{\pi \times 0.05^2}{4}} = 2.546 ≒ 2.55\text{m/s}$

○ 답 : 2.55m/s

(나) ○ 계산과정 : $\dfrac{0.005}{\dfrac{\pi \times 0.03^2}{4}} = 7.073 ≒ 7.07\text{m/s}$

○ 답 : 7.07m/s

(다) ○ 계산과정 : $\dfrac{(2.55)^2}{2\times 9.8} + \dfrac{12}{9.8} + 10 = \dfrac{(2.55)^2}{2\times 9.8} + \dfrac{11.5}{9.8} + 10 + \Delta H$

$\Delta H = 0.051 ≒ 0.05\text{m}$

○ 답 : 0.05m

(라) ○ 계산과정 : $\dfrac{(2.55)^2}{2\times 9.8} + \dfrac{12}{9.8} + 10 = \dfrac{(7.07)^2}{2\times 9.8} + \dfrac{10.3}{9.8} + 0 + \Delta H$

$\Delta H = 7.954 ≒ 7.95\text{m}$

○ 답 : 7.95m

해설

기호

- D_A : 50mm=0.05m(1000mm=1m)
- D_B : 50mm=0.05m
- D_C : 30mm=0.03m
- P_A : 12kPa=12kN/m²(1kPa=1kN/m²)
- P_B : 11.5kPa=11.5kN/m²
- P_C : 10.3kPa=10.3kN/m²
- Q : 5L/s=0.005m³/s(1000L=1m³)

유량

$$Q = AV = \left(\frac{\pi D^2}{4}\right)V$$

여기서, Q : 유량[m³/s]
A : 단면적[m²]
V : 유속[m/s]
D : 직경[m]

베르누이 방정식(비압축성 유체)

$$\frac{V_1^{\,2}}{2g} + \frac{P_1}{\gamma} + Z_1 = \frac{V_2^{\,2}}{2g} + \frac{P_2}{\gamma} + Z_2 + \Delta H$$

속도수두 압력수두 위치수두

여기서, V_1, V_2 : 유속[m/s]
P_1, P_2 : 압력[N/m²]
Z_1, Z_2 : 높이[m]
g : 중력가속도(9.8m/s²)
γ : 비중량(물의 비중량 9.8kN/m³)
ΔH : 손실수두[m]

(가)

$$Q = \left(\frac{\pi D^2}{4}\right)V$$ 에서

A 지점의 **유속** V_A는

$$V_A = \frac{Q}{\left(\frac{\pi D_A^{\,2}}{4}\right)} = \frac{0.005\text{m}^3/\text{s}}{\left(\frac{\pi \times 0.05^2}{4}\right)\text{m}^2} = 2.546 \fallingdotseq 2.55\text{m/s}$$

(나)

$$Q = \left(\frac{\pi D^2}{4}\right)V$$ 에서

C 지점의 **유속** V_C는

$$V_C = \frac{Q}{\left(\frac{\pi D_C^{\,2}}{4}\right)} = \frac{0.005\text{m}^3/\text{s}}{\left(\frac{\pi \times 0.03^2}{4}\right)\text{m}^2} = 7.073 \fallingdotseq 7.07\text{m/s}$$

(다)

$$1\text{kPa} = 1\text{kN/m}^2$$ 이므로

$$\frac{V_1^{\,2}}{2g} + \frac{P_1}{\gamma} + Z_1 = \frac{V_2^{\,2}}{2g} + \frac{P_2}{\gamma} + Z_2 + \Delta H$$

$$\frac{(2.55\text{m/s})^2}{2\times9.8\text{m/s}^2}+\frac{12\text{kN/m}^2}{9.8\text{kN/m}^3}+10\text{m}=\frac{(2.55\text{m/s})^2}{2\times9.8\text{m/s}^2}+\frac{11.5\text{kN/m}^2}{9.8\text{kN/m}^3}+10\text{m}+\Delta H$$ ← 그림에서 A지점 $Z_1=10$m, B지점 $Z_2=10$m

$$\frac{12\text{kN/m}^2}{9.8\text{kN/m}^3}=\frac{11.5\text{kN/m}^2}{9.8\text{kN/m}^3}+\Delta H$$

$$\frac{12\text{kN/m}^2}{9.8\text{kN/m}^3}-\frac{11.5\text{kN/m}^2}{9.8\text{kN/m}^3}=\Delta H$$

$\therefore\ \Delta H=0.051\text{m}\fallingdotseq0.05\text{m}$

(라) $1\text{kPa}=1\text{kN/m}^2$ 이므로

$$\frac{{V_1}^2}{2g}+\frac{P_1}{\gamma}+Z_1=\frac{{V_3}^2}{2g}+\frac{P_3}{\gamma}+Z_3+\Delta H$$

$$\frac{(2.55\text{m/s})^2}{2\times9.8\text{m/s}^2}+\frac{12\text{kN/m}^2}{9.8\text{kN/m}^3}+10\text{m}=\frac{(7.07\text{m/s})^2}{2\times9.8\text{m/s}^2}+\frac{10.3\text{kN/m}^2}{9.8\text{kN/m}^3}+0\text{m}+\Delta H$$

$$\frac{(2.55\text{m/s})^2}{2\times9.8\text{m/s}^2}+\frac{12\text{kN/m}^2}{9.8\text{kN/m}^3}+10\text{m}-\frac{(7.07\text{m/s})^2}{2\times9.8\text{m/s}^2}-\frac{10.3\text{kN/m}^2}{9.8\text{kN/m}^3}-0\text{m}=\Delta H$$

$\therefore\ \Delta H=7.954\fallingdotseq7.95\text{m}$

- 그림에서 A지점을 Z_1, B지점을 Z_2, C지점을 Z_3이라 하면 Z_3을 기준으로 $Z_1=10$m이므로 $Z_3=0$m

☆☆

문제 09

한 개의 방호구역으로 구성된 가로 15m, 세로 15m, 높이 6m의 랙식 창고에 특수가연물을 저장하고 있고, 라지드롭형 스프링클러헤드(폐쇄형)를 정방형으로 설치하려고 한다. 해당 창고에 설치할 스프링클러헤드수〔개〕를 구하시오. (19.6.문14, 17.11.문4, 09.10.문14)

○ 계산과정 :

○ 답 :

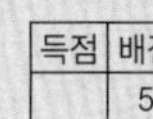

득점	배점
	5

해답 ○ 계산과정 : $S=2\times1.7\times\cos45°=2.404\text{m}$

가로 헤드$=\dfrac{15}{2.404}=6.2\fallingdotseq7$개

세로 헤드$=\dfrac{15}{2.404}=6.2\fallingdotseq7$개

$7\times7=49$개

설치열수$=\dfrac{6}{3}=2$열

$\therefore$ 전체 헤드개수$=49\times2=98$개

○ 답 : 98개

해설 (1) **스프링클러헤드**의 **배치기준**

설치장소	설치기준(R)
무대부 · 특수가연물(창고 포함)	→ 수평거리 **1.7m** 이하
기타구조(창고 포함)	수평거리 2.1m 이하
내화구조(창고 포함)	수평거리 2.3m 이하
공동주택(아파트) 세대 내	수평거리 2.6m 이하

(2) **정방형**(정사각형)

$$S = 2R\cos 45°$$
$$L = S$$

여기서, S : 수평 헤드간격〔m〕

R : 수평거리〔m〕

L : 배관간격〔m〕

수평 헤드간격(헤드의 설치간격) S는

$S = 2R\cos 45° = 2 \times 1.7\text{m} \times \cos 45° = 2.404\text{m}$

가로 헤드개수$= \dfrac{\text{가로길이}}{S} = \dfrac{15\text{m}}{2.404\text{m}} = 6.2 ≒ 7$개(**소수발생**시 **절상**)

세로 헤드개수$= \dfrac{\text{세로길이}}{S} = \dfrac{15\text{m}}{2.404\text{m}} = 6.2 ≒ 7$개(**소수발생**시 **절상**)

- S : 바로 위에서 구한 **2.404m**

설치 헤드개수 =가로 헤드개수×세로 헤드개수=7개×7개=49개

‖ 랙식 창고 설치기준 ‖

설치장소	설치기준
랙식 창고	높이 **3m** 이하마다

설치열수$= \dfrac{6\text{m}}{3\text{m}} = 2$열

∴ 전체 헤드개수=49개×2열=98개

- 랙식 창고이므로 높이를 **3m**로 나누면 된다.
- 높이 3m 이하마다 배치하므로 다음 그림과 같이 배열할 수 있다.

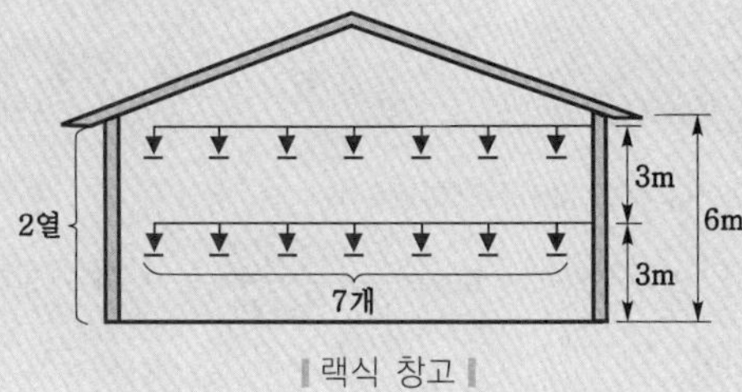

‖ 랙식 창고 ‖

☆☆

문제 10

그림과 같이 옥외소화전 2개를 사용하여 옥외소화전설비의 배관에 물을 송수하고 있다. 다음 각 물음에 답하시오.

득점	배점
	8

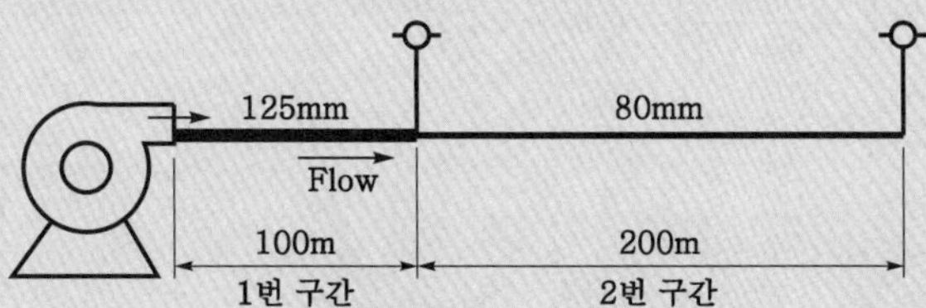

〔조건〕

① 다음의 하젠-윌리엄스 공식을 이용한다.

$$\Delta P = 6.053 \times 10^4 \times \frac{Q^{1.85}}{C^{1.85} \times D^{4.87}} \times L$$

여기서, C : 조도(120)

D : 관내경〔mm〕

Q : 유량〔L/min〕

L : 배관길이〔m〕

② 1번 구간의 배관길이는 100m이며, 배관의 관경은 125mm이다.

③ 2번 구간의 배관길이는 200m이며, 배관의 관경은 80mm이다.

④ 호스 및 관부속품에 의한 마찰손실은 무시하며, 방수구는 유입배관보다 1m 위에 설치되어 있다.

(가) 1번 구간 배관의 마찰손실수두〔m〕를 구하시오.

○ 계산과정 :

○ 답 :

(나) 2번 구간 배관의 마찰손실수두〔m〕를 구하시오.

○ 계산과정 :

○ 답 :

(다) 펌프의 토출압력〔kPa〕을 구하시오.

○ 계산과정 :

○ 답 :

(라) 방수량이 400L/min이고 방수압력이 0.3MPa인 옥외소화전설비가 있다. 방수량이 500L/min으로 변경되었을 때의 방수압력〔MPa〕을 구하시오.

○ 계산과정 :

○ 답 :

해답 (가) ○ 계산과정 : $Q_1 = 2 \times 350 = 700\text{L/min}$

$$\Delta P_1 = 6.053 \times 10^4 \times \frac{700^{1.85}}{120^{1.85} \times 125^{4.87}} \times 100 = 9.704 \times 10^{-3}\text{MPa} = 0.9704\text{m} \fallingdotseq 0.97\text{m}$$

○ 답 : 0.97m

(나) ○ 계산과정 : $Q_2 = 1 \times 350 = 350\text{L/min}$

$$\Delta P_2 = 6.053 \times 10^4 \times \frac{350^{1.85}}{120^{1.85} \times 80^{4.87}} \times 200 = 0.04731\text{MPa} = 4.731\text{m} \fallingdotseq 4.73\text{m}$$

○ 답 : 4.73m

(다) ○ 계산과정 : $(9.704 + 47.31) + 10 + 250 = 317.014 \fallingdotseq 317.01\text{kPa}$

○ 답 : 317.01kPa

(라) ○ 계산과정 : $\left(\frac{\sqrt{0.3} \times 500}{400}\right)^2 = 0.468 \fallingdotseq 0.47\text{MPa}$

○ 답 : 0.47MPa

기호

- N_1 : 2개(그림에서 1번 구간에는 옥외소화전 2개)
- N_2 : 1개(그림에서 2번 구간에는 옥외소화전 1개)
- L_1 : 100m(〔조건 ④〕의 방수구 높이 1m는 배관이 아니고 방수구이므로 적용할 필요 없음)

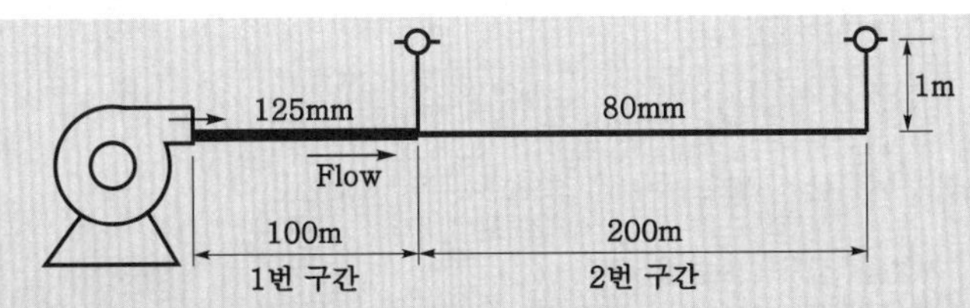

- D_1(125mm) : 〔조건 ②〕에서 주어진 값
- L_2 : 200m (〔조건 ④〕의 방수구 높이 1m는 배관이 아니고 방수구이므로 적용할 필요 없음)
- D_2(80mm) : 〔조건 ③〕에서 주어진 값
- C(120) : 〔조건 ①〕에서 주어진 값

(개) ① 옥외소화전설비 유량

$$Q = N \times 350$$

여기서, Q : 가압송수장치의 토출량(유량)〔L/min〕
N : 옥외소화전 설치개수(**최대 2개**)

가압송수장치의 **토출량** Q는

$Q_1 = N_1 \times 350 = 2 \times 350 = 700\text{L/min}$

② 하젠-윌리엄스 공식

$$\Delta P = 6.053 \times 10^4 \times \frac{Q^{1.85}}{C^{1.85} \times D^{4.87}} \times L$$

여기서, ΔP : 압력손실〔MPa〕
Q : 유량〔L/min〕
C : 조도(120)
D : 관내경〔mm〕
L : 배관길이〔m〕

압력손실 ΔP_1은

$$\Delta P_1 = 6.053 \times 10^4 \times \frac{{Q_1}^{1.85}}{C^{1.85} \times {D_1}^{4.87}} \times L_1$$

$$= 6.053 \times 10^4 \times \frac{(700\text{L/min})^{1.85}}{120^{1.85} \times (125\text{mm})^{4.87}} \times 100\text{m}$$

$$= 9.704 \times 10^{-3}\text{MPa} = 9.704\text{kPa} = 0.9704\text{m} \fallingdotseq 0.97\text{m}$$

- 1MPa=1000kPa=100m이므로 9.704kPa=0.9704m
- **옥외소화전설비**이므로 화재안전기준에 의해 1MPa≒100m로 환산해서 적용

중요

조도가 주어지지 않았다면 다음 표를 보고 적용

조도(C)	배 관
100	• 주철관 • 흑관(건식 스프링클러설비의 경우) • 흑관(준비작동식 스프링클러설비의 경우)
120	• 흑관(일제살수식 스프링클러설비의 경우) • 흑관(습식 스피링클러설비의 경우) • 백관(아연도금강관)
150	• 동관(구리관)

- **관**의 Roughness **계수**(조도) : 배관의 재질이 매끄러우냐 또는 거칠으냐에 따라 작용하는 계수

(나) ① 옥외소화전설비 유량

$$Q = N \times 350$$

여기서, Q : 가압송수장치의 토출량(유량)〔L/min〕
N : 옥외소화전 설치개수(**최대 2개**)

가압송수장치의 **토출량** Q_2는

$Q_2 = N_2 \times 350 = 1 \times 350 = 350\text{L/min}$

② 하젠-윌리엄스 공식

$$\Delta P = 6.053 \times 10^4 \times \frac{Q^{1.85}}{C^{1.85} \times D^{4.87}} \times L$$

여기서, ΔP : 압력손실〔MPa〕
Q : 유량〔L/min〕
C : 조도(120)
D : 관내경〔mm〕
L : 배관길이〔m〕

압력손실 ΔP_2는

$$\Delta P_2 = 6.053 \times 10^4 \times \frac{{Q_2}^{1.85}}{C^{1.85} \times {D_2}^{4.87}} \times L_2$$

$$= 6.053 \times 10^4 \times \frac{(350\text{L/min})^{1.85}}{120^{1.85} \times (80\text{mm})^{4.87}} \times 200\text{m}$$

$$= 0.04731\text{MPa} = 47.31\text{kPa} = 4.731\text{m} \fallingdotseq 4.73\text{m}$$

- 1MPa=100m이므로 0.04731MPa=4.731m
- **옥외소화전설비**이므로 화재안전기준에 의해 1MPa≒100m로 환산해서 적용

(다) 옥외소화전설비의 토출압력

$$P = P_1 + P_2 + P_3 + 0.25$$

여기서, P : 필요한 압력〔MPa〕
P_1 : 소방용 호스의 마찰손실수두압〔MPa〕
P_2 : 배관의 마찰손실수두압〔MPa〕
P_3 : 낙차의 환산수두압〔MPa〕

- P_1 : 〔조건 ④〕에 의해 무시
- P_2(9.704kPa+47.31kPa) : (가), (나)에서 구한 값
- P_3 : 1m=0.01MPa(100m=1MPa=1000kPa)
  =10kPa(〔조건 ④〕에 의해 1m 적용, 배관을 기준으로 위로 올라가므로 '**+**' 적용, 아래로 내려가면 '**−**' 적용하면 됨)

옥외소화전설비의 **토출압력** P는

$$P = P_1 + P_2 + P_3 + 0.25\text{MPa}$$
$$= P_1 + P_2 + P_3 + 250\text{kPa}$$
$$= (9.704 + 47.31)\text{kPa} + 10\text{kPa} + 250\text{kPa} = 317.014 \fallingdotseq 317.01\text{kPa}$$

(라) ① **기호**

- Q_1 : 400L/min
- P_1 : 0.3MPa
- Q_2 : 500L/min
- P_2 : ?

② **방수량**

$$Q = K\sqrt{10P}$$

여기서, Q : 토출량(유량, 방수량)[L/min]
K : 방출계수
P : 방사압력(방수압력)[MPa]

$$Q = K\sqrt{P} \propto \sqrt{P}$$
$$Q_1 : \sqrt{P_1} = Q_2 : \sqrt{P_2}$$
$$400 : \sqrt{0.3} = 500 : \sqrt{P_2}$$
$$400 \times \sqrt{P_2} = \sqrt{0.3} \times 500$$
$$\sqrt{P_2} = \frac{\sqrt{0.3} \times 500}{400}$$
$$(\sqrt{P_2})^2 = \left(\frac{\sqrt{0.3} \times 500}{400}\right)^2$$
$$P_2 = \left(\frac{\sqrt{0.3} \times 500}{400}\right)^2$$
$$P_2 = 0.468 ≒ 0.47\text{MPa}$$

중요

토출량(방수량)

$Q = 10.99\,CD^2\sqrt{10P}$	$Q = 0.653\,D^2\sqrt{10P} = 0.6597\,CD^2\sqrt{10P}$	$Q = K\sqrt{10P}$
여기서, Q : 토출량[m^3/s] C : 노즐의 흐름계수(유량계수) D : 구경[m] P : 방사압력[MPa]	여기서, Q : 토출량[L/min] C : 노즐의 흐름계수(유량계수) D : 구경[mm] P : 방사압력[MPa]	여기서, Q : 토출량[L/min] K : 방출계수 P : 방사압력[MPa]

• 위 식은 모두 같은 식으로 공식마다 각각 **단위**가 다르므로 주의할 것

☆☆☆

문제 11

다음은 물분무소화설비의 설치기준이다. (　) 안을 채우시오. (11.11.문5)

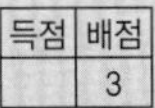

득점	배점
	3

○ 차량이 주차하는 장소의 적당한 곳에 높이 (①)cm 이상의 경계턱으로 배수구를 설치한다.
○ 배수구에는 새어나온 기름을 모아 소화할 수 있도록 길이 (②)m 이하마다 집수관·소화피트 등 기름분리장치를 설치한다.
○ 차량이 주차하는 바닥은 배수구를 향하여 (③) 이상의 기울기를 유지한다.

해답 ① 10
② 40
③ $\frac{2}{100}$

해설 **물분무소화설비**의 **배수설비 설치기준**(NFPC 104 11조, NFTC 104 2.8.1)
(1) **차량**이 주차하는 장소의 적당한 곳에 높이 **10cm** 이상의 경계턱으로 배수구를 설치한다.
(2) 배수구에는 새어나온 기름을 모아 소화할 수 있도록 길이 **40m** 이하마다 집수관·소화피트 등 **기름분리장치**를 설치한다.

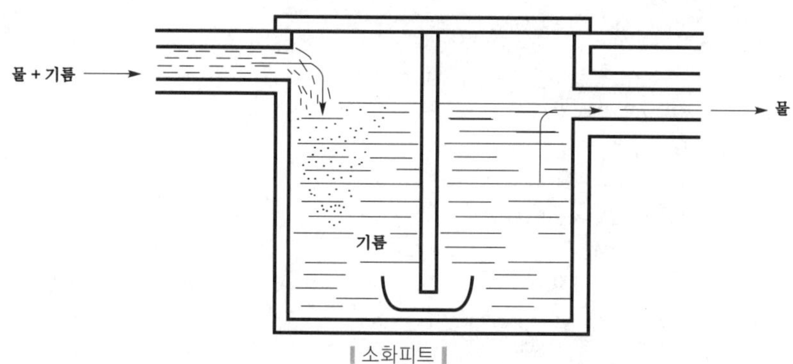

‖ 소화피트 ‖

(3) 차량이 주차하는 바닥은 배수구를 향하여 $\frac{2}{100}$ 이상의 기울기를 유지한다.

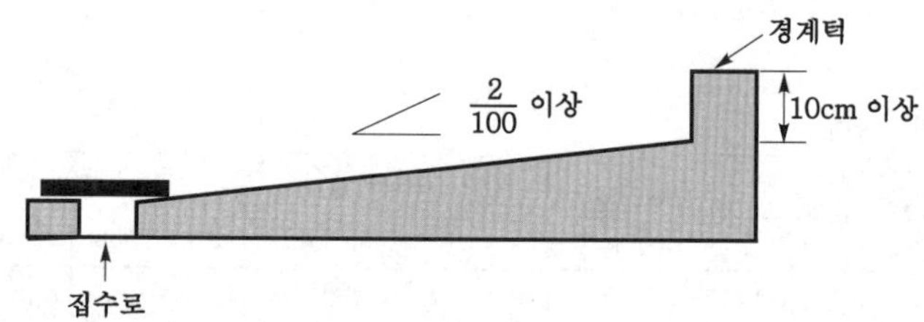

‖ 배수설비 ‖

(4) 배수설비는 가압송수장치의 **최대 송수능력**의 수량을 유효하게 배수할 수 있는 크기 및 기울기를 유지한다.

★★★

문제 12

그림과 같이 각 실이 칸막이로 구획된 공동예상제연구역에 제연설비를 설치하려고 한다. 제시된 조건을 참조하여 각 물음에 답하시오. (단, 각 실의 바닥면적은 90m^{2}로 동일하다.)

(19.11.문13, 17.4.문9, 16.11.문5, 14.11.문13, 10.10.문14, 09.10.문12)

득점	배점
	6

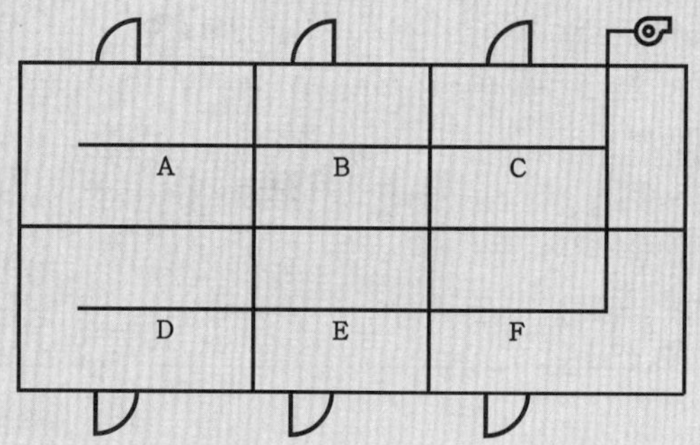

〔조건〕

① 배출기는 터보형 원심식 송풍기를 사용하는 것으로 한다.

② 제연경계는 제연경계의 폭이 0.6m 이상이고, 수직거리는 2m 이내이다.

③ 공동예상제연구역의 배출량은 각 예상제연구역의 배출량을 합한 것 이상으로 한다.

④ 제연구역의 각 부분으로부터 하나의 배출구까지의 수평거리는 10m 이내가 되도록 설치한다.

(가) 배출기의 최저 풍량[m^3/h]을 구하시오.

○ 계산과정 :

○ 답 :

(나) 배출기의 흡입측 풍도의 최소 단면적[m^2]을 구하시오.
  ○ 계산과정 :
  ○ 답 :
(다) 배출기의 배출측 풍도의 최소 단면적[m^2]을 구하시오.
  ○ 계산과정 :
  ○ 답 :

해답 (가) ○ 계산과정 : A~F실 $= 90 \times 1 \times 60 = 5400\text{m}^3/\text{h}$
배출기의 최저 풍량 $= 5400 \times 6 = 32400\text{m}^3/\text{h}$
○ 답 : $32400\text{m}^3/\text{h}$

(나) ○ 계산과정 : $Q = \dfrac{32400}{3600} = 9\text{m}^3/\text{s}$

$$A = \frac{9}{15} = 0.6\text{m}^2$$

○ 답 : 0.6m^2

(다) ○ 계산과정 : $\dfrac{9}{20} = 0.45\text{m}^2$

○ 답 : 0.45m^2

해설 (가) **바닥면적**
[단서]에서 바닥면적이 90m^2로서 모두 **400m^2** 미만이므로

배출량[m^3/min]=바닥면적[m^2]×$1m^3/m^2 \cdot$ min 식을 적용하여

배출량 m^3/min → m^3/h로 변환하면
배출량[m^3/h]=바닥면적[m^2]×$1m^3/m^2 \cdot$ min×60min/h(최저치 $5000m^3$/h)
A~F실 : $90\text{m}^2 \times 1\text{m}^3/\text{m}^2 \cdot \text{min} \times 60\text{min/h} = 5400\text{m}^3/\text{h}$

중요

거실의 배출량(NFPC 501 6조, NFTC 501 2.3)
(1) **바닥면적 $400m^2$ 미만**(최저치 **$5000m^3$/h** 이상)

배출량[m^3/min]=바닥면적[m^2]×$1m^3/m^2 \cdot$ min

(2) **바닥면적 $400m^2$ 이상**

직경 40m 이하 : **$40000m^3$/h** 이상 (**예**상제연구역이 제연경계로 구획된 경우)		직경 40m 초과 : **$45000m^3$/h** 이상 (예상제연구역이 제연경계로 구획된 경우)	
수직거리	배출량	수직거리	배출량
2m 이하	**40**000m^3/h 이상	2m 이하	**45**000m^3/h 이상
2m 초과 2.5m 이하	45000m^3/h 이상	2m 초과 2.5m 이하	50000m^3/h 이상
2.5m 초과 3m 이하	50000m^3/h 이상	2.5m 초과 3m 이하	55000m^3/h 이상
3m 초과	60000m^3/h 이상	3m 초과	65000m^3/h 이상

기억법 **거예4045**

[조건 ③]에 의해 배출기의 최저 풍량(공동예상제연구역의 배출량)은 각 예상제연구역의 배출량을 합한 것 이상으로 해야 하므로
배출기의 최저 풍량[m^3/h]=A실+B실+C실+D실+E실+F실
$= 5400\text{m}^3/\text{h} \times 6$실
$= 32400\text{m}^3/\text{h}$

중요

단위

(1) **GPM**=**G**allon **P**er **M**inute〔gallon/min〕
(2) **PSI**=**P**ound per **S**quare **I**nch〔lb_f/in^2〕
(3) **LPM**=**Li**ter **P**er **M**inute〔L/min〕
(4) **CMH**=**C**ubic **M**eter per **H**our〔m^3/h〕

- 〔조건 ③〕이 없더라도 문제에서 "**각 실이 칸막이로 구획된 공동예상제연구역**"이므로 각 예상제연구역의 배출량을 모두 합하는 것이 맞다.
- 〔조건 ②〕는 이 문제를 푸는 데 아무 상관이 없다.

중요

소요풍량

공동예상제연구역(각각 **벽**으로 **구획**된 경우)	**공동예상제연구역**(각각 **제연경계**로 **구획**된 경우)
소요풍량〔CMH〕=각 배출풍량〔CMH〕의 합	소요풍량〔CMH〕=각 배출풍량 중 최대 풍량〔CMH〕

(나) $Q = 32400\text{m}^3/\text{h} = 32400\text{m}^3/3600\text{s} = \mathbf{9m^3/s}$

흡입측 풍도의 최소 단면적

배출기 흡입측 풍도 안의 풍속은 **15m/s** 이하로 하고, 배출측(토출측) 풍속은 **20m/s** 이하로 한다.

$$Q = AV$$

여기서, Q : 배출량(유량)〔m^3/min〕
A : 단면적〔m^2〕
V : 풍속(유속)〔m/s〕

흡입측 단면적 $A = \frac{Q}{V} = \frac{9\text{m}^3/\text{s}}{15\text{m/s}} \fallingdotseq 0.6\text{m}^2$

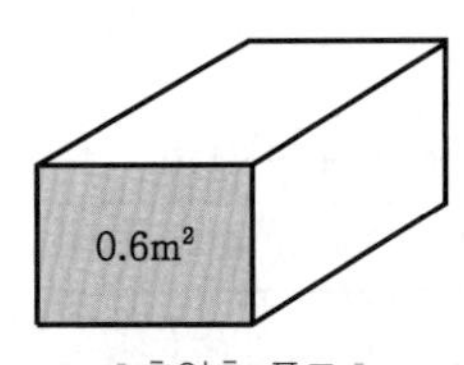

‖흡입측 풍도‖

아하! 그렇구나 제연설비의 풍속(NFPC 501 9조, NFTC 501 2.6.2.2)

조 건	풍 속
• 배출기의 **흡입측 풍속**	**15m/s** 이하
• 배출기의 배출측(**토출측**) **풍속** • 유입풍도 안의 풍속	**20m/s** 이하

(다) 토출측 풍도의 최소 단면적

$$Q = AV$$

여기서, Q : 배출량(유량)〔m^3/min〕
A : 단면적〔m^2〕
V : 풍속(유속)〔m/s〕

토출측 단면적 $A = \frac{Q}{V} = \frac{9\text{m}^3/\text{s}}{20\text{m/s}} \fallingdotseq 0.45\text{m}^2$

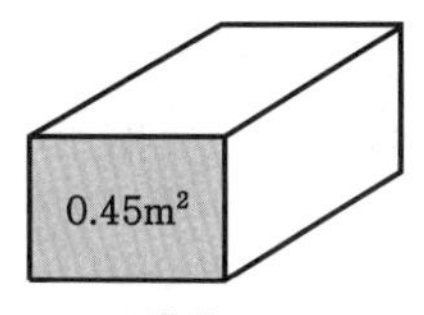

‖ 토출측 풍도 ‖

☆☆☆

문제 13

파이프(배관)시스템 설계시 Moody 차트에서 배관길이에 대한 마찰손실 이외에 소위 부차적 손실을 고려하게 된다. 부차적 손실은 주로 어떠한 부분에서 발생하는지 3가지만 기술하시오. (06.7.문2)

득점	배점
	6

○

○

○

해답 ① 관의 급격한 확대에 의한 손실
② 관의 급격한 축소에 의한 손실
③ 관부속품에 의한 손실

해설 **배관**의 **마찰손실**

주손실	부차적 손실
① 관로에 의한 마찰손실 ② 직선 원관 내의 손실 ③ 직관에서 발생하는 마찰손실	① 관의 급격한 **확대**손실(관 단면의 급격한 확대손실) ② 관의 급격한 **축소**손실(유동단면의 장애물에 의한 손실) ③ 관 부속품에 의한 손실(곡선부에 의한 손실) ④ 파이프 입구와 출구에서의 손실

☆

문제 14

제연설비 및 특별피난계단의 부속실에 설치하는 제연설비에 관한 다음 물음에 답하시오. (16.4.문16)

득점	배점
	7

(가) 화재실의 바닥면적이 $350m^2$, FAN의 효율은 65%이고, 전압이 75mmAq일 때 필요한 동력[kW]을 구하시오. (단, 전압력 손실과 제연량 누설을 고려한 여유율은 10%로 한다.)
○ 계산과정 :
○ 답 :

(나) 유입공기의 배출기준에 따른 배출방식 3가지를 쓰시오.
○
○
○

(다) 방연풍속은 제연구역의 선정방식에 따라 다음 표의 기준에 따라야 한다. 빈칸을 채우시오.

제연구역		방연풍속
계단실 및 그 부속실을 동시에 제연하는 것 또는 계단실만 단독으로 제연하는 것		(①)m/s 이상
부속실만 단독으로 제연하는 것	부속실 또는 승강장이 면하는 옥내가 거실인 경우	(②)m/s 이상
	부속실이 면하는 옥내가 복도로서 그 구조가 방화구조(내화시간이 30분 이상인 구조를 포함한다.)인 것	(②)m/s 이상

해답 (가) ○ 계산과정 : $Q=350\times1\times60=21000\text{m}^3/\text{h}=21000\text{m}^3/60\text{min}$

$$P=\frac{75\times\frac{21000}{60}}{102\times60\times0.65}\times1.1=7.258≒7.26\text{kW}$$

○ 답 : 7.26kW

(나) ① 수직풍도에 따른 배출 ② 배출구에 따른 배출 ③ 제연설비에 따른 배출

(다) ① 0.5 ② 0.7 ③ 0.5

해설 (가) ① **기호**

- A : 350m²
- η : 65%=0.65
- P_T : 75mmAq
- P : ?
- K : 여유율 10%=110%=1.1

② **풍량**(Q)

문제에서 바닥면적이 350m²로서 모두 **400m² 미만**이므로

배출량[m³/min]=바닥면적[m²]×1m³/m²·min 식을 적용하여

배출량 m³/min → m³/h로 변환하면

배출량[m³/h]=바닥면적[m²]×1m³/m²·min×60min/h(최저치 5000m³/h)

화재실 Q : $350\text{m}^2\times1\text{m}^3/\text{m}^2\cdot\text{min}\times60\text{min/h}=21000\text{m}^3/\text{h}=21000\text{m}^3/60\text{min}$

③ **배연기동력**

$$P=\frac{P_T\,Q}{102\times60\eta}K$$

여기서, P : 배연기동력[kW], P_T : 전압(풍압)[mmAq] 또는 [mmH_2O], Q : 풍량[m³/min], K : 여유율, η : 효율

배연기의 **동력** P는

$$P=\frac{P_T\,Q}{102\times60\eta}K=\frac{75\text{mmAq}\times21000\text{m}^3/60\text{min}}{102\times60\times0.65}\times1.1=7.258≒7.26\text{kW}$$

- 배연설비(제연설비)에 대한 동력은 반드시 $P=\frac{P_T\,Q}{102\times60\eta}K$를 적용하여야 한다. 우리가 알고 있는 일반적인 식 $P=\frac{0.163QH}{\eta}K$를 적용하여 풀면 틀린다.

중요

(1) **거실**의 **배출량**(NFPC 501 6조, NFTC 501 2.3)

① 바닥면적 **400m² 미만**(최저치 **5000m³/h** 이상)

배출량[m³/min]=바닥면적[m²]×1m³/m²·min

② 바닥면적 **400m² 이상**

직경 40m 이하 : **40000m³/h** 이상 (예상제연구역이 제연경계로 구획된 경우)		직경 40m 초과 : **45000m³/h** 이상 (예상제연구역이 제연경계로 구획된 경우)	
수직거리	배출량	수직거리	배출량
2m 이하	**40**000m³/h 이상	2m 이하	**45**000m³/h 이상
2m 초과 2.5m 이하	45000m³/h 이상	2m 초과 2.5m 이하	50000m³/h 이상
2.5m 초과 3m 이하	50000m³/h 이상	2.5m 초과 3m 이하	55000m³/h 이상
3m 초과	60000m³/h 이상	3m 초과	65000m³/h 이상

기억법 **거예4045**

(2) **단위**

① **GPM**=**G**allon **P**er **M**inute[gallon/min]

② **PSI**=**P**ound per **S**quare **I**nch[lb_f/in^2]

③ **LPM**=**L**iter **P**er **M**inute[L/min]

④ **CMH**=**C**ubic **M**eter per **H**our[m³/h]

(나) **유입공기의 배출기준에 따른 배출방식**(NFPC 501A 13조, NFTC 501A 2.10)

배출방식		설 명
수직풍도에 따른 **배출** (옥상으로 직통하는 전용의 배출용 수직풍도를 설치하여 배출하는 것)	**자연배출식**	**굴뚝효과**에 따라 배출하는 것
	기계배출식	수직풍도의 상부에 전용의 **배출용 송풍기**를 설치하여 강제로 배출하는 것 (단, 지하층만을 제연하는 경우 배출용 송풍기의 설치위치는 배출된 공기로 인하여 피난 및 소화활동에 지장을 주지 않는 곳에 설치 가능)
배출구에 따른 **배출**		건물의 옥내와 면하는 외벽마다 옥외와 통하는 배출구를 설치하여 배출하는 것
제연설비에 따른 **배출**		거실제연설비가 설치되어 있고 당해 옥내로부터 옥외로 배출하여야 하는 유입공기의 양을 거실제연설비의 배출량에 합하여 배출하는 경우 유입공기의 배출은 당해 거실제연설비에 따른 배출로 갈음 가능

기억법 **수직자기 유배제**

중요

수직풍도에 따른 **배출** : 자연배출식(NFPC 501A 14조, NFTC 501A 2.11.1.4)

수직풍도 길이 100m 이하	수직풍도 길이 100m 초과
$$A_p = \frac{Q_n}{2}$$	$$A_p = \frac{Q_n}{2} \times 1.2$$
여기서, A_p : 수직풍도의 내부단면적[m²] Q_n : 수직풍도가 담당하는 1개층의 제연구역의 **출입문**(옥내와 면하는 출입문) **1개**의 **면적**[m²]과 **방연풍속**[m/s]을 **곱**한 값[m³/s]	여기서, A_p : 수직풍도의 내부단면적[m²] Q_n : 수직풍도가 담당하는 1개층의 제연구역의 **출입문**(옥내와 면하는 출입문) **1개**의 **면적**[m²]과 **방연풍속**[m/s]을 **곱**한 값[m³/s]

(다) **제연구역**의 **선정방식**에 따른 **방연풍속기준**(NFPC 501A 10조, NFTC 501A 2.7.1)

제연구역		방연풍속
계단실 및 그 부속실을 동시에 제연하는 것 또는 계단실만 단독으로 제연하는 것		**0.5m/s** 이상
부속실만 단독으로 제연하는 것	부속실 또는 승강장이 면하는 옥내가 거실인 경우	**0.7m/s** 이상
	부속실이 면하는 옥내가 복도로서 그 구조가 방화구조(내화시간이 **30분** 이상인 구조 포함)인 것	**0.5m/s** 이상

☆

문제 15

특별피난계단의 계단실 및 부속실 제연설비에 대하여 주어진 조건을 참고하고 제시된 조건을 이용하여 부속실과 거실 사이의 차압[Pa]을 구하시오. (19.6.문12, 18.6.문6, 15.11.문14, 14.4.문12, 11.5.문1)

득점	배점
	5

[조건]

① 거실과 부속실의 출입문 개방에 필요한 힘 $F_1 = 30\text{N}$ 이다.

② 화재시 거실과 부속실의 출입문 개방에 필요한 힘은 화재안전기준에 따른다.

③ 출입문 폭$(W)=0.9\text{m}$, 높이$(h)=2.1\text{m}$

④ 손잡이는 출입문 끝에 있다고 가정한다.

○ 계산과정 :

○ 답 :

○ 계산과정 : $F_P = 110 - 30 = 80\text{N}$

$A = 0.9 \times 2.1 = 1.89\text{m}^2$

$$\Delta P = \frac{80 \times 2(0.9-0)}{1 \times 0.9 \times 1.89} = 84.656 \fallingdotseq 84.66\text{Pa}$$

○ 답 : 84.66Pa

해설 **문 개방**에 필요한 전체 **힘**

$$F = F_{dc} + F_P,\ F_P = \frac{K_d WA\Delta P}{2(W-d)}$$

여기서, F : 문 개방에 필요한 전체 힘(제연설비 작동상태에서 거실에서 부속실로 통하는 출입문 개방에 필요한 힘)[N]
F_{dc} : 자동폐쇄장치나 경첩 등을 극복할 수 있는 힘(제연설비 작동 전 거실에서 부속실로 통하는 출입문 개방에 필요한 힘)[N]
F_P : 차압에 의해 문에 미치는 힘[N]
K_d : 상수(SI 단위 : 1)
W : 문의 폭[m]
A : 문의 면적[m^2]
ΔP : 차압[Pa]
d : 문 손잡이에서 문의 가장자리까지의 거리[m]

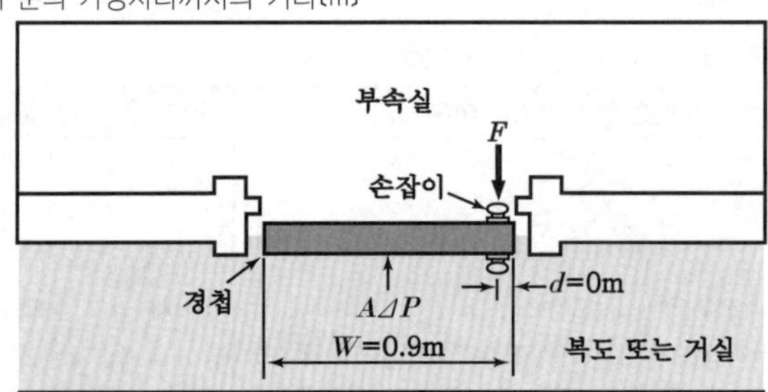

(1) 차압에 의해 **문**에 미치는 **힘** F_P

$F_P = F - F_{dc} = 110\text{N} - 30\text{N} = 80\text{N}$

- K_d(1) : m, m^2, N이 SI 단위이므로 '1' 적용. ft, ft^2의 lb 단위를 사용하였다면 $K_d=5.2$
- F_{dc} : '**도어체크의 저항력**'이라고도 부른다.
- d(0m) : [조건 ④]에서 손잡이가 출입문 끝에 설치되어 있으므로 0m
- F : 제연설비가 가동되었을 경우 출입문의 개방에 필요한 힘=110N(NFPC 501A 6조, NFTC 501A 2.3.2)
  - 특별피난계단의 계단실 및 부속실 제연설비의 화재안전기준(NFPC 501A 6조 ②항, NFTC 501A 2.3.2)
    제6조 차압 등
    ② 제연설비가 가동되었을 경우 출입문의 개방에 필요한 힘은 **110N** 이하로 하여야 한다.

(2) **문**의 **면적** A는

$A = Wh = 0.9\text{m} \times 2.1\text{m} = 1.89\text{m}^2$

(3) **차압** $\Delta P = \dfrac{F_P \cdot 2(W-d)}{K_d WA} = \dfrac{80\text{N} \times 2(0.9\text{m} - 0\text{m})}{1 \times 0.9\text{m} \times 1.89\text{m}^2} = 84.656 \fallingdotseq 84.66\text{Pa}$

비교문제

급기가압에 따른 62Pa의 차압이 걸려 있는 실의 문의 크기가 1m×2m일 때 문개방에 필요한 힘[N]은? (단, 자동폐쇄장치나 경첩 등을 극복할 수 있는 힘은 44N이고, 문의 손잡이는 문 가장자리에서 10cm 위치에 있다.)

해설 **문 개방**에 필요한 **전체 힘**

$$F = F_{dc} + F_P,\ F_P = \frac{K_d WA\Delta P}{2(W-d)}$$

여기서, F : 문 개방에 필요한 전체 힘[N]
F_{dc} : 자동폐쇄장치나 경첩 등을 극복할 수 있는 힘[N]
F_P : 차압에 의해 문에 미치는 힘[N]
K_d : 상수(SI 단위 : 1)
W : 문의 폭[m]
A : 문의 면적[m^2]
ΔP : 차압[Pa]
d : 문 손잡이에서 문의 가장자리까지의 거리[m]

$$F = F_{dc} + \frac{K_d W A \Delta P}{2(W-d)}$$

문 개방에 필요한 **힘** F는

$$F = F_{dc} + \frac{K_d W A \Delta P}{2(W-d)}$$

$$= 44\text{N} + \frac{1 \times 1\text{m} \times (1 \times 2)\text{m}^2 \times 62\text{Pa}}{2(1\text{m} - 10\text{cm})}$$

$$= 44\text{N} + \frac{1 \times 1\text{m} \times 2\text{m}^2 \times 62\text{Pa}}{2(1\text{m} - 0.1\text{m})} \fallingdotseq 112.9\text{N}$$

☆☆☆

문제 16

건축물 내부에 설치된 주차장에 전역방출방식의 분말소화설비를 설치하고자 한다. 조건을 참조하여 다음 각 물음에 답하시오. (18.4.문8, 16.6.문4, 15.7.문2, 14.4.문5, 13.7.문14, 11.7.문16)

득점	배점
	6

〔조건〕

① 방호구역의 바닥면적은 600m^2이고 높이는 4m이다.

② 방호구역에는 자동폐쇄장치가 설치되지 아니한 개구부가 있으며 그 면적은 10m^2이다.

③ 소화약제는 인산염을 주성분으로 하는 분말소화약제를 사용한다.

④ 축압용 가스는 질소가스를 사용한다.

(가) 필요한 최소 약제량〔kg〕을 구하시오.

○ 계산과정 :

○ 답 :

(나) 필요한 축압용 가스의 최소량〔m^3〕을 구하시오.

○ 계산과정 :

○ 답 :

해답 (가) ○ 계산과정 : $(600 \times 4) \times 0.36 + 10 \times 2.7 = 891\text{kg}$

○ 답 : 891kg

(나) ○ 계산과정 : $891 \times 10 = 8910\text{L} = 8.91\text{m}^3$

○ 답 : 8.91m^3

해설 (가) **전역방출방식**

자동폐쇄장치가 설치되어 있지 않은 경우	자동폐쇄장치가 설치되어 있는 경우 (개구부가 없는 경우)
분말저장량〔kg〕=방호구역체적〔m^3〕×약제량〔kg/m^3〕 +개구부면적〔m^2〕×개구부가산량〔kg/m^2〕	**분말저장량**〔kg〕=방호구역체적〔m^3〕×약제량〔kg/m^3〕

‖ 전역방출방식의 약제량 및 개구부가산량(NFPC 108 6조, NFTC 108 2.3.2.1) ‖

약제종별	약제량	개구부가산량(자동폐쇄장치 미설치시)
제1종 분말	0.6kg/m^3	4.5kg/m^2
제2 · 3종 분말 →	0.36kg/m^3 →	2.7kg/m^2
제4종 분말	0.24kg/m^3	1.8kg/m^2

‖ 분말소화약제의 주성분 ‖

종 류	주성분
제1종	탄산수소나트륨($NaHCO_3$)
제2종	탄산수소칼륨($KHCO_3$)
제3종 ←	제1인산암모늄($NH_4H_2PO_4$)=인산염
제4종	탄산수소칼륨+요소[$KHCO_3$+$(NH_2)_2CO$]

〔조건 ②〕에서 자동폐쇄장치가 설치되어 있지 않으므로

분말저장량〔kg〕=방호구역체적〔m^3〕×약제량〔kg/m^3〕+개구부면적〔m^2〕×개구부가산량〔kg/m^2〕

=$(600m^2 \times 4m) \times 0.36kg/m^3 + 10m^2 \times 2.7kg/m^2$

=891kg

- 〔조건 ③〕에서 **인산염**은 **제3종 분말**이다.
- **인산염 = 제1인산암모늄**

(나) **가압식**과 **축압식**의 **설치기준**(NFPC 108 5조, NFTC 108 2.2.4)

사용가스 \ 구 분	가압식	축압식
N_2(질소) →	40L/kg 이상 →	**10L/kg** 이상
CO_2(이산화탄소)	20g/kg+배관청소 필요량 이상	20g/kg+배관청소 필요량 이상

※ 배관청소용 가스는 별도의 용기에 저장한다.

축압용 가스(질소)량〔L〕=소화약제량〔kg〕×10L/kg=891kg×10L/kg=8910L=$8.91m^3$

- 축압식 : 〔조건 ④〕에서 **축압용 가스**이므로 **축압식**
- 891kg : (가)에서 구한 값
- 1000L=$1m^3$이므로 8910L=$8.91m^3$

“ 인생에서는 누구나 1등이 될 수 있다. 우리 모두 1등이 되는 삶을 향하여 한 발짝씩 전진해 봅시다. ”

– 김영식 ‘10m만 더 뛰어봐’ –

▌2020년 기사 제5회 필답형 실기시험▐

자격종목	시험시간	형별	수험번호	성명	감독위원 확 인
소방설비기사(기계분야)	3시간				

※ 다음 물음에 답을 해당 답란에 답하시오.(배점 : 100)

☆☆☆

문제 01

연결송수관설비가 겸용된 옥내소화전설비가 설치된 어느 건물이 있다. 옥내소화전이 2층에 3개, 3층에 4개, 4층에 5개일 때 조건을 참고하여 다음 각 물음에 답하시오. (17.6.문14, 15.11.문4, 11.7.문11)

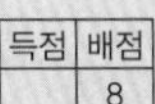

유사문제부터 풀어보세요.
실력이 팍!팍! 올라갑니다.

득점	배점
	8

〔조건〕

① 실양정은 20m, 배관의 마찰손실수두는 실양정의 20%, 관부속품의 마찰손실수두는 배관마찰손실수두의 50%로 본다.

② 소방호스의 마찰손실수두값은 호스 100m당 26m이며, 호스길이는 15m이다.

③ 성능시험배관의 배관직경 산정기준은 정격토출량의 150%로 운전시 정격토출압력의 65% 기준으로 계산한다.

(가) 펌프의 전양정〔m〕을 구하시오.
- ○ 계산과정 :
- ○ 답 :

(나) 성능시험배관의 관경〔mm〕을 구하시오.
- ○ 계산과정 :
- ○ 답 :

(다) 펌프의 성능시험을 위한 유량측정장치의 최대 측정유량〔L/min〕을 구하시오.
- ○ 계산과정 :
- ○ 답 :

(라) 토출측 주배관에서 배관의 최소 구경을 구하시오. (단, 유속은 최대 유속을 적용한다.)
- ○ 계산과정 :
- ○ 답 :

해답

(가) ○ 계산과정 : $h_1 = 15 \times \dfrac{26}{100} = 3.9\text{m}$

$h_2 = (20 \times 0.2) + (4 \times 0.5) = 4 + 2 = 6\text{m}$

$h_3 = 20\text{m}$

$H = 3.9 + 6 + 20 + 17 = 46.9\text{m}$

○ 답 : 46.9m

(나) ○ 계산과정 : $Q = 2 \times 130 = 260\text{L/min}$

$D = \sqrt{\dfrac{1.5 \times 260}{0.653 \times \sqrt{0.65 \times 10 \times 0.469}}} = 18.49\text{mm} \ (\therefore \ 25\text{mm})$

○ 답 : 25mm

(다) ○ 계산과정 : $260 \times 1.75 = 455\text{L/min}$

○ 답 : 455L/min

(라) ○ 계산과정 : $\sqrt{\frac{4 \times 0.26/60}{\pi \times 4}} \fallingdotseq 0.037\text{m} = 37\text{mm}(\therefore\ 100\text{mm})$

○ 답 : 100mm

해설 (가) **전양정**

$$H \geq h_1 + h_2 + h_3 + 17$$

여기서, H : 전양정〔m〕
h_1 : 소방호스의 마찰손실수두〔m〕
h_2 : 배관 및 관부속품의 마찰손실수두〔m〕
h_3 : 실양정(흡입양정+토출양정)〔m〕

h_1 : $15\text{m} \times \frac{26}{100} = 3.9\text{m}$

- **15m** : 〔조건 ②〕에서 소방호스의 길이 적용
- $\frac{26}{100}$: 〔조건 ②〕에서 호스 100m당 26m이므로 $\frac{26}{100}$ 적용

h_2 : 배관의 마찰손실수두=실양정×20%$= 20\text{m} \times 0.2 = 4\text{m}$

- 20m : 〔조건 ①〕에서 주어진 값
- 0.2 : 〔조건 ①〕에서 배관의 마찰손실수두는 실양정의 20%이므로 0.2 적용

관부속품의 마찰손실수두=배관의 마찰손실수두×50%=4m×0.5=2m

- 〔조건 ①〕에서 관부속품의 마찰손실수두=배관의 마찰손실수두×50%
- 4m : 바로 위에서 구한 배관의 마찰손실수두
- 0.5 : 〔조건 ①〕에서 50%=0.5 적용

h_3 : 20m(〔조건 ①〕에서 주어진 값)

전양정 $H = h_1 + h_2 + h_3 + 17 = 3.9\text{m} + [(20\text{m} \times 0.2) + (4\text{m} \times 0.5)] + 20\text{m} + 17 = 46.9\text{m}$

(나) **옥내소화전설비**의 **토출량**

$$Q \geq N \times 130\text{L/min}$$

여기서, Q : 가압송수장치의 토출량〔L/min〕
N : 가장 많은 층의 소화전개수(30층 미만 : 최대 2개, 30층 이상 : 최대 5개)

옥내소화전설비의 토출량(유량) Q는

$Q = N \times 130\text{L/min} = 2 \times 130\text{L/min} = 260\text{L/min}$

- N : 문제에서 가장 많은 층의 소화전개수(최대 2개)
- 토출량공식은 층수 관계없이 $Q = N \times 130$ 임을 혼동하지 말라!

성능시험배관의 **방수량**

방수량 구하는 기본식	성능시험배관 방수량 구하는 식
$Q = 0.653D^2\sqrt{10P}$ 또는 $Q = 0.6597CD^2\sqrt{10P}$ 여기서, Q : 방수량〔L/min〕 C : 노즐의 흐름계수(유량계수) D : 내경〔mm〕 P : 방수압력〔MPa〕	$1.5Q = 0.653D^2\sqrt{0.65 \times 10P}$ 여기서, Q : 방수량〔L/min〕 D : 성능시험배관의 내경〔mm〕 P : 방수압력〔MPa〕

$$1.5Q = 0.653D^2\sqrt{0.65 \times 10P}$$

$$\frac{1.5Q}{0.653\sqrt{0.65 \times 10P}} = D^2$$

좌우를 이항하면

$D^2 = \frac{1.5Q}{0.653\sqrt{0.65 \times 10P}}$, $\sqrt{D^2} = \sqrt{\frac{1.5Q}{0.653\sqrt{0.65 \times 10P}}}$

$D = \sqrt{\frac{1.5Q}{0.653 \times \sqrt{0.65 \times 10P}}} = \sqrt{\frac{1.5 \times 260\text{L/min}}{0.653 \times \sqrt{0.65 \times 10 \times 0.469\text{MPa}}}} = 18.49\text{mm}(\therefore\ 25\text{mm})$

- [조건 ③]에 의해 **정격토출량**의 **150%**, **정격토출압력**의 **65%** 기준이므로 방수량 기본식 $Q = 0.653D^2\sqrt{10P}$에서 변형하여 $1.5Q = 0.653D^2\sqrt{0.65 \times 10P}$ 식 적용
- Q(260L/min) : 바로 앞에서 구한 값(단위 L/min). 단위에 특히 주의!
- P(0.469MPa) : 1MPa≒100m이므로 (가)에서 구한 값 46.9m=0.469MPa
- $1.5Q = 0.6597D^2\sqrt{0.65 \times 10P}$ 식으로 적용하면 틀린다. 주의!
- 18.49mm이므로 관경은 아래 표에서 25mm 산정
- **관경**(구경)

관경 [mm] →	25	32	40	50	65	80	90	100	125	150	200	250	300

(다)

유량측정장치의 최대 측정유량=펌프의 정격토출량×1.75

=260L/min×1.75=455L/min

- 유량측정장치는 펌프의 정격토출량의 **175%** 이상 측정할 수 있어야 하므로 유량측정장치의 성능은 펌프의 **정격토출량×1.75**가 된다.
- **260L/min** : (나)에서 구한 값

(라)

$$Q = AV = \frac{\pi D^2}{4}V$$

여기서, Q : 유량[m³/s]

A : 단면적[m²]

V : 유속[m/s]

D : 내경[m]

$$Q = \frac{\pi D^2}{4}V$$ 에서

배관의 **내경** D는

$D = \sqrt{\frac{4Q}{\pi V}} = \sqrt{\frac{4 \times 260\text{L/min}}{\pi \times 4\text{m/s}}} = \sqrt{\frac{4 \times 0.26\text{m}^3/\text{min}}{\pi \times 4\text{m/s}}} = \sqrt{\frac{4 \times 0.26\text{m}^3/60\text{s}}{\pi \times 4\text{m/s}}} ≒ 0.037\text{m} = 37\text{mm}$

내경 **37mm** 이상이지만 **연결송수관설비**가 **겸용**이므로 **100mm** 선정

- Q**(260L/min)** : (나)에서 구한 값
- 배관 내의 유속

설 비		유 속
옥내소화전설비 →		4m/s 이하
스프링클러설비	가지배관	6m/s 이하
	기타배관	10m/s 이하

- [단서]에 최대 유속인 **4m/s** 적용
- 성능시험배관은 최소 구경이 정해져 있지 않지만 다음의 배관은 최소 구경이 정해져 있으므로 주의하자!

구 분	구 경
주배관 중 **수직배관**, 펌프 토출측 **주배관**	**50mm 이상**
연결송수관인 방수구가 연결된 경우(연결송수관설비의 배관과 겸용할 경우) →	**100mm 이상**

☆☆☆

문제 02

소화설비의 급수배관에 사용하는 개폐표시형 밸브 중 버터플라이밸브(볼형식이 아닌 구조) 외의 밸브를 꼭 사용하여야 하는 배관의 이름과 그 이유를 한 가지만 쓰시오.

(17.4.문2, 12.4.문2, 09.10.문10, 05.10.문6, 01.4.문1, 98.4.문1)

○ 배관 이름 :
○ 이유 :

득점	배점
	4

해답 ○ 배관 이름 : 흡입측 배관
○ 이유 : 유효흡입양정이 감소되어 공동현상이 발생할 우려가 있기 때문

해설 펌프의 흡입측 배관에는 버터플라이밸브(Butterfly valve) 이외의 **개폐표시형 밸브**를 설치하여야 한다.

- 사실 이 문제는 조금 잘못되었다. 펌프의 흡입측 배관에는 볼형식이든지, 볼형식이 아니든지 버터플라이밸브 외의 밸브를 사용하여야 한다. **'버터플라이밸브(볼형식이 아닌 구조)의 밸브'**는 예전 법규정이다.

중요

(1) **펌프흡입측**에 **버터플라이밸브**를 **제한하는 이유**
① 물의 **유체저항**이 매우 커서 원활한 흡입이 되지 않는다.
② 유효흡입양정(NPSH)이 감소되어 **공동현상**(Cavitation)이 발생할 우려가 있다.
③ 개폐가 순간적으로 이루어지므로 **수격작용**(Water hammering)이 발생할 우려가 있다.

(2) **버터플라이밸브(Butterfly valve)**
① **대형 밸브**로서 유체의 흐름방향을 **180°**로 **변환**시킨다.
② 주관로상에 사용되며 개폐가 순간적으로 이루어진다.

‖ 버터플라이밸브 ‖

☆☆☆

문제 03

지름이 10cm인 소방호스에 노즐구경이 3cm인 노즐팁이 부착되어 있고, 1.5m^3/min의 물을 대기 중으로 방수할 경우 다음 물음에 답하시오. (단, 유동에는 마찰이 없는 것으로 가정한다.)

(16.4.문12, 11.7.문7, 09.10.문5)

(가) 소방호스의 평균유속〔m/s〕을 구하시오.
○ 계산과정 :
○ 답 :

득점	배점
	8

(나) 소방호스에 연결된 방수노즐의 평균유속[m/s]을 구하시오.
　○계산과정 :
　○답 :
(다) 노즐(Nozzle)을 소방호스에 부착시키기 위한 플랜지볼트에 작용하고 있는 힘[N]을 구하시오.
　○계산과정 :
　○답 :

해답 (가) ○계산과정 : $\dfrac{1.5/60}{\dfrac{\pi \times 0.1^2}{4}} = 3.183 ≒ 3.18\text{m/s}$

○답 : 3.18m/s

(나) ○계산과정 : $\dfrac{1.5/60}{\dfrac{\pi \times 0.03^2}{4}} = 35.367 ≒ 35.37\text{m/s}$

○답 : 35.37m/s

(다) ○계산과정 : $\dfrac{9800 \times (1.5/60)^2 \times \dfrac{\pi}{4} \times 0.1^2}{2 \times 9.8} \times \left(\dfrac{\dfrac{\pi}{4} \times 0.1^2 - \dfrac{\pi}{4} \times 0.03^2}{\dfrac{\pi}{4} \times 0.1^2 \times \dfrac{\pi}{4} \times 0.03^2}\right)^2 = 4067.784 ≒ 4067.78\text{N}$

○답 : 4067.78N

해설 **유량**

$$Q = AV = \left(\frac{\pi D^2}{4}\right)V$$

여기서, Q : 유량[m³/s]
A : 단면적[m²]
V : 유속[m/s]
D : 지름[m]

(가)

$$Q = AV$$

에서

소방호스의 **평균유속** V_1은

$$V_1 = \frac{Q}{A_1} = \frac{Q}{\dfrac{\pi D_1^{\,2}}{4}} = \frac{1.5\text{m}^3/\text{min}}{\left(\dfrac{\pi \times 0.1^2}{4}\right)\text{m}^2} = \frac{1.5\text{m}^3/60\text{s}}{\left(\dfrac{\pi \times 0.1^2}{4}\right)\text{m}^2} = 3.183 ≒ 3.18\text{m/s}$$

- 10cm=0.1m

(나)

$$Q = AV$$

에서

방수노즐의 **평균유속** V_2는

$$V_2 = \frac{Q}{A_2} = \frac{Q}{\dfrac{\pi D_2^{\,2}}{4}} = \frac{1.5\text{m}^3/\text{min}}{\left(\dfrac{\pi \times 0.03^2}{4}\right)\text{m}^2} = \frac{1.5\text{m}^3/60\text{s}}{\left(\dfrac{\pi \times 0.03^2}{4}\right)\text{m}^2} = 35.367 ≒ 35.37\text{m/s}$$

- 3cm=0.03m

(다) **플랜지볼트**에 작용하는 **힘**

$$F = \frac{\gamma Q^2 A_1}{2g}\left(\frac{A_1 - A_2}{A_1 A_2}\right)^2$$

여기서, F : 플랜지볼트에 작용하는 힘[N]

γ : 비중량(물의 비중량 9800N/m^3)
Q : 유량(m^3/s)
A_1 : 소방호스의 단면적(m^2)
A_2 : 노즐의 단면적(m^2)
g : 중력가속도(9.8m/s^2)

$$F=\frac{9800\text{N/m}^3\times(1.5\text{m}^3/60\text{s})^2\times\frac{\pi}{4}\times(0.1\text{m})^2}{2\times9.8\text{m/s}^2}\times\left(\frac{\frac{\pi}{4}\times(0.1\text{m})^2-\frac{\pi}{4}\times(0.03\text{m})^2}{\frac{\pi}{4}\times(0.1\text{m})^2\times\frac{\pi}{4}\times(0.03\text{m})^2}\right)^2=4067.784 ≒ 4067.78\text{N}$$

• 1.5m^3/min=1.5m^3/60s(1min=60s)

중요

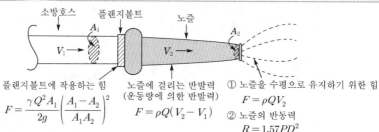

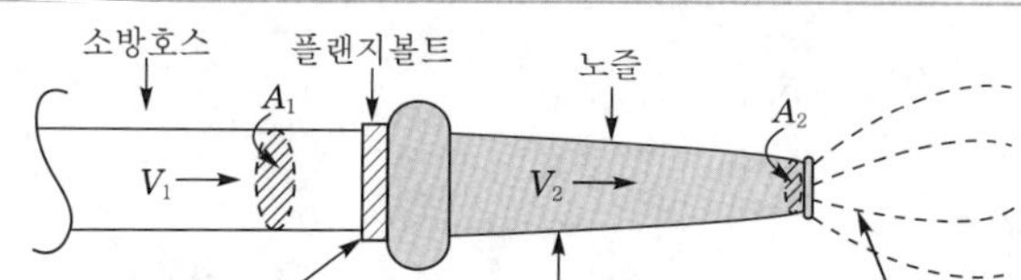

(1) **플랜지볼트**에 작용하는 **힘**

$$F=\frac{\gamma Q^2 A_1}{2g}\left(\frac{A_1-A_2}{A_1A_2}\right)^2$$

여기서, F : 플랜지볼트에 작용하는 힘(N)
γ : 비중량(물의 비중량 9800N/m^3)
Q : 유량(m^3/s)
A_1 : 소방호스의 단면적(m^2)
A_2 : 노즐의 단면적(m^2)
g : 중력가속도(9.8m/s^2)

(2) **노즐**에 걸리는 **반발력**(**운동량**에 따른 **반발력**)

$$F=\rho QV=\rho Q(V_2-V_1)$$

여기서, F : 노즐에 걸리는 반발력(운동량에 따른 반발력)(N)
ρ : 밀도(물의 밀도 1000N · s^2/m^4)
Q : 유량(m^3/s)
V, V_2, V_1 : 유속(m/s)

(3) **노즐**을 **수평**으로 유지하기 위한 힘

$$F=\rho QV_2$$

여기서, F : 노즐을 수평으로 유지하기 위한 힘(N)
ρ : 밀도(물의 밀도 1000N · s^2/m^4)
V_2 : 노즐의 유속(m/s)

(4) **노즐**의 **반동력**

$$R=1.57PD^2$$

여기서, R : 반동력(N)
P : 방수압력(MPa)
D : 노즐구경(mm)

☆☆☆

문제 04

할론 1301 소화설비를 설계시 조건을 참고하여 다음 각 물음에 답하시오. (15.11.문11, 07.4.문1)

득점	배점
	4

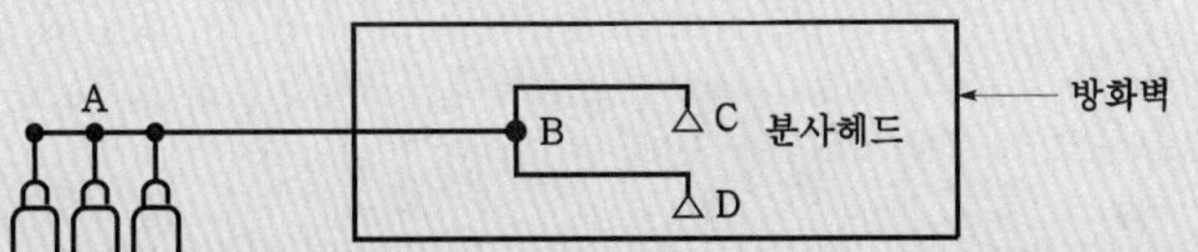

〔조건〕

① 약제소요량은 130kg이다. (출입구에 자동폐쇄장치 설치)
② 초기 압력강하는 1.5MPa이다.
③ 고저에 따른 압력손실은 0.06MPa이다.
④ A-B 간의 마찰저항에 따른 압력손실은 0.06MPa이다.
⑤ B-C, B-D 간의 각 압력손실은 0.03MPa이다.
⑥ 저장용기 내 소화약제 저장압력은 4.2MPa이다.
⑦ 작동 30초 이내에 약제 전량이 방출된다.

(가) 설비가 작동하였을 때 A-B 간의 배관 내를 흐르는 소화약제의 유량〔kg/s〕을 구하시오.
○ 계산과정 :
○ 답 :

(나) B-C 간의 소화약제의 유량〔kg/s〕을 구하시오. (단, B-D 간의 소화약제의 유량도 같다.)
○ 계산과정 :
○ 답 :

(다) C점 노즐에서 방출되는 소화약제의 방사압력〔MPa〕을 구하시오. (단, D점에서의 방사압력도 같다.)
○ 계산과정 :
○ 답 :

(라) C점에서 설치된 분사헤드에서의 방출률이 $2.5\text{kg/cm}^2\cdot\text{s}$이면 분사헤드의 등가 분구면적〔$\text{cm}^2$〕을 구하시오.
○ 계산과정 :
○ 답 :

해답

(가) ○ 계산과정 : $\frac{130}{30}=4.333 \fallingdotseq 4.33\text{kg/s}$
○ 답 : 4.33kg/s

(나) ○ 계산과정 : $\frac{4.33}{2}=2.165 \fallingdotseq 2.17\text{kg/s}$
○ 답 : 2.17kg/s

(다) ○ 계산과정 : $4.2-(1.5+0.06+0.06+0.03)=2.55\text{MPa}$
○ 답 : 2.55MPa

(라) ○ 계산과정 : $\frac{2.17}{2.5\times1}=0.868 \fallingdotseq 0.87\text{cm}^2$
○ 답 : 0.87cm^2

해설

(가) **유량** $=\frac{\text{약제소요량}}{\text{약제방출시간}}=\frac{130\text{kg}}{30\text{s}}=4.333 \fallingdotseq 4.33\text{kg/s}$

- 〔조건 ①〕에서 약제소요량은 **130kg**이다.
- 〔조건 ⑦〕에서 약제방출시간은 **30s**이다.

(나) A−B 간의 유량은 B−C 간과 B−D 간으로 나누어 흐르므로 B−C 간의 유량은 A−B 간의 유량을 **2**로 나누면 된다.

B-C 간의 유량$=\dfrac{4.33\text{kg/s}}{2}=2.165 \fallingdotseq 2.17\text{kg/s}$

- 4.33kg/s : (가)에서 구한 값

(다) C점의 방사압력

=약제저장압력−(초기 압력강하+고저에 따른 압력손실+A−B 간의 마찰손실에 따른 압력손실+B−C 간의 압력손실)

$=4.2\text{MPa}-(1.5+0.06+0.06+0.03)\text{MPa}=2.55\text{MPa}$

(라)

$$\text{등가 분구면적}=\frac{\text{유량[kg/s]}}{\text{방출량[kg/cm}^2\cdot\text{s]}\times\text{오리피스 구멍개수}}$$

$$=\frac{2.17\text{kg/s}}{2.5\text{kg/cm}^2\cdot\text{s}\times 1\text{개}}=0.868 \fallingdotseq 0.87\text{cm}^2$$

- 문제에서 오리피스 구멍개수가 주어지지 않을 경우에는 **헤드**의 **개수**가 곧 **오리피스 구멍개수**임을 기억하라!
- 분구면적=분출구면적
- 2.17kg/s : (나)에서 구한 값

☆☆☆

문제 05

어떤 지하상가에 제연설비를 화재안전기준과 다음 조건에 따라 설치하려고 한다. 다음 각 물음에 답하시오. (15.4.문9, 05.5.문1, 02.7.문4)

득점	배점
	10

〔조건〕

① 주덕트의 높이제한은 1000mm이다. (강판두께, 덕트플랜지 및 보온두께는 고려하지 않는다.)

② 배출기는 원심다익형이다.

③ 각종 효율은 무시한다.

④ 예상제연구역의 설계배출량은 $43200\text{m}^3/\text{h}$이다.

(가) 배출기의 배출측 주덕트의 최소 폭[m]을 계산하시오.

○ 계산과정 :

○ 답 :

(나) 배출기의 흡입측 주덕트의 최소 폭[m]을 계산하시오.

○ 계산과정 :

○ 답 :

(다) 준공 후 풍량시험을 한 결과 풍량은 $36000\text{m}^3/\text{h}$, 회전수는 650rpm, 축동력은 7.5kW로 측정되었다. 배출량 $43200\text{m}^3/\text{h}$를 만족시키기 위한 배출기 회전수[rpm]를 계산하시오.

○ 계산과정 :

○ 답 :

(라) 풍량이 $36000\text{m}^3/\text{h}$일 때 전압이 $50\text{mmH}_2\text{O}$이다. 풍량을 $43200\text{m}^3/\text{h}$으로 변경할 때 전압은 몇 mmH_2O인가?

○ 계산과정 :

○ 답 :

(마) 회전수를 높여서 배출량을 만족시킬 경우의 예상축동력[kW]을 계산하시오.

○ 계산과정 :

○ 답 :

해답 (가) ○ 계산과정 : $Q=43200/3600=12\text{m}^3/\text{s}$

$$A=\frac{12}{20}=0.6\text{m}^2$$

$$L=\frac{0.6}{1}=0.6\text{m}$$

○ 답 : 0.6m

(나) ○ 계산과정 : $A=\frac{12}{15}=0.8\text{m}^2$

$$L=\frac{0.8}{1}=0.8\text{m}$$

○ 답 : 0.8m

(다) ○ 계산과정 : $650\times\left(\frac{43200}{36000}\right)=780\text{rpm}$

○ 답 : 780rpm

(라) ○ 계산과정 : $50\times\left(\frac{43200}{36000}\right)^2=72\text{mmH}_2\text{O}$

○ 답 : $72\text{mmH}_2\text{O}$

(마) ○ 계산과정 : $7.5\times\left(\frac{780}{650}\right)^3=12.96\text{kW}$

○ 답 : 12.96kW

해설 (가) [조건 ④]에서 배출량 $Q=43200\text{m}^3/\text{h}=43200\text{m}^3/3600\text{s}=$ **$12\text{m}^3/\text{s}$**이다.

- 배출기 흡입측 풍도 안의 풍속은 **15m/s** 이하로 하고, 배출측 풍속은 **20m/s** 이하로 한다(NFPC 501 9조, NFTC 501 2.6.2.2).

배출량

$$Q=AV$$

여기서, Q : 배출량[m^3/s], A : 단면적[m^2], V : 풍속[m/s]

배출측 단면적 $A=\frac{Q}{V}=\frac{12}{20}=0.6\text{m}^2$

배출측 주덕트의 폭 $L=\frac{0.6}{1}=0.6\text{m}$

- [조건 ①]에서 주덕트의 높이제한은 1000mm=**1m**이다.

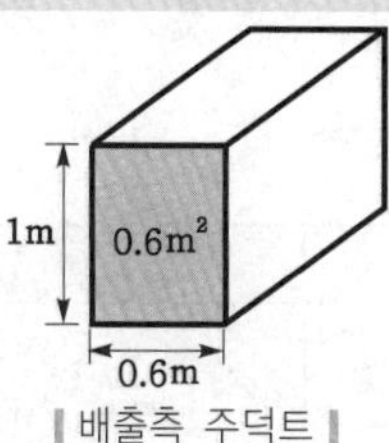

‖ 배출측 주덕트 ‖

(나) **흡입측 단면적** $A=\frac{Q}{V}=\frac{12}{15}=0.8\text{m}^2$

흡입측 주덕트의 폭 $L=\frac{0.8}{1}=0.8\text{m}$

- [조건 ①]에서 주덕트의 높이제한은 1000mm=**1m**이다.

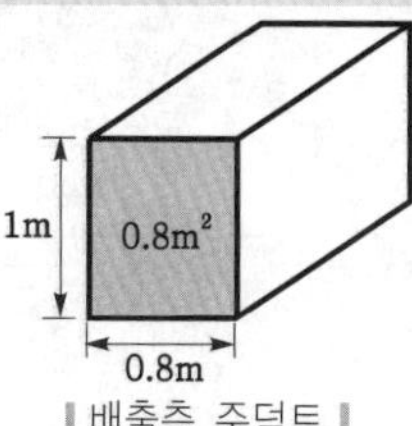

‖ 배출측 주덕트 ‖

(다)

$$Q_2 = Q_1\left(\frac{N_2}{N_1}\right)$$ 에서

배출기 회전수 N_2는

$$N_2 = N_1\left(\frac{Q_2}{Q_1}\right) = 650\,\text{rpm} \times \left(\frac{43200\,\text{m}^3/\text{h}}{36000\,\text{m}^3/\text{h}}\right) = 780\,\text{rpm}$$

(라) $Q_2 = Q_1\left(\frac{N_2}{N_1}\right)$

$$\frac{Q_2}{Q_1} = \left(\frac{N_2}{N_1}\right) \quad \cdots\cdots ①$$

$$H_2 = H_1\left(\frac{N_2}{N_1}\right)^2$$

$$\frac{H_2}{H_1} = \left(\frac{N_2}{N_1}\right)^2 \quad \cdots\cdots ②$$

①식을 ②식에 대입하면

$$\frac{H_2}{H_1} = \left(\frac{Q_2}{Q_1}\right)^2$$

$$H_2 = H_1\left(\frac{Q_2}{Q_1}\right)^2 = 50\text{mmH}_2\text{O} \times \left(\frac{43200\text{m}^3/\text{h}}{36000\text{m}^3/\text{h}}\right)^2 = 72\text{mmH}_2\text{O}$$

- H_1(**50mmH₂O**) : (라)에서 주어진 값
- Q_2(**43200m³/h**) : (라)에서 주어진 값
- Q_1(**36000m³/h**) : (라)에서 주어진 값

(마) $P_2 = P_1\left(\frac{N_2}{N_1}\right)^3 = 7.5\text{kW} \times \left(\frac{780\,\text{rpm}}{650\,\text{rpm}}\right)^3 = 12.96\text{kW}$

- P_1(**7.5kW**) : (다)에서 주어진 값
- N_2(**780rpm**) : (다)에서 구한 값
- N_1(**650rpm**) : (다)에서 주어진 값

참고

유량(풍량), 양정, 축동력

유량(풍량)	양 정	축동력
$Q_2 = Q_1\left(\frac{N_2}{N_1}\right)\left(\frac{D_2}{D_1}\right)^3$ 또는 $Q_2 = Q_1\left(\frac{N_2}{N_1}\right)$	$H_2 = H_1\left(\frac{N_2}{N_1}\right)^2\left(\frac{D_2}{D_1}\right)^2$ 또는 $H_2 = H_1\left(\frac{N_2}{N_1}\right)^2$	$P_2 = P_1\left(\frac{N_2}{N_1}\right)^3\left(\frac{D_2}{D_1}\right)^5$ 또는 $P_2 = P_1\left(\frac{N_2}{N_1}\right)^3$
여기서, Q_2 : 변경 후 유량(풍량)[m³/min] Q_1 : 변경 전 유량(풍량)[m³/min] N_2 : 변경 후 회전수[rpm] N_1 : 변경 전 회전수[rpm] D_2 : 변경 후 관경[mm] D_1 : 변경 전 관경[mm]	여기서, H_2 : 변경 후 양정[m] 또는 [mmH₂O] H_1 : 변경 전 양정[m] 또는 [mmH₂O] N_2 : 변경 후 회전수[rpm] N_1 : 변경 전 회전수[rpm] D_2 : 변경 후 관경[mm] D_1 : 변경 전 관경[mm]	여기서, P_2 : 변경 후 축동력[kW] P_1 : 변경 전 축동력[kW] N_2 : 변경 후 회전수[rpm] N_1 : 변경 전 회전수[rpm] D_2 : 변경 후 관경[mm] D_1 : 변경 전 관경[mm]

☆

문제 06

헤드 H-1의 방수압력이 0.1MPa이고 방수량이 80L/min인 폐쇄형 스프링클러설비의 수리계산에 대하여 조건을 참고하여 다음 각 물음에 답하시오. (단, 계산과정을 쓰고 최종 답은 반올림하여 소수점 2째 자리까지 구할 것) (17.11.문7, 17.4.문4, 15.4.문10)

득점	배점
	8

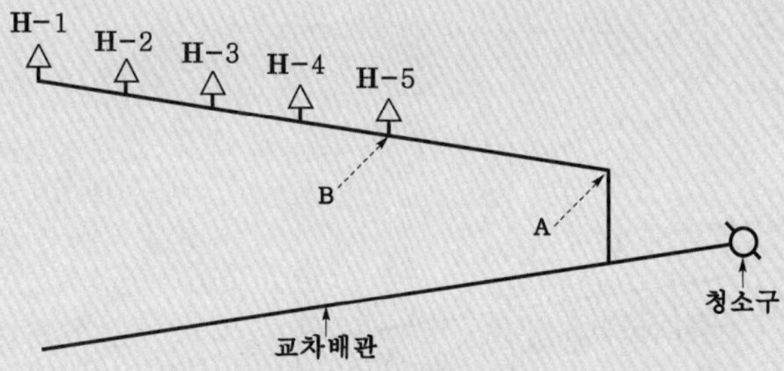

〔조건〕

① 헤드 H-1에서 H-5까지의 각 헤드마다의 방수압력 차이는 0.01MPa이다. (단, 계산시 헤드와 가지배관 사이의 배관에서의 마찰손실은 무시한다.)
② A~B 구간의 마찰손실압은 0.04MPa이다.
③ H-1 헤드에서의 방수량은 80L/min이다.

(가) A지점에서의 필요 최소 압력은 몇 MPa인가?
○ 계산과정 :
○ 답 :

(나) 각 헤드에서의 방수량은 몇 L/min인가?
○ 계산과정 : H-1
H-2
H-3
H-4
H-5
○ 답 : H-1
H-2
H-3
H-4
H-5

(다) A~B 구간에서의 유량은 몇 L/min인가?
○ 계산과정 :
○ 답 :

(라) A~B 구간에서의 최소 내경은 몇 m인가?
○ 계산과정 :
○ 답 :

해답 (가) ○ 계산과정 : $0.1+0.01\times4+0.04=0.18\text{MPa}$
○ 답 : 0.18MPa

(나) ○ 계산과정 : $K=\dfrac{80}{\sqrt{10\times0.1}}=80$

H-1 : $Q_1=80\sqrt{10\times0.1}=80\text{L/min}$
H-2 : $Q_2=80\sqrt{10(0.1+0.01)}=83.904 ≒ 83.9\text{L/min}$
H-3 : $Q_3=80\sqrt{10(0.1+0.01+0.01)}=87.635 ≒ 87.64\text{L/min}$
H-4 : $Q_4=80\sqrt{10(0.1+0.01+0.01+0.01)}=91.214 ≒ 91.21\text{L/min}$
H-5 : $Q_5=80\sqrt{10(0.1+0.01+0.01+0.01+0.01)}=94.657 ≒ 94.66\text{L/min}$

○ 답 : H-1 : 80L/min
H-2 : 83.9L/min
H-3 : 87.64L/min
H-4 : 91.21L/min
H-5 : 94.66L/min

(다) ○ 계산과정 : $Q=80+83.9+87.64+91.21+94.66=437.41\text{L/min}$
○ 답 : 437.41L/min

(라) ○ 계산과정 : $\sqrt{\frac{4\times(0.43741/60)}{\pi\times6}}=0.039 \fallingdotseq 0.04\text{m}$
○ 답 : 0.04m

해설 (가) 80L/min

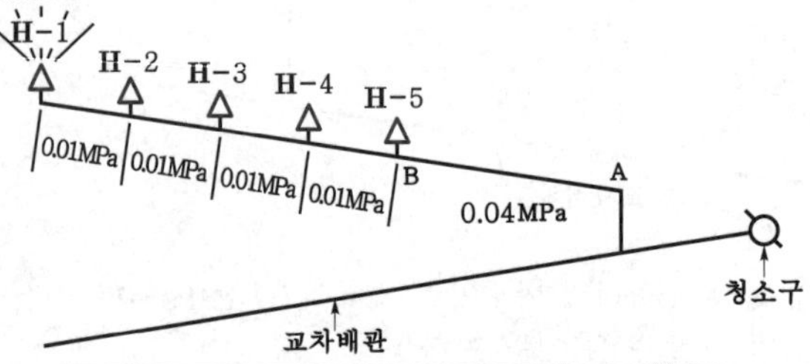

필요 최소 압력=헤드방수압력+각각의 마찰손실압

$=0.1\text{MPa}+0.01\text{MPa}\times4+0.04\text{MPa}=0.18\text{MPa}$

- **0.1MPa** : 문제에서 주어진 값
- **0.01MPa** : [조건 ①]에서 주어진 값
- **0.04MPa** : [조건 ②]에서 주어진 값

(나)

$$Q=K\sqrt{10P}$$

여기서, Q : 방수량[L/min], K : 방출계수, P : 방수압[MPa]

방출계수 K는

$$K=\frac{Q}{\sqrt{10P}}=\frac{80\text{L/min}}{\sqrt{10\times0.1\text{MPa}}}=80$$

헤드번호 H-1

① **유량**

$Q_1=K\sqrt{10P}=80\sqrt{10\times0.1}=80\text{L/min}$

- 문제에서 헤드번호 H-1의 방수압(P)은 **0.1MPa**이다.
- K는 바로 위에서 구한 **80**이다.

② **마찰손실압**

$\Delta P_1=0.01\text{MPa}$

- [조건 ①]에서 각 헤드의 방수압력 차이는 **0.01MPa**이다.

헤드번호 H-2

① **유량**

$Q_2=K\sqrt{10(P+\Delta P_1)}=80\sqrt{10(0.1+0.01)}=83.904 \fallingdotseq 83.9\text{L/min}$

- 방수압($P+\Delta P_1$)은 문제에서 주어진 방수압(P) **0.1MPa**과 헤드번호 H-1의 마찰손실압(ΔP_1)의 합이다.

② **마찰손실압**

$\Delta P_2=0.01\text{MPa}$

- [조건 ①]에서 각 헤드의 방수압력 차이는 **0.01MPa**이다.

헤드번호 H-3

① **유량**

$Q_3 = K\sqrt{10(P+\Delta P_1+\Delta P_2)} = 80\sqrt{10(0.1+0.01+0.01)} = 87.635 \fallingdotseq 87.64\text{L/min}$

- 방수압($P+\Delta P_1+\Delta P_2$)은 문제에서 주어진 방수압(P) **0.1MPa**과 헤드번호 H-1의 마찰손실압(ΔP_1), 헤드번호 H-2의 마찰손실압(ΔP_2)의 합이다.

② **마찰손실압**

$\Delta P_3 = 0.01\text{MPa}$

- [조건 ①]에서 각 헤드의 방수압력 차이는 **0.01MPa**이다.

헤드번호 H-4

① **유량**

$Q_4 = K\sqrt{10(P+\Delta P_1+\Delta P_2+\Delta P_3)} = 80\sqrt{10(0.1+0.01+0.01+0.01)} = 91.214 \fallingdotseq 91.21\text{L/min}$

- 방수압($P+\Delta P_1+\Delta P_2+\Delta P_3$)은 문제에서 주어진 방수압($P$) **0.1MPa**과 헤드번호 H-1의 마찰손실압(ΔP_1), 헤드번호 H-2의 마찰손실압(ΔP_2), 헤드번호 H-3의 마찰손실압(ΔP_3)의 합이다.

② **마찰손실압**

$\Delta P_4 = 0.01\text{MPa}$

- [조건 ①]에서 각 헤드의 방수압력 차이는 **0.01MPa**이다.

헤드번호 H-5

① **유량**

$$Q_5 = K\sqrt{10(P+\Delta P_1+\Delta P_2+\Delta P_3+\Delta P_4)}$$
$$= 80\sqrt{10(0.1+0.01+0.01+0.01+0.01)} = 94.657 \fallingdotseq 94.66\text{L/min}$$

② **마찰손실압**

$\Delta P_5 = 0.01\text{MPa}$

- [조건 ①]에서 각 헤드의 방수압력 차이는 **0.01MPa**이다.

(다) A~B구간의 유량

$Q = Q_1+Q_2+Q_3+Q_4+Q_5 = 80+83.9+87.64+91.21+94.66 = 437.41\text{L/min}$

- $Q_1 \sim Q_5$: (나)에서 구한 값

(라)

$$Q = AV = \frac{\pi D^2}{4}V$$

여기서, Q : 유량[m³/s], A : 단면적[m²], V : 유속[m/s], D : 내경[m]

$$Q = \frac{\pi D^2}{4}V$$ 에서

배관의 **내경** D는

$$D = \sqrt{\frac{4Q}{\pi V}} = \sqrt{\frac{4\times 437.41\text{L/min}}{\pi\times 6\text{m/s}}} = \sqrt{\frac{4\times 0.43741\text{m}^3/\text{min}}{\pi\times 6\text{m/s}}} = \sqrt{\frac{4\times(0.43741\text{m}^3/60\text{s})}{\pi\times 6\text{m/s}}} = 0.039 \fallingdotseq 0.04\text{m}$$

- Q(437.41L/min) : (다)에서 구한 값
- 1000L=1m³이므로 437.41L/min=0.43741m³/min
- 1min=60s이므로 0.43741m³/min=0.43741m³/60s
- **배관 내**의 **유속**

설 비		유 속
옥내소화전설비		4m/s 이하
스프링클러설비	가지배관 ⟶	6m/s 이하
	기타배관(교차배관 등)	10m/s 이하

- 구하고자 하는 배관은 스프링클러헤드가 설치되어 있으므로 '**가지배관**'이다. 그러므로 유속은 **6m/s**이다.

용어

가지배관	교차배관
스프링클러헤드가 설치되어 있는 배관	**직접** 또는 **수직배관**을 통하여 **가지배관**에 **급수**하는 배관

☆☆☆

문제 07

조건을 참조하여 제연설비에 대한 다음 각 물음에 답하시오.

(19.11.문13, 17.4.문9, 16.11.문5, 14.11.문13, 10.10.문14, 09.10.문11)

득점	배점
	4

〔조건〕

① 배연 Duct의 길이는 181m이고 Duct의 저항은 1m당 0.2mmAq이다.
② 배출구 저항은 8mmAq, 배기그릴 저항은 4mmAq, 관부속품의 저항은 Duct 저항의 55%이다.
③ 효율은 50%이고, 여유율은 10%로 한다.
④ 예상제연구역의 바닥면적은 900m^{2}이고, 직경은 55m, 수직거리는 2.3m이다.
⑤ 예상제연구역의 배출량 기준

수직거리	배출량
2m 이하	45000m^3/h
2m 초과 2.5m 이하	50000m^3/h
2.5m 초과 3m 이하	55000m^3/h
3m 초과	65000m^3/h

(가) 배연기의 소요전압〔mmAq〕을 구하시오.
○ 계산과정 :
○ 답 :

(나) 배출기의 이론소요동력〔kW〕을 구하시오.
○ 계산과정 :
○ 답 :

해답 (가) ○ 계산과정 : $(181\times0.2)+8+4+(181\times0.2)\times0.55=68.11\text{mmAq}$
○ 답 : 68.11mmAq

(나) ○ 계산과정 : $\dfrac{68.11\times50000/60}{102\times60\times0.5}\times1.1=20.403\text{kW}\fallingdotseq20.4\text{kW}$
○ 답 : 20.4kW

해설 (가) **소요전압** P_T는

P_T =Duct 저항+배출구 저항+그릴 저항+관부속품 저항
=(181m×0.2mmAq/m)+8mmAq+4mmAq+(181m×0.2mmAq/m)×0.55
=68.11mmAq

- Duct 저항 : **181m×0.2mmAq/m**(〔조건 ②〕에 의해)
- 관부속품 저항 : **(181m×0.2mmAq/m)×0.55**(〔조건 ③〕에 의해 관부속품의 저항은 Duct 저항의 55% 이므로 **0.55**를 곱함)

(나)

$$P = \frac{P_T Q}{102 \times 60\eta} K$$

여기서, P : 배연기동력(배출기동력)[kW]

P_T : 전압(풍압)[mmAq, mmH_2O]

Q : 풍량[m^3/min]

K : 여유율

η : 효율

배출기의 **이론소요동력** P는

$$P = \frac{P_T Q}{102 \times 60\eta} K$$

$$= \frac{68.11\text{mmAq} \times 50000\text{m}^3/\text{h}}{102 \times 60 \times 0.5} \times 1.1$$

$$= \frac{68.11\text{mmAq} \times 50000\text{m}^3/60\text{min}}{102 \times 60 \times 0.5} \times 1.1$$

$$= 20.403\text{kW} \fallingdotseq 20.4\text{kW}$$

수직거리	배출량
2m 이하	45000m^3/h
2m 초과 2.5m 이하 ⟶	50000m^3/h
2.5m 초과 3m 이하	55000m^3/h
3m 초과	65000m^3/h

- [조건 ④]에서 수직거리가 2.3m이므로 예상제연구역의 배출량 Q=50000m^3/h
- 배연설비(제연설비)에 대한 동력은 반드시 $P = \frac{P_T Q}{102 \times 60\eta} K$를 적용하여야 한다. 우리가 알고 있는 일반적인 식 $P = \frac{0.163QH}{\eta} K$를 적용하여 풀면 틀린다.
- 여유율은 10%이므로 여유율(K)은 **1.1**(여유율 10%=100%+10%=110%=1.1)이 된다. 0.1을 곱하지 않도록 주의!
- P_T(**68.11mmAq**) : (가)에서 구한 값
- Q(**50000m^3/h**) : [조건 ⑤]를 참고하여 구한 값
- η(**0.5**) : [조건 ③]에서 주어진 값

중요

단위

(1) GPM=**G**allon **P**er **M**inute(gallon/min)

(2) PSI=**P**ound per **S**quare **I**nch(lb_f/in^2)

(3) LPM=**L**iter **P**er **M**inute(L/min)

(4) CMH=**C**ubic **M**eter per **H**our(m^3/h)

참고

거실의 **배출량**(NFPC 501 6조, NFTC 501 2.3)

(1) 바닥면적 **400m^2 미만**(최저치 **5000m^3/h** 이상)

배출량[m^3/min]=바닥면적[m^2]×1m^3/m^2 · min

(2) 바닥면적 **$400m^2$ 이상**

① 직경 40m 이하 : **$40000m^3/h$** 이상

‖ 예상제연구역이 제연경계로 구획된 경우 ‖

수직거리	배출량
2m 이하	$40000m^3/h$ 이상
2m 초과 2.5m 이하	$45000m^3/h$ 이상
2.5m 초과 3m 이하	$50000m^3/h$ 이상
3m 초과	$60000m^3/h$ 이상

② 직경 40m 초과 : **$45000m^3/h$** 이상

‖ 예상제연구역이 제연경계로 구획된 경우 ‖

수직거리	배출량
2m 이하	$45000m^3/h$ 이상
2m 초과 2.5m 이하	$50000m^3/h$ 이상
2.5m 초과 3m 이하	$55000m^3/h$ 이상
3m 초과	$65000m^3/h$ 이상

- **m^3/h=CMH(Cubic Meter per Hour)**

☆

문제 08

할로겐화합물 및 불활성기체 소화설비의 수동식 기동장치의 설치기준이다. ( ) 안을 채우시오.

(04.4.문5)

득점	배점
	7

○ (①)마다 설치
○ 해당 방호구역의 출입구 부근 등 조작을 하는 자가 쉽게 (②)할 수 있는 장소에 설치할 것
○ 기동장치의 조작부는 바닥으로부터 (③)의 위치에 설치하고, 보호판 등에 따른 (④)를 설치할 것
○ 전기를 사용하는 기동장치에는 (⑤)을 설치할 것
○ 기동장치의 방출용 스위치는 (⑥)와 연동하여 조작될 수 있는 것으로 할 것
○ (⑦) 이하의 힘을 가하여 기동할 수 있는 구조로 설치

해답 ① 방호구역
② 피난
③ 0.8m 이상 1.5m 이하
④ 보호장치
⑤ 전원표시등
⑥ 음향경보장치
⑦ 50N

해설

- **0.8m 이상 1.5m 이하**에서 **'이상', '이하'**까지 써야 정답!
- **50N**에서 **N**까지 써야 정답!

할로겐화합물 및 **불활성기체 소화설비**의 **수동식 기동장치**의 **설치기준**(NFPC 107A 8조, NFTC 107A 2.5.1)

(1) **방호구역**마다 설치
(2) 해당 방호구역의 **출입구 부근** 등 조작을 하는 자가 쉽게 **피난**할 수 있는 장소에 설치할 것
(3) 기동장치의 조작부는 바닥으로부터 **0.8m 이상 1.5m 이하**의 위치에 설치하고, 보호판 등에 따른 **보호장치**를 설치할 것
(4) 기동장치 인근의 보기 쉬운 곳에 **'할로겐화합물 및 불활성기체 소화설비 수동식 기동장치'**라는 표지를 할 것

(5) 전기를 사용하는 기동장치에는 **전원표시등**을 설치할 것
(6) 기동장치의 방출용 스위치는 **음향경보장치**와 **연동**하여 조작될 수 있는 것으로 할 것
(7) **50N 이하**의 힘을 가하여 기동할 수 있는 구조로 설치
(8) 기동장치에는 보호장치를 설치해야 하며, 보호장치를 개방하는 경우 기동장치에 설치된 부저 또는 벨 등에 의하여 경고음을 발할 것
(9) 기동장치를 옥외에 설치하는 경우 빗물 또는 외부 충격의 영향을 받지 아니하도록 설치할 것

☆☆
문제 09

간이스프링클러설비의 화재안전기준에서 소방대상물의 보와 가장 가까운 간이헤드는 다음 그림과 같이 설치한다. 그림에서 (　)에서 수직거리를 쓰시오. (단, 천장면에서 보의 하단까지의 길이가 55cm를 초과하고 보의 하단 측면 끝부분으로부터 간이헤드까지의 거리가 간이헤드 상호간 거리의 $\frac{1}{2}$ 이하가 되는 경우에는 간이헤드와 그 부착면과의 거리를 55cm 이하로 할 수 있다.) (18.4.문3)

득점	배점
	8

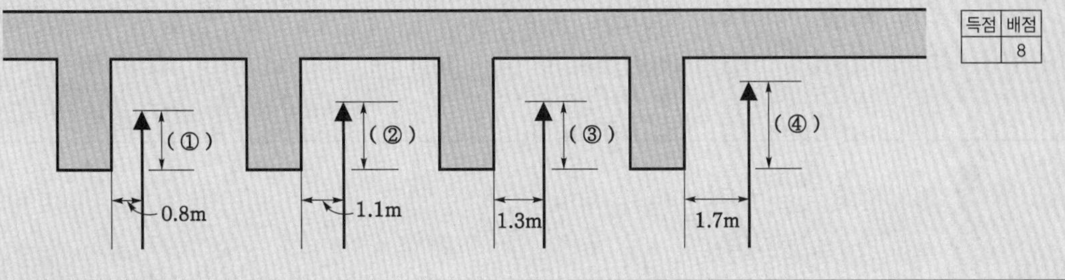

해답
① 0.1m 미만
② 0.15m 미만
③ 0.15m 미만
④ 0.3m 미만

해설
- 수치만 쓰면 안 되고 'm 미만'까지 써야 정답!

보와 가장 가까운 헤드의 설치거리(NFPC 103A 9조, NFTC 103A 2.6.1.6 / NFPC 103 10조, NFTC 103 2.7.8)

스프링클러헤드(또는 간이헤드)의 반사판 중심과 보의 수평거리	스프링클러헤드(또는 간이헤드)의 반사판높이와 보의 하단높이의 수직거리
0.75m 미만	**보**의 **하단**보다 **낮을 것**
0.75~1.0m 미만	**0.1m** 미만일 것
1.0~1.5m 미만	**0.15m** 미만일 것
1.5m 이상	**0.3m** 미만일 것

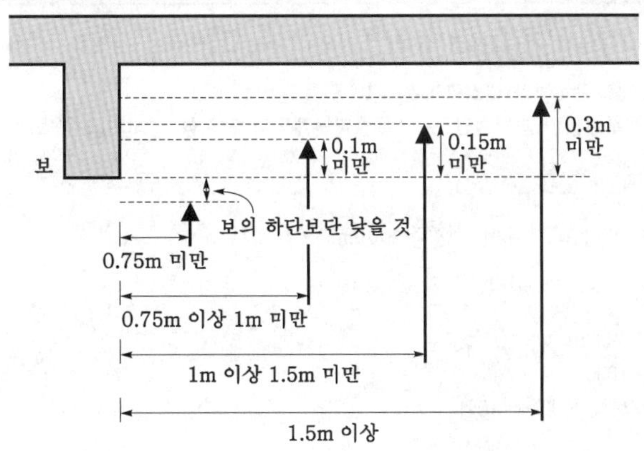

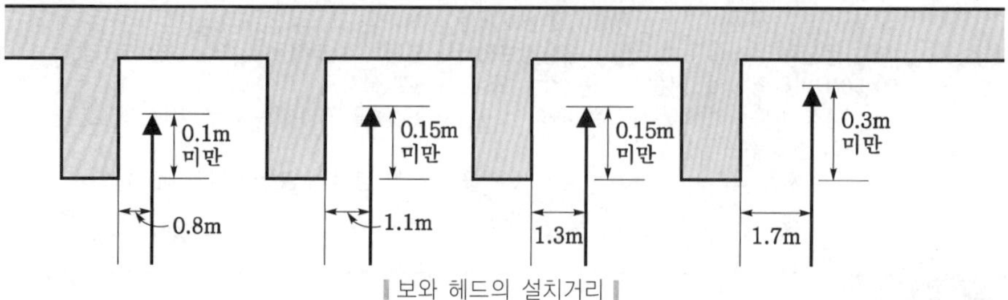

‖ 보와 헤드의 설치거리 ‖

문제 10

지상 12층, 각 층의 바닥면적 4000m²인 사무실건물에 완강기를 설치하고자 한다. 건물에는 직통계단인 2 이상의 특별피난계단이 적합하게 설치되어 있다. 또한, 주요 구조부는 내화구조로 되어 있다. 완강기의 최소 개수를 구하시오.

득점	배점
	3

○ 계산과정 :

○ 답 :

해답 ○ 계산과정 : $\frac{4000}{1000}=4$개

$4\times\frac{1}{2}=2$개

2개$\times 8=16$개

○ 답 : 16개

해설 (1) **피난기구**의 **설치대상**(소방시설법 시행령 〔별표 4〕)

특정소방대상물의 모든 층에 화재안전기준에 적합한 것으로 설치[단, **피난층**, **지상 1층**, **지상 2층**(노유자시설 중 피난층이 아닌 지상 1층과 피난층이 아닌 지상 2층은 제외) 및 층수가 **11층 이상**인 층과 위험물 저장 및 처리시설 중 가스시설, 지하가 중 터널 또는 지하구의 경우는 제외]

∴ **지상 3층**에서 **10층**까지 총 **8개층** 설치

(2) **피난기구**의 **설치조건**(NFPC 301 5조, NFTC 301 2.1.2)

조 건	설치대상
500m²마다(층마다 설치)	숙박시설 · 노유자시설 · 의료시설
800m²마다(층마다 설치)	위락시설 · 문화 및 집회시설 · 운동시설 · 판매시설, 복합용도의 층
1000m²마다 ←	그 밖의 용도의 층(사무실 등)
각 세대마다	계단실형 아파트

(3) 피난기구에 $\frac{1}{2}$을 감소할 수 있는 경우(NFPC 301 7조, NFTC 301 2.3)

① 주요 구조부가 **내화구조**로 되어 있을 것

② **직통계단**인 **피난계단** 또는 **특별피난계단**이 **2 이상** 설치되어 있을 것

기억법 **내직**

• 사무실이므로 바닥면적 **1000m²**마다 설치

• 위 조건에 따라 $\frac{1}{2}$ 감소기준에 해당됨

$\frac{4000\text{m}^2}{1000\text{m}^2}=4$개, $4\times\frac{1}{2}=2$개

2개$\times 8$개층$=16$개

- 문제에서 **내화구조**이고 **2 이상**의 **특별피난계단**이 설치되어 있으므로 $\frac{1}{2}$ 감소기준에 해당되어 피난 기구수에 $\frac{1}{2}$을 곱한다.

☆

문제 11

연결송수관설비의 화재안전기준에 대한 다음 각 물음에 답하시오. (20.7.문13)

득점	배점
	6

(가) 11층 이상 건축물의 방수구를 단구형으로도 설치할 수 있는 경우 2가지를 쓰시오.

○

○

(나) 배관을 습식 설비로 하여야 하는 특정소방대상물을 쓰시오.

○

해답 (가) ① 아파트의 용도로 사용되는 층

② 스프링클러설비가 유효하게 설치되어 있고 방수구가 2개소 이상 설치된 층

(나) 지면으로부터의 높이가 31m 이상인 특정소방대상물 또는 지상 11층 이상인 특정소방대상물

해설 **연결송수관설비**의 **방수구 설치기준**(NFPC 502 6조 3호, NFTC 502 2.3.1.3)

(가) **11층 이상**의 부분에 설치하는 방수구는 **쌍구형**으로 할 것(단, 다음의 어느 하나에 해당하는 층에는 **단구형**으로 설치할 수 있다.)

① **아파트**의 용도로 사용되는 층

② **스프링클러설비**가 유효하게 설치되어 있고 방수구가 **2개소 이상** 설치된 층

(나) **연결송수관설비**의 **배관 설치기준**(NFPC 502 5조, NFTC 502 2.2.1)

① 주배관의 구경은 **100mm 이상**의 것으로 할 것(단, 주배관의 구경이 100mm 이상인 옥내소화전설비의 배관과 겸용 가능)

② 지면으로부터의 높이가 **31m 이상**인 특정소방대상물 또는 **지상 11층 이상**인 특정소방대상물에 있어서는 **습식 설비**로 할 것

☆☆

문제 12

그림과 같은 Loop 배관에 직결된 살수노즐로부터 300L/min의 물이 방사되고 있다. 화살표의 방향으로 흐르는 유량 q_1, q_2〔L/min〕를 각각 구하시오. (19.6.문14, 12.11.문8)

득점	배점
	4

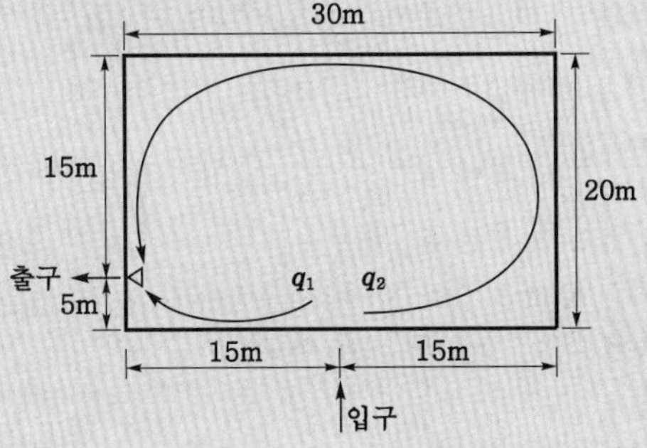

〔조건〕

① 배관부속의 등가길이는 모두 무시한다.

② 계산시의 마찰손실공식은 하젠-윌리엄스식을 사용하되 계산 편의상 다음과 같다고 가정한다.

$$\Delta P = \frac{6 \times 10^4 \times Q^2}{100^2 \times d^5}$$

여기서, ΔP : 배관길이 1m당 마찰손실압력〔MPa〕, Q : 유량〔L/min〕, d : 관의 안지름〔mm〕

③ Loop관의 안지름은 40mm이다.

○ 계산과정 :

○ 답 :

해답 ○ 계산과정 : $q_1 = 300 - q_2 = 300 - 100 = 200\text{L/min}$

$$\frac{6 \times 10^4 \times {q_1}^2}{100^2 \times 40^5} \times (15+5) = \frac{6 \times 10^4 \times {q_2}^2}{100^2 \times 40^5} \times (15+20+30+15)$$

$$20{q_1}^2 = 80{q_2}^2$$

$$q_1 = \sqrt{\frac{80{q_2}^2}{20}} = 2q_2$$

$$2q_2 + q_2 = 300\text{L/min}$$

$$q_2 = \frac{300}{2+1} = 100\text{L/min}$$

○ 답 : q_1=200L/min, q_2=100L/min

해설

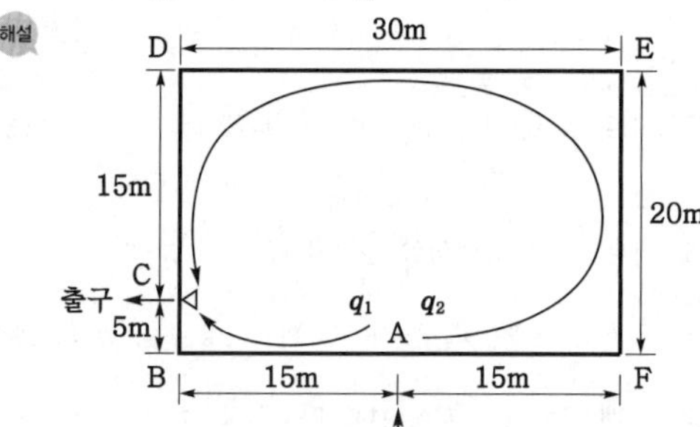

(1) 배관 ABC 간의 마찰손실압력 ΔP_{ABC}는

$$\Delta P_{ABC} = \frac{6 \times 10^4 \times {q_1}^2}{C^2 \times D^5} \times L_1 = \frac{6 \times 10^4 \times {q_1}^2}{100^2 \times 40^5} \times (15+5)$$

- C(**조도 100**) : 〔조건 ②〕 공식에서 주어진 값
- D(배관 안지름 **40mm**) : 〔조건 ③〕에서 주어진 값
- 배관의 길이(L_1)는 A~B : **15m**, B~C : **5m**의 합이 된다.
- 〔조건 ①〕에 의해 티(tee), 엘보(elbow) 등의 마찰손실은 무시한다.

(2) 배관 AFEDC 간의 마찰손실압력 ΔP_{AFEDC}는

$$\Delta P_{AFEDC} = \frac{6 \times 10^4 \times {q_2}^2}{C^2 \times D^5} \times L_1 = \frac{6 \times 10^4 \times {q_2}^2}{100^2 \times 40^5} \times (15+20+30+15)$$

- C(**조도 100**) : 〔조건 ②〕 공식에서 주어진 값
- D(배관 안지름 **40mm**) : 〔조건 ③〕에서 주어진 값
- 배관의 길이(L_2)는 A~F : **15m**, F~E : **20m**, E~D : **30m**, D~C : **15m**의 합이 된다.
- 〔조건 ①〕에 의해 티(tee), 엘보(elbow) 등의 마찰손실은 무시한다.

배관 1m당 마찰손실압력 ΔP는

$\Delta P_{ABC} = \Delta P_{AFEDC}$ 이므로

$$\frac{\cancel{6}\times\cancel{10}^4\times {q_1}^2}{\cancel{100}^2\times\cancel{40}^5}\times(15+5)=\frac{\cancel{6}\times\cancel{10}^4\times {q_2}^2}{\cancel{100}^2\times\cancel{40}^5}\times(15+20+30+15)$$

$$80{q_1}^2=20{q_2}^2$$

$${q_1}^2=\frac{20{q_2}^2}{80}$$

$$\sqrt{{q_1}^2}=\sqrt{\frac{20{q_2}^2}{80}}$$

$$q_1=\sqrt{\frac{80{q_2}^2}{20}}=2q_2$$

$$q_1+q_2=300\text{L/min}$$

$$2q_2+q_2=300\text{L/min}$$

$$2q_2+1q_2=300\text{L/min}$$

$$q_2(2+1)=300\text{L/min}$$

$$q_2=\frac{300\text{L/min}}{2+1}=100\text{L/min}$$

$$q_1+q_2=300\text{L/min}$$

$$q_1=300\text{L/min}-q_2=(300-100)\text{L/min}=200\text{L/min}$$

• 여기서는 q_2를 먼저 구했지만 q_1을 먼저 구한 다음 q_2를 구해도 된다.

☆☆

문제 13

지하 1층 지상 25층의 계단실형 APT에 옥외소화전과 스프링클러설비를 설치할 경우 조건을 참고하여 다음 각 물음에 답하시오.

득점	배점
	5

〔조건〕

① 옥외소화전의 설치개수는 3개이다.

② 스프링클러설비의 각 층의 폐쇄형 스프링클러헤드는 각각 30개씩 설치되어 있다.

③ 소화펌프는 옥외소화전설비와 스프링클러설비를 겸용으로 사용한다.

④ 옥상수조는 없는 것으로 간주한다.

(가) 펌프의 토출량〔L/min〕을 구하시오.

○ 계산과정 :

○ 답 :

(나) 수원의 저수량〔m^3〕을 구하시오.

○ 계산과정 :

○ 답 :

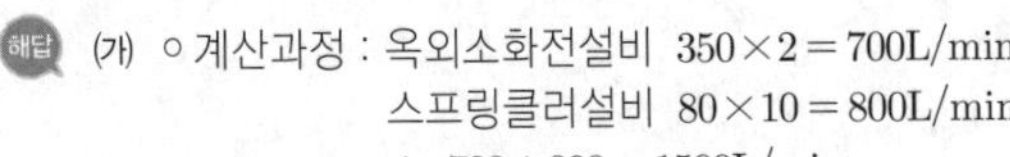

해답 (가) ○ 계산과정 : 옥외소화전설비 $350\times2=700\text{L/min}$

스프링클러설비 $80\times10=800\text{L/min}$

$\therefore\ 700+800=1500\text{L/min}$

○ 답 : 1500L/min

(나) ○ 계산과정 : 옥외소화전설비 $7\times2=14\text{m}^3$

스프링클러설비 $1.6\times10=16\text{m}^3$

$\therefore\ 14+16=30\text{m}^3$

○ 답 : 30m^3

해설 (가) **옥외소화전설비**

옥외소화전 가압송수장치의 **토출량**

$$Q = N \times 350\text{L/min}$$

여기서, Q : 옥외소화전 가압송수장치의 토출량[L/min]
N : 옥외소화전개수(최대 2개)

옥외소화전 토출량 $Q = N \times 350\text{L/min} = 2 \times 350\text{L/min} = 700\text{L/min}$

- N은 3개이지만 최대 2개까지만 적용하므로 N=2
- [조건 ④]에 의해 **옥상수조 수원 제외**

스프링클러설비

특정소방대상물		폐쇄형 헤드의 기준개수
지하가 · 지하역사		30
11층 이상		
10층 이하	공장(특수가연물), 창고시설	
	판매시설(백화점 등), 복합건축물(판매시설이 설치된 것)	
	근린생활시설, 운수시설	20
	8m 이상	
	8m 미만	10
공동주택(아파트 등) ⟶		10(각 동이 주차장으로 연결된 주차장 : 30)

펌프의 **토출량(유량)** Q는

$Q = N \times 80\text{L/min} = 10 \times 80\text{L/min} = 800\text{L/min}$

- Q : 펌프의 토출량[L/min]
- N : 폐쇄형 헤드의 기준개수로서 문제에서 **아파트**이므로 위 표에서 **10개**가 된다.

펌프의 토출량=옥외소화전설비의 토출량+스프링클러설비의 토출량

$= 700\text{L/min} + 800\text{L/min} = 1500\text{L/min}$

주의

하나의 **펌프**에 **두 개**의 **설비**가 **함께 연결된 경우**

구 분	적 용
펌프의 전양정	두 설비의 전양정 중 **큰 값**
펌프의 유량(토출량) ⟶	두 설비의 유량(토출량)을 **더한 값**
펌프의 토출압력	두 설비의 토출압력 중 **큰 값**
수원의 저수량	두 설비의 저수량을 **더한 값**

(나) **옥외소화전설비**

옥외소화전 수원의 **저수량**

$$Q = 7N$$

여기서, Q : 옥외소화전 수원의 저수량[m^3]
N : 옥외소화전 개수(**최대 2개**)

수원의 **저수량** Q는

$Q = 7N = 7 \times 2 = 14\text{m}^3$

- N은 3개이지만 최대 2개까지만 적용하므로 N=2

스프링클러설비

폐쇄형 헤드

$Q=1.6N$(30층 미만)
$Q=3.2N$(30~49층 이하)
$Q=4.8N$(50층 이상)

여기서, Q : 수원의 저수량[m^3]
N : 폐쇄형 헤드의 기준개수(설치개수가 기준개수보다 적으면 그 설치개수)

수원의 **저수량** Q는

$Q=1.6N=1.6\times10$개$=16m^3$

- **폐쇄형 헤드** : **아파트** 등에 설치
- **개방형 헤드** : **천장고**가 **높은 곳**에 설치
- [조건 ④]에 의해 옥상수조 수원 제외

수원의 저수량=옥외소화전설비의 저수량+스프링클러설비의 저수량$=14m^3+16m^3=30m^3$

주의

하나의 **펌프**에 **두 개**의 **설비**가 **함께 연결된 경우**

구 분	적 용
펌프의 전양정	두 설비의 전양정 중 **큰 값**
펌프의 유량(토출량)	두 설비의 유량(토출량)을 **더한 값**
펌프의 토출압력	두 설비의 토출압력 중 **큰 값**
수원의 저수량 →	두 설비의 저수량을 **더한 값**

☆☆

문제 14

전기실에 제1종 분말소화약제를 사용한 분말소화설비를 전역방출방식의 가압식으로 설치하려고 한다. 다음 조건을 참조하여 각 물음에 답하시오. (19.4.문3, 16.6.문4, 11.7.문16)

득점	배점
	9

[조건]

① 소방대상물의 크기는 가로 11m, 세로 9m, 높이 4.5m인 내화구조로 되어 있다.
② 소방대상물의 중앙에 가로 1m, 세로 1m의 기둥이 있고, 기둥을 중심으로 가로, 세로 보가 교차되어 있으며, 보는 천장으로부터 0.6m, 너비 0.4m의 크기이고, 보와 기둥은 내열성 재료이다.
③ 전기실에는 0.7m×1.0m, 1.2m×0.8m인 개구부 각각 1개씩 설치되어 있으며, 1.2m×0.8m인 개구부에는 자동폐쇄장치가 설치되어 있다.
④ 방호공간에 내화구조 또는 내열성 밀폐재료가 설치된 경우에는 방호공간에서 제외할 수 있다.
⑤ 방사헤드의 방출률은 $7.82kg/mm^2 \cdot min \cdot$ 개이다.
⑥ 약제저장용기 1개의 내용적은 50L이다.
⑦ 방사헤드 1개의 오리피스(방출구)면적은 $0.45cm^2$이다.
⑧ 소화약제 산정기준 및 기타 필요한 사항은 국가화재안전기준에 준한다.

(가) 저장에 필요한 제1종 분말소화약제의 최소 양[kg]
- 계산과정 :
- 답 :

(나) 저장에 필요한 약제저장용기의 수[병]
- 계산과정 :
- 답 :

(다) 설치에 필요한 방사헤드의 최소 개수[개] (단, 소화약제의 양은 문항 (나)에서 구한 저장용기 수의 소화약제 양으로 한다.)
 ○ 계산과정 :
 ○ 답 :

(라) 설치에 필요한 전체 방사헤드의 오리피스 면적[mm^2]
 ○ 계산과정 :
 ○ 답 :

(마) 방사헤드 1개의 방사량[kg/min]
 ○ 계산과정 :
 ○ 답 :

(바) 문항 (나)에서 산출한 저장용기수의 소화약제가 방출되어 모두 열분해시 발생한 CO_2의 양은 몇 kg이며, 이때 CO_2의 부피는 몇 m^3인가? (단, 방호구역 내의 압력은 120kPa, 기체상수는 8.314kJ/kmol · K, 주위온도는 500℃이고, 제1종 분말소화약제 주성분에 대한 각 원소의 원자량은 다음과 같으며, 이상기체 상태방정식을 따른다고 한다.)

원소기호	Na	H	C	O
원자량	23	1	12	16

 ○ 계산과정 : CO_2의 양[kg]=
  CO_2의 부피[m^3]=
 ○ 답 : CO_2의 양[kg]=
  CO_2의 부피[m^3]=

해답 (가) ○ 계산과정 : $[(11\times9\times4.5)-(1\times1\times4.5+2.4+1.92)]\times0.6+(0.7\times1.0)\times4.5=265.158 \fallingdotseq 265.16\text{kg}$
 ○ 답 : 265.16kg

(나) ○ 계산과정 : $G=\frac{50}{0.8}=62.5\text{kg}$

 약제저장용기$=\frac{265.16}{62.5}=4.24 \fallingdotseq 5$병
 ○ 답 : 5병

(다) ○ 계산과정 : $\frac{62.5\times5\times60}{7.82\times30\times45}=1.776 \fallingdotseq 2$개
 ○ 답 : 2개

(라) ○ 계산과정 : $2\times45=90\text{mm}^2$
 ○ 답 : 90mm^2

(마) ○ 계산과정 : $\frac{62.5\times5}{2\times30}=5.208\text{kg/s}=312.48\text{kg/min}$
 ○ 답 : 312.48kg/min

(바) ○ 계산과정 : CO_2의 양 $=\frac{312.48\times44}{168}=81.84\text{kg}$

 CO_2의 부피 $=\frac{81.84\times8.314\times773}{120\times44}=99.614 \fallingdotseq 99.61\text{m}^3$
 ○ 답 : CO_2의 양=81.84kg
  CO_2의 부피=99.61m^3

해설 (가) 전역방출방식

자동폐쇄장치가 설치되어 있지 않는 경우	자동폐쇄장치가 설치되어 있는 경우
분말저장량[kg]=방호구역체적[m^3]×약제량[kg/m^3] +개구부면적[m^2]×개구부가산량[kg/m^2]	**분말저장량**[kg]=방호구역체적[m^3]×약제량[kg/m^3]

‖ 전역방출방식의 약제량 및 개구부가산량 ‖

약제 종별	약제량	개구부가산량(자동폐쇄장치 미설치시)
제1종 분말 →	0.6kg/m³	4.5kg/m²
제2 · 3종 분말	0.36kg/m³	2.7kg/m²
제4종 분말	0.24kg/m³	1.8kg/m²

문제에서 개구부(0.7m×1.0m) 1개는 **자동폐쇄장치**가 **설치**되어 있지 않으므로

분말저장량〔kg〕= 방호구역체적〔m³〕× 약제량〔kg/m³〕+ 개구부면적〔m²〕× 개구부가산량〔kg/m²〕

$= [(11m\times9m\times4.5m)-(1m\times1m\times4.5m+2.4m^3+1.92m^3)]\times0.6kg/m^3+(0.7m\times1.0m)\times4.5kg/m^2$

$= 265.158 \fallingdotseq 265.16kg$

- 방호구역체적은 〔조건 ②〕, 〔조건 ④〕에 의해 기둥(1m×1m×4.5m)과 보(2.4m³+1.92m³)의 체적은 제외한다.
- 보의 체적
  - 가로보 : $(5m\times0.6m\times0.4m)\times2$개(양쪽) $=2.4m^3$
  - 세로보 : $(4m\times0.6m\times0.4m)\times2$개(양쪽) $=1.92m^3$

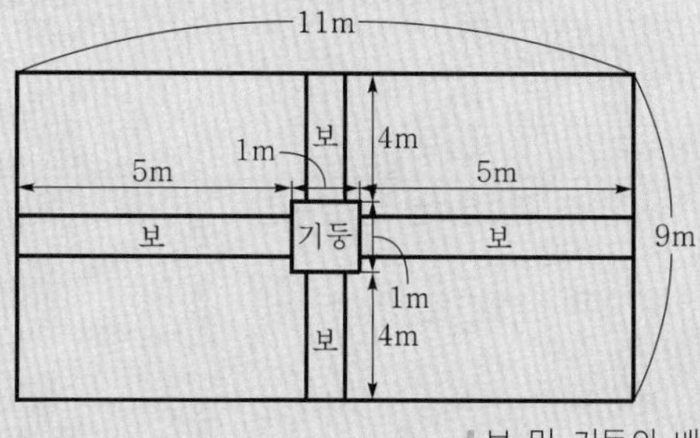

‖ 보 및 기둥의 배치 ‖

(나) 저장용기의 충전비

약제 종별	충전비〔L/kg〕
제1종 분말 →	0.8
제2 · 3종 분말	1
제4종 분말	1.25

$$C=\frac{V}{G}$$

여기서, C : 충전비〔L/kg〕

V : 내용적〔L〕

G : 저장량(충전량)〔kg〕

충전량 G는

$$G=\frac{V}{C}=\frac{50L}{0.8L/kg}=62.5kg$$

약제저장용기 $=\frac{\text{약제저장량}}{\text{충전량}}=\frac{265.16kg}{62.5kg}=4.24\fallingdotseq$ **5병**(소수 발생시 반드시 **절상**)

- 265.16kg : (가)에서 구한 값
- 62.5kg : 바로 위에서 구한 값

(다)

$$\text{분구면적〔mm}^2\text{〕}=\frac{\text{1병당 충전량〔kg〕}\times\text{병수}}{\text{방출률〔kg/mm}^2\cdot\text{s}\cdot\text{개〕}\times\text{방사시간〔s〕}\times\text{헤드 개수}}$$

$$\text{헤드 개수}=\frac{\text{1병당 충전량〔kg〕}\times\text{병수}}{\text{방출률〔kg/mm}^2\cdot\text{s}\cdot\text{개〕}\times\text{방사시간〔s〕}\times\text{분구면적〔mm}^2\text{〕}}$$

$$=\frac{62.5kg\times5\text{병}}{7.82kg/mm^2\cdot min\cdot\text{개}\times30s\times0.45cm^2}$$

$$= \frac{62.5\text{kg} \times 5\text{병}}{7.82\text{kg/mm}^2 \cdot 60\text{s} \cdot \text{개} \times 30\text{s} \times 45\text{mm}^2}$$

$$= \frac{62.5\text{kg} \times 5\text{병} \times 60}{7.82\text{kg/mm}^2 \cdot \text{s} \cdot \text{개} \times 30\text{s} \times 45\text{mm}^2} = 1.776 ≒ 2\text{개(절상)}$$

- 분구면적=오리피스 면적=분출구면적
- **62.5kg** : (나)에서 구한 값

저장량=충전량

- **5병** : (나)에서 구한 값
- **7.82kg/mm² · min · 개** : [조건 ⑤]에서 주어진 값
- **30s** : 문제에서 '**전역방출방식**'이라고 하였고 **일반건축물**이므로 다음 표에서 30초(30s)

‖ 약제방사시간 ‖

소화설비		전역방출방식		국소방출방식	
		일반건축물	위험물제조소	일반건축물	위험물제조소
할론소화설비		10초 이내	30초 이내	10초 이내	30초 이내
분말소화설비 →		30초 이내		30초 이내	
CO_2 소화설비	표면화재	1분 이내	60초 이내		
	심부화재	7분 이내			

- '**위험물제조소**'라는 말이 없는 경우 **일반건축물**로 보면 된다.
- 0.45cm² : [조건 ⑦]에서 주어진 값
- 1cm=10mm이므로 1cm²=100mm², 0.45cm²=45mm²

(라)

전체 방사헤드의 오리피스 면적[mm²]=헤드 개수×헤드 1개 오리피스 면적[mm²]

$$= 2\text{개} \times 0.45\text{cm}^2 = 2\text{개} \times 45\text{mm}^2 = 90\text{mm}^2$$

- 2개 : (다)에서 구한 값
- 0.45cm² : [조건 ⑦]에서 주어진 값
- 1cm=10mm이므로 1cm²=100mm², 0.45cm²=45mm²

(마) 방사량 $= \dfrac{\text{1병당 충전량[kg]} \times \text{병수}}{\text{헤드수} \times \text{약제방출시간[s]}}$

$$= \frac{62.5\text{kg} \times 5\text{병}}{2\text{개} \times 30\text{s}} = 5.208\text{kg/s} = 5.208\text{kg} \Big/ \frac{1}{60}\text{min} = 5.208 \times 60\text{kg/min} = 312.48\text{kg/min}$$

- 62.5kg : (나)에서 구한 값
- 5병 : (나)에서 구한 값
- 2개 : (다)에서 구한 값
- 30s : 전역방출방식으로 일반건축물이므로 30s
- 1min=60s

비교

(1) 선택밸브 직후의 유량 $= \dfrac{\text{1병당 저장량[kg]} \times \text{병수}}{\text{약제방출시간[s]}}$

(2) 방사량 $= \dfrac{\text{1병당 저장량[kg]} \times \text{병수}}{\text{헤드수} \times \text{약제방출시간[s]}}$

(3) 약제의 유량속도 $= \dfrac{\text{1병당 충전량[kg]} \times \text{병수}}{\text{약제방출시간[s]}}$

(4) 분사헤드수 $= \dfrac{\text{1병당 저장량[kg]} \times \text{병수}}{\text{헤드 1개의 표준방사량[kg]}}$

(5) 개방밸브(용기밸브) 직후의 유량 $= \dfrac{\text{1병당 충전량[kg]}}{\text{약제방출시간[s]}}$

(바) 열분해시 발생한 CO_2의 양과 부피
312.48kg/min×(2개×30s)=312.48kg/min×60s=312.48kg/min×1min=312.48kg

- 312.48kg/min : (마)에서 구한 값
- 2개 : (다)에서 구한 값
- 30s : (다)의 해설 표에서 구한 값

① 이산화탄소의 약제량

$2NaHCO_3 \rightarrow Na_2CO_3 + CO_2 + H_2O$

168kg/kmol ╲╱ 44kg/kmol
312.48kg ╱╲ x

$168\text{kg/kmol} = 312.48\text{kg} \times 44\text{kg/kmol}$

$$\therefore\ x = \frac{312.48\text{kg} \times 44\text{kg/kmol}}{168\text{kg/kmol}} = 81.84\text{kg}$$

- 168kg/kmol : $2NaHCO_3 = 2\times(23+1+12+16\times3) = 168$kg/kmol
- 44kg/kmol : $CO_2 = 12+16\times2 = 44$kg/kmol
- 312.48kg : 바로 앞에서 구한 값

② 이산화탄소의 부피

$$PV = \frac{m}{M}RT$$

여기서, P : 압력[kPa]
V : 부피[m^3]
m : 질량(81.84kg)
M : 분자량(44kg/kmol)
R : 기체상수(8.314kJ/kmol・K)
T : 절대온도(273+℃) $T = 273 + 500℃ = 773\text{K}$

$$\therefore\ V = \frac{mRT}{PM} = \frac{81.84\text{kg} \times 8.314\text{kN}\cdot\text{m/kmol}\cdot\text{K} \times 773\text{K}}{120\text{kN/m}^2 \times 44\text{kg/kmol}} = 99.614\text{m}^3 ≒ 99.61\text{m}^3$$

- 81.84kg : 바로 위에서 구한 값
- 500℃ : (바)에서 주어진 값
- 120kPa=120kN/m^2 : (바)에서 주어진 값(1kPa=1kN/m^2)
- 44kg/kmol : CO_2의 분자량
- 1kJ=1kN・m이므로 8.314kJ/kmol・K=8.314kN・m/kmol・K
- 기체상수의 단위가 kJ/kmol・K=kN・m/kmol・K이므로 압력의 단위는 kPa=kN/m^{2}을 적용해야 한다. 기체상수에 따라 압력의 단위가 다르므로 주의! 기체상수의 단위가 atm・m^3/kmol・K라면 압력의 단위는 atm 적용
- 이상기체상수 적용시 기체상수의 단위에 따른 압력의 단위

기체상수의 단위	kJ/kmol・K	atm・m^3/kmol・K
압력의 단위	kPa	atm

☆☆
문제 15

펌프성능시험을 하기 위하여 오리피스를 통하여 시험한 결과 수은주의 높이가 25mm이다. 이 오리피스가 통과하는 유량[L/min]을 구하시오. (단, 수은의 비중은 13.6, 중력가속도는 9.8m/s^{2}이다.) (17.4.문12, 01.7.문4)

득점	배점
	5

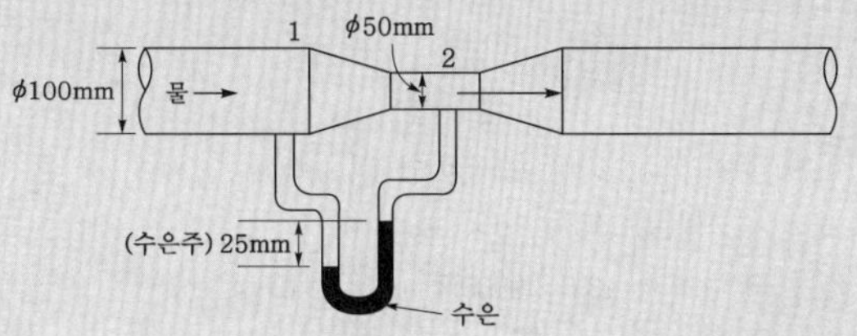

○ 계산과정 :
○ 답 :

해답 ○ 계산과정 : $m=\left(\frac{50}{100}\right)^2=0.25$

$$\gamma_w=1000\times 9.8=9800\text{N/m}^3$$

$$\gamma_s=13.6\times 9800=133280\text{N/m}^3$$

$$A_2=\frac{\pi\times 0.05^2}{4}\fallingdotseq 0.001\text{m}^2$$

$$Q=\frac{0.001}{\sqrt{1-0.25^2}}\sqrt{\frac{2\times 9.8\times(133280-9800)}{9800}\times 0.025}$$

$$\fallingdotseq 0.002566\text{m}^3/\text{s}$$

$$=2.566\text{L/s}=(2.566\times 60)\text{L/min}$$

$$=153.96\text{L/min}$$

○ 답 : 153.96L/min

해설

$$Q=C_v\frac{A_2}{\sqrt{1-m^2}}\sqrt{\frac{2g(\gamma_s-\gamma_w)}{\gamma_w}R}$$

(1) **개구비**

$$m=\frac{A_2}{A_1}=\left(\frac{D_2}{D_1}\right)^2$$

여기서, m : 개구비
A_1 : 입구면적[cm^2]
A_2 : 출구면적[cm^2]
D_1 : 입구직경[cm]
D_2 : 출구직경[cm]

개구비 $m=\left(\frac{D_2}{D_1}\right)^2=\left(\frac{50\text{mm}}{100\text{mm}}\right)^2\fallingdotseq 0.25$

(2) **물**의 **비중량**

$$\gamma_w=\rho_w g$$

여기서, γ_w : 물의 비중량[N/m^3]
ρ_w : 물의 밀도(1000N·s^2/m^4)
g : 중력가속도[m/s^2]

물의 비중량 $\gamma_w=\rho_w g=1000\text{N}\cdot\text{s}^2/\text{m}^4\times 9.8\text{m/s}^2=9800\text{N/m}^3$

- g(9.8m/s^2) : [단서]에서 주어진 값

(3) **비중**

$$s=\frac{\gamma_s}{\gamma_w}$$

여기서, s : 비중
γ_s : 어떤 물질의 비중량(수은의 비중량)[N/m^3]
γ_w : 물의 비중량(9800N/m^3)

수은의 비중량 $\gamma_s=s\times\gamma_w=13.6\times 9800\text{N/m}^3=133280\text{N/m}^3$

(4) **출구면적**

$$A_2 = \frac{\pi {D_2}^2}{4}$$

여기서, A_2 : 출구면적[m²]

D_2 : 출구직경[m]

출구면적 $A_2 = \frac{\pi {D_2}^2}{4} = \frac{\pi \times (0.05\text{m})^2}{4} \fallingdotseq 0.001\text{m}^2$

- D_2(0.05m) : 그림에서 50mm=0.05m(1000mm=1m)
- 소수점 4째자리까지 구해서 0.0019m²로 계산해도 된다. A_2=0.0019m²로 계산하면 최종답이 292.55L/min으로 다르지만 둘 다 맞는 답으로 채점된다. 왜냐하면 계산과정에서 소수점처리규정이 없기 때문이다.

(5) **유량**

$$Q = C_v \frac{A_2}{\sqrt{1-m^2}} \sqrt{\frac{2g(\gamma_s - \gamma_w)}{\gamma_w} R} \text{ 또는 } Q = CA_2 \sqrt{\frac{2g(\gamma_s - \gamma_w)}{\gamma_w} R}$$

여기서, Q : 유량[m³/s]

C_v : 속도계수($C_v = C\sqrt{1-m^2}$)

C : 유량계수$\left(C = \frac{C_v}{\sqrt{1-m^2}}\right)$

A_2 : 출구면적[m²]

g : 중력가속도[m/s²]

γ_s : 수은의 비중량[N/m³]

γ_w : 물의 비중량[N/m³]

R : 마노미터 읽음(수은주의 높이)[m]

m : 개구비

- C_v는 **속도계수**이지 유량계수가 아니라는 것에 특히 주의!

유량 Q는

$$\begin{aligned} Q &= C_v \frac{A_2}{\sqrt{1-m^2}} \sqrt{\frac{2g(\gamma_s - \gamma_w)}{\gamma_w} R} \\ &= \frac{0.001\text{m}^2}{\sqrt{1-0.25^2}} \sqrt{\frac{2 \times 9.8\text{m/s}^2 \times (133280 - 9800)\text{N/m}^3}{9800\text{N/m}^3} \times 0.025\text{m}} \\ &\fallingdotseq 0.002566\text{m}^3/\text{s} \\ &= 2.566\text{L/s} = (2.566 \times 60)\text{L/min} \\ &= 153.96\text{L/min} \end{aligned}$$

- 1m³=1000L이므로 0.002566m³/s=2.566L/s
- A_2(0.01m²) : (4)에서 구한 값
- m(0.25) : (1)에서 구한 값
- g(9.8m/s²) : [단서]에서 주어진 값
- γ_s(133280N/m³) : (3)에서 구한 값
- γ_w(9800N/m³) : (2)에서 구한 값
- R(0.025m) : 문제에서 25mm=0.025m(1000mm=1m)
- 속도계수(C_v)는 주어지지 않았으므로 무시

중요

속도계수 vs **유량계수**

속도계수	유량계수
$C_v = C\sqrt{1-m^2}$ 여기서, C_v : 속도계수 C : 유량계수 m : 개구비 $\left[\dfrac{A_2}{A_1} = \left(\dfrac{D_2}{D_1}\right)^2\right]$ 여기서, m : 개구비 A_1 : 입구면적[cm^2] A_2 : 출구면적[cm^2] D_1 : 입구직경[cm] D_2 : 출구직경[cm]	$C = \dfrac{C_v}{\sqrt{1-m^2}}$ 여기서, C : 유량계수 C_v : 속도계수 m : 개구비

- 유량계수 = 유출계수 = 방출계수 = 유동계수 = 흐름계수 = 노즐의 흐름계수
- 속도계수 = 유속계수

☆☆☆

문제 16

어떤 실에 이산화탄소 소화설비를 설치하고자 한다. 조건을 참고하여 다음 각 물음에 답하시오.

(15.4.문14, 13.4.문14, 05.5.문11)

득점	배점
	7

[조건]

① 방호구역은 가로 10m, 세로 5m, 높이 3m이고 개구부는 2군데 있으며 개구부는 각각 가로 3m, 세로 1m이며 자동폐쇄장치가 설치되어 있지 않다.

② 개구부가산량은 $5kg/m^2$이다.

③ 표면화재를 기준으로 하며, 설계농도는 34%이고, 보정계수는 1.1이다.

④ 분사헤드의 방사율은 $1.05kg/mm^2 \cdot mim$이다.

⑤ 저장용기는 45kg이며, 내용적은 68L이다.

⑥ 분사헤드의 분구면적은 $0.52cm^2$이다.

(가) 실에 필요한 소화약제의 양[kg]을 산출하시오.

○ 계산과정 :

○ 답 :

(나) 저장용기수를 구하시오.

○ 계산과정 :

○ 답 :

(다) 저장용기의 충전비를 구하시오.

○ 계산과정 :

○ 답 :

(라) 기동용기의 내압시험압력은 몇 MPa인가?

○

해답 (가) ○ 계산과정 : 방호구역체적$=10\times5\times3=150\text{m}^3$

저장량$=150\times0.8=120\text{kg}$

소화약제량$=135\times1.1+(3\times1\times2)\times5=178.5\text{kg}$

○ 답 : 178.5kg

(나) ○ 계산과정 : $\frac{178.5}{45}=3.9 \fallingdotseq 4$병

○ 답 : 4병

(다) ○ 계산과정 : $\frac{68}{45}=1.511 \fallingdotseq 1.51$

○ 답 : 1.51

(라) 25MPa

해설 (가) [조건 ③]에 의해 **표면화재** 적용

‖ 표면화재의 약제량 및 개구부가산량(NFPC 106 5조, NFTC 106 2.2.1.1) ‖

방호구역체적	약제량	개구부가산량 (자동폐쇄장치 미설치시)	최소 저장량
45m^3 미만	1kg/m^3	5kg/m^2	45kg
$45\sim150\text{m}^3$ 미만	0.9kg/m^3		
$150\sim1450\text{m}^3$ 미만 →	0.8kg/m^3		135kg
1450m^3 이상	0.75kg/m^3		1125kg

방호구역체적$=(10\times5\times3)\text{m}^3=150\text{m}^3$

- 150m^3로서 $150\sim1450\text{m}^3$ 미만이므로 약제량은 **0.8kg/m^3** 적용

표면화재

CO_2 저장량[kg]=방호구역체적[m^3]×약제량[kg/m^3]×보정계수+개구부면적[m^2]×개구부가산량(5kg/m^2)

- **개구부면적**$(3\times1)\text{m}^2$: [조건 ①]에서 가로 3m, 세로 1m의 개구부는 자동폐쇄장치 미설치로 개구부면적 및 개구부가산량 적용
- [조건 ③]에서 보정계수는 1.1 적용

저장량=방호구역체적[m^3]×약제량[kg/m^3]$=(10\times5\times3)\text{m}^3\times0.8\text{kg/m}^3=120\text{kg}$

- 최소 저장량인 135kg보다 작으므로 **135kg** 적용

소화약제량=방호구역체적[m^3]×약제량[kg/m^3]×보정계수+개구부면적[m^2]×개구부가산량(5kg/m^2)

$=(135\text{kg}\times1.1+(3\times1\times2)\text{m}^2\times5\text{kg/m}^2=178.5\text{kg}$

- 저장량을 구한 후 보정계수를 곱한다는 것을 기억하라.

(나) **저장용기수**

$$\text{저장용기수}=\frac{\text{소화약제량}}{\text{1병당 저장량}}$$

$$\text{저장용기수}=\frac{\text{소화약제량}}{\text{1병당 저장량}}=\frac{178.5\text{kg}}{45\text{kg}}=3.9 \fallingdotseq 4\text{병(절상)}$$

- 178.5kg : (가)에서 구한 값
- 45kg : [조건 ⑤]에서 주어진 값

(다) **충전비**

$$C=\frac{V}{G}$$

여기서, C : 충전비〔L/kg〕
V : 1병당 내용적〔L〕
G : 1병당 저장량〔kg〕

충전비 $C = \frac{V}{G} = \frac{68\text{L}}{45\text{kg}} = 1.511 ≒ 1.51$

- V(68L) : 〔조건 ⑤〕에서 주어진 값
- G(45kg) : 〔조건 ⑤〕에서 주어진 값
- 충전비는 단위를 써도 되고 안 써도 정답! 단위를 쓰고 싶으면 'L/kg'이라고 쓰면 된다.

㈑ **내압시험압력** 및 **안전장치**의 **작동압력**(NFPC 106, NFTC 106 2.1.2.5, 2.1.4, 2.3.2.3.2, 2.5.1.4)

① 기동용기의 내압시험압력 : **25MPa** 이상
② 저장용기의 내압시험압력 ┬ 고압식 : **25MPa** 이상
　　　　　　　　　　　　　└ 저압식 : **3.5MPa** 이상
③ 기동용기의 안전장치 작동압력 : **내압시험압력의 0.8배~내압시험압력 이하**
④ 저장용기와 선택밸브 또는 개폐밸브의 안전장치 작동압력 : 배관의 최소사용설계압력과 최대허용압력 사이의 압력
⑤ 개폐밸브 또는 선택밸브의 배관부속 시험압력 ┬ 고압식 ┬ 1차측 : **9.5MPa**
　　　　　　　　　　　　　　　　　　　　　　│　　　　└ 2차측 : **4.5MPa**
　　　　　　　　　　　　　　　　　　　　　　└ 저압식 ─ 1·2차측 : **4.5MPa**

비교

CO_2 소화설비의 분사헤드의 방사압력 ┬ 고압식 : **2.1MPa** 이상
　　　　　　　　　　　　　　　　　　└ 저압식 : **1.05MPa** 이상

" 집안이 나쁘다고 탓하지 마라. 가난하다고 말하지 마라. 배운 게 없다고, 힘이 없다고 탓하지 마라. 지금의 힘든 과정은 생각하기 나름이다. "

과년도 출제문제

2019년

소방설비기사 실기(기계분야)

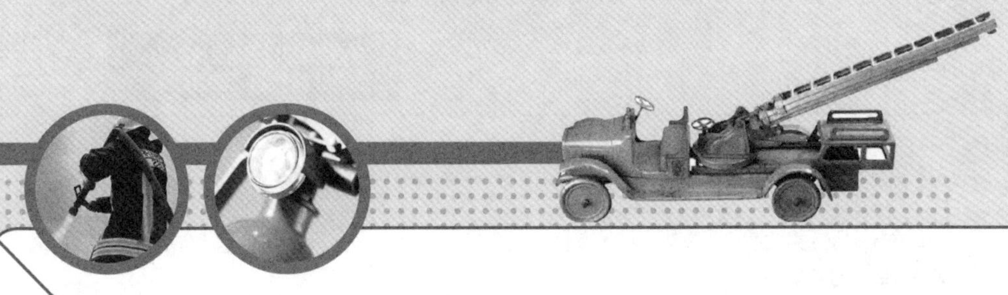

**** 수험자 유의사항 ****

1. 문제지를 받는 즉시 응시 종목의 문제가 맞는지 확인하셔야 합니다.
2. 답안지 내 인적사항 및 답안작성(계산식 포함)은 검정색 필기구만을 계속 사용하여야 합니다.
3. 답안정정 시에는 **두 줄(=)**을 긋고 다시 기재 가능하며, **수정테이프 사용** 또한 **가능**합니다.
4. 계산문제는 반드시 '계산과정'과 '답'란에 정확히 기재하여야 하며 **계산과정이 틀리거나 없는 경우 0점 처리**됩니다.
   ※ 연습이 필요 시 연습란을 이용하여야 하며, 연습란은 채점대상이 아닙니다.
5. 계산문제는 **최종결과** 값(답)에서 **소수 셋째자리에서 반올림**하여 **둘째자리**까지 구하여야 하나 개별 문제에서 소수처리에 대한 별도 요구사항이 있을 경우, 그 요구사항에 따라야 합니다.
6. 답에 단위가 없으면 오답으로 처리됩니다. (단, 문제의 요구사항에 단위가 주어졌을 경우는 생략되어도 무방합니다.)
7. 문제에서 요구한 가지 수 이상을 답란에 표기한 경우, **답란기재 순**으로 **요구한 가지 수**만 채점합니다.

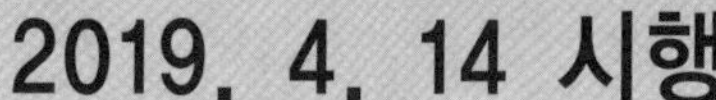

2019. 4. 14 시행

▌2019년 기사 제1회 필답형 실기시험▐

자격종목	시험시간	형별	수험번호	성명	감독위원 확인
소방설비기사(기계분야)	**3시간**				

※ 다음 물음에 답을 해당 답란에 답하시오.(배점 : 100)

☆☆☆

문제 01

포소화설비 배관에 설치되는 배액밸브의 설치목적과 설치장소를 쓰시오. (16.11.문6, 14.11.문3, 14.7.문11, 11.11.문11)

○ 설치목적 :

○ 설치장소 :

유사문제부터 풀어보세요.
실력이 팍!팍! 올라갑니다.

득점	배점
	4

해답 ○ 설치목적 : 포의 방출종료 후 배관 안의 액을 배출시키기 위함
○ 설치장소 : 송액관의 낮은 부분

해설

● '송액관의 낮은 부분', '송액관의 가장 낮은 부분' 모두 정답!!

배액밸브의 **설치장소**(NFPC 105 7조, NFTC 105 2.4.3)
송액관은 포의 방출종료 후 배관 안의 액을 방출하기 위하여 적당한 기울기를 유지하고 그 낮은 부분에 **배액밸브**를 설치해야 한다.

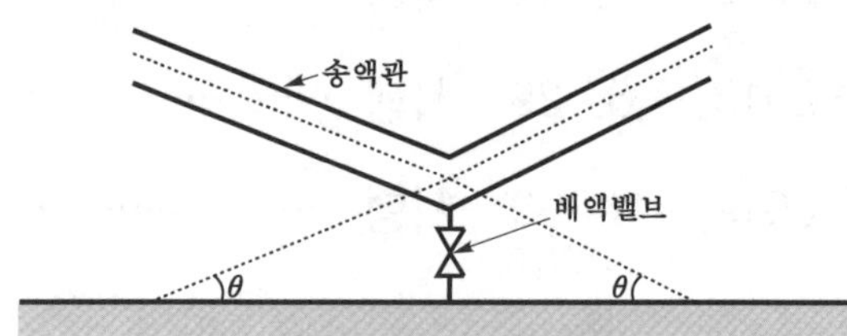

▌배액밸브의 설치장소▐

용어

배액밸브
배관 안의 액을 배출하기 위한 밸브

☆☆☆

문제 02

그림과 같은 어느 판매시설에 제연설비를 설치하고자 한다. 다음 조건을 이용하여 물음에 답하시오. (18.4.문11, 16.6.문3)

득점	배점
	10

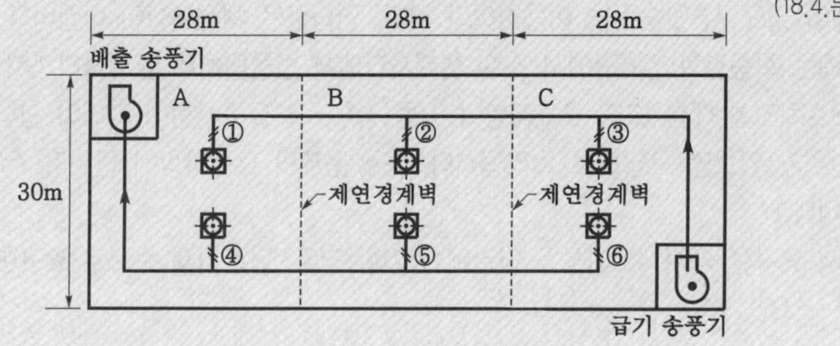

〔조건〕

① 층고는 4.3m이며, 천장고는 3m이다.
② 제연방식은 상호제연으로 하며, 제연경계벽은 천장으로부터 0.8m이다.
③ 송풍기 동력 산출과 관련하여 덕트의 손실은 24mmAq, 덕트부속류의 손실은 13mmAq, 배출구의 손실은 8mmAq, 송풍기 효율은 65%, 여유율은 20%로 한다.
④ 예상제연구역의 배출량은 다음을 기준으로 한다.
㉠ 예상제연구역이 바닥면적 400m^2 미만일 경우 : 바닥면적 1m^2당 1m^3/h 이상으로 하되, 예상제연구역 전체에 대한 최저 배출량은 5000m^3/h로 할 것
㉡ 예상제연구역이 바닥면적 400m^2 이상으로 직경 40m인 원 안에 있을 경우

수직거리	배출량
2m 이하	40000m^3/h
2m 초과 2.5m 이하	45000m^3/h
2.5m 초과 3m 이하	50000m^3/h
3m 초과	60000m^3/h

㉢ 예상제연구역이 바닥면적 400m^2 이상으로 직경 40m인 원의 범위를 초과할 경우

수직거리	배출량
2m 이하	45000m^3/h
2m 초과 2.5m 이하	50000m^3/h
2.5m 초과 3m 이하	55000m^3/h
3m 초과	65000m^3/h

⑤ 배출풍도 강판의 최소 두께 기준은 다음과 같다.

풍도단면의 긴 변 또는 지름의 크기	450mm 이하	450mm 초과 750mm 이하	750mm 초과 1500mm 이하	1500mm 초과 2250mm 이하	2250mm 초과
강판두께	0.5mm	0.6mm	0.7mm	1.0mm	1.2mm

(가) 필요한 배출량〔m^3/h〕은 얼마인지 구하시오.
○ 계산과정 : ○ 답 :

(나) 배출기의 배출측 덕트의 폭〔mm〕은 얼마 이상인지 구하시오. (단, 덕트의 높이는 700mm로 일정하다고 가정한다.)
○ 계산과정 : ○ 답 :

(다) 배출 송풍기의 전동기에 요구되는 최소 동력〔kW〕을 구하시오.
○ 계산과정 : ○ 답 :

(라) 배출풍도 강판의 최소 두께〔mm〕를 구하시오. (단, 배출풍도의 크기는 (나)에서 구한 값을 기준으로 한다.)
○ 계산과정 : ○ 답 :

(마) B구역 화재시 배출 및 급기댐퍼(①~⑥)의 개폐를 구분하여 해당하는 부분에 각각의 번호를 쓰시오.
○ 열린 댐퍼 : ○ 닫힌 댐퍼 :

해답 (가) ○ 계산과정 : 바닥면적 $= 28 \times 30 = 840\text{m}^2$

직경 $= \sqrt{28^2 + 30^2} = 41\text{m}$

수직거리 $= 3 - 0.8 = 2.2\text{m}$

○ 답 : 50000m^3/h

(나) ○ 계산과정 : 단면적 $= \dfrac{50000/3600}{20} = 0.6944444\text{m}^2 = 694444.4\text{mm}^2$

$$덕트폭 = \frac{694444.4}{700} = 992.063 ≒ 992.06\text{mm}$$

○ 답 : 992.06mm

(다) ○ 계산과정 : $\frac{(24+13+8)\times\frac{50000}{60}}{102\times60\times0.65}\times1.2 = 11.312 ≒ 11.31\text{kW}$

○ 답 : 11.31kW

(라) ○ 계산과정 : 992.06mm로서 750mm 초과 1500mm 이하이므로 0.7mm

○ 답 : 0.7mm

(마) ○ 열린 댐퍼 : ①, ③, ⑤ ○ 닫힌 댐퍼 : ②, ④, ⑥

 (가)

- 바닥면적 $400m^2$ 이상이므로 **배출량**(m^3/min)=바닥면적$(m^2)\times1m^3/m^2\cdot min$식 적용하지 않도록 주의! 이 식은 바닥면적 $400m^2$ 미만에 적용하는 식임
- 그림에서 **제연경계벽**으로 구획
- **공동예상제연구역**(각각 **제연경계** 또는 **제연경계벽**으로 **구획**된 경우) 소요풍량(CMH)=각 배출풍량 중 최대 풍량(CMH)

① **바닥면적** : 배출량은 여러 구역 중 바닥면적이 가장 큰 구역 한 곳만 적용함. 이 문제에서는 바닥면적이 모두 동일하므로 아무거나 어느 한 곳만 적용하면 된다.

$28\text{m}\times30\text{m} = 840\text{m}^2$

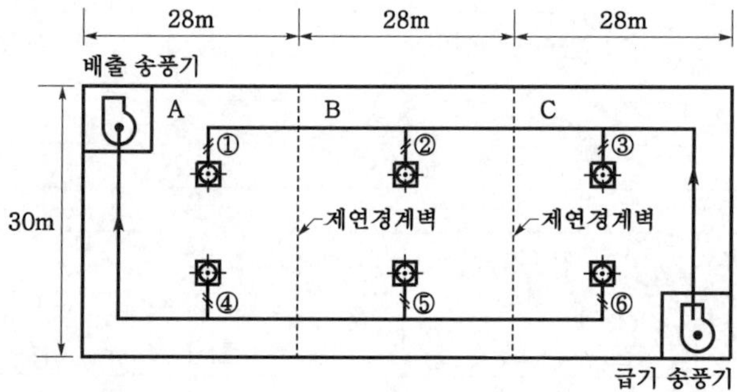

② **직경** : 피타고라스의 정리에 의해

$직경 = \sqrt{가로길이^2 + 세로길이^2} = \sqrt{(28\text{m})^2+(30\text{m})^2} = 41\text{m}$

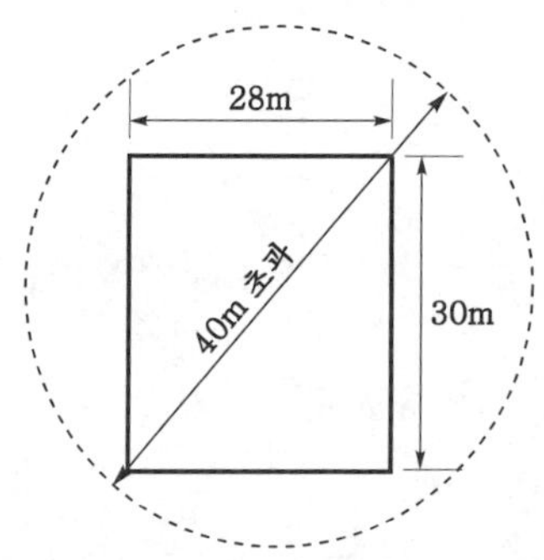

‖ 예상제연구역이 제연경계(제연경계벽)로 구획된 경우 ‖

③ **수직거리** : $3\text{m}-0.8\text{m} = 2.2\text{m}$

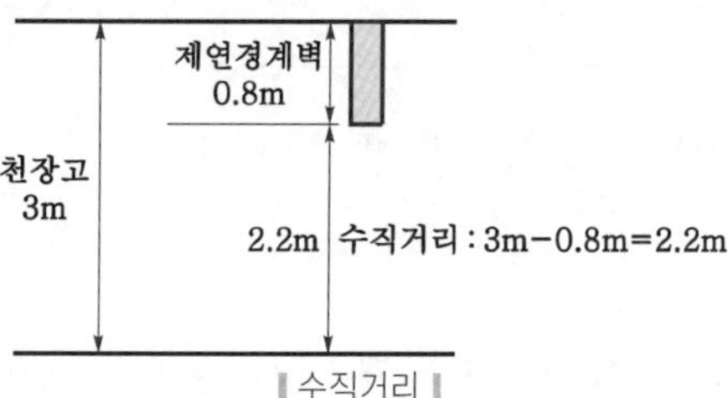

‖ 수직거리 ‖

- 천장고 3m : [조건 ①]에서 주어진 값
- 제연경계벽은 천장으로부터 0.8m : [조건 ②]에서 주어진 값

‖ 예상제연구역이 바닥면적 $400m^2$ 이상으로 직경 40m인 원의 범위를 초과할 경우 ‖

수직거리	배출량
2m 이하	$45000m^3/h$
2m 초과 2.5m 이하 ⟶	$50000m^3/h$
2.5m 초과 3m 이하	$55000m^3/h$
3m 초과	$65000m^3/h$

비교

공동예상제연구역(각각 **벽**으로 **구획**된 경우)
소요풍량[CMH]=각 배출풍량[CMH]의 합
만약, 공동예상제연구역이 각각 벽으로 구획되어 있다면 $50000m^3/h$×3제연구역=**$150000m^3/h$**이 될 것이다.

참고

거실의 **배출량**(NFPC 501 6조, NFTC 501 2.3)
(1) 바닥면적 **$400m^2$ 미만**(최저치 **$5000m^3/h$** 이상)

배출량[m^3/min]=바닥면적[m^2]×$1m^3/m^2 \cdot min$

(2) 바닥면적 **$400m^2$ 이상**
① 직경 40m 이하 : 최저치 **$40000m^3/h$** 이상

‖ 예상제연구역이 제연경계로 구획된 경우 ‖

수직거리	배출량
2m 이하	$40000m^3/h$ 이상
2m 초과 2.5m 이하	$45000m^3/h$ 이상
2.5m 초과 3m 이하	$50000m^3/h$ 이상
3m 초과	$60000m^3/h$ 이상

② 직경 40m 초과 : 최저치 **$45000m^3/h$** 이상

‖ 예상제연구역이 제연경계로 구획된 경우 ‖

수직거리	배출량
2m 이하	$45000m^3/h$ 이상
2m 초과 2.5m 이하	$50000m^3/h$ 이상
2.5m 초과 3m 이하	$55000m^3/h$ 이상
3m 초과	$65000m^3/h$ 이상

- **m^3/h**=CMH(**C**ubic **M**eter per **H**our)

(나) 덕트의 폭을 구하라고 했으므로

$$Q = AV$$

여기서, Q : 풍량[m^3/s]
A : 단면적[m^2]
V : 풍속[m/s]

$$A = \frac{Q}{V} = \frac{50000m^3/h}{20m/s} = \frac{50000m^3/3600s}{20m/s} = 0.6944444m^2 = 694444.4mm^2$$

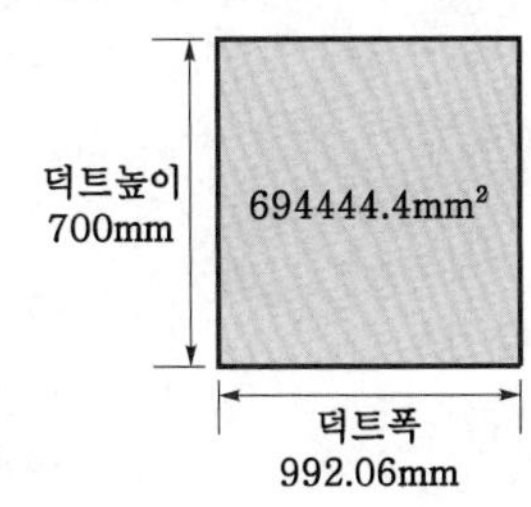

- 50000m³/h : (가)에서 구한 값
- 1h=3600s
- 1m=1000mm, $1m^2$=1000000mm^2이므로 0.6944444m^2=694444.4mm^2
- **제연설비**의 **풍속**(NFPC 501 9조, NFTC 501 2.6.2.2)

조 건	풍 속
배출기의 흡입측 풍속	15m/s 이하
배출기의 배출측 풍속, 유입풍도 안의 풍속 ──→	20m/s 이하

덕트단면적[mm^2] = 덕트폭[mm]×덕트높이[mm]

$$\text{덕트폭[mm]} = \frac{\text{덕트단면적}[mm^2]}{\text{덕트높이[mm]}} = \frac{694444.4\text{mm}^2}{700\text{mm}} = 992.063\text{mm} ≒ 992.06\text{mm}$$

비교

공기유입구 또는 급기구 크기를 구하라고 한다면 이 식을 적용

공기유입구 또는 급기구 단면적 = 배출량[m^3/min]×35cm^2 · min/m^3

$$= 50000\text{m}^3/\text{h} \times 35\text{cm}^2 \cdot \text{min/m}^3$$
$$= 50000\text{m}^3/60\text{min} \times 35\text{cm}^2 \cdot \text{min/m}^3$$
$$= 29166.6666\text{cm}^2$$

- 50000m^3/h : (가)에서 구한 값
- 35cm^2 · min/m^3 : NFPC 501 8조 ⑥항, NFTC 501 2.5.6에 명시
  - **공기유입방식 및 유입구**(NFPC 501 8조 ⑥항, NFTC 501 2.5.6)

  ⑥ 예상제연구역에 대한 공기유입구의 크기는 해당 예상제연구역 배출량 1m^3/min에 대하여 **35cm^2 이상**으로 하여야 한다.
- 1h=60min이므로 50000m^3/h=50000m^3/60min

$$\text{덕트폭} = \frac{\text{덕트단면적}}{\text{덕트높이}} = \frac{29166.6666\text{cm}^2}{70\text{cm}} = 416.6666\text{cm} = 4166.666\text{mm} ≒ 4166.67\text{mm}$$

- 1cm=10mm이므로 416.6666cm=4166.666mm

(다)

$$P = \frac{P_T Q}{102 \times 60\eta} K$$

여기서, P : 배연기동력(배출송풍기의 전동기동력)[kW], P_T : 전압(풍압, 손실)[mmAq, mmH_2O]
Q : 풍량(배출량)[m^3/min], K : 여유율, η : 효율

배연기의 **동력** P는

$$P = \frac{P_T Q}{102 \times 60\eta} K = \frac{(24+13+8)\text{mmAq} \times 50000\text{m}^3/\text{h}}{102 \times 60 \times 0.65} \times 1.2 = \frac{(24+13+8)\text{mmAq} \times 50000\text{m}^3/60\text{min}}{102 \times 60 \times 0.65} \times 1.2$$
$$= 11.312 ≒ 11.31\text{kW}$$

- 배연설비(제연설비)에 대한 동력은 반드시 위의 식을 적용하여야 한다. 우리가 알고 있는 일반적인 식 $P = \frac{0.163QH}{\eta} K$를 적용하여 풀면 틀린다.
- [조건 ③]에서 여유율을 20%로 한다고 하였으므로 여유율(K)은 100%+20%=120%=**1.2**가 된다.
- **50000m^3/h** : (가)에서 구한 값
- $\eta(0.65)$: [조건 ③]에서 65%=0.65
- $P_T(24+13+8)$mmAq : [조건 ③]에서 제시된 값

(라) (나)에서 덕트높이 700mm와 덕트폭 992.06mm 중 긴 변은 **992.06mm**로서 **750mm 초과 1500mm 이하**이므로 〔조건 ⑤〕의 표에서 **0.7mm**

풍도단면의 긴 변 또는 지름의 크기	450mm 이하	450mm 초과 750mm 이하	750mm 초과 1500mm 이하	1500mm 초과 2250mm 이하	2250mm 초과
강판두께	0.5mm	0.6mm	0.7mm	1.0mm	1.2mm

(마) 〔조건 ②〕에서 **상호제연**방식이므로

- 상호제연방식(각각 제연방식) : **화재구역**에서 **배기**를 하고, **인접구역**에서 **급기**를 실시하는 방식
- 상호제연방식=인접구역 상호제연방식

화재구역인 B구역에서 배기를 하므로 ⑤는 열림, 인접구역에서는 급기를 하므로 ①·③은 열림. 그러므로 ②·④·⑥은 닫힘

‖B구역 화재‖

열린 댐퍼	닫힌 댐퍼
①, ③, ⑤	②, ④, ⑥

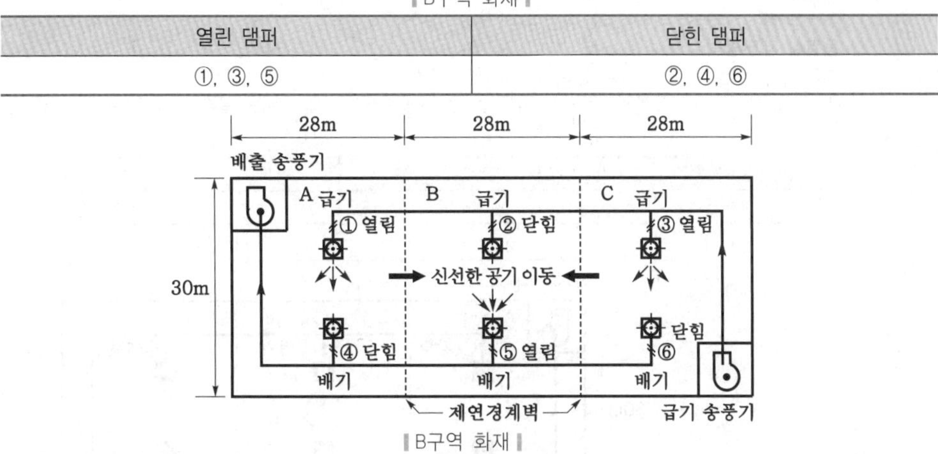

‖B구역 화재‖

화재구역인 A구역에서 배기를 하므로 ④는 열림, 인접구역에서는 급기를 하므로 ②·③은 열림. 그러므로 ①·⑤·⑥은 닫힘

‖A구역 화재‖

열린 댐퍼	닫힌 댐퍼
②, ③, ④	①, ⑤, ⑥

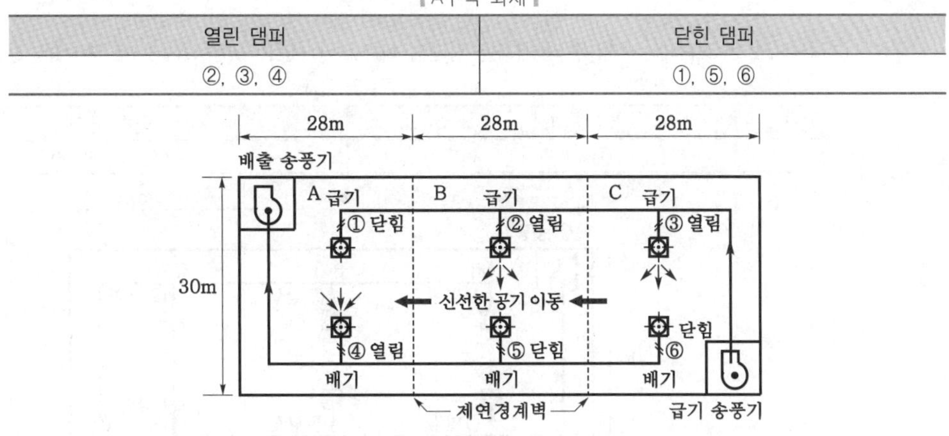

‖A구역 화재‖

화재구역인 C구역에서 배기를 하므로 ⑥은 열림, 인접구역에서는 급기를 하므로 ①·②는 열림. 그러므로 ③·④·⑤는 닫힘

‖C구역 화재‖

열린 댐퍼	닫힌 댐퍼
①, ②, ⑥	③, ④, ⑤

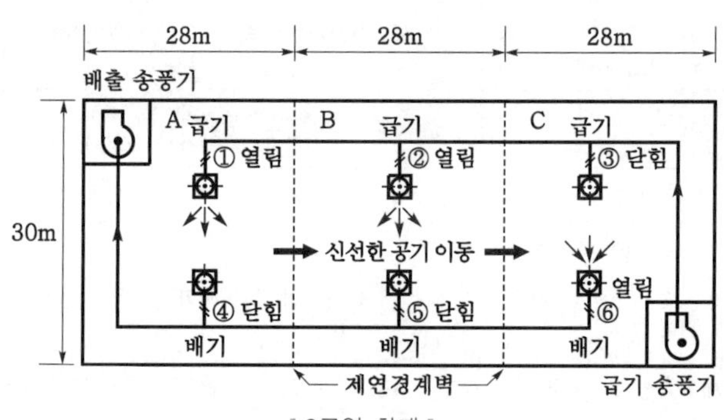

‖C구역 화재‖

비교

동일실 제연방식

화재실에서 급기 및 배기를 **동시**에 실시하는 방식

(1) 화재구역인 B구역에서 급기 및 배기를 동시에 하므로 ②·⑤는 열림. 그러므로 ①·③·④·⑥은 닫힘

‖B구역 화재‖

열린 댐퍼	닫힌 댐퍼
②, ⑤	①, ③, ④, ⑥

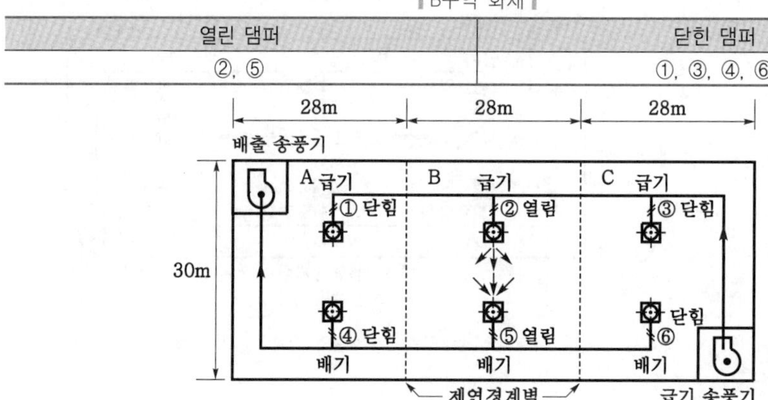

‖B구역 화재‖

(2) 화재구역인 A구역에서 급기 및 배기를 동시에 하므로 ①·④는 열림. 그러므로 ②·③·⑤·⑥은 닫힘

‖A구역 화재‖

열린 댐퍼	닫힌 댐퍼
①, ④	②, ③, ⑤, ⑥

‖A구역 화재‖

(3) 화재구역인 C구역에서 급기 및 배기를 동시에 하므로 ③·⑥은 열림. 그러므로 ①·②·④·⑤는 닫힘

‖C구역 화재‖

열린 댐퍼	닫힌 댐퍼
③, ⑥	①, ②, ④, ⑤

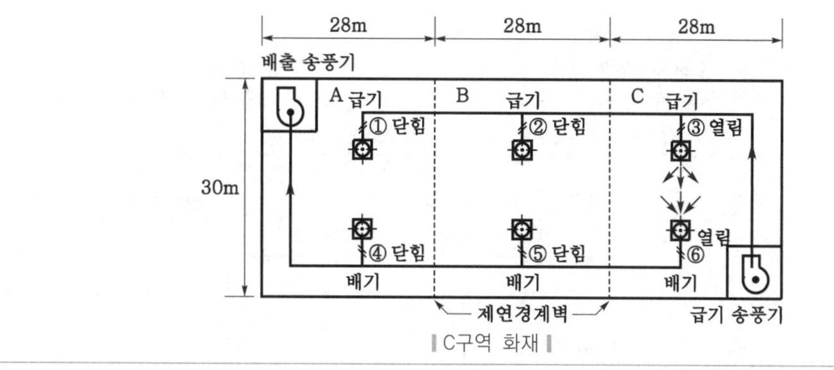

‖C구역 화재‖

☆☆☆

문제 03

바닥면적 400m², 높이 3.5m인 전기실(유압기기는 없음)에 이산화탄소 소화설비를 설치할 때 저장용기(68L/45kg)에 저장된 약제량을 표준대기압, 온도 20℃인 방호구역 내에 전부 방사한다고 할 때 다음을 구하시오.

(16.6.문4, 14.7.문10, 12.11.문13, 02.10.문3, 97.1.문12)

득점	배점
	5

〔조건〕

① 방호구역 내에는 5m²인 출입문이 있으며, 이 문은 자동폐쇄장치가 설치되어 있지 않다.

② 심부화재이고, 전역방출방식을 적용하였다.

③ 이산화탄소의 분자량은 44이고, 이상기체상수는 8.3143kJ/kmol·K이다.

④ 선택밸브 내의 온도와 압력조건은 방호구역의 온도 및 압력과 동일하다고 가정한다.

⑤ 이산화탄소 저장용기는 한 병당 45kg의 이산화탄소가 저장되어 있다.

(가) 이산화탄소 최소 저장용기수(병)를 구하시오.

○ 계산과정 :

○ 답 :

(나) 최소 저장용기를 기준으로 이산화탄소를 모두 방사할 때 선택밸브 1차측 배관에서의 최소 유량〔m³/min〕을 구하시오.

○ 계산과정 :

○ 답 :

해답 (가) ○ 계산과정 : $(400\times3.5)\times1.3+5\times10=1870\text{kg}$

$$\frac{1870}{45}=41.5 \fallingdotseq 42\text{병}$$

○ 답 : 42병

(나) ○ 계산과정 : 선택밸브 1차측 배관유량 $=\dfrac{45\times42}{7}=270\text{kg/min}$

$$V=\frac{270\times8.3143\times(273+20)}{101.325\times44}=147.527 \fallingdotseq 147.53\text{m}^3$$

○ 답 : $147.53\text{m}^3/\text{min}$

해설 (가) ① **CO_2 저장량**(약제소요량)〔kg〕

= 방호구역체적〔m³〕×약제량〔kg/m³〕+개구부면적〔m²〕×개구부가산량(10kg/m²)

= (400m²×3.5m)×1.3kg/m³+5m²×10kg/m²=1870kg

- $(400m^2 \times 3.5m)$: 문제에서 주어진 값
- 문제에서 **전기실**(전기설비)이고 $400m^2 \times 3.5m = 1400m^3$로서 **$55m^3$ 이상**이므로 **$1.3kg/m^3$**
- [조건 ①]에서 자동폐쇄장치가 설치되어 있지 않으므로 **개구부면적** 및 **개구부가산량** 적용

‖ 이산화탄소 소화설비 **심부화재**의 약제량 및 개구부가산량 ‖

방호대상물	약제량	개구부가산량 (자동폐쇄장치 미설치시)	설계농도
전기설비($55m^3$ 이상), 케이블실 →	$1.3kg/m^3$	$10kg/m^2$	50%
전기설비($55m^3$ 미만)	$1.6kg/m^3$		
서고, 박물관, 목재가공품창고, 전자제품창고	$2.0kg/m^3$		65%
석탄창고, 면화류창고, 고무류, 모피창고, 집진설비	$2.7kg/m^3$		75%

- 개구부면적$(5m^2)$: [조건 ①]에서 주어진 값($5m^2$ 출입문)

② **저장용기수** $= \dfrac{\text{약제소요량}}{\text{1병당 저장량(충전량)}} = \dfrac{1870\text{kg}}{45\text{kg}} = 41.5 ≒ 42\text{병}$

- 저장용기수 산정은 계산결과에서 **소수**가 발생하면 반드시 **절상**한다.
- 1870kg : 바로 위에서 구한 값

(나) ① 선택밸브 직후(1차측 또는 2차측) 배관유량 $= \dfrac{\text{1병당 충전량[kg]} \times \text{병수}}{\text{약제방출시간[min]}} = \dfrac{45\text{kg} \times 42\text{병}}{7\text{min}} = 270\text{kg/min}$

- 45kg : [조건 ⑤]에서 주어진 값
- 42병 : (가)에서 구한 값
- 7min : [조건 ②]에서 심부화재로서 전역방출방식이므로 7분 이내
- '**위험물제조소**'라는 말이 없는 경우 **일반건축물**로 보면 된다.

‖ 약제방사시간 ‖

소화설비		전역방출방식		국소방출방식	
		일반건축물	위험물제조소	일반건축물	위험물제조소
할론소화설비		10초 이내	30초 이내	10초 이내	30초 이내
분말소화설비		30초 이내		30초 이내	
CO_2 소화설비	표면화재	1분 이내	60초 이내		
	심부화재 →	7분 이내			

- **표면화재** : 가연성 액체 · 가연성 가스
- **심부화재** : 종이 · 목재 · 석탄 · 석유류 · 합성수지류

비교

(1) 선택밸브 직후의 유량 $= \dfrac{\text{1병당 저장량[kg]} \times \text{병수}}{\text{약제방출시간[s]}}$

(2) 약제의 유량속도 $= \dfrac{\text{1병당 충전량[kg]} \times \text{병수}}{\text{약제방출시간[s]}}$

(3) 방사량 $= \dfrac{\text{1병당 저장량[kg]} \times \text{병수}}{\text{헤드수} \times \text{약제방출시간[s]}}$

(4) 분사헤드수 $= \dfrac{\text{1병당 저장량[kg]} \times \text{병수}}{\text{헤드 1개의 표준방사량[kg]}}$

(5) 개방(용기)밸브 직후의 유량 $= \dfrac{\text{1병당 충전량[kg]}}{\text{약제방출시간[s]}}$

② **이산화탄소**의 **부피**

$$PV = \frac{m}{M} RT$$

여기서, P : 압력(1atm)

V : 부피[m^3]

m : 질량[kg]

M : 분자량(44kg/kmol)

R : 기체상수(0.082atm · m^3/kmol · K)

T : 절대온도(273+℃)[K]

$$\therefore \ V = \frac{mRT}{PM} = \frac{270\text{kg} \times 8.3143\text{kPa} \cdot \text{m}^3/\text{kmol} \cdot \text{K} \times (273+20)\text{K}}{101.325\text{kPa} \times 44\text{kg/kmol}}$$

$= 147.527 ≒ 147.53\text{m}^3$(잠시 떼어놓았던 min를 다시 붙이면 **147.53m^3/min**)

- 최소 유량을 m^3/min로 구하라고 했으므로 kg/min → m^3/min로 변환하기 위해 **이상기체상태 방정식** 적용
- 270kg : 바로 위에서 구한 값, 이상기체상태 방정식을 적용하기 위해 이미 구한 270kg/min에서 min를 잠시 떼어놓으면 **270kg**이 된다.
- 8.3143kPa · m^3/kmol · K : [조건 ③]에서 8.3143kJ/kmol · K=8.3143kPa · m^3/kmol · K(1kJ=1kPa · m^3)
- 20℃ : 문제에서 주어진 값
- 101.325kPa : 문제에서 **표준대기압**이라고 했으므로 101.325kPa 적용, 다른 단위도 적용할 수 있지만 kPa · m^3/kmol · K단위와 단위를 일치시켜 계산을 편하게 하기 위해 **kPa**을 적용
- **표준대기압**

  1atm=760mmHg =1.0332kg$_f$/cm^2
  =10.332mH$_2$O(mAq)=10.332m
  =14.7PSI(lb$_f$/in^2)
  =101.325kPa(kN/m^2)
  =1013mbar
- 44kg/kmol : [조건 ③]에서 주어진 값, 분자량의 단위는 kg/kmol이므로 44kg/kmol이 된다.

☆☆ 문제 04

옥내소화전설비의 계통을 나타내는 구조도(Isometric Diagram)이다. 이 설비에서 펌프의 정격토출량이 200L/min일 때 주어진 조건을 이용하여 물음에 답하시오. (16.11.문1, 11.7.문8)

득점	배점
	10

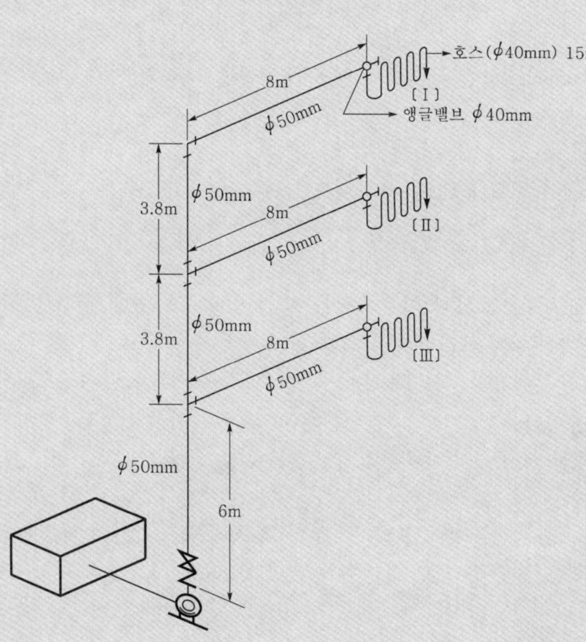

〔조건〕

① 옥내소화전 〔Ⅰ〕에서 호스 관창 선단의 방수압과 방수량은 각각 0.17MPa, 130L/min이다.

② 호스길이 100m당 130L/min의 유량에서 마찰손실수두는 15m이다.

③ 배관의 마찰손실압은 다음의 공식을 따른다고 가정한다.

$$\Delta P = \frac{6 \times 10^4 \times Q^2}{120^2 \times d^5}$$

여기서, ΔP : 배관길이 1m당 마찰손실압력〔MPa〕

Q : 유량〔L/min〕

d : 관의 내경〔mm〕

(ϕ50mm 배관의 경우 내경은 53mm, ϕ40mm 배관의 경우 내경은 42mm로 한다.)

④ 각 밸브와 배관부속의 등가길이는 다음과 같다. (단, 등가길이는 〔조건 ③〕의 공식을 기준으로 산출된 것으로 가정한다.)

앵글밸브(ϕ40mm) : 10m, 게이트밸브(ϕ50mm) : 1m, 체크밸브(ϕ50mm) : 5m, 티(ϕ50mm, 분류) : 4m, 엘보(ϕ50mm) : 1m

⑤ 펌프의 양정은 토출량의 대소에 관계없이 일정하다고 가정한다.

⑥ 정답을 산출할 때 펌프 흡입측의 마찰손실수두, 정압, 동압 등은 일체 계산에 포함시키지 않는다.

⑦ 본 조건에 자료가 제시되지 아니한 것은 계산에 포함시키지 않는다.

(가) 소방호스의 마찰손실수두〔m〕를 구하시오.

○ 계산과정 :

○ 답 :

(나) 최고위 앵글밸브에서의 마찰손실압력〔kPa〕을 구하시오.

○ 계산과정 :

○ 답 :

(다) 펌프 토출구부터 최고위 앵글밸브의 인입구(앵글밸브 제외)까지 배관의 총 등가길이〔m〕를 구하시오.

○ 계산과정 :

○ 답 :

(라) 펌프 토출구부터 최고위 앵글밸브의 인입구(앵글밸브 제외)까지 마찰손실압력〔kPa〕을 구하시오.

○ 계산과정 :

○ 답 :

(마) 펌프전동기의 소요동력〔kW〕을 구하시오. (단, 펌프의 효율은 0.6, 전달계수는 1.1이다.)

○ 계산과정 :

○ 답 :

(바) 옥내소화전 〔Ⅲ〕을 조작하여 방수하였을 때의 방수량을 q〔L/min〕라고 할 때,

① 호스 내의 마찰손실 크기는 유량의 제곱에 정비례한다고 가정할 때, 옥내소화전 〔Ⅲ〕 호스를 통하여 일어나는 마찰손실압력〔Pa〕을 방수량 q에 대한 관계식으로 구하시오. (단, q는 기호 그대로 사용한다.)

○ 계산과정 :

○ 답 :

② 옥내소화전 〔Ⅲ〕 앵글밸브 인입구로부터 펌프 토출구까지의 마찰손실압력〔Pa〕을 방수량 q에 대한 관계식으로 구하시오. (단, q는 기호 그대로 사용한다.)

○ 계산과정 :

○ 답 :

③ 옥내소화전 〔Ⅲ〕 앵글밸브의 마찰손실압력〔Pa〕을 방수량 q에 대한 관계식으로 구하시오. (단, q는 기호 그대로 사용한다.)
○ 계산과정 :
○ 답 :

④ 옥내소화전 〔Ⅲ〕 호스 관창 선단의 방수압〔kPa〕과 방수량〔L/min〕을 각각 구하시오.
○ 방수압
－계산과정 :
－답 :
○ 방수량
－계산과정 :
－답 :

해답

(가) ○ 계산과정 : $15\times\frac{15}{100}=2.25\text{m}$

○ 답 : 2.25m

(나) ○ 계산과정 : $\frac{6\times10^4\times130^2}{120^2\times42^5}\times10=5.388\times10^{-3}\text{MPa}=5.388\text{kPa}\fallingdotseq5.39\text{kPa}$

○ 답 : 5.39kPa

(다) ○ 계산과정 : 직관 : $6+3.8+3.8+8=21.6\text{m}$
관부속품 : $5+1+1=7\text{m}$
$\therefore\ 21.6+7=28.6\text{m}$

○ 답 : 28.6m

(라) ○ 계산과정 : $\frac{6\times10^4\times130^2}{120^2\times53^5}\times28.6=4.815\times10^{-3}\text{MPa}=4.815\text{kPa}\fallingdotseq4.82\text{kPa}$

○ 답 : 4.82kPa

(마) ○ 계산과정 : $h_1=2.25\text{m}$
$h_2=0.539+0.482=1.021\text{m}$
$h_3=6+3.8+3.8=13.6\text{m}$
$H=2.25+1.021+13.6+17=33.871\text{m}$
$P=\frac{0.163\times0.2\times33.871}{0.6}\times1.1=2.024\fallingdotseq2.02\text{kW}$

○ 답 : 2.02kW

(바) ① ○ 계산과정 : $22.5:130^2=\Delta P:q^2$
$130^2\Delta P=22.5q^2$
$\Delta P=\frac{22.5q^2}{130^2}=1.331\times10^{-3}q^2\text{〔kPa〕}=1.331q^2\text{〔Pa〕}\fallingdotseq1.33q^2\text{〔Pa〕}$

○ 답 : $1.33q^2$〔Pa〕

② ○ 계산과정 : 직관 : $6+8=14\text{m}$
관부속품 : $5+1+4=10\text{m}$
$\therefore\ 14+10=24\text{m}$
$\frac{6\times10^4\times q^2}{120^2\times53^5}\times24=2.391\times10^{-7}q^2\text{〔MPa〕}$
$=2.391\times10^{-1}q^2\text{〔Pa〕}=0.2391q^2\text{〔Pa〕}\fallingdotseq0.24q^2\text{〔Pa〕}$

○ 답 : $0.24q^2$〔Pa〕

③ ○ 계산과정 : $\frac{6\times10^4\times q^2}{120^2\times42^5}\times10=3.188\times10^{-7}q^2\text{〔MPa〕}$
$=3.188\times10^{-1}q^2\text{〔Pa〕}=0.3188q^2\text{〔Pa〕}\fallingdotseq0.32q^2\text{〔Pa〕}$

○ 답 : $0.32q^2$〔Pa〕

④ ○ 방수량

– 계산과정 : $P=0.0225+(0.005+0.005)+(0.06+0.038+0.038)+0.17=0.3385\text{MPa}$

$$P_4=0.3385-0.06-(1.33\times10^{-6}+0.24\times10^{-6}+0.32\times10^{-6})q^2$$

$$=0.2785-1.89\times10^{-6}q^2\,[\text{MPa}]$$

$$K=\frac{130}{\sqrt{10\times0.17}}\fallingdotseq 99.705$$

$$q=99.705\times\sqrt{10\times(0.2785-1.89\times10^{-6}q^2)}$$

$$q^2=(99.705)^2\times(2.785-1.89\times10^{-5}q^2)$$

$$q^2=27685.927-0.1878q^2$$

$$q=\sqrt{\frac{27685.927}{(1+0.1878)}}=152.671\fallingdotseq 152.67\text{L/min}$$

– 답 : 152.67L/min

○ 방수압

– 계산과정 : $0.2785-1.89\times10^{-6}\times(152.67)^2=0.234447\text{MPa}=234.447\text{kPa}\fallingdotseq 234.45\text{kPa}$

– 답 : 234.45kPa

해설

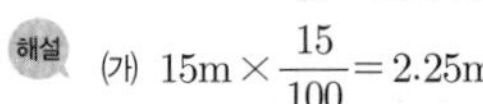

(가) $15\text{m}\times\frac{15}{100}=2.25\text{m}$

- 문제의 그림에서 호스의 길이는 15m이므로 15m를 적용한다. 만약, 주어진 조건이 없는 경우에는 옥내소화전의 규정에 의해 호스(15m×2개)를 비치하여야 하므로 **15m×2개**를 곱하여야 한다. 주의하라!!!
- 〔조건 ②〕에서 호스길이 100m당 마찰손실수두가 15m이므로 $\frac{15}{100}$를 적용한다.

(나) **마찰손실압력** P는

$$P=\frac{6\times10^4\times Q^2}{120^2\times d^5}\times L=\frac{6\times10^4\times(130\text{L/min})^2}{120^2\times(42\text{mm})^5}\times10\text{m}=5.388\times10^{-3}\text{MPa}=5.388\text{kPa}\fallingdotseq 5.39\text{kPa}$$

- Q(130L/min) : 〔조건 ①〕에서 주어진 값
- L(10m) : 〔조건 ④〕에서 주어진 값(앵글밸브(ϕ40mm)의 등가길이는 **10m**)
- d(42mm) : 앵글밸브는 ϕ40mm이므로 〔조건 ③〕에서 관의 내경은 **42mm**
- **'배관길이 1m당 마찰손실압력(ΔP)'**식을 **'마찰손실압력'**식으로 변형하면 $P=\frac{6\times10^4\times Q^2}{120^2\times d^5}\times L$이 된다.

(다) 〔조건 ④〕를 참고하여 **총 등가길이**를 구하면 다음과 같다.

① 직관 : 6m+3.8m+3.8m+8m=21.6m

② 관부속품 : 5m+1m+1m=7m(체크밸브 5m, 게이트밸브 1m, 엘보 1m)

∴ 21.6m+7m=28.6m

- 〔조건 ④〕에서 **티(직류)**는 등가길이가 주어지지 않았으므로 **생략**

(라) **마찰손실압력** P는

$$P=\frac{6\times10^4\times Q^2}{120^2\times d^5}\times L=\frac{6\times10^4\times(130\text{L/min})^2}{120^2\times(53\text{mm})^5}\times28.6\text{m}=4.815\times10^{-3}\text{MPa}=4.815\text{kPa}\fallingdotseq 4.82\text{kPa}$$

- Q(130L/min) : 〔조건 ①〕에서 주어진 값
- L(28.6m) : (다)에서 구한 값
- d(53mm) : 구조도에서 배관은 ϕ50mm이므로 〔조건 ③〕에서 관의 내경은 **53mm**

(마) **전양정**

$$H=h_1+h_2+h_3+17$$

여기서, H : 전양정[m]

h_1 : 소방호스의 마찰손실수두[m]

h_2 : 배관 및 관부속품의 마찰손실수두[m]

h_3 : 실양정(흡입양정+토출양정)〔m〕

h_1 : 소방호스의 마찰손실수두=2.25m((가)에서 구한 값)

h_2(배관 및 관부속품의 마찰손실수두)

1kPa = 0.1m

$5.39\text{kPa}+4.82\text{kPa}=0.539\text{m}+0.482\text{m}=1.021\text{m}$

- (나)와 (라)에서 구한 값을 적용하면 된다.

h_3 : 실양정(흡입양정+토출양정)$=6\text{m}+3.8\text{m}+3.8\text{m}=13.6\text{m}$

- 그림에서 흡입양정은 없으므로 고려하지 않아도 된다.

전양정 H는

$$H=h_1+h_2+h_3+17$$
$$=2.25\text{m}+1.021\text{m}+13.6\text{m}+17$$
$$=33.871\text{m}$$

전동기의 소요동력

$$P=\frac{0.163QH}{\eta}K$$

여기서, P : 전동기의 소요동력(전동력)〔kW〕

Q : 토출량(유량)〔m^3/min〕

H : 전양정〔m〕

K : 전달계수

η : 효율

전동기의 소요동력 P는

$$P=\frac{0.163QH}{\eta}K$$
$$=\frac{0.163\times200\text{L/min}\times33.871\text{m}}{0.6}\times1.1$$
$$=\frac{0.163\times0.2\text{m}^3/\text{min}\times33.871\text{m}}{0.6}\times1.1$$
$$=2.024\fallingdotseq2.02\text{kW}$$

- 문제에서 펌프의 **정격토출량**(Q)은 **200L/min임**을 기억하라.

(바) ① (가)에서 마찰손실수두가 2.25m이므로

마찰손실압력$=2.25\text{m}=22.5\text{kPa}$

$22.5:130^2=\Delta P:q^2$

$130^2\Delta P=22.5q^2$

$$\Delta P=\frac{22.5q^2}{130^2}=1.331\times10^{-3}q^2\,[\text{kPa}]=1.331q^2\,[\text{Pa}]\fallingdotseq1.33q^2\,[\text{Pa}]$$

- 〔조건 ①〕에서 옥내소화전 〔I〕에서의 방수량이 **130L/min**이다.
- 옥내소화전 〔I〕에서 소방호스의 마찰손실압력은 **22.5kPa**이다.
- 옥내소화전 〔Ⅲ〕의 방수량은 현재로서는 알 수 없으므로 q로 놓는다.
- (바) ①의 〔단서〕에서 $\Delta P\propto q^2$이므로 이것을 적용해서 비례식으로 문제를 푼다.

② 〔조건 ④〕를 참고하여 **등가길이**를 구하면 다음과 같다.

㉠ 직관 : 6m+8m =14m

㉡ 관부속품 : 5m+1m+4m=10m(체크밸브 5m, 게이트밸브 1m, 티(분류) 4m)

∴ 14m+10m=24m

마찰손실압력 P는

$$P=\frac{6\times10^4\times q^2}{120^2\times d^5}\times L=\frac{6\times10^4\times q^2}{120^2\times(53\text{mm})^5}\times 24\text{m}$$

$=2.391\times10^{-7}q^2$〔MPa〕

$=2.391\times10^{-1}q^2$〔Pa〕

$=0.2391q^2$〔Pa〕$\fallingdotseq 0.24q^2$〔Pa〕

- L(24m) : 바로 위에서 구한 값
- d(53mm) : 구조도에서 배관은 ϕ50mm이므로 〔조건 ③〕에서 관의 내경은 **53mm**

③ **마찰손실압력** P는

$$P=\frac{6\times10^4\times q^2}{120^2\times d^5}\times L$$

$$=\frac{6\times10^4\times q^2}{120^2\times(42\text{mm})^5}\times10\text{m}=3.188\times10^{-7}q^2\text{〔MPa〕}$$

$=3.188\times10^{-1}q^2$〔Pa〕

$=0.3188q^2$〔Pa〕$\fallingdotseq 0.32q^2$〔Pa〕

- L(10m) : 〔조건 ④〕에서 주어진 값(앵글밸브(ϕ40mm)의 등가길이는 **10m**)
- d(42mm) : 앵글밸브는 ϕ40mm이므로 〔조건 ③〕에서 관의 내경은 **42mm**

④ ㉠ **방수량**

펌프의 **토출압력**

$$P=P_1+P_2+P_3+0.17$$

여기서, P : 필요한 압력(토출압력)〔MPa〕
P_1 : 소방호스의 마찰손실수두압〔MPa〕
P_2 : 배관 및 관부속품의 마찰손실수두압〔MPa〕
P_3 : 낙차의 환산수두압〔MPa〕

1m=0.01MPa

펌프의 **토출압력** P는

$P=P_1+P_2+P_3+0.17$

$=0.0225\text{MPa}+(0.005\text{MPa}+0.005\text{MPa})+(0.06\text{MPa}+0.038\text{MPa}+0.038\text{MPa})+0.17$

$=0.3385\text{MPa}$

- P_1(0.0225MPa) : ㈎에서 구한 값 2.25m=0.0225MPa
- P_2(0.005MPa+0.005MPa) : ㈏에서 구한 값 5.39kPa≒0.005MPa, ㈑에서 구한 값 4.82kPa≒0.005MPa
- P_3(0.06MPa+0.038MPa+0.038MPa) : 문제의 그림에서 토출양정 6m=0.06MPa, 3.8m=0.038MPa, 3.8m=0.038MPa, 그림에 의해 흡입양정은 필요 없음

별해

㈒에서 전양정 H=33.871m이므로 33.871m=0.33871MPa로 해도 된다(100m=1MPa).
0.3385MPa과 소수점 차이가 조금 있지만 모두 정답으로 인정된다.

$$P=P_1+P_2+P_3+P_4$$

여기서, P : 필요한 압력(토출압력)〔MPa〕
P_1 : 소방호스의 마찰손실수두압〔MPa〕
P_2 : 배관 및 관부속품의 마찰손실수두압〔MPa〕
P_3 : 낙차의 환산수두압〔MPa〕
P_4 : 방수압력(방사요구압력, 방수압)

옥내소화전 〔Ⅲ〕의 **방수압** P_4는

$$P_4 = P - P_1 - P_2 - P_3 = P - P_3 - P_1 - P_2$$
$$= 0.3385\text{MPa} - 0.06\text{MPa} - (1.33 + 0.24 + 0.32)q^2\,[\text{Pa}]$$
$$= 0.3385\text{MPa} - 0.06\text{MPa} - (1.33 \times 10^{-6} + 0.24 \times 10^{-6} + 0.32 \times 10^{-6})q^2\,[\text{MPa}]$$
$$= 0.2785\text{MPa} - 1.89 \times 10^{-6}q^2\,[\text{MPa}]$$

- P(0.3385MPa) : 바로 위에서 구한 값
- P_3(0.06MPa) : 문제의 그림에서 토출양정 6m=0.06MPa, 흡입양정은 주어지지 않았으므로 무시
- P_1($1.33q^2$〔Pa〕) : (바) ①에서 구한 값
- P_2($0.24q^2$〔Pa〕, $0.32q^2$〔Pa〕) : (바) ②·③에서 구한 값

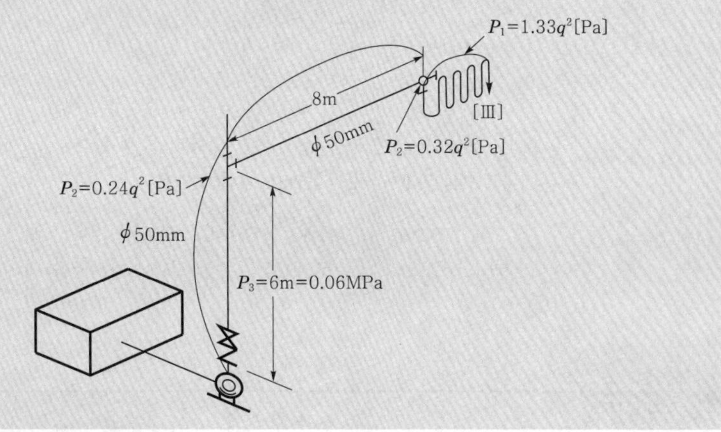

$$q = K\sqrt{10P}$$

여기서, q : 방수량(토출량)〔L/min〕

K : 방출계수

P : 방수압력(방사압력, 방수압)〔MPa〕

방출계수 K는

$$K = \frac{q}{\sqrt{10P}}$$
$$= \frac{130\text{L/min}}{\sqrt{10 \times 0.17\text{MPa}}}$$
$$≒ 99.705$$

- 옥내소화전 〔Ⅰ〕과 옥내소화전 〔Ⅱ〕는 동일한 소화전이다.
- q(130L/min) : 〔조건 ①〕에서 주어진 값
- P(0.17MPa) : 〔조건 ①〕에서 주어진 값

옥내소화전 〔Ⅲ〕의 **방수량** q는

$$q = K\sqrt{10P_4}$$
$$q = 99.705 \times \sqrt{10 \times (0.2785 - 1.89 \times 10^{-6}q^2)\,[\text{MPa}]}$$
$$q = 99.705 \times \sqrt{2.785 - 1.89 \times 10^{-5}q^2}$$
$$q^2 = (99.705)^2 \times (\sqrt{2.785 - 1.89 \times 10^{-5}q^2}\ )^2$$
$$q^2 = (99.705)^2 \times (2.785 - 1.89 \times 10^{-5}q^2)$$
$$q^2 = 27685.927 - 0.1878q^2$$
$$q^2 + 0.1878q^2 = 27685.927$$
$$1q^2 + 0.1878q^2 = 27685.927$$
$$(1 + 0.1878)q^2 = 27685.927$$
$$q^2 = \frac{27685.927}{(1 + 0.1878)}$$

$$q = \sqrt{\frac{27685.927}{(1+0.1878)}}$$
$$= 152.671 ≒ 152.67\text{L/min}$$

- 〔조건 ①〕에서 방수압 P와 방수량 q가 주어졌고 노즐구경 d가 주어지지 않은 경우에는 $q = K\sqrt{10P}$를 적용할 것이다. 이때 $q = 0.653D^2\sqrt{10P}$를 적용하면 정확도가 떨어진다.
- P_4(0.2785–1.89×$10^{-6}q^2$〔MPa〕) : 바로 위에서 구한 값

ⓛ **방수압**

$$P_4 = 0.2785\text{MPa} - 1.89 \times 10^{-6} q^2 \text{〔MPa〕}$$

여기서, P_4 : 방수압〔MPa〕
q : 방수량〔L/min〕

방수압 P_4는

$$P_4 = 0.2785\text{MPa} - 1.89 \times 10^{-6} \times (152.67\text{L/min})^2$$
$$= 0.234447\text{MPa} = 234.447\text{kPa} ≒ 234.45\text{kPa}$$

- P_4(0.2785MPa–1.89×$10^{-6}q^2$〔MPa〕) : 위에서 구한 옥내소화전 〔Ⅲ〕의 방수압
- q (152.67L/min) : 바로 위에서 구한 옥내소화전 〔Ⅲ〕의 방수량

☆☆

문제 05

가로 4m, 세로 3m, 높이 2m인 방호대상물에 국소방출방식의 이산화탄소 소화설비를 설치할 경우 이산화탄소 소화약제의 최소 저장량〔kg〕을 구하시오. (단, 고압식이며 방호대상물 주위에는 벽이 없다.)

(12.7.문12)

○ 계산과정 :
○ 답 :

득점	배점
	4

해답 ○ 계산과정 : 방호공간체적 $= 5.2 \times 4.2 \times 2.6 = 56.784\text{m}^3$

$a = 0$

$A = (5.2 \times 2.6 \times 2) + (4.2 \times 2.6 \times 2) = 48.88\text{m}^2$

저장량 $= 56.784 \times \left(8 - 6 \times \dfrac{0}{48.88}\right) \times 1.4 = 635.98\text{kg}$

○ 답 : 635.98kg

해설 (1) **방호공간체적**

① **방호공간** : 방호대상물의 각 부분으로부터 **0.6m**의 거리에 의하여 둘러싸인 공간

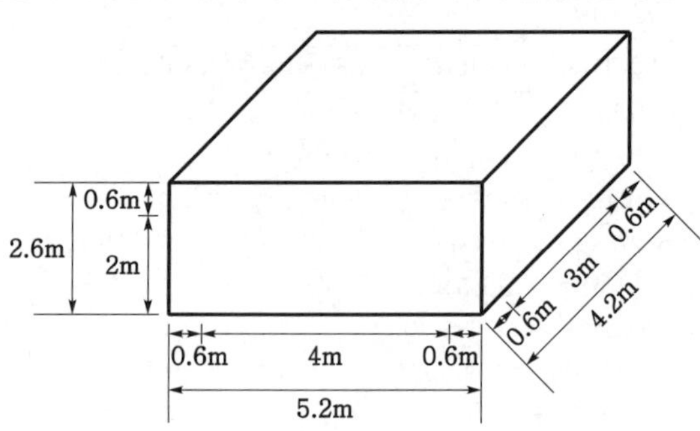

② **방호공간체적** = 가로×세로×높이 = $5.2\text{m} \times 4.2\text{m} \times 2.6\text{m} = 56.784\text{m}^3$

- 방호공간체적 산정시 **가로**와 **세로** 부분은 각각 좌우 0.6m씩 늘어나지만 높이는 위쪽만 0.6m 늘어남을 기억하라.
- 이 문제에서 방호공간체적은 계산과정이므로 이때에는 소수점 3째자리까지 계산하면 된다.

(2) **국소방출방식**의 CO_2 **저장량**(NFPC 106 5조, NFTC 106 2.2.1.3)

특정소방대상물	고압식	저압식
• 연소면 한정 및 비산우려가 없는 경우 • 윗면 개방용기	방호대상물표면적×13kg/m²×1.4	방호대상물표면적×13kg/m²×1.1
• 기타 →	방호공간체적×$\left(8-6\dfrac{a}{A}\right)$×1.4	방호공간체적×$\left(8-6\dfrac{a}{A}\right)$×1.1

여기서, a : 방호대상물 주위에 설치된 벽면적의 합계[m²]
A : 방호공간의 벽면적의 합계[m²]

국소방출방식으로 **고압식**을 설치하며, 위 표에서 기타에 해당한다.

방호대상물 주위에 설치된 **벽면적**의 **합계** a는

$a=0$

- [단서]에서 방호대상물 주위에는 벽이 없으므로 a도 존재하지 않는다. 그러므로 $\boldsymbol{a=0}$

방호공간의 **벽면적**의 **합계** A 는

$$A=(\text{앞면}+\text{뒷면})+(\text{좌면}+\text{우면})$$
$$=(5.2\text{m}\times2.6\text{m}\times2\text{면})+(4.2\text{m}\times2.6\text{m}\times2\text{면})$$
$$=\mathbf{48.88m^2}$$

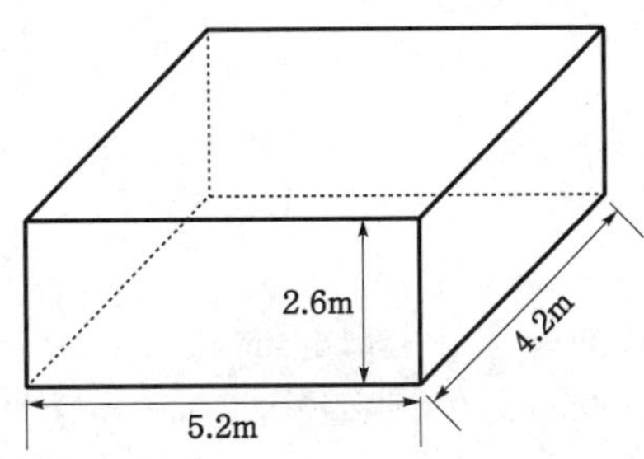

- 방호공간의 벽면적의 합계는 화재안전기준에 의해 벽이 없는 경우 **벽이 있다고 가정한 벽면적의 합계**를 계산한다.
- **윗면, 아랫면**은 적용하지 않는 것에 주의할 것!

이산화탄소 소화약제 저장량 $=$ 방호공간체적$\times\left(8-6\dfrac{a}{A}\right)\times1.4=56.784\text{m}^3\times\left(8-6\times\dfrac{0}{48.88\text{m}^2}\right)\times1.4=635.98\text{kg}$

- $56.784m^3$: (1)에서 구한 값
- 0 : 바로 위에서 구한 값
- $48.88m^2$: 바로 위에서 구한 값
- 1.4 : [단서]에서 **고압식**이므로 화재안전기준에 의해 **1.4**

☆☆☆

문제 06

그림은 위험물을 저장하는 플로팅루프탱크 포소화설비의 계통도이다. 그림과 조건을 참고하여 다음 각 물음에 답하시오. (18.4.문1, 17.4.문10, 16.11.문15, 15.7.문1, 14.4.문6, 13.11.문10, 11.11.문13, 08.7.문11, 04.4.문1)

득점	배점
	9

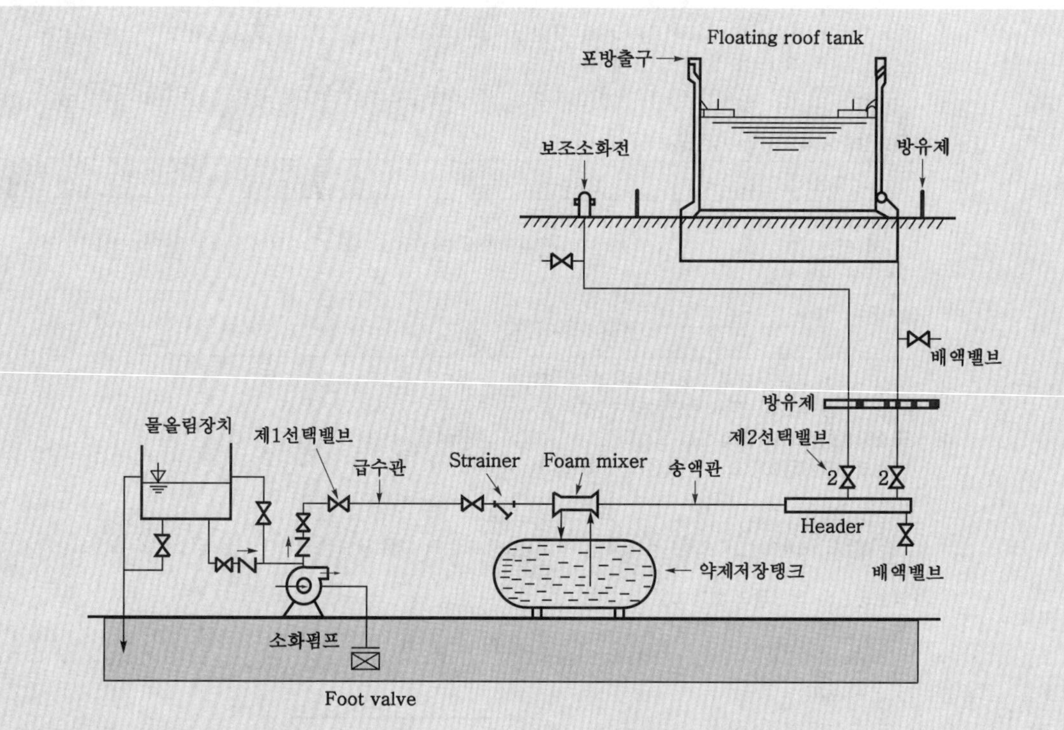

〔조건〕

① 탱크(tank)의 안지름 : 50m

② 보조포소화전 : 7개

③ 포소화약제 사용농도 : 6%

④ 굽도리판과 탱크벽과의 이격거리 : 1.4m

⑤ 송액관 안지름 : 100mm, 송액관 길이 : 150m

⑥ 고정포방출구의 방출률 : 8L/m^2 · min, 방사시간 : 30분

⑦ 보조포소화전의 방출률 : 400L/min, 방사시간 : 20분

⑧ 조건에 제시되지 않은 사항은 무시한다.

(가) 소화펌프의 토출량〔L/min〕을 구하시오.

○ 계산과정 :

○ 답 :

(나) 수원의 용량〔L〕을 구하시오.

○ 계산과정 :

○ 답 :

(다) 포소화약제의 저장량〔L〕을 구하시오.

○ 계산과정 :

○ 답 :

(라) 탱크에 설치되는 고정포방출구의 종류와 설치된 포소화약제 혼합방식의 명칭을 쓰시오.

○ 고정포방출구의 종류 :

○ 포소화약제 혼합방식 :

해답 (가) ○ 계산과정 : $Q_1 = \frac{\pi}{4}(50^2 - 47.2^2) \times 8 \times 1 = 1710.031 ≒ 1710.03\text{L/min}$

$Q_2 = 3 \times 1 \times 400 = 1200\text{L/min}$

소화펌프의 토출량$= 1710.03 + 1200 = 2910.03\text{L/min}$

○ 답 : 2910.03L/min

(나) ○ 계산과정 : $Q_1 = \frac{\pi}{4}(50^2 - 47.2^2) \times 8 \times 30 \times 0.94 = 48222.894\text{L}$

$Q_2 = 3 \times 0.94 \times 400 \times 20 = 22560\text{L}$

$Q_3 = \frac{\pi}{4} \times 0.1^2 \times 150 \times 0.94 \times 1000 = 1107.411\text{L}$

$Q = 48222.894 + 22560 + 1107.411 = 71890.305 ≒ 71890.31\text{L}$

○ 답 : 71890.31L

(다) ○ 계산과정 : $Q_1 = \frac{\pi}{4}(50^2 - 47.2^2) \times 8 \times 30 \times 0.06 = 3078.057\text{L}$

$Q_2 = 3 \times 0.06 \times 400 \times 20 = 1440\text{L}$

$Q_3 = \frac{\pi}{4} \times 0.1^2 \times 150 \times 0.06 \times 1000 = 70.685\text{L}$

$Q = 3078.057 + 1440 + 70.685 = 4588.742 ≒ 4588.74\text{L}$

○ 답 : 4588.74L

(라) ○ 고정포방출구의 종류 : 특형 방출구

○ 포소화약제 혼합방식 : 프레져 프로포셔너방식

해설 (가) ① **고정포방출구**

$$Q = A \times Q_1 \times T \times S$$

여기서, Q : 수용액 · 수원 · 약제량〔L〕
A : 탱크의 액표면적〔m²〕
Q_1 : 수용액의 분당 방출량(방출률)〔L/m² · min〕
T : 방사시간〔분〕
S : 사용농도

$$Q = A \times Q_1 \times S$$

여기서, Q : 1분당 수용액 · 수원 · 약제량〔L/min〕
A : 탱크의 액표면적〔m²〕
Q_1 : 수용액의 분당 방출량(방출률)〔L/m² · min〕
S : 사용농도

② **보조포소화전**

$$Q = N \times S \times 8000$$

여기서, Q : 수용액 · 수원 · 약제량〔L〕
N : 호스접결구수(**최대 3개**)
S : 사용농도

또는,

$$Q = N \times S \times 400$$

여기서, Q : 수용액 · 수원 · 약제량〔L/min〕
N : 호스접결구수(**최대 3개**)
S : 사용농도

• 보조포소화전의 방사량(방출률)이 400L/min이므로 400L/min×20min=8000L가 되므로 위의 두 식은 같은 식이다.

③ **배관보정량**

$$Q = A \times L \times S \times 1000\text{L/m}^3 \text{(안지름 75mm 초과시에만 적용)}$$

여기서, Q : 배관보정량〔L〕
A : 배관단면적〔m²〕
L : 배관길이〔m〕
S : 사용농도

④ **고정포방출구**의 **수용액** Q_1은

$$Q_1 = A \times Q \times S$$

$$= \frac{\pi}{4}(50^2 - 47.2^2)\text{m}^2 \times 8\text{L/m}^2 \cdot \text{min} \times 1$$

$$= 1710.031 ≒ 1710.03\text{L/min}$$

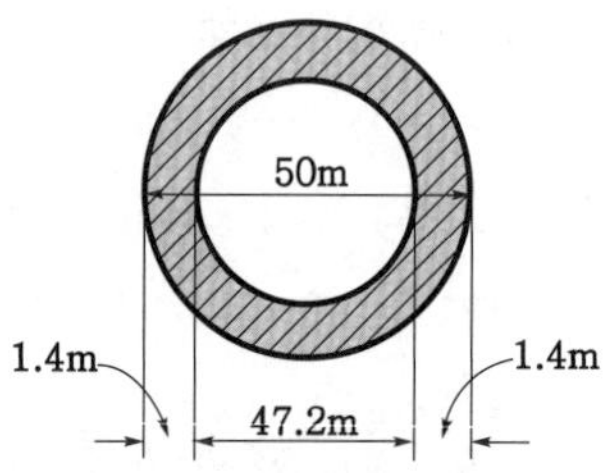

‖ 플로팅루프탱크의 구조 ‖

- ***A***(탱크의 액표면적) : 탱크표면의 표면적만 고려하여야 하므로 〔조건 ④〕에서 굽도리판과 탱크벽과의 간격 **1.4m**를 적용하여 그림에서 빗금 친 부분만 고려하여 $\frac{\pi}{4}(50^2 - 47.2^2)\text{m}^2$로 계산하여야 한다. 꼭 기억해 두어야 할 사항은 굽도리판과 탱크벽과의 간격을 적용하는 것은 **플로팅루프탱크**의 경우에만 한한다는 것이다.
- ***Q***(수용액의 분당방출량 **8L/m² · min**) : 〔조건 ⑥〕에서 주어진 값
- ***S***(농도) : 수용액량이므로 항상 **1**이다.

보조포소화전의 **방사량** Q_2는

$$Q_2 = N \times S \times 400$$

$$= 3 \times 1 \times 400 = 1200\text{L/min}$$

- N(3) : 〔조건 ②〕에서 3개를 초과하므로 **3개**
- S(1) : 수용액량이므로 항상 1이다.

소화펌프의 토출량=고정포방출구의 분당토출량+보조포소화전의 분당토출량

$$= Q_1 + Q_2$$

$$= 1710.03\text{L/min} + 1200\text{L/min} = 2910.03\text{L/min}$$

- 소화펌프의 분당토출량은 **수용액량**을 기준으로 한다는 것을 기억하라.
- 소화펌프의 분당토출량은 **배관보정량**을 **적용하지 않는다**. 왜냐하면 배관보정량은 배관 내에 저장되어 있는 것으로 소비되는 것이 아니기 때문이다. 주의!

(나) ① **고정포방출구**의 **수원의 양** Q_1은

$$Q_1 = A \times Q \times T \times S$$

$$= \frac{\pi}{4}(50^2 - 47.2^2)\text{m}^2 \times 8\text{L/m}^2 \cdot \text{min} \times 30\text{min} \times 0.94 = 48222.894\text{L}$$

- ***S***(**0.94**) : 〔조건 ③〕에서 6%용이므로 수원의 농도(S)는 **94%**(100−6=94%=0.94)가 된다.

② **보조포소화전**의 **수원**의 **양** Q_2는

$$Q_2 = N \times S \times 400$$

$$= 3 \times 0.94 \times 400 \times 20\text{min} = 22560\text{L}$$

- S(**0.94**) : 〔조건 ③〕에서 6%용이므로 수원의 농도(S)는 **94%**(100−6=94%=0.94)가 된다.
- **20min** : 보조포소화전의 방사시간은 〔조건 ⑦〕에 의해 20min이다. 30min가 아니다. 주의! 20min는 Q_2의 단위를 'L'로 만들기 위해서 필요

③ **배관보정량** Q_3은

$Q_3 = A \times L \times S \times 1000\text{L/m}^3$(안지름 75mm 초과시에만 적용)

$= \frac{\pi}{4} \times (0.1\text{m})^2 \times 150\text{m} \times 0.94 \times 1000\text{L/m}^3$

$= 1107.411\text{L}$

- S**(0.94)** : [조건 ③]에서 6%용이므로 수원의 농도(S)는 **94%**(100−6=94%=0.94)가 된다.
- L(송액관 길이 **150m**) : [조건 ⑤]에서 주어진 값
- [조건 ⑤]에서 안지름 100mm로서 75mm 초과하므로 배관보정량 적용

∴ 수원의 양 $Q = Q_1 + Q_2 + Q_3$

$= 48222.894\text{L} + 22560\text{L} + 1107.411\text{L}$

$= 71890.305 ≒ 71890.31\text{L}$

(다) ① 고정포방출구의 약제량 Q_1은

$Q_1 = A \times Q \times T \times S$

$= \frac{\pi}{4}(50^2 - 47.2^2)\text{m}^2 \times 8\text{L/m}^2 \cdot \text{min} \times 30\text{min} \times 0.06 = 3078.057\text{L}$

- S**(0.06)** : [조건 ③]에서 6%용이므로 **약제농도**(S)는 **0.06**이다.

② **보조포소화전**의 **약제량** Q_2는

$Q_2 = N \times S \times 400$

$= 3 \times 0.06 \times 400 \times 20\text{min} = 1440\text{L}$

- S**(0.06)** : [조건 ③]에서 6%용이므로 **약제농도**(S)는 **0.06**이다.

③ 배관보정량 Q_3은

$Q_3 = A \times L \times S \times 1000\text{L/m}^3$(안지름 75mm 초과시에만 적용)

$= \frac{\pi}{4} \times (0.1\text{m})^2 \times 150\text{m} \times 0.06 \times 1000\text{L/m}^3 = 70.685\text{L}$

- S**(0.06)** : [조건 ③]에서 6%용이므로 **약제농도**(S)는 **0.06**이다.
- [조건 ⑤]에서 안지름 100mm로서 75mm 초과하므로 배관보정량 적용

∴ **포소화약제**의 **양** $Q = Q_1 + Q_2 + Q_3$

$= 3078.057\text{L} + 1440\text{L} + 70.685\text{L} = 4588.742 ≒ 4588.74\text{L}$

(라) ① **위험물 옥외탱크저장소**의 **고정포방출구**

탱크의 종류	고정포방출구
고정지붕구조(콘루프탱크)	• Ⅰ형 방출구 • Ⅱ형 방출구 • Ⅲ형 방출구(표면하 주입방식) • Ⅳ형 방출구(반표면하 주입방식)
부상덮개부착 고정지붕구조	• Ⅱ형 방출구
부상지붕구조(플로팅루프탱크) →	• 특형 방출구

문제에서 **플로팅루프탱크**(Floating roof tank)를 사용하므로 고정포방출구는 **특형**을 사용하여야 한다.

② 도면의 혼합방식은 **프레져 프로포셔너**(Pressure proportioner)**방식**이다. 프레져 프로포셔너방식을 쉽게 구분할 수 있는 방법은 **혼합기**(Foam mixer)와 **약제저장탱크** 사이의 **배관개수**를 세어보면 된다. 프레져 프로포셔너방식은 혼합기와 약제저장탱크 사이의 배관개수가 **2개**이며, 기타방식은 **1개**이다(구분방법이 너무 쉽지 않는가?).

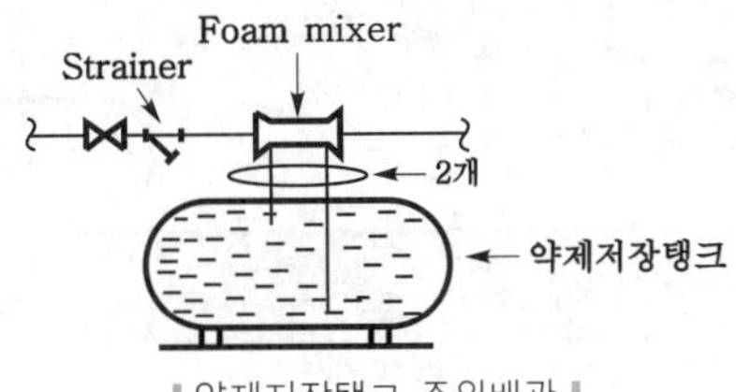

‖ 약제저장탱크 주위배관 ‖

용어

포소화약제의 **혼합방식**

(1) **펌프 프로포셔너방식**(펌프혼합방식) : 펌프의 토출관과 흡입관 사이의 배관 도중에 설치한 흡입기에 펌프에서 토출된 물의 일부를 보내고 **농도조정밸브**에서 조정된 포소화약제의 필요량을 포소화약제 탱크에서 펌프흡입측으로 보내어 이를 혼합하는 방식으로 **Pump proportioner type과 Suction proportioner type**이 있다.

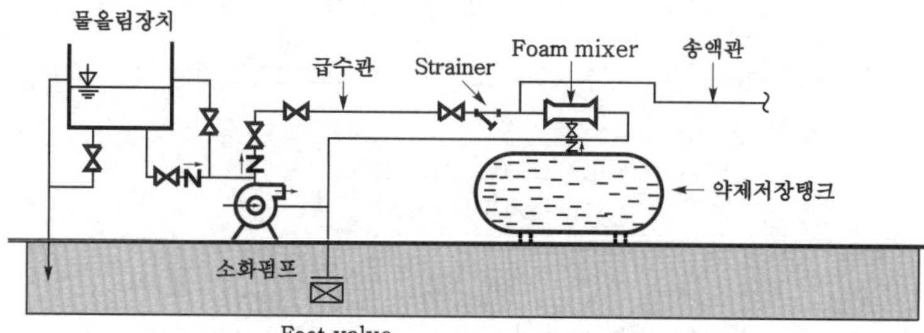

‖Pump proportioner type‖

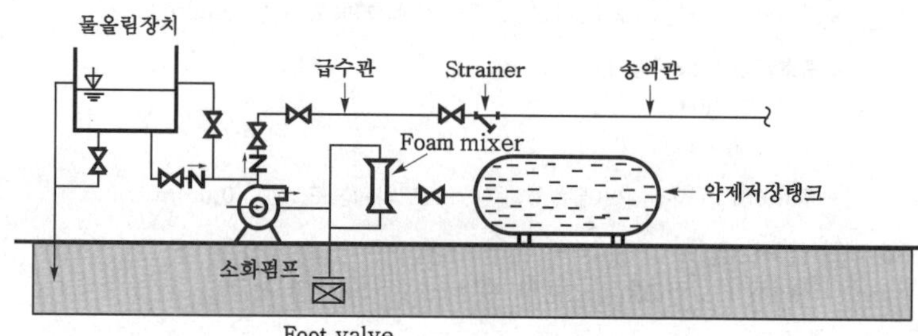

‖Suction proportioner type‖

(2) **라인 프로포셔너방식**(관로혼합방식) : 펌프와 발포기의 중간에 설치된 **벤투리관**의 벤투리작용에 의하여 포소화약제를 흡입·혼합하는 방식

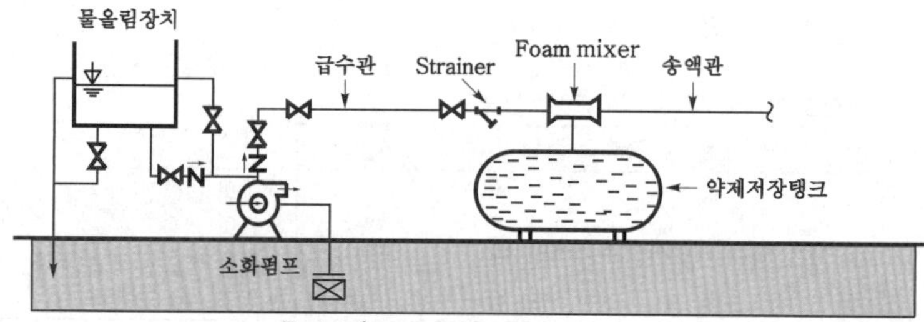

‖라인 프로포셔너방식‖

(3) **프레져 프로포셔너방식**(차압혼합방식) : 펌프와 발포기의 중간에 설치된 **벤투리관**의 벤투리작용과 **펌프가압수**의 포소화약제 저장탱크에 대한 압력에 의하여 포소화약제를 흡입·혼합하는 방식

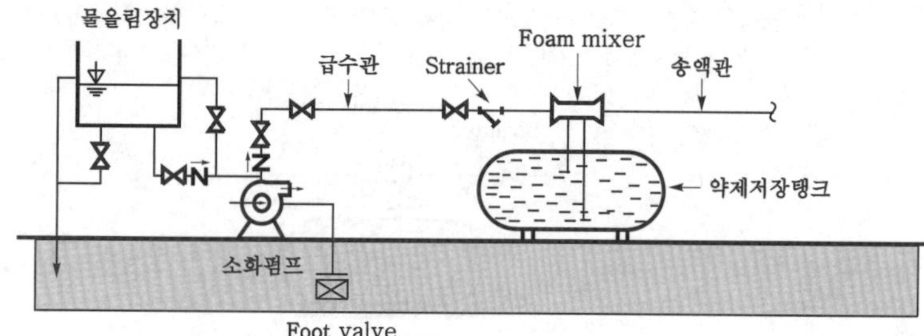

‖프레져 프로포셔너방식‖

(4) **프레져사이드 프로포셔너방식**(압입혼합방식) : 펌프의 토출관에 **압입기**를 설치하여 포소화약제 **압입용 펌프**로 포소화약제를 압입시켜 혼합하는 방식

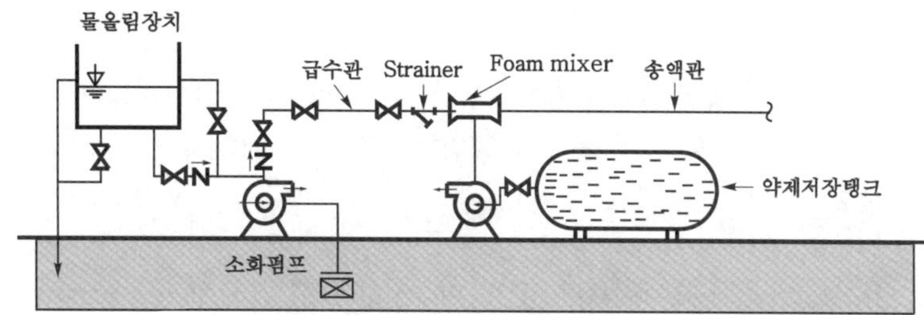

∥프레져사이드 프로포셔너방식∥

(5) **압축공기포 믹싱챔버방식** : **압축공기** 또는 **압축질소**를 일정 비율로 포수용액에 **강제 주입** 혼합하는 방식

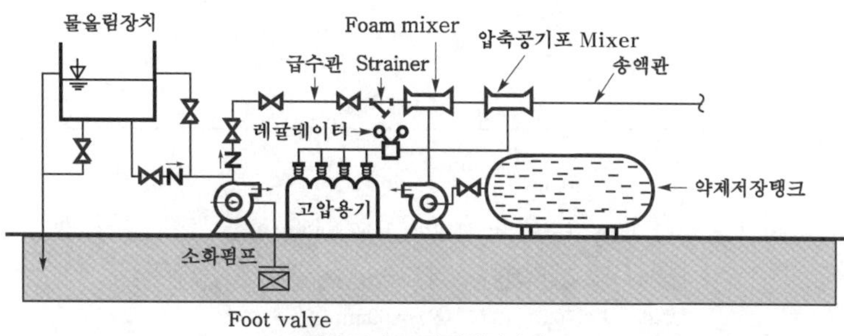

∥압축공기포 믹싱챔버방식∥

☆☆

문제 07

지하수조의 물을 펌프를 사용하여 옥상수조로 0.37m^3/min로 양수하고자 할 때 주어진 조건을 참조하여 다음 물음에 답하시오. (18.6.문5, 11.5.문13)

득점	배점
	8

[조건]

① 배관의 전체 길이 100m, 풋밸브로부터 옥상수조 최상단까지의 높이는 50m이다.
② 관부속품은 90° 엘보 4개, 게이트밸브 1개, 체크밸브 1개, 풋밸브 1개를 사용한다.
③ 관이음쇠 및 밸브류의 상당관 길이[m]

구 분	항목별 호칭사양에 따른 관 상당관 길이[m]			
	90° 엘보	게이트밸브	체크밸브	풋밸브
DN40	1.5	0.3	13.5	13.5
DN50	2.1	0.39	16.5	16.5
DN65	2.4	0.48	19.5	19.5
DN80	3.0	0.6	24	24.0

④ 배관의 치수

구 분	DN40	DN50	DN65	DN80
바깥지름[mm]	48.6	60.5	76.3	89.1
두께[mm]	3.25	3.65	3.65	4.05

⑤ 펌프구경부터 배관, 관이음쇠 및 밸브류는 모두 동일한 사양을 적용한다.

(가) 배관 내 유속을 2.4m/s 이하로 하고자 할 때 펌프 출구의 최소 호칭사양을 구하시오.
○ 계산과정 :
○ 답 :

(나) (가)에서 구한 호칭사양의 적용시 배관의 총 등가길이[m]를 구하시오. (단, 배관의 전체 길이와 관이음쇠 및 밸브류의 등가길이를 모두 포함하여 구하시오.)
○ 계산과정 :
○ 답 :

(다) 총 손실수두[m]를 구하시오. (단, 관의 마찰저항은 관길이 1m당 80mmAq로 구하시오.)
○ 계산과정 :
○ 답 :

(라) 펌프에서 요구되는 동력[kW]을 구하시오. (단, 펌프의 효율은 50%, 전달계수는 1로 간주한다.)
○ 계산과정 :
○ 답 :

(가) ○ 계산과정 : $D=\sqrt{\dfrac{\dfrac{4\times 0.37}{60}}{\pi\times 2.4}} \fallingdotseq 0.05719\text{m}=57.19\text{mm}$ 이상

DN50 $D=60.5-(3.65\times 2)=53.2\text{mm}$

DN65 $D=76.3-(3.65\times 2)=69\text{mm}$

○ 답 : DN65

(나) ○ 계산과정 : 90° 엘보 : 2.4×4개 $=9.6\text{m}$

게이트밸브 : 0.48×1개 $=0.48\text{m}$

체크밸브 : 19.5×1개 $=19.5\text{m}$

풋밸브 : 19.5×1개 $=19.5\text{m}$

계 : 49.08m

$\therefore\ 100+49.08=149.08\text{m}$

○ 답 : 149.08m

(다) ○ 계산과정 : $149.08\times 80\times 10^{-3}=11.926\fallingdotseq 11.93\text{m}$

○ 답 : 11.93m

(라) ○ 계산과정 : $\dfrac{0.163\times 0.37\times 61.93}{0.5}\times 1=7.469\fallingdotseq 7.47\text{kW}$

○ 답 : 7.47kW

 (가)

$$Q=AV=\frac{\pi D^2}{4}V$$

여기서, Q : 유량[m³/s]

A : 단면적[m²]

V : 유속[m/s]

D : 내경(구경)[m]

$Q=\dfrac{\pi D^2}{4}V$ 에서 **펌프**의 **구경**(내경) D는

$$D=\sqrt{\frac{4Q}{\pi V}}$$

$$=\sqrt{\frac{4\times 0.37\text{m}^3/\text{min}}{\pi\times 2.4\text{m/s 이하}}}$$

$$=\sqrt{\frac{4\times 0.37\text{m}^3/60\text{s}}{\pi\times 2.4\text{m/s 이하}}}\fallingdotseq 0.05719\text{m}=57.19\text{mm 이상}$$

- 0.37m³/min : 문제에서 주어진 값
- 0.37m³/min=0.37m³/60s(1min=60s)
- 2.4m/s 이하 : (가)에서 주어진 값
- **유속** V=2.4m/s 이하로서 **분모**에 있으므로 **구경** D와 **반비례**하여 **57.19mm 이상**으로 표시

$$D=\sqrt{\frac{4Q(\text{비례})}{\pi V(\text{반비례})}}$$

〔조건 ④〕에서 바깥지름이 주어졌으므로 내경(안지름)을 구하면 다음과 같다.

‖〔조건 ④〕 **배관**의 **치수**‖

구 분	DN40	DN50	DN65	DN80
바깥지름〔mm〕	48.6	60.5	**76.3**	89.1
두께〔mm〕	3.25	3.65	3.65	4.05

‖ 내경(안지름) 구하기 ‖

DN50	DN65
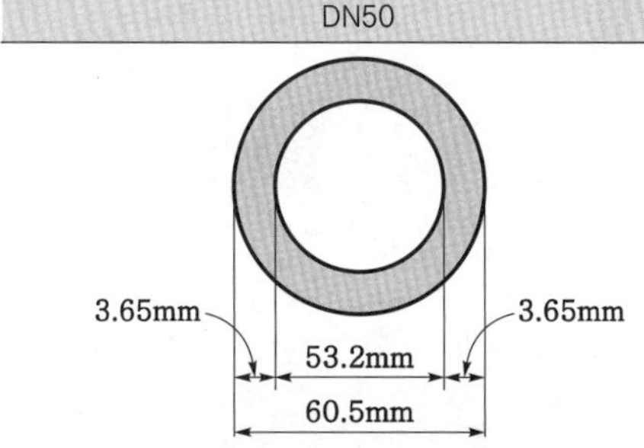	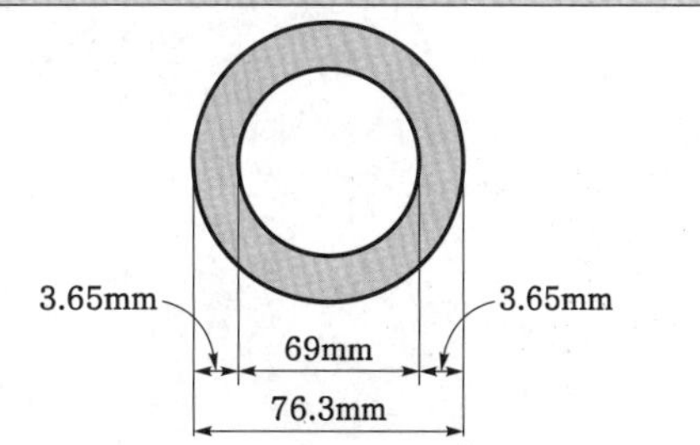
내경$=60.5\text{mm}-(3.65\times 2\text{곳})\text{mm}=53.2\text{mm}$	내경$=76.3\text{mm}-(3.65\times 2\text{곳})\text{mm}=69\text{mm}$
• 60.5mm : 〔조건 ④〕에서 주어진 값 • 3.65mm : 〔조건 ④〕에서 주어진 값	• 76.3mm : 〔조건 ④〕에서 주어진 값 • 3.65mm : 〔조건 ④〕에서 주어진 값

∴ 위에서 내경이 57.19mm 이상으로 DN50=53.2mm, DN65=69mm로서 **DN65**로 선정

- A와 DN(Diameter Nominal) : mm를 뜻함
  예 DN65=65A=65mm

(나) 〔조건 ③〕 관이음쇠 및 밸브류의 상당관 길이

구 분	항목별 호칭사양에 따른 관 상당관 길이〔m〕			
	90° 엘보	게이트밸브	체크밸브	풋밸브
DN40	1.5	0.3	13.5	13.5
DN50	2.1	0.39	16.5	16.5
DN65 ⟶	2.4	0.48	19.5	19.5
DN80	3.0	0.6	24	24.0

90° 엘보 : $2.4\text{m}\times 4$개 $=9.6\text{m}$
게이트밸브 : $0.48\text{m}\times 1$개 $=0.48\text{m}$
체크밸브 : $19.5\text{m}\times 1$개 $=19.5\text{m}$
풋밸브 : $19.5\text{m}\times 1$개 $=19.5\text{m}$

계 : 49.08m

∴ 배관의 총 등가길이 = 배관 전체길이 + 관이음쇠 및 밸브류의 상당관 길이(등가길이)
= 100m + 49.08m = 149.08m

- (가)에서 DN65 적용
- 100m : 〔조건 ①〕에서 주어진 값
- 49.08m : 바로 위에서 구한 값

(다) [단서]에서 1m당 마찰손실수두(마찰저항)가 80mmAq이므로

총 손실수두=배관 총 등가길이×1m당 마찰손실수두

=149.08m×80mmAq=149.08m×80×10^{-3}mAq=11.926 ≒ 11.93m

- 80mmAq에서 'Aq'는 펌프에 사용되는 유체가 '물'이라는 것을 나타내는 것으로 일반적으로 생략하는 경우가 많다(80mmAq=80mm).
- 1mm=10^{-3}m이므로 **80mmAq=80×10^{-3}mAq**이다.

(라) ① 전양정

소요양정(전양정)=실양정+배관 및 관부속품의 마찰손실수두(총 손실수두)

=50m+11.93m=61.93m

- 50m : [조건 ①]에서 주어진 값
- 실양정 : 풋밸브로부터 옥상수조 최상단까지의 높이
- 11.93m : (다)에서 구한 값

② 펌프동력

$$P=\frac{0.163QH}{\eta}K$$

여기서, P : 동력[kW]

Q : 유량[m^3/min]

H : 전양정[m]

η : 효율

K : 전달계수

동력 P는

$$P=\frac{0.163QH}{\eta}K=\frac{0.163\times0.37\text{m}^3/\text{min}\times61.93\text{m}}{0.5}\times1=7.469 ≒ 7.47\text{kW}$$

☆☆☆

문제 08

할로겐화합물 소화설비 중에서 FK-5-1-12 소화약제를 사용하여 가로×세로×높이(8m×10m×4m) 축전지실에 소화설비를 설치하였다. 저장용기의 체적은 80L이고 축전지 실내온도는 21℃일 때, 다음을 구하시오. (단, FK-5-1-12의 설계농도는 12%, 선형상수는 K_1=0.0664, K_2=0.0002741이며, 최대 충전밀도는 1441kg/m^3이다.) (18.6.문3, 17.6.문1, 13.4.문2)

득점	배점
	5

(가) 소화약제량[kg]을 구하시오.

○ 계산과정 :

○ 답 :

(나) 필요한 저장용기의 수(병)을 구하시오.

○ 계산과정 :

○ 답 :

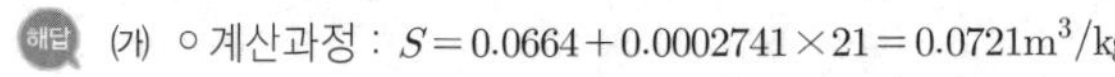

해답 (가) ○ 계산과정 : $S=0.0664+0.0002741\times21=0.0721\text{m}^3/\text{kg}$

$$W=\frac{8\times10\times4}{0.0721}\times\left(\frac{12}{100-12}\right)=605.22\text{kg}$$

○ 답 : 605.22kg

(나) ○ 계산과정 : 1병당 저장량$=0.08\times1441=115.28\text{kg}$

$$\text{저장용기수}=\frac{605.22}{115.28}=5.25 ≒ 6\text{병}$$

○ 답 : 6병

해설 **소화약제량(저장량)의 산정**(NFPC 107A 4·7조, NFTC 107A 2.1.1, 2.4.1)

구 분	할로겐화합물 소화약제	불활성기체 소화약제
종류	• FC-3-1-10 • HCFC BLEND A • HCFC-124 • HFC-125 • HFC-227ea • HFC-23 • HFC-236fa • FIC-13I1 • **FK-5-1-12**	• IG-01 • IG-100 • IG-541 • IG-55
공식	$W=\frac{V}{S}\times\left(\frac{C}{100-C}\right)$ 여기서, W : 소화약제의 무게〔kg〕 V : 방호구역의 체적〔m^3〕 S : 소화약제별 선형상수(K_1+K_2t)〔m^3/kg〕 t : 방호구역의 최소예상온도〔℃〕 C : 체적에 따른 소화약제의 설계농도〔%〕	$X=2.303\left(\frac{V_s}{S}\right)\times\log_{10}\left[\frac{100}{(100-C)}\right]\times V$ 여기서, X : 소화약제의 부피〔m^3〕 V_s : 20℃에서 소화약제의 비체적 ($K_1+K_2\times 20$℃)〔m^3/kg〕 S : 소화약제별 선형상수(K_1+K_2t)〔m^3/kg〕 t : 방호구역의 최소예상온도〔℃〕 C : 체적에 따른 소화약제의 설계농도〔%〕 V : 방호구역의 체적〔m^3〕

(가) **할로겐화합물 소화약제**

소화약제별 선형상수 S는

$S=K_1+K_2t=0.0664+0.0002741\times 21℃=0.0721\text{m}^3/\text{kg}$

- FK-5-1-12의 K_1=0.0664, K_2=0.0002741 : 〔단서〕에서 주어진 값
- t(21℃) : 문제에서 주어진 값

FK-5-1-12의 저장량 W는

$$W=\frac{V}{S}\times\left(\frac{C}{100-C}\right)=\frac{(8\times10\times4)\text{m}^3}{0.0721\text{m}^3/\text{kg}}\times\left(\frac{12\%}{100-12\%}\right)=605.22\text{kg}$$

- FK-5-1-12 : **할로겐화합물 소화약제**이므로 $W=\frac{V}{S}\times\left(\frac{C}{100-C}\right)$ 식 적용
- V(8×10×4)m^3 : 문제에서 주어진 값
- S(0.0721m^3/kg) : 바로 위에서 구한 값
- C(12%) : 〔단서〕에서 주어진 값

(나) ① 1병당 저장량〔kg〕=내용적(체적)〔L〕×충전밀도(최대 충전밀도)〔kg/m^3〕

$=80\text{L}\times1441\text{kg/m}^3$

$=0.08\text{m}^3\times1441\text{kg/m}^3=115.28\text{kg}$

- 1000L=1m^3이므로 80L=0.08m^3
- 80L : 문제에서 주어진 값
- 1441kg/m^3 : 〔단서〕에서 주어진 값

② 저장용기수 $=\frac{\text{소화약제량(저장량)〔kg〕}}{\text{1병당 저장량〔kg〕}}$

$=\frac{605.22\text{kg}}{115.28\text{kg}}=5.25≒6$병(절상)

- 605.22kg : (가)에서 구한 값
- 115.28kg : 바로 위에서 구한 값

☆☆
문제 09

스프링클러설비에 설치하는 가압송수장치를 펌프방식으로 하는 경우 다음 물음에 답하시오.

(16.4.문7, 01.11.문6)

득점	배점
	5

(가) 화재안전기준에서 요구하는 펌프의 토출압력과 토출량에 대한 성능기준에 대해 2가지를 쓰고 이를 다음 그림의 그래프에 특성곡선을 그려서 나타내시오. (단, 그래프에는 특성곡선과 함께 가로축과 세로축의 중요 치수(크기)도 명시하시오.)

① 펌프의 성능기준

○

○

② 펌프의 특성곡선(단, 가로축은 토출량, 세로축은 토출압력에 대한 수두이고, 모두 정격량에 대한 백분율을 나타낸다.)

(나) 화재안전기준에서 규정하는 성능시험배관 및 유량측정장치 설치기준을 2가지 작성하시오.

○

○

해답 (가) ① ○체절운전시 정격토출압력의 140%를 초과하지 않을 것
○정격토출량의 150%로 운전시 정격토출압력의 65% 이상일 것

②

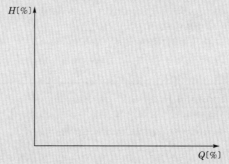

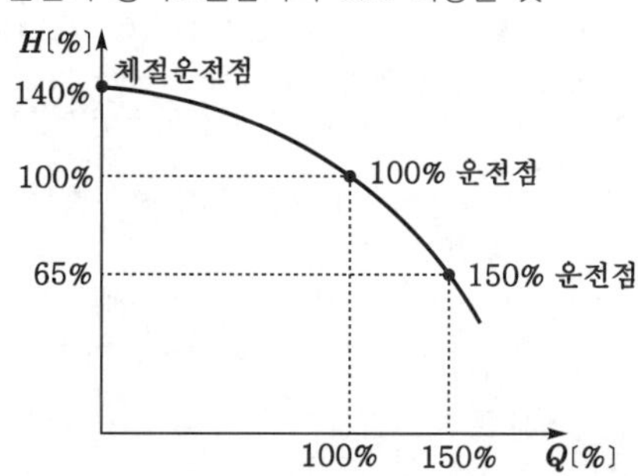

(나) ① 펌프 토출측의 개폐밸브 이전에서 분기하는 펌프의 성능시험을 위한 배관일 것
② 유량측정장치는 성능시험배관의 직관부에 설치하되, 펌프의 정격토출량의 175% 이상 측정할 수 있는 성능이 있을 것

해설 (가) **펌프**의 **성능** : 체절운전시 정격토출압력의 **140%**를 초과하지 않고, 정격토출량의 **150%**로 운전시 정격토출압력의 **65%** 이상이어야 한다.

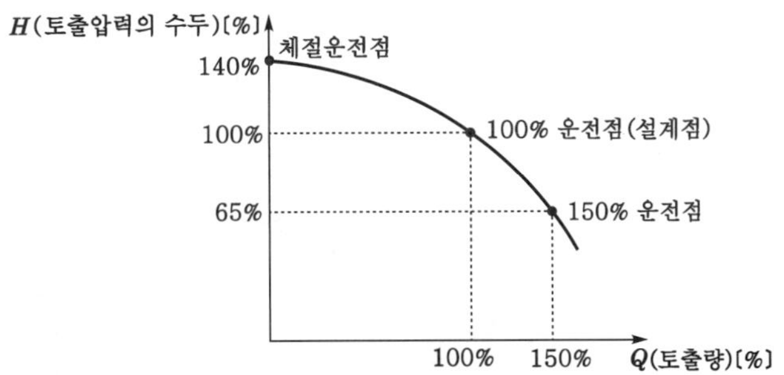

▌펌프의 성능특성곡선(토출량과 토출압력의 수두가 주어졌을 때)▌

- 체절점=체절운전점
- 설계점=100% 운전점
- 운전점=150% 운전점=150% 유량점
- 유량=토출량
- 토출압력의 수두=전양정

중요

체절운전, 체절압력, 체절양정

구 분	설 명
체절운전	펌프의 성능시험을 목적으로 펌프 토출측의 개폐밸브를 닫은 상태에서 펌프를 운전하는 것
체절압력	체절운전시 릴리프밸브가 압력수를 방출할 때의 압력계상 압력으로 정격토출압력의 140% 이하
체절양정	펌프의 토출측 밸브가 모두 막힌 상태, 즉 유량이 0인 상태에서의 양정

※ **체절압력** 구하는 식

체절압력[MPa]=정격토출압력[MPa]×1.4=펌프의 명판에 표시된 양정[m]×1.4×$\frac{1}{100}$

(나) 펌프의 **성능시험배관 및 유량측정장치**의 **설치기준**

① 펌프 토출측의 **개폐밸브 이전**에서 **분기**하는 펌프의 성능시험을 위한 배관일 것

② 유량측정장치는 성능시험배관의 직관부에 설치하되, 펌프의 정격토출량의 **175%** 이상 측정할 수 있는 성능이 있을 것

중요

펌프의 **성능시험방법**

(1) **주배관**의 **개폐밸브**를 **잠금**
(2) 제어반에서 **충압펌프**의 **기동 중지**
(3) 압력챔버의 **배수밸브**를 열어 **주펌프**가 **기동**되면 잠금(제어반에서 수동으로 주펌프 기동)
(4) **성능시험배관상**에 있는 **개폐밸브 개방**
(5) 성능시험배관의 **유량조절밸브**를 **서서히 개방**하여 유량계를 통과하는 유량이 정격토출유량이 되도록 **조정**
(6) 성능시험배관의 **유량조절밸브**를 **조금 더 개방**하여 유량계를 통과하는 유량이 **정격토출유량**의 **150%**가 되도록 조정
(7) 압력계를 확인하여 정격토출압력의 65% 이상이 되는지 확인
(8) 성능시험배관상에 있는 **유량계**를 확인하여 **펌프성능 측정**
(9) **성능시험** 측정 후 배관상 **개폐밸브**를 잠근 후 **주밸브** 개방
(10) 제어반에서 **충압펌프 기동중지**를 **해제**

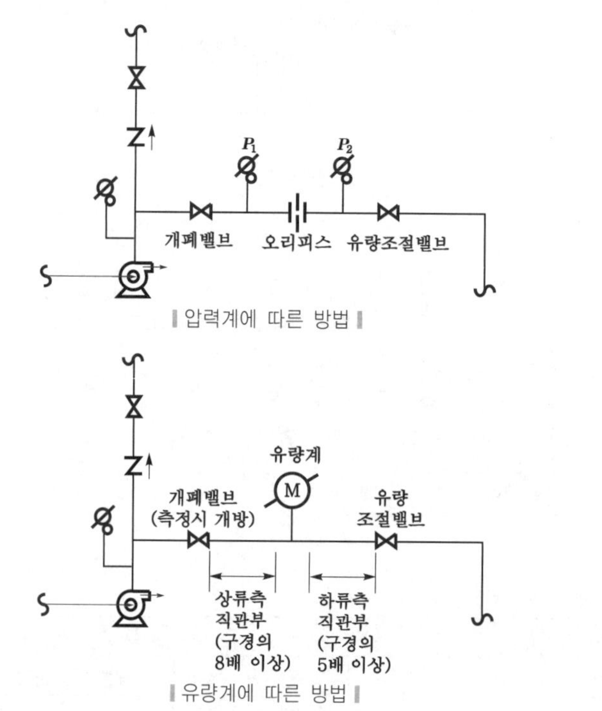

▌압력계에 따른 방법▐

▌유량계에 따른 방법▐

☆☆☆

문제 10

가로 5m, 세로 3m, 바닥면으로부터의 높이는 1.9m인 절연유 봉입변압기에 물분무소화설비를 설치하고자 할 때 다음 물음에 답하시오. (단, 절연유 봉입변압기 하부는 바닥면에서 0.4m 높이까지 자갈로 채워져 있다.)

(17.11.문11, 13.7.문2)

득점	배점
	8

(가) 소화펌프의 최소 토출량[L/min]을 구하시오.

○ 계산과정 :

○ 답 :

(나) 필요한 최소 수원의 양[m^3]을 구하시오.

○ 계산과정 :

○ 답 :

(다) 고압의 전기기기가 있는 경우 물분무헤드와 전기기기의 이격거리 기준을 나타낸 다음 표의 빈칸을 채우시오.

전압[kV]	거리[cm]	전압[kV]	거리[cm]
66 이하	(①) 이상	154 초과 181 이하	(④) 이상
66 초과 77 이하	(②) 이상	181 초과 220 이하	(⑤) 이상
77 초과 110 이하	(③) 이상	220 초과 275 이하	(⑥) 이상
110 초과 154 이하	150 이상	–	–

(가) ○ 계산과정 : $A=(5\times1.5)+(5\times1.5)+(3\times1.5\times2)+(5\times3)=39\text{m}^2$

$Q=39\times10=390\text{L/min}$

○ 답 : 390L/min

(나) ○ 계산과정 : $390\times20=7800\text{L}=7.8\text{m}^3$

○ 답 : 7.8m^3

(다) ① 70

② 80

③ 110

④ 180

⑤ 210

⑥ 260

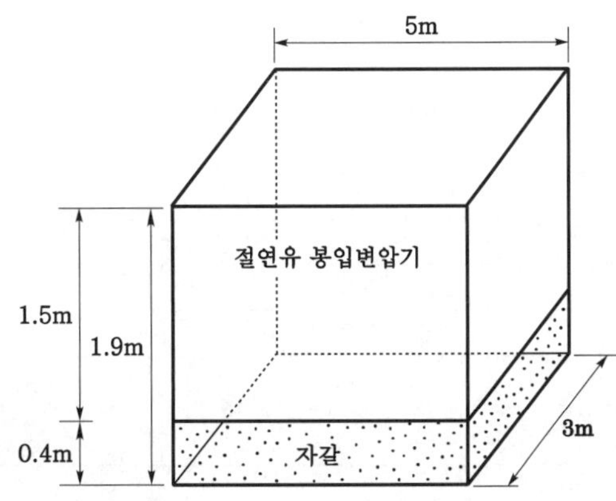

(가) **물분무소화설비**의 **수원**(NFPC 104 4조, NFTC 104 2.1.1)

특정소방대상물	토출량	최소기준	비 고
컨베이어벨트	1**0**L/min · m^2	–	벨트부분의 바닥면적
절연유 봉입변압기	1**0**L/min · m^2	–	표면적을 합한 면적(바닥면적 제외)
특수가연물	1**0**L/min · m^2	최소 50m^2	최대 방수구역의 바닥면적 기준
케이블트레이 · 덕트	1**2**L/min · m^2	–	투영된 바닥면적
차고 · 주차장	2**0**L/min · m^2	최소 50m^2	최대 방수구역의 바닥면적 기준
위험물 저장탱크	**37**L/min · m	–	위험물탱크 둘레길이(원주길이) : 위험물규칙 〔별표 6〕 Ⅱ

※ 모두 **20분**간 방수할 수 있는 양 이상으로 하여야 한다.

기억법
컨 0
절 0
특 0
케 2
차 0
위 37

절연유 봉입변압기는 **바닥부분**을 **제외**한 **표면적**을 **합한 면적**이므로

A=앞면+뒷면+(옆면×2개)+윗면=(5m×1.5m)+(5m×1.5m)+(3m×1.5m×2개)+(5m×3m)=39m^2

- 바닥부분은 물이 분무되지 않으므로 적용하지 않는 것에 주의하라!
- 자갈층은 고려할 필요 없음

절연유 봉입변압기의 **방사량**(토출량) Q는

Q=표면적(바닥면적 제외)×10L/min · m^2=39m^2×10L/min · m^2=390L/min

(나) **수원**의 **양** Q는

Q=토출량×방사시간=390L/min×20min=7800L=7.8m^3

- 토출량(390L/min) : (개)에서 구한 값
- 방사시간(20min) : NFPC 104 제4조, NFTC 104 2.1.1.3에 의한 값
  - 제4조 **수원**
    ① 물분무소화설비의 수원은 그 저수량이 다음의 기준에 적합하도록 하여야 한다.
    3. 절연유 봉입변압기는 바닥부분을 제외한 표면적을 합한 면적 $1m^2$에 대하여 10L/min로 **20분간** 방수할 수 있는 양 이상으로 할 것
- 1000L=$1m^3$이므로 7800L=$7.8m^3$

(다)

- 표에서 이미 단위(cm)가 주어졌으므로 단위는 안 써도 됨

‖ **물분무헤드**의 고압 전기기기와의 **이격거리**(NFPC 104 10조, NFTC 104 2.7.2) ‖

전 압	거 리
66kV 이하	70cm 이상
67~77kV 이하	80cm 이상
78~110kV 이하	110cm 이상
111~154kV 이하	150cm 이상
155~181kV 이하	180cm 이상
182~220kV 이하	210cm 이상
221~275kV 이하	260cm 이상

참고

물분무헤드의 **종류**

종 류	설 명
충돌형	유수와 유수의 충돌에 의해 미세한 물방울을 만드는 물분무헤드 ‖ 충돌형 ‖
분사형	소구경의 오리피스로부터 고압으로 분사하여 미세한 물방울을 만드는 물분무헤드 ‖ 분사형 ‖
선회류형	선회류에 의해 확산방출하든가 선회류와 직선류의 충돌에 의해 확산방출하여 미세한 물방울로 만드는 물분무헤드 ‖ 선회류형 ‖

디플렉터형	수류를 살수판에 충돌하여 미세한 물방울을 만드는 물분무헤드 ‖ 디플렉터형 ‖
슬리트형	수류를 슬리트에 의해 방출하여 수막상의 분무를 만드는 물분무헤드 ‖ 슬리트형 ‖

☆☆☆

문제 11

지하 1층, 지상 9층의 백화점 건물에 다음 조건 및 화재안전기준에 따라 스프링클러설비를 설계하려고 할 때 다음을 구하시오. (15.11.문15, 14.4.문17, 12.4.문10, 10.7.문8, 01.7.문11)

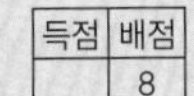

득점	배점
	8

〔조건〕

① 펌프는 지하층에 설치되어 있고 펌프로부터 최상층 스프링클러헤드까지 수직거리는 50m이다.

② 배관 및 관부속품의 마찰손실수두는 펌프로부터 최상층 스프링클러헤드까지 수직거리의 20%로 한다.

③ 펌프의 흡입측 배관에 설치된 연성계는 300mmHg를 나타낸다.

④ 각 층에 설치된 스프링클러헤드(폐쇄형)는 80개씩이다.

⑤ 최상층 말단 스프링클러헤드의 방수압은 0.11MPa로 설정하며, 오리피스 안지름은 11mm이다.

⑥ 펌프 효율은 68%이다.

(가) 펌프에 요구되는 전양정〔m〕을 구하시오.

○ 계산과정 :

○ 답 :

(나) 펌프에 요구되는 최소 토출량〔L/min〕을 구하시오. (단, 방사헤드는 화재안전기준의 최소 기준개수를 적용하고, 토출량을 구하는 조건은 ⑤항과 동일하다.)

○ 계산과정 :

○ 답 :

(다) 스프링클러설비에 요구되는 최소 유효수원의 양〔m^3〕을 구하시오.

○ 계산과정 :

○ 답 :

(라) 펌프의 효율을 고려한 축동력〔kW〕을 구하시오.

○ 계산과정 :

○ 답 :

해답 (가) ○ 계산과정 : h_2 : $\frac{300}{760} \times 10.332 = 4.078\text{m}$

$4.078 + 50 = 54.078\text{m}$

h_1 : $50 \times 0.2 = 10\text{m}$

H : $10 + 54.078 + 11 = 75.078 ≒ 75.08\text{m}$

○ 답 : 75.08m

(나) ○ 계산과정 : $Q = 0.653 \times 11^2 \times \sqrt{10 \times 0.11} ≒ 82.869\text{L/min}$

$Q_1 = 30 \times 82.869 = 2486.07\text{L/min}$

○ 답 : 2486.07L/min

(다) ○ 계산과정 : $2486.07 \times 20 = 49721.4\text{L} = 49.7214 ≒ 49.72\text{m}^3$

○ 답 : 49.72m^3

(라) ○ 계산과정 : $\frac{0.163 \times 2.48607 \times 75.08}{0.68} = 44.742 ≒ 44.74\text{kW}$

○ 답 : 44.74kW

해설 (가) **스프링클러설비**의 **전양정**

$$H = h_1 + h_2 + 10$$

여기서, H : 전양정[m]

h_1 : 배관 및 관부속품의 마찰손실수두[m]

h_2 : 실양정(흡입양정+토출양정)[m]

10 : 최고위 헤드 압력수두[m]

h_2 : 흡입양정 $= \frac{300\text{mmHg}}{760\text{mmHg}} \times 10.332\text{m} = 4.078\text{m}$

토출양정 = 50m

∴ 실양정 = 흡입양정 + 토출양정 = 4.078m + 50m = **54.078m**

- 흡입양정(4.078m) : [조건 ③]에서 300mmHg이며, 760mmHg=10.332m이므로 300mmHg=**4.078m**가 된다.
- 토출양정(50m) : [조건 ①]에서 주어진 값
- 토출양정 : 펌프로부터 최상층 스프링클러헤드까지 수직거리

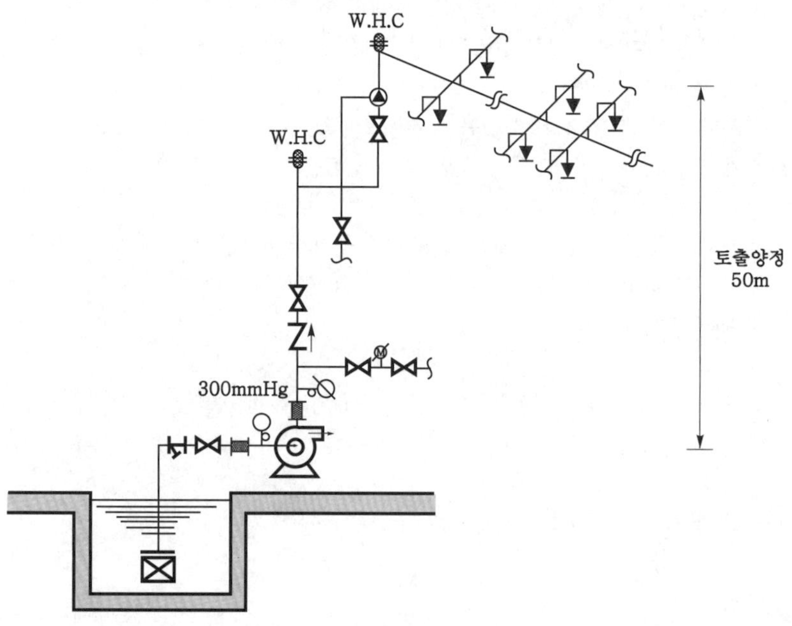

h_1 : 50m×0.2=**10m**

- 〔조건 ②〕에서 배관 및 관부속품의 마찰손실수두는 토출양정(펌프로부터 최상층 스프링클러헤드까지 수직거리)의 20%를 적용하라고 하였으므로 h_1을 구할 때 50m×0.2를 적용하는 것이 옳다.

전양정 H는

$H = h_1 + h_2 + 11 = 10\text{m} + 54.078\text{m} + 11 = 75.078 ≒$ **75.08m**

- 〔조건 ⑤〕에서 최상층 헤드 방사압 0.11MPa=11m이므로 여기서는 10이 아닌 11을 적용해야 한다. 특히 주의!(스프링클러설비 등 **소화설비**인 경우 화재안전기준에 의해 **1MPa=100m**로 계산하는 것이 일반적임)

(나) **스프링클러설비**의 **수원**의 **양**

$$Q = 0.653D^2\sqrt{10P} = 0.6597CD^2\sqrt{10P}$$

여기서, Q : 방수량(토출량)〔L/min〕, C : 노즐의 흐름계수(유량계수), D : 구경(직경)〔mm〕, P : 방사압〔MPa〕

$Q = 0.653D^2\sqrt{10P} = 0.653 \times (11\text{mm})^2 \times \sqrt{10 \times 0.11\text{MPa}} ≒ 82.869\text{L/min}$

특정소방대상물		폐쇄형 헤드의 기준개수
지하가 · 지하역사		30
11층 이상		30
10층 이하	공장(특수가연물), 창고시설	30
10층 이하	판매시설(백화점 등), 복합건축물(판매시설이 설치된 것) →	30
10층 이하	근린생활시설, 운수시설	20
10층 이하	8m 이상	20
10층 이하	8m 미만	10
공동주택(아파트 등)		10(각 동이 주차장으로 연결된 주차장 : 30)

특별한 조건이 없는 한 **폐쇄형 헤드**를 사용하고 **백화점**이므로

$$Q = N \times 80\text{L/min} \text{ 이상}$$

여기서, Q : 펌프의 토출량〔m³〕, N : 폐쇄형 헤드의 기준개수(설치개수가 기준개수보다 적으면 그 설치개수)

펌프의 **토출량** $Q_1 = N \times 82.869\text{L/min} = 30 \times 82.869\text{L/min} = 2486.07\text{L/min}$

- 여기서는 펌프의 토출량이라고 해서 $Q = N \times 80\text{L/min}$를 적용하는 것이 아니라 이 문제는 **오리피스 안지름**이 주어졌으므로 바로 위에서 구한 $\boldsymbol{Q = N \times 82.869\text{L/min}}$를 적용해야 정답!
- 옥상수조의 여부는 알 수 없으므로 이 문제에서 제외

(다)

수원의 양 = 토출량〔L/min〕×20min(30층 미만)
수원의 양 = 토출량〔L/min〕×40min(30~49층 이하)
수원의 양 = 토출량〔L/min〕×60min(50층 이상)

수원의 양=토출량〔L/min〕×20min=2486.07L/min×20min=49721.4L=49.7214m³ ≒ 49.72m³

- 1000L=1m³이므로 49721.4L=49.7214m³
- 문제에서 지상 9층으로 30층 미만이므로 30층 미만식 적용
- 2486.07L/min : (나)에서 구한 값

(라) **축동력**

$$P = \frac{0.163QH}{\eta}$$

여기서, P : 축동력〔kW〕, Q : 유량〔m³/min〕, H : 전양정〔m〕, η : 효율

펌프의 **축동력** P는

$$P = \frac{0.163QH}{\eta} = \frac{0.163 \times 2.48607\text{m}^3/\text{min} \times 75.08\text{m}}{0.68} = 44.742 ≒ 44.74\text{kW}$$

- 2.48607m³/min : (나)에서 2486.07L/min=2.48607m³/min(1000L=1m³)
- **75.08m** : (가)에서 구한 값
- **축동력** : 전달계수(K)를 고려하지 않은 동력

☆☆
문제 12

전력통신 배선 전용 지하구(폭 2.5m, 높이 2m, 환기구 사이의 간격 1000m)에 연소방지설비를 설치하고자 한다. 다음 각 물음에 답하시오. (19.6.문15, 14.11.문14)

득점	배점
	5

(가) 살수구역은 최소 몇 개를 설치하여야 하는지 구하시오.
　○ 계산과정 : 　　　　　○ 답 :

(나) 1개 구역에 설치되는 연소방지설비 전용 헤드의 최소 적용수량을 구하시오.
　○ 계산과정 : 　　　　　○ 답 :

(다) 1개 구역의 연소방지설비 전용 헤드 전체 수량에 적합한 최소 배관구경은 얼마인지 쓰시오. (단, 수평주행배관은 제외한다.)
　○

해답

(가) ○ 계산과정 : $\dfrac{1000}{700} - 1 = 0.42 \fallingdotseq 1$개　　○ 답 : 1개

(나) ○ 계산과정 : $S = 2\text{m}$

벽면개수 $N_1 = \dfrac{2}{2} = 1$개, $N_1' = 1 \times 2 = 2$개

천장면개수 $N_2 = \dfrac{2.5}{2} = 1.25 \fallingdotseq 2$개, 길이방향개수 $N_3 = \dfrac{3}{2} = 1.5 \fallingdotseq 2$개

벽면 살수구역헤드수 $= 2 \times 2 \times 1 = 4$개

천장 살수구역헤드수 $= 2 \times 2 \times 1 = 4$개　　○ 답 : 4개

(다) 65mm

해설 **연소방지설비**

이 설비는 **700m 이하**마다 헤드를 설치하여 **지하구**의 화재를 진압하는 것이 목적이 아니고 **화재확산**을 **막는 것**을 주목적으로 한다.

(가) 살수구역수

$$\text{살수구역수} = \frac{\text{환기구 사이의 간격[m]}}{700\text{m}} - 1(\text{절상}) = \frac{1000\text{m}}{700\text{m}} - 1 = 0.42 \fallingdotseq 1\text{개}$$

1000m
700m 이하 | 700m 이하
살수구역
3m 이상

‖ 살수구역 및 살수헤드의 설치위치 ‖

- 살수구역은 환기구 사이의 간격으로 **700m** 이하마다 또는 환기구 등을 기준으로 **1개** 이상 설치하되, 하나의 살수구역의 길이는 **3m** 이상으로 할 것
- 살수구역수는 폭과 높이는 적용할 필요 없이 지하구의 길이만 적용하면 됨

(나) 연소방지설비 전용 헤드 살수헤드수

- h(높이) : 2m
- W(폭) : 2.5m
- L(살수구역길이) : 3m(NFPC 605 8조 ②항 3호, NFTC 605 2.4.2.3)에 의해 3m
- S(헤드 간 수평거리=헤드 간의 간격) : 연소방지설비 전용 헤드 **2m** 또는 스프링클러헤드 **1.5m**(NFPC 605 8조 ②항 2호, NFTC 605 2.4.2.2)
- 헤드는 일반적으로 **정사각형**으로 설치하며, NFPC 605 8조 ②항 2호, NFTC 605 2.4.2.2에서 헤드 간의 수평거리라 함은 헤드 간의 간격을 말하는 것으로 소방청의 공식 답변이 있다(신청번호 1AA-2205-0758722).
  그러므로 헤드 간의 수평거리는 S(수평헤드간격)를 말한다.

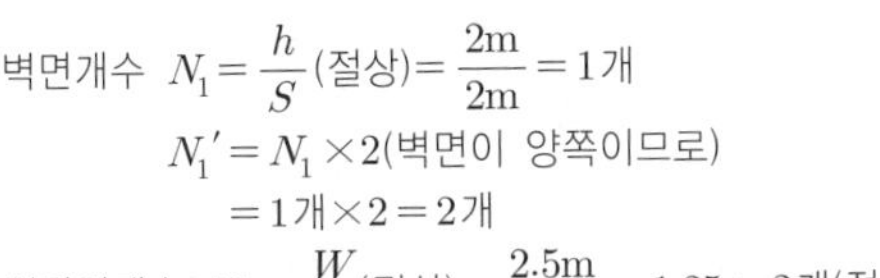

벽면개수 $N_1 = \frac{h}{S}(\text{절상}) = \frac{2\text{m}}{2\text{m}} = 1$개

$N_1' = N_1 \times 2$(벽면이 양쪽이므로)

$= 1$개$\times 2 = 2$개

천장면개수 $N_2 = \frac{W}{S}(\text{절상}) = \frac{2.5\text{m}}{2\text{m}} = 1.25 \fallingdotseq 2$개(절상)

길이방향개수 $N_3 = \frac{L}{S}(\text{절상}) = \frac{3\text{m}}{2\text{m}} = 1.5 \fallingdotseq 2$개(절상)

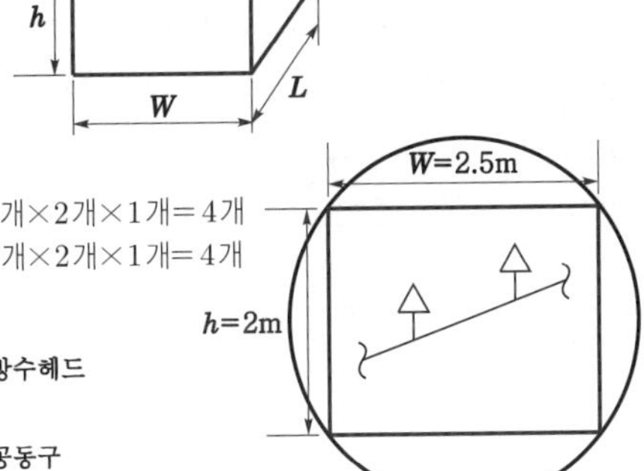

벽면 살수구역헤드수 =벽면개수×길이방향개수×살수구역수= 2개×2개×1개= 4개

천장 살수구역헤드수 =천장면개수×길이방향개수×살수구역수= 2개×2개×1개= 4개

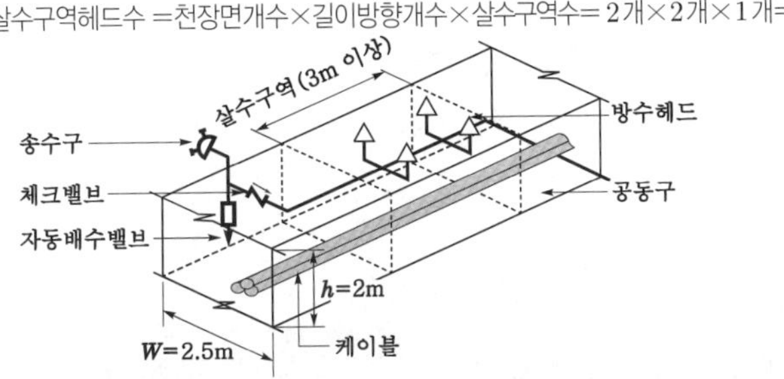

- 지하구의 화재안전기준(NFPC 605 8조)에 의해 벽면 살수구역헤드수와 천장 살수구역헤드수를 구한 다음 **둘 중 작은 값**을 선정하면 됨
  - 지하구의 화재안전기준(NFPC 605 8조, NFTC 605 2.4.2)
    제8조 연소방지설비의 헤드
    1. 천장 또는 벽면에 설치할 것

(다) 살수헤드수가 **4개**이므로 배관의 구경은 2개 구역 모두 **65mm**를 사용하여야 한다.

- **연소방지설비**의 **배관구경**(NFPC 605 8조, NFTC 605 2.4.1.3.1)
  - 연소방지설비 전용 헤드를 사용하는 경우

배관의 구경	32mm	40mm	50mm	65mm	80mm
살수헤드수	1개	2개	3개	4개 또는 5개	6개 이상

  - 스프링클러헤드를 사용하는 경우

구 분 \ 배관의 구경	25mm	32mm	40mm	50mm	65mm	80mm	90mm	100mm	125mm	150mm
폐쇄형 헤드수	2개	3개	5개	10개	30개	60개	80개	100개	160개	161개 이상
개방형 헤드수	1개	2개	5개	8개	15개	27개	40개	55개	90개	91개 이상

☆☆☆

문제 13

다음 소방대상물 각 층에 A급 3단위 소화기를 국가화재안전기준에 맞도록 설치하고자 한다. 다음 조건을 참고하여 건물의 각 층별 최소 소화기구를 구하시오. (17.4.문8, 16.4.문2, 13.4.문11, 11.7.문5)

득점	배점
	5

〔조건〕
① 각 층의 바닥면적은 층마다 1500m^2이다.
② 지하 1층은 전체가 주차장 용도로 이용되며, 지하 2층은 100m^2 면적은 보일러실로 사용되고, 나머지는 주차장으로 사용된다.
③ 지상 1층에서 3층까지는 업무시설이다.
④ 전 층에 소화설비가 없는 것으로 가정한다.
⑤ 건물구조는 전체적으로 내화구조가 아니다.
⑥ 자동확산소화기는 계산에 고려하지 않는다.

(가) 지하 2층
○ 계산과정 : ○ 답 :
(나) 지하 1층
○ 계산과정 : ○ 답 :
(다) 지상 1~3층
○ 계산과정 : ○ 답 :

해답 (가) ○ 계산과정 : 주차장 : $\frac{1500}{100}=15$단위, $\frac{15}{3}=5$개

보일러실 : $\frac{100}{25}=4$단위, $\frac{4}{1}=4$개

$\therefore\ 5+4=9$개

○ 답 : 9개

(나) ○ 계산과정 : $\frac{1500}{100}=15$단위, $\frac{15}{3}=5$개

○ 답 : 5개

(다) ○ 계산과정 : $\frac{1500}{100}=15$단위, $\frac{15}{3}=5$개

$\therefore\ 5\times3=15$개

○ 답 : 15개

해설

특정소방대상물별 소화기구의 능력단위기준(NFTC 101 2.1.1.2)

특정소방대상물	소화기구의 능력단위	건축물의 주요구조부가 **내화구조**이고, 벽 및 반자의 실내에 면하는 부분이 **불연재료**·**준불연재료** 또는 **난연재료**로 된 특정소방대상물의 능력단위
• **위**락시설 기억법 위3(위상)	바닥면적 **30m²**마다 1단위 이상	바닥면적 **60m²**마다 1단위 이상
• **공연**장 • **집**회장 • **관람**장 및 **문**화재 • **의**료시설 · **장**례시설(장례식장) 기억법 5공연장 문의 집관람 (손오공 연장 문의 집관람)	바닥면적 **50m²**마다 1단위 이상	바닥면적 **100m²**마다 1단위 이상
• **근**린생활시설 • **판**매시설 • 운수시설 • **숙**박시설 • **노**유자시설 • **전**시장 • 공동**주**택 • **업무시설** → • **방**송통신시설 • 공장 · **창**고 • **항**공기 및 자동**차**관련시설(주차장) 및 **관광**휴게시설 기억법 근판숙노전 주업방차창 1항관광(근판숙노전 주업방차장 일본항관광)	바닥면적 **100m²**마다 1단위 이상	바닥면적 **200m²**마다 1단위 이상
• 그 밖의 것	바닥면적 **200m²**마다 1단위 이상	바닥면적 **400m²**마다 1단위 이상

‖ 부속용도별로 추가하여야 할 소화기구(NFTC 101 2.1.1.3) ‖

바닥면적 $25m^2$마다 **1단위** 이상	바닥면적 $50m^2$마다 **1개** 이상
① **보일러실** · **건**조실 · **세**탁소 · **대**량화기취급소 ② **음**식점(지하가의 음식점 포함) · **다**중이용업소 · 호텔 · 기숙사 · 노유자시설 · 의료시설 · 업무시설 · 공장 · 장례식장 · 교육연구시설 · 교정 및 군사시설의 **주**방(단, 의료시설 · 업무시설 및 공장의 주방은 공동취사를 위한 것) ③ 관리자의 출입이 곤란한 **변**전실 · 송전실 · 변압기실 및 배전반실(불연재료로 된 상자 안에 장치된 것 제외) 기억법 **보건세대 음주다변**	**발전실** · 변전실 · 송전실 · 변압기실 · 배전반실 · 통신기기실 · 전산기기실 · 기타 이와 유사한 시설이 있는 장소

(가) **지하 2층**

주차장

주차장으로서 내화구조가 아니므로 바닥면적 **$100m^2$**마다 1단위 이상

소화기 능력단위$=\dfrac{1500m^2}{100m^2}=15$단위

- 지하 2층은 주차장 : [조건 ②]에서 주어진 것
- 내화구조가 아님 : [조건 ⑤]에서 주어진 것
- 각 층의 바닥면적 $1500m^2$: [조건 ①]에서 주어진 값
- 바닥면적 $1500m^2$에서 보일러실 $100m^2$를 빼주면 틀림 : 보일러실의 면적을 제외하는 규정 없음

소화기 개수$=\dfrac{15단위}{3단위}=5$개

- **3단위** : 문제에서 주어진 값

보일러실

소화기 능력단위$=\dfrac{100m^2}{25m^2}=4$단위

- **$25m^2$** : 위의 표에서 보일러실은 바닥면적 $25m^2$마다 1단위 이상
- **$100m^2$** : [조건 ②]에서 주어진 값

소화기 개수$=\dfrac{4단위}{1단위}=4$개

- 소화기구 및 자동소화장치의 화재안전기준(NFTC 101 2.1.1.3)에서 보일러실은 $25m^2$마다 능력단위 1단위 이상의 소화기를 비치해야 하므로 1단위로 나누는 것이 맞음(보일러실은 3단위로 나누면 틀림)
- 문제에서 3단위 소화기는 **각 층**에만 설치하는 소화기로서 보일러실은 3단위 소화기를 설치하는 것이 아님

∴ 총 소화기 개수=5개+4개=9개

(나) **지하 1층**

주차장

주차장으로서 내화구조가 아니므로 바닥면적 **$100m^2$**마다 1단위 이상

소화기 능력단위$=\dfrac{1500m^2}{100m^2}=15$단위

- 지하 1층은 주차장 : [조건 ②]에서 주어진 것
- 내화구조가 아님 : [조건 ⑤]에서 주어진 것
- 각 층의 바닥면적 $1500m^2$: [조건 ①]에서 주어진 값

소화기 개수$=\dfrac{15단위}{3단위}=5$개

- **3단위** : 문제에서 주어진 값

(다) **지상 1~3층**

업무시설

업무시설로서 내화구조가 아니므로 바닥면적 **100m²**마다 1단위 이상

소화기 능력단위$=\frac{1500\text{m}^2}{100\text{m}^2}=15$단위

- 지상 1~3층은 업무시설 : 〔조건 ③〕에서 주어진 것
- 내화구조가 아님 : 〔조건 ⑤〕에서 주어진 것
- 각 층의 바닥면적 1500m² : 〔조건 ①〕에서 주어진 값

소화기 개수$=\frac{15\text{단위}}{3\text{단위}}=5$개

- **3단위** : 문제에서 주어진 값

5개×3개층=15개

- 3개층 : 지상 1~3층이므로 총 3개층

☆☆☆

문제 14

지하 1층, 지상 9층의 백화점 건물에 스프링클러설비를 설계하려고 한다. 다음 조건을 참고하여 각 물음에 답하시오. (15.11.문15, 14.4.문17, 10.7.문8, 01.7.문11)

득점	배점
	6

〔조건〕

① 각 층에 설치하는 스프링클러헤드수는 각각 80개이다.
② 펌프의 흡입측 배관에 설치된 연성계는 350mmHg를 나타내고 있다.
③ 펌프는 지하에 설치되어 있고, 펌프 토출구로부터 최상층 헤드까지의 수직높이는 45m이다.
④ 배관 및 관부속품의 마찰손실수두는 펌프 토출구로부터 최상층 헤드까지 자연낙차의 20%이다.
⑤ 펌프효율은 68%, 전달계수는 1.1이다.
⑥ 체절압력조건은 화재안전기준의 최대 조건을 적용한다.

(가) 펌프의 최대 체절압력〔kPa〕
　○ 계산과정 :
　○ 답 :

(나) 펌프의 최소 축동력〔kW〕
　○ 계산과정 :
　○ 답 :

해답 (가) ○ 계산과정 : $h_1 : 45\times0.2=9\text{m}$

h_2 : 흡입양정$=\frac{350}{760}\times10.332 ≒ 4.758\text{m}$

토출양정=45m

$H=9+(4.758+45)+10=68.758\text{m}$

$\frac{68.758}{10.332}\times101.325=674.303\text{kPa}$

$674.303\times1.4=944.024 ≒ 944.02\text{kPa}$

○ 답 : 944.02kPa

(나) ○ 계산과정 : $Q=30\times80=2400\text{L/min}$

$P=\frac{0.163\times2.4\times68.758}{0.68}=39.556 ≒ 39.56\text{kW}$

○ 답 : 39.56kW

해설 (가)

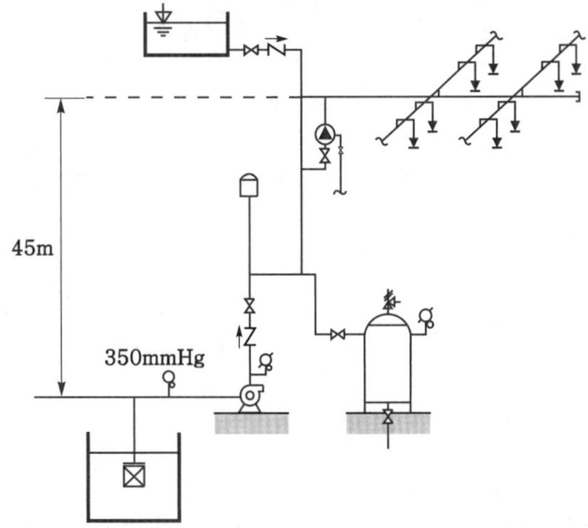

① 펌프의 전양정

$$H = h_1 + h_2 + 10$$

여기서, H : 전양정〔m〕

h_1 : 배관 및 관부속품의 마찰손실수두〔m〕

h_2 : 실양정(흡입양정+토출양정)〔m〕

h_1 : $45\text{m} \times 0.2 =$ **9m**

- 〔조건 ④〕에서 h_1은 펌프 자연낙차의 20%이므로 **45m×0.2**
- **자연낙차** : 일반적으로 **펌프** 중심에서 **옥상수조**까지를 말하지만, 옥상수조에 대한 조건이 없으므로 여기서는 〔조건 ③〕에 있는 **'펌프 토출구로부터 최상층 헤드까지의 수직높이'**를 말한다.

h_2 : 흡입양정 | 760mmHg=10.332m | 이므로

$$350\text{mmHg} = \frac{350\text{mmHg}}{760\text{mmHg}} \times 10.332\text{m} \fallingdotseq 4.758\text{m}$$

토출양정=45m

∴ 실양정=흡입양정+토출양정

=4.758m+45m=**49.758m**

- 흡입양정(350mmHg) : 〔조건 ②〕에서 주어진 값
- 토출양정(45m) : 〔조건 ③〕에서 주어진 값, 토출양정은 펌프에서 교차배관(또는 송출높이, 헤드)까지의 수직거리를 말한다. 여기서는 옥상수조에 대한 조건이 없으므로 자연낙차가 곧 토출양정이 된다.

전양정 H는

$$H = h_1 + h_2 + 10$$
$$= 9\text{m} + 49.758\text{m} + 10$$
$$= 68.758\text{m}$$

- 계산과정에서의 소수점은 문제에서 조건이 없는 한 소수점 이하 3째자리 또는 4째자리까지 구하면 된다.

② 펌프의 성능

체절운전시 정격토출압력의 **140%**를 초과하지 않고, 정격토출량의 **150%**로 운전시 정격토출압력의 **65%** 이상이어야 한다.

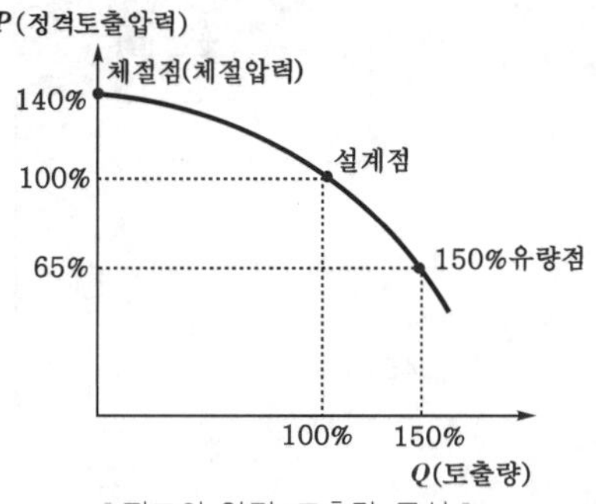

▮ 펌프의 양정-토출량 곡선 ▮

$$10.332\text{m} = 101.325\text{kPa}$$ 이므로

$$68.758\text{m} = \frac{68.758\text{m}}{10.332\text{m}} \times 101.325\text{kPa} = 674.303\text{kPa}$$

체절압력=정격토출압력×1.4=674.303kPa×1.4=944.024≒944.02kPa

- 문제에서 스프링클러설비는 소화설비이므로 10m=100kPa로 보고 계산해도 정답이다.
  별해 68.758m=687.58kPa
- 정격토출압력(양정)의 **140%**를 **초과**하지 않아야 하므로 **정격토출압력**에 **1.4**를 곱하면 된다.
- 140%를 초과하지 않아야 하므로 '**이하**'라는 말을 반드시 써야 하지만 [조건 ⑥]에서 최대 조건을 적용하라고 하였으므로 944.02kPa로 답하면 된다.

중요

체절운전, 체절압력, 체절양정

용 어	설 명
체절운전	**펌프**의 **성능시험**을 목적으로 펌프 토출측의 개폐밸브를 닫은 상태에서 펌프를 운전하는 것
체절압력	체절운전시 릴리프밸브가 압력수를 방출할 때의 압력계상 압력으로 정격토출압력의 140% 이하
체절양정	펌프의 토출측 밸브가 모두 막힌 상태, 즉 유량이 0인 상태에서의 양정

(나) **펌프**의 **유량**(토출량)

특정소방대상물		폐쇄형 헤드의 기준개수
지하가 · 지하역사		30
11층 이상		
10층 이하	공장(특수가연물), 창고시설	
	판매시설(백화점 등), 복합건축물(판매시설이 설치된 것) →	
	근린생활시설, 운수시설	20
	8m 이상	
	8m 미만	10
공동주택(아파트 등)		10(각 동이 주차장으로 연결된 주차장 : 30)

$$Q = N \times 80\text{L/min}$$

여기서, Q : 토출량[L/min]
N : 폐쇄형 헤드의 기준개수(설치개수가 기준개수보다 적으면 그 설치개수)

펌프의 **최소 토출량** Q는

$Q = N \times 80\text{L/min} = 30 \times 80\text{L/min} = 2400\text{L/min}$

- [조건 ①]에서 헤드개수는 80개이지만 위의 표에서 기준개수인 **30개**를 적용하여야 한다.

축동력

$$P = \frac{0.163\,QH}{\eta}$$

여기서, P : 축동력〔kW〕
Q : 유량〔m^3/min〕
H : 전양정〔m〕
η : 효율

펌프의 **축동력** P는

$$P=\frac{0.163QH}{\eta}$$

$$=\frac{0.163\times2400\text{L/min}\times68.758\text{m}}{0.68}$$

$$=\frac{0.163\times2.4\text{m}^3\text{/min}\times68.758\text{m}}{0.68}$$

$$=39.556 \fallingdotseq 39.56\text{kW}$$

- Q(**2400L/min**) : 바로 위에서 구한 값
- H(**68.758m**) : (가)에서 구한 값
- η(**0.68**) : 〔조건 ⑤〕에서 주어진 값, **68%=0.68**
- 축동력은 전달계수(K)를 제외하고 계산하는 것임

☆☆☆
문제 15

다음 제연설비 설치장소의 제연구역 구획기준에 대한 설명이다. (   ) 안에 알맞은 숫자를 쓰시오.

(17.11.문6, 10.7.문10, 03.10.문13)

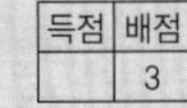

득점	배점
	3

○ 하나의 제연구역의 면적은 (①)m^2 이내로 할 것
○ 거실과 통로(복도 포함)는 각각 제연구획할 것
○ 하나의 제연구역은 직경 (②)m 원 내에 들어갈 수 있을 것
○ 하나의 제연구역은 (③)개 이상 층에 미치지 아니하도록 할 것. 다만, 층의 구분이 불분명한 부분은 그 부분을 다른 부분과 별도로 제연구획하여야 한다.

해답 ① 1000
② 60
③ 2

해설 **제연구역**의 **기준**(NFPC 501 4조, NFTC 501 2.1.1)

(1) 하나의 제연구역의 면적은 **1000m^2** 이내로 한다.
(2) 거실과 통로(복도 포함)는 **각각 제연구획**한다.
(3) 통로상의 제연구역은 보행 중심선의 길이가 **60m**를 초과하지 않아야 한다.

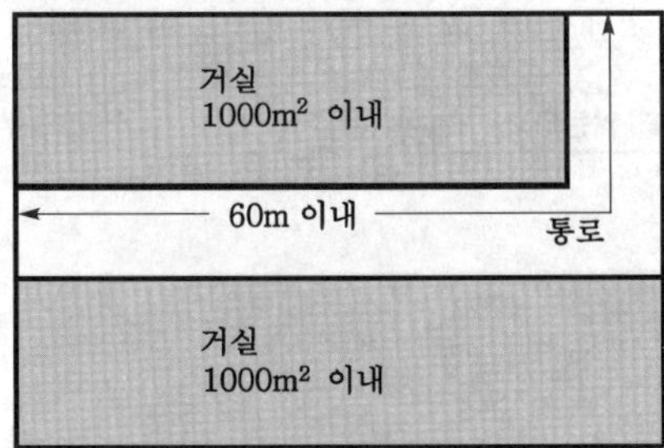

‖ 제연구역의 구획(Ⅰ) ‖

(4) 하나의 제연구역은 직경 **60m** 원 내에 들어갈 수 있도록 한다.

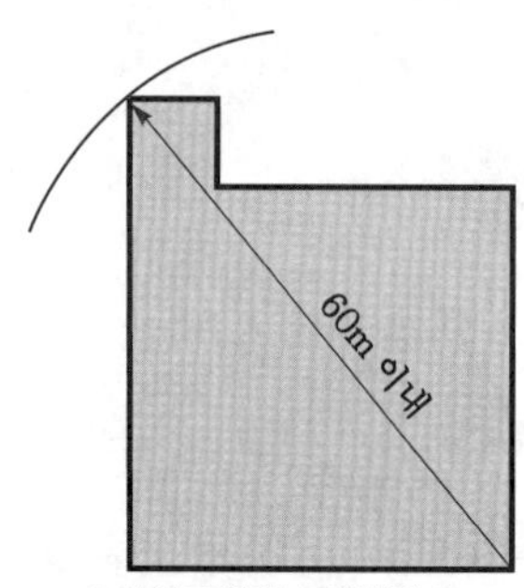

‖ 제연구역의 구획(Ⅱ) ‖

(5) 하나의 제연구역은 **2개** 이상의 층에 미치지 않도록 한다(단, 층의 구분이 불분명한 부분은 다른 부분과 별도로 제연구획할 것).

문제 16

주차장에 할론소화설비(Halon 1301)를 설치하였다. 방호구역 $1m^3$에 대한 소화약제량이 0.52kg이라 할 때 약제량에 해당하는 소화약제의 농도〔%〕를 구하시오. (단, 무유출(No efflux)상태로 적용하여 농도계산을 하고, Halon 1301 비체적은 $0.162m^3/kg$이다.)

득점	배점
	5

○ 계산과정 :

○ 답 :

해답 ○ 계산과정 : 방출가스량 $= 0.52 \times 0.162 = 0.08424m^3$

$$\text{할론농도} = \frac{0.08424}{1+0.08424} \times 100 = 7.769 \fallingdotseq 7.77\%$$

○ 답 : 7.77%

해설 **무유출상태에서 방호구역체적당 소화약제량**

(1) 방호구역체적 $1m^3$당 방사되는 할론의 방출가스량 $= 0.52kg \times 0.162m^3/kg = 0.08424m^3$

- 단위를 보고 식을 만들면 쉽다.

(2) $\text{할론농도} = \frac{\text{방출가스량}}{\text{방호구역체적} + \text{방출가스량}} \times 100 = \frac{0.08424m^3}{1m^3 + 0.08424m^3} \times 100 = 7.769 \fallingdotseq 7.77\%$

용어

무유출(No efflux)상태	자유유출(Free efflux)상태
방호구역에 할론, 이산화탄소, IG계열 소화약제와 같은 불활성가스를 고압으로 다량 방출하여 농도를 낮추어 소화해도 방호구역 내에 창문, 문 등의 틈새에 의해서 소화약제가 **전혀 누출되지 않는다**고 가정한 상태	방호구역에 할론, 이산화탄소, IG계열 소화약제와 같은 불활성가스를 고압으로 다량 방출하여 농도를 낮추어 소화할 때 방호구역 내에는 창문, 문 등의 틈새에 의해 소화약제가 **누출된다**고 가정한 상태

"목표가 확실한 사람은 아무리 거친 길이라도 앞으로 나아갈 수 있습니다. 여러분은 목표가 확실한 사람입니다."

- 토마스 칼라일 -

2019. 6. 29 시행

■ 2019년 기사 제2회 필답형 실기시험 ■

자격종목	시험시간	형별	수험번호	성명	감독위원 확 인
소방설비기사(기계분야)	3시간				

※ 다음 물음에 답을 해당 답란에 답하시오.(배점 : 100)

☆ 문제 01

폐쇄형 습식 스프링클러설비에 대한 말단 가지배관의 헤드설치 도면 및 조건을 참고하여 다음 각 물음에 답하시오.

(10.7.문6)

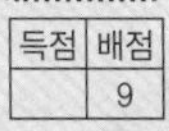

득점	배점
	9

〔조건〕

① 헤드설치 도면

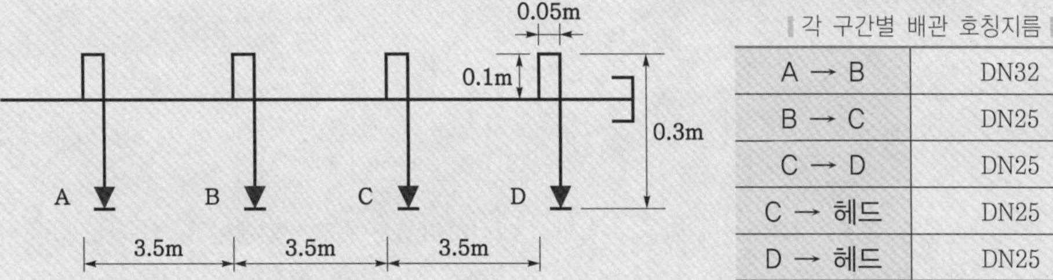

각 구간별 배관 호칭지름	
A → B	DN32
B → C	DN25
C → D	DN25
C → 헤드	DN25
D → 헤드	DN25

② 배관에 설치된 관부속품의 마찰손실 등가길이〔m〕는 아래 표와 같다. (단, 관 지름이 줄어드는 곳은 리듀서를 사용한다.)

호칭경	90° 엘보	분류 티(T)	직류 티(T)	호칭지름	리듀셔
DN50	2.1	3.0	0.6	DN50/DN40	1.2
DN40	1.5	2.1	0.45	DN40/DN32	0.9
DN32	1.2	1.8	0.36	DN32/DN25	0.72
DN25	0.9	1.5	0.27	DN25/DN15	0.50

③ 호칭지름에 따른 안지름은 아래와 같다.

호칭지름	DN50	DN40	DN32	DN25
안지름〔mm〕	53	42	36	28

④ 스프링클러헤드는 15A용 헤드가 설치된 것으로 한다.

⑤ D의 최종헤드 방사압력은 0.1MPa이고, 각 헤드별 방수량은 화재안전기준에서 지정하는 최소 방수량을 모두 동일하게 적용한다.

⑥ 배관의 단위길이당 마찰손실압력(ΔP)〔MPa/m〕은 다음과 같은 하젠-윌리엄스식에 따르며, 이 식에서 조도계수(C) 값은 120으로 한다.

$$\Delta P = 6.053 \times 10^4 \times \frac{Q^{1.85}}{C^{1.85} \times D_i^{4.87}}$$

(단, D_i는 배관 안지름〔mm〕이고, Q는 관의 유량〔L/min〕이다.)

(가) A에서 D부 헤드까지 발생하는 마찰손실압력을 각 구간별로 표를 이용하여 구하고자 한다. ( ) 안 구간별 마찰손실압력[kPa]을 구하시오.

구 간	유량[L/min]	마찰손실부품	구간별 마찰손실 압력[kPa]
A → B	240	배관(A → B), B부 티(T)	(ⓐ)
B → C	160	리듀서, 배관(B → C), C부 티(T)	(ⓑ)
C → D	80	배관(C → D), D부 티(T)	(ⓒ)
D → 헤드	80	배관(D → 헤드), 엘보 2개, 리듀서	(ⓓ)

① ⓐ값을 구하시오.
  ○ 계산과정 :
  ○ 답 :

② ⓑ값을 구하시오.
  ○ 계산과정 :
  ○ 답 :

③ ⓒ값을 구하시오.
  ○ 계산과정 :
  ○ 답 :

④ ⓓ값을 구하시오.
  ○ 계산과정 :
  ○ 답 :

(나) 마찰손실과 그 외 수직배관에 따른 손실까지 고려하여 A부에 발생되어야 할 압력[kPa]을 구하시오.
  ○ 계산과정 :
  ○ 답 :

(다) C부에 설치된 스프링클러 말단 헤드에서 발생하는 압력[kPa]을 구하시오.
  ○ 계산과정 :
  ○ 답 :

(가) ① ○ 계산과정 : $6.053\times10^4\times\dfrac{240^{1.85}}{120^{1.85}\times36^{4.87}}\times(3.5+1.8)=30.476\times10^{-3}\text{MPa}$

$=30.476\text{kPa}\fallingdotseq30.48\text{kPa}$

○ 답 : 30.48kPa

② ○ 계산과정 : $6.053\times10^4\times\dfrac{160^{1.85}}{120^{1.85}\times28^{4.87}}\times(3.5+1.5+0.72)=52.825\times10^{-3}\text{MPa}$

$=52.825\text{kPa}\fallingdotseq52.83\text{kPa}$

○ 답 : 52.83kPa

③ ○ 계산과정 : $6.053\times10^4\times\dfrac{80^{1.85}}{120^{1.85}\times28^{4.87}}\times(3.5+1.5)=12.808\times10^{-3}\text{MPa}$

$=12.808\text{kPa}\fallingdotseq12.81\text{kPa}$

○ 답 : 12.81kPa

④ ○ 계산과정 : $6.053\times10^4\times\dfrac{80^{1.85}}{120^{1.85}\times28^{4.87}}\times(0.3+0.05+0.1+1.8+0.5)=7.044\times10^{-3}\text{MPa}$

$=7.044\text{kPa}\fallingdotseq7.04\text{kPa}$

○ 답 : 7.04kPa

(나) ○ 계산과정 : $30.48+52.83+12.81+7.04+(-2)+100=201.16\text{kPa}$
○ 답 : 201.16kPa

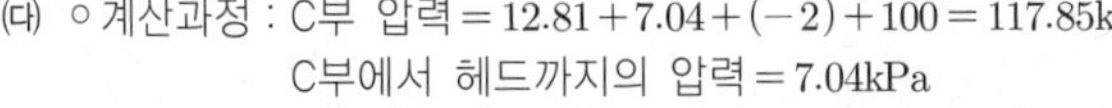

(다) ○ 계산과정 : C부 압력 $=12.81+7.04+(-2)+100=117.85\text{kPa}$

C부에서 헤드까지의 압력 $=7.04\text{kPa}$

C부 말단헤드 압력 $=117.85-7.04-(-2)=112.81\text{kPa}$

○ 답 : 112.81kPa

해설 (가) **하젠-윌리엄스의 식**(Hargen-William's formula)

$$\Delta P = 6.053 \times 10^4 \times \frac{Q^{1.85}}{C^{1.85} \times D_i^{\ 4.87}} \times L$$

여기서, ΔP : 배관의 압력손실[MPa]

D_i : 관의 내경[mm]

Q : 관의 유량[L/min]

C : 조도계수([조건 ⑥]에서 120)

L : 배관의 길이[m]

- 계산의 편의를 위해 [조건 ⑥]식에서 ΔP의 단위 [MPa/m]를 [MPa]로 바꾸어 위와 같이 배관길이 L[m]을 추가하여 곱함

① ⓐ(A → B 구간)

A → B 유량 : 240L/min

$$\Delta P_4 = 6.053 \times 10^4 \times \frac{Q^{1.85}}{C^{1.85} \times D_i^{\ 4.87}} \times L = 6.053 \times 10^4 \times \frac{240^{1.85}}{120^{1.85} \times 36^{4.87}} \times (3.5+1.8)$$

$$= 30.476 \times 10^{-3}\text{MPa}$$

$$= 30.476\text{kPa} ≒ 30.48\text{kPa}$$

- Q(240L/min) : (가)의 표에서 주어진 값

구 간	유량[L/min]	마찰손실부품	구간별 마찰손실압력[kPa]
ⓐ A → B	240	배관(A → B), B부 티(T)	(ⓐ)
ⓑ B → C	160	리듀서, 배관(B → C), C부 티(T)	(ⓑ)
ⓒ C → D	80	배관(C → D), D부 티(T)	(ⓒ)
ⓓ D → 헤드	80	배관(D → 헤드), 엘보 2개, 리듀서	(ⓓ)

- D_i(36mm) : 문제에서 폐쇄형, [조건 ①]의 표에서 A-B 구간은 구경 DN32(=32A)이므로 [조건 ③]에서 **36mm** 적용
- L((3.5+1.8)m) : 직관길이 **3.5m**, 문제 그림과 (가)의 [표]에서 분류 티(T)(DN32) 1개가 있으므로 [조건 ②]에서 **1.8m** 적용

[조건 ①]

각 구간별 배관 호칭지름	A → B	DN32=32A
	B → C	DN25=25A
	C → D	DN25=25A
	C → 헤드	DN25=25A
	D → 헤드	DN25=25A

[조건 ②]

호칭지름	90° 엘보	분류 티(T)	직류 티(T)	호칭지름	리듀서
DN50	2.1	3.0	0.6	DN50/DN40	1.2
DN40	1.5	2.1	0.45	DN40/DN32	0.9
DN32	1.2	1.8	0.36	DN32/DN25	0.72
DN25	0.9	1.5	0.27	DN25/DN15	0.50

[조건 ③]

호칭지름	DN50(50A)	DN40(40A)	DN32(32A)	DN25(25A)
안지름[mm]	53	42	36	28

• ㈎의 표에서 마찰손실부품을 보고 계산

구 간	유량〔L/min〕	마찰손실부품
ⓐ A → B	240	배관(A → B), B부 티(T)
ⓑ B → C	160	리듀서, 배관(B → C), C부 티(T)
ⓒ C → D	80	배관(C → D), D부 티(T)
ⓓ D → 헤드	80	배관(D → 헤드), 엘보 2개, 리듀서

• ㈎의 표에서 C → D 80L/min, B → C 160L/min, A → B 240L/min 등 구간별로 유량이 증가했으므로 **헤드**가 **개방상태**임. 그러므로 **분류 티(T)** 적용!(말단 헤드만 개방되고 다른 헤드는 폐쇄상태라면 직류 티(T) 적용!)

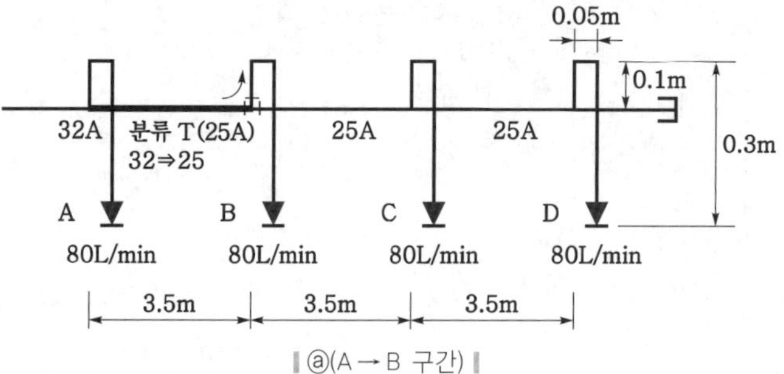

‖ ⓐ(A → B 구간) ‖

② ⓑ(B → C 구간)

B → C 유량 : 160L/min

$$\Delta P_3 = 6.053 \times 10^4 \times \frac{Q^{1.85}}{C^{1.85} \times D_i^{4.87}} \times L = 6.053 \times 10^4 \times \frac{160^{1.85}}{120^{1.85} \times 28^{4.87}} \times (3.5 + 1.5 + 0.72)$$

$$= 52.825 \times 10^{-3}\text{MPa} = 52.825\text{kPa} \fallingdotseq 52.83\text{kPa}$$

• Q(160L/min) : ㈎의 표에서 주어진 값
• d(안지름) : 〔조건 ①〕의 표에서 B－C 구간은 구경 DN25(＝25A)이므로 〔조건 ③〕에서 **28mm** 적용
• L(배관길이) : 직관길이 **3.5m**, ㈒의 표에서 분류 티(T)(DN25) 1개가 있으므로 〔조건 ②〕에서 **1.5m**, 리듀서(DN32/DN25) 1개 **0.72m** 적용
• ㈎의 표에서 마찰손실부품을 보고 계산

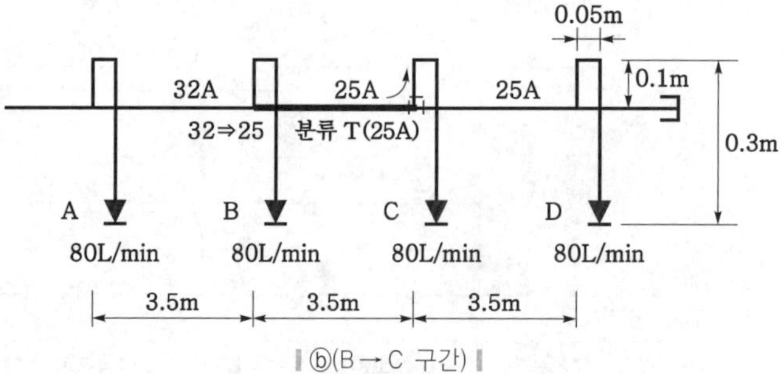

‖ ⓑ(B → C 구간) ‖

③ ⓒ(C → D 구간)

C → D 유량 : 80L/min

$$\Delta P_2 = 6.053 \times 10^4 \times \frac{Q^{1.85}}{C^{1.85} \times D_i^{4.87}} \times L = 6.053 \times 10^4 \times \frac{80^{1.85}}{120^{1.85} \times 28^{4.87}} \times (3.5 + 1.5)$$

$$= 12.808 \times 10^{-3}\text{MPa} = 12.808\text{kPa} \fallingdotseq 12.81\text{kPa}$$

- Q(80L/min) : ㈎의 표에서 주어진 값
- d(안지름) : 〔조건 ①〕의 표에서 C－D 구간은 구경 DN25(＝25A)이므로 〔조건 ③〕에서 **28mm** 적용
- L(배관길이) : 직관길이 **3.5m**, ㈎의 표에서 분류 티(T)(DN25) 1개가 있으므로 〔조건 ②〕에서 **1.5m** 적용

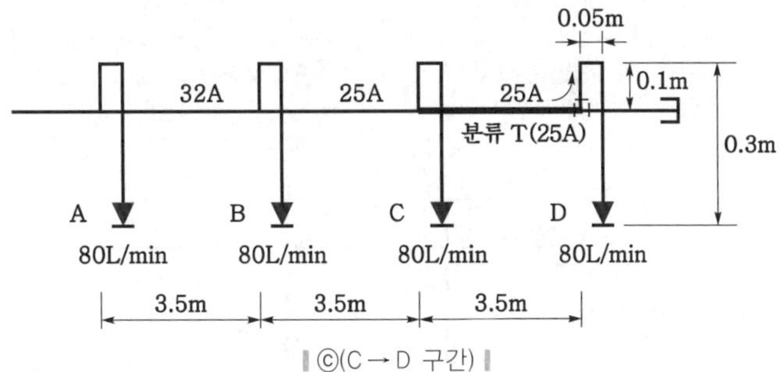

▮ ⓒ(C → D 구간) ▮

④ ⓓ(D → 최종헤드 구간)

$Q_1 = 80\text{L/min}$

- 80L/min : ㈎의 표에서 주어진 값

구 간	유량〔L/min〕	마찰손실부품
ⓐ A → B	240	배관(A → B), B부 티(T)
ⓑ B → C	160	리듀서, 배관(B → C), C부 티(T)
ⓒ C → D	80	배관(C → D), D부 티(T)
ⓓ D → 헤드 ⟶	80	배관(D → 헤드), 엘보 2개, 리듀서

$$\Delta P_1 = 6.053 \times 10^4 \times \frac{Q^{1.85}}{C^{1.85} \times D_i^{4.87}} \times L$$

$$= 6.053 \times 10^4 \times \frac{80^{1.85}}{120^{1.85} \times 28^{4.87}} \times (0.3 + 0.05 + 0.1 + 1.8 + 0.5)$$

$$= 7.044 \times 10^{-3}\text{MPa}$$

$$= 7.044\text{kPa} \fallingdotseq 7.04\text{kPa}$$

- Q(80L/min) : ㈎의 표에서 주어진 값
- D_i(안지름) : 〔조건 ①〕의 표에서 구경 DN25(＝25A)이므로 〔조건 ③〕에서 **28mm** 적용
- L(배관길이) : 직관길이 **0.3m＋0.05m＋0.1m**
- 90° 엘보(25A) 2개가 있으므로 〔조건 ②〕에서 0.9×2개＝**1.8m**, 리듀셔(DN25/DN15) **0.5m** 적용
- ㈎의 표에서 마찰손실부품을 보고 계산

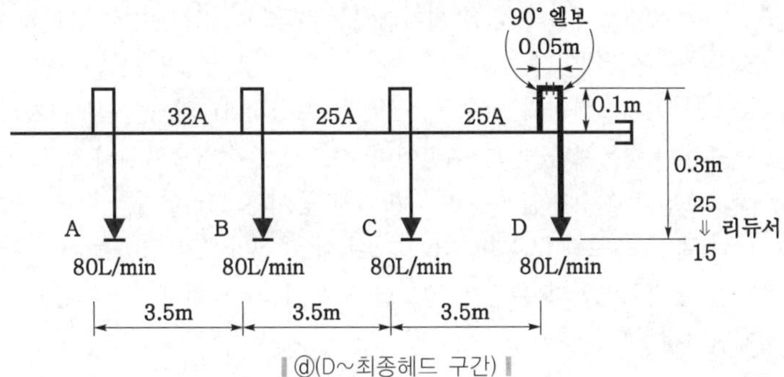

▮ ⓓ(D～최종헤드 구간) ▮

(나) P_T =ⓐ값+ⓑ값+ⓒ값+ⓓ값+낙차의 환산수두압(수직배관에 따른 손실)+D의 최종헤드 방사압력
= 30.48kPa + 52.83kPa + 12.81kPa + 7.04kPa + (− 2kPa) + 100kPa = 201.16kPa

- 가지배관에서 헤드까지의 낙차는 0.1−0.3=−0.2m이므로 −0.2m=**−2kPa**(낙차의 환산수두압) (1MPa=1000kPa=100m)
- 100kPa : [조건 ⑤]에서 0.1MPa=100kPa(1MPa=1000kPa)
- 낙차는 수직배관만 고려하며, 물 흐르는 방향을 주의하여 산정하면 0.1−0.3=−0.2m가 된다. (일반적으로 특별한 조건이 없는 한 **펌프방식**이므로 물 흐르는 방향이 **위**로 향할 경우 '**+**', **아래**로 향할 경우 '**−**'로 계산하라)

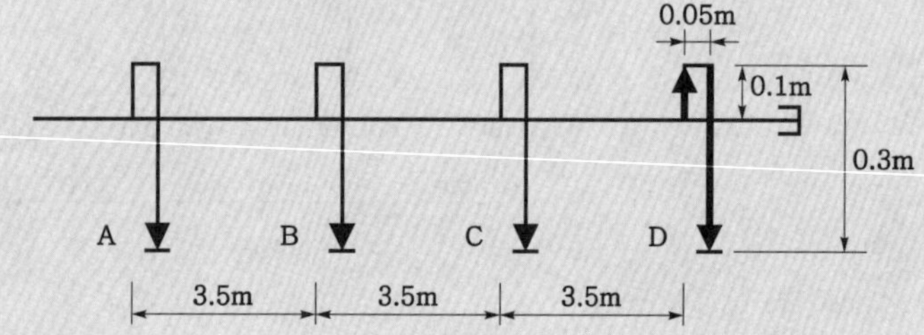

비교

고가수조방식일 경우의 낙차 구하기
물 흐르는 방향이 **위**로 향할 경우 '**−**', **아래**로 향할 경우 '**+**'로 계산
예 −0.1+0.3=0.2m

(다) C부 말단헤드 압력=C부 압력−C부에서 헤드까지의 압력−낙차의 환산수두압

① C부 압력=ⓒ값+ⓓ값+낙차의 환산수두압(수직배관에 대한 손실)+D의 최종헤드 방사압력
=12.81kPa+7.04kPa+(−2kPa)+100kPa=117.85kPa
② C부에서 헤드까지의 압력=7.04kPa(ⓓ값인 D에서 최종헤드 구간 마찰손실압력과 동일하므로 7.04kPa)
③ C부 말단헤드 압력=C부 압력−C부에서 헤드까지의 압력−낙차의 환산수두압
=117.85kPa−7.04kPa−(−2kPa)
=112.81kPa

☆☆☆
문제 02

어느 노유자시설에 설치된 호스릴 옥내소화전설비 주펌프의 성능시험과 관련하여 다음 각 물음에 답하시오. (18.11.문13, 18.6.문7, 17.11.문12, 15.11.문1, 14.11.문15, 13.4.문9, 07.7.문2)

득점	배점
	5

[조건]
① 호스릴 옥내소화전의 층별 설치개수는 지하 1층 2개, 지상 1층 및 2층은 4개, 3층은 3개, 4층은 2개이다.
② 호스릴 옥내소화전의 방수구는 바닥으로부터 1m의 높이에 설치되어 있다.
③ 펌프가 저수조보다 높은 위치이며 수조의 흡수면으로부터 펌프까지의 수직거리는 4m이다.
④ 펌프로부터 최상층인 4층 바닥까지의 높이는 15m이다.
⑤ 배관(관부속 포함) 및 호스의 마찰손실은 실양정의 30%를 적용한다.

(가) 호스릴 옥내소화전의 운전에 필요한 펌프의 최소 전양정[m]과 최소 유량[L/min]을 구하시오.
○ 계산과정 :
○ 답 :

(나) (가)에서 구한 펌프의 최소 전양정과 최소 유량을 정격토출압력과 정격유량으로 한 펌프를 사용하고자 한다. 이 펌프를 가지고 과부하운전(정격토출량의 150% 운전)하였을 때 펌프 토출압력이 0.24MPa로 측정되었다면, 이 펌프는 화재안전기준에서 요구하는 성능을 만족하는지 여부를 구하시오. (단, 반드시 계산과정이 작성되어야 하며 답란에는 결과에 따라 '만족' 또는 '불만족'으로 표시하시오.)

○ 계산과정 :

○ 답 :

해답 (가) ○ 계산과정 : $h_3 = 4 + 15 + 1 = 20\text{m}$

$h_1 + h_2 = 20 \times 0.3 = 6\text{m}$

$H = 6 + 20 + 17 = 43\text{m}$

$Q = 2 \times 130 = 260\text{L/min}$

○ 답 : 최소 전양정[m]=43m

최소 유량[L/min]=260L/min

(나) ○ 계산과정 : $43 \times 0.65 = 27.95\text{m}$

$$27.95 = \frac{27.95}{10.332\text{m}} \times 101.325\text{kPa} \fallingdotseq 274\text{kPa} = 0.274\text{MPa}$$

○ 답 : 불만족

해설 (가) 다음과 같이 그림을 그리면 이해가 빠르다!

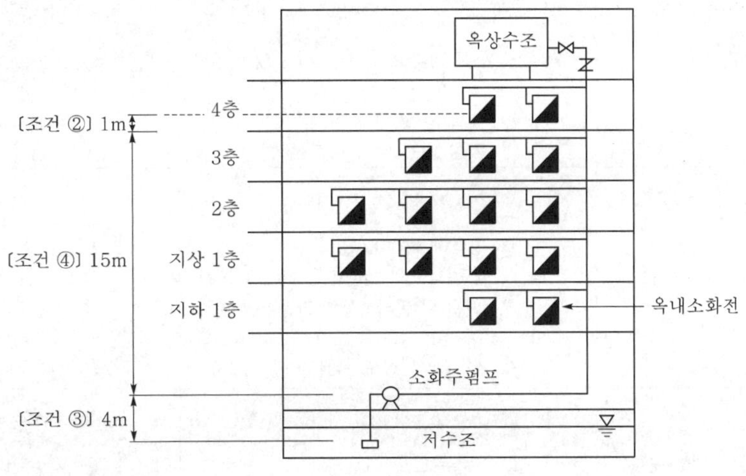

전양정

$$H = h_1 + h_2 + h_3 + 17$$

여기서, H : 전양정[m]

h_1 : 소방호스의 마찰손실수두[m]

h_2 : 배관 및 관부속품의 마찰손실수두[m]

h_3 : 실양정(흡입양정+토출양정)[m]

$h_3 = 4\text{m} + 15\text{m} + 1\text{m} = 20\text{m}$([조건 ②, ③, ④]에 의해)

$h_1 + h_2 = 20\text{m} \times 0.3 = 6\text{m}$([조건 ⑤]에 의해)

펌프의 **전양정** H는

$H = h_1 + h_2 + h_3 + 17 = 6\text{m} + 20\text{m} + 17 = 43\text{m}$

- **실양정**(h_3) : 옥내소화전펌프의 풋밸브(흡수면)~최상층 옥내소화전의 앵글밸브(방수구)까지의 수직거리

호스릴 옥내소화전 유량(토출량)

$$Q = N \times 130\text{L/min}$$

여기서, Q : 유량(토출량)[L/min]

N : 가장 많은 층의 소화전개수(30층 미만 : 최대 2개, 30층 이상 : 최대 5개)

펌프의 **최소 유량** Q는

$Q = N \times 130\text{L/min} = 2 \times 130\text{L/min} = 260\text{L/min}$

- [조건 ①]에서 가장 많은 소화전개수 N=**2개**

중요

‖옥내소화전설비와 호스릴 옥내소화전설비의 차이점‖

구 분	옥내소화전설비	호스릴 옥내소화전설비
수원	$Q = 2.6N$(30층 미만, N : 최대 2개) $Q = 5.2N$(30~49층 이하, N : 최대 5개) $Q = 7.8N$(50층 이상, N : 최대 5개) 여기서, Q : 수원의 저수량[m^3] N : 가장 많은 층의 소화전개수	$Q = 2.6N$(30층 미만, N : 최대 2개) $Q = 5.2N$(30~49층 이하, N : 최대 5개) $Q = 7.8N$(50층 이상, N : 최대 5개) 여기서, Q : 수원의 저수량[m^3] N : 가장 많은 층의 소화전개수
옥상수원	$Q = 2.6N \times \frac{1}{3}$(30층 미만, N : 최대 2개) $Q = 5.2N \times \frac{1}{3}$(30~49층 이하, N : 최대 5개) $Q = 7.8N \times \frac{1}{3}$(50층 이상, N : 최대 5개) 여기서, Q : 옥상수원의 저수량[m^3] N : 가장 많은 층의 소화전개수	$Q = 2.6N \times \frac{1}{3}$(30층 미만, N : 최대 2개) $Q = 5.2N \times \frac{1}{3}$(30~49층 이하, N : 최대 5개) $Q = 7.8N \times \frac{1}{3}$(50층 이상, N : 최대 5개) 여기서, Q : 옥상수원의 저수량[m^3] N : 가장 많은 층의 소화전개수
방수압	$P = P_1 + P_2 + P_3 + 0.17$ 여기서, P : 필요한 압력[MPa] P_1 : 소방호스의 마찰손실수두압[MPa] P_2 : 배관 및 관부속품의 마찰손실수두압[MPa] P_3 : 낙차의 환산수두압[MPa]	$P = P_1 + P_2 + P_3 + 0.17$ 여기서, P : 필요한 압력[MPa] P_1 : 소방호스의 마찰손실수두압[MPa] P_2 : 배관 및 관부속품의 마찰손실수두압[MPa] P_3 : 낙차의 환산수두압[MPa]
방수량	$Q = N \times 130\text{L/min}$ 여기서, Q : 방수량[L/min] N : 가장 많은 층의 소화전개수(30층 미만 : 최대 2개, 30층 이상 : 최대 5개)	$Q = N \times 130\text{L/min}$ 여기서, Q : 방수량[L/min] N : 가장 많은 층의 소화전개수(30층 미만 : 최대 2개, 30층 이상 : 최대 5개)
호스구경	• **40mm** 이상	• **25mm** 이상
배관구경	• 가지배관 : **40mm** 이상 • 주배관 중 수직배관 : **50mm** 이상	• 가지배관 : **25mm** 이상 • 주배관 중 수직배관 : **32mm** 이상
수평거리	• **25m** 이하	• **25m** 이하

(나) ①

정격토출량 150%로 운전시의 양정=전양정×0.65

$= 43\text{m} \times 0.65$

$= 27.95\text{m}$

- 펌프의 성능시험 : 체절운전시 정격토출압력의 **140%**를 초과하지 않고, **정격토출량**의 **150%**로 운전시 **정격토출압력**의 **65%** 이상이 될 것

② **최소 토출압력**

표준대기압

$1atm = 760mmHg = 1.0332kg_f/cm^2$
$= 10.332mH_2O(mAq)$
$= 14.7PSI(lb_f/in^2)$
$= 101.325kPa(kN/m^2)$
$= 1013mbar$

최소 토출압력 1

$$27.95m = \frac{27.95m}{10.332m} \times 101.325kPa ≒ 274kPa = 0.274MPa$$

또는 소방시설(옥내소화전설비)이므로 약식 단위변환을 사용하면 다음과 같다.

$1MPa = 1000kPa = 100m$

최소 토출압력 2

$$27.95m = \frac{27.95m}{100m} \times 1000kPa = 279.5kPa = 0.2795MPa$$

∴ 두 풀이방법 모두 정답!
둘 중 어느 것으로 답할지 고민한다면 상세한 단위변환인 0.274MPa로 계산하라!
∴ 토출압력이 0.274MPa 이상이어야 하므로 0.24MPa로 측정되었다면 **불만족!**

☆☆☆
문제 03

옥내소화전설비와 스프링클러설비가 설치된 아파트에서 〔조건〕을 참고하여 다음 각 물음에 답하시오.

(15.11.문1, 13.4.문9, 12.4.문10, 07.7.문2)

득점	배점
	10

〔조건〕
① 계단실형 아파트로서 지하 2층(주차장), 지상 12층(아파트 각 층별로 2세대)인 건축물이다.
② 각 층에 옥내소화전 및 스프링클러설비가 설치되어 있다.
③ 지하층에는 옥내소화전 방수구가 층마다 3조씩, 지상층에는 옥내소화전 방수구가 층마다 1조씩 설치되어 있다.
④ 아파트의 각 세대별로 설치된 스프링클러헤드의 설치수량은 12개이다.
⑤ 각 설비가 설치되어 있는 장소는 방화벽과 방화문으로 구획되어 있지 않고, 저수조, 펌프 및 입상배관은 겸용으로 설치되어 있다.
⑥ 옥내소화전설비의 경우 실양정 50m, 배관마찰손실은 실양정의 15%, 호스의 마찰손실수두는 실양정의 30%를 적용한다.
⑦ 스프링클러설비의 경우 실양정 52m, 배관마찰손실은 실양정의 35%를 적용한다.
⑧ 펌프의 효율은 체적효율 90%, 기계효율 80%, 수력효율 75%이다.
⑨ 펌프 작동에 요구되는 동력전달계수는 1.1을 적용한다.

(가) 주펌프의 최소 전양정〔m〕을 구하시오. (단, 최소 전양정을 산출할 때 옥내소화전설비와 스프링클러설비를 모두 고려해야 한다.)
○ 계산과정 :
○ 답 :

(나) 옥상수조를 포함하여 두 설비에 필요한 총 수원의 양〔m^3〕 및 최소 펌프 토출량〔L/min〕을 구하시오.

○ 계산과정 :

○ 답 :

(다) 펌프 작동에 필요한 전동기의 최소 동력[kW]을 구하시오.

○ 계산과정 :

○ 답 :

(라) 스프링클러설비에는 감시제어반과 동력제어반으로 구분하여 설치하여야 하는데, 구분하여 설치하지 않아도 되는 경우 3가지를 쓰시오.

○

○

○

해답 (가) ○ 계산과정 : 옥내소화전설비 $h_3=50\text{m}$

$h_1=50\times0.3=15\text{m}$

$h_2=50\times0.15=7.5\text{m}$

$\therefore\ H=15+7.5+50+17=89.5\text{m}$

스프링클러설비 $h_2=52\text{m}$

$h_1=52\times0.35=18.2\text{m}$

$\therefore\ H=18.2+52+10=80.2\text{m}$

○ 답 : 89.5m

(나) ○ 계산과정 : 옥내소화전설비 $Q=2.6\times2=5.2\text{m}^3$

$Q'=2.6\times2\times\frac{1}{3}=1.733\text{m}^3$

스프링클러설비 $Q=1.6\times10=16\text{m}^3$

$Q'=1.6\times10\times\frac{1}{3}=5.33\text{m}^3$

$\therefore\ 5.2+1.733+16+5.33=28.263\fallingdotseq28.26\text{m}^3$

옥내소화전설비 $Q=2\times130=260\text{L/min}$

스프링클러설비 $Q=10\times80=800\text{L/min}$

$\therefore\ 260+800=1060\text{L/min}$

○ 답 : 수원의 양[m^3]=28.26m^3

최소 펌프 토출량[L/min]=1060L/min

(다) ○ 계산과정 : $\eta=0.9\times0.8\times0.75=0.54$

$$P=\frac{0.163\times1.06\times89.5}{0.54}\times1.1$$

$$=31.5\text{kW}$$

○ 답 : 31.5kW

(라) ① 내연기관에 따른 가압송수장치를 사용하는 스프링클러설비

② 고가수조에 따른 가압송수장치를 사용하는 스프링클러설비

③ 가압수조에 따른 가압송수장치를 사용하는 스프링클러설비

해설 (가) ① **옥내소화전설비**의 **전양정**

$$H=h_1+h_2+h_3+17$$

여기서, H : 전양정[m]

h_1 : 소방호스의 마찰손실수두[m]

h_2 : 배관 및 관부속품의 마찰손실수두[m]

h_3 : 실양정(흡입양정+토출양정)[m]

- 〔조건 ⑥〕에서 h_3=50m
- 〔조건 ⑥〕에서 h_1=50m×0.3=15m
- 〔조건 ⑥〕에서 h_2=50m×0.15=7.5m

전양정 H는

$H = h_1 + h_2 + h_3 + 17 = 15\text{m} + 7.5\text{m} + 50\text{m} + 17 =$ **89.5m**

② **스프링클러설비**의 **전양정**

$$H = h_1 + h_2 + 10$$

여기서, H : 전양정〔m〕
h_1 : 배관 및 관부속품의 마찰손실수두〔m〕
h_2 : 실양정(흡입양정+토출양정)〔m〕
10 : 최고위 헤드압력수두〔m〕

- 〔조건 ⑦〕에서 h_2=52m
- 〔조건 ⑦〕에서 h_1=52m×0.35=18.2m
- 관부속품의 마찰손실수두는 주어지지 않았으므로 무시

전양정 H는

$H = h_1 + h_2 + 10 = 18.2\text{m} + 52\text{m} + 10 =$ **80.2m**

∴ 옥내소화설비의 전양정, 스프링클러설비 전양정 두 가지 중 **큰 값**인 **89.5m** 적용

중요

‖ 하나의 펌프에 두 개의 설비가 함께 연결된 경우 ‖

구 분	적 용
펌프의 전양정 →	두 설비의 전양정 중 **큰 값**
펌프의 토출압력	두 설비의 토출압력 중 **큰 값**
펌프의 유량(토출량)	두 설비의 유량(토출량)을 **더한 값**
수원의 저수량 →	두 설비의 저수량을 **더한 값**

(나) ① **옥내소화전설비**

저수조의 **저수량**

$Q = 2.6N$(30층 미만, N : 최대 2개)
$Q = 5.2N$(30~49층 이하, N : 최대 5개)
$Q = 7.8N$(50층 이상, N : 최대 5개)

여기서, Q : 저수조의 저수량〔m^3〕
N : 가장 많은 층의 소화전개수

저수조의 저수량 Q는

$Q = 2.6N = 2.6 \times 2 = 5.2\text{m}^3$

- 〔조건 ③〕에서 소화전개수 N=**2**(최대 2개)
- 〔조건 ①〕에서 **12층**이므로 **30층 미만**의 식 적용

옥상수원의 **저수량**

$Q' = 2.6N \times \frac{1}{3}$(30층 미만, N : 최대 2개)

$Q' = 5.2N \times \frac{1}{3}$(30~49층 이하, N : 최대 5개)

$Q' = 7.8N \times \frac{1}{3}$(50층 이상, N : 최대 5개)

여기서, Q' : 옥상수원의 저수량〔m^3〕
N : 가장 많은 층의 소화전개수

옥상수원의 저수량 $Q' = 2.6N \times \frac{1}{3} = 2.6 \times 2 \times \frac{1}{3} = 1.733\text{m}^3$

- 〔조건 ③〕에서 소화전개수 N=**2**(최대 2개)
- 〔조건 ①〕에서 **12층**이므로 **30층 미만**식 적용

② **스프링클러설비**

저수조의 **저수량**

<table>
<tr><th colspan="2">특정소방대상물</th><th>폐쇄형 헤드의 기준개수</th></tr>
<tr><td colspan="2">지하가 · 지하역사</td><td rowspan="4">30</td></tr>
<tr><td colspan="2">11층 이상</td></tr>
<tr><td rowspan="5">10층 이하</td><td>공장(특수가연물), 창고시설</td></tr>
<tr><td>판매시설(백화점 등), 복합건축물(판매시설이 설치된 것)</td></tr>
<tr><td>근린생활시설, 운수시설</td><td rowspan="2">20</td></tr>
<tr><td>8m 이상</td></tr>
<tr><td>8m 미만</td><td>10</td></tr>
<tr><td colspan="2">공동주택(아파트 등) →</td><td>10(각 동이 주차장으로 연결된 주차장 : 30)</td></tr>
</table>

문제에서 아파트이므로 아파트는 일반적으로 **폐쇄형 헤드**설치

$Q = 1.6N$(30층 미만)
$Q = 3.2N$(30~49층 이하)
$Q = 4.8N$(50층 이상)

여기서, Q : 수원의 저수량〔m^3〕
N : 폐쇄형 헤드의 기준개수(설치개수가 기준개수보다 적으면 그 설치개수)

30층 미만이므로 **수원**의 **저수량** $Q = 1.6N = 1.6 \times 10 = 16\text{m}^3$

- 문제에서 아파트이므로 기준개수는 **10개**이며 〔조건 ④〕에서 설치개수가 12개로 기준개수보다 많기 때문에 위 표를 참고하여 기준개수인 **10개 적용**

〔조건 ①〕에서

옥상수원의 **저수량**

$Q' = 1.6N \times \frac{1}{3}$(30층 미만)

$Q' = 3.2N \times \frac{1}{3}$(30~49층 이하)

$Q' = 4.8N \times \frac{1}{3}$(50층 이상)

여기서, Q : 수원의 저수량〔m^3〕
N : 폐쇄형 헤드의 기준개수(설치개수가 기준개수보다 적으면 그 설치개수)

옥상수원의 저수량 $Q' = 1.6N \times \frac{1}{3} = 1.6 \times 10 \times \frac{1}{3} = 5.33\text{m}^3$

수원의 저수량은 두 설비의 저수량을 **더한 값**이므로 총 저수량은
총 저수량=옥내소화전설비+스프링클러설비=$5.2\text{m}^3 + 1.733\text{m}^3 + 16\text{m}^3 + 5.33\text{m}^3 = 28.263 ≒ 28.26\text{m}^3$

③ **옥내소화전설비**의 **토출량**

$Q = N \times 130\text{L/min}$

여기서, Q : 펌프의 토출량〔L/min〕
N : 가장 많은 층의 소화전개수(**최대 2개**)

펌프의 **토출량** $Q = N \times 130\text{L/min} = 2 \times 130\text{L/min} = 260\text{L/min}$

- 〔조건 ③〕에서 소화전개수 N=2(최대 2개)

④ **스프링클러설비**의 **토출량**

$Q = N \times 80\text{L/min}$

여기서, Q : 펌프의 토출량〔L/min〕
N : 폐쇄형 헤드의 기준개수(설치개수가 기준개수보다 적으면 그 설치개수)

펌프의 **토출량** $Q = N \times 80\text{L/min} = 10 \times 80\text{L/min} = 800\text{L/min}$

- 문제에서 아파트이므로 기준개수 **10개**이며 〔조건 ④〕에서 설치개수가 12개로 기준개수보다 많기 때문에 (나)의 ②표를 참고하여 기준개수인 **10개 적용**

∴ 총 토출량 Q =옥내소화전설비+스프링클러설비$= 260\text{L/min} + 800\text{L/min} = 1060\text{L/min}$

(다) ① **전효율**

$$\eta_T = \eta_v \times \eta_m \times \eta_h$$

여기서, η_T : 펌프의 전효율
η_v : 체적효율
η_m : 기계효율
η_h : 수력효율

펌프의 **전효율** η_T는

$\eta_T = \eta_v \times \eta_m \times \eta_h = 0.9 \times 0.8 \times 0.75 = \mathbf{0.54}$

- η_v(0.9) : 〔조건 ⑧〕에서 90%=0.9
- η_m(0.8) : 〔조건 ⑧〕에서 80%=0.8
- η_h(0.75) : 〔조건 ⑧〕에서 75%=0.75

② 동력

$$P = \frac{0.163QH}{\eta}K$$

여기서, P : 동력〔kW〕
Q : 유량〔m^3/min〕
H : 전양정〔m〕
η : 효율
K : 전달계수

펌프의 **동력** P는

$$P = \frac{0.163QH}{\eta}K = \frac{0.163 \times 1060\text{L/min} \times 89.5\text{m}}{0.54} \times 1.1 = \frac{0.163 \times 1.06\text{m}^3/\text{min} \times 89.5\text{m}}{0.54} \times 1.1$$
$$= 31.5\text{kW}$$

- Q(1060L/min) : (나)에서 구한 값(1000L=1m^3이므로 1060L/min=1.06m^3/min)
- H(89.5m) : (가)에서 구한 값
- η(0.54) : 바로 위에서 구한 값
- K(1.1) : 〔조건 ⑨〕에서 주어진 값

(라) **감시제어반**과 **동력제어반**으로 **구분하여 설치하지 않아도 되는 경우**

스프링클러설비(NFPC 103 13조, NFTC 103 2.10.1)	미분무소화설비(NFPC 104A 15조, NFTC 104A 2.12.1)
① **내연기관**에 따른 가압송수장치를 사용하는 스프링클러설비 ② **고가수조**에 따른 가압송수장치를 사용하는 스프링클러설비 ③ **가압수조**에 따른 가압송수장치를 사용하는 스프링클러설비 기억법 **내고가**	① 가압수조에 따른 가압송수장치를 사용하는 미분무소화설비의 경우 ② 별도의 시방서를 제시할 경우

비교

감시제어반과 **동력제어반**으로 **구분하여 설치하지 않아도 되는 경우**

(1) 옥외소화전설비 (NFPC 109 9조, NFTC 109 2.6.1)

① **내연기관**에 따른 가압송수장치를 사용하는 옥외소화전설비
② **고가수조**에 따른 가압송수장치를 사용하는 옥외소화전설비
③ **가압수조**에 따른 가압송수장치를 사용하는 옥외소화전설비

(2) 옥내소화전설비 (NFPC 102 9조, NFTC 102 2.6.1)
① **내연기관**에 따른 가압송수장치를 사용하는 옥내소화전설비
② **고가수조**에 따른 가압송수장치를 사용하는 옥내소화전설비
③ **가압수조**에 따른 가압송수장치를 사용하는 옥내소화전설비

(3) 화재조기진압용 스프링클러설비 (NFPC 103B 15조, NFTC 103B 2.12.1)
① **내연기관**에 따른 가압송수장치를 사용하는 화재조기진압용 스프링클러설비
② **고가수조**에 따른 가압송수장치를 사용하는 화재조기진압용 스프링클러설비
③ **가압수조**에 따른 가압송수장치를 사용하는 화재조기진압용 스프링클러설비

(4) 물분무소화설비 (NFPC 104 13조, NFTC 104 2.10.1)
① **내연기관**에 따른 가압송수장치를 사용하는 물분무소화설비
② **고가수조**에 따른 가압송수장치를 사용하는 물분무소화설비
③ **가압수조**에 따른 가압송수장치를 사용하는 물분무소화설비

(5) 포소화설비 (NFPC 105 14조, NFTC 105 2.11.1)
① **내연기관**에 따른 가압송수장치를 사용하는 포소화설비
② **고가수조**에 따른 가압송수장치를 사용하는 포소화설비
③ **가압수조**에 따른 가압송수장치를 사용하는 포소화설비

중요

가압송수장치의 **구분**

구 분	미분무소화설비	구 분	스프링클러설비
가압수조방식	**가압수조**를 이용한 **가압송수장치**	고가수조방식	**자연낙차**를 이용한 가압송수장치
압력수조방식	**압력수조**를 이용한 **가압송수장치**	압력수조방식	**압력수조**를 이용한 가압송수장치
펌프방식 (지하수조방식)	**전동기** 또는 **내연기관**에 따른 펌프를 이용하는 가압송수장치	펌프방식 (지하수조방식)	**전동기** 또는 **내연기관**에 따른 펌프를 이용하는 가압송수장치

☆☆☆

문제 04

다음 조건을 기준으로 옥내소화전설비에 대한 물음에 답하시오.

(18.6.문7, 15.11.문1, 14.4.문3, 13.4.문9, 07.7.문2)

득점	배점
	12

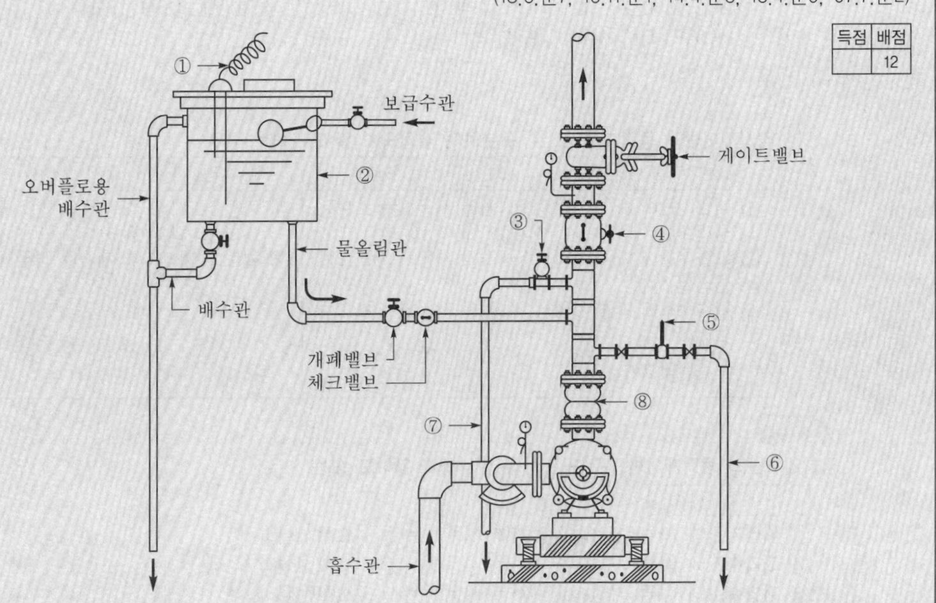

[조건]

① 소방대상물은 10층의 백화점 용도이다.
② 5층까지는 각 층에 6개씩, 그 이상 층에는 각 층에 5개씩 옥내소화전이 설치되어 있다.
③ 소화전함의 호스는 15m이고, 호스 길이 100m당 호스의 마찰손실수두는 26m로 한다.
④ 옥내소화전펌프의 풋밸브로부터 최고층 소화전까지 배관의 실양정은 40m, 관마찰 및 관부속품에 의한 최대 손실수두는 20m이다.
⑤ 옥내소화전 주펌프 주변기기는 위 도면과 같고, 주배관은 연결송수관과 겸용한다.
⑥ 주어진 조건 외에는 화재안전기준에 준한다.

(가) 옥내소화전설비에 필요한 총 수원의 최소 양[m^3]을 구하시오. (단, 옥상수조의 수원의 양까지 포함하여 구하시오.)
○ 계산과정 :
○ 답 :

(나) 펌프의 분당 토출량[L/min]을 구하시오.
○ 계산과정 :
○ 답 :

(다) 화재안전기준에 따라 펌프에 요구되는 최소 전양정[m]을 구하시오.
○ 계산과정 :
○ 답 :

(라) 펌프를 구동하기 위한 원동기 최소 동력[kW]을 구하시오. (단, 펌프효율은 55%, 동력전달계수는 1.1로 한다.)
○ 계산과정 :
○ 답 :

(마) 위 도면에 표시된 ①, ③, ④, ⑧의 부품명칭을 쓰시오.
① :
③ :
④ :
⑧ :

(바) 위 도면의 ⑧번 부품을 사용하는 이유를 설명하시오.
○

(사) 위 도면의 ⑦번의 배관을 설치하는 목적을 설명하시오.
○

(아) 최상단 소화전에서 안지름이 13mm인 노즐로 0.25MPa의 방사압력으로 10분간 물을 방수할 때 10분 동안 발생된 물의 방수량[L]을 구하시오.
○ 계산과정 :
○ 답 :

해답 (가) ○ 계산과정 : $Q = 2.6 \times 2 = 5.2\text{m}^3$

$$Q' = 2.6 \times 2 \times \frac{1}{3} = 1.733\text{m}^3$$

$$Q = 5.2 + 1.733 = 6.933 ≒ 6.93\text{m}^3$$

○ 답 : 6.93m^3

(나) ○ 계산과정 : $2 \times 130 = 260\text{L/min}$

○ 답 : 260L/min

(다) ○ 계산과정 : $h_1 = \frac{26}{100} \times 15 = 3.9\text{m}$

$h_2 = 20\text{m}$

$h_3 = 40\text{m}$

$H = 3.9 + 20 + 40 + 17 = 80.9\text{m}$

○ 답 : 80.9m

(라) ○ 계산과정 : $\frac{0.163 \times 0.26 \times 80.9}{0.55} \times 1.1 = 6.857 ≒ 6.86\text{kW}$

○ 답 : 6.86kW

(마) ① 감수경보장치
③ 릴리프밸브
④ 체크밸브
⑧ 플렉시블 조인트

(바) 펌프의 진동흡수

(사) 체절운전시 수온상승 방지

(아) 계산과정 : $Q = 0.653 \times 13^2 \times \sqrt{10 \times 0.25} = 174.4897\text{L/min}$

$174.4897 \times 10 = 1744.897 ≒ 1744.9\text{L}$

○ 답 : 1744.9L

 해설 (가) **저수조**의 **저수량**

$Q = 2.6N$(30층 미만, N : 최대 2개)
$Q = 5.2N$(30~49층 이하, N : 최대 5개)
$Q = 7.8N$(50층 이상, N : 최대 5개)

여기서, Q : 저수조의 저수량[m³]
N : 가장 많은 층의 소화전개수

저수조의 저수량 Q는

$Q = 2.6N = 2.6 \times 2 = 5.2\text{m}^3$

- [조건 ②]에서 소화전개수 N=**2**(최대 2개까지만 적용)
- [조건 ①]에서 **10층**이므로 **30층 미만**의 식 적용

옥상수원의 **저수량**

$Q' = 2.6N \times \frac{1}{3}$(30층 미만, N : 최대 2개)

$Q' = 5.2N \times \frac{1}{3}$(30~49층 이하, N : 최대 5개)

$Q' = 7.8N \times \frac{1}{3}$(50층 이상, N : 최대 5개)

여기서, Q': 옥상수원의 저수량[m³]
N: 가장 많은 층의 소화전개수

옥상수원의 저수량 $Q' = 2.6N \times \frac{1}{3} = 2.6 \times 2 \times \frac{1}{3} = 1.733\text{m}^3$

- [조건 ②]에서 소화전개수 N=**2**(최대 2개까지만 적용)
- [조건 ①]에서 **10층**이므로 **30층 미만**의 식 적용

∴ **수원의 최소 유효저수량**=저수조의 저수량+옥상수원의 저수량=5.2m³+1.733m³=6.933 ≒ 6.93m³

(나) **유량**(분당 토출량)

$Q = N \times 130\text{L/min}$

여기서, Q : 유량(분당 토출량)[L/min]
N: 가장 많은 층의 소화전개수(30층 미만 : 최대 2개, 30층 이상 : 최대 5개)

펌프의 **최소 유량** Q는
$Q = N \times 130\text{L/min} = 2 \times 130\text{L/min} = 260\text{L/min}$

- [조건 ②]에서 소화전개수 N=2

(다) 그림을 그리면 이해하기 쉽다.

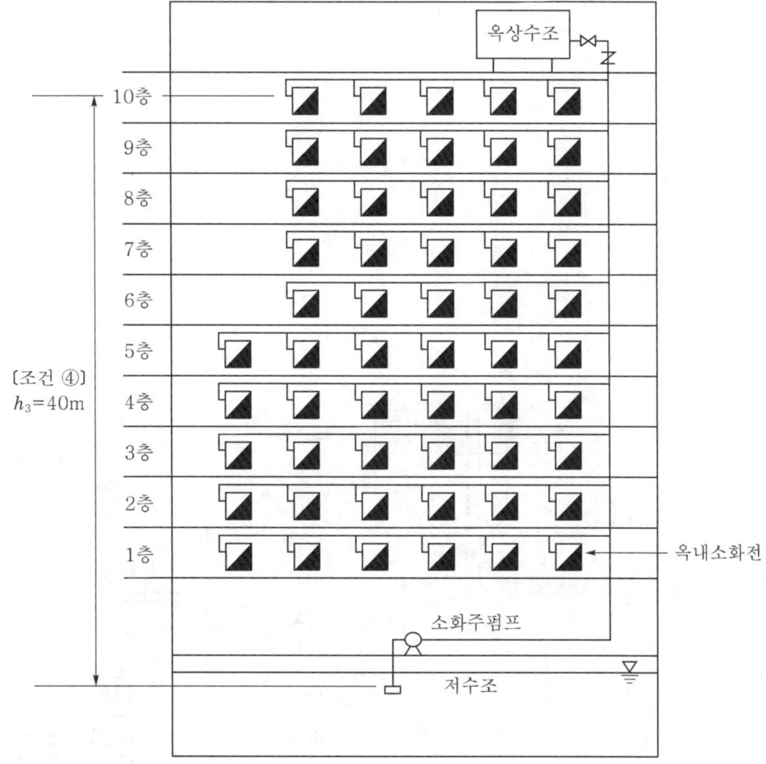

전양정

$$H = h_1 + h_2 + h_3 + 17$$

여기서, H : 전양정[m]
h_1 : 소방호스의 마찰손실수두[m]
h_2 : 배관 및 관부속품의 마찰손실수두[m]
h_3 : 실양정(흡입양정+토출양정)[m]

$h_1 = \frac{26}{100} \times 15\text{m} = 3.9\text{m}$([조건 ③])
$h_2 = 20\text{m}$([조건 ④]에 의해)
$h_3 = 40\text{m}$([조건 ④]에 의해)

- **실양정**(h_3) : 옥내소화전펌프의 풋밸브~최상층 옥내소화전의 앵글밸브까지의 수직거리

펌프의 **전양정** H는
$H = h_1 + h_2 + h_3 + 17 = 3.9\text{m} + 20\text{m} + 40\text{m} + 17 = 80.9\text{m}$

(라) **모터동력**(전동력)

$$P = \frac{0.163QH}{\eta} K$$

여기서, P : 전동력[kW]
Q : 유량[m^3/min]
H : 전양정[m]

K : 전달계수

η : 효율

펌프의 **모터동력**(전동력) P는

$$P = \frac{0.163QH}{\eta}K$$

$$= \frac{0.163 \times 260\text{L/min} \times 80.9\text{m}}{0.55} \times 1.1$$

$$= \frac{0.163 \times 0.26\text{m}^3/\text{min} \times 80.9\text{m}}{0.55} \times 1.1$$

$$= 6.857 \fallingdotseq 6.86\text{kW}$$

- Q(**260L/min**) : (나)에서 구한 값
- H(**80.9m**) : (다)에서 구한 값
- η(**0.55**) : (라)의 [단서]에서 55%=**0.55**
- K(**1.1**) : (라)의 [단서]에서 주어진 값

(마), (바), (사)

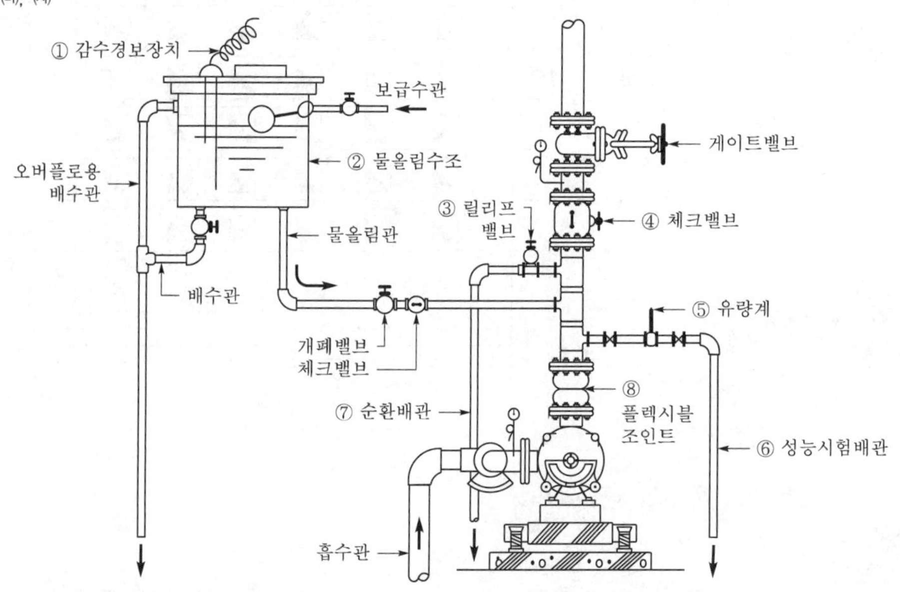

기 호	명 칭	설 명
①	**감수경보장치**	물올림수조에 물이 부족할 경우 **감시제어반**에 **신호**를 보내는 장치
②	**물올림수조**	펌프와 풋밸브 사이의 흡입관 내에 물을 항상 채워주기 위해 필요한 탱크
③	**릴리프밸브**	체절운전시 체절압력 미만에서 개방되는 밸브(**'안전밸브'**라고 쓰면 틀림)
④	**체크밸브**	펌프토출측의 물이 **자연압**에 의해 아래로 내려오는 것을 막기 위한 밸브(**'스모렌스키 체크밸브'**라고 써도 정답)
⑤	**유량계**	펌프의 **성능시험**시 **유량측정**계기
⑥	**성능시험배관**	체절운전시 정격토출압력의 **140%**를 초과하지 아니하고, 정격토출량의 **150%**로 운전시 정격토출압력의 **65%** 이상이 되는지 시험하는 배관
⑦	**순환배관**	**펌프**의 체절운전시 **수온**의 **상승**을 **방지**하기 위한 배관
⑧	**플렉시블 조인트**	**펌프**의 **진동흡수**

비교

(1) **플렉시블 조인트** vs **플렉시블 튜브**

구 분	플렉시블 조인트	플렉시블 튜브
용도	펌프의 진동흡수	구부러짐이 많은 배관에 사용
설치장소	펌프의 흡입측 · 토출측	저장용기~집합관 설비
도시기호		
설치 예	플렉시블 조인트 플렉시블 조인트 후드밸브	집합관 플렉시블 튜브 안전밸브 용기밸브 저장용기

(2) **릴리프밸브** vs **안전밸브**

구 분	릴리프밸브	안전밸브
정의	**수계 소화설비**에 사용되며 조작자가 작동압력을 임의로 조정할 수 있다.	**가스계 소화설비**에 사용되며 작동압력은 제조사에서 설정되어 생산되며 조작자가 작동압력을 임의로 조정할 수 없다.
적응유체	**액체**	**기체** 기억법 **기안(기안 올리기)**
개방형태	설정 압력 초과시 **서서히 개방**	설정 압력 초과시 **순간적**으로 완전 **개방**
작동압력 조정	조작자가 작동압력 **조정 가능**	조작자가 작동압력 **조정 불가**
구조	압력조정나사 스프링 배출 밸브캡 펌프	핀 레버 덮개 부싱 코일 스프링 몸체 밸브스템
설치 예	자동급수밸브 급수관 감수경보장치 볼탭 오버플로관 물올림탱크 순환배관 릴리프밸브 배수관 물올림관 ∥물올림장치 주위∥	안전밸브 PS 압력챔버 배수밸브 ∥안전밸브 주위∥

(아) 방수량

$$Q = 0.653D^2\sqrt{10P} = 0.6597CD^2\sqrt{10P}$$

여기서, Q : 방수량〔L/min〕

C : 노즐의 흐름계수(유량계수)

D : 구경〔mm〕

P : 방수압〔MPa〕

방수량 Q는

$Q = 0.653D^2\sqrt{10P}$

$= 0.653 \times (13\text{mm})^2 \times \sqrt{10 \times 0.25\text{MPa}}$

$= 174.4897\text{L/min}$

문제에서 방수량의 단위가 L이므로 L로 변환하기 위해 시간을 곱하면

$174.4897\text{L/min} \times 10\text{min} = 1744.897 ≒ 1744.9\text{L}$

☆

문제 05

소화설비에 사용되는 진공계, 압력계의 각 설치위치와 측정범위를 〔보기〕에서 골라 쓰시오. (12.4.문11)

득점	배점
	2

〔조건〕

① 설치위치 : 펌프 흡입측 배관, 펌프 토출측 배관

② 측정범위 : 대기압 이하의 압력, 대기압 이상의 압력

(가) 진공계

○설치위치 :

○측정범위 :

(나) 압력계

○설치위치 :

○측정범위 :

해답 (가) 진공계

① 설치위치 : 펌프의 흡입측 배관

② 측정범위 : 대기압 이하의 압력

(나) 압력계

① 설치위치 : 펌프의 토출측 배관

② 측정범위 : 대기압 이상의 압력

해설 **연성계 · 압력계 · 진공계**

구 분	연성계	압력계	진공계
설치위치	펌프의 **흡입측 배관**(단, 정압식일 때는 펌프 토출측에 설치)	펌프의 **토출측 배관**	펌프의 **흡입측 배관**
측정범위	대기압 **이하** 및 대기압 **이상**의 압력	대기압 **이상**의 압력	대기압 **이하**의 압력
눈금범위	**0.1~2MPa, 0~76cmHg**의 계기눈금	**0.05~200MPa**의 계기눈금	**0~76cmHg**의 계기눈금

☆☆
문제 06

다음과 같은 직육면체(바닥면적은 6m×6m)의 물탱크에서 밸브를 완전히 개방하였을 때 최저 유효수면까지 물이 배수되는 소요시간〔분〕을 구하시오. (단, 토출측 관 안지름은 80mm이고, 탱크 수면 하강속도가 변화하는 점을 고려하여 소요시간을 구하시오.) (13.4.문8)

득점	배점
	4

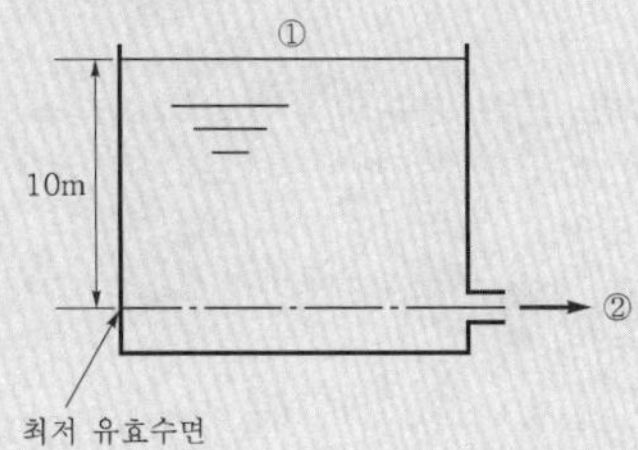

○ 계산과정 :
○ 답 :

해답 ○ 계산과정 : $36V_1 = \frac{\pi \times 0.08^2}{4} \times \sqrt{2 \times 9.8 \times 10}$

$$V_1 = \frac{\frac{\pi \times 0.08^2}{4} \times \sqrt{2 \times 9.8 \times 10}}{36} = 1.9547 \times 10^{-3}\text{m/s} \fallingdotseq 0.1172\text{m/min}$$

$$10 = 0.1172t + \frac{1}{2}\left(\frac{-0.1172}{t}\right)t^2$$

$$10 = 0.0586t$$

$$t = 170.648 \fallingdotseq 170.65\text{min}$$

○ 답 : 170.65분

해설 탱크에서 감소되는 유량(Q_1)과 배수되는 유량(Q_2)이 동일하므로

(1) **유량**

$$Q = A_1 V_1 = A_2 V_2$$

여기서, Q : 유량〔m^3/s〕
A_1, A_2 : 단면적〔m^2〕
V_1, V_2 : 유속〔m/s〕

$$A_1 V_1 = A_2 V_2$$

$$(6\text{m} \times 6\text{m})V_1 = \left(\frac{\pi D_2^{\ 2}}{4}\right) \times \sqrt{2gH}$$

$$36\text{m}^2 V_1 = \frac{\pi \times (0.08\text{m})^2}{4} \sqrt{2 \times 9.8\text{m/s}^2 \times 10\text{m}}$$

$$V_1 = \frac{\frac{\pi \times (0.08\text{m})^2}{4} \times \sqrt{2 \times 9.8\text{m/s}^2 \times 10\text{m}}}{36\text{m}^2} = 1.9547 \times 10^{-3}\text{m/s}$$

$$= 1.9547 \times 10^{-3}\text{m}/\frac{1}{60}\text{min}$$

$$= (1.9547 \times 10^{-3} \times 60)\text{m/min}$$

$$\fallingdotseq 0.1172\text{m/min}$$

- $A_2 = \frac{\pi D_2^{\ 2}}{4}$ (여기서, D : 직경〔m〕)
- D(80mm) : 〔단서〕에서 주어진 값(1000mm=1m이므로 80mm=0.08m)
- $V = \sqrt{2gH}$ (여기서, g : 중력가속도(9.8m/s^2), H : 높이〔m〕)
- 1min=60s이므로 $1\text{s} = \frac{1}{60}\text{min}$

(2) **가속도**

$$a = \frac{V_o - V_1}{t}$$

여기서, a : 가속도[m/min²], V_o : 처음속도[m/min], V_1 : 하강속도[m/min], t : 배수시간[min]

가속도 $a = \frac{V_o - V_1}{t} = \frac{0 - 0.1172\text{m/min}}{t} = \frac{-0.1172\text{m/min}}{t}$ [m/min²]

- V_o(0m/min) : 처음에는 물이 배수되지 않으므로 속도가 0m/min
- V_1(0.1172m/min) : (1)에서 구한 값
- min=분
- [단서]에서 '**하강속도가 변한다**'고 했으므로 **가속도**식 적용

(3) **이동거리**

$$S = V_1 t + \frac{1}{2} a t^2$$

여기서, S : 이동거리[m], V_1 : 하강속도[m/min], t : 배수시간[min], a : 가속도[m/min²]

$$S = V_1 t + \frac{1}{2} a t^2$$

$$10\text{m} = 0.1172\text{m/min}\, t + \frac{1}{2}\left(\frac{-0.1172\text{m/min}}{t}\right) t^2$$

$$10\text{m} = 0.1172\text{m/min}\, t + (-0.0586\text{m/min}\, t)$$

$$10\text{m} = 0.0586\text{m/min}\, t$$

$$0.0586\text{m/min}\, t = 10\text{m}$$

$$t = \frac{10\text{m}}{0.0586\text{m/min}} = 170.648 \fallingdotseq 170.65\text{min} = 170.65\text{분}$$

- S(10m) : 최저 유효수면까지 저하되므로 그림에서 주어진 **10m** 적용
- V_1(0.1172m/min) : (1)에서 구한 값
- min=분

별해 이렇게 풀어도 정답!

토리첼리를 이용하여 **유도**된 **공식**

$$t = \frac{2A_t}{C_g \times A\sqrt{2g}}\sqrt{H}$$

여기서, t : 토출시간(수조의 물이 배수되는 데 걸리는 시간)[s]

C_g : 유량계수(노즐의 흐름계수)

g : 중력가속도[9.8m/s²]

A : 방출구 단면적[m²]

A_t : 물탱크 바닥면적[m²]

$\sqrt{H}$: 수면에서 방출구 중심까지의 높이[m]

수조의 물이 배수되는 데 걸리는 시간 t는

$$t = \frac{2A_t}{C_g \times A\sqrt{2g}} \times \sqrt{H} = \frac{2A_t}{C_g \times \frac{\pi \times D^2}{4}\sqrt{2g}} \times \sqrt{H} = \frac{2\times 6\times 6}{\frac{\pi\times(0.08\text{m})^2}{4}\times\sqrt{2\times 9.8\text{m/s}^2}} \times \sqrt{10\text{m}}$$

$$= 10231\text{s} = 10231 \times \frac{1}{60} = 170.516 \fallingdotseq 170.52\text{min}$$

- 소수점이 위의 결과와 좀 다르긴 하지만 둘 다 정답

☆☆
문제 07

소방대상물에 옥외소화전 7개를 설치하였다. 다음 각 물음에 답하시오. (11.5.문5, 09.4.문8)

득점	배점
	4

(가) 지하수원의 최소 유효저수량[m^3]을 구하시오.
○ 계산과정 :
○ 답 :

(나) 가압송수장치의 최소 토출량[L/min]을 구하시오.
○ 계산과정 :
○ 답 :

(다) 옥외소화전의 호스접결구 설치기준과 관련하여 다음 (   ) 안의 내용을 쓰시오.

> 호스접결구는 지면으로부터 높이가 (①)m 이상 (②)m 이하의 위치에 설치하고 특정소방대상물의 각 부분으로부터 하나의 호스접결구까지의 수평거리가 (③)m 이하가 되도록 설치하여야 한다.

① :
② :
③ :

해답 (가) ○ 계산과정 : $7 \times 2 = 14\text{m}^3$
○ 답 : 14 m^3
(나) ○ 계산과정 : $2 \times 350 = 700\text{L/min}$
○ 답 : 700L/min
(다) ① 0.5 ② 1 ③ 40

해설 (가) **옥외소화전 수원**의 **저수량**

$$Q = 7N$$

여기서, Q : 옥외소화전 수원의 저수량[m^3], N : 옥외소화전개수(**최대 2개**)
수원의 **저수량** Q는
$Q = 7N = 7 \times 2 = 14\text{m}^3$

(나) **옥외소화전 가압송수장치**의 **토출량**

$$Q = N \times 350\text{L/min}$$

여기서, Q : 옥외소화전 가압송수장치의 토출량[L/min], N : 옥외소화전개수(최대 2개)
가압송수장치의 **토출량** Q는
$Q = N \times 350\text{L/min} = 2 \times 350\text{L/min} = 700\text{L/min}$

- N은 소화전개수(최대 2개)

비교

옥내소화전설비의 **저수량 및 토출량**
(1) **수원**의 **저수량**

$Q = 2.6N$(30층 미만, N : 최대 2개)
$Q = 5.2N$(30~49층 이하, N : 최대 5개)
$Q = 7.8N$(50층 이상, N : 최대 5개)

여기서, Q : 옥내소화전 수원의 저수량[m^3], N : 가장 많은 층의 옥내소화전개수

(2) **옥내소화전 가압송수장치**의 **토출량**

$$Q = N \times 130$$

여기서, Q : 옥내소화전 가압송수장치의 토출량[L/min]
N : 가장 많은 층의 옥내소화전개수(30층 미만 : 최대 2개, 30층 이상 : 최대 5개)

(다) ① **설치높이**

0.5~1m 이하	0.8~1.5m 이하	1.5m 이하
① **연**결송수관설비의 송수구·방수구 ② **연**결살수설비의 송수구 ③ **소**화**용**수설비의 채수구 ④ 옥외소화전 호스접결구 기억법 **연소용 51(연소용 오일은 잘 탄다.)**	① **제**어밸브(수동식 개방밸브) ② **유**수검지장치 ③ **일**제개방밸브 기억법 **제유일 85(제가 유일하게 팔았어요.)**	① **옥내**소화전설비의 방수구 ② **호**스릴함 ③ **소**화기 기억법 **옥내호소 5(옥내에서 호소하시오.)**

② **옥내소화전**과 **옥외소화전**의 비교

옥내소화전	옥외소화전
수평거리 25m 이하	수평거리 40m 이하
노즐(13mm×1개)	노즐(19mm×1개)
호스(40mm×15m×2개)	호스(65mm×20m×2개)
앵글밸브(40mm×1개)	앵글밸브 필요없음

☆☆☆

문제 08

포소화설비에서 포소화약제 혼합장치의 혼합방식을 5가지 쓰시오. (11.5.문12, 07.4.문11)

○
○
○
○
○

득점	배점
	3

해답 ① 펌프 프로포셔너방식
② 라인 프로포셔너방식
③ 프레져 프로포셔너방식
④ 프레져사이드 프로포셔너방식
⑤ 압축공기포 믹싱챔버방식

해설 **포소화약제**의 **혼합장치**(NFPC 105 3·9조, NFTC 105 1.7, 2.6.1)

혼합장치	설 명	구 성
펌프 프로포셔너방식 (펌프혼합방식)	펌프의 토출관과 흡입관 사이의 배관 도중에 설치한 흡입기에 펌프에서 토출된 물의 일부를 보내고 **농도조정밸브**에서 조정된 포소화약제의 필요량을 포소화약제 탱크에서 펌프 흡입측으로 보내어 이를 혼합하는 방식	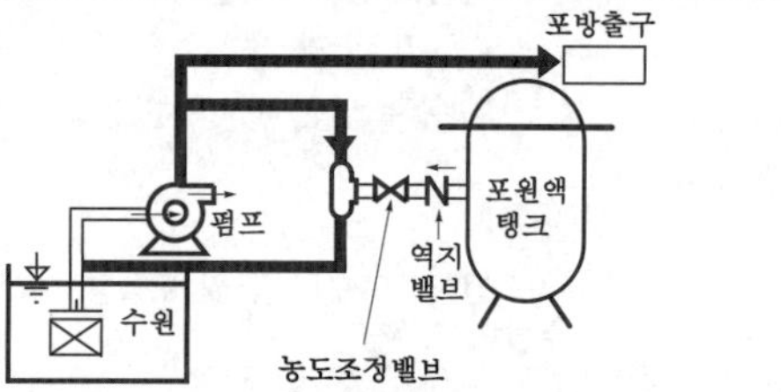 포방출구, 펌프, 포원액 탱크, 역지밸브, 수원, 농도조정밸브
라인 프로포셔너방식 (관로혼합방식)	펌프와 발포기의 중간에 설치된 **벤투리관**의 벤투리작용에 의하여 포소화약제를 흡입·혼합하는 방식	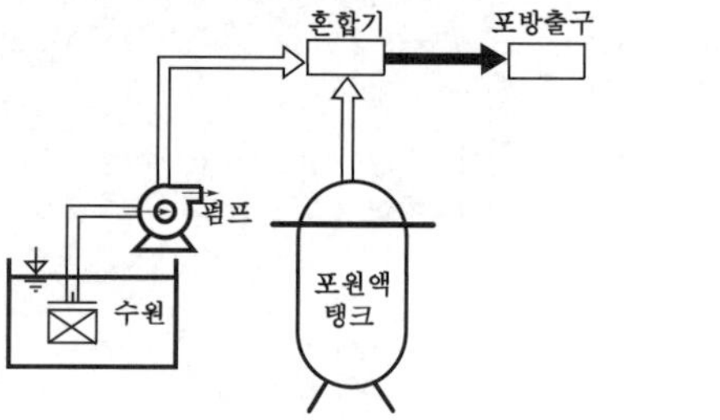 혼합기, 포방출구, 펌프, 수원, 포원액 탱크

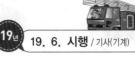

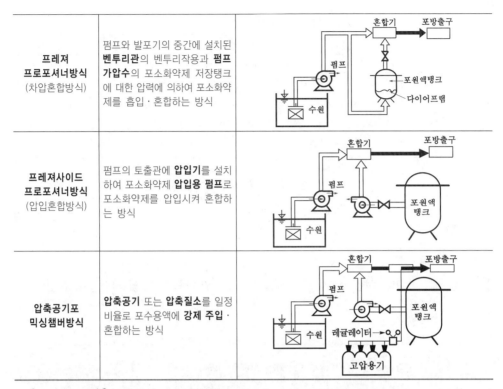

프레져 프로포셔너방식 (차압혼합방식)	펌프와 발포기의 중간에 설치된 **벤투리관**의 벤투리작용과 **펌프 가압수**의 포소화약제 저장탱크에 대한 압력에 의하여 포소화약제를 흡입·혼합하는 방식	혼합기, 포방출구, 펌프, 포원액탱크, 다이어프램, 수원
프레져사이드 프로포셔너방식 (압입혼합방식)	펌프의 토출관에 **압입기**를 설치하여 포소화약제 **압입용 펌프**로 포소화약제를 압입시켜 혼합하는 방식	혼합기, 포방출구, 펌프, 포원액 탱크, 수원
압축공기포 믹싱챔버방식	**압축공기** 또는 **압축질소**를 일정비율로 포수용액에 **강제 주입**·혼합하는 방식	혼합기, 포방출구, 펌프, 포원액 탱크, 수원, 레귤레이터, 고압용기

아하! 그렇구나 **포소화약제 혼합장치의 특징**

혼합방식	특 징
펌프 프로포셔너방식 (pump proportioner type)	• 펌프는 포소화설비 전용의 것일 것 • 구조가 비교적 간단하다. • **소용량**의 **저장탱크용**으로 적당하다.
라인 프로포셔너방식 (line proportioner type)	• **구조**가 가장 **간단**하다. • **압력강하**의 우려가 있다.
프레져 프로포셔너방식 (pressure proportioner type)	• 방호대상물 가까이에 포원액 탱크를 분산배치할 수 있다. • 배관을 **소화전 · 살수배관**과 **겸용**할 수 있다. • 포원액 탱크의 압력용기 사용에 따른 **설치비**가 **고가**이다.
프레져사이드 프로포셔너방식 (pressure side proportioner type)	• 고가의 포원액 탱크 압력용기 사용이 불필요하다. • **대용량**의 포소화설비에 적합하다. • 포원액 탱크를 적재하는 **화학소방차**에 적합하다.
압축공기포 믹싱챔버방식	• 포수용액에 공기를 강제로 주입시켜 **원거리 방수** 가능 • 물 사용량을 줄여 **수손피해 최소화**

★★★
문제 09

바닥면적 100m^{2}이고 높이 3.5m의 발전기실에 HFC-125 소화약제를 사용하는 할로겐화합물 소화설비를 설치하려고 한다. 다음 〔조건〕을 참고하여 각 물음에 답하시오.

(18.6.문3, 18.4.문10, 17.6.문1·4, 16.11.문2·8, 14.4.문2·16, 13.11.문13, 13.4.문2, 12.4.문14)

득점	배점
	6

〔조건〕
① HFC-125의 설계농도는 8%, 방호구역 최소 예상온도는 20℃로 한다.
② HFC-125의 용기는 90L/60kg으로 적용한다.

③ HFC-125의 선형상수는 아래 표와 같다.

소화약제	K_1	K_2
HFC-125	0.1825	0.0007

④ 사용하는 배관은 압력배관용 탄소강관(SPPS 250)으로 항복점은 250MPa, 인장강도는 410MPa이다. 이 배관의 호칭지름은 DN400이며, 이음매 없는 배관이고 이 배관의 바깥지름과 스케줄에 따른 두께는 아래 표와 같다. 또한 나사 이음에 따른 나사의 높이(헤드설치부분 제외) 허용값은 1.5mm를 적용한다.

호칭지름	바깥지름 〔mm〕	배관두께〔mm〕					
		스케줄 10	스케줄 20	스케줄 30	스케줄 40	스케줄 60	스케줄 80
DN400	406.4	6.4	7.9	9.5	12.7	16.7	21.4

(가) HFC-125의 최소 용기수를 구하시오.
○ 계산과정 :
○ 답 :

(나) 배관의 최대 허용압력이 6.1MPa일 때, 이를 만족하는 배관의 최소 스케줄 번호를 구하시오.
○ 계산과정 :
○ 답 :

해답 (가) ○ 계산과정 : $S = 0.1825 + 0.0007 \times 20℃ = 0.1965\text{m}^3/\text{kg}$

$$W = \frac{100 \times 3.5}{0.1965} \times \frac{8}{100-8} = 154.884\text{kg}$$

$$\text{용기수} = \frac{154.884}{60} = 2.5 ≒ 3\text{병}$$

○ 답 : 3병

(나) ○ 계산과정 : $410 \times \frac{1}{4} = 102.5\text{MPa}$

$$250 \times \frac{2}{3} = 166.666\text{MPa}$$

$$SE = 102.5 \times 1.0 \times 1.2 = 123\text{MPa}$$

$$t = \frac{6.1 \times 406.4}{2 \times 123} + 1.5 = 11.57\text{mm}$$

○ 답 : 스케줄 40

해설 (가) ① 최소 소화약제량

$$W = \frac{V}{S} \times \left(\frac{C}{100-C}\right)$$

여기서, W : 소화약제의 무게(소화약제량)〔kg〕
V : 방호구역의 체적〔m^3〕
S : 소화약제별 선형상수($K_1 + K_2 t$)〔m^3/kg〕
C : 체적에 따른 소화약제의 설계농도〔%〕
K_1, K_2 : 선형상수
t : 방호구역의 최소 예상온도〔℃〕

할로겐화합물 소화약제

소화약제별 선형상수 S는

$S = K_1 + K_2 t = 0.1825 + 0.0007 \times 20℃ = 0.1965\text{m}^3/\text{kg}$

- 〔조건 ③〕에서 K_1과 K_2값 적용
- 〔조건 ①〕에서 최소 예상온도는 **20℃**

소화약제의 **무게**(소화약제량) W는

$$W=\frac{V}{S}\times\left(\frac{C}{100-C}\right)=\frac{100\text{m}^2\times3.5\text{m}}{0.1965\text{m}^3/\text{kg}}\times\left(\frac{8\%}{100-8\%}\right)\fallingdotseq154.884\text{kg}$$

- V($100m^2\times3.5m$) : 문제에서 주어진 바닥면적, 높이
- S($0.1965m^3/kg$) : 바로 위에서 구한 값
- ABC 화재별 안전계수

설계농도	소화농도	안전계수
A급(일반화재)	A급	1.2
B급(유류화재)	B급	1.3
C급(전기화재)	A급	1.35

설계농도[%]=소화농도[%]×안전계수, 하지만 [조건 ①]에서 설계농도가 바로 주어졌으므로 여기에 안전계수를 다시 곱할 필요가 없다. 주의!

- HFC-125는 할로겐화합물 소화약제이므로 $W=\frac{V}{S}\times\left(\frac{C}{100-C}\right)$식 적용
- 154.884kg : 문제에서 [조건]이 없으면 계산과정에서는 소수점 이하 3째자리까지 구하는 것 권장

② **충전비**

$$C=\frac{V}{G}$$

여기서, C : 충전비[L/kg]
V : 1병당 내용적[L]
G : 1병당 저장량[kg]

- 충전비 $C=\frac{V}{G}$에서 [조건 ②] 90L/60kg은 $C=\frac{V(90\text{L})}{G(60\text{kg})}$이므로 1병당 저장량은 60kg

③ 용기수$=\frac{\text{소화약제량[kg]}}{\text{1병당 저장값[kg]}}=\frac{154.884\text{kg}}{60\text{kg}}=2.5\fallingdotseq3$병(절상)

- 154.884kg : 바로 위에서 구한 값
- 60kg : 바로 위에서 구한 값

참고

소화약제량의 **산정**(NFPC 107A 4·7조, NFTC 107A 2.1.1, 2.4.1)

구 분	할로겐화합물 소화약제	불활성기체 소화약제
종류	• FC-3-1-10 • HCFC BLEND A • HCFC-124 • HFC-125 • HFC-227ea • HFC-23 • HFC-236fa • FIC-13I1 • FK-5-1-12	• IG-01 • IG-100 • IG-541 • IG-55
공식	$W=\frac{V}{S}\times\left(\frac{C}{100-C}\right)$ 여기서, W : 소화약제의 무게[kg] V : 방호구역의 체적[m^3] S : 소화약제별 선형상수(K_1+K_2t)[m^3/kg] C : 체적에 따른 소화약제의 설계농도[%] K_1, K_2 : 선형상수 t : 방호구역의 최소 예상온도[℃]	$X=2.303\left(\frac{V_s}{S}\right)\times\log_{10}\left(\frac{100}{100-C}\right)\times V$ 여기서, X : 소화약제의 부피[m^3] S : 소화약제별 선형상수(K_1+K_2t)[m^3/kg] C : 체적에 따른 소화약제의 설계농도[%] V_s : 20℃에서 소화약제의 비체적 ($K_1+K_2\times20$℃)[m^3/kg] V : 방호구역의 체적[m^3] K_1, K_2 : 선형상수 t : 방호구역의 최소 예상온도[℃]

(나) **관**의 **두께**

$$t = \frac{PD}{2SE} + A$$

여기서, t : 관의 두께[mm]

P : 최대 허용압력[MPa]

D : 배관의 바깥지름[mm]

SE : 최대 허용응력[MPa] $\left(\text{배관재질 인장강도의 } \frac{1}{4} \text{값과 항복점의 } \frac{2}{3} \text{값 중 작은 값} \times \text{배관이음효율} \times 1.2\right)$

> ※ **배관이음효율**
> - 이음매 없는 배관 : **1.0**
> - 전기저항 용접배관 : 0.85
> - 가열맞대기 용접배관 : 0.60

A : 나사이음, 홈이음 등의 허용값[mm](헤드 설치부분은 제외한다.)

> - 나사이음 : 나사의 높이
> - 절단홈이음 : 홈의 깊이
> - 용접이음 : 0

① 배관재질 인장강도의 $\frac{1}{4}$값 : $410\text{MPa} \times \frac{1}{4} = 102.5\text{MPa}$

> - **410MPa** : [조건 ④]에서 주어진 값

② 항복점의 $\frac{2}{3}$값 : $250\text{MPa} \times \frac{2}{3} = 166.666\text{MPa}$

> - **250MPa** : [조건 ④]에서 주어진 값

③ 최대 허용응력 SE = 배관재질 인장강도의 $\frac{1}{4}$값과 항복점의 $\frac{2}{3}$값 중 작은 값×배관이음효율×1.2

$= 102.5\text{MPa} \times 1.0 \times 1.2 = 123\text{MPa}$

> - **1.0** : [조건 ④]에서 이음매 없는 배관이므로 1.0 적용

④ $t = \frac{PD}{2SE} + A$ 에서

관(배관)의 두께 t는

$$t = \frac{PD}{2SE} + A$$

$$= \frac{6.1\text{MPa} \times 406.4\text{mm}}{2 \times 123\text{MPa}} + 1.5\text{mm}$$

$$= 11.57\text{mm}$$

> - P(6.1MPa) : (나)에서 주어진 값
> - D(406.4mm) : [조건 ④]의 표에서 주어진 값
> - SE(123MPa) : 바로 위에서 구한 값
> - A(1.5mm) : [조건 ④]에서 주어진 값

호칭지름	바깥지름 [mm]	배관두께[mm]					
		스케줄 10	스케줄 20	스케줄 30	스케줄 40	스케줄 60	스케줄 80
DN400	**406.4**	6.4	7.9	9.5	12.7	16.7	21.4

> - 표에서 11.57mm보다 같거나 큰 값은 12.7mm이므로 **스케줄 40** 선정

☆

문제 10

피난기구에 대하여 다음 각 물음에 답하시오. (13.7.문9)

득점	배점
	6

(가) 병원(의료시설)에 적응성이 있는 층별 피난기구에 대해 (A)~(H)에 적절한 내용을 쓰시오.

3층	4층 이상 10층 이하
○(A) ○(B) ○(C) ○(D) ○피난용 트랩 ○승강식 피난기	○(E) ○(F) ○(G) ○(H) ○피난용 트랩

○A :
○B :
○C :
○D :
○E :
○F :
○G :
○H :

(나) 피난기구를 고정하여 설치할 수 있는 소화활동상 유효한 개구부에 대하여 (　) 안의 내용을 쓰시오.

> 개구부의 크기는 가로 (①)m 이상, 세로 (②)m 이상인 것을 말한다. 이 경우 개구부 하단이 바닥에서 (③)m 이상이면 발판 등을 설치하여야 하고, 밀폐된 창문은 쉽게 파괴할 수 있는 파괴장치를 비치하여야 한다.

①:
②:
③:

해답 (가) ○A : 미끄럼대
○B : 구조대
○C : 피난교
○D : 다수인 피난장비
○E : 구조대
○F : 피난교
○G : 다수인 피난장비
○H : 승강식 피난기

(나) ① : 0.5
② : 1
③ : 1.2

해설

- 답 A, B, C, D의 위치는 서로 바뀌어도 정답이다.
- 답 E, F, G, H의 위치는 서로 바뀌어도 정답이다.

(개) **피난기구**의 **적응성**(NFTC 301 2.1.1)

설치장소별 구분 \ 층별	1층	2층	3층	4층 이상 10층 이하
노유자시설	• 미끄럼대 • 구조대 • 피난교 • 다수인 피난장비 • 승강식 피난기	• 미끄럼대 • 구조대 • 피난교 • 다수인 피난장비 • 승강식 피난기	• 미끄럼대 • 구조대 • 피난교 • 다수인 피난장비 • 승강식 피난기	• 구조대[1] • 피난교 • 다수인 피난장비 • 승강식 피난기
의료시설 · 입원실이 있는 의원 · 접골원 · 조산원	–	–	• 미끄럼대 • 구조대 • 피난교 • 피난용 트랩 • 다수인 피난장비 • 승강식 피난기	• 구조대 • 피난교 • 피난용 트랩 • 다수인 피난장비 • 승강식 피난기
영업장의 위치가 4층 이하인 다중 이용업소	–	• 미끄럼대 • 피난사다리 • 구조대 • 완강기 • 다수인 피난장비 • 승강식 피난기	• 미끄럼대 • 피난사다리 • 구조대 • 완강기 • 다수인 피난장비 • 승강식 피난기	• 미끄럼대 • 피난사다리 • 구조대 • 완강기 • 다수인 피난장비 • 승강식 피난기
그 밖의 것	–	–	• 미끄럼대 • 피난사다리 • 구조대 • 완강기 • 피난교 • 피난용 트랩 • 간이완강기[2] • 공기안전매트[2] • 다수인 피난장비 • 승강식 피난기	• 피난사다리 • 구조대 • 완강기 • 피난교 • 간이완강기[2] • 공기안전매트[2] • 다수인 피난장비 • 승강식 피난기

1) **구조대**의 적응성은 장애인관련시설로서 주된 사용자 중 스스로 피난이 불가한 자가 있는 경우 추가로 설치하는 경우에 한한다.
2) 간이완강기의 적응성은 **숙박시설**의 **3층 이상**에 있는 객실에, **공기안전매트**의 적응성은 **공동주택**에 추가로 설치하는 경우에 한한다.

(내) **피난기구**를 **설치**하는 **개구부**(NFPC 301 5조, NFTC 301 2.1.3.1, 2.1.3.2)

① **가로 0.5m** 이상 **세로 1m** 이상인 것을 말한다. 이 경우 개구부 하단이 바닥에서 **1.2m** 이상이면 발판 등을 설치하여야 하고, 밀폐된 창문은 쉽게 파괴할 수 있는 **파괴장치** 비치

② 서로 **동일직선상**이 **아닌 위치**에 있을 것[단, **피난교** · **피난용 트랩** · **간이완강기** · **아파트**에 설치되는 피난기구(다수인 피난장비 제외), 기타 피난상 지장이 없는 것은 제외]

☆☆☆

문제 11

제연설비 설계에서 아래의 조건으로 다음 각 물음에 답하시오. (16.6.문14, 07.11.문6, 07.7.문1)

득점	배점
	8

[조건]

① 바닥면적은 390m^{2}이고, 다른 거실의 피난을 위한 경유거실이다.
② 제연덕트 길이는 총 80m이고, 덕트저항은 단위길이[m]당 1.96Pa/m로 한다.
③ 배기구저항은 78Pa, 그릴저항은 29Pa, 부속류저항은 덕트길이에 대한 저항의 50%로 한다.
④ 송풍기는 다익(Multiblade)형 Fan(또는 Sirocco Fan)을 선정하고 효율은 50%로 한다.

(가) 예상제연구역에 필요한 최소 배출량[m^3/h]을 구하시오.
  ○ 계산과정 :
  ○ 답 :
(나) 송풍기에 필요한 최소 정압[mmAq]은 얼마인지 구하시오.
  ○ 계산과정 :
  ○ 답 :
(다) 송풍기를 작동시키기 위한 전동기의 최소 동력[kW]을 구하시오. (단, 동력전달계수는 1.1로 한다.)
  ○ 계산과정 :
  ○ 답 :
(라) (나)의 정압이 발생될 때 송풍기의 회전수는 1750rpm이었다. 이 송풍기의 정압을 1.2배로 높이려면 회전수는 얼마로 증가시켜야 하는지 구하시오.
  ○ 계산과정 :
  ○ 답 :

해답 (가) ○ 계산과정 : $390 \times 1 = 390\text{m}^3/\text{min}$

$390 \times 60 = 23400\text{m}^3/\text{h}$

○ 답 : $23400\text{m}^3/\text{h}$

(나) ○ 계산과정 : $(80 \times 1.96) + 78 + 29 + (80 \times 1.96) \times 0.5 = 342.2\text{Pa}$

$$342.2 = \frac{342.2}{101325} \times 10332 = 34.893 \fallingdotseq 34.89\text{mmAq}$$

○ 답 : 34.89mmAq

(다) ○ 계산과정 : $\frac{34.89 \times 390}{102 \times 60 \times 0.5} \times 1.1 = 4.891 \fallingdotseq 4.89\text{kW}$

○ 답 : 4.89kW

(라) ○ 계산과정 : $1750\sqrt{1.2} = 1917.028 \fallingdotseq 1917.03\text{rpm}$

○ 답 : 1917.03rpm

해설 (가)

배출량[m^3/min]=바닥면적[m^2]×$1m^3/m^2 \cdot min$

$=390m^2 \times 1m^3/m^2 \cdot min$

$=$**390**m^3/min

$m^3/min \rightarrow m^3/h$ 로 변환하면

$390m^3/min = 390m^3/min \times 60min/h =$ **$23400m^3/h$**

• [조건 ①]에서 경유거실이라도 법이 개정되어 1.5를 곱하는 것이 아님을 주의!

중요

거실의 **배출량**(NFPC 501 6조, NFTC 501 2.3)

(1) 바닥면적 **$400m^2$ 미만**(최저치 **$5000m^3/h$** 이상)

배출량[m^3/min]=바닥면적[m^2]×$1m^3/m^2 \cdot min$

(2) 바닥면적 **400m² 이상**

① 직경 **40m 이하** : **40000m³/h** 이상

‖ 예상제연구역이 제연경계로 구획된 경우 ‖

수직거리	배출량
2m 이하	40000m³/h 이상
2m 초과 2.5m 이하	45000m³/h 이상
2.5m 초과 3m 이하	50000m³/h 이상
3m 초과	60000m³/h 이상

② 직경 **40m 초과** : **45000m³/h** 이상

‖ 예상제연구역이 제연경계로 구획된 경우 ‖

수직거리	배출량
2m 이하	45000m³/h 이상
2m 초과 2.5m 이하	50000m³/h 이상
2.5m 초과 3m 이하	55000m³/h 이상
3m 초과	65000m³/h 이상

※ **m³/h**=**CMH**(**C**ubic **M**eter per **H**our)

(나) 정압 P_T는

P_T=덕트저항+배기구저항+그릴저항+부속류저항

=(80m×1.96Pa/m)+78Pa+29Pa+(80m×1.96Pa/m)×0.5

=342.2Pa

10.332mAq=101.325kPa

10332mmAq=101325Pa

342.2Pa$=\dfrac{342.2\text{Pa}}{101325\text{Pa}}\times 10332\text{mmAq}=34.893 \fallingdotseq 34.89\text{mmAq}$

- 덕트저항(**80m×1.96Pa/m**) : 〔조건 ②〕에서 주어진 값
- 부속류저항((**80m×1.96Pa/m**)×**0.5**) : 〔조건 ③〕에 의해 부속류의 저항은 덕트저항의 50%이므로 **0.5**를 곱함.)
- 78Pa : 〔조건 ③〕에서 주어진 값
- 29Pa : 〔조건 ③〕에서 주어진 값

(다)

$$P=\frac{P_T Q}{102\times 60\eta}K$$

여기서, P : 송풍기 동력〔kW〕

P_T : 정압(풍압)〔mmAq, mmH_2O〕

Q : 풍량(배출량)〔m³/min〕

K : 여유율

η : 효율

송풍기의 **전동기동력** P는

$$P=\frac{P_T Q}{102\times 60\eta}K$$

$$=\frac{34.89\text{mmAq}\times 390\text{m}^3/\text{min}}{102\times 60\times 0.5}\times 1.1$$

$$=4.891 \fallingdotseq 4.89\text{kW}$$

- 배연설비(제연설비)에 대한 동력은 반드시 $P=\frac{P_T Q}{102\times 60\eta}K$를 적용하여야 한다. 우리가 알고 있는 일반적인 식 $P=\frac{0.163QH}{\eta}K$를 적용하여 풀면 틀린다.
- K(1.1) : (다)의 〔단서〕에서 주어진 값
- P_T(34.89mmAq) : (나)에서 구한 값
- Q(390m³/min) : (가)에서 구한 값
- η(0.5) : 〔조건 ④〕에서 주어진 값

(라)

$$H_2=H_1\left(\frac{N_2}{N_1}\right)^2$$

$$\frac{H_2}{H_1}=\left(\frac{N_2}{N_1}\right)^2$$

$$\sqrt{\frac{H_2}{H_1}}=\frac{N_2}{N_1}$$

$$\frac{N_2}{N_1}=\sqrt{\frac{H_2}{H_1}}$$

$$N_2=N_1\sqrt{\frac{H_2}{H_1}}=1750\text{rpm}\ \sqrt{1.2\text{배}}\fallingdotseq 1917.028\fallingdotseq 1917.03\text{rpm}$$

참고

유량(풍량), 양정(정압), 축동력

(1) 유량(풍량)

$$Q_2=Q_1\left(\frac{N_2}{N_1}\right)\left(\frac{D_2}{D_1}\right)^3$$ 또는, $$Q_2=Q_1\left(\frac{N_2}{N_1}\right)$$

(2) 양정(정압)

$$H_2=H_1\left(\frac{N_2}{N_1}\right)^2\left(\frac{D_2}{D_1}\right)^2$$ 또는, $$H_2=H_1\left(\frac{N_2}{N_1}\right)^2$$

(3) 축동력

$$P_2=P_1\left(\frac{N_2}{N_1}\right)^3\left(\frac{D_2}{D_1}\right)^5$$ 또는, $$P_2=P_1\left(\frac{N_2}{N_1}\right)^3$$

여기서, Q_2 : 변경 후 유량(풍량)〔m³/min〕
Q_1 : 변경 전 유량(풍량)〔m³/min〕
H_2 : 변경 후 양정(정압)〔m〕
H_1 : 변경 전 양정(정압)〔m〕
P_2 : 변경 후 축동력〔kW〕
P_1 : 변경 전 축동력〔kW〕
N_2 : 변경 후 회전수〔rpm〕
N_1 : 변경 전 회전수〔rpm〕
D_2 : 변경 후 관경〔mm〕
D_1 : 변경 전 관경〔mm〕

☆☆
문제 12

특별피난계단의 계단실 및 부속실 제연설비에서는 제연설비가 가동되었을 경우 출입문의 개방에 필요한 힘을 110N 이하로 제한하고 있다. 출입문을 부속실 쪽으로 개방할 때 소요되는 힘이 Push-Pull Scale로 측정한 결과 100N일 때, 〔참고 공식〕을 이용하여 부속실과 거실 사이의 차압〔Pa〕을 구하시오. (단, 출입문은 높이 2.1m×폭 0.9m이며, 도어클로저의 저항력은 30N, 출입문의 상수(K_d)는 1, 손잡이와 출입문 끝단 사이의 거리는 0.1m이다.) (18.6.문6, 15.11.문14)

득점	배점
	4

〔참고 공식〕

$$F = F_{dc} + F_P = F_{dc} + \frac{K_d \times W \times A \times \Delta P}{2(W - d)}$$

여기서, F : 문을 개방하는 데 필요한 전체 힘〔N〕
F_{dc} : 도어클로저의 저항력〔N〕
F_P : 차압에 의한 문의 저항력〔N〕
K_d : 상수
W : 문의 폭〔m〕
A : 문의 면적〔m^2〕
ΔP : 차압〔Pa〕
d : 손잡이에서 문 끝단까지의 거리〔m〕

○ 계산과정 :
○ 답 :

해답 ○ 계산과정 : $F_P = 100 - 30 = 70N$

$$\Delta P = \frac{70 \times 2 \times (0.9 - 0.1)}{1 \times 0.9 \times (2.1 \times 0.9)} = 65.843 \fallingdotseq 65.84Pa$$

○ 답 : 65.84Pa

해설 (1) 기호

- F : 100N
- ΔP : ?
- A : (2.1m×0.9m)
- W : 0.9m
- F_{dc} : 30N
- K_d : 1
- d : 0.1m

(2) **문 개방**에 필요한 **전체 힘**

$$F = F_{dc} + F_P,\ F_P = \frac{K_d WA\Delta P}{2(W-d)},\ F = F_{dc} + \frac{K_d WA\Delta P}{2(W-d)}$$

여기서, F : 문 개방에 필요한 전체 힘(제연설비가 가동되었을 때 출입문 개방에 필요한 힘)〔N〕
F_{dc} : 자동폐쇄장치나 경첩 등을 극복할 수 있는 힘(제연설비 작동 전 거실에서 부속실로 통하는 출입문 개방에 필요한 힘)〔N〕
F_P : 차압에 의해 문에 미치는 힘〔N〕
K_d : 상수(SI 단위 : 1)
W : 문의 폭〔m〕
A : 문의 면적〔m^2〕
ΔP : 차압〔Pa〕
d : 문 손잡이에서 문의 가장자리까지의 거리〔m〕

$F = F_{dc} + F_P$에서

$F_P = F - F_{dc} = 100\text{N} - 30\text{N} = 70\text{N}$

- 100N : 문제에서 주어진 값(110N이 아님을 주의!)
- 30N : 〔단서〕에서 주어진 값

차압 ΔP는

$$F_P = \frac{K_d WA\Delta P}{2(W-d)}\text{에서}$$

$$\Delta P = \frac{F_P \times 2(W-d)}{K_d WA} = \frac{70\text{N} \times 2 \times (0.9\text{m} - 0.1\text{m})}{1 \times 0.9\text{m} \times (2.1\text{m} \times 0.9\text{m})} = 65.843 ≒ 65.84\text{Pa}$$

- F_P(70N) : 바로 위에서 구한 값
- W(0.9m) : 〔단서〕에서 주어진 값
- d(0.1m) : 〔단서〕에서 주어진 값
- K_d(1) : 〔단서〕에서 주어진 값
- A(2.1m×0.9m) : 〔단서〕에서 주어진 값(높이=세로, 폭=가로 같은 뜻)

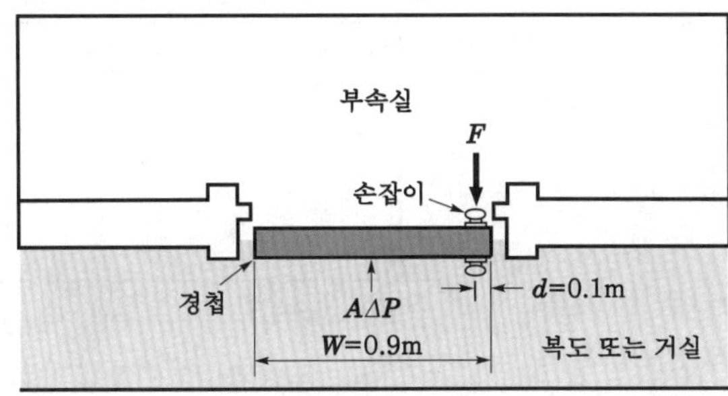

‖ 출입문의 개방에 필요한 힘 ‖

☆☆

문제 13

그림과 같은 Loop 배관에 직결된 살수노즐로부터 210L/min의 물이 방사되고 있다. 화살표의 방향으로 흐르는 유량 q_1, q_2〔L/min〕를 각각 구하시오. (12.11.문8)

득점	배점
	4

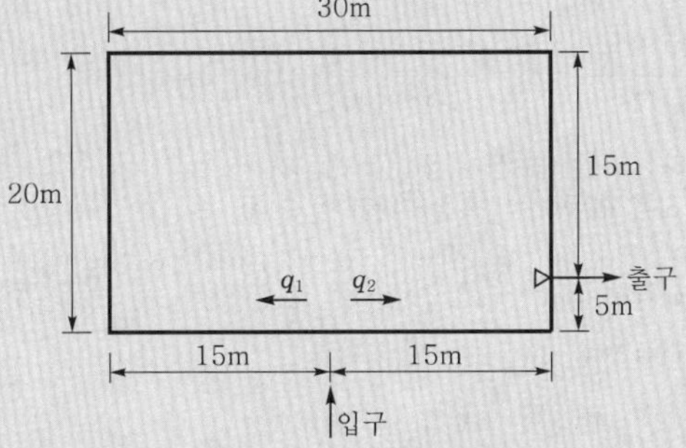

〔조건〕

① 배관부속의 등가길이는 모두 무시한다.

② 계산시의 마찰손실공식은 하젠－윌리엄스식을 사용하되 계산 편의상 다음과 같다고 가정한다.

$$\Delta P = \frac{6 \times 10^4 \times Q^2}{100^2 \times d^5}$$

(단, ΔP : 배관길이 1m당 마찰손실압력〔MPa〕, Q : 유량〔L/min〕, d : 관의 안지름〔mm〕이다.)

③ Loop관의 안지름은 40mm이다.
○ 계산과정 :
○ 답 :

해답

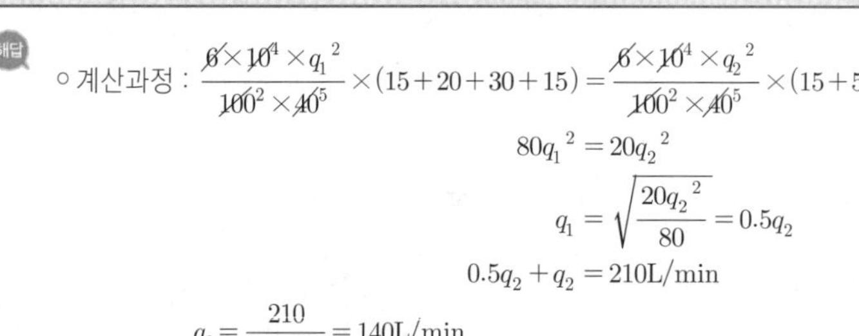

○ 계산과정 : $\frac{6 \times 10^4 \times {q_1}^2}{100^2 \times 40^5} \times (15+20+30+15) = \frac{6 \times 10^4 \times {q_2}^2}{100^2 \times 40^5} \times (15+5)$

$$80{q_1}^2 = 20{q_2}^2$$

$$q_1 = \sqrt{\frac{20{q_2}^2}{80}} = 0.5q_2$$

$$0.5q_2 + q_2 = 210\text{L/min}$$

$$q_2 = \frac{210}{0.5+1} = 140\text{L/min}$$

$$q_1 = 210 - q_2 = 210 - 140 = 70\text{L/min}$$

○ 답 : q_1 =70L/min, q_2 =140L/min

해설

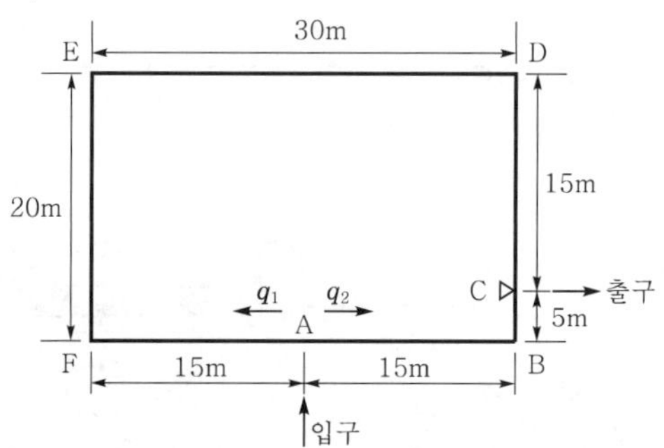

(1) 배관 AFEDC 간의 마찰손실압력 ΔP_{AFEDC}는

$$\Delta P_{AFEDC} = \frac{6 \times 10^4 \times {q_1}^2}{C^2 \times D^5} \times L_1 = \frac{6 \times 10^4 \times {q_1}^2}{100^2 \times 40^5} \times (15+20+30+15)$$

- C(**조도 100**) : [조건 ②]에서 주어진 값
- D(배관 안지름 **40mm**) : [조건 ③]에서 주어진 값
- 배관의 길이(L_1)는 A~F : **15m**, F~E : **20m**, E~D : **30m**, D~C : **15m**의 합이 된다.
- [조건 ①]에 의해 티(tee), 엘보(elbow) 등의 마찰손실은 무시한다.

(2) 배관 ABC 간의 마찰손실압력 ΔP_{ABC}는

$$\Delta P_{ABC} = \frac{6 \times 10^4 \times {q_2}^2}{C^2 \times D^5} \times L_2 = \frac{6 \times 10^4 \times {q_2}^2}{100^2 \times 40^5} \times (15+5)$$

- C(**조도 100**) : [조건 ②]에서 주어진 값
- D(배관 안지름 **40mm**) : [조건 ③]에서 주어진 값
- 배관의 길이(L_2)는 A~B : **15m**, B~C : **5m**의 합이 된다.
- [조건 ①]에 의해 티(tee), 엘보(elbow) 등의 마찰손실은 무시한다.

배관 1m당 마찰손실압력 ΔP는

$\Delta P_{AFEDC} = \Delta P_{ABC}$ 이므로

$$\frac{6 \times 10^4 \times {q_1}^2}{100^2 \times 40^5} \times (15+20+30+15) = \frac{6 \times 10^4 \times {q_2}^2}{100^2 \times 40^2} \times (15+5)$$

$$80{q_1}^2 = 20{q_2}^2$$

$${q_1}^2 = \frac{20{q_2}^2}{80}$$

$$q_1 = \sqrt{\frac{20{q_2}^2}{80}} = \sqrt{\frac{20}{80}}\,q_2 = 0.5q_2$$

$$q_1 + q_2 = 210\text{L/min}$$

$$0.5q_2 + q_2 = 210\text{L/min}$$
$$0.5q_2 + 1q_2 = 210\text{L/min}$$
$$q_2(0.5+1) = 210\text{L/min}$$
$$q_2 = \frac{210\text{L/min}}{0.5+1} = 140\text{L/min}$$

$$q_1 + q_2 = 210\text{L/min}$$

$$q_1 = 210\text{L/min} - q_2 = (210-140)\text{L/min} = 70\text{L/min}$$

- 여기서는 q_2를 먼저 구했지만 q_1을 먼저 구한 다음 q_2를 구해도 된다.

☆☆

문제 14

한 개의 방호구역으로 구성된 가로 15m, 세로 15m, 높이 6m의 랙식 창고에 특수가연물을 저장하고 있고, 라지드롭형 스프링클러헤드(폐쇄형)를 정방형으로 설치하려고 한다. 다음 각 물음에 답하시오.

(17.11.문4, 09.10.문14)

득점	배점
	5

(가) 설치할 스프링클러헤드수[개]를 구하시오.

○ 계산과정 :

○ 답 :

(나) 방호구역에 설치된 스프링클러헤드 전체를 담당하는 급수관의 구경은 최소 몇 mm 이상인지 [조건]을 참고하여 적으시오.

[조건]

‖ 스프링클러헤드수별 급수관의 구경(스프링클러설비의 화재안전성능기준 [별표 1]) ‖

(단위 : mm)

급수관의 구경 / 구 분	25	32	40	50	65	80	90	100	125	150
가	2	3	5	10	30	60	80	100	160	161 이상
나	2	4	7	15	30	60	65	100	160	161 이상
다	1	2	5	8	15	27	40	55	90	91 이상

㈜ 1. 폐쇄형 스프링클러헤드를 설치하는 경우에는 '가'란의 헤드수에 따를 것. 다만, 100개 이상의 헤드를 담당하는 급수배관(또는 밸브)의 구경을 100mm로 할 경우에는 수리계산을 통하여 제8조 제3항에서 규정한 배관의 유속에 적합하도록 할 것

2. 폐쇄형 스프링클러헤드를 설치하고 반자 아래의 헤드와 반자 속의 헤드를 동일 급수관의 가지관상에 병설하는 경우에는 '나'란의 헤드수에 따를 것

3. 무대부 「화재의 예방 및 안전관리에 관한 법률 시행령」 [별표 2]의 특수가연물을 저장 또는 취급하는 장소로서 폐쇄형 스프링클러헤드를 설치하는 설비의 배관구경은 '다'란에 따를 것

○

(다) 스프링클러헤드 1개당 80L/min으로 방출시 옥상수조를 포함한 총 수원의 양[m^3]을 구하시오.

○ 계산과정 :

○ 답 :

해답 (가) ○ 계산과정 : $S = 2\times 1.7\times \cos 45° = 2.404\text{m}$

$$가로헤드 = \frac{15}{2.404} = 6.2 = 7개$$

$$세로헤드 = \frac{15}{2.404} = 6.2 = 7개$$

$7\times 7 = 49$개

$$설치열수 = \frac{6}{3} = 2열$$

∴ 전체 헤드개수$= 49\times 2 = 98$개

○ 답 : 98개

(나) ○ 답 : 150mm

(다) ○ 계산과정 : $Q_1 = 9.6\times 30 = 288\text{m}^3$, $Q_2 = 9.6\times 30\times \frac{1}{3} = 96\text{m}^3$

$Q = 288 + 96 = 384\text{m}^3$

○ 답 : 384m^3

해설 (가) ① 스프링클러헤드의 배치기준

설치장소	설치기준(R)
무대부·특수가연물(창고 포함) →	수평거리 **1.7m** 이하
기타구조(창고 포함)	수평거리 2.1m 이하
내화구조(창고 포함)	수평거리 2.3m 이하
공동주택(아파트) 세대 내	수평거리 2.6m 이하

② **정방형**(정사각형)

$$S = 2R\cos 45°$$
$$L = S$$

여기서, S : 수평 헤드간격〔m〕, R : 수평거리〔m〕, L : 배관간격〔m〕

수평 헤드간격(헤드의 설치간격) S는

$S = 2R\cos 45° = 2\times 1.7\text{m}\times \cos 45° = 2.404\text{m}$

가로 헤드개수$= \dfrac{가로길이}{S} = \dfrac{15\text{m}}{2.404\text{m}} = 6.2 ≒ 7$개(**소수발생**시 **절상**)

세로 헤드개수$= \dfrac{세로길이}{S} = \dfrac{15\text{m}}{2.404\text{m}} = 6.2 ≒ 7$개(**소수발생**시 **절상**)

- S : 바로 위에서 구한 **2.404m**

설치 헤드개수 = 가로 헤드개수×세로 헤드개수 = 7개×7개 = 49개

‖ 랙식 창고 설치기준 ‖

설치장소	설치기준
랙식 창고	높이 **3m** 이하마다

$$설치열수 = \frac{6\text{m}}{3\text{m}} = 2열$$

∴ 전체 헤드개수=49개×2열=**98개**

- 창고높이는 **3m**로 나누면 된다.
- 높이 3m 이하마다 배치하므로 다음 그림과 같이 배열할 수 있다.

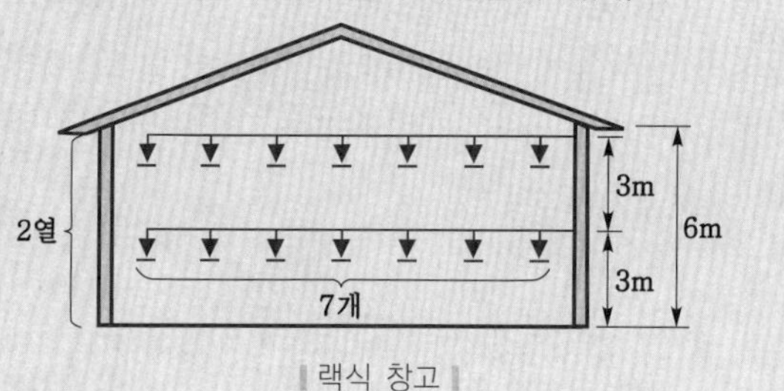

‖ 랙식 창고 ‖

(나) 스프링클러헤드수별 **급수관구경**(NFTC 103 2.5.3.3)

구 분 \ 급수관의 구경	25mm	32mm	40mm	50mm	65mm	80mm	90mm	100mm	125mm	150mm
• **폐쇄형 헤드**	2개	3개	5개	10개	30개	60개	80개	100개	160개	161개 이상
• **폐쇄형 헤드** (헤드를 동일급수관의 가지관상에 병설하는 경우)	2개	4개	7개	15개	30개	60개	65개	100개	160개	161개 이상
• **폐쇄형 헤드** (**무대부 · 특수가연물** 저장취급장소) • **개방형 헤드** (헤드개수 **30개** 이하)	1개	2개	5개	8개	15개	27개	40개	55개	90개	91개 이상

기억법
2 3 5 1 3 6 8 1 6
2 4 7 5 3 6 5 1 6
1 2 5 8 5 27 4 55 9

• **특수가연물** 저장취급장소이고, 헤드개수가 98개로서 **91개 이상**이므로 **150mm**를 선정한다. (**특수가연물**을 기억하라!)

(다)

• 문제에서 **폐쇄형**, **특수가연물**이므로 폐쇄형 헤드의 기준개수는 **30개**이다.

특정소방대상물		폐쇄형 헤드의 기준개수
지하가 · 지하역사		30
11층 이상		30
10층 이하	공장(특수가연물), 창고시설 →	30
	판매시설(백화점 등), 복합건축물(판매시설이 설치된 것)	30
	근린생활시설, 운수시설	20
	8m 이상	20
	8m 미만	10
공동주택(아파트 등)		10(각 동이 주차장으로 연결된 주차장 : 30)

지하수조의 **저수량(라지드롭형 스프링클러헤드)**

$$Q=3.2N(\text{일반 창고}),\quad Q=9.6N(\text{랙식 창고})$$

여기서, Q: 수원의 저수량[m³]
N: 가장 많은 방호구역의 설치개수(최대 30개)

지하수조의 **저수량** Q_1는 $Q_1=9.6N=9.6\times30\text{개}=288\text{m}^3$

옥상수조의 **저수량(라지드롭형 스프링클러헤드)**

$$Q=3.2N\times\frac{1}{3}(\text{일반 창고}),\quad Q=9.6N\times\frac{1}{3}(\text{랙식 창고})$$

여기서, Q : 수원의 저수량[m³]
N : 가장 많은 방호구역의 설치개수(최대 30개)

• 특별한 조건이 없으면 **30층 미만** 적용
• 이 문제에서 : **옥상수조**를 **포함**하라고 했으므로 **옥상수조 수원**의 양도 반드시 포함!

옥상수조의 저수량 Q_2는 $Q_2=9.6N\times\frac{1}{3}=9.6\times30\text{개}\times\frac{1}{3}=96\text{m}^3$

총 수원의 **양**

$Q=\text{지하수조 저수량}+\text{옥상수조 저수량}=288\text{m}^3+96\text{m}^3=384\text{m}^3$

☆☆

문제 15

전력통신배선 전용 지하구(폭 2.5m, 높이 2m, 환기구 사이의 간격 800m)에 연소방지설비를 화재안전기준에 따라 설치하고자 할 때 다음 각 물음에 답하시오. (19.4.문12, 14.11.문14)

득점	배점
	5

(가) 지하구에 적용해야 하는 살수구역은 최소 몇 개소 이상 설치되어야 하는지 구하시오.
○ 계산과정 : ○ 답 :

(나) 1개의 살수구역에 설치되는 연소방지설비 전용 헤드의 최소 설치개수를 구하시오.
○ 계산과정 : ○ 답 :

(다) 1개 살수구역에 (나)에서 구한 연소방지설비 전용 헤드의 최소 개수를 설치하는 경우, 연소방지설비의 최소 배관구경[mm]은 얼마 이상이어야 하는지 쓰시오.
○

해답

(가) ○ 계산과정 : $\frac{800}{700}-1=0.14 \fallingdotseq 1$개 ○ 답 : 1개

(나) ○ 계산과정 : $S=2\text{m}$, 벽면개수 $N_1=\frac{2}{2}=1$개, $N_1{}'=1\times2=2$개

천장면개수 $N_2=\frac{2.5}{2}=1.25 \fallingdotseq 2$개, 길이방향개수 $N_3=\frac{3}{2}=1.5 \fallingdotseq 2$개

벽면 살수구역헤드수 $=2\times2\times1=4$개

천장 살수구역헤드수 $=2\times2\times1=4$개 ○ 답 : 4개

(다) 65mm

해설

- 계산과정에서 나오는 글씨(벽면개수, 천장면개수 등)는 써도 되고 안 써도 된다.

연소방지설비

(가) 살수구역수

$$\text{살수구역수}=\frac{\text{환기구 사이의 간격[m]}}{700\text{m}}-1(\text{절상}) \qquad =\frac{800\text{m}}{700\text{m}}-1=0.14 \fallingdotseq 1\text{개}$$

800m
700m 이하 700m 이하
살수구역
3m 이상

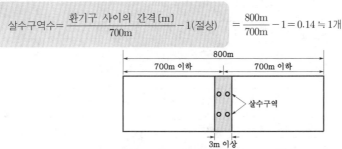

‖ 살수구역 및 살수헤드의 설치위치 ‖

- 살수구역은 환기구 사이의 간격으로 **700m** 이하마다 또는 환기구 등을 기준으로 **1개** 이상 설치하되, 하나의 살수구역의 길이는 **3m** 이상으로 할 것
- 1개 구역의 개수를 물어보았으므로 **2개**, 2개 구역이라면 2개×2개 구역=**4개**
- 살수구역수는 폭과 높이는 적용할 필요 없이 지하구의 길이만 적용하면 됨

(나) 연소방지설비 전용 헤드 살수헤드수

- h(높이) : 2m
- W(폭) : 2.5m
- L(살수구역길이) : 3m(NFPC 605 8조 ②항 3호, NFTC 605 2.4.2.3에 의해 3m)
- S(헤드 간 수평거리=헤드 간의 간격) : 연소방지설비 전용 헤드 **2m** 또는 스프링클러헤드 1.5m(NFPC 605 8조 ②항 2호, NFTC 605 2.4.2.2)
- 헤드는 일반적으로 **정사각형**으로 설치하며, NFPC 605 8조 ②항 2호, NFTC 605 2.4.2.2에서 헤드 간의 수평거리라 함은 헤드 간의 간격을 말하는 것으로 소방청의 공식 답변이 있다(신청번호 1AA-2205-0758722). 그러므로 헤드 간의 수평거리는 S(수평헤드간격)를 말한다.

벽면개수 $N_1=\frac{h}{S}(\text{절상})=\frac{2\text{m}}{2\text{m}}=1$개

$N_1{}'=N_1\times2(\text{벽면이 양쪽이므로})=1\text{개}\times2=2$개

천장면개수 $N_2=\frac{W}{S}(\text{절상})=\frac{2.5\text{m}}{2\text{m}}=1.25 \fallingdotseq 2$개(절상)

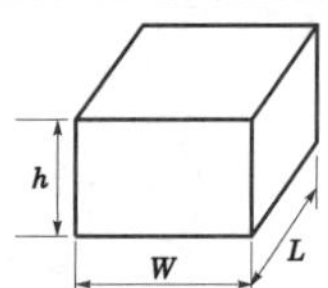

길이방향개수 $N_3=\frac{L}{S}$(절상)$=\frac{3\text{m}}{2\text{m}}=1.5 ≒ 2$개(절상)

벽면 살수구역헤드수 =벽면개수×길이방향개수×살수구역수= 2개×2개×1개= 4개
천장 살수구역헤드수 =천장면개수×길이방향개수×살수구역수= 2개×2개×1개= 4개

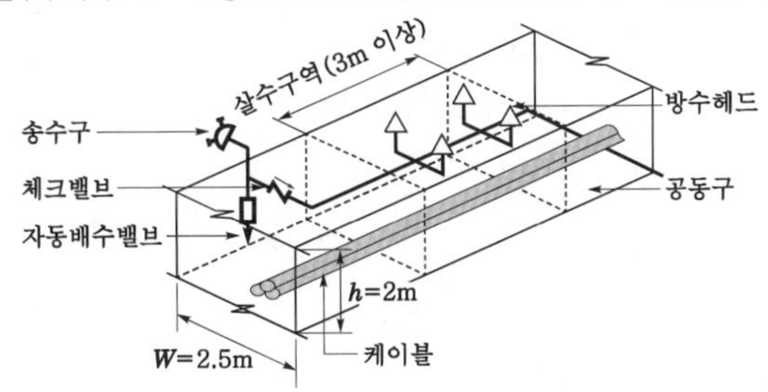

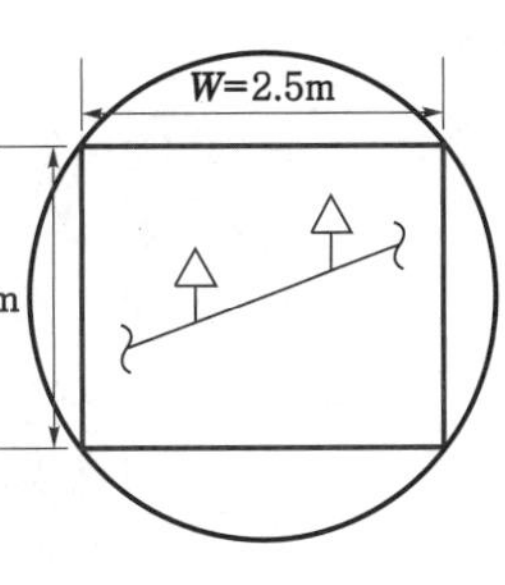

- 지하구의 화재안전기준(NFPC 605 8조)에 의해 벽면 살수구역헤드수와 천장 살수구역헤드수를 구한 다음 **둘 중 작은 값**을 선정하면 됨
  - 지하구의 화재안전기준(NFPC 605 8조, NFTC 605 2.4.2)
    제8조 연소방지설비의 헤드
    1. **천장** 또는 **벽면**에 설치할 것

(다) 살수헤드수가 **4개**이므로 배관의 구경은 2개 구역 모두 **65mm**를 사용하여야 한다.

- **연소방지설비**의 **배관구경**(NFPC 605 8조, NFTC 605 2.4.1.3.1)

(1) 연소방지설비 전용 헤드를 사용하는 경우

배관의 구경	32mm	40mm	50mm	65mm	80mm
살수헤드수	1개	2개	3개	4개 또는 5개	6개 이상

(2) 스프링클러헤드를 사용하는 경우

구분 \ 배관의 구경	25mm	32mm	40mm	50mm	65mm	80mm	90mm	100mm	125mm	150mm
폐쇄형 헤드수	2개	3개	5개	10개	30개	60개	80개	100개	160개	161개 이상
개방형 헤드수	1개	2개	5개	8개	15개	27개	40개	55개	90개	91개 이상

☆☆
문제 16

다음 조건을 기준으로 이산화탄소 소화설비를 설치하고자 할 때 다음을 구하시오. (12.7.문6)

득점	배점
	13

〔조건〕

① 소방대상물의 천장까지의 높이는 3m이고 방호구역의 크기와 용도, 개구부 및 자동폐쇄 장치의 설치여부는 다음과 같다.

통신기기실 (전기설비) 가로 12m×세로 10m 자동폐쇄장치 설치	전자제품창고 가로 20m×세로 10m 개구부 2m×2m 자동폐쇄장치 미설치
위험물저장창고 가로 32m×세로 10m 자동폐쇄장치 설치	

② 소화약제 저장용기는 고압식으로 하고 저장용기 1개당 이산화탄소 충전량은 45kg이다.

③ 통신기기실과 전자제품창고는 전역방출방식으로 설치하고 위험물저장창고에는 국소방출방식을 적용한다.

④ 개구부가산량은 $10kg/m^2$, 헤드의 방사율은 $1.3kg/(mm^2 \cdot min \cdot 개)$이다.
⑤ 위험물저장창고에는 가로, 세로가 각각 5m이고, 높이가 2m인 윗면이 개방되고 화재시 연소면이 한정되어 가연물이 비산할 우려가 없는 용기에 제4류 위험물을 저장한다.
⑥ 주어진 조건 외에는 화재안전기준에 준한다.

(가) 각 방호구역에 대한 약제저장량은 몇 kg 이상 필요한지 각각 구하시오.

① 통신기기실(전기설비)
 ○ 계산과정 :
 ○ 답 :

② 전자제품창고
 ○ 계산과정 :
 ○ 답 :

③ 위험물저장창고
 ○ 계산과정 :
 ○ 답 :

(나) 각 방호구역별 약제저장용기는 몇 병이 필요한지 각각 구하시오.

① 통신기기실(전기설비)
 ○ 계산과정 :
 ○ 답 :

② 전자제품창고
 ○ 계산과정 :
 ○ 답 :

③ 위험물저장창고
 ○ 계산과정 :
 ○ 답 :

(다) 화재안전기준에 따라 통신기기실 헤드의 방사압력은 몇 MPa 이상이어야 하는지 쓰시오.
 ○

(라) 화재안전기준에 따라 통신기기실에서 이산화탄소 소요량이 몇 분 이내 방사되어야 하는지 쓰시오.
 ○

(마) 전자제품창고의 헤드수를 14개로 할 때, 헤드의 오리피스 안지름은 몇 mm 이상이어야 하는지 구하시오.
 ○ 계산과정 :
 ○ 답 :

(바) 고압식 약제저장용기의 내압시험압력〔MPa〕은 얼마 이상인지 쓰시오.
 ○

(사) 전자제품창고에 저장된 약제가 모두 분사되었을 때 CO_2의 체적은 몇 m^3가 되는지 구하시오. (단, 방출 후 온도는 25℃, 기체상수(R)는 $0.082\dfrac{L \cdot atm}{mol \cdot K}$이고, 압력은 대기압 기준으로 하며, 이상기체 상태방정식을 만족한다고 가정한다.)
 ○ 계산과정 :
 ○ 답 :

(아) 이산화탄소 소화설비용으로 강관을 사용할 경우 다음 설명의 ( ) 안의 적절한 내용을 적으시오.

> 강관을 사용하는 경우의 배관은 압력배관용 탄소강관(KS D 3562) 중 스케줄 (①)(저압식 스케줄 40) 이상의 것 또는 이와 등등 이상의 강도를 가진 것으로 아연도금 등으로 방식처리된 것을 사용할 것. 다만, 배관의 호칭구경이 20mm 이하인 경우에는 스케줄 (②) 이상인 것을 사용할 수 있다.

①:
②:

해답 (가) ① ○ 계산과정 : $(12\times10\times3)\times1.3=468\text{kg}$
○ 답 : 468kg
② ○ 계산과정 : $(20\times10\times3)\times2.0+(2\times2)\times10=1240\text{kg}$
○ 답 : 1240kg
③ ○ 계산과정 : $(5\times5)\times13\times1.4=455\text{kg}$
○ 답 : 455kg

(나) ① ○ 계산과정 : $\frac{468}{45}=10.4\fallingdotseq11$병
○ 답 : 11병
② ○ 계산과정 : $\frac{1240}{45}=27.5\fallingdotseq28$병
○ 답 : 28병
③ ○ 계산과정 : $\frac{455}{45}=10.1\fallingdotseq11$병
○ 답 : 11병

(다) 2.1MPa

(라) 7분 이내(2분 이내에 설계농도 30%에 도달)

(마) ○ 계산과정 : 분구면적 $=\frac{45\times28}{1.3\times14\times7}\fallingdotseq9.89\text{mm}^2$

$$D=\sqrt{\frac{4\times9.89}{\pi}}=3.548\fallingdotseq3.55\text{mm}$$

○ 답 : 3.55mm

(바) 25MPa

(사) ○ 계산과정 : $\frac{(45\times28)}{1\times44}\times0.082\times(273+25)=699.758\fallingdotseq699.76\text{m}^3$
○ 답 : 699.76m^3

(아) ① 80
② 40

해설 (가) **약제저장량**

전역방출방식(심부화재)(NFPC 106 5조, NFTC 106 2.2.1.2)

방호대상물	약제량	개구부가산량 (자동폐쇄장치 미설치시)	설계농도
전기설비(55m^3 이상), 케이블실 →	1.3kg/m^3	10kg/m^2	50%
전기설비(55m^3 미만)	1.6kg/m^3		
서고, 박물관, 목재가공품창고, 전자제품창고 →	2.0kg/m^3		65%
석탄창고, 면화류창고, 고무류, 모피창고, 집진설비	2.7kg/m^3		75%

CO_2 저장량[kg]=방호구역체적[m^3]×약제량[kg/m^3]+개구부면적[m^2]×개구부가산량(10kg/m^2)

① **통신기기실**

CO_2 저장량$=(12\times10\times3)\text{m}^3\times1.3\text{kg/m}^3=468\text{kg}$

- 〔조건 ③〕에 의해 **전역방출방식**이다.
- 방호구역체적은 **가로×세로×높이**를 말한다.
- 통신기기실은 전기설비이며 방호구역체적이 55m³ 이상이므로 약제량은 **1.3kg/m³**를 적용한다.

② **전자제품창고**

CO_2 저장량=(20×10×3)m³×2.0kg/m³+(2×2)m²×10kg/m²=1240kg

- 〔조건 ③〕에 의해 **전역방출방식**이다.
- 방호구역체적은 **가로×세로×높이**를 말한다.
- **전자제품창고**의 약제량은 **2.0kg/m³**이다.

③ **위험물저장창고**

CO_2 저장량=방호대상물 표면적〔m²〕×13kg/m²×1.4=(5×5)m²×13kg/m²×1.4=455kg

- 〔조건 ③〕에 의해 **국소방출방식**이다.
- 방호대상물 표면적은 **가로×세로**이다. 높이는 적용하지 않는 것에 특히 주의하라! 또한, 방호대상물 표면적은 그림에서 주어진 위험물저장창고 면적 전체를 고려하는 것이 아니고 〔조건 ⑤〕에서 주어진 **용기**의 **표면적**만 고려하는 것도 주의하라!
- 〔조건 ②〕에 의해 **고압식**(고압저장방식)이다.

국소방출방식(NFPC 106 5조, NFTC 106 2.2.1.3)

특정소방대상물	고압식	저압식
• 연소면 한정 및 비산우려가 없는 경우 • 윗면 개방용기 →	방호대상물 표면적〔m²〕×13kg/m²×1.4	방호대상물 표면적〔m²〕×13kg/m²×1.1
• 기타	방호공간 체적〔m³〕 $\times\left(8-6\frac{a}{A}\right)\times 1.4$	방호공간 체적〔m³〕 $\times\left(8-6\frac{a}{A}\right)\times 1.1$

여기서, a : 방호대상물 주위에 설치된 벽면적의 합계〔m²〕
A : 방호공간의 벽면적의 합계〔m²〕

(나) ① **통신기기실**

$$\text{약제저장용기}=\frac{\text{약제저정량}}{\text{충전량}}=\frac{468\text{kg}}{45\text{kg}}=10.4 \fallingdotseq \mathbf{11병}$$ (소수발생시 **절상**)

- **468kg** : (가)의 ①에서 구한 값
- **45kg** : 〔조건 ②〕에서 주어진 값

② **전자제품창고**

$$\text{약제저장용기}=\frac{\text{약제저장량}}{\text{충전량}}=\frac{1240\text{kg}}{45\text{kg}}=27.5 \fallingdotseq \mathbf{28병}$$ (소수발생시 **절상**)

- **1240kg** : (가)의 ②에서 구한 값
- **45kg** : 〔조건 ②〕에서 주어진 값

③ **위험물저장창고**

$$\text{약제저장용기}=\frac{\text{약제저장량}}{\text{충전량}}=\frac{455\text{kg}}{45\text{kg}}=10.1 \fallingdotseq \mathbf{11병}$$ (소수발생시 **절상**)

- **455kg** : (가)의 ③에서 구한 값
- **45kg** : 〔조건 ②〕에서 주어진 값

(다) CO_2 소화설비의 분사헤드의 방사압력 ┬ 고압식 : **2.1MPa** 이상
└ 저압식 : **1.05MPa** 이상

- 〔조건 ②〕에서 소화설비는 **고압식**(고압저장방식)이므로 방사압력은 **2.1MPa** 이상

(라) **약제방사시간**

소화설비		전역방출방식		국소방출방식	
		일반건축물	위험물제조소	일반건축물	위험물제조소
할론소화설비		10초 이내	30초 이내	10초 이내	30초 이내
분말소화설비		30초 이내		30초 이내	
CO_2 소화설비	표면화재	1분 이내	60초 이내		
	심부화재	7분 이내 (단, 설계농도가 **2분** 이내에 **30%**에 도달)			

- **통신기기실** · **전자제품창고** 등은 **심부화재**이다.
- **7분 이내**라고 답해도 좋겠지만 좀 더 정확하게 '**7분 이내(2분 이내에 설계농도 30%에 도달)**'이라고 써야 확실한 정답!

(마) ①

$$분구면적 = \frac{1병의\ 저장량 \times 병수}{방출률[kg/mm^2 \cdot min \cdot 개] \times 분사헤드개수 \times 방사시간[분]}$$
$$= \frac{유량[kg/s]}{방출률[kg/s \cdot cm^2] \times 오리피스\ 구멍개수}$$

$$= \frac{45kg \times 28병}{1.3kg/mm^2 \cdot min \cdot 개 \times 14개 \times 7분} ≒ 9.89mm^2$$

- **45kg** : [조건 ②]에서 주어진 값

  저장량=충전량
- **28병** : (나)의 ②에서 구한 값
- **1.3kg/(mm^2 · min · 개)** : [조건 ④]에서 주어진 값
- **14개** : (마)에서 주어진 값
- **7분** : 심부화재이므로 (라)의 표에서 7분이다. 설계농도에 도달하는 시간을 생각하여 2분을 적용하면 틀린다. 주의!
- 분구면적은 실제로 방사되는 약제량을 적용하여야 하므로 '**1병당 저장량×병수**'를 적용하여야 한다. 이 부분은 시중에 틀린 책들이 참 많다. 거듭 주의!
- 분구면적=분출구면적

② 오리피스 안지름

$$A = \frac{\pi D^2}{4}$$

여기서, A : 분구면적[mm^2], D : 오리피스 안지름[mm]

$$A = \frac{\pi D^2}{4}$$

$$4A = \pi D^2$$

$$\frac{4A}{\pi} = D^2$$

$$D^2 = \frac{4A}{\pi}$$

$$\sqrt{D^2} = \sqrt{\frac{4A}{\pi}}$$

$$D = \sqrt{\frac{4A}{\pi}} = \frac{\sqrt{4 \times 9.89}}{\pi} = 3.548 ≒ 3.55mm$$

- 분구면적은 실제 헤드에서 가스가 분출하는 면적을 말하므로 배관구경면적이 아니다. 그러므로 NFPC 106 10조 ⑤항 4호, NFTC 106 2.7.5.4의 70%를 하면 안 된다.
- **이산화탄소소화설비**의 **화재안전기준**(NFPC 106 10조 ⑤항, NFTC 106 2.7.5.4)

  분사헤드의 오리피스의 면적은 분사헤드가 연결되는 배관구경면적의 70% 이하가 되도록 할 것

비교

(1) 선택밸브 직후의 유량 $= \frac{\text{1병당 충전량[kg]} \times \text{병수}}{\text{약제방출시간[s]}}$

(2) 방사량 $= \frac{\text{1병당 저장량[kg]} \times \text{병수}}{\text{헤드수} \times \text{약제방출시간[s]}}$

(3) 분사헤드수 $= \frac{\text{1병당 저장량[kg]} \times \text{병수}}{\text{헤드 1개의 표준방사량[kg]}}$

(4) 약제의 유량속도 $= \frac{\text{1병당 충전량[kg]} \times \text{병수}}{\text{약제방출시간[s]}}$

(5) 개방밸브(용기밸브) 직후의 유량 $= \frac{\text{1병당 충전량[kg]}}{\text{약제방출시간[s]}}$

(바) **CO_2 저장용기**의 **내압시험압력**(NFPC 106 4조, NFTC 106 2.1.2.5)

고압식	저압식
25MPa 이상	**3.5MPa** 이상

비교

CO_2 저장용기의 **압력**

고압식	저압식
15℃, **5.3MPa**	−18℃, **2.1MPa**

(사) 방출가스량 체적 V는

$$V = \frac{m}{PM}RT = \frac{(45\text{kg} \times 28\text{병})}{1\text{atm} \times 44\text{kg/kmol}} \times 0.082\text{atm} \cdot \text{m}^3/\text{kmol} \cdot \text{K} \times (273+25)\text{K} = 699.758 \fallingdotseq 699.76\text{m}^3$$

- 방출하여야 하는 이산화탄소의 체적을 물어보았으므로 질량(m)=충전량×병수로 해야 한다. 그냥 약제저장량 1240kg을 적용하면 틀린다. 주의!
- $1000\text{L} = 1\text{m}^3$, $1\text{L} = \frac{1}{1000}\text{m}^3 = 10^{-3}\text{m}^3$이고 kmol에서 $\text{k} = 10^3$이므로

  $0.082\text{L} \cdot \text{atm/mol} \cdot \text{K} = 0.082\text{atm} \cdot \text{L/mol} \cdot \text{K}$
  $= 0.082\text{atm} \cdot \cancel{10^{-3}}\text{m}^3/\cancel{10^{-3}}\text{kmol} \cdot \text{K}$
  $= 0.082\text{atm} \cdot \text{m}^3/\text{kmol} \cdot \text{K}$

중요

이산화탄소 소화설비와 **관련된 식**

$$CO_2 = \frac{\text{방출가스량}}{\text{방호구역체적} + \text{방출가스량}} \times 100 = \frac{21 - O_2}{21} \times 100$$

여기서, CO_2 : CO_2의 농도[%]
O_2 : O_2의 농도[%]

$$\text{방출가스량} = \frac{21 - O_2}{O_2} \times \text{방호구역체적}$$

여기서, O_2 : O_2의 농도[%]

$$PV = \frac{m}{M}RT$$

여기서, P : 기압[atm]
V : 방출가스량[m^3]
m : 질량[kg]
M : 분자량(CO_2 : 44kg/kmol)
R : $0.082\text{atm} \cdot \text{m}^3/\text{kmol} \cdot \text{K}$
T : 절대온도(273+℃)[K]

$$Q = \frac{m_t C(t_1 - t_2)}{H}$$

여기서, Q : 액화 CO_2의 증발량[kg]
m_t : 배관의 질량[kg]
C : 배관의 비열[kcal/kg · ℃]
t_1 : 방출 전 배관의 온도[℃]
t_2 : 방출될 때의 배관의 온도[℃]
H : 액화 CO_2의 증발잠열[kcal/kg]

(아) **이산화탄소 소화설비**의 **배관 설치기준**

(1) **강관**을 사용하는 경우의 배관은 **압력배관용 탄소강관** 중 **스케줄 80 이상**(저압식에 있어서는 **스케줄 40**) 이상의 것 또는 이와 동등 이상의 강도를 가진 것으로 **아연도금** 등으로 방식처리된 것을 사용할 것(단, 배관의 호칭구경이 **20mm** 이하인 경우에는 **스케줄 40** 이상인 것을 사용할 수 있다.)
(2) **동관**을 사용하는 경우의 배관은 이음이 없는 동 및 동합금관(KS D 5301)으로서 **고압식**은 **16.5MPa** 이상, **저압식**은 **3.75MPa** 이상의 압력에 견딜 수 있는 것을 사용할 것

중요

소화설비의 **배관**

구 분	• 이산화탄소 소화설비 • 할론소화설비
강관	고압식 : 압력배관용 탄소강관 스케줄 **80** 이상 (단, 이산화탄소는 호칭구경 20mm 이하는 스케줄 40 이상)
	저압식 : 압력배관용 탄소강관 스케줄 **40** 이상
동관	고압식 : **16.5MPa** 이상
	저압식 : **3.75MPa** 이상

" 낙제생이었던 천재 과학자 아인슈타인, 실력이 형편없다고 팀에서 쫓겨난 농구 황제 마이클 조던, 회사로부터 해고 당한 상상력의 천재 월트 디즈니, 그들이 수많은 난관을 딛고 성공할 수 있었던 비결은 무엇일까요? 바로 끈기입니다. 끈기는 성공의 확실한 비결입니다. "

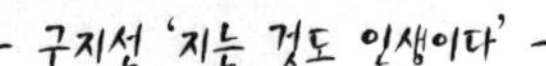
- 구지선 '지는 것도 인생이다' -

2019. 11. 9 시행

▌2019년 기사 제4회 필답형 실기시험 ▌			수험번호	성명	감독위원 확 인
자격종목 **소방설비기사(기계분야)**	시험시간 **3시간**	형별			

※ 다음 물음에 답을 해당 답란에 답하시오.(배점 : 100)

☆☆☆

문제 01

어떤 사무소 건물의 지하층에 있는 발전기실 및 축전지실에 전역방출방식의 이산화탄소 소화설비를 설치하려고 한다. 화재안전기준과 주어진 조건에 의하여 다음 각 물음에 답하시오. (15.7.문6, 13.11.문12, 06.11.문4)

유사문제부터 풀어보세요. 실력이 팍!팍! 올라갑니다.

득점	배점
	12

〔조건〕

① 소화설비는 고압식으로 한다.
② 발전기실의 크기 : 가로 8m×세로 9m×높이 4m
③ 발전기실의 개구부 크기 : 1.8m×3m×2개소(자동폐쇄장치 있음)
④ 축전지실의 크기 : 가로 5m×세로 6m×높이 4m
⑤ 축전지실의 개구부 크기 : 0.9m×2m×1개소(자동폐쇄장치 없음)
⑥ 가스용기 1병당 충전량 : 45kg
⑦ 가스저장용기는 공용으로 한다.
⑧ 가스량은 다음 표를 이용하여 산출한다.

방호구역의 체적〔m^3〕	소화약제의 양〔kg/m^3〕	소화약제 저장량의 최저 한도〔kg〕
50 이상 ~ 150 미만	0.9	50
150 이상 ~ 1500 미만	0.8	135

※ 개구부 가산량은 $5kg/m^2$로 한다.

(가) 각 방호구역별로 필요한 가스용기수는 몇 병인가?
　○발전기실(계산과정 및 답) :
　○축전지실(계산과정 및 답) :

(나) 집합장치에 필요한 가스용기수는 몇 병인가?
　○

(다) 각 방호구역별 선택밸브 개폐직후의 유량은 몇 kg/s인가?
　○발전기실(계산과정 및 답) :
　○축전지실(계산과정 및 답) :

(라) 저장용기의 내압시험압력은 몇 MPa인가?
　○

(마) '기동용 가스용기에는 내압시험압력의 (　　)배부터 내압시험압력 이하에서 작동하는 안전장치를 설치할 것'에서 (　　) 안의 수치를 적으시오.
　○

(바) 분사헤드의 방출압력은 21℃에서 몇 MPa 이상이어야 하는가?
　○

(사) 가스용기의 개방밸브는 작동방식에 따라 3가지로 분류되는데 3가지의 명칭을 쓰시오.

○

○

○

해답 (가) ○ 발전기실 : 계산과정 : CO_2 저장량$=(8\times9\times4)\times0.8=230.4$kg

가스용기수$=\dfrac{230.4}{45}=5.12 ≒ 6$병

답 : 6병

○ 축전지실 : 계산과정 : CO_2 저장량$=(5\times6\times4)\times0.9+(0.9\times2\times1)\times5=117$kg

가스용기수$=\dfrac{117}{45}=2.6 ≒ 3$병

답 : 3병

(나) 6병

(다) ○ 발전기실 : 계산과정 : $\dfrac{45\times6}{60}=4.5$kg/s

답 : 4.5kg/s

○ 축전지실 : 계산과정 : $\dfrac{45\times3}{60}=2.25$kg/s

답 : 2.25kg/s

(라) 25MPa

(마) 0.8

(바) 2.1MPa

(사) ① 전기식

② 기계식

③ 가스압력식

해설 (가) 가스용기수의 산정

① **발전기실**

CO_2 저장량(약제저장량)(kg)

=방호구역체적(m^3)×약제량(kg/m^3)+개구부면적(m^2)×개구부가산량

=288m^3×0.8kg/m^3=230.4kg

- 방호구역체적=8m×9m×4m=**288m^3**로서 [조건 ⑧]에서 방호구역체적이 150~1500m^3 미만에 해당되므로 소화약제의 양은 **0.8kg/m^3**

가스용기수$=\dfrac{\text{약제저장량}}{\text{충전량}}=\dfrac{230.4\text{kg}}{45\text{kg}}=5.12 ≒ 6$병

- [조건 ③]에서 발전기실은 자동폐쇄장치가 있으므로 개구부면적 및 개구부가산량은 적용 제외
- 충전량은 [조건 ⑥]에서 **45kg**
- 가스용기수 산정시 계산결과에서 소수가 발생하면 **절상**

② **축전지실**

CO_2 저장량(kg)

=방호구역체적(m^3)×약제량(kg/m^3)+개구부면적(m^2)×개구부가산량

=120m^3×0.9kg/m^3+(0.9m×2m×1개소)×5kg/m^2

=117kg

- 방호구역체적=5m×6m×4m=**120m^3**로서 [조건 ⑧]에서 방호구역체적이 50~150m^3 미만에 해당되므로 소화약제의 양은 **0.9kg/m^3**

가스용기수$=\dfrac{\text{약제저장량}}{\text{충전량}}=\dfrac{117\text{kg}}{45\text{kg}}=2.6 ≒ 3$병

- 〔조건 ⑤〕에서 축전지실은 자동폐쇄장치가 없으므로 개구부면적 및 개구부가산량 적용
- 개구부가산량은 〔조건 ⑧〕에서 **5kg/m²**
- 충전량은 〔조건 ⑥〕에서 **45kg**
- 가스용기수 산정시 계산결과에서 소수가 발생하면 반드시 **절상**

(나) 집합장치에 필요한 가스용기의 수는 각 방호구역의 가스용기수 중 가장 많은 것을 기준으로 하므로 발전기실의 **6병**이 된다.

※ 설치개수

① 기동용기
② 선택밸브
③ 음향경보장치
④ 일제개방밸브(델류즈밸브)
— 각 방호구역당 **1개**

⑤ 집합관의 용기본수 – 각 방호구역 중 가장 많은 용기기준

(다) ① 발전기실

$$\text{선택밸브 직후의 유량} = \frac{\text{1병당 충전량[kg]} \times \text{가스용기수}}{\text{약제방출시간[s]}} = \frac{45\text{kg} \times 6\text{병}}{60\text{s}} = 4.5\text{kg/s}$$

② 축전지실

$$\text{선택밸브 직후의 유량} = \frac{\text{1병당 충전량[kg]} \times \text{가스용기수}}{\text{약제방출시간[s]}} = \frac{45\text{kg} \times 3\text{병}}{60\text{s}} = 2.25\text{kg/s}$$

- 〔조건 ⑧〕이 전역방출방식(표면화재)에 대한 표와 매우 유사하므로 표면화재로 보아 약제방출시간은 **1분**(60s) 적용
- 특별한 경우를 제외하고는 **일반건축물**

▌약제방사시간▐

소화설비		전역방출방식		국소방출방식	
		일반건축물	위험물 제조소	일반건축물	위험물제조소
할론소화설비		10초 이내	30초 이내	10초 이내	30초 이내
분말소화설비		30초 이내		30초 이내	
CO_2 소화설비	표면화재	→ 1분 이내	60초 이내		
	심부화재	7분 이내			

- **표면화재** : 가연성액체 · 가연성가스
- **심부화재** : 종이 · 목재 · 석탄 · 섬유류 · 합성수지류

중요

(1) $\text{선택밸브 직후의 유량} = \dfrac{\text{1병당 저장량[kg]} \times \text{병수}}{\text{약제방출시간[s]}}$

(2) $\text{방사량} = \dfrac{\text{1병당 저장량[kg]} \times \text{병수}}{\text{헤드수} \times \text{약제방출시간[s]}}$

(3) $\text{약제의 유량속도} = \dfrac{\text{1병당 저장량[kg]} \times \text{병수}}{\text{약제방출시간[s]}}$

(4) $\text{분사헤드수} = \dfrac{\text{1병당 저장량[kg]} \times \text{병수}}{\text{헤드 1개의 표준방사량[kg]}}$

$= \dfrac{\text{1병당 약제량[kg]} \times \text{병수}}{\text{노즐 1개당 방사량[kg/분]} \times \text{방출시간[분]}}$

(5) $\text{개방밸브(용기밸브) 직후의 유량} = \dfrac{\text{1병당 충전량[kg]}}{\text{약제방출시간[s]}}$

(라), (마) **내압시험압력** 및 **안전장치**의 **작동압력**(NFPC 106, NFTC 106 2.1.2.5, 2.1.4, 2.3.2.3.2, 2.5.1.4)

① 기동용기의 내압시험압력 : **25MPa** 이상

② 저장용기의 내압시험압력 ┬ 고압식 : **25MPa** 이상
　　　　　　　　　　　　　└ 저압식 : **3.5MPa** 이상

③ 기동용기의 안전장치 작동압력 : **내압시험압력의 0.8배~내압시험압력 이하**

④ 저장용기와 선택밸브 또는 개폐밸브의 안전장치 작동압력 : 배관의 최소사용설계압력과 최대허용압력 사이의 압력

⑤ 개폐밸브 또는 선택밸브의 배관부속 시험압력 ┬ 고압식 ┬ 1차측 : **9.5MPa**
　　　　　　　　　　　　　　　　　　　　　　│　　　　└ 2차측 : **4.5MPa**
　　　　　　　　　　　　　　　　　　　　　　└ 저압식 ── 1 · 2차측 : **4.5MPa**

(바) CO_2 소화설비의 분사헤드의 방사압력 ┬ 고압식 : **2.1MPa** 이상
　　　　　　　　　　　　　　　　　　　└ 저압식 : **1.05MPa** 이상

- [조건 ①]에서 소화설비는 **고압식**이므로 방사압력은 **2.1MPa** 이상

(사) CO_2 소화약제 저장용기의 개방밸브는 **전기식**(전기개방식) · **가스압력식** 또는 **기계식**에 의하여 자동으로 개방되고 수동으로도 개방되는 것으로서 안전장치가 부착된 것으로 하여야 한다.

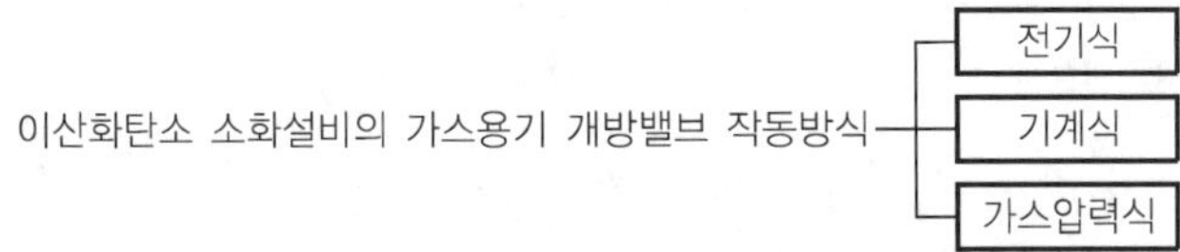

중요

구 분	방 식
① 할론소화약제의 저장용기 개방밸브방식(NFPC 107 4조 ④항, NFTC 107 2.1.4) ② 이산화탄소 소화약제의 저장용기 개방밸브방식(NFPC 106 4조 ③항, NFTC 106 2.1.3) ③ 할로겐화합물 및 불활성기체 소화설비 자동식 기동장치의 구조(NFPC 107A 8조, NFTC 107A 2.5.2)	① 전기식 ② 기계식 ③ 가스압력식

- **"가스가압식"**이 아님을 주의! **"가스압력식"** 정답!

★★★

문제 02

길이 19m, 폭 9m의 무대부에 스프링클러헤드를 정방형으로 설치시 필요한 스프링클러헤드의 최소 숫자는 몇 개인지 구하시오. (18.6.문5, 14.7.문14, 10.7.문3, 09.10.문14)

○ 계산과정 :

○ 답 :

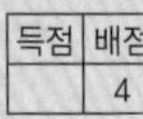

○ 계산과정 : $S=2\times1.7\times\cos45°=2.404\text{m}$

$$\text{가로}=\frac{19}{2.404}=7.9 ≒ 8\text{개}$$

$$\text{세로}=\frac{9}{2.404}=3.7 ≒ 4\text{개}$$

$$\text{헤드개수}=8\times4=32\text{개}$$

○ 답 : 32개

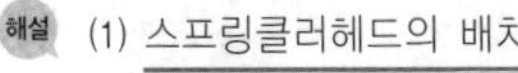

해설 (1) 스프링클러헤드의 배치기준

설치장소	설치기준(R)
무대부 · **특**수가연물(창고 포함) →	수평거리 **1.7m** 이하
기타구조(창고 포함)	수평거리 **2.1m** 이하
내화구조(창고 포함)	수평거리 **2.3m** 이하
공동주택(**아**파트) 세대 내	수평거리 **2.6m** 이하

기억법	
무특	7
기	1
내	3
아	6

(2) **정방형**(정사각형)

$$S = 2R\cos 45°$$
$$L = S$$

여기서, S : 수평 헤드간격[m]
R : 수평거리[m]
L : 배관간격[m]

수평 헤드간격(헤드의 설치간격) S는

$S = 2R\cos 45° = 2 \times 1.7\text{m} \times \cos 45° = 2.404\text{m}$

(3) **가로 헤드개수** $= \dfrac{\text{가로길이}}{S}$

$= \dfrac{19\text{m}}{2.404\text{m}} = 7.9 ≒ 8$개(**소수발생**시 **절상**)

세로 헤드개수 $= \dfrac{\text{세로길이}}{S}$

$= \dfrac{9\text{m}}{2.404\text{m}} = 3.7 ≒ 4$개(**소수발생**시 **절상**)

- S : 위에서 구한 **2.404m**

설치 헤드개수=가로 헤드개수×세로 헤드개수=8개×4개=32개

비교

스프링클러헤드 장방형(직사각형) 수평 헤드간격

$$S = \sqrt{4R^2 - L^2}, \quad L = 2R\cos\theta, \quad S' = 2R$$

여기서, S : 수평 헤드간격
R : 수평거리
L : 배관간격
S' : 대각선 헤드간격

중요

포소화설비의 **포헤드**(또는 포워터 스프링클러헤드) **상호간**의 **거리기준**(NFPC 105 12조, NFTC 105 2.9.2.5)

정방형(정사각형)	**장방형**(직사각형)
$S = 2R\cos 45°$ $L = S$ 여기서, S : 포헤드 상호간의 거리[m] R : 유효반경(**2.1m**) L : 배관간격[m]	$P_t = 2R$ 여기서, P_t : 대각선의 길이[m] R : 유효반경(**2.1m**)

- **포소화설비**의 R(유효반경)은 무조건 **2.1m**임을 기억!!

☆☆☆

문제 03

그림은 서로 직렬된 2개의 실 A, B 평면도이다. A_1, A_2의 누설틈새면적은 각각 0.02m²이고 압력차가 50Pa일 때 누설량[m³/s]을 구하시오. (단, 누설량은 $Q=0.827A\sqrt{P}$ 식을 적용한다.)

(17.4.문7, 08.11.문1)

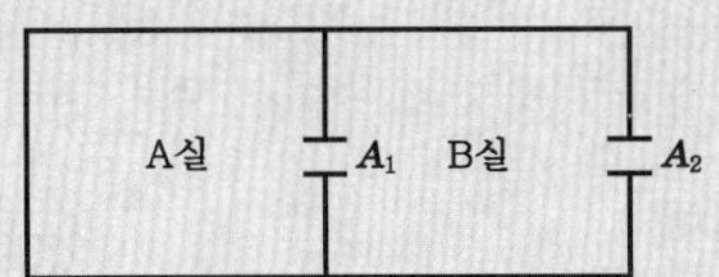

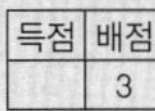

득점	배점
	3

○ 계산과정 :

○ 답 :

해답 ○ 계산과정 : $A_1 \sim A_2 = \dfrac{1}{\sqrt{\dfrac{1}{0.02^2}+\dfrac{1}{0.02^2}}} = 0.014\text{m}^2$

$Q = 0.827 \times 0.014 \times \sqrt{50} = 0.081 \fallingdotseq 0.08\text{m}^3/\text{s}$

○ 답 : 0.08m³/s

해설 $A_1 \sim A_2$는 직렬상태이므로

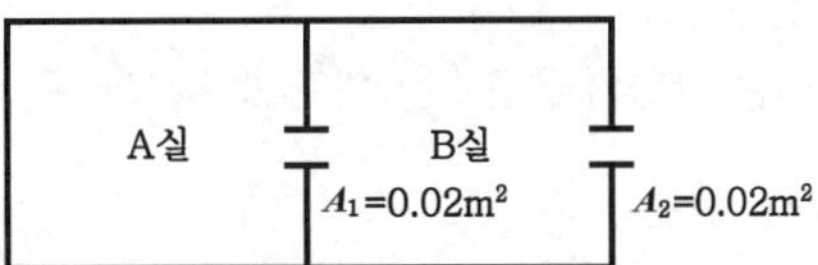

$$A_1 \sim A_2 = \frac{1}{\sqrt{\dfrac{1}{0.02^2}+\dfrac{1}{0.02^2}}} = 0.014\text{m}^2$$

• 누설틈새면적은 그 값이 매우 작으므로 가능하면 소수점 3째자리까지 구하도록 하자.

위의 내용을 정리하면 다음과 같이 변환시킬 수 있다.

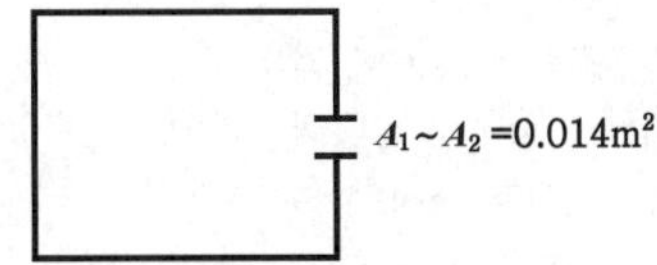

$$Q = 0.827A\sqrt{P}$$

여기서, Q : 누설량[m³/s]

A : 누설틈새면적[m²]

P : 차압[Pa]

누설량 Q는

$$Q = 0.827A\sqrt{P}$$
$$= 0.827 \times 0.014\text{m}^2 \times \sqrt{50}\,\text{Pa}$$
$$= 0.081 \fallingdotseq 0.08\text{m}^3/\text{s}$$

• 차압=기압차
• m³/s=m³/sec

참고

누설틈새면적

직렬상태	병렬상태
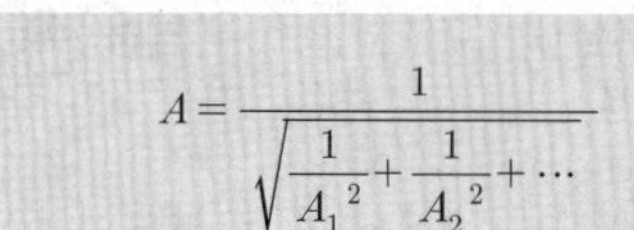 $A=\dfrac{1}{\sqrt{\dfrac{1}{{A_1}^2}+\dfrac{1}{{A_2}^2}+\cdots}}$ 여기서, A : 전체 누설틈새면적[m²] A_1, A_2 : 각 실의 누설틈새면적[m²] 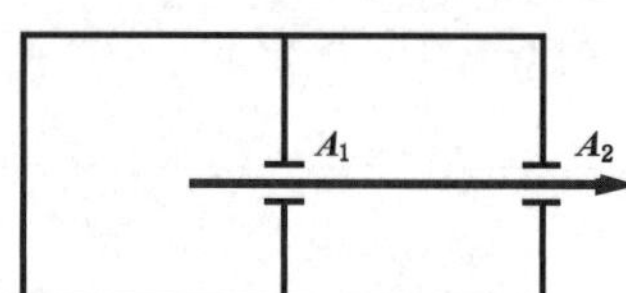	$A=A_1+A_2+\cdots$ 여기서, A : 전체 누설틈새면적[m²] A_1, A_2 : 각 실의 누설틈새면적[m²] 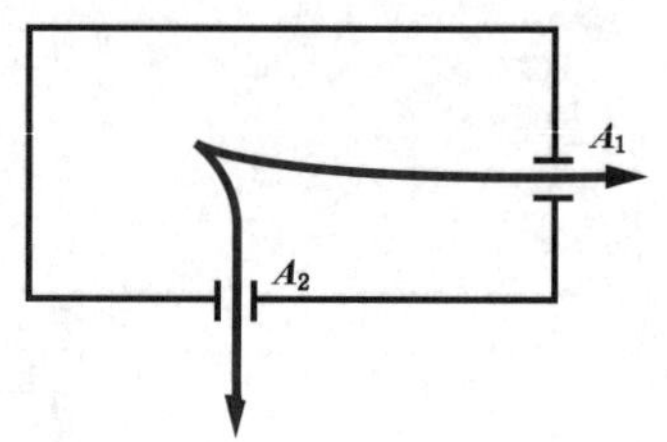

☆☆

문제 04

옥내소화전설비의 수원은 산출된 유효수량 외 유효수량의 $\frac{1}{3}$ 이상을 옥상에 설치하여야 한다. 설치 예외사항을 4가지만 쓰시오. (14.4.문7, 03.4.문7)

○
○
○
○

득점	배점
	4

해답 ① 지하층만 있는 건축물
② 고가수조를 가압송수장치로 설치한 경우
③ 지표면으로부터 해당 건축물의 상단까지의 높이가 10m 이하인 경우
④ 가압수조를 가압송수장치로 설치한 경우

해설 **유효수량의 $\frac{1}{3}$ 이상을 옥상에 설치하지 않아도 되는 경우(30층 이상은 제외)**(NFPC 102 4조, NFTC 102 2.1.2)

(1) **지하층**만 있는 건축물
(2) **고가수조**를 가압송수장치로 설치한 옥내소화전설비
(3) **수원**이 건축물의 최상층에 설치된 **방수구**보다 높은 위치에 설치된 경우
(4) **건**축물의 높이가 지표면으로부터 **10m** 이하인 경우
(5) **주펌프**와 동등 이상의 성능이 있는 별도의 펌프로서 **내연기관**의 기동과 연동하여 작동되거나 **비상전원**을 연결하여 설치한 경우
(6) **학교·공장·창고시설**로서 동결의 우려가 있는 장소
(7) **가압수조**를 가압송수장치로 설치한 옥내소화전설비

기억법 **지고수 건가**

용어

유효수량

일반급수펌프의 풋밸브와 옥내소화전용 펌프의 풋밸브 사이의 수량

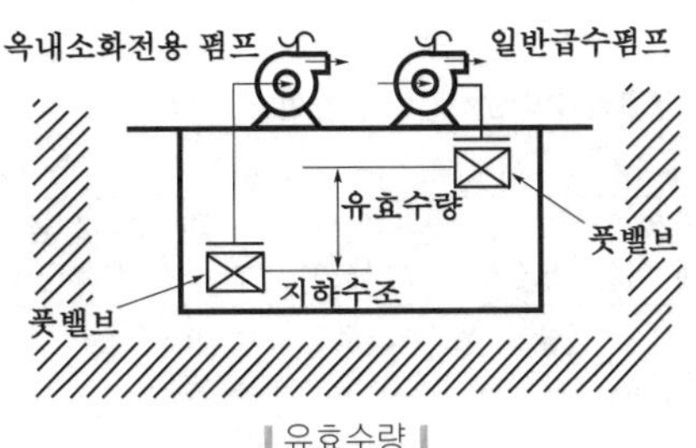

┃유효수량┃

☆☆☆

문제 05

발전기실에 할로겐화합물 및 불활성기체 소화설비를 설치하고자 한다. 국가화재안전기준을 참고하여 다음 물음에 답하시오. (16.11.문2, 14.4.문2, 13.11.문13, 13.7.문5)

득점	배점
	8

(가) 용어의 정의에 대한 ( ) 안을 완성하시오.

○(①)란 불소, 염소, 브로민 또는 아이오딘 중 하나 이상의 원소를 포함하고 있는 유기화합물을 기본성분으로 하는 소화약제를 말한다.

○(②)란 헬륨, 네온, 아르곤 또는 질소가스 중 하나 이상의 원소를 기본성분으로 하는 소화약제를 말한다.

(나) 설계농도가 42.9%인 할로겐화합물 소화약제의 소화농도[%]를 구하시오.

○계산과정 :

○답 :

(다) 할로겐화합물 및 불활성기체 소화설비의 설치제외장소 2가지를 쓰시오.

○

○

(라) 할로겐화합물 및 불활성기체 소화약제 저장용기의 재충전 및 교체기준에 대한 설명이다. 다음 ( ) 안에 알맞은 내용을 쓰시오.

> 할로겐화합물 및 불활성기체 소화약제 저장용기의 (①)을(를) 초과하거나 (②)을(를) 초과할 경우에는 재충전하거나 저장용기를 교체하여야 한다. 다만, 불활성기체 소화약제 저장용기의 경우에는 (③)(을)를 초과할 경우 재충전하거나 저장용기를 교체하여야 한다.

①:

②:

③:

해답 (가) ① 할로겐화합물 소화약제

② 불활성기체 소화약제

(나) ○계산과정 : $\frac{42.9}{1.3} = 33\%$

○답 : 33%

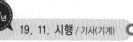

(다) ① 사람이 상주하는 곳으로써 최대 허용설계농도를 초과하는 장소
② 제3류 위험물 및 제5류 위험물을 사용하는 장소(단, 소화성능이 인정되는 위험물 제외)
(라) ① 약제량손실이 5%
② 압력손실이 10%
③ 압력손실이 5%

해설 (가) **할로겐화합물 및 불활성기체 소화설비**의 **정의**(NFPC 107A 3조, NFTC 107A 1.7)

용 어	정 의
할로겐화합물 및 불활성기체	할로겐화합물(**할론 1301**, **할론 2402**, **할론 1211** 제외) 및 **불활성기체**로서 전기적으로 **비전도성**이며 휘발성이 있거나 증발 후 잔여물을 남기지 않는 소화약제
할로겐화합물 소화약제	**불**소, **염**소, **브**로민 또는 **아**이오딘 중 하나 이상의 원소를 포함하고 있는 유기화합물을 기본성분으로 하는 소화약제 기억법 **불염브아**
불활성기체 소화약제	**헬**륨, **네**온, **아**르곤 또는 **질**소가스 중 하나 이상의 원소를 기본성분으로 하는 소화약제 기억법 **헬네아질**
충전밀도	용기의 단위**용적**당 소화약제의 **중량**의 비율
방화문	**60분+방화문** · **60분 방화문** 또는 **30분 방화문**으로써 언제나 닫힌 상태를 유지하거나 화재로 인한 연기의 발생 또는 온도의 상승에 따라 자동적으로 닫히는 구조

(나)

- ABC 화재별 안전계수

설계농도	소화농도	안전계수
A급(일반화재)	A급	1.2
B급(유류화재)	B급	1.3
C급(전기화재)	A급	1.35

설계농도[%]=소화농도[%]×안전계수

$$\text{소화농도[\%]} = \frac{\text{설계농도[\%]}}{\text{안전계수}} = \frac{42.9\%}{1.3} = 33\%$$

- 42.9% : (나)에서 주어진 값
- 문제에서 발전기실이므로 **발전기**의 주원료는 **경유**이다. 주원료인 경유에서 주로 화재가 발생하므로 B급 화재로 본다. 발전기실이라고 해서 C급이 아님을 절대주의!
- B급 : 안전계수=1.3

(다) **설치제외장소**

① **이산화탄소 소화설비**의 **분사헤드 설치제외장소**(NFPC 106 제11조, NFTC 106 2.8.1)
㉠ **방재실, 제어실** 등 사람이 상시 근무하는 장소
㉡ **나이트로셀룰로오스, 셀룰로이드 제품** 등 자기연소성 물질을 저장, 취급하는 장소
㉢ **나트륨, 칼륨, 칼슘** 등 활성금속물질을 저장 · 취급하는 장소
㉣ **전시장** 등의 관람을 위하여 다수인이 출입 · **통**행하는 통로 및 **전**시실 등

기억법 **방나나전 통전이**

② **할로겐화합물 및 불활성기체 소화설비**의 **설치제외장소**(NFPC 107A 제5조, NFTC 107A 2.2.1)
㉠ 사람이 **상**주하는 곳으로서 최대 허용**설**계농도를 초과하는 장소
㉡ **제3류 위험물** 및 **제5류 위험물**을 사용하는 장소(단, 소화성능이 인정되는 위험물 제외)

기억법 **상설35할제**

③ **물분무소화설비**의 **설치제외장소**(NFPC 104 제15조, NFTC 104 2.12)
㉠ **물**과 **심하게 반응하는 물질** 또는 물과 반응하여 위험한 물질을 생성하는 물질을 저장 또는 취급하는 장소
㉡ **고온물질** 및 증류범위가 넓어 끓어넘치는 위험이 있는 물질을 저장 또는 취급하는 장소
㉢ 운전시에 표면의 온도가 **260℃** 이상으로 되는 등 직접 분무를 하는 경우 그 부분에 손상을 입힐 우려가 있는 **기**계장치 등이 있는 장소

기억법 **물고기 26(이륙)**

(라) **할로겐화합물 및 불활성기체 소화약제 저장용기**의 **적합기준**(NFPC 107A 6조 ②항, NFTC 107A 2.3.2)

① **약**제명 · 저장용기의 **자**체중량과 **총** 중량 · **충**전일시 · 충전압력 및 약제의 체적 표시
② 동일 **집**합관에 접속되는 저장용기 : **동일한 내용적**을 가진 것으로 **충전량** 및 **충전압력**이 같도록 할 것
③ 저장용기에 **충**전량 및 충전압력을 **확**인할 수 있는 장치를 하는 경우에는 해당 소화약제에 적합한 구조로 할 것
④ 저장용기의 **약제량손실**이 **5%**를 초과하거나 **압력손실**이 **10%**를 초과할 경우에는 재충전하거나 저장용기를 교체할 것(단, **불활성기체 소화약제** 저장용기의 경우에는 **압력손실**이 **5%**를 초과할 경우 재충전하거나 저장용기 교체)

기억법 **약자총충 집동내 확충 량5(양호)**

- 5%, 10%, 5% 이런 식으로 %만 쓰면 틀린다. **약제량손실이 5%**, **압력손실이 10%**, **압력손실이 5%** 이런 식으로 써야 정확히 맞는 답이다. (문제가 좀 난해한 듯 ㅠㅠ)

문제 06

소화용수설비를 설치하는 지상 5층의 특정소방대상물의 각 층 바닥면적이 6000m^{2}일 때, 다음 물음에 답하시오. (13.4.문4)

득점	배점
	6

(가) 소화수조의 저수량[m^3]을 구하시오.
○ 계산과정 :
○ 답 :

(나) 저수조에 설치하여야 할 흡수관 투입구의 최소 설치수량을 구하시오.
○

(다) 저수조에 설치하는 가압송수장치의 1분당 최소 송수량[L]은?
○

해답 (가) ○ 계산과정 : $\frac{30000}{12500}$(절상)$\times 20 = 60\text{m}^3$

○ 답 : 60m^3

(나) 1개

(다) 2200L

해설 (가) **소화수조** 또는 **저수조**의 **저수량 산출**(NFPC 402 4조, NFTC 402 2.1.2)

특정소방대상물의 구분	기준면적[m^2]
지상 1층 및 2층의 바닥면적 합계 15000m^2 이상	7500
기타 →	12500

지상 1 · 2층의 바닥면적 합계=6000m^2+6000m^2=12000m^2

∴ 15000m^2 미만이므로 기타에 해당되어 기준면적은 **12500m^2**이다.

소화용수의 양(저수량)

$$Q = \frac{\text{연면적}}{\text{기준면적}}(\text{절상}) \times 20\text{m}^3$$

$$= \frac{30000\text{m}^2}{12500\text{m}^2} = 2.4 ≒ 3(\text{절상})$$

$$3 \times 20\text{m}^3 = 60\text{m}^3$$

- 지상 1 · 2층의 바닥면적 합계가 12000m^2(6000m^2+6000m^2=12000m^2)로서 15000m^2 미만이므로 기타에 해당되어 기준면적은 **12500m^2**이다.
- 연면적 : 바닥면적×층수=6000m^2×5층=30000m^2
- 저수량을 구할 때 $\frac{30000\text{m}^2}{12500\text{m}^2} = 2.4 ≒ 3$으로 먼저 **절상**한 후 **20m^3**를 곱한다는 것을 기억하라!
- **절상** : 소수점 이하는 무조건 올리라는 의미

(나) **흡수관 투입구수**(NFPC 402 4조, NFTC 402 2.1.3.1)

소요수량	$80m^3$ 미만	$80m^3$ 이상
흡수관 투입구수	**1개** 이상	**2개** 이상

- 저수량이 $60m^3$로서 **$80m^3$** 미만이므로 **흡수관 투입구**의 최소 개수는 **1개**

(다) **가압송수장치**의 **양수량**

저수량	20~$40m^3$ 미만	40~$100m^3$ 미만	$100m^3$ 이상
1분당 양수량	1100L 이상	2200L 이상	3300L 이상

- 저수량이 $60m^3$로서 **40~$100m^3$** 미만이므로 **2200L**

문제 07

이산화탄소 소화설비의 분사헤드 설치제외장소에 대한 다음 (　) 안을 완성하시오. (14.4.문15, 08.4.문9)

ㅇ나이트로셀룰로오스, 셀룰로이드 제품 등 (①)을 저장, 취급하는 장소
ㅇ나트륨, 칼륨, 칼슘 등 (②)을 저장, 취급하는 장소

득점	배점
	4

① 자기연소성 물질
② 활성금속물질

설치제외장소

구 분	설치제외장소
이산화탄소 소화설비의 **분사헤드** (NFPC 106 11조, NFTC 106 2.8.1)	① **방재실**, **제어실** 등 사람이 상시 근무하는 장소 ② **나이트로셀룰로오스**, **셀룰로이드 제품** 등 **자기연소성 물질**을 저장, 취급하는 장소 ③ **나트륨**, **칼륨**, **칼슘** 등 **활성금속물질**을 저장, 취급하는 장소 ④ **전시장** 등의 관람을 위하여 다수인이 출입·통행하는 통로 및 전시실 등
할로겐화합물 및 불활성기체 소화설비 (NFPC 107A 5조, NFTC 107A 2.2.1)	① 사람이 상주하는 곳으로서 최대 허용설계농도를 초과하는 장소 ② **제3류 위험물** 및 **제5류 위험물**을 사용하는 장소(단, 소화성능이 인정되는 위험물 제외)
물분무소화설비 (NFPC 104 15조, NFTC 104 2.12)	① 물과 **심하게 반응하는 물질** 또는 물과 반응하여 위험한 물질을 생성하는 물질을 저장, 취급하는 장소 ② **고온물질** 및 증류 범위가 넓어 끓어넘치는 위험이 있는 물질을 저장, 취급하는 장소 ③ 운전시에 표면의 온도가 **260℃** 이상으로 되는 등 직접 분무를 하는 경우 그 부분에 손상을 입힐 우려가 있는 기계장치 등이 있는 장소
스프링클러헤드 (NFPC 103 15조, NFTC 103 2.12)	① 계단실, 경사로, 승강기의 승강로, 파이프덕트, 목욕실, 수영장(관람석 제외), 화장실, 직접 외기에 개방되어 있는 복도, 기타 이와 유사한 장소 ② **통신기기실**·**전자기기실**, 기타 이와 유사한 장소 ③ **발전실**·**변전실**·**변압기**, 기타 이와 유사한 전기설비가 설치되어 있는 장소 ④ 병원의 **수술실**·**응급처치실**, 기타 이와 유사한 장소 ⑤ 천장과 반자 양쪽이 **불연재료**로 되어 있는 경우로서 그 사이의 거리 및 구조가 다음에 해당하는 부분 ㉠ 천장과 반자 사이의 거리가 **2m** 미만인 부분 ㉡ 천장과 반자 사이의 **벽**이 **불연재료**이고 천장과 반자 사이의 거리가 **2m** 이상으로서 그 사이에 **가연물**이 **존재**하지 **않는 부분** ⑥ 천장·반자 중 한쪽이 **불연재료**로 되어 있고, 천장과 반자 사이의 거리가 **1m** 미만인 부분 ⑦ 천장 및 반자가 **불연재료 외**의 것으로 되어 있고, 천장과 반자 사이의 거리가 **0.5m** 미만인 경우 ⑧ **펌프실**·**물탱크실**, 그 밖의 이와 비슷한 장소 ⑨ **현관**·**로비** 등으로서 바닥에서 높이가 **20m** 이상인 장소

☆☆
문제 08

옥내소화전설비에 관한 설계시 다음 조건을 참고하여 물음에 답하시오. (12.4.문13)

득점	배점
	12

〔조건〕

① 건물규모 : 3층×각 층의 바닥면적 $1200m^2$

② 옥내소화전 수량 : 총 12개(각 층당 4개 설치)

③ 소화펌프에서 최상층 소화전 호스접결구까지의 수직거리 : 15m

④ 소방호스 : 40mm×15m(고무내장호스)

⑤ 호스의 마찰손실수두값(호스 100m당)

구 분	호스의 호칭구경〔mm〕					
	40		50		65	
유량〔L/min〕	마호스	고무내장호스	마호스	고무내장호스	마호스	고무내장호스
130	26m	12m	7m	3m	–	–
350	–	–	–	–	10m	4m

⑥ 배관 및 관부속품의 마찰손실수두 합계 : 30m

⑦ 배관의 내경

호칭경	DN15	DN20	DN25	DN32	DN40	DN50	DN65	DN80	DN100
내경〔mm〕	16.4	21.9	27.5	36.2	42.1	53.2	69	81	105.3

⑧ 펌프의 동력전달계수

동력전달형식	전달계수
전동기	1.1
디젤엔진	1.2

⑨ 펌프의 구경에 따른 효율(단, 펌프의 구경은 펌프의 토출측 주배관의 구경과 같다.)

펌프의 구경〔mm〕	펌프의 효율(E)
40	0.45
50~65	0.55
80	0.60
100	0.65
125~150	0.70

(가) 소방펌프에서 최소한의 정격유량〔L/min〕과 정격양정〔m〕을 계산하시오. (단, 흡입양정은 무시한다.)

○ 계산과정 :

○ 답 :

(나) 소방펌프 토출측 주배관의 최소 관경을 〔조건 ⑦〕에서 선정하시오. (단, 토출측 배관의 유속은 4m/s 이하이다.)

○ 계산과정 :

○ 답 :

(다) 소방펌프를 디젤엔진으로 구동시킬 경우에 필요한 엔진의 동력〔kW〕은 얼마인가? (단, 펌프의 유량은 (가)에서 구한 최소 정격유량을 적용한다.)

○ 계산과정 :

○ 답 :

(라) 펌프의 성능시험과 관련하여 (   ) 안에 적당한 수치를 넣으시오

펌프의 성능은 체절운전시 정격토출압력의 (①)%를 초과하지 않고, 유량측정장치는 성능시험배관의 직관부에 설치하되, 펌프의 정격토출량의 (②)% 이상 측정할 수 있는 성능이 있어야 한다.

①:

②:

(마) 만일 펌프에서 제일 먼 거리에 있는 옥내소화전 노즐의 방사압력 차이가 0.4MPa이며, 펌프에서 제일 먼 거리에 있는 옥내소화전 노즐에서의 방사압력이 0.17MPa, 유량이 130Lpm일 경우 펌프에서 가장 가까운 소화전에서의 방사유량[L/min]은 얼마인가?

○ 계산과정 :

○ 답 :

(바) 옥상에 저장하여야 하는 소화수조의 용량은 몇 m^3인가?

○ 계산과정 :

○ 답 :

해답 (가) ○ 계산과정 : 정격유량 $= 2 \times 130 = 260\text{L/min}$

$$\text{정격양정} = \left(15 \times \frac{12}{100}\right) + 30 + 15 + 17 = 63.8\text{m}$$

○ 답 : 정격유량 260L/min, 정격양정 63.8m

(나) ○ 계산과정 : $D = \sqrt{\frac{4 \times 0.26/60}{\pi \times 4}} \fallingdotseq 0.0371\text{m} = 37.1\text{mm}$

○ 답 : DN50

(다) ○ 계산과정 : $P = \frac{0.163 \times 0.26 \times 63.8}{0.55} \times 1.2 = 5.899 \fallingdotseq 5.9\text{kW}$

○ 답 : 5.9kW

(라) ① 140

② 175

(마) ○ 계산과정 : $0.17 + 0.4 = 0.57\text{MPa}$

$$K = \frac{130}{\sqrt{10 \times 0.17}} = 99.705 \fallingdotseq 99.71$$

$$Q = 99.71\sqrt{10 \times 0.57} = 238.05\text{L/min}$$

○ 답 : 238.05L/min

(바) ○ 계산과정 : $Q = 2.6 \times 2 \times \frac{1}{3} = 1.733 \fallingdotseq 1.73\text{m}^3$

○ 답 : 1.73m^3

해설 (가) **옥내소화전설비**

$$Q = N \times 130\text{L/min}$$

여기서, Q : 토출량[L/min]

N : 가장 많은 층의 소화전개수(30층 미만 : 최대 2개, 30층 이상 : 최대 5개)

정격유량 $Q = N \times 130\text{L/min} = 2 \times 130\text{L/min} = 260\text{L/min}$

• [조건 ②]에서 N=2개

$$H = h_1 + h_2 + h_3 + 17$$

여기서, H : 전양정[m]

h_1 : 소방호스의 마찰손실수두[m]

h_2 : 배관 및 관부속품의 마찰손실수두〔m〕
h_3 : 실양정(흡입양정+토출양정)〔m〕

h_1 : $15\text{m} \times \frac{12}{100} = 1.8\text{m}$

- 〔조건 ④〕에서 소방호스의 길이 **15m**
- 〔조건 ④〕에서 호칭구경 40ϕ, 고무내장호스이고, 옥내소화전설비의 규정방수량 130L/min이므로 〔조건 ⑤〕에서 **12m**, 호스 100m당이므로 $\frac{12}{100}$를 적용한다.

구 분	호스의 호칭구경〔mm〕					
	40		50		65	
유량〔L/min〕	마호스	고무내장호스	마호스	고무내장호스	마호스	고무내장호스
130	26m	→ 12m	7m	3m	–	–
350	–	–	–	–	10m	4m

h_2 : **30m**(〔조건 ⑥〕에서 주어진 값)
h_3 : **15m**(〔조건 ③〕에서 주어진 값)
정격양정 $H = h_1 + h_2 + h_3 + 17 = 1.8\text{m} + 30\text{m} + 15\text{m} + 17 = 63.8\text{m}$

(나)

$$Q = AV = \frac{\pi D^2}{4} V$$

여기서, Q : 유량〔m^3/s〕
A : 단면적〔m^2〕
V : 유속〔m/s〕
D : 내경〔m〕

$$Q = \frac{\pi D^2}{4} V$$ 에서

배관의 **내경** D는

$$D = \sqrt{\frac{4Q}{\pi V}} = \sqrt{\frac{4 \times 260\text{L/min}}{\pi \times 4\text{m/s}}} = \sqrt{\frac{4 \times 0.26\text{m}^3/\text{min}}{\pi \times 4\text{m/s}}} = \sqrt{\frac{4 \times 0.26\text{m}^3/60\text{s}}{\pi \times 4\text{m/s}}} ≒ 0.0371\text{m} = 37.1\text{mm}$$

- 내경 **37.1mm** 이상되는 배관의 내경은 〔조건 ⑦〕에서 **DN40**이지만 토출측 주배관의 최소관경은 50A이므로 **DN50**이다. **내경〔mm〕 기준**이란 것을 꼭 기억하라!
- DN40=40A(DN ; Diameter Nominal)
- Q(**260L/min**) : (가)에서 구한 값
- 배관 내의 유속

설 비		유 속
옥내소화전설비		→ 4m/s 이하
스프링클러설비	가지배관	6m/s 이하
	기타의 배관	10m/s 이하

- 최소구경

구 분	구 경
주배관 중 수직배관, 펌프 토출측 주배관	→ **50mm 이상**
연결송수관인 방수구가 연결된 경우(연결송수관설비의 배관과 겸용할 경우)	100mm 이상

- 배관의 내경은 〔조건 ⑦〕에서 선정

호칭경	DN15	DN20	DN25	DN32	DN40	DN50	DN65	DN80	DN100
내경〔mm〕	16.4	21.9	27.5	36.2	42.1	53.2	69	81	105.3

(다)

$$P = \frac{0.163\,QH}{\eta}K$$

여기서, P : 전동력[kW]
Q : 유량[m^3/min]
H : 전양정[m]
K : 전달계수
η : 효율

디젤엔진의 **동력** P는

$$P = \frac{0.163\,QH}{\eta}K = \frac{0.163 \times 260\text{L/min} \times 63.8\text{m}}{0.55} \times 1.2 = \frac{0.163 \times 0.26\text{m}^3/\text{min} \times 63.8\text{m}}{0.55} \times 1.2$$

$$= 5.899 \fallingdotseq 5.9\text{kW}$$

- Q**(260L/min)** : (가)에서 구한 값
- H**(63.8m)** : (가)에서 구한 값
- K**(1.2)** : 디젤엔진이므로 [조건 ⑧] 표에서 **1.2**

동력전달형식	전달계수
전동기	1.1
디젤엔진 →	1.2

- η**(0.55)** : (나)에서 관경이 50mm이므로 [조건 ⑨]에서 **0.55**

펌프의 구경[mm]	펌프의 효율(E)
40	0.45
50~65 →	0.55
80	0.60
100	0.65
125~150	0.70

(라) 펌프의 성능은 체절운전시 정격토출압력의 **140%**를 초과하지 않고, 정격토출량의 **150%**로 운전시 정격토출압력의 **65%** 이상이 되어야 하며, 유량측정장치는 성능시험배관의 직관부에 설치하되, 펌프의 정격토출량의 **175% 이상**까지 측정할 수 있는 성능이 있을 것

중요

체절점 · 설계점 · 150% 유량점

체절점	설계점	150% 유량점(운전점)
정격토출양정×1.4	정격토출양정×1.0	정격토출양정×0.65
• 정격토출압력(양정)의 **140%**를 **초과**하지 않아야 하므로 정격토출양정에 **1.4**를 곱하면 된다. • 140%를 초과하지 않아야 하므로 '**이하**'라는 말을 반드시 쓸 것	• 펌프의 성능곡선에서 설계점은 **정격토출양정**의 **100%** 또는 **정격토출량**의 **100%**이다. • 설계점은 '**이상**', '**이하**'라는 말을 쓰지 않는다.	• 정격토출량의 150%로 운전시 정격토출압력(양정)의 65% 이상이어야 하므로 정격토출양정에 **0.65**를 곱하면 된다. • 65% 이상이어야 하므로 '**이상**'이라는 말을 반드시 쓸 것

(마)

가장 가까운 소화전방수압 = 가장 먼 소화전방수압+방수압력차

$$= (0.17 + 0.4)\text{MPa}$$
$$= 0.57\text{MPa}$$

$$Q = K\sqrt{10P}$$

여기서, Q : 토출량[L/min=Lpm]
K : 방출계수
P : 방사압력[MPa]

방출계수 $K = \frac{Q}{\sqrt{10P}} = \frac{130\text{L/min}}{\sqrt{10 \times 0.17\text{MPa}}} = 99.705 \fallingdotseq 99.71$

방수유량 $Q = K\sqrt{10P} = 99.71\sqrt{0.57\text{MPa} \times 10} = 238.05\text{L/min}$

- **0.17MPa** : 옥내소화전설비 규정방수압, **130L/min** : 옥내소화전설비 규정방수량

(바) **옥내소화전설비**(옥상수원)

$Q = 2.6N \times \frac{1}{3}$(30층 미만, N : 최대 2개)

$Q = 5.2N \times \frac{1}{3}$(30~49층 이하, N : 최대 5개)

$Q = 7.8N \times \frac{1}{3}$(50층 이상, N : 최대 5개)

여기서, Q : 수원의 저수량[m³]
N : 가장 많은 층의 소화전개수

옥상저수량 $Q = 2.6N \times \frac{1}{3} = 2.6 \times 2 \times \frac{1}{3} = 1.733 ≒ 1.73\text{m}^3$

☆☆☆

문제 09

할론소화설비에 관한 다음 각 물음에 답하시오. (14.7.문2, 07.11.문4, 99.11.문14)

득점	배점
	8

(가) 할론소화약제의 구성원소 4가지를 기호로 쓰시오.
○
○
○
○

(나) 할론소화약제 중 상온에서 기체이며 염소계통의 유독가스를 발생하지 않는 약제는 어떤 약제인지 그 종류를 쓰시오.
○

(다) 가압용 가스용기는 질소가스가 충전된 것으로 하고, 그 압력은 21℃에서 몇 MPa 또는 몇 MPa이 되도록 하여야 하는지 쓰시오.
○

(라) 가압식 저장용기에는 몇 MPa 이하의 압력으로 조정할 수 있는 압력조정장치를 설치하여야 하는지 쓰시오.
○

(마) 하나의 구역을 담당하는 소화약제 저장용기의 소화약제량의 체적합계보다 그 소화약제 방출시 방출경로가 되는 배관(집합관 포함)의 내용적이 몇 배 이상일 경우 해당 방호구역에 대한 설비를 별도독립방식으로 하여야 하는지 쓰시오.
○

(가) ① C
② F
③ Cl
④ Br

(나) 할론 1301

(다) 2.5MPa 또는 4.2MPa

(라) 2.0MPa

(마) 1.5배

해설 (가) **할론소화약제 구성요소** vs **할로젠족 원소**

할론소화약제 구성원소	할로젠족 원소(할로젠 원자)
① 탄소 : C ② 불소 : F ③ 염소 : Cl ④ 브로민 : Br	① 불소 : **F** ② 염소 : **Cl** ③ 브로민(취소) : **Br** ④ 아이오딘(옥소) : **I** 기억법 FClBrI

• 할론소화약제 구성요소와 할로겐족 원소와 혼동하지 말 것

(나) **소화약제**의 **종류**

구 분	설 명
제3종 분말소화약제($NH_4H_2PO_4$)	• 분말소화약제로 **자동차**나 **일반화재**에 대응성이 있는 소화약제
할론 1301(CF_3Br)	• 할론소화약제로 이용되며 상온에서 **기체**이고, 염소(Cl)계통의 유독가스가 발생되지 않는 약제
이산화탄소 소화약제(CO_2)	• 약제가 방출되면서 **운무현상**을 일으키고 **임계온도**가 **31.35℃**인 가스계 약제

중요

상온에서의 **상태**

상온에서 기체상태	상온에서 액체상태
① 할론 1301 ② 할론 1211 ③ 이산화탄소	① 할론 1011 ② 할론 104 ③ 할론 2402

(다), (라), (마) **소화약제**의 **저장용기** 등(NFPC 107 4조, NFTC 107 2.1.3, 2.1.5, 2.1.6)

① 가압용 가스용기는 질소가스가 충전된 것으로 하고, 그 압력은 21℃에서 **2.5MPa** 또는 **4.2MPa**이 되도록 할 것
② 가압식 저장용기에는 **2.0MPa** 이하의 압력으로 조정할 수 있는 **압력조정장치**를 설치할 것
③ 하나의 구역을 담당하는 소화약제 저장용기의 소화약제량의 체적합계보다 그 소화약제 방출시 방출경로가 되는 배관(집합관 포함)의 내용적이 **1.5배 이상**일 경우에는 해당 방호구역에 대한 설비는 **별도독립방식**으로 할 것

중요

(1) **할론소화약제 저장용기**의 **설치기준**(NFPC 107 4조, NFTC 107 2.1.2)

구 분		할론 1301	할론 1211	할론 2402
저장압력		**2.5MPa** 또는 **4.2MPa**	**1.1MPa** 또는 **2.5MPa**	–
방사압력		0.9MPa	0.2MPa	0.1MPa
충전비	가압식	0.9~1.6 이하	0.7~1.4 이하	0.51~0.67 미만
	축압식			0.67~2.75 이하

① 축압식 저장용기의 압력은 온도 20℃에서 **할론 1211**을 저장하는 것은 **1.1MPa** 또는 **2.5MPa**, **할론 1301**을 저장하는 것은 **2.5MPa** 또는 **4.2MPa**이 되도록 **질소가스**로 축압할 것
② 저장용기의 충전비는 **할론 2402**를 저장하는 것 중 **가압식** 저장용기는 **0.51 이상 0.67 미만**, **축압식** 저장용기는 **0.67 이상 2.75 이하**, **할론 1211**은 **0.7 이상 1.4 이하**, **할론 1301**은 **0.9 이상 1.6 이하**로 할 것

(2) **압력조정기**(**압력조정장치**)의 **조정범위**

할론소화설비	분말소화설비
2.0MPa 이하	**2.5MPa** 이하 기억법 분25

☆☆

문제 10

포소화설비의 소화약제로 사용되는 수성막포의 장점 및 단점을 각각 2가지씩 쓰시오. (00.2.문8)

○ 장점 :

○ 단점 :

득점	배점
	4

해답 ○ 장점 : ① 장기보존 가능
② 타약제와 겸용사용 가능
○ 단점 : ① 고가
② 내열성이 좋지 않다.

해설 **수성막포**의 **장단점**

장 점	단 점
① 석유류 표면에 신속히 **피막**을 **형성**하여 유류증발을 억제한다. ② **안전성**이 좋아 장기보존이 가능하다. ③ **내약품성**이 좋아 타약제와 겸용사용도 가능하다. ④ **내유염성**이 우수하다.	① 고가(가격이 비싸다.) ② 내열성이 좋지 않다. ③ 부식방지용 저장설비가 요구된다.

• **내유염성** : 포가 기름에 의해 오염되기 어려운 성질

참고

단백포의 **장단점**

장 점	단 점
① **내열성**이 우수하다. ② **유면봉쇄성**이 우수하다.	① 소화시간이 길다. ② 유동성이 좋지 않다. ③ 변질에 따른 저장성 불량 ④ 유류오염

☆

문제 11

연결송수관설비에 가압송수장치를 계단식 아파트가 아닌 곳에 설치하였다. 다음 각 물음에 답하시오. (11.7.문6)

득점	배점
	5

(가) 가압송수장치를 설치하는 최소 높이는 몇 m인지 쓰시오.
○

(나) 방수구가 4개일 때 펌프의 토출량[m^3/min]을 구하시오.
○ 계산과정 :
○ 답 :

(다) 최상층에 설치된 노즐선단의 방수압력[MPa]을 쓰시오.
○

해답 (가) 70m

(나) ○ 계산과정 : $2400+(4-3)\times800=3200\text{L/min}=3.2\text{m}^3/\text{min}$
○ 답 : 3.2m^3/min

(다) 0.35MPa

해설 (가) 연결송수관설비는 지표면에서 최상층 방수구의 높이 **70m 이상**인 건물인 경우 소방차에서 공급되는 수압만으로는 규정노즐 방수압력(**0.35MPa**)을 유지하기 어려우므로 추가로 **가압송수장치**를 설치하여야 한다. 그러므로 가압송수장치를 설치하는 최소 높이는 **70m**이다.

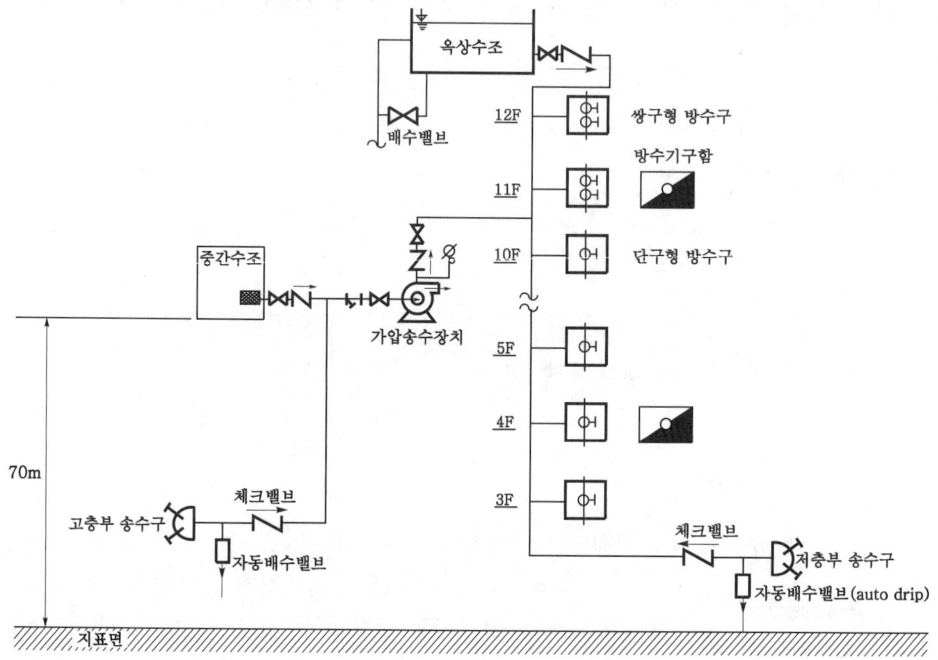

▍고층건물의 연결송수관설비의 계통도▍

(나) **연결송수관설비**의 **펌프토출량**(NFPC 502 8조, NFTC 502 2.5.1.10)
펌프의 토출량 **2400L/min**(계단식 아파트는 **1200L/min**) 이상이 되는 것으로 할 것(단, 해당층에 설치된 방수구가 3개 초과(방수구가 5개 이상은 5개)인 경우에는 1개마다 **800L/min**(계단식 아파트는 **400L/min**)을 가산한 양)

중요

연결송수관설비의 **펌프토출량**

일반적인 경우(계단식 아파트가 아닌 경우)	계단식 아파트
(1) 방수구 **3개** 이하 $Q=2400$L/min 이상	(1) 방수구 **3개** 이하 $Q=1200$L/min 이상
(2) 방수구 **4개** 이상 $Q=2400+(N-3)\times800$	(2) 방수구 **4개** 이상 $Q=1200+(N-3)\times400$

여기서, Q : 펌프토출량[L/min]
N : 가장 많은 층의 방수구 개수(**최대 5개**)

- **방수구** : 가압수가 나오는 구멍

$Q=2400+(4-3)\times800=3200\text{L/min}=3.2\text{m}^3/\text{min}$

- 4 : (나)에서 방수구 **4개**로 주어짐
- 1000L=1m^{3}이므로 3200L/min=3.2m^3/min

(다) **각 설비의 주요사항**

구 분	드렌처설비	스프링클러 설비	소화용수설비	옥내소화전 설비	옥외소화전 설비	포소화설비, 물분무소화설비, 연결송수관설비
방수압	0.1MPa 이상	0.1~1.2MPa 이하	0.15MPa 이상	0.17~0.7MPa 이하	0.25~0.7MPa 이하	0.35MPa 이상

방수량	80L/min 이상	80L/min 이상	800L/min 이상 (가압송수장치 설치)	130L/min 이상 (30층 미만 : 최대 2개, 30층 이상 : 최대 5개)	350L/min 이상 (최대 2개)	75L/min 이상 (포워터 스프링클러헤드)
방수구경	–	–	–	40mm	65mm	–
노즐구경	–	–	–	13mm	19mm	–

☆

문제 12

제1종 분말소화약제의 비누화현상의 발생원리 및 화재에 미치는 효과에 대해서 설명하시오. (13.11.문14)

○ 발생원리 :

○ 화재에 미치는 효과 :

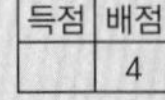

해답 ○ 발생원리 : 에스터가 알칼리에 의해 가수분해되어 알코올과 산의 알칼리염이 됨
○ 화재에 미치는 효과 : 질식소화, 재발화 억제효과

해설 **비누화현상**(saponification phenomenon)

구 분	설 명
정의	**소화약제**가 식용유에서 분리된 **지방산**과 **결합**해 **비누거품**처럼 부풀어 오르는 현상
발생원리	에스터가 알칼리에 의해 가수분해되어 알코올과 산의 알칼리염이 됨
화재에 미치는 효과	주방의 식용유화재시에 나트륨이 기름을 둘러싸 외부와 분리시켜 **질식소화** 및 **재발화 억제효과** 기름 나트륨 ∥ 비누화현상 ∥
화학식	RCOOR′ + NaOH → RCOONa + R′OH

문제 13

제연설비 제연구획 ①실, ②실에 사용되는 배기 FAN의 축동력[kW]을 구하시오. (단, 송풍기전압은 100mmAq, 전압효율은 50%이다.) (17.4.문9, 16.11.문5, 14.11.문13, 10.10.문14, 09.10.문11)

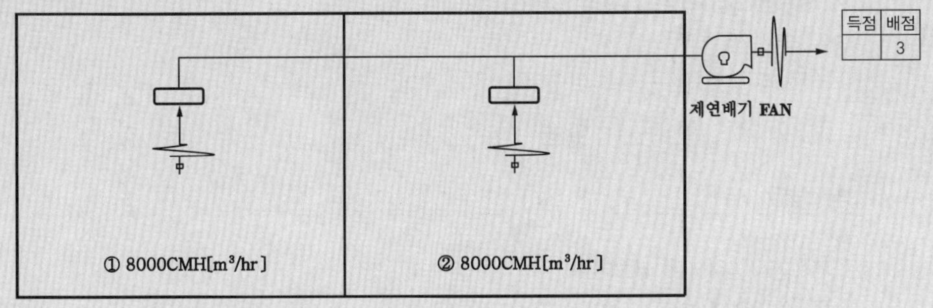

○ 계산과정 :

○ 답 :

해답 ○ 계산과정 : 소요풍량 $= 8000 + 8000 = 16000\text{m}^3/\text{hr} \fallingdotseq 266.666\text{m}^3/\text{min}$

$$P = \frac{100 \times 266.666}{102 \times 60 \times 0.5} = 8.714 \fallingdotseq 8.71\text{kW}$$

○ 답 : 8.71kW

해설 **소요풍량 합계**

공동예상 제연구역이므로(각각 **벽**으로 **구획**된 경우)에는

소요풍량 합계〔CMH〕= 각 배출풍량〔CMH〕의 합

①실+②실 $= 8000\text{m}^3/\text{hr} + 8000\text{m}^3/\text{hr} = 16000\text{m}^3/\text{hr} = 16000\text{m}^3/60\text{min} \fallingdotseq 266.666\text{m}^3/\text{min}$

비교

공동예상 제연구역(각각 **제연경계**로 구획된 경우)

소요풍량 합계〔CMH〕= 각 배출풍량 중 최대 풍량〔CMH〕

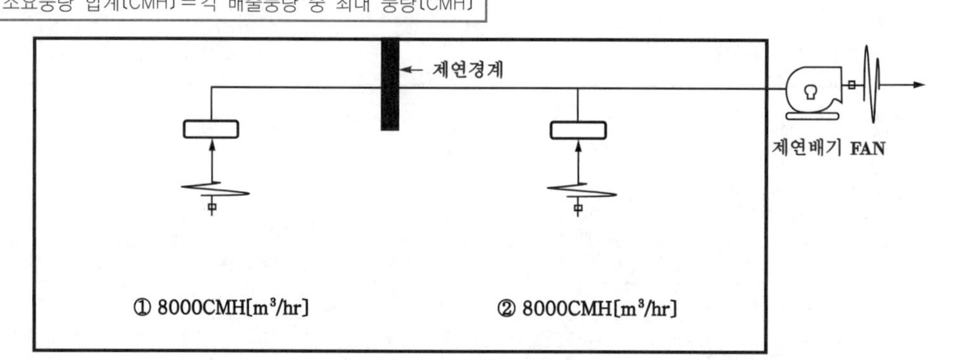

중요

단위

(1) **GPM** = **G**allon **P**er **M**inute〔gallon/min〕

(2) **PSI** = **P**ound per **S**quare **I**nch〔$\text{lb}_\text{f}/\text{in}^2$〕

(3) **LPM** = **L**iter **P**er **M**inute〔L/min〕

(4) **CMH** = **C**ubic **M**eter per **H**our〔m^3/h〕

제연설비(배연설비)의 **축동력**

$$P = \frac{P_T Q}{102 \times 60\eta}$$

여기서, P : 배연기동력(축동력)〔kW〕

P_T : 전압 · 풍압〔mmAq, mmH_2O〕

Q : 풍량(소요풍량)〔m^3/min〕

η : 효율

축동력 $P = \dfrac{P_T Q}{102 \times 60\eta}$

$$= \frac{100\text{mmAq} \times 266.666\text{m}^3/\text{min}}{102 \times 60 \times 0.5} = 8.714 \fallingdotseq 8.71\text{kW}$$

용어

축동력

전달계수를 고려하지 않은 동력

기억법 **축전(축전)**

☆☆☆

문제 14

가로 13m, 세로 13m, 높이 4m인 전기실에 할로겐화합물 및 불활성기체 소화약제 중 IG-541을 사용할 경우 조건을 참고하여 다음 각 물음에 답하시오. (17.6.문1, 13.4.문2)

득점	배점
	9

〔조건〕

① IG-541의 소화농도는 33%이다.

② IG-541의 저장용기는 80L용 $12.5m^3$/병을 적용하며, 충전압력은 15.832MPa이다.

③ 소화약제량 산정시 선형상수를 이용하도록 하며 방사시 기준온도는 30℃이다.

소화약제	K_1	K_2
IG-541	0.65799	0.00239

(가) IG-541의 설계농도는 몇 %인지 구하시오.

○ 계산과정 :

○ 답 :

(나) IG-541의 저장량은 몇 m^3인지 구하시오.

○ 계산과정 :

○ 답 :

(다) IG-541의 저장용기수는 최소 몇 병인지 구하시오.

○ 계산과정 :

○ 답 :

(라) 배관의 구경은 해당 방호구역에 얼마 이내에 방호구역 각 부분에 최소 설계농도의 몇 % 이상 해당하는 약제량이 방출되도록 하여야 하는지 방사시간과 방출량을 쓰시오.

○ 방사시간 :

○ 방출량 :

해답 (가) ○ 계산과정 : $33 \times 1.35 = 44.55\%$

○ 답 : 44.55%

(나) ○ 계산과정 : $S = 0.65799 + 0.00239 \times 30 = 0.72969m^3/kg$

$V_s = 0.65799 + 0.00239 \times 20 = 0.70579m^3/kg$

$$X = 2.303\left(\frac{0.70579}{0.72969}\right) \times \log_{10}\left[\frac{100}{(100-44.55)}\right] \times (13 \times 13 \times 4) = 385.642 ≒ 385.64m^3$$

○ 답 : $385.64m^3$

(다) ○ 계산과정 : $\frac{385.64}{12.5} = 30.8 ≒ 31$병

○ 답 : 31병

(라) ○ 방사시간 : 2분

○ 방출량 : 95%

해설 **소화약제량(저장량)**의 **산정**(NFPC 107A 4·7조, NFTC 107A 2.1.1, 2.4.1)

구 분	할로겐화합물 소화약제	불활성기체 소화약제
종류	• FC-3-1-10 • HCFC BLEND A • HCFC-124 • HFC-125 • HFC-227ea • HFC-23 • HFC-236fa • FIC-13I1 • FK-5-1-12	• IG-01 • IG-100 • IG-541 • IG-55

공식	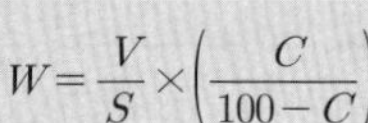 $W=\dfrac{V}{S}\times\left(\dfrac{C}{100-C}\right)$ 여기서, W : 소화약제의 무게〔kg〕 V : 방호구역의 체적〔m^3〕 S : 소화약제별 선형상수(K_1+K_2t)〔m^3/kg〕 t : 방호구역의 최소 예상온도〔℃〕 C : 체적에 따른 소화약제의 설계농도〔%〕	$X=2.303\left(\dfrac{V_s}{S}\right)\times\log_{10}\left[\dfrac{100}{(100-C)}\right]\times V$ 여기서, X : 소화약제의 부피〔m^3〕 V_s : 20℃에서 소화약제의 비체적 ($K_1+K_2\times 20℃$)〔m^3/kg〕 S : 소화약제별 선형상수(K_1+K_2t)〔m^3/kg〕 C : 체적에 따른 소화약제의 설계농도〔%〕 t : 방호구역의 최소 예상온도〔℃〕 V : 방호구역의 체적〔m^3〕

불활성기체 소화약제

‖ABC 화재별 안전계수‖

화재등급	설계농도
A급(일반화재)	A급 소화농도×1.2
B급(유류화재)	B급 소화농도×1.3
C급(전기화재)	A급 소화농도×1.35

(가) 설계농도〔%〕=소화농도〔%〕×안전계수=33%×1.35=44.55%

- IG-541 : **불활성기체 소화약제**
- 전기실 : **C급 화재**이므로 **1.35** 적용

(나) 소화약제별 선형상수 S는

$S=K_1+K_2t=0.65799+0.00239\times 30℃=0.72969\text{m}^3/\text{kg}$

20℃에서 소화약제의 비체적 V_s는

$V_s=K_1+K_2t=0.65799+0.00239\times 20℃=0.70579\text{m}^3/\text{kg}$

- IG-541의 K_1(0.65799), K_2(0.00239) : 〔조건 ③〕에서 주어진 값
- t(30℃) : 〔조건 ③〕에서 주어진 값

IG-541의 저장량 X는

$$X=2.303\left(\frac{V_s}{S}\right)\times\log_{10}\left[\frac{100}{(100-C)}\right]\times V=2.303\left(\frac{0.70579\text{m}^3/\text{kg}}{0.72969\text{m}^3/\text{kg}}\right)\times\log_{10}\left[\frac{100}{(100-44.55)}\right]\times(13\times13\times4)\text{m}^3$$

$$=385.642 ≒ 385.64\text{m}^3$$

- 44.55 : 바로 위에서 구한 값

(다) $\text{용기수}=\dfrac{\text{저장량}〔\text{m}^3〕}{\text{1병당 저장량}〔\text{m}^3〕}=\dfrac{385.64\text{m}^3}{12.5\text{m}^3/\text{병}}=30.8 ≒ 31\text{병}$

- **385.64m^3** : 바로 위에서 구한 값
- **12.5m^3/병** : 〔조건 ②〕에서 주어진 값
- 〔조건 ②〕의 12.5m^3/병이 주어지지 않을 경우 다음과 같이 구한다.

$$\text{1병당 저장량}〔\text{m}^3〕=\text{내용적}〔\text{L}〕\times\frac{\text{충전압력}〔\text{kPa}〕}{\text{표준대기압}(101.325\text{kPa})}$$

$$=80\text{L}\times\frac{15.832\text{MPa}}{101.325\text{kPa}}=0.08\text{m}^3\times\frac{15832\text{kPa}}{101.325\text{kPa}}=12.499 ≒ 12.5\text{m}^3$$

- 1000L=1m^{3}이므로 80L=0.08m^3
- 1MPa=1000kPa이므로 15.832MPa=15832kPa

(라) 배관의 구경은 해당 방호구역에 **할로겐화합물 소화약제**는 **10초** 이내에, **불활성기체 소화약제**는 **AC급** 화재 **2분**, **B급** 화재 **1분** 이내에 방호구역 각 부분에 최소 설계농도의 **95%** 이상 해당하는 약제량이 방출되도록 해야 한다. (NFPC 107A 10조, NFTC 107A 2.7.3)

문제 15

소방배관을 통해 50톤의 소화수를 1시간 30분 동안 방수하고자 한다. 관마찰계수 0.03, 배관의 길이가 350m, 관 안지름이 155mm일 때 다음을 구하시오.

득점	배점
	5

(가) 소화수의 유속〔m/s〕을 구하시오.

○ 계산과정 :

○ 답 :

(나) 배관의 압력차〔kPa〕를 구하시오. (단, Darcy식을 사용할 것)

○ 계산과정 :

○ 답 :

해답 (가) ○ 계산과정 : $\dfrac{50/(1.5\times3600)}{\dfrac{\pi\times0.155^2}{4}}=0.49\text{m/s}$

○ 답 : 0.49m/s

(나) ○ 계산과정 : $\dfrac{9.8\times0.03\times350\times0.49^2}{2\times9.8\times0.155}=8.132 ≒ 8.13\text{kPa}$

○ 답 : 8.13kPa

해설 (가) **유량**(flowrate)=체적유량

$$Q=AV=\left(\frac{\pi}{4}D^2\right)V$$

여기서, Q : 유량〔m^3/s〕

A : 단면적〔m^2〕

V : 유속〔m/s〕

D : 내경〔m〕

유속 V는

$$V=\frac{Q}{A}=\frac{Q}{\dfrac{\pi D^2}{4}}=\frac{50\text{m}^3/(1.5\text{h}\times3600\text{s})}{\dfrac{\pi\times(0.155\text{m})^2}{4}}=0.49\text{m/s}$$

- $50m^3$: 문제에서 50톤=$50m^3$(1톤=$1m^3$)
- 1.5×3600s : 문제에서 1시간 30분=1.5시간=1.5h×3600s(1h=3600s이므로 1.5시간=1.5h×3600s)
- 0.155m : 문제에서 155mm=0.155m(1000mm=1m)

(나) **달시-웨버**의 **식**

$$H=\frac{\Delta P}{\gamma}=\frac{flV^2}{2gD}$$

여기서, H : 마찰손실수두〔m〕

ΔP : 압력차〔kPa〕

γ : 비중량(물의 비중량 9.8kN/m^3)

f : 관마찰계수

l : 길이〔m〕

V : 유속〔m/s〕

g : 중력가속도(9.8m/s^2)

D : 내경〔m〕

압력차 ΔP는

$$\Delta P=\frac{\gamma flV^2}{2gD}=\frac{9.8\text{kN/m}^3\times0.03\times350\text{m}\times(0.49\text{m/s})^2}{2\times9.8\text{m/s}^2\times0.155\text{m}}$$

$$=8.132 ≒ 8.13\text{kN/m}^2=8.13\text{kPa}$$

- 0.03 : 문제에서 주어진 값
- 350m : 문제에서 주어진 값
- 0.49m/s : (가)에서 구한 값
- 0.155m : 문제에서 155mm=0.155m(1000mm=1m)
- 1kN/m^2=1kPa이므로 8.13kN/m^2=8.13kPa

☆☆☆

문제 16

어떤 특정소방대상물의 소화설비로 옥외소화전을 3개 설치하려고 한다. 조건을 참조하여 다음 각 물음에 답하시오.

(11.5.문5, 09.4.문8)

득점	배점
	9

〔조건〕

① 옥외소화전은 지상용 A형을 사용한다.

② 펌프에서 옥외소화전까지의 직관길이는 150m, 관의 내경은 100mm이다.

③ 모든 규격치는 최소량을 적용한다.

(가) 수원의 최소 저수량〔m^3〕을 구하시오.

○ 계산과정 :

○ 답 :

(나) 가압송수장치의 최소 토출량〔L/min〕을 구하시오.

○ 계산과정 :

○ 답 :

(다) 직관 부분에서의 마찰손실수두〔m〕를 구하시오. (단, Darcy Weisbach의 식을 사용하고, 마찰손실계수는 0.02를 적용한다.)

○ 계산과정 :

○ 답 :

해답 (가) ○ 계산과정 : $7 \times 2 = 14\text{m}^3$

○ 답 : 14 m^3

(나) ○ 계산과정 : $2 \times 350 = 700\text{L/min}$

○ 답 : 700L/min

(다) ○ 계산과정 : $V = \dfrac{0.7/60}{\dfrac{\pi}{4}0.1^2} = 1.485\text{m/s}$

$$H = \frac{0.02 \times 150 \times 1.485^2}{2 \times 9.8 \times 0.1} = 3.375 \fallingdotseq 3.38\text{m}$$

○ 답 : 3.38m

해설 (가) **옥외소화전 수원**의 **저수량**

$$Q = 7N$$

여기서, Q : 옥외소화전 수원의 저수량〔m^3〕

N : 옥외소화전 개수(**최대 2개**)

수원의 **저수량** Q는

$Q = 7N = 7 \times 2 = 14\text{m}^3$

(나) **옥외소화전 가압송수장치**의 **토출량**

$$Q = N \times 350\text{L/min}$$

여기서, Q : 옥외소화전 가압송수장치의 토출량〔L/min〕

N : 옥외소화전개수(**최대 2개**)

가압송수장치의 **토출량** Q는

$Q = N \times 350\text{L/min} = 2 \times 350\text{L/min} = 700\text{L/min}$

- N은 옥외소화전개수(**최대 2개**)

비교

옥내소화전설비의 **저수량 및 토출량**

(1) **수원**의 **저수량**

$Q = 2.6N$(30층 미만, N : 최대 2개)
$Q = 5.2N$(30~49층 이하, N : 최대 5개)
$Q = 7.8N$(50층 이상, N : 최대 5개)

여기서, Q : 옥내소화전 수원의 저수량[m^3]
N : 가장 많은 층의 옥내소화전개수

(2) **옥내소화전 가압송수장치**의 **토출량**

$$Q = N \times 130$$

여기서, Q : 옥내소화전 가압송수장치의 토출량[L/min]
N : 가장 많은 층의 옥내소화전개수(30층 미만 : 최대 2개, 30층 이상 : 최대 5개)

(다) ① 마찰손실수두

$$H = \frac{flV^2}{2gD}$$

여기서, H : 마찰손실수두[m]
f : 마찰손실계수
l : 길이[m]
V : 유속[m/s]
g : 중력가속도(9.8 m/s^2)
D : 내경[m]

② 유량

$$Q = AV = \left(\frac{\pi}{4}D^2\right)V$$

여기서, Q : 유량[$\text{m}^3\text{/s}$]
A : 단면적[m^2]
V : 유속[m/s]
D : 내경[m]

$Q = \left(\frac{\pi}{4}D^2\right)V$ 에서

유속 V는

$$V = \frac{Q}{\frac{\pi}{4}D^2} = \frac{700\text{L/min}}{\frac{\pi}{4}(0.1\text{m})^2} = \frac{0.7\text{m}^3/60\text{s}}{\frac{\pi}{4}(0.1\text{m})^2} = 1.485\text{m/s}$$

- 700L/min : 바로 위에서 구한 값
- 700L/min=0.7m^3/60s(1000L=1m^3이므로 700L=0.7m^3, 1min=60s)
- 0.1m : [조건 ②]에서 100mm=0.1m(1000mm=1m)

마찰손실수두 H는

$$H = \frac{flV^2}{2gD} = \frac{0.02 \times 150\text{m} \times (1.485\text{m/s})^2}{2 \times 9.8\text{m/s}^2 \times 0.1\text{m}} = 3.375 ≒ 3.38\text{m}$$

- 0.02 : (다)의 [단서]에서 주어진 값
- 150m : [조건 ②]에서 주어진 값
- 1.485m/s : 바로 위에서 구한 값
- 0.1m : [조건 ②]에서 100mm=0.1m(1000mm=1m)

기억전략법

읽었을 때 **10%** 기억

들었을 때 **20%** 기억

보았을 때 **30%** 기억

보고 들었을 때 **50%** 기억

친구(동료)와 이야기를 통해 **70%** 기억

누군가를 가르쳤을 때 95% 기억

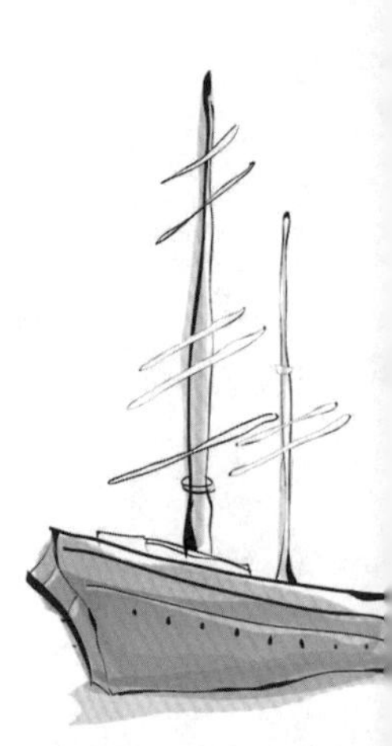

과년도 출제문제

2018년

소방설비기사 실기(기계분야)

** 수험자 유의사항 **

1. 문제지를 받는 즉시 응시 종목의 문제가 맞는지 확인하셔야 합니다.
2. 답안지 내 인적사항 및 답안작성(계산식 포함)은 검정색 필기구만을 계속 사용하여야 합니다.
3. 답안정정 시에는 **두 줄(=)**을 긋고 다시 기재 가능하며, **수정테이프 사용** 또한 **가능**합니다.
4. 계산문제는 반드시 '계산과정'과 '답'란에 정확히 기재하여야 하며 **계산과정이 틀리거나 없는 경우 0점 처리**됩니다.
   ※ 연습이 필요 시 연습란을 이용하여야 하며, 연습란은 채점대상이 아닙니다.
5. 계산문제는 **최종결과** 값(답)에서 **소수 셋째자리에서 반올림**하여 **둘째자리**까지 구하여야 하나 개별 문제에서 소수처리에 대한 별도 요구사항이 있을 경우, 그 요구사항에 따라야 합니다.
6. 답에 단위가 없으면 오답으로 처리됩니다. (단, 문제의 요구사항에 단위가 주어졌을 경우는 생략되어도 무방합니다.)
7. 문제에서 요구한 가지 수 이상을 답란에 표기한 경우, **답란기재 순**으로 **요구한 가지 수**만 채점합니다.

18년 2018. 4. 14 시행

▌2018년 기사 제1회 필답형 실기시험▐

자격종목	시험시간	형별	수험번호	성명	감독위원 확인
소방설비기사(기계분야)	3시간				

※ 다음 물음에 답을 해당 답란에 답하시오.(배점 : 100)

☆☆☆

문제 01

경유를 저장하는 탱크의 내부직경 50m인 플로팅루프탱크(부상지붕구조)에 포소화설비를 설치하여 방호하려고 할 때 다음 물음에 답하시오.

(19.4.문6, 17.4.문10, 16.11.문15, 15.7.문1, 14.4.문6, 13.11.문10, 12.7.문7, 11.11.문13, 08.7.문11, 04.4.문1)

유사문제부터 풀어보세요.
실력이 팍!팍! 올라갑니다.

득점	배점
	11

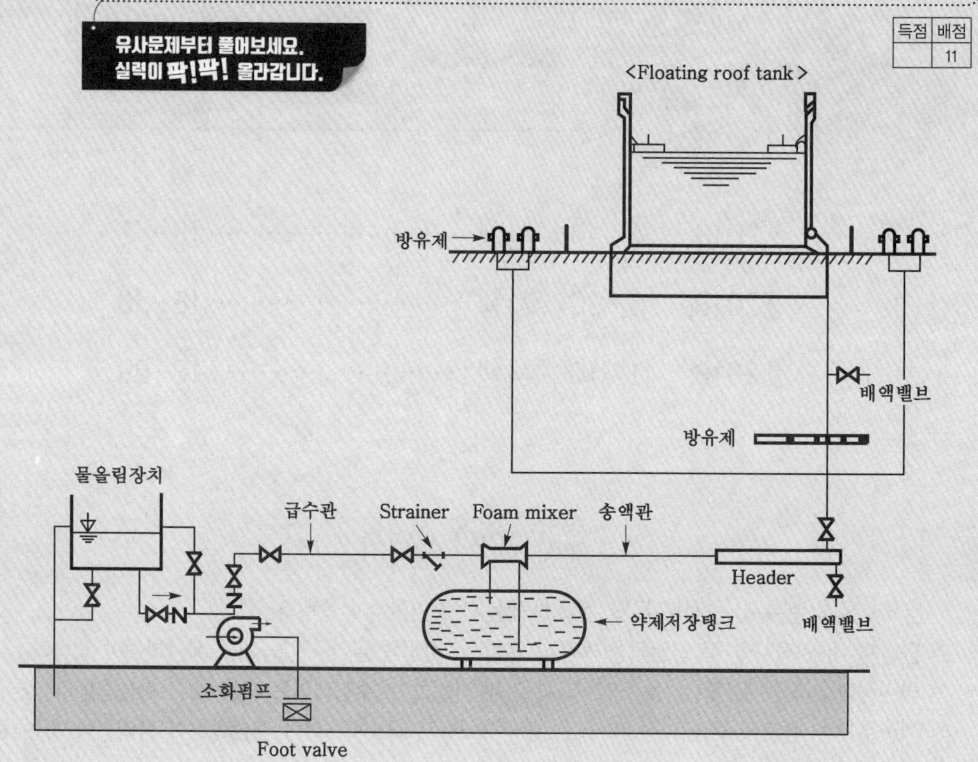

〔조건〕

① 소화약제는 6%용의 단백포를 사용하며, 수용액의 분당방출량은 $8L/m^2 \cdot min$이고, 방사시간은 30분으로 한다.

② 탱크내면과 굽도리판의 간격은 1.2m로 한다.

③ 고정포방출구의 보조포소화전은 5개 설치되어 있으며 방사량은 400L/min이다.

④ 송액관의 내경은 100mm이고, 배관길이는 200m이다.

⑤ 수원의 밀도는 $1000kg/m^3$, 포소화약제의 밀도는 $1050kg/m^3$이다.

(가) 가압송수장치의 분당토출량[L/min]을 구하시오.
　○ 계산과정 :
　○ 답 :
(나) 수원의 양[m^3]을 구하시오.
　○ 계산과정 :
　○ 답 :
(다) 포소화약제의 양[L]을 구하시오.
　○ 계산과정 :
　○ 답 :
(라) 수원의 질량유속[kg/s] 및 포소화약제의 질량유량[kg/s]을 구하시오.
　① 수원의 질량유속
　　○ 계산과정 :
　　○ 답 :
　② 포소화약제의 질량유량
　　○ 계산과정 :
　　○ 답 :
(마) 고정포방출구의 종류는 무엇인지 쓰시오.
(바) 포소화약제의 혼합방식을 쓰시오.

해답 (가) ○ 계산과정 : $Q_1 = \frac{\pi}{4}(50^2 - 47.6^2) \times 8 \times 30 \times 1 = 44153.199 ≒ 44153.2\text{L}$

$Q_2 = 3 \times 1 \times 400 = 1200\text{L/min}$

$\text{분당토출량} = \frac{44153.2}{30} + 1200$

$= 2671.773 ≒ 2671.77\text{L/min}$

○ 답 : 2671.77L/min

(나) ○ 계산과정 : $Q_1 = \frac{\pi}{4}(50^2 - 47.6^2) \times 8 \times 30 \times 0.94 = 41504.007\text{L} ≒ 41.504\text{m}^3 ≒ 41.5\text{m}^3$

$Q_2 = 3 \times 0.94 \times 400 \times 20 = 22560\text{L} = 22.56\text{m}^3$

$Q_3 = \frac{\pi}{4} \times 0.1^2 \times 200 \times 0.94 \times 1000 = 1476.548\text{L} ≒ 1.476\text{m}^3 ≒ 1.48\text{m}^3$

$Q = 41.5 + 22.56 + 1.48 = 65.54\text{m}^3$

○ 답 : 65.54m^3

(다) ○ 계산과정 : $Q_1 = \frac{\pi}{4}(50^2 - 47.6^2) \times 8 \times 30 \times 0.06 = 2649.191 ≒ 2649.19\text{L}$

$Q_2 = 3 \times 0.06 \times 400 \times 20 = 1440\text{L}$

$Q_3 = \frac{\pi}{4} \times 0.1^2 \times 200 \times 0.06 \times 1050 ≒ 98.96\text{L}$

$Q = 2649.19 + 1440 + 98.96 = 4188.15\text{L}$

○ 답 : 4188.15L

(라) ① ○ 계산과정 : $\left(\frac{2.67177}{60} \times 0.94\right) \times 1000 = 41.857 ≒ 41.86\text{kg/s}$

○ 답 : 41.86kg/s

② ○ 계산과정 : $\left(\frac{2.67177}{60} \times 0.06\right) \times 1050 = 2.805 ≒ 2.81\text{kg/s}$

○ 답 : 2.81kg/s

(마) 특형 방출구
(바) 프레져 프로포셔너방식

해설 (개) ① **고정포방출구**

$$Q_1 = A \times Q \times T \times S$$

여기서, Q_1 : 수용액 · 수원 · 약제량〔L〕
A : 탱크의 액표면적〔m^2〕
Q : 수용액의 분당방출량〔$L/m^2 \cdot min$〕
T : 방사시간〔분〕
S : 농도

② **보조포소화전**

$$Q_2 = N \times S \times 8000$$

여기서, Q_2 : 수용액 · 수원 · 약제량〔L〕
N : 호스접결구수(**최대 3개**)
S : 사용농도

또는,

$$Q_2 = N \times S \times 400$$

여기서, Q_2 : 방사량〔L/min〕
N : 호스접결구수(**최대 3개**)
S : 사용농도

- 보조포소화전의 방사량이 400L/min이므로 400L/min×20min=8000L가 되므로 위의 두 식은 같은 식이다.

③ **배관보정량**

$$Q_3 = A \times L \times S \times 1000\text{L/m}^3 \text{(내경 75mm 초과시에만 적용)}$$

여기서, Q_3 : 배관보정량〔L〕
A : 배관단면적〔m^2〕
L : 배관길이〔m〕
S : 사용농도

고정포방출구의 **방출량** Q_1은

$$Q_1 = A \times Q \times T \times S$$
$$= \frac{\pi}{4}(50^2 - 47.6^2)\text{m}^2 \times 8\text{L/m}^2 \cdot \text{min} \times 30\text{min} \times 1$$
$$= 44153.199 \fallingdotseq 44153.2\text{L}$$

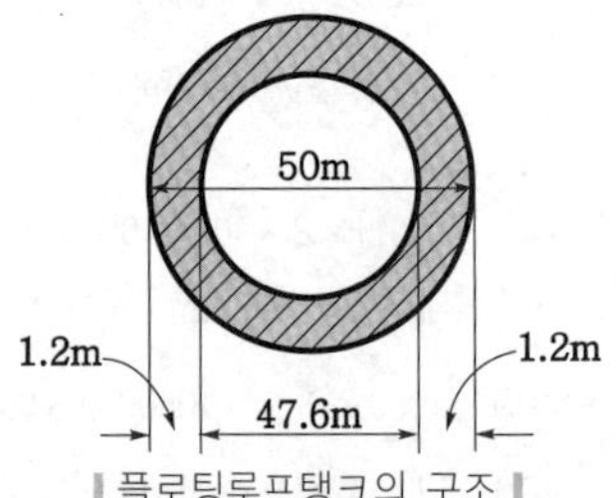

▌플로팅루프탱크의 구조▐

- A(탱크의 액표면적) : 탱크표면의 표면적만 고려하여야 하므로 〔조건 ②〕에서 굽도리판의 간격 1.2m를 적용하여 그림에서 빗금 친 부분만 고려하여 $\frac{\pi}{4}(50^2 - 47.6^2)\text{m}^2$로 계산하여야 한다. 꼭 기억해 두어야 할 사항은 굽도리판의 간격을 적용하는 것은 **플로팅루프탱크**의 경우에만 한한다는 것이다.
- Q(수용액의 분당방출량 **8L/m² · min**) : 〔조건 ①〕에서 주어진 값
- T(방사시간 **30min**) : 〔조건 ①〕에서 주어진 값
- S(농도) : 수용액량이므로 항상 1이다.

보조포소화전의 **방사량** Q_2는

$Q_2 = N \times S \times 400$

$= 3 \times 1 \times 400 = 1200\text{L/min}$

- N(3) : 〔조건 ③〕에서 3개를 초과하므로 **3개**
- S(1) : 수용액량이므로 **1**

분당토출량=고정포방출구의 분당토출량+보조포소화전의 분당토출량

$$= \frac{Q_1}{\text{방사시간(min)}} + Q_2$$

$$= \frac{44153.2\text{L}}{30\text{min}} + 1200\text{L/min} = 2671.773 ≒ 2671.77\text{L/min}$$

- 가압송수장치(펌프)의 분당토출량은 **수용액량**을 기준으로 한다는 것을 기억하라.
- 가압송수장치의 분당토출량은 **배관보정량**을 **적용하지 않는다**. 왜냐하면 배관보정량은 배관 내에 저장되어 있는 것으로 소비되는 것이 아니기 때문이다. 주의!
- 가압송수장치=펌프

(나) ① **고정포방출구**의 **수원의 양** Q_1은

$Q_1 = A \times Q \times T \times S$

$= \frac{\pi}{4}(50^2 - 47.6^2)\text{m}^2 \times 8\text{L/m}^2 \cdot \text{min} \times 30\text{min} \times 0.94$

$= 41504.007\text{L} ≒ 41.504\text{m}^3 ≒ 41.5\text{m}^3$

- S(농도) : 〔조건 ①〕에서 6%용이므로 수원의 농도(S)는 **94%**(100−6=94%)가 된다.
- 1000L=1m^3

② **보조포소화전**의 **수원**의 **양** Q_2는

$Q_2 = N \times S \times 400$

$= 3 \times 0.94 \times 400 \times 20\text{min} = 22560\text{L} = 22.56\text{m}^3$

- S(농도) : 〔조건 ①〕에서 6%용이므로 수원의 농도(S)는 **94%**(100−6=94%)가 된다.
- **20min** : 보조포소화전의 방사시간은 20min이다. 30min가 아니다. 주의! 20min은 Q_2의 단위를 'L'로 만들기 위해서 필요

③ **배관보정량** Q_3는

$Q_3 = A \times L \times S \times 1000\text{L/m}^3$

$= \frac{\pi}{4} \times (0.1\text{m})^2 \times 200\text{m} \times 0.94 \times 1000\text{L/m}^3 = 1476.548\text{L} ≒ 1.476\text{m}^3 ≒ 1.48\text{m}^3$

- S(농도) : 〔조건 ①〕에서 6%용이므로 수원의 농도(S)는 **94%**(100−6=94%)가 된다.
- L(배관길이 **200m**) : 〔조건 ④〕에서 주어진 값

∴ 수원의 양 $Q = Q_1 + Q_2 + Q_3 = 41.5\text{m}^3 + 22.56\text{m}^3 + 1.48\text{m}^3 = 65.54\text{m}^3$

(다) ① 고정포방출구의 약제량 Q_1는

$Q_1 = A \times Q \times T \times S$

$= \frac{\pi}{4}(50^2 - 47.6^2)\text{m}^2 \times 8\text{L/m}^2 \cdot \text{min} \times 30\text{min} \times 0.06 = 2649.191 ≒ 2649.19\text{L}$

- S(농도) : 〔조건 ①〕에서 6%용이므로 **약제농도**(S)는 **0.06**이다.

② **보조포소화전**의 **약제량** Q_2는

$Q_2 = N \times S \times 400$

$= 3 \times 0.06 \times 400 \times 20\text{min} = 1440\text{L}$

- S(농도) : 〔조건 ①〕에서 6%용이므로 **약제농도**(S)는 **0.06**이다.

③ 배관보정량 Q_3는

$$Q_3 = A \times L \times S \times 1050\text{L/m}^3$$
$$= \frac{\pi}{4} \times (0.1\text{m})^2 \times 200\text{m} \times 0.06 \times 1050\text{L/m}^3 ≒ 98.96\text{L}$$

- S(농도) : 〔조건 ①〕에서 6%용이므로 **약제농도(S)**는 **0.06**이다.
- 〔조건 ⑤〕에서 포소화약제 밀도는 1050kg/m³이므로 포소화약제 1050kg=1050L(1L≒1kg)가 된다. 그러므로 여기서는 포소화약제량을 구하는 것이므로 수원에서 적용하는 1000L/m³를 적용하는 것이 아니고 **1050L/m³**를 적용해야 한다. 특히 주의!

∴ **포소화약제**의 **양** $Q = Q_1 + Q_2 + Q_3$
$$= 2649.19\text{L} + 1440\text{L} + 98.96\text{L} = 4188.15\text{L}$$

(라) ① **수원**의 **유량**(토출량)

$$Q = AV$$

여기서, Q : 유량〔m³/s〕
A : 배관단면적〔m²〕
V : 유속〔m/s〕

$$\overline{m} = AV\rho = Q\rho$$

여기서, $\overline{m}$: 질량유량(질량유속)〔kg/s〕
A : 배관단면적〔m²〕
V : 유속〔m/s〕
Q : 유량〔m³/s〕
ρ : 밀도〔kg/m³〕

수원의 **질량유속** $\overline{m}$은

$$\overline{m} = Q\rho = (2671.77\text{L/min} \times 0.94) \times 1000\text{kg/m}^3$$
$$= (2.67177\text{m}^3/60\text{s} \times 0.94) \times 1000\text{kg/m}^3 = 41.857 ≒ 41.86\text{kg/s}$$

- Q(유량 2671.77L/min) : (개)에서 구한 값
- ρ(밀도 **1000kg/m³**) : 〔조건 ⑤〕에서 주어진 값
- **질량유속**(Massflow rate) = 질량유량(질량유속이라는 생소한 단어에 너무 고민하지 마라!)
- **0.94** : 수원의 질량유속을 구하라고 하였으므로 〔조건 ①〕에서 소화약제가 6%이므로 수원은 94%=0.94

② **포소화약제**의 **질량유량** $\overline{m}$은

$$\overline{m} = Q\rho = (2671.77\text{L/min} \times 0.06) \times 1050\text{kg/m}^3$$
$$= (2.67177\text{m}^3/60\text{s} \times 0.06) \times 1050\text{kg/m}^3 = 2.805 ≒ 2.81\text{kg/s}$$

- Q(유량 2671.77L/min) : (개)에서 구한 값
- ρ(밀도 **1050kg/m³**) : 〔조건 ⑤〕에서 주어진 값

(마) **위험물 옥외탱크저장소**의 **고정포방출구**

탱크의 종류	고정포방출구
고정지붕구조(콘루프탱크)	• Ⅰ형 방출구 • Ⅱ형 방출구 • Ⅲ형 방출구(표면하 주입방식) • Ⅳ형 방출구(반표면하 주입방식)
부상덮개부착 고정지붕구조	• Ⅱ형 방출구
부상지붕구조(플로팅루프탱크) →	• 특형 방출구

문제에서 **플로팅루프탱크**(Floating roof tank)를 사용하므로 고정포방출구는 **특형**을 사용하여야 한다.

(바) 도면의 혼합방식은 **프레져 프로포셔너**(Pressure proportioner)**방식**이다. 프레져 프로포셔너방식을 쉽게 구분할 수 있는 방법은 **혼합기**(Foam mixer)와 **약제저장탱크** 사이의 **배관개수**를 세어보면 된다. 프레져 프로포셔너방식은 혼합기와 약제저장탱크 사이의 배관개수가 **2개**이며, 기타방식은 **1개**이다(구분방법이 너무 쉽지 않는가?).

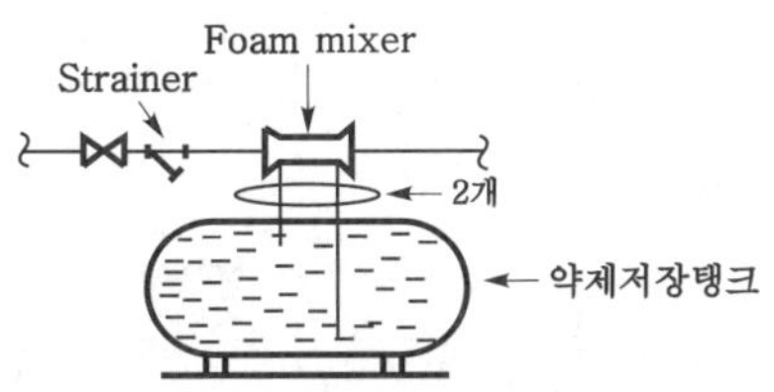

‖ 약제저장탱크 주위배관 ‖

포소화약제의 **혼합장치**(NFPC 105 3조, NFTC 105 1.7)

(1) **펌프 프로포셔너방식**(펌프혼합방식) : 펌프의 토출관과 흡입관 사이의 배관 도중에 설치한 흡입기에 펌프에서 토출된 물의 일부를 보내고 **농도조정밸브**에서 조정된 포소화약제의 필요량을 포소화약제 탱크에서 펌프흡입측으로 보내어 이를 혼합하는 방식으로 **Pump proportioner type과 Suction proportioner type**이 있다.

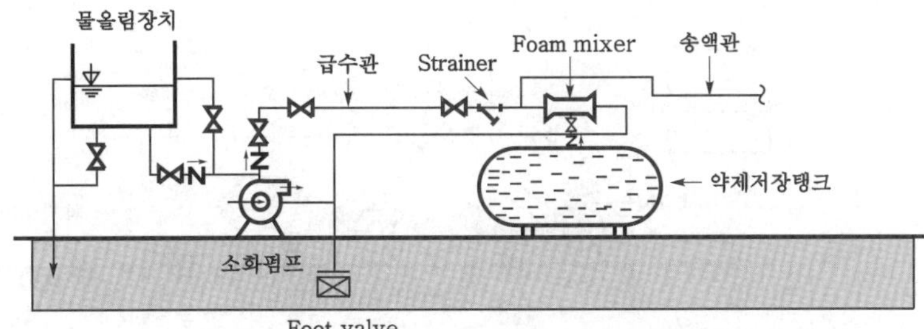

‖ Pump proportioner type ‖

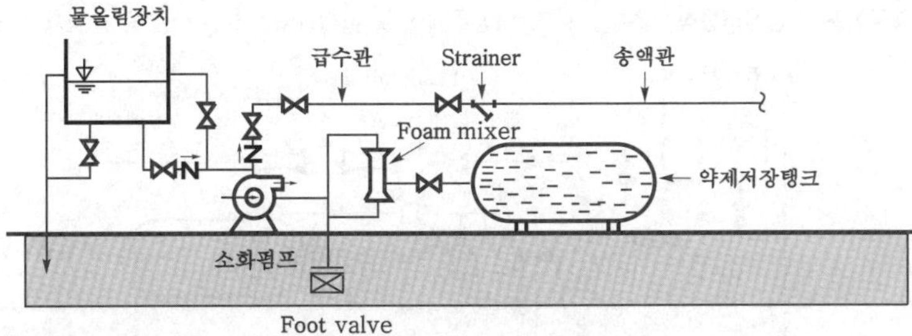

‖ Suction proportioner type ‖

(2) **라인 프로포셔너방식**(관로혼합방식) : 펌프와 발포기의 중간에 설치된 **벤투리관**의 벤투리작용에 의하여 포소화약제를 흡입 · 혼합하는 방식

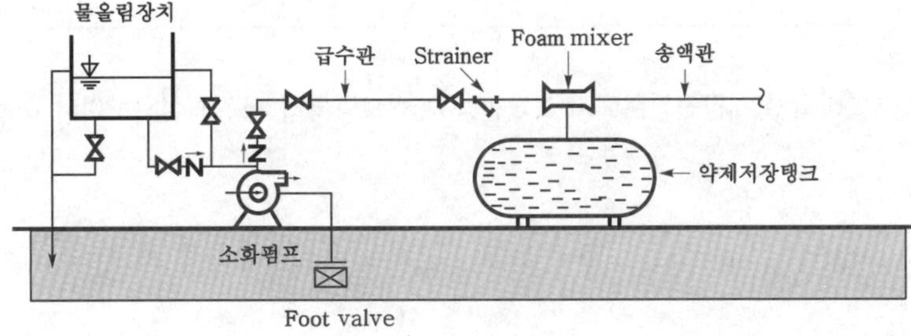

‖ 라인 프로포셔너방식 ‖

(3) **프레져 프로포셔너방식**(차압혼합방식) : 펌프와 발포기의 중간에 설치된 **벤투리관**의 벤투리작용과 **펌프가압수**의 포소화약제 저장탱크에 대한 압력에 의하여 포소화약제를 흡입·혼합하는 방식

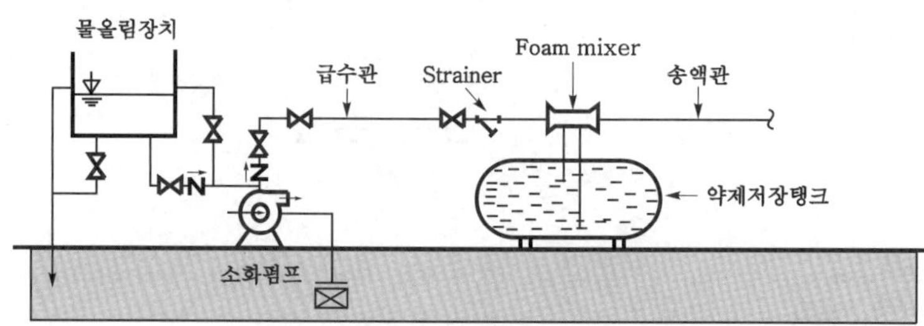

‖ 프레져 프로포셔너방식 ‖

(4) **프레져사이드 프로포셔너방식**(압입혼합방식) : 펌프의 토출관에 **압입기**를 설치하여 포소화약제 **압입용 펌프**로 포소화약제를 압입시켜 혼합하는 방식

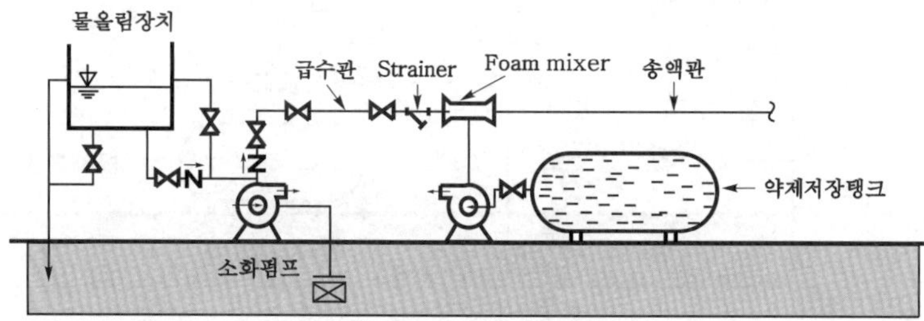

‖ 프레져사이드 프로포셔너방식 ‖

(5) **압축공기포 믹싱챔버방식** : **압축공기** 또는 **압축질소**를 일정 비율로 포수용액에 **강제 주입** 혼합하는 방식

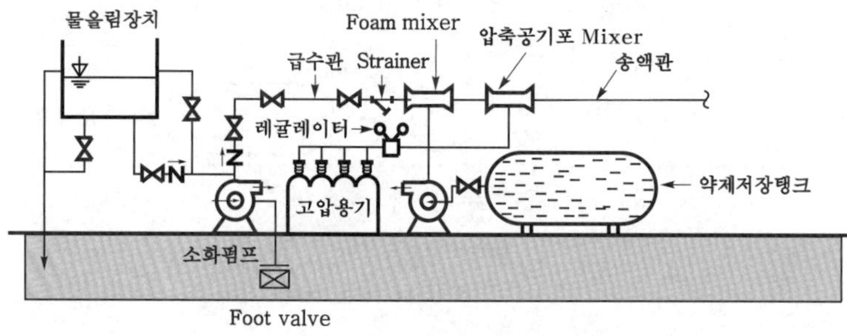

‖ 압축공기포 믹싱챔버방식 ‖

☆

문제 02

스프링클러설비의 화재안전기준에서 조기반응형 스프링클러헤드를 설치하여야 하는 장소 5가지를 쓰시오.

득점	배점
	5

○
○
○
○
○

해답 ① 공동주택의 거실
② 노유자시설의 거실
③ 오피스텔의 침실
④ 숙박시설의 침실
⑤ 병원의 입원실

해설 **조기반응형 스프링클러헤드의 설치장소**(NFPC 103 10조 ⑤항, NFTC 103 2.7.5)
(1) **공**동주택 · **노**유자시설의 거실
(2) **오**피스텔 · **숙**박시설의 침실
(3) **병**원 · 의원의 입원실

기억법 **공병오노숙조**

• **'화재안전기준'**에 관한 문제는 기준대로 정확히 답을 써야 정답!

용어

조기반응형 헤드(조기반응형 스프링클러헤드)
표준형 스프링클러헤드보다 **기류온도** 및 **기류속도**에 **조기**에 **반응**하는 것

☆☆
문제 03

간이스프링클러설비의 화재안전기준에서 소방대상물의 보와 가장 가까운 간이헤드는 다음 표의 기준에 따라 설치한다. 표 안을 완성하시오. (단, 천장면에서 보의 하단까지의 길이가 55cm를 초과하고 보의 하단 측면 끝부분으로부터 간이헤드까지의 거리가 간이헤드 상호간 거리의 $\frac{1}{2}$ 이하가 되는 경우에는 간이헤드와 그 부착면과의 거리를 55cm 이하로 할 수 있다.)

득점	배점
	8

간이헤드의 반사판 중심과 보의 수평거리	간이헤드의 반사판높이와 보의 하단높이의 수직거리
0.75m 미만	(①)
0.75m 이상 1m 미만	(②)
1m 이상 1.5m 미만	(③)
1.5m 이상	(④)

해답 ① 보의 하단보다 낮을 것
② 0.1m 미만일 것
③ 0.15m 미만일 것
④ 0.3m 미만일 것

해설 **보와 가장 가까운 헤드의 설치거리**(NFPC 103A 9조, NFTC 103A 2.6.1.6 / NFPC 103 10조, NFTC 103 2.7.8)

스프링클러헤드(또는 간이헤드)의 반사판 중심과 보의 수평거리	스프링클러헤드(또는 간이헤드)의 반사판높이와 보의 하단높이의 수직거리
0.75m 미만	**보**의 **하단**보다 **낮을 것**
0.75~1.0m 미만	**0.1m** 미만일 것
1.0~1.5m 미만	**0.15m** 미만일 것
1.5m 이상	**0.3m** 미만일 것

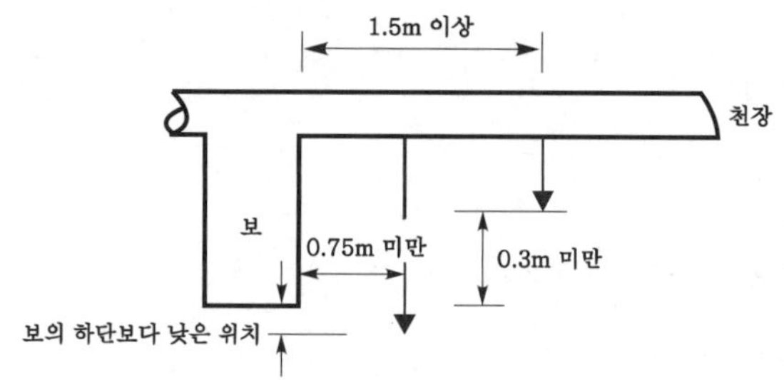

‖ 스프링클러헤드(또는 간이헤드)의 설치 ‖

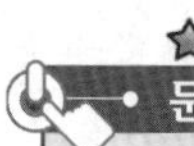

간이헤드

폐쇄형 헤드의 일종으로 간이스프링클러설비를 설치하여야 하는 특정소방대상물의 화재에 적합한 **감도 · 방수량** 및 **살수분포**를 갖는 헤드

문제 04

연결살수설비헤드의 종합점검 사항 3가지를 쓰시오. (18.6.문9)

○

○

○

득점	배점
	5

해답 ① 헤드의 변형 · 손상 유무
② 헤드 설치 위치 · 장소 · 상태(고정) 적정 여부
③ 헤드 살수장애 여부

해설 **연결살수설비**의 **종합점검**

구 분	점검항목
송수구	① 설치장소 적정 여부 ② 송수구 구경(**65mm**) 및 형태(**쌍구형**) 적정 여부 ③ 송수구역별 호스접결구 설치 여부(개방형 헤드의 경우) ④ 설치높이 적정 여부 ⑤ 송수구에서 주배관상 연결배관 개폐밸브 설치 여부 ⑥ "**연결살수설비송수구**" 표지 및 송수구역 일람표 설치 여부 ⑦ 송수구 **마개** 설치 여부 ⑧ 송수구의 **변형** 또는 **손상** 여부 ⑨ **자동배수밸브** 및 **체크밸브** 설치순서 적정 여부 ⑩ 자동배수밸브 설치상태 적정 여부 ⑪ 1개 송수구역 설치 살수헤드 수량 적정 여부(개방형 헤드의 경우)
선택밸브	① 선택밸브 적정 설치 및 정상작동 여부 ② 선택밸브 부근 송수구역 **일람표** 설치 여부
배관 등	① 급수배관 개폐밸브 설치 적정(개폐표시형, 흡입측 버터플라이 제외) 여부 ② **동결방지조치** 상태 적정 여부(습식의 경우) ③ 주배관과 타 설비 배관 및 수조 접속 적정 여부(폐쇄형 헤드의 경우) ④ 시험장치 설치 적정 여부(폐쇄형 헤드의 경우) ⑤ 다른 설비의 배관과의 구분 상태 적정 여부
헤드 →	① 헤드의 **변형 · 손상** 유무 ② 헤드 설치 **위치 · 장소 · 상태**(고정) 적정 여부 ③ 헤드 살수장애 여부

〔비고〕 특정소방대상물의 위치 · 구조 · 용도 및 소방시설의 상황 등이 이 표의 항목대로 기재하기 곤란하거나 이 표에서 누락된 사항을 기재한다.

비교

(1) **연결살수설비**의 **작동점검**

구 분	점검항목
송수구	① 설치장소 적정 여부 ② 송수구 구경(**65mm**) 및 형태(**쌍구형**) 적정 여부 ③ 송수구역별 호스접결구 설치 여부(개방형 헤드의 경우) ④ 설치높이 적정 여부 ⑤ "**연결살수설비송수구**" 표지 및 송수구역 일람표 설치 여부 ⑥ 송수구 **마개** 설치 여부 ⑦ 송수구의 **변형** 또는 **손상** 여부 ⑧ 자동배수밸브 설치상태 적정 여부
선택밸브	① 선택밸브 적정 설치 및 정상작동 여부 ② 선택밸브 부근 송수구역 **일람표** 설치 여부
배관 등	① 급수배관 개폐밸브 설치 적정(개폐표시형, 흡입측 버터플라이 제외) 여부 ② 시험장치 설치 적정 여부(폐쇄형 헤드의 경우)
헤드	① 헤드의 **변형·손상** 유무 ② 헤드 설치 **위치·장소·상태**(고정) 적정 여부 ③ 헤드 살수장애 여부

〔비고〕 특정소방대상물의 위치·구조·용도 및 소방시설의 상황 등이 이 표의 항목대로 기재하기 곤란하거나 이 표에서 누락된 사항을 기재한다.

(2) **연소방지설비**의 **작동점검**

구 분	점검항목
배관	급수배관 개폐밸브 적정(개폐표시형) 설치 및 관리상태 적합 여부
방수헤드	① 헤드의 **변형·손상** 유무 ② 헤드 **살수장애** 여부 ③ 헤드 상호간 거리 적정 여부
송수구	① 설치장소 적정 여부 ② 송수구 **1m** 이내 살수구역 안내표지 설치상태 적정 여부 ③ 설치높이 적정 여부 ④ 송수구 **마개** 설치상태 적정 여부

〔비고〕 특정소방대상물의 위치·구조·용도 및 소방시설의 상황 등이 이 표의 항목대로 기재하기 곤란하거나 이 표에서 누락된 사항을 기재한다.

☆☆☆ 문제 05

다음 그림과 같이 스프링클러설비의 가압송수장치를 고가수조방식으로 할 경우 다음을 구하시오. (단, 중력가속도는 반드시 9.8m/s²를 적용한다.) (15.4.문1, 11.11.문15, 06.7.문12)

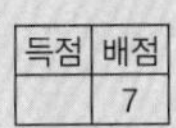

득점	배점
	7

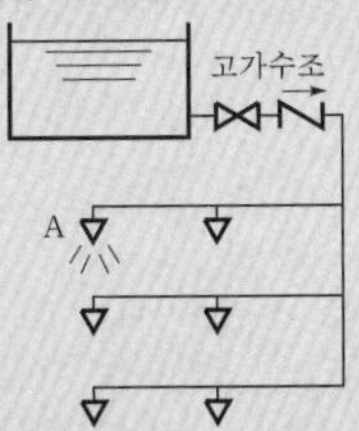

(가) 고가수조에서 최상부층 말단 스프링클러헤드 A까지의 낙차가 15m이고, 배관 마찰손실압력이 0.04MPa일 때 최상부층 말단 스프링클러헤드 선단에서의 방수압력〔kPa〕을 구하시오.
○ 계산과정 :
○ 답 :

(나) (가)에서 "A"헤드 선단에서의 방수압력을 0.12MPa 이상으로 나오게 하려면 현재 위치에서 고가수조를 몇 m 더 높여야 하는지 구하시오. (단, 배관 마찰손실압력은 0.04MPa 기준이다.)
○ 계산과정 :
○ 답 :

 (가) ○ 계산과정 : 1000×9.8×15=147000Pa=147kPa

147－40=107kPa

○ 답 : 107kPa

(나) ○ 계산과정 : 120+40=(147+x)

x=13kPa

$$h=\frac{13\times10^3}{1000\times9.8}=1.326 \fallingdotseq 1.33\text{m}$$

○ 답 : 1.33m

해설 (가)

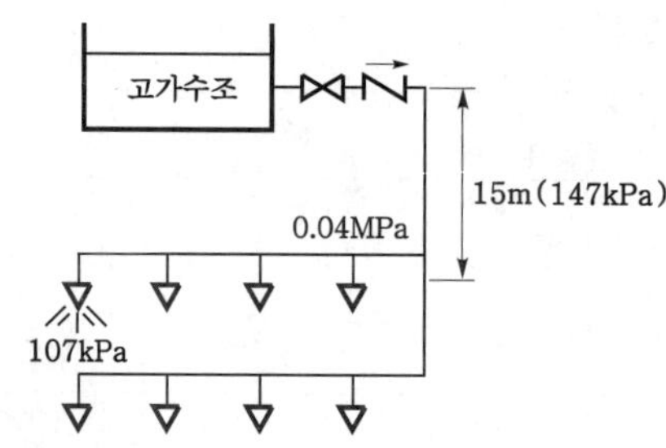

압력, 비중량

$$P=\gamma h,\ \gamma=\rho g$$

여기서, P : 압력[Pa], γ : 비중량[N/m^3], h : 높이[m]

ρ : 밀도(물의 밀도 1000kg/m^3 또는 1000N · s^2/m^4)

g : 중력가속도[m/s^2]

15m를 kPa로 환산

$$P=\gamma h=\rho gh=1000\text{N}\cdot\text{s}^2/\text{m}^4\times9.8\text{m/s}^2\times15\text{m}=147000\text{N/m}^2=147000\text{Pa}=147\text{kPa}$$

- 1N/m^2=1Pa이므로 147000N/m^2=147000Pa
- 단서조건에 의해 중력가속도 9.8m/s^{2}을 반드시 적용해야 한다. 적용하지 않으면 틀린다.

방수압력(MPa)=낙차의 환산수두압(MPa)－배관의 마찰손실압력(MPa)=15m－0.04MPa=147kPa－40kPa=107kPa

- 147kPa : 바로 위에서 15m를 kPa로 환산한 값
- 1MPa=1000kPa이므로 0.04MPa=40kPa

(나) 방수압력(MPa)=낙차의 환산수두압(MPa)－배관의 마찰손실압력(MPa)

$0.12\text{MPa}=(147+x)\text{kPa}-0.04\text{MPa}$

$120\text{kPa}=(147+x)\text{kPa}-40\text{kPa}$

$120=(147+x)-40$

$120+40=(147+x)$

$120+40-147=x$

$13=x$

$x=13\text{kPa}$

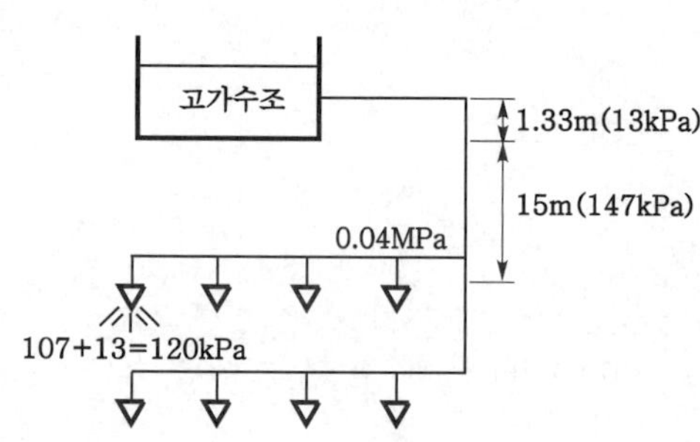

13kPa을 m로 환산

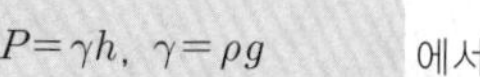

$P=\gamma h,\ \gamma=\rho g$ 에서

$$h=\frac{P}{\gamma}=\frac{P}{\rho g}=\frac{13\text{kPa}}{1000\text{N}\cdot\text{s}^2/\text{m}^4\times9.8\text{m/s}^2}=\frac{13\times10^3\text{N/m}^2}{1000\text{N}\cdot\text{s}^2/\text{m}^4\times9.8\text{m/s}^2}=1.326 \fallingdotseq 1.33\text{m}$$

- 1kPa=1kN/m^2, 1kN/m^2=10^{3}N/m^{2}이므로 13kPa=13×10^{3}N/m^2
- 단서조건에 의해 중력가속도 9.8m/s^{2}을 반드시 적용해야 한다. 적용하지 않으면 틀린다.

☆☆☆
문제 06

그림과 같은 위험물탱크에 국소방출방식으로 이산화탄소 소화설비를 설치하려고 한다. 다음 물음에 답하시오. (단, 고압식이며, 방호대상물 주위에는 방호대상물과 동일한 크기의 벽이 설치되어 있다.)

(10.7.문2)

득점	배점
	5

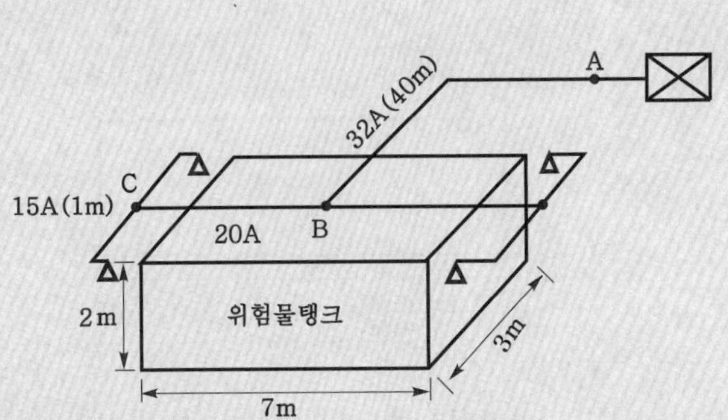

(가) 방호공간의 체적[m^3]을 구하시오.

○ 계산과정 :

○ 답 :

(나) 소화약제저장량[kg]을 구하시오.

○ 계산과정 :

○ 답 :

(다) 이산화탄소 소화설비를 저압식으로 설치하였을 경우 소화약제저장량[kg]을 구하시오.

○ 계산과정 :

○ 답 :

해답 (가) ○ 계산과정 : $7\times3\times2.6 = 54.6\text{m}^3$

○ 답 : 54.6m^3

(나) ○ 계산과정 : $a = (7\times2\times2)+(2\times3\times2) = 40\text{m}^2$

$A = (7\times2.6\times2)+(2.6\times3\times2) = 52\text{m}^2$

$54.6\times\left(8-6\times\dfrac{40}{52}\right)\times1.4 = 258.72\text{kg}$

○ 답 : 258.72kg

(다) ○ 계산과정 : $54.6\times\left(8-6\times\dfrac{40}{52}\right)\times1.1 = 203.28\text{kg}$

○ 답 : 203.28kg

해설 (가) **방호공간** : 방호대상물의 각 부분으로부터 **0.6m**의 거리에 의하여 둘러싸인 공간

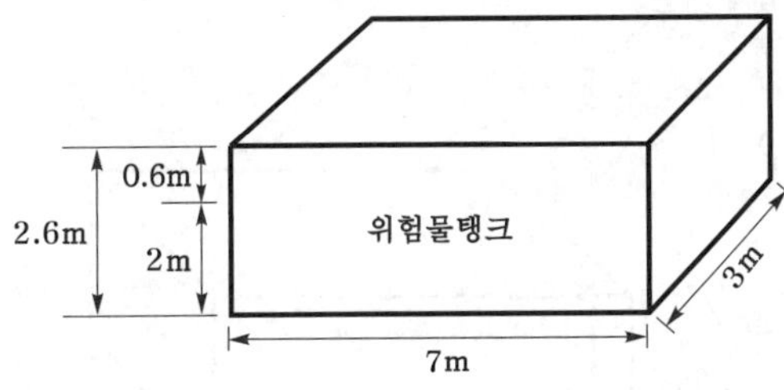

방호공간체적 $= 7\text{m}\times3\text{m}\times2.6\text{m} = 54.6\text{m}^3$

- 단서에서 **방호대상물 주위**에 **벽**이 설치되어 있으므로 방호공간체적 산정시 **가로**와 **세로** 부분은 늘어나지 않고 위쪽만 0.6m 늘어남을 기억하라.
- 만약 '**방호대상물 주위에 벽**'이 없거나 '**벽**'에 대한 조건이 없다면 다음과 같이 계산해야 한다.

방호공간체적 $= 8.2\text{m} \times 4.2\text{m} \times 2.6\text{m} = 89.544 \fallingdotseq 89.54\text{m}^3$

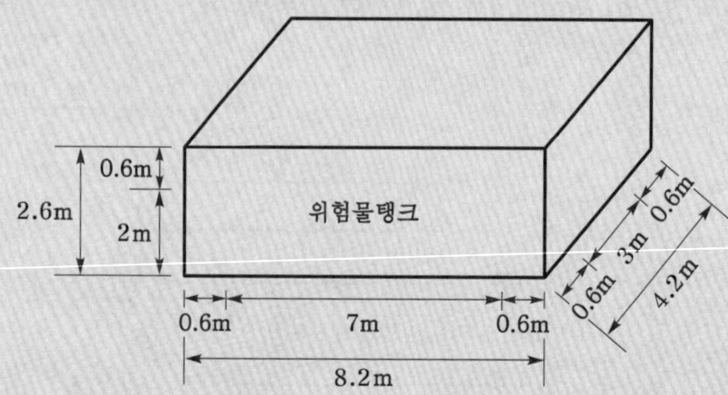

- 방호공간체적 산정시 **가로**와 **세로** 부분은 각각 좌우 0.6m씩 늘어나지만 **높이**는 **위쪽**만 0.6m 늘어난다.

(나) **국소방출방식의 CO_2 저장량**(NFPC 106 5조, NFTC 106 2.2.1)

특정소방대상물	고압식	저압식
• 연소면 한정 및 비산우려가 없는 경우 • 윗면개방용기	방호대상물 표면적×13kg/m²× 1.4	방호대상물 표면적×13kg/m²× 1.1
• 기타 →	방호공간체적$\times\left(8-6\dfrac{a}{A}\right)\times 1.4$	방호공간체적$\times\left(8-6\dfrac{a}{A}\right)\times 1.1$

여기서, a : 방호대상물 주위에 설치된 벽면적의 합계[m²]
A : 방호공간의 벽면적의 합계[m²]

국소방출방식으로 **고압식**을 설치하며, **위험물탱크**이므로 위 표에서 음영부분의 식을 적용한다.
방호대상물 주위에 설치된 **벽면적**의 **합계** a는

$a = (\text{앞면}+\text{뒷면})+(\text{좌면}+\text{우면})$
$= (7\text{m}\times 2\text{m}\times 2\text{면})+(2\text{m}\times 3\text{m}\times 2\text{면}) = \mathbf{40m^2}$

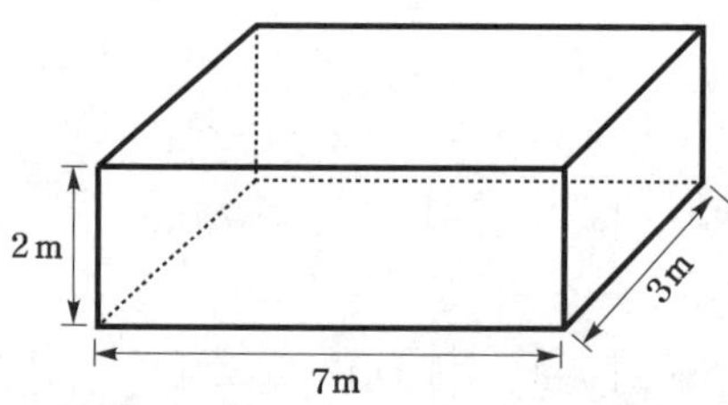

- **윗면 · 아랫면**은 적용하지 않는 것에 주의할 것!

방호공간의 **벽면적**의 **합계** A는

$A = (\text{앞면}+\text{뒷면})+(\text{좌면}+\text{우면})$
$= (7\text{m}\times 2.6\text{m}\times 2\text{면})+(2.6\text{m}\times 3\text{m}\times 2\text{면})$
$= \mathbf{52m^2}$

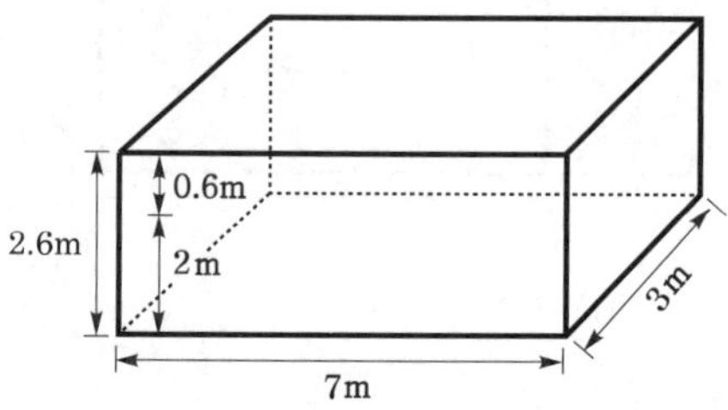

• **윗면 · 아랫면**은 적용하지 않는 것에 주의할 것!

소화약제저장량 $=$ 방호공간체적 $\times\left(8-6\dfrac{a}{A}\right)\times 1.4$

$= 54.6\text{m}^3 \times\left(8-6\times\dfrac{40\text{m}^2}{52\text{m}^2}\right)\times 1.4$

$=$**258.72kg**

• $a=$(앞면+뒷면)+(좌면+우면) : 단서조건에 의해 방호대상물 주위에 설치된 벽이 있으므로 이 식 적용
• **'방호대상물 주위에 설치된 벽(고정벽)'**이 없거나 **'벽'**에 대한 조건이 없는 경우 $a=0$이고 방호공간의 벽면적의 합계 A는 벽이 있는 것으로 가정하여 다음과 같이 계산한다.
방호공간의 **벽면적**의 **합계** A는
$A=$(앞면+뒷면)+(좌면+우면)
$=(8.2\text{m}\times 2.6\text{m}\times 2\text{면})+(2.6\text{m}\times 4.2\text{m}\times 2\text{면})$
$=$ **64.48m²**

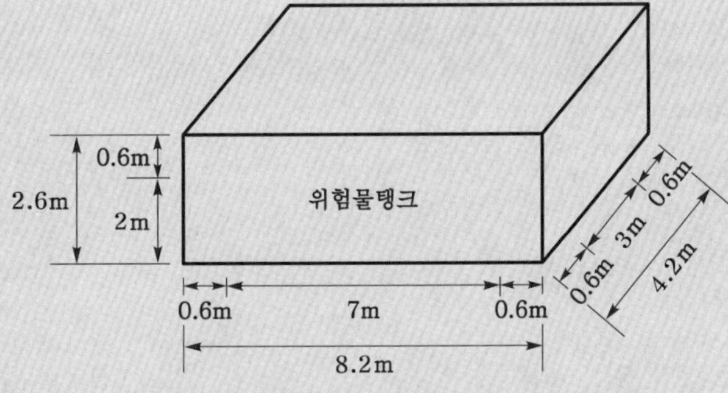

• $a=0$인 경우 소화약제저장량은 다음과 같이 계산하여야 한다.

소화약제저장량 $=$ 방호공간체적 $\times\left(8-6\dfrac{a}{A}\right)\times 1.4$

$= 89.54\text{m}^3 \times\left(8-6\times\dfrac{0}{64.48\text{m}^2}\right)\times 1.4$

$= 1002.848 \fallingdotseq 1002.85\text{kg}$

(다) **저압식**으로 설치하였을 경우 소화약제저장량〔kg〕

소화약제저장량 $=$ 방호공간체적 $\times\left(8-6\dfrac{a}{A}\right)\times 1.1$

$= 54.6\text{m}^3 \times\left(8-6\times\dfrac{40\text{m}^2}{52\text{m}^2}\right)\times 1.1$

$= 203.28\text{kg}$

• $a=$(앞면+뒷면)+(좌면+우면) : 단서조건에 의해 방호대상물 주위에 설치된 벽이 있으므로 이 식 적용
• **'방호대상물 주위에 설치된 벽(고정벽)'**이 없거나 **'벽'**에 대한 조건이 없는 경우 $a=0$이다. 주의!
$a=0$인 경우 다음과 같이 계산하여야 한다.

소화약제저장량 $=$ 방호공간체적 $\times\left(8-6\dfrac{a}{A}\right)\times 1.1$

$= 89.54\text{m}^3 \times\left(8-6\times\dfrac{0}{64.48\text{m}^2}\right)\times 1.1$

$= 787.952 \fallingdotseq 787.95\text{kg}$

☆☆☆

문제 07

옥외소화전설비의 배관에 물을 송수하고 있다. 배관 중의 A지점과 B지점의 압력을 각각 측정하니, A지점은 0.45MPa이고, B지점은 0.4MPa이었다. 만일 유량을 2배로 증가시켰을 경우 두 지점의 압력차는 몇 MPa인지 계산하시오. (단, A, B지점 간의 배관관경 및 유량계수는 동일하며, 다음 하젠-윌리엄스 공식을 이용한다.) (12.11.문12)

득점	배점
	5

하젠-윌리엄스 공식

$$\varDelta P = 6.053 \times 10^4 \times \frac{Q^{1.85}}{C^{1.85} \times D^{4.87}}$$

여기서, Q : 유량[L/min], C : 조도, D : 관내경[mm], $\varDelta P$: 단위길이당 압력손실[MPa]

○ 계산과정 :

○ 답 :

해답 ○ 계산과정 : $(0.45 - 0.4) \times 2^{1.85} \fallingdotseq 0.18\text{MPa}$

○ 답 : 0.18MPa

해설 **하젠-윌리엄스**의 식(Hargen-William's formula)

$$\varDelta P_m = 6.053 \times 10^4 \times \frac{Q^{1.85}}{C^{1.85} \times D^{4.87}} \times L$$

여기서, $\varDelta P_m$: 압력손실[MPa]

C : 조도

D : 관의 내경[mm]

Q : 관의 유량[L/min]

L : 배관의 길이[m]

$$\varDelta P_m = 6.053 \times 10^4 \times \frac{Q^{1.85}}{C^{1.85} \times D^{4.87}}$$

여기서, $\varDelta P_m$: 압력손실[MPa/m]

C : 조도

D : 관의 내경[mm]

Q : 관의 유량[L/min]

하젠-윌리엄스의 **식** $\varDelta P_m$은

$$\varDelta P_m = 6.053 \times 10^4 \times \frac{Q^{1.85}}{C^{1.85} \times D^{4.87}} \propto Q^{1.85}$$

조건에 의해 유량이 **2배** 증가하였으므로 **수압차** $\varDelta P$는

$$\varDelta P = (P_1 - P_2) \times Q^{1.85} = (0.45 - 0.4)\text{MPa} \times 2^{1.85} \fallingdotseq 0.18\text{MPa}$$

☆☆☆

문제 08

건축물 내부에 설치된 주차장에 전역방출방식의 분말소화설비를 설치하고자 한다. 조건을 참조하여 다음 각 물음에 답하시오. (16.6.문4, 15.7.문2, 14.4.문5, 13.7.문14, 11.7.문16)

득점	배점
	6

[조건]

① 방호구역의 바닥면적은 600m^{2}이고 높이는 4m이다.

② 방호구역에는 자동폐쇄장치가 설치되지 아니한 개구부가 있으며 그 면적은 10m^{2}이다.

③ 소화약제는 제1인산암모늄을 주성분으로 하는 분말소화약제를 사용한다.

④ 축압용 가스는 질소가스를 사용한다.

(가) 필요한 최소약제량[kg]을 구하시오.

○ 계산과정 :

○ 답 :

(나) 필요한 축압용 가스의 최소량[m^3]을 구하시오.

○ 계산과정 :

○ 답 :

해답 (가) ○ 계산과정 : $(600\times4)\times0.36+10\times2.7=891\text{kg}$
○ 답 : 891kg

(나) ○ 계산과정 : $891\times10=8910\text{L}=8.91\text{m}^3$
○ 답 : 8.91m^3

해설 (가) **전역방출방식**

자동폐쇄장치가 설치되어 있지 않은 경우	자동폐쇄장치가 설치되어 있는 경우 (개구부가 없는 경우)
분말저장량[kg]=방호구역체적[m^3]×약제량[kg/m^3] +개구부면적[m^2]×개구부가산량[kg/m^2]	**분말저장량**[kg]=방호구역체적[m^3]×약제량[kg/m^3]

‖ 전역방출방식의 약제량 및 개구부가산량(NFPC 108 6조, NFTC 108 2.3.2.1) ‖

약제종별	약제량	개구부가산량(자동폐쇄장치 미설치시)
제1종 분말	0.6kg/m^3	4.5kg/m^2
제2·3종 분말 →	→ 0.36kg/m^3 →	2.7kg/m^2
제4종 분말	0.24kg/m^3	1.8kg/m^2

‖ 분말소화약제의 주성분 ‖

종 류	주성분
제1종	탄산수소나트륨($NaHCO_3$)
제2종	탄산수소칼륨($KHCO_3$)
제3종 ←	제1인산암모늄($NH_4H_2PO_4$)
제4종	탄산수소칼륨+요소[$KHCO_3+(NH_2)_2CO$]

[조건 ②]에서 자동폐쇄장치가 설치되어 있지 않으므로
분말저장량[kg]=방호구역체적[m^3]×약제량[kg/m^3]+개구부면적[m^2]×개구부가산량[kg/m^2]
$=(600\text{m}^2\times4\text{m})\times0.36\text{kg/m}^3+10\text{m}^2\times2.7\text{kg/m}^2$
$=891\text{kg}$

- [조건 ③]에서 **제1인산암모늄**은 **제3종 분말**이다.

(나) **가압식**과 **축압식**의 **설치기준**(NFPC 108 5조, NFTC 108 2.2.4)

사용가스 \ 구 분	가압식	축압식
N_2(질소) →	40L/kg 이상 →	**10L/kg** 이상
CO_2(이산화탄소)	20g/kg+배관청소 필요량 이상	20g/kg+배관청소 필요량 이상

※ 배관청소용 가스는 별도의 용기에 저장한다.

축압용 가스(질소)량[L]=소화약제량[kg]×10L/kg=891kg×10L/kg=8910L=8.91m^3

- 축압식 : [조건 ④]에서 **축압용 가스**이므로 **축압식**
- 891kg : (가)에서 구한 값
- $1000\text{L}=1\text{m}^3$이므로 $8910\text{L}=8.91\text{m}^3$

☆☆☆

문제 09

건식 스프링클러설비 가압송수장치(펌프방식)의 성능시험을 실시하고자 한다. 다음 주어진 도면을 참조하여 성능시험순서 및 시험결과 판정기준을 쓰시오. (14.11.문4, 14.7.문4, 07.7.문12)

득점	배점
	5

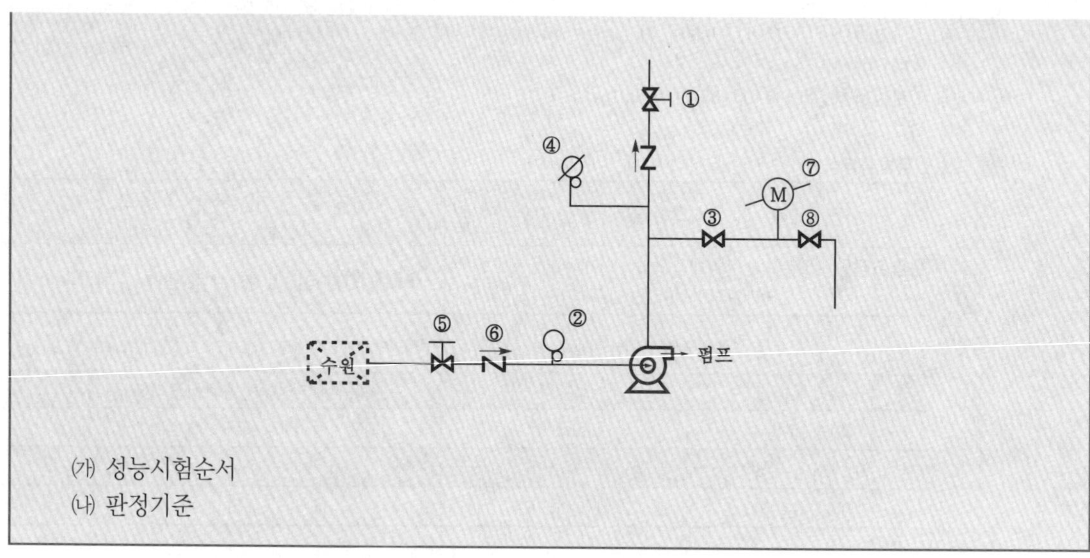

해답 (가) ① 주배관의 개폐밸브 ① 폐쇄
② 제어반에서 충압펌프 기동정지
③ 압력챔버의 배수밸브를 개방하여 주펌프 기동 후 폐쇄
④ 개폐밸브 ③ 개방
⑤ 유량조절밸브 ⑧을 서서히 개방하면서 유량계 ⑦을 확인하여 정격토출량의 150%가 되도록 조정
⑥ 압력계 ④를 확인하여 정격토출압력의 65% 이상이 되는지 확인
⑦ 개폐밸브 ③ 폐쇄 및 개폐밸브 ① 개방
⑧ 제어반에서 충압펌프 기동중지 해제

(나) 체절운전시 정격토출압력의 140%를 초과하지 않고, 정격토출량의 150%로 운전시 정격토출압력의 65% 이상이면 정상

해설 (가) **펌프성능 시험순서**(펌프성능 시험방법) – **유량조절밸브**가 **있는** 경우

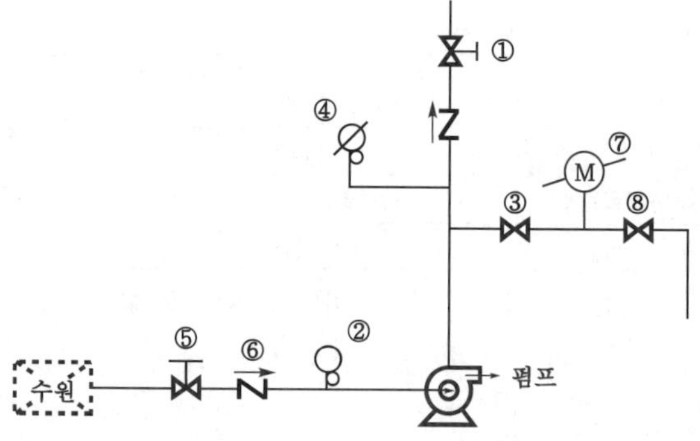

① 주배관의 **개폐밸브** ① 폐쇄
② 제어반에서 **충압펌프** 기동정지
③ 압력챔버의 **배수밸브**를 **개방**하여 주펌프 기동 후 폐쇄
④ **개폐밸브** ③ 개방
⑤ **유량조절밸브** ⑧을 서서히 개방하면서 **유량계** ⑦을 확인하여 정격토출량의 **150%**가 되도록 조정
⑥ 압력계 ④를 확인하여 정격토출압력의 **65%** 이상이 되는지 확인
⑦ **개폐밸브** ③ 폐쇄 및 **개폐밸브** ① 개방
⑧ 제어반에서 충압펌프 **기동중지 해제**

• **성능시험배관**에는 **유량조절밸브**도 반드시 **설치**하여야 한다.

비교

펌프성능 시험순서(펌프성능 시험방법) – **유량조절밸브**가 **없는** 경우

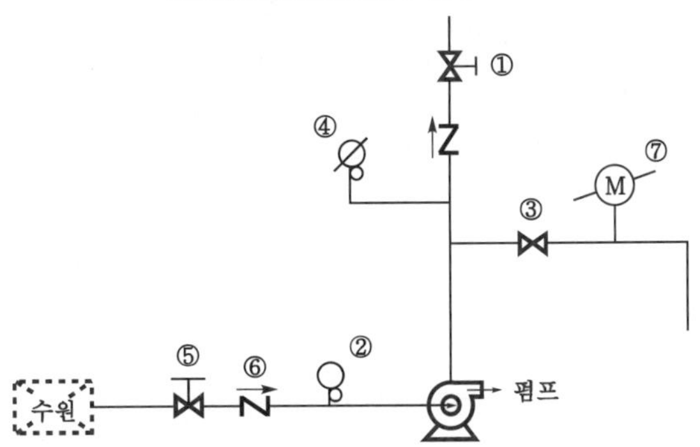

(1) 주배관의 **개폐밸브** ① 폐쇄
(2) 제어반에서 **충압펌프** 기동중지
(3) 압력챔버의 **배수밸브**를 **개방**하여 주펌프 기동 후 폐쇄
(4) **개폐밸브** ③을 서서히 개방하면서 유량계 ⑦을 확인하여 정격토출량의 **150%**가 되도록 조정
(5) **압력계** ④를 확인하여 정격토출압력의 **65%** 이상이 되는지 확인
(6) **개폐밸브** ③ 폐쇄 및 **개폐밸브** ① 개방
(7) 제어반에서 충압펌프 **기동중지 해제**

- 예전에 사용되었던 유량조절밸브가 없는 펌프성능 시험순서를 살펴보면 위와 같다. 요즘에는 유량조절밸브가 반드시 있어야 한다.

(나) 펌프성능시험

판정기준	체절운전시 정격토출압력의 **140%**를 초과하지 않고, 정격토출량의 **150%**로 운전시 정격토출압력의 **65% 이상**이면 **정상**, **65% 미만**이면 **비정상**
측정대상	**주펌프**의 **분당토출량**

☆☆☆
문제 10

가로×세로×높이가 15m×20m×5m의 발전기실(연료는 경유를 사용)에 2가지 할로겐화합물 및 불활성기체 소화설비를 비교 검토하여 설치하려고 한다. 다음 조건을 이용하여 각 물음에 답하시오.

(19.6.문9, 16.11.문2, 14.4.문2, 13.11.문13)

득점	배점
	7

[조건]

① 방사시 발전기실의 최소 예상온도는 상온(20℃)으로 한다.
② HCFC BLEND A 용기의 내용적은 68L이고 충전비는 1.4이다.
③ 소화약제의 설계농도는 다음과 같으며, 최대 허용설계농도는 무시한다.

약제명	상품명	설계농도[%]	
		A급	B급
HCFC BLEND A	HCFC B/A DYC	8.64	12

④ 소화약제에 대한 선형 상수를 구하기 위한 요소는 다음과 같다.

소화약제	K_1	K_2
HCFC BLEND A	0.2413	0.00088

⑤ 그 외 사항은 화재안전기준에 따른다.

(가) 발전기실에 필요한 HCFC BLEND A의 최소 소화약제량〔kg〕을 구하시오.
　○ 계산과정 :
　○ 답 :
(나) HCFC BLEND A 용기의 저장량〔kg〕을 구하시오.
　○ 계산과정 :
　○ 답 :
(다) 발전기실에 필요한 HCFC BLEND A의 최소 소화약제용기〔병〕를 구하시오.
　○ 계산과정 :
　○ 답 :

해답 (가) ○ 계산과정 : $S=0.2413+0.00088\times20=0.2589\text{m}^3/\text{kg}$

$$W=\frac{15\times20\times5}{0.2589}\times\left(\frac{12}{100-12}\right)=790.055 \fallingdotseq 790.06\text{kg}$$

○ 답 : 790.06kg

(나) ○ 계산과정 : $\frac{68}{1.4}=48.571 \fallingdotseq 48.57\text{kg}$

○ 답 : 48.57kg

(다) ○ 계산과정 : $\frac{790.06}{48.57}=16.2 \fallingdotseq 17$병

○ 답 : 17병

해설 (가) 최소 소화약제량

$$W=\frac{V}{S}\times\left(\frac{C}{100-C}\right)$$

여기서, W : 소화약제의 무게(소화약제량)〔kg〕
V : 방호구역의 체적〔m^3〕
S : 소화약제별 선형 상수(K_1+K_2t)〔m^3/kg〕
C : 체적에 따른 소화약제의 설계농도〔%〕
K_1, K_2 : 선형 상수
t : 방호구역의 최소 예상온도〔℃〕

할로겐화합물 소화약제

소화약제별 선형 상수 S는

$S=K_1+K_2t=0.2413+0.00088\times20℃=0.2589\text{m}^3/\text{kg}$

- 〔조건 ④〕에서 HCFC BLEND A의 K_1과 K_2값을 적용하고, 〔조건 ①〕에서 최소 예상온도는 **20℃**이다.

소화약제의 **무게** W는

$$W=\frac{V}{S}\times\left(\frac{C}{100-C}\right)=\frac{(15\times20\times5)\text{m}^3}{0.2589\text{m}^3/\text{kg}}\times\left(\frac{12\%}{100-12\%}\right)=790.055 \fallingdotseq 790.06\text{kg}$$

- 문제에서 연료가 경유이므로 **B급** 적용
- ABC 화재별 안전계수

설계농도	소화농도	안전계수
A급(일반화재)	A급	1.2
B급(유류화재)	B급	1.3
C급(전기화재)	A급	1.35

설계농도〔%〕=소화농도〔%〕×안전계수, 하지만 〔조건 ③〕에서 설계농도가 주어졌으므로 여기에 안전계수를 다시 곱할 필요가 없다. 주의!
- HCFC BLEND A는 할로겐화합물 소화약제이다.

(나) **충전비**

$$C = \frac{V}{G}$$

여기서, C : 충전비〔L/kg〕
V : 내용적〔L〕
G : 저장량〔kg〕

저장량 G는

$$G = \frac{V}{C} = \frac{68\text{L}}{1.4} = 48.571 \fallingdotseq 48.57\text{kg}$$

- V(68L) : 〔조건 ②〕에서 주어진 값
- C(1.4) : 〔조건 ②〕에서 주어진 값

(다) 용기수 $= \dfrac{\text{소화약제량〔kg〕}}{\text{1병당 저장값〔kg〕}} = \dfrac{790.06\text{kg}}{48.57\text{kg}} = 16.2 \fallingdotseq 17$병(절상)

- 790.06kg : (개)에서 구한 값
- 48.57kg : (나)에서 구한 값
- HCFC BLEND A의 상품명 : HCFC B/A DYC 또는 NAFS-Ⅲ

 참고

소화약제량의 산정(NFPC 107A 4·7조, NFTC 107A 2.1.1, 2.4.1)

구 분	할로겐화합물 소화약제	불활성기체 소화약제
종류	• FC-3-1-10 • HCFC BLEND A • HCFC-124 • HFC-125 • HFC-227ea • HFC-23 • HFC-236fa • FIC-13I1 • FK-5-1-12	• IG-01 • IG-100 • IG-541 • IG-55
공식	$W = \frac{V}{S} \times \left(\frac{C}{100-C}\right)$ 여기서, W : 소화약제의 무게〔kg〕 V : 방호구역의 체적〔m³〕 S : 소화약제별 선형 상수($K_1 + K_2 t$)〔m³/kg〕 C : 체적에 따른 소화약제의 설계농도〔%〕 K_1, K_2 : 선형 상수 t : 방호구역의 최소 예상온도〔℃〕	$X = 2.303\left(\frac{V_s}{S}\right) \times \log_{10}\left(\frac{100}{100-C}\right) \times V$ 여기서, X : 소화약제의 부피〔m³〕 S : 소화약제별 선형 상수($K_1 + K_2 t$)〔m³/kg〕 C : 체적에 따른 소화약제의 설계농도〔%〕 V_s : 20℃에서 소화약제의 비체적 ($K_1 + K_2 \times 20$℃)〔m³/kg〕 V : 방호구역의 체적〔m³〕 K_1, K_2 : 선형 상수 t : 방호구역의 최소 예상온도〔℃〕

☆☆☆

문제 11

그림과 같이 제연설비를 설계하고자 한다. 조건을 참조하여 각 물음에 답하여라. (19.4.문2, 14.11.문5, 11.11.문17)

득점	배점
	14

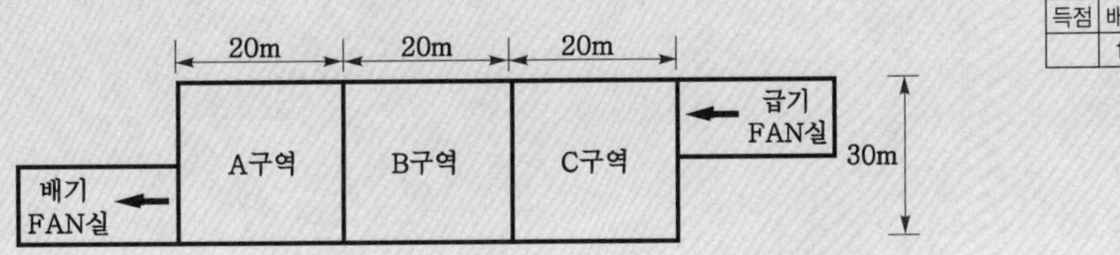

〔조건〕

① 덕트는 단선으로 표시할 것
② 급기구의 풍속은 15m/s이며, 배기구의 풍속은 20m/s이다.
③ FAN의 정압은 40mmAq이다.
④ 천장의 높이는 2.5m이다.
⑤ 제연방식은 상호제연방식으로 공동예상제연구역이 각각 제연경계로 구획되어 있다.
⑥ 제연경계의 수직거리는 2m 이내이다.

(가) 예상제연구역의 배출기의 배출량〔m^3/h〕은 얼마 이상으로 하여야 하는지 구하시오.
　○ 계산과정 :
　○ 답 :

(나) FAN의 동력을 구하시오. (단, 효율은 0.55이며, 여유율은 10%이다.)
　○ 계산과정 :
　○ 답 :

(다) 그림과 같이 급기구와 배기구를 설치할 경우 각 설계조건 및 물음에 따라 도면을 참조하여 설계하시오.

〔조건〕

① 덕트의 크기(각형 덕트로 하되 높이는 400mm로 한다.)
② 급기구, 배기구의 크기(정사각형) : 구역당 배기구 4개소, 급기구 3개소로 하고 크기는 급기배기량 m^3/min당 $35cm^2$ 이상으로 한다.
③ 덕트는 단선으로 표시한다.
④ 댐퍼작동순서에 대해서는 표에 표기하시오.
⑤ 설계도면은 다음 그림을 기반으로 그 위에 나타내시오.

〔도면〕

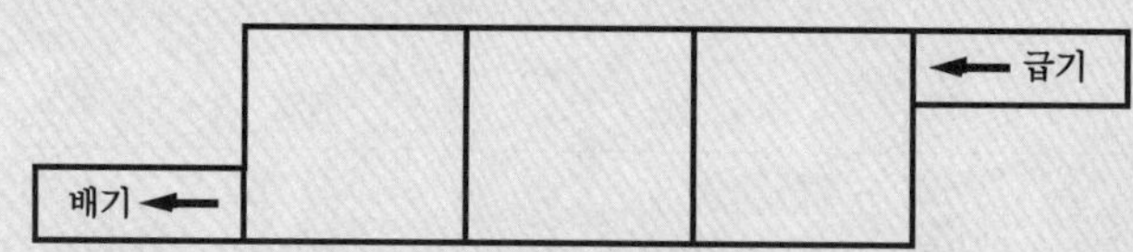

(라) 급기구와 배기구로 구분하여 필요한 개소별 풍량, 덕트단면적, 덕트크기를 설계하시오. (단, 풍량, 덕트단면적, 덕트크기는 소수점 이하 첫째자리에서 반올림하여 정수로 나타내시오.)

덕트의 구분		풍량〔CMH〕	덕트단면적〔mm^2〕	덕트크기 (가로〔mm〕×높이〔mm〕)
배기덕트	A	①	⑦	⑬
배기덕트	B	②	⑧	⑭
배기덕트	C	③	⑨	⑮
급기덕트	A	④	⑩	⑯
급기덕트	B	⑤	⑪	⑰
급기덕트	C	⑥	⑫	⑱

① 급기구크기〔mm〕
　○ 계산과정 :
　○ 답 :

② 배기구크기〔mm〕
　○ 계산과정 :
　○ 답 :

③ 댐퍼의 작동 여부(○ : open, ● : close)

구 분	배기댐퍼			급기댐퍼		
	A구역	B구역	C구역	A구역	B구역	C구역
A구역 화재시						
B구역 화재시						
C구역 화재시						

해답 (가) ○ 계산과정 : 바닥면적=20×30=600m^2

직경= $\sqrt{20^2+30^2} ≒ 36\text{m}$

○ 답 : 40000m^3/h

(나) ○ 계산과정 : $P = \dfrac{40 \times 40000/60}{102 \times 60 \times 0.55} \times 1.1 = 8.714 ≒ 8.71\text{kW}$

○ 답 : 8.71kW

(다)

급기

배기

(라)

덕트의 구분		풍량〔CMH〕	덕트단면적〔mm^2〕	덕트크기 (가로〔mm〕×높이〔mm〕)
배기덕트	A	40000	555556	1389×400
배기덕트	B	40000	555556	1389×400
배기덕트	C	40000	555556	1389×400
급기덕트	A	20000	370370	926×400
급기덕트	B	20000	370370	926×400
급기덕트	C	20000	370370	926×400

① 급기구크기

○ 계산과정 : $\dfrac{20000/60}{3} \times 35 = 3888.888 ≒ 3888.89\text{cm}^2$

$\sqrt{3888.89} = 62.36\text{cm} = 623.6\text{mm} ≒ 624\text{mm}$

○ 답 : 가로 624mm×세로 624mm

② 배기구크기

○ 계산과정 : $\dfrac{40000/60}{4} \times 35 = 5833.333 ≒ 5833.33\text{cm}^2$

$\sqrt{5833.33} = 76.376\text{cm} = 763.76\text{mm} ≒ 764\text{mm}$

○ 답 : 가로 764mm×세로 764mm

③

구 분	배기댐퍼			급기댐퍼		
	A구역	B구역	C구역	A구역	B구역	C구역
A구역 화재시	○	●	●	●	○	○
B구역 화재시	●	○	●	○	●	○
C구역 화재시	●	●	○	○	○	●

해설 (가) ① 바닥면적 : 배출량은 여러 구역 중 바닥면적이 가장 큰 구역 한 곳만 적용함

바닥면적=20m×30m=600m^2

② 직경 : 피타고라스의 정리에 의해

직경= $\sqrt{\text{가로길이}^2 + \text{세로길이}^2} = \sqrt{(20\text{m})^2 + (30\text{m})^2} ≒ 36\text{m}$

- 바닥면적 400m^2 이상이므로 배출량〔m^3/min〕=바닥면적〔m^2〕×1m^3/m^2 · min 식을 적용하면 틀림. 이 식은 400m^2 미만에 적용하는 식임
- 〔조건 ⑤〕에서 예상제연구역이 **제연경계**로 **구획**되어 있고, 〔조건 ⑥〕에서 제연경계의 수직거리가 **2m** 이내이므로 다음 표에서 최소 소요배출량은 **40000m^3/h**가 된다.

수직거리	배출량
2m 이하 →	40000m^3/h 이상
2m 초과 2.5m 이하	45000m^3/h 이상
2.5m 초과 3m 이하	50000m^3/h 이상
3m 초과	60000m^3/h 이상

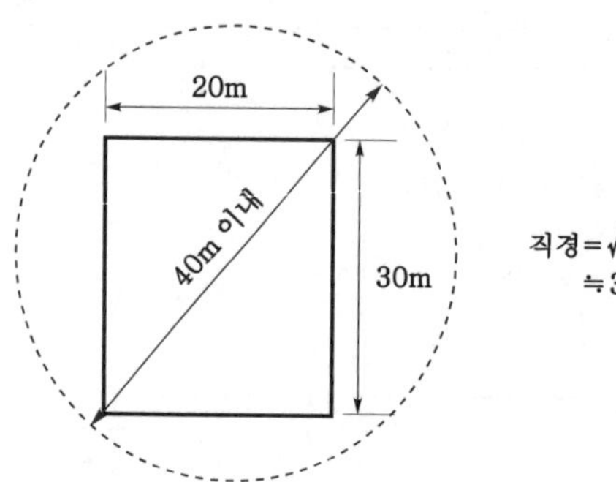

직경 $=\sqrt{(20\text{m})^2+(30\text{m})^2}$
$\fallingdotseq 36\text{m}$

‖ 예상제연구역이 제연경계로 구획된 경우 ‖

- 이내=이하
- **공동예상제연구역**(각각 **제연경계**로 **구획**된 경우)

  소요풍량[CMH]=각 배출풍량 중 최대 풍량[CMH]

- **공동예상제연구역**(각각 **벽**으로 **구획**된 경우)

  소요풍량[CMH]=각 배출풍량[CMH]의 합]

- [조건 ⑤]에서 공동예상제연구역이 각각 제연경계로 구획되어 있으므로 각 **배출풍량 중 최대 풍량**을 구하면 된다.
- 만약, 공동예상제연구역이 각각 벽으로 구획되어 있다면 40000m^3/h×3제연구역=**120000m^3/h**이 될 것이다.

참고

거실의 배출량(NFPC 501 6조, NFTC 501 2.3)

(1) 바닥면적 **400m^2 미만**(최저치 **5000m^3/h** 이상)

배출량[m^3/min]=바닥면적[m^2]×1m^3/m^2·min

(2) 바닥면적 **400m^2 이상**

① 직경 40m 이하 : **40000m^3/h** 이상

‖ 예상제연구역이 제연경계로 구획된 경우 ‖

수직거리	배출량
2m 이하	40000m^3/h 이상
2m 초과 2.5m 이하	45000m^3/h 이상
2.5m 초과 3m 이하	50000m^3/h 이상
3m 초과	60000m^3/h 이상

② 직경 40m 초과 : **45000m³/h** 이상

‖ 예상제연구역이 제연경계로 구획된 경우 ‖

수직거리	배출량
2m 이하	45000m³/h 이상
2m 초과 2.5m 이하	50000m³/h 이상
2.5m 초과 3m 이하	55000m³/h 이상
3m 초과	65000m³/h 이상

※ **m³/h**=CMH(**C**ubic **M**eter per **H**our)

(나)

$$P=\frac{P_T Q}{102\times 60\eta}K$$

여기서, P : 배연기동력〔kW〕

P_T : 전압(풍압)〔mmAq, mmH_2O〕

Q : 풍량〔m³/min〕

K : 여유율

η : 효율

배연기의 **동력** P는

$$P=\frac{P_T Q}{102\times 60\eta}K$$

$$=\frac{40\,\text{mmAq}\times 40000\,\text{m}^3/\text{h}}{102\times 60\times 0.55}\times 1.1=\frac{40\,\text{mmAq}\times 40000\,\text{m}^3/60\text{min}}{102\times 60\times 0.55}\times 1.1=8.714 ≒ 8.71\text{kW}$$

- 배연설비(제연설비)에 대한 동력은 반드시 위의 식을 적용하여야 한다. 우리가 알고 있는 일반적인 식 $P=\frac{0.163QH}{\eta}K$를 적용하여 풀면 틀린다.
- 여유율을 10%를 증가시킨다고 하였으므로 여유율(K)은 **1.1**이 된다.
- **40000m³/h** : (가)에서 구한 값

(다)

- (다) 〔조건 ②〕에 의해 **배기구 4개소**, **급기구 3개소**를 균등하게 배치하면 된다.
- 이 문제에서는 댐퍼까지는 그리지 않아도 된다.

(라)

덕트의 구분		풍량〔CMH〕	덕트단면적〔mm²〕	덕트크기(가로〔mm〕×높이〔mm〕)
배기덕트	A	40000((가)에서 구한 값)	$A=\frac{Q}{V}=\frac{40000\text{m}^3/\text{h}}{20\text{m/s}}$ $=\frac{40000\text{m}^3/3600\text{s}}{20\text{m/s}}$ $=0.5555555\text{m}^2$ $=555555.5\text{mm}^2$ $≒555556\text{mm}^2$ ((라)의 단서조건에 의해 소수점 이하 첫째자리에서 반올림하여 정수표기)	가로$=\frac{\text{덕트단면적〔mm}^2\text{〕}}{\text{높이〔mm〕}}$ $=\frac{555556\text{mm}^2}{400\text{mm}}$ $=1388.8\text{mm}$ $≒1389\text{mm}$ ∴ 가로 1389mm×높이 400mm
배기덕트	B			
배기덕트	C			

급기덕트	A	$\frac{40000((가)에서 구한 값)}{2}$ $=20000$ ([조건 ⑤]에서 상호제연 방식이므로 **급기**는 **2개** 구역에서 하기 때문에 2로 나누어줌)	$A=\frac{Q}{V}=\frac{20000\text{m}^3/\text{h}}{15\text{m/s}}$ $=\frac{20000\text{m}^3/3600\text{s}}{15\text{m/s}}$ $=0.3703703\text{m}^2$ $=370370.3\text{mm}^2$ $≒370370\text{mm}^2$ ((라)의 단서조건에 의해 소수점 이하 첫째자리에서 반올림하여 정수표기)	가로$=\frac{덕트단면적(\text{mm}^2)}{높이(\text{mm})}$ $=\frac{370370\text{mm}^2}{400\text{mm}}$ $=925.9\text{mm}$ $≒926\text{mm}$ ∴ 가로 926mm×높이 400mm
급기덕트	B			
급기덕트	C			

- $Q=AV$

여기서, Q : 풍량[m³/s]
A : 단면적[m²]
V : 풍속[m/s]

- **20m/s** : [조건 ②]에서 주어진 값
- **15m/s** : [조건 ②]에서 주어진 값
- 1h=3600s
- 1m=1000mm, $1\text{m}^2=1000000\text{mm}^2$이므로 $0.5555555\text{m}^2=555555.5\text{mm}^2$, $0.3703703\text{m}^2=370370.3\text{mm}^2$
- 덕트단면적[mm²]=가로[mm]×높이[mm]

가로[mm]$=\frac{덕트단면적(\text{mm}^2)}{높이(\text{mm})}$

- 높이 400mm : (다)의 [조건 ①]에서 주어진 값

①

$$급기구단면적=\frac{배출량(\text{m}^3/\text{min})}{급기구수}\times 35\text{cm}^2\cdot\text{min/m}^3$$

$$=\frac{(40000/2)\text{m}^3/\text{h}}{3개}\times 35\text{cm}^2\cdot\text{min/m}^3$$

$$=\frac{20000\text{m}^3/60\text{min}}{3개}\times 35\text{cm}^2\cdot\text{min/m}^3=3888.888≒3888.89\text{cm}^2$$

$$A=L^2$$

여기서, A : 단면적[cm²]
L : 한 변의 길이[cm]

$L^2=A$

$\sqrt{L^2}=\sqrt{A}$

$L=\sqrt{A}$

(다)의 [조건 ②]에 의해 급기구는 **정사각형**이므로 급기구 한 변의 길이 L은

$L=\sqrt{A}=\sqrt{3888.89\text{cm}^2}=62.36\text{cm}=623.6\text{mm}≒624\text{mm}$((라)의 단서조건에 의해 소수점 첫째자리에서 반올림하여 정수표기)

∴ 가로 624mm×세로 624mm

- **(40000/2)m³/h** : (가)에서 구한 값 40000m³/h에서 [조건 ⑤]에서 상호제연방식이므로 **급기**는 **2개** 구역에서 하기 때문에 2로 나누어 줌
- **40000m³/h** : (가)에서 구한 값
- **급기구수 3개** : (다)의 [조건 ②]에서 주어진 값

②

$$배기구단면적=\frac{배출량(\text{m}^3/\text{min})}{배기구수}\times 35\text{cm}^2\cdot\text{min/m}^3$$

$$= \frac{40000\text{m}^3/\text{h}}{4\text{개}} \times 35\text{cm}^2 \cdot \text{min/m}^3$$

$$= \frac{40000\text{m}^3/60\text{min}}{4\text{개}} \times 35\text{cm}^2 \cdot \text{min/m}^3 = 5833.333 \fallingdotseq 5833.33\text{cm}^2$$

$$A = L^2$$

여기서, A : 단면적[cm^2]

L : 한 변의 길이[cm]

$L^2 = A$

$\sqrt{L^2} = \sqrt{A}$

$L = \sqrt{A}$

(다)의 [조건 ②]에 의해 배기구는 **정사각형**이므로 배기구 한 변의 길이 L은

$L = \sqrt{A} = \sqrt{5833.33\text{cm}^2} = 76.376\text{cm} = 763.76\text{mm} \fallingdotseq 764\text{mm}$((라)의 단서조건에 의해 소수점 첫째자리에서 반올림하여 정수표기)

∴ 가로 764mm×세로 764mm

- **$35\text{cm}^2 \cdot \text{min/m}^3$** : (다)의 [조건 ②]에서 주어진 값
- 1h=60min
- **배기구수 4개** : (다)의 [조건 ②]에서 주어진 값

③ **A구역 화재시** (○ : open, ● : close)

구 분	배기댐퍼			급기댐퍼		
	A구역	B구역	C구역	A구역	B구역	C구역
A구역 화재시	○	●	●	●	○	○

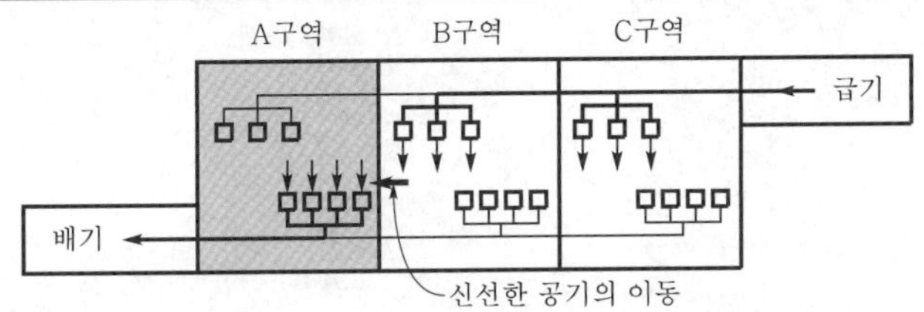

‖ A구역 화재시 ‖

B구역 화재시 (○ : open, ● : close)

구 분	배기댐퍼			급기댐퍼		
	A구역	B구역	C구역	A구역	B구역	C구역
B구역 화재시	●	○	●	○	●	○

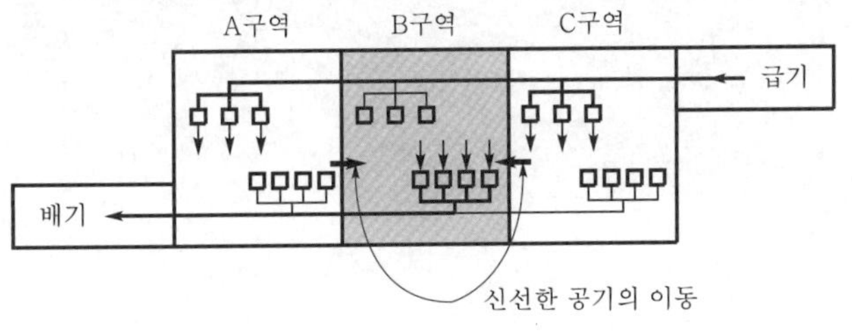

‖ B구역 화재시 ‖

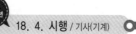

C구역 화재시 (○ : open, ● : close)

구 분	배기댐퍼			급기댐퍼		
	A구역	B구역	C구역	A구역	B구역	C구역
C구역 화재시	●	●	○	○	○	●

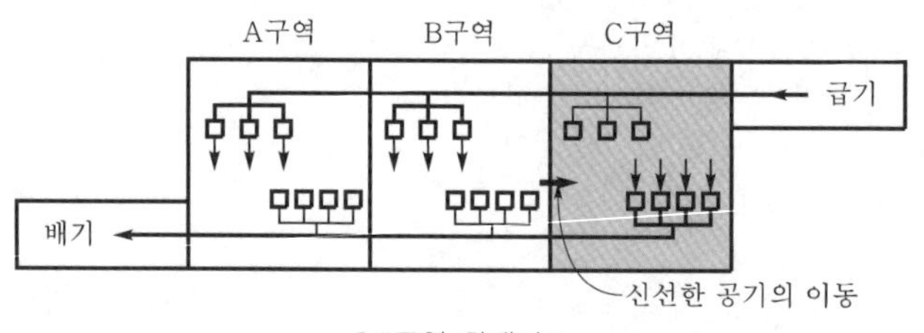

‖C구역 화재시‖

☆☆☆

문제 12

그림은 폐쇄형 스프링클러설비의 Isometric Diagram이다. 다음 조건을 참고하여 각 부분의 부속품을 산출하여 빈칸을 채우시오. (08.4.문4, 05.7.문4, 02.4.문12)

득점	배점
	10

〔조건〕

① 답란에 주어진 관이음쇠만 산출한다.

② 크로스티는 사용하지 못한다.

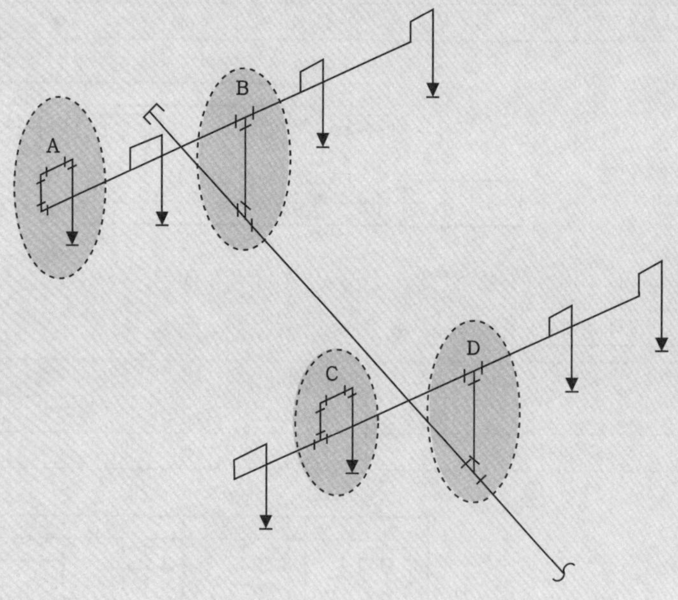

지 점	품 명	규 격	수 량	지 점	품 명	규 격	수 량
A	엘보	25A	( )	B	티	40×40×40A	( )
	리듀셔	25×15A	( )		리듀셔	40×25A	( )
C	티	25×25×25A	( )	D	티	50×50×40A	( )
	엘보	25A	( )		티	40×40×40A	( )
	리듀셔	25×15A	( )		리듀셔	50×40A	( )
–	–	–	–		리듀셔	40×25A	( )

해답

지 점	품 명	규 격	수 량	지 점	품 명	규 격	수 량
A	엘보	25A	(3)	B	티	40×40×40A	(2)
	리듀셔	25×15A	(1)		리듀셔	40×25A	(2)
C	티	25×25×25A	(1)	D	티	50×50×40A	(1)
	엘보	25A	(2)		티	40×40×40A	(1)
	리듀셔	25×15A	(1)		리듀셔	50×40A	(1)
–	–	–	–		리듀셔	40×25A	(2)

해설

구 분 \ 급수관의 구경	25mm	32mm	40mm	50mm	65mm	80mm	90mm	100mm	125mm	150mm
폐쇄형 헤드수	2개	3개	5개	10개	30개	60개	80개	100개	160개	161개 이상
개방형 헤드수	1개	2개	5개	8개	15개	27개	40개	55개	90개	91개 이상

그림에서 **폐쇄형 헤드**(↓)를 사용하므로 위 표에서 폐쇄형 헤드수에 따라 급수관의 구경을 정하고 그에 따라 엘보(Elbow), 티(Tee), 리듀셔(Reducer)의 개수를 산정하면 다음과 같다.

(1) **기호 A**

① 엘보 25A : 3개

② 리듀셔 25×15A : 1개

각각의 사용위치를 엘보 25A : ●, 리듀셔 : ⇒로 표시하면 다음과 같다.

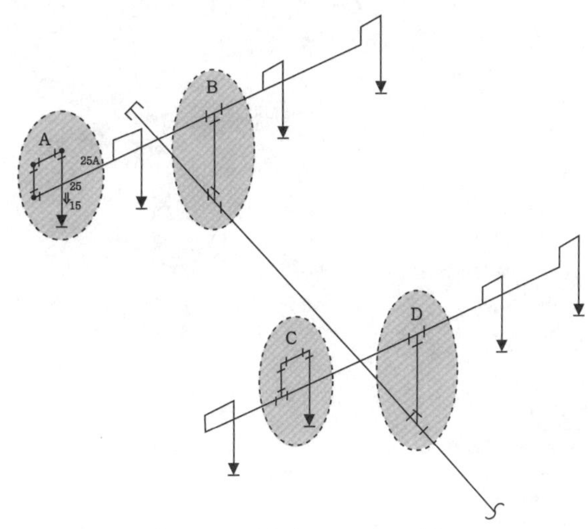

‖ 엘보 25A, 리듀셔 25×15A 표시 ‖

• [조건 ①]에서 **'답란에 주어진 관이음쇠만 산출한다'**고 하였으므로 니플의 산출은 제외한다.
• 실제도

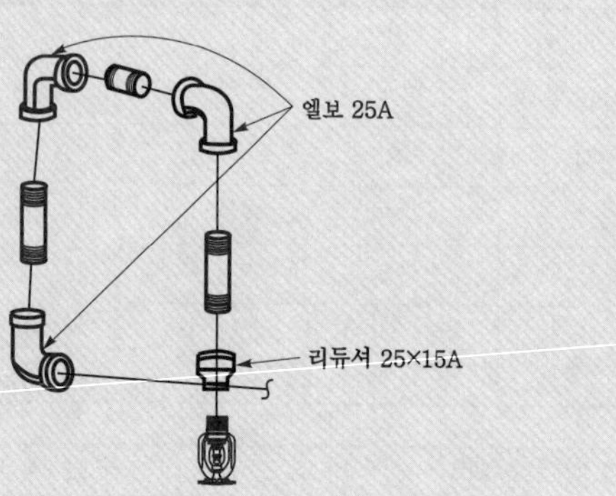

(2) **기호 B**

① 티 40×40×40A : 2개
② 리듀셔 40×25A : 2개
각각의 사용위치를 티 40×40×40A : ●, 리듀셔 : ⇒로 표시하면 다음과 같다.

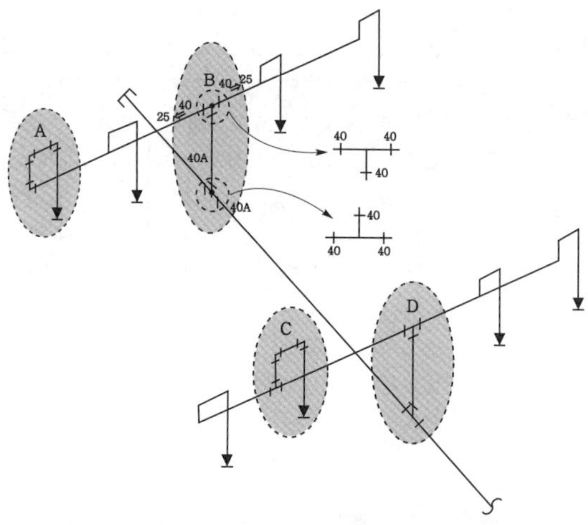

‖ 티 40×40×40A, 리듀셔 40×25A 표시 ‖

• 실제도

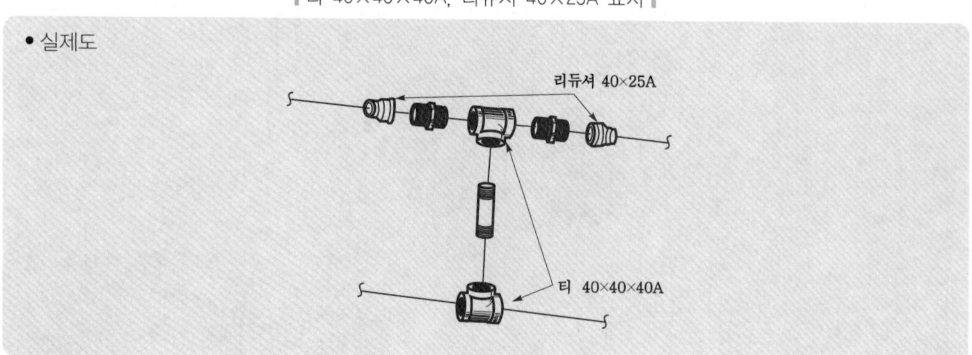

(3) **기호 C**

① 티 25×25×25A : 1개
② 엘보 25A : 2개
③ 리듀셔 25×15A : 1개
각각의 사용위치를 티 25×25×25A : ●, 엘보 25A : ○, 리듀셔 : ⇒로 표시하면 다음과 같다.

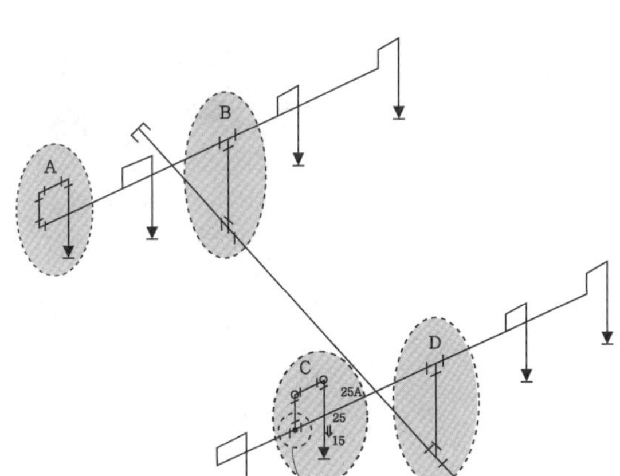

‖ 티 25×25×25A, 엘보 25A, 리듀셔 25×15A 표시 ‖

• 실제도

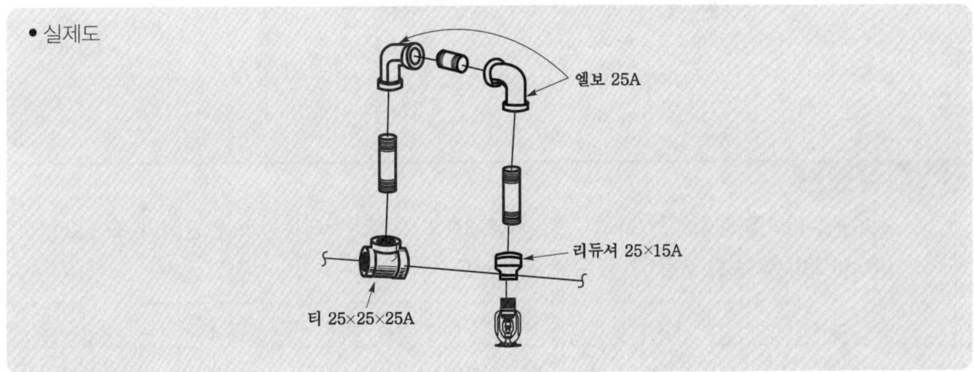

(4) **기호 D**

① 티 50×50×40A : 1개
② 티 40×40×40A : 1개
③ 리듀셔 50×40A : 1개
④ 리듀셔 40×25A : 2개

각각의 사용위치를 티 50×50×40A : ●, 티 40×40×40A : ○, 리듀셔 : ⇒ 로 표시하면 다음과 같다.

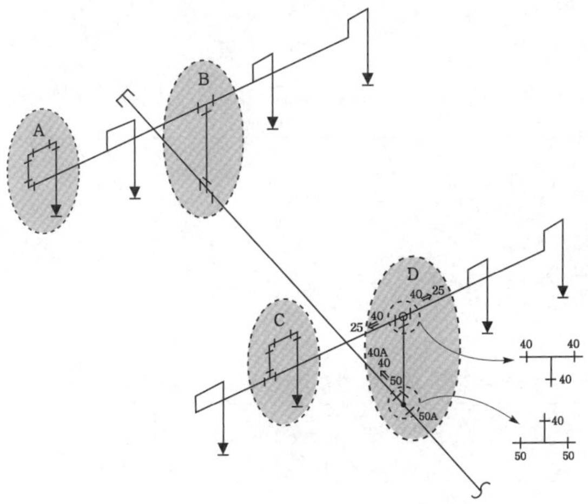

‖ 티 50×50×40A · 40×40×40A, 리듀서 50×40A · 40×25A 표시 ‖

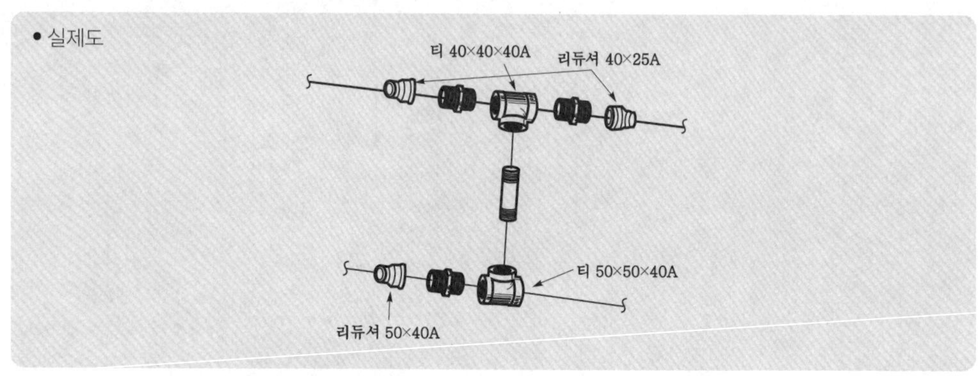

참고

관부속품

☆☆

문제 13

소화용수설비를 설치하는 지하 2층, 지상 3층의 특정소방대상물의 연면적이 32500m²이고, 각 층의 바닥면적이 다음과 같을 때 물음에 답하시오. (13.4.문4)

득점	배점
	6

층 수	지하 2층	지하 1층	지상 1층	지상 2층	지상 3층
바닥면적	2500m²	2500m²	13500m²	13500m²	500m²

(가) 소화수조의 저수량[m³]을 구하시오.
 ○ 계산과정 :
 ○ 답 :

(나) 저수조에 설치하여야 할 흡수관 투입구, 채수구의 최소 설치수량을 구하시오.
 ○ 흡수관 투입구수 :
 ○ 채수구수 :

(다) 저수조에 설치하는 가압송수장치의 1분당 양수량[L]을 구하시오.

해답

(가) ○ 계산과정 : $\frac{32500}{7500}(\text{절상})\times 20 = 100\text{m}^3$
 ○ 답 : 100m³

(나) ○ 흡수관 투입구수 : 2개
 ○ 채수구수 : 3개

(다) 3300L

해설 (가) **소화수조** 또는 **저수조**의 **저수량 산출**(NFPC 402 4조, NFTC 402 2.1.2)

특정소방대상물의 구분	기준면적[m²]
지상 1층 및 2층의 바닥면적 합계 15000m² 이상 →	7500
기타	12500

지상 1·2층의 바닥면적 합계$=13500m^2+13500m^2=27000m^2$
∴ $15000m^2$ 이상이므로 기준면적은 $7500m^2$이다.
소화수조의 **양**(저수량)

$$Q=\frac{\text{연면적}}{\text{기준면적}}(\text{절상})\times 20m^3$$

$$=\frac{32500m^2}{7500m^2}(\text{절상})\times 20m^3=100m^3$$

- 지상 1·2층의 바닥면적 합계가 $27000m^2$로서 $15000m^2$ 이상이므로 기준면적은 **$7500m^2$**이다.
- 저수량을 구할 때 $\frac{32500m^2}{7500m^2}=4.3 \fallingdotseq 5$로 먼저 **절상**한 후 **$20m^3$**를 곱한다는 것을 기억하라!
- **절상** : 소수점 이하는 무조건 올리라는 의미

(나) ① **흡수관 투입구수**(NFPC 402 4조, NFTC 402 2.1.3.1)

소요수량	$80m^3$ 미만	$80m^3$ 이상
흡수관 투입구수	**1개** 이상	**2개** 이상

- 저수량이 $100m^3$로서 **$80m^3$** 이상이므로 **흡수관 투입구**의 최소 개수는 **2개**

② **채수구의 수**(NFPC 402 4조, NFTC 402 2.1.3.2.1)

소화수조 용량	$20\sim40m^3$ 미만	$40\sim100m^3$ 미만	$100m^3$ 이상
채수구의 수	**1개**	**2개**	**3개**

- 저수량이 $100m^3$로서 **$100m^3$** 이상이므로 **채수구**의 최소 개수는 **3개**

(다) **가압송수장치**의 **양수량**(NFPC 402 5조, NFTC 402 2.2.1)

저수량	$20\sim40m^3$ 미만	$40\sim100m^3$ 미만	$100m^3$ 이상
1분당 양수량	1100L 이상	2200L 이상	3300L 이상

- 저수량이 $100m^3$로서 **$100m^3$** 이상이므로 **3300L**
- 1분당 양수량을 질문했으므로 'L'로 답하여야 한다. L/min가 아님을 주의!

☆☆☆
문제 14

실의 크기가 가로 20m×세로 15m×높이 5m인 공간에서 큰 화염의 화재가 발생하여 t초 시간 후의 청결층 높이 y[m]의 값이 1.8m가 되었을 때 다음 조건을 이용하여 각 물음에 답하시오.

(14.11.문2, 11.11.문16)

득점	배점
	6

[조건]

① $Q=\frac{A(H-y)}{t}$

여기서, Q : 연기 발생량[m^3/min]
A : 화재실의 면적[m^2]
H : 화재실의 높이[m]

② 위 식에서 시간 t초는 다음의 Hinkley식을 만족한다.

공식 : $t=\frac{20A}{P\times\sqrt{g}}\times\left(\frac{1}{\sqrt{y}}-\frac{1}{\sqrt{H}}\right)$

(단, g는 중력가속도는 $9.81m/s^2$이고, P는 화재경계의 길이[m]로서 큰 화염의 경우 12m, 중간 화염의 경우 6m, 작은 화염의 경우 4m를 적용한다.)

③ 연기생성률(M[kg/s])에 관련한 식은 다음과 같다.

$$M = 0.188 \times P \times y^{\frac{3}{2}}$$

(가) 상부의 배연구로부터 몇 m^3/min의 연기를 배출하여야 청결층의 높이가 유지되는지 구하시오.

○ 계산과정 :

○ 답 :

(나) 연기생성률[kg/s]을 구하시오.

○ 계산과정 :

○ 답 :

해답 (가) ○ 계산과정 : $t = \dfrac{20 \times 300}{12 \times \sqrt{9.81}} \times \left(\dfrac{1}{\sqrt{1.8}} - \dfrac{1}{\sqrt{5}}\right) = 47.594 ≒ 47.59s$

$$Q = \frac{300(5-1.8)}{\dfrac{47.59}{60}} = 1210.338 ≒ 1210.34m^3/min$$

○ 답 : $1210.34m^3/min$

(나) ○ 계산과정 : $0.188 \times 12 \times 1.8^{\frac{3}{2}} = 5.448 ≒ 5.45kg/s$

○ 답 : 5.45kg/s

해설 (가) ① Hinkley의 법칙

기호

- A : $(20 \times 15)m^2$(문제에서 주어짐)
- H : 5m(문제에서 주어짐)
- g : $9.81m/s^2$([조건 ②]에서 주어짐)
- P : 12m(문제에서 큰 화염이므로 [조건 ②]에서 12m)
- y : 1.8m(문제에서 주어짐)

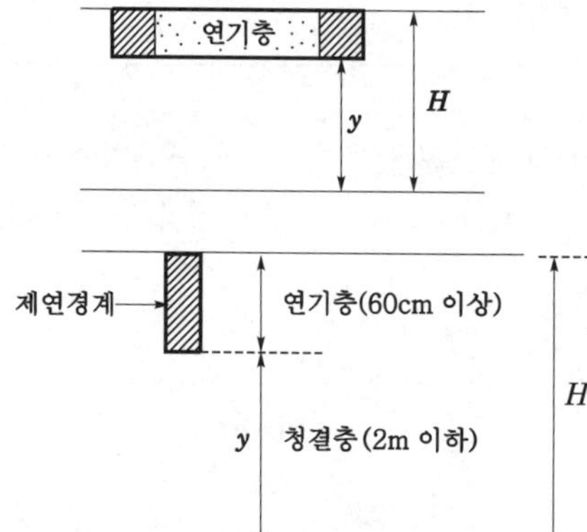

$$t=\frac{20A}{P\times\sqrt{g}}\times\left(\frac{1}{\sqrt{y}}-\frac{1}{\sqrt{H}}\right)$$

여기서, t : 청결층의 경과시간〔s〕
A : 화재실의 면적〔m^2〕
P : 화재경계의 길이(화염의 둘레)〔m〕
g : 중력가속도(9.81m/s^2)
y : 청결층의 높이〔m〕
H : 화재실의 높이〔m〕

청결층의 경과시간 t는

$$t=\frac{20A}{P\times\sqrt{g}}\times\left(\frac{1}{\sqrt{y}}-\frac{1}{\sqrt{H}}\right)=\frac{20\times(20\times15)\text{m}^2}{12\text{m}\times\sqrt{9.81\text{m/s}^2}}\times\left(\frac{1}{\sqrt{1.8\text{m}}}-\frac{1}{\sqrt{5\text{m}}}\right)=47.594 ≒ 47.59\text{s}$$

- 청결층=공기층

② 연기발생량

$$Q=\frac{A(H-y)}{t}$$

여기서, Q : 연기발생량〔m^3/min〕
A : 화재실의 면적〔m^2〕
H : 화재실의 높이〔m〕
y : 청결층의 높이〔m〕
t : 청결층의 경과시간〔min〕

연기발생량 Q는

$$Q=\frac{A(H-y)}{t}=\frac{(20\times15)\text{m}^2\times(5\text{m}-1.8\text{m})}{\frac{47.59}{60}\text{min}}=1210.338 ≒ 1210.34\text{m}^3/\text{min}$$

- 1min=60s, 1s=$\frac{1}{60}$min
- 47.59s=47.59×$\frac{1}{60}$min=$\frac{47.59}{60}$min

(나) **연기생성률**

$$M=0.188\times P\times y^{\frac{3}{2}}$$

여기서, M : 연기생성률〔kg/s〕
P : 화재경계의 길이(화염의 둘레)〔m〕
y : 청결층의 높이〔m〕

연기생성률 M은

$$M=0.188\times P\times y^{\frac{3}{2}}=0.188\times12\text{m}\times(1.8\text{m})^{\frac{3}{2}}=5.448 ≒ 5.45\text{kg/s}$$

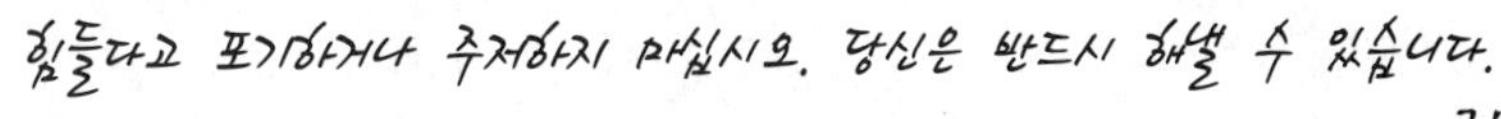

힘들다고 포기하거나 주저하지 마십시오. 당신은 반드시 해낼 수 있습니다.

2018. 6. 30 시행

▌2018년 기사 제2회 필답형 실기시험▐			수험번호	성명	감독위원 확 인
자격종목 소방설비기사(기계분야)	시험시간 3시간	형별			

※ 다음 물음에 답을 해당 답란에 답하시오.(배점 : 100)

☆☆☆

문제 01

도면은 어느 전기실, 발전기실, 방재반실 및 배터리실을 방호하기 위한 할론 1301설비의 배관평면도이다. 도면과 주어진 조건을 참고하여 할론소화약제의 최소 용기개수와 용기집합실에 설치하여야 할 소화약제의 저장용기수를 구하고 적합한지 판정하시오. (14.7.문2, 11.5.문15)

유사문제부터 풀어보세요. 실력이 팍!팍! 올라갑니다.

득점	배점
	8

〔조건〕

① 약제용기는 고압식이다.

② 용기의 내용적은 68L, 약제충전량은 50kg이다.

③ 용기실 내의 수직배관을 포함한 각 실에 대한 배관내용적은 다음과 같다.

A실(전기실)	B실(발전기실)	C실(방재반실)	D실(배터리실)
198L	78L	28L	10L

④ A실에 대한 할론집합관의 내용적은 88L이다.

⑤ 할론용기밸브와 집합관 간의 연결관에 대한 내용적은 무시한다.

⑥ 설계기준온도는 20℃이다.

⑦ 20℃에서의 액화할론 1301의 비중은 1.6이다.

⑧ 각 실의 개구부는 없다고 가정한다.

⑨ 소요약제량 산출시 각 실 내부의 기둥과 내용물의 체적은 무시한다.

⑩ 각 실의 바닥으로부터 천장까지의 높이는 다음과 같다.

- A실 및 B실 : 5m
- C실 및 D실 : 3m

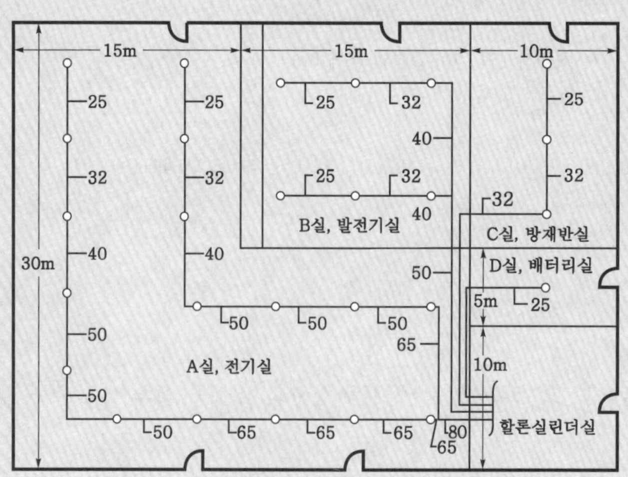

(가) A실
　○ 계산과정 :
　○ 답(적합·부적합 판정) :
(나) B실
　○ 계산과정 :
　○ 답(적합·부적합 판정) :
(다) C실
　○ 계산과정 :
　○ 답(적합·부적합 판정) :
(라) D실
　○ 계산과정 :
　○ 답(적합·부적합 판정) :

해답 (가) A실

○ 계산과정 : $[(30\times30-15\times15)\times5]\times0.32=1080\text{kg},\ \frac{1080}{50}=21.6 \fallingdotseq 22$병

$\text{배관내용적}=198+88=286\text{L},\ \rho=1.6\times1000=1600\text{kg/m}^3$

$V_s=\frac{1}{1600}=0.625\times10^{-3}\text{m}^3/\text{kg}=0.625\text{L/kg}$

$\text{약제체적}=50\times22\times0.625=687.5\text{L}$

$\frac{286}{687.5}=0.416$배

○ 답 : 22병(1.5배 미만이므로 적합)

(나) B실

○ 계산과정 : $[(15\times15)\times5]\times0.32=360\text{kg},\ \frac{360}{50}=7.2 \fallingdotseq 8$병

$\text{배관내용적}=78+88=166\text{L},\ \text{약제체적}=50\times8\times0.625=250\text{L}$

$\frac{166}{250}=0.664$배

○ 답 : 8병(1.5배 미만이므로 적합)

(다) C실

○ 계산과정 : $[(15\times10)\times3]\times0.32=144\text{kg},\ \frac{144}{50}=2.88 \fallingdotseq 3$병

$\text{배관내용적}=28+88=116\text{L},\ \text{약제체적}=50\times3\times0.625=93.75\text{L}$

$\frac{116}{93.75}=1.237$배

○ 답 : 3병(1.5배 미만이므로 적합)

(라) D실

○ 계산과정 : $[(10\times5)\times3]\times0.32=48\text{kg},\ \frac{48}{50}=0.96 \fallingdotseq 1$병

$\text{배관내용적}=10+88=98\text{L},\ \text{약제체적}=50\times1\times0.625=31.25\text{L}$

$\frac{98}{31.25}=3.136$배

○ 답 : 1병(1.5배 이상이므로 부적합)

해설

• 문제의 그림은 A~D실 모든 실이 별도독립방식이 아닌 방식으로 되어 있다.

‖ 할론 1301의 약제량 및 개구부가산량(NFPC 107 5조, NFTC 107 2.2.1) ‖

방호대상물	약제량	개구부가산량 (자동폐쇄장치 미설치시)
차고 · 주차장 · 전기실 · 전산실 · 통신기기실	0.32kg/m^3	2.4kg/m^2
사류 · 면화류	0.52kg/m^3	3.9kg/m^2

위 표에서 **전기실 · 발전기실 · 방재반실 · 배터리실**의 약제량은 **0.32kg/m³**이다.

할론저장량[kg]=방호구역체적[m³]×약제량[kg/m³]+개구부면적[m²]×개구부가산량[kg/m²]

비중

$$s=\frac{\rho}{\rho_w}$$

여기서, s : 비중

ρ : 어떤 물질의 밀도[kg/m³]

ρ_w : 물의 밀도(1000kg/m³)

액화할론 1301의 밀도 ρ는

$\rho=s\times\rho_w=1.6\times1000\text{kg/m}^3=1600\text{kg/m}^3$

비체적

$$V_s=\frac{1}{\rho}$$

여기서, V_s : 비체적[m³/kg]

ρ : 밀도[kg/m³]

비체적 $V_s=\frac{1}{\rho}=\frac{1}{1600\text{kg/m}^3}=0.625\times10^{-3}\text{m}^3/\text{kg}=0.625\text{L/kg}$

- 1m³=1000L이므로 $0.625\times10^{-3}\text{m}^3/\text{kg}=0.625\text{L/kg}$
- 약제체적보다 배관(집합관 포함)내용적이 **1.5배** 이상일 경우 약제가 배관에서 거의 방출되지 않아 제기능을 할 수 없으므로 설비를 **별도독립방식**으로 하여야 소화약제가 방출될 수 있다.
- 별도독립방식 : 집합관을 포함한 모든 배관을 별도의 배관으로 한다는 의미
- 이 문제의 도면은 모든 실을 집합관을 통하여 배관에 연결하는 별도독립방식으로 되어 있지 않다.

참고

할론소화설비 화재안전기준(NFPC 107 4조 ⑦항, NFTC 107 2.1.6)
하나의 구역을 담당하는 소화약제 저장용기의 소화약제량의 체적합계보다 그 소화약제 방출시 방출경로가 되는 배관(집합관 포함)의 내용적이 **1.5배 이상**일 경우에는 해당 방호구역에 대한 설비를 **별도독립방식**으로 해야 한다.

(개) **A실**

할론저장량 $=[(30\times30-15\times15)\text{m}^2\times5\text{m}]\times0.32\text{kg/m}^3=1080\text{kg}$

배관내용적 $=198\text{L}+88\text{L}=286\text{L}$

저장용기수 $=\frac{\text{할론저장량}}{\text{약제충전량}}=\frac{1080\text{kg}}{50\text{kg}}=21.6\fallingdotseq22$병(절상)

약제체적 $=50\text{kg}\times22\text{병}\times0.625\text{L/kg}=687.5\text{L}$

$\frac{\text{배관내용적}}{\text{약제체적}}=\frac{286\text{L}}{687.5\text{L}}=0.416$배(1.5배 미만이므로 적합)

- [조건 ⑩]에서 높이는 **5m**이다.
- [조건 ⑧]에서 개구부가 없으므로 **개구부면적** 및 **개구부가산량**은 적용하지 않아도 된다.
- [조건 ③]에서 A실의 배관내용적(V)은 **198L**이다. [조건 ④]에도 적용하는 것에 주의하라!!
- [조건 ⑦]에서 비중은 **1.6**이다.
- [조건 ②]에서 약제충전량은 **50kg**이다.
- [조건 ④]에서 집합관의 내용적 88L는 모든 실에 적용한다. '**A실에 대한 할론집합관**'이라고 해서 A실에만 적용하는 게 아니다. 왜냐하면 집합관이 모든 실에 연결되어 있기 때문이다. 주의하라!

(나) **B실**

$$\text{할론저장량} = [(15\times15)\text{m}^2\times5\text{m}]\times0.32\text{kg/m}^3 = 360\text{kg}$$

$$\text{배관내용적} = 78\text{L}+88\text{L} = 166\text{L}$$

$$\text{저장용기수} = \frac{\text{할론저장량}}{\text{약제충전량}} = \frac{360\text{kg}}{50\text{kg}} = 7.2 ≒ 8\text{병(절상)}$$

$$\text{약제체적} = 50\text{kg}\times8\text{병}\times0.625\text{L/kg} = 250\text{L}$$

$$\frac{\text{배관내용적}}{\text{약제체적}} = \frac{166\text{L}}{250\text{L}} = 0.664\text{배(1.5배 미만이므로 적합)}$$

- [조건 ⑩]에서 높이는 **5m**이다.
- [조건 ⑧]에서 개구부가 없으므로 **개구부면적** 및 **개구부가산량**은 적용하지 않아도 된다.
- [조건 ③]에서 B실의 배관내용적(V)은 **78L**이다.
- [조건 ⑦]에서 비중은 **1.6**이다.
- [조건 ②]에서 약제충전량은 **50kg**이다.
- [조건 ④]에서 집합관의 내용적 88L는 모든 실에 적용한다. '**A실에 대한 할론집합관**'이라고 해서 A실에만 적용하는 게 아니다. 왜냐하면 집합관이 모든 실에 연결되어 있기 때문이다. 주의하라!

(다) **C실**

$$\text{할론저장량} = [(15\times10)\text{m}^2\times3\text{m}]\times0.32\text{kg/m}^3 = 144\text{kg}$$

$$\text{배관내용적} = 28\text{L}+88\text{L} = 116\text{L}$$

$$\text{저장용기수} = \frac{\text{할론저장량}}{\text{약제충전량}} = \frac{144\text{kg}}{50\text{kg}} = 2.88 ≒ \mathbf{3병}\text{(절상)}$$

$$\text{약제체적} = 50\text{kg}\times3\text{병}\times0.625\text{L/kg} = 93.75\text{L}$$

$$\frac{\text{배관내용적}}{\text{약제체적}} = \frac{116\text{L}}{93.75\text{L}} = 1.237\text{배(1.5배 미만이므로 적합)}$$

- [조건 ⑩]에서 높이는 **3m**이다.
- [조건 ⑧]에서 개구부가 없으므로 **개구부면적** 및 **개구부가산량**은 적용하지 않아도 된다.
- [조건 ③]에서 C실의 배관내용적(V)은 **28L**이다.
- [조건 ⑦]에서 비중은 **1.6**이다.
- [조건 ②]에서 약제충전량은 **50kg**이다.
- [조건 ④]에서 집합관의 내용적 88L는 모든 실에 적용한다. '**A실에 대한 할론집합관**'이라고 해서 A실에만 적용하는 게 아니다. 왜냐하면 집합관이 모든 실에 연결되어 있기 때문이다. 주의하라!

(라) **D실**

$$\text{할론저장량} = [(10\times5)\text{m}^2\times3\text{m}]\times0.32\text{kg/m}^3 = 48\text{kg}$$

$$\text{배관내용적} = 10\text{L}+88\text{L} = 98\text{L}$$

$$\text{저장용기수} = \frac{\text{할론저장량}}{\text{약제충전량}} = \frac{48\text{kg}}{50\text{kg}} = 0.96 ≒ \mathbf{1병}\text{(절상)}$$

$$\text{약제체적} = 50\text{kg}\times1\text{병}\times0.625\text{L/kg} = 31.25\text{L}$$

$$\frac{\text{배관내용적}}{\text{약제체적}} = \frac{98\text{L}}{31.25\text{L}} = 3.136\text{배(1.5배 이상이므로 부적합)}$$

- [조건 ⑩]에서 높이는 **3m**이다.
- [조건 ⑧]에서 개구부가 없으므로 **개구부면적** 및 **개구부가산량**은 적용하지 않아도 된다.
- [조건 ③]에서 D실의 배관내용적(V)은 **10L**이다.
- [조건 ⑦]에서 비중은 **1.6**이다.
- [조건 ②]에서 약제충전량은 **50kg**이다.
- [조건 ④]에서 집합관의 내용적 88L는 모든 실에 적용한다. '**A실에 대한 할론집합관**'이라고 해서 A실에만 적용하는 게 아니다. 왜냐하면 집합관이 모든 실에 연결되어 있기 때문이다. 주의하라!

☆☆☆
문제 02

다음 그림은 어느 스프링클러설비의 Isometric Diagram이다. 이 도면과 주어진 조건에 의하여 헤드 A만을 개방하였을 때 실제 방수압과 방수량을 계산하시오. (07.7.문3)

득점	배점
	13

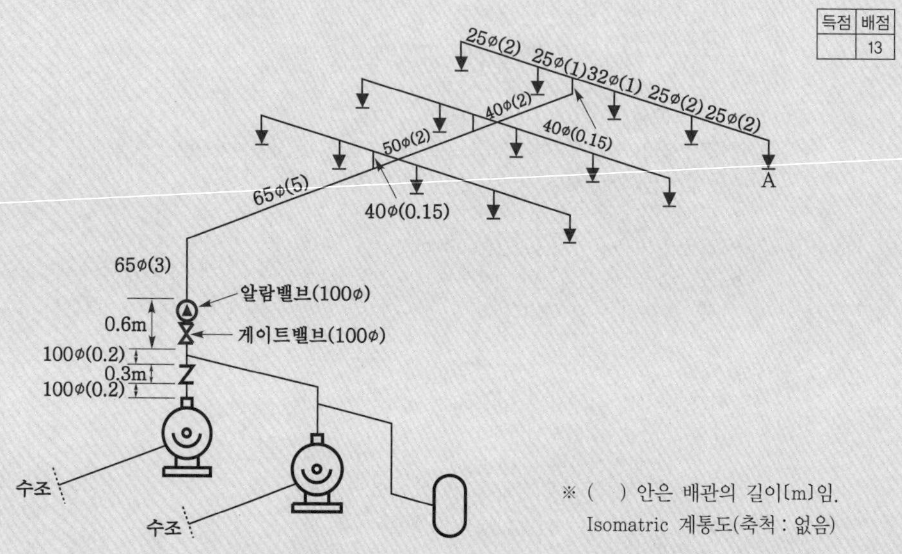

〔조건〕

① 펌프의 양정은 토출량에 관계없이 일정하다고 가정한다(펌프토출압＝0.3MPa).

② 헤드의 방출계수(K)는 90이다.

③ 배관의 마찰손실은 하젠-윌리엄스의 공식을 따르되 계산의 편의상 다음 식과 같다고 가정한다.

$$\Delta P = \frac{6 \times 10^4 \times Q^2}{120^2 \times d^5}$$

여기서, ΔP : 배관길이 1m당 마찰손실압력[MPa]

Q : 배관 내의 유수량[L/min]

d : 배관의 안지름[mm]

④ 배관의 호칭구경별 안지름은 다음과 같다.

호칭구경	25φ	32φ	40φ	50φ	65φ	80φ	100φ
내 경	28	37	43	54	69	81	107

⑤ 배관 부속 및 밸브류의 등가길이[m]는 다음 표와 같으며, 이 표에 없는 부속 또는 밸브류의 등가길이는 무시해도 좋다.

호칭구경 / 배관 부속	25mm	32mm	40mm	50mm	65mm	80mm	100mm
90° 엘보	0.8	1.1	1.3	1.6	2.0	2.4	3.2
티(측류)	1.7	2.2	2.5	3.2	4.1	4.9	6.3
게이트밸브	0.2	0.2	0.3	0.3	0.4	0.5	0.7
체크밸브	2.3	3.0	3.5	4.4	5.6	6.7	8.7
알람밸브	–	–	–	–	–	–	8.7

⑥ 배관의 마찰손실, 등가길이, 마찰손실압력은 호칭구경 25φ와 같이 구하도록 한다.

(가) 다음 표에서 빈칸을 채우시오.

호칭구경	배관의 마찰손실[MPa/m]	등가길이[m]	마찰손실압력[MPa]
25ϕ	$\Delta P = 2.421 \times 10^{-7} \times Q^2$	직관 : 2+2=4 90° 엘보 : 1개×0.8=0.8 계 : 4.8m	$1.162 \times 10^{-6} \times Q^2$
32ϕ			
40ϕ			
50ϕ			
65ϕ			
100ϕ			

(나) 배관의 총 마찰손실압력[MPa]을 구하시오.
- ○ 계산과정 :
- ○ 답 :

(다) 실층고의 환산수두[m]를 구하시오.
- ○ 계산과정 :
- ○ 답 :

(라) A점의 방수량[L/min]을 구하시오.
- ○ 계산과정 :
- ○ 답 :

(마) A점의 방수압[MPa]을 구하시오.
- ○ 계산과정 :
- ○ 답 :

해답 (가)

호칭구경	배관의 마찰손실[MPa/m]	등가길이[m]	마찰손실압력[MPa]
25ϕ	$\Delta P = 2.421 \times 10^{-7} \times Q^2$	직관 : 2+2=4 90° 엘보 : 1개×0.8=0.8 계 : 4.8m	$1.162 \times 10^{-6} \times Q^2$
32ϕ	$\Delta P = 6.008 \times 10^{-8} \times Q^2$	직관 : 1 계 : 1m	$6.008 \times 10^{-8} \times Q^2$
40ϕ	$\Delta P = 2.834 \times 10^{-8} \times Q^2$	직관 : 2+0.15=2.15 90° 엘보 : 1개×1.3=1.3 티(측류) : 1개×2.5=2.5 계 : 5.95m	$1.686 \times 10^{-7} \times Q^2$
50ϕ	$\Delta P = 9.074 \times 10^{-9} \times Q^2$	직관 : 2 계 : 2m	$1.814 \times 10^{-8} \times Q^2$
65ϕ	$\Delta P = 2.664 \times 10^{-9} \times Q^2$	직관 : 3+5=8 90° 엘보 : 1개×2.0=2.0 계 : 10m	$2.664 \times 10^{-8} \times Q^2$

100ϕ	$\Delta P = 2.970 \times 10^{-10} \times Q^2$	직관 : 0.2+0.2=0.4 체크밸브 : 1개×8.7=8.7 게이트밸브 : 1개×0.7=0.7 알람밸브 : 1개×8.7=8.7 계 : 18.5m	$5.494 \times 10^{-9} \times Q^2$

(나) ○ 계산과정 : $1.162 \times 10^{-6} \times Q^2 + 6.008 \times 10^{-8} \times Q^2 + 1.686 \times 10^{-7} \times Q^2 + 1.814 \times 10^{-8} \times Q^2 + 2.664 \times 10^{-8} \times Q^2 + 5.494 \times 10^{-9} \times Q^2 = 1.44 \times 10^{-6} \times Q^2$ 〔MPa〕

○ 답 : $1.44 \times 10^{-6} \times Q^2$ 〔MPa〕

(다) ○ 계산과정 : $0.2 + 0.3 + 0.2 + 0.6 + 3 + 0.15 = 4.45\text{m}$

○ 답 : 4.45m

(라) ○ 계산과정 : $P_3 = 0.3 - 0.045 - 1.44 \times 10^{-6} \times Q^2 = 0.255 - 1.44 \times 10^{-6} \times Q^2$

$Q = 90\sqrt{10 \times (0.255 - 1.44 \times 10^{-6} \times Q^2)} \fallingdotseq 135.8\text{L/min}$

○ 답 : 135.8L/min

(마) ○ 계산과정 : $0.255 - 1.44 \times 10^{-6} \times 135.8^2 = 0.228 \fallingdotseq 0.23\text{MPa}$

○ 답 : 0.23MPa

해설 (가) **산출근거**

① **배관**의 **마찰손실**〔MPa/m〕

〔조건 ③〕에 의해 ΔP를 산정하면 다음과 같다.

㉠ 호칭구경 25ϕ : $\Delta P = \dfrac{6 \times 10^4 \times Q^2}{120^2 \times d^5} = \dfrac{6 \times 10^4 \times Q^2}{120^2 \times 28^5} = 2.421 \times 10^{-7} \times Q^2$

㉡ 호칭구경 32ϕ : $\Delta P = \dfrac{6 \times 10^4 \times Q^2}{120^2 \times d^5} = \dfrac{6 \times 10^4 \times Q^2}{120^2 \times 37^5} = 6.008 \times 10^{-8} \times Q^2$

㉢ 호칭구경 40ϕ : $\Delta P = \dfrac{6 \times 10^4 \times Q^2}{120^2 \times d^5} = \dfrac{6 \times 10^4 \times Q^2}{120^2 \times 43^5} = 2.834 \times 10^{-8} \times Q^2$

㉣ 호칭구경 50ϕ : $\Delta P = \dfrac{6 \times 10^4 \times Q^2}{120^2 \times d^5} = \dfrac{6 \times 10^4 \times Q^2}{120^2 \times 54^5} = 9.074 \times 10^{-9} \times Q^2$

㉤ 호칭구경 65ϕ : $\Delta P = \dfrac{6 \times 10^4 \times Q^2}{120^2 \times d^5} = \dfrac{6 \times 10^4 \times Q^2}{120^2 \times 69^5} = 2.664 \times 10^{-9} \times Q^2$

㉥ 호칭구경 100ϕ : $\Delta P = \dfrac{6 \times 10^4 \times Q^2}{120^2 \times d^5} = \dfrac{6 \times 10^4 \times Q^2}{120^2 \times 107^5} = 2.970 \times 10^{-10} \times Q^2$

- 〔조건 ③〕의 식에서 배관의 안지름(d)은 호칭구경을 의미하는 것이 아니고, 내경을 의미하는 것으로 〔**조건 ④**〕에 의해 산정하는 것에 주의하라.

② **등가길이**〔m〕

호칭구경 25ϕ	4m+0.8m=4.8m

㉠ 직관 : 2+2=4m

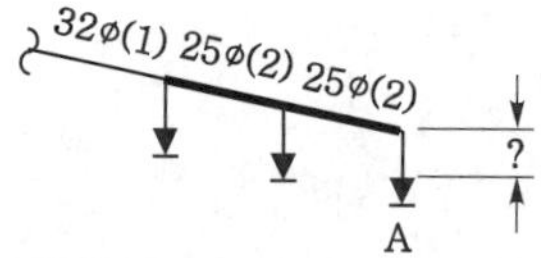

- ?부분은 주어지지 않았으므로 무시한다.

㉡ 관부속품 : 90° 엘보 1개, 1개×0.8=0.8m

90° 엘보의 사용위치를 ○로 표시하면 다음과 같다.

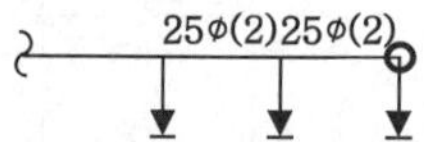

- 티(직류), 리듀셔(25×15A)는 〔조건 ⑤〕에 의해서 무시한다.

호칭구경 32ϕ

직관 : 1m

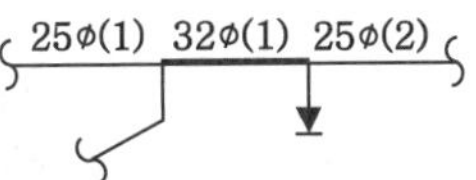

• 티(직류), 리듀셔(32×25A)는 〔조건 ⑤〕에 의해서 무시한다.

호칭구경 40ϕ 2.15m+1.3m+2.5m=5.95m

㉠ 직관 : 2+0.15=2.15m

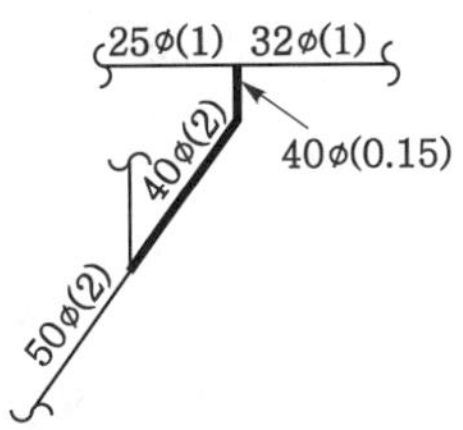

㉡ 관부속품 : 90° 엘보 1개, 티(측류) 1개, 각각의 사용위치를 90° 엘보는 ○, 티(측류)는 ┏▶ 로 표시하면 다음과 같다.

- 90° 엘보 : 1개×1.3=1.3m
- 티(측류) : 1개×2.5=2.5m

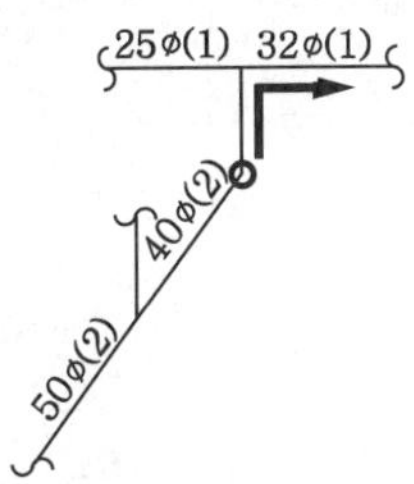

- 리듀셔(40×25A), 리듀셔(40×32A)는 〔조건 ⑤〕에 의해서 무시한다.
- 물의 흐름방향에 따라 티(분류, 측류)와 티(직류)를 다음과 같이 분류한다.

‖ 티(분류, 측류) ‖　　‖ 티(직류) ‖

호칭구경 50ϕ

직관 : 2m

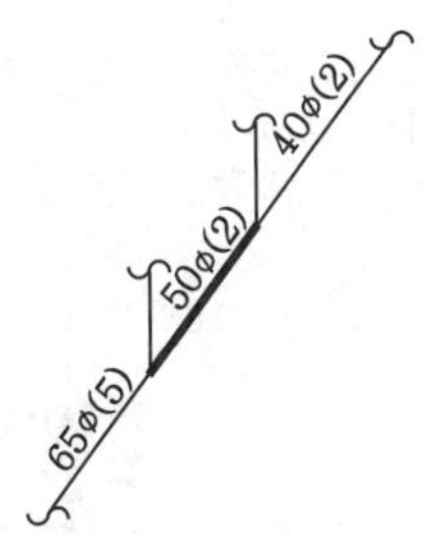

• 티(직류), 리듀셔(50×40A)는 〔조건 ⑤〕에 의해서 무시한다.

호칭구경 65ϕ 8m+2.0m=10m

㉠ 직관 : 3+5=8m

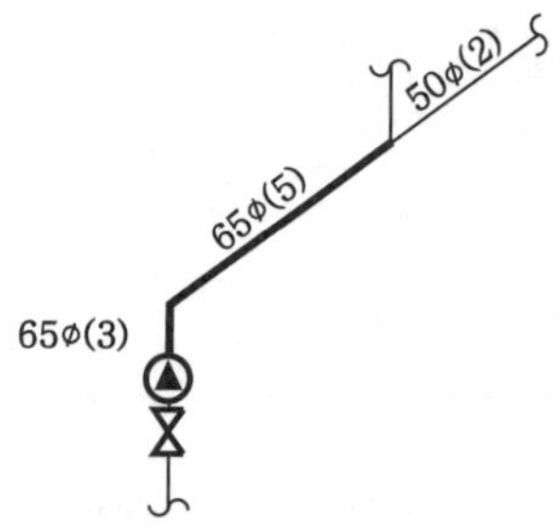

㉡ 관부속품 : 90° 엘보 1개, 1개×2.0=2.0m
90° 엘보의 사용위치를 ○로 표시하면 다음과 같다.

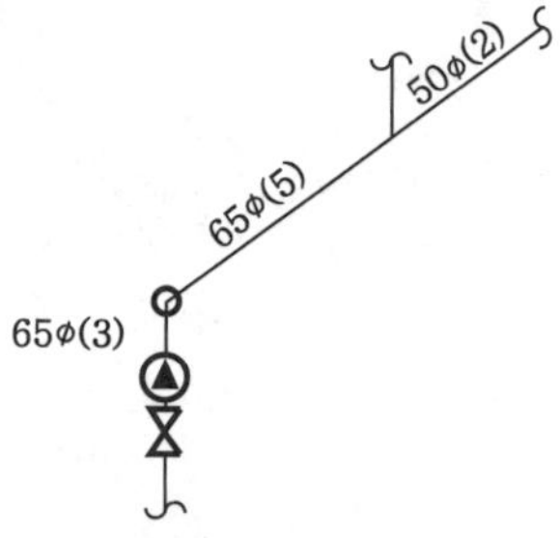

• 티(직류), 리듀셔(65×50A)는 〔조건 ⑤〕에 의해서 무시한다.

호칭구경 100φ	0.4m+8.7m+0.7m+8.7m=18.5m

㉠ 직관 : 0.2+0.2=0.4m

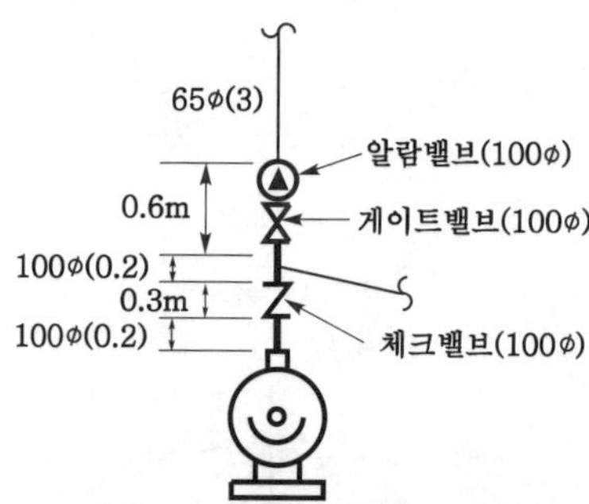

• **직관**은 순수한 배관의 길이로서 알람밸브, 게이트밸브, 체크밸브 등의 길이는 고려하지 않음에 주의하라.

㉡ 관부속품
- 체크밸브 : 1개, 1개×8.7=8.7m
- 게이트밸브 : 1개, 1개×0.7=0.7m
- 알람밸브 : 1개, 1개×8.7=8.7m

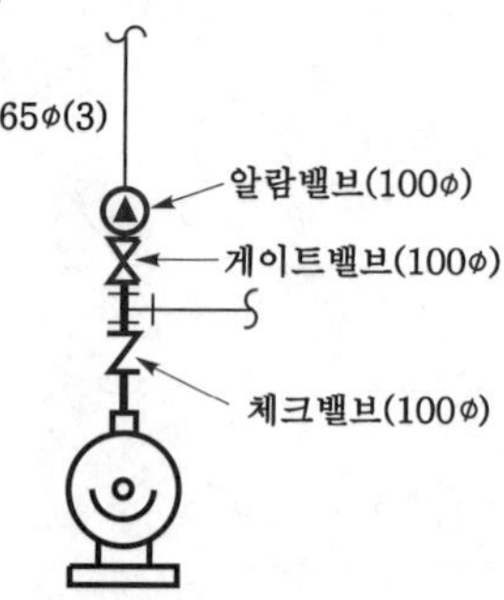

- 티(Tee)가 있지만 티(직류)로서 〔조건 ⑤〕에 티(직류) 등가길이가 없으므로 무시한다.

③ **마찰손실압력**〔MPa〕

마찰손실압력〔MPa〕=배관의 마찰손실〔MPa/m〕×등가길이〔m〕

㉠ 호칭구경 25ϕ : $\Delta P_m = (2.421 \times 10^{-7} \times Q^2) \times 4.8\text{m} = 1.162 \times 10^{-6} \times Q^2$

㉡ 호칭구경 32ϕ : $\Delta P_m = (6.008 \times 10^{-8} \times Q^2) \times 1\text{m} = 6.008 \times 10^{-8} \times Q^2$

㉢ 호칭구경 40ϕ : $\Delta P_m = (2.834 \times 10^{-8} \times Q^2) \times 5.95\text{m} = 1.686 \times 10^{-7} \times Q^2$

㉣ 호칭구경 50ϕ : $\Delta P_m = (9.074 \times 10^{-9} \times Q^2) \times 2\text{m} = 1.814 \times 10^{-8} \times Q^2$

㉤ 호칭구경 65ϕ : $\Delta P_m = (2.664 \times 10^{-9} \times Q^2) \times 10\text{m} = 2.664 \times 10^{-8} \times Q^2$

㉥ 호칭구경 100ϕ : $\Delta P_m = (2.970 \times 10^{-10} \times Q^2) \times 18.5\text{m} = 5.494 \times 10^{-9} \times Q^2$

(나) **배관**의 **총 마찰손실압력**

$= 1.162 \times 10^{-6} \times Q^2 + 6.008 \times 10^{-8} \times Q^2 + 1.686 \times 10^{-7} \times Q^2$
$+ 1.814 \times 10^{-8} \times Q^2 + 2.664 \times 10^{-8} \times Q^2 + 5.494 \times 10^{-9} \times Q^2$
$= 1.44 \times 10^{-6} \times Q^2$ 〔MPa〕

- 문제에서 헤드 A만을 개방한다고 하였으므로 헤드 A만 개방할 때에는 A점의 방수량을 포함하여 유량 Q가 모두 동일하므로 Q= 80L/min을 적용하는 것은 잘못된 계산이다. 만약, Q값을 적용하려면 (라)에서 구한 **135.8L/min**을 적용하여야 한다. 거듭 주의하라!!

(다) **실층고**의 **수두환산압력**

$= 0.2\text{m} + 0.3\text{m} + 0.2\text{m} + 0.6\text{m} + 3\text{m} + 0.15\text{m} = 4.45\text{m}$

- **실층고**는 수평배관은 고려하지 않고 **수직배관**만 고려하며, **체크밸브, 게이트밸브, 알람밸브**도 수직으로 되어 있으므로 실층고에 적용하는 것에 주의하라.

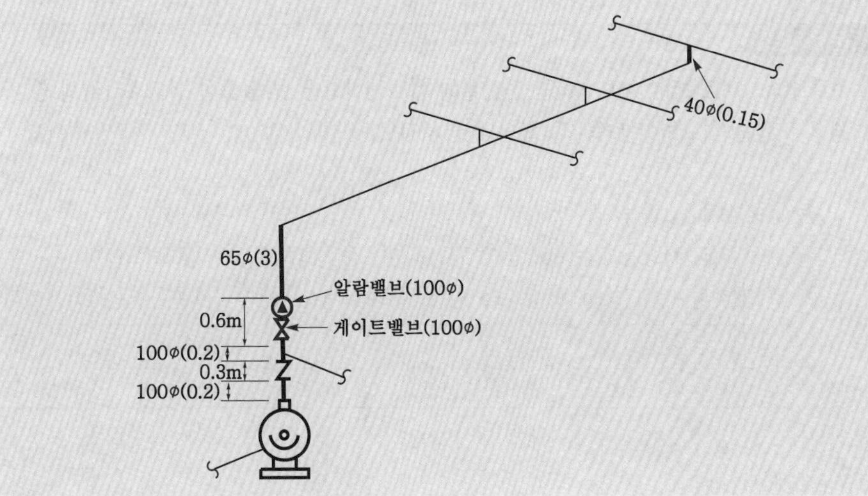

(라) **토출압**

$$P = P_1 + P_2 + P_3$$

여기서, P : 펌프의 토출압〔MPa〕
P_1 : 배관의 총 마찰손실압력〔MPa〕
P_2 : 실층고의 수두환산압력〔MPa〕
P_3 : 방수압〔MPa〕

A점의 방수압 $P_3 = P - P_2 - P_1$
$= 0.3\text{MPa} - 0.045\text{MPa} - 1.44 \times 10^{-6} \times Q^2$ 〔MPa〕
$= (0.255 - 1.44 \times 10^{-6} \times Q^2)\text{MPa}$

A점의 **방수량** Q는

$Q = K\sqrt{10P} = 90\sqrt{10\times(0.255-1.44\times10^{-6}\times Q^2)}$

$Q^2 = 90^2(2.55-1.44\times10^{-5}\times Q^2)$

$Q^2 = 90^2\times2.55-90^2\times1.44\times10^{-5}\times Q^2$

$Q^2 = 20655-0.12Q^2$

$Q^2+0.12Q^2 = 20655$

$1.12Q^2 = 20655$

$Q = \sqrt{\dfrac{20655}{1.12}} = 135.801 ≒ 135.8\text{L/min}$

(마) (라)에서 **A점**의 **방수압** P는

$P = (0.255-1.44\times10^{-6}\times Q^2)\text{MPa}$

$= (0.255-1.44\times10^{-6}\times135.8^2)\text{MPa}$

$= 0.228 ≒ 0.23\text{MPa}$

- Q(135.8L/min) : (라)에서 구한 값
- A점의 방수압은 다음과 같이 구할 수도 있다.

$Q = K\sqrt{10P}$ 에서

$10P = \left(\dfrac{Q}{K}\right)^2$

$P = \dfrac{1}{10}\times\left(\dfrac{Q}{K}\right)^2 = \dfrac{1}{10}\times\left(\dfrac{135.8\text{L/min}}{90}\right)^2 = 0.227 ≒$ **0.23MPa**

☆☆☆

문제 03

가로 10m, 세로 15m, 높이 5m인 전산실에 할로겐화합물 및 불활성기체 소화약제 중 IG-541을 사용할 경우 조건을 참고하여 다음 각 물음에 답하시오. (19.6.문9, 19.4.문8, 17.6.문1, 14.4.문2, 13.11.문13, 13.4.문2)

득점	배점
	6

〔조건〕

① IG-541의 소화농도는 25%이다.

② IG-541의 저장용기는 80L용을 적용하며, 충전압력은 19.996MPa이다.

③ 소화약제량 산정시 선형 상수를 이용하도록 하며 방사시 기준온도는 20℃이다.

소화약제	K_1	K_2
IG-541	0.65799	0.00239

(가) IG-541의 저장량은 몇 m^3인지 구하시오.

○ 계산과정 :

○ 답 :

(나) IG-541의 저장용기수는 최소 몇 병인지 구하시오.

○ 계산과정 :

○ 답 :

(다) 배관구경 산정조건에 따라 IG-541의 약제량 방사시 유량은 몇 m^3/s인지 구하시오.

○ 계산과정 :

○ 답 :

해답 (가) ○ 계산과정 : $S = 0.65799 + 0.00239 \times 20 = 0.70579\text{m}^3/\text{kg}$

$V_s = 0.65799 + 0.00239 \times 20 = 0.70579\text{m}^3/\text{kg}$

$X = 2.303\left(\frac{0.70579}{0.70579}\right) \times \log_{10}\left[\frac{100}{100-33.75}\right] \times (10 \times 15 \times 5) = 308.856 ≒ 308.86\text{m}^3$

○ 답 : 308.86m^3

(나) ○ 계산과정 : $0.08 \times \frac{19996}{101.325} = 15.787\text{m}^3$

$\frac{308.86}{15.787} = 19.5 ≒ 20$병

○ 답 : 20병

(다) ○ 계산과정 : $\frac{289.988}{120} = 2.416 ≒ 2.42\text{m}^3/\text{s}$

○ 답 : 2.42m^3/s

해설 **소화약제량(저장량)의 산정**(NFPC 107A 4·7조, NFTC 107A 2.1.1, 2.4.1)

구 분	할로겐화합물 소화약제	불활성기체 소화약제
종류	• FC-3-1-10 • HCFC BLEND A • HCFC-124 • HFC-125 • HFC-227ea • HFC-23 • HFC-236fa • FIC-13I1 • FK-5-1-12	• IG-01 • IG-100 • **IG-541** • IG-55
공식	$W = \frac{V}{S} \times \left(\frac{C}{100-C}\right)$ 여기서, W : 소화약제의 무게〔kg〕 V : 방호구역의 체적〔m^3〕 S : 소화약제별 선형 상수($K_1 + K_2 t$)〔m^3/kg〕 K_1, K_2 : 선형 상수 t : 방호구역의 최소 예상온도〔℃〕 C : 체적에 따른 소화약제의 설계농도〔%〕	$X = 2.303\left(\frac{V_s}{S}\right) \times \log_{10}\left[\frac{100}{(100-C)}\right] \times V$ 여기서, X : 소화약제의 부피〔m^3〕 V_s : 20℃에서 소화약제의 비체적 ($K_1 + K_2 \times 20℃$)〔m^3/kg〕 S : 소화약제별 선형 상수($K_1 + K_2 t$)〔m^3/kg〕 K_1, K_2 : 선형 상수 t : 방호구역의 최소 예상온도〔℃〕 C : 체적에 따른 소화약제의 설계농도〔%〕 V : 방호구역의 체적〔m^3〕

불활성기체 소화약제

(가) 소화약제별 선형 상수 S는

$S = K_1 + K_2 t = 0.65799 + 0.00239 \times 20℃ = 0.70579\text{m}^3/\text{kg}$

20℃에서 소화약제의 비체적 V_s는

$V_s = K_1 + K_2 t = 0.65799 + 0.00239 \times 20℃ = 0.70579\text{m}^3/\text{kg}$

- IG-541의 K_1=0.65799, K_2=0.00239 : 〔조건 ③〕에서 주어진 값
- t(20℃) : 〔조건 ③〕에서 주어진 값

IG-541의 저장량 X는

$$X = 2.303\left(\frac{V_s}{S}\right) \times \log_{10}\left[\frac{100}{(100-C)}\right] \times V$$

$$= 2.303\left(\frac{0.70579\text{m}^3/\text{kg}}{0.70579\text{m}^3/\text{kg}}\right) \times \log_{10}\left[\frac{100}{100-33.75}\right] \times (10 \times 15 \times 5)\text{m}^3 = 308.856 ≒ 308.86\text{m}^3$$

- IG-541 : **불활성기체 소화약제**
- 전산실 : **C급 화재**
- ABC 화재별 안전계수

화재등급	설계농도
A급(일반화재)	A급 소화농도×1.2
B급(유류화재)	B급 소화농도×1.3
C급(전기화재)	A급 소화농도×1.35

설계농도[%]=소화농도[%]×안전계수=25%×1.35=33.75%

(나) 1병당 저장량[m³]=내용적[L]× $\dfrac{\text{충전압력[kPa]}}{\text{표준대기압(101.325kPa)}}$

$$= 80\text{L} \times \frac{19.996\text{MPa}}{101.325\text{kPa}}$$

$$= 0.08\text{m}^3 \times \frac{19996\text{kPa}}{101.325\text{kPa}} = 15.787\text{m}^3$$

- 1000L=1m³이므로 80L=0.08m³
- 1MPa=1000kPa이므로 19.996MPa=19996kPa

$$\text{용기수} = \frac{\text{저장량[m}^3\text{]}}{\text{1병당 저장량[m}^3\text{]}} = \frac{308.86\text{m}^3}{15.787\text{m}^3/\text{병}} = 19.5 \fallingdotseq 20\text{병}$$

- **308.86m³** : (가)에서 구한 값
- 80L, 19.996MPa : [조건 ②]에서 주어진 값

(다) $X_{95} = 2.303\left(\dfrac{V_s}{S}\right) \times \log_{10}\left[\dfrac{100}{100-(C\times0.95)}\right] \times V$

$$= 2.303\left(\frac{0.70579\text{m}^3/\text{kg}}{0.70579\text{m}^3/\text{kg}}\right) \times \log_{10}\left[\frac{100}{100-(33.75\times0.95)}\right] \times (10\times15\times5)\text{m}^3 \fallingdotseq 289.988\text{m}^3$$

약제량 방사시 유량[m³/s]= $\dfrac{289.988\text{m}^3}{\text{10s(불활성기체 소화약제 : AC급 화재 \textbf{120s}, B급 화재 60s)}}$

$$= \frac{289.988\text{m}^3}{120\text{s}} = 2.416 \fallingdotseq 2.42\text{m}^3/\text{s}$$

- 배관의 구경은 해당 방호구역에 할로겐화합물 소화약제가 **10초**(**불활성기체 소화약제**는 **AC급 화재 120s, B급 화재 60s**) 이내에 방호구역 각 부분에 최소 설계농도의 **95% 이상** 해당하는 약제량이 방출되도록 해야 한다(NFPC 107A 10조, NFTC 107A 2.7.3). 그러므로 설계농도 33.75%에 0.95 곱함
- 바로 위 기준에 의해 **0.95**(95%) 및 **120s** 적용

☆☆☆ 문제 04

경유를 저장하는 위험물 옥외저장탱크의 높이가 7m, 직경 10m인 콘루프탱크(Cone roof tank)에 Ⅱ형 포방출구 및 옥외보조포소화전 2개가 설치되었다. 조건을 참고하여 다음 각 물음에 답하시오.

(17.11.문14, 15.11.문3, 12.7.문4, 03.7.문9, 01.4.문11)

득점	배점
	10

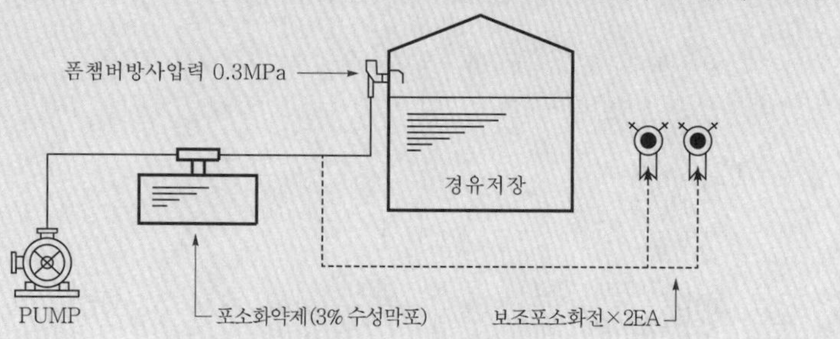

〔조건〕

① 배관의 낙차수두와 마찰손실수두는 55m
② 폼챔버압력수두로 양정계산(그림 참조, 보조포소화전 압력수두는 무시)
③ 펌프의 효율은 65%(전동기와 펌프 직결), $K=1.1$
④ 배관의 송액량은 제외
⑤ 고정포방출구의 방출량 및 방사시간

포방출구의 종류, 방출량 및 방사시간 / 위험물의 종류	Ⅰ형		Ⅱ형		특 형	
	방출량 〔L/m²분〕	방사시간 〔분〕	방출량 〔L/m²분〕	방사시간 〔분〕	방출량 〔L/m²분〕	방사시간 〔분〕
제4류 위험물(수용성의 것을 제외) 중 인화점이 섭씨 21도 미만의 것	4	30	4	55	12	30
제4류 위험물(수용성의 것을 제외) 중 인화점이 섭씨 21도 이상 70도 미만의 것	4	20	4	30	12	20
제4류 위험물(수용성의 것을 제외) 중 인화점이 섭씨 70도 이상의 것	4	15	4	25	12	15
제4류 위험물 중 수용성의 것	8	20	8	30	−	−

(개) 포소화약제량〔L〕을 구하시오.
○ 계산과정 :
○ 답 :

① 고정포방출구의 포소화약제량(Q_1) (단, 수성막포 3%이다.)
○ 계산과정 :
○ 답 :

② 옥외보조포소화전 약제량(Q_2) (단, 수성막포 3%이다.)
○ 계산과정 :
○ 답 :

(내) 펌프동력〔kW〕을 계산하시오.
○ 계산과정 :
○ 답 :

해답 (개) ○ 계산과정 : $282.74+720=1002.74\text{L}$
○ 답 : 1002.74L

① ○ 계산과정 : $\dfrac{\pi\times10^2}{4}\times4\times30\times0.03=282.744 \fallingdotseq 282.74\text{L}$
○ 답 : 282.74L

② ○ 계산과정 : $3\times0.03\times8000=720\text{L}$
○ 답 : 720L

(내) ○ 계산과정 : $H=30+55=85\text{m}$

$$Q_1=\frac{\pi\times10^2}{4}\times4\times1 \fallingdotseq 314.159\text{L/min}$$

$$Q_2=3\times1\times\frac{8000}{20}=1200\text{L/min}$$

$Q = 314.159 + 1200 = 1514.159\text{L/min} = 1.514159\text{m}^3/\text{min}$

$P = \dfrac{0.163 \times 1.514159 \times 85}{0.65} \times 1.1 = 35.502 ≒ 35.5\text{kW}$

○답 : 35.5kW

해설 (가) 포소화약제량=고정포방출구의 소화약제량(Q_1)+보조포소화전의 소화약제량(Q_2)= 282.74L + 720L = 1002.74L

① Ⅱ형 **포방출구**의 **소화약제**의 **양** Q_1 는

$Q_1 = A \times Q \times T \times S = \dfrac{\pi \times (10\text{m})^2}{4} \times 4\text{L/m}^2\text{분} \times 30\text{min} \times 0.03 = 282.744 ≒ 282.74\text{L}$

- 경유는 제4류 위험물로서 인화점이 **35℃**이며, 포방출구는 Ⅱ형이므로 표에서 방출률 Q_1 = **4L/m²분**, 방사시간 T = **30min**이다.
- 그림에서 포는 **3%**형을 사용하므로 소화약제의 농도 S = **0.03**이다.

위험물의 종류 \ 포방출구의 종류, 방출량 및 방사시간	Ⅰ형		Ⅱ형		Ⅲ형	
	방출량 〔L/m²분〕	방사시간 〔분〕	방출량 〔L/m²분〕	방사시간 〔분〕	방출량 〔L/m²분〕	방사시간 〔분〕
제4류 위험물(수용성의 것을 제외) 중 인화점이 섭씨 21도 미만의 것	4	30	4	55	12	30
제4류 위험물(수용성의 것을 제외) 중 인화점이 섭씨 21도 이상 70도 미만의 것	4	20	4	30	12	20
제4류 위험물(수용성의 것을 제외) 중 인화점이 섭씨 70도 이상의 것	4	15	4	25	12	15
제4류 위험물 중 수용성의 것	8	20	8	30	–	–

② **보조포소화전**에 필요한 **소화약제**의 **양** Q_2는

$Q_2 = N \times S \times 8000 = 3 \times 0.03 \times 8000 = 720\text{L}$

- 원칙적으로 배관보정량도 적용하여야 하지만 〔조건 ④〕에서 제외하라고 하였으므로 **배관보정량**은 **생략**한다.
- 탱크의 높이는 이 문제에서 고려하지 않아도 된다.
- 문제에서 보조포소화전이 2개이지만 그림에서 **쌍구형**이므로 호스접결구수는 **4개**이지만 최대 **3개**까지 적용하므로 N=**3**이다.

‖쌍구형‖

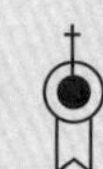

‖단구형‖

참고

포소화약제의 저장량

(1) **고정포방출구방식**

고정포방출구	보조포소화전(옥외보조포소화전)	배관보정량
$Q = A \times Q_1 \times T \times S$ 여기서, Q : 포소화약제의 양〔L〕 A : 탱크의 액표면적〔m²〕 Q_1 : 단위 포소화수용액의 양〔L/m²분〕 T : 방출시간(방사시간)〔분〕 S : 포소화약제의 사용농도	$Q = N \times S \times 8000$ 여기서, Q : 포소화약제의 양〔L〕 N : 호스접결구수(**최대 3개**) S : 포소화약제의 사용농도	$Q = A \times L \times S \times 1000\text{L/m}^3$ (내경 75mm 초과시에만 적용) 여기서, Q : 배관보정량〔L〕 A : 배관단면적〔m²〕 L : 배관길이〔m〕 S : 포소화약제의 사용농도

(2) **옥내포소화전방식** 또는 **호스릴방식**

$Q = N \times S \times 6000$(바닥면적 200m² 미만은 75%)

여기서, Q : 포소화약제의 양[L]
N : 호스접결구수(**최대 5개**)
S : 포소화약제의 사용농도

(나) ① 펌프의 양정

$$H = h_1 + h_2 + h_3 + h_4$$

여기서, H : 펌프의 양정[m]
h_1 : 방출구의 설계압력 환산수두 또는 노즐선단의 방사압력 환산수두[m]
h_2 : 배관의 마찰손실수두[m]
h_3 : 소방호스의 마찰손실수두[m]
h_4 : 낙차[m]

$H = h_1 + h_2 + h_3 + h_4 = 30\text{m} + 55\text{m} = 85\text{m}$

- h_1 : 1MPa=100m이므로 그림에서 0.3MPa=30m
- $h_2 + h_4$(55m) : [조건 ①]에서 주어진 값
- h_3 : 주어지지 않았으므로 무시

② 펌프의 유량

㉠ **고정포방출구 유량**

$$Q_1 = AQS$$

여기서, Q_1 : 고정포방출구 유량[L/min]
A : 탱크의 액표면적[m²]
Q : 단위 포소화수용액의 양[L/m²분]
S : 포수용액 농도($S=1$)

고정포방출구 유량 $Q_1 = AQS = \dfrac{\pi \times (10\text{m})^2}{4} \times 4\text{L/m}^2\text{분} \times 1 ≒ 314.159\text{L/min}$

- 펌프동력을 구할 때는 포수용액을 기준으로 하므로 $S=1$
- 유량의 단위가 **L/min**이므로 $Q_1 = AQTS$에서 방사시간 T를 제외한 $Q_1 = AQS$식 적용

㉡ **보조포소화전 유량**

$$Q_2 = N \times S \times \frac{8000}{20\text{min}}$$

여기서, Q_2 : 보조포소화전 유량[L/min]
N : 호스접결구수(**최대 3개**)
S : 포수용액 농도($S=1$)

보조포소화전 유량 $Q_2 = N \times S \times \dfrac{8000}{20\text{min}} = 3 \times 1 \times \dfrac{8000}{20\text{min}} = 1200\text{L/min}$

- 펌프동력을 구할 때는 포수용액을 기준으로 하므로 $S=1$
- 유량의 단위가 **L/min**이고, 보조포소화전의 방사시간은 화재안전기준(NFTC 105 2.5.2.1.2)에 의해 **20min**이므로 $Q_2 = N \times S \times \dfrac{8000}{20\text{min}}$식 적용. [조건 ⑤]에 있는 고정포방출구 방사시간인 30분이 아님을 기억할 것

유량 $Q = Q_1 + Q_2 = 314.159\text{L/min} + 1200\text{L/min} = 1514.159\text{L/min} = 1.514159\text{m}^3/\text{min}$

③ 펌프동력

$$P = \frac{0.163QH}{\eta}K$$

여기서, P : 전동력〔kW〕

Q : 유량〔m^3/min〕

H : 전양정〔m〕

K : 전달계수

η : 효율

펌프동력 $P = \frac{0.163QH}{\eta}K = \frac{0.163 \times 1.514159\text{m}^3/\text{min} \times 85\text{m}}{0.65} \times 1.1 = 35.502 ≒ 35.5\text{kW}$

- Q(1.514159m^3/min) : 바로 위에서 구한 값
- H(85m) : 바로 위에서 구한 값
- K(1.1) : 〔조건 ③〕에서 주어진 값
- η(0.65) : 〔조건 ③〕에서 65%=0.65

☆☆☆

문제 05

가로 20m, 세로 10m의 특수가연물을 저장하는 창고에 포소화설비를 설치하고자 한다. 주어진 조건을 참고하여 다음 각 물음에 답하시오. (19.11.문2, 19.4.문7, 13.7.문11, 10.4.문5)

득점	배점
	10

〔조건〕

① 포원액은 수성막포 3%를 사용하며, 헤드는 포워터 스프링클러헤드를 설치한다.

② 펌프의 전양정은 35m이다.

③ 펌프의 효율은 65%이며, 전동기 전달계수는 1.1이다.

(가) 헤드를 정방형으로 배치할 때 포워터 스프링클러헤드의 설치개수를 구하시오.

○ 계산과정 :

○ 답 :

(나) 수원의 저수량〔m^3〕을 구하시오. (단, 포원액의 저수량은 제외한다.)

○ 계산과정 :

○ 답 :

(다) 포원액의 최소 소요량〔L〕을 구하시오.

○ 계산과정 :

○ 답 :

(라) 펌프의 토출량〔L/min〕을 구하시오.

○ 계산과정 :

○ 답 :

(마) 펌프의 최소 소요동력〔kW〕을 구하시오.

○ 계산과정 :

○ 답 :

해답 (가) ○ 계산과정 : $S = 2 \times 2.1 \times \cos 45° = 2.969\text{m}$

가로의 헤드 소요개수 $= \frac{20}{2.969} = 6.7 ≒ 7$개

세로의 헤드 소요개수 $= \frac{10}{2.969} = 3.3 ≒ 4$개

필요한 헤드의 소요개수 $= 7 \times 4 = 28$개

○ 답 : 28개

(나) ○ 계산과정 : $28 \times 75 \times 10 \times 0.97 = 20370\text{L} = 20.37\text{m}^3$

○ 답 : 20.37m^3

(다) ○ 계산과정 : $28 \times 75 \times 10 \times 0.03 = 630\text{L}$

○ 답 : 630L

(라) ○ 계산과정 : $28 \times 75 = 2100\text{L/min}$

○ 답 : 2100L/min

(마) ○ 계산과정 : $\dfrac{0.163 \times 2.1 \times 35}{0.65} \times 1.1 = 20.274 ≒ 20.27\text{kW}$

○ 답 : 20.27kW

해설 **포헤드**(또는 포워터 스프링클러헤드)의 **개수**

(가) **정방형**의 포헤드(또는 포워터 스프링클러헤드) 상호간의 거리 S는

$S = 2R\cos 45° = 2 \times 2.1\text{m} \times \cos 45° = 2.969\text{m}$

- R : 유효반경(NFPC 105 제12조 ②항, NFTC 105 2.9.2.5)에 의해 특정소방대상물의 종류에 관계없이 무조건 **2.1m** 적용
- (가)의 문제에 의해 **정방형**으로 계산한다. '**정방형**'이라고 주어졌으므로 반드시 위의 식으로 계산해야 한다.

① **가로**의 **헤드 소요개수**

$\dfrac{\text{가로길이}}{\text{수평헤드간격}} = \dfrac{20\text{m}}{2.969\text{m}} = 6.7 ≒ 7\text{개}$

② **세로**의 **헤드 소요개수**

$\dfrac{\text{세로길이}}{\text{수평헤드간격}} = \dfrac{10\text{m}}{2.969\text{m}} = 3.3 ≒ 4\text{개}$

③ 필요한 헤드의 소요개수=가로개수×세로개수=7개×4개=28개

중요

포헤드(또는 포워터 스프링클러헤드) **상호간**의 **거리기준**(NFPC 105 12조, NFTC 105 2.9.2.5)

정방형(정사각형)	**장방형**(직사각형)
$S = 2R\cos 45°$ $L = S$ 여기서, S : 포헤드 상호간의 거리[m] R : 유효반경(**2.1m**) L : 배관간격[m]	$P_t = 2R$ 여기서, P_t : 대각선의 길이[m] R : 유효반경(**2.1m**)

비교

정방형, 장방형 등의 **배치방식**이 **주어지지 않은 경우** 다음 식으로 계산(NFPC 105 12조, NFTC 105 2.9.2)

구 분		설치개수
포워터 스프링클러헤드		$\dfrac{\text{바닥면적}}{8\text{m}^2}$
포헤드		$\dfrac{\text{바닥면적}}{9\text{m}^2}$
압축공기포소화설비	특수가연물 저장소	$\dfrac{\text{바닥면적}}{9.3\text{m}^2}$
	유류탱크 주위	$\dfrac{\text{바닥면적}}{13.9\text{m}^2}$

포워터 스프링클러헤드 개수 $= \dfrac{\text{바닥면적}}{8\text{m}^2} = \dfrac{(20 \times 10)\text{m}^2}{8\text{m}^2} = 25\text{개}$

(나) **표준방사량**(NFPC 105 6·8조, NFTC 105 2.3.5, 2.5.2.3)

구 분	표준방사량	방사시간(방출시간)
• 포워터 스프링클러헤드 ⟶	75L/min 이상	10분 (10min)
• 포헤드 • 고정포방출구 • 이동식 포노즐 • 압축공기포헤드	각 포헤드·고정포방출구 또는 이동식 포노즐의 설계압력에 의하여 방출되는 소화약제의 양	

포워터 스프링클러헤드의 **수원**의 **양**

$$Q = N \times Q_1 \times T \times S$$

여기서, Q : 수원의 양[L]

N : 포워터 스프링클러헤드의 개수

Q_1 : 표준방사량(75L/min)

T : 방사시간(10min)

S : 사용농도

수원의 **저장량(저수량)** Q는

$Q = N \times Q_1 \times T \times S = 28개 \times 75\text{L/min} \times 10\text{min} \times 0.97 = 20370\text{L} = 20.37\text{m}^3$

- **28개** : (가)에서 구한 값
- $S(0.97)$: [조건 ①]에서 **농도** S=3%이므로 수용액양(100%)=수원의 양(97%)+포원액(3%) 에서 수원의 양 $S=0.97(97\%)$이다.
- $1000\text{L} = 1\text{m}^3$이므로 $20370\text{L} = 20.37\text{m}^3$
- **수원**의 **저수량**(**포헤드**에만 적용하는 표, 포워터 스프링클러헤드에는 적용할 수 없음) 특히 주의!

특정소방대상물	포소화약제의 종류	방사량
차고 · 주차장 · 항공기격납고	수성막포	3.7L/m² · 분
	단백포	6.5L/m² · 분
	합성계면활성제포	8.0L/m² · 분
특수가연물 저장 · 취급소	수성막포, 단백포, 합성계면활성제포	6.5L/m² · 분

- **포헤드**인 경우 다음과 같이 계산함

$$Q = A \times Q_1 \times T \times S$$

여기서, Q : 수원의 양[L]

A : 탱크의 액표면적[m²]

Q_1 : 단위 포소화수용액의 양(방사량)[L/m² · 분]

T : 방출시간[분]

S : 사용농도

수원의 **저장량**(저수량) Q는

$Q = A \times Q_1 \times T \times S = (20 \times 10)\text{m}^2 \times 6.5\text{L/m}^2 \cdot 분 \times 10분 \times 0.97 = 12610\text{L} = 12.61\text{m}^3$

(다) **포원액**의 **소요량**

$Q = N \times Q_1 \times T \times S = 28개 \times 75\text{L/min} \times 10\text{min} \times 0.03 = 630\text{L}$

- $S(0.03)$: [조건 ①]에서 **농도** S=0.03(3%)
- **포헤드**인 경우 다음과 같이 계산함

$Q = A \times Q_1 \times T \times S = (20 \times 10)\text{m}^2 \times 6.5\text{L/m}^2 \cdot 분 \times 10분 \times 0.03 = 390\text{L}$

(라) **펌프**의 **토출량**

$Q = N \times Q_1 = 28개 \times 75\text{L/min} = 2100\text{L/min}$

- **포헤드**인 경우 다음과 같이 계산함

$Q = A \times Q_1 = (20 \times 10)\text{m}^2 \times 6.5\text{L/m}^2 \cdot 분 = 1300\text{L/분} = 1300\text{L/min}$

(마) **펌프**의 **동력**(소요동력)

$$P = \frac{0.163QH}{\eta} K$$

여기서, P : 펌프의 동력(소요동력)〔kW〕
Q : 펌프의 토출량〔m^3/min〕
H : 전양정〔m〕
K : 전달계수
η : 효율

펌프의 **동력**(소요동력) P는

$$P=\frac{0.163\,QH}{\eta}K=\frac{0.163\times 2100\text{L/min}\times 35\text{m}}{0.65}\times 1.1=\frac{0.163\times 2.1\text{m}^3/\text{min}\times 35\text{m}}{0.65}\times 1.1=20.274 \fallingdotseq 20.27\text{kW}$$

- Q(2100L/min) : ㈑에서 구한 값
- H(35m) : 〔조건 ②〕에서 주어진 값
- K(1.1) : 〔조건 ③〕에서 주어진 값
- η : 〔조건 ③〕에서 0.65(65%)

☆

문제 06

특별피난계단의 계단실 및 부속실 제연설비의 제연구역에 과압의 우려가 있는 경우 과압 방지를 위하여 해당 제연구역에 플랩댐퍼를 설치하고자 한다. 다음 각 물음에 답하시오.

(19.6.문12, 15.11.문14, 14.4.문12, 11.5.문1)

득점	배점
	5

㈎ 옥내에 스프링클러설비가 설치되어 있고 급기가압에 따른 17Pa의 차압이 걸려 있는 실의 문의 크기가 1m×2m일 때 문 개방에 필요한 힘〔N〕을 구하시오. (단, 자동폐쇄장치나 경첩 등을 극복할 수 있는 힘은 40N이고, 문의 손잡이는 문 가장자리에서 101mm 위치에 있다.)
　○ 계산과정 :
　○ 답 :

㈏ 플랩댐퍼의 설치 유무를 답하고 그 이유를 설명하시오. (단, 플랩댐퍼에 붙어 있는 경첩을 움직이는 힘은 40N이다.)
　○ 설치 유무 :
　○ 이유 :

해답 ㈎ ○ 계산과정 : $40+\dfrac{1\times 1\times 2\times 17}{2(1-0.101)}=58.909 \fallingdotseq 58.91\text{N}$
　○ 답 : 58.91N

㈏ ○ 설치 유무 : 설치 무
　○ 이유 : 58.91N으로 110N 이하이므로

해설 ㈎ ① 기호

- F_{dc} : 40N

② **문 개방**에 필요한 **전체 힘**

$$F=F_{dc}+F_P,\ F_P=\frac{K_d WA\Delta P}{2(W-d)},\ F=F_{dc}+\frac{K_d WA\Delta P}{2(W-d)}$$

여기서, F : 문 개방에 필요한 전체 힘(제연설비가 가동되었을 때 출입문 개방에 필요한 힘)〔N〕
F_{dc} : 자동폐쇄장치나 경첩 등을 극복할 수 있는 힘〔N〕
F_P : 차압에 의해 문에 미치는 힘〔N〕
K_d : 상수(SI 단위 : 1)

W : 문의 폭〔m〕
A : 문의 면적〔m^2〕
ΔP : 차압〔Pa〕
d : 문 손잡이에서 문의 가장자리까지의 거리〔m〕

문 개방에 필요한 전체 **힘** F는

$$F = F_{dc} + \frac{K_d WA\Delta P}{2(W-d)}$$

$$= 40\text{N} + \frac{1\times 1\text{m}\times(1\times 2)\text{m}^2\times 17\text{Pa}}{2(1\text{m}-101\text{mm})}$$

$$= 40\text{N} + \frac{1\times 1\text{m}\times 2\text{m}^2\times 17\text{Pa}}{2(1\text{m}-0.101\text{m})}$$

$$= 58.909 \fallingdotseq 58.91\text{N}$$

- $K_d = 1$(m, m², N이 SI 단위이므로 '1'을 적용한다. ft, ft², lb 단위를 사용하였다면 $K_d = 5.2$이다.)
- F_{dc} : '**도어체크의 저항력**'이라고도 부른다.
- d : 문제에서 $101\text{mm} = 0.101\text{m}(1000\text{mm} = 1\text{m})$
- 17Pa : ㈎에서 주어진 값. 이 문제에서는 차압이 주어졌으므로 화재안전기준과 관계없이 17Pa을 적용하면 된다. 문제에서 주어지지 않았다면 화재안전기준에서 정하는 최소 차압(스프링클러설비가 설치되어 있지 않으면 **NFPC 501A 제6조**, **NFTC 501A 2.3.1**에 의해 **40Pa**을 적용한다. 스프링클러설비가 설치되어 있다면 **12.5Pa** 적용)

㈏ **특별피난계단**의 **계단실** 및 **부속실 제연설비**(NFPC 501A 6조, NFTC 501A 2.3)

① 제연구역과 옥내 사이에 유지하여야 하는 최소 차압은 **40Pa**(옥내에 **스프링클러설비**가 설치된 경우에는 **12.5Pa**) **이상**으로 할 것
② 제연설비가 가동되었을 경우 출입문의 개방에 필요한 힘은 **110N 이하**로 할 것

∴ 위의 기준에 따라 ㈎에서 문 개방에 필요한 전체 힘은 58.91N으로서 제연설비가 가동되었을 때 출입문의 개방에 필요한 힘은 110N 이하이면 되므로 별도의 플랩댐퍼는 설치하지 않아도 된다. 플랩댐퍼는 문 개방에 필요한 전체 힘이 110N을 초과할 때 설치한다.

용어

플랩댐퍼
과압에 의하여 날개를 자동으로 개방하는 구조의 과압배출장치

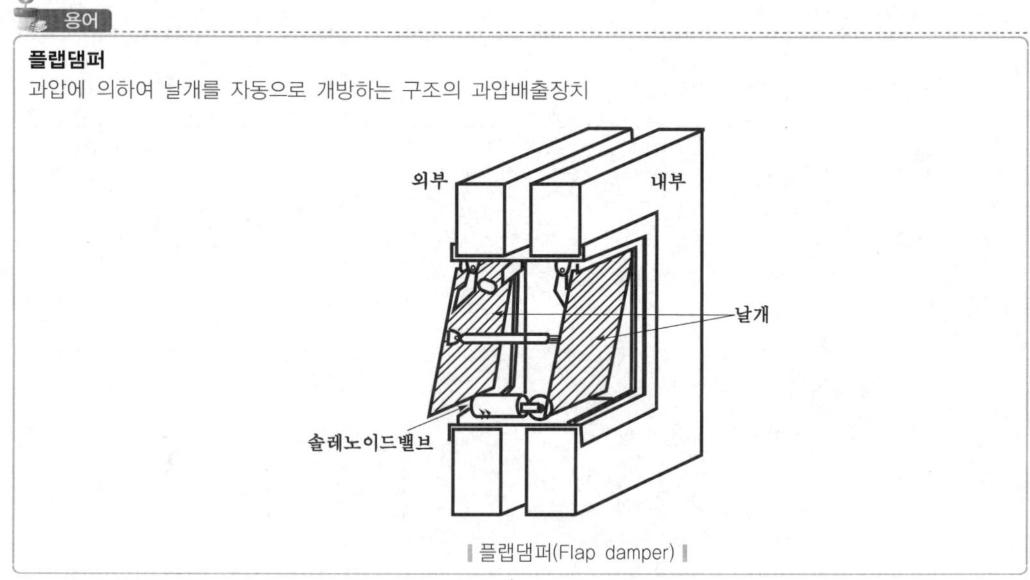

∥ 플랩댐퍼(Flap damper) ∥

☆☆☆

문제 07

11층의 연면적 15000m^2 업무용 건축물에 옥내소화전설비를 국가화재안전기준에 따라 설치하려고 한다. 다음 조건을 참고하여 각 물음에 답하시오. (19.6.문2 · 4, 15.11.문1, 13.4.문9, 07.7.문2)

득점	배점
	12

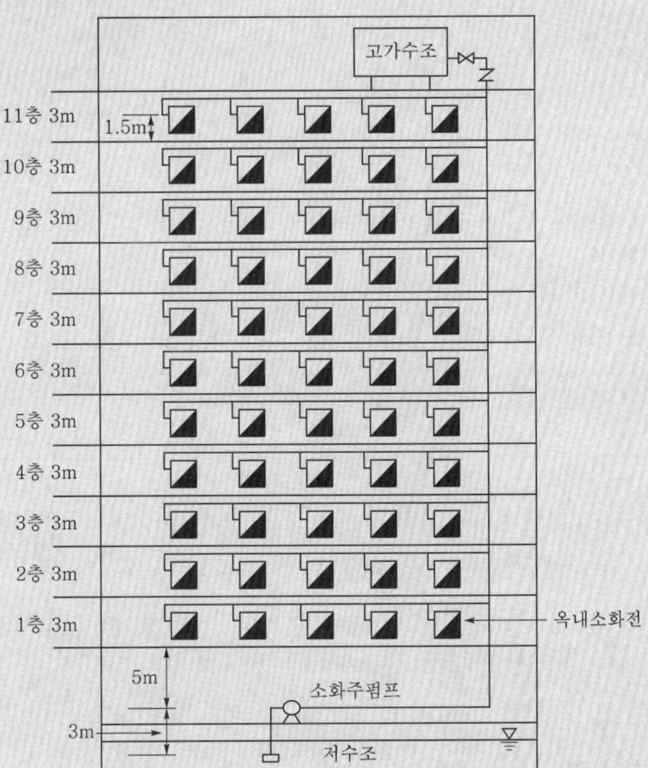

[조건]

① 펌프의 풋밸브로부터 11층 옥내소화전함 호스접결구까지의 마찰손실수두는 실양정의 25%로 한다.

② 펌프의 효율은 68%이다.

③ 펌프의 전달계수 K값은 1.1로 한다.

④ 각 층당 소화전은 5개씩이다.

⑤ 소방호스의 마찰손실수두는 7.8m이다.

(가) 펌프의 최소 유량[L/min]을 구하시오.

○ 계산과정 :

○ 답 :

(나) 수원의 최소 유효저수량[m^3]을 구하시오.

○ 계산과정 :

○ 답 :

(다) 옥상에 설치할 고가수조의 용량[m^3]을 구하시오.

○ 계산과정 :

○ 답 :

(라) 펌프의 총 양정[m]을 구하시오.
○ 계산과정 :
○ 답 :

(마) 펌프의 축동력[kW]을 구하시오.
○ 계산과정 :
○ 답 :

(바) 펌프의 모터동력[kW]을 구하시오.
○ 계산과정 :
○ 답 :

(사) 소방호스 노즐에서 방수압 측정방법시 측정기구 및 측정방법을 쓰시오.
○ 측정기구 :
○ 측정방법 :

(아) 소방호스 노즐의 방수압력이 0.7MPa 초과시 감압방법 2가지를 쓰시오.
○
○

해답 (가) ○ 계산과정 : $2 \times 130 = 260\text{L/min}$
○ 답 : 260L/min

(나) ○ 계산과정 : $2.6 \times 2 = 5.2\text{m}^3$
$$2.6 \times 2 \times \frac{1}{3} = 1.733\text{m}^3$$
$$5.2 + 1.733 = 6.933 ≒ 6.93\text{m}^3$$
○ 답 : 6.93m^3

(다) ○ 계산과정 : $2.6 \times 2 \times \frac{1}{3} = 1.733 ≒ 1.73\text{m}^3$
○ 답 : 1.73m^3

(라) ○ 계산과정 : $h_1 = 7.8\text{m}$
$$h_2 = 39.5 \times 0.25 = 9.875\text{m}$$
$$h_3 = 3 + 5 + (3 \times 10) + 1.5 = 39.5\text{m}$$
$$H = 7.8 + 9.875 + 39.5 + 17 = 74.175 ≒ 74.18\text{m}$$
○ 답 : 74.18m

(마) ○ 계산과정 : $P = \frac{0.163 \times 0.26 \times 74.18}{0.68} = 4.623 ≒ 4.62\text{kW}$
○ 답 : 4.62kW

(바) ○ 계산과정 : $\frac{0.163 \times 0.26 \times 74.18}{0.68} \times 1.1 = 5.085 ≒ 5.09\text{kW}$
○ 답 : 5.09kW

(사) ○ 측정기구 : 피토게이지
○ 측정방법 : 노즐선단에 노즐구경의 $\frac{1}{2}$ 떨어진 지점에서 노즐선단과 수평 되게 피토게이지를 설치하여 눈금을 읽는다.

(아) ① 고가수조에 따른 방법
② 배관계통에 따른 방법

해설 (가) **유량**(토출량)

$$Q = N \times 130\text{L/min}$$

여기서, Q : 유량(토출량)〔L/min〕

N : 가장 많은 층의 소화전개수(30층 미만 : 최대 2개, 30층 이상 : 최대 5개)

펌프의 **최소 유량** Q는

$Q = N\times 130\text{L/min} = 2\times 130\text{L/min} = 260\text{L/min}$

- 〔조건 ④〕에서 소화전개수 N=**2**이다.

(나) **저수조**의 **저수량**

$Q = 2.6N$(30층 미만, N : 최대 2개)
$Q = 5.2N$(30~49층 이하, N : 최대 5개)
$Q = 7.8N$(50층 이상, N : 최대 5개)

여기서, Q : 저수조의 저수량〔m^3〕

N : 가장 많은 층의 소화전개수

저수조의 **저수량** Q는

$Q = 2.6N = 2.6\times 2 = 5.2\text{m}^3$

- 〔조건 ④〕에서 소화전개수 N=**2**이다.
- 문제에서 **11층**이므로 **30층 미만**의 식 적용

옥상수원의 **저수량**

$$Q' = 2.6N\times\frac{1}{3}\text{(30층 미만, } N\text{ : 최대 2개)}$$
$$Q' = 5.2N\times\frac{1}{3}\text{(30~49층 이하, } N\text{ : 최대 5개)}$$
$$Q' = 7.8N\times\frac{1}{3}\text{(50층 이상, } N\text{ : 최대 5개)}$$

여기서, Q' : 옥상수원의 저수량〔m^3〕

N : 가장 많은 층의 소화전개수

옥상수원의 저수량 $Q' = 2.6N\times\frac{1}{3} = 2.6\times 2\times\frac{1}{3} = 1.733\text{m}^3$

- 〔조건 ④〕에서 소화전개수 N=**2**이다.
- 문제에서 **11층**이므로 **30층 미만**의 식 적용

∴ **수원의 최소 유효저수량**=저수조의 저수량+옥상수원의 저수량=$5.2\text{m}^3+1.733\text{m}^3=6.933 \fallingdotseq 6.93\text{m}^3$

(다) **옥상수원의 저수량**(옥상에 설치할 고가수조의 용량)

$Q' = 2.6N\times\frac{1}{3} = 2.6\times 2\times\frac{1}{3} = 1.733 \fallingdotseq 1.73\text{m}^3$

(라) **전양정**

$$H = h_1 + h_2 + h_3 + 17$$

여기서, H : 전양정〔m〕

h_1 : 소방호스의 마찰손실수두〔m〕

h_2 : 배관 및 관부속품의 마찰손실수두〔m〕

h_3 : 실양정(흡입양정+토출양정)〔m〕

$h_1 = 7.8\text{m}$(〔조건 ⑤〕에 의해)

$h_2 = 39.5\text{m}\times 0.25 = 9.875\text{m}$(〔조건 ①〕에 의해 실양정($h_3$)의 **25%** 적용)

$h_3 = 3\text{m} + 5\text{m} + (3\times 10)\text{m} + 1.5\text{m} = 39.5\text{m}$

- **실양정**(h_3) : 옥내소화전펌프의 풋밸브~최상층 옥내소화전의 앵글밸브까지의 수직거리

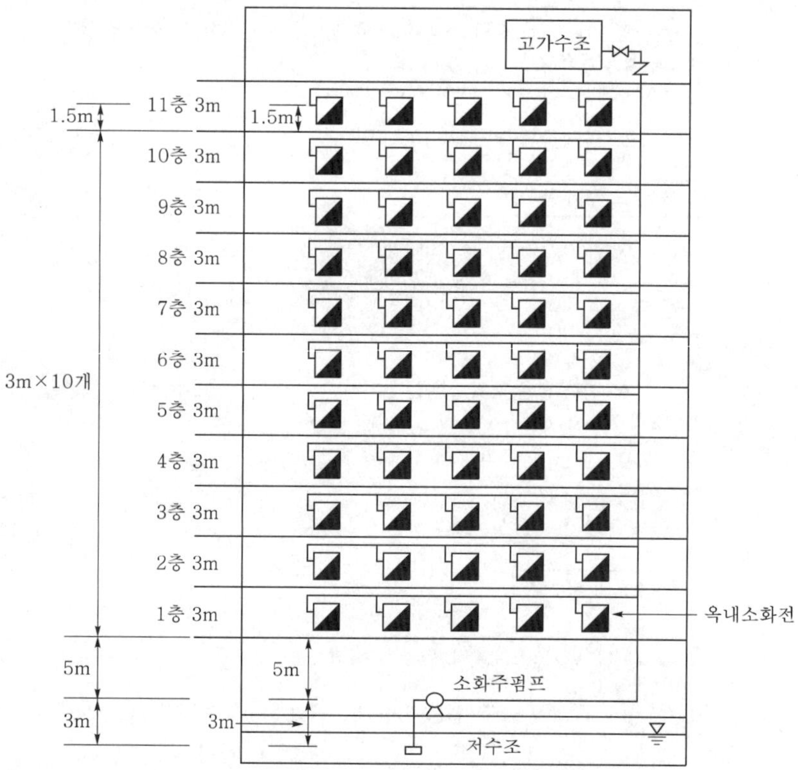

펌프의 **전양정** H는

$H = h_1 + h_2 + h_3 + 17 = 7.8\text{m} + 9.875\text{m} + 39.5\text{m} + 17 = 74.175 \fallingdotseq 74.18\text{m}$

(마) **축동력**

$$P = \frac{0.163QH}{\eta}$$

여기서, P : 축동력[kW]
Q : 유량[m^3/min]
H : 전양정[m]
η : 효율

펌프의 **축동력** P는

$$P = \frac{0.163QH}{\eta} = \frac{0.163 \times 260\text{L/min} \times 74.18\text{m}}{0.68} = \frac{0.163 \times 0.26\text{m}^3/\text{min} \times 74.18\text{m}}{0.68} = 4.623 \fallingdotseq 4.62\text{kW}$$

- Q(**260L/min**) : (개)에서 구한 값
- H(**74.18m**) : (라)에서 구한 값
- η(68%) : [조건 ②]에서 주어진 값(68%=**0.68**)

(바) **모터동력**(전동력)

$$P = \frac{0.163QH}{\eta}K$$

여기서, P : 전동력[kW]
Q : 유량[m^3/min]
H : 전양정[m]
K : 전달계수
η : 효율

펌프의 **모터동력**(전동력) P는

$$P = \frac{0.163QH}{\eta}K = \frac{0.163 \times 260\text{L/min} \times 74.18\text{m}}{0.68} \times 1.1$$

$$= \frac{0.163 \times 0.26\text{m}^3\text{/min} \times 74.18\text{m}}{0.68} \times 1.1 = 5.085 ≒ 5.09\text{kW}$$

- Q(**260L/min**) : (가)에서 구한 값
- H(**74.18m**) : (라)에서 구한 값
- η(68%) : [조건 ②]에서 주어진 값(68%=**0.68**)
- K(**1.1**) : [조건 ③]에서 주어진 값

(사) **방수압 측정기구 및 측정방법**

① **측정기구** : 피토게이지

② **측정방법** : 노즐선단에 노즐구경(D)의 $\frac{1}{2}$ 떨어진 지점에서 노즐선단과 수평 되게 피토게이지(Pitot gauge)를 설치하여 눈금을 읽는다.

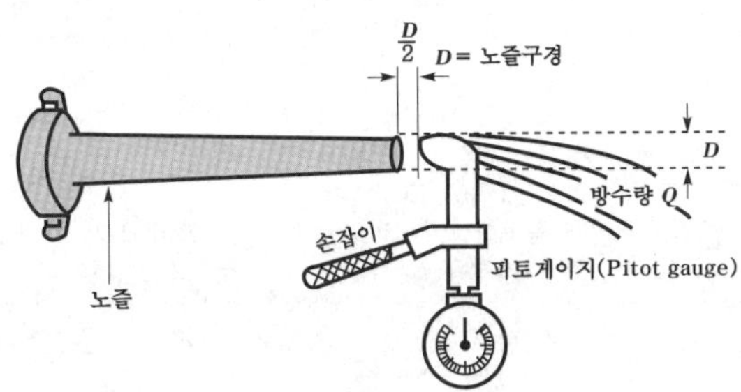

‖ 방수압 측정 ‖

비교

방수량 측정기구 및 **측정방법**

(1) **측정기구** : 피토게이지

(2) **측정방법** : 노즐선단에 노즐구경(D)의 $\frac{1}{2}$ 떨어진 지점에서 노즐선단과 수평 되게 피토게이지를 설치하여 눈금을 읽은 후 $Q = 0.653D^2\sqrt{10P}$ 공식에 대입한다.

$$Q = 0.653D^2\sqrt{10P} = 0.6597CD^2\sqrt{10P}$$

여기서, Q : 방수량[L/min]
C : 노즐의 흐름계수(유량계수)
D : 구경[mm]
P : 방수압[MPa]

(아) **감압장치**의 **종류**

감압방법	설 명
고가수조에 따른 방법	**고가수조**를 저층용과 고층용으로 구분하여 설치하는 방법
배관계통에 따른 방법	**펌프**를 저층용과 고층용으로 구분하여 설치하는 방법
중계펌프를 설치하는 방법	**중계펌프**를 설치하여 방수압을 낮추는 방법
감압밸브 또는 오리피스를 설치하는 방법	방수구에 **감압밸브** 또는 **오리피스**를 설치하여 방수압을 낮추는 방법
감압기능이 있는 소화전 개폐밸브를 설치하는 방법	**소화전 개폐밸브**를 **감압기능**이 있는 것으로 설치하여 방수압을 낮추는 방법

☆☆☆

문제 08

소화설비의 급수배관에 사용하는 개폐표시형 밸브 중 버터플라이밸브(볼형식이 아닌 구조) 외의 밸브를 꼭 사용하여야 하는 배관의 이름과 그 이유를 한 가지만 쓰시오.

(17.4.문2, 12.4.문2, 09.10.문10, 05.10.문6, 01.4.문1, 98.4.문1)

○ 배관 :
○ 이유 :

득점	배점
	5

해답 ○ 배관의 이름 : 흡입측 배관
○ 이유 : 유효흡입양정이 감소되어 공동현상이 발생할 우려가 있기 때문

해설 펌프의 흡입측 배관에는 버터플라이밸브(Butterfly valve) 이외의 **개폐표시형 밸브**를 설치하여야 한다.

- 사실 이 문제는 조금 잘못되었다. 펌프의 흡입측 배관에는 볼형식이든지, 볼형식이 아니든지 버터플라이밸브 외의 밸브를 사용하여야 한다. **'버터플라이밸브(볼형식이 아닌 구조)의 밸브'** 이것은 예전 법규정이다.

중요

펌프흡입측에 버터플라이밸브를 제한하는 이유

(1) 물의 **유체저항**이 매우 커서 원활한 흡입이 되지 않는다.
(2) 유효흡입양정(NPSH)이 감소되어 **공동현상**(Cavitation)이 발생할 우려가 있다.
(3) 개폐가 순간적으로 이루어지므로 **수격작용**(Water hammering)이 발생할 우려가 있다.

용어

버터플라이밸브(Butterfly valve)

(1) 대형 밸브로서 유체의 흐름방향을 180°로 변환시킨다.
(2) 주관로상에 사용되며 개폐가 순간적으로 이루어진다.

‖ 버터플라이밸브 ‖

☆

문제 09

이산화탄소 소화설비 수동식 기동장치의 종합점검 항목 4가지를 쓰시오. (18.4.문4, 15.11.문2)

○
○
○
○

득점	배점
	5

해답 ① 기동장치 부근에 비상스위치 설치 여부
② 방호구역별 또는 방호대상별 기동장치 설치 여부
③ 기동장치 설치 적정(출입구 부근 등, 높이, 보호장치, 표지, 전원표시등) 여부
④ 방출용 스위치 음향경보장치 연동 여부

해설 **이산화탄소 소화설비 기동장치의 종합점검**

자동식 기동장치(자동식 기동장치가 설치된 것)	수동식 기동장치
① 감지기 작동과의 연동 및 수동기동 가능 여부 ② 저장용기 수량에 따른 전자개방밸브 수량 적정 여부(전기식 기동장치의 경우) ③ 기동용 가스용기의 용적, 충전압력 적정 여부(가스압력식 기동장치의 경우) ④ 기동용 가스용기의 안전장치, 압력게이지 설치 여부(가스압력식 기동장치의 경우) ⑤ 저장용기 개방구조 적정 여부(기계식 기동장치의 경우)	① 기동장치 부근에 **비상스위치** 설치 여부 ② **방호구역별** 또는 **방호대상별** 기동장치 설치 여부 ③ 기동장치 설치 적정(출입구 부근 등, 높이, 보호장치, 표지, 전원표시등) 여부 ④ 방출용 스위치 음향경보장치 연동 여부

비교

이산화탄소 소화설비의 자동식 기동장치(자동 · 수동절환장치) 기능의 정상 여부 점검항목

자 동	수 동
① 수신기의 **자동기동스위치** 조작으로 기동되는지 여부 ② **감지기**(교차회로방식 2개 회로)가 감지되어 기동되는지 여부 ③ **수신기**에서 **감지기회로**(교차회로방식 2개 회로)를 조작하여 기동되는지 여부	① 수동조작함에서 **기동스위치** 동작으로 기동되는지 여부 ② 솔레노이드의 **안전핀**을 삽입 후 눌러 **기동용기**를 **수동**으로 **개방**하여 기동되는지의 여부

☆☆☆

문제 10

스프링클러설비 가압송수장치의 체절운전시 수온의 상승을 방지하기 위하여 릴리프밸브를 설치하였다. 다음 주어진 도면을 참조하여 릴리프밸브의 압력설정 방법을 쓰시오. (14.11.문4, 14.7.문4, 07.7.문12)

득점	배점
	7

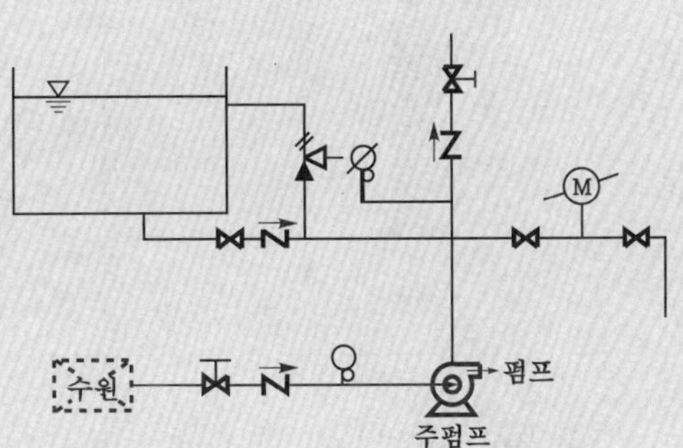

해답 ① 주펌프의 토출측 개폐표시형 밸브를 잠근다.
② 주펌프를 수동으로 기동한다.
③ 릴리프밸브의 뚜껑을 개방한다.
④ 압력조정나사를 좌우로 돌려 물이 나오는 시점을 조정한다.

해설 **릴리프밸브**의 **압력설정 방법**

(1) 주펌프의 토출측 **개폐표시형 밸브**를 잠근다.
(2) 주펌프를 **수동**으로 **기동**한다.
(3) **릴리프밸브**의 **뚜껑**을 **개방**한다.
(4) **압력조정나사**를 좌우로 돌려 물이 나오는 시점을 **조정**한다.

중요

(1) **릴리프밸브**의 **압력설정 방법**(상세한 방법)

① 제어반에서 주펌프, 충압펌프의 운전스위치를 수동으로 위치한다.
② 2차측 주밸브를 폐쇄한다.
③ 성능시험배관의 2개의 밸브를 개방한다.
④ 제어반에서 펌프동작스위치를 작동한다.
⑤ 펌프가 기동하면 성능시험배관의 첫 번째 밸브를 서서히 잠그면서 펌프토출측 압력계를 확인하여 체절압력 미만인지 확인한다.
⑥ 릴리프밸브의 위의 뚜껑을 열고 스패너 등으로 릴리브밸브를 시계 반대방향으로 돌려서 배수관으로 물이 흐르는 것을 확인한다.
⑦ 배수관으로 물이 흐르는 것을 확인하면 펌프를 정지한다.
⑧ 성능시험배관의 밸브 두 개를 잠근다.
⑨ 펌프토출측의 개폐밸브를 개방한다.
⑩ 제어반에서 충압펌프 및 주펌프의 운전스위치를 자동으로 한다.

(2) 수온상승 방지장치

구 분	설 명
릴리프밸브(Relief valve)	체절압력 미만에서 개방되고 최고 사용압력의 **125~140%**에서 작동할 것
오리피스(Orifice)	정격토출유량의 **2~3%**가 흐르도록 탭(Tap)을 조절한다.
서미스터(Thermistor)	수온이 **30℃ 이상**이 되면 순환배관에 설치된 **리모트밸브**(Remote valve)가 작동하여 물올림수조로 물을 배수한다.

(3) 릴리프밸브와 안전밸브

구 분	릴리프밸브	안전밸브
정의	**수계 소화설비**에 사용되며 조작자가 작동압력을 임의로 조정할 수 있다.	**가스계 소화설비**에 사용되며 작동압력은 제조사에서 설정되어 생산되며 조작자가 작동압력을 임의로 조정할 수 없다.
적응유체	**액체**	**기체** 기억법 **기안(기안 올리기)**
개방형태	설정 압력 초과시 **서서히 개방**	설정 압력 초과시 **순간적**으로 완전 **개방**
작동압력 조정	조작자가 작동압력 **조정 가능**	조작자가 작동압력 **조정 불가**
구조	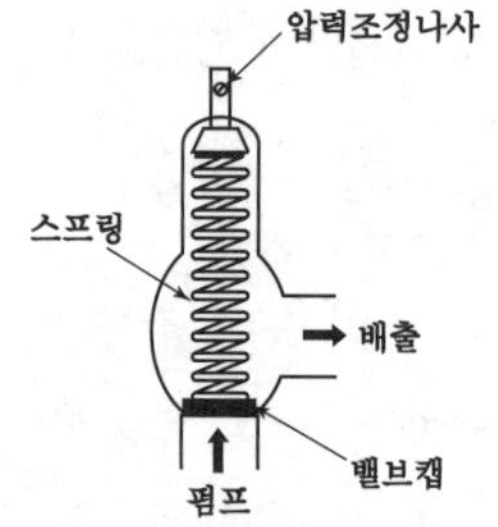 압력조정나사 스프링 배출 밸브캡 펌프	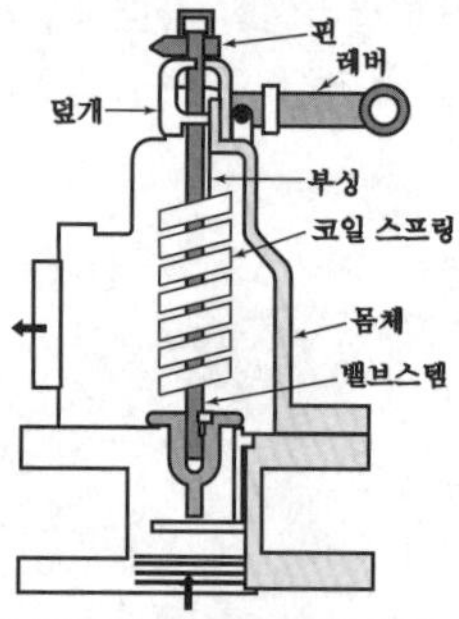 핀 레버 덮개 부싱 코일 스프링 몸체 밸브스템
설치 예	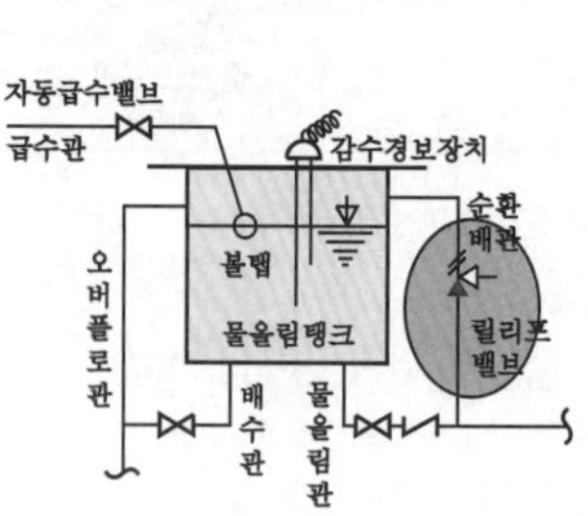 자동급수밸브 급수관 감수경보장치 순환배관 볼탭 오버플로관 물올림탱크 릴리프밸브 배수관 물올림관 ‖물올림장치 주위‖	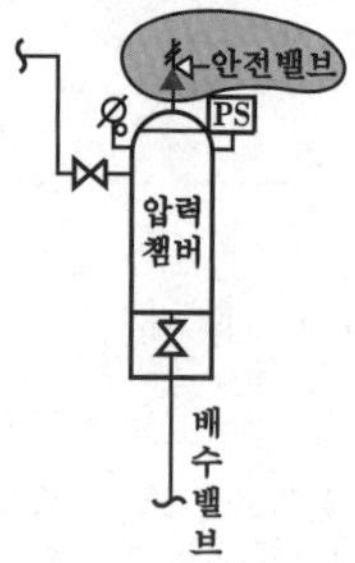 안전밸브 PS 압력챔버 배수밸브 ‖안전밸브 주위‖

☆☆☆

문제 11

그림은 어느 특정소방대상물을 방호하기 위한 옥외소화전설비의 평면도이다. 다음 각 물음에 답하시오.

득점	배점
	6

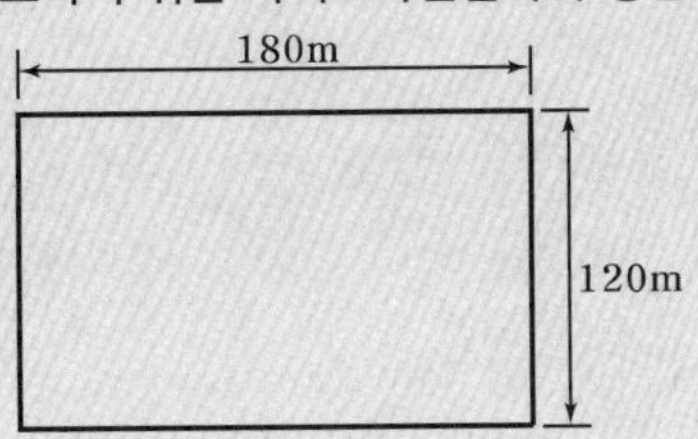

(가) 옥외소화전의 최소 설치개수를 구하시오.
- ○ 계산과정 :
- ○ 답 :

(나) 수원의 저수량[m^3]을 구하시오.
- ○ 계산과정 :
- ○ 답 :

(다) 가압송수장치의 토출량[Lpm]을 구하시오.
- ○ 계산과정 :
- ○ 답 :

해답 (가) ○ 계산과정 : $\frac{180 \times 2 + 120 \times 2}{80} = 7.5 \fallingdotseq 8$개

○ 답 : 8개

(나) ○ 계산과정 : $7 \times 2 = 14m^3$

○ 답 : $14m^3$

(다) ○ 계산과정 : $2 \times 350 = 700L/min = 700Lpm$

○ 답 : 700Lpm

해설 (가) 옥외소화전은 특정소방대상물의 **층**마다 설치하되 **수평거리 40m**마다 설치하여야 한다. 수평거리는 반경을 의미하므로 직경은 **80m**가 된다. 그러므로 옥외소화전은 건물 내부에 설치할 수 없으므로 그 설치개수는 건물의 둘레길이를 구한 후 직경 80m로 나누어 **절상**하면 된다.

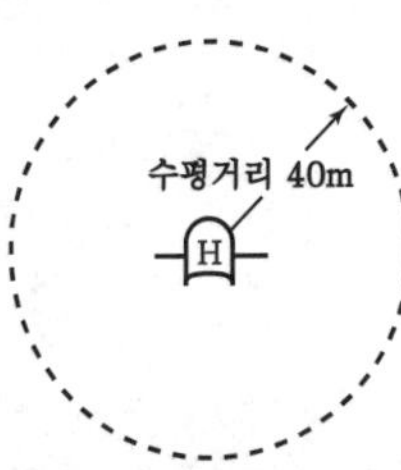

‖ 옥외소화전의 담당면적 ‖

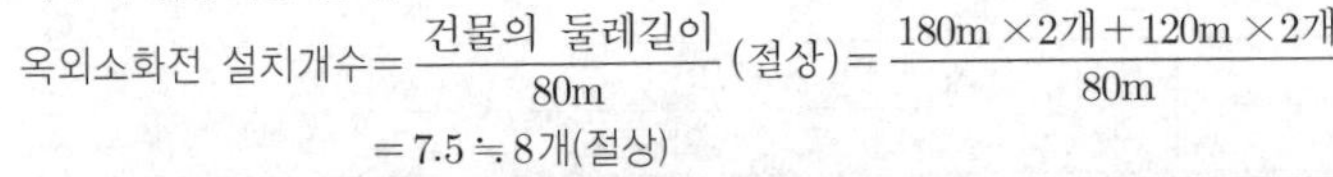

$$\text{옥외소화전 설치개수} = \frac{\text{건물의 둘레길이}}{80m}(\text{절상}) = \frac{180m \times 2\text{개} + 120m \times 2\text{개}}{80m}$$
$$= 7.5 \fallingdotseq 8\text{개(절상)}$$

- 건물의 둘레길이=180m×2개+120m×2개

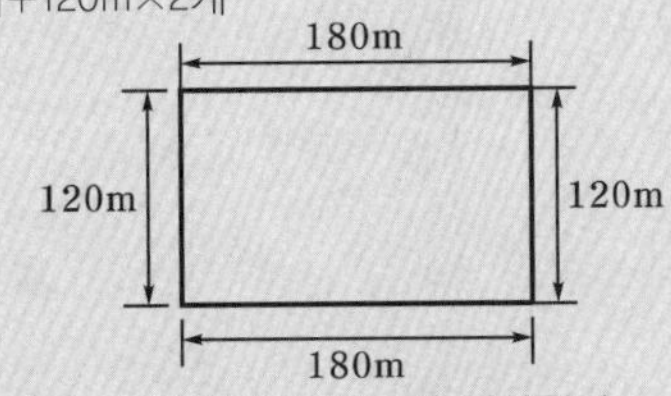

- 옥외소화전 설치개수 산정시 소수가 발생하면 반드시 **절상**한다.

비교

(1) 옥내소화전 설치개수 $= \frac{\sqrt{\text{가로길이}^2 + \text{세로길이}^2}}{50m}$

(2) 예상제연구역 개수 $= \frac{\sqrt{\text{가로길이}^2 + \text{세로길이}^2}}{20m}$

(나)

$$Q=7N$$

여기서, Q : 수원의 저수량[m^3], N : 옥외소화전 설치개수(최대 **2개**)
수원의 **저수량** Q는
$Q=7N=7\times2=14\text{m}^3$

- N : 최대 2개까지만 적용하므로 **2개**

(다)

$$Q=N\times350$$

여기서, Q : 가압송수장치의 토출량(유량)[L/min]
N : 옥외소화전 설치개수(**최대 2개**)
가압송수장치의 **토출량** Q는
$Q=N\times350=2\times350=700\text{L/min}=700\text{LPM}$

- N : 최대 2개까지만 적용하므로 **2개**
- $1\text{L/min}=1\text{LPM}$이므로 $700\text{L/min}=700\text{LPM}$

☆☆☆
문제 12

건식 스프링클러설비에 하향식 헤드를 부착하는 경우 드라이펜던트헤드를 사용한다. 사용목적 및 구조에 대해 간단히 쓰시오. (10.7.문4)

○ 사용목적 :
○ 구조 :

득점	배점
	4

해답 ○ 사용목적 : 동파 방지
○ 구조 : 롱니플 내에 질소가스가 주입되어 있음

해설 건식 설비에는 **상향형 헤드**만 사용하여야 하는데 만약 하향형 헤드를 사용해야 하는 경우에는 **동파 방지**를 위하여 **드라이펜던트형**(Dry pendent type) 헤드를 사용하여야 한다.

구 분	설 명
사용목적	동파 방지
구조	롱니플 내에 질소가스 주입
기능	배관 내 물의 헤드몸체 유입 금지

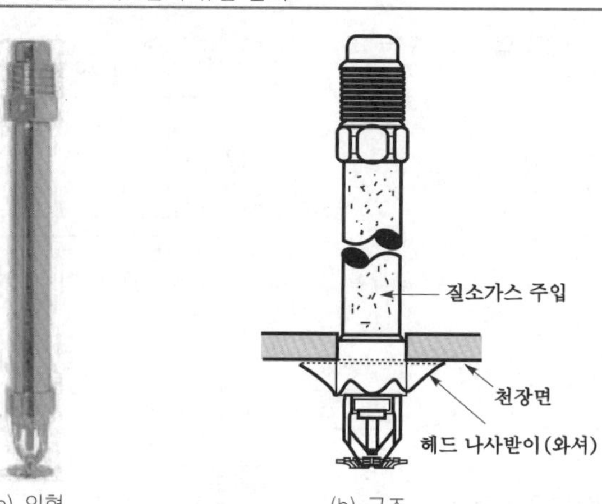

(a) 외형 (b) 구조

‖ 드라이펜던트형 헤드 ‖

☆☆
문제 13

건식 스프링클러설비에 쓰이는 건식 밸브의 기능을 평상시와 화재시를 구분하여 쓰시오. (01.11.문7)

○ 평상시 :
○ 화재시 :

득점	배점
	4

해답 ○ 평상시 : 체크밸브기능
○ 화재시 : 자동경보기능

해설 **건식 밸브**의 **기능**

평상시 : **체크밸브기능**	화재시 : **자동경보기능**
클래퍼(Clapper)를 중심으로 1차측에는 가압수, 2차측에는 압축공기 또는 질소로 가압되어 있는데, 2차측의 압축공기 또는 질소가 1차측으로 유입되는 것을 방지한다.	화재발생시 건식 밸브 내의 클래퍼가 열리면서 가압수가 방출되어 압력스위치 또는 워터모터공을 작동시켜 화재의 발생을 알린다.

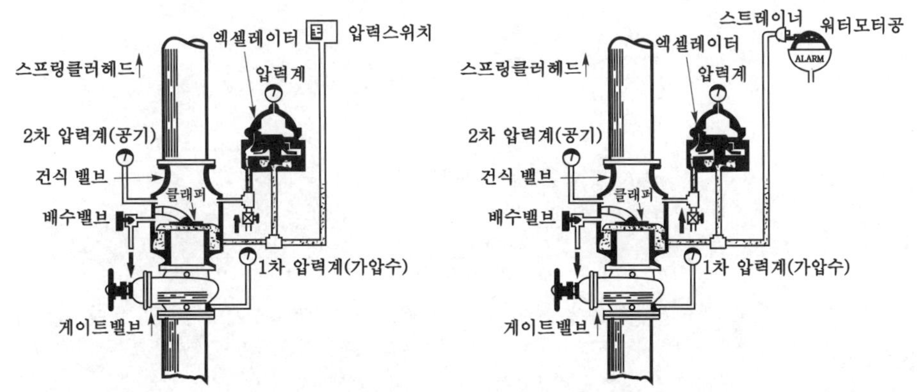

‖ 건식 밸브의 주위배관(압력스위치 이용) ‖ ‖ 건식 밸브의 주위배관(워터모터공 이용) ‖

• 요즘에는 대부분 **압력스위치**를 이용한 경보방식이 사용되며, 워터모터공을 이용한 경보방식은 거의 사용되지 않는다.

중요

유수검지장치 및 풋밸브

(1) 기능

습식 유수검지장치의 기능	건식 유수검지장치의 기능	풋밸브의 기능
• 화재시 : 자동경보기능 • 평상시 : 오동작방지기능, 체크밸브기능	• 화재시 : 자동경보기능 • 평상시 : 체크밸브기능	• 화재시 : 여과기능 • 평상시 : 체크밸브기능

• 풋밸브 = 후드밸브

(2) **유수검지장치**의 **종류**
① 습식 유수검지장치
② 건식 유수검지장치
③ 준비작동식 유수검지장치

☆☆

문제 14

온도 20℃, 압력 1.2kPa, 밀도 1.96kg/m³인 이산화탄소가 50kg/s의 질량유속으로 배출되고 있다. 이산화탄소의 압력배출구 단면적[m²]을 구하시오. (단, 중력가속도는 9.8m/s²이다.) (15.4.문12, 07.11.문10)

○ 계산과정 :

○ 답 :

득점	배점
	5

해답 ○ 계산과정 : $h = \frac{1.2 \times 10^3}{1.96 \times 9.8} \fallingdotseq 62.473\text{m}$

$V = \sqrt{2 \times 9.8 \times 62.473} \fallingdotseq 34.992\text{m/s}$

$A = \frac{50}{34.992 \times 1.96} = 0.729 \fallingdotseq 0.73\text{m}^2$

○ 답 : 0.73m^2

해설 (1) **압력, 비중량**

$$P = \gamma h, \ \gamma = \rho g$$

여기서, P : 압력[Pa]

γ : 비중량[N/m³]

h : 높이[m]

ρ : 밀도(물의 밀도 1000kg/m³ 또는 1000N · s²/m⁴)

g : 중력가속도[m/s²]

$$h = \frac{P}{\gamma} = \frac{P}{\rho g} = \frac{1.2\text{kPa}}{1.96\text{N} \cdot \text{s}^2/\text{m}^4 \times 9.8\text{m/s}^2} = \frac{1.2 \times 10^3 \text{N/m}^2}{1.96\text{N} \cdot \text{s}^2/\text{m}^4 \times 9.8\text{m/s}^2} \fallingdotseq 62.473\text{m}$$

- 단서조건에 의해 중력가속도 **9.8m/s²**을 반드시 적용해서 계산해야 한다. 적용하지 않으면 틀린다.
- 계산과정에 특별한 조건이 없으므로 소수점 셋째자리까지 구하면 된다.
- $1\text{kg/m}^3 = 1\text{N} \cdot \text{s}^2/\text{m}^4$ 이므로 $1.96\text{kg/m}^3 = 1.96\text{N} \cdot \text{s}^2/\text{m}^4$
- $1\text{kPa} = 1\text{kN/m}^2$ 이므로 $1.2\text{kPa} = 1.2\text{kN/m}^2 = 1.2 \times 10^3\text{N/m}^2$

(2) **토리첼리**의 **식**

$$V = \sqrt{2gh}$$

여기서, V : 유속[m/s]

g : 중력가속도(9.8m/s²)

h : 높이[m]

유속 V는

$V = \sqrt{2gh} = \sqrt{2 \times 9.8\text{m/s}^2 \times 62.473\text{m}} \fallingdotseq 34.992\text{m/s}$

- 계산과정에 특별한 조건이 없으므로 소수점 셋째자리까지 구하면 된다.

(3) **질량유량**(질량유속)

$$\overline{m} = AV\rho$$

여기서, $\overline{m}$: 질량유량(질량유속)[kg/s]

A : 배관단면적(압력배출구 단면적)[m²]

V : 유속[m/s]

ρ : 밀도[kg/m³]

압력배출구 단면적 A는

$$A = \frac{\overline{m}}{V\rho} = \frac{50\text{kg/s}}{34.992\text{m/s} \times 1.96\text{kg/m}^3} = 0.729 \fallingdotseq 0.73\text{m}^2$$

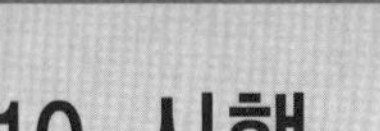

2018. 11. 10 시행

▌2018년 기사 제3회 필답형 실기시험▐

자격종목	시험시간	형별	수험번호	성명	감독위원 확 인
소방설비기사(기계분야)	**3시간**				

※ 다음 물음에 답을 해당 답란에 답하시오.(배점 : 100)

☆☆☆

문제 01

분말소화설비에서 분말약제 저장용기와 연결 설치되는 정압작동장치에 대한 다음 각 물음에 답하시오.

(17.11.문8, 13.4.문15, 10.10.문10, 07.4.문4)

(가) 정압작동장치의 설치목적이 무엇인지 쓰시오.

(나) 정압작동장치의 종류 중 압력스위치방식에 대해 설명하시오.

유사문제부터 풀어보세요.
실력이 팍!팍! 올라갑니다.

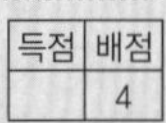

득점	배점
	4

해답 (가) 저장용기의 내부압력이 설정 압력이 되었을 때 주밸브를 개방시키는 장치

(나) 가압용 가스가 저장용기 내에 가압되어 압력스위치가 동작되면 솔레노이드밸브가 동작되어 주밸브를 개방시키는 방식

해설 (가) **정압작동장치** : 약제저장용기 내의 내부압력이 설정 압력이 되었을 때 주밸브를 개방시키는 장치로서 정압작동장치의 설치위치는 다음 그림과 같다.

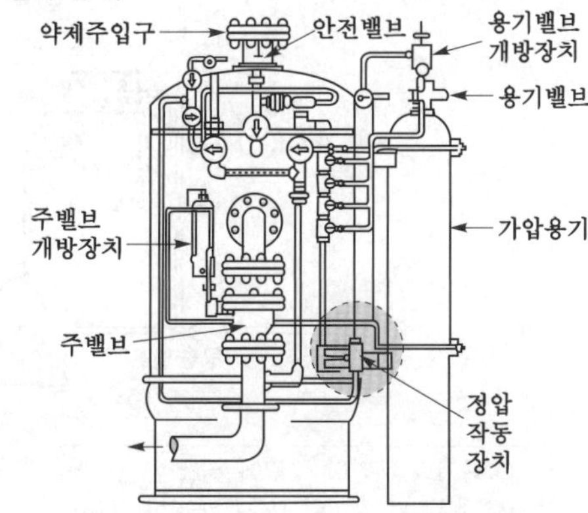

(나) **정압작동장치**의 **종류**

종 류	설 명
봉판식	저장용기에 가압용 가스가 충전되어 밸브의 **봉판**이 작동압력에 도달되면 밸브의 봉판이 개방되면서 주밸브 개방장치로 가스의 압력을 공급하여 주밸브를 개방시키는 방식 캡 패킹 가스압 봉판지지대 봉판 오리피스 ▌봉판식▐

기계식	저장용기 내의 압력이 작동압력에 도달되면 **밸브**가 작동되어 **정압작동레버**가 이동하면서 주밸브를 개방시키는 방식 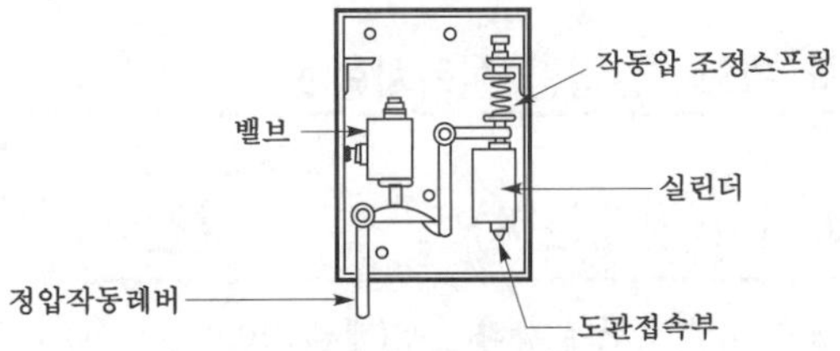 ‖ 기계식 ‖
스프링식	저장용기 내의 압력이 가압용 가스의 압력에 의하여 충압되어 작동압력 이상에 도달되면 **스프링**이 상부로 밀려 **밸브캡**이 열리면서 주밸브를 개방시키는 방식 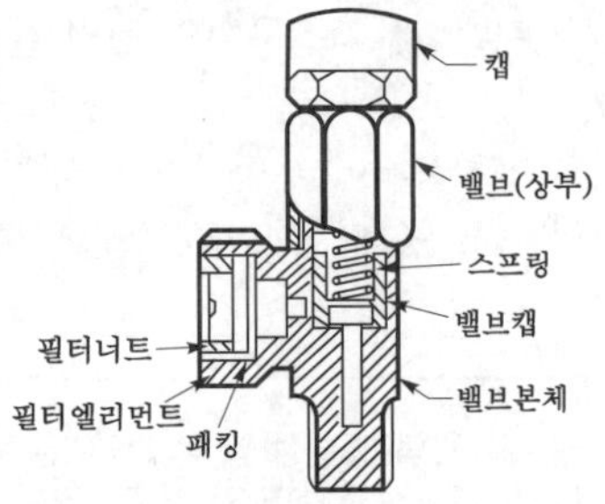 ‖ 스프링식 ‖
압력스위치식	가압용 가스가 저장용기 내에 가압되어 **압력스위치**가 동작되면 **솔레노이드밸브**가 동작되어 주밸브를 개방시키는 방식 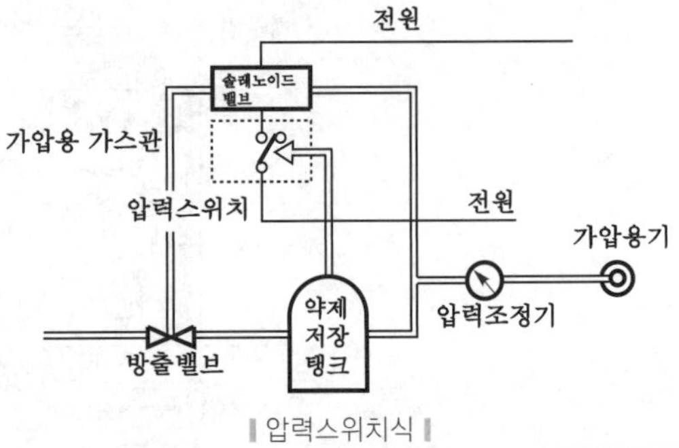 ‖ 압력스위치식 ‖
시한릴레이식	저장용기의 내압이 방출에 필요한 압력에 도달되는 시간을 미리 결정하여 **한시계전기**를 이 시간에 맞추어 놓고 기동과 동시에 한시계전기가 동작되면 일정 시간 후 **릴레이**의 접점에 의해 솔레노이드밸브가 동작되어 주밸브를 개방시키는 방식 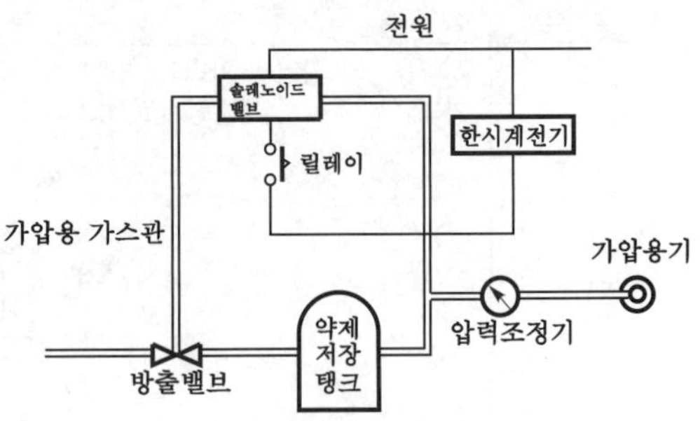 ‖ 시한릴레이식 ‖

☆☆☆
문제 02

스프링클러설비에 사용되는 개방형 헤드와 폐쇄형 헤드의 차이점과 적용설비를 쓰시오.

(17.11.문3, 15.4.문4, 01.11.문11)

득점	배점
	6

○ 차이점 :
○ 적용설비

개방형 헤드	폐쇄형 헤드
○	○ ○ ○

해답 ○ 차이점 : 감열부의 유무
○ 적용설비

개방형 헤드	폐쇄형 헤드
○ 일제살수식 스프링클러설비	○ 습식 스프링클러설비 ○ 건식 스프링클러설비 ○ 준비작동식 스프링클러설비 ○ 부압식 스프링클러설비

해설 **개방형 헤드**와 **폐쇄형 헤드**

구 분	개방형 헤드	폐쇄형 헤드
차이점	• **감열부**가 **없다.** • **가압수 방출기능**만 있다.	• **감열부**가 **있다.** • **화재감지** 및 **가압수 방출기능**이 있다.
설치장소	• 무대부 • 연소할 우려가 있는 개구부 • 천장이 높은 장소 • 화재가 급격히 확산될 수 있는 장소(위험물 저장 및 처리시설)	• 근린생활시설 • 판매시설(도매시장 · 소매시장 · 백화점 등) • 복합건축물 • 아파트 • 공장 또는 창고(랙식 창고 포함) • 지하가 · 지하역사
적용설비	• **일제살수식** 스프링클러설비	• **습식** 스프링클러설비 • **건식** 스프링클러설비 • **준비작동식** 스프링클러설비 • **부압식** 스프링클러설비
형태		

• '일제살수식 스프링클러설비'를 **일제살수식**만 써도 정답
• '습식 스프링클러설비', '건식 스프링클러설비', '준비작동식 스프링클러설비'를 각각 **습식**, **건식**, **준비작동식**만 써도 정답

용어

무대부와 연소할 우려가 있는 개구부

무대부	연소할 우려가 있는 개구부
노래, 춤, 연극 등의 연기를 하기 위해 만들어 놓은 부분	각 방화구획을 관통하는 컨베이어 · 에스컬레이터 또는 이와 비슷한 시설의 주위로서 방화구획을 할 수 없는 부분

☆☆

문제 03

운전 중인 펌프의 압력계를 측정하였더니 흡입측 진공계의 눈금이 150mmHg, 토출측 압력계는 0.294MPa이었다. 펌프의 전양정[m]을 구하시오. (단, 토출측 압력계는 흡입측 진공계보다 50cm 높은 곳에 있고, 직경은 동일하며, 수은의 비중은 13.6이다.) (17.11.문5, 10.4.문8)

○ 계산과정 :
○ 답 :

득점	배점
	5

해답 ○ 계산과정 : $\frac{0.294}{0.101325} \times 10.332 ≒ 29.978\text{m}$

$13.6 \times 0.15 = 2.04\text{m}$

$29.978 + 2.04 + 0.5 = 32.518 ≒ 32.52\text{m}$

○ 답 : 32.52m

해설

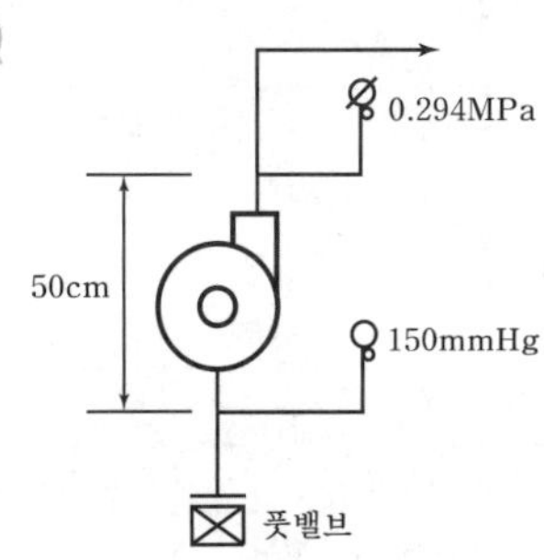

(1) **압력계 지시값**

101.325kPa=0.101325MPa=10.332mH_2O=10.332m 이므로

$0.294\text{MPa} = \frac{0.294\text{MPa}}{0.101325\text{MPa}} \times 10.332\text{m} ≒ 29.978\text{m}$

(2) **진공계 지시값**

물의 높이=수은의 비중×수은주

$= 13.6 \times 0.15\text{mHg} = 2.04\text{m}$

- $150\text{mmHg} = 0.15\text{mHg}(1000\text{mm} = 1\text{m})$
- 수은의 비중이 주어졌으니 수은의 비중을 반드시 적용하여 계산하여야 정답! 수은의 비중을 적용하지 않으면 틀린다. 주의!

비교

물의 높이=물의 비중×수주

(3) **펌프**의 **전양정**=압력계 지시값+진공계 지시값+높이
=29.978m+2.04m+0.5m=32.518≒32.52m

- 50cm=0.5m(100cm=1m)

중요

표준대기압

1atm=760mmHg=1.0332kg_f/cm^2
=10.332mH_2O(mAq)
=14.7PSI(lb_f/in^2)
=101.325kPa(kN/m^2)
=1013mbar

☆☆☆

문제 04

다음 보기는 제연설비에서 제연구역을 구획하는 기준을 나열한 것이다. ㉮~㉲까지의 빈칸을 채우시오.

(17.11.문6, 10.7.문10, 03.10.문13)

득점	배점
	5

〔보기〕

① 하나의 제연구역의 면적은 (㉮) 이내로 한다.
② 거실과 통로는 (㉯)한다.
③ 통로상의 제연구역은 보행중심선의 길이가 (㉰)를 초과하지 않아야 한다.
④ 하나의 제연구역은 직경 (㉱) 원 내에 들어갈 수 있도록 한다.
⑤ 하나의 제연구역은 (㉲)개 이상의 층에 미치지 않도록 한다. (단, 층의 구분이 불분명한 부분은 다른 부분과 별도로 제연구획할 것)

해답
㉮ $1000m^2$
㉯ 각각 제연구획
㉰ 60m
㉱ 60m
㉲ 2

해설 **제연구역의 기준**(NFPC 501 4조, NFTC 501 2.1)

(1) 하나의 제연구역의 **면**적은 **$1000m^2$** 이내로 한다.
(2) 거실과 통로는 **각각 제연구획**한다.
(3) **통**로상의 제연구역은 보행중심선의 **길이**가 **60m**를 초과하지 않아야 한다.

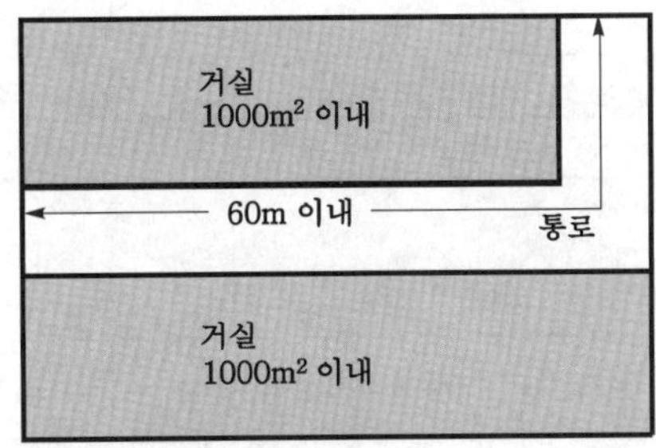

‖ 제연구역의 구획(Ⅰ) ‖

(4) 하나의 제연구역은 직경 **60m 원** 내에 들어갈 수 있도록 한다.

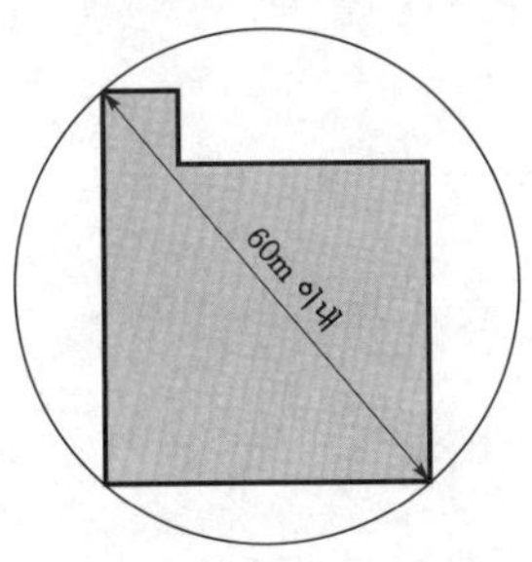

‖ 제연구역의 구획(Ⅱ) ‖

(5) 하나의 제연구역은 **2개** 이상의 **층**에 미치지 않도록 한다. (단, 층의 구분이 불분명한 부분은 다른 부분과 별도로 제연구획할 것)

기억법 **층면 각각제 원통길이**

☆☆☆

문제 05

다음은 연소방지설비에 관한 설명이다. ( ) 안에 적합한 단어를 쓰시오.

(17.11.문9, 14.11.문1, 11.11.문12, 06.4.문5)

득점	배점
	5

○ 헤드 간의 수평거리는 연소방지설비 전용 헤드의 경우에는 (①)m 이하, 스프링클러 헤드의 경우에는 (②)m 이하로 할 것

○ 살수구역은 환기구 사이의 간격으로 (③)m 이하마다 또는 환기구 등을 기준으로 1개 이상 설치하되, 하나의 살수구역의 길이는 (④)m 이상으로 할 것

해답 ① 2
② 1.5
③ 700
④ 3

해설 **연소방지설비**의 **설치기준**(NFPC 605 8조, NFTC 605 2.4.2)

(1) 헤드 간의 수평거리는 연소방지설비 전용 헤드의 경우에는 **2m 이하**, **스프링클러헤드**의 경우에는 **1.5m 이하**로 할 것

(2) 살수구역은 환기구 사이의 간격으로 **700m 이하**마다 또는 **환기구** 등을 기준으로 1개 이상 설치하되, 하나의 살수구역의 길이는 **3m 이상**으로 할 것

중요

연소방지설비의 **배관구경**(NFPC 605 8조, NFTC 605 2.4.1.3.1)

(1) 연소방지설비 전용 헤드를 사용하는 경우

배관의 구경	32mm	40mm	50mm	65mm	80mm
살수헤드수	1개	2개	3개	4개 또는 5개	6개 이상

(2) 스프링클러헤드를 사용하는 경우

구 분 \ 배관의 구경	25mm	32mm	40mm	50mm	65mm	80mm	90mm	100mm	125mm	150mm
폐쇄형 헤드수	2개	3개	5개	10개	30개	60개	80개	100개	160개	161개 이상
개방형 헤드수	1개	2개	5개	8개	15개	27개	40개	55개	90개	91개 이상

☆☆

문제 06

피난구조설비 중 인명구조기구 종류 3가지만 쓰시오.

(17.11.문10, 11.7.문3)

득점	배점
	5

○
○
○

해답 ① 방열복
② 공기호흡기
③ 인공소생기

해설 **인명구조기구**(NFPC 302 3조, NFTC 302 1.7)

구 분	설 명
방열복	**고온**의 **복사열**에 가까이 접근하여 소방활동을 수행할 수 있는 **내열피복**
방**화**복	**화재진압** 등의 소방활동을 수행할 수 있는 **피복**으로 **안전모**, **보호장갑**, **안전화**를 포함
공기호흡기	소화활동시에 화재로 인하여 발생하는 각종 유독가스 중에서 일정 시간 사용할 수 있도록 제조된 **압축공기식 개인호흡장비**
인공소생기	호흡부전상태인 사람에게 인공호흡을 시켜 환자를 보호하거나 구급하는 기구

기억법 **방열화공인**

중요

(1) **인명구조기구**의 **설치기준**(NFPC 302 4조, NFTC 302 2.1)

① 화재시 쉽게 반출 사용할 수 있는 장소에 비치할 것

② 인명구조기구가 설치된 가까운 장소의 보기 쉬운 곳에 "**인명구조기구**"라는 축광식 표지와 그 사용방법을 표시한 표지를 부착할 것

(2) **인명구조기구**의 **설치대상**

특정소방대상물	인명구조기구의 종류	설치수량
• 지하층을 포함하는 층수가 **7층** 이상인 **관광호텔** 및 **5층** 이상인 **병원**	• 방열복 • 방화복(안전모, 보호장갑, 안전화 포함) • 공기호흡기 • 인공소생기	• 각 **2개** 이상 비치할 것(단, 병원은 인공소생기 설치 제외)
• 문화 및 집회시설 중 수용인원 **100명** 이상의 영화상영관 • **대규모 점포** • **지하역사** • **지하상가**	• 공기호흡기	• 층마다 **2개** 이상 비치할 것
• **이산화탄소 소화설비**를 설치하여야 하는 특정소방대상물	• 공기호흡기	• 이산화탄소 소화설비가 설치된 장소의 출입구 외부 인근에 **1대** 이상 비치할 것

☆☆☆

문제 07

헤드 H-1의 방수압력이 0.1MPa이고 방수량이 80L/min인 폐쇄형 스프링클러설비의 수리계산에 대하여 조건을 참고하여 다음 각 물음에 답하시오. (단, 계산과정을 쓰고 최종 답은 반올림하여 소수점 둘째 자리까지 구할 것)

(17.11.문7, 17.4.문4, 15.4.문10, 관리사 2차 10회 문3)

득점	배점
	12

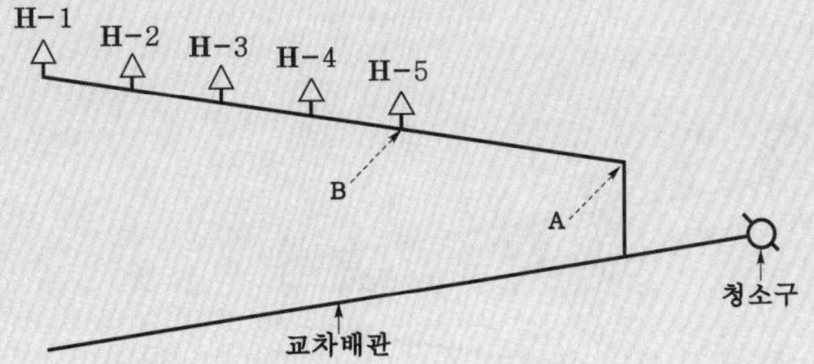

H-1 H-2 H-3 H-4 H-5

B A

청소구

교차배관

〔조건〕

① 헤드 H-1에서 H-5까지의 각 헤드마다의 방수압력 차이는 0.01MPa이다. (단, 계산시 헤드와 가지배관 사이의 배관에서의 마찰손실은 무시한다.)

② A~B구간의 마찰손실압은 0.04MPa이다.

③ 헤드 H-1에서의 방수량은 80L/min이다.

④ 관경은 32mm, 40mm, 50mm, 65mm, 80mm 중에서 적용한다.

(가) A지점에서의 필요최소압력은 몇 MPa인지 구하시오.
- 계산과정 :
- 답 :

(나) H-2, H-3, H-4, H-5의 방수량은 몇 L/min인지 구하시오.
- 계산과정 :
- 답 :

(다) A~B구간에서의 유량은 몇 L/min인지 구하시오.
- 계산과정 :
- 답 :

(라) A~B구간에서의 관경은 몇 mm인지 구하시오.
- 계산과정 :
- 답 :

해답 (가) ○ 계산과정 : $0.1+0.01\times4+0.04=0.18\text{MPa}$

○ 답 : 0.18MPa

(나) ○ 계산과정 : $K=\dfrac{80}{\sqrt{10\times0.1}}=80$

H−2 : $Q_2=80\sqrt{10(0.1+0.01)}=83.904 ≒ 83.9\text{L/min}$

H−3 : $Q_3=80\sqrt{10(0.1+0.01+0.01)}=87.635 ≒ 87.64\text{L/min}$

H−4 : $Q_4=80\sqrt{10(0.1+0.01+0.01+0.01)}=91.214 ≒ 91.21\text{L/min}$

H−5 : $Q_5=80\sqrt{10(0.1+0.01+0.01+0.01+0.01)}=94.657 ≒ 94.66\text{L/min}$

○ 답 : Q_2=83.9L/min
Q_3=87.64L/min
Q_4=91.21L/min
Q_5=94.66L/min

(다) ○ 계산과정 : $80+83.9+87.64+91.21+94.66=437.41\text{L/min}$

○ 답 : 437.41L/min

(라) ○ 계산과정 : $\sqrt{\dfrac{4\times(0.43741/60)}{\pi\times6}}=0.039\text{m} ≒ 39\text{mm}$

○ 답 : 40mm

해설 (가)

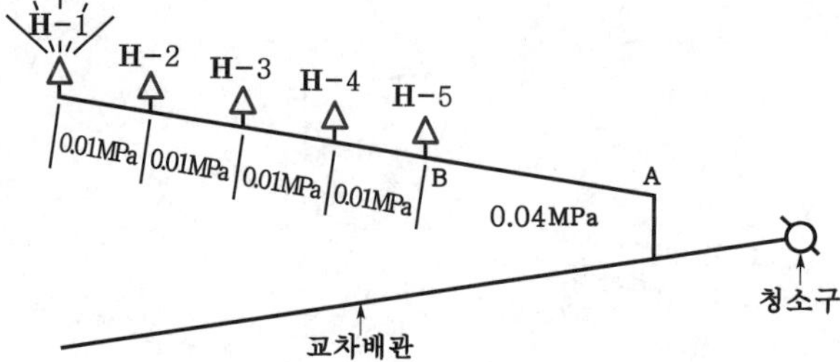

필요최소압력=헤드방수압력+각각의 마찰손실압

$= 0.1\text{MPa} + 0.01\text{MPa} \times 4 + 0.04\text{MPa}$

$= 0.18\text{MPa}$

- **0.1MPa** : 문제에서 주어진 값
- **0.01MPa** : [조건 ①]에서 주어진 값
- **0.04MPa** : [조건 ②]에서 주어진 값

(나)

$$Q = K\sqrt{10P}$$

여기서, Q : 방수량(L/min)

K : 방출계수

P : 방수압(MPa)

방출계수 K는

$$K = \frac{Q}{\sqrt{10P}} = \frac{80\text{L/min}}{\sqrt{10 \times 0.1\text{MPa}}} = 80$$

헤드번호 H-1

① **유량**

$Q_1 = K\sqrt{10P} = 80\sqrt{10 \times 0.1\text{MPa}} = 80\text{L/min}$

- **P(0.1MPa)** : 문제에서 주어진 값
- **K(80)** : 바로 위에서 구한 값

② **마찰손실압**

$\Delta P_1 = 0.01\text{MPa}$

- [조건 ①]에서 각 헤드의 방수압력 차이는 **0.01MPa**이다.

헤드번호 H-2

① **유량**

$Q_2 = K\sqrt{10(P + \Delta P_1)} = 80\sqrt{10(0.1\text{MPa} + 0.01\text{MPa})} = 83.904 ≒ 83.9\text{L/min}$

- 방수압($P + \Delta P_1$)은 문제에서 주어진 방수압(P) **0.1MPa**과 헤드번호 H-1의 마찰손실압(ΔP_1)의 합이다.

② **마찰손실압**

$\Delta P_2 = 0.01\text{MPa}$

- [조건 ①]에서 각 헤드의 방수압력 차이는 **0.01MPa**이다.

헤드번호 H-3

① **유량**

$Q_3 = K\sqrt{10(P + \Delta P_1 + \Delta P_2)} = 80\sqrt{10(0.1\text{MPa} + 0.01\text{MPa} + 0.01\text{MPa})} = 87.635 ≒ 87.64\text{L/min}$

- 방수압($P + \Delta P_1 + \Delta P_2$)은 문제에서 주어진 방수압($P$) **0.1MPa**과 헤드번호 H-1의 마찰손실압(ΔP_1), 헤드번호 H-2의 마찰손실압(ΔP_2)의 합이다.

② **마찰손실압**

$\Delta P_3 = 0.01\text{MPa}$

- [조건 ①]에서 각 헤드의 방수압력 차이는 **0.01MPa**이다.

헤드번호 H-4

① **유량**

$Q_4 = K\sqrt{10(P + \Delta P_1 + \Delta P_2 + \Delta P_3)}$

$= 80\sqrt{10(0.1\text{MPa} + 0.01\text{MPa} + 0.01\text{MPa} + 0.01\text{MPa})} = 91.214 ≒ 91.21\text{L/min}$

- 방수압($P+\Delta P_1+\Delta P_2+\Delta P_3$)은 문제에서 주어진 방수압($P$) **0.1MPa**과 헤드번호 H-1의 마찰손실압(ΔP_1), 헤드번호 H-2의 마찰손실압(ΔP_2), 헤드번호 H-3의 마찰손실압(ΔP_3)의 합이다.

② **마찰손실압**

$\Delta P_4 = 0.01\text{MPa}$

- 〔조건 ①〕에서 각 헤드의 방수압력 차이는 **0.01MPa**이다.

헤드번호 H-5

유량

$Q_5 = K\sqrt{10(P+\Delta P_1+\Delta P_2+\Delta P_3+\Delta P_4)}$

$= 80\sqrt{10(0.1\text{MPa}+0.01\text{MPa}+0.01\text{MPa}+0.01\text{MPa}+0.01\text{MPa})} = 94.657 ≒ 94.66\text{L/min}$

- 방수압($P+\Delta P_1+\Delta P_2+\Delta P_3+\Delta P_4$)은 문제에서 주어진 방수압($P$) **0.1MPa**과 헤드번호 H-1의 마찰손실압(ΔP_1), 헤드번호 H-2의 마찰손실압(ΔP_2), 헤드번호 H-3의 마찰손실압(ΔP_3), 헤드번호 H-4의 마찰손실압(ΔP_4)의 합이다.

(다) A~B구간의 유량

$Q = Q_1 + Q_2 + Q_3 + Q_4 + Q_5$

$= 80\text{L/min} + 83.9\text{L/min} + 87.64\text{L/min} + 91.21\text{L/min} + 94.66\text{L/min} = 437.41\text{L/min}$

- $Q_1 \sim Q_5$: (나)에서 구한 값

(라)

$$Q = AV = \frac{\pi D^2}{4}V$$

여기서, Q : 유량〔m^3/s〕
A : 단면적〔m^2〕
V : 유속〔m/s〕
D : 내경〔m〕

$$Q = \frac{\pi D^2}{4}V$$

배관의 **내경** D는

$D = \sqrt{\frac{4Q}{\pi V}} = \sqrt{\frac{4\times 437.41\text{L/min}}{\pi \times 6\text{m/s}}}$

$= \sqrt{\frac{4\times 0.43741\text{m}^3/\text{min}}{\pi\times 6\text{m/s}}} = \sqrt{\frac{4\times(0.43741\text{m}^3/60\text{s})}{\pi\times 6\text{m/s}}} = 0.039\text{m} ≒ 39\text{mm}$($\therefore$ 〔조건 ④〕에서 40mm 적용)

- $Q(437.41\text{L/min})$: (다)에서 구한 값
- $1000\text{L} = 1\text{m}^3$ 이므로 $437.41\text{L/min} = 0.43741\text{m}^3/\text{min}$
- $1\text{min} = 60\text{s}$ 이므로 $0.43741\text{m}^3/\text{min} = 0.43741\text{m}^3/60\text{s}$
- 39mm로 답을 쓰면 틀린다. 주의!
- **배관 내**의 **유속**

설 비		유 속
옥내소화전설비		4m/s 이하
스프링클러설비	가지배관 →	6m/s 이하
	기타배관(교차배관 등)	10m/s 이하

- 구하고자 하는 배관은 스프링클러헤드가 설치되어 있으므로 '**가지배관**'이다. 그러므로 유속은 **6m/s**이다.
- $1\text{m} = 1000\text{mm}$ 이므로 $0.039\text{m} = 39\text{mm}$

용어

가지배관	교차배관
스프링클러헤드가 설치되어 있는 배관	**직접** 또는 **수직배관**을 통하여 **가지배관**에 **급수**하는 배관

☆

문제 08

미분무소화설비의 화재안전기준에 관한 다음 (   ) 안을 완성하시오. (17.11.문1)

득점	배점
	5

"미분무"란 물만을 사용하여 소화하는 방식으로 최소 설계압력에서 헤드로부터 방출되는 물입자 중 99%의 누적체적분포가 (㉮)μm 이하로 분무되고 (㉯), (㉰), (㉱)급 화재에 적응성을 갖는 것을 말한다.

○ ㉮ :
○ ㉯ :
○ ㉰ :
○ ㉱ :

해답 ○ ㉮ : 400
○ ㉯ : A
○ ㉰ : B
○ ㉱ : C

해설 **미분무소화설비**의 **화재안전기준**(NFPC 104A 3조, NFTC 104A 1.7)

용 어	설 명
미분무소화설비	가압된 물이 헤드 통과 후 **미세한 입자**로 **분무**됨으로써 소화성능을 가지는 설비를 말하며, **소화력**을 **증가**시키기 위해 **강화액** 등을 첨가할 수 있다.
미분무	물만을 사용하여 소화하는 방식으로 최소 설계압력에서 헤드로부터 방출되는 물입자 중 **99%**의 누적체적분포가 **400μm** 이하로 분무되고 **A · B · C급 화재**에 적응성을 갖는 것
저압 미분무소화설비	최고 사용압력이 **1.2MPa 이하**인 미분무소화설비
중압 미분무소화설비	사용압력이 **1.2MPa**을 **초과**하고 **3.5MPa 이하**인 미분무소화설비
고압 미분무소화설비	최저 사용압력이 **3.5MPa**을 **초과**하는 미분무소화설비

☆☆☆

문제 09

관 내에서 발생하는 공동현상(Cavitation)의 발생원인과 방지대책 4가지를 쓰시오. (단, 펌프 내의 압력과 관련하여 발생원인을 쓰시오.) (15.7.문13, 14.11.문8, 10.7.문9)

득점	배점
	6

(가) 발생원인 :
(나) 방지대책
○
○
○
○

해답 (가) 발생원인 : 관 내의 물의 정압이 그때의 증기압보다 낮을 때
(나) 방지대책
① 펌프의 흡입수두를 작게 한다.
② 펌프의 마찰손실을 작게 한다.
③ 펌프의 임펠러속도를 작게 한다.
④ 펌프를 2대 이상 설치한다.

해설

- 발생원인은 단서에 의해 압력과 관련한 내용을 작성해야 하므로 '**관 내의 물의 정압이 그때의 증기압보다 낮을 때**'라고만 답해야 한다. 다른 발생원인을 쓰면 틀린다. 주의!

관 내에서 발생하는 현상

(1) **공동현상**(Cavitation)

개 념	• 펌프의 흡입측 배관 내의 물의 정압이 기존의 증기압보다 낮아져서 기포가 발생되어 물이 흡입되지 않는 현상
발생현상	• 소음과 진동발생 • 관 부식 • **임펠러**의 **손상**(수차의 날개를 해침) • 펌프의 성능저하
발생원인	• 펌프의 흡입수두가 클 때(소화펌프의 흡입고가 클 때) • 펌프의 마찰손실이 클 때 • 펌프의 임펠러속도가 클 때 • 펌프의 설치위치가 수원보다 높을 때 • 관 내의 수온이 높을 때(물의 온도가 높을 때) • 관 내의 물의 정압이 그때의 증기압보다 낮을 때 • 흡입관의 구경이 작을 때 • 흡입거리가 길 때 • 유량이 증가하여 펌프물이 과속으로 흐를 때
방지대책	• 펌프의 흡입수두를 **작게** 한다. • 펌프의 마찰손실을 **작게** 한다. • 펌프의 **임펠러속도**(회전수)를 **작게** 한다. • 펌프의 설치위치를 수원보다 **낮게** 한다. • 양흡입펌프를 사용한다(펌프의 흡입측을 가압). • 관 내의 물의 정압을 그때의 증기압보다 **높게** 한다. • 흡입관의 구경을 **크게** 한다. • 펌프를 **2대** 이상 설치한다.

(2) **수격작용**(Water hammering)

개 념	• 배관 속의 물흐름을 급히 차단하였을 때 동압이 정압으로 전환되면서 일어나는 쇼크(Shock) 현상 • 배관 내를 흐르는 유체의 유속을 급격하게 변화시키므로 압력이 상승 또는 하강하여 **관로**의 **벽면**을 **치는 현상**
발생원인	• 펌프가 갑자기 정지할 때 • 급히 밸브를 개폐할 때 • 정상운전시 유체의 압력변동이 생길 때
방지대책	• 관의 관경(직경)을 크게 한다. • 관 내의 유속을 낮게 한다(관로에서 일부 고압수를 방출). • 조압수조(Surge tank)를 관선에 설치한다. • **플라이휠**(Fly wheel)을 설치한다. • 펌프 송출구(토출측) 가까이에 밸브를 설치한다. • 에어챔버(Air chamber)를 설치한다.

(3) **맥동현상**(Surging)

개 념	• 유량이 단속적으로 변하여 펌프 입출구에 설치된 **진공계 · 압력계**가 흔들리고 **진동**과 **소음**이 일어나며 펌프의 **토출유량**이 **변하는 현상**
발생원인	• 배관 중에 **수조**가 있을 때 • 배관 중에 **기체상태**의 부분이 있을 때 • **유량조절밸브**가 배관 중 수조의 위치 **후방**에 있을 때 • 펌프의 특성곡선이 **산모양**이고 운전점이 그 **정상부**일 때

방지대책	• 배관 중에 불필요한 수조를 없앤다. • 배관 내의 기체(공기)를 제거한다. • 유량조절밸브를 배관 중 수조의 전방에 설치한다. • 운전점을 고려하여 적합한 펌프를 선정한다. • **풍량** 또는 **토출량**을 줄인다.

(4) **에어 바인딩(Air binding)=에어 바운드(Air bound)**

개 념	• 펌프 내에 공기가 차있으면 공기의 밀도는 물의 밀도보다 작으므로 수두를 감소시켜 송액이 되지 않는 현상
발생원인	• 펌프 내에 공기가 차있을 때
방지대책	• 펌프 작동 전 **공기**를 **제거**한다. • **자동공기제거펌프**(Self-priming pump)를 사용한다.

☆☆☆

문제 10

지상 18층짜리 아파트에 스프링클러설비를 설치하려고 할 때 조건을 보고 다음 각 물음에 답하시오. (단, 층별 방호면적은 990m^{2}로서 헤드의 방사압력은 0.1MPa이다.) (17.11.문4, 10.7.문7)

득점	배점
	8

[조건]

① 실양정 : 65m
② 배관, 관부속품의 총 마찰손실수두 : 25m
③ 배관 내 유속 : 2m/s
④ 효율 : 60%

(가) 이 설비의 펌프의 토출량을 구하시오. (단, 헤드의 기준개수는 최대치를 적용한다.)
  ○ 계산과정 :
  ○ 답 :

(나) 이 설비가 확보하여야 할 수원의 양을 구하시오.
  ○ 계산과정 :
  ○ 답 :

(다) 가압송수장치의 전동력[kW]을 구하시오.
  ○ 계산과정 :
  ○ 답 :

해답 (가) ○ 계산과정 : $10 \times 80 = 800\text{L/min}$
  ○ 답 : 800L/min

(나) ○ 계산과정 : $1.6 \times 10 = 16\text{m}^3$
  ○ 답 : 16m^3

(다) ○ 계산과정 : $\dfrac{0.163 \times 0.8 \times 100}{0.6} = 21.733 ≒ 21.73\text{kW}$
  ○ 답 : 21.73kW

해설 (가)

• 단서에서 층별 방호면적(바닥면적) 990m^{2}는 스프링클러설비의 화재안전기준(NFPC 103 6조 1호, NFTC 103 2.3.1.1)에서 바닥면적 3000m^2 이하이면 되므로 이 문제에서는 특별히 적용할 필요가 없다. 만약 바닥면적 3000m^{2}를 초과한다면 구한 값에 모두 곱하기 2를 해야 한다.

<table>
<tr><th colspan="2">특정소방대상물</th><th>폐쇄형 헤드의 기준개수</th></tr>
<tr><td colspan="2">지하가 · 지하역사</td><td rowspan="4">30</td></tr>
<tr><td colspan="2">11층 이상</td></tr>
<tr><td rowspan="5">10층 이하</td><td>공장(특수가연물), 창고시설</td></tr>
<tr><td>판매시설(백화점 등), 복합건축물(판매시설이 설치된 것)</td></tr>
<tr><td>근린생활시설, 운수시설</td><td rowspan="2">20</td></tr>
<tr><td>8m 이상</td></tr>
<tr><td>8m 미만</td><td>10</td></tr>
<tr><td colspan="2">공동주택(아파트 등) ⟶</td><td>10(각 동이 주차장으로 연결된 주차장 : 30)</td></tr>
</table>

펌프의 **토출량(유량)** Q는

$Q = N \times 80\text{L/min} = 10 \times 80\text{L/min} = 800\text{L/min}$

- Q : 펌프의 토출량[L/min]
- N : 폐쇄형 헤드의 기준개수로서 문제에서 **아파트**이므로 위 표에서 **10개**가 된다.

(나) **폐쇄형 헤드**

$Q = 1.6N$(30층 미만)
$Q = 3.2N$(30~49층 이하)
$Q = 4.8N$(50층 이상)

여기서, Q : 수원의 저수량[m^3]
N : 폐쇄형 헤드의 기준개수(설치개수가 기준개수보다 적으면 그 설치개수)

수원의 **저수량** Q는

$Q = 1.6N = 1.6 \times 10\text{개} = 16\text{m}^3$

- **폐쇄형 헤드** : **아파트** 등에 설치
- **개방형 헤드** : **천장고**가 **높은 곳**에 설치
- 이 문제에서는 옥상수조가 있는지, 없는지 알 수 없으므로 **옥상수조 수원**의 양은 **제외**!

(다) ① 전양정

$$H = h_1 + h_2 + 10$$

여기서, H : 전양정[m]
h_1 : 배관 및 관부속품의 마찰손실수두[m]
h_2 : 실양정(흡입양정+토출양정)[m]

전양정 H는

$H = h_1 + h_2 + 10 = 25\text{m} + 65\text{m} + 10 = \mathbf{100m}$

- h_1**(25m)** : [조건 ②]에서 주어진 값
- h_2**(65m)** : [조건 ①]에서 주어진 값
- 단서에서 방사압력 0.1MPa=10m이므로 $H = h_1 + h_2 + 10$에서 10이 적용되었음

② 전동력

$$P = \frac{0.163QH}{\eta}K$$

여기서, P : 전동력[kW]
Q : 유량[m^3/min]
H : 전양정[m]
η : 효율
K : 전달계수

가압송수장치의 **전동력** P는

$$P = \frac{0.163QH}{\eta} = \frac{0.163 \times 0.8\text{m}^3/\text{min} \times 100\text{m}}{0.6} = 21.733 ≒ 21.73\text{kW}$$

- Q(**800L/min=0.8m³/min**) : (가)에서 구한 값
- H(**100m**) : 바로 위에서 구한 값
- η(**0.6**) : 〔조건 ④〕에서 주어진 값
- **전달계수**(K) : 주어지지 않았으므로 **무시**

◈ 고민상담 ◈

답안 작성시 **'이상'**이란 말은 꼭 붙이지 않아도 된다. 원칙적으로 여기서 구한 값은 **최소값**이므로 **'이상'**을 붙이는 것이 정확한 답이지만, **한국산업인력공단**의 공식답변에 의하면 **'이상'**이란 말까지는 붙이지 않아도 **옳은 답**으로 **채점**한다고 한다.

☆☆☆

문제 11

다음은 어느 실들의 평면도이다. 이 중 A실을 급기가압하고자 할 때 주어진 조건을 이용하여 다음을 구하시오.

(20.10.문16, 20.5.문9, 19.11.문3, 17.11.문2, 17.4.문7, 16.11.문4, 16.4.문15, 15.7.문9, 11.11.문6, 08.4.문8, 05.7.문6)

득점	배점
	9

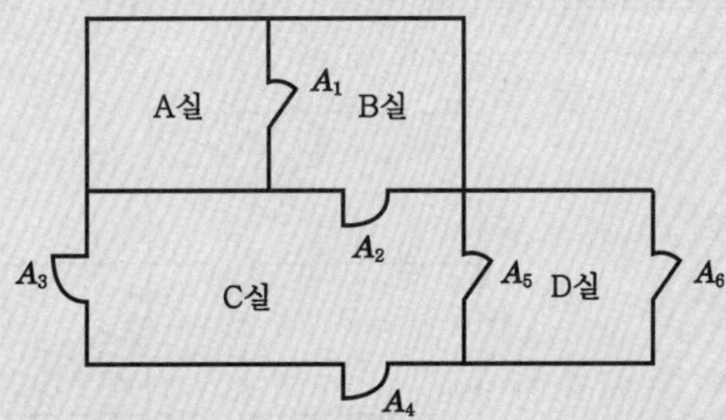

〔조건〕

① 실 외부대기의 기압은 101300Pa로서 일정하다.

② A실에 유지하고자 하는 기압은 101500Pa이다.

③ 각 실의 문들의 틈새면적은 0.01m^2이다.

④ 어느 실을 급기가압할 때 그 실의 문 틈새를 통하여 누출되는 공기의 양은 다음의 식에 따른다.

$$Q = 0.827A \cdot P^{\frac{1}{2}}$$

여기서, Q : 누출되는 공기의 양〔m^3/s〕

A : 문의 전체 누설틈새면적〔m^2〕

P : 문을 경계로 한 기압차〔Pa〕

(가) A실의 전체 누설틈새면적 A〔m^2〕를 구하시오. (단, 소수점 아래 6째자리에서 반올림하여 소수점 아래 5째자리까지 나타내시오.)

○ 계산과정 :

○ 답 :

(나) A실에 유입해야 할 풍량〔L/s〕을 구하시오.

○ 계산과정 :

○ 답 :

(가) ○ 계산과정 : $A_5 \sim A_6 = \dfrac{1}{\sqrt{\dfrac{1}{0.01^2} + \dfrac{1}{0.01^2}}} = 0.007071 ≒ 0.00707\text{m}^2$

$A_3 \sim A_6 = 0.01 + 0.01 + 0.00707 = 0.02707\text{m}^2$

$A_1 \sim A_6 = \dfrac{1}{\sqrt{\dfrac{1}{0.01^2} + \dfrac{1}{0.01^2} + \dfrac{1}{0.02707^2}}} = 0.006841 ≒ 0.00684\text{m}^2$

○ 답 : 0.00684m^2

(나) ○ 계산과정 : $0.827 \times 0.00684 \times \sqrt{200} = 0.079997\text{m}^3/\text{s} = 79.997\text{L/s} ≒ 80\text{L/s}$

○ 답 : 80L/s

기호

- A_1, A_2, A_3, A_4, A_5, A_6(0.01m^2) : [조건 ③]에서 주어짐
- P[(101500−101300)Pa=200Pa] : [조건 ①, ②]에서 주어짐

(가) [조건 ③]에서 각 실의 틈새면적은 0.01m^2이다.

$A_5 \sim A_6$은 **직렬상태**이므로

$$A_5 \sim A_6 = \frac{1}{\sqrt{\dfrac{1}{(0.01\text{m}^2)^2} + \dfrac{1}{(0.01\text{m}^2)^2}}} = 7.071 \times 10^{-3} = 0.007071 ≒ 0.00707\text{m}^2$$

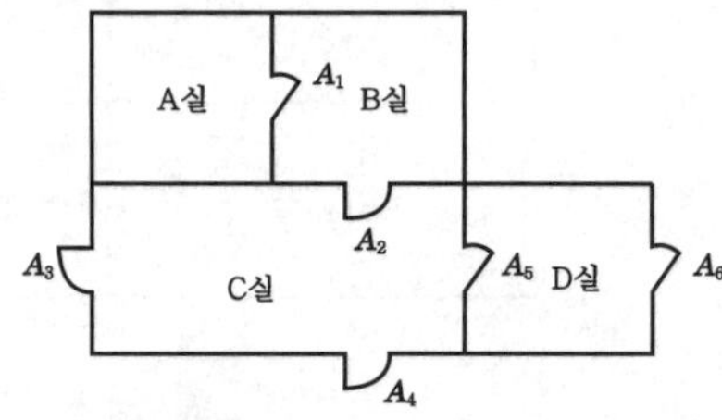

위의 내용을 정리하면 다음과 같이 변환시킬 수 있다.

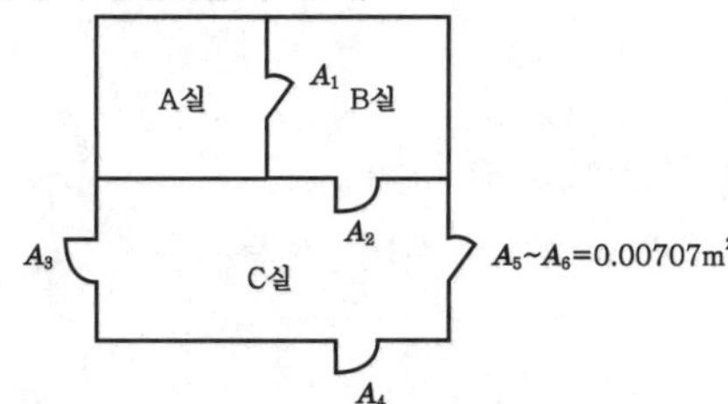

$A_3 \sim A_6$은 **병렬상태**이므로

$A_3 \sim A_6 = 0.01\text{m}^2 + 0.01\text{m}^2 + 0.00707\text{m}^2 = 0.02707\text{m}^2$

위의 내용을 정리하면 다음과 같이 변환시킬 수 있다.

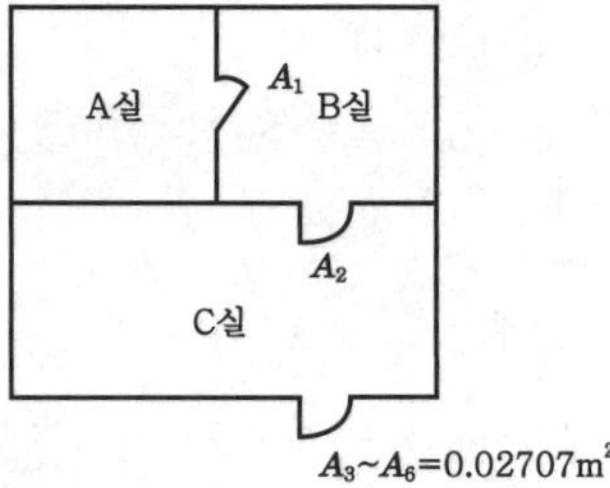

$A_1 \sim A_6$은 **직렬상태**이므로

$$A_1 \sim A_6 = \frac{1}{\sqrt{\dfrac{1}{(0.01\text{m}^2)^2} + \dfrac{1}{(0.01\text{m}^2)^2} + \dfrac{1}{(0.02707\text{m}^2)^2}}} = 6.841 \times 10^{-3} = 0.006841 ≒ 0.00684\text{m}^2$$

(나) **유입풍량** Q

$$Q = 0.827A \cdot P^{\frac{1}{2}} = 0.827\,A\,\sqrt{P} = 0.827 \times 0.00684\text{m}^2 \times \sqrt{200\,\text{Pa}} = 0.079997\text{m}^3/\text{s} = 79.997\text{L/s} \fallingdotseq 80\text{L/s}$$

- 유입풍량

$$Q = 0.827A\sqrt{P}$$

여기서, Q : 누출되는 공기의 양[m^3/s], A : 문의 전체 누설틈새면적[m^2], P : 문을 경계로 한 기압차[Pa]

- $P^{\frac{1}{2}} = \sqrt{P}$
- [조건 ①, ②]에서 기압차(P)=101500－101300=200Pa
- $0.079997\text{m}^3/\text{s} = 79.997\text{L/s}\ (1\text{m}^3 = 1000\text{L})$

참고

누설틈새면적

<table>
<tr><th>직렬상태</th><th>병렬상태</th></tr>
<tr><td>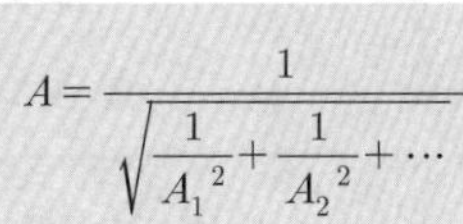
$$A = \frac{1}{\sqrt{\frac{1}{{A_1}^2} + \frac{1}{{A_2}^2} + \cdots}}$$
여기서, A : 전체 누설틈새면적[m^2]
A_1, A_2 : 각 실의 누설틈새면적[m^2]
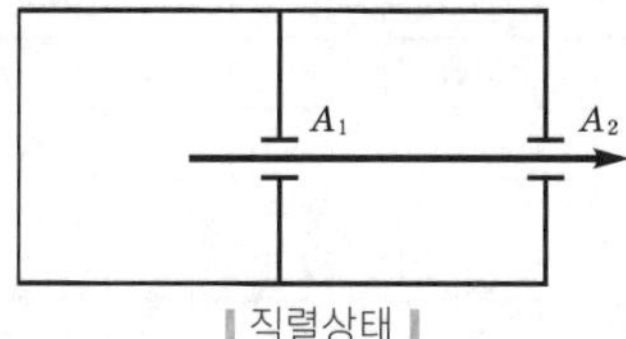

‖ 직렬상태 ‖</td><td>$$A = A_1 + A_2 + \cdots$$
여기서, A : 전체 누설틈새면적[m^2]
A_1, A_2 : 각 실의 누설틈새면적[m^2]
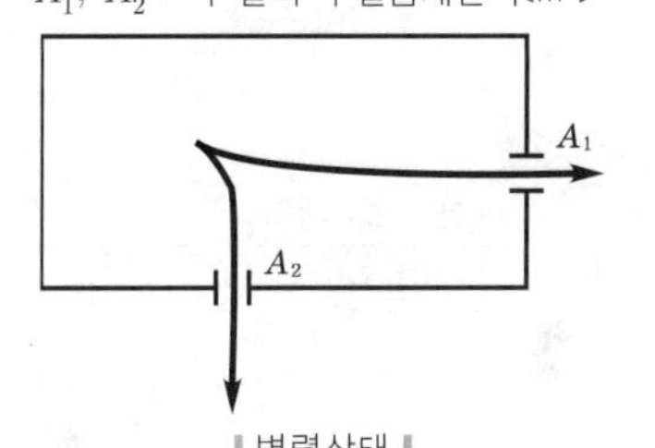

‖ 병렬상태 ‖</td></tr>
</table>

☆☆☆

문제 12

그림과 같이 바닥면이 자갈로 되어 있는 절연유 봉입변압기에 물분무소화설비를 설치하고자 한다. 물분무소화설비의 화재안전기준을 참고하여 다음 각 물음에 답하시오. (17.11.문11, 13.7.문2)

득점	배점
	6

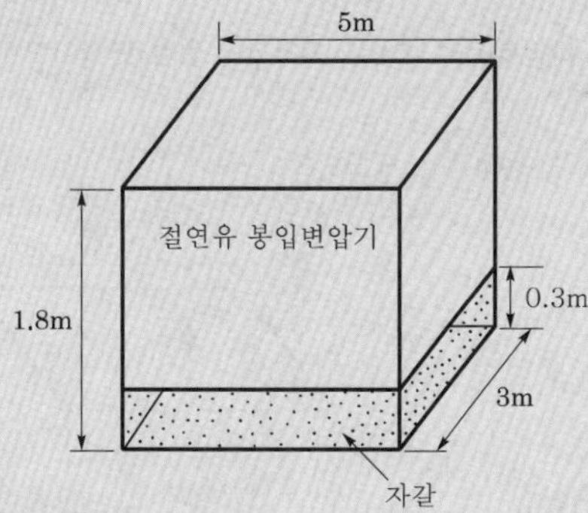

(가) 소화펌프의 최소 토출량[L/min]을 구하시오.
- ○ 계산과정 :
- ○ 답 :

(나) 필요한 최소 수원의 양[m^3]을 구하시오.
- ○ 계산과정 :
- ○ 답 :

(다) 고압의 전기기기가 있을 경우 물분무헤드와 전기기기의 이격기준인 다음의 표를 완성하시오.

전압〔kV〕	거리〔cm〕	전압〔kV〕	거리〔cm〕
66 이하	(①)	154 초과 181 이하	180 이상
66 초과 77 이하	80 이상	181 초과 220 이하	(②)
77 초과 110 이하	110 이상	220 초과 275 이하	260 이상
110 초과 154 이하	150 이상	-	-

해답 (가) ○ 계산과정 : $A=(5\times1.5)+(5\times1.5)+(3\times1.5\times2)+(5\times3)=39\text{m}^2$

$Q=39\times10=390\text{L/min}$

○ 답 : 390L/min

(나) ○ 계산과정 : $390\times20=7800\text{L}=7.8\text{m}^3$

○ 답 : 7.8m^3

(다) ① 70 이상

② 210 이상

해설 (가) **물분무소화설비**의 **수원**(NFPC 104 4조, NFTC 104 2.1.1)

특정소방대상물	토출량	최소기준	비 고
컨베이어벨트	1**0**L/min · m²	-	벨트부분의 바닥면적
절연유 봉입변압기	1**0**L/min · m²	-	표면적을 합한 면적(바닥면적 제외)
특수가연물	1**0**L/min · m²	최소 50m²	최대 방수구역의 바닥면적 기준
케이블트레이 · 덕트	1**2**L/min · m²	-	투영된 바닥면적
차고 · 주차장	2**0**L/min · m²	최소 50m²	최대 방수구역의 바닥면적 기준
위험물 저장탱크	**37**L/min · m	-	위험물탱크 둘레길이(원주길이) : 위험물규칙 〔별표 6〕 Ⅱ

※ 모두 **20분**간 방수할 수 있는 양 이상으로 하여야 한다.

기억법
컨 0
절 0
특 0
케 2
차 0
위 37

절연유 봉입변압기는 **바닥부분**을 **제외**한 **표면적**을 **합한 면적**이므로

A =앞면+뒷면+(옆면×2개)+윗면=(5m×1.5m)+(5m×1.5m)+(3m×1.5m×2개)+(5m×3m)=39m²

- 바닥부분은 물이 분무되지 않으므로 적용하지 않는 것에 주의하라!
- 자갈층은 고려할 필요가 없으므로 **높이**는 **1.5m**를 적용한다. 주의!

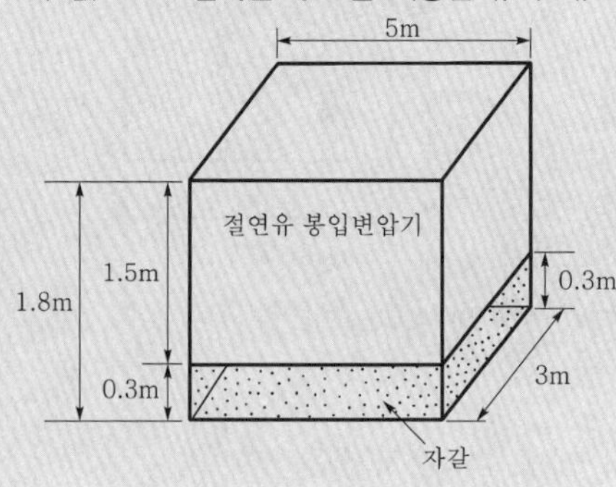

절연유 봉입변압기 소화펌프의 **방사량**(토출량) Q는

Q=표면적(바닥면적 제외)×10L/min · m²=39m²×10L/min · m²=390L/min

(나) **수원**의 **양** Q는

Q=토출량×방사시간=390L/min×20min=7800L=7.8m^3

- 토출량(390L/min) : (가)에서 구한 값
- 방사시간(20min) : NFPC 104 4조, NFTC 104 2.1.1에 의해 주어진 값
- 1000L=1m^{3}이므로 7800L=7.8m^3

(다) **물분무헤드**의 고압 전기기기와의 **이격거리**(NFPC 104 10조, NFTC 104 2.7.2)

전압[kV]	거리[cm]	전압[kV]	거리[cm]
66 이하	**70** 이상	154 초과 **181** 이하	**180** 이상
66 초과 **77** 이하	**80** 이상	181 초과 **220** 이하	**210** 이상
77 초과 **110** 이하	**110** 이상	220 초과 **275** 이하	**260** 이상
110 초과 **154** 이하	**150** 이상	–	–

- **이상**까지 써야 정답! 이상을 안 쓰고 70, 210만 쓰면 틀릴 수 있다.

기억법
66 → 70
77 → 80
110 → 110
154 → 150
181 → 180
220 → 210
275 → 260

참고

물분무헤드의 **종류**

종 류	설 명
충돌형	유수와 유수의 충돌에 의해 미세한 물방울을 만드는 물분무헤드 ‖충돌형‖
분사형	소구경의 오리피스로부터 고압으로 분사하여 미세한 물방울을 만드는 물분무헤드 ‖분사형‖
선회류형	선회류에 의해 확산방출하든가, 선회류와 직선류의 충돌에 의해 확산방출하여 미세한 물방울로 만드는 물분무헤드 ‖선회류형‖

디플렉터형	수류를 살수판에 충돌하여 미세한 물방울을 만드는 물분무헤드 ‖ 디플렉터형 ‖
슬리트형	수류를 슬리트에 의해 방출하여 수막상의 분무를 만드는 물분무헤드 ‖ 슬리트형 ‖

☆☆☆

문제 13

어느 건물의 근린생활시설에 옥내소화전설비를 각 층에 4개씩 설치하였다. 다음 각 물음에 답하시오. (단, 유속은 4m/s이다.)

(19.6.문2, 17.11.문12, 14.11.문15)

득점	배점
	10

(가) 토출측 주배관에서 배관의 최소 구경을 구하시오.

호칭구경	15A	20A	25A	32A	40A	50A	65A	80A	100A
내경(mm)	16.4	21.9	27.5	36.2	42.1	53.2	69	81	105.3

○ 계산과정 :

○ 답 :

(나) 펌프의 성능시험을 위한 유량측정장치의 최대 측정유량(L/min)을 구하시오.

○ 계산과정 :

○ 답 :

(다) 소방호스 및 배관의 마찰손실수두가 10m이고 실양정이 25m일 때 정격토출량의 150%로 운전시의 최소 압력(kPa)을 구하시오.

○ 계산과정 :

○ 답 :

(라) 중력가속도가 $9.8m/s^2$일 때 체절압력(kPa)을 구하시오.

○ 계산과정 :

○ 답 :

(마) 다음 (　) 안을 완성하시오.

성능시험배관의 유량계의 선단에는 (　　)밸브를, 후단에는 (　　)밸브를 설치할 것

해답 (가) ○ 계산과정 : $Q = 2 \times 130 = 260\text{L/min} = 0.26\text{m}^3/\text{min}$

$$D = \sqrt{\frac{4 \times 0.26/60}{\pi \times 4}} \fallingdotseq 0.0371\text{m} = 37.1\text{mm}$$

○ 답 : 50A

(나) ○ 계산과정 : $260 \times 1.75 = 455\text{L/min}$

○ 답 : 455L/min

(다) ○ 계산과정 : $10 + 25 + 17 = 52\text{m}$

$52 \times 0.65 = 33.8\text{m}$

$\frac{33.8}{10.332} \times 101.325 = 331.473 \fallingdotseq 331.47\text{kPa}$

○ 답 : 331.47kPa

(라) ○ 계산과정 : $1000 \times 9.8 \times 52 = 509600\text{Pa} = 509.6\text{kPa}$

$509.6 \times 1.4 = 713.44\text{kPa}$

○ 답 : 713.44kPa

(마) 개폐, 유량조절

해설 (가) ① **옥내소화전설비 가압송수장치**의 **토출량**

$$Q = N \times 130\text{L/min}$$

여기서, Q : 가압송수장치의 토출량[L/min]

N : 가장 많은 층의 소화전개수(30층 미만 : 최대 2개, 30층 이상 : 최대 5개)

토출량 $Q = N \times 130\text{L/mim} = 2\text{개} \times 130\text{L/mim} = 260\text{L/min} = 0.26\text{m}^3\text{/min}$

중요

저수량 및 토출량

옥내소화전설비	옥외소화전설비
① 수원의 저수량 $Q = 2.6N$(30층 미만, N : 최대 2개) $Q = 5.2N$(30~49층 이하, N : 최대 5개) $Q = 7.8N$(50층 이상, N : 최대 5개) 여기서, Q : 수원의 저수량[m³] N : 가장 많은 층의 소화전개수 ② 가압송수장치의 토출량 $Q = N \times 130\text{L/min}$ 여기서, Q : 가압송수장치의 토출량[L/min] N : 가장 많은 층의 소화전개수(30층 미만 : 최대 2개, 30층 이상 : 최대 5개)	① 수원의 저수량 $Q = 7N$ 여기서, Q : 수원의 저수량[m³] N : 옥외소화전 설치개수(최대 **2개**) ② 가압송수장치의 토출량 $Q = N \times 350\text{L/min}$ 여기서, Q : 가압송수장치의 토출량[L/min] N : 옥외소화전 설치개수(최대 **2개**)

② **유량**

$$Q = AV = \left(\frac{\pi D^2}{4}\right)V$$

여기서, Q : 유량[m³/s]

A : 단면적[m²]

V : 유속[m/s]

D : 내경[m]

배관 최소 내경 D는

$$D = \sqrt{\frac{4Q}{\pi V}}$$

$$= \sqrt{\frac{4 \times 0.26\text{m}^3/60\text{s}}{\pi \times 4\text{m/s}}}$$

$$\fallingdotseq 0.0371\text{m} = 37.1\text{mm}$$

∴ 37.1mm로서 42.1mm 이하이므로 40A이지만 토출측 주배관의 최소구경은 50A이다.

호칭구경	15A	20A	25A	32A	40A	50A	65A	80A	100A
내경[mm]	16.4	21.9	27.5	36.2	42.1	53.2	69	81	105.3

- 1000L=1m³, 1min=60s이므로 260L/min=**0.26m³/60s**
- V(**4m/s**) : 단서에서 주어진 값
- 유속이 주어지지 않을 경우에도 다음 표에 의해 **4m/s**를 적용하면 된다.

‖ 배관 내의 유속 ‖

설 비		유 속
옥내소화전설비 ⟶		4m/s 이하
스프링클러설비	가지배관	6m/s 이하
	기타배관	10m/s 이하

- 최소구경

구 분	구 경
주배관 중 수직배관, 펌프 토출측 주배관 ⟶	**50mm 이상**
연결송수관인 방수구가 연결된 경우(연결송수관설비의 배관과 겸용할 경우)	100mm 이상

(나)

유량측정장치의 최대 측정유량=펌프의 정격토출량×1.75

=260L/min×1.75
=455L/min

- 유량측정장치는 펌프의 정격토출량의 **175%** 이상 측정할 수 있어야 하므로 유량측정장치의 성능은 펌프의 **정격토출량×1.75**가 된다.
- **260L/min** : (가)에서 구한 값

(다) **전양정**

$$H = h_1 + h_2 + h_3 + 17$$

여기서, H : 전양정〔m〕

h_1 : 소방호스의 마찰손실수두〔m〕

h_2 : 배관 및 관부속품의 마찰손실수두〔m〕

h_3 : 실양정(흡입양정+토출양정)〔m〕

전양정 $H = h_1 + h_2 + h_3 + 17 = 10\text{m} + 25\text{m} + 17 = 52\text{m}$

- $h_1 + h_2(10\text{m})$: 문제에서 주어진 값
- $h_3(25\text{m})$: 문제에서 주어진 값

정격토출량 150%로 운전시의 양정=전양정×0.65

$= 52\text{m} \times 0.65$
$= 33.8\text{m}$

- 펌프의 성능시험 : 체절운전시 정격토출압력의 **140%**를 초과하지 아니하고, **정격토출량**의 **150%**로 운전시 **정격토출압력**의 **65%** 이상이 될 것

표준대기압

1atm=760mmHg=1.0332kg$_f$/cm²
=10.332mH$_2$O(mAq)
=14.7PSI(lb$_f$/in²)
=101.325kPa(kN/m²)
=1013mbar

최소 압력 1

$33.8\text{m} = \dfrac{33.8\text{m}}{10.332\text{m}} \times 101.325\text{kPa} = 331.473 \fallingdotseq 331.47\text{kPa}$

또는 소방시설(옥내소화전설비)이므로 약식 단위변환을 사용하면 다음과 같다.

$1\text{MPa} = 1000\text{kPa} = 100\text{m}$

최소 압력 2

$33.8\text{m} = \dfrac{33.8\text{m}}{100\text{m}} \times 1000\text{kPa} = 338\text{kPa}$

∴ 331.47kPa 또는 338kPa 모두 정답!
둘 중 어느 것으로 답할지 고민한다면 상세한 단위변환인 331.47kPa로 답하라.

(라) ① 정격토출압력

$$P = \gamma h,\ \gamma = \rho g$$

여기서, P : 정격토출압력〔Pa〕
γ : 비중량〔N/m^3〕
h : 높이(전양정)〔m〕
ρ : 밀도(물의 밀도 1000N · s^2/m^4)
g : 중력가속도〔m/s^2〕

$P = \gamma h = (\rho g)h = 1000\text{N} \cdot \text{s}^2/\text{m}^4 \times 9.8\text{m/s}^2 \times 52\text{m} = 509600\text{N/m}^2 = 509600\text{Pa} = 509.6\text{kPa}$

- 1N/m^2=1Pa이므로 509600N/m^2=509600Pa
- 1000Pa=1kPa이므로 509600Pa=509.6kPa
- 문제에서 주어진 중력가속도 9.8m/s^{2}을 반드시 적용할 것. 적용하지 않으면 틀린다.

② 체절압력

체절압력〔kPa〕=정격토출압력〔kPa〕×1.4

$= 509.6\text{kPa} \times 1.4$
$= 713.44\text{kPa}$

중요

체절운전, 체절압력, 체절양정

구 분	설 명
체절운전	펌프의 성능시험을 목적으로 펌프 토출측의 개폐밸브를 닫은 상태에서 펌프를 운전하는 것
체절압력	체절운전시 릴리프밸브가 압력수를 방출할 때의 압력계상 압력으로 정격토출압력의 **140%** 이하
체절양정	펌프의 토출측 밸브가 모두 막힌 상태, 즉 유량이 0인 상태에서의 양정

(마) **펌프**의 **성능시험방법** : 성능시험배관의 **유량계**의 **선단**에는 **개폐밸브**를, **후단**에는 **유량조절밸브**를 설치할 것

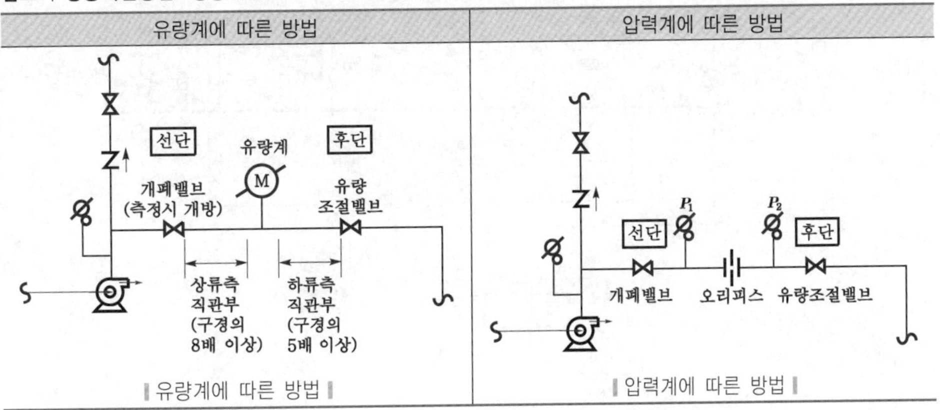

‖ 유량계에 따른 방법 ‖

‖ 압력계에 따른 방법 ‖

☆☆☆ 문제 14

옥외저장탱크에 포소화설비를 설치하려고 한다. 그림 및 조건을 참고하여 다음 각 물음에 답하시오.

(17.11.문14, 15.11.문3, 12.7.문4, 03.7.문9, 01.4.문11)

득점	배점
	14

〔조건〕

① 탱크 용량 및 형태
- 원유저장탱크 : 플로팅루프탱크(부상지붕구조)이며 탱크 내 측면과 굽도리판(Foam dam) 사이의 거리는 1.2m이다.
- 등유저장탱크 : 콘루프탱크

② 고정포방출구
- 원유저장탱크 : 특형이며, 방출구수는 2개이다.
- 등유저장탱크 : Ⅰ형이며, 방출구수는 2개이다.

③ 포소화약제의 종류 : 단백포 3%

④ 보조포소화전 : 3개 설치

⑤ 고정포방출구의 방출량 및 방사시간

방출량 및 방사시간 \ 포방출구의 종류	Ⅰ형	Ⅱ형	특형
방출량〔L/m²·분〕	4	4	8
방사시간〔분〕	30	55	30

⑥ 구간별 배관길이

배관번호	①	②	③	④	⑤	⑥
배관길이〔m〕	10	100	20	60	20	80

⑦ 송액관 내의 유속은 3m/s이다.

⑧ 탱크 2대에서의 동시화재는 없는 것으로 간주한다.

⑨ 그림이나 조건에 없는 것은 제외한다.

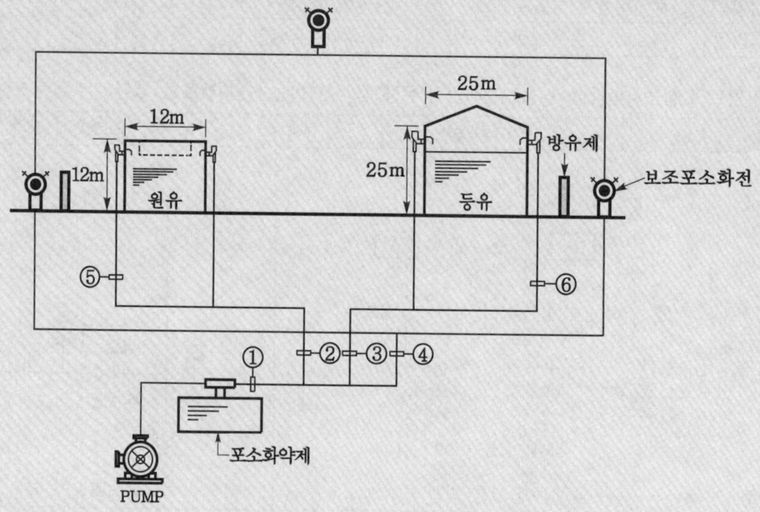

(가) 각 탱크에 필요한 포수용액의 양〔L/분〕은 얼마인지 구하시오.

① 원유저장탱크
- ○ 계산과정 :
- ○ 답 :

② 등유저장탱크
- ○ 계산과정 :
- ○ 답 :

(나) 보조포소화전에 필요한 포수용액의 양〔L/분〕은 얼마인지 구하시오.
- ○ 계산과정 :
- ○ 답 :

(다) 각 탱크에 필요한 소화약제의 양〔L〕은 얼마인지 구하시오.

① 원유저장탱크
- ○ 계산과정 :
- ○ 답 :

② 등유저장탱크
- ○ 계산과정 :
- ○ 답 :

(라) 보조포소화전에 필요한 소화약제의 양〔L〕은 얼마인지 구하시오.
- ○ 계산과정 :
- ○ 답 :

(마) 각 송액관의 구경〔mm〕은 얼마인지 구하시오.

배관번호 ①
- ○ 계산과정 :
- ○ 답 :

배관번호 ②
- ○ 계산과정 :
- ○ 답 :

배관번호 ③
- ○ 계산과정 :
- ○ 답 :

배관번호 ④
- ○ 계산과정 :
- ○ 답 :

배관번호 ⑤
- ○ 계산과정 :
- ○ 답 :

배관번호 ⑥
- ○ 계산과정 :
- ○ 답 :

(바) 송액관에 필요한 포소화약제의 양[L]은 얼마인지 구하시오. (단, 배관의 구경이 80mm 이상만 적용할 것)
○ 계산과정 :
○ 답 :

(사) 포소화설비에 필요한 소화약제의 총량[L]은 얼마인지 구하시오.
○ 계산과정 :
○ 답 :

해답 (가) ① 원유저장탱크

○ 계산과정 : $\frac{\pi}{4}(12^2-9.6^2)\times 8\times 1 ≒ 325.72\text{L/분}$

○ 답 : 325.72L/분

② 등유저장탱크

○ 계산과정 : $\frac{\pi}{4}25^2\times 4\times 1 = 1963.495 ≒ 1963.5\text{L/분}$

○ 답 : 1963.5L/분

(나) ○ 계산과정 : $3\times 1\times 400 = 1200\text{L/분}$
○ 답 : 1200L/분

(다) ① 원유저장탱크

○ 계산과정 : $\frac{\pi}{4}(12^2-9.6^2)\times 8\times 30\times 0.03 = 293.148 ≒ 293.15\text{L}$

○ 답 : 293.15L

② 등유저장탱크

○ 계산과정 : $\frac{\pi}{4}25^2\times 4\times 30\times 0.03 = 1767.145 ≒ 1767.15\text{L}$

○ 답 : 1767.15L

(라) ○ 계산과정 : $3\times 0.03\times 8000 = 720\text{L}$
○ 답 : 720L

(마)
배관번호 ① ○ 계산과정 : $\sqrt{\frac{4\times 3.1635/60}{\pi\times 3}} = 0.1495\text{m} = 149.5\text{mm}$ ○ 답 : 150mm

배관번호 ② ○ 계산과정 : $\sqrt{\frac{4\times 0.32572/60}{\pi\times 3}} = 0.0479\text{m} = 47.9\text{mm}$ ○ 답 : 50mm

배관번호 ③ ○ 계산과정 : $\sqrt{\frac{4\times 1.9635/60}{\pi\times 3}} = 0.1178\text{m} = 117.8\text{mm}$ ○ 답 : 125mm

배관번호 ④ ○ 계산과정 : $\sqrt{\frac{4\times 1.2/60}{\pi\times 3}} = 0.0921\text{m} = 92.1\text{mm}$ ○ 답 : 100mm

배관번호 ⑤ ○ 계산과정 : $\sqrt{\frac{4\times 0.16286/60}{\pi\times 3}} = 0.0339\text{m} = 33.9\text{mm}$ ○ 답 : 40mm

배관번호 ⑥ ○ 계산과정 : $\sqrt{\frac{4\times 0.98175/60}{\pi\times 3}} = 0.0833\text{m} = 83.3\text{mm}$ ○ 답 : 90mm

(바) ○ 계산과정 : $\left[\frac{\pi}{4}(0.15)^2\times 10+\frac{\pi}{4}(0.125)^2\times 20+\frac{\pi}{4}(0.1)^2\times 60+\frac{\pi}{4}(0.09)^2\times 80\right]\times 0.03\times 1000$

$= 42.069 ≒ 42.07\text{L}$

○ 답 : 42.07L

(사) ○ 계산과정 : $1767.15+720+42.07 = 2529.22\text{L}$
○ 답 : 2529.22L

해설

- (나)에서 보조포소화전 양, (바)에서 송액관 양(배관보정량)을 구하라고 했으므로 (가)에서 보조포소화전 양, 송액관 양은 구하지 않아도 된다.

(가) **1분당 포소화약제**의 **양** 또는 **1분당 포수용액**의 **양**

$$Q = A \times Q_1 \times S$$

여기서, Q : 1분당 포소화약제의 양〔L/분〕
A : 탱크의 액표면적〔m^2〕
Q_1 : 단위포소화수용액의 양〔$L/m^2 \cdot$ 분〕
S : 포소화약제의 사용농도

① **원유저장탱크**

$$Q = A \times Q_1 \times S = \frac{\pi}{4}(12^2 - 9.6^2)\text{m}^2 \times 8\text{L/m}^2 \cdot \text{분} \times 1 \fallingdotseq 325.72\text{L/분}$$

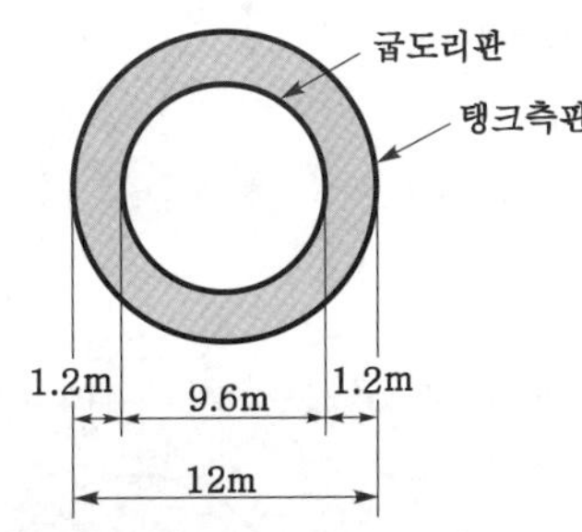

‖ 직경 12m인 원유저장탱크의 구조 ‖

- 문제의 그림에서 원유저장탱크의 직경은 **12m**이다.
- 〔조건 ②〕에서 원유저장탱크는 **특형**이므로, 〔조건 ⑤〕에서 방출량 Q_1 =**8L/m² · 분**이 된다.
- 포수용액의 **농도** S는 항상 1이다.
- 원칙적으로 유량 $Q = A \times Q_1 \times T \times S$ 식을 적용하여 단위가 L가 되지만, 여기서는 단위 **L/분**에 대한 값을 구하라고 하였으므로 유량 $Q = A \times Q_1 \times S$가 된다.
- 〔조건 ①〕에서 원유저장탱크는 **플로팅루프탱크**이므로 굽도리판 간격 **1.2m**를 고려하여 산출하여야 한다.
- **굽도리판** : 탱크벽 안쪽에 설치하는 판

② **등유저장탱크**

$$Q = A \times Q_1 \times S = \frac{\pi}{4}(25\text{m})^2 \times 4\text{L/m}^2 \cdot \text{분} \times 1 = 1963.495 \fallingdotseq 1963.5\text{L/분}$$

- 문제의 그림에서 등유저장탱크의 직경은 **25m**이다.
- 〔조건 ②〕에서 등유저장탱크는 Ⅰ**형**이므로, 〔조건 ⑤〕에서 방출량 Q_1 =**4L/m² · 분**이 된다.
- 포수용액의 **농도** S는 항상 1이다.
- 원칙적으로 유량 $Q = A \times Q_1 \times T \times S$ 식을 적용하여 단위가 L가 되지만, 여기서는 단위 **L/분**에 대한 값을 구하라고 하였으므로 유량 $Q = A \times Q_1 \times S$가 된다.

(나) **보조포소화전**(옥외보조포소화전)

$$Q = N \times S \times 8000$$

여기서, Q : 포소화약제의 양(포수용액의 양)〔L/분〕
N : 호스접결구수(최대 **3개**)
S : 포소화약제의 사용농도

보조포소화전에 필요한 **포수용액**의 양 Q는

$Q = N \times S \times 8000\text{L}$[$N$: 호스접결구수(최대 3개)]
$= N \times S \times 400\text{L/분}$[$N$: 호스접결구수(최대 3개)]
$= 3 \times 1 \times 400\text{L/분}$
$= 1200\text{L/분}$

- 호스접결구에 대한 특별한 언급이 없을 경우에는 **호스접결구수**가 곧 **보조포소화전**의 **개수**임을 기억하라. 〔조건 ④〕에서 보조포소화전은 3개이지만 그림에 쌍구형( )이므로 호스접결구수는 6개가 된다. 그러나 위 식에서 적용 가능한 호스접결구의 최대 개수는 3개이므로 N=**3개**가 된다.
- 포수용액의 **농도** S는 항상 **1**이다.
- 원칙적으로 보조포소화전의 유량 $Q=N\times S\times 8000\text{L}$식을 적용하여 단위가 L가 되지만, 단위 **L/분**에 대한 값을 구하라고 할 때에는 유량 $Q=N\times S\times 400\text{L/분}$ 식을 적용하여야 한다. 주의하라!
- $Q=N\times S\times 400\text{L/분}$에서 400L/분의 출처는 보조포소화전의 방사시간은 화재안전기준에 의해 **20분**이므로 $\dfrac{8000\text{L}}{20\text{분}}=400\text{L/분}$이다.

(다)

$$Q=A\times Q_1\times T\times S$$

여기서, Q : 포소화약제의 양〔L〕
A : 탱크의 액표면적〔m^2〕
Q_1 : 단위포소화수용액의 양〔$\text{L/m}^2\cdot\text{분}$〕
T : 방출시간〔분〕
S : 포소화약제의 사용농도

① **원유저장탱크**

$$Q=A\times Q_1\times T\times S$$
$$=\frac{\pi}{4}(12^2-9.6^2)\text{m}^2\times 8\text{L/m}^2\cdot\text{분}\times 30\text{분}\times 0.03=293.148 ≒ 293.15\text{L}$$

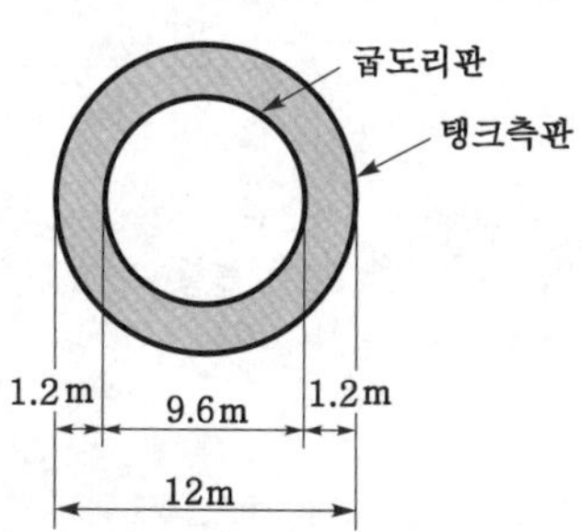

‖ 직경 12m인 원유저장탱크의 구조 ‖

- 문제의 그림에서 원유저장탱크의 직경은 **12m**이다.
- 〔조건 ②〕에서 원유저장탱크는 **특형**이므로, 〔조건 ⑤〕에서 방출량 Q_1 =**8L/m²·분**, 방사시간 T=**30분**이 된다.
- 〔조건 ③〕에서 포소화약제의 농도 S=**0.03**이다.
- 〔조건 ①〕에서 원유저장탱크는 **플로팅루프탱크**이므로 굽도리판 간격 **1.2m**를 고려하여 산출하여야 한다.

② **등유저장탱크**

$$Q=A\times Q_1\times T\times S$$
$$=\frac{\pi}{4}(25\text{m})^2\times 4\text{L/m}^2\cdot\text{분}\times 30\text{분}\times 0.03=1767.145 ≒ 1767.15\text{L}$$

- 문제의 그림에서 등유저장탱크의 직경은 **25m**이다.
- 〔조건 ②〕에서 등유저장탱크는 **Ⅰ형**이므로, 〔조건 ⑤〕에서 방출량 Q_1 =**4L/m²·분**, 방사시간 T=**30분**이 된다.
- 〔조건 ③〕에서 포소화약제의 농도 S=**0.03**이다.

(라) **보조포소화전**(옥외보조포소화전)

$$Q=N\times S\times 8000$$

여기서, Q : 포소화약제의 양[L]
N : 호스접결구수(최대 **3개**)
S : 포소화약제의 사용농도

보조포소화전에 필요한 **포소화약제**의 양 Q는

$Q = N \times S \times 8000\text{L}$[$N$: 호스접결구수(최대 3개)]
$= 3 \times 0.03 \times 8000\text{L} = 720\text{L}$

- [조건 ④]에서 보조포소화전은 3개이지만 그림에 **쌍구형**(⍾)이므로 호스접결구는 총 6개이나 호스접결구는 **최대 3개**까지만 적용 가능하므로 호스접결구수 N= **3개**이다.
- [조건 ③]에서 포소화약제의 농도 S=**0.03**이다.
- **호스접결구수** : 호스에 연결하는 구멍의 수

(마) **관경**(구경)

관경 [mm]	25	32	40	50	65	80	90	100	125	150	200	250	300

배관번호 ①

유량 Q=탱크 중 큰 쪽의 송액량+포소화전의 방사량×보조포소화전의 호스접결구수(최대 3개)
$= 1963.5\text{L/분} + 400\text{L/분} \times 3\text{개} = 3163.5\text{L/분}$

송액관의 **구경** D는

$$D = \sqrt{\frac{4Q}{\pi V}} = \sqrt{\frac{4 \times 3.1635\text{m}^3/60\text{s}}{\pi \times 3\text{m/s}}} = 0.1495\text{m} = 149.5\text{mm} \quad \therefore \ \mathbf{150mm}$$

- 탱크 중 **큰 쪽**의 송액량은 (가)에서 구한 값 중에서 **등유저장탱크**의 유량 **1963.5L/분**이다.
- 옥외탱크저장소(옥외저장탱크)의 포소화전의 방사량은 화재안전기준에 의해 **400L/분**이다.
- 문제의 그림에서 배관번호 ①에는 보조포소화전 3개(호스접결구수 6개)가 연결되어 있으므로 적용 가능한 보조포소화전의 호스접결구수는 **3개**이다.
- 송액관의 구경 $D = \sqrt{\frac{4Q}{\pi V}}$ 식을 이용하여 산출한다.

  여기서, D : 구경[mm]
  Q : 유량[m^3/s]
  V : 유속[m/s]
- $D = \sqrt{\frac{4Q}{\pi V}}$ 의 출처

  $$Q = AV = \frac{\pi D^2}{4} V$$

  여기서, Q : 유량[m^3/s]
  A : 단면적[m^2]
  V : 유속[m/s]
  D : 내경[m]

  $Q = \frac{\pi D^2}{4} V$에서 $D = \sqrt{\frac{4Q}{\pi V}}$
- $Q = 3163.5\text{L/분} = 3.1635\text{m}^3/\text{분} = 3.1635\text{m}^3/60\text{s}$
- V(3m/s) : [조건 ⑦]에서 주어진 값

배관번호 ②

유량 Q=원유저장탱크의 송액량 $= 325.72\text{L/분}$

송액관의 **구경** D는

$$D = \sqrt{\frac{4Q}{\pi V}} = \sqrt{\frac{4 \times 0.32572\text{m}^3/60\text{s}}{\pi \times 3\text{m/s}}} = 0.0479\text{m} = 47.9\text{mm} \quad \therefore \ \mathbf{50mm}$$

- 문제의 그림에서 배관번호 ②는 등유저장탱크와는 무관하고 **원유저장탱크**만 관계되므로 원유저장탱크의 송액량은 (가)에서 구한 **325.72L/분**이 된다.
- $Q=325.72\text{L/분}=0.32572\text{m}^3/\text{분}=0.32572\text{m}^3/60\text{s}$

배관번호 ③

유량 Q=등유저장탱크의 송액량$=1963.5\text{L/분}$

송액관의 **구경** D는

$$D=\sqrt{\frac{4Q}{\pi V}}=\sqrt{\frac{4\times 1.9635\text{m}^3/60\text{s}}{\pi\times 3\text{m/s}}}=0.1178\text{m}=117.8\text{mm}\qquad \therefore\ \mathbf{125mm}$$

- 문제의 그림에서 배관번호 ③은 원유저장탱크와는 무관하고 **등유저장탱크**만 관계되므로 등유지장탱크의 송액량은 (가)에서 구한 **1963.5L/분**이 된다.
- $Q=1963.5\text{L/분}=1.9635\text{m}^3/\text{분}=1.9635\text{m}^3/60\text{s}$

배관번호 ④

유량 Q=포소화전의 방사량×보조포소화전의 호스접결구수(최대 3개)

$=400\text{L/분}\times 3\text{개}=1200\text{L/분}$

송액관의 **구경** D는

$$D=\sqrt{\frac{4Q}{\pi V}}=\sqrt{\frac{4\times 1.2\text{m}^3/60\text{s}}{\pi\times 3\text{m/s}}}=0.0921\text{m}=92.1\text{mm}\qquad \therefore\ \mathbf{100mm}$$

- 문제의 그림에서 배관번호 ④는 **보조포소화전**만 관계되므로 (나)에서 구한 **1200L/분**이 된다.
- $Q=1200\text{L/분}=1.2\text{m}^3/\text{분}=1.2\text{m}^3/60\text{s}$

배관번호 ⑤

$$\text{유량 } Q=\frac{\text{원유저장탱크의 송액량}}{2}=\frac{325.72\text{L/분}}{2}=162.86\text{L/분}$$

송액관의 **구경** D는

$$D=\sqrt{\frac{4Q}{\pi V}}=\sqrt{\frac{4\times 0.16286\text{m}^3/60\text{s}}{\pi\times 3\text{m/s}}}=0.0339\text{m}=33.9\text{mm}\qquad \therefore\ \mathbf{40mm}$$

- 문제의 그림에서 배관번호 ⑤는 **원유저장탱크**만 관계되므로 원유저장탱크의 송액량은 (가)에서 구한 **325.72L/분**이 된다.
- 문제의 그림에서 원유저장탱크의 송액량이 반으로 나누어지므로 2로 나누어야 한다.
- $Q=162.86\text{L/분}=0.16286\text{m}^3/\text{분}=0.16286\text{m}^3/60\text{s}$

배관번호 ⑥

$$\text{유량 } Q=\frac{\text{등유저장탱크의 송액량}}{2}=\frac{1963.5\text{L/분}}{2}=981.75\text{L/분}$$

송액관의 **구경** D는

$$D=\sqrt{\frac{4Q}{\pi V}}=\sqrt{\frac{4\times 0.98175\text{m}^3/60\text{s}}{\pi\times 3\text{m/s}}}=0.0833\text{m}=83.3\text{mm}\qquad \therefore\ \mathbf{90mm}$$

- 문제의 그림에서 배관번호 ⑥은 **등유저장탱크**만 관계되므로 등유저장탱크의 송액량은 (가)에서 구한 **1963.5L/분**이 된다.
- 문제의 그림에서 등유저장탱크의 송액량이 반으로 나누어지므로 2로 나누어야 한다.
- $Q=981.75\text{L/분}=0.98175\text{m}^3/\text{분}=0.98175\text{m}^3/60\text{s}$
- 90mm 배관은 한국에서는 잘 생산되지 않아 실무에서는 거의 사용하지 않고 있지만 화재안전기준의 배관규격에는 존재하므로 답에는 **90mm**로 답해야 한다. 시험에서는 실무보다 기준을 우선시한다. 주의!!

(바)

$$Q = A \times L \times S \times 1000\text{L/m}^3 \text{(내경 75mm 초과시에만 적용)}$$

여기서, Q : 송액관에 필요한 포소화약제의 양(배관보정량)〔L〕
A : 배관단면적〔m^2〕
L : 배관길이〔m〕
S : 포소화약제의 사용농도

송액관에 필요한 **포소화약제**의 양 Q는

Q=배관번호 ①~⑥ 약제량의 합

$$= \left[\underbrace{\frac{\pi}{4}(0.15\text{m})^2 \times 10\text{m}}_{①} + \underbrace{\frac{\pi}{4}(0.125\text{m})^2 \times 20\text{m}}_{③} + \underbrace{\frac{\pi}{4}(0.1\text{m})^2 \times 60\text{m}}_{④} + \underbrace{\frac{\pi}{4}(0.09\text{m})^2 \times 80\text{m}}_{⑥} \right] \times 0.03 \times 1000\text{L/m}^3$$

$$= 42.069 \fallingdotseq 42.07\text{L}$$

- (마)에서 배관번호 ①~⑥의 송액관구경은 각각 ①=**0.15m**(150mm), ②=**0.05m**(50mm), ③=**0.125m**(125mm), ④=**0.1m**(100mm), ⑤=**0.04m**(40mm), ⑥=**0.09m**(90mm)이다. 단서에서 구경 80mm 이상만 적용하라고 하였으므로 배관번호 ①, ③, ④, ⑥만 적용
- 〔조건 ⑥〕에서 배관번호 ①, ③, ④, ⑥의 배관길이는 각각 ①=**10m**, ③=**20m**, ④=**60m**, ⑥=**80m**이다.
- 〔조건 ③〕에서 포소화약제의 농도 S=**0.03**이다.

(사) **소화약제**의 총량 Q는

Q =탱크의 약제량(큰 쪽)+보조포소화전의 약제량+송액관의 약제량

$= 1767.15\text{L} + 720\text{L} + 42.07\text{L} = 2529.22\text{L}$

- **1767.15L** : (다)에서 구한 값
- **720L** : (라)에서 구한 값
- **42.07L** : (바)에서 구한 값

"어느 누구도 과거로 돌아가서 새롭게 시작할 수 없지만, 지금부터 시작해서 새로운 결실을 맺을 수는 있다."

- 칼 바르트 -

프로와 아마추어의 차이

바둑을 좋아하는 사람은 바둑을 두면서 인생을 배운다고 합니다.

케이블TV에 보면 프로 기사(棋士)와 아마추어 기사가 네댓 점의 접바둑을 두는 시간이 매일 있습니다.

재미있는 것은 프로가 아마추어에게 지는 예는 거의 없다는 점입니다.

프로 기사는 수순, 곧 바둑의 '우선 순위'를 잘 알고 있기 때문에 상대를 헷갈리게 하여 약점을 유도해내고 일단 공격의 기회를 잡으면 끝까지 몰고 가서 이기는 것을 봅니다.

성공적인 삶을 살기 위해서는 자기 직업에 전문적인 지식을 갖춘 다음, 먼저 해야 할 일과 나중 해야 할 일을 정확히 파악하고 승산이 섰을 때 집중적으로 온 힘을 기울여야 한다는 삶의 지혜를, 저는 바둑에서 배웁니다.

•「지하철 사랑의 편지」 중에서•

과년도 출제문제

2017년

소방설비기사 실기(기계분야)

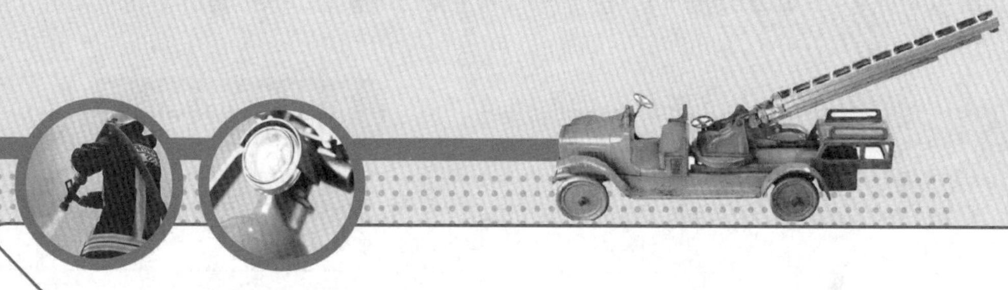

** 수험자 유의사항 **

1. 문제지를 받는 즉시 응시 종목의 문제가 맞는지 확인하셔야 합니다.
2. 답안지 내 인적사항 및 답안작성(계산식 포함)은 검정색 필기구만을 계속 사용하여야 합니다.
3. 답안정정 시에는 **두 줄(=)**을 긋고 다시 기재 가능하며, **수정테이프 사용** 또한 **가능**합니다.
4. 계산문제는 반드시 '계산과정'과 '답'란에 정확히 기재하여야 하며 **계산과정이 틀리거나 없는 경우 0점 처리**됩니다.

   ※ 연습이 필요 시 연습란을 이용하여야 하며, 연습란은 채점대상이 아닙니다.
5. 계산문제는 **최종결과** 값(답)에서 **소수 셋째자리에서 반올림**하여 **둘째자리**까지 구하여야 하나 개별 문제에서 소수처리에 대한 별도 요구사항이 있을 경우, 그 요구사항에 따라야 합니다.
6. 답에 단위가 없으면 오답으로 처리됩니다. (단, 문제의 요구사항에 단위가 주어졌을 경우는 생략되어도 무방합니다.)
7. 문제에서 요구한 가지 수 이상을 답란에 표기한 경우, **답란기재 순**으로 **요구한 가지 수**만 채점합니다.

2017. 4. 16 시행

▌2017년 기사 제1회 필답형 실기시험▐

자격종목	시험시간	형별	수험번호	성명	감독위원 확 인
소방설비기사(기계분야)	3시간				

※ 다음 물음에 답을 해당 답란에 답하시오.(배점 : 100)

☆☆

문제 01

교육연구시설(연구소)에 스프링클러설비를 설치하고자 한다. 조건을 참고하여 다음 각 물음에 답하시오.

(13.4.문1)

유사문제부터 풀어보세요.
실력이 팍!팍! 올라갑니다.

득점	배점
	12

[조건]

① 건물의 층별 높이는 다음과 같으며 지상층은 모두 창문이 있는 건물이다.

층 별 / 구 분	지하 2층	지하 1층	지상 1층	지상 2층	지상 3층	지상 4층	지상 5층
층높이	5.5	4.5	4.5	4.5	4	4	4
반자높이[m] (헤드설치시)	5	4	4	4	3.5	3.5	3.5
바닥면적[m^2]	2500	2500	2000	2000	2000	1800	900

② 지상 1층에 있는 국제회의실은 바닥으로부터 반자(헤드부착면)까지의 높이가 8.5m이다.

③ 지하 2층 물탱크실의 저수조는 바닥으로부터 3m 높이에 풋밸브가 위치해 있으며, 이 높이까지 항상 물이 차 있고, 저수조는 일반급수용과 소방용을 겸용하며 내부 크기는 가로 8m, 세로 5m, 높이 4m이다.

④ 스프링클러헤드 설치시 반자(헤드부착면)높이는 위 표에 따른다.

⑤ 배관 및 관부속품의 마찰손실수두는 직관의 30%이다.

⑥ 펌프의 효율은 60%, 전달계수는 1.1이다.

⑦ 산출량은 최소치를 적용한다.

⑧ 조건에 없는 사항은 소방관련법령 및 국가화재안전기준에 따른다.

(가) 이 건물에서 스프링클러설비를 설치하여야 하는 층을 모두 쓰시오.

(나) 일반급수펌프의 흡수구와 소화펌프의 흡수구 사이의 수직거리[m]를 구하시오.

○ 계산과정 : ○ 답 :

(다) 옥상수조를 설치할 경우 옥상수조에 보유하여야 할 저수량[m^3]을 구하시오.

○ 계산과정 : ○ 답 :

(라) 소방펌프의 정격토출량[L/min]을 구하시오.

○ 계산과정 : ○ 답 :

(마) 소화펌프의 전양정[m]을 구하시오.

○ 계산과정 : ○ 답 :

(바) 소화펌프의 전동기동력[kW]을 구하시오.
  ○ 계산과정 :
  ○ 답 :

해답 (가) 지하 2층, 지하 1층, 지상 4층

(나) ○ 계산과정 : $Q = 1.6 \times 10 = 16\text{m}^3$

$$H = \frac{16}{8 \times 5} = 0.4\text{m}$$

○ 답 : 0.4m

(다) ○ 계산과정 : $1.6 \times 10 \times \frac{1}{3} = 5.333 \fallingdotseq 5.33\text{m}^3$

○ 답 : 5.33m³

(라) ○ 계산과정 : $10 \times 80 = 800\text{L/min}$

○ 답 : 800L/min

(마) ○ 계산과정 : $h_2 = (5.5 - 3 + 0.4) + 4.5 + 4.5 + 4.5 + 4 + 3.5 = 23.9\text{m}$

$h_1 = 23.9 \times 0.3 = 7.17\text{m}$

$H = 7.17 + 23.9 + 10 = 41.07\text{m}$

○ 답 : 41.07m

(바) ○ 계산과정 : $\frac{0.163 \times 0.8 \times 41.07}{0.6} \times 1.1 = 9.818 \fallingdotseq 9.82\text{kW}$

○ 답 : 9.82kW

해설 (가) 교육연구시설은 지하층 · 무창층 또는 4층 이상인 층으로서 바닥면적 1000m² 이상인 층에 스프링클러설비 설치(소방시설법 시행령 [별표 4])

지하 2층, 지하 1층, 지상 4층

〈스프링클러설비 설치층〉
① **지하층**으로서 바닥면적 **1000m²** 이상인 층
② **무창층**으로서 바닥면적 **1000m²** 이상인 층
③ **4층 이상**으로서 바닥면적 **1000m²** 이상인 층

- [조건 ①]에서 지상층은 모두 창문이 있으므로 무창층 아님
- **'기숙사(교육연구시설 내에 학생 수용을 위한 것)로서 연면적 5000m² 이상은 모든 층'**에 설치하라는 규정이 있는데 이 문제는 단지 교육연구시설이지 기숙사가 아니므로 스프링클러설비를 모든 층에 설치하는 것이 아니다. 특별히 주의할 것!!!
- **지상 5층**은 바닥면적 1000m² 이상이 안되므로 **설치 제외**

(나)

특정소방대상물		폐쇄형 헤드의 기준개수
지하가 · 지하역사		30
11층 이상		
10층 이하	공장(특수가연물), 창고시설	
	판매시설(백화점 등), 복합건축물(판매시설이 설치된 것)	
	근린생활시설, 운수시설	20
	8m 이상	
	8m 미만 →	10
공동주택(아파트 등)		10(각 동이 주차장으로 연결된 주차장 : 30)

- 지상 1 · 2 · 3층은 스프링클러설비 설치 제외대상이므로 [조건 ②]의 높이는 폐쇄형 헤드 기준개수 산정과 무관하다.
- 스프링클러헤드가 설치되는 지하 2층(5m), 지하 1층(4m), 지상 4층(3.5m)은 모두 반자높이가 8m 미만이므로 **10개** 적용

① **수원**의 **저수량**

$Q=1.6N$(30층 미만)
$Q=3.2N$(30~49층 이하)
$Q=4.8N$(50층 이상)

여기서, Q : 수원의 저수량[m^3]
N : 폐쇄형 헤드의 기준개수(설치개수가 기준개수보다 작으면 그 설치개수)

수원의 **최소유효저수량** Q는

$Q=1.6N=1.6\times10=16m^3$

• N : 폐쇄형 헤드의 기준개수로서 (가)에서 스프링클러설비는 지하 2층, 지하 1층, 지상 4층에 설치하므로 헤드부착 최대높이는 지하 2층의 5m로서 8m 미만이므로 위 표에서 **10개**가 된다.

② **일반급수펌프**의 **흡수구**와 **소화펌프**의 **흡수구 사이**의 **수직거리**

$$H=\frac{Q}{A}$$

여기서, H : 일반급수펌프의 흡수구와 소화펌프의 흡수구 사이의 수직거리[m]
Q : 수원의 저수량[m^3]
A : 저수조의 단면적[m^2]

$$H=\frac{Q}{A}=\frac{16m^3}{(8\times5)m^2}=0.4m$$

• $A(8\times5)m^2$: [조건 ③] 단면적이므로 가로 8m, 세로 5m를 적용하고 높이는 적용하지 않음

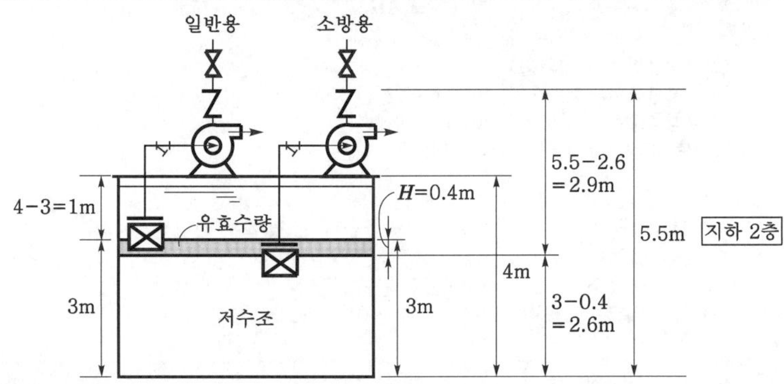

(다) **옥상수조**의 **저수량**

$Q'=1.6N\times\frac{1}{3}$(30층 미만)

여기서, Q' : 옥상수조의 저수량[m^3]
N : 폐쇄형 헤드의 기준개수(설치개수가 기준개수보다 작으면 그 설치개수)

옥상수조의 저수량 $Q'=1.6N\times\frac{1}{3}=1.6\times10\times\frac{1}{3}=5.333\fallingdotseq5.33m^3$

(라) **정격토출량**

$Q=N\times80L/min$

여기서, Q : 정격토출량(유량)[L/min]
N : 폐쇄형 헤드의 기준개수(설치개수가 기준개수보다 작으면 그 설치개수)

정격토출량 $Q=N\times80L/min=10\times80L/min=800L/min$

(마) **전양정**

$$H \geq h_1 + h_2 + 10$$

여기서, H : 전양정[m]
h_1 : 배관 및 관부속품의 마찰손실수두[m]
h_2 : 실양정(흡입양정+토출양정)[m]

펌프의 전양정 H는

$H = h_1 + h_2 + 10 = 7.17\text{m} + 23.9\text{m} + 10 = 41.07\text{m}$

- h_2 =(지하 2층고 **5.5m** − 지하 2층 바닥에서 일반급수용 **풋밸브** 높이 **3m** + 일반급수펌프의 흡수구와 소화펌프의 흡수구 사이의 수직거리 **0.4m**) + 지하 1층고 **4.5m** + 지상 1층고 **4.5m** + 지상 2층고 **4.5m** + 지상 3층고 **4m** + 지상 4층은 헤드가 반자에 설치되어 있으므로 반자까지의 높이 **3.5m** = **23.9m**

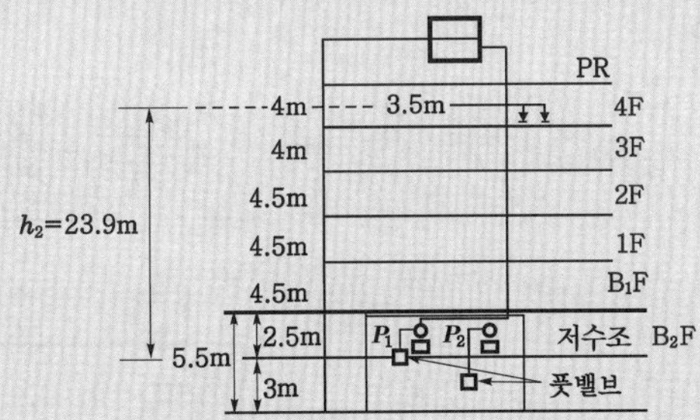

- [조건 ③]에서 물이 항상 차 있으므로 3m 높이에 풋밸브가 설치된 **저수조**는 **일반급수용**이라고 봐야 한다. 왜냐하면 풋밸브는 일반급수용이 소방용보다 더 위에 있기 때문에 일반급수용 풋밸브까지 물이 차 있어야 유효수량이 확보되어 화재시에 사용할 수 있기 때문이다.
- h_1 = 직관×0.3(30%) = 23.9m×0.3 = 7.17m

직관이 주어지지 않았으므로 여기서는 실양정(h_2)=직관 으로 봐야 한다.

(바) **전동기**의 **동력**

$$P = \frac{0.163\,QH}{\eta}K$$

여기서, P : 전동기의 동력[kW]
Q : 유량(정격토출량)[m^3/min]
H : 전양정[m]
K : 전달계수
η : 효율

전동기의 **동력** P는

$$P = \frac{0.163\,QH}{\eta}K = \frac{0.163 \times 0.8\text{m}^3/\text{min} \times 41.07\text{m}}{0.6} \times 1.1 = 9.818 ≒ 9.82\text{kW}$$

- 0.8m^3/min = 800L/min = 0.8m^3/min : (라)에서 구한 값
- 41.07m : (마)에서 구한 값
- 1.1 : [조건 ⑥]에서 주어진 값
- 0.6 : [조건 ⑥]에서 60%=0.6

☆☆

문제 02

펌프의 흡입관에 버터플라이밸브를 사용하지 않는 이유를 2가지만 쓰시오. (12.4.문2)

○

○

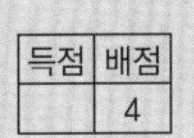

득점	배점
	4

해답 ① 유효흡입양정 감소로 공동현상이 발생
② 밸브의 순간적인 개폐로 수격작용이 발생

해설 **펌프 흡입측에 버터플라이밸브를 제한하는 이유**
(1) 물의 **유체저항**이 매우 커서 원활한 흡입이 되지 않는다.
(2) 유효흡입양정(NPSH)이 감소되어 **공동현상**(cavitation)이 발생할 우려가 있다.
(3) 개폐가 순간적으로 이루어지므로 **수격작용**(water hammering)이 발생할 우려가 있다.

☆☆☆

문제 03

스프링클러설비의 배관방식 중 그리드방식(grid system)과 루프방식(loop system)의 대표적인 구성 그림을 그리시오.

(09.10.문4)

○ 그리드방식(grid system) :
○ 루프방식(loop system) :

득점	배점
	4

해답 ○ 그리드방식 : 평행한 교차배관에 많은 가지배관을 연결하는 방식

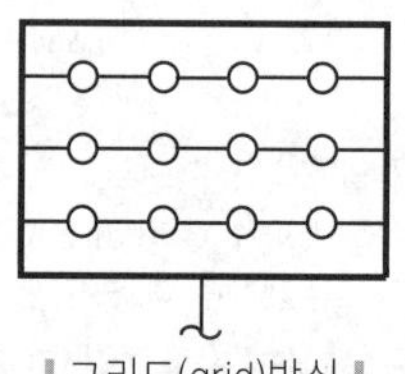

‖ 그리드(grid)방식 ‖

○ 루프방식 : 2개 이상의 배관에서 헤드에 물을 공급하도록 연결하는 방식

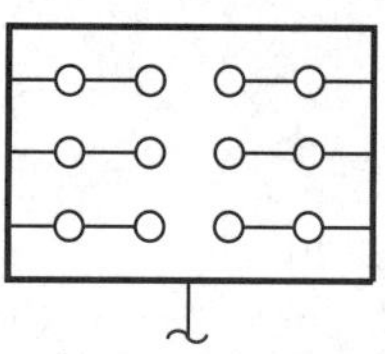

‖ 루프(loop)방식 ‖

해설 **스프링클러설비**의 **배관방식**

구 분	그리드(grid)방식	루프(loop)방식
뜻	평행한 교차배관에 많은 가지배관을 연결하는 방식	2개 이상의 배관에서 헤드에 물을 공급하도록 연결하는 방식
장점	① 유수의 흐름이 분산되어 **압력손실**이 적고 **공급압력 차이**를 줄일 수 있으며, **고른 압력분포** 가능 ② 고장수리시에도 소화수 공급 가능 ③ 배관 내 충격파 발생시에도 분산 가능 ④ 소화설비의 증설·이설시 용이 ⑤ 소화용수 및 가압송수장치의 분산배치 용이	① 한쪽 배관에 **이**상발생시 다른 방향으로 소화수를 공급하기 위해서 ② 유수의 흐름을 분산시켜 **압**력손실을 줄이기 위해서 기억법 **이압**
구성	‖ 그리드방식 ‖	‖ 루프방식 ‖

☆☆
문제 04

헤드 H-1의 방수압력이 0.1MPa이고 방수량이 80L/min인 폐쇄형 스프링클러설비의 수리계산에 대하여 조건을 참고하여 다음 각 물음에 답하시오. (단, 계산과정을 쓰고 최종 답은 반올림하여 소수점 둘째 자리까지 구할 것)

(17.11.문7, 15.4.문10, 관리사 2차 10회 문3)

득점	배점
	12

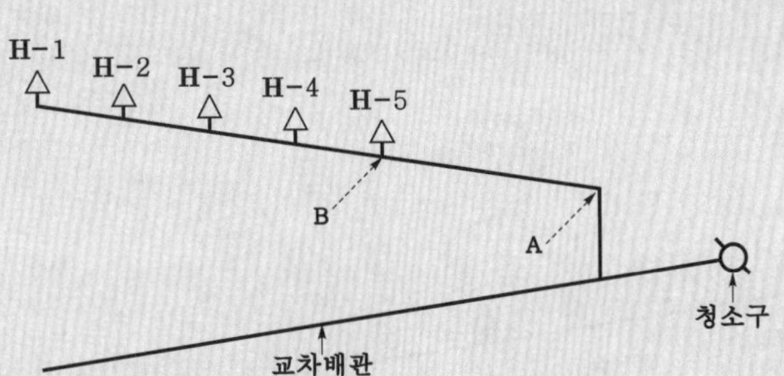

[조건]

① 헤드 H-1에서 H-5까지의 각 헤드마다의 방수압력 차이는 0.01MPa이다. (단, 계산시 헤드와 가지배관 사이의 배관에서의 마찰손실은 무시한다.)

② A~B구간의 마찰손실압은 0.04MPa이다.

③ 헤드 H-1에서의 방수량은 80L/min이다.

(가) A지점에서의 필요최소압력은 몇 MPa인지 구하시오.
 ○ 계산과정 :
 ○ 답 :

(나) 각 헤드에서의 방수량은 몇 L/min인지 구하시오.
 ○ 계산과정 :
 ○ 답 :

(다) A~B구간에서의 유량은 몇 L/min인지 구하시오.
 ○ 계산과정 :
 ○ 답 :

(라) A~B구간에서의 최소내경은 몇 m인지 구하시오.
 ○ 계산과정 :
 ○ 답 :

 해답

(가) ○ 계산과정 : $0.1+0.01\times4+0.04=0.18\text{MPa}$
 ○ 답 : 0.18MPa

(나) ○ 계산과정 : $K=\dfrac{80}{\sqrt{10\times0.1}}=80$

$\text{H}-1$: $Q_1=80\sqrt{10\times0.1}=80\text{L/min}$

$\text{H}-2$: $Q_2=80\sqrt{10(0.1+0.01)}=83.904 ≒ 83.9\text{L/min}$

$\text{H}-3$: $Q_3=80\sqrt{10(0.1+0.01+0.01)}=87.635 ≒ 87.64\text{L/min}$

$\text{H}-4$: $Q_4=80\sqrt{10(0.1+0.01+0.01+0.01)}=91.214 ≒ 91.21\text{L/min}$

$\text{H}-5$: $Q_5=80\sqrt{10(0.1+0.01+0.01+0.01+0.01)}=94.657 ≒ 94.66\text{L/min}$

○ 답 : $Q_1=80\text{L/min}$
$Q_2=83.9\text{L/min}$
$Q_3=87.64\text{L/min}$
$Q_4=91.21\text{L/min}$
$Q_5=94.66\text{L/min}$

(다) ○ 계산과정 : $80+83.9+87.64+91.21+94.66=437.41\text{L/min}$
○ 답 : 437.41L/min

(라) ○ 계산과정 : $\sqrt{\dfrac{4\times(0.43741/60)}{\pi\times 6}}=0.039 \fallingdotseq 0.04\text{m}$
○ 답 : 0.04m

해설 (가)

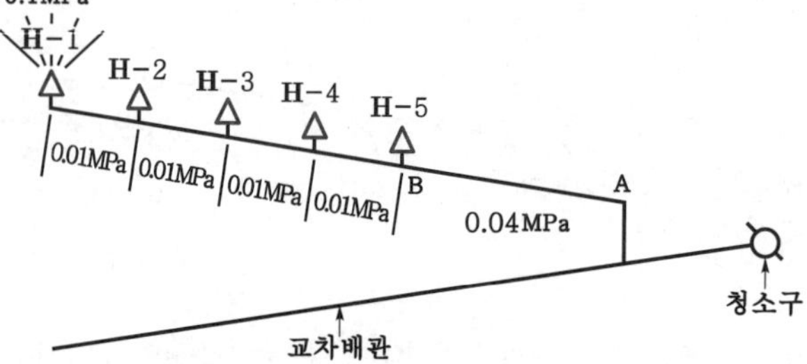

필요최소압력=헤드방수압력+각각의 마찰손실압

$=0.1\text{MPa}+0.01\text{MPa}\times 4+0.04\text{MPa}$
$=0.18\text{MPa}$

- **0.1MPa** : 문제에서 주어진 값
- **0.01MPa** : 〔조건 ①〕에서 주어진 값
- **0.04MPa** : 〔조건 ②〕에서 주어진 값

(나)

$$Q=K\sqrt{10P}$$

여기서, Q : 방수량〔L/min〕
K : 방출계수
P : 방수압〔MPa〕

방출계수 K는

$$K=\frac{Q}{\sqrt{10P}}=\frac{80\text{L/min}}{\sqrt{10\times 0.1\text{MPa}}}=80$$

헤드번호 H-1

① **유량**

$Q_1=K\sqrt{10P}=80\sqrt{10\times 0.1\text{MPa}}=80\text{L/min}$

- P(**0.1MPa**) : 문제에서 주어진 값
- K(80) : 바로 위에서 구한 값

② **마찰손실압**

$\Delta P_1=0.01\text{MPa}$

- 〔조건 ①〕에서 각 헤드의 방수압력 차이는 **0.01MPa**이다.

헤드번호 H-2

① **유량**

$Q_2=K\sqrt{10(P+\Delta P_1)}=80\sqrt{10(0.1\text{MPa}+0.01\text{MPa})}=83.904 \fallingdotseq 83.9\text{L/min}$

- 방수압$(P+\Delta P_1)$은 문제에서 주어진 방수압(P) **0.1MPa**과 헤드번호 H-1의 마찰손실압(ΔP_1)의 합이다.

② **마찰손실압**

$\Delta P_2 = 0.01\text{MPa}$

- 〔조건 ①〕에서 각 헤드의 방수압력 차이는 **0.01MPa**이다.

헤드번호 H-3

① **유량**

$Q_3 = K\sqrt{10(P+\Delta P_1+\Delta P_2)} = 80\sqrt{10(0.1\text{MPa}+0.01\text{MPa}+0.01\text{MPa})} = 87.635 ≒ 87.64\text{L/min}$

- 방수압$(P+\Delta P_1+\Delta P_2)$은 문제에서 주어진 방수압$(P)$ **0.1MPa**과 헤드번호 H-1의 마찰손실압(ΔP_1), 헤드번호 H-2의 마찰손실압(ΔP_2)의 합이다.

② **마찰손실압**

$\Delta P_3 = 0.01\text{MPa}$

- 〔조건 ①〕에서 각 헤드의 방수압력 차이는 **0.01MPa**이다.

헤드번호 H-4

① **유량**

$Q_4 = K\sqrt{10(P+\Delta P_1+\Delta P_2+\Delta P_3)}$

$= 80\sqrt{10(0.1\text{MPa}+0.01\text{MPa}+0.01\text{MPa}+0.01\text{MPa})} = 91.214 ≒ 91.21\text{L/min}$

- 방수압$(P+\Delta P_1+\Delta P_2+\Delta P_3)$은 문제에서 주어진 방수압$(P)$ **0.1MPa**과 헤드번호 H-1의 마찰손실압(ΔP_1), 헤드번호 H-2의 마찰손실압(ΔP_2), 헤드번호 H-3의 마찰손실압(ΔP_3)의 합이다.

② **마찰손실압**

$\Delta P_4 = 0.01\text{MPa}$

- 〔조건 ①〕에서 각 헤드의 방수압력 차이는 **0.01MPa**이다.

헤드번호 H-5

유량

$Q_5 = K\sqrt{10(P+\Delta P_1+\Delta P_2+\Delta P_3+\Delta P_4)}$

$= 80\sqrt{10(0.1\text{MPa}+0.01\text{MPa}+0.01\text{MPa}+0.01\text{MPa}+0.01\text{MPa})} = 94.657 ≒ 94.66\text{L/min}$

(다) A~B구간의 유량

$Q = Q_1+Q_2+Q_3+Q_4+Q_5$

$= 80\text{L/min}+83.9\text{L/min}+87.64\text{L/min}+91.21\text{L/min}+94.66\text{L/min} = 437.41\text{L/min}$

- $Q_1 \sim Q_5$: (나)에서 구한 값

(라)

$$Q = AV = \frac{\pi D^2}{4}V$$

여기서, Q : 유량〔m³/s〕

A : 단면적〔m²〕

V : 유속〔m/s〕

D : 내경〔m〕

$$Q = \frac{\pi D^2}{4}V$$

에서

배관의 **내경** D는

$$D=\sqrt{\frac{4Q}{\pi V}}=\sqrt{\frac{4\times 437.41\text{L/min}}{\pi\times 6\text{m/s}}}$$
$$=\sqrt{\frac{4\times 0.43741\text{m}^3/\text{min}}{\pi\times 6\text{m/s}}}=\sqrt{\frac{4\times(0.43741\text{m}^3/60\text{s})}{\pi\times 6\text{m/s}}}=0.039 ≒ 0.04\text{m}$$

- Q(437.41L/min) : ㈐에서 구한 값
- $1000\text{L}=1\text{m}^3$ 이므로 $437.41\text{L/min}=0.43741\text{m}^3/\text{min}$
- $1\text{min}=60\text{s}$ 이므로 $0.43741\text{m}^3/\text{min}=0.43741\text{m}^3/60\text{s}$
- **배관 내**의 **유속**

설 비		유 속
옥내소화전설비		4m/s 이하
스프링클러설비	가지배관 →	6m/s 이하
	기타배관(교차배관 등)	10m/s 이하

- 구하고자 하는 배관은 스프링클러헤드가 설치되어 있으므로 **'가지배관'**이다. 그러므로 유속은 **6m/s**이다.

용어

가지배관	교차배관
스프링클러헤드가 설치되어 있는 배관	**직접** 또는 **수직배관**을 통하여 **가지배관**에 **급수**하는 배관

☆☆

문제 05

그림은 이산화탄소소화설비의 소화약제 저장용기 주위의 배관계통도이다. 방호구역은 A, B 두 부분으로 나누어지고, 각 구역의 소요약제량은 A구역은 2B/T, B구역은 5B/T라 할 때 그림을 보고 다음 물음에 답하시오.

(99.11.문12)

득점	배점
	6

㈎ 각 방호구역에 소요약제량을 방출할 수 있도록 조작관에 설치할 때 체크밸브의 위치를 표시하시오. (단, 집합관(연결관)과 약제저장용기 간의 체크밸브는 제외한다.)

㈏ ①, ②, ③, ④ 기구의 명칭은 무엇인가?

① ② ③ ④

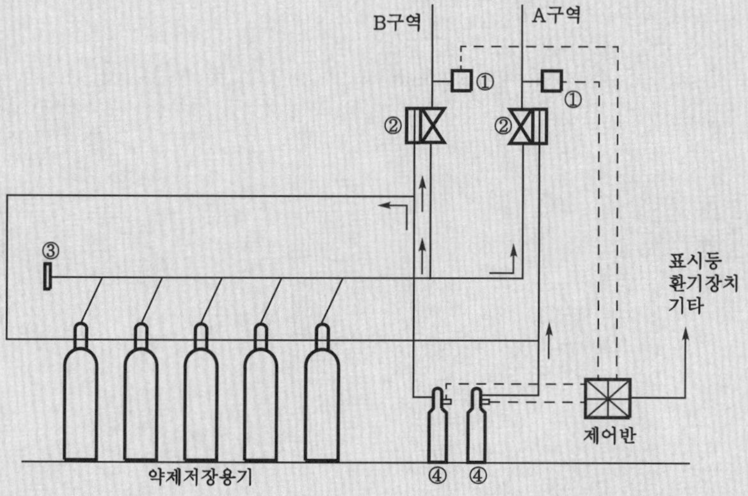

 (가)

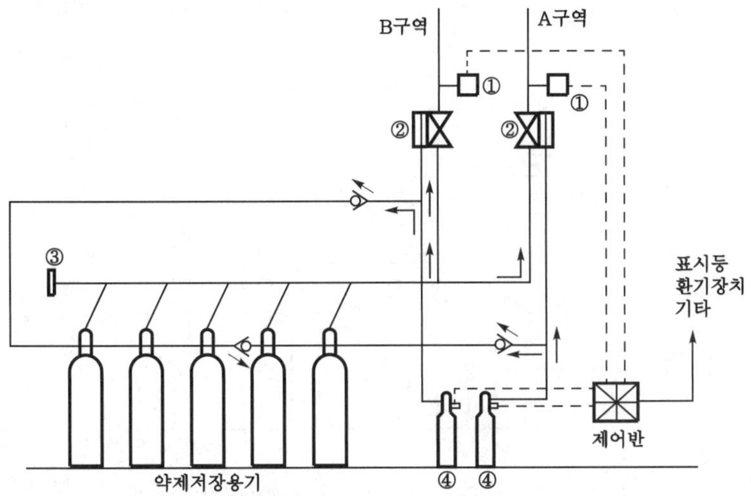

(나) ① 압력스위치
② 선택밸브
③ 안전밸브
④ 기동용 가스용기

해설 (가), (나)

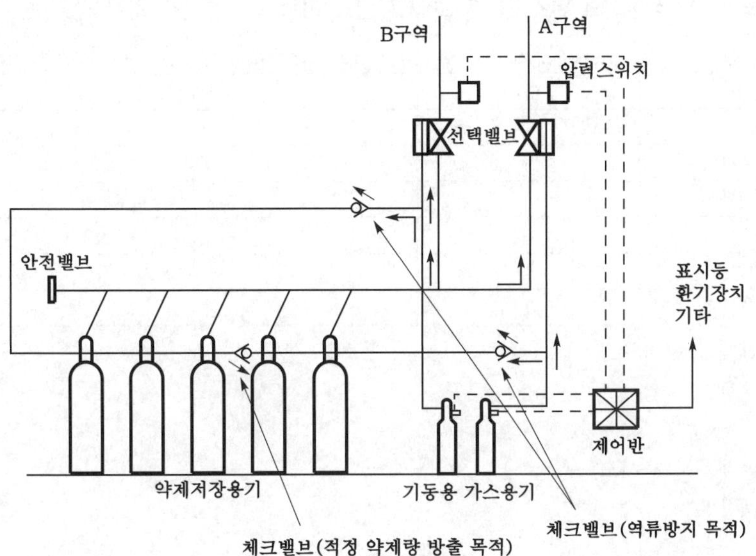

- B/T : Bottle(병)의 약자
- 〔단서〕에 의해 **집합관**과 **약제저장용기 간**의 **체크밸브**는 **표시**를 **제외**한다.
- 집합관과 약제저장용기 간의 체크밸브 표시는 제외하라고 했는데도 굳이 그린다면 틀리게 채점될 수도 있다. 채점위원의 심기를 건드리지 말라!
- 만약 〔단서〕가 없다면 집합관과 약제저장용기 간의 체크밸브도 다음과 같이 표시해야 한다.

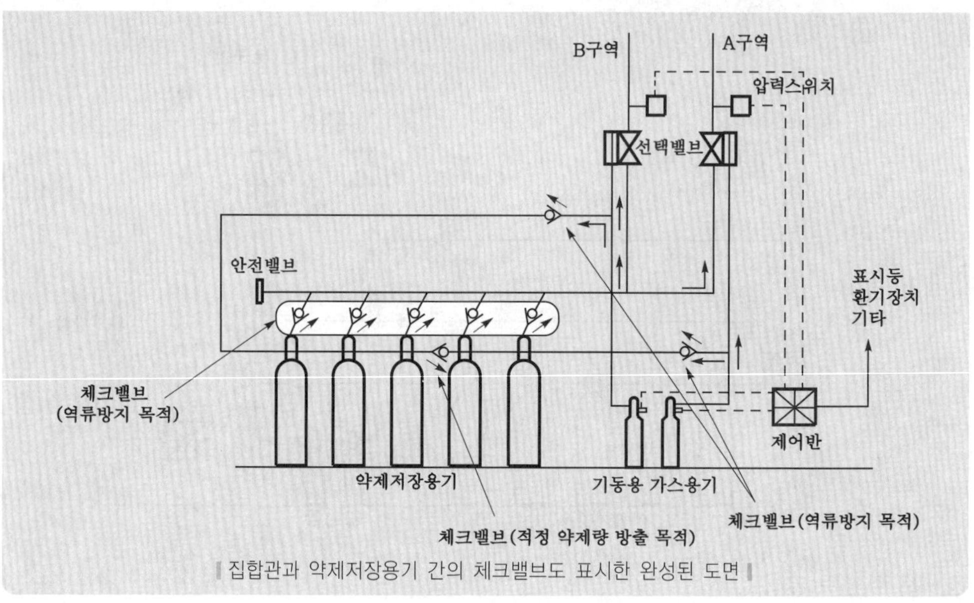

‖ 집합관과 약제저장용기 간의 체크밸브도 표시한 완성된 도면 ‖

☆
문제 06

다음 혼합물의 연소상한계와 연소하한계 그리고 연소 가능 여부를 판단하시오. (06.11.문11, 03.4.문12)

득점	배점
	10

물 질	조성농도[%]	LFL[vol%]	UFL[vol%]
수소	5	4	75
메탄	10	5	15
프로판	5	2.1	9.5
부탄	5	1.8	8.4
에탄	5	3	12.4
공기	70	–	–
계	100	–	–

(가) 연소상한계를 구하시오.
  ○ 계산과정 :
  ○ 답 :

(나) 연소하한계를 구하시오.
  ○ 계산과정 :
  ○ 답 :

(다) 연소 가능 여부를 판단하시오.

해답 (가) ○ 계산과정 : $U=\dfrac{30}{\dfrac{5}{75}+\dfrac{10}{15}+\dfrac{5}{9.5}+\dfrac{5}{8.4}+\dfrac{5}{12.4}}=13.285 \fallingdotseq 13.29\text{vol\%}$

○ 답 : 13.29vol%

(나) ○ 계산과정 : $L=\dfrac{30}{\dfrac{5}{4}+\dfrac{10}{5}+\dfrac{5}{2.1}+\dfrac{5}{1.8}+\dfrac{5}{3}}=2.977 \fallingdotseq 2.98\text{vol\%}$

○ 답 : 2.98vol%

(다) 연소 불가능

- (가), (나) 단위는 vol%가 정답이다. %로만 쓰면 틀릴 수도 있다. 주의!
- 다음의 식은 르샤틀리에의 법칙(Le Chatelier's law)에 의한 식으로 가연성 혼합가스의 **연소하한계**를 구할 때만 쓰인다. 가연성 혼합가스의 연소상한계는 오차가 커서 원칙적으로 이 식을 적용할 수 없다. 이 문제에서는 다른 방법이 없으므로 어쩔 수 없이 적용했을 뿐이다.

(가) 가연성 가스의 합계=수소+메탄+프로판+부탄+에탄
=5+10+5+5+5=**30vol%**

$$\frac{\text{가연성 가스의 합계}}{U}=\frac{V_1}{U_1}+\frac{V_2}{U_2}+\frac{V_3}{U_3}+\frac{V_4}{U_4}+\frac{V_5}{U_5}+\cdots$$

여기서, U : 혼합가스의 연소상한계〔vol%〕
$U_1 \sim U_5$: 가연성 가스의 연소상한계〔vol%〕
$V_1 \sim V_5$: 가연성 가스의 용량〔vol%〕

혼합가스의 **연소상한계** U는

$$U=\frac{30}{\frac{V_1}{U_1}+\frac{V_2}{U_2}+\frac{V_3}{U_3}+\frac{V_4}{U_4}+\frac{V_5}{U_5}}=\frac{30}{\frac{5}{75}+\frac{10}{15}+\frac{5}{9.5}+\frac{5}{8.4}+\frac{5}{12.4}}=13.285 \fallingdotseq \mathbf{13.29vol\%}$$

(나)
$$\frac{\text{가연성 가스의 합계}}{L}=\frac{V_1}{L_1}+\frac{V_2}{L_2}+\frac{V_3}{L_3}+\frac{V_4}{L_4}+\frac{V_5}{L_5}+\cdots$$

여기서, L : 혼합가스의 연소하한계〔vol%〕
$L_1 \sim L_5$: 가연성 가스의 연소하한계〔vol%〕
$V_1 \sim V_5$: 가연성 가스의 용량〔vol%〕

혼합가스의 **연소하한계** L은

$$L=\frac{30}{\frac{V_1}{L_1}+\frac{V_2}{L_2}+\frac{V_3}{L_3}+\frac{V_4}{L_4}+\frac{V_5}{L_5}}=\frac{30}{\frac{5}{4}+\frac{10}{5}+\frac{5}{2.1}+\frac{5}{1.8}+\frac{5}{3}}=2.977 \fallingdotseq \mathbf{2.98vol\%}$$

(다) **연소 가능 여부**란 **연소범위** 내에 있는지, 밖에 있는지를 말하는 것으로서 **연소범위 내**에 있으면 **연소**(폭발) **가능성**이 있고, **연소범위 밖**에 있으면 **연소**가 **불가능**하다는 것을 의미한다. 연소범위는 연소하한계와 연소상한계의 범위를 말하므로 (가), (나)에서 구한 **2.98~13.29vol%**가 된다. 가연성 가스의 합계가 **30vol%**로서 **폭발**(연소) **범위**(2.98~13.29vol%) **밖**에 있으므로 **연소**의 **우려**가 **없다.**

용어

LFL(Lower Flammable Limit, 연소하한계)	**UFL**(Upper Flammable Limit, 연소상한계)
가열원과 접촉시 대기 중 연소가 가능한 **최소한**의 기체농도	가열원과 접촉시 대기 중 연소가 가능한 **최대한**의 기체농도

☆☆☆
문제 07

그림은 서로 직렬된 2개의 실 Ⅰ, Ⅱ 평면도이다. A_1, A_2의 누설틈새면적은 각각 0.02m^{2}이고 압력차가 50Pa로 판정되었을 때 누설량〔m^3/s〕을 구하시오. (19.11.문3, 08.11.문1)

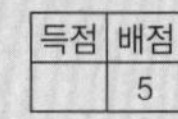

득점	배점
	5

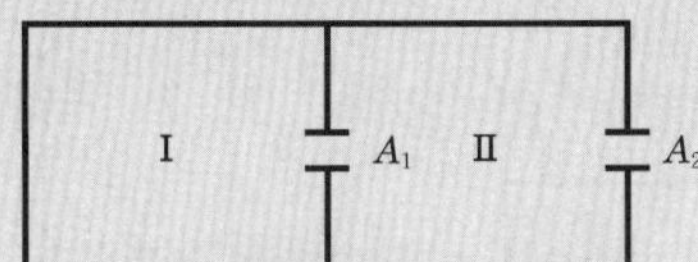

○ 계산과정 :
○ 답 :

해답 ○ 계산과정 : $A_1 \sim A_2 = \dfrac{1}{\sqrt{\dfrac{1}{0.02^2}+\dfrac{1}{0.02^2}}} = 0.014\text{m}^2$

$Q = 0.827 \times 0.014 \times \sqrt{50} = 0.081 ≒ 0.08\text{m}^3/\text{s}$

○ 답 : $0.08\text{m}^3/\text{s}$

해설 $A_1 \sim A_2$는 직렬상태이므로

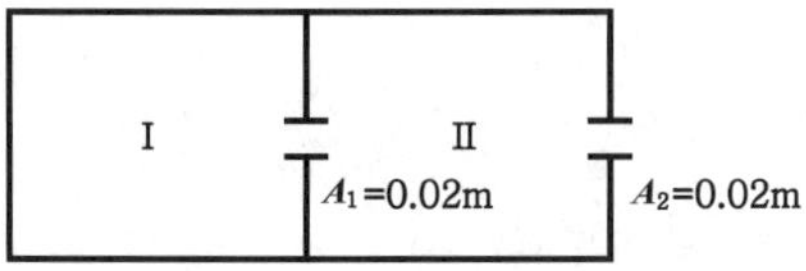

$$A_1 \sim A_2 = \frac{1}{\sqrt{\dfrac{1}{0.02^2}+\dfrac{1}{0.02^2}}} = 0.014\text{m}^2$$

• 누설틈새면적은 그 값이 매우 작으므로 가능하면 소수점 셋째자리까지 구하도록 하자.

위의 내용을 정리하면 다음과 같이 변환시킬 수 있다.

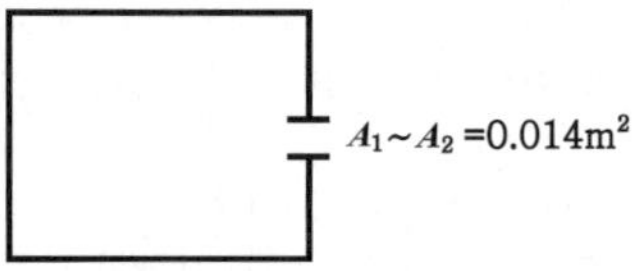

$$Q = 0.827 A \sqrt{P}$$

여기서, Q : 누설량[m³/s]
A : 누설틈새면적[m²]
P : 차압[Pa]

누설량 Q는

$Q = 0.827 A \sqrt{P} = 0.827 \times 0.014\text{m}^2 \times \sqrt{50}\,\text{Pa} = 0.081 ≒ 0.08\text{m}^3/\text{s}$

• 문제에서 누설량의 단위가 주어지지 않았으므로 답란에 **'단위'**를 쓰지 않으면 틀린다. 주의하라!
• 차압=기압차
• $\text{m}^3/\text{s} = \text{m}^3/\text{sec}$

참고

누설틈새면적

직렬상태	병렬상태
$A = \dfrac{1}{\sqrt{\dfrac{1}{A_1^{\ 2}}+\dfrac{1}{A_2^{\ 2}}+\cdots}}$ 여기서, A : 전체 누설틈새면적[m²] A_1, A_2 : 각 실의 누설틈새면적[m²] 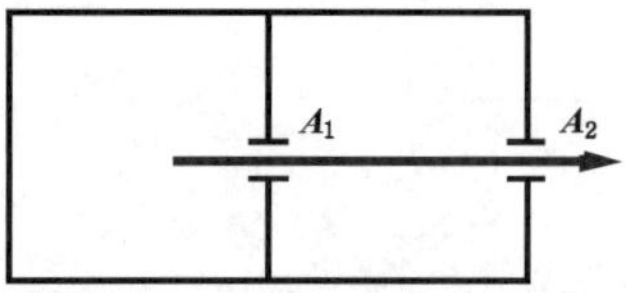 	$A = A_1 + A_2 + \cdots$ 여기서, A : 전체 누설틈새면적[m²] A_1, A_2 : 각 실의 누설틈새면적[m²] 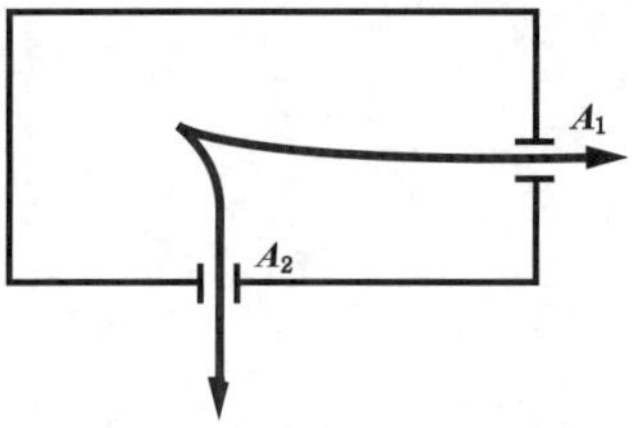

☆☆
문제 08

지하 1층 용도가 판매시설로서 본 용도로 사용하는 바닥면적이 3000m^{2}일 경우 이 장소에 분말소화기 1개의 소화능력단위가 A급 화재기준으로 3단위의 소화기로 설치할 경우 본 판매장소에 필요한 분말소화기의 개수는 최소 몇 개인지 구하시오. (19.4.문13, 16.4.문2, 13.4.문11, 11.7.문5)

○ 계산과정 :
○ 답 :

득점	배점
	4

해답 ○ 계산과정 : $\frac{3000}{100}=30$단위

$\frac{30}{3}=10$개

○ 답 : 10개

해설 **특정소방대상물별 소화기구의 능력단위기준**(NFTC 101 2.1.1.2)

특정소방대상물	소화기구의 능력단위	건축물의 주요구조부가 **내화구조**이고, 벽 및 반자의 실내에 면하는 부분이 **불연재료 · 준불연재료** 또는 **난연재료**로 된 특정소방대상물의 능력단위
• **위**락시설 기억법 위3(**위상**)	바닥면적 **30m^2**마다 1단위 이상	바닥면적 **60m^2**마다 1단위 이상
• **공연**장 • **집**회장 • **관람**장 및 **문**화재 • **의**료시설 · **장**례시설(장례식장) 기억법 5공연장 문의 집관람 (손**오공 연장 문의 집관람**)	바닥면적 **50m^2**마다 1단위 이상	바닥면적 **100m^2**마다 1단위 이상
• **근**린생활시설 • **판**매시설 • 운수시설 • **숙**박시설 • **노**유자시설 • **전**시장 • 공동**주**택 • **업무시설** • **방**송통신시설 • 공장 · **창**고 • **항**공기 및 자동**차**관련시설(주차장) 및 **관광**휴게시설 기억법 근판숙노전 주업방차창 1항관광(**근판숙노전 주업방차장 일본항관광**)	→ 바닥면적 **100m^2**마다 1단위 이상	바닥면적 **200m^2**마다 1단위 이상
• 그 밖의 것	바닥면적 **200m^2**마다 1단위 이상	바닥면적 **400m^2**마다 1단위 이상

판매시설로서 **내화구조**이고 **불연재료 · 준불연재료 · 난연재료**인 경우가 **아니므로** 바닥면적 **100m^2**마다 1단위 이상이므로

$\frac{3000\text{m}^2}{100\text{m}^2}=30$단위

• **30단위**를 **30개**라고 쓰면 틀린다. 특히 주의!

3단위 소화기를 설치하므로

소화기개수 $=\frac{30\text{단위}}{3\text{단위}}=10$개

☆☆☆

문제 09

조건을 참조하여 제연설비에 대한 다음 각 물음에 답하시오.

(19.11.문13, 16.11.문5, 14.11.문13, 10.10문14, 09.10.문11)

〔조건〕

득점	배점
	5

① 배연기의 풍량은 50000CMH이다.
② 배연 Duct의 길이는 120m이고 Duct의 저항은 1m당 0.2mmAq이다.
③ 배출구저항은 8mmAq, 배기 그릴저항은 4mmAq, 관부속품의 저항은 Duct저항의 40%이다.
④ 효율은 50%이고, 여유율은 10%로 한다.

(가) 배연기의 소요전압〔mmAq〕을 구하시오.
○ 계산과정 :
○ 답 :

(나) 배출기의 이론소요동력〔kW〕을 구하시오.
○ 계산과정 :
○ 답 :

 해답

(가) ○ 계산과정 : $(120\times0.2)+8+4+(120\times0.2)\times0.4=45.6\text{mmAq}$
○ 답 : 45.6mmAq

(나) ○ 계산과정 : $\dfrac{45.6\times50000/60}{102\times60\times0.5}\times1.1=13.66\text{kW}$
○ 답 : 13.66kW

 해설

(가) **소요전압** P_T는

P_T =Duct저항+배출구저항+배기 그릴저항+관부속품저항
=(120m×0.2mmAq/m)+8mmAq+4mmAq+(120m×0.2mmAq/m)×0.4
=45.6mmAq

- Duct저항(**120m×0.2mmAq/m**) : 〔조건 ②〕에서 주어진 값
- 관부속품저항[**(120m×0.2mmAq/m)×0.4**] : 〔조건 ③〕에 의해 관부속품의 저항은 Duct저항의 40%이므로 **0.4**를 곱함

(나)

$$P=\frac{P_T Q}{102\times60\eta}K$$

여기서, P : 배연기동력(배출기동력)〔kW〕
P_T : 전압(풍압)〔mmAq, mmH_2O〕
Q : 풍량〔m^3/min〕
K : 여유율
η : 효율

배출기의 **이론소요동력** P는

$$P=\frac{P_T Q}{102\times60\eta}K$$
$$=\frac{45.6\text{mmAq}\times50000\text{CMH}}{102\times60\times0.5}\times1.1$$
$$=\frac{45.6\text{mmAq}\times50000\text{m}^3/\text{h}}{102\times60\times0.5}\times1.1$$
$$=\frac{45.6\text{mmAq}\times50000\text{m}^3/60\text{min}}{102\times60\times0.5}\times1.1$$
$$=13.66\text{kW}$$

- 배연설비(제연설비)에 대한 동력은 반드시 $P=\frac{P_T Q}{102\times 60\eta}K$를 적용하여야 한다. 우리가 알고 있는 일반적인 식 $P=\frac{0.163QH}{\eta}K$를 적용하여 풀면 틀린다.
- 여유율은 10%이므로 여유율(K)은 **1.1**(여유율 10%=100%+10%=110%=1.1)이 된다. 0.1을 곱하지 않도록 주의!
- P_T **(45.6mmAq)** : (가)에서 구한 값
- Q**(50000CMH)** : 〔조건 ①〕에서 구한 값
- η **(0.5)** : 〔조건 ④〕에서 주어진 값
- CMH(**C**ubic **M**eter per **H**our)=m^3/h

중요

단위

(1) GPM=**G**allon **P**er **M**inute(gallon/min)
(2) PSI=**P**ound per **S**quare **I**nch(lb_f/in^2)
(3) LPM=**L**iter **P**er **M**inute(L/min)
(4) CMH=**C**ubic **M**eter per **H**our(m^3/h)

☆☆☆

문제 10

경유를 저장하는 내부직경이 40m인 플로팅루프탱크에 포소화설비의 특형 방출구를 설치하여 방호하려고 할 때 다음 물음에 답하시오. (19.4.문6, 16.11.문15, 15.7.문1, 14.4.문6, 13.11.문10, 12.7.문7, 11.11.문13, 04.4.문1)

득점	배점
	7

〔조건〕

① 소화약제는 3%용의 단백포를 사용하며, 수용액의 분당방출량은 $8L/m^2\cdot min$이고, 방사시간은 20분을 기준으로 한다.
② 탱크 내면과 굽도리판의 간격은 2.5m로 한다.
③ 펌프의 효율은 60%, 전동기 전달계수는 1.1로 한다.
④ 포소화약제의 혼합장치로는 프레져 프로포셔너방식을 사용한다.

(가) 상기탱크의 특형 방출구에 의하여 소화하는 데 필요한 수용액량, 수원의 양, 포소화약제 원액량은 각각 얼마 이상이어야 하는지 각 항의 요구에 따라 구하시오.

① 수용액의 양〔L〕
  ○계산과정 :
  ○답 :

② 수원의 양〔L〕
  ○계산과정 :
  ○답 :

③ 원액의 양〔L〕
  ○계산과정 :
  ○답 :

(나) 펌프의 전양정이 80m라고 할 때 전동기의 출력〔kW〕은 얼마 이상이어야 하는지 구하시오.
  ○계산과정 :
  ○답 :

해답 (가) ① ○ 계산과정 : $\frac{\pi}{4}(40^2-35^2)\times 8\times 20\times 1=47123.889 ≒ 47123.89\text{L}$

○ 답 : 47123.89L

② ○ 계산과정 : $\frac{\pi}{4}(40^2-35^2)\times 8\times 20\times 0.97=45710.173 ≒ 45710.17\text{L}$

○ 답 : 45710.17L

③ ○ 계산과정 : $\frac{\pi}{4}(40^2-35^2)\times 8\times 20\times 0.03=1413.716 ≒ 1413.72\text{L}$

○ 답 : 1413.72L

(나) ○ 계산과정 : 분당토출량$=\frac{47123.89}{20}=2356.194 ≒ 2356.19\text{L/min}$

$$P=\frac{0.163\times 2.35619\times 80}{0.6}\times 1.1=56.328 ≒ 56.33\text{kW}$$

○ 답 : 56.33kW

해설 (가)

$$Q=A\times Q_1\times T\times S$$

여기서, Q : 수용액・수원・약제량(원액의 양)〔L〕
A : 탱크의 액표면적〔m^2〕
Q_1 : 수용액의 분당방출량〔$L/m^2\cdot min$〕
T : 방사시간〔분〕
S : 농도

① **수용액량** Q는

$Q=A\times Q_1\times T\times S$

$=\frac{\pi}{4}(40^2-35^2)\text{m}^2\times 8\text{L/m}^2\cdot\text{min}\times 20\text{min}\times 1=47123.889 ≒ 47123.89\text{L}$

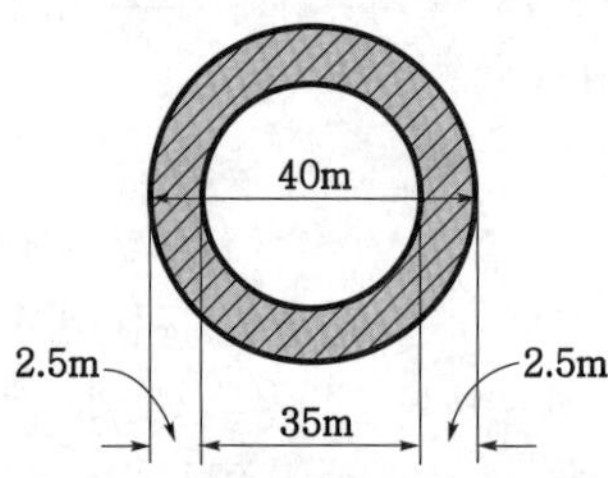

▎플로팅루프탱크의 구조▐

- 탱크의 액표면적(A)은 탱크 내면의 표면적만 고려하여야 하므로 〔조건 ②〕에서 굽도리판의 간격 **2.5m**를 적용하여 그림에서 빗금 친 부분만 고려하여 $\frac{\pi}{4}(40^2-35^2)\text{m}^2$로 계산하여야 한다. 꼭 기억해 두어야 할 사항은 굽도리판의 간격을 적용하는 것은 **플로팅루프탱크**의 경우에만 한한다는 것이다.
- 수용액량에서 **농도**(S)는 항상 **1**이다.

② **수원**의 **양** Q는

$Q=A\times Q_1\times T\times S=\frac{\pi}{4}(40^2-35^2)\text{m}^2\times 8\text{L/m}^2\cdot\text{min}\times 20\text{min}\times 0.97=45710.173 ≒ 45710.17\text{L}$

- 〔조건 ①〕에서 3%용이므로 수원의 농도(S)는 97%(100−3=97%)가 된다.

③ 포소화약제 원액량 Q는

$Q=A\times Q_1\times T\times S$

$=\frac{\pi}{4}(40^2-35^2)\text{m}^2\times 8\text{L/m}^2\cdot\text{min}\times 20\text{min}\times 0.03=1413.716 ≒ 1413.72\text{L}$

- 〔조건 ①〕에서 3%용이므로 약제**농도**(S)는 **0.03**이다.
- 보조포소화전과 배관의 길이가 주어지지 않아서 보조포소화전의 양과 배관보정량을 구할 수 없어 생략하였음

(나) ① 분당토출량 $= \dfrac{\text{수용액량〔L〕}}{\text{방사시간〔min〕}} = \dfrac{47123.89\text{L}}{20\text{min}} = 2356.194 \fallingdotseq 2356.19\text{L/min}$

- 펌프의 토출량은 어떤 혼합장치이든지 관계없이 모두! 반드시! **포수용액**을 기준으로 해야 한다.
  - 포소화설비의 화재안전기준(NFPC 105 6조 ①항 4호, NFTC 105 2.3.1.4)
    4. **펌프**의 **토출량**은 포헤드 · 고정포방출구 또는 이동식 포노즐의 설계압력 또는 노즐의 방사압력의 허용범위 안에서 **포수용액**을 방출 또는 방사할 수 있는 양 이상이 되도록 할 것

② **전동기**의 **출력**

$$P = \frac{0.163QH}{\eta}K$$

여기서, P : 전동기의 출력〔kW〕
Q : 토출량〔m^3/min〕
H : 전양정〔m〕
K : 전달계수
η : 펌프의 효율

전동기의 **출력** P는

$$P = \frac{0.163QH}{\eta}K$$
$$= \frac{0.163 \times 2356.19\text{L/min} \times 80\text{m}}{0.6} \times 1.1 = \frac{0.163 \times 2.35619\text{m}^3\text{/min} \times 80\text{m}}{0.6} \times 1.1 = 56.328 \fallingdotseq 56.33\text{kW}$$

- 1000L=1m^3이므로 2356.19L/min=2.35619m^3/min

☆☆
문제 11

연결송수관설비의 송수구 설치기준에 관한 다음 (　　) 안을 완성하시오.

득점	배점
	10

- 지면으로부터 높이가 (㉮)m 이상 (㉯)m 이하의 위치에 설치할 것
- 송수구의 부근에는 자동배수밸브 및 체크밸브를 설치하되 건식의 경우에는 송수구 · (㉰) · (㉱) · (㉲)의 순으로 설치할 것
- 구경 (㉳)mm의 (㉴)형으로 할 것
- 송수구는 연결송수관의 수직배관마다 (㉵)개 이상을 설치할 것. 다만, 하나의 건축물에 설치된 각 수직배관이 중간에 (㉶)밸브가 설치되지 아니한 배관으로 상호 연결되어 있는 경우에는 건축물마다 (㉷)개씩 설치할 수 있다.

㉮	㉯	㉰	㉱	㉲	㉳	㉴	㉵	㉶	㉷

해답

㉮	㉯	㉰	㉱	㉲	㉳	㉴	㉵	㉶	㉷
0.5	1	자동 배수밸브	체크 밸브	자동 배수밸브	65	쌍구	1	개폐	1

해설 **연결송수관설비**의 **송수구 설치기준**(NFPC 502 4조, NFTC 502 2.1.1)

(1) 소방차가 쉽게 접근할 수 있고 잘 보이는 장소에 설치하되 화재층으로부터 지면으로 떨어지는 유리창 등이 송수 및 그 밖의 소화작업에 지장을 주지 않는 장소에 설치할 것

(2) 지면으로부터 높이가 **0.5~1m 이하**의 위치에 설치할 것
(3) 송수구는 화재층으로부터 지면으로 떨어지는 유리창 등이 송수 및 그 밖의 소화작업에 지장을 주지 않는 장소에 설치할 것
(4) 구경 **65mm**의 **쌍구형**으로 할 것
(5) 송수구에는 그 가까운 곳의 보기 쉬운 곳에 **송수압력범위**를 표시한 표지를 할 것
(6) 송수구는 연결송수관의 **수직배관마다 1개 이상**을 설치할 것. 다만, 하나의 건축물에 설치된 각 수직배관이 중간에 개폐밸브가 설치되지 아니한 배관으로 상호 연결되어 있는 경우에는 건축물마다 **1개**씩 설치할 수 있다.
(7) 송수구의 부근에는 자동배수밸브 및 체크밸브를 다음의 기준에 따라 설치할 것. 이 경우 자동배수밸브는 배관 안의 물이 잘 빠질 수 있는 위치에 설치하되, 배수로 인하여 다른 물건이나 장소에 피해를 주지 않아야 한다.
① **습식**의 경우에는 **송수구 · 자동배수밸브 · 체크밸브**의 순으로 설치할 것

기억법 **송자체습(송자는 채식주의자)**

② **건식**의 경우에는 **송수구 · 자동배수밸브 · 체크밸브 · 자동배수밸브**의 순으로 설치할 것

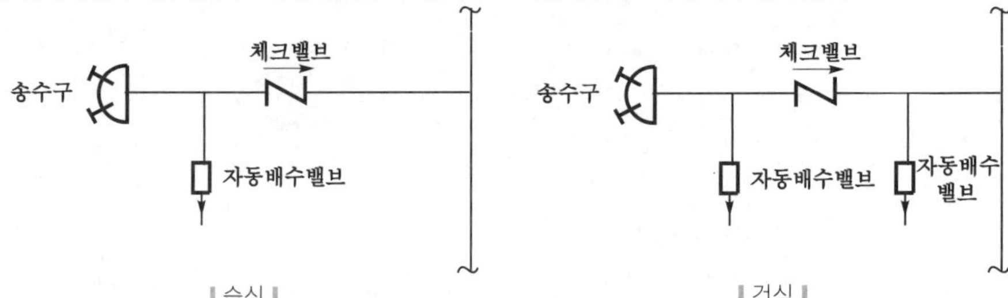

‖습식‖ ‖건식‖

(8) 송수구에는 가까운 곳의 보기 쉬운 곳에 **"연결송수관설비 송수구"**라고 표시한 **표지**를 설치할 것
(9) **송수구**에는 이물질을 막기 위한 **마개**를 씌울 것

- (   )가 10개 총 10점이 되므로 1개에 1점씩 채점됨

문제 12

펌프성능시험을 하기 위하여 오리피스를 통하여 시험한 결과 수은주의 높이가 47cm이다. 이 오리피스가 통과하는 유량[L/s]을 구하시오. (단, 속도계수는 0.9이고, 수은의 비중은 13.6, 중력가속도는 9.81m/s^{2}이다.)

(산업 15.11.문8, 산업 13.4.문13, 산업 08.11.문11, 01.7.문4)

득점	배점
	5

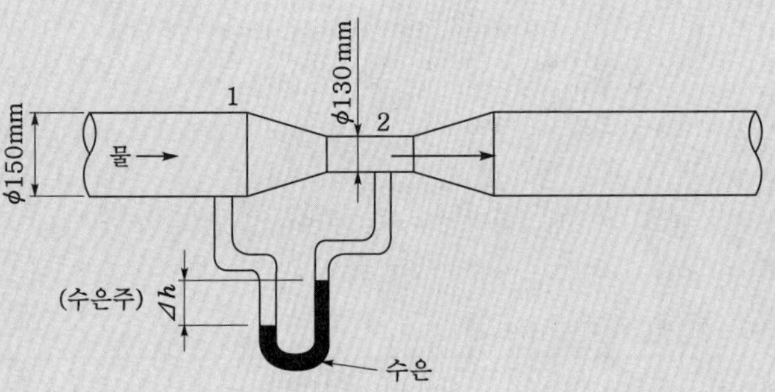

○ 계산과정 :
○ 답 :

해답 ○ 계산과정 : $m=\left(\frac{130}{150}\right)^2 \fallingdotseq 0.751$

$\gamma_w = 1000\times 9.81 = 9810\text{N/m}^3$

$\gamma_s = 13.6\times 9810 = 133416\text{N/m}^3$

$$A_2 = \frac{\pi \times 0.13^2}{4} \fallingdotseq 0.013\text{m}^2$$

$$Q = 0.9 \times \frac{0.013}{\sqrt{1-0.751^2}} \sqrt{\frac{2 \times 9.81 \times (133416-9810)}{9810} \times 0.47}$$

$$\fallingdotseq 0.190997\text{m}^3/\text{s} = 190.997\text{L/s}$$

$$\fallingdotseq 191\text{L/s}$$

○ 답 : 191L/s

해설

$$Q = C_v \frac{A_2}{\sqrt{1-m^2}} \sqrt{\frac{2g(\gamma_s - \gamma_w)}{\gamma_w} R}$$

(1) **개구비**

$$m = \frac{A_2}{A_1} = \left(\frac{D_2}{D_1}\right)^2$$

여기서, m : 개구비
A_1 : 입구면적[cm^2]
A_2 : 출구면적[cm^2]
D_1 : 입구직경[cm]
D_2 : 출구직경[cm]

개구비 $m = \left(\frac{D_2}{D_1}\right)^2 = \left(\frac{130\text{mm}}{150\text{mm}}\right)^2 \fallingdotseq 0.751$

(2) **물의 비중량**

$$\gamma_w = \rho_w g$$

여기서, γ_w : 물의 비중량[N/m^3]
ρ_w : 물의 밀도(1000N·s^2/m^4)
g : 중력가속도[m/s^2]

물의 비중량 $\gamma_w = \rho_w g = 1000\text{N}\cdot\text{s}^2/\text{m}^4 \times 9.81\text{m/s}^2 = 9810\text{N/m}^3$

• g(9.81m/s^2) : [단서]에서 주어진 값, 일반적인 값 9.8m/s^{2}를 적용하면 틀림

(3) **비중**

$$s = \frac{\gamma_s}{\gamma_w}$$

여기서, s : 비중
γ_s : 어떤 물질의 비중량(수은의 비중량)[N/m^3]
γ_w : 물의 비중량(9810N/m^3)

수은의 비중량 $\gamma_s = s \times \gamma_w = 13.6 \times 9810\text{N/m}^3 = 133416\text{N/m}^3$

(4) **출구면적**

$$A_2 = \frac{\pi D_2^{\ 2}}{4}$$

여기서, A_2 : 출구면적[m^2]
D_2 : 출구직경[m]

출구면적 $A_2 = \frac{\pi D_2^{\ 2}}{4} = \frac{\pi \times (0.13\text{m})^2}{4} \fallingdotseq 0.013\text{m}^2$

• D_2(0.13m) : 그림에서 130mm=0.13m(1000mm=1m)

(5) **유량**

$$Q = C_v \frac{A_2}{\sqrt{1-m^2}} \sqrt{\frac{2g(\gamma_s - \gamma_w)}{\gamma_w} R} \text{ 또는 } Q = CA_2 \sqrt{\frac{2g(\gamma_s - \gamma_w)}{\gamma_w} R}$$

여기서, Q : 유량[m^3/s]

C_v : 속도계수($C_v = C\sqrt{1-m^2}$)

C : 유량계수$\left(C = \frac{C_v}{\sqrt{1-m^2}}\right)$

A_2 : 출구면적[m^2]

g : 중력가속도[m/s^2]

γ_s : 수은의 비중량[N/m^3]

γ_w : 물의 비중량[N/m^3]

R : 마노미터 읽음(수은주의 높이)[m]

m : 개구비

- C_v는 **속도계수**이지 유량계수가 아니라는 것을 특히 주의!

유량 Q는

$$Q = C_v \frac{A_2}{\sqrt{1-m^2}} \sqrt{\frac{2g(\gamma_s - \gamma_w)}{\gamma_w} R}$$

$$= 0.9 \times \frac{0.013\text{m}^2}{\sqrt{1-0.751^2}} \sqrt{\frac{2 \times 9.81\text{m/s}^2 \times (133416 - 9810)\text{N/m}^3}{9810\text{N/m}^3} \times 0.47\text{m}}$$

$$\fallingdotseq 0.190997\text{m}^2/\text{s} = 190.997\text{L/s} \fallingdotseq 191\text{L/s}$$

- $1m^3$=1000L이므로 $0.190997m^3/s$=190.997L/s
- C_v(0.9) : [단서]에서 주어진 값
- A_2($0.013m^2$) : 위 (4)에서 구한 값
- m(0.751) : 위 (1)에서 구한 값
- g($9.81m/s^2$) : [단서]에서 주어진 값
- γ_s($133416N/m^3$) : 위 (3)에서 구한 값
- γ_w($9810N/m^3$) : 위 (2)에서 구한 값
- R(0.47m) : 문제에서 47cm=0.47m(100cm=1m)

중요

유량계수, 속도계수, 수축계수(진짜! 중요)

계 수	공 식	정 의	동일한 용어	일반적인 값
유량계수 (C)	$C = C_v \times C_a = \frac{\text{실제유량}}{\text{이론유량}}$ 여기서, C : 유량계수 C_v : 속도계수 C_a : 수축계수	이론유량은 실제유량보다 크게 나타나는데 이 차이를 보정해주기 위한 계수	• 유량계수 • 유출계수 • 방출계수 • 유동계수 • 흐름계수	0.614~0.634
속도계수 (C_v)	$C_v = \frac{\text{실제유속}}{\text{이론유속}}$ 여기서, C_v : 속도계수	실제유속과 이론유속의 차이를 보정해주는 계수	• 속도계수 • 유속계수	0.96~0.99
수축계수 (C_a)	$C_a = \frac{\text{수축단면적}}{\text{오리피스단면적}}$ 여기서, C_a : 수축계수	최대수축단면적(vena contracta)과 원래의 오리피스단면적의 차이를 보정해주는 계수	• 수축계수 • 축류계수	약 0.64

☆☆☆

문제 13

소화펌프는 상사의 법칙에 의하면 펌프의 임펠러 회전속도에 따라 유량, 양정, 축동력이 변화한다. 어느 소화펌프의 전양정이 150m이고 토출량이 30m³/min로 운전하다가 소화펌프의 회전수를 증가시켜 토출량이 40m³/min로 변화되었을 때의 전양정은 몇 m인지 계산하시오. (16.4.문13, 12.7.문13, 07.11.문8)

득점	배점
	5

○ 계산과정 :

○ 답 :

해답

○ 계산과정 : $150 \times \left(\frac{40}{30}\right)^2 = 266.666 ≒ 266.67\text{m}$

○ 답 : 266.67m

해설

$$Q_2 = Q_1\left(\frac{N_2}{N_1}\right)$$

$$\frac{Q_2}{Q_1} = \frac{N_2}{N_1}$$

좌우를 이항하면

$$\frac{N_2}{N_1} = \frac{Q_2}{Q_1} \quad \cdots\cdots\cdots\cdots \text{①}$$

$\left(\text{①식의 } \frac{N_2}{N_1} = \frac{Q_2}{Q_1} \text{를 ②식에 대입}\right)$

$$H_2 = H_1\left(\frac{N_2}{N_1}\right)^2 \quad \cdots\cdots\cdots\cdots \text{②}$$

$$= H_1\left(\frac{Q_2}{Q_1}\right)^2$$

$$= 150\text{m} \times \left(\frac{40\text{m}^3/\text{min}}{30\text{m}^3/\text{min}}\right)^2$$

$$= 266.666 ≒ 266.67\text{m}$$

※ **상사**(相似)의 **법칙** : 기원이 서로 다른 구조들의 **외관** 및 **기능**이 **유사**한 현상

중요

유량, 양정, 축동력

유 량	양 정	축동력
회전수에 비례하고 **직경**(관경)의 세제곱에 비례한다.	회전수의 제곱 및 **직경**(관경)의 제곱에 비례한다.	회전수의 세제곱 및 **직경**(관경)의 오제곱에 비례한다.
$Q_2 = Q_1\left(\frac{N_2}{N_1}\right)\left(\frac{D_2}{D_1}\right)^3$ 또는 $Q_2 = Q_1\left(\frac{N_2}{N_1}\right)$	$H_2 = H_1\left(\frac{N_2}{N_1}\right)^2\left(\frac{D_2}{D_1}\right)^2$ 또는 $H_2 = H_1\left(\frac{N_2}{N_1}\right)^2$	$P_2 = P_1\left(\frac{N_2}{N_1}\right)^3\left(\frac{D_2}{D_1}\right)^5$ 또는 $P_2 = P_1\left(\frac{N_2}{N_1}\right)^3$
여기서, Q_2 : 변경 후 유량〔L/min〕 Q_1 : 변경 전 유량〔L/min〕 N_2 : 변경 후 회전수〔rpm〕 N_1 : 변경 전 회전수〔rpm〕 D_2 : 변경 후 직경(관경)〔mm〕 D_1 : 변경 전 직경(관경)〔mm〕	여기서, H_2 : 변경 후 양정〔m〕 H_1 : 변경 전 양정〔m〕 N_2 : 변경 후 회전수〔rpm〕 N_1 : 변경 전 회전수〔rpm〕 D_2 : 변경 후 직경(관경)〔mm〕 D_1 : 변경 전 직경(관경)〔mm〕	여기서, P_2 : 변경 후 축동력〔kW〕 P_1 : 변경 전 축동력〔kW〕 N_2 : 변경 후 회전수〔rpm〕 N_1 : 변경 전 회전수〔rpm〕 D_2 : 변경 후 직경(관경)〔mm〕 D_1 : 변경 전 직경(관경)〔mm〕

문제 14

소방시설에서 앵글밸브가 사용되는 경우 3가지를 쓰시오.

득점	배점
	6

○

○

○

해답 ① 옥내소화전설비의 방수구
② 연결송수관설비의 방수구
③ 스프링클러설비 교차배관 끝의 청소구

해설 **소방시설**에서 **앵글밸브**가 **사용**되는 **경우**

앵글밸브 사용처	규 격	실체도
옥내소화전설비의 방수구	40mm	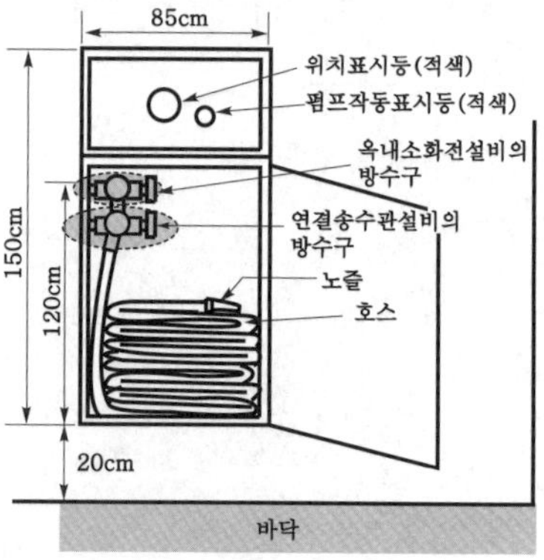 ‖ 옥내소화전설비 및 연결송수관설비의 방수구 ‖
연결송수관설비의 방수구	65mm	
스프링클러설비 교차배관 끝의 청소구	40mm	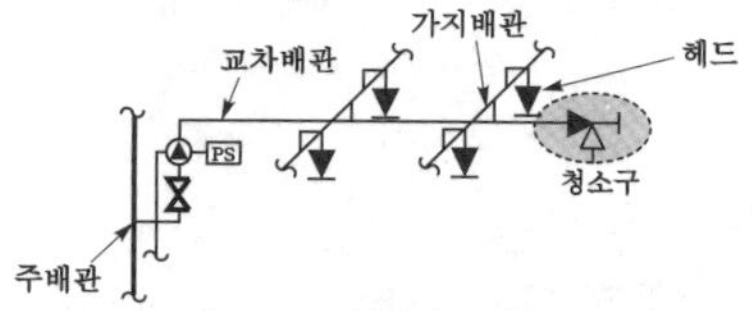 ‖ 스프링클러설비 교차배관 끝의 청소구 ‖
스프링클러설비의 배수밸브	20mm	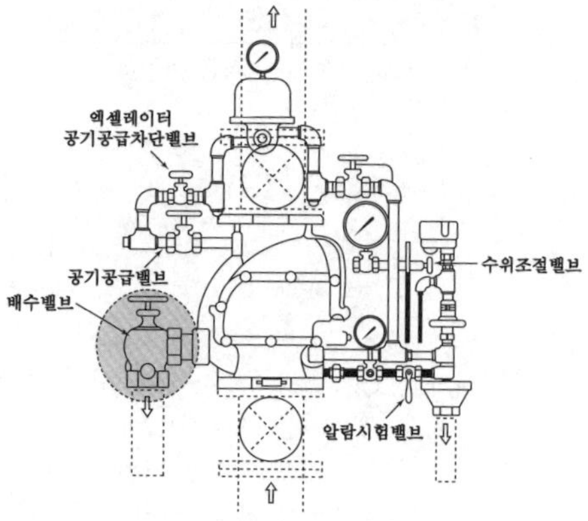 ‖ 스프링클러설비의 배수밸브 ‖

용어

앵글밸브

유체의 흐름방향을 90°로 변환하는 밸브

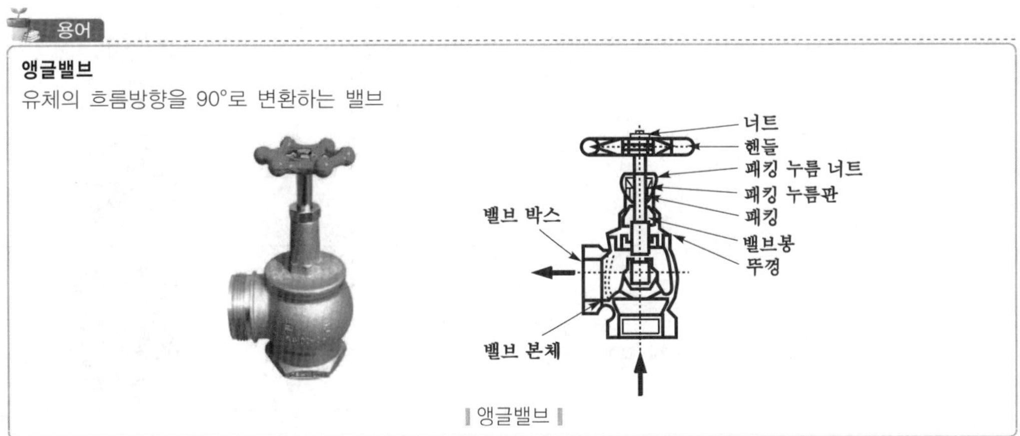

‖ 앵글밸브 ‖

☆☆

문제 15

관부속품 중 앵글밸브와 글로브밸브의 기능에 대하여 쓰시오. (17.6.문13, 16.11.문3, 11.7.문15)

○ 앵글밸브 :

○ 글로브밸브 :

득점	배점
	5

해답 ○ 앵글밸브 : 유체의 흐름방향을 90°로 변환하는 밸브
○ 글로브밸브 : 유량제어밸브

해설

부품명	설 명	사 진
앵글밸브	① 유체의 흐름방향을 **90°**로 변환하는 밸브 ② 관 내 유체의 **흐름방향**을 **변경**시킬 때 사용되는 밸브	
글로브밸브	① 유량조절 목적으로 사용하는 밸브 ② 유량을 제어하는 밸브	
릴리프밸브	물올림장치의 **순환배관**에 설치하는 밸브	
체크밸브	유량이 **흐름 반대**로 흐를 수 있는 것을 **방지**하기 위해서 설치하는 밸브	

게이트밸브	배관 도중에 설치하여 **유체**의 **흐름**을 완전히 **차단** 또는 **조정**하는 밸브	
풋밸브	원심펌프의 **흡입관** 아래에 설치하여 펌프가 기동할 때 **흡입관**을 **만수**상태로 만들어 주기 위한 밸브	

비교

게이트밸브	글로브밸브
유량을 개폐하는 밸브	유량을 제어하는 밸브

밧줄을 던져라. 안전한 항구를 떠나 멀리 항해를 떠나라. 항해하며 바람과 맞서라. 탐험하라. 꿈을 꾸어라. 그리고 찾아내라.

\- 마크 트웨인 -

2017. 6. 25 시행

2017년 기사 제2회 필답형 실기시험

자격종목	시험시간	형별	수험번호	성명	감독위원 확 인
소방설비기사(기계분야)	3시간				

※ 다음 물음에 답을 해당 답란에 답하시오.(배점 : 100)

☆☆☆

문제 01

가로 15m, 세로 14m, 높이 3.5m인 전산실에 할로겐화합물 및 불활성기체 소화약제 중 HFC-23과 IG-541을 사용할 경우 조건을 참고하여 다음 각 물음에 답하시오. (19.11.문14, 19.6.문9, 19.4.문8, 14.7.문1, 13.4.문2)

득점	배점
	12

유사문제부터 풀어보세요. 실력이 팍!팍! 올라갑니다.

[조건]

① HFC-23의 소화농도는 A, C급 화재는 38%, B급 화재는 35%이다.
② HFC-23의 저장용기는 68L이며 충전밀도는 720.8kg/m^{3}이다.
③ IG-541의 소화농도는 33%이다.
④ IG-541의 저장용기는 80L용 15.8m^3/병을 적용하며, 충전압력은 19.996MPa이다.
⑤ 소화약제량 산정시 선형상수를 이용하도록 하며 방사시 기준온도는 30℃이다.

소화약제	K_1	K_2
HFC-23	0.3164	0.0012
IG-541	0.65799	0.00239

(가) HFC-23의 저장량은 최소 몇 kg인지 구하시오.
○ 계산과정 :
○ 답 :

(나) HFC-23의 저장용기수는 최소 몇 병인지 구하시오.
○ 계산과정 :
○ 답 :

(다) 배관구경 산정조건에 따라 HFC-23의 약제량 방사시 유량은 몇 kg/s인지 구하시오.
○ 계산과정 :
○ 답 :

(라) IG-541의 저장량은 몇 m^{3}인지 구하시오.
○ 계산과정 :
○ 답 :

(마) IG-541의 저장용기수는 최소 몇 병인지 구하시오.
○ 계산과정 :
○ 답 :

(바) 배관구경 산정조건에 따라 IG-541의 약제량 방사시 유량은 몇 m^3/s인지 구하시오.
○ 계산과정 :
○ 답 :

해답 (가) ○ 계산과정 : $S=0.3164+0.0012\times30=0.3524\text{m}^3/\text{kg}$

$$W=\frac{(15\times14\times3.5)}{0.3524}\times\left(\frac{51.3}{100-51.3}\right)=2197.049 ≒ 2197.05\text{kg}$$

○ 답 : 2197.05kg

(나) ○ 계산과정 : $\frac{2197.05}{49.0144}=44.8 ≒ 45$병

○ 답 : 45병

(다) ○ 계산과정 : $W_{95}=\frac{(15\times14\times3.5)}{0.3524}\times\left(\frac{51.3\times0.95}{100-51.3\times0.95}\right)=1982.765\text{kg}$

$$\text{유량}=\frac{1982.765}{10}=198.276 ≒ 198.28\text{kg/s}$$

○ 답 : 198.28kg/s

(라) ○ 계산과정 : $S=0.65799+0.00239\times30=0.72969\text{m}^3/\text{kg}$

$$V_s=0.65799+0.00239\times20=0.70579\text{m}^3/\text{kg}$$

$$X=2.303\left(\frac{0.70579}{0.72969}\right)\times\log_{10}\left[\frac{100}{100-44.55}\right]\times(15\times14\times3.5) ≒ 419.3\text{m}^3$$

○ 답 : 419.3m³

(마) ○ 계산과정 : $\frac{419.3}{15.8}=26.5 ≒ 27$병

○ 답 : 27병

(바) ○ 계산과정 : $X_{95}=2.303\left(\frac{0.70579}{0.72969}\right)\times\log_{10}\left[\frac{100}{100-(44.55\times0.95)}\right]\times(15\times14\times3.5) ≒ 391.295\text{m}^3$

$$\text{유량}=\frac{391.295}{120}=3.26\text{m}^3/\text{s}$$

○ 답 : 3.26m³/s

해설 **소화약제량(저장량)**의 **산정**(NFPC 107A 4·7조, NFTC 107A 2.1.1, 2.4.1)

구 분	할로겐화합물 소화약제	불활성기체 소화약제
종류	• FC-3-1-10 • HCFC BLEND A • HCFC-124 • HFC-125 • HFC-227ea • HFC-23 • HFC-236fa • FIC-13I1 • FK-5-1-12	• IG-01 • IG-100 • IG-541 • IG-55
공식	$W=\frac{V}{S}\times\left(\frac{C}{100-C}\right)$ 여기서, W: 소화약제의 무게〔kg〕 V: 방호구역의 체적〔m³〕 S: 소화약제별 선형상수(K_1+K_2t)〔m³/kg〕 t: 방호구역의 최소예상온도〔℃〕 C: 체적에 따른 소화약제의 설계농도〔%〕	$X=2.303\left(\frac{V_s}{S}\right)\times\log_{10}\left[\frac{100}{(100-C)}\right]\times V$ 여기서, X: 소화약제의 부피〔m³〕 V_s: 20℃에서 소화약제의 비체적 ($K_1+K_2\times20℃$)〔m³/kg〕 S: 소화약제별 선형상수(K_1+K_2t)〔m³/kg〕 C: 체적에 따른 소화약제의 설계농도〔%〕 t: 방호구역의 최소예상온도〔℃〕 V: 방호구역의 체적〔m³〕

할로겐화합물 소화약제

(가) 소화약제별 선형상수 S는

$$S=K_1+K_2t=0.3164+0.0012\times30℃=0.3524\text{m}^3/\text{kg}$$

- HFC-23의 $K_1=0.3164$, $K_2=0.0012$: 〔조건 ⑤〕에서 주어진 값
- t(30℃) : 〔조건 ⑤〕에서 주어진 값

HFC-23의 저장량 W는

$$W=\frac{V}{S}\times\left(\frac{C}{100-C}\right)=\frac{(15\times14\times3.5)\text{m}^3}{0.3524\text{m}^3/\text{kg}}\times\left(\frac{51.3}{100-51.3}\right)=2197.049 ≒ 2197.05\text{kg}$$

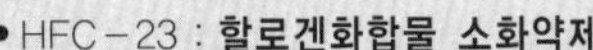

- HFC－23 : **할로겐화합물 소화약제**
- 전산실 : **C급 화재**
- ABC 화재별 안전계수

화재등급	설계농도
A급(일반화재)	A급 소화농도×1.2
B급(유류화재)	B급 소화농도×1.3
C급(전기화재)	A급 소화농도×1.35

설계농도〔%〕＝소화농도〔%〕×안전계수＝38%×1.35＝51.3%

(나) 용기수$=\dfrac{\text{소화약제량(저장량)[kg]}}{\text{1병당 저장량[kg]}}=\dfrac{2197.05\text{kg}}{49.0144\text{kg}}=44.8 ≒ 45$병(절상)

- 1병당 저장량〔kg〕＝내용적〔L〕×충전밀도〔kg/m³〕
  $=68\text{L}\times720.8\text{kg/m}^3$
  $=0.068\text{m}^3\times720.8\text{kg/m}^3=49.0144\text{kg}$
- $1000\text{L}=1\text{m}^3$이므로 $68\text{L}=0.068\text{m}^3$

(다) W_{95}(설계농도의 95% 적용)$=\dfrac{V}{S}\times\left(\dfrac{C}{100-C}\right)=\dfrac{(15\times14\times3.5)\text{m}^3}{0.3524\text{m}^3/\text{kg}}\times\left(\dfrac{51.3\times0.95}{100-51.3\times0.95}\right)=1982.765\text{kg}$

약제량 방사시 유량〔kg/s〕$=\dfrac{W_{95}}{\textbf{10s}\text{(불활성기체 소화약제 : AC급 화재 120s, B급 화재 60s)}}=\dfrac{1982.765\text{kg}}{10\text{s}}$
$=198.276 ≒ 198.28\text{kg/s}$

- 배관의 구경은 해당 방호구역에 **할로겐화합물 소화약제**가 **10초**(**불활성기체 소화약제**는 **AC급 화재 2분, B급 화재 1분**) 이내에 방호구역 각 부분에 최소설계농도의 **95% 이상** 해당하는 약제량이 방출되도록 해야 한다(NFPC 107A 10조, NFTC 107A 2.7.3). 그러므로 설계농도 51.3에 0.95를 곱함
- 바로 위 기준에 의해 **0.95**(95%) 및 **10s** 적용

불활성기체 소화약제

(라) 소화약제별 선형상수 S는

$S=K_1+K_2t=0.65799+0.00239\times30℃=0.72969\text{m}^3/\text{kg}$

20℃에서 소화약제의 비체적 V_s는

$V_s=K_1+K_2t=0.65799+0.00239\times20℃=0.70579\text{m}^3/\text{kg}$

- IG-541의 $K_1=0.65799$, $K_2=0.00239$: 〔조건 ⑤〕에서 주어진 값
- t(30℃) : 〔조건 ⑤〕에서 주어진 값

IG-541의 저장량 X는

$X=2.303\left(\dfrac{V_s}{S}\right)\times\log_{10}\left[\dfrac{100}{(100-C)}\right]\times V=2.303\left(\dfrac{0.70579\text{m}^3/\text{kg}}{0.72969\text{m}^3/\text{kg}}\right)\times\log_{10}\left[\dfrac{100}{100-44.55}\right]\times(15\times14\times3.5)\text{m}^3$

$≒ 419.3\text{m}^3$

- IG－541 : **불활성기체 소화약제**
- 전산실 : **C급 화재**
- ABC 화재별 안전계수

화재등급	설계농도
A급(일반화재)	A급 소화농도×1.2
B급(유류화재)	B급 소화농도×1.3
C급(전기화재)	A급 소화농도×1.35

설계농도〔%〕＝소화농도〔%〕×안전계수＝33%×1.35＝44.55%

(마) 용기수$=\dfrac{\text{저장량[m}^3]}{\text{1병당 저장량[m}^3]}=\dfrac{419.3\text{m}^3}{15.8\text{m}^3/\text{병}}=26.5 ≒ 27$병

- **419.3m³** : (라)에서 구한 값
- **15.8m³/병** : [조건 ④]에서 주어진 값
- [조건 ④]의 15.8m³/병이 주어지지 않을 경우 다음과 같이 구한다.

$$1\text{병당 저장량}[\text{m}^3] = \text{내용적}[\text{L}] \times \frac{\text{충전압력}[\text{kPa}]}{\text{표준대기압}(101.325\text{kPa})}$$

$$= 80\text{L} \times \frac{19.996\text{MPa}}{101.325\text{kPa}} = 0.08\text{m}^3 \times \frac{19996\text{kPa}}{101.325\text{kPa}} = 15.787\text{m}^3$$

- 1000L=1m³이므로 80L=0.08m³
- 1MPa=1000kPa이므로 19.996MPa=19996kPa

(바) $X_{95} = 2.303\left(\frac{V_s}{S}\right) \times \log_{10}\left[\frac{100}{100-(C \times 0.95)}\right] \times V$

$$= 2.303\left(\frac{0.70579\text{m}^3/\text{kg}}{0.72969\text{m}^3/\text{kg}}\right) \times \log_{10}\left[\frac{100}{100-(44.55 \times 0.95)}\right] \times (15 \times 14 \times 3.5)\text{m}^3 \fallingdotseq 391.295\text{m}^3$$

$$\text{약제량 방사시 유량}[\text{m}^3/\text{s}] = \frac{391.295\text{m}^3}{10\text{s}(\text{불활성기체 소화약제}: \text{AC급 화재 } \mathbf{120s},\ \text{B급 화재 } 60\text{s})} = \frac{391.295\text{m}^3}{120\text{s}}$$

$$= 3.26\text{m}^3/\text{s}$$

- 배관의 구경은 해당 방호구역에 할로겐화합물 소화약제가 **10초**(**불활성기체 소화약제**는 **AC급 화재 2분, B급 화재 1분**) 이내에 방호구역 각 부분에 최소설계농도의 **95% 이상** 해당하는 약제량이 방출되도록 해야 한다(NFPC 107A 10조, NFTC 107A 2.7.3). 그러므로 설계농도 44.55%에 0.95를 곱함
- 바로 위 기준에 의해 **0.95**(95%) 및 **120s** 적용

☆☆☆

문제 02

다음과 같이 휘발유탱크 1기와 경유탱크 1기를 1개의 방유제에 설치하는 옥외탱크저장소에 대하여 각 물음에 답하시오.

(10.10.문12)

득점	배점
	11

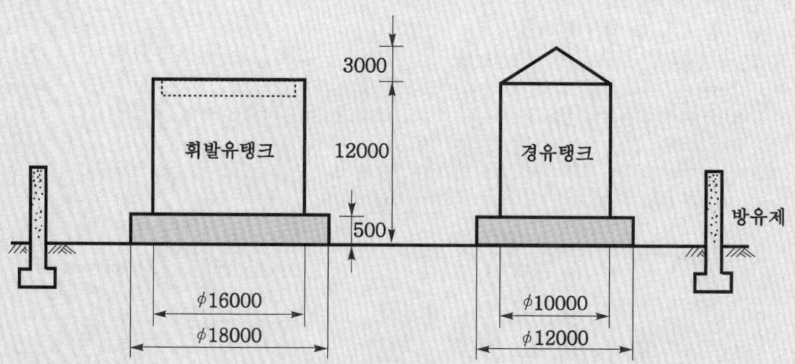

[조건]

① 탱크용량 및 형태
- 휘발유탱크 : 2000m³(지정수량의 20000배) 부상지붕구조의 플로팅루프탱크(탱크 내 측면과 굽도리판(foam dam) 사이의 거리는 0.6m이다.)
- 경유탱크 : 콘루프탱크

② 고정포방출구
- 경유탱크 : Ⅱ형, 휘발유탱크 : 설계자가 선정하도록 한다.

③ 포소화약제의 종류 : 수성막포 3%

④ 보조포소화전 : 쌍구형×2개 설치

⑤ 포소화약제의 저장탱크의 종류 : 700L, 750L, 800L, 900L, 1000L, 1200L(단, 포소화약제의 저장탱크용량은 포소화약제의 저장량을 말한다.)

⑥ 참고 법규

ⅰ) 옥외탱크저장소의 보유공지

저장 또는 취급하는 위험물의 최대수량	공지의 너비
지정수량의 500배 이하	3m 이상
지정수량의 501~1000배 이하	5m 이상
지정수량의 1001~2000배 이하	9m 이상
지정수량의 2001~3000배 이하	12m 이상
지정수량의 3001~4000배 이하	15m 이상
지정수량의 4000배 초과	해당 탱크의 수평단면의 최대지름(횡형인 경우에는 긴 변)과 높이 중 큰 것과 같은 거리 이상. 다만, 30m 초과의 경우에는 30m 이상으로 할 수 있고, 15m 미만의 경우에는 15m 이상으로 하여야 한다.

ⅱ) 고정포방출구의 방출량 및 방사시간

포방출구의 종류 / 위험물의 구분	Ⅰ형		Ⅱ형		특 형		Ⅲ형		Ⅳ형	
	포수용액량 〔L/m²〕	방출률 〔L/m²·min〕	포수용액량 〔L/m²〕	방출률 〔L/m²·min〕	포수용액량 〔L/m²〕	방출률 〔L/m²·min〕	포수용액량 〔L/m²〕	방출률 〔L/m²·min〕	포수용액량 〔L/m²〕	방출률 〔L/m²·min〕
제4류 위험물 중 인화점이 21℃ 미만인 것	120	4	120	4	240	8	220	4	220	4
제4류 위험물 중 인화점이 21℃ 이상 70℃ 미만인 것	80	4	120	4	160	8	120	4	120	4
제4류 위험물 중 인화점이 70℃ 이상인 것	60	4	100	4	120	8	100	4	100	4

(가) 다음 A, B, C 및 D의 법적으로 최소 가능한 거리를 정하시오. (단, 탱크 측판두께의 보온두께는 무시하시오.)

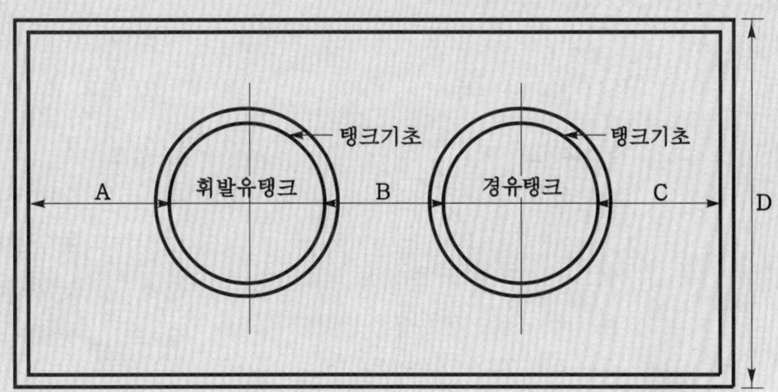

① A(휘발유탱크 측판과 방유제 내측 거리〔m〕)
○ 계산과정 :
○ 답 :
② B(휘발유탱크 측판과 경유탱크 측판 사이 거리〔m〕) (단, 휘발유탱크만 보유공지 단축을 위한 기준에 적합한 물분무소화설비가 설치됨)
○ 계산과정 :
○ 답 :
③ C(경유탱크 측판과 방유제 내측 거리〔m〕)
○ 계산과정 :
○ 답 :
④ D(방유제 세로폭〔m〕)
○ 계산과정 :
○ 답 :

(나) 다음에서 요구하는 각 장비의 용량을 구하시오.
① 포저장탱크의 용량〔L〕 (단, ϕ 75A 이상의 배관길이는 50m이고, 배관크기는 100A이다.)
○ 계산과정 :
○ 답 :
② 소화설비의 수원(저수량〔m^3〕) (단, 소수점 이하는 절삭하여 정수로 표시한다.)
○ 계산과정 :
○ 답 :
③ 가압송수장치(펌프)의 유량〔LPM〕
○ 계산과정 :
○ 답 :
④ 포소화약제의 혼합장치는 프레져 프로포셔너방식을 사용할 경우에 최소유량과 최대유량의 범위를 정하시오.
○ 최소유량〔LPM〕 :
○ 최대유량〔LPM〕 :

해답 (가) ① A : ○ 계산과정 : $12 \times \frac{1}{2} = 6\text{m}$
○ 답 : 6m
② B : ○ 계산과정 : $Q = \frac{\pi}{4} \times 10^2 \times (12 - 0.5) \fallingdotseq 903.21\text{m}^3$, $\frac{903.21 \times 1000}{1000} \fallingdotseq 903$배, $16 \times \frac{1}{2} = 8\text{m}$
○ 답 : 8m
③ C : ○ 계산과정 : $12 \times \frac{1}{3} = 4\text{m}$
○ 답 : 4m
④ D : ○ 계산과정 : $6 + 16 + 6 = 28\text{m}$
○ 답 : 28m

(나) ① ○ 계산과정 :

휘발유탱크

$Q_1 = \frac{\pi}{4}(16^2 - 14.8^2) \times 8 \times 30 \times 0.03$
$= 209.003 \fallingdotseq 209\text{L}$
$Q_2 = 3 \times 0.03 \times 8000 = 720\text{L}$
$Q_3 = \frac{\pi}{4}(0.1)^2 \times 50 \times 0.03 \times 1000 = 11.78\text{L}$
$Q = 209 + 720 + 11.78 = 940.78\text{L}$

경유탱크

$Q_1 = \frac{\pi}{4} 10^2 \times 4 \times 30 \times 0.03 = 282.74\text{L}$
$Q_2 = 3 \times 0.03 \times 8000 = 720\text{L}$
$Q_3 = \frac{\pi}{4} 0.1^2 \times 50 \times 0.03 \times 1000 = 11.78\text{L}$
$Q = 282.74 + 720 + 11.78 = \mathbf{1014.52L}$

○ 답 : 1200L

② ○ 계산과정 : $Q_1 = \frac{\pi}{4}10^2 \times 4 \times 30 \times 0.97 = 9142.03\text{L}$

$Q_2 = 3 \times 0.97 \times 8000 = 23280\text{L}$

$Q_3 = \frac{\pi}{4}0.1^2 \times 50 \times 0.97 \times 1000 = 380.92\text{L}$

$Q = 9142.03 + 23280 + 380.92 = 32802 \fallingdotseq 32.8\text{m}^3$

○ 답 : 32m^3

③ ○ 계산과정 : $Q_1 = \frac{\pi}{4}10^2 \times 4 \times 1 = 314.16\text{L/분}$

$Q_2 = 3 \times 1 \times 8000 \div 20\text{분} = 1200\text{L/분}$

$Q = 314.16 + 1200 = 1514.16\text{LPM}$

○ 답 : 1514.16LPM

④ 최소유량 : ○ 계산과정 : $1514.16 \times 0.5 = 757.08\text{LPM}$

○ 답 : 757.08LPM

최대유량 : ○ 계산과정 : $1514.16 \times 2 = 3028.32\text{LPM}$

○ 답 : 3028.32LPM

해설 (개) 방유제와 탱크 측면의 이격거리(단, 인화점 200℃ 이상의 위험물을 저장·취급하는 것은 제외)

탱크지름	이격거리
15m 미만	탱크높이의 $\frac{1}{3}$ 이상
15m 이상	탱크높이의 $\frac{1}{2}$ 이상

① **A(휘발유탱크 측판과 방유제 내측 거리)** : $12\text{m} \times \frac{1}{2} = 6\text{m}$

㉠ 문제의 그림에서 휘발유탱크의 지름이 ϕ16000=16000mm=16m이므로 이격거리는 위의 표에서 15m 이상을 적용하여 탱크높이의 $\frac{1}{2}$ 이상을 곱한다.

㉡ 휘발유탱크의 높이는 12000mm=12m이다(탱크높이 산정시 기초높이는 포함하며, △ 부분의 높이는 포함하지 않는 것에 주의하라!!).

② **B(휘발유탱크 측판과 경유탱크 측판 사이 거리)**

㉠ 〔조건 ①〕에서 휘발유탱크는 지정수량의 20000배이므로 〔조건 ⑥〕의 옥외탱크저장소의 보유공지표에서 지정수량 4000배 초과란을 적용하면 다음과 같다.

- 탱크의 최대지름 : 16000mm=16m
- 탱크의 높이 : 12000mm=12m

탱크의 최대지름과 탱크의 높이 또는 길이 중 큰 것과 같은 거리 이상이어야 하므로 최소 **16m**가 된다.

㉡ 경유탱크의 용량 Q는

Q=단면적×탱크높이(기초높이 제외)$= \frac{\pi}{4} \times 10^2 \times (12-0.5) \fallingdotseq 903.21\text{m}^3$

경유는 제4류 위험물(제2석유류)로서 지정수량은 **1000L**이므로

지정수량 배수$= \frac{\text{탱크용량}}{\text{지정수량}} = \frac{903.21\text{m}^3}{1000\text{L}} = \frac{903210\text{L}}{1000\text{L}} \fallingdotseq 903\text{배}$

- 1m^3=1000L이므로 903.21m^3=903210L

옥외탱크저장소의 보유공지표에서 지정수량의 501~1000배 이하란을 적용하면 최소 **5m**가 된다.

- 탱크와 탱크 사이의 보유공지는 보유공지가 긴 쪽에 따르므로 위에서 휘발유탱크는 16m, 경유탱크는 5m이므로 최소 **16m**가 된다.
- 물분무소화설비 설치시 보유공지×$\frac{1}{2}$이므로 (개)의 ② 〔단서〕에 휘발유탱크에 물분무소화설비가 설치되어 있기 때문에 보유공지는 16m×$\frac{1}{2}$=**8m**가 된다.

③ **C(경유탱크 측판과 방유제 내측 거리)** : $12\text{m} \times \frac{1}{3} = 4\text{m}$

④ **D(방유제 세로폭〔m〕)** : $6m + 16m + 6m = 28m$

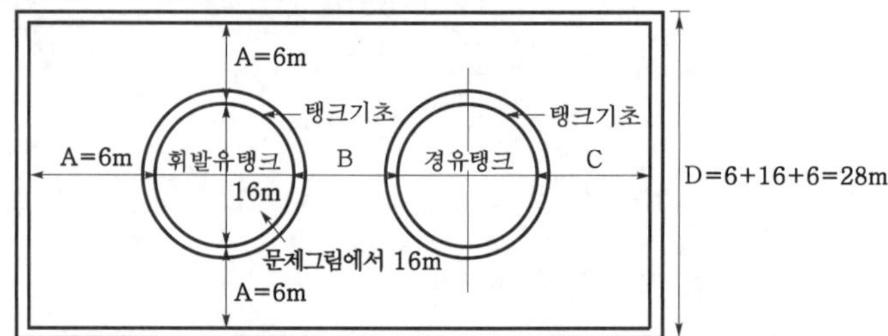

(나) ① ㉠ **휘발유탱크**의 **약제소요량**

‖ 포방출구(위험물기준 133) ‖

탱크의 종류	포방출구
고정지붕구조(콘루프탱크)	• Ⅰ형 방출구 • Ⅱ형 방출구 • Ⅲ형 방출구(표면하 주입방식) • Ⅳ형 방출구(반표면하 주입방식)
부상덮개부착 고정지붕구조	• Ⅱ형 방출구
부상지붕구조(플로팅루프탱크)	• 특형 방출구

위의 표에서 **플로팅루프탱크**는 **특형 방출구**를 선정하여야 하며 휘발유는 제4류 위험물 제1석유류로서 인화점은 21℃ 미만이므로 문제의 고정포방출구의 방출량 및 방사시간표에서 **방출률**(Q)=**8L/m² · 분**, **방사시간**(T)$=\dfrac{\text{포수용액량〔L/m}^2\text{〕}}{\text{방출률〔L/m}^2\cdot\text{min〕}}=\dfrac{240\text{L/m}^2}{8\text{L/m}^2\cdot\text{min}}$=**30분**이다. 또한 〔조건 ③〕에서 3%이므로 **농도**(S) : **0.03**이다.

고정포방출구의 **방출량** Q_1은

$$Q_1 = A\times Q\times T\times S = \frac{\pi}{4}(16^2 - 14.8^2)\,\text{m}^2\times 8\text{L/m}^2\cdot\text{분}\times 30\text{분}\times 0.03 = 209.003 \fallingdotseq 209\text{L}$$

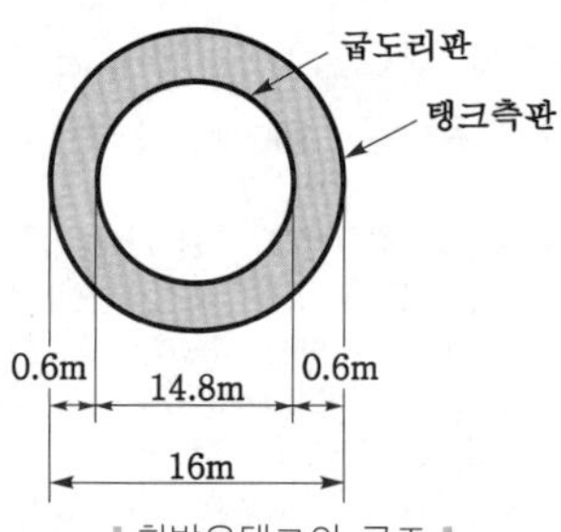

‖ 휘발유탱크의 구조 ‖

보조포소화전에서 방출에 필요한 **양** Q_2는

$Q_2 = N\times S\times 8000$($N$: 호스접결구수(최대 3개))$=3\times 0.03\times 8000=$**720L**

- 〔조건 ④〕에서 보조포소화전은 쌍구형×2개로서 호스접결구수는 총 4개이나 호스접결구는 최대 3개까지만 적용 가능하므로 호스접결구는 ***N*=3개**이다.
- **호스접결구수** : 호스에 연결하는 구멍의 수

배관보정량 Q_3는

$Q_3 = A\times L\times S\times 1000\text{L/m}^3$(내경 75mm 초과시에만 적용)$=\dfrac{\pi}{4}(0.1\text{m})^2\times 50\text{m}\times 0.03\times 1000\text{L/m}^3=$**11.78L**

- 0.1m : 〔단서〕에서 100A=100mm=0.1m
- 50m : 〔단서〕에서 배관길이 50m

∴ 휘발유탱크의 약제소요량 Q는

$Q = Q_1 + Q_2 + Q_3 = 209\text{L} + 720\text{L} + 11.78\text{L} =$**940.78L**

㉡ **경유탱크**의 **약제소요량**

〔조건 ②〕에서 **Ⅱ형 방출구**를 사용하며 〔조건 ③〕에서 **수성막포**를 사용한다고 하였고 문제의 표에서

경유는 제4류 위험물 제2석유류로서 인화점은 21~70℃ 이하이므로 고정포방출구의 방출량 및 방사시간 표에서 **방출률**(Q) : **4L/m^2 · 분**, **방사시간**$(T)=\dfrac{\text{포수용액량}(\text{L/m}^2)}{\text{방출률}(\text{L/m}^2\cdot\text{min})}=\dfrac{120\text{L/m}^2}{4\text{L/m}^2\cdot\text{min}}=$ **30분**이다. 또한 〔조건 ③〕에서 3%이므로 **농도**(S) : **0.03**이다.

고정포방출구의 **방출량** Q_1은

$$Q_1 = A\times Q\times T\times S=\frac{\pi}{4}(10\text{m})^2\times 4\text{L/m}^2\cdot\text{분}\times 30\text{분}\times 0.03=282.74\text{L}$$

보조포소화전에서 방출에 필요한 **양** Q_2는

$Q_2=N\times S\times 8000$(N : 호스접결구수(최대 3개))$=3\times 0.03\times 8000=720\text{L}$

배관보정량 Q_3는

$Q_3=A\times L\times S\times 1000\text{L/m}^3$(내경 75mm 초과시에만 적용)

$$=\frac{\pi}{4}(0.1\text{m})^2\times 50\text{m}\times 0.03\times 1000\text{L/m}^3=11.78\text{L}$$

- 0.1m : 〔단서〕에서 100A=100mm=0.1m
- 50m : 〔단서〕에서 배관길이 50m

∴ **경유탱크**의 **약제소요량** Q는

$$Q=Q_1+Q_2+Q_3=282.74\text{L}+720\text{L}+11.78\text{L}=1014.52\text{L}$$

※ 약제소요량이 큰 쪽에 따르므로 **1014.52L**가 되며, 〔조건 ⑤〕에서 1014.52L보다 같거나 큰 값은 **1200L**가 된다.

② 경유탱크의 약제소요량이 휘발유탱크의 약제소요량보다 많으므로 당연히 저수량도 경유탱크가 많다. 그래서 경유탱크의 저수량을 구하면 〔조건 ③〕에서 수성막포가 3%이므로 **수원**의 **농도**는 **97%**(100−3=97%)가 된다.

고정포방출구의 **방출량** Q_1은

$$Q_1 = A\times Q\times T\times S=\frac{\pi}{4}(10\text{m})^2\times 4\text{L/m}^2\cdot\text{분}\times 30\text{분}\times 0.97=\mathbf{9142.03L}$$

보조포소화전에서 방출에 필요한 **양** Q_2는

$Q_2=N\times S\times 8000$(N : 호스접결구수(최대 3개))$=3\times 0.97\times 8000=$**23280L**

배관보정량 Q_3는

$Q_3=A\times L\times S\times 1000\text{L/m}^3$(내경 75mm 초과시에만 적용)$=\dfrac{\pi}{4}(0.1\text{m})^2\times 50\text{m}\times 0.97\times 1000\text{L/m}^3=380.92\text{L}$

∴ **소화설비**의 **수원** Q는

$$Q=Q_1+Q_2+Q_3=9142.03\text{L}+23280\text{L}+380.92\text{L}=32802\text{L}\fallingdotseq 32.8\text{m}^3$$

- 〔단서〕에서 m^3 이하는 절삭하라고 하였으므로 **32m^3**가 된다.
- **절삭** : '**끊어 없앤다**'는 뜻이다.

③ 가압송수장치의 유량은 포수용액의 양을 기준으로 하므로 **농도** S는 항상 1이며, 보조포소화전의 **방사시간**은 화재안전기준에 의해 **20분**이다.

고정포방출구의 **방출량** Q_1은

$$Q_1=A\times Q\times S=\frac{\pi}{4}(10\text{m})^2\times 4\text{L/m}^2\cdot\text{분}\times 1=\mathbf{314.16L/분}$$

보조포소화전에서 방출에 필요한 **양** Q_2는

$Q_2=N\times S\times 8000\div 20\text{분}=3\times 1\times 8000\div 20\text{분}=$**1200L/분**

∴ **가압송수장치**의 **유량** Q는

$Q=Q_1+Q_2=314.16\text{L/분}+1200\text{L/분}=1514.16\text{L/분}=$**1514.16LPM 이상**

※ **가압송수장치**의 **유량**에는 **배관보정량**을 **적용하지 않는다**. 왜냐하면 배관보정량은 배관 내에 저장되어 있는 것으로 소비되는 것이 아니기 때문이다.

④ 프레져 프로포셔너방식(pressure proportioner type)의 유량범위는 **50~200%**이므로 **최소유량**은 **50%**, **최대유량**은 **200%**가 된다.

㉠ 최소유량=1514.16LPM×0.5=**757.08LPM**

㉡ 최대유량=1514.16LPM×2=**3028.32LPM**

☆☆
문제 03

특별피난계단의 계단실 및 부속실 제연설비에서 차압 등에 관한 다음 (   ) 안을 완성하시오.

○ 제연구역과 옥내와의 사이에 유지하여야 하는 최소차압은 (㉮)Pa(옥내에 스프링클러설비가 설치된 경우에는 (㉯)Pa) 이상으로 하여야 한다.

○ 제연설비가 가동되었을 경우 출입문의 개방에 필요한 힘은 (㉰)N 이하로 하여야 한다.

○ 계단실과 부속실을 동시에 제연하는 경우 부속실의 기압은 계단실과 같게 하거나 계단실의 기압보다 낮게 할 경우에는 부속실과 계단실의 압력차이는 (㉱)Pa 이하가 되도록 하여야 한다.

득점	배점
	4

㉮	㉯	㉰	㉱

해답

㉮	㉯	㉰	㉱
40	12.5	110	5

해설 **특별피난계단**의 **계단실** 및 **부속실 제연설비**의 **차압 등**(NFPC 501A 6조, NFTC 501A 2.3)

(1) 제연구역과 옥내와의 사이에 유지하여야 하는 최소차압은 **40Pa**(옥내에 **스프링클러설비**가 설치된 경우에는 **12.5Pa**) **이상**으로 해야 한다.

(2) 제연설비가 가동되었을 경우 출입문의 개방에 필요한 힘은 **110N 이하**로 해야 한다.

(3) 계단실과 부속실을 동시에 제연하는 경우 부속실의 기압은 계단실과 같게 하거나 계단실의 기압보다 낮게 할 경우에는 부속실과 계단실의 압력차이는 **5Pa 이하**가 되도록 해야 한다.

☆☆
문제 04

할로겐화합물 및 불활성기체 소화설비에 다음 조건과 같은 압력배관용 탄소강관(SPPS 420, Sch 40)을 사용할 때 최대허용압력〔MPa〕을 구하시오. (19.6.문9, 16.11.문8, 14.4.문16, 12.4.문14)

〔조건〕

① 압력배관용 탄소강관(SPPS 420)의 인장강도는 420MPa이고 항복점은 인장강도의 80%이다.

② 용접이음에 따른 허용값〔mm〕은 무시한다.

③ 가열맞대기 용접배관을 한다.

④ 배관의 최대허용응력(SE)은 배관재질 인장강도의 1/4과 항복점의 2/3 중 작은 값(σ_t)을 기준으로 다음의 식을 적용한다.

$SE = \sigma_t \times$배관이음효율$\times 1.2$

⑤ 적용되는 배관 바깥지름은 114.3mm이고, 두께는 6.0mm이다.

⑥ 헤드 설치부분은 제외한다.

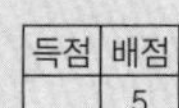

득점	배점
	5

○ 계산과정 :

○ 답 :

해답

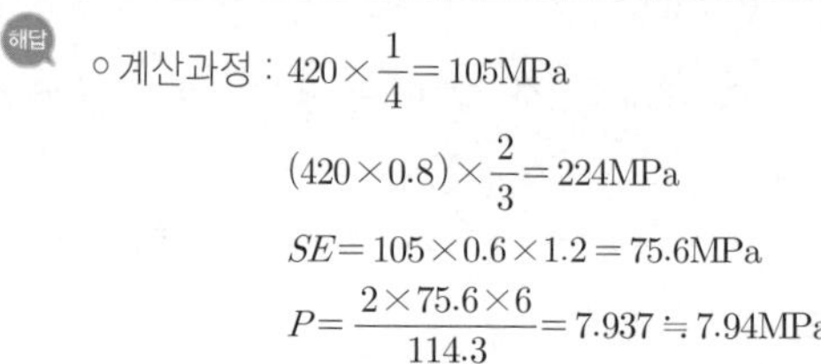

○ 계산과정 : $420 \times \frac{1}{4} = 105\text{MPa}$

$(420 \times 0.8) \times \frac{2}{3} = 224\text{MPa}$

$SE = 105 \times 0.6 \times 1.2 = 75.6\text{MPa}$

$P = \frac{2 \times 75.6 \times 6}{114.3} = 7.937 ≒ 7.94\text{MPa}$

○ 답 : 7.94MPa

해설

$$t = \frac{PD}{2SE} + A$$

여기서, t : 관의 두께〔mm〕, P : 최대허용압력〔MPa〕, D : 배관의 바깥지름〔mm〕

SE : 최대허용응력〔MPa〕$\left(\text{배관재질 인장강도의 } \frac{1}{4}\text{값과 항복점의 } \frac{2}{3}\text{값 중 작은 값} \times \text{배관이음효율} \times 1.2\right)$

※ **배관이음효율**
- 이음매 없는 배관 : 1.0
- 전기저항 용접배관 : 0.85
- 가열맞대기 용접배관 : **0.60**

A : 나사이음, 홈이음 등의 허용값〔mm〕(헤드 설치부분은 제외한다.)
- 나사이음 : 나사의 높이
- 절단홈이음 : 홈의 깊이
- 용접이음 : 0

(1) 배관재질 인장강도의 $\frac{1}{4}$값 : $420\text{MPa} \times \frac{1}{4} = 105\text{MPa}$

- **420MPa** : 〔조건 ①〕에서 주어진 값

(2) 항복점의 $\frac{2}{3}$값 : $(420\text{MPa} \times 0.8) \times \frac{2}{3} = 224\text{MPa}$

- 〔조건 ①〕에 의해 항복점=인장강도×80%=420MPa×0.8

(3) 최대허용응력 SE=배관재질 인장강도의 $\frac{1}{4}$값과 항복점의 $\frac{2}{3}$값 중 작은 값×배관이음효율×1.2

$= 105\text{MPa} \times 0.6 \times 1.2 = 75.6\text{MPa}$

- **0.6** : 〔조건 ③〕에서 가열맞대기 용접배관이므로 0.6 적용

(4)

$$t = \frac{PD}{2SE} + A$$

에서

$$\frac{PD}{2SE} = t - A$$

$$PD = 2SE(t - A)$$

최대허용압력 P는

$$P = \frac{2SE(t-A)}{D} = \frac{2 \times 75.6\text{MPa} \times 6.0\text{mm}}{114.3\text{mm}} = 7.937 \fallingdotseq 7.94\text{MPa}$$

- t(6.0mm) : 〔조건 ⑤〕에서 주어진 값
- D(114.3mm) : 〔조건 ⑤〕에서 주어진 값
- A : 〔조건 ②〕에 의해 무시

☆☆

문제 05

옥외소화전 방수시의 그림에서 안지름이 65mm인 옥외소화전 방수구의 높이(y)가 800mm, 방수된 물이 지면에 도달하는 거리(x)가 16m일 때 방수량은 몇 m^3/s이고, 동일 안지름의 방수구를 개방하였을 때, 화재안전기준에 따른 방수량을 만족하려면 방출된 물이 지면에 도달하는 거리(x)가 최소 몇 m 이상이어야 하는지 구하시오. (단, 그림에서 y는 지면에서 방수구의 중심간 거리이고, x는 방수구에서 물이 도달하는 부분의 중심간 거리이다.)

(12.11.문16)

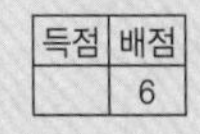

득점	배점
	6

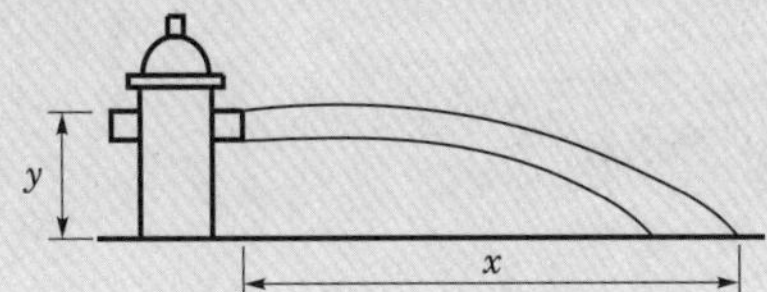

(가) 방수된 물이 지면에 도달하는 거리(x)가 16m일 때 방수량 Q[m³/s]를 구하시오.

○ 계산과정 :

○ 답 :

(나) 방수구에 화재안전기준의 방수량을 만족하기 위해서는 방출된 물이 지면에 도달하는 거리(x)가 몇 m 이상이어야 하는지 구하시오.

○ 계산과정 :

○ 답 :

(가) ○ 계산과정 : $t = \sqrt{\frac{0.8 \times 2}{9.8}} \fallingdotseq 0.404\text{s}$

$$V = \frac{16}{\cos 0° \times 0.404\text{s}} \fallingdotseq 39.6039\text{m/s}$$

$$Q = \frac{\pi \times 0.065^2}{4} \times 39.6039 = 0.131 \fallingdotseq 0.13\text{m}^3/\text{s}$$

○ 답 : 0.13m³/s

(나) ○ 계산과정 : $V = \frac{4 \times 0.35/60}{\pi \times 0.065^2} \fallingdotseq 1.7579\text{m/s}$

$$x = 1.7579 \times \cos 0° \times 0.404\text{s} \fallingdotseq 0.71\text{m}$$

○ 답 : 0.71m

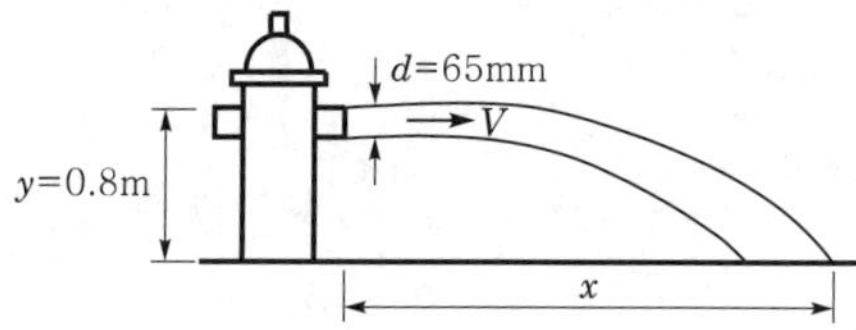

(가) ① **자유낙하이론**

$$y = \frac{1}{2} g t^2$$

여기서, y : 지면에서의 높이[m]

g : 중력가속도(9.8m/s²)

t : 지면까지의 낙하시간[s]

$$y = \frac{1}{2} g t^2$$

$$0.8\text{m} = \frac{1}{2} \times 9.8\text{m/s}^2 \times t^2$$

$$\frac{0.8\text{m} \times 2}{9.8\text{m/s}^2} = t^2$$

$$t^2 = \frac{0.8\text{m} \times 2}{9.8\text{m/s}^2}$$

$$\sqrt{t^2} = \sqrt{\frac{0.8\text{m} \times 2}{9.8\text{m/s}^2}}$$

$$t = \sqrt{\frac{0.8\text{m} \times 2}{9.8\text{m/s}^2}} \fallingdotseq 0.404\text{s}$$

- $y = 800\text{mm} = 0.8\text{m}$: 문제에서 주어진 값

② **지면에 도달하는 거리**

$$x = V\cos\theta t$$

여기서, x : 지면에 도달하는 거리[m]
V : 유속[m/s]
θ : 낙하각도
t : 지면까지의 낙하시간[s]

유속 V는

$$V = \frac{x}{\cos\theta t}$$

$$= \frac{16\text{m}}{\cos 0° \times 0.404\text{s}} \fallingdotseq 39.6039\text{m/s}$$

- x(16m) : 문제에서 주어진 값
- θ(0°) : 처음에 **수평**으로 **방사**되므로 낙하각도는 0°
- t(0.404s) : 바로 앞에서 구한 값

③ **유량**

$$Q = AV = \left(\frac{\pi D^2}{4}\right)V$$

여기서, Q : 유량(방수량)[m^3/s]
A : 단면적[m^2]
V : 유속[m/s]
D : 내경(안지름)[m]

유량 Q는

$$Q = \left(\frac{\pi D^2}{4}\right)V$$

$$= \frac{\pi \times (0.065\text{m})^2}{4} \times 39.6039\text{m/s} = 0.131 \fallingdotseq 0.13\text{m}^3\text{/s}$$

- D(65mm=0.065m) : 문제에서 주어진 값
- V(39.6039m/s) : 바로 위에서 구한 값

※ **소수점처리**
소수점처리는 문제에서 조건이 없으면 계산 **중간**과정에서는 **소수점 셋째자리나 넷째자리**까지 구하고, 계산**결과**에서는 **소수점 셋째자리**에서 **반올림**하여 **둘째자리**까지 구하면 된다.

중요

옥외소화전 성능 적합 여부판단

이론유량

$Q = 350\text{L/min} = 0.35\text{m}^3/60\text{s} = 0.0058\text{m}^3\text{/s}$

이론유량 < 실제유량 : 적합

$0.0058\text{m}^3\text{/s} < 0.13\text{m}^3\text{/s}$: 적합
답 : 이론유량 < 실제유량이므로 적합

- Q(350L/min) : 화재안전기준에 의해 방수량은 350L/min=0.35m^3/min=0.35m^3/60s
- 그림에서 방수구가 2개로써 **쌍구형**이지만 실제로 방수는 **오른쪽 방수구 한쪽**만 되므로 유량은 350L/min 이상이면 된다. **쌍구형**이라고 해서 700L/min로 적용하지 않는 것에 주의하라!!

(나) ① **유량**

$$Q = AV = \left(\frac{\pi D^2}{4}\right)V$$

여기서, Q : 유량(방수량)[m³/s]
A : 단면적[m²]
V : 유속[m/s]
D : 내경(안지름)[m]

유속 V는

$$V = \frac{4Q}{\pi D^2} = \frac{4 \times 350\text{L/min}}{\pi \times (0.065\text{m})^2} = \frac{4 \times 0.35\text{m}^3/60\text{s}}{\pi \times (0.065\text{m})^2} \fallingdotseq 1.7579\text{m/s}$$

- Q(350L/min) : 화재안전기준에 의해 방수량은 350L/min=0.35m³/min=0.35m³/60s

‖ 각 설비의 주요사항 ‖

구 분	드렌처 설비	스프링클러 설비	소화용수 설비	옥내소화전 설비	옥외소화전 설비	포소화설비, 물분무소화설비, 연결송수관설비
방수압	0.1MPa 이상	0.1 ~1.2MPa 이하	0.15MPa 이상	0.17 ~0.7MPa 이하	0.25 ~0.7MPa 이하	0.35MPa 이상
방수량	80L/min 이상	80L/min 이상	800L/min 이상 (가압송수장치 설치)	130L/min 이상 (30층 미만 : 최대 2개, 30층 이상 : 최대 5개)	**350L/min** 이상 (최대 2개)	75L/min 이상 (포워터 스프링클러헤드)
방수구경	-	-	-	40mm	65mm	-
노즐구경	-	-	-	13mm	19mm	-

- D(65mm=0.065m) : 문제에서 주어진 값

② **지면에 도달하는 거리**

$$x = V\cos\theta t$$

여기서, x : 지면에 도달하는 거리[m]
V : 유속[m/s]
θ : 낙하각도
t : 지면까지의 낙하시간[s]

지면에 **도달**하는 **거리** x는

$x = V\cos\theta t = 1.7579\text{m/s} \times \cos 0° \times 0.404\text{s} \fallingdotseq 0.71\text{m}$

- V(1.7579m/s) : 바로 위에서 구한 값
- θ(0°) : 처음에 **수평**으로 **방사**되므로 낙하각도는 0°
- t(0.404s) : (가)에서 구한 값

☆☆☆

문제 06

그림은 내화구조로 된 15층 건물의 1층 평면도이다. 이 건물 1층에 폐쇄형 스프링클러헤드를 정방형으로 설치하고자 한다. 스프링클러헤드의 최소소요수를 계산하고 배치도를 작성하시오. (단, 헤드 배치 시에는 헤드 배치의 위치를 치수로서 표시하여야 하며, 가로와 세로의 S값은 최대로, 벽면은 최소로 적용한다.)

(20.11.문9, 19.6.문14, 17.11.문4, 09.10.문14, 06.11.문10)

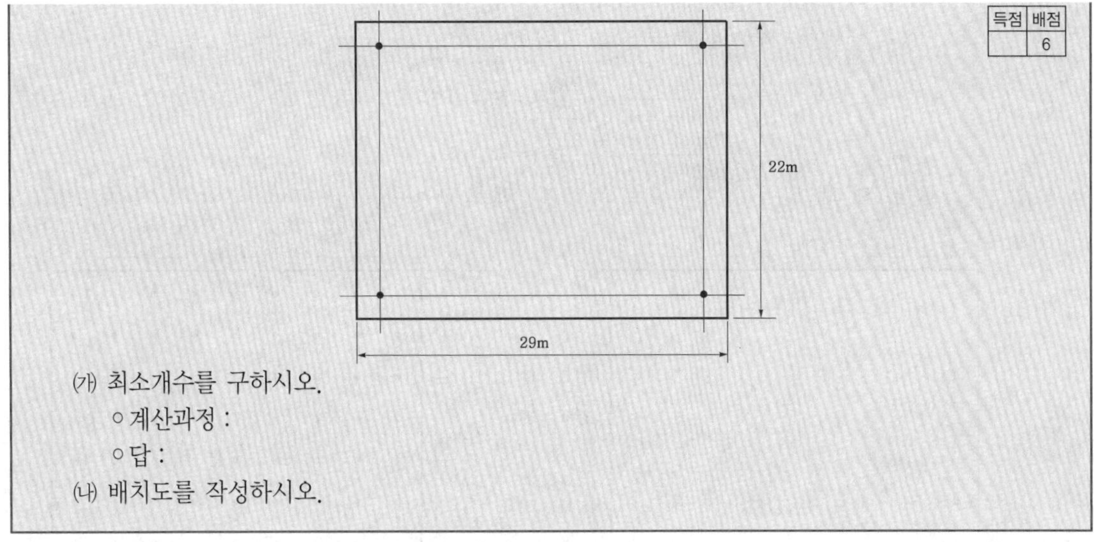

(가) 최소개수를 구하시오.

○ 계산과정 :

○ 답 :

(나) 배치도를 작성하시오.

해답 (가) ○ 계산과정 : $S=2\times2.3\times\cos45° \fallingdotseq 3.252\text{m}$

가로 헤드개수 : $\dfrac{29}{3.252}=8.9 \fallingdotseq 9$개

세로 헤드개수 : $\dfrac{22}{3.252}=6.7 \fallingdotseq 7$개

헤드개수 : $9\times7=63$개

○ 답 : 63개

(나)

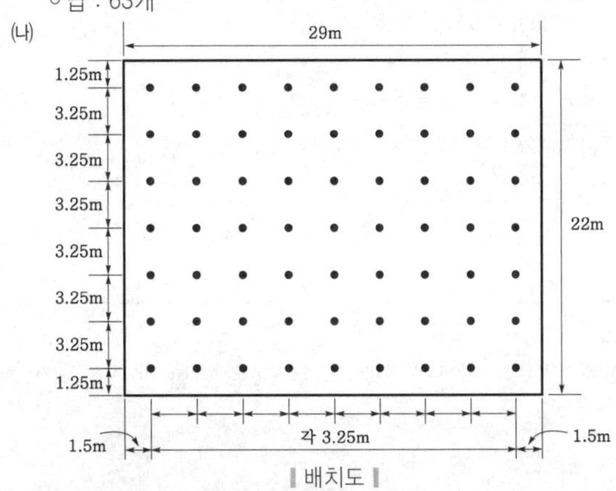

‖ 배치도 ‖

해설 (가) **스프링클러헤드**의 **배치기준**(NFPC 103 10조, NFTC 103 2.7)

설치장소	설치기준(R)
무대부 · **특**수가연물(창고 포함)	수평거리 **1.7m** 이하
기타 구조(창고 포함)	수평거리 **2.1m** 이하
내화구조(창고 포함) →	수평거리 **2.3m** 이하
공동주택(**아**파트) 세대 내	수평거리 **2.6m** 이하

기억법 무특 7
기 1
내 3
공아 26

수평헤드간격 S는

$S=2R\cos45°=2\times2.3\text{m}\times\cos45° \fallingdotseq 3.252\text{m}$

- R : 문제에서 **내화구조**이므로 수평거리 **2.3m** 적용

① 가로의 헤드개수 $= \frac{\text{가로길이}}{\text{수평헤드간격}} = \frac{29\text{m}}{3.252\text{m}} = 8.9 \fallingdotseq 9$개

② 세로의 헤드개수 $= \frac{\text{세로길이}}{\text{수평헤드간격}} = \frac{22\text{m}}{3.252\text{m}} = 6.7 \fallingdotseq 7$개

③ 필요한 헤드개수=가로개수×세로개수=9개×7개=63개

(나)

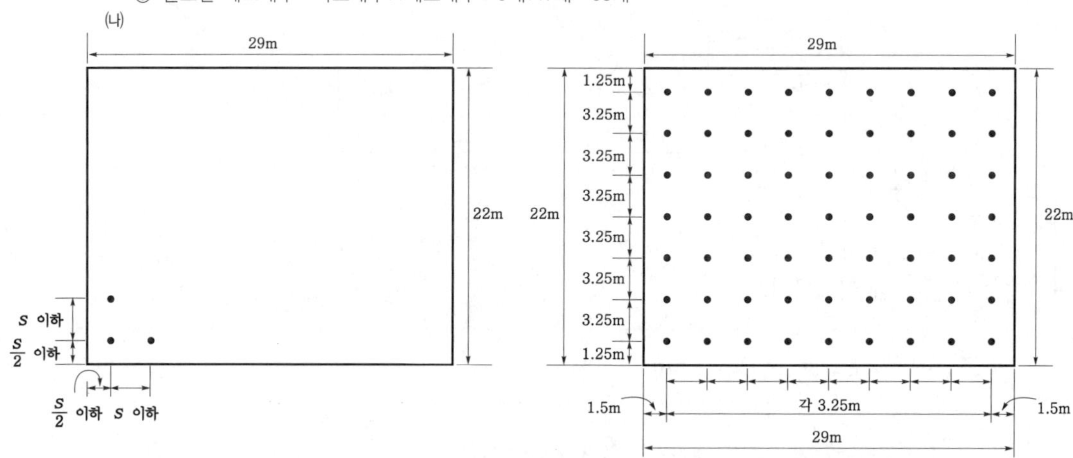

- 문제에서 1층에 대한 헤드개수를 구하라고 했으므로 헤드개수 63개에서 15층을 또 곱하지 않도록 주의!
- 3.25m(배치도 작성시에는 최종 답안을 작성해야 하므로 소수점 3째자리에서 반올림하여 2째자리까지 표기하면 3.252m가 최대이므로 3.252m≒3.25m가 된다.)
- 가로 헤드-벽면길이 1.5m, S값이 3.25m이므로 3.25m×8개=26m

  $\frac{29\text{m} - 26\text{m}}{2} = 1.5\text{m}$(벽면이 양쪽에 있으므로 2로 나눔)
- 세로 헤드-벽면길이 1.25m, S값이 3.25m이므로 3.25m×6개=19.5m

  $\frac{22\text{m} - 19.5\text{m}}{2} = 1.25\text{m}$(벽면이 양쪽에 있으므로 2로 나눔)

문제 07

평상시에 충압펌프가 어떤 원인에 의해 빈번한 작동을 하는 경우 그로 인한 문제점 4가지를 쓰시오.

○
○
○
○

득점	배점
	8

해답 ① 전력소모
② 수격작용 발생
③ 펌프 전기계통의 손상
④ 방재실 관리자의 주의력 산만

해설 **충압펌프**

충압펌프 빈번한 작동시의 원인	충압펌프 빈번한 작동시의 문제점
① 소화설비의 **배관** 및 **밸브** 등의 누수 ② 유수검지장치의 **배수밸브**가 완전히 폐쇄되지 않았을 때 ③ **스모렌스키 체크밸브**의 **바이패스밸브**의 개방 ④ **옥상수조**의 배관상 **체크밸브**가 완전히 폐쇄되지 않은 경우 ⑤ **압력챔버 압력스위치** 불량	① **전력**소모 ② **수격작용** 발생 ③ **펌프 전기계통**의 손상 ④ **방재실 관리자**의 주의력 산만

☆☆☆

문제 08

알람체크밸브가 설치된 습식 스프링클러설비에서 시험밸브 개방시 알람경보가 울리지 않는 원인 및 대책 2가지를 쓰시오. (단, 알람체크밸브에는 리타딩챔버가 설치되어 있는 것으로 한다.) (11.5.문7, 99.5.문5)

○

○

득점	배점
	4

해답 ① 리타딩챔버 상단의 압력스위치 불량 : 압력스위치 교체
② 리타딩챔버 하단의 오리피스 불량 : 오리피스 교체

해설

비화재시에도 오보가 울릴 경우의 점검사항	알람경보가 울리지 않는 원인 및 대책
① 리타딩챔버 상단의 **압력스위치** 점검 ② 리타딩챔버 상단의 압력스위치 배선의 **누전상태** 점검 ③ 리타딩챔버 상단의 압력스위치 배선의 **합선상태** 점검 ④ 리타딩챔버 하단의 **오리피스** 점검	① 리타딩챔버 상단의 **압력스위치 불량** : 압력스위치 교체 ② 리타딩챔버 상단의 압력스위치 **배선**의 **합선** : 배선 교체 ③ 리타딩챔버 하단의 **오리피스 불량** : 오리피스 교체

• 압력스위치 배선의 **누전**상태에서는 알람경보가 울릴 수 있으므로 이것은 답이 아니다.

☆

문제 09

옥내소화전설비 감시제어반의 종합점검항목 3가지를 쓰시오.

득점	배점
	3

○

○

○

해답 ① 펌프 작동 여부 확인표시등 및 음향경보장치 정상작동 여부
② 펌프별 자동·수동 전환스위치 정상작동 여부
③ 펌프별 수동기동 및 수동중단 기능 정상작동 여부

해설 **옥내소화전설비**의 **종합점검항목**

감시제어반	① 펌프 작동 여부 확인표시등 및 음향경보장치 정상작동 여부 ② 펌프별 자동·수동 전환스위치 정상작동 여부 ③ 펌프별 수동기동 및 수동중단 기능 정상작동 여부 ④ 상용전원 및 비상전원 공급 확인 가능 여부(비상전원이 있는 경우) ⑤ 수조·물올림수조 저수위표시등 및 음향경보장치 정상작동 여부 ⑥ 각 확인회로별 도통시험 및 작동시험 정상작동 여부 ⑦ 예비전원 확보 유무 및 시험 적합 여부 ⑧ 감시제어반 전용실 적정 설치 및 관리 여부 ⑨ 기계·기구 또는 시설 등 제어 및 감시설비 외 설치 여부
동력제어반	앞면은 **적색**으로 하고, **"옥내소화전설비용 동력제어반"** 표지 설치 여부
발전기제어반	소방전원보존형 발전기는 이를 식별할 수 있는 표지 설치 여부

☆☆☆

문제 10

관부속류 또는 배관방식 등에 관한 다음 소방시설 도시기호 명칭 또는 도시기호를 그리시오.

(14.4.문13, 09.10.문7)

득점	배점
	4

(가) 선택밸브

(나) 편심리듀셔

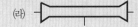

(다) ⊠

(라)

해답 (가) 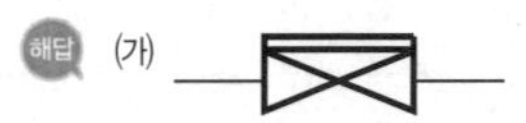 (나)

(다) 풋밸브　　　　(라) 라인 프로포셔너

해설 **소방시설 도시기호**

명 칭		도시기호	명 칭		도시기호
체크밸브			선택밸브		
가스체크밸브			프레져 프로포셔너		
동체크밸브			라인 프로포셔너		
게이트밸브(상시개방)			프레져사이드 프로포셔너		
게이트밸브(상시폐쇄)			기타		Ⓟ
Foot 밸브(풋밸브)			리듀셔	편심리듀셔 (편심레듀샤, 편심레듀셔)	
				원심리듀셔	

• 도시기호를 그릴 때에는 방향이 바뀌거나 거꾸로 그리면 틀린다. 도시기호 그대로 그려야 정답!

☆☆

문제 11

그림은 어느 일제개방형 스프링클러설비의 계통을 나타내는 Isometric Diagram이다. 주어진 조건을 참조하여 이 설비가 작동되었을 경우 표의 유량, 구간손실, 손실계 등을 답란의 요구 순서대로 수리계산하여 산출하시오. (16.11.문14, 15.11.문13, 14.7.문13, 10.4.문1)

득점	배점
	12

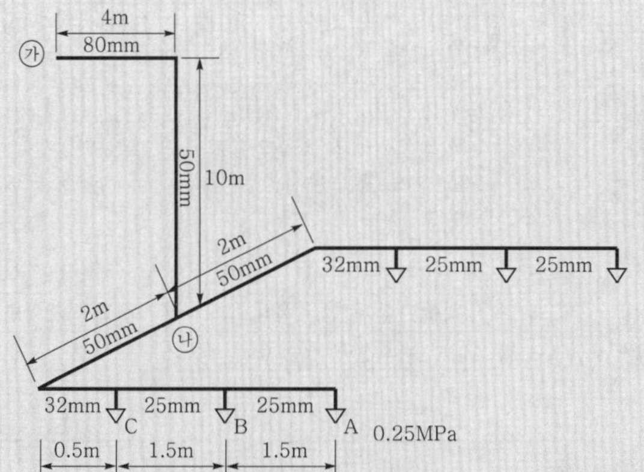

구 간	유량[LPM]	길이[m]	1m당 마찰손실[MPa]	구간손실[MPa]	낙차[m]	손실계[MPa]
헤드 A	100	–	–	–	–	0.25
A~B	100	1.5	0.02	0.03	0	①
헤드 B	②	–	–	–	–	–
B~C	③	1.5	0.04	④	0	⑤

헤드 C	⑥	–	–	–	–	–
C~㉯	⑦	2.5	0.06	⑧	–	⑨
㉯~㉮	⑩	14	0.01	⑪	−10	⑫

〔조건〕

① 설치된 개방형 헤드 A의 유량은 100LPM, 방수압은 0.25MPa이다.
② 배관부속 및 밸브류의 마찰손실은 무시한다.
③ 수리계산시 속도수두는 무시한다.
④ 필요압은 노즐에서의 방사압과 배관 끝에서의 압력을 별도로 구한다.

해답

구 간	유량〔LPM〕	길이〔m〕	1m당 마찰손실〔MPa〕	구간손실〔MPa〕	낙차〔m〕	손실계〔MPa〕
헤드 A	100	–	–	–	–	0.25
A~B	100	1.5	0.02	0.03	0	$0.25+0.03=0.28$
헤드 B	$\frac{100}{\sqrt{10\times0.25}}=63.245$ $63.245\sqrt{10\times0.28}=105.829$ $\fallingdotseq 105.83$	–	–	–	–	–
B~C	$105.83+100=205.83$	1.5	0.04	$1.5\times0.04=0.06$	0	$0.28+0.06=0.34$
헤드 C	$63.245\sqrt{10\times0.34}=116.618$ $\fallingdotseq 116.62$	–	–	–	–	–
C~㉯	$116.62+205.83=322.45$	2.5	0.06	$2.5\times0.06=0.15$	–	$0.34+0.15=0.49$
㉯~㉮	$322.45\times2=644.9$	14	0.01	$14\times0.01=0.14$	−10	$0.49+0.14-0.1=0.53$

구 간	유량〔LPM〕	길이〔m〕	1m당 마찰손실〔MPa〕	구간손실〔MPa〕	낙차〔m〕	손실계〔MPa〕
헤드 A	100	–	–	–	–	0.25
A~B	100	1.5	0.02	$1.5\text{m}\times0.02\text{MPa/m}=0.03\text{MPa}$ 0.02가 1m당 마찰손실〔MPa〕이므로 0.02MPa/m	0	$0.25\text{MPa}+0.03\text{MPa}=0.28\text{MPa}$
헤드 B	$K=\frac{Q}{\sqrt{10P}}=\frac{100}{\sqrt{10\times0.25}}$ $=63.245$ $Q=K\sqrt{10P}$ $=63.245\sqrt{10\times0.28}$ $=105.829\fallingdotseq 105.83\text{LPM}$	–	–	–	–	–
B~C	$105.83+100=205.83\text{LPM}$	1.5	0.04	$1.5\text{m}\times0.04\text{MPa/m}=0.06\text{MPa}$	0	$0.28\text{MPa}+0.06\text{MPa}=0.34\text{MPa}$
헤드 C	$Q=K\sqrt{10P}$ $=63.245\sqrt{10\times0.34}$ $=116.618$ $\fallingdotseq 116.62\text{LPM}$	–	–	–	–	–
C~㉯	$116.62+205.83=322.45\text{LPM}$	2.5	0.06	$2.5\text{m}\times0.06\text{MPa/m}=0.15\text{MPa}$	–	$0.34\text{MPa}+0.15\text{MPa}=0.49\text{MPa}$
㉯~㉮	$322.45\times2=644.9\text{LPM}$ 동일한 배관이 양쪽에 있으므로 2곱함	14	0.01	$14\text{m}\times0.01\text{MPa/m}=0.14\text{MPa}$	−10	$0.49\text{MPa}+0.14\text{MPa}-0.1\text{MPa}$ $=0.53\text{MPa}$ 스프링클러설비는 소화설비이므로 1MPa=100m 적용 1m=0.01MPa이다. $\therefore\ -10\text{m}=-0.1\text{MPa}$

$$Q = K\sqrt{10P}$$

여기서, Q : 방수량[L/min 또는 LPM]
K : 방출계수
P : 방수압[MPa]

☆☆☆

문제 12

다음 그림은 어느 공장에 설치된 지하매설 소화용 배관도이다. "가~마"까지의 각각의 옥외소화전의 측정수압이 다음 표와 같을 때 다음 각 물음에 답하시오. (단, 소수점 넷째자리에서 반올림하여 소수점 셋째자리까지 나타내시오.)

(10.4.문10)

득점	배점
	11

가, 나, 다, 라, 마
200mm 200mm 150mm 200mm
Flow
277m 152m 133m 277m

압력 \ 위치	가	나	다	라	마
정압	0.557	0.517	0.572	0.586	0.552
방사압력	0.49	0.379	0.296	0.172	0.069

※ 방사압력은 소화전의 노즐캡을 열고 소화전 본체 직근에서 측정한 Residual pressure를 말한다.

(가) 다음은 동수경사선(hydraulic gradient line)을 작성하기 위한 과정이다. 주어진 자료를 활용하여 표의 빈 곳을 채우시오. (단, 계산과정을 보일 것, 기준 elevation으로부터의 정압은 0.586MPa로 본다.)

소화전 \ 항목	구경 [mm]	실관장 [m]	측정압력[MPa] 정 압	측정압력[MPa] 방사압력	펌프로부터 각 소화전까지 전마찰손실 [MPa]	소화전 간의 배관마찰손실 [MPa]	Gauge elevation [MPa]	경사선의 elevation [MPa]
가	–	–	0.557	0.49	①	–	0.029	0.519
나	200	277	0.517	0.379	②	⑤	0.069	⑩
다	200	152	0.572	0.296	③	0.138	⑧	0.31
라	150	133	0.586	0.172	0.414	⑥	0	⑪
마	200	277	0.552	0.069	④	⑦	⑨	⑫

(나) 상기 (가)항에서 완성된 표를 자료로 하여 답안지의 동수경사선과 Pipe profile을 완성하시오.

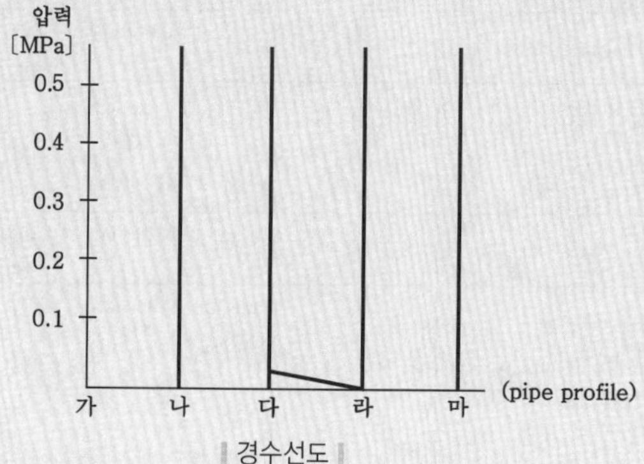

경수선도

해답 (가)

항목 \ 소화전	구경 (mm)	실관장 (m)	측정압력 (MPa)		펌프로부터 각 소화전까지 전마찰손실 (MPa)	소화전 간의 배관마찰손실 (MPa)	Gauge elevation (MPa)	경사선의 elevation (MPa)
			정 압	방사 압력				
가	–	–	0.557	0.49	0.557−0.49 =0.067	–	0.029	0.519
나	200	277	0.517	0.379	0.517−0.379 =0.138	0.138−0.067 =0.071	0.069	0.379+0.069 =0.448
다	200	152	0.572	0.296	0.572−0.296 =0.276	0.138	0.586−0.572 =0.014	0.31
라	150	133	0.586	0.172	0.414	0.414−0.276 =0.138	0	0.172+0=0.172
마	200	277	0.552	0.069	0.552−0.069 =0.483	0.483−0.414 =0.069	0.586−0.552 =0.034	0.069+0.034 =0.103

(나)

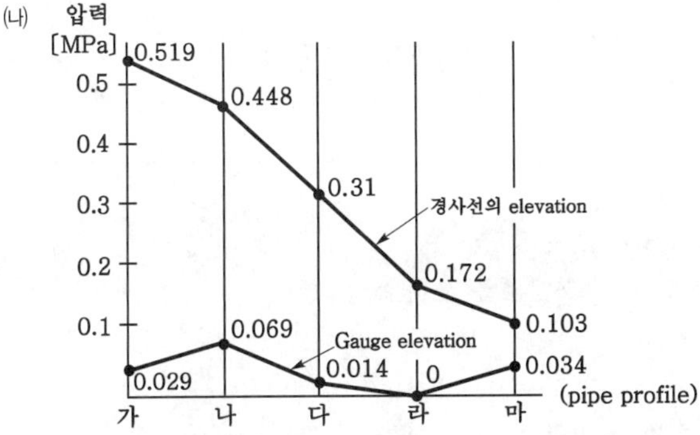

해설 (가) ① 펌프로부터 각 소화전까지 전마찰손실(MPa)=**정압**−**방사압력**

② 소화전 간의 배관마찰손실(MPa)=펌프로부터 각 소화전까지 **전마찰손실**의 **차**

③ Gauge elevation(MPa)=**기준 elevation**(0.586MPa)−**정압**

④ 경사선의 elevation(MPa)=**방사압력**+**Gauge elevation**

항목 \ 소화전	구경 (mm)	실관장 (m)	측정압력 (MPa)		펌프로부터 각 소화전까지 전마찰손실 (MPa)	소화전 간의 배관마찰손실 (MPa)	Gauge elevation (MPa)	경사선의 elevation (MPa)
			정 압	방사 압력				
가	–	–	0.557	0.49	0.557−0.49 =0.067	–	0.029	0.519
나	200	277	0.517	0.379	0.517−0.379 =0.138	0.138−0.067 =0.071	0.069	0.379+0.069 =0.448
다	200	152	0.572	0.296	0.572−0.296 =0.276	0.138	0.586−0.572 =0.014	0.31
라	150	133	0.586	0.172	0.414	0.414−0.276 =0.138	0	0.172+0=0.172
마	200	277	0.552	0.069	0.552−0.069 =0.483	0.483−0.414 =0.069	0.586−0.552 =0.034	0.069+0.034 =0.103

(나) Gauge elevation값과 경사선의 elevation의 값을 그래프로 나타내면 된다.

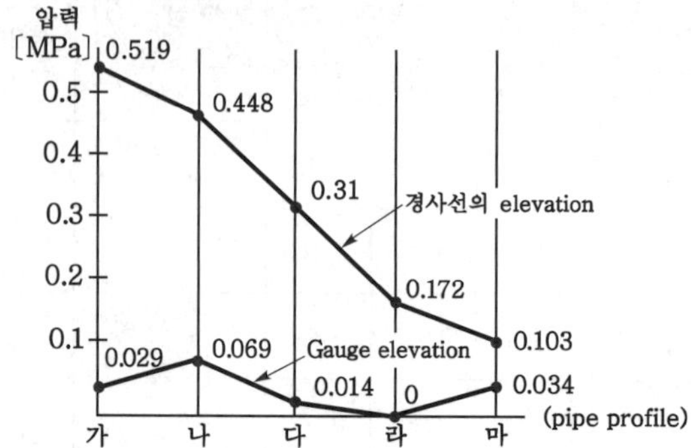

용어

동수경사선
복잡한 관로에 관한 문제를 풀기 위해 사용되는 선

☆☆
문제 13

관부속품에 대한 다음 각 물음에 답하시오. (17.4.문15, 16.11.문3, 11.7.문15)

(가) 물올림장치의 순환배관에 설치하는 안전밸브를 쓰시오.
(나) 설비된 배관 내의 이물질 제거(여과)기능을 하는 것을 쓰시오.
(다) 관 내 유체의 흐름방향을 변경시킬 때 사용되는 밸브를 쓰시오.
(라) 밸브의 개폐상태 여부를 용이하게 육안 판별하기 위한 밸브를 쓰시오.
(마) 성능시험배관의 유량계의 후단에 설치하여야 하는 밸브를 쓰시오.
(바) 배관 연결부분에 가스킷(gasket)을 삽입하고 볼트로 체결하는 관이음방법을 쓰시오.

득점	배점
	6

해답 (가) 릴리프밸브
(나) 스트레이너
(다) 앵글밸브
(라) 개폐표시형 밸브
(마) 유량조절밸브
(바) 플랜지이음

해설

- (나) 수(水)계인지, 수계가 아닌지 알 수 없으므로 'Y형 **스트레이너**'보다는 **스트레이너**가 정답!
- (라) **OS & Y밸브**라고 써도 정답! 단, '**게이트밸브**'는 육안으로 판별이 안 되는 경우도 있으므로 게이트밸브라고 답을 했다면 틀리게 채점될 가능성이 있음. 또한 '**개폐밸브**'라고만 쓰면 틀림. 가끔 '**개폐표시형 개폐밸브**'라고 쓰는 사람도 있는데 **개폐표시형 밸브**가 정답!!

부품명	설 명	사 진
릴리프밸브	물올림장치의 **순환배관**에 설치하는 안전밸브	

스트레이너	배관 내의 **이물질 제거**(여과)기능
앵글밸브	관 내 유체의 **흐름방향**을 **변경**시킬 때 사용되는 밸브
개폐표시형 밸브 (OS & Y밸브)	밸브의 **개폐상태** 여부를 용이하게 **육안 판별**하기 위한 밸브
유량조절밸브	성능시험배관의 **유량계**의 **후단**에 설치하여야 하는 밸브
개폐밸브	성능시험배관의 **유량계**의 **선단**에 설치하여야 하는 밸브
플랜지이음 (flange joint)	배관 연결부분에 가스킷(gasket)을 삽입하고 볼트로 체결하는 관이음방법
체크밸브	유량이 **흐름 반대**로 흐를 수 있는 것을 **방지**하기 위해서 설치하는 밸브
풋밸브 (foot 밸브)	원심펌프의 **흡입관** 아래에 설치하여 펌프가 기동할 때 **흡입관**을 **만수**상태로 만들어 주기 위한 밸브
연성계	**대기압 이상**의 **압력**과 **이하**의 **압력**을 측정할 수 있는 압력계

☆☆☆

문제 14

연결송수관설비가 겸용된 옥내소화전설비가 설치된 어느 건물이 있다. 옥내소화전이 2층에 3개, 3층에 4개, 4층에 5개일 때 조건을 참고하여 다음 각 물음에 답하시오. (15.11.문4, 산업 12.7.문1, 11.7.문11)

득점	배점
	8

〔조건〕

① 실양정은 20m, 배관의 마찰손실수두는 실양정의 20%, 관부속품의 마찰손실수두는 배관 마찰손실수두의 50%로 본다.

② 소방호스의 마찰손실수두값은 호스 100m당 26m이며, 호스길이는 15m이다.

③ 성능시험배관의 배관직경 산정기준은 정격토출량의 150%로 운전시 정격토출압력의 65% 기준으로 계산한다.

(가) 펌프의 전양정〔m〕을 구하시오.
- 계산과정 :
- 답 :

(나) 성능시험배관의 관경〔mm〕을 구하시오.
- 계산과정 :
- 답 :

(다) 펌프의 성능시험을 위한 유량측정장치의 최대측정유량〔L/min〕을 구하시오.
- 계산과정 :
- 답 :

(라) 토출측 주배관에서 배관의 최소구경을 구하시오. (단, 유속은 최대유속을 적용한다.)
- 계산과정 :
- 답 :

(가) ○ 계산과정 : $h_1 = 15 \times \frac{26}{100} = 3.9\text{m}$

$h_2 = (20 \times 0.2) + (4 \times 0.5) = 4 + 2 = 6\text{m}$

$h_3 = 20\text{m}$

$H = 3.9 + 6 + 20 + 17 = 46.9\text{m}$

○ 답 : 46.9m

(나) ○ 계산과정 : $Q = 2 \times 130 = 260\text{L/min}$

$D = \sqrt{\frac{1.5 \times 260}{0.653 \times \sqrt{0.65 \times 10 \times 0.469}}} = 18.49\text{mm} \ (\therefore\ 25\text{mm})$

○ 답 : 25mm

(다) ○ 계산과정 : $260 \times 1.75 = 455\text{L/min}$

○ 답 : 455L/min

(라) ○ 계산과정 : $\sqrt{\frac{4 \times 0.26/60}{\pi \times 4}} \fallingdotseq 0.037\text{m} = 37\text{mm}$

○ 답 : 100mm

(가) **전양정**

$$H \geq h_1 + h_2 + h_3 + 17$$

여기서, H : 전양정〔m〕

h_1 : 소방호스의 마찰손실수두〔m〕

h_2 : 배관 및 관부속품의 마찰손실수두〔m〕

h_3 : 실양정(흡입양정+토출양정)〔m〕

h_1 : $15\text{m} \times \frac{26}{100} = 3.9\text{m}$

- **15m** : 〔조건 ②〕에서 소방호스의 길이 적용
- $\frac{26}{100}$: 〔조건 ②〕에서 호스 100m당 26m이므로 $\frac{26}{100}$ 적용

h_2 : 배관의 마찰손실수두=실양정×20%$=20\text{m}\times 0.2=4\text{m}$

- 20m : 〔조건 ①〕에서 주어진 값
- 0.2 : 〔조건 ①〕에서 배관의 마찰손실수두는 실양정의 20%이므로 0.2 적용

관부속품의 마찰손실수두=배관의 마찰손실수두×50%=4m×0.5=2m

- 〔조건 ①〕에서 관부속품의 마찰손실수두=배관의 마찰손실수두×50%
- 4m : 바로 위에서 구한 배관의 마찰손실수두
- 0.5 : 〔조건 ①〕에서 50%=0.5 적용

h_3 : 20m(〔조건 ①〕에서 주어진 값)

전양정 $H=h_1+h_2+h_3+17=3.9\text{m}+[(20\text{m}\times 0.2)+(4\text{m}\times 0.5)]+20\text{m}+17=46.9\text{m}$

(나) **옥내소화전설비**의 **토출량**

$$Q \geq N \times 130\text{L/min}$$

여기서, Q : 가압송수장치의 토출량〔L/min〕
N : 가장 많은 층의 소화전개수(30층 미만 : 최대 2개, 30층 이상 : 최대 5개)

옥내소화전설비의 토출량(유량) Q는

$Q=N\times 130\text{L/min}=2\times 130\text{L/min}=260\text{L/min}$

- N : 문제에서 가장 많은 층의 소화전개수(최대 **2개**)
- 토출량공식은 층수 관계없이 $Q=N\times 130$ 임을 혼동하지 말라!

성능시험배관의 **방수량**

방수량 구하는 기본식	성능시험배관 방수량 구하는 식
$Q=0.653D^2\sqrt{10P}$ 또는 $Q=0.6597CD^2\sqrt{10P}$ 여기서, Q : 방수량〔L/min〕 C : 노즐의 흐름계수(유량계수) D : 내경〔mm〕 P : 방수압력〔MPa〕	$1.5Q=0.653D^2\sqrt{0.65\times 10P}$ 여기서, Q : 방수량〔L/min〕 D : 성능시험배관의 내경〔mm〕 P : 방수압력〔MPa〕

$1.5Q=0.653D^2\sqrt{0.65\times 10P}$

$\frac{1.5Q}{0.653\sqrt{0.65\times 10P}}=D^2$

좌우를 이항하면

$D^2=\frac{1.5Q}{0.653\sqrt{0.65\times 10P}}$, $\sqrt{D^2}=\sqrt{\frac{1.5Q}{0.653\sqrt{0.65\times 10P}}}$

$D=\sqrt{\frac{1.5Q}{0.653\times\sqrt{0.65\times 10P}}}=\sqrt{\frac{1.5\times 260\text{L/min}}{0.653\times\sqrt{0.65\times 10\times 0.469\text{MPa}}}}=18.49\text{mm}(\therefore\ 25\text{mm})$

- 〔조건 ③〕에 의해 **정격토출량**의 **150%**, **정격토출압력**의 **65%** 기준이므로 방수량 기본식 $Q=0.653D^2\sqrt{10P}$에서 변형하여 $1.5Q=0.653D^2\sqrt{0.65\times 10P}$ 식 적용
- Q(260L/min) : 바로 위에서 구한 값, 단위가 L/min이다. 단위에 특히 주의!
- P(0.469MPa) : 1MPa≒100m이므로 (가)에서 구한 값 46.9m=0.469MPa
- 식을 $1.5Q=0.6597D^2\sqrt{0.65\times 10P}$ 식으로 적용하면 틀린다. 주의!
- **관경**(구경)

관경〔mm〕 →	25	32	40	50	65	80	90	100	125	150	200	250	300

- 문제에서 관경을 구하라고 했으므로 18.49mm라고 쓰면 틀리고 25mm가 정답!

(다)

유량측정장치의 최대측정유량=펌프의 정격토출량×1.75

=260L/min×1.75=455L/min

- 유량측정장치는 펌프의 정격토출량의 **175%** 이상 측정할 수 있어야 하므로 유량측정장치의 성능은 펌프의 **정격토출량×1.75**가 된다.
- **260L/min** : (나)에서 구한 값

(라)

$$Q = AV = \frac{\pi D^2}{4} V$$

여기서, Q : 유량[m³/s]
A : 단면적[m²]
V : 유속[m/s]
D : 내경[m]

$$Q = \frac{\pi D^2}{4} V$$ 에서

배관의 **내경** D는

$$D = \sqrt{\frac{4Q}{\pi V}} = \sqrt{\frac{4 \times 260\text{L/min}}{\pi \times 4\text{m/s}}} = \sqrt{\frac{4 \times 0.26\text{m}^3/\text{min}}{\pi \times 4\text{m/s}}} = \sqrt{\frac{4 \times 0.26\text{m}^3/60\text{s}}{\pi \times 4\text{m/s}}} \fallingdotseq 0.037\text{m} = 37\text{mm}$$

내경 **37mm** 이상이지만 **연결송수관설비**가 **겸용**이므로 **100mm** 선정

- Q**(260L/min)** : (나)에서 구한 값
- 배관 내의 유속

설 비		유 속
옥내소화전설비 ⟶		4m/s 이하
스프링클러설비	가지배관	6m/s 이하
	기타배관	10m/s 이하

- [단서]에 최대유속인 **4m/s** 적용
- 성능시험배관은 최소구경이 정해져 있지 않지만 다음의 배관은 최소구경이 정해져 있으므로 주의하자!

구 분	구 경
주배관 중 **수직배관**, 펌프 토출측 **주배관**	**50mm 이상**
연결송수관인 방수구가 연결된 경우(연결송수관설비의 배관과 겸용할 경우) ⟶	**100mm 이상**

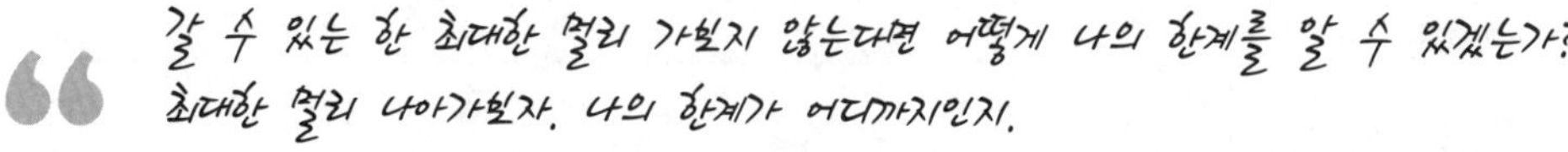

갈 수 있는 한 최대한 멀리 가보지 않는다면 어떻게 나의 한계를 알 수 있겠는가?
최대한 멀리 나아가보자. 나의 한계가 어디까지인지.

– A.E.하치너 –

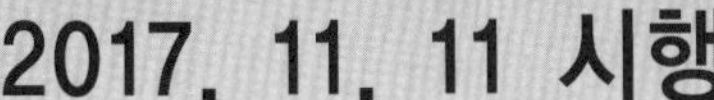

2017. 11. 11 시행

▌2017년 기사 제4회 필답형 실기시험▌

자격종목	시험시간	형별	수험번호	성명
소방설비기사(기계분야)	3시간			

감독위원 확인

※ 다음 물음에 답을 해당 답란에 답하시오.(배점 : 100)

☆

문제 01

미분무소화설비의 화재안전기준에 관한 다음 ( ) 안을 완성하시오.

득점	배점
	4

"미분무"란 물만을 사용하여 소화하는 방식으로 최소설계압력에서 헤드로부터 방출되는 물입자 중 99%의 누적체적분포가 (㉮)μm 이하로 분무되고 (㉯)급 화재에 적응성을 갖는 것을 말한다.

○ ㉮ :
○ ㉯ :

해답 ○ ㉮ : 400 ○ ㉯ : A, B, C

해설 **미분무소화설비**의 **화재안전기준**(NFPC 104A 3조, NFTC 104A 1.7)

용 어	설 명
미분무소화설비	가압된 물이 헤드 통과 후 **미세한 입자**로 **분무**됨으로써 소화성능을 가지는 설비를 말하며, **소화력**을 **증가**시키기 위해 **강화액** 등을 첨가할 수 있다.
미분무	물만을 사용하여 소화하는 방식으로 최소설계압력에서 헤드로부터 방출되는 물입자 중 **99%**의 누적체적분포가 **400μm** 이하로 분무되고 **A, B, C급 화재**에 적응성을 갖는 것
저압 미분무소화설비	최고사용압력이 **1.2MPa 이하**인 미분무소화설비
중압 미분무소화설비	사용압력이 **1.2MPa**을 **초과**하고 **3.5MPa 이하**인 미분무소화설비
고압 미분무소화설비	최저사용압력이 **3.5MPa**을 **초과**하는 미분무소화설비

• ㉯ : 쉼표(,) 없이 ABC라고 써도 정답

☆☆☆

문제 02

다음은 어느 실들의 평면도이다. 이 중 A실을 급기가압하고자 할 때 주어진 조건을 이용하여 다음을 구하시오.

(20.10.문16, 20.5.문9, 19.11.문3, 18.11.문11, 17.4.문7, 16.11.문4, 16.4.문15, 15.7.문9, 11.11.문6, 08.4.문8, 05.7.문6)

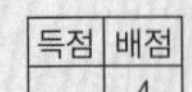

득점	배점
	9

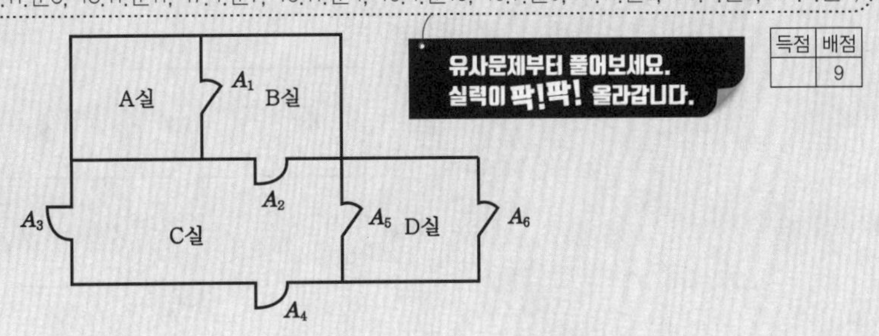

〔조건〕

① 실 외부대기의 기압은 101300Pa로서 일정하다.

② A실에 유지하고자 하는 기압은 101500Pa이다.

③ 각 실의 문들의 틈새면적은 $0.01m^2$이다.

④ 어느 실을 급기가압할 때 그 실의 문 틈새를 통하여 누출되는 공기의 양은 다음의 식에 따른다.

$$Q = 0.827A \cdot P^{\frac{1}{2}}$$

여기서, Q : 누출되는 공기의 양$[m^3/s]$

A : 문의 전체 누설틈새면적$[m^2]$

P : 문을 경계로 한 기압차[Pa]

(개) A실의 전체 누설틈새면적 $A[m^2]$를 구하시오. (단, 소수점 아래 6째자리에서 반올림하여 소수점 아래 5째자리까지 나타내시오.)

○ 계산과정 :

○ 답 :

(나) A실에 유입해야 할 풍량[L/s]을 구하시오.

○ 계산과정 :

○ 답 :

해답

(개) ○ 계산과정 : $A_5 \sim A_6 = \dfrac{1}{\sqrt{\dfrac{1}{0.01^2} + \dfrac{1}{0.01^2}}} = 0.007071 ≒ 0.00707m^2$

$A_3 \sim A_6 = 0.01 + 0.01 + 0.00707 = 0.02707m^2$

$A_1 \sim A_6 = \dfrac{1}{\sqrt{\dfrac{1}{0.01^2} + \dfrac{1}{0.01^2} + \dfrac{1}{0.02707^2}}} = 0.006841 ≒ 0.00684m^2$

○ 답 : $0.00684m^2$

(나) ○ 계산과정 : $0.827 \times 0.00684 \times \sqrt{200} = 0.079997m^3/s = 79.997L/s ≒ 80L/s$

○ 답 : 80L/s

해설

기호

- A_1, A_2, A_3, A_4, A_5, $A_6(0.01m^2)$: 〔조건 ③〕에서 주어짐
- P[(101500−101300)Pa=200Pa] : 〔조건 ①, ②〕에서 주어짐

(개) 〔조건 ③〕에서 각 실의 틈새면적은 $0.01m^2$이다.

$A_5 \sim A_6$은 **직렬상태**이므로

$$A_5 \sim A_6 = \frac{1}{\sqrt{\dfrac{1}{(0.01m^2)^2} + \dfrac{1}{(0.01m^2)^2}}} = 7.071 \times 10^{-3} = 0.007071 ≒ 0.00707m^2$$

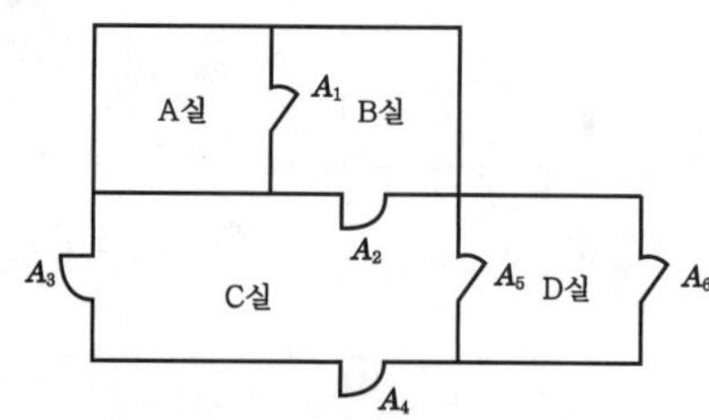

위의 내용을 정리하면 다음과 같이 변환시킬 수 있다.

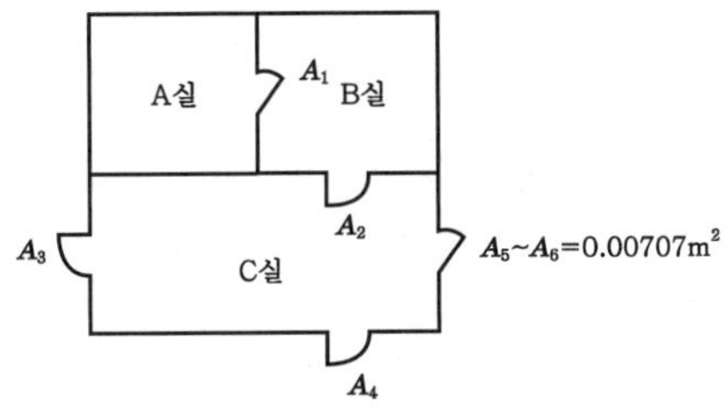

$A_3 \sim A_6$은 **병렬상태**이므로

$A_3 \sim A_6 = 0.01\text{m}^2 + 0.01\text{m}^2 + 0.00707\text{m}^2 = 0.02707\text{m}^2$

위의 내용을 정리하면 다음과 같이 변환시킬 수 있다.

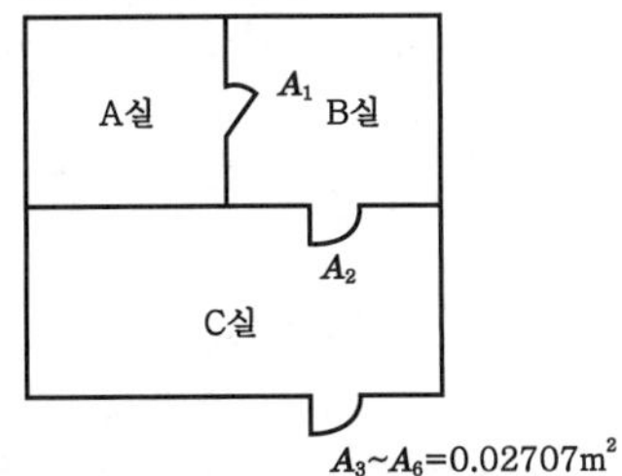

$A_1 \sim A_6$은 **직렬상태**이므로

$$A_1 \sim A_6 = \frac{1}{\sqrt{\frac{1}{(0.01\text{m}^2)^2} + \frac{1}{(0.01\text{m}^2)^2} + \frac{1}{(0.02707\text{m}^2)^2}}} = 6.841 \times 10^{-3} = 0.006841 ≒ 0.00684\text{m}^2$$

(나) **유입풍량** Q

$$Q = 0.827A \cdot P^{\frac{1}{2}} = 0.827A\sqrt{P} = 0.827 \times 0.00684\text{m}^2 \times \sqrt{200\,\text{Pa}} = 0.079997\text{m}^3/\text{s} = 79.997\text{L/s} ≒ 80\text{L/s}$$

- 유입풍량

$$Q = 0.827A\sqrt{P}$$

여기서, Q : 누출되는 공기의 양[m³/s], A : 문의 전체 누설틈새면적[m²], P : 문을 경계로 한 기압차[Pa]

- $P^{\frac{1}{2}} = \sqrt{P}$
- [조건 ①, ②]에서 기압차(P)=101500－101300=200Pa
- $0.079997\text{m}^3/\text{s} = 79.997\text{L/s}\ (1\text{m}^3 = 1000\text{L})$

참고

누설틈새면적

직렬상태	병렬상태
$A = \frac{1}{\sqrt{\frac{1}{A_1^{\,2}} + \frac{1}{A_2^{\,2}} + \cdots}}$ 여기서, A : 전체 누설틈새면적[m²] A_1, A_2 : 각 실의 누설틈새면적[m²] 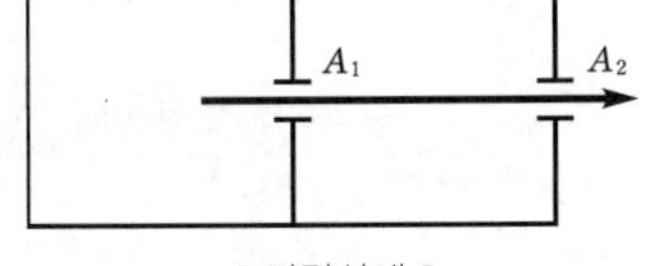 ‖ 직렬상태 ‖	$A = A_1 + A_2 + \cdots$ 여기서, A : 전체 누설틈새면적[m²] A_1, A_2 : 각 실의 누설틈새면적[m²] ‖ 병렬상태 ‖

☆☆
문제 03

스프링클러설비에 사용되는 개방형 헤드와 폐쇄형 헤드의 차이점과 적용설비를 쓰시오.

(15.4.문4, 01.11.문11)

구 분	개방형 헤드	폐쇄형 헤드
차이점	○	○
적용설비	○	○ ○ ○

득점	배점
	6

해답

구 분	개방형 헤드	폐쇄형 헤드
차이점	• 감열부가 없다.	• 감열부가 있다.
적용설비	• 일제살수식 스프링클러설비	• 습식 스프링클러설비 • 건식 스프링클러설비 • 준비작동식 스프링클러설비

해설 **개방형 헤드**와 **폐쇄형 헤드**

구 분	개방형 헤드	폐쇄형 헤드
차이점	• **감열부**가 **없다.** • **가압수 방출기능**만 있다.	• **감열부**가 **있다.** • **화재감지** 및 **가압수 방출기능**이 있다.
설치장소	• 무대부 • 연소할 우려가 있는 개구부 • 천장이 높은 장소 • 화재가 급격히 확산될 수 있는 장소(위험물 저장 및 처리시설)	• 근린생활시설 • 판매시설(도매시장·소매시장·백화점 등) • 복합건축물 • 아파트 • 공장 또는 창고(랙식 창고 포함) • 지하가·지하역사
적용설비	• **일제살수식** 스프링클러설비	• **습식** 스프링클러설비 • **건식** 스프링클러설비 • **준비작동식** 스프링클러설비
형태		

• '일제살수식 스프링클러설비'를 **일제살수식**만 써도 정답
• '습식 스프링클러설비', '건식 스프링클러설비', '준비작동식 스프링클러설비'를 각각 **습식**, **건식**, **준비작동식**만 써도 정답

용어

무대부와 연소할 우려가 있는 개구부

무대부	연소할 우려가 있는 개구부
노래, 춤, 연극 등의 연기를 하기 위해 만들어 놓은 부분	각 방화구획을 관통하는 컨베이어·에스컬레이터 또는 이와 비슷한 시설의 주위로서 방화구획을 할 수 없는 부분

☆☆
문제 04

지상 18층짜리 아파트에 스프링클러설비를 설치하려고 할 때 조건을 보고 다음 각 물음에 답하시오. (단, 층별 방호면적은 990m^{2}로서 헤드의 방사압력은 0.1MPa이다.) (19.6.문14, 10.7.문7)

득점	배점
	6

〔조건〕

① 실양정 : 65m
② 배관, 관부속품의 총 마찰손실수두 : 25m
③ 배관 내 유속 : 2m/s
④ 효율 : 60%
⑤ 전달계수 : 1.1

(가) 이 설비의 펌프의 토출량을 구하시오. (단, 헤드의 기준개수는 최대치를 적용한다.)
 ○ 계산과정 :
 ○ 답 :

(나) 이 설비가 확보하여야 할 수원의 양을 구하시오.
 ○ 계산과정 :
 ○ 답 :

(다) 가압송수장치의 축동력〔kW〕을 구하시오.
 ○ 계산과정 :
 ○ 답 :

해답 (가) ○ 계산과정 : $10 \times 80 = 800$L/min
 ○ 답 : 800L/min

(나) ○ 계산과정 : $1.6 \times 10 = 16$m^3
 ○ 답 : 16m^3

(다) ○ 계산과정 : $\dfrac{0.163 \times 0.8 \times 100}{0.6} = 21.733 ≒ 21.73$kW
 ○ 답 : 21.73kW

해설 (가)

- 〔단서〕에서 층별 바닥면적 990m^{2}는 스프링클러설비의 화재안전기준(NFPC 103 6조 1호, NFTC 103 2.3.1.1)에서 바닥면적 3000m^2 이하이면 되므로 이 문제에서는 특별히 적용할 필요가 없음. 만약 바닥면적 3000m^{2}를 초과한다면 구한 값에 모두 곱하기 2를 해야 한다.

특정소방대상물		폐쇄형 헤드의 기준개수
지하가 · 지하역사		30
11층 이상		
10층 이하	공장(특수가연물), 창고시설	
	판매시설(백화점 등), 복합건축물(판매시설이 설치된 것)	
	근린생활시설, 운수시설	20
	8m 이상	
	8m 미만	10
공동주택(아파트 등) →		10(각 동이 주차장으로 연결된 주차장 : 30)

펌프의 **토출량(유량)** Q는
$Q = N \times 80$L/min$=10 \times 80$L/min $= 800$L/min

- N : 폐쇄형 헤드의 기준개수로서 문제에서 **아파트**이므로 위 표에서 **10개**가 된다.

(나) **폐쇄형 헤드**

$Q = 1.6N$(30층 미만), $Q = 3.2N$(30~49층 이하), $Q = 4.8N$(50층 이상)

여기서, Q : 수원의 저수량〔m^3〕

N : 폐쇄형 헤드의 기준개수(설치개수가 기준개수보다 적으면 그 설치개수)

수원의 **저수량** Q는

$Q=1.6N=1.6\times10개=16m^3$

- **폐쇄형 헤드** : **아파트** 등에 설치
- **개방형 헤드** : **천장고**가 **높은 곳**에 설치
- 이 문제에서는 옥상수조가 있는지, 없는지 알 수 없으므로 **옥상수조 수원**의 양은 **제외**!

(다)

$$H=h_1+h_2+10$$

여기서, H : 전양정〔m〕

h_1 : 배관 및 관부속품의 마찰손실수두〔m〕

h_2 : 실양정(흡입양정+토출양정)〔m〕

전양정 H는

$H=h_1+h_2+10=25m+65m+10=\mathbf{100m}$

- h_1**(25m)** : 〔조건 ②〕에서 주어진 값
- h_2**(65m)** : 〔조건 ①〕에서 주어진 값
- 〔단서〕에서 방사압력 0.1MPa=10m이므로 $H=h_1+h_2+10$에서 10이 적용되었음

$$P=\frac{0.163QH}{\eta}$$

여기서, P : 축동력〔kW〕

Q : 유량〔m^3/min〕

H : 전양정〔m〕

η : 효율

가압송수장치의 **축동력** P는

$$P=\frac{0.163QH}{\eta}=\frac{0.163\times0.8m^3/min\times100m}{0.6}=21.733\fallingdotseq21.73kW$$

- Q**(800L/min=0.8m³/min)** : (가)에서 구한 값
- H**(100m)** : 바로 위에서 구한 값
- η**(0.6)** : 〔조건 ④〕에서 주어진 값
- **축동력** 계산시 **전달계수**(K)는 **적용**하지 **않는다.**

◈ 고민상담 ◈

답안 작성시 **'이상'**이란 말은 꼭 붙이지 않아도 된다. 원칙적으로 여기서 구한 값은 **최소값**이므로 **'이상'**을 붙이는 것이 정확한 답이지만, **한국산업인력공단**의 공식답변에 의하면 **'이상'**이란 말까지는 붙이지 않아도 **옳은 답**으로 **채점**한다고 한다.

☆☆

문제 05

운전 중인 펌프의 압력계를 측정하였더니 흡입측 진공계의 눈금이 150mmHg, 토출측 압력계는 0.294MPa이었다. 펌프의 전양정〔m〕을 구하시오. (단, 토출측 압력계는 흡입측 진공계보다 50cm 높은 곳에 있고, 직경은 동일하다.) (10.4.문8)

○ 계산과정 :

○ 답 :

득점	배점
	5

해답 ○ 계산과정 : $\frac{0.294}{0.101325} \times 10.332 ≒ 29.978\text{m}$

$\frac{150}{760} \times 10.332 = 2.039 ≒ 2.04\text{m}$

$H = 29.978 + 2.04 + 0.5 = 32.518 ≒ 32.52\text{m}$

○ 답 : 32.52m

해설

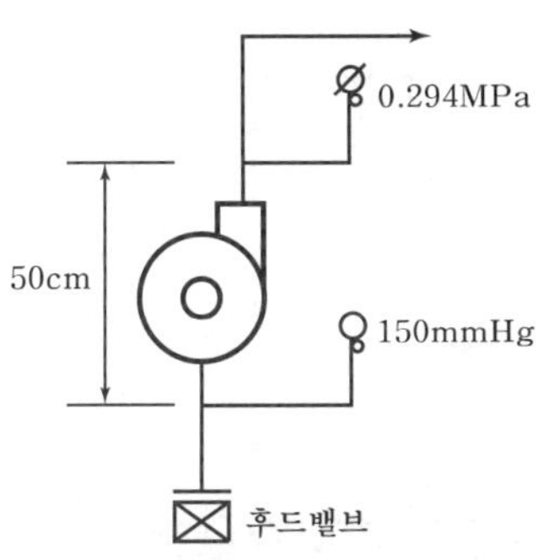

(1) **압력계 지시값**

101.325kPa=0.101325MPa=10.332mH₂O=10.332m 이므로

$0.294\text{MPa} = \frac{0.294\text{MPa}}{0.101325\text{MPa}} \times 10.332\text{m} ≒ 29.978\text{m}$

(2) **진공계 지시값**

$10.332\text{mH}_2\text{O} = 760\text{mmHg}$ 이므로

$H = \frac{150\text{mmHg}}{760\text{mmHg}} \times 10.332\text{mH}_2\text{O} = 2.039 ≒ 2.04\text{m}$

(3) **펌프**의 **전양정**=압력계 지시값+진공계 지시값+높이

=29.978m+2.04m+0.5m=32.518≒32.52m

중요

표준대기압

$1\text{atm} = 760\text{mmHg} = 1.0332\text{kg}_f/\text{cm}^2$

$= 10.332\text{mH}_2\text{O(mAq)}$

$= 14.7\text{PSI(lb}_f/\text{in}^2)$

$= 101.325\text{kPa(kN/m}^2)$

$= 1013\text{mbar}$

☆☆

문제 06

다음 보기는 제연설비에서 제연구역을 구획하는 기준을 나열한 것이다. ㉮~㉲까지의 빈칸을 채우시오.

(19.4.문15, 10.7.문10, 03.10.문13)

득점	배점
	5

〔보기〕

① 하나의 제연구역의 면적은 (㉮) 이내로 한다.

② 거실과 통로는 (㉯)한다.

③ 통로상의 제연구역은 보행중심선의 길이가 (㉰)를 초과하지 않아야 한다.

④ 하나의 제연구역은 직경 (㉱) 원 내에 들어갈 수 있도록 한다.

⑤ 하나의 제연구역은 (㉲)개 이상의 층에 미치지 않도록 한다. (단, 층의 구분이 불분명한 부분은 다른 부분과 별도로 제연구획할 것)

해답 ㉮ 1000m^2 ㉯ 각각 제연구획
㉰ 60m ㉱ 60m
㉲ 2

해설 **제연구역**의 **기준**(NFPC 501 4조, NFTC 501 2.1.1)
(1) 하나의 제연구역의 **면**적은 **1000m^2** 이내로 한다.
(2) 거실과 통로는 **각각 제연구획**한다.
(3) **통**로상의 제연구역은 보행중심선의 **길이**가 **60m**를 초과하지 않아야 한다.

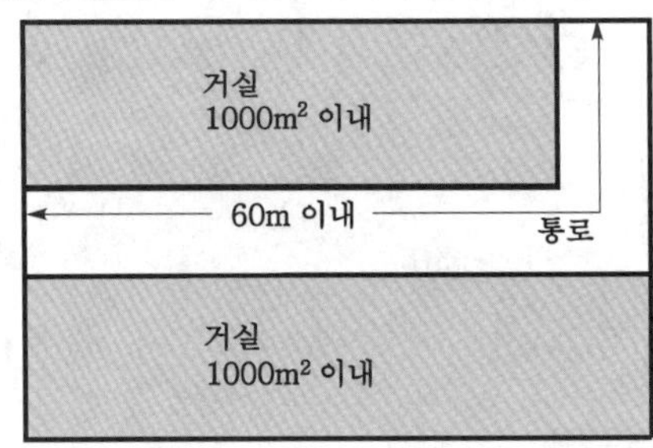

‖ 제연구역의 구획(Ⅰ) ‖

(4) 하나의 제연구역은 직경 **60m 원** 내에 들어갈 수 있도록 한다.

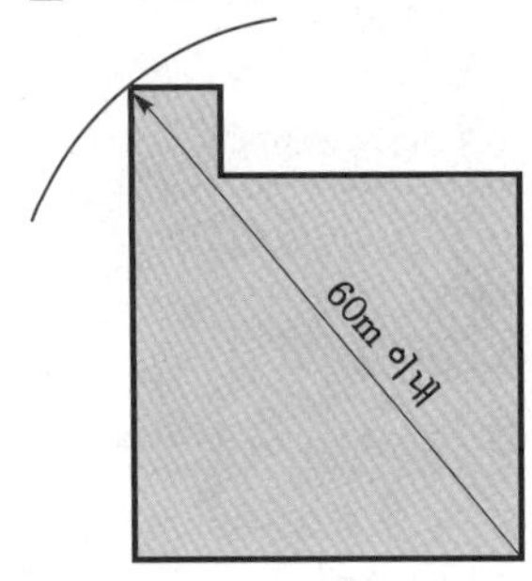

‖ 제연구역의 구획(Ⅱ) ‖

(5) 하나의 제연구역은 **2개** 이상의 **층**에 미치지 않도록 한다. (단, 층의 구분이 불분명한 부분은 다른 부분과 별도로 제연구획할 것)

기억법 **층면 각각제 원통길이**

문제 07

헤드 H-1의 방수압력이 0.1MPa이고 방수량이 80L/min인 폐쇄형 스프링클러설비의 수리계산에 대하여 조건을 참고하여 다음 각 물음에 답하시오. (단, 계산과정을 쓰고 최종 답은 반올림하여 소수점 둘째 자리까지 구할 것) (17.4.문4, 15.4.문10, 관리사 2차 10회 문3)

득점	배점
	12

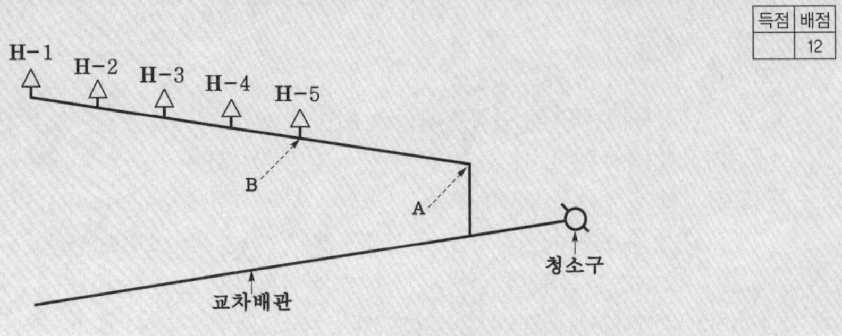

[조건]

① 헤드 H-1에서 H-5까지의 각 헤드마다의 방수압력 차이는 0.01MPa이다. (단, 계산시 헤드와 가지배관 사이의 배관에서의 마찰손실은 무시한다.)

② A~B구간의 마찰손실압은 0.04MPa이다.

③ 헤드 H-1에서의 방수량은 80L/min이다.

(가) A지점에서의 필요최소압력은 몇 MPa인지 구하시오.

○ 계산과정 :

○ 답 :

(나) 각 헤드에서의 방수량은 몇 L/min인지 구하시오.

○ 계산과정 :

○ 답 :

(다) A~B구간에서의 유량은 몇 L/min인지 구하시오.

○ 계산과정 :

○ 답 :

(라) A~B구간에서의 최소내경은 몇 mm인지 구하시오.

○ 계산과정 :

○ 답 :

해답 (가) ○ 계산과정 : $0.1+0.01\times4+0.04=0.18\text{MPa}$

○ 답 : 0.18MPa

(나) ○ 계산과정 : $K=\dfrac{80}{\sqrt{10\times0.1}}=80$

H-1 : $Q_1=80\sqrt{10\times0.1}=80\text{L/min}$

H-2 : $Q_2=80\sqrt{10(0.1+0.01)}=83.904 ≒ 83.9\text{L/min}$

H-3 : $Q_3=80\sqrt{10(0.1+0.01+0.01)}=87.635 ≒ 87.64\text{L/min}$

H-4 : $Q_4=80\sqrt{10(0.1+0.01+0.01+0.01)}=91.214 ≒ 91.21\text{L/min}$

H-5 : $Q_5=80\sqrt{10(0.1+0.01+0.01+0.01+0.01)}=94.657 ≒ 94.66\text{L/min}$

○ 답 : Q_1=80L/min

Q_2=83.9L/min

Q_3=87.64L/min

Q_4=91.21L/min

Q_5=94.66L/min

(다) ○ 계산과정 : $80+83.9+87.64+91.21+94.66=437.41\text{L/min}$

○ 답 : 437.41L/min

(라) ○ 계산과정 : $\sqrt{\dfrac{4\times(0.43741/60)}{\pi\times6}}=0.039\text{m} ≒ 39\text{mm}$

○ 답 : 39mm

(가) 80L/min

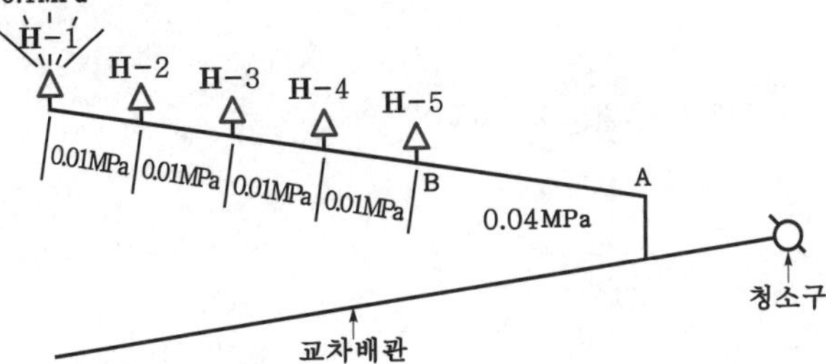

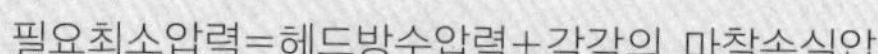

필요최소압력=헤드방수압력+각각의 마찰손실압

$= 0.1\text{MPa} + 0.01\text{MPa} \times 4 + 0.04\text{MPa}$
$= 0.18\text{MPa}$

- **0.1MPa** : 문제에서 주어진 값
- **0.01MPa** : [조건 ①]에서 주어진 값
- **0.04MPa** : [조건 ②]에서 주어진 값

(나)

$$Q = K\sqrt{10P}$$

여기서, Q : 방수량[L/min]
K : 방출계수
P : 방수압[MPa]

방출계수 K는

$$K = \frac{Q}{\sqrt{10P}} = \frac{80\text{L/min}}{\sqrt{10 \times 0.1\text{MPa}}} = 80$$

헤드번호 H-1

① **유량**

$$Q_1 = K\sqrt{10P} = 80\sqrt{10 \times 0.1\text{MPa}} = 80\text{L/min}$$

- P**(0.1MPa)** : 문제에서 주어진 값
- K**(80)** : 바로 위에서 구한 값

② **마찰손실압**

$$\Delta P_1 = 0.01\text{MPa}$$

- [조건 ①]에서 각 헤드의 방수압력 차이는 **0.01MPa**이다.

헤드번호 H-2

① **유량**

$$Q_2 = K\sqrt{10(P+\Delta P_1)} = 80\sqrt{10(0.1\text{MPa}+0.01\text{MPa})} = 83.904 \fallingdotseq 83.9\text{L/min}$$

- 방수압($P+\Delta P_1$)은 문제에서 주어진 방수압(P) **0.1MPa**과 헤드번호 H-1의 마찰손실압(ΔP_1)의 합이다.

② **마찰손실압**

$$\Delta P_2 = 0.01\text{MPa}$$

- [조건 ①]에서 각 헤드의 방수압력 차이는 **0.01MPa**이다.

헤드번호 H-3

① **유량**

$$Q_3 = K\sqrt{10(P+\Delta P_1+\Delta P_2)} = 80\sqrt{10(0.1\text{MPa}+0.01\text{MPa}+0.01\text{MPa})} = 87.635 \fallingdotseq 87.64\text{L/min}$$

- 방수압($P+\Delta P_1+\Delta P_2$)은 문제에서 주어진 방수압(P) **0.1MPa**과 헤드번호 H-1의 마찰손실압(ΔP_1), 헤드번호 H-2의 마찰손실압(ΔP_2)의 합이다.

② **마찰손실압**

$$\Delta P_3 = 0.01\text{MPa}$$

- [조건 ①]에서 각 헤드의 방수압력 차이는 **0.01MPa**이다.

헤드번호 H-4

① **유량**

$$Q_4 = K\sqrt{10(P+\Delta P_1+\Delta P_2+\Delta P_3)}$$
$$= 80\sqrt{10(0.1\text{MPa}+0.01\text{MPa}+0.01\text{MPa}+0.01\text{MPa})} = 91.214 \fallingdotseq 91.21\text{L/min}$$

- 방수압($P+\Delta P_1+\Delta P_2+\Delta P_3$)은 문제에서 주어진 방수압($P$) **0.1MPa**과 헤드번호 H-1의 마찰손실압 (ΔP_1), 헤드번호 H-2의 마찰손실압(ΔP_2), 헤드번호 H-3의 마찰손실압(ΔP_3)의 합이다.

② **마찰손실압**

$\Delta P_4 = 0.01\text{MPa}$

- [조건 ①]에서 각 헤드의 방수압력 차이는 **0.01MPa**이다.

헤드번호 H-5

유량

$$Q_5 = K\sqrt{10(P+\Delta P_1+\Delta P_2+\Delta P_3+\Delta P_4)}$$
$$= 80\sqrt{10(0.1\text{MPa}+0.01\text{MPa}+0.01\text{MPa}+0.01\text{MPa}+0.01\text{MPa})} = 94.657 \fallingdotseq 94.66\text{L/min}$$

(다) A~B구간의 유량

$$Q = Q_1+Q_2+Q_3+Q_4+Q_5$$
$$= 80\text{L/min}+83.9\text{L/min}+87.64\text{L/min}+91.21\text{L/min}+94.66\text{L/min} = 437.41\text{L/min}$$

- $Q_1 \sim Q_5$: (나)에서 구한 값

(라)

$$Q = AV = \frac{\pi D^2}{4}V$$

여기서, Q : 유량[m^3/s]
A : 단면적[m^2]
V : 유속[m/s]
D : 내경[m]

$$Q = \frac{\pi D^2}{4}V$$
에서

배관의 **내경** D는

$$D = \sqrt{\frac{4Q}{\pi V}} = \sqrt{\frac{4\times 437.41\text{L/min}}{\pi\times 6\text{m/s}}} = \sqrt{\frac{4\times 0.43741\text{m}^3/\text{min}}{\pi\times 6\text{m/s}}} = \sqrt{\frac{4\times(0.43741\text{m}^3/60\text{s})}{\pi\times 6\text{m/s}}} = 0.039\text{m} \fallingdotseq 39\text{mm}$$

- Q(437.41L/min) : (다)에서 구한 값
- $1000\text{L} = 1\text{m}^3$이므로 $437.41\text{L/min} = 0.43741\text{m}^3/\text{min}$
- $1\text{min} = 60\text{s}$이므로 $0.43741\text{m}^3/\text{min} = 0.43741\text{m}^3/60\text{s}$
- **배관 내**의 **유속**

설 비		유 속
옥내소화전설비		4m/s 이하
스프링클러설비	가지배관 →	6m/s 이하
	기타배관(교차배관 등)	10m/s 이하

- 구하고자 하는 배관은 스프링클러헤드가 설치되어 있으므로 '**가지배관**'이다. 그러므로 유속은 **6m/s**이다.
- 1m=1000mm이므로 0.039m=39mm
- 문제에서 **내경**을 구하라고 하였으므로 계산해서 구한 값 그대로 적용하면 된다. 그러므로 39mm가 정답! 만약, **관경**을 구하라고 한다면 40mm가 정답!

용어

가지배관	교차배관
스프링클러헤드가 설치되어 있는 배관	**직접** 또는 **수직배관**을 통하여 **가지배관**에 **급수**하는 배관

☆☆☆

문제 08

분말소화설비에서 분말약제 저장용기와 연결 설치되는 정압작동장치에 대한 다음 각 물음에 답하시오. (13.4.문15, 10.10.문10, 07.4.문4)

(가) 정압작동장치의 설치목적은 무엇인지 쓰시오.

(나) 정압작동장치의 종류 중 압력스위치방식에 대해 설명하시오.

득점	배점
	4

해답 (가) 저장용기의 내부압력이 설정압력이 되었을 때 주밸브를 개방시키는 장치

(나) 가압용 가스가 저장용기 내에 가압되어 압력스위치가 동작되면 솔레노이드밸브가 동작되어 주밸브를 개방시키는 방식

해설 (가) **정압작동장치** : 약제저장용기 내의 내부압력이 설정압력이 되었을 때 주밸브를 개방시키는 장치로서 정압작동장치의 설치위치는 다음 그림과 같다.

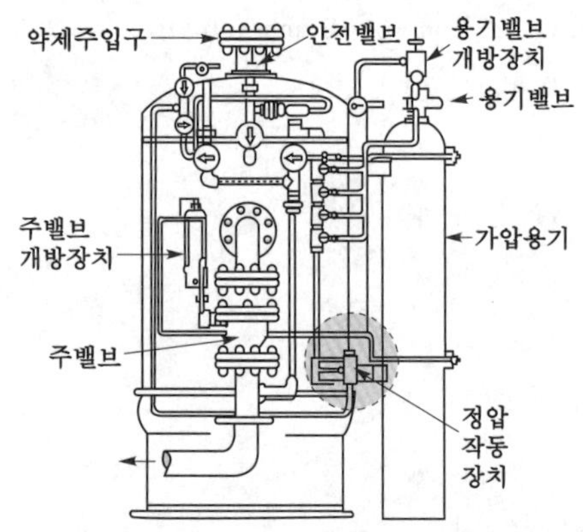

(나) **정압작동장치**의 **종류**

종 류	설 명
봉판식	저장용기에 가압용 가스가 충전되어 밸브의 **봉판**이 작동압력에 도달되면 밸브의 봉판이 개방되면서 주밸브 개방장치로 가스의 압력을 공급하여 주밸브를 개방시키는 방식 캡 / 가스압 / 패킹 / 봉판지지대 / 봉판 / 오리피스 ▌봉판식▐
기계식	저장용기 내의 압력이 작동압력에 도달되면 **밸브**가 작동되어 **정압작동레버**가 이동하면서 주밸브를 개방시키는 방식 작동압 조정스프링 / 밸브 / 실린더 / 정압작동레버 / 도관접속부 ▌기계식▐

스프링식	저장용기 내의 압력이 가압용 가스의 압력에 의하여 충압되어 작동압력 이상에 도달되면 **스프링**이 상부로 밀려 **밸브캡**이 열리면서 주밸브를 개방시키는 방식 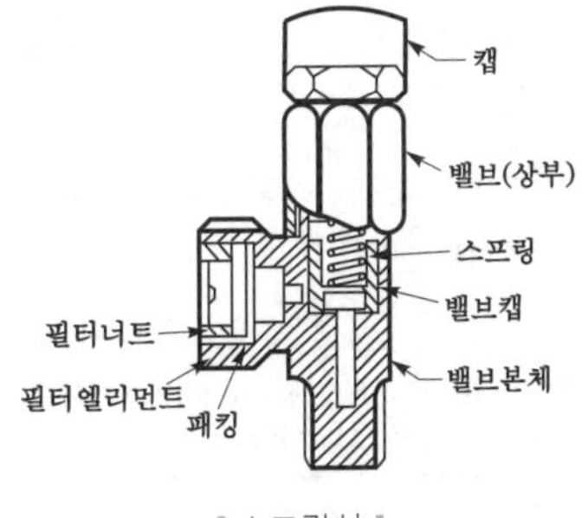 ‖ 스프링식 ‖
압력스위치식	가압용 가스가 저장용기 내에 가압되어 **압력스위치**가 동작되면 **솔레노이드밸브**가 동작되어 주밸브를 개방시키는 방식 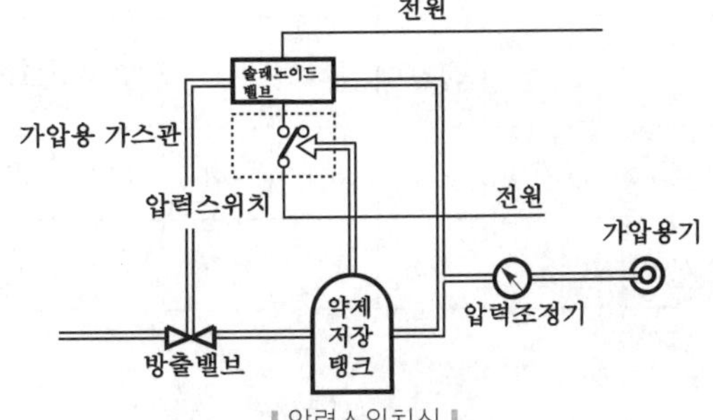 ‖ 압력스위치식 ‖
시한릴레이식	저장용기의 내압이 방출에 필요한 압력에 도달되는 시간을 미리 결정하여 **한시계전기**를 이 시간에 맞추어 놓고 기동과 동시에 한시계전기가 동작되면 일정 시간 후 **릴레이**의 접점에 의해 솔레노이드밸브가 동작되어 주밸브를 개방시키는 방식 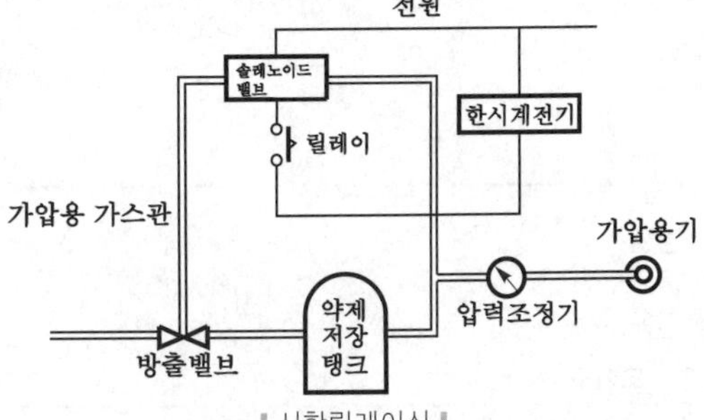 ‖ 시한릴레이식 ‖

☆☆

문제 09

다음은 연소방지설비에 관한 설명이다. (　) 안에 적합한 단어를 쓰시오. (14.11.문1, 11.11.문12, 06.4.문5)

득점	배점
	5

○ 연소방지설비의 전용헤드 사용시 살수헤드의 수가 4개 또는 5개일 경우 배관의 구경은 (①)mm로 할 것
○ 헤드 간의 수평거리는 연소방지설비 전용헤드의 경우에는 (②)m 이하, 스프링클러헤드의 경우에는 (③)m 이하로 할 것
○ 살수구역은 환기구 사이의 간격이 (④)m 이하마다 또는 환기구 등을 기준으로 1개 이상 설치하되, 하나의 살수구역의 길이는 (⑤)m 이상으로 할 것

해답 ① 65　　② 2　　③ 1.5
④ 700　　⑤ 3

해설 **연소방지설비**의 **설치기준**(NFPC 605 8조, NFTC 605 2.4.2)

(1) 헤드 간의 수평거리는 연소방지설비 전용헤드의 경우에는 **2m 이하**, **스프링클러헤드**의 경우에는 **1.5m 이하**로 할 것

(2) 살수구역은 환기구 사이의 간격이 **700m 이하**마다 또는 **환기구** 등을 기준으로 1개 이상 설치하되, 하나의 살수구역의 길이는 **3m 이상**으로 할 것

중요

연소방지설비의 **배관구경**(NFPC 605 8조, NFTC 605 2.4.1.3.1)

(1) 연소방지설비 전용헤드를 사용하는 경우

배관의 구경	32mm	40mm	50mm	65mm	80mm
살수헤드수	1개	2개	3개	4개 또는 5개	6개 이상

(2) 스프링클러헤드를 사용하는 경우

구 분 \ 배관의 구경	25mm	32mm	40mm	50mm	65mm	80mm	90mm	100mm	125mm	150mm
폐쇄형 헤드수	2개	3개	5개	10개	30개	60개	80개	100개	160개	161개 이상
개방형 헤드수	1개	2개	5개	8개	15개	27개	40개	55개	90개	91개 이상

문제 10

피난구조설비 중 인명구조기구 종류 3가지만 쓰시오. (11.7.문3)

득점	배점
	6

○
○
○

해답 ① 방열복
② 공기호흡기
③ 인공소생기

해설 **인명구조기구**(NFPC 302 3조, NFTC 302 1.7)

구 분	설 명
방열복	**고온**의 **복사열**에 가까이 접근하여 소방활동을 수행할 수 있는 **내열피복**
방**화**복	**화재진압** 등의 소방활동을 수행할 수 있는 **피복**
공기호흡기	소화활동시에 화재로 인하여 발생하는 각종 유독가스 중에서 일정 시간 사용할 수 있도록 제조된 **압축공기식 개인호흡장비**
인공소생기	호흡부전상태인 사람에게 인공호흡을 시켜 환자를 보호하거나 구급하는 기구

기억법 **방열화공인**

중요

(1) **인명구조기구**의 **설치기준**(NFPC 302 4조, NFTC 302 2.1)

① 화재시 쉽게 반출 사용할 수 있는 장소에 비치할 것

② 인명구조기구가 설치된 가까운 장소의 보기 쉬운 곳에 "**인명구조기구**"라는 축광식 표지와 그 사용방법을 표시한 표지를 부착할 것

(2) **인명구조기구**의 **설치대상**

특정소방대상물	인명구조기구의 종류	설치수량
• 지하층을 포함하는 층수가 **7층** 이상인 **관광호텔** 및 **5층** 이상인 **병원**	• 방열복 • 방화복(안전모, 보호장갑, 안전화 포함) • 공기호흡기 • 인공소생기	• 각 **2개** 이상 비치할 것(단, 병원은 인공소생기 설치 제외)
• 문화 및 집회시설 중 수용인원 **100명** 이상의 영화상영관 • **대규모 점포** • **지하역사** • **지하상가**	• 공기호흡기	• 층마다 **2개** 이상 비치할 것
• **이산화탄소소화설비**를 설치하여야 하는 특정소방대상물	• 공기호흡기	• 이산화탄소소화설비가 설치된 장소의 출입구 외부 인근에 **1대** 이상 비치할 것

☆☆☆

문제 11

그림과 같이 바닥면이 자갈로 되어 있는 절연유 봉입변압기에 물분무소화설비를 설치하고자 한다. 물분무소화설비의 화재안전기준을 참고하여 다음 각 물음에 답하시오. (19.4.문10, 13.7.문2)

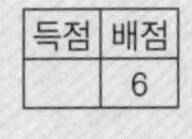

득점	배점
	6

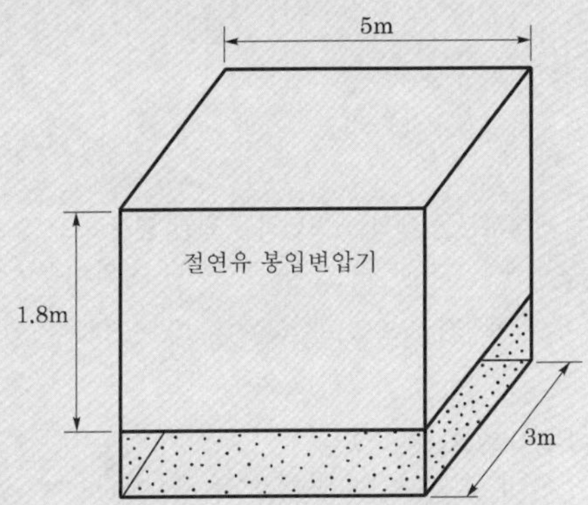

(가) 소화펌프의 최소토출량[L/min]을 구하시오.
- ○ 계산과정 :
- ○ 답 :

(나) 필요한 최소수원의 양[m^3]을 구하시오.
- ○ 계산과정 :
- ○ 답 :

(다) 고압의 전기기기가 있을 경우 물분무헤드와 전기기기의 이격기준인 다음의 표를 완성하시오.

전압[kV]	거리[cm]	전압[kV]	거리[cm]
66 이하	(①)	154 초과 181 이하	180 이상
66 초과 77 이하	80 이상	181 초과 220 이하	(②)
77 초과 110 이하	110 이상	220 초과 275 이하	260 이상
110 초과 154 이하	150 이상	–	–

해답 (가) ○ 계산과정 : $A=(5\times1.8)+(5\times1.8)+(3\times1.8\times2)+(5\times3)=43.8\text{m}^2$

$Q=43.8\times10=438\text{L/min}$

○ 답 : 438L/min

(나) ○ 계산과정 : $438\times20=8760\text{L}=8.76\text{m}^3$

○ 답 : 8.76m³

(다) ① 70 이상　② 210 이상

해설 (가) **물분무소화설비**의 **수원**(NFPC 104 4조, NFTC 104 2.1.1)

특정소방대상물	토출량	최소기준	비 고
컨베이어벨트	1**0**L/min · m²	–	벨트부분의 바닥면적
절연유 봉입변압기	1**0**L/min · m²	–	표면적을 합한 면적(바닥면적 제외)
특수가연물	1**0**L/min · m²	최소 50m²	최대 방수구역의 바닥면적 기준
케이블트레이 · 덕트	1**2**L/min · m²	–	투영된 바닥면적
차고 · 주차장	2**0**L/min · m²	최소 50m²	최대 방수구역의 바닥면적 기준
위험물 저장탱크	**37**L/min · m	–	위험물탱크 둘레길이(원주길이) : 위험물규칙 〔별표 6〕 Ⅱ

※ 모두 **20분**간 방수할 수 있는 양 이상으로 하여야 한다.

기억법
컨 0
절 0
특 0
케 2
차 0
위 37

절연유 봉입변압기는 **바닥부분**을 **제외**한 **표면적**을 **합한 면적**이므로

A=앞면+뒷면+(옆면×2개)+윗면=(5m×1.8m)+(5m×1.8m)+(3m×1.8m×2개)+(5m×3m)=43.8m²

- 바닥부분은 물이 분무되지 않으므로 적용하지 않는 것에 주의하라!
- 자갈층은 고려할 필요 없음

절연유 봉입변압기의 **방사량**(토출량) Q는

Q=표면적(바닥면적 제외)×10L/min · m²=43.8m²×10L/min · m²=438L/min

(나) **수원**의 **양** Q는

Q=토출량×방사시간=438L/min×20min=8760L=8.76m³

- 토출량(438L/min) : (가)에서 구한 값
- 방사시간(20min) : NFPC 104 4조, NFTC 104 2.1.1에 의해 주어진 값
- 1000L=1m³이므로 8760L=8.76m³

(다) **물분무헤드**의 고압 전기기기와의 **이격거리**(NFPC 104 10조, NFTC 104 2.7.2)

전압〔kV〕	거리〔cm〕	전압〔kV〕	거리〔cm〕
66 이하	**70** 이상	154 초과 **181** 이하	**180** 이상
66 초과 **77** 이하	**80** 이상	181 초과 **220** 이하	**210** 이상
77 초과 **110** 이하	**110** 이상	220 초과 **275** 이하	**260** 이상
110 초과 **154** 이하	**150** 이상	–	–

- **이상**까지 써야 정답! 이상은 안 쓰고 70, 210만 쓰면 틀릴 수 있다.

기억법 66 → 70
77 → 80
110 → 110
154 → 150
181 → 180
220 → 210
275 → 260

참고

물분무헤드의 **종류**

종 류	설 명
충돌형	유수와 유수의 충돌에 의해 미세한 물방울을 만드는 물분무헤드 ▌충돌형▐
분사형	소구경의 오리피스로부터 고압으로 분사하여 미세한 물방울을 만드는 물분무헤드 ▌분사형▐
선회류형	선회류에 의해 확산방출하든가, 선회류와 직선류의 충돌에 의해 확산방출하여 미세한 물방울로 만드는 물분무헤드 ▌선회류형▐
디플렉터형	수류를 살수판에 충돌하여 미세한 물방울을 만드는 물분무헤드 ▌디플렉터형▐
슬리트형	수류를 슬리트에 의해 방출하여 수막상의 분무를 만드는 물분무헤드 ▌슬리트형▐

☆☆☆

문제 12

어느 건물의 근린생활시설에 옥내소화전설비를 각 층에 4개씩 설치하였다. 다음 각 물음에 답하시오. (단, 유속은 4m/s이다.)

(19.6.문2, 14.11.문15)

득점	배점
	12

(가) 가압송수장치의 토출량[L/min]을 구하시오.

○ 계산과정 :

○ 답 :

(나) 토출측 주배관에서 배관의 최소구경을 구하시오.

호칭구경	15A	20A	25A	32A	40A	50A	65A	80A	100A
내경[mm]	16.4	21.9	27.5	36.2	42.1	53.2	69	81	105.3

○ 계산과정 :

○ 답 :

(다) 펌프의 성능시험을 위한 유량측정장치의 최대측정유량[L/min]을 구하시오.

○ 계산과정 :

○ 답 :

(라) 소방호스 및 배관의 마찰손실수두가 10m이고 실양정이 25m일 때 정격토출량의 150%로 운전시의 최소양정[m]을 구하시오.

○ 계산과정 :

○ 답 :

(마) 중력가속도가 9.8m/s^2일 때 체절압력[kPa]을 구하시오.

○ 계산과정 :

○ 답 :

(바) 다음 (　) 안을 완성하시오.

성능시험배관의 유량계의 선단에는 (　　)밸브를, 후단에는 (　　)밸브를 설치할 것

(가) ○ 계산과정 : $2 \times 130 = 260\text{L/min}$

○ 답 : 260L/min

(나) ○ 계산과정 : $\sqrt{\dfrac{4 \times 0.26/60}{\pi \times 4}} \fallingdotseq 0.0371\text{m} = 37.1\text{mm}$

○ 답 : 50A

(다) ○ 계산과정 : $260 \times 1.75 = 455\text{L/min}$

○ 답 : 455L/min

(라) ○ 계산과정 : $H = 10 + 25 + 17 = 52\text{m}$

$52 \times 0.65 = 33.8\text{m}$

○ 답 : 33.8m

(마) ○ 계산과정 : $1000 \times 9.8 \times 52 = 509600\text{Pa} = 509.6\text{kPa}$

$509.6 \times 1.4 = 713.44\text{kPa}$

○ 답 : 713.44kPa

(바) 개폐, 유량조절

해설 (가) **옥내소화전설비 가압송수장치**의 **토출량**

$$Q = N \times 130\text{L/min}$$

여기서, Q : 가압송수장치의 토출량〔L/min〕
N : 가장 많은 층의 소화전개수(30층 미만 : 최대 2개, 30층 이상 : 최대 5개)

토출량 $Q = N \times 130 = 2$개$\times 130 = 260\text{L/min}$

중요

저수량 및 토출량

옥내소화전설비	옥외소화전설비
① 수원의 저수량 $Q = 2.6N$(30층 미만, N : 최대 2개) $Q = 5.2N$(30~49층 이하, N : 최대 5개) $Q = 7.8N$(50층 이상, N : 최대 5개) 여기서, Q : 수원의 저수량〔m^3〕 N : 가장 많은 층의 소화전개수 ② 가압송수장치의 토출량 $Q = N \times 130\text{L/min}$ 여기서, Q : 가압송수장치의 토출량〔L/min〕 N : 가장 많은 층의 소화전개수(30층 미만 : 최대 2개, 30층 이상 : 최대 5개)	① 수원의 저수량 $Q = 7N$ 여기서, Q : 수원의 저수량〔m^3〕 N : 옥외소화전 설치개수(최대 **2개**) ② 가압송수장치의 토출량 $Q = N \times 350\text{L/min}$ 여기서, Q : 가압송수장치의 토출량〔L/min〕 N : 옥외소화전 설치개수(최대 **2개**)

(나) **유량**

$$Q = AV = \left(\frac{\pi D^2}{4}\right)V$$

여기서, Q : 유량〔m^3/s〕, A : 단면적〔m^2〕, V : 유속〔m/s〕, D : 내경〔m〕

배관최소내경 D는

$$D = \sqrt{\frac{4Q}{\pi V}} = \sqrt{\frac{4 \times 0.26\text{m}^3/60\text{s}}{\pi \times 4\text{m/s}}} \fallingdotseq 0.0371\text{m} = 37.1\text{mm}$$

∴ 37.1mm로서 42.1mm 이하이지만 토출측 주배관의 최소구경이므로 50A이다.

호칭구경	15A	20A	25A	32A	40A	50A	65A	80A	100A
내경〔mm〕	16.4	21.9	27.5	36.2	42.1	53.2	69	81	105.3

- 1000L=1m^3, 1min=60s이므로 260L/min=**0.26m^3/60s**
- V**(4m/s)** : 단서에서 주어진 값
- 유속이 주어지지 않을 경우에도 다음 표에 의해 **4m/s**를 적용하면 된다.

‖배관 내의 유속‖

설 비		유 속
옥내소화전설비		4m/s 이하
스프링클러설비	가지배관	6m/s 이하
	기타배관	10m/s 이하

- 최소구경

구 분	구 경
주배관 중 수직배관, 펌프 토출측 주배관	**50mm 이상**
연결송수관인 방수구가 연결된 경우(연결송수관설비의 배관과 겸용할 경우)	100mm 이상

(다)

유량측정장치의 최대측정유량=펌프의 정격토출량×1.75

=260L/min×1.75=455L/min

- 유량측정장치는 펌프의 정격토출량의 **175%** 이상 측정할 수 있어야 하므로 유량측정장치의 성능은 펌프의 **정격토출량×1.75**가 된다.
- **260L/min** : (가)에서 구한 값

(라) **전양정**

$$H = h_1 + h_2 + h_3 + 17$$

여기서, H : 전양정[m]

h_1 : 소방호스의 마찰손실수두[m]

h_2 : 배관 및 관부속품의 마찰손실수두[m]

h_3 : 실양정(흡입양정+토출양정)[m]

전양정 $H = h_1 + h_2 + h_3 + 17 = 10\text{m} + 25\text{m} + 17 = 52\text{m}$

- $h_1 + h_2(10\text{m})$: 문제에서 주어진 값
- $h_3(25\text{m})$: 문제에서 주어진 값

정격토출량 150% 운전시의 양정=전양정×0.65

$= 52\text{m} \times 0.65 = 33.8\text{m}$

- 펌프의 성능시험 : 체절운전시 정격토출압력의 **140%**를 초과하지 아니하고, **정격토출량**의 **150%**로 운전시 **정격토출압력**의 **65%** 이상이 될 것

(마) ①

$$P = \gamma h, \ \gamma = \rho g$$

여기서, P : 정격토출압력[Pa], γ : 비중량[N/m³], h : 높이(전양정)[m]

ρ : 밀도(물의 밀도 1000kg/m³)

g : 중력가속도[m/s²]

$$P = \gamma h = (\rho g)h = 1000\text{kg/m}^3 \times 9.8\text{m/s}^2 \times 52\text{m}$$
$$= 509600\text{kg/m} \cdot \text{s}^2$$
$$= 509600\text{Pa}$$
$$= 509.6\text{kPa}$$

- $1\text{Pa} = 1\text{N/m}^2$, $1\text{N} = 1\text{kg} \cdot \text{m/s}^2$이므로 $1\text{Pa} = 1\text{kg} \cdot \text{m/s}^2 \cdot \text{m}^2 = 1\text{kg/m} \cdot \text{s}^2$
- 1000Pa=1kPa이므로 509600Pa=509.6kPa
- 문제에서 주어진 중력가속도 9.8m/s²를 반드시 적용할 것. 적용하지 않으면 틀림

②

체절압력[MPa]=정격토출압력[MPa]×1.4

$= 509.6\text{kPa} \times 1.4 = 713.44\text{kPa}$

중요

체절운전, 체절압력, 체절양정

구 분	설 명
체절운전	펌프의 성능시험을 목적으로 펌프 토출측의 개폐밸브를 닫은 상태에서 펌프를 운전하는 것
체절압력	체절운전시 릴리프밸브가 압력수를 방출할 때의 압력계상 압력으로 정격토출압력의 **140%** 이하
체절양정	펌프의 토출측 밸브가 모두 막힌 상태, 즉, 유량이 0인 상태에서의 양정

(바) **펌프**의 **성능시험방법**

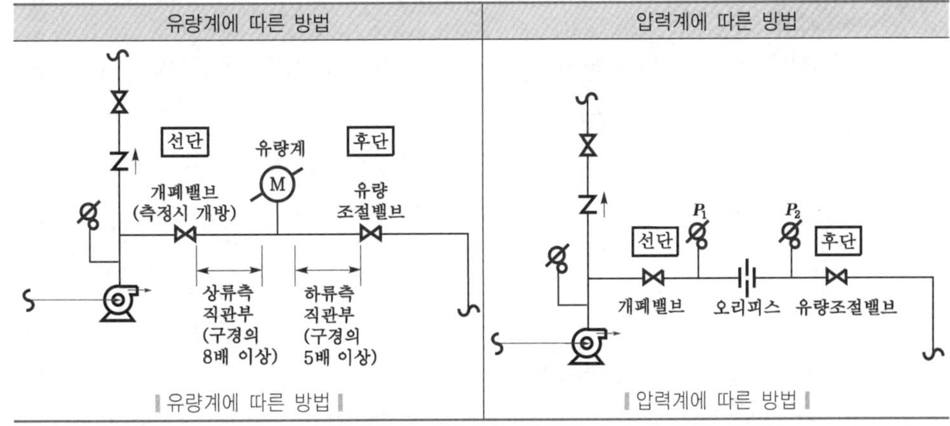

‖유량계에 따른 방법‖ ‖압력계에 따른 방법‖

☆☆
문제 13

소방시설의 가압송수장치에서 주로 사용하는 펌프로 터빈펌프와 볼류트펌프가 있다. 이들 펌프의 특징을 비교하여 다음 표의 빈칸에 유, 무, 대, 소, 고, 저 등으로 작성하시오. (10.10.문15)

구 분	볼류트펌프	터빈펌프
임펠러의 안내날개(유, 무)		
송출유량(대, 소)		
양정(고, 저)		

득점	배점
	6

해답

구 분	볼류트펌프	터빈펌프
임펠러의 안내날개(유, 무)	무	유
송출유량(대, 소)	대	소
양정(고, 저)	저	고

해설 **원심펌프**

구 분	볼류트펌프	터빈펌프
임펠러의 안내날개	무	유
송출유량	대	소
송수압력	저	고
양정	저	고
외형	회전방향, 골격, 임펠러 ‖볼류트펌프‖	회전방향, 골격, 임펠러, 안내날개 ‖터빈펌프‖

☆☆☆

문제 14

옥외저장탱크에 포소화설비를 설치하려고 한다. 그림 및 조건을 참고하여 다음 각 물음에 답하시오.

(15.11.문3, 12.7.문4, 03.7.문9, 01.4.문11)

득점	배점
	14

[조건]

① 탱크 용량 및 형태
- 원유저장탱크 : 플로팅루프탱크(부상지붕구조)이며 탱크 내 측면과 굽도리판(foam dam) 사이의 거리는 1.2m이다.
- 등유저장탱크 : 콘루프탱크

② 고정포방출구
- 원유저장탱크 : 특형이며, 방출구수는 2개이다.
- 등유저장탱크 : I형이며, 방출구수는 2개이다.

③ 포소화약제의 종류 : 단백포 3%

④ 보조포소화전 : 4개 설치

⑤ 고정포방출구의 방출량 및 방사시간

포방출구의 종류 / 방출량 및 방사시간	I 형	II 형	특형
방출량[L/m²·분]	4	4	8
방사시간[분]	30	55	30

⑥ 구간별 배관길이

배관번호	①	②	③	④	⑤	⑥	⑦	⑧
배관길이[m]	20	10	10	50	50	100	47.9	50

⑦ 송액관 내의 유속은 3m/s이다.

⑧ 탱크 2대에서의 동시화재는 없는 것으로 간주한다.

⑨ 그림이나 조건에 없는 것은 제외한다.

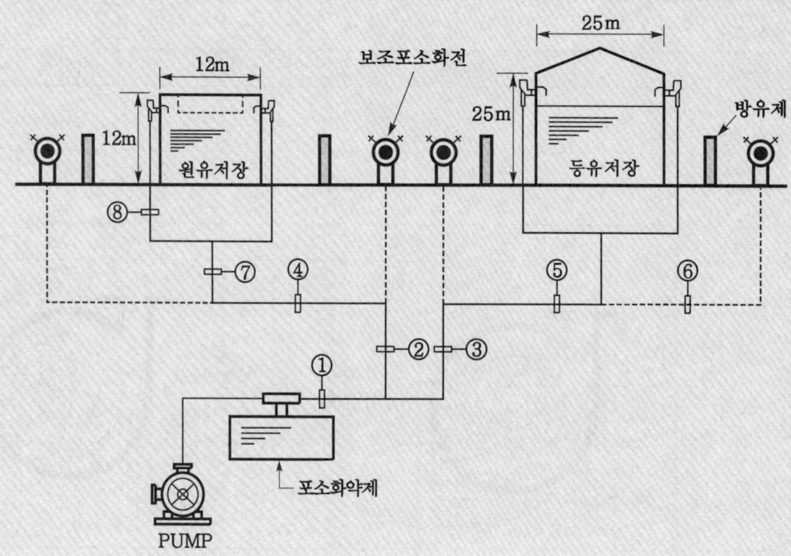

(가) 각 탱크에 필요한 포수용액의 양[L/분]은 얼마인지 구하시오.

① 원유저장탱크

○ 계산과정 :

○ 답 :

② 등유저장탱크

○ 계산과정 :

○ 답 :

(나) 보조포소화전에 필요한 포수용액의 양[L/분]은 얼마인지 구하시오.

○ 계산과정 :

○ 답 :

(다) 각 탱크에 필요한 소화약제의 양[L]은 얼마인지 구하시오.

① 원유저장탱크

○ 계산과정 :

○ 답 :

② 등유저장탱크

○ 계산과정 :

○ 답 :

(라) 보조포소화전에 필요한 소화약제의 양[L]은 얼마인지 구하시오.

○ 계산과정 :

○ 답 :

(마) 각 송액관의 구경[mm]은 얼마인지 구하시오.

○ 계산과정 :

○ 답 :

(바) 송액관에 필요한 포소화약제의 양[L]은 얼마인지 구하시오.

○ 계산과정 :

○ 답 :

(사) 포소화설비에 필요한 소화약제의 총량[L]은 얼마인지 구하시오.

○ 계산과정 :

○ 답 :

해답 (가) ① 원유저장탱크

○ 계산과정 : $\frac{\pi}{4}(12^2-9.6^2)\times8\times1 \fallingdotseq 325.72$L/분

○ 답 : 325.72L/분

② 등유저장탱크

○ 계산과정 : $\frac{\pi}{4}25^2\times4\times1=1963.495 \fallingdotseq 1963.5$L/분

○ 답 : 1963.5L/분

(나) ○ 계산과정 : $3\times1\times400=1200$L/분

○ 답 : 1200L/분

(다) ① 원유저장탱크

○ 계산과정 : $\frac{\pi}{4}(12^2-9.6^2)\times 8\times 30\times 0.03=293.148 \fallingdotseq 293.15\text{L}$

○ 답 : 293.15L

② 등유저장탱크

○ 계산과정 : $\frac{\pi}{4}25^2\times 4\times 30\times 0.03=1767.145 \fallingdotseq 1767.15\text{L}$

○ 답 : 1767.15L

(라) ○ 계산과정 : $3\times 0.03\times 8000=720\text{L}$

○ 답 : 720L

(마) ① ○ 계산과정 : $\sqrt{\frac{4\times 3.1635/60}{\pi\times 3}}=0.1495\text{m}=149.5\text{mm}$ ○ 답 : 150mm

② ○ 계산과정 : $\sqrt{\frac{4\times 1.52572/60}{\pi\times 3}}=0.1038\text{m}=103.8\text{mm}$ ○ 답 : 125mm

③ ○ 계산과정 : $\sqrt{\frac{4\times 3.1635/60}{\pi\times 3}}=0.1495\text{m}=149.5\text{mm}$ ○ 답 : 150mm

④ ○ 계산과정 : $\sqrt{\frac{4\times 1.12572/60}{\pi\times 3}}=0.0892\text{m}=89.2\text{mm}$ ○ 답 : 90mm

⑤ ○ 계산과정 : $\sqrt{\frac{4\times 2.7635/60}{\pi\times 3}}=0.1398\text{m}=139.8\text{mm}$ ○ 답 : 150mm

⑥ ○ 계산과정 : $\sqrt{\frac{4\times 0.8/60}{\pi\times 3}}=0.0752\text{m}=75.2\text{mm}$ ○ 답 : 80mm

⑦ ○ 계산과정 : $\sqrt{\frac{4\times 0.32572/60}{\pi\times 3}}=0.0479\text{m}=47.9\text{mm}$ ○ 답 : 50mm

⑧ ○ 계산과정 : $\sqrt{\frac{4\times 0.16286/60}{\pi\times 3}}=0.0339\text{m}=33.9\text{mm}$ ○ 답 : 40mm

(바) ○ 계산과정 : $\left[\frac{\pi}{4}(0.15)^2\times 20+\frac{\pi}{4}(0.125)^2\times 10+\frac{\pi}{4}(0.15)^2\times 10+\frac{\pi}{4}(0.09)^2\times 50 +\frac{\pi}{4}(0.15)^2\times 50+\frac{\pi}{4}(0.08)^2\times 100\right]\times 0.03\times 1000=70.715 \fallingdotseq 70.72\text{L}$

○ 답 : 70.72L

(사) ○ 계산과정 : $1767.15+720+70.72=2557.87\text{L}$

○ 답 : 2557.87L

해설 (가) **1분당 포소화약제**의 **양** 또는 **1분당 포수용액**의 **양**

$$Q=A\times Q_1\times S$$

여기서, Q : 1분당 포소화약제의 양[L/분]

A : 탱크의 액표면적[m^2]

Q_1 : 단위포소화수용액의 양[L/m^2 · 분]

S : 포소화약제의 사용농도

① **원유저장탱크**

$$Q=A\times Q_1\times S=\frac{\pi}{4}(12^2-9.6^2)\text{m}^2\times 8\text{L/m}^2\cdot\text{분}\times 1 \fallingdotseq 325.72\text{L/분}$$

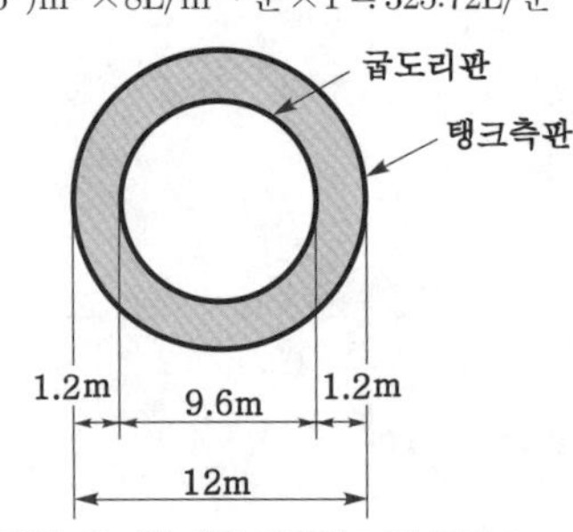

‖ 직경 12m인 원유저장탱크의 구조 ‖

- 문제의 그림에서 원유저장탱크의 직경은 **12m**이다.
- 〔조건 ②〕에서 원유저장탱크는 **특형**이므로, 〔조건 ⑤〕에서 방출량 Q_1 =**8L/m² · 분**이 된다.
- 포수용액의 **농도** S는 항상 1이다.
- 원칙적으로 유량 $Q = A \times Q_1 \times T \times S$ 식을 적용하여 단위가 L가 되지만, 여기서는 단위 **L/분**에 대한 값을 구하라고 하였으므로 유량 $Q = A \times Q_1 \times S$가 된다.
- 〔조건 ①〕에서 원유저장탱크는 **플로팅루프탱크**이므로 굽도리판 간격 **1.2m**를 고려하여 산출하여야 한다.
- **굽도리판** : 탱크벽 안쪽에 설치하는 판

② **등유저장탱크**

$$Q = A \times Q_1 \times S$$

$$= \frac{\pi}{4}(25\text{m})^2 \times 4\text{L/m}^2 \cdot \text{분} \times 1 = 1963.495 ≒ 1963.5\text{L/분}$$

- 문제의 그림에서 등유저장탱크의 직경은 **25m**이다.
- 〔조건 ②〕에서 등유저장탱크는 **Ⅰ형**이므로, 〔조건 ⑤〕에서 방출량 Q_1 =**4L/m² · 분**이 된다.
- 포수용액의 **농도** S는 항상 **1**이다.
- 원칙적으로 유량 $Q = A \times Q_1 \times T \times S$ 식을 적용하여 단위가 L가 되지만, 여기서는 단위 **L/분**에 대한 값을 구하라고 하였으므로 유량 $Q = A \times Q_1 \times S$가 된다.

(나) **보조포소화전**(옥외보조포소화전)

$$Q = N \times S \times 8000$$

여기서, Q : 포소화약제의 양〔L〕
N : 호스접결구수(최대 **3개**)
S : 포소화약제의 사용농도

보조포소화전에 필요한 **포수용액**의 양 Q는

$$Q = N \times S \times 8000\text{L}(N : \text{호스접결구수(최대 3개)})$$
$$= N \times S \times 400\text{L/분}(N : \text{호스접결구수(최대 3개)})$$
$$= 3 \times 1 \times 400\text{L/분}$$
$$= 1200\text{L/분}$$

- 호스접결구에 대한 특별한 언급이 없을 경우에는 **호스접결구수**가 곧 **보조포소화전**의 **개수**임을 기억하라. 〔조건 ④〕에서 보조포소화전은 4개이지만 쌍구형이므로 호스접결구수는 8개가 된다. 그러나 위 식에서 적용 가능한 호스접결구의 최대개수는 3개이므로 N=**3개**가 된다.
- 포수용액의 **농도** S는 항상 **1**이다.
- 원칙적으로 보조포소화전의 유량 $Q = N \times S \times 8000\text{L}$식을 적용하여 단위가 L가 되지만, 단위 **L/분**에 대한 값을 구하라고 할 때에는 유량 $Q = N \times S \times 400\text{L/분}$ 식을 적용하여야 한다. 주의하라!
- $Q = N \times S \times 400\text{L/분}$에서 400L/분의 출처는 보조포소화전의 방사시간은 화재안전기준에 의해 **20분**이므로 $\frac{8000\text{L}}{20\text{분}} = 400\text{L/분}$이다.

(다)

$$Q = A \times Q_1 \times T \times S$$

여기서, Q : 포소화약제의 양〔L〕
A : 탱크의 액표면적〔m²〕
Q_1 : 단위포소화수용액의 양〔L/m² · 분〕
T : 방출시간〔분〕
S : 포소화약제의 사용농도

① **원유저장탱크**

$$Q = A \times Q_1 \times T \times S$$

$$= \frac{\pi}{4}(12^2 - 9.6^2)\text{m}^2 \times 8\text{L/m}^2 \cdot \text{분} \times 30\text{분} \times 0.03 = 293.148 ≒ 293.15\text{L}$$

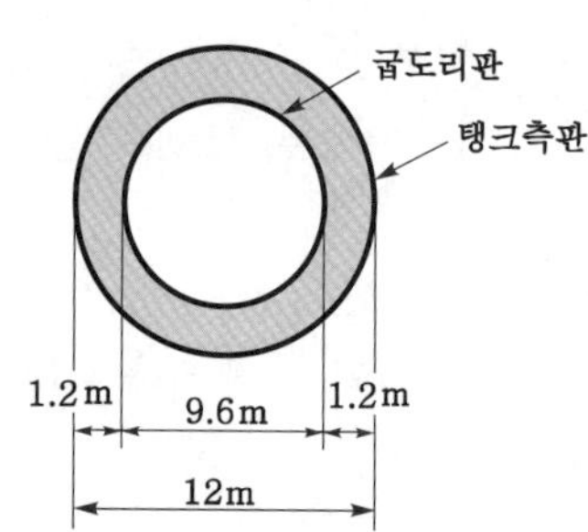

‖ 직경 12m인 원유저장탱크의 구조 ‖

- 문제의 그림에서 원유저장탱크의 직경은 **12m**이다.
- [조건 ②]에서 원유저장탱크는 **특형**이므로, [조건 ⑤]에서 방출량 Q_1 =**8L/m² · 분**, 방사시간 T=**30분**이 된다.
- [조건 ③]에서 포소화약제의 농도 S=**0.03**이다.
- [조건 ①]에서 원유저장탱크는 **플로팅루프탱크**이므로 굽도리판 간격 **1.2m**를 고려하여 산출하여야 한다.

② **등유저장탱크**

$$Q = A \times Q_1 \times T \times S$$

$$= \frac{\pi}{4}(25\text{m})^2 \times 4\text{L/m}^2 \cdot \text{분} \times 30\text{분} \times 0.03 = 1767.145 ≒ 1767.15\text{L}$$

- 문제의 그림에서 등유저장탱크의 직경은 **25m**이다.
- [조건 ②]에서 등유저장탱크는 **Ⅰ형**이므로, [조건 ⑤]에서 방출량 Q_1 =**4L/m² · 분**, 방사시간 T=**30분**이 된다.
- [조건 ③]에서 포소화약제의 농도 S=**0.03**이다.

(라) **보조포소화전**(옥외보조포소화전)

$$Q = N \times S \times 8000$$

여기서, Q : 포소화약제의 양[L]
N : 호스접결구수(최대 **3개**)
S : 포소화약제의 사용농도

보조포소화전에 필요한 **소화약제**의 양 Q는

$Q = N \times S \times 8000\text{L}$($N$: 호스접결구수(최대 3개))

$= 3 \times 0.03 \times 8000 = 720\text{L}$

- [조건 ④]에서 보조포소화전은 4개이지만 **쌍구형**이므로 호스접결구는 총 8개이나 호스접결구는 **최대 3개**까지만 적용 가능하므로 호스접결구수 N= **3개**이다.
- [조건 ③]에서 포소화약제의 농도 S=**0.03**이다.
- **호스접결구수** : 호스에 연결하는 구멍의 수

(마) 배관번호 ①

유량 Q=탱크 중 큰 쪽의 송액량+포소화전의 방사량×보조포소화전의 호스접결구수(최대 3개)

$= 1963.5\text{L/분} + 400\text{L/분} \times 3\text{개} = 3163.5\text{L/분}$

송액관의 **구경** D는

$$D = \sqrt{\frac{4Q}{\pi V}} = \sqrt{\frac{4 \times 3.1635\text{m}^3/60\text{s}}{\pi \times 3\text{m/s}}} = 0.1495\text{m} = 149.5\text{mm} \qquad \therefore \textbf{150mm}$$

- 탱크 중 **큰 쪽**의 송액량은 ㈎에서 구한 값 중에서 **등유저장탱크**의 유량 **1963.5L/분**이다.
- 옥외탱크저장소(옥외저장탱크)의 포소화전의 방사량은 화재안전기준에 의해 **400L/분**이다.
- 문제의 그림에서 배관번호 ①에는 보조포소화전 4개(호스접결구수 8개)가 연결되어 있으므로 적용 가능한 보조포소화전의 호스접결구수는 **3개**이다.
- 송액관의 구경 $D=\sqrt{\frac{4Q}{\pi V}}$ 식을 이용하여 산출한다.

  여기서, D : 구경〔mm〕
  Q : 유량〔m^3/s〕
  V : 유속〔m/s〕
- $D=\sqrt{\frac{4Q}{\pi V}}$ 의 출처

$$Q=AV=\frac{\pi D^2}{4}V$$

여기서, Q : 유량〔m^3/s〕
A : 단면적〔m^2〕
V : 유속〔m/s〕
D : 내경〔m〕

$Q=\frac{\pi D^2}{4}V$에서 $D=\sqrt{\frac{4Q}{\pi V}}$

- $Q=3163.5\text{L/분}=3.1635\text{m}^3/\text{분}=3.1635\text{m}^3/60\text{s}$
- V(3m/s) : 〔조건 ⑦〕에서 주어진 값

배관번호 ②

유량 Q =원유저장탱크의 송액량+포소화전의 방사량×보조포소화전의 호스접결구수(최대 3개)
$=325.72\text{L/분}+400\text{L/분}\times3\text{개}=1525.72\text{L/분}$

송액관의 **구경** D는

$$D=\sqrt{\frac{4Q}{\pi V}}=\sqrt{\frac{4\times1.52572\text{m}^3/60\text{s}}{\pi\times3\text{m/s}}}=0.1038\text{m}=103.8\text{mm} \qquad \therefore \mathbf{125mm}$$

- 문제의 그림에서 배관번호 ②는 등유저장탱크와는 무관하고 **원유저장탱크**와 **보조포소화전**에만 관계되므로 원유저장탱크의 송액량은 ㈎에서 구한 **325.72L/분**이 된다.
- 문제의 그림에서 배관번호 ②에 연결되어 있는 보조포소화전이 2개(호스접결구수 4개)이므로 보조포소화전의 호스접결구수는 **3개**를 적용하여야 한다.
- $Q=1525.72\text{L/분}=1.52572\text{m}^3/\text{분}=1.52572\text{m}^3/60\text{s}$

배관번호 ③

유량 Q =등유저장탱크의 송액량+포소화전의 방사량×보조포소화전의 호스접결구수(최대 3개)
$=1963.5\text{L/분}+400\text{L/분}\times3\text{개}=3163.5\text{L/분}$

송액관의 **구경** D는

$$D=\sqrt{\frac{4Q}{\pi V}}=\sqrt{\frac{4\times3.1635\text{m}^3/60\text{s}}{\pi\times3\text{m/s}}}=0.1495\text{m}=149.5\text{mm} \qquad \therefore \mathbf{150mm}$$

- 문제의 그림에서 배관번호 ③은 원유저장탱크와는 무관하고 **등유저장탱크**와 **보조포소화전**에만 관계되므로 등유저장탱크의 송액량은 ㈎에서 구한 **1963.5L/분**이 된다.
- 문제의 그림에서 배관번호 ③에 연결되어 있는 보조포소화전은 2개(호스접결구수 4개)이므로 보조포소화전의 호스접결구수는 **3개**를 적용하여야 한다.
- $Q=3163.5\text{L/분}=3.1635\text{m}^3/\text{분}=3.1635\text{m}^3/60\text{s}$

배관번호 ④

유량 Q =원유저장탱크의 송액량+포소화전의 방사량×보조포소화전의 호스접결구수(최대 3개)
$=325.72\text{L/분}+400\text{L/분}\times2\text{개}=1125.72\text{L/분}$

송액관의 **구경** D는

$$D=\sqrt{\frac{4Q}{\pi V}}=\sqrt{\frac{4\times 1.12572\text{m}^3/60\text{s}}{\pi\times 3\text{m/s}}}=0.0892\text{m}=89.2\text{mm} \qquad \therefore \ \textbf{90mm}$$

- 문제의 그림에서 배관번호 ④는 등유저장탱크와는 무관하고 **원유저장탱크**와 **보조포소화전**에만 관계되므로 원유저장탱크의 송액량은 (개)에서 구한 **325.72L/분**이 된다.
- 문제의 그림에서 배관번호 ④에 연결되어 있는 보조포소화전은 1개(호스접결구수 2개)이므로 보조포소화전의 호스접결구수는 **2개**를 적용하여야 한다.
- $Q=1125.72\text{L/분}=1.12572\text{m}^3/\text{분}=1.12572\text{m}^3/60\text{s}$
- 90mm 배관은 한국에서는 잘 생산되지 않아 실무에서는 거의 사용하지 않고 있지만 화재안전기준의 배관규격에는 존재하므로 답에는 **90mm**로 답해야 함. 시험에서는 실무보다 기준이 우선시함

배관번호 ⑤

유량 Q=등유저장탱크의 송액량+포소화전의 방사량×보조포소화전의 호스접결구수(최대 3개)
$=1963.5\text{L/분}+400\text{L/분}\times 2\text{개}=2763.5\text{L/분}$

송액관의 **구경** D는

$$D=\sqrt{\frac{4Q}{\pi V}}=\sqrt{\frac{4\times 2.7635\text{m}^3/60\text{s}}{\pi\times 3\text{m/s}}}=0.1398\text{m}=139.8\text{mm} \qquad \therefore \ \textbf{150mm}$$

- 문제의 그림에서 배관번호 ⑤는 원유저장탱크와는 무관하고 **등유저장탱크**와 **보조포소화전**에만 관계되므로 등유저장탱크의 송액량은 (개)에서 구한 **1963.5L/분**이 된다.
- 문제의 그림에서 배관번호 ⑤에 연결되어 있는 보조포소화전은 1개(호스접결구수 2개)이므로 보조포소화전의 호스접결구수는 **2개**를 적용하여야 한다.
- $Q=2763.5\text{L/분}=2.7635\text{m}^3/\text{분}=2.7635\text{m}^3/60\text{s}$

배관번호 ⑥

유량 Q=포소화전의 방사량×보조포소화전의 호스접결구수(최대 3개)
$=400\text{L/분}\times 2\text{개}=800\text{L/분}$

송액관의 **구경** D는

$$D=\sqrt{\frac{4Q}{\pi V}}=\sqrt{\frac{4\times 0.8\text{m}^3/60\text{s}}{\pi\times 3\text{m/s}}}=0.0752\text{m}=75.2\text{mm} \qquad \therefore \ \textbf{80mm}$$

- 문제의 그림에서 배관번호 ⑥은 저장탱크와는 무관하고 **보조포소화전** 1개(호스접결구수 2개)에만 관계되므로 보조포소화전의 호스접결구수는 **2개**를 적용하여야 한다.
- $Q=800\text{L/분}=0.8\text{m}^3/\text{분}=0.8\text{m}^3/60\text{s}$

배관번호 ⑦

유량 Q=원유저장탱크의 송액량=325.72L/분

송액관의 **구경** D는

$$D=\sqrt{\frac{4Q}{\pi V}}=\sqrt{\frac{4\times 0.32572\text{m}^3/60\text{s}}{\pi\times 3\text{m/s}}}=0.0479\text{m}=47.9\text{mm} \qquad \therefore \ \textbf{50mm}$$

- 문제의 그림에서 배관번호 ⑦은 등유저장탱크와는 무관하고 **원유저장탱크**에만 관계되므로 원유저장탱크의 송액량은 (개)에서 구한 **325.72L/분**이 된다.
- $Q=325.72\text{L/분}=0.32572\text{m}^3/\text{분}=0.32572\text{m}^3/60\text{s}$

배관번호 ⑧

유량 $Q=\dfrac{\text{원유저장탱크의 송액량}}{2}=\dfrac{325.72\text{L/분}}{2}=162.86\text{L/분}$

송액관의 **구경** D는

$$D=\sqrt{\frac{4Q}{\pi V}}=\sqrt{\frac{4\times 0.16286\text{m}^3/60\text{s}}{\pi\times 3\text{m/s}}}=0.0339\text{m}=33.9\text{mm} \qquad \therefore \ \textbf{40mm}$$

- 문제의 그림에서 배관번호 ⑧은 등유저장탱크와는 무관하고 **원유저장탱크**에만 관계되므로 원유저장탱크의 송액량은 (개)에서 구한 **325.72L/분**이 된다.
- 문제의 그림에서 원유저장탱크의 송액량이 반으로 나누어지므로 2로 나누어야 한다.
- $Q = 162.86\text{L/분} = 0.16286\text{m}^3\text{/분} = 0.16286\text{m}^3/60\text{s}$
- 문제에서 **'구경'**이 아닌 **'내경'**으로 질문한다면 ① 149.5mm, ② 103.8mm, ③ 149.5mm, ④ 89.2mm, ⑤ 139.8mm, ⑥ 75.2mm, ⑦ 47.9mm, ⑧ 33.9mm로 답하면 된다.

중요

관경(구경)

관경(mm)	25	32	40	50	65	80	90	100	125	150	200	250	300

(바)

$Q = A \times L \times S \times 1000\text{L/m}^3$(내경 75mm 초과시에만 적용)

여기서, Q : 송액관에 필요한 포소화약제의 양(배관보정량)[L]

A : 배관단면적[m²]

L : 배관길이[m]

S : 포소화약제의 사용농도

송액관에 필요한 **포소화약제**의 양 Q는

Q=배관번호 ①~⑥ 약제량의 합

$$= \Big[\overbrace{\frac{\pi}{4}(0.15\text{m})^2 \times 20\text{m}}^{①} + \overbrace{\frac{\pi}{4}(0.125\text{m})^2 \times 10\text{m}}^{②} + \overbrace{\frac{\pi}{4}(0.15\text{m})^2 \times 10\text{m}}^{③} + \overbrace{\frac{\pi}{4}(0.09\text{m})^2 \times 50\text{m}}^{④}$$

$$+ \overbrace{\frac{\pi}{4}(0.15\text{m})^2 \times 50\text{m}}^{⑤} + \overbrace{\frac{\pi}{4}(0.08\text{m})^2 \times 100\text{m}}^{⑥}\Big] \times 0.03 \times 1000\text{L/m}^3 = 70.715 \fallingdotseq 70.72\text{L}$$

- (마)에서 배관번호 ①~⑥의 송액관구경은 각각 ①=**0.15m**(150mm), ②=**0.125m**(125mm), ③=**0.15m**(150mm), ④=**0.09m**(90mm), ⑤=**0.15m**(150mm), ⑥=**0.08**(80mm), ⑦=**0.05**(50mm), ⑧=**0.04**(40mm)이다.
- [조건 ⑥]에서 배관번호 ①~⑥의 배관길이는 각각 ①=**20m**, ②=**10m**, ③=**10m**, ④=**50m**, ⑤=**50m**, ⑥=**100m**이다.
- [조건 ③]에서 포소화약제의 농도 S=**0.03**이다.
- 구경 75mm 이하의 송액관이 있다면 이것은 제외한다. 여기서는 배관번호 ⑦, ⑧이 **75mm 이하**이므로 배관번호 ①~⑥까지만 적용

(사) **소화약제**의 총량 Q는

Q=탱크의 약제량(큰 쪽)+보조포소화전의 약제량+송액관의 약제량

$= 1767.15\text{L} + 720\text{L} + 70.72\text{L} = 2557.87\text{L}$

- **1767.15L** : (다)에서 구한 값
- **720L** : (라)에서 구한 값
- **70.72L** : (바)에서 구한 값

"아는 것만으로는 충분하지 않다. 적용해야만 한다. 자발적 의지만으로는 충분하지 않다. 실행해야만 한다."

- 괴테 -

당신의 변화를 위한 10가지 조언

1. 남과 경쟁하지 말고 자기자신과 경쟁하라.
2. 자기자신을 깔보지 말고 격려하라.
3. 당신에게는 장점과 단점이 있음을 알라.
   (단점은 인정하고 고쳐 나가라.)
4. 과거의 잘못은 관대히 용서하라.
5. 자신의 외모, 가정, 성격 등을 포용하도록 노력하라.
6. 자신을 끊임없이 개선시켜라.
7. 당신은 지금 매우 중대한 어떤 계획에 참여하고 있다고 생각하라.(그 책임의식은 당신을 변화시킨다.)
8. 당신은 꼭 성공한다고 믿으라.
9. 끊임없이 정직하라.
10. 주위에 내 도움이 필요한 이들을 돕도록 하라.
    (자신의 중요성을 다시 느끼게 할 것이다.)

•김형모의 「마음의 고통을 돕기 위한 10가지 충고」 중에서•

과년도 출제문제

2016년

소방설비기사 실기(기계분야)

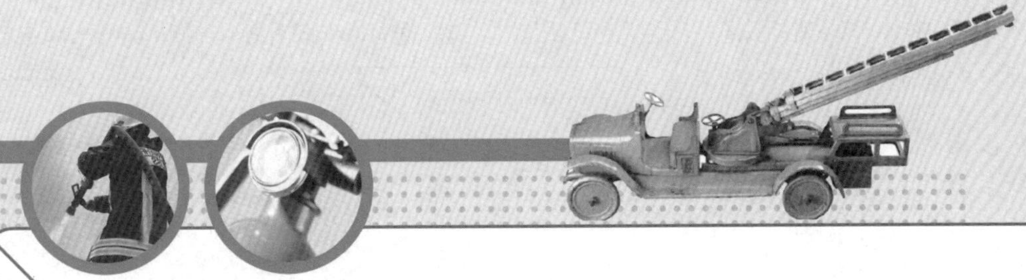

** 수험자 유의사항 **

1. 문제지를 받는 즉시 응시 종목의 문제가 맞는지 확인하셔야 합니다.
2. 답안지 내 인적사항 및 답안작성(계산식 포함)은 검정색 필기구만을 계속 사용하여야 합니다.
3. 답안정정 시에는 **두 줄(=)**을 긋고 다시 기재 가능하며, **수정테이프 사용** 또한 **가능**합니다.
4. 계산문제는 반드시 '계산과정'과 '답'란에 정확히 기재하여야 하며 **계산과정이 틀리거나 없는 경우 0점 처리**됩니다.
   ※ 연습이 필요 시 연습란을 이용하여야 하며, 연습란은 채점대상이 아닙니다.
5. 계산문제는 **최종결과** 값(답)에서 **소수 셋째자리에서 반올림**하여 **둘째자리**까지 구하여야 하나 개별 문제에서 소수처리에 대한 별도 요구사항이 있을 경우, 그 요구사항에 따라야 합니다.
6. 답에 단위가 없으면 오답으로 처리됩니다. (단, 문제의 요구사항에 단위가 주어졌을 경우는 생략되어도 무방합니다.)
7. 문제에서 요구한 가지 수 이상을 답란에 표기한 경우, **답란기재 순**으로 **요구한 가지 수**만 채점합니다.

2016. 4. 17 시행

▌2016년 기사 제1회 필답형 실기시험▐			수험번호	성명	감독위원 확 인
자격종목 소방설비기사(기계분야)	시험시간 3시간	형별			

※ 다음 물음에 답을 해당 답란에 답하시오.(배점 : 100)

☆☆☆

문제 01

절연유 봉입변압기에 물분무소화설비를 그림과 같이 적용하고자 한다. 바닥부분을 제외한 변압기의 표면적이 100m^{2}이고 8개의 노즐에서 분무한다고 할 때 다음 물음에 답하시오. (11.11.문10, 07.4.문2)

득점	배점
	4

유사문제부터 풀어보세요. 실력이 팍!팍! 올라갑니다.

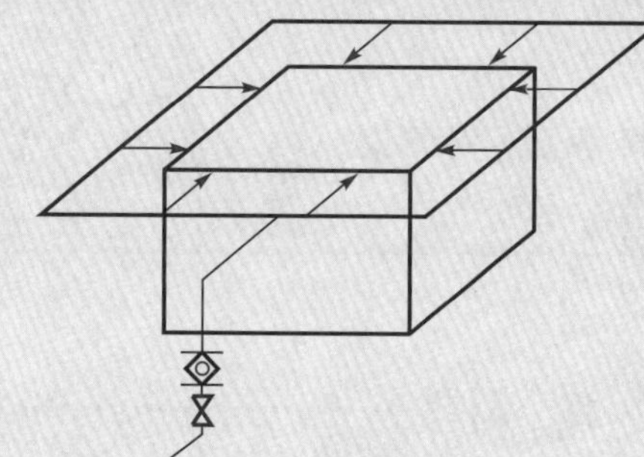

(개) 노즐 1개당 필요한 최소 유량〔L/min〕은 얼마인지 구하시오.
 ○계산과정 :
 ○답 :

(내) 소화수의 저장량〔m^3〕은 얼마 이상이어야 하는지 구하시오.
 ○계산과정 :
 ○답 :

해답 (개) ○계산과정 : $Q=100\times10=1000$L/min

$$Q_1=\frac{1000}{8}=125\text{L/min}$$

○답 : 125L/min

(내) ○계산과정 : $100\times10\times20=20000\text{L}=20\text{m}^3$
○답 : 20m^3

해설 **물분무소화설비**의 **수원**

특정소방대상물	토출량	최소기준	비 고
컨베이어벨트 ⟶	10L/min · m^2	–	벨트부분의 바닥면적
절연유 봉입변압기	10L/min · m^2	–	표면적을 합한 면적(바닥면적 제외)
특수가연물	10L/min · m^2	최소 50m^2	최대 방수구역의 바닥면적 기준
케이블트레이 · 덕트	12L/min · m^2	–	투영된 바닥면적
차고 · 주차장	20L/min · m^2	최소 50m^2	최대 방수구역의 바닥면적 기준
위험물 저장탱크	37L/min · m	–	위험물탱크 둘레길이(원주길이) : 위험물규칙 〔별표 6〕 Ⅱ

※ 모두 **20분**간 방수할 수 있는 양 이상으로 하여야 한다.

기억법	
컨	0
절	0
특	0
케	2
차	0
위	37

표준방사량 = 1m^{2}당 10LPM = 10L/min · m^2

방사량 Q는

Q=표면적(바닥면적 제외)×10L/min · m^2=100m^2×10L/min · m^2=1000L/min

(가) **노즐 1개**의 **최소 유량** Q_1은

$$Q_1 = \frac{Q}{\text{노즐 개수}} = \frac{1000\text{L/min}}{8\text{개}} = \mathbf{125L/min}$$

(나)

$$Q = A \times Q_1 \times T$$

여기서, Q : 저장량〔L〕

A : 면적〔m^2〕

Q_1 : 표준방사량〔L/min · m^2〕

T : 시간〔min〕

총 저장량 Q는

$Q = A \times Q_1 \times T = 100\text{m}^2 \times 10\text{L/min} \cdot \text{m}^2 \times 20\text{min} = 20000\text{L} = \mathbf{20m^3}$

- A(면적) : 문제에서 **100m^2**이다.
- Q_1(표준방사량) : 위의 표에서 **10L/min · m^2**이다.
- T(시간) : 위에서 모두 **20분**간 방수할 수 있는 양 이상으로 하여야 하므로 **20min**이다.
- 1000L=1m^{3}이므로 20000L=20m^{3}이다.

☆☆

문제 02

지하 2층, 지상 3층인 특정소방대상물 각 층에 A급 3단위 소화기를 국가화재안전기준에 맞도록 설치하고자 한다. 다음 조건을 참고하여 건물의 각 층별 최소 소화기구를 구하시오.

(19.4.문13, 17.4.문8, 13.4.문11, 11.7.문5)

득점	배점
	8

〔조건〕

① 각 층의 바닥면적은 1500m^{2}이다.

② 지하 1층, 지하 2층은 주차장 용도로 쓰며, 지하 2층에 보일러실 100m^{2}를 설치한다.

③ 지상 1층에서 3층까지는 업무시설이다.

④ 전 층에 소화설비가 없는 것으로 가정한다.

⑤ 건물구조는 내화구조가 아니다.

(가) 지하 2층

○ 계산과정 :

○ 답 :

(나) 지하 1층

○ 계산과정 :

○ 답 :

(다) 지상 1~3층

○ 계산과정 :

○ 답 :

해답 (가) ○ 계산과정 : 주차장 $\frac{1500}{100}=15$단위

$\frac{15}{3}=5$개

보일러실 $\frac{100}{25}=4$단위

$\frac{4}{1}=4$개

$5+4=9$개

○ 답 : 9개

(나) ○ 계산과정 : $\frac{1500}{100}=15$단위

$\frac{15}{3}=5$개

○ 답 : 5개

(다) ○ 계산과정 : $\frac{1500}{100}=15$단위

$\frac{15}{3}=5$개

$5\times3=15$개

○ 답 : 15개

해설

‖ 특정소방대상물별 소화기구의 능력단위기준(NFTC 101 2.1.1.2) ‖

특정소방대상물	소화기구의 능력단위	건축물의 주요구조부가 **내화구조**이고, 벽 및 반자의 실내에 면하는 부분이 **불연재료 · 준불연재료** 또는 **난연재료**로 된 특정소방대상물의 능력단위
• **위**락시설 기억법 위3(**위상**)	바닥면적 **30m²**마다 1단위 이상	바닥면적 **60m²**마다 1단위 이상
• **공연**장 • **집**회장 • **관람**장 및 **문**화재 • **의**료시설 · **장**례시설(장례식장) 기억법 5공연장 문의 집관람 (손**오공** **연장** **문의** **집관람**)	바닥면적 **50m²**마다 1단위 이상	바닥면적 **100m²**마다 1단위 이상
• **근**린생활시설 • **판**매시설 • 운수시설 • **숙**박시설 • **노**유자시설 • **전**시장 • 공동**주**택 • **업무시설** • **방**송통신시설 • 공장 · **창**고 • **항**공기 및 자동**차**관련시설(주차장) 및 **관광**휴게시설 기억법 근판숙노전 주업방차창 1항관광(**근판숙노전** **주업방차장** **일**본**항관광**)	바닥면적 **100m²**마다 1단위 이상	바닥면적 **200m²**마다 1단위 이상
• 그 밖의 것	바닥면적 **200m²**마다 1단위 이상	바닥면적 **400m²**마다 1단위 이상

‖ 부속용도별로 추가하여야 할 소화기구(NFTC 101 2.1.1.3) ‖

바닥면적 $25m^2$마다 1단위 이상	바닥면적 $50m^2$마다 1개 이상
① **보일러실** · **건**조실 · **세**탁소 · **대**량화기취급소 ② **음**식점(지하가의 음식점 포함) · **다**중이용업소 · 호텔 · 기숙사 · 노유자시설 · 의료시설 · 업무시설 · 공장 · 장례식장 · 교육연구시설 · 교정 및 군사시설의 **주**방(단, 의료시설 · 업무시설 및 공장의 주방은 공동취사를 위한 것) ③ 관리자의 출입이 곤란한 **변**전실 · 송전실 · 변압기실 및 배전반실(불연재료로 된 상자 안에 장치된 것 제외) 기억법 **보건세대 음주다변**	**발전실** · 변전실 · 송전실 · 변압기실 · 배전반실 · 통신기기실 · 전산기기실 · 기타 이와 유사한 시설이 있는 장소

(가) **지하 2층**

주차장

주차장으로서 내화구조가 아니므로 바닥면적 **$100m^2$**마다 1단위 이상

소화기 능력단위 $= \dfrac{1500m^2}{100m^2} = 15$단위

- 지하 2층은 주차장 : [조건 ②]에서 주어진 것
- 내화구조가 아님 : [조건 ⑤]에서 주어진 것
- 각 층의 바닥면적 $1500m^2$: [조건 ①]에서 주어진 값
- 바닥면적 $1500m^2$에서 보일러실 $100m^2$를 빼주면 틀림 : 보일러실의 면적을 제외하라는 규정 없음

소화기 개수 $= \dfrac{15\text{단위}}{3\text{단위}} = 5$개

- **3단위** : 문제에서 주어진 값

보일러실

소화기 능력단위 $= \dfrac{100m^2}{25m^2} = 4$단위

- **$25m^2$** : 위의 표에서 보일러실은 바닥면적 $25m^2$마다 1단위 이상
- **$100m^2$** : [조건 ②]에서 주어진 값

소화기 개수 $= \dfrac{4\text{단위}}{1\text{단위}} = 4$개

- 소화기구 및 자동소화장치의 화재안전기준(NFTC 101 2.1.1.3)에서의 보일러실은 $25m^2$마다 능력단위 1단위 이상의 소화기를 비치해야 하므로 1단위로 나누는 것이 맞음(보일러실은 3단위로 나누면 틀림)
- 문제에서 3단위 소화기는 각 층에만 설치하는 소화기로서 보일러실은 3단위 소화기를 설치하는 것이 아님

∴ 총 소화기 개수=5개+4개=9개

(나) **지하 1층**

주차장

주차장으로서 내화구조가 아니므로 바닥면적 **$100m^2$**마다 1단위 이상

소화기 능력단위 $= \dfrac{1500m^2}{100m^2} = 15$단위

- 지하 1층은 주차장 : [조건 ②]에서 주어진 것
- 내화구조가 아님 : [조건 ⑤]에서 주어진 것
- 각 층의 바닥면적 $1500m^2$: [조건 ①]에서 주어진 값

소화기 개수 $= \dfrac{15\text{단위}}{3\text{단위}} = 5$개

- **3단위** : 문제에서 주어진 값

(다) **지상 1~3층**

업무시설

업무시설로서 내화구조가 아니므로 바닥면적 **100m²**마다 1단위 이상

$$\text{소화기 능력단위} = \frac{1500\text{m}^2}{100\text{m}^2} = 15\text{단위}$$

- 지상 1~3층은 업무시설 : [조건 ③]에서 주어진 것
- 내화구조가 아님 : [조건 ⑤]에서 주어진 것
- 각 층의 바닥면적 1500m² : [조건 ①]에서 주어진 값

$$\text{소화기 개수} = \frac{15\text{단위}}{3\text{단위}} = 5\text{개}$$

- **3단위** : 문제에서 주어진 값

5개×3개층=15개

- 3개층 : 지상 1~3층이므로 총 3개층

☆☆☆

문제 03

폐쇄형 헤드를 사용한 스프링클러설비의 말단배관 중 K점에 필요한 가압수의 수압을 화재안전기준 및 주어진 조건을 이용하여 구하시오. (단, 모든 헤드는 80L/min로 방사되는 기준이고, 티의 사양은 분류되기 전 배관과 동일한 사양으로 적용한다. 또한, 티에서 마찰손실수두는 분류되는 유량이 큰 방향의 값을 적용하며 동일한 분류량인 경우는 직류 티의 값을 적용한다. 그리고 가지배관 말단과 교차배관 말단은 엘보로 하며, 리듀서의 마찰손실은 큰 구경을 기준으로 적용한다.) (13.7.문4, 08.7.문8)

득점	배점
	11

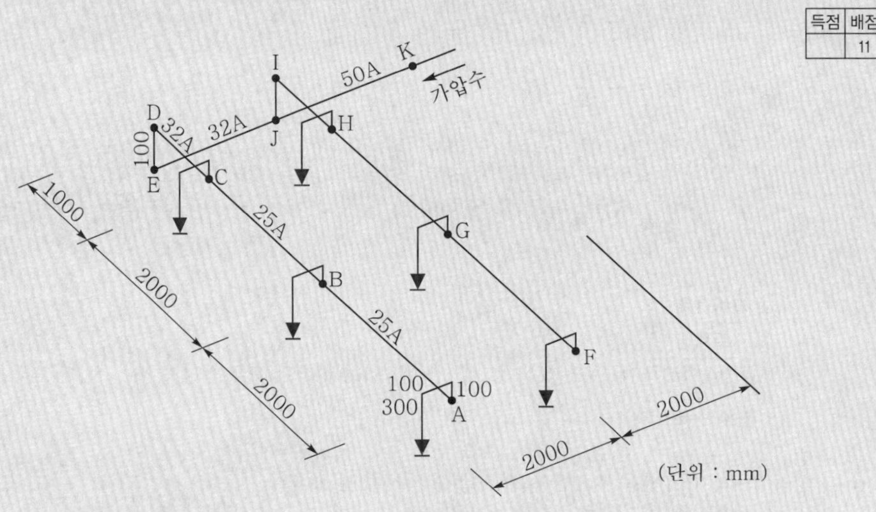

[조건]

① 100m당 직관 마찰손실수두[m]

항 목	유량조건	25A	32A	40A	50A
1	80L/min	39.82	11.38	5.40	1.68
2	160L/min	150.42	42.84	20.29	6.32
3	240L/min	307.77	87.66	41.51	12.93
4	320L/min	521.92	148.66	70.40	21.93
5	400L/min	789.04	224.75	106.31	32.99
6	480L/min	1042.06	321.55	152.36	47.43

② 관이음쇠 마찰손실에 상응하는 직관길이〔m〕

관이음	25A	32A	40A	50A
엘보(90°)	0.9	1.2	1.5	2.1
리듀서(큰 구경 기준)	0.54	0.72	0.9	1.2
티(직류)	0.27	0.36	0.45	0.6
티(분류)	1.5	1.8	2.1	3.0

③ 헤드나사는 PT 1/2(15A)를 적용한다.(리듀서를 적용함)

④ 수압산정에 필요한 계산과정을 상세히 명시해야 한다.

(가) 배관 마찰손실수두〔m〕

(단, 다음 표에 따라 각 구간의 소요수두를 구하고, 이를 합산하여 총 마찰손실수두를 구해야 한다.)

구 간	배관크기	소요수두
말단헤드~B	25A	
B~C	25A	
C~J	32A	
J~K	50A	
총 마찰손실수두		

(나) 헤드 선단의 낙차수두〔m〕

○ 계산과정 :

○ 답 :

(다) 헤드 선단의 최소 방수압력〔MPa〕

(라) K점의 최소 요구압력〔kPa〕

○ 계산과정 :

○ 답 :

해답 (가)

구 간	배관크기	소요수두	
말단헤드~B	25A	2+0.1+0.1+0.3=2.5m 3×0.9=2.7m 1×0.54=0.54m 5.74m	$5.74\text{m} \times \dfrac{39.82}{100} = 2.285 \fallingdotseq 2.29\text{m}$

B~C	25A	2m 1×0.27=0.27m 2.27m	$2.27\text{m}\times\dfrac{150.42}{100}=3.414 ≒ 3.41\text{m}$
C~J	32A	2+0.1+1=3.1m 2×1.2=2.4m 1×1.8=1.8m 1×0.72=0.72m 8.02m	$8.02\text{m}\times\dfrac{87.66}{100} ≒ 7.03\text{m}$
J~K	50A	2m 1×3.0=3.0m 1×1.2=1.2m 6.2m	$6.2\text{m}\times\dfrac{47.43}{100} ≒ 2.94\text{m}$
총 마찰손실수두		2.29+3.41+7.03+2.94=15.67m	

(나) ○ 계산과정 : 0.1+0.1−0.3=−0.1m

○ 답 : −0.1m

(다) 0.1MPa

(라) ○ 계산과정 : $h_1 = 15.67\text{m}$

$h_2 = -0.1\text{m}$

$H = 15.67 - 0.1 + 10 = 25.57\text{m}$

$25.57 \times 10 = 255.7\text{kPa}$

○ 답 : 255.7kPa

 해설 (가)

구 간	배관 크기	유 량	직관 및 등가길이	m당 마찰손실	마찰손실수두
K~J	50A	480L/min	• 직관 : 2m • 관부속품 티(분류)(50×50×32A) : 1개×3.0m=3.0m 리듀셔(50×32A) : 1개×1.2m=1.2m 소계 : 6.2m	$\dfrac{47.43}{100}$ [조건 ①]에 의해	$6.2\text{m}\times\dfrac{47.43}{100}$ ≒2.94m
J~C	32A	240L/min	• 직관 : 2+0.1+1=3.1m • 관부속품 엘보(90°) : 2개×1.2m=2.4m 티(분류)(32×32×25A) : 1개×1.8m=1.8m 리듀셔(32×25A) : 1개×0.72m=0.72m 소계 : 8.02m	$\dfrac{87.66}{100}$ [조건 ①]에 의해	$8.02\text{m}\times\dfrac{87.66}{100}$ ≒7.03m
C~B	25A	160L/min	• 직관 : 2m • 관부속품 티(직류)(25×25×25A) : 1개×0.27m=0.27m 소계 : 2.27m	$\dfrac{150.42}{100}$ [조건 ①]에 의해	$2.27\text{m}\times\dfrac{150.42}{100}$ =3.414 ≒3.41m
B~말단 헤드	25A	80L/min	• 직관 : 2+0.1+0.1+0.3=2.5m • 관부속품 엘보(90°) : 3개×0.9m=2.7m 리듀셔(25×15A) : 1개×0.54m=0.54m 소계 : 5.74m	$\dfrac{39.82}{100}$ [조건 ①]에 의해	$5.74\text{m}\times\dfrac{39.82}{100}$ =2.285 ≒2.29m
총 마찰손실수두			2.29m+3.41m+7.03m+2.94m=**15.67m**		

• [단서]에서 '**작은 구경을 기준으로 적용한다.**'고 한다면 다음과 같이 계산하여야 한다.

구간	배관 크기	유 량	직관 및 등가길이	m당 마찰손실	마찰손실수두
K~J	50A	480L/min	• 직관 : 2m • 관부속품 소계 : 2m	$\frac{47.43}{100}$	$2m \times \frac{47.43}{100}$ $=0.948m$ $≒0.95m$
J~C	32A	240L/min	• 직관 : 2+0.1+1=3.1m • 관부속품 엘보(90°) : 2개×1.2m=2.4m 티(분류)(50×50×32A) : 1개×1.8m=1.8m 리듀셔(50×32A) : 1개×0.72m=0.72m 소계 : 8.02m	$\frac{87.66}{100}$	$8.02m \times \frac{87.66}{100}$ $≒7.03m$
C~B	25A	160L/min	• 직관 : 2m • 관부속품 티(직류)(25×25×25A) : 1개×0.27m=0.27m 티(분류)(32×32×25A) : 1개×1.5m=1.5m 리듀셔(32×25A) : 1개×0.54m=0.54m 소계 : 4.31m	$\frac{150.42}{100}$	$4.31m \times \frac{150.42}{100}$ $=6.483$ $≒6.48m$
B~ 말단 헤드	25A	80L/min	• 직관 : 2+0.1+0.1+0.3=2.5m • 관부속품 엘보(90°) : 3개×0.9m=2.7m 소계 : 5.2m ※ 리듀셔(25×15A)는 [조건 ②]에서 15A에 대한 직관길이가 없으므로 무시	$\frac{39.82}{100}$	$5.2m \times \frac{39.82}{100}$ $≒2.07m$
합계					**16.53m**

• 문제에서는 말단헤드~B부터 구하라고 되어 있지만 계산의 편의를 위해 해설에서는 K~J구간부터 구하기로 한다.

• [단서]에서 동일한 분류량인 경우에는 직류 티의 값을 적용하므로 구간 C~B 티(25×25×25A)는 직류로 계산한다. 다시 말해 동일한 분류량 직류 티의 적용이 아니면(다른 분류량이면) 분류 티를 적용한다.

• 동일한 분류량 : 티의 구경이 모두 같은 것을 의미

예

▌동일한 분류량▐ ▌다른 분류량▐

• [단서]에서 모든 헤드는 80L/min 기준이므로 헤드 개수마다 80L/min의 물이 방사되는 것으로 하여 배관의 유량은 80L/min씩 증가하여 80L/min, 160L/min 등으로 증가한다. 모든 헤드의 방사량이 80L/min로 주어졌다고 하여 [조건 ①]에서 1개의 유량 80L/min만 적용하는 것은 아니다.

• 헤드가 1개만 개방된다는 기준이 없으므로 [조건 ①]을 참고하여 유량이 헤드마다 증가되는 것으로 볼 수 있는 것이다.

(나) **낙차**(위치)수두 $=0.1+0.1-0.3=$ **-0.1m**

∴ -0.1m

• 낙차수두를 구하라고 하였으므로 낙차의 증감을 나타내는 '−'를 생략하고 써도 된다. 또한 앞에 '−'를 붙였다고 해서 틀리지는 않는다.
• **낙차**는 **수직배관**만 고려하며, 물 흐르는 방향을 주의하여 산정하면 0.1+0.1−0.3=−0.1m가 된다. (**펌프방식**이므로 물 흐르는 방향이 위로 향할 경우 '+', 아래로 향할 경우 '−'로 계산하라.)

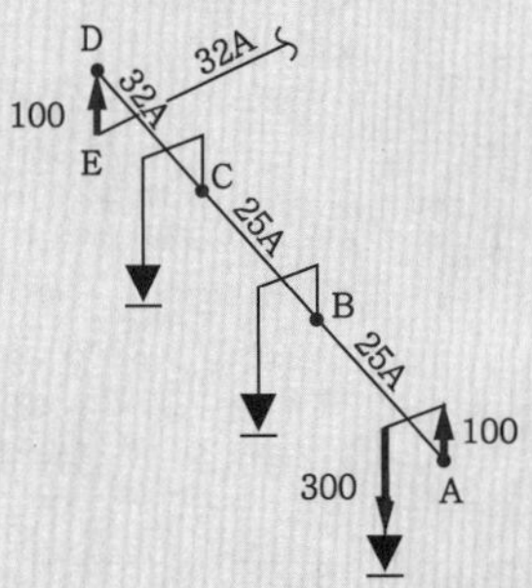

㈐ **펌프방식** 또는 **압력수조방식**

$$P = P_1 + P_2 + 0.1$$

여기서, P : 필요한 압력[MPa]
P_1 : 배관 및 관부속품의 마찰손실수두압[MPa]
P_2 : 낙차의 환산수두압[MPa]
0.1 : 헤드 선단의 최소 방수압력[MPa]

• ㈏에서 '**낙차수두**'를 물어보았으므로 '**펌프방식**' 또는 '**압력수조방식**'이라고 생각하면 된다.
• '**헤드 선단의 최소 방수압력**'을 '**배관 및 관부속품의 마찰손실수두압**'이라고 생각하지 마라!

㈑ **K점의 최소 요구압력**

① **총 소요수두**

$$H = h_1 + h_2 + 10$$

여기서, H : 전양정(총 소요수두)[m]
h_1 : 배관 및 관부속품의 마찰손실수두[m]
h_2 : 낙차의 환산수두[m]
10 : 헤드 선단의 최소 방수압력수두[m]

$h_1 = 15.67\text{m}$
$h_2 = -0.1\text{m}$
$H = h_1 + h_2 + 10 = 15.67\text{m} + (-0.1\text{m}) + 10 = 25.57\text{m}$

• h_1 : ㈎에서 구한 총 마찰손실수두
• h_2 : ㈏에서 구한 값

② **K점에 필요한 방수압**

1m=0.01MPa=10kPa 이므로

$$25.57\text{m} = \frac{25.57\text{m}}{1\text{m}} \times 10\text{kPa} = 255.7\text{kPa}$$

• **25.57m** : 총 소요수두
• 다음과 같이 구해도 된다.

$$P = P_1 + P_2 + 0.1$$

여기서, P : 필요한 압력[MPa]
P_1 : 배관 및 관부속품의 마찰손실수두압[MPa]
P_2 : 낙차의 환산수두압[MPa]
0.1 : 헤드 선단의 최소 방수압력[MPa]

1m=0.01MPa

P_1 : $15.67\text{m} = \dfrac{15.67\text{m}}{1\text{m}} \times 0.01\text{MPa} = 0.1567\text{MPa}$

P_2 : $-0.1\text{m} = \dfrac{-0.1\text{m}}{1\text{m}} \times 0.01\text{MPa} = -0.001\text{MPa}$

K점에 필요한 방수압 P는

$P = P_1 + P_2 + 0.1 = 0.1567 + (-0.001) + 0.1 = 0.2557\text{MPa} = 255.7\text{kPa}$

- 단위가 kPa로 주어졌으므로 주의하라!
- **소화설비(옥내소화전설비, 스프링클러설비 등)** 문제에서는 화재안전기준에 따라 **1m=0.01MPa=10kPa**로 계산하면 되고 **유체역학** 문제에서는 원래대로 **10.332m=101.325kPa=0.101325MPa**을 이용하여 계산하는 것이 원칙이다.

☆☆

문제 04

스프링클러설비 배관의 계통도이다. 다음에서 주어진 각 배관의 명칭을 쓰시오. (04.4.문8)

득점	배점
	4

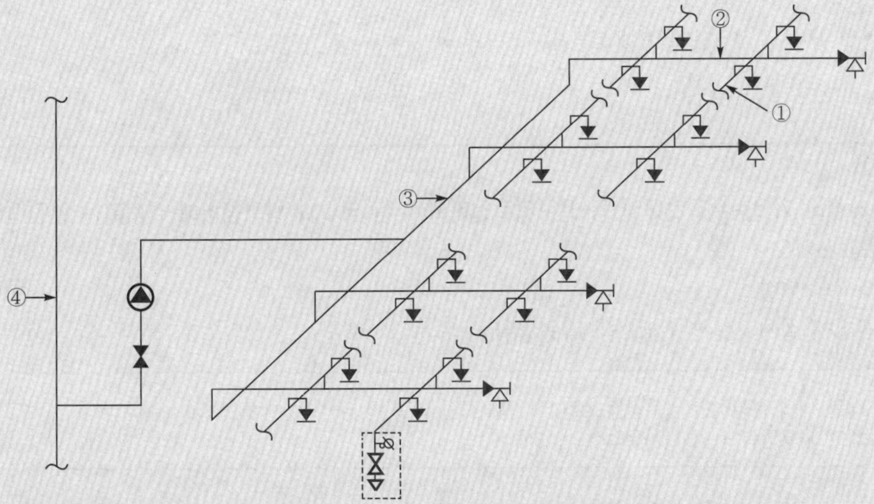

①

②

③

④

① 가지배관
② 교차배관
③ 수평주행배관
④ 주배관

해설

배관명칭	설 명
가지배관	**스프링클러헤드**가 설치되어 있는 배관
교차배관	**직접** 또는 **수직배관**을 통하여 **가지배관**에 **급수**하는 배관
수평주행배관	각 층에서 **교차배관**까지 물을 공급하는 배관
주배관	**각 층**을 **수직**으로 **관통**하는 수직배관

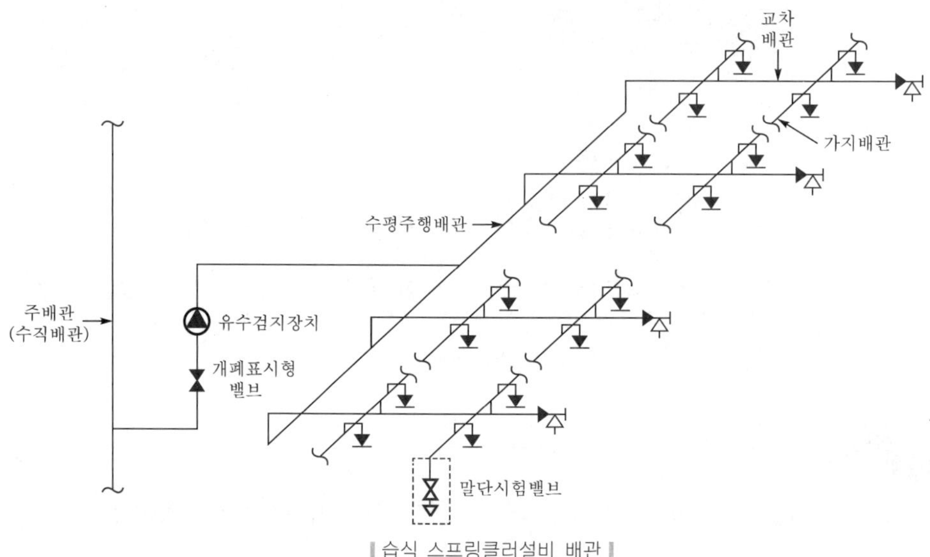

❙ 습식 스프링클러설비 배관 ❙

• 원칙적으로 말단시험밸브에 **압력계**는 필요 없다.

문제 05

스프링클러설비 가압송수장치에 사용되는 압력챔버의 주된 역할과 압력챔버에 설치되는 안전밸브의 작동범위를 쓰시오. (12.11.문5)

(가) 압력챔버의 역할 :

(나) 압력챔버에 설치되는 안전밸브의 작동범위 :

득점	배점
	5

해답 (가) 배관 내의 순간적인 압력변동으로부터 안정적인 압력검지
(나) 최고 사용압력과 최고 사용압력의 1.3배

해설 (가)

압력챔버의 역할
① 배관 내의 순간적인 압력변동으로부터 안정적인 압력검지 ← 가장 중요한 역할(1가지만 답할 때는 이것으로 답할 것) ② 배관 내의 압력저하시 충압펌프 또는 주펌프의 자동기동 ③ 수격작용 방지

펌프의 게이트밸브(gate valve) 2차측에 연결되어 배관 내의 압력이 감소하면 압력스위치가 작동되어 **충압펌프**(jockey pump) 또는 **주펌프**를 **자동 기동**시킨다. 또한 배관 내의 순간적인 압력변동으로부터 안정적으로 압력을 감지한다.

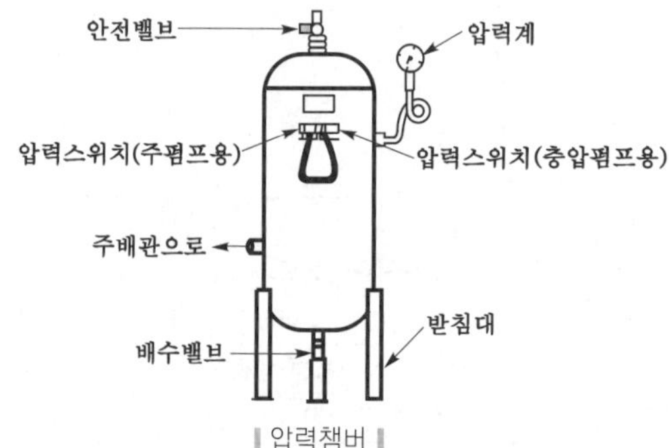

❙ 압력챔버 ❙

배관 내에서 수격작용(water hammering) 발생시 수격작용에 따른 압력이 압력챔버 내로 전달되면 압력챔버 내의 물이 상승하면서 공기(압축성 유체)를 압축시키므로 압력을 흡수하여 **수격작용**을 **방지**하는 역할을 한다.

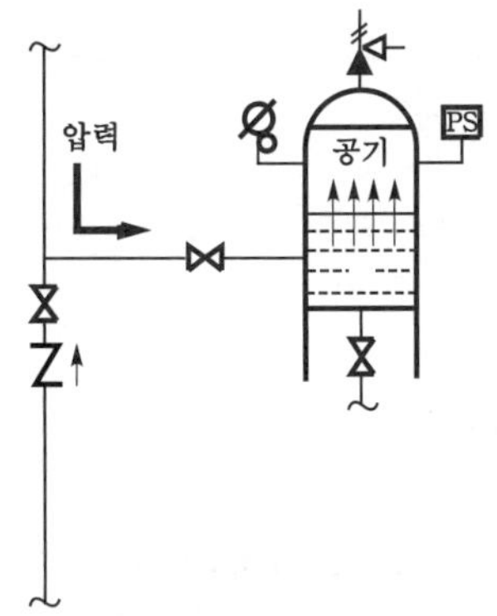

‖ 수격작용 방지 개념도 ‖

(나) **압력챔버**에 **설치되는 안전밸브**의 **작동범위**(기동용 수압개폐장치 형식승인 10조)

- '**최고 사용압력~최고 사용압력의 1.3배**'라고 답해도 된다.

소화설비에 사용되는 압력챔버의 안전밸브의 작동압력범위는 **최고 사용압력**과 **최고 사용압력**의 **1.3배**의 범위 내에서 작동하여야 한다.

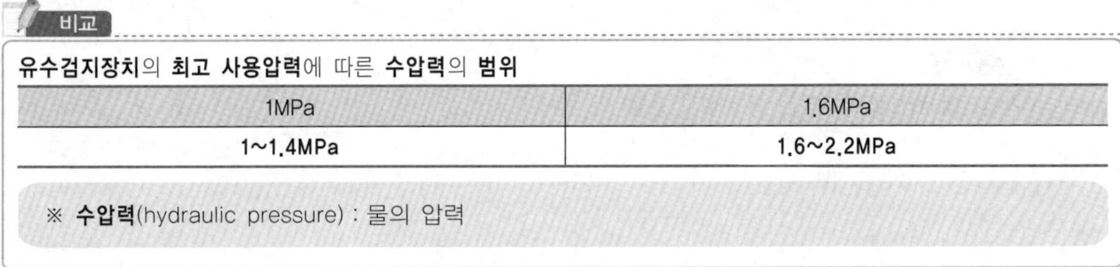

비교

유수검지장치의 **최고 사용압력**에 따른 **수압력**의 **범위**

1MPa	1.6MPa
1~1.4MPa	**1.6~2.2MPa**

※ **수압력**(hydraulic pressure) : 물의 압력

☆☆☆

문제 06

다음은 저압식 이산화탄소 소화설비 계통도이다. 평상시 닫혀 있는 밸브와 열려 있는 밸브의 번호를 각각 열거하시오.

(08.4.문10, 00.11.문8)

득점	배점
	5

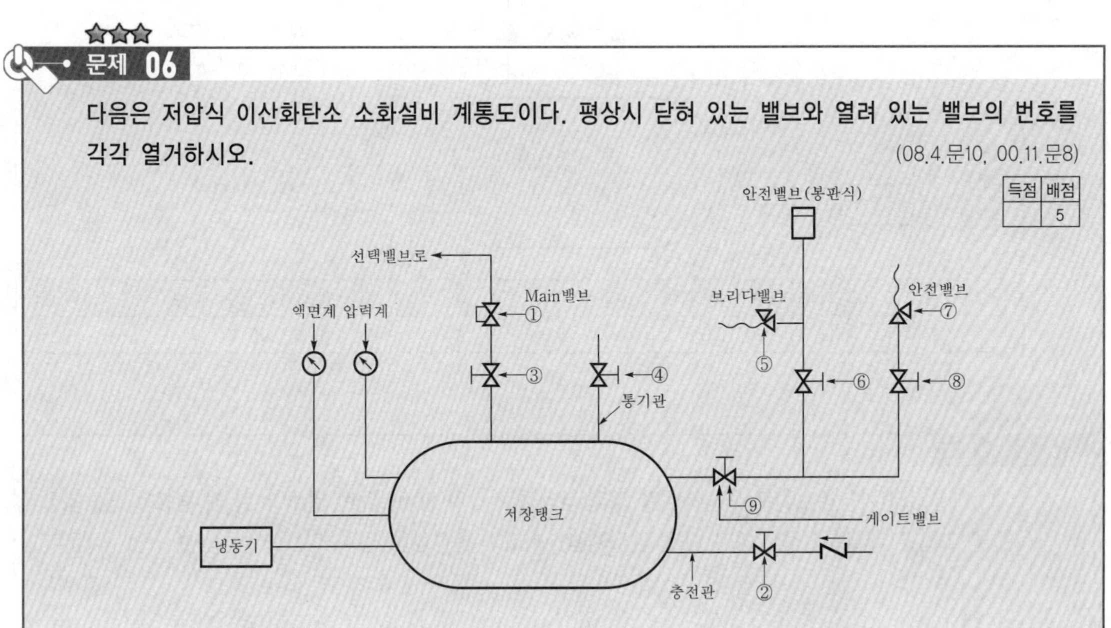

(가) 평상시 닫혀 있는 밸브 :
(나) 평상시 열려 있는 밸브 :

해답 (가) : ①, ②, ④, ⑤, ⑦
(나) : ③, ⑥, ⑧, ⑨

해설 ① **Main밸브** : 평상시 **폐쇄**되어 있다가 기동용 가스의 압력에 의해 개방된다.
② **개폐밸브** : 평상시 **폐쇄**되어 있다가 이산화탄소 충전이 필요한 경우 개방하여 저장탱크에 이산화탄소를 공급한다.
③ **수동개폐밸브** : 평상시 **개방**되어 있다가 헤드 교체 및 원밸브 점검 등의 경우에만 폐쇄한다.
④ **개폐밸브** : 평상시 **폐쇄**되어 있다가 저장탱크의 운반 또는 장기간 방치 등의 경우에 개방하여 잔류하고 있는 이산화탄소를 배출시키고 저장탱크 내에 공기의 유통을 원활하게 하여 저장탱크를 안전하게 운반 또는 보관하게 한다.
⑤ **브리다밸브**(breather valve) : 평상시 **폐쇄**되어 있다가 저장탱크에 고압이 유발되면 안전밸브(파판식)보다 먼저 작동하여 저장탱크를 보호한다.
⑥ **개폐밸브** : 평상시 **개방**되어 있다가 브리다밸브 및 안전밸브(파판식) 교체 등의 경우에만 폐쇄한다.
⑦ **안전밸브** : 평상시 **폐쇄**되어 저장탱크에 고압이 유발되면 개방되어 저장탱크를 보호한다.
⑧ **개폐밸브** : 평상시 **개방**되어 있다가 안전밸브의 점검, 교체 등의 경우에만 폐쇄한다.
⑨ **게이트밸브** : 평상시 **개방**되어 있다가 개폐밸브 · 안전밸브(파판식) · 안전밸브 점검, 교체 등의 경우에만 폐쇄한다.

- Main밸브=원밸브=방출주밸브
- 봉판식=파판식

비교

충전관에 체크밸브가 없는 경우(위와 동일)

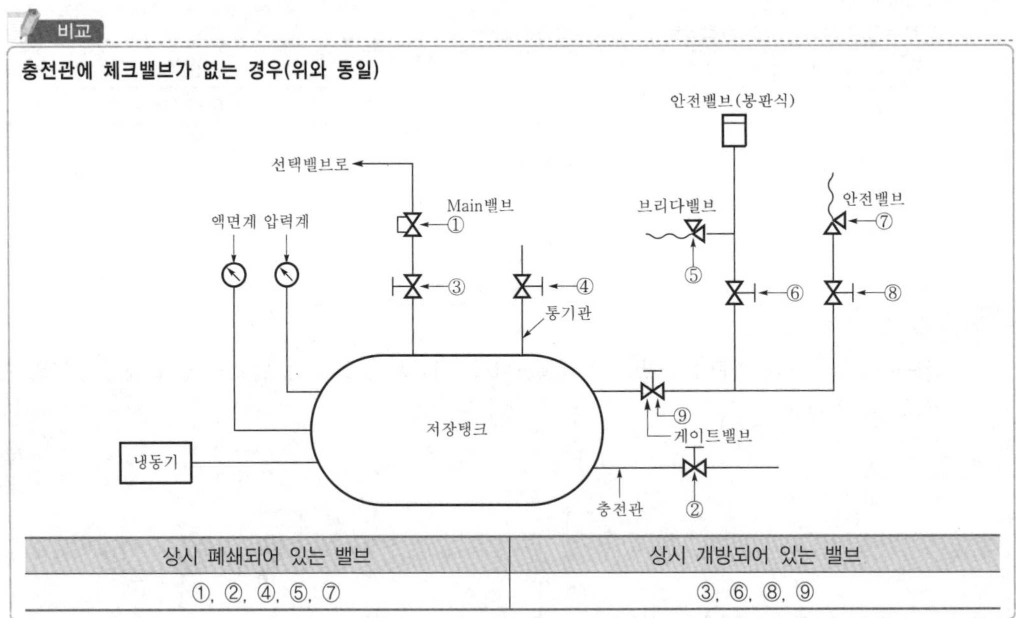

상시 폐쇄되어 있는 밸브	상시 개방되어 있는 밸브
①, ②, ④, ⑤, ⑦	③, ⑥, ⑧, ⑨

★★★ 문제 07

수계소화설비의 가압송수펌프의 정격유량 및 정격양정이 각각 800L/min 및 80m일 때 펌프의 성능특성 곡선을 그리고 체절운전점, 100% 운전점(설계점), 150% 운전점을 명시하시오. (19.4.문9, 산업 11.7.문10)

득점	배점
	5

해답

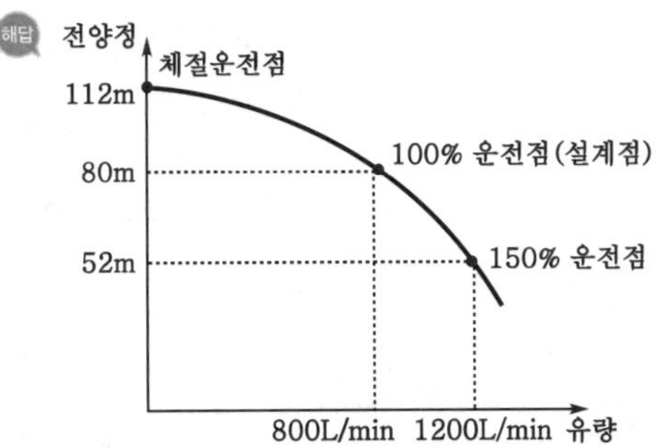

해설

- 정격유량과 정격양정이 주어졌으므로 다음 그래프처럼 140%, 100%, 65% 이런 식으로 적으면 틀린다. **112m, 80m, 52m, 800L/min, 1200L/min**처럼 유량과 양정을 정확히 적어야 맞다.

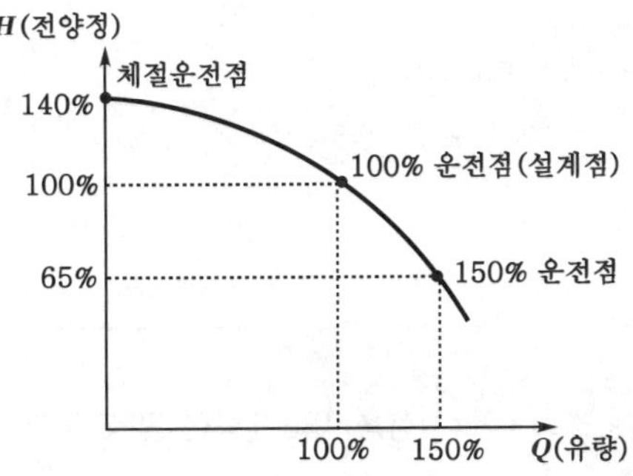

‖ 펌프의 성능특성곡선(유량과 양정이 주어지지 않았을 때) ‖

※ **펌프**의 **성능**
체절운전시 정격토출압력의 **140%**를 초과하지 아니하고, 정격토출량의 **150%**로 운전시 정격토출압력의 **65%** 이상이어야 한다.

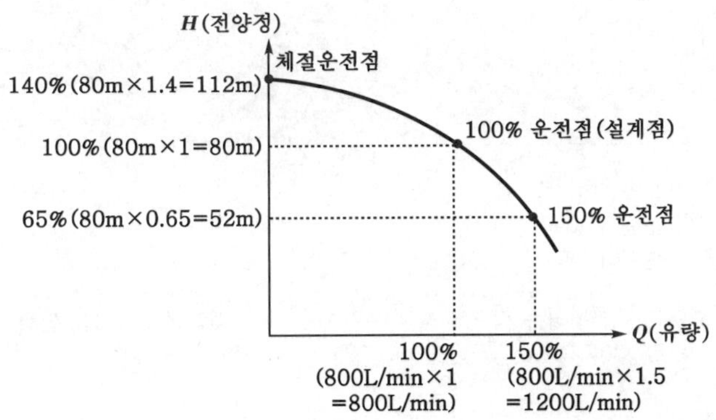

‖ 펌프의 성능특성곡선(유량과 양정이 주어졌을 때) ‖

- 체절점=체절운전점
- 설계점=100% 운전점
- 운전점=150% 운전점=150% 유량점
- 유량=토출량

중요

체절운전, 체절압력, 체절양정

구 분	설 명
체절운전	펌프의 성능시험을 목적으로 펌프 토출측의 개폐밸브를 닫은 상태에서 펌프를 운전하는 것
체절압력	체절운전시 릴리프밸브가 압력수를 방출할 때의 압력계상 압력으로 정격토출압력의 140% 이하
체절양정	펌프의 토출측 밸브가 모두 막힌 상태, 즉 유량이 0인 상태에서의 양정

※ **체절압력** 구하는 식

- **체절압력**[MPa]=정격토출압력[MPa]×1.4
- **체절압력**[MPa]=펌프의 명판에 표시된 양정[m]×1.4× $\frac{1}{100}$

★★★

문제 08

할로겐화합물 및 불활성기체 소화약제 저장용기의 재충전 및 교체 기준에 대한 설명이다. 다음 (   ) 안에 알맞은 내용을 쓰시오. (13.7.문5)

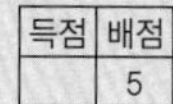

득점	배점
	5

할로겐화합물 및 불활성기체 소화약제 저장용기의 (㉮)을(를) 초과하거나 (㉯)을(를) 초과할 경우에는 재충전하거나 저장용기를 교체하여야 한다. 다만, 불활성기체 소화약제 저장용기의 경우에는 (㉰)(을)를 초과할 경우 재충전하거나 저장용기를 교체하여야 한다.

○㉮ :
○㉯ :
○㉰ :

해답 (가) 약제량 손실이 5%
(나) 압력 손실이 10%
(다) 압력 손실이 5%

해설

- 5%, 10%, 5% 이런 식으로 %만 쓰면 틀린다. **약제량 손실이 5%, 압력 손실이 10%, 압력 손실이 5%** 이런 식으로 써야 정확히 맞는 답이다.(문제가 좀 난해한 듯 ㅠㅠ)

중요

할로겐화합물 및 불활성기체 소화약제의 **저장용기 적합기준**(NFPC 107A 6조, NFTC 107A 2.3.2)

(1) 저장용기는 약제명 · 저장용기의 자체 중량과 총 중량 · 충전일시 · 충전압력 및 약제의 체적을 표시할 것
(2) 동일 집합관에 접속되는 저장용기는 **동일한 내용적**을 가진 것으로 **충전량** 및 **충전압력**이 같도록 할 것
(3) 저장용기에 충전량 및 충전압력을 확인할 수 있는 장치를 하는 경우에는 해당 소화약제에 적합한 구조로 할 것
(4) 저장용기의 **약제량 손실**이 **5%**를 초과하거나 **압력 손실**이 **10%**를 초과할 경우에는 재충전하거나 저장용기를 교체할 것(단, **불활성기체 소화약제** 저장용기의 경우에는 **압력 손실**이 **5%**를 초과할 경우 재충전하거나 저장용기 교체)

☆☆

문제 09

길이 800m인 관로 속을 2.5m/s의 속도로 물이 흐르고 있을 때 출구의 밸브를 1.3초 사이에 잠그면 압력상승은 몇 Pa인지 구하시오. (단, 수관 속의 음속 a=1000m/s이다.) (05.7.문12)

득점	배점
	5

○ 계산과정 :
○ 답 :

해답 ○ 계산과정 : $\dfrac{9.8\times1000\times2.5}{9.8}=2500\text{kPa}=2500000\text{Pa}$

○ 답 : 2500000Pa

해설 **주코프스키 정리**

$$\Delta P=\frac{\gamma a V}{g}$$

여기서, ΔP : 상승압력〔kPa〕
γ : 물의 비중량(9.8kN/m^3)
a : 압력파의 속도(음속)〔m/s〕
V: 유속〔m/s〕
g : 중력가속도(9.8m/s^2)

상승압력 ΔP는

$$\Delta P=\frac{9.8aV}{g}=\frac{9.8\times1000\text{m/s}\times2.5\text{m/s}}{9.8\text{m/s}^2}=2500\text{kPa}=2500000\text{Pa}$$

- 단위에 속지 마라! Pa로 답하라고 하였으므로 kPa을 다시 Pa로 환산해야 한다. 특히 주의!
- 이 문제를 푸는 데 시간 1.3초는 필요하지 않다.
- 이 문제는 **주코프스키 정리**(Joukowski equation)를 응용한 식이다.

공식

주코프스키 정리
수격파의 왕복시간이 밸브를 닫는 시간보다 클 때 적용하는 식

〔조건〕
- L : 800m
- a : 1000m/s
- 밸브를 닫는 시간 : 1.3s

$$t=\frac{2L}{a},\ \Delta P=\frac{\gamma a V}{g}$$

여기서, t : 수격파의 왕복시간〔s〕, L : 관로의 길이〔m〕, a : 음속〔m/s〕, ΔP : 상승압력〔kPa〕
γ : 물의 비중량(9.8kN/m^3), a : 압력파의 속도(음속)〔m/s〕, V: 유속〔m/s〕, g : 중력가속도(9.8m/s^2)

수격파의 왕복시간

$$t=\frac{2\times800\text{m}}{1000\text{m/s}}=1.6\text{s}$$

수격파의 왕복시간이 밸브를 닫는 시간 1.3초보다 크므로 주코프스키 정리식 적용 가능

중요

수격작용시 발생하는 충격파의 특징
(1) 압력 상승(압력변화)은 유체의 속도 및 압력파의 속도에 비례하여 상승한다.
(2) 압력 상승은 배관의 길이 및 형태와는 무관하다.
(3) 충격파의 속도는 유체 속에서 음속과 동일하다.

☆☆☆
문제 10

스프링클러설비 가지배관의 배열에 대한 다음 각 물음에 답하시오. (14.4.문9, 11.7.문10)

득점	배점
	6

(가) 토너먼트방식이 허용되지 않는 주된 이유 2가지를 쓰시오.
○
○

(나) 토너먼트방식이 적용되는 소화설비 4가지를 쓰시오.
○
○
○
○

해답 (가) ① 유체의 마찰손실이 너무 크므로
② 수격작용에 따른 배관 파손 방지

(나) ① 분말소화설비
② 이산화탄소 소화설비
③ 할론소화설비
④ 할로겐화합물 및 불활성기체 소화설비

해설 (가) **스프링클러설비의 가지배관이 토너먼트**(tournament)**방식**이 아니어야 하는 이유
① **유체**의 **마찰손실**이 너무 크므로 압력 손실을 최소화하기 위하여
② **수격작용**에 따른 배관의 파손을 방지하기 위하여

(나) **교차회로방식**과 **토너먼트방식**

구 분	교차회로방식	토너먼트방식
뜻	하나의 담당구역 내에 2 이상의 감지기회로를 설치하고 2 이상의 감지기회로가 동시에 감지되는 때에 설비가 작동하는 방식	• 가스계 소화설비에 적용하는 방식으로 용기로부터 노즐까지의 마찰손실을 일정하게 유지하기 위하여 배관을 'H자' 모양으로 하는 방식 • 가스계 소화설비는 용기로부터 노즐까지의 마찰손실이 각각 일정하여야 하므로 헤드의 배관을 토너먼트방식으로 적용한다. 또한, 가스계 소화설비는 토너먼트방식으로 적용하여도 약제가 가스이므로 유체의 **마찰손실** 및 **수격작용**의 우려가 **적다**.
적용설비	• **분**말소화설비 • **할**론소화설비 • **이**산화탄소 소화설비 • **준**비작동식 스프링클러설비 • **일**제살수식 스프링클러설비 • **할**로겐화합물 및 불활성기체 소화설비 • **부**압식 스프링클러설비 기억법 **분할이 준일할부**	• **분**말소화설비 • **이**산화탄소 소화설비 • **할**론소화설비 • **할**로겐화합물 및 불활성기체 소화설비 기억법 **분토할이할**
배선(배관)방식	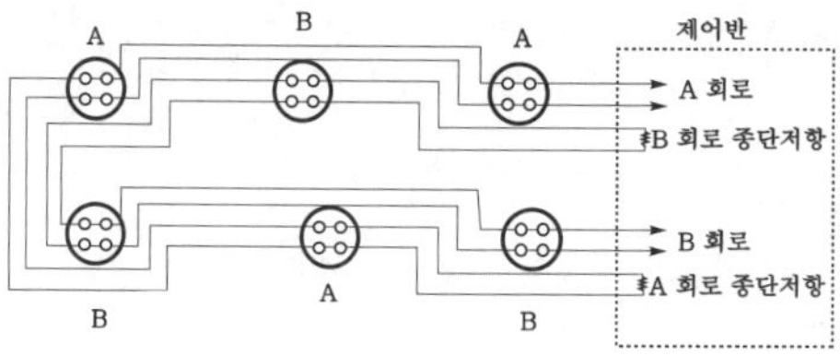 A B A 제어반 A 회로 B 회로 종단저항 B 회로 A 회로 종단저항 B A B ‖교차회로방식‖	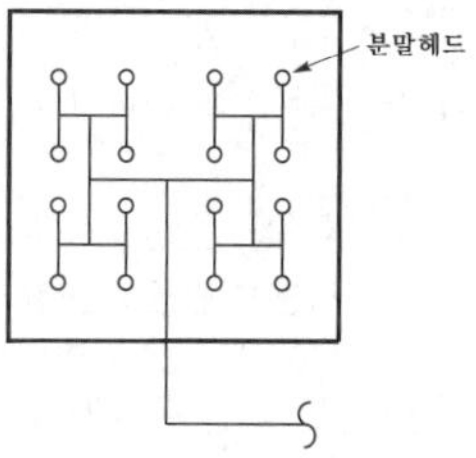 분말헤드 ‖토너먼트방식‖

☆☆☆

문제 11

그림과 같은 소화용수배관의 분기관 3지점에서의 유량[m^3/s]과 유속[m/s]을 구하시오. (10.10.문5)

득점	배점
	6

- 분기관 1지점 지름 $D_1=200mm$, 유속 $V_1=2m/s$
- 분기관 2지점 지름 $D_2=100mm$, 유속 $V_2=3m/s$
- 분기관 3지점 지름 $D_3=150mm$

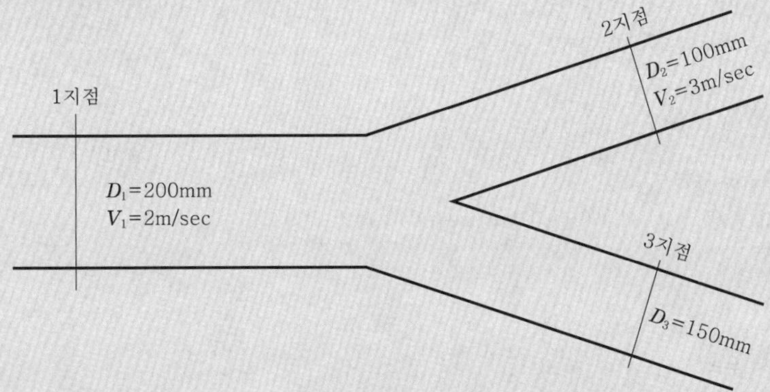

(가) 3지점 유량 Q_3[m^3/s]
  ○ 계산과정 :
  ○ 답 :

(나) 3지점 유속 V_3[m/s]
  ○ 계산과정 :
  ○ 답 :

해답 (가) 유량

○ 계산과정 : $Q_1=\frac{\pi}{4}(0.2)^2\times2=0.062\fallingdotseq0.06m^3/s$

$Q_2=\frac{\pi}{4}(0.1)^2\times3=0.023\fallingdotseq0.02m^3/s$

$Q_3=(0.06-0.02)=0.04m^3/s$

○ 답 : 0.04m^3/s

(나) 유속

○ 계산과정 : $\frac{0.04}{\frac{\pi}{4}(0.15)^2}=2.263\fallingdotseq2.26m/s$

○ 답 : 2.26m/s

해설

$$Q=AV=\left(\frac{\pi}{4}D^2\right)V$$

여기서, Q : 유량[m^3/s]
A : 단면적[m^2]
V : 유속[m/s]
D : 직경[m]

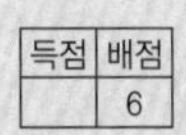

(가) ① **배관**의 **유량** Q_1은

$$Q_1 = \left(\frac{\pi}{4}D_1^{\ 2}\right)V_1 = \frac{\pi}{4}(0.2\text{m})^2 \times 2\text{m/s} = 0.062 \fallingdotseq 0.06\text{m}^3\text{/s}$$

- 200mm=0.2m(∵ 1000mm=1m)
- '초'의 단위 : sec=s

② **배관**의 **유량** Q_2는

$$Q_2 = \left(\frac{\pi}{4}D_2^{\ 2}\right)V_2 = \frac{\pi}{4}(0.1\text{m})^2 \times 3\text{m/s} = 0.023 \fallingdotseq 0.02\text{m}^3\text{/s}$$

- 100mm=0.1m(∵ 1000mm=1m)
- '초'의 단위 : sec=s

③ $Q_1 = Q_2 + Q_3$ 에서

배관의 **유량** Q_3는

$Q_3 = Q_1 - Q_2 = (0.06-0.02)\text{m}^3\text{/s} =$ **$0.04\text{m}^3\text{/s}$**

(나) $Q_3 = \left(\frac{\pi}{4}D_3^{\ 2}\right)V_3$ 에서

배관의 **유속** V_3는

$$V_3 = \frac{Q_3}{\frac{\pi}{4}D_3^{\ 2}} = \frac{0.04\text{m}^3\text{/s}}{\frac{\pi}{4}(0.15\text{m})^2} = 2.263 \fallingdotseq \mathbf{2.26m/s}$$

- 150mm=0.15m(∵ 1000mm=1m)

☆☆☆

문제 12

지름이 10cm인 소방호스에 노즐구경이 3cm인 노즐팁이 부착되어 있고, 1.5m³/min의 물을 대기 중으로 방수할 경우 다음 물음에 답하시오. (단, 유동에는 마찰이 없는 것으로 가정한다.) (11.7.문7, 09.10.문5)

득점	배점
	10

(가) 소방호스의 평균유속[m/s]을 구하시오.
- ○ 계산과정 :
- ○ 답 :

(나) 소방호스에 연결된 방수노즐의 평균유속[m/s]을 구하시오.
- ○ 계산과정 :
- ○ 답 :

(다) 노즐(nozzle)을 소방호스에 부착시키기 위한 플랜지볼트에 작용하고 있는 힘[N]을 구하시오.
- ○ 계산과정 :
- ○ 답 :

(가) ○ 계산과정 : $\dfrac{1.5/60}{\dfrac{\pi \times 0.1^2}{4}} = 3.183 \fallingdotseq 3.18\text{m/s}$

○ 답 : 3.18m/s

(나) ○ 계산과정 : $\dfrac{1.5/60}{\dfrac{\pi\times0.03^2}{4}}=35.367 \fallingdotseq 35.37\text{m/s}$

○ 답 : 35.37m/s

(다) ○ 계산과정 : $\dfrac{9800\times(1.5/60)^2\times\dfrac{\pi}{4}\times0.1^2}{2\times9.8}\times\left(\dfrac{\dfrac{\pi}{4}\times0.1^2-\dfrac{\pi}{4}\times0.03^2}{\dfrac{\pi}{4}\times0.1^2\times\dfrac{\pi}{4}\times0.03^2}\right)^2=4067.784 \fallingdotseq 4067.78\text{N}$

○ 답 : 4067.78N

해설 **유량**

$$Q=AV=\left(\frac{\pi D^2}{4}\right)V$$

여기서, Q : 유량[m³/s]
A : 단면적[m²]
V : 유속[m/s]
D : 지름[m]

(가) $$Q=AV$$ 에서

소방호스의 **평균유속** V_1은

$$V_1=\frac{Q}{A_1}=\frac{Q}{\dfrac{\pi {D_1}^2}{4}}=\frac{1.5\text{m}^3/\text{min}}{\left(\dfrac{\pi\times0.1^2}{4}\right)\text{m}^2}=\frac{1.5\text{m}^3/60\text{s}}{\left(\dfrac{\pi\times0.1^2}{4}\right)\text{m}^2}=3.183 \fallingdotseq 3.18\text{m/s}$$

- 10cm=0.1m

(나) $$Q=AV$$ 에서

방수노즐의 **평균유속** V_2는

$$V_2=\frac{Q}{A_2}=\frac{Q}{\dfrac{\pi {D_2}^2}{4}}=\frac{1.5\text{m}^3/\text{min}}{\left(\dfrac{\pi\times0.03^2}{4}\right)\text{m}^2}=\frac{1.5\text{m}^3/60\text{s}}{\left(\dfrac{\pi\times0.03^2}{4}\right)\text{m}^2}=35.367 \fallingdotseq 35.37\text{m/s}$$

- 3cm=0.03m

(다) **플랜지볼트**에 작용하는 **힘**

$$F=\frac{\gamma Q^2 A_1}{2g}\left(\frac{A_1-A_2}{A_1A_2}\right)^2$$

여기서, F : 플랜지볼트에 작용하는 힘[N]
γ : 비중량(물의 비중량 9800N/m³)
Q : 유량[m³/s]
A_1 : 소방호스의 단면적[m²]
A_2 : 노즐의 단면적[m²]
g : 중력가속도(9.8m/s²)

$$F=\frac{9800\text{N/m}^3\times(1.5\text{m}^3/60\text{s})^2\times\dfrac{\pi}{4}\times(0.1\text{m})^2}{2\times9.8\text{m/s}^2}\times\left(\frac{\dfrac{\pi}{4}\times(0.1\text{m})^2-\dfrac{\pi}{4}\times(0.03\text{m})^2}{\dfrac{\pi}{4}\times(0.1\text{m})^2\times\dfrac{\pi}{4}\times(0.03\text{m})^2}\right)^2$$

$=4067.784 \fallingdotseq 4067.78\text{N}$

- 1.5m³/min=1.5m³/60s(1min=60s)

☆☆☆
문제 13

소화펌프가 임펠러직경 150mm, 회전수 1770rpm, 유량 4000L/min, 양정 50m로 가압 송수하고 있다. 이 펌프와 상사법칙을 만족하는 펌프가 임펠러직경 200mm, 회전수 1170rpm으로 운전하면 유량〔L/min〕과 양정〔m〕은 각각 얼마인지 구하시오. (17.4.문13, 12.7.문13, 11.11.문2, 07.11.문8)

득점	배점
	5

(가) 유량〔L/min〕
 ○계산과정 : ○답 :
(나) 양정〔m〕
 ○계산과정 : ○답 :

해답 (가) 유량
 ○계산과정 : $4000 \times \left(\frac{1170}{1770}\right) \times \left(\frac{200}{150}\right)^3 = 6267.419 \fallingdotseq 6267.42\text{L/min}$
 ○답 : 6267.42L/min

(나) 양정
 ○계산과정 : $50 \times \left(\frac{1170}{1770}\right)^2 \times \left(\frac{200}{150}\right)^2 = 38.839 \fallingdotseq 38.84\text{m}$
 ○답 : 38.84m

해설 **기호**

- D_1 : 150mm
- N_1 : 1770rpm
- Q_1 : 4000L/min
- H_1 : 50m
- D_2 : 200mm
- N_2 : 1170rpm

(가) **유량** Q_2는

$$Q_2 = Q_1\left(\frac{N_2}{N_1}\right)\left(\frac{D_2}{D_1}\right)^3 = 4000\text{L/min} \times \left(\frac{1170\text{rpm}}{1770\text{rpm}}\right) \times \left(\frac{200\text{mm}}{150\text{mm}}\right)^3 = 6267.419 \fallingdotseq 6267.42\text{L/min}$$

(나) **양정** H_2는

$$H_2 = H_1\left(\frac{N_2}{N_1}\right)^2\left(\frac{D_2}{D_1}\right)^2 = 50\text{m} \times \left(\frac{1170\text{rpm}}{1770\text{rpm}}\right)^2 \times \left(\frac{200\text{mm}}{150\text{mm}}\right)^2 = 38.839 \fallingdotseq 38.84\text{m}$$

중요

유량, 양정, 축동력

유 량	양 정	축동력
회전수에 비례하고 **직경**(관경)의 세제곱에 비례한다. $Q_2 = Q_1\left(\frac{N_2}{N_1}\right)\left(\frac{D_2}{D_1}\right)^3$ 또는 $Q_2 = Q_1\left(\frac{N_2}{N_1}\right)$	회전수의 제곱 및 **직경**(관경)의 제곱에 비례한다. $H_2 = H_1\left(\frac{N_2}{N_1}\right)^2\left(\frac{D_2}{D_1}\right)^2$ 또는 $H_2 = H_1\left(\frac{N_2}{N_1}\right)^2$	회전수의 세제곱 및 **직경**(관경)의 오제곱에 비례한다. $P_2 = P_1\left(\frac{N_2}{N_1}\right)^3\left(\frac{D_2}{D_1}\right)^5$ 또는 $P_2 = P_1\left(\frac{N_2}{N_1}\right)^3$
여기서, Q_2: 변경 후 유량〔L/min〕 Q_1 : 변경 전 유량〔L/min〕 N_2: 변경 후 회전수〔rpm〕 N_1 : 변경 전 회전수〔rpm〕 D_2: 변경 후 직경(관경)〔mm〕 D_1 : 변경 전 직경(관경)〔mm〕	여기서, H_2: 변경 후 양정〔m〕 H_1 : 변경 전 양정〔m〕 N_2: 변경 후 회전수〔rpm〕 N_1 : 변경 전 회전수〔rpm〕 D_2: 변경 후 직경(관경)〔mm〕 D_1 : 변경 전 직경(관경)〔mm〕	여기서, P_2: 변경 후 축동력〔kW〕 P_1 : 변경 전 축동력〔kW〕 N_2: 변경 후 회전수〔rpm〕 N_1 : 변경 전 회전수〔rpm〕 D_2 : 변경 후 직경(관경)〔mm〕 D_1 : 변경 전 직경(관경)〔mm〕

☆☆

문제 14

다음 조건에 따른 위험물 옥내저장소에 제1종 분말소화설비를 전역방출방식으로 설치하고자 할 때 다음을 구하시오. (16.6.문4, 15.7.문2, 14.4.문5, 13.7.문14, 11.7.문16)

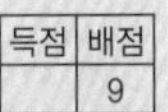

득점	배점
	9

〔조건〕

① 건물크기는 길이 20m, 폭 10m, 높이 3m이고 개구부는 없는 기준이다.

② 분말 분사헤드의 사양은 1.5kg/초(1/2″), 방사시간은 30초 기준이다.

③ 헤드 배치는 정방형으로 하고 헤드와 벽과의 간격은 헤드간격의 1/2 이하로 한다.

④ 배관은 최단거리 토너먼트배관으로 구성한다.

(가) 필요한 분말소화약제 최소 소요량〔kg〕을 구하시오.

○ 계산과정 :

○ 답 :

(나) 가압용 가스(질소)의 최소 필요량(35℃/1기압 환산 리터)을 구하시오.

○ 계산과정 :

○ 답 :

(다) 분말 분사헤드의 최소 소요수량〔개〕을 구하시오.

○ 계산과정 :

○ 답 :

(라) 헤드배치도 및 개략적인 배관도를 작성하시오. (단, 눈금 1개의 간격은 1m이고, 헤드 간의 간격 및 벽과의 간격을 표시해야 하며, 분말소화배관 연결지점은 상부 중간에서 분기하며, 토너먼트 방식으로 한다.)

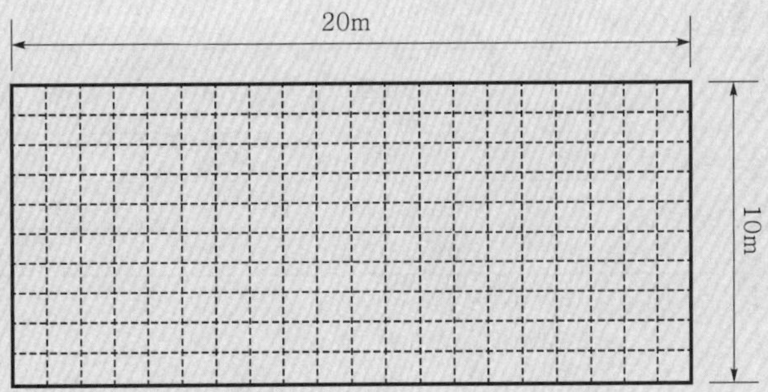

해답 (가) ○ 계산과정 : $(20 \times 10 \times 3) \times 0.6 = 360\text{kg}$

○ 답 : 360kg

(나) ○ 계산과정 : $360 \times 40 = 14400\text{L}$

○ 답 : 14400L

(다) ○ 계산과정 : $\dfrac{360}{1.5 \times 30} = 8$개

○ 답 : 8개

(라)

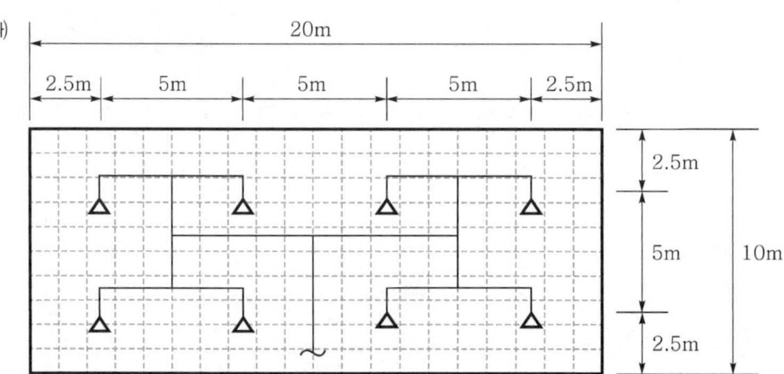

해설 (가) **전역방출방식**

자동폐쇄장치가 설치되어 있지 않은 경우	자동폐쇄장치가 설치되어 있는 경우 (개구부가 없는 경우)
분말저장량〔kg〕=방호구역체적〔m^3〕×약제량〔kg/m^3〕 +개구부면적〔m^2〕×개구부가산량〔kg/m^2〕	**분말저장량**〔kg〕=방호구역체적〔m^3〕×약제량〔kg/m^3〕

‖ 전역방출방식의 약제량 및 개구부가산량(NFPC 108 6조, NFTC 108 2.3.2) ‖

약제종별	약제량	개구부가산량(자동폐쇄장치 미설치시)
제1종 분말 →	0.6kg/m^3	4.5kg/m^2
제2 · 3종 분말	0.36kg/m^3	2.7kg/m^2
제4종 분말	0.24kg/m^3	1.8kg/m^2

〔조건 ①〕에서 개구부가 설치되어 있지 않으므로
분말저장량〔kg〕=방호구역체적〔m^3〕×약제량〔kg/m^3〕
=(20m×10m×3m)×0.6kg/m^3=360kg

- 분말저장량=분말소화약제 최소 소요량

(나) **가압식**과 **축압식**의 **설치기준**(NFPC 108 5조, NFTC 108 2.2.4)

사용가스 \ 구 분	가압식	축압식
N_2(질소) →	40L/kg 이상	10L/kg 이상
CO_2(이산화탄소)	20g/kg+배관청소 필요량 이상	20g/kg+배관청소 필요량 이상

※ 배관청소용 가스는 별도의 용기에 저장한다.

가압용 가스(질소)량〔L〕=소화약제량〔kg〕×40L/kg
=360kg×40L/kg
=14400L

- 문제에서 35℃/1기압 환산 리터라는 말에 고민하지 마라. 위 표의 기준이 35℃/1기압 환산 리터값이므로 그냥 신경 쓰지 말고 계산하면 된다.
- 가압용 가스(가압식) : 문제에서 주어진 것
- 360kg : (가)에서 구한 값

(다)

$$\text{헤드 개수}=\frac{\text{소화약제량〔kg〕}}{\text{방출률〔kg/s〕}\times\text{방사시간〔s〕}}$$

$$=\frac{360\text{kg}}{1.5\text{kg/초}\times 30\text{s}}$$

=8개

- 위의 공식은 단위를 보면 쉽게 이해할 수 있다.
- 360kg : (가)에서 구한 값
- 1.5kg/초 : [조건 ②]에서 주어진 값
- 1.5kg/초(1/2″)에서 (1/2″)는 특별한 의미가 없으므로 신경 쓰지 말 것
- 30s : [조건 ②]에서 주어진 값
- 방사시간이 주어지지 않아도 다음 표에 의해 분말소화설비는 **30초**를 적용하면 된다.

‖ 약제방사시간 ‖

소화설비		전역방출방식		국소방출방식	
		일반건축물	위험물제조소 등	일반건축물	위험물제조소 등
할론소화설비		10초 이내	30초 이내	10초 이내	30초 이내
분말소화설비		30초 이내		30초 이내	
CO_2 소화설비	표면화재	1분 이내	60초 이내		
	심부화재	7분 이내			

(라)

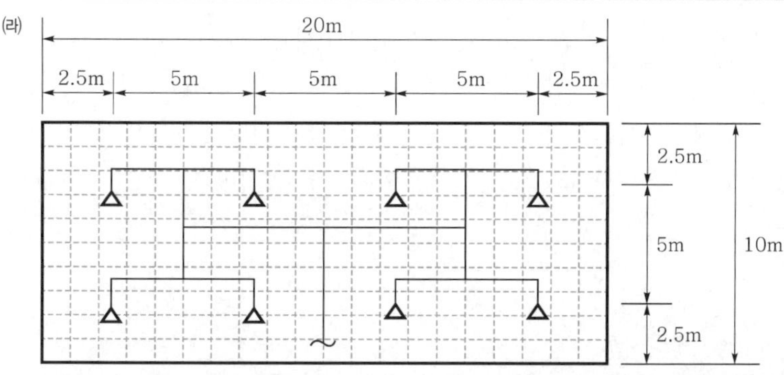

- [조건 ④]에서 **토너먼트배관**이므로 위 그림처럼 'H'자 형태로 배치하면 된다.
- [조건 ③]에서 **정방형** 배치이므로 **정사각형**으로 배치할 것
- (다)에서 헤드 개수가 8개이므로 **8개** 배치
- [조건 ③]에 의해 헤드와 벽과의 간격은 헤드간격의 **1/2** 이하로 할 것. 또한 헤드와 벽과의 간격을 헤드간격의 1/2 이하로 하라는 말이 없더라도 헤드와 벽과의 간격은 헤드간격의 1/2 이하로 하는 것이 원칙이다.

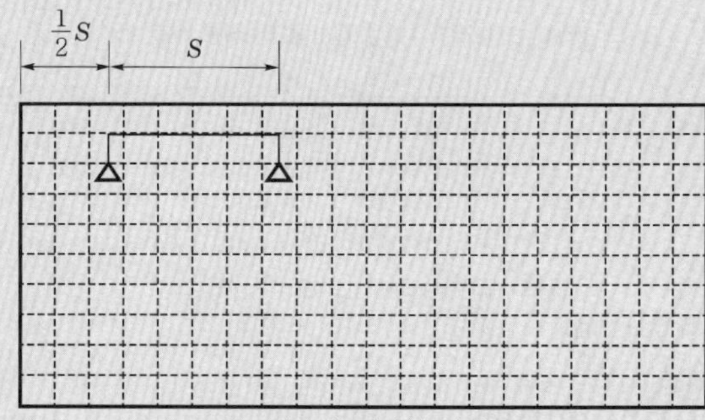

‖ 헤드와 벽과의 간격 ‖

☆☆☆
문제 15

㉮실을 급기 가압하여 옥외와의 압력차가 50Pa이 유지되도록 하려고 한다. 다음 항목을 구하시오.

(12.7.문1)

득점	배점
	6

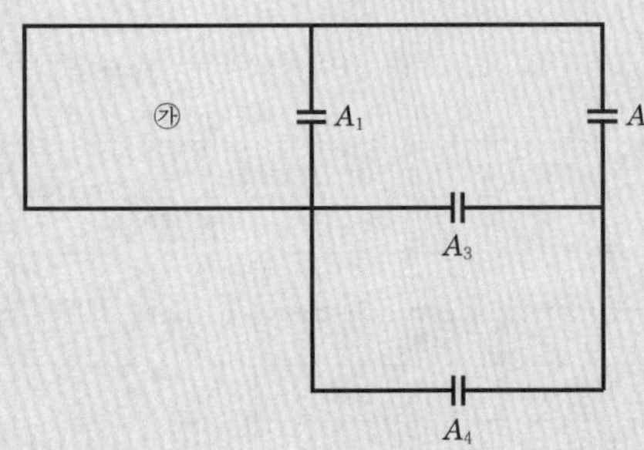

[조건]

① 급기량(Q)은 $Q = 0.827 \times A \times \sqrt{P_1 - P_2}$ 로 구한다.

② A_1, A_2, A_3, A_4는 닫힌 출입문으로 공기 누설틈새면적은 0.01m^{2}로 동일하다(여기서, Q : 급기량[m^3/s], A : 전체 누설면적[m^2], P_1, P_2 : 급기 가압실 내외의 기압[Pa]).

(가) 전체 누설면적 A[m^2]를 구하시오. (단, 소수점 아래 7자리에서 반올림하여 소수점 아래 6자리까지 구하시오.)

○ 계산과정 :

○ 답 :

(나) 급기량[m^3/min]을 구하시오.

○ 계산과정 :

○ 답 :

해답 (가) ○ 계산과정 : $A_3 \sim A_4 = \dfrac{1}{\sqrt{\dfrac{1}{0.01^2} + \dfrac{1}{0.01^2}}} = 0.007071\text{m}^2$

$A_2 \sim A_4 = 0.01 + 0.007071 = 0.017071\text{m}^2$

$A_1 \sim A_4 = \dfrac{1}{\sqrt{\dfrac{1}{0.01^2} + \dfrac{1}{0.017071^2}}} = 0.0086285 \fallingdotseq 0.008629\text{m}^2$

○ 답 : 0.008629m^2

(나) ○ 계산과정 : $Q = 0.827 \times 0.008629 \times \sqrt{50} = 0.0504604 \fallingdotseq 0.05046\text{m}^3/\text{s}$

$0.05046 \times 60 = 3.027 \fallingdotseq 3.03\text{m}^3/\text{min}$

○ 답 : 3.03m^3/min

해설 (가) [조건 ②]에서 각 실의 틈새면적은 **0.01m^2**이다.

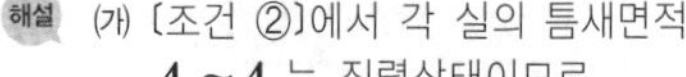

$A_3 \sim A_4$는 직렬상태이므로

$$A_3 \sim A_4 = \frac{1}{\sqrt{\dfrac{1}{{A_3}^2} + \dfrac{1}{{A_4}^2}}}$$

$$= \frac{1}{\sqrt{\dfrac{1}{0.01^2} + \dfrac{1}{0.01^2}}} = 0.007071\text{m}^2$$

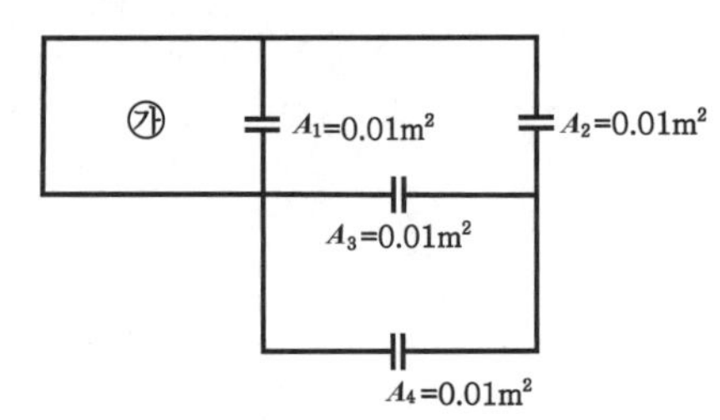

위의 내용을 정리하면 다음과 같이 변환시킬 수 있다.

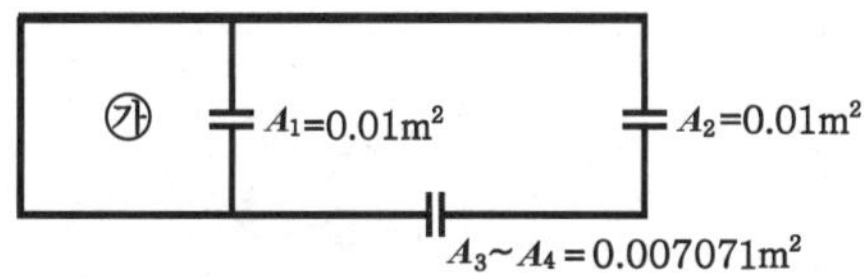

$A_2 \sim A_4$ 는 병렬상태이므로

$A_2 \sim A_4 = A_2 + (A_3 \sim A_4) = 0.01 + 0.007071 = 0.017071\text{m}^2$

위의 내용을 정리하면 다음과 같이 변환시킬 수 있다.

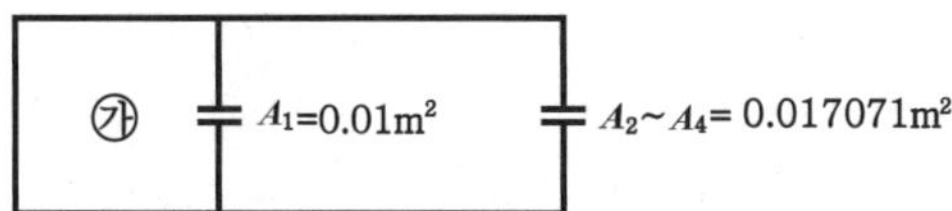

$A_1 \sim A_4$ 는 직렬상태이므로

$$A_1 \sim A_4 = \frac{1}{\sqrt{\dfrac{1}{{A_1}^2} + \dfrac{1}{(A_2 \sim A_4)^2}}} = \frac{1}{\sqrt{\dfrac{1}{0.01^2} + \dfrac{1}{0.017071^2}}} = 0.0086285 \fallingdotseq 0.008629\text{m}^2$$

(나)

$$Q = 0.827 A \sqrt{P}$$

여기서, Q : 누설량[m³/s]

A : 누설틈새면적[m²]

P : 차압[Pa]

누설량 Q는

$Q = 0.827 A \sqrt{P} = 0.827 \times 0.008629\text{m}^2 \times \sqrt{50}\ \text{Pa} = 0.0504604 \fallingdotseq 0.05046\text{m}^3/\text{s}$

1분=60s 이므로

0.05046m³/s×60s/분=3.027≒3.03m³/min

- 차압=기압차=압력차
- 답을 0.05046m³/s로 답하지 않도록 특히 주의하라! 's(sec)'를 'min'로 단위 변환하여 **3.03m³/min**로 답하여야 한다. 문제에서 m³/min로 나타내라고 하였다. 속지 마라!
- 틈새면적은 단서조건에 의해 소수점 7자리에서 반올림하여 소수점 6자리까지 구하면 된다.

참고

누설틈새면적

직렬상태	병렬상태
$A = \dfrac{1}{\sqrt{\dfrac{1}{{A_1}^2} + \dfrac{1}{{A_2}^2} + \cdots}}$ 여기서, A : 전체 누설틈새면적[m²] A_1, A_2 : 각 실의 누설틈새면적[m²]	$A = A_1 + A_2 + \cdots$ 여기서, A : 전체 누설틈새면적[m²] A_1, A_2 : 각 실의 누설틈새면적[m²]

☆ **문제 16**

특별피난계단의 부속실에 설치하는 제연설비에 관한 다음 물음에 답하시오.

득점	배점
	6

(가) 옥내의 압력이 750mmHg일 때 화재시 부속실에 유지하여야 할 최소 압력은 절대압력으로 몇 kPa인지를 구하시오. (단, 옥내에 스프링클러설비가 설치되지 아니한 경우이다.)

○ 계산과정 :

○ 답 :

(나) 부속실만 단독으로 제연하는 방식이며 부속실이 면하는 옥내가 복도로서 그 구조가 방화구조이다. 제연구역에는 옥내와 면하는 2개의 출입문이 있으며 각 출입문의 크기는 가로 1m, 세로 2m이다. 이때 유입공기의 배출을 배출구에 따른 배출방식으로 할 경우 개폐기의 개구면적은 최소 몇 m^2인지를 구하시오.

○ 계산과정 :

○ 답 :

해답 (가) ○ 계산과정 : $\frac{750}{760} \times 101325 = 99991.77\text{Pa}$

$99991.77 + 40 = 100031.77\text{Pa} = 100.03177\text{kPa} \fallingdotseq 100.03\text{kPa}$

○ 답 : 100.03kPa

(나) ○ 계산과정 : $Q_n = (1 \times 2) \times 0.5 = 1\text{m}^3/\text{s}$

$A_0 = \frac{1}{2.5} = 0.4\text{m}^2$

○ 답 : 0.4m^2

해설 부속실에 유지하여야 할 최소압력 : 스프링클러설비가 설치되지 아니한 경우
부속실 최소압력=옥내압력+40Pa=750mmHg+40Pa(절대압력)

(가) **표준대기압**

1atm=760mmHg=1.0332kg_f/cm^2
=10.332mH_2O(mAq)
=14.7PSI(lb_f/in^2)
=101.325kPa(kN/m^2)
=1013mbar

760mmHg=101.325kPa=101325Pa

절대압력 $750\text{mmHg} = \frac{750\text{mmHg}}{760\text{mmHg}} \times 101325\text{Pa} = 99991.77\text{Pa}$

- 부속실 최소압력$= 99991.77\text{Pa} + 40\text{Pa} = 100031.77\text{Pa} = 100.03177\text{kPa} \fallingdotseq 100.03\text{kPa}$
- 문제에서 **kPa**로 구하라는 것에 주의!
- 1기압=760mmHg인데 옥내압력이 750mmHg라고 했으므로 750mmHg는 절대압력이다.
  - 특별피난계단의 계단실 및 부속실 제연설비의 화재안전기준(NFPC 501A 6조 ①항, NFTC 501A 2.3.1)
    제6조 차압 등
    ① 제연구역과 옥내와의 사이에 유지하여야 하는 최소차압은 **40Pa**(옥내에 **스프링클러설비**가 설치된 경우에는 **12.5Pa**) **이상**으로 해야 한다.

중요

절대압

(1) **절**대압=**대**기압+**게**이지압(계기압)

(2) 절대압=대기압－진공압

기억법 **절대게**

(나) **특별피난계단**의 **계단실 및 부속실 제연설비 화재안전기준**(NFPC 501A, NFTC 501A)

배출구에 따른 배출방식 : NFPC 501A 15조, NFTC 501A 2.12.1.2

$$A_0 = \frac{Q_n}{2.5}$$

여기서, A_0 : 개폐기의 개구면적[m^2]

Q_n : 수직풍도가 담당하는 1개층의 제연구역의 **출입문**(옥내와 면하는 출입문) **1개**의 **면적**[m^2]과 **방연풍속**[m/s]을 **곱**한 값[m^3/s]

• 문제에서 **'배출구에 따른 배출방식'**이므로 위 식 적용

방연풍속 : NFPC 501A 10조, NFTC 501A 2.7.1

제연구역		방연풍속
계단실 및 그 부속실을 동시에 제연하는 것 또는 계단실만 단독으로 제연하는 것		**0.5m/s** 이상
부속실만 단독으로 제연하는 것	부속실 또는 승강장이 면하는 옥내가 거실인 경우	**0.7m/s** 이상
	부속실이 면하는 옥내가 복도로서 그 구조가 방화구조(내화시간이 **30분** 이상인 구조 포함)인 것	→ **0.5m/s** 이상

• 문제에서 **'부속실만 단독 제연'**, **'옥내가 복도로서 방화구조'**이므로 위 표에서 **0.5m/s** 적용

Q_n =(1×2)m^2×0.5m/s=1m^3/s

개폐기의 개구면적 $A_0 = \frac{Q_n}{2.5} = \frac{1\text{m}^3/\text{s}}{2.5} = 0.4\text{m}^2$

• 문제에서 2개의 출입문이 있지만 Q_n은 **출입문 1개**의 **면적**만 **적용**한다는 것을 특히 주의!

비교

수직풍도에 따른 배출 : 자연배출식(NFPC 501A 14조, NFTC 501A 2.11.1)

수직풍도 길이 100m 이하	수직풍도 길이 100m 초과
$A_p = \frac{Q_n}{2}$	$A_p = \frac{Q_n}{2} \times 1.2$
여기서, A_p : 수직풍도의 내부단면적[m^2] Q_n : 수직풍도가 담당하는 1개층의 제연구역의 **출입문**(옥내와 면하는 출입문) **1개**의 **면적**[m^2]과 **방연풍속**[m/s]을 **곱**한 값[m^3/s]	여기서, A_p : 수직풍도의 내부단면적[m^2] Q_n : 수직풍도가 담당하는 1개층의 제연구역의 **출입문**(옥내와 면하는 출입문) **1개**의 **면적**[m^2]과 **방연풍속**[m/s]을 **곱**한 값[m^3/s]

2016. 6. 26 시행

▮2016년 기사 제2회 필답형 실기시험▮

자격종목	시험시간	형별	수험번호	성명	감독위원 확 인
소방설비기사(기계분야)	**3시간**				

※ 다음 물음에 답을 해당 답란에 답하시오.(배점 : 100)

☆ **문제 01**

매초당 3000N의 물이 내경 300mm인 소화배관을 통하여 흐르고 있는 경우 다음 각 물음에 답하시오.

(98.2.문3)

득점	배점
	5

유사문제부터 풀어보세요.
실력이 팍!팍! 올라갑니다.

(가) 소화배관 내 물의 평균유속[m/s]을 구하시오.
 ○ 계산과정 :
 ○ 답 :

(나) 소화배관 내 물의 평균유속을 9.74m/s로 할 경우 소화배관의 관경[m]을 구하시오.
 ○ 계산과정 :
 ○ 답 :

(가) ○ 계산과정 : $\dfrac{3000}{\dfrac{\pi \times 0.3^2}{4} \times 9800} = 4.33\text{m/s}$

○ 답 : 4.33m/s

(나) ○ 계산과정 : $\sqrt{\dfrac{3000}{\dfrac{\pi}{4} \times 9.74 \times 9800}} = 0.2\text{m}$

○ 답 : 0.2m

중량유량(weight flowrate)

$$G = AV\gamma = \frac{\pi D^2}{4} V\gamma$$

여기서, G : 중량유량[N/s]
A : 단면적[m^2]
V : 유속(평균유속)[m/s]
γ : 비중량(물의 비중량 9800N/m^3)
D : 내경(관경)[m]

(가) 평균유속 V는

$$V = \frac{G}{\dfrac{\pi D^2}{4}\gamma} = \frac{3000\text{N/s}}{\dfrac{\pi \times (0.3\text{m})^2}{4} \times 9800\text{N/m}^3} = 4.33\text{m/s}$$

- D : 0.3m(1000mm=1m이므로 300mm=0.3m)
- G : 3000N/s(문제에서 매초당 3000N이라고 하였으므로 3000N/s가 된다.)

(나) 관경 D는

$$G=\frac{\pi D^2}{4}V\gamma$$

$$\frac{G}{\frac{\pi}{4}V\gamma}=D^2$$

$$D^2=\frac{G}{\frac{\pi}{4}V\gamma}$$ ← 좌우변 이항

$$\sqrt{D^2}=\sqrt{\frac{G}{\frac{\pi}{4}V\gamma}}$$ ← 양변에 루트 씌움

$$D=\sqrt{\frac{G}{\frac{\pi}{4}V\gamma}}=\sqrt{\frac{3000\text{N/s}}{\frac{\pi}{4}\times 9.74\text{m/s}\times 9800\text{N/m}^3}}=0.2\text{m}$$

비교

유량(flowrate)=**체적유량**	**질량유량**(mass flowrate)
$Q=AV=\frac{\pi D^2}{4}V$ 여기서, Q : 유량〔m^3/s〕 A : 단면적〔m^2〕 V : 유속〔m/s〕 D : 내경(관경)〔m〕	$\overline{m}=AV\rho=\frac{\pi D^2}{4}V\rho$ 여기서, $\overline{m}$: 질량유량〔kg/s〕 A : 단면적〔m^2〕 V : 유속〔m/s〕 ρ : 밀도〔kg/m^3〕 D : 내경(관경)〔m〕

☆☆☆

문제 02

토너먼트 배관방식으로 배관 및 헤드 설치 관계를 완성하시오.

(16.4.문10, 14.4.문9, 11.7.문10)

득점	배점
	5

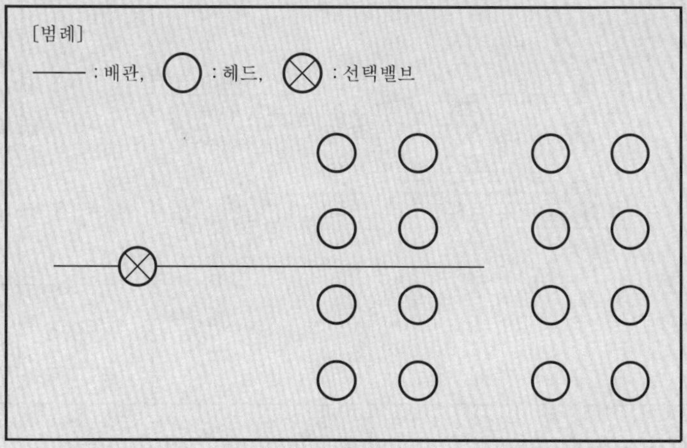

[범례]

──── : 배관, ○ : 헤드, ⊗ : 선택밸브

해답

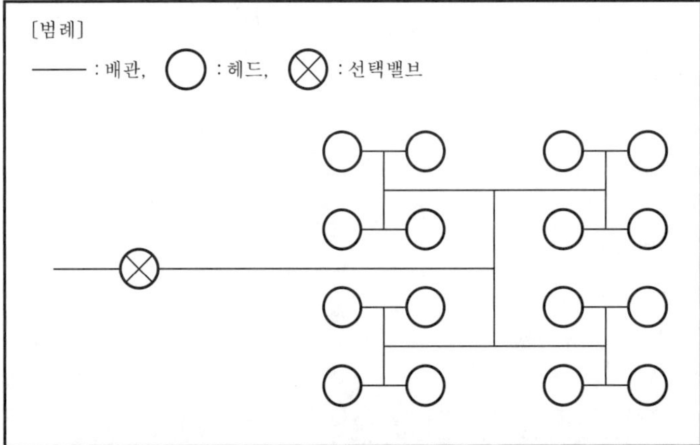

해설 **교차회로방식**과 **토너먼트방식**

구 분	교차회로방식	**토**너먼트방식
뜻	하나의 담당구역 내에 2 이상의 감지기회로를 설치하고 2 이상의 감지기회로가 동시에 감지되는 때에 설비가 작동하는 방식	• 가스계 소화설비에 적용하는 방식으로 용기로부터 노즐까지의 마찰손실을 일정하게 유지하기 위하여 배관을 'H자' 모양으로 하는 방식 • 가스계 소화설비는 용기로부터 노즐까지의 마찰손실이 각각 일정하여야 하므로 헤드의 배관을 토너먼트방식으로 적용한다. 또한, 가스계 소화설비는 토너먼트방식으로 적용하여도 약제가 가스이므로 유체의 **마찰손실** 및 **수격작용**의 우려가 **적다**.
적용설비	• **분**말소화설비 • **할**론소화설비 • **이**산화탄소 소화설비 • **준**비작동식 스프링클러설비 • **일**제살수식 스프링클러설비 • **할**로겐화합물 및 불활성기체 소화설비 • **부**압식 스프링클러설비 기억법 **분할이 준일할부**	• **분**말소화설비 • **이**산화탄소 소화설비 • **할**론소화설비 • **할**로겐화합물 및 불활성기체 소화설비 기억법 **분토할이할**
배선(배관)방식	‖ 교차회로방식 ‖	‖ 토너먼트방식 ‖

• 책에는 보통 세로로 되어 있는데 이번에는 가로로 출제되어 좀 혼동될 수 있다. 가로로 되어 있는 것을 잠시 세로로 놓고 그리면 실수하지 않고 잘 그릴 수 있다. ㅎㅎ

☆☆☆
문제 03

제연 전용 설비를 나타낸 다음 그림을 참고하여 물음에 답하시오.

(19.4.문2, 14.4.문8, 08.7.문7, 04.10.문12)

득점	배점
	10

〔조건〕

① 그림에서 MD_1~MD_4는 모터로 구동되는 댐퍼를 표시한다.

② 그림의 왼쪽은 급기, 오른쪽은 배기설비를 나타낸다.

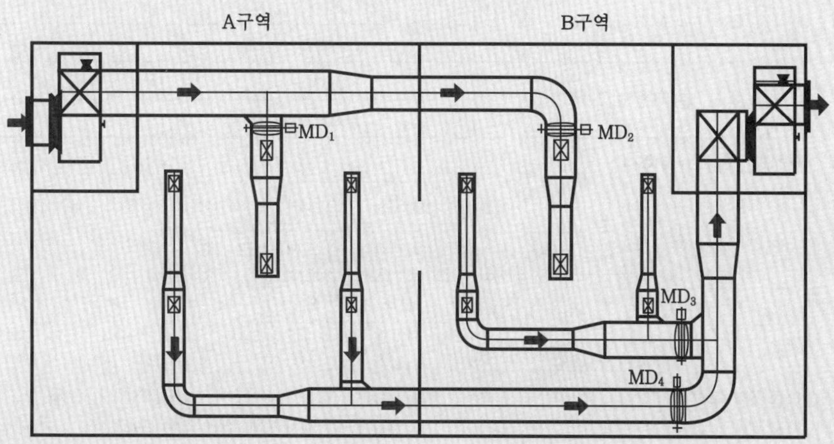

(가) 동일실 제연방식을 설명하시오.

(나) 동일실 제연방식을 택할 경우 다음 표의 (　　)에 (open) 또는 (close)를 표기하시오.

제연구역	급 기	배 기
A구역 화재시	MD_1(　　　　)	MD_4(　　　　)
	MD_2(　　　　)	MD_3(　　　　)
B구역 화재시	MD_2(　　　　)	MD_3(　　　　)
	MD_1(　　　　)	MD_4(　　　　)

(다) 인접구역 상호제연방식을 설명하시오.

(라) 인접구역 상호제연방식을 택할 경우 다음 표의 (　　)에 (open) 또는 (close)를 표기하시오.

제연구역	급 기	배 기
A구역 화재시	MD_2(　　　　)	MD_4(　　　　)
	MD_1(　　　　)	MD_3(　　　　)
B구역 화재시	MD_1(　　　　)	MD_3(　　　　)
	MD_2(　　　　)	MD_4(　　　　)

해답 (가) 화재실에서 급기 및 배기를 동시에 실시하는 방식

(나)

제연구역	급 기	배 기
A구역 화재시	MD_1(open)	MD_4(open)
	MD_2(close)	MD_3(close)
B구역 화재시	MD_2(open)	MD_3(open)
	MD_1(close)	MD_4(close)

(다) 화재구역에서 배기를 하고, 인접구역에서 급기를 실시하는 방식

(라)

제연구역	급 기	배 기
A구역 화재시	MD_2(open)	MD_4(open)
	MD_1(close)	MD_3(close)
B구역 화재시	MD_1(open)	MD_3(open)
	MD_2(close)	MD_4(close)

해설 **거실제연설비**의 **종류**

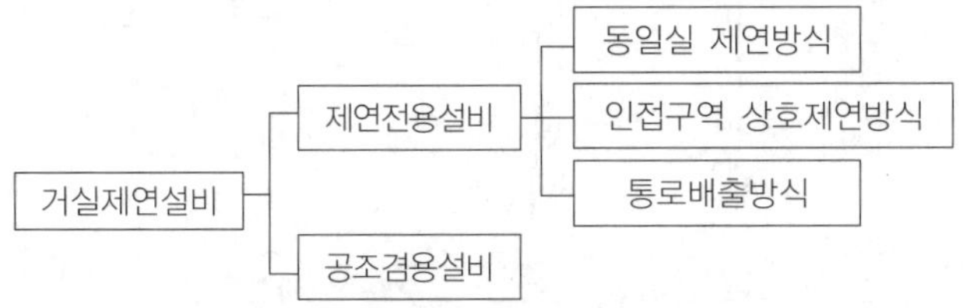

(가) **동일실 제연방식** : 화재실에서 급기 및 배기를 **동시**에 실시하는 방식

(나) 화재시 급기의 공급이 화점 부근이 될 경우 연소를 촉진시키게 되며, 급기와 배기가 동시에 되므로 실내의 기류가 난기류가 되어 **신선한 공기층**(clear layer)과 **연기층**(smoke layer)의 형성을 방해할 우려가 있다. 따라서 이는 보통 **소규모 화재실**의 경우에 한하여 적용하게 되며 화재시 덕트 분기부분에 있는 **모터댐퍼**(motor damper)는 해당구역의 감지기 동작에 따라 사전에 표와 같은 구성에 따라 개폐되도록 한다.

제연구역	급 기	배 기
A구역 화재시	MD_1(open)	MD_4(open)
	MD_2(close)	MD_3(close)
B구역 화재시	MD_2(open)	MD_3(open)
	MD_1(close)	MD_4(close)

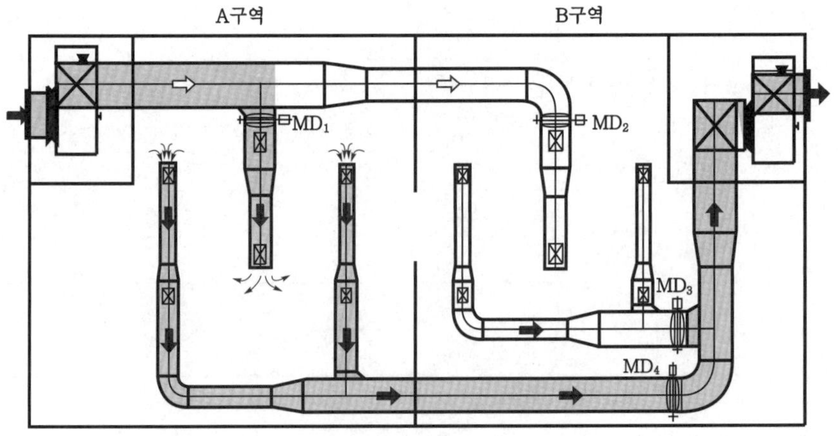

‖ A구역 화재시 ‖

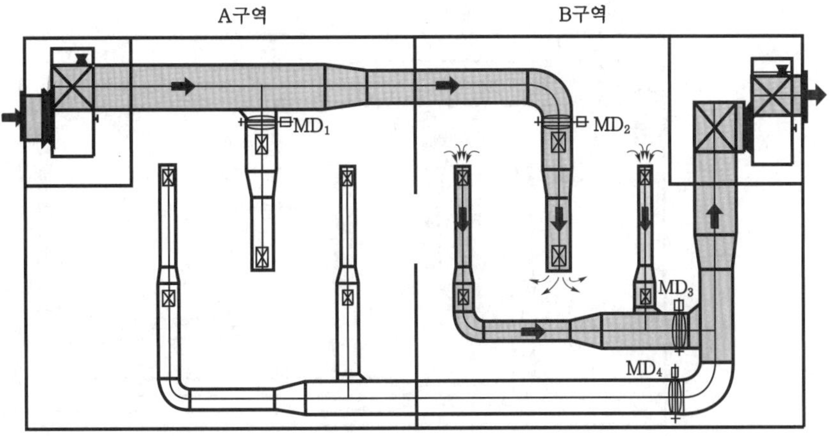

‖B구역 화재시‖

㈐ **인접구역 상호제연방식** : **화재구역**에서 **배기**를 하고, **인접구역**에서 **급기**를 실시하는 방식

㈑ 화재실은 연기를 배출시켜야 되므로 화재실에서는 직접 배기를 실시하며 인접한 **제연구역** 또는 **통로**에서는 **급기**를 실시하여 화재실의 제연경계 하단부로 급기가 유입되어 신선한 공기층(clear layer)과 연기층(smoke layer)이 형성되도록 조치한다.

제연구역	급 기	배 기
A구역 화재시	MD_2(open)	MD_4(open)
	MD_1(close)	MD_3(close)
B구역 화재시	MD_1(open)	MD_3(open)
	MD_2(close)	MD_4(close)

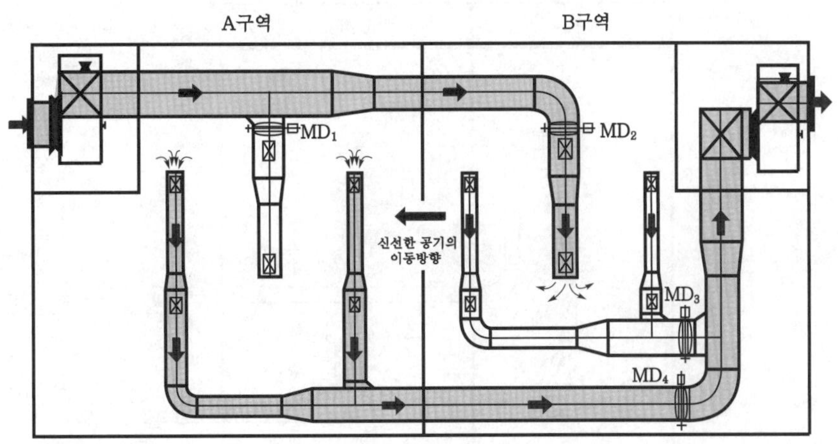

‖A구역 화재시‖

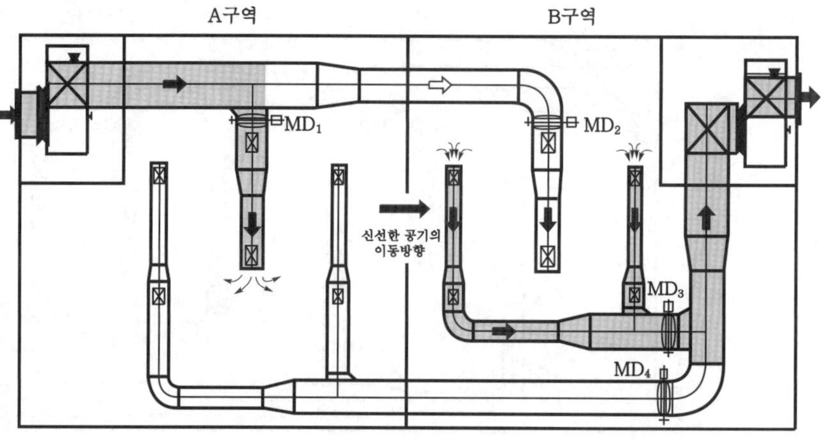

‖ B구역 화재시 ‖

※ **통로배출방식** : **통로**에서 **배기**만 실시하여 화재시 통로에 연기가 체류되지 않도록만 조치하는 방식

비교

공조겸용설비

(1) **정의** : 평소에는 **공조설비**로 운행하다가 화재시 해당구역 감지기의 동작신호에 따라 제연설비로 변환되는 방식

(2) **적용** : 대부분의 **대형 건축물**(반자 위의 제한된 공간으로 인해 제연 전용 설비를 설치하기 어렵기 때문)

(3) **작동원리** : 층별로 공조기가 설치되어 있지 않은 경우는 층별 구획 관계로 덕트에 **방화댐퍼**(fire damper)가 필요하며, 화재시 해당층만 급·배기가 되려면 **모터댐퍼**(motor damper)가 있어야 하므로 모터댐퍼와 방화댐퍼를 설치하여 감지기 동작신호에 따라 작동되도록 한다.

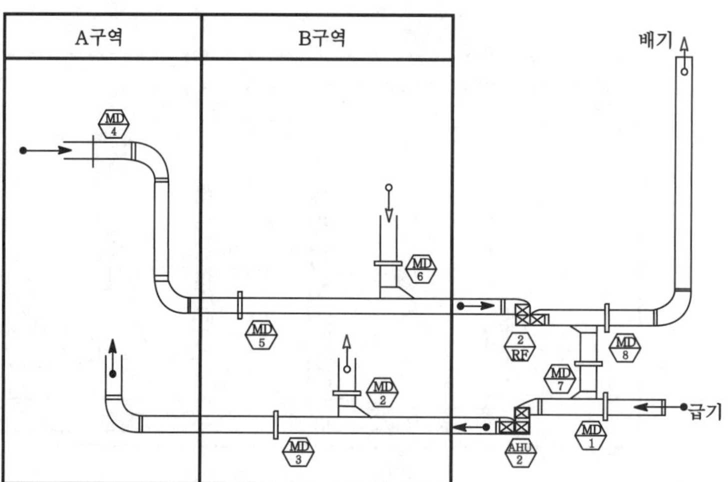

‖ 공조겸용설비 ‖

구 분	급 기			배 기				
	MD_1	MD_2	MD_3	MD_4	MD_5	MD_6	MD_7	MD_8
A구역 화재시	open	open	close	open	open	close	close	open
B구역 화재시	open	close	open	close	close	open	close	open
공조시	open	open	open	open	open	open	open	close

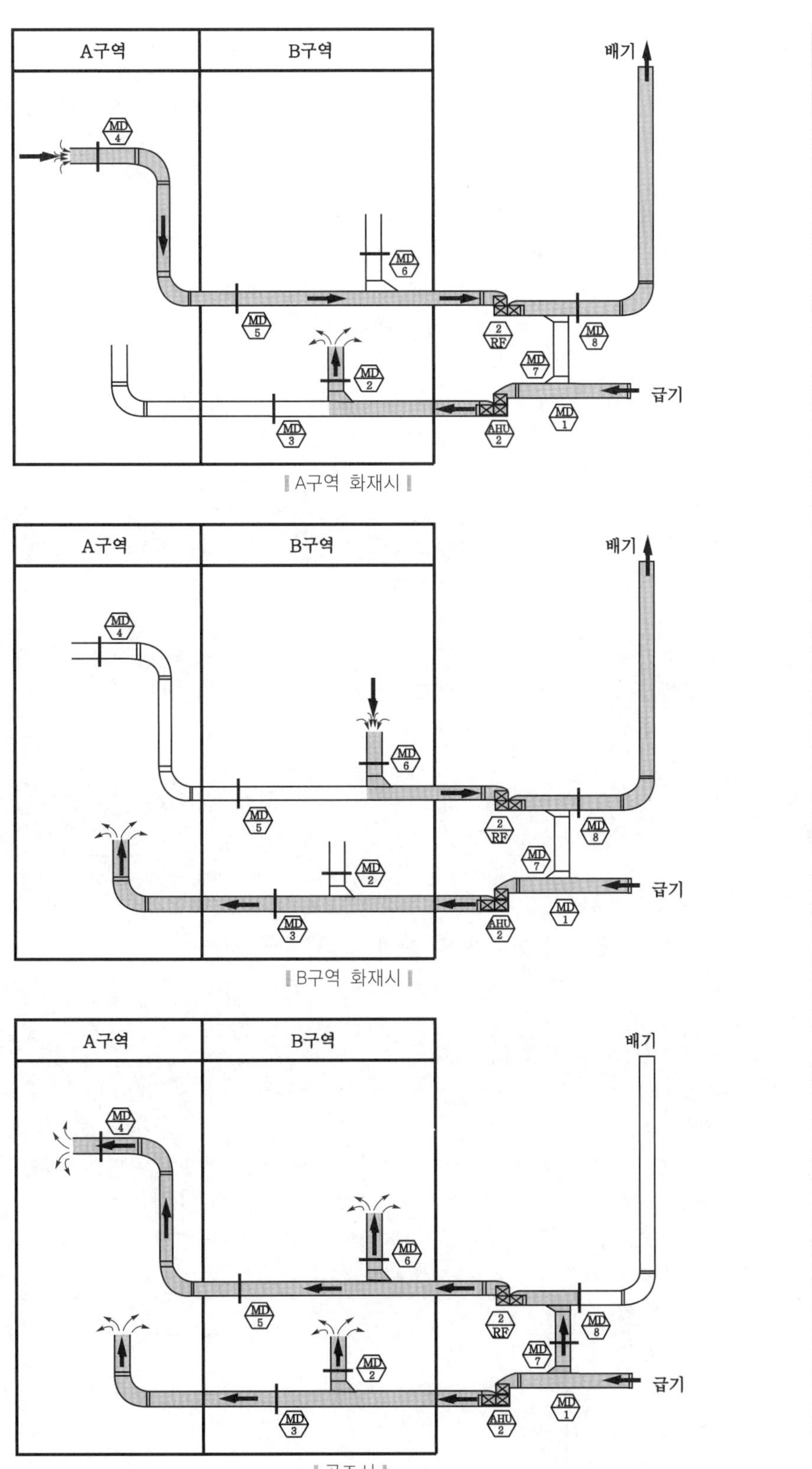

‖ A구역 화재시 ‖

‖ B구역 화재시 ‖

‖ 공조시 ‖

☆☆
문제 04

전기실에 제1종 분말소화약제를 사용한 분말소화설비를 전역방출방식의 가압식으로 설치하려고 한다. 다음 조건을 참조하여 각 물음에 답하시오. (11.7.문16)

득점	배점
	8

〔조건〕

① 소방대상물의 크기는 가로 11m, 세로 9m, 높이 4.5m인 내화구조로 되어 있다.
② 소방대상물의 중앙에 가로 1m, 세로 1m의 기둥이 있고, 기둥을 중심으로 가로, 세로 보가 교차되어 있으며, 보는 천장으로부터 0.6m, 너비 0.4m의 크기이고, 보와 기둥은 내열성 재료이다.
③ 전기실에는 0.7m×1.0m, 1.2m×0.8m인 개구부 각각 1개씩 설치되어 있으며, 1.2m×0.8m인 개구부에는 자동폐쇄장치가 설치되어 있다.
④ 방호공간에 내화구조 또는 내열성 밀폐재료가 설치된 경우에는 방호공간에서 제외할 수 있다.
⑤ 방사헤드의 방출률은 7.82kg/mm^2 · min · 개이다.
⑥ 약제저장용기 1개의 내용적은 50L이다.
⑦ 방사헤드 1개의 오리피스(방출구)면적은 0.45cm^{2}이다.
⑧ 소화약제 산정 기준 및 기타 필요한 사항은 국가화재안전기준에 준한다.

(가) 저장에 필요한 제1종 분말소화약제의 최소 양〔kg〕
○ 계산과정 :
○ 답 :

(나) 저장에 필요한 약제저장용기의 수〔병〕
○ 계산과정 :
○ 답 :

(다) 설치에 필요한 방사헤드의 최소 개수〔개〕(단, 소화약제의 양은 문항 "(나)"항에서 구한 저장용기 수의 소화약제 양으로 한다.)
○ 계산과정 :
○ 답 :

(라) 설치에 필요한 전체 방사헤드의 오리피스 면적〔mm^2〕
○ 계산과정 :
○ 답 :

(마) 방사헤드 1개의 방사량〔kg/min〕
○ 계산과정 :
○ 답 :

(바) 문항 "(나)"에서 산출한 저장용기수의 소화약제가 방출되어 모두 열분해시 발생한 CO_2의 양은 몇 kg이며, 이때 CO_2의 부피는 몇 m^{3}인가? (단, 방호구역 내의 압력은 120kPa, 주위온도는 500℃이고, 제1종 분말소화약제 주성분에 대한 각 원소의 원자량은 다음과 같으며, 이상기체상태 방정식을 따른다고 한다.)

원소기호	Na	H	C	O
원자량	23	1	12	16

○ 계산과정 :
○ 답 : CO_2의 양〔kg〕=
CO_2의 부피〔m^3〕=

해답 (가) ○ 계산과정 : $[(11\times9\times4.5)-(1\times1\times4.5+2.4+1.92)]\times0.6+(0.7\times1.0)\times4.5=265.158 ≒ 265.16\text{kg}$

○ 답 : 265.16kg

(나) ○ 계산과정 : $G=\frac{50}{0.8}=62.5\text{kg}$

약제저장용기$=\frac{265.16}{62.5}=4.24 ≒ 5$병

○ 답 : 5병

(다) ○ 계산과정 : $\frac{62.5\times5\times60}{7.82\times30\times45}=1.776 ≒ 2$개

○ 답 : 2개

(라) ○ 계산과정 : $2\times45=90\text{mm}^2$

○ 답 : 90mm^2

(마) ○ 계산과정 : $\frac{62.5\times5}{2\times30}=5.208\text{kg/s}=312.48\text{kg/min}$

○ 답 : 312.48kg/min

(바) ○ CO_2의 양 : $\frac{312.48\times44}{168}=81.84\text{kg}$ ○ 답 : 81.84kg

○ CO_2의 부피 : $\frac{81.84\times0.082\times773}{\left(\frac{120}{101.325}\right)\times1\times44} ≒ 99.55\text{m}^3$ ○ 답 : 99.55m^3

해설 (가) 전역방출방식

자동폐쇄장치가 설치되어 있지 않는 경우	자동폐쇄장치가 설치되어 있는 경우
분말저장량[kg]=방호구역체적[m³]×약제량[kg/m³] +개구부면적[m²]×개구부가산량[kg/m²]	**분말저장량**[kg]=방호구역체적[m³]×약제량[kg/m³]

‖ 전역방출방식의 약제량 및 개구부가산량(NFPC 108 6조, NFTC 108 2.3.2) ‖

약제 종별	약제량	개구부가산량(자동폐쇄장치 미설치시)
제1종 분말 →	0.6kg/m³	4.5kg/m²
제2·3종 분말	0.36kg/m³	2.7kg/m²
제4종 분말	0.24kg/m³	1.8kg/m²

문제에서 개구부(0.7m×1.0m) 1개는 **자동폐쇄장치**가 **설치**되어 있지 않으므로

분말저장량[kg]=방호구역체적[m³]×약제량[kg/m³]+개구부면적[m²]×개구부가산량[kg/m²]

$=[(11\text{m}\times9\text{m}\times4.5\text{m})-(1\text{m}\times1\text{m}\times4.5\text{m}+2.4\text{m}^3+1.92\text{m}^3)]\times0.6\text{kg/m}^3+(0.7\text{m}\times1.0\text{m})\times4.5\text{kg/m}^2$

$=265.158 ≒ 265.16\text{kg}$

- 방호구역체적은 [조건 ②], [조건 ④]에 의해 기둥(1m×1m×4.5m)과 보(2.4m³+1.92m³)의 체적은 제외한다.
- 보의 체적
  - 가로보 : $(5\text{m}\times0.6\text{m}\times0.4\text{m})\times2$개(양쪽)$=2.4\text{m}^3$
  - 세로보 : $(4\text{m}\times0.6\text{m}\times0.4\text{m})\times2$개(양쪽)$=1.92\text{m}^3$

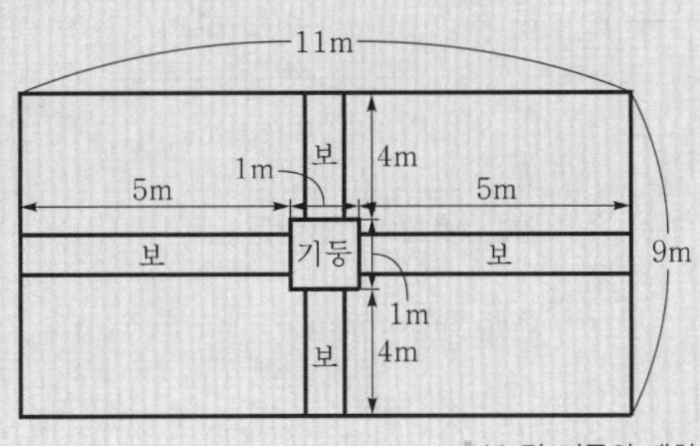

‖ 보 및 기둥의 배치 ‖

(나) 저장용기의 충전비

약제 종별	충전비[L/kg]
제1종 분말 →	0.8
제2·3종 분말	1
제4종 분말	1.25

$$C = \frac{V}{G}$$

여기서, C : 충전비[L/kg], V : 내용적[L], G : 저장량(충전량)[kg]

충전량 G는

$$G = \frac{V}{C} = \frac{50\text{L}}{0.8\text{L/kg}} = 62.5\text{kg}$$

약제저장용기$= \dfrac{\text{약제저장량}}{\text{충전량}} = \dfrac{265.16\text{kg}}{62.5\text{kg}} = 4.24 \fallingdotseq$ **5병**(소수 발생시 반드시 **절상**한다.)

- 265.16kg : (가)에서 구한 값
- 62.5kg : 바로 위에서 구한 값

(다)

$$\text{분구면적[mm}^2\text{]} = \frac{\text{1병당 충전량[kg]} \times \text{병수}}{\text{방출률[kg/mm}^2\cdot\text{s}\cdot\text{개]} \times \text{방사시간[s]} \times \text{헤드 개수}}$$

$$\text{헤드 개수} = \frac{\text{1병당 충전량[kg]} \times \text{병수}}{\text{방출률[kg/mm}^2\cdot\text{s}\cdot\text{개]} \times \text{방사시간[s]} \times \text{분구면적[mm}^2\text{]}}$$

$$= \frac{62.5\text{kg} \times 5\text{병}}{7.82\text{kg/mm}^2 \cdot \text{min} \cdot \text{개} \times 30\text{s} \times 0.45\text{cm}^2}$$

$$= \frac{62.5\text{kg} \times 5\text{병}}{7.82\text{kg/mm}^2 \cdot 60\text{s} \cdot \text{개} \times 30\text{s} \times 45\text{mm}^2}$$

$$= \frac{62.5\text{kg} \times 5\text{병} \times 60}{7.82\text{kg/mm}^2 \cdot \text{s} \cdot \text{개} \times 30\text{s} \times 45\text{mm}^2} = 1.776 \fallingdotseq 2\text{개(절상)}$$

- 분구면적=오리피스 면적=분출구면적
- **62.5kg** : (나)에서 구한 값

저장량=충전량

- **5병** : (나)에서 구한 값
- **7.82kg/mm² · min · 개** : [조건 ⑤]에서 주어진 값
- **30s** : 문제에서 '**전역방출방식**'이라고 하였고 **일반건축물**이므로 다음 표에서 30초(30s)

‖ 약제방사시간 ‖

소화설비		전역방출방식		국소방출방식	
		일반건축물	위험물제조소	일반건축물	위험물제조소
할론소화설비		10초 이내	30초 이내	10초 이내	30초 이내
분말소화설비 →		30초 이내		30초 이내	
CO_2 소화설비	표면화재	1분 이내	60초 이내		
	심부화재	7분 이내			

- '**위험물제조소**'라는 말이 없는 경우 **일반건축물**로 보면 된다.
- 0.45cm² : [조건 ⑦]에서 주어진 값
- 1cm=10mm이므로 1cm²=100mm², 0.45cm²=45mm²

(라)

전체 방사헤드의 오리피스 면적[mm²]=헤드 개수×헤드 1개 오리피스 면적[mm²]

$$= 2\text{개} \times 0.45\text{cm}^2 = 2\text{개} \times 45\text{mm}^2 = 90\text{mm}^2$$

- 2개 : (다)에서 구한 값
- $0.45cm^2$: [조건 ⑦]에서 주어진 값
- 1cm=10mm이므로 $1cm^2=100mm^2$, $0.45cm^2=45mm^2$

(마) 방사량$=\dfrac{1병당\ 충전량[kg]\times 병수}{헤드수\times 약제방출시간[s]}$

$=\dfrac{62.5kg\times 5병}{2개\times 30s}=5.208kg/s=5.208kg\Big/\dfrac{1}{60}min=5.208\times 60kg/min=312.48kg/min$

- 62.5kg : (나)에서 구한 값
- 5병 : (나)에서 구한 값
- 2개 : (다)에서 구한 값
- 30s : 전역방출방식으로 일반건축물이므로 30s
- 1min=60s

비교

(1) 선택밸브 직후의 유량$=\dfrac{1병당\ 저장량[kg]\times 병수}{약제방출시간[s]}$

(2) 방사량$=\dfrac{1병당\ 저장량[kg]\times 병수}{헤드수\times 약제방출시간[s]}$

(3) 분사 헤드수$=\dfrac{1병당\ 저장량[kg]\times 병수}{헤드\ 1개의\ 표준방사량[kg]}$

(4) 개방밸브(용기밸브) 직후의 유량$=\dfrac{1병당\ 충전량[kg]}{약제방출시간[s]}$

(바) 열분해시 발생한 CO_2의 양과 부피

312.48kg/min×(2개×30s)=312.48kg/min×60s=312.48kg/min×1min=312.48kg

- 312.48kg/min : (마)에서 구한 값
- 2개 : (다)에서 구한 값
- 30s : (다)의 해설 표에서 구한 값

① 이산화탄소의 약제량

$2NaHCO_3 \rightarrow Na_2CO_3 + CO_2 + H_2O$

168kg/kmol ╲╱ 44kg/kmol

312.48kg ╱╲ x

$168kg\,x=312.48kg\times 44kg$

$\therefore\ x=\dfrac{312.48kg\times 44kg}{168kg}=81.84kg$

- 168kg : $2NaHCO_3=2\times(23+1+12+16\times 3)=168kg$
- 44kg : $CO_2=12+16\times 2=44kg$
- 312.48kg : (마)에서 구한 값

② 이산화탄소의 부피

$$PV=\frac{m}{M}RT$$

여기서, P: 압력(1atm), V: 부피[m^3], m : 질량(81.84kg)

M : 분자량(44kg/kmol), R : 기체상수(0.082atm・m^3/kmol・K)

T: 절대온도(273+℃) $T=273+500℃=773K$

$$\therefore\ V=\frac{mRT}{PM}=\frac{81.84kg\times 0.082atm\cdot m^3/kmol\cdot K\times 773K}{\left(\dfrac{120kPa}{101.325kPa}\right)\times 1atm\times 44kg/kmol}\fallingdotseq 99.55m^3$$

- 81.84kg : 바로 위에서 구한 값
- 500℃ : (바)에서 주어진 값
- 120kPa : (바)에서 주어진 값
- 44kg/kmol : CO_2의 분자량
- 1atm=101.325kPa이므로 120kPa을 atm으로 환산하면 $\left(\frac{120\text{kPa}}{101.325\text{kPa}}\right)\times 1\text{atm}$
- 문제에서 기체상수가 주어지지 않았으므로 일반적인 기체상수값 0.082atm · m^3/kmol · K를 적용하고 압력의 단위를 기체상수의 단위와 일치시켜 주기 위해 atm으로 변경하면 된다.
- 이상기체상수 적용 시 기체상수의 단위에 따른 압력의 단위

기체상수의 단위	kJ/kmol · K	atm · m^3/kmol · K
압력단위	kPa	atm

☆☆☆

문제 05

배관 내의 유체온도 및 외부온도의 변화에 따라 배관이 팽창 또는 수축을 하므로 배관 또는 기구의 파손이나 굽힘을 방지하기 위하여 배관 도중에 사용되는 신축이음의 종류 5가지를 쓰시오. (07.11.문12)

○
○
○
○
○

득점	배점
	5

해답 ① 벨로즈형 이음
② 슬리브형 이음
③ 루프형 이음
④ 스위블형 이음
⑤ 볼 조인트

해설
- 벨로즈형 이음=벨로우즈형 이음

중요

신축이음(expansion joint)
배관이 열응력 등에 의해 신축하는 것이 원인이 되어 파괴되는 것을 방지하기 위하여 사용하는 이음이다. 종류로는 **벨로즈형 이음, 슬리브형 이음, 루프형 이음, 스위블형 이음, 볼 조인트**의 5종류가 있다.

종 류	특 징
벨로즈형(bellows type)	• **자체 응력** 및 **누설**이 없다. • 설치공간이 작아도 된다. • **고압배관**에는 **부적합**하다.
슬리브형(sleeve type)	• **신축성**이 크다. • **설치공간**이 루프형에 비해 적다. • 장기간 사용시 패킹의 마모로 누수의 원인이 된다.
루프형(loop type)	• 고장이 적다. • **내구성**이 좋고 **구조**가 **간단**하다. • **고온 · 고압**에 적합하다. • 신축에 따른 자체 응력이 발생한다.
스위블형(swivel type)	• **설치비**가 저렴하고 **쉽게 조립**이 가능하다. • 굴곡부분에서 압력강하를 일으킨다. • 신축성이 큰 배관에는 누설의 우려가 있다.
볼 조인트(ball joint)	• 축방향 휨과 굽힘부분에 작용하는 회전력을 동시에 처리할 수 있다. • **고온**의 **온수배관** 등에 널리 사용된다.

☆☆
문제 06

다음 도면은 준비작동식 스프링클러설비의 계통을 나타낸 것이다. 화재가 발생하였을 때 화재감지기, 소화설비 수신반의 표시부, 전자밸브 및 압력스위치 간의 작동연계성(operation sequence)을 요약 설명하시오.

(06.11.문1)

득점	배점
	5

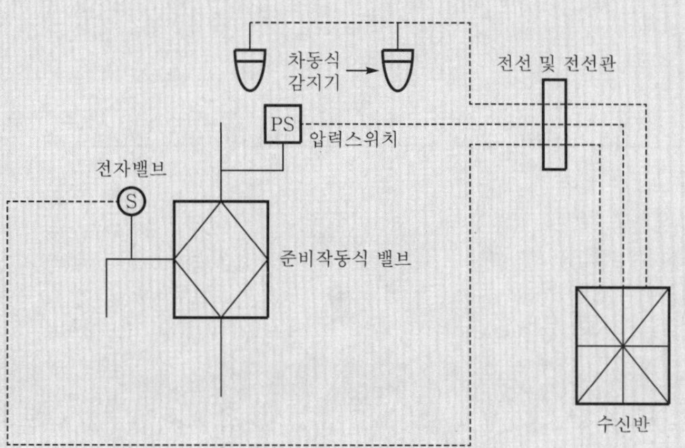

○1단계 :
○2단계 :
○3단계 :
○4단계 :
○5단계 :
○6단계 :

해답

○1단계 : 감지기 A · B 작동
○2단계 : 수신반에 신호(화재표시등 및 지구표시등 점등)
○3단계 : 전자밸브 작동
○4단계 : 준비작동식 밸브 동작
○5단계 : 압력스위치 작동
○6단계 : 수신반에 신호(기동표시등 및 밸브개방표시등 점등)

해설

- 계통도에 사이렌이 없으므로 사이렌은 설명에서 제외한다.
- 도면에 명시되어 있는 용어를 사용해서 답하는 것이 좋다.
- 감지기 A · B 작동=차동식 감지기 A · B 작동
- **'동작'**과 **'작동'**은 국어 문법상 차이는 있을 수 있지만 소방에서는 일반적으로 같다고 생각해도 무방하다.

비교

할론 · 이산화탄소 소화설비 동작순서

(1) 2개 이상의 감지기회로 작동
(2) 수신반에 신호
(3) 화재표시등, 지구표시등 점등
(4) 사이렌 경보
(5) 기동용기 솔레노이드 개방
(6) 약제방출
(7) 압력스위치 작동
(8) 방출표시등 점등

☆☆

문제 07

습식 스프링클러설비의 말단시험밸브의 시험 작동시 확인될 수 있는 사항 5가지를 쓰시오. (08.4.문1)

득점	배점
	5

○

○

○

○

○

해답 ① 규정 방수량 확인
② 규정 방수압 확인
③ 펌프의 작동 유무
④ 압력챔버의 감지 유무
⑤ 습식밸브의 작동 유무

- 규정 방수량 확인=규정 방사량 확인
- 규정 방수압 확인=“**규정 방사압 확인**”=규정 방사압력 확인=규정 방수압력 확인
- 펌프의 작동 유무=펌프의 동작 유무
- 압력챔버의 감지 유무=압력챔버의 동작 유무=압력챔버의 작동 유무
- 습식밸브의 작동 유무=습식밸브의 동작 유무=유수검지장치의 작동 유무=유수검지장치의 동작 유무=알람체크밸브의 작동 유무=알람체크밸브의 동작 유무

☆☆☆

문제 08

폐쇄형 헤드를 사용한 스프링클러설비의 도면이다. 스프링클러헤드 중 A지점에 설치된 헤드 1개만이 개방되었을 때 다음 각 물음에 답하시오. (단, 주어진 조건을 적용하여 계산하고, 설비도면의 길이단위는 mm이다.) (12.7.문3)

득점	배점
	7

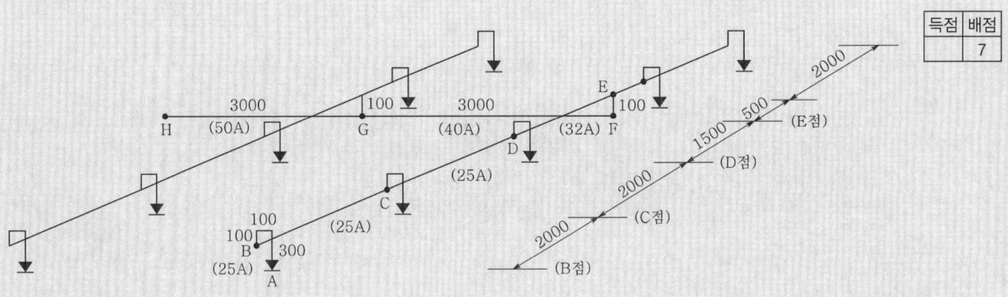

〔조건〕

① 급수관 중 「H점」에서의 가압수 압력은 0.15MPa로 계산한다.

② 엘보는 배관지름과 동일한 지름의 엘보를 사용하고 티의 크기는 다음 표와 같이 사용한다. 그리고 관경 축소는 오직 리듀서만을 사용한다.

지 점	C지점	D지점	E지점	G지점
티의 크기	25A	32A	40A	50A

③ 스프링클러헤드는 「15A」용 헤드가 설치된 것으로 한다.
④ 직관의 100m당 마찰손실수두(단, A점에서의 헤드방수량을 80L/min로 계산한다.)

(단위 : m)

유 량	25A	32A	40A	50A
80L/min	39.82	11.38	5.40	1.68

⑤ 관이음쇠의 마찰손실에 해당되는 직관길이(등가길이)

(단위 : m)

구 분	25A	32A	40A	50A
엘보(90°)	0.90	1.20	1.50	2.10
리듀서	0.54 (25A×15A)	0.72 (32A×25A)	0.90 (40A×32A)	1.20 (50A×40A)
티(직류)	0.27	0.36	0.45	0.60
티(분류)	1.50	1.80	2.10	3.00

예 25A 크기의 90° 엘보의 손실수두는 25A, 직관 0.9m의 손실수두와 같다.

⑥ 가지배관 말단(B지점)과 교차배관 말단(F지점)은 엘보로 한다.
⑦ 관경이 변하는 관부속품은 관경이 큰 쪽으로 손실수두를 계산한다.
⑧ 중력가속도는 $9.8m/s^2$로 한다.
⑨ 구간별 관경은 다음 표와 같다.

구 간	관 경
A~D	25A
D~E	32A
E~G	40A
G~H	50A

(가) A~H까지의 전체 배관 마찰손실수두[m](단, 직관 및 관이음쇠를 모두 고려하여 구한다.)
○ 계산과정 :
○ 답 :

(나) H와 A 사이의 위치수두차[m]
○ 계산과정 :
○ 답 :

(다) A에서의 방사압력[kPa]
○ 계산과정 :
○ 답 :

해답 (가) ○ 계산과정

구 간	호칭 구경	유 량	직관 및 등가길이	마찰손실수두
H~G	50A	80L/min	• 직관 : 3 • 관이음쇠 티(직류) : 1×0.60=0.60 리듀서 : 1×1.20=1.20 소계 : 4.8m	$4.8\times\frac{1.68}{100}$ $=0.0806$

G~E	40A	80L/min	• 직관 : 3+0.1=3.1 • 관이음쇠 엘보(90°) : 1×1.50=1.50 티(분류) : 1×2.10=2.10 리듀서 : 1×0.90=0.90 소계 : 7.6m	$7.6\times\frac{5.40}{100}$ =0.4104
E~D	32A	80L/min	• 직관 : 1.5 • 관이음쇠 티(직류) : 1×0.36=0.36 리듀서 : 1×0.72=0.72 소계 : 2.58m	$2.58\times\frac{11.38}{100}$ =0.2936
D~A	25A	80L/min	• 직관 : 2+2+0.1+0.1+0.3=4.5 • 관이음쇠 티(직류) : 1×0.27=0.27 엘보(90°) : 3×0.90=2.70 리듀서 : 1×0.54=0.54 소계 : 8.01m	$8.01\times\frac{39.82}{100}$ =3.1895
				3.9741≒3.97m

○답 : 3.97m

(나) ○계산과정 : $0.1+0.1-0.3=-0.1\text{m}$

○답 : -0.1m

(다) ○계산과정 : $h=-0.1+3.97=3.87\text{m}$

$$\Delta P=1000\times 9.8\times 3.87=37926\text{Pa}=37.926\text{kPa}$$

$$P_A=150-37.926=112.074\fallingdotseq 112.07\text{kPa}$$

○답 : 112.07kPa

해설 (가) **직관** 및 **관이음쇠**의 **마찰손실수두**

구 간	호칭 구경	유 량	직관 및 등가길이	m당 마찰손실	마찰손실수두
H~G	50A	80L/min	• 직관 : 3m • 관이음쇠 티(직류) : 1개×0.60m=0.60m 리듀서(50A×40A) : 1개×1.20m=1.20m 소계 : 4.8m	$\frac{1.68}{100}$ ([조건 ④]에 의해)	$4.8\text{m}\times\frac{1.68}{100}$ =0.0806m
G~E	40A	80L/min	• 직관 : 3+0.1=3.1m • 관이음쇠 엘보(90°) : 1개×1.50m=1.50m 티(분류) : 1개×2.10m=2.10m 리듀서(40A×32A) : 1개×0.90m=0.90m 소계 : 7.6m	$\frac{5.40}{100}$ ([조건 ④]에 의해)	$7.6\text{m}\times\frac{5.40}{100}$ =0.4104m
E~D	32A	80L/min	• 직관 : 1.5m • 관이음쇠 티(직류) : 1개×0.36m=0.36m 리듀서(32A×25A) : 1개×0.72m=0.72m 소계 : 2.58m	$\frac{11.38}{100}$ ([조건 ④]에 의해)	$2.58\text{m}\times\frac{11.38}{100}$ =0.2936m

D~A	25A	80L/min	• 직관 : 2+2+0.1+0.1+0.3=4.5m • 관이음쇠 티(직류) : 1개×0.27m=0.27m 엘보(90°) : 3개×0.90m=2.70m 리듀서(25A×15A) : 1개×0.54m=0.54m 소계 : 8.01m	$\frac{39.82}{100}$ ([조건 ④]에 의해)	8.01m× $\frac{39.82}{100}$ =3.1895m
				합계	3.9741m≒3.97m

• 문제에서 헤드 1개만 개방되었다고 말하고 있으므로 헤드마다 유량이 증가되지 않고 모두 80L/min이다.
• 직관=배관
• 관부속품=관이음쇠

(나) 낙차 $=0.1+0.1-0.3=-0.1\text{m}$

• 낙차는 수직배관만 고려하며, 물 흐르는 방향을 주의하여 산정하면 0.1+0.1-0.3=-0.1m가 된다(**펌프방식**이므로 물 흐르는 방향이 위로 향할 경우 '+', 아래로 향할 경우 '-'로 계산하라).

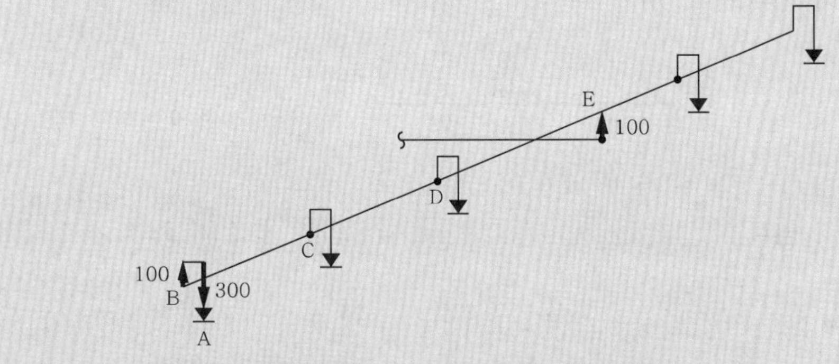

• 도면에서 고가수조가 보이지 않으면, 일반적으로 **펌프방식**을 적용하면 된다.

(다) ① H점과 A점의 수두 h는 **직관** 및 **관이음쇠의 낙차**+**마찰손실수두**이므로

$h=-0.1\text{m}+3.97\text{m}=3.87\text{m}$

② H점과 A점의 압력차

$$\Delta P=\gamma h,\ \gamma=\rho g$$

여기서, ΔP : H점과 A점의 압력차[Pa]

γ : 비중량[N/m^3]

h : 높이[m]

ρ : 밀도(물의 밀도 1000N·s^2/m^4)

g : 중력가속도[m/s^2]

$$\Delta P=\gamma h=(\rho g)h=1000\text{N}\cdot\text{s}^2/\text{m}^4\times 9.8\text{m/s}^2\times 3.87\text{m}$$
$$=37926\text{N/m}^2=37926\text{Pa}=37.926\text{kPa}$$

• 1N/m^2=1Pa이므로 37926N/m^2=37926Pa
• [조건 ⑧]에 주어진 중력가속도 **9.8m/s^2**를 반드시 적용할 것. 적용하지 않으면 틀린다.

③ A점 헤드의 방사압력 P_A는

$P_A=\text{H점의 압력}-\Delta P$

$=150\text{kPa}-37.926\text{kPa}$

$=112.074 ≒ 112.07\text{kPa}$

• [조건 ①]에서 H점의 압력은 **0.15MPa=150kPa**이다.

중요

직관 및 **등가길이 산출**

(1) **H~G**(호칭구경 50A)

① 직관 : 3m

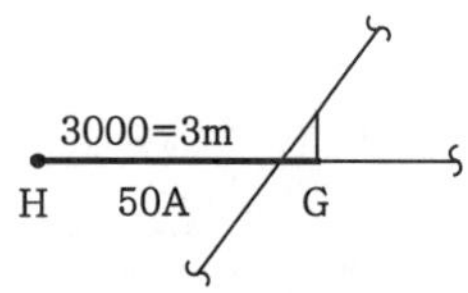

② 관이음쇠

각각의 사용위치를 티(직류) : ⟶, 리듀서(50A×40A) : ⇒로 표시하면 다음과 같다.

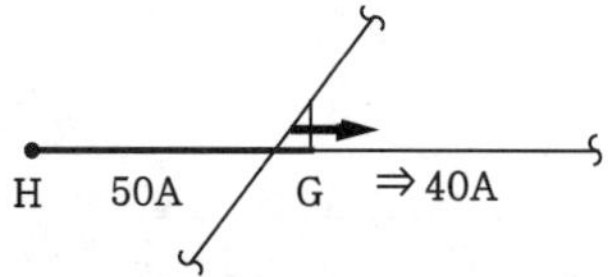

- 티(직류) : 1개
- 리듀서(50A×40A) : 1개

• 물의 흐름방향에 따라 티(분류)와 티(직류)를 다음과 같이 분류한다.

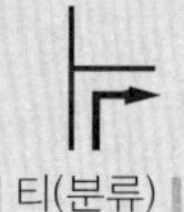

‖ 티(분류) ‖ ‖ 티(직류) ‖

(2) **G~E**(호칭구경 40A)

① 직관 : 3+0.1=3.1m

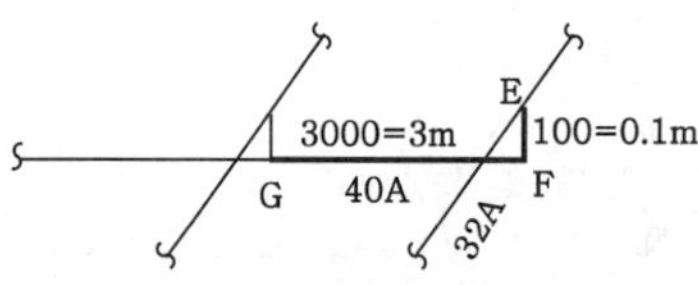

• [조건 ⑥]에 의해 F지점을 엘보로 계산한다. 이 조건이 없으면 티**(분류)**로 계산할 수도 있다.

② 관이음쇠

각각의 사용위치를 엘보(90°) : ○, 티(분류) : ●, 리듀서(40A×32A) : ⇒로 표시하면 다음과 같다.

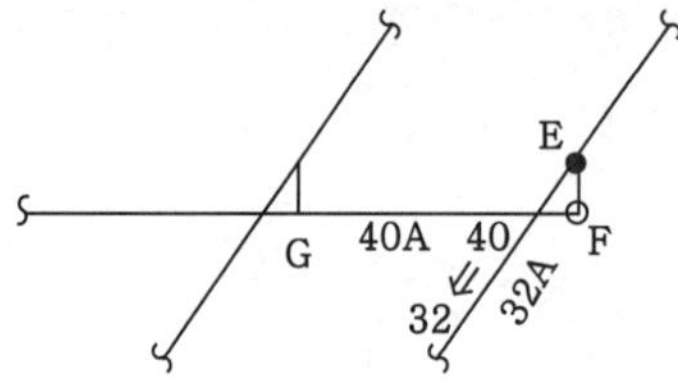

- 엘보(90°) : 1개
- 티(분류) : 1개
- 리듀서(40A×32A) : 1개

(3) **E~D**(호칭구경 32A)

① 직관 : 1.5m

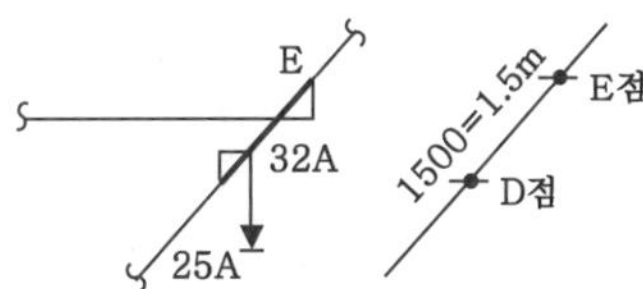

② 관이음쇠

각각의 사용위치를 티(직류) : ➡, 리듀서(32A×25A) : ⇒로 표시하면 다음과 같다.

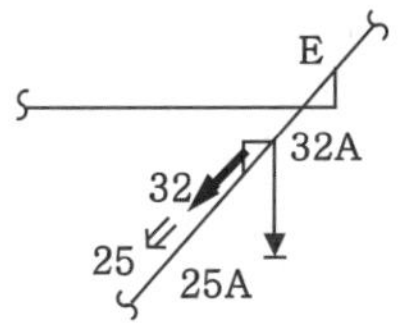

티(직류) : 1개
리듀서(32A×25A) : 1개

(4) **D~A**(호칭구경 25A)

① 직관 : 2+2+0.1+0.1+0.3=4.5m

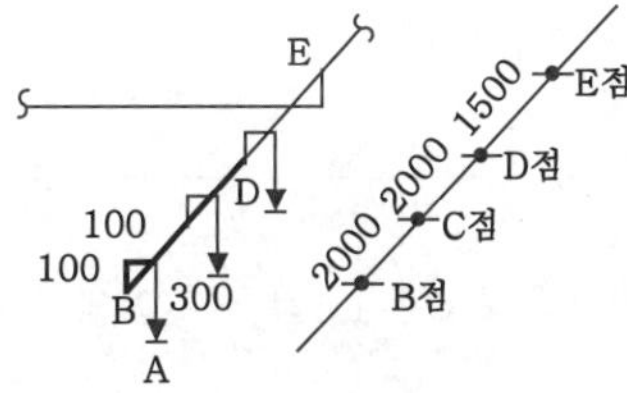

• [조건 ⑥]에 의해 B지점을 **엘보**로 계산한다. 이 조건이 없으면 **티(분류)**로 계산할 수도 있다.

② 관이음쇠

각각의 사용위치를 티(직류) : ➡, 엘보(90°) : ○, 리듀서(25A×15A) : ⇒로 표시하면 다음과 같다.

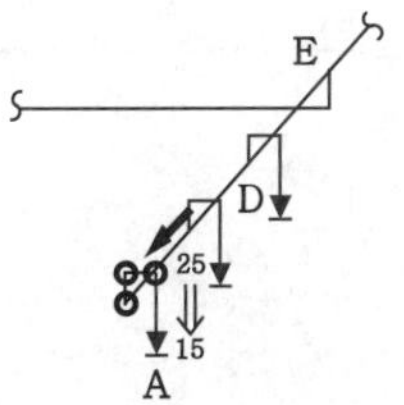

티(직류) : 1개
엘보(90°) : 3개
리듀서(25A×15A) : 1개

☆☆ 문제 09

수원의 수위가 펌프보다 낮은 위치에 있는 가압송수장치에 설치해야 하는 물올림장치의 설치기준 2가지를 쓰시오.

(09.4.문5)

○

○

득점	배점
	5

해답 ① 전용 수조로 할 것

② 유효수량은 100L 이상, 구경은 15mm 이상으로 급수배관에 의해 물 계속 공급

해설 **수원의 수위가 펌프보다 낮은 위치에 있는 가압송수장치의 물올림장치 설치기준**[옥내소화전설비의 화재안전기준(NFPC 102 5조, NFTC 102 2.2.1.12)]

(1) 물올림장치에는 **전용**의 **수조**를 설치할 것
(2) 수조의 유효수량은 **100L** 이상으로 하되, 구경 **15mm** 이상의 급수배관에 따라 해당 수조에 물이 계속 보급되도록 할 것

용어

물올림장치
(1) 물올림장치는 수원의 수위가 펌프보다 아래에 있을 때 설치하며, 주기능은 펌프와 풋밸브 사이의 흡입관 내에 항상 물을 충만시켜 펌프가 **물**을 **흡입**할 수 있도록 하는 설비
(2) 수계소화설비에서 수조의 위치가 가압송수장치보다 낮은 곳에 설치된 경우, 항상 펌프가 정상적으로 소화수의 **흡입**이 가능하도록 하기 위한 장치

중요

수원의 수위가 **펌프보다 낮은 위치**에 있는 경우 설치하여야 할 설비(NFPC 103 5조 8호, NFTC 103 2.2.1.4, 2.2.1.9)
(1) 물올림장치
(2) 풋밸브(foot valve)
(3) 연성계(진공계)

☆☆☆
문제 10

지하 2층, 지상 11층 사무소 건축물에 다음과 같은 조건에서 스프링클러설비를 설계하고자 할 때 다음 각 물음에 답하시오. (12.4.문7)

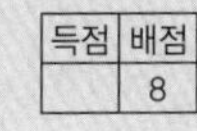

득점	배점
	8

[조건]
① 건축물은 내화구조이며, 기준층(1~11층) 평면은 다음과 같다.

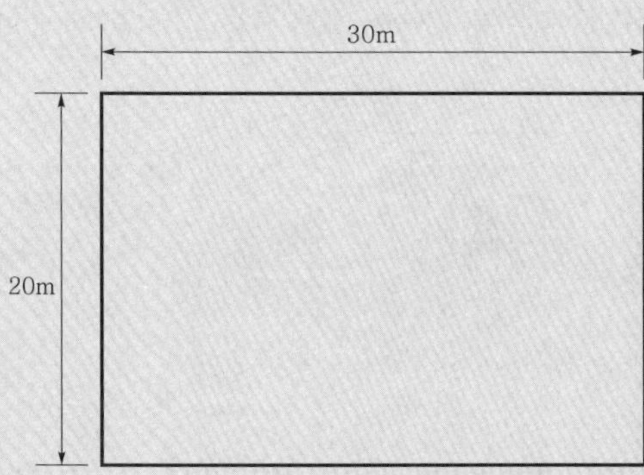

② 실양정은 48m이며, 배관의 마찰손실과 관부속품에 대한 마찰손실의 합은 12m이다.
③ 모든 규격치는 최소량을 적용한다.
④ 펌프의 효율은 65%이며, 동력전달 여유율은 10%로 한다.

(가) 지상층에 설치된 스프링클러헤드의 개수를 구하시오. (단, 정방형으로 배치한다.)
○ 계산과정 :
○ 답 :

(나) 펌프의 전양정〔m〕을 구하시오.
　○ 계산과정 :
　○ 답 :

(다) 송수펌프의 전동기용량〔kW〕을 구하시오.
　○ 계산과정 :
　○ 답 :

(가) ○ 계산과정 : $S = 2 \times 2.3 \times \cos 45° = 3.252 ≒ 3.25\text{m}$

가로헤드 개수 : $\frac{30}{3.25} = 9.23 ≒ 10$개

세로헤드 개수 : $\frac{20}{3.25} = 6.15 ≒ 7$개

지상층 한 층의 헤드 개수 : $10 \times 7 = 70$개

지상 1~11층의 헤드 개수 : $70 \times 11 = 770$개

○ 답 : 지상층 한 층의 헤드 개수 : 70개
　　지상 1~11층의 헤드 개수 : 770개

(나) ○ 계산과정 : $12 + 48 + 10 = 70\text{m}$

○ 답 : 70m

(다) ○ 계산과정 : $Q = 30 \times 80 = 2400\text{L/min}$

$$P = \frac{0.163 \times 2.4 \times 70}{0.65} \times 1.1 = 46.342 ≒ 46.34\text{kW}$$

○ 답 : 46.34kW

해설

(가) **스프링클러헤드의 배치기준** (NFPC 103 10조, NFTC 103 2.7)

설치장소	설치기준(R)
무대부 · 특수가연물(창고 포함)	수평거리 **1.7m** 이하
기타 구조(창고 포함)	수평거리 **2.1m** 이하
내화구조(창고 포함) →	수평거리 **2.3m** 이하
공동주택(아파트) 세대 내	수평거리 **2.6m** 이하

정방형(정사각형)

$$S = 2R\cos 45°$$
$$L = S$$

여기서, S : 수평헤드간격〔m〕
　　R : 수평거리〔m〕
　　L : 배관간격〔m〕

수평헤드간격(헤드의 설치간격) S는

$S = 2R\cos 45° = 2 \times 2.3\text{m} \times \cos 45° = 3.252 ≒ 3.25\text{m}$

가로헤드 개수 $= \frac{\text{가로길이}}{S} = \frac{30\text{m}}{3.25\text{m}} = 9.23 ≒ 10$개(**소수 발생**시 반드시 **절상**한다.)

세로헤드 개수 $= \frac{\text{세로길이}}{S} = \frac{20\text{m}}{3.25\text{m}} = 6.15 ≒ 7$개(**소수 발생**시 반드시 **절상**한다.)

- R : 〔조건 ①〕에 의해 **내화구조**이므로 **2.3m**

지상층 한 층당 **설치헤드 개수** : 가로헤드 개수×세로헤드 개수=10개×7개=70개

지상 1~11층 헤드 개수 : 70개×11층=770개

- 지상층 한 층의 헤드 개수를 구하라는 건지 지상 1~11층까지의 헤드 개수를 구하라는 건지 정확히 알 수 없으므로 이때는 두 가지 모두를 답으로 쓰도록 한다.

(나) **전양정**

$$H \geq h_1 + h_2 + 10$$

여기서, H : 전양정[m]
h_1 : 배관 및 관부속품의 마찰손실수두[m]
h_2 : 실양정(흡입양정+토출양정)[m]

전양정 $H \geq$ 12m+48m+10m=70m

중요

스프링클러설비의 **가압송수장치**

고가수조방식	압력수조방식	펌프방식
$H \geq h_1 + 10$	$P \geq P_1 + P_2 + 0.1$	$H \geq h_1 + h_2 + 10$
여기서, H : 필요한 낙차[m] h_1 : 배관 및 관부속품의 마찰손실수두[m]	여기서, P : 필요한 압력[MPa] P_1 : 배관 및 관부속품의 마찰손실수두압[MPa] P_2 : 낙차의 환산수두압[MPa]	여기서, H : 전양정[m] h_1 : 배관 및 관부속품의 마찰손실수두[m] h_2 : 실양정(흡입양정+토출양정)[m]

(다) **토출량**

폐쇄형 헤드의 기준 개수

특정소방대상물		폐쇄형 헤드의 기준개수
지하가 · 지하역사		30
11층 이상 →		30
10층 이하	공장(특수가연물), 창고시설	30
	판매시설(백화점 등), 복합건축물(판매시설이 설치된 것)	30
	근린생활시설, 운수시설	20
	8m 이상	20
	8m 미만	10
공동주택(아파트 등)		10(각 동이 주차장으로 연결된 주차장 : 30)

$$Q = N \times 80\text{L/min}$$

여기서, Q : 토출량(유량)[L/min]
N : 폐쇄형 헤드의 기준 개수(설치 개수가 기준 개수보다 적으면 그 설치 개수)

펌프의 **최소 토출량**(유량) Q는

$Q = N \times 80\text{L/min} = 30 \times 80\text{L/min} = 2400\text{L/min}$

- 문제에서 11층이므로 기준 개수는 **30개**

전동기용량

$$P = \frac{0.163\,QH}{\eta} K$$

여기서, P : 전동력[kW]
Q : 유량[m^3/min]
H : 전양정[m]
K : 전달계수(여유율)
η : 효율

펌프의 **모터동력**(전동력) P는

$$P=\frac{0.163QH}{\eta}K=\frac{0.163\times 2400\text{L/min}\times 70\text{m}}{0.65}\times 1.1=\frac{0.163\times 2.4\text{m}^3\text{/min}\times 70\text{m}}{0.65}\times 1.1$$
$$\fallingdotseq 46.342 \fallingdotseq 46.34\text{kW}$$

- Q(2400L/min) : 바로 위에서 구한 값
- 1000L=1m³이므로 2400L/min=2.4m³/min
- H(70m) : (나)에서 구한 값
- η(0.65) : 〔조건 ④〕에서 65%=**0.65**
- K(1.1) : 〔조건 ④〕에서 여유율 10%이므로 **1.1**

☆☆☆
문제 11

방호구역의 체적이 400m³인 소방대상물에 CO_2 소화설비를 설치하였다. 이곳에 CO_2 80kg을 방사하였을 때 CO_2의 농도〔%〕를 구하시오. (단, 실내압력은 121kPa, 온도는 22℃이다.) (00.2.문9)

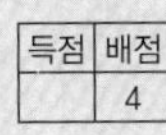

득점	배점
	4

○ 계산과정 :
○ 답 :

해답

○ 계산과정 : $V=\frac{80\times 0.082\times(273+22)}{1.1941\times 44}=36.8326\text{m}^3$

CO_2 농도$=\frac{36.8326}{400+36.8326}\times 100=8.431\fallingdotseq 8.43\%$

○ 답 : 8.43%

해설

$$PV=\frac{m}{M}RT$$

(1) **단위변환**

표준대기압

1atm=760mmHg =1.0332kg$_f$/cm²
=10.332mH$_2$O〔mAq〕
=14.7PSI〔lb$_f$/in²〕
=101.325kPa〔kN/m²〕
=1013mbar

1atm=101.325kPa

$$121\text{kPa}=\frac{121\text{kPa}}{101.325\text{kPa}}\times 1\text{atm}=1.1941\text{atm}$$

(2) **이상기체 상태방정식**

$$PV=\frac{m}{M}RT$$

여기서, P : 기압〔atm〕
V : 방출가스량〔m³〕
m : 질량〔kg〕
M : 분자량(CO_2 : 44)
R : 0.082atm · m³/kmol · K
T : 절대온도(273+℃)〔K〕

방출가스량 V는

$$V = \frac{mRT}{PM}$$

$$= \frac{80\text{kg} \times 0.082\text{atm} \cdot \text{m}^3/\text{kmol} \cdot \text{K} \times (273+22)\text{K}}{1.1941\text{atm} \times 44} = 36.8326\text{m}^3$$

• 계산과정에서 소수점 처리는 소수점 이하 3째자리 또는 4째자리까지 구하면 된다.

(3) **CO_2 농도**

$$CO_2 \text{ 농도} = \frac{\text{방출가스량}}{\text{방호구역체적} + \text{방출가스량}} \times 100 = \frac{36.8326\text{m}^3}{400\text{m}^3 + 36.8326\text{m}^3} \times 100 = 8.431 ≒ 8.43\%$$

중요

이산화탄소 소화설비와 관련된 식

$$CO_2 = \frac{\text{방출가스량}}{\text{방호구역체적} + \text{방출가스량}} \times 100 = \frac{21 - O_2}{21} \times 100$$

여기서, CO_2 : CO_2의 농도[%]
O_2 : O_2의 농도[%]

$$\text{방출가스량} = \frac{21 - O_2}{O_2} \times \text{방호구역체적}$$

여기서, O_2 : O_2 의 농도[%]

$$PV = \frac{m}{M}RT$$

여기서, P : 기압[atm]
V : 방출가스량[m^3]
m : 질량[kg]
M : 분자량(CO_2 : 44)
R : 0.082atm · m^3/kmol · K
T : 절대온도(273+℃)[K]

$$Q = \frac{m_t\, C(t_1 - t_2)}{H}$$

여기서, Q : 액화 CO_2의 증발량[kg]
m_t : 배관의 질량[kg]
C : 배관의 비열[kcal/kg · ℃]
t_1 : 방출 전 배관의 온도[℃]
t_2 : 방출될 때의 배관의 온도[℃]
H : 액화 CO_2의 증발잠열[kcal/kg]

☆☆
문제 12

관로를 유동하는 물의 유속을 측정하고자 그림과 같은 장치를 설치하였다. U자관의 읽음이 20cm일 때 관 내 유속〔m/s〕을 구하시오. (단, 수은의 비중은 13.6, 유량계수는 1이다.) (10.4.문6)

득점	배점
	6

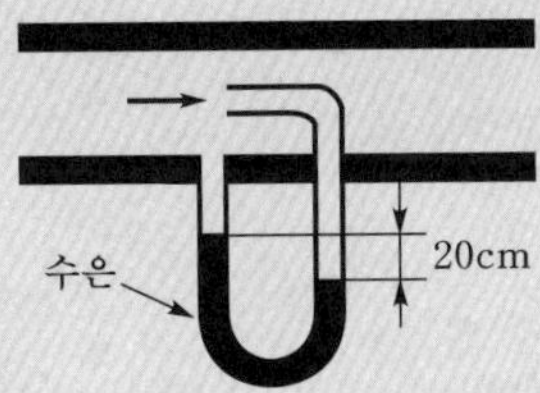

○ 계산과정 :
○ 답 :

해답 ○ 계산과정 : $\gamma = 13.6 \times 9.8 = 133.28\text{kN/m}^3$

$$V = 1 \times \sqrt{2 \times 9.8 \times 0.2\left(\frac{133.28}{9.8} - 1\right)} = 7.027 ≒ 7.03\text{m/s}$$

○ 답 : 7.03m/s

해설 (1) **비중**

$$s = \frac{\gamma}{\gamma_w}$$

여기서, s : 비중
γ : 어떤 물질의 비중량(수은의 비중량 133.28kN/m^3)
γ_w : 물의 비중량(9.8kN/m^3)

$$13.6 = \frac{\gamma}{9.8\text{kN/m}^3}$$

$$\gamma = 13.6 \times 9.8\text{kN/m}^3 = 133.28\text{kN/m}^3$$

(2) **유속**

$$V = C\sqrt{2g\,\Delta H\left(\frac{\gamma}{\gamma_w} - 1\right)}$$

여기서, V : 유속(물의 속도)〔m/s〕
C : 유량계수
g : 중력가속도(9.8m/s^2)
ΔH : 높이차〔m〕
γ : 어떤 물질의 비중량(수은의 비중량 133.28kN/m^3)
γ_w : 물의 비중량(9.8kN/m^3)

유속 V는

$$V = C\sqrt{2g\,\Delta H\left(\frac{\gamma}{\gamma_w} - 1\right)}$$

$$= 1 \times \sqrt{2 \times 9.8\text{m/s}^2 \times 20\text{cm} \times \left(\frac{133.28\text{kN/m}^3}{9.8\text{kN/m}^3} - 1\right)}$$

$$= 1 \times \sqrt{2 \times 9.8\text{m/s}^2 \times 0.2\text{m} \times \left(\frac{133.28\text{kN/m}^3}{9.8\text{kN/m}^3} - 1\right)}$$

$$= 7.027 ≒ 7.03\text{m/s}$$

☆
문제 13

최상층의 옥내소화전 방수구까지의 수직높이가 85m인 24층 건축물의 1층에 설치된 소화펌프의 정격 토출압력은 1.2MPa이고, 옥내소화전설비의 말단 방수구 요구압력이 0.27MPa이며, 펌프의 기동 설정 압력은 0.8MPa이다. 마찰손실을 무시할 경우 다음 물음에 답하시오. (07.7.문9)

득점	배점
	6

(가) 펌프사양(양정)의 적합성 여부
 ○ 계산과정 :
 ○ 답 :

(나) 펌프의 자동 기동 여부

해답 (가) ○ 계산과정 : 85+27=112m < 120m
 ○ 답 : 적합

(나) 자동 기동 불가

해설 (가) 옥내소화전 등 소화설비는 화재안전기준(NFPC 102, NFTC 102)에 의해 **1MPa=100m** 로 볼 수 있으므로
정격토출압력을 정격토출양정으로 환산하면 1.2MPa=120m
말단 방수구 요구압력을 말단 방수구 요구압력수두로 환산하면 0.27MPa=27m
필요한 양정=수직높이+말단 방수구 요구압력수두=85m+27m=112m

필요한 양정 ≦ 정격토출양정 이면 적합한 펌프이므로
112m < 120m이므로 적합

(나) **1MPa=100m**

수직높이(자연압) 85m=0.85MPa
펌프는 자연압인 0.85MPa은 되어야 자동 기동하는데 문제에서 **기동 설정 압력이 0.8MPa**이므로 이 펌프는 자동 기동이 불가하다.

- **'계산과정란'**이 없으므로 **자동 기동 불가**라고 답만 쓰면 된다.

용어

자연압
펌프 중심에서 말단 방수구 앵글밸브까지의 높이를 압력으로 환산한 값

☆☆☆
문제 14

바닥면적이 380m²인 다른 거실의 피난을 위한 경유거실의 제연설비에 대해 다음 물음에 답하시오. (19.6.문11, 07.11.문6, 07.7.문1)

득점	배점
	12

(가) 소요배출량[m^3/h]을 구하시오.
 ○ 계산과정 :
 ○ 답 :

(나) 배출기의 흡입측 풍도의 높이를 600mm로 할 때 풍도의 최소 폭[mm]을 구하시오.
 ○ 계산과정 :
 ○ 답 :

(다) 송풍기의 전압이 50mmAq, 회전수는 1200rpm이고 효율이 55%인 다익송풍기 사용시 전동기동력[kW]을 구하시오. (단, 송풍기의 여유율은 20%이다.)

○ 계산과정 :

○ 답 :

(라) 송풍기의 회전차 크기를 변경하지 않고 배출량을 20% 증가시키고자 할 때 회전수〔rpm〕를 구하시오.

○ 계산과정 :

○ 답 :

(마) (라)의 계산결과 회전수로 운전할 경우 송풍기의 전압〔mmAq〕을 구하시오.

○ 계산과정 :

○ 답 :

(바) (마)에서의 계산결과를 근거로 15kW 전동기를 설치 후 풍량의 20%를 증가시켰을 경우 전동기 사용 가능 여부를 설명하시오. (단, 전달계수는 1.1이다.)

○ 계산과정 :

○ 답 :

해답 (가) ○ 계산과정 : $380\times1=380\text{m}^3/\text{min}$

$380\times60=22800\text{m}^3/\text{h}$

○ 답 : $22800\text{m}^3/\text{h}$

(나) ○ 계산과정 : $Q=22800/3600=6.333\text{m}^3/\text{s}$

$$A=\frac{6.333}{15}\fallingdotseq 0.422\text{m}^2$$

$$L=\frac{0.422}{0.6}=0.703\text{m}=703\text{mm}$$

○ 답 : 703mm

(다) ○ 계산과정 : $\dfrac{50\times380}{102\times60\times0.55}\times1.2\fallingdotseq 6.77\text{kW}$

○ 답 : 6.77kW

(라) ○ 계산과정 : $1200\times1.2=1440\text{rpm}$

○ 답 : 1440rpm

(마) ○ 계산과정 : $50\times\left(\dfrac{1440}{1200}\right)^2=72\text{mmAq}$

○ 답 : 72mmAq

(바) ○ 계산과정 : $\dfrac{72\times(380\times1.2)}{102\times60\times0.55}\times1.1=10.729\fallingdotseq 10.73\text{kW}$

○ 답 : 15kW를 초과하지 않으므로 사용 가능

해설 (가)

배출량〔m^3/min〕=바닥면적〔m^2〕$\times1\text{m}^3/\text{m}^2\cdot\text{min}$

$=380\text{m}^2\times1\text{m}^3/\text{m}^2\cdot\text{min}$

$=380\text{m}^3/\text{min}$

$\text{m}^3/\text{min}\rightarrow\text{m}^3/\text{h}$ 로 변환하면

$380\text{m}^3/\text{min}=380\text{m}^3/\text{min}\times60\text{min}/\text{h}$

$=\mathbf{22800m^3/h}$

(나) $Q = 22800\,\mathrm{m^3/h} = 22800\,\mathrm{m^3}/3600\mathrm{s} = \mathbf{6.333m^3/s}$이다.
배출기 흡입측 풍도 안의 풍속은 **15m/s** 이하로 하고, 배출측 풍속은 **20m/s** 이하로 한다.

$$Q = AV$$

여기서, Q : 배출량(유량)〔$\mathrm{m^3/s}$〕
A : 단면적〔$\mathrm{m^2}$〕
V : 풍속(유속)〔m/s〕

흡입측 단면적 $A = \dfrac{Q}{V} = \dfrac{6.333\,\mathrm{m^3/s}}{15\,\mathrm{m/s}} ≒ 0.422\,\mathrm{m^2}$

흡입측 풍도의 폭 $L = \dfrac{\text{단면적}[\mathrm{m^2}]}{\text{높이}[\mathrm{m}]} = \dfrac{0.422\,\mathrm{m^2}}{0.6\,\mathrm{m}} = 0.703\,\mathrm{m} = 703\mathrm{mm}$

- (나)에서 흡입측 풍도의 높이는 600mm=**0.6m**이다.

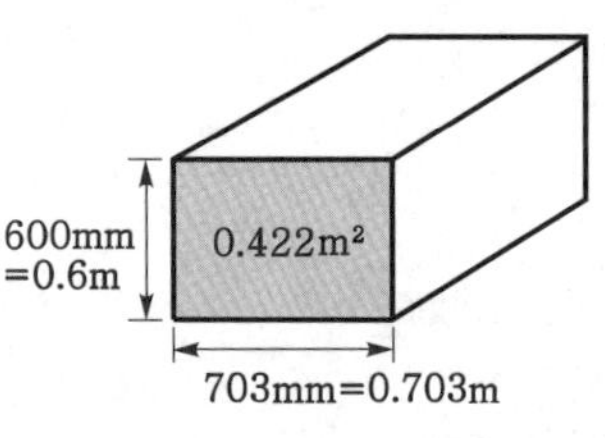

▮흡입측 풍도▮

아하! 그렇구나 **제연설비의 풍속**(NFPC 501 9조, NFTC 501 2.6.2.2)

조 건	풍 속
• 배출기의 흡입측 풍속	**15m/s** 이하
• 배출기의 배출측 풍속 • 유입풍도 안의 풍속	**20m/s** 이하

(다)

$$P = \frac{P_T Q}{102 \times 60\eta} K$$

여기서, P : 송풍기동력(전동기동력)〔kW〕
P_T : 전압(풍압)〔mmAq, $\mathrm{mmH_2O}$〕
Q : 풍량(배출량)〔$\mathrm{m^3/min}$〕
K : 여유율
η : 효율

송풍기의 **전동기동력** P는

$$P = \frac{P_T Q}{102 \times 60\eta} K$$
$$= \frac{50\,\mathrm{mmAq} \times 380\,\mathrm{m^3/min}}{102 \times 60 \times 0.55} \times 1.2 ≒ 6.77\mathrm{kW}$$

- 배연설비(제연설비)에 대한 동력은 반드시 $P=\frac{P_T Q}{102\times 60\eta}K$를 적용하여야 한다. 우리가 알고 있는 일반적인 식 $P=\frac{0.163QH}{\eta}K$를 적용하여 풀면 틀린다.
- K**(1.2)** : 단서에서 여유율이 20%이므로 100%+20%=120%로서 **1.2**(여유율은 항상 100을 더해야 한다.)
- P_T**(50mmAq)** : (다)에서 주어진 값
- Q**(380m³/min)** : (가)에서 구한 값
- η**(0.55)** : (다)의 문제에서 55%=**0.55**

(라)

$$Q_2 = Q_1\left(\frac{N_2}{N_1}\right)$$

$$\frac{Q_2}{Q_1}=\frac{N_2}{N_1}$$

$$\frac{N_2}{N_1}=\frac{Q_2}{Q_1}$$ ← 좌우변 이항

$$N_2 = N_1\left(\frac{Q_2}{Q_1}\right)$$

$$= 1200\text{rpm}\times 1.2 = 1440\text{rpm}$$

- 1200rpm : (다)에서 주어진 값
- 1.2 : (라)에서 **배출량**을 **20% 증가**시키므로 $\frac{Q_2}{Q_1}$=100%+20%=120%로서 **1.2**

참고

유량, 양정, 축동력

유량(풍량, 배출량)	양정(전압)	축동력
$Q_2 = Q_1\left(\frac{N_2}{N_1}\right)\left(\frac{D_2}{D_1}\right)^3$	$H_2 = H_1\left(\frac{N_2}{N_1}\right)^2\left(\frac{D_2}{D_1}\right)^2$	$P_2 = P_1\left(\frac{N_2}{N_1}\right)^3\left(\frac{D_2}{D_1}\right)^5$
또는	또는	또는
$Q_2 = Q_1\left(\frac{N_2}{N_1}\right)$	$H_2 = H_1\left(\frac{N_2}{N_1}\right)^2$	$P_2 = P_1\left(\frac{N_2}{N_1}\right)^3$
여기서, Q_2 : 변경 후 유량(풍량)〔m³/min〕 Q_1 : 변경 전 유량(풍량)〔m³/min〕 N_2 : 변경 후 회전수〔rpm〕 N_1 : 변경 전 회전수〔rpm〕 D_2 : 변경 후 관경〔mm〕 D_1 : 변경 전 관경〔mm〕	여기서, H_2 : 변경 후 양정(전압)〔m〕 H_1 : 변경 전 양정(전압)〔m〕 N_2 : 변경 후 회전수〔rpm〕 N_1 : 변경 전 회전수〔rpm〕 D_2 : 변경 후 관경〔mm〕 D_1 : 변경 전 관경〔mm〕	여기서, P_2 : 변경 후 축동력〔kW〕 P_1 : 변경 전 축동력〔kW〕 N_2 : 변경 후 회전수〔rpm〕 N_1 : 변경 전 회전수〔rpm〕 D_2 : 변경 후 관경〔mm〕 D_1 : 변경 전 관경〔mm〕

(마)

$$H_2 = H_1\left(\frac{N_2}{N_1}\right)^2$$

$$= 50\text{mmAq} \times \left(\frac{1440\text{rpm}}{1200\text{rpm}}\right)^2 = 72\text{mmAq}$$

- 50mmAq : (다)에서 주어진 값
- 1440rpm : (라)에서 구한 값
- 1200rpm : (다)에서 주어진 값

(바)

$$P = \frac{P_T Q}{102 \times 60\eta} K$$

여기서, P : 송풍기동력(전동기동력)〔kW〕
P_T : 전압(풍압)〔mmAq, mmH_2O〕
Q : 풍량(배출량)〔m^3/min〕
K : 여유율(전달계수)
η : 효율

송풍기의 **전동기동력** P는

$$P = \frac{P_T Q}{102 \times 60\eta} K = \frac{72\text{mmAq} \times (380 \times 1.2)\text{m}^3/\text{min}}{102 \times 60 \times 0.55} \times 1.1 = 10.729 \fallingdotseq 10.73\text{kW}$$

∴ 15kW를 초과하지 않으므로 사용 가능하다.

- K**(1.1)** : 단서에서 주어진 값
- P_T**(72mmAq)** : (마)에서 구한 값
- Q**((380×1.2)m³/min)** : (가)에서 구한 380m³/min에 (바) 문제에서 풍량의 20%를 증가시키므로 (380×1.2)m³/min가 된다.
- η**(0.55)** : (다)의 문제에서 55%=**0.55**

☆

문제 15

내경이 2m이고 길이 1.5m인 원통형 내압용기가 두께 3mm의 연강판으로 제작되었다. 용접에 의한 허용응력 감소를 무시할 때 이 용기 내부에 허용할 수 있는 최고압력〔MPa〕을 구하시오. (단, 내압용기 재료의 허용응력은 $\sigma_w = 250$MPa이다.) (17.6.문4, 10.10.문6)

○ 계산과정 :
○ 답 :

득점	배점
	4

해답

○ 계산과정 : $\frac{200 \times 250 \times (3-1)}{2000 + 1.2(3-1)} = 49.94\text{MPa}$

○ 답 : 49.94MPa

해설 **원통형 내압용기**의 **최고허용압력**

안지름 기준(내경 기준)	바깥지름 기준
$P_a = \frac{200\sigma_a \eta (t_a - \alpha)}{D_i + 1.2(t_a - \alpha)}$	$P_a = \frac{200\sigma_a \eta (t_a - \alpha)}{D_i - 0.8(t_a - \alpha)}$

여기서, P_a : 최고허용압력〔MPa〕
D_i : 원통형 통체의 부식 후의 안지름〔mm〕
t_a : 판의 실제두께〔mm〕
α : 부식여유〔mm〕
$\sigma_a(\sigma_w)$: 재료의 허용인장응력〔MPa〕
η : 길이이음의 용접이음효율

$$P_a = \frac{200 \times \sigma_a \times \eta(t_a - \alpha)}{D_i + 1.2(t_a - \alpha)} = \frac{200 \times 250\text{MPa} \times (3\text{mm} - 1\text{mm})}{2000\text{mm} + 1.2(3\text{mm} - 1\text{mm})} = 49.94\,\text{MPa}$$

- σ_a =250MPa
- η : 주어지지 않으면 무시
- t_a(판의 실제두께) : 3mm
- α=1mm(탄소강 및 저합금강의 부식여유는 1mm 이상), **연강판**은 **탄소강**에 해당됨
- D_i : 내경(2m=2000mm)
- 시중에 틀린 책이 참 많다. 주의!

☆☆☆
문제 16

그림과 같은 관에 유량이 980N/s로 40℃의 물이 흐르고 있다. ②점에서 공동현상이 발생하지 않도록 하기 위한 ①점에서의 최소 압력〔kPa〕을 구하시오. (단, 관의 손실은 무시하고 40℃ 물의 증기압은 55.324mmHg abs이다.)

(10.7.문11)

득점	배점
	5

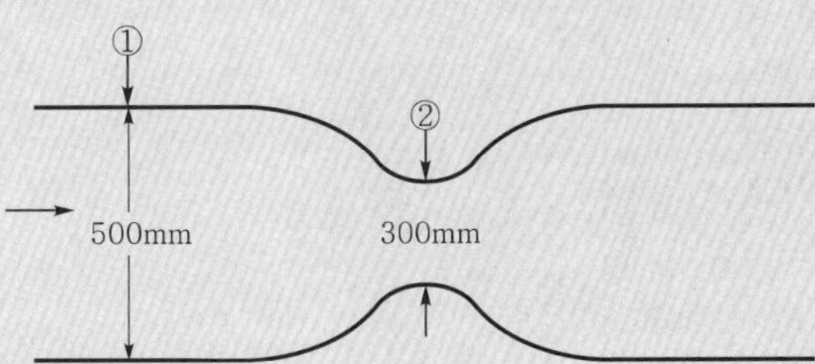

○ 계산과정 :
○ 답 :

○ 계산과정 : $V_1 = \dfrac{0.98}{\dfrac{\pi \times 0.5^2}{4} \times 9.8} ≒ 0.5092\,\text{m/s}$

$V_2 = \dfrac{0.98}{\dfrac{\pi \times 0.3^2}{4} \times 9.8} ≒ 1.4147\,\text{m/s}$

$P_1 = \dfrac{9.8}{2 \times 9.8} \times (1.4147^2 - 0.5092^2) + \left(\dfrac{55.324}{760} \times 101.325\right) = 8.246 ≒ 8.25\text{kPa}$

○ 답 : 8.25kPa

해설 (1) **중량유량**

$$G = A_1 V_1 \gamma_1 = A_2 V_2 \gamma_2, \quad A_1 = \frac{\pi {D_1}^2}{4}, \quad A_2 = \frac{\pi {D_2}^2}{4}$$

여기서, G : 중량유량〔kN/s〕
A_1, A_2 : 단면적〔m^2〕
V_1, V_2 : 유속〔m/s〕
γ_1, γ_2 : 비중량(물의 비중량 9.8kN/m^3)
D_1, D_2 : 내경〔m〕

유속 V_1은

$$V_1 = \frac{G}{A_1\gamma_1} = \frac{G}{\left(\frac{\pi D_1^{\,2}}{4}\right)\gamma_1} = \frac{0.98\text{kN/s}}{\frac{\pi\times(0.5\text{m})^2}{4}\times 9.8\text{kN/m}^3} \fallingdotseq 0.5092\text{m/s}$$

- 문제에서 980N/s=0.98kN/s(1000N=1kN)
- 500mm=0.5m(1000mm=1m)
- 계산 중간에서의 소수점 처리는 소수점 **3째자리** 또는 **4째자리**까지 구하면 된다.

유속 V_2는

$$V_2 = \frac{G}{A_2\gamma_2}$$
$$= \frac{G}{\left(\frac{\pi D_2^{\,2}}{4}\right)\gamma_2}$$
$$= \frac{0.98\text{kN/s}}{\frac{\pi\times(0.3\text{m})^2}{4}\times 9.8\text{kN/m}^3}$$
$$\fallingdotseq 1.4147\text{m/s}$$

- 문제에서 980N/s=0.98kN/s(1000N=1kN)
- 300mm=0.3m(1000mm=1m)
- 계산 중간에서의 소수점 처리는 소수점 **3째자리** 또는 **4째자리**까지 구하면 된다.

(2) **베르누이 방정식**

$$\frac{V_1^{\,2}}{2g} + \frac{P_1}{\gamma} + Z_1 = \frac{V_2^{\,2}}{2g} + \frac{P_2}{\gamma} + Z_2$$

↑ (속도수두) ↑ (압력수두) ↑ (위치수두)

여기서, V_1, V_2 : 유속[m/s]

P_1, P_2 : 압력(증기압)[kPa]

Z_1, Z_2 : 높이[m]

g : 중력가속도(9.8m/s^2)

γ : 비중량(물의 비중량 9.8kN/m^3)

주어진 그림은 **수평관**이므로 **위치수두**는 **동일**하다. 그러므로 **무시**한다.

$$Z_1 = Z_2$$

$$\frac{V_1^{\,2}}{2g} + \frac{P_1}{\gamma} = \frac{V_2^{\,2}}{2g} + \frac{P_2}{\gamma}$$
$$\frac{P_1}{\gamma} = \frac{V_2^{\,2}}{2g} - \frac{V_1^{\,2}}{2g} + \frac{P_2}{\gamma}$$
$$P_1 = \gamma\left(\frac{V_2^{\,2}}{2g} - \frac{V_1^{\,2}}{2g} + \frac{P_2}{\gamma}\right)$$
$$= \gamma\left(\frac{V_2^{\,2} - V_1^{\,2}}{2g} + \frac{P_2}{\gamma}\right)$$
$$= \frac{\gamma(V_2^{\,2} - V_1^{\,2})}{2g} + \gamma\frac{P_2}{\gamma}$$
$$= \frac{\gamma}{2g}(V_2^{\,2} - V_1^{\,2}) + P_2$$
$$= \frac{9.8\text{kN/m}^3}{2\times 9.8\text{m/s}^2}\times\left[(1.4147\text{m/s})^2 - (0.5092\text{m/s})^2\right] + 55.324\text{mmHg}$$
$$= 0.871\text{kN/m}^2 + 55.324\text{mmHg}$$

- γ(9.8kN/m^3) : 물의 비중량
- P_2(55.324mmHg abs) : 단서에서 주어진 값
- 55.324mmHg abs에서 abs(absolute pressure)는 절대압력을 의미하는 것으로 생략 가능

표준대기압

1atm=760mmHg=1.0332kg$_f$/cm^2
=10.332mH$_2$O(mAq)
=14.7PSI(lb$_f$/in^2)
=101.325kPa(kN/m^2)
=1013mbar

760mmHg=101.325kPa 이므로

$$55.324\text{mmHg} = \frac{55.324\text{mmHg}}{760\text{mmHg}} \times 101.325\text{kPa} = 7.3759\text{kPa}$$

$$1\text{kPa} = 1\text{kN/m}^2$$

$$\begin{aligned} P_1 &= 0.871\text{kN/m}^2 + 7.3759\text{kPa} \\ &= 0.871\text{kPa} + 7.3759\text{kPa} \\ &= 8.246\text{kPa} \\ &= 8.25\text{kPa} \end{aligned}$$

용어

공동현상(cavitation)
펌프의 흡입측 배관 내에 물의 정압이 기존의 증기압보다 낮아져서 **기포**가 발생되어 물이 흡입되지 않는 현상

우리 내부에는 승리와 패배의 씨앗이 있다. 당신은 어느 씨앗을 뿌릴 것인가?
승리의 씨앗!

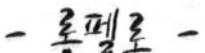

2016. 11. 12 시행

▌2016년 기사 제4회 필답형 실기시험▐

자격종목	시험시간	형별	수험번호	성명	감독위원 확 인
소방설비기사(기계분야)	3시간				

※ 다음 물음에 답을 해당 답란에 답하시오.(배점 : 100)

문제 01

옥내소화전설비의 계통을 나타내는 구조도(Isometric Diagram)이다. 이 설비에서 펌프의 정격토출량이 200L/min일 때 주어진 조건을 이용하여 물음에 답하시오. (19.4.문4, 11.7.문8)

득점	배점
	10

유사문제부터 풀어보세요. 실력이 팍!팍! 올라갑니다.

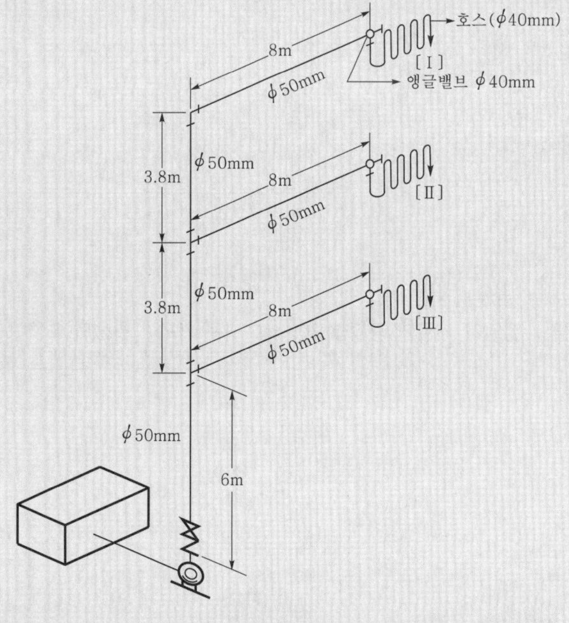

〔조건〕

① 옥내소화전 〔Ⅰ〕에서 호스 관창선단의 방수압과 방수량은 각각 0.17MPa, 130L/min이다.

② 호스길이 100m당 130L/min의 유량에서 마찰손실수두는 15m이다.

③ 각 밸브와 배관부속의 등가길이는 다음과 같다.
앵글밸브(ϕ40mm) : 10m, 게이트밸브(ϕ50mm) : 1m, 체크밸브(ϕ50mm) : 5m, 티(ϕ50mm, 분류) : 4m, 엘보(ϕ50mm) : 1m

④ 배관의 마찰손실압은 다음의 공식을 따른다고 가정한다.

$$\Delta P = \frac{6 \times 10^4 \times Q^2}{120^2 \times d^5}$$

여기서, ΔP : 배관길이 1m당 마찰손실압력〔MPa〕
Q : 유량〔L/min〕
d : 관의 내경〔mm〕

(ϕ50mm 배관의 경우 내경은 53mm, ϕ40mm 배관의 경우 내경은 42mm로 한다.)

⑤ 펌프의 양정은 토출량의 대소에 관계없이 일정하다고 가정한다.
⑥ 정답을 산출할 때 펌프 흡입측의 마찰손실수두, 정압, 동압 등은 일체 계산에 포함시키지 않는다.
⑦ 본 조건에 자료가 제시되지 아니한 것은 계산에 포함시키지 않는다.

(가) 소방호스의 마찰손실수두〔m〕를 구하시오.
 ○ 계산과정 :
 ○ 답 :

(나) 최고위 앵글밸브에서의 마찰손실압력〔kPa〕을 구하시오.
 ○ 계산과정 :
 ○ 답 :

(다) 최고위 앵글밸브의 인입구로부터 펌프 토출구까지 배관의 총 등가길이〔m〕를 구하시오.
 ○ 계산과정 :
 ○ 답 :

(라) 최고위 앵글밸브의 인입구로부터 펌프 토출구까지의 마찰손실압력〔kPa〕을 구하시오.
 ○ 계산과정 :
 ○ 답 :

(마) 펌프전동기의 소요동력〔kW〕을 구하시오. (단, 펌프의 효율은 0.6, 전달계수는 1.1이다.)
 ○ 계산과정 :
 ○ 답 :

(바) 옥내소화전 〔Ⅲ〕을 조작하여 방수하였을 때의 방수량을 q〔L/min〕라고 할 때,

1) 이 옥내소화전 호스를 통하여 일어나는 마찰손실압력〔Pa〕은 얼마인지 쓰시오. (단, q는 기호 그대로 사용하고, 마찰손실의 크기는 유량의 제곱에 정비례한다.)
 ○ 계산과정 :
 ○ 답 :

2) 당해 앵글밸브 인입구로부터 펌프 토출구까지의 마찰손실압력〔Pa〕을 구하시오. (단, q는 기호 그대로 사용한다.)
 ○ 계산과정 :
 ○ 답 :

3) 당해 앵글밸브의 마찰손실압력〔Pa〕을 구하시오. (단, q는 기호 그대로 사용한다.)
 ○ 계산과정 :
 ○ 답 :

4) 당해 호스 관창선단의 방수압〔kPa〕과 방수량〔L/min〕을 각각 구하시오.
 ○ 방수압
  − 계산과정 :
  − 답 :
 ○ 방수량
  − 계산과정 :
  − 답 :

해답

(가) ○ 계산과정 : $15 \times \dfrac{15}{100} = 2.25\text{m}$

○ 답 : 2.25m

(나) ○ 계산과정 : $\dfrac{6 \times 10^4 \times 130^2}{120^2 \times 42^5} \times 10 = 5.388 \times 10^{-3}\text{MPa} = 5.388\text{kPa} \fallingdotseq 5.39\text{kPa}$

○ 답 : 5.39kPa

(다) ○ 계산과정 : 직관 : $6.0 + 3.8 + 3.8 + 8 = 21.6\text{m}$

관부속품 : $\underline{5 + 1 + 1 = 7\text{m}}$

28.6m

○ 답 : 28.6m

(라) ○ 계산과정 : $\dfrac{6 \times 10^4 \times 130^2}{120^2 \times 53^5} \times 28.6 = 4.815 \times 10^{-3}\text{MPa} = 4.815\text{kPa} \fallingdotseq 4.82\text{kPa}$

○ 답 : 4.82kPa

(마) ○ 계산과정 : $h_1 = 2.25\text{m}$

$h_2 = 0.539 + 0.482 = 1.021\text{m}$

$h_3 = 6.0 + 3.8 + 3.8 = 13.6\text{m}$

$H = 2.25 + 1.021 + 13.6 + 17 = 33.871\text{m}$

$P = \dfrac{0.163 \times 0.2 \times 33.871}{0.6} \times 1.1 = 2.024 \fallingdotseq 2.02\text{kW}$

○ 답 : 2.02kW

(바) 1) ○ 계산과정 : $22.5 : 130^2 = \Delta P : q^2$

$130^2 \Delta P = 22.5 q^2$

$\Delta P = \dfrac{22.5 q^2}{130^2} = 1.331 \times 10^{-3} q^2 \,[\text{kPa}] = 1.331 q^2 \,[\text{Pa}] \fallingdotseq 1.33 q^2 \,[\text{Pa}]$

○ 답 : $1.33q^2$ [Pa]

2) ○ 계산과정 : 직관 : $6.0 + 8 = 14\text{m}$

관부속품 : $\underline{5 + 1 + 4 = 10\text{m}}$

24m

$\dfrac{6 \times 10^4 \times q^2}{120^2 \times 53^5} \times 24 = 2.391 \times 10^{-7} q^2 \,[\text{MPa}]$

$= 2.391 \times 10^{-1} q^2 \,[\text{Pa}] = 0.2391 q^2 \,[\text{Pa}] \fallingdotseq 0.24 q^2 \,[\text{Pa}]$

○ 답 : $0.24q^2$ [Pa]

3) ○ 계산과정 : $\dfrac{6 \times 10^4 \times q^2}{120^2 \times 42^5} \times 10 = 3.188 \times 10^{-7} q^2 \,[\text{MPa}]$

$= 3.188 \times 10^{-1} q^2 \,[\text{Pa}] \fallingdotseq 0.3188 q^2 \,[\text{Pa}] \fallingdotseq 0.32 q^2 \,[\text{Pa}]$

○ 답 : $0.32q^2$ [Pa]

4) ㉠ 방수량 : ○ 계산과정 : $P = 0.0225 + (0.005 + 0.005) + (0.06 + 0.038 + 0.038) + 0.17 = 0.3385\text{MPa}$

$P_4 = 0.3385 - 0.06 - (1.33 \times 10^{-6} + 0.24 \times 10^{-6} + 0.32 \times 10^{-6}) q^2$

$= 0.2785 - 1.89 \times 10^{-6} q^2 \,[\text{MPa}]$

$K = \dfrac{130}{\sqrt{10 \times 0.17}} \fallingdotseq 99.705$

$q = 99.705 \times \sqrt{10 \times (0.2785 - 1.89 \times 10^{-6} q^2)}$

$q^2 = (99.705)^2 \times (2.785 - 1.89 \times 10^{-5} q^2)$

$q^2 = 27685.927 - 0.1878 q^2$

$q = \sqrt{\dfrac{27685.927}{(1 + 0.1878)}} = 152.671 \fallingdotseq 152.67\text{L/min}$

○ 답 : 152.67L/min

㉡ 방수압 : ○ 계산과정 : $0.2785 - 1.89 \times 10^{-6} \times (152.67)^2 = 0.234447\text{MPa} = 234.447\text{kPa} \fallingdotseq 234.45\text{kPa}$

○ 답 : 234.45kPa

해설 (가) $15\text{m} \times \dfrac{15}{100} = 2.25\text{m}$

- 문제의 그림에서 호스의 길이는 15m이므로 15m를 적용한다. 만약, 주어진 조건이 없는 경우에는 옥내소화전의 규정에 의해 호스(15m×2개)를 비치하여야 하므로 **15m×2개**를 곱하여야 한다. 주의하라!!!
- [조건 ②]에서 호스길이 100m당 마찰손실수두가 15m이므로 $\dfrac{15}{100}$를 적용한다.

(나) **마찰손실압력** P는

$$P = \frac{6 \times 10^4 \times Q^2}{120^2 \times d^5} \times L = \frac{6 \times 10^4 \times (130\text{L/min})^2}{120^2 \times (42\text{mm})^5} \times 10\text{m} = 5.388 \times 10^{-3}\text{MPa} = 5.388\text{kPa} ≒ 5.39\text{kPa}$$

- Q(130L/min) : [조건 ①]에서 주어진 값
- L(10m) : [조건 ③]에서 주어진 값(앵글밸브(40mm)의 등가길이는 **10m**)
- d(42mm) : 앵글밸브는 40mm이므로 [조건 ④]에서 관의 내경은 **42mm**
- **'배관길이 1m당 마찰손실압력(ΔP)'**식을 **'마찰손실압력'**식으로 변형하면 $P = \dfrac{6 \times 10^4 \times Q^2}{120^2 \times d^5} \times L$이 된다.

(다) [조건 ③]을 참고하여 등가길이를 구하면 다음과 같다.

총 등가길이
• 직관 : 6.0m+3.8m+3.8m+8m=21.6m • 관부속품 체크밸브 : 5m 게이트밸브 : 1m 엘보 : 1m 합계 : 28.6m

- [조건 ③]에서 **티(직류)**는 등가길이가 주어지지 않았으므로 **생략**

(라) **마찰손실압력** P는

$$P = \frac{6 \times 10^4 \times Q^2}{120^2 \times d^5} \times L = \frac{6 \times 10^4 \times (130\text{L/min})^2}{120^2 \times (53\text{mm})^5} \times 28.6\text{m} = 4.815 \times 10^{-3}\text{MPa} = 4.815\text{kPa} ≒ 4.82\text{kPa}$$

- Q(130L/min) : [조건 ①]에서 주어진 값
- L(28.6m) : (다)에서 구한 값
- d(53mm) : 구조도에서 배관은 50mm이므로 [조건 ④]에서 관의 내경은 **53mm**

(마) **전양정**

$$H = h_1 + h_2 + h_3 + 17$$

여기서, H : 전양정[m]

h_1 : 소방호스의 마찰손실수두[m]

h_2 : 배관 및 관부속품의 마찰손실수두[m]

h_3 : 실양정(흡입양정+토출양정)[m]

h_1 : 소방호스의 마찰손실수두=2.25m((가)에서 구한 값)

h_2(배관 및 관부속품의 마찰손실수두)

1kPa = 0.1m

$5.39\text{kPa} + 4.82\text{kPa} = 0.539\text{m} + 0.482\text{m} = 1.021\text{m}$

- (나)와 (라)에서 구한 값을 적용하면 된다.

h_3 : 실양정(흡입양정+토출양정) $= 6.0\text{m} + 3.8\text{m} + 3.8\text{m} = 13.6\text{m}$

- 그림에서 흡입양정은 없으므로 고려하지 않아도 된다.

전양정 H는

$H = h_1 + h_2 + h_3 + 17 = 2.25\text{m} + 1.021\text{m} + 13.6\text{m} + 17 = 33.871\text{m}$

전동기의 소요동력

$$P = \frac{0.163\,QH}{\eta}K$$

여기서, P : 전동기의 소요동력(전동력)〔kW〕
Q : 토출량(유량)〔m^3/min〕
H : 전양정〔m〕
K : 전달계수
η : 효율

전동기의 소요동력 P는

$$P = \frac{0.163\,QH}{\eta}K$$
$$= \frac{0.163 \times 200\text{L/min} \times 33.871\text{m}}{0.6} \times 1.1$$
$$= \frac{0.163 \times 0.2\text{m}^3/\text{min} \times 33.871\text{m}}{0.6} \times 1.1$$
$$= 2.024 \fallingdotseq 2.02\,\text{kW}$$

- 문제에서 펌프의 **정격토출량**(Q)은 **200L/min임**을 기억하라.

(바) 1) (가)에서 마찰손실수두가 2.25m이므로

마찰손실압력 $= 2.25\text{m} = 22.5\text{kPa}$

$22.5 : 130^2 = \Delta P : q^2$

$130^2 \Delta P = 22.5q^2$

$$\Delta P = \frac{22.5q^2}{130^2} = 1.331 \times 10^{-3} q^2\,[\text{kPa}] = 1.331q^2\,[\text{Pa}] \fallingdotseq 1.33q^2\,[\text{Pa}]$$

- 〔조건 ①〕에서 옥내소화전 〔I〕에서의 방수량이 **130L/min**이다.
- 옥내소화전 〔I〕에서 소방호스의 마찰손실압력은 **22.5kPa**이다.
- 옥내소화전 〔III〕의 방수량은 현재로서는 알 수 없으므로 q로 놓는다.
- (바) 1)의 단서에서 $\boldsymbol{\Delta P \propto q^2}$이므로 이것을 적용해서 비례식으로 문제를 푼다.

2) 〔조건 ③〕을 참고하여 등가길이를 구하면 다음과 같다.

등가길이
• 직관 : 6.0m+8m =14m • 관부속품 체크밸브 : 5m 게이트밸브 : 1m 티(분류) : 4m 합계 : 24m

마찰손실압력 ΔP는

$$\Delta P = \frac{6 \times 10^4 \times q^2}{120^2 \times d^5} \times L = \frac{6 \times 10^4 \times q^2}{120^2 \times (53\text{mm})^5} \times 24\text{m}$$
$$= 2.391 \times 10^{-7} q^2\,[\text{MPa}] = 2.391 \times 10^{-1} q^2\,[\text{Pa}] = 0.2391q^2\,[\text{Pa}] \fallingdotseq 0.24q^2\,[\text{Pa}]$$

- L(24m) : 바로 위에서 구한 값
- d(53mm) : 구조도에서 배관은 50mm이므로 〔조건 ④〕에서 관의 내경은 **53mm**

3) **마찰손실압력** ΔP는

$$\Delta P=\frac{6\times10^4\times q^2}{120^2\times d^5}\times L=\frac{6\times10^4\times q^2}{120^2\times(42\text{mm})^5}\times 10\text{m}$$

$$=3.188\times10^{-7}q^2\,[\text{MPa}]$$

$$=3.188\times10^{-1}q^2\,[\text{Pa}]\fallingdotseq 0.3188q^2\,[\text{Pa}]\fallingdotseq 0.32q^2\,[\text{Pa}]$$

- L(10m) : 〔조건 ③〕에서 주어진 값(앵글밸브(40mm)의 등가길이는 **10m**)
- d(42mm) : 앵글밸브는 40mm이므로 〔조건 ④〕에서 관의 내경은 **42mm**

4) ㉠ **방수량**

펌프의 **토출압력**

$$P\geqq P_1+P_2+P_3+0.17$$

여기서, P : 필요한 압력(토출압력)〔MPa〕
P_1 : 소방호스의 마찰손실수두압〔MPa〕
P_2 : 배관 및 관부속품의 마찰손실수두압〔MPa〕
P_3 : 낙차의 환산수두압〔MPa〕

1m=0.01MPa

펌프의 **토출압력** P는

$$P=P_1+P_2+P_3+0.17$$

$$=0.0225\text{MPa}+(0.005\text{MPa}+0.005\text{MPa})+(0.06\text{MPa}+0.038\text{MPa}+0.038\text{MPa})+0.17$$

$$=0.3385\text{MPa}$$

- P_1(0.0225MPa) : ㈎에서 구한 값 2.25m=0.0225MPa
- P_2(0.005MPa+0.005MPa) : ㈏에서 구한 값 5.39kPa≒0.005MPa, ㈑에서 구한 값 4.82kPa≒0.005MPa
- P_3(0.06MPa+0.038MPa+0.038MPa) : 문제의 그림에서 토출양정 6.0m=0.06MPa, 3.8m=0.038MPa, 3.8m=0.038MPa, 그림에 의해 흡입양정은 필요 없음

$$P\geqq P_1+P_2+P_3+P_4$$

여기서, P : 필요한 압력(토출압력)〔MPa〕
P_1 : 소방호스의 마찰손실수두압〔MPa〕
P_2 : 배관 및 관부속품의 마찰손실수두압〔MPa〕
P_3 : 낙차의 환산수두압〔MPa〕
P_4 : 방수압력(방사요구압력, 방수압)

옥내소화전 〔Ⅲ〕의 **방수압** P_4는

$$P_4=P-P_1-P_2-P_3=P-P_3-P_1-P_2$$

$$=0.3385\text{MPa}-0.06\text{MPa}-(1.33+0.24+0.32)q^2\,[\text{Pa}]$$

$$=0.3385\text{MPa}-0.06\text{MPa}-(1.33\times10^{-6}+0.24\times10^{-6}+0.32\times10^{-6})q^2\,[\text{MPa}]$$

$$=0.2785\text{MPa}-1.89\times10^{-6}q^2\,[\text{MPa}]$$

- P(0.3385MPa) : 바로 위에서 구한 값
- P_3(0.06MPa) : 문제의 그림에서 토출양정 6.0m=0.06MPa, 흡입양정은 주어지지 않았으므로 무시
- P_1($1.33q^2$[Pa]) : (바) 1)에서 구한 값
- P_2($0.24q^2$[Pa], $0.32q^2$[Pa]) : (바) 2) · 3)에서 구한 값

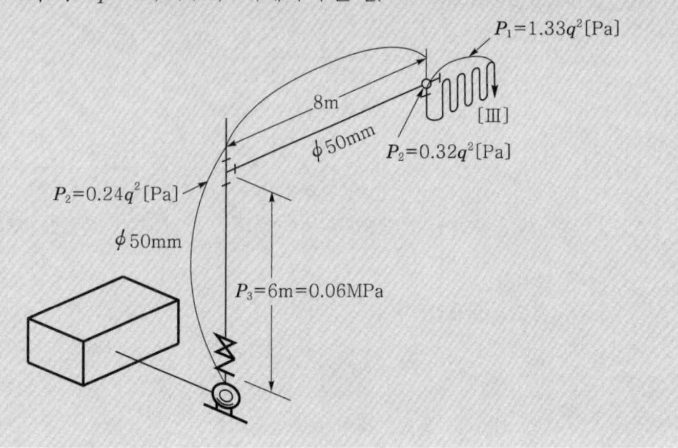

$$q = K\sqrt{10P}$$

여기서, q : 방수량(토출량)[L/min]

K : 방출계수

P : 방수압력(방사압력, 방수압)[MPa]

방출계수 K는

$$K = \frac{q}{\sqrt{10P}} = \frac{130\text{L/min}}{\sqrt{10 \times 0.17\text{MPa}}} \fallingdotseq 99.705$$

- 옥내소화전 [Ⅰ]과 옥내소화전 [Ⅱ]는 동일한 소화전이다.
- q(130L/min) : [조건 ①]에서 주어진 값
- P(0.17MPa) : [조건 ①]에서 주어진 값

옥내소화전 [Ⅲ]의 **방수량** q는

$$q = K\sqrt{10P}$$

$$q = 99.705 \times \sqrt{10 \times (0.2785 - 1.89 \times 10^{-6} q^2)\text{[MPa]}}$$

$$q = 99.705 \times \sqrt{2.785 - 1.89 \times 10^{-5} q^2}$$

$$q^2 = (99.705)^2 \times (\sqrt{2.785 - 1.89 \times 10^{-5} q^2})^2$$

$$q^2 = (99.705)^2 \times (2.785 - 1.89 \times 10^{-5} q^2)$$

$$q^2 = 27685.927 - 0.1878q^2$$

$$q^2 + 0.1878q^2 = 27685.927$$

$$1q^2 + 0.1878q^2 = 27685.927$$

$$(1 + 0.1878)q^2 = 27685.927$$

$$q^2 = \frac{27685.927}{(1 + 0.1878)}$$

$$q = \sqrt{\frac{27685.927}{(1 + 0.1878)}} = 152.671 \fallingdotseq 152.67\text{L/min}$$

- [조건 ①]에서 방수압 P와 방수량 q가 주어졌고 노즐구경 d가 주어지지 않은 경우에는 $q=K\sqrt{10P}$를 적용할 것이다. 이때 $q=0.653D^2\sqrt{10P}$를 적용하면 정확도가 떨어진다.
- P(0.2785−1.89×10$^{-6}q^2$[MPa]) : 바로 위에서 구한 값

㉡ **방수압**

$$P_4=0.2785\text{MPa}-1.89\times10^{-6}q^2\,[\text{MPa}]$$

여기서, P_4 : 방수압[MPa]

q : 방수량[L/min]

방수압 P_4는

$P_4=0.2785\text{MPa}-1.89\times10^{-6}\times(152.67\text{L/min})^2\text{MPa}$

$=0.234447\text{MPa}=234.447\text{kPa}≒234.45\text{kPa}$

- P_4(0.2785MPa−1.89×10$^{-6}q^2$[MPa]) : 위에서 구한 옥내소화전 [Ⅲ]의 방수압
- q (152.67L/min) : 바로 위에서 구한 옥내소화전 [Ⅲ]의 방수량

☆☆

문제 02

15m×20m×5m의 경유를 연료로 사용하는 발전기실에 2가지의 할로겐화합물 및 불활성기체 소화설비를 설치하고자 한다. 다음 조건과 국가화재안전기준을 참고하여 다음 물음에 답하시오.

(20.11.문7, 19.11.문5, 19.6.문9, 14.4.문2, 13.11.문13)

득점	배점
	10

[조건]

① 방호구역의 온도는 상온 20℃이다.

② HCFC BLEND A 용기는 68L용 50kg, IG-541 용기는 80L용 12.4m^{3}를 적용한다.

③ 할로겐화합물 및 불활성기체 소화약제의 소화농도

약 제	상품명	소화농도[%]	
		A급 화재	B급 화재
HCFC BLEND A	NAFS−Ⅲ	7.2	10
IG−541	Inergen	31.25	31.25

④ K_1과 K_2값

약 제	K_1	K_2
HCFC BLEND A	0.2413	0.00088
IG−541	0.65799	0.00239

(가) HCFC BLEND A의 최소약제량[kg]은?

○ 계산과정 :

○ 답 :

(나) HCFC BLEND A의 최소약제용기는 몇 병이 필요한가?

○ 계산과정 :

○ 답 :

(다) IG-541의 최소약제량[m³]은? (단, 20℃의 비체적은 선형 상수이다.)
○ 계산과정 :
○ 답 :
(라) IG-541의 최소약제용기는 몇 병이 필요한가?
○ 계산과정 :
○ 답 :

해답 (가) ○ 계산과정 : $S = 0.2413 + 0.00088 \times 20 = 0.2589$

$C = 10 \times 1.3 = 13\%$

$W = \dfrac{(15 \times 20 \times 5)}{0.2589} \times \left(\dfrac{13}{100-13}\right) = 865.731 ≒ 865.73\text{kg}$

○ 답 : 865.73kg

(나) ○ 계산과정 : $\dfrac{865.73}{50} = 17.3 ≒ 18$병

○ 답 : 18병

(다) ○ 계산과정 : $C = 31.25 \times 1.3 = 40.625\%$

$X = 2.303 \times \log_{10}\left[\dfrac{100}{100-40.625}\right] \times (15 \times 20 \times 5) = 782.086 ≒ 782.09\text{m}^3$

○ 답 : 782.09m³

(라) ○ 계산과정 : $\dfrac{782.09}{12.4} = 63.07 ≒ 64$병

○ 답 : 64병

해설 (가) **할로겐화합물 소화약제**

소화약제별 선형 상수 S는

$S = K_1 + K_2 t = 0.2413 + 0.00088 \times 20℃ = 0.2589\text{m}^3/\text{kg}$

- [조건 ④]에서 HCFC BLEND A의 K_1과 K_2값을 적용
- [조건 ①]에서 방호구역 온도는 **20℃**이다.

소화약제의 **무게** W는

$W = \dfrac{V}{S} \times \left(\dfrac{C}{100-C}\right) = \dfrac{(15 \times 20 \times 5)\text{m}^3}{0.2589\text{m}^3/\text{kg}} \times \left(\dfrac{13}{100-13}\right) = 865.731 ≒ 865.73\text{kg}$

- ABC 화재별 안전계수

화재등급	설계농도
A급(일반화재)	A급 소화농도×1.2
B급(유류화재)	B급 소화농도×1.3
C급(전기화재)	A급 소화농도×1.35

설계농도[%]=소화농도[%]×안전계수=10%×1.3=13%
- 경유는 B급화재
- HCFC BLEND A : 할로겐화합물 소화약제

(나) 용기수 $= \dfrac{\text{소화약제량[kg]}}{\text{1병당 저장값[kg]}} = \dfrac{865.73\text{kg}}{50\text{kg}} = 17.3 = 18$병(절상)

- 865.73kg : (가)에서 구한 값
- 50kg : [조건 ②]에서 주어진 값

(다) **불활성기체 소화약제**

소화약제별 선형상수 S는

$S = K_1 + K_2 t = 0.65799 + 0.00239 \times 20℃ = 0.70579\text{m}^3/\text{kg}$

- [조건 ④]에서 IG-541의 K_1과 K_2값을 적용
- [조건 ①]에서 방호구역온도는 **20℃**
- 20℃의 소화약제 비체적 $V_s = K_1 + K_2 \times 20℃ = 0.65799 + 0.00239 \times 20℃ = 0.70579\text{m}^3/\text{kg}$

소화약제의 부피 X는

$$X = 2.303\left(\frac{V_s}{S}\right) \times \log_{10}\left[\frac{100}{(100-C)}\right] \times V = 2.303\left(\frac{\cancel{0.70579\text{m}^3/\text{kg}}}{\cancel{0.70579\text{m}^3/\text{kg}}}\right) \times \log_{10}\left[\frac{100}{100-40.625}\right] \times (15 \times 20 \times 5)\text{m}^3$$

$$= 782.086 \fallingdotseq 782.09\text{m}^3$$

- ABC 화재별 안전계수

화재등급	설계농도
A급(일반화재)	A급 소화농도×1.2
B급(유류화재)	B급 소화농도×1.3
C급(전기화재)	A급 소화농도×1.35

설계농도[%]=소화농도[%]×안전계수=31.25%×1.3=40.625%
- 경유는 B급 화재
- IG－541은 불활성기체 소화약제이다.

(라) 용기수 $= \frac{\text{소화약제 부피}[\text{m}^3]}{\text{1병당 저장량}[\text{m}^3]} = \frac{782.09\text{m}^3}{12.4\text{m}^3} = 63.07 \fallingdotseq 64\text{병(절상)}$

- 782.09m^3 : (다)에서 구한 값
- 12.4m^3 : [조건 ②]에서 주어진 값

참고

소화약제량의 **산정**(NFPC 107A 4·7조, NFTC 107A 2.1.1, 2.4.1)

구 분	할로겐화합물 소화약제	불활성기체 소화약제
종류	FC-3-1-10 HCFC BLEND A HCFC-124 HFC-125 HFC-227ea HFC-23 HFC-236fa FIC-13I1 FK-5-1-12	IG-01 IG-100 IG-541 IG-55
공식	$W = \frac{V}{S} \times \left(\frac{C}{100-C}\right)$ 여기서, W : 소화약제의 무게[kg] V : 방호구역의 체적[m^3] S : 소화약제별 선형상수$(K_1 + K_2 t)$[m^3/kg] C : 체적에 따른 소화약제의 설계농도[%] t : 방호구역의 최소예상온도[℃]	$X = 2.303\left(\frac{V_s}{S}\right) \times \log_{10}\left[\frac{100}{(100-C)}\right] \times V$ 여기서, X : 소화약제의 부피[m^3] S : 소화약제별 선형상수$(K_1 + K_2 t)$[m^3/kg] C : 체적에 따른 소화약제의 설계농도[%] V_s : 20℃에서 소화약제의 비체적 $(K_1 + K_2 \times 20℃)$[m^3/kg] t : 방호구역의 최소예상온도[℃] V : 방호구역의 체적[m^3]

☆☆
문제 03

관부속품에 대한 다음 각 물음에 답하시오. (17.6.문13, 17.4.문15, 11.7.문15)

득점	배점
	5

(가) 설비된 배관 내의 이물질 제거(여과)기능을 하는 것을 쓰시오.
(나) 관 내 유체의 흐름방향을 변경시킬 때 사용되는 밸브를 쓰시오.
(다) 물올림장치의 순환배관에 설치하는 안전밸브를 쓰시오.
(라) 관경이 서로 다른 두 관을 연결하는 경우에 사용되는 관부속품을 쓰시오.
(마) 유량이 흐름 반대로 흐를 수 있는 것을 방지하기 위해서 설치하는 밸브를 쓰시오.

해답 (가) 스트레이너
(나) 앵글밸브
(다) 릴리프밸브
(라) 리듀서
(마) 체크밸브

해설

부품명	설 명	사 진
스트레이너	배관 내의 **이물질 제거**(여과)기능	
앵글밸브	관 내 유체의 **흐름방향**을 **변경**시킬 때 사용되는 밸브	
릴리프밸브	물올림장치의 **순환배관**에 설치하는 안전밸브	
리듀서	**관경**이 **서로 다른 두 관**을 **연결**하는 경우에 사용되는 관부속품	
체크밸브	유량이 **흐름 반대**로 흐를 수 있는 것을 **방지**하기 위해서 설치하는 밸브	

게이트밸브	배관 도중에 설치하여 **유체**의 **흐름**을 완전히 **차단** 또는 **조정**하는 밸브	
90° 엘보	**90**°로 각진 부분의 배관연결용 관이음쇠	
풋밸브	원심펌프의 **흡입관** 아래에 설치하여 펌프가 기동할 때 **흡입관**을 **만수**상태로 만들어 주기 위한 밸브	
연성계	**대기압 이상**의 **압력**과 **이하**의 **압력**을 측정할 수 있는 압력계	

☆☆☆

문제 04

어느 건축물의 평면도이다. 이 실들 중 A실에 급기가압을 하고 창문 A_4, A_5, A_6은 외기와 접해 있을 경우 A실을 기준으로 외기와의 유효 개구틈새면적을 구하시오. (단, 모든 개구부틈새면적은 0.01m^{2}로 동일하다.)

(17.11.문2, 15.7.문9, 11.11.문6, 08.4.문8, 05.7.문6)

득점	배점
	5

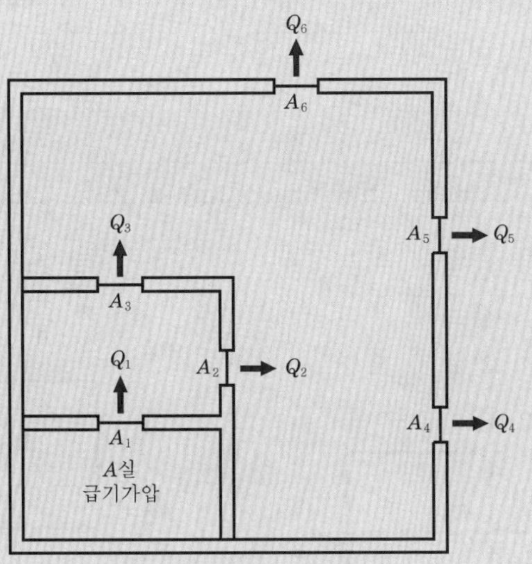

○ 계산과정 :
○ 답 :

해답 ○ 계산과정 : $A_2 \sim A_3 = 0.01 + 0.01 = 0.02\text{m}^2$

$$A_4 \sim A_6 = 0.01 + 0.01 + 0.01 = 0.03\text{m}^2$$

$$A_1 \sim A_6 = \frac{1}{\sqrt{\frac{1}{0.01^2} + \frac{1}{0.02^2} + \frac{1}{0.03^2}}} = 0.008 ≒ 0.01\text{m}^2$$

○ 답 : 0.01m²

해설 $A_2 \sim A_3$은 **병렬**상태이므로

$$A_2 \sim A_3 = A_2 + A_3$$
$$= 0.01\text{m}^2 + 0.01\text{m}^2 = 0.02\text{m}^2$$

$A_4 \sim A_6$은 **병렬**상태이므로

$$A_4 \sim A_6 = A_4 + A_5 + A_6$$
$$= 0.01\text{m}^2 + 0.01\text{m}^2 + 0.01\text{m}^2 = 0.03\text{m}^2$$

문제의 그림을 다음과 같이 변형할 수 있다.

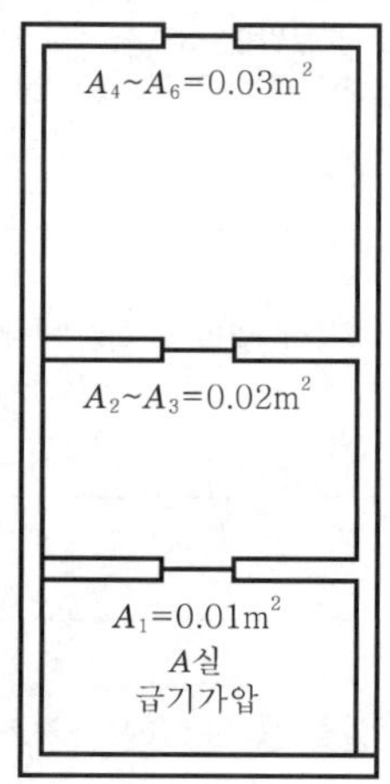

$A_1 \sim A_6$은 **직렬**상태이므로

$$A_1 \sim A_6 = \frac{1}{\sqrt{\frac{1}{{A_1}^2} + \frac{1}{(A_2 \sim A_3)^2} + \frac{1}{(A_4 \sim A_6)^2}}} = \frac{1}{\sqrt{\frac{1}{(0.01\text{m}^2)^2} + \frac{1}{(0.02\text{m}^2)^2} + \frac{1}{(0.03\text{m}^2)^2}}} = 0.008 ≒ 0.01\text{m}^2$$

참고

누설틈새면적

직렬상태	병렬상태
$A = \frac{1}{\sqrt{\frac{1}{{A_1}^2} + \frac{1}{{A_2}^2} + \cdots}}$ 여기서, A : 전체 누설틈새면적[m²] A_1, A_2 : 각 실의 누설틈새면적[m²] 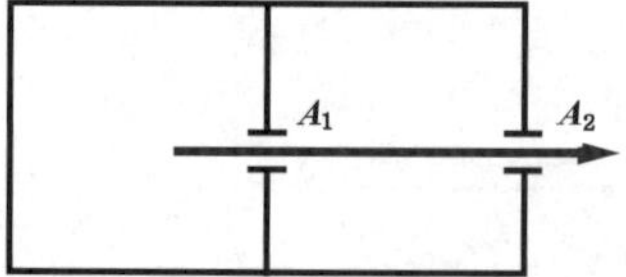 	$A = A_1 + A_2 + \cdots$ 여기서, A : 전체 누설틈새면적[m²] A_1, A_2 : 각 실의 누설틈새면적[m²] 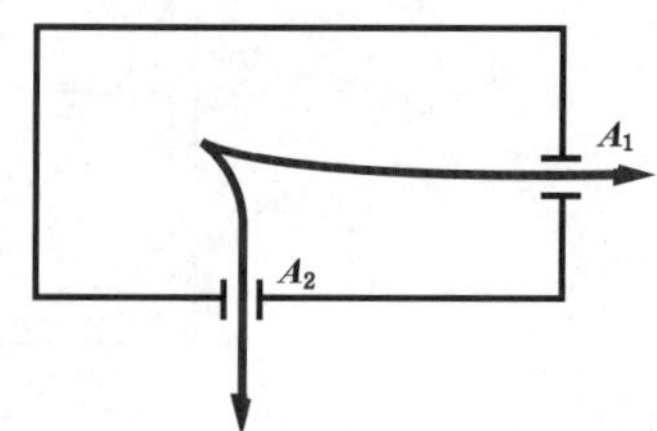

☆☆☆

문제 05

제연설비 제연구획 ①실, ②실의 소요풍량 합계[m³/min]와 축동력[kW]을 구하시오. (단, 송풍기전압은 100mmAq, 전압효율은 50%이다.) (19.11.문13, 17.4.문9, 14.11.문13, 10.10.문14, 09.10.문11)

득점	배점
	4

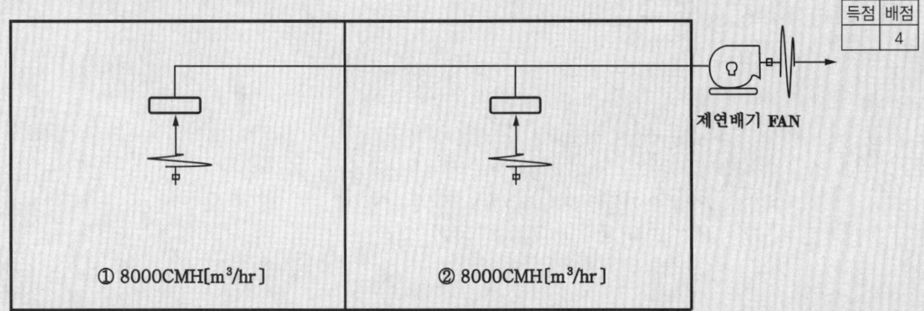

(가) 소요풍량[m³/min] 합계
○ 계산과정 :
○ 답 :

(나) 축동력[kW]
○ 계산과정 :
○ 답 :

해답 (가) 소요풍량 합계
○ 계산과정 : $8000+8000=16000\text{m}^3/\text{hr} \fallingdotseq 266.666 \fallingdotseq 266.67\text{m}^3/\text{min}$
○ 답 : 266.67m³/min

(나) 축동력
○ 계산과정 : $\dfrac{100\times 266.67}{102\times 60\times 0.5}=8.714 \fallingdotseq 8.71\text{kW}$
○ 답 : 8.71kW

해설 (가) 공동예상 제연구역이므로(각각 **벽**으로 **구획**된 경우)
소요풍량 합계[CMH] = 각 배출풍량[CMH]의 합
①실 + ②실 $=8000\text{m}^3/\text{hr}+8000\text{m}^3/\text{hr}=16000\text{m}^3/\text{hr}=16000\text{m}^3/60\text{min} \fallingdotseq 266.666\text{m}^3/\text{min} \fallingdotseq 266.67\text{m}^3/\text{min}$

비교

공동예상 제연구역(각각 **제연경계**로 구획된 경우)
소요풍량[CMH]=각 배출풍량 중 최대 풍량[CMH]

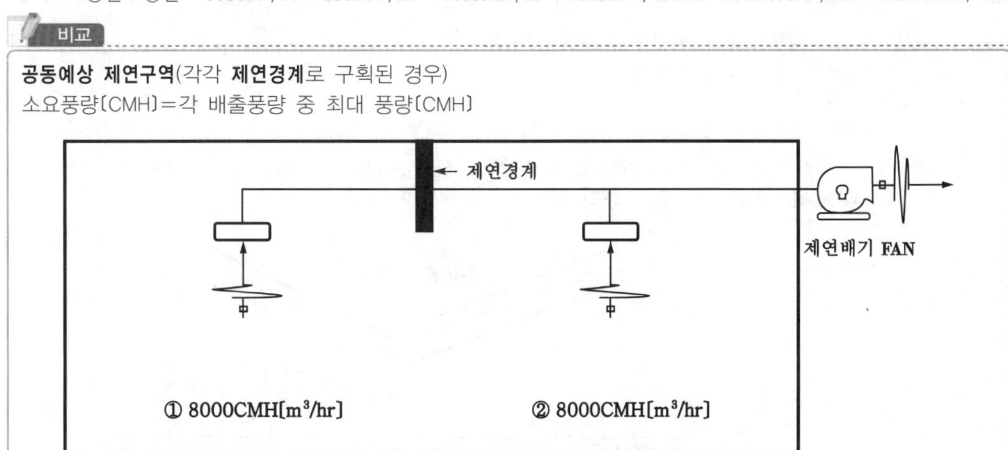

중요

단위
(1) GPM=**G**allon **P**er **M**inute〔gallon/min〕
(2) PSI=**P**ound per **S**quare **I**nch〔lb_f/in^2〕
(3) LPM=**L**iter **P**er **M**inute〔L/min〕
(4) CMH=**C**ubic **M**eter per **H**our〔m^3/h〕

(나) 제연설비(배연설비)의 축동력

$$P = \frac{P_T Q}{102 \times 60\eta}$$

여기서, P : 배연기동력(축동력)〔kW〕
P_T : 전압 · 풍압〔mmAq, mmH_2O〕
Q : 풍량(소요풍량)〔m^3/min〕
η : 효율

축동력 $P = \dfrac{P_T Q}{102 \times 60\eta} = \dfrac{100\text{mmAq} \times 266.67\text{m}^3/\text{min}}{102 \times 60 \times 0.5} = 8.714 \fallingdotseq 8.71\text{kW}$

용어

축동력
전달계수를 고려하지 않은 동력

기억법 **축전(축전)**

☆☆
문제 06

포소화설비의 배관에 설치하는 배액밸브와 완충장치에 대한 다음 각 물음에 답하시오.

(19.4.문1, 14.11.문3, 14.7.문11, 11.11.문11)

득점	배점
	8

(가) 배액밸브의 설치목적
(나) 배액밸브의 설치위치
(다) 완충장치의 설치목적
(라) 완충장치의 설치위치

해답 (가) 포의 방출종료 후 배관 안의 액을 방출하기 위하여
(나) 송액관의 가장 낮은 부분
(다) 펌프의 진동 흡수
(라) 펌프의 흡입측 및 토출측 부근

해설 (가), (나) 송액관은 포의 방출종료 후 배관 안의 액을 방출하기 위하여 적당한 기울기를 유지하고 그 낮은 부분에 **배액밸브**를 설치해야 한다(NFPC 105 7조, NFTC 105 2.4.3).

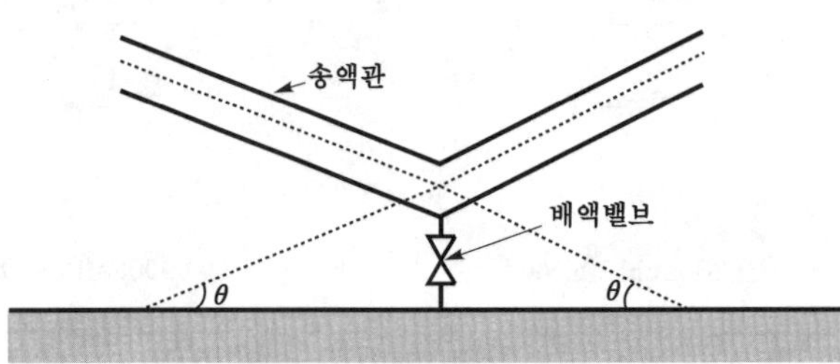

▌배액밸브의 설치장소▐

※ **배액밸브** : 배관 안의 액을 배출하기 위한 밸브

(다), (라) **완충장치** : 플렉시블조인트

구 분	플렉시블조인트
설치목적	펌프 또는 배관의 진동을 흡수하여 완충장치 역할을 한다.
설치위치	펌프의 흡입측 · 토출측 부근
도시기호	
설치 예	플렉시블조인트, 플렉시블조인트, 풋밸브

☆☆
문제 07

스프링클러설비 배관의 안지름을 수리계산에 의하여 선정하고자 한다. 그림에서 B~C구간의 유량을 165L/min, E~F구간의 유량을 330L/min라고 가정할 때 다음을 구하시오. (단, 화재안전기준에서 정하는 유속기준을 만족하도록 하여야 한다.) (14.4.문4)

득점	배점
	6

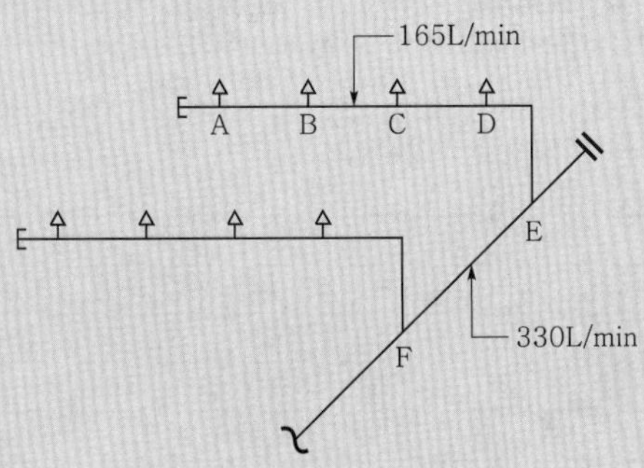

(가) B~C구간의 배관 안지름[mm]의 최소값을 구하시오.
　○ 계산과정 :
　○ 답 :

(나) E~F구간의 배관 안지름[mm]의 최소값을 구하시오.
　○ 계산과정 :
　○ 답 :

해답

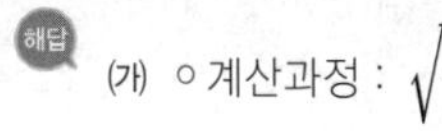

(가) ○ 계산과정 : $\sqrt{\dfrac{4\times0.165/60}{\pi\times6}}=0.024157\text{m}=24.157\text{mm} \fallingdotseq 24.16\text{mm}$

○ 답 : 24.16mm

(나) ○ 계산과정 : $\sqrt{\frac{4\times0.33/60}{\pi\times10}}=0.026462\text{m}=26.462\text{mm}\fallingdotseq26.46\text{mm}$

○ 답 : 40mm

해설

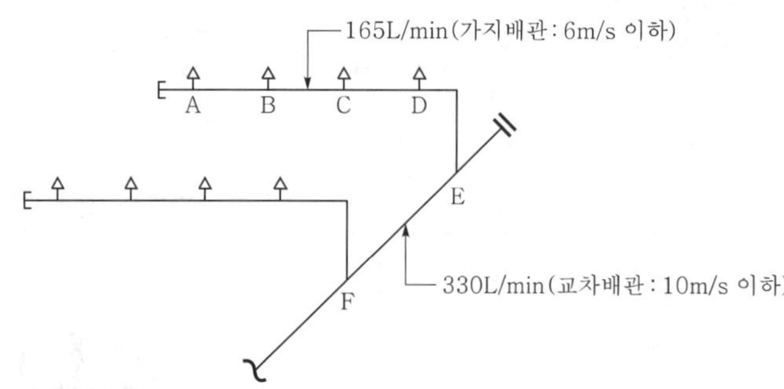

$$Q=AV=\frac{\pi D^2}{4}V$$

여기서, Q : 유량[m³/s]

A : 단면적[m²]

V : 유속[m/s]

D : 내경[m]

$$Q=\frac{\pi D^2}{4}V$$ 에서

(가) **가지배관**의 **내경**(안지름) D는

$$D=\sqrt{\frac{4Q}{\pi V}}=\sqrt{\frac{4\times165\text{L/min}}{\pi\times6\text{m/s}}}=\sqrt{\frac{4\times0.165\text{m}^3\text{/min}}{\pi\times6\text{m/s}}}=\sqrt{\frac{4\times0.165\text{m}^3\text{/60s}}{\pi\times6\text{m/s}}}$$

$$=0.024157\text{m}=24.157\text{mm}\fallingdotseq24.16\text{mm}$$

(나) **교차배관**의 **내경**(안지름) D는

$$D=\sqrt{\frac{4Q}{\pi V}}=\sqrt{\frac{4\times330\text{L/min}}{\pi\times10\text{m/s}}}=\sqrt{\frac{4\times0.33\text{m}^3\text{/min}}{\pi\times10\text{m/s}}}=\sqrt{\frac{4\times0.33\text{m}^3\text{/60s}}{\pi\times10\text{m/s}}}$$

$$=0.026462\text{m}=26.462\text{mm}\fallingdotseq26.46\text{mm}$$ (최소 40mm 선정)

- 165L/min : 문제와 그림에서 주어진 값
- 330L/min : 문제와 그림에서 주어진 값
- 배관 내의 유속

설 비		유 속
옥내소화전설비		4m/s 이하
스프링클러설비	가지배관 →	6m/s 이하
	기타 배관 →	10m/s 이하

- 스프링클러설비

스프링클러헤드수별 급수관의 구경										
호칭경	25mm	32mm	40mm	50mm	65mm	80mm	90mm	100mm	125mm	150mm

- 1000L=1m³, 1min=60s이므로 165L/min=0.165m³/min=0.165m³/60s이고 330L/min=0.33m³/min=0.33m³/60s
- 1m=1000mm이므로 0.024157m=24.157mm이고, 0.026462m=26.462mm
- **'호칭경'**이 아닌 **'배관(안지름)의 최소값'**을 구하라고 하였으므로 **소수점 둘째자리**까지 답하면 된다.
- 교차배관은 스프링클러설비의 화재안전기준(NFPC 103 8조, NFTC 103 2.5.10.1)에 의해 **최소구경**은 **40mm** 이상으로 해야 하므로 40mm 선정. 주의!
  - 스프링클러설비의 화재안전기준(NFPC 103 8조 ⑩항 1호, NFTC 103 2.5.10.1)
    10. 교차배관의 위치 · 청소구 및 가지배관의 헤드설치는 다음의 기준에 따른다.
      1. 교차배관은 가지배관과 수평으로 설치하거나 또는 가지배관 밑에 설치하고, 그 구경은 최소구경이 **40mm** 이상이 되도록할 것

☆☆
문제 08

할로겐화합물 및 불활성기체 소화설비에 다음 조건과 같은 압력배관용 탄소강관(SPPS 420, Sch 40)을 사용할 때 최대 허용압력〔MPa〕을 구하시오. (19.6.문9, 17.6.문4, 14.4.문16, 12.4.문14)

득점	배점
	6

〔조건〕
① 압력배관용 탄소강관(SPPS 420)의 인장강도는 420MPa, 항복점은 250MPa이다.
② 용접이음에 따른 허용값〔mm〕은 무시한다.
③ 배관이음효율은 0.85로 한다.
④ 배관의 최대 허용응력(SE)은 배관재질 인장강도의 1/4과 항복점의 2/3 중 작은 값(σ_t)을 기준으로 다음의 식을 적용한다.
$SE = \sigma_t \times$ 배관이음효율 $\times 1.2$
⑤ 적용되는 배관 바깥지름은 114.3mm이고, 두께는 6.0mm이다.
⑥ 헤드 설치부분은 제외한다.

○ 계산과정 :
○ 답 :

해답

○ 계산과정 : $420 \times \frac{1}{4} = 105\text{MPa}$

$250 \times \frac{2}{3} = 166.666 ≒ 166.67\text{MPa}$

$SE = 105 \times 0.85 \times 1.2 = 107.1\text{MPa}$

$P = \frac{2 \times 107.1 \times 6}{114.3} = 11.244 ≒ 11.24\text{MPa}$

○ 답 : 11.24MPa

해설

$$t = \frac{PD}{2SE} + A$$

여기서, t : 관의 두께〔mm〕
P : 최대 허용압력〔MPa〕
D : 배관의 바깥지름〔mm〕
SE : 최대 허용응력〔MPa〕$\left(\text{배관재질 인장강도의 } \frac{1}{4}\text{값과 항복점의 } \frac{2}{3}\text{값 중 작은 값} \times \text{배관이음효율} \times 1.2\right)$

※ **배관이음효율**
- 이음매 없는 배관 : 1.0
- 전기저항 용접배관 : 0.85
- 가열맞대기 용접배관 : 0.60

A : 나사이음, 홈이음 등의 허용값〔mm〕(헤드 설치부분은 제외한다.)
- 나사이음 : 나사의 높이
- 절단홈이음 : 홈의 깊이
- 용접이음 : 0

(1) 배관재질 인장강도의 $\frac{1}{4}$값 $= 420\text{MPa} \times \frac{1}{4} = 105\text{MPa}$

(2) 항복점의 $\frac{2}{3}$값 $= 250\text{MPa} \times \frac{2}{3} = 166.666 ≒ 166.67\text{MPa}$

(3) 최대 허용응력 SE = 배관재질 인장강도의 $\frac{1}{4}$값과 항복점의 $\frac{2}{3}$값 중 작은 값 × 배관이음효율 × 1.2
$= 105\text{MPa} \times 0.85 \times 1.2$
$= 107.1\text{MPa}$

(4)

$$t = \frac{PD}{2SE} + A$$ 에서

$$t - A = \frac{PD}{2SE}$$

$$2SE(t-A) = PD$$

$$\frac{2SE(t-A)}{D} = P$$

최대 허용압력 P는

$$P = \frac{2SE(t-A)}{D} = \frac{2 \times 107.1\text{MPa} \times 6.0\text{mm}}{114.3\text{mm}} = 11.244 \fallingdotseq 11.24\text{MPa}$$

- **420MPa** : [조건 ①]에서 주어진 값
- **250MPa** : [조건 ①]에서 주어진 값
- **0.85** : [조건 ③]에서 주어진 값
- t(6.0mm) : [조건 ⑤]에서 주어진 값
- D(114.3mm) : [조건 ⑤]에서 주어진 값
- A : [조건 ②]에 의해 무시

다음 조건을 참고하여 펌프가 가져야 할 유효흡입양정을 구하시오. (08.4.문6)

득점	배점
	4

[조건]

① 소화수조의 수증기압 0.0022MPa, 대기압 0.1MPa, 흡입배관의 마찰손실수두 2m

② 흡상일 때 풋밸브에서 펌프까지 수직거리 4m

○ 계산과정 :

○ 답 :

○ 계산과정 : $\frac{0.1}{0.101325} \times 10.332 = 10.1968\text{m}$, $\frac{0.0022}{0.101325} \times 10.332 = 0.2243\text{m}$

$10.1968 - 0.2243 - 4 - 2 = 3.972 \fallingdotseq 3.97\text{m}$

○ 답 : 3.97m

표준대기압

1atm=760mmHg=1.0332kg$_f$/cm^2

=10.332mH$_2$O(mAq)

=14.7PSI(lb$_f$/in^2)

=101.325kPa(kN/m^2)

=1013mbar

10.332mH$_2$O=10.332m=101.325kPa=0.101325MPa 이므로

대기압수두(H_a) : 0.1MPa$= \frac{0.1\text{MPa}}{0.101325\text{MPa}} \times 10.332\text{m} = 10.1968\text{m}$

수증기압수두(H_v) : 0.0022MPa$= \frac{0.0022\text{MPa}}{0.101325\text{MPa}} \times 10.332\text{m} = 0.2243\text{m}$

흡입수두(H_s) : 4m

마찰손실수두(H_L) : 2m

유효흡입양정 NPSH$_{av}$는

$$\text{NPSH}_{av} = H_a - H_v - H_s - H_L = 10.1968\text{m} - 0.2243\text{m} - 4\text{m} - 2\text{m} = 3.972\text{m} \fallingdotseq 3.97\text{m}$$

- 흡상=흡입상
- [조건]에서 흡상이므로 '**흡입 $NPSH_{av}$**'식을 적용한다.
- 계산 중간에서의 소수점 처리는 소수점 이하 **3째자리** 또는 **4째자리**까지 구하면 된다.
- 이 문제는 무슨 설비라고 명시되어 있지 않다. 소화설비가 아닌 유체역학문제이므로 1MPa≒100m의 약식으로 계산하면 틀릴 수 있다.
- 대기압수두(H_a) : 만약 문제에서 주어지지 않았을 때는 **표준대기압**(10.332m)을 적용하면 된다.

중요

흡입 $NPSH_{av}$(수조가 펌프보다 낮을 때)=부압흡입방식

$$NPSH_{av} = H_a - H_v - H_s - H_L$$

여기서, $NPSH_{av}$: 유효흡입양정[m]
H_a : 대기압수두[m]
H_v : 수증기압수두[m]
H_s : 흡입수두[m]
H_L : 마찰손실수두[m]

압입 $NPSH_{av}$(수조가 펌프보다 높을 때)=정압흡입방식

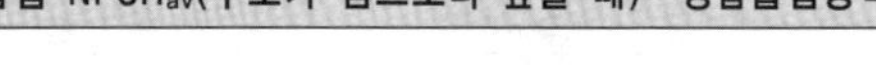

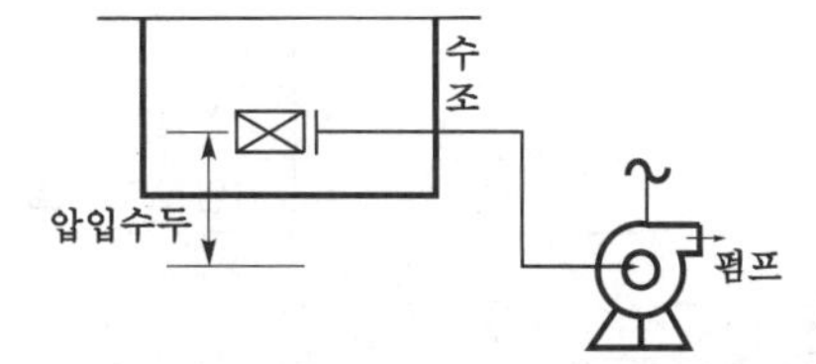

$$NPSH_{av} = H_a - H_v + H_s - H_L$$

여기서, $NPSH_{av}$: 유효흡입양정[m]
H_a : 대기압수두[m]
H_v : 수증기압수두[m]
H_s : 압입수두[m]
H_L : 마찰손실수두[m]

※ **캐비테이션의 발생한계 조건**
① $NPSH_{av}$ =$NPSH_{re}$: 발생한계
② $NPSH_{av}$ > $NPSH_{re}$: 캐비테이션이 발생하지 않는다.
③ $NPSH_{av}$ ≥ 1.3×$NPSH_{re}$: 펌프의 설치높이를 정할 때 붙이는 여유

$NPSH_{av}$(Available Net Positive Suction Head)	$NPSH_{re}$(Required Net Positive Suction Head)
유효흡입수두	필요흡입수두

☆☆
문제 10

스프링클러설비 급수배관의 개폐밸브에 설치하는 탬퍼스위치(Tamper Switch)의 설치목적과 실제 설치위치 4개소를 적으시오.

(11.5.문2)

득점	배점
	5

(가) 설치목적
○
(나) 설치위치
○
○
○
○

해답 (가) 설치목적 : 밸브의 개폐상태 감시
(나) 설치위치
① 주펌프의 흡입측에 설치된 개폐밸브
② 주펌프의 토출측에 설치된 개폐밸브
③ 유수검지장치, 일제개방밸브의 1차측 개폐밸브
④ 유수검지장치, 일제개방밸브의 2차측 개폐밸브

해설 **탬퍼스위치의 설치장소**

기 호	설치장소
①	**주펌프**의 **흡입측**에 설치된 개폐밸브
②	**주펌프**의 **토출측**에 설치된 개폐밸브
③	**고가수조**와 **수직배관** 사이의 개폐밸브
④	**유수검지장치, 일제개방밸브**의 **1차측** 개폐밸브
⑤	**유수검지장치, 일제개방밸브**의 **2차측** 개폐밸브
⑥	**충압펌프**의 **흡입측**에 설치된 개폐밸브
⑦	**충압펌프**의 **토출측**에 설치된 개폐밸브

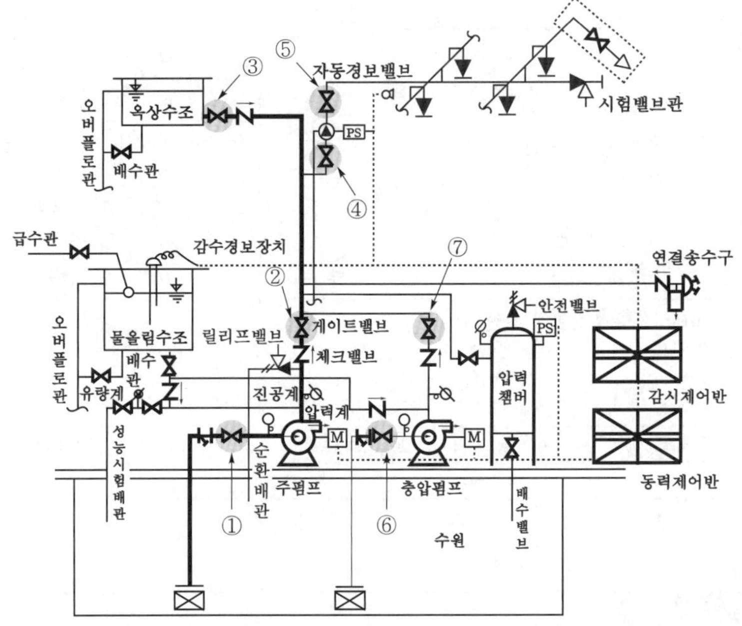

▌습식 스프링클러설비▐

용어

탬퍼스위치(TS ; Tamper Switch)
밸브의 **개폐상태**를 감시제어반에서 확인하기 위하여 설치

• 스프링클러설비의 감시제어반에서 도통시험 및 작동시험을 할 수 있어야 하는 회로를 답하지 않도록 주의하라! 혼동하기 쉽다.

중요

감시제어반에서 **도통시험** 및 **작동시험**을 할 수 있어야 하는 회로

스프링클러설비	화재조기진압용 스프링클러설비	옥외소화전설비 · 물분무소화설비	옥내소화전설비 · 포소화설비
① **기**동용 수압개폐장치의 **압력스위치회로** ② **수**조 또는 물올림수조의 **저수위감시회로** ③ **유수검지장치** 또는 **일제개방밸브**의 **압력스위치회로** ④ **일**제개방밸브를 사용하는 설비의 **화재감지기회로** ⑤ **급**수배관에 설치되어 있는 **개폐밸브**의 **폐쇄상태 확인회로** 기억법 기스유수일급	① **기동용 수압개폐장치**의 **압력스위치회로** ② **수조** 또는 **물올림수조**의 **저수위감시회로** ③ **유수검지장치** 또는 **압력스위치회로** ④ **급**수배관에 설치되어 있는 **개폐밸브**의 **폐쇄상태 확인회로** 기억법 조기수유급	① **기동용 수압개폐장치**의 **압력스위치회로** ② **수조** 또는 **물올림수조**의 **저수위감시회로** 기억법 옥물수기	① **기동용 수압개폐장치**의 **압력스위치회로** ② **수조** 또는 **물올림수조**의 **저수위감시회로** ③ **급**수배관에 설치되어 있는 **개폐밸브**의 **폐쇄상태 확인회로** 기억법 옥포기수급

☆☆☆

문제 11

주어진 평면도와 설계조건을 기준으로 방호대상구역별로 소요되는 전역방출방식의 할론소화설비에서 각 실의 방출노즐당 설계방출량〔kg/s〕을 계산하시오. (11.11.문8)

득점	배점
	8

〔설계조건〕

① 할론저장용기는 고압식 용기로서 각 용기의 약제용량은 50kg이다.
② 용기밸브의 작동방식은 가스압력식으로 한다.
③ 방호대상구역은 4개 구역으로서 각 구역마다 개구부의 존재는 무시한다.
④ 각 방호대상구역에서의 체적〔m^3〕당 약제소요량 기준은 다음과 같다.
실 A : 0.33kg/m^3, 실 B : 0.52kg/m^3
실 C : 0.33kg/m^3, 실 D : 0.52kg/m^3
⑤ 각 실의 바닥으로부터 천장까지의 높이는 모두 5m이다.
⑥ 분사헤드의 수량은 도면수량 기준으로 한다.
⑦ 설계방출량〔kg/s〕 계산시 약제용량은 적용되는 용기의 용량기준으로 한다.

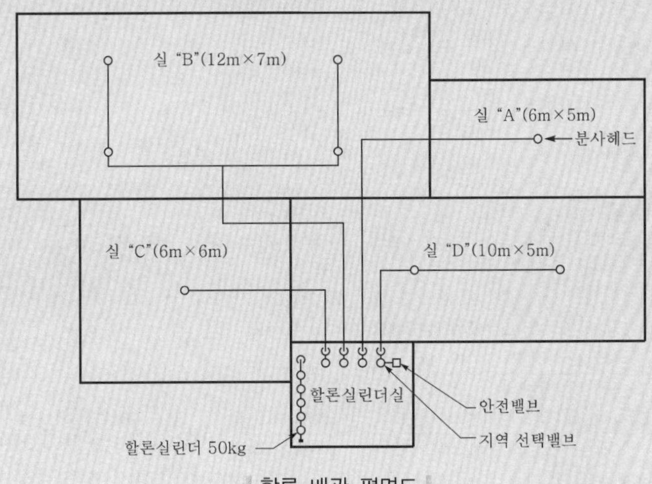

▌할론 배관 평면도▐

(가) 실 "A"의 방출노즐당 설계방출량[kg/s]
 ○ 계산과정 :
 ○ 답 :

(나) 실 "B"의 방출노즐당 설계방출량[kg/s]
 ○ 계산과정 :
 ○ 답 :

(다) 실 "C"의 방출노즐당 설계방출량[kg/s]
 ○ 계산과정 :
 ○ 답 :

(라) 실 "D"의 방출노즐당 설계방출량[kg/s]
 ○ 계산과정 :
 ○ 답 :

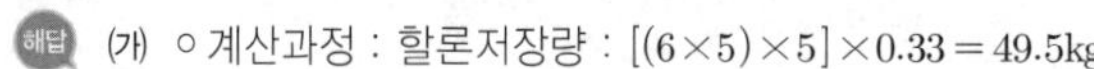

해답 (가) ○ 계산과정 : 할론저장량 : $[(6\times5)\times5]\times0.33 = 49.5\text{kg}$

용기수 : $\dfrac{49.5}{50} = 0.99 ≒ 1$병

방출량 : $\dfrac{50\times1}{1\times10} = 5\text{kg/s}$

○ 답 : 5kg/s

(나) ○ 계산과정 : 할론저장량 : $[(12\times7)\times5]\times0.52 = 218.4\text{kg}$

용기수 : $\dfrac{218.4}{50} = 4.3 ≒ 5$병

방출량 : $\dfrac{50\times5}{4\times10} = 6.25\text{kg/s}$

○ 답 : 6.25kg/s

(다) ○ 계산과정 : 할론저장량 : $[(6\times6)\times5]\times0.33 = 59.4\text{kg}$

용기수 : $\dfrac{59.4}{50} = 1.18 ≒ 2$병

방출량 : $\dfrac{50\times2}{1\times10} = 10\text{kg/s}$

○ 답 : 10kg/s

(라) ○ 계산과정 : 할론저장량 : $[(10\times5)\times5]\times0.52 = 130\text{kg}$

용기수 : $\dfrac{130}{50} = 2.6 ≒ 3$병

방출량 : $\dfrac{50\times3}{2\times10} = 7.5\text{kg/s}$

○ 답 : 7.5kg/s

해설

할론저장량[kg]
=방호구역체적[m^3]×약제량[kg/m^3]+개구부면적[m^2]×개구부가산량[kg/m^2]

(가) **A실**

할론저장량$=[(6\times5)\text{m}^2\times5\text{m}]\times0.33\text{kg/m}^3 = 49.5\text{kg}$

용기수$=\dfrac{\text{할론저장량}}{\text{1본의 약제량}}=\dfrac{49.5\text{kg}}{50\text{kg}}=0.99 ≒ 1$병

방출량$=\dfrac{\text{1본의 약제량}\times\text{병수}}{\text{헤드 개수}\times\text{약제방출시간[s]}}=\dfrac{50\text{kg}\times1\text{병}}{1\text{개}\times10\text{s}}=5\text{kg/s}$

(나) **B실**

$$할론저장량=[(12\times7)m^2\times5m]\times0.52kg/m^3=218.4kg$$

$$용기수=\frac{할론저장량}{1본의\ 약제량}=\frac{218.4kg}{50kg}=4.3 \fallingdotseq 5병$$

$$방출량=\frac{1본의\ 약제량\times병수}{헤드\ 개수\times약제방출시간[s]}=\frac{50kg\times5병}{4개\times10s}=6.25kg/s$$

(다) **C실**

$$할론저장량=[(6\times6)m^2\times5m]\times0.33kg/m^3=59.4kg$$

$$용기수=\frac{할론저장량}{1본의\ 약제량}=\frac{59.4kg}{50kg}=1.18 \fallingdotseq 2병$$

$$방출량=\frac{1본의\ 약제량\times병수}{헤드\ 개수\times약제방출시간[s]}=\frac{50kg\times2병}{1개\times10s}=10kg/s$$

(라) **D실**

$$할론저장량=[(10\times5)m^2\times5m]\times0.52kg/m^3=130kg$$

$$용기수=\frac{할론저장량}{1본의\ 약제량}=\frac{130kg}{50kg}=2.6 \fallingdotseq 3병$$

$$방출량=\frac{1본의\ 약제량\times병수}{헤드\ 개수\times약제방출시간[s]}=\frac{50kg\times3병}{2개\times10s}=7.5kg/s$$

- [조건 ⑤]에서 각 실의 층고는 **5m**이다.
- 개구부에 관한 조건이 없으므로 **개구부면적 및 개구부가산량**은 적용하지 않는다.
- **약제방사시간**

소화설비		전역방출방식		국소방출방식	
		일반건축물	위험물제조소	일반건축물	위험물제조소
할론소화설비		→ 10초 이내	30초 이내	10초 이내	30초 이내
분말소화설비		30초 이내		30초 이내	
CO_2 소화설비	표면화재	1분 이내	60초 이내		
	심부화재	7분 이내			

- $방출량=\frac{1본의\ 약제량\times병수}{헤드\ 개수\times약제방출시간[s]}$

1본의 약제량=1병당 충전량

비교

(1) $선택밸브\ 직후의\ 유량=\frac{1병당\ 저장량[kg]\times병수}{약제방출시간[s]}$

(2) $약제의\ 유량속도=\frac{1병당\ 저장량[kg]\times병수}{약제방출시간[s]}$

(3) $분사\ 헤드수=\frac{1병당\ 저장량[kg]\times병수}{헤드\ 1개의\ 표준방사량[kg]}$

(4) $개방밸브(용기밸브)\ 직후의\ 유량=\frac{1병당\ 충전량[kg]}{약제방출시간[s]}$

☆☆☆

문제 12

소방용 배관을 소방용 합성수지배관으로 설치할 수 있는 경우 3가지를 쓰시오. (단, 소방용 합성수지배관의 성능인증 및 제품검사의 기술기준에 적합한 것이다.) (14.11.문10)

○

○

○

득점	배점
	5

해답 ① 배관을 지하에 매설하는 경우
② 다른 부분과 내화구조로 구획된 덕트 또는 피트의 내부에 설치하는 경우
③ 천장(상층이 있는 경우 상층바닥의 하단 포함)과 반자를 불연재료 또는 준불연재료로 설치하고 소화배관 내부에 항상 소화수가 채워진 상태로 설치하는 경우

해설 **소방용 합성수지배관으로 설치할 수 있는 경우**(NFPC 102 6조, NFTC 102 2.3.2)
(1) 배관을 **지하**에 **매설**하는 경우
(2) 다른 부분과 **내화구조**로 구획된 **덕트** 또는 **피트**의 내부에 설치하는 경우
(3) **천장**(상층이 있는 경우 상층바닥의 하단 포함)과 **반자**를 **불연재료** 또는 **준불연재료**로 설치하고 소화배관 내부에 항상 소화수가 채워진 상태로 설치하는 경우

중요

배관의 **종류**(NFPC 102 6조, NFTC 102 2.3.1)

사용압력	배관 종류
1.2MPa 미만	① 배관용 탄소강관 ② 이음매 없는 구리 및 구리합금관(**습식**배관) ③ 배관용 스테인리스강관 또는 일반배관용 스테인리스강관 ④ 덕타일 주철관
1.2MPa 이상	① 압력배관용 탄소강관 ② 배관용 아크용접 탄소강 강관

☆☆

문제 13

옥내소화전설비의 감시제어반이 갖추어야 할 기능을 5가지 쓰시오. (98.11.문4)

○

○

○

○

○

득점	배점
	5

해답 ① 각 펌프의 작동 여부를 확인할 수 있는 표시등 및 음향경보기능이 있을 것
② 각 펌프를 자동 및 수동으로 작동시키거나 작동을 중단시킬 수 있을 것
③ 수조 또는 물올림수조가 저수위로 될 때 표시등 및 음향으로 경보될 것
④ 각 확인회로마다 도통시험 및 작동시험을 할 수 있을 것
⑤ 예비전원이 확보되고 예비전원의 적합 여부를 시험할 수 있을 것

해설 **옥내소화전설비**의 **감시제어반**의 기능(NFPC 102 9조 ②항, NFTC 102 2.6.2)
(1) 각 펌프의 작동 여부를 확인할 수 있는 **표시등** 및 **음향경보기능**이 있어야 한다.
(2) 각 펌프를 자동 및 수동으로 작동시키거나 작동을 중단시킬 수 있어야 한다.
(3) 비상전원을 설치한 경우에는 상용전원 및 비상전원의 공급 여부를 확인할 수 있어야 한다.
(4) 수조 또는 물올림수조가 저수위로 될 때 **표시등** 및 **음향**으로 경보되어야 한다.
(5) 각 확인회로(기동용 수압개폐장치의 압력스위치회로 · 수조 또는 물올림수조의 저수위감시회로 · 급수배관에 설치되어 있는 개폐밸브의 폐쇄상태 확인회로)마다 **도통시험** 및 **작동시험**을 할 수 있어야 할 것
(6) 예비전원이 확보되고 예비전원의 적합 여부를 시험할 수 있어야 한다.

용어

감시제어반
앵글밸브의 개방에 따른 물의 흐름을 감지하여 동력제어반에 펌프의 기동을 지시하며 펌프의 작동 여부를 알려주는 제어반

☆☆☆
문제 14

일제개방형 스프링클러설비의 배관계통을 나타내는 구조도이다. 다음의 조건으로 설비가 작동되었을 경우 방수압, 방수량 등을 각각의 요구순서에 따라 구하시오. (15.11.문13, 14.7.문13, 10.4.문1)

득점	배점
	12

〔조건〕

① 설치된 개방형 헤드의 방출계수(K)는 모두 각각 80이다.
② 살수시 최저 방수압이 걸리는 헤드(①헤드)에서의 방수압은 0.1MPa이다.
③ 호칭구경 50mm 이하의 배관은 나사접속식, 65mm 이상의 배관은 용접접속식이다.
④ 배관 내의 유수에 따른 마찰손실압력은 헤이전-윌리엄스공식을 적용하되, 계산의 편의상 공식은 다음과 같다고 가정한다. (단, ΔP=배관의 길이 1m당 마찰손실압력〔kPa/m〕, Q=배관 내의 유수량〔L/min〕, d=배관의 내경〔mm〕)

$$\Delta P = \frac{6 \times Q^2 \times 10^7}{120^2 \times d^5}$$

⑤ 배관의 내경은 호칭구경별로 다음과 같다.

호칭구경	25	32	40	50	65	80	100
내경〔mm〕	27	36	42	53	69	81	105

⑥ 배관부속 및 밸브류의 마찰손실은 무시한다.
⑦ 수리 계산시 속도수두는 무시한다.

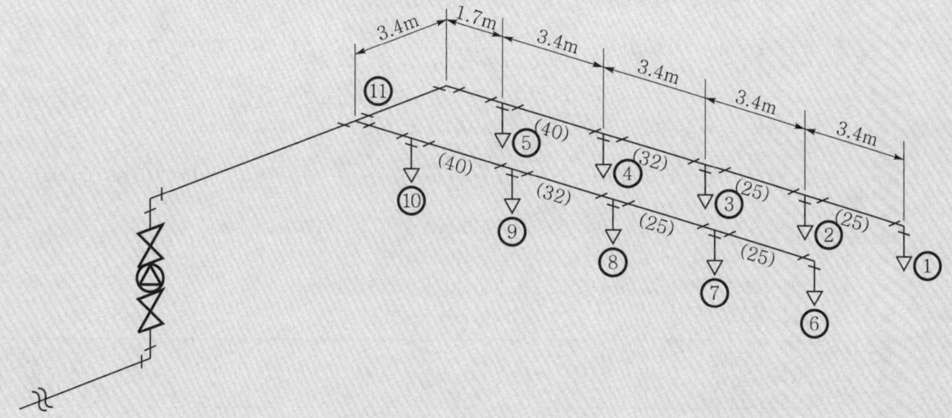

※ ( )의 숫자는 배관의 호칭구경이다.

(가) 각각의 스프링클러헤드별 방수압〔kPa〕 및 방수량〔L/min〕을 구하시오.

1) ①헤드의 방수량〔L/min〕
- 계산과정 :
- 답 :

2) ②헤드의 방수압[kPa] 및 방수량[L/min]
  ○ 계산과정 :
  ○ 답 : 방수압− 　　　　방수량−

3) ③헤드의 방수압[kPa] 및 방수량[L/min]
  ○ 계산과정 :
  ○ 답 : 방수압− 　　　　방수량−

4) ④헤드의 방수압[kPa] 및 방수량[L/min]
  ○ 계산과정 :
  ○ 답 : 방수압− 　　　　방수량−

5) ⑤헤드의 방수압[kPa] 및 방수량[L/min]
  ○ 계산과정 :
  ○ 답 : 방수압− 　　　　방수량−

(나) 도면의 배관구간 ⑤~⑪의 매분 유수량 q_A [L/min]를 구하시오.
  ○ 계산과정 :
  ○ 답 :

해답 (가) 1) ○ 계산과정 : $80\times\sqrt{10\times0.1}=80\text{L/min}$
  ○ 답 : 80L/min

2) ○ 계산과정 : $100+\dfrac{6\times80^2\times10^7}{120^2\times27^5}\times3.4=106.318 ≒ 106.32\text{kPa}$

$80\times\sqrt{10\times0.10632}=82.489 ≒ 82.49\text{L/min}$

  ○ 답 : 방수압−106.32kPa, 방수량−82.49L/min

3) ○ 계산과정 : $106.32+\dfrac{6\times(80+82.49)^2\times10^7}{120^2\times27^5}\times3.4=132.387 ≒ 132.39\text{kPa}$

$80\times\sqrt{10\times0.13239}=92.048 ≒ 92.05\text{L/min}$

  ○ 답 : 방수압−132.39kPa, 방수량−92.05L/min

4) ○ 계산과정 : $132.39+\dfrac{6\times(80+82.49+92.05)^2\times10^7}{120^2\times36^5}\times3.4=147.569 ≒ 147.57\text{kPa}$

$80\times\sqrt{10\times0.14757}=97.182 ≒ 97.18\text{L/min}$

  ○ 답 : 방수압−147.57kPa, 방수량−97.18L/min

5) ○ 계산과정 : $147.57+\dfrac{6\times(80+82.49+92.05+97.18)^2\times10^7}{120^2\times42^5}\times3.4=160.979 ≒ 160.98\text{kPa}$

$80\times\sqrt{10\times0.16098}=101.502 ≒ 101.5\text{L/min}$

  ○ 답 : 방수압−160.98kPa, 방수량−101.5L/min

(나) ○ 계산과정 : 80+82.49+92.05+97.18+101.5=453.22L/min
  ○ 답 : 453.22L/min

해설 (가)

항 목	헤드 번호	방수압[MPa]	방수량[L/min]
1	①	$P_1=0.1\text{MPa}(100\text{kPa})$	$q_1=K\sqrt{10P}$ $=80\times\sqrt{10\times0.1}$ $=80\text{L/min}$
2	②	①노즐방사압+①·②간 관로손실압 $=100+\dfrac{6\times80^2\times10^7}{120^2\times27^5}\times3.4$ $=106.318 ≒ 106.32\text{kPa}$	$q_2=K\sqrt{10P}$ $=80\times\sqrt{10\times0.10632}$ $=82.489$ $≒ 82.49\text{L/min}$

3	③	②노즐방사압+②·③간 관로손실압 $=106.32+\frac{6\times(80+82.49)^2\times10^7}{120^2\times27^5}\times3.4$ $=132.387 ≒ 132.39\text{kPa}$	$q_3=K\sqrt{10P}$ $=80\times\sqrt{10\times0.13239}$ $=92.048$ $≒ 92.05\text{L/min}$
4	④	③노즐방사압+③·④간 관로손실압 $=132.39+\frac{6\times(80+82.49+92.05)^2\times10^7}{120^2\times36^5}\times3.4$ $=147.569 ≒ 147.57\text{kPa}$	$q_4=K\sqrt{10P}$ $=80\times\sqrt{10\times0.14757}$ $=97.182$ $≒ 97.18\text{L/min}$
5	⑤	④노즐방사압 +④·⑤간 관로손실압 $=147.57+\frac{6\times(80+82.49+92.05+97.18)^2\times10^7}{120^2\times42^5}\times3.4$ $=160.979 ≒ 160.98\text{kPa}$	$q_5=K\sqrt{10P}$ $=80\times\sqrt{10\times0.16098}$ $=101.502$ $≒ 101.5\text{L/min}$

(1) **헤드번호 ①**

① 방수압

〔조건 ②〕에서 $P_1=0.1\text{MPa}=100\text{kPa}$이다.

② 방수량

$$q_1=K\sqrt{10P}$$
$$=80\times\sqrt{10\times0.1}$$
$$=80\text{L/min}$$

- K(80) : 〔조건 ①〕에서 주어진 값
- P(0.1MPa) : 〔조건 ②〕에서 주어진 값
- $q_1=K\sqrt{10P}$

  여기서, q_1 : 방수량〔L/min〕

  K : 방출계수

  P : 방수압〔MPa〕
- 방수압의 단위가 **MPa**임을 주의!!

(2) **헤드번호 ②**

① 방수압

①노즐방사압+①·②간 관로손실압

$$=100+\frac{6\times Q^2\times10^7}{120^2\times d^5}\times L=100+\frac{6\times80^2\times10^7}{120^2\times27^5}\times3.4=106.318 ≒ 106.32\text{kPa}$$

- 마찰손실압력은 〔조건 ④〕의 식을 적용한다. 단, 도면의 배관길이는 1m가 아니므로 배관의 길이(L)를 곱하여야 한다.
- 노즐방사압 : 〔조건 ②〕에서 0.1MPa=100kPa
- 유수량(Q)은 헤드번호 ①에서 **80L/min**이다.
- 내경(d)은 도면에서 호칭구경이 25mm이므로, 〔조건 ⑤〕에서 **27mm**를 적용한다.
- 배관길이(L)는 도면에서 ①·②간 직관의 길이 **3.4m**이다.

② 방수량

$$q_2=K\sqrt{10P}$$
$$=80\times\sqrt{10\times0.10632}$$
$$=82.489 ≒ 82.49\text{L/min}$$

- 방수압(P)은 106.32kPa=0.10632MPa이다.

(3) **헤드번호 ③**

① 방수압

②노즐방사압+②·③간 관로손실압

$$=106.32+\frac{6\times Q^2\times 10^7}{120^2\times d^5}\times L=106.32+\frac{6\times(80+82.49)^2\times 10^7}{120^2\times 27^5}\times 3.4=132.387 ≒ 132.39\text{kPa}$$

- 마찰손실압력은 〔조건 ④〕의 식을 적용한다.
- 유수량(Q)은 헤드번호 ①의 **80L/min**와 헤드번호 ②의 **82.49L/min**의 합이다. 왜냐하면 〔조건 ①〕에서 헤드가 **개방형**이기 때문이다.
- 내경(d)은 도면에서 호칭구경이 25mm이므로, 〔조건 ⑤〕에서 **27mm**를 적용한다.
- 배관길이(L)는 도면에서 ②·③간 직관의 길이 **3.4m**이다.
- 〔조건 ⑦〕에서 속도수두를 무시하라고 하였으므로 **정압**만을 **고려**하여 25mm **티**(나사식)는 직류가 아닌 **측류**가 되는 것이다. 주의! 주의!

② 방수량

$$q_3=K\sqrt{10P}=80\times\sqrt{10\times 0.13239}=92.048 ≒ 92.05\text{L/min}$$

- 방수압(P)은 **132.39kPa=0.13239MPa**이다.

(4) **헤드번호 ④**

① 방수압

③노즐방사압+③·④간 관로손실압

$$=132.39+\frac{6\times Q^2\times 10^7}{120^2\times d^5}\times L=132.39+\frac{6\times(80+82.49+92.05)^2\times 10^7}{120^2\times 36^5}\times 3.4=147.569 ≒ 147.57\text{kPa}$$

- 마찰손실압력은 〔조건 ④〕의 식을 적용한다.
- 유수량(Q)은 헤드번호 ①의 **80L/min**와 헤드번호 ②의 **82.49L/min**, 헤드번호 ③의 **92.05L/min**의 합이다.
- 내경(d)은 도면에서 호칭구경이 32mm이므로, 〔조건 ⑤〕에서 **36mm**를 적용한다.
- 배관길이(L)는 도면에서 ③·④간 직관의 길이 **3.4m**이다.

② 방수량

$$q_4=K\sqrt{10P}=80\times\sqrt{10\times 0.14757}=97.182 ≒ 97.18\text{L/min}$$

- 방수압(P)은 **147.57kPa=0.14757MPa**이다.

(5) **헤드번호 ⑤**

① 방수압

④노즐방사압+④·⑤간 관로손실압

$$=147.57+\frac{6\times Q^2\times 10^7}{120^2\times d^5}\times L$$

$$=147.57+\frac{6\times(80+82.49+92.05+97.18)^2\times 10^7}{120^2\times 42^5}\times 3.4$$

$$=160.979 ≒ 160.98\text{kPa}$$

- 마찰손실압력은 〔조건 ④〕의 식을 적용한다.
- 유수량(Q)은 헤드번호 ①의 **80L/min**와 헤드번호 ②의 **82.49L/min**, 헤드번호 ③의 **92.05L/min**, 헤드번호 ④의 **97.18L/min**의 합이다.
- 내경(d)은 도면에서 호칭구경이 40mm이므로, 〔조건 ⑤〕에서 **42mm**를 적용한다.
- 배관길이(L)는 도면에서 ④·⑤간 직관의 길이 **3.4m**이다.

② 방수량

$$q_5=K\sqrt{10P}=80\times\sqrt{10\times 0.16098}=101.502 ≒ 101.5\text{L/min}$$

- 방수압(P)은 **160.98kPa=0.16098MPa**이다.

(나) ⑤~⑪의 매분 유수량 q_A는

$q_A = q_1 + q_2 + q_3 + q_4 + q_5 = 80 + 82.49 + 92.05 + 97.18 + 101.5 =$ **453.22L/min**

- ⑤~⑪의 매분 유수량은 (개)에서 구한 각 헤드번호의 방수량의 합이다.

☆☆☆

문제 15

위험물의 옥외탱크에 Ⅰ형 고정포방출구로 포소화설비를 다음 조건과 같이 설치하고자 할 때 다음을 구하시오. (19.4.문6, 17.4.문10, 15.7.문1, 14.4.문6, 13.11.문10, 12.7.문7, 11.11.문13, 04.4.문1)

〔조건〕

득점	배점
	7

① 탱크의 지름 : 12m
② 사용약제는 수성막포(6%)로 단위 포소화수용액의 양은 2.27L/m^2·min이며, 방사시간은 30분이다.
③ 보조포소화전은 1개소 설치한다.
④ 배관의 길이는 20m(포원액탱크에서 포방출구까지), 관내경은 150mm이며 기타 조건은 무시한다.

(가) 포원액량〔L〕을 구하시오.
○계산과정 :
○답 :

(나) 전용 수원의 양〔m^3〕을 구하시오.
○계산과정 :
○답 :

해답

(가) ○계산과정 : $\frac{\pi}{4} \times 12^2 \times 2.27 \times 30 \times 0.06 + 1 \times 0.06 \times 8000 + \frac{\pi}{4} \times 0.15^2 \times 20 \times 0.06 \times 1000$

$= 963.321 ≒ 963.32\text{L}$

○답 : 963.32L

(나) ○계산과정 : $\frac{\pi}{4} \times 12^2 \times 2.27 \times 30 \times 0.94 + 1 \times 0.94 \times 8000 + \frac{\pi}{4} \times 0.15^2 \times 20 \times 0.94 \times 1000$

$= 15092.036\text{L} = 15.092036\text{m}^3 ≒ 15.09\text{m}^3$

○답 : 15.09m^3

해설 **고정포방출구방식**(포소화약제 저장량)

① 고정포방출구

$$Q = A \times Q_1 \times T \times S$$

여기서, Q : 포소화약제의 양〔L〕
A : 탱크의 액표면적〔m^2〕
Q_1 : 단위 포소화수용액의 양〔L/m^2·분〕
T : 방출시간〔분〕
S : 포소화약제의 사용농도

② 보조포소화전

$$Q = N \times S \times 8000$$

여기서, Q : 포소화약제의 양〔L〕
N : 호스접결구수(**최대 3개**)
S : 포소화약제의 사용농도

③ 배관보정량

$$Q = A \times L \times S \times 1000\text{L/m}^3 \text{(내경 75mm 초과시에만 적용)}$$

여기서, Q : 배관보정량[L]
A : 배관단면적[m^2]
L : 배관길이[m]
S : 포소화약제의 사용농도

(가) 포원액량=고정포방출구 원액량+보조포소화전 원액량+배관보정량

$$= (A \times Q_1 \times T \times S) + (N \times S \times 8000) + (A \times L \times S \times 1000\text{L/m}^3)$$

$$= \left[\frac{\pi}{4} \times (12\text{m})^2 \times 2.27\text{L/m}^2 \cdot \text{min} \times 30\text{min} \times 0.06\right] + (1\text{개} \times 0.06 \times 8000)$$

$$+ \left[\frac{\pi}{4} \times (0.15\text{m})^2 \times 20\text{m} \times 0.06 \times 1000\text{L/m}^3\right] = 963.321 ≒ 963.21\text{L}$$

- **12m** : [조건 ①]에서 주어진 값
- **2.27L/m^2 · min** : [조건 ②]에서 주어진 값
- **30min** : [조건 ②]에서 주어진 값
- **0.06** : [조건 ②]에서 6%이므로 농도 S=0.06
- **1개** : [조건 ③]에서 보조포소화전이 1개이므로 호스접결구수도 1개
- **0.15m** : [조건 ④]에서 관내경이 150mm=0.15m(1000mm=1m)
- **20m** : [조건 ④]에서 주어진 값
- N : 쌍구형, 단구형이라는 말이 없으므로 이때에는 단구형으로 판단해서 [조건 ③]의 보조포소화전 개수인 1개를 그대로 적용하면 된다.

(나) 수원의 양=고정포방출구 수원량+보조포소화전 수원량+배관보정량

$$= (A \times Q_1 \times T \times S) + (N \times S \times 8000) + (A \times L \times S \times 1000\text{L/m}^3)$$

$$= \left[\frac{\pi}{4} \times (12\text{m})^2 \times 2.27\text{L/m}^2 \cdot \text{min} \times 30\text{min} \times 0.94\right] + (1\text{개} \times 0.94 \times 8000)$$

$$+ \left[\frac{\pi}{4} \times (0.15\text{m})^2 \times 20\text{m} \times 0.94 \times 1000\text{L/m}^3\right]$$

$$= 15092.036\text{L} = 15.092036\text{m}^3 ≒ 15.09\text{m}^3$$

- **12m** : [조건 ①]에서 주어진 값
- **2.27L/m^2 · min** : [조건 ②]에서 주어진 값
- **30min** : [조건 ②]에서 주어진 값
- **0.94** : [조건 ②]에서 6%이므로 **포수용액(100%)=수원(94%)+포원액량(6%)이다.** 그러므로 수원의 양은 94%(0.94)
- **1개** : [조건 ③]에서 보조포소화전이 1개이므로 호스접결구수도 1개
- **0.15m** : [조건 ④]에서 관내경이 150mm=0.15m(1000mm=1m)
- **20m** : [조건 ④]에서 주어진 값

비교

옥내포소화전방식 또는 **호스릴방식**(포소화약제의 저장량)

$$Q = N \times S \times 6000 \text{(바닥면적 200m}^2\text{ 미만은 75\%)}$$

여기서, Q : 포소화약제의 양[L]
N : 호스접결구수(**최대 5개**)
S : 농도

과년도 출제문제

2015년

소방설비기사 실기(기계분야)

** 수험자 유의사항 **

1. 문제지를 받는 즉시 응시 종목의 문제가 맞는지 확인하셔야 합니다.
2. 답안지 내 인적사항 및 답안작성(계산식 포함)은 검정색 필기구만을 계속 사용하여야 합니다.
3. 답안정정 시에는 **두 줄(=)**을 긋고 다시 기재 가능하며, **수정테이프 사용** 또한 **가능**합니다.
4. 계산문제는 반드시 '계산과정'과 '답'란에 정확히 기재하여야 하며 **계산과정이 틀리거나 없는 경우 0점 처리**됩니다.
   ※ 연습이 필요 시 연습란을 이용하여야 하며, 연습란은 채점대상이 아닙니다.
5. 계산문제는 **최종결과** 값(답)에서 **소수 셋째자리에서 반올림**하여 **둘째자리**까지 구하여야 하나 개별 문제에서 소수처리에 대한 별도 요구사항이 있을 경우, 그 요구사항에 따라야 합니다.
6. 답에 단위가 없으면 오답으로 처리됩니다. (단, 문제의 요구사항에 단위가 주어졌을 경우는 생략되어도 무방합니다.)
7. 문제에서 요구한 가지 수 이상을 답란에 표기한 경우, **답란기재 순**으로 **요구한 가지 수**만 채점합니다.

■ 2015년 기사 제1회 필답형 실기시험 ■

자격종목	시험시간	형별	수험번호	성명	감독위원 확인
소방설비기사(기계분야)	3시간				

※ 다음 물음에 답을 해당 답란에 답하시오.(배점 : 100)

문제 01

다음 그림과 같이 스프링클러설비의 가압송수장치를 고가수조방식으로 할 경우 다음을 구하시오. (단, 중력가속도는 반드시 $9.8m/s^2$를 적용한다.)

(11.11.문15, 06.7.문12)

유사문제부터 풀어보세요. 실력이 팍!팍! 올라갑니다.

득점	배점
	7

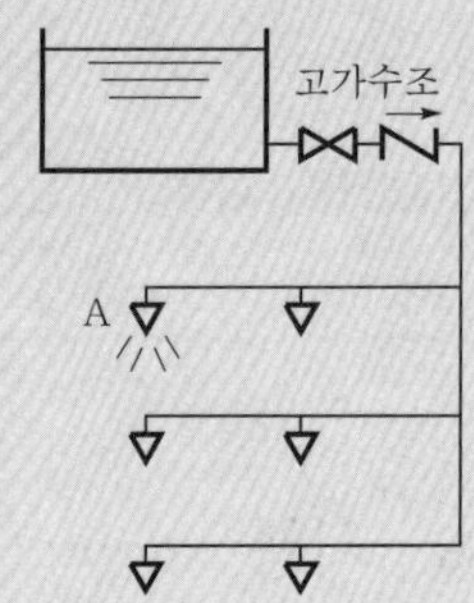

(가) 고가수조에서 최상부층 말단 스프링클러헤드 A까지의 낙차가 15m이고, 배관 마찰손실압력이 0.04MPa일 때 최상부층 말단 스프링클러헤드 선단에서의 방수압력[kPa]을 구하시오.

○ 계산과정 :

○ 답 :

(나) (가)에서 "A"헤드 선단에서의 방수압력을 0.12MPa 이상으로 나오게 하려면 현재 위치에서 고가수조를 몇 m 더 높여야 하는지 구하시오. (단, 배관 마찰손실압력은 0.04MPa 기준이다.)

○ 계산과정 :

○ 답 :

해답 (가) ○ 계산과정 : $1000\times9.8\times15=147000\text{Pa}=147\text{kPa}$

$147-40=107\text{kPa}$

○ 답 : 107kPa

(나) ○ 계산과정 : $120+40=(147+x)$

$x=13\text{kPa}$

$$h=\frac{13\times10^3}{1000\times9.8}=1.326 \fallingdotseq 1.33\text{m}$$

○ 답 : 1.33m

해설 (가)

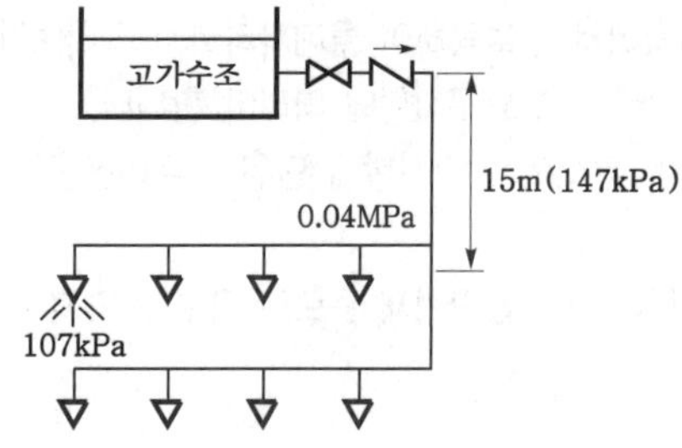

압력, 비중량

$$P=\gamma h,\ \gamma=\rho g$$

여기서, P : 압력〔Pa〕, γ : 비중량〔N/m^3〕, h : 높이〔m〕
ρ : 밀도(물의 밀도 1000kg/m^3 또는 1000N · s^2/m^4)
g : 중력가속도〔m/s^2〕

15m를 kPa로 환산

$P=\gamma h=\rho gh=1000\text{N}\cdot\text{s}^2/\text{m}^4\times9.8\text{m/s}^2\times15\text{m}=147000\text{N/m}^2=147000\text{Pa}=147\text{kPa}$

- 1N/m^2=1Pa이므로 147000N/m^2=147000Pa
- 단서 조건에 의해 중력가속도 9.8m/s^{2}을 반드시 적용해야 한다. 적용하지 않으면 틀린다.

방수압력(MPa)=낙차의 환산수두압(MPa)－배관의 마찰손실압력(MPa)$=15\text{m}-0.04\text{MPa}=147\text{kPa}-40\text{kPa}=107\text{kPa}$

- 147kPa(바로 위에서 15m를 kPa로 환산한 값)
- 1MPa=1000kPa이므로 0.04MPa=40kPa

(나) 방수압력(MPa)=낙차의 환산수두압(MPa)－배관의 마찰손실압력(MPa)

$0.12\text{MPa}=(147+x)\text{kPa}-0.04\text{MPa}$
$120\text{kPa}=(147+x)\text{kPa}-40\text{kPa}$
$120=(147+x)-40$
$120+40=(147+x)$
$120+40-147=x$
$13=x$
$x=13\text{kPa}$

고가수조
1.33m(13kPa)
15m(147kPa)
0.04MPa
107+13=120kPa

13kPa을 m로 환산

$$P=\gamma h,\ \gamma=\rho g$$ 에서

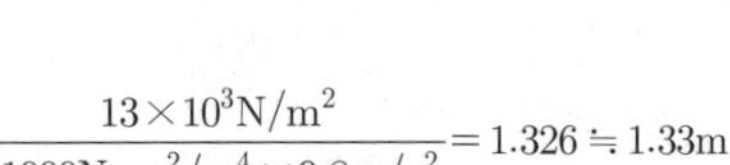

$$h=\frac{P}{\gamma}=\frac{P}{\rho g}=\frac{13\text{kPa}}{1000\text{N}\cdot\text{s}^2/\text{m}^4\times9.8\text{m/s}^2}=\frac{13\times10^3\text{N/m}^2}{1000\text{N}\cdot\text{s}^2/\text{m}^4\times9.8\text{m/s}^2}=1.326\fallingdotseq1.33\text{m}$$

- 1kPa=1kN/m^2, 1kN/m^2=10^{3}N/m^{2}이므로 13kPa=13×10^{3}N/m^2
- 단서 조건에 의해 중력가속도 9.8m/s^{2}을 반드시 적용해야 한다. 적용하지 않으면 틀린다.

☆☆

문제 02

구획된 1개의 실에 틈새면적이 0.01m^{2}인 출입문 2개가 있다. 실은 출입문 이외의 틈새가 없다고 한다. 출입문이 닫혀진 상태에서 실을 급기 · 가압하여 실과 외부 간의 50파스칼의 기압차를 얻기 위하여 실에 급기시켜야 할 풍량은 몇 m^3/s가 되겠는가? (단, 소수점은 넷째자리에서 반올림하여 셋째자리까지 구할 것)

(11.11.문6, 04.10.문2)

득점	배점
	5

○ 계산과정 :
○ 답 :

해답 ○ 계산과정 : $A=0.01+0.01=0.02\text{m}^2$

$Q=0.827\times0.02\times\sqrt{50}=0.1169 \fallingdotseq 0.117\text{m}^3/\text{s}$

○ 답 : $0.117\text{m}^3/\text{s}$

해설 그림으로 나타내면 다음과 같다.

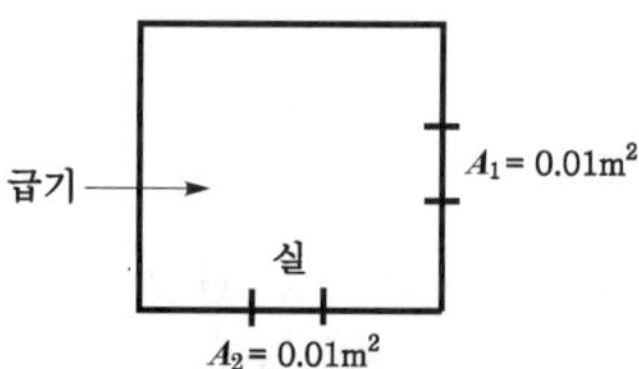

A_1, A_2는 **병렬상태**이므로

누설틈새면적 A는

$A=A_1+A_2=0.01\text{m}^2+0.01\text{m}^2=0.02\text{m}^2$

- 문제에서 구획된 **실 1개**에 출입문이 **2개** 있으므로 **병렬**상태이다. 주의하라! 구획된 실이 1개라면 출입문이 앞뒤로 설치되던, 여러 개가 설치되던 관계없이 모두 병렬상태가 되는 것이다. 출입문이 앞뒤로 있다고 해서 직렬이 아니다.

$$Q=0.827A\sqrt{P}$$

여기서, Q : 누설량[m^3/s]
A : 누설틈새면적[m^2]
P : 차압[Pa]

누설량 Q는

$Q=0.827A\sqrt{P}=0.827\times0.02\text{m}^2\times\sqrt{50\text{Pa}}=0.1169 \fallingdotseq 0.117\text{m}^3/\text{s}$

- 단서 조건에 의해 소수점 넷째자리에서 반올림하여 **셋째자리**까지 구할 것
- 차압=기압차

참고

누설틈새면적

직렬상태	병렬상태
$A=\dfrac{1}{\sqrt{\dfrac{1}{{A_1}^2}+\dfrac{1}{{A_2}^2}+\cdots}}$ 여기서, A : 전체 누설틈새면적[m^2] A_1, A_2 : 각 실의 누설틈새면적[m^2] A_1 A_2 ∥ 직렬상태 ∥	$A=A_1+A_2+\cdots$ 여기서, A : 전체 누설틈새면적[m^2] A_1, A_2 : 각 실의 누설틈새면적[m^2] A_1 A_2 ∥ 병렬상태 ∥

☆☆☆
문제 03

옥외소화전설비에서 펌프의 소요양정이 50m이고 말단방수노즐의 방수압력이 0.15MPa이었다. 관련법에 맞게 방수압력을 0.25MPa로 증가시키고자 할 때 조건을 참고하여 토출측 유량〔l/min〕과 펌프의 양정〔m〕을 구하시오.

(08.11.문13)

득점	배점
	6

〔조건〕

① 유량 $Q=K\sqrt{10P}$를 적용하며 이때 $K=100$이다.
(여기서, Q : 유량〔l/min〕, K : 방출계수, P : 방수압력〔MPa〕)

② 배관 마찰손실은 하젠－윌리암식을 적용한다.

$$\Delta P = 6.174\times10^4\times\frac{Q^{1.85}}{C^{1.85}\times D^{4.87}}$$

(여기서, ΔP : 단위길이당 마찰손실압력〔MPa〕, Q : 유량〔l/min〕, C : 관의 조도계수〔무차원〕, D : 관의 내경〔mm〕)

(가) 유량
- ○계산과정 :
- ○답 :

(나) 양정
- ○계산과정 :
- ○답 :

해답 (가) ○계산과정 : $100\sqrt{10\times0.25}=158.113 ≒ 158.11l/\text{min}$

○답 : 158.11l/min

(나) ○계산과정 : $Q_1=100\sqrt{10\times0.15}=122.474 ≒ 122.47l/\text{min}$

마찰손실압력$=0.5-0.15=0.35\text{MPa}$

$0.35\times\left(\dfrac{158.11}{122.47}\right)^{1.85}=0.5614\text{MPa}$

$0.5614+0.25=0.8114=81.14\text{m}$

○답 : 81.14m

해설 (가)

$$Q=K\sqrt{10P}$$

여기서, Q: 토출량(유량)〔l/min〕
K: 방출계수
P: 방수압력〔MPa〕

펌프교체 후 유량 Q_2는

$Q_2=K\sqrt{10P}=100\sqrt{10\times0.25\text{MPa}}=158.113 ≒ 158.11l/\text{min}$

(나) **펌프교체 전 유량** Q_1는

$Q_1=K\sqrt{10P}=100\sqrt{10\times0.15\text{MPa}}=122.474 ≒ 122.47l/\text{min}$

- **K=100** : 〔조건 ①〕에서 주어진 값
- **P=0.15MPa** : 문제에서 주어진 값

마찰손실압력=토출압력-방수압력

$=50\text{m}-0.15\text{MPa}=0.5\text{MPa}-0.15\text{MPa}=0.35\text{MPa}$

- 100m=1MPa

$$\Delta P = 6.174 \times 10^4 \times \frac{Q^{1.85}}{C^{1.85} \times D^{4.87}}$$

여기서, ΔP : 배관길이 1m당 압력손실(단위길이당 마찰손실압력)〔MPa〕
Q : 유량〔l/min〕
C : 관의 조도계수〔무차원〕
D : 관의 내경〔mm〕

하젠-윌리암의 식 ΔP는

$\Delta P = 6.174 \times 10^4 \times \dfrac{Q^{1.85}}{C^{1.85} \times D^{4.87}} \propto Q^{1.85}$ 이므로

마찰손실압력 ΔP는

$$\Delta P = P \times Q^{1.85}$$
$$= P \times \left(\frac{Q_2}{Q_1}\right)^{1.85} = 0.35\text{MPa} \times \left(\frac{158.11 l/\text{min}}{122.47 l/\text{min}}\right)^{1.85} = 0.5614\text{MPa}$$

펌프의 토출압력=마찰손실압력+0.25MPa

$$= 0.5614\text{MPa} + 0.25\text{MPa} = 0.8114\text{MPa} = 81.14\text{m}$$

- 0.25MPa : 문제에서 주어진 값
- **0.35MPa** : (나)에서 구한 값
- 158.11l/min : (가)에서 구한 값
- 122.47l/min : (나)에서 구한 값
- 1MPa=100m

문제 04

스프링클러설비에 사용되는 개방형 헤드와 폐쇄형 헤드의 차이점과 설치장소를 각각 2가지씩 쓰시오.

(17.11.문3, 01.11.문11)

구 분	개방형 헤드	폐쇄형 헤드
차이점	○ ○	○ ○
설치장소	○ ○	○ ○

득점	배점
	6

해답

구 분	개방형 헤드	폐쇄형 헤드
차이점	• 감열부가 없다. • 가압수 방출기능만 있다.	• 감열부가 있다. • 화재감지 및 가압수 방출기능이 있다.
설치장소	• 무대부 • 연소할 우려가 있는 개구부	• 근린생활시설 • 판매시설

해설 **개방형 헤드**와 **폐쇄형 헤드**

구 분	개방형 헤드	폐쇄형 헤드
차이점	• **감열부**가 **없다.** • **가압수 방출기능**만 있다.	• **감열부**가 **있다.** • **화재감지** 및 **가압수 방출기능**이 있다.
설치장소	• 무대부 • 연소할 우려가 있는 개구부 • 천장이 높은 장소 • 화재가 급격히 확산될 수 있는 장소(위험물 저장 및 처리시설)	• 근린생활시설 • 판매시설(도매시장 · 소매시장 · 백화점 등) • 복합건축물 • 아파트 • 공장 또는 창고(랙식 창고 포함) • 지하가 · 지하역사
적용설비	• **일제살수식** 스프링클러설비	• **습식** 스프링클러설비 • **건식** 스프링클러설비 • **준비작동식** 스프링클러설비
형태		

용어

무대부와 연소할 우려가 있는 개구부

(1) **무대부** : 노래, 춤, 연극 등의 연기를 하기 위해 만들어 놓은 부분

(2) **연소할 우려가 있는 개구부** : 각 방화구획을 관통하는 컨베이어 · 에스컬레이터 또는 이와 비슷한 시설의 주위로서 방화구획을 할 수 없는 부분

☆☆

문제 05

체적이 600m³인 통신기기실에 설계농도 5%의 할론 1301 소화설비를 전역방출방식으로 적용하였다. 68l의 내용적을 가진 축압식 저장용기수를 3병으로 할 경우 저장용기의 충전비는 얼마인가?

(05.7.문8)

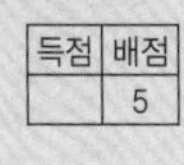

득점	배점
	5

○ 계산과정 :

○ 답 :

해답 ○ 계산과정 : $600 \times 0.32 = 192\text{kg}$

$$\frac{192}{3} = 64\text{kg}$$

$$\frac{68}{64} = 1.062 \fallingdotseq 1.06$$

○ 답 : 1.06

해설

‖ 할론 1301의 약제량 및 개구부가산량(NFPC 107 5조, NFTC 107 2.2.1) ‖

방호대상물	약제량		개구부가산량 (자동폐쇄장치 미설치시)
	설계농도 5%	설계농도 10%	
차고 · 주차장 · 전기실 · 전산실 · 통신기기실	0.32kg/m^3	0.64kg/m^3	2.4kg/m^2

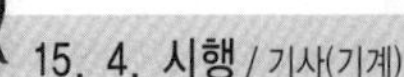

전역방출방식

할론저장량[kg]=방호구역체적[m³]×약제량[kg/m³]+개구부면적[m²]×개구부가산량[kg/m²]

$=600m^3 \times 0.32kg/m^3$
$=192kg$

- 개구부에 대한 언급이 없으므로 개구부면적, 개구부가산량은 제외한다.
- 통신기기실의 설계농도가 5%이므로 약제량은 **0.32kg/m³**이다.

1병 약제저장량$=\dfrac{저장량}{병수}=\dfrac{192kg}{3병}=64kg$

충전비

$$C=\frac{V}{G}$$

여기서, C: 충전비[l/kg]
V: 내용적[l]
G: 저장량[kg]

충전비 C는

$C=\dfrac{V}{G}=\dfrac{68l}{64kg}=1.062 ≒ 1.06$

☆☆ **문제 06**

할론소화설비에서 그림의 방출방식 종류 명칭을 쓰고, 해당 방식에 대하여 설명하시오.

(11.11.문4, 09.10.문1)

득점	배점
	5

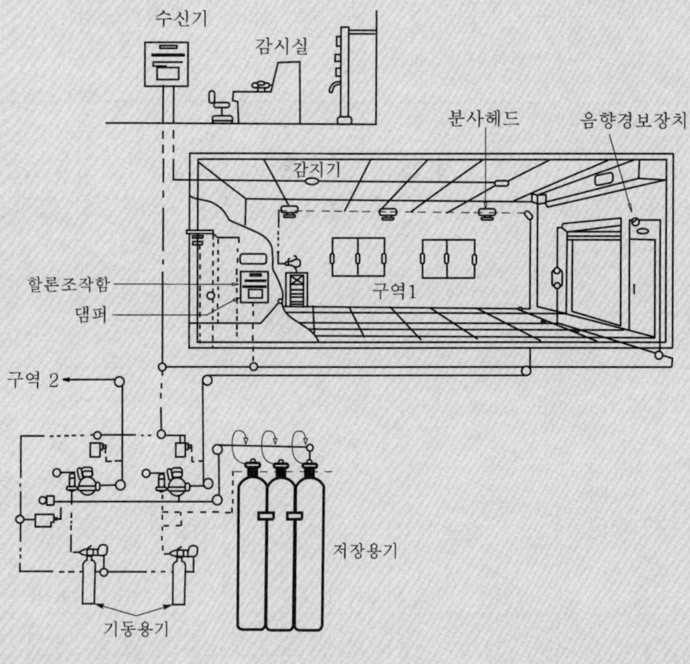

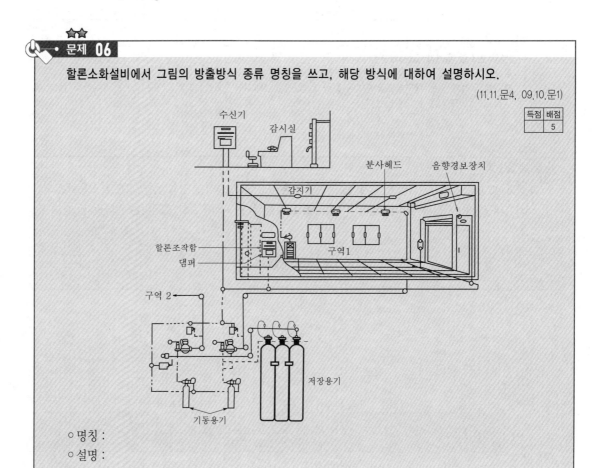

수신기, 감시실, 분사헤드, 음향경보장치, 감지기, 구역1, 할론조작함, 댐퍼, 구역 2, 저장용기, 기동용기

○ 명칭 :
○ 설명 :

해답 ① 명칭 : 전역방출방식

② 설명 : 고정식 할론공급장치에 배관 및 분사헤드를 고정 설치하여 밀폐방호구역 내에 할론을 방출하는 설비

해설 **할론소화설비**의 **방출방식**

방출방식	설 명
전역방출방식	고정식 할론공급장치에 배관 및 분사헤드를 고정 설치하여 **밀폐방호구역** 내에 할론을 방출하는 설비
국소방출방식	고정식 할론공급장치에 배관 및 분사헤드를 설치하여 **직접 화점**에 할론을 방출하는 설비로 화재 발생부분에만 **집중적**으로 소화약제를 방출하도록 설치하는 방식
호스릴방식	① 분사헤드가 배관에 고정되어 있지 않고 소화약제 저장용기에 호스를 연결하여 사람이 직접 화점에 소화약제를 방출하는 **이동식 소화설비** ② 국소방출방식의 일종으로 릴에 감겨 있는 호스의 끝단에 방출관을 부착하여 수동으로 연소부분에 직접 가스를 방출하여 소화하는 방식

비교

(1) **국소방출방식**

(2) **호스릴방식**

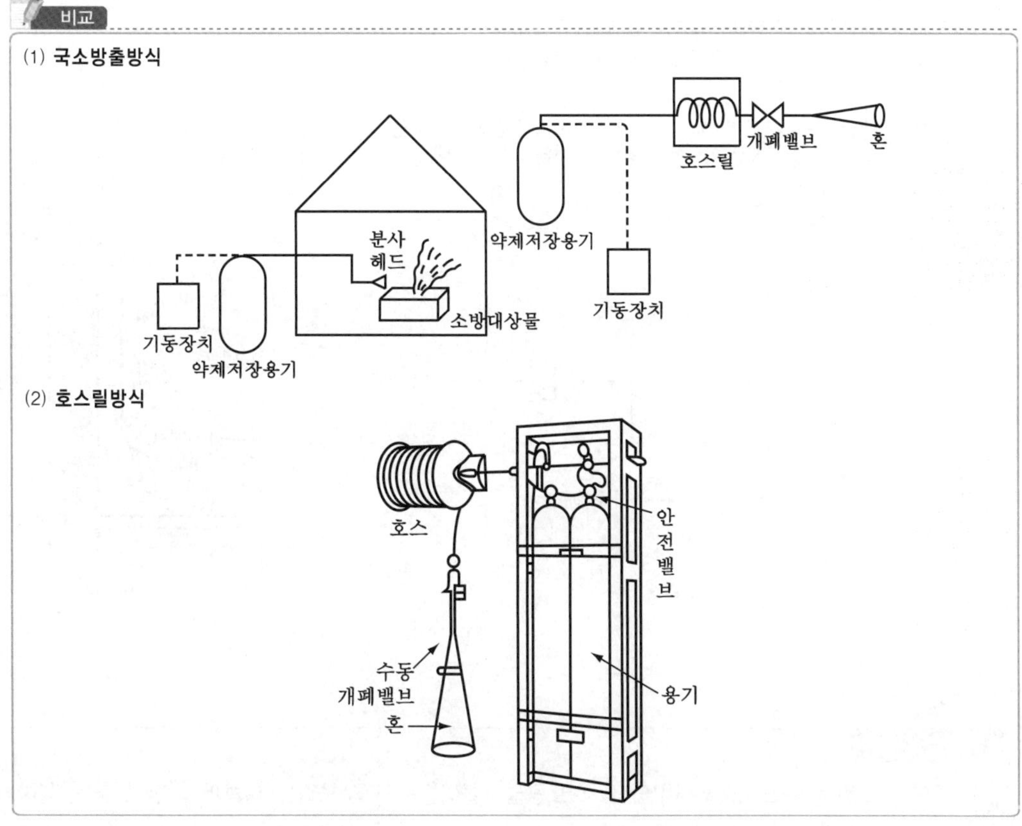

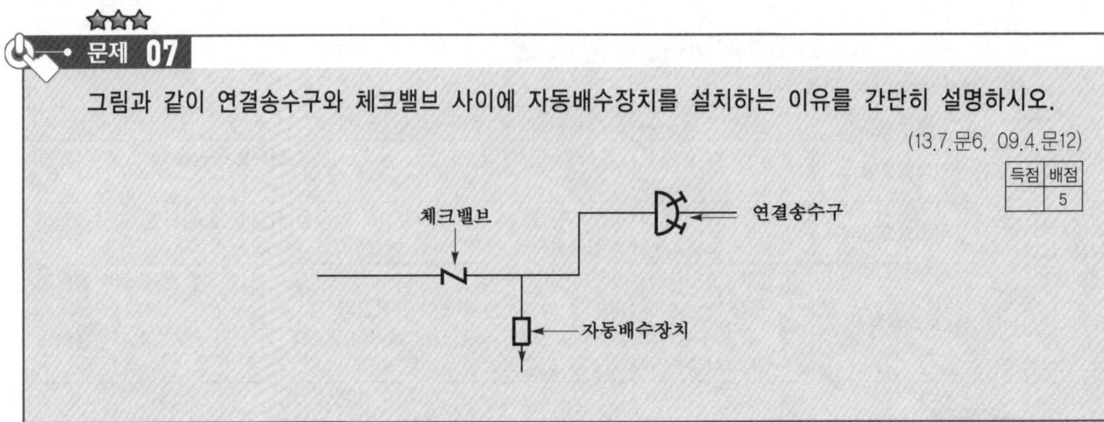

☆☆☆

문제 07

그림과 같이 연결송수구와 체크밸브 사이에 자동배수장치를 설치하는 이유를 간단히 설명하시오.

(13.7.문6, 09.4.문12)

득점	배점
	5

해답 배관 내에 고인 물을 자동으로 배수시켜 배관의 동파 및 부식 방지

해설 연결송수구 부분은 노출되어 있으므로 배관에 물이 고여있을 경우 배관의 **동파** 및 **부식**의 우려가 있으므로 자동배수장치(auto drip)를 설치하여 본 설비를 사용 후에는 배관 내에 고인 물을 자동으로 배수시키도록 되어 있다.

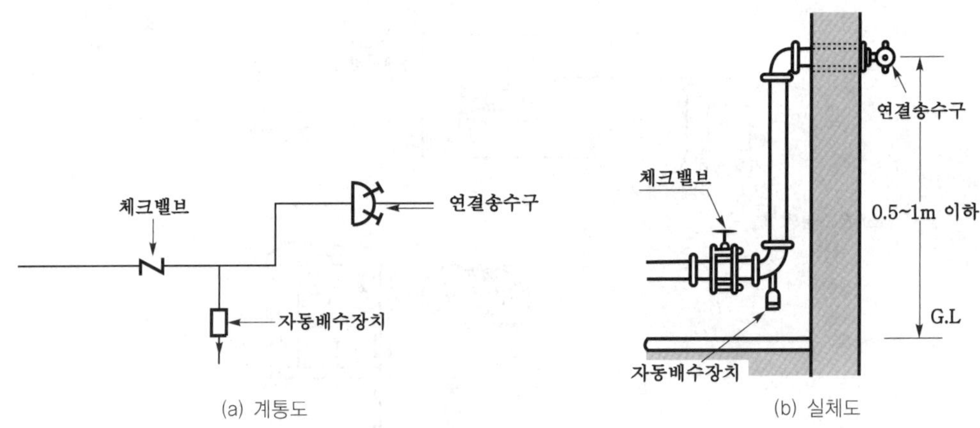

(a) 계통도 (b) 실체도

▮ 자동배수장치의 설치 ▮

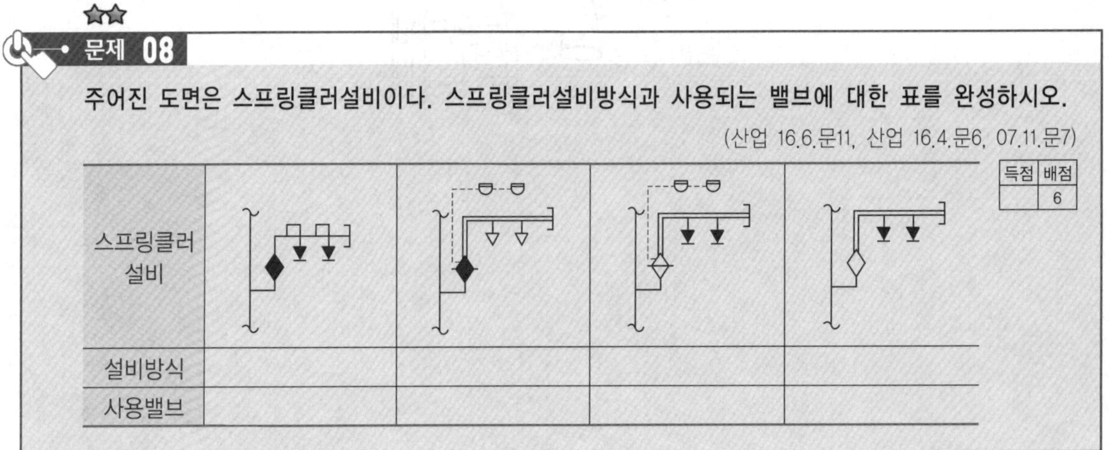

☆☆

문제 08

주어진 도면은 스프링클러설비이다. 스프링클러설비방식과 사용되는 밸브에 대한 표를 완성하시오.

(산업 16.6.문11, 산업 16.4.문6, 07.11.문7)

득점	배점
	6

스프링클러 설비				
설비방식				
사용밸브				

해답

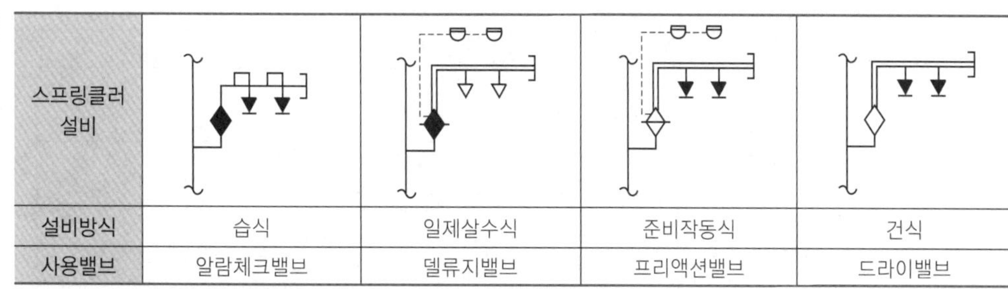

스프링클러 설비	(습식 계통도)	(일제살수식 계통도)	(준비작동식 계통도)	(건식 계통도)
설비방식	습식	일제살수식	준비작동식	건식
사용밸브	알람체크밸브	델류지밸브	프리액션밸브	드라이밸브

해설 (1) **유수검지장치** 또는 **일제개방밸브**

구 분	기 능	종 류
유수검지장치	본체 내의 **유수현상**을 **자동**으로 **검지**하여 **신호** 또는 **경보**를 발하는 장치	• **습식** : 습식 밸브(알람체크밸브, alarm check valve) • **건식** : 건식 밸브(드라이밸브, dry valve) • **준비작동식** : 준비작동밸브(프리액션밸브, preaction valve)
일제개방밸브	화재발생시 자동 또는 수동식 기동장치에 따라 밸브가 열려지는 것	• **일제살수식** : 일제개방밸브(델류지밸브, deluge valve)

• 알람체크밸브=경보체크밸브
• 준비작동식=준비작동방식
• 일제개방밸브=일제살수밸브

(2) **스프링클러설비**의 **작동원리**

구 분	종 류	작동원리
유수 검지장치	습식	습식 밸브의 **1차측** 및 **2차측** 배관 내에 항상 **가압수**가 충수되어 있다가 화재발생시 열에 의해 헤드가 개방되어 소화하는 방식
	건식	건식 밸브의 **1차측**에는 **가압수**, **2차측**에는 **공기**가 압축되어 있다가 화재발생시 열에 의해 헤드가 개방되어 소화하는 방식
	준비 작동식	준비작동식 밸브의 **1차측**에는 **가압수**, **2차측**에는 **대기압**상태로 있다가 화재발생시 감지기에 의하여 준비작동식 밸브(preaction valve)를 개방하여 헤드까지 가압수를 송수시켜 놓고 있다가 열에 의해 헤드가 개방되면 소화하는 방식
일제 개방밸브	일제 살수식	일제개방밸브의 1차측에는 **가압수**, 2차측에는 **대기압**상태로 있다가 화재발생시 감지기에 의하여 **일제개방밸브**(deluge valve)가 개방되어 소화하는 방식

(3) **스프링클러설비**의 **구분**

구 분		습 식	건 식	준비작동식	일제살수식
헤드 종류	폐쇄형( )	○	○	○	
	개방형( )				○
감지기(S)	설치			○	○
	미설치	○	○		
2차측 배관상태	대기압			○	○
	압축공기		○		
	가압수	○			
1차측 배관상태	대기압				
	압축공기				
	가압수	○	○	○	○

- **준비작동식**과 **일제살수식**에는 **감지기**(S)가 사용된다.
- **준비작동식**은 폐쇄형 헤드( ), **일제살수식**은 **개방형 헤드**( )가 사용된다.
- **습식**은 **회향식 배관**( )을 사용한다.

비교

스프링클러설비

종 류	간략도
습식	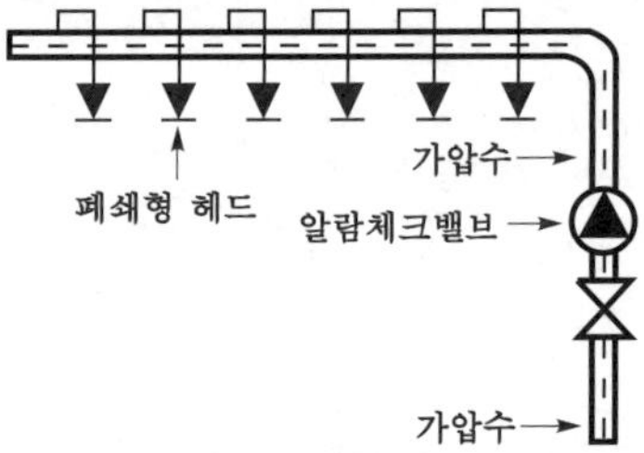
건식	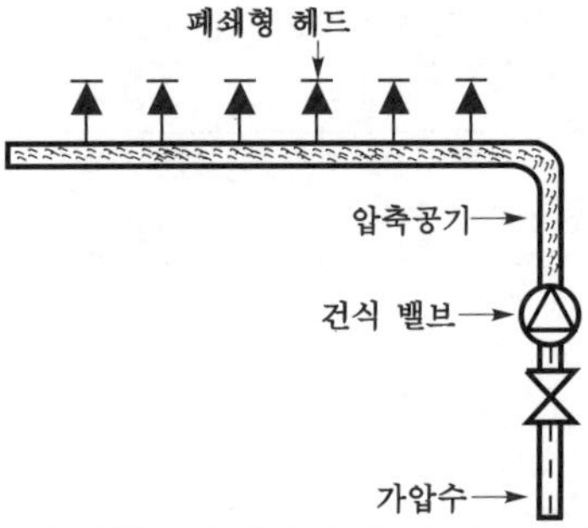

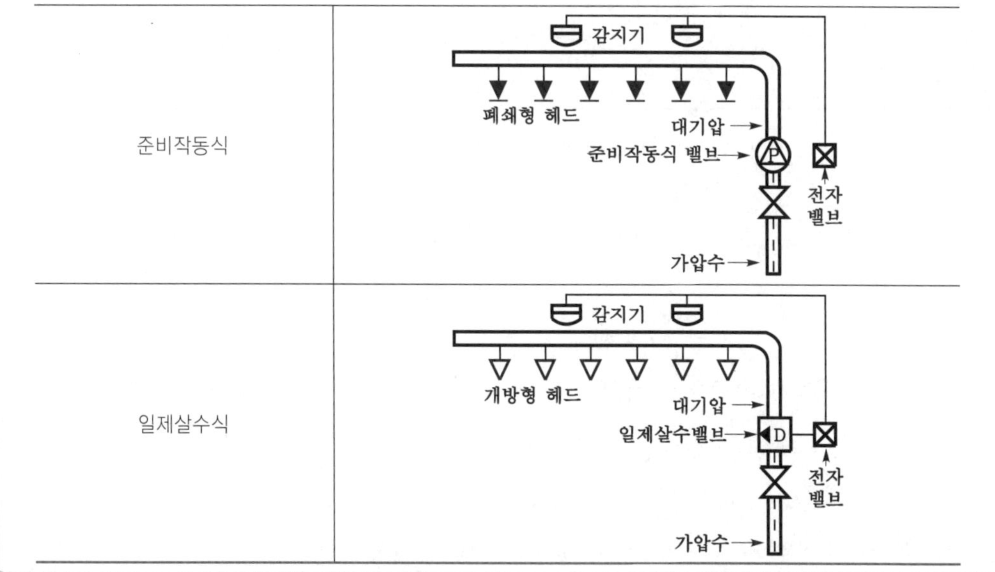

☆☆☆

문제 09

어떤 지하상가에 제연설비를 화재안전기준과 다음 조건에 따라 설치하려고 한다. 다음 각 물음에 답하시오. (05.5.문1, 02.7.문4)

득점	배점
	10

[조건]

① 주덕트의 높이제한은 1000mm이다. (강판두께, 덕트플랜지 및 보온두께는 고려하지 않는다.)

② 배출기는 원심다익형이다.

③ 각종 효율은 무시한다.

④ 예상제연구역의 설계배출량은 43200m^3/H이다.

(가) 배출기의 배출측 주덕트의 최소폭[m]을 계산하시오.
- ○ 계산과정 :
- ○ 답 :

(나) 배출기의 흡입측 주덕트의 최소폭[m]을 계산하시오.
- ○ 계산과정 :
- ○ 답 :

(다) 준공 후 풍량시험을 한 결과 풍량은 36000m^3/H, 회전수는 650rpm, 축동력은 7.5kW로 측정되었다. 배출량 43200m^3/H를 만족시키기 위한 배출기 회전수[rpm]를 계산하시오.
- ○ 계산과정 :
- ○ 답 :

(라) 풍량이 36000m^3/H일 때 전압이 50mmH_2O이다. 풍량을 43200m^3/H으로 변경할 때 전압은 몇 mmH_2O인가?
- ○ 계산과정 :
- ○ 답 :

(마) 회전수를 높여서 배출량을 만족시킬 경우의 예상축동력[kW]을 계산하시오.

○ 계산과정 :
○ 답 :

해답 (가) ○ 계산과정 : $Q = 43200/3600 = 12\text{m}^3/\text{s}$

$A = \frac{12}{20} = 0.6\text{m}^2$

$L = \frac{0.6}{1} = 0.6\text{m}$ ○ 답 : 0.6m

(나) ○ 계산과정 : $A = \frac{12}{15} = 0.8\text{m}^2$

$L = \frac{0.8}{1} = 0.8\text{m}$ ○ 답 : 0.8m

(다) ○ 계산과정 : $650 \times \left(\frac{43200}{36000}\right) = 780\text{rpm}$ ○ 답 : 780rpm

(라) ○ 계산과정 : $50 \times \left(\frac{43200}{36000}\right)^2 = 72\text{mmH}_2\text{O}$ ○ 답 : $72\text{mmH}_2\text{O}$

(마) ○ 계산과정 : $7.5 \times \left(\frac{780}{650}\right)^3 = 12.96\text{kW}$ ○ 답 : 12.96kW

해설 (가) [조건 ④]에서 배출량 $Q = 43200\text{m}^3/\text{H} = 43200\text{m}^3/3600\text{s} =$ **$12\text{m}^3/\text{s}$**이다.

- 배출기 흡입측 풍도 안의 풍속은 **15m/s** 이하로 하고, 배출측 풍속은 **20m/s** 이하로 한다. (NFPC 501 9조, NFTC 501 2.6.2.2)

배출량

$$Q = AV$$

여기서, Q : 배출량[m^3/s]
A : 단면적[m^2]
V : 풍속[m/s]

배출측 단면적 ○ 계산과정 : $A = \frac{Q}{V} = \frac{12}{20} = 0.6\text{m}^2$

배출측 주덕트의 폭 ○ 계산과정 : $L = \frac{0.6}{1} = 0.6\text{m}$

- [조건 ①]에서 주덕트의 높이제한은 1000mm=**1m**이다.

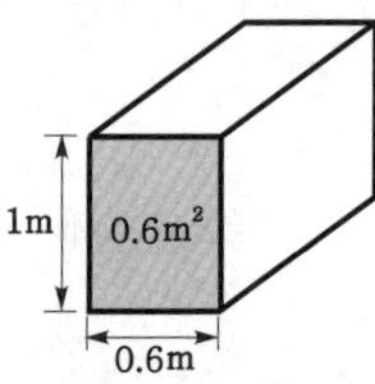

▌배출측 주덕트 ▌

(나) **흡입측 단면적** ○ 계산과정 : $A = \frac{Q}{V} = \frac{12}{15} = 0.8\text{m}^2$

흡입측 주덕트의 폭 ○ 계산과정 : $L = \frac{0.8}{1} = 0.8\text{m}$

- [조건 ①]에서 주덕트의 높이제한은 1000mm=**1m**이다.

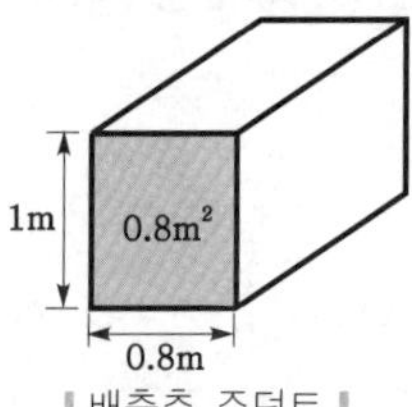

▌배출측 주덕트 ▌

(다)

$$Q_2 = Q_1\left(\frac{N_2}{N_1}\right)$$

에서

배출기 회전수 N_2는

$$N_2 = N_1\left(\frac{Q_2}{Q_1}\right) = 650\text{rpm} \times \left(\frac{43200\text{m}^3/\text{H}}{36000\text{m}^3/\text{H}}\right) = 780\text{rpm}$$

(라) $Q_2 = Q_1\left(\frac{N_2}{N_1}\right)$

$$\frac{Q_2}{Q_1} = \left(\frac{N_2}{N_1}\right)$$

$$H_2 = H_1\left(\frac{N_2}{N_1}\right)^2$$

$$\frac{H_2}{H_1} = \left(\frac{N_2}{N_1}\right)^2$$

$\frac{H_2}{H_1} = \left(\frac{Q_2}{Q_1}\right)^2$ ⇒ 위에서 $\frac{Q_2}{Q_1} = \left(\frac{N_2}{N_1}\right)$이므로

$$H_2 = H_1\left(\frac{Q_2}{Q_1}\right)^2 = 50\text{mmH}_2\text{O} \times \left(\frac{43200\text{m}^3/\text{H}}{36000\text{m}^3/\text{H}}\right)^2 = 72\text{mmH}_2\text{O}$$

- H_1 : **50mmH₂O**((라)에서 주어진 값)
- Q_2 : **43200m³/H**((라)에서 주어진 값)
- Q_1 : **36000m³/H**((라)에서 주어진 값)

(마) $P_2 = P_1\left(\frac{N_2}{N_1}\right)^3 = 7.5\text{kW} \times \left(\frac{780\text{rpm}}{650\text{rpm}}\right)^3 = 12.96\text{kW}$

- P_1 : **7.5kW**((다)에서 주어진 값)
- N_2 : **780rpm**((다)에서 주어진 값)
- N_1 : **650rpm**((다)에서 주어진 값)

참고

유량(풍량), 양정, 축동력

(1) **유량**(풍량)

$$Q_2 = Q_1\left(\frac{N_2}{N_1}\right)\left(\frac{D_2}{D_1}\right)^3$$

또는

$$Q_2 = Q_1\left(\frac{N_2}{N_1}\right)$$

(2) **양정**

$$H_2 = H_1\left(\frac{N_2}{N_1}\right)^2\left(\frac{D_2}{D_1}\right)^2$$

또는

$$H_2 = H_1\left(\frac{N_2}{N_1}\right)^2$$

(3) **축동력**

$$P_2 = P_1\left(\frac{N_2}{N_1}\right)^3\left(\frac{D_2}{D_1}\right)^5$$

또는

$$P_2 = P_1\left(\frac{N_2}{N_1}\right)^3$$

여기서, Q_2 : 변경 후 유량(풍량)[m³/min]
Q_1 : 변경 전 유량(풍량)[m³/min]
H_2 : 변경 후 양정[m] 또는 [mmH_2O]
H_1 : 변경 전 양정[m] 또는 [mmH_2O]
P_2 : 변경 후 축동력[kW]
P_1 : 변경 전 축동력[kW]
N_2 : 변경 후 회전수[rpm]
N_1 : 변경 전 회전수[rpm]
D_2 : 변경 후 관경[mm]
D_1 : 변경 전 관경[mm]

문제 10

헤드 H-1의 방수압력이 0.1MPa이고 방수량이 80l/min인 폐쇄형 스프링클러설비의 수리계산에 대하여 조건을 참고하여 다음 각 물음에 답하시오. (단, 계산과정을 쓰고 최종 답은 반올림하여 소수점 둘째 자리까지 구할 것) (17.11.문7, 17.4.문4, 관리사 2차 10회 문3)

득점	배점
	12

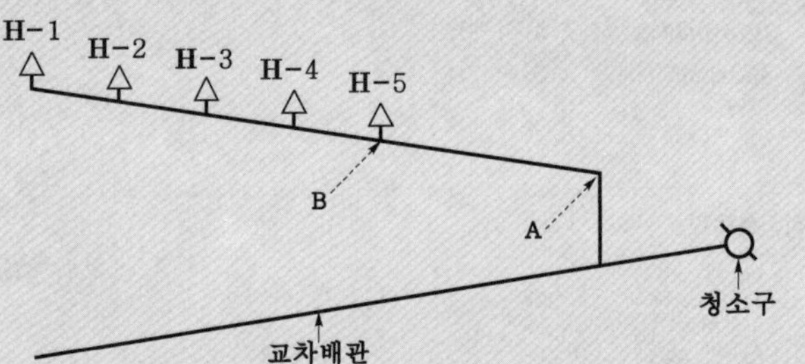

[조건]

① 헤드 H-1에서 H-5까지의 각 헤드마다의 방수압력 차이는 0.01MPa이다. (단, 계산시 헤드와 가지배관 사이의 배관에서의 마찰손실은 무시한다.)
② A~B 구간의 마찰손실압은 0.04MPa이다.
③ H-1 헤드에서의 방수량은 80l/min이다.

(가) A지점에서의 필요 최소압력은 몇 MPa인가?
○ 계산과정 :
○ 답 :

(나) 각 헤드에서의 방수량은 몇 l/min인가?
○ 계산과정 :
○ 답 :

(다) A~B 구간에서의 유량은 몇 l/min인가?
　○ 계산과정 :
　○ 답 :

(라) A~B 구간에서의 최소내경은 몇 m인가?
　○ 계산과정 :
　○ 답 :

해답 (가) ○ 계산과정 : $0.1+0.01\times4+0.04=0.18$MPa
　○ 답 : 0.18MPa

(나) ○ 계산과정 : $K=\dfrac{80}{\sqrt{10\times0.1}}=80$
　H-1 : $Q_1=80\sqrt{10\times0.1}=80l/\text{min}$
　○ 답 : 방수량(Q)$=80l/\text{min}$
　H-2 : $Q_2=80\sqrt{10(0.1+0.01)}=83.904 \fallingdotseq 83.9l/\text{min}$
　○ 답 : 방수량(Q)$=83.9l/\text{min}$
　H-3 : $Q_3=80\sqrt{10(0.1+0.01+0.01)}=87.635 \fallingdotseq 87.64l/\text{min}$
　○ 답 : 방수량(Q)$=87.64l/\text{min}$
　H-4 : $Q_4=80\sqrt{10(0.1+0.01+0.01+0.01)}=91.214 \fallingdotseq 91.21l/\text{min}$
　○ 답 : 방수량(Q)$=91.21l/\text{min}$
　H-5 : $Q_5=80\sqrt{10(0.1+0.01+0.01+0.01+0.01)}=94.657 \fallingdotseq 94.66l/\text{min}$
　○ 답 : 방수량(Q)$=94.66l/\text{min}$

(다) ○ 계산과정 : $Q=80+83.9+87.64+91.21+94.66=437.41l/\text{min}$
　○ 답 : $437.41l/\text{min}$

(라) ○ 계산과정 : $\sqrt{\dfrac{4\times(0.43741/60)}{\pi\times6}}=0.039 \fallingdotseq 0.04$m
　○ 답 : 0.04m

해설 (가) 80L/min

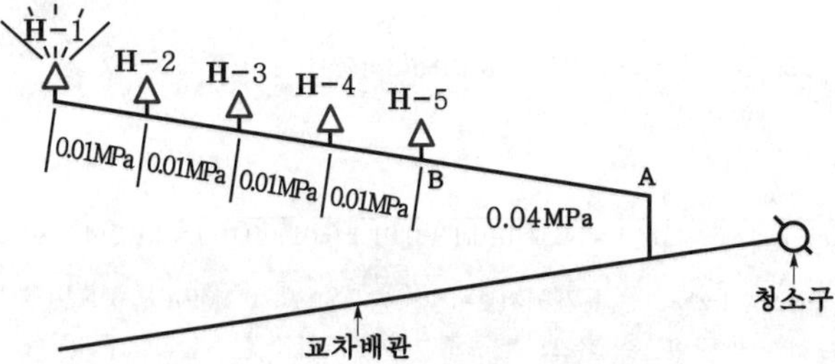

필요 최소압력=헤드방수압력+각각의 마찰손실압
$=0.1\text{MPa}+0.01\text{MPa}\times4+0.04\text{MPa}$
$=0.18\text{MPa}$

- **0.1MPa** : 문제에서 주어진 값
- **0.01MPa** : [조건 ①]에서 주어진 값
- **0.04MPa** : [조건 ②]에서 주어진 값

(나)

$$Q=K\sqrt{10P}$$

여기서, Q : 방수량[l/min]
K : 방출계수
P : 방수압[MPa]

방출계수 K는

$$K=\frac{Q}{\sqrt{10P}}=\frac{80l/\text{min}}{\sqrt{10\times0.1\text{MPa}}}=80$$

헤드번호 H-1

① **유량**

$$Q_1=K\sqrt{10P}=80\sqrt{10\times0.1}=80l/\text{min}$$

- 문제에서 헤드번호 H-1의 방수압(P)은 **0.1MPa**이다.
- K는 바로 위에서 구한 **80**이다.

② **마찰손실압**

$$\Delta P_1=0.01\text{MPa}$$

- [조건 ①]에서 각 헤드의 방수압력 차이는 **0.01MPa**이다.

헤드번호 H-2

① **유량**

$$Q_2=K\sqrt{10(P+\Delta P_1)}=80\sqrt{10(0.1+0.01)}=83.904≒83.9l/\text{min}$$

- 방수압($P+\Delta P_1$)은 문제에서 주어진 방수압(P) **0.1MPa**과 헤드번호 H-1의 마찰손실압(ΔP_1)의 합이다.

② **마찰손실압**

$$\Delta P_2=0.01\text{MPa}$$

- [조건 ①]에서 각 헤드의 방수압력 차이는 **0.01MPa**이다.

헤드번호 H-3

① **유량**

$$Q_3=K\sqrt{10(P+\Delta P_1+\Delta P_2)}=80\sqrt{10(0.1+0.01+0.01)}=87.635≒87.64l/\text{min}$$

- 방수압($P+\Delta P_1+\Delta P_2$)은 문제에서 주어진 방수압(P) **0.1MPa**과 헤드번호 H-1의 마찰손실압(ΔP_1), 헤드번호 H-2의 마찰손실압(ΔP_2)의 합이다.

② **마찰손실압**

$$\Delta P_3=0.01\text{MPa}$$

- [조건 ①]에서 각 헤드의 방수압력 차이는 **0.01MPa**이다.

헤드번호 H-4

① **유량**

$$Q_4=K\sqrt{10(P+\Delta P_1+\Delta P_2+\Delta P_3)}=80\sqrt{10(0.1+0.01+0.01+0.01)}=91.214≒91.21l/\text{min}$$

- 방수압($P+\Delta P_1+\Delta P_2+\Delta P_3$)은 문제에서 주어진 방수압($P$) **0.1MPa**과 헤드번호 H-1의 마찰손실압(ΔP_1), 헤드번호 H-2의 마찰손실압(ΔP_2), 헤드번호 H-3의 마찰손실압(ΔP_3)의 합이다.

② **마찰손실압**

$$\Delta P_4=0.01\text{MPa}$$

- [조건 ①]에서 각 헤드의 방수압력 차이는 **0.01MPa**이다.

헤드번호 H-5

① **유량**

$$Q_5=K\sqrt{10(P+\Delta P_1+\Delta P_2+\Delta P_3+\Delta P_4)}=80\sqrt{10(0.1+0.01+0.01+0.01+0.01)}=94.657≒94.66l/\text{min}$$

(다) A~B구간의 유량

$$Q=Q_1+Q_2+Q_3+Q_4+Q_5$$
$$=80+83.9+87.64+91.21+94.66=437.41l/\text{min}$$

- $Q_1\sim Q_5$: (나)에서 구한 값

(라)

$$Q = AV = \frac{\pi D^2}{4}V$$

여기서, Q : 유량[m^3/s], A : 단면적[m^2], V : 유속[m/s], D : 내경[m]

$$Q = \frac{\pi D^2}{4}V$$

에서

배관의 **내경** D는

$$D = \sqrt{\frac{4Q}{\pi V}} = \sqrt{\frac{4\times 437.41l/\text{min}}{\pi\times 6\text{m/s}}} = \sqrt{\frac{4\times 0.43741\text{m}^3/\text{min}}{\pi\times 6\text{m/s}}} = \sqrt{\frac{4\times(0.43741\text{m}^3/60\text{s})}{\pi\times 6\text{m/s}}} = 0.039 \fallingdotseq 0.04\text{m}$$

- Q : $437.41l/\text{min}$ ((다)에서 구한 값)
- $1000l = 1\text{m}^3$ 이므로 $437.41l/\text{min} = 0.43741\text{m}^3/\text{min}$
- $1\text{min} = 60\text{s}$ 이므로 $0.43741\text{m}^3/\text{min} = 0.43741\text{m}^3/60\text{s}$
- **배관 내**의 **유속**

설 비		유 속
옥내소화전설비		4m/s 이하
스프링클러설비	가지배관 →	6m/s 이하
	기타배관(교차배관 등)	10m/s 이하

- 구하고자 하는 배관은 스프링클러헤드가 설치되어 있으므로 '**가지배관**'이다. 그러므로 유속은 **6m/s**이다.

용어

가지배관	교차배관
스프링클러헤드가 설치되어 있는 배관	**직접** 또는 **수직배관**을 통하여 **가지배관**에 **급수**하는 배관

☆

문제 11

지상 200m 높이의 고층건물에서 1층 부분에 발생하는 압력차는 몇 Pa인지 계산하시오. (단, 겨울철의 외기온도는 0℃, 실내온도는 22℃이다. 중성대는 건물의 높이 중앙에 있다.) (산업 16.4.문8, 08.7.문3)

○ 계산과정 :

○ 답 :

득점	배점
	6

해답 ○ 계산과정 : $3460\times\left(\frac{1}{273+0}-\frac{1}{273+22}\right)\times 100 = 94.517 \fallingdotseq 94.52\text{Pa}$

○ 답 : 94.52Pa

해설 **굴뚝효과**(stack effect)에 따른 **압력차**

$$\Delta P = k\left(\frac{1}{T_0}-\frac{1}{T_i}\right)h$$

여기서, ΔP : 굴뚝효과에 따른 압력차[Pa]

k : 계수(3460)

T_0 : 외기 절대온도(273+℃)[K]

T_i : 실내 절대온도(273+℃)[K]

h : 중성대 위의 거리[m]

굴뚝효과에 따른 **압력차** ΔP는

$$\Delta P = k\left(\frac{1}{T_0}-\frac{1}{T_i}\right)h = 3460\times\left(\frac{1}{(273+0)\text{K}}-\frac{1}{(273+22)\text{K}}\right)\times 100\text{m} = 94.517 \fallingdotseq 94.52\text{Pa}$$

- $T_0 \cdot T_i$: **절대온도**를 적용한다.
- h : 중성대가 중앙에 위치하므로 h는 $\frac{200\text{m}}{2}$=**100m**가 된다. 거듭 주의!

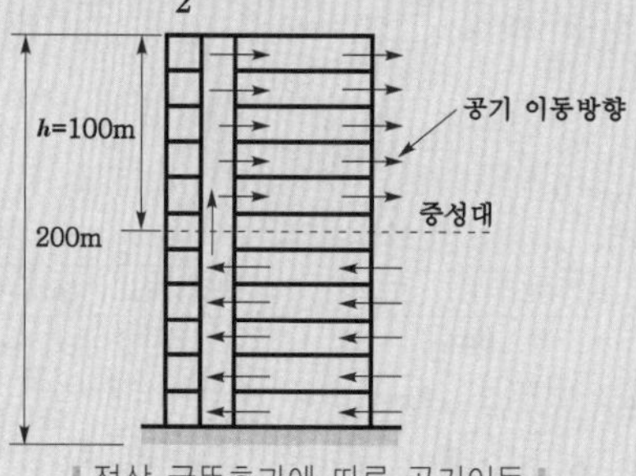

‖ 정상 굴뚝효과에 따른 공기이동 ‖

- 중성대=중성면

용어

연돌(굴뚝)**효과**(stack effect)
① 건물 내의 연기가 압력차에 의하여 순식간에 이동하여 상층부로 상승하거나 외부로 배출되는 현상
② 실내 · 외 공기 사이의 **온도**와 **밀도**의 **차이**에 의해 공기가 건물의 수직방향으로 이동하는 현상

☆☆ 문제 12

온도 20℃, 압력 0.2MPa인 공기가 내경이 200mm인 관로를 1.5kg/s로 유동하고 있다. 유동을 균일분포 유동으로 간주하여 유속〔m/s〕을 구하시오. (07.11.문10)

○ 계산과정 :
○ 답 :

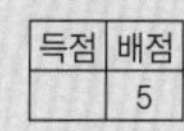

득점	배점
	5

해답 ○ 계산과정 : $\rho = \frac{200}{0.287 \times (273+20)} = 2.378\text{kg/m}^3$

$$V = \frac{1.5}{\frac{\pi}{4} \times 0.2^2 \times 2.378} = 20.078 ≒ 20.08\text{m/s}$$

○ 답 : 20.08m/s

해설 (1) **이상기체 상태방정식**

$$\rho = \frac{P}{RT}$$

여기서, ρ : 밀도〔kg/m³〕, P : 압력〔kPa〕, R : 기체상수(공기의 기체상수 **0.287kJ/kg · K**), T : 절대온도(273+℃)〔K〕

밀도 ρ는

$$\rho = \frac{P}{RT} = \frac{0.2\text{MPa}}{0.287\text{kJ/kg} \cdot \text{K} \times (273+20)\text{K}} = \frac{200\text{kN/m}^2}{0.287\text{kN} \cdot \text{m/kg} \cdot \text{K} \times (273+20)\text{K}} = 2.378\text{kg/m}^3$$

- $1\text{kPa} = 1\text{kN/m}^2 = 1\text{kJ/m}^3$
- $1\text{MPa} = 1000\text{kPa} = 1000\text{kN/m}^2$이므로 $0.2\text{MPa} = 200\text{kN/m}^2$
- 문제에서 공기라고 주어졌으므로 공기의 기체상수 : **0.287kJ/kg · K**이고 공기라는 조건이 없을 때에는 일반 이상기체상수 **0.082atm · m³/kmol · K** 또는 **8.314kJ/kmol · K**를 적용하면 된다.

(2) **질량유량**(mass flowrate)

$$\overline{m} = AV\rho$$

여기서, $\overline{m}$: 질량유량〔kg/s〕, A : 단면적〔m²〕, V : 유속〔m/s〕, ρ : 밀도〔kg/m³〕

유속 V는

$$V=\frac{\overline{m}}{A\rho}=\frac{\overline{m}}{\left(\frac{\pi}{4}D^2\right)\rho}=\frac{1.5\text{kg/s}}{\frac{\pi}{4}(200\text{mm})^2\times 2.378\text{kg/m}^3}=\frac{1.5\text{kg/s}}{\frac{\pi}{4}(0.2\text{m})^2\times 2.378\text{kg/m}^3}=20.078 \fallingdotseq 20.08\text{m/s}$$

별해

(1) **밀도**

$$\rho=\frac{PM}{RT}$$

여기서, ρ : 밀도[kg/m^3]
P : 압력[atm]
M : 분자량[kg/kmol](공기의 분자량 29)
R : 0.082atm · m^3/kmol · K
T : 절대온도(273+℃)[K]

밀도 ρ는

$$\rho=\frac{PM}{RT}=\frac{\frac{0.2\text{MPa}}{0.101325\text{MPa}}\times 1\text{atm}\times 29\text{kg/kmol}}{0.082\text{atm}\cdot\text{m}^3/\text{kmol}\cdot\text{K}\times(273+20)\text{K}}=2.3825\text{kg/m}^3$$

- 1atm=0.101325MPa이므로 $P=\frac{0.2\text{MPa}}{0.101325\text{MPa}}$

(2) **질량유량**

$$\overline{m}=AV\rho$$

여기서, $\overline{m}$: 질량유량[kg/s], A : 단면적[m^2], V : 유속[m/s], ρ : 밀도[kg/m^3]

유속 V는

$$V=\frac{\overline{m}}{A\rho}=\frac{\overline{m}}{\left(\frac{\pi}{4}D^2\right)\rho}=\frac{1.5\text{kg/s}}{\frac{\pi}{4}(200\text{mm})^2\times 2.3825\text{kg/m}^3}=\frac{1.5\text{kg/s}}{\frac{\pi}{4}(0.2\text{m})^2\times 2.3825\text{kg/m}^3}=20.04\text{m/s}$$

(소수점 차이가 조금 있지만 이것도 정답!)

☆ **문제 13**

옥외소화전설비의 소화전함 설치기준에 대한 다음 각 물음에 답하시오.

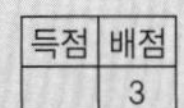

득점	배점
	3

(가) 옥외소화전이 7개 설치되었을 때 5m 이내의 장소에 설치하여야 할 소화전함은 몇 개 이상이어야 하는가?
○답 : (　　)개 이상

(나) 옥외소화전이 17개 설치되었을 때 소화전함은 몇 개 이상 설치하여야 하는가?
○답 : (　　)개 이상

(다) 옥외소화전이 37개 설치되었을 때 소화전함은 몇 개 이상 설치하여야 하는가?
○계산과정 :
○답 :

해답 (가) 7
(나) 11
(다) ○계산과정 : $\frac{37}{3}=12.3=13$개
○답 : 13개

해설 **옥외소화전함 설치개수**

옥외소화전 개수	옥외소화전함 개수
10개 이하	옥외소화전**마다** 옥외소화전 **5m** 이내의 장소에 1개 이상
11~30개 이하	**11개** 이상 소화전함 분산 설치
31개 이상	옥외소화전 **3개**마다 1개 이상

(1) 옥외소화전이 **10개 이하** 설치된 때에는 옥외소화전**마다 5m** 이내의 장소에 **1개** 이상의 소화전함 설치
(2) 옥외소화전이 **11~30개 이하** 설치된 때에는 **11개 이상**의 소화전함을 각각 분산하여 설치
(3) 옥외소화전이 **31개 이상** 설치된 때에는 옥외소화전 **3개마다 1개 이상**의 소화전함 설치

- (가) 화재안전기준에 의해 **옥외소화전마다** 1개 이상 설치해야 하기 때문에 옥외소화전이 7개 설치되어 있으므로 **7개**가 정답(1개가 아님. 특히 주의!)
- (다) 31개 이상 $= \frac{\text{옥외소화전 개수}}{3\text{개}} = \frac{37\text{개}}{3\text{개}} = 12.3 \fallingdotseq 13\text{개}$(절상)

☆☆☆
문제 14

어떤 실에 이산화탄소 소화설비를 설치하고자 한다. 조건을 참고하여 다음 각 물음에 답하시오.

(13.4.문14, 05.5.문11)

득점	배점
	13

[조건]
① 방호구역은 가로 10m, 세로 20m, 높이 5m이고 개구부는 2군데 있으며 하나의 개구부는 가로 0.8m, 세로 1m이며 자동폐쇄장치가 설치되어 있지 않고 또 다른 개구부는 가로 1m, 세로 1.2m이며 자동폐쇄장치가 설치되어 있다.
② 개구부가산량은 $5kg/m^2$이다.
③ 표면화재를 기준으로 하며, 보정계수는 1을 적용한다.
④ 분사헤드의 방사율은 $1.05kg/mm^2$·분이다.
⑤ 저장용기는 45kg이다.
⑥ 분사헤드의 분구면적은 $0.52cm^2$이다.

(가) 실에 필요한 소화약제의 양[kg]을 산출하시오.
○ 계산과정 :
○ 답 :

(나) 저장용기수를 구하시오.
○ 계산과정 :
○ 답 :

(다) 소화약제의 유량속도[kg/s]를 구하시오.
○ 계산과정 :
○ 답 :

(라) 헤드개수를 산출하시오.
○ 계산과정 :
○ 답 :

해답
(가) ○ 계산과정 : $(10\times20\times5)\times0.8\times1+(0.8\times1)\times5=804\text{kg}$ ○ 답 : 804kg
(나) ○ 계산과정 : $\frac{804}{45}=17.8 \fallingdotseq 18\text{병}$ ○ 답 : 18병
(다) ○ 계산과정 : $\frac{45\times18}{60}=13.5\text{kg/s}$ ○ 답 : 13.5kg/s
(라) ○ 계산과정 : $\frac{45\times18}{1.05\times52\times1}=14.8 \fallingdotseq 15\text{개}$ ○ 답 : 15개

해설 (가) [조건 ③]에 의해 **표면화재** 적용

‖ 표면화재의 약제량 및 개구부가산량(NFPC 106 5조, NFTC 106 2.2.1.1) ‖

방호구역체적	약제량	개구부가산량(자동폐쇄장치 미설치시)	최소저장량
$45m^3$ 미만	$1kg/m^3$	$5kg/m^2$	45kg
$45 \sim 150m^3$ 미만	$0.9kg/m^3$		
$150 \sim 1450m^3$ 미만 →	$0.8kg/m^3$		135kg
$1450m^3$ 이상	$0.75kg/m^3$		1125kg

방호구역체적 $= (10 \times 20 \times 5)m^3 = 1000m^3$

- $1000m^3$로서 $150 \sim 1450m^3$ 미만이므로 약제량은 **$0.8kg/m^3$** 적용

표면화재

CO_2 저장량[kg] = 방호구역체적[m^3] × 약제량[kg/m^3] × 보정계수 + 개구부면적[m^2] × 개구부가산량($5kg/m^2$)

- **개구부면적**$(0.8 \times 1)m^2$: [조건 ①]에서 가로 0.8m, 세로 1m의 개구부는 자동폐쇄장치 미설치로 개구부면적 및 개구부가산량 적용
- **개구부면적**$(1 \times 1.2)m^2$: [조건 ①]에서 가로 1m, 세로 1.2m의 개구부는 자동폐쇄장치 설치로 개구부면적 및 개구부가산량 생략
- [조건 ③]에서 보정계수는 1 적용

저장량 = 방호구역체적[m^3] × 약제량[kg/m^3] $= (10 \times 20 \times 5)m^3 \times 0.8kg/m^3 = 800kg$

- 최소저장량인 135kg보다 크므로 그대로 적용

소화약제량 = 방호구역체적[m^3] × 약제량[kg/m^3] × 보정계수 + 개구부면적[m^2] × 개구부가산량($5kg/m^2$)

$$= (10 \times 20 \times 5)m^3 \times 0.8kg/m^3 \times 1 + (0.8 \times 1)m^2 \times 5kg/m^2 = 804kg$$

- 저장량을 구한 후 보정계수를 곱한다는 것을 기억하라.

(나)

$$\text{저장용기수} = \frac{\text{소화약제량}}{\text{1병당 저장량}}$$

$$\text{저장용기수} = \frac{\text{소화약제량}}{\text{1병당 저장량}} = \frac{804kg}{45kg} = 17.8 \fallingdotseq 18\text{병(절상)}$$

- 804kg : (가)에서 구한 값
- 45kg : [조건 ⑤]의 값

(다)

$$\text{약제의 유량속도} = \frac{\text{1병당 충전량[kg]} \times \text{병수}}{\text{약제방출시간[s]}}$$

$$= \frac{45kg \times 18\text{병}}{60s} = 13.5kg/s$$

- 45kg : [조건 ⑤]의 값
- 18병 : (나)에서 구한 값
- 60s : [조건 ③]에서 **표면화재**이므로 다음 표에서 **1분**이므로 **60s**

‖ 약제방사시간 ‖

소화설비		전역방출방식		국소방출방식	
		일반건축물	위험물제조소	일반건축물	위험물제조소
할론소화설비		10초 이내	30초 이내	10초 이내	30초 이내
분말소화설비		30초 이내		30초 이내	
CO_2 소화설비	표면화재 →	1분 이내	60초 이내		
	심부화재	7분 이내			

비교

(1) 선택밸브 직후의 유량= $\frac{\text{1병당 충전량[kg]×병수}}{\text{약제방출시간[s]}}$

(2) 약제의 유량속도= $\frac{\text{1병당 충전량[kg]×병수}}{\text{약제방출시간[s]}}$

(3) 개방밸브(용기밸브) 직후의 유량= $\frac{\text{1병당 충전량[kg]}}{\text{약제방출시간[s]}}$

• **선택밸브 직후의 유량**식과 **약제의 유량속도**식은 서로 같다.

(라)

$$\text{분구면적[mm}^2\text{]} = \frac{\text{1병당 저장량[kg]×병수}}{\text{방사율[kg/mm}^2\cdot\text{분]×헤드개수×방출시간[분]}}$$

$$\text{헤드개수} = \frac{\text{1병당 저장량[kg]×병수}}{\text{방사율[kg/mm}^2\cdot\text{분]×분구면적[mm}^2\text{]×방출시간[분]}} = \frac{45\text{kg}\times 18\text{병}}{1.05\text{kg/mm}^2\cdot\text{분}\times 52\text{mm}^2\times 1\text{분}}$$
$= 14.8 \fallingdotseq 15$개(절상)

• 1병당 저장량[kg] : [조건 ⑤]의 값
• 병수 : (나)에서 구한 값
• 방사율[kg/mm^2 · 분] : [조건 ④]에서 주어진 값
• 분구면적: [조건 ⑥]에서 0.52cm^2=52mm^2(1cm=10mm, (1cm)^2=(10mm)^2=100mm^{2}이므로 0.52cm^2=52mm^2)
• 방출시간[분] : (다)의 해설에 의해 1분

☆☆ 문제 15

그림의 스프링클러설비 가지배관에서의 구성부품과 규격 및 수량을 산출하여 다음 답란을 완성하시오.

(08.4.문4)

득점	배점
	6

[조건]
① 티는 모두 동일 구경을 사용하고 배관이 축소되는 부분은 반드시 리듀셔를 사용한다.
② 교차배관은 제외한다.
③ 작성 예시

명 칭	규 격	수 량
티	125×125×125A 100×100×100A	1개 1개
90° 엘보	25A	1개
리듀서	25×15A	1개

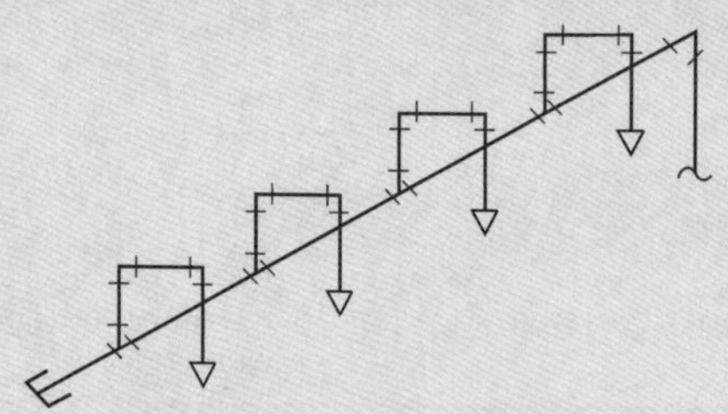

○답란 :

구성부품	규 격	수 량
캡	25A	1개
티		
90° 엘보		
리듀셔		

해답

구성부품	규 격	수 량
캡	25A	1개
티	25×25×25A	1개
	32×32×32A	1개
	40×40×40A	2개
90° 엘보	25A	8개
	40A	1개
리듀셔	25×15A	4개
	32×25A	2개
	40×25A	2개
	40×32A	1개

해설

- 문제 그림이 **개방형 헤드**(↓)임을 특히 주의!

스프링클러헤드수별 급수관의 구경(NFTC 103 2.5.3.3)

구분 \ 급수관의 구경	25mm	32mm	40mm	50mm	65mm	80mm	90mm	100mm	125mm	150mm
• **폐쇄형 헤드**	2개	3개	5개	10개	30개	60개	80개	100개	160개	161개 이상
• **폐쇄형 헤드** (헤드를 동일 급수관의 가지관상에 병설하는 경우)	2개	4개	7개	15개	30개	60개	65개	100개	160개	161개 이상
• **폐쇄형 헤드** (**무대부 · 특수가연물** 저장취급장소) • **개방형 헤드** (헤드개수 **30**개 이하)	1개	2개	5개	8개	15개	27개	40개	55개	90개	91개 이상

기억법
2 3 5 1 3 6 8 1 6
2 4 7 5 3 6 5 1 6
1 2 5 8 5 27 4 55 9

- **개방형 스프링클러헤드**를 설치하는 경우 하나의 방수구역이 담당하는 헤드의 개수가 30개 이하일 때는 위의 표에 의하고, 30개를 초과할 때는 수리계산방법에 의할 것

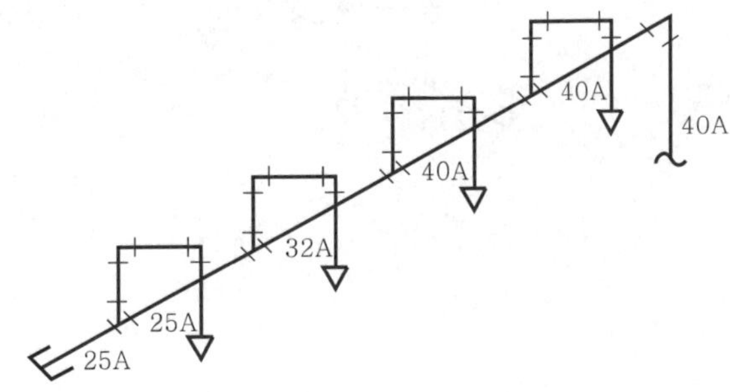

(1) **캡**

캡 25A 1개

캡표시 : ◎

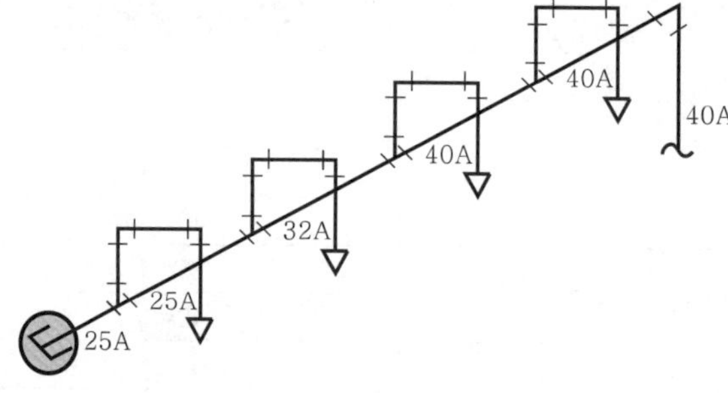

▌캡 25A 표시▐

(2) **티**

① 25×25×25A 1개
② 32×32×32A 1개
③ 40×40×40A 2개

여기서, ○ : 25×25×25A 표시, ■ : 32×32×32A 표시, □ : 40×40×40A 표시

- 〔조건 ①〕에 의해 **티**는 모두 **동일 구경**으로 사용
- 〔조건 ②〕에 의해 **교차배관**은 적용하지 **말 것**

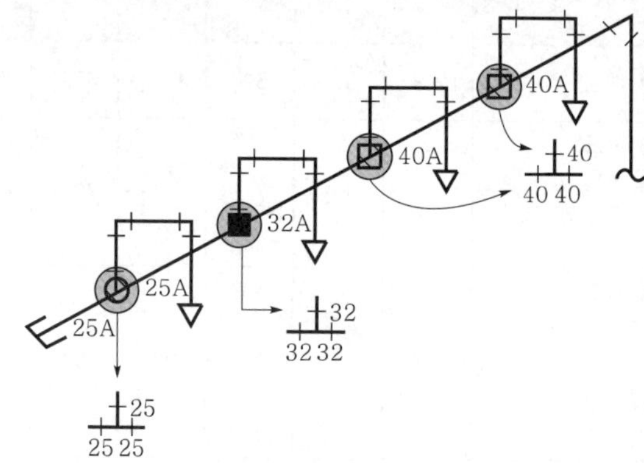

▌티 25×25×25A, 32×32×32A, 40×40×40A 표시▐

(3) **90° 엘보**

① 25A 8개
② 40A 1개

여기서, ● : 25A 표시, ○ : 40A 표시

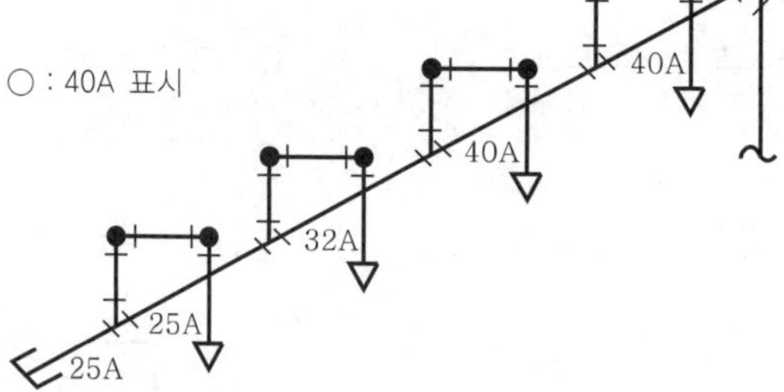

▌90° 엘보 25A, 40A 표시▐

(4) **리듀셔**

① 25×15A 4개(스프링클러헤드마다 1개씩 설치)
② 32×25A 2개
③ 40×25A 2개
④ 40×32A 1개

여기서, ● : 25×15A 표시, ○ : 32×25A 표시, ■ : 40×25A 표시, □ : 40×32A 표시

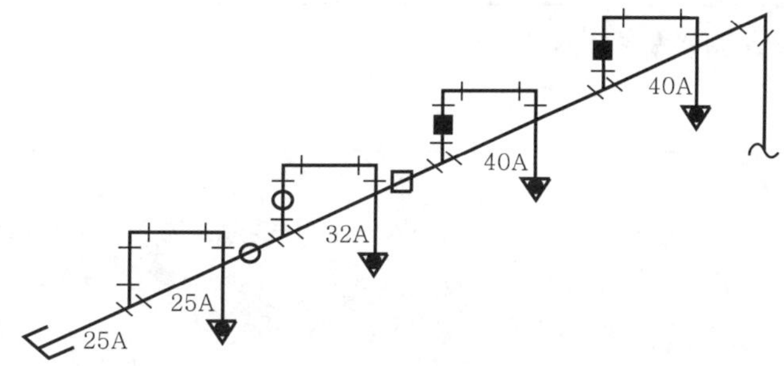

‖ 리듀셔 25×15A, 32×25A, 40×25A, 40×32A 표시 ‖

15년

2015. 7. 12 시행

▌2015년 기사 제2회 필답형 실기시험▐			수험번호	성명	감독위원 확 인
자격종목 소방설비기사(기계분야)	시험시간 3시간	형별			

※ 다음 물음에 답을 해당 답란에 답하시오.(배점 : 100)

☆☆☆

문제 01

경유를 저장하는 탱크의 내부직경 40m인 플로팅루프탱크에 포소화설비의 특형 방출구를 설치하여 방호하려고 할 때 다음 물음에 답하시오. (19.4.문6, 13.11.문10, 12.7.문7, 04.4.문1)

득점	배점
	20

유사문제부터 풀어보세요. 실력이 팍!팍! 올라갑니다.

〔조건〕

① 소화약제는 3%의 단백포를 사용하며, 수용액의 분당 방출량은 $12l/m^2 \cdot min$, 방사시간은 20분으로 한다.
② 탱크 내면과 굽도리판의 간격은 2.5m로 한다.
③ 펌프의 효율은 60%, 전동기 전달계수는 1.2로 한다.
④ 보조소화전설비는 없는 것으로 한다.

(가) 상기 탱크의 특형 방출구에 의하여 소화하는 데 필요한 수용액의 양, 수원의 양, 포소화약제 원액의 양은 각각 몇 이상이어야 하는가?

① 수용액의 양[l]
 ○계산과정 :
 ○답 :

② 수원의 양[l]
 ○계산과정 :
 ○답 :

③ 포소화약제 원액의 양[l]
 ○계산과정 :
 ○답 :

(나) 수원을 공급하는 가압송수장치의 분당 토출량[l/min]은 얼마 이상이어야 하는가?
 ○계산과정 :
 ○답 :

(다) 펌프의 전양정이 100m라고 할 때 전동기의 출력은 몇 kW 이상이어야 하는가?
 ○계산과정 :
 ○답 :

(라) 고발포와 저발포의 구분은 팽창비로 나타낸다. 다음 각 물음에 답하시오.
 ① 팽창비 구하는 식을 쓰시오.
 ② 고발포의 팽창비 범위를 쓰시오.
 ③ 저발포의 팽창비 범위를 쓰시오.

(마) 저발포 포소화약제 5가지를 쓰시오.

○
○
○
○
○

(바) 포소화약제의 25% 환원시간에 대하여 설명하시오.

(가) ① ○계산과정 : $\frac{\pi}{4}(40^2-35^2)\times12\times20\times1=70685.834 \fallingdotseq 70685.83l$ ○답 : 70685.83 l

② ○계산과정 : $\frac{\pi}{4}(40^2-35^2)\times12\times20\times0.97=68565.259 \fallingdotseq 68565.26l$ ○답 : 68565.26 l

③ ○계산과정 : $\frac{\pi}{4}(40^2-35^2)\times12\times20\times0.03=2120.575 \fallingdotseq 2120.58l$ ○답 : 2120.58 l

(나) ○계산과정 : $\frac{70685.83}{20}=3534.291 \fallingdotseq 3534.29l/\text{min}$ ○답 : 3534.29 l/min

(다) ○계산과정 : $\frac{0.163\times3.53429\times100}{0.6}\times1.2=115.217 \fallingdotseq 115.22\text{kW}$ ○답 : 115.22kW

(라) ① $\frac{\text{최종 발생한 포체적}}{\text{원래 포수용액 체적}}$

② 80~1000 미만

③ 20 이하

(마) ① 단백포

② 수성막포

③ 내알코올포

④ 불화단백포

⑤ 합성계면활성제포

(바) 발포된 포중량의 25%가 원래의 포수용액으로 되돌아가는 데 걸리는 시간

 (가)

$$Q=A\times Q_1\times T\times S$$

여기서, Q : 수용액 · 수원 · 약제량[l]

A : 탱크의 액표면적[m²]

Q_1 : 수용액의 분당방출량[l/m² · min]

T : 방사시간[분]

S : 농도

① **수용액의 양** Q는

$Q=A\times Q_1\times T\times S$

$=\frac{\pi}{4}(40^2-35^2)\text{m}^2\times12l/\text{m}^2\cdot\text{min}\times20\text{min}\times1=70685.834 \fallingdotseq 70685.83l$

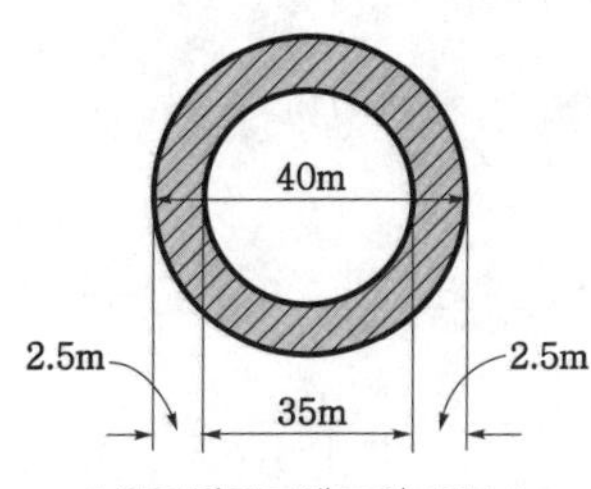

‖ 플로팅루프탱크의 구조 ‖

- 탱크의 액표면적(A)은 탱크 내면의 표면적만 고려하여야 하므로 〔조건 ②〕에서 굽도리판의 간격 2.5m를 적용하여 그림에서 빗금 친 부분만 고려하여 $\frac{\pi}{4}(40^2-35^2)\text{m}^2$로 계산하여야 한다. 꼭 기억해 두어야 할 사항은 굽도리판의 간격을 적용하는 것은 **플로팅루프탱크**의 경우에만 한한다는 것이다.
- 수용액량에서 **농도**(S)는 항상 1이다.

② **수원**의 **양** Q는

$Q=A\times Q_1\times T\times S$

$=\frac{\pi}{4}(40^2-35^2)\text{m}^2\times 12l/\text{m}^2\cdot\text{min}\times 20\text{min}\times 0.97=68565.259 ≒ 68565.26l$

- 〔조건 ①〕에서 3%용이므로 수원의 농도(S)는 97%(100−3=97%)가 된다.

③ 포소화약제 **원액의 양** Q는

$Q=A\times Q_1\times T\times S$

$=\frac{\pi}{4}(40^2-35^2)\text{m}^2\times 12l/\text{m}^2\cdot\text{min}\times 20\text{min}\times 0.03=2120.575 ≒ 2120.58l$

- 〔조건 ①〕에서 3%용이므로 약제**농도**(S)는 **0.03**이다.

(나) 분당토출량 $=\frac{\text{수용액량}(l)}{\text{방사시간}(\text{min})}=\frac{70685.83}{20\text{min}}=3534.291 ≒ 3534.29l/\text{min}$

- 펌프의 토출량은 어떤 혼합장치이든지 관계없이 모두! 반드시! **포수용액**을 기준으로 해야 한다.
  - 포소화설비의 화재안전기준(NFPC 105 6조 ①항 4호, NFTC 105 2.3.1.4)
    4. **펌프**의 **토출량**은 포헤드 · 고정포방출구 또는 이동식 포노즐의 설계압력 또는 노즐의 방사압력의 허용범위 안에서 **포수용액**을 방출 또는 방사할 수 있는 양 이상이 되도록 할 것
- 수원을 공급하는 가압송수장치라고 하더라도 화재안전기준에 의해서 **포수용액**을 기준으로 해야 한다. 왜냐하면 어차피 가압송수장치 끝부분에는 포원액과 수원이 섞여서 **포수용액**이 되기 때문이다.

(다)

$$P=\frac{0.163QH}{\eta}K$$

여기서, P : 전동기의 출력〔kW〕
Q : 토출량〔m^3/min〕
H : 전양정〔m〕
K : 전달계수
η : 펌프의 효율

전동기의 **출력** P는

$$P=\frac{0.163QH}{\eta}K=\frac{0.163\times 3534.29l/\text{min}\times 100\text{m}}{0.6}\times 1.2=\frac{0.163\times 3.53429\text{m}^3/\text{min}\times 100\text{m}}{0.6}\times 1.2$$
$$=115.217 ≒ 115.22\text{kW}$$

- Q : $3534.29l/\text{min}$((나)에서 구한 값)
- $1000l=1\text{m}^3$이므로 $3534.29l/\text{min}=3.53429\text{m}^3/\text{min}$
- H : 100m((다)에서 주어진 값)
- K : 1.2(〔조건 ③〕에서 주어진 값)
- η : 0.6(〔조건 ③〕에서 60%=0.6)

(라) ① 팽창비

○ 팽창비 $=\frac{\text{최종 발생한 포체적}}{\text{원래 포수용액 체적}}$

○ 팽창비 $=\frac{\text{방출된 포의 체적}(l)}{\text{방출 전 포수용액 체적}(l)}$

○ 팽창비 $=\frac{\text{내용적(용량, 부피)}(l)}{\text{전체 중량}-\text{빈 시료용기의 중량}}$

- 답은 위의 3가지 식 중 팽창비$=\dfrac{\text{최종 발생한 포체적}}{\text{원래 포수용액 체적}}$으로 답하기를 권장한다. 이것이 정확한 답이다. 왜냐하면 '**포소화설비의 화재안전기준 제3조 제10호**'에서 "**팽창비**"란 **최종 발생한 포체적**을 **원래 포수용액 체적**으로 **나눈 값**으로 명시하고 있기 때문이다.

②, ③ NFPC 105 12조, NFTC 105 2.9.1

팽창비율에 따른 포의 종류	포방출구의 종류
팽창비가 20 이하인 것(**저발포**)	포헤드(압축공기포헤드 등)
팽창비가 80~1000 미만인 것(**고발포**)	고발포용 고정포방출구

중요

팽창비

저발포	고발포
• 20배 이하	• 제1종 기계포 : 80~250배 미만 • 제2종 기계포 : 250~500배 미만 • 제3종 기계포 : 500~1000배 미만

(마)

저발포용 소화약제(3%, 6%형)	고발포용 소화약제(1%, 1.5%, 2%형)
① **단**백포 소화약제 ② **수**성막포 소화약제 ③ **내**알코올포 소화약제 ④ **불**화단백포 소화약제 ⑤ **합**성계면활성제포 소화약제 기억법 **단수내불합**	합성계면활성제포 소화약제

- 내알코올포 소화약제=내알코올형포 소화약제

(바) (1) **25% 환원시간**(drainage time) : 발포된 포중량의 25%가 원래의 포수용액으로 되돌아가는 데 걸리는 시간

(2) **25% 환원시간 측정방법**

① 채집한 포시료의 중량을 4로 나누어 포수용액의 25%에 해당하는 체적을 구한다.
② 시료용기를 평평한 면에 올려 놓는다.
③ 일정 간격으로 용기바닥에 고여있는 **용액**의 **높이**를 **측정**하여 기록한다.
④ 시간과 환원체적의 **데이터**를 구한 후 계산에 의해 25% 환원시간을 구한다.

포소화약제의 종류	25% 환원시간(초)
합성계면활성제포 소화약제	30 이상
단백포 소화약제	60 이상
수성막포 소화약제	60 이상

☆ 문제 02

건축물 내부에 설치된 주차장에 전역방출방식의 분말소화설비를 설치하고자 한다. 조건을 참조하여 다음 각 물음에 답하시오. (16.6.문4, 14.4.문5, 13.7.문14, 11.7.문16)

득점	배점
	6

[조건]

① 방호구역의 바닥면적은 600m^{2}이고 높이는 4m이다.
② 방호구역에는 자동폐쇄장치가 설치되지 아니한 개구부가 있으며 그 면적은 10m^{2}이다.
③ 소화약제는 제1인산암모늄을 주성분으로 하는 분말소화약제를 사용한다.
④ 축압용 가스는 질소가스를 사용한다.

(가) 필요한 최소약제량[kg]을 구하시오.
○ 계산과정 :
○ 답 :
(나) 필요한 축압용 가스의 최소량[m^3]을 구하시오.
○ 계산과정 :
○ 답 :

해답 (가) ○ 계산과정 : $(600 \times 4) \times 0.36 + 10 \times 2.7 = 891\text{kg}$
○ 답 : 891kg
(나) ○ 계산과정 : $891 \times 10 = 8910l = 8.91\text{m}^3$
○ 답 : 8.91m^3

해설 (가) **전역방출방식**

자동폐쇄장치가 설치되어 있지 않은 경우	자동폐쇄장치가 설치되어 있는 경우 (개구부가 없는 경우)
분말저장량[kg]=방호구역체적[m^3]×약제량[kg/m^3] +개구부면적[m^2]×개구부가산량[kg/m^2]	**분말저장량**[kg]=방호구역체적[m^3]×약제량[kg/m^3]

‖ 전역방출방식의 약제량 및 개구부가산량(NFPC 108 6조, NFTC 108 2.3.2) ‖

약제종별	약제량	개구부가산량(자동폐쇄장치 미설치시)
제1종 분말	0.6kg/m^3	4.5kg/m^2
제2·3종 분말 →	0.36kg/m^3 →	2.7kg/m^2
제4종 분말	0.24kg/m^3	1.8kg/m^2

‖ 분말소화약제의 주성분 ‖

종 류	주성분
제1종	탄산수소나트륨($NaHCO_3$)
제2종	탄산수소칼륨($KHCO_3$)
제3종 ←	제1인산암모늄($NH_4H_2PO_4$)
제4종	탄산수소칼륨+요소($KHCO_3+(NH_2)_2CO$)

[조건 ②]에서 자동폐쇄장치가 설치되어 있지 않으므로
분말저장량[kg]=방호구역체적[m^3]×약제량[kg/m^3]+개구부면적[m^2]×개구부가산량[kg/m^2]
$=(600\text{m}^2 \times 4\text{m}) \times 0.36\text{kg/m}^3 + 10\text{m}^2 \times 2.7\text{kg/m}^2$
$=891\text{kg}$

• [조건 ③]에서 **제1인산암모늄**은 **제3종 분말**이다.

(나) **가압식**과 **축압식**의 **설치기준**(NFPC 108 5조, NFTC 108 2.2.4)

사용가스 \ 구 분	가압식	축압식
N_2(질소)	40l/kg 이상	**10l/kg** 이상
CO_2(이산화탄소)	20g/kg+배관청소 필요량 이상	20g/kg+배관청소 필요량 이상

※ 배관청소용 가스는 별도의 용기에 저장한다.

축압용 가스(질소)량[l]=소화약제량[kg]×10l/kg=891kg×10l/kg=8910l ≒ 8.91m^3

- 축압식 : [조건 ④]에서 **축압용 가스**이므로 **축압식**
- 891kg : (가)에서 구한 값
- $1000l = 1m^3$이므로 $8910l = 8.91m^3$

☆☆☆ 문제 03

다음 제연설비에 관한 물음에 답하시오. (11.5.문9, 00.4.문5)

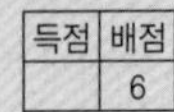

득점	배점
	6

(가) 배연구에서 측정한 평균풍속이 2m/s, 배연구의 유효면적이 $2.0m^2$이고, 실내온도가 20℃일 때 풍량[m^3/min]을 구하시오.

○ 계산과정 :

○ 답 :

(나) 전압 30mmAq이고, 효율이 60%, 전압력손실과 배연량누수를 고려한 여유율을 10% 증가시킨 것으로 할 때 (가)항의 풍량을 송풍할 수 있는 배연기의 동력[kW]을 구하시오.

○ 계산과정 :

○ 답 :

해답 (가) ○ 계산과정 : $2.0 \times (2 \times 60) = 240m^3/min$

○ 답 : $240m^3/min$

(나) ○ 계산과정 : $\frac{30 \times 240}{102 \times 60 \times 0.6} \times 1.1 = 2.156 ≒ 2.16kW$

○ 답 : 2.16kW

해설 (가)

$$Q = AV$$

여기서, Q : 풍량[m^3/min]

A : 면적[m^2]

V : 풍속[m/min]

풍량 Q는

$$Q = AV = 2.0m^2 \times 2m/s = 2.0m^2 \times 2m \Big/ \frac{1}{60}min = 2.0m^2 \times (2 \times 60)m/min = 240m^3/min$$

- 1min = 60s, 1s = $\frac{1}{60}$ min이므로 2m/s = 2m$\Big/\frac{1}{60}$min
- 실내온도는 적용할 필요가 없다.

(나)

$$P = \frac{P_T Q}{102 \times 60\eta} K$$

여기서, P : 배연기 동력[kW]

P_T : 전압(풍압)[mmAq, mmH_2O]

Q : 풍량[m^3/min]

K : 여유율

η : 효율

배연기의 **동력** P는

$$P = \frac{P_T Q}{102 \times 60\eta} K = \frac{30mmAq \times 240m^3/min}{102 \times 60 \times 0.6} \times 1.1 = 2.156 ≒ 2.16kW$$

- 제연설비(배연설비)는 반드시 위의 식을 적용하여 답안을 작성하여야 한다. 우리가 이미 알고 있는 식 $P=\frac{0.163QH}{\eta}K$로 답안을 작성하면 틀린다. 주의!
- 여유율을 10% 증가시킨다고 하였으므로 여유율(K)은 **1.1**이 된다.

☆☆☆

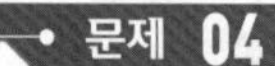
문제 04

건식 스프링클러설비의 최대 단점은 시스템 내의 압축공기가 빠져나가는 만큼 물이 화재대상물에 방출이 지연되는 것이다. 이것을 방지하기 위해 설치하는 보완설비 2가지를 쓰시오. (04.4.문4)

○

○

득점	배점
	4

해답 ① 액셀레이터
② 익져스터

해설 **액셀레이터(accelerator), 익져스터(exhauster)**

건식 스프링클러설비는 2차측 배관에 공기압이 채워져 있어서 헤드 작동후 공기의 저항으로 소화에 악영향을 미치지 않도록 설치하는 Quick Opening Devices(Q.O.D)로서, 이것은 건식밸브 개방시 압축공기의 **배출속도**를 **가속**시켜 1차측 배관내의 가압수를 2차측 헤드까지 신속히 송수할 수 있도록 한다.

‖ 액셀레이터와 익져스터 비교 ‖

구 분		액셀레이터(accelator)	익져스터(exhauster)
설치 형태	입구	**2차측 토출배관**에 연결됨	**2차측 토출배관**에 연결됨
	출구	건식밸브의 **중간챔버**에 **연결**됨	**대기중**에 **노출**됨
작동 원리		내부에 **차압챔버**가 일정한 압력으로 조정되어 있는데, 헤드가 개방되어 2차측 배관 내의 공기압이 저하되면 차압챔버의 압력에 의하여 건식밸브의 **중간챔버**를 통해 **공기**가 **배출**되어 클래퍼(clapper)를 밀어준다.	헤드가 개방되어 2차측 배관 내의 공기압이 저하되면 익져스터 내부에 설치된 챔버의 압력변화로 인해 익져스터의 내부밸브가 열려 **건식밸브 2차측**의 **공기**를 **대기**로 **배출**시킨다. 또한, 건식밸브의 **중간챔버**를 통해서도 공기가 배출되어 클래퍼(clapper)를 밀어준다.
외형		압력계이지에 연결 / 상부챔버 / 다이어프램 본체 / 통로 / 중간챔버 / 통로 / 공간 / 통로 / 밀대 / 반침대 / 가스체크 다이어프램 / 여과기 ‖ 액셀레이터 ‖	챔버 / 잔압방출 / 안전밸브레버 / 압력 균형 플러그 / 안전밸브 / 챔버 / 방출구와 연결 / 챔버 ‖ 익져스터 ‖

☆☆ 문제 05

체적이 $200m^3$인 밀폐된 전기실에 이산화탄소 소화설비를 전역방출방식으로 적용시 저장용기는 몇 병이 필요한지 주어진 조건을 이용하여 산출하시오. (14.7.문10, 12.11.문13)

득점	배점
	5

[조건]

① 저장용기의 내용적 : $68l$

② CO_2의 방출계수 : 1.6kg/방호구역m^3

③ CO_2의 충전비 : 1.9

○ 계산과정 :

○ 답 :

해답

○ 계산과정 : CO_2 저장량 $= 200 \times 1.6 = 320\text{kg}$

1병당 충전량 $= \dfrac{68}{1.9} = 35.789\text{kg}$

병수 $= \dfrac{320}{35.789} = 8.9 ≒ 9$병

○ 답 : 9병

해설 (1) **CO_2 저장량**[kg]

= 방호구역체적[m^3]×약제량[kg/m^3]+개구부면적[m^2]×개구부가산량(10kg/m^2)

= $200m^3 \times 1.6kg/m^3 = 320kg$

- 방호구역체적은 문제에서 **$200m^3$**이다.
- 개구부에 대한 조건이 없으므로 **개구부면적** 및 **개구부가산량**은 적용하지 않아도 된다.
- 원래 전기실(전기설비)의 약제량은 **1.3kg/m^3**이지만 이 문제에서는 **1.6kg/m^3**라고 주어졌으므로 **1.6kg/m^3**를 적용하여야 한다. 주의!
- 1.6kg/방호구역m^3=1.6kg/m^3

(2) **충전비**

$$C = \frac{V}{G}$$

여기서, C : 충전비[l/kg]

V : 내용적[l]

G : 저장량(충전량)[kg]

1병당 충전량 G는

$$G = \frac{V}{C} = \frac{68}{1.9} = 35.789\text{kg}$$

(3) **저장용기 병수**

$$\text{저장용기 병수} = \frac{CO_2\ \text{저장량[kg]}}{\text{1병당 충전량[kg]}} = \frac{320\text{kg}}{35.789\text{kg}} = 8.9 ≒ 9\text{병(절상)}$$

참고

이산화탄소 소화설비 심부화재의 **약제량** 및 **개구부가산량**(NFPC 106 5조, NFTC 106 2.2.1.2)

방호대상물	약제량	개구부가산량 (자동폐쇄장치 미설치시)	설계농도
전기설비(55m^3 이상), 케이블실	1.3kg/m^3	10kg/m^2	50%
전기설비(55m^3 미만)	1.6kg/m^3		
서고, 박물관, 목재가공품창고, 전자제품창고	2.0kg/m^3		65%
석탄창고, 면화류창고, 고무류, 모피창고, 집진설비	2.7kg/m^3		75%

☆☆☆

문제 06

사무실 건물의 지하층에 있는 발전기실에 화재안전기준과 다음 조건에 따라 전역방출방식(표면화재) 이산화탄소 소화설비를 설치하려고 한다. 다음 각 물음에 답하시오. (19.11.문1, 04.10.문5)

득점	배점
	12

〔조건〕

① 소화설비는 고압식으로 한다.

② 발전기실의 크기 : 가로 7m×세로 10m×높이 5m

발전기실의 개구부 크기 : 1.8m×3m×2개소(자동폐쇄장치 있음)

③ 가스용기 1본당 충전량 : 45kg

④ 소화약제의 양은 0.8kg/m^3, 개구부가산량 5kg/m^{2}를 기준으로 산출한다.

(가) 가스용기는 몇 본이 필요한가?

○ 계산과정 :

○ 답 :

(나) 개방밸브 직후의 유량은 몇 kg/s인가?

○ 계산과정 :

○ 답 :

(다) 음향경보장치는 약제방사 개시 후 얼마 동안 경보를 계속할 수 있어야 하는가?

(라) 가스용기의 개방밸브는 작동방식에 따라 3가지로 분류된다. 그 명칭을 쓰시오.

○

○

○

해답

(가) ○ 계산과정 : $\frac{280}{45} = 6.2 ≒ 7$본

○ 답 : 7본

(나) ○ 계산과정 : $\frac{45}{60} = 0.75\text{kg/s}$

○ 답 : 0.75kg/s

(다) 1분 이상

(라) ① 전기식

② 가스압력식

③ 기계식

해설

(가) **CO_2 저장량**〔kg〕

=방호구역체적〔m^3〕×약제량〔kg/m^3〕+개구부면적〔m^2〕×개구부가산량〔kg/m^2〕

=(7×10×5)m^3×0.8kg/m^3 = 280kg

저장용기 본수 = $\frac{\text{약제저장량}}{\text{충전량}} = \frac{280\text{kg}}{45\text{kg}} = 6.2 ≒ 7$본

- 〔조건 ②〕에서 자동폐쇄장치가 설치되어 있으므로 개구부면적 및 개구부가산량은 적용하지 않아도 된다.
- 〔조건 ③〕에서 충전량은 **45kg**이다.
- 저장용기 본수 산정시 계산결과에서 소수가 발생하면 반드시 절상한다.

(나) 개방밸브(용기밸브) 직후의 유량 = $\frac{\text{1본당 충전량〔kg〕}}{\text{약제방출시간〔s〕}} = \frac{45\text{kg}}{60\text{s}} = 0.75\text{kg/s}$

‖ 약제방사시간 ‖

<table>
<tr><th colspan="2" rowspan="2">소화설비</th><th colspan="2">전역방출방식</th><th colspan="2">국소방출방식</th></tr>
<tr><th>일반건축물</th><th>위험물제조소</th><th>일반건축물</th><th>위험물제조소</th></tr>
<tr><td colspan="2">할론소화설비</td><td>10초 이내</td><td rowspan="2">30초 이내</td><td>10초 이내</td><td rowspan="4">30초 이내</td></tr>
<tr><td colspan="2">분말소화설비</td><td>30초 이내</td><td rowspan="3">30초 이내</td></tr>
<tr><td rowspan="2">CO_2 소화설비</td><td>표면화재 →</td><td>1분 이내</td><td rowspan="2">60초 이내</td></tr>
<tr><td>심부화재</td><td>7분 이내</td></tr>
</table>

- **표면화재** : 가연성 액체 · 가연성 가스
- **심부화재** : 종이 · 목재 · 석탄 · 섬유류 · 합성수지류

문제에서 전역방출방식(**표면화재**)이고, 발전기실은 **일반건축물**에 설치하므로 약제방출시간은 **1분**(60s)을 적용한다.

(다) **약제방사 후 경보장치**의 **작동시간**

- 분말소화설비
- 할론소화설비
- CO_2 소화설비

─ **1분** 이상

(라) CO_2 소화약제 저장용기의 개방밸브는 **전기식 · 가스압력식** 또는 **기계식**에 의하여 자동으로 개방되고 수동으로도 개방되는 것으로서 안전장치가 부착된 것으로 해야 한다. 이 중에서 **전기식**과 **가스압력식**이 일반적으로 사용된다.

☆☆

문제 07

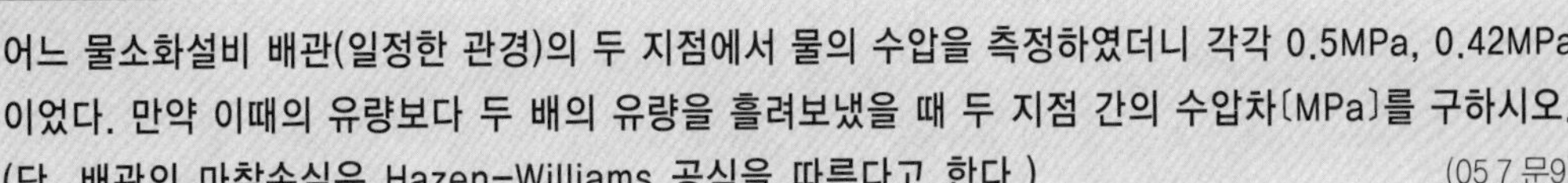

어느 물소화설비 배관(일정한 관경)의 두 지점에서 물의 수압을 측정하였더니 각각 0.5MPa, 0.42MPa이었다. 만약 이때의 유량보다 두 배의 유량을 흘려보냈을 때 두 지점 간의 수압차[MPa]를 구하시오. (단, 배관의 마찰손실은 Hazen-Williams 공식을 따른다고 한다.) (05.7.문9)

○ 계산과정 :

○ 답 :

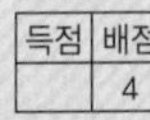

득점	배점
	4

해답 ○ 계산과정 : $(0.5-0.42)\times 2^{1.85}=0.288 \fallingdotseq 0.29\text{MPa}$

○ 답 : 0.29MPa

해설

$$\Delta P_m = 6.174\times 10^4 \times \frac{Q^{1.85}}{C^{1.85}\times D^{4.87}}\times L \text{ 또는 } \Delta P_m = 6.053\times 10^4 \times \frac{Q^{1.85}}{C^{1.85}\times D^{4.87}}\times L$$

여기서, ΔP_m : 압력손실[MPa]

C : 조도

D : 관의 내경[mm]

Q : 관의 유량[l/min]

L : 관의 길이[m]

하젠-윌리암의 **식** ΔP_m 은

$$\Delta P_m = 6.174\times 10^4 \times \frac{Q^{1.85}}{C^{1.85}\times D^{4.87}}\times L \propto Q^{1.85}$$

조건에 의해 유량이 **2배** 증가하였으므로 **수압차**(압력손실) ΔP 는

$$\Delta P=(P_1-P_2)\times Q^{1.85}=(0.5-0.42)\,\text{MPa}\times 2^{1.85}=0.288 \fallingdotseq 0.29\text{MPa}$$

☆☆
문제 08

지름이 500mm 배관 끝에 지름이 25mm인 노즐이 부착되어 있고 이 노즐에서 분당 300l 의 물이 방출되고 있다. 노즐 끝에서 발생하는 압력손실[kPa]을 구하시오. (단, 노즐의 부차적 손실계수는 5.5이다.)

(05.10.문2)

○ 계산과정 :
○ 답 :

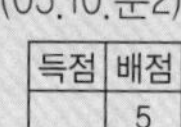

득점	배점
	5

○ 계산과정 : $V_2 = \dfrac{0.3/60}{\dfrac{\pi}{4}\times(0.025)^2} \fallingdotseq 10.186\text{m/s}$

$H = 5.5 \times \dfrac{10.186^2}{2\times 9.8} \fallingdotseq 29.115\text{m}$

$P = \dfrac{29.115}{10.332}\times 101.325 = 285.528 \fallingdotseq 285.53\text{kPa}$

○ 답 : 285.53kPa

해설

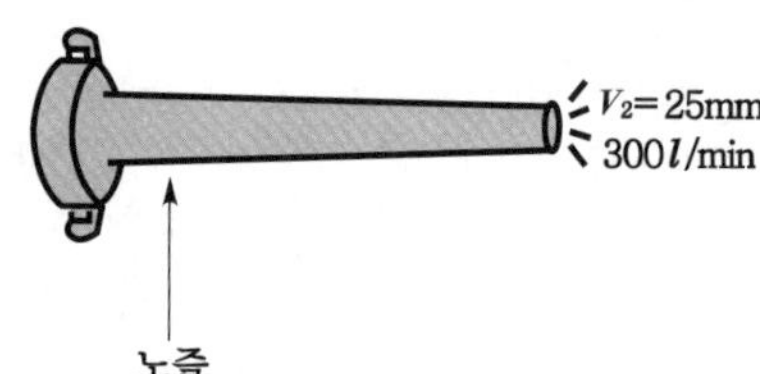

$$H = K\frac{{V_2}^2}{2g}$$

여기서, H : 돌연축소관에서의 손실수두[m]
K : 손실계수
V_2 : 축소관 유속[m/s]
g : 중력가속도(9.8m/s^2)

축소관 유속 V_2는

$$V_2 = \frac{Q}{A} = \frac{300l/\text{min}}{\dfrac{\pi}{4}(0.025\text{m})^2} = \frac{0.3\text{m}^3/60\text{s}}{\dfrac{\pi}{4}(0.025\text{m})^2} = 10.1859 \fallingdotseq 10.186\text{m/s}$$

- **계산과정** 중 소수점 처리는 문제에서 소수점에 대한 특별한 조건이 없으면 **소수점 넷째자리**를 구하여 10.1859m/s로 답하던지 넷째자리에서 반올림하여 셋째자리까지 구하여 10.186m/s로 하면 된다. 둘 다 맞다! 또는 소수점 넷째자리에서 반올림하지 않고 셋째자리까지만 구해도 된다.

돌연축소관에서의 손실수두 H는

$$H = K\frac{{V_2}^2}{2g} = 5.5\times\frac{(10.186\text{m/s})^2}{2\times 9.8\text{m/s}^2} = 29.1148 \fallingdotseq 29.115\text{m}$$

10.332m=101.325kPa 이므로

$$29.115\text{m} = \frac{29.115\text{m}}{10.332\text{m}}\times 101.325\text{kPa} = 285.528 \fallingdotseq 285.53\text{kPa}$$

문제에서 소수점에 대한 특별한 조건이 없으면 최종 결과값에서 소수 셋째자리에서 반올림하여 둘째자리까지 구하면 된다.

표준대기압	단위환산
1atm=760mmHg=1.0332kg$_f$/cm^2 =10.332mH$_2$O(mAq) =14.7PSI(lb$_f$/in^2) =101.325kPa(kN/m^2) =1013mbar	① 1 inch=2.54cm ② 1 gallon=3.785l ③ 1 barrel=42gallon ④ 1 m^3=1000l ⑤ 1 pound=0.453kg

★★★
문제 09

다음은 어느 실들의 평면도이다. 이 중 A실을 급기가압하고자 할 때 주어진 조건을 이용하여 다음을 구하시오.

(20.10.문16, 20.5.문9, 19.11.문3, 18.11.문11, 17.11.문2, 17.4.문7, 16.11.문4, 16.4.문15, 11.11.문6, 08.4.문8, 05.7.문6)

득점	배점
	9

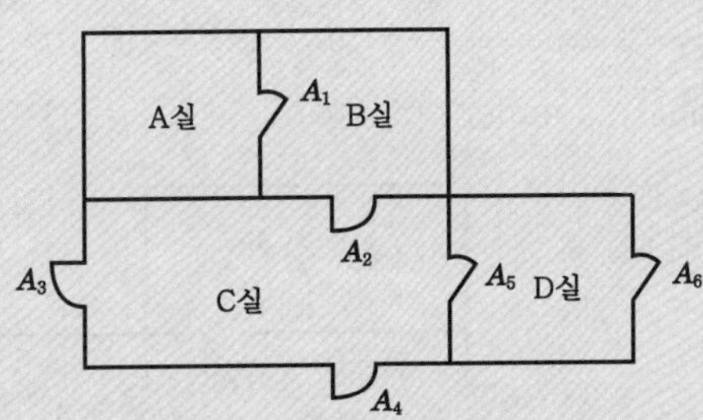

〔조건〕
① 실 외부대기의 기압은 101300Pa로서 일정하다.
② A실에 유지하고자 하는 기압은 101500Pa이다.
③ 각 실의 문들의 틈새면적은 0.01m^{2}이다.
④ 어느 실을 급기가압할 때 그 실의 문 틈새를 통하여 누출되는 공기의 양은 다음의 식에 따른다.

$$Q = 0.827A \cdot P^{\frac{1}{2}}$$

여기서, Q : 누출되는 공기의 양〔m^3/s〕
A : 문의 전체 누설틈새면적〔m^2〕
P : 문을 경계로 한 기압차〔Pa〕

(가) A실의 전체 누설틈새면적 A〔m^2〕를 구하시오. (단, 소수점 아래 6째자리에서 반올림하여 소수점 아래 5째자리까지 나타내시오.)
○ 계산과정 :
○ 답 :

(나) A실에 유입해야 할 풍량〔L/s〕을 구하시오.
○ 계산과정 :
○ 답 :

(가) ○ 계산과정 : $A_5 \sim A_6 = \dfrac{1}{\sqrt{\dfrac{1}{0.01^2}+\dfrac{1}{0.01^2}}} = 0.007071 ≒ 0.00707\text{m}^2$

$A_3 \sim A_6 = 0.01+0.01+0.00707 = 0.02707\text{m}^2$

$A_1 \sim A_6 = \dfrac{1}{\sqrt{\dfrac{1}{0.01^2}+\dfrac{1}{0.01^2}+\dfrac{1}{0.02707^2}}} = 0.006841 ≒ 0.00684\text{m}^2$

○ 답 : 0.00684m^2

(나) ○ 계산과정 : $0.827 \times 0.00684 \times \sqrt{200} = 0.079997\text{m}^3/\text{s} = 79.997\text{L/s} ≒ 80\text{L/s}$

○ 답 : 80L/s

해설

기호

- A_1, A_2, A_3, A_4, A_5, A_6(0.01m^2) : 〔조건 ③〕에서 주어짐
- P[(101500−101300)Pa=200Pa] : 〔조건 ①, ②〕에서 주어짐

(가) 〔조건 ③〕에서 각 실의 틈새면적은 0.01m^{2}이다.

$A_5 \sim A_6$은 **직렬상태**이므로

$$A_5 \sim A_6 = \frac{1}{\sqrt{\dfrac{1}{(0.01\text{m}^2)^2}+\dfrac{1}{(0.01\text{m}^2)^2}}} = 7.071 \times 10^{-3} = 0.007071 ≒ 0.00707\text{m}^2$$

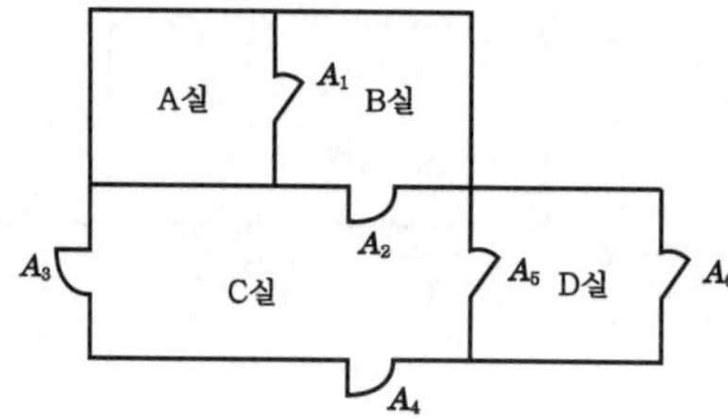

위의 내용을 정리하면 다음과 같이 변환시킬 수 있다.

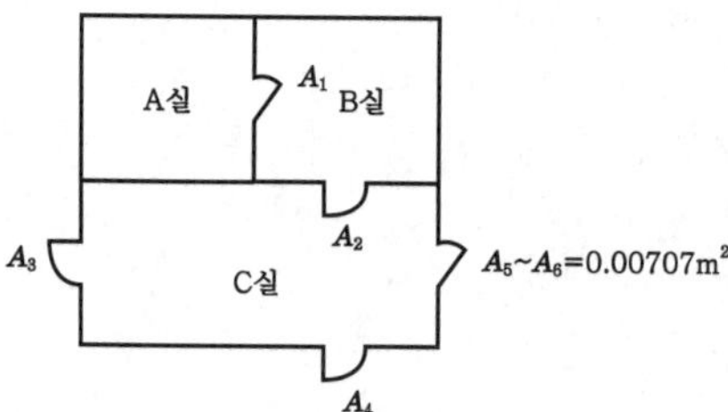

$A_3 \sim A_6$은 **병렬상태**이므로

$A_3 \sim A_6 = 0.01\text{m}^2 + 0.01\text{m}^2 + 0.00707\text{m}^2 = 0.02707\text{m}^2$

위의 내용을 정리하면 다음과 같이 변환시킬 수 있다.

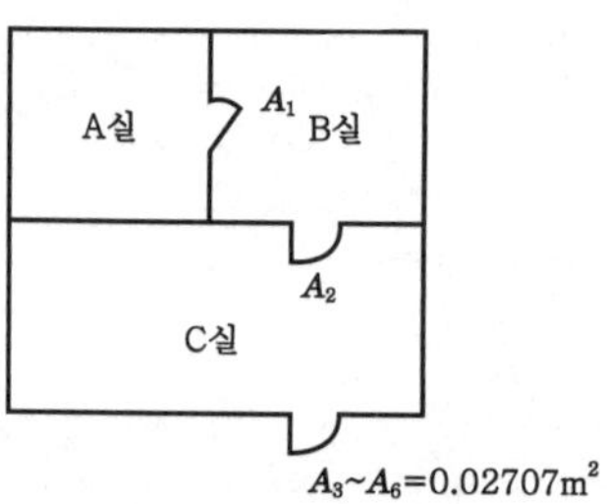

$A_1 \sim A_6$은 **직렬상태**이므로

$$A_1 \sim A_6 = \frac{1}{\sqrt{\frac{1}{(0.01\text{m}^2)^2}+\frac{1}{(0.01\text{m}^2)^2}+\frac{1}{(0.02707\text{m}^2)^2}}} = 6.841 \times 10^{-3} = 0.006841 \fallingdotseq 0.00684\text{m}^2$$

(나) **유입풍량** Q

$$Q = 0.827A \cdot P^{\frac{1}{2}} = 0.827A\sqrt{P} = 0.827 \times 0.00684\text{m}^2 \times \sqrt{200\,\text{Pa}} = 0.079997\text{m}^3/\text{s} = 79.997\text{L/s} \fallingdotseq 80\text{L/s}$$

- 유입풍량

$$Q = 0.827A\sqrt{P}$$

여기서, Q : 누출되는 공기의 양[m^3/s]
A : 문의 전체 누설틈새면적[m^2]
P : 문을 경계로 한 기압차[Pa]

- $P^{\frac{1}{2}} = \sqrt{P}$
- [조건 ①, ②]에서 기압차(P)=101500−101300=200Pa
- $0.079997\text{m}^3/\text{s} = 79.997\text{L/s}\ (1\text{m}^3 = 1000\text{L})$

참고

누설틈새면적

직렬상태	병렬상태
$A = \frac{1}{\sqrt{\frac{1}{{A_1}^2}+\frac{1}{{A_2}^2}+\cdots}}$ 여기서, A : 전체 누설틈새면적[m^2] A_1, A_2 : 각 실의 누설틈새면적[m^2] 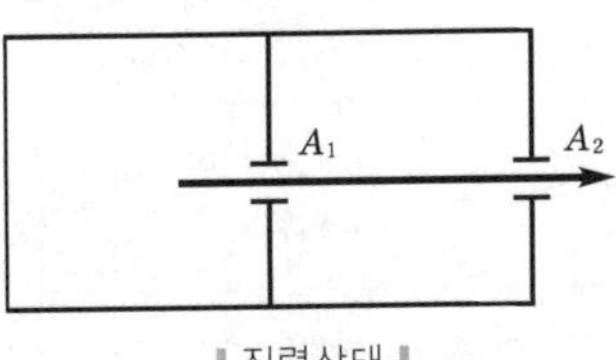 ‖ 직렬상태 ‖	$A = A_1 + A_2 + \cdots$ 여기서, A : 전체 누설틈새면적[m^2] A_1, A_2 : 각 실의 누설틈새면적[m^2] 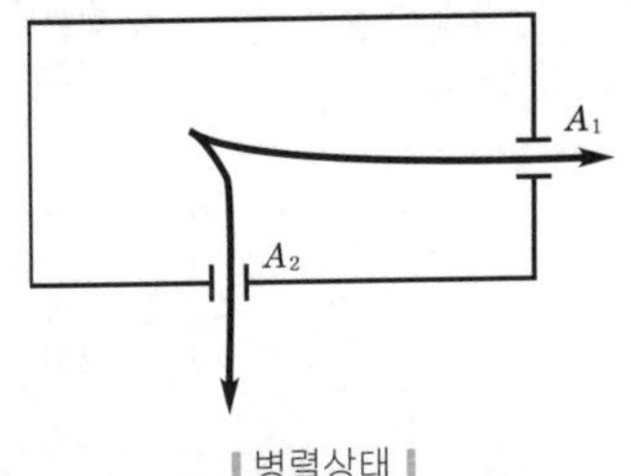 ‖ 병렬상태 ‖

☆ 문제 10

가압송수장치로 사용된 주펌프의 체절운전방법에 대해 3단계로 기술하시오. (11.11.문1)

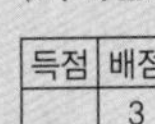

득점	배점
	3

○

○

○

① 펌프토출측 개폐밸브 폐쇄
② 성능시험배관 개폐밸브, 유량조절밸브 폐쇄
③ 펌프 기동

해설

체절운전방법	성능시험방법
① **펌프토출측 개폐밸브** 폐쇄 ② **성능시험배관 개폐밸브**, **유량조절밸브** 폐쇄 ③ 펌프 **기동**	① **주배관**의 **개폐밸브** 폐쇄 ② 제어반에서 **충압펌프**의 **기동 중지** ③ 압력챔버의 **배수밸브**를 열어 **주펌프**가 **기동**되면 폐쇄 (제어반에서 수동으로 주펌프 기동) ④ **성능시험배관**의 **개폐밸브 개방** ⑤ 성능시험배관의 **유량조절밸브**를 **서서히 개방**하여 유량계를 통과하는 유량이 정격토출유량이 되도록 **조정**한다. 정격토출유량이 되었을 때 펌프 토출측 압력계를 읽어 정격토출압력 이상인지 확인한다. ⑥ 성능시험배관의 **유량조절밸브**를 **조금 더 개방**하여 유량계를 통과하는 유량이 **정격토출유량**의 **150%**가 되도록 조정한다. 이때 펌프 토출측 압력계의 확인된 압력은 정격토출압력의 **65%** 이상이어야 한다. ⑦ 성능시험배관상에 있는 **유량계**를 확인하여 **펌프**의 **성능**을 **측정**한다. ⑧ **성능시험** 측정 후 배관상 **개폐밸브**를 잠근 후 **주밸브**를 개방한다. ⑨ 제어반에서 **충압펌프 기동중지**를 **해제**한다.

• '**체절운전**'과 '**성능시험**'은 **주펌프**만 **해당**되고 충압펌프는 해당되지 않는다는 것을 기억하라!

중요

펌프성능시험

구 분	운전방법	확인사항
체절운전 (무부하시험, No Flow Condition)	① **펌프토출측 개폐밸브** 폐쇄 ② **성능시험배관 개폐밸브**, **유량조절밸브** 폐쇄 ③ 펌프 **기동**	① 체절압력이 **정격토출압력**의 **140%** 이하인지 확인 ② 체절운전시 체절압력 미만에서 릴리프밸브가 작동하는지 확인
정격부하운전 (정격부하시험, Rated Load, 100% 유량운전)	① 펌프 **기동** ② 유량조절밸브를 개방하여 **유량계**의 유량이 **정격유량**상태(100%)일 때	압력계의 압력이 **정격압력 이상**이 되는지 확인
최대운전 (피크부하시험, Peak Load, 150% 유량운전)	유량조절밸브를 더욱 개방하여 유량계의 유량이 **정격토출량**의 **150%**가 되었을 때	압력계의 압력이 **정격양정**의 **65%** 이상이 되는지 확인

☆

문제 11

「소방시설 설치 및 관리에 관한 법률」상 내진설계기준에 맞게 설치하여야 하는 소방시설의 종류 3가지를 쓰시오.

득점	배점
	3

○

○

○

해답 ① 옥내소화전설비
② 스프링클러설비
③ 물분무등소화설비

해설 **소방시설 설치 및 관리에 관한 법률 시행령 8조**
소방시설의 내진설계대상
① 옥내소화전설비
② 스프링클러설비
③ 물분무등소화설비

☆☆
문제 12

기동용 수압개폐장치(압력챔버)에 설치되는 압력스위치에 표시되어 있는 DIFF와 RANGE가 의미하는 것을 쓰시오. (산업 16.4.문2)

득점	배점
	4

○ DIFF :
○ RANGE :

해답 ○ DIFF : 펌프의 작동정지점에서 기동점과의 압력차이
○ RANGE : 펌프의 작동정지점

해설 **압력스위치**

DIFF(Difference)	RANGE
펌프의 작동정지점에서 기동점과의 **압력차이**	펌프의 **작동정지점**

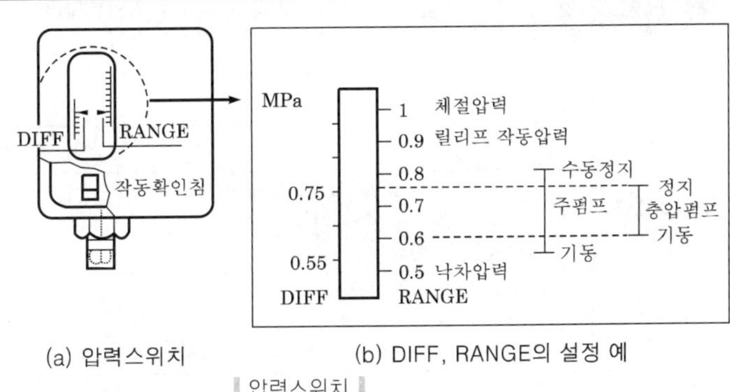

(a) 압력스위치 (b) DIFF, RANGE의 설정 예
‖ 압력스위치 ‖

☆☆☆
문제 13

소화펌프 기동시 일어날 수 있는 맥동현상(surging)의 방지대책을 5가지 쓰시오. (14.11.문8, 10.7.문9)

득점	배점
	5

○
○
○
○
○

해답 ① 배관 중에 불필요한 수조 제거
② 배관 내의 공기(기체)를 제거
③ 유량조절밸브를 배관 중 수조의 전방에 설치
④ 운전점을 고려하여 적합한 펌프 선정
⑤ 풍량 또는 토출량을 줄임

해설 **관 내에서 발생하는 현상**

(1) **공동현상**(cavitation)

개념	펌프의 흡입측 배관 내의 물의 정압이 기존의 증기압보다 낮아져서 기포가 발생되어 물이 흡입되지 않는 현상
발생현상	① 소음과 진동발생 ② 관 부식 ③ **임펠러**의 **손상**(수차의 날개를 해친다.) ④ 펌프의 성능저하
발생원인	① 펌프의 흡입수두가 클 때(소화펌프의 흡입고가 클 때) ② 펌프의 마찰손실이 클 때 ③ 펌프의 임펠러속도가 클 때 ④ 펌프의 설치위치가 수원보다 높을 때 ⑤ 관 내의 수온이 높을 때(물의 온도가 높을 때) ⑥ 관 내의 물의 정압이 그때의 증기압보다 낮을 때 ⑦ 흡입관의 구경이 작을 때 ⑧ 흡입거리가 길 때 ⑨ 유량이 증가하여 펌프물이 과속으로 흐를 때
방지대책	① 펌프의 흡입수두를 **작게** 한다. ② 펌프의 마찰손실을 **작게** 한다. ③ 펌프의 **임펠러속도**(회전수)를 **작게** 한다. ④ 펌프의 설치위치를 수원보다 **낮게** 한다. ⑤ 양흡입펌프를 사용한다(펌프의 흡입측을 가압한다). ⑥ 관 내의 물의 정압을 그때의 증기압보다 **높게** 한다. ⑦ 흡입관의 구경을 **크게** 한다. ⑧ 펌프를 **2대** 이상 설치한다.

(2) **수격작용**(water hammering)

개념	① 배관 속의 물흐름을 급히 차단하였을 때 동압이 정압으로 전환되면서 일어나는 쇼크현상 ② 배관 내를 흐르는 유체의 유속을 급격하게 변화시키므로 압력이 상승 또는 하강하여 **관로**의 **벽면**을 **치는 현상**
발생원인	① 펌프가 갑자기 정지할 때 ② 급히 밸브를 개폐할 때 ③ 정상운전시 유체의 압력변동이 생길 때
방지대책	① 관의 관경(직경)을 크게 한다. ② 관 내의 유속을 낮게 한다(관로에서 일부 고압수를 방출한다). ③ 조압수조(surge tank)를 관선(배관선단)에 설치한다. ④ **플라이휠**(fly wheel)을 설치한다. ⑤ 펌프 송출구(토출측) 가까이에 밸브를 설치한다. ⑥ 에어챔버(air chamber)를 설치한다.

(3) **맥동현상**(surging)

개념	유량이 단속적으로 변하여 펌프 입출구에 설치된 **진공계 · 압력계**가 흔들리고 **진동**과 **소음**이 일어나며 펌프의 **토출유량**이 **변하는 현상**
발생원인	① 배관 중에 **수조**가 있을 때 ② 배관 중에 **기체상태**의 부분이 있을 때 ③ **유량조절밸브**가 배관 중 수조의 위치 **후방**에 있을 때 ④ 펌프의 특성곡선이 **산모양**이고 운전점이 그 **정상부**일 때
방지대책	① 배관 중에 불필요한 수조를 없앤다. ② 배관 내의 기체(공기)를 제거한다. ③ 유량조절밸브를 배관 중 수조의 전방에 설치한다. ④ 운전점을 고려하여 적합한 펌프를 선정한다. ⑤ **풍량** 또는 **토출량**을 줄인다.

(4) **에어 바인딩(air binding)=에어 바운드(air bound)**

개념	펌프 내에 공기가 차있으면 공기의 밀도는 물의 밀도보다 작으므로 수두를 감소시켜 송액이 되지 않는 현상
발생원인	펌프 내에 공기가 차있을 때
방지대책	① 펌프 작동 전 **공기**를 **제거**한다. ② **자동공기제거펌프**(self-priming pump)를 사용한다.

☆

문제 14

부압식 스프링클러설비 1차측과 2차측의 상태와 원리를 설명하시오.

득점	배점
	4

ㅇ1차측 :
ㅇ2차측 :

해답 ㅇ1차측 : 가압수
ㅇ2차측 : 진공

- 2차측을 '**부압**'이라고 써도 옳은 답이다.
- 진공상태=부압상태

해설 **스프링클러설비**

구 분	습식	건식	준비작동식	일제살수식	부압식
1차측	가압수	가압수	가압수	가압수	가압수
2차측	가압수	압축공기	대기압	대기압	부압(진공)

용어

부압식 스프링클러설비(vacuum system)

구 분	설 명
정의	일반적으로 사용되고 있는 **준비작동식** 스프링클러설비의 **2차측** 배관 내의 압력을 **부압(진공)상태**로 유지시켜 스프링클러헤드의 파손 또는 배관의 누수 등 오작동시에 발생되는 소화수의 누수를 진공압으로 흡입하는 구조로 설계되어 **수손피해**에 대한 위험도를 **적게** 하기 위한 소화설비
특징	기존의 **습식**, **건식**, **준비작동식** 스프링클러설비에 모두 적용이 가능하지만 일반적으로 준비작동식 스프링클러설비에 적용
구성	① 부압용 스프링클러 ② 부압제어반 ③ 화재수신반
원리	72℃ 조기반응형으로 진공상태에 적합하도록 되어 있으며 진공제어반은 화재수신반을 비롯하여 압력스위치 등 제어반 내에 스위치의 입력을 받아 배관 내의 압력이 진공압(−0.05~0.08MPa)으로 유지할 수 있도록 제어하는 역할
장점	① 화재수신반으로부터 화재신호가 없는 상태에서 오작동으로 인하여 스프링클러가 파손되었을 경우 또는 지진 등에 의해 2차측 배관에 파손이 확인된 경우 부압제어반은 배관 내의 부압수를 진공펌프의 작동으로 배수배관을 통하여 배출시키므로 **물**로 인한 **피해**를 **발생**시키지 않음 ② **오작동**에 대한 정보를 화재수신반에 보내 **사용자**가 **확인**이 **가능**함

☆ **문제 15**

그림과 같은 배관에 물이 흐를 경우 배관 Q_1, Q_2, Q_3에 흐르는 각각의 유량〔L/min〕을 구하시오. (단, 각 분기배관의 마찰손실수두는 각각 10m로 동일하며 마찰손실 계산은 다음의 Hazen-Williams식을 사용한다. 그리고 계산결과는 소수점 이하를 반올림하여 반드시 정수로 나타내시오.) (11.11.문7)

득점	배점
	10

$$\Delta P = 6.053 \times 10^4 \times \frac{Q^{1.85}}{C^{1.85} \times d^{4.87}} \times L$$

여기서, ΔP : 마찰손실압력〔MPa〕
Q : 유량〔L/min〕
C : 관의 조도계수〔무차원〕
d : 관의 내경〔mm〕
L : 배관의 길이〔m〕

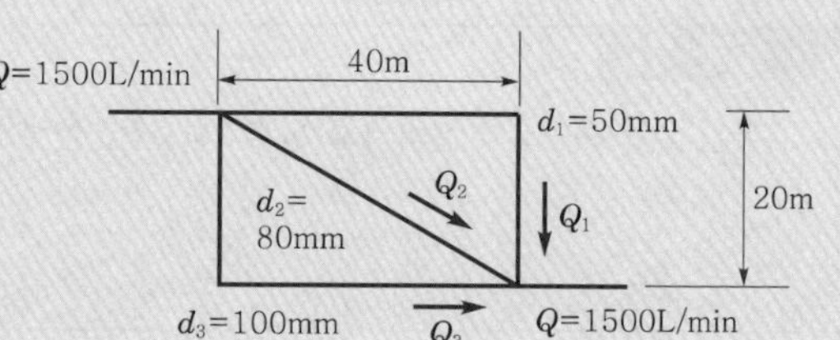

(가) 배관 Q_1의 유량
○ 계산과정 :
○ 답 :

(나) 배관 Q_2의 유량
○ 계산과정 :
○ 답 :

(다) 배관 Q_3의 유량
○ 계산과정 :
○ 답 :

해답 (가) ○ 계산과정 : $\Delta P = 10\text{m} = 0.098\text{MPa}$

$$\Delta P_1 = 6.053 \times 10^4 \times \frac{Q_1^{1.85}}{C^{1.85} \times 50^{4.87}} \times 60 = 0.098$$

$$\Delta P_2 = 6.053 \times 10^4 \times \frac{Q_2^{1.85}}{C^{1.85} \times 80^{4.87}} \times 44.721 = 0.098$$

$$\Delta P_3 = 6.053 \times 10^4 \times \frac{Q_3^{1.85}}{C^{1.85} \times 100^{4.87}} \times 60 = 0.098$$

$$Q_1^{1.85} = \frac{50^{4.87} \times 0.098 \times C^{1.85}}{6.053 \times 10^4 \times 60}, \quad Q_1 = \sqrt[1.85]{\frac{50^{4.87} \times 0.098 \times C^{1.85}}{6.053 \times 10^4 \times 60}} \fallingdotseq 2.405C$$

$$Q_2^{1.85} = \frac{80^{4.87} \times 0.098 \times C^{1.85}}{6.053 \times 10^4 \times 44.721}, \quad Q_2 = \sqrt[1.85]{\frac{80^{4.87} \times 0.098 \times C^{1.85}}{6.053 \times 10^4 \times 44.721}} \fallingdotseq 9.715C$$

$$Q_3^{1.85} = \frac{100^{4.87} \times 0.098 \times C^{1.85}}{6.053 \times 10^4 \times 60}, \quad Q_3 = \sqrt[1.85]{\frac{100^{4.87} \times 0.098 \times C^{1.85}}{6.053 \times 10^4 \times 60}} \fallingdotseq 14.913C$$

$2.405C + 9.715C + 14.913C = 1500$

$27.033\,C = 1500$

$$C = \frac{1500}{27.033} \fallingdotseq 55.487$$

$2.405 \times 55.487 = 133.4 \fallingdotseq 133\text{L/min}$

○ 답 : 133L/min

(나) ○ 계산과정 : $9.715 \times 55.487 = 539.0 = 539\text{L/min}$
○ 답 : 539L/min

(다) ○ 계산과정 : $14.913 \times 55.487 = 827.4 \fallingdotseq 827\text{L/min}$
○ 답 : 827L/min

해설 **직경**

하젠-윌리암의 식(Hazen-William's formula)

$$\Delta P = 6.053 \times 10^4 \times \frac{Q^{1.85}}{C^{1.85} \times d^{4.87}} \times L$$

여기서, ΔP : 마찰손실압력〔MPa〕

C : 관의 조도계수〔무차원〕

d : 관의 내경〔mm〕

Q : 관의 유량〔L/min〕

L : 관의 길이〔m〕

Q_1 $L_1 = 20\text{m} + 40\text{m} = 60\text{m}$

$$\Delta P_1 = 6.053 \times 10^4 \times \frac{{Q_1}^{1.85}}{C^{1.85} \times (50\text{mm})^{4.87}} \times (40+20)\text{m}$$

$$0.098\text{MPa} = 6.053 \times 10^4 \times \frac{{Q_1}^{1.85}}{C^{1.85} \times (50\text{mm})^{4.87}} \times 60\text{m}$$

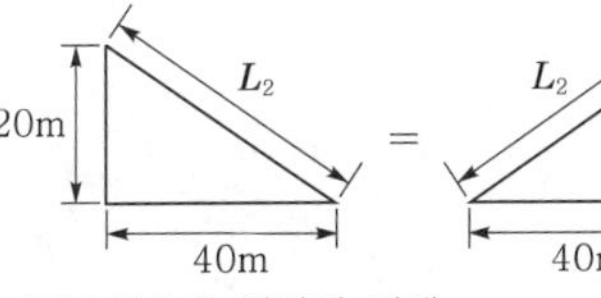

피타고라스의 정리에 의해

$$L_2 = \sqrt{\text{가로길이}^2 + \text{세로길이}^2} = \sqrt{(40\text{m})^2 + (20\text{m})^2} = 44.721\text{m}$$

$$\Delta P_2 = 6.053 \times 10^4 \times \frac{{Q_2}^{1.85}}{C^{1.85} \times (80\text{mm})^{4.87}} \times 44.721\text{m}$$

$$0.098\text{MPa} = 6.053 \times 10^4 \times \frac{{Q_2}^{1.85}}{C^{1.85} \times (80\text{mm})^{4.87}} \times 44.721\text{m}$$

Q_3 $L_3 = 20\text{m} + 40\text{m} = 60\text{m}$

$$\Delta P_3 = 6.053 \times 10^4 \times \frac{{Q_3}^{1.85}}{C^{1.85} \times (100\text{mm})^{4.87}} \times 60\text{m}$$

$$0.098\text{MPa} = 6.053 \times 10^4 \times \frac{{Q_3}^{1.85}}{C^{1.85} \times (100\text{mm})^{4.87}} \times 60\text{m}$$

- ΔP(마찰손실압력) : 10m=0.098MPa

  10.332m=101.325kPa=0.101325MPa 이므로

$$10\text{m} = \frac{10\text{m}}{10.332\text{m}} \times 0.101325\text{MPa} \fallingdotseq 0.098\text{MPa}$$

① ${Q_1}^{1.85} = \dfrac{(50\text{mm})^{4.87} \times 0.098\text{MPa} \times C^{1.85}}{6.053 \times 10^4 \times 60\text{m}}$

$${Q_1}^{\cancel{1.85} \times \frac{1}{\cancel{1.85}}} = \left(\frac{(50\text{mm})^{4.87} \times 0.098\text{MPa} \times C^{1.85}}{6.053 \times 10^4 \times 60\text{m}} \right)^{\frac{1}{1.85}}$$

$$Q_1 = \sqrt[1.85]{\frac{(50\text{mm})^{4.87} \times 0.098\text{MPa} \times C^{1.85}}{6.053 \times 10^4 \times 60\text{m}}} \fallingdotseq 2.405C$$

② ${Q_2}^{1.85} = \dfrac{(80\text{mm})^{4.87} \times 0.098\text{MPa} \times C^{1.85}}{6.053 \times 10^4 \times 44.721\text{m}}$

$${Q_2}^{\cancel{1.85} \times \frac{1}{\cancel{1.85}}} = \left(\frac{(80\text{mm})^{4.87} \times 0.098\text{MPa} \times C^{1.85}}{6.053 \times 10^4 \times 44.721\text{m}} \right)^{\frac{1}{1.85}}$$

$$Q_2 = \sqrt[1.85]{\frac{(80\text{mm})^{4.87} \times 0.098\text{MPa} \times C^{1.85}}{6.053 \times 10^4 \times 44.721\text{m}}} \fallingdotseq 9.715C$$

③ $Q_3^{\ 1.85} = \dfrac{(100\text{mm})^{4.87} \times 0.098\text{MPa} \times C^{1.85}}{6.053 \times 10^4 \times 60\text{m}}$

$Q_3^{\cancel{1.85} \times \frac{1}{\cancel{1.85}}} = \left(\dfrac{(100\text{mm})^{4.87} \times 0.098\text{MPa} \times C^{1.85}}{6.053 \times 10^4 \times 60\text{m}} \right)^{\frac{1}{1.85}}$

$Q_3 = \sqrt[1.85]{\dfrac{(100\text{mm})^{4.87} \times 0.098\text{MPa} \times C^{1.85}}{6.053 \times 10^4 \times 60\text{m}}} \fallingdotseq 14.913C$

$$Q_T = Q_1 + Q_2 + Q_3$$

여기서, Q_T : 전체유량〔Lpm〕

Q_1 : 배관 ①의 유량〔Lpm〕

Q_2 : 배관 ②의 유량〔Lpm〕

Q_3 : 배관 ③의 유량〔Lpm〕

$Q_T = Q_1 + Q_2 + Q_3$

$1500\text{Lpm} = 2.405C + 9.715C + 14.913C$

$2.405C + 9.715C + 14.913C = 1500\text{Lpm}$ ← 계산의 편의를 위해 좌우변을 이항하면

$27.033C = 1500\text{Lpm}$

$C = \dfrac{1500}{27.033} \fallingdotseq 55.487$

$\therefore\ Q_1 = 2.405C = 2.405 \times 55.487 = 133.4 \fallingdotseq 133\text{L/min}$

$Q_2 = 9.715C = 9.715 \times 55.487 = 539.0 = 539\text{L/min}$

$Q_3 = 14.913C = 14.913 \times 55.487 = 827.4 \fallingdotseq 827\text{L/min}$

- 문제에서 '**소수점 이하는 반올림하여 반드시 정수로 나타내라**'고 하였으므로 계산결과에서 소수점 이하 **첫째자리**에 **반올림**하여 **정수**로 나타내야 한다. 거듭 주의!
- Lpm=L/min

별해

$1500\text{L/min} = Q_1 + Q_2 + Q_3$

$\Delta P_1 = \Delta P_2 = \Delta P_3$: **에너지 보존법칙**(**베르누이 방정식**)에 의해 유입유량과 유출유량이 같으므로 각 분기배관의 **마찰손실압**(**ΔP**)은 같다고 가정한다.

$\cancel{6.053 \times 10^4} \times \dfrac{Q_1^{\ 1.85}}{\cancel{C^{1.85}} \times d_1^{\ 4.87}} \times L_1 = \cancel{6.053 \times 10^4} \times \dfrac{Q_2^{\ 1.85}}{\cancel{C^{1.85}} \times d_2^{\ 4.87}} \times L_2 = \cancel{6.053 \times 10^{-4}} \times \dfrac{Q_3^{\ 1.85}}{\cancel{C^{1.85}} \times d_3^{\ 4.87}} \times L_3$

$\dfrac{Q_1^{\ 1.85}}{d_1^{\ 4.87}} \times L_1 = \dfrac{Q_2^{\ 1.85}}{d_2^{\ 4.87}} \times L_2 = \dfrac{Q_3^{\ 1.85}}{d_3^{\ 4.87}} \times L_3$

$\dfrac{Q_1^{\ 1.85}}{d_1^{\ 4.87}} \times L_1 = \dfrac{Q_2^{\ 1.85}}{d_2^{\ 4.87}} \times L_2 \rightarrow Q_2^{\ 1.85} = \dfrac{d_2^{\ 4.87}}{d_1^{\ 4.87}} \times \dfrac{L_1}{L_2} \times Q_1^{\ 1.85}$

$\therefore\ Q_2 = \sqrt[1.85]{\dfrac{(80\text{mm})^{4.87}}{(50\text{mm})^{4.87}} \times \dfrac{60\text{m}}{44.721\text{m}} \times Q_1^{\ 1.85}} = 4.04Q_1$

$\dfrac{Q_1^{\ 1.85}}{d_1^{\ 4.87}} \times L_1 = \dfrac{Q_3^{\ 1.85}}{d_3^{\ 4.87}} \times L_3 \rightarrow Q_3^{\ 1.85} = \dfrac{d_3^{\ 4.87}}{d_1^{\ 4.87}} \times \dfrac{L_1}{L_3} \times Q_1^{\ 1.85}$

$\therefore\ Q_3 = \sqrt[1.85]{\dfrac{(100\text{mm})^{4.87}}{(50\text{mm})^{4.87}} \times \dfrac{60\text{m}}{60\text{m}} \times Q_1^{\ 1.85}} = 6.2Q_1$

$1500\text{L/min} = Q_1 + Q_2 + Q_3$에서

$1500\text{L/min} = Q_1 + 4.04Q_1 + 6.2Q_1$

$1500\text{L/min} = (1 + 4.04 + 6.2)Q_1$

$Q_1 = \dfrac{1500\text{L/min}}{(1+4.04+6.2)} = 133.45\text{L/min} \fallingdotseq 133\text{L/min}$

$Q_2 = 4.04Q_1 = 4.04 \times 133\text{L/min} = 537.32\text{L/min} \fallingdotseq 537\text{L/min}$

$Q_3 = 6.2Q_1 = 6.2 \times 133\text{L/min} = 824.6\text{L/min} \fallingdotseq 825\text{L/min}$

※ 소수점 차이가 발생하지만 이것도 정답!

15년 2015. 11. 7 시행

2015년 기사 제4회 필답형 실기시험

자격종목	시험시간	형별	수험번호	성명	감독위원 확 인
소방설비기사(기계분야)	3시간				

※ 다음 물음에 답을 해당 답란에 답하시오.(배점 : 100)

☆☆

문제 01

11층의 연면적 15000m^2 업무용 건축물에 옥내소화전설비를 국가화재안전기준에 따라 설치하려고 한다. 다음 조건을 참고하여 각 물음에 답하시오. (19.6.문2 · 3 · 4, 13.4.문9, 07.7.문2)

득점	배점
	10

유사문제부터 풀어보세요. 실력이 팍!팍! 올라갑니다.

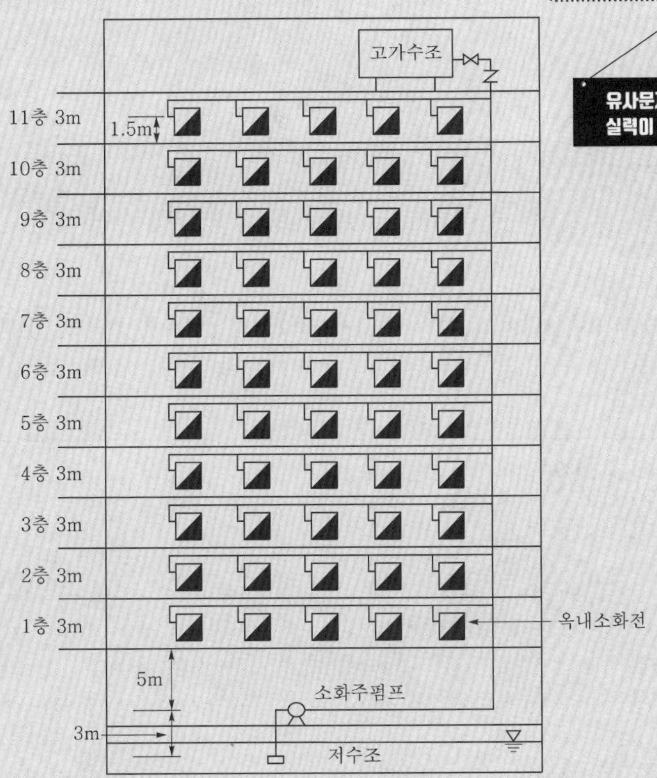

[조건]

① 펌프의 풋밸브로부터 11층 옥내소화전함 호스접결구까지의 마찰손실수두는 실양정의 25%로 한다.
② 펌프의 효율은 68%이다.
③ 펌프의 전달계수 K값은 1.1로 한다.
④ 각 층당 소화전은 5개씩이다.
⑤ 펌프의 체적효율(E_1) 0.95, 기계효율(E_2) 0.92, 수력효율(E_3) 0.83이다.
⑥ 소방호스의 마찰손실수두는 7.8m이다.

(가) 펌프의 최소유량[l/min]을 구하시오.
○ 계산과정 :
○ 답 :

(나) 수원의 최소유효저수량[m^3]을 구하시오.
○ 계산과정 :
○ 답 :

(다) 옥상에 설치할 고가수조의 용량[m^3]을 구하시오.
○ 계산과정 :
○ 답 :

(라) 펌프의 총양정[m]을 구하시오.
○ 계산과정 :
○ 답 :

(마) 펌프의 축동력[kW]을 구하시오.
○ 계산과정 :
○ 답 :

(바) 펌프의 모터동력[kW]을 구하시오.
○ 계산과정 :
○ 답 :

(사) 소방호스 노즐에서 방수압 측정방법시 측정기구 및 측정방법을 쓰시오.
○ 측정기구 :
○ 측정방법 :

(아) 소방호스 노즐의 방수압력이 0.7MPa 초과시 감압방법 2가지를 쓰시오.
○
○

 해답 (가) ○ 계산과정 : $2 \times 130 = 260 l/\text{min}$
○ 답 : 260l/min

(나) ○ 계산과정 : $2.6 \times 2 = 5.2\text{m}^3$

$$2.6 \times 2 \times \frac{1}{3} = 1.733\text{m}^3$$

$$5.2 + 1.733 = 6.933 \fallingdotseq 6.93\text{m}^3$$

○ 답 : 6.93m^3

(다) ○ 계산과정 : $2.6 \times 2 \times \frac{1}{3} = 1.733 \fallingdotseq 1.73\text{m}^3$
○ 답 : 1.73m^3

(라) ○ 계산과정 : $h_1 = 7.8\text{m}$

$$h_2 = 39.5 \times 0.25 = 9.875\text{m}$$

$$h_3 = 3 + 5 + (3 \times 10) + 1.5 = 39.5\text{m}$$

$$H = 7.8 + 9.875 + 39.5 + 17 = 74.175 \fallingdotseq 74.18\text{m}$$

○ 답 : 74.18m

(마) ○ 계산과정 : $\eta_T = 0.92 \times 0.83 \times 0.95 \fallingdotseq 0.725$

$$P = \frac{0.163 \times 0.26 \times 74.18}{0.725} \fallingdotseq 4.336 \fallingdotseq 4.34\text{kW}$$

○ 답 : 4.34kW

(바) ○ 계산과정 : $\frac{0.163 \times 0.26 \times 74.18}{0.725} \times 1.1 = 4.769 \fallingdotseq 4.77\text{kW}$
○ 답 : 4.77kW

(사) ○측정기구 : 피토게이지

○측정방법 : 노즐선단에 노즐구경의 $\frac{1}{2}$ 떨어진 지점에서 노즐선단과 수평되게 피토게이지를 설치하여 눈금을 읽는다.

(아) ① 고가수조에 따른 방법

② 배관계통에 따른 방법

해설 (가) **유량**(토출량)

$$Q = N \times 130 l/\text{min}$$

여기서, Q : 유량(토출량)〔l/min〕

N : 가장 많은 층의 소화전개수(**최대 2개**)

펌프의 **최소유량** Q는

$Q = N \times 130 l/\text{min} = 2 \times 130 l/\text{min} = 260 l/\text{min}$

- 〔조건 ④〕에서 각 층마다 소화전은 5개 있지만 N=**2**(**최대 2개**)이다.

(나) **저수조**의 **저수량**

$$Q = 2.6N\text{(30층 미만, } N\text{ : 최대 2개)}$$
$$Q = 5.2N\text{(30～49층 이하, } N\text{ : 최대 5개)}$$
$$Q = 7.8N\text{(50층 이상, } N\text{ : 최대 5개)}$$

여기서, Q : 저수조의 저수량〔m^3〕, N : 가장 많은 층의 소화전개수

저수조의 저수량 Q는

$Q = 2.6N = 2.6 \times 2 = 5.2\text{m}^3$

- 〔조건 ④〕에서 소화전개수 N=**2**이다.
- 문제에서 **11층**이므로 **30층 미만**식 적용

옥상수원의 **저수량**

$$Q' = 2.6N \times \frac{1}{3}\text{(30층 미만, } N\text{ : 최대 2개)}$$
$$Q' = 5.2N \times \frac{1}{3}\text{(30～49층 이하, } N\text{ : 최대 5개)}$$
$$Q' = 7.8N \times \frac{1}{3}\text{(50층 이상, } N\text{ : 최대 5개)}$$

여기서, Q' : 옥상수원의 저수량〔m^3〕, N : 가장 많은 층의 소화전개수

옥상수원의 저수량 $Q' = 2.6N \times \frac{1}{3} = 2.6 \times 2 \times \frac{1}{3} = 1.733\text{m}^3$

- 〔조건 ④〕에서 소화전개수 N=**2**이다.
- 문제에서 **11층**이므로 **30층 미만**식 적용

수원의 최소유효저수량=저수조의 저수량+옥상수원의 저수량=$5.2\text{m}^3 + 1.733\text{m}^3 = 6.933 ≒ 6.93\text{m}^3$

(다) **옥상수원의 저수량**

$Q' = 2.6N \times \frac{1}{3} = 2.6 \times 2 \times \frac{1}{3} = 1.733 ≒ 1.73\text{m}^3$

(라) **전양정**

$$H = h_1 + h_2 + h_3 + 17$$

여기서, H : 전양정〔m〕

h_1 : 소방호스의 마찰손실수두〔m〕

h_2 : 배관 및 관부속품의 마찰손실수두〔m〕

h_3 : 실양정(흡입양정+토출양정)〔m〕

$h_1 = 7.8\text{m}$(〔조건 ⑥〕에 의해)

$h_2 = 39.5\text{m} \times 0.25 = 9.875\text{m}$(〔조건 ①〕에 의해 실양정($h_3$)의 **25%** 적용)

$h_3 = 3\text{m} + 5\text{m} + (3 \times 10)\text{m} + 1.5\text{m} = 39.5\text{m}$

• **실양정**(h_3) : 옥내소화전펌프(P_1)의 풋밸브~최상층 옥내소화전의 앵글밸브까지의 수직거리

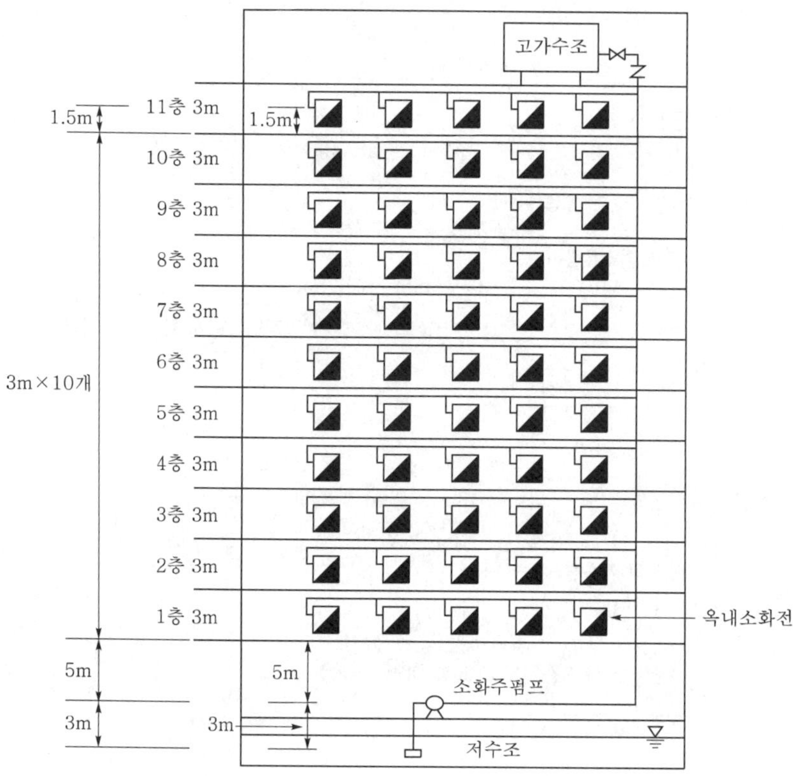

펌프의 **양정** H는

$H = h_1 + h_2 + h_3 + 17 = 7.8\text{m} + 9.875\text{m} + 39.5\text{m} + 17 = 74.175 \fallingdotseq 74.18\text{m}$

(마) **펌프의 전효율**

$$\eta_T = \eta_m \times \eta_h \times \eta_v$$

여기서, η_T : 펌프의 전효율, η_m : 기계효율, η_h : 수력효율, η_v : 체적효율

펌프의 **전효율** η_T는

$\eta_T = \eta_m \times \eta_h \times \eta_v = 0.92 \times 0.83 \times 0.95 \fallingdotseq 0.725$

• 〔조건 ⑤〕 적용
• 계산과정에서 소수점 처리는 문제에 특별한 조건이 없으면 소수점 이하 **셋째자리** 또는 **넷째자리**까지 구하면 된다. 소수점 가지고 너무 고민하지 마라!

축동력

$$P = \frac{0.163\,QH}{\eta}$$

여기서, P : 축동력〔kW〕
Q : 유량〔m^3/min〕
H : 전양정〔m〕
η : 효율

펌프의 **축동력** P는

$$P=\frac{0.163QH}{\eta}=\frac{0.163\times 260l/\text{min}\times 74.18\text{m}}{0.725}=\frac{0.163\times 0.26\text{m}^3/\text{min}\times 74.18\text{m}}{0.725}\fallingdotseq 4.336\fallingdotseq 4.34\text{kW}$$

- Q(유량) : (가)에서 **260l/min**이다.
- H(양정) : (라)에서 **74.18m**이다.
- η(효율) : 위에서 구한 펌프의 전효율 **0.725**이다. 〔조건 ②〕를 적용할 수도 있지만 이 문제처럼 펌프의 효율과 펌프의 체적효율, 기계효율, 수력효율이 함께 주어졌을 때는 좀 더 자세한 펌프의 체적효율, 기계효율, 수력효율을 모두 적용한 전효율을 이용하여 답을 구하는 것이 옳다.

(바) **모터동력**(전동력)

$$P=\frac{0.163\,QH}{\eta}K$$

여기서, P : 전동력〔kW〕
Q : 유량〔m^3/min〕
H : 전양정〔m〕
K : 전달계수
η : 효율

펌프의 **모터동력**(전동력) P는

$$P=\frac{0.163QH}{\eta}K=\frac{0.163\times 260l/\text{min}\times 74.18\text{m}}{0.725}\times 1.1$$

$$=\frac{0.163\times 0.26\text{m}^3/\text{min}\times 74.18\text{m}}{0.725}\times 1.1=4.769\fallingdotseq 4.77\text{kW}$$

- Q(유량) : (가)에서 **260l/min**이다.
- H(양정) : (라)에서 **74.18m**이다.
- η(효율) : (마)에서 펌프의 전효율 **0.725**이다.
- K(전달계수) : 〔조건 ③〕에 의해 **1.1**이다.

(사) **방수압 측정기구 및 측정방법**

① **측정기구** : 피토게이지

② **측정방법** : 노즐선단에 노즐구경(D)의 $\frac{1}{2}$ 떨어진 지점에서 노즐선단과 수평되게 피토게이지(pitot gauge)를 설치하여 눈금을 읽는다.

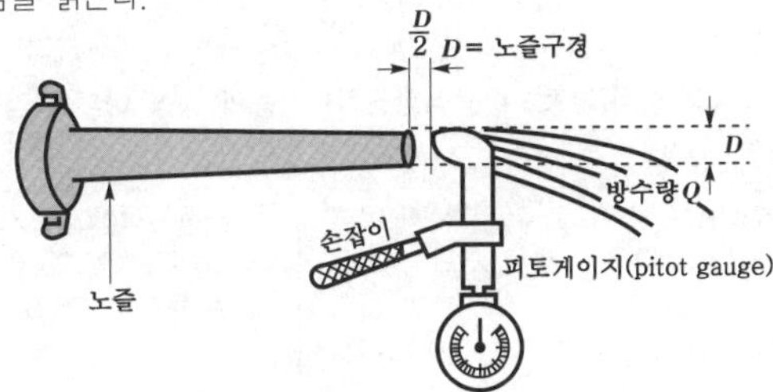

‖ 방수압 측정 ‖

비교

방수량 측정기구 및 **측정방법**

① **측정기구** : 피토게이지

② **측정방법** : 노즐선단에 노즐구경(D)의 $\frac{1}{2}$ 떨어진 지점에서 노즐선단과 수평되게 피토게이지를 설치하여 눈금을 읽은 후 $Q=0.653\,D^2\sqrt{10P}$ 공식에 대입한다.

$$Q=0.653D^2\sqrt{10P}=0.6597\,CD^2\sqrt{10P}$$

여기서, Q : 방수량〔l/min〕, C : 노즐의 흐름계수(유량계수)
D : 구경〔mm〕, P : 방수압〔MPa〕

(아) **감압장치**의 **종류**

감압방법	설 명
고가수조에 따른 방법	**고가수조**를 저층용과 고층용으로 구분하여 설치하는 방법
배관계통에 따른 방법	**펌프**를 저층용과 고층용으로 구분하여 설치하는 방법
중계펌프를 설치하는 방법	**중계펌프**를 설치하여 방수압을 낮추는 방법
감압밸브 또는 오리피스를 설치하는 방법	방수구에 **감압밸브** 또는 **오리피스**를 설치하여 방수압을 낮추는 방법
감압기능이 있는 소화전 개폐밸브를 설치하는 방법	**소화전 개폐밸브**를 **감압기능**이 있는 것으로 설치하여 방수압을 낮추는 방법

☆

문제 02

CO_2 소화설비의 자동식 기동장치 중 자동 · 수동절환장치 기능의 정상 여부를 확인할 때 점검항목을 자동(3가지), 수동(2가지)으로 구분하여 쓰시오.

득점	배점
	5

(가) 자동
- ○
- ○
- ○

(나) 수동
- ○
- ○

해답 (가) 자동
① 수신기의 자동기동스위치 조작으로 기동되는지 여부
② 감지기(교차회로방식 2개 회로)가 감지되어 기동되는지 여부
③ 수신기에서 감지기회로(교차회로방식 2개 회로)를 조작하여 기동되는지 여부

(나) 수동
① 수동조작함에서 기동스위치 동작으로 기동되는지 여부
② 솔레노이드의 안전핀을 삽입 후 눌러 기동용기를 수동으로 개방하여 기동되는지의 여부

해설 **CO_2 소화설비의 자동식 기동장치(자동 · 수동절환장치) 기능의 정상 여부 점검항목**

자 동	수 동
① 수신기의 **자동기동스위치** 조작으로 기동되는지 여부 ② **감지기**(교차회로방식 2개 회로)가 감지되어 기동되는지 여부 ③ **수신기**에서 **감지기회로**(교차회로방식 2개 회로)를 조작하여 기동되는지 여부	① 수동조작함에서 **기동스위치** 동작으로 기동되는지 여부 ② 솔레노이드의 **안전핀**을 삽입 후 눌러 **기동용기**를 **수동**으로 **개방**하여 기동되는지의 여부

비교

CO_2 소화설비 기동장치의 종합점검

자동식 기동장치(자동식 기동장치가 설치된 것)	수동식 기동장치
① 감지기 작동과의 연동 및 수동기동 가능 여부 ② 저장용기 수량에 따른 전자개방밸브 수량 적정 여부(전기식 기동장치의 경우) ③ 기동용 가스용기의 용적, 충전압력 적정 여부(가스압력식 기동장치의 경우) ④ 기동용 가스용기의 안전장치, 압력게이지 설치 여부(가스압력식 기동장치의 경우) ⑤ 저장용기 개방구조 적정 여부(기계식 기동장치의 경우)	① 기동장치 부근에 **비상스위치** 설치 여부 ② **방호구역별** 또는 **방호대상별** 기동장치 설치 여부 ③ 기동장치 설치 적정(출입구 부근 등, 높이, 보호장치, 표지, 전원표시등) 여부 ④ 방출용 스위치 음향경보장치 연동 여부

☆☆
문제 03

경유를 저장하는 위험물 옥외 저장탱크의 높이가 7m, 직경 10m인 콘루프탱크(Cone Roof Tank)에 Ⅱ형 포방출구 및 옥외 보조포소화전 2개가 설치되었다. 조건을 참고하여 다음 각 물음에 답하시오.

(17.11.문14, 12.7.문4, 03.7.문9, 01.4.문11)

득점	배점
	10

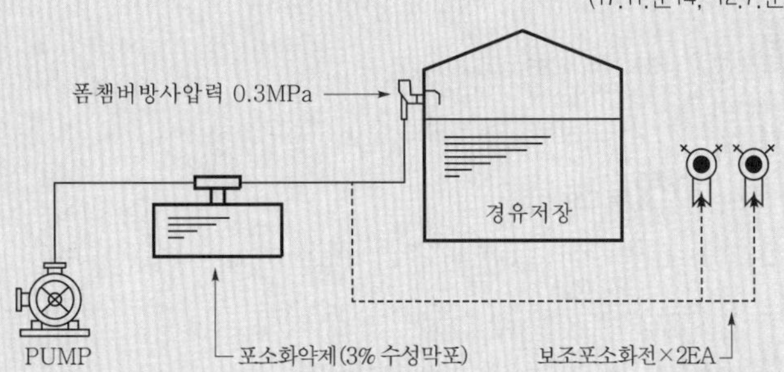

〔조건〕

① 배관의 낙차수두와 마찰손실수두는 55m
② 폼챔버압력수두로 양정계산(그림 참조, 보조포소화전 압력수두는 무시)
③ 펌프의 효율은 65%(전동기와 펌프 직결), $K=1.1$
④ 배관의 송액량은 제외
⑤ 고정포방출구의 방출량 및 방사시간

위험물의 종류 \ 포방출구의 종류, 방출량 및 방사시간	Ⅰ형		Ⅱ형		특 형	
	방출량 (l/m^{2}분)	방사시간 (분)	방출량 (l/m^{2}분)	방사시간 (분)	방출량 (l/m^{2}분)	방사시간 (분)
제4류 위험물(수용성의 것을 제외) 중 인화점이 섭씨 21도 미만의 것	4	30	4	55	12	30
제4류 위험물(수용성의 것을 제외) 중 인화점이 섭씨 21도 이상 70도 미만의 것	4	20	4	30	12	20
제4류 위험물(수용성의 것을 제외) 중 인화점이 섭씨 70도 이상의 것	4	15	4	25	12	15
제4류 위험물 중 수용성의 것	8	20	8	30	–	–

(가) 포소화약제량〔l〕을 구하시오.
○ 계산과정 :
○ 답 :

① 고정포방출구의 포소화약제량(Q_1) (단, 수성막포 3%이다.)
○ 계산과정 :
○ 답 :

② 옥외 보조포소화전 약제량(Q_2) (단, 수성막포 3%이다.)
○ 계산과정 :
○ 답 :

(나) 펌프동력〔kW〕을 계산하시오.
○ 계산과정 :
○ 답 :

해답 (가) ○ 계산과정 : $282.74+720=1002.74l$

○ 답 : $1002.74l$

① ○ 계산과정 : $\frac{\pi\times 10^2}{4}\times 4\times 30\times 0.03=282.744 ≒ 282.74l$

○ 답 : $282.74l$

② ○ 계산과정 : $3\times 0.03\times 8000=720l$

○ 답 : $720l$

(나) ○ 계산과정 : $H=30+55=85\text{m}$

$$Q_1=\frac{\pi\times 10^2}{4}\times 4\times 1 ≒ 314.159l/\text{min}$$

$$Q_2=3\times 1\times\frac{8000}{20}=1200l/\text{min}$$

$$Q=314.159+1200=1514.159l/\text{min}=1.514159\text{m}^3/\text{min}$$

$$P=\frac{0.163\times 1.514159\times 85}{0.65}\times 1.1=35.502 ≒ 35.5\text{kW}$$

○ 답 : 35.5kW

해설 (가) 포소화약제량=고정포방출구의 소화약제량(Q_1)+보조포소화전의 소화약제량(Q_2)$=282.74l+720l=1002.74l$

① **Ⅱ형 포방출구**의 **소화약제**의 **양** Q_1는

$$Q_1=A\times Q\times T\times S=\frac{\pi\times(10\text{m})^2}{4}\times 4l/\text{m}^2\text{분}\times 30\text{min}\times 0.03=282.744 ≒ 282.74l$$

- 경유는 제4류 위험물로서 인화점이 **35℃**이며, 포방출구는 Ⅱ형이므로 표에서 방출률 Q_1 = **4l/m²분**, 방사시간 T = **30min**이다.
- 그림에서 포는 **3%**형을 사용하므로 소화약제의 농도 S= **0.03**이다.

포방출구의 종류, 방출량 및 방사시간 / 위험물의 종류	Ⅰ형		Ⅱ형		Ⅲ형	
	방출량 (l/m²분)	방사시간 (분)	방출량 (l/m²분)	방사시간 (분)	방출량 (l/m²분)	방사시간 (분)
제4류 위험물(수용성의 것을 제외) 중 인화점이 섭씨 21도 미만의 것	4	30	4	55	12	30
제4류 위험물(수용성의 것을 제외) 중 인화점이 섭씨 21도 이상 70도 미만의 것	4	20	4	30	12	20
제4류 위험물(수용성의 것을 제외) 중 인화점이 섭씨 70도 이상의 것	4	15	4	25	12	15
제4류 위험물 중 수용성의 것	8	20	8	30	–	–

② **보조포소화전**에 필요한 **소화약제**의 **양** Q_2는

$$Q_2=N\times S\times 8000=3\times 0.03\times 8000=720l$$

- 원칙적으로 배관보정량도 적용하여야 하지만 〔조건 ④〕에서 제외하라고 하였으므로 **배관보정량**은 **생략**한다.
- 탱크의 높이는 이 문제에서 고려하지 않아도 된다.
- 문제에서 보조포소화전이 2개이지만 그림에서 **쌍구형**이므로 호스접결구수는 **4개**이지만 최대 **3개**까지 적용하므로 N=3이다.

‖쌍구형‖

‖단구형‖

참고

포소화약제의 저장량

(1) **고정포방출구 방식**

① 고정포방출구

$$Q = A \times Q_1 \times T \times S$$

여기서, Q : 포소화약제의 양[l]
A : 탱크의 액표면적[m^2]
Q_1 : 단위 포소화수용액의 양[l/m^{2}분]
T : 방출시간(방사시간)[분]
S : 포소화약제의 사용농도

② 보조포소화전(옥외 보조포소화전)

$$Q = N \times S \times 8000$$

여기서, Q : 포소화약제의 양[l]
N : 호스접결구수(**최대 3개**)
S : 포소화약제의 사용농도

③ 배관보정량

$$Q = A \times L \times S \times 1000 l/\text{m}^3 \text{(내경 75mm 초과시에만 적용)}$$

여기서, Q : 배관보정량[l]
A : 배관단면적[m^2]
L : 배관길이[m]
S : 포소화약제의 사용농도

(2) **옥내포소화전 방식** 또는 **호스릴 방식**

$$Q = N \times S \times 6000 \text{(바닥면적 200m}^2 \text{ 미만은 75\%)}$$

여기서, Q : 포소화약제의 양[l]
N : 호스접결구수(**최대 5개**)
S : 포소화약제의 사용농도

(나) ① 펌프의 양정

$$H = h_1 + h_2 + h_3 + h_4$$

여기서, H : 펌프의 양정[m]
h_1 : 방출구의 설계압력 환산수두 또는 노즐선단의 방사압력 환산수두[m]
h_2 : 배관의 마찰손실수두[m]
h_3 : 소방호스의 마찰손실수두[m]
h_4 : 낙차[m]

$H = h_1 + h_2 + h_3 + h_4 = 30\text{m} + 55\text{m} = 85\text{m}$

- h_1 : 1MPa=100m이므로 그림에서 0.3MPa=30m
- $h_2 + h_4$: [조건 ①]에서 55m
- h_3 : 주어지지 않았으므로 무시

② 펌프의 유량

고정포방출구 유량

$$Q_1 = AQS$$

여기서, Q_1 : 고정포방출구 유량[l/min]

A : 탱크의 액표면적[m^2]

Q : 단위 포소화수용액의 양[l/m^{2}분]

S : 포수용액 농도($S=1$)

고정포방출구 유량 $Q_1 = AQS = \dfrac{\pi \times (10\text{m})^2}{4} \times 4l/\text{m}^2\text{분} \times 1 ≒ 314.159l/\text{min}$

- 펌프동력을 구할 때는 포수용액을 기준으로 하므로 $S=1$
- 유량의 단위가 **l/min**이므로 $Q_1 = AQTS$에서 방사시간 T를 제외한 $Q_1 = AQS$식 적용

보조포소화전 유량

$$Q_2 = N \times S \times \frac{8000}{20\text{min}}$$

여기서, Q_2 : 보조포소화전 유량[l/min]

N : 호스접결구수(**최대 3개**)

S : 포수용액 농도($S=1$)

보조포소화전 유량 $Q_2 = N \times S \times \dfrac{8000}{20\text{min}} = 3 \times 1 \times \dfrac{8000}{20\text{min}} = 1200l/\text{min}$

- 펌프동력을 구할 때는 포수용액을 기준으로 하므로 $S=1$
- 유량의 단위가 **l/min**이고, 방사시간은 **20min**이므로 $Q_2 = N \times S \times \dfrac{8000}{20\text{min}}$ 식 적용

유량 $Q = Q_1 + Q_2 = 314.159l/\text{min} + 1200l/\text{min} = 1514.159l/\text{min} = 1.514159\text{m}^3/\text{min}$

③ 펌프동력

$$P = \frac{0.163\,QH}{\eta}K$$

여기서, P : 전동력[kW]

Q : 유량[m^3/min]

H : 전양정[m]

K : 전달계수

η : 효율

펌프동력 $P = \dfrac{0.163QH}{\eta}K = \dfrac{0.163 \times 1.514159\text{m}^3/\text{min} \times 85\text{m}}{0.65} \times 1.1 = 35.502 ≒ 35.5\text{kW}$

- Q : 1.514159m^3/min(바로 위에서 구한 값)
- H : 85m(바로 위에서 구한 값)
- K : 1.1([조건 ③])
- η : 0.65([조건 ③]에서 65%=0.65)

☆☆☆

문제 04

특정소방대상물에 옥내소화전을 3층에 5개, 4층에 3개 설치하였다. 펌프의 실양정이 30m일 때 펌프의 성능시험배관의 관경[mm]을 구하시오. (단, 펌프의 정격토출압력은 0.4MPa이다.) (17.6.문14, 11.7.문11)

[조건]

득점	배점
	4

① 배관 관경 산정기준은 정격토출량의 150%로 운전시 정격토출압력의 65% 기준으로 계산
② 배관은 25mm/32mm/40mm/50mm/65mm/80mm/90mm/100mm 중 하나를 선택

○ 계산과정 :
○ 답 :

해답 ○ 계산과정 : $Q = 2\times130 = 260l/\text{min}$

$$D = \sqrt{\frac{1.5\times260}{0.653\times\sqrt{0.65\times10\times0.4}}} = 19.24\text{mm} \qquad \therefore\ 25\text{mm}$$

○ 답 : 25mm

해설 **옥내소화전설비 방수량**

$$Q = N\times130l/\text{min}$$

여기서, Q : 방수량[l/min]
N : 가장 많은 층의 소화전개수(30층 미만 : 최대 2개, 30층 이상 : 최대 5개)

방수량 $Q = N\times130l/\text{min} = 2\times130l/\text{min} = 260l/\text{min}$

- 가장 많은 층의 소화전개수(N)는 **5개**이지만 30층 이하는 최대 2개이므로 $N=2$이다.

방수량 구하는 기본식	성능시험배관 방수량 구하는 식
$Q = 0.653D^2\sqrt{10P} = 0.6597CD^2\sqrt{10P}$ 여기서, Q : 방수량[l/min] C : 노즐의 흐름계수(유량계수) D : 내경[mm] P : 방수압력[MPa]	$1.5Q = 0.653D^2\sqrt{0.65\times10P}$ 여기서, Q : 방수량[l/min] D : 내경[mm] P : 방수압력[MPa]

$$1.5Q = 0.653D^2\sqrt{0.65\times10P}$$

$$\frac{1.5Q}{0.653\sqrt{0.65\times10P}} = D^2$$

$$D^2 = \frac{1.5Q}{0.653\sqrt{0.65\times10P}}$$

$$\sqrt{D^2} = \sqrt{\frac{1.5Q}{0.653\sqrt{0.65\times10P}}}$$

$$D = \sqrt{\frac{1.5Q}{0.653\times\sqrt{0.65\times10P}}} = \sqrt{\frac{1.5\times260l/\text{min}}{0.653\times\sqrt{0.65\times10\times0.4\text{MPa}}}} = 19.24\text{mm} \qquad \therefore\ 25\text{mm 선택}$$

- **정격토출량**의 **150%**, **정격토출압력**의 **65%** 기준이므로 방수량 기본식 $Q = 0.653D^2\sqrt{10P}$에서 변형하여 $1.5Q = 0.653D^2\sqrt{0.65\times10P}$식 적용
- 19.24mm이므로 [조건 ②]에서 **25mm** 선택
- 성능시험배관의 관경에 관한 질문이므로 실양정은 무관하고, 정격토출압력과 정격토출량(방수량)만 적용하면 됨
- 성능시험배관은 최소구경이 정해져 있지 않지만 다음의 배관은 최소구경이 정해져 있으므로 주의하자!

구 분	구 경
주배관 중 **수직배관**, 펌프토출측 **주배관**	**50mm 이상**
연결송수관인 방수구가 연결된 경우(연결송수관설비의 배관과 겸용할 경우)	**100mm 이상**

☆☆ 문제 05

제연설비에서 주로 사용하는 솔레노이드댐퍼, 모터댐퍼 및 퓨즈댐퍼의 작동원리를 쓰시오.

(05.5.문2)

득점	배점
	7

○ 솔레노이드댐퍼 :
○ 모터댐퍼 :
○ 퓨즈댐퍼 :

해답 ① 솔레노이드댐퍼 : 솔레노이드에 의해 누르게핀을 이동시켜 작동
② 모터댐퍼 : 모터에 의해 누르게핀을 이동시켜 작동
③ 퓨즈댐퍼 : 덕트 내의 온도가 일정온도 이상이 되면 퓨즈메탈의 용융과 함께 작동

해설 **댐퍼**의 **분류**

(1) **기능상**에 따른 분류

구 분	정 의	외 형
방화댐퍼 (Fire Damper ; **FD**)	화재시 발생하는 연기를 연기감지기의 감지 또는 **퓨즈메탈**의 **용융**과 함께 작동하여 **연소**를 **방지**하는 댐퍼	
방연댐퍼 (Smoke Damper ; **SD**)	연기를 **연기**감지기가 감지하였을 때 이와 연동하여 자동으로 폐쇄되는 댐퍼	
풍량조절댐퍼 (Volume control Damper ; **VD**)	**에너지 절약**을 위하여 덕트 내의 배출량을 조절하기 위한 댐퍼	

(2) **구조상**에 따른 분류

구 분	정 의	외 형
솔레노이드댐퍼 (Solenoid damper)	솔레노이드에 의해 누르게핀을 이동시킴으로써 작동되는 것으로 **개구부면적**이 **작은 곳**에 설치한다. **소비전력**이 **작다**.	
모터댐퍼 (Motor damper)	모터에 의해 누르게핀을 이동시킴으로써 작동되는 것으로 **개구부면적**이 **큰 곳**에 설치한다. **소비전력**이 **크다**.	
퓨즈댐퍼 (Fuse damper)	덕트 내의 온도가 일정온도(일반적으로 **70℃**) 이상이 되면 퓨즈메탈의 용융과 함께 작동하여 자체 폐쇄용 스프링의 힘에 의하여 댐퍼가 폐쇄된다.	

문제 06

옥내소화전설비를 작동시켜 호스의 관창으로부터 살수하면서 피토압력계를 사용하여 선단의 방수압을 측정하였더니 0.25MPa이었다. 이 노즐의 선단으로부터 방사되는 순간의 물의 유속은 몇 m/s인가? (단, 중력가속도는 9.81로 한다.) (12.4.문9, 10.4.문6)

○ 계산과정 :

○ 답 :

득점	배점
	4

해답

○ 계산과정 : $h = \frac{250 \times 10^3}{1000 \times 9.81} \fallingdotseq 25.484\text{m}$

$V = \sqrt{2 \times 9.81 \times 25.484} \fallingdotseq 22.36\text{m/s}$

○ 답 : 22.36m/s

해설 (1) **압력, 비중량**

$$P = \gamma h,\ \gamma = \rho g$$

여기서, P : 압력[Pa]

γ : 비중량[N/m³]

h : 높이[m]

ρ : 밀도(물의 밀도 1000kg/m³ 또는 1000N · s²/m⁴)

g : 중력가속도[m/s²]

$$h = \frac{P}{\gamma} = \frac{P}{\rho g} = \frac{250\text{kPa}}{1000\text{N}\cdot\text{s}^2/\text{m}^4 \times 9.81} = \frac{250 \times 10^3\text{N/m}^2}{1000\text{N}\cdot\text{s}^2/\text{m}^4 \times 9.81} \fallingdotseq 25.484\text{m}$$

- 단서 조건에 의해 중력가속도 **9.81m/s²**을 반드시 적용해서 계산해야 한다. 적용하지 않으면 틀린다.
- 중력가속도가 주어지지 않은 경우 101.325kPa=10.332m를 적용하여 0.25MPa를 m로 환산하면 됨

(2) **토리첼리**의 식

$$V = \sqrt{2gh}$$

여기서, V : 유속[m/s]

g : 중력가속도(9.81m/s²)

h : 높이[m]

유속 V는

$$V = \sqrt{2gh} = \sqrt{2 \times 9.81\text{m/s}^2 \times 25.484\text{m}} \fallingdotseq 22.36\text{m/s}$$

- 단서 조건에 의해 중력가속도는 반드시 **9.81m/s²**을 적용해야 한다. 9.8m/s²으로 적용하면 틀린다.
- $Q = 0.653D^2\sqrt{10P}$ 식과 $V = \frac{Q}{A}$ 식을 이용하여 유속을 구하는 사람도 있지만 이 식은 일반적으로 노즐구경이 주어졌을 때 적용하는 식으로 노즐구경이 주어지지 않은 경우 $Q = 0.653D^2\sqrt{10P}$ 식 적용을 권장하지 않는다.

문제 07

흡입측 배관 마찰손실수두가 2m일 때 공동현상이 일어나지 않는 수원의 수면으로부터 소화펌프까지의 설치높이는 몇 m 미만으로 하여야 하는지 구하시오. (단, 펌프의 요구흡입수두($NPSH_{re}$)는 7.5m, 흡입관의 속도수두는 무시하고 대기압은 표준대기압, 물의 온도는 20℃이고 이때의 포화수증기압은 2340Pa, 비중량은 9800N/m^{3}이다.) (12.4.문3)

○ 계산과정 :

○ 답 :

득점	배점
	5

해답 ○ 계산과정 : $10.332-\frac{2.34}{9.8}-H_s-2=7.5$

$H_s=0.593 ≒ 0.59\text{m}$

○ 답 : 0.59m

해설 (1) **수두**

$$H=\frac{P}{\gamma}$$

여기서, H : 수두〔m〕

P : 압력〔Pa 또는 N/m^2〕

γ : 비중량〔N/m^3〕

(2) **표준대기압**

1atm=760mmHg=1.0332kg$_f$/cm^2
=10.332mH$_2$O(mAq)=10.332m
=14.7PSI(lb$_f$/in^2)
=101.325kPa(kN/m^2)=101325Pa(N/m^2)
=1013mbar

1Pa=1N/m^2 이므로

대기압수두(H_a) : 10.332m(〔단서〕에 의해 **표준대기압**(표준기압)을 적용한다.)

수증기압수두(H_v) : $H=\frac{P}{\gamma}=\frac{2.34\text{kN/m}^2}{9.8\text{kN/m}^3}$=**0.2387m**

흡입수두(H_s) : **?m** (수원의 수면으로부터 소화펌프까지의 설치높이)

마찰손실수두(H_L) : **2m**

- 9800N/m^3=9.8kN/m^3
- 2340Pa=2340N/m^2=2.34kN/m^2

(3) **흡입 $NPSH_{av}$**

$NPSH_{av}=H_a-H_v-H_s-H_L$

7.5m=10.332m−0.2387m−H_s−2m

H_s=10.332m−0.2387m−7.5m−2m=0.593 ≒ 0.59m

- 공동현상이 일어나지 않는 수원의 최소범위 $NPSH_{av} \geq NPSH_{re}$ 적용
- $NPSH_{av} \geq 1.3 \times NPSH_{re}$는 펌프설계시에 적용하는 값으로 이 문제에서는 적용하면 안 됨

공동현상을 방지하기 위한 펌프의 범위	펌프설계시의 범위
$NPSH_{av} \geq NPSH_{re}$	$NPSH_{av} \geq 1.3 \times NPSH_{re}$

중요

1. **흡입 NPSHav**와 **압입 NPSHav**

흡입 NPSHav(수조가 펌프보다 낮을 때)	**압입 NPSHav**(수조가 펌프보다 높을 때)
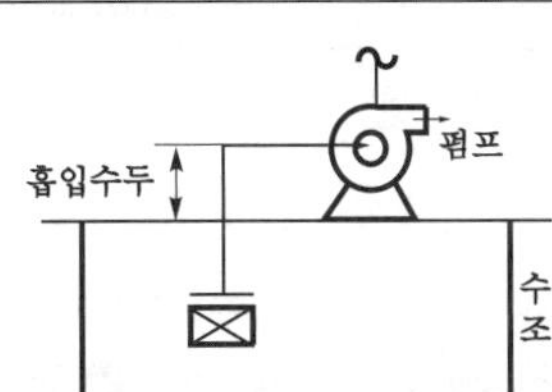	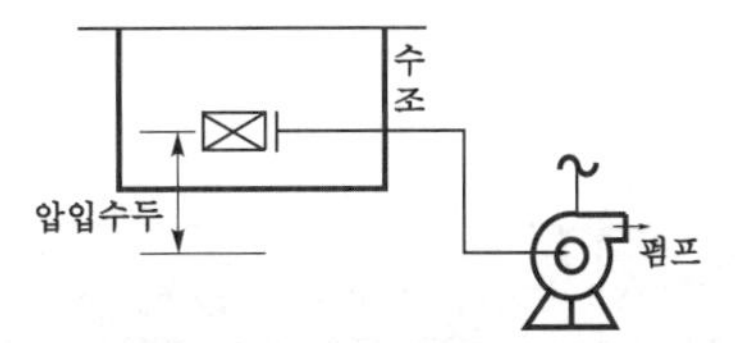
$NPSH_{av} = H_a - H_v - H_s - H_L$	$NPSH_{av} = H_a - H_v + H_s - H_L$
여기서, $NPSH_{av}$: 유효흡입양정〔m〕 H_a : 대기압수두〔m〕 H_v : 수증기압수두〔m〕 H_s : 흡입수두〔m〕 H_L : 마찰손실수두〔m〕	여기서, $NPSH_{av}$: 유효흡입양정〔m〕 H_a : 대기압수두〔m〕 H_v : 수증기압수두〔m〕 H_s : 압입수두〔m〕 H_L : 마찰손실수두〔m〕

2. **공동현상**의 **발생한계 조건**
   (1) $NPSH_{av} \geq NPSH_{re}$: **공동현상**이 발생하지 않아 펌프**사용 가능**
   (2) $NPSH_{av} < NPSH_{re}$: **공동현상**이 발생하여 펌프**사용 불가**

- 공동현상＝캐비테이션

NPSHav(Available Net Positive Suction Head) ＝유효흡입양정	NPSHre(Required Net Positive Suction Head) ＝필요흡입양정
① 흡입전양정에서 포화증기압을 뺀 값 ② 펌프 설치과정에 있어서 펌프 흡입측에 가해지는 수두압에서 흡입액의 온도에 해당되는 포화증기압을 뺀 값 ③ 펌프의 중심으로 유입되는 액체의 절대압력 ④ 펌프 설치과정에서 펌프 그 자체와는 무관하게 흡입측 배관의 설치위치, 액체온도 등에 따라 결정되는 양정 ⑤ 이용가능한 정미 유효흡입양정으로 흡입전양정에서 포화증기압을 뺀 것	① 공동현상을 방지하기 위해 펌프 흡입측 내부에 필요한 최소압력 ② 펌프 제작사에 의해 결정되는 값 ③ 펌프에서 임펠러 입구까지 유입된 액체는 임펠러에서 가압되기 직전에 일시적인 압력강하가 발생되는데 이에 해당하는 양정 ④ 펌프 그 자체가 캐비테이션을 일으키지 않고 정상운전되기 위하여 필요로 하는 흡입양정 ⑤ 필요로 하는 정미 유효흡입양정 ⑥ 펌프의 요구 흡입수두

☆☆☆

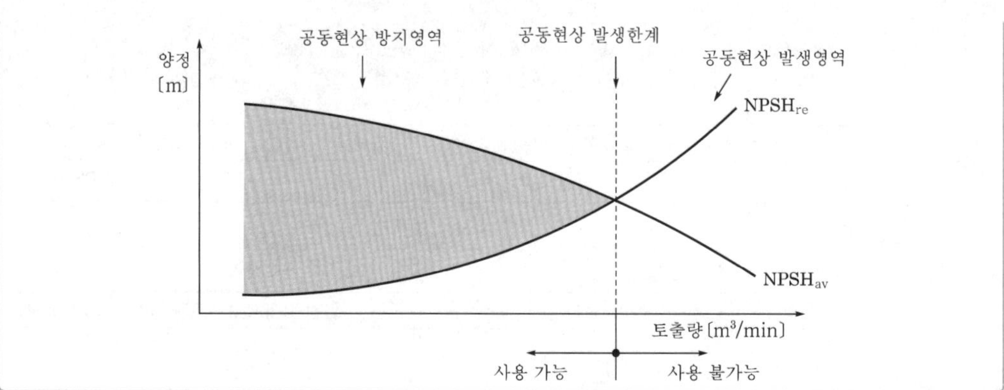

문제 08

유량 650l/min을 통과시키는 옥내소화전 배관의 한계유속을 4m/s라고 하면, 급수관의 구경을 선정하시오. (단, 급수관의 구경은 25, 32, 40, 50, 65, 80, 90, 100mm) (10.7.문5)

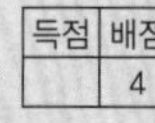

○ 계산과정 :

○ 답 :

득점	배점
	4

해답

○ 계산과정 : $\sqrt{\frac{4\times0.65/60}{\pi\times4}} \fallingdotseq 0.0587\text{m} = 58.7\text{mm}$

∴ 내경 58.7mm 이상 되는 급수관의 구경은 65mm

○ 답 : 65mm

해설

$$Q = AV = \frac{\pi D^2}{4}V$$

여기서, Q : 유량〔m³/s〕

A : 단면적〔m²〕

V : 유속〔m/s〕

D : 내경〔m〕

$Q = \frac{\pi D^2}{4}V$ 에서

배관의 **내경** D는

$$D = \sqrt{\frac{4Q}{\pi V}} = \sqrt{\frac{4\times650l/\text{min}}{\pi\times4\text{m/s}}} = \sqrt{\frac{4\times0.65\text{m}^3/\text{min}}{\pi\times4\text{m/s}}} = \sqrt{\frac{4\times0.65\text{m}^3/60\text{s}}{\pi\times4\text{m/s}}} \fallingdotseq 0.0587\text{m} = 58.7\text{mm}$$

내경 58.7mm 이상 되는 급수관의 구경은 65mm이다.

- $1000l = 1\text{m}^3$ 이므로 $650l/\text{min} = 0.65\text{m}^3/\text{min}$
- 1min=60s이므로 $0.65\text{m}^3/\text{min} = 0.65\text{m}^3/60\text{s}$
- 문제 단서 조건에 의해 최종 답은 반드시 급수관의 구경 **65mm**로 답하여야 한다. 58.7mm로 최종 답을 하면 틀린다.

중요

관경(호칭경)

관경〔mm〕	25	32	40	50	65	80	90	100	125	150	200	250	300

☆☆☆
문제 09

자연제연방식에서 주어진 조건을 참고하여 다음 각 물음에 답하시오. (10.4.문9)

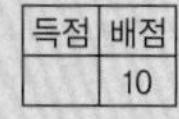

득점	배점
	10

〔조건〕
① 연기층과 공기층의 높이차 : 3m
② 화재실온도 : 707℃
③ 외부온도 : 27℃
④ 공기 평균 분자량 : 28
⑤ 연기 평균 분자량 : 29
⑥ 화재실기압 : 101.325kPa
⑦ 옥외기압 : 101.325kPa
⑧ 동력의 여유율 : 10%

(가) 연기의 유출속도〔m/s〕를 구하시오.
○ 계산과정 :
○ 답 :

(나) 외부풍속〔m/s〕을 구하시오.
○ 계산과정 :
○ 답 :

(다) 현재 일반적으로 많이 사용하고 있는 제연방식의 종류 3가지만 쓰시오.
○
○
○

(라) 상기 자연제연방식을 변경하여 화재실 상부에 배연기를 설치하여 배출한다면 그 방식을 쓰시오.
○

(마) 화재실 바닥면적 $300m^2$, FAN 효율 0.6, 전압이 70mmAq일 때 필요동력〔kW〕을 구하시오.
○ 계산과정 :
○ 답 :

해답

(가) ○ 계산과정 : $\rho_s = \dfrac{1\times 29}{0.082\times(273+707)} ≒ 0.36\text{kg/m}^3$

$\rho_a = \dfrac{1\times 28}{0.082\times(273+27)} = 1.138\text{kg/m}^3$

$V_s = \sqrt{2\times 9.8\times 3\times\left(\dfrac{1.138}{0.36}-1\right)} = 11.272 ≒ 11.27\text{m/s}$

○ 답 : 11.27m/s

(나) ○ 계산과정 : $\sqrt{\dfrac{0.36}{1.138}}\times 11.27 = 6.338 ≒ 6.34\text{m/s}$

○ 답 : 6.34m/s

(다) ① 자연제연방식
② 스모크타워제연방식
③ 기계제연방식

(라) 제3종 기계제연방식

(마) ○ 계산과정 : $P = \dfrac{70\times 300}{102\times 60\times 0.6}\times 1.1 ≒ 6.29\text{kW}$

○ 답 : 6.29kW

해설 (가) ① **밀도**

$$\rho = \frac{PM}{RT}$$

여기서, ρ : 밀도[kg/m^3]
P : 압력[atm]
M : 분자량[kg/kmol]
R : 0.082atm · m^3/kmol · K
T : 절대온도(273+℃)[K]

화재실의 **연기밀도** ρ_s 는

$$\rho_s = \frac{PM}{RT} = \frac{1\text{atm} \times 29\text{kg/kmol}}{0.082\text{atm} \cdot \text{m}^3/\text{kmol} \cdot \text{K} \times (273+707)\text{K}} \fallingdotseq 0.36\text{kg/m}^3$$

- **1atm** : [조건 ⑥]에서 101.325kPa=1atm
- **29** : [조건 ⑤]에서 주어진 값
- **707** : [조건 ②]에서 주어진 값

화재실 외부의 **공기밀도** ρ_a는

$$\rho_a = \frac{PM}{RT} = \frac{1\text{atm} \times 28\text{kg/kmol}}{0.082\text{atm} \cdot \text{m}^3/\text{kmol} \cdot \text{K} \times (273+27)\text{K}} = 1.138\text{kg/m}^3$$

- **1atm** : [조건 ⑦]에서 101.325kPa=1atm
- **28** : [조건 ④]에서 주어진 값
- **27** : [조건 ③]에서 주어진 값

② **연기**의 **유출속도**

$$V_s = \sqrt{2gh\left(\frac{\rho_a}{\rho_s} - 1\right)}$$

여기서, V_s : 연기의 유출속도[m/s]
g : 중력가속도(9.8m/s^2)
h : 연기층과 공기층의 높이차[m]
ρ_s : 화재실의 연기밀도[kg/m^3]
ρ_a : 화재실 외부의 공기밀도[kg/m^3]

연기의 **유출속도** V_s 는

$$V_s = \sqrt{2gh\left(\frac{\rho_a}{\rho_s} - 1\right)}$$
$$= \sqrt{2 \times 9.8\text{m/s}^2 \times 3\text{m} \times \left(\frac{1.138\text{kg/m}^3}{0.36\text{kg/m}^3} - 1\right)} = 11.272 \fallingdotseq 11.27\text{m/s}$$

- h=**3m** : [조건 ①]에서 주어진 값
- ρ_a=**1.138kg/m^3** : 바로 위에서 구한 값
- ρ_s=**0.36kg/m^3** : 바로 위에서 구한 값

(나) **외부풍속**

$$V_0 = \sqrt{\frac{\rho_s}{\rho_a}} \times V_s$$

여기서, V_0 : 외부풍속〔m/s〕

ρ_s : 화재실의 연기밀도〔kg/m^3〕

ρ_a : 화재실 외부의 공기밀도〔kg/m^3〕

V_s : 연기의 유출속도〔m/s〕

외부풍속 V_0는

$$V_0 = \sqrt{\frac{\rho_s}{\rho_a}} \times V_s$$

$$= \sqrt{\frac{0.36\text{kg/m}^3}{1.138\text{kg/m}^3}} \times 11.27\text{m/s} = 6.338 \fallingdotseq 6.34\text{m/s}$$

- ρ_s**=0.36kg/m^3** : (가)에서 구한 값
- ρ_a**=1.138kg/m^3** : (가)에서 구한 값
- V_s**=11.27m/s** : (가)에서 구한 값

(다), (라) **제연방식**의 **종류**

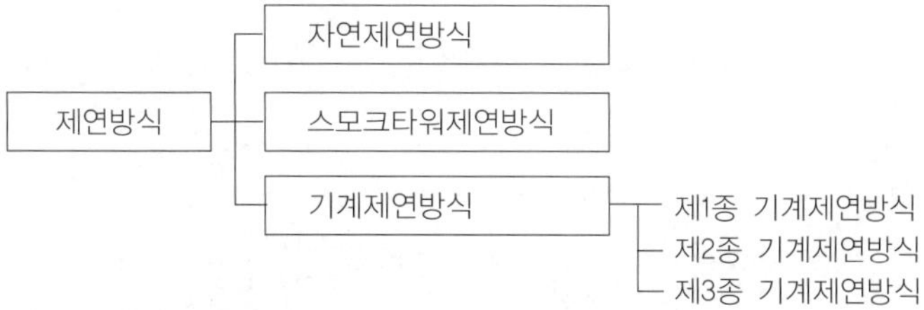

자연제연방식

개구부를 통하여 연기를 자연적으로 배출하는 방식

스모크타워제연방식

루프모니터를 설치하여 제연하는 방식으로 **고층빌딩**에 적당하다.

기계제연방식

① **제1종** 기계제연방식 : **송풍기**와 **배연기**(배풍기)를 설치하여 급기와 배기를 하는 방식으로 **장치**가 **복잡**하다.
② **제2종** 기계제연방식 : **송풍기**만 설치하여 급기와 배기를 하는 방식으로 **역류**의 우려가 있다.
③ **제3종** 기계제연방식 : **배연기**(배풍기)만 설치하여 급기와 배기를 하는 방식으로 가장 많이 사용한다.

거실제연설비의 **종류**

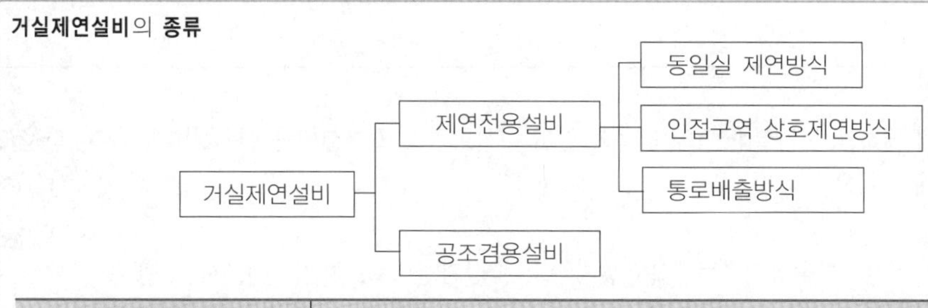

거실제연설비		설 명
제연 전용 설비	동일실 제연방식	화재실에서 급기 및 배기를 **동시**에 실시하는 방식
	인접구역 상호제연방식	**화재구역**에서 **배기**를 하고, **인접구역**에서 **급기**를 실시하는 방식
	통로배출방식	**통로**에서 **배기**만 실시하여 화재시 통로에 연기가 체류되지 않도록만 조치하는 방식
공조겸용설비		평소에는 **공조설비**로 운행하다가 화재시 해당구역 감지기의 동작신호에 따라 제연설비로 변환되는 방식

(마)

배출량[m^3/min] = 바닥면적[m^2]×$1m^3/m^2 \cdot min$

= $300m^2 \times 1m^3/m^2 \cdot min$
= $300m^3/min$

$$P = \frac{P_T Q}{102 \times 60\eta} K$$

여기서, P : 배연기동력[kW]
P_T : 전압(풍압)[mmAq, mmH_2O]
Q : 풍량(배출량)[m^3/min]
K : 여유율
η : 효율

배연기의 **동력** P는

$$P = \frac{P_T Q}{102 \times 60\eta} K = \frac{70\,\text{mmAq} \times 300\,\text{m}^3/\text{min}}{102 \times 60 \times 0.6} \times 1.1 ≒ 6.29\,\text{kW}$$

- P_T : **70mmAq**(문제에서 주어진 값)
- Q : **300m³/min**(바로 위에서 구한 값)
- η : **0.6**(문제에서 주어진 값)
- K : **1.1**([조건 ⑧]에서 여유율이 10%이므로 1.1(1+0.1=1.1))
- 배출량의 최저치는 5000m³/h 이상이므로 $5000\text{m}^3/\text{h} = \frac{5000\text{m}^3/\text{h}}{60\text{min/h}} = 83.33\text{m}^3/\text{min}$이 된다.

그러므로 배출량이 83.33m³/min보다 적으면 배출량 $Q = 83.33\text{m}^3/\text{min}$으로 해야 한다. 이 부분도 주의 깊게 살펴보라!

중요

거실의 배출량

바닥면적 **400m² 미만**	(최저치 **5000m³/h** 이상)

배출량[m^3/min]=바닥면적[m^2]×$1m^3/m^2 \cdot min$

☆☆☆

문제 10

업무시설의 지하층 전기설비 등에 다음과 같이 이산화탄소 소화설비를 설치하고자 한다. 다음 조건을 참고하여 구하시오. (12.4.문1)

득점	배점
	11

[조건]

① 설비는 전역방출방식으로 하며 설치장소는 전기설비실, 케이블실, 서고, 모피창고
② 전기설비실과 모피창고에는 (가로 1m)×(세로 2m)의 자동폐쇄장치가 설치되지 않은 개구부가 각각 1개씩 설치
③ 저장용기의 내용적은 68l이며, 충전비는 1.511로 동일 충전비
④ 전기설비실과 케이블실은 동시 방호구역으로 설계
⑤ 소화약제 방출시간은 모두 7분
⑥ 각 실에 설치할 노즐의 방사량은 각 노즐 1개당 10kg/min으로 함
⑦ 각 실의 평면도는 다음과 같다. (단, 각 실의 층고는 모두 3m)

전기설비실 (8m×6m)	모피창고 (10m×3m)
케이블실 (2m×6m)	서고 (10m×7m)
저장용기실 (2m×3m)	

(가) 모피창고의 실제 소화약제량[kg]은?
- ○ 계산과정 :
- ○ 답 :

(나) 저장용기 1병에 충전되는 약제량[kg]은?
- ○ 계산과정 :
- ○ 답 :

(다) 저장용기실에 설치할 저장용기의 수는 몇 병인가?
- ○ 계산과정 :
- ○ 답 :

(라) 설치해야 할 선택밸브수는 몇 개인가?

(마) 모피창고에 설치할 헤드수는 모두 몇 개인가? (단, 실제 방출병수로 계산할 것)
- ○ 계산과정 :
- ○ 답 :

(바) 서고의 선택밸브 이후 주배관의 유량은 몇 kg/min인가?
- ○ 계산과정 :
- ○ 답 :

해답 (가) ○ 계산과정 : $90 \times 2.7 + (1 \times 2) \times 10 = 263\text{kg}$

○ 답 : 263kg

(나) ○ 계산과정 : $\dfrac{68}{1.511} = 45.003 ≒ 45\text{kg}$

○ 답 : 45kg

(다) ○ 계산과정

① 모피창고의 병수 $= \dfrac{263}{45} = 5.8 ≒ 6$병

② 전기설비실 : $(8 \times 6 \times 3) \times 1.3 + (1 \times 2) \times 10 = 207.2\text{kg}$

③ 케이블실 : $(2 \times 6 \times 3) \times 1.3 = 46.8\text{kg}$

전기설비실+케이블실의 병수 $= \dfrac{207.2 + 46.8}{45} = 5.6 ≒ 6$병

④ 서고 : $(10 \times 7 \times 3) \times 2 = 420\text{kg}$

서고의 병수 $= \dfrac{420}{45} = 9.3 ≒ 10$병

○ 답 : 10병

(라) 3개

(마) ○ 계산과정 : $\frac{45 \times 6}{10 \times 7} = 3.85 ≒ 4$개

○ 답 : 4개

(바) ○ 계산과정 : $\frac{45 \times 10}{7} = 64.285 ≒ 64.29$kg/min

○ 답 : 64.29kg/min

해설 (가) **심부화재**의 **약제량** 및 **개구부가산량**(NFPC 106 5조, NFTC 106 2.2.1.2)

방호대상물	약제량	개구부가산량 (자동폐쇄장치 미설치시)	설계농도
전기설비, 케이블실	1.3kg/m³	10kg/m²	50%
전기설비(55m³ 미만)	1.6kg/m³		
서고, 박물관, 목재가공품창고, 전자제품창고	2.0kg/m³		65%
석탄창고, 면화류창고, 고무류, 모피창고, 집진설비	2.7kg/m³ →		75%

CO_2 저장량[kg]
= 방호구역체적[m³]×약제량[kg/m³]+개구부면적[m²]×개구부가산량(10kg/m²)
= 90m³×2.7kg/m³+(1×2)m²×10kg/m²
=263kg

- 방호구역체적은 [조건 ⑦]에서 10m×3m×3m=**90m³**이다.
- [조건 ②]에서 자동폐쇄장치가 설치되어 있지 않으므로 **개구부면적** 및 **개구부가산량**도 적용한다.

(나)

$$C = \frac{V}{G}$$

여기서, C : 충전비[l/kg]
V : 내용적[l]
G : 저장량(충전량)[kg]

충전량 G는

$$G = \frac{V}{C} = \frac{68l}{1.511l/\text{kg}} = 45.003 ≒ 45\text{kg}$$

(다) **심부화재**의 **약제량** 및 **개구부가산량**(NFPC 106 5조, NFTC 106 2.2.1.2)

방호대상물	약제량	개구부가산량 (자동폐쇄장치 미설치시)	설계농도
전기설비(55m³ 이상), 케이블실 →	1.3kg/m³	10kg/m²	50%
전기설비(55m³ 미만) →	1.6kg/m³		
서고, 박물관, 목재가공품창고, 전자제품창고 →	2.0kg/m³		65%
석탄창고, 면화류창고, 고무류, 모피창고, 집진설비	2.7kg/m³		75%

① 전기설비실
CO_2 저장량[**kg**] = 방호구역체적[m³]×약제량[kg/m³]+개구부면적[m²]×개구부가산량(10kg/m²)
= (8×6×3)m³×1.3kg/m³+(1×2)m²×10kg/m²
=207.2kg

② 케이블실
CO_2 저장량[**kg**] = 방호구역체적[m³]×약제량[kg/m³]+개구부면적[m²]×개구부가산량(10kg/m²)
= (2×6×3)m³×1.3kg/m³
=46.8kg

③ 서고
CO_2 저장량[**kg**] = 방호구역체적[m³]×약제량[kg/m³]+개구부면적[m²]×개구부가산량(10kg/m²)
= (10×7×3)m³×2.0kg/m³
=420kg

실 명	CO_2 저장량	병 수
모피창고	263kg ((가)에서 구한 값)	$\frac{CO_2 \text{ 저장량[kg]}}{\text{1병당 약제량[kg]}} = \frac{263\text{kg}}{45\text{kg}} = 5.8 \fallingdotseq 6$병(절상)
전기설비실	207.2kg (바로 위에서 구한 값)	$\frac{CO_2 \text{ 저장량[kg]}}{\text{1병당 약제량[kg]}} = \frac{(207.2+46.8)\text{kg}}{45\text{kg}} = 5.6 \fallingdotseq 6$병(절상) [조건 ④]에 의해 동일 방호구역이므로 전기설비실과 케이블실의 CO_2 저장량을 더함
케이블실	46.8kg (바로 위에서 구한 값)	
서고	420kg (바로 위에서 구한 값)	$\frac{CO_2 \text{ 저장량[kg]}}{\text{1병당 약제량[kg]}} = \frac{420\text{kg}}{45\text{kg}} = 9.3 \fallingdotseq 10$병(절상)

저장용기실(집합관)의 용기본수는 각 방호구역의 저장용기본수 중 가장 많은 것을 기준으로 하므로 서고의 **10병**이 된다. 방호구역체적으로 저장용기실의 병수를 계산하는 것이 아니다!

(라)

※ 설치개수
① 기동용기
② 선택밸브
③ 음향경보장치
④ 일제개방밸브(델류즈밸브)
— ①~④ 각 방호구역당 **1개**
⑤ 집합관의 용기본수 – 각 방호구역 중 가장 많은 용기 기준

선택밸브는 각 방호구역당 1개이므로 **모피창고 1개**, **전기설비실+케이블실 1개**, **서고 1개** 총 **3개**가 된다.

- [조건 ④]에서 전기설비실과 케이블실은 **동시 방호구역**이므로 이곳은 **선택밸브 1개**만 설치하면 된다.

(마)

$$\text{(분사)헤드수} = \frac{\text{1병당 약제량[kg]} \times \text{병수}}{\text{노즐 1개당 방사량[kg/분]} \times \text{방출시간[분]}}$$

$$= \frac{45\text{kg} \times 6\text{병}}{10\text{kg/분} \times 7\text{분}} = 3.85 \fallingdotseq 4\text{개(절상)}$$

- **45kg** : (나)에서 구한 값
- **6병** : (다)에서 구한 값
- **10kg/분** : [조건 ⑥]에서 주어진 값
- **7분** : [조건 ⑤]에서 주어진 값
- 단서에서 **'실제 방출병수'**로 계산하라는 뜻은 헤드수를 구할 때 분자에 CO_2 저장량 263kg이 아닌 1병당 약제량[kg]×병수(45kg×6병)를 적용하라는 뜻이다.

(바)

$$\text{선택밸브 이후 유량} = \frac{\text{1병당 약제량[kg]} \times \text{병수}}{\text{방출시간[분]}}$$

$$= \frac{45\text{kg} \times 10\text{병}}{7\text{분}}$$

$$= 64.285 \fallingdotseq 64.29\text{kg/min}$$

- **45kg** : (나)에서 구한 값
- **10병** : (다)에서 구한 값
- **7분** : [조건 ⑤]에서 주어진 값

중요

(1) 선택밸브 직후의 유량 $= \dfrac{\text{1병당 저장량[kg]} \times \text{병수}}{\text{약제방출시간[s]}}$

(2) 방사량 $= \dfrac{\text{1병당 저장량[kg]} \times \text{병수}}{\text{헤드수} \times \text{약제방출시간[s]}}$

(3) 분사헤드수 $= \dfrac{\text{1병당 저장량[kg]} \times \text{병수}}{\text{헤드 1개의 표준방사량[kg]}}$

$= \dfrac{\text{1병당 약제량[kg]} \times \text{병수}}{\text{노즐 1개당 방사량[kg/분]} \times \text{방출시간[분]}}$

(4) 개방밸브(용기밸브) 직후의 유량 $= \dfrac{\text{1병당 충전량[kg]}}{\text{약제방출시간[s]}}$

☆☆☆

문제 11

할론 1301 소화설비를 설계시 조건을 참고하여 다음 각 물음에 답하시오. (07.4.문1)

득점	배점
	5

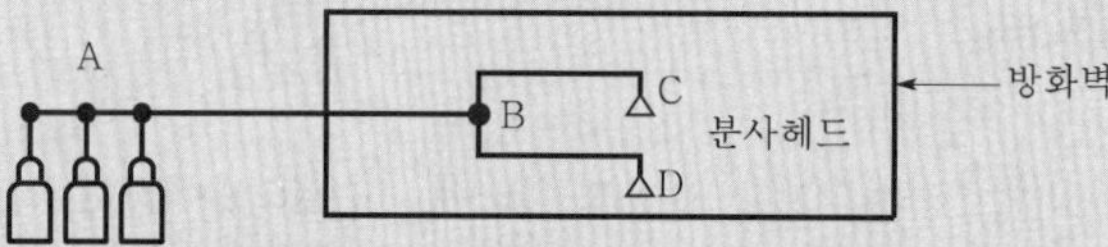

〔조건〕

① 약제소요량은 130kg이다. (출입구에 자동폐쇄장치 설치)
② 초기 압력강하는 1.5MPa이다.
③ 고저에 따른 압력손실은 0.06MPa이다.
④ A-B 간의 마찰저항에 따른 압력손실은 0.06MPa이다.
⑤ B-C, B-D 간의 각 압력손실은 0.03MPa이다.
⑥ 저장용기 내 소화약제 저장압력은 4.2MPa이다.
⑦ 작동 30초 이내에 약제 전량이 방출된다.

(가) 설비가 작동하였을 때 A-B 간의 배관 내를 흐르는 소화약제의 유량[kg/s]을 구하시오.
- 계산과정 :
- 답 :

(나) B-C 간의 소화약제의 유량[kg/s]을 구하시오. (단, B-D 간의 소화약제의 유량도 같다.)
- 계산과정 :
- 답 :

(다) C점 노즐에서 방출되는 소화약제의 방사압력[MPa]을 구하시오. (단, D점에서의 방사압력도 같다.)
- 계산과정 :
- 답 :

(라) C점에서 설치된 분사헤드에서의 방출률이 $2.5\text{kg/cm}^2 \cdot \text{s}$이면 분사헤드의 등가 분구면적[$\text{cm}^2$]을 구하시오.
- 계산과정 :
- 답 :

해답

(가) ○ 계산과정 : $\frac{130}{30}=4.333 ≒ 4.33\text{kg/s}$

○ 답 : 4.33kg/s

(나) ○ 계산과정 : $\frac{4.33}{2}=2.165 ≒ 2.17\text{kg/s}$

○ 답 : 2.17kg/s

(다) ○ 계산과정 : $4.2-(1.5+0.06+0.06+0.03)=2.55\text{MPa}$

○ 답 : 2.55MPa

(라) ○ 계산과정 : $\frac{2.17}{2.5\times1}=0.868 ≒ 0.87\text{cm}^2$

○ 답 : 0.87cm^2

해설

(가) **유량** $=\frac{\text{약제소요량}}{\text{약제방출시간}}=\frac{130\text{kg}}{30\text{s}}=4.333 ≒ 4.33\text{kg/s}$

- [조건 ①]에서 약제소요량은 **130kg**이다.
- [조건 ⑦]에서 약제방출시간은 **30s**이다.

(나) A-B 간의 유량은 B-C 간과 B-D 간으로 나누어 흐르므로 B-C 간의 유량은 A-B 간의 유량을 **2**로 나누면 된다.

B-C 간의 유량 $=\frac{4.33\text{kg/s}}{2}=2.165 ≒ 2.17\text{kg/s}$

- 4.33kg/s : (가)에서 구한 값

(다) C점의 방사압력

=약제저장압력-(초기압력강하+고저에 따른 압력손실+A-B 간의 마찰손실에 따른 압력손실+B-C 간의 압력손실)

$=4.2\text{MPa}-(1.5+0.06+0.06+0.03)\text{MPa}=2.55\text{MPa}$

(라)

$$\text{등가 분구면적}=\frac{\text{유량[kg/s]}}{\text{방출량[kg/cm}^2\cdot\text{s]}\times\text{오리피스 구멍개수}}$$

$$=\frac{2.17\text{kg/s}}{2.5\text{kg/cm}^2\cdot\text{s}\times1\text{개}}=0.868 ≒ 0.87\text{cm}^2$$

- 문제에서 오리피스 구멍개수가 주어지지 않을 경우에는 **헤드**의 **개수**가 곧 **오리피스 구멍개수**임을 기억하라!
- 문제에서 C점에서의 분산헤드 등가분구면적을 구하라고 했으므로 C점에서의 헤드는 1개이다.
- 분구면적=분출구면적
- 2.17kg/s : (나)에서 구한 값

☆☆☆

문제 12

압력챔버(탱크)의 공기 교체를 하기 위한 조작과정을 순서대로 쓰시오. (단, V_1, V_2, V_3를 조작하여 교체하며 소화펌프를 정지한 상태로 가정함)

(03.10.문1)

득점	배점
	5

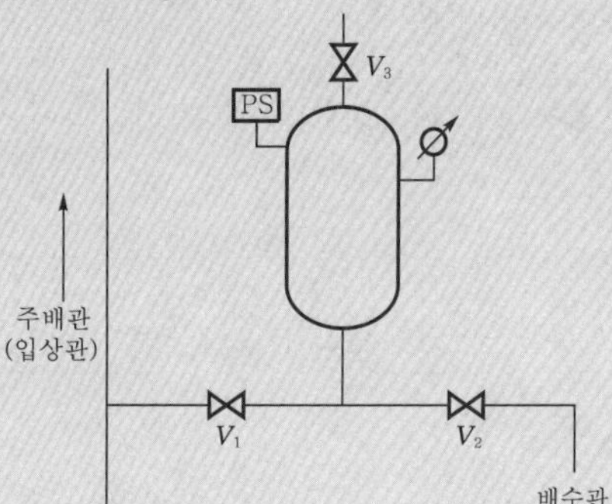

○ 답 :

해답 ① V_1밸브 폐쇄
② V_2, V_3밸브를 개방하여 압력챔버 내의 물 배수
③ V_3밸브를 통해 신선한 공기가 유입되면 V_2, V_3밸브 폐쇄
④ 제어반에서 펌프선택스위치 '자동'으로 전환
⑤ V_1밸브를 개방하면 펌프가 기동되면서 압력챔버 가압
⑥ 압력챔버의 압력스위치에 의해 펌프 정지

해설 **압력챔버**(기동용 수압개폐장치)

(1) 펌프의 게이트밸브(gate valve) 2차측에 연결되어 배관 내의 압력이 감소하면 압력스위치가 작동되어 **충압펌프**(jockey pump) 또는 **주펌프**를 **작동**시킨다.

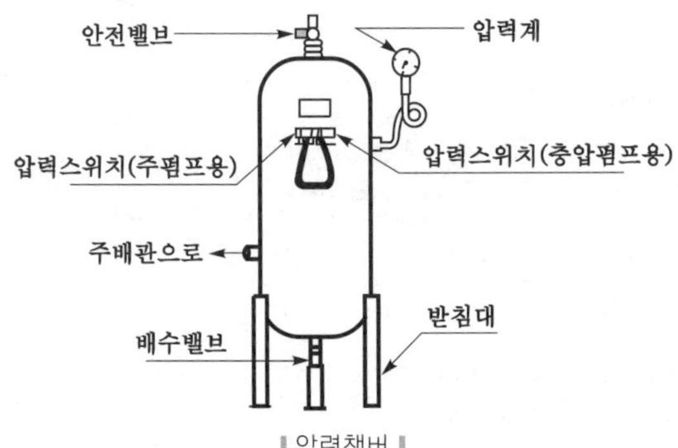

‖ 압력챔버 ‖

(2) 배관 내에서 수격작용(water hammering) 발생시 수격작용에 따른 압력이 압력챔버 내로 전달되면 압력챔버 내의 물이 상승하면서 공기(압축성 유체)를 압축시키므로 압력을 흡수하여 **수격작용**을 **방지**하는 역할을 한다.

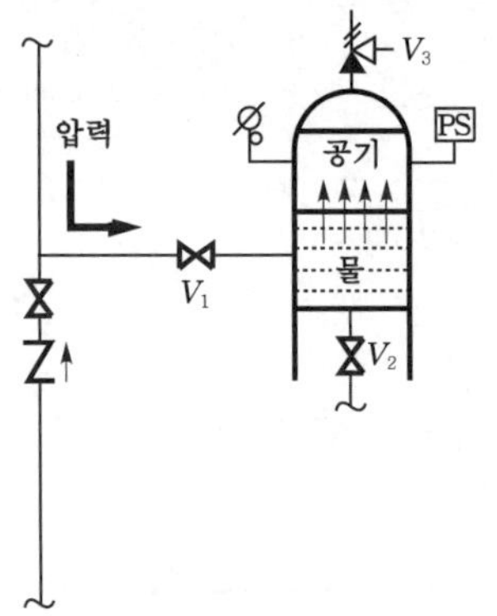

‖ 수격작용방지 개념도 ‖

- 입상관=수직배관
- 실무에서는 일반적으로 문제와 같이 V_1 배관이 압력챔버 아래에 연결되어 있지 않고 수격방지 개념도와 같이 압력챔버 옆에 연결되어 있다.
- 배수밸브 V_2도 수격방지 개념도와 같이 압력챔버 아래에 설치하는 것이 일반적이다.

용어

수격작용
배관 내를 흐르는 유체의 유속을 급격하게 변화시키므로 압력이 상승 또는 하강하여 관로의 벽면을 치는 현상

☆

문제 13

수리계산으로 배관의 유량과 압력을 해석할 때 동일한 지점에서 서로 다른 2개의 유량과 압력이 산출될 수 있으며 이런 경우 유량과 압력을 보정해 주어야 한다. 그림과 같이 6개의 물분무헤드에서 소화수가 방사되고 있을 때 조건을 참고하여 다음 각 물음에 답하시오. (14.7.문13, 10.4.문1)

득점	배점
	10

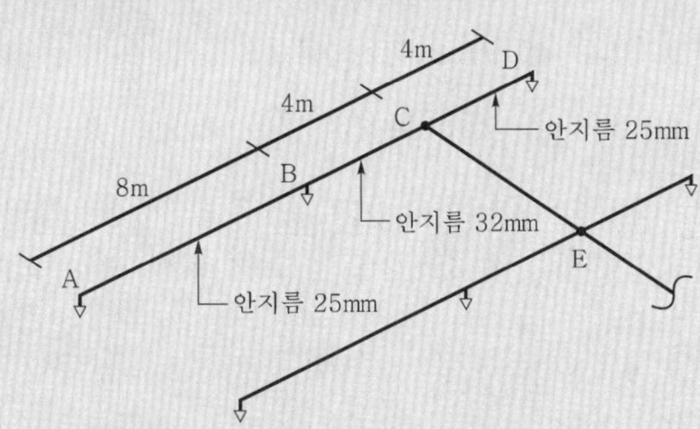

〔조건〕

① 각 헤드의 방출계수는 동일하다.

② A지점 헤드의 유량은 $60l/\text{min}$, 방수압은 350kPa이다.

③ 각 구간별 배관의 길이와 배관의 안지름은 다음과 같다.

구 간	A~B	B~C	D~C
배관길이	8m	4m	4m
배관 안지름(내경)	25mm	32mm	25mm

④ 수리계산시 동압은 무시한다.

⑤ 직관 이외의 관로상 마찰손실은 무시한다.

⑥ 직관에서의 마찰손실은 다음의 Hazen－Williams공식을 적용, 조도계수 C는 100으로 한다.

$$\Delta P = 6.053 \times 10^7 \times \frac{Q^{1.85}}{C^{1.85} \times d^{4.87}} \times L$$

여기서, ΔP : 마찰손실압력〔kPa〕, Q : 유량〔l/min〕, C : 관의 조도계수(무차원),
d : 관의 내경〔mm〕, L : 배관의 길이〔m〕

㈎ A지점 헤드에서 시작하여 C지점까지의 경로로 계산하였을 때,

① A~B구간의 유량〔l/min〕과 마찰손실압력〔kPa〕을 구하시오.
 ○ 계산과정 :
 ○ 답 :

② B지점 헤드의 압력〔kPa〕과 유량〔l/min〕을 구하시오.
 ○ 계산과정 :
 ○ 답 :

③ B~C구간의 유량〔l/min〕과 마찰손실압력〔kPa〕을 구하시오.
 ○ 계산과정 :
 ○ 답 :

④ C지점의 압력〔kPa〕과 유량〔l/min〕을 구하시오.
 ○ 계산과정 :
 ○ 답 :

(나) D지점 헤드의 유량과 압력이 A지점 헤드의 유량 및 압력과 동일하다고 가정하고, D지점 헤드에서 시작하여 C지점까지의 경로로 계산하였을 때,

① D~C구간의 유량[l/min]과 마찰손실압력[kPa]을 구하시오.

○ 계산과정 :

○ 답 :

② C지점의 압력[kPa]과 유량[l/min]을 구하시오.

○ 계산과정 :

○ 답 :

(다) A~C경로에서의 C지점과 D~C경로에서의 C지점에서는 유량과 압력이 서로 다르게 계산되므로 유량과 압력을 보정하여야 한다. 이 경우 D지점 헤드의 유량[l/min]을 얼마로 보정하여야 하는지를 구하시오.

○ 계산과정 :

○ 답 :

(라) D지점 헤드의 유량을 (다)항에서 구한 유량으로 보정하였을 때 C지점의 유량[l/min]과 압력[kPa]을 구하시오.

○ 계산과정 :

○ 답 :

해답 (가) ① ○ 계산과정 : $Q_{A\sim B}=60l/\text{min}$

$$P_{A\sim B}=6.053\times10^7\times\frac{60^{1.85}}{100^{1.85}\times25^{4.87}}\times8=29.286=29.29\text{kPa}$$

○ 답 : 유량 $Q_{A\sim B}=60l/\text{min}$

마찰손실압력 $P_{A\sim B}=29.29\text{kPa}$

② ○ 계산과정 : $P_B=350+29.29=379.29\text{kPa}$

$$K=\frac{60}{\sqrt{10\times0.35}}=32.071\fallingdotseq32.07$$

$$Q_B=32.07\sqrt{10\times0.37929}=62.457\fallingdotseq62.46l/\text{min}$$

○ 답 : 압력 $P_B=379.29\text{kPa}$

유량 $Q_B=62.46l/\text{min}$

③ ○ 계산과정 : $Q_{B\sim C}=60+62.46=122.46l/\text{min}$

$$P_{B\sim C}=6.053\times10^7\times\frac{122.46^{1.85}}{100^{1.85}\times32^{4.87}}\times4=16.471\fallingdotseq16.47\text{kPa}$$

○ 답 : 유량 $Q_{B\sim C}=122.46l/\text{min}$

마찰손실압력 $P_{B\sim C}=16.47\text{kPa}$

④ ○ 계산과정 : $P_C=379.29+16.47=395.76\text{kPa}$

$Q_C=122.46l/\text{min}$

○ 답 : 압력 $P_C=395.76\text{kPa}$

유량 $Q_C=122.46l/\text{min}$

(나) ① ○ 계산과정 : $Q_{D\sim C}=60l/\text{min}$

$$P_{D\sim C}=6.053\times10^7\times\frac{60^{1.85}}{100^{1.85}\times25^{4.87}}\times4=14.643\fallingdotseq14.64\text{kPa}$$

○답 : 유량 $Q_{D\sim C}$ =60l/min

마찰손실압력 $P_{D\sim C}$ =14.64kPa

② ○계산과정 : $P_C = 350 + 14.64 = 364.64\text{kPa}$

$Q_C = 60l/\text{min}$

○답 : 압력 P_C =364.64kPa

유량 Q_C =60l/min

(다) ○계산과정 : $P_D{}' = 395.76 - 14.64 = 381.12\text{kPa}$

$Q_D{}' = 32.07\sqrt{10 \times 0.38112} = 62.607 ≒ 62.61l/\text{min}$

○답 : 62.61l/min

(라) ○계산과정 : $P_{D\sim C} = 6.053 \times 10^7 \times \dfrac{62.61^{1.85}}{100^{1.85} \times 25^{4.87}} \times 4 = 15.843 ≒ 15.84\text{kPa}$

$P_C{}' = 381.12 + 15.84 = 396.96\text{kPa}$

$Q_C{}' = 62.61l/\text{min}$

○답 : 유량 $Q_C{}'$ =62.61l/min

압력 $P_C{}'$ =396.96kPa

 (가)

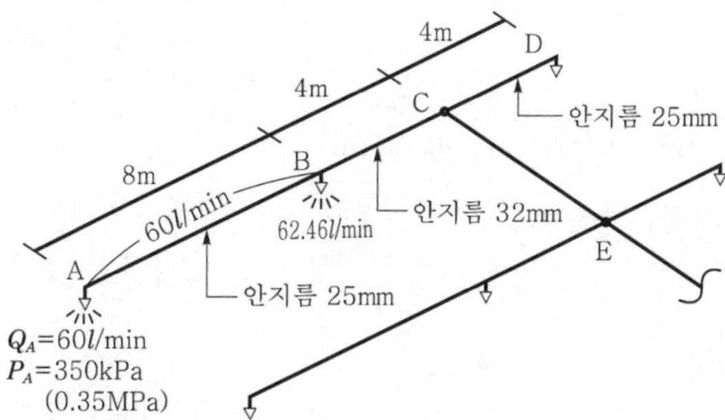

① A~B구간 유량 $Q_{A\sim B}$

$Q_{A\sim B} = 60l/\text{min}$

- [조건 ②]에서 A지점 헤드의 유량 Q_A가 $60l/\text{min}$이므로 A~B구간의 유량 $Q_{A\sim B} = 60l/\text{min}$
- $Q_A = Q_{A\sim B}$

A~B구간 마찰손실압력 $P_{A\sim B}$

$$P_{A\sim B} = 6.053 \times 10^7 \times \frac{{Q_{A\sim B}}^{1.85}}{C^{1.85} \times {d_{A\sim B}}^{4.87}} \times L_{A\sim B}$$

$$= 6.053 \times 10^7 \times \frac{(60l/\text{min})^{1.85}}{100^{1.85} \times (25\text{mm})^{4.87}} \times 8\text{m} = 29.286 ≒ 29.29\text{kPa}$$

- [조건 ⑥]식 적용
- $Q_{A\sim B}$: **60l/min**([조건 ②]에서 주어진 값)
- $L_{A\sim B}$: **8m**([조건 ③]에서 주어진 값)
- C : **100**([조건 ⑥]에서 주어진 값)
- $d_{A\sim B}$: **25mm**([조건 ③]에서 주어진 값)

② B지점 헤드의 압력 P_B

$P_B = P_A + P_{A\sim B} = 350\text{kPa} + 29.29\text{kPa} = 379.29\text{kPa}$

- P_A(A지점 방수압) : **350kPa**([조건 ②]에서 주어진 값)
- $P_{A\sim B}$: **29.29kPa**((개)의 ①에서 구한 값)

B지점 유량 Q_B

$$Q = K\sqrt{10P}$$

여기서, Q : 방수량[l/min]
K : 방출계수
P : 방수압[MPa]

방출계수 $K = \dfrac{Q}{\sqrt{10P}} = \dfrac{60l/\text{min}}{\sqrt{10 \times 0.35\text{MPa}}} = 32.071 ≒ 32.07$

- Q : **60l/min**([조건 ②]에서 주어진 값)
- P : 350kPa=**0.35MPa**([조건 ②]에서 주어진 값)

B지점 유량 $Q_B = K\sqrt{10P_B} = 32.07\sqrt{10 \times 0.37929\text{MPa}} = 62.457 ≒ 62.46l/\text{min}$

- K : **32.07**(바로 위에서 구한 값)
- P_B : 379.29kPa=**0.37929MPa**(바로 위에서 구한 값)

③ B-C구간 유량 $Q_{B\sim C}$

$Q_{B\sim C} = Q_{A\sim B} + Q_B = 60l/\text{min} + 62.46l/\text{min} = 122.46l/\text{min}$

- $Q_{A\sim B}$: $60l/\text{min}$((개)의 ①에서 구한 값)
- Q_B : $62.46l/\text{min}$((개)의 ②에서 구한 값)

B-C구간 마찰손실압력 $P_{B\sim C}$

$$P_{B\sim C} = 6.053 \times 10^7 \times \frac{{Q_{B\sim C}}^{1.85}}{C^{1.85} \times {d_{B\sim C}}^{4.87}} \times L_{B\sim C} = 6.053 \times 10^7 \times \frac{(122.46l/\text{min})^{1.85}}{100^{1.85} \times (32\text{mm})^{4.87}} \times 4\text{m}$$
$$= 16.471 ≒ 16.47\text{kPa}$$

- $Q_{B\sim C}$: **122.46l/min**(바로 위에서 구한 값)
- C : **100**([조건 ⑥]에서 주어진 값)
- $d_{B\sim C}$: **32mm**([조건 ③]에서 주어진 값)
- $L_{B\sim C}$: **4m**([조건 ③]에서 주어진 값)

④ C지점 압력 P_C

$P_C = P_B + P_{B\sim C} = 379.29\text{kPa} + 16.47\text{kPa} = 395.76\text{kPa}$

- P_B : **379.29kPa**((개)의 ②에서 구한 값)
- $P_{B\sim C}$: **16.47kPa**((개)의 ③에서 구한 값)

C지점 유량 Q_C=B~C 간의 유량

$Q_C = Q_{B\sim C} = 122.46l/\text{min}$

- **122.46l/min** : 위 ③에서 구한 $Q_{B\sim C}$ 유량

(나)

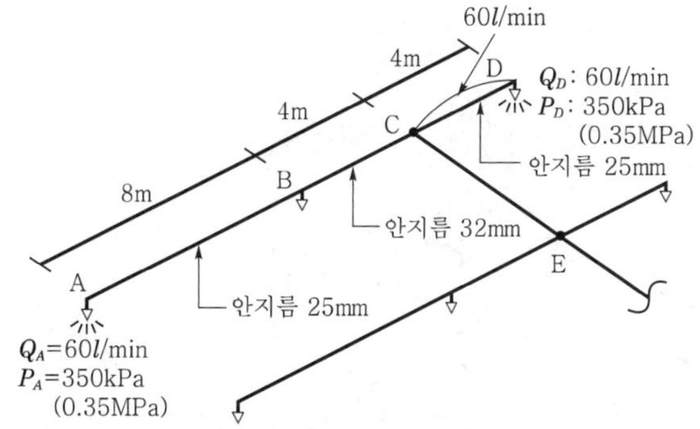

- 문제에서 D지점이 A지점의 헤드와 유량, 압력이 동일하다고 하였으므로 D지점은 **60l/min, 350kPa**이다.

① D~C구간 유량 $Q_{D\sim C}$

$Q_{D\sim C}=60l/\text{min}$

- 문제에서 D지점의 유량이 $60l/\text{min}$이므로 D~C구간의 유량 $Q_{D\sim C}=60l/\text{min}$
- $Q_D=Q_{D\sim C}$

D~C구간 마찰손실압력 $P_{D\sim C}$

$$P_{D\sim C}=6.053\times10^7\times\frac{{Q_{D\sim C}}^{1.85}}{C^{1.85}\times {d_{D\sim C}}^{4.87}}\times L_{D\sim C}$$

$$=6.053\times10^7\times\frac{(60l/\text{min})^{1.85}}{100^{1.85}\times(25\text{mm})^{4.87}}\times4\text{m}=14.643\fallingdotseq14.64\text{kPa}$$

- $Q_{D\sim C}$: **60l/min**(바로 위에서 구한 값)
- C : **100**([조건 ⑥]에서 주어진 값)
- $d_{D\sim C}$: **25mm**([조건 ③]에서 주어진 값)
- $L_{D\sim C}$: **4m**([조건 ③]에서 주어진 값)

② C지점 압력 P_C

$P_C=P_D+P_{D\sim C}=350\text{kPa}+14.64\text{kPa}=364.64\text{kPa}$

- P_D : **350kPa**(문제에서 P_A와 같으므로 350kPa)
- $P_{D\sim C}$: **14.64kPa**(바로 위에서 구한 값)

C지점 유량 Q_C=D~C 간의 유량

$Q_C=Q_{D\sim C}=60l/\text{min}$

- **60l/min** : 위 ①의 $Q_{D\sim C}$ 유량

(다) $P_C={P_D}'+P_{D\sim C}$

$395.76\text{kPa}={P_D}'+14.64\text{kPa}$

$(395.76-14.64)\text{kPa}={P_D}'$

${P_D}'=(395.76-14.64)\text{kPa}=381.12\text{kPa}$

- P_C : **395.76kPa**(보정하기 위해 (가)의 ④에서 구한 값 적용)
- $P_{D\sim C}$: **14.64kPa**((나)의 ①에서 구한 D~C구간 마찰손실압력)

$Q_D{}' = K\sqrt{10P_D{}'} = 32.07\sqrt{10 \times 0.38112\text{MPa}} = 62.607 ≒ 62.61l/\text{min}$

- K : **32.07**((가)의 ②에서 구한 값)
- $P_D{}'$: 381.12kPa=**0.38112MPa**(바로 위에서 구한 값)

(라)

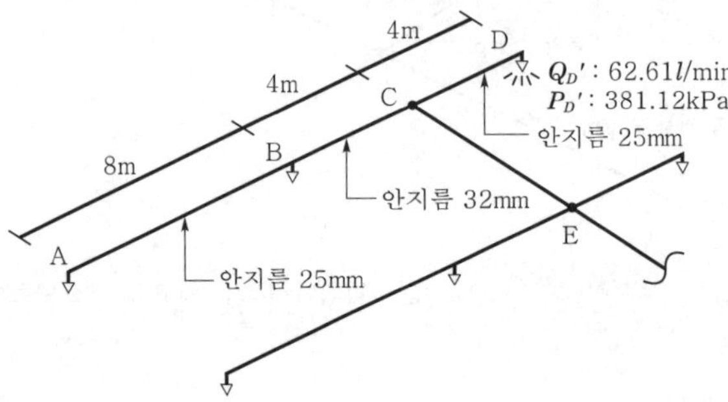

D~C구간 유량 $Q_{D\sim C}$

$Q_{D\sim C} = 62.61l/\text{min}$

- (다)에서 구한 Q_D의 보정값이 $62.61l/\text{min}$이므로 $Q_{D\sim C} = 62.61l/\text{min}$
- $Q_D{}' = Q_{D\sim C}$

D~C구간 마찰손실압력 $P_{D\sim C}$

$$P_{D\sim C} = 6.053 \times 10^7 \times \frac{Q_{D\sim C}{}^{1.85}}{C^{1.85} \times d_{D\sim C}{}^{4.87}} \times L_{D\sim C}$$

$$= 6.053 \times 10^7 \times \frac{(62.61l/\text{min})^{1.85}}{100^{1.85} \times (25\text{mm})^{4.87}} \times 4\text{m} = 15.843 ≒ 15.84\text{kPa}$$

- $Q_{D\sim C}$: **62.61l/min**(바로 위에서 구한 값)
- C : **100**([조건 ⑥]에서 구한 값)
- $d_{D\sim C}$: **25mm**([조건 ③]에서 구한 값)
- $L_{D\sim C}$: **4m**([조건 ③]에서 구한 값)

C지점 압력 $P_C{}'$

$P_C{}' = P_D{}' + P_{D\sim C} = 381.12\text{kPa} + 15.84\text{kPa} = 396.96\text{kPa}$

- $P_D{}'$: **381.12kPa**((다)에서 구한 값)
- $P_{D\sim C}$: **15.84kPa**(바로 위에서 구한 값)

C지점 유량 $Q_C{}' = Q_{D\sim C}$의 유량

$Q_C{}' = Q_{D\sim C} = 62.61l/\text{min}$

- **62.61l/min** : (라)의 $Q_{D\sim C}$ 유량

☆ 문제 14

특별피난계단의 계단실 및 부속실 제연설비에 대하여 주어진 조건을 참고하여 다음 각 물음에 답하시오. (20.11.문15, 19.6.문12, 18.6.문6, 14.4.문12, 11.5.문1, 관리사 2차 10회 문2)

득점	배점
	6

〔조건〕

① 거실과 부속실의 출입문 개방에 필요한 힘 $F_1 = 60\text{N}$ 이다.

② 화재시 거실과 부속실의 출입문 개방에 필요한 힘 $F_2 = 110\text{N}$ 이다.

③ 출입문 폭(W)=1m, 높이(h)=2.4m

④ 손잡이는 출입문 끝에 있다고 가정한다.

⑤ 스프링클러설비는 설치되어 있지 않다.

(가) 제연구역 선정기준 3가지만 쓰시오.

○

○

○

(나) 제시된 조건을 이용하여 부속실과 거실 사이의 차압〔Pa〕을 구하시오.

○ 계산과정 :

○ 답 :

(다) (나)에서 국가화재안전기준에 따른 최소차압기준과 비교하여 적합 여부와 그 이유를 설명하시오.

○ 적합 여부 :

○ 이유 :

해답 (가) ① 계단실 및 그 부속실을 동시에 제연하는 것

② 부속실을 단독으로 제연하는 것

③ 계단실을 단독으로 제연하는 것

(나) ○ 계산과정 : $\Delta P = \dfrac{50\times2(1-0)}{1\times1\times2.4} = 41.666 ≒ 41.67\text{Pa}$

○ 답 : 41.67Pa

(다) ○ 적합 여부 : 적합

○ 이유 : 40Pa 이상이므로

해설 (가) **제연구역**의 **선정기준**(NFPC 501A 5조, NFTC 501A 2.2.1)

① **계단실** 및 그 **부속실**을 동시에 제연하는 것

② **부**속실을 단독으로 제연하는 것

③ **계단실**을 단독으로 제연하는 것

기억법 **부계 부계**

(나) ① **기호**

- W(1m) : 〔조건 ③〕에서 주어진 값
- h(2.4m) : 〔조건 ③〕에서 주어진 값
- d(0m) : 〔조건 ④〕에서 손잡이가 출입문 끝에 설치되어 있으므로 0m
- K_d(1m) : m, m^2, N이 SI 단위이므로 '1'을 적용한다. ft, ft^{2}의 lb 단위를 사용하였다면 K_d=5.20이다.)

② **문 개방**에 필요한 전체 **힘**

$$F = F_{dc} + F_P,\ \ F_P = \frac{K_d W A \Delta P}{2(W-d)}$$

여기서, F : 문 개방에 필요한 전체 힘(제연설비 작동상태에서 거실에서 부속실로 통하는 출입문 개방에 필요한 힘)[N]
F_{dc} : 자동폐쇄장치나 경첩 등을 극복할 수 있는 힘(제연설비 작동 전 거실에서 부속실로 통하는 출입문 개방에 필요한 힘)[N]
F_P : 차압에 의해 문에 미치는 힘[N]
K_d : 상수(SI 단위 : 1)
W : 문의 폭[m]
A : 문의 면적[m^2]
ΔP : 차압[Pa]
d : 문 손잡이에서 문의 가장자리까지의 거리[m]

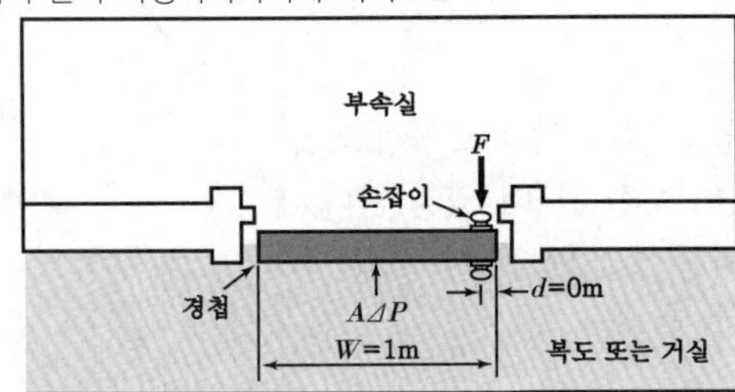

③ 차압에 의해 **문**에 미치는 **힘** F_P는

$F_P = F - F_{dc} = 110\text{N} - 60\text{N} = 50\text{N}$

④ **문**의 **면적** A는

$A = Wh = 1\text{m} \times 2.1\text{m} = 2.1\text{m}^2$

⑤ **차압** $\Delta P = \dfrac{F_P \cdot 2(W-d)}{K_d WA} = \dfrac{50\text{N} \times 2(1\text{m} - 0\text{m})}{1 \times 1\text{m} \times 2.4\text{m}^2} = 41.666 ≒ 41.67\text{Pa}$

(다) (나)에서 차압은 41.67Pa이다. 화재안전기준에서 정하는 최소차압은 **40Pa**(옥내에 스프링클러가 설치된 경우 **12.5Pa**)로서 **40Pa 이상**이므로 **적합**하다.

- F_{dc} : **'도어체크의 저항력'**이라고도 부른다.
- 40Pa(화재안전기준에서 정하는 최소차압) : [조건 ⑤]에서 스프링클러설비가 설치되어 있지 않으므로 **NFPC 501A 6조, NFTC 501A 2.3.1**에 의해 **40Pa**을 적용한다. 스프링클러설비가 설치되어 있다면 **12.5Pa**를 적용한다.

비교문제

급기가압에 따른 62Pa의 차압이 걸려 있는 실의 문의 크기가 1m×2m일 때 문 개방에 필요한 힘[N]은? (단, 자동폐쇄장치나 경첩 등을 극복할 수 있는 힘은 44N이고, 문의 손잡이는 문 가장자리에서 10cm 위치에 있다.)

해설 **문 개방**에 필요한 **전체 힘**

$$F = F_{dc} + F_P,\ F_P = \frac{K_d WA\Delta P}{2(W-d)}$$

여기서, F : 문 개방에 필요한 전체 힘[N]
F_{dc} : 자동폐쇄장치나 경첩 등을 극복할 수 있는 힘[N]
F_P : 차압에 의해 문에 미치는 힘[N]
K_d : 상수(SI 단위 : 1)
W : 문의 폭[m]
A : 문의 면적[m^2]
ΔP : 차압[Pa]
d : 문 손잡이에서 문의 가장자리까지의 거리[m]

$$F = F_{dc} + \frac{K_d WA\Delta P}{2(W-d)}$$

문 개방에 필요한 **힘** F는

$F = F_{dc} + \dfrac{K_d WA\Delta P}{2(W-d)} = 44\text{N} + \dfrac{1 \times 1\text{m} \times (1 \times 2)\text{m}^2 \times 62\text{Pa}}{2(1\text{m} - 10\text{cm})} = 44\text{N} + \dfrac{1 \times 1\text{m} \times 2\text{m}^2 \times 62\text{Pa}}{2(1\text{m} - 0.1\text{m})} ≒ 112.9\text{N}$

비교

문의 **상하단부 압력차**

$$\varDelta P = 3460\left(\frac{1}{T_0} - \frac{1}{T_i}\right) \cdot H$$

여기서, $\varDelta P$: 문의 상하단부 압력차〔Pa〕
T_0 : 외부온도(대기온도)〔K〕
T_i : 내부온도(화재실온도)〔K〕
H : 중성대에서 상단부까지의 높이〔m〕

비교문제

문의 상단부와 하단부의 누설면적이 동일하다고 할 때 중성대에서 상단부까지의 높이가 1.49m인 문의 상단부와 하단부의 압력차〔Pa〕는? (단, 화재실의 온도는 600℃, 외부온도는 25℃이다.)

해설 **문**의 **상하단부 압력차**

$$\varDelta P = 3460\left(\frac{1}{T_0} - \frac{1}{T_i}\right) \cdot H$$

여기서, $\varDelta P$: 문의 상하단부 압력차〔Pa〕
T_0 : 외부온도(대기온도)〔K〕
T_i : 내부온도(화재실온도)〔K〕
H : 중성대에서 상단부까지의 높이〔m〕

문의 **상하단부 압력차** $\varDelta P$는

$$\varDelta P = 3460\left(\frac{1}{T_0} - \frac{1}{T_i}\right) \cdot H = 3460\left(\frac{1}{(273+25)\text{K}} - \frac{1}{(273+600)\text{K}}\right) \times 1.49\text{m} = 11.39\text{Pa}$$

☆☆

문제 15

지하 1층, 지상 9층의 백화점 건물에 스프링클러설비를 설계하려고 한다. 다음 조건을 참고하여 각 물음에 답하시오. (19.4.문11 · 14, 14.4.문17, 10.7.문8, 01.7.문11, 관리사 2차 3회 문4)

득점	배점
	4

〔조건〕

① 각 층에 설치하는 스프링클러 헤드수는 각각 80개이다.
② 펌프의 흡입측 배관에 설치된 연성계는 −350mmHg를 나타내고 있다.
③ 펌프는 지하에 설치되어 있고, 펌프로부터 최상층 헤드까지의 수직높이는 45m이다.
④ 배관 및 관부속의 마찰손실수두는 펌프로부터 자연낙차의 20%이다.
⑤ 펌프효율은 68%, 전달계수는 1.1이다.
⑥ 체절압력조건은 화재안전기준의 최대조건을 적용한다.

(가) 펌프의 체절압력〔kPa〕
 ○계산과정 :
 ○답 :

(나) 펌프의 축동력〔kW〕
 ○계산과정 :
 ○답 :

해답 (가) ○ 계산과정 : h_1 : $45 \times 0.2 = 9\text{m}$

h_2 : 흡입양정$= \dfrac{-350}{760} \times 10.332 ≒ 4.758\text{m}$

토출양정=45m

$H = 9 + (4.758 + 45) + 10 = 68.758\text{m}$

$\dfrac{68.758}{10.332} \times 101.325 = 674.303\text{kPa}$

$674.303 \times 1.4 = 944.024 ≒ 944.02\text{kPa}$

○ 답 : 944.02kPa

(나) ○ 계산과정 : $Q = 30 \times 80 = 2400l/\text{min}$

$P = \dfrac{0.163 \times 2.4 \times 68.758}{0.68} = 39.556 ≒ 39.56\text{kW}$

○ 답 : 39.56kW

 (가)

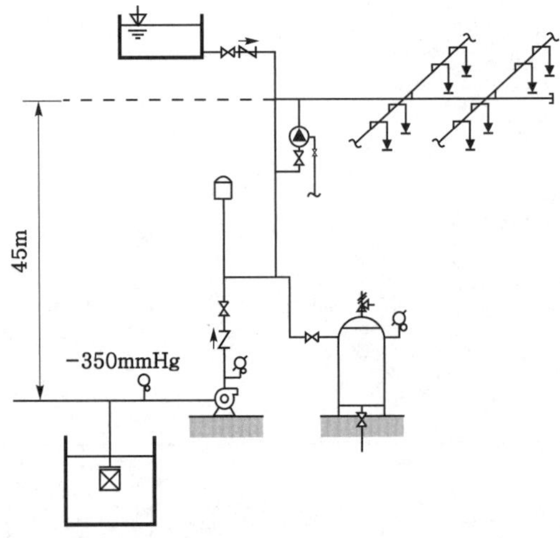

펌프의 전양정

$$H \geq h_1 + h_2 + 10$$

여기서, H : 전양정〔m〕

h_1 : 배관 및 관부속품의 마찰손실수두〔m〕

h_2 : 실양정(흡입양정+토출양정)〔m〕

h_1 : $45\text{m} \times 0.2 =$ **9m**

- 〔조건 ④〕에서 h_1은 펌프의 자연낙차의 20%이므로 **45m×0.2**가 된다.
- **자연낙차** : 일반적으로 **펌프** 중심에서 **옥상수조**까지를 말하지만, 옥상수조에 대한 조건이 없으므로 여기서는 〔조건 ③〕에 있는 **'펌프중심에서 최상층 헤드까지의 수직높이'**를 말한다.

h_2 : 흡입양정 760mmHg=10.332m 이므로

$$-350\text{mmHg} = \frac{-350\text{mmHg}}{760\text{mmHg}} \times 10.332\text{m} ≒ -4.758\text{m}$$

토출양정=45m

실양정=흡입양정+토출양정=4.758m+45m=**49.758m**

- 흡입양정은 〔조건 ②〕에서 주어진 **-350mmHg** 적용
- -350mmHg에서 -는 흡입을 의미하는 것으로 실제 식에는 적용하지 않음
- 토출양정은 〔조건 ③〕에서 **45m**이다. 토출양정은 펌프에서 교차배관(또는 송출높이, 헤드)까지의 수직거리를 말한다. 여기서는 옥상수조에 대한 조건이 없으므로 자연낙차가 곧 토출양정이 된다.

전양정 H는

$H = h_1 + h_2 + 10 = 9 + 49.758 + 10 = 68.758\text{m}$

- 계산과정에서의 소수점은 문제에서 조건이 없는 한 소수점 이하 셋째자리 또는 넷째자리까지 구하면 된다.

펌프의 성능

체절운전시 정격토출압력의 **140%**를 초과하지 아니하고, 정격토출량의 **150%**로 운전시 정격토출압력의 **65%** 이상이어야 한다.

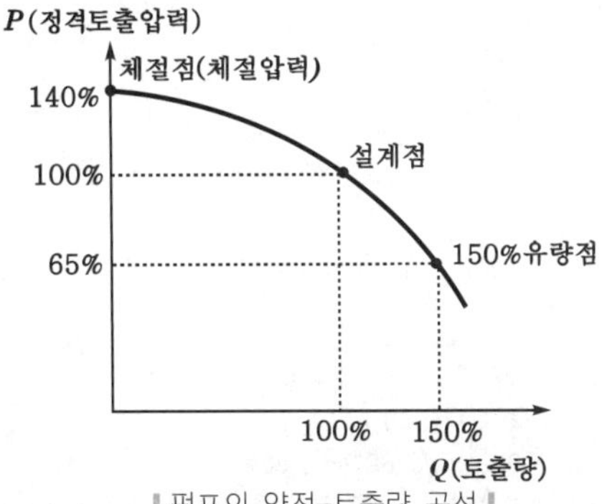

‖ 펌프의 양정-토출량 곡선 ‖

$10.332\text{m} = 101.325\text{kPa}$ 이므로

$$68.758\text{m} = \frac{68.758\text{m}}{10.332\text{m}} \times 101.325\text{kPa} = 674.303\text{kPa}$$

체절압력 : 정격토출압력×1.4=674.303kPa×1.4=944.024≒944.02kPa

- 정격토출압력(양정)의 **140%**를 **초과**하지 아니하여야 하므로 **정격토출압력**에 **1.4**를 곱하면 된다.
- 140%를 초과하지 아니하여야 하므로 **'이하'**라는 말을 반드시 써야 하지만 〔조건 ⑥〕에서 최대조건을 적용하라고 하였으므로 944.02kPa로 답하면 된다.

중요

체절운전, 체절압력, 체절양정

용 어	설 명
체절운전	**펌프**의 **성능시험**을 목적으로 펌프토출측의 개폐밸브를 닫은 상태에서 펌프를 운전하는 것
체절압력	체절운전시 릴리프밸브가 압력수를 방출할 때의 압력계상 압력으로 정격토출압력의 140% 이하
체절양정	펌프의 토출측 밸브가 모두 막힌 상태, 즉 유량이 0인 상태에서의 양정

(나) **펌프**의 **유량**(토출량)

<table>
<tr><th colspan="2">특정소방대상물</th><th>폐쇄형 헤드의 기준개수</th></tr>
<tr><td colspan="2">지하가 · 지하역사</td><td rowspan="4">30</td></tr>
<tr><td colspan="2">11층 이상</td></tr>
<tr><td rowspan="5">10층 이하</td><td>공장(특수가연물), 창고시설</td></tr>
<tr><td>판매시설(백화점 등), 복합건축물(판매시설이 설치된 것) →</td></tr>
<tr><td>근린생활시설, 운수시설</td><td rowspan="2">20</td></tr>
<tr><td>8m 이상</td></tr>
<tr><td>8m 미만</td><td>10</td></tr>
<tr><td colspan="2">공동주택(아파트 등)</td><td>10(각 동이 주차장으로 연결된 주차장 : 30)</td></tr>
</table>

$$Q = N \times 80l/\text{min}$$

여기서, Q : 토출량〔l/min〕
N : 폐쇄형 헤드의 기준개수(설치개수가 기준개수보다 적으면 그 설치개수)

펌프의 **최소토출량** Q는

$Q = N \times 80l/\text{min} = 30 \times 80l/\text{min} = 2400l/\text{min}$

- 〔조건 ①〕에서 헤드개수는 80개이지만 위의 표에서 기준개수인 **30개**를 적용하여야 한다.

축동력

$$P = \frac{0.163\,QH}{\eta}$$

여기서, P : 축동력〔kW〕

Q : 유량〔m^3/min〕

H : 전양정〔m〕

η : 효율

펌프의 **축동력** P는

$$P = \frac{0.163QH}{\eta} = \frac{0.163 \times 2400l/\text{min} \times 68.758\text{m}}{0.68} = \frac{0.163 \times 2.4\text{m}^3/\text{min} \times 68.758\text{m}}{0.68} = 39.556 ≒ 39.56\text{kW}$$

- Q(유량) : 바로 위에서 구한 **2400l/min**
- H(양정) : ㈎에서 구한 **68.758m**
- η(효율) : 〔조건 ⑤〕에서 **68%=0.68**
- K(전달계수) : **축동력**을 구하라고 하였으므로 **전달계수**는 **미적용**

“ 궁금증이 많으면 많이 나아가고, 궁금증이 적으면 적게 나아간다.
아무 궁금증이 없으면 전혀 나아가지 못한다. ”

- 주희 -

과년도 출제문제

2014년

소방설비기사 실기(기계분야)

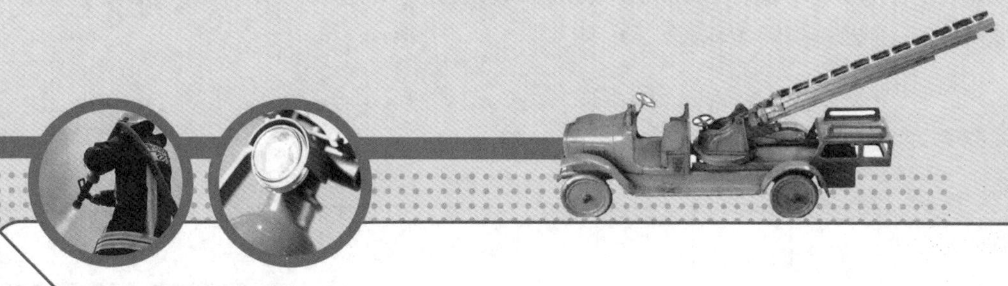

** 수험자 유의사항 **

1. 문제지를 받는 즉시 응시 종목의 문제가 맞는지 확인하셔야 합니다.
2. 답안지 내 인적사항 및 답안작성(계산식 포함)은 검정색 필기구만을 계속 사용하여야 합니다.
3. 답안정정 시에는 **두 줄(=)**을 긋고 다시 기재 가능하며, **수정테이프 사용** 또한 **가능**합니다.
4. 계산문제는 반드시 '계산과정'과 '답'란에 정확히 기재하여야 하며 **계산과정이 틀리거나 없는 경우 0점 처리**됩니다.
   ※ 연습이 필요 시 연습란을 이용하여야 하며, 연습란은 채점대상이 아닙니다.
5. 계산문제는 **최종결과** 값(답)에서 **소수 셋째자리에서 반올림**하여 **둘째자리**까지 구하여야 하나 개별 문제에서 소수처리에 대한 별도 요구사항이 있을 경우, 그 요구사항에 따라야 합니다.
6. 답에 단위가 없으면 오답으로 처리됩니다. (단, 문제의 요구사항에 단위가 주어졌을 경우는 생략되어도 무방합니다.)
7. 문제에서 요구한 가지 수 이상을 답란에 표기한 경우, **답란기재 순**으로 **요구한 가지 수**만 채점합니다.

14년

2014. 4. 20 시행

▌2014년 기사 제1회 필답형 실기시험▐			수험번호	성명	감독위원 확 인
자격종목 **소방설비기사(기계분야)**	시험시간 **3시간**	형별			

※ 다음 물음에 답을 해당 답란에 답하시오.(배점 : 100)

☆☆☆

문제 01

다음 조건을 참조하여 해발 1000m에 설치된 펌프에 공동현상이 일어나는지 여부를 판정하시오. (단, 중력가속도는 반드시 $9.8m/s^2$를 적용할 것)

(01.7.문9)

득점	배점
	5

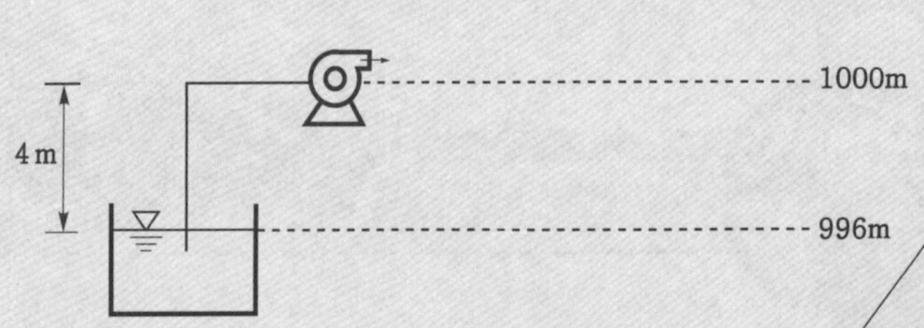

유사문제부터 풀어보세요. 실력이 팍!팍! 올라갑니다.

〔조건〕

① 배관의 마찰손실수두 : 0.7m
② 해발 0m에서의 대기압 : 1.033×10^5Pa
③ 해발 1000m에서의 대기압 : 0.901×10^5Pa
④ 물의 증기압 : 2.334×10^3Pa
⑤ 필요흡입양정은 4.5m이다.

○ 계산과정 :

○ 답 :

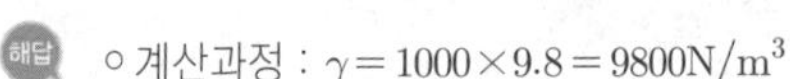

해답 ○ 계산과정 : $\gamma = 1000 \times 9.8 = 9800\text{N/m}^3$

$$\text{NPSH}_{\text{av}} = \frac{0.901 \times 10^5}{9800} - \frac{2.334 \times 10^3}{9800} - 4 - 0.7 \fallingdotseq 4.255\text{m}$$

○ 답 : 필요흡입양정보다 유효흡입양정이 작으므로 공동현상 발생

해설 (1) **비중량**

$$\gamma = \rho g$$

여기서, γ : 비중량〔N/m^3〕
ρ : 밀도(물의 밀도 $1000kg/m^3$ 또는 $1000N \cdot s^2/m^4$)
g : 중력가속도〔m/s^2〕

비중량 $\gamma = \rho g = 1000\text{N} \cdot \text{s}^2/\text{m}^4 \times 9.8\text{m/s}^2 = 9800\text{N/m}^3$

- 단서 〔조건〕에 의해 중력가속도 $9.8m/s^2$를 반드시 적용할 것. 적용하지 않으면 틀림

(2) **수두**

$$H = \frac{P}{\gamma}$$

여기서, H : 수두〔m〕
P : 압력〔Pa 또는 N/m^2〕
γ : 비중량〔N/m^3〕

(3) **표준대기압**

1atm=760mmHg=1.0332kg$_f$/cm^2
=10.332mH$_2$O(mAq)
=14.7PSI(lb$_f$/in^2)
=101.325kPa(kN/m^2)=101325Pa(N/m^2)
=1013mbar

1Pa=1N/m^2 이므로

대기압수두(H_a) : $H = \frac{P}{\gamma} = \frac{0.901 \times 10^5 \mathrm{N/m^2}}{9800 \mathrm{N/m^3}}$

※ 대기압수두(H_a)는 **펌프**가 **위치**해 **있는 곳**, 즉 해발 1000m에서의 대기압을 기준으로 한다. 해발 0m에서의 대기압은 적용하지 않는 것에 주의하라!!

수증기압수두(H_v) : $H = \frac{P}{\gamma} = \frac{2.334 \times 10^3 \mathrm{N/m^2}}{9800 \mathrm{N/m^3}}$
흡입수두(H_s) : **4m**(펌프중심~수원까지의 수직거리)
마찰손실수두(H_L) : **0.7m**
수조가 펌프보다 낮으므로 **유효흡입양정**은

$$\mathrm{NPSH_{av}} = H_a - H_v - H_s - H_L = \frac{0.901 \times 10^5 \mathrm{N/m^2}}{9800 \mathrm{N/m^3}} - \frac{2.334 \times 10^3 \mathrm{N/m^2}}{9800 \mathrm{N/m^3}} - 4\mathrm{m} - 0.7\mathrm{m} ≒ 4.255\mathrm{m}$$

4.255m(NPSH$_{av}$) < 4.5m(NPSH$_{re}$) = 공동현상 발생

- 중력가속도를 적용하라는 말이 없다면 대기압수두(H_a)와 수증기압수두(H_v)는 다음 ①과 같이 단위환산으로 구해도 된다.

10.332m=101.325kPa=101325Pa

대기압수두(H_a) : ① $0.901 \times 10^5 \mathrm{Pa} = \frac{0.901 \times 10^5 \mathrm{Pa}}{101325 \mathrm{Pa}} \times 10.332\mathrm{m} = 9.187\mathrm{m}$

② $\frac{0.901 \times 10^5 \mathrm{N/m^2}}{9800 \mathrm{N/m^2}} = 9.193\mathrm{m}$

수증기압수두(H_v) : ① $2.334 \times 10^3 \mathrm{Pa} = \frac{2.334 \times 10^3 \mathrm{Pa}}{101325 \mathrm{Pa}} \times 10.332\mathrm{m} = 0.237\mathrm{m}$

② $\frac{2.334 \times 10^3 \mathrm{N/m^2}}{9800 \mathrm{N/m^2}} = 0.238\mathrm{m}$

①과 ②가 거의 같은 값이 나오는 것을 알 수 있다. 두 가지 중 어느 식으로 구해도 옳은 답이다.

- 문제에서 흡입수두(H_s)의 기준이 정확하지 않다. 어떤 책에는 **'펌프중심~수원까지의 거리'**, 어떤 책에는 **'펌프중심~풋밸브까지의 거리'**로 정의하고 있다. 이렇게 혼란스러우므로 문제에서 주어지는 대로 그냥 적용하면 된다. 이 문제에서는 **'펌프중심~수원까지의 거리'**를 흡입수두(H_s)로 보았다.

중요

(1) **흡입 NPSHav**(수조가 펌프보다 낮을 때)

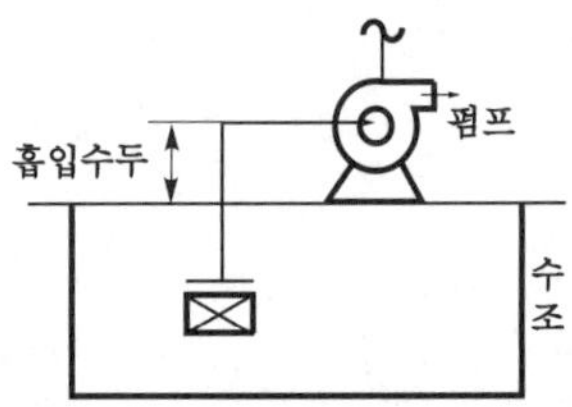

$$\mathrm{NPSH_{av}} = H_a - H_v - H_s - H_L$$

여기서, $\mathrm{NPSH_{av}}$: 유효흡입양정〔m〕
H_a : 대기압수두〔m〕
H_v : 수증기압수두〔m〕
H_s : 흡입수두〔m〕
H_L : 마찰손실수두〔m〕

(2) **압입 NPSHav**(수조가 펌프보다 높을 때)

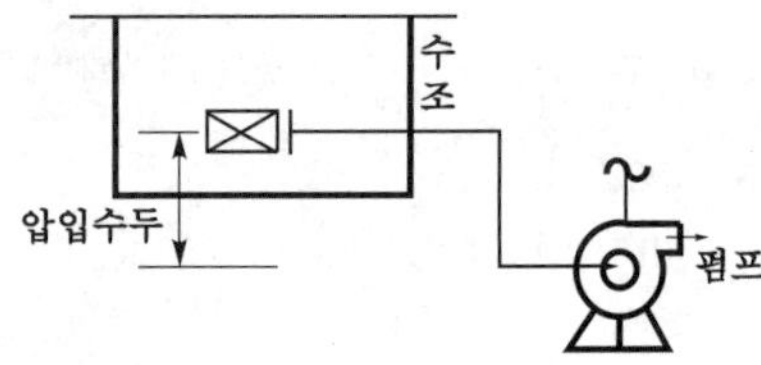

$$\mathrm{NPSH_{av}} = H_a - H_v + H_s - H_L$$

여기서, $\mathrm{NPSH_{av}}$: 유효흡입양정〔m〕
H_a : 대기압수두〔m〕
H_v : 수증기압수두〔m〕
H_s : 압입수두〔m〕
H_L : 마찰손실수두〔m〕

(3) **공동현상의 발생한계 조건**

① $\mathrm{NPSH_{av}} \geq \mathrm{NPSH_{re}}$: 공동현상을 방지하고 정상적인 흡입운전 가능
② $\mathrm{NPSH_{av}} \geq 1.3 \times \mathrm{NPSH_{re}}$: 펌프의 설치높이를 정할 때 붙이는 여유

NPSHav (Available Net Positive Suction Head) =유효흡입양정	NPSHre (Required Net Positive Suction Head) =필요흡입양정
• 흡입전양정에서 포화증기압을 뺀 값 • 펌프설치 과정에 있어서 펌프흡입측에 가해지는 수두압에서 흡입액의 온도에 해당되는 포화증기압을 뺀 값 • 펌프의 중심으로 유입되는 액체의 절대압력 • 펌프설치 과정에서 펌프 그 자체와는 무관하게 흡입측 배관의 설치위치, 액체온도 등에 따라 결정되는 양정 • 이용 가능한 정미 유효흡입양정으로 흡입전양정에서 포화증기압을 뺀 것	• 공동현상을 방지하기 위해 펌프흡입측 내부에 필요한 최소압력 • 펌프 제작사에 의해 결정되는 값 • 펌프에서 임펠러 입구까지 유입된 액체는 임펠러에서 가압되기 직전에 일시적인 압력강하가 발생되는데 이에 해당하는 양정 • 펌프 그 자체가 캐비테이션을 일으키지 않고 정상운전되기 위하여 필요로 하는 흡입양정 • 필요로 하는 정미 유효흡입양정

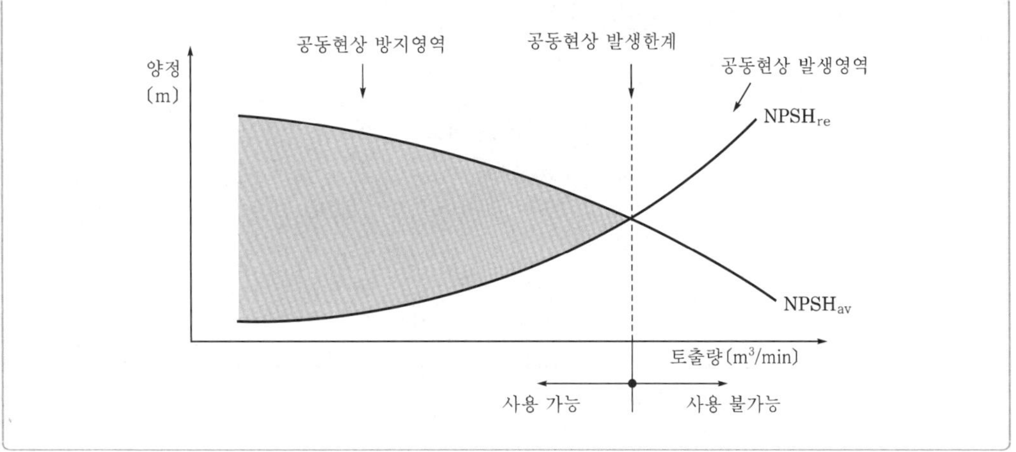

☆☆
문제 02

7m×9m×6m의 경유를 연료로 사용하는 발전기실에 2가지의 할로겐화합물 및 불활성기체 소화설비를 설치하고자 한다. 조건과 국가화재안전기준을 참고하여 다음 물음에 답하시오.

(19.11.문5, 19.6.문9, 16.11.문2, 13.11.문13)

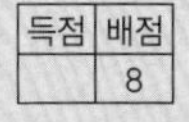

득점	배점
	8

〔조건〕

① 방호구역의 온도는 상온 20℃이다.

② IG-541 용기는 80 l용 12.5m^{3}를 적용한다.

③ 할로겐화합물 및 불활성기체 소화약제의 소화농도

약 제	상품명	소화농도〔%〕	
		A급 화재	B급 화재
IG-541	Inergen	31.25	31.25

④ K_1과 K_2값

약 제	K_1	K_2
IG-541	0.65799	0.00239

⑤ 식은 다음과 같다.

$$X = 2.03\left(\frac{V_s}{S}\right) \times \log_{10}\left[\frac{100}{(100-C)}\right]$$

여기서, X : 공간체적당 더해진 소화약제의 부피〔m^3/m^3〕

S : 소화약제별 선형상수$(K_1 + K_2 t)$〔m^3/kg〕

C : 체적에 따른 소화약제의 설계농도〔%〕

V_s : 20℃에서 소화약제의 비체적〔m^3/kg〕

t : 방호구역의 최소예상온도〔℃〕

(가) IG-541의 최소 약제용기는 몇 병이 필요한가?
 ○ 계산과정 :
 ○ 답 :
(나) 할로겐화합물 및 불활성기체 소화약제의 구비조건 5가지를 쓰시오.
 ○
 ○
 ○
 ○
 ○

해답 (가) ○ 계산과정 : $X = 2.03 \times \log_{10}\left[\frac{100}{100-40.625}\right] \times (7 \times 9 \times 6) = 173.722\text{m}^3$

용기수 $= \frac{173.722}{12.5} = 13.8 ≒ 14$병

○ 답 : 14병

(나) ① 소화성능이 우수할 것
② 인체에 독성이 낮을 것
③ 오존파괴지수가 낮을 것
④ 지구온난화지수가 낮을 것
⑤ 저장안정성이 좋을 것

 (가) **불활성기체 소화약제**

소화약제별 선형상수 S는

$S = K_1 + K_2 t = 0.65799 + 0.00239 \times 20℃ = 0.70579\text{m}^3/\text{kg}$

- [조건 ④]에서 IG-541의 K_1과 K_2값을 적용하고, [조건 ①]에서 방호구역온도는 **20℃**이다.
- 20℃의 소화약제 비체적 $V_s = K_1 + K_2 \times 20℃ = 0.65799 + 0.00239 \times 20℃ = 0.70579\text{m}^3/\text{kg}$

소화약제의 부피 X는

$$X = 2.03\left(\frac{V_s}{S}\right) \times \log_{10}\left[\frac{100}{(100-C)}\right] \times V = 2.03\left(\frac{0.70579\text{m}^3/\text{kg}}{0.70579\text{m}^3/\text{kg}}\right) \times \log_{10}\left[\frac{100}{100-40.625}\right] \times (7 \times 9 \times 6)\text{m}^3$$
$$= 173.722\text{m}^3$$

- [조건 ⑤]의 공식적용
  [조건 ⑤]의 공식에서 X의 단위는 m^3/m^3으로 '**공간체적당 더해진 소화약제의 부피[m^3/m^3]**'이고, 여기서 구하고자 하는 것은 '**소화약제의 부피[m^3]**'이므로 방호구역의 체적[m^3]을 곱해주어야 한다. 거듭주의!!!
- ABC 화재별 안전계수

화재등급	설계농도
A급(일반화재)	A급 소화농도×1.2
B급(유류화재)	B급 소화농도×1.3
C급(전기화재)	A급 소화농도×1.35

설계농도[%]=소화농도[%]×안전계수=31.25%×1.3=40.625%
- 경유는 B급화재
- IG-541은 불활성기체 소화약제이다.

용기수 $= \frac{\text{소화약제 부피}[\text{m}^3]}{\text{1병당 저장량}[\text{m}^3]} = \frac{173.722\text{m}^3}{12.5\text{m}^3} = 13.8 ≒ 14$병(절상한다.)

- 173.722m^3 : (가)에서 구한 값
- 12.5m^3 : [조건 ②]에서 주어진 값

참고

소화약제량의 산정(NFPC 107A 4·7조, NFTC 107A 2.1.1, 2.4.1)

구 분	할로겐화합물 소화약제	불활성기체 소화약제
종류	FC-3-1-10 HCFC BLEND A HCFC-124 HFC-125 HFC-227ea HFC-23 HFC-236fa FIC-13I1 FK-5-1-12	IG-01 IG-100 IG-541 IG-55
원칙적인 공식	$W=\frac{V}{S}\times\left(\frac{C}{100-C}\right)$ 여기서, W : 소화약제의 무게[kg] V : 방호구역의 체적[m^3] S : 소화약제별 선형상수(K_1+K_2t)[m^3/kg] C : 체적에 따른 소화약제의 설계농도[%] t : 방호구역의 최소예상온도[℃]	$X=2.303\left(\frac{V_s}{S}\right)\times\log_{10}\left[\frac{100}{(100-C)}\right]\times V$ 여기서, X : 소화약제의 부피[m^3] S : 소화약제별 선형상수(K_1+K_2t)[m^3/kg] C : 체적에 따른 소화약제의 설계농도[%] V_s : 20℃에서 소화약제의 비체적 ($K_1+K_2\times20℃$)[m^3/kg] t : 방호구역의 최소예상온도[℃] V : 방호구역의 체적[m^3]

(나) **할로겐화합물 및 불활성기체 소화약제의 구비조건**

(1) **소화성능**이 우수할 것
(2) 인체에 **독성**이 낮을 것
(3) **오존파괴지수**(ODP ; Ozone Depletion Potential)가 낮을 것
(4) **지구온난화지수**(GWP ; Global Warming Potential)가 낮을 것
(5) **저장안정성**이 좋을 것
(6) **금속**을 부식시키지 않을 것
(7) **가격**이 **저렴**할 것
(8) **전기전도도**가 낮을 것
(9) 사용 후 **잔유물**이 없을 것
(10) **자체 증기압**으로 방사가 가능할 것

기억법 **할소독 오지저**

중요

ODP와 GWP

구 분	오존파괴지수 (ODP ; Ozone Depletion Potential)	지구온난화지수 (GWP ; Global Warming Potential)
정의	어떤 물질의 오존파괴능력을 상대적으로 나타내는 지표로 기준물질인 **CFC 11**($CFCl_3$)의 **ODP**를 **1**로 하여 다음과 같이 구한다. $ODP=\frac{\text{어떤 물질 1kg이 파괴하는 오존량}}{\text{CFC 11의 1kg이 파괴하는 오존량}}$	지구온난화에 기여하는 정도를 나타내는 지표로 CO_2(이산화탄소)의 **GWP**를 **1**로 하여 다음과 같이 구한다. $GWP=\frac{\text{어떤 물질 1kg이 기여하는 온난화 정도}}{CO_2\text{의 1kg이 기여하는 온난화 정도}}$
비고	오존파괴지수가 **작을수록 좋은 소화약제**이다.	지구온난화지수가 **작을수록 좋은 소화약제**이다.

☆☆☆

문제 03

지상 4층 건물에 옥내소화전설비를 설치하려고 한다. 옥내소화전 2개를 배치하며, 이때 실양정 및 배관의 손실수두는 29.4m이다. 또 호스의 마찰손실수두는 3.6m 펌프효율이 65%, 전달계수가 1.1이고 20분간 연속방수되는 것으로 하였을 때 다음 각 물음에 답하시오. (19.6.문4)

득점	배점
	5

(가) 펌프의 토출량[l/min]은?
  ○ 계산과정 :
  ○ 답 :

(나) 펌프의 토출압[kPa]은?
  ○ 계산과정 :
  ○ 답 :

(다) 전동기 동력[kW]은?
  ○ 계산과정 :
  ○ 답 :

해답 (가) ○ 계산과정 : $2 \times 130 = 260 l/\text{min}$
  ○ 답 : 260 l/min

(나) ○ 계산과정 : $3.6 + 29.4 + 17 = 50\text{m}$

$$\frac{50}{10.332} \times 101.325 = 490.345 \fallingdotseq 490.35\text{kPa}$$

  ○ 답 : 490.35kPa

(다) ○ 계산과정 : $\frac{0.163 \times 0.26 \times 50}{0.65} \times 1.1 = 3.586 \fallingdotseq 3.59\text{kW}$
  ○ 답 : 3.59kW

해설 (가) **옥내소화전설비**의 **토출량**

$$Q = N \times 130 l/\text{min}$$

여기서, Q : 펌프의 토출량[l/min]
  N : 가장 많은 층의 소화전개수(30층 미만 : 최대 2개, 30층 이상 : 최대 5개)

토출량(유량) $Q = N \times 130 l/\text{min} = 2 \times 130 l/\text{min} = 260 l/\text{min}$

(나) **전양정**

$$H = h_1 + h_2 + h_3 + 17$$

여기서, H : 전양정[m]
  h_1 : 소방호스의 마찰손실수두[m]
  h_2 : 배관 및 관부속품의 마찰손실수두[m]
  h_3 : 실양정(흡입양정+토출양정)[m]

전양정 $H = h_1 + h_2 + h_3 + 17 = 3.6\text{m} + 29.4\text{m} + 17\text{m} = 50\text{m}$

- $h_1 = 3.6\text{m}$
- $h_2 + h_3 = 29.4\text{m}$

참고

표준대기압

1atm=760mmHg=1.0332kg$_f$/cm^2
 =10.332mH$_2$O(mAq)
 =14.7PSI(lb$_f$/in^2)
 =101.325kPa(kN/m^2)
 =1013mbar

10.332mH$_2$O=10.332m=101.325kPa

$50m = \frac{50m}{10.332m} \times 101.325kPa = 490.345 \fallingdotseq 490.35kPa$

(다) **전동기 동력**

$$P = \frac{0.163\,QH}{\eta}K$$

여기서, P : 전동력〔kW〕
Q : 유량〔m^3/min〕
H : 전양정〔m〕
K : 전달계수
η : 효율

전동기의 **동력** P는

$$P = \frac{0.163QH}{\eta}K = \frac{0.163 \times 0.26m^3/min \times 50m}{0.65} \times 1.1 = 3.586 \fallingdotseq 3.59kW$$

- Q : 260l/min=**0.26m^3/min**((가)에서 구한 값)
- H : **50m**((나)에서 구한 값)
- η : 65%=**0.65**(문제에서 주어짐)
- K : **1.1**(문제에서 주어짐)

☆☆
문제 04

스프링클러설비 배관의 안지름을 수리계산에 의하여 선정하고자 한다. 그림에서 B~C구간의 유량을 165l/min, E~F구간의 유량을 330l/min라고 가정할 때 다음을 구하시오. (단, 화재안전기준에서 정하는 유속기준을 만족하도록 하여야 한다.)

(16.11.문7)

득점	배점
	6

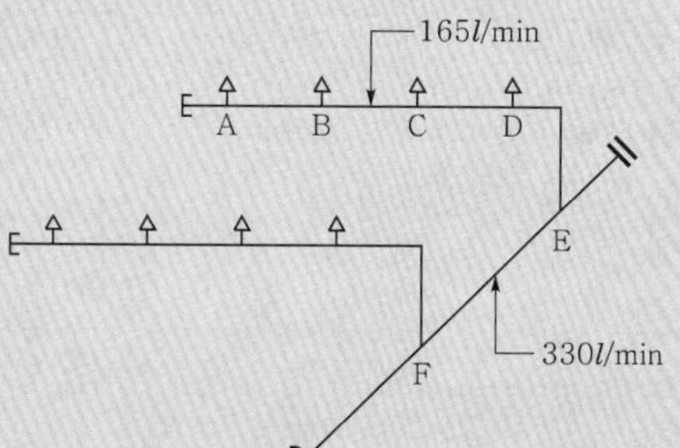

(가) B~C구간의 배관 안지름〔mm〕의 최소값을 구하시오.
○ 계산과정 :
○ 답 :

(나) E~F구간의 배관 안지름〔mm〕의 최소값을 구하시오.
○ 계산과정 :
○ 답 :

(가) ○ 계산과정 : $\sqrt{\frac{4 \times 0.165/60}{\pi \times 6}} = 0.024157m = 24.157mm \fallingdotseq 24.16mm$
○ 답 : 24.16mm

(나) ○ 계산과정 : $\sqrt{\frac{4 \times 0.33/60}{\pi \times 10}} = 0.026462m = 26.462mm \fallingdotseq 26.46mm$
○ 답 : 40mm

해설

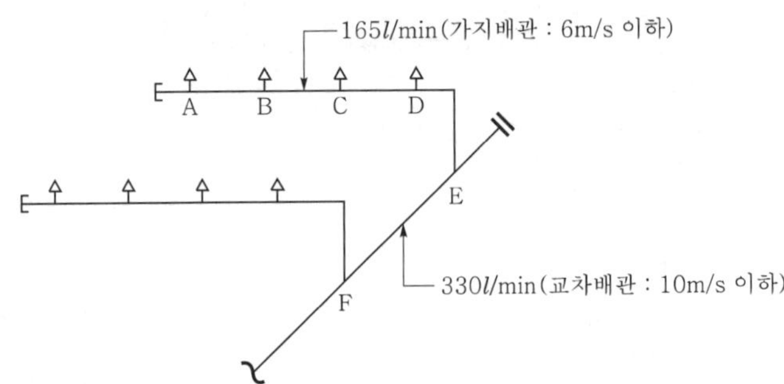

$$Q=AV=\frac{\pi D^2}{4}V$$

여기서, Q : 유량[m^3/s]

A : 단면적[m^2]

V : 유속[m/s]

D : 내경[m]

$$Q=\frac{\pi D^2}{4}V$$ 에서

(가) **가지배관**의 **내경**(안지름) D는

$$D=\sqrt{\frac{4Q}{\pi V}}=\sqrt{\frac{4\times 165l/\text{min}}{\pi\times 6\text{m/s}}}=\sqrt{\frac{4\times 0.165\text{m}^3/\text{min}}{\pi\times 6\text{m/s}}}=\sqrt{\frac{4\times 0.165\text{m}^3/60\text{s}}{\pi\times 6\text{m/s}}}$$

$=0.024157\text{m}=24.157\text{mm}≒24.16\text{mm}$

(나) **교차배관**의 **내경**(안지름) D는

$$D=\sqrt{\frac{4Q}{\pi V}}=\sqrt{\frac{4\times 330l/\text{min}}{\pi\times 10\text{m/s}}}=\sqrt{\frac{4\times 0.33\text{m}^3/\text{min}}{\pi\times 10\text{m/s}}}=\sqrt{\frac{4\times 0.33\text{m}^3/60\text{s}}{\pi\times 10\text{m/s}}}$$

$=0.026462\text{m}=26.462\text{mm}≒26.46\text{mm}$(최소 40mm 선정)

- 165l/min : 문제와 그림에서 주어진 값
- 330l/min : 문제와 그림에서 주어진 값
- 배관 내의 유속

설 비		유 속
옥내소화전설비		4m/s 이하
스프링클러설비	가지배관 →	6m/s 이하
	기타 배관 →	10m/s 이하

- 스프링클러설비

스프링클러헤드수별 급수관의 구경										
호칭경	25mm	32mm	40mm	50mm	65mm	80mm	90mm	100mm	125mm	150mm

- 1000l=1m^3, 1min=60s이므로 165l/min=0.165m^3/min=0.165m^3/60s, 330l/min=0.33m^3/min=0.33m^3/60s
- 1m=1000mm이므로 0.024157m=24.157mm이고, 0.026462m=26.462mm
- '호칭경'이 아닌 '**배관(안지름)의 최소값**'을 구하라고 하였으므로 **소수점 둘째자리**까지 답하면 된다.
- 교차배관은 스프링클러설비의 화재안전기준(NFPC 103 8조, NFTC 103 2.5.10.1)에 의해 **최소구경**은 **40mm** 이상으로 해야 하므로 40mm 선정. 주의!
  - 스프링클러설비의 화재안전기준(NFPC 103 8조 ⑩항 1호, NFTC 103 2.5.10.1)
    10. 교차배관의 위치 · 청소구 및 가지배관의 헤드설치는 다음의 기준에 따른다.
      1. 교차배관은 가지배관과 수평으로 설치하거나 또는 가지배관 밑에 설치하고, 그 구경은 최소구경이 **40mm** 이상이 되도록 할 것

☆☆
문제 05

전기실에 제1종 분말소화약제를 사용한 분말소화설비를 전역방출방식의 가압식으로 설치하려고 한다. 다음 조건을 참조하여 각 물음에 답하시오. (16.6.문4, 15.7.문2, 13.7.문14, 11.7.문16)

득점	배점
	6

〔조건〕

① 특정소방대상물의 크기는 가로 20m, 세로 10m, 높이 3m이다.
② 전기실에는 개구부가 설치되어 있지 않다.
③ 배관은 토너먼트 방식이며 상부 중앙에서 분기한다.
④ 방사헤드의 방출률은 0.5kg/초(1/2″)이다.
⑤ 분사헤드는 정방형으로 배치한다.

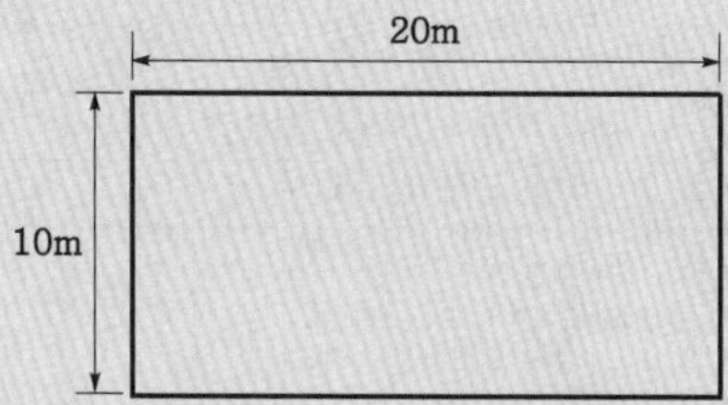

(가) 소화약제량〔kg〕을 구하시오.
○ 계산과정 :
○ 답 :

(나) 가압용가스에 질소가스를 사용하는 경우 가압용가스(질소)의 양〔l〕을 구하시오. (단, 35℃에서 1기압의 압력상태로 환산한 값을 구할 것)
○ 계산과정 :
○ 답 :

(다) 분사헤드의 최소개수는?
○ 계산과정 :
○ 답 :

해답 (가) ○ 계산과정 : $(20\times10\times3)\times0.6=360\text{kg}$
○ 답 : 360kg

(나) ○ 계산과정 : $360\times40=14400l$
○ 답 : $14400l$

(다) ○ 계산과정 : $\dfrac{360}{0.5\times30}=24$개

해설 (가) **전역방출방식**

자동폐쇄장치가 설치되어 있지 않은 경우	자동폐쇄장치가 설치되어 있는 경우 (개구부가 없는 경우)
분말저장량〔kg〕= 방호구역체적〔m^3〕× 약제량〔kg/m^3〕 +개구부면적〔m^2〕× 개구부가산량〔kg/m^2〕	**분말저장량**〔kg〕= 방호구역체적〔m^3〕× 약제량〔kg/m^3〕

‖ 전역방출방식의 약제량 및 개구부가산량(NFPC 108 6조, NFTC 108 2.3.2.1) ‖

약제종별	약제량	개구부가산량(자동폐쇄장치 미설치시)
제1종 분말 ⟶	$0.6kg/m^3$	$4.5kg/m^2$
제2·3종 분말	$0.36kg/m^3$	$2.7kg/m^2$
제4종 분말	$0.24kg/m^3$	$1.8kg/m^2$

〔조건 ②〕에서 개구부가 설치되어 있지 않으므로

분말저장량〔kg〕=방호구역체적〔m^3〕×약제량〔kg/m^3〕

$=(20m\times10m\times3m)\times0.6kg/m^3$

$=360kg$

(나) **가압식**과 **축압식**의 **설치기준**(35℃에서 1기압의 압력상태로 환산한 것)(NFPC 108 5조, NFTC 108 2.2.4)

사용가스 \ 구분	가압식	축압식
N_2(질소) ⟶	40l/kg 이상	10l/kg 이상
CO_2(이산화탄소)	20g/kg+배관청소 필요량 이상	20g/kg+배관청소 필요량 이상

※ 배관청소용 가스는 별도의 용기에 저장한다.

가압용가스(질소)량〔l〕=소화약제량〔kg〕×40l/kg

=360kg×40l/kg=14400l

- 가압식 : 문제에서 주어짐
- 360kg : (가)에서 구함
- 단서가 주어졌다고 고민하지 말라! 우리가 이미 알고 있는 값이 35℃에서 1기압의 압력상태로 환산한 값이다.

(다)

$$\text{헤드개수}=\frac{\text{소화약제량〔kg〕}}{\text{방출률〔kg/s〕}\times\text{방사시간〔s〕}}$$

$$=\frac{360\text{kg}}{0.5\text{kg/초}\times30\text{s}}=24\text{개}$$

- 위의 공식은 단위를 보면 쉽게 이해할 수 있다.
- 360kg : (가)에서 구함
- 0.5kg/초 : 〔조건 ④〕에서 주어짐
- 30s : 〔조건 ④〕의 0.5kg/초(1/2″)에서 (1/2″)가 30s를 의미한다.
- 방사시간이 주어지지 않아도 다음 표에 의해 분말소화설비는 **30초**를 적용하면 된다.

‖ 약제방사시간 ‖

소화설비		전역방출방식		국소방출방식	
		일반건축물	위험물제조소	일반건축물	위험물제조소
할론소화설비		10초 이내	30초 이내	10초 이내	30초 이내
분말소화설비 ⟶		30초 이내	30초 이내	30초 이내	30초 이내
CO_2 소화설비	표면화재	1분 이내	60초 이내	30초 이내	30초 이내
	심부화재	7분 이내			

★★★

문제 06

경유를 저장하는 안지름이 50m인 플로팅루프탱크에 포소화설비의 특형 방출구를 설치하여 방호하려고 할 때 다음 물음에 답하시오. (19.4.문6, 13.11.문10)

득점	배점
	7

〔조건〕

① 소화약제는 3%용의 단백포를 사용하며, 수용액의 분당방출량은 $8l/m^2 \cdot min$이고, 방사시간은 30분을 기준으로 한다.

② 탱크내면과 굽도리판의 간격은 1m로 한다.

③ 펌프의 효율은 60%이다.

④ 포소화약제의 혼합장치로는 라인 프로포셔너방식을 사용한다.

(가) 탱크의 액표면적〔m^2〕을 구하시오.

○ 계산과정 :

○ 답 :

(나) 상기탱크의 특형 방출구에 의하여 소화하는 데 필요한 수용액량, 수원의 양, 포소화약제 원액량은 각각 얼마 이상이어야 하는지 각 항의 요구에 따라 구하시오.

① 수용액의 양〔l〕

○ 계산과정 :

○ 답 :

② 원액의 양〔l〕

○ 계산과정 :

○ 답 :

③ 수원의 양〔l〕

○ 계산과정 :

○ 답 :

(다) 펌프의 전양정이 80m라고 할 때 전동기의 출력〔kW〕은 얼마 이상이어야 하는지 구하시오.

○ 계산과정 :

○ 답 :

해답

(가) ○ 계산과정 : $\frac{\pi}{4}(50^2-48^2)=153.938 ≒ 153.94m^2$

○ 답 : $153.94m^2$

(나) ① ○ 계산과정 : $153.94 \times 8 \times 30 \times 1 = 36945.6l$

○ 답 : $36945.6l$

② ○ 계산과정 : $153.94 \times 8 \times 30 \times 0.03 = 1108.368 ≒ 1108.37l$

○ 답 : $1108.37l$

③ ○ 계산과정 : $153.94 \times 8 \times 30 \times 0.97 = 35837.232 ≒ 35837.23l$

○ 답 : $35837.23l$

(다) ○ 계산과정 : $Q=\frac{36945.6}{30}=1231.52l/min$

$$P=\frac{0.163 \times 1.23152 \times 80}{0.6}=26.765 ≒ 26.77kW$$

○ 답 : 26.77kW

해설

$$Q = A \times Q_1 \times T \times S$$

여기서, Q : 수용액 · 수원 · 약제량[l]
A : 탱크의 액표면적[m^2]
Q_1 : 수용액의 분당방출량[l/m^2 · min]
T: 방사시간[분]
S: 농도

(가) 탱크의 액표면적 A는

$$A = \frac{\pi}{4}(50^2 - 48^2)\text{m}^2 = 153.938 ≒ 153.94\text{m}^2$$

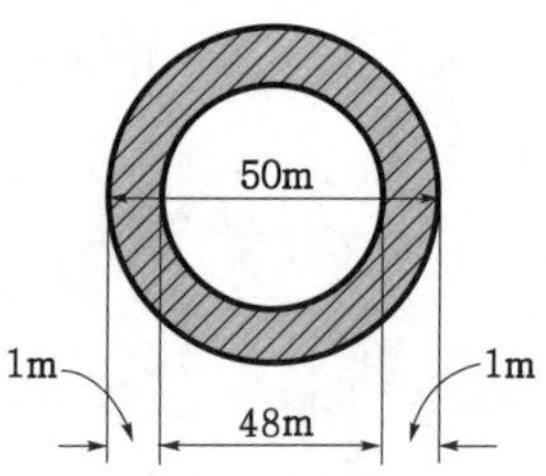

‖ 플로팅루프탱크의 구조 ‖

- 탱크의 액표면적(A)은 탱크 내면의 표면적만 고려하여야 하므로 [조건 ②]에서 굽도리판의 간격 1m를 적용하여 그림에서 빗금친 부분만 고려하여 $\frac{\pi}{4}(50^2 - 48^2)\text{m}^2$로 계산하여야 한다. 꼭 기억해 두어야 할 사항은 굽도리판의 간격을 적용하는 것은 **플로팅루프탱크**의 경우에만 한한다는 것이다.

(나) ① **수용액량** Q는

$Q = A \times Q_1 \times T \times S = 153.94\text{m}^2 \times 8l/\text{m}^2 \cdot \text{min} \times 30\text{min} \times 1 = 36945.6l$

- 수용액량에서 **농도**(S)는 항상 1이다.

② 포소화약제 **원액량** Q는

$Q = A \times Q_1 \times T \times S = 153.94\text{m}^2 \times 8l/\text{m}^2 \cdot \text{min} \times 30\text{min} \times 0.03 = 1108.368 ≒ 1108.37l$

- [조건 ①]에서 3%용이므로 약제**농도**(S)는 **0.03**이다.

③ **수원**의 **양** Q는

$Q = A \times Q_1 \times T \times S = 153.94\text{m}^2 \times 8l/\text{m}^2 \cdot \text{min} \times 30\text{min} \times 0.97 = 35837.232 ≒ 35837.23l$

- [조건 ①]에서 3%용이므로 수원의 농도(S)는 97%(100−3=97%)가 된다.

(다) 분당토출량(Q)$= \frac{\text{수용액량}[l]}{\text{방사시간}[\text{min}]} = \frac{36945.6l}{30\text{min}} = 1231.52l/\text{min}$

- 펌프의 토출량은 어떤 혼합장치이든지 관계없이 모두! 반드시! **포수용액**을 기준으로 해야 한다.
  - 포소화설비의 화재안전기준(NFPC 105 6조 ①항 4호, NFTC 105 2.3.1.4)
    4. **펌프**의 **토출량**은 포헤드 · 고정포방출구 또는 이동식 포노즐의 설계압력 또는 노즐의 방사압력의 허용범위 안에서 **포수용액**을 방출 또는 방사할 수 있는 양 이상이 되도록 할 것

전동기의 출력

$$P=\frac{0.163QH}{\eta}K$$

여기서, P : 전동기의 출력〔kW〕
Q : 토출량〔m^3/min〕
H : 전양정〔m〕
K : 전달계수
η : 펌프의 효율

전동기의 **출력** P는

$$P=\frac{0.163QH}{\eta}K=\frac{0.163\times1231.52l/\min\times80\text{m}}{0.6}$$
$$=\frac{0.163\times1.23152\text{m}^3/\min\times80\text{m}}{0.6}=26.765 ≒ 26.77\text{kW}$$

- K : 주어지지 않았으므로 무시
- $1000l=1m^3$이므로 $1231.52l$/min=$1.23152m^3$/min

☆

문제 07

옥내소화전설비의 수원은 산출된 유효수량의 $\frac{1}{3}$ 이상을 옥상에 설치하여야 한다. 설치 예외사항을 추가로 3가지 쓰시오. (19.11.문4)

득점	배점
	5

○ 지하층만 있는 건축물
○ 고가수조를 가압송수장치로 설치한 옥내소화전설비
○ (　　　　　　　　　　)
○ (　　　　　　　　　　)
○ (　　　　　　　　　　)

해답 ① 수원이 건축물의 최상층에 설치된 방수구보다 높은 위치에 설치된 경우
② 건축물의 높이가 지표면으로부터 10m 이하인 경우
③ 가압수조를 가압송수장치로 설치한 옥내소화전설비

해설 **유효수량**의 $\frac{1}{3}$ **이상**을 **옥상**에 설치하지 않아도 되는 경우(30층 이상은 제외)

(1) **지하층**만 있는 건축물
(2) **고가수조**를 가압송수장치로 설치한 옥내소화전설비
(3) **수원**이 건축물의 최상층에 설치된 **방수구**보다 높은 위치에 설치된 경우
(4) **건**축물의 높이가 지표면으로부터 **10m** 이하인 경우
(5) **주펌프**와 동등 이상의 성능이 있는 별도의 펌프를 설치하고, **내연기관**의 기동에 따르거나 **비상전원**을 연결하여 설치한 경우
(6) **아파트 · 업무시설 · 학교 · 전시장 · 공장 · 창고시설** 또는 **종교시설** 등으로서 동결의 우려가 있는 장소
(7) **가압수조**를 가압송수장치로 설치한 옥내소화전설비

기억법 **지고수 건가옥**

용어

유효수량

일반 급수펌프의 풋밸브와 옥내소화전용 펌프의 풋밸브 사이의 수량

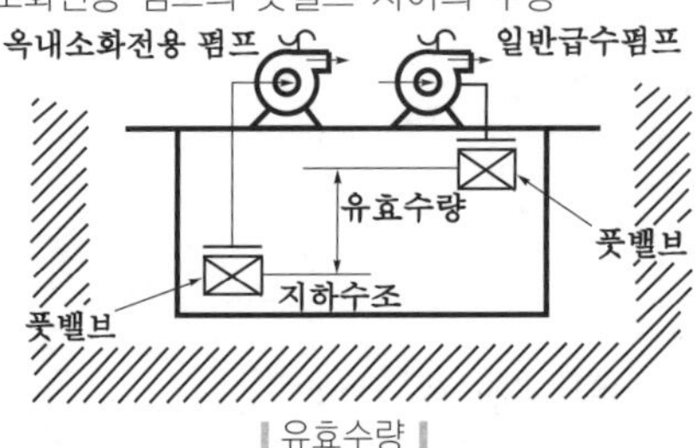

‖ 유효수량 ‖

☆☆

문제 08

거실제연설비에 관한 구성이다. 거실제연의 경우 제연방식은 제연전용 또는 공조겸용의 2가지로 크게 구분하며 세부적으로 아래와 같이 적용할 수 있다. 그림을 보고 다음 각 물음에 답하시오.

(16.6.문3, 08.7.문7, 04.10.문12)

득점	배점
	6

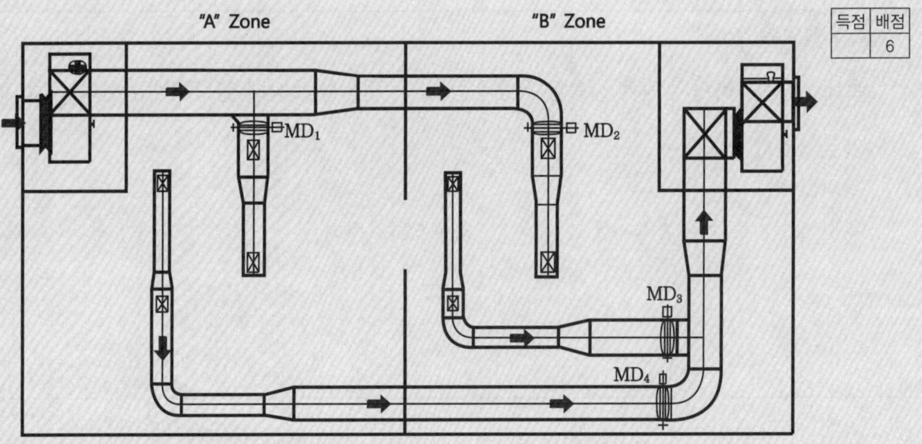

(가) 동일실 제연방식에 따를 경우 다음의 상황에 따른 댐퍼의 Open 또는 Close 상태를 나타내시오.

제연구역	급 기	배 기
A구역 화재시	MD_1(　　　)	MD_4(　　　)
	MD_2(　　　)	MD_3(　　　)
B구역 화재시	MD_2(　　　)	MD_3(　　　)
	MD_1(　　　)	MD_4(　　　)

(나) 인접구역 상호제연방식에 따를 경우 다음의 상황에 따른 댐퍼의 Open 또는 Close 상태를 나타내시오.

제연구역	급 기	배 기
A구역 화재시	MD_2(　　　)	MD_4(　　　)
	MD_1(　　　)	MD_3(　　　)
B구역 화재시	MD_1(　　　)	MD_3(　　　)
	MD_2(　　　)	MD_4(　　　)

해답 (가)

제연구역	급 기	배 기
A구역 화재시	MD1(open)	MD4(open)
	MD2(close)	MD3(close)
B구역 화재시	MD2(open)	MD3(open)
	MD1(close)	MD4(close)

(나)

제연구역	급 기	배 기
A구역 화재시	MD2(open)	MD4(open)
	MD1(close)	MD3(close)
B구역 화재시	MD1(open)	MD3(open)
	MD2(close)	MD4(close)

해설 **거실제연설비**의 **종류**

(가) **동일실 제연방식** : 화재실에서 급기 및 배기를 **동시**에 실시하는 방식

화재시 급기의 공급이 화점 부근이 될 경우 연소를 촉진시키게 되며, 급기와 배기가 동시에 되므로 실내의 기류가 난기류가 되어 **신선한 공기층**(clear layer)과 **연기층**(smoke layer)의 형성을 방해할 우려가 있다.

따라서 이는 보통 **소규모 화재실**의 경우에 한하여 적용하게 되며 화재시 덕트분기 부분에 있는 **모터댐퍼**(motor damper)는 해당구역의 감지기 동작에 따라 사전에 표와 같은 구성에 따라 개폐되도록 한다.

제연구역	급 기	배 기
A구역 화재시	MD1(open)	MD4(open)
	MD2(close)	MD3(close)
B구역 화재시	MD2(open)	MD3(open)
	MD1(close)	MD4(close)

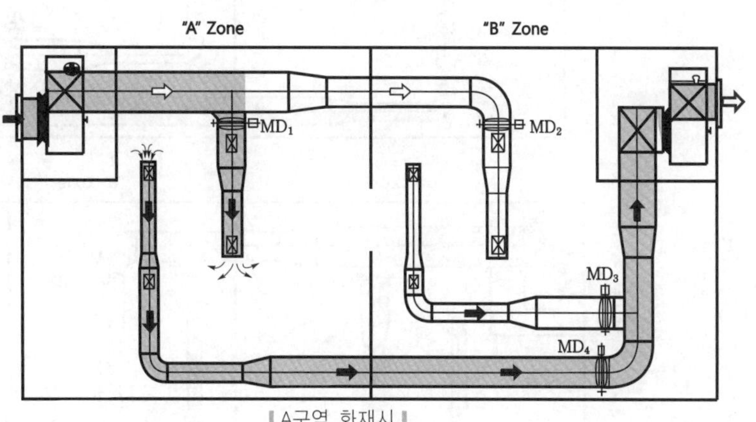

‖ A구역 화재시 ‖

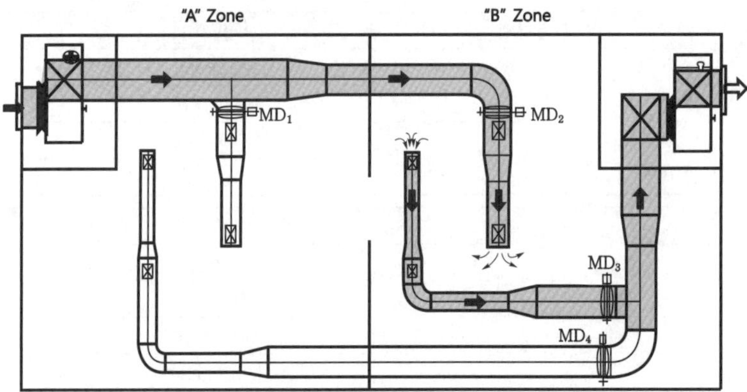

‖ B구역 화재시 ‖

(나) **인접구역 상호제연방식** : **화재구역**에서 **배기**를 하고, **인접구역**에서 **급기**를 실시하는 방식
화재실은 연기를 배출시켜야 되므로 화재실에서는 직접 배기를 실시하며 인접한 **제연구역** 또는 **통로**에서는 **급기**를 실시하여 화재실의 제연경계 하단부로 급기가 유입되어 신선한 공기층(clear layer)과 연기층(smoke layer)이 형성되도록 조치한다.

제연구역	급 기	배 기
A구역 화재시	MD_2(open)	MD_4(open)
	MD_1(close)	MD_3(close)
B구역 화재시	MD_1(open)	MD_3(open)
	MD_2(close)	MD_4(close)

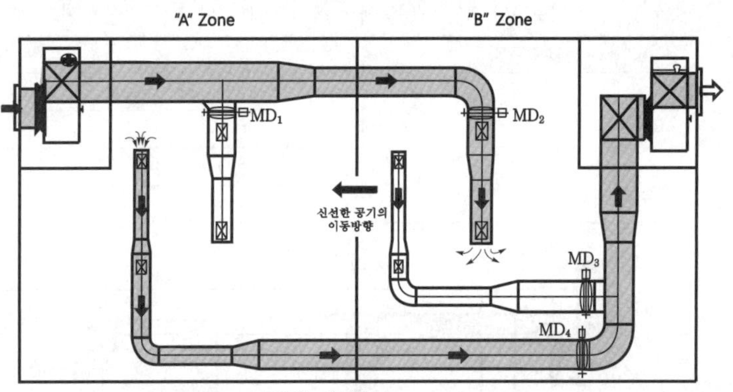

‖ A구역 화재시 ‖

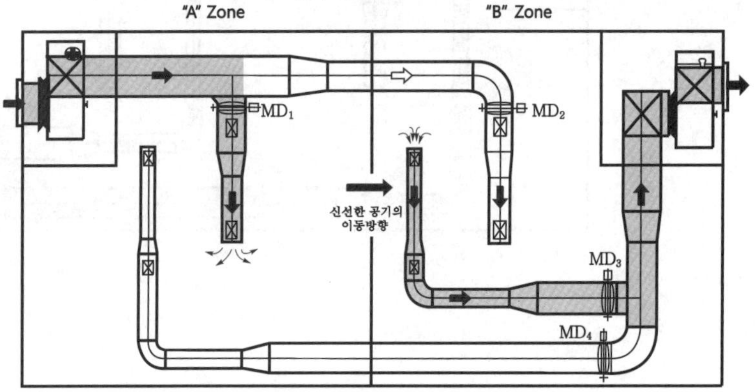

‖ B구역 화재시 ‖

※ **통로배출방식** : **통로**에서 **배기**만 실시하여 화재시 통로에 연기가 체류되지 않도록만 조치하는 방식

공조겸용설비

(1) **정의** : 평소에는 **공조설비**로 운행하다가 화재시 해당구역 감지기의 동작신호에 따라 제연설비로 변환되는 방식

(2) **적용** : 대부분의 **대형건축물**(반자위의 제한된 공간으로 인해 제연전용설비가 설치하기 어렵기 때문)

(3) **작동원리** : 층별로 공조기가 설치되어 있지 않은 경우는 층별 구획 관계로 덕트에 **방화댐퍼**(fire damper)가 필요하며, 화재시 해당층만 급·배기가 되려면 **모터댐퍼**(motered damper)가 있어야 하므로 모터댐퍼와 방화댐퍼를 설치하여 감지기 동작신호에 따라 작동되도록 한다.

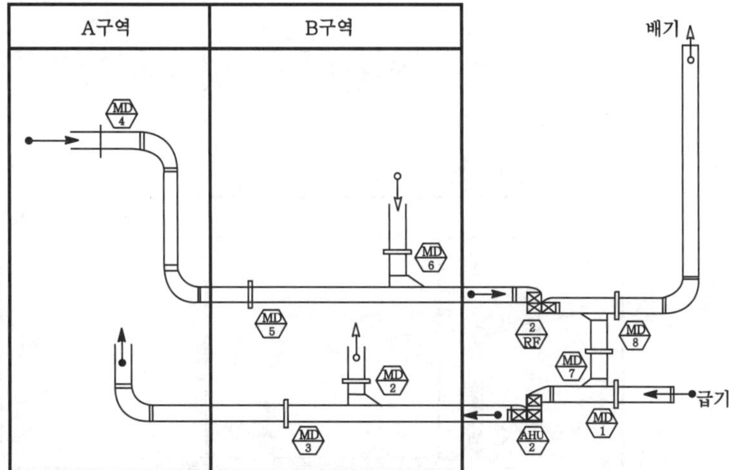

‖공조겸용설비‖

구 분	급 기			배 기				
	MD_1	MD_2	MD_3	MD_4	MD_5	MD_6	MD_7	MD_8
A구역 화재시	open	open	close	open	open	close	close	open
B구역 화재시	open	close	open	close	close	open	close	open
공조시	open	open	open	open	open	open	open	close

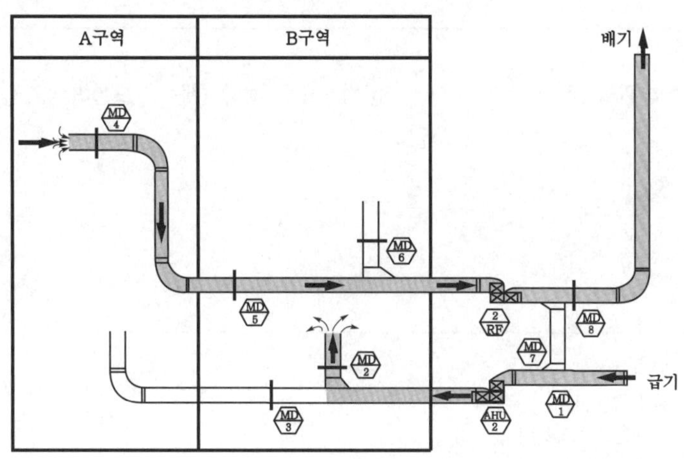

‖A구역 화재시‖

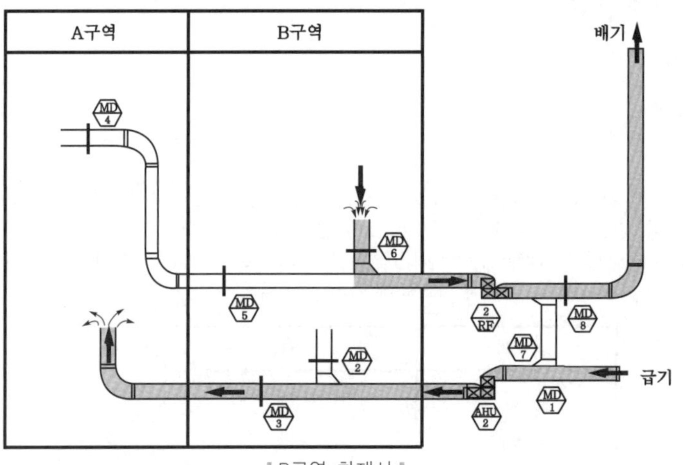

| B구역 화재시 |

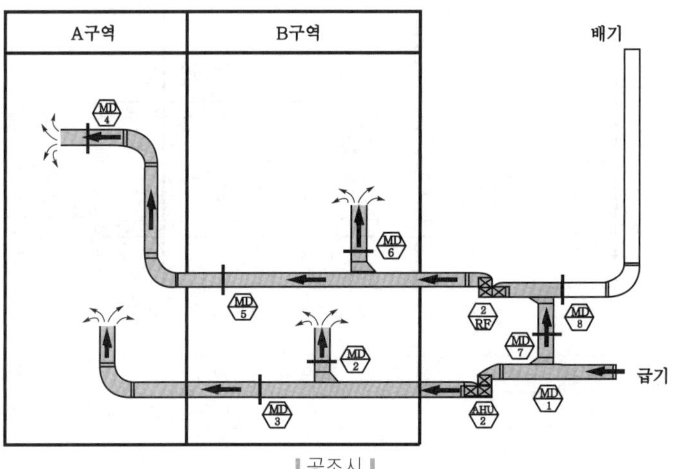

| 공조시 |

☆☆

문제 09

가지배관의 배관을 토너먼트(tournament)방식으로 해야 하는 소화설비 4가지를 쓰시오.

(16.6.문2, 16.4.문10, 산업 15.11.문5, 11.7.문10)

득점	배점
	4

○
○
○
○

해답 ① 분말소화설비
② 할론소화설비
③ 이산화탄소소화설비
④ 할로겐화합물 및 불활성기체 소화설비

해설 **교차회로방식**과 **토너먼트방식**

구 분	교차회로방식	토너먼트방식
뜻	하나의 담당구역 내에 2 이상의 감지기회로를 설치하고 2 이상의 감지기회로가 동시에 감지되는 때에 설비가 작동하는 방식	• 가스계 소화설비에 적용하는 방식으로 용기로부터 노즐까지의 마찰손실을 일정하게 유지하기 위하여 배관을 'H자' 모양으로 하는 방식 • 가스계 소화설비는 용기로부터 노즐까지의 마찰손실이 각각 일정하여야 하므로 헤드의 배관을 토너먼트방식으로 적용한다. 또한, 가스계 소화설비는 토너먼트방식으로 적용하여도 약제가 가스이므로 유체의 **마찰손실** 및 **수격작용**의 우려가 **적다**.
적용설비	• **분**말소화설비 • **할**론소화설비 • **이**산화탄소소화설비 • **준**비작동식 스프링클러설비 • **일**제살수식 스프링클러설비 • **할**로겐화합물 및 불활성기체 소화설비 • **부**압식 스프링클러설비 기억법 **분할이 준일할부**	• **분**말소화설비 • **이**산화탄소소화설비 • **할**론소화설비 • **할**로겐화합물 및 불활성기체 소화설비 기억법 **분토할이할**
배선(배관)방식	A B A 제어반 A 회로 B 회로 종단저항 B 회로 A 회로 종단저항 B A B ▌교차회로방식▐	분말헤드 ▌토너먼트방식▐

비교

스프링클러설비의 가지배관이 토너먼트(tournament)**방식**이 아니어야 하는 이유
(1) **유체**의 **마찰손실**이 너무 크므로 압력손실을 최소화하기 위하여
(2) **수격작용**에 따른 배관의 파손을 방지하기 위하여

☆☆☆ 문제 10

할로겐화합물 및 불활성기체 소화설비에 대한 다음 각 물음에 답하시오. (07.4.문6)

(가) 할로겐화합물 및 불활성기체 소화약제에 비해 할론이 지구에 끼치는 영향 2가지를 쓰시오.

(나) 할로겐화합물 소화약제의 방출시간이 10초 이내에 95% 이상을 방출해야 하는 이유는?

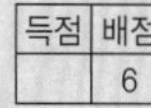

득점	배점
	6

해답 (가) ① 오존층 파괴
② 지구온난화
(나) 소화시 발생하는 원치않는 유독가스의 발생량을 줄이기 위하여

해설 (가) **할론이 지구**에 끼치는 영향

① **오존층 파괴**

대기 중에 방출된 Halon이 성층권까지 상승하면 성층권의 강력한 자외선에 의해 이들 분자들이 분해되어 **염소**(Cl)나 **브로민**(Br)원자들이 생성된다. 이렇게 생성된 염소나 브로민은 오존(O_3)과 반응하여 산소(O_2)를 만든다. 반응 후 염소나 브로민은 위의 반응을 통하여 재생산되어 다시 다른 오존을 공격한다. 위의 반응에서 염소와 브로민은 촉매역할을 한다.

대개 1개의 염소원자는 성층권에서 약 10만개의 오존분자를 파괴하는 것으로 알려져 있으며 브로민도 반응속도만 염소보다 빠를 뿐 염소와 유사한 반응을 한다.

② **지구온난화**

Halon은 우주공간으로 방출될 **적외선**을 **흡수**하여 대기 중으로 다시 방출함으로써 대기의 온도를 상승시키는 **온실가스**이므로 지구온난화를 초래한다.

중요

(1) **오존파괴지수**(ODP ; Ozone Depletion Potential)

오존파괴지수는 어떤 물질의 오존파괴능력을 상대적으로 나타내는 지표로 기준물질인 **CFC 11**(CFC I3)의 ODP를 1로 하여 다음과 같이 구한다.

$$\text{ODP}=\frac{\text{어떤 물질 1kg이 파괴하는 오존량}}{\text{CFC 11의 1kg이 파괴하는 오존량}}$$

(2) **지구온난화지수**(GWP ; Global Warming Potential)

지구온난화지수는 지구온난화에 기여하는 정도를 나타내는 지표로 **CO_2**(이산화탄소)의 GWP를 1로 하여 다음과 같이 구한다.

$$\text{GWP}=\frac{\text{어떤 물질 1kg이 기여하는 온난화정도}}{CO_2\text{ 1kg이 기여하는 온난화 정도}}$$

(나) 화재시 할로겐화합물 및 불활성기체 소화약제의 방출시간은 매우 중요한데, 이것은 빠른 시간 내에 방출하는 것이 소화시 발생하는 원치않는 **유독가스**의 **발생량**을 줄일 수 있기 때문이다. 그러므로 할로겐화합물 및 불활성기체 소화약제인 경우 **할로겐화합물 소화약제**는 **10초** 이내, **불활성기체 소화약제**는 **AC급** 화재 **2분**, **B급** 화재 **1분** 이내에 방호구역 각 부분에 최소설계농도의 **95%** 이상 방출되도록 규정하고 있다.

☆☆

문제 11

스프링클러설비의 반응시간지수(response time index)에 대하여 식을 포함해서 설명하시오.

(11.5.문14, 09.4.문4)

○

득점	배점
	5

해답 기류의 온도, 속도 및 작동시간에 대하여 스프링클러헤드의 반응시간을 예상한 지수

$$RTI=\tau\sqrt{u}$$

여기서, RTI : 반응시간지수[m · s]$^{0.5}$

τ : 감열체의 시간상수[초]

u : 기류속도[m/s]

해설 **반응시간지수(RTI)**

기류의 **온도 · 속도** 및 **작동시간**에 대하여 스프링클러헤드의 반응을 예상한 지수(스프링클러헤드 형식승인 2조)

$$RTI=\tau\sqrt{u}$$

여기서, RTI : 반응시간지수[m · s]$^{0.5}$ 또는 $\sqrt{\text{m}\cdot\text{s}}$

τ : 감열체의 시간상수[초]

u : 기류속도[m/s]

☆

문제 12

특별피난계단의 계단실 및 부속실 제연설비에서 제연구역의 선정기준 3가지를 쓰시오. (11.5.문1)

○
○
○

득점	배점
	4

해답 ① 계단실 및 그 부속실을 동시에 제연하는 것
② 부속실을 단독으로 제연하는 것
③ 계단실을 단독으로 제연하는 것

해설 제연구역의 선정기준(NFPC 501A 5조, NFTC 501A 2.2.1)
(1) **계단실** 및 그 **부속실**을 동시에 제연하는 것
(2) 부속실을 단독으로 제연하는 것
(3) **계단실**을 단독으로 제연하는 것

☆☆☆

문제 13

관 부속류 또는 배관방식 등에 관한 다음 소방시설 도시기호 명칭을 쓰시오. (17.6.문10, 09.10.문7)

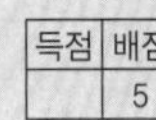

득점	배점
	5

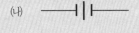

(가) 
(나)
(다) 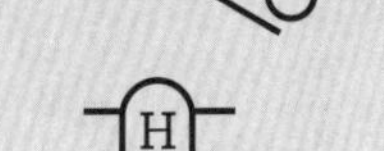
(라) 
(마) H

해답 (가) 포헤드(평면도)　　(나) 유니온
(다) 가스체크밸브　　(라) 라인 프로포셔너
(마) 옥외소화전

해설 **소방시설 도시기호**

명 칭	도시기호	
스프링클러헤드 폐쇄형 상향식	‖평면도‖	‖입면도‖
스프링클러헤드 폐쇄형 하향식	‖평면도‖	‖입면도‖
스프링클러헤드 개방형 상향식	‖평면도‖	‖입면도‖
스프링클러헤드 개방형 하향식	‖평면도‖	‖입면도‖

명 칭	도시기호
스프링클러헤드 폐쇄형 상 · 하향식	입면도
분말 · 탄산가스 · 할로겐헤드	평면도 입면도
연결살수헤드	
물분무헤드	평면도 입면도
드렌처헤드	평면도 입면도
포헤드	평면도 입면도
감지헤드	평면도 입면도
할로겐화합물 및 불활성기체 소화약제 방출헤드	평면도 입면도
플랜지	
유니온	
오리피스	
체크밸브	
가스체크밸브	
동체크밸브	
게이트밸브(상시개방)	
게이트밸브(상시폐쇄)	
선택밸브	
프레져 프로포셔너	

명 칭	도시기호
라인 프로포셔너	
프레져사이드 프로포셔너	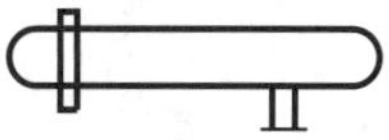
기타	
옥외소화전	
포말소화전	

☆☆☆

문제 14

옥내소화전 호스로 화재진압시 사람이 받는 반발력〔N〕을 구하시오. (단, 소방호스의 내경은 40mm, 노즐은 13mm, 방수량은 150l/min라고 가정한다.) (09.10.문18)

○ 계산과정 :

○ 답 :

득점	배점
	5

해답 ○ 계산과정 : $V_1 = \dfrac{0.15/60}{\dfrac{\pi}{4}\times 0.04^2} \fallingdotseq 1.989\text{m/s}$

$V_2 = \dfrac{0.15/60}{\dfrac{\pi}{4}\times 0.013^2} \fallingdotseq 18.834\text{m/s}$

$F = 1000\times 0.15/60\times(18.834-1.989) = 42.112 \fallingdotseq 42.11\text{N}$

○ 답 : 42.11N

해설 (1) **유량**

$$Q = AV = \left(\frac{\pi}{4}D^2\right)V$$

여기서, Q : 유량〔m^3/s〕

A : 단면적〔m^2〕

V : 유속〔m/s〕

D : 직경〔m〕

① **소방호스**의 **평균유속** V_1 은

$$V_1 = \frac{Q}{A_1} = \frac{Q}{\dfrac{\pi}{4}D_1^2} = \frac{150l/\text{min}}{\dfrac{\pi}{4}\times(40\text{mm})^2} = \frac{0.15\text{m}^3/\text{min}}{\dfrac{\pi}{4}\times(0.04\text{m})^2} = \frac{0.15\text{m}^3/60\text{s}}{\dfrac{\pi}{4}\times(0.04\text{m})^2} \fallingdotseq 1.989\text{m/s}$$

② **노즐**의 **평균유속** V_2 는

$$V_2 = \frac{Q}{A_2} = \frac{Q}{\dfrac{\pi}{4}D_2^2} = \frac{150l/\text{min}}{\dfrac{\pi}{4}\times(13\text{mm})^2} = \frac{0.15\text{m}^3/\text{min}}{\dfrac{\pi}{4}\times(0.013\text{m})^2} = \frac{0.15\text{m}^3/60\text{s}}{\dfrac{\pi}{4}\times(0.013\text{m})^2} \fallingdotseq 18.834\text{m/s}$$

(2) 사람이 받는 **반발력**

$F = \rho Q(V_2 - V_1) = 1000\text{N}\cdot\text{s}^2/\text{m}^4\times 0.15\text{m}^3/60\text{s}\times(18.834-1.989)\text{m/s} = 42.112 \fallingdotseq 42.11\text{N}$

중요

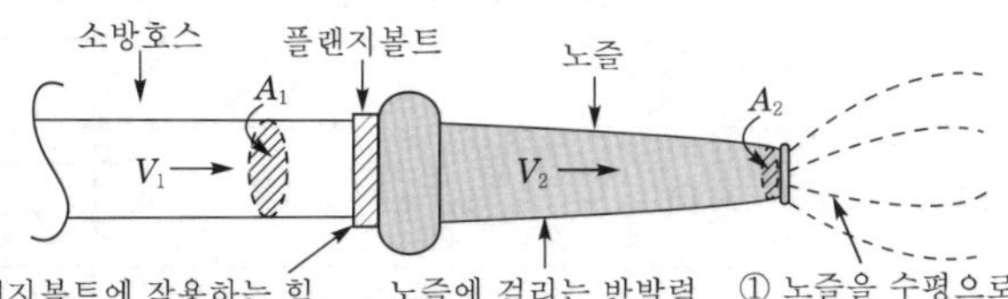

(1) **플랜지볼트**에 작용하는 힘

$$F=\frac{\gamma Q^2 A_1}{2g}\left(\frac{A_1-A_2}{A_1A_2}\right)^2$$

여기서, F : 플랜지볼트에 작용하는 힘[N]
γ : 비중량(물의 비중량 9800N/m^3)
Q : 유량[m^3/s]
A_1 : 소방호스의 단면적[m^2]
A_2 : 노즐의 단면적[m^2]
g : 중력가속도(9.8m/s^2)

(2) **노즐**에 걸리는 **반발력**(**운동량**에 따른 **반발력**)

$$F=\rho QV=\rho Q(V_2-V_1)$$

여기서, F : 노즐에 걸리는 반발력(운동량에 따른 반발력)[N]
ρ : 밀도(물의 밀도 1000N · s^2/m^4)
Q : 유량[m^3/s]
V, V_2, V_1 : 유속[m/s]

(3) **노즐**을 **수평**으로 유지하기 위한 힘

$$F=\rho QV_2$$

여기서, F : 노즐을 수평으로 유지하기 위한 힘[N]
ρ : 밀도(물의 밀도 1000N · s^2/m^4)
V_2 : 노즐의 유속[m/s]

(4) **노즐**의 **반동력**

$$R=1.57PD^2$$

여기서, R : 반동력[N]
P : 방수압력[MPa]
D : 노즐구경[mm]

☆ 문제 15

이산화탄소소화설비의 분사헤드 설치제외장소에 대한 다음 (　　) 안을 완성하시오. (19.11.문7, 08.4.문9)

득점	배점
	4

○방재실, 제어실 등 사람이 (①)하는 장소
○나이트로셀룰로오스, 셀룰로이드 제품 등 (②)을 저장, 취급하는 장소
○나트륨, 칼륨, 칼슘 등 (③)을 저장, 취급하는 장소
○전시장 등의 관람을 위하여 다수인이 (④)하는 통로 및 전시실 등

 ① 상시 근무　② 자기연소성 물질
③ 활성금속물질　④ 출입 · 통행

해설 **설치제외장소**

(1) **이산화탄소소화설비**의 **분사헤드 설치제외장소**(NFPC 106 11조, NFTC 106 2.8.1)
① **방재실, 제어실** 등 사람이 상시 근무하는 장소
② **나이트로셀룰로오스, 셀룰로이드 제품** 등 자기연소성 물질을 저장, 취급하는 장소
③ **나트륨, 칼륨, 칼슘** 등 활성금속물질을 저장, 취급하는 장소
④ **전시장** 등의 관람을 위하여 다수인이 출입·통행하는 통로 및 전시실 등

(2) **할로겐화합물 및 불활성기체 소화설비**의 **설치제외장소**(NFPC 107A 5조, NFTC 107A 2.2.1)
① 사람이 상주하는 곳으로서 최대 허용설계농도를 초과하는 장소
② **제3류 위험물** 및 **제5류 위험물**을 사용하는 장소(단, 소화성능이 인정되는 위험물 제외)

(3) **물분무소화설비**의 **설치제외장소**(NFPC 104 15조, NFTC 104 2.12)
① **물**과 **심하게 반응하는 물질** 또는 물과 반응하여 위험한 물질을 생성하는 물질을 저장, 취급하는 장소
② **고온물질** 및 증류범위가 넓어 끓어넘치는 위험이 있는 물질을 저장, 취급하는 장소
③ 운전시에 표면의 온도가 **260℃** 이상으로 되는 등 직접 분무를 하는 경우 그 부분에 손상을 입힐 우려가 있는 기계장치 등이 있는 장소

(4) **스프링클러헤드**의 **설치제외장소**(NFPC 103 15조, NFTC 103 2.12)
① 계단실, 경사로, 승강기의 승강로, 파이프덕트, 목욕실, 수영장(관람석 제외), 화장실, 직접 외기에 개방되어 있는 복도, 기타 이와 유사한 장소
② **통신기기실·전자기기실**, 기타 이와 유사한 장소
③ **발전실·변전실·변압기**, 기타 이와 유사한 전기설비가 설치되어 있는 장소
④ 병원의 **수술실·응급처치실**, 기타 이와 유사한 장소
⑤ 천장과 반자 양쪽이 **불연재료**로 되어 있는 경우로서 그 사이의 거리 및 구조가 다음에 해당하는 부분
㉠ 천장과 반자 사이의 거리가 **2m** 미만인 부분
㉡ 천장과 반자 사이의 **벽**이 **불연재료**이고 천장과 반자 사이의 거리가 **2m** 이상으로서 그 사이에 **가연물**이 **존재**하지 **않는 부분**
⑥ 천장·반자 중 한쪽이 **불연재료**로 되어 있고, 천장과 반자 사이의 거리가 **1m** 미만인 부분
⑦ 천장 및 반자가 **불연재료 외**의 것으로 되어 있고, 천장과 반자 사이의 거리가 **0.5m** 미만인 경우
⑧ **펌프실·물탱크실**, 그 밖의 이와 비슷한 장소
⑨ **현관·로비** 등으로서 바닥에서 높이가 **20m** 이상인 장소

☆☆
문제 16

할로겐화합물 및 불활성기체 소화설비에 다음 조건과 같은 압력배관용 탄소강관(SPPS 420, Sch 40)을 사용한다. 다음 각 물음에 답하시오. (20.10.문11, 19.6.문9, 17.6.문4, 16.11.문8, 12.4.문14)

득점	배점
	8

〔조건〕
① 압력배관용 탄소강관(SPPS 420)의 인장강도는 420MPa, 항복점은 250MPa이다.
② 용접이음에 따른 허용값〔mm〕은 무시한다.
③ 배관이음효율은 0.85로 한다.
④ 배관의 치수

구 분	DN40	DN50	DN65	DN80
바깥지름〔mm〕	48.6	60.5	76.3	89.1
두께〔mm〕	3.25	3.65	3.65	4.05

⑤ 헤드 설치부분은 제외한다.

(가) 배관이 DN40일 때 오리피스의 최대구경은 몇 mm인지 구하시오.
○계산과정 :
○답 :

(나) 배관이 DN65일 때 배관의 최대허용압력〔MPa〕을 구하시오.
○계산과정 :
○답 :

해답 (가) ○ 계산과정 : $D_{배} = 48.6 - (3.25 \times 2) = 42.1\text{mm}$

$$A_{배} = \frac{\pi \times 42.1^2}{4} = 1392.047\text{mm}^2$$

$$A_{오} = 1392.047 \times 0.7 = 974.432\text{mm}^2$$

$$D_{오} = \sqrt{\frac{4 \times 974.432}{\pi}} = 35.223 = 35.22\text{mm}$$

○ 답 : 35.22mm

(나) ○ 계산과정 : $420 \times \frac{1}{4} = 105\text{MPa}$

$$250 \times \frac{2}{3} = 166.666 ≒ 166.67\text{MPa}$$

$$SE = 105 \times 0.85 \times 1.2 = 107.1\text{MPa}$$

$$P = \frac{2 \times 107.1 \times 3.65}{76.3} = 10.246 ≒ 10.25\text{MPa}$$

○ 답 : 10.25MPa

해설 (가) ① 배관의 내경 $D_{배}$ =배관의 바깥지름−(배관의 두께×2)= $48.6\text{mm} - (3.25\text{mm} \times 2) = 42.1\text{mm}$

구 분	DN40	DN50	DN65	DN80
바깥지름[mm]	48.6	60.5	76.3	89.1
두께[mm]	3.25	3.65	3.65	4.05

• DN(Diameter Nominal) : mm를 뜻함
예 DN65=65A=65mm

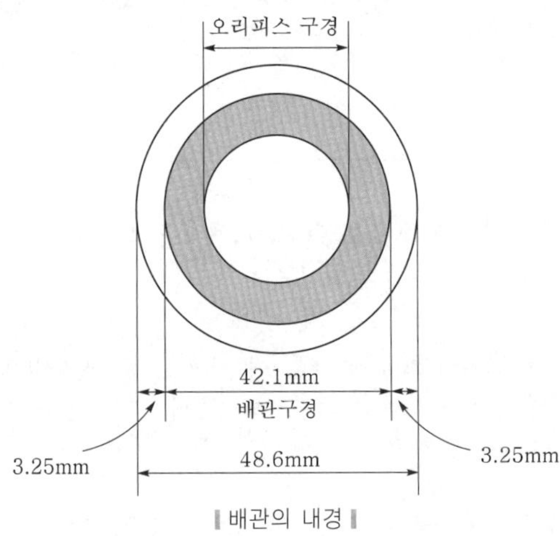

‖ 배관의 내경 ‖

② 배관의 면적 $A_{배} = \frac{\pi D^2}{4} = \frac{\pi \times (42.1\text{mm})^2}{4} = 1392.047\text{mm}^2$

③ 오리피스 최대면적 $A_{오}$ =배관면적×0.7=1392.047mm^2×0.7=974.432mm^2

• 1392.047mm^2 : 바로 위에서 구한 값
• 0.7 : 할로겐화합물 및 불활성기체 소화설비의 화재안전기준(NFPC 107A 12조 ③항, NFTC 107A 2.9.3)에서 70% 이하여야 하므로 70%=0.7
　– **할로겐화합물 및 불활성기체 소화설비**의 **화재안전기준**(NFPC 107A 12조 ③항, NFTC 107A 2.9.3)
　분사헤드의 오리피스의 면적은 분사헤드가 연결되는 배관구경 면적의 70% 이하가 되도록 할 것

④ 오리피스 최대구경 $D_{오} = \sqrt{\frac{4A}{\pi}} = \sqrt{\frac{4 \times 974.432\text{mm}^2}{\pi}} = 35.223 ≒ 35.22\text{mm}$

- $A=\frac{\pi D^2}{4}$
- $4A=\pi D^2$
- $\frac{4A}{\pi}=D^2$
- $D^2=\frac{4A}{\pi}$
- $D=\sqrt{\frac{4A}{\pi}}$

(나)

$$t=\frac{PD}{2SE}+A$$

여기서, t : 관의 두께[mm]

P : 최대허용압력[MPa]

D : 배관의 바깥지름[mm]

SE : 최대허용응력[MPa] $\left(\right.$배관재질 인장강도의 $\frac{1}{4}$값과 항복점의 $\frac{2}{3}$값 중 작은 값×배관이음효율×1.2$\left.\right)$

※ **배관이음효율**

- 이음매 없는 배관 : 1.0
- 전기저항 용접배관 : 0.85
- 가열맞대기 용접배관 : 0.60

A : 나사이음, 홈이음 등의 허용값[mm](헤드 설치부분은 제외한다.)

- 나사이음 : 나사의 높이
- 절단홈이음 : 홈의 깊이
- 용접이음 : 0

① 배관재질 인장강도의 $\frac{1}{4}$값 $=420\text{MPa}\times\frac{1}{4}=105\text{MPa}$

② 항복점의 $\frac{2}{3}$값 $=250\text{MPa}\times\frac{2}{3}=166.666\fallingdotseq 166.67\text{MPa}$

③ 최대허용응력 SE = 배관재질 인장강도의 $\frac{1}{4}$값과 항복점의 $\frac{2}{3}$값 중 작은 값×배관이음효율×1.2

$=105\text{MPa}\times0.85\times1.2$

$=107.1\text{MPa}$

④

$$t=\frac{PD}{2SE}+A$$ 에서

$$t-A=\frac{PD}{2SE}$$

$$2SE(t-A)=PD$$

$$\frac{2SE(t-A)}{D}=P$$

최대허용압력 P는

$$P=\frac{2SE(t-A)}{D}=\frac{2\times107.1\text{MPa}\times3.65\text{mm}}{76.3\text{mm}}=10.246\fallingdotseq 10.25\text{MPa}$$

- **420MPa** : [조건 ①]에서 주어진 값
- **250MPa** : [조건 ①]에서 주어진 값
- **0.85** : [조건 ③]에서 주어진 값
- t(3.65mm) : [조건 ④]에서 주어진 값
- D(76.3mm) : [조건 ④]에서 주어진 값

구 분	DN40	DN50	DN65	DN80
바깥지름[mm]	48.6	60.5	76.3	89.1
두께[mm]	3.25	3.65	3.65	4.05

- A : [조건 ②]에 의해 무시

☆☆☆

문제 17

지상 8층의 백화점 건물에 습식 스프링클러설비를 설치하고자 한다. 조건을 참조하여 다음 각 물음에 답하시오.

(19.4.문11 · 14, 15.11.문15, 10.7.문8, 01.7.문11, 관리사 2차 3회 문4)

득점	배점
	11

〔조건〕

① 펌프에서 최고위 말단헤드까지의 배관 및 부속류의 총 마찰손실은 펌프의 자연낙차압력의 40%이다.
② 펌프의 진공계 눈금은 500mmHg이다.
③ 펌프의 효율은 61%이다.
④ 전동기 전달계수 $K=1.1$이다.
⑤ 표준대기압상태이다.
⑥ 8층의 총 헤드개수는 40개이다.

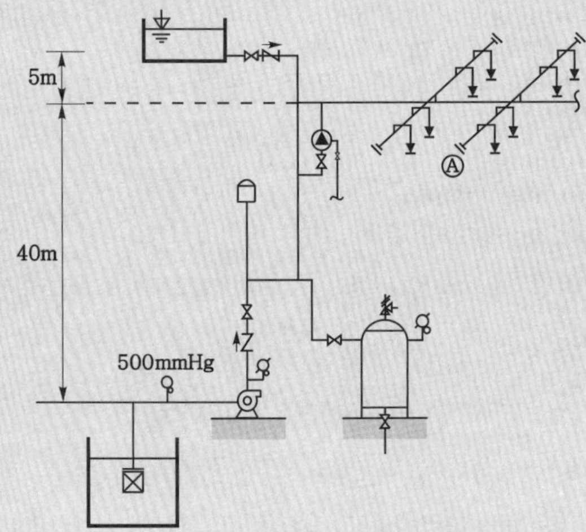

(가) 주펌프의 양정〔m〕은 얼마인가? (단, 소수점 둘째자리에서 반올림 할 것)
○ 계산과정 :
○ 답 :

(나) 주펌프의 토출량〔l/min〕은 얼마인가? (단, 헤드의 기준개수는 최대 기준개수를 적용한다.)
○ 계산과정 :
○ 답 :

(다) 주펌프의 동력을 구하시오.
○ 계산과정 :
○ 답 :

(라) 폐쇄형 스프링클러헤드의 선정은 설치장소의 최고 주위온도와 선정된 헤드의 표시온도를 고려하여야 한다. 다음 표를 완성하시오.

설치장소의 최고 주위온도	표시온도
39℃ 미만	79℃ 미만
39℃ 이상 64℃ 미만	①
64℃ 이상 106℃ 미만	②
106℃ 이상	162℃ 이상

해답 (가) ○ 계산과정

h_2 : 흡입양정 $= \dfrac{500}{760} \times 10.332 \fallingdotseq 6.797$m

토출양정=40m

h_1 : $45 \times 0.4 = 18$m

$H = 18 + (6.797 + 40) + 10 = 74.79 \fallingdotseq 74.8$m

○ 답 : 74.8m

(나) ○ 계산과정 : $30 \times 80 = 2400l$/min

○ 답 : 2400l/min

(다) ○ 계산과정 : $\dfrac{0.163 \times 2.4 \times 74.8}{0.61} \times 1.1 = 52.767 \fallingdotseq 52.77$kW

○ 답 : 52.77kW

(라) ① 79℃ 이상 121℃ 미만

② 121℃ 이상 162℃ 미만

해설 (가) **전양정**

$$H = h_1 + h_2 + 10$$

여기서, H : 전양정〔m〕

h_1 : 배관 및 관부속품의 마찰손실수두〔m〕

h_2 : 실양정(흡입양정+토출양정)〔m〕

h_2 : 흡입양정 760mmHg=10.332m 이므로

$$500\text{mmHg} = \frac{500\text{mmHg}}{760\text{mmHg}} \times 10.332\text{m} \fallingdotseq 6.797\text{m}$$

토출양정=40m

실양정=흡입양정+토출양정=6.797m+40m=**46.797m**

- 흡입양정은 〔조건 ②〕에서 주어진 **500mmHg** 적용
- 토출양정은 그림에서 **40m**이다. 그림에서 5m는 자연압에는 포함되지만 토출양정에는 포함되지 않음을 기억하라! 토출양정은 펌프에서 교차배관(또는 송출높이, 헤드)까지의 수직거리를 말한다.

h_1 : $45\text{m} \times 0.4 =$ **18m**

- 〔조건 ①〕에서 h_1은 펌프의 자연낙차압력(자연압)의 40%이므로 **45m**(40+5)×0.4가 된다.
- **자연낙차압력** : 여기서는 **펌프** 중심에서 **옥상수조**까지를 말한다.

전양정 H는

$H = h_1 + h_2 + 10 = 18 + 46.797 + 10 = 74.79 \fallingdotseq$ **74.8m** 이상

- 〔단서〕 조건에 의해 **소수점 둘째자리**에서 **반올림**할 것

(나)

<table>
<tr><th colspan="2">특정소방대상물</th><th>폐쇄형 헤드의 기준개수</th></tr>
<tr><td colspan="2">지하가 · 지하역사</td><td rowspan="4">30</td></tr>
<tr><td colspan="2">11층 이상</td></tr>
<tr><td rowspan="5">10층 이하</td><td>공장(특수가연물), 창고시설</td></tr>
<tr><td>판매시설(백화점 등), 복합건축물(판매시설이 설치된 것) →</td></tr>
<tr><td>근린생활시설, 운수시설</td><td rowspan="2">20</td></tr>
<tr><td>8m 이상</td></tr>
<tr><td>8m 미만</td><td>10</td></tr>
<tr><td colspan="2">공동주택(아파트 등)</td><td>10(각 동이 주차장으로 연결된 주차장 : 30)</td></tr>
</table>

$$Q = N \times 80l/\text{min}$$

여기서, Q : 토출량[l/min]
N : 폐쇄형 헤드의 기준개수(설치개수가 기준개수보다 적으면 그 설치개수)

펌프의 **최소 토출량** Q는

$Q = N \times 80l/\text{min} = 30 \times 80l/\text{min} = 2400l/\text{min}$ 이상

- [조건 ⑥]에서 헤드개수는 40개이지만 단서에 의해 기준개수는 **30개**를 적용하여야 한다.

(다) **모터동력(전동력)**

$$P = \frac{0.163\,QH}{\eta}K$$

여기서, P : 전동력[kW]
Q : 유량[m^3/min]
H : 전양정[m]
K : 전달계수
η : 효율

펌프의 **모터동력**(전동력) P_3는

$$P_3 = \frac{0.163QH}{\eta}K = \frac{0.163 \times 2400l/\text{min} \times 74.8\text{m}}{0.61} \times 1.1 = \frac{0.163 \times 2.4\text{m}^3/\text{min} \times 74.8\text{m}}{0.61} \times 1.1$$
$$= 52.767 \fallingdotseq 52.77\text{kW}$$

- Q(유량) : (나)에서 구한 **2400l/min**이다.
- H(양정) : (가)에서 구한 **74.8m**이다.
- η(효율) : [조건 ③]에서 **61%=0.61**이다.
- K(전달계수) : [조건 ④]에 의해 **1.1**이다.

(라) **폐쇄형 스프링클러헤드**의 **표시온도**(NFTC 103 2.7.6)

설치장소의 최고 주위온도	표시온도
39℃ 미만	**79**℃ 미만
39~64℃ 미만	**79~121**℃ 미만
64~106℃ 미만	**121~162**℃ 미만
106℃ 이상	**162**℃ 이상

◈ 고민상담 ◈

답안 작성시 **'이상'**이란 말은 꼭 붙이지 않아도 된다. 원칙적으로 여기서 구한 값은 **최소값**이므로 **'이상'**을 붙이는 것이 정확한 답이지만, **한국산업인력공단**의 공식답변에 의하면 **'이상'**이란 말까지는 붙이지 않아도 **옳은 답**으로 **채점**한다고 한다.

장벽이 서있는 것은 가로막기 위함이 아니라 그것을 우리가 얼마나 간절히 원하는지 보여줄 기회를 주기 위해 거기 서있는 것이다.

- 랜디 포시 '마지막 강의' -

2014. 7. 6 시행

2014년 기사 제2회 필답형 실기시험

자격종목	시험시간	형별	수험번호	성명	감독위원 확인
소방설비기사(기계분야)	3시간				

※ 다음 물음에 답을 해당 답란에 답하시오.(배점 : 100)

문제 01

다음 조건을 이용하여 컴퓨터실에 설치하는 할로겐화합물 소화약제의 저장량[kg]을 구하시오.

(17.6.문1, 13.4.문2)

득점	배점
	7

[조건]

① 10초 동안 약제가 방사될 시 설계농도의 95%에 해당하는 약제가 방출된다.
② 방호구역은 가로 4m, 세로 5m, 높이 4m이다.
③ 선형상수 $K_1=0.2413$, $K_2=0.00088$, 온도는 20℃이다.
④ A급, C급 화재가 발생가능한 장소로서 소화농도는 8.5%이다.

○ 계산과정 :
○ 답 :

○ 계산과정 : $V=4\times5\times4=80\text{m}^3$

$S=0.2413+0.00088\times20=0.2589\text{m}^3/\text{kg}$

$C=8.5\times1.35=11.475\%$

$$W=\frac{80}{0.2589}\times\frac{11.475}{100-11.475}=40.053 \fallingdotseq 40.05\text{kg}$$

○ 답 : 40.05kg

할로겐화합물 소화약제

(1) 체적 $V=(4\times5\times4)\text{m}^3=80\text{m}^3$

- [조건 ②]에 의해 적용

(2) 소화약제별 선형상수 S는

$S=K_1+K_2t=0.2413+0.00088\times20℃=0.2589\text{m}^3/\text{kg}$

- [조건 ③]에서 $K_1=0.2413$, $K_2=0.00088$, $t=20℃$ 적용

(3) ABC 화재별 안전계수

화재등급	설계농도
A급(일반화재)	A급 소화농도×1.2
B급(유류화재)	B급 소화농도×1.3
C급(전기화재)	A급 소화농도×1.35

체적에 따른 소화약제의 설계농도[%]=소화농도[%]×안전계수=8.5%×1.35=11.475%

(4) 저장량 W는

$$W=\frac{V}{S}\times\left(\frac{C}{100-C}\right)=\frac{80\text{m}^3}{0.2589\text{m}^3/\text{kg}}\times\left(\frac{11.475}{100-11.475}\right)=40.053 \fallingdotseq 40.05\text{kg}$$

- 컴퓨터실은 **C급 화재**

- 〔조건 ①〕 때문에 너무 고민하지 말라! 〔조건 ①〕은 **배관의 구경** 및 **약제방사시 유량**을 구할 때 적용하는 것으로 약제저장량과는 무관하다.
- 배관의 구경은 해당 방호구역에 할로겐화합물 소화약제가 **10초**(**불활성기체 소화약제**는 **AC급 화재 2분, B급 화재 1분**) 이내에 방호구역 각 부분에 최소 설계농도의 **95% 이상** 해당하는 약제량이 방출되도록 하여야 한다(NFPC 107A 10조, NFTC 107A 2.7.3).

중요

소화약제량의 산정(NFPC 107A 4·7조, NFTC 107A 2.1.1, 2.4.1)

구 분	할로겐화합물 소화약제	불활성기체 소화약제
종류	FC-3-1-10 HCFC BLEND A HCFC-124 HFC-125 HFC-227ea HFC-23 HFC-236fa FIC-13I1 FK-5-1-12	IG-01 IG-100 IG-541 IG-55
공식	$W=\frac{V}{S}\times\left(\frac{C}{100-C}\right)$ 여기서, W : 소화약제의 무게(저장량)〔kg〕 V : 방호구역의 체적〔m^3〕 S : 소화약제별 선형상수($K_1+K_2 t$)〔m^3/kg〕 C : 체적에 따른 소화약제의 설계농도〔%〕 t : 방호구역의 최소 예상온도〔℃〕	$X=2.303\left(\frac{V_s}{S}\right)\times\log_{10}\left[\frac{100}{(100-C)}\right]\times V$ 여기서, X : 소화약제의 부피〔m^3〕 S : 소화약제별 선형상수($K_1+K_2 t$)〔m^3/kg〕 C : 체적에 따른 소화약제의 설계농도〔%〕 V_s : 20℃에서 소화약제의 비체적 ($K_1+K_2\times 20℃$)〔m^3/kg〕 t : 방호구역의 최소 예상온도〔℃〕 V : 방호구역의 체적〔m^3〕

문제 02

도면은 어느 전기실, 발전기실, 방재반실 및 배터리실을 방호하기 위한 할론 1301설비의 배관평면도이다. 도면과 주어진 조건을 참고하여 할론소화약제의 각 실별 저장용기 수를 구하고 적합한지 판정하시오.

(19.11.문9, 11.5.문15)

득점	배점
	9

〔조건〕

① 약제용기는 고압식이다.
② 용기의 내용적은 68l, 약제충전량은 50kg이다.
③ 용기실 내의 수직배관을 포함한 각 실에 대한 배관내용적은 다음과 같다.

A실(전기실)	B실(발전기실)	C실(방재반실)	D실(배터리실)
198l	78l	28l	10l

④ A실에 대한 할론집합관의 내용적은 88l이다.
⑤ 할론용기밸브와 집합관간의 연결관에 대한 내용적은 무시한다.
⑥ 설계기준온도는 20℃이다.
⑦ 20℃에서의 액화할론 1301의 비중은 1.6이다.

⑧ 각 실의 개구부는 없다고 가정한다.
⑨ 소요약제량 산출시 각 실 내부의 기둥과 내용물의 체적은 무시한다.
⑩ 각 실의 바닥으로부터 천장까지의 높이는 다음과 같다.
- A실 및 B실 : 5m
- C실 및 D실 : 3m

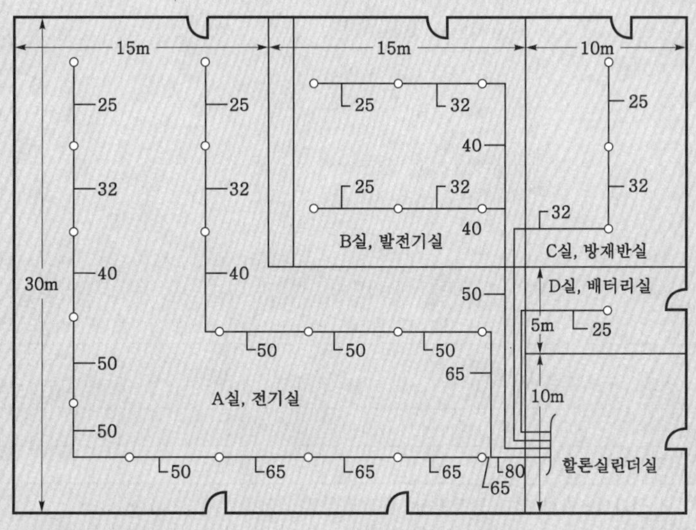

○ A실(계산과정 및 답, 적합, 부적합 판정) :
○ B실(계산과정 및 답, 적합, 부적합 판정) :
○ C실(계산과정 및 답, 적합, 부적합 판정) :
○ D실(계산과정 및 답, 적합, 부적합 판정) :

해답 ○ A실 : ○ 계산과정 : $[(30\times30-15\times15)\times5]\times0.32=1080\text{kg}$

$\frac{1080}{50}=21.6\fallingdotseq22$병

배관내용적 $=198+88=286l$

$\rho=1.6\times1000=1600\text{kg/m}^3$

$V_s=\frac{1}{1600}=0.625\times10^{-3}\text{m}^3/\text{kg}=0.625l/\text{kg}$

약제체적 $=50\times22\times0.625=687.5l$

$\frac{286}{687.5}=0.416$배

○ 답 : 22병(1.5배 미만이므로 적합)

○ B실 : ○ 계산과정 : $[(15\times15)\times5]\times0.32=360\text{kg}$

$\frac{360}{50}=7.2\fallingdotseq8$병

배관내용적 $=78+88=166l$

약제체적 $=50\times8\times0.625=250l$

$\frac{166}{250}=0.664$배

○ 답 : 8병(1.5배 미만이므로 적합)

○ C실 : ○ 계산과정 : $[(15\times10)\times3]\times0.32=144\text{kg}$

$\frac{144}{50}=2.88 \fallingdotseq 3$병

배관내용적$=28+88=116l$

약제체적$=50\times3\times0.625=93.75l$

$\frac{116}{93.75}=1.237$배

○ 답 : 3병(1.5배 미만이므로 적합)

○ D실 : ○ 계산과정 : $[(10\times5)\times3]\times0.32=48\text{kg}$

$\frac{48}{50}=0.96 \fallingdotseq 1$병

배관내용적$=10+88=98l$

약제체적$=50\times1\times0.625=31.25l$

$\frac{98}{31.25}=3.136$배

○ 답 : 1병(1.5배 이상이므로 부적합)

해설

‖ 할론 1301의 약제량 및 개구부가산량(NFPC 107 5조, NFTC 107 2.2.1.1) ‖

방호대상물	약제량	개구부가산량(자동폐쇄장치 미설치시)
차고 · 주차장 · 전기실 · 전산실 · 통신기기실	0.32kg/m^3	2.4kg/m^2
사류 · 면화류	0.52kg/m^3	3.9kg/m^2

위 표에서 **전기실 · 발전기실 · 방재반실 · 배터리실**의 약제량은 **0.32kg/m^3**이다.

할론저장량[kg]=방호구역체적[m^3]×약제량[kg/m^3]+개구부면적[m^2]×개구부가산량[kg/m^2]

비중

$$s=\frac{\rho}{\rho_w}$$

여기서, s : 비중

ρ : 어떤 물질의 밀도[kg/m^3]

ρ_w : 물의 밀도(1000kg/m^3)

액화할론 1301의 밀도 ρ는

$\rho=s\times\rho_w=1.6\times1000\text{kg/m}^3=1600\text{kg/m}^3$

비체적

$$V_s=\frac{1}{\rho}$$

여기서, V_s : 비체적[m^3/kg]

ρ : 밀도[kg/m^3]

비체적 $V_s=\frac{1}{\rho}=\frac{1}{1600\text{kg/m}^3}=0.625\times10^{-3}\text{m}^3/\text{kg}=0.625l/\text{kg}$

- 1m^3=1000l이므로 $0.625\times10^{-3}\text{m}^3/\text{kg}=0.625l/\text{kg}$

① **A실**

할론저장량$=[(30\times30-15\times15)\text{m}^2\times5\text{m}]\times0.32\text{kg/m}^3=1080\text{kg}$

배관내용적$=198l+88l=286l$

저장용기수$=\frac{\text{할론저장량}}{\text{약제충전량}}=\frac{1080\text{kg}}{50\text{kg}}=21.6 \fallingdotseq 22$병(절상한다.)

약제체적$=50\text{kg}\times22$병$\times0.625l/\text{kg}=687.5l$

$\frac{\text{배관내용적}}{\text{약제체적}}=\frac{286l}{687.5l}=0.416$배(1.5배 미만이므로 적합)

- 〔조건 ⑩〕에서 높이는 **5m**이다.
- 〔조건 ⑧〕에서 개구부가 없으므로 **개구부면적** 및 **개구부가산량**은 적용하지 않아도 된다.
- 〔조건 ③〕에서 A실의 배관내용적(V)은 **198l**이다.
  〔조건 ④〕도 적용하는 것에 주의하라!!
- 〔조건 ⑦〕에서 비중은 **1.6**이다.
- 〔조건 ②〕에서 약제충전량은 **50kg**이다.
- 〔조건 ④〕에서 집합관의 내용적 88l는 모든 실에 적용한다. **'A실에 대한 할론집합관'**이라고 해서 A실에만 적용하는게 아니다. 왜냐하면 집합관이 모든 실에 연결되어 있기 때문이다. 주의하라!

② **B실**

할론저장량 $= [(15\times15)\text{m}^2\times5\,\text{m}]\times0.32\,\text{kg/m}^3 = 360\text{kg}$

배관내용적 $= 78l + 88l = 166l$

저장용기수 $= \dfrac{\text{할론저장량}}{\text{약제충전량}} = \dfrac{360\,\text{kg}}{50\,\text{kg}} = 7.2 \fallingdotseq$ 8병(절상한다.)

약제체적 $= 50\text{kg}\times8\text{병}\times0.625l/\text{kg} = 250l$

$\dfrac{\text{배관내용적}}{\text{약제체적}} = \dfrac{166l}{250l} = 0.664$배(1.5배 미만이므로 적합)

- 〔조건 ⑩〕에서 높이는 **5m**이다.
- 〔조건 ⑧〕에서 개구부가 없으므로 **개구부면적** 및 **개구부가산량**은 적용하지 않아도 된다.
- 〔조건 ③〕에서 B실의 배관내용적(V)은 **78l**이다.
- 〔조건 ⑦〕에서 비중은 **1.6**이다.
- 〔조건 ②〕에서 약제충전량은 **50kg**이다.
- 〔조건 ④〕에서 집합관의 내용적 88l는 모든 실에 적용한다. **'A실에 대한 할론집합관'**이라고 해서 A실에만 적용하는게 아니다. 왜냐하면 집합관이 모든 실에 연결되어 있기 때문이다. 주의하라!

③ **C실**

할론저장량 $= [(15\times10)\text{m}^2\times3\,\text{m}]\times0.32\,\text{kg/m}^3 = 144\text{kg}$

배관내용적 $= 28l + 88l = 116l$

저장용기수 $= \dfrac{\text{할론저장량}}{\text{약제충전량}} = \dfrac{144\text{kg}}{50\,\text{kg}} = 2.88 \fallingdotseq$ **3병**(절상한다.)

약제체적 $= 50\text{kg}\times3\text{병}\times0.625l/\text{kg} = 93.75l$

$\dfrac{\text{배관내용적}}{\text{약제체적}} = \dfrac{116l}{93.75l} = 1.237$배(1.5배 미만이므로 적합)

- 〔조건 ⑩〕에서 높이는 **3m**이다.
- 〔조건 ⑧〕에서 개구부가 없으므로 **개구부면적** 및 **개구부가산량**은 적용하지 않아도 된다.
- 〔조건 ③〕에서 C실의 배관내용적(V)은 **28l**이다.
- 〔조건 ⑦〕에서 비중은 **1.6**이다.
- 〔조건 ②〕에서 약제충전량은 **50kg**이다.
- 〔조건 ④〕에서 집합관의 내용적 88l는 모든 실에 적용한다. **'A실에 대한 할론집합관'**이라고 해서 A실에만 적용하는게 아니다. 왜냐하면 집합관이 모든 실에 연결되어 있기 때문이다. 주의하라!

④ **D실**

할론저장량 $= [(10\times5)\text{m}^2\times3\,\text{m}]\times0.32\,\text{kg/m}^3 = 48\text{kg}$

배관내용적 $= 10l + 88l = 98l$

저장용기 수 $= \dfrac{\text{할론저장량}}{\text{약제충전량}} = \dfrac{48\,\text{kg}}{50\,\text{kg}} = 0.96 \fallingdotseq$ **1병**(절상한다.)

약제체적 $= 50\text{kg}\times1\text{병}\times0.625l/\text{kg} = 31.25l$

$\dfrac{\text{배관내용적}}{\text{약제체적}} = \dfrac{98l}{31.25l} = 3.136$배(1.5배 이상이므로 부적합)

- [조건 ⑩]에서 높이는 **3m**이다.
- [조건 ⑧]에서 개구부가 없으므로 **개구부면적** 및 **개구부가산량**은 적용하지 않아도 된다.
- [조건 ③]에서 D실의 배관내용적(V)은 **10l**이다.
- [조건 ⑦]에서 비중은 **1.6**이다.
- [조건 ②]에서 약제충전량은 **50kg**이다.
- [조건 ④]에서 집합관의 내용적 88l는 모든 실에 적용한다. '**A실에 대한 할론집합관**'이라고 해서 A실에만 적용하는게 아니다. 왜냐하면 집합관이 모든 실에 연결되어 있기 때문이다. 주의하라!

- 약제체적보다 배관(집합관 포함)내용적이 **1.5배** 이상일 경우 약제가 배관에서 거의 방출되지 않아 제기능을 할 수 없으므로 설비를 **별도독립방식**으로 하여야 소화약제가 방출될 수 있다.
- 별도독립방식 : 집합관을 포함한 모든 배관을 별도의 배관으로 한다는 의미
- 이 문제의 도면은 모든 실을 집합관을 통하여 배관에 연결하는 별도독립방식으로 되어 있지 않다.

※ **할론소화설비 화재안전기준**(NFPC 107 4조 ⑦항, NFTC 107 2.1.6)
하나의 구역을 담당하는 소화약제 저장용기의 소화약제량의 체적합계보다 그 소화약제 방출시 방출경로가 되는 배관(집합관 포함)의 내용적이 **1.5배 이상**일 경우에는 해당 방호구역에 대한 설비를 **별도독립방식**으로 해야 한다.

문제 03

준비작동식 스프링클러설비 구성품 중 P.O.R.V(Pressure-Operated Relief Valve)에 대해서 설명하시오. (단, 없을 경우 문제점 및 작동방식에 대해서 답하시오.) (09.4.문9)

○ 없을 경우 문제점 :
○ 작동방식 :

득점	배점
	5

해답 ○ 없을 경우 문제점 : 준비작동식 밸브 개방 이후 밸브가 자동으로 복구될 수 있음
○ 작동방식 : 준비작동식 밸브 2차측의 가압수를 조작신호로 이용하여 중간챔버의 압력저하상태 유지

해설 **PORV(Pressure Operated Relief Valve)**

(1) 솔레노이드밸브 등에 따른 준비작동식 밸브 개방 후 솔레노이드밸브가 전기적인 불균형에 의해 닫히더라도 **준비작동식 밸브**의 **개방상태**를 **계속 유지**시켜주기 위한 밸브
(2) 준비작동식 밸브 개방 이후 클래퍼가 다시 닫혀 급수가 원활치 못하게 되는 현상을 방지하기 위한 밸브로서 **개방된 클래퍼**가 다시 **닫히는 것**을 **방지**하는 밸브

없을 경우 문제점	작동방식
준비작동식 밸브 개방 이후 밸브가 **자동**으로 **복구**되어 닫힐 수 있음	준비작동식 밸브 **2차측**의 **가압수**를 **조작신호**로 이용하여 중간챔버로 가는 배관경로를 폐쇄시켜 중간챔버의 **압력저하상태**를 **지속적**으로 유지시켜 줌

참고

스프링클러설비에서 **유수검지장치**의 **주요구성부**

습 식	건 식	준비작동식
① 자동경보밸브(alarm check valve) ② 리타딩챔버(retarding chamber) ③ 압력스위치 ④ 압력계 ⑤ 게이트밸브(gate valve) ⑥ 드레인밸브(drain valve)	① 건식밸브(dry valve) ② 액셀레이터(accelerator) ③ 자동식 공기압축기(auto type compressor) ④ 압력스위치 ⑤ 압력계 ⑥ 게이트밸브(gate valve)	① 준비작동밸브(pre-action valve) ② 솔레노이드밸브 ③ 수동기동밸브 ④ PORV(Pressure Operated Relief Valve) ⑤ 압력스위치 ⑥ 압력계 ⑦ 게이트밸브(gate valve)

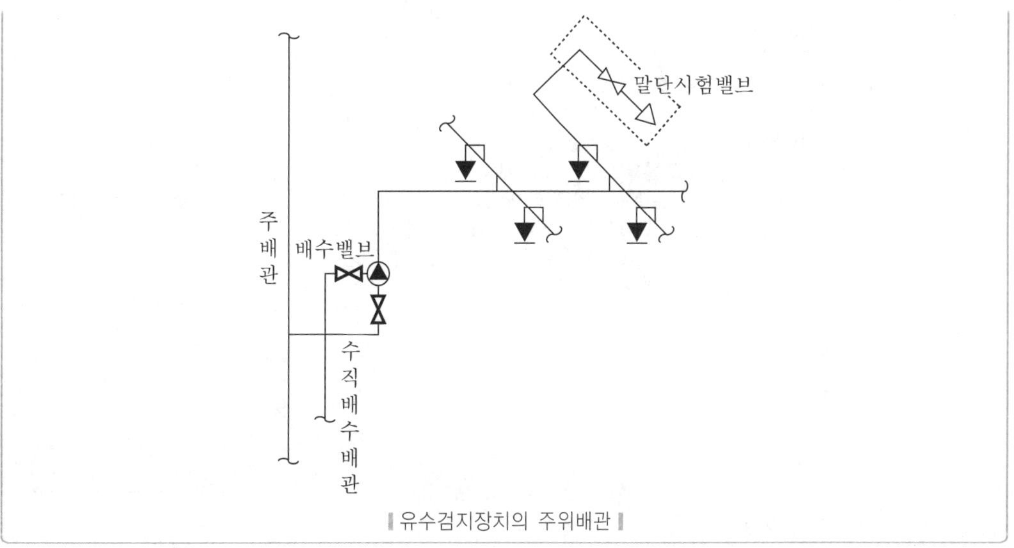

‖ 유수검지장치의 주위배관 ‖

☆ 문제 04

다음은 소화설비의 유량계에 따른 펌프의 성능시험방법을 서술한 내용이다. ③과 ⑥을 완성하시오.

(14.11.문4, 07.7.문12)

득점	배점
	5

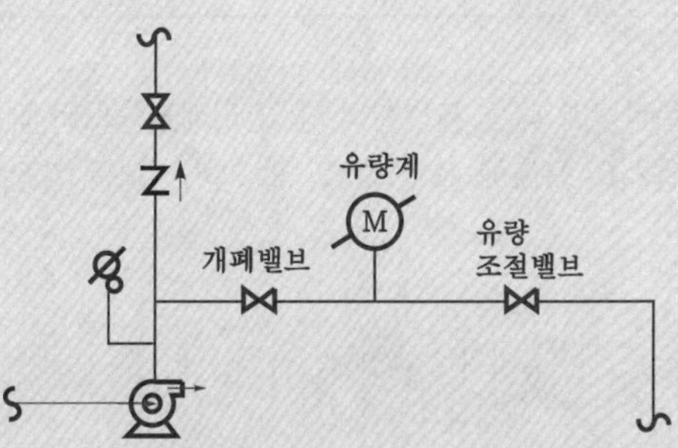

① 주배관의 개폐밸브를 잠근다.
② 제어반에서 충압펌프의 기동을 중지한다.
③ (　　　　　　　　　　　　　　　　　　　　　　　　　　　　　　)
④ 성능시험배관상에 있는 개폐밸브를 개방한다.
⑤ 성능시험배관의 유량조절밸브를 서서히 개방하여 유량계를 통과하는 유량이 정격토출유량이 되도록 조정한다.
⑥ (　　　　　　　　　　　　　　　　　　　　　　　　　　　　　　)
⑦ 성능시험배관상에 있는 유량계를 확인하여 펌프의 성능을 측정한다.
⑧ 성능시험 측정 후 배관상 개폐밸브를 잠근 후 주밸브를 개방한다.
⑨ 제어반에서 충압펌프 기동중지를 해제한다.

해답 ③ 압력챔버의 배수밸브를 열어 주펌프가 기동되면 잠근다(제어반에서 수동으로 주펌프 기동).
⑥ 성능시험배관의 유량조절밸브를 조금 더 개방하여 유량계를 통과하는 유량이 정격토출유량의 150%가 되도록 조정한다.

해설 **펌프의 성능시험방법**

(1) **주배관**의 **개폐밸브**를 **잠금**
(2) 제어반에서 **충압펌프**의 **기동**을 **중지**
(3) 압력챔버의 **배수밸브**를 열어 **주펌프**가 **기동**되면 잠근다(제어반에서 수동으로 주펌프 기동).
(4) **성능시험배관상**에 있는 **개폐밸브를 개방**
(5) 성능시험배관의 **유량조절밸브**를 **서서히 개방**하여 유량계를 통과하는 유량이 정격토출유량이 되도록 **조정**
(6) 성능시험배관의 **유량조절밸브**를 **조금 더 개방**하여 유량계를 통과하는 유량이 **정격토출유량**의 **150%**가 되도록 조정
(7) 성능시험배관상에 있는 **유량계**를 확인하여 **펌프**의 **성능**을 **측정**
(8) **성능시험** 측정 후 배관상 **개폐밸브**를 잠근 후 **주밸브**를 개방
(9) 제어반에서 **충압펌프 기동중지**를 **해제**

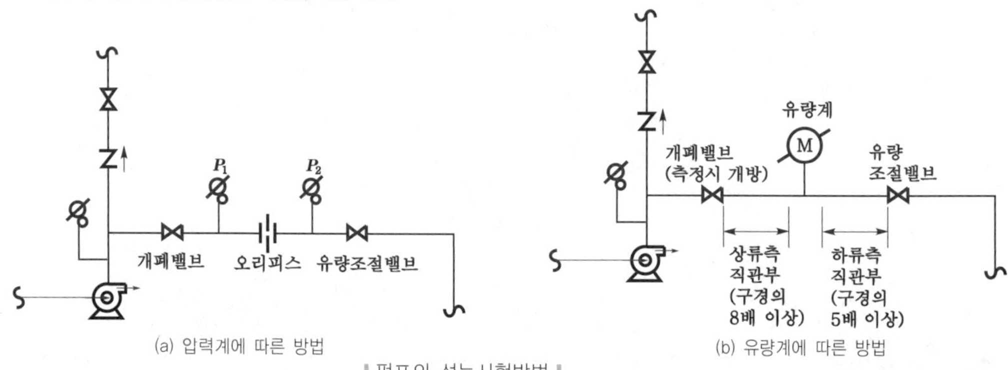

(a) 압력계에 따른 방법　　(b) 유량계에 따른 방법

‖ 펌프의 성능시험방법 ‖

☆☆

문제 05

그림은 어느 판매장의 무창층에 대한 제연설비 중 연기배출풍도와 배출 FAN을 나타내고 있는 평면도이다. 주어진 조건을 이용하여 풍도에 설치되어야 할 제어댐퍼를 가장 적합한 지점에 표기한 다음 물음에 답하시오. (09.7.문8)

득점	배점
	12

〔조건〕

① 건물의 주요구조부는 모두 내화구조이다.
② 각 실은 불연성 구조물로 구획되어 있다.
③ 복도의 내부면은 모두 불연재이고, 복도 내에 가연물을 두는 일은 없다.
④ 각 실에 대한 연기배출방식에서 공동배출구역방식은 없다.
⑤ 이 판매장에는 음식점은 없다.

(가) 제어댐퍼의 설치를 그림에 표시하시오. (단, 댐퍼의 표기는 "⊘"모양으로 하고 번호(예, A_1, B_1, C_1, ……)를 부여, 문제 본문 그림에 직접 표시할 것)

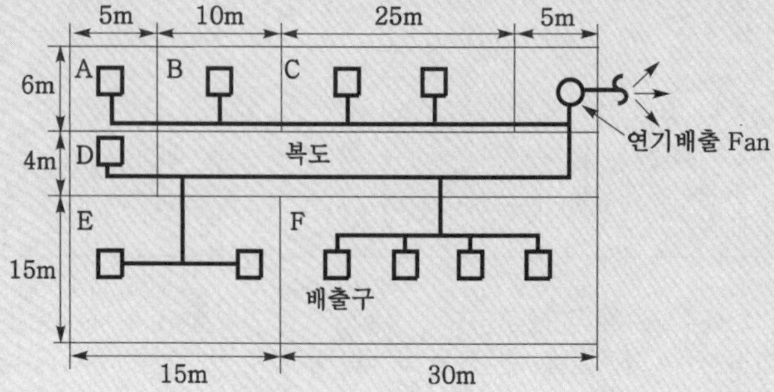

(나) 각 실(A, B, C, D, E, F)의 최소 소요배출량은 얼마인가?
 ○ A(계산과정 및 답) :
 ○ B(계산과정 및 답) :
 ○ C(계산과정 및 답) :
 ○ D(계산과정 및 답) :
 ○ E(계산과정 및 답) :
 ○ F(계산과정 및 답) :
(다) 배출 FAN의 최소 소요배출용량은 얼마인가?
(라) C실에 화재가 발생했을 경우 제어댐퍼의 작동상황(개폐 여부)이 어떻게 되어야 하는지 (가)에서 부여한 댐퍼의 번호를 이용하여 쓰시오.
 ○ 폐쇄댐퍼 :
 ○ 개방댐퍼 :

해답 (가)

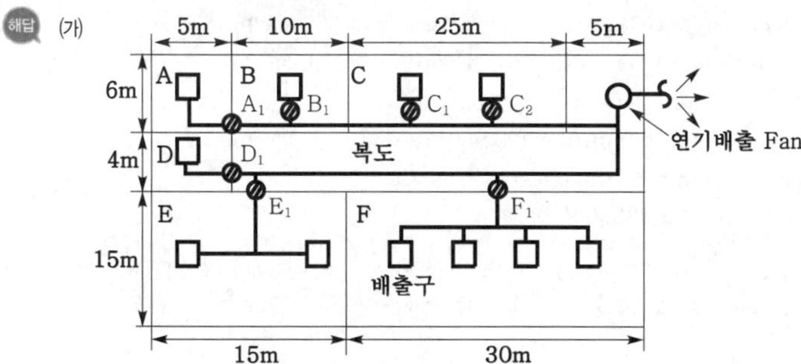

(나) ① A실 : ○ 계산과정 : $(6\times5)\times1\times60=1800\text{m}^3/\text{h}$ ○ 답 : $5000\text{m}^3/\text{h}$
 ② B실 : ○ 계산과정 : $(6\times10)\times1\times60=3600\text{m}^3/\text{h}$ ○ 답 : $5000\text{m}^3/\text{h}$
 ③ C실 : ○ 계산과정 : $(6\times25)\times1\times60=9000\text{m}^3/\text{h}$ ○ 답 : $9000\text{m}^3/\text{h}$
 ④ D실 : ○ 계산과정 : $(4\times5)\times1\times60=1200\text{m}^3/\text{h}$ ○ 답 : $5000\text{m}^3/\text{h}$
 ⑤ E실 : ○ 계산과정 : $(15\times15)\times1\times60=13500\text{m}^3/\text{h}$ ○ 답 : $13500\text{m}^3/\text{h}$
 ⑥ F실 : ○ 계산과정 : $(15\times30)=450\text{m}^2$ ○ 답 : $40000\text{m}^3/\text{h}$

(다) $40000\text{m}^3/\text{h}$

(라) ○ 폐쇄댐퍼 : A_1, B_1, D_1, E_1, F_1
 ○ 개방댐퍼 : C_1, C_2

해설 (가) [조건 ④]에서 각 실이 모두 공동배출구역이 아닌 **독립배출구역**이므로 위와 같이 댐퍼를 설치하여야 하며 A, B, C실이 공동배출구역이라면 다음과 같이 설치할 수 있다.

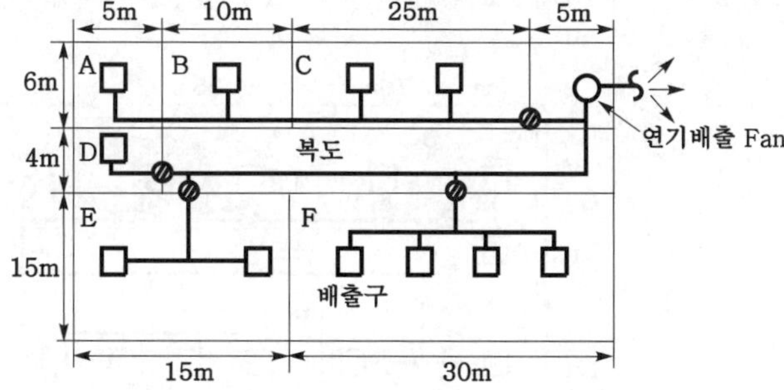

또한, 각 실을 독립배출구역으로 댐퍼 2개를 추가하여 아래와 같이 설치할 수도 있으나 답안작성시에는 항상 **'최소'**라는 개념을 염두해 두어야 하므로 답란과 같은 댐퍼설치방식을 권장한다.

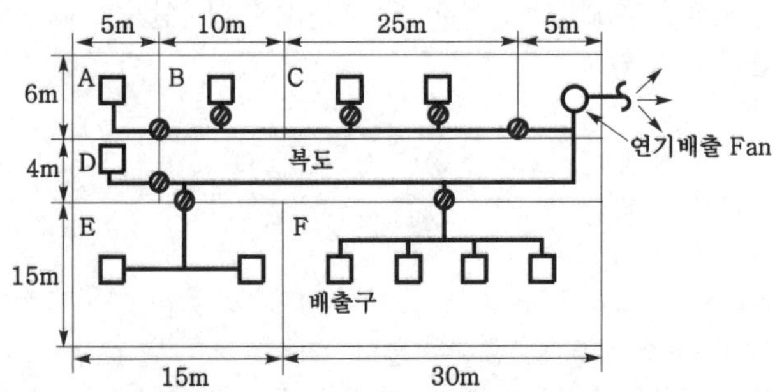

(나) 바닥면적 400m² 미만이므로(A~E실)

배출량[m^3/min] = 바닥면적[m^2]×1m^3/m^2·min 에서

배출량[m^3/min] → m^3/h로 변환하면

배출량[m^3/h] = 바닥면적[m^2]×1 m^3/m^2·min×60min/h(최저치 5000m^3/h)

A실 : $(6\times5)\mathrm{m}^2\times1\mathrm{m}^3/\mathrm{m}^2\cdot\mathrm{min}\times60\mathrm{min/h}=1800\mathrm{m}^3/\mathrm{h}$(최저치 5000$m^3$/h)

B실 : $(6\times10)\mathrm{m}^2\times1\mathrm{m}^3/\mathrm{m}^2\cdot\mathrm{min}\times60\mathrm{min/h}=3600\mathrm{m}^3/\mathrm{h}$(최저치 5000$m^3$/h)

C실 : $(6\times25)\mathrm{m}^2\times1\mathrm{m}^3/\mathrm{m}^2\cdot\mathrm{min}\times60\mathrm{min/h}=9000\mathrm{m}^3/\mathrm{h}$

D실 : $(4\times5)\mathrm{m}^2\times1\mathrm{m}^3/\mathrm{m}^2\cdot\mathrm{min}\times60\mathrm{min/h}=1200\mathrm{m}^3/\mathrm{h}$(최저치 5000$m^3$/h)

E실 : $(15\times15)\mathrm{m}^2\times1\mathrm{m}^3/\mathrm{m}^2\cdot\mathrm{min}\times60\mathrm{min/h}=13500\mathrm{m}^3/\mathrm{h}$

F실 : $(15\times30)\mathrm{m}^2=450\mathrm{m}^2$(최저치 40000$m^3$/h)

- F실 : 바닥면적 **400m²** 이상이고 직경 **40m** 원의 범위 안에 있으므로 40m 이하로 수직거리가 주어지지 않았으므로 최소인 **2m** 이하로 간주하면 최소 소요배출량은 **40000m³/h**가 된다.

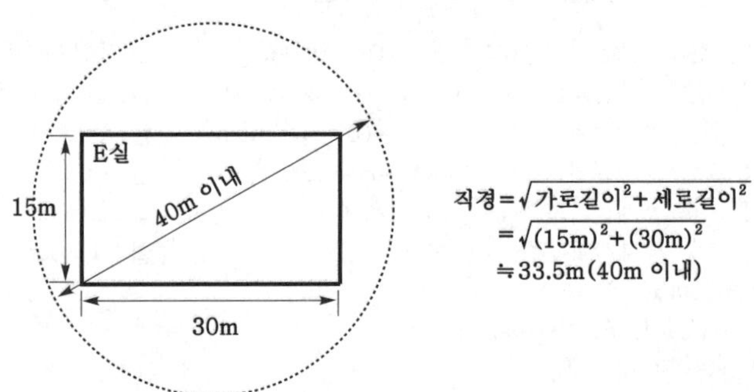

(다) 각 실 중 가장 많은 소요배출량을 기준으로 하므로 **40000m³/h**가 된다.

(라) C실의 **2개**의 댐퍼는 **개방**하고, 그 외의 댐퍼는 모두 폐쇄하여 C실에서 발생한 연기를 실외로 배출시킨다.

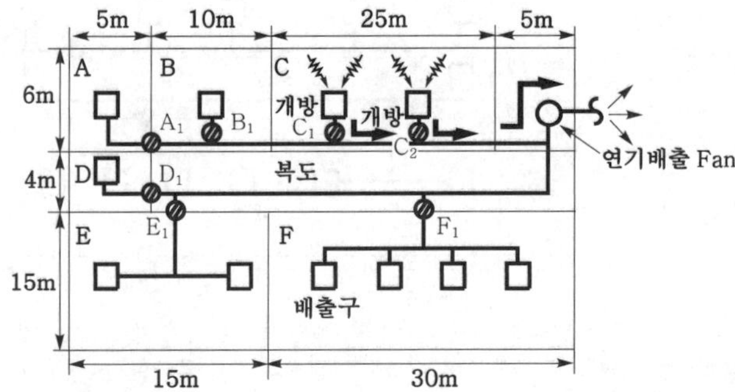

참고

거실의 **배출량**(NFPC 501 6조, NFTC 501 2.3)

(1) 바닥면적 **400m² 미만**(최저치 5000m³/h 이상)

배출량[m³/min]=바닥면적[m²]×1m³/m²·min

(2) 바닥면적 **400m² 이상**

① 직경 40m 이하 : **40000m³/h** 이상

‖ 예상제연구역이 제연경계로 구획된 경우 ‖

수직거리	배출량
2m 이하	40000m³/h 이상
2m 초과 2.5m 이하	45000m³/h 이상
2.5m 초과 3m 이하	50000m³/h 이상
3m 초과	60000m³/h 이상

② 직경 40m 초과 : **45000m³/h** 이상

‖ 예상제연구역이 제연경계로 구획된 경우 ‖

수직거리	배출량
2m 이하	45000m³/h 이상
2m 초과 2.5m 이하	50000m³/h 이상
2.5m 초과 3m 이하	55000m³/h 이상
3m 초과	65000m³/h 이상

※ **m³/h**=CMH(**C**ubic **M**eter per **H**our)

☆☆

문제 06

이산화탄소소화설비의 작동시험시 가스압력식 기동장치의 저장용기 전자개방밸브 작동방법 4가지를 쓰시오.

득점	배점
	4

○
○
○
○

해답 ① 수동조작함의 기동스위치 작동
② 감시제어반에서 솔레노이드밸브의 기동스위치 작동
③ 감지기 2개 회로 이상 작동
④ 감시제어반에서 동작시험으로 2개 회로 이상 작동

해설 **이산화탄소소화설비**의 **전자개방밸브 작동방법**

(1) **수동조작함**의 **기동스위치** 작동
(2) **감시제어반**에서 **솔레노이드밸브 기동스위치** 작동
(3) **감지기 2개 회로** 이상 작동
(4) **감시제어반**에서 동작시험으로 **2개 회로** 이상 작동

전자개방밸브=솔레노이드밸브

비교

포소화설비의 일제개방밸브 작동방법	준비작동식 스프링클러설비의 준비작동밸브 작동방법
① 수동기동스위치 작동(감지기 작동방식인 경우) ② 수동개방밸브 개방 ③ 감시제어반에서 **감지기**의 **동작시험**	① **수동조작함**의 **기동스위치** 작동 ② **감시제어반**에서 **솔레노이드밸브 기동스위치** 작동 ③ **감지기**를 **2개 회로** 이상 작동 ④ **감시제어반**에서 동작시험으로 **2개 회로** 이상 작동 ⑤ 준비작동밸브의 **긴급해제밸브** 또는 **전동밸브** 수동개방

문제 07

근린생활시설로 사용하는 부분의 바닥면적 합계가 1500m²인 건축물에 간이형 스프링클러헤드를 이용하여 간이스프링클러설비를 설치하고자 할 때 전용수조 설치시 수원의 양〔m³〕은? (11.7.문12)

득점	배점
	5

○ 계산과정 :
○ 답 :

해답 ○ 계산과정 : $1 \times 5 = 5\text{m}^3$
○ 답 : 5m³

해설 근린생활시설이므로 저수량(수원의 양) $Q = 1N = 1 \times 5 = 5\text{m}^3$

‖ 간이스프링클러설비의 수원의 양(저수량)(NFPC 103A 4·5조, NFTC 103A 2.1.1.2, 2.2.1) **‖**

기타시설	숙박시설(300m² 이상 600m² 미만)·복합건축물·근린생활시설(1000m² 이상)
$Q = 0.5N$ 여기서, Q :저수량〔m³〕 N : 간이헤드개수(**2개**) • **0.5** : 50l/min×10분=500l=0.5m³에서 0.5가 나옴 • N**(2개)** : 2개의 간이헤드를 동시에 개방하여야 하므로 $N = 2$개	$Q = 1N$ 여기서, Q :저수량〔m³〕 N : 간이헤드개수(**5개**) • **1** : 50l/min×20분=1000l=1m³에서 1이 나옴 • N**(5개)** : 5개의 간이헤드를 동시에 개방하여야 하므로 $N = 5$개

위의 식은 다음의 기준에 의해 만들어진 식이다. (NFPC 103A 4·5조, NFTC 103A 2.1.1.2, 2.2.1)

① **수조**("캐비닛형"을 포함한다.)를 사용하고자 하는 경우에는 적어도 **1개** 이상의 **자동급수장치**를 갖추어야 하며, **2개의 간이헤드**에서 최소 **10분**(바닥면적합계 숙박시설 **300m²** 이상 **600m²** 미만, 복합건축물·근린생활시설 **1000m²** 이상의 경우 **5개** 간이헤드에서 **20분**) 이상 방수할 수 있는 양 이상을 수조에 확보할 것

② 방수압력(상수도직결형의 상수도압력)은 가장 먼 가지배관에서 **2개**의 **간이헤드**를 동시에 개방할 경우 각각의 간이헤드 선단 방수압력은 **0.1MPa 이상**, 방수량은 **50l/min** 이상이어야 한다.

비교

화재조기진압용 스프링클러설비의 **수원의 양**

$$Q = 12 \times 60 \times k\sqrt{10p}$$

여기서, Q : 수원의 양〔l〕
k : 상수〔l/min/(MPa)$^{1/2}$〕
p : 헤드선단의 압력〔MPa〕

화재조기진압용 스프링클러설비의 수원은 수리학적으로 가장 먼 **가지배관 3개**에 각각 **4개**의 **스프링클러헤드**가 동시에 개방되었을 때 헤드선단의 압력이 기준값 이상으로 **60분**간 방사할 수 있는 양일 것

☆☆☆
문제 08

합성계면활성제 포소화약제 1.5%형을 600 : 1로 방출하였더니 포의 체적이 30m^{3}이었다. 다음 각 물음에 답하시오. (10.4.문11)

득점	배점
	6

(가) 사용된 합성계면활성제포 1.5%형 포원액의 양[l]은 얼마인가?
  ○ 계산과정 :
  ○ 답 :

(나) 사용된 수원의 양[l]을 구하시오.
  ○ 계산과정 :
  ○ 답 :

(다) 방출된 합성계면활성제 포수용액을 이용하여 팽창비가 500이 되게 포를 방출한다면 방출된 포의 체적[m^3]은 얼마인가?
  ○ 계산과정 :
  ○ 답 :

해답

(가) ○ 계산과정 : $\dfrac{30\times10^3}{600}=50l$

$50\times0.015=0.75l$

○ 답 : 0.75l

(나) ○ 계산과정 : $50\times0.985=49.25l$

○ 답 : 49.25l

(다) ○ 계산과정 : $500\times50=25000l=25\text{m}^3$

○ 답 : 25m^3

해설

(가) $1\text{m}^3=1000l$ 이므로

$$30\text{m}^3=\frac{30\text{m}^3}{1\text{m}^3}\times1000l=30000l$$

$$\text{방출 전 포수용액의 체적}[l]=\frac{\text{방출된 포의 체적}[l]}{\text{발포배율(팽창비)}}=\frac{30000l}{600}=50l$$

방출 전 포원액의 체적[l]=방출 전 포수용액의 체적[l]×약제농도$=50l\times0.015=0.75l$

- 1.5%=0.015

(나) **포원액**이 **1.5%**이므로 **물**은 **98.5%**(100−1.5 = 98.5%)가 된다.

수원의 양=포수용액의 양×물의 비율

$=50l\times98.5\%$
$=50l\times0.985=49.25l$

$$\text{발포배율(팽창비)}=\frac{\text{방출된 포의 체적}[l]}{\text{방출 전 포수용액의 체적}[l]}$$

(다) 방출된 포의 체적[l]=발포배율(팽창비)×방출 전 포수용액의 체적[l]$=500\times50l=25000l=25\text{m}^3$

- $1000l=1\text{m}^3$이므로 $25000l=25\text{m}^3$
- 문제에서 주어진 단위에 주의하라!! l가 아닌 m^{3}로 답해야 한다.

중요

발포배율식

- 발포배율(팽창비) $= \dfrac{\text{내용적(용량)}}{\text{전체 중량} - \text{빈 시료용기의 중량}}$
- 발포배율(팽창비) $= \dfrac{\text{방출된 포의 체적}[l]}{\text{방출 전 포수용액의 체적}[l]}$

☆☆

문제 09

다음은 10층 건물에 설치한 옥내소화전설비의 계통도이다. 각 물음에 답하시오. (09.4.문6)

득점	배점
	12

〔조건〕

① 배관의 마찰손실수두는 40m(소방호스, 관부속품의 마찰손실수두 포함)
② 펌프의 효율은 65%이다.
③ 펌프의 여유율은 10%를 적용한다.

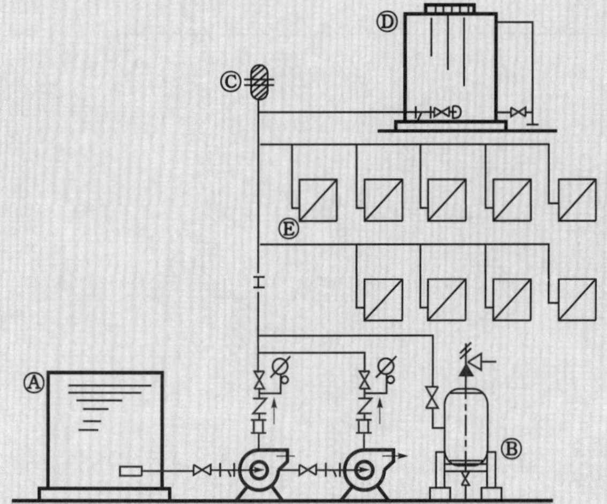

(가) Ⓐ~Ⓔ의 명칭을 쓰시오.
Ⓐ Ⓑ Ⓒ Ⓓ Ⓔ

(나) Ⓓ에 보유하여야 할 최소 유효저수량〔m^3〕은?
○ 계산과정 :
○ 답 :

(다) Ⓑ의 주된 기능은?

(라) Ⓒ의 설치목적은 무엇인가?

(마) 펌프의 전동기 용량〔kW〕을 계산하시오.
○ 계산과정 :
○ 답 :

해답 (가) Ⓐ 소화수조 Ⓑ 압력챔버 Ⓒ 수격방지기
Ⓓ 옥상수조 Ⓔ 옥내소화전(발신기세트 옥내소화전 내장형)

(나) ○ 계산과정 : $2.6 \times 2 \times \frac{1}{3} = 1.733 \fallingdotseq 1.73\text{m}^3$

○ 답 : 1.73m^3

(다) 배관 내의 순간적인 압력변동으로부터 안정적인 압력검지
(라) 배관 내의 수격작용방지
(마) ○ 계산과정 : $Q=2\times130=260l/\mathrm{min}=0.26\mathrm{m}^3/\mathrm{min}$

$H=40+17=57\mathrm{m}$

$$P=\frac{0.163\times0.26\times57}{0.65}\times1.1=4.088 \fallingdotseq 4.09\mathrm{kW}$$

○ 답 : 4.09kW

해설 (가) Ⓐ **소화수조** 또는 **저수조** : 수조를 설치하고 여기에 **소화**에 필요한 **물**을 항시 채워두는 것
Ⓑ **기동용 수압개폐장치**

압력챔버의 역할
① 배관 내의 순간적인 압력변동으로부터 안정적인 압력검지 ← 가장 중요한 역할(1가지만 답할 때는 이 것으로 답할 것)
② 배관 내의 압력저하시 충압펌프 또는 주펌프의 자동기동
③ 수격작용 방지

- 주펌프는 자동 정지시키지 않는 것이 원칙이다.
- (가)의 Ⓑ의 명칭은 "**기동용 수압개폐장치**"로 답하면, 기동용 수압개폐장치 중의 "**기동용 압력스위치**"로 판단될 수도 있기 때문에 "**압력챔버**"로 답해야 정답!

Ⓒ **수격방지기**(WHC ; Water Hammering Cushion) : 수직배관의 **최상부** 또는 **수평주행배관**과 **교차배관**이 **맞닿는 곳**에 설치하여 워터해머링(water hammering)에 따른 충격을 흡수한다(배관 내의 수격작용 방지).

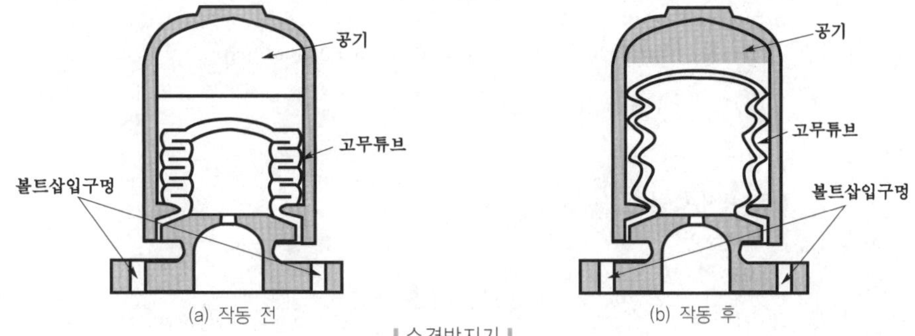

∥ 수격방지기 ∥

Ⓓ **옥상수조** 또는 **고가수조** : **구조물** 또는 **지형지물** 등에 설치하여 자연낙차의 압력으로 급수하는 수조
Ⓔ **옥내소화전**(발신기세트 옥내소화전 내장형)

① 함의 재질 ─ 두께 **1.5mm** 이상의 **강판** / 두께 **4mm** 이상의 **합성수지재**

② 문짝의 면적 : **0.5m²** 이상

- 소방시설 도시기호에는 '**발신기세트 옥내소화전 내장형**'이라고 되어 있으므로 2가지를 함께 답할 것을 권한다.

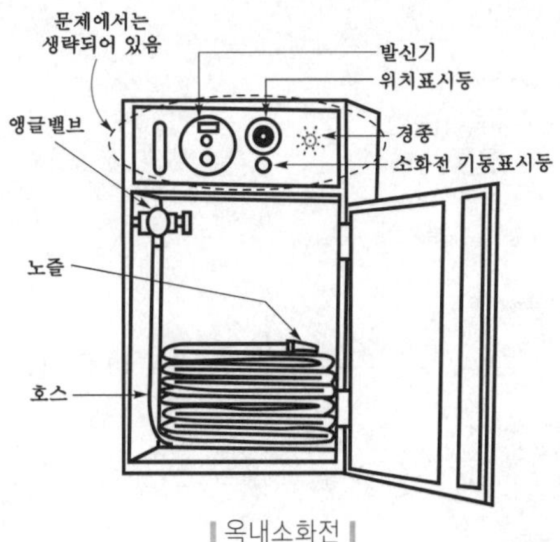

∥ 옥내소화전 ∥

(나) **옥상수원**의 **저수량**

$$Q' \geq 2.6N \times \frac{1}{3}\text{(30층 미만, } N\text{ : 최대 2개)}$$

$$Q' \geq 5.2N \times \frac{1}{3}\text{(30~49층 이하, } N\text{ : 최대 5개)}$$

$$Q' \geq 7.8N \times \frac{1}{3}\text{(50층 이상, } N\text{ : 최대 5개)}$$

여기서, Q' : 옥상수원의 저수량[m^3]

N : 가장 많은 층의 소화전개수

옥상수원의 **저수량** Q'는

$$Q' \geq 2.6N \times \frac{1}{3} = 2.6 \times 2\text{개} \times \frac{1}{3} = 1.733 \fallingdotseq 1.73\text{m}^3$$

(다), (가) Ⓑ 참조

(라), (가) Ⓒ 참조

(마) (1) 펌프의 토출량(유량)

$$Q = N \times 130l/\text{min}$$

여기서, Q : 펌프의 토출량[l/min]

N : 가장 많은 층의 소화전개수(30층 미만 : 최대 2개, 30층 이상 : 최대 5개)

펌프의 토출량(유량) Q는

$Q = N \times 130l/\text{min} = 2 \times 130l/\text{min} = 260l/\text{min} =$ **0.26m³/min**

$$1000l = 1\text{m}^3$$

(2) **펌프**의 **전양정**

$$H \geq h_1 + h_2 + h_3 + 17$$

여기서, H : 전양정[m]

h_1 : 소방호스의 마찰손실수두[m]

h_2 : 배관 및 관부속품의 마찰손실수두[m]

h_3 : 실양정(흡입양정+토출양정)[m]

펌프의 **전양정** H는

$H = h_1 + h_2 + h_3 + 17 = 40 + 17 = 57\text{m}$

- [조건 ①]에서 $h_1 + h_2 =$ **40m**이다.
- h_3 : [조건 ①]에 없으므로 무시

(3) **전동기**의 **용량**

$$P = \frac{0.163QH}{\eta}K$$

여기서, P : 전동력[kW]

Q : 유량[m^3/min]

H : 전양정[m]

K : 전달계수

η : 효율

전동기의 **용량** P는

$$P = \frac{0.163QH}{\eta}K = \frac{0.163 \times 0.26\text{m}^3/\text{min} \times 57\text{m}}{0.65} \times 1.1 = 4.088 \fallingdotseq 4.09\text{kW}$$

- η (효율) : [조건 ②]에서 **0.65**
- K(전달계수) : [조건 ③]에서 10% 여유율을 적용하므로 **1.1**

☆☆☆

문제 10

가로 5m, 세로 6m, 높이 4m인 집진설비에 전역방출방식의 이산화탄소소화설비를 설치하려고 한다. 용기저장실에 저장하여야 할 저장용기 수는 몇 병인가? (단, 저장용기의 충전비는 1.5이고, 충전량은 45kg이다.)

(19.4.문3, 12.11.문13)

득점	배점
	6

○ 계산과정 :

○ 답 :

해답 ○ 계산과정 : $(5\times6\times4)\times2.7=324\text{kg}$

$\frac{324}{45}=7.2 ≒ 8$병

○ 답 : 8병

해설 (1) **CO_2 저장량**[kg]

= 방호구역체적[m^3]×약제량[kg/m^3]+개구부면적[m^2]×개구부가산량(10kg/m^2)

= (5×6×4)m^3×2.7kg/m^3= 324kg

- 방호구역체적은 문제에서 (5×6×4)m^3이다.
- 개구부에 대한 조건이 없으므로 **개구부면적** 및 **개구부가산량**은 적용하지 않아도 된다.
- 집진설비이므로 약제량은 **2.7kg/m^3**이다.

‖ 이산화탄소소화설비 심부화재의 약제량 및 개구부가산량(NFPC 106 5조, NFTC 106 2.2.1.2) ‖

방호대상물	약제량	개구부가산량 (자동폐쇄장치 미설치시)	설계농도
전기설비	1.3kg/m^3	10kg/m^2	50%
전기설비(55m^3 미만)	1.6kg/m^3		
서고, 박물관, 목재가공품창고, 전자제품창고	2.0kg/m^3		65%
석탄창고, 면화류창고, 고무류, 모피창고, 집진설비 →	2.7kg/m^3		75%

(2) **저장용기수** $=\frac{\text{약제소요량}}{\text{저장량(충전량)}}=\frac{324\text{kg}}{45\text{kg}}=7.2 ≒ 8$병

- 저장용기수 산정은 계산결과에서 **소수**가 발생하면 반드시 **절상**한다.
- 이 문제에서 충전비는 적용되지 않는다. 충전비로 고민하지 말라!

☆☆

문제 11

포소화설비의 배관방식에서 송액관에 배액밸브를 설치하는 목적과 설치장소를 간단히 설명하시오.

(19.4.문1, 11.11.문11)

득점	배점
	4

○ 설치목적 :

○ 설치장소 :

해답 ○ 설치목적 : 포의 방출종료 후 배관 안의 액을 방출하기 위하여

○ 설치장소 : 송액관의 가장 낮은 부분

해설 송액관은 포의 방출종료 후 배관 안의 액을 방출하기 위하여 적당한 기울기를 유지하고 그 낮은 부분에 **배액밸브**를 설치해야 한다. (NFPC 105 7조, NFTC 105 2.4.3)

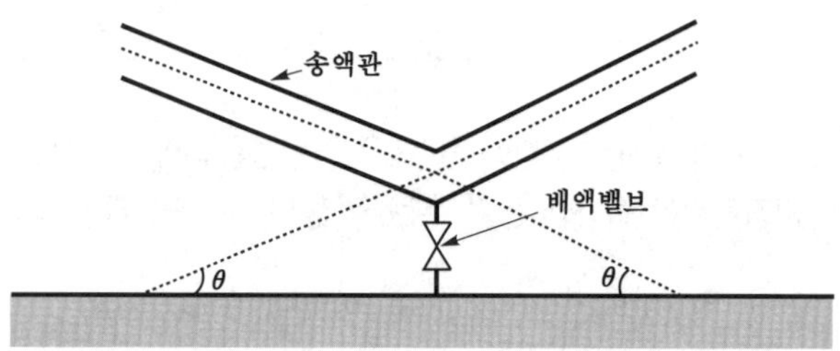

‖ 배액밸브의 설치장소 ‖

※ **배액밸브** : 배관 안의 액을 배출하기 위한 밸브

문제 12

그림을 보고 다음 각 물음에 답하시오.

득점	배점
	8

〔조건〕

① P_1 : 12.1kPa

② P_2 : 11.5kPa

③ P_3 : 10.3kPa

④ 유량 : $5l$ /s

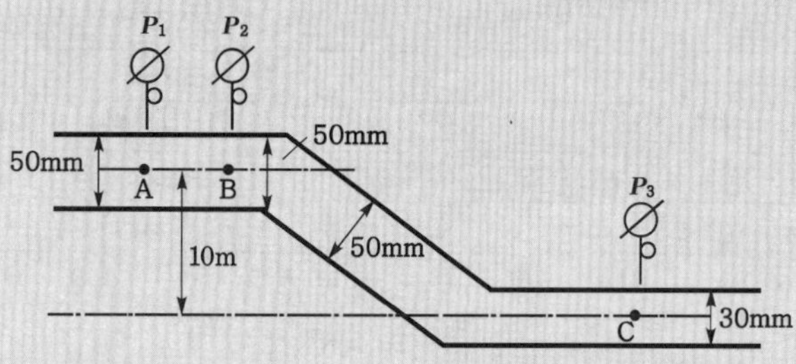

(가) A지점의 유속〔m/s〕을 구하시오.

○ 계산과정 :

○ 답 :

(나) C지점의 유속〔m/s〕을 구하시오.

○ 계산과정 :

○ 답 :

(다) A지점과 B지점간의 마찰손실〔m〕을 구하시오.

○ 계산과정 :

○ 답 :

(라) A지점과 C지점간의 마찰손실〔m〕을 구하시오.

○ 계산과정 :

○ 답 :

 (가) ○ 계산과정 : $\dfrac{5\times10^{-3}}{\left(\dfrac{\pi\times0.05^2}{4}\right)}=2.546 \fallingdotseq 2.55\,\text{m/s}$

○ 답 : 2.55m/s

(나) ○ 계산과정 : $\dfrac{5\times10^{-3}}{\left(\dfrac{\pi\times0.03^2}{4}\right)}=7.073 ≒ 7.07\text{m/s}$

○ 답 : 7.07m/s

(다) ○ 계산과정 : $\dfrac{(2.55)^2}{2\times9.8}+\dfrac{12.1}{9.8}+10=\dfrac{(2.55)^2}{2\times9.8}+\dfrac{11.5}{9.8}+10+\Delta H$

$\Delta H=0.061=0.06\text{m}$

○ 답 : 0.06m

(라) ○ 계산과정 : $\dfrac{(2.55)^2}{2\times9.8}+\dfrac{12.1}{9.8}+10=\dfrac{(7.07)^2}{2\times9.8}+\dfrac{10.3}{9.8}+0+\Delta H$

$\Delta H=7.965 ≒ 7.97\text{m}$

○ 답 : 7.97m

해설 **유량**

$$Q=AV=\left(\frac{\pi D^2}{4}\right)V$$

여기서, Q : 유량[m³/s]
A : 단면적[m²]
V : 유속[m/s]
D : 직경[m]

베르누이 방정식(비압축성 유체)

$$\frac{{V_1}^2}{2g}+\frac{P_1}{\gamma}+Z_1=\frac{{V_2}^2}{2g}+\frac{P_2}{\gamma}+Z_2+\Delta H$$

속도수두 압력수두 위치수두

여기서, V_1, V_2 : 유속[m/s]
P_1, P_2 : 압력[N/m²]
Z_1, Z_2 : 높이[m]
g : 중력가속도(9.8m/s²)
γ : 비중량(물의 비중량 9.8kN/m³)
ΔH : 손실수두[m]

(가)

$$Q=\left(\frac{\pi D^2}{4}\right)V$$

에서

A 지점의 **유속** V_A는

$$V_A=\frac{Q}{\left(\dfrac{\pi {D_A}^2}{4}\right)}=\frac{5l/\text{s}}{\left(\dfrac{\pi\times0.05^2}{4}\right)\text{m}^2}=\frac{5\times10^{-3}\text{m}^3/\text{s}}{\left(\dfrac{\pi\times0.05^2}{4}\right)\text{m}^2}=2.546 ≒ 2.55\text{m/s}$$

- 1000 l=1m³이므로 5 l/s=5×10⁻³m³/s
- 1000mm=1m이므로 50mm=0.05m

(나)

$$Q=\left(\frac{\pi D^2}{4}\right)V$$

에서

C 지점의 **유속** V_C는

$$V_C=\frac{Q}{\left(\dfrac{\pi {D_C}^2}{4}\right)}=\frac{5l/\text{s}}{\left(\dfrac{\pi\times0.03^2}{4}\right)\text{m}^2}=\frac{5\times10^{-3}\text{m}^3/\text{s}}{\left(\dfrac{\pi\times0.03^2}{4}\right)\text{m}^2}=7.073 ≒ 7.07\text{m/s}$$

- 1000mm=1m이므로 30mm=0.03m

(다) $1\text{kPa} = 1\text{kN/m}^2$ 이므로

$$\frac{V_1^{\,2}}{2g} + \frac{P_1}{\gamma} + Z_1 = \frac{V_2^{\,2}}{2g} + \frac{P_2}{\gamma} + Z_2 + \Delta H$$

$$\frac{(2.55\text{m/s})^2}{2\times 9.8\text{m/s}^2} + \frac{12.1\text{kN/m}^2}{9.8\text{kN/m}^3} + 10\text{m} = \frac{(2.55\text{m/s})^2}{2\times 9.8\text{m/s}^2} + \frac{11.5\text{kN/m}^2}{9.8\text{kN/m}^3} + 10\text{m} + \Delta H$$

$$\frac{12.1\text{kN/m}^2}{9.8\text{kN/m}^3} - \frac{11.5\text{kN/m}^2}{9.8\text{kN/m}^3} = \Delta H$$

$\therefore\ \Delta H = 0.061\text{m} \fallingdotseq 0.06\text{m}$

(라) $1\text{kPa} = 1\text{kN/m}^2$ 이므로

$$\frac{V_1^{\,2}}{2g} + \frac{P_1}{\gamma} + Z_1 = \frac{V_3^{\,2}}{2g} + \frac{P_3}{\gamma} + Z_3 + \Delta H$$

$$\frac{(2.55\text{m/s})^2}{2\times 9.8\text{m/s}^2} + \frac{12.1\text{kN/m}^2}{9.8\text{kN/m}^3} + 10\text{m} = \frac{(7.07\text{m/s})^2}{2\times 9.8\text{m/s}^2} + \frac{10.3\text{kN/m}^2}{9.8\text{kN/m}^3} + 0\text{m} + \Delta H$$

$$\frac{(2.55\text{m/s})^2}{2\times 9.8\text{m/s}^2} + \frac{12.1\text{kN/m}^2}{9.8\text{kN/m}^3} + 10\text{m} - \frac{(7.07\text{m/s})^2}{2\times 9.8\text{m/s}^2} - \frac{10.3\text{kN/m}^2}{9.8\text{kN/m}^3} - 0\text{m} = \Delta H$$

$\therefore\ \Delta H = 7.965 \fallingdotseq 7.97\text{m}$

문제 13

그림은 어느 일제개방형 스프링클러설비의 계통을 나타내는 Isometric Diagram이다. 주어진 조건을 참조하여 이 설비가 작동되었을 경우 표의 유량, 구간손실, 손실계 등을 답란의 요구순서대로 수리계산하여 산출하시오. (17.6.문11, 16.11.문14, 15.11.문13, 10.4.문1)

득점	배점
	12

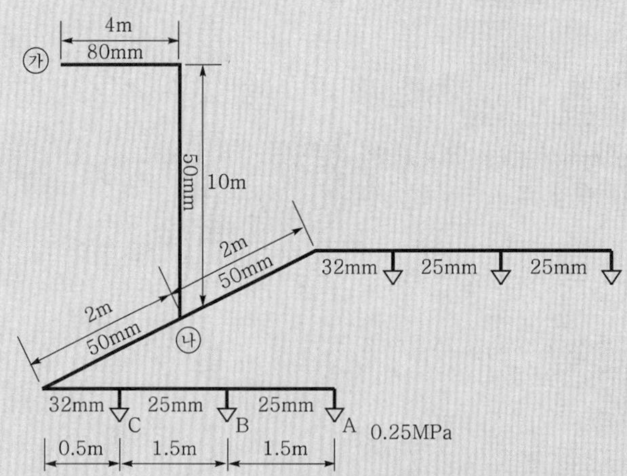

구 간	유량(l pm)	길이(m)	1m당 마찰손실(MPa)	구간손실(MPa)	낙차(m)	손실계(MPa)
헤드 A	100	–	–	–	–	0.25
A~B	100	1.5	0.02	0.03	0	①
헤드 B	②	–	–	–	–	–
B~C	③	1.5	0.04	④	0	⑤

헤드 C	⑥	–	–	–	–	–
C~㉯	⑦	2.5	0.06	⑧	–	⑨
㉯~㉮	⑩	14	0.01	⑪	−10	⑫

〔조건〕

① 설치된 개방형헤드 A의 유량은 100 $l$pm, 방수압은 0.25MPa이다.
② 배관부속 및 밸브류의 마찰손실은 무시한다.
③ 수리계산시 속도수두는 무시한다.
④ 필요압은 노즐에서의 방사압과 배관 끝에서의 압력을 별도로 구한다.

해답

구 간	유량〔$l$pm〕	길이〔m〕	1m당 마찰손실〔MPa〕	구간손실〔MPa〕	낙차〔m〕	손실계〔MPa〕
헤드 A	100	–	–	–	–	0.25
A~B	100	1.5	0.02	0.03	0	$0.25+0.03=0.28$
헤드 B	$\frac{100}{\sqrt{10\times0.25}}=63.245$ $63.245\sqrt{10\times0.28}=105.829$ $≒ 105.83$	–	–	–	–	–
B~C	$105.83+100=205.83$	1.5	0.04	$1.5\times0.04=0.06$	0	$0.28+0.06=0.34$
헤드 C	$63.245\sqrt{10\times0.34}=116.618$ $≒ 116.62$	–	–	–	–	–
C~㉯	$116.62+205.83=322.45$	2.5	0.06	$2.5\times0.06=0.15$	–	$0.34+0.15=0.49$
㉯~㉮	$322.45\times2=644.9$	14	0.01	$14\times0.01=0.14$	−10	$0.49+0.14-0.1=0.53$

구 간	유량〔$l$pm〕	길이〔m〕	1m당 마찰손실〔MPa〕	구간손실〔MPa〕	낙차〔m〕	손실계〔MPa〕
헤드 A	100	–	–	–	–	0.25
A~B	100	1.5	0.02	$1.5\text{m}\times0.02\text{MPa/m}=0.03\text{MPa}$ 0.02가 1m당 마찰손실〔MPa〕이므로 0.02MPa/m	0	$0.25\text{MPa}+0.03\text{MPa}=0.28\text{MPa}$
헤드 B	$K=\frac{Q}{\sqrt{10P}}=\frac{100}{\sqrt{10\times0.25}}$ $=63.245$ $Q=K\sqrt{10P}$ $=63.245\sqrt{10\times0.28}$ $=105.829 ≒ 105.83\,l\text{pm}$	–	–	–	–	–
B~C	$105.83+100=205.83\,l\text{pm}$	1.5	0.04	$1.5\text{m}\times0.04\text{MPa/m}=0.06\text{MPa}$	0	$0.28\text{MPa}+0.06\text{MPa}=0.34\text{MPa}$
헤드 C	$Q=K\sqrt{10P}$ $=63.245\sqrt{10\times0.34}$ $=116.618$ $≒ 116.62\,l\text{pm}$	–	–	–	–	–
C~㉯	$116.62+205.83=322.45\,l\text{pm}$	2.5	0.06	$2.5\text{m}\times0.06\text{MPa/m}=0.15\text{MPa}$	–	$0.34\text{MPa}+0.15\text{MPa}=0.49\text{MPa}$
㉯~㉮	$322.45\times2=644.9\,l\text{pm}$ 동일한 배관이 양쪽에 있으므로 2곱함	14	0.01	$14\text{m}\times0.01\text{MPa/m}=0.14\text{MPa}$	−10	$0.49\text{MPa}+0.14\text{MPa}-0.1\text{MPa}$ $=0.53\text{MPa}$ 1MPa=100m이므로 1m=0.01MPa이다. $\therefore\ -10\text{m}=-0.1\text{MPa}$

- $$Q = K\sqrt{10P}$$

  여기서, Q : 방수량[l/min 또는 $l$pm]

  K : 방출계수

  P : 방수압[MPa]
- −10m : 고가수조가 보이지 않으면 펌프방식이므로 내려가면 −, 올라가면 +로 계산하면 된다. ㉯~㉮는 배관에서 물이 내려가므로 −를 붙인다.
- ㉯~㉮는 배관이 분기되므로 (0.49×2)MPa+0.14MPa−0.1MPa=1.02MPa이 답이 아닌가라고 생각할 수도 있다. 배관이 분기되었을 경우 마찰손실압력은 더해지는 것이 아니고 둘 중 큰 값을 적용하는 것이므로 위의 답이 옳다.

☆☆☆

문제 14

어느 특정소방대상물에 스프링클러헤드를 설치하려고 한다. 헤드를 정방형으로 설치할 때 헤드의 수평헤드간격[m]은 얼마인가? (단, 헤드의 수평거리는 2.1m이다.) (19.11.문2, 10.7.문3)

○ 계산과정 :

○ 답 :

득점	배점
	5

해답 ○ 계산과정 : $2 \times 2.1 \times \cos 45° = 2.969 ≒ 2.97\text{m}$

○ 답 : 2.97m

해설 **정방형 수평헤드간격**

$$S = 2R\cos 45°$$

여기서, S : 수평헤드간격[m]

R : 수평거리[m]

수평헤드간격 S는

$S = 2R\cos 45° = 2 \times 2.1\text{m} \times \cos 45° = 2.969 ≒ 2.97\text{m}$

중요

스프링클러헤드의 **수평거리**(NFPC 103 10조, NFTC 103 2.7)

설치장소	설치기준(수평거리)
무대부 · 특수가연물(창고 포함)	수평거리 **1.7m** 이하
기타구조(창고 포함)	수평거리 **2.1m** 이하
내화구조(창고 포함)	수평거리 **2.3m** 이하
공동주택(아파트) 세대 내	수평거리 **2.6m** 이하

비교

장방형(직사각형) 수평헤드간격

$$S = \sqrt{4R^2 - L^2}, \; L = 2R\cos\theta, \; S' = 2R$$

여기서, S : 수평헤드간격

R : 수평거리

L : 배관간격

S' : 대각선 헤드간격

2014. 11. 1 시행

▌2014년 기사 제4회 필답형 실기시험▐

자격종목	시험시간	형별	수험번호	성명	감독위원 확인
소방설비기사(기계분야)	3시간				

※ 다음 물음에 답을 해당 답란에 답하시오.(배점 : 100)

☆☆

문제 01

다음은 연소방지설비에 관한 설명이다. (　　) 안에 적합한 단어는? (17.11.문9, 11.11.문12, 06.4.문5)

득점	배점
	5

- 헤드 간의 수평거리는 연소방지설비 전용헤드의 경우에는 (①)m 이하, 스프링클러헤드의 경우에는 (②)m 이하로 할 것
- 살수구역은 환기구 사이의 간격이 (③)m 이하마다 또는 환기구 등을 기준으로 1개 이상 설치하되, 하나의 살수구역의 길이는 (④)m 이상으로 할 것

해답 ① 2　② 1.5　③ 700　④ 3

해설 **연소방지설비**의 **설치기준**(NFPC 605 8조, NFTC 605 2.4.2)

(가) 헤드 간의 수평거리는 연소방지설비 전용헤드의 경우에는 **2m 이하**, **스프링클러헤드**의 경우에는 **1.5m 이하**로 할 것

(나) 살수구역은 환기구 사이의 간격이 **700m 이하**마다 또는 **환기구** 등을 기준으로 1개 이상 설치하되, 하나의 살수구역의 길이는 **3m 이상**으로 할 것

중요

연소방지설비의 **배관구경**(NFPC 605 8조, NFTC 605 2.4.1.3.1)

(1) 연소방지설비 전용헤드를 사용하는 경우

배관의 구경	32mm	40mm	50mm	65mm	80mm
살수헤드수	1개	2개	3개	4개 또는 5개	6개 이상

(2) 스프링클러헤드를 사용하는 경우

구분 \ 배관의 구경	25mm	32mm	40mm	50mm	65mm	80mm	90mm	100mm	125mm	150mm
폐쇄형 헤드수	2개	3개	5개	10개	30개	60개	80개	100개	160개	161개 이상
개방형 헤드수	1개	2개	5개	8개	15개	27개	40개	55개	90개	91개 이상

☆☆☆

문제 02

실의 크기가 가로 20m×세로 15m×높이 5m인 공간에서 큰 화염의 화재가 발생하여 t초 시간 후의 청결층 높이 y[m]의 값이 1.8m가 되었을 때 다음 조건을 이용하여 각 물음에 답하시오. (18.4.문14, 11.11.문16)

득점	배점
	5

[조건]

① $Q=\dfrac{A(H-y)}{t}$

여기서, Q : 연기 발생량[m^3/min], A : 화재실의 면적[m^2]
H : 화재실의 높이[m]

② 위 식에서 시간 t초는 다음의 Hinkley식을 만족한다.

공식 : $t = \dfrac{20A}{P\times\sqrt{g}}\times\left(\dfrac{1}{\sqrt{y}}-\dfrac{1}{\sqrt{H}}\right)$

(단, g는 중력가속도는 9.81m/s^{2}이고, P는 화재경계의 길이[m]로서 큰 화염의 경우 12m, 중간 화염의 경우 6m, 작은 화염의 경우 4m를 적용한다.)

③ 연기생성률(M[kg/s])에 관련한 식은 다음과 같다.

$$M = 0.188\times P\times y^{\frac{3}{2}}$$

(가) 상부의 배연구로부터 몇 m^3/min의 연기를 배출하여야 청결층의 높이가 유지되는지 구하시오.

○ 계산과정 :

○ 답 :

(나) 연기생성률[kg/s]을 구하시오.

○ 계산과정 :

○ 답 :

해답 (가) ○ 계산과정 : $t = \dfrac{20\times300}{12\times\sqrt{9.81}}\times\left(\dfrac{1}{\sqrt{1.8}}-\dfrac{1}{\sqrt{5}}\right)=47.594 \fallingdotseq 47.59\text{s}$

$$Q = \frac{300(5-1.8)}{\frac{47.59}{60}} = 1210.338 \fallingdotseq 1210.34\text{m}^3/\text{min}$$

○ 답 : 1210.34m^3/min

(나) ○ 계산과정 : $0.188\times12\times1.8^{\frac{3}{2}} = 5.448 \fallingdotseq 5.45\text{kg/s}$

○ 답 : 5.45kg/s

해설 (가) ① Hinkley의 법칙

기호

- A : (20×15)m^2(문제에서 주어짐)
- H : 5m(문제에서 주어짐)
- g : 9.81m/s^2([조건 ②]에서 주어짐)
- P : 12m(문제에서 큰 화염이므로 [조건 ②]에서 12m)
- y : 1.8m(문제에서 주어짐)

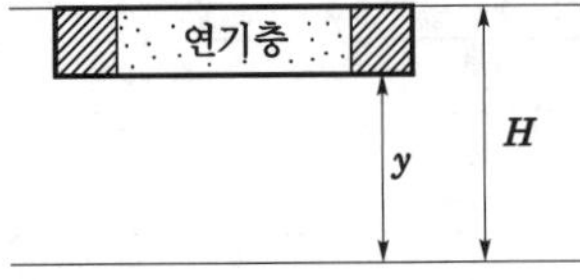

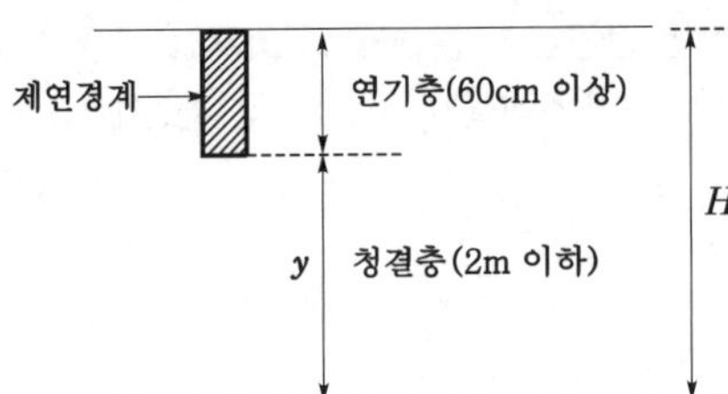

$$t=\frac{20A}{P\times\sqrt{g}}\times\left(\frac{1}{\sqrt{y}}-\frac{1}{\sqrt{H}}\right)$$

여기서, t : 청결층의 경과시간〔s〕
A : 화재실의 면적〔m^2〕
P: 화재경계의 길이(화염의 둘레)〔m〕
g : 중력가속도(9.81m/s^2)
y : 청결층의 높이〔m〕
H: 화재실의 높이〔m〕

청결층의 경과시간 t는

$$t=\frac{20A}{P\times\sqrt{g}}\times\left(\frac{1}{\sqrt{y}}-\frac{1}{\sqrt{H}}\right)=\frac{20\times(20\times15)\mathrm{m}^2}{12\mathrm{m}\times\sqrt{9.81\mathrm{m/s}^2}}\times\left(\frac{1}{\sqrt{1.8\mathrm{m}}}-\frac{1}{\sqrt{5\mathrm{m}}}\right)=47.594 ≒ 47.59\mathrm{s}$$

- 청결층=공기층

② 연기발생량

$$Q=\frac{A(H-y)}{t}$$

여기서, Q : 연기발생량〔m^3/min〕
A : 화재실의 면적〔m^2〕
H: 화재실의 높이〔m〕
y : 청결층의 높이〔m〕
t : 청결층의 경과시간〔min〕

연기발생량 Q는

$$Q=\frac{A(H-y)}{t}=\frac{(20\times15)\mathrm{m}^2\times(5\mathrm{m}-1.8\mathrm{m})}{\frac{47.59}{60}\mathrm{min}}=1210.338 ≒ 1210.34\mathrm{m}^3/\mathrm{min}$$

- 1min=60s, 1s=$\frac{1}{60}$min
- 47.59s=47.59×$\frac{1}{60}$min=$\frac{47.59}{60}$min

(나) **연기생성률**

$$M=0.188\times P\times y^{\frac{3}{2}}$$

여기서, M: 연기생성률〔kg/s〕
P: 화재경계의 길이(화염의 둘레)〔m〕
y : 청결층의 높이〔m〕

연기생성률 M은

$$M=0.188\times P\times y^{\frac{3}{2}}=0.188\times12\mathrm{m}\times(1.8\mathrm{m})^{\frac{3}{2}}=5.448 ≒ 5.45\mathrm{kg/s}$$

☆☆☆

문제 03

포소화설비의 배관방식에서 송액관에 배액밸브를 설치하는 목적과 설치장소를 간단히 설명하시오.

(19.4.문1, 11.11.문11)

득점	배점
	4

○ 설치목적 :
○ 설치장소 :

해답 ㅇ설치목적 : 포의 방출종료 후 배관 안의 액을 방출하기 위하여
ㅇ설치장소 : 송액관의 가장 낮은 부분

해설 송액관은 포의 방출종료 후 배관 안의 액을 방출하기 위하여 적당한 기울기를 유지하고 그 낮은 부분에 **배액밸브**를 설치해야 한다. (NFPC 105 7조, NFTC 105 2.4.3)

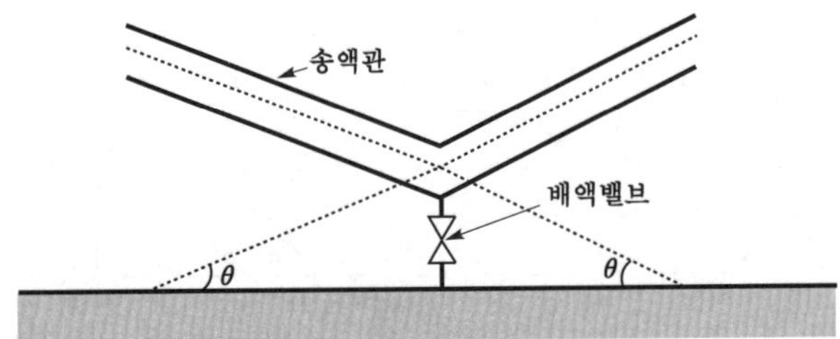

‖ 배액밸브의 설치장소 ‖

- **'송액관의 가장 낮은 부분', '송액관의 낮은 부분'** 모두 정답!!
- **배액밸브** : 배관 안의 액을 배출하기 위한 밸브

★★★

문제 04

건식 스프링클러설비 가압송수장치(펌프방식)의 성능시험을 실시하고자 한다. 다음 주어진 도면을 참조하여 성능시험순서 및 시험결과 판정기준을 쓰시오. (14.7.문4, 07.7.문12)

득점	배점
	5

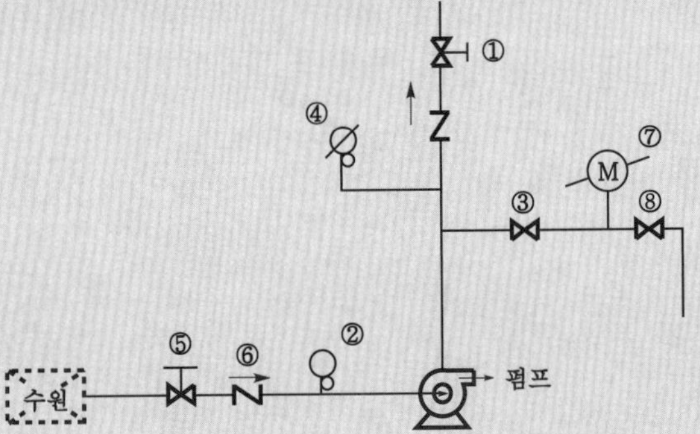

(가) 성능시험순서
(나) 판정기준

해답 (가) ① 주배관의 개폐밸브① 폐쇄
② 제어반에서 충압펌프 기동정지
③ 압력챔버의 배수밸브를 개방하여 주펌프기동 후 폐쇄
④ 개폐밸브③ 개방
⑤ 유량조절밸브⑧을 서서히 개방하면서 유량계⑦을 확인하여 정격토출량의 150%가 되도록 조정
⑥ 압력계④를 확인하여 정격토출압력의 65% 이상이 되는지 확인
⑦ 개폐밸브③ 폐쇄 및 개폐밸브① 개방
⑧ 제어반에서 충압펌프 기동중지 해제

(나) 체절운전시 정격토출압력의 140%를 초과하지 않고, 정격토출량의 150%로 운전시 정격토출압력의 65% 이상이면 정상

해설 **펌프성능 시험순서**(펌프성능 시험방법) – **유량조절밸브**가 **있는** 경우

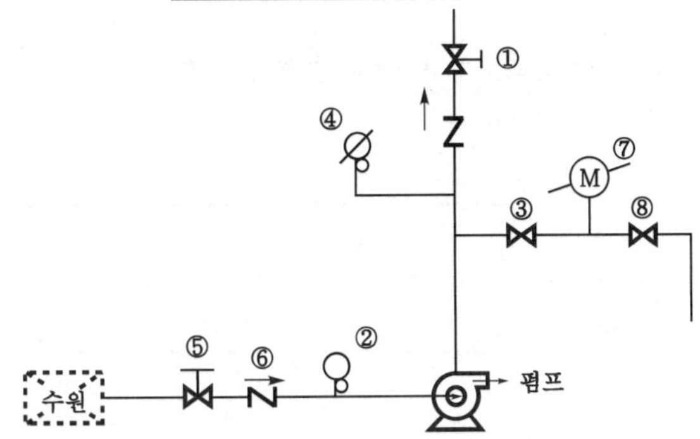

① 주배관의 **개폐밸브**① 폐쇄
② 제어반에서 **충압펌프** 기동정지
③ 압력챔버의 **배수밸브**를 **개방**하여 주펌프기동 후 폐쇄
④ **개폐밸브**③ 개방
⑤ **유량조절밸브**⑧을 서서히 개방하면서 **유량계**⑦을 확인하여 정격토출량의 **150%**가 되도록 조정
⑥ 압력계④를 확인하여 정격토출압력의 **65%** 이상이 되는지 확인
⑦ **개폐밸브**③ 폐쇄 및 **개폐밸브**① 개방
⑧ 제어반에서 충압펌프 **기동중지 해제**

• **성능시험배관**에는 **유량조절밸브**도 반드시 **설치**하여야 한다.

비교

펌프성능 시험순서(펌프성능 시험방법) – **유량조절밸브**가 **없는** 경우

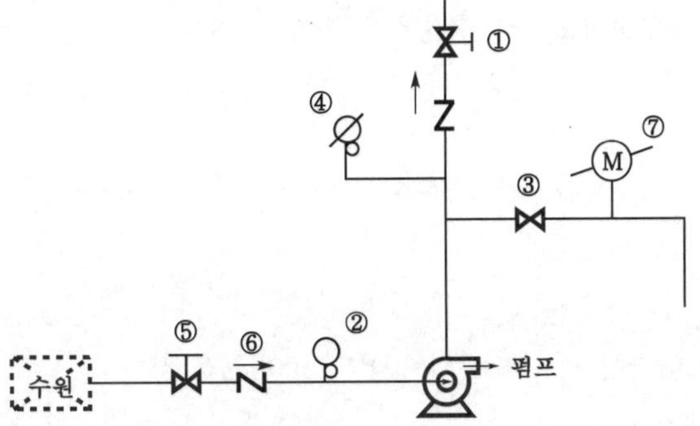

① 주배관의 **개폐밸브**① 폐쇄
② 제어반에서 **충압펌프** 기동중지
③ 압력챔버의 **배수밸브**를 **개방**하여 주펌프기동 후 폐쇄
④ **개폐밸브**③을 서서히 개방하면서 유량계⑦을 확인하여 정격토출량의 **150%**가 되도록 조정
⑤ **압력계**④를 확인하여 정격토출압력의 **65%** 이상이 되는지 확인
⑥ **개폐밸브**③ 폐쇄 및 **개폐밸브**① 개방
⑦ 제어반에서 충압펌프 **기동중지 해제**

• 예전에 사용되었던 유량조절밸브가 없는 펌프성능 시험순서를 살펴보면 위와 같다.

(나) 펌프성능시험

판정기준	체절운전시 정격토출압력의 **140%**를 초과하지 않고, 정격토출량의 **150%**로 운전시 정격토출압력의 **65% 이상**이면 **정상**, **65% 미만**이면 **비정상**
측정대상	**주펌프**의 **분당토출량**

☆☆☆
문제 05

그림과 같이 제연설비를 설계하고자 한다. 조건을 참조하여 각 물음에 답하여라. (18.4.문11, 11.11.문17)

득점	배점
	14

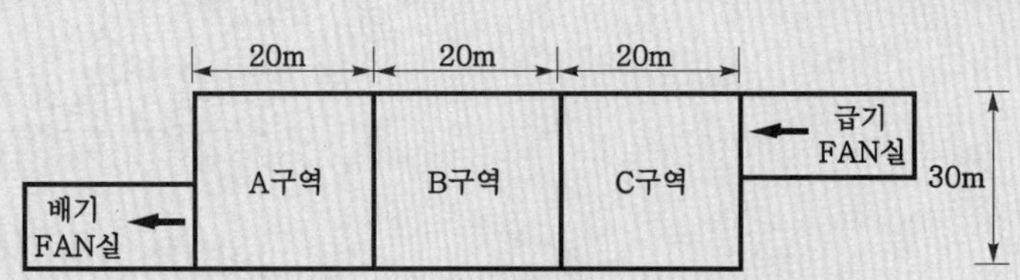

〔조건〕

① 덕트는 단선으로 표시할 것

② 급기구의 풍속은 15m/s이며, 배기구의 풍속은 20m/s이다.

③ FAN의 정압은 40mmAq이다.

④ 천장의 높이는 2.5m이다.

⑤ 제연방식은 상호제연방식으로 공동예상제연구역이 각각 제연경계로 구획되어 있다.

⑥ 제연경계의 수직거리는 2m 이내이다.

(가) 예상제연구역의 배출기의 배출량[m^3/h]은 얼마 이상으로 하여야 하는가?

○계산과정 :

○답 :

(나) FAN의 동력을 구하시오.(단, 효율은 0.55이며, 여유율은 10%이다.)

○계산과정 :

○답 :

(다) 그림과 같이 급기구와 배기구를 설치할 경우 각 설계조건 및 물음에 따라 도면을 참조하여 설계하시오.

〔조건〕

① 덕트의 크기(각형 덕트로 하되 높이는 400mm로 한다.)

② 급기구, 배기구의 크기(정사각형) : 구역당 배기구 4개소, 급기구 3개소로 하고 크기는 급기 배기량 m^3/min당 $35cm^2$ 이상으로 한다.

③ 덕트는 단선으로 표시한다.

④ 댐퍼작동순서에 대해서는 표에 표기하시오.

⑤ 설계도면은 다음 그림을 기반으로 그 위에 나타내시오.

〔도면〕

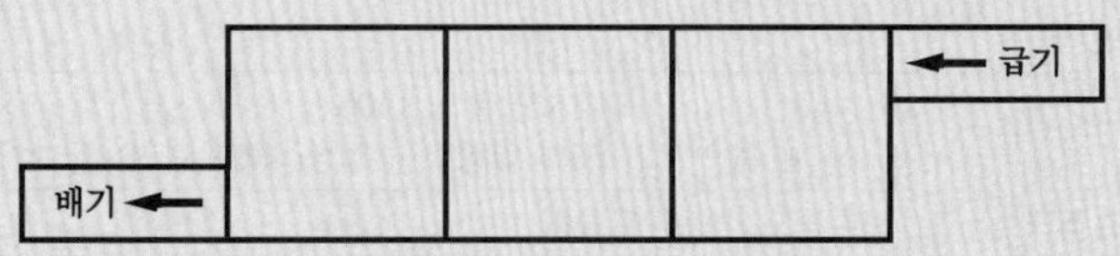

(라) 급기구와 배기구로 구분하여 필요한 개소별 풍량, 덕트단면적, 덕트크기를 설계하시오. (단, 풍량, 덕트단면적, 덕트크기는 소수점 이하 첫째 자리에서 반올림하여 정수로 나타내시오.)

덕트의 구분		풍량(CMH)	덕트단면적(mm²)	덕트크기 (가로mm×높이mm)
배기덕트	A	①	⑦	⑬
배기덕트	B	②	⑧	⑭
배기덕트	C	③	⑨	⑮
급기덕트	A	④	⑩	⑯
급기덕트	B	⑤	⑪	⑰
급기덕트	C	⑥	⑫	⑱

○ 급기구 크기[mm](계산과정 및 답) :

○ 배기구 크기[mm](계산과정 및 답) :

○ 댐퍼의 작동 여부(○ : open, ● : close)

구 분	배기댐퍼			급기댐퍼		
	A구역	B구역	C구역	A구역	B구역	C구역
A구역 화재시						
B구역 화재시						
C구역 화재시						

해답 (가) ○ 계산과정 : 20×30=600m²

600×1×60=36000m³/h(최저치 40000m³/h)

○ 답 : 40000m³/h

(나) ○ 계산과정 : $P=\dfrac{40\times 40000/60}{102\times 60\times 0.55}\times 1.1=8.714 \fallingdotseq 8.71\text{kW}$

○ 답 : 8.71kW 이상

(다)

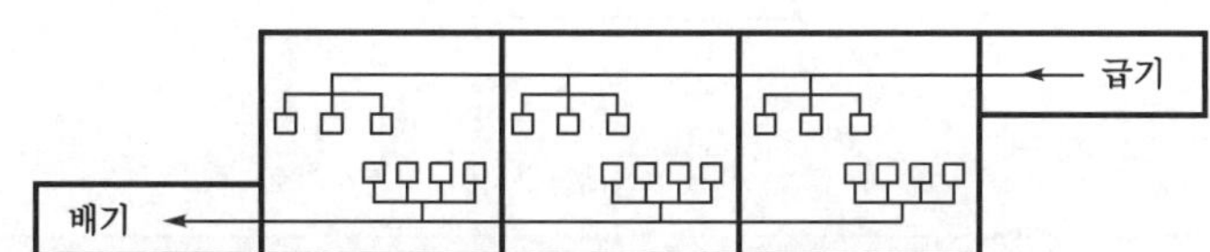

(라)

덕트의 구분		풍량(CMH)	덕트단면적(mm²)	덕트크기 (가로mm×높이mm)
배기덕트	A	40000	555556	1389×400
배기덕트	B	40000	555556	1389×400
배기덕트	C	40000	555556	1389×400
급기덕트	A	20000	370370	926×400
급기덕트	B	20000	370370	926×400
급기덕트	C	20000	370370	926×400

① 급기구 크기 : ○ 계산과정 : $\dfrac{20000/60}{3}\times 35=3888.888 \fallingdotseq 3888.89\text{cm}^2$

$\sqrt{3888.89}=62.36\text{cm}=623.6\text{mm} \fallingdotseq 624\text{mm}$

○ 답 : 가로 624mm×세로 624mm

② 배기구 크기 : ○ 계산과정 : $\frac{40000/60}{4} \times 35 = 5833.333 \fallingdotseq 5833.33\text{cm}^2$

$\sqrt{5833.33} = 76.376\text{cm} = 763.76\text{mm} \fallingdotseq 764\text{mm}$

○ 답 : 가로 764mm×세로 764mm

③

구 분	배기댐퍼			급기댐퍼		
	A구역	B구역	C구역	A구역	B구역	C구역
A구역 화재시	○	●	●	●	○	○
B구역 화재시	●	○	●	○	●	○
C구역 화재시	●	●	○	○	○	●

해설 (가) ① 바닥면적=(20×30)m²=600m²

② 직경 : 피타고라스의 정리에 의해

직경= $\sqrt{가로길이^2 + 세로길이^2} = \sqrt{(20\text{m})^2 + (30\text{m})^2} \fallingdotseq 36\text{m}$

- 바닥면적 400m² 이상이므로 배출량(m³/min)=바닥면적(m²)×1m³/m²·min 식을 적용하면 틀림. 이 식은 400m² 미만에 적용하는 식임
- [조건 ⑤]에서 예상제연구역이 **제연경계**로 **구획**되어 있고, [조건 ⑥]에서 제연경계의 수직거리가 **2m** 이내이므로 다음 표에서 최소 소요배출량은 **40000m³/h**가 된다.

바닥면적 **400m²** 이상이고 직경 **40m** 원의 범위 안에 있으므로 최소소요배출량은 **40000m³/h**가 된다. 하지만 [조건 ⑤]에서 예상제연구역이 **제연경계**로 **구획**되어 있고, [조건 ⑥]에서 제연경계의 수직거리가 **2m** 이내이므로 아래 표에서 최소소요배출량은 **40000m³/h**가 된다.

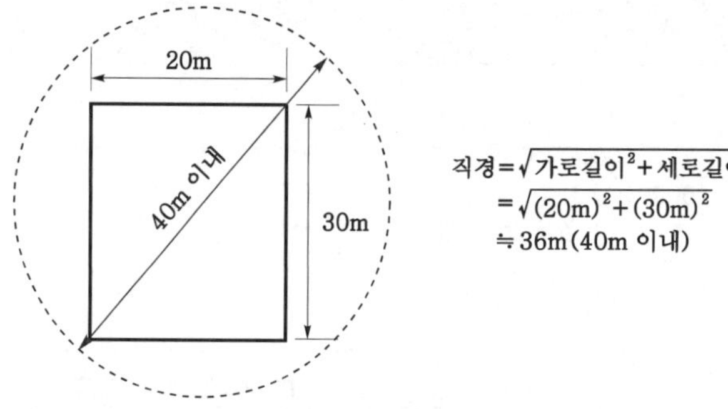

‖ 예상제연구역이 제연경계로 구획된 경우 ‖

수직거리	배출량
2m 이하 →	40000m³/h 이상
2m 초과 2.5m 이하	45000m³/h 이상
2.5m 초과 3m 이하	50000m³/h 이상
3m 초과	60000m³/h 이상

- 이내=이하
- **공동예상 제연구역**(각각 **제연경계**로 **구획**된 경우)
  소요풍량(CMH)=각 배출풍량 중 최대풍량(CMH)
- **공동예상 제연구역**(각각 **벽**으로 **구획**된 경우)
  소요풍량(CMH)=각 배출풍량(CMH)의 합
- [조건 ⑤]에서 공동예상 제연구역이 각각 제연경계로 구획되어 있으므로 각 **배출풍량 중 최대풍량**을 구하면 된다.
- 만약, 공동예상 제연구역이 각각 벽으로 구획되어 있다면 (40000m³/h×3제연구역)=**120000m³/h**이 될 것이다.

참고

거실의 배출량(NFPC 501 6조, NFTC 501 2.3)

(1) 바닥면적 **400m² 미만**(최저치 **5000m³/h** 이상)

배출량[m³/min]=바닥면적[m²]×1m³/m²·min

(2) 바닥면적 **400m² 이상**

① 직경 40m 이하 : **40000m³/h** 이상

‖ 예상제연구역이 제연경계로 구획된 경우 ‖

수직거리	배출량
2m 이하	40000m³/h 이상
2m 초과 2.5m 이하	45000m³/h 이상
2.5m 초과 3m 이하	50000m³/h 이상
3m 초과	60000m³/h 이상

② 직경 40m 초과 : **45000m³/h** 이상

‖ 예상제연구역이 제연경계로 구획된 경우 ‖

수직거리	배출량
2m 이하	45000m³/h 이상
2m 초과 2.5m 이하	50000m³/h 이상
2.5m 초과 3m 이하	55000m³/h 이상
3m 초과	65000m³/h 이상

※ **m³/h**=CMH(**C**ubic **M**eter per **H**our)

(나)

$$P=\frac{P_T Q}{102\times 60\eta}K$$

여기서, P : 배연기 동력[kW]

P_T : 전압(풍압)[mmAq, mmH₂O]

Q : 풍량[m³/min]

K : 여유율

η : 효율

배연기의 **동력** P는

$$P=\frac{P_T Q}{102\times 60\eta}K=\frac{40\,\text{mmAq}\times 40000\,\text{m}^3/\text{h}}{102\times 60\times 0.55}\times 1.1=\frac{40\,\text{mmAq}\times 40000\,\text{m}^3/60\text{min}}{102\times 60\times 0.55}\times 1.1=8.714 \fallingdotseq 8.71\text{kW}$$ 이상

- 배연설비(제연설비)에 대한 동력은 반드시 위의 식을 적용하여야 한다. 우리가 알고 있는 일반적인 식 $P=\frac{0.163QH}{\eta}K$을 적용하여 풀면 틀린다.
- 여유율을 10% 증가시킨다고 하였으므로 여유율(K)은 **1.1**이 된다.
- **40000m³/h** : (가)에서 구한 값

(다)

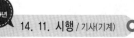

- (다) 〔조건 ②〕에 의해 **배기구 4개소, 급기구 3개소**를 균등하게 배치하면 된다.
- 이 문제에서는 댐퍼까지는 그리지 않아도 된다.

(라)

덕트의 구분		풍량〔CMH〕	덕트단면적〔mm^2〕	덕트 크기〔가로mm×높이mm〕
배기덕트	A	40000((가)에서 구한 값)	$A=\frac{Q}{V}=\frac{40000m^3/h}{20m/s}$ $=\frac{40000m^3/3600s}{20m/s}$ $=0.5555555m^2$ $=555555.5mm^2$ $\fallingdotseq 555556mm^2$ ((라)의 단서조건에 의해 소수점 이하 첫째 자리에서 반올림하여 정수표기)	가로$=\frac{덕트단면적(mm^2)}{높이(mm)}$ $=\frac{555556mm^2}{400mm}$ $=1388.8mm$ $\fallingdotseq 1389mm$ ∴ 가로 1389mm×높이 400mm
배기덕트	B			
배기덕트	C			
급기덕트	A	$\frac{40000((가)에서\ 구한\ 값)}{2}$ $=20000$ (〔조건 ⑤〕에서 상호제연방식이므로 급기는 **2개 구역**에서 하기 때문에 **2**로 나누어줌)	$A=\frac{Q}{V}=\frac{20000m^3/h}{15m/s}$ $=\frac{20000m^3/3600s}{15m/s}$ $=0.3703703m^2$ $=370370.3mm^2$ $\fallingdotseq 370370mm^2$ ((라)의 단서조건에 의해 소수점 이하 첫째 자리에서 반올림하여 정수표기)	가로$=\frac{덕트단면적(mm^2)}{높이(mm)}$ $=\frac{370370mm^2}{400mm}$ $=925.9mm$ $\fallingdotseq 926mm$ ∴ 가로 926mm×높이 400mm
급기덕트	B			
급기덕트	C			

- $$Q=AV$$
  여기서, Q : 풍량〔m^3/s〕
  A : 단면적〔m^2〕
  V : 풍속〔m/s〕
- **20m/s** : 〔조건 ②〕에서 배기구풍속 20m/s
- **15m/s** : 〔조건 ②〕에서 급기구풍속 15m/s
- 1h=3600s
- 1m=1000mm, $1m^2=1000000mm^2$이므로 $0.5555555m^2=555555.5mm^2$
  $0.3703703m^2=370370.3mm^2$
- 덕트단면적〔mm^2〕=가로〔mm〕×높이〔mm〕
  $$가로(mm)=\frac{덕트단면적(mm^2)}{높이(mm)}$$
- 높이 400mm : (다)의 〔조건 ①〕에서 주어진 값

①

$$급기구단면적=\frac{배출량(m^3/min)}{급기구수}\times 35cm^2\cdot min/m^3$$

$$=\frac{(40000/2)\,m^3/h}{3개}\times 35cm^2\cdot min/m^3$$

$$=\frac{20000m^3/60min}{3개}\times 35cm^2\cdot min/m^3=3888.888\fallingdotseq 3888.89cm^2$$

$$A = L^2$$

여기서, A : 단면적〔cm^2〕
L : 한 변의 길이〔cm〕

$L^2 = A$

$\sqrt{L^2} = \sqrt{A}$

$L = \sqrt{A}$

(다)의 〔조건 ②〕에 의해 급기구는 **정사각형**이므로 급기구 한 변의 길이 L은

$L = \sqrt{A} = \sqrt{3888.89\text{cm}^2} = 62.36\text{cm} = 623.6\text{mm} ≒ 624\text{mm}$ ((라)의 단서조건에 의해 소수점 첫째 자리에서 반올림하여 정수표기)

∴ 가로 624mm×세로 624mm

- **(40000/2)m³/h** : (가)에서 구한 값 40000m³/h에서 〔조건 ⑤〕의 상호제연방식이므로 급기는 2개 구역에서 하기 때문에 2로 나누어 줌
- **40000m³/h** : (가)에서 구한 값
- **급기구수 3개** : (다)의 〔조건 ②〕에서 주어진 값

②

$$\text{배기구 단면적} = \frac{\text{배출량}[\text{m}^3/\text{min}]}{\text{배기구수}} \times 35\text{cm}^2 \cdot \text{min/m}^3$$

$$= \frac{40000\text{m}^3/\text{h}}{4\text{개}} \times 35\text{cm}^2 \cdot \text{min/m}^3$$

$$= \frac{40000\text{m}^3/60\text{min}}{4\text{개}} \times 35\text{cm}^2 \cdot \text{min/m}^3 = 5833.333 ≒ 5833.33\text{cm}^2$$

$$A = L^2$$

여기서, A : 단면적〔m^2〕
L : 한 변의 길이〔cm〕

$L^2 = A$

$\sqrt{L^2} = \sqrt{A}$

$L = \sqrt{A}$

(다)의 〔조건 ②〕에 의해 배기구는 **정사각형**이므로 배기구 한 변의 길이 L은

$L = \sqrt{A} = \sqrt{5833.33\text{cm}^2} = 76.376\text{cm} = 763.76\text{mm} ≒ 764\text{mm}$ ((라)의 단서조건에 의해 소수점 첫째 자리에서 반올림하여 정수표기)

∴ 가로 764mm×세로 764mm

- **35cm²·min/m³** : (다)의 〔조건 ②〕에서 주어진 값
- 1h=60min
- **배기구수 4개** : (다)의 〔조건 ②〕에서 주어진 값

③ **A구역 화재시** (○ : open, ● : close)

구 분	배기댐퍼			급기댐퍼		
	A구역	B구역	C구역	A구역	B구역	C구역
A구역 화재시	○	●	●	●	○	○

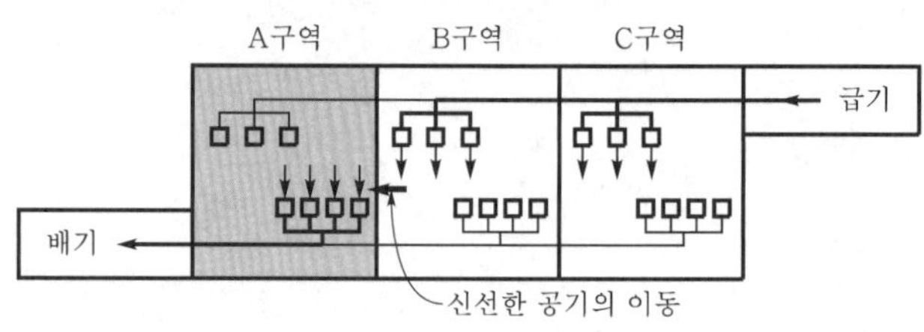

‖ A구역 화재시 ‖

B구역 화재시 (○ : open, ● : close)

구 분	배기댐퍼			급기댐퍼		
	A구역	B구역	C구역	A구역	B구역	C구역
B구역 화재시	●	○	●	○	●	○

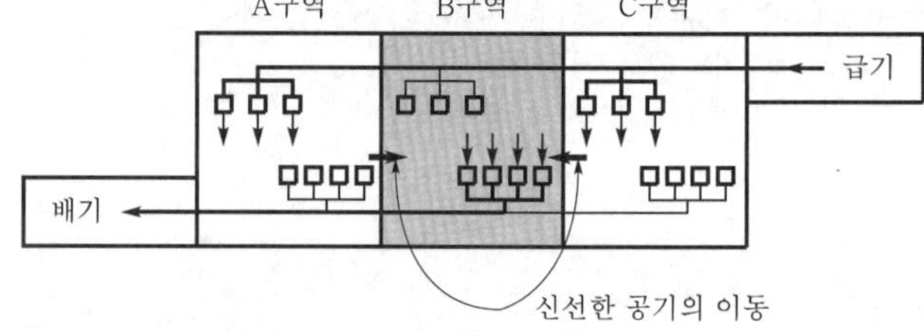

‖ B구역 화재시 ‖

C구역 화재시 (○ : open, ● : close)

구 분	배기댐퍼			급기댐퍼		
	A구역	B구역	C구역	A구역	B구역	C구역
C구역 화재시	●	●	○	○	○	●

A구역 B구역 C구역
급기
배기
신선한 공기의 이동

‖ C구역 화재시 ‖

☆☆

문제 06

주차장 건물에 물분무소화설비를 하려고 한다. 법정 수원의 용량$[m^3]$은 얼마 이상이어야 하는지를 구하시오. (단, 주차장 건물의 바닥면적은 $100m^2$이다.) (09.10.문6)

○ 계산과정 :
○ 답 :

득점	배점
	5

해답 ○ 계산과정 : $100 \times 20 \times 20 = 40000l = 40m^3$
○ 답 : $40m^3$

해설 **수원**의 **용량** Q는

$Q=$ 바닥면적(최소 $50m^2$) $\times 20l/min \cdot m^2 \times 20min = 100m^2 \times 20l/min \cdot m^2 \times 20min = 40000l = 40m^3$

- 주차장 바닥면적이 $100m^2$(최소 $50m^2$)이므로 바닥면적은 **$100m^2$**가 된다.
- **20min**은 소방차가 화재현장에 출동하는 데 걸리는 시간이다.

참고

물분무소화설비의 **수원**(NFPC 104 4조, NFTC 104 2.1.1)

특정소방대상물	토출량	최소기준	비 고
컨베이어벨트	1**0** l/min · m²	–	벨트부분의 바닥면적
절연유 봉입변압기	1**0** l/min · m²	–	표면적을 합한 면적(바닥면적 제외)
특수가연물	1**0** l/min · m²	최소 50m²	최대 방수구역의 바닥면적 기준
케이블트레이 · 덕트	1**2** l/min · m²	–	투영된 바닥면적
차고 · 주차장	2**0** l/min · m²	최소 50m²	최대 방수구역의 바닥면적 기준
위험물 저장탱크	**37** l/min · m	–	위험물탱크 둘레길이(원주길이) : 위험물규칙 〔별표 6〕 Ⅱ

※ 모두 **20분**간 방수할 수 있는 양 이상으로 하여야 한다.

기억법
컨 0
절 0
특 0
케 2
차 0
위 37

문제 07

어느 배관의 인장강도가 20kgf/mm²이고, 내부작업응력이 20kgf/cm²이다. 이 배관의 스케줄수(schedule No.)는 얼마인가? (단, 배관의 안전율은 4이다.) (08.4.문7)

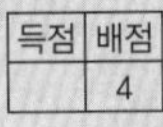

득점	배점
	4

○ 계산과정 :
○ 답 :

해답

○ 계산과정 : 허용응력 $= \frac{2000}{4} = 500\text{kg}_f/\text{cm}^2$

스케줄수 $= \frac{20}{500} \times 1000 = 40$

○ 답 : 40

해설

$$\text{안전율} = \frac{\text{인장강도}}{\text{재료의 허용응력}}$$

$20\text{kg}_f/\text{mm}^2 = 2000\text{kg}/\text{cm}^2$

- 1cm=10mm, 1mm=10^{-1}cm이므로 1mm²=$(10^{-1}\text{cm})^2=10^{-2}\text{cm}^2$
- $20\text{kg}_f/\text{mm}^2=20\text{kg}_f/10^{-2}\text{cm}^2=20\times10^2\text{kg}_f/\text{cm}^2=2000\text{kg}_f/\text{cm}^2$

재료의 허용응력 $= \frac{\text{인장강도}}{\text{안전율}} = \frac{2000\text{kg}_f/\text{cm}^2}{4} = 500\text{kg}_f/\text{cm}^2$

스케줄수(schedule No.)는

스케줄수 $= \frac{\text{내부작업응력}}{\text{재료의 허용응력}} \times 1000 = \frac{20\text{kg}_f/\text{cm}^2}{500\text{kg}_f/\text{cm}^2} \times 1000 = 40$

- 내부작업응력=최고사용압력
- 스케줄수는 단위가 없다(무차원). **'단위'**를 쓰면 틀린다. 거듭 주의하라!
- **내부작업응력**과 **재료의 허용응력**의 단위는 **kgf/cm²**, **MPa** 관계없이 단위만 일치시켜주면 된다.
- 요즘엔 국제단위인 SI단위를 사용해야 하는데 예전에 사용되었던 중력단위인 kgf/cm²가 문제에 출제되었구먼...ㅎㅎ 참

용어

스케줄수(schedule No.)
관의 구경, 두께, 내부압력 등의 일정한 표준이 되는 것을 숫자로 나타낸 것

중요

배관두께

$$t=\left(\frac{P}{s}\times\frac{D}{1.75}\right)+2.54$$

여기서, t : 배관두께[mm]
P : 최고사용압력[MPa]
s : 재료의 허용응력[N/mm^2]
D : 외경[mm]

☆☆☆

문제 08

관내에서 발생하는 캐비테이션(cavitation)의 발생원인과 방지대책을 각각 3가지씩 쓰시오.

(15.7.문13, 10.7.문9)

득점	배점
	6

(가) 발생원인
○
○
○
(나) 방지대책
○
○
○

해답 (가) 발생원인
① 펌프의 흡입수두가 클 때
② 펌프의 마찰손실이 클 때
③ 펌프의 임펠러속도가 클 때
(나) 방지대책
① 펌프의 흡입수두를 작게 한다.
② 펌프의 마찰손실을 작게 한다.
③ 펌프의 임펠러속도를 작게 한다.

해설 **관 내에서 발생하는 현상**
(1) **공동현상**(cavitation)

개 념	펌프의 흡입측 배관 내의 물의 정압이 기존의 증기압보다 낮아져서 기포가 발생되어 물이 흡입되지 않는 현상
발생현상	① 소음과 진동발생 ② 관 부식 ③ **임펠러**의 **손상**(수차의 날개를 해친다.) ④ 펌프의 성능저하

발생원인	① 펌프의 흡입수두가 클 때(소화펌프의 흡입고가 클 때) ② 펌프의 마찰손실이 클 때 ③ 펌프의 임펠러속도가 클 때 ④ 펌프의 설치위치가 수원보다 높을 때 ⑤ 관 내의 수온이 높을 때(물의 온도가 높을 때) ⑥ 관 내의 물의 정압이 그때의 증기압보다 낮을 때 ⑦ 흡입관의 구경이 작을 때 ⑧ 흡입거리가 길 때 ⑨ 유량이 증가하여 펌프물이 과속으로 흐를 때
방지대책	① 펌프의 흡입수두를 **작게** 한다. ② 펌프의 마찰손실을 **작게** 한다. ③ 펌프의 **임펠러속도**(회전수)를 **작게** 한다. ④ 펌프의 설치위치를 수원보다 **낮게** 한다. ⑤ 양흡입펌프를 사용한다(펌프의 흡입측을 가압한다). ⑥ 관 내의 물의 정압을 그때의 증기압보다 **높게** 한다. ⑦ 흡입관의 구경을 **크게** 한다. ⑧ 펌프를 **2개** 이상 설치한다.

(2) **수격작용**(water hammering)

개 념	① 배관 속의 물흐름을 급히 차단하였을 때 동압이 정압으로 전환되면서 일어나는 쇼크(shock)현상 ② 배관 내를 흐르는 유체의 유속을 급격하게 변화시키므로 압력이 상승 또는 하강하여 **관로**의 **벽면**을 **치는 현상**
발생원인	① 펌프가 갑자기 정지할 때 ② 급히 밸브를 개폐할 때 ③ 정상운전시 유체의 압력변동이 생길 때
방지대책	① 관의 관경(직경)을 크게 한다. ② 관 내의 유속을 낮게 한다(관로에서 일부 고압수를 방출한다). ③ 조압수조(surge tank)를 관선에 설치한다. ④ **플라이휠**(fly wheel)을 설치한다. ⑤ 펌프 송출구(토출측) 가까이에 밸브를 설치한다. ⑥ 에어챔버(air chamber)를 설치한다.

(3) **맥동현상**(surging)

개 념	유량이 단속적으로 변하여 펌프 입출구에 설치된 **진공계 · 압력계**가 흔들리고 **진동**과 **소음**이 일어나며 펌프의 **토출유량**이 **변하는 현상**
발생원인	① 배관 중에 **수조**가 있을 때 ② 배관 중에 **기체상태**의 부분이 있을 때 ③ **유량조절밸브**가 배관 중 수조의 위치 **후방**에 있을 때 ④ 펌프의 특성곡선이 **산모양**이고 운전점이 그 **정상부**일 때
방지대책	① 배관 중에 불필요한 수조를 없앤다. ② 배관 내의 기체(공기)를 제거한다. ③ 유량조절밸브를 배관 중 수조의 전방에 설치한다. ④ 운전점을 고려하여 적합한 펌프를 선정한다. ⑤ **풍량** 또는 **토출량**을 줄인다.

(4) **에어 바인딩**(air binding)=**에어 바운드**(air bound)

개 념	펌프 내에 공기가 차있으면 공기의 밀도는 물의 밀도보다 작으므로 수두를 감소시켜 송액이 되지 않는 현상
발생원인	펌프 내에 공기가 차있을 때
방지대책	① 펌프 작동 전 **공기**를 **제거**한다. ② **자동공기제거펌프**(self-priming pump)를 사용한다.

☆☆☆

문제 09

어떤 특정소방대상물에 옥내소화전을 각층에 7개씩 설치하고 수원을 지하수조로 설치하는 경우 수원의 최소유효저수량과 가압송수장치의 최소토출량은 각각 얼마로 산정하여야 하는가? (10.4.문3)

득점	배점
	4

(가) 최소유효저수량
- ○계산과정 :
- ○답 :

(나) 최소토출량
- ○계산과정 :
- ○답 :

해답 (가) 최소유효저수량
- ○계산과정 : $2.6 \times 2 = 5.2\text{m}^3$
- ○답 : 5.2m^3

(나) 최소토출량
- ○계산과정 : $2 \times 130 = 260l/\text{min}$
- ○답 : $260l/\text{min}$

해설 (가) **옥내소화전설비**의 **수원저수량**

$Q = 2.6N$(30층 미만, N : 최대 2개)
$Q = 5.2N$(30~49층 이하, N : 최대 5개)
$Q = 7.8N$(50층 이상, N : 최대 5개)

여기서, Q : 수원의 저수량[m^3]
N : 가장 많은 층의 소화전개수

수원의 **저수량** $Q = 2.6N = 2.6 \times 2 = 5.2\text{m}^3$ 이상 ∴ 최소유효저수량=5.2m^3

(나) **토출량**

$$Q = N \times 130$$

여기서, Q : 가압송수장치의 토출량[l/min]
N : 가장 많은 층의 소화전개수(30층 미만 : 최대 2개, 30층 이상 : 최대 5개)

가압송수장치의 **토출량** Q는
$Q = N \times 130l/\text{min} = 2 \times 130l/\text{min} = 260l/\text{min}$ 이상 ∴ 최소토출량=$260l/\text{min}$

- 문제에서 단위가 주어지지 않았으므로 답란에 단위를 반드시 쓰도록 한다. 단위를 쓰지 않으면 틀린다. 또한 저수량은 m^3, l, 토출량은 l/min, m^3/min 등 어떤 단위로 답해도 옳다.
- **최소유효저수량**을 구하라고 하였으므로 층수가 주어지지 않았지만 **30층 미만**으로 판단하여 $Q=2.6N$을 적용한다.
- **'지하수조'**라는 말이 있어도 고민할 필요 전혀 없다. 우리가 주로 구했던 저수량과 토출량이 지하수조에 대한 것이었으므로 기존에 구하던 방식대로 그냥 구하면 된다.
- **'옥상수조'**라고 주어졌다면 다음과 같이 계산하여야 한다.

① **옥상수원**의 **저수량**

$$Q = 2.6N \times \frac{1}{3}\text{(30층 미만, } N\text{ : 최대 2개)}$$

$$Q = 5.2N \times \frac{1}{3}\text{(30~49층 이하, } N\text{ : 최대 5개)}$$

$$Q = 7.8N \times \frac{1}{3}\text{(50층 이상, } N\text{ : 최대 5개)}$$

여기서, Q : 수원의 저수량〔m^3〕

N : 가장 많은 층의 소화전개수

옥상수원의 저수량 $Q=2.6N\times\frac{1}{3}=2.6\times2\times\frac{1}{3}=1.733 \fallingdotseq \mathbf{1.73m^3}$

② **토출량**

$$Q = N \times 130$$

여기서, Q : 가압송수장치의 토출량〔l/min〕

N : 가장 많은 층의 소화전개수(30층 미만 : 최대 2개, 30층 이상 : 최대 5개)

토출량 $Q=N\times130=2\times130=\mathbf{260\,l/min}$

• **옥상수조**라 하더라도 토출량 계산식은 **지하수조**와 **동일**하다. 주의!!

비교

옥외소화전설비의 저수량 및 토출량

수원의 저수량	토출량
$Q=7N$ 여기서, Q : 수원의 저수량〔m^3〕 N : 옥외소화전 설치개수(최대 **2개**)	$Q=N\times350$ 여기서, Q : 토출량〔l/min〕 N : 옥외소화전 설치개수(최대 **2개**)

☆☆

문제 10

소화설비의 배관에 강관을 사용하지 않고 소방용 합성수지배관으로 설치할 수 있는 경우 3가지를 쓰시오. (16.11.문12)

득점	배점
	6

○

○

○

해답 ① 배관을 지하에 매설하는 경우

② 다른 부분과 내화구조로 구획된 덕트 또는 피트의 내부에 설치하는 경우

③ 천장(상층이 있는 경우 상층바닥의 하단 포함)과 반자를 불연재료 또는 준불연재료로 설치하고 소화배관 내부에 항상 소화수가 채워진 상태로 설치하는 경우

해설 **소방용 합성수지배관으로 설치할 수 있는 경우**(NFPC 102 6조, NFTC 102 2.3.2)

(1) 배관을 **지하**에 **매설**하는 경우

(2) 다른 부분과 **내화구조**로 구획된 **덕트** 또는 **피트**의 내부에 설치하는 경우

(3) **천장**(상층이 있는 경우 상층바닥의 하단 포함)과 **반자**를 **불연재료** 또는 **준불연재료**로 설치하고 소화배관 내부에 항상 소화수가 채워진 상태로 설치하는 경우

중요

배관의 **종류**(NFPC 102 6조, NFTC 102 2.3.1)

사용압력	배관 종류
1.2 MPa 미만	• 배관용 탄소강관 • 이음매 없는 구리 및 구리합금관(**습식**배관) • 배관용 스테인리스 강관 또는 일반배관용 스테인리스 강관
1.2 MPa 이상	• 압력배관용 탄소강관 • 배관용 아크용접 탄소강강관

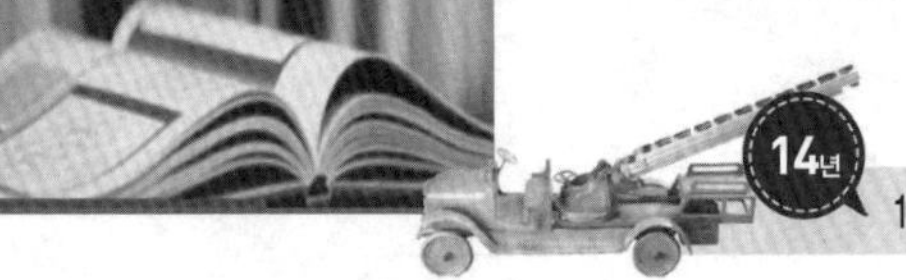

문제 11

표준대기압상태에서 물을 흡입할 수 있는 이론상 최대높이는 몇 m인가? (00.11.문12)

○ 계산과정 :

○ 답 :

득점	배점
	5

해답

○ 계산과정 : $\dfrac{101.325}{9.8}=10.339 \fallingdotseq 10.34\text{m}$

○ 답 : 10.34m

해설 **압력**

$$P=\gamma h$$

여기서, P : 압력[kPa] 또는 [kN/m²]

γ : 비중량(물의 비중량 9.8kN/m³)

h : 높이[m]

높이 $h=\dfrac{P}{\gamma}=\dfrac{101.325\text{kN/m}^2}{9.8\text{kN/m}^3}=10.339=10.34\text{m}$

- **표준대기압**

1atm=760mmHg=1.0332kg$_f$/cm^2

=10.332mH$_2$O(mAq)

=14.7PSI(lb$_f$/in^2)

=101.325kPa(kN/m^2)=101325Pa(N/m^2)

=1013mbar

- 표준대기압 $\boldsymbol{P}$=101.325kN/m^2
- 문제에서 **계산과정**을 쓰라는 조건없이 표준대기압상태에서 이론상 최대높이를 물어본다면 계산과정없이 그냥 10.332m가 정답이 된다. 지문에 '**계산과정**'이란 말이 있고 없고의 차이에 따라 답이 달라지는 것이다.

비교문제

표준대기압상태에서 물을 흡입할 수 있는 이론상 최대높이는 몇 m인가?

○ 답 : 10.332m

문제 12

방수량이 200l/min, 압력이 0.4MPa인 옥내소화전설비가 있다. 압력이 0.8MPa로 변경되었을 때 방수량[l/min]을 구하시오.

○ 계산과정 :

○ 답 :

득점	배점
	5

해답

○ 계산과정 : $K=\dfrac{200}{\sqrt{10\times0.4}}=100$

$Q'=100\sqrt{10\times0.8}=282.842 \fallingdotseq 282.84 l/\text{min}$

○ 답 : 282.84l/min

해설 **방수량**

$$Q = K\sqrt{10P}$$

여기서, Q : 방수량[l/min], K : 방출계수, P : 방사압력[MPa]

방출계수 $K = \dfrac{Q}{\sqrt{10P}} = \dfrac{200 l/\text{min}}{\sqrt{10 \times 0.4\text{MPa}}} = 100$

압력이 **0.8MPa**로 변경되었을 때의 방수량 Q'는

$Q' = K\sqrt{10P'} = 100\sqrt{10 \times 0.8\text{MPa}} = 282.842 \fallingdotseq 282.84 l/\text{min}$

- 방수량=유량=토출량

중요

토출량(방수량)

$Q = 10.99\,CD^2\sqrt{10P}$	$Q = 0.653\,D^2\sqrt{10P}$ 또는 $Q = 0.6597\,CD^2\sqrt{10P}$	$Q = K\sqrt{10P}$
여기서, Q : 토출량[m^3/s] C : 노즐의 흐름계수(유량계수) D : 구경[m] P : 방사압력[MPa]	여기서, Q : 토출량[l/min] C : 노즐의 흐름계수(유량계수) D : 구경[mm] P : 방사압력[MPa]	여기서, Q : 토출량[l/min] K : 방출계수 P : 방사압력[MPa]

- 위 식은 모두 같은 식으로 공식마다 각각 **단위**가 다르므로 주의할 것

☆☆☆

문제 13

제연설비의 배출용 송풍기를 설치하려고 한다. 전압 20mmAq, 회전수 1750rpm, 풍량 25000m³/h, 효율 65%, 여유율을 10% 둔다고 할 때 펌프의 동력[kW]을 구하시오.

(19.11.문13, 17.4.문9, 16.11.문5, 10.10.문14, 09.10.문11)

○ 계산과정 :
○ 답 :

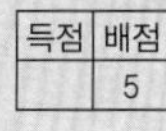

득점	배점
	5

해답 ○ 계산과정 : $\dfrac{20 \times 25000/60}{102 \times 60 \times 0.65} \times 1.1 = 2.304 \fallingdotseq 2.3\text{kW}$

○ 답 : 2.3kW

해설 **제연설비**의 **펌프동력**(배연기 동력)

$$P = \frac{P_T Q}{102 \times 60\eta} K$$

여기서, P : 배연기 동력[kW], P_T : 전압(풍압)[mmAq, mmH₂O], Q : 풍량[m^3/min], K : 여유율, η : 효율

제연설비의 펌프동력 $P = \dfrac{P_T Q}{102 \times 60\eta} K = \dfrac{20\text{mmAq} \times 25000\text{m}^3/60\text{min}}{102 \times 60 \times 0.65} \times 1.1 = 2.304 \fallingdotseq 2.3\text{kW}$

- 배연설비(제연설비)에 대한 동력은 반드시 $P = \dfrac{P_T Q}{102 \times 60\eta} K$를 적용하여야 한다. 우리가 알고 있는 일반적인 식 $P = \dfrac{0.163QH}{\eta} K$를 적용하여 풀면 답은 비슷하게 나오지만 틀린다.
- 여유율(K)은 10%이므로 **1.1**(1+0.1=1.1)이 된다.
- P_T : **20mmAq**
- Q : **25000m³/h=25000m³/60min**
- η : **0.65** (65%이므로 0.65)

☆ **문제 14**

지하구의 폭 3m, 높이 2.5m, 환기구 사이의 간격이 1000m인 곳에 연소방지설비를 설치하고자 한다. 헤드로 연소방지설비 전용 헤드를 사용할 경우 살수구역수, 살수헤드수, 배관의 구경을 구하시오. (19.6.문15, 19.4.문12)

득점	배점
	6

(가) 살수구역수
　○계산과정 :　　　　　　　　　○답 :

(나) 살수헤드수
　○계산과정 :　　　　　　　　　○답 :

(다) 배관의 구경〔mm〕

해답

(가) ○계산과정 : $\frac{1000}{700}-1=0.42 \fallingdotseq 1$개

○답 : 1개

(나) ○계산과정 : $S=2\text{m}$

벽면개수 $N_1=\frac{2.5}{2}=1.25 \fallingdotseq 2$개, $N_1{}'=2\times2=4$개

천장면개수 $N_2=\frac{3}{2}=1.5 \fallingdotseq 2$개, 길이방향개수 $N_3=\frac{3}{2}=1.5 \fallingdotseq 2$개

벽면 살수구역헤드수 $=4\times2\times1=8$개

천장 살수구역헤드수 $=2\times2\times1=4$개

○답 : 4개

(다) 65mm

해설 **연소방지설비**

(가) 살수구역수

$$\text{살수구역수}=\frac{\text{환기구 사이의 간격[m]}}{700\text{m}}-1(\text{절상}) \quad =\frac{1000\text{m}}{700\text{m}}-1=0.42 \fallingdotseq 1\text{개}$$

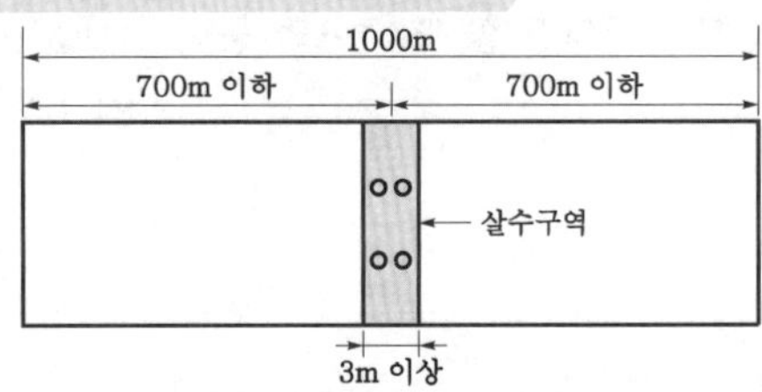

▎살수구역 및 살수헤드의 설치위치 ▎

- 살수구역은 환기구 사이의 간격으로 **700m** 이하마다 또는 환기구 등을 기준으로 **1개** 이상 설치하되, 하나의 살수구역의 길이는 **3m** 이상으로 할 것

(나) 살수헤드수

- h(높이) : 2.5m
- W(폭) : 3m
- L(살수구역길이) : 3m(NFPC 605 8조 ②항 3호, NFTC 605 2.4.2.3)에 의해 3m
- S(헤드 간 수평거리=헤드 간의 간격) : 연소방지설비 전용 헤드 **2m** 또는 스프링클러헤드 1.5m(NFPC 605 8조 ②항 2호, NFTC 605 2.4.2.2)
- 헤드는 일반적으로 **정사각형**으로 설치하며, NFPC 605 8조 ②항 2호, NFTC 605 2.4.2.2에서 헤드 간의 수평거리라 함은 헤드 간의 간격을 말하는 것으로 소방청의 공식 답변이 있다(신청번호 1AA-2205-0758722).
그러므로 헤드 간의 수평거리는 S(수평헤드간격)를 말한다.

벽면개수 $N_1=\frac{h}{S}(\text{절상})=\frac{2.5\text{m}}{2\text{m}}=1.25 \fallingdotseq 2\text{개}(\text{절상})$

$N_1{}'=N_1\times2(\text{벽면이 양쪽이므로})=2\text{개}\times2=4\text{개}$

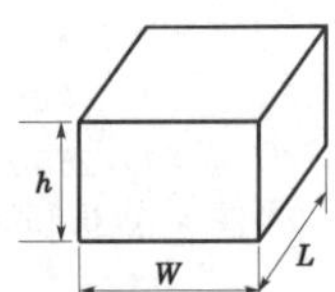

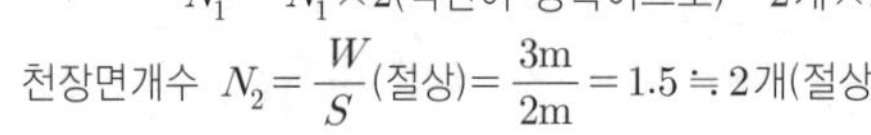

천장면개수 $N_2=\frac{W}{S}(\text{절상})=\frac{3\text{m}}{2\text{m}}=1.5 \fallingdotseq 2\text{개}(\text{절상})$

길이방향개수 $N_3 = \frac{L}{S}$(절상)$= \frac{3\text{m}}{2\text{m}} = 1.5 ≒ 2$개(절상)
벽면 살수구역헤드수 =벽면개수×길이방향개수×1개 살수구역
=4개×2개×1개=8개
천장 살수구역헤드수 =천장면개수×길이방향개수×1개 살수구역
=2개×2개×1개=4개

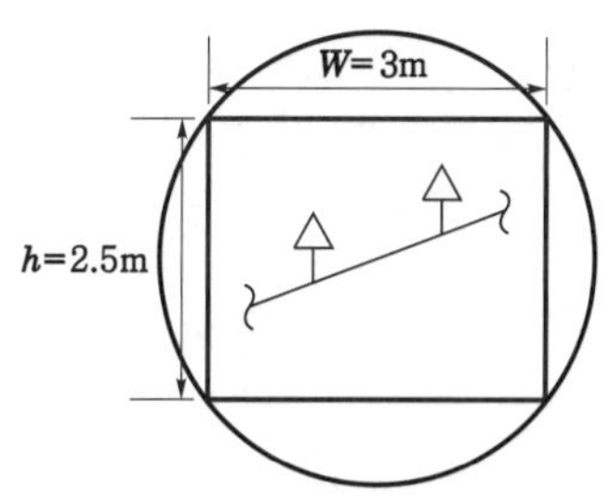

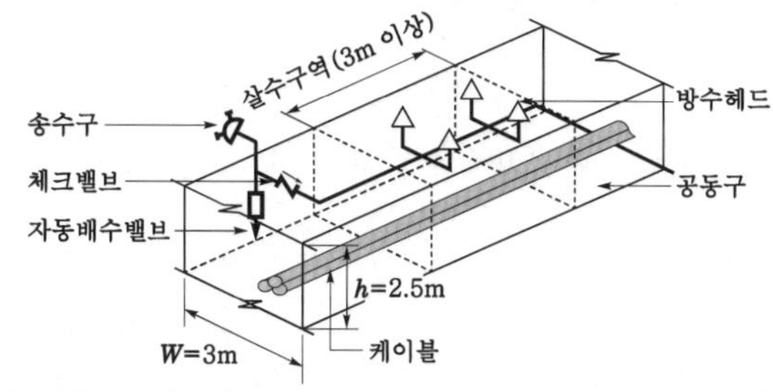

- 지하구의 화재안전기준(NFPC 605 8조)에 의해 벽면 살수구역헤드수와 천장 살수구역헤드수를 구한 다음 **둘 중 작은 값**을 선정하면 됨
  - 지하구의 화재안전기준(NFPC 605 8조, NFTC 605 2.4.2)
    제8조 연소방지설비
    1. 천장 또는 벽면에 설치할 것

(다) 살수헤드수가 총 **4개**이므로 배관의 구경은 **65mm**를 사용하여야 한다.

- **연소방지설비**의 **배관구경**(NFPC 605 8조, NFTC 605 2.4.1.3.1)

(1) 연소방지설비 전용 헤드를 사용하는 경우

배관의 구경	32mm	40mm	50mm	65mm	80mm
살수헤드수	1개	2개	3개	4개 또는 5개	6개 이상

(2) 스프링클러헤드를 사용하는 경우

구분 \ 배관의 구경	25mm	32mm	40mm	50mm	65mm	80mm	90mm	100mm	125mm	150mm
폐쇄형 헤드수	2개	3개	5개	10개	30개	60개	80개	100개	160개	161개 이상
개방형 헤드수	1개	2개	5개	8개	15개	27개	40개	55개	90개	91개 이상

☆☆☆
문제 15

어느 건물의 근린생활시설에 옥내소화전설비를 각 층에 4개씩 설치하였다. 다음 각 물음에 답하시오. (단, 유속은 4m/s이다.) (19.6.문2, 17.11.문12, 산업 16.4.문7)

득점	배점
	13

(가) 가압송수장치의 토출량[l/min]은?
○ 계산과정 :
○ 답 :

(나) 토출측 주배관에서 배관의 최소구경은?

호칭구경	15A	20A	25A	32A	40A	50A	65A	80A	100A
내경[mm]	16.4	21.9	27.5	36.2	42.1	53.2	69	81	105.3

○ 계산과정 :
○ 답 :

(다) 펌프의 성능시험을 위한 유량측정장치의 최대측정유량[l/min]은?
○ 계산과정 :
○ 답 :

(라) 소방호스 및 배관의 마찰손실수두가 10m이고 실양정이 25m일 때 정격토출량의 150%로 운전시의 최소양정[m]은?
 ○ 계산과정 :
 ○ 답 :

(마) 중력가속도가 $9.8m/s^2$일 때 체절압력[MPa]은?
 ○ 계산과정 :
 ○ 답 :

(바) 성능시험배관의 유량계의 선단 및 후단에 설치하여야 하는 밸브를 쓰시오.
 ○ 선단 :
 ○ 후단 :

해답 (가) ○ 계산과정 : $2\times130=260l/min$
 ○ 답 : 260 l/min

(나) ○ 계산과정 : $\sqrt{\dfrac{4\times0.26/60}{\pi\times4}} \fallingdotseq 0.0371m=37.1mm$
 ○ 답 : 50A

(다) ○ 계산과정 : $260\times1.75=455l/min$
 ○ 답 : 455 l/min

(라) ○ 계산과정 : $H=10+25+17=52m$
 $52\times0.65=33.8m$
 ○ 답 : 33.8m

(마) ○ 계산과정 : $1000\times9.8\times52=509600Pa=0.5096MPa$
 $0.5096\times1.4=0.713\fallingdotseq0.71MPa$
 ○ 답 : 0.71MPa

(바) ○ 선단 : 개폐밸브
 ○ 후단 : 유량조절밸브

해설 (가) **옥내소화전설비 가압송수장치의 토출량**

$$Q=N\times130$$

여기서, Q : 가압송수장치의 토출량[l/min]
 N : 가장 많은 층의 소화전개수(30층 미만 : 최대 2개, 30층 이상 : 최대 5개)

토출량 $Q=N\times130=2\times130=260l/min$

중요

저수량 및 토출량

옥내소화전설비	옥외소화전설비
(1) 수원의 저수량 $Q=2.6N$(30층 미만, N : 최대 2개) $Q=5.2N$(30~49층 이하, N : 최대 5개) $Q=7.8N$(50층 이상, N : 최대 5개) 여기서, Q : 수원의 저수량[m^3] N : 가장 많은 층의 소화전개수 (2) 가압송수장치의 토출량 $Q=N\times130$ 여기서, Q : 가압송수장치의 토출량[l/min] N : 가장 많은 층의 소화전개수(30층 미만 : 최대 2개, 30층 이상 : 최대 5개)	(1) 수원의 저수량 $Q=7N$ 여기서, Q : 수원의 저수량[m^3] N : 옥외소화전 설치개수(최대 **2개**) (2) 가압송수장치의 토출량 $Q=N\times350$ 여기서, Q : 가압송수장치의 토출량[l/min] N : 옥외소화전 설치개수(최대 **2개**)

(나) **유량**

$$Q = AV = \left(\frac{\pi D^2}{4}\right)V$$

여기서, Q : 유량[m^3/s], A : 단면적[m^2], V : 유속[m/s], D : 내경[m]
배관최소내경 D는

$$D = \sqrt{\frac{4Q}{\pi V}} = \sqrt{\frac{4 \times 0.26\text{m}^3/60\text{s}}{\pi \times 4\text{m/s}}} \fallingdotseq 0.0371\text{m} = 37.1\text{mm}$$

∴ 37.1mm로서 42.1mm 이하로 40A이지만 토출측 주배관의 최소구경은 50A이다.

호칭구경	15A	20A	25A	32A	40A	50A	65A	80A	100A
내경[mm]	16.4	21.9	27.5	36.2	42.1	53.2	69	81	105.3

- $1000l = 1m^3$, 1min=60s이므로 $260l$/min=**$0.26m^3/60s$**
- V : **4m/s**(단서에서 주어짐)
- 유속이 주어지지 않을 경우에도 아래 표에 의해 **4m/s**를 적용하면 된다.

‖ 배관 내의 유속 ‖

설 비		유 속
옥내소화전설비		4m/s 이하
스프링클러설비	가지배관	6m/s 이하
	기타의 배관	10m/s 이하

‖ 최소구경 ‖

구 분	구 경
주배관 중 수직배관인 경우, 펌프토출측 주배관	**50mm 이상**
연결송수관인 방수구가 연결된 경우 (연결송수관설비의 배관과 겸용할 경우)	**100mm 이상**

(다)

유량측정장치의 최대측정유량=펌프의 정격토출량×1.75
=$260l$/min×1.75=$455l$/min

- 유량측정장치는 펌프의 정격토출량의 **175%** 이상 측정할 수 있어야 하므로 유량측정장치의 성능은 펌프의 **정격토출량×1.75**가 된다.
- **$260l$ /min**((가)에서 구한 값)

(라) **전양정**

$$H = h_1 + h_2 + h_3 + 17$$

여기서, H: 전양정[m]
h_1 : 소방호스의 마찰손실수두[m]
h_2 : 배관 및 관부속품의 마찰손실수두[m]
h_3 : 실양정(흡입양정+토출양정)[m]

전양정 $H = h_1 + h_2 + h_3 + 17 = 10 + 25 + 17 = 52\text{m}$

- 문제에서 $h_1 + h_2 = 10\text{m}$
- 문제에서 $h_3 = 25\text{m}$

정격토출량 150% 운전시의 양정=전양정×0.65
$= 52\text{m} \times 0.65 = 33.8\text{m}$

- 펌프의 성능시험 : 체절운전시 정격토출압력의 **140%**를 초과하지 아니하고, **정격토출량**의 **150%**로 운전시 **정격토출압력**의 **65%** 이상이 될 것

(마) ① $P = \gamma h$ $\gamma = \rho g$

여기서, P : 정격토출압력〔Pa〕, γ : 비중량〔N/m^3〕, h : 높이〔m〕
ρ : 밀도(물의 밀도 1000N·s^2/m^4)
g : 중력가속도〔m/s^2〕

$$P = \gamma h = (\rho g)h = 1000\text{N}\cdot\text{s}^2/\text{m}^4 \times 9.8\text{m/s}^2 \times 52\text{m}$$
$$= 509600\text{N/m}^2$$
$$= 509600\text{Pa}$$
$$= 0.5096\text{MPa}$$

- 1N/m^2=1Pa이므로 509600N/m^2=509600Pa
- 1000000Pa=1MPa이므로 509600Pa=0.5096MPa
- 문제에서 주어진 중력가속도 9.8m/s^{2}를 반드시 적용할 것. 적용하지 않으면 틀림

② 체절압력〔MPa〕=정격토출압력〔MPa〕×1.4

$$= 0.5096\text{MPa} \times 1.4 = 0.713 \fallingdotseq 0.71\text{MPa}$$

중요

체절운전, 체절압력, 체절양정

구 분	설 명
체절운전	펌프의 성능시험을 목적으로 펌프 토출측의 개폐밸브를 닫은 상태에서 펌프를 운전하는 것
체절압력	체절운전시 릴리프밸브가 압력수를 방출할 때의 압력계상 압력으로 정격토출압력의 **140%** 이하
체절양정	펌프의 토출측 밸브가 모두 막힌 상태. 즉, 유량이 0인 상태에서의 양정

(바) **펌프**의 **성능시험방법**

유량계에 따른 방법	압력계에 따른 방법

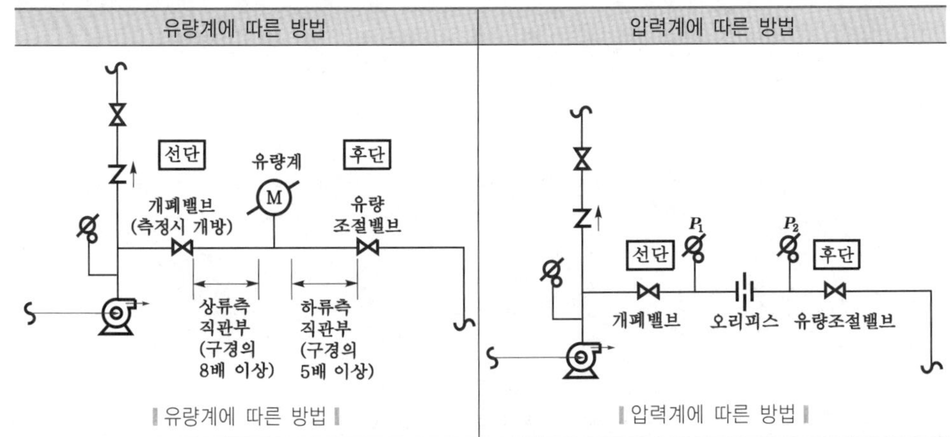

‖유량계에 따른 방법‖ ‖압력계에 따른 방법‖

☆ 문제 16

표준대기압상태에서 압력이 일정할 때 15℃의 이산화탄소 100mol이 있다. 이 상태에서 온도가 30℃로 변화되었을 때의 이산화탄소의 부피〔m^3〕를 구하시오.

득점	배점
	4

○ 계산과정 :
○ 답 :

해답 ○ 계산과정 : $V_1 = \dfrac{0.1 \times 0.082 \times (273+15)}{1} = 2.3616\text{m}^3$

$V_2 = \dfrac{2.3616}{(273+15)} \times (273+30) = 2.484 \fallingdotseq 2.48\text{m}^3$

○ 답 : 2.48m³

해설 (1) **이상기체 상태방정식**

$$PV = nRT = \frac{m}{M}RT$$

여기서, P : 압력〔atm〕
V : 부피〔m³〕
n : 몰수$\left(\dfrac{m}{M}\right)$〔kmol〕
R : 0.082atm · m³/kmol · K
T : 절대온도(273+℃)〔K〕
m : 질량〔kg〕
M : 분자량〔kg/kmol〕

$$PV = nRT$$ 에서

초기부피 $V_1 = \dfrac{nRT}{P} = \dfrac{0.1\text{kmol} \times 0.082\text{atm} \cdot \text{m}^3/\text{kmol} \cdot \text{K} \times (273+15)\text{K}}{1\text{atm}} = 2.3616\text{m}^3$

- 1000mol=1kmol이므로 100mol=0.1kmol
- 문제에서 표준대기압상태이므로 압력 P=1atm
- **표준대기압**

1atm=760mmHg=1.0332kg$_f$/cm²
=10.332mH$_2$O(mAq)
=14.7PSI(lb$_f$/in²)
=101.325kPa(kN/m²)=101325Pa(N/m²)
=1013mbar

(2) **보일-샤를의 법칙**(Boyle-Charl's law)

$$\frac{P_1 V_1}{T_1} = \frac{P_2 V_2}{T_2}$$

여기서, P_1, P_2 : 기압〔atm〕
V_1, V_2 : 부피〔m³〕
T_1, T_2 : 절대온도〔K〕

문제에서 **압력**이 **일정**하므로

$$\frac{\cancel{P_1} V_1}{T_1} = \frac{\cancel{P_2} V_2}{T_2}$$

$$\frac{V_1}{T_1} = \frac{V_2}{T_2}$$

$$V_2 = \frac{V_1}{T_1} \times T_2 = \frac{2.3616\text{m}^3}{(273+15)\text{K}} \times (273+30)\text{K} = 2.484 \fallingdotseq 2.48\text{m}^3$$

별해

30℃로 변화되었을 때의 부피 V_2는

$$V_2 = \frac{nRT}{P} = \frac{0.1\text{kmol} \times 0.082\text{atm} \cdot \text{m}^3/\text{kmol} \cdot \text{K} \times (273+30)\text{K}}{1\text{atm}} = 2.484 \fallingdotseq 2.48\text{m}^3$$

☆☆
문제 17

20℃의 물 40g을 100℃에서 증발시킬 때 소모되는 열량은 몇 kJ인가? (단, 물의 비열은 4.186kJ/kg · K 이고, 기화열은 2256kJ/kg이다.)

득점	배점
	4

○ 계산과정 :
○ 답 :

해답 ○ 계산과정 : $Q = 0.04 \times 4.186 \times (100 - 20) + 2256 \times 0.04 = 103.635 \fallingdotseq 103.64\text{kJ}$
○ 답 : 103.64kJ

해설

$$Q = r_1 m + m C \Delta T + r_2 m$$

여기서, Q : 열량〔kJ〕
r_1 : 융해열〔kJ/kg〕
r_2 : 기화열〔kJ/kg〕
m : 질량〔kg〕
C : 비열〔kJ/kg · K〕
ΔT : 온도차〔℃〕 또는 〔K〕

열량 Q는

$Q = m C \Delta T + r_2 m$
$= 0.04\text{kg} \times 4.186\text{kJ/kg} \cdot \text{K} \times (100 - 20)℃ + 2256\text{kJ/kg} \times 0.04\text{kg} = 103.635 \fallingdotseq 103.64\text{kJ}$

- 문제에서 융해열은 없으므로 $r_1 m$은 무시
- m : 40g=**0.04kg**(∵ 1000g=1kg)
- 물의 기화열(증발열)=**2256kJ/kg**
- 온도차(ΔT)는 ℃로 계산하든 K로 계산하든 값은 동일하게 80이 나온다. 아래 계산을 보고 확인하라.

① ℃로 계산 : $(100 - 20)℃ = 80℃$
② K로 계산
$K_1 = 273 + ℃ = 273 + 100 = 373\text{K}$
$K_2 = 273 + ℃ = 273 + 20 = 293\text{K}$
$(373 - 293)\text{K} = 80\text{K}$

저 골짜기에 흐르는 물을 보라. 그의 앞에 있는 모든 장애물에 대해서 굽히고 적응함으로써 줄기차게 흘러 드디어는 바다에 이른다. 적응하는 힘이 자유자재로워야 사람도 그가 부딪친 환경에 굳센 것이다.

- 공자 -

과년도 출제문제

2013년

소방설비기사 실기(기계분야)

** 수험자 유의사항 **

1. 문제지를 받는 즉시 응시 종목의 문제가 맞는지 확인하셔야 합니다.
2. 답안지 내 인적사항 및 답안작성(계산식 포함)은 검정색 필기구만을 계속 사용하여야 합니다.
3. 답안정정 시에는 **두 줄(=)**을 긋고 다시 기재 가능하며, **수정테이프 사용** 또한 **가능**합니다.
4. 계산문제는 반드시 '계산과정'과 '답'란에 정확히 기재하여야 하며 **계산과정이 틀리거나 없는 경우 0점 처리**됩니다.
   ※ 연습이 필요 시 연습란을 이용하여야 하며, 연습란은 채점대상이 아닙니다.
5. 계산문제는 **최종결과** 값(답)에서 **소수 셋째자리에서 반올림**하여 **둘째자리**까지 구하여야 하나 개별 문제에서 소수처리에 대한 별도 요구사항이 있을 경우, 그 요구사항에 따라야 합니다.
6. 답에 단위가 없으면 오답으로 처리됩니다. (단, 문제의 요구사항에 단위가 주어졌을 경우는 생략되어도 무방합니다.)
7. 문제에서 요구한 가지 수 이상을 답란에 표기한 경우, **답란기재 순**으로 **요구한 가지 수**만 채점합니다.

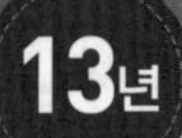

13년 2013. 4. 21 시행

▌2013년 기사 제1회 필답형 실기시험▌

자격종목	시험시간	형별	수험번호	성명	감독위원 확인
소방설비기사(기계분야)	3시간				

※ 다음 물음에 답을 해당 답란에 답하시오.(배점 : 100)

☆☆

문제 01

교육연구시설(연구소)에 스프링클러설비를 설치하고자 한다. 조건을 참고하여 다음 각 물음에 답하시오.

유사문제부터 풀어보세요. 실력이 팍!팍! 올라갑니다.

(17.4.문1)

득점	배점
	12

〔조건〕

① 건물의 층별 높이는 다음과 같으며 지상층은 모두 창문이 있는 건물이다.

층 별 / 구 분	지하 2층	지하 1층	지상 1층	지상 2층	지상 3층	지상 4층	지상 5층
층높이	5.5	4.5	4.5	4.5	4	4	4
반자높이〔m〕(헤드설치시)	5	4	4	4	3.5	3.5	3.5
바닥면적〔m^2〕	2500	2500	2000	2000	2000	1800	900

② 지상 1층에 있는 국제회의실은 바닥으로부터 반자(헤드 부착면)까지의 높이가 4.3m이다.

③ 지하 2층 물탱크실의 저수조는 바닥으로부터 3m 높이에 풋밸브가 위치해 있으며, 이 높이까지 항상 물이 차 있고, 저수조는 일반급수용과 소방용을 겸용하며 내부 크기는 가로 8m, 세로 5m, 높이 4m이다.

④ 스프링클러 헤드 설치시 반자(헤드 부착면) 높이는 위 표에 따른다.

⑤ 배관 및 관 부속품의 마찰손실수두는 직관의 30%이다.

⑥ 펌프의 효율은 60%, 전달계수는 1.1이다.

⑦ 산출량은 최소치를 적용한다.

⑧ 조건에 없는 사항은 소방관련법령 및 국가화재안전기준에 따른다.

(가) 이 건물에서 스프링클러설비를 설치하여야 하는 층을 모두 쓰시오.

(나) 일반급수펌프의 흡수구와 소화펌프의 흡수구 사이의 수직거리〔m〕는?

○ 계산과정 :

○ 답 :

(다) 옥상수조를 설치할 경우 옥상수조에 보유하여야 할 저수량〔m^3〕은?

○ 계산과정 :

○ 답 :

(라) 소방펌프의 정격 토출량〔l/min〕은?

○ 계산과정 :

○ 답 :

(마) 소화펌프의 전양정〔m〕은?

○ 계산과정 :

○ 답 :

(바) 소화펌프의 전동기 동력〔kW〕은?
○ 계산과정 :
○ 답 :

해답 (가) 지하 2층, 지하 1층, 지상 4층

(나) ○ 계산과정 : $Q=1.6\times10=16\text{m}^3$

$$H=\frac{16}{8\times5}=0.4\text{m}$$

○ 답 : 0.4m

(다) ○ 계산과정 : $1.6\times10\times\frac{1}{3}=5.333 ≒ 5.33\text{m}^3$

○ 답 : 5.33m^3

(라) ○ 계산과정 : $10\times80=800l/\text{min}$

○ 답 : 800l/min

(마) ○ 계산과정 : $h_2=(5.5-3+0.4)+4.5+4.5+4.5+4+3.5=23.9\text{m}$

$h_1=23.9\times0.3=7.17\text{m}$

$H=7.17+23.9+10=41.07\text{m}$

○ 답 : 41.07m

(바) ○ 계산과정 : $\frac{0.163\times0.8\times41.07}{0.6}\times1.1=9.818 ≒ 9.82\text{kW}$

○ 답 : 9.82kW

해설 (가) 교육연구시설은 지하층 · 무창층 또는 4층 이상인 층으로서 바닥면적 1000m² 이상인 층에 스프링클러설비 설치(소방시설법 시행령 〔별표 4〕)

〈스프링클러설비 설치층〉

① **지하층**으로서 바닥면적 **1000m²** 이상인 층
② **무창층**으로서 바닥면적 **1000m²** 이상인 층
③ **4층 이상**으로서 바닥면적 **1000m²** 이상인 층

지하 2층, 지하 1층, 지상 4층

- 〔조건 ①〕에서 지상층은 모두 창문이 있으므로 무창층 아님
- **'기숙사(교육연구시설 내에 학생 수용을 위한 것)로서 연면적 5000m² 이상은 모든 층'**에 설치하라는 규정이 있는데 이 문제는 단지 교육연구시설이지 기숙사가 아니므로 스프링클러설비를 모든 층에 설치하는 것이 아니다. 특별히 주의할 것!!!
- **지상 5층**은 바닥면적 1000m² 이상이 안되므로 **설치 제외**

(나)

특정소방대상물		폐쇄형 헤드의 기준개수
지하가 · 지하역사		30
11층 이상		
10층 이하	공장(특수가연물), 창고시설	
	판매시설(백화점 등), 복합건축물(판매시설이 설치된 것)	
	근린생활시설, 운수시설	20
	8m 이상	
	8m 미만 →	10
공동주택(아파트 등)		10(각 동이 주차장으로 연결된 주차장 : 30)

(1) **수원**의 **저수량**

$Q=1.6N$(30층 미만), $Q=3.2N$(30~49층 이하), $Q=4.8N$(50층 이상)

여기서, Q : 수원의 저수량〔m³〕
N : 폐쇄형 헤드의 기준개수(설치개수가 기준개수보다 작으면 그 설치개수)

수원의 **최소유효저수량** Q는

$Q=1.6N=1.6\times10=16\text{m}^3$

- N : 폐쇄형 헤드의 기준개수로서 (가)에서 스프링클러설비는 지하 2층, 지하 1층, 지상 4층에 설치하므로 헤드부착 최대높이는 지하 2층의 5m로서 8m 미만이므로 위 표에서 **10개**가 된다.

(2) **일반급수펌프**의 **흡수구**와 **소화펌프**의 **흡수구 사이**의 **수직거리**

$$H=\frac{Q}{A}$$

여기서, H : 일반급수펌프의 흡수구와 소화펌프의 흡수구 사이의 수직거리〔m〕
Q : 수원의 저수량〔m³〕
A : 저수조의 단면적〔m²〕

$$H=\frac{Q}{A}=\frac{16\text{m}^3}{(8\times5)\text{m}^2}=0.4\text{m}$$

- $A(8\times5)\text{m}^2$: 〔조건 ③〕 단면적이므로 높이는 적용하지 않음

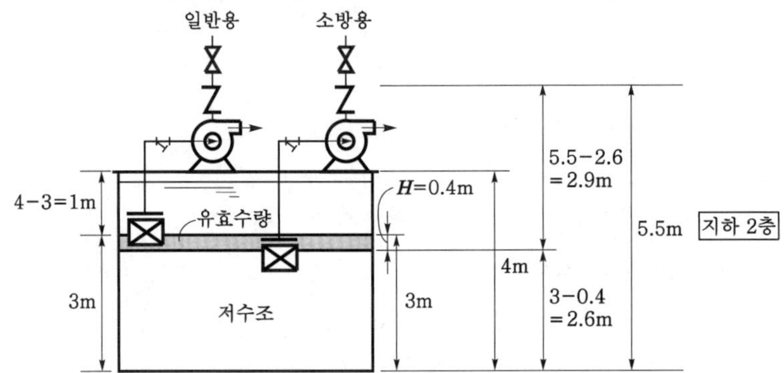

(다) **옥상수원**의 **저수량**

$$Q'=1.6N\times\frac{1}{3}(30\text{층 미만})$$

여기서, Q' : 옥상수원의 저수량〔m³〕
N : 폐쇄형헤드의 기준개수(설치개수가 기준개수보다 작으면 그 설치개수)

옥상수원의 저수량 $Q'=1.6N\times\frac{1}{3}=1.6\times10\times\frac{1}{3}=5.333 \fallingdotseq 5.33\text{m}^3$

(라) **정격 토출량**

$$Q=N\times80l/\text{min}$$

여기서, Q : 정격 토출량〔l/min〕
N : 폐쇄형헤드의 기준개수(설치개수가 기준개수보다 작으면 그 설치개수)

정격 토출량 $Q=N\times80l/\text{min}=10\times80l/\text{min}=800l/\text{min}$

(마) **전양정**

$$H\geq h_1+h_2+10$$

여기서, H : 전양정〔m〕
h_1 : 배관 및 관부속품의 마찰손실수두〔m〕
h_2 : 실양정(흡입양정+토출양정)〔m〕

펌프의 전양정 H는

$H=h_1+h_2+10=7.17\text{m}+23.9\text{m}+10=41.07\text{m}$

- h_2 =(지하 2층고 **5.5m** − 지하 2층 바닥에서 일반급수용 **풋밸브** 높이 **3m** + 일반급수펌프의 흡수구와 소화펌프의 흡수구 사이의 수직거리 **0.4m**) + 지하 1층고 **4.5m** + 지상 1층고 **4.5m** + 지상 2층고 **4.5m** + 지상 3층고 **4m** + 지상 4층은 헤드가 반자에 설치되어 있으므로 반자까지의 높이 **3.5m** = **23.9m**

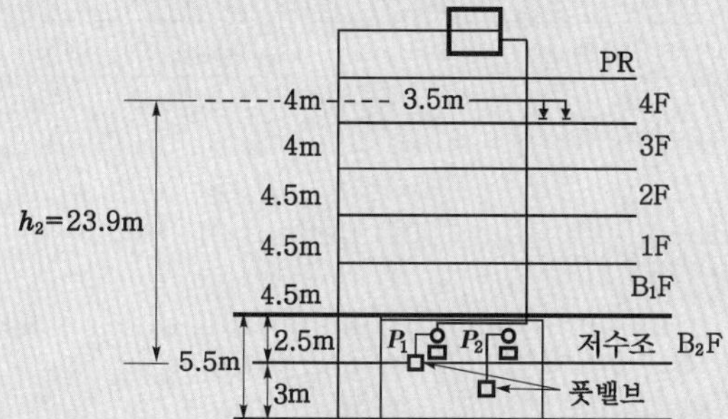

- 〔조건 ③〕에서 물이 항상 차 있다고 했으므로 3m 높이에 풋밸브가 설치된 **저수조**는 **일반급수용** 저수조로 봐야 한다. 왜냐하면 풋밸브는 일반급수용이 소방용보다 더 위에 있기 때문에 일반급수용 풋밸브까지 물이 항상 차 있어야 유효수량이 확보되어 화재시 사용할 수 있다.
- h_1 = 직관×0.3(30%) = 23.9m×0.3 = 7.17m

직관이 주어지지 않았으므로 여기서는 실양정(h_2) = 직관으로 봐야 한다.

(바) **전동기**의 **동력**

$$P=\frac{0.163\,QH}{\eta}K$$

여기서, P : 전동기의 동력〔kW〕
Q : 유량〔m^3/min〕
H : 전양정〔m〕
K : 전달계수
η : 효율

전동기의 **동력** P는

$$P=\frac{0.163\,QH}{\eta}K=\frac{0.163\times 0.8\text{m}^3/\text{min}\times 41.07\text{m}}{0.6}\times 1.1=9.818 \fallingdotseq 9.82\text{kW}$$

- 0.8m^3/min : (라)에서 800 l/min = 0.8m^3/min
- 41.07m : (마)에서 구한 값
- 1.1 : 〔조건 ⑥〕에서 주어진 값
- 0.6 : 〔조건 ⑥〕에서 60% = 0.6

☆☆

문제 02

가로 15m, 세로 14m, 높이 3.5m인 전산실에 할로겐화합물 및 불활성기체 소화약제 중 HFC-23과 IG-541을 사용할 시 조건을 참고하여 다음 각 물음에 답하시오.

(19.11.문14, 19.6.문9, 19.4.문8, 17.6.문1, 14.7.문1)

득점	배점
	12

〔조건〕

① HFC-23의 소화농도는 A, C급 화재는 38%, B급 화재는 35%이다.
② HFC-23의 저장용기는 68 l이며 충전밀도는 720.8kg/m^3이다.
③ IG-541의 소화농도는 33%이다.
④ IG-541의 저장용기는 80 l용 15.8m^3/병을 적용하며, 충전압력은 19.996MPa이다.

⑤ 소화약제량 산정시 선형상수를 이용하도록 하며 방사시 기준온도는 30℃이다.

소화약제	K_1	K_2
HFC-23	0.3164	0.0012
IG-541	0.65799	0.00239

(가) HFC-23의 저장량은 최소 몇 kg인가?
　○ 계산과정 :
　○ 답 :

(나) HFC-23의 저장용기 수는 최소 몇 병인가?
　○ 계산과정 :
　○ 답 :

(다) 배관 구경 산정 조건에 따라 HFC-23의 약제량 방사시 유량은 몇 kg/s인가?
　○ 계산과정 :
　○ 답 :

(라) IG-541의 저장량은 몇 m^3인가?
　○ 계산과정 :
　○ 답 :

(마) IG-541의 저장용기 수는 최소 몇 병인가?
　○ 계산과정 :
　○ 답 :

(바) 배관 구경 산정 조건에 따라 IG-541의 약제량 방사시 유량은 몇 m^3/s인가?
　○ 계산과정 :
　○ 답 :

해답 (가) ○ 계산과정 : $S = 0.3164 + 0.0012 \times 30 = 0.3524 \text{m}^3/\text{kg}$

$$W = \frac{(15 \times 14 \times 3.5)}{0.3524} \times \left(\frac{51.3}{100 - 51.3}\right) = 2197.049 ≒ 2197.05 \text{kg}$$

○ 답 : 2197.05kg

(나) ○ 계산과정 : $\frac{2197.05}{49.0144} = 44.8 ≒ 45$병

○ 답 : 45병

(다) ○ 계산과정 : $W_{95} = \frac{(15 \times 14 \times 3.5)}{0.3524} \times \left(\frac{51.3 \times 0.95}{100 - 51.3 \times 0.95}\right) = 1982.765 \text{kg}$

$$\text{유량} = \frac{1982.765}{10} = 198.276 ≒ 198.28 \text{kg/s}$$

○ 답 : 198.28kg/s

(라) ○ 계산과정 : $S = 0.65799 + 0.00239 \times 30 = 0.72969 \text{m}^3/\text{kg}$

$$V_s = 0.65799 + 0.00239 \times 20 = 0.70579 \text{m}^3/\text{kg}$$

$$X = 2.303\left(\frac{0.70579}{0.72969}\right) \times \log_{10}\left[\frac{100}{100 - 44.55}\right] \times (15 \times 14 \times 3.5) ≒ 419.3 \text{m}^3$$

○ 답 : 419.3m^3

(마) ○ 계산과정 : $\frac{419.3}{15.8} = 26.5 ≒ 27$병

○ 답 : 27병

(바) ○ 계산과정 : $X_{95} = 2.303\left(\frac{0.70579}{0.72969}\right) \times \log_{10}\left[\frac{100}{100 - 44.55 \times 0.95}\right] \times (15 \times 14 \times 3.5) = 391.295 \text{m}^3$

$$\text{유량} = \frac{391.295}{120} = 3.26 \text{m}^3/\text{s}$$

○ 답 : $3.26 \text{m}^3/\text{s}$

할로겐화합물 소화약제

(개) 소화약제별 선형상수 S는

$$S = K_1 + K_2 t = 0.3164 + 0.0012 \times 30℃ = 0.3524 \text{m}^3/\text{kg}$$

- [조건 ⑤]에서 HFC-23의 $K_1 = 0.3164$, $K_2 = 0.0012$ 적용
- [조건 ⑤]에서 $t = 30℃$ 적용

HFC-23의 저장량 W는

$$W = \frac{V}{S} \times \left(\frac{C}{100-C}\right) = \frac{(15 \times 14 \times 3.5)\text{m}^3}{0.3524\text{m}^3/\text{kg}} \times \left(\frac{51.3}{100-51.3}\right) = 2197.049 ≒ 2197.05\text{kg}$$

- HFC-23은 **할로겐화합물 소화약제**
- 전산실은 **C급 화재**
- ABC 화재별 안전계수

화재등급	설계농도
A급(일반화재)	A급 소화농도×1.2
B급(유류화재)	B급 소화농도×1.3
C급(전기화재)	A급 소화농도×1.35

설계농도[%]=소화농도[%]×안전계수=38%×1.35=51.3%

(내) 용기수 $= \dfrac{\text{소화약제량[kg]}}{\text{1병당 저장량[kg]}} = \dfrac{2197.05\text{kg}}{49.0144\text{kg}} = 44.8 ≒ 45$병(절상)

- 1병당 저장량[kg]=내용적[l]×충전밀도[kg/m³]
  $= 68l \times 720.8\text{kg/m}^3$
  $= 0.068\text{m}^3 \times 720.8\text{kg/m}^3 = 49.0144\text{kg}$
- $1000l = 1\text{m}^3$이므로 $68l = 0.068\text{m}^3$

(대) W_{95}(설계농도의 95% 적용) $= \dfrac{V}{S} \times \left(\dfrac{C}{100-C}\right) = \dfrac{(15 \times 14 \times 3.5)\text{m}^3}{0.3524\text{m}^3/\text{kg}} \times \left(\dfrac{51.3 \times 0.95}{100 - 51.3 \times 0.95}\right) = 1982.765\text{kg}$

약제량 방사시 유량[kg/s] $= \dfrac{W_{95}}{\textbf{10s}(\text{불활성기체 소화약제: AC급 화재 120s, B급 화재 60s})}$

$= \dfrac{1982.765\text{kg}}{10\text{s}} = 198.276 ≒ 198.28\text{kg/s}$

- 배관의 구경은 해당 방호구역에 **할로겐화합물 소화약제**가 **10초**(**불활성기체 소화약제**는 **AC급 화재 2분, B급 화재 1분**) 이내에 방호구역 각 부분에 최소설계농도의 **95% 이상** 해당하는 약제량이 방출되도록 하여야 한다(NFPC 107A 10조, NFTC 107A 2.7.3). 그러므로 설계농도 51.3에 0.95를 곱함
- 바로 위 기준에 의해 0.95(95%) 및 10s 적용

불활성기체 소화약제

(라) 소화약제별 선형상수 S는

$$S = K_1 + K_2 t = 0.65799 + 0.00239 \times 30℃ = 0.72969 \text{m}^3/\text{kg}$$

20℃에서 소화약제의 비체적 V_s는

$$V_s = K_1 + K_2 t = 0.65799 + 0.00239 \times 20℃ = 0.70579 \text{m}^3/\text{kg}$$

- [조건 ⑤]에서 IG-541의 $K_1 = 0.65799$, $K_2 = 0.00239$ 적용
- [조건 ⑤]에서 선형상수 S를 구할 때 $t = 30℃$ 적용

IG-541의 저장량 X는

$$X = 2.303\left(\frac{V_s}{S}\right) \times \log_{10}\left[\frac{100}{(100-C)}\right] \times V = 2.303\left(\frac{0.70579\text{m}^3/\text{kg}}{0.72969\text{m}^3/\text{kg}}\right) \times \log_{10}\left[\frac{100}{100-44.55}\right] \times (15 \times 14 \times 3.5)\text{m}^3$$

$$≒ 419.3\text{m}^3$$

- IG-541은 **불활성기체 소화약제**
- 전산실은 **C급 화재**
- ABC 화재별 안전계수

화재등급	설계농도
A급(일반화재)	A급 소화농도×1.2
B급(유류화재)	B급 소화농도×1.3
C급(전기화재)	A급 소화농도×1.35

설계농도〔%〕=소화농도〔%〕×안전계수=33%×1.35=44.55%

(마) 용기수 $= \dfrac{\text{저장량}[m^3]}{\text{1병당 저장량}[m^3]} = \dfrac{419.3m^3}{15.8m^3/\text{병}} = 26.5 ≒ 27\text{병}$

- **419.3m³** : (라)에서 구한 값
- **15.8m³/병** : 〔조건 ④〕
- 〔조건 ④〕의 15.8m³/병이 주어지지 않을 경우 다음과 같이 구한다.

$$\text{1병당 저장량}[m^3] = \text{내용적}[l] \times \frac{\text{충전압력}[kPa]}{\text{표준대기압}(101.325kPa)}$$

$$= 80l \times \frac{19.996MPa}{101.325kPa} = 0.08m^3 \times \frac{19996kPa}{101.325kPa} = 15.787m^3$$

(바) $X_{95} = 2.303\left(\dfrac{V_s}{S}\right) \times \log_{10}\left[\dfrac{100}{100-(C\times 0.95)}\right] \times V$

$$= 2.303\left(\frac{0.70579m^3/kg}{0.72969m^3/kg}\right) \times \log_{10}\left[\frac{100}{100-(44.55\times 0.95)}\right] \times (15\times 14\times 3.5)m^3 ≒ 391.295m^3$$

$$\text{약제량 방사시 유량}[m^3/s] = \frac{391.295m^3}{10s(\text{불활성기체 소화약제}: AC\text{급 화재 } 120s,\ B\text{급 화재 } 60s)}$$

$$= \frac{391.295m^3}{120s} = 3.26m^3/s$$

- 배관의 구경은 해당 방호구역에 **할로겐화합물 소화약제**가 **10초**(**불활성기체 소화약제**는 **AC급 화재 2분, B급 화재 1분**) 이내에 방호구역 각 부분에 최소설계농도의 **95% 이상** 해당하는 약제량이 방출되도록 하여야 한다(NFPC 107A 10조, NFTC 107A 2.7.3). 그러므로 설계농도 44.55%에 0.95를 곱함
- 바로 위 기준에 의해 **0.95**(95%) 및 **120s** 적용

참고

소화약제량의 산정(NFPC 107A 4·7조, NFTC 107A 2.1.1, 2.4.1)

구 분	할로겐화합물 소화약제	불활성기체 소화약제
종류	FC-3-1-10 HCFC BLEND A HCFC-124 HFC-125 HFC-227ea HFC-23 HFC-236fa FIC-13I1 FK-5-1-12	IG-01 IG-100 IG-541 IG-55
공식	$W = \dfrac{V}{S} \times \left(\dfrac{C}{100-C}\right)$ 여기서, W : 소화약제의 무게〔kg〕 V : 방호구역의 체적〔m³〕 S : 소화약제별 선형상수($K_1 + K_2 t$)〔m³/kg〕 C : 체적에 따른 소화약제의 설계농도〔%〕 t : 방호구역의 최소예상온도〔℃〕	$X = 2.303\left(\dfrac{V_s}{S}\right) \times \log_{10}\left[\dfrac{100}{(100-C)}\right] \times V$ 여기서, X : 소화약제의 부피〔m³〕 S : 소화약제별 선형상수($K_1 + K_2 t$)〔m³/kg〕 C : 체적에 따른 소화약제의 설계농도〔%〕 V_s : 20℃에서 소화약제의 비체적 ($K_1 + K_2 \times 20℃$)〔m³/kg〕 t : 방호구역의 최소예상온도〔℃〕 V : 방호구역의 체적〔m³〕

☆☆☆

문제 03

펌프 출입구에 설치된 연성계가 320mmHg일 때 이론유효흡입수두는 몇 m인가? (단, 대기압은 760mmHg 이다.)

득점	배점
	3

○ 계산과정 :

○ 답 :

해답

○ 계산과정 : $10.332 - \frac{320}{760} \times 10.332 = 5.981 ≒ 5.98\text{m}$

○ 답 : 5.98m

해설

760mmHg=10.332m 이므로

- 대기압수두(H_a) : 760mmHg= 10.332m(문제에서 주어짐)
- 수증기압수두(H_v) : 주어지지 않았으므로 무시
- 흡입수두(H_s) : 320mmHg= $\frac{320\text{mmHg}}{760\text{mmHg}} \times 10.332\text{m} = 4.3503\text{m}$
- 마찰손실수두(H_L) : 주어지지 않았으므로 무시

흡입 NPSH$_{av}$는

$\text{NPSH}_{av} = H_a - H_v - H_s - H_L$ = 10.332m−4.3503m=5.981 ≒ **5.98m**

- **NPSH$_{av}$(Net Positive Suction Head)** : 유효흡입양정
- 이론 유효흡입수두=유효흡입양정
- 그냥 '**흡입수두**'를 구하지 않도록 주의하라!

중요

(1) **흡입 NPSH$_{av}$**(수조가 펌프보다 낮을 때)

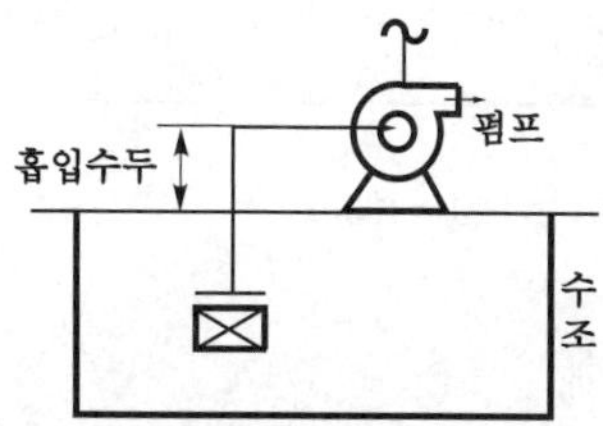

$$\text{NPSH}_{av} = H_a - H_v - H_s - H_L$$

여기서, NPSH_{av} : 유효흡입양정〔m〕

H_a : 대기압수두〔m〕

H_v : 수증기압수두〔m〕

H_s : 흡입수두〔m〕

H_L : 마찰손실수두〔m〕

(2) **압입 NPSH$_{av}$**(수조가 펌프보다 높을 때)

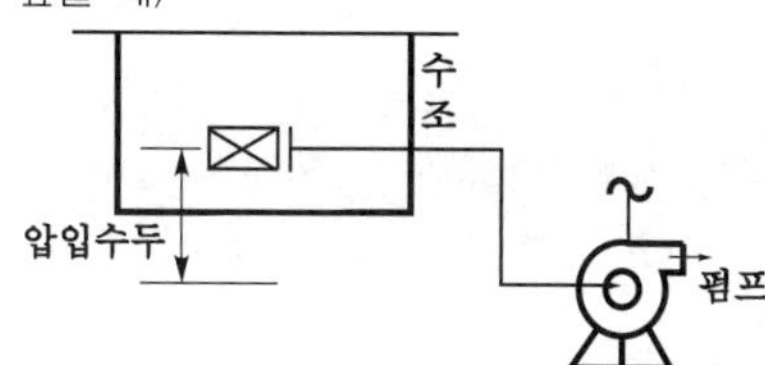

$$NPSH_{av} = H_a - H_v + H_s - H_L$$

여기서, $NPSH_{av}$: 유효흡입양정[m]

H_a : 대기수압수두[m]

H_v : 수증기압수두[m]

H_s : 압입수두[m]

H_L : 마찰손실수두[m]

☆☆
문제 04

소화용수설비를 설치하는 지하 2층, 지상 3층의 특정소방대상물의 연면적이 32500m^{2}이고, 각 층의 바닥면적이 다음과 같을 때 물음에 답하시오. (19.11.문6, 산업 15.7.문5)

득점	배점
	6

층 수	지하 2층	지하 1층	지상 1층	지상 2층	지상 3층
바닥면적	2500m^2	2500m^2	13500m^2	13500m^2	500m^3

(가) 소화수조의 저수량[m^3]을 구하시오.

○ 계산과정 :

○ 답 :

(나) 저수조에 설치하여야 할 흡수관 투입구, 채수구의 최소 설치수량을 구하시오.

○ 흡수관 투입구수 :

○ 채수구수 :

(다) 저수조에 설치하는 가압송수장치의 송수량[l/min]은?

해답 (가) ○ 계산과정 : $\frac{32500}{7500}$(절상)$\times 20 = 100\text{m}^3$

○ 답 : 100m^3

(나) ○ 흡수관 투입구수 : 2개

○ 채수구수 : 3개

(다) 3300l/min

해설 (가) **소화수조** 또는 **저수조**의 **저수량 산출**(NFPC 402 4조, NFTC 402 2.1.2)

특정소방대상물의 구분	기준면적[m^2]
지상 1층 및 2층의 바닥면적 합계 15000m^2 이상 →	7500
기타	12500

지상 1·2층의 바닥면적 합계 = 13500m^2 + 13500m^2 = 27000m^2

∴ 15000m^2 이상이므로 기준면적은 7500m^{2}이다.

소화용수의 양(저수량)

$$Q = \frac{\text{연면적}}{\text{기준면적}}(\text{절상}) \times 20\text{m}^3$$

$$= \frac{32500\text{m}^2}{7500\text{m}^2}(\text{절상}) \times 20\text{m}^3 = 100\text{m}^3$$

- 지상 1·2층의 바닥면적 합계가 27000m²로서 15000m² 이상이므로 기준면적은 **7500m²**이다.
- 저수량을 구할 때 $\frac{32500\text{m}^2}{7500\text{m}^2}=4.3 ≒ 5$으로 먼저 **절상**한 후 **20m³**를 곱한다는 것을 기억하라!
- **절상** : 소숫점 이하는 무조건 올리라는 의미

(나) **흡수관 투입구 수**(NFPC 402 4조, NFTC 402 2.1.3.1)

소요 수량	80m³ 미만	80m³ 이상
흡수관 투입구 수	**1개** 이상	**2개** 이상

- 저수량이 100m³로서 **80m³** 이상이므로 **흡수관 투입구**의 최소개수는 **2개**

채수구의 수(NFPC 402 4조, NFTC 402 2.1.3.2.1)

소화수조 용량	20~40m³ 미만	40~100m³ 미만	100m³ 이상
채수구의 수	**1개**	**2개**	**3개**

- 저수량이 100m³로서 **100m³** 이상이므로 **채수구**의 최소개수는 **3개**

(다) **가압송수장치**의 **양수량**(NFPC 402 5조, NFTC 402 2.2.1)

저수량	20~40m³ 미만	40~100m³ 미만	100m³ 이상
양수량	1100 l/min 이상	2200 l/min 이상	3300 l/min 이상

- 저수량이 100m³로서 **100m³** 이상이므로 **3300l/min**

☆☆☆ 문제 05

제연설비의 화재안전기준에서 다음 각 물음에 답하시오.

득점	배점
	3

(가) 하나의 제연구역의 면적은 몇 m^2 이내로 하여야 하는가?

(나) 예상제연구역의 각 부분으로부터 하나의 배출구까지의 수평거리는 몇 m 이내로 하여야 하는가?

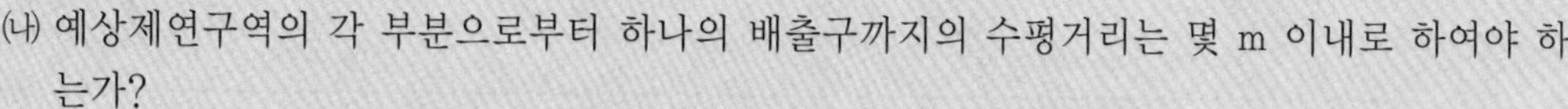

(다) 유입풍도 안의 풍속은 몇 m/s 이하로 하여야 하는가?

해답 (가) 1000m²
(나) 10m
(다) 20m/s

해설 **제연설비**의 **화재안전기준**(NFPC 501 4조, NFTC 501 2.1.1)

(1) 하나의 제연구역의 면적은 **1000m²** 이내로 할 것

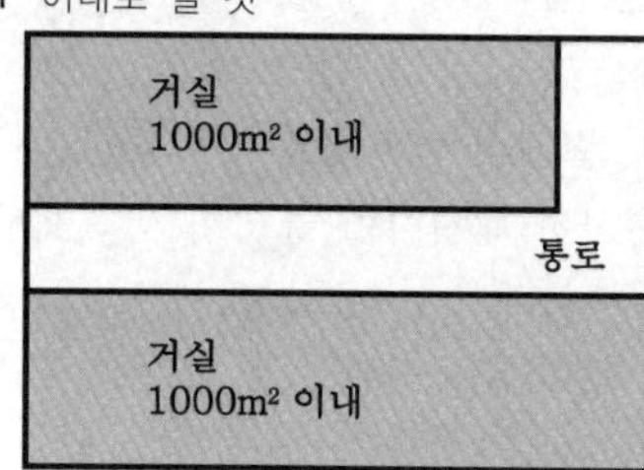

‖ 제연구역의 면적 ‖

(2) 예상제연구역의 각 부분으로부터 하나의 배출구까지의 수평거리는 **10m** 이내로 할 것

(3) **제연설비**의 **풍속**(NFPC 501 9조, NFTC 501 2.6.2.2)

조 건	풍 속
• 배출기의 흡입측 풍속	15m/s 이하
• 배출기의 배출측 풍속 • 유입풍도 안의 풍속	20m/s 이하

☆☆

문제 06

이산화탄소 소화설비에서 피스톤릴리져의 기능에 대하여 간단히 설명하시오.

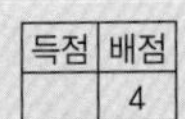

득점	배점
	4

해답 가스의 방출과 동시에 자동적으로 개구부를 차단시키는 장치

해설 **피스톤릴리져와 모터식 댐퍼릴리져**

피스톤릴리져(piston releaser)	모터식 댐퍼릴리져(motor type damper releaser)
가스의 방출에 따라 가스의 누설이 발생될 수 있는 급배기댐퍼나 자동개폐문 등에 설치하여 가스의 방출과 동시에 자동적으로 개구부를 차단시키기 위한 장치	해당 구역의 화재감지기 또는 선택밸브 2차측의 압력스위치와 연동하여 감지기의 작동과 동시에 또는 가스방출에 의해 압력스위치가 동작되면 댐퍼에 의해 개구부를 폐쇄시키는 장치
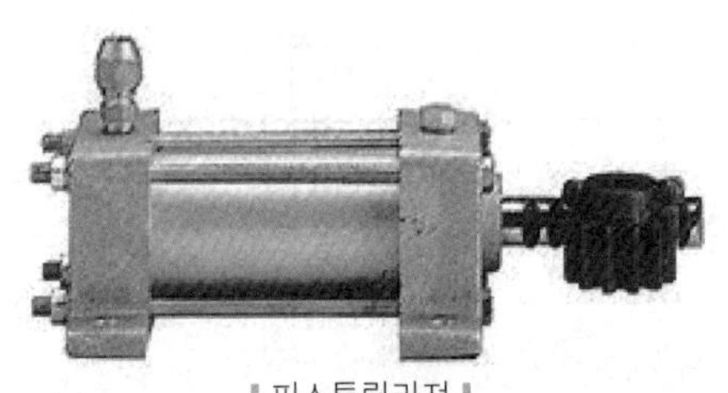 ‖ 피스톤릴리져 ‖	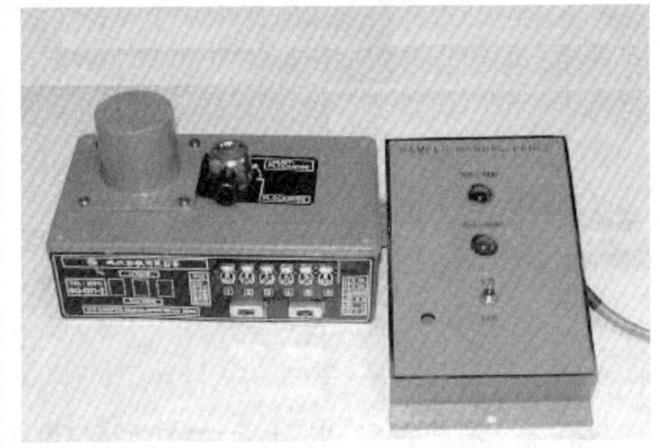 ‖ 모터식 댐퍼릴리져 ‖

☆☆☆

문제 07

7층 건물의 전층에 스프링클러설비를 하고자 한다. 주어진 조건을 이용하여 화재안전기준에서 규정한 방수압력과 방수량을 만족할 수 있도록 하고자 할 때 다음을 구하시오. (단, 토출량, 소요양정, 전동기 동력의 순서로 구하도록 한다.)

득점	배점
	6

〔조건〕

① 펌프로부터 가장 멀리 떨어진 스프링클러헤드까지의 배관 길이는 70m이다.

② 펌프는 전동기와 직결시켜 설치하며 동력의 전달계수는 1.1이다.

③ 펌프의 운전효율은 60%이다.

④ 배관의 마찰손실수두의 합계는 직관장의 30%에 해당하는 수치와 동일한 값으로 가정한다.

⑤ 펌프의 실양정은 25m이다.

⑥ 분당 토출량 선정은 헤드가 10개 동시에 개방된 것으로 하여 선정한다.

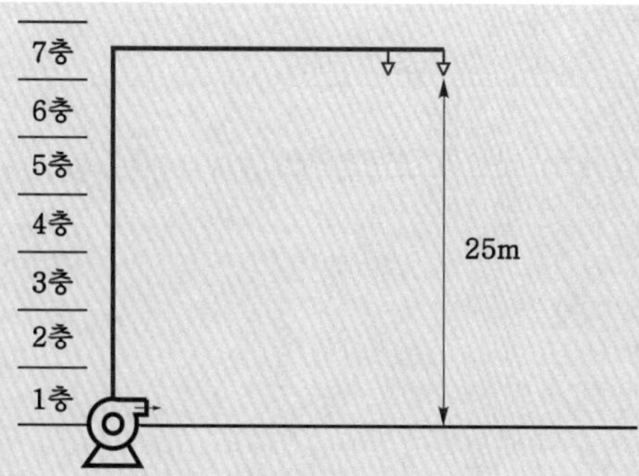

(가) 펌프의 최소 토출량[l/min]은?
　○ 계산과정 :
　○ 답 :

(나) 펌프의 소요양정[m]은?
　○ 계산과정 :
　○ 답 :

(다) 펌프모터의 소요동력[kW]은?
　○ 계산과정 :
　○ 답 :

해답 (가) ○ 계산과정 : $10 \times 80 = 800 l/\text{min}$
　○ 답 : $800l$/min

(나) ○ 계산과정 : $(70 \times 0.3) + 25 + 10 = 56\text{m}$ 이상
　○ 답 : 56m 이상

(다) ○ 계산과정 : $\dfrac{0.163 \times 0.8 \times 56}{0.6} \times 1.1 = 13.387 ≒ 13.39\text{kW}$ 이상
　○ 답 : 13.39kW 이상

해설 (가) **펌프**의 **최소토출량** Q는

$Q = N \times 80 l/\text{min} = 10 \times 80 l/\text{min} = 800 l/\text{min}$

• N : 헤드의 개수로서 [조건 ⑥]에서 **10개**

(나)

$$H \geq h_1 + h_2 + 10$$

여기서, H : 전양정[m]
h_1 : 배관 및 관부속품의 마찰손실수두[m]
h_2 : 실양정(흡입양정+토출양정)[m]

전양정 H는

$H = h_1 + h_2 + 10 = (70 \times 0.3) + 25 + 10 = 56\text{m}$ 이상

• [조건 ①·④]에서 배관상 마찰손실수두는 직관장길이의 **30%**이므로 직관장길이가 **70m**로서 배관 및 관부속품의 마찰손실수두(h_1)는 70m×0.3=**21m**가 된다.
• 실양정(h_2)은 그림에서 토출양정이 25m이고 흡입양정은 주어지지 않았으므로 제외시키면 **25m**가 된다.

(다) **펌프모터**의 **소요동력** P는

$$P=\frac{0.163\,QH}{\eta}K=\frac{0.163\times 800\,l/\mathrm{min}\times 56\mathrm{m}}{0.6}\times 1.1$$

$$=\frac{0.163\times 0.8\mathrm{m^3/min}\times 56\mathrm{m}}{0.6}\times 1.1=13.387 ≒ 13.39\mathrm{kW}\ \text{이상}$$

- **직관장** : 배관 전체의 길이를 말한다.
- Q(800 l/min) : (가)에서 구한 값
- H(56m) : (나)에서 구한 값
- K(1.1) : 〔조건 ②〕
- η(0.6) : 〔조건 ③〕에서 60%=0.6

◈ **고민상담** ◈
답안 작성시 **'이상'**이란 말은 꼭 붙이지 않아도 된다. 원칙적으로 여기서 구한 값은 **최소값**이므로 **'이상'**을 붙이는 것이 정확한 답이지만, **한국산업인력공단**의 공식답변에 의하면 **'이상'**이란 말까지는 붙이지 않아도 **옳은 답**으로 **채점**한다고 한다.

문제 08

그림과 같은 직육면체(바닥면적 6m×6m)의 물탱크에서 밸브를 완전히 개방하였을 때 최저 유효 수면까지 물이 배수되는 소요시간〔분〕을 구하시오. (단, 토출측 관 안지름은 80mm이고, 탱크 수면 하강속도가 변화하는 점을 고려할 것) (19.6.문6)

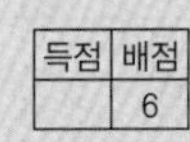

득점	배점
	6

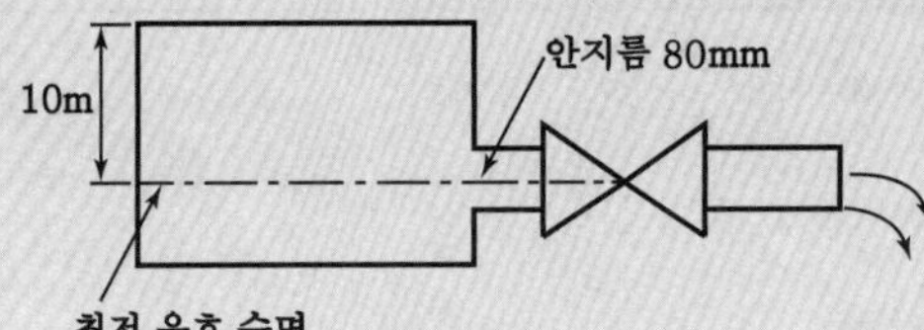

○ 계산과정 :
○ 답 :

해답 ○ 계산과정 : $36\,V_1=\frac{\pi\times 0.08^2}{4}\times\sqrt{2\times 9.8\times 10}$

$$V_1=\frac{\frac{\pi\times 0.08^2}{4}\times\sqrt{2\times 9.8\times 1.0}}{36}=1.9547\times 10^{-3}\mathrm{m/s} ≒ 0.1172\mathrm{m/min}$$

$$10=0.1172t+\frac{1}{2}\left(\frac{-0.1172}{t}\right)t^2$$

$$10=0.0586t$$

$$t=170.648 ≒ 170.65\mathrm{min}$$

○ 답 : 170.65분

해설 탱크에서 감소되는 유량(Q_1)과 배수되는 유량(Q_2)이 동일하므로

(1) **유량**

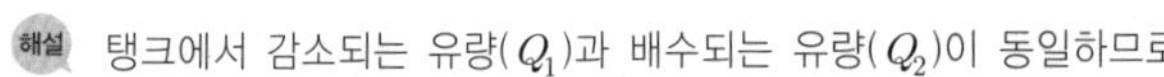

$$Q=A_1V_1=A_2V_2$$

여기서, Q : 유량〔$\mathrm{m^3/s}$〕
A_1, A_2 : 단면적〔$\mathrm{m^2}$〕
V_1, V_2 : 유속〔m/s〕

$A_1 V_1 = A_2 V_2$

$(6\text{m} \times 6\text{m})\, V_1 = \left(\dfrac{\pi {D_2}^2}{4}\right) \times \sqrt{2gH}$

$36\text{m}^2\, V_1 = \dfrac{\pi \times (0.08\text{m})^2}{4} \sqrt{2 \times 9.8\text{m/s}^2 \times 10\text{m}}$

$$V_1 = \frac{\dfrac{\pi \times (0.08\text{m})^2}{4} \times \sqrt{2 \times 9.8\text{m/s}^2 \times 10\text{m}}}{36\text{m}^2} = 1.9547 \times 10^{-3}\text{m/s} = 1.9547 \times 10^{-3}\text{m}/\frac{1}{60}\text{min}$$

$= (1.9547 \times 10^{-3} \times 60)\text{m/min}$

$\fallingdotseq 0.1172\text{m/min}$

- $A_2 = \dfrac{\pi {D_2}^2}{4}$ (여기서, D : 직경[m])
- D(80mm) : [단서]에서 주어짐(1000mm=1m이므로 80mm=0.08m)
- $V = \sqrt{2gH}$ (여기서, g : 중력가속도(9.8m/s^2), H : 높이[m])
- 1min=60s이므로 $1\text{s} = \dfrac{1}{60}\text{min}$

(2) **가속도**

$$a = \frac{V_o - V_1}{t}$$

여기서, a : 가속도[m/min^2]
V_o : 처음속도[m/min]
V_1 : 하강속도[m/min]
t : 배수시간[min]

가속도 $a = \dfrac{V_o - V_1}{t} = \dfrac{0 - 0.1172\text{m/min}}{t} = \dfrac{-0.1172\text{m/min}}{t}$ [m/min^2]

- V_o(0m/min) : 처음에는 물이 배수되지 않으므로 속도가 0m/min이다.
- V_1(0.1172m/min) : 바로 위에서 구한 값
- min=분

(3) **이동거리**

$$S = V_1 t + \frac{1}{2}at^2$$

여기서, S : 이동거리[m]
V_1 : 하강속도[m/min]
t : 배수시간[min]
a : 가속도[m/min^2]

$S = V_1 t + \dfrac{1}{2}at^2$

$10\text{m} = 0.1172\text{m/min}\, t + \dfrac{1}{2}\left(\dfrac{-0.1172\text{m/min}}{t}\right)t^2$

$10\text{m} = 0.1172\text{m/min}\, t + (-0.0586\text{m/min}\, t)$

$10\text{m} = 0.0586\text{m/min}\, t$

$0.0586\text{m/min}\, t = 10\text{m}$

$t = \dfrac{10\text{m}}{0.0586\text{m/min}} = 170.648 \fallingdotseq 170.65\text{min} = 170.65$분

- S(10m) : 최저유효수면까지 저하되므로 그림에서 **10m**
- V_1(0.1172m/min) : 바로 위에서 구한 값
- min=분

별해 이렇게 풀어도 정답!

토리첼리를 이용하여 **유도**된 **공식**

$$t = \frac{2A_t}{C_g \times A\sqrt{2g}}\sqrt{H}$$

여기서, t : 토출시간(수조의 물이 배수되는 데 걸리는 시간)[s]

C_g : 유량계수(노즐의 흐름계수)

g : 중력가속도[9.8m/s^2]

A : 방출구 단면적[m^2]

A_t : 물탱크 바닥면적[m^2]

$\sqrt{H}$: 수면에서 방출구 중심까지의 높이[m]

수조의 물이 배수되는 데 걸리는 시간 t는

$$t = \frac{2A_t}{C_g \times A\sqrt{2g}} \times \sqrt{H} = \frac{2A_t}{C_g \times \frac{\pi \times D^2}{4}\sqrt{2g}} \times \sqrt{H} = \frac{2\times6\times6}{\frac{\pi\times(0.08\text{m})^2}{4}\times\sqrt{2\times9.8\text{m/s}^2}} \times \sqrt{10\text{m}}$$

$$= 10231\text{s} = 10231 \times \frac{1}{60} = 170.516 ≒ 170.52\text{min}$$

- 소수점이 위의 결과와 좀 다르긴 하지만 둘 다 정답

☆☆☆

문제 09

그림과 같은 옥내소화전설비를 다음 조건과 화재안전기준에 따라 설치하려고 한다. 다음 각 물음에 답하시오.

(19.6.문2 · 3 · 4, 15.11.문1, 10.10.문9, 07.7.문2)

득점	배점
	15

[조건]

① P_1 : 옥내소화전펌프

② P_2 : 잡수용 양수펌프

③ 펌프의 풋밸브로부터 6층 옥내소화전함 호스접결구까지의 마찰손실 및 저항손실수두는 실양정의 30%로 한다.

④ 펌프의 체적효율은 0.95, 기계효율은 0.85, 수력효율은 0.8이다.

⑤ 옥내소화전의 개수는 각 층 3개씩이다.

⑥ 소방호스의 마찰손실수두는 7m이다.

⑦ 전달계수는 1.2이다.

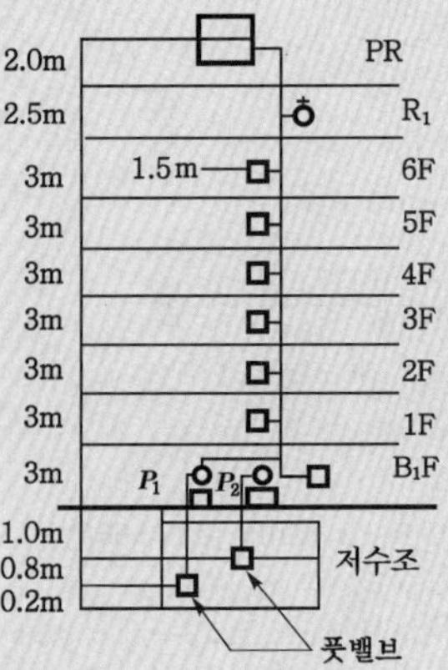

(가) 펌프의 최소 토출량은 몇 [l/min]인가?

○ 계산과정 :

(나) 수원의 최소유효저수량은 몇 m^3인가?
 ○ 계산과정 :
(다) 펌프의 최소 양정은 몇 m인가?
 ○ 계산과정 :
(라) 펌프의 수동력, 축동력, 모터동력은 각각 몇 kW인가?
 ① 수동력
  ○ 계산과정 :
 ② 축동력
  ○ 계산과정 :
 ③ 모터동력
  ○ 계산과정 :
(마) 6층의 옥내소화전에 지름이 40mm인 소방호스 끝에 구경 13mm인 노즐이 부착되어 있다. 이때 유량 130l/min을 대기중에 방사할 경우 다음 물음에 답하시오. (단, 유동에는 마찰이 없다.)
 ① 소방호스의 평균유속[m/s]은?
  ○ 계산과정 :
  ○ 답 :
 ② 소방호스에 부착된 방수노즐의 평균유속[m/s]은?
  ○ 계산과정 :
  ○ 답 :
 ③ 운동량 때문에 생기는 반발력[N]은?
  ○ 계산과정 :
  ○ 답 :
(바) 만약 노즐에서 방수압력이 0.7MPa을 초과할 경우 감압하는 방법 2가지를 쓰시오.
 ○
 ○
(사) 노즐선단에서의 봉상방수의 경우 방수압 측정요령을 쓰시오.

 (가) ○ 계산과정 : $2\times130=260l$/min
 ○ 답 : 260l/min

(나) ○ 계산과정 : $Q=2.6\times2=5.2\text{m}^3$

$$Q'=2.6\times2\times\frac{1}{3}=1.733\text{m}^3$$

$$5.2+1.733=6.933 ≒ 6.93\text{m}^3$$

 ○ 답 : 6.93m^3

(다) ○ 계산과정 : $h_1=7\text{m}$

$$h_2=21.3\times0.3=6.39\text{m}$$

$$h_3=0.8+1.0+(3\times6)+1.5=21.3\text{m}$$

$$H=7+6.39+21.3+17=51.69\text{m}$$

 ○ 답 : 51.69m

(라) ① ○ 계산과정 : $0.163\times0.26\times51.69=2.19\text{kW}$
 ○ 답 : 2.19kW

② ○ 계산과정 : $\eta_T=0.85\times0.8\times0.95=0.646$

$$P=\frac{0.163\times0.26\times51.69}{0.646}=3.391 ≒ 3.39\text{kW}$$

 ○ 답 : 3.39kW

③ ○ 계산과정 : $\frac{0.163 \times 0.26 \times 51.69}{0.646} \times 1.2 = 4.069 ≒ 4.07$kW

○ 답 : 4.07kW

(마) ① ○ 계산과정 : $\frac{0.13/60}{\frac{\pi}{4} \times 0.04^2} = 1.724 ≒ 1.72$m/s

○ 답 : 1.72m/s

② ○ 계산과정 : $\frac{0.13/60}{\frac{\pi}{4} \times 0.013^2} = 16.323 ≒ 16.32$m/s

○ 답 : 16.32m/s

③ ○ 계산과정 : $1000 \times 0.13/60 \times (16.32 - 1.72) = 31.633 ≒ 31.63$N

○ 답 : 31.63N

(바) ① 고가수조에 따른 방법

② 배관계통에 따른 방법

(사) 노즐선단에서 노즐구경(D)의 $\frac{1}{2}$ 떨어진 지점에서 노즐선단과 수평되게 피토게이지를 설치하여 눈금을 읽는다.

해설 (가) **유량**(토출량)

$$Q = N \times 130l/\text{min}$$

여기서, Q : 유량(토출량)[l/min]

N : 가장 많은 층의 소화전개수(30층 미만 : 최대 2개, 30층 이상 : 최대 5개)

펌프의 **최소유량** Q는

$Q = N \times 130l/\text{min} = 2 \times 130l/\text{min} = 260l/\text{min}$

• [조건 ⑤]에서 소화전개수 N=**2**이다.

(나) ① **지하수조**의 **최소유효저수량**

$Q = 2.6N$(30층 미만, N : 최대 2개)
$Q = 5.2N$(30~49층 이하, N : 최대 5개)
$Q = 7.8N$(50층 이상, N : 최대 5개)

여기서, Q : 지하수조의 저수량[m^3]

N : 가장 많은 층의 소화전 개수

지하수조의 최소유효저수량 Q는

$Q = 2.6N = 2.6 \times 2 = 5.2\text{m}^3$

• [조건 ⑤]에서 소화전개수 N=**2**이다.

② **옥상수조**의 **최소유효저수량** Q'는

$Q' = 2.6N \times \frac{1}{3} = 2.6 \times 2 \times \frac{1}{3} = 1.733\text{m}^3$

③ 수원의 최소유효저수량=지하수조의 최소유효저수량+옥상수조의 최소유효저수량

$= 5.2\text{m}^3 + 1.733\text{m}^3 = 6.933 ≒ 6.93\text{m}^3$

• 문제 그림에 옥상수조가 있으므로 옥상수조 저수량은 반드시 적용할 것

(다) **전양정**

$$H = h_1 + h_2 + h_3 + 17$$

여기서, H : 전양정[m]

h_1 : 소방호스의 마찰손실수두[m]

h_2 : 배관 및 관부속품의 마찰손실수두[m]

h_3 : 실양정(흡입양정+토출양정)[m]

$h_1 = 7$m([조건 ⑥]에 의해)

$h_2 = 21.3 \times 0.3 = 6.39$m([조건 ③]에 의해 실양정($h_3$)의 **30%**를 적용한다.)

$h_3 = 0.8 + 1.0 + (3 \times 6) + 1.5 = 21.3$m

• **실양정**(h_3)은 옥내소화전펌프(P_1)의 풋밸브~최상층 옥내소화전의 앵글밸브까지의 수직거리를 말한다.

펌프의 **양정** H는

$H = h_1 + h_2 + h_3 + 17 = 7 + 6.39 + 21.3 + 17 = 51.69\text{m}$

(라) ① **수동력**

$$P = 0.163\,QH$$

여기서, P : 수동력〔kW〕

Q : 유량〔m^3/min〕

H : 전양정〔m〕

펌프의 **수동력** P_1은

$P_1 = 0.163QH = 0.163 \times 260l/\text{min} \times 51.69\text{m} = 0.163 \times 0.26\text{m}^3/\text{min} \times 51.69\text{m} = 2.19\text{kW}$

• Q(유량) : (가)에서 구한 **260l/min**이다.
• H(양정) : (다)에서 구한 **51.69m**이다.

② **축동력**

$$P = \frac{0.163\,QH}{\eta}$$

여기서, P : 축동력〔kW〕

Q : 유량〔m^3/min〕

H : 전양정〔m〕

η : 효율

펌프의 **축동력** P_2는

$P_2 = \dfrac{0.163QH}{\eta} = \dfrac{0.163 \times 260l/\text{min} \times 51.69\text{m}}{0.646} = \dfrac{0.163 \times 0.26\text{m}^3/\text{min} \times 51.69\text{m}}{0.646} = 3.391 ≒ 3.39\text{kW}$

• Q(유량) : (가)에서 구한 **260l/min**이다.
• H(양정) : (다)에서 구한 **51.69m**이다.
• η(효율) : 아래에서 구한 펌프의 전효율 **0.646**이다.

$$\eta_T = \eta_m \times \eta_h \times \eta_v$$

여기서, η_T : 펌프의 전효율, η_m : 기계효율, η_h : 수력효율, η_v : 체적효율

펌프의 **전효율** η_T는

$\eta_T = \eta_m \times \eta_h \times \eta_v = 0.85 \times 0.8 \times 0.95 = 0.646$

③ **모터동력**(전동력)

$$P = \frac{0.163\,QH}{\eta}K$$

여기서, P : 전동력〔kW〕

Q : 유량〔m^3/min〕

H : 전양정〔m〕

K : 전달계수

η : 효율

펌프의 **모터동력**(전동력) P_3는

$P_3 = \dfrac{0.163QH}{\eta}K = \dfrac{0.163 \times 260l/\text{min} \times 51.69\text{m}}{0.646} \times 1.2$

$= \dfrac{0.163 \times 0.26\text{m}^3/\text{min} \times 51.69\text{m}}{0.646} \times 1.2 = 4.069 ≒ 4.07\text{kW}$

• Q(유량) : (가)에서 구한 **260l/min**이다.
• H(양정) : (다)에서 구한 **51.69m**이다.
• η(효율) : 바로 위에서 구한 펌프의 전효율 **0.646**이다.
• K(전달계수) : 〔조건 ⑦〕에 의해 **1.2**이다.

(마) ① **유량**

$$Q = AV = \left(\frac{\pi}{4}D^2\right)V$$

여기서, Q : 유량[m³/s]
A : 단면적[m²]
V : 유속[m/s]
D : 직경[m]

소방호스의 **평균유속** V_1은

$$V_1 = \frac{Q}{A_1} = \frac{Q}{\frac{\pi}{4}D_1^2} = \frac{130l/\text{min}}{\frac{\pi}{4}\times(40\text{mm})^2}$$

$$= \frac{0.13\text{m}^3/\text{min}}{\frac{\pi}{4}\times(0.04\text{m})^2} = \frac{0.13\text{m}^3/60\text{s}}{\frac{\pi}{4}\times(0.04\text{m})^2} = 1.724 \fallingdotseq 1.72\text{m/s}$$

② **방수노즐**의 **평균유속** V_2는

$$V_2 = \frac{Q}{A_2} = \frac{Q}{\frac{\pi}{4}D_2^2} = \frac{130l/\text{min}}{\frac{\pi}{4}\times(13\text{mm})^2}$$

$$= \frac{0.13\text{m}^3/\text{min}}{\frac{\pi}{4}\times(0.013\text{m})^2} = \frac{0.13\text{m}^3/60\text{s}}{\frac{\pi}{4}\times(0.013\text{m})^2} = 16.323 \fallingdotseq 16.32\text{m/s}$$

③ **운동량**에 따른 **반발력**

$$F = \rho QV = \rho Q(V_2 - V_1)$$

여기서, F : 운동량에 따른 반발력[N]
ρ : 밀도(물의 밀도 1000N · s²/m⁴)
Q : 유량[m³/s]
V, V_2, V_1 : 유속[m/s]

운동량에 따른 **반발력** F는

$$F = \rho Q(V_2 - V_1) = 1000\text{N}\cdot\text{s}^2/\text{m}^4 \times 130l/\text{min} \times (16.32 - 1.72)\text{m/s}$$
$$= 1000\text{N}\cdot\text{s}^2/\text{m}^4 \times 0.13\text{m}^3/\text{min} \times (16.32 - 1.72)\text{m/s}$$
$$= 1000\text{N}\cdot\text{s}^2/\text{m}^4 \times 0.13\text{m}^3/60\text{s} \times (16.32 - 1.72)\text{m/s}$$
$$= 31.633 \fallingdotseq 31.63\text{N}$$

비교

플랜지볼트에 작용하는 **힘**

$$F = \frac{\gamma Q^2 A_1}{2g}\left(\frac{A_1 - A_2}{A_1 A_2}\right)^2$$

여기서, F : 플랜지볼트에 작용하는 힘[N]
γ : 비중량(물의 비중량 9800N/m³)
Q : 유량[m³/s]
A_1 : 소방호스의 단면적[m²]
A_2 : 노즐단면적[m²]
g : 중력가속도(9.8m/s²)

(바) **감압장치**의 **종류**

감압방법	설 명
고가수조에 따른 방법	**고가수조**를 저층용과 고층용으로 구분하여 설치하는 방법
배관계통에 따른 방법	**펌프**를 저층용과 고층용으로 구분하여 설치하는 방법
중계펌프를 설치하는 방법	**중계펌프**를 설치하여 방수압을 낮추는 방법
감압밸브 또는 오리피스를 설치하는 방법	방수구에 **감압밸브** 또는 **오리피스**를 설치하여 방수압을 낮추는 방법
감압기능이 있는 소화전 개폐밸브를 설치하는 방법	**소화전 개폐밸브**를 **감압기능**이 있는 것으로 설치하여 방수압을 낮추는 방법

(사) **방수압 측정기구 및 측정방법**

① **측정기구** : 피토게이지

② **측정방법** : 노즐선단에 노즐구경(D)의 $\frac{1}{2}$ 떨어진 지점에서 노즐선단과 수평되게 피토게이지(pitot gauge)를 설치하여 눈금을 읽는다.

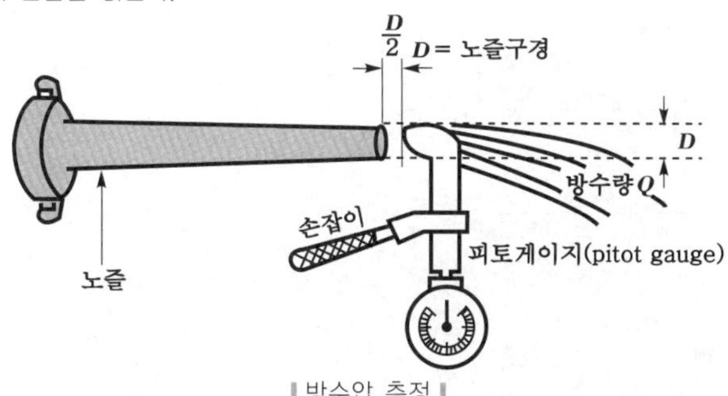

∥방수압 측정∥

비교

방수량 측정기구 및 **측정방법**

① **측정기구** : 피토게이지

② **측정방법** : 노즐선단에 노즐구경(D)의 $\frac{1}{2}$ 떨어진 지점에서 노즐선단과 수평되게 피토게이지를 설치하여 눈금을 읽은 후 $Q=0.653D^2\sqrt{10P}$ 공식에 대입한다.

$$Q=0.653D^2\sqrt{10P} \quad \text{또는} \quad Q=0.6597CD^2\sqrt{10P}$$

여기서, Q : 방수량[l/min]
C : 노즐의 흐름계수(유량계수)
D : 구경[mm]
P : 방수압[MPa]

☆ 문제 10

분말소화설비의 전역방출방식에 있어서 방호구역의 체적이 $400m^3$일 때 설치되는 최소 분사헤드 수는 몇 개인가? (단, 분말은 제3종이며, 분사헤드 1개의 방사량은 10kg/min이다.)

득점	배점
	5

○ 계산과정 :

○ 답 :

해답 ○ 계산과정 : $400\times0.36=144$kg

$\frac{144}{10\times0.5}=28.8 ≒ 29$개

○ 답 : 29개

해설 **전역방출방식**

자동폐쇄장치가 설치되어 있지 않은 경우	자동폐쇄장치가 설치되어 있는 경우
분말저장량[kg] = 방호구역체적[m^3] × 약제량[kg/m^3] + 개구부면적[m^2] × 개구부가산량 [kg/m^2]	**분말저장량**[kg] = 방호구역체적[m^3] × 약제량[kg/m^3]

‖ 전역방출방식의 약제량 및 개구부가산량(NFPC 108 6조, NFTC 108 2.3.2.1) ‖

약제종별	약제량	개구부가산량(자동폐쇄장치 미설치시)
제1종 분말	0.6kg/m^3	4.5kg/m^2
제2 · 3종 분말 ⟶	0.36kg/m^3	2.7kg/m^2
제4종 분말	0.24kg/m^3	1.8kg/m^2

개구부면적이 없으므로 개구부면적 및 개구부가산량을 무시하면

분말저장량[kg] = 방호구역체적[m^3] × 약제량[kg/m^3]

$= 400m^3 \times 0.36kg/m^3$

$= 144kg$

$$헤드개수 = \frac{소화약제량[kg]}{방출률[kg/s] \times 방사시간[s]}$$

$$= \frac{144kg}{10kg/min \times 0.5min} = 28.8 \fallingdotseq 29개$$

- 위의 공식은 단위를 보면 쉽게 공식을 이해할 수 있다.
- 144kg : 바로 위에서 구함
- 10kg/min : [단서]에서 주어짐
- 0.5min : 아래 표에서 분말소화설비는 30초이므로=0.5min이 된다. 단위일치시키는 것 주의하라! 10kg/min이므로 분[min]으로 나타낼 것

‖ 약제방사시간 ‖

소화설비		전역방출방식		국소방출방식	
		일반건축물	위험물제조소	일반건축물	위험물제조소
할론소화설비		10초 이내	30초 이내	10초 이내	30초 이내
분말소화설비 ⟶		30초 이내	30초 이내	30초 이내	30초 이내
CO_2 소화설비	표면화재	1분 이내	60초 이내	30초 이내	30초 이내
	심부화재	7분 이내			

☆☆

문제 11

장소에 요구되는 소화기구의 능력단위 선정에 있어서 숙박시설의 바닥면적이 500m^2인 장소에 소화기구를 설치할 때 소화기구의 능력단위는 최소 얼마인가? (19.4.문13, 11.7.문5)

득점	배점
	3

○ 계산과정 :

○ 답 :

해답 ○ 계산과정 : $\frac{500}{100} = 5$단위

○ 답 : 5단위

해설 **능력단위**(NFTC 101 2.1.1.2)

특정소방대상물	바닥면적(1단위)	내화구조이고 불연재료 · 준불연재료 · 난연재료인 경우
• 위락시설	30m²	60m²
• 공연장 · 집회장 • 관람장 · 문화재 • 장례시설(장례식장) · 의료시설	50m²	100m²
• 근린생활시설 · 판매시설 • 운수시설 • **숙박시설** · 노유자시설 • 전시장 • 공동주택 · 업무시설 • 방송통신시설 · 공장 • 창고 · 항공기 및 자동차관련시설 • 관광휴게시설	100m²	200m²
• 그 밖의 것	200m²	400m²

숙박시설로서 특별한 조건이 없으므로 바닥면적 **100m²**마다 1단위 이상이므로

$$\frac{500\text{m}^2}{100\text{m}^2}=5\text{단위}$$

문제 12

할론소화설비에서 Soaking time에 대하여 간단히 설명하시오.

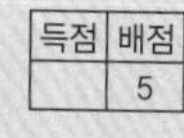

득점	배점
	5

○

 할론을 고농도로 장시간 방사하여 심부화재에 소화가 가능한 시간

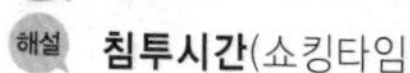

해설 **침투시간**(쇼킹타임 : soaking time)

(1) 할론소화약제는 부촉매효과에 따른 **연쇄반응**을 **억제**하는 소화약제로서 **심부화재**에는 **적응성**이 **없다**. 그러나 심부화재의 경우에도 할론을 **고농도**로 **장시간** 방사하면 화재의 심부에 침투하여 소화가 가능한데, 이때의 시간, 즉 **할론**을 **방사**한 **시간**의 **길이**를 **침투시간**이라 한다.

(2) 할론소화약제는 저농도(**5~10%**) 소화약제로서 초기에 소화가 가능한 **표면화재**에 주로 사용한다.

(3) **침투시간**(soaking time)은 **가연물**의 **종류**와 **적재상태**에 따라 다르며 일반적으로 약 **10분** 정도이다.

문제 13

직경이 30cm인 소화배관에 0.2m³/s의 유량이 흐르고 있다. 이 관의 직경은 15cm, 길이는 300m인 관과 직경이 20cm, 길이가 600m인 관이 그림과 같이 평행하게 연결되었다가 다시 30cm 관으로 합쳐져 있다. 각 분기관에서의 관마찰계수는 0.022라 할 때 A, B의 유량[m³/s]을 구하시오.

(05.5.문5, 01.11.문5, 01.4.문5, 97.11.문2)

득점	배점
	6

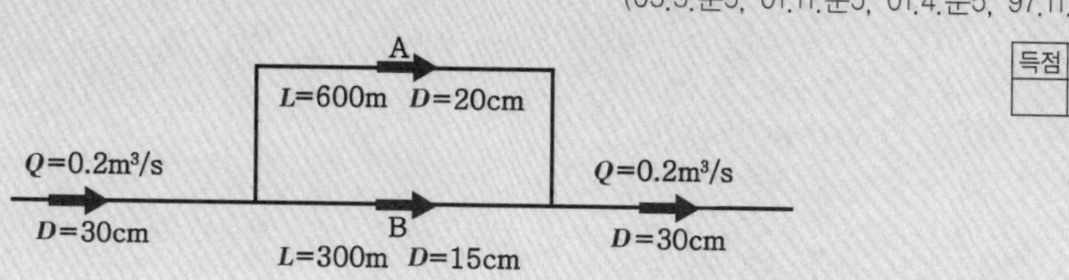

(가) A의 유량
○ 계산과정 :
○ 답 :
(나) B의 유량
○ 계산과정 :
○ 답 :

 (가) A의 유량

○ 계산과정 : $\frac{0.022 \times 600 \times V_A{}^2}{2 \times 9.8 \times 0.2} = \frac{0.022 \times 300 \times V_B{}^2}{2 \times 9.8 \times 0.15}$

$$3.367\,V_A{}^2 = 2.244\,V_B{}^2$$

$$V_A = \sqrt{\frac{2.244}{3.367}\,V_B{}^2} = 0.816\,V_B$$

$$V_A = 0.816\,V_B = 0.816 \times 4.65 = 3.794\text{m/s}$$

$$Q_A = \left(\frac{\pi \times 0.2^2}{4}\right) \times 3.794 = 0.119 \fallingdotseq 0.12\text{m}^3/\text{s}$$

○ 답 : $0.12\text{m}^3/\text{s}$

(나) B의 유량

○ 계산과정 : $0.2 = \left(\frac{\pi \times 0.2^2}{4}\right) \times 0.816\,V_B + \left(\frac{\pi \times 0.15^2}{4}\right) \times V_B$

$$0.2 = 0.043 \times V_B$$

$$\therefore\ V_B = 4.651\text{m/s}$$

$$Q_B = \left(\frac{\pi \times 0.15^2}{4}\right) \times 4.651 = 0.082 \fallingdotseq 0.08\text{m}^3/\text{s}$$

○ 답 : $0.08\text{m}^3/\text{s}$

 **기호**

- Q=0.2m³/s
- D_B : 15cm=0.15m(100cm=1m)
- L_B : 300m
- D_A : 20cm=0.2m(100cm=1m)
- L_A : 600m
- f : 0.022

달시-웨버의 **식**

$$H = \frac{\Delta P}{\gamma} = \frac{f l V^2}{2gD}$$

여기서, H : 마찰손실수두[m]
ΔP : 압력차[kPa]
γ : 비중량(물의 비중량 9.8kN/m^3)
f : 관마찰계수
l : 길이[m]
V : 유속[m/s]
g : 중력가속도(9.8m/s^2)
D : 내경[m]

$$H = \frac{\Delta P}{\gamma} = \frac{f l V^2}{2gD}$$ 에서

마찰손실 $H_A = H_B$: **에너지 보존법칙**(베르누이 방정식)에 의해 유입유량(Q)과 유출유량(Q)이 같으므로 각 분기배관의 **마찰손실**(H)은 같다고 가정한다.

$$\frac{fl_A V_A^2}{2gD_A} = \frac{fl_B V_B^2}{2gD_B}$$

$$\frac{\cancel{0.022} \times 600\text{m} \times V_A^2}{\cancel{2} \times \cancel{9.8\text{m/s}^2} \times 0.2\text{m}} = \frac{\cancel{0.022} \times 300\text{m} \times V_B^2}{\cancel{2} \times \cancel{9.8\text{m/s}^2} \times 0.15\text{m}}$$

$$3000 V_A^2 = 2000 V_B^2$$

$$V_A^2 = \frac{2000}{3000} V_B^2$$

$$\sqrt{V_A^2} = \sqrt{\frac{2000}{3000} V_B^2}$$

$$V_A = \sqrt{\frac{2000}{3000} V_B^2} \fallingdotseq 0.816\, V_B$$

유량(flowrate)=체적유량

$$Q = AV = \left(\frac{\pi}{4} D^2\right) V$$

여기서, Q : 유량[m³/s]
A : 단면적[m²]
V : 유속[m/s]
D : 내경[m]

$$Q = Q_A + Q_B = A_A V_A + A_B V_B$$ 에서

$$Q = A_A V_A + A_B V_B = \frac{\pi D_A^2}{4} V_A + \frac{\pi D_B^2}{4} V_B$$

$$0.2\text{m}^3/\text{s} = \left(\frac{\pi \times 0.2^2}{4}\right)\text{m}^2 \times 0.816\, V_B + \left(\frac{\pi \times 0.15^2}{4}\right)\text{m}^2 \times V_B$$

$$0.2 = \left(\frac{\pi \times 0.2^2}{4}\right) \times 0.816\, V_B + \left(\frac{\pi \times 0.15^2}{4}\right) \times V_B$$ ← 계산 편의를 위해 단위 생략

$$0.2 = 0.0256\, V_B + 0.0176\, V_B$$

$$0.2 = 0.043\, V_B$$

$$V_B = \frac{0.2}{0.043}$$

$$\therefore V_B = \boxed{4.651\text{m/s}}$$

위에서 $V_A = 0.816\, V_B$ 이므로

$$V_A = 0.816\, V_B = 0.816 \times 4.651\text{m/s} = \boxed{3.794\text{m/s}}$$

A의 **유량** Q_A는

$$Q_A = A_A V_A = \frac{\pi D_A^2}{4} V_A = \left(\frac{\pi \times 0.2^2}{4}\right)\text{m}^2 \times 3.794\text{m/s} = 0.119 \fallingdotseq 0.12\text{m}^3/\text{s}$$

- 3.794m/s : 바로 위에서 구한 값

B의 **유량** Q_B는

$$Q_B = A_B V_B = \frac{\pi D_B^2}{4} V_B = \left(\frac{\pi \times 0.15^2}{4}\right)\text{m}^2 \times 4.651\text{m/s} = 0.082 \fallingdotseq 0.08\text{m}^3/\text{s}$$

- 4.651m/s : 바로 위에서 구한 값

☆☆
문제 14

다음과 같은 표면화재 방호대상물인 4개의 실에 고압식 이산화탄소 소화설비를 설치하고자 한다. 조건을 참고하여 다음 각 물음에 답하시오.

(05.5.문11)

득점	배점
	8

〔조건〕

① 방호구역의 기준

실 명	방호구역 체적	자동개폐장치	개구부면적	분사헤드수
A실	$(18\times18\times5)m^3$	개폐불가	$6m^2$	40
B실	$(11\times17\times6)m^3$	개폐가능	$4m^2$	30
C실	$(5\times8\times4)m^3$	개폐불가	$4m^2$	8
D실	$(5\times3\times3)m^3$	개폐가능	$2m^2$	3

② 이산화탄소 저장용기는 내용적 $68l$, 충전량 45kg이다.

③ 각 실에 설치된 분사헤드 1개의 방사율은 $1.16kg/mm^2$ · 분이며, 방출시간은 1분 이내로 한다.

④ 소화약제 산정 기준 및 기타 필요한 사항은 국가 화재안전기준에 따른다.

(가) 각 실에 필요한 소화약제의 양[kg]을 산출하시오.

○ A실(계산과정 및 답) :

○ B실(계산과정 및 답) :

○ C실(계산과정 및 답) :

○ D실(계산과정 및 답) :

(나) 각 실에 저장하여야 할 용기수는 몇 개인지 구하시오.

○ A실(계산과정 및 답) :

○ B실(계산과정 및 답) :

○ C실(계산과정 및 답) :

○ D실(계산과정 및 답) :

(다) 각 방호구역 별로 설치된 분사헤드의 분출구 면적은 몇 mm^2인지 구하시오.

○ A실(계산과정 및 답) :

○ B실(계산과정 및 답) :

○ C실(계산과정 및 답) :

○ D실(계산과정 및 답) :

(라) 각 방호구역 별로 개방 직후의 유량은 몇 kg/s인지 구하시오.

○ A실(계산과정 및 답) :

○ B실(계산과정 및 답) :

○ C실(계산과정 및 답) :

○ D실(계산과정 및 답) :

해답 (가) A실 : ○ 계산과정 : 1620×0.75+6×5=1245kg ○ 답 : 1245kg

B실 : ○ 계산과정 : 1122×0.8=897.6kg ○ 답 : 897.6kg

C실 : ○ 계산과정 : 160×0.8=128kg(최소 135kg)

135+4×5=155kg ○ 답 : 155kg

D실 : ○ 계산과정 : 45×0.9=40.5kg(최소 45kg) ○ 답 : 45kg

(나) A실 : ○ 계산과정 : $\frac{1245}{45}=27.6 \fallingdotseq 28$개 ○ 답 : 28개

B실 : ○ 계산과정 : $\frac{897.6}{45}=19.9 \fallingdotseq 20$개 ○ 답 : 20개

C실 : ○ 계산과정 : $\frac{155}{45}=3.4 \fallingdotseq 4$개 ○ 답 : 4개

D실 : ○ 계산과정 : $\frac{45}{45}=1$개 ○ 답 : 1개

(다) A실 : ○ 계산과정 : $\frac{45\times28}{1.16\times40\times1}=27.155 \fallingdotseq 27.16\text{mm}^2$ ○ 답 : 27.16mm^2

B실 : ○ 계산과정 : $\frac{45\times20}{1.16\times30\times1}=25.862 \fallingdotseq 25.86\text{mm}^2$ ○ 답 : 25.86mm^2

C실 : ○ 계산과정 : $\frac{45\times4}{1.16\times8\times1}=19.396 \fallingdotseq 19.4\text{mm}^2$ ○ 답 : 19.4mm^2

D실 : ○ 계산과정 : $\frac{45\times1}{1.16\times3\times1}=12.931 \fallingdotseq 12.93\text{mm}^2$ ○ 답 : 12.93mm^2

(라) A실 : ○ 계산과정 : $\frac{45\times28}{60}=21\text{kg/s}$ ○ 답 : 21kg/s

B실 : ○ 계산과정 : $\frac{45\times20}{60}=15\text{kg/s}$ ○ 답 : 15kg/s

C실 : ○ 계산과정 : $\frac{45\times4}{60}=3\text{kg/s}$ ○ 답 : 3kg/s

D실 : ○ 계산과정 : $\frac{45\times1}{60}=0.75\text{kg/s}$ ○ 답 : 0.75kg/s

해설 (가) 문제에서 표면화재라고 했으므로 **표면화재** 적용

‖ 표면화재의 약제량 및 개구부가산량(NFPC 106 5조, NFTC 106 2.2.1.1) ‖

방호구역체적	약제량	개구부가산량 (자동폐쇄장치 미설치시)	최소저장량
45m^3 미만	1kg/m^3	5kg/m^2	45kg
45~150m^3 미만	0.9kg/m^3		
150~1450m^3 미만	0.8kg/m^3		135kg
1450m^3 이상	0.75kg/m^3		1125kg

실 명	체 적
A실	$(18\times18\times5)\text{m}^3=1620\text{m}^3$
B실	$(11\times17\times6)\text{m}^3=1122\text{m}^3$
C실	$(5\times8\times4)\text{m}^3=160\text{m}^3$
D실	$(5\times3\times3)\text{m}^3=45\text{m}^3$

표면화재

CO_2 저장량[kg]=방호구역체적[m^3]×약제량[kg/m^3]×보정계수+개구부면적[m^2]×개구부가산량(5kg/m^2)

- **A · C실** : [조건 ①]에서 자동개폐가 불가하므로 개구부면적 및 개구부가산량 적용
- **B · D실** : [조건 ①]에서 자동개폐가 가능하므로 개구부면적 및 개구부가산량 생략
- **보정계수**는 주어지지 않았으므로 **무시**

(1) **A실**

소화약제량=방호구역체적[m^2]×약제량[kg/m^3]×보정계수+개구부면적[m^2]×개구부가산량(5kg/m^2)

$=1620\text{m}^3\times0.75\text{kg/m}^3+6\text{m}^2\times5\text{kg/m}^2=$**1245kg**

(2) **B실**

소화약제량=방호구역체적[m^3]×약제량[kg/m^3]×보정계수

=1122m^3×0.8kg/m^3=**897.6kg**

(3) **C실**

최소저장량=방호구역체적[m^3]×약제량[kg/m^3]

=160m^3×0.8kg/m^3=128kg

(∴ 최소저장량은 표에서 **135kg**이다. 틀리지 않도록 주의!)

소화약제량=최소저장량[kg]×보정계수+개구부면적[m^2]×개구부가산량[5kg/m^2]

=135kg+4m^2×5kg/m^2=155kg

- 최소저장량을 구한 후 보정계수를 곱한다는 것을 기억하라.(여기서는 보정계수가 주어지지 않았으므로 무시)

(4) **D실**

최소저장량=방호구역체적[m^3]×약제량[kg/m^3]

=45m^3×0.9kg/m^3=40.5kg (∴ 최소저장량은 표에서 **45kg**이다.)

소화약제량=최소저장량[kg]×보정계수

=45kg

(나)

$$\text{저장용기수}=\frac{\text{소화약제량}}{\text{1병당 저장량}}$$

(1) **A실**

$$\text{저장용기수}=\frac{\text{소화약제량}}{\text{1병당 저장량}}=\frac{1245\text{kg}}{45\text{kg}}=27.6 \fallingdotseq \textbf{28개}\text{(절상한다.)}$$

(2) **B실**

$$\text{저장용기수}=\frac{\text{소화약제량}}{\text{1병당 저장량}}=\frac{897.6\text{kg}}{45\text{kg}}=19.9 \fallingdotseq \textbf{20개}\text{(절상한다.)}$$

(3) **C실**

$$\text{저장용기수}=\frac{\text{소화약제량}}{\text{1병당 저장량}}=\frac{155\text{kg}}{45\text{kg}}=3.4 \fallingdotseq \textbf{4개}\text{(절상한다.)}$$

(4) **D실**

$$\text{저장용기수}=\frac{\text{소화약제량}}{\text{1병당 저장량}}=\frac{45\text{kg}}{45\text{kg}}=\textbf{1개}$$

- 45kg : [조건 ①]의 값

(다)

$$\text{분구면적[mm}^2\text{]}=\frac{\text{1병당 저장량[kg]}\times\text{병수}}{\text{방사율[kg/mm}^2\cdot\text{분]}\times\text{헤드개수}\times\text{방출시간[분]}}$$

(1) **A실**

$$\text{분구면적[mm}^2\text{]}=\frac{\text{1병당 저장량[kg]}\times\text{병수}}{\text{방사율[kg/mm}^2\cdot\text{분]}\times\text{헤드개수}\times\text{방출시간[분]}}$$

$$=\frac{45\text{kg}\times 28\text{개}}{1.16\text{kg/mm}^2\cdot\text{분}\times 40\text{개}\times 1\text{분}}=27.155 \fallingdotseq \textbf{27.16mm}^2$$

(2) **B실**

$$\text{분구면적[mm}^2\text{]}=\frac{\text{1병당 저장량[kg]}\times\text{병수}}{\text{방사율[kg/mm}^2\cdot\text{분]}\times\text{헤드개수}\times\text{방출시간[분]}}$$

$$=\frac{45\text{kg}\times 20\text{개}}{1.16\text{kg/mm}^2\cdot\text{분}\times 30\text{개}\times 1\text{분}}=25.862 \fallingdotseq \textbf{25.86mm}^2$$

(3) **C실**

$$\text{분구면적[mm}^2\text{]}=\frac{\text{1병당 저장량[kg]}\times\text{병수}}{\text{방사율[kg/mm}^2\cdot\text{분]}\times\text{헤드개수}\times\text{방출시간[분]}}$$

$$=\frac{45\text{kg}\times 4\text{개}}{1.16\text{kg/mm}^2\cdot\text{분}\times 8\text{개}\times 1\text{분}}=19.396 \fallingdotseq \textbf{19.4mm}^2$$

(4) **D실**

$$\text{분구면적}[\text{mm}^2] = \frac{\text{1병당 저장량}[\text{kg}] \times \text{병수}}{\text{방사율}[\text{kg/mm}^2 \cdot \text{분}] \times \text{헤드개수} \times \text{방출시간}[\text{분}]}$$

$$= \frac{45\text{kg} \times 1\text{개}}{1.16\text{kg/mm}^2 \cdot \text{분} \times 3\text{개} \times 1\text{분}} = 12.931 \fallingdotseq \mathbf{12.93mm^2} \text{ 이상}$$

- 약제량[kg] : (가)에서 구한 값
- 방사율[kg/mm² · 분] : [조건 ③]에서 주어진 값
- 헤드개수 : [조건 ①]에서 주어진 값
- 방출시간[분] : [조건 ③]에서 주어진 값
- 식을 암기하지 말고 단위를 보면서 식을 만들어서 풀도록 하라!

(라)

$$\text{선택밸브 직후의 유량} = \frac{\text{1병당 충전량}[\text{kg}] \times \text{병수}}{\text{약제방출시간}[\text{s}]}$$

(1) **A실**

$$\text{선택밸브 직후의 유량} = \frac{\text{1병당 충전량}[\text{kg}] \times \text{병수}}{\text{약제방출시간}[\text{s}]}$$

$$= \frac{45\text{kg} \times 28\text{개}}{60\text{s}} = 21\text{kg/s}$$

(2) **B실**

$$\text{선택밸브 직후의 유량} = \frac{\text{1병당 충전량}[\text{kg}] \times \text{병수}}{\text{약제방출시간}[\text{s}]}$$

$$= \frac{45\text{kg} \times 20\text{개}}{60\text{s}} = 15\text{kg/s}$$

(3) **C실**

$$\text{선택밸브 직후의 유량} = \frac{\text{1병당 충전량}[\text{kg}] \times \text{병수}}{\text{약제방출시간}[\text{s}]}$$

$$= \frac{45\text{kg} \times 4\text{개}}{60\text{s}} = 3\text{kg/s}$$

(4) **D실**

$$\text{선택밸브 직후의 유량} = \frac{\text{1병당 충전량}[\text{kg}] \times \text{병수}}{\text{약제방출시간}[\text{s}]}$$

$$= \frac{45\text{kg} \times 1\text{개}}{60\text{s}} = 0.75\text{kg/s}$$

- 문제에서 '**각 방호구역별로 개방 직후**'='**선택밸브 직후**'라는 것을 의미한다. '**개방**'이라는 말이 있다고 하여 개방밸브 직후의 유량을 구하는 것이 아님을 기억하라!

비교

(1) 선택밸브(각 방호구역별로 개방) 직후의 유량 $= \frac{\text{1병당 충전량}[\text{kg}] \times \text{병수}}{\text{약제방출시간}[\text{s}]}$

(2) 약제의 유량속도 $= \frac{\text{1병당 충전량}[\text{kg}] \times \text{병수}}{\text{약제방출시간}[\text{s}]}$

(3) 개방밸브(용기밸브) 직후의 유량 $= \frac{\text{1병당 충전량}[\text{kg}]}{\text{약제방출시간}[\text{s}]}$

문제 15

분말소화설비의 구성부품인 정압작동장치와 Cleaning 장치에 대하여 간단히 설명하시오. (07.4.문4)

득점	배점
	6

○ 정압작동장치 :

○ Cleaning 장치 :

해답 ○ 정압작동장치 : 저장용기의 내부압력이 설정압력이 되었을 때 주밸브를 개방시키는 장치

○ Cleaning 장치 : 저장용기 및 배관내의 잔류소화약제 처리

해설 (1) **정압작동장치** : 약제저장용기 내의 내부압력이 설정압력이 되었을 때 주밸브를 개방시키는 장치로서 정압작동장치의 설치위치는 그림과 같다.

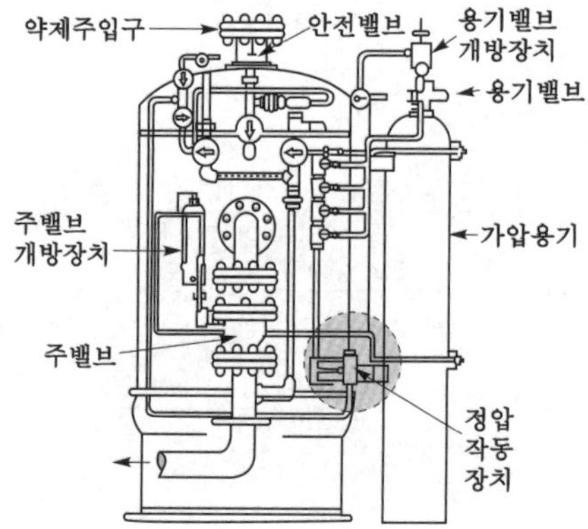

중요

정압작동장치의 **종류**

종 류	설 명
봉판식	저장용기에 가압용 가스가 충전되어 밸브의 **봉판**이 작동압력에 도달되면 밸브의 봉판이 개방되면서 주밸브 개방장치로 가스의 압력을 공급하여 주밸브를 개방시키는 방식 ‖ 봉판식 ‖

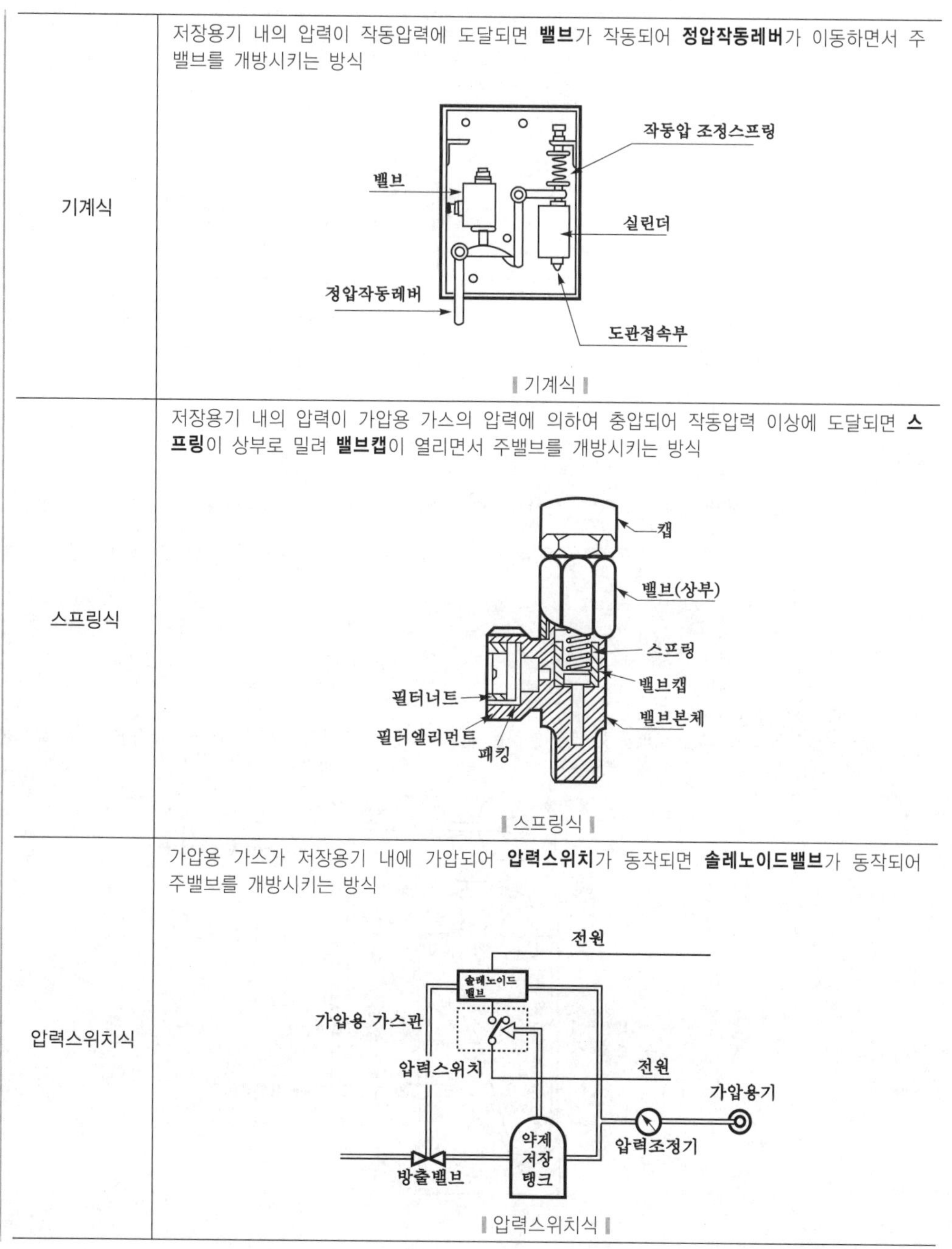

기계식	저장용기 내의 압력이 작동압력에 도달되면 **밸브**가 작동되어 **정압작동레버**가 이동하면서 주밸브를 개방시키는 방식 ‖ 기계식 ‖
스프링식	저장용기 내의 압력이 가압용 가스의 압력에 의하여 충압되어 작동압력 이상에 도달되면 **스프링**이 상부로 밀려 **밸브캡**이 열리면서 주밸브를 개방시키는 방식 ‖ 스프링식 ‖
압력스위치식	가압용 가스가 저장용기 내에 가압되어 **압력스위치**가 동작되면 **솔레노이드밸브**가 동작되어 주밸브를 개방시키는 방식 ‖ 압력스위치식 ‖

시한릴레이식	저장용기의 내압이 방출에 필요한 압력에 도달되는 시간을 미리 결정하여 **한시계전기**를 이 시간에 맞추어 놓고 기동과 동시에 한시계전기가 동작되면 일정시간 후 **릴레이**의 접점에 의해 솔레노이드밸브가 동작되어 주밸브를 개방시키는 방식 전원 / 솔레노이드 밸브 / 릴레이 / 한시계전기 / 가압용 가스관 / 가압용기 / 압력조정기 / 약제 저장 탱크 / 방출밸브 ‖ 시한릴레이식 ‖

(2) **클리닝 장치**(Cleaning 장치, 청소장치) : 약제 분사 후 저장용기 및 배관내의 잔류소화약제를 처리하는 장치

- '**배관내의 잔류소화약제 처리**'라고 하면 틀릴 수도 있다. 정확히 '**저장용기 및 배관내의 잔류소화약제 처리**'라고 답하자!
- '**클리닝 장치**'와 '**클리닝 밸브**'는 좀 다르다.

비교

클리닝밸브(cleaning valve)
소화약제의 방출 후 송출배관 내에 잔존하는 분말약제를 배출시키는 배관청소용으로 사용되며, **배기밸브**(drain valve)는 약제방출 후 약제 저장용기 내의 잔압을 배출시키기 위한 것이다.

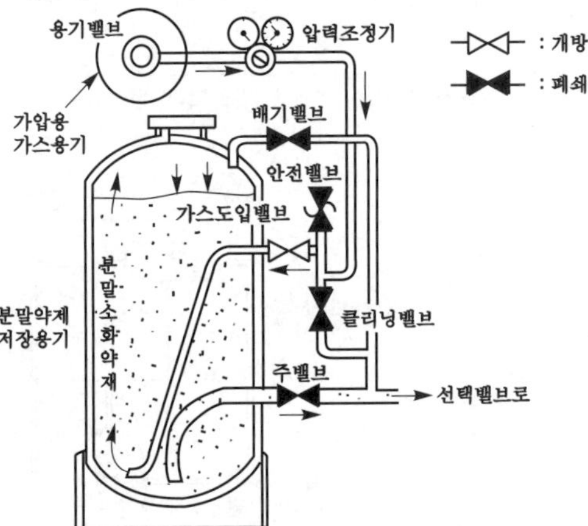

" 실패한 자가 패배한 것이 아니라, 포기한 자가 패배한 것이다.
- 장 파울 - 

2013. 7. 14 시행

▌2013년 기사 제2회 필답형 실기시험▌			수험번호	성명	감독위원 확 인
자격종목 소방설비기사(기계분야)	시험시간 3시간	형별			

※ 다음 물음에 답을 해당 답란에 답하시오.(배점 : 100)

☆☆

문제 01

수면이 펌프보다 3m 낮은 지하수조에서 0.3m³/min의 물을 이송하는 원심펌프가 있다. 흡입관과 송출관의 구경이 각각 100mm, 송출구 압력계가 0.1MPa일 때 이 펌프에 공동현상이 발생하는지 여부를 판별하시오. (단, 흡입측의 손실수두는 3.5kPa이고, 흡입관의 속도수두는 무시하고 대기압은 표준대기압, 물의 온도는 20℃이고, 이때의 포화수증기압은 2.33kPa, 중력가속도는 9.807m/s²이다. 필요흡입양정은 5m이다.)

(11.11.문14)

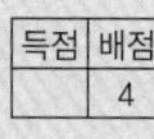

득점	배점
	4

○ 계산과정 :

○ 답 :

해답 ○ 계산과정 : $H_a = 10.332\text{m}$

$$H_v = \frac{2330}{1000 \times 9.807} = 0.2375\text{m}$$

$$H_L = \frac{3500}{1000 \times 9.807} = 0.3568\text{m}$$

$$\text{NPSH}_{av} = 10.332 - 0.2375 - 3 - 0.3568 = 6.7377\text{m}$$

○ 답 : 필요흡입양정보다 유효흡입양정이 크므로 공동현상 미발생

해설 (1) **수두**

$$H = \frac{P}{\gamma}$$

여기서, H : 수두[m]

P : 압력[Pa 또는 N/m²]

γ : 비중량[N/m³]

(2) **표준대기압**

1atm=760mmHg=1.0332kg$_f$/cm²
=10.332mH₂O(mAq)
=14.7PSI(lb$_f$/in²)
=101.325kPa(kN/m²)=101325Pa(N/m²)
=1013mbar

$$P = \gamma h \qquad \gamma = \rho g$$

여기서, P : 압력[Pa], γ : 비중량[N/m³], h : 높이[m]

ρ : 밀도(물의 밀도 1000kg/m³=1000N · s²/m⁴)

g : 중력가속도[m/s²]

$$h = \frac{P}{\gamma} = \frac{P}{\rho g}$$

1Pa=1N/m^2 이므로

대기압수두(H_a) : H_a =**10.332m**([단서]에 의해 표준대기압(표준기압)을 적용한다.)

수증기압수두(H_v) : $H_v = \dfrac{P}{\rho g} = \dfrac{2330\text{N/m}^2}{1000\text{N}\cdot\text{s}^2/\text{m}^4 \times 9.807\text{m/s}^2}$=**0.2375m**

흡입수두(H_s) : **3m**(수원의 수면~펌프중심까지의 수직거리)

마찰손실수두(H_L) : $H_L = \dfrac{P}{\rho g} = \dfrac{3500\text{N/m}^2}{1000\text{N}\cdot\text{s}^2/\text{m}^4 \times 9.807\text{m/s}^2}$=**0.3568m**

- 101.325kPa=101325Pa=101325N/m^2
- 2.33kPa=2330Pa=2330N/m^2
- 3.5kPa=3500Pa=3500N/m^2
- 단서에 의해 수증기압수두(H_v)와 마찰손실수두(H_L)는 중력가속도 9.807m/s^{2}를 반드시 적용할 것. 적용하지 않으면 틀림

수조가 펌프보다 낮으므로 **흡입 NPSH$_{av}$**는

$\text{NPSH}_{av} = H_a - H_v - H_s - H_L = 10.332\text{m} - 0.2375\text{m} - 3\text{m} - 0.3568\text{m} = 6.7377\text{m}$

6.7377m(NPSH$_{av}$) > 5m(NPSH$_{re}$) = 공동현상 미발생

중요

(1) **흡입 NPSH$_{av}$**(수조가 펌프보다 낮을 때)

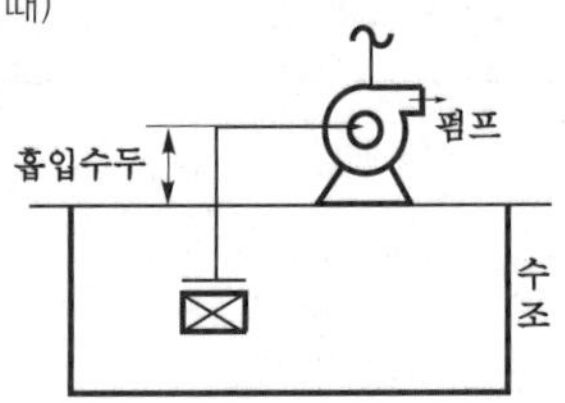

$$\text{NPSH}_{av} = H_a - H_v - H_s - H_L$$

여기서, NPSH_{av} : 유효흡입양정[m]
H_a : 대기압수두[m]
H_v : 수증기압수두[m]
H_s : 흡입수두[m]
H_L : 마찰손실수두[m]

(2) **압입 NPSH$_{av}$**(수조가 펌프보다 높을 때)

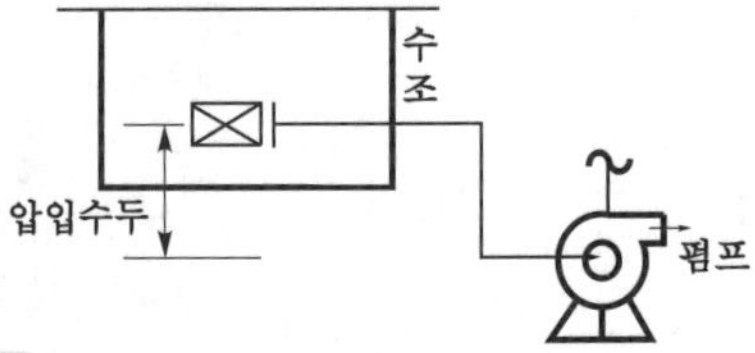

$$\text{NPSH}_{av} = H_a - H_v + H_s - H_L$$

여기서, NPSH_{av} : 유효흡입양정[m]
H_a : 대기압수두[m]
H_v : 수증기압수두[m]
H_s : 압입수두[m]
H_L : 마찰손실수두[m]

(3) **공동현상의 발생한계 조건**

① NPSH$_{av}$ ≧ NPSH$_{re}$: 공동현상을 방지하고 정상적인 흡입운전 가능

② NPSH$_{av}$ ≧ 1.3×NPSH$_{re}$: 펌프의 설치높이를 정할 때 붙이는 여유

NPSH$_{av}$ (Available Net Positive Suction Head) =유효흡입양정	NPSH$_{re}$ (Required Net Positive Suction Head) =필요흡입양정
• 흡입전양정에서 포화증기압을 뺀 값 • 펌프설치과정에 있어서 펌프흡입측에 가해지는 수두압에서 흡입액의 온도에 해당되는 포화증기압을 뺀 값 • 펌프의 중심으로 유입되는 액체의 절대압력 • 펌프설치과정에서 펌프 그 자체와는 무관하게 흡입측 배관의 설치위치, 액체온도 등에 따라 결정되는 양정 • 이용 가능한 정미 유효흡입양정으로 흡입전양정에서 포화증기압을 뺀 것	• 공동현상을 방지하기 위해 펌프흡입측 내부에 필요한 최소압력 • 펌프 제작사에 의해 결정되는 값 • 펌프에서 임펠러 입구까지 유입된 액체는 임펠러에서 가압되기 직전에 일시적인 압력강하가 발생되는데 이에 해당하는 양정 • 펌프 그 자체가 캐비테이션을 일으키지 않고 정상운전되기 위하여 필요로 하는 흡입양정 • 필요로 하는 정미 유효흡입양정

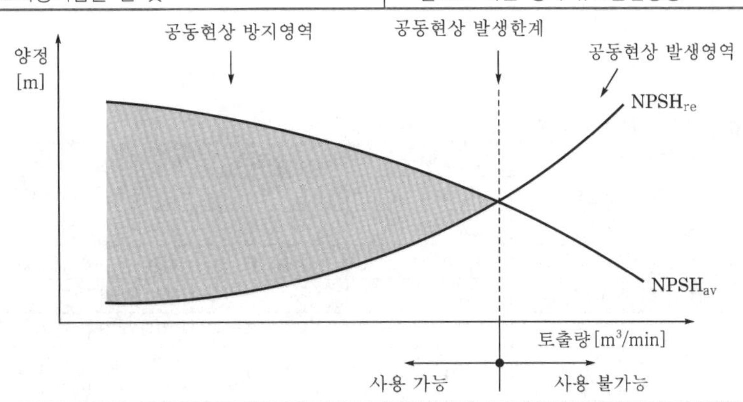

☆☆☆

문제 02

그림과 같이 바닥면이 자갈로 되어 있는 절연유 봉입변압기에 물분무소화설비를 설치하고자 한다. 물분무소화설비의 화재안전기준을 참고하여 다음 각 물음에 답하시오. (19.4.문10, 17.11.문11)

득점	배점
	6

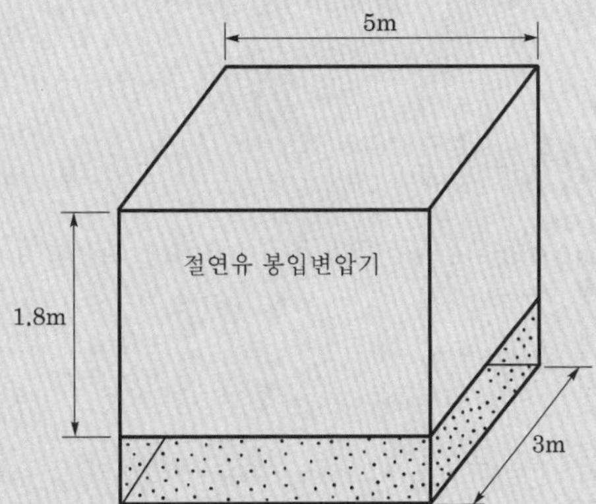

(가) 소화펌프의 최소 토출량[l/min]을 구하시오.

○ 계산과정 :

○ 답 :

(나) 필요한 최소 수원의 양[m^3]을 구하시오.

○ 계산과정 :

○ 답 :

(다) 고압의 전기기기가 있을 경우 물분무헤드와 전기기기의 이격기준인 다음의 표를 완성하시오.

전 압[kV]	거 리[cm]	전 압[kV]	거 리[cm]
66 이하	(①) 이상	154 초과 181 이하	180 이상
66 초과 77 이하	80 이상	181 초과 220 이하	(②) 이상
77 초과 110 이하	110 이상	220 초과 275 이하	260 이상
110 초과 154 이하	150 이상	–	–

해답 (가) ○ 계산과정 : $A=(5\times1.8)+(5\times1.8)+(3\times1.8\times2)+(5\times3)=43.8\text{m}^2$

$Q=43.8\times10=438l/\text{min}$

○ 답 : $438l/\text{min}$

(나) ○ 계산과정 : $438\times20=8760l=8.76\text{m}^3$

○ 답 : 8.76m^3

(다) ① 70 ② 210

해설 (가) **물분무소화설비**의 **수원**(NFPC 104 4조, NFTC 104 2.1.1)

특정소방대상물	토출량	최소기준	비 고
컨베이어벨트	$10l/\text{min}\cdot\text{m}^2$	–	벨트부분의 바닥면적
절연유 봉입변압기	$10l/\text{min}\cdot\text{m}^2$	–	표면적을 합한 면적(바닥면적 제외)
특수가연물	$10l/\text{min}\cdot\text{m}^2$	최소 50m^2	최대 방수구역의 바닥면적 기준
케이블트레이 · 덕트	$12l/\text{min}\cdot\text{m}^2$	–	투영된 바닥면적
차고 · 주차장	$20l/\text{min}\cdot\text{m}^2$	최소 50m^2	최대 방수구역의 바닥면적 기준
위험물 저장탱크	$37l/\text{min}\cdot\text{m}$	–	위험물탱크 둘레길이(원주길이) : 위험물규칙 〔별표 6〕 II

※ 모두 **20분**간 방수할 수 있는 양 이상으로 하여야 한다.

기억법 **컨** 0
절 0
특 0
케 2
차 0
위 37

절연유 봉입변압기는
바닥부분을 **제외**한 **표면적**을 **합한 면적**이므로

A=앞면+뒷면+(옆면×2개)+윗면=(5m×1.8m)+(5m×1.8m)+(3m×1.8m×2개)+(5m×3m)=43.8m^2

• 바닥부분은 물이 분무되지 않으므로 적용하지 않는 것에 주의하라!
• 자갈층은 고려할 필요 없음

절연유 봉입변압기의 **방사량**(토출량) Q는

Q=표면적(바닥면적 제외)×$10l/\text{min}\cdot\text{m}^2$=$43.8\text{m}^2\times10l/\text{min}\cdot\text{m}^2=438l/\text{min}$

(나) **수원**의 **양** Q는

Q=토출량×방사시간=$438l/\text{min}\times20\text{min}=8760l=8.76\text{m}^3$

• 토출량($438l/\text{min}$) : (가)에서 구한 값
• 방사시간(20min) : NFPC 104 4조, NFTC 104 2.1.1.3에 의해
• $1000l=1\text{m}^3$이므로 $8760l=8.76\text{m}^3$

(다) **물분무헤드**의 고압전기기기와의 **이격거리**(NFPC 104 10조, NFTC 104 2.7.2)

전 압	거 리
66kV 이하	70cm 이상
67~77kV 이하	80cm 이상

78~110kV 이하	110cm 이상
111~154kV 이하	150cm 이상
155~181kV 이하	180cm 이상
182~220kV 이하	210cm 이상
221~275kV 이하	260cm 이상

참고

물분무헤드의 **종류**

종 류	설 명
충돌형	유수와 유수의 충돌에 의해 미세한 물방울을 만드는 물분무헤드 ▌충돌형▌
분사형	소구경의 오리피스로부터 고압으로 분사하여 미세한 물방울을 만드는 물분무헤드 ▌분사형▌
선회류형	선회류에 의해 확산방출하든가 선회류와 직선류의 충돌에 의해 확산방출하여 미세한 물방울로 만드는 물분무헤드 ▌선회류형▌
디플렉터형	수류를 살수판에 충돌하여 미세한 물방울을 만드는 물분무헤드 ▌디플렉터형▌
슬리트형	수류를 슬리트에 의해 방출하여 수막상의 분무를 만드는 물분무헤드 ▌슬리트형▌

☆☆

문제 03

아파트에 설치되는 주거용 주방자동소화장치의 설치기준이다. (   ) 안을 완성하시오. (12.11.문9, 08.7.문6)

득점	배점
	5

(가) (   )(전기 또는 가스)는 상시 확인 및 점검이 가능하도록 설치할 것

(나) 탐지부는 수신부와 분리하여 설치하되, 공기보다 가벼운 가스는 (①)면으로부터 (②)cm 위치에, 공기보다 무거운 가스는 (③)면으로부터 (④)cm 위치에 설치하여야 한다.

해답 (가) 차단장치

(나) ① 천장 ② 30 ③ 바닥 ④ 30

해설 **소화기구**의 설치기준(NFPC 101 4조, NFTC 101 2.1.1.5, 2.1.2.1)

(1) **소화기**의 **설치기준**

① 능력단위가 **2단위 이상**이 되도록 소화기를 설치하여야 할 특정소방대상물 또는 그 부분에 있어서는 간이소화용구의 능력단위가 전체능력단위의 $\frac{1}{2}$을 초과하지 않게 할 것

(2) **주거용 주방자동소화장치**의 **설치기준**

① 가스용 주방자동소화장치를 사용하는 경우 탐지부는 **수신부**와 **분리**하여 설치할 것

사용가스	탐지부 위치
LNG(공기보다 가벼운 가스)	**천장면**에서 **30cm** 이하
LPG(공기보다 무거운 가스)	**바닥면**에서 **30cm** 이하

② 소화약제 방출구는 환기구의 청소부분과 분리되어 있어야 하며, 형식 승인받은 유효설치높이 및 방호면적에 따라 설치할 것

③ 감지부는 형식승인을 받은 **유효한** 높이 및 위치에 설치할 것

④ **차단장치**(전기 또는 가스)는 상시 확인 및 점검이 가능하도록 설치할 것

⑤ 수신부는 주위의 열기류 또는 습기 등과 주위온도에 영향을 받지 않고 사용자가 **상시 볼 수 있는 장소**에 설치할 것

☆☆☆

문제 04

폐쇄형 헤드를 사용한 스프링클러설비의 말단배관 중 K점에 필요한 압력수의 수압을 주어진 조건을 이용하여 산정하시오. (16.4.문3, 08.7.문8)

득점	배점
	10

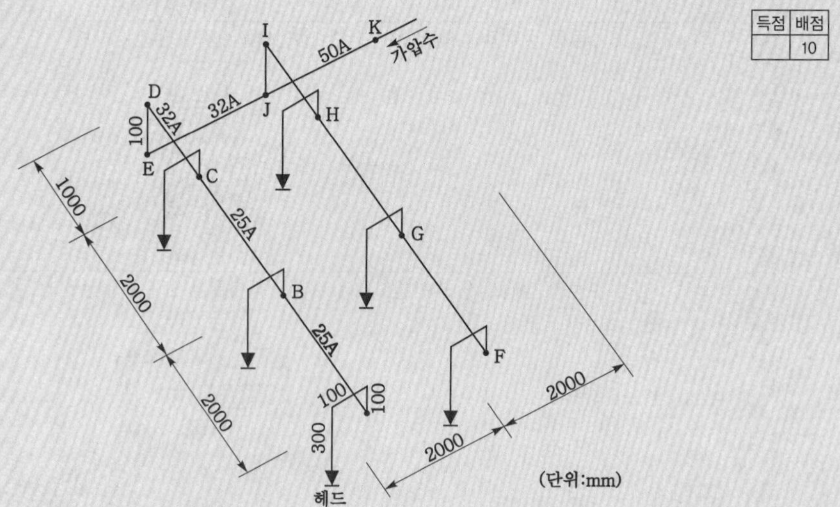

[조건]

① 직관 마찰손실수두(100m당)

(단위 : m)

개 수	유 량	25A	32A	40A	50A
1	80l/min	39.82	11.38	5.40	1.68
2	160l/min	150.42	42.84	20.29	6.32
3	240l/min	307.77	87.66	41.51	12.93
4	320l/min	521.92	148.66	70.40	21.93
5	400l/min	789.04	224.75	106.31	32.99
6	480l/min	–	321.55	152.26	47.43

② 관이음쇠 및 마찰손실에 해당하는 직관길이

(단위 : m)

구 분	25A	32A	40A	50A
엘보(90°)	0.9	1.2	1.5	2.1
리듀셔	0.54	0.72	0.9	1.2
티(직류)	0.27	0.36	0.45	0.6
티(분류)	1.5	1.8	2.1	3.0

③ 관이음쇠 및 마찰손실에 해당하는 직관길이 산출시 호칭구경이 큰 쪽에 따른다.

④ 직류방향과 분류방향이 같은 크기의 분류량(구경)일 때 티는 직류로 계산한다.

⑤ 헤드나사는 PT 1/2(15A) 기준이다.

⑥ 모든 헤드의 방사량은 80l/min이다.

(가) 수압산정에 필요한 계산과정을 상세히 명시하여 다음 표에 작성하시오.

구 간	마찰손실수두
헤드~B	
B~C	
C~J	
J~K	

(나) 위치수두[m]를 구하시오.

○ 계산과정 :

○ 답 :

(다) 방사요구 압력수두[m]는?

(라) 총 소요수두[m]와 K점에 필요한 방수압[kPa]을 구하시오.

○ 총 소요수두(계산과정 및 답) :

○ K점에 필요한 방수압(계산과정 및 답) :

해답 (가)

구 간	마찰손실수두
헤드~B	$5.74\text{m} \times \frac{39.82}{100} = 2.285 ≒ 2.29\text{m}$
B~C	$2.27\text{m} \times \frac{150.42}{100} = 3.414 ≒ 3.41\text{m}$
C~J	$8.02\text{m} \times \frac{87.66}{100} ≒ 7.03\text{m}$
J~K	$6.2\text{m} \times \frac{47.43}{100} ≒ 2.94\text{m}$

(나) ○ 계산과정 : 0.1+0.1−0.3=−0.1m

○ 답 : −0.1m

(다) 10m

(라) 총 소요수두 : ○ 계산과정 : $h_1 = 2.94 + 7.03 + 3.41 + 2.29 = 15.67\text{m}$

$h_2 = -0.1\text{m}$

$H = 15.67 - 0.1 + 10 = 25.57\text{m}$

○ 답 : 25.57m

K점에 필요한 방수압 : ○ 계산과정 : 25.57×10=255.7kPa

○ 답 : 255.7kPa

해설 (가)

구 간	호칭구경	유 량	직관 및 등가길이	m당 마찰손실	마찰손실수두
K~J	50A	480l/min	• 직관 : 2m • 관부속품 티(분류)(50×50×32A) : 1개×3.0m=3.0m 리듀셔(50×32A) : 1개×1.2m=1.2m 소계 : 6.2m	$\frac{47.43}{100}$ 〔조건 ①〕에 의해	6.2m× $\frac{47.43}{100}$ ≒2.94m
J~C	32A	240l/min	• 직관 : 2+0.1+1=3.1m • 관부속품 엘보(90°) : 2개×1.2m=2.4m 티(분류)(32×32×25A) : 1개×1.8m=1.8m 리듀셔(32×25A) : 1개×0.72m=0.72 소계 : 8.02m	$\frac{87.66}{100}$ 〔조건 ①〕에 의해	8.02m× $\frac{87.66}{100}$ ≒7.03m
C~B	25A	160l/min	• 직관 : 2m • 관부속품 티(직류)(25×25×25A) : 1개×0.27m=0.27m 소계 : 2.27m • 〔조건 ④〕에 의해 같은 크기의 분류량(구경)이므로 티(직류) 적용	$\frac{150.42}{100}$ 〔조건 ①〕에 의해	2.27m× $\frac{150.42}{100}$ =3.414 ≒3.41m
B~헤드	25A	80l/min	• 직관 : 2+0.1+0.1+0.3=2.5m • 관부속품 엘보(90°) : 3개×0.9m=2.7m 리듀셔(25×15A) : 1개×0.54m=0.54m 소계 : 5.74m	$\frac{39.82}{100}$ 〔조건 ①〕에 의해	5.74m× $\frac{39.82}{100}$ =2.285 ≒2.29m
				합계	**15.67m**

• 〔조건 ③〕에서 '**호칭구경이 작은 쪽에 따른다**'고 한다면 다음과 같이 계산하여야 한다.

구 간	호칭구경	유 량	직관 및 등가길이	m당 마찰손실	마찰손실수두
K~J	50A	480l/min	• 직관 : 2 m • 관부속품 소계 : 2m	$\frac{47.43}{100}$	$2\text{m}\times\frac{47.43}{100}$ =0.948m ≒0.95m
J~C	32A	240l/min	• 직관 : 2+0.1+1=3.1m • 관부속품 엘보(90°) : 2개×1.2m=2.4m 티(분류)(50×50×32A) : 1개×1.8m=1.8m 리듀셔(50×32A) : 1개×0.72m=0.72m 소계 : 8.02m	$\frac{87.66}{100}$	$8.02\text{m}\times\frac{87.66}{100}$ ≒7.03m
C~B	25A	160l/min	• 직관 : 2m • 관부속품 티(직류)(25×25×25A) : 1개×0.27m=0.27m 티(분류)(32×32×25A) : 1개×1.5m=1.5m 리듀셔(32×25A) : 1개×0.54m=0.54m 소계 : 4.31m	$\frac{150.42}{100}$	$4.31\text{m}\times\frac{150.42}{100}$ =6.483 ≒6.48m
B~헤드	25A	80l/min	• 직관 : 2+0.1+0.1+0.3=2.5m • 관부속품 엘보(90°) : 3개×0.9m=2.7m 소계 : 5.2m ※ 리듀셔(25×15A)는 〔조건 ②〕에서 15A에 대한 직관길이가 없으므로 무시	$\frac{39.82}{100}$	$5.2\text{m}\times\frac{39.82}{100}$ ≒2.07m
				합계	**16.53m**

• 〔조건 ④〕에 따른 구간 C~B 티(25×25×25A)는 직류로 계산한다.

※ 같은 크기의 분류량 : 티의 구경이 모두 같은 것을 의미함

예

‖같은 크기의 분류량‖ ‖다른 크기의 분류량‖

• 〔조건 ①〕에서 헤드개수에 따라 유량이 증가하는 것으로 보아 '**폐쇄형 헤드**'이지만 화재발생시 헤드가 전부 '**개방**'되는 것으로 판단하여야 한다.
헤드가 전부 개방되는 경우 티는 NFPC 103 5조 10호, NFTC 103 2.2.1.11에 의해 속도수두(동압)는 무시할 수 있으므로 **티(분류)**를 적용하면 된다. 주의!

• 〔조건 ⑥〕에서 모든 헤드의 방사량이 80l/min이므로 헤드개수마다 80l/min의 물이 방사되므로 배관의 유량은 80l/min씩 증가하여 80l/min, 160l/min …… 으로 증가한다. 모든 헤드의 방사량이 80l/min으로 주어졌다고 하여 〔조건 ①〕에서 1개의 유량 80l/min만 적용하는 것이 절대 아니다.

(나) **낙차**(위치수두) $=0.1+0.1-0.3=$ **−0.1m**

∴ −0.1 m

※ **낙차**는 **수직배관**만 고려하며, 물 흐르는 방향을 주의하여 산정하면 0.1+0.1−0.3=−0.1m가 된다.
(**펌프방식**이므로 물 흐르는 방향이 위로 향할 경우 '+', 아래로 향할 경우 '−'로 계산하라)

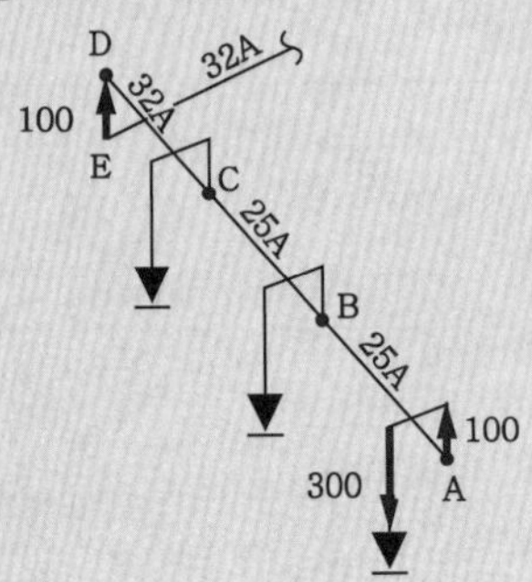

(다) **펌프방식**

$$H = h_1 + h_2 + 10$$

여기서, H: 전양정(총 소요수두)[m]
h_1 : 배관 및 관부속품의 마찰손실수두[m]
h_2 : 낙차의 환산수두[m]
10 : 방사요구 압력수두[m]

- 고가수조가 없는 경우 '**펌프 방식**'이라고 생각하면 된다.
- '**방사요구 압력수두**'를 '**배관 및 관부속품의 마찰손실수두**'라고 생각하지 마라!

(라) **총 소요수두**

$h_1 = 2.94\text{m} + 7.03\text{m} + 3.41\text{m} + 2.29\text{m} = 15.67\text{m}$
$h_2 = -0.1\text{m}$
$H = h_1 + h_2 + 10 = 15.67\text{m} + (-0.1\text{m}) + 10 = 25.57\text{m}$

- h_1 : (가)에서 구한 마찰손실수두의 합
- h_2 : (나)에서 구한 값

K점에 필요한 방수압

1m=0.01MPa=10kPa 이므로

$$25.57\text{m} = \frac{25.57\text{m}}{1\text{m}} \times 10\text{kPa} = 255.7\text{kPa}$$

- **25.57m** : 총 소요수두
- 다음과 같이 구해도 된다.

$$P = P_1 + P_2 + 0.1$$

여기서, P: 필요한 압력[MPa]
P_1 : 배관 및 관부속품의 마찰손실수두압[MPa]
P_2 : 낙차의 환산수두압[MPa]

1m = 0.01MPa

P_1 : $15.67\text{m} = \frac{15.67\text{m}}{1\text{m}} \times 0.01\text{MPa} = 0.1567\text{MPa}$

P_2 : $-0.1\text{m} = \frac{-0.1\text{m}}{1\text{m}} \times 0.01\text{MPa} = -0.001\text{MPa}$

K점에 필요한 방수압 P는
$P = P_1 + P_2 + 0.1 = 0.1567 + (-0.001) + 0.1 = 0.2557\text{MPa} = 255.7\text{kPa}$

☆

문제 05

할로겐화합물 및 불활성기체 소화설비에서 할로겐화합물 및 불활성기체 소화약제의 저장용기의 기준에 관한 설명이다. (　　) 안에 적합한 수치를 쓰시오. (19.11.문5, 16.4.문8)

○ 저장용기의 약제량 손실이 (①)%를 초과하거나 압력손실이 (②)%를 초과할 경우에는 재충전하거나 저장용기를 교체할 것. 다만, 불활성기체 소화약제 저장용기의 경우에는 압력손실이 (③)%를 초과할 경우 재충전하거나 저장용기를 교체하여야 한다.

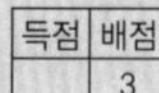

득점	배점
	3

해답 ① 5　② 10　③ 5

해설 **할로겐화합물 및 불활성기체 소화약제**의 **저장용기 적합기준**(NFPC 107A 6조, NFTC 107A 2.3.2)

(1) 저장용기는 약제명 · 저장용기의 자체중량과 총중량 · 충전일시 · 충전압력 및 약제의 체적을 표시할 것

(2) 동일 집합관에 접속되는 저장용기는 **동일한 내용적**을 가진 것으로 **충전량** 및 **충전압력**이 같도록 할 것

(3) 저장용기에 충전량 및 충전압력을 확인할 수 있는 장치를 하는 경우에는 해당 소화약제에 적합한 구조로 할 것

(4) 저장용기의 **약제량 손실**이 **5%**를 초과하거나 **압력손실**이 **10%**를 초과할 경우에는 재충전하거나 저장용기를 교체할 것. (단, **불활성기체 소화약제** 저장용기의 경우에는 **압력손실**이 **5%**를 초과할 경우 재충전하거나 저장용기 교체)

☆☆☆

문제 06

그림과 같이 소방대 연결송수구와 체크밸브 사이에 자동배수장치(auto drip)를 설치하는 이유를 간단히 설명하시오. (15.4.문7, 09.10.문5)

득점	배점
	5

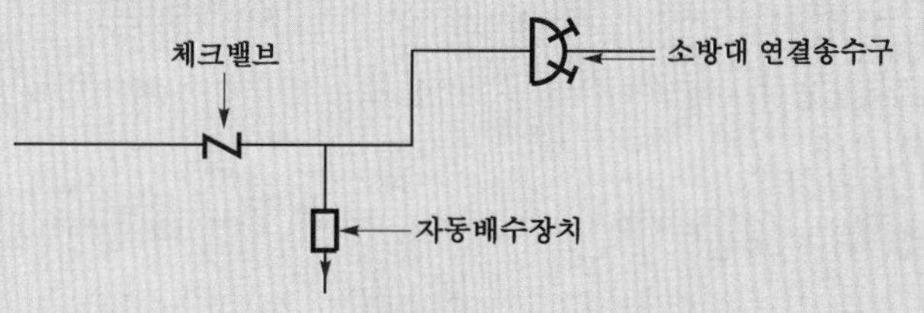

해답 배관 내에 고인 물을 자동으로 배수시켜 배관의 동파 및 부식방지

해설 소방대 연결송수구 부분은 노출되어 있으므로 배관에 물이 고여있을 경우 배관의 **동파** 및 **부식**의 우려가 있으므로 자동배수장치(auto drip)를 설치하여 본 설비를 사용 후에는 배관 내에 고인 물을 자동으로 배수시키도록 되어 있다.

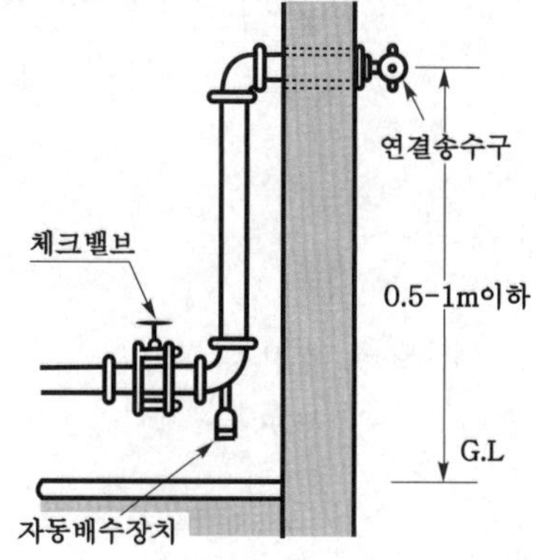

▌자동배수장치의 설치▐

☆☆
문제 07

옥내소화전설비의 방수구 설치제외 장소를 5가지 쓰시오.

득점	배점
	5

○
○
○
○
○

해답 ① 냉장창고 중 온도가 영하인 냉장실 또는 냉동창고의 냉동실
② 고온의 노가 설치된 장소 또는 물과 격렬하게 반응하는 물품의 저장 또는 취급장소
③ 발전소 · 변전소 등으로서 전기시설이 설치된 장소
④ 식물원 · 수족관 · 목욕실 · 수영장(관람석 제외) 또는 그 밖의 이와 비슷한 장소
⑤ 야외음악당 · 야외극장 또는 그 밖에 이와 비슷한 장소

해설 **옥내소화전 방수구**의 **설치제외 장소**(NFPC 102 11조, NFTC 102 2.8.1)
(1) 냉장창고 중 온도가 영하인 **냉장실** 또는 냉동창고의 **냉동실**
(2) 고온의 노가 설치된 장소 또는 물과 격렬하게 반응하는 물품의 저장 또는 취급장소
(3) **발전소 · 변전소** 등으로서 전기시설이 설치된 장소
(4) **식물원 · 수족관 · 목욕실 · 수영장**(관람석 제외) 또는 그 밖의 이와 비슷한 장소
(5) **야외음악당 · 야외극장** 또는 그 밖의 이와 비슷한 장소

- '**관람석 제외**'라는 말도 반드시 써야 한다.

참고

옥내소화전 방수구의 설치기준(NFPC 102 7조, NFTC 102 2.4.2)
(1) 특정소방대상물의 **층**마다 설치하되, 해당 특정소방대상물의 각 부분으로부터 하나의 옥내소화전 방수구까지의 **수평거리**가 **25m** 이하가 되도록 할 것
(2) 바닥으로부터의 높이가 **1.5m** 이하가 되도록 할 것
(3) 호스는 구경 **40mm**(호스릴은 **25mm**) 이상의 것으로서 특정소방대상물의 각 부분에 물이 유효하게 뿌려질 수 있는 길이로 설치할 것

☆☆☆
문제 08

어떤 지하상가에 제연설비를 화재안전기준과 아래 조건에 따라 설치하려고 한다. (11.7.문1)

득점	배점
	10

〔조건〕
① 주덕트의 높이 제한은 600mm이다. (단, 강판두께, 덕트플랜지 및 보온두께는 고려하지 않는다.)
② 배출기는 원심다익형이다.
③ 각종 효율은 무시한다.
④ 예상제연구역의 설계배출량은 45000m^3/H이다.

(가) 배출기의 흡입측 주덕트의 최소폭〔mm〕을 계산하시오.
○ 계산과정 :
○ 답 :

(나) 배출기의 배출측 주덕트의 최소폭〔mm〕을 계산하시오.

ㅇ계산과정 :

ㅇ답 :

(다) 준공 후 풍량시험을 한 결과 풍량은 $35000m^3/H$, 회전수는 800rpm, 축동력은 7.5kW로 측정되었다. 배출량 $45000m^3/H$를 만족시키기 위한 배출기 회전수〔rpm〕를 계산하시오.

ㅇ계산과정 :

ㅇ답 :

해답 (가) ㅇ계산과정 : $A=\frac{12.5}{15}=0.8333m^2$

$L=\frac{0.8333}{0.6}=1.3888m=1388.8mm$

ㅇ답 : 1388.8mm

(나) ㅇ계산과정 : $A=\frac{12.5}{20}=0.625m^2$

$L=\frac{0.625}{0.6}=1.0416m=1041.6mm$

ㅇ답 : 1041.6mm

(다) ㅇ계산과정 : $800\times\left(\frac{45000}{35000}\right)=1028.571 ≒ 1028.57rpm$

ㅇ답 : 1028.57rpm

해설 (가), (나) 〔조건 ④〕에서 배출량 $Q=45000m^3/H=45000m^3/3600s=$ **$12.5m^3/s$**이다.

배출기 흡입측 풍도 안의 풍속은 **15m/s** 이하로 하고, 배출측 풍속은 **20m/s** 이하로 한다.

$$Q=AV$$

에서

흡입측 단면적 $A=\frac{Q}{V}=\frac{12.5m^3/s}{15m/s}=0.8333m^2$

흡입측 주덕트의 폭 $L=\frac{0.8333m^2}{0.6m}=1.3888m=1388.8mm$

※ 〔조건 ①〕에서 주덕트의 높이 제한은 600mm=**0.6m**이다.

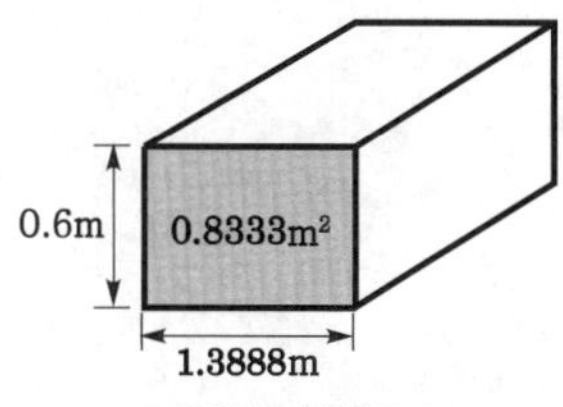

‖ 흡입측 주덕트 ‖

배출측 단면적 $A=\frac{Q}{V}=\frac{12.5m^3/s}{20m/s}=0.625m^2$

배출측 주덕트의 폭 $L=\frac{0.625m^2}{0.6m}=1.0416m=1041.6mm$

※ 〔조건 ①〕에서 주덕트의 높이 제한은 600mm=**0.6m**이다.

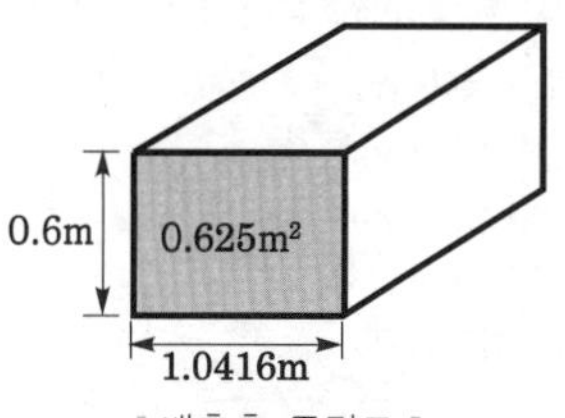

‖ 배출측 주덕트 ‖

(다)

$$Q_2 = Q_1\left(\frac{N_2}{N_1}\right)$$

에서

배출기 회전수 N'는

$$N_2 = N_1\left(\frac{Q_2}{Q_1}\right) = 800\text{rpm} \times \left(\frac{45000\text{m}^3/\text{H}}{35000\text{m}^3/\text{H}}\right) = 1028.571 ≒ 1028.57\text{rpm}$$

※ **rpm**(revolution per minute) : 분당회전속도

참고

유량(풍량), 양정, 축동력

(1) **유량**(풍량)

$$Q_2 = Q_1\left(\frac{N_2}{N_1}\right)\left(\frac{D_2}{D_1}\right)^3$$

또는,

$$Q_2 = Q_1\left(\frac{N_2}{N_1}\right)$$

(2) **양정**

$$H_2 = H_1\left(\frac{N_2}{N_1}\right)^2\left(\frac{D_2}{D_1}\right)^2$$

또는,

$$H_2 = H_1\left(\frac{N_2}{N_1}\right)^2$$

(3) **축동력**

$$P_2 = P_1\left(\frac{N_2}{N_1}\right)^3\left(\frac{D_2}{D_1}\right)^5$$

또는,

$$P_2 = P_1\left(\frac{N_2}{N_1}\right)^3$$

여기서, Q_2 : 변경 후 유량(풍량)[m^3/min]
Q_1 : 변경 전 유량(풍량)[m^3/min]
H_2 : 변경 후 양정[m]
H_1 : 변경 전 양정[m]
P_2 : 변경 후 축동력[kW]
P_1 : 변경 전 축동력[kW]
N_2 : 변경 후 회전수[rpm]
N_1 : 변경 전 회전수[rpm]
D_2 : 변경 후 관경[mm]
D_1 : 변경 전 관경[mm]

☆

문제 09

피난기구에 대한 다음 각 물음에 답하시오. (19.6.문10)

득점	배점
	6

(가) 3층 및 4층 이상 10층 이하의 의료시설에 설치하여야 할 피난기구를 쓰시오.

○3층 :

○4층 이상 10층 이하 :

(나) 피난기구를 설치하는 개구부의 기준에 대한 (   ) 안을 완성하시오.

○가로 (①)m 이상 세로 (②)m 이상인 것을 말한다. 이 경우 개구부 하단이 바닥에서 (③)m 이상이면 발판 등을 설치하여야 하고, 밀폐된 창문은 쉽게 파괴할 수 있는 파괴장치를 비치하여야 한다.

해답 (가) ○3층 : 미끄럼대, 구조대, 피난교, 피난용 트랩, 다수인 피난장비, 승강식 피난기

○4층 이상 10층 이하 : 구조대, 피난교, 피난용 트랩, 다수인 피난장비, 승강식 피난기

(나) ① 0.5 ② 1 ③ 1.2

해설 (가) **피난기구**의 **적응성**(NFTC 301 2.1.1)

설치장소별 구분 \ 층별	1층	2층	3층	4층 이상 10층 이하
노유자시설	• 미끄럼대 • 구조대 • 피난교 • 다수인 피난장비 • 승강식 피난기	• 미끄럼대 • 구조대 • 피난교 • 다수인 피난장비 • 승강식 피난기	• 미끄럼대 • 구조대 • 피난교 • 다수인 피난장비 • 승강식 피난기	• 구조대[1)] • 피난교 • 다수인 피난장비 • 승강식 피난기
의료시설 · 입원실이 있는 의원 · 접골원 · 조산원	–	–	• 미끄럼대 • 구조대 • 피난교 • 피난용 트랩 • 다수인 피난장비 • 승강식 피난기	• 구조대 • 피난교 • 피난용 트랩 • 다수인 피난장비 • 승강식 피난기
영업장의 위치가 4층 이하인 다중 이용업소	–	• 미끄럼대 • 피난사다리 • 구조대 • 완강기 • 다수인 피난장비 • 승강식 피난기	• 미끄럼대 • 피난사다리 • 구조대 • 완강기 • 다수인 피난장비 • 승강식 피난기	• 미끄럼대 • 피난사다리 • 구조대 • 완강기 • 다수인 피난장비 • 승강식 피난기
그 밖의 것	–	–	• 미끄럼대 • 피난사다리 • 구조대 • 완강기 • 피난교 • 피난용 트랩 • 간이완강기[2)] • 공기안전매트[2)] • 다수인 피난장비 • 승강식 피난기	• 피난사다리 • 구조대 • 완강기 • 피난교 • 간이완강기[2)] • 공기안전매트[2)] • 다수인 피난장비 • 승강식 피난기

1) **구조대**의 적응성은 장애인관련시설로서 주된 사용자 중 스스로 피난이 불가한 자가 있는 경우 추가로 설치하는 경우에 한한다.

2) 간이완강기의 적응성은 **숙박시설**의 **3층 이상**에 있는 객실에, **공기안전매트**의 적응성은 **공동주택**에 추가로 설치하는 경우에 한한다.

(나) **피난기구**를 **설치**하는 **개구부**(NFPC 301 5조, NFTC 301 2.1.3.1, 2.1.3.2)

(1) **가로 0.5m** 이상 **세로 1m** 이상인 것을 말한다. 이 경우 개구부 하단이 바닥에서 **1.2m** 이상이면 발판 등을 설치하여야 하고, 밀폐된 창문은 쉽게 파괴할 수 있는 **파괴장치** 비치

(2) 서로 **동일직선상**이 **아닌 위치**에 있을 것 (단, **피난교 · 피난용 트랩 · 간이완강기 · 아파트**에 설치되는 피난기구(다수인 피난장비 제외), 기타 피난상 지장이 없는 것은 제외)

☆☆☆

문제 10

지상 4층 옥내소화전설비를 설치하려고 한다. 옥내소화전 3개를 배치하며, 이때 낙차는 24m, 배관의 손실수두는 8m이다. 또 호스의 마찰손실수두는 7.8m 펌프효율이 55%, 전달계수가 1.1이고 20분간 연속 방수되는 것으로 하였을 때 다음 각 물음에 답하시오. (단, 옥내소화전 1개의 방수량은 150l/min이며, 노즐선단의 방수압 환산수두는 17m이다.) (09.7.문2)

득점	배점
	9

(가) 전양정[m]을 산출하시오.
- ○ 계산과정 :
- ○ 답 :

(나) 송수펌프의 최소토출량[m^3/min]을 산출하시오.
- ○ 계산과정 :
- ○ 답 :

(다) 수원의 최소저수량[m^3]을 산출하시오.
- ○ 계산과정 :
- ○ 답 :

(라) 펌프의 동력[kW]을 산출하시오.
- ○ 계산과정 :
- ○ 답 :

해답

(가) ○ 계산과정 : $7.8+8+24+17=56.8\text{m}$
　○ 답 : 56.8m

(나) ○ 계산과정 : $2\times150=300l/\text{min}=0.3\text{m}^3/\text{min}$
　○ 답 : 0.3m^3/min

(다) ○ 계산과정 : $2\times150\times20=6000l=6\text{m}^3$
　○ 답 : 6m^3

(라) ○ 계산과정 : $\dfrac{0.163\times0.3\times56.8}{0.55}\times1.1=5.555 ≒ 5.56\text{kW}$
　○ 답 : 5.56kW

해설

(가) **전양정**

$$H \geq h_1+h_2+h_3+17$$

여기서, H : 전양정[m]
h_1 : 소방호스의 마찰손실수두[m]
h_2 : 배관 및 관부속품의 마찰손실수두[m]
h_3 : 실양정(흡입양정+토출양정)[m]
17 : 방수압 환산수두(단서에서 17m라고 명시함. 단서에서 명시하지 않으면 그냥 17을 적용하면 됨)

전양정 H는

$H=h_1+h_2+h_3+17=7.8\text{m}+8\text{m}+24\text{m}+17\text{m}=56.8\text{m}$

- $h_1=7.8\text{m}$: 문제에서 7.8m
- $h_2=8\text{m}$: 문제에서 8m
- $h_3=24\text{m}$: 낙차=실양정(문제에서 주어짐)

(나) **유량**(토출량)

$$Q = N \times 150 l/\text{min}$$

여기서, Q : 유량(토출량)〔l/min〕
N : 가장 많은 층의 소화전 개수(30층 미만 : 최대 2개, 30층 이상 : 최대 5개)

펌프의 **최소유량** Q는

$Q = N \times 150 l/\text{min} = 2 \times 150 l/\text{min} = 300 l/\text{min} = 0.3\text{m}^3/\text{min}$

- $150 l/\text{min}$: 〔단서〕에서 주어짐
- 문제에서 주어지지 않는 경우 $130 l/\text{min}$을 적용하면 되는데 여기서는 $150 l/\text{min}$라고 주어졌으므로 $150 l/\text{min}$ 적용

(다) **수원**의 **저수량**

$Q = N \times 150 l/\text{min} \times 20\text{분} = 2 \times 150 l/\text{min} \times 20\text{분} = 6000 l = 6\text{m}^3$

- 20분 : 문제에서 주어짐, 문제에서 주어지지 않은 경우에도 옥내소화전은 20분을 적용하면 된다.
- $1000 l = 1\text{m}^3$이므로 $6000 l = 6\text{m}^3$

(라) **펌프동력**(전동력)

$$P = \frac{0.163\,QH}{\eta} K$$

여기서, P : 전동력〔kW〕
Q : 유량〔m^3/min〕
H : 전양정〔m〕
K : 전달계수
η : 효율

$$P = \frac{0.163QH}{\eta} K = \frac{0.163 \times 0.3\text{m}^3/\text{min} \times 56.8\text{m}}{0.55} \times 1.1 \fallingdotseq 5.555 \fallingdotseq 5.56\text{kW}$$

- $Q(0.3\text{m}^3/\text{min})$: (나)에서 구한 값
- $H(56.8\text{m})$: (가)에서 구한 값
- $K(1.1)$: 문제에서 주어짐
- $\eta(55\% = 0.55)$: 문제에서 주어짐

☆☆

문제 11

가로 20m, 세로 10m의 특수가연물을 저장하는 창고에 포소화설비를 설치하고자 한다. 주어진 조건을 참고하여 다음 각 물음에 답하시오. (18.6.문5, 10.4.문5)

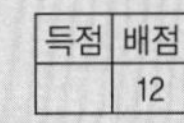

득점	배점
	12

〔조건〕

① 포원액은 수성막포 3%를 사용하며, 헤드는 포헤드를 설치한다.
② 펌프의 전양정은 35m이다.
③ 펌프의 효율은 65%이며, 전동기 전달계수는 1.1이다.

(가) 헤드를 정방형으로 배치할 때 포헤드의 설치개수를 구하시오.
○ 계산과정 :
○ 답 :

(나) 수원의 저수량〔m^3〕을 구하시오. (단, 포원액의 저수량은 제외한다.)
○ 계산과정 :
○ 답 :

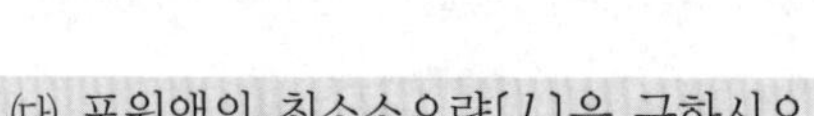

(다) 포원액의 최소소요량[l]을 구하시오.
○ 계산과정 :
○ 답 :

(라) 펌프의 토출량[l/min]을 구하시오.
○ 계산과정 :
○ 답 :

(마) 펌프의 최소 소요동력[kW]을 구하시오.
○ 계산과정 :
○ 답 :

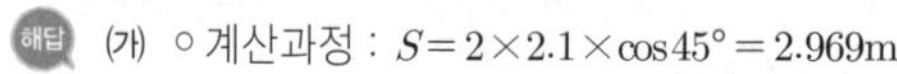

해답 (가) ○ 계산과정 : $S=2\times2.1\times\cos45°=2.969\text{m}$

가로$=\dfrac{20}{2.969}=6.7 ≒ 7$개

세로$=\dfrac{10}{2.969}=3.3 ≒ 4$개

헤드 개수$=7\times4=28$개

○ 답 : 28개

(나) ○ 계산과정 : $(20\times10)\times6.5\times10\times0.97=12610l=12.61\text{m}^3$
○ 답 : 12.61m^3

(다) ○ 계산과정 : $(20\times10)\times6.5\times10\times0.03=390l$
○ 답 : $390l$

(라) ○ 계산과정 : $(20\times10)\times6.5=1300l/\text{min}$
○ 답 : $1300l$/min

(마) ○ 계산과정 : $\dfrac{0.163\times1.3\times35}{0.65}\times1.1=12.551 ≒ 12.55\text{kW}$
○ 답 : 12.55kW

해설 (가) **포헤드**의 **개수**

정방형의 포헤드 상호간의 거리 S는

$S=2R\cos45°=2\times2.1\text{m}\times\cos45°=2.969\text{m}$

- R : 유효반경(NFPC 105 12조 ②항, NFTC 105 2.9.2.5에 의해 특정소방대상물의 종류에 관계없이 무조건 **2.1m** 적용)
- (가)의 문제에 의해 **정방형**으로 계산한다. **'정방형'**이라고 주어졌으므로 반드시 위의 식으로 계산해야 한다.

(1) **가로**의 **헤드 소요개수**

$\dfrac{\text{가로길이}}{\text{수평헤드간격}}=\dfrac{20\text{m}}{2.969\text{m}}=6.7 ≒ 7$개

(2) **세로**의 **헤드 소요개수**

$\dfrac{\text{세로길이}}{\text{수평헤드간격}}=\dfrac{10\text{m}}{2.969\text{m}}=3.3 ≒ 4$개

필요한 헤드의 소요개수 = 가로개수×세로개수 = 7개×4개 = 28개

중요

포헤드 상호간의 **거리기준**(NFPC 105 12조, NFTC 105 2.9.2.5)

정방형(정사각형)	**장방형**(직사각형)
$S=2R\cos45°$ $L=S$ 여기서, S : 포헤드 상호간의 거리[m] R : 유효반경(**2.1m**) L : 배관간격[m]	$P_t=2R$ 여기서, P_t : 대각선의 길이[m] R : 유효반경(**2.1m**)

비교

정방형, 장방형 등의 **배치방식**이 **주어지지 않은 경우** 다음 식으로 계산(NFPC 105 12조, NFTC 105 2.9.2)

구 분		설치개수
포워터 스프링클러헤드		$\frac{바닥면적}{8m^2}$
포헤드		$\frac{바닥면적}{9m^2}$
압축공기포소화설비	특수가연물 저장소	$\frac{바닥면적}{9.3m^2}$
	유류탱크 주위	$\frac{바닥면적}{13.9m^2}$

포헤드 개수 $=\frac{바닥면적}{9m^2}=\frac{(20\times10)m^2}{9m^2}=22.2 \fallingdotseq 23$개

(나) **수원**의 **저수량**

특정소방대상물	포소화약제의 종류	방사량
• 차고 · 주차장 • 항공기격납고	• 수성막포	$3.7l/m^2$ · 분
	• 단백포	$6.5l/m^2$ · 분
	• 합성계면활성제포	$8.0l/m^2$ · 분
• 특수가연물 저장 · 취급소	• 수성막포 • 단백포 • 합성계면활성제포	$6.5l/m^2$ · 분

문제에서 특정소방대상물은 **특수가연물 저장 · 취급소**이고 〔조건 ①〕에서 포소화약제의 종류는 **수성막포**이므로 방사량(단위 포소화수용액의 양) Q_1은 **$6.5l/m^2$ · 분**이다. 또한, 방출시간은 NFPC 105 8조, NFTC 105 2.5.2.3에 의해 **10분**이다.

〔조건 ①〕에서 **농도** S=3%이므로 [수용액양(100%)=수원의 양(97%)+포원액(3%)]에서

수원의 양 $S=0.97(97\%)$이다.

$$Q=A\times Q_1\times T\times S$$

여기서, Q : 수원의 양〔l〕

A : 탱크의 액표면적〔m^2〕

Q_1 : 단위 포소화수용액의 양〔l/m^2 · 분〕

T : 방출시간〔분〕

S : 사용농도

수원의 **저장량** Q는

$Q=A\times Q_1\times T\times S=(20\times10)m^2\times6.5l/m^2\cdot$분$\times10$분$\times0.97=12610l=12.61m^3$

• $1000l=1m^3$이므로 $12610l=12.61m^3$

(다) **포원액**의 **소요량**

〔조건 ①〕에서 **농도** S=0.03(3%)이다.

포원액의 소요량 Q는

$Q=A\times Q_1\times T\times S=(20\times10)m^2\times6.5l/m^2\cdot$분$\times10$분$\times0.03=390l$

(라) **펌프**의 **토출량** Q는

$Q=(20\times10)m^2\times6.5l/m^2\cdot$분$=1300l/$분$=1300l/min$

• (가)에서 특수가연물 저장 · 취급소의 수성막포의 방사량은 **$6.5l/m^2$ · 분**이다.

(마) **펌프**의 **동력**

$$P=\frac{0.163\,QH}{\eta}K$$

여기서, P : 펌프의 동력〔kW〕
Q : 펌프의 토출량〔m^3/min〕
H : 전양정〔m〕
K : 전달계수
η : 효율

펌프의 **동력** P는

$$P=\frac{0.163\,QH}{\eta}K=\frac{0.163\times 1300l/\text{min}\times 35\text{m}}{0.65}\times 1.1=\frac{0.163\times 1.3\text{m}^3/\text{min}\times 35\text{m}}{0.65}\times 1.1=12.551\fallingdotseq 12.55\text{kW}$$

- Q : ㈑에서 **1300l/min**
- H : 〔조건 ②〕에서 **35m**
- K : 〔조건 ③〕에서 **1.1**
- η : 〔조건 ③〕에서 **0.65(65%)**

문제 12

지상 1층 및 2층의 바닥면적의 합계가 20000m^2인 공장에 소화수조 또는 저수조를 설치하고자 한다. 다음 각 물음에 답하시오.

득점	배점
	6

㈎ 소화수조 또는 저수조를 설치시 저수조에 확보하여야 할 저수량〔m^3〕을 구하시오.
○ 계산과정 :
○ 답 :

㈏ 저수조에 설치하여야 할 채수구의 최소 설치수량은 몇 개인가?

해답 ㈎ ○ 계산과정 : $\frac{20000}{7500}=2.6\fallingdotseq 3$

$3\times 20=60$

○ 답 : 60m^3

㈏ 2개

해설 ㈎ ① **소화수조** 또는 **저수조**의 **저수량 산출**(NFPC 402 4조, NFTC 402 2.1.2)

특정소방대상물의 구분	기준면적〔m^2〕
지상 1층 및 2층의 바닥면적 합계 15000m^2 이상 →	7500
기 타	12500

지상 1·2층의 바닥면적 합계＝20000m^2
∴ 15000m^2 이상이므로 기준면적은 7500m^2이다.

소화용수의 양(저수량)

$$Q=\frac{\text{연면적}}{\text{기준면적}}(\text{절상})\times 20\text{m}^3$$

$$=\frac{20000\text{m}^2}{7500\text{m}^2}(\text{절상})\times 20\text{m}^3=60\text{m}^3$$

- 지상 1·2층의 바닥면적 합계가 20000m^2로서 15000m^2 이상이므로 기준면적은 **7500m^2**이다.
- 소화용수의 양(저수량)을 구할 때 $\frac{20000\text{m}^2}{7500\text{m}^2}=2.6\fallingdotseq 3$으로 먼저 **절상**한 후 **20$m^3$**를 곱한다는 것을 기억하라!
- 연면적이 주어지지 않은 경우 바닥면적의 합계를 연면적으로 보면 된다. 그러므로 **20000m^2** 적용
- **절상** : 소숫점 이하는 무조건 올리라는 의미

(나) **채수구의 수**(NFPC 402 4조, NFTC 402 2.1.3.2.1)

소화수조 용량	20~40m³ 미만	40~100m³ 미만	100m³ 이상
채수구의 수	**1개**	**2개**	**3개**

- 소화용수의 양(저수량)이 **60m³**로서 **40~100m³** 미만이므로 **채수구**의 최소개수는 **2개**

비교

흡수관 투입구 수(NFPC 402 4조, NFTC 402 2.1.3.1)

소요 수량	80m³ 미만	80m³ 이상
흡수관 투입구 수	**1개** 이상	**2개** 이상

- 소화용수의 양(저수량)이 **60m³**로서 **80m³** 미만이므로 **흡수관 투입구**의 최소개수는 **1개**

☆☆☆

문제 13

지름 40mm인 소방호스 끝에 부착된 선단구경이 13mm인 노즐로부터 300l/min로 방사될 때 다음 각 물음에 답하시오. (08.11.문12)

득점	배점
	7

(가) 소방호스에서의 유속[m/s]을 구하시오.
- ○ 계산과정 :
- ○ 답 :

(나) 노즐선단에서의 유속[m/s]을 구하시오.
- ○ 계산과정 :
- ○ 답 :

(다) 방사시 노즐의 운동량에 따른 반발력[N]을 구하시오.
- ○ 계산과정 :
- ○ 답 :

해답 (가) ○ 계산과정 : $\dfrac{0.3/60}{\dfrac{\pi}{4}\times 0.04^2} = 3.978 ≒ 3.98\text{m/s}$

○ 답 : 3.98m/s

(나) ○ 계산과정 : $\dfrac{0.3/60}{\dfrac{\pi}{4}\times 0.013^2} = 37.669 ≒ 37.67\text{m/s}$

○ 답 : 37.67m/s

(다) ○ 계산과정 : $1000\times 0.3/60\times(37.67-3.98) = 168.45\text{N}$

○ 답 : 168.45N

해설 (가), (나) **유량**

$$Q = AV = \left(\frac{\pi}{4}D^2\right)V$$

여기서, Q : 유량[m³/s]
A : 단면적[m²]
V : 유속[m/s]
D : 직경[m]

① **소방호스**의 **평균유속** V_1 은

$$V_1=\frac{Q}{A_1}=\frac{Q}{\frac{\pi}{4}D_1^2}=\frac{300l/\text{min}}{\frac{\pi}{4}\times(40\text{mm})^2}=\frac{0.3\text{m}^3/\text{min}}{\frac{\pi}{4}\times(0.04\text{m})^2}=\frac{0.3\text{m}^3/60\text{s}}{\frac{\pi}{4}\times(0.04\text{m})^2}=3.978 ≒ 3.98\text{m/s}$$

② **노즐**의 **평균유속** V_2 는

$$V_2=\frac{Q}{A_2}=\frac{Q}{\frac{\pi}{4}D_2^2}=\frac{300l/\text{min}}{\frac{\pi}{4}\times(13\text{mm})^2}=\frac{0.3\text{m}^3/\text{min}}{\frac{\pi}{4}\times(0.013\text{m})^2}=\frac{0.3\text{m}^3/60\text{s}}{\frac{\pi}{4}\times(0.013\text{m})^2}=37.669 ≒ 37.67\text{m/s}$$

(다) **운동량**에 따른 **반발력**

$$F=\rho Q(V_2-V_1)=1000\text{N}\cdot\text{s}^2/\text{m}^4\times0.3\text{m}^3/60\text{s}\times(37.67-3.98)\text{m/s}=168.45\text{N}$$

중요

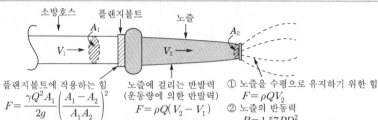

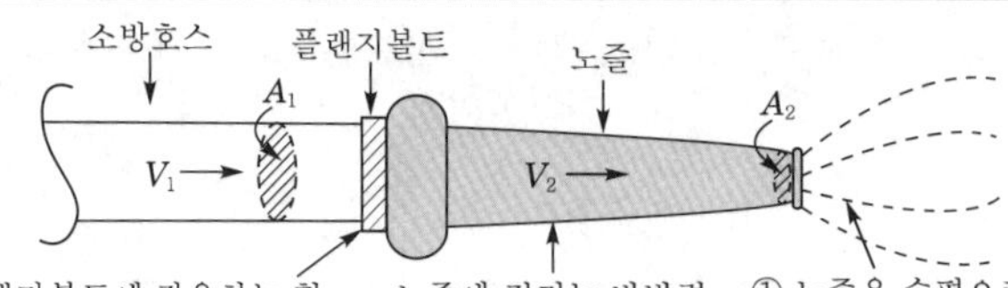

플랜지볼트에 작용하는 힘 $F=\frac{\gamma Q^2 A_1}{2g}\left(\frac{A_1-A_2}{A_1A_2}\right)^2$

노즐에 걸리는 반발력 (운동량에 의한 반발력) $F=\rho Q(V_2-V_1)$

① 노즐을 수평으로 유지하기 위한 힘 $F=\rho QV_2$

② 노즐의 반동력 $R=1.57PD^2$

(1) **플랜지볼트**에 작용하는 힘

$$F=\frac{\gamma Q^2 A_1}{2g}\left(\frac{A_1-A_2}{A_1A_2}\right)^2$$

여기서, F : 플랜지볼트에 작용하는 힘[N]
γ : 비중량(물의 비중량 9800N/m^3)
Q : 유량[m^3/s]
A_1 : 소방호스의 단면적[m^2]
A_2 : 노즐의 단면적[m^2]
g : 중력가속도(9.8m/s^2)

(2) **노즐**에 걸리는 **반발력**(**운동량**에 따른 **반발력**)

$$F=\rho QV=\rho Q(V_2-V_1)$$

여기서, F : 노즐에 걸리는 반발력(운동량에 따른 반발력)[N]
ρ : 밀도(물의 밀도 1000N · s^2/m^4)
Q : 유량[m^3/s]
V, V_2, V_1 : 유속[m/s]

(3) **노즐**을 **수평**으로 유지하기 위한 힘

$$F=\rho QV_2$$

여기서, F : 노즐을 수평으로 유지하기 위한 힘[N]
ρ : 밀도(물의 밀도 1000N · s^2/m^4)
V_2 : 노즐의 유속[m/s]

(4) **노즐**의 **반동력**

$$R=1.57PD^2$$

여기서, R : 반동력[N]
P : 방수압력[MPa]
D : 노즐구경[mm]

문제 14

전기실에 제1종 분말소화약제를 사용한 분말소화설비를 전역방출방식의 가압식으로 설치하려고 한다. 다음 조건을 참조하여 각 물음에 답하시오. (16.6.문4, 16.4.문14, 15.7.문2, 14.4.문5, 11.7.문16)

〔조건〕

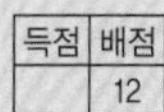

득점	배점
	12

① 특정소방대상물의 크기는 가로 20m, 세로 10m, 높이 3m이다.
② 전기실에는 개구부가 설치되어 있지 않다.
③ 배관은 토너먼트 방식이며 상부 중앙에서 분기한다.
④ 방사헤드의 방출률은 1.5kg/초(1/2″)이다.
⑤ 분사헤드는 정방형으로 배치한다.

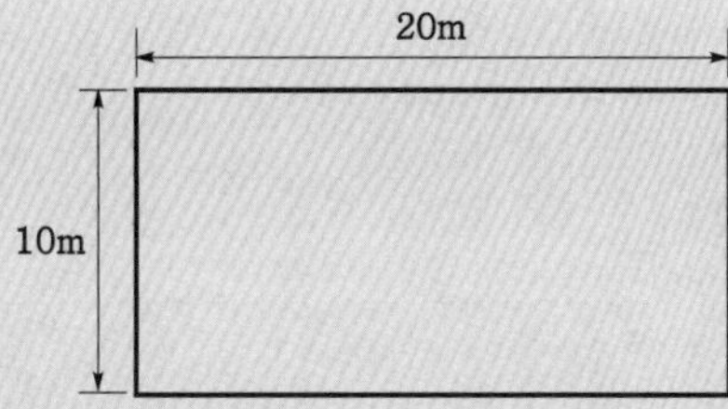

(가) 소화약제량〔kg〕을 구하시오.
- ○ 계산과정 :
- ○ 답 :

(나) 가압용가스에 질소가스를 사용하는 경우 가압용가스(질소)의 양(l)을 구하시오.
- ○ 계산과정 :
- ○ 답 :

(다) 분사헤드의 최소개수는?
- ○ 계산과정 :
- ○ 답 :

(라) 도면에 배관도를 간략하게 그려서 표현하고 헤드와 헤드간의 간격과 헤드와 벽과의 간격을 표시하시오.

해답 (가) ○ 계산과정 : $(20 \times 10 \times 3) \times 0.6 = 360\text{kg}$
○ 답 : 360kg

(나) ○ 계산과정 : $360 \times 40 = 14400l$
○ 답 : $14400l$

(다) ○ 계산과정 : $\dfrac{360}{1.5 \times 30} = 8$개

(라)

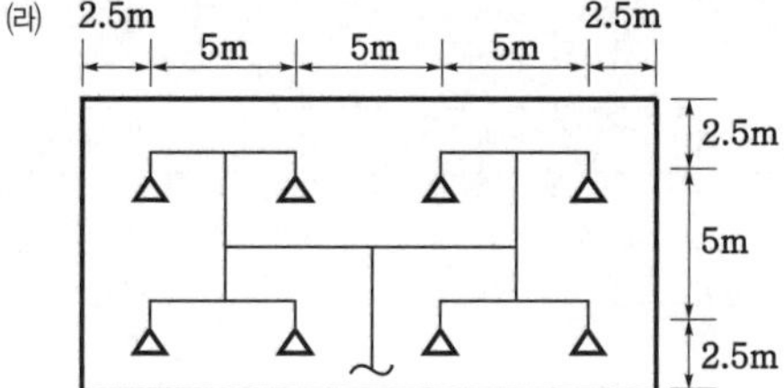

해설 (가) **전역방출방식**

자동폐쇄장치가 설치되어 있지 않은 경우	자동폐쇄장치가 설치되어 있는 경우 (개구부가 없는 경우)
분말저장량[kg] = 방호구역체적[m^3] × 약제량[kg/m^3] + 개구부면적[m^2] × 개구부가산량[kg/m^2]	**분말저장량**[kg] = 방호구역체적[m^3] × 약제량[kg/m^3]

‖ 전역방출 방식의 약제량 및 개구부가산량(NFPC 108 6조, NFTC 108 2.3.2.1) ‖

약제종별	약제량	개구부가산량(자동폐쇄장치 미설치시)
제1종 분말 →	0.6kg/m^3	4.5kg/m^2
제2·3종 분말	0.36kg/m^3	2.7kg/m^2
제4종 분말	0.24kg/m^3	1.8kg/m^2

[조건 ②]에서 개구부가 설치되어 있지 않으므로

분말저장량[kg]=방호구역체적[m^3]×약제량[kg/m^3]

=(20m×10m×3m)×0.6kg/m^3

=360kg

(나) **가압식**과 **축압식**의 **설치기준**(NFPC 108 5조, NFTC 108 2.2.4)

사용가스 \ 구 분	가압식	축압식
N_2(질소) →	40l/kg 이상	10l/kg 이상
CO_2(이산화탄소)	20g/kg+배관청소 필요량 이상	20g/kg+배관청소 필요량 이상
※ 배관청소용 가스는 별도의 용기에 저장한다.		

가압용가스(질소)량[l]=소화약제량[kg]×40l/kg

=360kg×40l/kg=14400l

- 가압식 : 문제에서 주어짐
- 360kg : (가)에서 구함

(다)

$$\text{헤드개수} = \frac{\text{소화약제량[kg]}}{\text{방출률[kg/s]} \times \text{방사시간[s]}}$$

$$= \frac{360\text{kg}}{1.5\text{kg/초} \times 30\text{s}} = 8\text{개}$$

- 위의 공식은 단위를 보면 쉽게 이해할 수 있다.
- 360kg : (가)에 구함
- 1.5kg/초 : [조건 ④]에서 주어짐
- 30s : [조건 ④]의 1.5kg/초(1/2″)에서 (1/2″)가 30s를 의미한다.
- 방사시간이 주어지지 않아도 다음 표에 의해 분말소화설비는 **30초**를 적용하면 된다.

‖ 약제방사시간 ‖

소화설비		전역방출방식		국소방출방식	
		일반건축물	위험물제조소	일반건축물	위험물제조소
할론소화설비		10초 이내	30초 이내	10초 이내	30초 이내
분말소화설비 →		30초 이내	30초 이내	30초 이내	30초 이내
CO_2 소화설비	표면화재	1분 이내	60초 이내	30초 이내	30초 이내
	심부화재	7분 이내			

(라)

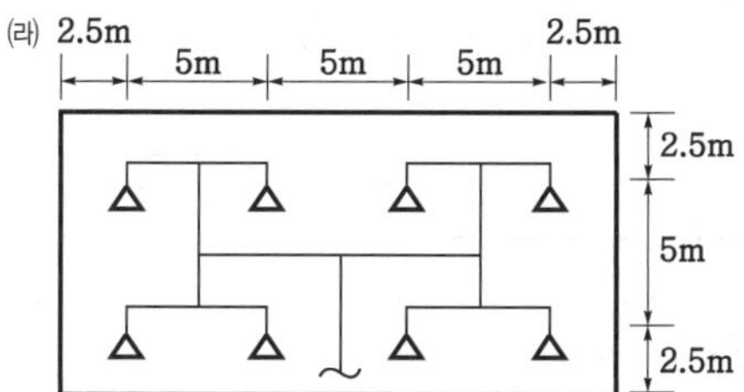

- 〔조건 ③〕에서 **토너먼트방식**이고, **상부중앙**에서 **분기**하므로 위 그림처럼 'H'자 형태로 배치하고 상부중앙에서 분기할 것
- 〔조건 ⑤〕에서 **정방형** 배치이므로 **정사각형**으로 배치할 것
- (다)에서 헤드개수가 8개이므로 **8개** 배치

할 수 있다고 믿는 사람은 그렇게 되고, 할 수 없다고 믿는 사람 역시 그렇게 된다.
- 샤를 드골 -

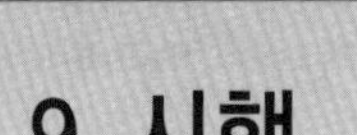

2013. 11. 9 시행

2013년 기사 제4회 필답형 실기시험

자격종목	시험시간	형별	수험번호	성명	감독위원 확인
소방설비기사(기계분야)	3시간				

※ 다음 물음에 답을 해당 답란에 답하시오.(배점 : 100)

☆☆☆

문제 01

그림은 옥내소화전설비의 일부 도면이다. 도면을 보고 잘못된 점을 5가지 지적하고 수정방법을 쓰시오.

득점	배점
	5

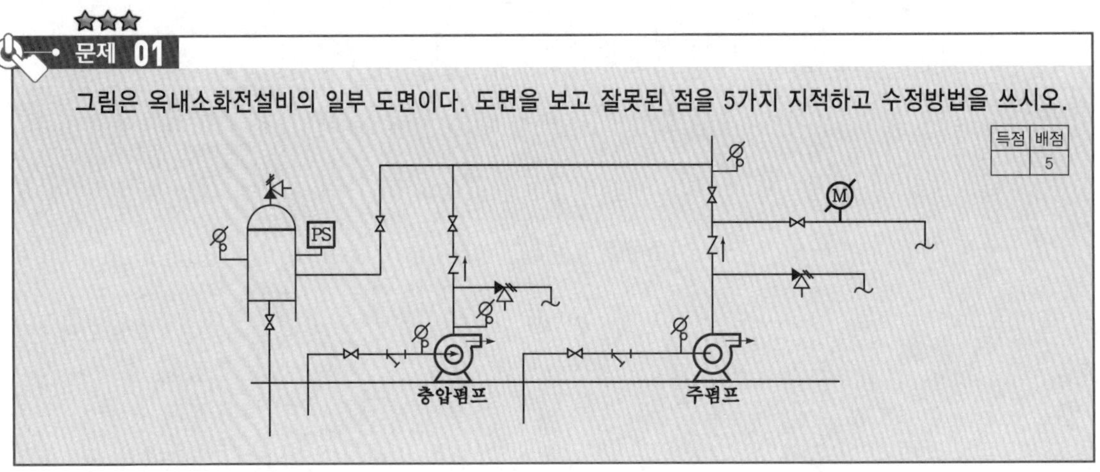

해답 ① 잘못된 점

- 충압펌프와 주펌프의 흡입배관에 압력계 설치
- 주펌프의 토출배관에 압력계의 설치위치
- 주펌프의 토출배관에 성능시험배관의 분기위치 잘못
- 주펌프의 성능시험배관에 유량조절밸브 생략
- 저수조에 풋밸브 미설치

② 수정방법

- 충압펌프와 주펌프의 흡입배관에 연성계(진공계) 설치
- 압력계는 주펌프와 체크밸브 사이에 설치
- 성능시험배관은 주펌프와 체크밸브 사이에 설치
- 주펌프의 성능시험배관에 유량조절밸브를 설치
- 저수조에 풋밸브를 설치

해설 문제의 그림에서 잘못된 점은 **5가지**이다. 이것을 지적하고 수정방법을 설명하면 다음과 같다.

(1) **잘못된 점**

① 충압펌프와 주펌프의 흡입배관에 **압력계**가 설치되어 있다.
② 주펌프의 토출배관에 있는 **압력계**의 설치위치가 잘못되었다.
③ 주펌프의 토출배관에 있는 **성능시험배관**의 분기위치가 잘못되었다.
④ 주펌프의 성능시험배관에 **유량조절밸브**가 생략되었다.
⑤ 저수조에 **풋밸브**가 설치되어 있지 않다.

저수조=지하수조=소화수조

(2) **수정방법**

① 충압펌프와 주펌프의 흡입배관에는 진공압을 측정하여야 하므로 **연성계**(진공계)를 설치하여야 한다.
② **압력계**는 펌프의 토출압력을 측정하기 위하여 **주펌프**와 **체크밸브** 사이에 설치하여야 한다.
③ 주펌프의 토출배관에 있는 **성능시험배관**은 일반적으로 **주펌프**와 **체크밸브** 사이에 설치한다.
④ 주펌프의 성능시험배관에 **유량조절밸브**를 설치하여야 한다.

⑤ 저수조에 **풋밸브**를 설치하여야 한다.

충압펌프와 주펌프의 흡입배관에 게이트밸브와 스트레이너의 설치위치가 바뀌었다고 답하는 책들이 있다. 이것은 잘못된 것으로 충압펌프와 주펌프의 흡입배관에 게이트밸브와 스트레이너의 설치위치는 바뀌어도 관계없다.

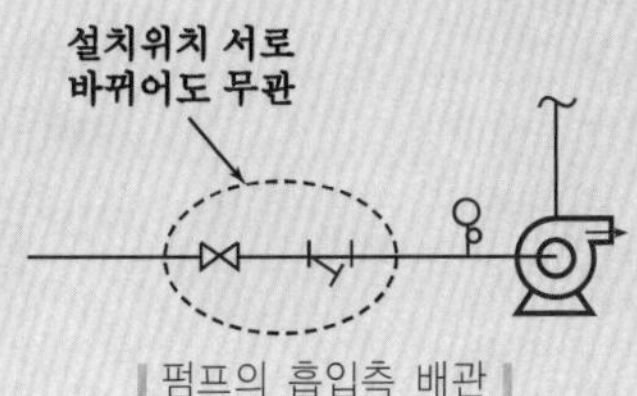

‖ 펌프의 흡입측 배관 ‖

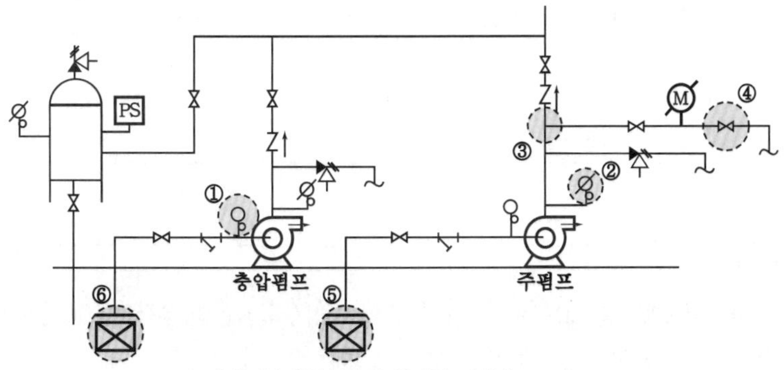

‖ 옥내소화전설비의 올바른 도면 ‖

문제 02

다음 밸브의 정확한 명칭 및 (가)의 용도를 쓰시오.

득점	배점
	4

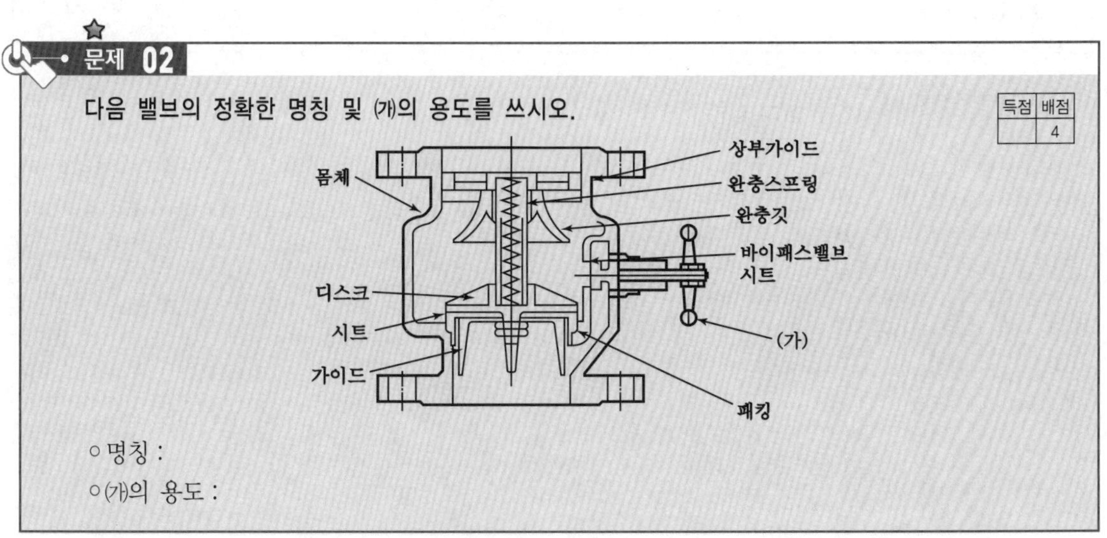

○ 명칭 :

○ (가)의 용도 :

해답 ○ 명칭 : 스모렌스키 체크밸브

○ (가)의 용도 : 밸브 2차측의 물을 1차측으로 배수(바이패스 기능)

해설 **스모렌스키 체크밸브(Smolensky check valve)의 특징**

(1) **수격**(water hammer)을 **방지**할 수 있도록 설계되어 있다. **제조회사명**을 밸브의 명칭으로 나타낸 것으로 주배관용으로서 **바이패스밸브**가 설치되어 있어서 스모렌스키 체크밸브 **2차측**의 **물**을 **1차측**으로 배수시킬 수 있다.

(a)

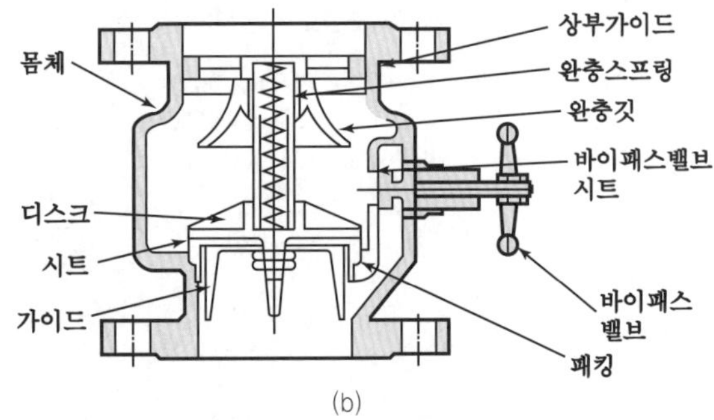

(b)

‖ 스모렌스키 체크밸브 ‖

(2)

습식 유수검지장치의 기능	건식 유수검지장치의 기능	풋밸브 기능	스모렌스키 체크밸브의 기능
• 자동경보 기능 • 오동작방지 기능 • 체크밸브 기능	• 자동경보 기능 • 체크밸브 기능	• 여과 기능 • 체크밸브 기능	• 역류방지 기능 • 수격방지 기능 • 바이패스 기능(밸브 2차측의 물을 1차측으로 배수)

문제 03

스프링클러설비에 사용되는 관의 내경이 25mm인 수평배관의 유량이 100 l/min이다. 이때 배관 내 압력〔kPa〕을 구하시오. (단, 중력가속도는 9.8m/s²이다.)

득점	배점
	4

○ 계산과정 :

○ 답 :

해답 ○ 계산과정 : $V = \dfrac{0.1/60}{\dfrac{\pi \times 0.025^2}{4}} = 3.395\text{m/s}$

$H = \dfrac{3.395^2}{2 \times 9.8} = 0.588\text{m}$

$P = 0.588\text{m} = 5.88\text{kPa}$

○ 답 : 5.88kPa

해설

$$H = \frac{V^2}{2g}$$

(1) **유량**

$$Q = AV = \left(\frac{\pi D^2}{4}\right)V$$

여기서, Q : 유량〔m³/s〕

A : 단면적〔m²〕

V : 유속〔m/s〕

D : 내경〔m〕

유속 $V = \dfrac{Q}{\dfrac{\pi D^2}{4}} = \dfrac{0.1\text{m}^3/60\text{s}}{\dfrac{\pi \times (0.025\text{m})^2}{4}} = 3.395\text{m/s}$

- $1000l=1m^3$, 1min=60s이므로 $100l/min=0.1m^3/60s$
- 1000mm=1m이므로 25mm=0.025m

(2) **속도수두**

$$H=\frac{V^2}{2g}$$

여기서, H : 속도수두[m]
V : 유속[m/s]
g : 중력가속도($9.8m/s^2$)

속도수두 $H=\frac{V^2}{2g}=\frac{(3.395\text{m/s})^2}{2\times 9.8\text{m/s}^2}=0.588\text{m}$

(3) **표준대기압**

1atm=760mmHg=$1.0332kg_f/cm^2$
=$10.332mH_2O$(mAq)
=14.7PSI(lb_f/in^2)
=101.325kPa(kN/m^2)=101325Pa(N/m^2)
=1013mbar

10.332m=101.325kPa

$0.588\text{m}=5.88\text{kPa}$

- 소화설비(스프링클러설비)이므로 100m=1MPa=1000kPa을 적용하여 0.588m=5.88kPa
- 이 문제에서는 중력가속도가 주어졌으므로 아래식을 적용해서 답을 구하면 틀린다.

$Q=0.653D^2\sqrt{10P}$ 또는 $Q=0.6597CD^2\sqrt{10P}$

여기서, Q : 방수량[l/min]
C : 노즐의 흐름계수(유량계수)
D : 관의 내경[mm]
P : 압력[MPa]

☆☆☆
문제 04

액화 이산화탄소가 20℃의 표준대기압 상태에서 방호구역체적 500m³인 공간에 방출되었을 때 이산화탄소의 양[kg]을 구하시오. (단, 산소의 농도는 10%이다.)

득점	배점
	4

○ 계산과정 :
○ 답 :

해답

○ 계산과정 : 방출가스량$=\frac{21-10}{10}\times 500=550\text{m}^3$

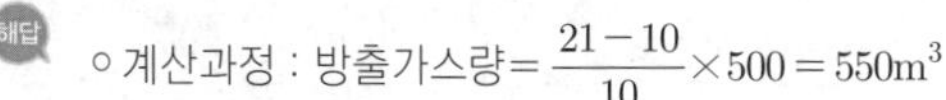

$$m=\frac{1\times 550\times 44}{0.082\times(273+20)}=1007.242 \fallingdotseq 1007.24\text{kg}$$

○ 답 : 1007.24kg

해설

$$PV=\frac{m}{M}RT$$

(1) **방출가스량**(V)

$$\text{방출가스량} = \frac{21 - O_2}{O_2} \times \text{방호구역체적} \qquad = \frac{21 - 10}{10} \times 500\text{m}^3 = 550\text{m}^3$$

(2) **이산화탄소**의 **양** m은

$$m = \frac{PVM}{RT} = \frac{1\text{atm} \times 550\text{m}^3 \times 44\text{kg/kmol}}{0.082\text{atm} \cdot \text{m}^3/\text{kmol} \cdot \text{K} \times (273+20)\text{K}} = 1007.242 \fallingdotseq 1007.24\text{kg}$$

• 표준대기압=1atm

중요

이산화탄소 소화설비와 관련된 식

$$CO_2 = \frac{\text{방출가스량}}{\text{방호구역체적} + \text{방출가스량}} \times 100 = \frac{21 - O_2}{21} \times 100$$

여기서, CO_2 : CO_2의 농도[%]
O_2 : O_2의 농도[%]

$$\text{방출가스량} = \frac{21 - O_2}{O_2} \times \text{방호구역체적}$$

여기서, O_2 : O_2의 농도[%]

$$PV = \frac{m}{M} RT$$

여기서, P : 기압[atm]
V : 방출가스량[m^3]
m : 질량[kg]
M : 분자량(CO_2 : 44kg/kmol)
R : 0.082atm · m^3/kmol · K
T : 절대온도(273+℃)[K]

$$Q = \frac{m_t\, C(t_1 - t_2)}{H}$$

여기서, Q : 액화 CO_2의 증발량[kg]
m_t : 배관의 질량[kg]
C : 배관의 비열[kcal/kg · ℃]
t_1 : 방출전 배관의 온도[℃]
t_2 : 방출될 때의 배관의 온도[℃]
H : 액화 CO_2의 증발잠열[kcal/kg]

문제 05

다음 그림과 같은 벤투리관을 설치하여 관로를 유동하는 물의 유속을 측정하고자 한다. 액주계에는 비중 13.6인 수은이 들어 있고 액주계에서 수은의 높이차가 500mm일 때 흐르는 물의 속도는 몇 m/s인가? (단, 피토정압관의 속도계수는 0.97이며, 직경 300mm관과 직경 150mm관의 위치수두는 동일하다. 또한 중력가속도는 9.81m/s^{2}이다.) (17.4.문12)

득점	배점
	4

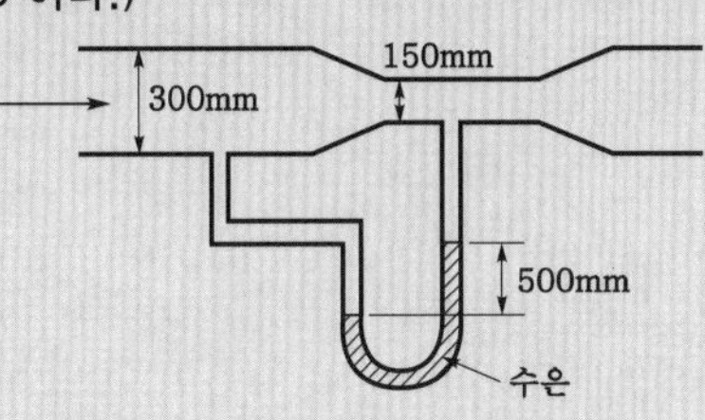

○ 계산과정 :

○ 답 :

해답 ○ 계산과정 : $\gamma_s = 13.6 \times 9.81 = 133.416\text{kN/m}^3$

$\gamma = 1000 \times 9.81 = 9810\text{N/m}^3 = 9.81\text{kN/m}^3$

$$V_2 = \frac{0.97}{\sqrt{1-0.25^2}}\sqrt{\frac{2 \times 9.81 \times (133.416 - 9.81)}{9.81} \times 0.5} = 11.137 ≒ 11.14\text{m/s}$$

○ 답 : 11.14m/s

해설 (1) **비중**

$$s = \frac{\gamma_s}{\gamma}$$

여기서, s : 비중

γ_s : 어떤 물질의 비중량[N/m^3]

γ : 물의 비중량(9.81kN/m^3)

$$13.6 = \frac{\gamma_s}{9.81\text{kN/m}^3}$$

$\gamma_s = 13.6 \times 9.81\text{kN/m}^3 = 133.416\text{kN/m}^3$

$$\gamma = \rho g$$

여기서, γ : 물의 비중량[N/m^3]

ρ : 물의 밀도(1000N · s^2/m^4)

g : 중력가속도[m/s^2]

$\gamma = \rho g = 1000\text{N} \cdot \text{s}^2/\text{m}^4 \times 9.81\text{m/s}^2 = 9810\text{N/m}^3 = 9.81\text{kN/m}^3$

(2) **벤투리미터의 속도식**

$$V_2 = \frac{C_v}{\sqrt{1-m^2}}\sqrt{\frac{2g(\gamma_s - \gamma)}{\gamma}R} = C\sqrt{\frac{2g(\gamma_s - \gamma)}{\gamma}R}$$

여기서, V_2 : 물의 속도[m/s], C_v : 속도계수, g : 중력가속도(9.8m/s^2)

γ_s : 비중량(수은의 비중량)[kN/m^3], γ : 비중량(물의 비중량)[kN/m^3]

R : 마노미터 읽음[m], C : 유량계수$\left(\text{노즐의 흐름계수, } C = \frac{C_v}{\sqrt{1-m^2}}\right)$

m : 개구비$\left[\frac{A_2}{A_1} = \left(\frac{D_2}{D_1}\right)^2\right]$

A_1 : 입구면적[m^2], A_2 : 출구면적[m^2], D_1 : 입구직경[m], D_2 : 출구직경[m]

$$m = \left(\frac{D_2}{D_1}\right)^2 = \left(\frac{150\text{mm}}{300\text{mm}}\right)^2 = 0.25$$

물의 속도 V_2는

$$V_2=\frac{C_v}{\sqrt{1-m^2}}\sqrt{\frac{2g(\gamma_s-\gamma)}{\gamma}R}=\frac{0.97}{\sqrt{1-0.25^2}}\sqrt{\frac{2\times 9.81\text{m/s}^2\times(133.416-9.81)\text{kN/m}^3}{9.81\text{kN/m}^3}\times 0.5\text{m}}$$

$=11.137 \fallingdotseq 11.14\text{m/s}$

- [단서]에 의해 중력가속도는 9.81m/s²를 적용하여야 한다. 일반적으로 알고있는 9.8m/s²을 적용하면 틀린다.
- 물의 속도(V_2)는 출구면적(A_2)을 곱하지 않는다.

비교

유량

$$Q=C_v\frac{A_2}{\sqrt{1-m^2}}\sqrt{\frac{2g(\gamma_s-\gamma_w)}{\gamma_w}R} \text{ 또는 } Q=CA_2\sqrt{\frac{2g(\gamma_s-\gamma_w)}{\gamma_w}R}$$

여기서, Q : 유량[m³/s]
C_v : 속도계수($C_v=C\sqrt{1-m^2}$)
C : 유량계수$\left(C=\frac{C_v}{\sqrt{1-m^2}}\right)$
A_2 : 출구면적[m²]
g : 중력가속도[m/s²]
γ_s : 수은의 비중량[N/m³]
γ_w : 물의 비중량[N/m³]
R : 마노미터 읽음(수은주의 높이)[m]
m : 개구비

☆☆☆

문제 06

지상 9층의 백화점 건물에 습식 스프링클러설비를 설치하고자 한다. 조건을 참조하여 다음 각 물음에 답하시오.

득점	배점
	10

[조건]

① 펌프에서 최고위 말단헤드까지의 배관 및 부속류의 총 마찰손실은 펌프의 자연낙차압력의 40%이다.
② 펌프의 연성계 눈금은 −0.05MPa이다.
③ 펌프의 체적효율(η_v)=95%, 기계효율(η_m)=90%, 수력효율(η_h)=80%이다.
④ 전동기 전달계수 K=1.2이다.
⑤ 1기압은 1.013×10^5Pa이다.
⑥ 펌프로부터 최고위 말단헤드까지 높이는 최고위 말단 교차배관의 높이를 말한다.

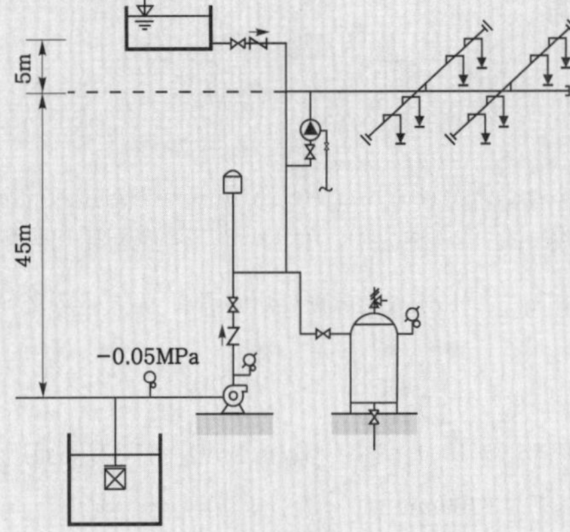

(가) 주펌프의 양정[m]은 얼마인가? (단, 계산과정 중 소수점 이하는 반올림 할 것)
 ○ 계산과정 :
 ○ 답 :
(나) 주펌프의 토출량[l/min]은 얼마인가? (단, 헤드의 기준개수는 최대기준개수를 적용한다.)
 ○ 계산과정 :
 ○ 답 :
(다) 주펌프의 전효율[%]은 얼마인가?
 ○ 계산과정 :
 ○ 답 :
(라) 주펌프의 수동력, 축동력, 전동력을 구하시오.
 ① 수동력[kW]
  ○ 계산과정 :
  ○ 답 :
 ② 축동력[kW]
  ○ 계산과정 :
  ○ 답 :
 ③ 전동력[kW]
  ○ 계산과정 :
  ○ 답 :

해답 (가) ○ 계산과정

h_2 : 흡입양정=5m

토출양정=45m

h_1 : $50\times0.4=20$m

$H=20+50+10=80$m 이상

○ 답 : 80m 이상

(나) ○ 계산과정 : $30\times80=2400l$/min 이상

○ 답 : 2400l/min 이상

(다) ○ 계산과정 : $0.9\times0.8\times0.95=0.684=68.4\%$

○ 답 : 68.4%

(라) ① ○ 계산과정 : $0.163\times2.4\times80=31.296 ≒ 31.3$kW 이상

○ 답 : 31.3kW 이상

② ○ 계산과정 : $\dfrac{0.163\times2.4\times80}{0.684}=45.754 ≒ 45.75$kW 이상

○ 답 : 45.75kW 이상

③ ○ 계산과정 : $\dfrac{0.163\times2.4\times80}{0.684}\times1.2=54.905 ≒ 54.91$kW 이상

○ 답 : 54.91kW 이상

해설 (가) **전양정**

$$H=h_1+h_2+10$$

여기서, H : 전양정[m]

h_1 : 배관 및 관부속품의 마찰손실수두[m]

h_2 : 실양정(흡입양정+토출양정)[m]

h_2 : 흡입양정 1기압=1.013×10^5Pa=10.332m 이므로

$$0.05\text{MPa}=\frac{0.05\times10^6\text{Pa}}{1.013\times10^5\text{Pa}}\times10.332\text{m} ≒ 5.099=5\text{m}$$

토출양정=45m
실양정=흡입양정+토출양정=5m+45m=**50m**

- 흡입양정은 〔조건 ②〕에서 주어진 **-0.05MPa** 적용(-0.05MPa에서 '-'는 연성계의 지시값을 뜻하는 것으로 계산에는 고려하지 않는다.)
- 〔조건 ⑤〕에 의해 1기압=1.013×10^5Pa 적용
- 〔단서조건〕에 의해 소수점 이하는 반올림
- 토출양정은 그림에서 **45m**이다. 그림에서 5m는 자연압에는 포함되지만 토출양정에는 포함되지 않음을 기억하라! 토출양정은 펌프에서 교차배관(또는 송출높이, 헤드)까지의 수직거리를 말한다.

h_1 : $50\text{m} \times 0.4 =$ **20m**

- 〔조건 ①〕에서 h_1은 펌프의 자연낙차압력(자연압)의 40%이므로 **50m**(45+5)×0.4가 된다.
- 자연낙차압력을 45m로 표현한 책이 있는데, 자연낙차압력을 45m로 하면 옥상수조에서 중력에 의해 낙하하려는 물의 압력보다 낮아서 펌프가 기동이 되지 않을 수 있기 때문에 옳지 않다.
- **자연낙차압력** : 여기서는 **펌프** 중심에서 **옥상수조**까지를 말한다.

전양정 H는
$H = h_1 + h_2 + 10 = 20 + 50 + 10 =$ **80m** 이상

(나)

특정소방대상물		폐쇄형 헤드의 기준개수
지하가 · 지하역사		30
11층 이상		
10층 이하	공장(특수가연물), 창고시설	
	판매시설(백화점 등), 복합건축물(판매시설이 설치된 것) →	
	근린생활시설, 운수시설	20
	8m 이상	
	8m 미만	10
공동주택(아파트 등)		10(각 동이 주차장으로 연결된 주차장 : 30)

$$Q = N \times 80l/\text{min}$$

여기서, Q : 토출량〔l/min〕
N : 폐쇄형 헤드의 기준개수(설치개수가 기준개수보다 적으면 그 설치개수)

펌프의 **최소토출량** Q는
$Q = N \times 80l/\text{min} = 30 \times 80l/\text{min} = 2400l/\text{min}$ 이상

- 도면을 보면 **교차배관** 끝에는 **캡**(―ㅋ)으로 막혀 있고, **가지배관** 끝에는 **맹플랜지**(―ㅓ)로 막혀 있으며 폐쇄형 헤드가 8개만 설치되어 있어서 기준개수인 30개보다 적으므로 이때에는 설치개수인 **8개**를 적용하여야 옳다. 하지만 조건에서 **'헤드의 기준개수는 최대기준개수를 적용한다'**고 하였으므로 **30개**를 적용하여야 한다. 도면보다 **조건**이 **우선**이다. 주의하라!

비교

펌프토출량

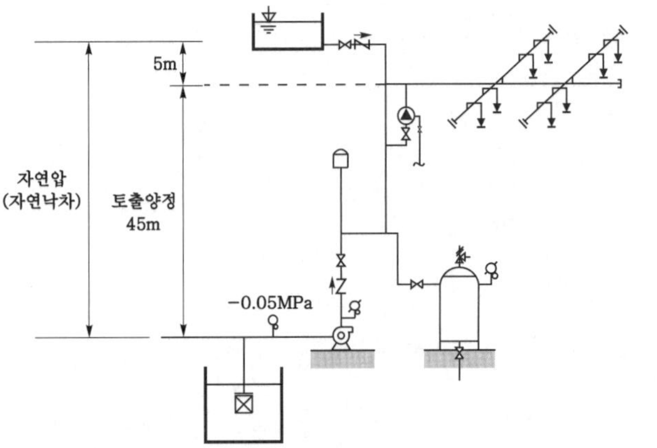

$Q = N \times 80l/\text{min} = 8 \times 80l/\text{min} = 640l/\text{min}$

- N : 그림과 같이 아무런 조건이 없이 가지배관이 맹플랜지(——ㅓ)로 되어 있는 경우는 배관이 막혀 있다는 뜻으로 이때에는 **판매시설**(백화점 등) 기준개수인 30개가 아닌 **8개**가 되어야 한다.

(다)

$$\eta_T = \eta_m \times \eta_h \times \eta_v$$

여기서, η_T : 펌프의 전효율
η_m : 기계효율
η_h : 수력효율
η_v : 체적효율

펌프의 **전효율** η_T는

$\eta_T = \eta_m \times \eta_h \times \eta_v = 0.9 \times 0.8 \times 0.95 = 0.684 = 68.4\%$

- 문제의 조건에 의해 반드시 %로 답하도록 한다. 주의!!

중요

(1) **펌프**의 **효율**(η)

$$\eta = \frac{\text{축동력} - \text{동력손실}}{\text{축동력}}$$

(2) 손실의 종류
① **누**수손실
② **수**력손실
③ **기**계손실
④ **원**판마찰손실

기억법 **누수 기원손(누수를 기원하는 손)**

(라) ① **수동력**

$$P = 0.163\,QH$$

여기서, P : 수동력[kW]
Q : 유량[m^3/min]
H : 전양정[m]

펌프의 **수동력** P_1은

$P_1 = 0.163QH = 0.163 \times 2400l/\text{min} \times 80\text{m} = 0.163 \times 2.4\text{m}^3/\text{min} \times 80\text{m}$
$= 31.296 \fallingdotseq 31.3\text{kW}$ 이상

- Q(유량) : (나)에서 구한 **2400l/min**이다.
- H(양정) : (가)에서 구한 **80m**이다.

② **축동력**

$$P = \frac{0.163\,QH}{\eta}$$

여기서, P : 축동력[kW]
Q : 유량[m^3/min]
H : 전양정[m]
η : 효율

펌프의 **축동력** P_2는

$$P_2 = \frac{0.163QH}{\eta} = \frac{0.163 \times 2400l/\text{min} \times 80\text{m}}{0.684} = \frac{0.163 \times 2.4\text{m}^3/\text{min} \times 80\text{m}}{0.684}$$
$= 45.754 \fallingdotseq 45.75\text{kW}$ 이상

- Q(유량) : (나)에서 구한 **2400l/min**이다.
- H(양정) : (가)에서 구한 **80m**이다.
- η(효율) : (다)에서 구한 펌프의 전효율 **0.684**이다.

③ **모터동력(전동력)**

$$P=\frac{0.163\,QH}{\eta}K$$

여기서, P : 전동력〔kW〕
Q : 유량〔m^3/min〕
H : 전양정〔m〕
K : 전달계수
η : 효율

펌프의 **모터동력**(전동력) P_3는

$$P_3=\frac{0.163QH}{\eta}K=\frac{0.163\times2400l/\text{min}\times80\text{m}}{0.684}\times1.2=\frac{0.163\times2.4\text{m}^3/\text{min}\times80\text{m}}{0.684}\times1.2$$

$\fallingdotseq 54.905 \fallingdotseq 54.91$kW 이상

- Q(유량) : (나)에서 구한 **2400l/min**이다.
- H(양정) : (가)에서 구한 **80m**이다.
- η(효율) : (다)에서 구한 펌프의 전효율 **0.684**이다.
- K(전달계수) : 〔조건 ④〕에 의해 **1.2**이다.

◈ 고민상담 ◈
답안 작성시 **'이상'**이란 말은 꼭 붙이지 않아도 된다. 원칙적으로 여기서 구한 값은 **최소값**이므로 **'이상'**을 붙이는 것이 정확한 답이지만, **한국산업인력공단**의 공식답변에 의하면 **'이상'**이란 말까지는 붙이지 않아도 **옳은 답**으로 **채점**한다고 한다.

☆☆
문제 07

다음 그림은 어느 일제개방형 스프링클러설비의 계통을 나타내는 Isometric diagram이다. 주어진 조건을 참조하여 이 설비가 작동되었을 경우 방수압, 방수량 등을 답란의 요구순서대로 수리계산하여 산출하시오.

득점	배점
	12

〔조건〕
① 설치된 개방형 헤드의 방출계수(K)는 80이다.
② 살수시 최저방수압이 걸리는 헤드에서의 방수압은 0.1MPa이다. (각 헤드의 방수압이 같지 않음을 유의할 것)
③ 사용배관은 KS D 3507 탄소강관으로서 아연도강관이다.
④ 가지관으로부터 헤드까지의 마찰손실은 무시한다.
⑤ 호칭구경 50mm 이하의 배관은 나사접속식, 65mm 이상의 배관은 용접접속식이다.
⑥ 배관 내의 유수에 따른 마찰손실압력은 하젠-윌리암 공식을 적용하되, 계산의 편의상 공식은 다음과 같다고 가정한다.

$$\Delta P=\frac{6\times Q^2\times10^4}{120^2\times d^5}$$

단, ΔP : 배관길이 1m당 마찰손실압력〔MPa〕
Q : 배관 내의 유수량〔l/분〕
d : 배관의 내경〔mm〕

⑦ 배관의 내경은 호칭별로 다음과 같다고 가정한다.

호칭구경〔mm〕	25	32	40	50	65	80	100
내경〔mm〕	27	36	42	53	69	81	105

⑧ 배관부속 및 밸브류의 마찰손실은 무시한다.

⑨ 수리계산시 속도수두는 무시한다.

⑩ 계산시 소수점 이하의 숫자는 소수점 이하 셋째 자리에서 반올림할 것

예 4.267→4.27, 12.441→12.44

⑪ 살수시 중력수조 내의 수위의 변동은 없다고 가정한다.

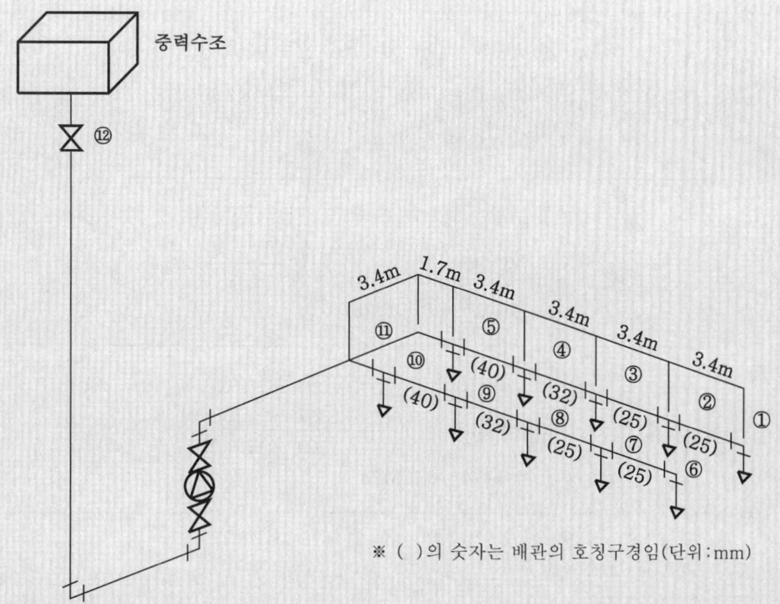

※ 계산은 도면을 참조하여 다음의 순서대로 작성하시오.

(가) 스프링클러 헤드의 방수압 및 방수량 계산

항 목	헤드 번호	방수압〔MPa〕	방수량〔l/min〕
1	①		
2	②		
3	③		
4	④		
5	⑤		

(나) 도면의 배관구간 ⑤~⑪의 매분 유수량 q_A〔l/min〕은?

○ 계산과정 :

○ 답 :

해답 (가)

항 목	헤드 번호	방수압[MPa]	방수량[l/min]
1	①	P_1 =0.1MPa	$q_1 = K\sqrt{10P}$ $= 80\times\sqrt{10\times0.1}$ $= 80l/\text{min}$
2	②	계산 : ① 노즐방사압 + ①·②간 관로손실압 $= 0.1 + \frac{6\times80^2\times10^4}{120^2\times27^5}\times3.4$ $= 0.106 ≒ 0.11\text{MPa}$	계산 : $q_2 = K\sqrt{10P}$ $= 80\times\sqrt{10\times0.11}$ $= 83.90$ $≒ 83.9l/\text{min}$
3	③	계산 : ② 노즐방사압 + ②·③간 관로손실압 $= 0.11 + \frac{6\times(80+83.9)^2\times10^4}{120^2\times27^5}\times3.4$ $= 0.136 ≒ 0.14\text{MPa}$	계산 : $q_3 = K\sqrt{10P}$ $= 80\times\sqrt{10\times0.14}$ $= 94.657$ $≒ 94.66l/\text{min}$
4	④	계산 : ③ 노즐방사압 + ③·④간 관로손실압 $= 0.14 + \frac{6\times(80+83.9+94.66)^2\times10^4}{120^2\times36^5}\times3.4$ $= 0.155 ≒ 0.16\text{MPa}$	계산 : $q_4 = K\sqrt{10P}$ $= 80\times\sqrt{10\times0.16}$ $= 101.192$ $≒ 101.19l/\text{min}$
5	⑤	계산 : ④ 노즐방사압 + ④·⑤간 관로손실압 $= 0.16 + \frac{6\times(80+83.9+94.66+101.19)^2\times10^4}{120^2\times42^5}\times3.4$ $= 0.174 ≒ 0.17\text{MPa}$	계산 : $q_5 = K\sqrt{10P}$ $= 80\times\sqrt{10\times0.17}$ $= 104.307$ $≒ 104.31l/\text{min}$

(나) ○ 계산과정 : $80+83.9+94.66+101.19+104.31 = 464.06l$/min
○ 답 : 464.06l/min

(가) **헤드번호 ①**

① 방수압
[조건 ②]에서 P_1 =0.1MPa이다.

② 방수량

$q_1 = K\sqrt{10P} = 80\times\sqrt{10\times0.1} = 80l/\text{min}$

- [조건 ①]에서 K는 **80**이다.
- 헤드번호 ①의 방수압(P)은 **0.1MPa**이다.

헤드번호 ②

① 방수압
계산 : ① 노즐방사압 + ①·②간 관로손실압

$$= 0.1 + \frac{6\times Q^2\times10^4}{120^2\times d^5}\times L = 0.1 + \frac{6\times80^2\times10^4}{120^2\times27^5}\times3.4 = 0.106 ≒ 0.11\text{MPa}$$

- 마찰손실압력은 [조건 ⑥]의 식을 적용한다. 단, 도면의 배관길이는 1m가 아니므로 배관의 길이(L)를 곱하여야 한다.
- 유수량(Q)은 헤드번호 ①에서 **80l/min**이다.
- 내경(d)은 도면에서 호칭구경이 25mm이므로, [조건 ⑤]에서 **27mm**를 적용한다.
- 배관길이(L)는 도면에서 ①·②간 직관의 길이 **3.4m**이다.

② 방수량

$q_2 = K\sqrt{10P} = 80 \times \sqrt{10 \times 0.11} = 83.90 \fallingdotseq 83.9 l/\text{min}$

- 방수압(P)은 **0.11MPa**이다.

헤드번호 ③

① 방수압

계산 : ② 노즐방사압 + ② · ③간 관로손실압

$$= 0.11 + \frac{6 \times Q^2 \times 10^4}{120^2 \times d^5} \times L$$

$$= 0.11 + \frac{6 \times (80 + 83.9)^2 \times 10^4}{120^2 \times 27^5} \times 3.4$$

$$= 0.136 \fallingdotseq 0.14\text{MPa}$$

- 마찰손실압력은 〔조건 ⑥〕의 식을 적용한다.
- 유수량(Q)은 헤드번호 ①의 **80l/min**과 헤드번호 ②의 **83.9l/min**의 합이다. 왜냐하면 〔조건 ①〕에서 헤드가 **개방형**이기 때문이다.
- 내경(d)은 도면에서 호칭구경이 25mm이므로, 〔조건 ⑤〕에서 **27mm**를 적용한다.
- 배관길이(L)는 도면에서 ② · ③간 직관의 길이 **3.4m**이다.

② 방수량

$q_3 = K\sqrt{10P} = 80 \times \sqrt{10 \times 0.14} = 94.657 \fallingdotseq 94.66 l/\text{min}$

- 방수압(P)은 **0.14MPa**이다.

헤드번호 ④

① 방수압

계산 : ③ 노즐방사압 + ③ · ④간 관로손실압

$$= 0.14 + \frac{6 \times Q^2 \times 10^4}{120^2 \times d^5} \times L = 0.14 + \frac{6 \times (80 + 83.9 + 94.66)^2 \times 10^4}{120^2 \times 36^5} \times 3.4$$

$$= 0.155 \fallingdotseq 0.16\text{MPa}$$

- 마찰손실압력은 〔조건 ⑥〕의 식을 적용한다.
- 유수량(Q)은 헤드번호 ①의 **80l/min**과 헤드번호 ②의 **83.9l/min**, 헤드번호 ③의 **94.66l/min**의 합이다.
- 내경(d)은 도면에서 호칭구경이 32mm이므로, 〔조건 ⑤〕에서 **36mm**를 적용한다.
- 배관길이(L)는 도면에서 ③ · ④간 직관의 길이 **3.4m**이다.

② 방수량

$q_4 = K\sqrt{10P} = 80 \times \sqrt{10 \times 0.16} = 101.192 \fallingdotseq 101.19 l/\text{min}$

- 방수압(P)은 **0.16MPa**이다.

헤드번호 ⑤

① 방수압

계산 : ④ 노즐방사압 + ④ · ⑤간 관로손실압

$$= 0.16 + \frac{6 \times Q^2 \times 10^4}{120^2 \times d^5} \times L$$

$$= 0.16 + \frac{6 \times (80 + 83.9 + 94.66 + 101.19)^2 \times 10^4}{120^2 \times 42^5} \times 3.4$$

$$= 0.174 \fallingdotseq 0.17\text{MPa}$$

- 마찰손실압력은 〔조건 ⑥〕의 식을 적용한다.
- 유수량(Q)은 헤드번호 ①의 **80*l*/min**과 헤드번호 ②의 **83.9*l*/min**, 헤드번호 ③의 **94.66*l*/min**, 헤드번호 ④의 **101.19*l*/min**의 합이다.
- 내경(d)은 도면에서 호칭구경이 40mm이므로, 〔조건 ⑤〕에서 **42mm**를 적용한다.
- 배관길이(L)는 도면에서 ④ · ⑤간 직관의 길이 **3.4m**이다.

② 방수량

$q_5 = K\sqrt{10P} = 80\times\sqrt{10\times0.17} = 104.307\,l/\text{min} \fallingdotseq 104.31\,l/\text{min}$

- 방수압(P)은 **0.17MPa**이다.

(나) ⑤~⑪의 매분 유수량 q_A는

$q_A = q_1+q_2+q_3+q_4+q_5 = 80+83.9+94.66+101.19+104.31 =$ **464.06*l*/min**

- ⑤~⑪의 매분 유수량은 (가)에서 구한 각 헤드번호의 방수량의 합이다.
- ⑤~⑪의 매분 유수량은 문제의 그림을 잘 보면 1개의 배관만 해당이 되므로 곱하기 2를 하지 않는 것에 주의!!

☆☆
문제 08

바닥면적이 30m×20m인 다음의 장소에 분말소화기를 설치할 경우 각각의 장소에 필요한 분말소화기의 소화능력단위를 구하시오.

득점	배점
	6

(가) 위락시설
- ○ 계산과정 :
- ○ 답 :

(나) 판매시설
- ○ 계산과정 :
- ○ 답 :

(다) 공연장(단, 건축물의 주요구조부가 내화구조이고, 벽 및 반자의 실내에 면하는 부분이 불연재료로 되어 있다.)
- ○ 계산과정 :
- ○ 답 :

해답 (가) ○ 계산과정 : $\dfrac{(30\times20)}{30} = 20$단위

○ 답 : 20단위

(나) ○ 계산과정 : $\dfrac{(30\times20)}{100} = 6$단위

○ 답 : 6단위

(다) ○ 계산과정 : $\dfrac{(30\times20)}{100} = 6$단위

○ 답 : 6단위

해설 **소화능력단위**(NFTC 101 2.1.1.2)

특정소방대상물	바닥면적(1단위)	내화구조이고 불연재료 · 준불연재료 · 난연재료인 경우
• 위락시설	30m²	60m²
• 공연장 · 집회장 • 관람장 · 문화재 • 장례시설(장례식장) · 의료시설	50m²	100m²
• 근린생활시설 · 판매시설 • 운수시설 • 숙박시설 · 노유자시설 • 전시장 • 공동주택 · 업무시설 • 방송통신시설 · 공장 • 창고 · 항공기 및 자동차 관련시설 • 관광 휴게시설	100m²	200m²
• 그 밖의 것	200m²	400m²

(가) **위락시설**로서 특별한 조건이 없으므로 바닥면적 **30m²**마다 1단위 이상이므로

$$\frac{(30\times20)\text{m}^2}{30\text{m}^2}=20\text{단위}$$

(나) **판매시설**로서 특별한 조건이 없으므로 바닥면적 **100m²**마다 1단위 이상이므로

$$\frac{(30\times20)\text{m}^2}{100\text{m}^2}=6\text{단위}$$

(다) **공연장**으로 **내화구조**이고 **불연재료**이므로 바닥면적 **100m²**마다 1단위 이상이므로

$$\frac{(30\times20)\text{m}^2}{100\text{m}^2}=6\text{단위}$$

☆☆
문제 09

A의 유량이 50l/s이고 C관의 마찰손실은 2m이며, B의 유량이 19l/s일 때, C의 유량과 직경을 구하시오. (단, 하젠-윌리암의 식을 적용하고 C(조도)는 200이다.)

득점	배점
	5

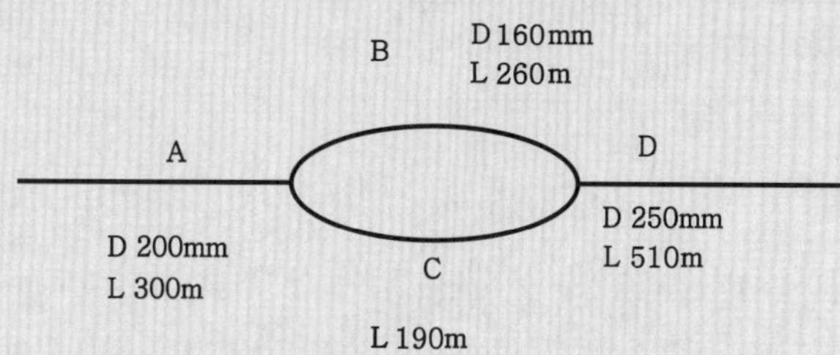

(가) 유량[l/min]
 ○ 계산과정 :
 ○ 답 :

(나) 직경[mm]
 ○ 계산과정 :
 ○ 답 :

해답 (가) 유량

○ 계산과정 : 50−19=31l/s ∴ 31×60=1860l/min

○ 답 : 1860l/min

(나) 직경

○ 계산과정 : $\sqrt[4.87]{6.053\times10^4\times\frac{(31\times60)^{1.85}}{200^{1.85}\times0.019}\times190}=148.314≒148.31\text{mm}$

○ 답 : 148.31mm

해설 (가) **유량**

A의 유량=B의 유량+C의 유량

50l/s=**19**l/s+C의 유량

(50−19)l/s=C의 유량

31l/s=C의 유량

C의 유량=31l/s=$31l/\frac{1}{60}\text{min}=(31\times60)l/\text{min}=1860l/\text{min}$

- 1min=60s이므로 1s=$\frac{1}{60}$min
- 31l/s로 답하지 않도록 주의하라!

(나) **직경**

하젠-윌리암의 식(Hargen-William's formula)

$$\Delta P_m=6.053\times10^4\times\frac{Q^{1.85}}{C^{1.85}\times D^{4.87}}\times L$$

여기서, ΔP_m : 압력손실[MPa]

C : 조도

D : 관의 내경[mm]

Q : 관의 유량[l/min]

L : 관의 길이[m]

$$D^{4.87}=6.053\times10^4\times\frac{Q^{1.85}}{C^{1.85}\times\Delta P_m}\times L$$

$$D=\sqrt[4.87]{6.053\times10^4\times\frac{Q^{1.85}}{C^{1.85}\times\Delta P_m}\times L}$$

$$=\sqrt[4.87]{6.053\times10^4\times\frac{(31l/\text{s})^{1.85}}{200^{1.85}\times2\text{m}}\times190\text{m}}$$

$$=\sqrt[4.87]{6.053\times10^4\times\frac{\left(31l/\frac{1}{60}\text{min}\right)^{1.85}}{200^{1.85}\times0.019\text{MPa}}\times190\text{m}}$$

$$=\sqrt[4.87]{6.053\times10^4\times\frac{[(31\times60)l/\text{min}]^{1.85}}{200^{1.85}\times0.019\text{MPa}}\times190\text{m}}=148.314≒148.31\text{mm}$$

- Q(유량) : 바로 위에서 구한 **31l/s**
- C(조도) : 단서에서 주어진 값 **200**
- ΔP_m(압력손실) : 10.332m=101.325kPa=0.101325MPa이므로

  2m=$\frac{2\text{m}}{10.332\text{m}}\times0.101325\text{MPa}=0.019\text{MPa}$
- L(길이) : 그림의 조건에서 **190m**

☆☆☆
문제 10

경유를 저장하는 내부직경이 40m인 플로팅루프탱크에 포소화설비의 특형 방출구를 설치하여 방호하려고 할 때 다음 물음에 답하시오. (19.4.문6, 17.4.문10, 16.11.문15, 15.7.문1, 14.4.문6, 13.11.문10, 12.7.문7, 04.4.문1)

득점	배점
	10

〔조건〕

① 소화약제는 3%용의 단백포를 사용하며, 수용액의 분당방출량은 $8l/m^2 \cdot min$이고, 방사시간은 20분을 기준으로 한다.

② 탱크내면과 굽도리판의 간격은 2.5m로 한다.

③ 펌프의 효율은 60%, 전동기 전달계수는 1.1로 한다.

④ 포소화약제의 혼합장치로는 프레져 프로포셔너방식을 사용한다.

(가) 상기탱크의 특형방출구에 의하여 소화하는 데 필요한 수용액량, 수원의 양, 포소화약제 원액량은 각각 얼마 이상이어야 하는지 각 항의 요구에 따라 구하시오.

① 수용액의 양〔l〕
- ○ 계산과정 :
- ○ 답 :

② 수원의 양〔l〕
- ○ 계산과정 :
- ○ 답 :

③ 원액의 양〔l〕
- ○ 계산과정 :
- ○ 답 :

(나) 수원을 공급하는 가압송수장치의 분당토출량〔l/min〕은 얼마 이상이어야 하는지 구하시오. (단, 보조포소화전은 고려하지 않는다.)
- ○ 계산과정 :
- ○ 답 :

(다) 펌프의 전양정이 80m라고 할 때 전동기의 출력〔kW〕은 얼마 이상이어야 하는지 구하시오.
- ○ 계산과정 :
- ○ 답 :

해답 (가) ① ○ 계산과정 : $\frac{\pi}{4}(40^2-35^2)\times8\times20\times1=47123.889 ≒ 47123.89l$

○ 답 : 47123.89l

② ○ 계산과정 : $\frac{\pi}{4}(40^2-35^2)\times8\times20\times0.97=45710.173 ≒ 45710.17l$

○ 답 : 45710.17l

③ ○ 계산과정 : $\frac{\pi}{4}(40^2-35^2)\times8\times20\times0.03=1413.716 ≒ 1413.72l$

○ 답 : 1413.72l

(나) ○ 계산과정 : $\frac{47123.89}{20}=2356.194 ≒ 2356.19l/min$

○ 답 : 2356.19l/min

(다) ○ 계산과정 : $\frac{0.163\times2.35619\times80}{0.6}\times1.1=56.328 ≒ 56.33\text{kW}$

○ 답 : 56.33kW

해설 (가)

$$Q=A\times Q_1\times T\times S$$

여기서, Q : 수용액 · 수원 · 약제량〔l〕
A : 탱크의 액표면적〔m^2〕
Q_1 : 수용액의 분당방출량〔l/m^2 · min〕
T : 방사시간〔분〕
S : 농도

① **수용액량** Q는

$Q=A\times Q_1\times T\times S$

$=\frac{\pi}{4}(40^2-35^2)\text{m}^2\times8l/\text{m}^2\cdot\text{min}\times20\text{min}\times1=47123.889 ≒ 47123.89l$

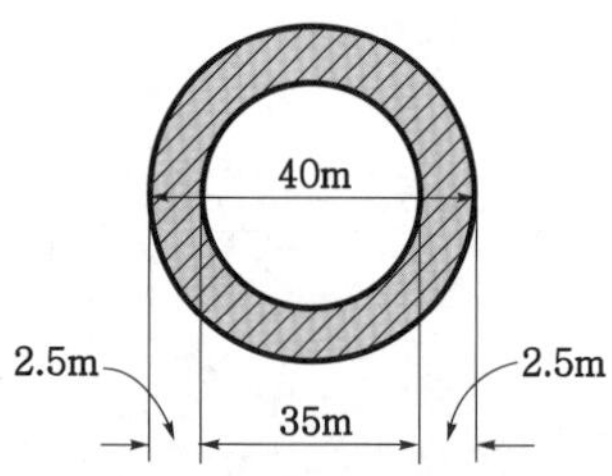

▮ 플로팅루프탱크의 구조 ▮

- 탱크의 액표면적(A)은 탱크 내면의 표면적만 고려하여야 하므로 〔조건 ②〕에서 굽도리판의 간격 **2.5m**를 적용하여 그림에서 빗금 친 부분만 고려하여 $\frac{\pi}{4}(40^2-35^2)\text{m}^2$로 계산하여야 한다. 꼭 기억해 두어야 할 사항은 굽도리판의 간격을 적용하는 것은 **플로팅루프탱크**의 경우에만 한한다는 것이다.
- 수용액량에서 **농도**(S)는 항상 **1**이다.

② **수원**의 **양** Q는

$Q=A\times Q_1\times T\times S$

$=\frac{\pi}{4}(40^2-35^2)\text{m}^2\times8l/\text{m}^2\cdot\text{min}\times20\text{min}\times0.97=45710.173 ≒ 45710.17l$

- 〔조건 ①〕에서 3%용이므로 수원의 농도(S)는 97%(100−3=97%)가 된다.

③ 포소화약제 원액량 Q는

$Q=A\times Q_1\times T\times S$

$=\frac{\pi}{4}(40^2-35^2)\text{m}^2\times8l/\text{m}^2\cdot\text{min}\times20\text{min}\times0.03=1413.716 ≒ 1413.72l$

- 〔조건 ①〕에서 3%용이므로 약제**농도**(S)는 **0.03**이다.

(나) 분당토출량$=\frac{\text{수용액량}[l]}{\text{방사시간}[\text{min}]}=\frac{47123.89}{20\text{min}}=2356.194 ≒ 2356.19l/\text{min}$

- 펌프의 토출량은 어떤 혼합장치이든지 관계없이 모두! 반드시! **포수용액**을 기준으로 해야 한다.
  - 포소화설비의 화재안전기준(NFPC 105 6조 ①항 4호, NFTC 105 2.3.1.4)
    4. **펌프**의 **토출량**은 포헤드 · 고정포방출구 또는 이동식 포노즐의 설계압력 또는 노즐의 방사압력의 허용범위 안에서 **포수용액**을 방출 또는 방사할 수 있는 양 이상이 되도록 할 것

(다)

$$P=\frac{0.163QH}{\eta}K$$

여기서, P: 전동기의 출력[kW]
Q: 토출량[m^3/min]
H: 전양정[m]
K: 전달계수
η: 펌프의 효율

전동기의 **출력** P는

$$P=\frac{0.163QH}{\eta}K=\frac{0.163\times 2356.19l/\text{min}\times 80\text{m}}{0.6}\times 1.1=\frac{0.163\times 2.35619\text{m}^3/\text{min}\times 80\text{m}}{0.6}\times 1.1=56.328 ≒ 56.33\text{kW}$$

☆☆☆

문제 11

옥내소화전에 관한 설계시 다음 조건을 읽고 답하시오.

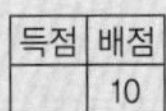

득점	배점
	10

[조건]

① 건물규모 : 5층×각 층의 바닥면적 2000m^2
② 옥내소화전수량 : 총 30개(각 층당 6개 설치)
③ 소화펌프에서 최상층 소화전 호스접결구까지의 수직거리 : 20m
④ 소방호스 : 40mm×15m(아마호스)×2개
⑤ 호스의 마찰손실수두값(호스 100m당)

구 분	호스의 호칭구경[mm]					
	40		50		65	
유량[l/min]	아마호스	고무내장호스	아마호스	고무내장호스	아마호스	고무내장호스
130	26m	12m	7m	3m	–	–
350	–	–	–	–	10m	4m

⑥ 배관 및 관부속품의 마찰손실수두 합계 : 40m
⑦ 배관의 내경

호칭경	15A	20A	25A	32A	40A	50A	65A	80A	100A
내경[mm]	16.4	21.9	27.5	36.2	42.1	53.2	69	81	105.3

(가) 펌프의 토출량[$l$pm]을 계산하시오.
○ 계산과정 :
○ 답 :

(나) 펌프의 전양정[m]을 계산하시오.
○ 계산과정 :
○ 답 :

(다) 소방펌프 토출측 주배관의 최소관경을 〔조건 ⑦〕에서 선정하시오. (단, 유속은 최대유속을 적용한다.)
 ○ 계산과정 :
 ○ 답 :

(라) 펌프의 최대체절압력〔MPa〕은 얼마인가?
 ○ 계산과정 :
 ○ 답 :

(마) 만일 펌프에서 제일 먼 거리에 있는 옥내소화전 노즐의 방사압력이 0.2MPa, 유량이 200l/min 이며, 4층에 있는 옥내소화전 노즐에서의 방사압력이 0.4MPa일 경우 4층 소화전에서의 방사유량〔$l$pm〕은 얼마인가? (단, 전층 노즐구경은 동일하다.)
 ○ 계산과정 :
 ○ 답 :

(바) 옥내소화전 노즐의 구경〔mm〕은 얼마인가?
 ○ 계산과정 :
 ○ 답 :

(사) 옥상에 저장하여야 하는 소화수조의 용량은 몇 m³인가?
 ○ 계산과정 :
 ○ 답 :

해답

(가) ○ 계산과정 : $2\times130=260l/\text{min}$ ○ 답 : 260$l$pm

(나) ○ 계산과정 : $\left(15\times2\times\dfrac{26}{100}\right)+40+20+17=84.8\text{m}$ ○ 답 : 84.8m

(다) ○ 계산과정 : $D=\sqrt{\dfrac{4\times0.26/60}{\pi\times4}}\fallingdotseq0.037\text{m}=37\text{mm}$ ○ 답 : 50A

(라) ○ 계산과정 : $0.848\times1.4=1.187\fallingdotseq1.19\text{MPa}$ ○ 답 : 1.19MPa

(마) ○ 계산과정 : $K=\dfrac{200}{\sqrt{10\times0.2}}=141.421\fallingdotseq141.42$

$Q=141.42\sqrt{10\times0.4}=282.84l\text{pm}$ ○ 답 : 282.84$l$pm

(바) ○ 계산과정 : $\sqrt{\dfrac{200}{0.653\sqrt{10\times0.2}}}=14.716\fallingdotseq14.72\text{mm}$ ○ 답 : 14.72mm

(사) ○ 계산과정 : $Q=2.6\times2\times\dfrac{1}{3}=1.733\fallingdotseq1.73\text{m}^3$ ○ 답 : 1.73m³

해설

(가) **펌프토출량**

$$Q=N\times130l/\text{min}$$

여기서, Q : 토출량〔l/min〕
N : 가장 많은 층의 소화전 개수(30층 미만 : 최대 2개, 30층 이상 : 최대 5개)

펌프토출량 $Q=N\times130l/\text{min}=2\times130l/\text{min}=260l/\text{min}=260l\text{pm}$

- 〔조건 ②〕에서 N : 2개(2개 이상은 2개)

(나) **전양정**

$$H\geq h_1+h_2+h_3+17$$

여기서, H : 전양정〔m〕
h_1 : 소방호스의 마찰손실수두〔m〕
h_2 : 배관 및 관부속품의 마찰손실수두〔m〕
h_3 : 실양정(흡입양정+토출양정)〔m〕

h_1 : (15m×2개)×$\frac{26}{100}=7.8\text{m}$

- 〔조건 ④〕에서 소방호스의 길이 **15m×2개**
- 〔조건 ④〕에서 호칭구경 40mm, 아마호스이고, 옥내소화전설비의 규정방수량 130l/min이므로 **26m**, 호스 100m당이므로 $\frac{26}{100}$을 적용한다.

구 분	호스의 호칭구경〔mm〕					
	40		50		65	
유량〔l/min〕	아마호스	고무내장호스	아마호스	고무내장호스	아마호스	고무내장호스
130	→ 26m	12m	7m	3m	–	–
350	–	–	–	–	10m	4m

h_2 : **40m**(〔조건 ⑥〕에 의해)

h_3 : **20m**(〔조건 ③〕에 의해)

전양정 $H=h_1+h_2+h_3+17=7.8+40+20+17=84.8\text{m}$

(다)

$$Q=AV=\frac{\pi D^2}{4}V$$

여기서, Q : 유량〔m^3/s〕

A : 단면적〔m^2〕

V : 유속〔m/s〕

D : 내경〔m〕

$$Q=\frac{\pi D^2}{4}V$$

에서

배관의 **내경** D는

$$D=\sqrt{\frac{4Q}{\pi V}}=\sqrt{\frac{4\times 260l/\text{min}}{\pi\times 4\text{m/s}}}=\sqrt{\frac{4\times 0.26\text{m}^3/\text{min}}{\pi\times 4\text{m/s}}}=\sqrt{\frac{4\times 0.26\text{m}^3/60\text{s}}{\pi\times 4\text{m/s}}}$$

$$\fallingdotseq 0.037\text{m}=37\text{mm}$$

내경 **37mm** 이상되는 배관의 내경은 40A이지만 토출측 주배관의 최소관경은 50A이다.

- Q : **260l/min**((가)에서 구한 값)
- 배관 내의 유속

설 비		유 속
옥내소화전설비 →		4m/s 이하
스프링클러설비	가지배관	6m/s 이하
	기타의 배관	10m/s 이하

- 배관의 내경은 〔조건 ⑦〕에서 선정
- 〔단서〕에 최대유속인 **4m/s** 적용
- 최소구경

구 분	구 경
주배관 중 수직배관, 펌프 토출측 주배관 →	**50mm 이상**
연결송수관인 방수구가 연결된 경우(연결송수관설비의 배관과 겸용할 경우)	100mm 이상

(라)

체절압력(체절점)=정격토출압력×1.4

$=84.8\text{m}\times 1.4=0.848\text{MPa}\times 1.4=1.187\fallingdotseq 1.19\text{MPa}$

- 1MPa=100m이므로 84.8m=0.848MPa
- 84.8m : (나)에서 구한 값

중요

체절점 · 설계점 · 150% 유량점

(1) **체절점** : 정격토출양정×1.4

- 정격토출압력(양정)의 **140%**를 **초과**하지 않아야 하므로 정격토출양정에 **1.4**를 곱하면 된다.
- 140%를 초과하지 않아야 하므로 **'이하'**라는 말을 반드시 쓸 것. 단, 여기서는 **'최대체절압력'**이라고 하였으므로 **'이하'**라는 말을 쓰면 틀린다.

(2) **설계점** : 정격토출양정×1.0

- 펌프의 성능곡선에서 설계점은 **정격토출양정**의 **100%** 또는 **정격토출량**의 **100%**이다.
- 설계점은 **'이상'**, **'이하'**라는 말을 쓰지 않는다.

(3) **150% 유량점**(운전점) : 정격토출양정×0.65

- 정격토출량의 150%로 운전시 정격토출압력(양정)의 65% 이상이어야 하므로 정격토출양정에 **0.65**를 곱하면 된다.
- 65% 이상이어야 하고 **'이상'**이라는 말을 반드시 쓸 것

(마) **토출량**

$$Q = K\sqrt{10P}$$

여기서, Q : 토출량[l/min=lPM]

K : 방출계수

P : 방사압력[MPa]

방출계수 $K = \dfrac{Q}{\sqrt{10P}} = \dfrac{200 l/\text{min}}{\sqrt{10 \times 0.2\text{MPa}}} = 141.421 \fallingdotseq 141.42$

토출량 $Q = K\sqrt{10P} = 141.42\sqrt{10 \times 0.4\text{MPa}} = 282.84 l\text{PM}$

- 노즐구경이 주어지면 $Q = 0.653D^2\sqrt{10P}$ 식을 적용해도 되지만 이 문제에서는 노즐구경이 주어지지 않았으므로 반드시 $Q = K\sqrt{10P}$ 식으로 적용해야 한다. $Q = 0.653D^2\sqrt{10P}$ 식을 적용해서 답을 구하면 틀린다.

(바)

$$Q = 0.653D^2\sqrt{10P} \quad \text{또는} \quad Q = 0.6597CD^2\sqrt{10P}$$

여기서, Q : 토출량[l/min=lPM]

C : 노즐의 흐름계수(유량계수)

D : 노즐구경[mm]

P : 방사압력[MPa]

$$Q = 0.653D^2\sqrt{10P}$$

$$\frac{Q}{0.653\sqrt{10P}} = D^2$$

$$D^2 = \frac{Q}{0.653\sqrt{10P}}$$

$$\sqrt{D^2} = \sqrt{\frac{Q}{0.653\sqrt{10P}}}$$

$$D = \sqrt{\frac{Q}{0.653\sqrt{10P}}} = \sqrt{\frac{200 l/\text{min}}{0.653\sqrt{10 \times 0.2\text{MPa}}}} = 14.716 \fallingdotseq 14.72\text{mm}$$

- Q : 282.84 l/min, P : 0.4MPa을 적용해도 값은 동일하게 나온다.
- **노즐**의 **구경**은 호칭구경이 별도로 없으므로 계산값을 그대로 답으로 쓰면 된다.

중요

단위
① GPM=**G**allon **P**er **M**inute〔gallon/min〕
② PSI=**P**ound per **S**quare **I**nch〔lb/in^2〕
③ lPM=**L**iter **P**er **M**inute〔l/min〕
④ CMH=**C**ubic **M**eter per **H**our〔m^3/h〕

(사) **옥내소화전설비**(옥상수원)

$$Q=2.6N\times\frac{1}{3}\text{(30층 미만, } N\text{ : 최대 2개)}$$

$$Q=5.2N\times\frac{1}{3}\text{(30~49층 이하, } N\text{ : 최대 5개)}$$

$$Q=7.8N\times\frac{1}{3}\text{(50층 이상, } N\text{ : 최대 5개)}$$

여기서, Q : 수원의 저수량〔m^3〕
N :가장 많은 층의 소화전개수

옥상저수량 $Q=2.6N\times\frac{1}{3}=2.6\times2\times\frac{1}{3}=1.733 ≒ 1.73\text{m}^3$

☆☆☆
문제 12

어떤 사무소 건물의 지하층에 있는 발전기실 및 축전지실에 전역방출방식의 이산화탄소 소화설비를 설치하려고 한다. 화재안전기준과 주어진 조건에 의하여 다음 각 물음에 답하시오. (19.11.문1, 06.11.문4)

득점	배점
	12

〔조건〕
① 소화설비는 고압식으로 한다.
② 발전기실의 크기 : 가로 5m×세로 8m×높이 4m
③ 발전기실의 개구부 크기 : 1.8m×3m×2개소(자동폐쇄장치 있음)
④ 축전지실의 크기 : 가로 4m×세로 5m×높이 4m
⑤ 축전지실의 개구부 크기 : 0.9m×2m×1개소(자동폐쇄장치 없음)
⑥ 가스용기 1본당 충전량 : 45kg
⑦ 가스저장용기는 공용으로 한다.
⑧ 가스량은 다음 표를 이용하여 산출한다.

방호구역의 체적〔m^3〕	소화약제의 양〔kg/m^3〕	소화약제 저장량의 최저한도〔kg〕
50 이상~150 미만	0.9	50
150 이상~1500 미만	0.8	135

※ 개구부 가산량은 5kg/m^{2}로 한다.

(가) 각 방호구역별로 필요한 가스용기의 본수는 몇 본인가?
○발전기실(계산과정 및 답) :
○축전지실(계산과정 및 답) :
(나) 집합장치에 필요한 가스용기의 본수는 몇 본인가?
(다) 각 방호구역별 선택밸브 개폐직후의 유량은 몇 kg/s인가?
○발전기실(계산과정 및 답) :
○축전지실(계산과정 및 답) :
(라) 저장용기의 내압시험압력은 몇 MPa인가?

(마) '기동용 가스용기에는 내압시험압력의 (　　)배부터 내압시험압력 이하에서 작동하는 안전장치를 설치할 것'에서 (　　) 안의 수치를 적으시오.
(바) 분사헤드의 방출압력은 21℃에서 몇 MPa 이상이어야 하는가?
(사) 음향경보장치는 약제방사개시 후 몇 분 동안 경보를 계속할 수 있어야 하는가?
(아) 가스용기의 개방밸브는 작동방식에 따라 3가지로 분류되는데 일반적으로 사용하는 것 2가지의 명칭을 쓰시오.
○
○

해답 (가) ○발전기실 : 계산과정 : CO_2 저장량=(5×8×4)×0.8=128kg(최저 135kg)
가스용기본수= $\frac{135}{45}$ = 3본

○답 : 3본

○축전지실 : 계산과정 : CO_2 저장량=(4×5×4)×0.9+(0.9×2×1)×5=81kg
가스용기본수= $\frac{81}{45}$ = 1.8 ≒ 2본

○답 : 2본

(나) 3본
(다) ○발전기실 : 계산과정 : $\frac{45\times 3}{60}$=2.25kg/s

○답 : 2.25kg/s

○축전지실 : 계산과정 : $\frac{45\times 2}{60}$=1.5kg/s

○답 : 1.5kg/s

(라) 25MPa 이상
(마) 0.8
(바) 2.1MPa 이상
(사) 1분 이상
(아) ① 전기식　② 가스압력식

해설 (가) 가스용기본수의 산정

① **발전기실**

방호구역체적=5m×8m×4m=**160m³** 로서 〔조건 ⑧〕에서 방호구역체적이 150~1500m³ 미만에 해당되므로 소화약제의 양은 **0.8kg/m³**이다.

CO_2 저장량〔kg〕
=방호구역체적〔m³〕×약제량〔kg/m³〕+개구부면적〔m²〕×개구부가산량
=160m³×0.8kg/m³=128kg(최소저장량은 〔조건 ⑧〕에서 135kg이다. 틀리지 않도록 주의!)

가스용기본수= $\frac{\text{약제저장량}}{\text{충전량}} = \frac{135\,\text{kg}}{45\,\text{kg}}$ = 3본

- 〔조건 ③〕에서 발전기실은 자동폐쇄장치가 있으므로 개구부면적 및 개구부가산량은 적용하지 않아도 된다.
- 충전량은 〔조건 ⑥〕에서 **45kg**이다.
- 가스용기본수 산정시 계산결과에서 소수가 발생하면 반드시 **절상**한다.

② **축전지실**

방호구역체적=4m×5m×4m=**80m³**로서 〔조건 ⑧〕에서 방호구역체적이 50~150m³ 미만에 해당되므로 소화약제의 양은 **0.9kg/m³**이다.

CO_2 저장량〔kg〕
=방호구역 체적〔m³〕×약제량〔kg/m³〕+개구부면적〔m²〕×개구부가산량
=80m³×0.9kg/m³+(0.9m×2m×1개소)×5kg/m²
=81kg

$$가스용기본수 = \frac{약제저장량}{충전량} = \frac{81\text{kg}}{45\text{kg}} = 1.8 ≒ 2본$$

- 〔조건 ⑤〕에서 축전지실은 자동폐쇄장치가 없으므로 개구부면적 및 개구부가산량을 적용하여야 한다.
- 개구부가산량은 〔조건 ⑧〕에서 **5kg/m²**이다.
- 충전량은 〔조건 ⑥〕에서 **45kg**이다.
- 가스용기본수 산정시 계산결과에서 소수가 발생하면 반드시 **절상**한다.

(나) 집합장치에 필요한 가스용기의 본수는 각 방호구역의 가스용기본수 중 가장 많은 것을 기준으로 하므로 발전기실의 **3본**이 된다.

(다) ① 발전기실

$$선택밸브\ 직후의\ 유량 = \frac{1본당\ 충전량[\text{kg}] \times 가스용기본수}{약제방출시간[\text{s}]} = \frac{45\text{kg} \times 3본}{60\text{s}}$$
$$= 2.25\text{kg/s}$$

② 축전지실

$$선택밸브\ 직후의\ 유량 = \frac{1본당\ 충전량[\text{kg}] \times 가스용기본수}{약제방출시간[\text{s}]} = \frac{45\text{kg} \times 2본}{60\text{s}}$$
$$= 1.5\text{kg/s}$$

- 〔조건 ⑧〕이 전역방출방식(표면화재)에 대한 표이므로 표면화재로 보아 약제방출시간은 **1분**(60s)을 적용한다.
- 특별한 경우를 제외하고는 **일반건축물**이다.

‖ 약제방사시간 ‖

소화설비		전역방출방식		국소방출방식	
		일반건축물	위험물 제조소	일반건축물	위험물제조소
할론소화설비		10초 이내	30초 이내	10초 이내	30초 이내
분말소화설비		30초 이내		30초 이내	
CO_2 소화설비	표면화재 →	1분 이내	60초 이내		
	심부화재	7분 이내			

- **표면화재** : 가연성 액체 · 가연성가스
- **심부화재** : 종이 · 목재 · 석탄 · 섬유류 · 합성수지류

(라), (마) **내압시험압력** 및 **안전장치**의 **작동압력**(NFPC 106, NFTC 106 2.1.2.5, 2.1.4, 2.3.2.3.2, 2.5.1.4)

① 기동용기의 내압시험압력 : **25MPa** 이상

② 저장용기의 내압시험압력 ┬ 고압식 : **25MPa** 이상
└ 저압식 : **3.5MPa** 이상

③ 기동용기의 안전장치 작동압력 : **내압시험압력의 0.8배~내압시험압력 이하**

④ 저장용기와 선택밸브 또는 개폐밸브의 안전장치 작동압력 : 배관의 최소사용설계압력과 최대허용압력 사이의 압력

⑤ 개폐밸브 또는 선택 밸브의 배관부속 시험압력 ┬ 고압식 ┬ 1차측 : **9.5MPa**
└ 2차측 : **4.5MPa**
└ 저압식 — 1 · 2차측 : **4.5MPa**

(바) CO_2 소화설비의 분사헤드의 방사압력 ┬ 고압식 : **2.1MPa** 이상
└ 저압식 : **1.05MPa** 이상

〔조건 ①〕에서 소화설비는 **고압식**이므로 방사압력은 **2.1MPa** 이상이 된다.

(사) 약제방출 후 **경보장치**의 **작동시간**

- 분말소화설비 ┐
- 할론소화설비 ├1분 이상
- CO_2 소화설비┘

(아) CO_2 소화약제 저장용기의 개방밸브는 **전기식**(전기개방식)·**가스압력식**(가스가압식) 또는 **기계식**에 의하여 자동으로 개방되고 수동으로도 개방되는 것으로서 안전장치가 부착된 것으로 하여야 한다.
이 중에서 **전기식**과 **가스압력식**이 일반적으로 사용된다.

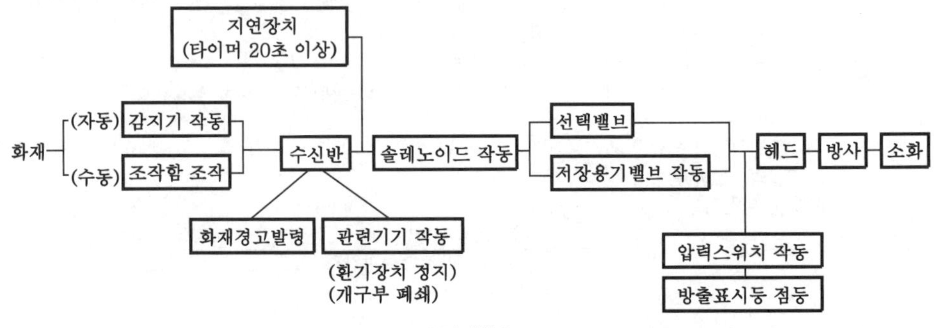

‖ 전기식 ‖

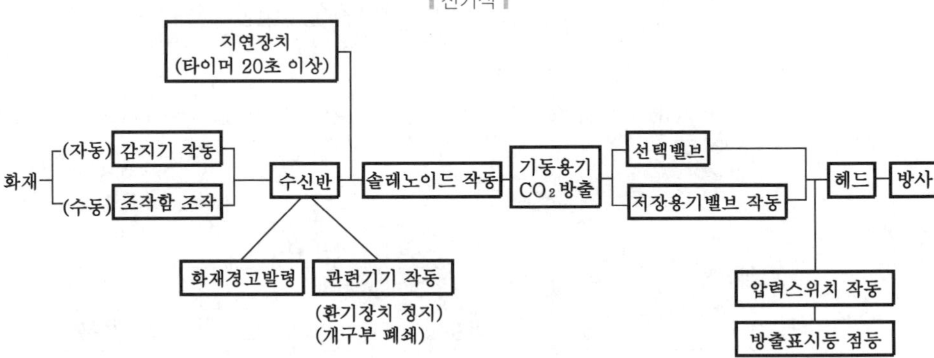

‖ 가스압력식 ‖

비교

(1) 선택밸브 직후의 유량 $= \frac{\text{1본당 충전량[kg]} \times \text{병수}}{\text{약제방출시간[s]}}$

(2) 약제의 유량속도 $= \frac{\text{1본당 충전량[kg]} \times \text{병수}}{\text{약제방출시간[s]}}$

(3) 개방밸브(용기밸브) 직후의 유량 $= \frac{\text{1본당 충전량[kg]}}{\text{약제방출시간[s]}}$

☆☆

문제 13

15m×20m×5m의 경유를 연료로 사용하는 발전기실에 2가지의 할로겐화합물 및 불활성기체 소화설비를 설치하고자 한다. 다음 조건과 국가화재안전기준을 참고하여 다음 물음에 답하시오.

(20.11.문7, 19.11.문5, 19.6.문9, 16.11.문2, 14.4.문2)

득점	배점
	10

[조건]

① 방호구역의 온도는 상온 20℃이다.

② HCFC BLEND A 용기는 68L용 50kg, IG-541 용기는 80L용 12.4m^3를 적용한다.

③ 할로겐화합물 및 불활성기체 소화약제의 소화농도

약 제	상품명	소화농도[%]	
		A급 화재	B급 화재
HCFC BLEND A	NAFS－Ⅲ	7.2	10
IG-541	Inergen	31.25	31.25

④ K_1과 K_2값

약 제	K_1	K_2
HCFC BLEND A	0.2413	0.00088
IG-541	0.65799	0.00239

(가) HCFC BLEND A의 최소약제량[kg]은?
○ 계산과정 :
○ 답 :

(나) HCFC BLEND A의 최소약제용기는 몇 병이 필요한가?
○ 계산과정 :
○ 답 :

(다) IG-541의 최소약제량[m³]은? (단, 20℃의 비체적은 선형 상수이다.)
○ 계산과정 :
○ 답 :

(라) IG-541의 최소약제용기는 몇 병이 필요한가?
○ 계산과정 :
○ 답 :

(가) ○ 계산과정 : $S=0.2413+0.00088\times20=0.2589$

$C=10\times1.3=13\%$

$W=\dfrac{(15\times20\times5)}{0.2589}\times\left(\dfrac{13}{100-13}\right)=865.731 ≒ 865.73\text{kg}$

○ 답 : 865.73kg

(나) ○ 계산과정 : $\dfrac{865.73}{50}=17.3 ≒ 18$병

○ 답 : 18병

(다) ○ 계산과정 : $C=31.25\times1.3=40.625\%$

$X=2.303\times\log_{10}\left[\dfrac{100}{100-40.625}\right]\times(15\times20\times5)=782.086 ≒ 782.09\text{m}^3$

○ 답 : 782.09m³

(라) ○ 계산과정 : $\dfrac{782.09}{12.4}=63.07 ≒ 64$병

○ 답 : 64병

(가) **할로겐화합물 소화약제**

소화약제별 선형 상수 S는

$S=K_1+K_2t=0.2413+0.00088\times20℃=0.2589\text{m}^3/\text{kg}$

- [조건 ④]에서 HCFC BLEND A의 K_1과 K_2값을 적용
- [조건 ①]에서 방호구역 온도는 **20℃**이다.

소화약제의 **무게** W는

$$W=\frac{V}{S}\times\left(\frac{C}{100-C}\right)=\frac{(15\times20\times5)\text{m}^3}{0.2589\text{m}^3/\text{kg}}\times\left(\frac{13}{100-13}\right)=865.731 ≒ 865.73\text{kg}$$

- ABC 화재별 안전계수

화재등급	설계농도
A급(일반화재)	A급 소화농도×1.2
B급(유류화재)	B급 소화농도×1.3
C급(전기화재)	A급 소화농도×1.35

설계농도[%]=소화농도[%]×안전계수=10%×1.3=13%
- 경유는 B급화재
- HCFC BLEND A : 할로겐화합물 소화약제

(나) 용기수 $=\dfrac{\text{소화약제량(kg)}}{\text{1병당 저장값(kg)}}=\dfrac{865.73\text{kg}}{50\text{kg}}=17.3=18$병(절상)

- 865.73kg : (가)에서 구한 값
- 50kg : [조건 ②]에서 주어진 값

(다) **불활성기체 소화약제**

소화약제별 선형상수 S는

$S=K_1+K_2t=0.65799+0.00239\times 20℃=0.70579\text{m}^3/\text{kg}$

- [조건 ④]에서 IG-541의 K_1과 K_2값을 적용
- [조건 ①]에서 방호구역온도는 **20℃**
- 20℃의 소화약제 비체적 $V_s=K_1+K_2\times 20℃=0.65799+0.00239\times 20℃=0.70579\text{m}^3/\text{kg}$

소화약제의 부피 X는

$$X=2.303\left(\frac{V_s}{S}\right)\times\log_{10}\left[\frac{100}{(100-C)}\right]\times V=2.303\left(\frac{\cancel{0.70579\text{m}^3/\text{kg}}}{\cancel{0.70579\text{m}^3/\text{kg}}}\right)\times\log_{10}\left[\frac{100}{100-40.625}\right]\times(15\times 20\times 5)\text{m}^3$$

$$=782.086 ≒ 782.09\text{m}^3$$

- ABC 화재별 안전계수

화재등급	설계농도
A급(일반화재)	A급 소화농도×1.2
B급(유류화재)	B급 소화농도×1.3
C급(전기화재)	A급 소화농도×1.35

설계농도[%]=소화농도[%]×안전계수=31.25%×1.3=40.625%
- 경유는 B급 화재
- IG-541은 불활성기체 소화약제이다.

(라) 용기수 $=\dfrac{\text{소화약제 부피}(\text{m}^3)}{\text{1병당 저장량}(\text{m}^3)}=\dfrac{782.09\text{m}^3}{12.4\text{m}^3}=63.07 ≒ 64$병(절상)

- 782.09m³ : (다)에서 구한 값
- 12.4m³ : [조건 ②]에서 주어진 값

참고

소화약제량의 **산정**(NFPC 107A 4·7조, NFTC 107A 2.1.1, 2.4.1)

구 분	할로겐화합물 소화약제	불활성기체 소화약제
종류	FC-3-1-10 HCFC BLEND A HCFC-124 HFC-125 HFC-227ea HFC-23 HFC-236fa FIC-13I1 FK-5-1-12	IG-01 IG-100 IG-541 IG-55
공식	$W=\dfrac{V}{S}\times\left(\dfrac{C}{100-C}\right)$ 여기서, W : 소화약제의 무게[kg] V : 방호구역의 체적[m³] S : 소화약제별 선형상수(K_1+K_2t)[m³/kg] C : 체적에 따른 소화약제의 설계농도[%] t : 방호구역의 최소예상온도[℃]	$X=2.303\left(\dfrac{V_s}{S}\right)\times\log_{10}\left[\dfrac{100}{(100-C)}\right]\times V$ 여기서, X : 소화약제의 부피[m³] S : 소화약제별 선형상수(K_1+K_2t)[m³/kg] C : 체적에 따른 소화약제의 설계농도[%] V_s : 20℃에서 소화약제의 비체적 $(K_1+K_2\times 20℃)$[m³/kg] t : 방호구역의 최소예상온도[℃] V : 방호구역의 체적[m³]

문제 14

제1종 분말소화약제의 비누화현상의 발생원리 및 화재에 미치는 효과에 대해서 설명하시오.

(19.11.문12)

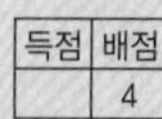

득점	배점
	4

○ 발생원리 :

○ 화재에 미치는 효과 :

해답 ○ 발생원리 : 에스터가 알칼리에 의해 가수분해되어 알코올과 산의 알칼리염이 됨

○ 화재에 미치는 효과 : 질식소화, 재발화 억제효과

해설 **비누화현상**(saponification phenomenon)

구 분	설 명
정의	**소화약제**가 식용유에서 분리된 **지방산**과 **결합**해 **비누거품**처럼 부풀어 오르는 현상
발생원리	에스터가 알칼리에 의해 가수분해되어 알코올과 산의 알칼리염이 됨
화재에 미치는 효과	주방의 식용유화재시에 나트륨이 기름을 둘러싸 외부와 분리시켜 **질식소화** 및 **재발화 억제효과** 기름 나트륨 ∥ 비누화현상 ∥
화학식	$RCOOR' + NaOH \rightarrow RCOONa + R'OH$

" 다른 누구에게 인정받으려 하지 말고 최선을 다하라.

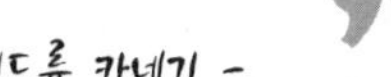
- 앤드류 카네기 -

시 간

생각하는 시간을 가져라
사고는 힘의 근원이다.
놀 수 있는 시간을 가져라
놀이는 변함 없는 젊음의 비결이다.
책 읽을 수 있는 시간을 가져라
독서는 지혜의 원천이다.
기도할 수 있는 시간을 가져라
기도는 역경을 당했을 때 극복하는 길이 된다.
사랑할 수 있는 시간을 가져라
사랑한다는 것은 삶을 가치 있게 만드는 것이다.
우정을 나눌 수 있는 시간을 가져라
우정은 생활의 향기를 더해 준다.
웃을 수 있는 시간을 가져라
웃음은 영혼의 음악이다.
줄 수 있는 시간을 가져라
일 년 중 어느 날이고 간에 시간은 잠깐 사이에 지나간다.

•김형모의 「짧은 얘기 긴 생각 그리고 시」 중에서•

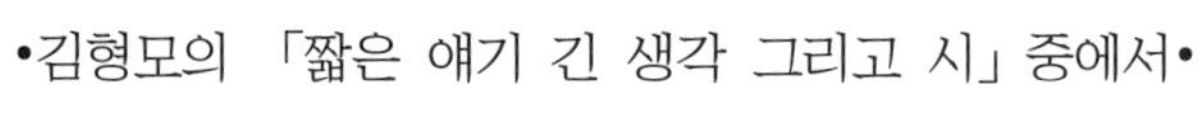

찾아보기

MEMO

VISION 연속 판매1위

교재 및 인강을 통한 합격 수기

"한번에! 빠르게! 합격하기!!"

고졸 인문계 출신 합격!

필기시험을 치르고 실기 책을 펼치는 순간 머리가 하얗게 되더군요. 그래서 어떻게 공부를 해야 하나 인터넷을 뒤적이다가 공하성 교수님 강의가 제일 좋다는 이야기를 듣고 공부를 시작했습니다. 관련학과도 아닌 고졸 인문계 출신인 저도 제대로 이해할 수 있을 정도로 정말 정리가 잘 되어 있더군요. 문제 하나하나 풀어가면서 설명해주시는데 머릿속에 쏙쏙 들어왔습니다. 약 3주간 미친 듯이 문제를 풀고 부족한 부분은 강의를 들었습니다. 그렇게 약 6주간 공부 후 시험결과 실기점수 74점으로 최종 합격하게 되었습니다. 정말 빠른 시간에 합격하게 되어 뿌듯했고 공하성 교수님 강의를 접한 게 정말 잘했다는 생각이 들었습니다. 저도 할 수 있다는 것을 깨닫게 해준 성안당 출판사와 공하성 교수님께 정말 감사의 말씀을 올립니다.

_ 김○건님의 글

시간 단축 및 이해도 높은 강의!

소방은 전공분야가 아닌 관계로 다른 방법의 공부를 필요로 하게 되어 공하성 교수님의 패키지 강의를 수강하게 되었습니다. 전공이든, 비전공이든 학원을 다니거나 동영상강의를 집중적으로 듣고 공부하는 것이 혼자 공부하는 것보다 엄청난 시간적 이점이 있고 이해도도 훨씬 높은 것 같습니다. 주로 공하성 교수님 실기 강의를 3번 이상 반복 수강하고 남는 시간은 노트정리 및 암기하여 실기 역시 높은 점수로 합격을 하였습니다. 처음 기사시험을 준비할 때 '할 수 있을까?'하는 의구심도 들었지만 나이 60세에 새로운 자격증을 하나둘 새로 취득하다 보니 미래에 대한 막연한 두려움도 극복이 되는 것 같습니다.

_ 김○규님의 글

단 한번에 합격!

퇴직 후 진로를 소방감리로 결정하고 먼저 공부를 시작한 친구로부터 공하성 교수님 인강과 교재를 추천받았습니다. 이것이 단 한번에 필기와 실기를 합격한 지름길이었다고 생각합니다. 인강을 듣는 중 공하성 교수님 특유의 기억법과 유사 항목에 대한 정리가 공부에 큰 도움이 되었습니다. 인강 후 공하성 교수님께서 강조한 항목을 중심으로 이론교재로만 암기를 했는데 이때는 처음부터 끝까지 하지 않고 네 과목을 번갈아 가면서 암기를 했습니다. 지루함을 피하기 위함이고 이는 공하성 교수님께서 추천하는 공부법이었습니다. 필기시험을 거뜬히 합격하고 실기시험에 매진하여 시험을 봤는데, 문제가 예상했던 것보다 달라서 당황하기도 했고 그래서 약간의 실수도 있었지만 실기도 한번에 합격을 할 수 있었습니다. 실기시험이 끝나고 바로 성안당의 공하성 교수님 교재로 소방설비기사 전기 공부를 하고 있습니다. 전공이 달라 이해하고 암기하는 데 어려움이 있긴 하지만 반복해서 하면 반드시 합격하리라 확신합니다. 나이가 많은 데도 불구하고 단 한번에 합격하는 데 큰 도움을 준 성안당과 공하성 교수님께 감사드립니다.

_ 최○수님의 글

“ 공하성 교수의 노하우와 함께 소방자격시험 완전정복! ”

23년 연속 판매 1위! 한 번에 합격시켜 주는 명품교재!

성안당 소방시리즈!

2025 최신개정판

12개년 과년도 소방설비기사 기계④·12 실기

2001. 2. 16. 초 판 1쇄 발행
2017. 2. 15. 4차 개정증보 14판 1쇄(통산 34쇄) 발행
2018. 2. 8. 5차 개정증보 15판 1쇄(통산 35쇄) 발행
2018. 5. 18. 5차 개정증보 15판 2쇄(통산 36쇄) 발행
2019. 2. 28. 6차 개정증보 16판 1쇄(통산 37쇄) 발행
2020. 2. 21. 7차 개정증보 17판 1쇄(통산 38쇄) 발행
2020. 5. 15. 7차 개정증보 17판 2쇄(통산 39쇄) 발행
2021. 2. 25. 8차 개정증보 18판 1쇄(통산 40쇄) 발행
2021. 3. 5. 8차 개정증보 18판 2쇄(통산 41쇄) 발행
2022. 2. 18. 9차 개정증보 19판 1쇄(통산 42쇄) 발행
2023. 3. 8. 10차 개정증보 20판 1쇄(통산 43쇄) 발행
2024. 2. 6. 11차 개정증보 21판 1쇄(통산 44쇄) 발행
2025. 2. 5. 12차 개정증보 22판 1쇄(통산 45쇄) 발행

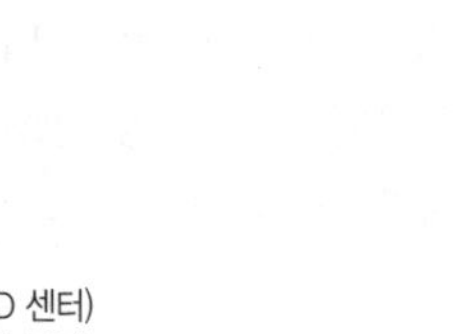

지은이 | 공하성
펴낸이 | 이종춘
펴낸곳 | BM (주)도서출판 성안당
주소 | 04032 서울시 마포구 양화로 127 첨단빌딩 3층(출판기획 R&D 센터)
10881 경기도 파주시 문발로 112 파주 출판 문화도시(제작 및 물류)
전화 | 02) 3142-0036
031) 950-6300
팩스 | 031) 955-0510
등록 | 1973. 2. 1. 제406-2005-000046호
출판사 홈페이지 | **www.cyber.co.kr**
ISBN | 978-89-315-1315-8 (13530)
정가 | **42,000원**(별책부록, 해설가리개 포함)

이 책을 만든 사람들
기획 | 최옥현
진행 | 박경희
교정·교열 | 김혜린, 최주연
전산편집 | 이지연
표지 디자인 | 박현정
홍보 | 김계향, 임진성, 김주승, 최정민
국제부 | 이선민, 조혜란
마케팅 | 구본철, 차정욱, 오영일, 나진호, 강호묵
마케팅 지원 | 장상범
제작 | 김유석

찐합격

당신도 이번에 반드시 합격합니다!

기계 | 실기

요점노트

소방설비[산업]기사

우석대학교 소방방재학과 교수 공하성

BM (주)도서출판 성안당

도서 A/S 안내

성안당에서 발행하는 모든 도서는 저자와 출판사, 그리고 독자가 함께 만들어 나갑니다.

좋은 책을 펴내기 위해 많은 노력을 기울이고 있습니다. 혹시라도 내용상의 오류나 오탈자 등이 발견되면 "좋은 책은 나라의 보배"로서 우리 모두가 함께 만들어 간다는 마음으로 연락주시기 바랍니다. 수정 보완하여 더 나은 책이 되도록 최선을 다하겠습니다.

성안당은 늘 독자 여러분들의 소중한 의견을 기다리고 있습니다. 좋은 의견을 보내주시는 분께는 성안당 쇼핑몰의 포인트(3,000포인트)를 적립해 드립니다.

잘못 만들어진 책이나 부록 등이 파손된 경우에는 교환해 드립니다.

저자 문의 : http://pf.kakao.com/_TZKbxj
Daum cafe.daum.net/firepass
NAVER cafe.naver.com/fireleader

본서 기획자 e-mail : coh@cyber.co.kr(최옥현)

홈페이지 : http://www.cyber.co.kr 전화 : 031) 950-6300

CONTENTS

제 1 편 소방유체역학

제 2 편 소화설비

제 3 편 피난구조설비

제 4 편 소화활동설비 및 소화용수설비

승리의 원리

서부 영화를 보면 대개 어떻습니까?

어느 술집에서, 카우보이 모자를 쓴 선한 총잡이가 담배를 물고 탁자에 앉아 조용히 술잔을 기울이고 있습니다.

곧이어 그 뒤에 등장하는 악한 총잡이가 양다리를 벌리고 섰습니다.

손은 벌써 허리춤에 찬 권총 가까이 대고 이렇게 소리를 지르죠.

“야, 이 비겁자야! 어서 총을 뽑아라. 내가 본때를 보여줄 테다.”

여전히 침묵이 흐르고 주위 사람들은 숨을 죽이고 이들을 지켜봅니다.

그러다가 일순간 총성이 울려 퍼지고 한 총잡이가 쓰러집니다.

물론 각본에 따라 이루어지는 일이지만, 쓰러진 총잡이는 등을 보이고 앉아 있던 선한 총잡이가 아니라 금방이라도 총을 뽑을 것처럼 떠들어대던 악한 총잡이입니다.

승리는 침묵 속에서 준비한 자의 것입니다. 서두르는 사람이 먼저 쓰러지게 되어 있거든요.

무슨 일을 하든 조용히 준비하는 사람이 승리합니다.

• 도서출판 규장의 「지하철 사랑의 편지」 중에서 •

요점노트

제1편

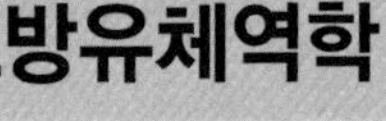

소방유체역학

제 1 장 유체의 일반적 성질

1. 정상류와 비정상류

정상류	비정상류
배관 내의 임의의 점에서 시간에 따라 압력, 속도, 밀도 등이 변하지 않는 것	배관 내의 임의의 점에서 시간에 따라 압력, 속도, 밀도 등이 변하는 것

2. 힘

$$F = \rho Q V$$

여기서, F : 힘〔N〕
ρ : 밀도(물의 밀도 1000N · s²/m⁴)
Q : 유량〔m³/s〕
V : 유속〔m/s〕

3. 압력

$$p = \gamma h, \ p = \frac{F}{A}$$

여기서, p : 압력〔Pa〕
γ : 비중량〔N/m³〕
h : 높이〔m〕
F : 힘〔N〕
A : 단면적〔m²〕

4. 물속의 압력

$$P = P_0 + \gamma h$$

여기서, P : 물속의 압력〔kPa〕
P_0 : 대기압(101.325kPa)
γ : 물의 비중량(9.8kN/m³)
h : 물의 깊이〔m〕

5. 표준대기압

$1atm = 760mmHg = 1.0332kg_f/cm^2$

$= 10.332mH_2O(mAq)$

$= 14.7PSI(lb_f/in^2)$

$= 101.325kPa(kN/m^2)$

$= 1013mbar$

6. 절대압

① 절대압 = 대기압 + 게이지압(계기압)

② 절대압 = 대기압 − 진공압

7. 물의 밀도

$p = 1g/cm^3$

$= 1000kg/m^3$

$= 1000N \cdot s^2/m^4$

8. 이상기체 상태방정식

$$PV = nRT = \frac{m}{M}RT, \ \rho = \frac{PM}{RT}$$

여기서, P : 압력〔atm〕

V : 부피〔m^3〕

n : 몰수$\left(\frac{m}{M}\right)$

R : $0.082atm \cdot m^3/kmol \cdot K$

T : 절대온도(273+℃)〔K〕

m : 질량〔kg〕

M : 분자량

ρ : 밀도〔kg/m^3〕

$$PV = mRT,\ \rho = \frac{P}{RT}$$

여기서, P : 압력〔Pa〕

V : 부피〔m^3〕

m : 질량〔kg〕

R : $\frac{8314}{M}$〔N · m/kg · K〕

T : 절대온도(273 + ℃)〔K〕

ρ : 밀도〔kg/m^3〕

또는

$$PV = WRT$$

여기서, P : 압력〔Pa〕

V : 부피〔m^3〕

W : 무게〔N〕

R : $\frac{848}{M}$〔N · m/N · K〕

T : 절대온도(273 + ℃)〔K〕

또는

$$PV = mRT$$

여기서, P : 압력〔Pa〕

V : 부피〔m^3〕

m : 질량〔kg〕

$R(N_2)$: 296J/kg · K

T : 절대온도(273 + ℃)〔K〕

$$PV = GRT$$

여기서, P : 압력〔Pa〕

V : 부피〔m^3〕

G : 무게〔N〕

$R(N_2)$: 296J/N · K

T : 절대온도(273 + ℃)〔K〕

제 2 장 유체의 운동과 법칙

1. 질량유량(mass flowrate)

$$\overline{m} = A V \rho$$

여기서, $\overline{m}$: 질량유량〔kg/s〕
A : 단면적〔m^2〕
V : 유속〔m/s〕
ρ : 밀도〔kg/m^3〕

2. 중량유량(weight flowrate)

$$G = A V \gamma$$

여기서, G : 중량유량〔N/s〕
A : 단면적〔m^2〕
V : 유속〔m/s〕
γ : 비중량〔N/m^3〕

3. 유량(flowrate) = 체적유량

$$Q = A V$$

여기서, Q : 유량〔m^3/s〕
A : 단면적〔m^2〕
V : 유속〔m/s〕

4. 베르누이 방정식

$$\underset{\text{(속도수두)}}{\frac{{V_1}^2}{2g}} + \underset{\text{(압력수두)}}{\frac{p_1}{\gamma}} + \underset{\text{(위치수두)}}{Z_1} = \frac{{V_2}^2}{2g} + \frac{p_2}{\gamma} + Z_2 + \Delta H$$

여기서, V_1, V_2 : 유속〔m/s〕
p_1, p_2 : 압력〔Pa〕
Z_1, Z_2 : 높이〔m〕
g : 중력가속도($9.8m/s^2$)
γ : 비중량〔N/m^3〕
ΔH : 손실수두〔m〕

5. 토리첼리의 식(Torricelli's theorem)

$$V=\sqrt{2gH}$$

여기서, V : 유속[m/s]

g : 중력가속도($9.8m/s^2$)

H : 높이[m]

6. 운동량의 원리

운동량의 시간변화율은 그 물체에 작용한 힘과 같다.

$$F=m\frac{du}{dt}$$

여기서, F : 힘($kg \cdot m/s^2 = N$)

m : 질량[kg]

du : 운동속도[m/s]

dt : 운동시간[s]

7. 보일-샤를의 법칙(Boyle-Charl's law)

$$\frac{P_1 V_1}{T_1}=\frac{P_2 V_2}{T_2}$$

여기서, P_1, P_2 : 기압[atm]

V_1, V_2 : 부피[m^3]

T_1, T_2 : 절대온도[K]

제 3 장 유체의 유동과 계측

1. 배관의 마찰손실

주손실	부차적 손실
관로에 따른 마찰손실	① 관의 급격한 확대손실 ② 관의 급격한 축소손실 ③ 관부속품에 따른 손실

2. 마찰손실

(1) 달시－웨버의 식(Darcy－Weisbach formula) : 층류

$$H = \frac{\Delta p}{\gamma} = \frac{flV^2}{2gD}$$

여기서, H : 마찰손실〔m〕
Δp : 압력차〔Pa〕
γ : 비중량(물의 비중량 9800N/m³)
f : 관마찰계수
l : 길이〔m〕
V : 유속〔m/s〕
g : 중력가속도(9.8 m/s²)
D : 내경〔m〕

(2) 하젠－윌리암의 식(Hargen－William's formula)

$$\Delta p_m = 6.053 \times 10^4 \times \frac{Q^{1.85}}{C^{1.85} \times D^{4.87}} \times L \fallingdotseq 6.174 \times 10^4 \times \frac{Q^{1.85}}{C^{1.85} \times D^{4.87}} \times L$$

여기서, Δp_m : 압력손실〔MPa〕
C : 조도
D : 관의 내경〔mm〕
Q : 관의 유량〔l/min〕
L : 배관의 길이〔m〕

3. 배관의 조도

조 도(C)	배 관
100	• 주철관 • 흑관(건식 스프링클러설비의 경우) • 흑관(준비작동식 스프링클러설비의 경우)
120	• 흑관(일제살수식 스프링클러설비의 경우) • 흑관(습식 스프링클러설비의 경우) • 백관(아연도금강관)
150	• 동관(구리관)

※ **관**의 Roughness **계수**(조도) : 배관의 재질이 매끄러우냐 또는 거치냐에 따라 작용하는 계수

4. 단위

(1) GPM＝Gallon Per Minute〔gallon/min〕

(2) PSI＝Pound per Square Inch〔lb/in²〕

(3) LPM＝Liter Per Minute〔l/min〕

(4) CMH＝Cubic Meter per Hour〔m³/h〕

5. 토출량(방수량)

(1)

$$Q = 10.99CD^2\sqrt{10P}$$

여기서, Q : 토출량[m^3/s]

C : 노즐의 흐름계수(유량계수)

D : 구경[m]

P : 방사압력[MPa]

(2)

$$Q = 0.653D^2\sqrt{10P} = 0.6597CD^2\sqrt{10P}$$

여기서, Q : 토출량[l/min]

C : 노즐의 흐름계수(유량계수)

D : 구경[mm]

P : 방사압력[MPa]

(3)

$$Q = K\sqrt{10P}$$

여기서, Q : 토출량[l/min]

K : 방출계수

P : 방사압력[MPa]

6. 돌연 축소·확대관에서의 손실

(1) 돌연축소관에서의 손실

$$H = K\frac{{V_2}^2}{2g}$$

여기서, H : 손실수두[m]

K : 손실계수

V_2 : 축소관유속[m/s]

g : 중력가속도($9.8m/s^2$)

(2) 돌연확대관에서의 손실

$$H = K\frac{(V_1 - V_2)^2}{2g}$$

여기서, H : 손실수두[m]

K : 손실계수

V_1 : 축소관유속[m/s]

V_2 : 확대관유속[m/s]

g : 중력가속도($9.8m/s^2$)

제 4 장 유체의 마찰 및 펌프의 현상

1. 배관(pipe)

(1) 스케줄 번호(Schedule No)

$$\text{Schedule No} = \frac{\text{내부 작업응력}}{\text{재료의 허용응력}} \times 1000$$

(2) 안전율

$$\text{안전율} = \frac{\text{인장강도}}{\text{재료의 허용응력}}$$

2. 배관용 강관의 종류

① SPP(배관용 탄소강관) : 1.2MPa 이하, 350℃ 이하
② SPPS(압력배관용 탄소강관) : 1.2~10MPa 이하, 350℃ 이하
③ SPPH(고압배관용 탄소강관) : 10MPa 이상, 350℃ 이하
④ SPPW(수도용 아연도금강관) : 정수두 100m 이내의 **급수용**, 관경 350A 이내에 적용
⑤ STPW(수도용 도장강관) : 정수두 100m 이내의 **수송용**, 관경 350A 이상에 적용
⑥ SPW(배관용 아크용접강관)
⑦ SPLT(저온배관용 탄소강관) : 0℃ 이하의 저온에 사용
⑧ SPHT(고온배관용 탄소강관) : 350℃ 이상의 고온에 사용
⑨ STHG(고압용기용 이음매 없는 강관)
⑩ STS(스테인리스강관)

3. 배관용 강관의 표시법

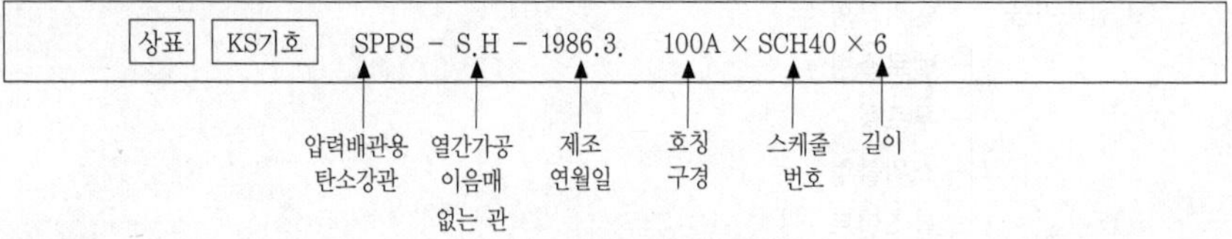

4. OS & Y 밸브

주관로상에 사용하며 밸브디스크가 밸브봉의 나사에 의하여 밸브시트에 직각 방향으로 개폐가 이루어지며 일명 **'게이트밸브'**라고도 부른다.

5. 체크밸브의 종류

리프트형	스윙형
수평설치용이며 주배관상에 많이 사용한다.	**수평 · 수직설치용**이며 작은 배관상에 많이 사용한다.

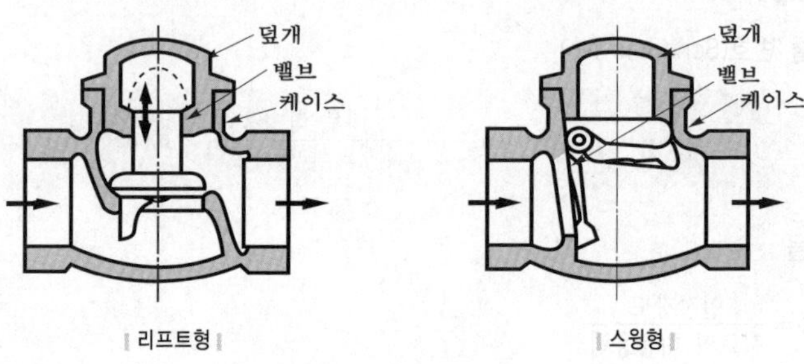

| 리프트형 | | 스윙형 |

※ **체크밸브**(check valve) : **호칭구경, 사용압력, 유수**의 **방향** 등 표시

6. 안전밸브의 종류

① 추식
② 지렛대식
③ 스프링식 : 가장 많이 사용
④ 파열판식

7. 관 이음의 종류

① 기계적 이음 : **물속**에서도 작업 가능
② 소켓이음
③ 플랜지이음
④ 신축이음 ─┬ 슬리브형
├ 벨로스형
├ 루프형
├ 스위블형
└ 볼조인트

8. 패킹의 종류

① **메커니컬실**(mechanical seal) : 패킹설치시 펌프케이싱과 샤프트 중앙 부분에 물이 한 방울도 새지 않도록 섬세한 다듬질이 필요하며 일반적으로 산업용, 공업용 펌프에 사용되는 실(seal)

② 오일실(oil seal)
③ 플랜지패킹(flange packing)
④ 글랜드패킹(gland packing)
⑤ 나사용 패킹(thread packing)
⑥ 오링(O-ring)

9. 등가길이

관 이음쇠의 동일구경, 동일유량에 대하여 동일한 마찰손실을 갖는 배관의 길이

10. 관 이음쇠(pipe fitting)

구 분	관이음쇠
2개의 관 연결	플랜지(flange), 유니언(union), 커플링(coupling), 니플(nipple), 소켓(socket)
관의 방향 변경	Y형 관이음쇠(Y-piece), 엘보(elbow), 티(Tee), 십자(cross)
관의 직경 변경	리듀서(reducer), 부싱(bushing)
유로 차단	플러그(plug), 밸브(valve), 캡(cap)
지선 연결	Y형 관이음쇠(Y-piece), 티(Tee), 십자(cross)

※ **유니언** : 두 개의 직관을 이을 때, 또는 배관을 증설하거나 분기 또는 수리할 경우 파이프 전체를 회전시키지 않고 너트를 회전하는 것으로 주로 구경 50mm 이하의 배관에 사용하며 너트의 회전으로 분리 · 접속이 가능한 관 부속품

11. 보온재의 구비조건

① 보온능력이 우수할 것
② 단열효과가 뛰어날 것
③ 시공이 용이할 것
④ 가벼울 것
⑤ 가격이 저렴할 것

※ **암면** : 배관의 보온단열재료

12. 배관의 동파방지법

① 보온재를 이용한 배관보온법
② 히팅코일을 이용한 가열법
③ 순환펌프를 이용한 물의 유동법
④ 부동액 주입법

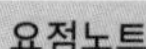

13. NPSH

흡입 $NPSH_{av}$(수조가 펌프보다 낮을 때)	압입 $NPSH_{av}$(수조가 펌프보다 높을 때)
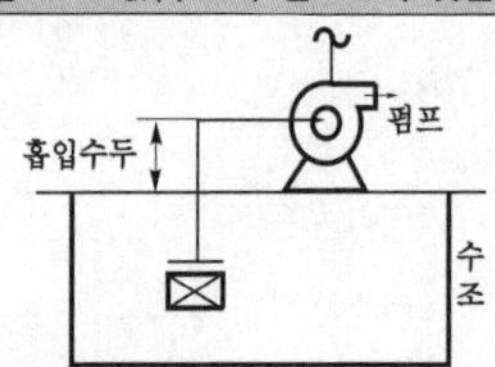	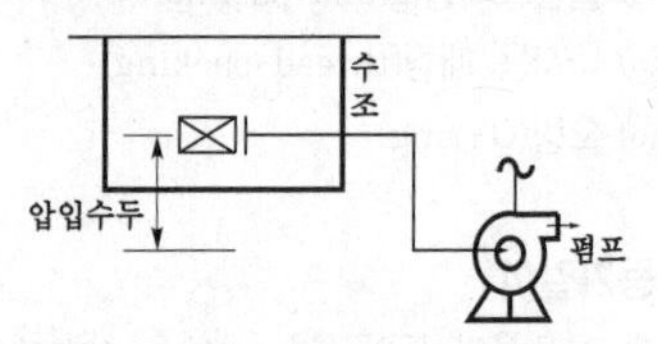
$NPSH_{av} = H_a - H_v - H_s - H_L$	$NPSH_{av} = H_a - H_v + H_s - H_L$
여기서, $NPSH_{av}$: 유효흡입양정〔m〕 H_a : 대기압수두〔m〕 H_v : 수증기압수두〔m〕 H_s : 흡입수두〔m〕 H_L : 마찰손실수두〔m〕	여기서, $NPSH_{av}$: 유효흡입양정〔m〕 H_a : 대기압수두〔m〕 H_v : 수증기압수두〔m〕 H_s : 압입수두〔m〕 H_L : 마찰손실수두〔m〕

14. 펌프의 동력

(1) 일반적인 설비

$$P = \frac{0.163\,QH}{\eta}K$$

여기서, P : 전동력〔kW〕
Q : 유량〔m^3/min〕
H : 전양정〔m〕
K : 전달계수
η : 효율

• 1HP=0.746kW, 1PS=0.735kW

(2) 제연설비(배연설비)

$$P = \frac{P_T\,Q}{102 \times 60\eta}K$$

여기서, P : 배연기 동력〔kW〕
P_T : 전압(풍압)〔mmAq, mmH_2O〕
Q : 풍량〔m^3/min〕
K : 여유율
η : 효율

15. 유량, 양정, 축동력(관경 D_1, D_2는 생략 가능)

(1) **유량**: 유량은 회전수에 비례하고 관경의 세제곱에 비례한다.

$$Q_2 = Q_1 \left(\frac{N_2}{N_1}\right)\left(\frac{D_2}{D_1}\right)^3 \text{ 또는 } Q_2 = Q_1 \left(\frac{N_2}{N_1}\right)$$

여기서, Q_2: 변경 후 유량[m³/min]
Q_1 : 변경 전 유량[m³/min]
N_2: 변경 후 회전수[rpm]
N_1 : 변경 전 회전수[rpm]
D_2: 변경 후 관경[mm]
D_1 : 변경 전 관경[mm]

(2) **양정**: 양정은 회전수의 제곱 및 관경의 제곱에 비례한다.

$$H_2 = H_1 \left(\frac{N_2}{N_1}\right)^2\left(\frac{D_2}{D_1}\right)^2 \text{ 또는 } H_2 = H_1 \left(\frac{N_2}{N_1}\right)^2$$

여기서, H_2: 변경 후 양정[m]
H_1 : 변경 전 양정[m]
N_2: 변경 후 회전수[rpm]
N_1 : 변경 전 회전수[rpm]
D_2: 변경 후 관경[mm]
D_1 : 변경 전 관경[mm]

(3) **축동력**: 축동력은 회전수의 세제곱 및 관경의 오제곱에 비례한다.

$$P_2 = P_1 \left(\frac{N_2}{N_1}\right)^3\left(\frac{D_2}{D_1}\right)^5 \text{ 또는 } P_2 = P_1 \left(\frac{N_2}{N_1}\right)^3$$

여기서, P_2: 변경 후 축동력[kW]
P_1 : 변경 전 축동력[kW]
N_2: 변경 후 회전수[rpm]
N_1 : 변경 전 회전수[rpm]
D_2:변경 후 관경[mm]
D_1 : 변경 전 관경[mm]

16. 압축비

$$K = \varepsilon \sqrt{\frac{p_2}{p_1}}$$

여기서, K : 압축비
ε : 단수

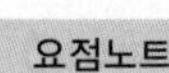

p_1 : 흡입측 압력〔MPa〕

p_2 : 토출측 압력〔MPa〕

※ **압축열** : 기체를 급히 압축할 때 발생하는 열

17. 가압송수능력

$$\text{가압송수능력} = \frac{p_2 - p_1}{\varepsilon}$$

여기서, p_1 : 흡입측 압력〔MPa〕

p_2 : 토출측 압력〔MPa〕

ε : 단수

18. 펌프의 운전

직렬운전	병렬운전
① 토출량 : Q ② 양정 : $2H$ (토출압 $2P$) 양정 H, 2대운전, 1대운전, 토출량 Q ▮직렬운전▮	① 토출량 : $2Q$ ② 양정 : H (토출압 P) 양정 H, 2대운전, 1대운전, 토출량 Q ▮병렬운전▮

19. 펌프의 성능특성곡선

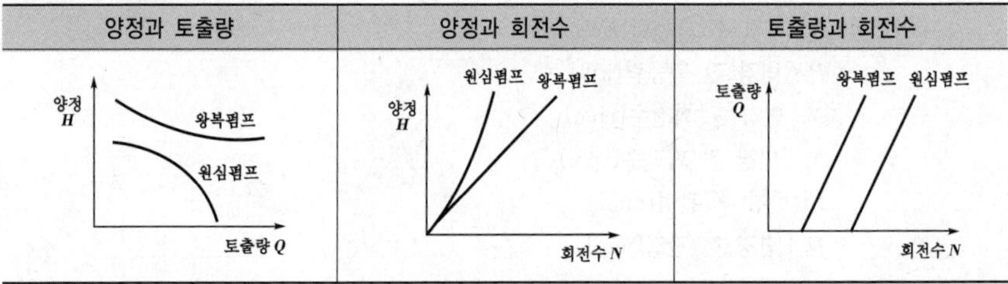

20. 공동현상(cavitation)

펌프의 흡입측 배관 내의 물의 정압이 기존의 증기압보다 낮아져서 기포가 발생되어 물이 흡입되지 않는 현상

공동현상의 발생원인	공동현상의 방지대책
① 펌프의 흡입수두가 클 때 ② 펌프의 마찰손실이 클 때 ③ 펌프의 임펠러속도가 클 때 ④ 펌프의 설치위치가 수원보다 높을 때 ⑤ 관내의 수온이 높을 때 ⑥ 관내의 물의 정압이 그때의 증기압보다 낮을 때 ⑦ 흡입관의 구경이 작을 때 ⑧ 흡입거리가 길 때 ⑨ 유량이 증가하여 펌프물이 과속으로 흐를 때	① 펌프의 흡입수두를 작게 한다. ② 펌프의 마찰손실을 작게 한다. ③ 펌프의 임펠러속도를 작게 한다. ④ 펌프의 설치위치를 수원보다 낮게 한다. ⑤ 양흡입펌프를 사용한다. ⑥ 관내의 물의 정압을 그때의 증기압보다 높게 한다. ⑦ 흡입관의 구경을 크게 한다. ⑧ 펌프를 2개 이상 설치한다.

21. 수격작용(water hammering)

배관 내를 흐르는 유체의 유속을 급격하게 변화시킴으로써 압력이 상승 또는 하강하여 관로의 벽면을 치는 현상

수격작용의 발생원인	수격작용의 방지대책
① 펌프가 갑자기 정지할 때 ② 급히 밸브를 개폐할 때 ③ 정상운전시 유체의 압력변동이 생길 때	① 관의 관경을 크게 한다. ② 관내의 유속을 낮게 한다. ③ 조압수조(surge tank)를 관선에 설치한다. ④ 플라이휠(fly wheel)을 설치한다. ⑤ 펌프 토출측 가까이에 밸브를 설치한다. ⑥ 에어챔버(air chamber)를 설치한다.

22. 맥동현상(surging)

유량이 단속적으로 변하여 펌프 입출구에 설치된 진공계·압력계가 흔들리고 진동과 소음이 일어나며 펌프의 토출유량이 변하는 현상

맥동현상의 발생원인	맥동현상의 방지대책
① 배관 중에 **수조**가 있을 때 ② 배관 중에 **기체상태**의 부분이 있을 때 ③ **유량조절밸브**가 배관 중 수조의 위치 **후방**에 있을 때 ④ 펌프의 특성곡선이 **산모양**이고 운전점이 그 **정상부**일 때	① 배관 중에 불필요한 수조를 없앤다. ② 배관 내의 기체를 제거한다. ③ 유량조절밸브를 배관 중 수조의 전방에 설치한다. ④ 운전점을 고려하여 적합한 펌프를 선정한다. ⑤ 풍량 또는 토출량을 줄인다.

23. 소방시설 도시기호

명 칭	도시기호	비 고
일반배관	————	
옥·내외 소화전배관	—— H ——	'Hydrant(**소화전**)'의 약자
스프링클러배관	—— SP ——	'Sprinkler(**스프링클러**)'의 약자

명 칭		도시기호	비 고
물분무배관		—— WS ——	'Water Spray(물분무)'의 약자
포소화배관		—— F ——	'Foam(포)'의 약자
배수관		—— D ——	'Drain(배수)'의 약자
전선관	입상		
	입하		
	통과		
플랜지			
유니언			
오리피스			
곡관			
90°엘보			
45°엘보			
티			
크로스			
맹플랜지			
캡			
플러그			
나사이음			
루프이음			
슬리브이음			
플렉시블 튜브			구부러짐이 많은 배관에 사용
플렉시블 조인트			경년변화에 따른 펌프 또는 배관의 충격흡수
체크밸브			

명 칭	도시기호	비 고
가스체크밸브		
동체크밸브		
게이트밸브 (상시 개방)		
게이트밸브 (상시 폐쇄)		
선택밸브		
조작밸브(일반)		
조작밸브(전자석)		
조작밸브(가스식)		
추식 안전밸브		
스프링식 안전밸브		
솔레노이드밸브	S	
모터밸브(전동밸브)	M	
볼밸브		
릴리프밸브(일반)		
릴리프밸브 (이산화탄소용)		
배수밸브		
자동배수밸브		
여과망		

명 칭	도시기호	비 고
자동밸브		
감압밸브		
공기조절밸브		
FOOT밸브		
앵글밸브		
경보밸브(습식)		
경보밸브(건식)		
경보델류지밸브	D	
프리액션밸브	P	
압력계		
연성계(진공계)		
유량계	M	
Y형 스트레이너		
U형 스트레이너		
옥내소화전함		
옥내소화전 방수용 기구병설		
중계기		
옥외소화전	H	
포말소화전	F	

명 칭	도시기호	비 고
프레져프로포셔너		
라인프로포셔너		
프레져사이드프로포셔너		
기타	Ⓟ	펌프프로포셔너 방식
원심리듀서		
편심리듀서		
수신기		
제어반		
풍량조절댐퍼	VD	
방화댐퍼	FD	
방연댐퍼	SD	
배연구		
배연덕트	SE	
피난교		

제2편 소화설비

제 1 장 소화기구

1. 물의 소화효과

(1) 봉상주수시 기대되는 소화효과

소화효과	설 명
냉각소화	**점화원**을 **냉각**시켜 소화하는 방법
희석소화	다량의 물을 방사하여 가연물의 농도를 연소농도 이하로 낮추어 소화하는 방법

(2) 분무주수시 기대되는 소화효과

소화효과	설 명
냉각소화	**점화원**을 **냉각**시켜 소화하는 방법
희석소화	고체 · 기체 · 액체에서 나오는 **분해가스**나 **증기**의 **농도**를 낮추어 연소를 중지시키는 방법
질식소화	공기 중의 **산소농도**를 **16%**(10~15%) 이하로 희박하게 하여 소화하는 방법
유화소화	물을 무상으로 방사하여 유류표면에 유화층의 막을 형성시켜 공기의 접촉을 막아 소화하는 방법

2. 주된 소화효과

소화약제	소화효과
• 포 • 분말 • 이산화탄소	질식소화
• 물	냉각소화
• 할론	화학소화(부촉매효과)

3. 대형소화기의 소화약제 충전량

종 별	충전량
포	20*l* 이상
분말	20kg 이상
할로겐화합물	30kg 이상
이산화탄소	50kg 이상
강화액	60*l* 이상
물	80*l* 이상

기억법 포 분 할 이 강 물
2 2 3 5 6 8

4. 소화능력단위

(1) 간이소화용구

간이소화용구		능력단위
마른 모래	삽을 상비한 **50l** 이상의 것 **1포**	0.5단위
팽창질석 또는 팽창진주암	삽을 상비한 **80l** 이상의 것 **1포**	

(2) 소화기

① 소형소화기 : **1단위** 이상

② 대형소화기 ─ A급 : **10단위** 이상 / B급 : **20단위** 이상

5. 축압식 소화기와 가압식 소화기

축압식 소화기	가압식 소화기
소화기의 용기내부에 소화약제와 함께 압축공기 또는 불연성가스를 축압시켜 그 압력에 의해 방출되는 방식	소화약제의 방출원이 되는 압축가스를 압력용기 등의 별도의 용기에 저장했다가 가스의 압력에 의해 방출되는 방식

6. 압력원

소화기		압력원(충전가스)
• 강화액 • 화학포	• 산 · 알칼리 • 분말(가스가압식)	이산화탄소
• 할론	• 분말(축압식)	질소

7. 소화기의 외관점검내용(소방시설 자체점검사항 등에 관한 고시 〔별지 6호〕)

① 거주자 등이 손쉽게 **사용**할 수 있는 **장소**에 설치되어 있는지 여부

② 구획된 거실(바닥면적 33m^2 이상)마다 소화기 설치 여부

③ 소화기 **표지** 설치 여부

④ 소화기의 **변형 · 손상** 또는 **부식**이 있는지 여부

⑤ **지시압력계**(녹색범위)의 적정 여부

⑥ 수동식 분말소화기 **내용연수**(10년) 적정 여부

8. 자동차용 소화기

① 강화액소화기(안개모양으로 방사되는 것)

② 할로겐화합물소화기

③ 이산화탄소소화기

④ 포소화기

⑤ 분말소화기

9. 여과망을 설치하여야 하는 소화기

① 물소화기
② 산알칼리소화기
③ 강화액소화기
④ 포소화기

10. 분말소화기 : 질식효과

종 별	소화약제	약제의 착색	화학반응식	적응화재
제1종	중탄산나트륨($NaHCO_3$)	백색	$2NaHCO_3 \rightarrow Na_2CO_3+CO_2+H_2O$	BC급
제2종	중탄산칼륨($KHCO_3$)	담자색(담회색)	$2KHCO_3 \rightarrow K_2CO_3+CO_2+H_2O$	
제3종	인산암모늄($NH_4H_2PO_4$)	담홍색	$NH_4H_2PO_4 \rightarrow HPO_3+NH_3+H_2O$	ABC급
제4종	중탄산칼륨+요소 ($KHCO_3+(NH_2)_2CO$)	회(백색)	$2KHCO_3+(NH_2)_2CO \rightarrow K_2CO_3+2NH_3+2CO_2$	BC급

11. 합성수지의 노화시험

① 공기가열노화시험
② 소화약제노출시험
③ 내후성 시험

제 2 장 옥내소화전설비

1. 옥내소화전설비의 계통도

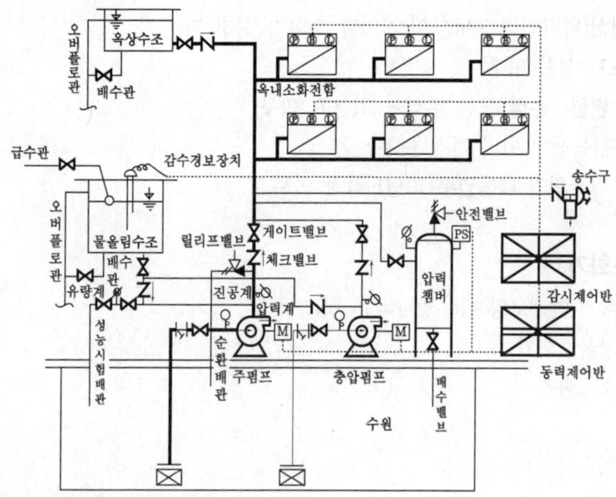

2. 사용자

옥내소화전	연결송수관
특정소방대상물의 **관계인**	**소방대원**

3. 자동배수밸브

배관 내에 고인 물을 자동으로 배수시켜 **배관**의 **동파** 및 **부식방지**

4. 각 설비의 주요 사항

구 분	드렌처 설비	스프링클러 설비	소화용수 설비	옥내소화전 설비	옥외소화전 설비	포소화설비, 물분무소화설비, 연결송수관설비
방수압	0.1MPa 이상	0.1~1.2MPa 이하	0.15MPa 이상	0.17~0.7MPa 이하	0.25~0.7MPa 이하	0.35MPa 이상
방수량	$80l$/min 이상	$80l$/min 이상	$800l$/min 이상 (가압송수장치 설치)	$130l$/min 이상 (30층 미만 : 최대 **2개**, 30층 이상 : 최대 **5개**)	$350l$/min 이상 (최대 **2개**)	$75l$/min 이상 (포워터 스프링클러헤드)
방수구경	–	–	–	40mm	65mm	–
노즐구경	–	–	–	13mm	19mm	–

5. 저수량 및 토출량

옥내소화전설비	옥외소화전설비
① 수원의 저수량 $Q \geq 2.6N$(30층 미만, N : 최대 **2개**) $Q \geq 5.2N$(30~49층 이하, N : 최대 **5개**) $Q \geq 7.8N$(50층 이상, N : 최대 **5개**) 여기서, Q : 수원의 저수량[m^3] N : 가장 많은 층의 소화전개수 ② 가압송수장치의 토출량 $Q \geq N \times 130$ 여기서, Q : 가압송수장치의 토출량[l/min] N : 가장 많은 층의 소화전개수(30층 미만 : 최대 **2개**, 30층 이상 : 최대 **5개**)	① 수원의 저수량 $Q \geq 7N$ 여기서, Q : 수원의 저수량[m^3] N : 옥외소화전 설치개수(최대 **2개**) ② 가압송수장치의 토출량 $Q \geq N \times 350$ 여기서, Q : 가압송수장치의 토출량[l/min] N : 옥외소화전 설치개수(최대 **2개**)

6. 가압송수장치(펌프방식)

① 스프링클러설비

$$H \geqq h_1 + h_2 + 10$$

여기서, H : 전양정〔m〕

h_1 : 배관 및 관부속품의 마찰손실수두〔m〕

h_2 : 실양정(흡입양정+토출양정)〔m〕

② 물분무소화설비

$$H \geqq h_1 + h_2 + h_3$$

여기서, H : 필요한 낙차〔m〕

h_1 : 물분무헤드의 설계압력 환산수두〔m〕

h_2 : 배관 및 관부속품의 마찰손실수두〔m〕

h_3 : 실양정(흡입양정+토출양정)〔m〕

③ 옥내소화전설비

$$H \geqq h_1 + h_2 + h_3 + 17$$

여기서, H : 전양정〔m〕

h_1 : 소방호스의 마찰손실수두〔m〕

h_2 : 배관 및 관부속품의 마찰손실수두〔m〕

h_3 : 실양정(흡입양정+토출양정)〔m〕

④ 옥외소화전설비

$$H \geqq h_1 + h_2 + h_3 + 25$$

여기서, H : 전양정〔m〕

h_1 : 소방호스의 마찰손실수두〔m〕

h_2 : 배관 및 관부속품의 마찰손실수두〔m〕

h_3 : 실양정(흡입양정+토출양정)〔m〕

⑤ 포소화설비

$$H \geqq h_1 + h_2 + h_3 + h_4$$

여기서, H : 펌프의 양정〔m〕

h_1 : 방출구의 설계압력 환산수두 또는 노즐선단의 방사압력 환산수두〔m〕

h_2 : 배관의 마찰손실수두〔m〕

h_3 : 소방호스의 마찰손실수두〔m〕

h_4 : 낙차〔m〕

7. 압력수조와 고가수조

압력수조에 설치하여야 하는 것	고가수조에 설치하여야 하는 것
① 수위계 ② 급수관 ③ 급기관 ④ 압력계 ⑤ 안전장치 ⑥ 자동식 공기압축기 ⑦ 맨홀	① 수위계 ② 배수관 ③ 급수관 ④ 오버플로관 ⑤ 맨홀

8. 전용수조가 있는 경우의 유효수량 산정방법

(1) 석션피트(suction pit)가 있는 경우

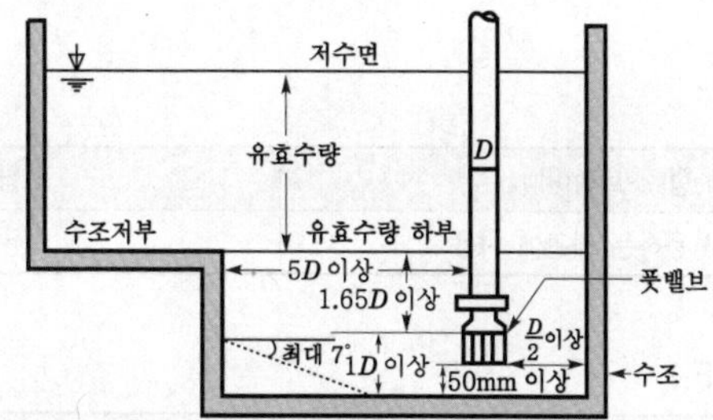

(2) 석션피트(suction pit)가 없는 경우

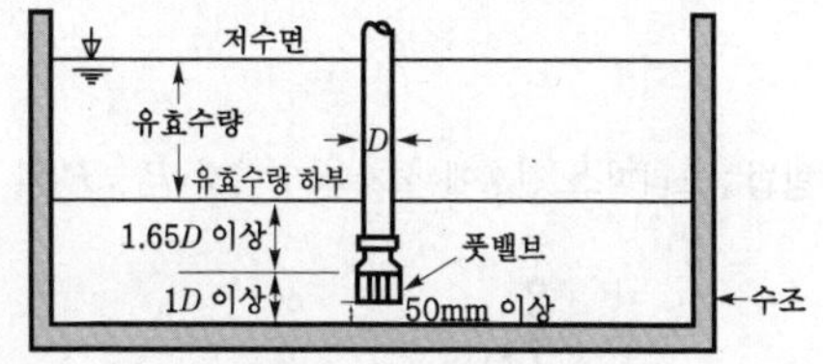

9. 풋밸브의 점검요령

① 흡수관을 끌어올리거나 와이어, 로프 등으로 풋밸브를 작동시켜 이물질의 부착, 막힘 등을 확인한다.

② 물올림장치의 밸브를 닫아 풋밸브를 통해 흡입측 배관의 누수 여부를 확인한다.

10. 충압펌프의 설치목적

배관 내의 물의 누설량을 보충하기 위하여

11. 압력계 · 진공계 · 연성계

압력계	진공계	연성계
• 펌프의 **토출측**에 설치하여 토출압력 측정 • 정의 게이지압력 측정 • 0.05~200MPa의 계기눈금	• 펌프의 **흡입측**에 설치하여 흡입압력 측정 • 부의 게이지압력 측정 • 0~76cmHg의 계기눈금	• 펌프의 **흡입측**에 설치하여 흡입압력 측정 • 정 및 부의 게이지압력 측정 • 0.1~2MPa, 0~76cmHg의 계기눈금

12. 수조가 펌프보다 높을 때 제외시킬 수 있는 것

① 풋밸브
② 진공계(연성계)
③ 물올림수조

13. 스트레이너

Y형 스트레이너	U형 스트레이너
물을 사용하는 배관에 사용	기름 배관에 사용

14. RANGE와 DIFF

RANGE	DIFF
펌프의 작동정지점	펌프의 작동정지점에서 기동점과의 압력 차이

15. 유량측정방법

① **압력계에 따른 방법** : 오리피스 전후에 설치한 압력계 P_1, P_2와 압력차를 이용한 유량측정법

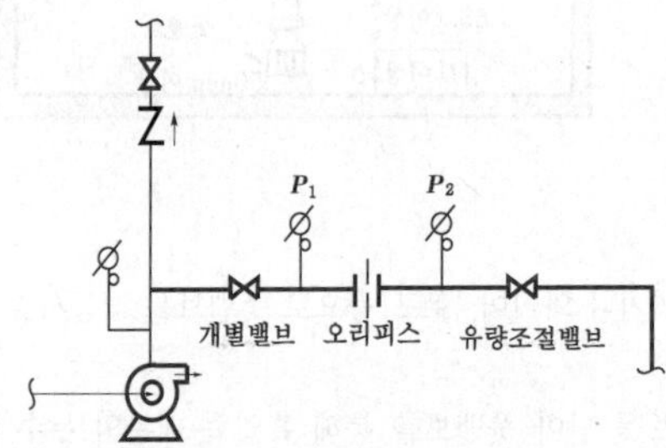

‖ 압력계에 따른 방법 ‖

② **유량계에 따른 방법** : 유량계의 **상류측**은 유량계 호칭구경의 **8배** 이상, **하류측**은 유량계 호칭구경의 **5배** 이상되는 직관부를 설치하여야 하며 배관은 유량계의 호칭구경과 동일한 구경의 배관을 사용한다.

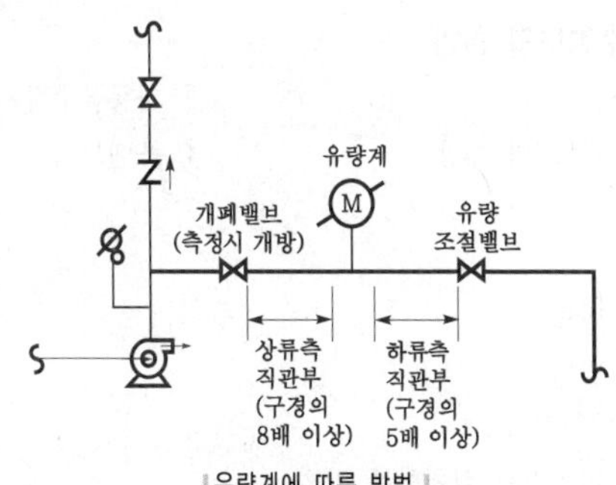

‖유량계에 따른 방법‖

16. 방수압 측정방법

노즐선단에서 노즐구경(D)의 $\frac{1}{2}$ 떨어진 지점에서 노즐선단과 수평되게 피토게이지(pitot gauge)를 설치하여 눈금을 읽는다.

17. 압력챔버의 역할

① 배관 내의 압력저하시 충압펌프 또는 주펌프의 자동기동
② 수격작용 방지

18. 압력챔버의 공기교체 조작순서

① 제어반에서 수동으로 펌프 정지
② V_1 밸브 폐쇄
③ V_2, V_3 밸브를 개방하여 압력챔버 내의 물을 배수시킨다.
④ V_3 밸브를 통해 신선한 공기가 유입되면 V_2, V_3 밸브를 폐쇄시킨다.
⑤ 제어반에서 수동으로 펌프를 기동시킨다.
⑥ V_1 밸브를 개방하면 압력챔버가 가압된다.
⑦ 압력챔버의 압력스위치에 의해 펌프가 정지되도록 한다.

19. 체절운전, 체절압력, 체절양정

체절운전	체절압력	체절양정
펌프의 **성능시험**을 목적으로 펌프토출측의 개폐밸브를 닫은 상태에서 펌프를 운전하는 것	체절운전시 릴리프밸브가 압력수를 방출할 때의 압력계상 압력으로 정격토출압력의 140% 이하	펌프의 토출측 밸브가 모두 막힌 상태, 즉 유량이 0인 상태에서의 양정

※ **릴리프밸브**의 **작동점** : 체절압력 미만

20. 물올림장치의 감수경보의 원인

① 급수밸브의 차단
② 자동급수장치의 고장
③ 물올림장치의 배수밸브의 개방
④ 풋밸브의 고장

21. 감압장치의 종류

① 고가수조에 따른 방법
② 배관계통에 따른 방법
③ 중계펌프를 설치하는 방법
④ 감압밸브 또는 오리피스를 설치하는 방법
⑤ 감압기능이 있는 소화전 개폐밸브를 설치하는 방법

22. 용량 및 구경

용량 및 구경	설 명
급수배관 구경	15mm 이상
순환배관 구경	20mm 이상(정격토출량의 2~3% 용량)
물올림관 구경	25mm 이상(높이 1m 이상)
오버플로관 구경	50mm 이상
물올림수조 용량	100l 이상

23. 방수압력 0.7MPa 이하로 제한하는 이유

노즐조작자의 용이한 소화활동 및 호스의 파손 방지

24. 펌프흡입 측에 버터플라이밸브를 제한하는 이유

① 물의 **유체저항**이 매우 커서 원활한 흡입이 되지 않는다.
② 유효흡입양정(NPSH)이 감소되어 **공동현상**(cavitation)이 발생할 우려가 있다.
③ 개폐가 순간적으로 이루어지므로 **수격작용**(water hammering)이 발생할 우려가 있다.

25. 성능시험배관

(1) 유량계의 설치목적

주펌프의 분당 토출량을 측정하여 펌프의 성능이 정격토출량의 150%로 운전시 정격토출압력의 65% 이상이 되는지를 확인하기 위하여

(2) 유량계에 따른 펌프의 성능시험방법

① **주배관**의 **개폐밸브**를 **잠근다.**
② 제어반에서 **충압펌프**의 **기동 중지**
③ 압력챔버의 **배수밸브**를 열어 **주펌프**가 **기동**되면 잠근다.(제어반에서 수동으로 주펌프 기동)
④ **성능시험배관상**에 있는 **개폐밸브 개방**

⑤ 성능시험배관의 **유량조절밸브**를 **서서히 개방**하여 유량계를 통과하는 유량이 정격토출유량이 되도록 **조정**
⑥ 성능시험배관의 **유량조절밸브**를 **조금 더 개방**하여 유량계를 통과하는 유량이 **정격토출유량**의 **150%**가 되도록 조정
⑦ 압력계를 확인하여 정격토출압력의 65% 이상이 되는지 확인
⑧ 성능시험배관상에 있는 **유량계**를 확인하여 **펌프 성능 측정**
⑨ **성능시험** 측정 후 배관상 **개폐밸브**를 잠근 후 **주밸브** 개방
⑩ 제어반에서 **충압펌프 기동중지 해제**

26. 설치목적

순환배관의 설치목적	성능시험배관의 설치목적
체절운전시 수온의 상승방지	체절운전시 **정격토출압력**의 140%를 **초과**하지 아니하고, **정격토출량**의 150%로 운전시 **정격토출압력**의 **65% 이상**이 되는지를 확인하기 위하여

27. 펌프의 성능

펌프의 성능은 체절운전시 정격토출압력의 140%를 초과하지 아니하고, 정격토출량의 150%로 운전시 정격토출압력의 65% 이상이 되어야 한다.

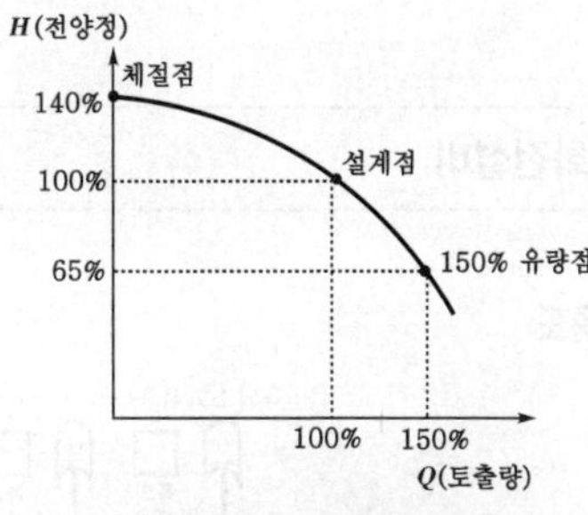

펌프의 양정-토출량 곡선

28. 옥내소화전설비의 방수구의 설치기준

① 특정소방대상물의 **층**마다 설치하되, 해당 특정소방대상물의 각 부분으로부터 하나의 옥내소화전 방수구까지의 **수평거리**가 25m 이하가 되도록 한다.
② 바닥으로부터 높이가 1.5m 이하가 되도록 한다.
③ 호스는 구경 40mm(호스릴은 25mm) 이상의 것으로서 특정소방대상물의 각 부분에 물이 유효하게 뿌려질 수 있는 길이로 설치한다.

29. 옥내소화전 방수구의 설치제외 장소

① 냉장창고 중 온도가 영하인 **냉장실** 또는 냉동창고의 **냉동실**
② 고온의 노가 설치된 장소 또는 **물**과 격렬하게 반응하는 물품의 저장 또는 취급장소
③ **발전소 · 변전소** 등으로서 전기시설이 설치된 장소

④ **식물원 · 수족관 · 목욕실 · 수영장**(관람석 제외) 또는 그 밖의 이와 비슷한 장소
⑤ **야외음악당 · 야외극장** 또는 그 밖의 이와 비슷한 장소

30. 옥내소화전설비의 감시제어반의 기능

① 각 펌프의 작동 여부를 확인할 수 있는 **표시등** 및 **음향경보기능**이 있을 것
② 각 펌프를 자동 및 수동으로 작동시키거나 작동을 중단시킬 수 있을 것
③ 수조 또는 물올림수조가 저수위로 될 때 **표시등** 및 **음향**으로 경보될 것
④ 각 확인회로마다 **도통시험** 및 **작동시험**을 할 수 있을 것
⑤ 예비전원이 확보되고 **예비전원**의 적합 여부를 시험할 수 있을 것

31. 옥내소화전함과 옥외소화전함의 비교

옥내소화전함	옥외소화전함
수평거리 25m 이하	수평거리 40m 이하
호스(40mm×15m×2개)	호스(65mm×20m×2개)
앵글밸브(40mm×1개)	-
노즐(13mm×1개)	노즐(19mm×1개)

제 3 장 옥외소화전설비

1. 옥외소화전설비의 계통도

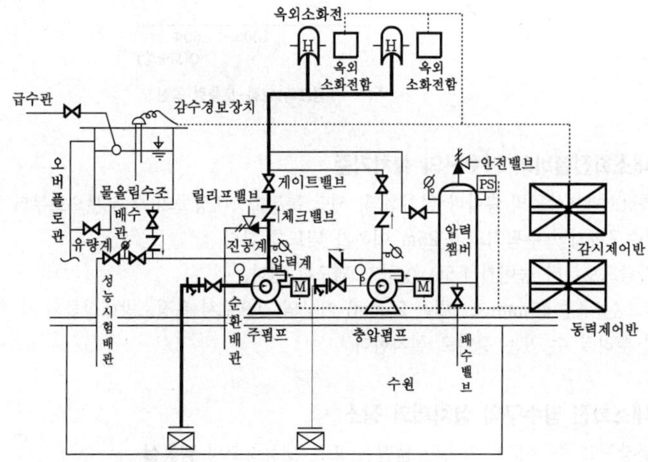

2. 옥외소화전함 설치

옥외소화전 개수	옥외소화전함 개수
10개 이하	**5m** 이내의 장소에 1개 이상
11~30개 이하	**11개** 이상 소화전함 분산 설치
31개 이상	소화전 **3개**마다 1개 이상

제 4 장 스프링클러설비

1. 습식 스프링클러설비

습식 밸브의 **1차측** 및 **2차측** 배관 내에 항상 **가압수**가 충수되어 있다가 화재발생시 열에 의해 헤드가 개방되어 소화한다.

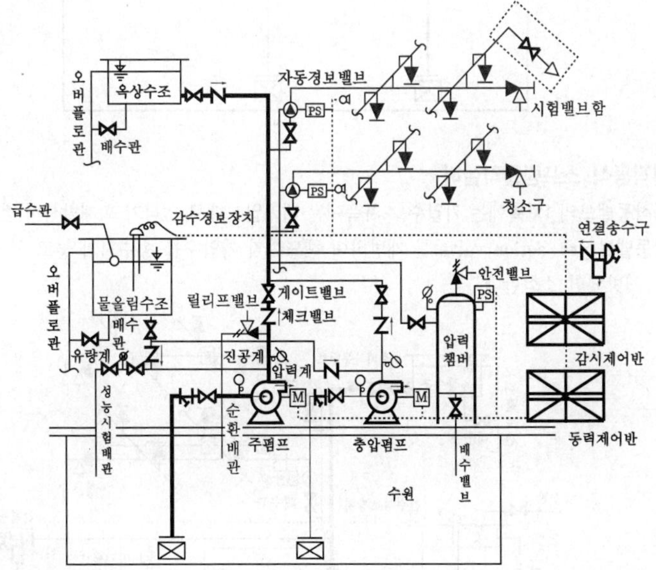

2. 건식 스프링클러설비

건식 밸브의 **1차측**에는 **가압수**, **2차측**에는 **공기**가 압축되어 있다가 화재발생시 열에 의해 헤드가 개방되어 소화한다.

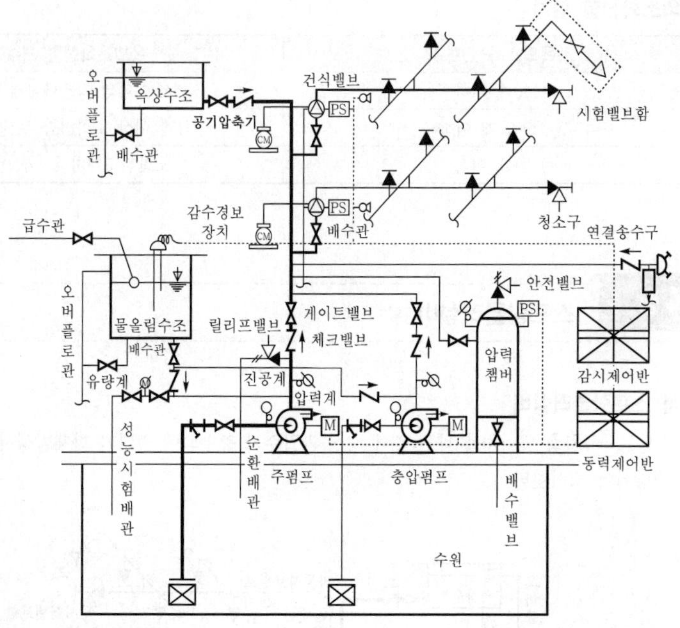

3. 준비작동식 스프링클러설비

준비작동밸브의 **1차측**에는 **가압수**, 2차측에는 **대기압**상태로 있다가 화재발생시 감지기에 의하여 **준비작동밸브**(pre-action valve)를 개방하여 헤드까지 가압수를 송수시켜 놓고 있다가 열에 의해 헤드가 개방되면 소화한다.

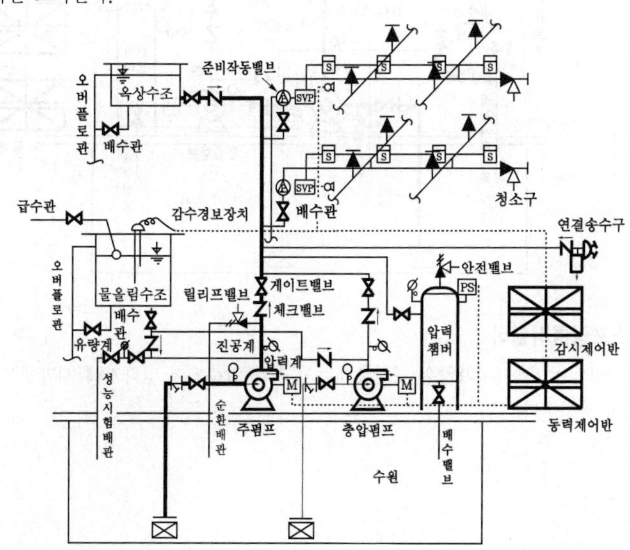

4. 부압식 스프링클러설비

준비작동밸브의 **1차측**에는 **가압수**, 2차측에는 **부압**(진공)상태로 있다가 화재발생시 감지기에 의하여 **준비작동밸브**(pre-action valve)를 개방하여 헤드까지 가압수를 송수시켜 놓고 있다가 열에 의해 헤드가 개방되면 소화한다.

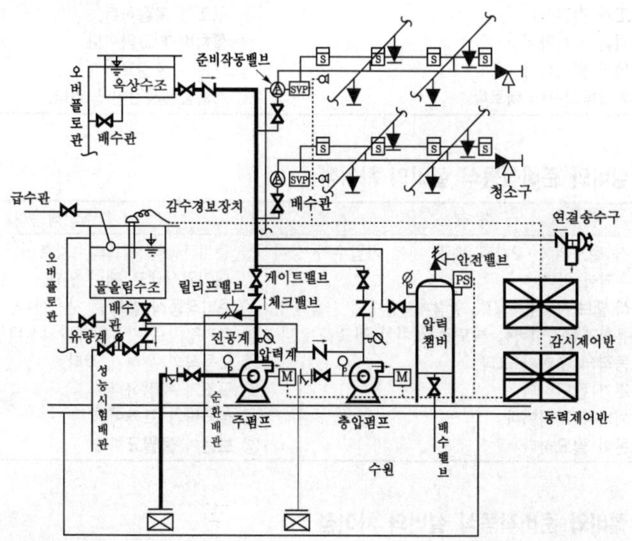

5. 일제살수식 스프링클러설비

일제개방밸브의 **1차측**에는 **가압수**, **2차측**에는 **대기압**상태로 있다가 화재발생시 감지기에 의하여 **일제개방밸브**(deluge valve)가 개방되어 소화한다.

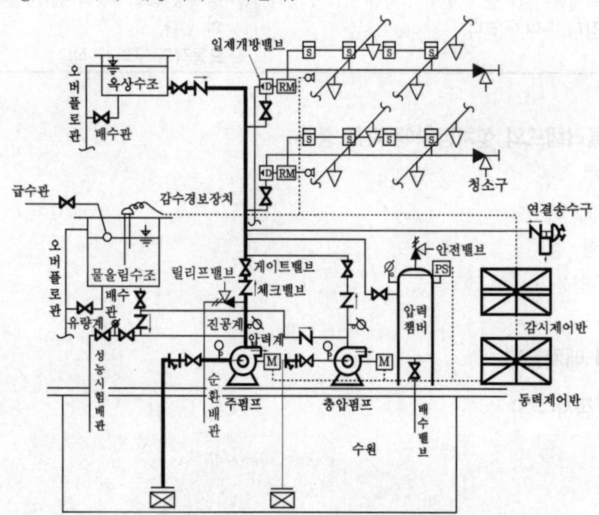

6. 습식 설비와 건식 설비의 차이점

습 식	건 식
① 습식 밸브의 **1·2차측** 배관 내에 **가압수**가 상시 충수되어 있다. ② **구조**가 **간단**하다. ③ **설치비**가 **저가**이다. ④ **보온**이 **필요**하다. ⑤ **소화활동시간**이 **빠르다.**	① 건식 밸브의 **1차측**에는 **가압수, 2차측**에는 **압축공기** 또는 **질소**로 충전되어 있다. ② **구조**가 **복잡**하다. ③ **설치비**가 **고가**이다. ④ **보온**이 **불필요**하다. ⑤ **소화활동시간**이 **느리다.**

7. 습식 설비와 준비작동식 설비의 차이점

습 식	준비작동식
① 습식 밸브의 **1·2차측** 배관 내에 **가압수**가 상시 충수되어 있다. ② **습식 밸브**(자동경보밸브, 알람체크밸브)를 사용한다. ③ 자동화재탐지설비를 별도로 설치할 필요가 없다. ④ **오동작**의 우려가 **크다.** ⑤ **구조**가 **간단**하다. ⑥ **설치비**가 **저가**이다. ⑦ **보온**이 **필요**하다	① 준비작동식 밸브의 **1차측**에는 **가압수, 2차측**에는 **대기압**상태로 되어 있다. ② **준비작동식 밸브**를 사용한다. ③ 감지장치로 자동화재탐지설비를 별도로 설치한다. ④ **오동작**의 우려가 **작다.** ⑤ **구조**가 복잡하다. ⑥ **설치비**가 **고가**이다. ⑦ **보온**이 **불필요**하다.

8. 건식 설비와 준비작동식 설비의 차이점

건식	준비작동식
① 건식 밸브의 **1차측**에는 **가압수, 2차측**에는 **압축공기**로 충전되어 있다. ② **건식 밸브**를 사용한다. ③ 자동화재탐지설비를 별도로 설치할 필요가 없다. ④ **오동작**의 우려가 **크다.**	① 준비작동식 밸브의 **1차측**에는 **가압수, 2차측**에는 **대기압**상태로 되어 있다. ② **준비작동식 밸브**를 사용한다. ③ 감지장치로 자동화재탐지설비를 별도로 설치하여야 한다. ④ **오동작**의 우려가 **작다.**

9. 스프링클러헤드의 설치방향에 따른 종류

① 상향형

② 하향형

③ 측벽형

④ 상하 양용형

10. 헤드의 배치형태

(1) 정방형(정사각형)

$$S = 2R\cos 45°$$
$$L = S$$

여기서, S : 수평헤드간격

R : 수평거리

L : 배관간격

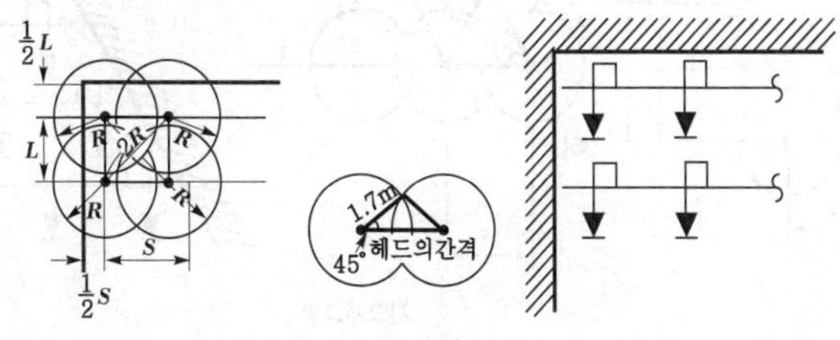

‖정방형‖

(2) 장방형(직사각형)

$$S = \sqrt{4R^2 - L^2}, \ L = 2R\cos\theta, \ S' = 2R$$

여기서, S : 수평헤드간격

R : 수평거리

L : 배관간격

S' : 대각선 헤드간격

θ : 각도

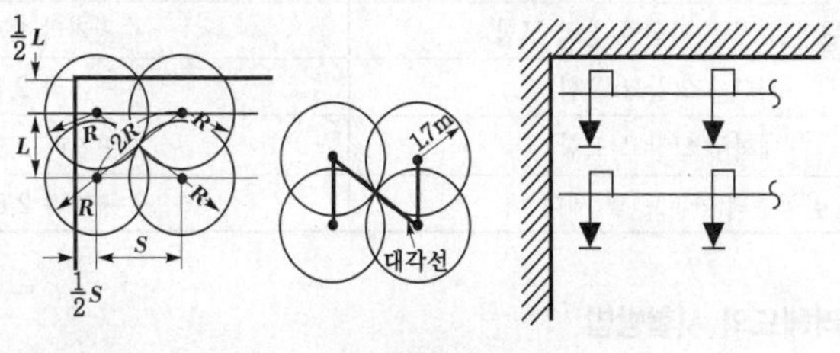

‖장방형‖

(3) 지그재그형(나란히꼴형)

$$S = 2R\cos 30°, \quad b = 2S\cos 30°, \quad L = \frac{b}{2}$$

여기서, S : 수평헤드간격

R : 수평거리

b : 수직헤드간격

L : 배관간격

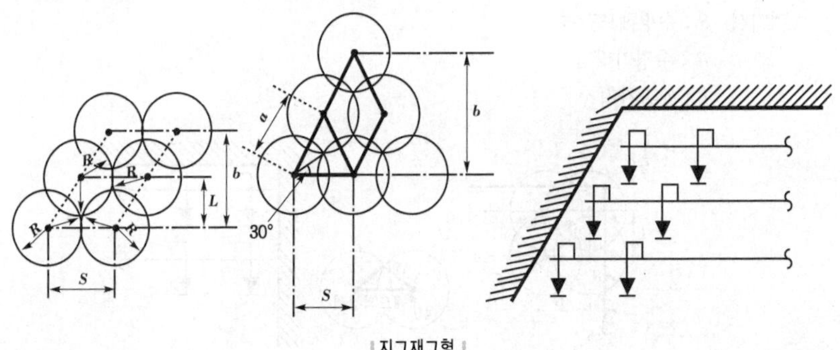

‖ 지그재그형 ‖

11. 폐쇄형 헤드의 기준

설치장소의 최고주위온도	표시온도
39℃ 미만	79℃ 미만
39~64℃ 미만	79~121℃ 미만
64~106℃ 미만	121~162℃ 미만
106℃ 이상	162℃ 이상

12. 스프링클러헤드의 배치기준

설치장소	설치기준
무대부 · 특수가연물(창고 포함)	수평거리 1.7m 이하
기타구조(창고 포함)	수평거리 2.1m 이하
내화구조(창고 포함)	수평거리 2.3m 이하
공동주택(아파트)의 세대 내	수평거리 2.6m 이하

13. 스프링클러헤드의 시험방법

① 주위온도시험
② 진동시험
③ 수격시험
④ 부식시험
⑤ 작동시험
⑥ 디플렉터 강도시험
⑦ 장기누수시험
⑧ 내열시험

14. 스프링클러헤드의 표시사항

① 종별
② 형식
③ 형식승인번호
④ 제조년도
⑤ 제조번호 또는 로트번호

⑥ 제조업체명 또는 약호
⑦ 표시온도 ┐
⑧ 표시온도에 따른 색표시 ├ 폐쇄형 헤드에만 적용
⑨ 최고주위온도 ┘
⑩ 열차단성능(시간) 및 설치방법, 설치 가능한 유리창의 종류 등(윈도우 스프링클러헤드에 한함)
⑪ 취급상의 주의사항
⑫ 품질보증에 관한 사항(보증기간, 보증내용, A/S 방법, 자체검사필증 등)

15. 스프링클러헤드의 정수압력 시험 전 확인사항

① 서류 검토
② 중량
③ 구조
④ 재질
⑤ 외관
⑥ 표시
⑦ 부착나사

16. 스프링클러설비의 면제설비

물분무소화설비

17. 토출측·흡입측 배관 주위의 설치기기

토출측 배관	흡입측 배관
① 플렉시블 튜브 ② 압력계 ③ 체크밸브 ④ 개폐표시형 밸브(게이트밸브) ⑤ 유량계	① 풋밸브 ② Y형 스트레이너 ③ 개폐표시형 밸브(게이트밸브) ④ 연성계(진공계) ⑤ 플렉시블튜브

18. 말단시험장치의 기능

① 말단시험밸브를 개방하여 **규정 방수압** 및 **규정 방수량** 확인
② 말단시험밸브를 개방하여 **유수검지장치**의 작동 확인

19. 시험밸브함에 설치하는 것

① 압력계
② 개폐밸브
③ 반사판 및 프레임이 제거된 개방형 헤드

20. 습식 설비의 작동순서

① 화재에 의해 헤드 개방

② 유수검지장치 작동

③ 사이렌 경보 및 감시제어반에 화재표시등 점등 및 밸브개방신호 표시

④ 압력챔버의 압력스위치 작동

⑤ 동력제어반에 신호

⑥ 가압송수장치 기동

⑦ 소화

21. 유수검지장치의 작동시험

말단시험밸브 또는 유수검지장치의 배수밸브를 개방하여 유수검지장치에 부착되어 있는 압력스위치의 작동 여부를 확인한다.

22. 유수검지장치의 수압력의 범위

1MPa	1.6MPa
1~1.4MPa	1.6~2.2MPa

※ **압력챔버의 안전밸브의 작동압력범위** : 최고사용압력~최고사용압력의 1.3배

23. 습식 유수검지장치의 구성

구 성	설 명
1차 압력계	유수검지장치의 1차측 압력을 측정한다.
2차 압력계	유수검지장치의 2차측 압력을 측정한다.
배수밸브	유수검지장치로부터 흘러나온 물을 배수시키고, 유수검지장치의 작동시험시에 사용한다.
압력스위치	유수검지장치가 개방되면 작동하여 사이렌경보를 울림과 동시에 감시제어반에 신호를 보낸다.
오리피스	리타딩챔버 내로 유입되는 적은 양의 물을 자동배수시킨다.
시험배관	유수검지장치의 기능시험을 하기 위한 배관이다.

24. 스프링클러설비의 자동경보장치의 구성부품

① 알람체크밸브

② 개폐표시형 밸브(게이트밸브)

③ 배수밸브

④ 시험밸브

⑤ 압력스위치

⑥ 압력계

25. 리타딩챔버의 역할

① 오동작 방지

② 안전밸브의 역할

③ 배관 및 압력스위치의 손상 보호

26. 비화재시에도 오보가 울릴 경우의 점검사항(습식 설비)

① 리타딩챔버 상단의 **압력스위치** 점검

② 리타딩챔버 상단의 압력스위치 배선의 **누전상태** 점검

③ 리타딩챔버 상단의 압력스위치 배선의 **합선상태** 점검

④ 리타딩챔버 하단의 **오리피스** 점검

27. 물이 나오지 않는 경우의 원인 및 이유(습식 설비)

① ┌ 원인 : **풋밸브**의 막힘
└ 이유 : 펌프 흡입측 배관에 물이 유입되지 못하므로

② ┌ 원인 : **Y형 스트레이너**의 막힘
└ 이유 : Y형 스트레이너 2차측에 물이 공급되지 못하므로

③ ┌ 원인 : **펌프 토출측**의 **체크밸브** 막힘
└ 이유 : 펌프 토출측의 체크밸브 2차측에 물이 공급되지 못하므로

④ ┌ 원인 : **펌프 토출측**의 **게이트밸브** 폐쇄
└ 이유 : 펌프 토출측의 게이트밸브 2차측에 물이 공급되지 못하므로

⑤ ┌ 원인 : **압력챔버** 내의 **압력스위치** 고장
└ 이유 : 펌프가 기동되지 않으므로

28. 건식 밸브의 기능

① 자동경보 기능

② 체크밸브 기능

29. 건식 밸브 클래퍼상부에 일정한 수면을 유지하는 이유

① 저압의 공기로 클래퍼상부의 동일압력 유지

② 저압의 공기로 클래퍼의 닫힌 상태 유지

③ 화재시 클래퍼의 쉬운 개방

④ 화재시 신속한 소화활동

⑤ 클래퍼상부의 기밀 유지

30. 엑셀레이터·익져스터

건식 밸브 개방시 압축공기의 배출속도를 가속시켜 신속한 소화를 하기 위하여

※ QOD(Quick-Opening Devices) : 엑셀레이터 · 익져스터

31. 스프링클러설비의 비교

구 분 \ 방 식	습 식	건 식	준비작동식	부압식	일제살수식
1차측	가압수	가압수	가압수	가압수	가압수
2차측	가압수	압축공기	대기압	부압(진공)	대기압
밸브 종류	습식 밸브 (자동경보밸브, 알람체크밸브)	건식 밸브	준비작동밸브	준비작동밸브	일제개방밸브 (델류즈밸브)
헤드 종류	폐쇄형 헤드	폐쇄형 헤드	폐쇄형 헤드	폐쇄형 헤드	개방형 헤드

32. 전기식 준비작동식 스프링클러설비

준비작동밸브의 1차측에는 가압수, 2차측에는 대기압상태로 있다가 감지기가 화재를 감지하면 감시제어반에 신호를 보내 솔레노이드밸브를 동작시켜 준비작동밸브를 개방하여 소화하는 방식

33. 일제개방밸브의 개방방식

가압개방식	감압개방식
화재감지기가 화재를 감지해서 **전자개방밸브**(solenoid valve)를 개방시키거나, **수동개방밸브**를 개방하면 가압수가 실린더실을 **가압**하여 일제개방밸브가 열리는 방식	화재감지기가 화재를 감지해서 **전자개방밸브**(solenoid valve)를 개방시키거나, **수동개방밸브**를 개방하면 가압수가 실린더실을 **감압**하여 일제개방밸브가 열리는 방식

34. 교차회로방식 적용설비

① **분**말소화설비
② **할**론소화설비
③ **이**산화탄소 소화설비
④ **준**비작동식 스프링클러설비
⑤ **일**제살수식 스프링클러설비
⑥ **할**로겐화합물 및 불활성기체 소화설비
⑦ **부**압식 스프링클러설비

기억법 **분할이 준일할부**

※ **교차회로방식** : 하나의 담당구역 내에 2 이상의 감지기회로를 설치하고 2 이상의 감지기회로가 동시에 감지되는 때에 설비가 작동하는 방식

35. 토너먼트방식 적용설비

① 분말소화설비
② 이산화탄소 소화설비
③ 할론소화설비
④ 할로겐화합물 및 불활성기체 소화설비

※ **토너먼트방식** : 가스계 소화설비에 적용하는 방식으로 용기로부터 노즐까지의 마찰손실을 일정하게 유지하기 위한 방식

36. 수(水)계 설비가 토너먼트(tournament)방식이 아니어야 하는 이유

① **유체**의 **마찰손실**이 너무 크므로 압력손실을 최소화하기 위하여
② **수격작용**에 따른 배관의 파손을 방지하기 위하여

37. 일제살수식 스프링클러설비의 펌프기동방법

① 감지기를 이용한 방식
② 기동용 수압개폐장치를 이용한 방식
③ 감지기와 기동용 수압개폐장치를 겸용한 방식(가장 많이 사용)

38. 스프링클러설비의 수원의 저수량

(1) 기타시설(폐쇄형) 및 창고시설(라지드롭형 폐쇄형)

기타시설(폐쇄형)	창고시설(라지드롭형 폐쇄형)
$Q=1.6N$(30층 미만) $Q=3.2N$(30~49층 이하) $Q=4.8N$(50층 이상) 여기서, Q : 수원의 저수량[m^3] N : 폐쇄형 헤드의 기준개수(설치개수가 기준개수보다 적으면 그 설치개수)	$Q=3.2N$ (일반 창고) $Q=9.6N$ (랙식 창고) 여기서, Q : 수원의 저수량[m^3] N : 가장 많은 방호구역의 설치개수 (최대 30개)

‖ 폐쇄형 헤드의 기준개수 ‖

특정소방대상물		폐쇄형 헤드의 기준개수
지하가 · 지하역사		30
11층 이상		
10층 이하	공장(특수가연물), 창고시설	
	판매시설(백화점 등), 복합건축물(판매시설이 설치된 것)	
	근린생활시설, 운수시설	20
	8m 이상	
	8m 미만	10
공동주택(아파트 등)		10(각 동이 주차장으로 연결된 주차장 : 30)

기억법 8이2(파리)
18아(일제 팔아)

(2) 개방형 헤드

30개 이하	30개 초과
$Q=1.6N$ 여기서, Q : 수원의 저수량〔m^3〕 N : 개방형 헤드의 설치개수	$Q=K\sqrt{10P}\times N$ 여기서, Q : 헤드의 방수량〔l/min〕 K : 유출계수(15A : 80, 20A : 114) P : 방수압력〔MPa〕 N : 개방형 헤드의 설치개수

39. 스프링클러설비의 충압펌프의 자연압

습식 스프링클러설비	건식 스프링클러설비

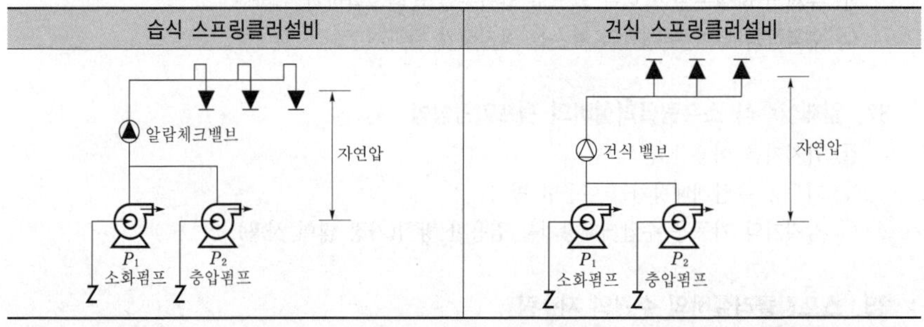

부압식 스프링클러설비	준비작동식 스프링클러설비	일제살수식 스프링클러설비

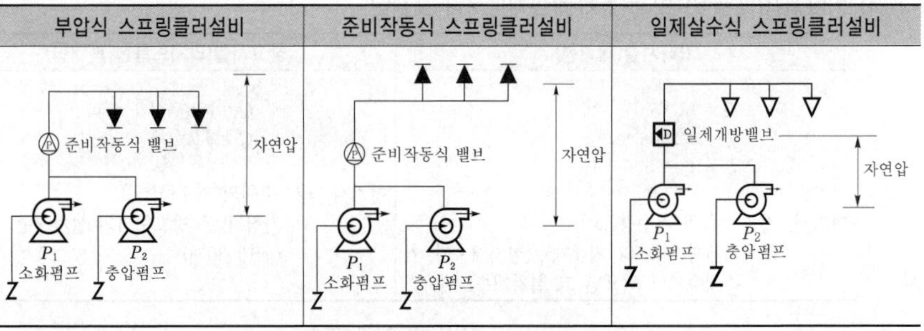

※ **충압펌프의 정격토출압력** = 자연압 + 0.2MPa 이상

40. 압력수조 내의 공기압력

$$P_o=\frac{V}{V_a}(P+P_a)-P_a$$

여기서, P_o : 수조 내의 공기압력〔kPa〕

V : 수조체적〔m^3〕

V_a : 수조 내의 공기체적〔m^3〕

P : 필요한 압력〔kPa〕

P_a : 대기압〔kPa〕

41. 압력챔버의 기능

① 배관 내의 압력저하시 펌프의 자동기동 또는 정지

② 수격작용 방지

42. 스프링클러설비의 송수구의 설치기준(NFPC 103 11조, NFTC 103 2.8)

① 송수구는 송수 및 그 밖의 소화작업에 지장을 주지 않도록 설치

② 송수구로부터 주배관에 이르는 연결배관에는 **개폐밸브**를 설치하지 않을 것

③ 구경 65mm의 **쌍구형**으로 할 것

④ 송수구에는 그 가까운 곳의 보기 쉬운 곳에 **송수압력범위**를 표시한 표지를 할 것

⑤ 폐쇄형 스프링클러헤드를 사용하는 스프링클러설비의 송수구는 하나의 층의 바닥면적이 3000m^{2}를 넘을 때마다 1개 이상(**최대 5개**)을 설치

⑥ 지면으로부터 높이가 **0.5~1m 이하**의 위치에 설치

⑦ 송수구의 가까운 부분에 **자동배수밸브**(또는 직경 5mm의 **배수공**) 및 **체크밸브**를 설치

⑧ 송수구에는 이물질을 막기 위한 **마개**를 씌울 것

43. 송수구 주위배관[단일설비의 경우(NFPA 기준)]

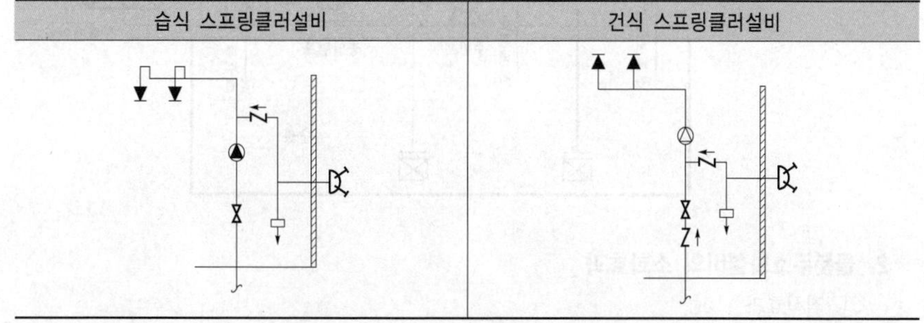

※ 건식 스프링클러설비처럼 습식 경보밸브 1차측 게이트밸브 아래에 별도의 체크밸브는 필요없다. 왜냐하면 습식 스프링클러설비는 습식 경보밸브(알람체크밸브)가 체크밸브의 역할까지 하기 때문이다.

44. 연결송수관설비의 설치 이유

① 초기진화에 실패한 후 본격화재시 소방차에서 물을 공급하기 위하여

② 가압송수장치 등의 고장시 소방차에서 물을 공급하기 위하여

45. 반응시간 지수

기류의 온도, 속도 및 작동시간에 대하여 스프링클러헤드의 반응시간을 예상한 지수

제 5 장 물분무소화설비

1. 물분무소화설비의 계통도

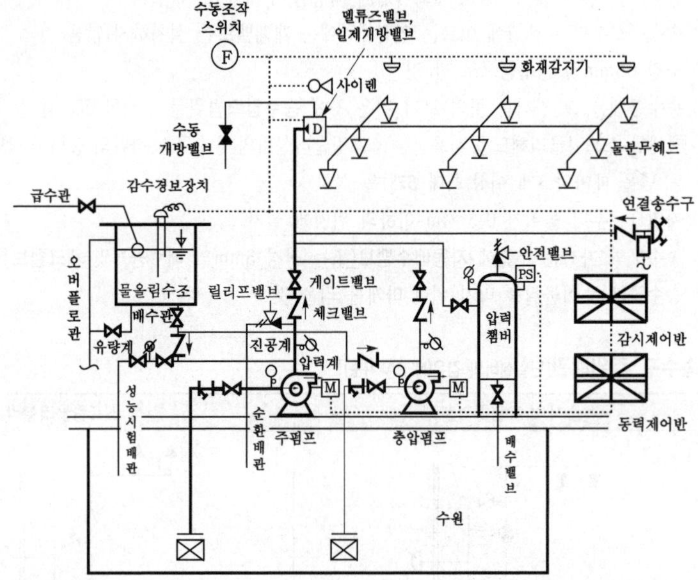

2. 물분무소화설비의 소화효과

① 질식효과

② 냉각효과

③ 유화효과 : 유류표면에 **유화층**의 막을 형성시켜 공기의 접촉을 막는 방법

④ 희석효과 : 고체 · 기체 · 액체에서 나오는 **분해가스**나 **증기**의 **농도**를 낮추어 연소를 중지시키는 방법

3. 물분무소화설비의 수원

특정소방대상물	토출량	최소기준	비 고
컨베이어벨트	10l/min · m^2	–	벨트부분의 바닥면적
절연유 봉입변압기	10l/min · m^2	–	표면적을 합한 면적(바닥면적 제외)
특수가연물	10l/min · m^2	최소 50m^2	최대 방수구역의 바닥면적 기준
케이블트레이 · 덕트	12l/min · m^2	–	투영된 바닥면적
차고 · 주차장	20l/min · m^2	최소 50m^2	최대 방수구역의 바닥면적 기준
위험물 저장탱크	37l/min · m	–	위험물탱크 둘레길이(원주길이) : 위험물규칙 〔별표 6〕 Ⅱ

※ 모두 **20분**간 방수할 수 있는 양 이상으로 하여야 한다.

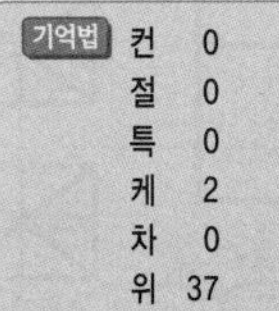

기억법 컨 0
절 0
특 0
케 2
차 0
위 37

4. 물의 방사형태

봉상주수	적상주수	무상주수
① 옥내소화전의 방수노즐	① 포워터 스프링클러헤드 ② 스프링클러헤드	① 포헤드(포워터 스프레이헤드) ② 물분무헤드

5. 물분무헤드의 고압전기기기와의 이격거리

전 압	거 리
66kV 이하	70cm 이상
67~77kV 이하	80cm 이상
78~110kV 이하	110cm 이상
111~154kV 이하	150cm 이상
155~181kV 이하	180cm 이상
182~220kV 이하	210cm 이상
221~275kV 이하	260cm 이상

6. 물분무헤드의 종류

① 충돌형
② 분사형
③ 선회류형
④ 슬리트형
⑤ 디플렉터형

제 6 장 포소화설비

1. 포소화설비의 계통도

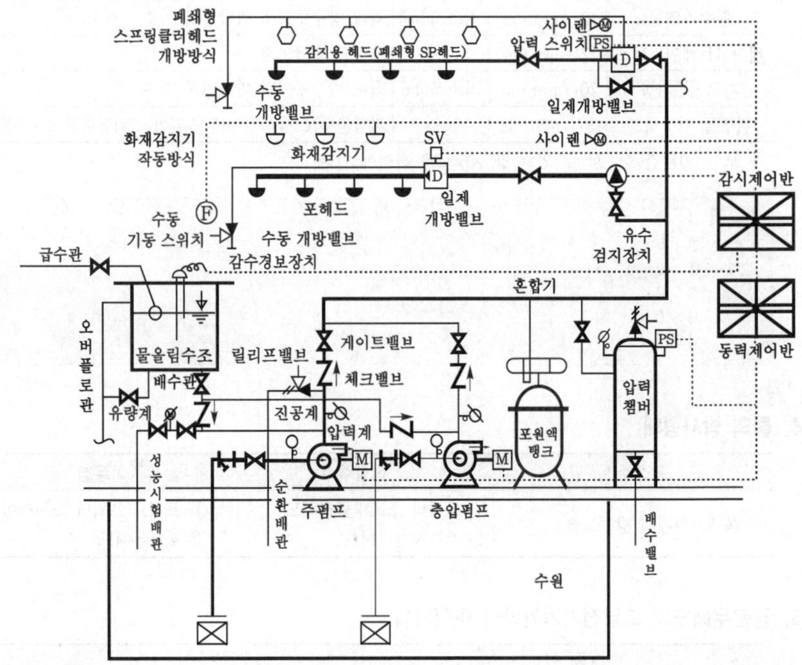

2. 표준방사량

구 분	표준방사량
• 포워터 스프링클러헤드	75l/min 이상
• 포헤드 • 고정포방출구 • 이동식 포노즐 • 압축공기포헤드	각 포헤드 · 고정포방출구 또는 이동식 포노즐의 설계압력에 의하여 방출되는 소화약제의 양

※ 포헤드의 표준방사량 : 10분

3. 배액밸브

설치목적	설치장소
포의 방출종료 후 배관 안의 액을 방출하기 위하여	송액관의 가장 낮은 부분

4. 포소화설비의 수동식 기동장치의 설치기준(NFPC 105 11조, NFTC 105 2.8.1)

① 직접조작 또는 원격조작에 의하여 **가압송수장치 · 수동식 개방밸브** 및 **소화약제 혼합장치**를 기동할 수 있는 것으로 한다.

② 2 이상의 방사구역을 가진 포소화설비에는 **방사구역**을 **선택**할 수 있는 구조로 한다.

③ 기동장치의 조작부는 화재시 쉽게 접근할 수 있는 곳에 설치하되, 바닥으로부터 0.8~1.5m 이하의 위치에 설치하고, 유효한 **보호장치를** 설치한다.

④ 기동장치의 조작부 및 호스접결구에는 가까운 곳의 보기 쉬운 곳에 각각 "**기동장치의 조작부**" 및 "**접결구**"라고 표시한 표지를 설치한다.

⑤ **차고** 또는 **주차장**에 설치하는 포소화설비의 수동식 기동장치는 방사구역마다 1개 이상 설치한다.

5. 포소화약제의 저장량

(1) 고정포방출구 방식

① 고정포방출구

$$Q = A \times Q_1 \times T \times S$$

여기서, Q : 포소화약제의 양〔l〕
A : 탱크의 액표면적〔m^2〕
Q_1 : 단위 포소화수용액의 양〔$l/m^2 \cdot$ 분〕
T : 방출시간〔분〕
S : 포소화약제의 사용농도

② 보조포소화전

$$Q = N \times S \times 8000$$

여기서, Q : 포소화약제의 양〔l〕
N : 호스접결구 수(최대 3개)
S : 포소화약제의 사용농도

③ 배관보정량

$$Q = A \times L \times S \times 1000 l/m^3 \text{(내경 75mm 초과시에만 적용)}$$

여기서, Q : 배관보정량〔l〕
A : 배관단면적〔m^2〕
L : 배관길이〔m〕
S : 포소화약제의 사용농도

(2) 옥내포소화전방식 또는 호스릴방식

$$Q = N \times S \times 6000 \text{(바닥면적 } 200m^2 \text{ 미만은 75\%)}$$

여기서, Q : 포소화약제의 양〔l〕
N : 호스접결구 수(최대 5개)

6. 방유제의 높이

$$H = \frac{(1.1\,V_m + V) - \frac{\pi}{4}(D_1^{\,2} + D_2^{\,2} + \cdots\cdots)\,H_f}{S - \frac{\pi}{4}(D_1^{\,2} + D_2^{\,2} + \cdots\cdots)}$$

여기서, H : 방유제의 높이〔m〕
V_m : 용량이 최대인 탱크의 용량〔m^3〕
V : 탱크의 기초체적〔m^3〕
D_1, D_2 : 용량이 최대인 탱크 이외의 탱크의 직경〔m〕
H_f : 탱크의 기초높이〔m〕
S : 방유제의 면적〔m^2〕

7. 포방출구(위험물기준 133)

탱크의 종류	포방출구
고정지붕구조(콘루프 탱크)	• Ⅰ형 방출구 • Ⅱ형 방출구 • Ⅲ형 방출구(표면하 주입방식) • Ⅳ형 방출구(반표면하 주입방식)
부상덮개부착 고정지붕구조	• Ⅱ형 방출구
부상지붕구조(플로팅루프 탱크)	• 특형 방출구

(1) Ⅰ형 방출구

고정지붕구조의 탱크에 상부포주입법을 이용하는 것으로서 방출된 포가 액면 아래로 몰입되거나 액면을 뒤섞지 않고 액면상을 덮을 수 있는 통계단 또는 미끄럼판 등의 설비 및 탱크 내의 위험물증기가 외부로 역류되는 것을 저지할 수 있는 구조 · 기구를 갖는 포방출구

(2) Ⅱ형 방출구

고정지붕구조 또는 부상덮개부착 고정지붕구조의 탱크에 상부포주입법을 이용하는 것으로서 방출된 포가 탱크옆판의 내면을 따라 흘러내려 가면서 액면 아래로 몰입되거나 액면을 뒤섞지 않고 액면 상을 덮을 수 있는 반사판 및 탱크 내의 위험물증기가 외부로 역류되는 것을 저지할 수 있는 구조 · 기구를 갖는 포방출구

(3) Ⅲ형 방출구(표면하 주입식 방출구)

고정지붕구조의 탱크에 저부포주입법을 이용하는 것으로서 송포관으로부터 포를 방출하는 포방출구

(4) Ⅳ형 방출구(반표면하 주입식 방출구)

고정지붕구조의 탱크에 저부포주입법을 이용하는 것으로서 평상시에는 탱크의 액면하의 저부에 설치된 격납통에 수납되어 있는 특수호스 등이 송포관의 말단에 접속되어 있다가 포를 보내는 것에 의하여 특수호스 등이 전개되어 그 선단이 액면까지 도달한 후 포를 방출하는 포방출구

(5) 특형 방출구

부상지붕구조의 탱크에 상부포주입법을 이용하는 것으로서 부상지붕의 부상 부분 상에 높이 0.9m 이상의 금속제의 칸막이를 탱크옆판의 내측으로부터 1.2m 이상 이격하여 설치하고 탱크옆판과 칸막이에 의하여 형성된 환상 부분에 포를 주입하는 것이 가능한 구조의 반사판을 갖는 포방출구

8. 특정소방대상물별 약제저장량

특정소방대상물	포소화약제의 종류	방사량
• 차고 · 주차장 • 항공기격납고	• 수성막포	$3.7l/m^2$분
	• 단백포	$6.5l/m^2$분
	• 합성계면활성제포	$8.0l/m^2$분
• 특수가연물 저장 · 취급소	• 수성막포 • 단백포 • 합성계면활성제포	$6.5l/m^2$분

9. 포소화설비에 필요한 기구

① 포헤드
② 유수검지장치
③ 게이트밸브
④ 혼합기
⑤ 포원액탱크
⑥ 안전밸브
⑦ 압력계
⑧ 압력스위치
⑨ 압력챔버
⑩ 체크밸브
⑪ 펌프
⑫ 지하수조

10. 포소화약제의 혼합장치

(1) 펌프프로포셔너방식(펌프혼합방식)

펌프의 토출관과 흡입관 사이의 배관 도중에 설치한 흡입기에 펌프에서 토출된 물의 일부를 보내고 **농도조정밸브**에서 조정된 포소화약제의 필요량을 포소화약제 탱크에서 펌프 흡입측으로 보내어 이를 혼합하는 방식으로 Pump proportioner type과 Suction proportioner type이 있다.

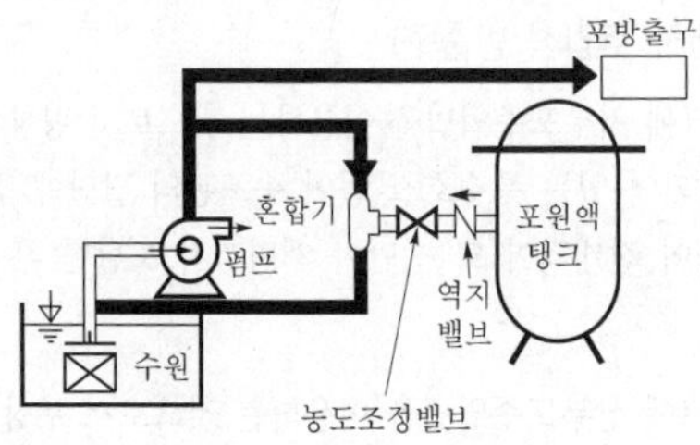

| Pump proportioner type |

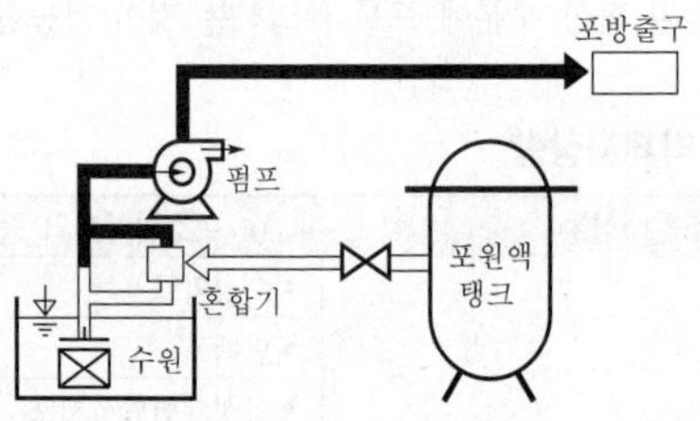

| Suction proportioner type |

(2) 라인프로포셔너방식(관로혼합방식)

펌프와 발포기의 중간에 설치된 **벤츄리관**의 벤츄리작용에 의하여 포소화약제를 흡입 · 혼합하는 방식

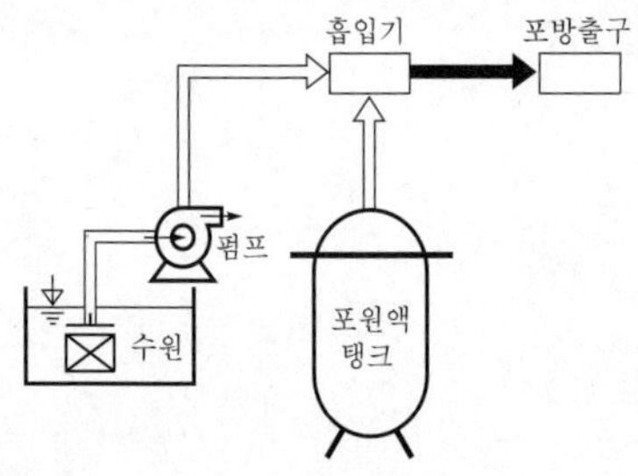

| 라인프로포셔너방식 |

(3) 프레져프로포셔너방식(차압혼합방식)

펌프와 발포기의 중간에 설치된 **벤츄리관**의 벤츄리작용과 **펌프가압수**의 포소화약제 저장탱크에 대한 압력에 의하여 포소화약제를 흡입 · 혼합하는 방식으로 **압송식**과 **압입식**이 있다.

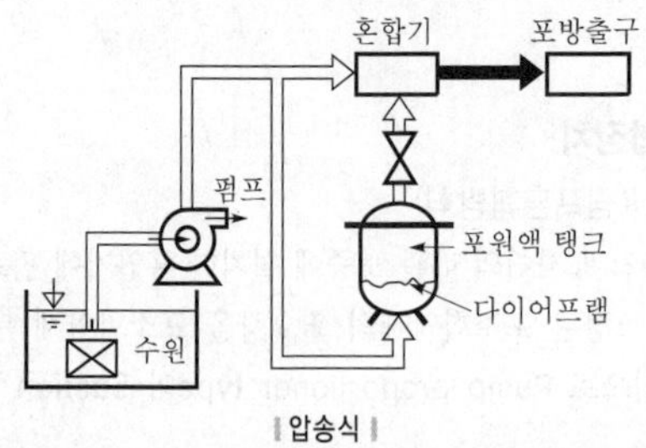

| 압송식 |

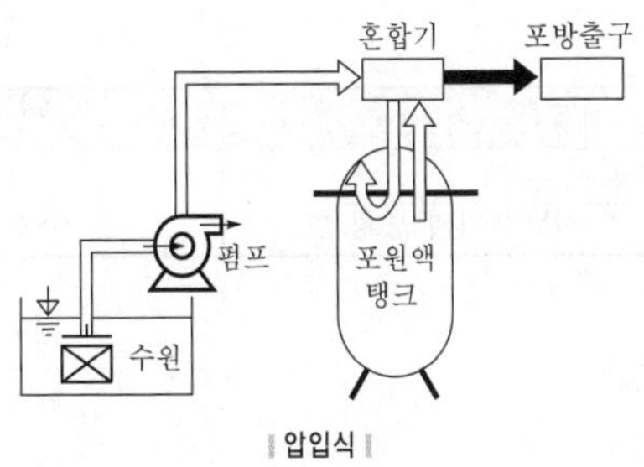

▌압입식▐

(4) 프레져사이드프로포셔너방식(압입혼합방식)

펌프의 토출관에 **압입기**를 설치하여 포소화약제 **압입용 펌프**로 포소화약제를 압입시켜 혼합하는 방식

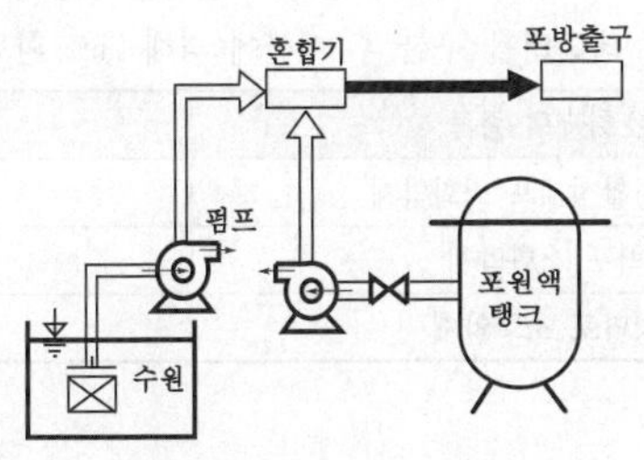

▌프레져사이드프로포셔너방식▐

(5) 압축공기포 믹싱챔버방식

압축공기 또는 **압축질소**를 일정비율로 포수용액에 **강제 주입** 혼합하는 방식

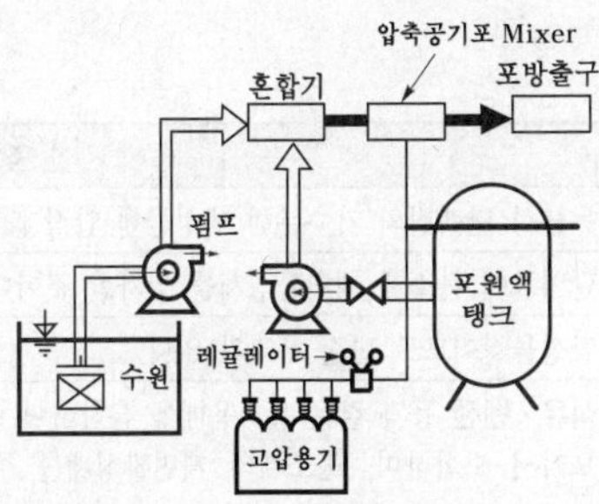

▌압축공기포 믹싱챔버방식▐

11. 발포배율식

발포배율식 1	발포배율식 2
$\dfrac{\text{내용적(용량)}}{\text{전체 중량}-\text{빈 시료용기의 중량}}$	$\dfrac{\text{방출된 포의 체적}[l]}{\text{방출 전 포수용액의 체적}[l]}$

12. 25% 환원시간

(1) 의미

포중량의 25%가 원래의 포수용액으로 되돌아가는 데 걸리는 시간

(2) 측정방법

① 채집한 포시료의 중량을 4로 나누어 포수용액의 25%에 해당하는 체적을 구한다.

② **시료용기**를 평평한 면에 올려 놓는다.

③ 일정간격으로 용기 바닥에 고여있는 **용액**의 **높이**를 **측정**하여 기록한다.

④ 시간과 환원체적의 **데이터**를 구한 후 계산에 의해 25% 환원시간을 구한다.

포소화제의 종류	25% 환원시간(초)
합성계면활성제포 소화약제	30 이상
단백포 소화약제	60 이상
수성막포 소화약제	60 이상

13. 발포기의 종류

① 포워터 스프링클러헤드

② 포헤드

③ 고정포 방출구

④ 이동식 포노즐

14. 포소화약제

포소화약제	설 명
단백포	동물성 단백질의 가수분해 생성물에 안정제를 첨가한 것이다.
불화단백포	단백포에 불소계 계면활성제를 첨가한 것이다.
합성계면활성제포	합성물질이므로 변질 우려가 없다.
수성막포	**석유 · 벤젠** 등과 같은 유기용매에 흡착하여 유면 위에 수용성의 얇은 막(경막)을 일으켜서 소화하며, 불소계의 계면활성제를 주성분으로 한다. **AFFF**(Aqueous Film Foaming Form)라고도 부른다.
내알코올포	**수용성 액체**의 화재에 적합하다.

제 7 장 이산화탄소 소화설비

1. 이산화탄소 소화설비의 계통도

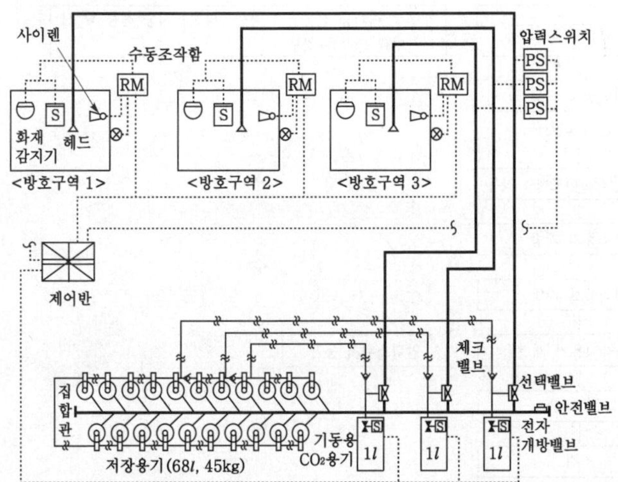

2. 이산화탄소 소화설비의 소화효과

소화효과	설 명
질식효과	주된 효과로 이산화탄소가 공기 중의 산소공급을 차단하여 소화한다.
냉각효과	이산화탄소 방사시 기화열을 흡수하여 점화원을 냉각시키므로 소화한다.
피복효과	비중이 공기의 1.52배 정도로 무거운 이산화탄소를 방사하여 가연물의 구석구석까지 침투·피복하여 소화한다. (재발화 방지)

※ **방사시 CO_2가스가 하얗게 보이는 이유** : CO_2 방사시 온도가 급격히 강하하여 고체 탄산가스가 생성되므로

3. 피스톤릴리져와 모터식 댐퍼릴리져

피스톤릴리져 (piston releaser)	모터식 댐퍼릴리져 (motor type damper releaser)
가스의 방출에 따라 가스의 누설이 발생될 수 있는 급배기댐퍼나 자동개폐문 등에 설치하여 가스의 방출과 동시에 자동적으로 개구부를 차단시키기 위한 장치	해당 구역의 화재감지기 또는 선택밸브 2차측의 압력스위치와 연동하여 감지기의 작동과 동시에 또는 가스방출에 의해 압력스위치가 동작되면 댐퍼에 의해 개구부를 폐쇄시키는 장치

4. 개구부 폐쇄형 전동댐퍼 적용방식의 CO_2설비의 작동연계성

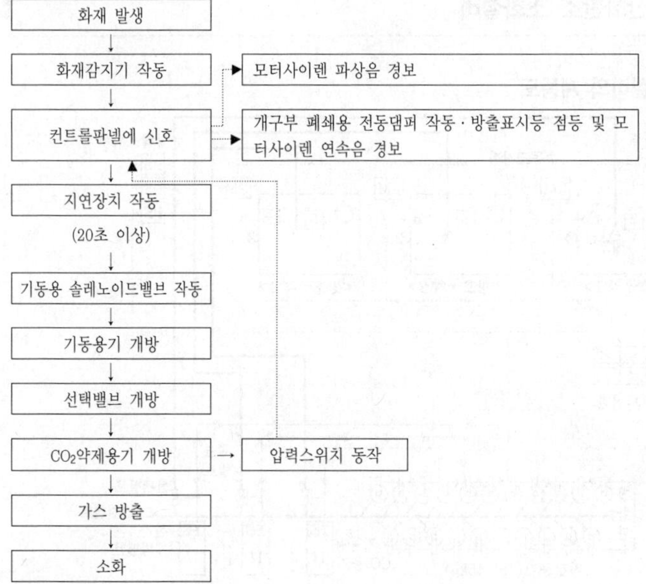

5. 피스톤릴리져 적용방식의 CO_2설비의 작동연계성

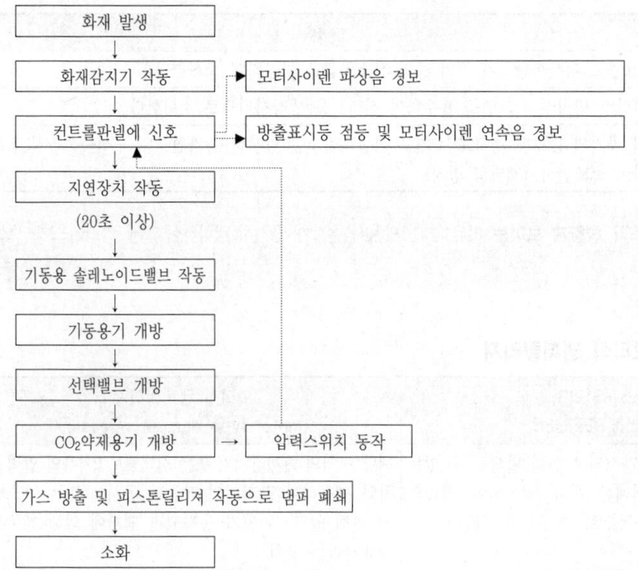

6. 상용 및 비상전원 고장시의 수동조작방법(개구부 폐쇄용 전동댐퍼 적용방식)

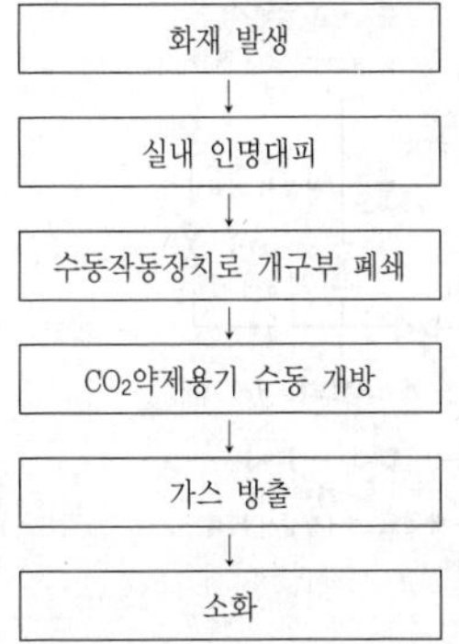

7. CO_2설비의 수동조작방법(개구부 폐쇄용 전동댐퍼 적용방식)

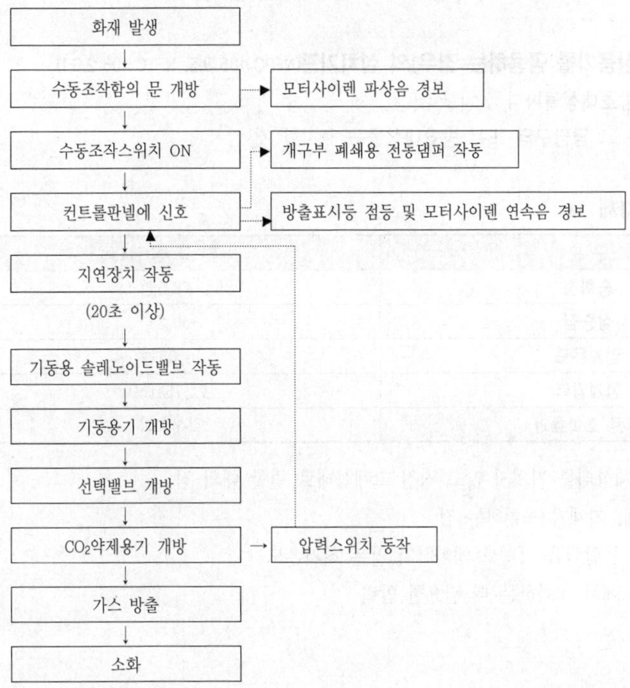

8. 저압식 저장용기(CO_2설비)

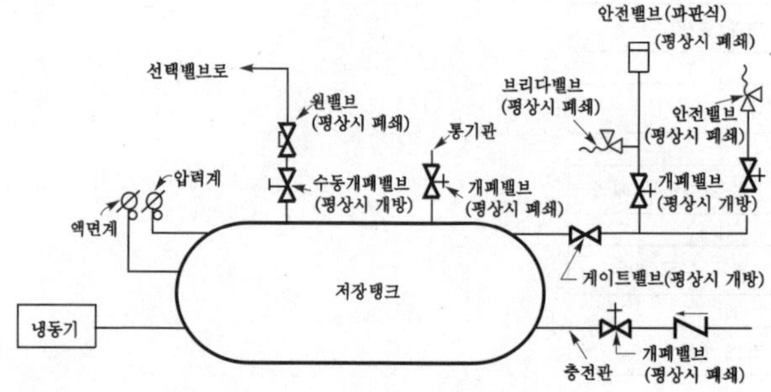

9. CO_2설비의 방호구역 내 표지문안

"해당 구역에는 이산화탄소 소화설비를 설치하였습니다. 소화약제 방출 전에 사이렌이 울리므로 이때에는 즉시 안전한 장소로 대피하여 주십시오."라고 표시되어 있다.

10. 선택밸브(CO_2저장용기를 공용하는 경우)의 설치기준(NFPC 106 9조, NFTC 106 2.6.1)

① **방호구역** 또는 **방호대상물**마다 설치할 것

② 각 선택밸브에는 그 **담당구역** 또는 **방호대상물**을 표시할 것

11. 이산화탄소 소화약제

구 분	물 성
승화점	−78.5℃
삼중점	−56.3℃
임계온도	31.35℃
임계압력	72.75atm
주된 소화효과	질식효과

(1) **승화점** : 기체가 액체상태를 거치지 않고 직접 고체상태로 변할 때의 점

(2) **삼중점** : 고체, 액체, 기체가 공존하는 점

(3) **임계온도** : 아무리 큰 압력을 가해도 액화하지 않는 최저온도

(4) **임계압력** : 임계온도에서 액화하는 데 필요한 압력

12. 충전비

$$C = \frac{V}{G}$$

여기서, C : 충전비〔l/kg〕

V : 내용적〔l〕

G : 저장량〔kg〕

13. 이산화탄소 소화설비

(1) 전역방출방식

① 표면화재

CO_2 저장량[kg] = 방호구역체적[m^3] × 약제량[kg/m^3] × 보정계수 + 개구부면적[m^2] × 개구부가산량($5kg/m^2$)

방호구역체적	약제량	개구부가산량 (자동폐쇄장치 미설치시)	최소저장량
$45m^3$ 미만	$1kg/m^3$	$5kg/m^2$	45kg
$45 \sim 150m^3$ 미만	$0.9kg/m^3$		
$150 \sim 1450m^3$ 미만	$0.8kg/m^3$		135kg
$1450m^3$ 이상	$0.75kg/m^3$		1125kg

② 심부화재

CO_2 저장량[kg] = 방호구역체적[m^3] × 약제량[kg/m^3] + 개구부면적[m^2] × 개구부가산량($10kg/m^2$)

방호대상물	약제량	개구부가산량 (자동폐쇄장치 미설치시)	설계농도
전기설비	$1.3kg/m^3$	$10kg/m^2$	50%
전기설비($55m^3$ 미만)	$1.6kg/m^3$		
서고, 박물관, 목재가공품창고, 전자제품창고	$2.0kg/m^3$		65%
석탄창고, 면화류창고, 고무류, 모피창고, 집진설비	$2.7kg/m^3$		75%

(2) 국소방출방식

특정소방대상물	고압식	저압식
• 연소면 한정 및 비산우려가 없는 경우 • 윗면 개방용기	방호대상물 표면적 × $13kg/m^2$ × 1.4	방호대상물 표면적 × $13kg/m^2$ × 1.1
• 기타	방호공간체적 × $\left(8 - 6\frac{a}{A}\right)$ × 1.4	방호공간체적 × $\left(8 - 6\frac{a}{A}\right)$ × 1.1

여기서, a : 방호대상물 주위에 설치된 벽면적의 합계[m^2]

A : 방호공간의 벽면적의 합계[m^2]

14. 할론소화설비

(1) 전역방출방식

할론저장량[kg] = 방호구역체적[m^3] × 약제량[kg/m^3] + 개구부면적[m^2] × 개구부가산량[kg/m^2]

방호대상물	약제량	개구부가산량 (자동폐쇄장치 미설치시)
차고 · 주차장 · 전기실 · 전산실 · 통신기기실	0.32kg/m^3	2.4kg/m^2
사류 · 면화류	0.52kg/m^3	3.9kg/m^2

(2) 국소방출방식

① 연소면 한정 및 비산우려가 없는 경우와 윗면 개방용기

약제종별	저장량
할론 1301	방호대상물 표면적×6.8kg/m^2×1.25
할론 1211	방호대상물 표면적×7.6kg/m^2×1.1
할론 2402	방호대상물 표면적×8.8kg/m^2×1.1

② 기타

$$Q = V\left(X - Y\frac{a}{A}\right) \times 1.1(\text{할론 1301 : 1.25})$$

여기서, Q : 할론소화약제의 양〔kg〕

V : 방호공간체적〔m^3〕

a : 방호대상물의 주위에 설치된 벽면적의 합계〔m^2〕

A : 방호공간의 벽면적의 합계〔m^2〕

X, Y : 다음 표의 수치

약제종별	X의 수치	Y의 수치
할론 1301	4.0	3.0
할론 1211	4.4	3.3
할론 2402	5.2	3.9

15. 분말소화설비

(1) 전역방출방식

분말저장량〔kg〕= 방호구역체적〔m^3〕× 약제량〔kg/m^3〕+ 개구부면적〔m^2〕× 개구부가산량〔kg/m^2〕

약제종별	약제량	개구부가산량(자동폐쇄장치 미설치시)
제1종 분말	0.6kg/m^3	4.5kg/m^2
제2 · 3종 분말	0.36kg/m^3	2.7kg/m^2
제4종 분말	0.24kg/m^3	1.8kg/m^2

(2) 국소방출방식

$$Q = V\left(X - Y\frac{a}{A}\right) \times 1.1$$

여기서, Q : 분말소화약제의 양〔kg〕
V : 방호공간체적〔m^3〕
a : 방호대상물의 주변에 설치된 벽면적의 합계〔m^2〕
A : 방호공간의 벽면적의 합계〔m^2〕
X, Y : 다음 표의 수치

약제종별	X의 수치	Y의 수치
제1종 분말	5.2	3.9
제2·3종 분말	3.2	2.4
제4종 분말	2.0	1.5

16. 가스계 소화설비와 관련된 식

$$CO_2 = \frac{\text{방출가스량}}{\text{방호구역체적} + \text{방출가스량}} \times 100 = \frac{21 - O_2}{21} \times 100$$

여기서, CO_2 : CO_2의 농도〔%〕, 할론농도〔%〕
O_2 : O_2의 농도〔%〕

$$\text{방출가스량} = \frac{21 - O_2}{O_2} \times \text{방호구역체적}$$

여기서, O_2 : O_2의 농도〔%〕

$$PV = \frac{m}{M}RT$$

여기서, P : 기압〔atm〕
V : 방출가스량〔m^3〕
m : 질량〔kg〕
M : 분자량(CO_2 : 44, 할론 1301 : 148.95)
R : 0.082(atm · m^3/kmol · K)
T : 절대온도(273+℃)〔K〕

$$Q = \frac{m_t\,C(t_1 - t_2)}{H}$$

여기서, Q : 액화 CO_2의 증발량〔kg〕
m_t : 배관의 질량〔kg〕
C : 배관의 비열〔kcal/kg · ℃〕
t_1 : 방출 전 배관의 온도〔℃〕
t_2 : 방출될 때의 배관의 온도〔℃〕
H : 액화 CO_2의 증발잠열〔kcal/kg〕

17. 약제방사시간

<table>
<tr><th rowspan="2" colspan="2">소화설비</th><th colspan="2">전역방출방식</th><th colspan="2">국소방출방식</th></tr>
<tr><th>일반건축물</th><th>위험물제조소</th><th>일반건축물</th><th>위험물제조소</th></tr>
<tr><td colspan="2">할론소화설비</td><td>10초 이내</td><td rowspan="2">30초 이내</td><td>10초 이내</td><td rowspan="4">30초 이내</td></tr>
<tr><td colspan="2">분말소화설비</td><td>30초 이내</td><td rowspan="3">30초 이내</td></tr>
<tr><td rowspan="2">CO_2 소화설비</td><td>표면화재</td><td>1분 이내</td><td rowspan="2">60초 이내</td></tr>
<tr><td>심부화재</td><td>7분 이내</td></tr>
</table>

표면화재	심부화재
가연성 액체 · 가연성 가스	종이 · 목재 · 석탄 · 섬유류 · 합성수지류

18. CO_2설비의 내압시험압력 및 안전장치의 작동압력(NFPC 106 4 · 6 · 8조, NFTC 106 2.1.2.5, 2.1.4, 2.3.2.3.1, 2.3.2.3.2, 2.5.1.4)

① 기동용기의 내압시험압력 : **25MPa 이상**

② 저장용기의 내압시험압력
- 고압식 : **25MPa 이상**
- 저압식 : **3.5MPa 이상**

③ 기동용기의 안전장치 작동압력 : 내압시험압력의 0.8~내압시험압력 이하

④ 저장용기와 선택밸브 또는 개폐밸브의 안전장치 작동압력 : 배관의 최소 사용설계압력과 최대 허용압력 사이의 압력

⑤ 개폐밸브 또는 선택밸브의 배관부속 시험압력
- 고압식
  - 1차측 : **9.5MPa**
  - 2차측 : **4.5MPa**
- 저압식 — 1 · 2차측 : **4.5MPa**

19. 약제방출 후 경보장치의 작동시간

① 분말소화설비
② 할론소화설비
③ CO_2소화설비

→ **1분 이상**

20. CO_2소화설비의 분사헤드의 방사압력

고압식	저압식
2.1MPa 이상	1.05MPa 이상

21. 표준방사량

① 물분무소화설비

특정소방대상물	토출량	최소기준	비 고
컨베이어벨트	$10l/\text{min} \cdot m^2$	-	벨트부분의 바닥면적
절연유 봉입변압기	$10l/\text{min} \cdot m^2$	-	표면적을 합한 면적(바닥면적 제외)
특수가연물	$10l/\text{min} \cdot m^2$	최소 $50m^2$	최대 방수구역의 바닥면적 기준
케이블트레이 · 덕트	$12l/\text{min} \cdot m^2$	-	투영된 바닥면적
차고 · 주차장	$20l/\text{min} \cdot m^2$	최소 $50m^2$	최대 방수구역의 바닥면적 기준
위험물 저장탱크	$37l/\text{min} \cdot m$	-	위험물탱크 둘레길이(원주길이) : 위험물규칙 〔별표 6〕 Ⅱ

※ 모두 **20분**간 방수할 수 있는 양 이상으로 하여야 한다.

기억법 컨 0
절 0
특 0
케 2
차 0
위 37

② 이산화탄소 소화설비(호스릴) : **60kg/min**

③ 포워터 스프링클러헤드설비 : **75l/min**

④ 드렌처설비
⑤ 스프링클러설비 ─ **80l/min**

⑥ 옥내소화전설비 : **130l/min**

⑦ 옥외소화전설비 : **350l/min**

⑧ 소화용수설비 : **800l/min**

제 8 장 할론소화설비

1. 할론소화설비 계통도

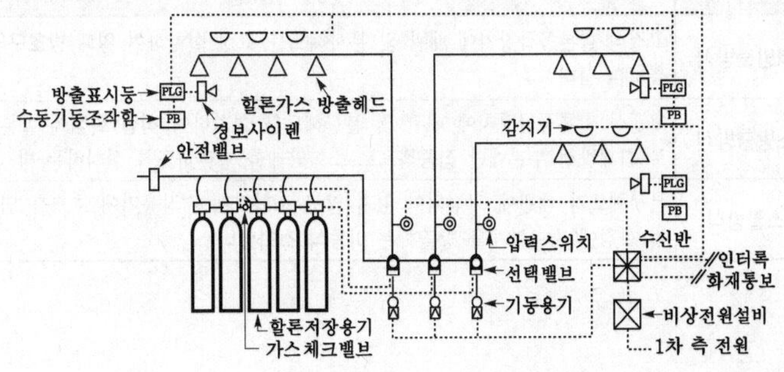

2. CO_2 와 할론 1301

구 분	CO_2	할론 1301
분자량	44	148.95
증기밀도	$\frac{44}{29}=1.52$	$\frac{148.95}{29}=5.13$
임계온도	31.35℃	67℃
임계압력	72.75atm	39.1atm
상온에서의 상태	기체	기체
주된 소화효과	질식효과	부촉매효과

3. 할론소화설비의 약제량 측정방법

① **중량측정법** : 약제가 들어있는 가스용기의 총 중량을 측정한 후 용기에 표시된 중량과 비교하여 기재중량과 계량중량의 차가 10% 이상 감소해서는 안 된다.

② **액위측정법**

③ **비파괴검사법**

④ **비중측정법**

⑤ **압력측정법**

4. 오존층파괴 메커니즘

① $Cl + O_3 \rightarrow ClO + O_2$

② $Br + O_3 \rightarrow BrO + O_2$

③ $ClO + O \rightarrow Cl + O_2$

④ $BrO + O \rightarrow Br + O_2$

5. 저장용기의 질소가스 충전 이유(할론 1301)

할론소화약제를 유효하게 방출시키기 위하여

6. 할론소화설비의 방출방식

방출방식	설 명
전역방출방식	고정식 할론공급장치에 배관 및 분사헤드를 고정 설치하여 **밀폐 방호구역** 내에 할론을 방출하는 설비
국소방출방식	고정식 할론공급장치에 배관 및 분사헤드를 설치하여 **직접 화점**에 할론을 방출하는 설비로 화재발생 부분에만 **집중적**으로 소화약제를 방출하도록 설치하는 방식
호스릴방식	분사헤드가 배관에 고정되어 있지 않고 소화약제 저장용기에 호스를 연결하여 사람이 직접 화점에 소화약제를 방출하는 **이동식 소화설비**

7. 설치개수

① 기동용기
② 선택밸브
③ 음향경보장치
④ 일제개방밸브(델류즈밸브)
⑤ 밸브개폐장치
(①~⑤) – 각 방호구역당 **1개**
⑥ 안전밸브 – 집합관(실린더룸)당 **1개**
⑦ 집합관(집합실)의 용기 수 – 각 방호구역 중 **가장 많은 용기** 기준

8. 할론소화약제

구 분		할론 1301	할론 1211	할론 2402
저장압력		2.5MPa 또는 4.2MPa	1.1MPa 또는 2.5MPa	–
방출압력		0.9MPa	0.2MPa	0.1MPa
충전비	가압식	0.9~1.6 이하	0.7~1.4 이하	0.51~0.67 미만
	축압식			0.67~2.75 이하

9. 분사헤드의 오리피스 분구면적

$$\text{분사헤드의 오리피스 분구면적} = \frac{\text{유량[kg/s]}}{\text{방출률[kg/s}\cdot\text{cm}^2\text{]} \times \text{오리피스구멍 개수}}$$

※ 문제에서 오리피스구멍 개수가 주어지지 않을 경우에는 **분사헤드**의 **개수**가 곧 **오리피스구멍 개수**임을 기억하라!

제 9 장 할로겐화합물 및 불활성기체 소화설비

1. 할로겐화합물 및 불활성기체 소화약제의 종류

소화약제	상품명	화학식
퍼플루오로부탄 (FC-3-1-10)	CEA-410	C_4F_{10}
트리플루오로메탄 (HFC-23)	FE-13	CHF_3
펜타플루오로에탄 (HFC-125)	FE-25	CHF_2CF_3

헵타플루오로프로판 (HFC-227ea)	FM-200	CF_3CHFCF_3
클로로테트라플루오로에탄 (HCFC-124)	FE-241	$CHClFCF_3$
하이드로클로로플루오로카본 혼화제 (HCFC BLEND A)	NAFS-Ⅲ	HCFC-123($CHCl_2CF_3$) : 4.75% HCFC-22($CHClF_2$) : 82% HCFC-124($CHClFCF_3$) : 9.5% $C_{10}H_{16}$: 3.75%
불연성·불활성 기체 혼합가스 (IG-541)	Inergen	N_2 : 52%, Ar : 40%, CO_2 : 8%

2. 소방청장이 고시한 대표 약제

① FE-13(HFC-23)

② FM-200(HFC-227ea)

③ NAF S-Ⅲ(HCFC BLEND A)

④ Inergen(IG-541)

3. 할로겐화합물 및 불활성기체 소화약제의 산정

(1) 할로겐화합물 소화약제

$$W = \frac{V}{S} \times \left(\frac{C}{100 - C}\right)$$

여기서, W : 소화약제의 무게〔kg〕

V : 방호구역의 체적〔m^3〕

S : 소화약제별 선형상수($K_1 + K_2 t$)〔m^3/kg〕

C : 체적에 따른 소화약제의 설계농도〔%〕

t : 방호구역의 최소예상온도

(2) 불활성기체 소화약제

$$X = 2.303 \times \frac{V_s}{S} \times \log_{10}\left(\frac{100}{100 - C}\right) \times V$$

여기서, X : 소화약제의 부피〔m^2〕

S : 소화약제별 선형상수($K_1 + K_2 t$)〔m^3/kg〕

C : 체적에 따른 소화약제의 설계농도〔%〕

V_s : 20℃에서 소화약제의 비체적($K_1 + K_2 \times 20℃$)〔m^3/kg〕

t : 방호구역의 최소예상온도〔℃〕

V : 방호구역의 체적〔m^3〕

제 10 장 분말소화설비

1. 분말소화설비의 장·단점

장 점	단 점
① 소화성능이 우수하고 **인체**에 **무해**하다. ② 전기절연성이 우수하여 **전기화재**에도 적합하다. ③ 소화약제의 수명이 반영구적이어서 **경제성**이 높다. ④ **타 소화약제**와 **병용**사용이 가능하다. ⑤ **표면화재** 및 **심부화재**에 모두 적합하다.	① 별도의 **가압원**이 필요하다. ② 소화후 **잔유물**이 남는다.

2. 분말소화약제의 일반적인 성질(물리적 성질)

① 겉보기 비중이 0.82 이상일 것
② 분말의 미세도는 20~25μm 이하일 것
③ **유동성**이 좋을 것
④ **흡습률**이 낮을 것
⑤ **고화현상**이 잘 일어나지 않을 것
⑥ **발수성**이 좋을 것

3. 분말소화약제

종 류	주성분	착 색	적응화재	충전비 [l/kg]	저장량	순도 (함량)
제1종	탄산수소나트륨 ($NaHCO_3$)	백색	BC급	0.8	50kg	90% 이상
제2종	탄산수소칼륨 ($KHCO_3$)	담자색 (담회색)	BC급	1.0	30kg	92% 이상
제3종	인산암모늄 ($NH_4H_2PO_4$)	담홍색	ABC급	1.0	30kg	75% 이상
제4종	탄산수소칼륨+요소 ($KHCO_3+(NH_2)_2CO$)	회(백)색	BC급	1.25	20kg	-

4. 비누화현상

에스터가 알칼리에 의해 가수분해되어 알코올과 산의 알칼리염이 되는 반응으로 주방의 식용유화재 시에 나트륨이 기름을 둘러싸 외부와 분리시켜 **질식소화** 및 **재발화 억제효과**를 나타낸다.

5. 정압작동장치

저장용기의 내부압력이 설정압력이 되었을 때 주밸브를 개방하는 장치

종 류	설 명
봉판식	저장용기에 가압용 가스가 충전되어 밸브의 봉판이 작동압력에 도달되면 밸브의 봉판이 개방되어 주밸브를 개방시키는 방식
기계식	저장용기 내의 압력이 작동압력에 도달되면 밸브가 작동되어 정압작동레버가 이동하면서 주밸브를 개방시키는 방식
압력스위치식	가압용 가스가 저장용기 내에 가압되어 압력스위치가 동작되면 솔레노이드밸브가 동작되어 주밸브를 개방시키는 방식

6. 옥내주차장의 유효설비

① 제3종 분말소화설비
② 포소화설비
③ 할론소화설비
④ 이산화탄소 소화설비
⑤ 물분무소화설비
⑥ 건식 스프링클러설비
⑦ 준비작동식 스프링클러설비

제3편

피난구조설비

제 1 장 피난구조설비

1. 피난기구의 종류

① 피난사다리
② 피난교
③ 피난용 트랩
④ 미끄럼대
⑤ 구조대
⑥ 완강기
⑦ 공기안전매트
⑧ 다수인 피난장비
⑨ 승강식 피난기

2. 고정식 · 내림식 사다리의 종류

고정식 사다리	내림식 사다리
① 수납식 ② 신축식 ③ 접는식(접어개기식)	① 체인식 ② 와이어식 ③ 접는식(접어개기식)

3. 완강기의 구성 부분

① 속도조절기
② 로프
③ 벨트
④ 속도조절기의 연결부
⑤ 연결금속구

※ 완강기의 하강속도 : 25~150cm/s 미만

4. 피난기구의 설치기준(NFPC 301 5조, NFTC 301 2.1.3)

① 피난기구를 설치하는 개구부는 서로 동일 직선상이 아닌 위치에 있을 것
② 완강기는 강하 시 로프가 건축물 또는 구조물 등과 접촉하여 손상되지 않도록 하고, 로프의 길이는 부착위치에서 지면 또는 기타 피난상 유효한 착지면까지의 길이로 할 것
③ 미끄럼대는 안전한 강하속도를 유지하도록 하고, 전락방지를 위한 안전조치를 할 것

5. 피난기구의 설치위치 검사 착안사항

① 피난하기 위하여 쉽게 접근할 수 있는가의 여부 확인
② 부근에는 해당기구를 조작하는 데 지장이 되는 것이 없고 필요한 면적의 확보 여부 확인
③ 기구가 부착되는 개구부는 안전하게 개방될 수 있고 필요한 면적의 확보 여부 확인
④ 강하하는 데 장애물이 없고 필요한 넓이의 확보 여부 확인
⑤ 피난하는 데 장애물이 없고 필요한 넓이의 확보 여부 확인
⑥ 쉽게 잘 보이는 위치에 있는가의 여부 확인
⑦ 피난기구를 설치하는 개구부는 서로 동일 직선상이 아닌 위치에 있는가의 여부 확인

6. 인명구조기구의 설치기준(NFPC 302 4조, NFTC 302 2.1.1.1)

① 화재시 쉽게 반출 사용할 수 있는 장소에 비치할 것
② 인명구조기구가 설치된 가까운 장소의 보기 쉬운 곳에 "**인명구조기구**"라는 축광식 표지와 그 사용방법을 표시한 표지를 부착할 것

| 인명구조기구의 설치 대상 |

특정소방대상물	인명구조기구의 종류	설치 수량
• 지하층을 포함하는 층수가 **7층** 이상인 **관광호텔** 및 **5층** 이상인 **병원**	• **방열**복 • 방**화**복 • **공**기호흡기 • **인**공소생기 기억법 **방열화공인**	• 각 **2개** 이상 비치할 것(단, 병원은 인공소생기 설치 제외)
• 문화 및 집회시설 중 수용인원 **100명** 이상의 영화상영관 • 판매시설 중 **대규모 점포** • 운수시설 중 **지하역사** • 지하가 중 **지하상가**	• 공기호흡기	• 층마다 **2개** 이상 비치할 것
• **이산화탄소소화설비**를 설치하여야 하는 특정소방대상물	• 공기호흡기	• 이산화탄소소화설비가 설치된 장소의 출입구 외부 인근에 **1대** 이상 비치할 것

제4편

소화활동설비 및 소화용수설비

제 1 장 제연설비

1. 스모크타워 제연방식

루프모니터를 사용하여 제연하는 방식으로 고층빌딩에 적당하다.

※ **루프모니터** : 창살이나 넓은 유리창이 달린 지붕 위의 원형 구조물

2. 스모크해치

공장, 창고 등 단층의 바닥면적이 큰 건물의 지붕에 설치하는 배연구로서 드래프트커튼과 연동하여 연기를 외부로 배출시킨다.

3. 공기유입구의 크기

공기유입구 면적$[cm^2]$ = 바닥면적$[m^2] \times 1\ m^3/m^2 \cdot min \times 35\ cm^2 \cdot min/m^3$

4. 누설량

$$Q = 0.827A\sqrt{P}$$

여기서, Q : 누설량$[m^3/s]$

A : 누설틈새면적$[m^2]$

P : 차압$[Pa]$

5. 댐퍼의 분류

(1) 기능상에 따른 분류

분 류	설 명
방화댐퍼(fire damper ; FD)	화재시 발생하는 연기를 연기감지기의 감지 또는 퓨즈메탈의 용융과 함께 작동하여 연소를 방지하는 댐퍼
방연댐퍼(smoke damper ; SD)	연기를 연기감지기가 감지하였을 때 이와 연동하여 자동으로 폐쇄되는 댐퍼
풍량조절댐퍼 (volume control damper ; VD)	에너지 절약을 위하여 덕트 내의 배출량을 조절하기 위한 댐퍼

(2) 구조상에 따른 분류

분 류	설 명
솔레노이드댐퍼 (solenoid damper)	솔레노이드에 의해 누르게핀을 이동시킴으로써 작동되는 것으로 개구부면적이 작은 곳에 설치한다. 소비전력이 작다.
모터댐퍼 (motored damper)	모터에 의해 누르게핀을 이동시킴으로써 작동되는 것으로 개구부면적이 큰 곳에 설치한다. 소비전력이 크다.
퓨즈댐퍼 (fusible link type damper)	덕트 내의 온도가 70℃ 이상이 되면 퓨즈메탈의 용융과 함께 작동하여 자체 폐쇄용 스프링의 힘에 의하여 댐퍼가 폐쇄된다.

6. 거실의 배출량

(1) 바닥면적 $400m^2$ 미만(최저치 $5000m^3/h$ 이상)

배출량[m^3/min]=바닥면적[m^2]×1 $m^3/m^2 \cdot min$

(2) 바닥면적 $400m^2$ 이상

① 직경 40m 이하 : **$40000m^3/h$** 이상

수직거리	배출량
2m 이하	$40000m^3/h$ 이상
2m 초과 2.5m 이하	$45000m^3/h$ 이상
2.5m 초과 3m 이하	$50000m^3/h$ 이상
3m 초과	$60000m^3/h$ 이상

② 직경 40m 초과 : **$45000m^3/h$** 이상

수직거리	배출량
2m 이하	$45000m^3/h$ 이상
2m 초과 2.5m 이하	$50000m^3/h$ 이상
2.5m 초과 3m 이하	$55000m^3/h$ 이상
3m 초과	$65000m^3/h$ 이상

※ m^3/h=CMH(Cubic Meter per Hour)

7. 제연방식

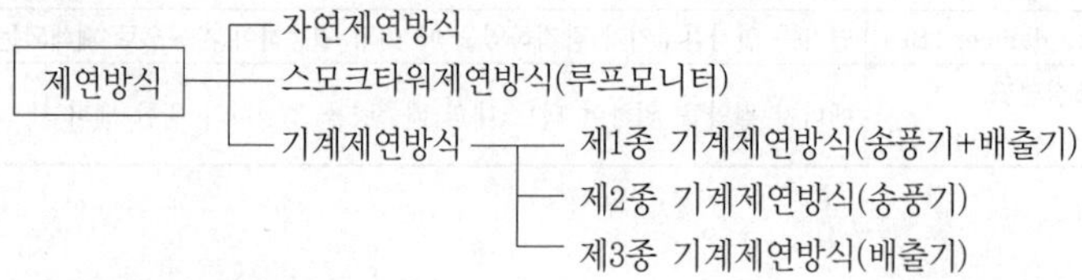

8. 제연설비에서 배출기의 점검 및 유지관리사항

① 회전날개 및 전동기 등의 변형, 부식 등의 유무 확인
② 풍도와 접속부에 너트의 이완, 손상 여부 확인
③ 배연기 주위에 점검에 지장을 주는 물품의 방치 여부 확인
④ 배연기의 볼트, 너트의 이완, 손상 여부 확인
⑤ 전동기 회전축의 회전이 원활한지의 여부를 손으로 돌려서 확인

9. 누설틈새면적

(1) 직렬상태

$$A = \frac{1}{\sqrt{\frac{1}{{A_1}^2} + \frac{1}{{A_2}^2} + \cdots}}$$

여기서, A : 전체 누설틈새면적〔m^2〕
A_1, A_2 : 각 실의 누설틈새면적〔m^2〕

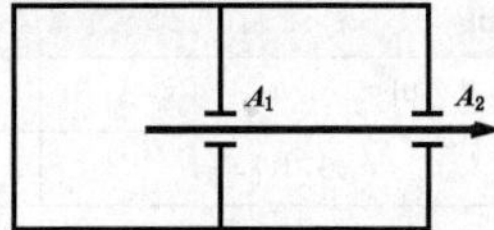

(2) 병렬상태

$$A = A_1 + A_2 + \cdots$$

여기서, A : 전체 누설틈새면적〔m^2〕
A_1, A_2 : 각 실의 누설틈새면적〔m^2〕

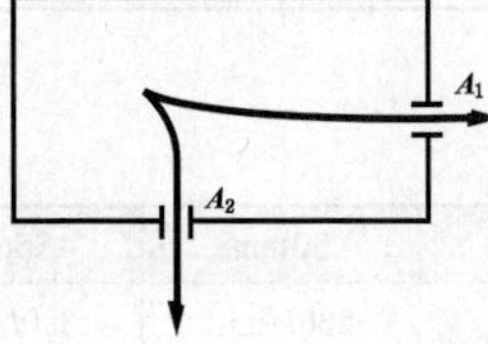

제 2 장 연결살수설비

1. 스프링클러설비

구분 \ 급수관의 구경	25mm	32mm	40mm	50mm	65mm	80mm	90mm	100mm	125mm	150mm
폐쇄형 헤드 수	2개	3개	5개	10개	30개	60개	80개	100개	160개	161개 이상
개방형 헤드 수	1개	2개	5개	8개	15개	27개	40개	55개	90개	91개 이상

※ 폐쇄형 스프링클러헤드 : 최대면적 3000m^2 이하

중요

배관 내의 유속

설 비		유 속
옥내소화전설비		4m/s 이하
스프링클러설비	가지배관	6m/s 이하
	기타의 배관	10m/s 이하

2. 연결살수설비

배관의 구경	32mm	40mm	50mm	65mm	80mm
살수헤드 개수	1개	2개	3개	4개 또는 5개	6~10개 이하

3. 옥내소화전설비

배관의 구경	40mm	50mm	65mm	80mm	100mm
방수량	130l/min	260l/min	390l/min	520l/min	650l/min
소화전 수	1개	2개	3개	4개	5개

제 3 장 연결송수관설비

1. 소화활동설비의 설치대상

① 비상콘센트설비
② 무선통신보조설비 ─ 지하가 중 터널로서 길이가 500m 이상
③ 제연설비
④ 연결송수관설비 - 지하가 중 터널로서 길이가 1000m 이상

2. 자동배수장치의 설치이유

배관 내에 고인 물을 자동으로 배수시켜 배관의 동파 및 부식을 방지하기 위하여

3. 연결송수관설비의 송수구의 외관점검사항

① 주위에 사용상 또는 소방자동차의 접근에 장해물이 없는가의 여부 확인
② 연결송수관설비의 송수구 표지 및 송수구역 등을 명시한 계통도의 적정한 설치 여부 확인
③ 송수구 외형의 누설 · 변형 · 손상 등이 없는가의 여부 확인
④ 송수구 내부에 이물질의 존재 여부 확인

4. 방수구

① **아파트**인 경우 **3층**부터 설치
② **11층** 이상에는 **쌍구형**으로 설치

5. 11층 이상의 쌍구형 방수구 적용 이유

11층 이상은 소화활동에 대한 외부의 지원 및 피난에 여러 가지 제약이 따르므로 2개의 관창을 사용하여 신속하게 화재를 진압하기 위함

제 4 장 소화용수설비

1. 가압송수장치의 설치 이유

소화수조 또는 저수조가 지표면으로부터 깊이 4.5m 이상인 경우 소방차가 소화용수를 흡입하지 못하므로

2. 수평거리 및 보행거리

① 예상제연구역 - 수평거리 10m 이하

② 분말호스릴
③ 포호스릴
④ CO_2호스릴
② ~ ④ - 수평거리 15m 이하

⑤ 할론호스릴 - 수평거리 20m 이하

⑥ 옥내소화전 방수구
⑦ 옥내소화전호스릴
⑧ 포소화전 방수구
⑨ 연결송수관 방수구(지하가)
⑩ 연결송수관 방수구(지하층 바닥면적 $3000m^2$ 이상)
⑥ ~ ⑩ - 수평거리 25m 이하

⑪ 옥외소화전 방수구 - 수평거리 40m 이하

⑫ 연결송수관 방수구(사무실) - 수평거리 50m 이하

⑬ 소형소화기 - 보행거리 20m 이내

⑭ 대형소화기 - 보행거리 30m 이내

용어

수평거리와 보행거리

수평거리	보행거리
직선거리로서 반경을 의미하기도 한다.	걸어서 간 거리

MEMO

MEMO